U0198378

中国食用药用真菌化学

ZHONGGUO SHI YONG YAO YONG ZHEN JUN HUA XUE

陈若芸 主编 康 洁 副主编

上海科学技术文献出版社
Shanghai Scientific and Technological Literature Press

图书在版编目(CIP)数据

中国食用药用真菌化学/陈若芸主编．—上海：上海科学技术文献出版社，2016.3
ISBN 978-7-5439-6915-5

Ⅰ.①中… Ⅱ.①陈… Ⅲ.①食用菌类 ②药用菌类 Ⅳ.①S646 ②S567.3

中国版本图书馆CIP数据核字(2015)第300095号

责任编辑 孙 嘉 胡德仁

中国食用药用真菌化学
陈若芸 主编 康 洁 副主编
出版发行：上海科学技术文献出版社
地　　址：上海市长乐路746号
邮政编码：200040
经　　销：全国新华书店
印　　刷：常熟市人民印刷有限公司
开　　本：889×1194 1/16
印　　张：59.5
字　　数：1 760 000
版　　次：2016年3月第1版 2016年3月第1次印刷
书　　号：ISBN 978-7-5439-6915-5
定　　价：358.00元
http://www.sstlp.com

《中国食用药用真菌化学》

总策划 陈　惠　胡德仁
主　编 陈若芸
副主编 康　洁

编辑委员会(按姓氏笔画排序)

丁　平　申竹芳　朱　平　吉腾飞　刘　超
许建华　李　帅　李　晔　邱明华　张劲松
张培成　陈　虹　陈　惠　陈若芸　郑林用
胡德仁　郭顺星　康　洁　谢小梅　潘　扬
潘新华　戴均贵　戴胜军

参加编写人员名单(按姓氏笔画排序)

丁　平　马先杰　王　欣　王　艳　王　磊
王洪庆　王爱国　王维波　亓新柱　田　振
田丽霞　冯　娜　冯子明　冯孝章　吉腾飞
巩　婷　曲德辉　朱　平　朱　慧　朱忠敏
乔涌起　刘　启　刘　超　刘彦飞　刘莉莹
刘圆圆　刘继梅　许　芳　许建华　李　帅
李　萌　李　鹏　杨　焱　杨桠楠　杨鹏飞
苏明声　苏现明　肖　磊　肖自添　邱明华
何焕清　张　昭　张　婷　张　鹏　张玉玲
张志鹏　张春磊　张培成　张瑞雪　陈　虹
陈地灵　陈若芸　陈晓梅　陈晓燕　陈晶晶
邵思远　周岩飞　周薇薇　屈敏红　赵　芬
胡嘉雯　聂秀萍　晏仁义　殷晓悦　高　万
郭顺星　黄龙江　康　洁　绪　扩　彭惺蓉
董爱军　谢　红　谢小梅　谢意珍　谭永霞
潘　扬　潘鸿辉　潘新华　戴均贵　戴胜军
魏雨恬

序　　言

我国是世界上最早进行食用菌栽培，同时又拥有丰富真菌物种资源的国家之一。我国食药用菌总产量占世界总产量的80%以上，年总产值已突破2 000亿元，从业人员达3 000万人，已成为举世瞩目的食药用菌生产、出口大国。

我国几代人的食用药用真菌科研、教学、生产、推广实践经验与成果，值得总结、积累、传承与创新。为后代人留下珍贵的历史文献，是我国社会发展、人民健康的需要，是科研、教学、改革不断创新的需要，也是不断拓展生产力与推广新技术的需要，更是我国几代食用药用真菌科技工作者梦寐以求的夙愿。

为繁荣市场，提供和推广环保、绿色健康产品，为人类身心健康作出贡献，食用药用菌科技工作者企盼能有一部既能全面、完整、系统地介绍食药用菌化学与生物活性研究概况，又能理论与实践相结合的学术论著来指导自己的实践工作。

《**中国食用药用真菌化学**》这本巨著顺应了这一需求。该书是由我国食用药用菌界几十位科研、教学、生产第一线的学术带头人、青年骨干和实干专家们共同编纂而成，书中充分展示了食药用菌化学研究这一重要、迅猛发展的理论、技术与最新进展的概貌，对我国食药用菌业今后的持续发展，具有重要的实用价值与引领指导意义。

我坚信：该书有利于我国食用药用菌化学研究领域经典文献的传承、新知识的传播和交流，她的顺利出版必将受到食药用菌业科技工作者和大专院校师生的欢迎，值得大为推荐运用。

中国工程院院士

于德常

前　　言

自然界有真菌20～25万种，我国至少有18万种。我国真菌资源十分丰富，大型子实体真菌被称为高等真菌或大型真菌，通常也称为“蘑”、“菌”、“菇”、“蕈”。目前市场上销售的食用菌很多已能工厂化栽培，如金针菇、双胞蘑菇、杏鲍菇、蟹味菇、白玉菇等。食用菌业现已成为继粮、油、果、蔬之后的第五大农作物。除了食用菌外，著名的药用担子菌有：灵芝、茯苓、云芝、树舌、银耳、黑木耳、猪苓、猴头、马勃、鸡油菌、牛肝菌、鸡纵等。著名的药用子囊菌有：麦角菌、冬虫夏草、竹黄、羊肚菌等。药用真菌除大型真菌外，还有小型真菌。大型真菌子实体和菌核是传统的药用部位，而制药工业用菌大多是小型真菌，更多的是利用真菌的菌丝体和其代谢产物制药，其中最有代表性的是青霉素和头孢菌素。药用真菌在药品和保健品领域有着举足轻重的作用。

早年对食用和药用真菌的研究主要集中在栽培和粗提物的生物活性上，对其化学成分研究较少，有效成分研究更少。随着分离分析手段的不断提高，新技术、新方法的普及，近年来不断从食药用菌中发现结构新颖和具有显著生物活性的化合物，食药用菌的化学研究备受关注，已逐步发展成为化学领域的一个新兴分支学科。

总结、传承、积累已有的科研成果，并进一步转化为第一生产力，为后代人留下重要经典文献，是我们当代食用和药用真菌科技工作者应尽的义务与责任。

《**中国食用药用真菌化学**》汇集了目前我国与世界食用菌、药用菌最新的科研成果，最新化学研究进展、化学成分的生物活性、化学先导物的结构改造、食药用菌生物活性等方面内容。旨在向全世界宣传、揭示、推广我国食药用菌最新研究成果，为全人类身体健康服务。

《**中国食用药用真菌化学**》共89章，包括84个品种，每个品种独立为一章。这些品种中，大部分研究十分深入和系统，但也有些品种研究得较肤浅，内容比较少，之所以把这些研究内容较少的品种也收载书中，旨在为今后食药用菌科研工作者提供更多的参考文献。本书详细介绍了食药用菌的研究方法和新技术、真菌化学成分的快速分离与方法、药用真菌化学成分的生物合成、活性成分与有毒成分的提取分离、结构鉴定和相关生物活性。其中提取分离和结构鉴定方面介绍得尤为详尽，包括提取分离所用方法、技术和所需溶剂，化合物的结构式，红外光谱、紫外光谱，质谱，核磁共振波谱数据等。数据翔实，清晰完整，是一本可全面反映目前食用药用真菌化学和相关生物活性研究概况的专业巨著。

《**中国食用药用真菌化学**》适宜食用菌、药用菌领域广大科技工作者和食品化学、药学、农学、生物技术等相关专业的科技、教学、生产工作者研究参考，是一本不可多得、必备的典藏工具书。

承蒙中国工程院院士于德泉教授为本书作序，谨代表编写人员表示衷心的感谢。

由于科研和教学任务繁忙，时间紧迫，书中难免存在错误之处，恳请广大读者、同仁批评、指正，以便在再版时更臻完善。

陈若芸

目　录

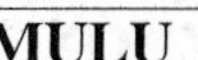

第 一 章
食药用真菌化学成分研究总论

SHI YAO YONG ZHEN JUN HUA XUE CHENG FEN YAN JIU ZONG LUN

第一节 概 论

自然界有真菌 20 万～25 万种，我国至少有 18 万种。我国真菌资源十分丰富，已供食药用的真菌仅是真菌资源中极少的一部分，食药用真菌包括大型真菌和小型真菌，大型真菌的子实体和菌核是传统食药用部位。而制药工业用菌大多为小型真菌，利用真菌的菌丝体和代谢产物制药，其中为代表的是青霉素和头孢菌素，分别由黄青霉和黄头孢菌产生。早年对食药用真菌的研究主要集中在其生物活性上，对化学成分的研究较少，对有效成分的研究更少。近年来，随着化学分离与分析手段的不断提高，对真菌代谢产物化学结构的研究日益增多。食药用真菌的化学研究，目前虽不像以高等植物为研究对象进行得那么深入，但由于真菌代谢产物具有各种各样独特的化学结构与生理活性，近年来备受关注，全世界每年可见数百篇学术论文，使食药用真菌化学逐步发展成为化学领域中一支新兴分支学科[1]。

20 世纪 80 年代初期以来，食用菌栽培作为一项投资小、周期短、见效快的致富好项目在中国得以迅猛发展，食用菌产品曾一度供不应求，价格不菲。食用菌产业是一项集经济效益、生态效益和社会效益于一体的短、平、快农村经济发展项目，食用菌又是一类有机、营养、保健的绿色食品。发展食用菌产业符合人们消费增长和农业可持续发展的需要，是农民快速致富的有效途径，21 世纪食用菌将发展成为人类主要的蛋白质食品之一。据中国食用菌协会调查统计，2013 年全国食用菌总产量达 3 169 万吨，产值 2 017 亿元，产量、产值均继续呈现增长态势。据中国海关统计，2013 年食用菌类出口数量为 51.2 万吨，比 2012 年增长了 7.11%；创汇 26.91 亿美元，比 2012 年增长了 54.65%。2013 年底，全国食用菌栽培规模超过 300 亿袋，消化农林副产品 3 000 多万吨，我国目前已有数千个食用菌种植村，数百个食用菌种植县，食用菌生产加工企业达 2 000 多家，全国食用菌工厂化生产企业有 900 多家，已出现日产 250 吨食用菌产品的大型企业，高科技食用菌液体菌种生产和工厂化栽培技术，大大提升了中国食用菌的生产水平。估计未来 3～5 年内，我国将会出现 3～5 家以食药用菌产业生产经营为主体的上市公司，未来发展空间巨大。食药用菌产业已成为中国种植业中的一大重要产业，是继粮、油、果、蔬之后的第五大农作物，食药用菌产业国内市场潜力巨大。因此，对国内市场要加大宣传力度与产业整合。我国食药用菌产业发展迅猛，我们用了不到 10 年的时间，走完了日本、韩国 20～40 年的发展历程，虽然发展迅速，但食用菌的开发利用仍处于初级阶段，企业除了资金之外，什么都缺，从菌种到技术，从设备到管理和人才。因此，加大食药用菌产业的基础研究，尤其是物质基础研究就更是迫在眉睫，我国不仅是食药用菌产业生产和消费大国，更应该向着食药用菌产业强国迈进。

中国食用菌业的发展同时也推动了现代世界食用菌发展新潮流。可以这么说，我国的食用菌业不仅影响和改变了世界食用菌品种单一的现象，还以我国传统的食用习惯影响着世界，许多国家和地区把中国食用菌及其产品乃至栽培技术提上了交流、研讨的日程。我国不少科研和栽培技术人员走出国门，进行讲学或指导生产。2009 年，我国主办了《第五届国际药用菌大会》，2012 年，主办了《第十八届国际食用菌大会》，2013 年，主办了《第七届国际药用菌大会》，这些举措进一步证明了我国在国际食药用菌产业界的地位。我国食用菌业的蓬勃发展，同时又带动了药用菌的研

究和开发，促进了中医药理论及其配伍方法在食用菌保健食品上的应用，为亚健康人群与体弱者增加免疫力带来福音。所以，食用菌及其保健食品被认为是21世纪的时尚食品和朝阳产业[2]。

食用真菌种类 我国食用菌种类的数量，随着时间的推移和科学技术的发展在不断增加，据有关文献报道，1950年我国有食用菌50种左右，1960年食用菌种量接近100种，1970年食用菌种量为250多种，1980年为340种，1985年为360多种，1990年为730种，1995年为800多种，2000年为938种，包括166个属，54个科，14个目[3]。

中国已知的食用菌多数属于担子菌亚门，常见的有：香菇、草菇、蘑菇、木耳、银耳、猴头、竹荪、松口蘑（松茸）、口蘑、红菇和牛肝菌等；少数属于子囊菌亚门，常见的有：羊肚菌、马鞍菌、块菌等。在自然界，上述真菌分别生长在不同的地区、不同的生态环境中。在山区森林中生长的种类和数量较多，如香菇、木耳、银耳、猴头、松口蘑、红菇和牛肝菌等。在田头、路边、草原和草堆上生长有草菇、口蘑等。

药用真菌种类 药用真菌的发展往往是从食用开始的，一般具有肉质子实体的大型真菌，如香菇、木耳、银耳、猴头等，其特点是美味可口，又具有医疗保健作用。1997年，徐锦堂在《中国药用真菌学》中指出，我国有药用真菌41个科110个属298个种，主要包括担子菌亚门和子囊菌亚门，药用真菌90%是担子菌，包括灵芝、猴头等。担子菌中70%药用真菌存在以下6个科中，多孔菌科（27个属74个种）、口蘑科（18个属45个种）、红菇科（2个属33个种）、牛肝菌科（5个属16个种）、马勃科（6个属13个种）、蘑菇科（2个属12个种）。子囊菌中的药用真菌主要在麦角菌科，如麦角、虫草等[4]。戴玉成在2013年出版的《中国药用真菌图志》一书中报道：目前全球范围内已经记载的药用真菌有1 000种左右，我国现有药用真菌540种，并对常见的314种真菌做了文字和图片的描述[5]。

食药用真菌化学成分分类 食药用真菌的化学成分，根据其化学结构主要可分为以下几种类型：真菌多糖、糖肽、萜类（倍半萜、二萜、二倍半萜、三萜）、色素（双聚色酮、双聚蒽醌）、生物碱（吲哚类、嘌呤类、吡咯类）、氨基酸、多肽、蛋白质、甾醇类、鞘酯类、有机酸、多元醇、酚、酯以及微量无机元素和有机元素等。

第二节　食药用真菌化学成分的研究

19世纪40年代中期，从丝状真菌（*Penicillium chrysogenum*）中发现的青霉素（penicillin），开创了医学和生物技术发展的新纪元，随后世界各大制药厂商均先后投入到这一领域。虽然后来人们的注意力越来越多地集中在放线菌（*actinomycetes*）上，但到了20世纪80年代，瑞士Sandoz公司从另一丝状真菌（*Tolypocladium inflatum*）中发现了具有选择性的免疫抑制剂环孢菌素（cyclosporin），该化合物是一个由11个氨基酸组成的环肽。这个药物是一种被广泛用于预防器官移植排斥的免疫抑制剂，能抑制T细胞的活性和生长而达到抑制免疫系统的活性，是器官移植成功与否的关键。其他一系列非常有用的化合物或重要先导化合物在真菌中也不断地被发现。

在国际上，从有限的真菌资源中先后发现了一系列治疗人类重大疾病的药物或先导化合物，并处于一个上升的发现高峰期。近些年来，高等真菌在制药工业界越来越引起人们的重视，主要原因是从高等真菌中不断发现化学结构新颖和具有显著生物活性的化合物，而且化学结构变化较大。这种化学分子的化学结构多样性对药物（或农药）的发现具有重要意义，其次高等真菌不仅可以直接用子实体作为研究材料，而且可以收藏菌种，很多种类可以较方便地发酵培养，一旦发现有应用价值的化合物，就有可能通过工业化发酵生产，解决资源问题[1]。刘吉开等系统地开展了西南高等真菌化学成分及其生物活性的研究，完成了100余种云南产野生高等真菌的化学成分研究，并对高等真菌子实体和发酵液提取物进行了多方面的活性筛选，分离鉴定了300余个不同类型的化合物，其中有150多个新化合物，包括4个新的化学结构骨架类型，发现了一系列化学结构新颖、有价值的生物活性物质，先后

有5个化合物入选 Nat. Prod. Rep“热点化合物”。其中有意义的是：从地花菌（*Albatrellus confluens*）中发现了作用于肿瘤信号分子传导并诱导细胞凋亡的活性成分，以及抗植物病原菌活性成分等。从高等真菌炭球菌（*Daldinia concentrica*）发酵液中，发现一种具有阻断艾滋病病毒和细胞融合的新化学物质[6]。

一、多 糖

食药用真菌化学成分研究比较多的是各种食药用真菌多糖。

从雷丸（*Omphalia lapidescens*）中得到一种葡聚糖，分子主链为 β-D-(1→3)连接的葡聚糖，支链连在主链的 O-6位，每隔3个主链单元连接两个支链。从银耳（*Tremella fuciformis* Berk）中得到一种甘露聚糖，分子主链为 β-D-(1→3)连接的甘露糖，支链分别连在主链的 O-2、O-4、O-6位。从松杉灵芝（*Ganoderma Tsugae* Murr）菌丝体中得到的杂多糖GFb，相对分子质量为9.8万，主链为1→6葡萄糖基和1→6半乳糖基构成，两者之比为1∶1，侧链由1→3葡萄糖基、1→4葡萄糖基、末端葡萄糖基与末端半乳糖基构成[7]。

从灵芝（*Ganoderma lucidum* Karst）的孢子中分离得到一种具有促进T-淋巴细胞分裂的多糖，相对分子质量为 7.18×10^5 Da，不含蛋白质，是一种只有D-葡萄糖组成的具有 β-(1→6)残基侧链的 β-D-(1→3)葡聚糖，与其他多糖相比其分支程度较低，具有3股螺旋化学结构，认为其活性与其3股螺旋化学结构、离子基团与负电荷的密度有关。从赤芝中还分离得到了一个水溶性抗肿瘤多糖GL-1，由葡萄糖、木糖、阿拉伯糖组成，它们的组成比为18.3∶1.5∶1.0，该多糖具有抗S-180肿瘤细胞的作用[7]。

二、糖蛋白和多糖肽

糖蛋白和多糖肽 糖蛋白和多糖肽是多糖结合部分蛋白质或多肽。糖蛋白或糖肽除水解成单糖外，还有氨基酸。黎铁立等从灵芝（*Ganoderma lucidum* Karst）中分离得到多糖肽TGLP-2和TGLP-3，TGLP-2相对分子质量为209kDa，为 β-(1→3)(1→4)键连接的甘露葡聚糖肽，含肽量为8.9%；TGLP-3相对分子质量为45kDa，为 β-(1→3)(1→4)(1→6)键连接的葡聚糖肽，且有 α-苷键存在，含肽量为4%[7]。

三、萜 类

萜类指具有（C_5H_8）的通式以及含氧和饱和程度不等的许多类型的化合物，包括单萜、倍半萜、二萜、二倍半萜、三萜、四萜、五萜、多萜等。

（一）倍半萜

倍半萜是药用真菌中最大最重要的一类化学成分。近年来发现，倍半萜类化合物主要集中在红菇科的乳菇属（*Lactarius*）和红菇属（*Russula*），其化学结构类型可分为双环、三环、五元环并七元环和原伊鲁烷型倍半萜。从亚绒白乳菇（*Lactarius subvellereus*）中分离得到 subvellerolactone A，subvellerolactone C；从辣乳菇（*Lactarius piperatus*）中分离得到 lactapiperanols A，B，C，D；从鳞盖红菇（*Russula lepida*）中分离得到 rulepidanol，rulepidadienes A，B，rulepidol，rulepidadiol，rulepidatriol；从美味红菇（*Russula delica*）中分离得到 plorantinone A，B，C，D，epiplorantinone B，deliquinone，2，9-epoxydeliquinone；从粗毛硬革菌（*Stereum hirsutum*）中分离得到 hirsutenol A，B，C；从榆耳（*Gloeostereum incarnatum*）中分离得到 gloeostereum；从胶质皱孔菌（*Merulius tremellosus*）中分离

得到 meruliolactone；从假蜜环菌（*Armillaria tabescens*）中分离得到 14 - hydroxydihydromelleolide，13 - hydroxy - 4 - methoxymelleolide，5β，10α - dihydroxy - 1 - orsellinate - dihydromelleolide；从金针菇（*Flammulina velutipes*）的培养基中，分离到两种新的α-花侧伯烯型倍半萜 2，3，4，5 - tetra - hydro - 2，7 - dihydroxy - 5，8，10，10 - tetramethyl - 2，5 - methano - 1 - benzoxepin（enokipodin A）和 5 - methyl - 2 -（3 - oxo - 1，2，2 - trimethyl - cyclopentyl）- benzoquinone （enokipodin B），两者具有抗枯草杆菌和枝孢菌的活性；enokipodin C、enokipodin D，它们具有抗真菌、革兰阳性菌、枯草杆菌、葡萄球菌的活性。据有关文献报道，化合物 hirsutenol A、hirsutenol B、hirsutenol C 对真菌、酵母菌、细菌均有抑制作用[7]。

原伊鲁烷型倍半萜芳香酸酯类化合物：杨峻山等人从蜜环菌（*Armillaria mella*）菌丝体的石油醚、丙酮部分分得 11 个新的原伊鲁烷型倍半萜芳香酸酯[4]；近年来 Momose 等人又从中得到 3 个新的原伊鲁烷型倍半萜芳香酸酯 melleolides K，melleolides L，melleolides M[7]。

（二）二萜

二萜类化合物因其有独特的生物活性而倍受人们的关注。

Cyathane 骨架类型是加拿大学者 Brodie 首次从黑蛋巢菌属真菌 *Cyathus helenae* 中发现。此后相继从肉齿菌科肉齿菌属粗糙肉齿菌（*Sarcodon scabrosus*）、猴头菌科猴头菌属猴头菌（*Hericium erinaceum*）、珊瑚状猴头菌（*Hericium ramosum*）等真菌中不断被发现，特别是后者，可产生 Cyathane 型二萜木糖苷类成分。从肉齿菌科肉齿菌属粗糙肉齿菌（*Sarcodon scabrosus*）中发现了 scabronines A[8]、B、C、D、E、F[9]；从猴头（*Hericium erinaceum*）菌子实体中得到了猴头菌素 erinacine A、B、C[10]、E、F、G[11]，也是 NGF 合成强刺激剂，在浓度为 1.0mmol/L 时，NGF 的分泌量分别为 250.1±36.2、129.7±6.5、299.1±59.6pg/ml，其活性均强于阳性对照的强刺激剂肾上腺素[1.0mmol/L（69.2±17.2）pg/ml]。小相对分子质量的强 NGF 诱导剂：如 scabronine A 将成为治疗严重神经元退行性疾病的潜在应用前景的药物，且有助于阐明 NGF 合成和分泌的机制。从猴头菌丝体中分得 1 个新二萜化合物 erinacine P[12]。从欧洲隆纹黑蛋巢菌中得到的化合物 striatinsA、B、C 是 cyathane 骨架与 1 个五糖单元以 3 个单键相连，其生物合成途径是香叶基焦磷酸酯（GGPP）通过 dolabelladiene 阳离子 C_5 与 C_6 键形成及由 C_{11} 到 C_{12} 甲基迁移而实现的[13]。

Trichoaurantiane 骨架类型的化合物是意大利学者 Vidari，在 1995 年对担子纲、伞菌目、口磨科、口磨属真菌（*Tricholoma aurantium*，T. fracticum）和香磨属真菌（*Lepista sordida*）研究中首先被发现，是具有罕见的新二萜骨架的化合物，其新颖的生物合成途径被认为是迄今未发现的骨架 neodolastane4，5 -裂环的衍生物。而 neodolastane 骨架可能由 dolastane 型二萜前体，经过 C_{18} 甲基从 C_{11} 迁移至 C_{10}，或从 neodolastane 中间体通过 C_2 和 C_7 间闭环产生[13]。

从口磨属真菌（*Tricholoma aurantium*）中发现了 trichoaurantianolide A[14]、B、C、D[15]。trichoaurantianolide A 对枯草芽孢杆菌（*Bacillus subtilis*）和金黄色葡萄球菌显示中等抗菌活性[14]。

瑞典真菌化学家 Sterner 首次从口蘑科小菇属（*Mycena*）真菌 *M. tintinnabulum* 子实体中，分离鉴定了具有 sphaeroane 二萜骨架的新化合物 tintinnadiol[16]，这一特殊类型的二萜骨架只在海藻中被发现过。Toyota 等人从牛肝菌科小牛肝菌（*Boletinus cavipes*）子实体中，首次分离得到 5 个由 16 羟基香叶基香叶醇与甲基富马酸或富马酸形成新抗真菌的链状二萜酯类化合物 Cavipetin A、B、C、D、E，其中 cavipetin A 对瓜枝孢（*Cladosporium cucumerinum*）孢子的形成显示很强的抑制活性（＜4mg）[17]。

（三）三萜

三萜化合物是真菌代谢产物中的重要部分，目前研究较多的是茯苓三萜和灵芝三萜，其次是桦褐孔菌、松生拟层孔菌、红菇菌、马勃等三萜。

近年来，从茯苓皮、茯苓内核、茯苓菌株培养液中得到20多个茯苓三萜类化合物。茯苓三萜可分为两种类型，即羊毛甾烷三萜烯型和3,4-开环羊毛甾烷三萜烯型，其中羊毛甾烷三萜烯型中的茯苓环酮双烯三萜酸是一类新的天然化合物。羊毛甾烷三萜烯型化合物主要来源于茯苓内核、茯苓菌株培养液和茯苓皮。3,4-开环-羊毛甾烷三萜烯型化合物仅存在茯苓皮之中[18]。

灵芝是研究最多的一种真菌，灵芝属全世界约有120余种，我国有90余种，化学成分被研究过的有20余种，包括：赤芝（*Ganoderma. lucidium*）、紫芝（*G. sinense*）、日本灵芝（*G. japonium*）、薄盖灵芝（*G. capense*）、南方灵芝（*G. australe*）、松杉灵芝（*G. tsugae*）、树舌（*G. applanatum*）、热带灵芝（*G. tropicus*）、长孢灵芝（*G. boniense*）、硬孔灵芝（*G. duropora*）、无柄灵芝（*G. resinaceum*）、茶病灵芝（*G. theaecolum*）、反柄灵芝（*G. cochlear*）、黑灵芝（*G. atrum*）、台湾灵芝（*G. fomosanum*）、狭长孢灵芝（*G. boninense*）、*G. colossum*、*G. concinna*、*G. amboinense*、*G. pefeifferi* 和 *G. orbiforme* 等。其化学成分共有八大类近300个化合物，包括灵芝三萜类化合物、多糖类、核苷类、甾醇类、生物碱类、呋喃衍生物物类、氨基酸多肽类、无机元素、脂肪酸等。灵芝三萜是近40年来食药用真菌中研究最多的一类化学成分，灵芝三萜类化合物相对分子质量一般在400～600Mw，化学结构较为复杂，三萜母核上有多个不同的取代基，常见有羧基、羟基、酮基、甲基、乙酰基和甲氧基等。目前已从灵芝属真菌的子实体、孢子粉和菌丝体中先后发现了220多种三萜类化合物，大部分为羊毛甾烷型三萜酸或酯。从灵芝四环三萜化合物的化学结构来看，属高度氧化的羊毛甾烷衍生物。按分子所含碳原子数分为C_{30}、C_{27}、C_{24}三大类，以及少数羊毛甾烷A环开环和五元环三萜等，根据其所含功能团和侧链不同，有27种化学结构类型[19]。从紫芝（*Ganoderma Sinense*）中发现的法尼基羟醌醚羊毛甾三萜（ganosinensins A-C）与含有四元环新奇骨架的三萜成分 methyl ganosinensate A 和 ganosinensic acid B。从海南采集的热带灵芝（*Ganoderma tropicum*）中发现了7个新羊毛甾三萜；从厦门假芝（Amauroderma amoiensis）中发现了1个新的羊毛甾三萜与苯并吡酮的聚合物 amauroamoienin[20]。

从桦褐孔菌（*Fuscoporia obliqua*）得到了7个新的三萜化合物 inonotusol A-G[21]。从松生拟层孔菌（*Fomitopsis pinicola*）中分离得到了 fomitopsic acid B、agnosterone、pinicolol B、pinicolic acid B、pinicolic acid C、pinicolic acid D[22]、pinicolic acid E 和 pinicolol C[23]。从鳞盖红菇（*Russula lepida*）中分离得到了(24*E*)-3*β*-hydroxycucurbita-5,24-diene-26-oic acid，(24*E*)-3,4-secocucurbita-4,24-diene-3,26-dioic acid，(24*E*)-3,4-secocucurbita-4,24-diene-3,26,29-trioic acid[24]。从彩色豆马勃（*Pisolithus tinctorius*）中得到了 24-ethyllanosta-8,24(24′)-diene-3*β*,22*ξ*-diol，(22*S*)-24,25-dimethyllanosta8-en-22,24′-epoxy-3*β*-ol-24′one[25]，(22*S*,24*R*)-24-methyl-lanosta-8-en-22,28-epoxy-3,28-diol，(22*S*,24*R*)-24-methyllanosta-8-en-22,28-epoxy-3,28-diol[26]等三萜类新化合物。这些三萜化合物的化学结构大致可分为4类：羊毛甾烷-7,9(11),24-三烯；羊毛甾烷-8,24-二烯；3,4-开环羊毛甾烷及羊毛甾烷22位连有呋喃环的化学结构。

四、生物碱

生物碱也是真菌代谢产物中的一类重要化合物，从食药用真菌中得到的生物碱有：吲哚类、喹啉类、腺苷类和其他一些化学结构较为新颖的生物碱。从柱状田头菇（*Agrocybe cylindracea*）中得到3个新的生物碱 agrocybenine、6-hydroxy-1*H*-indole-3-carboxaldehyde 和 6-hydroxy-1*H*-indole-3-acetamide[27]。从戈茨肉球菌（*Engleromyces goetzii*）中得到1个新的生物碱 neoengleromycin[28]。从长裙竹荪（*Dictyophora indusiata*）中分离到3个具有特殊喹啉化学结构的化合物 dictyoquinazols A、dictyoquinazols B 和 dictyoquinazols C[29]，可以保护鼠皮质神经元免受谷氨酸和NMDA诱导的兴奋性神经毒作用，其呈剂量依赖性。

五、环肽类

从人工蛹虫草(*Cordyceps militaris*)子实体中分离得到1个新化合物——虫草环肽A(cordycepeptide A)[30]。环二肽是由两个氨基酸环合在一起构成,并具有二酮哌嗪环的化学结构。Qing等人从赤芝[*Ganoderma lucidum*(Fr.)Karst]中分离得到了环-脯氨酸-亮氨酸(cyclo-pro-Leu)[31];Trigos等人从*Phytophthora cinnamomi*中分离得到了环异亮氨酸-亮氨酸(cyclo-isoleu-leu)[32]。

六、鞘　脂

鞘脂广泛存在于各类真菌中,是真核生物细胞质膜的成分。真菌来源的鞘酯基本化学结构为神经酰胺,即以鞘氨醇为基本骨架,与长链脂肪酸形成的酰胺类化合物。根据与神经酰胺1位羟基相连的基团不同,可将鞘脂分为以下几类:神经酰胺、脑苷、糖鞘脂、肌醇磷酸神经酰胺、二肌醇磷酸神经酰胺等。在各类化学结构中,由于鞘氨醇和脂肪酸链的长度、双键以及羟基的多少和位置不同,鞘脂的化学结构变化也较多[33]。

(一)神经酰胺

从蜜环菌(*Armillaria mellea*)中分离得到1个新化合物armillaramide[34]。从灰树花(*Grifola frondosa*)孢子粉中分离得到4个新神经酰胺,其鞘氨醇骨架均相同,区别仅在脂肪链长短不同(n分别为19、20、22与23)[35]。从鸡纵(*Termitomyces albuminosus*)中得到4个新的神经酰胺类化合物,即termitomycesphins A、termitomycesphins B、termitomycesphins C和termitomycesphins D[36]。从蓝黄红菇(*Russula cyanoxantha*)中得到1个新的神经酰胺类化合物:(2*S*,3*S*,4*R*,2′*R*)-2-(2′-hydroxytetracosanoylamino)octadecane-1,3,4-triol[37]。从多汁乳菇(*Lactarium volemus*)中得到两个新的神经酰胺类化合物lactariamides A和lactariamides B[38]。

(二)脑　苷

脑苷是由神经酰胺的1位羟基与糖连接而成。这类化合物的化学结构根据所连糖的种类不同,可分为葡萄糖脑苷和半乳糖脑苷,真菌中常见的是葡萄糖脑苷。

从灵芝的共生菌(*Calcarisporium arbuscula*)的发酵菌丝体中分离得到了4个脑苷化合物,其中1个鉴定为[(4*E*,8*E*,3′*E*,2*S*,3*R*,2′*R*)-2′-hydroxy-3′-hexadecenoyl-1-*O*-β-D-glucopyranosyl-9-methyl-4,8-sphingadienine[39]。

从黄白红菇中分离得到了两个脑苷类化合物:1-*O*-β-D-glucopyranosyl-(2*S*,3*R*,4*E*,8*E*,2′*R*)-2-*N*-(2′-hydroxypalmitoyl)-9-methyl-4,8-sphiogadienine和1-*O*-β-D-glucopyranosyl-(2*S*,3*R*,4*E*,8*E*,2′*R*)-2-N-(2′-hydroxypalmitoyl)-9-methyl-4,8-sphiogadienine[40]。

(三)肌醇磷酸神经酰胺

肌醇磷酸神经酰胺(inositolphosphoceramides,IPC)类化合物,是由磷酸分别与神经酰胺1位羟基以及肌醇或其衍生物1位羟基连接而成的二酯。这类化合物还未在高等真核生物中发现。由于这类化合物化学结构较复杂,目前已全部被鉴定的还很少。Maud等人从*Phytophthora parasitica* Dastur中分离得到了1个肌醇磷酸神经酰胺类化合物[41]。

七、甾　体

食药用真菌中甾体化合物相对萜类成分报道的文献较少,目前发现的类型主要是麦角甾醇类及

其衍生物，该类成分在灵芝属菌物中报道得较多。近年来有一些新的环氧、过氧麦角甾化合物文献报道，如紫色粉孢牛肝菌（*Tylopilus plumbeoyiolaceus*）子实体中，发现了两个C28、C29断裂形成烯醚新麦角甾醇tylopiol A和tylopiol B[42]。此外，还有一部分药用真菌有豆甾醇类化合物；食药用真菌的色素化合物等。

第三节　食药用真菌化学与创新药物研究

我国高等真菌资源丰富，从中寻找和发现新的药物和先导化合物具有重要的现实价值和长远的战略意义，真菌在维护人类健康方面发挥着非常重要的作用。

制药工业完整的发酵工艺促进了真菌药物的发展。1980年，东北师范大学生物系邵伟等人应用云芝（*Trametes versicolor*）子实体提取云芝多糖粗提物，制成“云芝肝泰冲剂”用于治疗慢性乙型肝炎。1981年，中国医学科学院药物研究所杨云鹏等人，首次从青海省化隆县采集的冬虫夏草中分离出了蝙蝠蛾拟青霉（*Paecilomyces hepiali*），菌株编号为Cs-4，其菌丝体发酵物显示了广泛的药理活性，如降血脂、止咳祛痰、镇静、解痉等。由Cs-4菌丝体发酵物研制而成的金水宝胶囊作为国家中药一类新药用于治疗高脂血症、慢性肾病、支气管炎等疾病，对男性性功能失调也有一定疗效。1983年，青海畜牧兽医科学研究院从青海产的冬虫夏草中分离出了另一种真菌，该真菌后来又被其他实验室重复分离得到，并正式定名为：中国被毛孢（*Hirsutella sinensis*）。以中国被毛孢为菌种生产的百令胶囊也作为国家中药一类新药用于慢性肾衰竭、2型糖尿病、尿路感染、肝脏疾病、哮喘、结核及辅助治疗肿瘤等的治疗[43]。1987年，宋启印等人应用长白山白耙齿菌（*Irpex lacteus*）深层发酵提取物，制成“益肾康胶囊”（原名肾炎康），用于治疗慢性肾小球肾炎。1998年，庄毅等人应用槐耳（*Trametes robiniophila*）的固体发酵提取物，制成槐耳冲剂，商品名“金克”，用于治疗原发性肝癌。此外，还有应用蜜环菌（*Armillaria mellea*）的发酵提取物制成的“脑心舒口服液”，用于镇静安神的蜜环菌片。用安络小皮伞发酵提取物制成的“痛宁片”（又称安络痛），用于治疗三叉神经痛。采用小刺猴头菌发酵提取液制成的“胃乐新冲剂”，用于治疗慢性萎缩性胃炎、胃肠道溃疡等症。香菇注射液和香菇菌多糖片已用于肿瘤和病毒性肝炎的辅助治疗。浙江佐力药业生产的“乌灵胶囊”，主要成分是乌灵参干粉，是从黑柄炭角菌菌丝体形成的菌核中分离获得的菌种，经现代生物工程技术精制而成的中药制剂，能够补肾养心、健脑安神。获得准字号的灵芝及其复方药品有30多种，灵芝的保健品制剂（胶囊、口服液、茶、酒）更是占据了保健品市场的绝对份额。

从食药用菌产业中研究和开发新药，是新药创制研究的一条捷径。

第四节　食药用真菌化学研究的趋势

食药用真菌代谢产物的研究　真菌代谢产物的研究日益引起国内外学者的重视，因其化学结构种类丰富，又具有广泛的药理活性，已成为天然产物化学中一个新兴的重要领域。新化合物的分离和生物活性的研究，为寻找高效低毒的新药提供了重要的先导化合物。我国食药用真菌资源十分丰富，已供药用的真菌只是其中很小一部分，而且很多地方已具备大量栽培的条件，因此原料较易获得。因此，加强对食药用真菌化学的研究将起到扩大药用真菌资源，发现新的生物活性，进一步开拓真菌的食药用价值，对新药的发现和研究将起到重大的作用。

真菌毒素的研究　毒菌也称毒蘑菇，一般是指大型真菌的子实体食用后对人或畜禽产生中毒反应的物种。自然界的毒菌估计可达1 000种以上，而我国至少有500种。我国目前包括怀疑有毒的真菌在内，多达421种，隶属于39个科112个属，已知化学结构的毒素有30多种，说明中国毒菌与毒素种类繁多[44]。近年来,我国食药用真菌化学的研究有了长足的进步,仅较之高等植物的研究还远远不够。我们现在研究的真菌一般都是人工培养具有营养滋补的可食用菌,而野生、有毒的真菌研究较少,然而这些真菌往往具有很强的药理活性,是新药研究和开发的一个重要领域。我国从真菌毒素中发现了许多具有活性的物质,加强对真菌毒素的研究是蕈菌科技工作者今后的一个热点与新课题。

食药用真菌质量标准的建立和完善 食药用真菌中含有的活性物质是评价其质量的重要指标。不同食药用真菌的活性物质种类众多,在食药用真菌研究或生产过程中,对其产品的活性物质进行检测和控制就显得尤为重要,我国在食药用真菌活性物质检测标准的建立进行了较大的努力与探索。

江苏安惠生物科技有限公司早在2004年就制订了《保健食品中粗多糖的测定》、《保健食品中甘露醇的测定》、《保健食品中腺苷的测定》和《保健食品中总三萜的测定》4个检测方法,用于真菌类保健食品的质量控制,并被中国标准化研究院推荐为国家检测方法。福建仙芝楼生物科技有限公司建立了《灵芝孢子粉采收及加工技术规范》标准,2012年获得国家标准委通过。食药用真菌的活性化合物数量巨大、种类多样,仅仅采用粗提取物的含量作为质量控制的依据,往往不能对食药用真菌的活性进行明确表征。因此,需要对不同食药用真菌中的活性成分进行深入研究,建立食药用真菌有效成分或标识成分的快速分离、化学结构鉴定方法,研究活性化合物的作用机制,并在化学与药效学研究基础上,建立新的食药用真菌质量控制标准和生产工艺。

总之,食药用真菌的研究和开发具有广阔的前景,需要进一步深入的探索和研究。

参考文献

[1] 刘吉开. 高等真菌化学成分及其生物活性的研究[J]. 中国科学基金,2007,2:69-70.

[2] 卯晓岚. 中国食用菌业的特色、发展前景及所处地位[J]. 菌物学报,2005,24(1):7-8.

[3] 卯晓岚. 有关我国食用菌名称问题[J]. 食用菌,2001,增刊,1-8.

[4] 徐锦堂. 中国药用真菌学[M]. 北京:北京医科大学中国协和医科大学联合出版社,1997.

[5] 戴玉成,图力古尔,崔宝凯,等. 中国药用真菌图志[M]. 哈尔滨:东北林业大学出版社,2013.

[6] 刘吉开. 高等真菌化学[M]. 北京:中国科学技术出版社,2004.

[7] 方起程. 天然药物化学研究[M]. 北京:中国协和医科大学出版社,2006.

[8] Tomihisa O, Takako K, Norihiro K, et al. Scabronines A, a novel diterpenoid having potent inductive activity of nerve growth factor synthesis, isolated from the mushroom *Sarcodon scabrosus*[J]. Tetrahedron Letters, 1998, 39:6229-6232.

[9] Takako K, Yoshiaki T, Yoshiteru O, et al. Scabronines B, C, D, E and F, Novel Diterpenoids Showing Stimulating Activity of Nerve Growth Factor-Synthesis, from the Mushroom *Sarcodon scabrosus*[J]. Tetrahedron, 1998, 54 (28):11877-11886.

[10] Hirokazu K, Atsushi S, Ryoko S, et al. ErinacinesA, B and C, strong stimulators of nerve growth factor (NGF)-synthesis, from the mycelia of *Hericium erinaceum*[J]. Tetrahedron Letters, 1994, 35(10):1569-1572.

[11] Hirokazu K, Atsushi S, Satoshi H, et al. Erinacines E, F and G, stimulators of nerve growth factor(NGF)-synthesis, from the mycelia of *Hericium erinaceum*[J]. Tetrahedron Letters, 1996, 37:7399- 7402

[12] Hiromichi K, Takeshi S, Nobuo K. Isolation of erinacine P, a new parental metabolite of cyathane-xylosidea, from *Hericium erinaceum* and its biomimetic conversion into erinacines A and B[J]. Tetrahedron Letters, 2000, 41(22):4389-4393.

[13] 高锦明,黄悦,董泽,等. 高等真菌中二萜类成分及其生物活性[J]. 中草药,1999,30(10):

787—791.
[14] Gamba IA, Vidri G, Vita FP. Trichoaurantianolide A, a new diterpene with an unprecedented carbon skeleton from *Tricholoma aurantium* [J]. Tetrahedron Letters, 1995, 36 (11): 1905—1908.
[15] Fancesca B, Oliviero C, Anna GI, et al. The structures of Trichoaurantianolide B, C and D, novel diterpenes from *Tricholoma aurantium* [J]. Tetrahedron Letters, 1995, 36 (17): 3035—3038.
[16] Michaela E, Timm A, Olov S. Tintinnadiol, a sphaeroane diterpene from fruiting bodies of *Mycena tintinnabulum*[J]. Phytochemistry, 1998, 49(8):2591—2593.
[17] Masao T and Kurt H. Antifungal diterpenic esters from the mushroom *Boletinus cavipes*[J]. Phytochemistry, 1990, 29(5):1485—1489.
[18] 沈芊,许先栋.茯苓三萜成分的最新研究进展[J].中草药,1999,30(11):1—3.
[19] 林志彬.灵芝的现代研究(第四版)[M].北京:北京大学医学出版社,2015.
[20] 赵友兴,吴兴亮,黄圣卓.中国药用菌物化学成分与生物活性研究进展[J].贵州科学,2013.31(1):18—27.
[21] Chao Liu, Cui Zhao, Hong-Hui Pan, et al. Chemical Constituents from Inonotus obliquus and Their Biological Activities[J]. J. Nat. Prod, 2014, 77:35—41.
[22] Rosecke J and Konig WA. Steroids from the fungus *Fomitopsis pinicola*[J]. Phytochemistry, 1999, 52(8):1621—1627.
[23] Rosecke J and Konig WA. Constituents of various wood-rotting basidiomycetes[J]. Phytochemistry, 2000, 54(6):603—610.
[24] Tan JW, Dong JZJ and Liu JK. New terpenoids from basidiomycetes *Russula lepida*[J]. Helv Chim Acta, 2000, 83 (12):3191—3197.
[25] Baumert A, Schumann B, Porzel A, et al. Triterpenoids from *Pisolithus tinctorius* isolates and ectomycorrhizas[J]. Phytochemistry, 1997, 45 (3):499—504.
[26] Fujimoto H, Nakayama M, Nakayama Y, et al. Isolation and characterization of immuno-suppressive components of three mushrooms, *Pisolithus tinctorius*, *Microporus flabelliformis* and *Lenzites betulina*[J]. Chem Pharm Bull, 1994, 42 (3):694—697.
[27] Koshino H, Lee IK, Kim JP, et al. Agrocybenine, Novel class alkaloid from the 13 orean mushroom *Agrocybe cylindracea*[J]. Tetrahedron Letters, 1996, 37 (26):4549—4550.
[28] Liu JK, Tan JW, Dong ZJ, et al. Neoengleromycin, a novel compound from *Engleromyces goetzii*[J]. Helvetica Chimica Acta, 2002, 85 (5):1439—1442.
[29] Lee IK, Yun BS, Han G, et al. Dictyoquinazols A, B and C, New neuroprotective compounds from the mushroom *Dictyophora indusiata*[J]. J Nat Prod, 2002, 65(12):1769—1772.
[30] 姜泓,刘珂,孟舒,等.人工蛹虫草子实体化学成分研究[J],药学学报,2000,35(9):663—668.
[31] Qing H, Yasuhiro T, Yasumaru H, et al. Studies on Metabolites of Mycoparasitic Fungi. III. New Sesquiterpene Alcohol from *Trichoderma Koningii*[J]. Chem Pharm Bull, 1995, 43 (6): 1035—1038.
[32] Trigos A, Reyna S, Graillet D. Chemical study of a fungus culture of *Phytophthora cinnamom*[J]. Rev Soc Quim Mex, 1995,39(4):184—186.
[33] 谢芬,郭顺星.真菌来源鞘酯的化学结构及其活性研究进展[J].中国药学杂志,2002, 37 (7): 481—484.
[34] Jin MG, Ze JD, Ji KL. A new ceramide from Basidiomycetes *Armillaria mellea* [J]. Chin

Chem Lett, 2001, 12 (2):139—140.

[35] Yasunori Y, Takaaki I, Rei K, et al. Structures of new ceramides from the fruit bodies of *Grifola frondosa*[J]. Chem Pharm Bull, 2000, 48 (9):1356—1358.

[36] Qi J, Ojika M and Sakagami Y. Termitomycesphins A-D, novel neuritogenic cerebrosides from the edible chinese mushroom *Termitomyces albuminosus*[J]. Tetrahedron, 2000, 56: 5835—5841.

[37] Gao JM, Dong ZJ and Liu JK. A new ceramide from the basidiomycete *Russula cyanoxantha*[J]. Lipids, 2001, 36 (2):175—181.

[38] Yue JM, Fan CQ and Sun H D. Novel ceramides from the fungus *Lactarium volemus*[J]. J Nat Prod, 2001, 64:1246—1248.

[39] 于能江,王春兰,郭顺星. 灵芝共生真菌的脑苷类成分研究[J]. 中草药,2003,34(3):206—209.

[40] 高锦明,沈杰,杨雪. 黄白红菇的化学成分[J]. 云南植物研究,2001,23(3):385—393.

[41] Maud B, Florence F, Corinne G, et al. Isolation and characterization of inositol Sphingophospholipids from *Phtophthora parasitica* Dastur[J]. Lipids, 1997, 32(4):359—362.

[42] 吴少华,陈有为,杨丽源,等. 紫色粉孢牛肝菌的化学成分研究[J]. 中草药,2009,32(2):226—228.

[43] 杨金玲,肖薇,何惠霞,等. 蝙蝠蛾拟青霉与冬虫夏草关系的分子系统学研究[J]. 药学学报,2008,43(4):421—426.

[44] 卯晓岚. 中国毒菌物种多样性及其毒素[J]. 菌物学报,2006,25(3):345—363.

（陈若芸）

第二章 真菌化学成分快速分离与方法

ZHEN JUN HUA XUE CHENG FEN KUAI SU FEN LI YU FANG FA

第一节 概 述

药用真菌的化学成分研究是阐明活性物质的基础，在现代药用真菌研究中，化学成分、药效作用的评价和机制，从分子研究水平来衡量，不论在药用真菌的有效性、质量的稳定性和可控性方面，还是在现代创新药物先导物的发现方面，都是十分重要的核心内容。药用真菌所含或分泌的化合物种类繁多，而化学成分的分离与纯化成为化学成分研究的主要内容之一，也是影响其研究速度的关键环节。

药用真菌作为天然生物代谢产物的主要来源之一，天然生物代谢产物中的化学成分研究方法同样适用于药用真菌化学成分的研究。天然生物代谢产物中化学成分的分离、纯化方法和技术有很多，包括系统溶剂分离法、溶剂萃取法、沉淀法、结晶法、盐析法、分馏法、升华法和色谱法等。其中，色谱方法最适用于天然生物代谢产物复杂样品的系统分离，是目前应用最普遍、最有效和发展最快的分离技术和手段。色谱技术的自动化和高效化发展也是实现天然生物代谢产物高效、快速分离的核心技术之一。

色谱分离方法诞生于20世纪初，中期被人们接受并得到迅速发展，后期被逐步改进、完善并推广应用，被称之为20世纪的分离技术，是分离化学成分的最有效方法。该技术的发展极大地推动和加快了复杂、微量天然生物代谢产物的分离和纯化过程，已成为天然生物代谢产物分离、纯化的必要手段。近20年来，随着色谱理论的逐步发展，同时相关技术和方法的不断提高，尤其在相关材料、检测手段和自动化设计等方面，色谱分离技术逐步实现了仪器化、自动化和高速化，在天然生物代谢产物化学成分的制备性分离、纯化和工业化应用方面，均取得了显著成效[1]。因此，高效快速的天然生物代谢产物化学成分分离方法和技术，也是高效化色谱分离方法和技术在天然生物代谢产物化学成分研究中的应用，对药用真菌化学成分的研究具有重要意义。

第二节 化学成分快速分离技术基础

在天然生物代谢产物化学成分的分离过程中，样品经过反复、连续的色谱分离，目标化合物不断富集，操作规模逐渐减小，分离难度逐渐增加，使用的技术更加先进。在用色谱技术分离过程中，前期步骤通常使用廉价、高载样量固定相的色谱方法，也就是比较经典的方法，包括以硅胶、氧化铝、聚酰胺或离子交换树脂为固定相的柱色谱和萃取及液-液分配色谱等技术；后期步骤使用适合少量样品分离纯化的先进、高效率分离的仪器技术，如高效液相色谱（HPLC）等。在实际操作中，为了达到对天然生物代谢产物快速高效的分离，可通过改变分离模式（吸附、分配、离子交换、凝胶过滤）或洗脱剂（改变极性）来选择最适宜的色谱方法。随着各种色谱技术和键合相色谱填料的开发和应用，使以前用常规色谱方法难以分离的许多化学成分采用快速分离技术得以实现。

一、化学成分快速分离的理论

在色谱分离分析过程中，为确保目标化合物与杂质实现最大程度的分离，建立可靠的具有高效分离特性、稳定的快速液相色谱分离技术，对分离、纯化工艺具有重要作用，不论是少量还是大量混合样品的分离，简易、快速、有效的分离方法十分必要。为了缩短常压柱色谱的操作时间，尽量避免化合物的死吸附，减小样品损失；防止敏感化合物被硅醇基催化而分解的危险性和加快分离速度，Still 等人 1978 年首次报道了快速色谱分离技术[2]，并于 1981 年获得美国专利（US Patent 4293422）。快速色谱法[3]（Flash chromatography，FC），又称闪式色谱，是一种广泛应用于有机化合物、天然产物以及生物大分子等活性目标物分离、纯化的技术。快速色谱法具有操作容易、价格便宜、分离快速等优点，在纯化有机化合物应用方面，几乎没有其他技术与快速色谱法相媲美。

快速色谱法，是从开口玻璃柱色谱发展而来，是一种具有中等分辨率（$\Delta R_f \geqslant 0.1$）的色谱分离技术，其原理是在大气压下，常用氮气、压缩气体和洗脱剂快速冲洗具有大内径、填充有规则的吸附性固定相颗粒的短玻璃柱。快速色谱法可用于天然生物代谢产物在硅胶柱上的最终纯化，但更多应用于高效分离技术之前混合物或粗提物的预纯化，即快速色谱法是对复杂混合物的初步快速分离，再通过高效液相色谱等对快速分离的组分进行化学成分的精细分离，快速色谱法目前已成为常规色谱分离技术[4-5]。

在建立快速色谱分离方法时，固定相的选择非常重要，是决定化学成分是否可以分离的主要因素。在正相色谱中，应用最多的固定相为硅胶，除硅胶外，与常规色谱一样，其他极性大的正相固定相也可用于快速分离色谱，如聚酰胺适用于黄酮和酚酸类化合物的分离；氧化铝主要用于生物碱类化合物的分离等。在反相色谱中，分离的固定相是非极性的，如 C_{18} 硅胶键合相等。固定相颗径通常在 40～63μm，对于直径＜25μm 的颗粒，只能用于低黏度的流动相，否则流速会很慢。以手性填料为固定相，用快速分离色谱技术也可进行光学活性异构体的制备分离。

在固定相确定的情况下，快速色谱分离选择合适的流动相十分重要，薄层色谱（TLC）是遴选溶剂系统的有效方法，较好的溶剂系统能够使样品中各种化合物得到良好的分离。在快速色谱分离中，用 CV 表示溶质的保留值，其意义是从色谱柱洗脱某溶质所需柱流动相滞留体积的数目，CV 只和溶质的保留因子 k 有关。

$$CV=\frac{V_R}{V_M}=1+k$$

V_R——溶质的保留体积；V_M——流动相的保留体积；k——是分析物在固定相中滞留的时间与其在流动相中滞留时间的比值。

在柱液相色谱中，用分辨率方程式表达影响分辨率（R_S）的诸多因素：

$$R_S=\frac{1}{4}\cdot\frac{k}{1+k}\cdot(\alpha-1)\cdot N^{1/2}$$

α——分离因子；N——色谱柱的理论塔板数。

当保留因子 k 处于 2～5 范围时，可在较短时间内获得较大的分辨率。根据上述公式，k 的最佳区间相应的 CV 和 R_S范围，分别为 3～6 和 0.33～0.17（0.35～0.15）[4]。因此，选择 TLC 为快速色谱优化洗脱溶剂时，应使被纯化组分的 R_f值处在这个范围内，R_f在 0.15～0.35 之间，同时 $\Delta R_f \approx 0.15$[5]。当流动相由两个不同极性溶剂混合组成的情况下，可通过改变两者用量的混合比例来调节流动相的极性强度，从而使目标组分获得适宜的 R_f值。但是，如果它和杂质组分的 R_f值很接近，该法仍然不能达到有效纯化的目的，这时需要通过改变流动相的选择性，即在保持溶剂极性不变的情况下，用另一种具有不同选择性的强极性溶剂和弱极性溶剂来组成流动相，以便增大被分离组分之间保留行为的差异。溶剂和溶质分子之间的各种相互作用，对于流动相的选择也十分重要，相对于其他组分，与流动相有较强作用组分的 R_f值将会增大（k 或 CV 值将会减小），使色谱分离的选择性产生变化。

在正相色谱中选择调节流动相时，一般是改变二元溶剂系统中极性大的溶剂。经常采用的二元溶剂系统组合是正己烷-乙酸乙酯（或二氯甲烷、甲苯、四氢呋喃、乙醚），对于极性较强的化合物，可用三氯甲烷-甲醇（或丙酮）。借助 TLC 选择溶剂系统时，使用和快速色谱相同填料制作的薄层层析板。优化溶剂系统可分两步完成：先优化溶剂强度，再优化溶剂的选择性。在反相色谱中，反相分离的固

定相是非极性的，如 C_{18} 硅胶键合相等，而流动相是极性的，如乙腈-水、甲醇-水等，溶质通过其非极性基团和固定相表面的疏水性键合相作用而被保留。按照溶质和固定相疏水性相互作用增强的顺序出峰，极性较强的溶质会先出峰。因此，可以在 C_{18} 薄层板上进行 TLC 反相分离，为反相快速色谱分离选择合适的流动相。

快速色谱是低压制备色谱，可以基于制备色谱同样原理对其填充材料进行选择[6]。以制备、纯化为目的的制备色谱分离是在超载条件下操作，加大试样量能使峰形由对称变成斜边在后的直角三角形。峰形的变化导致目标物的谱带与相邻谱带之间的分辨率降低，最后可达到谱带-接触的分离。这时两个谱带相接触，但并不重叠，不影响产物的纯度和回收，同时提高了效率。达到谱带-接触分离的最大试样量取决于分离选择性和饱和柱容量（在柱上最大可能吸附的试样量），后者与填料的性质和量有关，如保留机制（正相、反相、离子交换）、比表面、孔径等，也和被分离物质的性质有关。因此，色谱柱的最大试样量通常用尝试法实验测定。

二、化学成分快速分离的条件选择

化学成分快速分离的条件选择，主要包括固定相、溶剂、色谱柱的选择，选择合适的固定相吸附剂是化学成分成功分离的前提，其中最重要的固定相是硅胶，此外还有硅藻土、氧化铝、反相硅胶等，根据常用的固定相吸附剂硅胶来分类，主要包括正相硅胶色谱和反相键合硅胶色谱。

洗脱溶剂的选择包括溶剂的类型和比例，主要根据待分离化学成分的性质和样品的量决定。选择洗脱溶剂应有以下特点：选择的溶剂系统使待分离化合物在 TLC 上的 R_f 值为 0.15～0.20；两相溶剂系统中，一种溶剂的极性最好比另一种溶剂的极性高，以便调节洗脱液的平均极性；溶剂的比例决定着溶剂系统的极性，也决定了被分离化合物在洗脱溶剂中的比例；增加溶剂极性会增加所有化合物的洗脱比例；溶剂 R_f 值≈0.2 时，所需溶剂的体积约为干硅胶体积的 5 倍。

快速分离色谱中常用两相溶剂洗脱系统（极性和非极性部分），有时也会用到单相溶剂洗脱系统，具体系统的选择根据被分离化合物的色谱特点而确定。通常在正相快速色谱中，以非极性溶剂为主，如正己烷、环己烷、石油醚等，加入适当比例的极性溶剂，如乙醚、乙酸乙酯、醇、二氯甲烷等。在反相快速色谱中，常用键合的正十八烷改性硅胶为固定相，洗脱溶剂用不同比例的水和醇的混合液作为洗脱液，以达到最佳的分离效果。

色谱柱的选择，主要包括玻璃柱和预装色谱填料的预装柱，根据分离样品的性质和量，选择适宜的色谱柱（形状、尺寸、性能与耐压等）。

1. 正相快速分离色谱（Normal Phase Flash Chromatography）

在正相快速分离色谱中应用最多的固定相为 40～63μm 的硅胶，粒度为 10～40μm 和 63～200μm 的硅胶也可使用，但后者分离效果较差。柱床高度为 15～20cm。TLC 是进行溶剂系统选择的有效方法，较好的溶剂系统能使样品中各种化合物得到良好的分离，目标化合物的 R_f 值应在 0.35 左右。如果样品中化合物的 R_f 值之差 ΔR_f 在 0.1 左右，用柱径为 5cm 的色谱柱可对 1g 样品进行良好分离；如果对分离度要求不高（如植物粗提膏），同样的色谱柱可对 10g 样品进行初步分离或分段。如果固定相在色谱柱中的高度不变，可分离样品的量与色谱柱的直径成正比（见表 1）[2]。

表 1　柱径与被分离样品量的关系（柱长固定为 15cm）

柱径(mm)	载样量(mg)		洗脱剂用量(ml)	每份接收体积(ml)
	$\Delta R_f \geq 0.20$	$\Delta R_f \geq 0.10$		
10	100	40	100	5
20	400	160	200	10

（续表）

柱径(mm)	载样量(mg)		洗脱剂用量(ml)	每份接收体积(ml)
	$\Delta R_f \geq 0.2$	$\Delta R_f \geq 0.1$		
30	900	360	400	20
40	1 600	600	600	30
50	2 500	1 000	1 000	50

2. 反相快速分离色谱(Reverse Phase Flash Chromatography)

随着固定相为正相快速分离色谱方法在天然产物分离纯化中的成功应用，化学键合相色谱填料在快速分离色谱技术中的运用也越来越广泛。Kühler T. C. 等人[7]率先报道了自行设计用于制备型分离极性和非极性有机化合物的反相快速分离色谱技术，并对该技术的一些重要参数进行了观察，认为粒度为 40～63μm 和 15～40μm 的反相色谱填料均会给出良好的峰形和分离效果，后者更佳；流动相的流速在 10～90ml/min 时，分离效果基本保持稳定，流速对分离效果的影响可以忽略。在实际应用中，他们用柱径 3.4cm，柱中反相填料 C_{18} 高度 12.5cm(干法装柱)的色谱柱，在流动相流速为 68ml/min 即 7.5cm/min 时，能得到与分析型 HPLC 同样的分离效果，并且在 5～15min 可完成一次制备分离。在反相快速分离色谱中也可用甲醇为溶剂湿法装柱，然后用水洗至平衡；易溶于水的样品可以用水溶解后以水溶液加入；对于水溶性较差的样品，可与固定相或其他载体(如硅藻土等)拌和后，以水的混悬物加入或直接加入。洗脱时，通常首先用水，然后用甲醇-水或乙腈-水体系，逐渐增加甲醇或乙腈的比例，最后用二氯甲烷或氯仿洗柱。色谱柱经二氯甲烷或氯仿洗脱后能得到较好的恢复，可反复多次使用。在反相快速分离色谱中，有时在甲醇-水或乙腈-水流动相体系中加入适量的酸(甲酸、醋酸、三氟醋酸、磷酸等)或缓冲液(磷酸-磷酸二氢钠、醋酸-醋酸钠、柠檬酸-柠檬酸钠等)能够明显地增加分离效果。

三、化学成分快速分离色谱的仪器

快速分离色谱仪器(图 2－1)通常由玻璃柱、储液瓶、压缩空气调节阀组成，流动相由压力驱动。该技术的设备十分简单，在这基础上经过改进，形成了 FLASH 色谱系统，由色谱柱、流速控制阀、输液压力罐、上样装置组成，设备紧凑，压力高，使用方便，重现性较高。色谱柱可使用一定大小的玻璃柱，干法或湿法装入适宜的固定相或选用 FLASH 预装柱。干法装柱效果较好，但在加样品前需要用大量的溶剂洗脱，使固定相充分湿润、平衡并排除其中的气体。装好柱后加入样品(溶解或与固定相拌匀)和洗脱溶剂，再通过一个流速控制阀与加压器(空气或氮气瓶)，操作压力可达 2 个大气压；根据色谱柱的大小，可在 5～15min 内完成 0.01～10g 样品的分离[2]。洗脱液可用自动接收仪或手动接收，紫外或 TLC 检查分析。Still 等人通过实验对该项技术进行了评价，发现使用粒径为 40～63μm 的硅胶效果最佳，柱效较高；流动相流速会明显影响分离效果，最好使用相对较快的流速，对石油醚-乙酸乙酯系统，最佳流速为 5cm/min(即流动相每分钟流过柱床的高度)；对黏度很高的流动相，最佳流速将减小；利用压缩空气向柱内溶剂施压(10～15psi)，分离速度快；为了使混合样品达到有效的分离，有时需要增加色谱柱的长度，但如果色谱柱长度增加，压力将显著增大，使用常规玻璃仪器有一定的危险性。

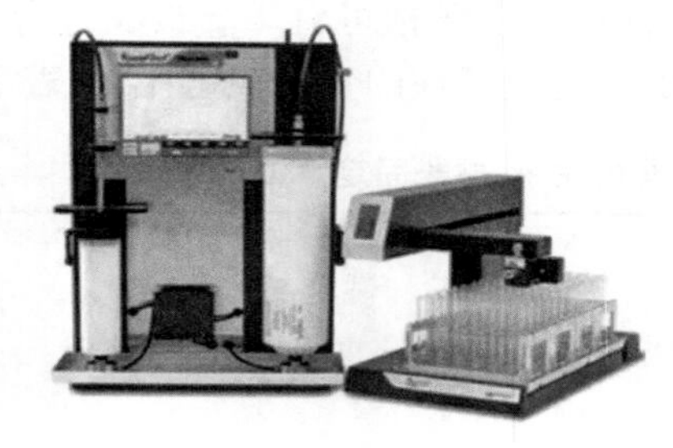

图 2－1　快速分离色谱仪器

近年来，随着科学技术的进步产生了自动化 FLASH 色谱系统，装置配有柱、色谱泵、检测器、自动馏分收集器、工作站，有的仪器还有梯度洗脱系统与柱切换系统、自动进样系统，可自选优化条件，实现无人操作，极大地降低了人力成本，加快了化学成分分离速度。美国的 Aldrich、Baker 等公司拥有适用于实验室和工厂不同规格的标准成套装置产品，产品的自动化程度都很高，可进行进样、梯度洗脱、收集和分析的全自动化操作；还可同时进行多种样品分离(多通道闪式色谱系统和串联的序列操作系统)。

第三节　化学成分快速分离方法研究进展

天然产物主要来源于高等植物、海洋生物和真菌等，由于其特有的化学结构复杂性和生物活性多样性，奠定了其作为创新药物主要来源的重要地位。创新药物研究的关键切入点和前提是发现活性先导物，而对于天然产物研究的主要问题之一，就是提高从天然产物中发现活性成分的效率，从天然产物中发现生物活性先导物，改变传统天然产物研究模式，采用高效快速分离和高通量活性筛选的组合天然产物化学研究路线，是发现特异生物活性先导物，进而创制新药的最佳来源。近年来，天然产物的研究已引起国际药物科学研究人员的极大重视，相应的包括分离、分析、检测等仪器设备也得到迅速发展，为天然产物的研究提供了更为有利条件，其中化学成分快速分离方法在天然产物活性先导物的发现中得到了广泛应用。

一、快速分离色谱在天然生物代谢产物中组分的初步分离

在天然生物代谢产物的分离中，尽管快速分离色谱有时用作最后的纯化步骤，但在绝大多数情况下主要用于复杂混合物(提取浸膏)的初步分离。因此，快速分离色谱在多种色谱方法联合的天然生物代谢产物分离纯化方案中是极为重要的前处理步骤。

德国 Bioleads 公司通过以下技术路线，探索了利用不同溶剂提取、Isoleader 自动化快速色谱分离和 ContiWeight 自动化样品接收等技术组合应用，建立了真菌和微生物资源的提取物预分离天然产物样品库(即亚组分样品库)的方法，并结合半制备 HPLC、LC-MS 和 NMR 等技术探索了天然药物化学的半自动化快速研究体系，实现了天然产物化学研究中快速分离、结构初步鉴定和活性筛选的高效化方法[8]。

真菌和微生物经过液体培养基进行培养并过滤后，菌丝体用有机溶剂提取得到低极性提取物，而滤液利用 Isoleader 快速分离色谱仪和 ContiWeight 流份收集仪通过两个不同的色谱柱分离为 9 个亚组分。每种真菌或微生物，经过以上过程可得到 10 个预分离亚组分；利用半自动化的以上过程，在 1 个月内处理了 800 种多样性真菌和微生物提取物，得到 8 000 个成分富集的预分离亚组分。得到的组分提供给不同的用户在各自不同的药理模型上进行活性筛选，得到反馈筛选结果后，利用半制备 HPLC 按时间自动化接收，将活性组分分离为 10 个不同的次亚组分，然后进行再次活性测定和评价。最后，利用 HPLC-MS 和 NMR 对反馈的活性次亚组分中的成分进行分析。通过探索研究证明，在大多数情况下，通过以上分析过程获得的信息，足以进行已知结构的确认和未知结构的初步确定。这种方法的优点是：①极大地缩短了从活性发现到结构鉴定的时间；②由于只有对具有活性的亚组分和次亚组分进行进一步分离和结构分析，同时也只有在必要时对含有非重复性成分(新结构)的菌株进行较大规模的培养，以获得真正有价值的活性新型代谢产物。因此，可极大地减少资金的投入，加快药用真菌活性成分的研究速度。

二、快速分离色谱在天然生物代谢产物中化学成分分离、纯化的应用

近年来有关快速色谱法在天然生物代谢产物有效成分的快速分离、制备中的应用越来越广泛。国内外许多研究人员应用快速色谱法对天然生物代谢产物的化学成分进行分离，发现快速色谱法在天然产物中的分离制备较传统方法更加快速、高效，因此作为一种高效快速的分离方法，也越来越多地被应用在真菌、海洋生物、微生物发酵液、高等植物等活性化合物的分离中。

1. 快速分离色谱在真菌、细菌等微生物代谢产物化学成分分离中的应用

Pyo 和 Lee[9]报道了从铜绿微囊藻菌 *Microcystis aeruginosa* 中提取和分离微囊藻素(Microcystin)LR(3)的快速和有效方法。该方法运用了超临界流体萃取法和快速色谱法对化合物进行纯化，特点是运用了一步超临界流体萃取法和一步快速色谱法，代替了传统有机溶剂多次萃取和多步柱色谱法。分离过程如下：超临界流体萃取得到的粗提物经反相 C_{18} 柱分离，用 14ml 含 0.005mol/L 的磷酸盐缓冲液(pH2.4)的甲醇溶液冲洗含微囊藻素的 C_{18} 柱，接着用 20ml 水冲洗，微囊藻素最终被 30ml 的甲醇溶液洗脱下来。浓缩甲醇洗脱液，得到的残渣用 2ml 的甲醇溶解，然后溶液用快速色谱硅胶柱进行分离，用乙酸乙酯-异丙醇-水(30∶45∶25)的洗脱溶剂作为流动相，以 2ml/min 的流速进行洗脱，包含 LR(3)的两个组分经过半制备 HPLC 纯化得到。同样的操作步骤，但不需要进一步的 HPLC 即可分离得到微囊藻素 RR(4)和 YR(5)[10](图 2-2)。

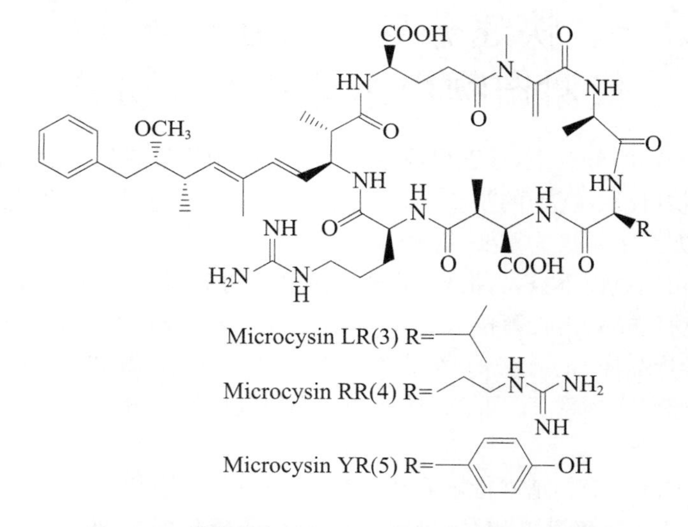

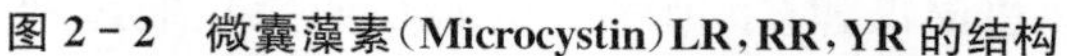

图 2-2 微囊藻素(Microcystin)LR、RR、YR 的结构

Petur 等人[11]利用 C_{18} 快速分离色谱，用 MeOH-H_2O(10∶90，25∶75，50∶50，75∶25，MeOH 和 MeOH+50μg/ml TFA)梯度洗脱、Sephadex LH-20，MeOH 洗脱、制备高效液相(C_{18} 色谱柱，15μm，300mm×19mm)，50%～75% MeCN+50μg/ml TFA 在 30min 内梯度洗脱，流速 30ml/min，从真菌 *Penicillium algidum* 中分离得到 1 个新的环状硝基肽 psychrophilin D(1)和两个已知环肽 cycloaspeptide A (2)和 cycloaspeptide D (3)(图 2-3)。Psychrophilin D (1)在抑制小鼠白血病细胞 P388 试验中表现出中等活性(ID_{50} 为 10.1μg/ml)，而 cycloaspeptides A (2)和 D (3)在抗恶性疟原虫(*Plasmodium falciparum*)方面表现出中等活性(IC_{50} 为 3.5 和 4.7μg/ml)。

Rodrigues 等人[12]研究了大肠杆菌代谢工程用于从制备抗肿瘤药物脱氧紫色杆菌素(deoxyviolacein)(图 2-4)的规模化生产时，其培养液经乙醇提取，一步硅胶快速色谱纯化，乙醇和乙酸乙酯作为流动相，得到的脱氧紫色杆菌素的纯度>99.5%。

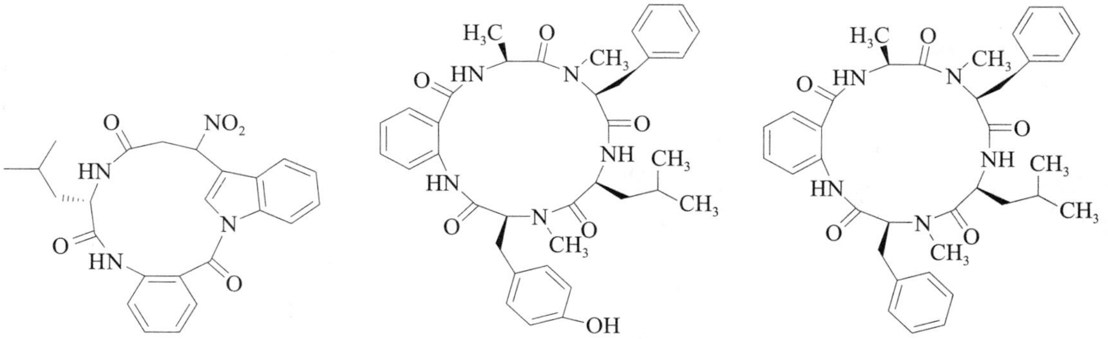

(1)　(2)　(3)

图 2－3　psychrophilin D（1）；cycloaspeptides A（2）和 D（3）的结构

Jeong 等人[13]对丘角菱（*Trapa japonica*）中的三原链霉菌 *Streptomyces miharaensis* strain KPE62302H 的活性成分进行分离时，乙酸乙酯粗提物经大孔树脂（Diaion HP－20）初步粗分离，甲醇-水梯度洗脱，分离得到两个活性部位。2％的甲醇溶液洗脱部位再经 C_{18} 快速色谱柱（RP－18，20～63μm）进一步纯化，水-甲醇梯度洗脱，分离到 80％甲醇溶液为活性部位，最后经 Sephadex LH－20 和 RP-HPLC 纯化得到具有抗镰刀菌萎蔫病（*Fusarium wilt*）活性物质 FP－1（filipin III）（图 2－5）。

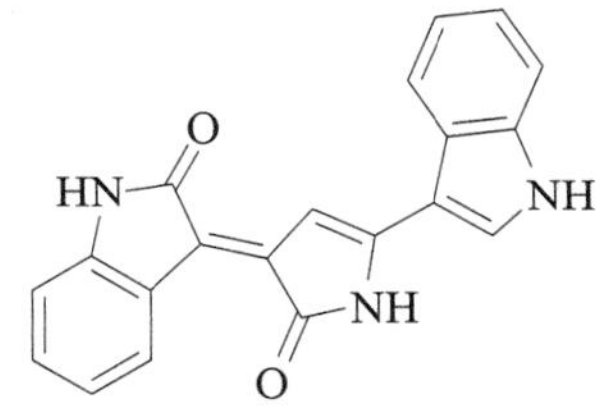

图 2－4　脱氧紫色杆菌素的结构

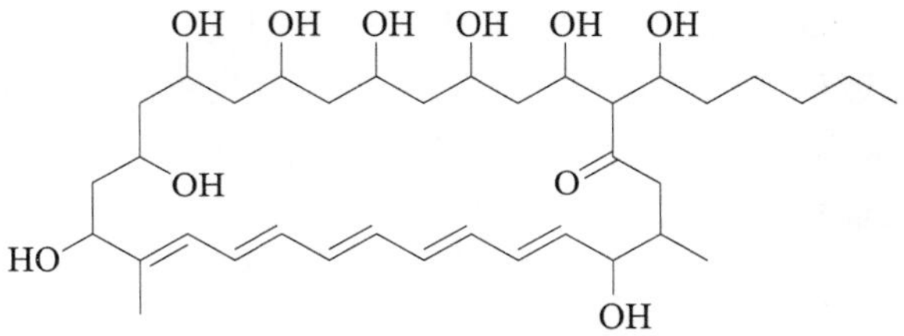

图 2－5　FP－1 的结构

Kelly 等人[14]利用丝状真菌-刺孢小克银汉霉菌（*Cunninghamella echinulata* ATCC 9245）对大胡椒属植物 *Pothomorphe peltata* 和 *P. umbellate* 中的主要次生代谢产物 4－nerolidylcatechol（4－NRC）进行生物催化，得到糖基化 4－NRC（4－nerolidylcatechol－3′－β-O－glycoside），采用硅胶快速色谱法进行分离纯化，用乙酸乙酯-甲醇（95∶5）洗脱，分离得到糖基化的 4－NRC（图 2－6）。

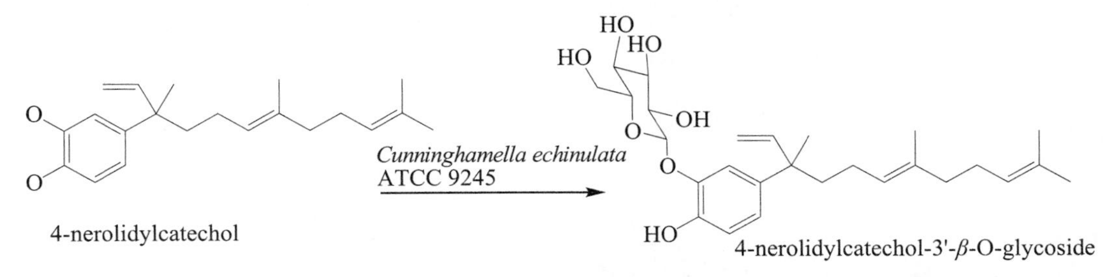

图 2－6　4－NRC 在真菌 *Cunninghamella echinulata* ATCC 9245 催化下的糖基化反应

Preeti[15]在对热带金孢子菌（*Chrysosporium tropicum*）的代谢产物对蚊虫抗性研究中，运用 Whatman 1 号滤纸、柱色谱初步分离，得到不同的代谢物/甲醇比例（5∶5，6∶4，7∶3，8∶2，9∶1），对蚊虫的抗性进行研究。活性试验表明：代谢物/甲醇（9∶1）样品对蚊虫的死亡率最高，最高死亡率为 70.58％。经过活性测定后，再用快速分离色谱法对其活性比例的部位进行制备，得到活性部位。经快速分离色谱法，甲醇-水（9∶1）洗脱，得到代谢物活性最强的部位，可用于生物控制剂的替代物研究。该实验较好地证明了快速分离色谱法在真菌代谢物研究中高效、快速的分离效能，不仅可用于热带金孢子菌代谢物不同比例的分离纯化，还可用于代谢物/甲醇（9∶1）样品的快速制备。

牛力轩[16]等人利用快速色谱、SPE 和半制备高效液相色谱相结合的方法，从解淀粉芽孢杆菌

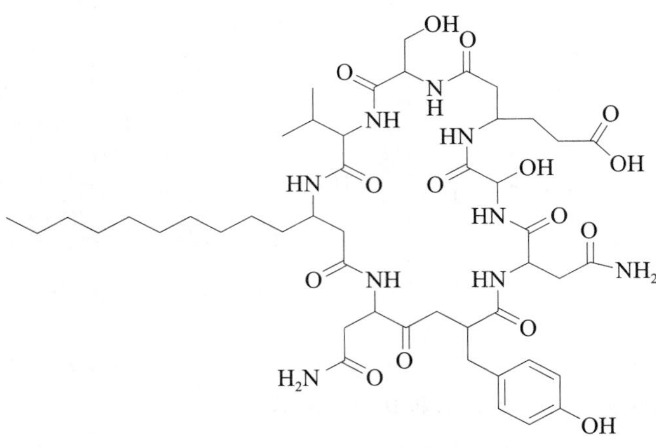

图 2-7 化合物 bacillopeptin A 的结构

Bacillus amyloliquefaciens SH-B74 发酵液中分离纯化，得到了一种脂肽类抗生素 bacillopeptin A。方法是：使用酸沉淀提取粗脂肽经快速柱色谱分离，柱规格：77mm×93mm，二氯甲烷：甲醇（100∶0、98∶2、95∶5、90∶10、80∶20、70∶30、50∶50 和 0∶100）梯度洗脱，抗菌活性筛选得到活性部位经 SPE 进一步纯化，活性组分用 40%甲醇溶解，过 C_{18} 快速分离色谱柱，甲醇-水（40∶60、50∶50、60∶40、65∶35、70∶30 和 100∶0）梯度洗脱，再经半制备反相高效液相色谱分离，78%甲醇-水溶液等度洗脱，流速 2.5ml/min，检测波长 210nm，分离得到脂肽类化合物 Bacillopeptin A（图 2-7）。

Pan 等人[17]对南中国海深海沉积物中的链霉菌 *Streptomyces sp.* 12A35 代谢产物的分离研究中，运用正相和反相快速色谱法进行初步分离纯化，经半制备 HPLC 分离得到 5 个具有抗菌活性的螺环 4-羟乙酰乙酸内酯化合物（spirotetronate）。方法是：链霉菌 *Streptomyces sp.* 12A35 培养液，经过大孔吸附树脂（EtOH-H_2O，10%～100%）洗脱得到粗提物，经硅胶快速分离色谱柱（500～600 目），二氯甲烷-甲醇（90∶10）洗脱，初步分离得到一个活性部位；活性部位再经 C_{18}-快速分离色谱柱，甲醇-水梯度洗脱得两个活性亚组分，最后经半制备 RP-HPLC 分离，得到 5 个结构类似的螺环4-羟乙酰乙酸内酯类化合物（图 2-8）。

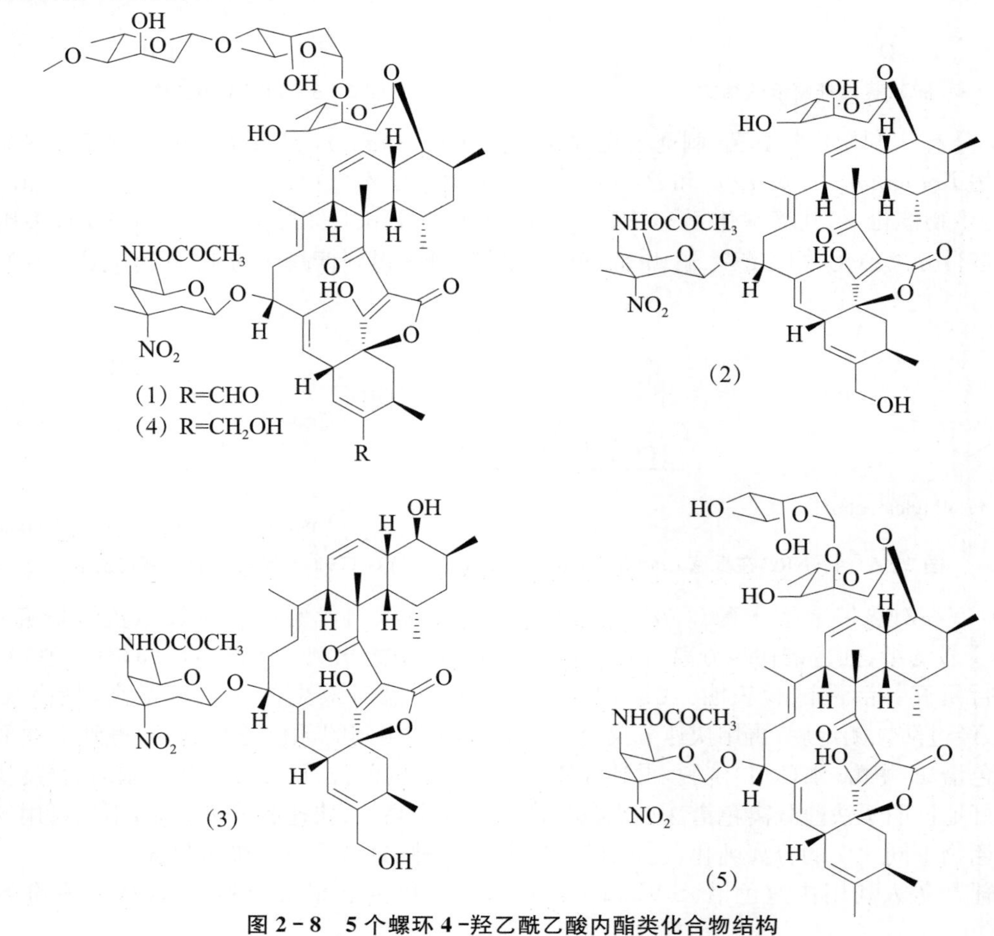

图 2-8 5 个螺环 4-羟乙酰乙酸内酯类化合物结构

2. 快速分离色谱在海洋生物中化学成分分离中的应用

Buchanan 等人[18]从一种海绵 *Ircinia* sp 中，分离得到具有蛋白激酶抑制活性的 cheilanthane 型二倍半萜类化合物。海绵 *Ircinia* sp 经冷冻干燥，研磨成细粉，二氯甲烷提取得浸膏，再经正己烷和含水的甲醇(甲醇-水 9∶1)萃取，后者浓缩后经反相 C_{18}-快速柱色谱(15cm×5cm，Davisil 30～40μm)，用甲醇-水洗脱后，再用乙酸乙酯-甲醇梯度洗脱，其中乙酸乙酯-甲醇(1∶1)洗脱部分为活性部位，再经 HPLC 分离，甲醇-水(9∶1)洗脱，得到以下 4 个 Cheilanthane 型二倍半萜类化合物(图 2-9)。

图 2-9 从海绵 *Ircinia* sp 中分离得到的 Cheilanthane 型二倍半萜类化合物的结构

El Sayed 等人[19]从一种红海海绵 *Diacarnus erythraeanus* 中(图 2-10)，分离得到 1 个去甲基二倍半萜过氧化的有机酸 muqubilone，海绵经 95%乙醇提取，提取物溶于 5%的甲醇-氯仿溶液中，亲脂性溶解物经硅胶快速色谱法，正己烷-乙酸乙酯梯度洗脱，中等极性部分再经 C_{18}-快速色谱法反复分离，乙腈-水梯度洗脱得到化合物 muqubilone。

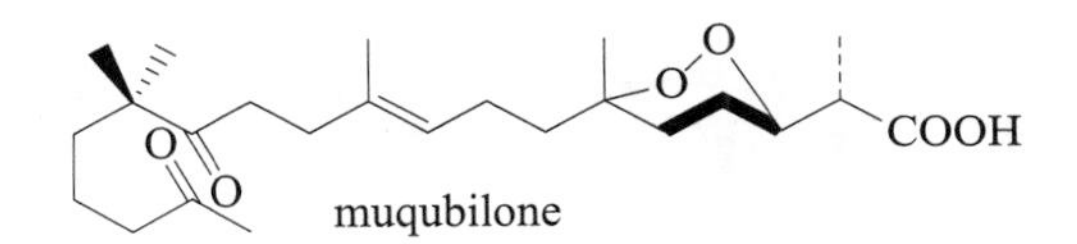

图 2-10 从 *Diacarnus erythraeanus* 中分离得到的 muqubilone 结构

3. 快速分离色谱在高等植物中不同类型化学成分分离中的应用

(1) 酚酸类化学成分

通过两个独立的正相和反相快速分离色谱系统，便可从大麻 *Cannabis sativa* 中分离得到 Δ^9-tetrahydrocannabinolic acid(THCA，Δ^9-四氢大麻酚酸 A)(图 2-11)。采用正相快速分离色谱法，以环己烷和丙酮进行梯度洗脱，从 1.8g 的粗提物中可得到 0.6g 的 Δ^9-四氢大麻酚酸 A。而用反相 C_{18}快速分离色谱法，甲醇-甲酸(0.554%，pH2.3)，(85∶15，V/V)进行等度洗脱，从 0.3g 粗提物中得到 51mg Δ^9-四氢大麻酚酸。运用这两种方法得到的 Δ^9-四氢大麻酚酸的纯度达到 98.8%[20]。

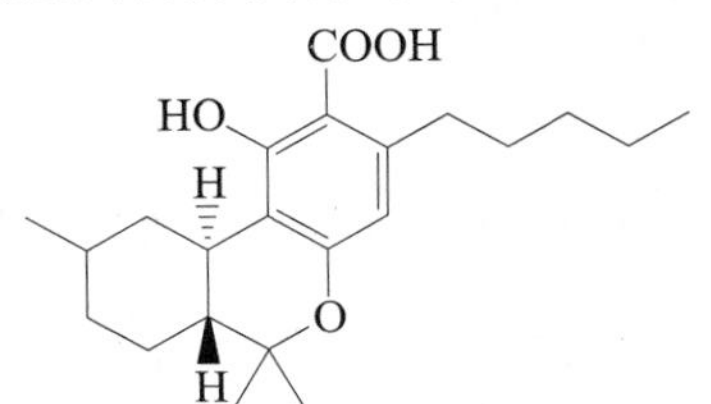

图 2-11 Δ^9-tetrahydrocannabinolic acid 的结构

(2) 黄酮类化学成分

Uckoo 等人[21]采用硅胶快速分离色谱法，环己烷-丙酮溶剂系统梯度洗脱，检测波长在 254nm 和 340nm，从柑橘属植物 *Citrus reshni* 和甜橙 *C. sinensis* 中分离得到 4 个结构相似的多甲氧基黄酮：橘皮素(tangeretin)、川陈皮素(nobiletin)、四甲氧基黄酮(tetramethoxyflavone)和甜橙素(sinensitin)(图 2－12)。

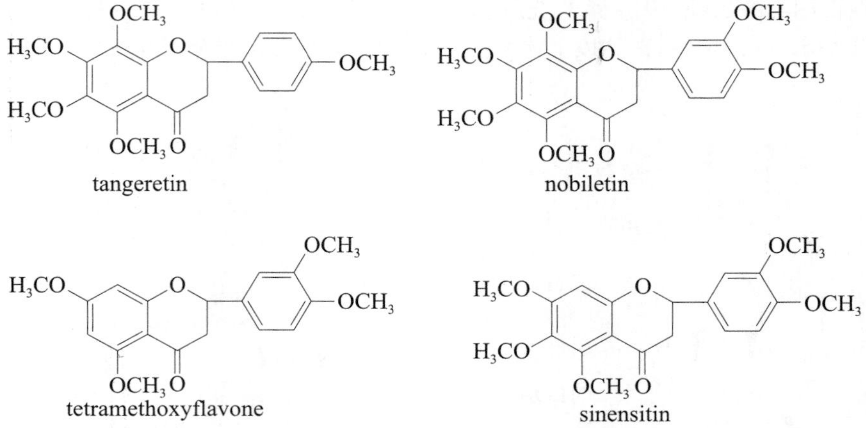

tangeretin　nobiletin

tetramethoxyflavone　sinensitin

图 2－12　tangeretin、nobiletin、tetramethoxyflavone 和 sinensitin 的结构

(3) 萜类化学成分

Esquivel 等人[22]用快速色谱法从植物 *Scutellaria caerulea* 中分离纯化得到 Neoclerodane 型二萜类化合物。*S. caerulea* 地上部分经丙酮提取，提取物经真空液相色谱(VLC)，石油醚-丙酮梯度洗脱，所得流份经硅胶快速色谱分离纯化，洗脱溶剂系统为石油醚-丙酮和苯-乙酸乙酯，得到 3 个 neoclerodane 型二萜类化合物 scuterulein A、scuteruleinB 和 scuteruleinC(图 2－13)。

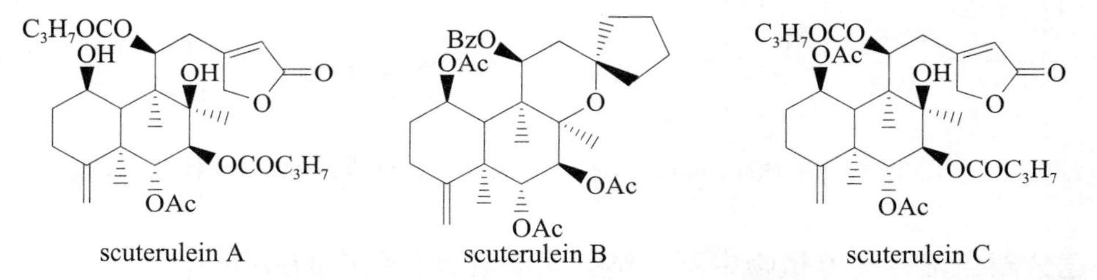

图 2－13　从 *Scutellaria caerulea* 中分离的化合物 scuterulein A、scuterulein B 和 scuterulein C 的结构

经两步快速分离色谱，*Canelia winterana*(Canellaceae)中两个结构十分相似的倍半萜异构体得到有效分离[23]。第一步用硅胶作为固定相，乙醚-正己烷(7∶3)为流动相，得到它们的混合物；第二步用 10% $AgNO_3$ 饱和的硅胶柱，以乙醚-正己烷(1∶1)为流动相洗脱，分离得到以下两个化合物(图 2－14)。

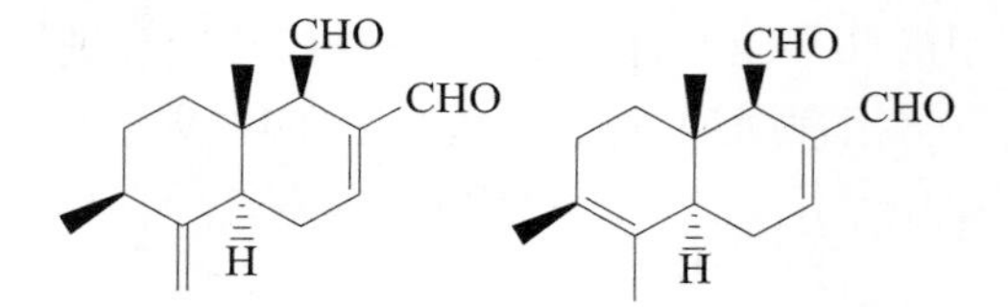

图 2－14　从 *Canelia winterana* 分离的倍半萜异构体的结构

Millar 等人[24]采用快速分离柱色谱的方法，从姜的挥发油部分，分离得到倍半萜类化合物 zingiberene。方法是：采用硅胶快速分离柱(40～63μm)进行分离纯化，正己烷-丙酮(85∶15)系统进行等度洗脱，分离姜的挥发油部分倍半萜与 dienophile 4－phenyl－1,2,4－triazoline－3,5－dione(PTAD)形成的

Diels-Alder 加成产物，分离产物最后经过 $LiAlH_4$还原，得到 zingiberene，纯度达到 99%（图 2-15）。

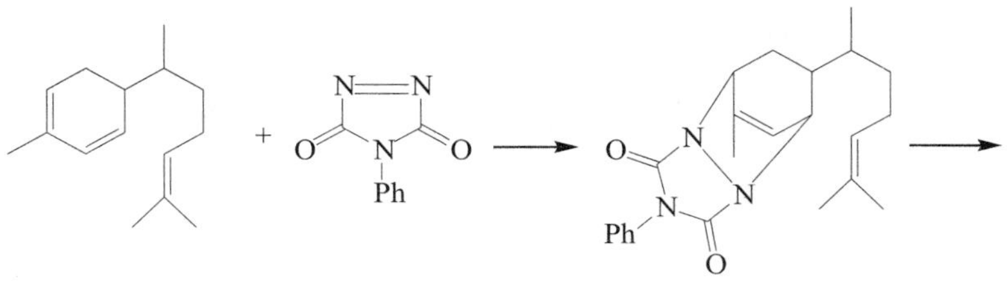

图 2-15 zingiberene 的加成与还原反应式

（4）苯丙素类化学成分

Yong-Jiang Wu 等人[25]采用新的柱层析提取法和快速分离纯化方法，从远志 *Polygala tenuifolia* 中分离制备主要活性成分 3，6′-disinapoylsucrose（DISS）。将远志粉末装入 1 个 1.5 倍量（V/W）的色谱柱，70%乙醇浸泡 4h，用 70%乙醇进行洗脱，每次 1.5 倍量溶剂，前 3 组分作为洗脱液进行反相快速分离纯化，样品量：C_{18}反相硅胶量为 1∶10，流动相为乙醇-乙腈-水（11.25∶3.75∶85，V/V/V），流速为 20ml/min。经过一次快速分离纯化，DISS 的纯度可达到 98.0%，回收率为 70.59%，产量可达每升 2.35g/h。这种制备方法简单、高效、节能，适合大规模从远志中制备 DISS（图 2-16）。

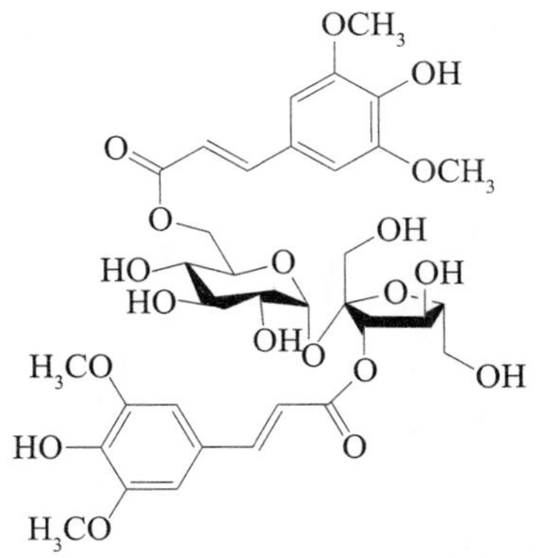

图 2-16 远志中的 3，6′-disinapoylsucrose（DISS）的结构

Mohammad 等人[26]在研究马郁兰 *Origanum majorana* L. 中抗氧化活性成分中，主要采用了快速分离色谱技术的手段，对极性和非极性提取物部分进行初步组分分离，采用正相、反相色谱。首先，用 500ml 的 80%甲醇水溶液提取 2 次，悬液震摇过夜、蒸干，然后用水（500ml）溶解，乙酸乙酯（500ml）萃取得极性和非极性部分，极性部分冷冻干燥，少量水溶解（60ml），再用反相快速分离色谱进行分离。反相快速分离色谱采用 C_{18}柱，吸附剂量 300g，粒径 40～60μm，用甲醇水溶液（10%～90%）梯度洗脱，流速 40ml/min，得到 90 个极性部分组分。用同样的方法对非极性部分进行分离，用正相快速分离色谱，采取同样的步骤得到 45 个非极性部分组分。以上组分用 2，2-二苯基-1-苦基肼（DPPH）和铁离子还原检测其抗氧活性，发现其抗氧活性与总酚含量存在直接的线性关系，对活性部位极性部分组分 47 和非极性部分组分 17 进行 LC-ESI-MS 分析，最后用^{1}H NMR 进行结构鉴定，发现迷迭香酸（rosmarinic acid）（图 2-17）为其中的主要抗氧化活性成分。

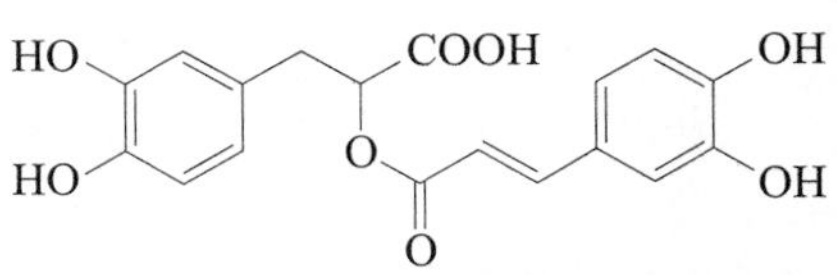

图 2-17 迷迭香酸的结构

（5）木脂素类化学成分

快速分离色谱与半制备 HPLC 联合应用于 *Piper futokadsura*（Piperaceae）中具有血小板激活因子结合抑制活性的新木脂素分离[27]。其茎的二氯甲烷提取物（23g），用快速分离色谱方法在硅胶柱（75cm×10cm）上以正己烷-乙酸乙酯溶剂系统进行梯度洗脱，初步分离；再经过半制备 HPLC、硅

胶柱、正己烷-乙酸乙酯 3∶1溶剂系统，分离得到以下 3 个活性化合物(图 2－18)。

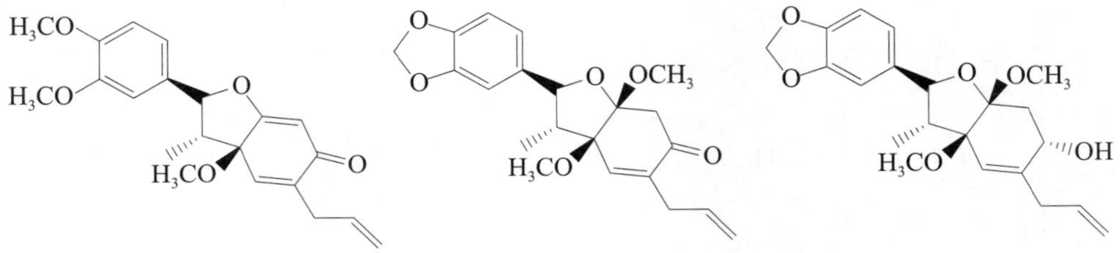

图 2－18　从 *Piper futokadsura* 分离的新木脂素结构

（6）三萜与皂苷类化学成分

Arramon 等人[28]运用 LC-ESI/MS 对欧洲橡木 *Quercus robur* L. 和 *Q. petraea* 心材中的三萜皂苷成分进行分离鉴定时，采用硅胶快速色谱法分离得到 4 个萜类化合物。乙醚部位粗提物用氯仿-甲醇-水(80∶25∶1)作为洗脱液，通过 TLC 检测(R_f＝0.5 和 0.6)，结合 LC-ESI/MS 分析，得到化合物(1)和(2)；乙酸乙酯部位用氯仿-甲醇-水(50∶50∶4)洗脱，TLC 检测得到两个极性较大的斑点(R_f＝0.24 和 0.30)，再经 Sephadex LH－20 进一步分离得到化合物(3)和(4)。以上化合物经 HPLC-MS 和 NMR 鉴定，得到两个三萜 12α,3β,19α－trihydroxyolean－12－ene－24,28－dioic acid 和 2α,3β,19α,23－tetrahydroxyolean－12－ene－24,28－dioic acid 及其对应的三萜皂苷类化合物(图 2－19)。

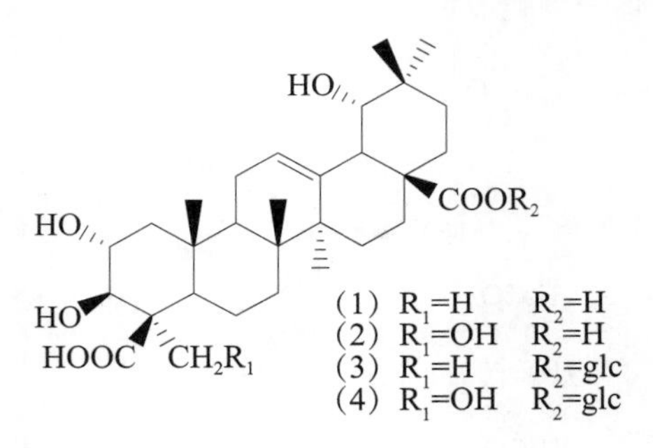

图 2－19　三萜 12α,3β,19α－trihydroxyolean－12－ene－24,28－dioic acid 和 2α,3β,19α,23－tetrahydroxyolean－12－ene－24,28－dioic acid 及其对应的三萜皂苷类化合物结构

（7）生物碱类化学成分

Steven[29]运用快速分离色谱技术从聚合草 *Symphytum officinale* 根中分离和纯化吡咯里西啶类生物碱异构体 lycopsamine 和 intermedine。甲醇粗提物经稀酸和正丁醇萃取，酸性部位经氢氧化铵碱化氯仿提取得富含生物碱的氯仿部分。采用 Biotage Isolera 快速分离色谱系统，硼化钠玻璃珠(或硼化石英砂)色谱柱，氯仿 2ml/min 洗脱，分离和富集得到 lycopsamine(首先被洗脱出来)和 intermedine(后被洗脱下来)(样品量克级以上)。

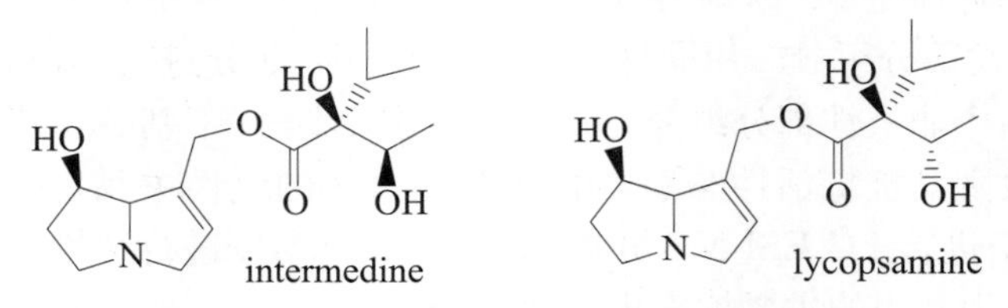

图 2－20　lycopsamine 和 intermedine 的结构

4. 快速分离色谱与其他色谱分离技术在天然产物化学成分分离中的应用

尽管快速分离色谱具有快速分离的许多优势，但仅凭单一的色谱方法并不能解决天然生物代谢

产物分离过程中的所有问题。虽然有些化合物的分离纯化可通过一或两步色谱分离过程可以达到，但在实际应用中，对某种天然资源中化学成分较系统研究中，还需要多种色谱方法与技术的联合使用。根据待分离样品的性质(亲水性或疏水性)等各种情况，将不同色谱方法进行有效组合，往往会达到事半功倍的效果。

快速分离色谱与其他色谱分离技术在天然产物化学成分分离中的应用，见表2－1[30-31]。

表2－1　快速分离色谱与其他色谱分离技术在天然产物化学成分分离中的应用

化合物	来　源	吸附剂(粒度 μm)	柱(径×高 mm)	洗脱剂(体积比)	其他色谱方法
各种化合物	小茴香，草本	硅胶	35×550	增加溶剂极性：Pent-Et_2O，EtOAc，MeOH	CC(Amberlite XAD－2)，MLCCC，制备＋分析。NP-，RP-HPLC
酸性二萜类	黄檀 苏木，油	碱性硅胶(KOH)	—	Hex，CH_2Cl_2，MeOH	半制备RP-HPLC
各种苷类	秦椒，叶	C_{18}反相硅胶	30×200	分步洗脱：5%，20%，30%，40%，50%和100% MeOH-H_2O	CC(Amberlite XAD－2)，RP-HPLC
愈创木内酯类	蓍草，草本	硅胶	50×200	CH_2Cl_2，CH_2Cl_2-Me_2CO(9∶1，8∶2，7∶3，6∶4，1∶1)；CH_2Cl_2-MeOH(9∶1，8∶2，7∶3，6∶4)	CC(硅胶)，半制备RP-HPLC
三萜皂苷	栎树，心材	硅胶	23×550	$CHCl_3$-MeOH-H_2O(80∶25∶1，50∶50∶4)	半制备＋分析。RP-HPLC，CC(Sephadex LH－20)
紫杉烷衍生物	短叶红豆杉，树皮	硅胶	—	分步洗脱(1)75% Hex，25% EtOAc；(2)50% Hex，50% EtOAc；(3)100% EtOAc；(4)75% EtOAc，25% MeOH；(5)50% EtOAc，50% MeOH	制备RP-HPLC
微囊藻毒素LR	铜绿微囊藻	硅胶	10×330	EtOAc-iPrOH-H_2O(30∶45∶25)	SPE(C_{18}柱)，半制备RP-HPLC
微囊藻毒素RR，YR	铜绿微囊藻	硅胶	10×330	EtOAc-iPrOH-H_2O(30∶45∶25)	SPE(C_{18}柱)
葡糖脑苷脂	大戟，地上部分	C_{18}反相硅胶	10×330	MeOH	CC(硅胶)
环氧香柠素	柚子皮	硅胶(40～63)	25×500	$CHCl_3$，EtOAc，Me_2CO，Me_2CO-MeOH(1∶1)	RPC，PTLC
印楝素A	印楝	硅胶	—	Et_2O-MeOH(49∶1)	半制备RP-HPLC
雷公藤红素	南蛇藤，根	硅胶	50×150	LtPet-EtOAc(1∶0，1∶0.25，1∶0.5，1∶1，0∶1)	HSCCC
黄酮	柚子蜜	C_{18}反相硅胶(35～70)	75×300	梯度洗脱19%CH_3CN～22%CH_3CN	CC(Dowex－50，SP－70树脂)
木脂素	苏合香，树干	硅胶	—	$CHCl_3$-MeOH(98∶2，96∶4)	CC(硅胶，Sephadex LH－20)，PTLC
柠檬苦素苷	葡萄柚子	C_{18}反相硅胶(35～70)	75×300	MeOH-CH_3CN-H_2O(10∶15∶75)	—

（续表）

化合物	来源	吸附剂（粒度 μm）	柱（径×高 mm）	洗脱剂（体积比）	其他色谱方法
各种化合物	垂枝暗罗	硅胶	—	PetEtO$_2$-EtOAc-MeOH 的混合液，逐步增加极性	VLC，PTLC
疣疤菌素 A	疣孢漆斑菌	硅胶	—	Hex-CH_2Cl_2-propan-2-ol（8∶4∶1）	PTLC，RP-HPLC
环肽	链霉菌属	硅胶+C_{18}反相硅胶	—	Hex-EtOAc（1∶1），$CHCl_3$-MeOH（50∶1），$CHCl_3$-MeOH（20∶1）；MeOH-H_2O 溶液梯度洗脱	制备 HPLC
II 相酶诱导剂	冻干洋葱（洋葱）	硅胶+C_{18}反相硅胶	—	不同溶剂洗脱	PTLC，RP-HPLC
链脲霉素	链霉菌 Kordi-3238	硅胶	—	Hex 和 EtOAc（40%，60% EtOAc）梯度混合	RP-HPLC
化学预防剂	绿洋葱（洋葱）	硅胶+C_{18}反相硅胶	48×300，25×600	NP：2，5%，5%，10%，30%和 100% MeOH-CH_2Cl_2 梯度洗脱；RP：2% ～ 30% CH_3CN（1%AcOH）线性梯度洗脱	半制备 RP-HPLC，PTLC
乳糖二酰甘油	鼠尾藻	C_{18}反相硅胶	—	MeOH-H_2O（70∶30，80∶20，90∶10）；100% MeOH，Me_2CO，EtOAc	RP-HPLC
黄酮醇衍生物	大戟属银角珊瑚，地上部分	C_{18}反相硅胶	40×150	10%～100% MeOH-H_2O 分步洗脱	半制备 RP-HPLC
黄酮醇四糖苷	小扁豆，种子	硅胶（32～63）	40×150	EtOAc-PrOH-H_2O（2∶7∶1）	CC（Diaion HP-20 树脂），半制备 RP-HPLC
Urukthapelstatin A	*Mechercharimyces asporophorigenens* YM11-542	C_{18}反相硅胶	—	MeOH-H_2O	CC（硅胶），制备 RP-HPLC
羟基蒽醌类	大黄，根	硅胶	—	PE-EtOAc（95∶5，8∶1，3∶1，1∶1）；EtOAc	—
微囊藻素-LW、LF	铜绿微囊藻	硅胶+C_{18}反相硅胶	40×75	CH_2Cl_2-MeOH-AcOH（88∶10∶2），MeOH-H_2O（0%～100%分步洗脱）	—
色酮、吡喃酮	库拉索芦荟	C_{18}反相硅胶	—	MeOH-H_2O（26∶74）	HSCC
脂肪酸脂	茜草科阔叶乌檀	硅胶	—	Hex∶EtOAc 梯度洗脱	PTLC
泽兰素、橙黄酮	白鸢尾	硅胶	—	PE（100%），PE-$CHCl_3$（1∶1，3∶7，100%）；$CHCl_3$-MeOH（8∶2，1∶9，100%）	—
thuridillin A、D	Thuridilla splendens	C_{18}反相硅胶	—	Hex-Et_2O（8∶2→7∶3→6∶4）；$CHCl_3$-MeOH（9∶1∶→1∶1）	PTLC

（续表）

化合物	来 源	吸附剂（粒度 μm）	柱（径×高 mm）	洗脱剂（体积比）	其他色谱方法
厚朴总酚	厚朴	硅胶	—	Hex-Et_2O，(10:1→10:3)	—
氧化苦参碱	苦参	硅胶+C_{18} 反相硅胶	40×50 40×166	PE-MeOH 梯度洗脱；MeOH-H_2O(1:9)	—
mojavensin	莫哈韦芽孢杆菌 B0621A	硅胶	80×150	CH_2Cl_2-MeOH（100/0 → 0/100）梯度洗脱	RP-HPLC
脂肽类抗生素	淀粉芽孢杆菌 SH-B10	硅胶	—	CH_2Cl_2-MeOH（100/0 → 0/100）梯度洗脱	半制备-HPLC
恩他卡朋 β-糖苷	刺孢小克银汉霉菌 ATCC 9245	硅胶	20×220	EtOAc:MeOH(70:30)	—
甜橙素、萜类	白鸢尾	硅胶	—	PE(100%)，PE-$CHCl_3$(7:3，1:1，3:7，100%)；$CHCl_3$-MeOH(7:3,1:1,3:7,100%)	—
5′-脱氧甲氨基腺苷	海带	硅胶+C_{18} 反相硅胶	25×300 45×400	MeOH-H_2O (0,10%,25%,50%,100%)	RP-HPLC
环肽 水解酶	埃泽楼毛癣菌、大链壶菌	硅胶	—	—	Whatman-1 号滤纸
异黄酮	Irisgermanica L. Iris pallida Lam. R	C18 反相硅胶	—	MeOH:H_2O(50:50，85:15，1:0)	半制备-HPLC
Streptochlorn	链霉菌	C18 反相硅胶	—	MeOH-H_2O 梯度洗脱	RP-HPLC
鳍藻毒素	浮游植物	硅胶	—	Et_2O—MeOH(0%→90%)	SPE(C_{18} 柱)，半制备 RP-HPLC
双环内酯素	米曲霉	硅胶	45×122	Cyclohexane-Me_2CO(9:1，8:2，…，2:8，1:9)梯度洗脱	重结晶

注：固定相：NP：正相；RP：反相；溶剂：AcOH：乙酸；Me_2CO：丙酮；CH_3CN：乙腈；$CHCl_3$：氯仿；Et_2O：乙醚；EtOAc：乙酸乙酯；Hex：正己烷；MeOH：甲醇；CH_2Cl_2：二氯甲烷；Pent：戊烷；PE：石油醚；LtPet：轻质石油；PrOH：正丙醇；iPrOH：异丙醇；TFA：三氟乙酸；色谱：CC：柱色谱；FC：快速色谱法；HSCCC：高速逆流色谱；RP-HPLC：反相高效液相色谱；MLCCC：多层逆流色谱；MPLC：中压液相色谱；PTLC：制备薄层色谱；SPE：固相萃取。

参考文献

[1] 袁黎明. 制备色谱技术及应用[M]. 第 2 版. 北京：化学工业出版社，2005.

[2] Still W C，Kahn M，Mitra A . Rapid chromatography technique for preparative seperation with moderate resolution [J]. J Org Chem，1978，43(14)：2923—2925.

[3] Synder LR，KirKland JJ，Glajch JL. Practical HPLC method development [M]. 2nd ed. New York：Wiley-Interscience，1997，621—622，722.

[4] 朱彭龄. 快速色谱. 分析测试技术与仪器[J]. 2014，20：118—123.

[5] 彭勤纪. 快速色谱及其应用[J]. 化工进展,1989,3:18－21.

[6] 凌仰之,徐春芳,刘维勤. 闪式柱层析[J]. 医药工业,1986,43:427.

[7] Kühler TC. Lindsten GR. Preparative reversed-phase flash chromatography, a convenient method for the workup of reaction mixture[J]. J. Org. Chem., 1983, 48(20): 3589－3591

[8] 方起程. 天然药物化学研究[M]. 北京:中国协和医科大学出版社,2006.

[9] Pyo D and Lee S, Rapid purification of microcystin-LR using supercritical fluid extraction and flash chromatography[J], Anal. Lett, 2002, 35(9): 1591－1602.

[10] Dongiin Pyo, Changsuk Oh and Jongchon Choi. Simultaneous separation and purification of microcystin LR, RR, YR by using supercritical fluid extraction and column chromatography [J]. Anal. Lett, 2004, 37(12): 2595－2608.

[11] Petur WD, Thomas OL, Carsten C. Bioactive Cyclic Peptides from the Psychrotolerant Fungus *Penicillium algidum*[J]. The Journal of Antibiotics, 2005, 58(2): 141－144.

[12] Rodrigues AL, Becker JL, Andre OS, et al. Systems Metabolic Engineering of Escherichia Coli for Gram Scale Production of the Antitumor Drug Deoxyviolacein From Glycerol[J]. Biotechnology and Bioengineering, 2014, 111(11): 2280－2289.

[13] Jeong DK, Jae WH, Dongho L, et al. Identification and biocontrol efficacy of Streptomyces miharaensis producing filipin III against Fusarium wilt[J]. Journal of Basic Microbiology, 2012, 52: 150－159.

[14] Kelly CF. Araújo C, Kênnia R. Rezende, Boniek G. Vaz, et al. Biosynthesis and antioxidant activity of 4NRC β-glycoside[J]. Tetrahedron Letters, 2013, 54(48): 6656－6659.

[15] Preeti Verma, Soam Prakash. Efficacy of Chrysosporium tropicum metabolite against mixed population of adult mosquito(Culex quinquefasciatus, Anopheles stephensii, and Aedes aegypti) after purification with flash chromatography[J]. Parasitol Res, 2010, 107:163－166.

[16] 牛力轩,王楠,王雪梅,等. 一株产脂肽类抗生素 bacillopeptin A 深海芽孢杆菌的筛选与鉴定[J]. 中国抗生素杂志,2011,36(10):738－750.

[17] Pan HQ, Zhang SY, Wang N, et al. New Spirotetronate Antibiotics, Lobophorins H and I, from a South China Sea-Derived Streptomyces sp. 12A35[J]. Mar. Drugs, 2013, 11: 3891－3901.

[18] Buchanan MS, Edser A, King G, et al. Cheilanthane sesterterpenes, protein kinase inhibitors, from a marine sponge of the genus *Ircinia*[J]. J Nat Prod, 2001, 64(3):300－303.

[19] El Sayed KA, Hamann MT, Hashish NE, et al. Antimalarial, antiviral, and antitoxoplasmosis norsesterterpene peroxide acids from the red sea sponge *Diacarnus*[J] *erythraeanus*. J Nat Prod, 2001, 64(4):522－524.

[20] Ariane W, Hellmut M, Volker A. Rapid isolation procedure for 9 - tetrahydro - cannabinolic acid A(THCA) from Cannabis sativa using two flash chromatography systems[J], Journal of Chromatography B, 2011, 879(28):3059－3064.

[21] Uckoo RM, Jayaprakasha GK, Patil BS. Rapid separation method of polymethoxyflavones from citrus using flash chromatography[J]. Separation and Purification Technology, 2011, 81(2):151－158.

[22] Esquivel B, Dominguez RM, Toscano RA. Neoclerodane diterpenoids from *Scutellaria caerulea*[J]. J Nat Prod, 2001, 64(6): 778－782.

[23] Al-Said MS, El-Khawaja SM, El-Feraly FS, et al. 9 - Deoxy drimane sesquiterpenes from *Canella winterana*[J], *Phytochemistry*, 1990, 29(3):975－977.

[24] Millar JG. Rapid and Simple Isolation of Zingiberene from Ginger Essential Oil [J]. J. Nat.

Prod, 1998, 61(8):1025—1026.

[25] Wu YJ, Shi QY, Lei HL, et al. Simple and efficient preparation of 3, 60 - disinapoylsucrose from Polygalae Radix via column chromatographic extraction and reversed-phase flash chromatography[J]. Separation and Purification Technology, 2014, 135:7—13.

[26] Mohammad BH, Gabriel C, Ingrid AA, et al. Antioxidant activity guided separation of major polyphenols of marjoram(*Origanum majorana* L.) using flash chromatograpy and their identification by liquid chromatography coupled with electrospray ionization tandem mass spectrometry[J]. J. Sep Sci, 2014, 37(22):3205—3213.

[27] Chang MN, Han GQ, Arison BH, et al. Neolignans from *Piper futokadsura*[J]. *Phytochemistry*, 1985, 24(9):2079—2082.

[28] Arramon G, Saucier C, Colombani D, et al. Identification of Triterpene Saponins in *Quercus robur* L. and *Q. petraea* Liebl. Heartwood by LC-ESI/MS and NMR[J]. Phytochem. Anal, 2002, 13:305—310.

[29] Colegate SM, Gardner DR, Betz JM, et al. Semi-automated Separation of the Epimeric Dehydropyrrolizidine Alkaloids Lycopsamine and Intermedine: Preparation of their *N*-oxides and NMR Comparison with Diastereoisomeric Rinderine and Echinatine[J]. Phytochem. Anal, 2014, 25(5):429—438.

[30] Otto Sticher. Natural product isolation[J]. Nat Prod Rep, 2008, 25(3):517—554.

[31] Franz Bucar, Abraham Wube, Martin Schmid. Natural product isolation-how to get from biological material to pure compounds[J]. Nat Prod Rep, 2013, 30(4):525—545.

(李 帅、马先杰)

第 三 章
药用真菌化学成分的生物合成

YAO YONG ZHEN JUN HUA XUE CHENG FEN DE SHENG WU HE CHENG

药用真菌的化学成分结构丰富多样，依据结构和生物合成途径，可分为由聚酮途径生成的聚酮类(Polyketides)、由非核糖体多肽途径生成的非核糖体多肽类(Non-ribosomal peptides)、由聚酮和非核糖体途径杂合催化生成的聚酮-非核糖体多肽杂合类(PKS-NRPS 杂合物)、由甲戊二羟酸途径(mevalonate pathway)生成的萜类(Terpenoids)，以及由聚酮、或莽草酸(shikimic acid)或氨基酸(amino acid)等途径与甲戊二羟酸途径共同生成的杂萜类(Meroterpenoid)等。

第一节 聚酮化合物及其生物合成途径

一、聚酮化合物(Polyketides)

聚酮化合物是药用真菌的重要化学成分，是由聚酮合酶(polyketide synthases，PKSs)催化、通过将低级的羧酸连续缩合反应而形成的天然产物。其催化过程类似脂肪酸合酶(Fatty acid synthases，FASs)催化脂肪酸的生物合成，即通过酰基- CoA 活化底物之间的重复脱羧缩合而成。聚酮化合物结构(图 3-1)丰富多样[1-3]，有内酯类、香豆素类、醌类等，如玉米赤霉烯酮(zearalenone)、洛伐他汀

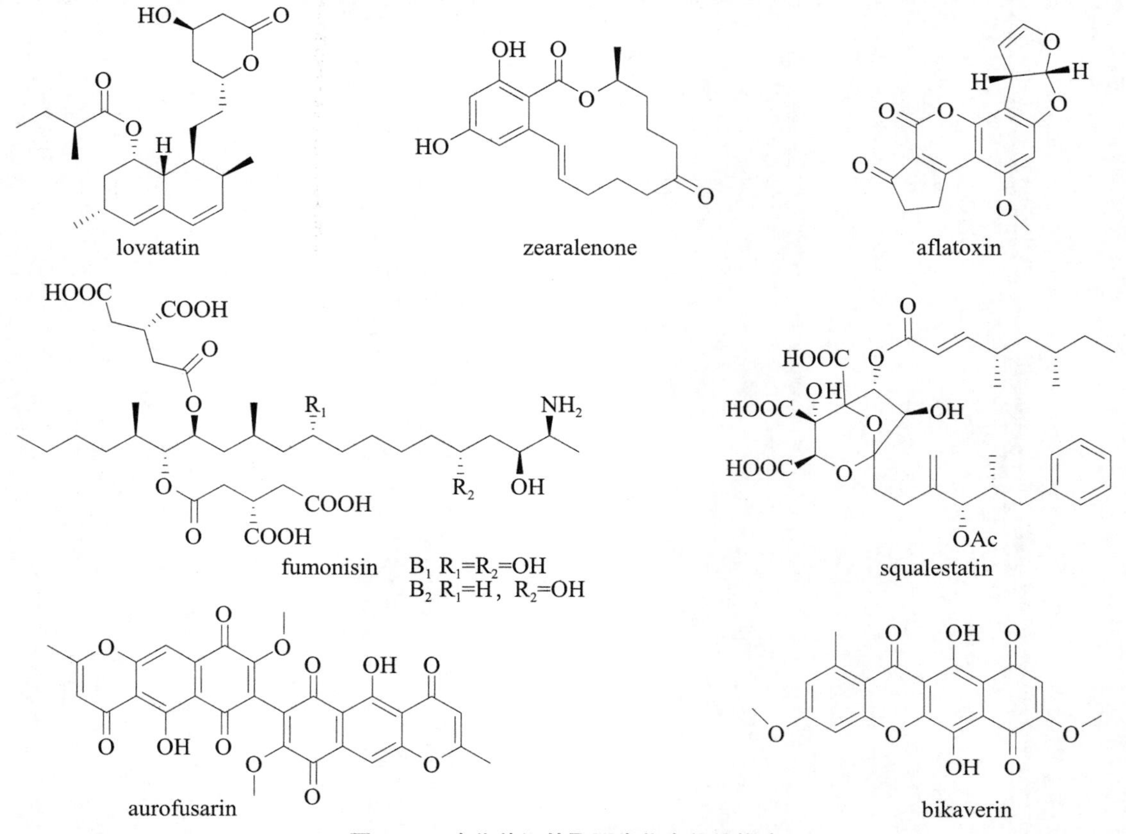

图 3-1 洛伐他汀等聚酮类化合物结构式

(lovastatin)、角鲨抑素(squalestatin)、伏马菌素(fumonisin)、黄曲霉毒素(aflatoxin)、黄色镰刀菌素(aurofusarin)、比卡菌素(bikaverin)等。这些化合物具有显著的生物活性，如洛伐他汀和角鲨抑素是很好的降固醇药；伏马菌素又称烟曲霉毒素，可使动物发生癌变，如马脑白质软化症、猪肺水肿和大鼠肝癌等病症；玉米赤霉烯酮是一种真菌毒素，由多种镰孢菌产生，广泛存在于被感染的宿主体内，可使动物产生类似雌激素紊乱症状；黄色镰刀菌素是沉淀在细胞壁上的红色色素，可在感染的种子中富集，从而使家畜产生疾病。

二、聚酮途径

聚酮合酶(Polyketide synthases，PKSs)是催化初始聚酮链骨架合成的关键酶，在药用真菌代谢中可催化合成结构多样的聚酮化合物。按其结构和催化机制，可将聚酮合酶分为Ⅰ型(模块型，modular PKSs；重复型，iterative PKSs)，Ⅱ型(重复型)，Ⅲ型(查尔酮型)3类[4]。

真菌 PKS 是一个巨型的多功能蛋白，拥有多个和Ⅰ型 PKS 相似的催化活性单元，故将真菌来源的聚酮合酶分为Ⅰ型。随着人们对真菌聚酮合酶的不断认识，发现在聚酮链延伸过程中有许多活性功能单元是重复催化使用的，所以将真菌 PKS 单独作为一类，即重复的Ⅰ型 PKS。

根据真菌 PKS 催化过程中还原程度的不同，又将其分为无还原型(non-reduced, NR-PKS)、部分还原型(partially reduced, PR-PKS)和高度还原型(highly reduced, HR-PKS)3类。

真菌的 PKSs 常包括以下活性单元[4-6]：酰基转移酶(acyltransferase，AT)、酰基转运蛋白酶(acyl carrier protein，ACP)、酮酯酰基合酶(ketosynthase，KS)、酮酰基还原酶(ketoreductase，KR)、脱水酶(dehydratase，DH)、烯酰基还原酶(enoylreductase，ER)、硫酯酶(thioesterase，TE)、环化酶(cyclases，CYC)与甲基转移酶(methyltransferase，MT)等，其中 AT、ACP 和 KS 为真菌 PKSs 的基本结构域。

在聚酮链合成[4-8]过程中(图 3-2)，酰基转移酶(AT)将启动单元(多数为乙酰-CoA 和丙二酰-CoA，也可为七碳或九碳化合物)或延伸单元(丙二酰-CoA、甲基丙二酰-CoA)转移到 ACP 的磷酸泛酰巯基乙胺上，再与 KS 结构域结合，在 KS 的催化作用下将起始单元和延伸单元进行缩合组装。随着缩合组装的不断进行，聚酮链也得到延伸。延伸过程中在烯酰基还原酶(ER)和脱水酶(DH)作用下，相应地形成 β-羟酯键和 α,β-烯醇酯键或进一步还原形成饱和的亚甲基，直至到达终点，在硫酯酶(TE)作用下进行水解或环化反应将聚酮前体从 PKS 上释放下来，再经过一些后修饰酶的作用，最终生成聚酮产物。由于该过程重复次数与后修饰作用的不同，形成了结构复杂多样的聚酮类化合物。

图 3-2　聚酮链的生物合成

三、洛伐他汀与黄色镰刀菌素的生物合成途径

以洛伐他汀和黄色镰刀菌素为例，简述聚酮类化合物的生物合成途径。

（一）洛伐他汀

洛伐他汀(lovastatin)是一种能特异性地抑制胆固醇合成的化合物，是目前临床上广泛应用的降胆固醇药物之一。早在1999年，有关土曲霉(*Aspergillus terreus*)中洛伐他汀合成相关基因簇(图3-3)就有报道[9]，该基因簇主要包括两个PKSs基因 *lovB* 和 *lovF*，转酯酶基因 *lovD*，烯酰还基原酶

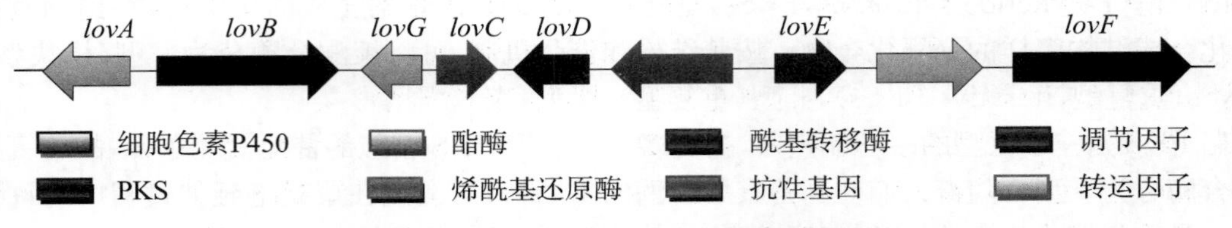

图3-3　土曲霉中洛伐他汀生物合成基因簇

基因 *lovC*，细胞色素P450单加氧酶基因 *lovA* 和调节因子基因 *lovE* 等。有关土曲霉洛伐他汀合成途径研究较为透彻。在其合成过程中有两个PKSs参与，即九酮合成酶(lovastatin nonaketide synthase = LNKS = LovB)和二酮合成酶(lovastatin diketide synthase = LDKS = LovF)，其基本过程[9-12]如图3-4所示：①LNKS催化1分子乙酰-CoA依次与8分子丙二酰-CoA进行缩合反应，最终生成洛伐他汀的主体结构——九酮体化合物 dihydromonacolin L，在经过氧化、脱水、单加氧酶

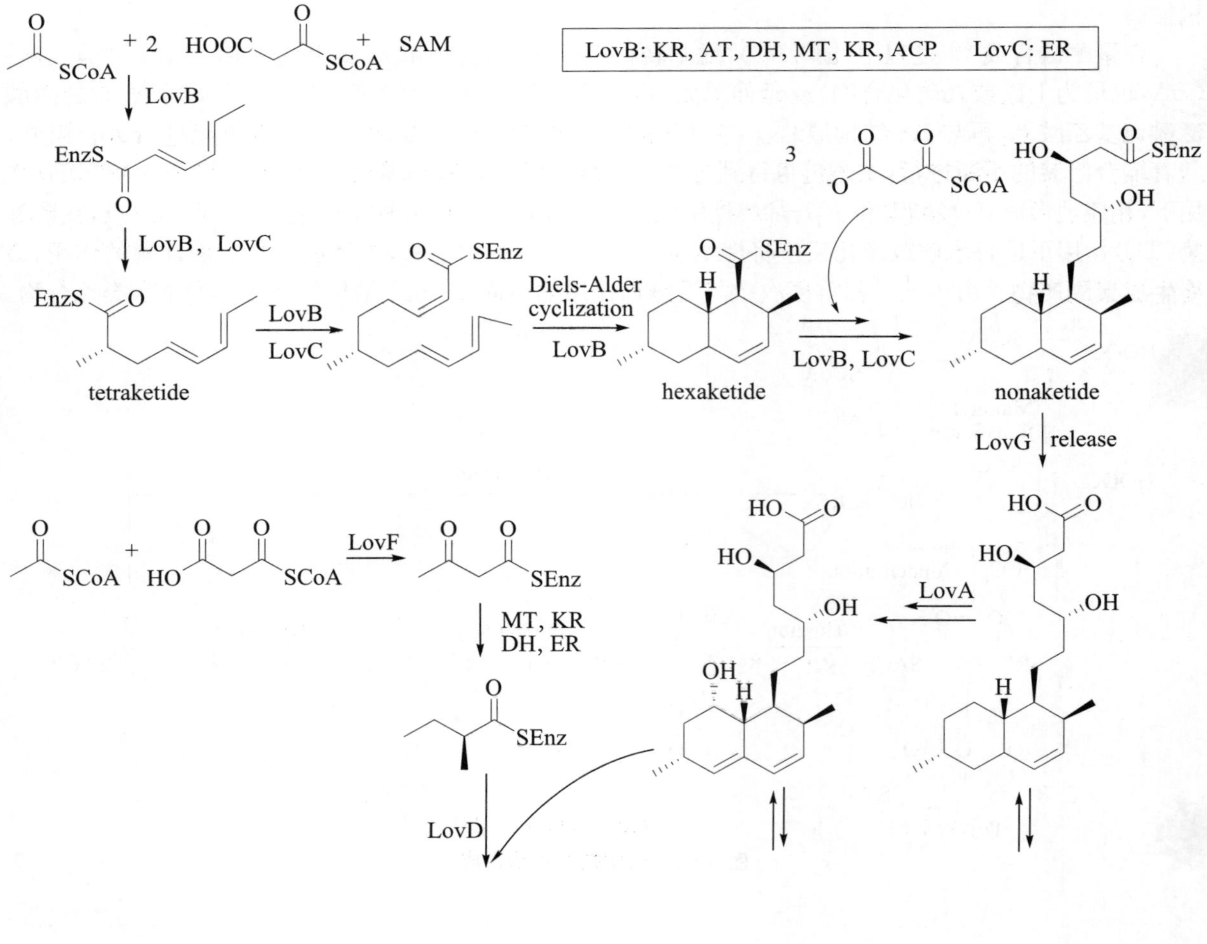

图 3-4　土曲霉中洛伐他汀生物合成途径

P450 催化等作用后生成 monacolin J；②LDKS 催化 1 分子丙二酰- CoA 与 1 分子乙酰- CoA 缩合，生成甲基丁酰- CoA；③在酰基转移酶的作用下，甲基丁酰- CoA 通过酯键连接到 monacolin J 上，完成洛伐他汀的合成。

（二）黄色镰刀菌素

黄色镰刀菌素（aurofusarin）属于芳香族萘醌类聚酮的二聚体。早在 1937 年，从黄色镰孢（*Fusarium culmorum*）中发现，随后在禾谷镰孢（*Fusarium graminearum*）和燕麦镰孢（*Fusarium avenaceum*）中都发现了该化合物。有关它的生物合成在禾谷镰孢中的研究已比较清楚[13]，其基因簇（图 3-5）包括编码漆酶基因 *gip1* 和 *aurL2*、聚酮合酶基因 *pks12*、单加氧酶基因 *aurF*、氧甲基转移酶基因 *aurJ*、氧化还原酶基因 *aurO*、转运蛋白基因 *aurT*、脱氢酶基因 *aurZ* 和 *aurS* 及两个转录因子基因 *aurR1* 和 *aurR2*。

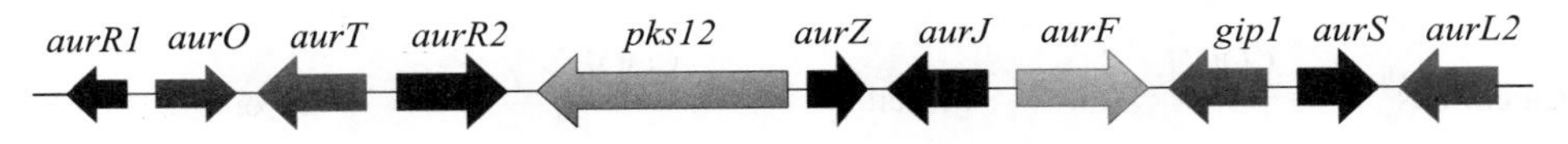

图 3-5　禾谷镰孢中黄色镰刀菌素生物合成基因簇

在黄色镰刀菌素的生物合[13-14]成过程中，聚酮合酶（PKS12）将 1 分子乙酰- CoA 与 6 分子丙二酰- CoA 进行缩合反应，经脱氢酶（AurZ）脱去一分子水，生成去甲基红镰霉素（nor-rubrofusarin），后又经氧甲基转移酶（AurJ）作用，生成中间产物红镰霉素（rubrofusarin），此中间产物通过 AurT 转运到细胞外，在胞外酶 GIP1、AurF、AurO 与 AurS 等催化作用下，生成终产物黄色镰刀菌素（图 3-6）。

图 3-6　禾谷镰孢中黄色镰刀菌素生物合成途径

第二节　非核糖体多肽与生物合成途径

一、非核糖体多肽类(Non-ribosomal peptides)化合物

非核糖体多肽是药用真菌的重要化学成分，它是由非核糖体肽合酶(non-ribosomal peptide synthetases，NRPSs)催化合成的结构复杂、种类繁多、生物活性多样的小分子肽类化合物[1-3]。通过非核糖体途径合成的青霉素(penicillin)、头孢菌素(cephalosporin)等(图 3-7)抗生素与具有免疫抑制作用的环孢菌素(cyclosporin)在临床上均有广泛应用。此外，非核糖体肽合酶还合成麦角生物碱、二酮哌嗪类、真菌毒素与载铁体多肽(是微生物分泌到细胞外的多肽，能够帮助其摄取胞外的铁离子，在抵抗体外或宿主体内氧化胁迫过程中起重要作用，如高铁色素 ferrichrome A)等物质。

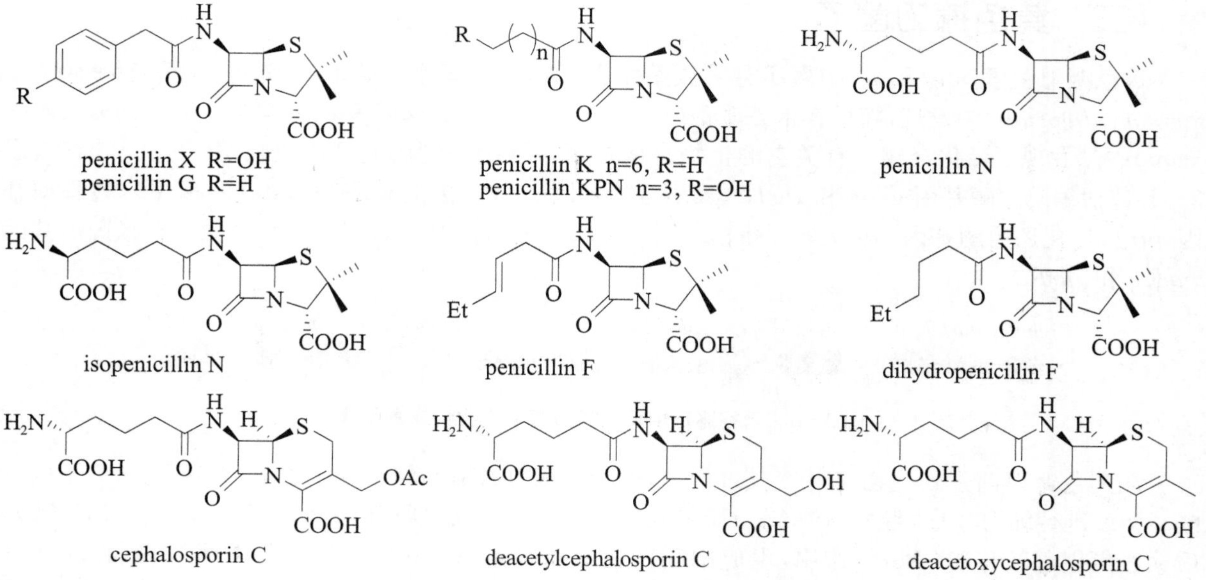

penicillin X　R=OH
penicillin G　R=H

penicillin K　n=6, R=H
penicillin KPN　n=3, R=OH

penicillin N

isopenicillin N

penicillin F

dihydropenicillin F

cephalosporin C

deacetylcephalosporin C

deacetoxycephalosporin C

图 3-7　青霉素等非核糖体多肽类化合物结构式

二、非核糖体多肽途径

非核糖体多肽类化合物是由非核糖体多肽合成酶(NRPSs)催化合成。NRPS 是由多个功能模块(module)和位于 C 端的硫酯酶(TE)结构域(图 3-8)组成[8,15]，每个功能模块负责引入 1 个氨基酸。每个模块又具有多个结构域(domain)，即腺苷酰化结构域(adenylation，A)、肽酰基转运蛋白结构域(peptidyl carrier protein，PCP 或称为巯基化结构域 T)和多肽缩合结构域(condensation，C)。

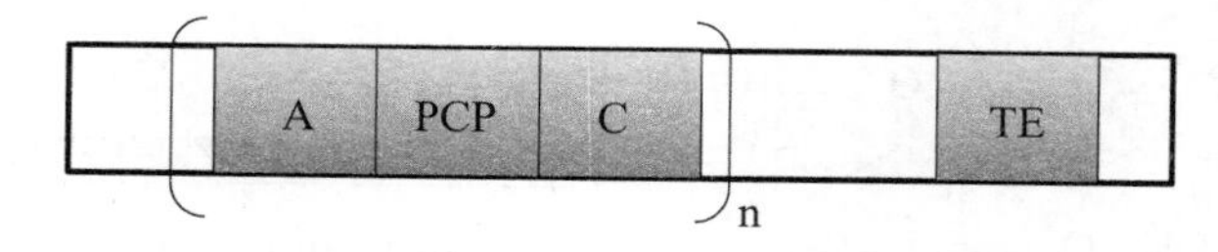

图 3-8　非核糖体多肽合成酶结构域

目前发现的 NRPS 可分为 A 型、B 型、C 型 3 类[15]。A 型称为线性 NRPS，3 个核心的结构域以 C-A-P 的顺序在模块上排列。B 型称为重复型 NRPS，在多肽合成过程中多次利用它们的模块或结

构域。C 型称为非线性 NRPS，3 个核心结构域 C、A、P 至少有 1 个异常排列，模块数与其编码多肽产物的氨基酸残基数不同。

NRPS 合成机制具有一个显著特点，即催化功能域的顺序与产物中氨基酸顺序一一对应。NRPS 合成过程[8,15-16]可以简述如下（图 3－9）：①底物氨基酸经由 A 结构域的特异性识别，在 ATP 作用下合成相应的氨酰－AMP；②氨酰－AMP 以硫酯键的形式结合在 PCP 结构域上，形成氨酰－S－载体复合物；③分别携带氨酰基和肽酰基的载体与 C 结构域上的特定区域结合，氨酰－S－载体复合物上的氨基向肽酰－S－载体复合物上肽酰基的酰基进行亲核攻击，从而形成一个新肽键。有些底物氨基酸经化学结构修饰，如差向异构化（epimerization，E）、*N*－甲基化（N-methylation）等，这种在骨架合成过程中氨基酸残基的修饰被称作“顺式”后修饰；④PCP 上面的肽链经转酯作用转移至 TE 结构域，在硫酯酶（thioesterase，TE）的作用下，进行水解、还原或环化进而形成非核糖体多肽化合物的核心部分，并从 NRPS 上释放下来。所得的多肽骨架再经乙酰化、糖基化、氧化还原等后修饰作用，生成最终的非核糖体多肽化合物。大多数 NRPSs 的模块数为 3～15 个，最高可达 50 个。模块的数量、种类和排列顺序的不同，会导致终产物结构复杂多样性。

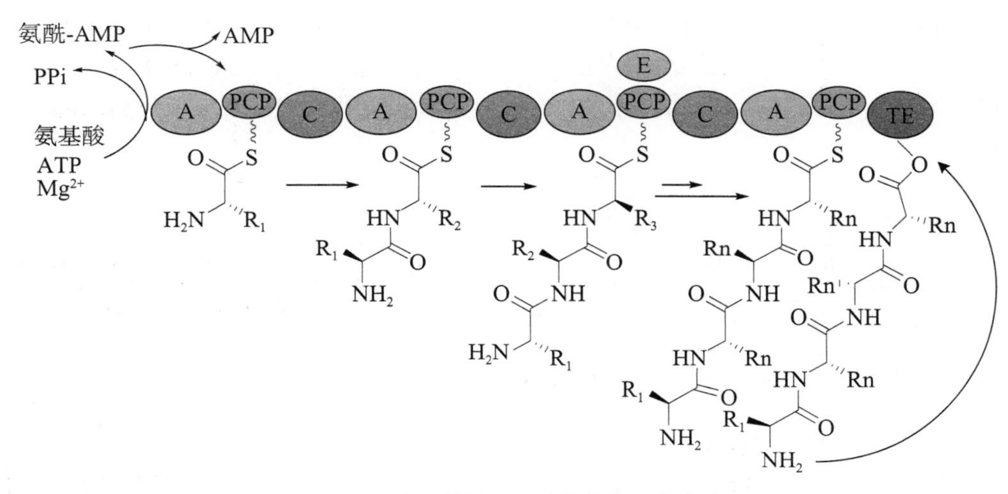

图 3－9　非核糖体多肽类化合物生物合成

三、青霉素 G 和头孢菌素 C 的生物合成途径

以青霉素 G 和头孢菌素 C 为例，简述非核糖体多肽化合物的生物合成途径。

青霉素（penicillin）是由青霉菌（*Penicillium*）产生，在临床上应用最早、最为广泛的抗生素，其结构中含有由三肽合成的 β－内酰胺－四氢噻唑环。市售青霉素 G（penicillin G）是在苯乙酸存在下，由产黄青霉菌（*Penicillium chrysogenum*）在含有玉米浆的培养液中发酵产生。其生物合成基因簇[17]（图 3－10）由 ACV 合成酶基因 *pcbAB*、异青霉素 N 合成酶基因 *pcbC* 及异青霉素 N 酰基转移酶基因 *penDE* 组成。

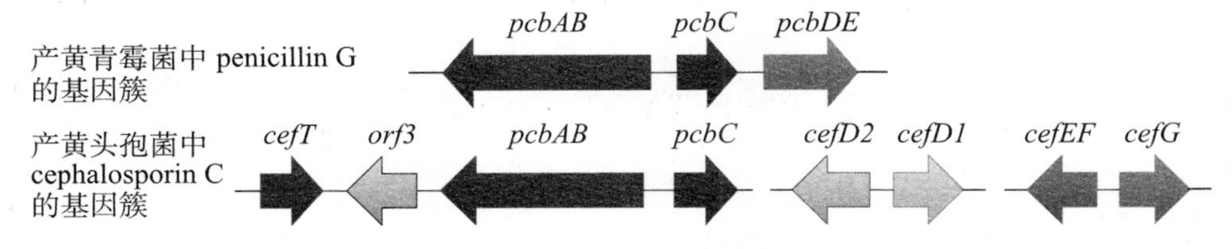

图 3－10　青霉素 G 和头孢菌素 C 生物合成基因簇

头孢菌素(cephalosporin)是由与青霉菌近源的头孢菌属(*Cephalosporium*)真菌产生的抗生素。其结构中含有β-内酰胺-二氢噻嗪环,该六元环是由青霉素结构中五元四氢噻唑环经过氧化扩环反应,引入1个甲基碳产生。市售的头孢菌素C(cephalosporin C)是由产黄头孢(*Acremonium chrysogenum*)的高产菌株发酵产生。其生物合成基因簇[17](图3-10)包括ACV合成酶基因 *pcbAB*、异青霉素N合成酶基因 *pcbC*、异青霉素N-CoA差向异构酶基因 *cefD2*、异青霉素N-CoA合成酶基因 *cefD1*、去乙酰头孢菌素C合成酶/羟化酶基因 *cefEF*、乙酰辅酶A基因 *cefG*、蛋白外排泵基因 *cefT* 与功能尚不清楚的基因 *orf3*。

早在20世纪70年代,就有青霉素G和头孢菌素C生物合成的研究报道,到了90年代就已得到整个合成途径涉及的基因序列,并鉴定了很多相关酶。对其合成途径[16-17](图3-11)可简述如下:①所有天然青霉素和头孢菌素都是以3种氨基酸L-α-氨基己二酸(L-α-aminoadipic acid)、L-缬氨酸(L-valine)和L-半胱氨酸(L-cysteine)为合成前体。其中,L-α-氨基己二酸是L-赖氨酸合成过程的中间产物[18]。这3种底物氨基酸在 *pcbAB* 基因编码的ACV合成酶(ACV synthetase, ACVS)催化下聚合生成三肽LLD-ACV(δ-(L-α-aminoadipoyl)-L-cysteinyl-D-valine),该过程包括两个肽键形成和缬氨酸的差向异构化。接下来,这三肽在 *pcbC* 基因编码的异青霉素N合成酶(IPNS)催化下进行氧化闭环形成β-内酰胺杂环和与之连接的五元噻唑环,生成异青霉素N(isopenicillin N, IPN)。IPN具有微弱的抗生素活性,是青霉素和头孢菌素合成过程中的第一个活性

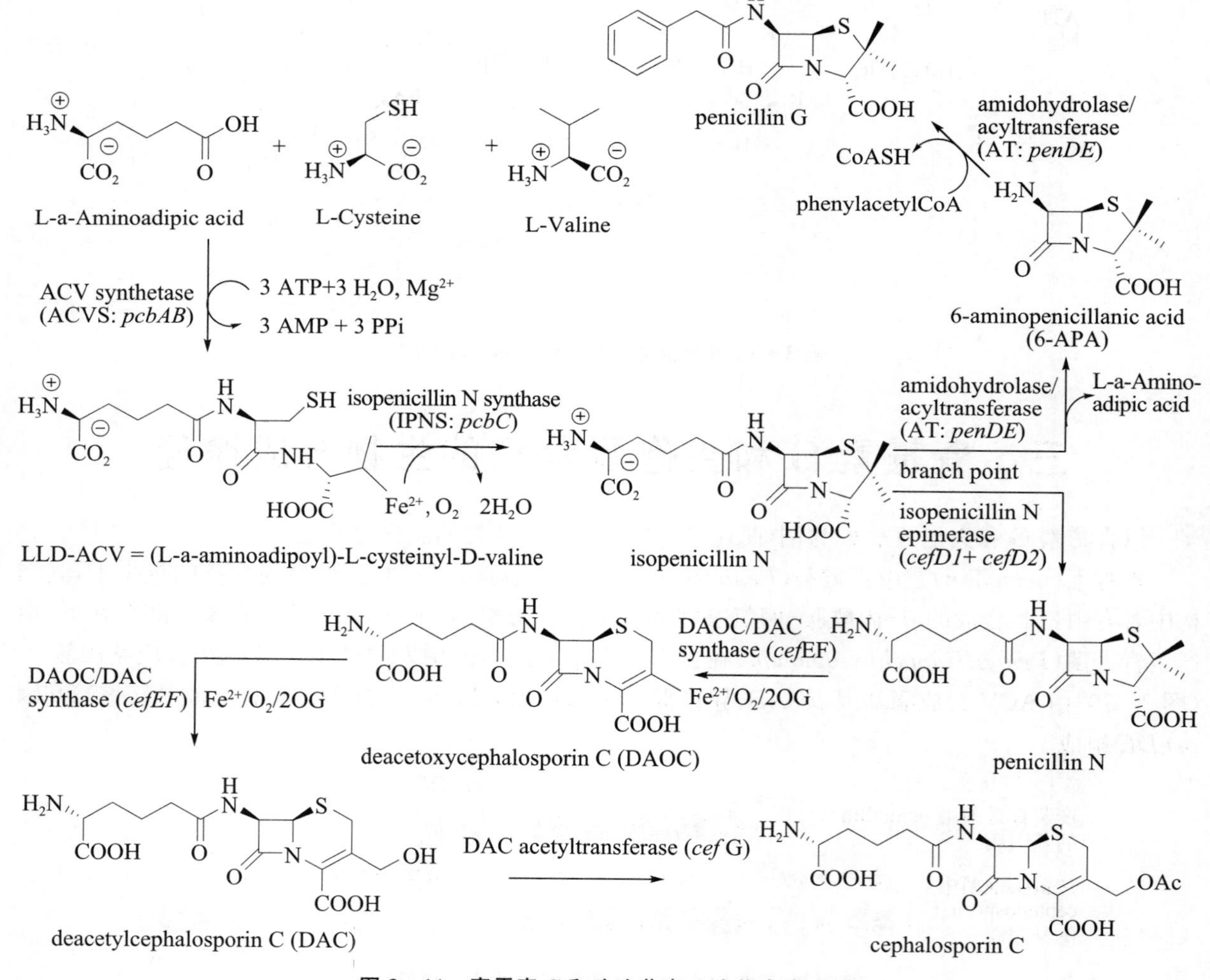

图3-11 青霉素G和头孢菌素C生物合成途径

中间体，也是合成青霉素和头孢菌素的分支点。②在青霉素产生菌中，IPN 在 *penDE* 基因编码的异青霉素 N 酰基转移酶作用下，发生酰胺键水解反应脱去侧链，生成 6－氨基青霉烷酸(6－aminopenicillanic acid，6－APA)，6－APA 又在该酶的作用下与苯乙酰－CoA 反应，生成青霉素 G。③IPN 的侧链 L－α－氨基己二酸发生异构化反应得到青霉素 N(penicillin N)。该反应由 3 种酶催化：由 *cefD1* 催化 IPN 生成 IPN-CoA；*cefD2* 催化 IPN-CoA 生成青霉素 N-CoA；青霉素 N-CoA 在硫酯酶的作用下生成青霉素 N(该硫酯酶可由 ACVS 的硫酯酶结构域提供)。接下来，青霉素 N 在 *cefEF* 基因编码的双功能酶作用下，发生扩环反应生成去乙酰氧基头孢菌素 C(deacetoxycephalosporin C，DAOC)，进而 C－3 位甲基发生羟基化反应，生成去乙酰头孢菌素 C(deacetylcephalosporin C，DAC)，DAC 在 *cefG* 基因编码的乙酰辅酶 A 转移酶作用下发生乙酰化反应，生成头孢菌素 C。

第三节　PKS-NRPS 杂合化合物与生物合成途径

一、PKS-NRPS 杂合化合物

PKS-NRPS 杂合化合物是由聚酮合酶(polyketide synthases，PKSs)和非核糖体多肽合酶(nonribosomal peptide synthetases，NRPSs)共同参与合成的一类化合物。该类化合物结构(图 3－12)和生物活性丰富多样[1-3,19]，如由禾谷镰孢(*F. graminearum*)和串珠镰孢(*Fusarium moniliforme*)产生的镰孢菌素 C(fusarin C)是由 14 个碳的聚酮和三羧酸循环中的四碳中间产物缩合而成；由木贼镰孢(*Fusarium equiseti*)、异孢镰孢(*Fusarium heterosporium*)、半裸镰孢(*Fusarium semitectum*)产生的伊快霉素(equisetin)在体外实验中，具有抑制艾滋病毒 HIV－1 整合酶的活性，对艾滋病毒导致人体免疫缺陷病症具有一定的治疗作用。此外，在球孢白僵菌(*Beauveria bassiana*)、微壳色单隔孢属(*Microdiplodia sp*)、球毛壳菌(*Chaetomium globosum*)与红色青霉(*Penicillium rubrum*)的次生代谢产物中均分离得到伊快霉素的类似物 beauversetin、ascosalipyrrolidinone A、ascosalipyrrolidinone B、ZG－1494a。在镰孢属(*Fusarium*)、青霉属(*Penicillium*)和绿僵菌属(*Metarhizium*)中还发现大量 PKS-NRPS 杂合物，如镰刀菌素 A、镰刀菌素 D、镰刀菌素 F、NG－391。

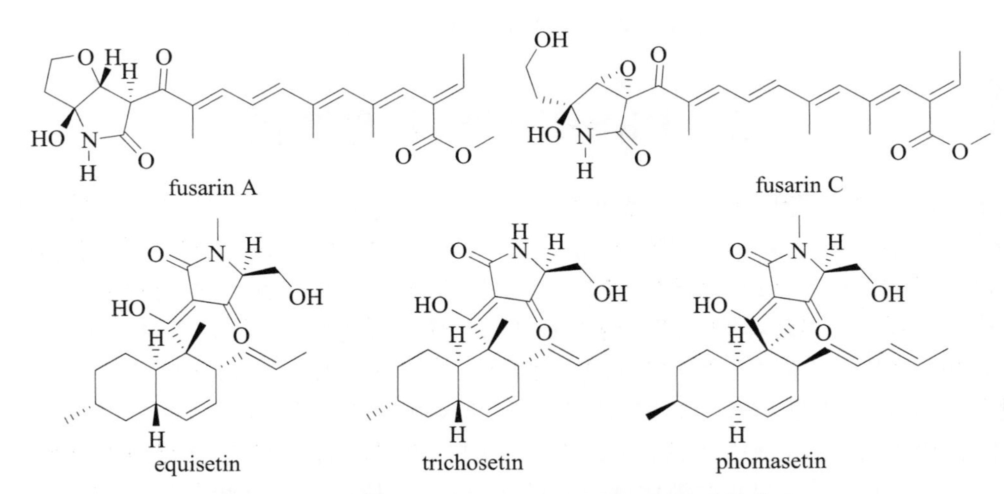

图 3－12　镰孢菌素 C 等 PKS-NRPS 杂合化合物结构式

在 PKS-NRPS 杂合物中还存在一类称之为细胞松弛素(cytochalasans)的化学成分[19]，该类化合物由高度取代的全氢异吲哚基团和一个大环结构组成，能够与肌动蛋白结合从而抑制细胞分裂，具有抗肿瘤、抗菌、抗血管生成、降低胆固醇等生物活性。现已从壳二孢属(*Ascochyta*)、曲霉属(*Asper-*

gillus)、毛壳属(*Chaetomium*)、绿僵菌属(*Metarhizium*)、青霉属(*Penicillium*)、茎点霉属(*Phoma*)、座坚壳属(*Rosellinia*)、碳角菌属(*Xylaria*)、番荔枝内生真菌 *Periconia* sp. F－31[20] 等多种真菌代谢产物中分离得到细胞松弛素类化合物。根据分子组成的氨基酸来源不同，可将细胞松弛素分为以下 5 类(图 3－13)：来源于色氨酸(chaetoglobosin A、chaetoglobosin C、cytochalasin G)；来源于苯丙氨酸(cytochalasin B、cytochalasin E、cytochalasin K)；来源于丙氨酸(alachalasin E)；来源于亮氨酸(aspochalasin A、periconiasin A、periconiasin C)；和来源于酪氨酸(phomopsichalasin)。

chaetoglobosin A　cytochalasin G　cytochalasin B
cytochalasin E　clachalasin E　aspochalasin A
periconiasin A　periconiasin C　phomopsichalasin

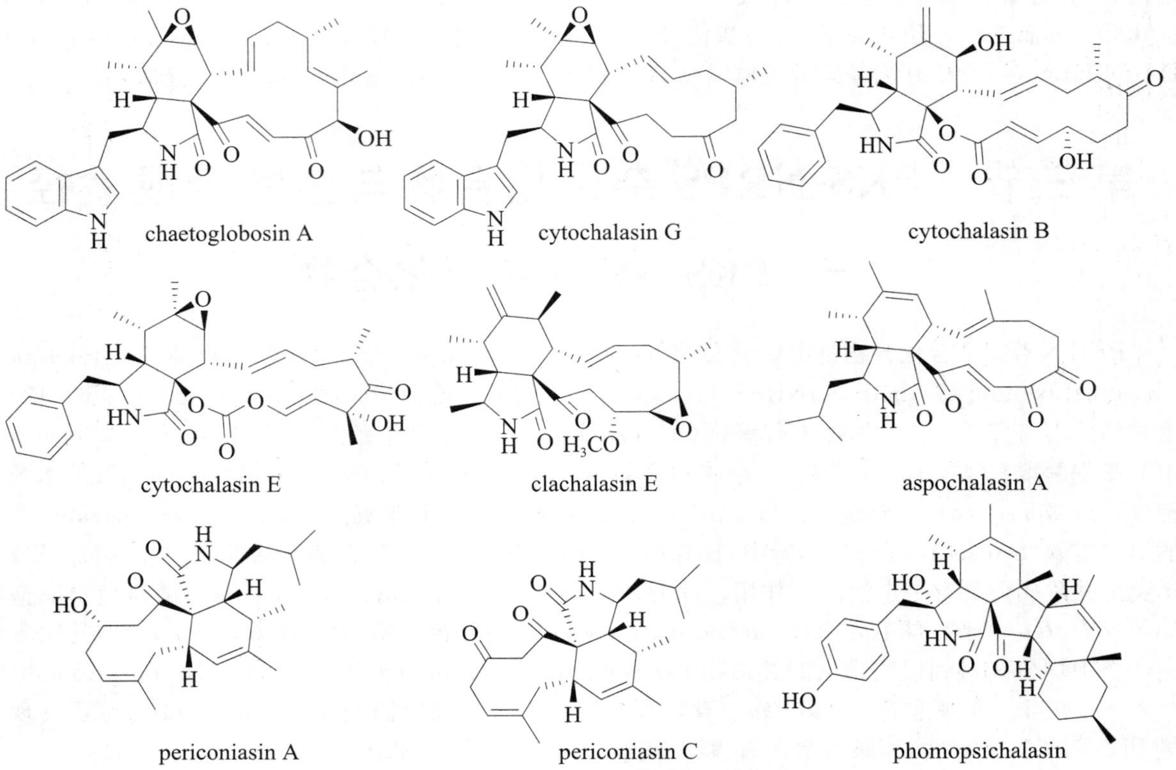

图 3－13　细胞松弛素类化合物结构式

二、PKS-NRPS 杂合途径

真菌 PKS-NRPS 杂合物主要由真菌聚酮合酶(PKSs)重复催化一套活性结构域形成聚酮链，该聚酮链再与非核糖体多肽合酶(NRPSs)催化单一活性模块形成的氨基酸进行杂合连接，从而形成结构复杂多样的 PKS-NRPS 杂合化合物。真菌杂合酶 PKS-NRPSs 主要包括如下结构域[19,21]：酮酯酰基合酶(KS)、酰基转移酶(AT)、脱水酶(DH)、烯酰基还原酶(ER)、酮酰基还原酶(KR)、酰基转运蛋白酶(ACP)、甲基转移酶(MT)、腺苷酰化结构域(A)、肽酰基转运蛋白结构域(PCP 或称为巯基化结构域 T)和多肽缩合结构域(C)等。PKS-NRPS 杂合物合成过程[19,21](图 3－14)可简述如下：①在聚酮合酶活性结构域 AT、KS、ACP、DH、KR、ER 等作用下，聚酮链不断延伸，形成聚酮中间体，该中间体被转运到非核糖体肽合酶模块上；②非核糖体肽合酶结构域 A 选择并活化底物氨基酸，将其转移到 P 结构域；③多肽缩合结构域 C 将聚酮中间体连接到氨基酸上，形成杂合链；④在还原酶(reductase，R)或狄克曼环化酶(Dieckmann cyclase，DKC)作用下，进行还原或环化反应，从而将杂合链从 PKS-NRPSs 上释放出来，再经过一些后修饰反应得到 PKS-NRPS 杂合物。

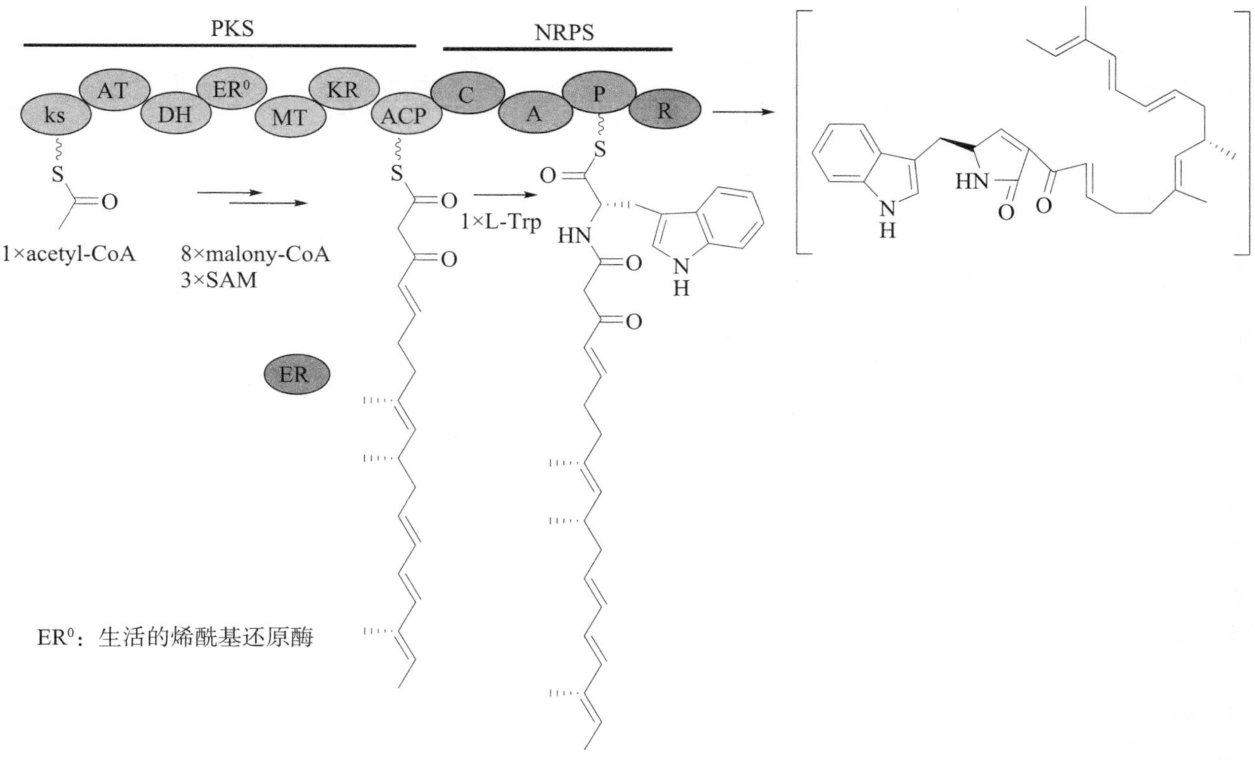

图 3 - 14　PKS-NRPS 杂合化合物生物合成

三、伊快霉素和球毛壳甲素的生物合成途径

伊快霉素(equisetin)是由聚酮的衍生物萘烷和氨基酸衍生的杂环四氨酸组成，是由 PKS-NRPS 杂合酶催化生成。异孢镰孢(*Fusarium heterosporum*)中有关伊快霉素的合成基因簇[19,22](图 3 - 15)，主要包括调节因子基因 *eqxF* 和 *eqxR*、PKS-NRPS 杂合酶基因 *eqxS*、烯酰基还原酶基因 *eqxC*、N -甲基转移酶基因 *eqxD*、转运基因 *eqxG* 与细胞色素 P450 酶基因 *eqxH*。

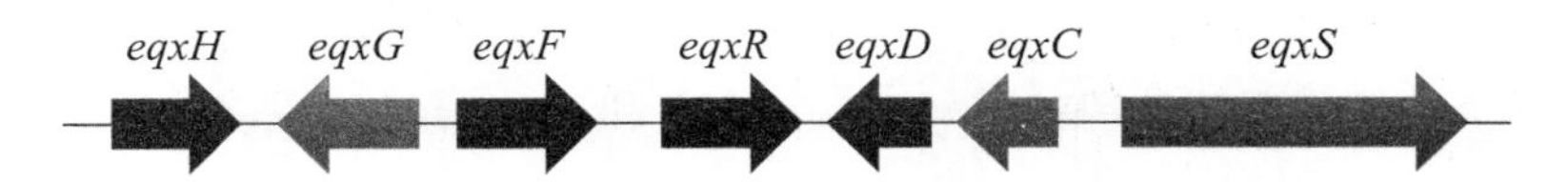

图 3 - 15　异孢镰孢中伊快菌素生物合成基因簇

早在 2005 年，Simis 等人在异孢镰孢中发现合成伊快霉素的关键基因 *eqiS*，其负责编码 PKS-NRPS 杂合酶。随着大量实验结果与这一基因的指认发生了矛盾，在 2013 年，Thomas 等人[22]对真菌异孢镰孢的基因组进行了测试，发现其含有两个编码 PKS-NRPS 杂合酶的基因，并证明基因 *eqiS* 并不能编码合成伊快霉素。随着研究的进一步深入，有关伊快霉素的生物合成途径(图3 - 16)也更加明了，可简述如下：①2 分子 S -腺苷甲硫氨酸(SAM)与 7 分子的丙二酰- CoA，在 *eqxS* 基因编码 PKS-NRPS 杂合酶催化作用下，生成庚烯酮(heptaketide)，继而发生 Diels-Alder 环化反应成环，在引入 1 分子丙二酰- CoA 生成伊快霉素结构中聚酮部分中间体 oktaketide；②丝氨酸(serine)在 *eqxS* 基因编码 PKS-NRPS 杂合酶的作用下，与聚酮中间体 oktaketide 进行连接，在狄克曼环化酶(Dieckmann cyclase，DKC)作用下，进行环化反应生成化合物 trichosetin；③trichosetin 在 *eqxD* 基因编码的 N -甲基转移酶的作用下进行甲基化反应，从而生成伊快霉素。

球毛壳甲素(chaetoglobosin A)是扩展青霉(*Penicillium expansum*)和球毛壳菌(*Chaetomium*

图 3-16　伊快菌素生物合成途径

globosum)的次生代谢产物,由聚酮单元和色氨酸单元组成,属细胞松弛素的一种。在 2007 年,基于分子水平对产球毛壳菌素的扩展青霉进行了研究,并从中发现了第一个细胞松弛素类化合物的生物合成基因簇[23](图 3-17),包括 PKS-NRPS 杂合酶基因 *cheA*、烯酰基还原酶基因 *cheB*、两个调节因子基因 *cheC* 和 *cheF*、及 3 个氧化酶基因 *cheD*、*cheE* 和 *cheG*。随后,研究人员对球毛壳菌进行了深入研究,从中发现了球毛壳甲素的生物合成基因簇[24](图 3-17),主要包括 PKS-NRPS 杂合酶基因 *chgg_01239*、烯酰基还原酶基因 *chgg_01240*、两个调节 P450 酶基因 *chgg_01242-1* 和 *chgg_01243*、依赖 FAD 的氧化还原酶基因 *chgg_01242-2*、调节因子基因 *chgg_01237*、转座酶基因 *chgg_01238*、及两个功能尚不清楚的基因 *chgg_01241* 和 *chgg_01244*。

图 3-17　球毛壳甲素生物合成基因簇

有关球毛壳甲素的生物合成途径在扩展青霉中已有研究[23],研究人员通过将靶基因沉默的方法(siRNA technology),证明球毛壳甲素的核心骨架是由 PKS-NRPS 杂合酶和烯酰还原酶共同作用生成,后经 Diels-Alder 环合反应生成化合物 prochaetoglobosin I,该化合物又在 *cheE*、*cheG* 和 *cheD* 等基因编码氧化酶作用下生成了球毛壳甲素,在这过程中并没有具体指认这些氧化酶的具体作用步骤。随后,研究人员在球毛壳菌次生代谢产物中分离得到了球毛壳菌素类型(chaetoglobosin-type)化合物 prochaetoglobosin IV、20-dihydrochaetoglobosin A、cytoglobosin D 和 chaetoglobosin J,这些化合物

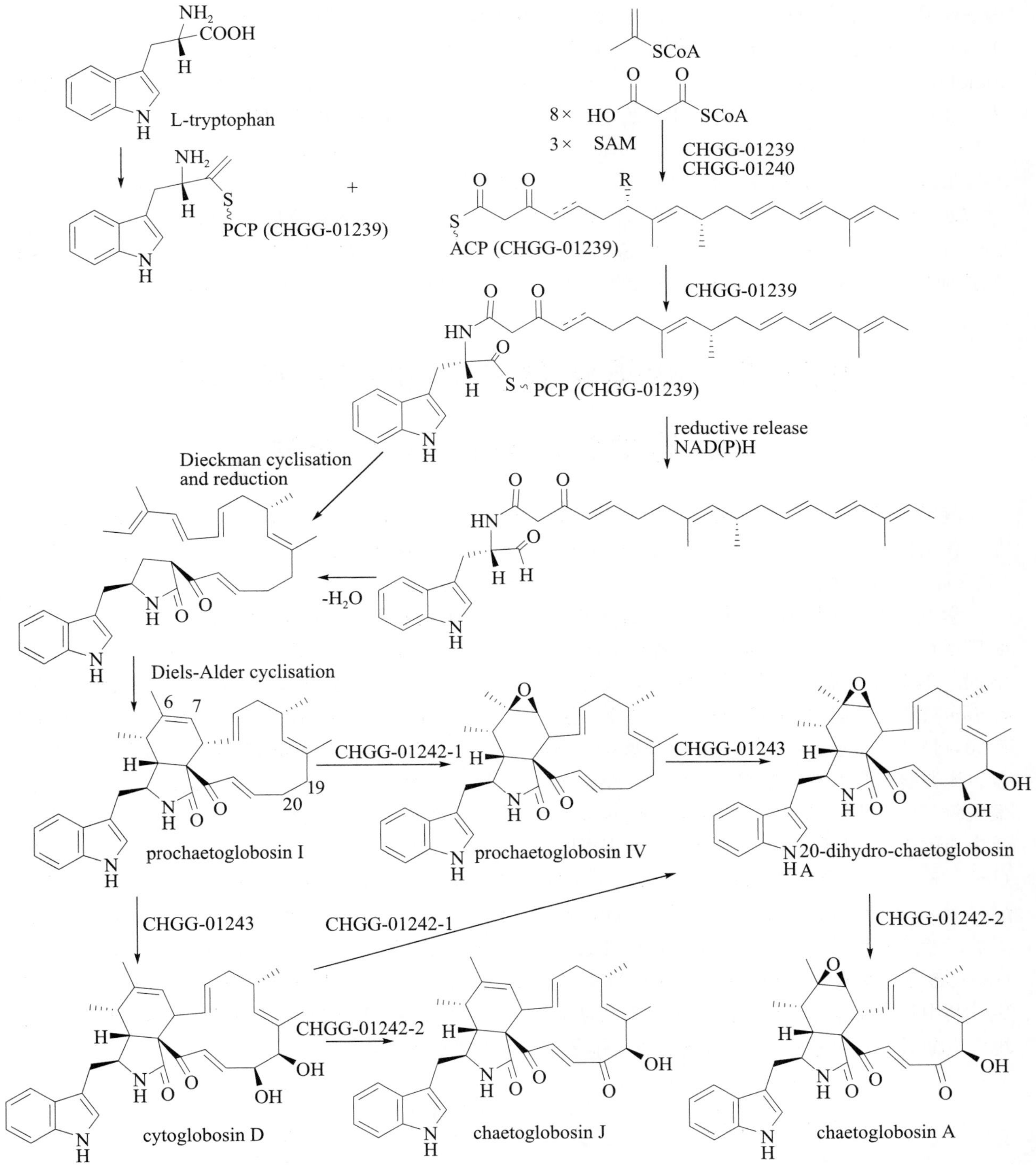

图 3-18　球毛壳甲素生物合成途径

可在一些氧化还原酶的作用下生成球毛壳甲素。因此，初步认为它们是球毛壳甲素生物合成的中间体。进而应用基因敲除技术使一些中间体缺失，从而获得球毛壳甲素生物合成[24]（图 3-18）的详细过程：①1 分子的乙酰-CoA、8 分子的丙二酰-CoA 和 L-色氨酸在 *chgg_01239* 基因编码 PKS-NRPS 杂合酶和 *chgg_01240* 基因编码的烯酰基还原酶共同催化作用下进行杂合反应，后经狄克曼环合或还原反应，使聚酮和氨基酸杂合链释放，再经过 Diels-Alder 环合作用，生成化合物 prochaetoglobosin Ⅰ，这过程与扩展青霉中球毛壳甲素的生物合成过程相同。②化合物 prochaetoglobosin Ⅰ在 *chgg_01242-1* 基

因编码 P450 酶作用下进行 C－6/C－7 环氧化反应，生成了化合物 prochaetoglobosin IV，继而在 *chgg_01243* 基因编码 P450 酶作用下，进行 C－19 和 C－20 位的羟基化反应，生成化合物 20－dihydrochaetoglobosin A，该化合物又在 *chgg_01242－2* 基因编码依赖 FAD 的氧化还原酶作用下生成球毛壳甲素。③化合物 prochaetoglobosin I 又经 *chgg_01243* 基因编码 P450 酶催化作用，先对 C－19 和 C－20 位进行羟基化反应，生成 cytoglobosin D，此后又分两条途径进行，即 cytoglobosin D 在 *chgg_01242－2* 基因编码依赖 FAD 的氧化还原酶作用下，对 C－20 羟基进行羰基化反应，生成 chaetoglobosin J；再经过 *chgg_01242－1* 基因编码的 P450 酶作用，对 C－6/C－7 进行环氧化反应，生成球毛壳甲素。cytoglobosin D 或在 *chgg_01242－1* 基因编码 P450 酶作用下，生成了化合物 20－dihydrochaetoglobosin A，继而在 *chgg_01242－2* 基因编码依赖 FAD 的氧化还原酶作用下生成球毛壳甲素。

第四节　萜类化合物与生物合成途径

一、萜类(Terpenoids)化合物

真菌中萜类化合物是指由甲戊二羟酸(mevalonate)衍生，且分子式符合(C_5H_8)$_n$通式的衍生物。主要包括倍半萜(sesquiterpenoids)、二萜(diterpenoids)和三萜(triterpenoids)，绝大多数来自子囊菌门(Ascomycota)和担子菌门(Basidiomycota)，且极具研究与药用价值[1-3,25]。

学者最先在水稻恶苗病菌(*Fusarium fujikuroi*)中发现赤霉素(Gibberellin，GA)(图 3－19)，这是广泛存在的一类植物激素，属二萜类化合物，能够调节种子萌发、伸长和开花，是植物生长的重要调节剂。单端孢霉烯毒素(Trichothecene)(图 3－19)是 60 多种倍半萜的统称，主要由镰孢菌属(*Fusarium*)、漆斑菌属(*Myrothecium*)和葡萄状穗霉属(*Stachybotrys*)等真菌产生。根据 C－8 上酮基的有无，可将单端孢霉烯分为 A 型和 B 型，A 类型有 T－2 毒素、HT－2 毒素、新茄镰孢菌醇和蛇形毒素。B 类型有脱氧雪腐镰刀菌烯醇(deoxynivalenol，DON)、雪腐镰刀菌烯醇(nivalenol，NIV)、3－乙酰脱氧雪腐镰刀菌烯醇(3－acetyldeoxynivalenol)等。其中 DON 可通过结合 60S 核糖体亚基而抑制蛋白质的合成，从而威胁人类的健康。从烟曲霉(*Aspergillus fumigatus*)中分离得到的烟曲霉酸(helvolic acid)、从灵芝(*Ganoderma lucidum*)中分离得到的灵芝酸(ganoderic acid)及从黏滑菇(*Hypholoma sublateritium*)中分离得到的 clavaric acid 均为三萜类化合物。类胡萝卜素(carotenoids)是天然二萜类色素(图 3－20)，包括番茄红素(lycopene)、茄红素(phytoene)、β－胡萝卜素(β－carotene)、链孢霉黄素(neurosporaxanthin)和虾青素(astaxanthin)等，主要由镰孢属(*Fusarium*)真菌产生。其中番茄红素不仅具有抗癌和抗氧化功能，而且在预防心血管疾病、动脉硬化、增强人体免疫系统等方面具有重要意义，是一种极具开发前景的新型功能性天然色素。

GA 3　　GA 4　　GA 7

T-2-toxin

nivalenol R_1=OH, R_2=H
deoxynivalenol R_1=H, R_2=H
3-acetyldeoxynivalenol R_1=H, R_2=Ac

图 3－19　赤霉素和单端孢霉烯毒素化合物结构式

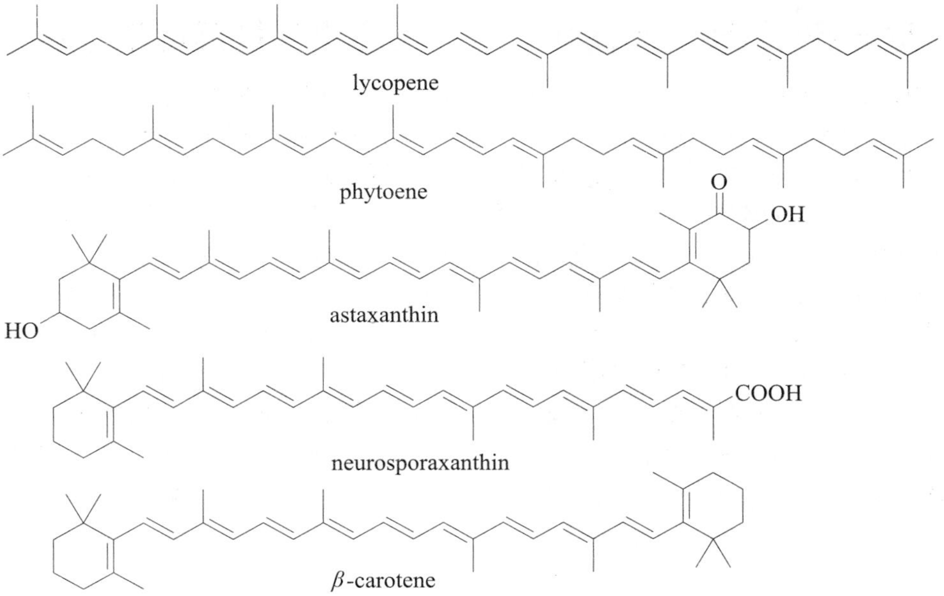

lycopene

phytoene

astaxanthin

neurosporaxanthin

β-carotene

图 3-20　类胡萝卜素类化合物结构式

二、萜类化合物的合成途径

真菌中萜类化合物的合成前体是由甲戊二羟酸途径(mevalonate pathway)[16]产生的二甲基烯丙基焦磷酸酯(DMAPP)和异戊烯基焦磷酯(IPP)(图 3-21),在异戊烯基转移酶催化作用下形成牦牛儿基焦磷酸酯(geranyl diphosphate,GPP)、法呢基焦磷酸酯(farnesyl diphosphate,FPP)、牦牛儿基牦牛儿基焦磷酸酯(geranylgeranyl diphosphate,GGPP)。这些非环化中间体在萜类合酶(terpene synthases,Tps)的作用下形成各种萜类物质。

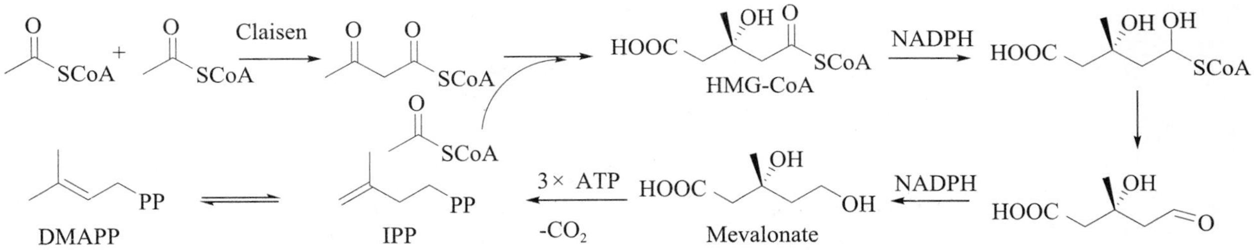

Claisen　HMG-CoA　NADPH　3× ATP　$-CO_2$　Mevalonate　NADPH　DMAPP　IPP

图 3-21　甲戊二羟酸途径生成 IPP、DMAPP

萜类合酶是萜类合成的关键酶,也称为环化酶。其蛋白序列的同源性很低,但三级结构十分相似,有保守、能够结合镁离子的 DDXXD(X 为任意氨基酸)结构。近年来,研究人员通过比较萜类合酶的 cDNA 发现,结构相似的萜类合酶可催化产生不同的产物,而不同结构的酶却可催化产生结构相近的化合物,这也就说明,一个酶不可能代表全部萜类合酶的模式。

萜类合酶可根据其激活底物机制分为两类[25]:一类为使底物离子化后进行环合反应(Ⅰ型);另一类为使底物质子化后进行的级联反应(Ⅱ型)。萜类合酶把 3 种非环化的中间体 GPP、FPP 和 GGPP 转化成相应的单萜、倍半萜和二萜,然而到目前为止,还没有在真菌中发现单萜合酶。此外,在萜类化合物合成过程中还有一些不同功能的酶,如细胞色素 P450 单加氧酶、氧化还原酶和转移酶等对初始萜类骨架进行修饰,进而形成了结构多样的萜类化合物。

（一）倍半萜类（Sesquiterpenoids）化合物生物的合成途径

到目前为止，已有300多种倍半萜骨架被发现，这些倍半萜的基本骨架都是在倍半萜合酶催化作用下，经由Ⅰ型反应机制催化FPP环化产生[25]。该环化反应首先由FPP结合到酶的活性位点上，在金属离子协助下对底物FPP进行离子化，并使无机焦磷酸盐（PPi）离去，从而形成不同位点环化的碳正离子。在倍半萜合酶的作用下：①（2*E*，6*E*）-FPP可发生1和10位闭环反应，从而生成吉玛烷基阳离子，进而生成吉玛烷（germacrane）、愈创木烷（guaiane）、榄烷（elemane）、桉烷（eudesmane）和艾里莫酚烷（eremophilane）等倍半萜骨架；②（2*E*，6*E*）-FPP可发生1和11位闭环反应，生成反式humulyl阳离子，进而生成前伊鲁烷（protoilludane）、蛇麻烷（humulane）、石竹烷（caryophyllane）等倍半萜骨架；③（2*E*，6*E*）-FPP在倍半萜合酶的作用下发生2、3位顺反异构化，形成（3*R*）-橙花叔醇焦磷酸酯［（3*R*）-NPP］，从而发生1和6位闭环反应，生成没药烷基阳离子，进而生成没药烷（bisabolane）、单端孢烷（trichothecane）、菖蒲烷（acorane）等倍半萜骨架；④（3*R*）-NPP可发生1和10位闭环反应，生成顺式吉玛烷基阳离子，进而生成杜松烷型（cadinane）倍半萜骨架结构（图3-22）。

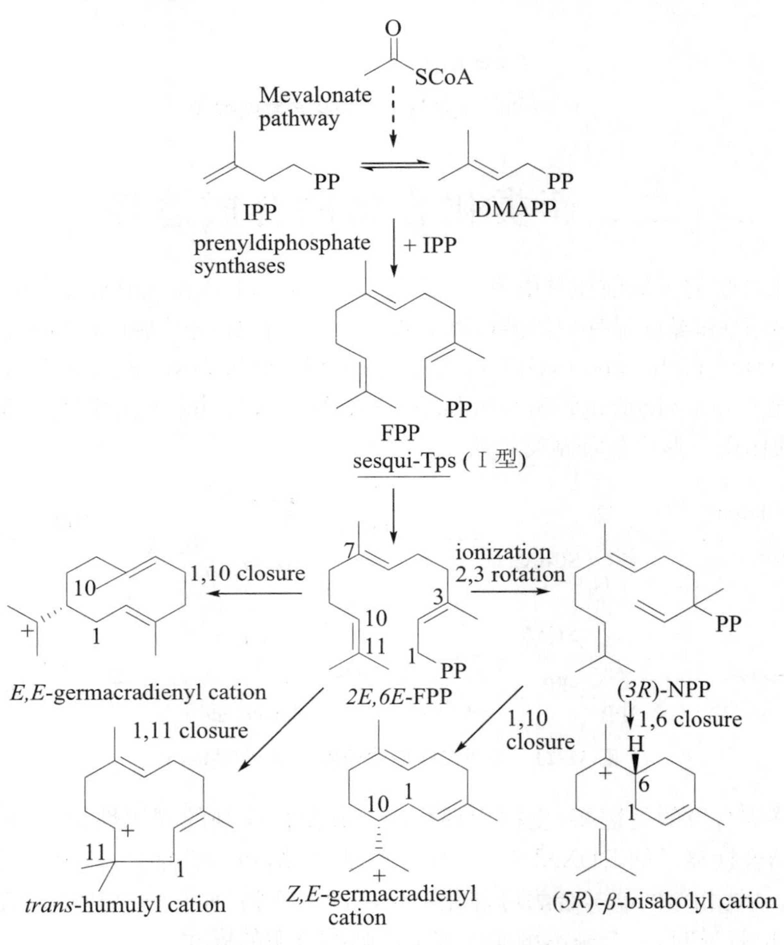

图3-22 倍半萜类化合物生物合成途径

单端孢霉烯毒素（trichothecenes）是一类产自真菌、具有三环和1个环氧基团的倍半萜类化合物，其中脱氧雪腐镰刀菌烯醇（deoxynivalenol，DON）、乙酰脱氧雪腐镰刀菌烯醇（acetylated DON）、雪腐镰刀菌醇（nivalenol，NIV）和乙酰雪腐镰刀菌醇（acetylated NIV）在禾谷镰刀菌（*Fusarium graminearum*）中含量最大，而T-2毒素（T-2 toxin）主要在拟枝孢镰孢菌（*F. sporotrichioides*）中产生。这些单端孢霉烯毒素主要区别在于其所含有的羟基个数和酯化位置不同。早在20世纪80年代

中期，有关学者就以禾谷镰刀菌和拟枝孢镰孢菌为模式系统，对单端孢霉烯毒素类化合物的合成基因进行了研究。随后，研究人员[26]运用分子遗传学方法在拟枝孢镰孢菌中找到了单端孢霉烯合成酶基因 *tri5*，并应用黏粒载体克隆、测序、基因敲除等方法，探究合成单端孢霉烯类化合物的基因是否成簇出现。结果表明：在拟枝孢镰孢菌和禾谷镰刀菌中均存在合成该类化合物的基因簇（图 3－23），它是由以 *tri5* 为中心的 12 个基因组成，即 *tri3*－*tri14*，其中 *tri5* 基因编码萜类合酶，催化 FPP 环化形成单端孢霉烯前体（trichodiene），*tri4* 基因编码细胞色素 P450 单加氧酶，可催化 C－2、C－3、C－11 羟基化和 C－12/C－13 环氧化，*tri11* 和 *tri13* 分别负责 C－15 和 C－4 位加氧，*tri3*、*tri7* 和 *tri8* 为分别编码 O－15、O－4 和 O－3 的乙酰转移酶基因，*tri6* 为转录因子基因，*tri10* 为调节基因，*tri12* 为编码细胞膜上的转运蛋白，可负责终产物胞内到胞外的运输，*tri14* 为毒力因子基因，*tri9* 为功能尚未确定的基因。此外，还发现两个区段也存在编码单端孢霉烯类化合物合成的基因，即位于第 3 个位置负责编码 C－3 位酰转移酶基因 *tri101*，和与 *tri5* 不相邻的 *tri1*、*tri16*，其中 *tri1* 在拟枝孢镰孢菌中只能编码 C－8 位羟基化，在禾谷镰刀菌中 *tri1* 可同时编码 C－7 和 C－8 位羟基化，*tri16* 为编码 C－8 位酰转移酶基因。

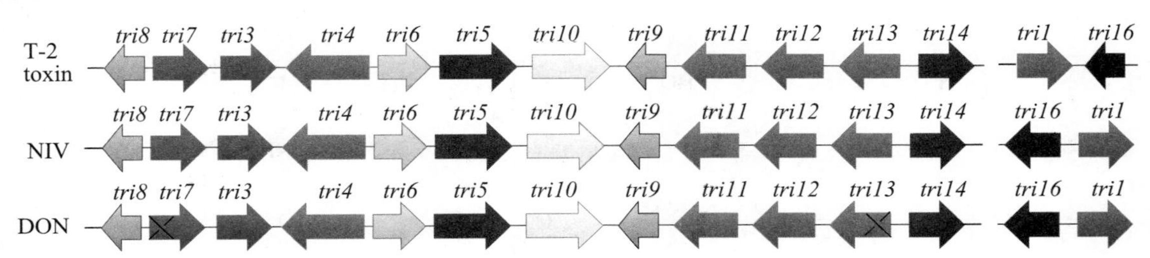

图 3－23 单端孢霉烯毒素类化合物生物合成基因簇

真菌产生的毒素类型是由基因簇上的基因决定的，在产生 NIV 的镰孢菌中，基因 *tri13* 和 *tri7* 可使 C－4 位羟基化和乙酰化，而在产生 DON 的镰孢菌中，由于 *tri13* 和 *tri7* 编码区位点的插入和缺失，丧失了相应的活性。此外，由于 *tri1* 在拟枝孢镰孢菌和禾谷镰刀菌中催化作用的不同，也就形成了 A 型和 B 型单端孢霉烯毒素。

在禾谷镰刀菌和拟枝孢镰孢菌中，单端孢霉烯类化合物的合成[26]（图 3－24）是以 FPP 为底物，在 *tri5* 基因编码的倍半萜合酶的作用下环化生成单端孢霉烯前体 Trichodiene，前体在 *tri4* 基因编码 P450 单加氧酶作用下，对 C－2、C－3、C－11 进行羟基化，C－12、C－13 环加氧形成 isotrichodiol，进而发生 C－11、C－2 环合反应生成异木霉醇（isotrichodermol），异木霉醇在 *tri101* 基因编码酰转移酶作用下对 C－3 位进行酰基化反应，生成异木霉菌素（isotrichodermin），该物质又在 *tri11* 基因编码加氧酶作用下生成 15－decalonectrin，继而在基因 *tri3* 编码乙酰转移酶的作用下，对 C－15 位进行酰基化反应生成 calonectrin，该物质为生成 DON 和 NIV 的共同中间体，在禾谷镰刀菌中化合物 calonectrin 在基因 *tri1* 编码加氧酶作用下，同时催化 C－7 位和 C－8 位羟基化生成 7,8－dihydroxycalonectrin，继而生成 3,15－乙酰脱氧雪腐镰刀菌烯醇（3,15－acetyldeoxynivalenol），又在基因 *tri8* 编码 O－3 乙酰转移酶的作用下，生成 15－乙酰脱氧雪腐镰刀菌烯醇（15－acetylde oxynivalenol），从而生成脱氧雪腐镰刀菌烯醇（DON）。Calonectrin 在基因 *tri13* 编码加氧酶的作用下，生成 3,15－双乙酰基草镰刀菌醇（3,15－diacetoxyscirpenol），又在 *tri7* 基因编码乙酰转移酶作用下，对 O－4 位进行乙酰化反应，生成 3,4,5－triacetoxyscirpenol，该物质可连续在禾谷镰刀菌基因 *tri1* 和基因 *tri8* 编码加氧酶和酯酶的作用下，生成雪腐镰刀菌醇（NIV）。雪腐镰刀菌醇又可由中间产物 3,15－乙酰脱氧雪腐镰刀菌烯醇通过 *tri13* 基因编码加氧酶作用，生成 3,15－二乙酰雪腐镰刀菌醇（3,15－diacetylnivalenol），继而又在基因 *tri7* 和 *tri8* 作用下生成终产物 NIV。T－2 毒素的生物合成途径与 NIV 的前期合成过程一样，只是在中间产物 3,4,5－triacetoxyscirpenol 处产生分支。在拟枝孢镰孢菌中该物质在 *tri1* 基因编码加氧酶的作用下，只对 C－8 位置进行羟基化，而失去了 C－7 位羟基化的功能；继

而又在 *tri16* 基因编码酰基转移酶作用下，生成 3-乙酰-T-2 毒素(3-acetyl-T-2 toxin)；该物质在基因 *tri8* 的催化作用下生成了 T-2 毒素。

图 3-24　单端孢霉烯毒素类化合物生物合成途径

(二) 二萜类(Diterpenoids)化合物的合成途径

二萜类化合物结构多样，目前自然界中至少有 1.2 万个二萜类化合物被发现，其生物合成过程[16,25]和倍半萜相似，是在Ⅰ型反应机制下，GGPP 与二萜合酶的活性位点结合，并在金属离子的协助下使底物 GGPP 离子化，并使无机焦磷酸盐(PPi)离去，从而形成不同位点环化的碳正离子，碳正离子经过级联反应生成不同骨架的二萜化合物。然而有些二萜合酶具有双功能反应机制，它们先利用Ⅱ型反应机制，将底物 GGPP 先质子化，进行环化反应生成内部柯巴基二磷酸(*ent*-CDP)、同向柯巴基二磷酸(*syn*-CDP)、柯巴基二磷酸(CDP)，进而在利用Ⅰ型反应机制，使这些已环化的底物进行离子化，并使无机焦磷酸盐(PPi)离去，从而形成多种骨架结构的二萜类化合物(图 3-25)。

赤霉素(Gibberllin，GA)是四环二萜类化合物，有关其合成基因在水稻恶苗病菌(*F. fujikuroi*)和高等植物拟南芥(*Arabidopsis thaliana*)中均已研究的较为透彻。经研究发现，有关赤霉素的合成基因在水稻恶苗病菌中是成簇出现的[27-28](图 3-26)，包括编码古巴焦磷酸合酶/贝壳杉烯合酶的基因 *cps/ks*、多功能细胞色素单加氧酶基因 *P450-1*、专门合成赤霉素类化合物 GGPP 合酶基因 *ggs2*、

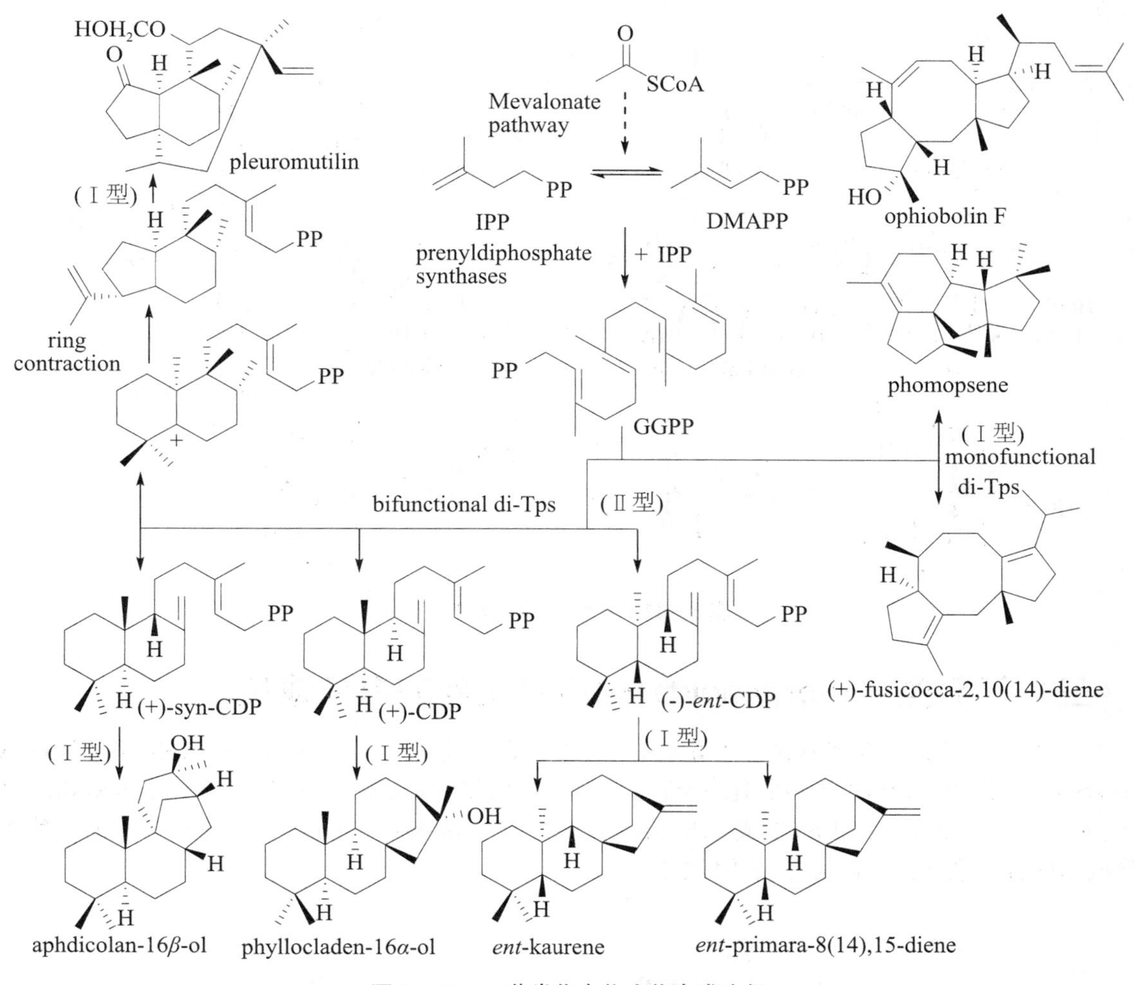

图 3-25　二萜类化合物生物合成途径

将贝壳杉烯(ent-kaurene)氧化成贝壳杉烯酸(ent-kaurenoic acid)单加氧酶基因 *P450-4*、负责 C-20 位氧化作用的 *P450-2* 基因、使赤霉素 4(GA4)去饱和作用的基因 *des* 和使 C-13 位羟基化的羟化酶基因 *P450-3*。

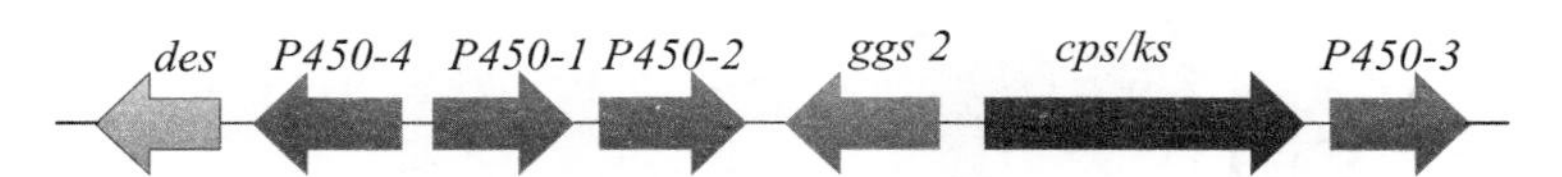

图 3-26　水稻恶苗病菌中赤霉素生物合成基因簇

在真菌中，赤霉素主要以 GA3 存在，其生物合成过程[27-28](图 3-27)是以 GGPP 为底物，在基因 *cps/ks* 编码古巴焦磷酸合酶/贝壳杉烯合酶的作用下进行两次环合反应，先生成古巴基焦磷酸(ent-copalyl diphosphate, CPP)，进而继续氧化生成贝壳杉烯；贝壳杉烯又在 *P450-4* 单加氧酶的作用下氧化生成贝壳杉烯酸。该物质可在多功能细胞色素单加氧酶 *P450-1* 催化作用下，先进行 C-7β 位羟基化反应，生成 7β-羟基贝壳杉烯酸(ent-7β-hydroxy-kaurenoic acid)，进而发生 B 环缩环反应形成 GA12 醛，GA12 醛又发生 C-3β 位羟基化反应生成 GA14 醛，然后加氧生成 GA14，GA14 在 *P450-2* 的作用下，对 C-20 进行氧化反应，生成第一个具有生物活性的赤霉素(GA4)，最后 GA4 经 *des* 基因编码去饱和作用和 *P450-3* 基因编码 C-13 位的羟基化反应形成 GA3。

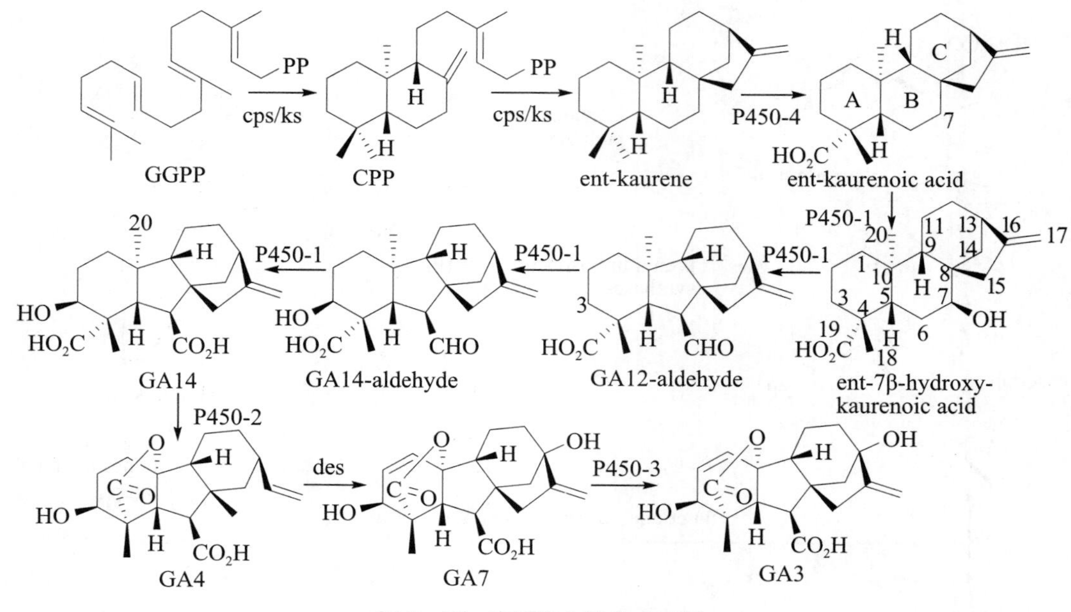

图 3-27 赤霉素生物合成途径

（三）三萜类(Triterpenoids)化合物生物的合成途径

三萜是由 30 个碳原子组成的萜类化合物，其生物合成途径[16,25]是在角鲨烯合酶(squalene synthase，SQS)的作用下，将两个 FPP 尾-尾缩合连接生成角鲨烯(squalene)，角鲨烯又在角鲨烯环氧化酶(squalene epoxidase)作用下，生成 2，3-环氧鲨烯(2，3-oxidosqualene)，该化合物在三萜合酶作用下形成不同骨架结构的三萜类化合物(图 3-28)。

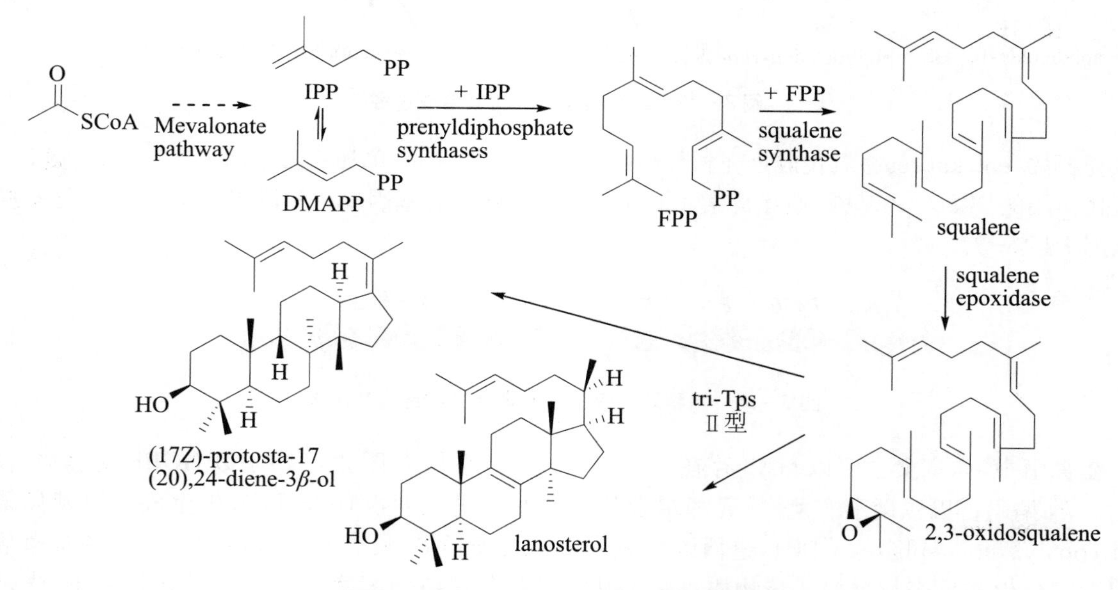

图 3-28 三萜类化合物生物合成途径

灵芝酸(ganoderic acid)是药用真菌灵芝中的三萜类化合物，具有抗肿瘤、抗肿瘤转移、逆转多药耐药性等多种药理活性，其生物合成途径[25,29](图 3-29)是在角鲨烯合酶(squalene synthase，SQS)的作用下，将两个 FPP 尾-尾缩合连接生成角鲨烯(squalene)，角鲨烯又在角鲨烯环氧化酶(squalene epoxidase，SE)作用下生成 2，3-环氧鲨烯(2，3-oxidosqualene)，再由氧化鲨烯环化酶(oxidosqual-

ene cyclase，OSC）催化，生成羊毛甾醇（lanosterol）。此后，羊毛甾醇再经过一些细胞色素P450酶、甲基转移酶（MT）和乙酰基转移酶（AT）等催化作用，进行一系列氧化、甲基化和乙酰化等反应，生成最终产物灵芝酸。

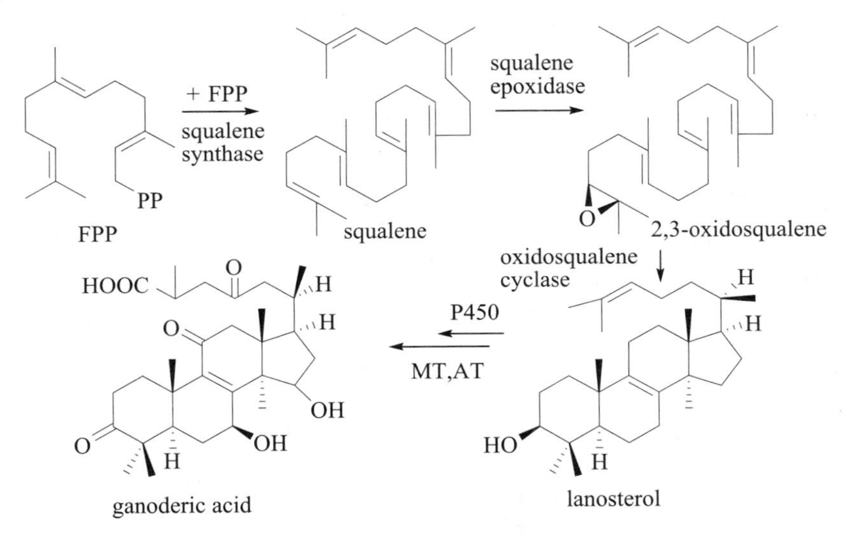

图3-29　灵芝酸生物合成途径

第五节　杂萜类化合物与生物合成途径

一、杂萜类化合物

杂萜（Meroterpenoid）类化合物[5]是指：结构中含有异戊烯基途径来源的萜类片段和其他生物合成途径来源的结构片段杂合所产生的一类化合物。该类化合物广泛存在于真菌中，具有抗菌、免疫调节、植物毒素、杀虫等多种活性。目前，根据真菌杂萜生物合成途径来源可分为3类：聚酮-异戊二烯混合途径、莽草酸-异戊二烯混合途径和氨基酸-异戊二烯混合途径。其中聚酮-异戊二烯混合途径最为常见。

聚酮-异戊二烯混合途径：最早从一株青霉 *Penicillium brevicompactum* 的半固体发酵产物中分离得到氧杂螺环二萜类化合物（+）-breviones A-E（图3-30）。该类化合物的骨架是由1分子的二萜和1分子甲基吡喃酮组成，且具有抑制小麦胚芽生长的活性。从土曲霉 *Aspergillus terreus* 的次生代谢产物中分离得到的震颤毒素 territrems A-C（图3-30），是由1分子的倍半萜和以莽草酸为起始单元的聚酮杂合而成。该类结构具有抑制乙酰胆碱酯酶活性，体内注射能够诱发大鼠的震颤癫痫。此外，在真菌生物体内还广泛存在以3,5-二甲基苔藓酸（3,5-dimethylorsellinic acid，DMOA）为生源前体的聚酮片段，与FPP结合生成的一类杂萜类化合物 anditomin、andilesin A-C（图3-30）等。

(+)-breviones A　　(+)-breviones B　　(+)-breviones C

(+)-breviones D　(+)-breviones E　anditomin

andilesin A　andilesin B　andilesin C

territrems A　territrems B　territrems C

图 3-30　聚酮-异戊二烯混源途径的杂萜类化合物结构式

莽草酸-异戊二烯混合途径：从牛肝菌属 *Boletus* 菌株次生代谢产物中分离得到 boviquinone-3、boviquinone-4，与从乳牛肝菌属 *Suillus tridentinus* 子实体中分离得到的红色素 tridentoquinone 均为苯醌-萜类衍生物。从链格孢属 *Alternaria alternate* 真菌中分离得到一类具有环己烯酮-倍半萜衍生物 tricycloalternarenes(TCAs)和 bicycloalternarenes(BCAs)(图 3-31)，该类化合物是以莽草酸为来源的羟基嘧啶(DAHP)为前体，进行一系列反应得到的莽草酸-异戊二烯混合的杂萜化合物。

氨基酸-异戊二烯混合途径：从曲霉属 *Aspergillus* 多个菌种次生代谢产物中分离得到一类具有吲哚-二萜杂合结构物质 aflavinine、nominine、aflavazole、radarin A、thiersindole A 和 tubingensin A(图 3-32)。该类结构具有较好的杀虫与细胞毒活性。

boviquinone-3　boviquinone-4　tridentoquinone

TCAs 1a R_1=OH, R_2=H
11a R_1=OMe, R_2=H
1b R_1=H, R_2=OH
11b R_1=H, R_2=OMe

TCAs 2a R_1=OH, R_2=H, R_3=CH_2OH
3a R_1=OH, R_2=H, R_3=Me
4a R_1=OMe, R_2=H, R_3=Me
2b R_1=H, R_2=OH, R_3=CH_2OH

TCAs 5a R_1=OMe, R_2=H, R_3=Me
8a R_1=OH, R_2=H, R_3=CH_2OH
6b R_1=H, R_2=OMe, R_3=Me
9b R_1=H, R_2=OH, R_3=Me

BCAs 1 R=OH
11 R=OMe

BCAs 2 R_1=OH, R_2=CH_2OH
3 R_1=OH, R_2=Me
4 R_1=OMe, R_2=Me
10 R_1=OMe, R_2=CH_2OH

BCAs 5 R_1=OMe, R_2=Me
8 R_1=OH, R_2=CH_2OH
9 R_1=OH, R_2=Me

图 3-31　莽草酸-异戊二烯混源途径的杂萜类化合物结构式

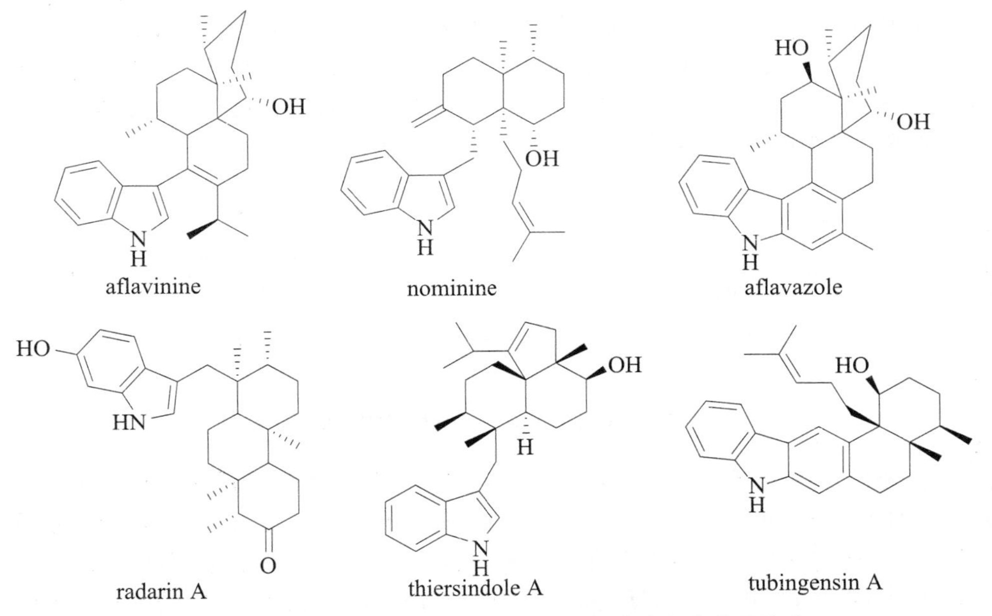

图 3-32　氨基酸-异戊二烯混源途径的杂萜类化合物结构式

二、杂萜类化合物生物的合成途径

在真菌体内所有萜类都以甲羟戊酸途径生成二甲基烯丙基焦磷酸酯(DMAPP)和异戊烯基焦磷酸(IPP)为前体,在异戊希基转移酶作用下生成 GPP、FPP 和 GGPP。这些活性中间体以线性或不同的环化形式与其他生物合成途径中的中间产物进行偶联结合,生成不同生物来源的杂萜中间体,杂萜中间体经过萜类合酶的进一步环化反应与氧化还原酶系的后修饰作用,进而生成结构各异的杂萜类化合物[5]。

聚酮-异戊二烯途径:聚酮-异戊二烯途径来源的杂萜占整个真菌杂萜的 80%,是真菌杂萜的一个重要组成部分。由该途径产生的杂萜类化合物是在聚酮途径生成的聚酮中间体终止后,再与聚异戊二烯进行偶联,生成聚酮-萜类中间体,再经过一些酶的催化作用进而形成杂萜类化合物。

莽草酸-异戊二烯途径:莽草酸(shikimic acid pathway)同样是真菌次生代谢产物中较为广泛的一条代谢途径。该途径是由 4-磷酸赤藓糖和磷酸烯醇式丙酮酸经多次反应生成莽草酸,再由莽草酸生成芳香氨基酸与其他芳香族化合物。该途径中具有代表性的中间产物为原儿茶酸、苯醌、脱氢奎宁酸等。这些产物都可以与聚异戊二烯中间体相偶联杂合,得到莽草酸-异戊二烯混合的杂萜化合物。目前,能与莽草酸途径相偶联的萜类中间体主要有 FPP 和 GGPP 两种。

氨基酸-异戊二烯途径:色氨酸经过脱羧、氧化、还原、重排等过程后能形成吲哚类生物碱的中间体。该类中间体与萜类中间体结合会生成氨基酸-异戊二烯杂萜化合物。目前,真菌来源的生物碱-

杂萜大多数为吲哚-二萜衍生物。

三、Anditomin 生物的合成途径

Anditomin 是聚酮-异戊二烯途径来源的杂萜类化合物，于 1981 年在变色曲霉(*Aspergillus variecolor*)次生代谢产物中分离得到，后经单晶衍射实验确定了其化学结构。该化合物具有非常独特的桥环结构，学者通过同位素喂养方法(isotope-feeding)对其生物合成途径进行了研究，发现 anditomin 是由 3,5－二甲基苔藓酸(3,5－dimethylorsellinic acid，DMOA)和 FPP 杂合衍生产生的。对其生物合成途径也进行了假设(图 3－33)，即 DMOA 与 FPP 偶联生成了环己二烯酮，经过末端烯键的环氧化作用和法呢基基团的环合反应，从而生成了具有二环结构的萜类部分，剩余的 3 个烯键经过分子内的[4＋2]环加成反应(Diels-Alder 反应)生成了二环[2.2.2]辛烷体系，后在经过多次氧化还原反应生成化合物 anditomin。然而，对于该类结构化合物的生物合成并没有进行基因或分子水平的研究，说明没有证据证明存在一种酶专门催化 Diels-Alder 反应。

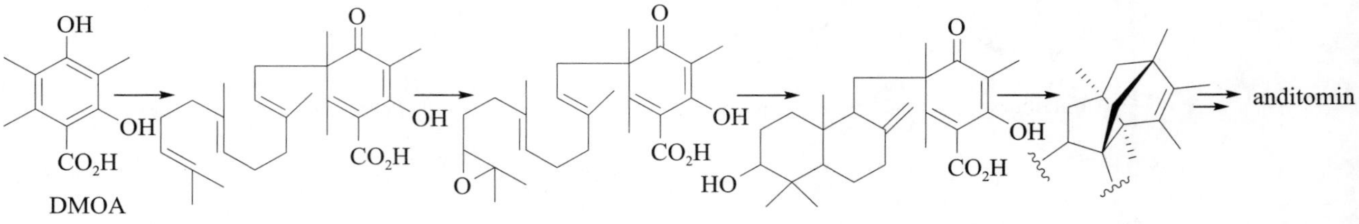

图 3－33　杂萜 anditomin 假设的生物合成途径

随着研究的不断深入，直至 2014 年，研究人员[30]对 anditomin 的合成途径给予了分子水平的阐述，研究人员在内生真菌 *Emericella variecolor* 中得到了 anditomin 的生物合成基因簇(图 3－34)，并在米曲霉(*Aspergillus oryzae*)体系中进行异源表达，对其功能进行了鉴定，包括两个依赖非红血素铁的双加氧酶基因 *andA* 和 *andF*、异戊希基转移酶基因 *andD*、依赖 FAD 的环氧酶基因 *andE*、萜类合酶基因 *andB*、3 个短链脱氢酶/还原酶基因 *andC*、*andI* 和 *andH*、乙酰转移酶基因 *andG*、依赖 FAD 的单加氧酶基因 *andJ*、双功能的细胞色素 P450 单加氧酶/水解酶基因 *andK*、聚酮合酶基因 *andM* 和功能尚不清楚的基因 *andL*。

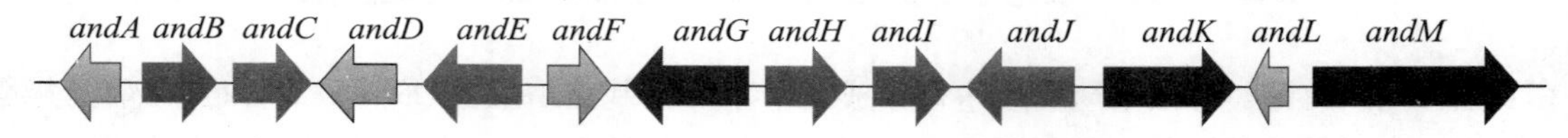

图 3－34　Anditomin 生物合成基因簇

通过分离异源表达体系的中间产物，anditomin 的生物合成途径得到了明确阐述(图 3－35)，具体合成途径描述如下：①1 分子的乙酰－CoA 和 3 分子的丙二酰－CoA 在 *andM* 基因编码聚酮合酶的作用下聚合生成 DMOA，DMOA 在双功能基因 *andK* 编码细胞色素 P450 单加氧酶的作用下进行羟基化反应，继而在水解酶的催化作用下形成内酯环，生成了邻羟甲基苯甲酸内酯类化合物 5,7－dihydroxy－4,6－dimethylphthalide (DHDMP)；②DHDMP 在 *andD* 基因编码法呢基转移酶的作用下，与 FPP 进行偶联生成法呢基－DHDMP(farnesyl-DHDMP)，*andE* 基因编码环氧酶对法呢基－DHDMP 进行环氧化反应，生成环氧化法呢基－DHDMP(epoxyfarnesyl-DHDMP)，该物质又在 *andB* 基因编码萜类合酶作用下进行环合反应，生成五元环结构的化合物 preandiloid A；③preandiloid A 在 *andC* 基因编码短链脱氢酶/还原酶的作用下生成 preandiloid B，进而又在多功能基因 *andA* 编码依赖非红血素铁双加氧酶作用下，生成了具有二环[2.2.2]辛烷体系结构的化合物 andiconin，在该酶催化过程中金属铁离子起到关键性作用；④andiconin 在 *andJ* 基因编码依赖 FAD 的单加氧酶催化下，进行 Baeyer-Villiger 反

应生成 andilesin D，进而又在基因 *andI* 作用下发生还原反应生成 andilesin A，进而在 *andG* 基因编码乙酰转移酶的作用下，先发生乙酰化反应，后乙酰基又自发的发生去乙酰化反应，生成具有不饱键结构的 andilesin B，andilesin B 在 *andH* 基因编码短链脱氢酶/还原酶的作用进行还原反应，生成 andilesin C；⑤andilesin C 在依赖非红血素铁双加氧酶作用下进行氧化重排反应，继而生成终产物 anditomin。

基于分子水平对 anditomin 的研究，发现萜类合酶在进行环合作用后会生成具有五元环结构的 preandiloid A，这与之前预测会生成具有二环体系的萜类结构不相符，这也说明随后发生的 Diels-Alder 反应，在 anditomin 合成过程中根本没有发生。在基因 *andA* 和 *andF* 的作用下，发生了两次独特的氧化重排反应，特别是在 *andA* 基因的作用下，生成了分子内的桥环结构，这为研究该类化合物的生物合成途径提供了新的启示。

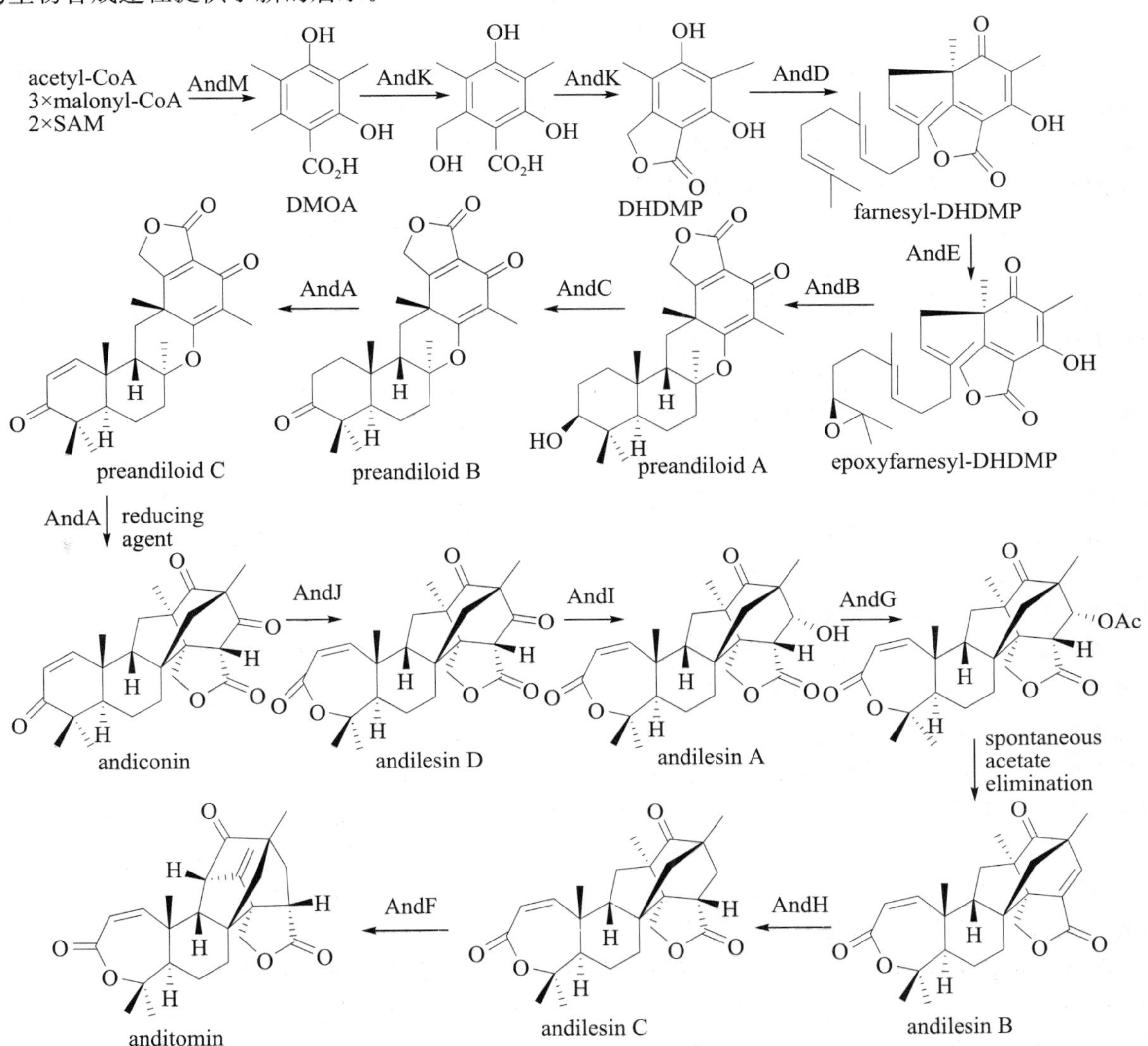

图 3-35 Anditomin 生物合成途径

第六节 生物合成中关键酶的生物催化应用

真菌的次生代谢产物结构与功能的多样性源自其生物合成过程中不同酶的催化作用，由于酶催化过程具有高效、高选择性、条件温和与环境友好等优点，因此成为当今发展过程中替代和拓展传统有机合成的重要催化剂。

随着对大量化合物生物合成途径的深入研究，合成过程中的大量酶已被用于手性化合物、新骨架与一些药物前体的合成，酶作为生物催化剂也越来越受到重视。然而，随着人类对酶催化研究的不断深入，酶催化的精确性和有效性已不能满足酶学研究和工业化应用的要求。研究人员需对酶定点突变和定向进化等方法进行优化，从而提升酶作为生物催化剂的性能，如催化活性、稳定性与选择性等。

聚酮化合物是药用真菌的重要组成成分，且具有多种药用活性，其中聚酮合酶作为关键酶催化产生结构多样的聚酮化合物，在聚酮合酶催化过程中，延伸单元的选择会直接改变聚酮化合物的药理学和药代动力学性能。然而，聚酮延伸单元的选择会受到可用延伸底物单元的限制。研究人员[31]发现：可合成不同延伸单元的酶，即依赖于 ATP 的丙二酰-CoA 合成酶（MatB），它可合成丙二酰-CoA、甲基丙二酰-CoA、乙基丙二酰-CoA、环丙基丙二酰-CoA、环丁基丙二酰-CoA、苄基丙二酰-CoA 等延伸单元。此后，研究人员[32]应用 MatB 的催化活性，将氟代丙二酸酯中的氟并入到聚酮化合物的结构中从而拓宽了延伸单元的结构类型。随着对 MatB 的定向进化产生变异型，使其改变对底物的特异性，并定点突变 T207G 和 M306I[33]，使其生物活性比野生型 MatB 显著提高。因此，一些非天然的延伸单元炔丙基、烯丙基和叠氮乙基等在 MatB 的催化作用下都可应用于聚酮链的延伸。

在生物合成中，一些后修饰酶（糖基转移酶、异戊烯基转移酶、氧化还原酶、卤素合酶、酰基转移酶）对初期生成的天然产物药理性质也有着惊人的改变，它们可以改变溶解度、结合受体的能力，也可将原本没有活性的物质变成活性物质。目前，一些后修饰酶已经作为生物催化剂应用于天然活性药物的合成过程中。

酰基转移酶（ATs）可将酰基连接到化合物结构中的亲核基团上，在聚酮化合物洛伐他汀的合成过程中，LovD 催化最后的反应步骤，将甲基丁酰-CoA 通过酯键连接到莫纳可林 J（Monacolin J）的 C-8 位羟基上，完成洛伐他汀的合成。经研究发现，LovD 对酰基供体、酰基受体和硫酯酰基载体等显示了广泛的特异性。因此，将 LovD 应用于辛伐他汀（Simvastatin）的合成[34]，在大肠杆菌中应用 LovD 的过表达，催化酰基供体 α-二甲基丁酰-S-甲基-巯基丙酸酯（α-dimethylbutyryl-S-methyl-mercaptopropionate）与莫纳可林 J 反应，生成辛伐他汀，该反应可使莫纳可林 J 的转化率高达 99%，且不需要任何化学保护和去保护。

在青霉素的生物合成过程中存在 3 种关键酶[35]，即 ACV 合成酶、异青霉素 N 合成酶和异青霉素 N 酰基转移酶（IAT）。在 β-内酰胺环形成后，在 IAT 的催化下与苯乙酰-CoA 反应，生成青霉素G，或与苯氧乙酰-CoA 反应生成青霉素 V。IAT 在 β-内酰胺类抗生素生产中占有很重要的地位，是一种重要的医药工业用酶，它既可以在碱性条件下催化青霉素 G 水解为 6-APA 和苯乙酸，又可使头孢菌素 C 水解生成 7-ADCA，其中 6-APA 和 7-ADCA 均为半合成 β-内酰胺类抗生素的重要中间体。此外，IAT 还可催化 6-APA、7-ACA 和 7-ADCA 发生酰胺化缩合反应，生成 β-内酰胺类半合成抗生素，如以 6-APA 为母核的阿莫西林和氨苄西林，以7-ACA 为母核的头孢唑林，以 7-ADCA 为母核的头孢氨苄、头孢羟氨苄等。

糖基转移酶（Glycosyltransferases，GTs）可催化活化的糖基供体与受体（如蛋白质、核酸、寡糖、脂和小分子等）结合，生成糖苷类物质。在天然产物生物合成中，糖基化反应不仅使天然产物结构多样，而且也影响其生物学活性。这些糖基在分子细胞靶点识别、作用方式、溶解度和稳定性等方面均起到关键性作用。然而，由于糖基转移酶独特的结构和作用机制，决定了该酶具有高度的底物特异性，从而限制了多样性糖基的转移。为提高糖基转移酶催化底物的广泛性，使其能够将更多种类的糖基引入多种具有药用价值的小分子中，研究人员对一些 GTs 采用定向进化和定点突变等方法，对酶基因进行改造，以使 GTs 对底物具有宽泛性，从而可作为生物催化剂催化生成一些非天然的糖苷类化合物，以此丰富糖苷类药物的多样性。

异戊烯基转移酶（Prenyltransferase）可催化异戊希基单元转移至芳香环、蛋白质或吲哚生物碱上，从而形成具有重要生物学功能的各类活性分子，其中异戊烯基化吲哚生物碱类化合物广泛存在麦

角菌、青霉菌和曲霉菌中。这些异戊烯基化的产物与未异戊烯基化的前体在生物活性方面有着明显的差异，从真菌中得到的吲哚类异戊烯基转移酶除以色氨酸为底物外，还可催化含色氨酸、具有二酮哌嗪结构的环缩二肽或类似衍生物。异戊烯基单元通常在 C－1′位与吲哚环发生键合，也有在 C－3′位成键的，除有 C－C 键外，还有 N－C 或 O－C 连接的异戊烯基化。

第七节　展　望

近年来，随着化学、生物学与分子生物学技术的不断发展，以及生物信息学、结构生物学、合成生物学等新兴学科的涌现与融合，真菌次生代谢产物的研究已步入一个全新的时代。人们对陆地腐生真菌、海洋真菌与植物内生真菌进行了深入研究，并从中分离得到许多结构新颖、具有不同生物活性的次生代谢产物，这些代谢产物虽不是生物体生长发育所必需的，但却是真菌防御系统的重要组成部分，被应用于药物、香料、化妆品和染料等领域。不少重要的次生代谢产物，特别是有重要药用价值的次生代谢产物在真菌中含量很低，难以被开发利用。因此，有关生物合成途径的研究就成为目前十分热门的研究方向。从理论上讲，研究次生代谢产物生物合成途径，详细阐明整个生物合成途径，通过遗传操作手段调控目标次级代谢产物的生物合成或进行异源表达，从而高效生产目标产物。同时，可利用组合生物合成的手段对其生物合成途径相关基因进行改造，改变其生物合成途径，获得非天然产物。另外，挖掘真菌次级代谢产物生物合成途径中一些特殊、新颖关键酶，构建工程酶，并作为高效生物催化剂用于天然产物的结构修饰或化学合成具有重要意义。

参考文献

[1] Schueffler A, Anke T. Fungal natural products in research and development[J]. Nat Prod Rep, 2014, 31: 1425－1448.

[2] Hoffmeister D, Keller NP. Natural products of filamentous fungi: enzymes, genes, and their regulation[J]. Nat Prod Rep, 2007, 24: 393－416.

[3] Sanchez JF, Somoza AD, Keller NP, et al. Advances in *Aspergillus* secondary metabolite research in the post-genomic era[J]. Nat Prod Rep, 2012, 29: 351－371.

[4] Hill AM. The biosynthesis, molecular genetics and enzymology of the polyketide-derived metabolites[J]. Nat Prod Rep, 2006, 23: 256－320.

[5] Piel Jörn. Biosynthesis of polyketides bytrans-AT polyketide synthases[J]. Nat Prod Rep, 2010, 27: 996－1047.

[6] Cox RJ. Polyketides, proteins and genes in fungi: programmed nano-machines begin to reveal their secrets[J]. Org. Biomol. Chem, 2007, 5: 2010－2026.

[7] Geris R, Simpson TJ. Meroterpenoids produced by fungi[J]. Nat Prod Rep, 2009, 26: 1063－1094.

[8] Evans BS, Robinson SJ, Kelleher N. Surveys of non-ribosomal peptide and polyketide assembly lines in fungi and prospects for their analysis in vitro and in vivo[J]. Fungal Genet Biol, 2010, 48: 49－61.

[9] Kennedy J, Auclair K, kendrew SG, et al. Modulation of polyketide synthase acticity by accessory proteins during lovastatin biosynthesis[J]. Science, 1999, 248: 1368－1372.

[10] Chen YP, Tseng CP, Liaw LL, et al. Cloning and characterization of monacolin K biosynthetic gene cluster from *Monascus pilosus*[J]. J Agr Food Chem, 2008, 56:5639－5646.

[11] Sorensen JL, Auclair K, Kennedy J, et al. Transformations of cyclic nonaketides by *Aspergillus terreus* mutants blocked for lovastatin biosynthesis at the *lovA* and *lovC* genes[J]. Org Biomol Chem, 2003, 1: 50—59.

[12] Sorensen JL, Vederas JC, Monacolin N. A compound resulting from derailment of type I iterative polyketide synthase function enroute to lovastatin[J]. Chem Commun, 2003, 13: 1492—1493.

[13] Frandsen RJN, Nielsen NJ, Maolanon N, et al. The biosynthetic pathway for aurofusarin in *Fusarium graminearum* reveals a close link between the naphthaquinones and naphthopyrones [J]. Mol Microbiol, 2006, 61: 1069—1080.

[14] Frandsen RJN, Schütt C, Lund BW, et al. Two novel classes of enzymes are required for the biosynthesis of aurofusarin in *Fusarium graminearun*[J]. J Biol Chem, 2011, 286: 10419—10428.

[15] Hur GH, Vickery CR, Burkart MD. Explorations of catalytic domains in non-ribosomal peptide synthetase enzymology[J]. Nat Prod Rep, 2012, 29: 1074—1098.

[16] Paul M. Dewick. Medicinal Natural Products: A Biosynthetic Approach. John Wiley &Sons Inc, 2009.

[17] Hamed RB, Gomez-Castellanos JR, Henry L, et al. The enzymes of β-lactam biosynthesis [J]. Nat Prod Rep, 2013, 30: 21—107.

[18] Valmaseda EM, Campoy S, Naranjo L, et al. Lysine is catabolized to 2-aminoadipic acid in *Penicillium chrysogenum* by an ω-aminotransferase and to saccharopine by a lysine 2 - ketoglutarate reductase. Characterization of the ω-aminotransferase[J]. Mol Genet Genomics, 2005, 274: 272—282.

[19] Fisch KM. Biosynthesis of natural products by microbial iterative hybrid PKS-NRPS[J]. RSC. Adv, 2013, 3: 18228—18247.

[20] Zhang DW, Ge HL, Xie D, et al. Periconiasin A-C, new cytotoxic cytochalasans with an unprecedented 9/6/5 tricylic ring system from endohytic fungus *Periconia* sp[J]. Org Lett, 2013, 15: 1674—1677.

[21] Boettger D, Bergmann H, Kuehn B, et al. Evolutionary imprint of catalytic domains in fungal PKS-NRPS hybrids[J]. Chem Bio Chem, 2012, 13: 2363—2373.

[22] Kakule TB, Sardar D, Lin ZJ, et al. Two related pyrrolidinedione synthetase loci in *Fusarium heterosporum ATCC 74349* produce divergent metabolites[J]. Chem Biol, 2013, 8: 1549—1557.

[23] Schüman J, Hertweck C. Molecular basis of cytochalasan biosynthesis in Fungi: gene cluster analysis and evidence for the involvement of a PKS-NRPS hybrid synthase by RNA silencing [J]. J Am Chem Soc, 2007, 129:9564—9565.

[24] Ishiuchi K, Nakazawa T, Yagishita F, et al. Combinatorial generation of complexity by redox enzymes in the chaetoglobosin A biosynthesis[J]. J Am Chem Soc, 2013, 135:7371—7377.

[25] Quin MB, Flynn CM, Dannert CS. Traversing the fungal terpenome[J]. Nat Prod Rep, 2014, 31: 1449—1473.

[26] Alexander NJ, Proctor RH, McCormick SP. Genes, gene clusters, and biosynthesis of trichothecenes and fumonisins in *Fusarium*[J]. Toxin. Rev., 2009, 28:198—215.

[27] Tudzynski B. Gibberellin biosynthesis in fungi: genes, enzymes, evolution, and impact on biotechnology[J]. Appl Microbiol Biot, 2005, 66: 597—611.

[28] Hedden P, Phillips AL, Rojas MC, et al. Gibberellin biosynthesis in plants and fungi: a case of convergent evolution[J]. J Plant Growth Regul, 2002, 20: 319—331.

[29] Shang CH, Shi L, Ren A, et al. Molecular cloning, characterization, and differential expression of a lanosterol synthase gene from *Ganoderma lucidum*[J]. Biosci Biotech Bioch, 2010, 74: 974—978.

[30] Matsuda Y, Wakimoto T, Mori T, et al. Complete biosynthetic pathway of anditomin: nature's sophisticated synthetic route to a complex fungal meroterpenoid[J]. J Am Chem Soc, 2014, 136: 15326—15336.

[31] Pohl NL, Hans M, Lee HY, et al. Remarkably broad substrate tolerance of malonyl-CoA synthetase, an enzyme capable of intracellular synthesis of polyketide precursors[J]. J Am Chem Soc, 2001, 123: 5822—5823.

[32] Walker MC, Thuronyi BW, Charkoudian LK, et al. Expanding the fluorine chemistry of living systems using engineered polyketide synthase pathways[J]. Science, 2013, 341: 1089—1094.

[33] Koryakina I, McArthur J, Randall S, et al. Poly specific trans-acyltransferase machinery revealed via engineered acyl-CoA synthetases[J]. ACS Chem Biol, 2013, 8: 200—208.

[34] Xie XK, Tang Y. Efficient synthesis of simvastatin by use of whole-cell biocatalysis[J]. Appl. Environ Microb, 2007, 73: 2054—2060.

[35] Tibrewal N, Tang Y. Biocatalysts for natural product biosynthesis[J]. Annu Rev Chem Biomol, 2014, 5: 347—366.

（刘继梅、戴均贵）

第四章 药用真菌多糖化学

YAO YONG ZHEN JUN DUO TANG HUA XUE

第一节 概述

20世纪70年代，日本学者首先证实香菇多糖的抗肿瘤活性，为此真菌多糖成为研究的热点。真菌多糖是自然界中生物活性显著、种类众多的一类多糖，主要分布在真菌的子实体、菌丝体、发酵液中。活性多糖作为生物反应调节剂(BRM)，能够控制细胞分裂分化、调节细胞生长和衰老，主要影响和介导机体的免疫系统，发挥免疫调节、抗肿瘤、抗病毒、抗炎、降血脂、降血糖、抗凝血等作用[1-2]。目前，国内已有多种真菌多糖药物应用于临床，如香菇多糖(片、胶囊、注射液)、紫芝多糖(片)、云芝多糖(胶囊)、茯苓多糖(口服液)、猪苓多糖(注射液、胶囊)、灵孢多糖(注射液)等[3]。

第二节 药用真菌多糖化学

一、药用真菌多糖的性质

(一) 理化性质

真菌多糖是由单糖聚合而成的大分子物质，可溶于水，难溶于醇类与其他亲脂性有机溶剂。无甜味，往往不能形成完好的结晶，无还原性和变旋现象，但有旋光性。

真菌多糖可以被酸、酶水解。在水解过程中，可产生不同水解程度的中间产物，最终完全水解得到单糖。

与其他来源的多糖相似，真菌多糖是单糖不同聚合程度的混合物。由一种单糖组成的多糖称为均多糖，由不同单糖组成的多糖称为杂多糖。

(二) 结构特征

真菌多糖分子结构是由3股单糖链构成的一种无序形的螺旋状三维立体结构的复杂多糖，螺旋层之间主要以氢键固定，高级结构通过次级键来维持。其结构有初级和高级之分，初级结构真菌多糖主要有葡聚糖、甘露糖、杂多糖、糖蛋白和多糖肽等几种类型；高级结构包括：骨架链间以氢键结合形成的各种聚合体、聚合体盘曲折叠而形成的空间构象、多聚链间非共价键结合形成的聚合体。活性多糖的高级结构分为4种类型：A型为可拉伸带状，B型为卷曲螺旋状，C型为皱纹状，D型为不规则卷曲状。具有B型结构的多糖有突出增强免疫功能的作用，A型活性不显著，C和D型一般无活性。灵芝多糖等属于B型结构[4]。经研究表明，不同种类的多糖其生理活性有差别，真菌多糖的生理活性与其三维空间的立体构型有密切关系。由于多糖的单糖组成、构成方式与空间构象的不同，导致其不同的生理活性。分支度、分子大小等因素皆可影响其活性，若其分子立体构型改变，活性将会丧失[5-6]。

二、药用真菌多糖的提取和分离方法

（一）提取

多糖为极性大分子混合物，提取方法相似，一般利用多糖可溶于水而不溶于甲醇、乙醇等有机溶剂的特点，将多糖分子溶出，然后经过脱蛋白、脱色素、乙醇沉淀等步骤处理，最后冷冻干燥获得粗多糖。不同真菌多糖可考察不同的溶剂加入量、提取温度、提取时间、提取次数对多糖得率的影响。在酸性条件下温度不宜太高，以防止多糖降解，也常在提取液中加入硼氢化钠防止氧化。为避免多糖在提取过程中分解，在温和条件下加入酶辅助提取多糖，常用的有纤维素水解酶、果胶酶和蛋白酶[7]。

微波辅助提取和超声辅助提取也广泛应用于多糖的提取。据有关报道，与常规热水提取法相比，微波辅助提取香菇多糖的提取时间可缩短200%，多糖得率可提高35%。但也有研究发现，超声波辅助提取鸡腿菇多糖过程中，超声会破坏多糖的羰基键从而形成醚键，使多糖的螺旋聚集体发生降解[7]。

（二）分离

1. 脱蛋白[8]

（1）Sevage法　配制粗多糖溶液，质量浓度为1%，样品和sevage试剂（氯仿和正丁醇的体积比为5∶1）按体积比4∶1混合，剧烈震荡30min，离心，取上清液，重复以上操作多次。蛋白清除率、多糖的保留率高，适用于实验室做实验。

（2）三氯乙酸法（TCA法）　配制粗多糖溶液，质量浓度为1%，加入1% TCA溶液，剧烈震荡20min，静置30min，然后离心去除沉淀，取上清液，重复以上操作多次。

（3）氯化钙法　配制粗多糖溶液，质量浓度为1%，调pH至8～9，85℃加热，加入氯化钙使其浓度达5%（W/V），边加边搅拌，处理1h后，停止加热，冷却后离心，取上清液。操作简单，蛋白清除率、多糖的保留率不如Sevage法，适用于工业生产。

（4）盐酸法　配制粗多糖溶液，质量浓度为1%，逐滴加入浓度为2mol/L的盐酸溶液，调pH至3，在4℃冰箱中放置12h后离心，取上清液。多糖可被水解。

2. 脱色素

双氧水脱色法是利用双氧水的氧化性将色素的发色基团氧化，但被氧化后的色素杂质并未被脱离体系，还需要进行后续的处理。使用双氧水脱色过程时，双氧水的浓度不易过高，否则会导致多糖的还原性功能团被氧化[9]。

活性炭脱色法在多糖脱色应用中受到众多限制，活性炭也会吸附多糖造成多糖损失，而一些酚类色素由于带有负电荷，不易被活性炭吸附。

树脂色谱法是利用色素的电负性吸附色素达到去除色素的目的，酚类色素由于带有负电荷，常常使用弱碱性离子交换树脂吸附色素，常使用DEAE纤维素树脂，如果是结合色素，DEAE有很强的吸附性，不能被水洗脱，宜考虑使用双氧水脱色法脱色。此外，大孔吸附树脂也有较好的脱色素效果[10]。

3. 除去小分子杂质

透析法、超滤法。超滤法比透析法具有通量大、效率高等优势，通过外加压力加快透析速度，同时超滤过程中可以将体系中的水分子分离，得到浓缩的多糖，便于后续处理[7]。

4. 纯化

可利用分级沉淀法、纤维素阴离子交换色谱法以及凝胶柱色谱法（葡聚糖凝胶和琼脂糖凝胶）。

（1） **分级沉淀法**　通常以乙醇为沉淀剂，加入乙醇的比例（体积分数）一般选取30%、50%、70%、90%，获得4个沉淀组分，该方法主要用于分离溶解度差异较大的多糖样品。其中最常用的比例为70%[7]。

（2） **DEAE离子交换柱色谱**　洗脱液分别为0mol/L、0.1mol/L、0.3mol/L、0.5mol/L和1mol/L的NaCl溶液，每种洗脱液洗脱两个柱体积，洗脱液的流速为0.5ml/min，以5毫升/管收集流出液。取1ml收集液，用苯酚-硫酸法检测每个收集管中的多糖含量，绘制出多糖样品的洗脱曲线[8]。

（3） **Sephadex G－100葡聚糖凝胶柱色谱**　经DEAE离子交换柱色谱初步分离纯化后的多糖组分，洗脱液为用0.45μm的滤膜过滤后的去离子水，流速控制在0.2ml/min，以3ml一管收集流出液。洗脱完毕后，取0.1ml收集液，用苯酚-硫酸法检测每个收集管中的多糖含量，绘制出多糖样品的洗脱曲线[8]。

三、药用真菌多糖的结构鉴定研究

分离得到的单一组分多糖，经纯度检查后，进行更深入的研究，包括相对分子质量测定、单糖组成、连接方式以及糖苷键的构型等[5]。目前的研究主要集中在初级结构。

（一） 纯度检查

1. 丙烯葡聚糖凝胶Sephacryl S－300 HR柱色谱

经Sephadex G－100柱色谱纯化后的多糖组分，洗脱液用0.45μm滤膜过滤后的去离子水，流速控制为0.2ml/min，以5ml一管收集流出液。取1ml收集液，用苯酚-硫酸法检测每个收集管中的多糖含量，绘制出多糖样品的纯度验证曲线。洗脱曲线峰型狭窄对称，说明样品纯度较好；洗脱曲线峰型分散、不对称，可认为样品不纯[8]。

2. 高效凝胶柱色谱（HPLC）

称取待测多糖样品5mg，溶解于1ml的超纯水中，用0.22μm滤膜过滤。HPLC条件：Shimadzu LC－10AD高效液相色谱系统，检测器为RID－10A，凝胶柱为ultrahydrogel columns liner 7.8mm×300mm，流动相为超纯水，流速0.9ml/min；柱温为室温，进样量20μl[11]。

3. 紫外光谱扫描

将纯化后的多糖样品放在200～400nm波长范围内进行扫描。根据多糖样品在260nm和280nm处有无紫外吸收，可判断样品中是否有蛋白质、多肽和核酸等成分。若在260nm和280nm处均无吸收峰，说明纯化得到的多糖组分均不含核酸和蛋白质杂质，纯度较好[8]。

（二） 相对分子质量的测定方法

纯的多糖样品过Sephacryl S－300 HR柱色谱，用去离子水洗脱，流速为0.2ml/min。先用相对分子质量为200万的蓝色葡聚糖过柱色谱，求得外水体积V_0，再分别用标准相对分子质量系列的Dextran T10、T40、T70和T500（相对分子质量分别为1万、4万、7万、50万）过柱色谱，依次测得洗脱体积Ve，以$\lg M$为横坐标，Ve/V_0为纵坐标得到多糖的洗脱体积与相对分子质量关系的标准曲线。以同样条件将纯化得到的多糖过柱色谱，测定得到洗脱体积V，由公式$\lg M = a + bV$，求得多糖的相对分子质量M[8]。

（三） 单糖组成的测定方法（GC-MS）[8]

1. 仪器条件

Agilent Technologies 7890A GC System，Agilent Technologies 5975C inert MSD with Triple-Axis Detector。载气流速为 1ml/min，离子源电子能量为 70eV，进样口的温度为 280℃，进样量为 1μl，初始柱温为 70℃，保持 4min。采用程序升温，升温程序 1：以 3℃/min 从 70℃升到 200℃（保持时间为 0min）；升温程序 2：以 10℃/min 从 200℃升到 300℃，保持时间为 5min。

2. 单糖标准曲线的测定

精确称取一定量的各种单糖标准品 2mg。加 1ml 吡啶（含浓度为 20mg/ml 的甲氧胺盐酸盐），放在 70℃条件下溶解 3h，得到单糖的混合标准品母液。用吡啶将混合标准品稀释成不同的浓度梯度，各标准溶液的浓度梯度如下：

标准溶液 1：取母液 0.1ml，稀释到 10ml；

标准溶液 2：取母液 0.1ml，稀释到 5ml；

标准溶液 3：取母液 0.1ml，稀释到 2ml；

标准溶液 4：取母液 0.1ml，稀释到 0.5ml；

标准溶液 5：取母液，不稀释。

各取 75μl 以上标准溶液，加 50μl BSTFA（TMCS 1%）衍生剂，在 70℃条件下衍生 2h 后用 GC-MS 测定。以各种单糖的浓度（μmol/L）为横坐标，峰面积为纵坐标，得到各种单糖的浓度与峰面积关系的标准曲线。

3. 纯多糖样品的单糖组成与比例的测定

取纯多糖样品 5mg，置于水解专用的耐高温小瓶中，加 2mol/L 三氟乙酸溶液 2ml，密塞，放在 100℃条件下水解 8h。多糖样品水解完毕后，放在 50℃真空干燥箱中减压蒸干，在此期间加甲醇 3～5 次，蒸干，以除去残留的三氟乙酸溶液成分。多糖样品按 GC-MS 测定单糖标准品的方法衍生并测定，计算多糖样品的单糖组成与比例关系。

（四） 多糖的结构预测

通过高碘酸氧化- Smith 降解方法、甲基化分析法、部分酸水解法和红外光谱推测分子结构单元[8,11,12]。

第三节　药用真菌多糖分析

真菌多糖的分析可通过紫外-可见分光光度法进行测定。2015 版《中国药典》以无水葡萄糖为对照品，采用硫酸-蒽酮法进行测定灵芝多糖。《保健食品功效成分检测方法》中多糖的测定方法有：分光光度法（硫酸-蒽酮法、苯酚-硫酸法）和碱性酒石酸铜滴定法。

苯酚-硫酸法

1. 标准曲线的测定

精密称取烘干至恒重的葡萄糖，配制葡萄糖原液浓度为 1mg/ml，量取 10ml 葡萄糖母液，用去离子水稀释到 100ml，得到 0.1mg/ml 的葡萄糖标准液，分别取标准液 0ml、0.2ml、0.4ml、0.6ml、0.8ml、1.0ml、1.2ml 以去离子水定容到 2ml，加 6%(g/ml)的苯酚溶液 1ml 与浓硫酸 5ml，放在室温下反应 10min，30℃水浴中反应 20min，待反应完毕后取出，冷却至室温，用紫外-可见分光光度计在 490nm 波长下测定吸光度，绘制出多糖含量的标准曲线，求出回归方程。

2. 样品中多糖含量的测定

称取烘干至恒重的药材干粉 2g，加入 8ml 石油醚，充分混匀，用 4 500r/min 离心 10min 后，弃上清液，加入 5ml 去离子水，混匀，用超声提取 30min，4 800r/min 离心 10min，弃上清液，药渣放在 60℃下干燥后转至 50ml 具塞三角瓶内，加去离子水 20ml，用 80℃水浴 3h，抽滤，弃药渣，将上清液定容至 25ml，精密吸取 1ml，置 10ml 离心管中，加无水乙醇 4ml，4℃存放过夜。用 4 800r/min 离心 10min，弃上清液，沉淀物用 80%乙醇洗涤两次，每次 2ml，将沉淀物用去离子水溶解，定容至 2ml，精确吸取 0.25ml，加去离子水 1.75ml，加 6%苯酚溶液 1ml，加浓硫酸 5ml，混匀，沸水浴 15min，取出置冰水中冷却 30min，在 490nm 波长处分别测定吸光度。按照标准曲线的回归方程计算样品中多糖的浓度，得出药材干粉中多糖的含量[13]。

以葡萄糖为对照品适合测定高纯度样品的多糖含量，而在实际生产过程中因添加了淀粉、糊精等辅料，若以葡萄糖为对照品测定多糖含量，不能准确反映多糖的实际含量；加入专属酶水解，会延长样品前处理时间。有研究表明：以葡聚糖($M=5\times10^5$)为对照品，可以避免淀粉、果糖、葡萄糖、麦芽糖等赋形剂的干扰。用改良苯酚-硫酸显色法在 485nm 处测定吸光度值，从而得出葡聚糖的量(标准曲线法)，计算样品中多糖的含量(以葡聚糖计)[14]。

在药物代谢动力学研究中，多糖的结构复杂、不含有发色团，没有确定的相对分子质量等特点，一直是色谱分析检测中的难点。近年来，生物样品中多糖药物测定方法主要有：①HPLC-柱后荧光衍生法；②预标记方法(pre-labeling method)；③生物测定法；④ELSD 法。其中生物测定法易受敏感生化反应的影响，且缺乏特异性[15]，而 ELSD 法检测只能达到微克级[16]。因此，在上述 4 种方法中以前两种方法较为常用。

第四节　药用真菌多糖活性

真菌多糖具有以 β 糖苷键连接的三维立体结构。由于人体内缺少 β 淀粉酶，真菌多糖在体内不能直接被消化吸收，但可通过结合细胞膜上的受体发挥药理活性。现在临床上使用的真菌多糖药物除灵胞多糖注射液用于治疗重症肌无力、萎缩性肌强直与进行性肌营养不良等外，其他制剂都归入免疫增强剂一类，临床上主要用于慢性肝炎、抗肿瘤的治疗与辅助治疗[3]。

一、免疫调节

真菌多糖具有多种多样的生物活性，其中免疫调节活性是公认最重要的生物活性。主要通过激活免疫细胞，如激活 T 细胞、B 细胞、活化补体巨噬细胞、自然杀伤细胞、细胞毒 T 细胞等，通过促进细胞因子生成等途径，对免疫系统发挥多方面的调节作用。如云芝孢内多糖、姬松茸多糖等[17]。

二、抗肿瘤

真菌多糖的抗肿瘤作用日益受到重视和肯定，目前临床上应用一些真菌多糖，如茯苓多糖[18]、香菇多糖[19-21]、灰树花多糖[22]等作为治疗肿瘤的辅助药。真菌多糖抗肿瘤的机制大致分为：

1. 直接作用

对肿瘤细胞产生细胞毒性。云芝多糖 PSK 通过提高 p21(WAF)/(CiP1)的表达,诱导胰腺癌细胞程序性死亡。黑灵芝多糖 PSG-1 通过降低 Bcl-2 蛋白的表达和线粒体膜电位,以及活化 caspase-3 和 caspase-9,引起肿瘤细胞 S-180 的凋亡。富硒灵芝多糖通过激活聚合酶腺苷二磷酸-核糖(ADP-ribose),直接抑制乳腺癌细胞 MCF-7 的增殖。

2. 间接作用

通过免疫系统抑制肿瘤细胞生长。通过抗肿瘤免疫机制间接阻碍肿瘤细胞的生长,起到扶正固本的作用。抗肿瘤作用的免疫效应,包括刺激网状内皮系统的吞噬功能、提高血清或血浆蛋白含量、促进抗体形成、诱导产生干扰素和白细胞介素、刺激 T 淋巴细胞生成、激活补体等。具有显著抗肿瘤活性的真菌多糖有香菇多糖、茯苓多糖、猪苓多糖、裂褶菌多糖等。

此外经研究发现,真菌多糖还可通过抗氧化、清除氧自由基发挥抗肿瘤作用[7]。

三、抗氧化

目前,主要以自由基清除率与体内抗氧化反应产物含量为检测指标,衡量多糖抗氧化作用的大小。灵芝和冬虫夏草多糖在多种抗氧化实验中,均显示出显著抗氧化的作用[8,23-24]。

四、抗病毒

香菇多糖对十二型腺病毒和防阿伯尔氏病毒的抑制作用,是通过激活免疫细胞,使其经历成熟、分化和增殖一系列过程,最终使机体达到平衡状态,从而增强机体自身免疫力[25];灰树花多糖能显著抑制 HIV 病毒生长[26];猴头菇多糖可以减少呼肠孤病毒感染番鸭的病变坏死细胞,显著降低番鸭死亡率;抗病毒机制是病毒感染早期促进细胞凋亡,感染晚期抑制细胞凋亡,有助于防止病毒在细胞中的扩散,甚至清除病毒[27]。此外,经结构修饰得到的硫酸酯多糖有显著的抗病毒作用,对 HIV-1 的抑制活性最强,硫酸香菇多糖等能有效抑制病毒的生长[28]。

五、降血糖、降血脂

目前已发现 80 余种真菌多糖都可使实验动物模型的血糖浓度明显降低[29]。大球盖菇液体深层培养胞外多糖灌胃,对链脲霉素所致糖尿病的小鼠降糖降脂效果明显[30]。灵芝多糖能明显降低高血脂症小鼠血清中的 TG 含量,延长小鼠凝血时间[31]。猴头菇多糖降血糖效果明显;对血清中总胆固醇和三酰甘油含量也有良好的作用效果[32]。目前市场上的真菌多糖类保健品很多,单具有调节血脂功能的就有:调脂灵、山珍清脂康口服液、归宗牌降脂胶囊等,有效成分主要是灵芝、木耳、银耳等真菌多糖。此外,还有猪苓多糖片、云芝泰康冲剂、猴头菇冲剂等也表现出良好的市场应用前景。

六、抗帕金森病

色钉菇粗多糖能显著改善帕金森病模型小鼠的行为,并显著降低 MPTP 所致的小鼠多巴胺能神经元的凋亡[33]。

七、结构特征与生物活性的关系

真菌多糖的构效关系，包括多糖的初级结构、高级结构、理化性质与其生物活性的关系。经研究表明，只有具有特定空间构象的多糖才具有生物活性。一般将真菌多糖的结构分为 4 种类型：可拉伸带状、卷曲螺旋状、皱纹状、不规则卷曲状。呈卷曲螺旋状的真菌多糖活性较高，其他 3 种类型的真菌多糖活性很低，甚至无活性。3 股螺旋构型是真菌多糖活性最佳的空间构象[4]。

具有 3 股螺旋构型的真菌多糖能调节免疫器官，以及免疫细胞（T 淋巴细胞、B 淋巴细胞、巨噬细胞、NK 细胞）的活性，以阻止肿瘤的生长。经研究表明，从香菇、茯苓等食用或药用真菌中提取的多糖组分，特别是具有分支结构的 β-1，3-D-葡聚糖，具有提高人体免疫功能和增强人体抗肿瘤的能力[34-35]。香菇多糖是临床上使用最广泛的真菌多糖药物，经研究表明，香菇多糖的抗肿瘤活性所必不可少的初级构型是，具有 β-1，3-D-连接的葡聚糖主链，C_6 上带有分支侧链，且 β-1，3-和 β-1，6-结合的侧链共存[36]，相对分子质量为 1 490kDa，三螺旋结构香菇多糖具有最强的抗癌活性[37]。

多糖的空间构象、是否有侧链、侧链长短、分支密度、糖链间糖苷键的连接形式等因素都会影响其活性。通常主链上的 β-(1→3)糖苷键是多糖具有活性的前提，3 股螺旋构型是产生活性的关键。多糖空间构象与活性的关系还需进一步探索与研究。

1. 主链连接方式的影响

真菌多糖中单糖以 β(1→3)(1→4)或 β(1→4)(1→6)连接的糖苷键有活性，而完全以 β(1→4)糖苷键连接没有活性。

2. 侧链基团性质的影响

茯苓多糖的化学结构虽然与香菇多糖相似，但茯苓多糖无抗肿瘤活性；而修饰为羧甲基的茯苓多糖，却呈现有生物活性。

3. 相对分子质量与相对分子质量分布

通常，多糖相对分子质量越大，流体动力学体积越大，越不利于其以被动扩散方式跨越多重细胞膜障碍进入生物体发挥生物活性；降低相对分子质量，有时可提高多糖溶解性，从而增强其活性，但相对分子质量过低，则无法形成活性的聚合结构，导致多糖活性丧失[38]。同种的真菌多糖，相对分子质量大的比相对分子质量小的真菌多糖具有更强的生物活性。有研究报道，相对分子质量超出该相对分子质量范围 10kDa 至 200kDa 间，β-(1→3)-D-葡聚糖一般无活性[39]。

经研究发现，某些多糖由于相对分子质量分布的差别，所产生的效应有一定差异。不同多糖产生某种生物学活性的最佳相对分子质量范围也有所不同。因此，找寻多糖药物最佳疗效结构单位与相对分子质量大小就显得十分重要。

八、多糖的衍生化

多糖的衍生化反应主要有硫酸酯化、羧甲基化和乙酰基化，其中硫酸酯化的研究较多。经研究发现，天然香菇多糖具有很强的肿瘤抑制活性，经过硫酸酯化改性过后，肿瘤抑制活性下降甚至消失，但抗 HIV 病毒活性却大大提高[40]。

1. 硫酸酯化

多糖的硫酸酯化合成方法有 Wolfrom 法（氯磺酸-吡啶法）、SO_3-吡啶法、浓硫酸法[41]。其中

Wolfrom 法操作简单，易于制备而被广泛使用。发酵的冬虫夏草多糖，经过硫酸酯化后对 K562 的抑制率提高了 60%，但抗氧化能力却下降了 50%。

2. 羧甲基化

多糖在 95℃下，用 30%的 NaOH 溶液处理 2h，残渣水洗至中性后悬浮在 0.06%的氯乙酸溶液中，用乙酸调 pH 至 4.5，放在 50℃下震摇 6h。羧甲基化平菇多糖对肿瘤细胞的线粒体代谢有显著抑制作用[42]。浓度为 5mg/ml 的羧甲基化子实体灵芝多糖，体外抗羟基自由基达 87%，比反应前提高了 30%。

3. 乙酰基化

乙酰化多糖是重要的多糖支链衍生物。乙酰化使得多糖链伸展，包裹于内部的羟基暴露在外，改善了多糖的水溶性。随着乙酰基增多，糖链的伸展程度增加，羟基暴露程度增多，多糖溶解度增大，抗肿瘤活性增强；但随着乙酰化程度不断增加，羟基数目减少，反而使溶解度降低，失去抗肿瘤活性。乙酰基化羊肚菌多糖在 500μg/ml，能使 HepG2 细胞凋亡[43]；乙酰基化蘑菇多糖抗脂质过氧化活性明显增强[44]。

4. 其他

葡聚糖及其衍生物的抗氧化活性较弱，而其磷酸化物和硫酸化物显示良好的抗氧化活性；通过硒化等结构修饰的葡聚糖，其抗氧化活性也有很大的改善[45]。羟甲基化能使本无活性的茯苓多糖对肿瘤起一定的抑制作用[46-47]。

第五节　展　望

多糖的研究较早，作为药物研究始于 20 世纪 50 年代，但研究程度远落后于同为大分子物质的蛋白质与核酸。截至目前，虽已发现数百种多糖具有生物活性，有关多糖的化学、药理作用等方面的综述报道也日益增多，但研究程度均不够深入，多糖结构研究大多还处于初级结构研究阶段。

多糖制备中大多获得是相对分子质量分布较宽的粗多糖。虽然已能制备出很多相对分子质量均一的多糖，但获得过程较繁复，一般需经过超滤、酸、碱、盐沉淀或柱色谱等过程，步骤繁琐且制备量小，成本高昂，难以实现规模化生产。因此，制约了后续结构、药动学等方面的研究，今后在相对分子质量均一的活性多糖等方面还需进一步深入研究。

临床上一些多糖药物存在诸如稳定性差、口服生物利用度低等缺点，究其原因，主要包括：纯度不高、药效较低、剂型不稳定等问题。此外，不同给药途径产生的药理作用也有所不同。这些难题都有待于食药用菌科技工作者进一步探索与研究。

目前多糖药效学研究还存在以下问题：大部分多糖在体内的作用机制等尚不明确，对多糖构效关系研究进展缓慢。国内已上市的多糖药物因药理机制不甚明确，疗效不够稳定，较难进入国际市场。研究者已开始从细胞、分子水平对多糖的药理作用作进一步阐明，但构效关系的研究还需进一步加强。

真菌多糖作为药用研究还面临诸多问题：如多糖分离纯化困难、化学结构复杂、产业化难度大、药理机制不明确、分析手段局限等。因此，今后的研究中，如何完善现有的分离纯化与快速分析检测技术、准确解析其化学结构、寻找合适的模型药物进行构效关系研究并从分子水平阐明作用机制等问题，是真菌多糖药物研发面临的一系列亟待解决的难题。

参考文献

[1] 赵友兴，吴兴亮，黄圣卓．中国药用菌物化学成分与生物活性研究进展[J]．贵州科学，2013，31(1)：18－27．

[2] 翁梁，温鲁．药用真菌多糖研究进展[J]．食品科学，2008，29(12)：748－751．

[3] 时潇丽，姚春霞，林晓，等．多糖药物应用与研究进展[J]．中国新药杂志，2014，23(9)：1057－1062．

[4] 刘洁，李文香，王文亮．多糖空间结构与生物活性相关性研究进展[J]．农业机械，2011，6(17)：153－155．

[5] Zhang AQ, Zhang Y, Yang J, et al. Structural elucidation of a novel water-soluble fructan isolated from *Wedelia prostrata*[J]. Carbohydr Res, 2013, 376:24－28.

[6] 张华，王振宇，王雪．多糖化学改性方法及其生物活性研究进展[J]．食品与发酵工业，2010，36(7)：103－107．

[7] 沈洁，刘昱均，胡学一．真菌多糖的提取、改性及抗肿瘤活性的研究进展[J]．天然产物研究与开发，2014，26(10)：1723－1727．

[8] 刘金花．中国被毛孢冬虫夏草培养工艺优化及多糖分离纯化、结构性能测定[D]．华东理工大学硕士学位论文，2014．

[9] 付学鹏，杨晓杰．植物多糖脱色方法的研究[J]．食品研究与开发，2006，30(11)：28－31．

[10] 王慧．4种地衣多糖的分离纯化及生物活性研究[D]．西北大学硕士学位论文，2014．

[11] 苏进娟．九州虫草多糖的提取纯化、理化性质及免疫调节、抗氧化活性研究[D]．西北大学硕士学位论文，2014．

[12] 郭璐璐．金福菇多糖 TLH－3 提取分离以及抗氧化活性片段筛选[D]．安徽大学硕士学位论文，2014．

[13] 邢咏梅，李红莲，郭顺星．药用真菌猪苓菌核渗出液理化性质的研究[J]．中国中药杂志，2014，39(1)：40－43．

[14] 周芬霞．孢子粉灵芝粉剂活性成分分析及增强免疫力功能研究[D]．福建中医药大学硕士学位论文，2014．

[15] 吕莉，孙慧君，韩国柱．中药药代动力学的研究进展[J]．药学学报，2013，48(6)：824－833．

[16] 彭芳．白及多糖注射液的药代动力学研究[D]．苏州大学硕士论文，2010．

[17] Sun Y, Sun TW, Wang F, et al. A polysaccharide from the fungi of Huaier exhibits anti-tumor potential and immunomodulatory effects[J]. Carbohydr Polym, 2013, 92(1): 577－582.

[18] 曹颖．茯苓多糖药理作用的研究[J]．中国现代药物应用，2013，7(13)：217－218．

[19] 马云，赵贤宝．香菇多糖在结肠癌患者术后辅助化疗中的作用[J]．中华中医药学刊，2013，31(3)：691－694．

[20] 安爱军，安广文，叶进科．香菇多糖对中晚期胃恶性肿瘤化疗增效减毒临床观察及安全性评价[J]．中国医药导报，2012，9(17)：63－65．

[21] 曹锋峰，许阳贤．香菇多糖辅助化疗对结直肠癌患者免疫功能的影响及临床疗效[J]．中国肿瘤临床与康复，2011，18(5)：416－417．

[22] 边杉，叶波平，奚涛，等．灰树花多糖的研究进展[J]．药物生物技术，2004，11(1)：60－63．

[23] Maja K, Anita K, Miomir N, et al. Antioxidative activities and chemical characterization of polysaccharide extracts from the widely used mushrooms *Ganoderma applanatum*, *Ganoder-*

ma lucidum, *Lentinus edodes* and *Trametes versicolor*[J]. J Food comp Anal, 2012, 26:144—153.

[24] 曹晋忠,魏磊,苏红等.印度块菌粗多糖的提取及抗氧化活性研究[J].山西大学学报(自然科学版),2011,34(1):137—142.

[25] Shi M, Yang YN, Guan D, et al. Bioactivity of the crude polysaccharides from fermented soybean curd residue by *Flammulina velutipes*[J]. Carbohydr Polym, 2012, 89 (4):1268—1276.

[26] 郭予斌,李洽胜,吴昭晖,等.灰树花化学成分和药理作用的研究进展[J].药物评价研究,2011,34(4):283—288.

[27] 陈艺娟,吴异健,黄一帆,等.猴头菌多糖对呼肠孤病毒感染番鸭组织病变及细胞凋亡的影响[J].中国预防兽医学报,2010,32(1):14—18.

[28] Wang XH, Zhang LN. Physicochemical properties and antitumor activities for sulfated derivatives of lentinan[J]. Carbohydr Res, 2009, 344 (16):2209—2216.

[29] 李磊,王卫国.真菌多糖药理作用及其提取、纯化研究进展[J].河南工业大学学报(自然科学版),2008,29(2):87—92.

[30] Zhai X, Zhao A, Geng L, et al. Fermentation characteristics and hypoglycemic activity of an exopolysaccharide produced by submerged culture of *Stropharia rugosoannulata*[J]. Annals Microbiol, 2012:1—8.

[31] 金春花,姜秀莲.灵芝多糖活血化瘀作用实验研究[J].中草药,1998,29(7):470—472.

[32] Wang JC, Hu SH, Wang JT, et al. Hypoglycemic effect of extract of *Hericium erinaceus*[J]. J Sci Food Agric, 2005, 85 (4):641—646.

[33] 张雪倩,孙红,王立安,等.色钉菇粗多糖对小鼠DA神经元MPTP损伤的保护作用[J].菌物学报,2011,30(01):77—84.

[34] 杨云华,江南,罗霞,等.药用真菌多糖抗肿瘤的构效关系[J].时珍国医国药,2010,21(3):612—614.

[35] 张春生.多糖构象与抗肿瘤活性关系研究[J].中国粮油学报,2011,26(4):124—128.

[36] 戴伟,刘新义,胡雄彬,等.香菇多糖的分子量和结构与生物活性之间的关系[J].中南药学,2012,10(6):453—456.

[37] Zhang L, Li X, Xu X, et al. Correlation between antitumor, activity molecular weight, and conformation of lentinan[J]. Carbohydr Res, 2005, 340 (8):1515—1521.

[38] 高小荣,刘培勋.多糖构效关系研究进展[J].中草药,2004,35(2):229—231.

[39] Mantovani MS, Bellini MF, Angeli JF, et al. Glucans in promoting health: Prevention against mutation and cancer[J]. Mutat Res, 2008, 658 (3):154—161.

[40] Yoshida O, Nakashima H, Yoshida T, et al. Sulfation of the immunomodulating polysaccharide lentinan: a novel strategy for antivirala to human immunodeficiency virus (HIV)[J]. Biochem Pharmaco, 1998, 37 (15):2887—2891.

[41] 黄小燕,孔祥峰,王德云,等.多糖的硫酸化修饰与硫酸化多糖的研究进展[J].天然产物研究与开发,2007,19(2):328—332.

[42] Wiater A, Paduch R, Pleszczynska M, et al. alpha-(1→3)-D-Glucose from fruiting bodies of selected macromycetes fungi and the biological activity of their carboxymethylated products [J]. Biotechnol Lett, 2011, 33 (4):787—795.

[43] Huang QL. Fractionation, characterization and antioxidant activity of exopolysaccharides from fermentation broth of a *Cordyceps sinensis* fungus[J]. Process Biochem, 2013, 48: 380—386.

[44] Ma L, Chen H, Zhang Y, et al. Chemical modification and antioxidant activities of polysac-

charide from mushroom *Inonotus obliquus*[J]. Carbohydr Polym, 2012, 89 (2):371－378.
[45] 娄在祥，王洪新，洪颖，等. 天然多糖活性及构效关系研究新进展[J]. 粮食与油脂，2013，26(7)：46－48.
[46] 张秀军，徐俭，林志彬. 羧甲基茯苓多糖对小鼠免疫功能的影响[J]. 中国药学杂志，2002，37(1)：913－916.
[47] 孟运莲，蔡丽华，吴慧芬，等. 化学修饰的茯苓多糖抗肿瘤效应的免疫组织化学观察[J]. 武汉大学学报(医学版)，2007，28(1)：67－69.

（谭永霞）

第五章 蕈菌毒素

XUN JUN DU SU

第一节 概 述

顾名思义，蕈菌毒素（Mushroom toxins）主要是指那些由大型真菌产生的真菌毒素（Mycotoxins），能产生这类毒性物质的大型真菌主要是担子菌中的伞菌类，其次是一些子囊菌，又被称为毒蕈或毒菌（Poisonous mushrooms），俗称毒蘑菇，人畜误食后常会发生中毒反应（Mushroom poisoning）[1]。真菌毒素的范围要大于蕈菌毒素，包括一切真菌所产生的毒性化合物，如霉菌毒素（Mold toxins）等[2]。本章重点介绍蕈菌及其毒素，对蕈菌的毒性化学成分、中毒症状、毒性机制、检测方法与蕈菌毒素在医药、农业和生物科技领域的新应用分别进行阐述，而麦角毒碱类化合物另立章节进行介绍。

自然界的毒菌估计有 1 000 种以上，而我国至少有 500 种，就多年来考察研究和查阅文献资料，据 2006 年报道，我国包括怀疑有毒的毒菌在内多达 421 种，隶属于 39 科，112 属，已知的毒菌毒素有 30 多种[3-4]。2014 年又有 16 种新毒菌被发现[5]，说明中国具有毒菌与毒素种类繁多。

毒菌中绝大多数属于担子菌类的伞菌目（Agaricales），许多毒菌生态习性与食用菌相似，特别是绝大多数的野生食用菌形态特征与毒菌不易区别，甚至许多毒菌同样味道鲜美，更易误食毒菌中毒。毒菌中毒往往是误采误食而引起，轻者影响身体健康，重者导致生命危险甚至于死亡。我国文献记载引起中毒的事例与毒菌很多，尤其 20 世纪 60 年代以来，发生误食毒菌事件增多。毒菌物种包括鹅膏菌科 Amanitaceae 的鹅膏菌属 *Amanita*，蘑菇科 Agaricaceae 的环柄菇属 *Lepiota* 和蘑菇属 *Agaricus*，白蘑科 Tricholomataceae 的杯伞属 *Clitocybe* 和口蘑属 *Tricholoma*，红菇科 Russulaceae 的红菇属 *Russula* 和乳菇属 *Lactarius*，丝膜菌科 Cortinariaceae 的丝盖伞属 *Inocybe*、丝膜菌属 *Cortinarius*、滑锈伞属 *Hebeloma*、裸伞属 *Gymnopinus* 和盔孢伞属 *Galerina*，粪锈伞科 Bolbitiaceae 的粪锈伞属 *Bolbitius*，球盖菇科 Strophariaceae 的韧伞属 *Naematoloma*、光盖伞属 *Psilocybe* 和球盖菇属 *Stropharia*，粉褶菌科 Rhodophyllaceae 的粉褶菌属 *Rhodophyllus*，鬼伞科 Coprinaceae 的鬼伞属 *Coprinus* 和花褶伞属 *Panaeolus*，牛肝菌科 Boletaceae 的黏盖牛肝菌属 *Suillus* 和牛肝菌属 *Boletus*。子囊菌类毒菌要少得多，仅有马鞍菌科 Helvellaceae 的马鞍菌属 *Helvella*、鹿花菌属 *Gyromitra*、柄盘菌属 *Acetabula* 与胶陀螺科 Bulgariaceae 的胶陀螺菌 *Bulgaria inguinans* 和叶状耳盘菌 *Cordierites frondosa*。中国毒菌的分布与毒性等级，详见文献[4]中的《中国毒菌总览表》。

第二节 蕈菌毒素化学成分的研究

毒菌的种类较多，且一种毒菌中可能含有多种蕈菌毒素，蕈菌毒素的种类更是繁多复杂。目前已报道毒性较强的毒素主要包括以下几种：

一、鹅膏肽类毒素

人们对鹅膏肽类毒素的研究已有 100 多年的历史，根据其氨基酸的组成和结构，可把鹅膏肽类毒

素分为鹅膏毒肽 amatoxins、鬼笔毒肽 phallotoxins 和毒伞素 virotoxins 3 类[6]。它们都是环肽类型的化合物，其氨基酸与一般蛋白质中的氨基酸一样为 L 型构象(图 5 - 1)。这些环肽毒素的共同特征是含有吲哚环的氨基酸，且吲哚环的 2 位与色氨酸形成的硫基键相接。鹅膏毒肽是双环八肽，鬼笔毒肽是双环七肽，在吲哚环 2 位上形成 2 -硫基键，以跨环方式连接。毒伞素是一类单环七肽。

目前已发现的鹅膏毒肽有 9 种，它们分别命名为 α - amanitin、β - amanitin、γ - amanitin、ε - amanitin、amanin、amaninamide、amanullin、amanullinic acid 和 proamanullin[1]，其中 α - amanitin 和 β - amanitin 在鹅膏菌中含量最高，并且是主要的致死毒素。鹅膏毒肽属慢作用毒素，在误食含有该类毒素的毒菌后，2～8d 后使人死亡。鹅膏毒肽对人的致死量 LD_{50} 大约为 0.1mg/kg，甚至更低，作用机制是抑制真核生物的 RNA 聚合酶(尤其是 RNA 聚合酶Ⅱ)的活性[7]。

已分离鉴定的鬼笔毒肽类毒素有 8 种，分别为：phalloin(PHN)、phalloidin(PHD)、phallisin(PHS)、prophallin(PPN)、phallacin(PCN)、phallacidin(PCD)、phallisacin(PSC)和 phallin B(PHB)，其中二羟鬼笔毒肽 phalloidin 和羧基二羟鬼笔毒肽 phallacidin 在毒蘑菇中含量高，也是一种致死毒素[1]。

毒伞素最早是从鳞柄白毒鹅膏菌中分离获得。目前已分离鉴定的毒伞素有 6 种，它们分别命名为 viroidin、desoxoviroidin、ala-viroidin、ala-desoxoviroidin、viroisin 和 desoxo-viroisin[1]。

鬼笔毒肽和毒伞素属快作用毒素，毒力较弱，口服均不引起中毒，静脉或腹腔注射试验动物 2～5h 致死，LD_{50} 分别为 2～3mg/kg 和 2.5mg/kg。鬼笔毒肽的作用机制是能专一性地与丝状肌动蛋白 F-actin 结合，打破丝状肌动蛋白 F-actin 与球状肌动蛋白 G-actin 之间的平衡，形成大量 F-actin 毒肽复合体[7]。

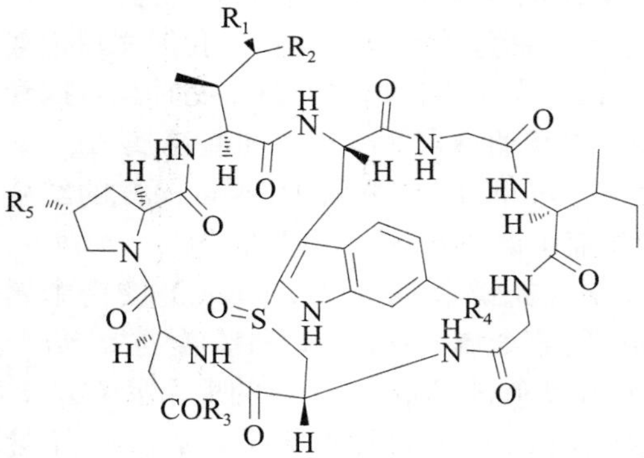

	R_1	R_2	R_3	R_4	R_5
α - Amanitin	CH_2OH	OH	NH_2	OH	OH
β - Amanitin	CH_2OH	OH	OH	OH	OH
γ - Amanitin	CH_3	OH	NH_2	OH	OH
ε - Amanitin	CH_3	OH	OH	OH	OH
Amanin	CH_2OH	OH	OH	H	OH
Amaninamide	CH_2OH	OH	NH_2	H	OH
Amanullin	CH_3	H	NH_2	OH	OH
Amanullinic acid	CH_3	H	OH	OH	OH
Proamanullin	CH_3	H	NH_2	OH	H

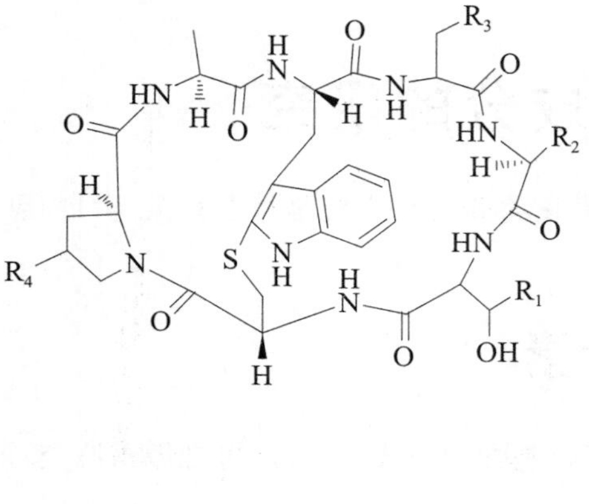

	R_1	R_2	R_3	R_4
PHN	CH_3	CH_3	$C(CH_3)_2OH$	OH
PHD	CH_3	CH_3	$CH_3C(CH_2OH)OH$	OH
PHS	CH_3	CH_3	$C(CH_2OH)_2OH$	H
PPN	CH_3	CH_3	$CH_3C(CH_3)OH$	OH
PCN	COOH	$CH(CH_3)_2$	$C(CH_3)_2OH$	OH
PCD	COOH	$CH(CH_3)_2$	$C(CH_3)_2OH$	OH
PSC	COOH	$CH(CH_3)_2$	$C(CH_2OH)_2OH$	OH
PHB	CH_3	CH_2Ph	$C(CH_3)_2OH$	H

Desoxiviroidin $R_1=CH_3$, $R_2=CH(CH_3)_2$
Ala-desoxiviroidin $R_1=R_2=CH_3$
Desoxoviroisin $R_1=CH_2OH$, $R_2=CH(CH_3)_2$

Viroidin $R_1=CH_3$, $R_2=CH(CH_3)_2$
Ala-viroidin $R_1=R_2=CH_3$
Viroisin $R_1=CH_2OH$, $R_2=CH(CH_3)_2$

图 5-1　鹅膏肽类毒素化合物结构

二、氨基酸毒素类

氨基酸毒素目前主要有两大类:鹅膏蕈氨酸,鬼笔菌素。

1. 鹅膏蕈氨酸 Ibotenic acid

鹅膏蕈氨酸 ibotenic acid 和异鹅膏胺 muscimol 毒素主要分布在鹅膏属 *Anamita* 真菌中,最早在豹斑毒鹅膏菌 *Anamita pantherina* 和毒蝇鹅膏菌 *Anamita muscaria* 中发现,其他含有该毒素的种有黄盖鹅膏菌 *A. gemmata*,松果鹅膏菌 *A. strobiliformis*,*A. smithiana*,*A. cothurnata*,*A. solitaria*,*A. citrina*,*A. cokeri*,毒蝇口蘑 *Tricholoma muscarium* 等。这是一类非蛋白氨基酸,其代表性化合物的结构式见图 5-2[8-9]。

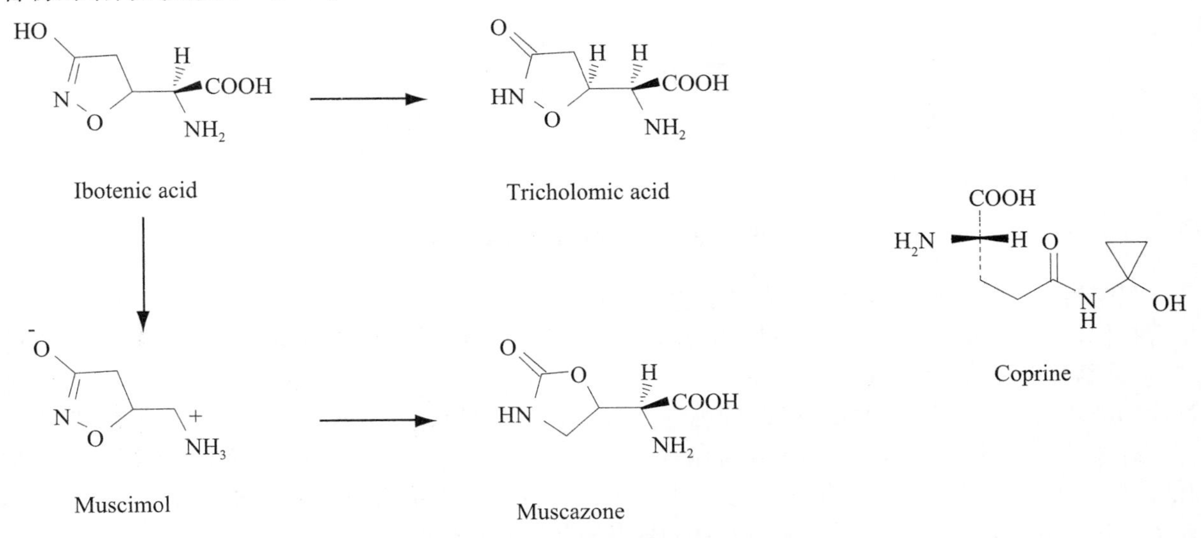

图 5-2　氨基酸毒素类化合物结构

鹅膏蕈氨酸 ibotenic acid 和异鹅膏胺 muscimol,可以穿过血脑屏障作用于中枢神经系统,引起肌肉痉挛、深睡、醒来时兴高采烈、过度兴奋等神经系统功能紊乱。鹅膏蕈氨酸可激活 N-甲基-D-天冬氨酸(NMDA)受体,异鹅膏胺 muscimol 与脑组织中抑制性神经递质 γ-氨基丁酸(GABA)结构类似,可提高 GABA 受体活性,增加 GABA 合成,其作用类似于安定,有镇静安眠作用,异鹅膏胺由鹅

膏蕈氨酸脱羧而来，活性比鹅膏蕈氨酸强5～10倍，这两种毒素化学成分在体内不被破坏，以尿液的形式排泄出来。一般烹调时，对它们的活性无明显影响，但在干蕈中，活性可逐渐降低[10]。

2. 鬼伞菌素 Coprine

鬼伞菌素 Coprine，是从墨汁鬼伞 *Coprinus atramentarius* 中分离得到的一类氨基酸毒素，化学名称为 N^5-(1-羟基环丙基)-L-谷氨酸[11]。鬼伞菌素能抑制乙醛脱氢酶活性，导致乙醛积累，阻断醇代谢。体外研究没有显示鬼伞菌素能够抑制乙醛脱氢酶活性，催化乙醛转变成乙酸，但它的水解产物1-氨基环丙醇氢氯化物却能抑制乙醛脱氢酶活性。鬼伞菌素本身没有毒性，但食用含鬼伞菌素的蘑菇后再喝酒就会引起中毒，几分钟到数小时内出现头痛、手、脚感觉异常、面部潮红、心动过速、发汗、恶心、呕吐等症状[12]。

三、生物碱类

1. 奥来毒素 Orellanine

从丝膜菌 *Cortinarius orellanus* 中分离出的有毒物质叫奥来毒素 orellanine，这种物质对动物产生的毒性作用与蘑菇子实体对动物产生的毒性作用相同。1979年完成了该毒素的化学结构鉴定，该化合物加热到270℃以上就会产生化学分解，经光照射后会产生 orellinine，最后形成一种叫 orelline 的无毒性的化合物[13-14]（图5-3）。它的作用原理为：奥来毒素是一个联吡啶结构，在每个环中含有两个-OH，orellinine 是由 orellanine 去掉一个-NO基团而形成，orelline 是由 orellanine 去掉两个-NO基团形成的。奥来毒素产生毒性的必需基团是-NO基团。然而，奥来毒素在蘑菇体内非常稳定，蘑菇经烹煮或甚至经20年储藏后都不会被破坏。orellanine 和 orelline 都难溶于有机溶剂和水。当从蘑菇中提取奥来毒素时，在光或紫外光条件下，它会迅速地分解为其他化合物。

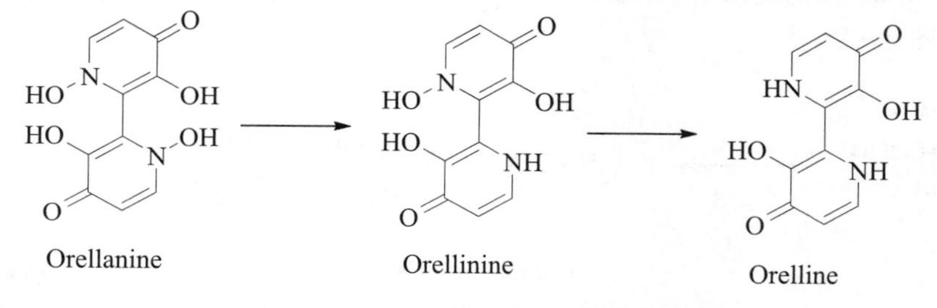

图5-3 奥来毒素类化合物结构

奥来毒素作用的靶器官是肾。它对动物产生的效应与在人体上观察的一样，有很长潜伏期并产生肾损伤，在动物实验中没有观察到肝的损伤。奥来毒素对肾损伤的机制目前还没有完全研究分析清楚，推测奥来毒素的作用机制是影响 NADPH 的形成，使机体更易被自由基破坏，从而引起过氧化反应和破坏脂膜。奥来毒素强烈抑制细胞内大分子，如蛋白质、RNA 和 DNA 的合成，无细胞膜破坏。有文献研究报道认为，奥来毒素会抑制依赖 DNA 的 RNA 聚合酶和碱性磷酸酶，阻断腺苷三磷酸的产生。正如奥来毒素的光化学氧化，一些学者认为，这种毒素的作用机制可能与谷胱甘肽和抗坏血酸的含量减少有关，因为谷胱甘肽和抗坏血酸具有抗氧化损伤的作用[15-17]。

2. 裸盖菇素

目前分离并鉴定的裸盖菇素类物质，包括裸盖菇素 psilocybin、脱磷裸盖菇素 psilocin、甲基裸盖菇素 baeocystin、脱甲基裸盖菇素 norbaeocystin、aeruginascin（图5-4）。裸盖菇素、脱磷裸盖菇素和甲基裸盖菇素都有1个吲哚环结构，每个环上都有1个羟基，裸盖菇素羟基上的氢被磷酸取代，甲基裸盖菇素

的羟基上的氢也被磷酸取代，同时侧链末端氮上再去掉1个甲基。纯的裸盖菇素和脱磷裸盖菇素均是晶体状，无色化合物。两者对温度敏感，在室温下其甲醇提取液存放几个月后就会彻底失活，而冻干的蘑菇在−5℃下储存两年后仍然保持活性，含有这两种毒素的蘑菇因脱磷裸盖菇素的氧化而呈蓝色[18-21]。

裸盖菇素和脱磷裸盖菇素具有不同的溶解性质，两种化合物都能溶解于甲醇、稀硫酸、碳酸氢钠中，但裸盖菇素由于具有较强的离子特性，难溶于丁基氯或其他的卤化烃，而脱磷裸盖素则可溶。裸盖菇素能溶于水，而脱磷裸盖菇素不溶于水，据此可分离鉴定裸盖菇素和脱磷裸盖菇素。

含有该类物质的蘑菇通常被称为致幻蘑菇或魔术蘑菇。光盖伞属 *Psilocybe*、花褶伞属 *Panaeolus*、锥盖伞属 *Conocybe* 和裸伞 *Gynmopilus* 是最常见含有裸盖菇素的4个属，常见的种还有墨西哥光盖伞 *Psilocybe mexicana*，古巴光盖伞 *P. cubensis*，黄褐花褶伞 *Panaeolusfoenisecii*，紫色裸伞 *Gymnopilus purpuralus*，橘黄裸伞 *G. spectabilis* 等至少75种不同的蘑菇[22]。进食含该类物质的蘑菇1h后发病，可出现精神异常，瞳孔散大，幻视，重听和动作不协调，狂笑，时有说话困难等症状，其他症状包括心跳加快，血压升高，瞳孔放大，战栗，体温升高等。裸盖菇素毒性机制尚未研究清楚，可能是改变人脑中的吲哚类化合物尤其是5-羟色胺的浓度。裸盖菇素和脱磷酸裸盖菇素都是吲哚色胺源生而来，脱磷酸裸盖菇素比裸盖菇素酯溶性强，因此容易穿过血脑屏障，其结构与复合胺(5-羟色胺)相似，作用于CNS中枢神经系统复合胺受体。此外，还可能作用于外周神经系统血清激活素受体，裸盖菇素和脱磷酸裸盖菇素已能够进行人工合成[23-24]。

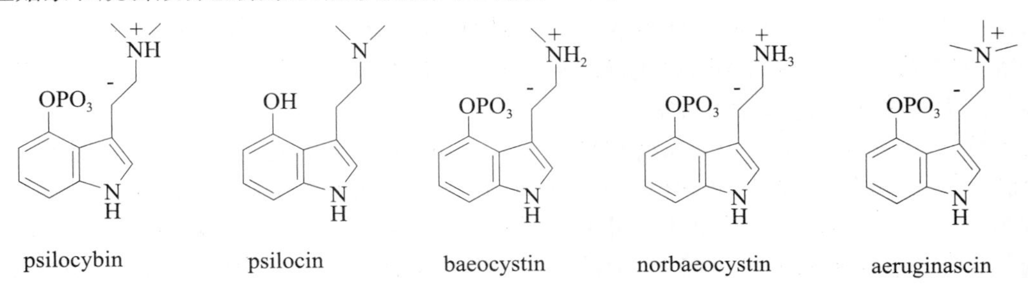

图5-4 裸盖菇素类化合物结构

3. 鹅膏毒蝇碱 Muscarine

鹅膏毒蝇碱是第一个被鉴定出的蕈菌毒素，最初是从毒蝇鹅膏菌 *Amanita muscaria* 中提取获得，含量只有0.000 3%，后来在丝盖伞属 *Inocybe*、杯伞属 *Clitocybe* 的一些毒蕈中也分离出毒蝇碱，含量可达到0.1%～0.33%。该毒素主要存在于丝盖伞属 *Inocybe* 和杯伞属 *Clitocybe* 的某些种中，如黄丝盖伞 *Inocybefastigiata*、*Inocybe geophylla*，白霜杯伞 *Clitocybe dealbate*、*Clitocybe illudens* 等，其他一些属中含量较低，如粉褶菌属 *Entoloma* 和小菇属 *Mycena*[25]。

毒蝇碱是热稳定的化合物，作用于副交感神经，具有乙酰胆碱样作用，与乙酰胆碱竞争受体，但不能被胆碱酯酶降解，因而引起中毒。毒蝇碱可以激活心脏、分泌腺和平滑肌的乙酰胆碱受体，但不能穿过血脑屏障，因而不能激活骨骼肌或中枢神经系统的乙酰胆碱受体，主要中毒症状为流泪、盗汗、呕吐、腹泻等肠胃功能紊乱。易溶于乙醇和水，不溶于乙醚，一般烹调方法对其毒性无影响，LD_{50}为0.23mg/kg，分子式为$C_9H_{22}O_2$，各种衍生物结构式见图5-5。毒蝇碱的人工合成也已获成功[24]。

muscarine　epi-muscarine　allo-muscarine　epiallo-muscarine

图5-5 鹅膏毒蝇碱类化合物结构

4. 鹿花菌素 Gyromitrin

鹿花菌 *Gyromitraesculenta* 的毒素（鹿花菌素，Gyromitrin）开始被命名为马鞍菌酸（Heivelic acid），1967 年化学结构式被确定并命名为鹿花菌素[26]。经研究表明，鹿花菌素的水解产物甲基联胺（Mnmomethy hydrazine，MMH）化合物为主要的毒性物质，熔点 5℃，对黏膜的刺激性较大，也能通过皮肤吸收。鹿花菌素具有极强的溶血作用，对小鼠的肝、胃、肠、膀胱有损害作用，LD_{50} 为 1. 24mg/kg。食用后一般 6～12h 发病，发病后有恶心、呕吐、头痛、疲倦、痉挛等表征，在 1～2d 内很快出现溶血性中毒症状，会引起贫血、黄疸、血红蛋白尿，肝、脾肿大，心、肾受累，严重者会死亡。该毒素的靶器官为胃肠道和肝脏，毒性机制可能是抑制 GABA 合成，含有鹿花菌素的蕈菌种类主要有鹿花菌 *G. esculenta*、褐鹿花菌 *G. fastigiata*、赭鹿花菌 *G. infula*、大鹿花菌 *G. ganteagi* 等。除 *Gyromitra* 的一些类群外，据文献报道，马鞍菌 *Helvella elastica* 和疣孢褐盘菌 *Peziza badia* 中也含有相同的毒素[27]。

5. 其他生物碱类

从晶粒鬼伞 *Coprinus micaceus* 分离得到了 Tryptamine，它的 LD_{50}（小鼠）为 223mg/kg，该蘑菇还含有胆碱 choline 等成分。晶粒鬼伞又名狗尿苔，该菌如与酒同吃，易中毒，而初期幼嫩时可食。由此推断，该菌所含的毒素在生长后期形成[28]。从球盖伞属毛头鬼伞 *Coprinus comatus* 中得到的 Spermidine 和苯酚 phonel 等胃肠道刺激物。Spermidine 的 LD_{50}（大鼠）为 78mg/kg。毛头鬼伞一般可食，但与酒类与啤酒同吃，均容易中毒[29]。

误食红褐杯伞 *Clitocybe acromelalga*（Meyer：Fr.）Massee，会引起肠胃炎型中毒症状。从红褐杯伞分离得到 acromelic acid A～C、clitidine，acromelic acid C 的 LD_{50}（大鼠）为 10mg/kg[30-32]。从水粉杯伞 *Clitocybe nebularis* 中分离得到了水粉蕈素 nebularine，它的 LD_{50}（小鼠）为 220mg/kg。nebularine 对热稳定。在无机酸中稍不稳定，能溶于水、甲醇，难溶于乙醇，不溶于氯仿、乙醚、丙酮等溶剂[33]。化合物 1－monoamide 和 1－mononitrile 在多种杯伞属 *Clitocybe* 中也会存在，它们的 LD_{50} 分别（大鼠）为 50mg/kg 和 13mg/kg[34-35]。（图 5－6）

gyromitrin　acromelic acid A　acromelic acid B

tryptamine

acromelic acid C　clitidine　spermidine

nebularine

1-Monoamide

1-Mononitrile

(22E,24R)-3 a-ureido-ergosta-4,6,8(14),22-tetraene

2-butyl-1-azacyclohexene iminium salt

图 5-6 其他生物碱类毒素化合物结构

大青褶伞 *Chlorophyllum molybdites* 误食后同样会引起胃肠道病症，从其子实体中可分离得一个甾醇衍生物(22*E*,24*R*)-3a-ureido-ergosta-4,6,8(14),22-tetraene[36]。从牛肝菌类 *Tylooilus* sp. 中得到的毒性化合物 2-butyl-1-azacyclohexene iminium salt 表现出剧毒特性，LD_{99} 为 25mg/kg[37]。

四、萜　类

1. 倍半萜及其衍生物(图 5-7)

从发光杯伞 *Clitocybe illudens* 中得到了两个倍半萜：illudin M 和 6-deoxyilludin M，它的毒性分别为 LD_{50} 为 16mg/kg 和 20mg/kg[38-39]。从奥尔类脐菇 *Omphalotusolearius*、脐菇 *O. illudens*、*O. nidiformis* 中得到其他 illudin 类似物：illudinA、illudinB、illudin S。Illudins 通过与 DNA 相结合，阻断转录过程而造成 DNA 损伤，进而抑制肿瘤生长[40]。从乳菇 *Lactarius sp.* 中分离得到 isovelleral，该成分是一种诱导癌变的毒素[41]。

浅黄褐乳菇 *Lactariusflavidulus* 可以食用的，但有些人吃了会产生过敏。从浅黄褐乳菇中分离得到了致使过敏的成分 flavidulol A[42]。从簇生黄韧伞 *Naematolomafasciculare* 中还分离得到了 1 个萜类毒素 naematolin，它的 LD_{50}(大鼠)400mg/kg[43]。从红角肉棒菌 *Podostroma cornu-damae* 发酵液和子实体中，分离得到了一系列倍半萜的衍生物 roridin E，verrucarin 与 satratoxin H 的系列化合物，在小鼠实验中，这些化合物都显示出很强的毒性[44]。

illudin M　　6-deoxyIlludin M　　illudin A　　illudin B

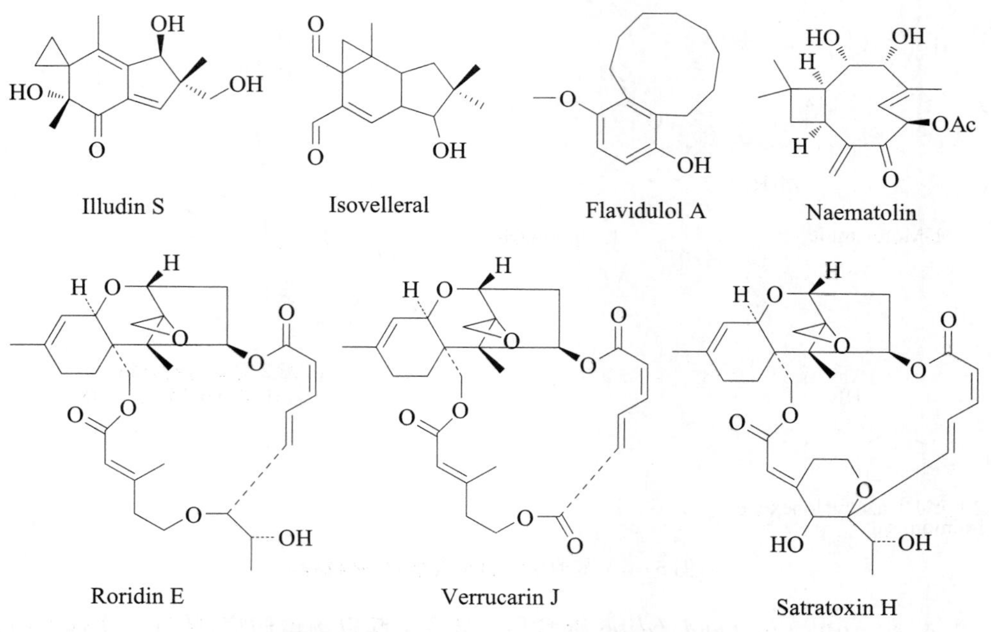

图 5-7 倍半萜及其衍生物毒素化合物结构

2. 三萜类

从酒红褶滑锈伞 *Hebeloma vinosophyllum* Hongo 水提物中得到了一系列有神经毒的化合物：hebevinosides Ⅰ～Ⅺ[45]。滑锈伞 *Hebeloma spoliatum* 甲醇提取物会引起小鼠抑郁，从中得到了 3 个毒性成分：HS-A～HS-C[46]。从簇生黄韧伞 *Naematoloma fasciculare* Sing 中分离得到一系列毒性成分 fasciculol A～F 与 fasciculic acid A～C[43,47-49]。(图 5-8)

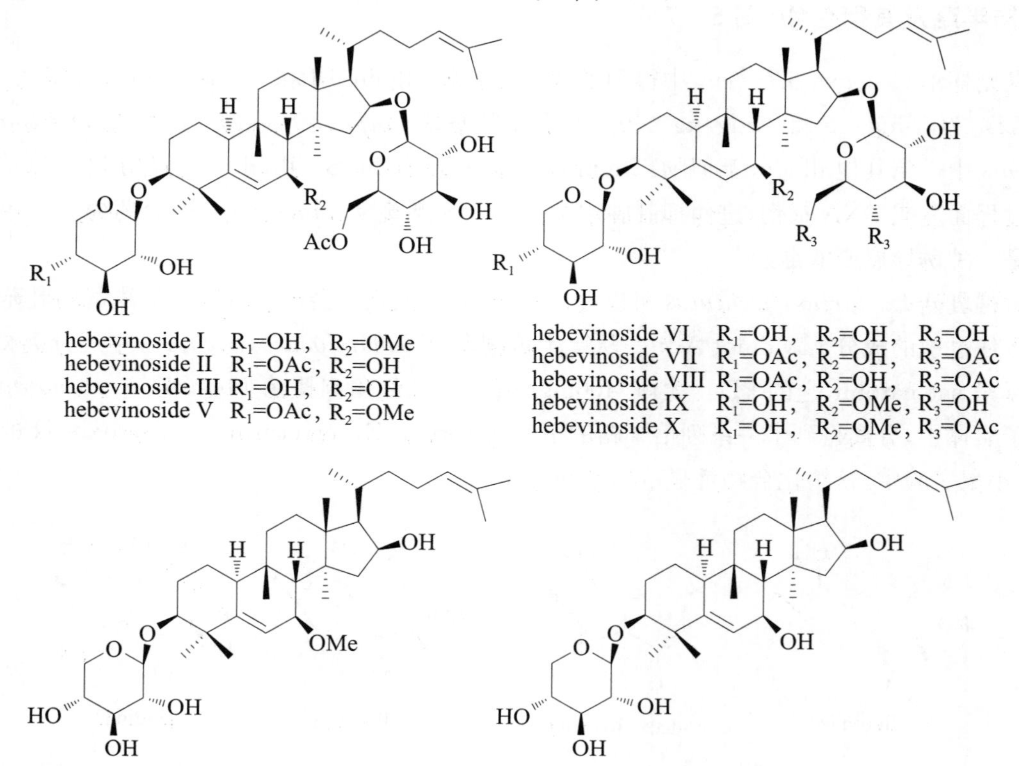

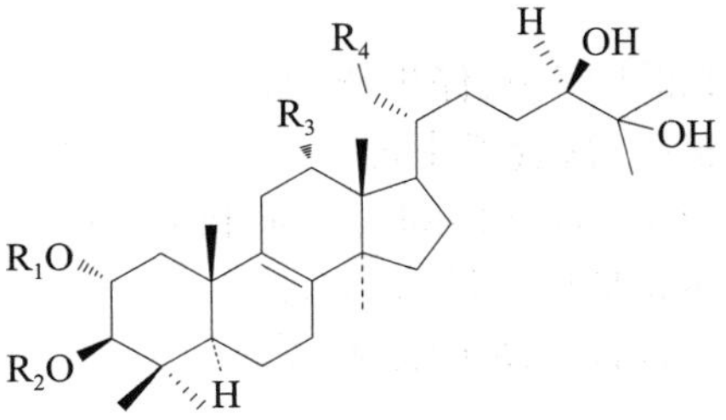

fasciculol A: $R_1=R_2=R_3=R_4=H$
fasciculol B: $R_1=R_2=R_4=H, R_3=OH$
fasciculol C: $R_1=R_2=H, R_3=R_4=OH$

fasciculol D: $R_1=X, R_2=R_4=H, R_3=OH$
fasciculol E: $R_1=H, R_2=X, R_3=R_4=OH$
fasciculol F: $R_1=X, R_2=H, R_3=R_4=OH$
fasciculol acid A: $R_1=Y, R_2=R_3=R_4=H$
fasciculol acid B: $R_1=Y, R_2=R_4=H, R_3=OH$
fasciculol acid C: $R_1=H, R_2=Z, R_3=R_4=OH$

X: $COCH_2C(CH_3)OHCH_2CONHCH_2COOCH_3$
Y: $COCH_2C(CH_3)OHCH_2COOH$
Z: $COCH_2C(CH_3)OHCH_2CONHCH_2COOH$

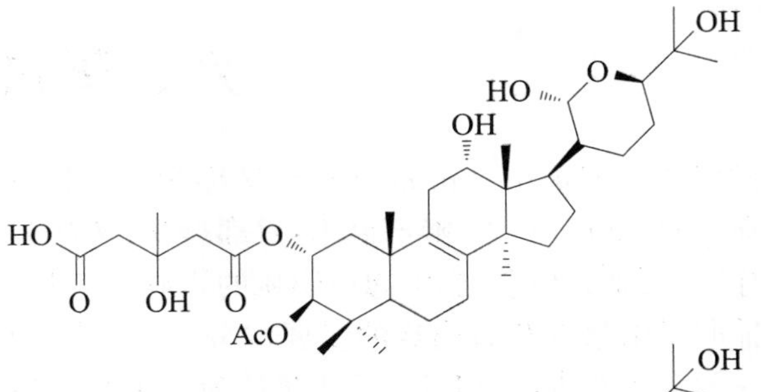

HS-A

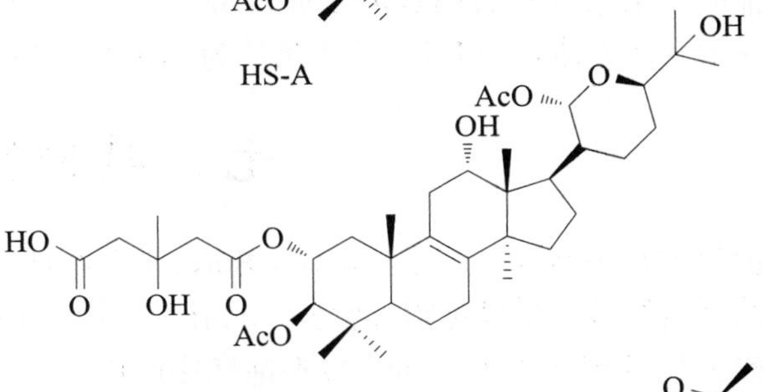

HS-B

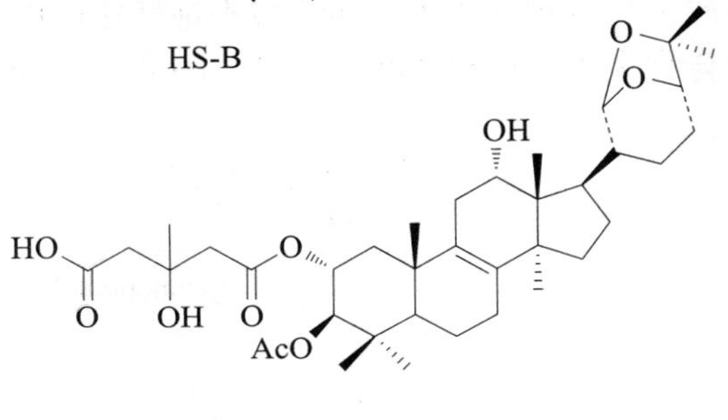

HS-C

图 5-8 三萜类毒素化合物结构

五、苯醚类

日本学者先后从亚稀褶黑菇 *Russula subnigricans* Hongo 中分离得到了一系列氯代的苯醚类化合物 russuphelin A～F 与 russuphelol(图 5-9),该类化合物体外实验显示出一定的细胞毒活性[50-52]。亚稀褶黑菇在我国湖南、江西、四川、福建等地均有分布,误食亚稀褶黑菇中毒发病率 70%,半小时后发生呕吐等症状,病死率约为 50%。

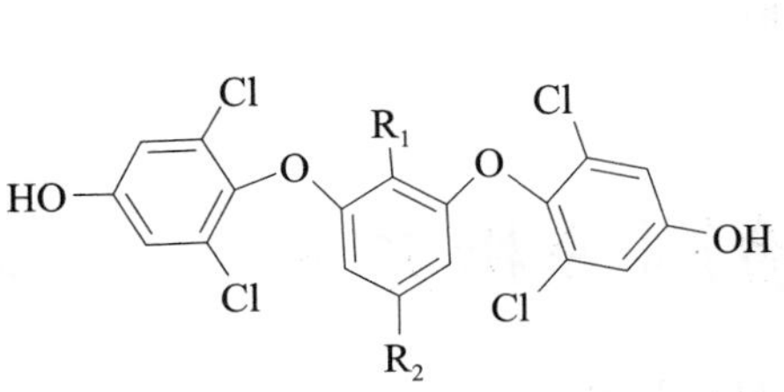

russuphelin A $R_1=R_2=OCH_3$
russuphelin B $R_1=OCH_3, R_2=OH$
russuphelin C $R_1=R_2=OH$

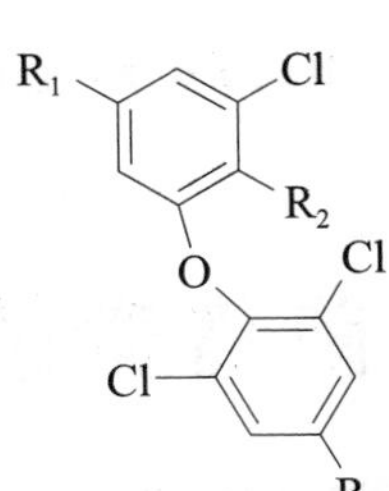

russuphelin D $R_1=OCH_3, R_2=OCH_3, R_3=OH$
russuphelin E $R_1=OH, R_2=OCH_3, R_3=OCH_3$
russuphelin F $R_1=OCH_3, R_2=OH, R_3=OCH_3$

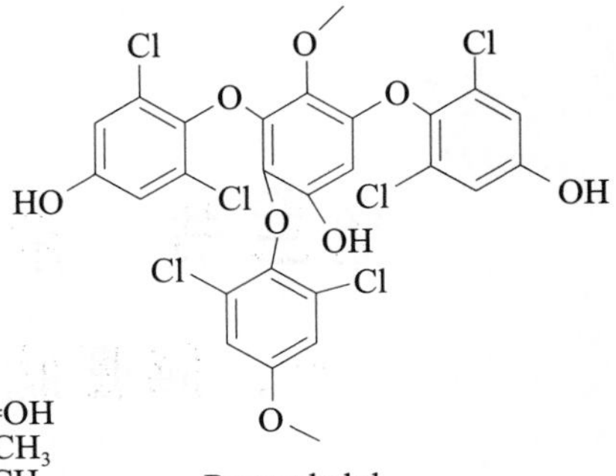

Russuphelol

图 5-9 苯醚类毒素化合物结构

六、蛋白质

细网牛肝菌 *Boletus satanas* Lenz，又称魔王牛肝菌、红毒牛肝菌、仔牛犊（四川）。据四川省一些地区群众反映，食后口、舌、喉部麻木，胃部难受；又有文献报道，误食者中毒后出现头晕、胃痉挛甚至吐血等症状，特别是生食，会引起更明显的胃肠道病症，其含有毒蛋白 bolesatine 和 bolevenine，经毒理试验证明是引起胃肠道病症的主要成分[53-54]。Phallolysin 是从毒鹅膏 *Amanita phalloides* 分离得到的一种水溶性蛋白，相对分子质量约为 3.4 万，10nmol/L 就可使细胞溶解[55]。

七、其他类型

橘黄裸伞 *Gymnopillus spectabilis* Sing，又名红环锈伞、大笑菌，误食该菌中毒后会产生精神异常，如同酒醉者一样，手舞足蹈，活动不稳，狂笑，或意识障碍，产生幻觉等。从中分离得到一系列不饱和脂肪醇类化合物 gymnoprenol 与不饱和脂肪酯类化合物 gymnopilin，甾体化合物 cerevisterol，烯烃类化合物 4，6 - decadiyne - 1，3，8 - triol[56-59]，部分化合物结构见图 5 - 10。

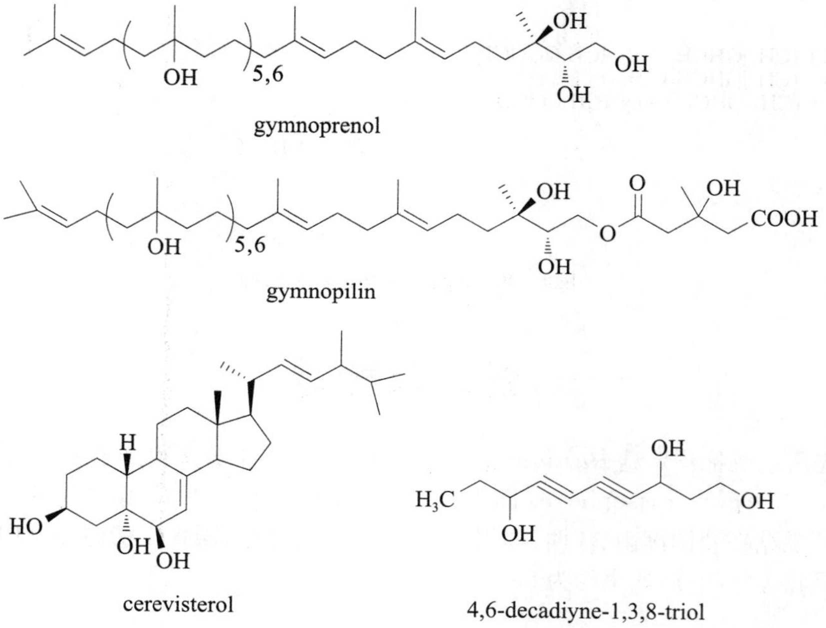

gymnoprenol

gymnopilin

cerevisterol

4,6-decadiyne-1,3,8-triol

图 5 - 10　其他毒素类化合物结构

第三节　常见蕈菌毒素的检测分析方法

一、鹅膏肽类毒素的检测分析方法[6,60-61]

1. 点迹法

将一片鲜菇（菌盖或菌柄）挤压在粗纸（如报纸）上，待印迹干后，在印迹上滴一滴浓盐酸，如有鹅膏毒肽，在 5～10min 后产生蓝色反应。这一显色反应不仅可检测鲜菇，也可检测干菇中的鹅膏毒

肽，该方法得到证实并被多次利用。鹅膏毒肽显色反应的检测限为30μg/ml，在极小的斑点中，50～100ng的鹅膏毒肽也能检测出来，这一显色反应简便易行，特别适宜野外采集时对毒菇的初步鉴定。

2. 色谱法

采用纸色谱法分离毒素，以甲基乙基酮-丙酮-水-丁醇作为通用的展开剂，用1%的肉桂醛甲醇液与浓盐酸蒸气的显色反应来分离鹅膏毒肽和鬼笔毒肽，鹅膏毒肽显紫色，鬼笔毒肽先为黄褐色，后变成蓝色。薄层色谱法可克服纸色谱的一些不足，并且灵敏度较高，硅胶(Merck 60GF_{254})作固定相，用A液：正丁醇：乙酸乙酯：水(14：12：4，V/V)和B液：氯仿：甲醇：水(65：25：4，V/V)作流动相，建立了一个比较有效的双向薄层色谱系统。利用Sephadex LH20柱系统结合紫外光谱和薄层色谱分析方法，对几种剧毒鹅膏菌中的鹅膏毒肽和鬼笔毒肽进行了定量分析，认为该方法的检出限达到0.03mg/g干子实体。

3. 液相色谱法

液相色谱法是分离制备肽类毒素的一种重要方法，首先用Cellulose粉作固定相，以后运用可用有机溶剂作流动相的Sephadex G25，最后发展为有效的可在亲脂性溶剂中都能溶胀、且耐受酸碱性更强的Sephadex LH20柱系统。20世纪80年代以后，高效液相色谱(HPLC)法广泛应用于中毒患者血浆和尿液中肽类毒素的检测，并通过反相HPLC建立了对鹅膏菌中鹅膏毒肽和鬼笔毒肽同时测定的分析方法，提取液中每种毒素的检测限达10ng/ml。此后，HPLC法广泛应用于不同采集地点的各种剧毒鹅膏菌子实体不同部位、不同发育时期以及中毒患者体液中肽类毒素的检测，其检测限可达2ng/ml。

随着液相色谱-质谱(LC-MS)联用，尤其是串联质谱(MS-MS)新技术的出现和不断改进，LC-MS-MS已成为现代分析化学中的重要方法，通过LC-MS-MS技术检测了有毒蘑菇子实体、血浆和尿液中的鹅膏肽类毒素。

除以上分析检测鹅膏菌肽类毒素的方法外，还有很多方法，如放射性免疫测定法，毛细管区带电泳法，RNA聚合酶法，鬼笔毒肽的肌动蛋白结合测定法。

二、奥来毒素的检测分析方法[17]

1. 显色法

取新鲜或干的蘑菇放在9倍体积的水里研磨，室温下静置10min后过滤，然后在滤液中加入等体积的3% $FeCl_3 \cdot 6H_2O$(溶解在0.5molHCl中)，如果出现蓝黑色，可推测含有奥来毒素。这一方法可用于出现中毒后，直接检测吃剩的蘑菇或呕吐物确认是否误食含奥来毒素蘑菇，以便迅速确立有效可行的治疗方法。该法也适用野外采集时的初步鉴定。

2. 液相色谱法

采用反向HPLC，电化学检测，最低检测限是150pg；紫外检测器最低检测限是40pg。

3. 电泳法

用琼脂糖凝胶电泳分离后进行测定，最低检测量是25ng。

4. 电子自旋共振(ESR法)

用ESR法检测，因奥来毒素转化为半醌后，半醌的ESR光谱有很高的特征性，最低检测量是

5μg。TLC或电泳与ESR相结合使用，比HPLC与质谱结合使用更方便，它们有同样高的准确性。

三、裸盖菇素的检测分析方法[23]

1. 色谱法

该法简单易行，可快速定性检测蘑菇子实体是否含有裸盖菇素类，常用的有3种不同类型的层析板：即硅胶板、纤维素板和氧化铝板。先点上标样，再点上蘑菇提取液，用丁醇∶乙酸∶水（12∶3∶5）作分离相，干燥后置紫外灯下初步观察。为了显色清楚还要配制临时试剂，硅胶板用Ehrlich's试剂（10%的对二甲胺苯醛溶于浓盐酸中与丙酮按1∶4配成溶液），纤维素板和氧化铝板用20%纯无水对甲苯磺酸溶于甲醇溶液，用纸巾包裹层析板，淋上不同试剂，放置第2d进行观察。结果：裸盖菇素呈红褐色至紫褐色，脱磷裸盖菇素呈紫黑色，它们各有不同的Rf值。

2. 液相色谱法

自20世纪80年代以来，HPLC法用于检测患者血浆和尿液中裸盖菇素的含量，也可定性定量检测新鲜采集或冻干标本。采用Waters 30cm×3.9mm C18柱，流动相为水-甲醇（75∶25）用0.05mol/L庚烷磺酸调pH3.5，流速2ml/min，紫外检测波长为254nm，成功分离并检测了裸盖菇素和脱磷裸盖菇素的含量。用Separon SGX C18柱，用不同浓度乙醇的柠檬酸缓冲液（pH3.4）为流动相，紫外检测波长为267nm，检测出吲哚衍生物极限为0.1ng；还可采用不同浓度的甲醇或乙醇的磷酸-柠檬酸缓冲液（pH3.4）（300ml 0.1mol/L柠檬酸和160ml 0.1mol/L NaH_2PO_4）为流动相，室温下就能成功地获得了分离。

3. 毛细管电泳法

毛细管电泳采用丙基氯仿快速分离，硼酸盐缓冲液pH11.5进行毛细管电泳，裸盖菇素和甲基裸盖菇素分离效果好。pH11.5时，裸盖菇素难于分离，而pH7.2时却能得到很好的分离效果。

除以上方法外，还有很多分析检测方法，如红外光谱法、气相色谱法、液质联用法等。

第四节　蕈菌毒素的应用

根据我国蕈菌毒素的种类及其毒性，归纳为6种类型：胃肠类型、神经精神型、溶血型、肝脏损害型、呼吸循环衰竭型和光过敏性皮炎型。按以上6种类型，我国学者卯晓岚对我国毒菌进行了系统统计分类[4]，在此不做赘述。诚然，毒菌及其毒素还具有极其重要的应用价值，开发前景广阔。

一、在医药领域中的应用

1. 抗肿瘤作用

有些毒蕈已被证实具有抗癌或抗肿瘤作用，如细网牛肝菌 *Boletus satanas*、亚稀褶黑菇 *Russula subigricans*、毒红菇 *Russula emetica*、毒粉褶菌 *Rhodophyllus sinuatus* 对艾氏腹水癌和肉瘤S－180的抑制率可达100%，高于一般的食用蘑菇[62]。美国MGI公司从发光脐菇 *Omphalotus illudens* 子实体和培养发酵液中分离得到illudanes型倍半萜化合物，经结构修饰改造的化合物HMAF（MGI－114，Irofulven）治疗胰腺癌已进入Ⅲ期临床阶段[63]，之后，由于其活性并没有优于临床一线药物，很

遗憾没有成药[64]，但近期有研究表明其和抗体联合使用对乳腺癌有很好的治疗作用[65]。还有专利报道，鹅膏毒肽与抗体复合物可治疗肿瘤等相关疾病[66]。

2. 精神类药物

裸盖菇素和脱磷裸盖菇素等色胺类吲哚生物碱已用于心理诊断和治疗，成为研究精神疾病病理生理学的模式药物。学者还发现，蛤蟆菌中有一种与谷氨酸十分相似的成分，可替代谷氨酸治疗精神分裂症。裸盖菇素和脱磷裸盖菇素的化学结构与常见的毒品麦角酸二乙胺 LSD 分子结构相似，可作为替代品用以帮助戒毒[67]。

3. 抗菌抗病毒作用

黄斑伞菌体浸出液对金黄色葡萄球菌和伤寒杆菌有明显的抑制作用；水粉杯伞中成分水粉蕈素能抑制分支杆菌和噬菌体的生长；毛头鬼伞可以抗真菌等[68]。据包海鹰报道，鹅膏毒肽可以抑制病毒复制[69]。

某些毒蕈还可以治疗脑血栓、清热解毒、消肿止痛、化淤除脓、抗癫痫、抗湿疹等作用。因此，利用真菌毒素的特殊活性，开发特效药物具有重要意义。

二、在农业与生物科技领域的应用

1. 生物杀虫剂

自然界存在的很多毒蕈可以杀虫和驱虫。毒蕈与更多的大型真菌已被列为新型生物农药的研究资源并已开始启动。经研究结果发现：175 种蘑菇中有 79 种蘑菇对果蝇和夜蛾的幼虫发育有不同程度的抑制作用。含有毒肽和毒伞肽的毒伞子实体浸煮液可杀死棉花中的红蜘蛛。毒蝇碱可诱杀苍蝇，1～2min 就可以将苍蝇杀死。除此之外，一些毒蕈还可以防止鼠害、蛾幼虫、成虫等。因此，毒蕈的开发利用作为生物防治大有前途，符合现代绿色农业生产的要求。

2. 生物试剂

鹅膏毒肽带给科学家的启示而赋予生命科学研究所产生的成果令人鼓舞，鹅膏毒肽在生命科学中的应用主要表现在：真核生物 mRNA 合成的专一性抑制剂；基因的组织结构和细胞定位；基因的表达和调控；细胞结构与功能。如利用鬼笔毒肽与 F-actin 的特异性结合原理和同位素示踪技术，研究 F-actin 的分布、定位与细胞运输等。

三、其 他

毛头乳菇、环纹苦乳菇、红乳菇等的子实体可以产生橡胶物质，是新型橡胶资源；毒性较小的口蘑酸具有强烈香味，可用作调料。

第五节 展 望

正是这些诱人的成果促使人类源源不断地去研究和应用蕈菌毒素，蕈菌毒素的开发利用之路还远远悠长。首先，应该克服野生资源的有限性，实现人工栽培毒蕈，结合现代农业生产或发酵技术，实现毒蕈的规模化生产。其次，实现毒蕈的分类系统，从形态学向形态学加分子生物学水平的转变。最后，加强不同学科、不同研究领域人员合作，尤其是从事化学、药理学、菌物资源学的人员加强交流合作，对我国特有的蕈菌毒素资源进一步分离纯化鉴定，以期开发更有效的毒素，满足农业、医药或其他领域的需要。

参考文献

[1] 刘吉开. 高等真菌化学[M]. 北京：中国科学技术出版社，2004.

[2] 朱斌，马双成，林瑞超. 天然药物及产品真菌毒素研究概况[J]. 中国药事，2009，23(11)：1126－1132.

[3] 卯晓岚. 中国大型真菌[M]. 郑州：河南科学技术出版社，2000.

[4] 卯晓岚. 中国毒菌物种多样性及其毒素[J]. 菌物学报，2006，25(3)：345－363.

[5] Chen ZH，Zhang P，Zhang ZG. Investigation and analysis of 102 mushroom poisoning cases in Southern China from 1994 to 2012 [J]. Fungal Diversity，2014，64：123－131.

[6] 陈作红，张志光. 蘑菇毒素及其中毒治疗（Ⅰ）鹅膏肽类毒素[J]. 实用预防医学，2003，10(2)：260－262.

[7] 董国日，张志光，陈作红. 鹅膏菌毒素及其毒理研究进展[J]. 生物学杂志，2000，17(3)：1－3.

[8] EugsterCH，Muller GFR，Good R. Wirkstoffe aus *Amanita muscaria*：ibotensaeure and Muscazon [J]. Tetrahedron Letters，1965，6：1813－1815.

[9] Bowden K，Drysdale AC. A novel constituent of *Amanita muscaria*[J]. Tetrahedron Letters，1965，12：727－728.

[10] Flesch F，Saviue P. Intoxications par les champignons：principaux syndromes et traitement Mushroom poisoning：syndromes and treatment[J]. EMC-Medecine，2004，l(1)：70－79.

[11] Hatfield GM，Schaumberg JP. Isolation and structural studies of coprine. the disulfiram-like constituent of *Coprinus atramentarius*[J]. Lloydia，1975，38，489－496.

[12] Carlsson A，Henning M，Lindberg P，et a1. On the disulfiram-like effect of coprine. the pharmacologically active principle of *Coprinus atramentarius*[J]. Acta Pharmacol Toxicol. 1978，42，292－297.

[13] Wieaw ZA，Wies PG. The structures of orellanine and orelline[J]. Tetrahedron Letters，1979，20：1931－1934.

[14] Holmdahl J，Ahlmen J，Bergek S，et al. Isolation and nephrotoxic studies of orellanine from the mushroom *Cortinarius speciosissimus*[J]. Toxicon，1987，25(2)：195－199.

[15] Flammer R. Orellanus syndrome：mushroom poisoning with kidney insufficiency[J]. Schweiz Med Wochenschr，1982，112：1181－1184.

[16] Prast H，Werner ER，Pfaller W，et al. Toxic properties ofthe mushroom *Cortinarius orellanus*. I. Chemical characterization of the main toxin of *Cortinarius orellanus*(Fries)and *Cortinarius speciosissimus*(Kuhn&Romagn) and acute toxicity in mice [J]. Archives of Toxicology，1988，62：81－88.

[17] 龚庆芳，陈作红. 蘑菇毒素及其中毒治疗(Ⅱ) 奥来毒素[J]. 实用预防医学，2003，10(3)：432－434.

[18] Hofman A，Heim R，Brack A，et al. Psilocybin，ein psychotroper Wirkstoff aus dem mexikanishen Rauschpilz *Psilocybe mexicana* Heim [J]. Experientia，1958，14(3)：107－109.

[19] Leung AY，Paul AG. Baeocystin，a mono methyl analog of psilocybin from *Psilocybe baeocystis* saprophytic culture [J]. Journal of Pharmaceutical Sciences，1967，56(1)：146.

[20] Leung AY, Paul AG. Baeocystin and norbaeocystin: new analog of psilocybin from *Psilocybe-baeocystis*[J]. *Journal of Pharmaceutical Sciences*, 1968, 57(10): 1667—1671.

[21] Niels J, Jochen G, Hartmut L. Aeruginascin, a trimethylammonium analogue of psilocybin from the Hallucinogenic mushroom *Inocybe aeruginascens*[J]. Planta Medica, 2006, 72(7): 665—666.

[22] Borowiak KS, Ciechanowski K, Waloszczyk P. Psilocybin mushroom intoxication with myocardial infarction [J]. Clinical Toxicology, 1998, 36(1—2), 47—49.

[23] 黄红英,陈作红.蘑菇毒素及中毒治疗(Ⅲ)裸盖菇素[J].实用预防医学,2003,10(4):620—622.

[24] 刘非燕. 90 种云南毒蕈体外抗癌活性评价及活性成分研究[D]. 浙江大学博士毕业学位论文,2006.

[25] Floersheim GL. Treatment of human amatoxin mushroom poisoning. Myths and advances in Therapy [J]. Medical Toxicology and Adverse Drug Experience, 1987, 2(1): 1—9.

[26] List PH, Luft P. Gyrometrin, das Gift der Fruhjahrslorchel. 16. Mitt. uber pilzinhaltsstoffe [J]. Archiv der Pharmazie, 1968, 301(4): 294—305.

[27] Coulet M, Guillot J. Poisoning by Gyromitra, a possible mechanism[J]. Medical Hypotheses, 1982, 8(4): 325—334.

[28] Didier M. Poisoning by *Coprinus atramentarius*[J]. Natural Toxins, 1992, 1(2):73—80.

[29] List PH. Basic constituents of mushrooms. II. Biogenic amines and amino acids of the shaggy-cap, Coprinuscomatus Gray [J]. Archiv der Pharmazie and Berichte der Deutschen Pharmazeutischen Gesellschaft,1958, 63: 502—513.

[30] Konno K,Hashimoto K,Ohfune Y. Acromelic acids A and B. Potent neuroexcitatory amino acids isolated from *Clitocybe acromelelga*[J]. J Am Chem Soc,1988, 110(14): 4807—4815.

[31] Fushiya S, Sato S, Kanazawa T, et al. Acromelic acid C: A new toxic constituent of *clitocybe acromelalga*: Anefficient isolation of acromelic acids [J]. Tetrahedron Letters, 1990, 31 (27): 3901—3904.

[32] Konno K,Hayano K, Shirahama H, et al. Clitidine, a new toxic pyridine nucleoside from *Clitocybe acromelalga*[J]. Tetrahedron,1982, 38(22): 3281—3284.

[33] Lofgren N, Luning B, Hedsterom H. The isolation of nebularine and the determination of its structure [J]. Acta Chemica Scandinavica,1954, 8(4): 670—680.

[34] Berger KJ, Guss DA. Mycotoxins revisited: Part II [J]. Journalof Emergency Medicine, 2005, 28: 175—183.

[35] Marjorie A. Metabolic products of *Clitocybe diatreta* III Characterization of diatretyne 3 as trans-10-hydroxy-dec-2-en-4,6,8-trynoic acid [J]. Archives of Biochemistry and Biophysics, 1959, 85: 569—571.

[36] Yoshikawa K, Ikuta M,Arihara S, et al. Two new steroidal derivatives from the Fruit Body of *Chlorophyllum molybdites*[J]. Chemical Pharmaceutical Bulletin, 2001, 49: 1030—1032.

[37] Reiko W, Masaki K,Daisuke U. A novel dipeptide, N-glutamylboletine, and a cyclic iminum toxin from the mushroom *Tylopilus* sp(Boletaceae)[J]. Tetrahedron Letters, 2002, 43: 6501—6504.

[38] Nair MS, Takeshita H, Morris TC, et al. Metabolites of *Clitocybe illudens*. IV. Illudalic acid, a sesquiterpenoid, and illudinine, a sesquiterpenoid alkaloid [J]. Journal of Organic Chemistry,1969, 34: 240—243.

[39] Singh P, Nair MS, Morris TC. Isolation of dihydroilludin M from *Clitocybe illudens*[J]. Phytochemistry,1971, 10: 2229—2230.

[40] Ayer WA, BrowneLM. Terpenoid metabolites of mushrooms and related basidiomycetes [J]. Tetrahedron, 1981,37(12): 2199—2248.

[41] KihlbergJ, BergmanR, NilssonL. The structureofanovel sesquiterpenefurna alcohol with alactarane skeleton [J]. Tetrahedron Letters,1983, 24: 4631—4632.

[42] Fujimoto H,Nakayama Y. Identification of immunosuppressive components of a mushroom, *Lactarius flavidulus*[J]. Chemical Pharmaceutical Bulletin,1993, 41: 654—658.

[43] Ito Y, Kurita H, Yamaguchi T, et al. Naematolin, a new biologically active substance produced by *Naematoloma fasciculare* (Fr.) Karst [J]. Chemical Pharmaceutical Bulletin, 1967, 15: 2009—2910.

[44] Saikawa Y, Okamoto H, Inui T, et al. Toxic principles of a poisonous mushroom *Podostroma cornu-damae*[J]. Tetrahedron, 2001, 57: 8277—8281.

[45] Fujimoto H, Suzuki K, Hagiwara H, et al. New toxic metabolites from a mushroom, *Hebeloma vinosophyllum* Ⅰ. Structure of Hebevinosides Ⅱ Ⅲ Ⅳ and Ⅴ [J]. Chemical Pharmaceutical Bulletin, 1986, 34(1): 88—89.

[46] Fujimoto H, Takano Y, Yamazaki M. Isolation, identification and pharmacological studies on three toxic metabolites from a mushroom, *Hebelomaspoliatum*[J]. Chemical Pharmaceutical Bulletin, 1992, 40(4): 869—872.

[47] Suzuki K, Fujimoto H, Yamazaki M. The toxic principles of *Naematolomafasciculare*[J]. Chemical Pharmaceutical Bulletin, 1983, 31: 2176—2178.

[48] Takahashi A, Kusano G, Ohta T, et al. Fasciculic acidsA, B and C as calmodulin antagonists from the mushroom *Naematolomafasciculare*[J]. Chemical Pharmaceutical Bulletin, 1989, 37: 3247—3250.

[49] Bernardi MD, Mellerio G, Vidari G, et al. Fungal metabolites. Ⅸ. Triterpenes from *Naematoloma sublateritium*[J]. Journal of Natural Products, 1981,44(3):351—356.

[50] Takahashi A, Agatsuma T, Matsuda M, et al. Russuphelin A, a new cytotoxic substance from the mushroom *Russula subnigricans* Hongo [J]. Chemical Pharmaceutical Bulletin, 1992, 40: 3185—3188.

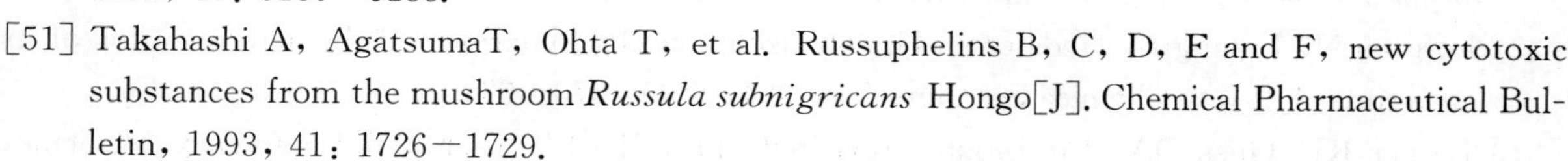

[51] Takahashi A, AgatsumaT, Ohta T, et al. Russuphelins B, C, D, E and F, new cytotoxic substances from the mushroom *Russula subnigricans* Hongo[J]. Chemical Pharmaceutical Bulletin, 1993, 41: 1726—1729.

[52] Ohta T, Takahashi A, Matsuda M, et al. Russuphelol, a novel optically active chlorohydroquinone tetramer from the mushroom *Russula subnigricans*[J]. Tetrahedron Letters,1995, 36: 5223—5226.

[53] Ennamany R, Kretz O, Badoc A, et al. Effect of bolesatine, a glycoprotein from *Boletus satanas*, on rat thymusin *in vivo*[J]. Toxicology, 1994, 89: 113—118.

[54] Matsuura M, Yamada M, Saikawa Y, et al. Bolevenine, a toxic protein from the Japanese toadstool *Boletus venenatus*[J]. Phytochemistry,2007, 68: 893—898.

[55] Wilmsen HU,Faulstich H, Eibl H, et al. Phallolysin, a mushroom toxin forms proton and voltagegated membrane channels [J]. European Biophysics Journal, 1985, 12: 199—209.

[56] Nozoe S, Koike Y, Kusano G, et al. Structure of gymnopilin, a bitter principle of an hallucinogenic mushroom, *Gymnopilus spectabilis*[J]. Tetrahedron Letters,1983, 24: 1735—1736.

[57] Aoyagi F, Maeno S, Okuno T. Gymnopilins, bitter principles of the big－laughter mushroom *Gymnopilus spectabilis*[J]. Tetrahedron Letters,1983, 24: 1991—1994.

[58] Masayasu T, Kimiko H, Toshikatsu O, et al. Neurotoxic oligoisoprenoids of the hallucinogenicmushroom, *Gymnopilus spectabilis*[J]. Phytochemistry, 1993, 34: 661—664.

[59] Kusano G, Koike Y, Inoue H, et al. The constituents of *Gymnopilus spectabilis*[J]. Chemical Pharmaceutical Bulletin, 1986, 34: 3465—3470.

[60] 陈作红,胡劲松. 鹅膏肽类毒素检测方法的历史与现状[J]. 食品科学,2014,35(8):11—16.

[61] 陈作红. 2000 年以来有毒蘑菇研究新进展[J]. 菌物学报,2014,33(3):493—516.

[62] 朱道立. 毒蘑菇的经济价值不容忽视[J]. 浙江食用菌,1992,5:9—10.

[63] Koeppel F, Poindessous V, Lazar V, et al. Irofulven cytotoxicity depends on transcripttion-coupled nucleotide excision repair and is correlated with XPG expressin in solid tumor cells [J]. Clinical Cancer Research, 2004, 10: 5604—5613.

[64] Williams R. Discontinued drugs in 2012: oncology drugs[J]. Expert Opinion on Investigational Drugs, 2013, 22(12): 1627—1644.

[65] Bhatia S, Ho L, Hogan A, et al. SLAK-1, a proposed antibody-conjugated illudin analogue that selectively targets breast cancer[J]. Canadian Young Scientist Journal, 2013, 2013 (2): 52—60.

[66] Mueller C, Anderl J, Simon W, et al. Amatoxin derivatives for Cancer therapy [P], WO 2014135282.

[67] 贺新生,张玲,陈波,等. 斑褶菇属真菌的毒素及其利用价值[J]. 中国食用菌,2002,21(5):27—28.

[68] 杜秀菊,杜秀云. 毒蕈毒素及其应用[J]. 安徽农业科学,2010,38(13):7172—7174.

[69] 包海鹰,图力古乐,李玉. 蘑菇的毒性成分研究及其应用研究现状[J]. 吉林农业大学学报,1999,21(4):107—113.

(巩 婷、朱 平)

第六章 冬虫夏草

DONG CHONG XIA CAO

第一节 概 述

冬虫夏草[*Cophioordyceps sinensis* (BerK.)]为子囊菌门，粪壳菌纲，肉座菌亚纲，肉座菌目，蛇头虫草菌科，蛇头虫草属真菌，别名虫草、冬虫草、夏草冬虫等，主要分布在西藏、青海、四川、云南等地区海拔 4 000～5 000m 的高山草甸土中，是我国名贵中药材。冬虫夏草具有补肾益肺、止血化痰等功效，用于防治多种疾病[1-3]。

冬虫夏草含有核苷类、甾醇类、多糖类、糖醇类、氨基酸类化合物，以及维生素、脂肪酸、酯、烷烃类等化合物。

第二节 冬虫夏草化学成分的研究

一、冬虫夏草中生物碱、核苷类化学成分的提取与分离

从冬虫夏草甲醇提取物中共分离得到 4 个生物碱类的化合物，10 个核苷类化合物：cordysinin A (1)、cordysinin B (2)、cordysinin C (3)、cordysinin D (4)、cordysinin E (5)、虫草素(cordypecin，6)、尿嘧啶(uracil，7)、腺嘌呤核苷(adenosine，8)、5－甲基尿嘧啶(thymine，9)、1－methylpyrimidine－2，4－dione(10)、腺嘌呤(11)、鸟嘌呤(12)、鸟苷(13)、次黄嘌呤(14)[4-8]。

提取方法一

称取冬虫夏草干燥菌丝体 10kg，用甲醇 350L 回流提取 8h，浓缩后得到 2kg 浸膏，放在水中混悬，并用正己烷萃取得正己烷部分 650g；正己烷部分再经甲醇：水(70∶30)分为正己烷部分和甲醇-水部分浸膏 150g。水部位继续经乙酸乙酯萃取，分别得到乙酸乙酯部分 110g 和水部分浸膏 1090g。乙

图 6－1 冬虫夏草中新化合物(1)～(5)的结构

酸乙酯部分经硅胶柱色谱分离，用氯仿∶甲醇(20∶1、15∶1、10∶1、5∶1、3∶1、2∶1、1∶1、0∶1)洗脱，得到化合物(1)5.2mg、(2)5.2mg、(3)2.6mg、(4)2.4mg、(5)4.2mg、(6)120.0mg、(7)632.5mg、(8)12.3mg、(9)48.7mg、(10)5.1mg[8]。

提取方法二

称取冬虫夏草虫体200g，用蒸馏水温浸(约50℃)4次，每次3h。浸液过600ml阳离子交换树脂，取阳离子树脂交换部分用大孔吸附树脂处理，得到吸附部分737mg。取其中550mg通过两次制备薄层(正丁醇-乙腈-0.1mol/L醋酸铵-氨水展开)，得到化合物(11)2mg、(12)与(13)3.8mg、(14)1mg。

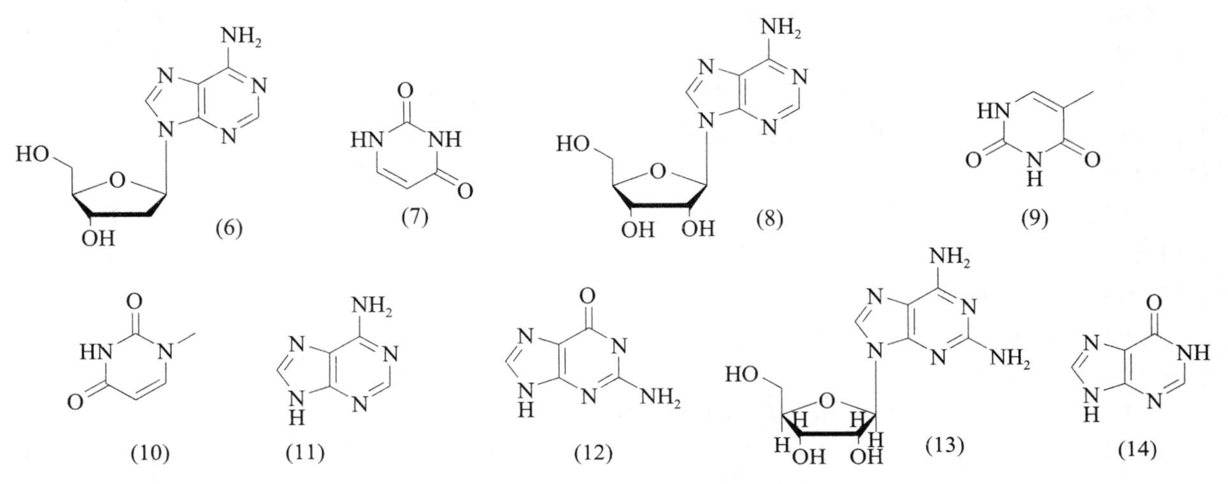

图6-2 冬虫夏草中已知化学成分的结构

二、冬虫夏草中核苷类化学成分的理化常数与光谱数据

Cordysinin A (1) 无色粉末，mp179～181℃(acetone)；$[\alpha]_D^{25}$-37.8(*c* 0.05，MeOH)；IR(KBr)：3 402、3 236、1 658、1 429、1 308、1 217、1 101cm^{-1}；^{1}H NMR(acetone-d_6，500MHz)δ：6.91(1H，brs，D_2O exchangeable，NH-8)，4.46(1H，m，H-6)，4.44(1H，m，H-3)，4.21(1H，brs，D_2O exchangeable，OH-3)，4.11(1H，m，H-9)，3.62(1H，dd，*J*=12.4、4.4Hz，H-4)，3.38(1H，d，*J*=12.4Hz，H-4)，2.20(1H，m，H-5)，2.08(1H，m，H-5)，1.97(2H，m，H-10 and H-11)，1.49(1H，qd，*J*=8.7、8.7Hz，H-10)，0.95(6H，m，CH_3-12 and -13)；^{13}C NMR(acetone-d_6，125MHz)δ：171.3(C-7)，167.3(C-1)，68.8(C-3)，58.2(C-6)，54.8(C-4)，54.0(C-9)，39.4(C-10)，38.2(C-5)，25.4(C-11)，23.3(C-13)，22.2(C-12)；FAB-MS *m/z*：227[M+H]$^+$；HR-FAB-MS *m/z*：227.139 5[M+H]$^+$(calcd for $C_{11}H_{19}O_3N_2$，227.139 6)[8]。

Cordysinin B (2) 浅黄色针状结晶；mp 220℃(MeOH)；$[\alpha]_D^{20}$-47.6(*c* 0.05，MeOH)；UV(MeOH)λ_{max}(log ε)：262(4.01)，207(4.18)nm；IR(KBr)：3 337、2 929、1 645、1 600、1 464、1 321、1 222、1 094cm^{-1}；^{1}H NMR(CD_3OD，500MHz)δ：8.33(1H，s，H-2)，8.19(1H，s，H-8)，6.06(1H，d，*J*=6.1Hz，H-1′)，4.49(1H，dd，*J*=5.0、2.8Hz，H-3′)，4.43(1H，dd，*J*=6.1、5.0Hz，H-2′)，4.16(1H，ddd，*J*=2.8、2.8、2.5Hz，H-4′)，3.89(1H，dd，*J*=12.5、2.5Hz，H-5′)，3.76(1H，dd，*J*=12.5、2.8Hz，H-5′)，3.42(3H，s，OCH_3-2′)；^{13}C NMR(CD_3OD，125MHz)δ：157.6(C-5)，153.7(C-8)，150.1(C-4)，141.8(C-2)，121.0(C-6)，89.2(C-10)，88.4(C-4′)，84.6(C-2′)，70.9(C-3′)，63.2(C-5′)，58.8(OCH_3-2′)；ESI-MS *m/z*：304[M+Na]$^+$(100)，283(14)，282(20)；HR-ESI-MS *m/z*：304.102 3[M+Na]$^+$(calcd for $C_{11}H_{15}N_5O_4Na$，304.102 2)[8]。

Cordysinin C (3) 浅黄色粉末；mp169～171℃(EtOAc/MeOH)；$[\alpha]_D^{25}$ − 57.0(*c* 0.05，MeOH)；UV(MeOH)λ_{max}(log ε)：349(3.76)，302(4.09)，289(4.29)，251(4.57，sh)，241(4.63)，236(4.63)，208(4.48)nm；IR(KBr)：3 268、3 072、2 828、1 620、1 578、1 489、1 424、1 310、1 229cm^{-1}；^{1}H NMR(CD_3OD，400MHz)δ：8.20(1H，d，*J*＝5.4Hz，H－4)，8.17(1H，d，*J*＝8.0Hz，H－5)，7.99(1H，d，*J*＝5.4Hz，H－3)，7.64(1H，dd，*J*＝8.2、0.9Hz，H－8)，7.54(1H，ddd，*J*＝8.2、8.0、0.9Hz，H－7)，7.25(1H，t，*J*＝8.0Hz，H－6)，5.33(1H，q，*J*＝6.6Hz，H－1′)，1.65(3H，d，*J*＝6.6Hz，CH_3－2′)；ESI-MS *m/z*：213[M＋H]$^+$(86)，195(100)；HR-ESI-MS *m/z*：213.102 9[M＋H]$^+$(calcd for $C_{13}H_{13}N_2O$，213.102 8)；CD(MeOH，*c* 0.001 57)[8]。

Cordysinin D (4) 黄色粉末(EtOAc/MeOH)；mp 168～170℃(EtOAc/MeOH)；$[\alpha]_D^{25}$＋60.4(*c* 0.05，MeOH)；UV(MeOH)λ_{max}(log ε)：350(3.98)，303(4.23)，289(4.49)，251(4.74，sh)，241(4.78)，236(4.82)，209(4.66)nm；IR(KBr)：3 268、3 072、2 828、1 620、1 578、1 489、1 424、1 310、1 229cm^{-1}；^{1}H NMR(CD_3OD，400MHz)δ：8.20(1H，d，*J*＝5.4Hz，H－4)，8.16(1H，d，*J*＝7.7Hz，H－5)，7.99(1H，d，*J*＝5.4Hz，H－3)，7.64(1H，dd，*J*＝8.2、0.9Hz，H－8)，7.54(1H，ddd，*J*＝8.2、7.8、0.9Hz，H－7)，7.25(1H，t，*J*＝7.7Hz，H－6)，5.33(1H，q，*J*＝6.6Hz，H－1′)，1.65(3H，d，*J*＝6.6Hz，CH_3－2′)；ESI-MS *m/z*：213[M＋H]$^+$(100)，195(96)；HR-ESI-MS *m/z*：213.102 9[M＋H]$^+$(calcd for $C_{13}H_{13}N_2O$，213.102 8)；CD(MeOH，*c* 0.002 36)[8]。

Cordysinin E (5) 浅黄色粉末；mp 210℃(dec)(MeOH)；$[\alpha]_D^{25}$＋45.5(*c* 0.1，MeOH)；UV(MeOH)λ_{max}(log ε)：379(2.79)，312(2.84)，283(3.22)，217(3.62)nm；IR(KBr)：3 286、2 911、1 593、1 369、1 265、1 201cm^{-1}；^{1}H NMR(CD_3OD，500MHz)δ：8.46(1H，d，*J*＝5.0Hz，H－4)，8.30(1H，d，*J*＝5.0Hz，H－3)，8.22(1H，d，*J*＝7.9Hz，H－5)，7.71(1H，d，*J*＝8.0Hz，H－8)，7.59(1H，t，*J*＝8.0Hz，H－7)，7.31(1H，t，*J*＝7.9Hz，H－6)，3.75(1H，m，H－2′)，3.55(2H，m，H－30)，2.06(1H，dd，*J*＝13.5、4.8Hz，H－10)，1.87(1H，dd，*J*＝13.5、8.6Hz，H－1′)；^{13}C NMR(CD_3OD，125MHz)δ：143.5(C－13)，138.6(C－4)，137.5(C－10)，136.9(C－1)，133.3(C－11)，130.3(C－7)，122.7(C－5)，121.7(C－12)，121.6(C－6)，120.1(C－3)，113.5(C－8)，72.8(C－2′)，67.4(C－3′)，29.0(C－1′)；FAB-MS *m/z*：243([M＋H]$^+$，1)，217(3)，192(8)，176(9)，154(100)；HR-FAB-MS *m/z*：243.113 5[M＋H]$^+$(calcd for $C_{14}H_{15}N_2O_2$，243.113 4)[8]。

三、冬虫夏草中甾醇类化学成分的提取与分离

从冬虫夏草甲醇提取物中共分离得到16个甾体类化合物：麦角甾醇(15)、麦角甾醇过氧化物(16)、胆甾醇(22)、β-谷甾醇(23)、啤酒甾醇(17)、5α，8α－epi－dioxy－24(*R*)－methylcholesta－6，22－dien－3β－D－glucopyranoside(18)、5α，6α－epoxy－24(*R*)－methylcholesta－7，22－dien－3β－ol(19)、ergosteryl－3－*O*－β－D－glucopyranoside(20)、22，23－dihydroergos－teryl－3－*O*－β－D－glucopyranoside(21)、ergosta－4，6，8(14)，22－tetraen－3－one(24)、菌甾醇(fungisterol，25)、豆固醇(stigmasterol，26)、4，4－dimethyl－5α－ergosta－8，24(28)－dien－3β－ol(27)、3－*O*－ferulylcycloartenol(28)、β－sitosterol 3－*O*－acetate(29)[8-11]、stigmasterol－3－*O*－acetate(30)[8]。

提取方法一

称取西藏产冬虫夏草生药1.8kg，粉碎，用体积分数为80%乙醇回流提取3次，每次2h。提取液浓缩后得到浸膏690g，拌入少量硅胶，待残余乙醇挥发后，依次用石油醚、氯仿、醋酸乙酯、丙酮、甲醇洗脱。石油醚部分(30g)经硅胶柱色谱、石油醚：醋酸乙酯(9∶1)洗脱，得到化合物(15)200mg，(16)68mg；石油醚：醋酸乙酯(5∶1)洗脱，得到化合物(22)18mg和(23)23mg。氯仿部分(14g)经硅胶色谱，氯仿：甲醇系统梯度洗脱，得A(140mg)，A部分用HPLC制备柱色谱进一步分离[流动相：氯仿：甲醇(30∶1)]，得到化合物(17)30mg。

(15)　(16)　(17)　(22)　(23)

图 6-3　冬虫夏草中甾体类化学成分的结构

提取方法二

称取冬虫夏草干燥菌丝体 150g，用甲醇提取 3 次，每次 500ml，合并甲醇提取物减压回收。残渣在甲醇∶水(1∶1)中再溶解，并用己烷洗。减压情况下甲醇从水层中蒸馏出来，剩余水层被乙酸乙酯萃取。减压浓缩乙酸乙酯提取物，得到 1.57g 棕色油状浓缩物(B1)。剩余部分用硅胶快速柱色谱分离。洗脱液从氯仿开始，并逐渐增加极性：氯仿，氯仿∶甲醇(8∶2)，氯仿∶甲醇(5∶5)，氯仿∶甲醇(2∶8)，甲醇。得到 14 个组分(FA1～FA14)，并进行真空干燥。FA8 进一步通过硅胶快速柱色谱分离，用氯仿∶甲醇(8∶2)洗脱，分别得到两个组分 FB1 和 FB2。FB1 为白色固体，38mg，在氯仿中重结晶，得到白色粉末为化合物(19)10mg。FB2 通过硅胶柱色谱分离，用乙酸乙酯∶己烷∶甲醇(5∶5∶1)洗脱，得到白色固体化合物(18)3mg 和 FC1 部分。FC1 部分通过 HPLC 进一步分离，得到化合物(20)和化合物(21)。

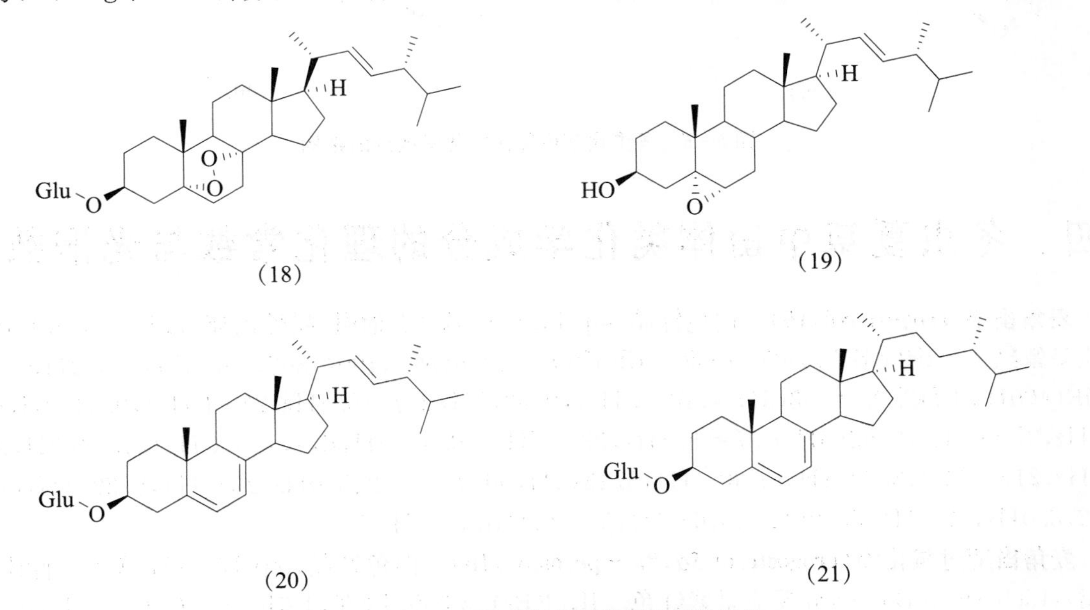

图 6-4　冬虫夏草中甾体类化学成分的结构

提取方法三

称取冬虫夏草干燥菌丝体 10kg，用甲醇 350L 回流提取 8h，浓缩后得到 2kg 浸膏，放在水中混悬，并用正己烷萃取；正己烷部分 650g 再经甲醇∶水(70∶30)分为正己烷部分和甲醇-水部分浸膏

150g。正己烷部分经硅胶柱色谱分离，用正己烷∶乙酸乙酯(100∶1～1∶1)进行洗脱，得到化合物(24)4mg、(25)3mg、(22)和(26)360.4mg、(27)45mg、(28)10.5mg、(29)和(30)3.8mg。

(24) (25) (26)

(27) (28)

(29) (30)

图 6-5 冬虫夏草中甾体类化学成分的结构

四、冬虫夏草中甾体类化学成分的理化常数与光谱数据

麦角甾醇(erogosterol, 15) 白色针晶，mp 148～150℃(石油醚-醋酸乙酯)，Lieberman-Burchard 反应呈紫红色。IR(KBr)：3 420、1 650。EI-MS m/z：396(M^+, 100)，363，337，271，153，211cm^{-1}。^1H NMR(400Hz, $CDCl_3$)δ：0.63(3H, s, 18-CH_3)，0.82(3H, d, J=6.4Hz, 26-CH_3)，0.84(3H, d, J=6.4Hz, 27-CH_3)，0.92(3H, d, J=6.8Hz, 28-CH_3)，0.95(3H, d, s, 19-CH_3)，1.03(3H, d, J=6.8Hz, 21-CH_3)，3.63(1H, m, 30-H)，5.18(1H, dd, J=15.2、8.0Hz, 23-H)，5.22(1H, dd, J=15.2、8.0Hz, 22-H)，5.39(1H, m, 6-H)，5.57(1H, m, 7-H)[9]。

麦角甾醇过氧化物(erogosterol 5α, 8α-peroside, 16) 白色针晶，mp 173～175℃(石油醚-醋酸乙酯)，Lieberman-Burchard 反应呈紫红色。IR(KBr)：3 300、1 670、1 610、1 590、1 370、1 340、1 210 cm^{-1}。EI-MS m/z：428(M^+, 2)，396$[M-O_2]^+$，363，337，271，253。^1H NMR(400Hz, $CDCl_3$)δ：0.81(3H, s, 18-CH_3)，0.81(6H, d, J=7Hz, 26、27-CH_3)，0.87(3H, d, s, 19-CH_3)，0.90(3H, d, J=7.0Hz, 28-CH_3)，1.00(3H, d, J=7.0Hz, 21-CH_3)，3.95(1H, m, 3-H)，5.11(1H, dd, J=15.5、8.0Hz, 23-H)，5.24(1H, dd, J=15.5、8.0Hz, 22-H)，6.23(1H, d, J=8.5Hz, 6-H)，6.49(1H, d,

J=8.5Hz,7-H)[9]。

啤酒甾醇(ergosta-7,22-diene-3,5,6-triol,17) 白色针晶,mp 254～256℃。EI-MS m/z:412(5),394(10),376(58),361(21),291(4),265(10,251,100),35(25),209(34),197(47),181(20),155(34)。IR(KBr):3 500、2 960、2 870、1 650、1 450、1 380、1 030、970cm^{-1}。^{1}H NMR(400Hz,pyr-d_5)δ:0.67(3H,s,18-CH_3),0.87(3H,d,J=6.7Hz,27-CH_3),0.88(3H,d,J=6.7Hz,26-CH_3),0.97(3H,d,J=6.8Hz,28-CH_3),1.09(3H,d,s,21-CH_3),1.56(3H,s,19-CH_3),2.55(1H,dd,J=13.2、3.2Hz,4-H_e),3.06(1H,dd,J=13.2、11.5Hz,4-H_a),4.36(1H,br. s,6-H),4.88(1H,m,3-H),5.19(1H,dd,J=15.2、8.1Hz,22-H),5.26(1H,dd,J=15.2、7.1Hz,23-H),5.77(1H,m,7-H)[9]。

5α,8α-epi-dioxy-24(R)-methylcholesta-6,22-dien-3β-D-glucopyranoside(18) IR(KBr):3 580～3 055(hydroxyl)、2 950、2 873、1 681、1 458、1 371cm^{-1};$[\alpha]_D^{25}$-15.6°;^{1}H NMR(500MHz,$CDCl_3$)δ:0.70(3H,d,J=6.7,CH_3-26 or CH_3-27),0.71(3H,s,CH_3-18),0.72(3H,d,J=6.7,CH_3-26 or CH_3-27),0.79(3H,d,J=6.8Hz,CH_3-28),0.76(3H,s,CH_3-19),0.88(3H,d,J=6.6Hz,CH_3-21),1.0±2.0(19H,m),2.1(1H,m),3.1±3.2(2H,m,H-2′,H-3′),3.2±3.4(2H,m,H-4′,H-5′),3.5(1H,m,H-6a′),3.60(1H,m,H-6b′),3.85(1H,m,H-3);4.23(1H,d,J=7.8Hz,H-1′),5.05(1H,m,H-22),5.09(1H,m,H-23),6.13(1H,d,J=8.5Hz,H-7),6.39(1H,d,J=8.5Hz,H-6);LRMS(CI-MS) m/z:608[M+NH_4]$^+$,593[M+2]$^+$,590[M]$^+$,412[M-178]$^+$;HR-DCI-MS: m/z:608.415 7[M+NH_4]$^+$(calcd for $C_{34}H_{54}O_8$+NH_{4+}:608.4162 4)[10]。

5α,6α-epoxy-24(R)-methylcholesta-7,22-dien-3β-ol(19) IR(KBr):4 685～3 110(hydroxyl)、2 950、2 880、1 673、1 462cm^{-1};^{1}H NMR(500MHz,$CDCl_3$)δ:0.49(3H,s,CH_3-18),0.72(3H,d,J=6.5,CH_3-26 or 27),0.73(3H,d,J=6.5,CH_3-26 or 27),1.2(2H,m,H-17,H-16),1.32(1H,m,H-2),1.36(1H,m,H-25),1.44～1.48(4H,m,H-11,H-11′,H-15,H-1),1.58(1H,m,H-12),1.64(1H,m,H-16′),1.72(1H,m,H-2′),1.75(1H,m,H-24),1.81(1H,m,H-14),1.85(1H,m,H-9),1.94(1H,m,H-20),1.95(1H,m,H-4),3.5(1H,d,J=5.1,H-6),3.9(1H,m,H-3),5.09(1H,m,H-22),5.11(1H,m,H-23),5.2(1H,m,H-7);LRMS m/z:413[M+1]$^+$,396[M-16]$^+$;HR-EI-MS: m/z:412.334 7(calcd for $C_{28}H_{44}O_2$:412.334 1)[10]。

ergosteryl-3-O-β-D-glucopyranoside(20) IR(KBr):3 400、2 950、2 875、1 681、1 458、1 371 cm^{-1};^{1}H NMR(400MHz,DMSO-d_6)δ:0.58(3H,s,CH_3-18),0.79(3H,d,J=6.7,CH_3-26 or-27),0.80(3H,d,J=6.7,CH_3-26 or-27),0.86(3H,s,CH_3-19),0.88(3H,d,J=6.9,Me-28),1.00(3H,d,J=6.5,CH_3-21),1.24(2H,m)1.45(1H,m),1.6(1H,m)1.68(1H,m),1.85(2H,m),2.0(1H,m),2.18(1H,m),2.54(1H,m),2.98(1H,m),3.13(1H,m),3.14(1H,m),3.3(1H,bs),3.46(2H,m),3.61(1H,m),4.24(1H,d,J=7.7Hz,H-1′),5.20(2H,m,H-22,H-23),5.34(1H,m,H-7),5.52(1H,m,H-6)[10]。

第三节　冬虫夏草的生物活性

冬虫夏草有补肺益肾,止血化痰之效[17],能增强人体免疫力,改善D-半乳糖诱导衰老小鼠的大脑功能和抗氧化能力,增强阉割小鼠的性功能,具有延缓衰老的作用[18];其子实体能提高小鼠抗疲劳与耐缺氧的能力[19];冬虫夏草水提物使人肺腺癌细胞A549细胞阻滞于G2/M期,并诱导细胞凋亡、抑制其生长,有抗肿瘤的作用[20];可使正常大鼠外周血T淋巴细胞含量增加,同时可增强小肠黏膜的免疫屏障功能[21]。

冬虫夏草中的1-(5-Hydroxymethyl-2-furyl)-β-carboline展现出了很好的抑制超氧阴离子

产生和胰肽酶 E 释放作用，3′,4′,7－trihydro－xyisoflavone 能清除 DPPH 自由基，有抗炎活性[8]；多糖可以保护 PC12 细胞免于过氧化氢的伤害，具有很强的抗氧化性质[22]；一种水溶性的多糖(CPS－2)，能使慢性肾衰竭小鼠的转化生长因子和细胞外基质恢复到正常水平，具有显著减轻肾脏衰竭，保护肾脏的作用[23]。

参考文献

[1] 国家药典委员会. 中华人民共和国药典(2015 版)一部[M]. 北京：化学工业出版社，2015.

[2] 周蕙燕，陈珏，许丽丽. 冬虫夏草中核苷类化学成分的含量测定研究进展[J]. 中成药，2011，33(11)：1955－1958.

[3] 黄年来，林志彬，陈国良. 中国食药用菌学[M]. 上海：上海科学技术文献出版社，2010.

[4] 王征，刘建利. 冬虫夏草化学成分研究进展[J]. 中草药，2009，40(7)：1157－1160.

[5] Zhu JS, Halpern GM, Jones K. The scientific rediscovery of an ancient Chinese herbal medicine: *Cordyceps sinensis* Part I[J]. The Journal of alternative and complementary medicine, 1998, 4 (3):289－303.

[6] 刘静明，钟裕荣，杨智，等. 蛹冬虫夏草化学成分研究[J]. 中国中药杂志，1989，14(10)：32－33.

[7] 徐文豪，薛智，马建民. 冬虫夏草水溶性成分核苷类化合物的研究[J]. 中药通报，1988，13(4)：34－36.

[8] Yang ML, Kuo PC, Wu TS, et al. Anti-inflammatory principles from *Cordyceps sinensis*[J]. J Nat Prod, 2011, 74:1996－2000.

[9] 郦皆秀，李进，徐丽珍，等. 西藏产冬虫夏草化学成分研究[J]. 中国药学杂志，2003，38(7)：499－501.

[10] Bok JW, Lermer L, Towers GHN, et al. Antitumor sterols from the mycelia of *Cordyceps sinensis*[J]. Phytochemistry, 1999, 51:891－898.

[11] Huang LF, Liang YZ, Guo FQ, et al. Simultaneous separation and determination of active components in *Cordyceps sinensis* and *Cordyceps militarisby* LC/ESI-MS[J] Pharm Biomed Anal, 2003, 33:1155－1162.

[12] 丛浦珠，苏克曼. 分析化学手册第九分册[M]. 第 2 版. 北京：化学工业出版社，1999.

[13] Gunatilaka AAL, Gopichand Y, Schmitz FJ, et al. Minor and trace sterols in marine invertebrates. 26. Isolation and structure elucidation of nine new 5α, 8α－epidoxy sterols from four marine organisms[J]. The Journal of Organic Chemistry, 1981, 46 (19):3860－3866.

[14] Kahlos K, Kangas L, Hiltunen R. Ergosterol peroxide, an active compound from Inonotus radiatus[J]. Planta medica, 1989, 55 (4):389－390.

[15] Picciali V, Sica D. Four new trihydroxylated sterols from the sponge *Spongionella gracilis*[J]. J Nat Prod, 1987, 50 (5):915－920.

[16] 卢玉兰，翁开敏. 冬虫夏草的药理作用研究[J]. 中国药师，2003，6(6)：371－372.

[17] Ji DB, Ye J, Li CL, et al. Antiaging effect of *Cordyceps sinensis* extract[J]. Phytother Res, 2009, 23:116－122.

[18] 栾洁，陈雅琳，储智勇，等. 冬虫夏草子实体对小鼠抗疲劳与耐缺氧能力的影响[J]. 时珍国医国药，2013，24(1)：47－48.

[19] 颜晶晶，唐永范. 北冬虫夏草水提物对人肺腺癌细胞 A549 的作用[J]. 上海交通大学学报(医学版)，2011，31(7)：922－926.

[20] 顾国胜,任建安,李宁,等.冬虫夏草对大鼠肠黏膜屏障免疫功能影响的研究[J].肠外与肠内营养,2008,15(6):326-328.

[21] Li SP, Zhang GH, Zeng Q, et al. Hypoglycemic activity of polysaccharide, with antioxidation, isolated from cultured *Cordyceps* mycelia[J]. Phytomedicine, 2006, 13 (6): 428-433.

[22] Wang Y, Yin H, Lv X, et al. Protection of chronic renal failure by a polysaccharide from *Cordyceps sinensis*[J]. Fitoterapia, 2010, (81):397-402.

（朱　慧、冯子明）

第七章 赤芝

CHI ZHI

第一节 概 论

赤芝(*Ganoderma lucidum* Zhao, Xu *et* Zhang)是担子菌门,伞菌纲,多孔菌目,灵芝科、灵芝属真菌。赤芝主要分布在中国、朝鲜半岛和日本,国内分布于福建、海南、安徽、山东、浙江、江西、湖南等地,为药典收载品种。目前各地均有栽培,赤芝味甘、性温,无毒,具有滋补强壮、增强机体免疫力的作用[1]。

赤芝所含化学成分复杂,因所用菌种、培养方法、提取方法等不同而异。研究赤芝化学成分的目的,在于了解和比较灵芝属不同种与同一种的不同发育阶段(如子实体、菌丝体、孢子体)所含的化学成分的区别,通过药理研究确定其有效组分或活性成分。为进一步研究赤芝药理作用机制、提高临床疗效、改进生产工艺与制订质量控制标准提供理论依据。赤芝化学成分共有 9 类近 200 多个化合物。目前研究比较多的灵芝化学成分有三萜类化合物、多糖类、核苷类、甾醇类、脑苷、氨基酸、多肽类、无机元素、脂肪酸等。

到目前为止,国内外进行过药理和化学研究的灵芝属真菌有以下 20 余种:赤芝(*Ganoderma. lucidium*);紫芝(*G. japonium*);薄盖灵芝(*G. capense*);南方灵芝(*G. australe*);松杉灵芝(*G. tsugae*);树舌(*G. applanatum*);热带灵芝(*G. tropicus*);长孢灵芝(*G. boniense*);硬孔灵芝(*G. duropora*);无柄灵芝(*G. resinaceum*);茶病灵芝(*G. theaecolum*);反柄灵芝(*G. cochlear*);黑灵芝(*G. atrum*);台湾灵芝(*G. fomosanum*);狭长孢灵芝(*G. boninense*);*G. colossum*;*G. concinna*;*G. amboinense*;*G. pefeifferi*;*G. orbiforme* 等。化学、药理和临床研究工作最多的是赤芝,目前已分离出 200 多个化学成分。

第二节 赤芝化学成分的研究

一、三萜类化合物

1. 三萜类化合物与分类

三萜类化合物是灵芝的主要化学成分,很多具有生理活性,如灵芝酸 A,灵芝酸 B,灵芝酸 C,灵芝酸 D(Ganoderic acid A,B,C,D)能够抑制小鼠肌肉细胞组胺的释放。灵芝酸 F(Ganoderic acid F)有很强的抑制血管紧张素酶的活性。赤芝孢子酸 A(Ganosporeric acid A)对 CCl_4 和半乳糖胺与丙酸杆菌造成的小鼠转氨酶升高均有降低作用。赤芝孢子内酯 A(Ganosporelactone A)具有降胆固醇作用。

从赤芝中分到四环三萜 163 个,详见表 7-1。从赤芝四环三萜化合物的结构来看,为高度氧化的羊毛甾烷衍生物。按分子所含碳原子数可分为 C_{30}、C_{27}、C_{24} 三大类,根据其所含功能团和侧链不同有 13 种结构类型(图 7-1,图 7-2)。

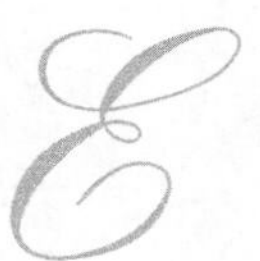

赤芝三萜类化合物的侧链有长有短，从 2 个碳到 10 个碳不等，其类型可划分为 20 类。以下是这 13 种结构类型和侧链类型。

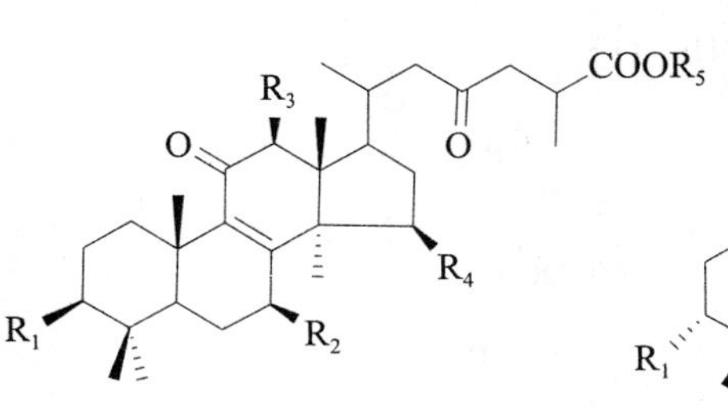

I

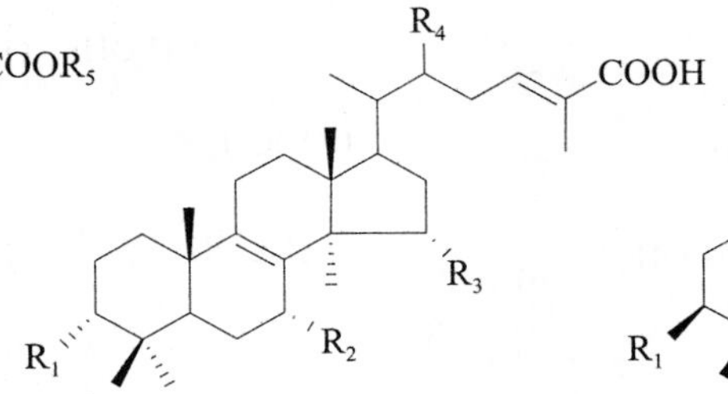

II

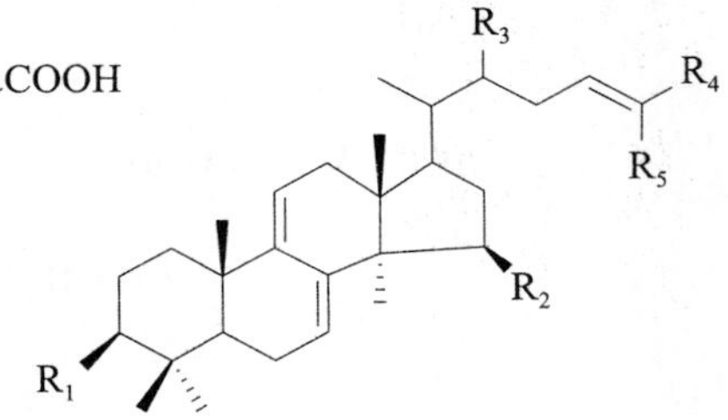

III

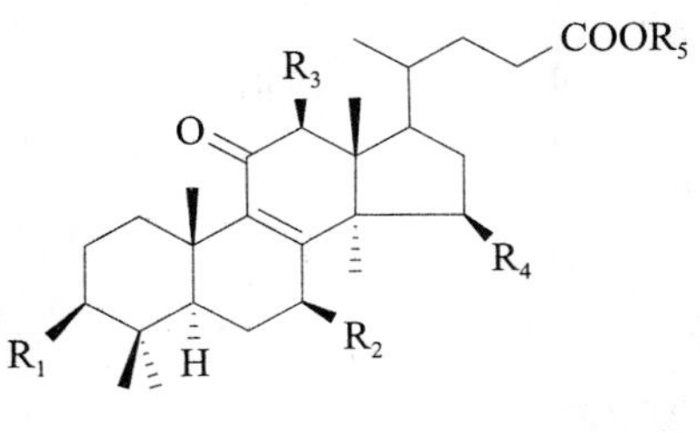

IV

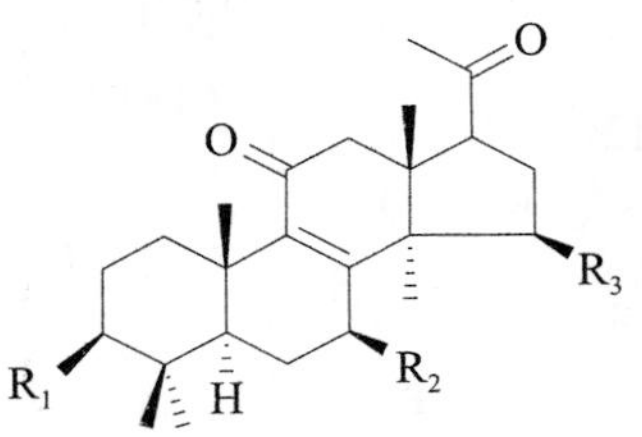

V

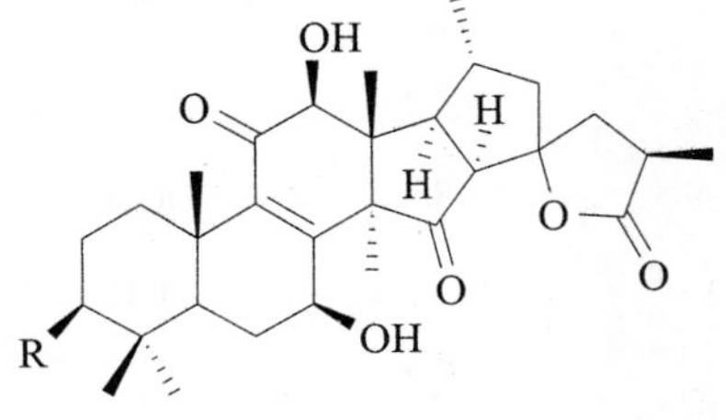

VI

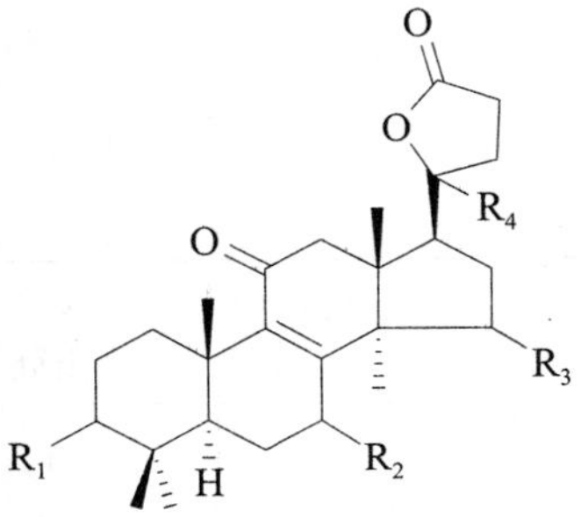

VII

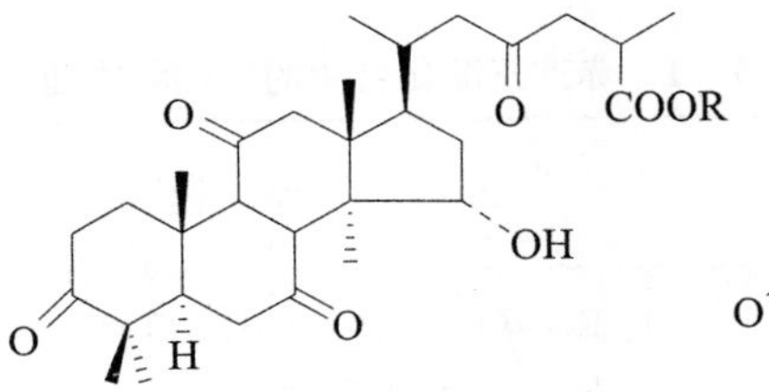

VIII

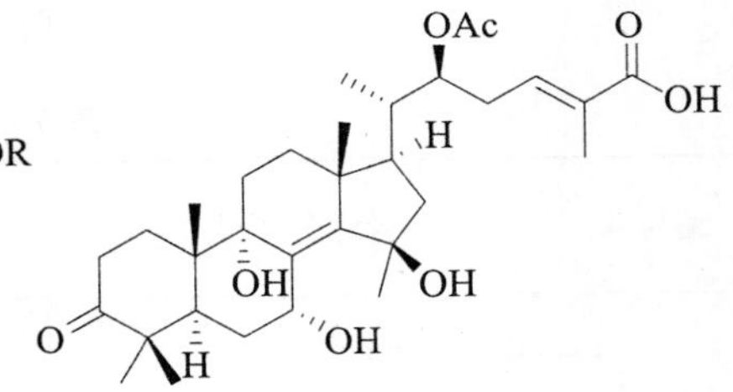

IX

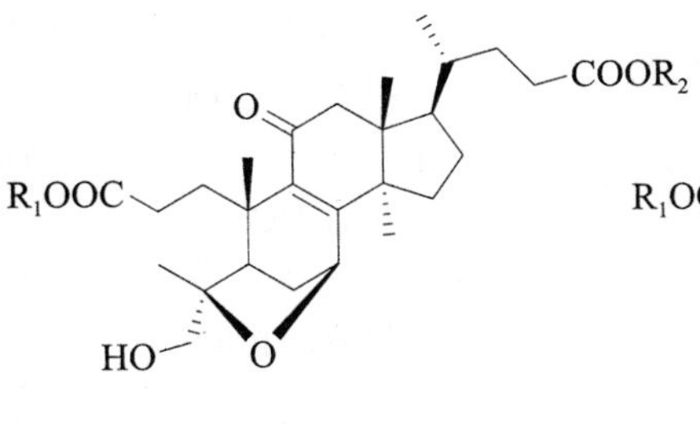

X

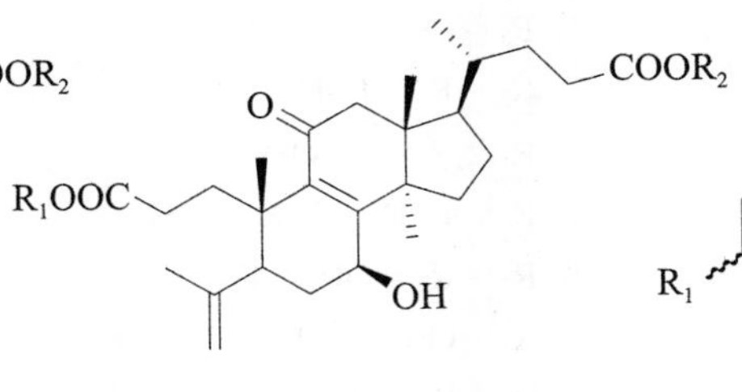

XI

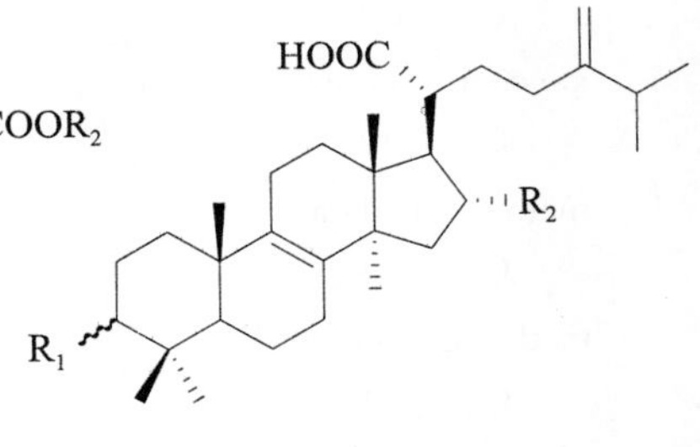

XII

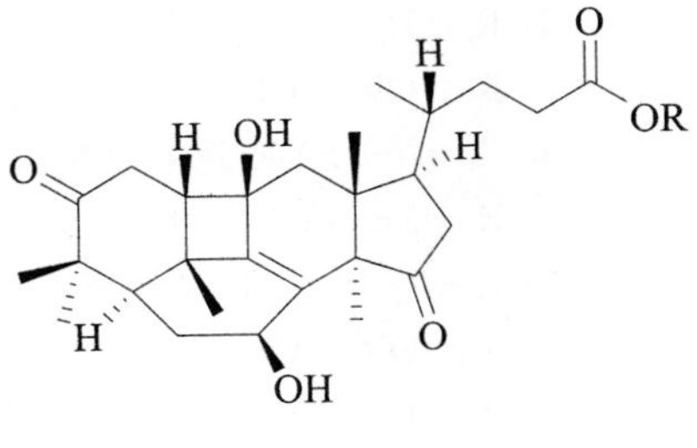

XIII

图 7-1　赤芝三萜类化合物的基本结构类型

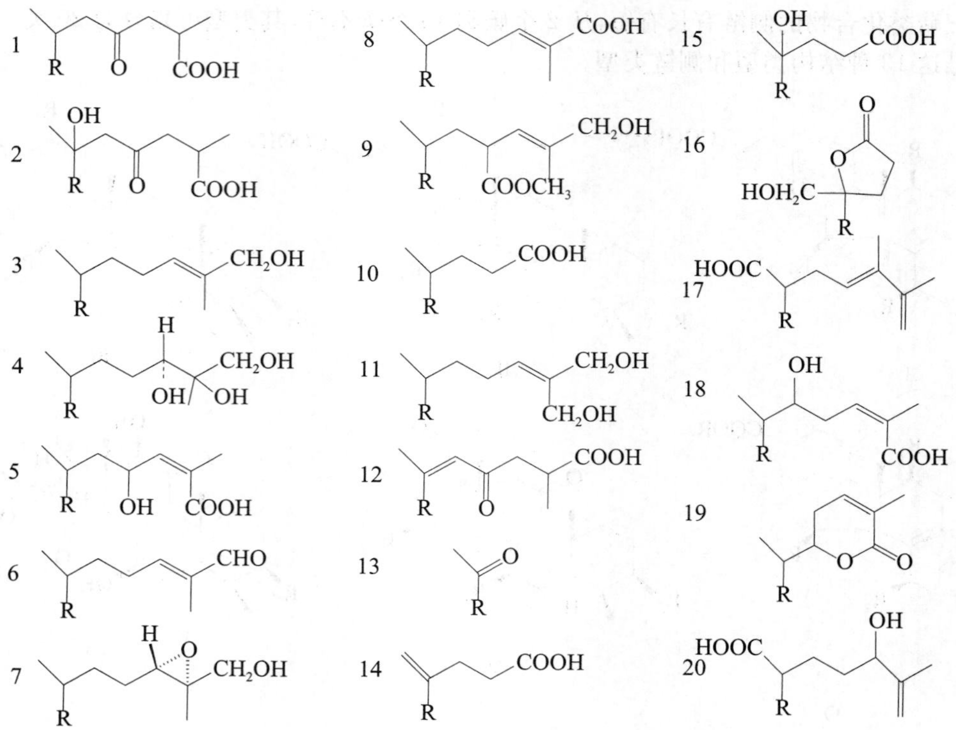

图 7－2　赤芝三萜类化合物的侧链类型

表 7－1　赤芝三萜化合物的结构和物理常数

编号	名称分子式	结　构	mp(℃) 〔α〕D	文献出处
1	ganoderic acid A $C_{30}H_{44}O_7$	Ⅰ：$R_1=OR_2=\beta-OHR_3=H$ $R_4=\alpha-OH\ R_5=H$	119～120 ＋110($CHCl_3$)	[1]
2	ganoderic acid B $C_{30}H_{44}O_7$	Ⅰ：$R_1=R_2=\beta-OH$ $R_3=R_5=H\ R_4=O$	206～208 ＋164($CHCl_3$)	[1]
3	ganoderic acid D $C_{30}H_{42}O_7$	Ⅰ：$R_1=O\ R_2=\beta-OH$ $R_3=R_5=H\ R_4=O$	150～151 ＋175.4($CHCl_3$)	[2]
4	methyl ganoderate C2 $C_{31}H_{48}O_7$	Ⅰ：$R_1=R_2=\beta-OH$ $R_3=H\ R_4=O\ R_5=CH_3$	199～202 ＋98($CHCl_3$)	[3]
5	methyl ganoderate E $C_{31}H_{42}O_7$	Ⅰ：$R_1=R_2=OR_3=H$ $R_4=O\ R_5=CH_3$	206～208 ＋167($CHCl_3$)	[3]
6	methyl ganoderate F $C_{33}H_{42}O_9$	Ⅰ：$R_1=R_2=R_4=O$ $R_3=\beta-0Ac\ R_5=CH_3$	＋111($CHCl_3$)	[3]
7	methyl ganoderate G $C_{31}H_{46}O_8$	Ⅰ：$R_1=R_2=R_3=\beta-OH$ $R_4=OR_5=CH_3$	134～135 ＋64($CHCl_3$)	[4]
8	methyl ganoderate H $C_{33}H_{46}O_9$	Ⅰ：$R_1=\beta-OH\ R_2=R_4=O$ $R_3=\beta-OAc\ R_5=CH_3$	＋54(MeOH)	[3]
9	methyl ganoderate I $C_{31}H_{46}O_8$	Ⅰ：$R_1-R_2=\beta-OH\ R_3=H$ $R_4=OR_5=CH_3$	279～281 ＋132($CHCl_3$)	[5]
10	methyl ganoderic acid J $C_{31}H_{44}O_7$	Ⅰ：$R_1=R_2=OR_3=H$ $R_4=\alpha-OH\ R_5=CH_3$	无定型粉末 ＋174(MeOH)	[6]

（续表）

编号	名称分子式	结构	mp(℃) 〔α〕D	文献出处
11	ganoderic acid K $C_{32}H_{46}O_9$	Ⅰ：$R_1=R_2=\beta$-OH$R_3=\beta$-OAc $R_4=O$ $R_5=H$	无定型粉末	[7]
12	methyl ganoderate L $C_{31}H_{48}O_8$	Ⅰ：$R_1=R_2=R_4=\beta$-OH $R_3=R_5=H$ C_{20}-OH	228～230 +66(MeOH)	[8]
13	methyl ganoderate M $C_{31}H_{44}O_8$	Ⅰ：$R_1=R_4=O$ $R_2=\beta$-OH $R_3=\alpha$-OH $R_5=CH_3$	206～210	[9]
14	methyl ganoderate N $C_{31}H_{44}O_8$	Ⅰ：$R_1=R_4=O$ $R_2=\beta$-OH $R_3=H$ $R_5=CH_3$ C_{20}-OH	164～167 +153(MeOH)	[9]
15	methyl ganoderate 0 $C_{31}H_{42}O_8$	Ⅰ：$R_1=R_2=R_4=O$ $R_3=H$ $R_5=CH_3$ C_{20}-OH	168～171	[9]
16	methyl ganoderate K $C_{31}H_{46}O_7$	Ⅰ：$R_1=\beta$-OH $R_2=O$ $R_3=H$ $R_4=\alpha$-OH $R_5=CH_3$	166～167 +156($CHCl_3$)	[5]
17	compounds B8 $C_{31}H_{48}O_7$	Ⅰ：$R_1=O$ $R_2=R_4=\alpha$-OH $R_3=H$ $R_5=CH_3$	158～163 +128($CHCl_3$)	[5]
18	compounds B9 $C_{31}H_{48}O_7$	Ⅰ：$R_1=\beta$-OH$R_2=R_4=\alpha$-OH $R_3=H$ $R_5=CH_3$	213～216 +156(MeOH)	[9]
19	ganoderic acid C $C_{30}H_{46}O_7$	Ⅰ：$R_1=R_2=\beta$-OH $R_3=H$ $R_4=\alpha$-OH $R_5=H$	231～232 +95.5(MeOH)	[2]
20	ganoderenic acid A $C_{30}H_{42}O_7$	Ⅰ：$R_1=OR_2=\beta$-OH $R_4=\alpha$-OH $R_3=R_5=H$	无定型粉末 +122(EtOH)	[10]
21	ganoderenic acid B $C_{30}H_{42}O_7$	Ⅰ：$R_1=R_2=\beta$-OH $R_4=O$ $R_3=R_5=H$ Δ20(22)	211～214 +102.9($CHCl_3$)	[10]
22	ganoderenic acid C $C_{30}H_{44}O_7$	Ⅰ：$R_1=R_2=\beta$-OH $R_4=\alpha$-OH $R_3=R_5=H$ Δ20(22)	无定型粉末 +66.2($CHCl_3$)	[10]
23	ganoderenic acid D $C_{30}H_{40}O_7$	Ⅰ：$R_1=R_4=O$ $R_2=\beta$-OH $R_3=R_5=H$ Δ20(22)	214～216 +163.4($CHCl_3$)	[10]
24	methyl ganolucidate A $C_{31}H_{46}O_6$	Ⅰ：$R_1=O$ $R_2=R_3=H$ $R_4=\alpha$-OH $R_5=CH_3$	192～194 +188($CHCl_3$)	[11]
25	methyl ganolucidate B $C_{31}H_{48}O_6$	Ⅰ：$R_1=\beta$-OH$R_2=R_3=H$ $R_4=\alpha$-OH $R_5=CH_3$	167～169 +114($CHCl_3$)	[11]
26	methyl ganolucidate C $C_{31}H_{48}O_7$	Ⅰ：$R_1=\beta$-OH $R_2=R_3=H$ $R_4=\alpha$-OH $R_5=CH_3$ $C_{31}=CH_2OH$	230～231 +124(EtOH)	[6]
27	ganolucidic acid D $C_{30}H_{44}O_6$	Ⅰ：$R_1=O$ $R_2=R_3=R_5$-H $R_4=\beta$-OH $C_{23}=O$HΔ24(25)	 +192(EtOH)	[8]
28	ganoderic acid Ma $C_{34}H_{52}O_7$	Ⅱ：$R_1=R_2=OAc$ $R_3=OH$ $R_4=H$	玻璃体状 −16(MeOH)	[12]
29	ganoderic acid Mb $C_{36}H_{54}O_9$	Ⅱ：$R_1=R_3=R_4=OAcR_2=OH$	玻璃体状 −4(MeOH)	[12]
30	ganoderic acid Mc $C_{36}H_{54}O_9$	Ⅱ：$R_1=R_2=R_4=OAcR_3=OH$	玻璃体状 −23(MeOH)	[12]
31	ganoderic acid Md $C_{35}H_{54}O_7$	Ⅱ：$R_1=R_4=OAc$ $R_2=OCH_3$ $R_3=H$	180～182 −20(MeOH)	[12]

（续表）

编号	名称分子式	结构	mp(℃) [α]D	文献出处
32	ganoderic acid Mg $C_{35}H_{54}O_8$	II：$R_1=R_4=OAc$ $R_2=OCHs$ $R_3=OH$	126～129 −23(MeOH)	[13]
33	ganoderic acid Mh $C_{34}H_{52}O_8$	II：$R_1=R_4=OAc$ $R_2=R_3=OH$	玻璃体状 +2(MeOH)	[13]
34	ganoderic acid Mi $C_{33}H_{52}O_6$	II：$R_1=OAc$ $R_2=OCH_3$ $R_3=OH$ $R_4=H$	玻璃体状 −11(MeOH)	[13]
35	ganoderic acid Mj $C_{33}H_{52}O_6$	II：R_1-OH $R_2=OCH_3$ $R_3=H$ $R_4=OAc$	玻璃体状 −8(MeOH)	[13]
36	ganoderic acid U $C_{30}H_{48}O_4$	II：$R_1=OH$ $R_2=R_3=R_4=H$	166～169 +35(EtOH)	[14]
37	ganoderic acid V $C_{32}H_{48}O_6$	II：$R_1=O$ $R_2=OH$ $R_3=OAc$ $R_4=H$	+85($CHCl_3$)	[14]
38	ganoderic acid W $C_{34}H_{52}O_7$	II：$R_1=R_3=OAc$ $R_2=OH$ $R_4=H$	114～117	[14]
39	ganoderic acid Z $C_{30}H_{48}O_3$	II：$R_1=\beta$-OH $R_2=R_3=H$ $R_4=H$	137～140 +59($CHCl_3$)	[14]
40	ganoderiol G $C_{31}H_{52}O_5$	II：$R_1=O$ $R_2=OMe$ $C_{24}=C_{25}=OH$ $R_3=R_4=H$ $C_{26}=CH_2OH$ 无 Δ24(25)	玻璃体状 +34(MeOH)	[15]
41	ganoderiol H $C_{30}H_{50}O_5$	II：$R_1=\beta$-OH $R_2=O$ $C_{24}=C_{25}=OH$ $R_3=R_4=H$ $C_{26}=CH_2OH$ 无 Δ24(25)	200～201 +22(MeOH)	[15]
42	gnoderiolI $C_{31}H_{50}O_5$	II：$R_1=O$ $R_2=OMe$ $R_3=OH$ $R_4=H$ $C_{26}=C_{27}$-CH_2OH	玻璃体状 +53(MeOH)	[15]
43	diacetate ganoderiol C $C_{36}H_{58}O_7$	II：$R_1=O$ $R_2=OEt$ $R_3=R_4=H$ 无 Δ24(25)	玻璃体状 +54(EtOH)	[15]
44	diacetate ganoderiol D $C_{34}H_{52}O_7$	II：$R_1=R_2=O$ $R_3=R_4=H$ $C_{25}=OHC_{26}=CH_2OH$；无 Δ24(25)	玻璃体状 +8(MeOH)	[15]
45	triacetate ganoderiol E $C_{36}H_{54}O_7$	II：$R_1=\beta$-OH $R_2=O$ $R_3=R_4=H$ $C_{26}=C_{27}=CH_2OH$	玻璃体状 +18(MeOH)	[15]
46	methyl ganolucidate E $C_{31}H_{46}O_5$	II：$R_1=OR_2=R_4=HR_3=OH$ $C_{26}=COOCH_3$	玻璃体状 +154(MeOH)	[15]
47	3β,15α-diacetoxy-lanasta-8,24-dien-26-oic acid $C_{34}H_{52}O_6$	II：$R_1=\beta$-OAC $R_2=R_4=H$ $R_3=\alpha$-Oac		[16]
48	ganoderal B $C_{30}H_{46}O_3$	II：$R_1=OR_2=OH$ $R_3=R_4$-H $C_{26}=CHO$	+94(EtOH)	[17]
49	epoxyganoderiol A $C_{30}H_{48}O_4$	II：$R_1=O$ R_2-OH $R_3=$？ $R_5=R_4=H$ 24S 25S 环氧 $C_{26}=CH_2OH$	+65($CHCl_3$)	[17]
50	ganoderic acid Me $C_{34}H_{50}O_6$	III：$R_1=R_2=\alpha$-OAc $R_3=H$ $R_4=COOH$ $R_5=CH_3$	玻璃体状 +53(MeOH)	[18]
51	ganoderic acid Mf $C_{32}H_{48}O_5$	III：$R_1=\alpha$-OAc $R_2=\alpha$-OH $R_3=H$ $R_4=COOH$ $R_5=CH_3$	玻璃体状 +42($CHCl_3$)	[18]

（续表）

编号	名称分子式	结 构	mp(℃) 〔α〕D	文献出处
52	ganoderic acid P $C_{34}H_{50}O_7$	III：$R_1=\alpha$-OH $R_2=\alpha$-OAc R_3=OAc R_4=COOH$R_5=CH_3$	211～212	[16]
53	ganoderic acidMk $C_{34}H_{50}O_7$	III：$R_1=\alpha$-OAc $R_2=\alpha$-OH R_3=OAc R_4=COOH $R_5=CH_3$	+23(MeOH)	[19]
54	ganoderic acid R $C_{34}H_{50}O_6$	III：$R_1=R_3=\alpha$-OAc R_2=H R_4=COOH $R_5=CH_3$	201～202 +8.7($CHCl_3$)	[20]
55	ganoderic acid S $C_{30}H_{44}O_3$	III：R_1=O $R_2=R_3$=H R_4=COOH $R_5=CH_3$	168～169	[7]
56	ganoderic acid S_2 $C_{33}H_{48}O_5$	III：$R_1=\alpha$-OH R_2=H R_3=OAC R_4=COOH $R_5=CH_3$	206～208 +19.8($CHCl_3$)	[21]
57	ganoderic acid T $C_{36}H_{52}O_8$	III：$R_1=R_2=\alpha$-OAc R_3=OAc R_4=COOH $R_s=CH_3$	210～212 +23($CHCl_3$)	[21]
58	ganoderic acid X $C_{32}H_{46}O_5$	III：$R_1=\beta$-OH　$R_2=\alpha$-OAc R_3=H R_4=COOH $R_5=CH_3$	67-70	[22]
59	ganoderic acid Y $C_{31}H_{46}O_3$	III：$R_1=\beta$-OH $R_2=R_3$=H R_4=COOH $R_5=CH_3$	203～206 +54(EtOH)	[23]
60	ganoderiol F $C_{30}H_{46}O_3$	III：R_1=O$R_2=R_3$=H $R_4=R_5=CH_2OH$	116～120 +42(MeOH)	[24]
61	ganoderol A $C_{30}H_{46}O_2$	III：R_1=O $R_2=R_3$=H $R_4=CH_2OH$ $R_5=CH_3$	99～101 +33($CHCl_3$)	[7]
62	ganoderol B $C_{30}H_{48}O_2$	III：$R_1=\beta$-OH $R_2=R_3$=H $R_4=CH_2OH$ $R_5=CH_3$	171～173 +55.7($CHCl_3$)	[17]
63	ganoderiol B $C_{30}H_{46}O_4$	III：R_1=O $R_2=\alpha$-OH $R_4=R_5=CH_2OH$ R_3=H	+59.9($CHCl_3$)	[25]
64	ganodermatriol $C_{30}H_{48}O_3$	III：$R_1=\beta$-OH $R_2=R_3$=H $R_4=R_5=CH_2OH$	202-204 +48($CHCl_3$)	[26]
65	ganoderiol A $C_{30}H_{50}O_4$	III：$R_1=\beta$-OH $R_2=R_3$=H $R_4=CH_2OH$ $C_{24}=C_{25}$=OH 无 Δ24(25)$R_5=CH_3$(25)	230～232 +39($CHCl_3$)	[26]
66	ganodermanontriol $C_{30}H_{48}O_4$	III：R_1=O $R_2=R_3$=H $R_4=CH_2OH$ $R_5=CH_3$ $C_{24}=C_{25}$=OH 无 Δ24(25)	168～170 +41(MeOH)	[25]
67	ganodermanondiol $C_{30}H_{48}O_3$	III：R_1=O $R_2=R_3$=H $R_4=R_5=CH_3$ $C_{24}=C_{25}$=OH 无 Δ24(25)	182～183 +45.8($CHCl_3$)	[1]
68	ganoderal A $C_{30}H_{46}O_2$	III：R_1=O $R_2=R_3$=H R_4=CHO $R_5=CH_3$	127～128 +27($CHCl_3$)	[7]
69	epoxyganoderiol B $C_{30}H_{46}O_3$	III：R_1=O R_2=H $R_5=CH_3$ R_3=H $R_4=CH_2OH$ 24S 25S 环氧	+35(EtOH)	[17]
70	epoxyganoderiol C $C_{30}H_{48}O_3$	III：R1=β-OH$R_2=R_3$=H $R_4=CH_2OH$ 24S 25S 环氧 $R_5=CH_3$	+43(EtOH)	[17]

（续表）

编号	名称分子式	结　构	mp(℃) 〔α〕D	文献出处
71	3α,15α,22α - trihydr - oxylanosta - 7,9(11),24 - trien - 26 - oic acid $C_{30}H_{46}O_3$	III：$R_1=R_2=R_3=\alpha$ - OH R_4=COOH $R_5=CH_3$		[27]
72	3β,15α,22β - trihydr - oxylanosta - 7,9(11),24 - trien - 26 - oic acid $C_{30}H_{46}O_3$	III：$R_1=R_3=\beta$ - OH $R_2=\alpha$ - OH R_4=COOH$R_5=CH_3$	178～180	[27]
73	3α,15α - diacetoxy - 22α - hydroxy - lanoste - 7,9(11),24 - trien - 26 - oic acid $C_{34}H_{50}O_7$	III：$R_1=R_2$=OAc $R_3=\alpha$ - OH R_4=COOH $R_5=CH_3$		[27]
74	3β,15α - diacetoxy - 22α - hydroxy - lanosta - 7,9(11),24 - trien - 26 - oic acid $C_{34}H_{50}O_7$	III：$R_1=\beta$ - OAc $R_2=\alpha$ - OAc $R_3=\alpha$ - OH R_4=COOH $R_5=CH_3$		[27]
75	22β - acetoxy - 3β,15α - dihydroxy - lanosta - 7,9(11),24 - trien - 26 - oic aci $C_{32}H_{48}O_6$	III：$R_1=\beta$ - OH $R_2=\alpha$ - OH $R_3=\beta$ - OAc R_4=COOH=CH_3		[28]
76	22β - acetoxy - 3α,15α - dihydroxy - lanosta - 7,9(11),24 - trien - 26 - oic acid $C_{32}H_{48}O_6$	III：$R_1=R_2=\alpha$ - OH $R_3=\beta$ - OAc R=COOH $R_5=CH_3$		[28]
77	lanosta - 7,9(11),24 - trie - 3α,15α - dihydroxy - 26 - oic acid $C_{34}H_{50}O_7$	III：R_1=R2=α - OH R_3=H R_4 - COOH $R_s=CH_3$		[28]
78	lanosta - 7,9(11),24 - trien - 15α,22α - diacetoxy - 3β - hydroxy - 26 - oic aci $C_{30}H_{44}O_7$	III：$R_1=\beta$ - OH $R_2=\alpha$ - Oac $R_3=\beta$ - OAc R_4=COOH $R_5=CH_3$		[28]
79	lanosta - 7,9(11),24 - trien - 3β, - 15α - dihydroxy - 26 - oic acid $C_{30}H_{46}O_4$	III：$R_1=\beta$ - OH $R_2=\alpha$ - OH R_3=H R_4=COOH $R_5=CH_3$		[28]
80	lanosta - 7,9(11),24 - trien - 3 - acetoxy - 15,22 - dihydroxy - 26 - oic acid $C_{32}H_{48}O_6$	III：$R_1=\alpha$ - OAc $R_2=\alpha$ - OH R_3=- OH R_4=COOH $R_5=CH_3$		[27]
81	lanosta - 7,9(11),24 - trien - 3β,15α,22β - triacetoxy - 26 - oic acid $C_{36}H_{52}O_8$	III：$R_1=R_3=\beta$ - OAc $R_2=\alpha$ - OAc R_4=COOH Rs=CH_3		[27]

（续表）

编号	名称分子式	结　构	mp(℃) 〔α〕D	文献出处
82	lanosts-7,9(11),24-trien-15α-acetoxy-3α-hydroxy-23-oxo-26-oic acid $C_{32}H_{46}O_6$	III：R_1=α-OH R_2=α-Oac R_3=H R_4=COOHRs=CH_3 C_{23}=O		[27]
83	lanosta-7,9(11),24-trien-3α,15α-diacetoxy-23-oxo-26-oic acid $C_{34}H_{48}O_7$	III：R_1=R_2=α-OAc R_3=H R_4=COOH R_5=CH_3 C_{23}=O		[27]
84	lanosta-7,9(11),24-trien-3α-acetoxy-15α-hydroxy-23-oxo-26-oic acid $C_{32}H_{46}O_6$	III：R_1=α-OAc R_2=β-OH R_3=H R_4=COOH R_5=CH_3 C_{23}=O		[27]
85	lucidenic acid A $C_{27}H_{38}O_6$	IV：R_1=R_4=O R_2=β-OH R_3=Rs=H	194～195 +173($CHCl_3$)	[29]
86	lucidenic acid B $C_{27}H_{38}O_7$	IV：R_1=R_4=OR_2=R_3=β-OH R_5=H	179～181 +169(MeOH)	[29]
87	lucidenic acid C $C_{27}H_{40}O_7$	IV：R_1=R_2=R_3=β-OH R_4=O R_5=H	199～200 +140(MeOH)	[29]
88	lucidenic acid D $C_{30}H_{40}O_8$	IV：R_1=R_2=R_4=O R_3=β-OAc R_5=H	无定型粉末 +70($CHCl_3$)	[30]
89	methyl lucidenate E $C_{30}H_{42}O_8$	IV：R_1=β-OH R_2=R_4=O R_3=β-OAc R_5=CH_3	140～144 +86($CHCl_3$)	[31]
90	methyl lucidenate F $C_{28}H_{38}O_6$	IV：R_1=R_2=R_4=OR_3=H R_5=CH_3	208～211 +195($CHCl_3$)	[31]
91	lucidenic acid D $C_{27}H_{34}O_7$	IV：R_1=R_2=R_3=R_4=OR_5=H	229～231 +84(MeOH)	[32]
92	lucidenic acid E $C_{28}H_{38}O_7$	IV：R_1=R_4=O R_2=β-OH R_3=α-OH Rs=H	216～219 +229(MeOH)	[32]
93	methyl lucidenate E2 $C_{30}H_{42}O_8$	IV:R_1=β-OH R_2=R_4=O R_3=β-OAc R_5=CH_3	161～164 +65(MeOH)	[33]
94	methyl lucidenate K $C_{28}H_{38}O_7$	IV:R_1=R_2=R_4=O R_3=α-OH R_5=CH_3	玻璃体状	[33]
95	methyl lucidenate L $C_{28}H_{40}O_7$	IV：R_1=R_3=β-OH R_2=R_4=O R_5=CH_3	玻璃体状	[33]
96	methyl lucidenate M $C_{28}H_{42}O_6$	IV：R_1=β-OH R_2=R_4=α-OH R_3=H R_5=CH_3	玻璃体状	[33]
97	methyl lucidenate G $C_{28}H_{42}O_7$	IV:R_1=O R_2=β-OH R_3=H R_5=CH_3 R_4=α-OH C_{31}=CH_2OH	玻璃体状 +127(MeOH)	[33]
98	methyl lucidenate H $C_{28}H_{42}O_7$	IV：R_1=R_2=β-OH R_3=H R_4=O R_5=CH_3 C_{30}=CH_2OH	190～192 +136(MeOH)	[33]

（续表）

编号	名称分子式	结　构	mp(℃) 〔α〕D	文献出处
99	methyl lucidenate I $C_{28}H_{40}O_7$	IV：$R_1=\beta$-OH $R_2=R_4=O$ $R_3=H$ $R_5=CH_3$ $C_{30}=CH_2OH$	玻璃体状 +118(MeOH)	[33]
100	methyl lucidenate J $C_{28}H_{40}O_8$	IV：$R_1=R_3=\beta$-OH $R_2=R_4=O$ $R_5=CH_3$ $C_{30}=CH_2OH$	玻璃体状 +78(MeOH)	[33]
101	lucidone A $C_{24}H_{34}O_5$	V：$R_1=\beta$-OH $R_2=\beta$-OH $R_3=O$	280.3 +210($CHCl_3$)	[32]
102	lucidone B $C_{24}H_{32}O_5$	V：$R_1=R_3=O$ $R_2=\beta$-OH	270～271 +278($CHCl_3$)	[32]
103	lucidone C $C_{24}H_{36}O_5$	V：$R_1=R_2=R_3=\beta$-OH	玻璃体状 +145(MeOH)	[8]
104	ganosporelactone A $C_{30}H_{40}O_7$	VI：R=O	238～240 +74($CHCl_3$)	[34]
105	ganosporelactone B $C_{30}H_{42}O_7$	VI：R=OH	235～237 +68($CHCl_3$)	[34]
106	ganosporeric acid A $C_{30}H_{38}O_8$	II：$R_1=R_2$，=OH=$R_3=C_{11}=O$	115～118 +60(EtOH)	[34]
107	ganoderic acid DM $C_{30}H_{44}O_7$	II：$R_1=R_2=O$ $R_3=R_4=H$	203～205 +10.9($CHCl_3$)	[35]
108	ganolactone $C_{27}H_{36}O_6$	VII：$R_1=R_3=O$ $R_2=\alpha$-OH $R_4=CH_3$	294 +6($CHCl_3$)	[26]
109	lucidumol A $C_{30}H_{48}O_4$	II：$R_1=R_2=O$ $R_3=H$ C_{24}-C_2，=OH 无 Δ24(25)，$C_{26}=C_{27}=CH_3$	185～187 +35(EtOH)	[36]
110	lucidumol B $C_{30}H_{48}O_4$	III：$R_1=OH$ $R_2=R_3=H$ $C_{24}=C_{25}=OH$	209～211	[36]
111	ganoderic acid α $C_{32}H_{46}O_9$	I：$R_1=R_4=OH$ $R_2=O$ $R_3=OAc$	无定型粉末 +55($CHCl_3$)	[37]
112	ganoderic acid β $C_{30}H_{44}O_6$	II：$R_1=R_2=OH$ $R_3=O$ $R_4=H$ $C_{11}=O$	187～189	[36]
113	ganoderic acid γ $C_{30}H_{44}O_7$	VIII：$R_1=O$ $R_2=\beta$-OH $R_3=H$ $R_4=\alpha$-OH	243～245 +155.3(EtOH)	[38]
114	ganoderic acid δ $C_{30}H_{44}O_7$	VIII：$R_1=O$ $R_2=R_4=\alpha$-OH $R_3=2H$	 +160(EtOH)	[38]
115	ganoderic acid ε $C_{30}H_{44}O_7$	VIII：$R_1=R_2=\beta$-OH $R_3=2H$ $R_4=O$	255～257 +142(Me_2CO)	[39]
116	ganoderic acid ζ $C_{30}H_{42}O_7$	VIII：$R_1=\beta$-OH $R_2=R_4=O$ $R_3=2H$	143～145 +213.3(EtOH)	[38]
117	ganoderic acid η $C_{30}H_{44}O_8$	VIII：$R_1=R_2=R_3=\beta$-OH $R_4=O$	212～214 +128.0(EtOH)	[38]

（续表）

编号	名称分子式	结 构	mp(℃) [α]D	文献出处
118	ganoderic acid θ $C_{30}H_{42}O_8$	VIII：$R_1=R_3=\beta$-OH $R_2=R_4=O$	131～133 +71.3	[38]
119	lucidenic acid SP_1 $C_{27}H_{40}O_6$	IV：$R_1=R_2=OH$ $R_3=2H$ $R_4=O$ $R_5=H$	204～206 +115($CHCl_3$)	[1]
120	ganoderic acid LM_2 $C_{30}H_{42}O_7$	IV：$R_1=R_4=O$ $R_2=\beta$-OH $R_3=2H$	228～230 +132.0(Me_2CO)	[39]
121	26,27-dihydroxy-5α-lanosta-7,9(11),24-trien-3,22-dione $C_{30}H_{44}O_4$	III：$R_1=R_3=O$ $R_2=2H$ $R_4=R_5=CH_2OH$	169-170 −68($CHCl_3$)	[40]
122	8β,9α-dihydrogano-deric acid J $C_{30}H_{44}O_7$	I：$R=R_2=O$ $R_3=R_5=H$ $R_4=\beta$-OH 无 Δ8(9)	205～208 +24(MeOH)	[41]
123	methyl 8β,9α-dihy-droganoderate J $C_{31}H_{46}O_7$	I：$R=R_2=O$ $R_3=H$ $R_5=Me$ $R_4=\beta$-OH 无 Δ8(9	202～205 +52(MeOH)	[41]
124	20-hydroxylganoderic acid G $C_{30}H_{44}O_9$	I：$R_1=R_2=R_3=\alpha$-OH $R_4=O$ $R_5=H$ $C_{20}=OH$	175～177 +42(MeOH)	[41]
125	20(21)-dehydrolucidenic acid A $C_{27}H_{36}O_6$	IV：$R_1=R_4=O$ $R_2=\alpha$-OH $R_3=R_5=H$ Δ20(21)	135～137 +69.9(MeOH)	[42]
126	methyl 20(21)-dehydro-lucidenate A $C_{28}H_{38}O_6$	IV：$R_1=R_4=O$ $R_2=\alpha$-OH $R_3=H$ $R_5=Me$ Δ20(21)	123～125 +151.2($CHCl_3$)	[42]
127	20-hydroxylucideric acid D2 $C_{29}H_{38}O_6$	IV：$R_1=R_2=R_4=O$ $R_3=\alpha$-OAc $R_5=H$ $C_{20}=OH$	123～125 +54.7($CHCl_3$)	[42]
128	20-hydroxylucideric acid F $C_{27}H_{36}O_7$	IV：$R_1=R_2=R_4=O$ $R_3=R_5=H$ $C_{20}=OH$	162～164 +128.6(aceton)	[42]
129	20-hydroxylucideric acid E2 $C_{29}H_{40}O_9$	IV：$R_1=\alpha$-OH $R_2=R_4=O$ $R_3=\alpha$-OAc $R_5=H$ $C_{20}=OH$	147～149 +128.6(aceton)	[42]
130	20-hydroxylucideric acid N $C_{27}H_{40}O_7$	IV：$R_1=R_2=\alpha$-OH $R_3=R_5=H$ $R_4=O$	268～270 +150.4(aceton)	[42]
131	20-hydroxylucideric acid P $C_{29}H_{42}O_9$	IV：$R_1=R_2=\alpha$-OH $R_3=\alpha$-OAc $R_4=O$ $R_5=H$ $C_{20}=OH$	125～127 +77.7($CHCl_3$)	[42]
132	lucidenic acid O $C_{27}H_{38}O_7$	IV：$R_1=R_2=\alpha$-OH $R_3=R_5=H$ $R_4=\beta$-OH Δ20(21)$C_{30}=CH_2OH$	无定型粉末 +71(MeOH)	[43]
133	lucidenic lactone $C_{27}H_{40}O_7$	VII：$R_1=R_2=\alpha$-OH $R_3=\beta$-OH $R_4=CH_2OH$	无定型粉末 +13(MeOH)	[43]
134	lucidenic acid N $C_{27}H_{40}O_6$	IV：$R_1=R_2=\alpha$-OH $R_3=R_5=H$ $R_4=O$	202～204 +119.5($CHCl_3$)	[44]
135	methyl lucidenate F $C_{28}H_{38}O_6$	IV：$R_1=R_2=R_4=O$ $R_3=H$ $R_5=Me$	205～207 +120.0($CHCl_3$)	[44]

（续表）

编号	名称分子式	结构	mp(℃) [α]D	文献出处
136	lucialdehydes A $C_{30}H_{46}O_2$	III：$R_1=\alpha-OH$ $R_2=R_3=H$ $R_4=CHO$ $R_5=Me$	+32(CHCl$_3$)	[45]
137	lucialdehydes B $C_{30}H_{44}O_3$	II：$R_1=R_2=O$ $R_3=R_4=H$ $C_{26}=CHO$	+18(CHCl$_3$)	[45]
138	lucialdehydes C $C_{30}H_{46}O_3$	II：$R_1=\alpha-OH$ $R_2=O$ $R_3=R_4=H$ $C_{26}=CHO$	+18(CHCl$_3$)	[45]
139	lucidenic acid P $C_{29}H_{42}O_8$	IV：$R_1=R_2=\alpha-OH$ $R_3=OAc$ $R_4=O$ $R_5=H$	135～137 +14.7(CHCl$_3$)	[46]
140	methyl lucidenate P $C_{30}H_{44}O_8$	IV：$R_1=R_2=\alpha-OH$ $R_3=OAc$ $R_4=O$ $R_5=Me$	83～85 +77.6(CHCl$_3$)	[46]
141	methyl lucidenate Q $C_{28}H_{42}O_6$	IV：$R_1=O$ $R_2=R_4=\alpha-OH$ $R_3=OAc$ $R_3=H$ $R_5=Me$	130～131 +58.5(CHCl$_3$)	[46]
142	ganoderic acid C6 $C_{30}H_{48}O_3$	II：$R_1=R_3=\beta-OH$ $R_2=R_4=O$ $R_5=H$	200～202 +55(CHCl$_3$)	[1]
143	butyl lucidenate P $C_{33}H_{50}O_8$	IV：$R_1=R_2=\beta-OH$ $R_3=OAc$ $R_4=O$ $R_5=Bu$	+44.4(CHCl$_3$)	[47]
144	butyl lucidenate D2 $C_{33}H_{48}O_8$	IV：$R_1=\beta-OH$ $R_2=R_4=O$ $R_3=OAc$ $R_5=Bu$	+74.0(CHCl$_3$)	[47]
145	butyl lucidenate E2 $C_{33}H_{46}O_8$	IV：$R_1=R_2=R_4=O$ $R_3=OAc$ $R_5=Bu$	+105.4(CHCl$_3$)	[47]
146	butyl lucidenateQ $C_{31}H_{48}O_6$	IV：$R_1=O$ $R_2=\beta-OH$ $R_3=H$ $R_4=\alpha-OH$ $R_5=Bu$	+120.0(CHCl$_3$)	[47]
147	23*S*-hydroxy-3,7,11,15-tetraoxo-lanost-8,24*E*-diene-26-oic acid $C_{30}H_{40}O_7$	II：$R_1=R_2=R_3=O$ $R_4=H$ $C_{11}=O$ $C_{23}=OH$	+163.0 (MeOH)	[48]
148	12β-acertoxy-3β-hydroxy-7,11,15,23-tetraoxo-lanost-8,20*E*-diene-26-oic acid $C_{32}H_{42}O_9$	II：$R_1=\beta-OH$ $R_2=R_3=O$ $R_4=H$ $C_{11}=O$ $C_{12}=OAc$ $C_{23}=O$ Δ20(22)	+64.0(MeOH)	[48]
149	8α,9α-*epoxy*-3,7,11-15,25-pentaoxo-5α-lanosta-26-oic acid $C_{30}H_{40}O_8$	I：$R_1=R_2=R_4=O$ $R_3=2H$ 无 Δ20(22) $C_{26}=\alpha-COOH$,8α,9α-epoxy		[49]
150	3α,22β-diacetoxy-7α-hydroxyl-5α-lanost-8,24E-dien-26-oic acid $C_{34}H_{52}O_7$	II：$R_1=\alpha-OAc$ $R_2=\alpha-OH$ $R_3=2H$ $R_4=\beta-OAc$	-9.0(MeOH)	[50]

（续表）

编号	名称分子式	结 构	mp(℃) 〔α〕D	文献出处
151	11α - hydroxy - 3,7 - dioxo - 5α - lanosta - 8, 24(E) - dien - 26 - oic acid $C_{30}H_{44}O_5$	II: $R_1=R_2=O$ $R_3=R_4=2H$ $C_{11}=\alpha$ - OH	+13.3	[51]
152	11β - hydroxy - 3,7 - dioxo - 5α - lanosta - 8, 24(E) - dien - 26 - oic acid $C_{30}H_{44}O_5$	II: $R_1=R_2=O$ $R_3=R_4=2H$ $C_{11}=\beta$ - OH	−14.0	[51]
153	12β - acetoxy - 7β - hydroxy - 3, 11,15,23 - tetraoxo - 5α - lanosta - 8,20 - dien - 26 - oic acid $C_{32}H_{42}O_9$	I: $R_1=R_4=O$ $R_2=\beta$ - OH $R_3=OAc$ Δ20(22)	+85.0	[51]
154	4,4,14α - trimethyl - 3,7 - dioxo - 5α - chol - 8 - en - 24 - oic acid $C_{27}H_{40}O_4$	IV: $R_1=R_2=O$ $R_3=R_4=C_{12}=2H$	+23.0	[51]
155	12β - acetoxy - 3, 7, 11, 15, 23 - pentaoxo - 5α - lanosta - 8 - en - 26 -oic acid ethyl ester $C_{34}H_{46}O_9$	I: $R_1=R_2=R_4=O$ $R_3=OAc$ $R_5=OEt$	+136.0	[51]
156	3β,7β - dihydroxy - 12β - acetoxy - 11,15,23 - trioxo - 5α - lanosta - 8 - en - 26 - oic acid methyl ester $C_{33}H_{48}O_9$	I: $R_1=R_2=\beta$ - OH $R_3=OAc$ $R_4=O$ $R_5=CH_3$	+68.0	[51]
157	ganoderic acid Df $C_{30}H_{44}O_7$	I: $R_1=R_4=O$ $R_2=\beta$ - OH $R_3=2H$ $R_5=H$ $C_{12}=\beta$ - OH	+177.0	[52]
158	tsugaric acid D $C_{32}H_{48}O_5$	I: $R_1=OAc$ $R_2=R_3=2H$ $R_4=O$ $C_{21}=COOH$ $C_{26}=CH_3$	−3.0	[52]
159	12β - acetoxy - 3β,7β - dihydroxy - 11,15,23 - trioxolanost - 8 - en - 26 - oic acid butyl ester $C_{36}H_{54}O_9$	I: $R_1=R_2=\beta$ - OH $R_3=OAc$ $R_4=O$ $R_5=Bu$		[53]
160	12β - acetoxy - 3,7,11,15, - 23 - pentaoxolanost - 8 - en - 26 - oic acid butyl ester $C_{36}H_{50}O_9$	I: $R_1=R_2=R_4=O$ $R_3=OAc$ $R_5=Bu$		[53]
161	tsugaric acid E $C_{31}H_{46}O_4$	XIX	−2.0	[52]
162	lucidon D $C_{29}H_{44}O_6$	V: $R_1=O$ $R_2=\beta$ - OH $R_3=\alpha$ - OH		[54]
163	ganoderic acid AM_1 $C_{32}H_{46}O_7$	I: $R_1=\beta$ - OH $R_2=R_4=OCH_3$ $R_3=R_5=H$		[41]

表7-1 中列出了迄今为止分到的所有三萜类化合物，赤芝三萜个别化合物的早期命名有些混乱，同一化合物有不同的命名，对此我们采用最先的命名。

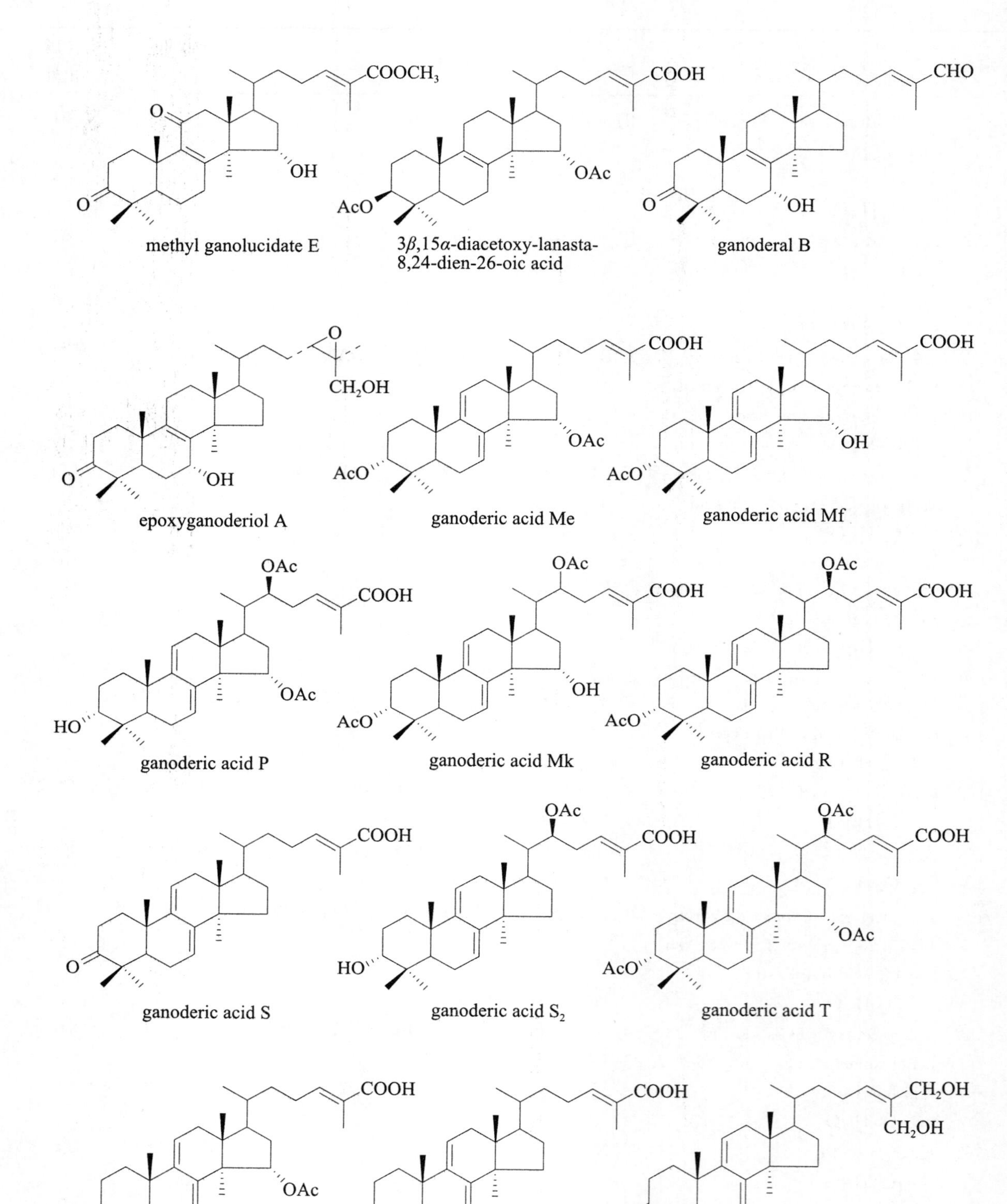

methyl ganolucidate E

3β,15α-diacetoxy-lanasta-8,24-dien-26-oic acid

ganoderal B

epoxyganoderiol A

ganoderic acid Me

ganoderic acid Mf

ganoderic acid P

ganoderic acid Mk

ganoderic acid R

ganoderic acid S

ganoderic acid S$_2$

ganoderic acid T

ganoderic acid X

ganoderic acid Y

ganoderiol F

ganoderol A

ganoderol B

ganoderiol B

ganodermatriol

ganoderiol A

ganodermanontriol

ganodermanondiol

ganoderal A

epoxyganoderiol B

epoxyganoderiol C

3α,15α,22α-trihydroxy-lanosta-7,9 (11),24-trien-26-oic acid

3β,15α,22β-trihydroxylanosta-7,9 (11),24-trien-26-oic acid

3α,15α-diacetoxy-22α-hydroxy-lanoste-7,-9 (11),24-trien-26-oic acid

3β,15α-diacetoxy-22α-hydroxy-lanoste-7,9 (11),24-trien-26-oic acid

22β-acetoxy-3β,15α-dihydroxy-lanosta-7,9(11), 24-trien-26-oic acid

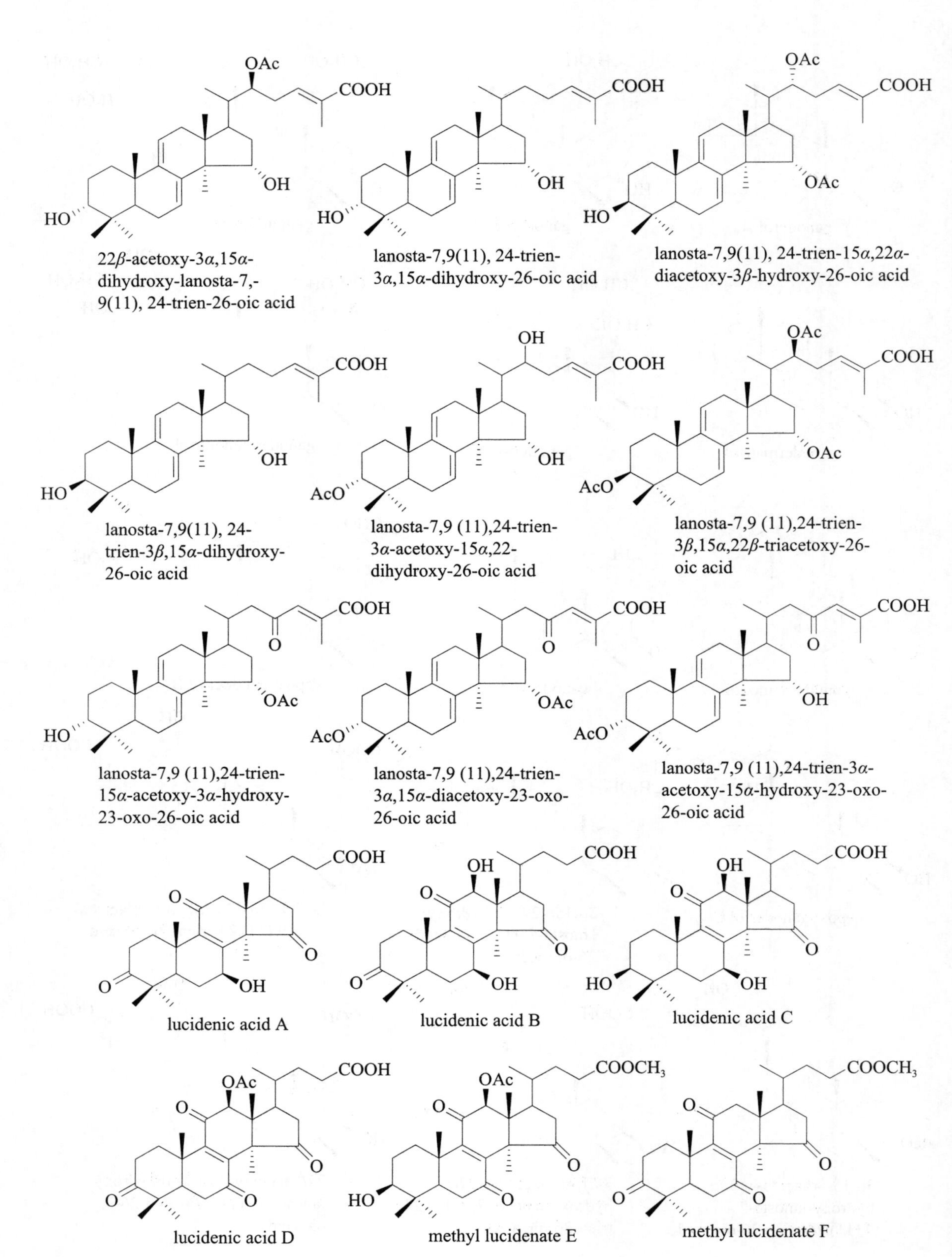
22β-acetoxy-3α,15α-dihydroxy-lanosta-7,-9(11), 24-trien-26-oic acid
lanosta-7,9(11), 24-trien-3α,15α-dihydroxy-26-oic acid
lanosta-7,9(11), 24-trien-15α,22α-diacetoxy-3β-hydroxy-26-oic acid
lanosta-7,9(11), 24-trien-3β,15α-dihydroxy-26-oic acid
lanosta-7,9 (11),24-trien-3α-acetoxy-15α,22-dihydroxy-26-oic acid
lanosta-7,9 (11),24-trien-3β,15α,22β-triacetoxy-26-oic acid
lanosta-7,9 (11),24-trien-15α-acetoxy-3α-hydroxy-23-oxo-26-oic acid
lanosta-7,9 (11),24-trien-3α,15α-diacetoxy-23-oxo-26-oic acid
lanosta-7,9 (11),24-trien-3α-acetoxy-15α-hydroxy-23-oxo-26-oic acid
lucidenic acid A
lucidenic acid B
lucidenic acid C
lucidenic acid D
methyl lucidenate E
methyl lucidenate F

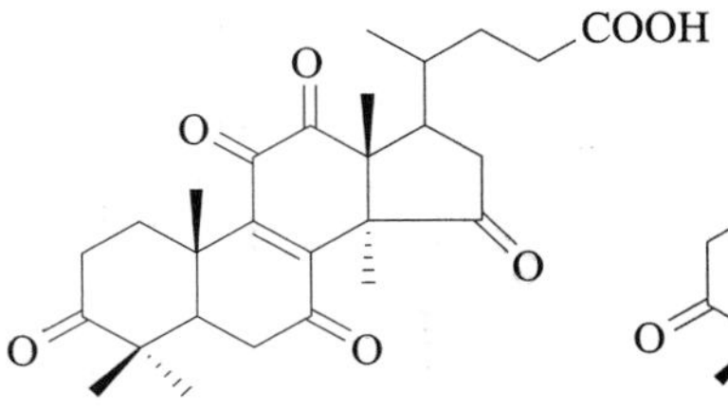

lucidenic acid D

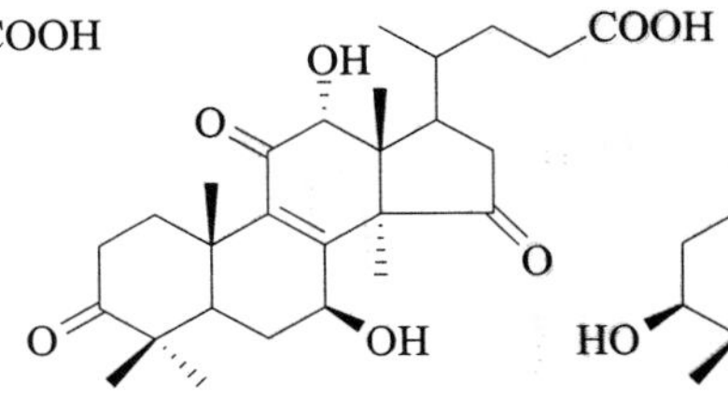

lucidenic acid E

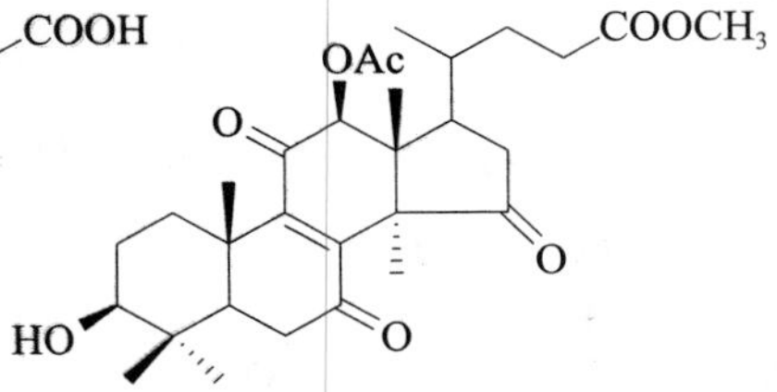

methyl lucidenate E2

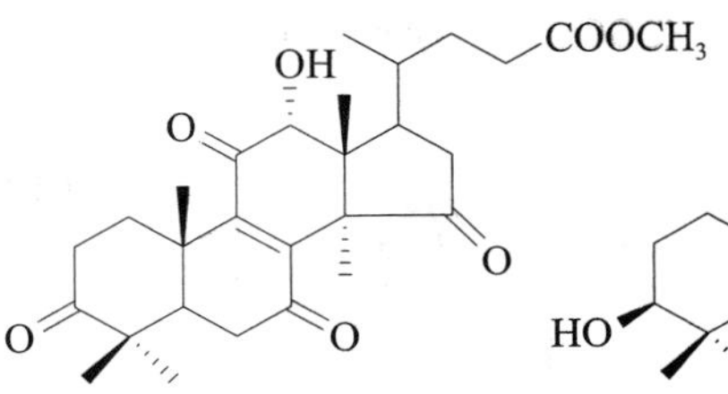

methyl lucidenate K

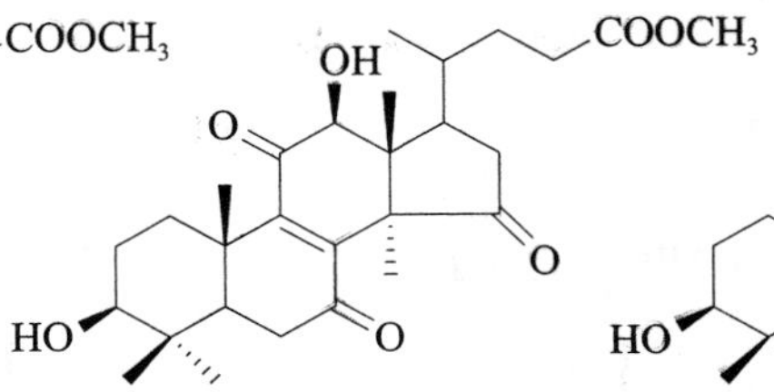

methyl lucidenate L

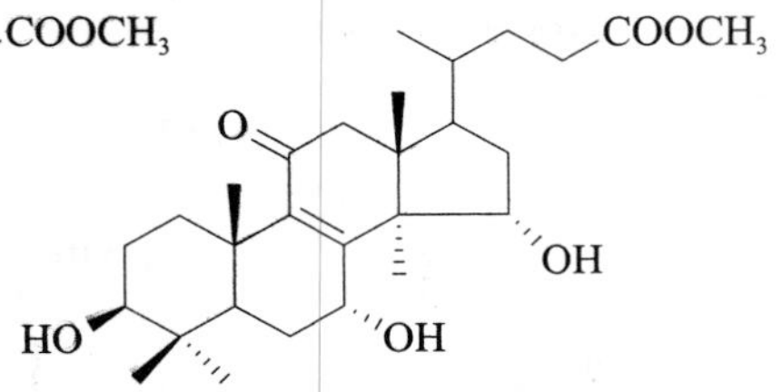

methyl lucidenate M

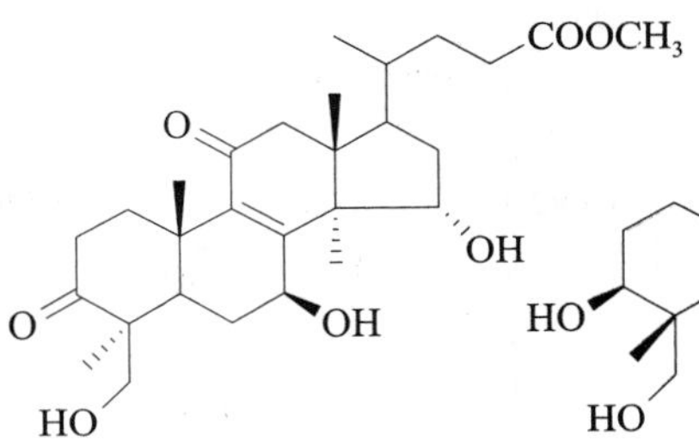

methyl lucidenate G

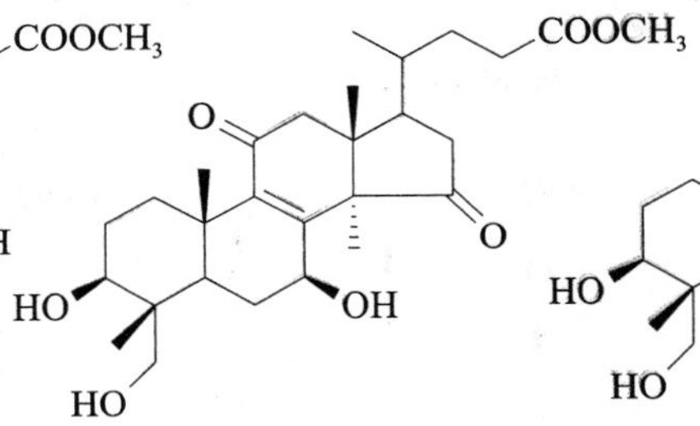

methyl lucidenate H

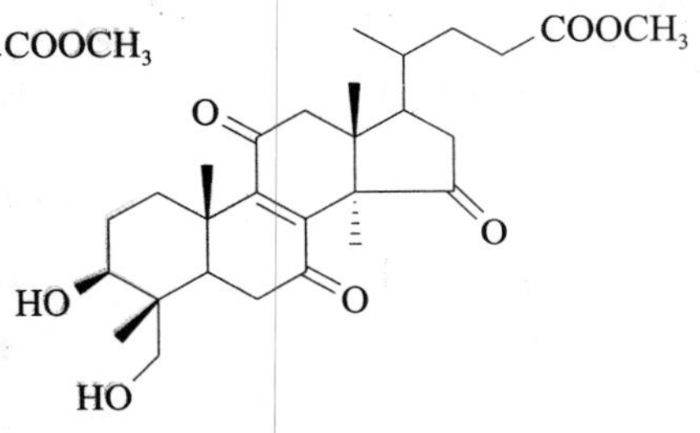

methyl lucidenate I

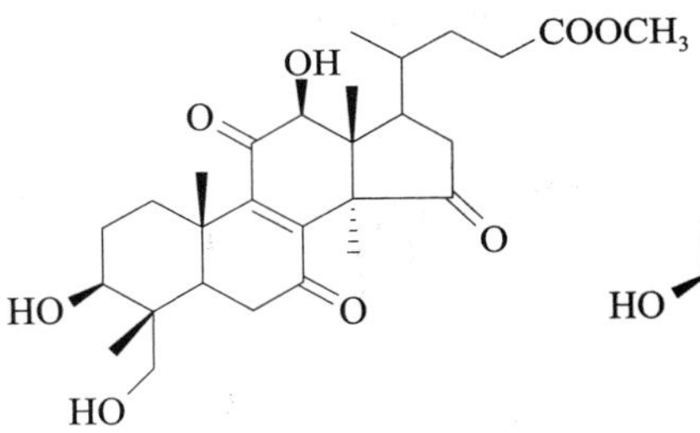

methyl lucidenate J

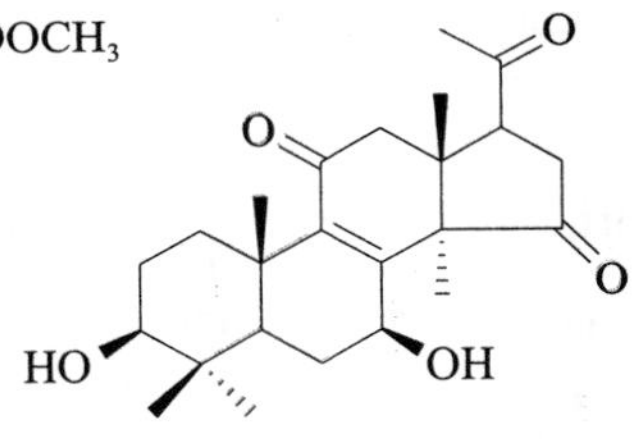

lucidone A

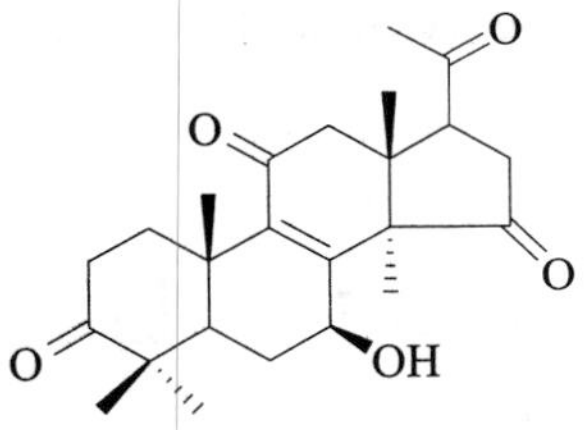

lucidone B

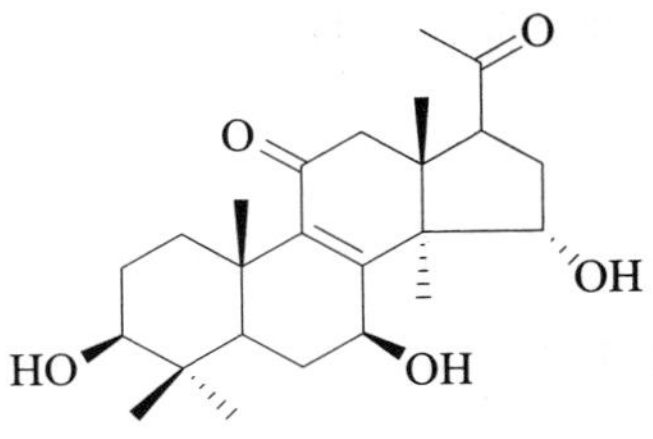

lucidone C

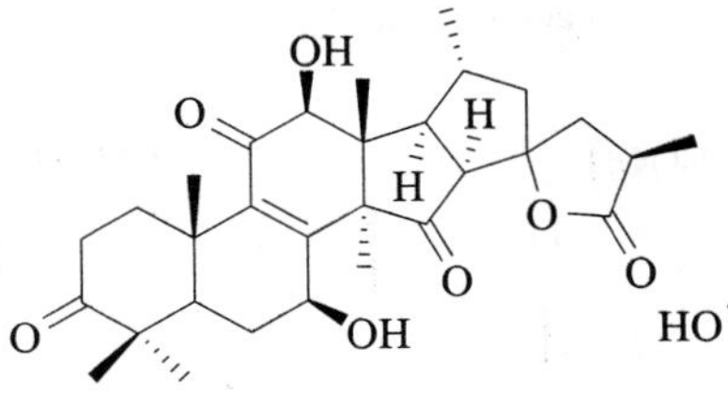

ganosporelactone A

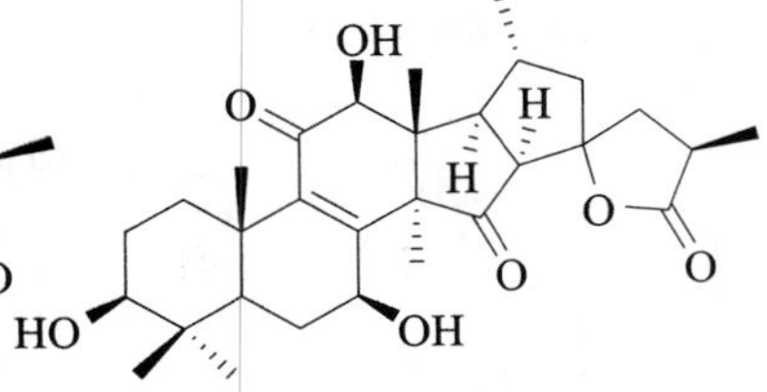

ganosporelactone B

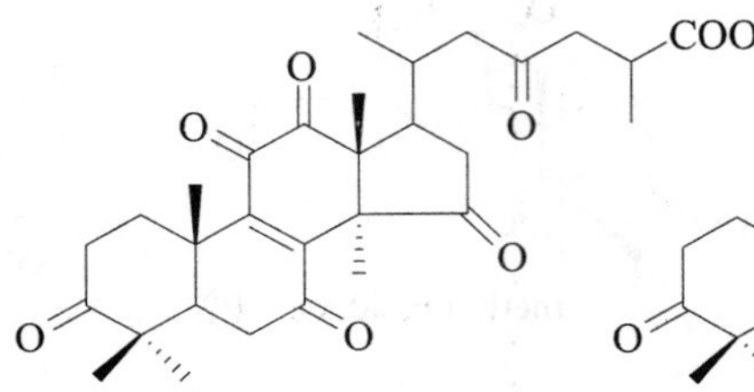

ganosporeric acid A

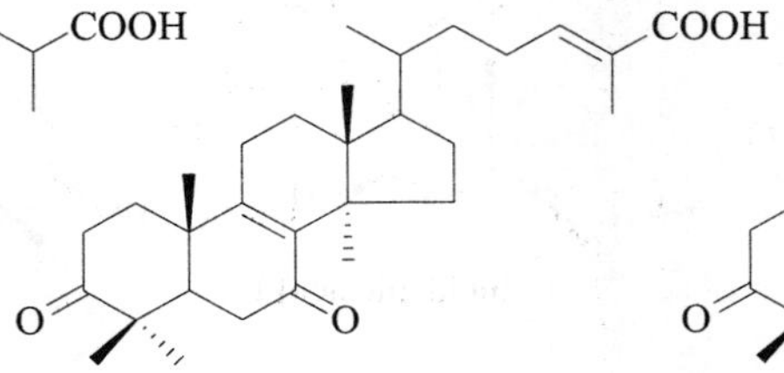

ganoderic acid DM

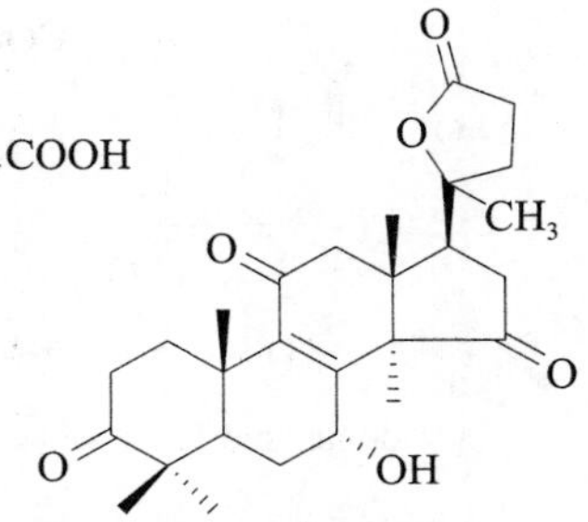

ganolactone

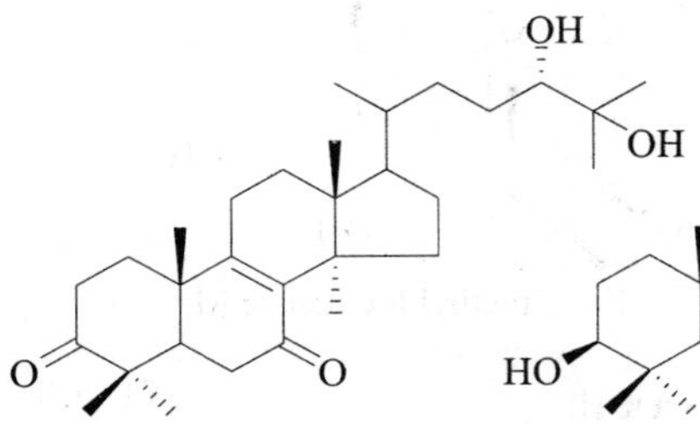

lucidumol A

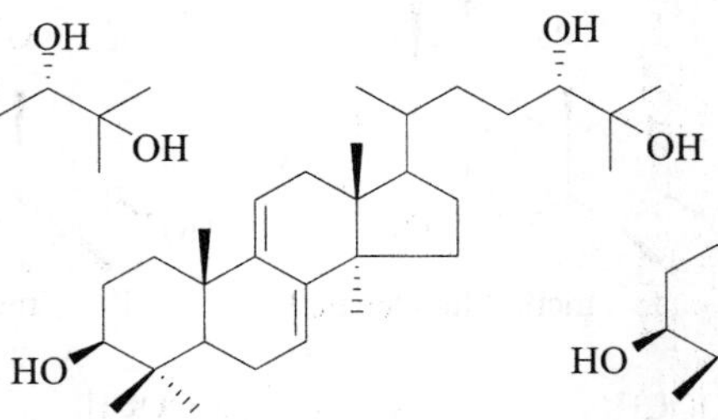

lucidumol B

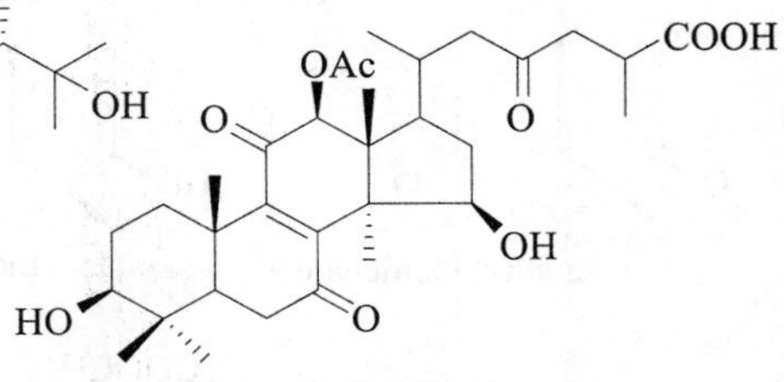

ganoderic acid *α*

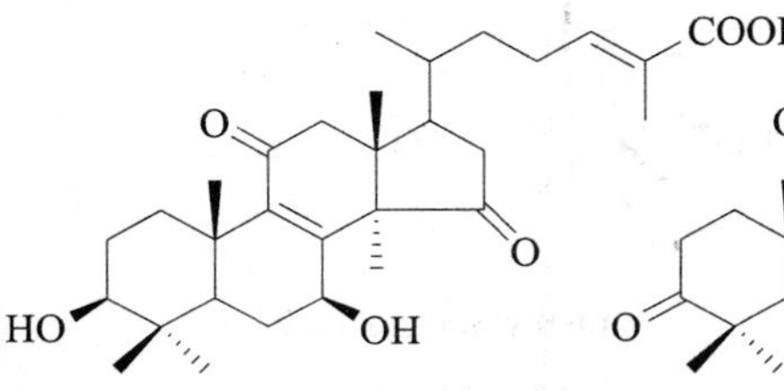

ganoderic acid *β*

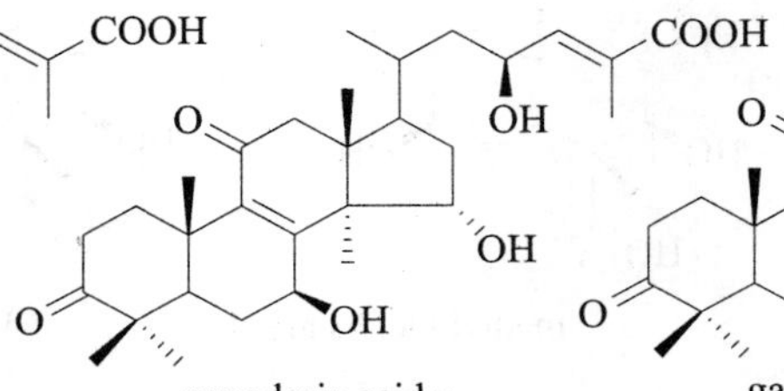

ganoderic acid *γ*

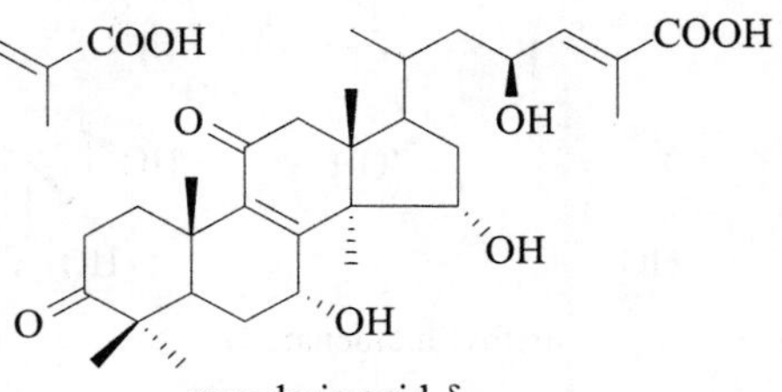

ganoderic acid *δ*

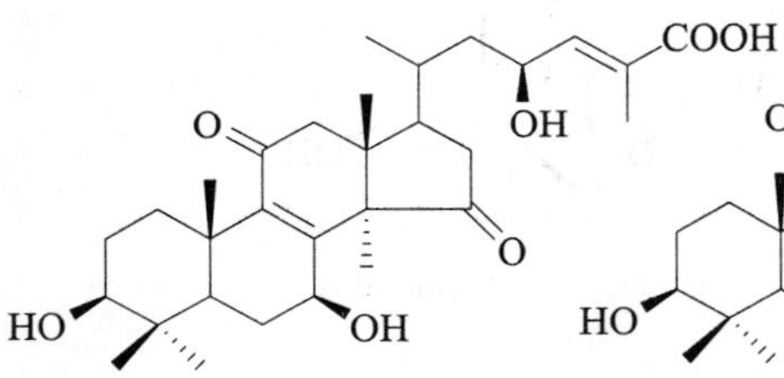

ganoderic acid *ε*

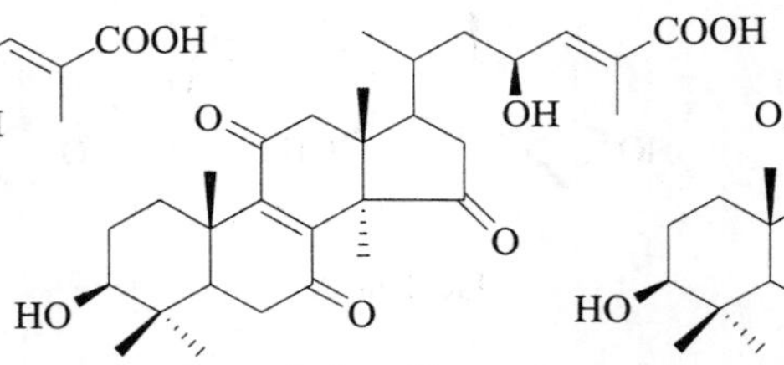

ganoderic acid *ς*

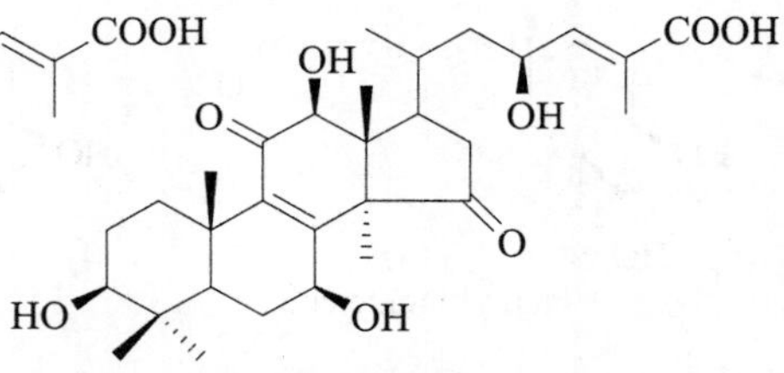

ganoderic acid *η*

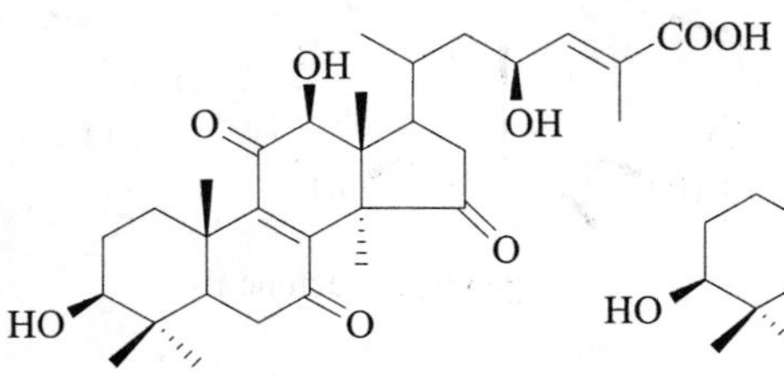

ganoderic acid *η*

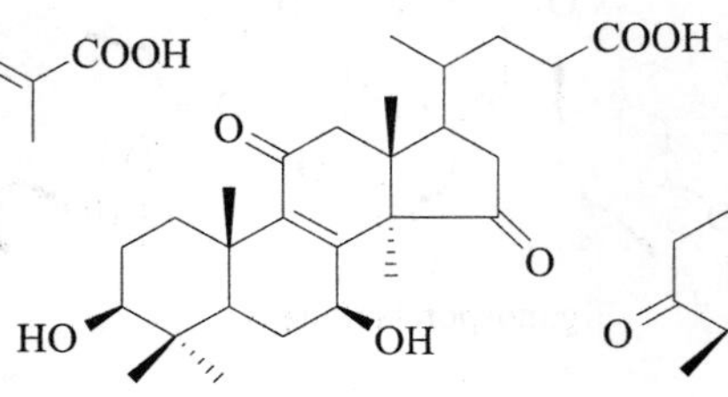

lucidenic acid SP_1

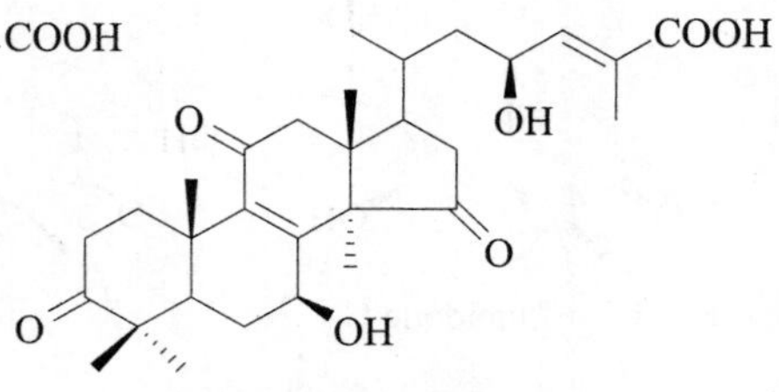

ganoderic acid LM_2

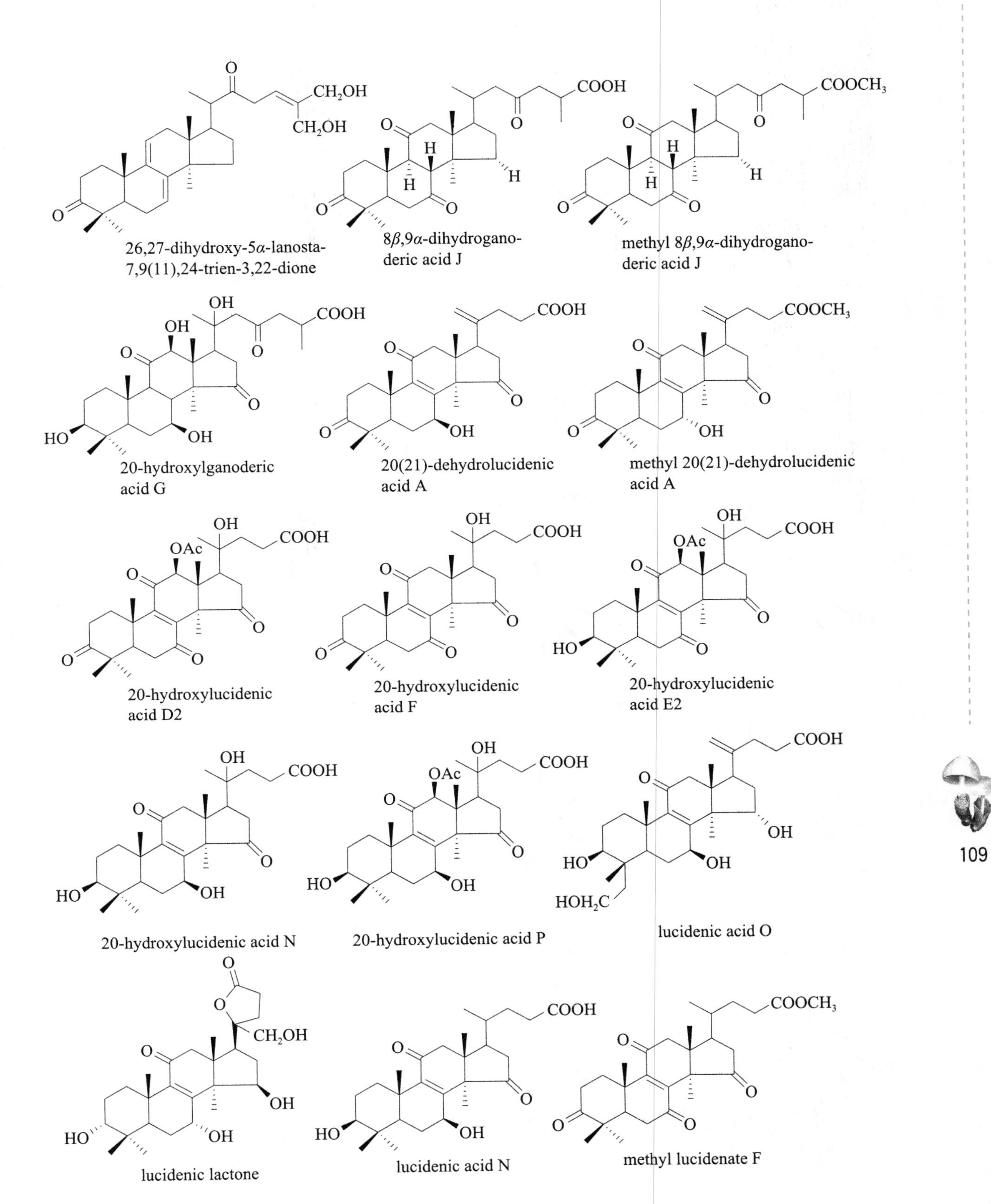
O
CH_2OH
CH_2OH
O
26,27-dihydroxy-5α-lanosta-7,9(11),24-trien-3,22-dione
COOH
O
O
H
H
H
O
O
8β,9α-dihydroganoderic acid J
$COOCH_3$
O
O
H
H
H
O
O
methyl 8β,9α-dihydroganoderic acid J
OH
OH
COOH
O
O
O
HO
OH
20-hydroxylganoderic acid G
COOH
O
O
O
OH
20(21)-dehydrolucidenic acid A
$COOCH_3$
O
O
O
OH
methyl 20(21)-dehydrolucidenic acid A
OH
OAc
COOH
O
O
O
O
20-hydroxylucidenic acid D2
OH
COOH
O
O
O
O
20-hydroxylucidenic acid F
OH
OAc
COOH
O
O
HO
O
20-hydroxylucidenic acid E2
OH
COOH
O
O
HO
OH
20-hydroxylucidenic acid N
OH
OAc
COOH
O
O
HO
OH
20-hydroxylucidenic acid P
COOH
O
OH
HO
OH
HOH_2C
lucidenic acid O
O
O
CH_2OH
O
OH
HO
OH
lucidenic lactone
COOH
O
O
HO
OH
lucidenic acid N
$COOCH_3$
O
O
O
O
methyl lucidenate F

lucialdehydes A

lucialdehydes B

lucialdehydes C

lucidenic acid P

methyl lucidenate P

methyl lucidenate Q

ganoderic acid C6

butyl lucidenate P

butyl lucidenate D_2

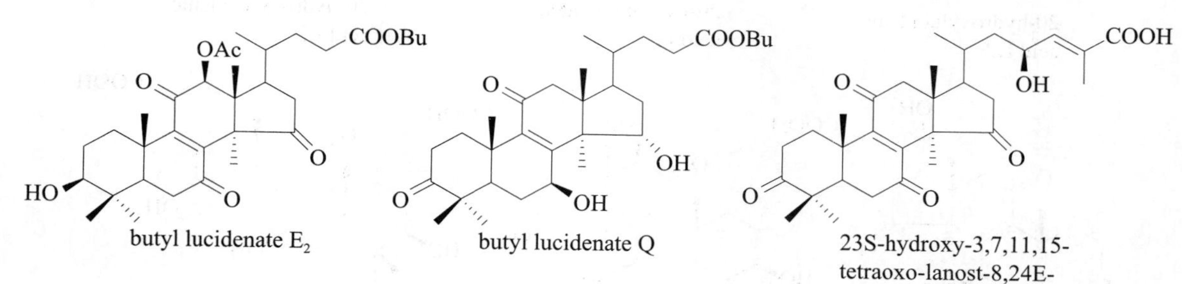

butyl lucidenate E_2

butyl lucidenate Q

23S-hydroxy-3,7,11,15-tetraoxo-lanost-8,24E-diene-26-oic acid

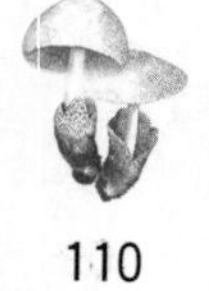

12β-acertoxy-3-hydroxy-7,11,15,23-tetraoxo-lanost-8,20E-diene-26-oic acid

8α,9α-epoxy-3,7,11,15,-23-pentaoxo-5α-lanosta-26-oic acid

3α,22β-diacetoxy-7α-hydroxyl-5α-lanost-8, 24E-dien-26-oic acid

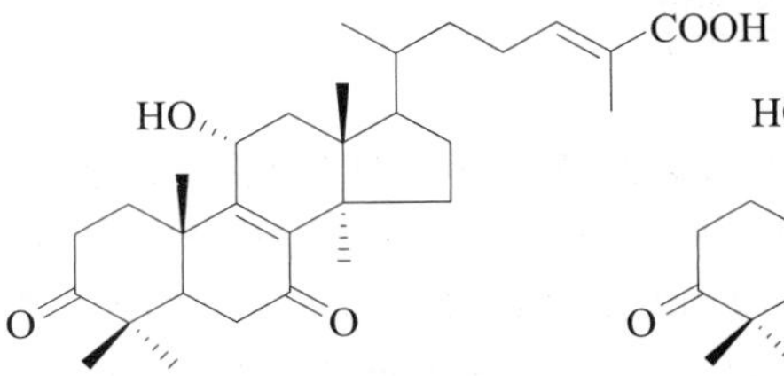

11α-hydroxy-3,7-dioxo-5α-lanosta-8,24(*E*)-dien-26-oic acid

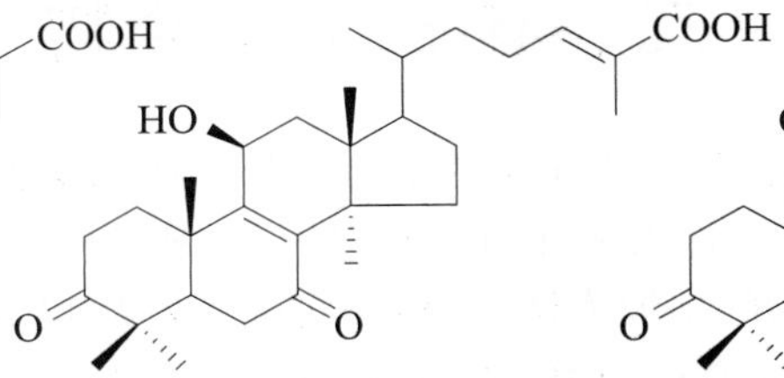

11β-hydroxy-3,7-dioxo-5α-lanosta-8,24(*E*)-dien-26-oic acid

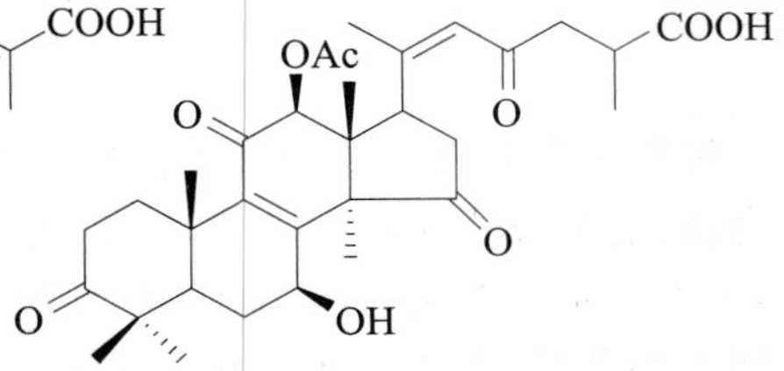

12β-acetoxy-7β-hydroxy-3,11,15, 23- tetraoxo-5α-lanosta-8,20-dien-26-oic acid

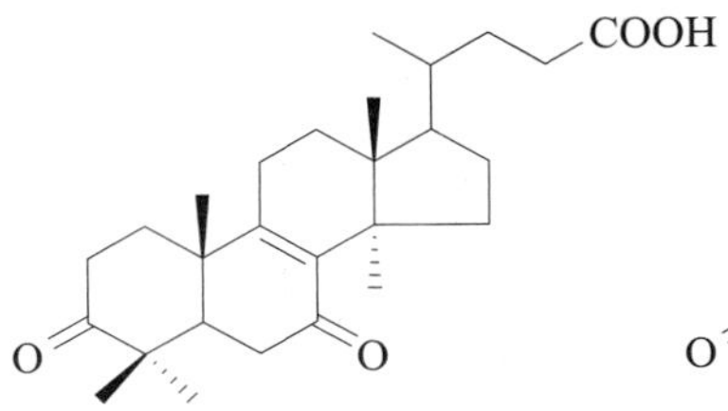

4,4,14α-trimethyl-3,7-dioxo-5-chol-8-en-24-oic acid

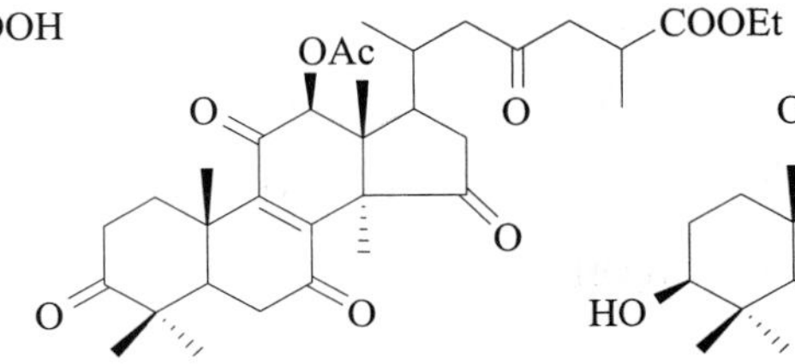

12β-acetoxy-3,7,11,15,23-pentaoxo-5α-lanosta-8-en-26-oic acid ethyl ester

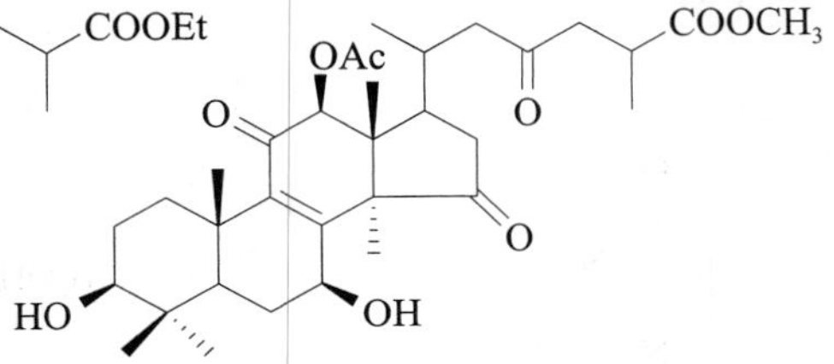

3β,7β-dihydroxy-12β-acetoxy-11,15,23- trioxo-5α-lanosta-8-en-26-oic acid methyl ester

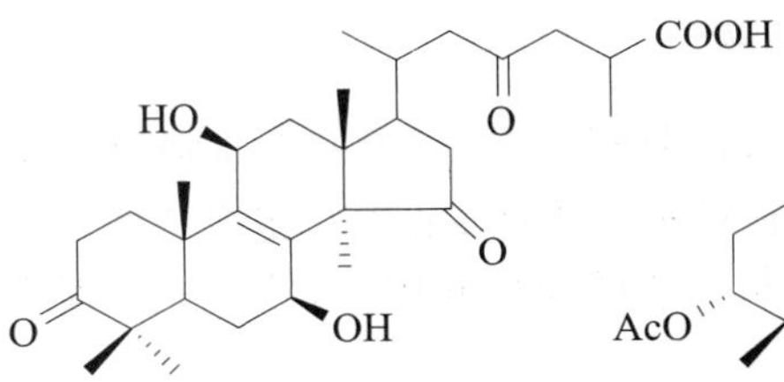

ganoderic acid Df

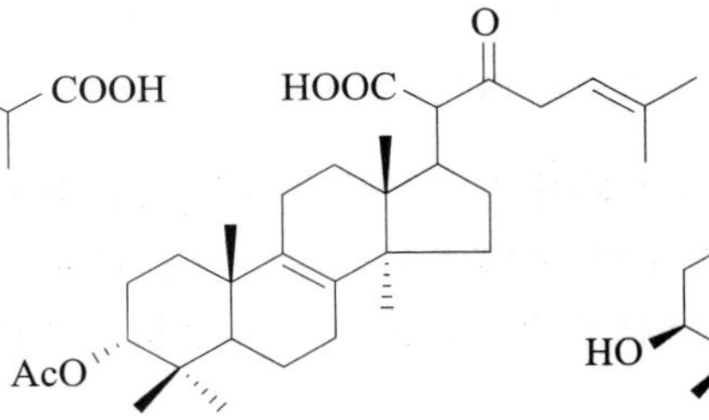

tsugaric acid D

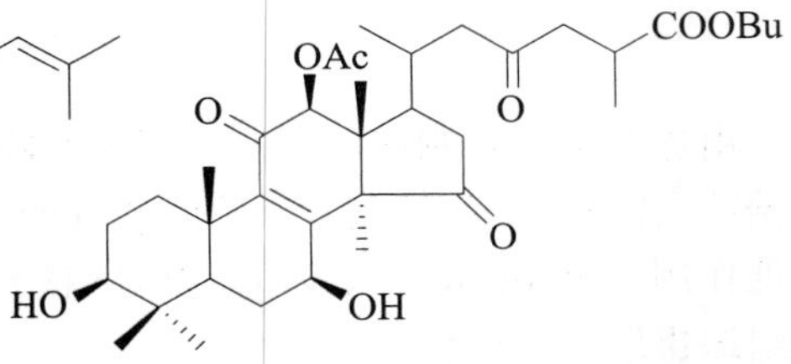

12β-acetoxy-3β,7β-dihydroxy-11,15,23-trioxolanost-8-en-26-oic acid butyl ester

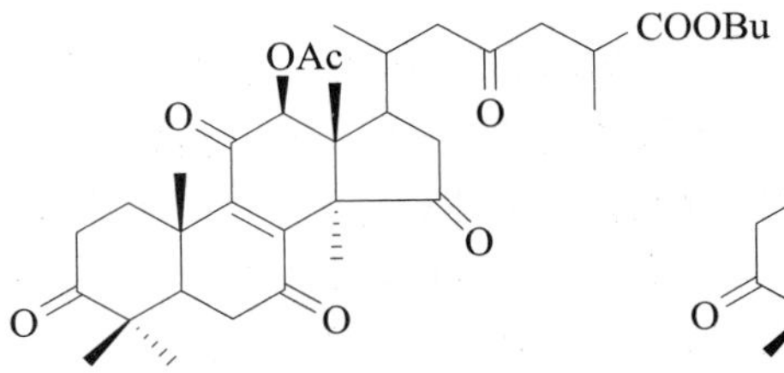

12β-acetoxy-3,7,11,15,23-pentaoxolanost-8-en-26-oic acid butyl ester

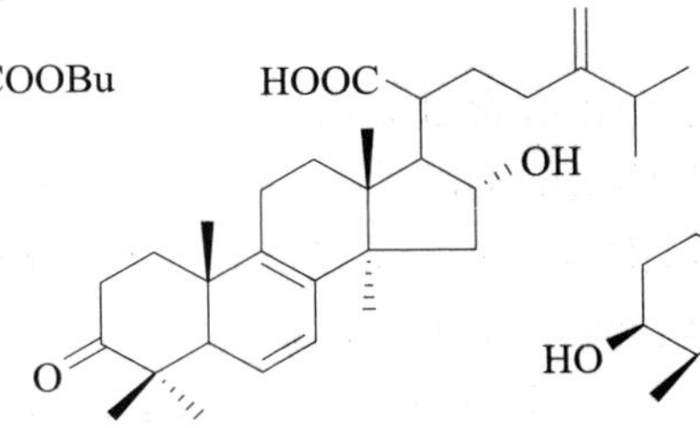

tsugaric acid E

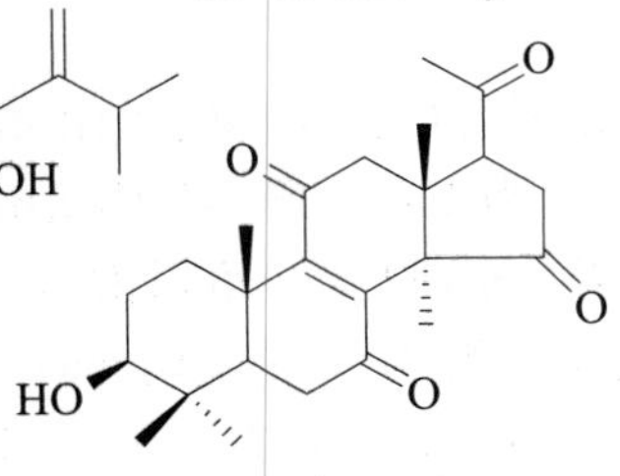

lucidone D

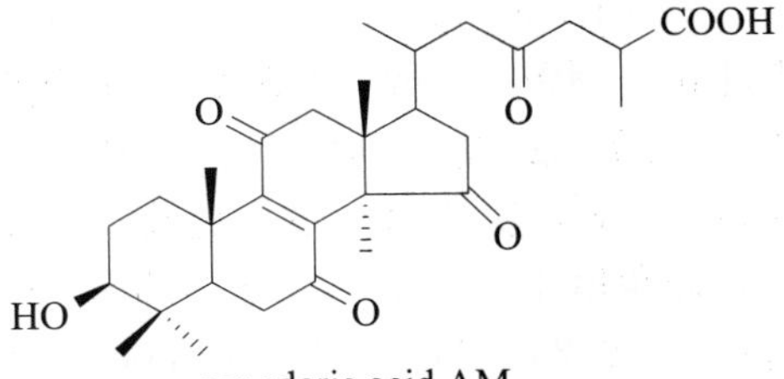

ganoderic acid AM_1

图 7－3　赤芝三萜化合物结构

二、核苷类化合物

核苷类是具有广泛生理活性的一类水溶性成分，Shimizu 等人从赤芝子实体中得到 4 种核苷类化合物，分别为尿嘧啶（uracil）、尿嘧啶核苷（uridine）、腺嘌呤（adenine）和腺嘌呤核苷（adenosine）[55]。赤芝中核苷类化合物的提取方法，一般是将灵芝乙醇提取物浓缩后溶于水，依次以乙醚、乙酸乙酯萃取，萃取后的水溶液通过阳离子树脂处理，流出的溶液与水溶液通过大孔树脂色谱，得到尿嘧啶核苷、尿嘧啶。交换后的阳离子树脂用 NH_4OH 处理，依次用乙醇、水洗脱。95%乙醇洗脱部分经硅胶柱色谱与制备薄层色谱得到腺嘌呤、腺嘌呤核苷和灵芝嘌呤等。这几种核苷类的结构如下（图 7－4）：

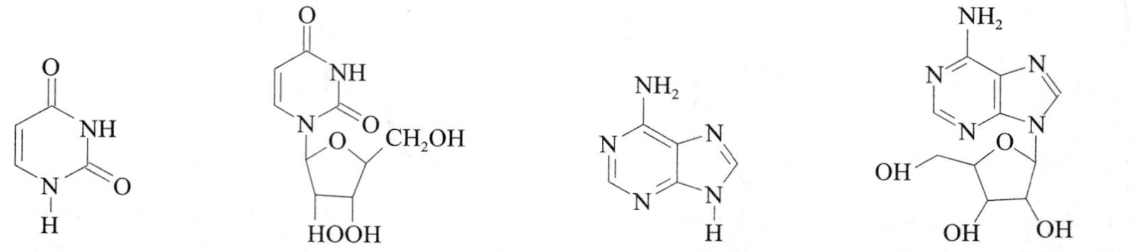

尿嘧啶　(164)　　尿嘧啶核苷　(165)　　腺嘌呤　(166)　　腺嘌呤核苷　(167)

图 7－4　赤芝中的核苷类化合物

由赤芝孢子粉制成的增肌注射液在临床上广泛应用于进行性肌营养不良，萎缩性肌强直等疾病的治疗，并有较好的疗效。动物实验证明：尿嘧啶和尿嘧啶核苷对实验性肌强直症小鼠血清醛缩酶有降低作用。Shimizu 等人发现，腺嘌呤核苷有很强的抑制血小板凝集的作用和镇静、抗缺氧与促进心肌组织摄取 86_{Rb} 的作用[55]。

三、甾醇类化合物

灵芝中的甾醇含量较高，仅麦角甾醇含量就达 0.3%左右。已知从赤芝中分离到的甾醇有近 20 种，其骨架基本分为麦角甾醇类和胆甾醇类两种类型。从赤芝子实体和赤芝孢子粉中分离得到近 20 种甾醇类化合物，分别是：麦角甾醇（ergosterol，168），麦角甾醇棕榈酸酯（ergosterol－palmitate，169），5α－豆甾烷二酮 3，6（5α－stigmastan3，6－dione，170），β－谷甾醇（β－sitosterol，171），麦角甾 7，22－二烯酮－3（ergosta－7，22－dien－3－one，172），麦角甾 7，22－二烯－3β－醇（ergosta－7，22－dien－3β－ol，173），麦角甾 7，22－二烯－3β，5α，6β－三醇（ergosta－7，22－dien－3β，5α，6β－triol，174），麦角甾 7，22－二烯－3β，5α，6α－三醇（ergosta－7，22－dien－3β，5α，6α－triol，175），麦角甾 7，9，22－三烯－3β，5α，6α－三醇（ergosta－7，9，22－trien－3β，5α，6α－triol，176），ergosta－7，22－dien－2β，3α，9α－triol(177)，24(S)－24－甲基胆甾－7－烯－3β－醇[(24S)24－methyl－5α－cholest－7－en－3β－ol，178]，24(S)－24－甲基胆甾－7，16－二烯－3β－醇[(24S)24－methyl－5α－cholest－7，16－dien－3β－ol，179]，异麦角甾醇（iso－ergosterol，180），麦角甾醇过氧化物（ergosterol peroxide，181），ergosta－7，22－dien－3β－yl linoeate(182)，麦角甾 4，6，8(14)，22－四烯酮－3（ergosta－4，6，8(14)，22－tetraen－3－one，(183)，epidioxyergosta－6，22－dien－3β－yl linoeate(184)[16,56-57]等。

甾醇类化合物的提取分离大多用乙醇提取原料，然后用乙醚萃取，再用 $NaHCO_3$ 水溶液萃取乙醚溶液，除去酸性部分，然后用硅胶柱层析分离甾醇类化合物，甾醇类化合物的生理活性报道很少，据王赛珍等人报道，灵芝胆甾醇类化合物具有神经保护作用（图 7－5）。

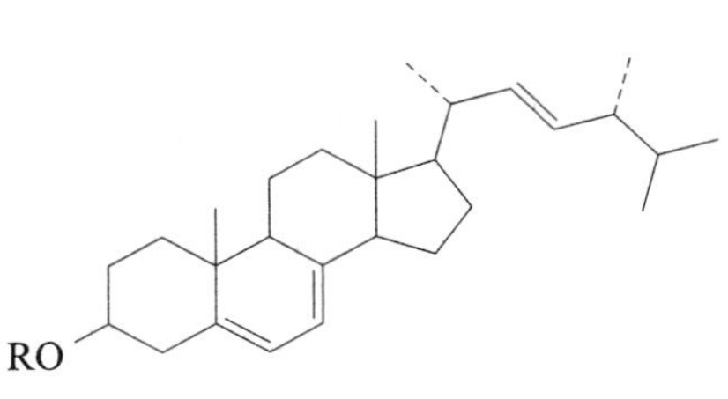

麦角甾醇 R=H
麦角甾醇棕榈酸酯 R=$COC_{15}H_{32}$

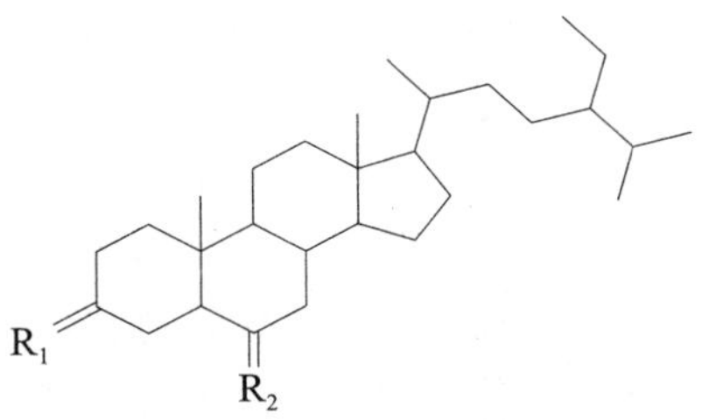

5-a-豆甾烷二酮-3，6 $R_1=R_2=O$
β-谷甾醇 R_1=H，OH，R_2=2H △ 5(6)

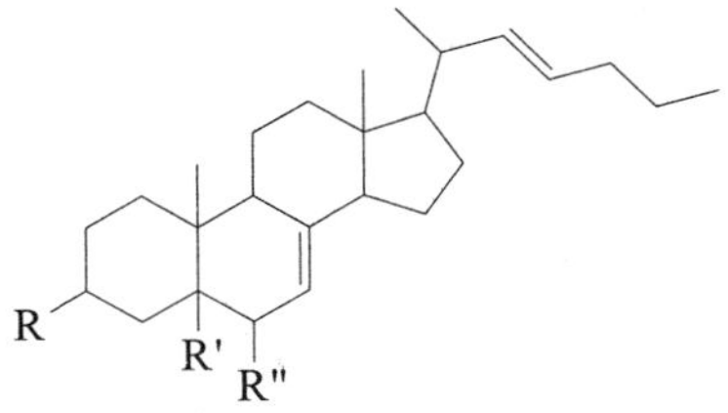

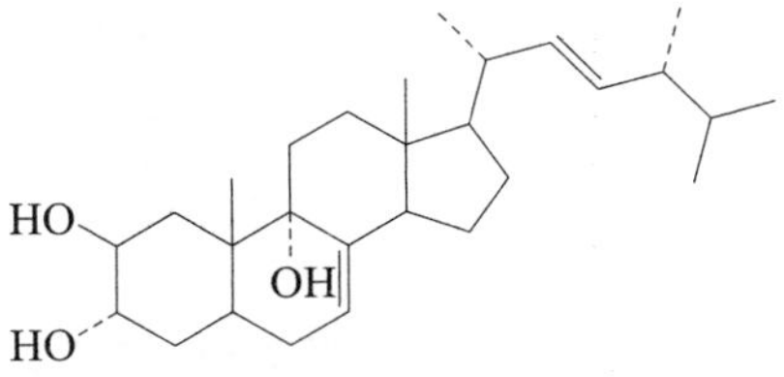

麦角甾 7，22-二烯酮-3　R=O，R′=R″=H
麦角甾 7，22-二烯-3β -醇　R= β-OH，R′=R″=H
麦角甾 7，22-二烯-3β,5α,6β -三醇　R= R″= β -OH，R′=α-OH
麦角甾 7，22-二烯-3β,5α,6a-三醇　R= β -OH，R′=R″=α-OH

麦角甾 7，22-二烯-2β,3α,9α,-三醇

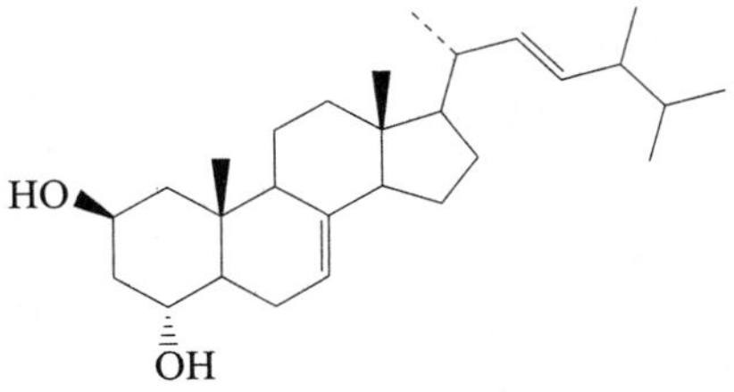

麦角甾-7，22-二烯-2β，4α-二醇

图 7 - 5　赤芝中的部分甾醇类化合物

四、脑苷与多肽、氨基酸类化合物

脑苷类化合物(图 7 - 6)　日本学者 Yoshiyuki Mizushina[58] 等从赤芝子实体中分离得到对 DNA

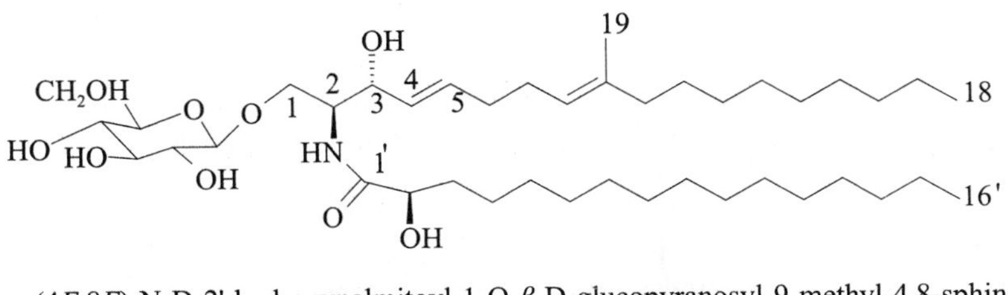

(4E,8E)-N-D-2'-hydroxypalmitoyl-1-O-β-D-glucopyranosyl-9-methyl-4,8-sphingadienine

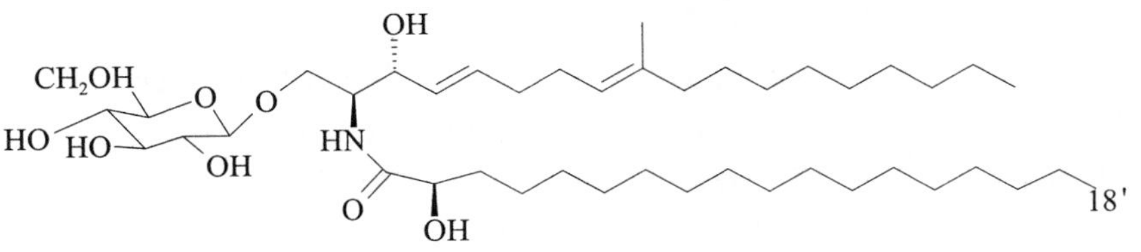

(4E,8E)-N-D-2'-hydroxystearoyl-1-O-β-D-glucopyranosyl-9-methyl-4,8-sphingadienine

图 7 - 6　脑苷类化合物结构

聚合酶复制有抑制活性的脑苷类化合物(4*E*,8*E*)- *N* - D - 2′- hydroxypalmitoyl - 1 - *O* - *β* - D - glucopyranosyl - 9 - methyl - 4,8 - sphingadienine(185)和(4*E*,8*E*)- *N* - D - 2′- hydroxystearoyl - 1 - *O* - *β*- D - glucopyranosyl - 9 - methyl - 4,8 - sphingadienine(186)。

多肽、氨基酸 灵芝不同种之间的氨基酸种类相似,只是各自含量不同,含有的氨基酸有天冬氨酸、谷氨酸、精氨酸、赖氨酸、鸟氨酸、脯氨酸、丙氨酸、甘氨酸、丝氨酸、苏氨酸、酪氨酸、亮氨酸、苯丙氨酸、异亮氨酸、羟脯氨酸、组氨酸、甲硫氨酸等,并发现赤芝孢子粉中有含硫氨基酸。其结构如下(图 7 - 7):

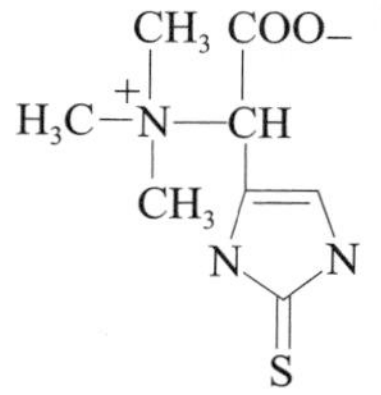

图 7 - 7 硫组氨酸甲基内铵盐(187)

试验证明天冬氨酸、谷氨酸、精氨酸、酪氨酸、亮氨酸、丙氨酸、赖氨酸等可提高小鼠窒息性缺氧存活的时间。另有学者从灵芝中还分离到多肽类化合物,其中有中性多肽、酸性多肽和碱性多肽,其中一种中性多肽可提高小鼠窒息性缺氧存活的时间。

氨基酸的分离采用纸色谱、电泳双向色谱等方法,与已知品对照、茚三酮显色进行鉴定,近年来仪器的发展使得氨基酸分析更现代化,用氨基酸分析仪即可得到各种氨基酸的数量和含量。肽的鉴别需靠高压电泳与双向色谱方法。

从赤芝中还可分离到多肽类化合物,其中有两种中性多肽,一种水解后鉴定含有亮氨酸、酪氨酸、缬氨酸、脯氨酸、丙氨酸、精氨酸、天冬氨酸、甘氨酸等 8 种氨基酸;另一种多肽可使小鼠窒息性缺氧的存活时间由 21′50"提高到 45′47"。水解后含有苯丙氨酸、酪氨酸、脯氨酸、丙氨酸、甘氨酸、丝氨酸、天冬氨酸等。分离到的酸性多肽经水解得到 11 种氨基酸,碱性多肽经水解得到 4 种氨基酸,初步确定氨基酸排列次序是鸟氨酸-甘氨酸-脯氨酸和脯四肽。

五、蛋白质、凝集素类化合物

赤芝中的蛋白有多种类型,包括真菌免疫调节蛋白、凝集素、糖蛋白、糖肽、酶等。

真菌免疫调节蛋白最早从赤芝(*G. lucidum*)中分离得到,迄今为止从赤芝中分离获得到的同类蛋白质有 LZ - 8、FIP - gts、LZP - 1、LZP - 2、LZP - 3、Ganodermin 等。

LZ - 8(Ling Zhi - 8)是从赤芝(*G. lucidum*)菌丝体中分离出的一种相对分子质量约为 13kDa 的蛋白质,蛋白质的一级结构和二级结构与免疫球蛋白重链区有极大的相似性。

凝集素是一类不同于免疫球蛋白的蛋白质或糖蛋白,它能与糖专一、非共价地可逆结合,并具有凝集细胞和沉淀聚糖或糖复合物的作用。它广泛存在于动物、植物与微生物中,英国各地收集到的 403 种高等真菌中,约有半数(大部分为蘑菇)都检测到有凝集素的存在,因此可以说它是继真菌免疫调节蛋白之后,又一个具有开发前景的蛋白类活性物质。

凝集素是一类可以与特定糖特异结合的蛋白质,它广泛存在于植物和大型真菌中,迄今在灵芝中分离到的凝集素有 4 种。其中 GAL(*Ganoderma applanatum* lectin)相对分子质量为 58kDa 左右,带有 4 个亚基,中性糖含量约 11.2%,棉子糖和 D -松三糖部分抑制其凝血活性;热稳定性好,凝血活性不受 Ca^{2+}、Mg^{2+} 和 Zn^{2+} 等二价阳离子的影响。CD 谱显示其含有 3.6%的 *α* 螺旋、46.8%的 *β* 转角和 49.6%无规则卷曲,不含有 *β* 折叠。

糖蛋白是由蛋白质的肽链和糖链通过共价键结合而形成的复合蛋白质,其中糖与蛋白质之间以

蛋白质为主，一定部位以共价键与若干糖分子链相连构成整个分子；糖肽也是一种糖蛋白，一般含有很高比例的多糖。它具有多种生物功能，在免疫系统中起重要作用，特别在细胞间的免疫识别方面主要依赖于糖蛋白的结构。灵芝中糖蛋白和糖肽的种类有：GLhw、GLhw－01、GLhw－02、GLhw－03、NPBP、APBP、GLIS、GM3、GLPAI1、GLSP2、GLSP3、TGLP－2、TGLP－3、TGLP－6、TGLP－7 等。除上述活性蛋白以外，灵芝中还含有木质素酶（包括木质素过氧化物酶、锰过氧化物酶与漆酶）和纤维素酶、淀粉酶、蛋白酶等其他酶类。这些酶在灵芝细胞自身构成和新陈代谢活动中发挥着重要作用[59]。

六、有机酸、长链烷烃、其他类化合物

从赤芝中还可分离到大量的脂肪酸类、长链烷烃等其他化合物，如苯甲酸、2，5－二-羟基苯甲酸、硬脂酸、棕榈酸、十九烷酸、二十二烷酸、二十四烷酸、2－羟基-二十六烷酸、二十四烷、三十一烷以及甘露糖和海藻糖、烟酸等。

七、无机元素

赤芝中含有多种微量元素，有 Mn、Mg、Ca、Cu、Ce、Se、Ba、Zn、Fe、P、B、Cr、Ni、V、Ti 等，灵芝的锗（Ge）含量与一般植物相似，但它对锗的富集能力比较强，很多学者将无机锗加入灵芝培养基（液）中以得到较高含量的有机锗，但锗并非是灵芝的主要有效成分。

第二节　赤芝化学成分的提取分离、结构鉴定

一、赤芝三萜化学成分的提取分离

（一）溶剂提取法

赤芝中三萜类化合物的溶剂提取分离方法可以分为 3 类：①用甲醇或乙醇提取原料，提取物直接进行分离，如 H. konda 等人[2]用甲醇提取原料，提取物浓缩后悬浮于水，依次用己烷、乙酸乙酯萃取，乙酸乙酯部分经硅胶色谱、高效液相层析（HPLC）分到 4 个三萜酸。②用甲醇、乙醇等提取原料，然后分出总酸部分，进行分离，如 Morigiwa 等人[7]用 70％甲醇提取原料，提取物用 1mol/L HCL 调 pH2～3，再用乙酸乙酯萃取，浓缩后进行分离，分到 5 个三萜化合物。Nishitoba 等人[6]用乙醇提取原料，提取物浓缩后在水和 $CHCl_3$ 中进行分配，$CHCl_3$ 层浓缩至一定体积后，用饱和的 $NaHCO_3$ 水溶液萃取，萃取物用 6mol/L HCl 酸化到 pH3～4，水溶液中出现的沉淀以 $CHCl_3$ 溶解，干燥后得总酸提取物，经硅胶层析得到 5 个三萜化合物。③利用制备衍生物的方法进行分离，如 Kikuchi 等人[3]用乙醚提取原料，其酸性部分用重氮甲烷进行甲基化，然后再在硅胶柱上进行分离，从中得到 7 个三萜酸。Hirotani 等人[16]用 90％MeOH－H_2O 提取，提取液减压浓缩后加入 5％Na_2CO_3 水溶液碱化至 pH9，然后用 $CHCl_3$ 萃取，水层用 4mol/L H_2SO_4 酸化至 pH2，再用 $CHCl_3$ 萃取，$CHCl_3$ 萃取液用水洗，Na_2SO_4 干燥，浓缩后得总酸部分，该部分再以常规方法用重氮甲烷进行甲酯化，硅胶柱色谱进行分离，得到 3 个新的三萜酸。

（二）超声提取法

从赤芝子实体或孢子粉中提取三萜类物质时，溶剂回流提取法因受其结构影响，花费时间较长。

而采用超声波处理能破坏灵芝的致密结构，使提取时间相比于溶剂提取缩短一半以上，目前已得到广泛应用。张亮等人[60]、李琴韵[61]用超声波辅助法，通过正交实验研究了灵芝三萜的提取，得到最优的灵芝三萜提取工艺为：乙醇用量 30 倍，提取温度 60℃，提取时间 60min，用碱醇（无水乙醇加碱）调 pH8.5，可以明显提高乙醇提取灵芝三萜的能力。

（三）微波辅助提取法

微波提取技术是近年来发展起来的新型提取技术，具有选择性高、耗时少、能耗低、排污量少等优点，是目前天然产物提取的创新技术。该技术是利用产生高频电磁波，穿透组织外层结构而迅速到达组织内部，使组织内部温度和压力迅速上升，导致细胞破裂，有效成分自由流出的技术。蒉霄云等人[62]利用微波技术研究灵芝三萜类的提取工艺，得到最佳的工艺条件为：乙醇体积分数 75%、提取温度 75℃、功率 870W、液料比 33ml/g、时间 17min，在该条件下灵芝三萜的平均提取率为 1.043%，而其他未经微波处理的超声法、回流法、浸提法的提取率分别为 0.617%、0.899% 和 0.658%。

（四）超临界 CO_2 提取法

超临界 CO_2 提取（Supercritical Fluid Carbon Dioxide Extraction）技术是一项把萃取和分离合二为一的新型技术。该技术与传统的化学溶剂提取法相比，不仅工艺简单、能耗低，活性成分不易被破坏，而且具有无污染、无化学溶剂消耗和残留等优点，被称为绿色生物萃取分离技术。

宋师花、贾晓斌等人[63]用超临界 CO_2 提取灵芝子实体，测定了 3 批灵芝子实体总三萜的平均值：总三萜为 1.176%，灵芝酸 B 为 0.053%，固形物为 2.024%。通过对超临界 CO_2 提取法和醇回流提取法所提取灵芝三萜类成分的研究，以灵芝酸 B 计算，得出超临界 CO_2 提取法和传统醇回流提取法提取效果相似，提取率分别为 0.133% 和 0.126%。Ruey 等分别考察了改性剂、温度以及压力对提取率的影响，并与传统的溶剂法进行比较，结果是：超临界 CO_2 提取法的提取温度较低且得率较高，提取率为 1.72%。

二、赤芝三萜类化合物的光谱特征

随着仪器分析新技术、新方法的发展，各类谱学方法在化合物结构测定中的应用越来越广泛，在赤芝三萜酸化合物的结构中，环上的双键大多位于 $\Delta^{8(9)}$ 位，在 C_{11} 位和 C_{23} 位大部分有羰基，而在 C_3、C_7、C_{15} 位也大多被羟基或羰基所取代。在灵芝三萜醇、醛和过氧化合物的结构中，环上大多存在两个不饱和双键，其位置在 $\Delta^{7(8)}$，$\Delta^{9(11)}$ 位，C_{11} 位，C_{23} 位也不存在羰基，而且环上的取代基明显减少。

下面简要介绍赤芝三萜类化合物的光谱特征[64]。

1. 红外光谱

赤芝中的三萜类化合物大多有羟基，因而在 3 300cm^{-1}、1 050cm^{-1} 有较强的羟基吸收峰。三萜酸类化合物在 2 600～2 400cm^{-1} 有弱吸收峰，当羧酸被酯化后这一吸收峰消失。在 C_{15} 位，有羰基的化合物在 1 740～1 760cm^{-1} 会出现五元环酮的吸收特征峰。在 1 720cm^{-1}（酯）、1 710cm^{-1}（六元环酮）、1 650cm^{-1}（α、β 不饱和酮）也有较强的吸收峰。

2. 紫外光谱

由于赤芝中的三萜类化合物大多有共轭体系存在，因而紫外吸收波长和强度也很有规律，凡在 C_{11} 位有羰基的化合物都有 $\triangle^{8(9)}$ 双键，这类化合物紫外吸收大多在 λ_{max} 255nm，$\log\varepsilon$ 在 3.8～4.1

之间，而C_{11}位无羰基的化合物，大多有$\triangle^{7(8)}\triangle^{9(11)}$共轭双键，因而紫外吸收在$\lambda_{max}$ 237nm，253nm 有 3 个吸收峰，而吸收强度大多在 logε3.7～4.1 之间。而在既没有α、β不饱和酮，又没有共轭双键的化合物中，紫外光谱仅表现简单的双键末端吸收在λ_{max} 210nm，logε4.2 左右。

3. 质谱

四环三萜化合物质谱裂解的共同特征是失去侧链。羊毛甾烷类的特征裂解是从 D 环断裂，伴有 1 个质子的转移，然后经第二次裂解失去侧链和 D 环的一部分。Kikuchi 在这方面做了很多研究，总结出这类化合物的裂解方式。

4. 核磁共振谱

三萜类化合物的^{1}H NMR 中主要信号是双键质子、连氧碳质子和甲基质子。环内双键质子的δ值一般$>5\times10^{-6}$，在灵芝三萜化合物中，如灵芝酸 R、灵芝酸 S、灵芝酸 T、灵芝酸 X、灵芝酸 Y、灵芝酸 Me(ganoderic acid R、S、T、X、Y、Me)等的双键位置在$\triangle^{7(8)}\triangle^{9(11)}$，7 位质子的$\delta$值在 5.48～5.86$\times10^{-6}$之间，11 位质子的$\delta$值比 7 位要处于高场，在$\delta$:5.31～5.39$\times10^{-6}$之间，侧链上双键的位置可分为两类，一类在$\triangle^{20(22)}$，20 位质子的信号在$\delta$:6.04～6.12$\times10^{-6}$，如 ganoderenic acid A，B，C，D 等。另一类在$\triangle^{24(25)}$，24 位质子的信号在δ:5.4～5.7$\times10^{-6}$，如 ganoderol A 和 B。

连氧碳质子由于位置、环境和构型的不同，其化学位移变化较大。在C_3，C_7，C_{12}，C_{15}为羟基取代的化合物中，由于羟基构型不同，该碳所接 H 的化学位移值和偶合常数也不同，3 - H 多为α构型时，δ值在 3.22～3.31$\times10^{-6}$，J=10Hz，7 - H 为α构型时，δ:4.75～4.85$\times10^{-6}$，J=9.0Hz，7 - H 为β构型时，δ:4.4～4.5$\times10^{-6}$，J=5.0Hz，12 - H 多为α构型，δ:4.5～4.9$\times10^{-6}$，15 - H 多为β构型，δ:4.2～4.9$\times10^{-6}$。三萜中的甲基信号一般出现在δ:0.8～1.2$\times10^{-6}$之间。由于灵芝三萜化合物母核上有较多的取代基，对甲基的化学位移影响较大。18 - CH_3通常在δ:0.95～1.0$\times10^{-6}$之间，当分子中有$\triangle^{7(8)}$，$\triangle^{9(11)}$共轭双键时，该甲基信号向高场位移至δ:0.55～0.60$\times10^{-6}$，当 12 位有羟基取代时，该信号出现在δ:0.85$\times10^{-6}$左右，21 - CH_3信号通常出现在δ:0.85～1.00$\times10^{-6}$之间，为双峰；但当 20 位有羟基取代时，该信号向低场位移，出现在δ:1.4～1.6$\times10^{-6}$，当有$\triangle^{20(22)}$双键时，该信号出现在δ:2.1$\times10^{-6}$，且都为单峰，27 - CH_3通常出现在δ:1.1～1.2$\times10^{-6}$，当存在$\triangle^{24(25)}$双键时，该甲基信号在δ:1.6$\times10^{-6}$左右。32 - CH_3受 7 位和 15 位取代基的影响较大。当 7 位和 15 位同时被羰基取代时，该信号在δ:1.6～1.8$\times10^{-6}$之间，当 7 位和 15 均为羟基或 1 个羟基 1 个羰基时，则无明显变化，均出现在δ:1.2～1.3$\times10^{-6}$之间；当 7 位和 15 位无取代时，该甲基信号出现在δ:0.8$\times10^{-6}$左右。30 - CH_3和31 - CH_3受 3 位取代基影响较大，当 3 位是羟基时，30 - CH_3在δ:1.0$\times10^{-6}$左右，31 - CH_3在δ:0.85$\times10^{-6}$。当 3 位是羰基时，30 - CH_3和 31 - CH_3都在δ:1.1$\times10^{-6}$左右。当 15 位是羟基时，17 - H 在δ:1.8$\times10^{-6}$左右；而当 15 位是羰基时，17 - H 向低场移至δ:2.2$\times10^{-6}$左右。从 17 - H 的位置可以判断C_{15}位所连接的基团。

^{13}C NMR 的运用使化合物基本骨架的确定日趋准确。三萜化合物的碳谱中最容易分辨的信号来自双键碳原子和连氧碳原子。前面提出灵芝三萜母核上的双键位置有两类，在$\triangle^{8(9)}$这类化合物中，C_8在δ:151～160$\times10^{-6}$，C_9在δ:140～146$\times10^{-6}$。在$\triangle^{7(8)}$和$\triangle^{9(11)}$这类化合物中C_7在δ:120～121$\times10^{-6}$，C_8在δ:140～142$\times10^{-6}$，C_9在δ:141～145$\times10^{-6}$，C_{11}在δ:115～117$\times10^{-6}$。侧链上的双键位置也有两类，一类是$\triangle^{20(22)}$，C_{20}在δ:154～157$\times10^{-6}$，C_{22}在δ:124.3～124.7$\times10^{-6}$，另一类是$\triangle^{24(25)}$，C_{24}在δ:139～145$\times10^{-6}$，C_{25}在δ:126～129$\times10^{-6}$。当下列各碳连有羟基时，它们的化学位移值分别为$C_3\delta$:77～79$\times10^{-6}$，$C_7\delta$:66～68$\times10^{-6}$，$C_{12}\delta$:77～79$\times10^{-6}$，$C_{15}\delta$:72～74$\times10^{-6}$。当下列各碳连有羰基时，它们的化学位移值分别为$C_3\delta$:215～216$\times10^{-6}$，$C_7\delta$:198～200$\times10^{-6}$，$C_{15}\delta$:205～217$\times10^{-6}$，$C_{23}\delta$:207～208$\times10^{-6}$，羧酸酯的化学位移在δ:170～178$\times10^{-6}$，C_3、C_7、C_{15}取代基不同时，C_1在δ:35～37$\times10^{-6}$，C_2在δ:34.1～34.8$\times10^{-6}$，C_4在δ:46～47$\times10^{-6}$。当C_3连接的是羟基时，这 3

个碳的信号均向高场位移，C_1在δ:34×10⁻⁶，C_2δ:27×10⁻⁶，C_4δ:38×10⁻⁶左右。C_7是羰基取代时，C_6在δ:33～37×10⁻⁶，C_7是羟基取代时，C_6在δ:26～28×10⁻⁶，C_{15}是羰基时，C_{14}在δ:57～59×10⁻⁶，C_{15}是羟基时，C_{14}在δ:52～53×10⁻⁶。

近年发展起来的^1H-^1H和^1H-^{13}C COSY等二维核磁共振谱已应用在灵芝三萜结构测定中。

三、赤芝三萜类化合物提取分离与结构鉴定实例

1. 赤芝孢子粉中三萜类化合物提取分离实例[65]（图7-8）

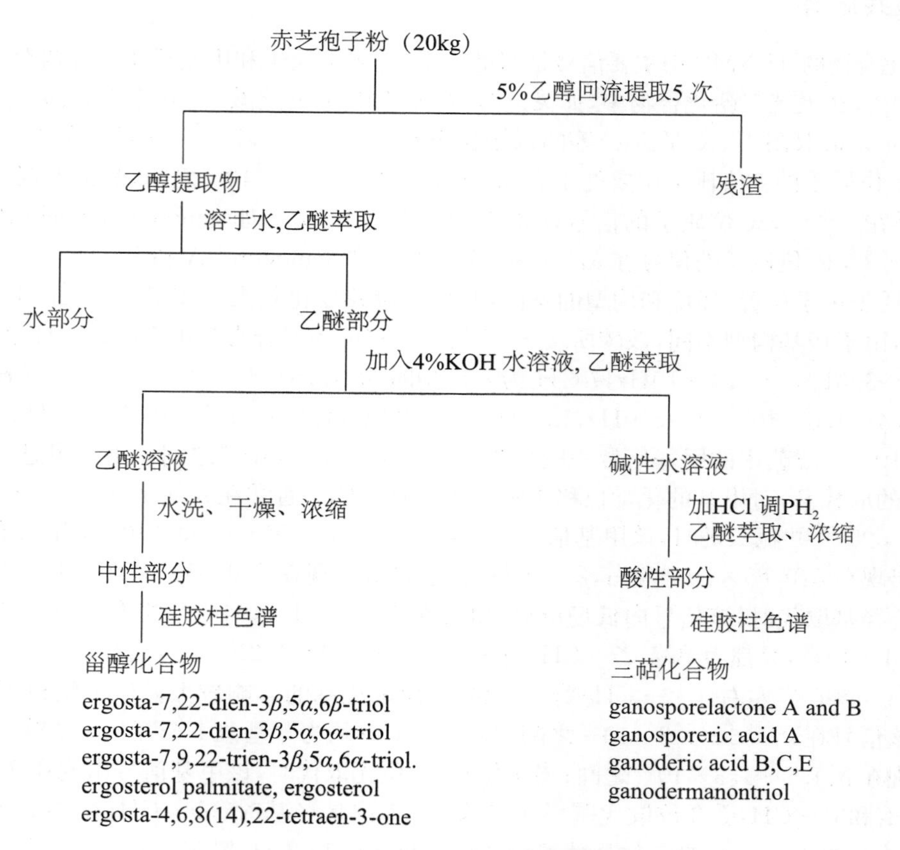

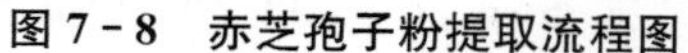
图7-8 赤芝孢子粉提取流程图

赤芝孢子粉用95%乙醇回流提取5次，减压浓缩后的浸膏经不同溶剂萃取和硅胶等层析分离得到13个化合物，三萜类化合物7个，其中四环三萜6个，五环三萜内酯两个，并对它们的结构进行了测定，证明有3个新化合物。其余为首次从赤芝孢子粉中分离得到，分别是赤芝孢子内酯A(ganosporelactone A)、赤芝孢子内酯B(ganosporelactone B)、赤芝孢子酸A(ganosporeric acid A)、灵芝酸B、灵芝酸C、灵芝酸E、灵芝酸M(ganoderic acid B、C、E、M)、灵芝酮三醇(ganodermanontriol)。甾醇类化合物6种，分别为麦角甾-7,22-二烯-3β,5α,6β-三醇(ergosta-7,22-dien-3β,5α,6β-triol)、麦角甾-7,22-二烯-3β,5α,6α-三醇(ergosta-7,22-dien-3β,5α,6α-triol)、麦角甾-7,9,22-三烯-3β,5α,6α-三醇(ergosta-7,9,22-trien-3β,5α,6α-triol)、麦角甾醇棕榈酸酯(ergosterol palmitate)、麦角甾-4,6,8(14),22-四烯-3-酮(ergosta-4,6,8(14),22-tetraen-3-one)、麦角甾醇(ergosterol)。

从赤芝孢子粉中分离得到的三萜化合物结构如图7-9所示：

灵芝酸B：$R_1=R_2=\beta$-OH, H; R_3=2H, R_4=O (1)
灵芝酸C：$R_1=R_4$=O, $R_2=\beta$-OH, H; R_3=2H (2)
灵芝酸E：$R_1=R_2=R_4$=O; R_3=2H (3)
赤芝孢子酸A：$R_1=R_2=R_3=R_4$=O (5)

ganodermanontriol (4)

赤芝孢子内酯A：ganosporelactone A　R=O　(6)
赤芝孢子内酯B：ganosporelactone B　R=OH　(7)

图 7－9　赤芝孢子粉中的三萜化合物结构

2. 赤芝孢子粉中三萜类化合物结构鉴定实例[66]

赤芝孢子酸 A(Ganosporeric acid A,5)　赤芝孢子酸 A 为黄色针状结晶，mp115～118℃，$[\alpha]_D^{12}$＋48，FD－MS 给出分子离子峰为 m/z：526，由元素分析确定分子式为 $C_{30}H_{38}O_8$。元素分析 $C_{30}H_{38}O_8 \cdot 1/2H_2O$，理论值(％)C，67.2；H，7.2；实验值(％)C，67.5；H，7.2。IR(KBr)：2 200～2 000、1 740、1 725、1 700、1 690、1 275、1 215、1 050cm^{-1}，显示了与已知化合物 ganoderic acid E(3)类似的特征吸收，表明化合物(5)也是 1 个多羰基的三萜酸类化合物。UV λ nm(logε)：205(3.77)，224(sh)，265(3.75)。在^{13}C NMR 谱中有 30 个碳信号，其中有 7 个甲基碳，6 个羰基碳，1 个羧基碳和 2 个烯碳信号，表明分子中存在 1 个羧基，6 个羰基和 1 个烯键，而不存在羟基，与 ganoderic acid E(3)比较化合物(5)中，缺乏(3)中 $C_{12}\delta$：48.6 的信号，而出现 δ：192.6 的信号，同时 C_{13}的信号也向低场位移 16.1～59×10^{-6}，说明化合物(5)的 C_{12}位是羰基，受其去屏蔽作用的影响，C_{13}向低场位移。由于 C_{17}和 C_{18}处于 C_{12}位羰基的 γ 位，使它们的碳信号分别向高场位移 6×10^{-6}，而其他碳的化学位移值两者基本相同。两者的^{1}H NMR 数据也与所述结构符合，从化合物(5)的^{1}H NMR 中可以看出 C_1，C_2位 4 个氢的偶合关系均为 ddd 峰，可以排除 C_1、C_2被羰基取代的可能性。从 C_{17}位氢的偶合常数也可以看出其与相邻氢(H－20，H－16)的偶合关系仍为 ddd 峰，也可排除 C_{16}被羰基取代的可能性。而且在^{1}H NMR 谱中没有 C_{12}位氢的信号，也证实 C_{12}位是羰基，其他质子的化学位移值基本一致。化合物(5)EI-MS m/z(％)：526(M^+－H_2O，4)，480(M^+－H_2O－CO，4)，369(4)，353(4)，302(17)，285(5)，207(59)，193(14)，179(100)，149(10)，115(57)，83(49)，69(21)。化合物(5)的质谱碎片离子 m/z：369 是 C_{17}与 C_{20}之间键断裂而形成的，也说明羰基的位置在环上而不在侧链上。化合物(5)的其他质谱碎片与文献报道的这类化合物质谱裂解规律相符合。从以上分析可以确定化合物(5)为 3，7，11，12，15，23－hexaoxo－5α－lanosta－8－en－26－oic acid，为新化合物，命名为 ganosporeric acid A，化合物(5)的^{1}H 和^{13}C NMR 谱的信号归属，见表 7－2 和表 7－3。

表 7-2　化合物(1～3)、(5)的^{1}H NMR光谱数据

	1	2	3	5
1	0.93m	1.46ddd(13.9,8.5,4.8)	1.74ddd(14.2,8.3,5.7)	1.76ddd(14.3,9.8,6.3)
	2.82ddd(17.2,10.5)	2.96ddd(13.9,8.3,7.7)	2.89ddd(14.2,5.5,6)	2.80ddd(14.3,8.1,5.9)
2	1.64ddd(14.9,7.5,5)	2.51ddd(15.7,7.3,4.8)	2.40ddd(15,5.7,5.5)	2.44ddd(14.5,8.1,6.3)
	1.66ddd(14.9,10,8)	2.55ddd(15.7,8.5,8.3)	2.61ddd(15,9.3,6)	2.63ddd(14.5,9.8,5.9)
3	3,20dd(11,5.3)	—	—	—
5	0.87dd(13.1,1.8)	1.58d(13.5)	2.30dd(14.9,2.6)	2.50dd(13.2,2.6)
6	2.20ddd(13,8.1,1.8)	2.10m	2.52m	2.54dd(13.5,2.6)
	1.59ddd	1.68ddd	2.63m	2.75d
7	4.79dd(9.5,8.1)	4.86dd(7.7,9.5)	—	—
OH	3.9	4.10	—	—
12	2.72d(25)	2.79d(17.6)	2.88d(16.1)	—
	2.64d(25)	2.74d(17.6)	2.74d(16.1)	—
16	2.65dd(19,7.8)	2.65m	proton	2.85dd(13.3,5)
	2.03dd(19,9.5)	2.05m	1.85dd(18.2,8.3)	2.01m
17	2.15m	2.15m	2.26ddd(11.4,10,8.3)	1,93ddd(13.3,12.7,5)
18-CH_3	1.00s	1.04s	0.88s	1.19s
19-CH_3	1.21s	1.27s	1.27	1.39s
20	2.16m	2.15m	2.10m	2.01m
21-CH_3	0.98d(6)	1.01d(5.5)	0.98d(6.5)	0.89d(6.6)
22	2.36d(4)	2.39d(5.2)	2.37d(6.8)	2.39dd(5.0,2.4)
22	2.36d(4)	2.39d(5.2)	2.36d(6.8)	2.36dd(5.0,2.6)
24	2.83dd(17.9,8.6)	2.86dd(17.9,8.8)	2.82dd(17.8,8.6)	2.92dd(11.1,8.4)
	2.46dd(17.9,5.0)	2.47dd(17.9,4.7)	2.48dd(17.8,6)	2.47dd(11.1,6.5)
25	2.97dqd(7.2,8.6,5.0)	2.96qdd(7.0,8.8,4.7)	2.95qdd(7.3,8.6,6)	2.96qdd(7.2,8.4.6.5)
27-CH_3	1.22d(7.2)	1.25d(7.0)	1.23d(7.3)	1.23d(7.2)
30-CH_3	1.03s	1.14s	1.13s	1.15s
31-CH_3	0.85s	1.35s	1.11s	1.14s
32-CH_3	1.33s	1.12s	1.64s	1.55s

注：Compound 1 was taken in 400MHz,$CDCl_3$,Compounds 2～3,5 were taken in 500MHz,$CDCl_3$。

赤芝孢子内酯A(ganosporelactone A,6)　赤芝孢子内酯A为白色针状结晶,mp 238～240℃,$[\alpha]_D^{20}$ +74.5°(c 0.057,$CHCl_3$),由高分辨质谱确定其分子式为$C_{30}H_{40}O_7$(M^+ 512.277,计算值512.277 3)。UV λ_{max}^{MeOH} 252nm(logε3.60)表明存在α,β不饱和羰基。IR(KBr):3 400(OH)、1 765、1 720、1 700、1 660(C=O)、1 050cm^{-1}。说明分子中存在羟基和羰基。赤芝孢子内酯A的^{1}H NMR(见表7-4)表明分子中含有7个甲基与两个羟基(由^{1}H-^{13}C COSY证明),另外还有17个氢分布为5组。由其^{13}C NMR(见表7-5)证明分子中存在30个碳,其中7个CH_3,5个CH_2,7个CH与11个季碳。

赤芝孢子内酯A的^{13}C NMR化学位移及^{1}H-^{13}C相关谱证明C_{23}不连有H,是一个季碳。在^{1}H-^{1}H相关谱中表明有5组相关的H。第一组(从低场起):7-OH-7-H-6α-H-6β-H-5α-H相关。第二组:12-H与12-OH相关。第三组:16α-H-17α-H-20β-H-22-H-21-CH_3。第四组:25α-H-24α-H-24β-H-27-CH_3相关。第五组:1β-H-2α-H-2β-H-1α-H相关。由^{1}H-^{1}H相关谱可以明确指定C_{16}只连接1个H,而该H只与C_{17}-H相关,说明C_{16}只能与另外两个季

碳相连。在$^{1}H-^{13}C$远程偶合(相隔2个健与3个键)相关谱中,显示出24-H与C_{23}、C_{16}、C_{24}与C_{25}相关;16α-H与C_{15}、C_{23}、C_{16}、C_{17}与C_{13}相关,从而证实了C_{23}与C_{16}相连接。赤芝孢子内酯A的相对构型是通过NOE二维谱证明的。分子中空间接近的质子之间在NOE二维谱上均出现相关信号。16α-H与17α-H有NOE,说明两者为顺式α-构型。12-H与32-CH_3,17α-H之间产生NOE,说明12-H及32-CH_3也是α构型。16-H与32-CH_3,24α-H,17α-H之间的NOE,说明12-H与32-CH_3也是α构型。16-H与32-CH_3,24α-H,17α-H之间的NOE,说明C_{23}螺环的存在使得24α-H与16α-H靠近,从而证实了螺环的构型。17α-H与21-CH_3,32-CH_3,16α-H,12α-H之间的NOE及24β-H与27-CH_3之间的NOE,证明20-H与27-CH_3均为β-构型,25-H为α-构型。在NOE二维谱中也显示了6β-H与31-CH_3,19-CH_3,6α-H之间的相关性,进一步证明了这些质子的空间排列。

表7-3 化合物(1~5)^{13}C NMR光谱数据

Carbon	1	2	3	4	5
1	34.6	35.5	37.2	36.6	37.2
2	26.0	34.2	34.6	34.8	34.5
3	78.3	216.7	215.2	216.7	214.5
4	38.8	46.7	47.0	47.4	47.4
5	49.1	48.7	50.7	50.7	50.9
6	27.6	27.5	33.8	23.6	33.4
7	66.6	66.2	199.3	119.9	198.2
8	156.6	157.7	149.7	142.8	150.0
9	142.7	141.1	146.6	144.5	149.5
10	38.6	38.1	39.0	37.2	39.2
11	197.8	197.6	199.3	117.2	197.0
12	50.2	50.0	48.6	37.8	192.6
13	45.3	44.9	43.9	43.7	59.0
14	59.3	59.3	57.1	50.3	61.0
15	217.4	217.6	206.6	27.6	203.8
16	40.8	40.9	39.6	28.8	38.9
17	45.5	45.5	44.1	51.0	38.3
18	17.4	17.9	16.0	15.7	12.4
19	18.4	18.1	19.7	22.4	18.5
20	31.9	31.9	32.0	36.5	32.2
21	19.6	19.5	18.6	18.6	23.3
22	49.0	48.8	48.9	31.4	48.6
23	207.6	207.0	207.5	33.5	207.3
24	46.5	46.5	46.5	79.2	46.5
25	34.3	34.4	34.3	73.9	33.6
26	179.4	180.6	179.8	67.6	180.3
27	16.9	16.8	16.9	22.0	16.8
30	28.1	26.9	27.5	25.3	27.4
31	15.3	20.7	20.3	20.9	20.3
32	24.4	24.6	20.9	25.4	19.3

注:Compound 1 was taken in 100MHz,$CDCl_3$,Compounds 2-5 were taken in 125MHz,$CDCl_3$。

赤芝孢子内酯A的绝对构型是通过CD谱证明的。赤芝孢子内酯A的CD谱在295 nm呈负Cotton(△ε－4.5)，252 nm正Cotton(△ε＋12.5)以及209 nm负Cotton(△ε－5.5)。这些数据与已知绝对构型的灵芝三萜ganoderic acid C的CD谱Cotton效应符号相同，从而证明赤芝孢子内酯A的绝对构型。

IR(KBr)：3 400、2 960、1 765、1 720、1 700、1 660、1 450、1 415、1 380、1 300、1 280、1 190、1 150、1 050cm^{-1}。UV λ_{max}^{MeOH} nm(logε)：206(3.5)，252(3.86)。CD λ MeOH nm(△ε)295(－4.5)，275(0)，252(＋12.5)，224(0)，209(－5.5)。MS m/z(%)：512.2777(M$^+$，47；计算值512.2773)。494(54)，476(7)，466(20)，397(10)，317(7)，302(20)，301(40)，272(24)，181(25)，167(76)，149(68)，121(67)，105(32)，93(100)，79(30)，69(28)，55(29)。^{1}H NMR见表7－4，^{13}C NMR见表7－5。

表7－4 赤芝孢子内酯A和B ^{1}H NMR数据

	A		B	
Proton	Δ×10^{-6}	J(Hz)	Δ×10^{-6}	J(Hz)
1α	1.25ddd	13.7，12，6.6	1.64m	
1β	2.75ddd	13，7，6.6，3.8	2.57ddd	13.7，9.8，4
2α	2.64ddd	15.5，6.6，6.6	0.88m	
2β	2.32ddd	15.5，12，3.8	1.64m	
3α			3.19dd	9.3，7.3
5α	1.37dd	13.8，2.2	0.84m	
6α	2.14dd	8.5，2.2	2.25ddd	11.7，8.2，3
6β	1.77ddd	13.8，8.5，8.5	1.68m	
7α	4.62dd	8.5，2.8	4.60t	8.2
7－OH	4.80d	2.8		
12α	4.35	2	4.3s	
12－OH	3.68d	2	3.7s	
16α	3.34d	12.4	3.55d	12.3
17α	2.80dd	12.4，7.9	2.82dd	12.3，7.8
18－CH$_3$	0.90s		0.86s	
19－CH$_3$	1.44s		1.31s	
20	2.43dqd	13，7.9，6.5	2.43dqd	13，7.8，6.4
21－CH$_3$	1.18d	6.5	1.21d	6.4
22α	2.17dd	13，6.5	2.19dd	13.7，6.4
22β	1.67dd	13，13	1.72dd	13.7，13
24α	2.48dd	13，9.3	2.49dd	12.7，9.3
24β	1.93dd	13，11	1.95dd	12.7，11.2
25α	3.20dqd	11，9.3，7.2	3.24dqd	11.2，7.3，9.3
27－CH$_3$	1.24d	7.2	1.27d	7.3
30－CH$_3$	1.07s		1.02d	
31－CH$_3$	1.09s		0.90s	
31－CH$_3$	1.57s		1.61s	

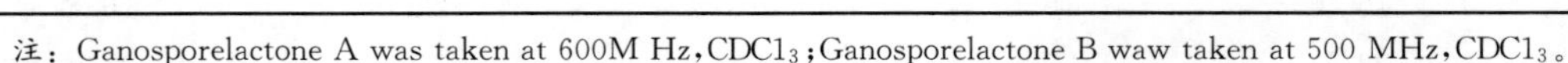
注：Ganosporelactone A was taken at 600M Hz，CDC1$_3$；Ganosporelactone B waw taken at 500 MHz，CDC1$_3$。

赤芝孢子内酯B(Garosporelacton B，7) 赤芝孢子内酯B为白色针状结晶，mp 235～237℃，$[\alpha]_D^{12}$＋68.8(c 0.083，CHC1$_3$)。IR(KBr)：3 430，2 930，2 870，1 770，1 730，1 665，1 450，1 370，1 310，1 270，1 200，1 160，1 100，1 040，975，930cm^{-1}。UV λ_{max}(EtOH)nm(logε)：210(3.5)，263(4.0)。CD λ

MeOH nm(△ε)295(−5.8),274(0),253(+11.4),225(0),209(−5.0)。MS m/z(%):514.2930(M^+,81,计算值514.2930),496(60),468(55),348(13),303(31),302(20),274(67),181(44),167(100),149(75),121(92)。^1H NMR见表7-4,^{13}C NMR见表7-5。高分辨质谱确定其分子式为$C_{30}H_{42}O_7$,(M^+514.2930计算值514.2930)。UV λ_{max}(EtOH):263nm(logε4.0),证明存在α、β不饱和羰基。IR(KBr):3430(OH)、1770、1730、1665(C=O)、1040cm^{1}。表明赤芝孢子内酯B同赤芝孢子内酯A一样,也是个多羰基的化合物。其^1H NMRδ:3.19(dd,1H)比赤芝孢子内酯A多了1个H的信号,该H为$C_3\alpha$-H,说明赤芝孢子内酯B在C_3上连接的是羟基。根据^{13}C NMR谱证明分子中存在30个碳,由INEPT谱证明其中存在7个CH_3,5个CH_2,8个CH与10个季碳,与赤芝孢子内酯A比较δ:213.2的信号(C_3羰基)消失,而出现δ:77.0的信号,同时C_{30}向低场位移2.7×10^{-6},而C_{31}向高场位移5.3×10^{-6},因此进一步证明C_3上连有羟基。赤芝孢子内酯B、C、D谱的Cotton效应与赤芝孢子内酯A一致,说明两者的绝对构型相同。用铬酐氧化赤芝孢子内酯B,薄层检查氧化产物与赤芝孢子内酯A的R_f值相同(R_f0.32,$CHCl_3$),经硫酸显色后的颜色变化也相同,氧化产物的IR光谱也与赤芝孢子内酯A相同。

赤芝孢子内酯B的氧化,取样品5mg,溶于CH_2Cl_2 3ml,加入铬酐—C_5H_5N(铬酐100mg分批加到C_5H_5N 1ml中),反应液室温放置2h,加H_2O 5ml,CH_2Cl_2,萃取,H_2O洗,无水Na_2SO_4干燥,浓缩后薄层纯化。IR(KBr):3400、2960、1765、1720、1700、1600、1450、1415、1380cm^{-1}。

综上所述,赤芝孢子内酯A和B是两个新型五环三萜化合物,在生源上可能是从灵芝四环三萜通过连接C_{16}与C_{23}键衍变而来。

表7-5 赤芝孢子内酯A和B ^{13}C NMR数据

Carbon	A	B	Carbon	A	B	Carbon	A	B
1	35.2	35.0	12	78.1	79.0	23	87.0	87.5
2	34.3	28.3	13	49.9	50.5	24	40.6	40.4
3	213.2	77.0	14	63.3	63.0	25	34.3	34.8
4	47.0	38.6	15	215.5	215.0	26	178.6	179.0
5	49.8	49.6	16	60.4	60.6	27	15.6	15.6
6	27.9	27.9	17	54.2	54.0	30	25.8	28.5
7	65.8	66.6	18	12.8	13.3	31	21.3	16.0
8	157.8	156.8	19	18.3	19.2	32	25.2	24.6
9	140.9	143.0	20	33.0	33.3			
10	37.8	39.2	21	19.2	19.6			
11	199.4	200.5	22	52.5	52.3			

注:^{13}C NMR spectrum of ganosporelactone A was taken at 150MHz,$CDCl_3$; Ganosporelactone B was taken at 125MHz,C_5D_5N。

四、赤芝孢子油的提取简介

灵芝孢子是灵芝在发育后期产生释放出的种子,是灵芝的精华,而灵芝孢子油中包含了灵芝孢子中的三萜类、多糖类与核苷类等有效成分,是灵芝孢子有效成分的集合体,具有多种生理活性得到公认。一般对挥发油的提取大多采用水蒸气蒸馏法,该法优点在于简便易行,但耗时长,且提取效率低下,而超临界流体萃取具有节约时间、提取充分的优点,李琴韵[61]等通过实验对灵芝孢子油的超临界CO萃取中萃取温度,萃取压力和夹带剂加入量3个因素进行正交实验考察,采用UV显色法测定的有效成分三萜类化合物含量、孢子油的得率与表观的澄明度3项指标,并以三者的权重为指标,选出了60℃、20MPa、添加剂17%的最佳工艺条件。

五、赤芝三萜结构测定中的化学反应

经典的化学方法与仪器分析相结合，使三萜化合物的结构测定快速而准确，并达到了微量的水平。化学反应常用于证实分子骨架中取代基类型、数目、位置与构型等。

a. 氧化反应 氧化反应主要用来确定分子中所含羟基、羰基或酰基的数目和位置等。应用较多的是将羟基氧化成羰基，比较常用的是铬酐-吡啶的方法，也有将铬酐溶于醋酸中搅拌加入样品中，室温下搅拌2小时，用水稀释，氯仿提取，提取液经水洗干燥浓缩后经薄层制备而得到氧化产物。

b. 酰化反应 酰化反应对确定分子中羟基的数目、性质、构型很大帮助，常用的乙酰化反应，通常采用醋酐-吡啶室温处理的方法。

c. 水解 由于部分灵芝三萜酸中常有乙酰基，为确定乙酰基的存在和数目，采用了水解的方法，将样品溶解在甲醇中，用5% Na_2CO_3液室温处理3h后，用2mol/L HCl酸化，除去甲醇后用$CHCl_3$萃取，水洗$CHCl_3$液后用$NaSO_3$干燥，蒸干。通过TLC制备得水解产物。

d. 还原 还原反应主要用来确定分子中有无不饱和双键与羟基、羰基和取代基的位置。如在确定lucidenate G结构时，为证实C_{26}位上有羟基，先将lucidenate G甲基化，然后用$NaBH_4$还原，得到其丙酮化物，从而证实C_{26}位是1个羟基。

第三节　赤芝各种化合物的含量测定

一、赤芝三萜化合物的含量测定

（一）薄层色谱（TLC）

硅胶薄层色谱是灵芝三萜化合物定性和半定性最常用的方法，薄层展开剂常用的有$CHCl_3$-MeOH-H_2O(30∶4∶1)，hexan-EtOAc(1∶1)，hexan-EtOAc-$(Et)_2O$(1∶1∶1)，$CHCl_3$-$(Et)_2O$-MeOH(9∶1∶1)，$CHCl_3$-$(Et)_2O$-EtOAc(9∶1∶1)，$C_6H_5CH_3$-EtOAc-CH_3COOH(12∶4∶0.5)。薄层斑点显色剂常用10%硫酸乙醇溶液，加热后三萜酸斑点的颜色通常为桃红、红色。三萜醇斑点的颜色通常为黄色。

（二）比色法测定赤芝总三萜酸含量

李保明等人[67]以灵芝酸B(ganoderic acid B)为对照品，建立了用比色法定量测定灵芝总三萜酸含量的方法，对灵芝属3个种：赤芝(*G. luceidum*)、紫芝(*G. sinense*)、松杉灵芝(*G. tsugae*)等8个样本总三萜酸的含量进行了测定。该法将灵芝子实体、灵芝孢子粉用无水乙醇回流提取，提取液经过碱化、酸化后，用氯仿萃取，萃取液经无水硫酸钠干燥后减压蒸干，制成无水乙醇溶液，与硫酸加热产生颜色反应，测定其吸光度值。该法的回归方程为$Y=0.4996X+0.0091$，相关系数$r=0.9995$，灵芝酸B(ganoderic acid B)线性范围为0.273～1.365mg，加样回收率为104.85%，*RSD*为6.59%。该法准确、重现性好，样品背景干扰小，适用于灵芝子实体和灵芝孢子粉中总三萜酸含量的测定。

仪器、试剂与样品：LAB Tech UV-2000紫外-可见分光光度计；灵芝酸B对照品由该实验室从松杉灵芝中分离制得，其结构经TLC、IR、NMR、MS确证，纯度经HPLC分析达98%以上；灵芝样品分别来自江苏、广东和福建。

对照品溶液的制备：精密称取灵芝酸B对照品约5mg，置5ml量瓶中，加无水乙醇溶解并稀释至刻度，即得含灵芝酸B约1mg/ml的对照品溶液。

供试品溶液的制备：精密称取该品粉末（过25目筛）1g，加无水乙醇50ml热回流提取2h，过滤，残渣再加无水乙醇50ml回流2h，共重复提取3次，滤液合并，减压蒸干后加氯仿15ml溶解，移至分液漏斗中，再用氯仿洗涤残渣2次，合并氯仿液；用饱和碳酸氢钠萃取氯仿4次（15ml×4），合并碳酸氢钠液，用6mol/ml盐酸调节pH2～3，用氯仿萃取4次（15ml×4），合并氯仿液，用水洗涤氯仿液，弃去水层，氯仿液用无水硫酸钠干燥，过滤，用氯仿洗涤无水硫酸钠3次（15ml×3），洗涤液与滤液合并，减压蒸干，残渣用无水乙醇溶解并定容至5ml，摇匀，即得供试品溶液。

最大吸收波长的测定：精密吸取对照品溶液1ml与供试品溶液2ml，加无水乙醇至2ml，摇匀，加入50%硫酸无水乙醇溶液2ml，摇匀，随行空白，其余同标准曲线项下操作，在200～600nm扫描。结果表明，对照品和样品溶液在526nm处有最大吸收，故选择测定波长为526nm。

标准曲线的绘制：精密吸取对照溶液0.3、0.6、0.9、1.2、1.5ml分别置10ml具塞试管中，各加无水乙醇至2ml，摇匀，分别加入50%硫酸无水乙醇溶液2ml，摇匀，随行空白，于100℃水浴中加热5min，立即冷却至室温，于30min内在526nm处测定吸光值。用吸光度为纵坐标，对照品量为横坐标，求得回归方程为：$Y=0.4996X+0.0091$，$r=0.9995$，灵芝酸B线性范围为0.273～1.365mg。

显色时间的比较：取野生灵芝子实体提取液2ml共3份，分别加入50%硫酸无水乙醇溶液2ml，摇匀，随行空白，于100℃水浴中加热3、5、10min，在526nm处测定吸光值，计算其吸收值的*RSD*。结果表明，加热5min最好，见表7-6。

表7-6　不同加热时间的吸光度值及*RSD*值

加热时间	吸收值及测定时间(h)							*SD*	$\overline{X}$	*RSD*(%)
(min)	0	0.5	1.0	1.5	2.0	2.5	3.0			
3	0.290 0	0.298 1	0.308 3	0.317 1	0.323 6	0.323 5	0.327 3	0.014 2	0.312 6	4.55
5	0.367 5	0.365 6	0.371 9	0.373 6	0.375 3	0.374 8	0.376 3	0.004 1	0.372 1	1.10
10	0.480 2	0.475 0	0.468 2	0.460 0	0.452 8	0.446 4	0.433 2	0.016 6	0.459 4	3.61

显色稳定性测定：精密吸取对照品溶液1ml与供试品溶液2ml，分别按标准曲线绘制项下操作，在0～90min内每隔10min测定吸光度值，在90min内对照品和供试品吸收值的*RSD*分别为5.58%和0.82%，而对照品在0～30min内的*RSD*为1.42%。结果表明，对照品应在30min内测定，而样品比较稳定，宜选择在显色后30min之内测定其吸收值。

显色精密度测定：精密吸取供试液2ml共5份，按标准曲线绘制项下操作，测定吸光度值，*RSD*为1.14%，见表7-7。

表7-7　显色精密度吸光度与*RSD*值

样品号	1	2	3	4	5	*SD*	$\overline{X}$	*RSD*(%)
吸收值	0.393 6	0.398 4	0.393 2	0.398 8	0.404 3	0.004 5	0.397 7	1.14

样品提取溶剂比较：精密称取灵芝子实体1g共2份，分别加入氯仿和无水乙醇，回流提取2h，按供试品溶液制备项下操作，制备供试液，再按标准曲线绘制项下操作，测得氯仿和无水乙醇提取液的吸收值分别为0.411 9和0.644 9，宜选择用无水乙醇作提取溶剂。

提取时间的比较：精密称取灵芝子实体1g共4份，分别加入无水乙醇，回流提取时间为1h、4h、2h 2次和2h 3次，按供试品溶液制备项下操作，制备供试液，再按标准曲线绘制项下操作，测得吸收值分别为0.573 5，0.736 3，0.855 4和0.891 2，宜选择提取3次，每次2h。

样品提取液碱化研究：样品提取液分别用4%KOH、饱和碳酸氢钠和4%NaOH溶液碱化，按供试品溶液制备项下操作，得到3份供试品溶液，分别用TLC和比色法检查，TLC结果显示，饱和碳酸氢钠溶液碱化后红色斑点多且干扰小；比色结果显示，饱和碳酸氢钠溶液碱化后显色为红色，与对照品颜色一致，而其余为淡黄色和棕黄色。因此，选择用饱和碳酸氢钠溶液碱化提取液。

样品重现性测定：精密称取段木赤芝子实体粉末（过25目筛）1g共5份，按供试品溶液制备项下与标准曲线绘制项下操作，测得样品含量为0.135%，其*RSD*为3.22%。见表7-8。

表7-8 样品重现性测定结果与*RSD*值

样品号	1	2	3	4	5	*SD*	$\overline{X}$	*RSD*(%)
含量(%)	0.140	0.128	0.136	0.135	0.134	0.004 34	0.135	3.22

样品加样回收率测定：精密称取段木栽培赤芝子实体粉末（过25目筛）0.5g共3份，分别加入灵芝酸B对照品溶液（0.967mg/ml）0.8、1.2、1.4ml，按供试品溶液制备项下与标准曲线绘制项下操作，平均回收率为104.85%，*RSD*为6.59%。

样品含量测定：精密称取不同孢子粉样品与赤芝子实体粉末（过25目筛）各1g，供试品溶液制备项下与标准曲线绘制项下操作，测定结果见表7-9。

表7-9 样品中总三萜酸含量（*n*=2）

样　品	含量(%)	*RSD*(%)
野生赤芝（江苏南通）	0.343	1.24
段木栽培赤芝（广东）	0.258	0.821
段木栽培赤芝（福建）	0.135	2.05
段木栽培松杉灵芝（福建）	0.237	1.79
草粉栽培灵芝（福建农林大学）	0.144	1.96
段木栽培紫芝（广东）	—	—
破壁赤芝孢子粉（福建）	—	—
未破壁赤芝孢子粉（福建）	—	—

（三）高效液相色谱（HPLC）法测定三萜化合物的含量

近年来随着仪器科学的发展，用高效液相色谱（HPLC）测定灵芝三萜化合物的含量越来越普遍[68]。李保明等人[69]建立了高效液相色谱梯度洗脱的方法，并测定了31种不同产地、不同培养基栽培的赤芝子实体中9种三萜酸含量，该方法快速、重现性好，可作为评价灵芝质量的方法（图7-10）。

材料：Agilent 1200系统高效液相色谱仪（美国）；9种灵芝三萜酸对照品：分别为①灵芝酸C_2，②灵芝酸G，③灵芝烯酸，④灵芝酸B，⑤灵芝烯酸A，⑥灵芝酸A，⑦赤芝酸A，⑧灵芝烯酸D，⑨灵芝酸C_1。

色谱条件：色谱柱：Alltima C_{18}（150mm×4.6mm，5μm）；流动相为0.04%甲酸-乙腈；梯度洗脱条件：0～10min，乙腈20%→25%；10～20min，乙腈25%→30%；20～50min，乙腈30%→30%；50～65min，乙腈30%→38%；65～80min，乙腈为38%；柱温15℃；流速1.0ml/min；进样量20μl；检测波长254nm。

对照品溶液的制备：精密称取灵芝酸C_2 6.80mg、灵芝酸G 6.37mg、灵芝烯酸B 6.75mg、灵芝酸B 6.37mg、灵芝烯酸A 5.94mg、灵芝酸A 5.88mg、赤芝酸A 7.00mg、灵芝烯酸D 6.19mg、灵芝酸C_1 6.06mg置25ml容量瓶中，加甲醇溶解并稀释至刻度，摇匀，作为储备液；精密量取储备液5～25ml量瓶中，加甲醇至刻度，摇匀即得浓度分别为54.40、50.96、54.00、50.96、47.52、47.04、56.00、49.52、48.48mg/L的对照品溶液。

样品溶液的制备：取赤芝子实体粉末0.5g，精密称取，加入甲醇100ml，加热回流1h，冷却后过滤，浓缩至干，残渣加甲醇溶解，转移至10ml量瓶中，加甲醇至刻度，摇匀，滤过，取续滤液，作为供试品溶液。

线性关系考察：精密吸取浓度为50mg/L的对照品溶液0.25、0.50、0.75、1.0、1.5ml置2ml量瓶

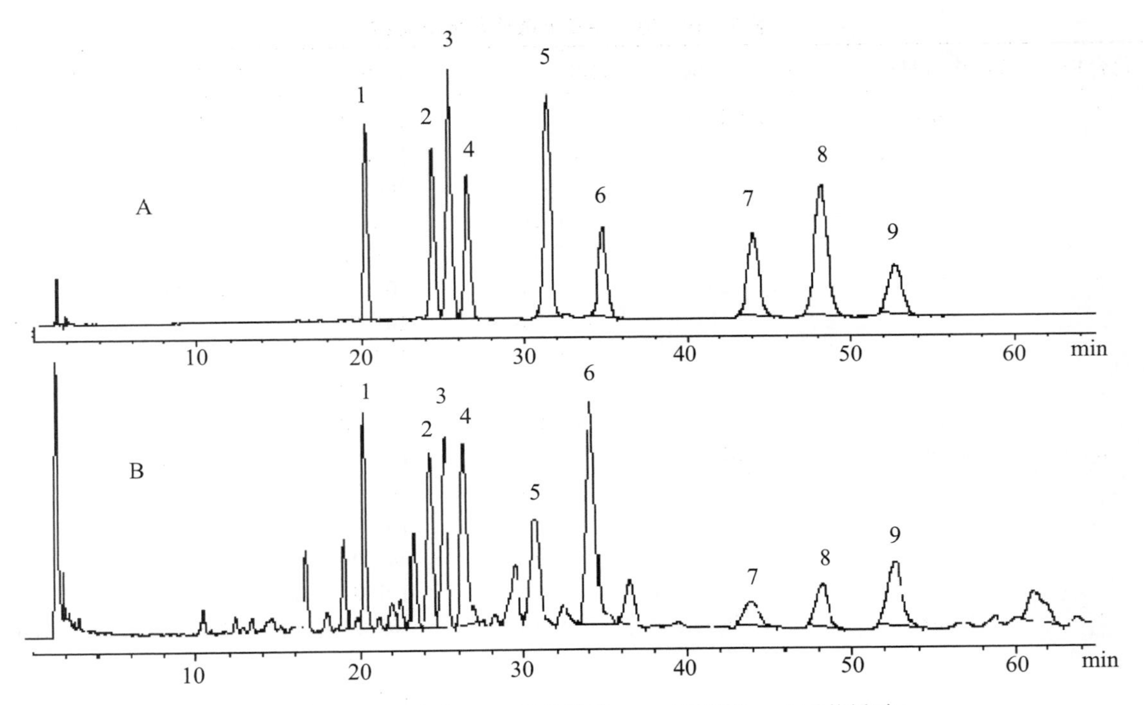

1.灵芝酸C_2，2.灵芝酸G，3.灵芝烯酸B，4.灵芝酸B，5.灵芝烯酸A，
6.灵芝酸A，7.赤芝酸A，8.灵芝烯酸D，9.灵芝酸C_1。
ganoderic acid C_2(1), ganoderic acid G(2), ganoderenic acid B(3), ganoderic acid B(4), ganoderenic acid A(5), ganoderic acid A(6), lucideric acid A(7), ganoderenic acid D(8), ganoderic acid C_1(9)。

图 7-10　对照品(A)、木屑灵芝(B)的 HPLC 图

中，加甲醇稀释至刻度，摇匀，精密吸取 20μl，注入色谱仪，按上述色谱条件测定峰面积；以峰面积为纵坐标，进样量为横坐标进行线性回归，得灵芝酸 C_2 回归方程为 $Y=0.921X-0.285$，$r=0.9992$、灵芝酸 G 为 $Y=1.28X-2.15$，$r=0.9992$、灵芝烯酸 B 为 $Y=1.90X-12.8$，$r=0.9994$、灵芝酸 B 为 $Y=1.24X+1.29$，$r=0.9992$、灵芝烯酸 A 为 $Y=2.60X-4.30$，$r=0.9992$、灵芝酸 A 为 $Y=1.27X+16.3$，$r=0.9995$、赤芝酸 A 为 $Y=1.33X+4.51$，$r=0.9990$、灵芝烯酸 D 为 $Y=2.70X-17.1$，$r=0.9992$、灵芝酸 C_1 为 $Y=1.16X+8.41$，$r=0.9994$，表明灵芝酸 C_2、灵芝酸 G、灵芝烯酸 B、灵芝酸 B、灵芝烯酸 A、灵芝酸 A、赤芝酸 A、灵芝烯酸 D、灵芝酸 C_1 分别在 0.136～0.818、0.128～0.765、0.135～0.810、0.128～0.765、0.119～0.713、0.118～0.705、0.140～0.840、0.124～0.743、0.121～0.728μg，与峰面积呈良好的线性关系。

精密度试验：取样品溶液，按上述色谱条件连续进样 6 次，每次进样 20μl，计算灵芝酸 C_2、灵芝酸 G、灵芝烯酸 B、灵芝酸 B、灵芝烯酸 A、灵芝酸 A、赤芝酸 A、灵芝烯酸 D、灵芝酸 C_1 峰面积的 RSD，分别为 0.53%、0.89%、0.45%、0.48%、0.67%、1.2%、0.53%、0.53%、1.1%。

稳定性试验：取样品溶液，按上述色谱条件分别在 0、4、8、12、24h 进样，进样量为 20μl，计算灵芝酸 C_2、灵芝酸 G、灵芝烯酸 B、灵芝酸 B、灵芝烯酸 A、灵芝酸 A、赤芝酸 A、灵芝烯酸 D、灵芝酸 C_1 峰面积的 RSD，分别为 0.63%、0.85%、0.62%、0.76%、0.86%、1.3%、0.56%、0.73%、1.2%，表明样品在 24h 内稳定。

重现性试验：取段木栽培灵芝粉末 6 份，样品制备方法平行制取样品溶液并测定，灵芝酸 C_2、灵芝酸 G、灵芝烯酸 B、灵芝酸 B、灵芝烯酸 A、灵芝酸 A、赤芝酸 A、灵芝烯酸 D、灵芝酸 C_1 峰面积的 RSD，分别为 2.2%、0.41%、3.4%、2.1%、3.1%、0.53%、3.3%、0.39%、1.7%，重复性良好。

回收率试验：精密称取已知含量的段木栽培灵芝粉末（新粉碎）250mg5 份，分别精密加入 9 种对照品混合溶液 1.5ml，按照样品测定项下方法测定，计算回收率，结果见表 7-10。

表 7-10 赤芝中三萜酸回收率测定结果

化合物	样品中含量(mg)	加入量(mg)	测得量(mg)	回收率(%)	平均值(%)	*RSD*(%)
1	0.079 00	0.081 60	0.161 1	100.61	102.13	1.5
			0.163 6	103.68		
			0.161 0	100.49		
			0.162 8	102.70		
			0.163 2	103.19		
2	0.060 50	0.076 44	0.139 3	103.09	102.28	0.96
			0.138 0	101.39		
			0.139 2	102.96		
			0.137 8	101.13		
			0.139 1	102.83		
3	0.059 75	0.081 00	0.142 8	102.53	100.64	1.9
			0.139 7	98.70		
			0.142 5	102.16		
			0.139 5	98.46		
			0.141 8	101.30		
4	0.082 50	0.076 44	0.160 4	101.91	103.27	1.3
			0.162 5	104.66		
			0.160 9	102.56		
			0.162 6	104.79		
			0.160 8	102.43		
5	0.042 25	0.071 28	0.115 5	102.76	104.14	1.8
			0.117 7	105.85		
			0.114 8	101.78		
			0.117 7	105.85		
			0.116 7	104.45		
6	0.173 3	0.070 56	0.243 2	99.06	103.20	2.5
			0.247 5	105.16		
			0.247 8	105.58		
			0.245 8	102.75		
			0.246 3	103.46		
7	0.033 25	0.084 00	0.114 7	96.96	96.41	0.66
			0.113 8	95.89		
			0.114 9	97.20		
			0.114 1	96.25		
			0.113 7	95.77		
8	0.030 25	0.074 28	0.105 5	101.31	102.46	2.9
			0.107 7	104.27		
			0.108 0	104.67		
			0.102 9	97.81		
			0.107 7	104.27		
9	0.094 50	0.072 72	0.168 3	101.49	101.49	1.3
			0.168 4	101.62		
			0.169 4	103.00		
			0.166 8	99.42		
			0.168 6	101.90		

样品测定:在已选定的色谱条件下样品溶液进样 20μl,按外标法定量,分别计算样品中三萜酸的含量,结果见表 7-11。

表 7-11 31种灵芝样品中三萜含量测定

样品	样品名称 (sample name)	来源 (sources)	灵芝酸 C_2	灵芝酸 G	灵芝烯酸 B	灵芝酸 B	灵芝烯酸 A	灵芝酸 A	赤芝酸 A	灵芝烯酸 D	灵芝酸 C_1	9种三萜酸总计(%)
1	野生灵芝 *G. lucidum*	西藏八一 (Bayi, Xizang)	0.017 2	0.017 2	0.001 8	0.044 3	0.003 8	0.039 0	0.008 6	—	0.023 0	0.154 9
2	赤芝 *G. lucidum*	广东广州 (Guangzhou, Guangdong)	0.030 6	0.064 5	0.029 0	0.109 0	0.017 7	0.108 0	0.020 2	0.009 3	0.078 1	0.466 2
3	原木灵芝 *G. lucidum*	福建福州 (Fuzhou, Fujiang)	0.028 1	0.031 0	0.001 9	0.068 4	0.008 3	0.095 6	0.027 2	—	0.066 2	0.326 7
4	草栽灵芝 *G. lucidum*	福建福州 (Fuzhou, Fujiang)	0.020 5	0.030 8	0.002 4	0.063 0	0.006 4	0.036 9	0.030 4	—	0.053 9	0.244 3
5	赤芝 *G. lucidum*	江苏启东 (Qidong, Jiangsu)	0.011 9	0.012 0	0.008 5	0.017 9	0.007 8	0.024 1	0.006 0	0.005 3	0.017 3	0.110 8
6	赤芝 *G. lucidum*	山东泰安 (Taian, Shandong)	0.005 7	0.010 7	0.008 4	0.009 7	0.004 0	0.008 9	0.002 2	0.003 7	0.002 9	0.056 2
7	赤芝 *G. lucidum*	广东韶关 (Shaoguan, Guangdong)	0.029 5	0.019 5	0.018 7	0.035 5	0.012 0	0.045 7	0.011 0	0.009 3	0.034 1	0.215 3
8	聚宝灵芝 *G. lucidum*	江苏南通 (Nantong, Jiangsu)	TR	0.009 5	0.004 7	0.020 4	0.003 8	0.032 5	0.004 5	0.002 9	0.171 0	0.249 3
9	赤芝 *G. lucidum*	北京 (Beijing)	TR	0.038 4	0.003 7	0.060 7	0.006 8	0.064 8	0.030 2	—	0.036 0	0.240 6
10	赤芝 *G. lucidum*	北京 (Beijing)	—	0.038 4	0.006 9	0.085 7	0.007 1	0.109 0	0.069 7	—	0.062 6	0.379 4
11	段木灵芝 *G. lucidum*	福建福州 (Fuzhou, Fujian)	0.031 6	0.024 2	0.023 9	0.033 0	0.016 9	0.069 3	0.013 3	0.012 1	0.037 8	0.262 1
12	野生灵芝 *G. lucidum*	西藏林芝 (Linzhi, Xizang)	0.021 9	0.011 1	—	0.043 2	0.003 9	0.010 4	0.004 7	—	0.010 6	0.105 8
13	野生灵芝 *G. lucidum*	贵州 (Guizhou)	0.004 2	0.027 7	0.007 2	0.021 5	0.005 2	0.003 9	0.032 5	0.002 2	0.005 3	0.109 7
14	赤芝 *G. lucidum*	北京 (Beijing)	0.016 7	0.042 3	0.031 3	0.054 4	0.015 7	0.064 3	0.007 9	0.007 2	0.030 7	0.270 5
15	赤芝 *G. lucidum*	北京 (Beijing)	—	0.026 3	0.022 5	0.040 7	0.011 7	0.065 2	0.023 4	0.005 7	0.040 7	0.236 2
16	赤芝 *G. lucidum*	安徽金寨 (Jinzhai, Anhui)	0.049 5	0.045 6	0.043 0	0.065 6	0.026 1	0.106 0	0.016 2	0.016 9	0.064 5	0.433 4

（续表）

样品	样品名称 (sample name)	来源 (sources)	灵芝酸 C_2	灵芝酸 G	灵芝烯酸 B	灵芝酸 B	灵芝烯酸 A	灵芝酸 A	赤芝酸 A	灵芝烯酸 D	灵芝酸 C_1	9种三萜酸总计(%)
17	赤芝 *G. lucidum*	广东韶关 (Shaoguan, Guangdong)	0.077 8	0.069 9	0.010 9	0.157 0	0.008 7	0.203 0	0.033 3	—	0.123 0	0.683 6
18	草栽灵芝 *G. lucidum*	广东韶关 (Shaoguan, Guangdong)	0.045 7	0.044 8	—	0.103 0	0.008 8	0.168 0	0.038 6	—	0.109 0	0.517 9
19	木屑灵芝 *G. lucidum*	安徽金寨 (Jinzhai, Anhui)	0.118 0	0.105 0	0.085 3	0.136 0	0.047 4	0.210 0	0.046 9	0.030 5	0.127 0	0.906 1
20	赤芝 *G. lucidum*	浙江龙泉 (LongquanZhejiang)	0.021 5	0.035 5	0.022 1	0.020 3	0.021 7	0.087 0	0.028 9	0.014 8	0.056 5	0.308 3
21	赤芝 *G. lucidum*	浙江龙泉 (Longquan Zhejiang)	0.008 2	—	0.020 8	—	0.012 2	0.028 3	—	0.006 6	0.018 1	0.094 2
22	赤芝 *G. lucidum*	上海 (Shanghai)	0.061 8	0.049 2	0.050 2	0.062 1	0.017 2	0.111 0	0.019 4	0.018 0	0.065 1	0.454 0
23	赤芝 *G. lucidum*	山东济宁 (JiningShandong)	0.016 5	0.032 4	0.043 6	0.030 6	0.013 4	0.078 8	0.036 2	0.020 5	0.045 6	0.317 6
24	赤芝 *G. lucidum*	山东济宁 (JiningShandong)	0.006 8	0.011 6	0.018 3	0.010 8	0.008 1	0.026 5	0.012 5	0.011 3	0.013 7	0.119 6
25	赤芝 *G. lucidum*	山东冠县 (Guanxian, Shandong)	0.014 3	0.034 3	0.076 6	0.053 9	—	0.056 2	0.022 4	0.011 4	0.038 0	0.307 1
26	赤芝 *G. lucidum*	安徽金寨 (Jinzhai, Anhui)	0.055 9	0.049 3	0.056 2	0.066 2	0.017 4	0.100 0	0.017 2	0.017 8	0.059 2	0.439 2
27	赤芝 *G. lucidum*	福建福州 (Fuzhou, Fujian)	0.014 1	0.026 4	0.012 2	0.017 3	0.019 4	0.087 7	0.086 5	0.016 1	0.054 4	0.334 1
28	赤芝 *G. lucidum*	辽宁沈阳 (Shenyang Liaoning)	0.039 0	0.031 8	0.044 9	0.041 3	0.018 0	0.061 2	—	0.014 0	0.031 2	0.281 4
29	赤芝 *G. lucidum*	吉林蛟河 (Jiaohe, Jilin)	0.019 4	0.022 3	0.029 9	0.027 2	0.005 7	0.036 4	0.036 1	0.008 2	0.024 3	0.209 5
30	赤芝 *G. lucidum*	安徽六安 (Liuan, Anhui)	0.043 0	0.028 3	0.044 4	0.043 7	0.029 3	0.115 0	0.020 2	0.020 9	0.060 4	0.405 2
31	赤芝 *G. lucidum*	江苏东台 (Dongtai, Jiangsu)	0.141 0	0.122 0	0.084 5	0.154 0	0.019 2	0.106 0	0.021 4	0.011 8	0.059 9	0.719 8

注：—：未检出；TR：痕量。

国内外灵芝中三萜酸的含量测定有比色法、HPLC法。HPLC法为比较精确的含量测定方法，但由于灵芝三萜标准品的缺乏，国内文献与产品报道大多用比色法，且多用齐墩果酸或熊果酸作为对照品，测得总三萜含量很高，与实际含量不符，对读者和消费者易产生误导。有些文献虽用HPLC法比较了不同灵芝的三萜情况，但只是HPLC图谱的比较，未进行含量的测定。李保明等测定了31个灵芝样品中9种三萜酸的含量。结果显示，同一产地的灵芝由于栽培条件不同，灵芝中三萜酸的含量有较大差异，灵芝酸A的含量在大多数样品中均最高，含量与栽培条件的相关性大于产地的相关性。

李保明等人对灵芝孢子粉中的三萜酸含量测定进行了方法学考察，并测定了10批样品，结果9种三萜酸含量均为$\times 10^{-6}$级，而目前文献报道灵芝孢子粉与孢子油中的三萜含量用比色法测定，有的达到20%～30%，与实际含量不符，HPLC法可为灵芝孢子粉质量控制提供参考。

李保明等人在实验中发现，同一批灵芝子实体，粉碎放置4年后与新粉碎样品同时测定三萜酸含量，结果粉碎放置4年后的样品和新粉碎样品中9种三萜酸总含量，分别为0.1317%和0.2621%，前者9种三萜酸总含量降低了50%，提示应注意子实体粉碎后的稳定性与保存期限。

对于灵芝同一品种不同栽培生长时间、不同栽培条件、不同培养基质对三萜含量的影响以及采过孢子粉的灵芝子实体和未采过孢子粉的灵芝子实体中三萜含量的变化等工作需进一步加强研究。

二、灵芝中核苷类化学成分的含量测定

高效毛细管电泳法测定核苷类化学成分的含量

戴敬、鲁静等人[70]建立了高效毛细管电泳测定灵芝培养液中核苷类化学成分的方法，测定了其中两种核苷-腺苷和鸟苷的含量。方法为：使用熔融石英毛细管柱，75μm×57cm(有效长度50cm)，缓冲体系20mmol/L硼砂含30mmol/L十二烷基硫酸钠，添加5%乙醇(95%)，pH10.0(1mmol/L NaOH调节)；气动进样时间15s；分离电压10kV(恒压方式)；柱温20℃；检测波长254nm。回归方程腺苷：$Y=0.0705+0.01707X(r=0.9995)$；鸟苷：$Y=0.0232+0.01864X(r=0.9999)$。平均回收率(n=5)：腺苷为99.22%，$RSD=3.66\%$；鸟苷为104.3%，$RSD=1.91\%$。内标为：磺胺甲唑。样品的前处理使用AB-8大孔树脂吸附，30%乙醇洗脱。根据建立的方法，测定了9批灵芝培养液样品中腺苷和鸟苷的含量。腺苷的含量在19.3～23.6μg/ml之间，鸟苷的含量在12.5～19.8μg/ml之间。

三、灵芝中甾醇类化合物的含量测定

王江等人[71]用气相色谱测定了鹿角状灵芝和片状灵芝的甾醇含量，灵芝中的甾醇用氯仿提取后，加吡啶和醋酐进行酰化处理，进样分析可保留时间定性，以峰高定量。仪器为日本岛津GC-9A型气相色谱仪，FID检测器，C-RSA型数据处理机。色谱条件：玻璃柱2m×ϕ3mm，填料2.0%SE-30+1.5%QF-1/chromosorbWAW(60～80目)担体。柱温245℃，检测器温300℃，气化室温300℃，载气N_2 40ml/min，H_2 0.10Mpa，Air0.07Mpa。以菜油甾醇、豆甾醇、β-谷甾醇为标准品绘制工作曲线，其中鹿角状灵芝甾醇总量为0.79mg/g；片状灵芝的甾醇总量为1.04mg/g。

四、灵芝中氨基酸的含量测定

灵芝中氨基酸的含量较为丰富，是一般食用菌的2～3倍。

测定方法:将样品烘干,经6N盐酸110℃水解24h,用日立835-50型氨基酸自动分析仪测定。含量测定结果见表7-12。

表7-12 灵芝中各种氨基酸分析结果(单位mg/100mg样品)

品种		天冬氨酸	苏氨酸	丝氨酸	谷氨酸	甘氨酸	丙氨酸	胱氨酸	缬氨酸	甲硫氨酸
灵芝	野生	0.35	0.23	0.21	0.33	0.22	0.19	—	0.38	0.91
灵芝	棉子壳	0.85	0.53	0.51	1.06	0.47	0.54	—	0.56	1.97

品种		异亮氨酸	亮氨酸	酪氨酸	苯丙氨酸	赖氨酸	组氨酸	精氨酸	色氨酸	脯氨酸
灵芝	野生	0.15	0.23	0.12	0.17	0.09	0.04	0.13	—	0.11
灵芝	棉子壳	0.30	0.59	0.66	0.72	0.45	0.20	0.52	—	0.31

五、灵芝孢子粉还原糖和多肽的含量测定

杨新林等人[72]对灵芝破壁孢子粉与不破壁孢子粉还原糖和多肽的含量进行了测定。

样品制备:酸提和水提:灵芝破壁孢子粉与不破壁孢子粉各2g,分别置于20ml试管中,加入20ml 2%盐酸溶液(酸提)或蒸馏水(水提),在沸水浴中加热2h,冷却后离心2次,每次10min,收集上清液约5ml,分装冻干-20℃保存。水煮:灵芝破壁孢子粉与不破壁孢子粉各2g,分别置于500ml平底烧杯中,加入约100ml蒸馏水加热30min,冷却后离心,收集上清液Ⅰ,沉淀再加约100ml蒸馏水,得上清液Ⅱ和Ⅲ,分装冻干-20℃保存。

样品还原糖含量测定:还原糖含量测定采用Somogyi铜试剂比色法:精密配置梯度的葡萄糖标准溶液(0~300μg/ml),取标准溶液和样品溶液(必要时进行稀释)各0.5ml,用Somogyi铜试剂比色法在580nm处测OD值,重复3次取平均值,绘制标准曲线并求得样品中还原糖含量(表7-13~16)。

样品多肽含量测定:多肽含量测定采用Folin酚法:精密配置梯度的牛血清白蛋白标准溶液(0~1000μg/ml),取标准溶液和样品溶液(必要时进行稀释)各0.1ml,用Folin酚法在580nm处测OD值,重复3次取平均值,绘制标准曲线并求得样品中多肽含量。

测定结果:灵芝破壁孢子粉与不破壁孢子粉还原糖和多肽的含量测定结果表明,无论采用酸提、水提还是水煮的提取方式,破壁孢子粉提取液中还原糖和多肽含量均明显高于等量的不破壁孢子粉。

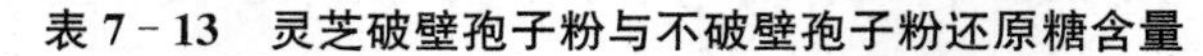
表7-13 灵芝破壁孢子粉与不破壁孢子粉还原糖含量

提取方式	破壁孢子粉(B)%	不破壁孢子粉(N)%	(B-N)/N×100%
水提	0.07	0.04	56
酸提	0.05	0.05	65
水煮	0.37	0.20	85

表7-14 连续3次水煮灵芝破壁孢子粉与不破壁孢子粉还原糖含量

	第一次	第二次	第三次	总计
破壁孢子粉	71.6	23.9	4.5	100
不破壁孢子粉	64.9	18.5	16.6	100

表 7-15　灵芝破壁孢子粉与不破壁孢子粉多肽含量

提取方式	破壁孢子粉(B)%	不破壁孢子粉(N)%	(B-N)/N×100%
水提	0.67	0.57	18
酸提	2.08	1.53	36
水煮	2.35	1.76	34

表 7-16　连续 3 次水煮灵芝破壁孢子粉与不破壁孢子粉多肽含量

	第一次	第二次	第三次	总计
破壁孢子粉	56.8	38.8	4.4	100
不破壁孢子粉	54.5	35.5	10.0	100

六、灵芝孢子油中脂肪酸的含量测定

陈体强等人[73]采用气相色谱与质谱(GC-MS)联用分析，从超临界 CO_2 萃取孢子油中鉴定出 18 种脂肪酸成分，包括 6 种不饱和脂肪酸、7 种饱和脂肪酸、两种环链脂肪酸，以及已酸、辛酸、壬酸等短链脂肪酸。GC 定量分析结果表明：灵芝孢子油中检出 9 种已知脂肪酸，不饱和脂肪酸总量为 73.6%；其中，主体成分油酸(C18:1)、亚油酸(C18:2)和棕榈酸(C16:0)等，含量分别为 57.5%、13.4%、19.6%；此外，不饱和脂肪酸十六碳烯酸(C16:1)、亚麻酸(C18:3)等不饱和脂肪酸含量为 2.2%和 0.5%。

姚谓溪等人[74]采用气相色谱与质谱(GC-MS)联用分析，从超临界 CO_2 萃取孢子油测定了灵芝孢子油中主要脂肪酸的相对含量(表 7-17)。

表 7-17　灵芝孢子油中主要脂肪酸的相对含量

序号	保留时间(min)	相对分子质量	化合物名称	相对含量(%)
1	9.41	242	C14 酸甲酯	0.18
2	9.84	256	C15 酸甲酯	0.46
3	10.42	266	C16 二烯酸酸甲酯	0.27
4	10.48	268	C16 一烯酸酸甲酯	0.94
5	10.58	270	棕榈酸酸甲酯	20.73
6	11.10	284	C16 酸乙酯	0.24
7	11.34	284	C17 酸甲酯	0.23
8	11.85	294	亚油酸甲酯	6.59
9	11.92	296	油酸甲酯	63.28
10	12.12	298	硬脂酸酸甲酯	4.04
11	12.43	310	油酸乙酯	0.58
12	12.89	312	C19 酸甲酯	0.15
13	13.23	322	C20 酸甲酯	0.40
14	13.46	324	C20 酸甲酯	0.38
15	13.67	326	C20 酸甲酯	0.28
16	14.44	340	C21 酸甲酯	0.10
17	15.20	354	C22 酸甲酯	0.49
18	15.92	368	C23 酸甲酯	0.15
19	16.64	382	C24 酸甲酯	0.44
20	17.43	396	C25 酸甲酯	0.09

七、灵芝中三萜酸 HPLC 指纹图谱的研究

李保明等人[75]采用高效液相色谱法，建立了灵芝 HPLC 指纹图谱分析方法。色谱柱为 Alltech C18(150mm×4.6mm，5μm)，以乙腈-0.04%甲酸梯度洗脱，0～10min 时，乙腈 0%～20%，10～20min 时，乙腈 20%～25%，20～50min 时，乙腈 25%～30%，50～65min 时，乙腈 30%～38%；流速为 1.0ml/min；检测波长为 254nm，柱温 15℃。分析了 18 个批次的灵芝子实体，并建立了指纹图谱，确定了 19 个共有峰，包括灵芝酸 I①、灵芝酸 C2②、赤芝酸 LM1④、灵芝酸 G⑤、灵芝烯酸 B⑥、灵芝酸 B⑦、灵芝烯酸 A⑨、灵芝酸 A⑪、12-乙酰基-3-羟基-7,11,15,23-四羰基-羊毛甾-8-烯-26-酸⑫、灵芝酸 D⑬、赤芝酸 A⑭、灵芝烯酸 D⑮、灵芝酸 C⑯、灵芝酸 E⑰、灵芝孢子酸 A⑲等 15 个已知化合物峰以及 4 个未知化合物峰，有 13 批灵芝样品指纹图谱与对照指纹图谱相似度均在 0.9 以上。该方法简单、准确、重复性好，为灵芝的质量控制标准提供了有效的方法。

仪器与试药：Agilent1200 系统高效液相色谱仪；紫外检测器(DAD)；对照品均由该实验室制备，经 IR、UV、NMR、MS 等光谱鉴定，HPLC 分析纯度为 98%以上；灵芝药材来源见表 7-18；乙腈，水为双蒸水，其他试剂均为分析纯。

表 7-18　样品来源

样品编号	样品来源	样品编号	样品来源
1	赤芝(广州)	10	赤芝(北京)
2	原木灵芝(福州)	11	赤芝(北京)
3	鹿角灵芝(镜泊湖)	12	段木灵芝(福州)
4	草栽灵芝(福建农大)	13	松杉灵芝(广东)
5	鹿角灵芝(南通)	14	灵芝(泰山)
6	赤芝(江苏启东)	15	野生灵芝(西藏林芝)
7	灵芝(泰安)	16	野生灵芝(西藏八一)
8	灵芝(广东韶关)	17	紫芝(广州)
9	聚宝灵芝(南通)	18	硬孔灵芝(福州)

色谱条件：色谱柱：Alltech Alltima C_{18}(150mm×4.6mm，5μm)；流动相：乙腈-0.04%甲酸梯度洗脱，0～10min 时，乙腈 0%～20%，10～20min 时，乙腈 20%～25%，20～50min 时，乙腈 25%～30%，50～65min 时，乙腈 30%～38%；记录色谱时间为 80min；流速：1.0ml/min；检测波长：254nm；柱温：15℃；进样体积：20μl。

溶液制备：供试品溶液取上述 1～10 号灵芝样品粉末(过二号筛)各 2g，精密称定，分别精密加入氯仿 40ml，超声波提取 20min，滤过，滤液用饱和碳酸氢钠溶液萃取 2 次(2×20ml)，合并碳酸氢钠溶液，用 6mol/L 盐酸调节至 pH2，再用氯仿萃取 2 次(2×20ml)，合并氯仿液，用水洗 2 次(2×20ml)，弃去水层，氯仿液浓缩至干，残渣加甲醇溶解并定容至 5ml，摇匀，经微孔滤膜(0.45μm)过滤，即得。

对照品溶液：精密称取灵芝酸 I、灵芝酸 C2、赤芝酸 LM1、灵芝酸 G、灵芝烯酸 B、灵芝酸 B、灵芝烯酸 A、灵芝酸 A、12-乙酰基-3-羟基-7,11,15,23-四羰基-羊毛甾-8-烯-26-酸、灵芝酸 D、赤芝酸 A、灵芝烯酸 D、灵芝酸 C、灵芝酸 E、赤芝孢子酸 A 各 1mg，置于 10ml 量瓶中，加甲醇溶解并稀释至刻度，即得。

对照实验：取对照品溶液 20μl，注入高效液相色谱仪，按上述色谱条件进样，记录色谱图，见图 7-11。

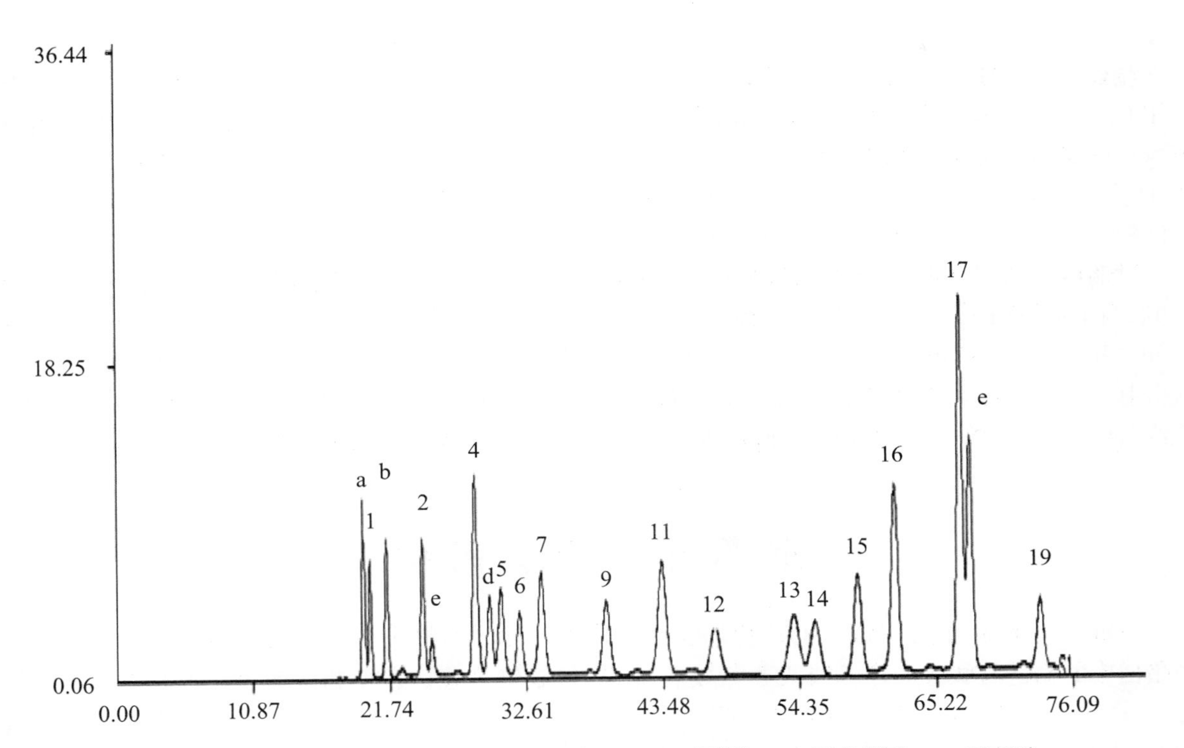

图中：1.灵芝酸Ⅰ；2.灵芝酸C2；4.赤芝酸LM1；5.灵芝酸G；6.灵芝烯酸B；7.灵芝酸B；9.灵芝烯酸A；11.灵芝酸A；12.12-乙酰基-3-羟基-7，11，15，23-四羰基-羊毛甾-8-烯-26-酸；13.灵芝酸D；14.赤芝酸A；15.灵芝烯酸D；16.灵芝酸C；17.灵芝酸E；19.赤芝孢子酸A

图 7－11　对照品的高效液相色谱图

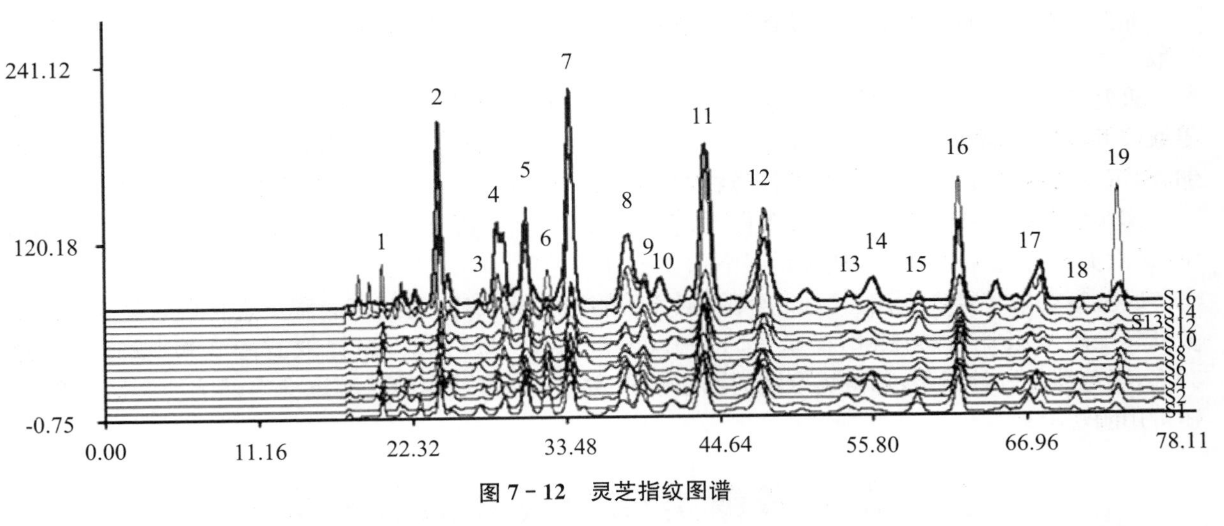

图 7－12　灵芝指纹图谱

稳定性试验：取同一批供试品溶液，在相同的条件下分别于 0、5、10、20、90h 进样分析，采用国家药典委员会指纹图谱评价软件计算出相似度均在 0.995 以上，主要峰相对面积的 *RSD* 值均＜3.0%。符合指纹图谱要求。

精密度试验：取同一批供试品溶液，在相同的条件下分别进样 6 次，计算出似度均在 0.998 以上，主要峰相对面积的 *RSD* 值均＜3.0%。符合指纹图谱要求。

重复性试验：取同一批样品，在相同的条件下分别称取 5 份，制备供试品溶液，按色谱条件进样，记录结果，计算出相似度均在 0.980 以上，主要峰相对面积的 *RSD* 值均＜3.0%。符合指纹图谱要求。

指纹图谱的建立：精密吸取供试品溶液20μl，进样以灵芝酸A峰(11号峰)为参照，标示出灵芝的HPLC指纹图谱中几个共有峰，作为可以构成指纹图谱稳定的特征峰。将得到的色谱图数据导入国家药典委员会指纹图谱评价系统，1、5、8号峰作为marker峰，进行色谱峰匹配，结果见图7-12。16批灵芝药材与对照指纹图谱相似度计算结果分别为：0.943、0.930、0.840、0.918、0.942、0.956、0.908、0.948、0.927、0.943、0.918、0.904、0.856、0.930、0.773和0.909。

试验结果：紫芝和硬孔灵芝在该实验条件下，没有色谱峰出现；赤芝(栽培)的指纹图谱相似度>0.92；两个赤芝(野生)分别为0.773和0.909；两个鹿角灵芝分别为0.840和0.942，而松杉灵芝为0.86。从赤芝的指纹图谱和相似度结果可以看出，它们的共有峰均为19个，相似度虽有差异，但所含成分基本一致。在灵芝分类学上，赤芝和松杉灵芝同为灵芝属灵芝组真菌，而紫芝和硬孔灵芝属于紫芝组；从三萜化合物存在的情况看，两者也有明显的区别，也为灵芝的化学分类提供了参考。

第四节　赤芝多糖

多糖类是指10个分子以上的单糖缩合而成的化合物。多糖类包括多糖和多糖蛋白。赤芝多糖蛋白中的糖链与肽链上丝氨酸或苏氨酸通过O-糖苷键连接。多糖和多糖蛋白的相对分子质量在$2.0\times10^3\sim5.8\times10^5$，其单糖组成，主要由D-葡萄糖为主的杂多糖构成。推断其基本结构中主链为1→4和1→6连接。大量研究表明，赤芝多糖具有免疫调节、抗肿瘤、抑制血管新生、促进胰岛素释放、降血糖、抗氧化清除自由基与延缓衰老等作用。

一、赤芝多糖类化学成分的提取方法

赤芝多糖的提取主要根据其能溶于水、稀碱与稀酸，而不溶于醇醚和丙酮等有机溶剂的性质进行提取分离。

最常见的方法是热水提取法。将灵芝与水以1∶(10～15)90～100提取2～3次，每次1h。合并提取液并浓缩至原体积的1/10～15，加3～5倍乙醇使多糖沉淀析出。离心、沉淀、水溶解、透析、浓缩、醇沉反复两次纯化，而得灵芝多糖类物质。该物质在透析之前去除游离蛋白质，得到多糖。

实验室常用Sevag法除去游离蛋白质，它是将氯仿：正丁醇=5∶1(V/V)的比例，加入多糖水溶液中，多次振荡，使蛋白质变性，从乳化层中除去。

实验室提取多糖肽先用乙醇(或甲醇)回流脱脂与去除杂质，而制得脱脂灵芝再用水提取。提取多糖类除用水以外，也可采用稀碱(0.1～1.0mol/L NaOH)提取，但提取时间宜短，温度不超过50℃，以免糖苷键的断裂，稀碱提取液应迅速中和、透析，也可用含酸乙醇沉淀得碱溶性多糖。此外，还可用酶法提取。

二、赤芝多糖类化学成分的分离方法

灵芝多糖类常用的分离方法有：分级沉淀法、凝胶柱层析法、离子交换树脂和超滤技术等，实际操作中常常是几种方法配合使用，才能收到较好的分离纯化效果。

(一)分级沉淀法

依据不同分子大小的多糖(肽)在不同浓度甲醇或乙醇中溶解度的不同，依次沉淀析出。可将灵芝总多糖类配制成合适的水溶液(1%～3%)，离心弃除杂质。水溶液搅拌滴加乙醇至1∶0.5(V/V)，

静置过夜、离心，以33%乙醇洗沉淀，干燥得第一级分。上清液再加乙醇至1∶1，同上处理得第二级分，继续在上清液中加乙醇至1∶1.5得第三级分。

（二）离子交换色谱

用于多糖类的离子交换色谱，要求固定相载体具有亲水性，稳定性和较大的交换空间，以便于洗脱。通常使用的离子交换剂有3种：离子交换纤维素，葡聚糖离子交换剂和琼脂糖离子交换剂。当纤维素、葡聚糖和琼脂糖分子结合有二乙氨基乙基(DEAE)阳离子基团时，可换出阴离子，称为阴离子交换剂。它是亲水性基质的交换剂，由于它对被分离物质的吸附和洗脱都较为温和，活性不易被破坏，因此被广泛采用在多糖的分离。灵芝多糖类离子交换色谱的交换剂主要有以下几种：

1. DEAE-纤维素

优点：①属开放型长链，具有较大的表面积，吸附容量最大；②具有良好的稳定性，洗脱剂的选择范围广；③离子基团少，排列稀疏，与多糖类结合不太牢固，易于洗脱。实际用于灵芝多糖类柱层析时，可以选水、氯化钠、磷酸缓冲液或将简单的盐(如NaCl)溶解于稀缓冲液中制成洗脱液等。也可将DEAE-纤维素处理成硼酸型，待样品上柱后，依硼砂溶液浓度递增的条件逐个洗脱。同时跟踪检测，将分离出的相同组分，再结合透析，浓缩醇沉和低温干燥，即可分离出多个结构不同的多糖。

2. DEAE-葡聚糖凝胶

葡聚糖凝胶离子交换剂具有离子交换和分子筛的双重作用，对多糖类有很高的分辨率。用于多糖类分离常采用DEAE-Sephadex A-25、A-50，弱碱性阴离子交换剂，是国内外使用较广泛的型号。柱洗脱液为氯化钠和磷酸盐缓冲液，也可分离出多个组分的多糖肽。

3. DEAE-琼脂糖凝胶

琼脂糖凝胶适合相对分子质量较大多糖的分离，即使加快流速，也不影响分辨率。适用分离灵芝多糖类的离子交换剂，常采用DEAE-Sephadex 4B和6B等类型。

（三）凝胶色谱法

用于灵芝多糖肽分离的凝胶有葡聚糖凝胶(商品名为Sephadex)、聚丙烯酰胺凝胶(商品名为Bio-Gel P)、琼脂糖凝胶(商品名为Sepharose)等，对相对分子质量不同的灵芝多糖肽，宜选择相应的凝胶进行分离。

（四）超滤技术

超滤法是综合了过滤和透析技术优点而发展起来的一种高效分子分离技术，是灵芝多糖类脱盐、浓缩、分级分离常用的方法。该法用一定孔径的半透膜在一定压力下，半透膜内小分子能通过膜孔渗透到膜外，大分子不能通过，使大小不同分子达到分离的目的。超滤技术主要有无搅拌式、搅拌式和中空纤维超滤3种。中空纤维超滤法可采用不同截留相对分子质量的中空纤维超滤柱进行分级分离。

赤芝多糖(肽)的化学结构与相对分子质量见下表：

表7-19　赤芝多糖的化学结构与相对分子质量

名　称	化学结构	相对分子质量	来源文献
GL-1	杂多糖(Rha∶Xyl∶Ara=18.8∶1.5∶1.0)	4.0×10^4	[76]
Polysaccharide-1	杂多糖(Man∶Xyl∶Fuc=1∶1∶1)	3.8×10^4	[77]

（续表）

名　称	化学结构	相对分子质量	来源文献
Ganoderan A	杂多糖肽(Rha∶Gal∶Glc=0.4∶1.0∶0.7)	2.3×10^5	[78]
Ganoderan B	酸性杂多糖肽(Man∶Glc=0.05∶1.0)	7.4×10^4	[78]
Ganoderan C	β-(1→3)(1→4)半乳葡聚糖肽	5.8×10^3	[79]
BN_3C_1	β-(1→6)(1→3)葡聚糖	1.6×10^4	[80]
BN_3C_3	β-(1→6)(1→3)阿拉伯葡聚糖肽(Glc∶Ara=4∶1)	2.5×10^4	[80]
BN_3B_1	β-(1→3)(1→6)葡聚糖	3.5×10^4	[81]
BN_3B_3	β-(1→6)(1→3)阿拉伯葡聚糖	4.0×10^4	[81]
GLA_2	肽多糖	9.3×10^3	[81]
GLA_4	β-(1→3)(1→6)(1→4)葡萄糖为主的杂多糖(Glc∶Xyl=4∶1)	1.3×10^4	[81]
GLA_6	肽多糖	1.3×10^4	[81]
GLA_7	β-(1→3)(1→6)(1→4)葡萄糖为主的杂多糖(Glc∶Ara∶Xyl∶Gal=46∶3∶2∶1)	1.2×10^4	[81]
GLA_8	肽多糖	1.2×10^4	[81]
GLB_2	β-(1→4)(1→6)葡聚糖	7.1×10^3	[81]
GLB_3	β-(1→4)(1→6)杂多糖(Man∶Glc=1.0∶1.3)	7.7×10^3	[81]
GLB_4	β-(1→4)杂多糖	9.0×10^3	[81]
GLB_6	β-(1→4)杂多糖	8.8×10^3	[81]
GLB_7	β-(1→4)(1→6)杂多糖	9.0×10^3	[81]
GLB_9	β-(1→4)半乳葡聚糖(Gal∶Glc=1.0∶1.7)	9.3×10^3	[81]
GLB_{10}	β-(1→4)为主及少量β-(1→6)的葡聚糖	6.8×10^3	[81]
GLC_1	β-(1→4)为主及少量β-(1→6)杂多糖肽(Rha∶Ara∶Xyl∶Man∶Glc∶Gal=0.8∶0.5∶0.4∶1.2∶4.5∶1.0)	5.7×10^3	[81]
GLC_2	β-(1→4)为主及少量β-(1→6)的葡聚糖，含乙酰基	6.0×10^3	[81]
$GLSP_2$	β-(1→3)(1→6)(1→4)葡聚糖肽	1.3×10^4	[82]
$GLSP_3$	β-(1→4)(1→6)葡聚糖	1.4×10^4	[82]
–	杂多糖(Glc∶Gal∶Man∶Xyl∶Ara∶Rha=5.82∶2.23∶1.00∶1.35∶0.72∶0.51)	4.2×10^4	[83]
–	β-(1→3),O-6,O-4位上有分支(Glc∶Gal∶Man∶Xyl∶Fuc∶Rha=5.35∶2.67∶1.00∶1.19∶0.38∶0.37)	3.7×10^4	[83]
PGL	β-(1→6)葡聚糖	1.3×10^5	[84]
$GLMB_0$	α-(1→6)杂多糖肽	4.9×10^4	[85]
$GLMB_1$	α-(1→4)(1→6)杂多糖	1.3×10^4	[85]
GLPG	β-糖苷键为主，尚有少量α-糖苷键 Rha∶Xyl∶Fru∶Gal∶Glc=0.5∶3.61∶3.17∶0.56∶6.89	5.1×10^5	[86]
GLPW	β-糖苷键为主，尚有少量α-糖苷键 Rha∶Xyl∶Fru∶Gal∶Man∶Glc=0.79∶0.96∶2.94∶0.17∶0.39∶7.94	5.9×10^5	[86]
Lzps-1	β-(1→3)为主链及β-(1→6)为侧链的葡聚糖	8.0×10^3	[87]
SGL-II-2	β-(1→3)(1→6)杂多糖(Glc∶Gal=12.31∶1)	5.4×10^4	[88]
SGL-III	β-(1→3)Glc(1→6)Gal杂多糖(Glc∶Gal=4.45∶1)	1.4×10^4	[89]
PL-1	α-(1→4),O-6,O-4位上有葡萄糖和半乳糖分支杂多糖(Rha∶Gal∶Glc=1∶4∶13)	–	[90]
PL-3	β-(1→3),O-6位上有β-(1→6)葡萄糖残基分支	–	[90]

（续表）

名 称	化学结构	相对分子质量	来源文献
PL-4	β-(1→3)(1→4)(1→6)和β-(1→6)杂多糖(Man:Glc=1:13)	-	[90]
ASPs	α-(1→3)葡聚糖	-	[91]
GP-1	杂多糖	1.9×10^3	[92]
GP-2	杂多糖	1.1×10^3	[92]
GL-I	α-(1→4)-半乳糖	-	[93]
GL-II	β-(1→3)-葡聚糖	-	[93]
GL-III	β-(1→3)-葡聚糖	-	[93]
GL-IV	β-(1→3)-葡聚糖	-	[93]
GL-V	β-(1→3)-葡聚糖	-	[93]
-	杂多糖	1.5×10^6	[94]
GLP-F1-1	β-(1→4)(1→6)和β-(1→4)葡萄糖为主链及β-(1→6)葡萄糖和β-(1→4)半乳糖为侧链杂多糖(Glc:Gal=34:1)	2.5×10^6	[95]
FYGL	杂多糖	2.6×10^5	[96]
H-GLP	β-(1→3),β-1→6)或β-(1→3,6)杂多糖(Man:Glc:Gal=1.0:36.5:3.59)	7.9×10^5	[97]
FYGL-1	杂多糖(Gal:rha:Glc=1.00:1.15:3.22)	7.8×10^4	[98]
SGL	杂多糖	8.6×10^5	[99]
GLPS-SF1	肽聚糖(Glc;Man=4:1)	2.0×10^4	[100]
GLPS-SF2	$[-\alpha-1,4-Glc-(\beta-1,4-GlcA)_3-]_n$	-	[100]
GLP_L1	葡聚糖	5.2×10^3	[101]
GLP_L2	杂多糖(Glc:Gal:Man=29:1.8:1.0)	1.5×10^4	[101]

三、赤芝多糖类相对分子质量与纯度鉴定

（一）测定多糖类相对分子质量的原则

多糖的性质往往与它的相对分子质量有关。一般来说，相对分子质量增大，黏度增高。用于相对分子质量测定的样品纯度要求十分高，必须做到：弃除杂质；把不同化学结构的多糖分开，以便测定；把相对分子质量不同的组分分开。

（二）测定多糖类相对分子质量常用的方法

测定多糖类相对分子质量常用的高效凝胶渗透色谱（HPGPC）法

HPGPC法的样品分子与固定相凝胶之间无相互作用，完全是按分子筛原理分离。凝胶填料的耐高压性能带来了高流量和高速分离效果，可在30min内完成1次分析。用该法测定多糖类相对分子质量时，首先要选择合适的柱，目前常用的商品柱有TSK系、μ-Bondagel系和Lonpak系柱。为了提高分辨率，常将两根不同分离范围的色谱柱串联，串联时相对分子质量范围大的柱应在前面。流动相有水和缓冲液等，以含一定离子强度的缓冲液为最佳。对于黏度较大的多糖（通常是相对分子质量较大的多糖），可适当增加缓冲液的离子强度。最常用的是示差检测器（RI）。

此外，测定相对分子质量方法还有凝胶过滤法、渗透压法和蒸汽压渗透计法。

（三）赤芝多糖类总糖含量的测定

赤芝多糖类总糖含量测定，常采用蒽酮硫酸法或硫酸苯酚法。

1. 蒽酮-硫酸法

该法是《中华人民共和国药典》规定的测定方法，其原理是糖类遇浓硫酸脱水生成糠醛或其他衍生物，可与蒽酮试剂缩合而显色，显色的深浅与多糖含量呈线性关系。

（1）**对照品溶液的制备** 精密称取105℃干燥至恒重的葡萄糖，对照品适量，加水制成每1ml含0.1mg的溶液。

（2）**标准曲线的绘制** 分别精密吸取对照品溶液0.2ml、0.4ml、0.6ml、0.8ml、1.0ml和1.2ml，置10ml具塞试管中，加水至2.0ml，精密加入硫酸蒽酮溶液（精密称取蒽酮放入冰浴中冷却15min，以相应的试剂为空白，在紫外-可见分光光度计上，于625nm波长处测定吸光度，以吸光度为纵坐标，浓度为横坐标，绘制标准曲线。

（3）**供试品溶液的制备** 精确称定粉末1g，置蒸馏瓶中，加水40ml，沸水回流提取1h，重复1次，将两次提取液均转移至100ml容量瓶内，定容，摇匀。取40ml加200ml无水乙醇沉淀，过夜。4 000r/min离心20min。沉淀定容至50ml，摇匀。

（4）**样品测定** 精确量取供试品溶液2ml，置10ml具塞试管中，照标准曲线绘制项下的方法，自“精密加入硫酸蒽酮溶液6ml”起，依法测定吸光度。

（5）**换算因子的测定** 精密称取，分别置于100ml容量瓶中，加蒸馏水定容至刻度，作为多糖供试液。精密吸取2ml，按照标准曲线项下的方法测定吸光度，计算出多糖溶液中葡萄糖含量的平均值，并计算出换算因子：$f=W/CD$，式中W为多糖量（μg），C为多糖溶液中葡萄糖含量，D为多糖的稀释因素。

（6）**计算** $S=f\times n/N\times 100\%$

式中，S……多糖百分含量；

n……从标准曲线上读出供试品溶液中多糖浓度（以标准葡萄糖计）；

N……供试品溶液浓度；

f……换算因子。

2. 苯酚-硫酸法

苯酚-硫酸试剂可与寡糖、多糖起显色反应，其吸收值与糖含量呈线性关系。

（1）**对照品溶液的制备** 精密称取105℃干燥至恒重的无水葡萄糖20mg，置500ml容量瓶中，加水溶解并稀释至刻度，即得每1ml含0.04mg的溶液。

（2）**标准曲线的绘制** 分别精密吸取对照品溶液0.0ml、0.4ml、0.6ml、0.8ml、1.0ml、1.2ml、1.4ml和1.6ml，分别以水补至2.0ml，需加入6%苯酚1.0ml与浓硫酸5.0ml，静置10min，摇匀，室温放置20min，在紫外-可见分光光度计490nm测光密度，以水为空白，以吸光度为纵坐标，浓度为横坐标，绘制标准曲线。

（3）**供试品溶液的制备** 同蒽酮-硫酸法。

（4）**样品测定** 精确量取供试品溶液2ml，置10ml具塞试管中，照标准曲线绘制项下的方法，自“加入6%苯酚1.0ml与浓硫酸5.0ml”起，依法测定吸光度。

（5）**换算因子的测定** 同蒽酮-硫酸法。

（6）**计算** 同蒽酮-硫酸法。

（四）赤芝多糖类单糖组成的测定

赤芝多糖类单糖组成测定，常采用气相色谱法或高效液相色谱法。

气相色谱测定多糖类始于1958年，具有快速、灵敏和分辨率高等特点，可定性、定量地测定多糖中单糖组成和摩尔比，是多糖结构分析中重要的手段之一。而多糖类没有挥发性，所以测定前必须将多糖转化成易挥发，对热稳定的衍生物。一般做法是：将样品酸水解，还原水解产物，乙酰化，萃取剂干燥，所得样品进行气相分析。糖气相色谱分析常用氢火焰离子化检测器（FID）。色谱分析条件：色谱柱内径2mm，长2m的玻璃柱；固定液：3% OV－225；柱温：240℃；检测器温度250℃；气化室温度：280℃。

糖的组成分析方法除气相色谱外，还采用柱前衍生化高效液相色谱检测。将多糖水解成单糖后，经1－苯基－3－甲基－5－吡唑啉酮（PMP）柱前衍生化，衍生化物在高效液相上用紫外检测器检测，梯度或等度洗脱，能实现良好的分离和峰形。

（五）赤芝多糖类化学成分的结构测定

赤芝多糖类的结构测定，目前主要是进行糖链的一级结构研究，解决以下几个问题：单糖残基的吡喃环或呋喃环的形式；各单糖残基之间的连接次序；糖苷键所取的α－或β－异头异构形式；糖链和肽链的连接方式。

目前测定多糖类一级结构的方法有：甲基化反应、高碘酸盐氧化和Smith降解等化学方法，以及红外光谱、核磁共振光谱、质谱等物理手段。

1. 甲基化反应

多糖中各种单糖残基中游离羟基全部甲基化，再将多糖中糖苷键水解后得到的化合物，羟基的位置，即为原来单糖残基的连接点。方法是：取多糖5mg在含有五氧化二磷的干燥器中干燥过夜，将样品溶于1.5ml二甲亚砜中，加入粉末氢氧化钠20mg左右，在室温下搅拌15min，然后在冰浴下滴加碘化钾0.3ml，在室温下搅拌反应30min。对蒸馏水透析，冻干袋内液的甲基化糖。该甲基化反应反复进行数次，使样品完全甲基化（红外光谱观察于3 300～3 600cm^{-1}处无羟基吸收峰，证明完全反应）。产物1次用90%甲酸与2mol/L三氟乙酸各2ml在100℃水解4h，水解产物按上述糖基组成分析的方法进行还原、乙酰化、萃取剂干燥，所得的样品供GC－MS法分析。

2. 高碘酸氧化与Smith降解

高碘酸及其盐可选择性地断裂糖分子中连二羟基或连三羟基，生成相应的多糖醛、甲醛或甲酸。反应定量地进行，每开裂1个C－C键，消耗一分子高碘酸。高碘酸及其盐消耗量、甲酸生成量均可定量测定，由此可测定多糖的苷键位置、直链多糖的聚合度与支链多糖的分支数目等。Smith降解是将高碘酸氧化产物还原成多元醇，进行酸水解或部分酸水解。经气相色谱分析，检识降解产物中是否有甘油、赤藓醇和葡萄糖产生，从而推断糖苷键的位置。方法是：取样品15mg溶于15ml 0.03mol/L $NaIO_4$中，在4℃下置暗处氧化4d，加入乙二醇0.2ml，在室温下搅拌反应30min，对蒸馏水透析24h，袋内液加入硼氢化钠80mg，在室温还原18～24h。用25%乙酸中和至pH6.0，对蒸馏水透析过夜，袋内液减压蒸发至4ml，冷冻干燥获多糖醇。该产物溶于8ml 0.05mol/L三氟乙酸中，常温下放置48h，然后将反应液透析，袋内液减压浓缩冻干，转变为糖醇乙酸酯，供气相色谱分析。

3. 红外光谱

红外光谱主要确定多糖的构型，多糖的α－和β－的端基差向异构体，是由端基的C－H变角振动造成的。一般α－型差向异构体的C－H取平伏键，在844±8cm^{-1}处有1个吸收峰；β－型的C－H取

直立键，在 891±7cm^{-1}处有 1 个吸收峰。在 810cm^{-1}与 870cm^{-1}处有特征吸收峰，有半乳吡喃糖则在 875cm^{-1}附近有吸收峰，含有岩藻糖或鼠李糖等脱氧糖，在 967cm^{-1}处有吸收峰。

4. 核磁共振光谱

核磁共振光谱中^{1}H NMR 主要解决多糖类结构中糖苷键构型问题。多糖的信号大多呈现在 δ：$4.0\times10^{-6}\sim5.5\times10^{-6}$的狭窄范围内。通常 α 型吡喃己糖 C－1 质子的 δ 值超过 5.0×10^{-6}，而 β 型则$<5.0\times10^{-6}$。^{13}C NMR 的化学位移范围较^{1}H NMR 更广，可达 2.0×10^{-4}，分辨率虽高但不能确定各种碳的位置，还能区别分子的构型和构象。^{13}C NMR 峰的相对高度与碳的数目成正比，所以可用峰的相对高度定量测定多糖中不同残基的比例。

（陈若芸、刘莉莹、殷晓悦）

第五节　灵芝的药理作用

两千年前东汉时期的《神农本草经》中将灵芝列为上品，认为其有效、无毒，多服久服不伤身。但在使用灵芝时，如果用法不当或用量过多都有可能产生一定的不良反应，只要合理应用，灵芝的确是一个安全、有效的药物。

20 世纪 70 年代以来，国内外发表了不少有关灵芝药理的研究论文，但与大量的药理研究论文相比，临床研究论文相对较少。现代药理实验研究表明，灵芝的药理作用主要包括灵芝的免疫调节、抗肿瘤、保肝、延缓衰老与抗氧化、降压、降血糖、调节血脂、抗缺氧与心肌保护、抗溃疡、改善学习与记忆障碍、镇静催眠、抑制人类获得性免疫缺陷病毒等。临床上，灵芝及其制剂主要应用于辅助肿瘤的化疗和/或放疗、慢性支气管炎与哮喘、神经衰弱、失眠、高脂血症、高血压病、糖尿病、肝炎等的辅助治疗，还可用于中老年与亚健康人群的保健。

一、免疫调节作用

灵芝水煎剂、灵芝发酵液、灵芝孢子粉、灵芝孢子油、灵芝多糖、灵芝蛋白与灵芝三萜等，具有显著的免疫增强作用和免疫恢复作用，同时对异常免疫损伤也有一定的抑制作用。

（一）免疫增强作用

灵芝水煎剂可明显提高绵羊红细胞（SRBC）引起的血凝抗体（HA－Ab）效价，表明其能促进特异性抗体产生；对刀豆蛋白 A（ConA）诱导的脾脏 T 细胞增殖和脂多糖（LPS）诱导的脾脏 B 细胞增殖均有促进作用，表明其既能提高细胞免疫，又能增强体液免疫；能增加巨噬细胞（Mφ）的吞噬活力，表明其可促进非特异性免疫[102]。灵芝发酵液能显著提高腹水型荷瘤小鼠 NK 细胞活性、淋巴细胞增殖率、血清肿瘤坏死因子－α（TNF－α）和一氧化氮（NO）含量，表明灵芝发酵液能较好地增强荷瘤小鼠免疫系统的活性[103]。

灵芝孢子粉对小鼠免疫功能影响的实验结果证实，给药小鼠的半数溶血值、血碳清除率、足跖厚差与正常小鼠比较差异显著，表明灵芝孢子粉能促进体液免疫和细胞免疫[104]；对小鼠胸腺和脾脏指数的提高均非常显著，表明有增强免疫器官增殖的作用[105]。萌动激活赤芝孢子粉对小鼠脾细胞 IL－2 分泌有明显促进作用，并能显著提高小鼠脾淋巴细胞转化增殖，说明该孢子粉对免疫功能有显著增强作用[106]。破壁灵芝孢子粉能够增强小鼠的脾淋巴细胞增殖、转化作用，提高小鼠的迟发型变态反应程度，促进小鼠的抗体生成细胞增殖，提高小鼠的血清溶血素水平，增强小鼠的单核-巨噬细胞

碳廓清能力和腹腔巨噬细胞吞噬能力，表明破壁灵芝孢子粉具有增强小鼠免疫力的作用[107]。灵芝孢子油能够提高小鼠腹腔巨噬细胞的吞噬能力以及自然杀伤(NK)细胞的杀伤作用，提高人刀豆素A诱发的T细胞增殖反应[108]。

灵芝多糖BN3A、BN3B与BN3C均能显著促进刀豆素(ConA)诱导的小鼠脾淋巴细胞增殖反应，可见灵芝多糖对T细胞增殖有促进作用，从而加速免疫应答过程[109]。灵芝孢子多糖明显提高艾氏腹水癌荷瘤小鼠的血清半数溶血值，并显著提高荷瘤小鼠的廓清指数与吞噬系数。此外，灵芝孢子多糖对S－180肉瘤荷瘤小鼠外周血杀伤性T淋巴细胞亚群和辅助性T淋巴细胞亚群有一定的增强作用，但对调节性T淋巴细胞亚群并无明显作用；灵芝孢子多糖还可增强S－180肉瘤荷瘤小鼠NK细胞的杀伤活性，说明灵芝孢子多糖可以提高荷艾氏腹水癌和S－180肉瘤小鼠的免疫系统功能[110]。灵芝多糖明显促进外周血T淋巴细胞增殖和分泌IFN－γ，灵芝多糖还能下调caspase－3蛋白表达并抑制T淋巴细胞凋亡，表明灵芝多糖具有促进人外周血T细胞免疫的作用[111]。灵芝多糖除了对T细胞增殖有促进作用以外，还可以提高B细胞活性，增强免疫力[112]。灵芝多糖(GLB_7)能引起小鼠腹腔巨噬细胞(Mφ)中环磷腺苷(cAMP)浓度快速升高，从而使蛋白激酶(PKA)活化，再激活Mφ，提高免疫效能[113]。灵芝多糖能引起脾细胞核DNA、RNA含量增加，细胞内超微结构变化，细胞质和核的平均截面积明显增加，核质比下降，诱导脾细胞DNA和蛋白质的合成，促进免疫细胞增殖，加速免疫应答过程[114]。

LZ－8是Kino和Tanaka等从灵芝菌丝体中提取出来的一种具有免疫调节的蛋白质，在体外有促进有丝分裂的活性，在体内有免疫调节的活性[115]。从灵芝子实体和破壁孢子粉中分离出3种灵芝蛋白(LZP－1、LZP－2和LZP－3)，经体外实验，LZP－2和LZP－3促进淋巴细胞增殖率较高，且呈现出一定的剂量依赖效应，而LZP－1促进淋巴细胞增殖率较低，灵芝蛋白有可能是灵芝具有免疫调节活性的成分之一，具有潜在的临床应用价值[116]。

灵芝醇F、灵芝酮二醇、灵芝酮三醇能有效地抑制补体激活的经典途径[117]。灵芝酸能促使带lewis肺癌的小鼠体内IL－2的含量上升，并提高NK细胞的免疫活性，具有免疫促进功能[118]，与后来Guan Wang等研究灵芝三萜中的单一化合物ganoderie acid Me(GA－Me)的结果基本一致。他们发现ganoderic acid Me可增加IL－2、lFN－γ的表达，并且可以上调和IL－2产生有关的nuclear factor－κB(NF－κB)的表达[119]。灵芝三萜组分(GT)可显著直接促进小鼠脾脏树突状细胞(dendritic cell，DC)增殖，不同浓度的GT加细胞因子对刺激小鼠脾脏DC增殖有明显的协同作用。协同作用的机制可能是通过直接刺激DC增殖，或通过产生各种有利于促进DC增殖的细胞因子。DC是目前发现的功能最强的专职抗原呈递细胞，它对诱导初次免疫应答与肿瘤抗原呈递具有独特的功能[120]。灵芝三萜通过促使CD3、CD4亚群细胞表达CD69和HLA－DR，来促进T淋巴细胞(CD3细胞)的活化[121]。

（二）对免疫功能的恢复作用

灵芝水煎剂能提高体内自然杀伤(NK)细胞活性，对环磷酰胺引起NK细胞活性的抑制有恢复趋势[122]。灵芝孢子粉对正常老年小鼠的免疫功能恢复具有正调节作用，能明显提高小鼠的胸腺指数和脾指数、溶血素效价，增加腹腔巨噬细胞和中性粒细胞吞噬功能，对外周血中T、B、NK细胞的数量、血清总补体活性和主要细胞因子的含量均有一定影响[123]。灵芝多糖可拮抗环孢素A、丝裂素C、氟尿嘧啶和阿糖孢苷对小鼠混合淋巴细胞的轻度抑制作用，部分拮抗氢化可的松对混合淋巴细胞的严重抑制作用[124]。环磷酰胺可显著抑制红细胞致敏小鼠的空斑型细胞反应，松杉灵芝多糖与松杉灵芝发酵多糖灌胃，可分别使空斑型细胞反应恢复正常；环磷酰胺可显著抑制二硝基氯苯所致小鼠迟发型过敏反应，松杉灵芝多糖与松杉灵芝发酵多糖灌胃，均可使受抑制的迟发型过敏反应恢复正常[125]。

（三）对异常免疫损伤的抑制作用

灵芝具有增强与恢复免疫功能的一面，研究还证明在机体受到抗原刺激，免疫功能异常亢进时，

灵芝还有抑制过高免疫反应的一面，这就减少了自身因素造成的免疫损伤。

灵芝水煎剂能明显抑制Ⅱ型变态反应模型豚鼠 Forssman 皮肤血管炎症反应和 Forssman 休克的体征变化，还可使大鼠反向皮肤过敏反应的皮肤肿胀率显著减小，由此表明，灵芝水煎剂可抑制免疫功能异常亢进造成的Ⅱ型变态反应，以减少疾病的发生[126]。灵芝水煎剂还可明显抑制接触性皮炎、Arthus 反应与迟发型变态反应(DTH)，对反应素引起的大鼠被动皮肤过敏反应也有轻度抑制作用，由此说明，灵芝水煎剂对Ⅰ、Ⅲ、Ⅳ型变态反应均有抑制作用[127]。对灵芝孢子粉醇提物水溶部分的研究结果证实，在体内能抑制小鼠迟发性过敏反应和对绵羊红细胞的初次抗体应答及鸡红细胞诱导的循环抗体水平；在体外可抑制有丝分裂原刺激小鼠脾淋巴细胞和人扁桃体淋巴细胞的增殖反应，提示灵芝孢子粉的某些化学成分有免疫抑制作用[128]。

二、抗肿瘤

灵芝能预防肿瘤的产生和抑制肿瘤的生长。动物实验和细胞实验表明，灵芝及其提取物可抑制多种肿瘤细胞的体内外生长。

灵芝孢子粉醇提取物对人宫颈癌 Hela 细胞、人肝癌 HepG2 细胞、人胃癌 SGC－7901 细胞、人白血病 HL－60 细胞和小鼠白血病 L1210 细胞等均有较强的杀伤能力[129]。灵芝孢子粉提取的多种四环三萜酚类物质对小鼠纤维肉瘤 Meth－A 细胞和小鼠肺癌 LLC 细胞都有细胞毒作用，可抑制其瘤细胞的生长[130]。灵芝孢子粉给 HAC 肝癌小鼠腹腔注射，总抑制率为 42.2%；给 S－180 小鼠灌胃，最高抑瘤率为 54.8%，且量效关系非常显著[131-132]。灵芝孢子粉对小鼠网织细胞肉瘤(L－Ⅱ)有很强的抑制瘤体生长作用，并在一定范围有量效关系，且发现荷瘤鼠自由基减少，这可能是其发挥抗肿瘤作用的机制之一[133]。灵芝精粉与灵芝孢子粉混合物对小鼠白血病 P388 细胞、人白血病 U－937 细胞、HL60 细胞及 2 株胃癌、2 株肺癌细胞均有明显抑制生长的作用[134]。灵芝孢子粉对环磷酰胺诱导的小鼠骨髓细胞微核发生率有明显抑制作用，对丝裂霉素诱导的小鼠睾丸染色体畸变也能抑制，对小鼠 S－180 和 H22 瘤细胞移植性肿瘤均有显著抑制效果[135]。

20 世纪 70 年代以来，国内外学者对灵芝多糖的抗肿瘤作用进行了大量研究。灵芝多糖 GL－B 显著抑制小鼠移植性肉瘤 S－180 的生长；而将 GL－B 直接加入 HL60 体外培养不能抑制其生长，也无诱导其凋亡的作用；而将 GL－B 与小鼠腹腔巨噬细胞和脾细胞共同培养的上清液，能显著抑制 HL60 细胞生长，并诱导其凋亡，培养的上清液中 TNF_{α}、IFN_{γ}水平显著升高，并显著促进其 mRNA 的表达。由此证明，GL－B 无直接抗肿瘤作用，其抗肿瘤作用是通过促进 TNF_{α}、IFN_{γ}mRNA 表达，增加 TNF_{α}、IFN_{γ}的分泌而实现的[136]。以灵芝子实体热水提取分离的灵芝多糖(GLP)，对 Lewis 肺癌和结肠癌具有相当的抑制生长活性，并能增强正常小鼠腹腔巨噬细胞吞噬作用和荷瘤小鼠 NK 细胞活性，从而提高机体免疫功能[137]。灵芝多糖可显著抑制黄曲霉素 B(AFB)诱发的大鼠肝癌发生率，且可明显抑制小鼠移植性肉瘤 S－180 的生长；与环磷酰胺合用，可显著抑制黑色素瘤的人工肺转移，其抗癌作用机制以拮抗肿瘤免疫抑制作用，多方面有效地促进荷瘤小鼠非特异性抗肿瘤免疫反应为主[138]。灵芝多糖与氟尿嘧啶联合使用，能显著增强氟尿嘧啶的细胞毒作用，引起细胞色素 C 的释放，活化 caspase 诱导人肝癌细胞 HepG2 凋亡[139]。灵芝多糖(GLP_L)具有良好的抑制肉瘤 S－180、肝癌 Heps、腹水癌 EAC、黑色素瘤 $B_{16}BL_6$生长的活性，且这种抑制活性可能是通过促进免疫细胞因子的分泌而发挥作用[140]。

此外，在灵芝多糖抗肿瘤机制方面也有众多研究报道，大量实验表明，灵芝多糖对体外培养的肿瘤细胞无直接抑制作用，也不能诱导肿瘤细胞凋亡，但对体内肿瘤有明显抑制作用。灵芝多糖抑瘤作用途径主要有以下几个方面：①增强人体免疫功能，提高机体抗肿瘤作用；②活化巨噬细胞；③活化淋巴细胞；④影响肿瘤细胞的信号传导；⑤抑制肿瘤细胞的核酸和蛋白质合成；⑥促进细胞因子分泌；⑦活化补体等。

灵芝中另一大类抗肿瘤化合物是灵芝三萜，一直受到国内外学者的高度关注，中国、韩国、日本、美国、加拿大等众多国家都对其进行过大量研究。Toth 等从灵芝菌丝体中提取得到 6 个具有细胞毒活性的三萜化合物：ganoderic acid U、V、W、X、Y 和 Z，体外实验表明，各种化合物能明显抑制小鼠肝癌细胞(HTC)的增殖[141]。从灵芝中分离得到的灵芝醛 A 和双氢灵芝醛 A 体外有较强的抑瘤活性，对人肝癌细胞和 KB 细胞 IC_{50} 值均在 $1\sim11\mu g\cdot ml^{-1}$[142]。

ganoderic acid x(GAX)可抑制拓扑异构酶 IIα，迅速地抑制 HuH－7 人肝癌细胞 DNA 的合成，同时激活细胞外信号调节激酶(ERK)和 c－Jun 氨基端激酶(JNK)有丝分裂原激活蛋白激酶和细胞凋亡[143]。灵芝菌丝体三萜对各种癌细胞的生长有抑制作用，并能诱导肿瘤细胞发生凋亡，对皮肤癌和肝癌抑制效果尤其显著[144]。Ganoderic acid T(GA－T)通过诱导细胞凋亡和使细胞周期停滞在 Gl 期，可显著抑制高转移性肺癌细胞株(95－D)的增殖[145]。含羟基的灵芝三萜物质 ganoderic acid A、H、F(GA－A、H、F)，可能是治疗侵袭性乳腺癌有前景的天然药物，GA－A 和 GA－F 可同时抑制乳腺癌 MDA－MB－231 细胞的增殖和集落的形成，并抑制其黏附、迁移、侵袭行为[146]。灵芝三萜对口腔黏膜癌具有抑制作用，作用机制可能与凋亡调节基因 survivin、Bcl－2 的下调有关[147]。灵芝三萜组分 GLA 体外对人肝癌细胞株 SMMC－7721、人早幼粒白血病细胞株 HL6O 和人 Burkitt 淋巴瘤细胞株 CA46 有较强的抑制作用；体内对小鼠 H22 肝癌、小鼠 S－180 肉瘤癌与裸小鼠 Colon26 结肠癌有明显的抑瘤作用[148]。

灵芝三萜的抗肿瘤作用机制研究相对较少，综合目前国外与国内众多学者的研究结果表明，灵芝三萜能通过诱导肿瘤细胞凋亡、抑制肿瘤细胞增殖而达到抗肿瘤的目的，即灵芝三萜可能通过直接抑制或杀灭肿瘤细胞而发挥抗肿瘤作用。

三、保肝作用

灵芝孢子粉能显著降低 D－氨基半乳糖所致小鼠急性死亡率，对其导致的小鼠血清 ALT(丙氨酸氨基转移酶，谷丙转氨酶)，AST(门冬氨酸氨基转移酶，谷草转氨酶)升高有明显的降低作用，还能有效地减轻甚至防止小鼠肝损伤[149]。从赤芝子实体中提取的总三萜 GT 和三萜类组分 GT_2，对小鼠四氯化碳性肝损伤模型、小鼠氨基半乳糖苷性肝损伤模型和小鼠免疫性肝损伤模型等 3 种实验性小鼠肝损伤有明显的保护作用，可显著降低肝损伤所致的血清 ALT 和肝脏 TG 的升高；病理组织学检查还证明，该两组分能明显减轻 CCl_4 引起的肝脏病理损害，提示灵芝三萜类化合物有明显的保肝作用[150]。与 α－萘异硫氰酸酯肝损伤模型组比较，灵芝三萜能明显提高胆汁淤积大鼠的胆汁流量，可不同程度地降低谷丙转氨酶(丙氨酸氨基转移酶)、谷草转氨酶(天冬氨酸氨基转移酶)、总胆红素、碱性磷酸酶，γ－谷酰胺转肽酶活性和丙二醛含量，升高超氧化物歧化酶活性；肝脏病理组织学检查表明，灵芝三萜能明显减轻肝细胞变性、坏死和肝小胆管增生；以上结果表明，灵芝三萜具有降低实验性胆汁淤积大鼠血清胆红素、转氨酶和改善肝脏组织损伤的作用，其作用机制可能与抗氧化作用有关[151]。

四、延缓衰老与抗氧化

近年来学术研究认为，衰老与自由基引起生物膜的脂类过氧化，导致膜结构损伤和功能失活具有密切关系。生物体内很多物质经自动氧化提供电子以给分子氧，是产生氧自由基的来源之一。在生物的进化过程中，适应环境的变化，机体也形成了防御自由基的酶系统，如超氧化物歧化酶(SOD)、谷胱甘肽过氧化物酶(GSH－Px)等，在生理情况下自由基不断在产生，也不断被清除，来维持有利无害、生理性低水平、稳定平衡的自由基浓度。在衰老情况下，自由基的产生与清除失去了平衡，导致自由基连锁反应诱发脂质过氧化物作用，生成过氧化脂质。生物膜上不饱和脂肪酸过氧化后，膜功能受损致细胞功能障碍，使细胞变性、死亡，引起多种疾病和衰老。

灵芝超微粉灌胃后，能增强老年小鼠血中SOD活力，降低血中MDA的含量；还能延长果蝇的寿命，具有延缓衰老作用[152]。血虚动物实验结果表明，灵芝也能显著提高血虚小鼠所测器官中的SOD活性[153]。老年大鼠以灵芝水煎剂2g/kg灌胃，能提高老年大鼠胸腺组织一氧化氮(NO)的含量至接近青年大鼠胸腺组织的NO水平，还能显著提高GSH-PX活性，抑制脂质过氧化，降低胸腺组织中脂褐素的含量，通过抗氧化实现对胸腺的保护作用[154]。灵芝多糖可使脲霉素诱导糖尿病大鼠体内抗氧化酶量、胰岛素量有明显升高，脂质过氧化作用和血糖量明显下降，从而得出结论：灵芝多糖可作为一个有效的抗氧化剂[155]。在研究灵芝多糖对荷宫颈癌大鼠血清中抗氧化酶和免疫反应的影响中，发现灵芝多糖能有效提高对DPPH自由基、氧自由基、羟基自由基的清除能力[156]。通过测定灵芝多糖对皮肤衰老基因表达水平的影响来揭示其延缓衰老作用机制，研究发现，角化细胞在培养过程中用灵芝多糖处理后，在观察的18 346个基因中，有103个基因表达上调，其中许多上调的基因与细胞增殖和延缓衰老有关[157]。进一步研究发现，灵芝中的三萜类化合物也具有延缓衰老作用，能显著提高老年大鼠血清中T-AOC活性、降低MAO活力，并能提高脑组织中NO含量与NOS活性[158]。

五、降血压

从赤芝70%乙醇提取物中分离出来的8种灵芝三萜，具有体外抑制猪肾血管紧张素转化酶(agiotensin converting enzyme，ACE)活性的作用，ACE的高活性是高血压病发病的重要因素，因此推断灵芝三萜可能具有体内降低血压的作用[159]。在体内实验中灵芝三萜(酸性组分)的降压作用也得到了证实，经口服给药对原发性高血压(SHR)大鼠具有显著降压效果，量-效关系明显，且灵芝三萜类物质对正常血压大鼠无明显降压作用[160]。进一步研究发现，灵芝三萜(酸性组分)可促进超氧化物歧化酶(SOD)的基因表达，提高SOD活性，清除自由基；促进一氧化氮合成酶(NOS)的基因表达，增加一氧化氮(NO)的生成；抑制内皮细胞的凋亡，从而改善和恢复内皮细胞的功能，发挥有效的降压功能[161]。

六、降血糖

灵芝多糖降血糖的作用早在20世纪80年代由日本科学家发现。Hikono等从灵芝子实体中提取出相对分子质量仅为7 400D的灵芝多糖ganoderans B，发现ganoderans B能降低四氧嘧啶引起的高血糖小鼠的血糖[162]。在研究灵芝多糖调节血糖作用时发现，在灌胃剂量达100mg以上时，可明显降低高血糖小鼠血糖水平，无剂量效应关系；对链脲霉素诱发的高血糖小鼠，在200mg/kg剂量时，可降低正常小鼠的血糖，有明显的刺激胰岛素分泌的作用，并可明显增强高血糖小鼠对葡萄糖的耐受力，显示灵芝多糖具有显著降血糖功效[163]。灵芝孢子粉灌胃可使实验大鼠糖耐量异常基本恢复正常，有一定降血糖作用，其机制可能是通过促进双歧杆菌等有益菌增殖，改善肠道菌群失调状况，从而改善糖尿病的症状[164]。灵芝多糖对四氧嘧啶致高血糖小鼠与去甲肾上腺素致高血糖小鼠具有明显降血糖作用，而对正常小鼠血糖水平影响较小；灵芝多糖能降低四氧嘧啶所致的高血糖，提示灵芝多糖可能对四氧嘧啶糖尿病模型小鼠的胰岛β细胞有一定的修复作用，使胰岛素分泌增多，从而降低血糖水平；灵芝多糖能显著对抗肾上腺素的升血糖作用，推测其机制可能与其影响糖代谢酶的活性，促使外周组织对葡萄糖的利用，抑制肝糖原分解、肌糖原酵解，抑制糖异生作用有关[165]。最近的研究发现，灵芝子实体的水提物还可通过抑制肝脏中的磷酸烯醇丙酮酸羧激酶(phosphoenolpyruvate carboxykinase，PEPCK)的活性，起到降低2型糖尿病小鼠血糖的作用[166]。

七、降血脂

灵芝及其提取物在体外被证实，具有降低胆固醇和三酰甘油的药理作用，在体内实验中，在大

鼠[167-168]、兔子[169]、仓鼠和小型猪[170]等动物模型中，同样的药理作用已经被证实。灵芝降血脂活性成分主要包括灵芝多糖、三萜化合物、麦角甾醇、灵芝酸和灵芝醇等。

八、抗缺氧与心肌保护

灵芝孢子粉含有丰富的氨基酸、微量元素等，可为机体合成血红蛋白提供充足的原料。有研究表明：小鼠每天口服 600mg/kg 的灵芝孢子粉，14d 后在无氧环境下存活时间显著延长[171]；灵芝孢子粉高剂量组（每天 3g/kg）能显著提高小鼠亚硝酸钠中毒后的存活时间；也能够明显延长小鼠断头后张口喘气的时间和呼吸次数[172]，以上实验说明，灵芝孢子粉具有一定的抗缺氧能力。灵芝多糖口服给药，也能增加断头后小鼠的呼吸次数与延长存活时间，具有增加耐缺氧的能力[173]。灵芝三萜类物质（GLT）灌胃后，实验组小鼠的常压耐缺氧时间明显延长，表明灵芝三萜也有耐缺氧作用[174]。通过常压耐缺氧实验与急性脑缺血缺氧实验发现，灵芝孢子油使小鼠常压耐缺氧时间与张口呼吸时间明显延长，呼吸次数明显增多，具有提高小鼠耐缺氧能力的作用[175]。

灵芝对病毒性心肌炎具有保护作用，能抑制病毒所致的心肌细胞凋亡，其机制与下调 Fas/FasL 蛋白表达有关[176]。此外，灵芝多糖还可通过抑制 NO 活性与降低 NO 浓度而保护失血性休克所致的心肌再灌注损伤[177]。灵芝孢子粉也能抗大鼠心肌缺血损伤，其机制可能与其上调心肌组织 apelin mRNA 的表达、提高 apelin 水平有关[178]。

九、抗溃疡

小鼠无水乙醇（酒精）灌胃可导致较严重的胃溃疡发生，而喂服灵芝孢子粉和灵芝孢子蜂胶的小鼠，能有效抑制胃溃疡的发生与胃黏膜的损伤，提示灵芝孢子粉与灵芝孢子蜂胶对乙醇（酒精）性急性胃溃疡形成的抑制方面均有显著的作用，且灵芝孢子蜂胶的效果好于灵芝孢子粉[179]。灵芝多糖也具有抗溃疡的作用，从赤芝中提取出来的氨基葡聚糖，对大鼠应激型、醋酸型、吲哚美辛型和结扎型 4 种胃溃疡模型，均有不同程度的治疗效果[180]。

十、改善学习与记忆障碍

灵芝多糖能明显改善阿尔茨海默病（AD）大鼠模型低下的空间学习记忆能力，对 AD 大鼠模型学习记忆能力有增强和提高作用[181]。灵芝三萜类化合物（GLT）可改善 D－半乳糖衰老模型小鼠的学习记忆能力，其机制可能与其能够减少脑内谷氨酸有关[182]。

十一、镇静催眠

灵芝孢子粉水提物皮下注射，可明显延长小鼠戊巴比妥钠和巴比妥钠睡眠时间，且有剂量效应关系；诱导注射阈下剂量戊巴比妥的小鼠快速入睡；可明显减少小鼠的自主活动，对小鼠中枢神经系统具有镇静催眠的效果[183]。

十二、抗人类获得性免疫缺陷病毒的作用

1998 年，EL－Mekkawy 等人从灵芝中提取出具有抗 HIV－1 细胞免疫和抑制 HIV－1 蛋白酶的物质 ganoderiol F 与 ganodermanontriol 等[184]。灵芝子实体水提物的低相对分子质量部分对人类免疫缺陷病毒（HIV）增殖具有很强的抑制作用；甲醇提取物的中性和碱性部分能抑制 HIV－1 增

殖[185]。最近研究还发现,灵芝制剂可能对猴获得性免疫缺乏综合征的免疫、神经和内分泌系统具有一定的保护作用[186]。

第六节　灵芝的临床应用

在临床上,灵芝及其制剂主要应用于辅助肿瘤的化疗和(或)放疗、慢性支气管炎与哮喘、神经衰弱失眠、高脂血症、高血压病、糖尿病、肝炎、白细胞减少症、毒蘑菇中毒等,还可用于中老年与亚健康人群的保健。

一、肿　瘤

应用灵芝水煎剂治疗 22 例恶性肿瘤患者,其中有病理学诊断的 16 例,包括肺鳞癌 8 例、浸润型乳腺癌 5 例、结肠腺癌 2 例和小细胞肺癌 1 例;符合临床诊断标准的原发性肝癌 6 例。患者 1 个月以内未进行过放疗或化疗以及生物反应修饰剂治疗,服灵芝期间不同时应用其他生物反应修饰剂与其他中药。每例患者每天用干燥灵芝药材 50g,加水 500ml 温火煎 30min,去渣留药汁,早晚分服,4 周为 1 个疗程。服药 1 个疗程,该组 22 病例中 CR(完全缓解,肿瘤完全消失,维持超过 4 周)1 例,PR(部分缓解,肿瘤缩小 50%以上,维持超过 4 周)2 例,MR(微效,肿瘤缩小 25%以上,但<50%,无新病灶出现)4 例,SD(稳定)14 例,PD(进展)1 例,有效率 CR+PR 为 13.6%。其中 1 例 CR 病例为结肠腺癌术后右侧胸膜转移伴少量胸水,服用灵芝水煎剂 1 个月后胸水消失,4 周后复查胸水仍无反复,结果显示灵芝水煎剂口服,可使大部分肿瘤病人病变获得相对稳定,未见不良反应。治疗后患者一般状况与症状改善,Karnofsky 评分升高 10 分以上者 8 例,占 36.4%,降低 10 分以上者 2 例,占 9.1%;全身乏力症状减轻者 7 例,占 31.8%。在大多数接受治疗的肿瘤患者中,免疫指标不同程度地得到改善,治疗后 CD3、CD4、CD4/CD8 比值、NK 细胞活性、淋巴细胞转化率、IL-2 活性均比治疗前升高[187]。

在灵芝孢子粉胶囊对 100 例脾虚证的肿瘤放化疗患者的临床疗效研究中发现,治疗组 100 例,在放化疗开始前 3d 服用灵芝孢子粉,每天 3 次,每次 0.4g,连续 30d,与 60 例单纯放化疗对照组比较,治疗组与对照组患者的 Karnofsky 评分法有效率分别为 91%与 30%;中医症候积分法有效率分别为 87.6%与 26.7%,按脾虚证五大症状改善的平均有效率分别为 73.9%与 15.8%,说明灵芝对肿瘤患者具有一定的辅助治疗作用[188]。服用灵芝片可使肺癌患者血清 INF 水平明显提高,保持血清可溶性白介素-2 受体水平的稳定,部分血液流变学指标下降,说明灵芝对肺癌患者有免疫调节和改善血液高凝状态的作用,有益于肺癌的治疗[189]。灵芝孢子粉可改善骨髓造血功能,增加外周血细胞,尤其白细胞增加显著,并增强机体免疫功能,可提高晚期癌症病人的生存质量[190]。

二、肝　炎

灵芝胶囊治疗慢性乙型肝炎 86 例,其中轻度 40 例、中度 32 例、重度 14 例。治疗组 86 例服用灵芝胶囊,每次 2 粒,每天 3 次,每粒胶囊含天然灵芝 1.5g。对照组 50 例,其中轻度 24 例,中度 19 例,重度 7 例,服用小柴胡冲剂,每次 1 包,每天 3 次,每包含生药 6g。结果:灵芝胶囊组谷丙转氨酶恢复正常者占 95.3%,血清胆红素恢复正常者占 91.7%,对照组谷丙转氨酶与血清胆红素恢复正常分别为 72.0%和 72.5%。灵芝胶囊组 HBsAg 阴转率为 16.3%,HBeAg 阴转率为 51.4%,抗-HBc 阴转率为 15.1%;对照组 HBsAg、HBeAg 和抗-HBc 阴转率分别为 8.0%、19.4%和 8.0%。表明灵芝胶囊对慢性乙型肝炎具有较好的治疗作用[191]。

灵芝产品与抗病毒药物联合应用，具有较好的疗效。采用拉米夫定(LAM)联合中药灵芝治疗慢性乙肝患者126例，取得了较好的疗效。LAM联合中药灵芝能减少LAM治疗所导致乙肝病毒YMDD变异的发生，阻止乙肝病毒复制，并有明显改善肝功能的作用[192]。选择慢性乙型病毒性肝炎病例81例，治疗组39例，用干扰素-α2b联合灵芝孢子油胶囊治疗；对照组42例，仅用干扰素-α2b治疗。结果：治疗6个月、12个月后，治疗组HBV-DNA的转阴率均高于对照组[193]。

三、冠心病、心绞痛与高脂血症

灵芝胶囊治疗冠心病心绞痛同时伴有高脂血症患者46例，其中稳定心绞痛31例，不稳定心绞痛15例；单纯TC升高18例，单纯TG升高者16例；TC、TG都升高12例；46例中HDL-C降低者11例。所有患者停用一切扩血管药物，给予灵芝胶囊，每次2粒，每天3次，疗程8周。严重者必要时可给予硝酸甘油，并详细记录用法、用量与停减时间。在46例患者心绞痛疗效结果中，显效(同等劳累程度不引起心绞痛或心绞痛次数与硝酸甘油用量减少80%以上)19例，有效(心绞痛次数与硝酸甘油用量减少50%～80%)14例，无效(心绞痛次数或硝酸甘油用量减少不足50%)13例，总有效率(显效+有效)为71.8%。在46例患者心电图疗效结果中，显效(静息ECG恢复正常)15例；有效(下移ST段治疗后回升>0.5mm，主要导联倒置T波变浅50%以上，或T波变平或直立)12例；无效(治疗后ECG无明显改善)19例，总有效率为58.7%。治疗前硝酸甘油应用率为34.8%，而治疗后应用率为10.9%，前后相比有显著性差异。另外，8周后治疗组血清中的TC、TG较治疗前明显降低，HDL-C明显升高。且在治疗期间，未发现不良反应，对血尿常规、肝肾功能的安全性检测未发现不良反应，对血压与心率无明显影响。表明灵芝胶囊对冠心病心绞痛与高血脂具有一定的疗效[194]。

联用灵芝菌合剂治疗稳定性心绞痛患者89例，所有病例均非变异型心绞痛，均无房室传导阻滞、心功能不全表现。随机分为两组：①常规治疗组44例，男26例，女18例，年龄36～83岁，平均年龄59岁；②灵芝菌合剂组45例，男28例，女17例，年龄38～80岁，平均年龄58岁。常规治疗组在诊断确立后接受硝酸酯类、钙离子阻滞剂、血管紧张素转换酶抑制剂、β-受体阻滞剂治疗。灵芝菌合剂组在常规治疗基础上加用灵芝菌合剂(每日3次，每次20ml)。治疗时间为30±2d。结果显示，常规治疗组44例，显效(心绞痛消失或减少90%以上，不用硝酸甘油)26例；有效(心绞痛次数与硝酸甘油用量减少50%～90%)14例；无效(症状与硝酸甘油用量的减少未达有效标准)4例。灵芝菌合剂组45例，显效31例，有效12例，无效2例。表明在心绞痛的常规治疗中，加服灵芝菌合剂，可以起到增强疗效的作用[195]。

四、慢性支气管炎与哮喘

灵芝的各种制剂对治疗慢性支气管炎有较好疗效，对咳、痰、喘3种症状均有一定疗效，对喘的疗效尤为显著。灵芝制剂的疗效发生较缓慢，大多在用药1～2周才能生效，但远期疗效较好[196]。常规治疗加灵芝补肺汤与单用常规治疗比较，对哮喘慢性持续期轻、中度患者的治疗，无论在症状改善、临床控制水平以及血总IgE、嗜酸性粒细胞等方面均有明显的优势，且不良反应轻微，发生率低；对于哮喘慢性持续期肺气亏虚，内有蕴热证具有良好的疗效与安全性；是哮喘慢性持续期的良好的补充和辅助治疗，有助于哮喘的长期理想控制[197]。

五、神经衰弱

复方灵芝胶囊治疗神经衰弱失眠症52例，以失眠症状在28d内消失或好转为有效，总有效率为90.4%，可以解除或减轻患者对镇静催眠药的依赖性[198]。用灵芝片治疗神经衰弱60例，临床观察结果表明，灵芝片有显著减轻心脾两虚证候与失眠症的作用；对心神不安，主症失眠、多梦与脾胃虚弱，主症倦怠乏力、食欲减退有较好疗效[199]。采用灵芝糖浆治疗心脾两虚型神经衰弱160例，疗效满意，治疗神经衰弱的总有效率为89.4%。灵芝糖浆对心脾两虚型神经衰弱的主要症状有不同程度的改善，尤其对失眠、心悸、精神不振、焦虑不安、食欲减退等的改善较为明显，说明其有较好的养心安神、健脾和胃的作用[200]。

六、高血压病

灵芝加降压药治疗40例难治性高血压病患者，患者在服用灵芝前已使用其他常规降压药1个月以上[如硝苯地平(心痛定)、巯甲丙脯酸、尼莫地平等]，但大动脉血压仍在18.6/12.0 kPa以上。治疗组27例，服用降压药和灵芝片，每次2片，每天3次，每片灵芝含提取物55mg，相当于灵芝子实体1.375g；对照组13例，服用降压药和安慰剂，3个月后，治疗组大动脉血压和毛细血管血压都下降，并且患者血液黏度、血细胞比容和红细胞沉降率明显下降，甲襞微血管增多，血糖下降，由此认为灵芝与降压药合用，对治疗难治性高血压合并高血糖患者尤为合适[201]。42例原发性高血压患者常规降压辅以灵芝治疗后，大动脉、小动脉、毛细血管压明显降低，具有协同降压作用，还能改善微循环降低原发性高血压患者对胰岛素的抵抗[202]。

七、糖尿病

关于灵芝产品治疗糖尿病的临床研究报道很少。灵芝提取物治疗71例2型糖尿病患者，71例2型糖尿病患者均符合2型糖尿病诊断标准。入组病例均为病程3个月以上，未用过胰岛素，年龄>18岁，心电图正常，未用过磺脲类者空腹血糖为8.9～16.7mmol/L，或用过磺脲类撤药前空腹血糖<10mmol/L的患者。患者随机分为灵芝组和安慰剂组，分别口服灵芝提取物1800mg，每天3次，共服12周。安慰剂组按同法服安慰剂。两组均测空腹和餐后的糖化血红蛋白、血糖、胰岛素和C-蛋白。结果：灵芝提取物显著降低糖化血红蛋白，从服药前的8.4%降至12周时的7.6%。空腹血糖和餐后血糖的变化与糖化血红蛋白的变化相平行，服药前餐后血糖为13.6mmol/L，服药12周后降至11.8mmol/L。而安慰剂组患者的上述指标则无改变或略增加。空腹和餐后2小时胰岛素与C-蛋白水平的变化，两组间也有明显差异。患者均能很好地耐受该药。表明灵芝提取物对2型糖尿病患者有一定疗效[203]。

八、中老年保健

灵芝对中老年人的保健作用，其目的就是预防疾病、延缓衰老。北京大学林志彬教授曾提出"系统平衡—自我康复"的"平衡医学"概念。人体的神经、内分泌、免疫三大宏观系统和微观上基因表达的平衡，使机体保持自身的"内稳态"，是健康的前提。对中老年人来说，机体的衰老过程便是稳态调节水平逐步下降的过程。

灵芝在《神农本草经》中被列为上药，该书所指的上药"主养命以应天，无毒，多服、久服不伤人"，"欲轻身益气，不老延年者"应用上药。可见早在2000多年前，中医药学已认识到中药、特别是灵芝在养生保健、延缓衰老中的重要作用。

人步入中年以后，人体最主要的器官，如神经系统、心血管系统、内分泌系统、免疫系统等均伴随年龄的增加而产生退行性改变，使各系统和系统间的稳态调节发生障碍，对内外环境改变的适应能力降低，因而易患心脑血管疾病、糖尿病、病毒感染、肿瘤等。而灵芝对免疫系统、神经系统、内分泌和代谢系统、心血管系统等具有调节作用，使这几大系统保持"内稳态"来实现人体整体平衡、保持健康。

因此，如能在这些疾病发生之前服用灵芝保健，通过灵芝的稳态调节作用，使人体内环境稳定，并增强人体对内外环境改变的适应能力，使血压、血脂、血黏度、血糖等均维持在正常水平，并使因年龄增长而降低的免疫功能恢复正常，因而可延缓衰老的进程，预防中老年的常见病、多发病。

（一）增强老年人免疫功能

陶思祥和叶传书观察赤芝粉对30例老年人细胞免疫功能的影响。30例门诊健康查体者(男19例，女11例)，平均年龄65.1岁，其中血脂增高者13例，符合脑动脉硬化者21例。半年内未服用过中草药、糖皮质激素与其他影响免疫功能的药物。口服赤灵芝粉，每次1.5g，每日3次，共服30d。于服药第10、20、30d和停药10d后静脉采血，分离出外周血单核细胞测白细胞介素-2(IL-2)、干扰素(IFN$_\gamma$)与自然杀伤细胞(NK)活性。结果：服药后IL-2、IFN$_\gamma$与NK细胞活性均增高，服药20d达高峰，停药10d后仍维持在高水平。表明灵芝能提高老年人的免疫功能[204]。

（二）治疗男性更年期综合征

破壁灵芝孢子胶囊治疗男性更年期综合征患者138例，主要症状为乏力、失眠、血管收缩、精神心理症状与性功能障碍症状。经SRS中老年男子部分雄激素缺乏自我评分＞16，Zung抑郁量表标准分≥50作为更年期综合征状态的依据。将患者随机分为两组，治疗组80例，服用破壁灵芝孢子胶囊600mg，每天3次，服药3周，同时不再服用其他治疗精神症状的药物，每周进行1次Zung、SRS评分与症状观察。服药前与服药3周后，分别抽取动脉血测血睾酮水平、超氧化物歧化酶活性(SOD)与丙二醛(MDA)含量。另58例对照组患者，除给予外观相同的安慰剂外，其他皆同治疗组。结果：经服药3周后，治疗组患者和对照组患者症状均有不同程度的改善。治疗组的SRS与Zung评分比治疗前明显降低，而对照组则变化不明显。治疗组总有效率为74.30%，对照组总有效率为28.16%，治疗组疗效显著高于对照组。另外，治疗组患者血睾酮、SOD水平明显高于对照组，而MDA水平明显低于对照组。表明全破壁灵芝孢子治疗男性更年期综合征有较好疗效[205]。

九、怎样正确选用灵芝产品

市售灵芝产品种类繁多，主要有生药材、药品和保健食品3种类型。正确选用灵芝产品，将有益于发挥灵芝产品的疗效或保健功能，并能保证其安全性。

生药材：指灵芝子实体或其饮片、灵芝孢子粉。这里说的灵芝指的是赤芝或紫芝，购买时要注意真伪优劣。赤芝子实体菌盖一般呈木栓质，半圆形，皮壳坚硬，最初一般为黄色，而后逐渐变为红褐色，且有光泽，具有环状棱纹和辐射状皱纹，边缘薄而平截，常稍内卷。菌盖下表面菌肉白色至浅棕色，由无数菌管构成；菌柄侧生，呈红褐色或者紫褐色，有漆样的光泽；菌管内有多数孢子。紫芝的子实体形状与赤芝极为相似，主要区别是菌盖与菌柄的皮壳呈紫黑色或黑色，菌肉锈褐色。

通常情况下，对切片、磨成粉的灵芝子实体与灵芝孢子粉，除非采用显微镜鉴别或理化分析手段，否则肉眼很难判别其优劣；而对于灵芝子实体，我们可以从其体形、色泽、厚薄、密度上来判别其好坏。品质好的灵芝一般柄短、肉厚，菌盖的背部或底部用放大镜观察，看到管孔部位呈淡黄或金黄色者往往为最佳，而呈白色者往往次之，呈灰白色而且管孔较大者则质量最次。

灵芝子实体或灵芝孢子粉常用水煎服，如用子实体，煎煮前应先切碎，煎后的药渣应反复煮至无苦味才可弃之；也可将子实体切碎后，用白酒(50度以上)浸泡15～20d，浸至酒呈棕红色后服用。剂量：子实体煎剂或酒剂，可按每日6～12g(生药量)，分2次服用；孢子粉煎剂可按每日5g孢子粉，分2次服用[206]。

药品：以灵芝的子实体、菌丝体与孢子粉为原料，均可制成药用制剂，常见剂型为片剂、胶囊和冲剂。该类制剂均由生药经过提取、加工处理后制成，有效成分含量较高，也容易被人体吸收利用。购买该类产品时，①要查看是否有批准文号，一般应标有“批准文号：国药准字 Z××××××××号”（其中前 4 位数字表示批准年份）。如无此批准文号，按假药论处，这种产品不仅疗效不可靠，安全性也得不到保证，应避免购买。②应注意生产厂家、生产日期和有效期、有效成分含量等。作为药品，在药品说明书中标明成分、适应证、规格、用法用量等，请按照说明服用，或遵医嘱服用。

保健食品：又称功能食品。原料、剂型和应用方法均与药品类似，产品说明书上仅有保健功能，而无适应证，不能当作药品使用。保健食品也必须要有批准文号，一般应标有“批准文号：国食健字 G××××××××号”（其中前 4 位数字表示批准年份）。目前保健品市场中，灵芝产品质量参差不齐，购买时要特别注意。有些产品并非加工提取的，而是将灵芝子实体或菌丝体磨粉后，直接装入胶囊，含大量纤维素与杂质，服用后吸收、利用不太理想。还有一些产品所用原材料（灵芝子实体、孢子粉）在栽培过程中污染了重金属，如砷、汞、铅或农药等，作成制剂后，其中的重金属或农药残留超标，服用后对人体有害。因此，应极力避免购买无批准文号的产品。

（许建华、李 鹏）

参考文献

[1] Komoda Y, Nakamura H, Ishihara S, et al. Structures of New Terpenoid Constituents of *Ganoderma lucidum* [J] (Fr.) Karst (Polyporaceae). Chem Pharm Bull, 1985, 33 (11): 4829—4835.

[2] Hiroshi Kohda, Wakako Tokumoto, Kiyoe Sakamoto, et al. The biologically active constituents of *Ganoderma lucidum* [J] (FR.) karst. Histamine release-inhibitory triterpenes. Chem. Pharm. Bull, 1985, 33(4): 1367—1374.

[3] Tohru Kikuchi, Satoko Matsuda, Shigetoshi Kadota, et al. Ganoderic acid D, E, F and H and lucidenic acid D, E, and F, new tritepenoids from *Ganodema lucidum* [J]. Chem. Pharm. Bull, 1985, 33(6): 2624—2627.

[4] Tohru Kikuchi, Satoko Kanomi, Yoshihiro Murai, et al. Constituents of the fungus *Ganoderma lucidum* [J] (Fr.) Karst. Ⅱ. Structures of ganoderic acids F, G, and H, Lucidenic acids D2 and E2, and related compounds[J]. Chem. Pharm. Bull, 1986, 34(10): 4018—4029.

[5] Tohru Kikuchi, Satoko Kanomi, Shigetoshi Kadota, et al. Constituents of the fungus *Ganoderma lucidum* [J] (Fr.) Karst. Ⅰ. Structures of Ganoderic acids C2, E, I, and K, lucidenic acid F and related compounds. Chem. Pharm. Bull, 1986, 34(9): 3695—3712.

[6] Tsuyoshi Nishitoba, Hiroji Sato and Sadao Sakamura. New terpenoids, ganoderic acid J and ganolucidic acid C, from the fungus *Ganoderma lucidum* [J]. Agric. Biol. Chem, 1985, 49 (12): 3637—3638.

[7] Aiko Morigiwa, Katsuaki Kitabatake, Yoshinori Fujimoto, et al. Angiotensin converting enzyme-inhibitory triterpenes from *Ganoderma lucidum* [J]. Chem. Pharm. Bull, 1986, 34(7): 3025—3028.

[8] Tsuyoshi Nishitoba, Hiroji Sato and Sadao Sakamura. New tepenoids, ganolucidic acid D, ganoderic acid L, Lucidone C and lucidenic acid G, from the fungus *Ganoderma lucidum* [J]. Agric. Biol. Chem, 1986, 50: 809—812.

[9] Tsuyoshi Nishitoba, Hiroji Sato and Sadao Sakamura, Triterpenoids from the fungus *Ganoderma lucidum* [J]. *Phytochemistry*, 1987, 26(6): 1777—1784.

[10] Yasuo Komoda, Hideo Nakamura, Shigemasa Ishihara, et al. Structures of new terpenoid

constituents of *Ganoderma lucidum* [J](Fr.). karst. *Chem. Pharm. Bull*, 1985, 33(11): 4829—4835.

[11] Tohru Kikuchi, Satoko Kanomi, Yoshihiro Murai, et al. Constituents of the fungus *Ganoderma lucidum* (Fr.) Karst. Ⅲ. Structures of ganolucidic acids A and B, new lanostane-type triterpenoids[J]. *Chem. Pharm. Bull*, 1986, 34(10): 4030—4036.

[12] Tsuyoshi Nishitoba, Hiroji Sato, Sachiko Shirasu, et al. Novel triterpenoids from the mycelial mat at the previous stage of fruiting of *Ganoderma lucidum* [J]. Agric. Biol. Chem, 1987, 51 (2): 619—622.

[13] Tsuyoshi Nishitoba, Hiroji Sato and Sadao Sakamura. Novel mycelial components, ganoderic acid Mg, Mh, Mi, Mj and Mk, from the fungus *Ganoderma lucidum* [J]. *Agric. Biol. Chem*, 1987, 51 (4): 1149—1153.

[14] Jorge O. Toth, Bang Luu and Guy Ourisson. Cytotoxic triterpenes from *Ganoderma lucidum* [J] (polyporaceae) structure of Ganoderic acids U-Z. J. Chem. Research(s), 1983:299.

[15] Tsuyoshi Nishitoba, Kyoko Oda, Hiroji Sato, et al. Novel tritepenoids from the fungus *Ganoderma lucidum* [J]. Agric. Biol. Chem, 1988, 52, (2): 367—372.

[16] Masao Hirotani, Isao Asaka, Chieko Ino, et al. Ganoderma acid derivatives and ergosta-4,7,22-triene-3. 6-dione from *Ganoderma lucidum* [J]. Phytochemistry, 1987, 26(10): 2797—2804.

[17] Tsuyoshi Nishitoba, Hiroji Sato, Kyoko Oda, et al. Novel triterpenoids and steroid from The furgus *Ganoderma lucidum* [J]. *Agric. Biol. Chem*, 1988, 52(1): 211—216.

[18] Tsuyoshi Nishitoba, Hiroji Sato, Sachiko Shirasu, et al. Novel triterpenoids from the mycelial mat at the previous stage of fruiting of *Ganoderma lucidum* [J]. *Agric. Biol. Chem*, 1987, 51 (2): 619—622.

[19] Tsuyoshi Nishitoba, Hiroji Sato and Sadao Sakamura. Novel mycelial components, Ganoderic acid Mg, Mh, Mi, Mj, Mk, from the fungus *Ganoderma lucidum* [J]. Agric. Biol. Chem, 1987, 51(4): 1149—1154.

[20] Masao Hirotani, Chieko Ino, Tsutomu Furuya, et al. ganoderic acid T, S, and R new triterpenoids from the cultured mycelia of *Ganoderma lucidum*[J]. Chem. Pharm. Bull, 1986, 34 (5): 2282—2285.

[21] Masao Hirotani, Isao Asaka and Tsutomu Furuya. Investigation of the biosynthesis of 3α-hydroxy triterpenoids, Ganoderic acid J and S, by application of feeding experiment using [1, 2-$^{13}C_2$]acetat. J. Chem. Soc. Perkin Trans. 1, 1990, 10: 2751—2754.

[22] Chyi-Hann Li, Pei-Yu Chen, Ue-Min Chang, et al. Ganoderic acid X, a lanostanoid triterpene, inhibits topoisomerases and induces apoptosis of cancer cells. Life Sciences, 2005, 77: 252—265.

[23] Jorge O. Toth, Bang Luu, et Guy Ourisson. Les acides Ganoderiques T à :triterpenes cytotoxiques de *Ganoderma lucidum* (polyporacée)[J]. Tetrahedron Lett, 1983, 24(10): 1081—1084.

[24] Tsuyoshi Nishitoba, Kyoko Oda, Hiroji Sato, et al. Novel triterpenoids from the fungus *Ganoderma lucidum* [J]. Agric. Biol. Chem, 1988, 52(2): 367—372.

[25] Hiroji Sato, Tsuyoshi Nishitoba, Sachiko Shirashu, et al. Ganoderiol A and B, new triterpenoids from the fungus *Ganoderma lucidum* [J] (Reishi). *Agric. Biol. Chem*, 1986, 50 (11): 2887—2890.

[26] Wang FS, Cai H, Yang JS, et al. Triterpenoids from the fruiting body of *Ganoderma lucidum* [J]. Journal of Chinese Pharmaceutical Sciences, 1997, 6(4): 192—197.

[27] Shiao MS, Lin LJ, Yeh SF. Triterpenes in *Ganoderma lucidum* [J]. Phytochemistry, 1988, 27(9): 2911—2914.

[28] Ming-Shi Shiao, Lee-Juian Lin and Sheau-Farn Yeh. Triterpenes in *Ganoderma lucidum* [J]. Phytochemistry, 1988, 27(3): 873—876.

[29] Tsuyoshi Nishitoba, Hiroji Sato, Takanori Kasai, et al. New bitter C_{27} and C_{30} terpenoids from the fungus *Ganoderma lucidum* (Reishi). Agric. Biol. Chem, 1985, 49(6): 1793—1798.

[30] Yasuo Komoda, Hideo Nakamura, Shigemasa Ishihara, et al. Structure of new terpenoids constituents of *Ganoderma lucidum* [J] (Fr.). Karst. Chem. Pharm. Bull, 1985, 33(11): 4829—4835.

[31] Tohru Kikuchi, Satoko Matsuda, Shigetoshi Kadota, et al. Ganoderic acid D, E, F and H and lucidenic acid D, E and F, new triterpenes from *Ganodema lucidum*. Chem. Pharm. Bull, 1985, 33(6): 2624—2627.

[32] Tsuyoshi Nishitoba, Hiroji Sato and Sadao Sakamura. New terpenoids from *Ganoderma lucidum* and their bitterness[J]. Agric. Biol. Chem, 1985, 49(5): 1547—1550.

[33] Tsuyoshi Nishitoba, Hiroji Sato and Sadao Sakamura. Triterpenenoids from the fungus *Ganoderma lucidum* [J]. Phytochemistry, 1987, 26(6): 1777—1784.

[34] Ma L, Wu F, Chen RY. Analysis of triterpene constituents from *Ganoderma lucidum* [J]. Acta Pharmaceutica Sinica, 2003, 38(1): 50—52.

[35] Wang FS, Cai H, Yang JS, et al. Studies on the ganoderic acid, a new constituents from the fruiting body of *Ganoderma lucidum* [J] (fr.) karst[J]. Acta Pharm Sin, 1997, 32(6): 447—450.

[36] Byung-Sun Min, Norio Nakamura, Masao Hattori, et al. Triterpenes from the spores of *Ganoderma lucidum* and their inhibitory activity against HIV-1 protease[J]. Chem. Pharm. Bull, 1998, 46(10): 1607—1612.

[37] Sahar El-Mekkawy, Meselhy R. Meselhy, Norio Nakamura, et al. Anti-HIV-1-protease substances from *Ganoderma lucidum*[J]. *Phytochemistry*, 1998, 49(6): 1651—1658.

[38] Byung-Sun Min, Jiang-Jing Gao, Norio Nakamura, et al. Triterpenes from the spores of Ganoderma lucidum and their cytotoxicity against Meth-A and LLC tumor cells[J]. Chem. Pharm. Bull, 2000, 48(7): 1026—1033.

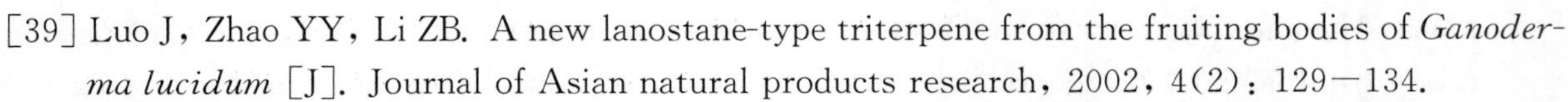

[39] Luo J, Zhao YY, Li ZB. A new lanostane-type triterpene from the fruiting bodies of *Ganoderma lucidum* [J]. Journal of Asian natural products research, 2002, 4(2): 129—134.

[40] Thi-Bang-Tam Ha, Clarissa Gerhauser, Isabelle Fouraste. New lanostanoids from *Ganoderma lucium* that induce NAD(P)H: quinone oxidoreductase in cultured hepalclc7 murine hepatoma cells[J]. Planta Med, 2000, 66: 681—684.

[41] Jiyuan Ma, Qing Ye, Hao H. Sun, et al. New lanostanoids from the mushroom *Ganoderma lucidum*[J]. *J. Nat. Prod*, 2002, 65: 72—75.

[42] Toshihiro Akihisa, Masaaki Tagata, Motohiko Ukiya, et al. Oxygenated lanostane-type triterpenoids from the fungus *Ganoderma lucidum* [J]. J. Nat. Prod, 2005, 68: 559—563.

[43] Yoshiyuki Mizushina, Naoko Takanashi, Linda Hanashima, et al. Lucidenic acid O and lactone, new terpene inhibitors of eukaryotic DNA polymerases from a basidiomycete, *Ganoderma lucidum* [J]. Bioorg. Med. Chem, 1999, 7(9): 2047—2052.

[44] Tian-Shung Wu, Li-Shian Shi, Sheng-Chu Kuo. Cytotoxicity of *Ganodrma lucidum* triterpenes[J]. J. Nat. Prod, 2001, 64: 1121—1122.

[45] Jiang-Jing Gao, Byung-Sun Min, Eun-Mi Ahn, et al. New triterpene aldehydes, Lucialde-

hydes A-C, from *Ganoderma lucidum* and their cytotoxicity against murine and human tumor cells[J]. Chem. Pharm. Bull, 2002, 50(6): 837—840.

[46] Kenji Iwatsuki, Toshihiro Akihisa, Harukuni Tokuda, et al. Lucidenic Acids P and Q, Methyl lucidenate P, and Other triterpenoids from the fungus *Ganoderma lucidum* [J] and their inhibitory effects on Epstein-Barr virus activation. J. Nat. Prod, 2003, 66(12): 1582—1585.

[47] Nguyen The Tung, To Dao Cuong, Tran Manh Hung, et al. Inhibitory effect on NO production of triterpenes from the fruiting bodies of *Ganoderma lucidum* [J]. *Bioorganic & Medicinal Chemistry Letters*, 2013, 23: 1428—1432.

[48] Shu-Hong Guan, Jia-Meng Xia, Min Yang, et al. Cytotoxic lanostanoid triterpenes from *Ganoderma lucidum* [J]. *Journal of Asian Natural Products Research*, 2008, 10 (8): 695—700.

[49] Soniamol Joseph, Kainoor K, Janard Hanan, et al. A new epoxidic ganoderic acid other phytoconstituents from *Ganoderma lucidum*[J]. *Phytochemistry Letters*, 2011, 4: 386—388.

[50] Ying-Bo Li, Ru-Ming Liu, Jian-Jiang Zhong. A new ganoderic acid from *Ganoderma lucidum* [J] mycelia and its stability. *Fitoterapia*, 2013, 84: 115—122.

[51] Chun-Ru Cheng, Qing-Xi Yue, Zhi-Yuan Wu, et al. Cytotoxic triterpenoids from *Ganoderma lucidum* [J]. *Phytochemistry*, 2010, 71: 1579—1585.

[52] Sri Fatmawati, Kuniyoshi Shimizu, Ryuichiro Kondo. Ganoderic acid Df, a new triterpenoid with aldose reductase inhibitory activity from the fruiting body of *Ganoderma lucidum* [J]. *Fitoterapia*, 2010, 81: 1033—1036.

[53] Dong-Ze Liu, Yi-Qun Zhu, Xiao-Fei Li, et al. New triterpenoids from the fruiting bodies of *Ganoderma lucidum* [J] and their bioactivities. *Chemistry & Biodiversity*, 2014, 11: 982—986.

[54] 刘超,李保明,康洁,等. 赤芝中一个新萜类化合物[J]. 药学学报,2013(9):1450—1452.

[55] Akira Shimizu, Takashi Yano, Yuhsaito et al. Isolation of an Inhibitor of Platelet Aggregation from a Fungus, *Ganoderma lucidum*. Chem. Pharrn. BUll,1985,33(7):3012—3015.

[56] 候翠英,孙义廷. 灵芝(赤芝孢子粉)化学成分的研究再报[J]. 植物学报,1988,(1):66—67.

[57] 陈若芸,王雅泓. 赤芝孢子粉化学成分研究[J]. 植物学报,1991;33(1):65—66.

[58] Yoshiyuki M, Linda H, Toyofumi Y, et al. A mushroom fruiting body-inducing substance inhibits activities of reploicative DNA polymerases. Biochemical And Biophysical Research Communications, 1998, 249: 17—22.

[59] 周选围,林娟. 灵芝蛋白类活性成分的研究进展[J]. 天然产物研究与开发,2007,19:917—924.

[60] 张亮,程一伦,孙春玉,等. 灵芝主要有效成分超声提取工艺的优化[J]. 北华大学学报,2010,11(2):140—144.

[61] 李琴韵,梁静,何威之,等. 超临界 CO2 萃取灵芝孢子油的工艺条件研究中成药[J]. 2008,30(3):447—449.

[62] 賁霄云,何晋浙,王静,等. 微波提取灵芝中三萜类化合物的研究[J]. 中国食品学报,2010,10(2):89—96.

[63] 宋师花,贾晓斌,陈彦,等. 超临界 CO_2 萃取灵芝子实体中的三萜类成分[J]. 中国中药杂志,2008,33(17):2104—2107.

[64] 陈若芸,于德泉. 灵芝三萜化学成分研究进展[J]. 药学学报,1990,25(12):940—944.

[65] 陈若芸,于德泉. 赤芝孢子粉三萜化学成分研究[J]. 药学学报,1991. 26(4):267—273.

[66] 陈若芸,于德泉. 用二维核磁共振技术研究赤芝孢子内酯 A 和 B 的结构[J]. 药学学报,1991,26(6):430—436.

[67] 李保明,刘超,王洪庆,等. 灵芝总三萜酸含量测定方法的研究[J]. 中国中药杂志,2007,32(12):

1234－1236.
[68] 马林，吴丰，陈若芸. 灵芝三萜成分分析[J]. 药学学报，2003，38(1)：50－52.
[69] 李保明，古海峰，李晔. HPLC 测定不同产地灵芝中 9 种三萜酸[J]。中国中药杂志，2012，37(23)：3599－3603.
[70] 戴敬，鲁静，林瑞超，等. 高效毛细管电泳法测定四维灵芝液中核苷类成分的含量[J]. 中国中药杂志，2002，27(9)：665－668.
[71] 王江、吴荣，王辛. GC－测定灵芝中甾醇的含量[J]. 中国卫生检验杂志，2004，14(2)：217。
[72] 杨新林，徐建兰. 灵芝破壁孢子与不破壁孢子的显微镜观察与生化测定比较研究[J]. 中草药，1997，28(12)：721.
[73] 陈体强，吴锦忠，徐洁，等. 灵芝孢子油脂肪酸组分的分析[J]. 菌物研究，2005，3(2)：35－38.
[74] 赵颖涛、由丽双、姚渭溪，等. 超临界 CO2 萃取灵芝孢子油及其 GC-MS/LC-MS 分析[C]. 第五届全国超临界流体技术学术会议及其应用研讨会论文集. 青岛，2004，310－313。
[75] 李保明、刘超、王洪庆，等. 赤芝中三萜酸 HPLC 特征图谱的研究[J]. 药物分析杂志，2009，29，(9)：1514－1517.
[76] Miyazaki T，Nishijima M. Studies on fungal polysaccharides Structural examination of a water-soluble，antitumor polysaccharide of *Ganoderma lucidum* [J]. Chemical & Pharmaceutical Bulletin，1981，29 (12)：3611－3616.
[77] Miyazaki T，Nishijima M. Studies on fungal polysaccharides. Structural examination of an alkali-extracted，water-soluble heteroglycan of the fungus *Ganoderma lucidum* [J]. Carbohydrate Research，1982，109：290－294.
[78] Hikino H，Konno C，Mirin Y，et al. Isolation and hypoglycemic activity of ganoderans A and B，glycans of *Ganoderma lucidum* [J] fruit bodies [J]. Planta medica，1985，51(4)：339－340.
[79] Tomoda M，Gonda R，Kasahara Y，et al. Glycan structures of ganoderans B and C，hypoglycemic glycans of *Ganoderma lucidum* [J] fruit bodies [J]. Phytochemistry，1986，25(12)：2817－2820.
[80] 何云庆，李荣芷，陈琪，等. 灵芝扶正固本有效成分灵芝多糖的化学研究[J]. 北京医科大学学报，1989，21(3)：225－227.
[81] 李荣芷，何云庆. 灵芝延缓衰老机制与活性成分灵芝多糖的化学与构效研究[J]. 北京医科大学学报，1991，23(6)：473－475.
[82] 何云庆，李荣芷，蔡廷威，等. 灵芝肽多糖的化学研究[J]. 中草药，1994，25(8)：395－397.
[83] 罗立新，周少奇，姚汝华. 灵芝多糖的结构分析[J]. 分析试验室，1998，17(4)：17－21.
[84] Bao XF，Fang JN. Structural characterization and immunomodulating activity of a complex glucan from spores of *Ganoderma lucidum* [J]. Biochem，2001，65 (11)：2384－2391.
[85] 赵长家，何云庆. 赤芝菌丝体活性多糖的分离纯化及结构研究[J]. 中药材，2002，25(4)：252－254.
[86] 林树钱，王赛贞，林志彬，等. 草栽与段木栽培的灵芝活性成分的分离与鉴定[J]. 中草药，2003，34(10)：872－874.
[87] 江艳，王浩，吕龙，等. 灵芝孢子粉多糖 Lzps－1 的化学研究及其总多糖的抗肿瘤活性[J]. 药学学报，2005，40(4)：347－350.
[88] 赵桂梅，张丽霞，于挺敏，等. 灵芝孢子粉水溶性多糖的分离，纯化及结构研究[J]. 天然产物研究与开发，2005，17(2)：182－185.
[89] 赵桂梅，张丽霞，于挺敏，等. 灵芝孢子粉水溶性多糖 SGL-III 的结构研究[J]. 中国中药杂志，2006，41(12)：902－905.
[90] Bao XF，Wang XS，Dong Q，et al. Structure features of immunologically active polysaccharides from *Ganoderma lucidum* [J]. Phytochemistry，2002，59：175－184.

[91] Wiater A, Paduch R, Choma A, et al. Biological study on carboxymethylated (1→3)- glucans from fruiting bodies of *Ganoderma lucidum* [J]. International Journal of Biological Macromolecules, 2012, 51: 1014 - 1023.
[92] Zhao LY, Dong YH, Chen GT, et al. Extraction, purification, characterization and antitumor activity of polysaccharides from*Ganoderma lucidum* [J]. Carbohydrate Polymers, 2010, 80: 783—789.
[93] Wang JG, Ma ZC, Zhang LN, et al. Structure and chain conformation of water-soluble heteropolysaccharides from *Ganoderma lucidum* [J]. Carbohydrate Polymers, 2011, 86: 844—851.
[94] Pillai TG, Nair, C. K. K, Janardhanan K. K. Enhancement of repair of radiation induced DNA strand breaks in human cells by*Ganoderma* mushroom polysaccharides [J]. Food Chemistry, 2010, 119: 1040—1043.
[95] Huang SQ, Li JW, Li YQ, Wang Z. Purification and structural characterization of a new water-soluble neutral polysaccharide GLP - F1 - 1 from *Ganoderma lucidum* [J]. International Journal of Biological Macromolecules, 2011, 48: 165—169.
[96] Pan D, Zhang D, Wu JS, et al. A novel proteoglycan from *Ganoderma lucidum* [J] fruiting bodies protects kidney function and ameliorates diabetic nephropathy via its antioxidant activity in C57BL/6 db/db mice [J]. Food and Chemical Toxicology, 2014, 63: 111—118.
[97] Liu W, Xu J, Jing P, et al. Preparation of a hydroxypropyl *Ganoderma lucidum* [J] polysaccharide and its physicochemical properties [J]. Food Chemistry, 2010, 122: 965—971.
[98] Pan D, Wang LQ, Chen CH, et al. Structure characterization of a novel neutral polysac-charide isolated from *Ganoderma lucidum* [J] fruiting bodies [J]. Food Chemistry, 2012, 135: 1097—1103.
[99] Chuang CM, Wang HE, Chang CH, et al. Sacchachitin, a novel chitin-polysaccharide conjugate macromolecule present in *Ganoderma lucidum* [J] : Purification, composition, and properties [J]. Pharmaceutical Biology, 2013, 51(1): 84—95.
[100] Tsai CC, Yang FL, Huang ZY, et al. Oligosaccharide and peptidoglycan of *Ganoderma lucidum* activate the immune response in human mononuclear cells [J]. J. Agric. Food Chem, 2012, 60: 2830—2837.
[101] Liu W, Wang HY, Pang XB, et al. Characterization and antioxidant activity of two low-molecular-weight polysaccharides purified from the fruiting bodies of *Ganoderma lucidum* [J]. International Journal of Biological Macromolecules, 2010, 46: 451—457.
[102] 谭允育,崔德玉.灵芝水煎剂免疫药理作用的实验研究[J].北京中医药大学学报,1996,19(5):61—62.
[103] 曹婧,黄敏,宁安红,等.灵芝发酵液对荷瘤小鼠免疫系统的影响[J].大连医科大学学报,2001,32(1):11—14.
[104] 黄邵新,余素清,刘京生,等.灵芝孢子粉对小鼠免疫功能的影响[J].河北医药,1997,19(1):25—25.
[105] 张士勇,刘敏,万士荣.灵芝孢子粉对小鼠脾脏、胸腺质量的影响[J].基层中药杂志,1999,13(4):9—10.
[106] 陈小君,冯翠,梅承恩,等.萌动激活赤灵芝孢子粉对小鼠脾细胞IL-2的分泌和脾淋巴细胞转化增殖的影响[J].氨基酸和生物资源,2001,23(1):45—47.
[107] 彭亮,赵鹏,李彬,等.破壁灵芝孢子粉对小鼠免疫调节作用的实验研究[J].应用预防医学,2011,17(4):241—243.
[108] 刘菊妍,刘少勇,金玲,等.口服灵芝孢子油对小鼠免疫功能的影响[J].中华中医药杂志,2006,

21(5):300—301.

[109] Xia D, Lin ZB, Li RZ, et al. Effects of Ganoderma polysaccharides on immune function in mice [J]. J Beijing Med Univ, 1989, 21(6):533—537.

[110] 冯鹏,赵丽,赵卿,等. 灵芝孢子多糖对荷瘤小鼠的免疫调节作用[J]. 中国药科大学学报,2007,38(2):162—166.

[111] 耿卫朴,徐曼,罗祎,等. 灵芝多糖和当归多糖促进人外周血 T 淋巴细胞增殖和分泌 IFN-γ [J]. 中国药理学通报,2012,28(5):655—658.

[112] 刘景田,党小军,王惠萍,等. 中药多糖对红细胞相 CD35 免疫活性的调节作用[J]. 中国现代医学杂志,2002,12(1):7—9.

[113] 李春明,梁东升,许自明,等. 灵芝多糖对小鼠巨噬细胞 cAMP 含量的影响[J]. 中国中药杂志,2000,25(1):41—43.

[114] 肖军军,雷林生,赵翔. 灵芝多糖引起的小鼠脾细胞核 DNA、RNA 含量及核质比的变化[J]. 中国药理学与毒理学杂志,1994,8(3):196—198.

[115] Kino K. Isolation and characterization of a new immunomodulatory protein, Ling Zhi-8 (LZ-8), from *Ganoderma lucidium* [J]. J Biol Chem, 1989, 264(1):472—478.

[116] 叶波平,王庆华,周书进,等. 灵芝蛋白质的分离及其免疫活性研究[J]. 药物生物技术,2002,9(3):150—152.

[117] Min BS, Gao JJ, Hattori M, et a1. Anticomplement activity of triterpenoids from the spores of *Ganoderma hcidum* [J]. Planta Med, 2001, 67:811—814.

[118] 周昌艳,唐庆九,杨焱,等. 灵芝中有效成分灵芝酸的抑制肿瘤研究[J]. 菌物学报,2004,23(2):275—279.

[119] Guan Wang, Jian Zhao, Jianwen Liu, et a1. Enhancement of IL-2 and IFN-γ expression and NK cells activity involved in the anti-tumor effect of ganoderic acid Me in vivo [J]. International Immunopharmacology, 2007, 7(6):864—870.

[120] 王斌,胡岳山,李杰芬. 灵芝三萜对小鼠脾脏树突状细胞增殖的影响[J]. 中药材,2005,28(7):577—578.

[121] 洪介民,黎庆梅. 灵芝三萜对 T 淋巴细胞的活化作用[J]. 中药新药与临床药理,2007,18(4):283—285.

[122] 张罗修,丁明彦,森冒夫,等. 日本灵芝对小鼠自然杀伤细胞的影响[J]. 中药药理与临床,1993,9(3):22—24.

[123] 任伟,左丽,钟志强. 赤灵芝孢子粉对老年小鼠的免疫调节作用[J]. 细胞与分子免疫学杂志,2009,25(8):754—756.

[124] 雷林生,林志彬,陈琪,等. 灵芝多糖拮抗环孢素 A、氢化可的松及抗肿瘤药的免疫抑制作用[J]. 中国药理学与毒理学杂志,1993,7(3):183—185.

[125] 林志彬. 灵芝多糖的免疫药理学研究及其意义[J]. 北京医科大学学报,1992,24(4):271—274.

[126] 贾永锋,力弘,吴祥,等. 日本灵芝对Ⅱ型变态反应的抑制作用[J]. 中药药理与临床,1997,13(6):31—33.

[127] 张罗修,盛惊州,薛迎旦. 日本灵芝对抗体形成细胞及变态反应的影响[J]. 中药药理与临床,1992,8(2):10—14.

[128] 章灵华,王会贤,于立为. 灵芝孢子粉提取物体内外的免疫效应[J]. 中国免疫学杂志,1994,10(3):169—172.

[129] Yang XL. Substance from the spores of *Ganoderma lucidum* [J] and their cytotoxicity against tumor cells[J]. J Beijing Institute of Technology, 1997, 6(4):336—338.

[130] Min BS, Gao JJ, Nakamura N, et al. Triterpenes from the spores of Ganoderma lucidum and their cytotoxicity against Meth-A and LLC tumor cells[J]. Chem Phar Bull, 2000,48(7):1026－1033.
[131] 陈雪华,朱正纲,马安伦,等.灵芝孢子粉对荷 HAc 肝癌小鼠抗肿瘤的实验性研究[J].上海免疫学杂志,2000,20(2):101－103.
[132] 杨星昊,方放治.灵芝孢子粉对小鼠实验性突变和移植性肿瘤的影响[J].第一军医大学学报,2000,20(3):245－246.
[133] 冯翠萍,陈小君,杨容甫,等.萌动激活赤灵芝孢子粉对肿瘤组织中 MDA 水平的影响[J].癌症,2000,19(8):835.
[134] 陈陵际,韩家娴,杨蔚怡,等.灵芝精粉和孢子粉混合物抑制肿瘤细胞生长的实验研究[J].癌症,2002,21(12):1341－1344.
[135] 张馨,崔文明,刘泽钦,等.灵芝孢子粉抗突变和抑制肿瘤作用实验研究[J].中国公共卫生,2003,19(2):173－174.
[136] 张群豪,林志彬.灵芝多糖 GL-B 的抗瘤作用和机制研究[J].中国中西医结合杂志,1999,19(9):544－547.
[137] 闵三弟,臧珍娣,宋士良,等.灵芝多糖的抗肿瘤活性及免疫效应[J].食用菌学报,1996,3(1):21－26.
[138] 侯家玉.中药药理学[M].北京:中国中医药出版社,2002.
[139] 徐晋,吴丽,徐巧芳.灵芝多糖诱导人肝癌细胞 HepG2 凋亡的研究[J].中国当代医药,2009,16(23):7－9.
[140] HUANG Fang-Hua, SHANG Ming-Hong, XIONG Ya-Ting, et al. Antitumor Activity and Mechanism in vivo of Low-Molecular Weight Polysaccharides from *Ganoderma lucidum* [J]. Chin J Nat Med,2010,8(3):228－232.
[141] Toth JO, Luu Bang et Guy Ourisson. Les acides ganoderiques T à Z: triterpenes cytotoxiques de Ganoderma lucidum (Polyporacée)[J]. Tetrahedron Lett, 1983, 24 (10): 1081－1084.
[142] Lin CN, Tome WP. Novel cytotoxic principles of Formosan *Ganoderma lucidum* [J]. J Nat Prod, 1991, 54(4): 998－1002.
[143] Chyi-Hann Li, Pei-Yu Chen, Ue-Min Chang, et a1. Ganodefic acid X, a lanostanoid triterpene, inhibits topoisomerases and induces apoptosis of cancer cells. Life Sciences, 2005, 77: 252－265.
[144] 郑琳,黄荫成.灵芝菌丝体活性三萜抗肿瘤活性的研究[J].农产品加工(学刊),2006,8:92－93.
[145] Wen Tang, Jian-Wen Liu, Wei-Ming Zhao, et a1. Ganoderic acid T from Ganoderma lucidum mycelia induces mitochondria mediated apoptosis in lung cancer cells[J]. Life Sciences, 2006, 80(3):205－211.
[146] Jiang J, Grieb B, Thyagarajan A, et a1. Ganoderic acids suppress growth and invasive behavior of breast cancer cells by modulating AP－1 and NF-kappaB signaling[J]. Int J Mol Med., 2008, 21(5):577－584.
[147] 蔡研,陈英新,王雷,等.灵芝三萜对口腔黏膜癌防治作用及机理的研究[J].口腔医学研究,2010,26(4):482－485.
[148] 魏晓霞,李鹏,许建华,等.灵芝三萜组分 GLA 体内外抗肿瘤作用的研究[J].福建医科大学学报,2010,44(6):417－420.
[149] 张庆萍,胡星亚.灵芝孢子粉对肝脏保护作用的药理试验研究[J].基层中药杂志,1997,11(1):40－41.
[150] 王明宁,刘强,车庆明,等.灵芝三萜类化合物对 3 种小鼠肝损伤模型的影响[J].药学学报,

2000,35(5):326－329.

[151] 张文晶,余明莲,吴楠. 灵芝三萜对 α-萘异硫氰酸酯致大鼠肝损伤的保护作用[J]. 解放军药学学报,2011,27(4):318－320.

[152] 邵华强,卢连华. 灵芝延缓衰老作用的实验研究[J]. 山东中医药大学学报,2002,26(5):385－386.

[153] 巩菊芳,邵邻相,金雷. 灵芝促学习记忆及延缓衰老作用实验研究[J]. 时珍国医国药,2003,14(10):3－4.

[154] 王英. 灵芝水煎剂对老年大鼠 NO、GSH-PX、LIP 以及免疫功能影响的实验研究[J]. 牡丹江医学院学报,2003,24(5):6－9.

[155] Jia J, Zhang X, Hu YS, et al. Evaluation of in vivo antioxidant activities of *Ganoderma lucidum* [J] polysaccharides in STZ-diabetic rats[J]. Food Chemistry,2009,115(1):32－36.

[156] Chen XP,Chen YL,Shui B,et al. Free radical scavenging of Ganoderma lucidum polysaccharides and its effect on antioxidant enzymes and immunity activities in cervical carcinoma rats [J]. Carbohydrate Polymers,2009,77(2):389－393.

[157] Xie SQ,Liao WQ,Yao ZR,et al. Related gene expressions in anti-keratinocyte aging induced by Ganoderma lucidum polysaccharides[J]. Journal of Medical Colleges of PLA,2008,23(3):167－175.

[158] 刘丙进,姚雪坤,张朝,等. 灵芝三萜类化合物延缓衰老作用的实验研究[J]. 海峡药学,2011,23(3):30－31.

[159] Morigiwa A, Kitabatake K, Fujimoto Y, et al. Angiotensin converting enzyme-inhibitory triterpenes from *Ganoderma lucidum* [J]. Chem Pharm Bull, 1986, 34(7): 3025－3028.

[160] 刘冬,孙海燕,李世敏. 灵芝三萜类物质抗高血压实验研究[J]. 时珍国医国药,2007,18(2):307－309.

[161] 赵东生,赵文元. 灵芝酸治疗大鼠原发性高血压的实验研究[J]. 中华老年医学杂志,2011,30(10):858－860.

[162] Hikino H, Konno C, Mirin Y, Hayashi T. Isolation and hypoglycemic activity of ganoderans A and B, glycans of *Ganoderma lucidum* [J] fruit bodies. Planta Media, 1985, 51(4): 339－340.

[163] 罗少洪,杨红. 灵芝多糖调节血糖作用的实验研究[J]. 广东药学院学报,2000,16(2):119－120.

[164] 张亚光,董晓红,唐状,等. 灵芝孢子粉对青春期糖尿病大鼠糖耐量和肠道菌群的影响[J]. 中华微生物学和免疫学杂志,2008,286:519－520.

[165] 黄智璇,欧阳蒲月. 灵芝多糖降血糖作用的研究[J]. 亚太传统医药,2008,4(8):24－25.

[166] Seto SW, Lam TY, Tam HL, et al. Novel hypoglycemic effects of Ganoderma lucidum water-extract in obese/diabetic(＋db/＋db)mice[J]. Phytomedicine, 2009, 16: 426－436.

[167] 张卫明,孙晓明,吴素玲. 灵芝孢子粉调节血脂作用研究[J]. 中国野生植物资源,2001,20(2):14－16.

[168] 罗少洪,陈伟强,黄韬,等. 灵芝多糖对高血脂大鼠血脂水平的影响[J]. 广东药学院学报,2005,21(5):589－590.

[169] Lee SY, Rhee HM. Cardiovascular Effects of Mycelium Extract of *Ganoderma Lucidum* Inhibition of Sympathetic Outflow as Mechanism of Its Hypotensive Action[J]. Chem Pharm Bull,1990, 38: 1359－1364.

[170] Berger A, Rein D, Kratky E, et al. Cholesterol-lowering properties of Ganoderma lucidum in vitro, ex vivo, and in hamsters and minipigs[J]. Lipids in Health and Disease, 2004, 3:2.

[171] 赵东旭. 灵芝孢子研究进展[J]. 中草药,1998,30(4):305－307.

[172] 赵春,张雪辉. 灵芝孢子粉的耐缺氧作用观察[J]. 云南中医中药杂志,2002,23(6):26—27.
[173] 邱玉芳,王新成,程玉昌,等. 灵芝多糖口服液对小鼠微循环及耐缺氧能力的研究[J]. 泰山医学院学报,2003,24(4):345—346.
[174] 张胡,黄能慧,张小毅,等. 灵芝三萜类化合物对小鼠抗应激能力的影响[J]. 贵阳医学院学报,2007,32(2):135—139.
[175] 兰艳,许青松. 长白山地产灵芝孢子油对小鼠耐缺氧能力的影响[J]. 延边大学医学学报,2009,32(4):251—252.
[176] 李云,陈宝芳,麦根荣. 灵芝对小鼠病毒性心肌炎细胞凋亡的影响[J]. 实用儿科临床杂志,2004,19(11):942—944.
[177] 杨红梅,王黎,陈洁,等. 失血性休克复苏时心肌损伤和一氧化氮的变化及灵芝多糖的干预作用[J]. 中国中西医结合急救医学杂志,2003,10(5):304—306.
[178] 许平,熊光宗,叶开和,等. 灵芝孢子粉对异丙肾上腺素致心肌缺血损伤大鼠 apelin 表达的影响[J]. 中国病理生理杂志,2009,25(2):289—292.
[179] 郭家松,沈志勇,詹朝双,等. 灵芝孢子粉及灵芝孢子蜂胶对急性胃溃疡形成的影响[J]. 第一军医大学分校学报,2004,27(1):21—22.
[180] 侯建明,蓝进,高益槐,等. 灵芝中氨基葡聚糖开发应用价值的探讨[J]. 中国药师,2003,6(4):241—242.
[181] 张跃平,袁华,黎莉,等. 灵芝多糖对 AD 模型大鼠海马组织 Caspase-3 和 Fas 表达的影响[J]. 中国组织化学与细胞化学杂志,2008,17(5):484—488.
[182] 张胡,黄能慧,张小毅,等. 灵芝三萜类化合物对衰老模型小鼠的学习记忆能力和脑谷氨酸含量的影响[J]. 神经病学与神经康复学杂,2011,8(1):31—34.
[183] 魏怀玲,余凌虹,刘耕陶. 赤灵芝孢子粉水溶性提取物(肌生注射液)对小鼠的催眠镇静作用[J]. 中药药理与临床,2000,16(6):12—14.
[184] El-Mekkawy S, Meselhy MR, Nakamura N, et al. Anti-HIV-1 and anti-HIV-1-protease substances from *Ganoderma lucidum* [J]. Phytochemistry,1998,49(6):1651—1657.
[185] 林志彬. 灵芝的现代研究[M]. 第 4 版. 北京:北京大学医学出版社,2015.
[186] 鲍琳琳,孙丽华,卢葳. 灵芝制剂治疗猴获得性免疫缺乏综合征的疗效观察[J]. 中国医学科学院学报,2011,33(3):318—324.
[187] 王怀瑾,张红. 中药灵芝煎剂治疗恶性肿瘤的临床研究[J]. 大连医科大学学报,1999,21(1):29—31.
[188] 倪家源,何文英. 灵芝孢子粉胶囊对脾虚证肿瘤放化疗病人临床疗效的研究[J]. 安徽中医临床杂志,1997,9(6):292—293.
[189] 张新,贾友明,李青,等. 灵芝片对肺癌的临床疗效观察[J]. 中成药,2000,22(7):486—488.
[190] 余艺. 灵芝孢子粉对癌症患者外周血细胞的影响[J]. 辽宁中医学院学报,2001,3(3):173—173.
[191] 胡娟. 灵芝胶囊治疗慢性乙型肝炎 86 例分析[J]. 职业与健康,2003,9(3):103—104.
[192] 钟建平,李水法. 拉米夫定联合灵芝治疗慢性乙型肝炎的疗效观察[J]. 现代实用医学,2006,18(7):466—467.
[193] 钱小奇,陈红,金泽秋,等. 干扰素-α2b 联合灵芝孢子油胶囊对 39 例乙型肝炎病毒 DNA 的影响[J]. 中医研究,2005,18(1):29—30.
[194] 王慧珍,陶家驹. 天安灵芝胶囊治疗冠心病心绞痛并高脂血症的疗效[J]. 现代中西医结合杂志,2000,9(12):1105—1106.
[195] 陈晓英,赵莹. 联用灵芝菌合剂在稳定性心绞痛的临床疗效观察[J]. 牡丹江医学院学报,2006,27(4):19—20.
[196] 北京市防治慢性支气管炎灵芝协作组. 灵芝制剂治疗慢性支气管炎临床疗效观察[J]. 北京医

学院学报,1978,(2):104—107.

[197] 温明春,魏春华,于农,等. 中药灵芝补肺汤治疗支气管哮喘临床研究[J]. 中华哮喘杂志(电子版),2012,6(4):22—25.

[198] 陈文备. 复方灵芝胶囊治疗神经衰弱失眠症疗效观察[J]. 浙江中西医结合杂志,1997,7(5):322—323.

[199] 仇萍. 灵芝片治疗神经衰弱 60 例临床观察[J]. 湖南中医杂志,1999,15(2):5—6.

[200] 王振勇,刘天舒,左之文,等. 灵芝糖浆治疗心脾两虚型神经衰弱 160 例[J]. 湖南中医杂志,2007,23(2):54—55.

[201] 张国平,龙建军. 灵芝加降压药治疗难治性高血压时血脂、血糖、微循环和血液流变性的变化及意义[J]. 微循环学杂志,1997,7(3):34—36.

[202] 龙建军,郭秀玲,杨磊,等. 灵芝对高血压病胰岛素抵抗干预作用的研究[J]. 海南医学,2001,12(1):55—56.

[203] Yihuai Gao, Jin Lan, Xihu Dai, et al. A Phase Ⅰ/Ⅱ Study of Ling Zhi Ganoderma lucidum (W. Curt. : FR.) Lloyd (Aphyllophoromycetideae) Extract in Patients with Type Ⅱ Diabetes Mellitus[J]. International Journal of Medicinal Mushrooms, 2004, 6 (1): 98—106.

[204] 陶思祥,叶传书. 赤灵芝对老年人细胞免疫功能的影响[J]. 中华老年医学杂志,1993,12(5):298—301.

[205] 曾广翘,钟惟德,Petter C. K. Chung 等. 全破壁灵芝孢子治疗男性更年期综合征[J]. 广州医学院学报,2004,32(1):46—48.

[206] 林志彬. 灵芝从神奇到科学[M]. 北京:北京大学医学出版社,2010.

(陈若芸、许建华、刘莉莹、李　鹏、殷晓悦)

第八章 紫芝

ZI ZHI

第一节 概论

紫芝(*Ganoderma sinense* Zhao, Xu *et* Zhang)是担子菌门,伞菌纲,多孔菌目,灵芝科,灵芝属真菌,别名木芝,分布于福建、海南、山东、浙江、江西、湖南、广西等地,是药典收载的品种。紫芝味甘、性温,无毒,具有滋补强壮、增强机体免疫力的作用[1]。

紫芝中主要成分为甾体类化合物,另外还含有少量三萜、鞘酯、生物碱、多糖与脂肪酸类化合物。

第二节 紫芝化学成分的研究

一、紫芝三萜类化合物的提取分离与主要理化、波谱数据

相比于赤芝,三萜类成分在紫芝里含量较低,目前只分离得到了 15 个三萜化合物:紫芝酸(sinensoic acid,1)[2],灵芝酮三醇(ganodermanontriol,2),methyl ganosinensate(3),ganosinensic A(4),ganosinensic acid B(5)[3],ganoderic acid GS－1(6),ganoderic acid GS－2(7),ganoderic acid GS－3(8),20(21)－dehydrolucidenic acid N(9),20－hydroxylucidenic acid A(10),ganoderic acid β(11),20(21)－dehydrolucidenic acid A(12),20－hydroxylucidenic acid N(13),lucidenic acid D2(14),ganoderiol F(15)[4],其中化合物(1),(3)～(10)是新化合物(图 8－1,图 8－2)。

提取方法一:将 10kg 紫芝子实体粉碎后,用 95%乙醇加热回流提取 3 次,合并提取液,减压浓缩至干,得浸膏 420g。将浸膏混悬于水,依次用石油醚、氯仿、乙酸乙酯和正丁醇萃取,各部分分别回收溶剂至干。取氯仿部分 80g,经硅胶柱色谱分离,氯仿-甲醇系统梯度洗脱,得到氯仿与氯仿-甲醇 95∶5、9∶1、8∶2、7∶3、6∶4、1∶1共 7 个部分,其中氯仿-甲醇 9∶1部分(13g)再经反复硅胶(石油醚-丙酮系统或氯仿-丙酮系统)和凝胶(甲醇)柱层析,分别得到化合物(1)5mg 和(2)10mg[2]。

提取方法二:将 50kg 紫芝子实体粉碎后,用甲醇加热回流提取,提取液减压浓缩至干,得浸膏 5kg。将浸膏混悬于水,用乙酸乙酯萃取,得乙酸乙酯部分 1.5kg,再经正相硅胶、反相硅胶、凝胶柱色谱分离以及 HPLC 制备,分别得到化合物(3)12mg、(4)8mg 和(5)13mg[3]。

提取方法三:将 275g 紫芝子实体,用 2L 氯仿加热回流提取 3 次(共 3h),提取液减压浓缩至干,得浸膏 6.8g。将 6.5g 浸膏经硅胶柱色谱分离成 3 个部分:正己烷-丙酮 9∶1部分(Fr. 1,300mg)、正己烷-丙酮 9∶1部分(Fr. 2,3.4g)和氯仿-甲醇 1∶2部分(Fr. 3,1.8g),其中从 Fr. 2 部分分别得到化合物(2)150mg、(6)15mg、(7)10mg、(8)5mg、(9)30mg、(10)30mg、(11)5mg、(12)35mg 和(15)50mg。从 Fr. 3 部分分别得到化合物(13)40mg 和(14)10mg[4]。

紫芝酸(sinensoic acid,1) 白色针晶(丙酮),mp 223～225℃,$[\alpha]_D^{20}$＋32.4(c 0.05,$CHCl_3$)。Libermann-Burchard 反应阳性。IR(KBr):3 469、3 282、1 701cm^{-1}。UV(MeOH)λ_{max}:207.7nm。HR-ESI-MS(＋)m/z:495.340 9($[M+Na]^+$,计算值为 495.345 0,$C_{30}H_{48}O_4Na$)。^1H NMR(C_5D_5N,500MHz)δ:5.84(1H,t,J＝6.5Hz),4.29(2H,s),3.43(1H,t,J＝7.0Hz),1.82(3H,s),1.23(3H,

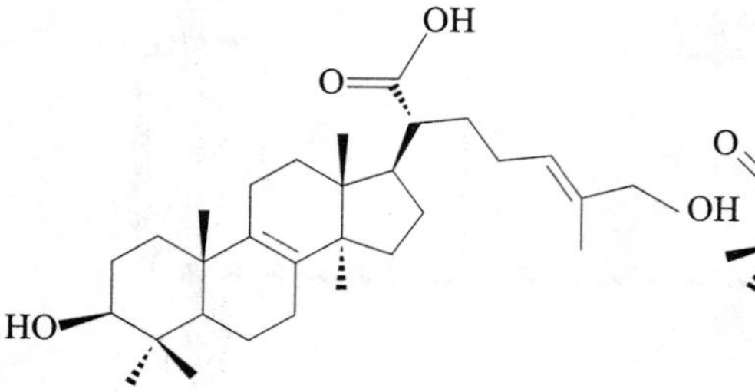

(1) 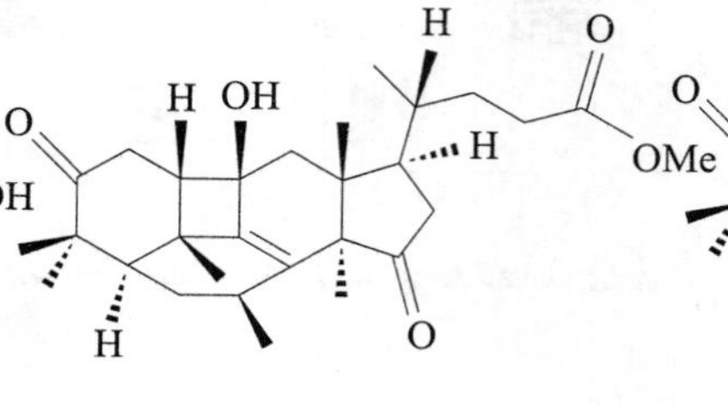 (3) 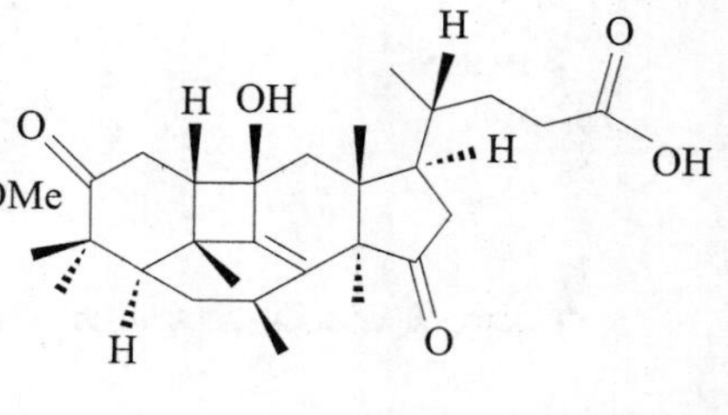 (4)

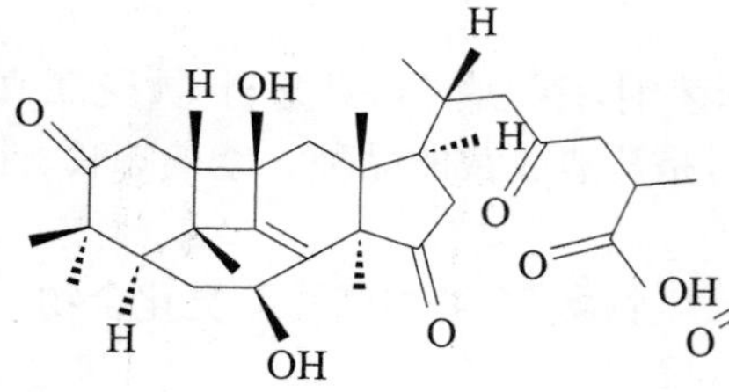

(5) 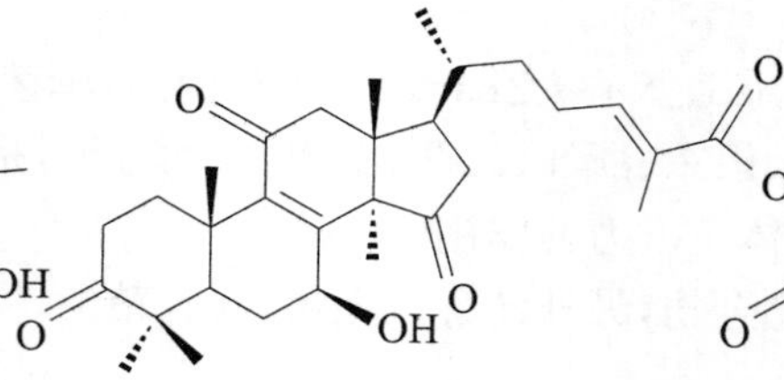 (6) 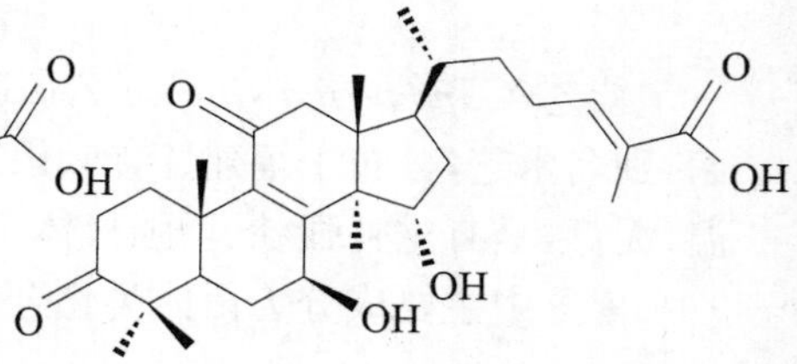 (7)

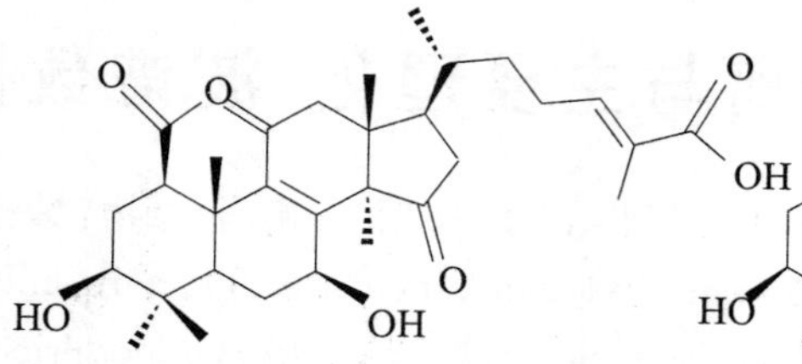

(8) 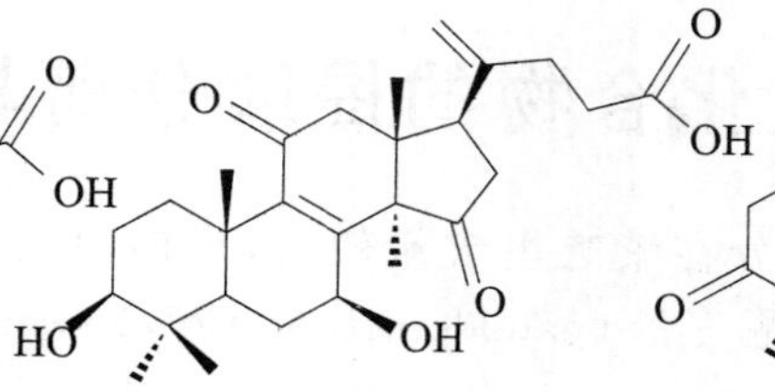 (9) 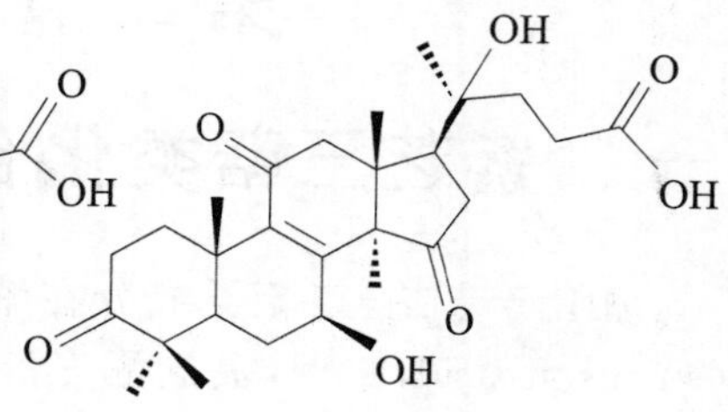 (10)

图 8-1 紫芝中新三萜类化合物的结构

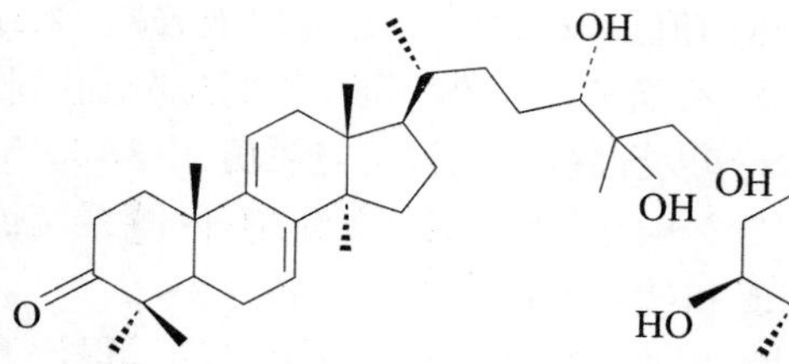

(2) 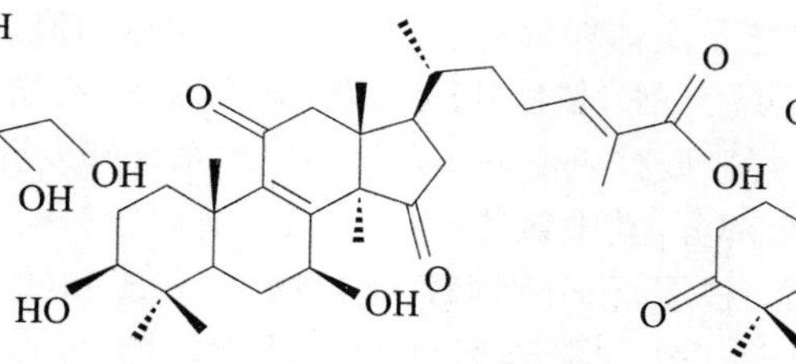 (11) 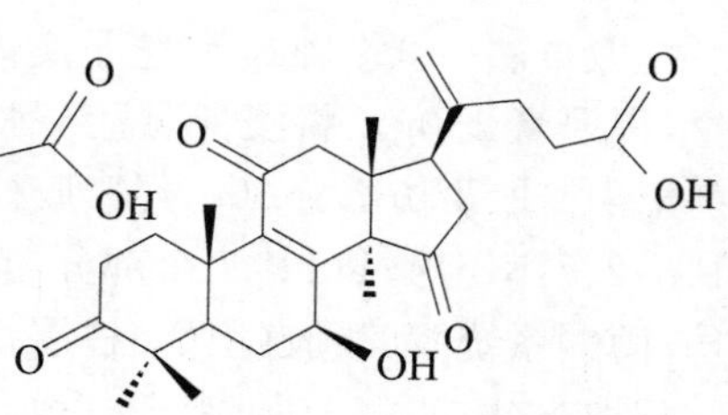 (12)

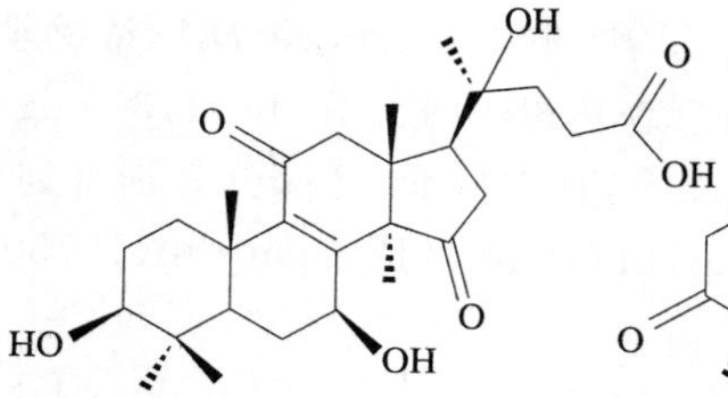

(13) 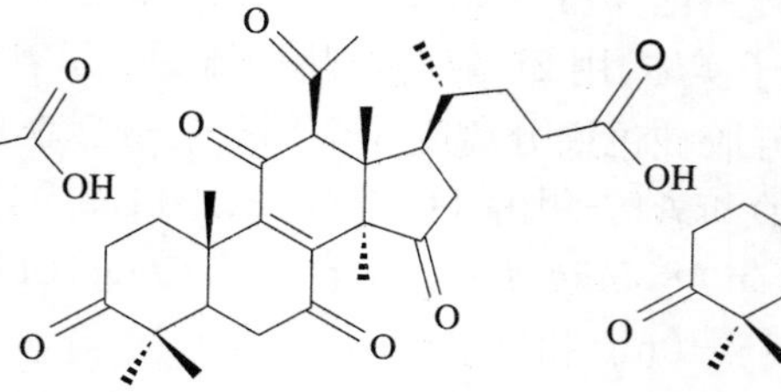 (14) 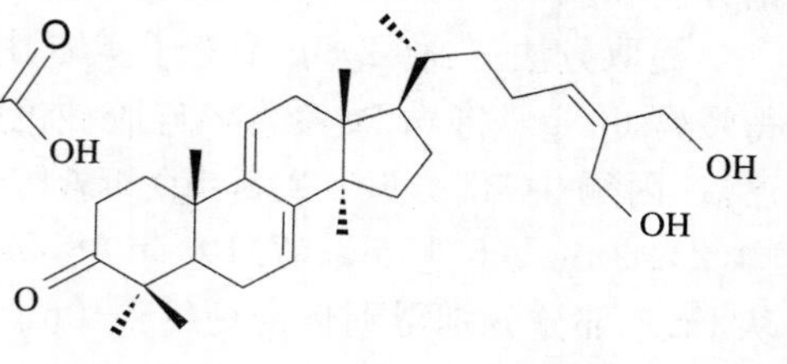 (15)

图 8-2 紫芝中已知三萜类化合物的结构

s),1.06(3H,s),1.05(3H,s),1.00(3H,s),1.00(3H,s)。^{13}C NMR(C_5D_5N,125MHz)δ:178.4,136.7,134.1,134.1,124.0,77.8,67.8,50.7,49.6,48.9,47.5,44.7,39.3,37.2,35.9,33.0,30.6,29.2,28.5,28.4,27.3,26.6,26.1,24.3,21.0,19.2,18.5,16.2,16.1,13.7[2]。

灵芝酮三醇(ganodermanontriol,2) 白色针晶(丙酮),mp 168～170℃。IR(KBr):3 415、1 711、1 045cm^{-1}。EI-MS m/z:472[M$^+$],454,439。^{1}H NMR($CDCl_3$,400MHz)δ:5.51(1H,d,J=6.4Hz),5.39(1H,d,J=5.6Hz),3.83(1H,d,J=11.2Hz),3.48(1H,d,J=11.2Hz),3.46～3.43(1H,m),1.25(3H,s),1.20(3H,s),1.13(3H,s),1.09(3H,s),0.93(3H,d,J=6.1Hz),0.88(3H,s),0.59(3H,s)。^{13}C NMR($CDCl_3$,100MHz)δ:216.9,144.5,142.8,119.9,117.2,79.3,73.3,67.7,25.4,25.3,22.5,22.0[5]。

Methyl ganosinensate(3) 无色方晶(石油醚-丙酮=10:1),mp 215～217℃,$[\alpha]_D^{25}$+171.3(c 0.1,MeOH)。IR(KBr):3 400,2 930,1 717,1 695,1 368,1 257,1 156,1 043cm^{-1}。UV(MeOH)λ_{max}(log ε):215(3.55)nm。HR-ESI-MS(+)m/z:495.272 8([M+Na]$^+$,计算值为495.272 2,$C_{28}H_{40}O_6Na$)。^{1}H NMR(C_5D_5N,500MHz)δ:3.64(3H,s),1.68(3H,s),1.37(3H,s),1.31(3H,s),1.12(3H,s),1.02(3H,s),0.94(3H,d,J=6.4Hz)。^{13}C NMR(C_5D_5N,100MHz)δ:216.5,215.0,174.1,154.7,136.4,83.5,68.3,62.3,57.0,55.4,51.4,48.6,47.0,46.8,45.6,41.0,37.4,35.7,31.4,31.1,29.4,27.1,20.6,18.9,18.8,18.6,17.7[3]。

Ganosinensic acid A(4) 无色针晶(石油醚-丙酮=3:1),mp 206～208℃,$[\alpha]_D^{25}$+167.2(c 0.1,MeOH)。IR(KBr):3 350,2 930,1 720,1 675,1 380,1 270,1 160,1 050cm^{-1}。UV(MeOH)λ_{max}(log ε):214(3.68)nm。HR-ESI-MS m/z:481.256 4([M+Na]$^+$,计算值为481.256 6,$C_{27}H_{38}O_6$)。化合物(4)比(3)少了1个甲氧基,为(3)的游离酸形式[3]。

Ganosinensic acid B(5) 无色粉末,$[\alpha]_D^{25}$+140.8(c 0.1,MeOH)。IR(KBr):3 410、2 947、1 740、1 685、1 370、1 222、1 161、1 038cm^{-1}。UV(MeOH)λ_{max}(log ε):216(3.96)nm。HR-ESI-MS(+) m/z:537.282 4([M+Na]$^+$,计算值为537.282 8,$C_{30}H_{42}O_7Na$)[3]。

Ganoderic GS-1(6) 白色粉末,$[\alpha]_D^{23}$+130.4(c 0.276,$CHCl_3$)。IR(KBr):3 440,2 880,1 700、1 660、1 480、1 390、1 270、1 140、1 060cm^{-1}。UV($CHCl_3$)λ_{max}(log ε):253(3.9)nm。HR-EI-MS m/z:498.293 2([M$^+$],计算值为498.298 1,$C_{30}H_{42}O_6$)。^{1}H NMR($CDCl_3$,500MHz)δ:6.85(1H,t,J=8.0Hz),4.86(dd,J=9.0、7.5Hz),1.02(3H,d,J=7.0Hz)。^{13}C NMR($CDCl_3$,125MHz)δ:218.1,216.8,197.7,171.2,157.8,141.2,144.1,127.0,66.3,59.3,50.1,48.8,46.7,46.2,44.9,41.2,38.2,35.6,35.5,34.5,34.4,27.6,26.9,25.6,24.7,20.7,18.2,18.2,17.7,12.1[4]。

Ganoderic GS-2(7) 白色粉末,$[\alpha]_D^{23}$+112.9(c 0.403,$CHCl_3$)。IR(KBr):3 440,2 880,1 700、1 660、1 470、1 420、1 390、1 270、1 140、1 060cm^{-1}。UV($CHCl_3$)λ_{max}(log ε):253(3.8)nm。HR-EI-MS m/z:500.314 9([M$^+$],计算值为500.313 8,$C_{30}H_{44}O_6$)。化合物(7)的相对分子质量比(6)多2,为C-15位的羰基还原成羟基(δ_{H-15}:4.79,dd,J=9.0、6.5Hz)[4]。

Ganoderic GS-3(8) 白色粉末,$[\alpha]_D^{23}$+69.1(c 0.857,$CHCl_3$)。IR(KBr):3 440,2 880,1 730、1 700、1 660、1 450、1 380、1 230、1 170、1 040、755cm^{-1}。UV($CHCl_3$)λ_{max}(log ε):253(3.8)nm。HR-EI-MS m/z:558.318 4([M$^+$],计算值为558.319 3,$C_{32}H_{48}O_8$)。化合物(8)与(11)相比,C-12位连接了1个乙酰基(δ_{H-12}:5.63,s)[4]。

Ganoderic GS-4(9) 白色粉末,$[\alpha]_D^{23}$+108.3(c 0.411,$CHCl_3$)。IR(KBr):3 450,2 880,1 730、1 700、1 660、1 460、1 380、1 230、1 170、1 040、900cm^{-1}。UV($CHCl_3$)λ_{max}(log ε):255(3.8)nm。HR-EI-MS m/z:458.266 6([M$^+$],计算值为458.266 8,$C_{32}H_{48}O_8$)。化合物(9)的相对分子质量比(12)多2,为C-3位的羰基还原成羟基(δ_{H-3}:3.21,dd,J=10.5,5.0Hz)[4]。

Ganoderic GS-5(10) 白色粉末,$[\alpha]_D^{23}$+184.4(c 0.373,$CHCl_3$)。IR(KBr):3 480、2 880、

1 770、1 700、1 660、1 460、1 420、1 390、1 210、1 170、1 130、1 070cm^{-1}。UV($CHCl_3$)λ_{max}(log ε):255(3.8)nm。HR-EI-MS m/z:474.267 6([M$^+$],计算值为 474.261 8,$C_{27}H_{38}O_7$)。化合物(10)的相对分子质量比(13)少 2,为 C-3 位的羟基氧化成羰基(δ_{C-3}:216.6)[4]。

已知化合物 ganoderic acid β(11),20(21)-dehydrolucidenic acid A(12),20-hydroxylucidenic acid N(13),lucidenic acid D2(14),ganoderiol F(15)的光谱数据可参照赤芝相关文献进行比对[6-9]。

二、紫芝甾体类成分的提取分离与主要理化、波谱数据

从紫芝乙醇提取物的氯仿部分和乙酸乙酯部分共分离得到 13 个甾体,分别为:麦角甾-7,22-二烯-2β,4α-二醇(ergosta-7,22-dien-2β,4α-diol,16)[10],麦角甾醇(ergosterol,17),麦角甾-7,22-二烯-3β-醇(ergosta-7,22-dien-3β-ol,18),麦角甾-7,22-二烯-3β棕榈酸酯(ergosta-7,22-dien-3β-yl palmitate,19),6,9-环氧麦角甾-7,22-二烯-3β-醇(6,9-epidioxyergosta-7,22-dien-3β-ol,20),过氧麦角甾醇(5,8-epidioxyergosta-6,22-dien-3β-ol,21),麦角甾-7,22-二烯-3-酮(ergosta-7,22-dien-3-one,22),麦角甾-7,22-二烯-2β,3α,9α 三醇(ergosta-7,22-dien-2β,3α,9α-triol,23),麦角甾-7,22-二烯-3β,5α,6β,9α 四醇(ergosta-7,22-dien-3β,5α,6β,9α-tetraol,24),5α-豆甾醇-3,6-二酮(5α-stigmastan-3,6-dione,25),β-谷甾醇(β-sitosterol,26),胡萝卜苷(daucosterol,27)[10-11],cerevosterol(28)[4]。其中,化合物(16)为新化合物(图 8-3)。

提取方法一:将 10kg 紫芝子实体粉碎后,用 95%乙醇加热回流提取 3 次,合并提取液,减压浓缩至干,得浸膏 420g。将浸膏混悬于水,依次用石油醚、氯仿、乙酸乙酯和正丁醇萃取,各部分分别回收溶剂至干。取氯仿部分 80g,经硅胶柱色谱分离,氯仿-甲醇系统梯度洗脱,得到氯仿与氯仿-甲醇 95∶5、9∶1、8∶2、7∶3、6∶4、1∶1共 7 个部分,其中氯仿-甲醇 95∶5部分(20g)、氯仿-甲醇 9∶1部分(13g)和氯仿-甲醇 8∶2部分(11g),再经反复硅胶(石油醚-丙酮系统或氯仿-丙酮系统)和凝胶(甲醇或氯仿-甲醇系统)柱层析,分别得到化合物(16)4mg、(17)和(18)850mg、(19)36mg、(20)40mg、(21)205mg、(22)16mg、(23)6mg、(25)7mg、(26)85mg、(27)200mg。取乙酸乙酯部分 25g,经硅胶柱色谱分离,石油醚-丙酮系统梯度洗脱,得到 5∶1、4∶1、3∶1、2∶1、1∶1、甲醇共 6 个部分,其中石油醚-丙酮 5∶1部分(8.3g)和石油醚-丙酮 4∶1部分(3.1g),石油醚-丙酮 3∶1部分(1.9g)和石油醚-丙酮 2∶1部分(1.8g),再经反复硅胶(氯仿-丙酮系统或氯仿-甲醇系统)和凝胶(甲醇或氯仿-甲醇系统)柱层析,分别得到化合物(17)和(18)134mg、(19)10mg、(21)14mg 和(24)5mg[10-11]。

提取方法二:将 275g 紫芝子实体,用 2L 氯仿加热回流提取 3 次(共 3h),提取液减压浓缩至干,得浸膏 6.8g。将 6.5g 浸膏经硅胶柱色谱分离成 3 部分:正己烷-丙酮 9∶1部分(Fr.1,300mg),正己烷-丙酮 9∶1部分(Fr.2,3.4g)与氯仿-甲醇 1∶2部分(Fr.3,1.8g),其中从 Fr.2 部分通过硅胶柱层析和制备 HPLC,分别得到化合物(18)25mg、(21)80mg、(28)5mg[4]。

麦角甾-7,22-二烯-2β,4α-二醇(ergosta-7,22-dien-2β,4α-diol,16) 白色粉末(丙酮),$[\alpha]_D^{20}$-23.4(c 0.06,$CHCl_3$)。IR(KBr):3 329,1 657cm^{-1}。UV(MeOH)λ_{max}:208nm。HR-EI-MS m/z:414.347 1([M]$^+$,计算值为 414.349 8,$C_{28}H_{46}O_2$)。^{1}H NMR(C_5D_5N,500MHz)δ:5.35(1H,m),5.28(1H,dd,J=15.5、7.0Hz),5.27(1H,dd,J=15.5、8.5Hz),3.82(1H,m),3.75(1H,m),1.07(3H,d,J=6.5Hz),0.97(3H,d,J=7.0Hz),0.92(3H,s),0.87(3H,d,J=6.5Hz),0.87(3H,d,J=6.5Hz),0.60(3H,s)。^{13}C NMR(C_5D_5N,125MHz)δ:139.3,136.2,132.1,118.2,76.8,76.3,56.1,50.1,47.7,43.5,43.1,40.9,39.6,37.2,36.3,33.3,29.8,28.6,26.2,23.3,21.6,21.4,20.1,19.8,17.8,14.9,12.4,12.3[10]。

麦角甾醇(ergosterol,17)和麦角甾-7,22-二烯-3β-醇(ergosta-7,22-dien-3β-ol,18) 白色针状晶体(丙酮),mp 136~140℃。EI-MS m/z:396[M$^+$,17]和 398[M$^+$,18]。^{1}H NMR($CDCl_3$,400MHz)δ:5.57~5.56(1H,m),5.39~5.37(1H,m),5.25~5.13(5H,m),3.66~3.56(2H,m),

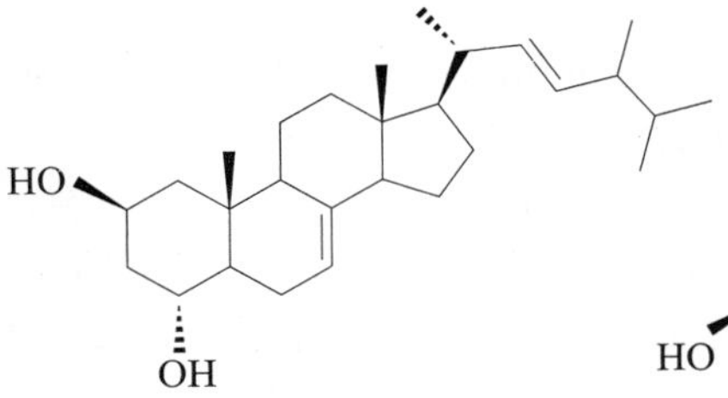

(16) 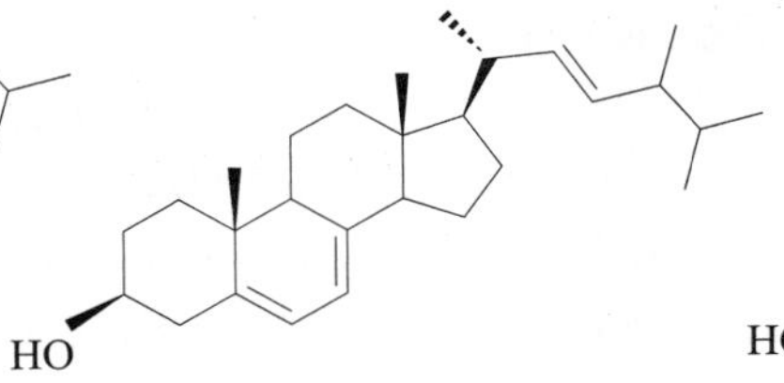　(17) 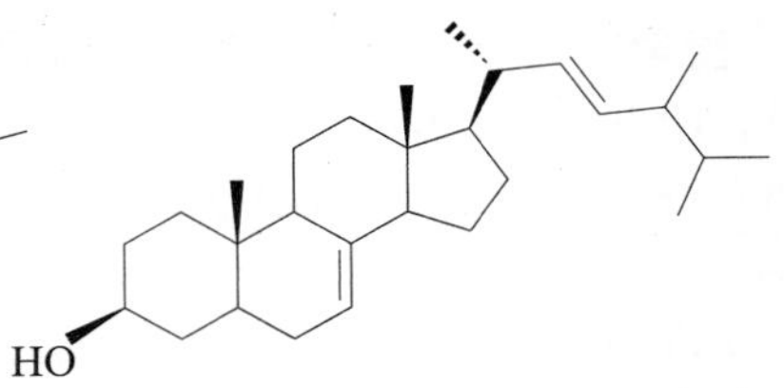　(18)

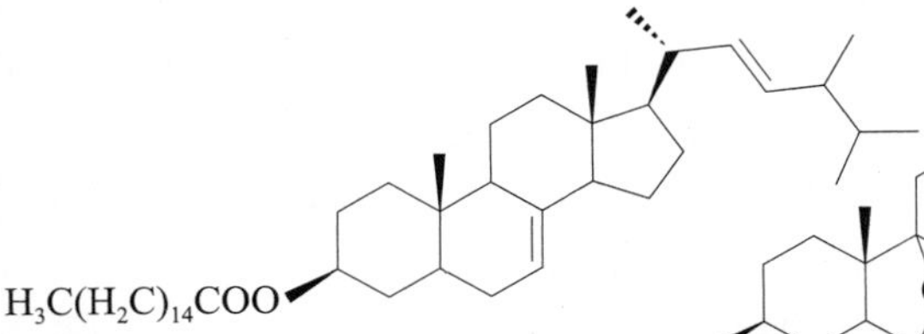

(19) 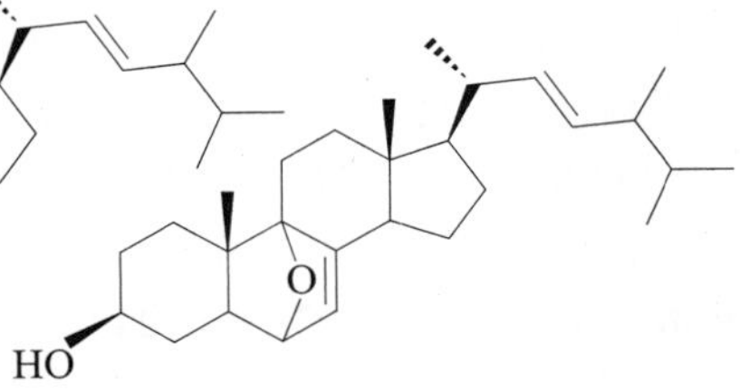　(20) 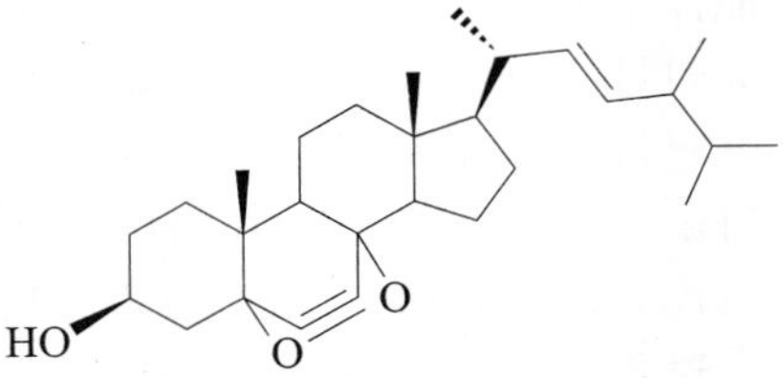　(21)

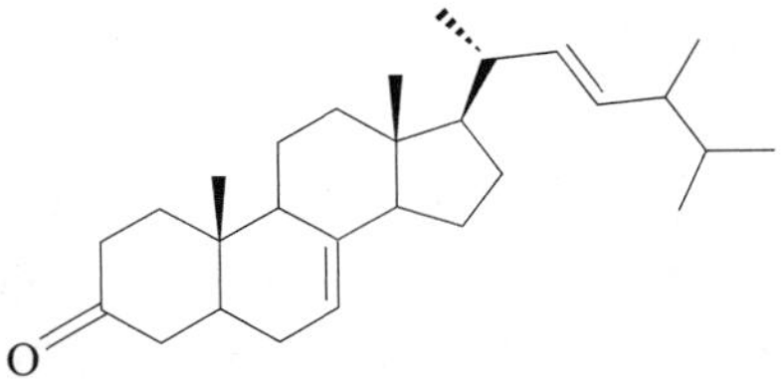

(22) 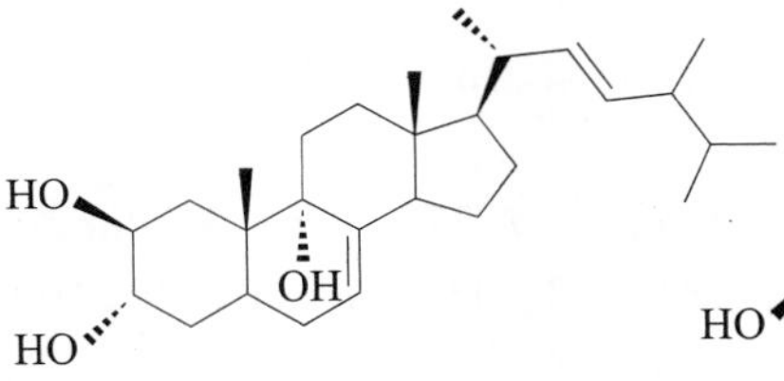　(23) 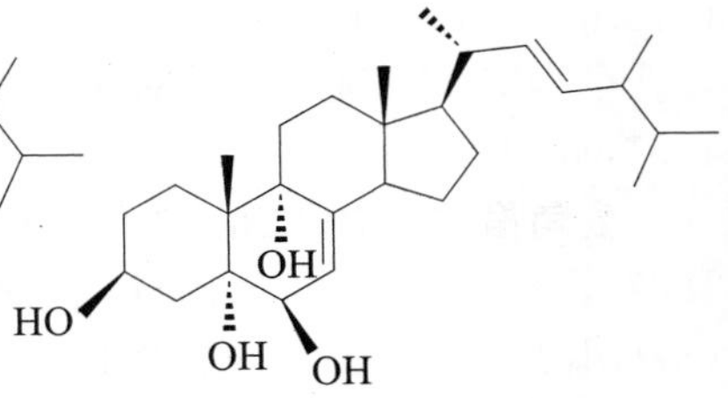　(24)

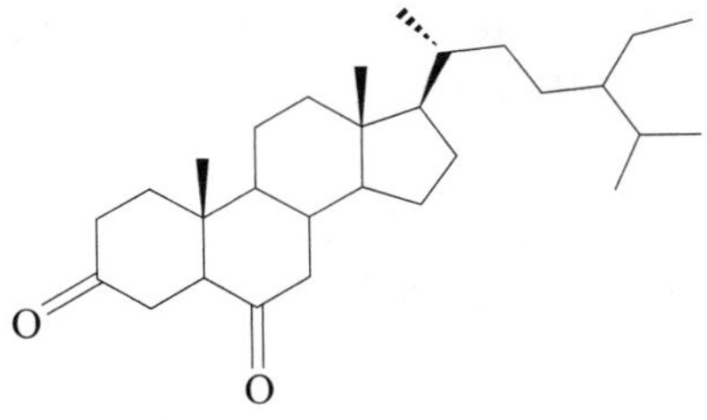

(25) 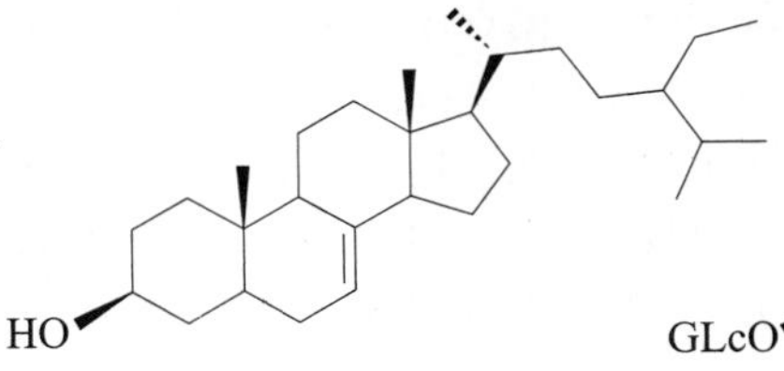　(26) 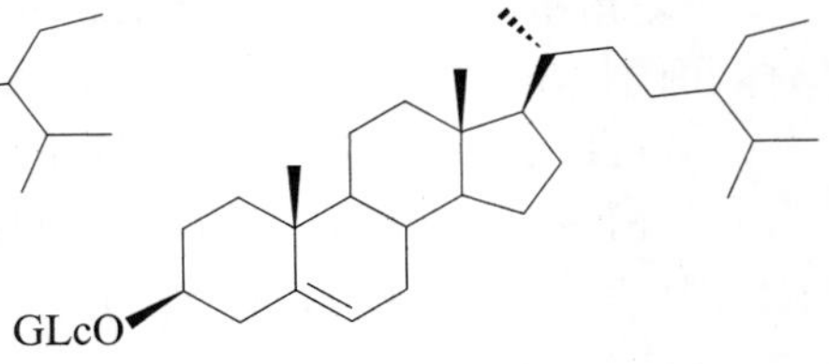　(27)

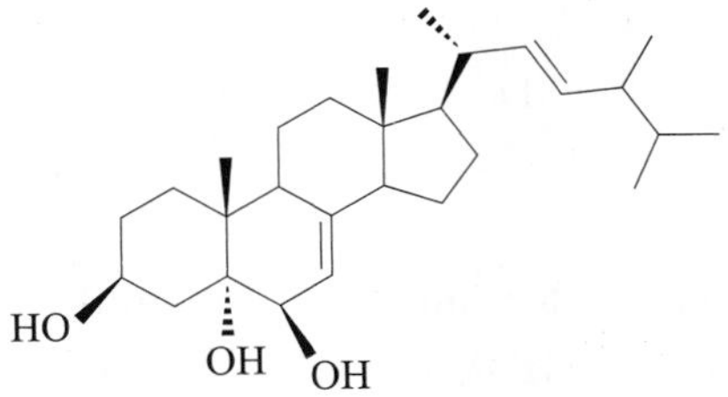

(28)

图 8-3　紫芝中甾醇类化合物的结构

1.03(3H,d,J=6.4Hz),1.01(3H,d,J=7.6Hz),0.94(3H,s),0.91(6H,d,J=6.8Hz),0.84(3H,s),0.83(6H,d,J=6.8Hz),0.80(6H,d,J=7.2Hz),0.63(3H,s),0.54(3H,s)。^{13}C NMR($CDCl_3$,100MHz)δ:141.3,139.8,139.5,135.7,135.6,132.0,131.9,119.6,117.4,116.3,71.0,70.1。这两

种化合物在真菌中普遍存在,且经常呈混合晶体出现,得率也较高[11]。

麦角甾-7,22-二烯-3β-棕榈酸酯(ergosta-7,22-dien-3β-yl palmitate,19) 白色粉末(丙酮)。ESI-MS(+) m/z:659[M+Na]$^+$。^{1}H NMR($CDCl_3$,400MHz)δ:5.24~5.17(3H,m),4.73~4.69(1H,m),1.02(3H,d,J=6.0Hz),0.91(3H,d,J=6.9Hz),0.88(3H,t,J=6.6Hz),0.84(3H,s),0.82(3H,d,J=7.2Hz),0.85(3H,d,J=7.2Hz),0.54(3H,s)。^{13}C NMR($CDCl_3$,100MHz)δ:173.5,139.5,135.7,131.9,117.3,75.1,55.9,55.1,49.3,42.8,42.8,40.5,40.1,39.4,36.9,34.8,34.2,33.1,29.5,28.1,27.5,25.1,22.9,21.5,22.7,21.1,20.0,19.6,17.6,14.1,13.0,12.1[10]。

6,9-环氧麦角甾-7,22-二烯-3β-醇(6,9-epidioxyergosta-7,22-dien-3β-ol,20) 白色针状晶体(丙酮),mp 229~230℃。ESI-MS(+) m/z:413[M+H]$^+$。^{1}H NMR($CDCl_3$,400MHz)δ:5.36(1H,d,J=4.4Hz),5.23(1H,dd,J=15.2、7.2Hz),5.16(1H,dd,J=15.2、6.4Hz),4.12~4.04(1H,m),3.62(1H,d,J=4.4Hz),1.09(3H,s),1.03(3H,d,J=6.4Hz),0.92(3H,d,J=6.8Hz),0.84(3H,d,J=6.4Hz),0.82(3H,d,J=6.4Hz),0.60(3H,s)。^{13}C NMR($CDCl_3$,100MHz)δ:141.5,120.5,136.2,132.1,76.1,74.2,67.6,21.4,20.1,19.8,18.8,17.8,12.5[11]。

过氧麦角甾醇(5,8-epidioxyergosta-6,22-dien-3β-ol,21) 白色针状晶体(丙酮),mp 186~187℃。EI-MS m/z:428[M$^+$],410,396。^{1}H NMR($CDCl_3$,300MHz)δ:6.51(1H,d,J=8.4Hz),6.24(1H,d,J=8.4Hz),5.23(1H,dd,J=15.0、6.6Hz),5.14(1H,dd,J=15.0、8.4Hz),4.01~3.92(1H,m),1.00(3H,d,J=6.6Hz),0.91(3H,d,J=6.9Hz),0.88(3H,s),0.84(6H,br s),0.82(3H,s)。^{13}C NMR($CDCl_3$,100MHz)δ:135.4,135.2,132.3,130.7,82.1,79.4,66.4,20.6,19.9,19.6,18.1,17.5,12.8[11]。

麦角甾-7,22-二烯-3-酮(ergosta-7,22-dien-3-one,22) 白色片状晶体(氯仿),mp 178~180℃。EI-MS m/z:396[M$^+$],381,353。^{1}H NMR($CDCl_3$,300MHz)δ:5.26~5.12(3H,m),1.02(3H,d,J=6.3Hz),1.01(3H,s),0.91(3H,d,J=3.9Hz),0.84(3H,d,J=4.8Hz),0.80(3H,d,J=4.8Hz),0.57(3H,s)。^{13}C NMR($CDCl_3$,100MHz)δ:212.0,139.5,135.6,132.0,117.0,21.1,19.9,19.6,17.6,12.5,12.1[11]。

麦角甾-7,22-二烯-2β,3α,9α-三醇(ergosta-7,22-dien-2β,3α,9α-triol,23) 白色针状晶体(丙酮),mp 197~198℃。ESI-MS(+) m/z:509[M+Na]$^+$。^{1}H NMR(C_5D_5N,300MHz)δ:5.75~5.73(1H,m),5.28~5.13(2H,m),4.83~4.82(1H,m),4.32(1H,m),1.53(3H,s),1.05(3H,d,J=6.6Hz),0.94(3H,d,J=6.6Hz),0.85(3H,d,J=6.9Hz),0.84(3H,d,J=6.9Hz),0.65(3H,s)。^{13}C NMR(C_5D_5N,100MHz)δ:141.6,136.2,132.1,120.5,76.1,74.3,67.6,21.4,20.2,19.8,18.8,17.8,12.5[10]。

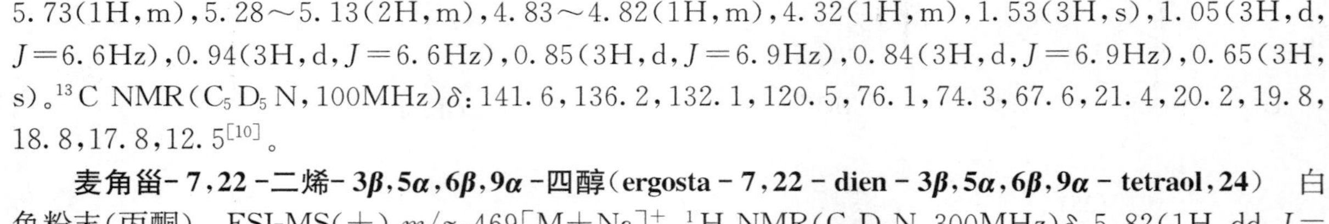

麦角甾-7,22-二烯-3β,5α,6β,9α-四醇(ergosta-7,22-dien-3β,5α,6β,9α-tetraol,24) 白色粉末(丙酮)。ESI-MS(+) m/z:469[M+Na]$^+$。^{1}H NMR(C_5D_5N,300MHz)δ:5.82(1H,dd,J=5.1,2.4Hz),5.28~5.13(2H,m),4.82(1H,m),4.44(1H,m),1.60(3H,s);1.06(3H,d,J=6.9Hz),0.94(3H,d,J=6.6Hz),0.85(3H,d,J=6.9Hz),0.84(3H,d,J=6.9Hz),0.70(3H,s)。^{13}C NMR(C_5D_5N,100MHz)δ:143.0,136.2,132.1,121.3,78.7,75.0,73.8,67.4,22.5,21.4,20.2,19.8,17.9,12.1[10]。

豆甾醇-3,6-二酮(stigmatane-3,6-dione,25) 白色粉末(丙酮),mp 206~208℃。EI-MS m/z:428[M$^+$]。^{1}H NMR($CDCl_3$,400MHz)δ:0.96(3H,s),0.93(3H,d,J=6.0Hz),0.85(3H,t,J=7.2Hz),0.83(3H,d,J=6.6Hz),0.81(3H,d,J=6.6Hz),0.69(3H,s)。^{13}C NMR($CDCl_3$,100MHz)δ:211.3,209.1,19.8,19.0,18.7,12.6,12.0,12.0[12]。

三、紫芝生物碱类成分的提取分离与主要理化、波谱数据

从紫芝乙醇提取物的乙酸乙酯部分共得到5个生物碱,分别为sinensine(29)[13],sinensine

B(30)，sinensine C(31)，sinensine D(32)，sinensine E(33)[14]，全部为新化合物。

提取方法一：将 10kg 紫芝子实体粉碎后，用 95%乙醇加热回流提取 3 次，合并提取液，减压浓缩至干，得浸膏 420g。将浸膏混悬于水，依次用石油醚、氯仿、乙酸乙酯和正丁醇萃取，各部分分别回收溶剂至干。乙酸乙酯部分 25g，经硅胶柱色谱分离，石油醚-丙酮系统梯度洗脱，得到化合物(29)6mg[13]。

提取方法二：将 50kg 紫芝子实体粉碎后，用 95%乙醇加热回流(70℃)提取 3 次，合并提取液，减压浓缩至干。将浸膏混悬于水，依次用石油醚、氯仿、乙酸乙酯和正丁醇萃取，各部分分别回收溶剂至干。其中乙酸乙酯部分 1.5kg，经硅胶、反相硅胶、凝胶柱色谱分离与 HPLC 制备，分别得到化合物(29)15mg、(30)18mg、(31)19mg、(32)45mg 和(33)15mg[14](图 8－4)。

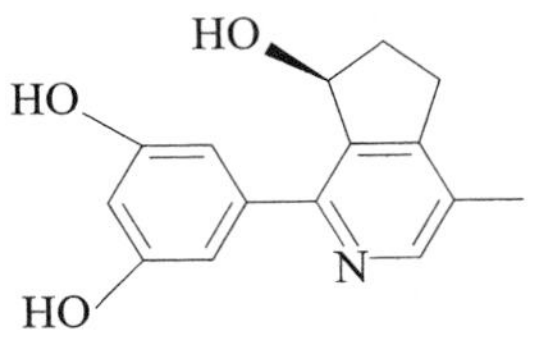

(29) 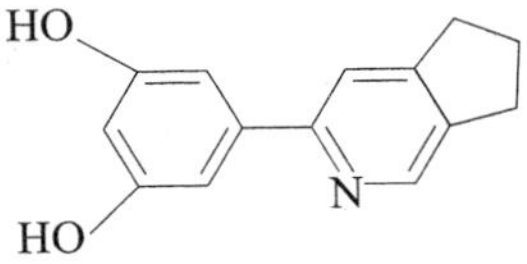　(30) 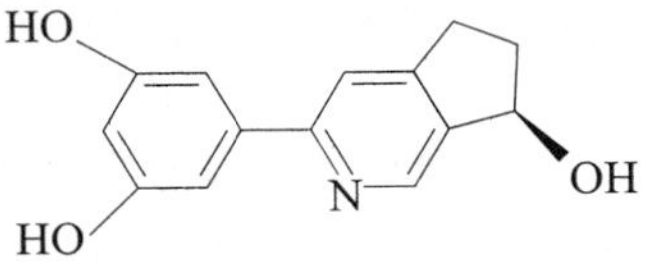　(31)

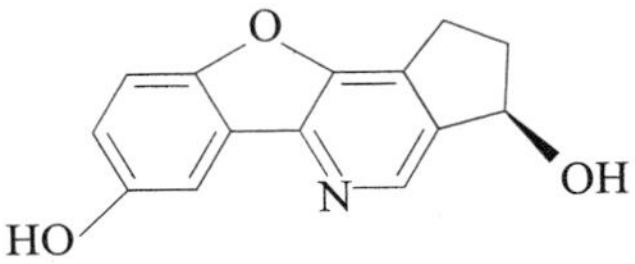

(32) 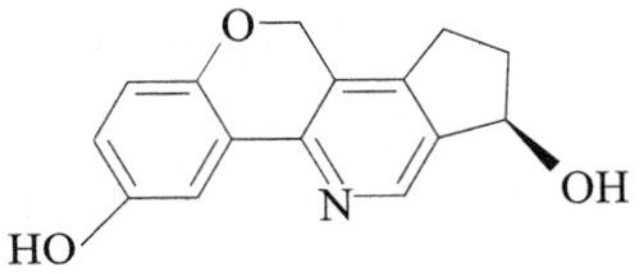　(33)

图 8－4　紫芝中新生物碱类化合物的结构

sinensine(29)　黄色针晶(丙酮)。mp ＞300℃。$[\alpha]_D^{20}+8.7$(c 0.1，MeOH)。UV(MeOH) λ_{max}：205、263、343nm。IR(KBr)：3 245、1 590、1 485、1 049cm^{-1}。HREI-MS m/z：257.106 0([M]$^+$ 计算值为 257.105 2，$C_{15}H_{15}NO_3$)。^{1}H NMR(C_5D_5N，600MHz)δ：13.66(1H，br s)，11.04(1H，br s)，8.82(1H，d，J＝2.4Hz)，8.10(1H，s)，7.31～7.30(2H，d，J＝2.4Hz)，5.57(1H，d，J＝6.0Hz)，4.93(1H，br s)，3.04(1H，dt，J＝16.8、8.4Hz)，2.59(1H，dd，J＝16.8、8.4Hz)，2.29(1H，dd，J＝13.2、7.2Hz)，2.12～2.00(1H，m)，1.98(3H，s)。^{13}C NMR(C_5D_5N，150MHz)δ：156.3，153.6，152.8，151.2，145.9，138.8，128.7，122.3，119.1，118.6，117.8，74.7，35.8，29.3，15.6[13]。

sinensine B(30)　白色粉末($CHCl_3$/MeOH)。$[\alpha]_D^{25}-8.18$(c 0.1，$CHCl_3$/MeOH)。UV($CHCl_3$/MeOH)λ_{max}(log ε)：266(4.20)、345(2.98)nm。IR(KBr)：3 383、2 965、2 930、2 851、1 464cm^{-1}。HR-ESI-MS(＋) m/z：228.100 3([M＋H]$^+$，计算值为 228.102 4，$C_{14}H_{13}NO_2$)。^{1}H NMR(C_5D_5N，500MHz)δ：8.21(1H，s)，7.89(1H，d，J＝2.4Hz)，7.84(1H，s)，7.27(2H，m)。^{13}C NMR(C_5D_5N，125MHz)δ：156.2，156.1，153.6，151.1，141.8，138.5，120.4，119.6，119.3，115.9，113.5，32.9，30.0，25.0[14]。

sinensine C(31)　白色粉末($CHCl_3$/MeOH)。$[\alpha]_D^{25}-11.08$(c 0.1，$CHCl_3$/MeOH)。UV($CHCl_3$/MeOH)λ_{max}(log ε)：268(4.33)、333(3.01)nm。IR(KBr)：3 445、2 978、1 614、1 482、1 444cm^{-1}。HR-ESI-MS(＋) m/z：244.096 6([M＋H]$^+$，计算值为 244.097 3，$C_{14}H_{14}NO_3$)。化合物(31)比(30)在C－6 位多了 1 个羟基(δ_{H-6}：5.48，br s)[14]。

sinensine D(32)　黄色粉末($CHCl_3$/MeOH)。$[\alpha]_D^{25}-11.08$(c 0.1，$CHCl_3$/MeOH)。UV($CHCl_3$/MeOH)λ_{max}(log ε)：266(4.28)、341(3.12)nm。IR(KBr)：3 445、2 978、1 614、1 482、1 444cm^{-1}。HR-ESI-MS(＋) m/z：264.231 4([M＋Na]$^+$，计算值为 264.231 8，$C_{14}H_{11}NO_3Na$)。^{1}H

NMR(C_5D_5N,500MHz)δ:9.19(1H,s),8.56(1H,d,J=2.0Hz),7.35(1H,m),5.57(1H,t,J=6.4Hz),3.74(1H,ddd,J=18.7、8.8、4.3Hz),3.35(1H,td,J=18.7、7.8Hz)。^{13}C NMR(C_5D_5N,125MHz)δ:160.8,157.4,155.8,151.8,151.1,146.5,144.4,123.1,120.7,118.2,115.1,110.5,73.7,36.1,31.9[14]。

sinensine E(33) 黄色粉末($CHCl_3$/MeOH)。$[\alpha]_D^{25}$−7.00(c 0.1,$CHCl_3$/MeOH)。UV($CHCl_3$/MeOH)λ_{max}(log ε):265(4.17)、344(3.20)nm。IR(KBr):3 416、3 267、1 611、1 575、1 470、1 428cm^{-1}。HR-ESI-MS(+) m/z:256.097 4([M+H]$^+$,计算值为 256.097 3,$C_{15}H_{14}NO_3$)。化合物(33)与(32)相比多出了1个连氧的亚甲基信号(δ_{H-10}:5.20,d,J=2.6Hz;δ_{C-10}:65.7),即形成了六元氧环[14]。

四、紫芝鞘酯类成分的提取分离与主要理化、波谱数据

从紫芝乙醇提取物的氯仿部分和乙酸乙酯部分,共分离得到 3 个鞘脂类化合物:cerebroside D(34)、泥湖鞘鞍醇(hemisceramide,35)和 poke-weed cerebroside(36)[2]。

将 10kg 紫芝子实体粉碎后,用 95%乙醇加热回流提取 3 次,合并提取液,减压浓缩至干,得浸膏 420g。将浸膏混悬于水,依次用石油醚、氯仿、乙酸乙酯和正丁醇萃取,各部分分别回收溶剂至干。取氯仿部分 80g,经硅胶柱色谱分离,氯仿-甲醇系统梯度洗脱,得到氯仿与氯仿-甲醇 95∶5、9∶1、8∶2、7∶3、6∶4、1∶1共 7 个部分,其中氯仿-甲醇 8∶2部分(11g)再经反复硅胶(石油醚-丙酮系统或氯仿-丙酮系统)和凝胶(甲醇或氯仿-甲醇系统)柱层析,得到化合物(35)40mg。取乙酸乙酯部分 25g,经硅胶柱色谱分离,石油醚-丙酮系统梯度洗脱,得到 5∶1、4∶1、3∶1、2∶1、1∶1、甲醇共 6 个部分,其中石油醚-丙酮 5∶1部分(8.3g)和石油醚-丙酮 4∶1部分(3.1g),石油醚-丙酮 3∶1部分(1.9g)和石油醚-丙酮 2∶1部分(1.8g),再经反复硅胶(氯仿-丙酮系统或氯仿-甲醇系统)和凝胶(甲醇或氯仿-甲醇系统)柱层析,分别得到化合物(34)34mg 和(36)14mg[2](图 8-5)。

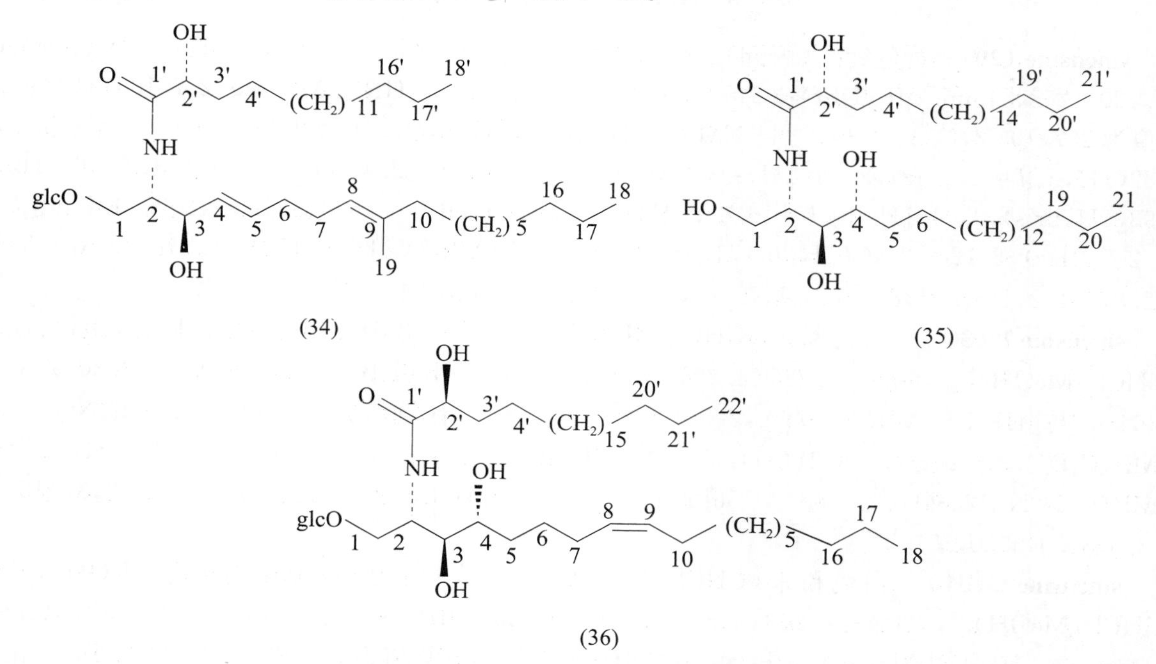

图 8-5 紫芝中鞘脂类化合物的结构

cerebroside D(34) 白色粉末(甲醇)。ESI-MS(+) m/z:778[M+Na]$^+$。^{1}H NMR(C_5D_5N,400MHz)δ:8.35(1H,d,J=8.8Hz),6.03~5.91(2H,m),5.26(1H,m),4.91(1H,d,J=7.6Hz),4.83~4.79(1H,m),4.79(1H,d,J=2.0Hz),4.76~4.69(1H,m),4.57(1H,dd,J=8.0,3.6Hz),

4.50(1H,dd,J=11.6、2.4Hz),4.35(1H,dd,J=11.6、5.2Hz),4.25(1H,d,J=3.6Hz),1.61(3H,s),0.86(6H,t,J=7.2Hz)。^{13}C NMR(C_5D_5N,100MHz)δ:175.6,135.8,132.3,131.9,124.1,105.7,78.6,78.5,75.1,72.5,72.3,71.5,70.2,62.7,54.6,16.1,14.3,14.3[2]。

泥湖鞘鞍醇(hemisceramide,35) 白色粉末(甲醇)。ESI-MS(+) m/z:684[M+H]$^+$,706[M+Na]$^+$。^{1}H NMR(C_5D_5N,400MHz)δ:8.58(1H,d,J=9.2Hz),5.11(1H,dd,J=9.2、4.8Hz),4.62(1H,dd,J=8.0、4.0Hz),4.52(1H,dd,J=10.8、4.8Hz),4.42(1H,dd,J=10.8、4.8Hz),4.38~4.35(1H,m),4.29(1H,t,J=6.8Hz),0.86(6H,t,J=6.4Hz)。^{13}C NMR(C_5D_5N,100MHz)δ:175.3,76.7,73.0,72.5,62.0,52.9,14.3,14.3[2]。

poke-weed cerebroside(36) 白色粉末(甲醇)。ESI-MS(+) m/z:838[M+Na]$^+$。^{1}H NMR(DMSO-d_6,400MHz)δ:7.57(1H,d,J=9.6Hz),5.35~5.26(2H,m),4.13(1H,d,J=7.6Hz),4.10~4.05(1H,m),3.85~3.78(2H,m),3.65~3.59(1H,m),3.39~3.29(2H,m),0.83(6H,t,J=7.2Hz)。^{13}C NMR(DMSO-d_6,100MHz)δ:173.8,129.9,129.3,103.4,76.8,76.5,74.1,73.4,70.9,70.5,69.9,68.9,60.9,49.8,13.9,13.9[2]。

第三节 紫芝化学成分的生物活性

紫芝酒提取物对CCl_4引起的小鼠血清谷丙转氨酶(SGPT)活力和肝脏三酰甘油含量的升高有明显降低作用,能减轻乙硫氨酸引起的小鼠肝脏脂肪的蓄积,减少小鼠因大剂量洋地黄毒苷和吲哚美辛(消炎痛)中毒引起的死亡,提高小鼠肝脏代谢戊巴比妥的能力,促进部分切除肝脏小鼠肝脏的再生;人工紫芝和天然紫芝对大鼠角叉菜胶性关节炎和热烫法与醋酸致痛小鼠都有明显的抗炎镇痛作用,人工紫芝还能减轻小鼠耳肿胀和皮肤毛细血管通透性,明显抑制大鼠棉球肉芽肿。另外,紫芝水煎液能提高小鼠机体网状内皮系统的吞噬功能,提高免疫低下模型小鼠溶血素抗体生成,提高机体脾淋巴细胞的转化率,明显延长小鼠负重游泳的时间以及明显改善小鼠睡眠状况;紫芝煎剂(30%)对白毒鹅膏菌 *Amanita verna* 中毒所致的中枢神经系统损害和急性肾衰竭有显著效果,还可用于治疗斑豹鹅膏菌与亚鳞白鹅膏蕈中毒的解救[15-18]。野生紫芝的菌柄提取物能明显抑制人乳腺癌细胞 MCF-7、MDA-MB-231 细胞的增殖,且对正常人乳腺上皮细胞无明显细胞毒作用[19]。

化合物 ganoderic acid GS-2(7)、20(21)-dehydrolucidenic acid N(9)、20-hydroxylucidenic acid A(10)、20(21)-dehydrolucidenic acid A(12)和 ganoderiol F(15)具有抗 HIV-1 病毒的活性,后4个化合物 IC_{50}分别为 30、48、25、22μM[4]。

此外,麦角甾醇在紫外线照射下可转化为维生素 D_2前体,加热异构失去2个氢原子得到 VD_2,是生产 VD_2、氢化可的松、黄体酮和芸苔素内酯的原料。麦角甾醇是真菌细胞膜的重要组分,它在确保膜结构的完整性,与膜结合酶的活性、膜的流动性、细胞活力与物质运输等方面起着重要作用[20]。

第四节 展 望

紫芝在《中国药典》中与赤芝(*Ganoderma lucidum*)共同列为药用正品,其药用价值已得到认定。但目前无论从化学还是生物活性方面的研究都远逊于赤芝,因此可挖掘的空间很大。

参考文献

[1] 林志彬.灵芝的现代研究[M].第4版.北京:北京大学医学出版社,2015.

[2] 刘超,陈若芸. 紫芝中的一个新三萜[J]. 中草药,2010,41(1):8－11.

[3] Wang CF, Liu JQ, Yan YX, et al. Three new triterpenoids containing four-membered ring from the fruiting body of *Ganoderma sinense* [J]. Organic letters, 2010, 12 (8): 1656－1659.

[4] Sato N, Zhang Q, Mei CM, et al. Anti-human immunodeficiency virus－1 protease activity of new lanostane-type triterpenoids from *Ganoderma sinense* [J]. Chem Pharm Bull, 2009, 57 (10): 1076－1080.

[5] Arisama M, Fujita A, Saga M, et al. Three new lanostanoids from *Ganodrma lucidum* [J]. J Nat Prod, 1986, 49 (4): 621－625.

[6] Min BS, Nakamura N, Miyashiro H, et al. Triterpenes from the spores of *Ganoderma lucidum* and their inhibitory activity against HIV-l protease [J]. Chem Pharm Bull, 1998, 46 (10): 1607－1612.

[7] Akihisa T, Tagata M, Ukiya M, et al. Oxygenated lanostane-type triterpenoids from the fungus *Ganoderma lucidum* [J]. J Nat Prod, 2005, 68 (4): 559－563.

[8] Kikuchi T, Kanomi S, Murai Y, et al. Constituents of the fungus *Ganoderma lucidum* (F_R.) Karst. II. Structures of Ganoderic acids F, G, and H, Lucidenic acids D2 and E2, and related compounds [J]. Chem Pharm Bull, 1986, 34 (10): 4018－4029.

[9] Nishitoba T, Oda K, Sato H, et al. Novel triterpenoids from the fungus Ganodera lucidum [J]. Agri Bio Chem, 1988, 52 (2), 367－372.

[10] 刘超,陈若芸. 紫芝中的一个新甾体[J]. 中国药学杂志,2010,45(6):28－30.

[11] 刘超,王洪庆,李保明,等. 紫芝的化学成分研究[J]. 中国中药杂志,2007,32(3):235－237.

[12] Kang J, Wang HQ, Chen RY. Studies on the constituents of the mycelia produced from fermented culture of *Flammulina velutipes* (W. Curt. : Fr.) singer (Agaricomycetideae) [J]. International Journal of Medicinal Mushrooms, 2003, 5: 391－396.

[13] Liu C, Zhao F, Chen RY. A novel alkaloid from the fruiting bodies of *Ganoderma sinense* Zhao, Xu *et* Zhang. Chin Chem Lett [J], 2010, 21, 197－199.

[14] Liu JQ, Wang CF, Peng XR, et al. New alkaloids from the fruiting bodies of *Ganoderma sinense*. Nat Prod Bioprospect, 2011, 1, 93－96.

[15] 刘耕陶,包天桐,魏怀玲,等. 紫芝和赤芝酒提物对小鼠肝脏的一些药理作用[J]. 药学学报,1979,14(5):284－287.

[16] 万阜昌,黄道斋. 人工紫芝的抗炎镇痛作用研究[J]. 中国中药杂志,1992,17(10):619－621.

[17] 陈璐,罗霞,曾谨,等. 不同灵芝类群药效的特异性研究[J]. 中国食用菌,2007,26(6):40－43.

[18] 何介元. 白毒伞中毒与紫芝在抢救中的临床应用[J]. 中华预防医学杂志,1978,12(1):38.

[19] Yue GG, Fung KP, Tse GM, et al. Comparative studies of various *Ganoderma* species and their different parts with regard to their antitumor and immunomodulating activities in vitro [J]. J Altern Complement Med, 2006, 12(8): 777－789.

[20] 张萱,陈海霞,高文远. 灵芝中麦角甾醇的提取工艺[J]. 中国中药杂志,2007,32(4):353－354.

(刘　超)

第九章 松杉灵芝

SONG SHAN LING ZHI

第一节 概述

松杉灵芝(*Ganoderma tsugae* Murr)为担子菌门，伞菌纲，多孔菌目，灵芝科，灵芝属真菌，别名铁杉灵芝、木灵芝、松杉铁芝，分布于我国黑龙江、吉林、甘肃、河北、内蒙古等省区[1]，民间大多当灵芝入药。具有扶正固本、滋补强壮等功效，用于防治多种疾病[2-3]。

松杉灵芝中主要含有三萜、甾体类、多糖、苯并呋喃和脂肪酸等类化合物。

第二节 松杉灵芝化学成分的研究

一、松杉灵芝中三萜类化学成分的提取与分离

从松杉灵芝氯仿和甲醇提取物中共分离得到8个三萜类化合物：tsugarioside A(1)，tsugarioside B(2)，tsugarioside C(3)，tsugaric acid A(4)，tsugaric acid B(5)，tsugaric acid C(6)，tsugaric acid D(7)，tsugaric acid E(8)，3β - hydroxy - 5α - lanosta - 8,24 - en - 21 - oic acid(9)，3 - oxo - 5α - lanosta- 8,24 - en - 21 - oic acid(10)，其中化合物(1)～(8)为新化合物[4-7]。

从松杉灵芝乙醇提取物的乙酸乙酯部分共分离得到15个三萜类化合物：灵芝酮三醇(ganodermanontriol,11)，灵芝醇A(ganoderiol A,12)，灵芝三醇(ganodermatriol,13)，灵芝酸C1(ganoderic acid C1,14)，灵芝酸A(ganoderic acid A,15)，赤芝酮A(lucidone A,16)，赤芝酸C(lucidenic acid C,17)，赤芝酸LM_1(lucidenic acid LM_1,18)，灵芝酸I(ganoderic acid I,19)，灵芝酸B(ganoderic acid B,20)，灵芝酸B甲酯(methyl ganoderate B,21)，赤芝酸C甲酯(methyl lucidenate C,22)，赤芝酸A(lucidenic acid,23)，赤芝酸A甲酯(methyl lucidenate A,24)，灵芝酮二醇(ganodermanondiol,25)[8-9]。

提取方法一：将10kg松杉灵芝子实体粉碎后，用氯仿和甲醇依次回流提取，得到氯仿提取物260g。氯仿部分通过硅胶柱色谱分离，采用氯仿∶甲醇＝19∶1和氯仿∶甲醇＝9∶1分别洗脱，其中氯仿∶甲醇＝19∶1部分经反复硅胶柱层析得到化合物(4)、(5)、(9)与(10)，氯仿∶甲醇＝9∶1部分得到化合物(1)120mg。甲醇部分通过硅胶柱色谱分离，得到化合物(2)10mg、(3)15mg和(6)20mg[4-7](图9－1)。

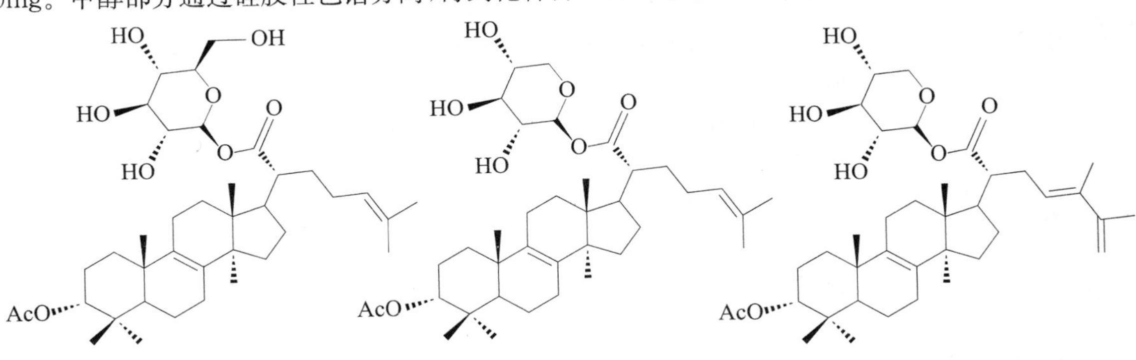

tsugaric acid A　　tsugaric acid B　　tsugaric acid C

tsugaric acid D　　tsugaric acid E

图 9-1　松杉灵芝中新三萜类化学成分的结构

提取方法二：将 10kg 松杉灵芝子实体粉碎后，用 95%乙醇回流提取 3 次，合并提取液，减压浓缩至干，得浸膏 632g。将浸膏混悬于水，依次用石油醚、乙酸乙酯和正丁醇萃取。其中乙酸乙酯部分 280g，经硅胶柱色谱分离，氯仿-甲醇梯度洗脱，得到氯仿与氯仿：甲醇95：5、9：1、8：2、7：3、1：1和甲醇共 7 个部分。其中氯仿部分 33g，氯仿：甲醇95：5部分 162g，氯仿：甲醇9：1部分 33g，氯仿：甲醇8：2部分 26g，再经反复硅胶（石油醚：丙酮、石油醚：乙酸乙酯、氯仿：甲醇系统）柱层析，从中分离得到化合物(11)94mg、(12)38mg、(13)33mg、(14)17mg、(15)20mg、(16)11mg、(17)13mg、(18)20mg、(19)15mg、(20)26mg、(21)60mg、(22)41mg、(23)150mg、(24)16mg 和(25)15mg[8-9]（图 9-2）。

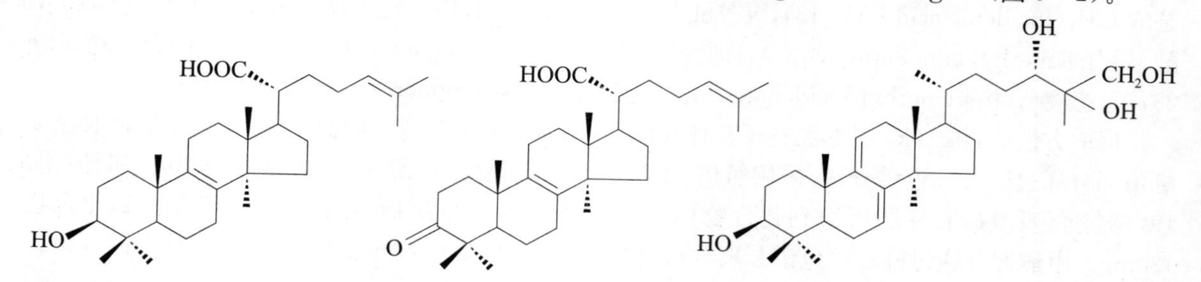

3β-hydroxy-5α-lanosta-8,24-en-21-oic acid　　3-oxo-5α-lanosta-8,24-en-21-oic acid　　ganodermatriol

ganoderiol A　　ganodermanontriol　　ganoderic acid C1

ganoderic acid A　lucidone A　lucidenic acid C

lucidenic acid LM_1　ganoderic acid I　methyl lucidenate C

methyl ganoderate B　ganoderic acid B　lucidenic acid A

methyl lucidenate A　ganodermanondiol

图 9－2　松杉灵芝中已知三萜类化学成分的结构

二、松杉灵芝中三萜类化学成分的理化常数与主要波谱数据

tsugarioside A(1)　无色针晶，mp 188～190℃，$[\alpha]_D^{27}$＋21(*c* 0.1，MeOH)。IR(KBr)：3 404、1 749、1 712、1 641cm^{-1}。EI-MS *m/z*：660［M^+］，498，483，437，423，281。^1H NMR(CD_3OD，400MHz)δ：5.47(1H，d，*J*＝8.0Hz)，5.09(1H，t，*J*＝7.6Hz)，4.64(1H，br s)，2.38(1H，m)，2.06(3H，s)，1.67(3H，s)，1.63(3H，s)，1.52(2H，m)，1.03(3H，s)，0.94(3H，s)，0.94(3H，s)，0.88(3H，s)，0.80(3H，s)。^{13}C NMR(CD_3OD，100MHz)δ：177.4，172.6，136.2，135.2，133.0，125.0，95.8，79.6，78.7，78.4，73.9，71.3，62.2，50.7，48.2，46.7，46.7，45.6，38.1，37.8，33.9，32.0，31.5，29.9，28.1，28.0，27.1，26.8，25.9，24.7，24.2，22.3，21.9，21.1，19.4，19.1，17.9，16.7[4]。

tsugarioside B(2)　无色针晶，mp 135～137℃，$[\alpha]_D^{27}$＋7.6(*c* 0.1，$CHCl_3$)。IR(KBr)：3 425、

1 745、1 645cm^{-1}。FAB-MS(+) m/z:617[M+H]$^+$,413,391,154,149。^{1}H NMR($CHCl_3$,400MHz) δ:5.09(1H,t,J=6.8Hz),4.66(1H,br s),4.39(1H,d,J=7.2Hz),2.33(1H,m),2.07(3H,s),1.67(3H,s),1.60(3H,s),0.99(3H,s),0.92(3H,s),0.91(3H,s),0.86(3H,s),0.71(3H,s)。^{13}C NMR($CDCl_3$,100MHz)δ:170.9,134.6,134.0,131.4,124.8,102.7,78.1,73.7,71.9,70.2,69.7,63.7,49.9,45.3,44.9,44.3,40.6,36.9,36.7,30.8,30.7,30.2,29.7,27.6,27.5,26.0,25.7,24.7,24.4,23.3,21.8,21.4,21.0,19.0,18.0,17.7,16.1[5]。

tsugarioside C(3) 无色针晶,mp 181～183℃,$[\alpha]_D^{27}$+10(c 0.1,$CHCl_3$)。IR(KBr):3 445、1 745、1 720、1 656cm^{-1}。FAB-MS(+) m/z:665[M+Na]$^+$,551,543,311,237,193,108。HR-FAB-MS(+) m/z:643.379 1([M+H]$^+$,643.421 0,$C_{38}H_{58}O_8$)。^{1}H NMR($CDCl_3$,400MHz)δ:5.56(1H,d,J=7.2Hz),5.08(1H,t,J=6.8Hz)4.75(1H,s),4.66(1H,t,J=5.6Hz),4.65(1H,s),2.06(3H,s),1.67(3H,s),1.57(3H,s),0.97(3H,s),0.93(3H,s),0.91(3H,s),0.86(3H,s),0.74(3H,s)。^{13}C NMR($CDCl_3$,100MHz)δ:175.2,170.9,155.4,134.7,133.7,132.3,123.5,106.7,94.5,78.1,75.9,72.3,69.5,65.8,49.5,47.8,47.0,45.3,44.3,36.9,36.7,32.9,30.8,30.4,28.9,27.0,25.9,25.7,24.4,23.3,21.8,21.4,20.8,19.0,18.0,17.7,16.3[5]。

tsugaric acid A(4) 无色针晶(MeOH-$CHCl_3$),mp 181～182℃,$[\alpha]_D^{27}$+6(c 0.1,$CHCl_3$)。IR(KBr):1 745、1 719、1 658cm^{-1}。EI-MS m/z:498[M$^+$],483,437,423,281,187,119,69。化合物(4)是(1)的苷元[6]。

tsugaric acid B(5) 无色结晶(MeOH-$CHCl_3$),mp 240～242℃,$[\alpha]_D^{27}$-15(c 0.1,$CHCl_3$)。IR(KBr):3 400、1 743、1 705、1 641cm^{-1}。EI-MS m/z:528[M$^+$],513,495,453,451,435,280,279,187,119,69。HR-EI-MS m/z:528.381 3([M$^+$],528.381 5,$C_{33}H_{52}O_5$)。^{1}H NMR($CDCl_3$-CD_3OD,400MHz)δ:4.76(1H,s),4.72(1H,s),4.65(1H,br s),4.15(1H,t,J=6.4Hz),2.00(3H,s),1.17(3H,s),1.03(3H,d,J=6.8Hz),1.02(3H,s),0.99(3H,s),0.92(3H,s),0.87(3H,s),0.76(3H,s)。^{13}C NMR($CDCl_3$-CD_3OD,100MHz)δ:179.7,171.3,155.1,134.3,133.9,106.4,78.2,76.6,56.1,49.3,47.9,45.6,45.1,42.1,36.6,36.5,33.6,32.0,30.5,28.6,27.3,25.8,24.9,24.8,23.0,21.5,21.5,21.4,21.0,18.6,17.7,17.0[6]。

tsugaric acid C(6) 无色针晶(甲醇),mp 213～215℃。IR(KBr):3 465、1 730、1 656cm^{-1}。EI-MS m/z:514[M$^+$],496,481,421,281,187,81,69。HR-EI-MS m/z:514.366 2([M$^+$],计算值为514.365 8,$C_{32}H_{50}O_5$)。^{1}H NMR(acetone-d_6,400MHz)δ:4.92,4.75(1H,br s),4.89,4.75(1H,br s),4.61(1H,br s),4.01(1H,m),3.75(1H,br s),2.26(1H,m),2.00(3H,s),1.67(3H,s),1.03(3H,s),0.94(3H,s),0.91(3H,s),0.86(3H,s),0.80(3H,s),化合物(6)是C-24位的消旋体混合物。^{13}C NMR(acetone-d_6,100MHz)δ:171.3、150.0和149.8(C-25),136.3、135.6、111.5和110.8(C-26),78.8、76.5和75.6(C-24),32.3和31.8(C-23),28.7、25.3、22.9、21.8、20.0、18.7和18.1(CH_3-27),17.0[5]。

tsugaric acid D(7) 无色粉末,$[\alpha]_D^{25}$-3(c 0.25,CH_2Cl_2)。IR(KBr):1 740、1 717、1 706cm^{-1}。EI-MS m/z:512[M]$^+$,452,357,316,297,241。HR-EI-MS m/z:512.350 7([M$^+$],计算值为512.350 2,$C_{32}H_{48}O_5$)。化合物(7)比(4)的相对分子质量大14,区别仅在于C-22位有一羰基取代(δ_{C-22}:219.0)[7]。

tsugaric acid E(8) 无色粉末,$[\alpha]_D^{25}$-2(c 0.25,CH_2Cl_2)。IR(KBr):3 432、1 712、1 698、1 609cm^{-1}。EI-MS m/z:482[M$^+$],439,421,398,384,357,339,308。HR-EI-MS m/z:482.338 5([M$^+$],计算值为482.339 9,$C_{31}H_{46}O_4$)。^{1}H NMR(acetone-d_6,400MHz)δ:5.55(1H,d,J=6.0Hz),5.45(1H,d,J=6.0Hz),4.75(1H,s),4.72(1H,s),4.11(1H,m),1.21(3H,s),1.11(3H,s),1.10(3H,s),1.04(3H,s),1.02(3H,d,J=6.8Hz),1.01(3H,d,J=6.8Hz),0.67(3H,s)。^{13}C NMR(acetone-d_6,100MHz)δ:215.8,177.9,157.5,146.1,143.9,121.8,118.5,107.8,77.4,58.2,

52.4,49.3,48.5,48.3,45.8,45.0,38.7,38.0,37.1,35.1,33.8,32.0,27.6,27.0,23.3,22.9,22.7,21.8,19.5,18.2[7]。

3β-hydroxy-5α-lanosta-8,24-en-21-oic acid(9)　化合物(9)乙酰化后得到无色针晶(甲醇-氯仿),mp 194～195℃。$[\alpha]^{27}_{D}$+59(*c* 0.043 5,$CHCl_3$)。IR(KBr):1 735、1 711、1 649cm^{-1}。EI-MS *m/z*:498[M^+],483,437,423,281,187,119。HR-EI-MS *m/z*:498.370 5([M^+],计算值为498.370 9,$C_{32}H_{50}O_4$)。化合物(9)的乙酰化物与(4)的区别,仅在于3位乙酰基构型的不同($\delta_{H-3\alpha}$:4.49,1H,dd,*J*=6.8、4.8Hz)[6]。

3-oxo-5α-lanosta-8,24-en-21-oic acid(10)　无色针晶,mp 225～226℃。EI-MS *m/z*:454[M^+]。^{1}H NMR($CDCl_3$,400MHz)δ:5.10(1H,m),1.68(3H,s),1.59(3H,s),1.10(3H,s),1.10(3H,s),1.06(3H,s),0.90(3H,s),0.78(3H,s)。^{13}C NMR($CDCl_3$,100MHz)δ:217.5,182.9,135.0,133.1,132.2,123.5,25.7,24.4,21.2,19.4,18.6,17.6,16.1[6]。

灵芝酮三醇(ganodermanontriol,11)　白色结晶(丙酮),mp 168～170℃。IR(KBr):3 415、1 711、1 045cm^{-1}。EI-MS *m/z*:472[M^+],454,439。^{1}H NMR($CDCl_3$,400MHz)δ:5.51(1H,d,*J*=6.4Hz),5.39(1H,d,*J*=5.6Hz),3.83(1H,d,*J*=11.2Hz),3.48(1H,d,*J*=11.2Hz),3.46～3.43(1H,m),1.25(3H,s),1.20(3H,s),1.13(3H,s),1.09(3H,s),0.93(3H,d,*J*=6.1Hz),0.88(3H,s),0.59(3H,s)。^{13}C NMR($CDCl_3$,100MHz)δ:216.9,144.5,142.8,119.9,117.2,79.3,73.3,67.7,25.4,25.3,22.5,22.0,21.0,18.6,15.7[8]。

灵芝醇A(ganoderiol A,12)　白色针晶(丙酮),mp 232～234℃。IR(KBr):3 384、1 622、1 036cm^{-1}。EI-MS *m/z*:474[M^+],456,441。^{1}H NMR(pyridine-d_5,400MHz)δ:5.56(1H,m),5.40(1H,d,*J*=6.5Hz),4.31(1H,d,*J*=13.5Hz),4.17(1H,d,*J*=12.5Hz),4.12(1H,d,*J*=13.5Hz),3.47(1H,t,*J*=10.0Hz),1.64(3H,s),1.21(3H,s),1.13(3H,s),1.10(3H,s),0.94(3H,s),0.90(3H,d,*J*=6.5Hz),0.67(3H,s)。^{13}C NMR(pyridine-d_5,100MHz)δ:146.5,142.9,120.9,116.5,78.0,77.1,74.8,69.3,28.7,25.8,23.1,20.1,19.0,16.6,16.0[8]。

灵芝三醇(ganodermatriol,13)　白色结晶(丙酮),mp 189～191℃。IR(KBr):3 366、1 036、1 701cm^{-1}。ESI-MS(+)*m/z*:479[M+Na]$^+$,457[M+H]$^+$。^{1}H NMR($CDCl_3$,400MHz)δ:5.56(1H,t,*J*=7.6Hz),5.48(1H,m),5.32～5.31(1H,m),4.33(2H,s),4.22(2H,s),3.25(1H,dd,*J*=11.2、4.4Hz),1.01(3H,s),0.98(3H,s),0.91(3H,d,*J*=6.4Hz),0.88(6H,s),0.56(3H,s)。^{13}C NMR($CDCl_3$,100MHz)δ:146.6,142.9,140.8,127.6,121.0,116.5,78.1,65.5,58.5,28.7,25.8,23.1,18.6,16.6,16.0[8]。

灵芝酸C1(ganoderic acid C1,14)　白色针晶(丙酮),mp 125～127℃。IR(KBr):3 508、1 763、1 726、1 653、1 041cm^{-1}。ESI-MS *m/z*:537[M+Na]$^+$。^{1}H NMR(pyridine-d_5,400MHz)δ:5.13(1H,t,*J*=8.4Hz),1.36(3H,s),1.34(3H,s),1.32(3H,s),1.13(3H,s),1.13(3H,s),1.10(3H,s),1.03(3H,d,*J*=6.4Hz)。^{13}C NMR(pyridine-d_5,100MHz)δ:216.4,215.8,208.6,198.1,178.3,159.8,141.0,66.0,27.0,25.2,20.8,19.6,18.3,18.1,17.6[8]。

灵芝酸A(ganoderic acid A,15)　白色针晶(甲醇),mp 233～235℃。IR(KBr):3 481、1 709、1 662、1 066cm^{-1}。ESI-MS(+) *m/z*:539[M+Na]$^+$。^{1}H NMR(pyridine-d_5,500MHz)δ:5.22(1H,t,*J*=9.5Hz),4.94(1H,dd,*J*=10.0、8.0Hz),1.54(3H,s),1.41(3H,s),1.34(3H,d,*J*=7.5Hz),1.16(3H,s),1.09(3H,s),1.08(3H,s),0.96(3H,d,*J*=6.5Hz)。^{13}C NMR(pyridine-d_5,125MHz)δ:216.1,208.9,199.7,178.2,161.5,139.9,72.2,68.7,27.2,20.8,20.3,19.7,19.6,17.6,17.6[8]。

赤芝酮A(lucidone A,16)　白色结晶(丙酮),mp 280～281℃。IR(KBr):3 460、1 720、1 711、1 662、1 022cm^{-1}。EI-MS *m/z*:402[M^+],384,374。^{1}H NMR($CDCl_3$,400MHz)δ:4.81(1H,t,*J*=8.5Hz),3.21(1H,dd,*J*=11.5、5.5Hz),2.21(3H,s),1.40(3H,s),1.21(3H,s),1.03(3H,s),0.97(3H,s),0.85(3H,s)。^{13}C NMR($CDCl_3$,100MHz)δ:216.1,205.0,196.5,156.4,142.8,78.2,66.7,

31.3,28.2,24.7,19.1,18.4,15.4[8]。

赤芝酸 C(lucidenic acid C,17) 白色针晶(丙酮),mp 199～200℃。IR(KBr):3 357、1 720、1 682、1 032cm^{-1}。ESI-MS m/z:499[M+Na]$^+$。^{1}H NMR(CDCl$_3$,400MHz)δ:4.78(1H,t,J=8.8Hz),4.37(1H,s),3.21(1H,dd,J=10.0、5.2Hz),1.45(3H,s),1.31(3H,s),1.15(3H,d,J=6.8Hz),1.04(3H,s),0.87(3H,s),0.80(3H,s)。^{13}C NMR(CDCl$_3$,100MHz)δ:217.2,199.5,177.6,157.4,141.9,78.3,78.1,66.3,27.5,23.1,20.5,18.7,15.4,11.9[8]。

赤芝酸 LM$_1$(lucidenic acid LM$_1$,18) 白色针晶(丙酮),mp 130～131℃。IR(KBr):3 479、1 728、1 665、1 036cm^{-1}。EI-MS m/z:460[M]$^+$,432,439。^{1}H NMR(CDCl$_3$,400MHz)δ:4.80(1H,t,J=11.6Hz),3.21(1H,dd,J=13.6、8.4Hz),1.34(3H,s),1.22(3H,s),1.03(3H,s),0.98(3H,s),0.97(3H,s),0.85(3H,d,J=7.2Hz)。^{13}C NMR(CDCl$_3$,100MHz)δ:217.9,198.0,178.1,156.8,142.7,77.4,66.9,28.1,24.4,18.4,18.0,17.4,15.4[8]。

灵芝酸 I(ganoderic acid I,19) 白色粉末(甲醇)。IR(KBr):3 548、1 738、1 711、1 651、1 041cm^{-1}。ESI-MS(+) m/z:555[M+Na]$^+$,533[M+H]$^+$。^{1}H NMR(pyridine-d_5,400MHz)δ:5.14(1H,d,J=8.8Hz),3.45(1H,dd,J=11.2、4.8Hz),1.69(3H,s),1.54(3H,s),1.47(3H,s),1.45(3H,d,J=4.4Hz),1.31(3H,d,J=7.2Hz),1.25(3H,s),1.08(3H,s)。^{13}C NMR(pyridine-d_5,100MHz)δ:217.6,209.4,198.5,178.4,158.2,142.6,77.6,72.7,67.0,28.7,27.3,25.2,19.6,18.8,17.6,16.4[8]。

灵芝酸 B(ganoderic acid B,20) 无色针晶(丙酮),mp 233～235℃。IR(KBr):3 539、3 386、1 739、1 709、1 647cm^{-1}。EI-MS m/z:517[M+H]$^+$,499。^{1}H NMR(CDCl$_3$,300MHz)δ:4.79(1H,t,J=8.7Hz),3.21(1H,dd,J=9.9、3.6Hz),1.34(3H,s),1.22(3H,d,J=7.8Hz),1.21(3H,s),1.02(3H,s),1.00(3H,s),0.97(3H,d,J=6.6Hz),0.84(3H,s)。^{13}C NMR(CDCl$_3$,100MHz)δ:217.5,207.7,197.9,180.4,156.8,142.6,78.3,66.8,28.1,24.4,19.6,18.4,17.4,16.9,15.4[9]。

灵芝酸 B 甲酯(methyl ganoderate B,21) 白色针晶(乙酸乙酯),mp 203～205℃。IR(KBr):3 525、3 383、1 711、1 653cm^{-1}。EI-MS m/z:530[M]$^+$,512。化合物(21)与(20)相比,只是多了 1 个甲氧基信号(δ:3.67,3H,d,J=4.5Hz;δ:51.9),为(20)的甲酯[9]。

赤芝酸 C 甲酯(methyl lucidenate C,22) 白色针晶(乙酸乙酯),mp 199～200℃。IR(KBr):3 519、3 348、1 730、1 712、1 678cm^{-1};EI-MS m/z:490[M]$^+$,472。化合物(22)与(17)相比,只是多了 1 个甲氧基信号(δ:3.63,3H,d,J=3.6Hz;δ:51.6),为(17)的甲酯[9]。

赤芝酸 A(lucidenic acid A,23) 白色针晶(乙酸乙酯),mp 294～295℃。IR(KBr):3 462、3 294、1 728、1 703、1 678cm^{-1};EI-MS m/z:458[M]$^+$,443,440。^{1}H NMR(CDCl$_3$,300MHz)δ:4.85(1H,t,J=7.8Hz),1.34(3H,s),1.26(3H,s),1.12(3H,s),1.10(3H,s),1.00(3H,s),0.97(3H,d,J=7.8Hz)。^{13}C NMR(CDCl$_3$,75MHz)δ:218.0,216.8,197.7,178.5,157.8,141.2,66.3,27.0,24.6,20.7,18.1,17.6,18.0[9]。

赤芝酸 A 甲酯(methyl lucidenate A,24) 白色针晶(乙酸乙酯),mp 165～167℃。IR(KBr):3 446、1 732、1 709cm^{-1}。EI-MS m/z:472[M]$^+$,457,454。化合物(24)与(23)相比,只是多了 1 个甲氧基信号(δ:3.68,3H,s;δ:51.7),为(23)的甲酯[9]。

灵芝酮二醇(ganodermanondiol,25) 白色针晶(乙酸乙酯),mp 182～183℃。IR(KBr):3 525、3 383、1 711cm^{-1}。EI-MS m/z: 456 [M]$^+$, 438。^{1}H NMR(CDCl$_3$, 300MHz)δ: 5.52(1H, d, J=6.0Hz),5.40(1H,d,J=5.1Hz),3.22(1H,d,J=9.3Hz),2.78～2.74(1H,m),1.22(3H,s),1.13(3H,s),1.09(3H,s),1.09(3H,s),0.91(3H,d,J=6.0Hz),0.88(3H,s),0.59(3H,s)。^{13}C NMR(CDCl$_3$,75MHz)δ:216.9,144.5,142.8,119.9,117.2,79.6,73.2,26.6,25.4,25.3,22.5,22.0,18.6,15.9[9]。

三、松杉灵芝中甾体类成分的提取分离、理化常数与主要波谱数据

从松杉灵芝乙醇提取物的乙酸乙酯部分，分离得到3个已知甾体化合物，分别为：麦角甾-7,22-二烯-3β-醇(ergosta-7,22-dien-3β-ol,26)、过氧麦角甾醇(5,8-epidioxyergosta-6,22-dien-3β-ol,27)和麦角甾-7,22-二烯-3-酮(ergosta-7,22-dien-3-one,28)。从松杉灵芝氯仿提取物中分离得到1个甾体化合物，为麦角甾-7,22-二烯-2β,3α,9α-三醇(ergosta-7,22-dien-2β,3α,9α-triol,29)[4](图9-2)。

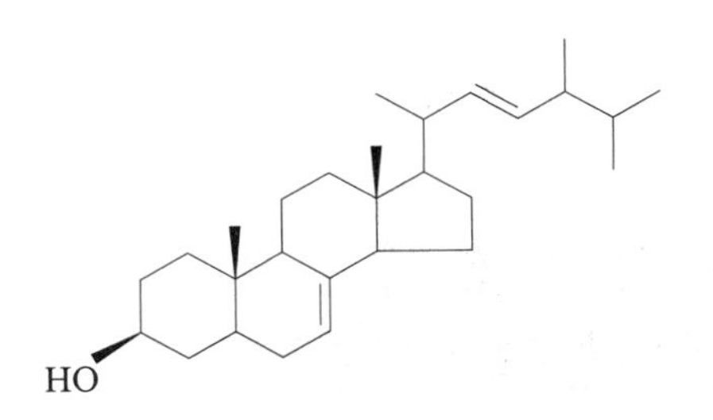

ergosta-7,22-dien-3β-ol

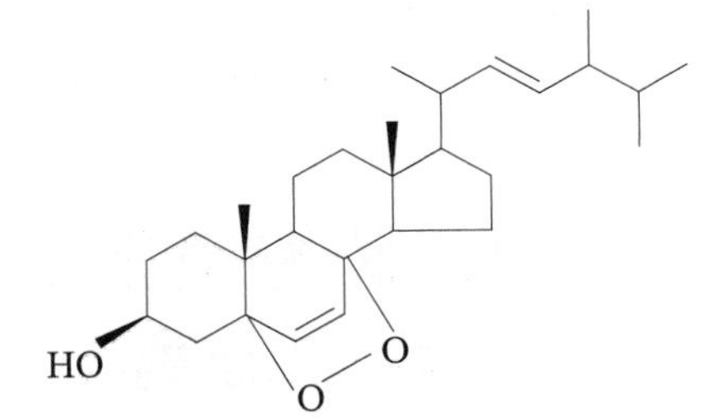

5,8-epidioxyergosta-6,22-dien-3β-ol

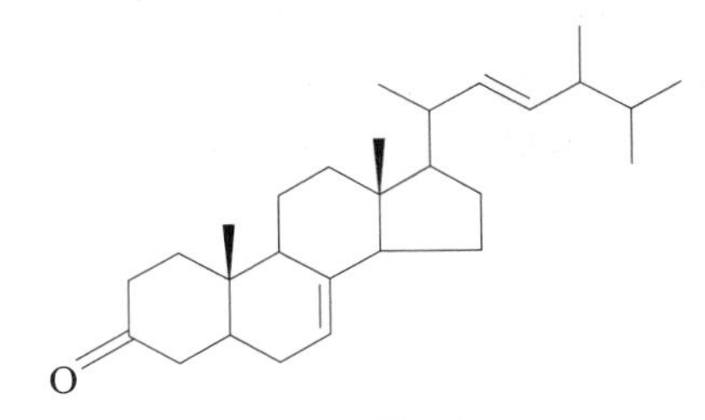

ergosta-7,22-dien-3-one

HO
HO
OH

ergosta-7,22-dien-2β,3α,9α-triol

图9-3　松杉灵芝中已知甾体类化合物的结构

提取方法一：将10kg松杉灵芝子实体粉碎后，用95%乙醇回流提取3次，合并提取液，减压浓缩至干，得浸膏632g。将浸膏混悬于水，依次用石油醚、乙酸乙酯和正丁醇萃取。其中乙酸乙酯部分280g，经硅胶柱色谱分离，氯仿-甲醇梯度洗脱，得到氯仿与氯仿-甲醇95∶5、9∶1、8∶2、7∶3、1∶1和甲醇共7个部分；其中氯仿-甲醇95∶5部分162g，经反复硅胶(石油醚-丙酮、石油醚-乙酸乙酯、氯仿-甲醇系统)柱色谱，从中分离得到化合物(26)274mg、(27)90mg和(28)24mg。

提取方法二：将10kg松杉灵芝子实体粉碎后，用氯仿和甲醇依次回流提取，得到氯仿提取物260g。通过硅胶柱色谱分离，氯仿∶甲醇=9∶1洗脱，得到化合物(29)45mg[4]。

麦角甾-7,22-二烯-3β-醇(ergosta-7,22-dien-3β-ol,26)　白色针晶(丙酮)，mp 136～138℃。EI-MS m/z：398[M$^+$]。^{1}H NMR($CDCl_3$，300MHz)δ：5.20～5.16(3H,m)，3.63～3.56(1H,m)，1.01(3H,d,J=6.6Hz)，0.93(6H,d,J=6.6Hz)，0.83(6H,d,J=5.1Hz)，0.79(3H,br s)，0.54(3H,s)。^{13}C NMR($CDCl_3$，100MHz)δ：139.6，135.7，131.9，117.4，71.1，21.1，19.9，19.6，17.6，13.0，12.1[10]。

过氧麦角甾醇(5,8-epidioxyergosta-6,22-dien-3β-ol,27)　白色针晶(丙酮)，mp 186～187℃。EI-MS m/z：428[M$^+$]，410，396。^{1}H NMR($CDCl_3$，300MHz)δ：6.51(1H,d,J=8.4Hz)，6.24(1H,d,J=8.4Hz)，5.23(1H,dd,J=15.0、6.6Hz)，5.14(1H,dd,J=15.0、8.4Hz)，4.01～3.92(1H,m)，1.00(3H,d,J=6.6Hz)，0.91(3H,d,J=6.9Hz)，0.88(3H,s)，0.84(6H,br s)，0.82(3H,s)。^{13}C NMR($CDCl_3$，100MHz)δ：135.4，135.2，132.3，130.7，82.1，79.4，66.4，20.6，19.9，19.6，

18.1，17.5，12.8[11]。

麦角甾-7，22-二烯-3-酮（ergosta-7，22-dien-3-one，28） 白色片状晶体（氯仿），mp 178～180℃。EI-MS m/z：396[M$^+$]，381，353。^{1}H NMR（$CDCl_3$，300MHz）δ：5.26～5.12（3H，m），1.02（3H，d，J=6.3Hz），1.01（3H，s），0.91（3H，d，J=3.9Hz），0.84（3H，d，J=4.8Hz），0.80（3H，d，J=4.8Hz），0.57（3H，s）。^{13}C NMR（$CDCl_3$，100MHz）δ：212.0，139.5，135.6，132.0，117.0，21.1，19.9，19.6，17.6，12.5，12.1[12]。

麦角甾-7，22-二烯-2β，3α，9α-三醇（ergosta-7，22-dien-2β，3α，9α-triol，29） 白色针晶（丙酮），mp 197～198℃。ESI-MS m/z：509[M+Na]$^+$。^{1}H NMR（pyridine-d_5，300MHz）δ：5.75～5.73（1H，m），5.28～5.13（2H，m），4.83～4.82（1H，m），4.32（1H，m），1.53（3H，s），1.05（3H，d，J=6.6Hz），0.94（3H，d，J=6.6Hz），0.85（3H，d，J=6.9Hz），0.84（3H，d，J=6.9Hz），0.65（3H，s）。^{13}C NMR（pyridine-d_5，100MHz）δ：141.6，136.2，132.1，120.5，76.1，74.3，67.6，21.4，20.2，19.8，18.8，17.8，12.5[13-14]。

四、松杉灵芝苯并呋喃类成分的提取分离与主要波谱数据

从松杉灵芝乙醇提取物的乙酸乙酯部分，分离得到1个苯并呋喃类化合物：ganodone（30）[15]。松杉灵芝子实体粉碎后（100～300cm^2），用无水乙醇（2L/kg）在4℃振摇24h。过滤，减压浓缩至干得浸膏。将浸膏用乙腈/正己烷1∶2（V∶V）进行萃取。分取乙腈层，蒸干。通过LC-MS追踪含有m/z：329（[M+H]$^+$）的组分，然后将3g该组分通过硅胶柱层析和制备液相与重结晶，从中分离得到化合物（30），19.2mg。

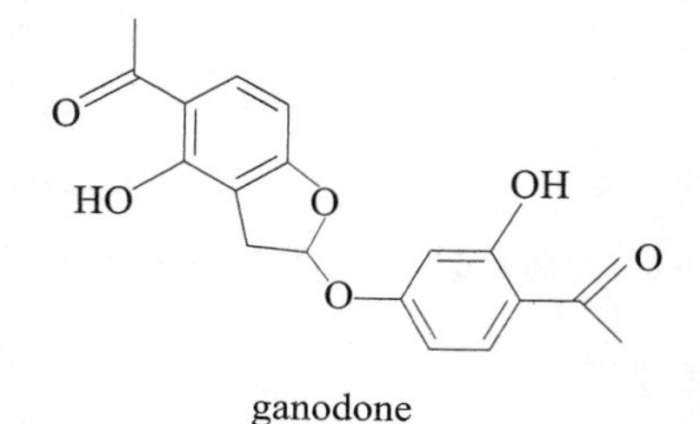

ganodone

ganodone（30） 灰白色斜方晶（MeOH/CH_2Cl_2），mp 229～231℃，$[\alpha]_D^{20}$+19.2±0.4（c 0.41，acetone）。IR（KBr）：3 402、1 608、1 582、1 501、1 379、1 332、1 286、1 269、1 198、1 172、1 160、1 147、1 112、1 065、1 040、956、902、834、803cm^{-1}。UV（MeOH）λ_{max}（log ε）：236（3.2）、316（1.6）nm。HR-ESI-MS（+）m/z：329.102 6（[M+H]$^+$，计算值为329.094 7，$C_{18}H_{17}O_6$）。^{1}H NMR（pyridine-d_5，500MHz）δ：14.11（1H，s），13.97（1H，s），7.78（1H，d，J=11.1Hz），7.74（1H，d，J=10.8Hz），6.57（1H，d，J=3.0Hz），6.40（1H，dd，J=10.9、3.1Hz），6.27（1H，d，J=10.8Hz），2.58（1H，dd，J=21.2、8.4Hz），2.40（1H，dd，J=21.1、2.5Hz），1.41（3H，s），1.41（3H，s）。^{13}C NMR（pyridine-d_5，100MHz）δ：203.4，203.1，165.0，164.6，162.6，160.4，133.3，132.7，115.8，115.5，111.5，108.7，104.4，104.3，102.6，33.7，26.8，26.6[15]。

第三节　松杉灵芝的生物活性

松杉灵芝可用于治疗过敏性哮喘[16]；其成熟子实体和新生的子实体、菌丝体与发酵滤液的甲醇提取物均具有明显的抗氧化作用[17-18]；从松杉灵芝提取的总三萜类化合物能降低CCl_4肝损伤小鼠血

清 AST 和 ALT，具有保肝作用，还可诱导人肝肉瘤 Hep3B 细胞的凋亡[19]；松杉灵芝多糖具有增强细胞和体液免疫效应的作用，可显著增强二硝基氯苯(DNCB)所致小鼠迟发型皮肤过敏反应，拮抗环磷酰胺所致小鼠骨髓细胞微核率，具有抗突变作用与抗肿瘤作用[4,20-21]。此外，松杉灵芝提取物还能抑制结直肠癌细胞的增长[22]；抑制鳞状细胞癌表皮生长因子受体的表达和血管生成[23]；且明显抑制人乳腺癌细胞 MCF－7、MDA－MB－231 细胞的增殖，而对正常人乳腺上皮细胞无明显细胞毒作用[24]。

麦角甾－7，22－二烯－2β，3α，9α－三醇有抑制细胞周期的作用[6]；赤芝酸 C 和赤芝酸 LM_1 在低浓度时可促进 ConA 诱导的小鼠脾细胞增殖，高浓度时可抑制细胞增殖，具有调节细胞免疫的作用[25]；化合物 tsugaric acid A、tsugarioside C、tsugarioside A、3β－hydroxy－5α－lanosta－8，24－en－21－oic acid、3－oxo－5α－lanosta－8，24－en－21－oic acid、ergosta－7，22－dien－2β，3α，9α－triol 和 ganodone 均具有细胞毒活性[4-6,15]；tsugaric acid A 和 3－oxo－5α－lanosta－8，24－en－21－oic acid 具有抗炎活性[26]；tsugaric acid D、tsugaric acid A 和 3－oxo－5α－lanosta－8，24－en－21－oic acid 还具有黄嘌呤氧化酶抑制作用[7]。

第四节　展　望

松杉灵芝与赤芝的化学成分较为接近，但研究力度却远逊于赤芝，还有较大的开发空间。另外，台湾成功大学的吕欣蓉曾以“松杉灵芝子实体之成分研究”作为其硕士毕业论文[27]，从松杉灵芝子实体中分离纯化了 56 个化合物，鉴定了 50 个化合物，分别为：ganoderic acids A-C、AM1、E、G、C6、V1 和 Y、methyl ganoderates A-C 及 H、ganoderal A、ganodermanontriol、ganodertsugins A-H、ganodertsugone A、15－hydroxy－ganoderic acid S、(*S*)－6－hydroxy－2－methyl－4－oxo－6－(4，4，13，14－tetramethyl－3，7，11，15－tetraoxo－2，3，4，5，6，7，10，11，12，13，14，15，16，17－tetradecahydro－1H－cyclopenta[α]phenanthren－17－yl)－heptanoic acid、4，4，14α－trimethyl－3，7，11，15，20－penta－oxo－5α－pregn－8－en、7β，15α－dihydroxy－3，11，23－trioxo－5α－lanost－8－en－26－oic acid、5，8－epidioxy－ergosta－6，22－dien－3β－ol、5α－ergosta－7，22－dien－3－ol、5α－ergosta－7，22－dien－3－one、ergosterol、2β，3α，9α－trihydroxyergosta－7，22－dien、ergosta－4，6，8(14)，22－tetraen－3－one、(24*E*)－3－oxo－lanosta－8，24－dien－26－oic acid、thraustochytroside C、4－hydroxybenzaldehyde、vanillic acid、5－hydroxy－methyl furfural、4－hydroxybenzoic acid、gallic acid methyl ester 和 hexadecanoic acid。其中 ganodertsugins A-H 为新化合物、ganodertsugone A 为新骨架化合物，并且只有 12 个化合物与前面重复。不过该篇论文要到 2017 年 8 月 22 日才能全文公开，现在只能看到部分摘要和参考文献。待该论文公开后，我们将会对松杉灵芝化学成分的研究给予有益补充与完善。

参考文献

[1] 林志彬. 灵芝的现代研究[M]. 第 4 版. 北京：北京大学医学出版社，2015.

[2] Gao XX, Wang BX, Fei XF, et al. Effects of polysaccharides (FI_0-b) from mycelium of *Ganoderma tsugae* on proinflammatory cytokine production by THP－1 cells and human PBMC (II)¹[J]. Acta Pharm Sin, 2000, 21(12): 1179—1185.

[3] Gao XX, Wang BX, Fei XF, et al. Effects of polysaccharides (FI_0-c) from mycelium of *Ganoderma tsugae* on proinflammatory cytokine production by THP－1 cells and human PBMC

(II)[1][J]. Acta Pharma Sin, 2000, 21(12): 1186—1192.

[4] Gan KH, Fann YF, Hsu SH, et al. Mediation of the cytotoxicity of lanostanoids and steroids of *Ganoderma tsugae* through apoptosis and cell cycle [J]. J Nat Prod, 1998, 61, 485—487.

[5] Su HJ, Fann YF, Chung MI, et al. New lanostanoids of *Ganoderma tsuage* [J]. J Nat Prod, 2000, 63(4): 514—516.

[6] Lin CN, Fann YF, Chung MI. Steroids of Formosan *Ganoderma tsugae* [J]. Phytochemistry, 1997, 46 (3): 1143—1146.

[7] Lin KW, Chen YT, Yang SC, et al. Xanthine oxidase inhibitory lanostanoids from *Ganoderma tsugae* [J]. Fitoterapia, 2013, 89:231—238.

[8] 刘超,普琼惠,陈若芸,等.松杉灵芝的化学成分研究(II)[J].中草药,2007,38(11):1610—1612.

[9] 普琼惠,陈虹,陈若芸.松杉灵芝的化学成分研究[J].中草药,2005,36(4):502—504.

[10] 方乍浦,孙小芳,张亚均.紫芝(固体发酵)醇溶部分化学成分的初步研究[J].中成药,1989,11(7):36—38.

[11] Mizushina Y, Watanabe I, Togashi H, et al. An ergosterol peroxide, a natural product that selectively enhances the inhibitory effect of linoleic acid on DNA polymerase β [J]. Biol Pharm Bull, 1998, 21(5): 444—448.

[12] Jain AC, Gupta SK. The isolation of lanosta-7, 9(11),24-trien-3β,21-diol from the fungus *Ganoderma australe* [J]. Phytochemistry, 1984, 23(3): 686—687.

[13] 刘超,陈若芸.紫芝中的一个新甾体[J].中国药学杂志,2010,45(6):28—30.

[14] Lin CN, Tome WP. Novel cytotoxic principles of formosan *Ganoderma lucidum* [J]. J Nat Prod, 1991, 54(4): 998—1002.

[15] La Clair JJ, Rheingold AL, Burkart MD. Ganodone, a bioactive benzofuran from the fruiting bodies of *Ganoderma tsugae* [J]. J Nat Prod, 2011, 74: 2045—2051.

[16] Lin JY, Chen ML, Chiang BL, et al. *Ganoderma tsugae* supplementation alleviates bronchoalveolar inflammation in an airway sensitization and challenge mouse model [J]. International Immunopharmcology, 2006, 6: 241—251.

[17] Mau JL, Tsai SY, Tseng YH, et al. Antitoxidant properties of methanolic extracts from *Ganoderma tsugae* [J]. Food Chem, 2005, 93: 641—649.

[18] Mau JJ, Liu HC, Chen CC. Antioxidant properties of several medicinal mushrooms [J]. J Agric Food Chem, 2002, 50: 6072—6077.

[19] Yen GC, Wu JY. Antioxidant and radical scavenging properties of extracts from *Ganoderma tsugae* [J]. Food Chem, 1999, 65(2): 375—379.

[20] 郑克岩,张洁,林相友,等.松杉灵芝多糖的抗突变作用[J].吉林大学学报(理学版),2005,43(2):235—237.

[21] 王冠英,张洁,王德友.松杉灵芝子实体抗肿瘤活性多糖的提取、分离和鉴定[J].中国老年学杂志,2011,31(3):838—839.

[22] Hsu SC, Ou CC, Li JW, et al. *Ganoderma tsugae* extracts inhibit colorectal cancer cell growth via G_2/M cell cycle arrest [J]. J Ethnopharm, 2008, 120: 394—401.

[23] Hsu SC, Ou CC, Chuang TC, et al. *Ganoderma tsugae* extract inhibits expression of epidermal growth factor receptor and angiogen [J]. Can Lett, 2009, 28:108—116.

[24] Yue G GL, Fung KP, Tse G MK, et al. Comparative studies of various *Ganoderma* species and their different parts with regard to their antitumor and immunomodulating activties in vitro [J]. J Altern Complement Med, 2006, 12 (8): 777—789.

[25] 罗俊.灵芝三萜类化合物提取分离,结构鉴定及其药理作用初步研究[D].北京大学博士研究生学位论文,2001,86.
[26] Ko HH, Huang CF, Wang JP, et al. Antiinflammatory triterpenoids and steroids from *Ganoderma lucidum* and *G. tusgue* [J]. Phytochemistry, 2008, 69: 234－239.
[27] 吕欣蓉.松杉灵芝子实体之成分研究.台湾成功大学硕士学位论文[D].2007. http://etds.lib.ncku.edu.tw/etdservice/view metadata? etdun＝U0026－0812200913565760&query field1＝&query word1＝松杉灵芝.

（刘　超）

第十章 硬孔灵芝

YING KONG LING ZHI

第一节 概述

硬孔灵芝(*Ganoderma duropora* Lloyd)为担子菌门,伞菌纲,多孔菌目,灵芝科,灵芝属真菌[1],主要分布在我国福建、广东、海南、贵州等亚热带地区。硬孔灵芝作为灵芝替代品在福建、广东等地被广泛使用。

硬孔灵芝中含有甾体类化合物,以及生物碱、多糖、脂肪酸类化合物等。

第二节 硬孔灵芝化学成分的研究

一、硬孔灵芝中甾体类成分的提取分离与结构鉴定

从硬孔灵芝乙醇提取物氯仿部分,分离得到8个已知甾体类化合物,分别为:麦角甾-7,22-二烯-3β-醇(ergosta-7,22-dien-3β-ol,1),麦角甾醇(ergosterol,2),麦角甾醇棕榈酸酯(ergosteryl palmitate,3),麦角甾-7,22-二烯-3-酮(ergosta-7,22-dien-3-one,4),6,9-环氧麦角甾-7,22-二烯-3β-醇(6,9-epidioxiergosta-7,22-dien-3β-ol,5),过氧麦角甾醇(5,8-epidiohydrxiergosta-6,22-dien-3β-ol,6),3,5-二羟基麦角甾-7,22-二烯-6-酮(3,5-dihydroxyergosta-7,22-dien-6-one,7),β-谷甾醇(β-sitosterol,8)[2](图10-1)。

提取方法:将10kg硬孔灵芝子实体粉碎后,用95%乙醇加热回流提取3次,合并提取液,减压浓缩至干,得浸膏356g。将浸膏混悬于水后,依次用石油醚、氯仿、乙酸乙酯和正丁醇萃取。萃取液减压浓缩,得到氯仿部分61.5g。将氯仿部位用硅胶柱分离,氯仿:甲醇梯度洗脱,得到氯仿:甲醇100:1、99:1、97:3、95:5、9:1、8:2共6个部分。前4个部分经反复硅胶(石油醚:丙酮、石油醚:乙酸乙酯、氯仿:甲醇、氯仿:丙酮洗脱系统)柱色谱,分离得到化合物(1)和(2)1 013mg、(3)926mg、(4)41mg、(5)34mg、(6)15mg、(7)17mg、(8)29mg。

麦角甾-7,22-二烯-3β-醇(ergosta-7,22-dien-3β-ol,1)和麦角甾醇(ergosterol,2) 白色针状结晶(丙酮),mp 136~141℃。EI-MS显示两个分子离子峰398[M^+,1]和396[M^+,2],^{1}H NMR($CDCl_3$,400MHz)显示12个甲基峰,同时^{13}C NMR($CDCl_3$,100MHz)显示两组甾醇的信号,由此推断该晶体为两种甾醇的混合物。

麦角甾醇棕榈酸酯(ergosteryl palmitate,3) 白色针状结晶(丙酮),mp 106~108℃。ESI-MS m/z:633[M-1]$^+$。^{1}H NMR($CDCl_3$,300MHz)δ:4.70(1H,m),2.26(2H,q,J=7.3Hz),1.25~1.46(长链饱和亚甲基),0.88(3H,s)。^{13}C NMR($CDCl_3$,75MHz)δ:38.0,28.2,72.5,36.9,138.7,120.2,116.4,141.5,46.1,37.2,21.5,40.4,43.3,54.6,23.0,28.3,56.0,12.1,16.2,40.4,19.7,132.1,135.7,42.9,33.1,20.0,21.1,17.6。

麦角甾-7,22-二烯-3-酮(ergosta-7,22-dien-3-one,4) 白色片状结晶(氯仿),mp 178~180℃。EI-MS m/z:396[M^+],381[M-Me]$^+$,353[M-Me-CO]$^+$。^{1}H NMR($CDCl_3$,300MHz)δ:5.19

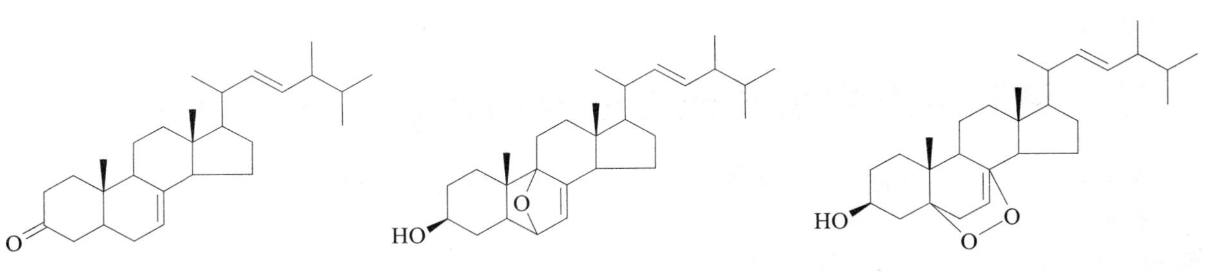

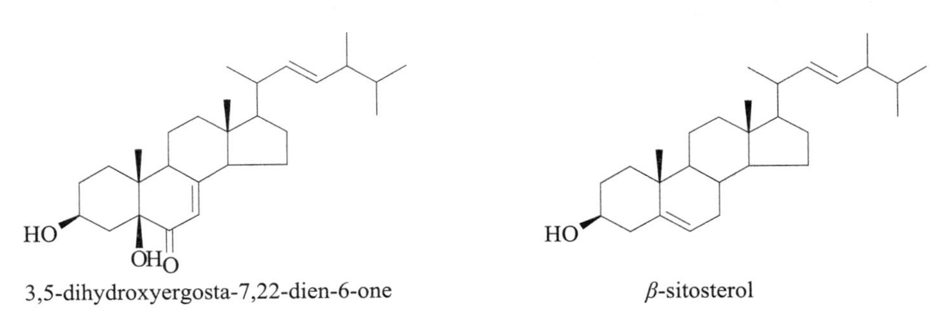

图 10-1 硬孔灵芝中已知甾体类化合物的结构

(3H,m),1.02(3H,d,J=6.0Hz),1.01(3H,s),0.92(3H,d,J=6.9Hz),0.84(3H,d,J=4.5Hz),0.82(3H,d,J=4.8Hz),0.57(3H,s)。^{13}C NMR($CDCl_3$,125MHz)δ:212.0,139.5,135.6,132.0,117.0,55.9,55.0,48.9,44.3,43.3,42.9,42.8,40.5,39.3,38.8,38.1,34.4,33.1,30.0,28.1,22.9,21.7,21.1,19.9,19.6,17.6,12.5,12.1。

6,9-环氧麦角甾-7,22-二烯-3β-醇(6,9-epidioxyergosta-7,22-dien-3β-ol,5) 白色针状结晶(丙酮),mp 229～230℃。ESI-MS m/z:413[M+H]$^+$,395[M+H-H_2O]$^+$,377[M+H-2H_2O]$^+$。^{1}H NMR(C_5D_5N,400MHz)δ:5.73(1H,d,J=4.8Hz),5.24(1H,dd,J=15.2、7.6Hz),5.17(1H,dd,J=15.2、7.6Hz),4.82(1H,m),4.31(1H,d,4.4Hz),1.53(3H,s),1.06(3H,d,J=6.4Hz),0.95(3H,d,J=6.8Hz),0.86(3H,d,J=6.4Hz),0.84(3H,d,J=6.4Hz),0.66(3H,s)。^{13}C NMR(C_5D_5N,100MHz)δ:141.5,136.2,132.1,120.5,76.1,74.2,67.6,56.1,55.2,43.7,43.7,43.0,42.0,40.9,39.9,38.1,33.8,33.3,32.6,28.5,23.5,22.4,21.4,20.1,19.8,18.8,17.8,12.5。

过氧麦角甾醇(5,8-epidioxiergosta-6,22-dien-3β-ol,6) 白色针状结晶(丙酮),mp 186～187℃。EI-MS m/z:428[M$^+$],410[M-H_2O]$^+$,396[M-O_2]$^+$。^{1}H NMR($CDCl_3$,300MHz)δ:6.50(1H,d,J=8.7Hz),6.24(1H,d,J=8.4Hz),5.22(1H,dd,J=15.3、7.5Hz),5.13(1H,dd,J=15.3、7.5Hz),3.97(1H,m),0.99(3H,d,J=6.6Hz),0.90(3H,d,J=6.9Hz),0.88(3H,s),0.83(3H,d,5.1Hz),0.82(3H,d,3.0Hz),0.80(3H,s)。^{13}C NMR($CDCl_3$,75MHz)δ:135.4,135.2,132.3,130.7,82.1,79.4,66.4,56.2,51.6,51.0,44.5,42.7,39.7,39.3,36.9,36.9,34.7,33.0,

30.1,28.6,23.4,20.8,20.6,19.9,19.6,18.1,17.5,12.8。

3,5-二羟基麦角甾-7,22-二烯-6-酮(3,5-dihydroxyergosta-7,22-dien-6-one,7) 无定形粉末。^{1}H NMR($CDCl_3$,600MHz)δ:5.65(1H,s),5.24(1H,dd),5.16(1H,dd),4.03(1H,m),1.04(3H,d,J=6.6Hz),0.95(3H,s),0.92(3H,d,J=6.6Hz),0.84(3H,d,J=7.2Hz),0.82(3H,d,J=6.6Hz),0.61(3H,s)。^{13}C NMR($CDCl_3$,125MHz)δ:198.2,165.2,135.0,132.5,119.7,77.8,67.5,56.0,55.8,44.8,43.9,42.8,40.4,40.3,38.8,36.5,33.1,30.4,30.2,27.8,22.5,22.0,21.1,19.9,19.6,17.6,16.4。

β-谷甾醇(β-sitosterol,8) 白色片晶(氯仿),mp 136~137℃。薄层检识在不同的溶剂系统下展开,再经磷钼酸显色,与β-谷甾醇对照品在相同位置出现相同斑点。

二、硬孔灵芝中生物碱类成分的提取分离与结构鉴定

从硬孔灵芝乙醇提取物氯仿部分,分离得到1个新的生物碱类化合物(图10-2)。

提取方法:将10kg硬孔灵芝子实体粉碎后,用95%乙醇加热回流提取3次,合并提取液,减压浓缩至干,得浸膏356g。将浸膏混悬于水后,依次用石油醚、氯仿、乙酸乙酯和正丁醇萃取。萃取液减压浓缩,得到氯仿部分61.5g。将氯仿部位用硅胶柱分离,氯仿-甲醇梯度洗脱,得到氯仿-甲醇100:1、99:1、97:3、95:5、9:1、8:2共6个部分,其中氯仿-甲醇95:5部分经反复硅胶(氯仿-丙酮洗脱系统)柱色谱,分离得到化合物(9)16mg[3]。

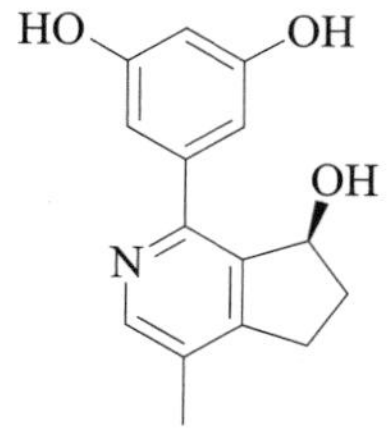

HO OH OH N
sinensine

图10-2 硬孔灵芝中生物碱类新化合物的结构

Sinensine 浅黄色针晶(丙酮)。^{1}H NMR(C_5D_5N,600MHz)δ:13.66(1H,br s),11.04(1H,br s),8.82(1H,d,J=2.4Hz),8.10(1H,s),7.31(2H,d,J=2.4Hz),5.57(1H,d,J=6.0Hz),4.93(1H,br s),3.04(1H,m),2.59(1H,dd,J=16.8、8.4Hz),2.29(1H,dd,J=13.2、7.6Hz),2.12~2.00(1H,m),1.98(3H,s)。^{13}C NMR(C_5D_5N,150MHz)δ:156.3,153.6,152.8,151.2,145.9,138.8,128.7,122.3,119.1,118.6,117.8,74.7,35.8,29.3,15.6。以上数据与文献[3]报道的sinensine一致。

第三节 硬孔灵芝的生物活性

硬孔灵芝粗多糖在体外自由基清除方面体现出良好的抗氧化活性。对DPPH自由基、ABTS自由基和超氧阴离子NBT的清除率,均随着粗多糖浓度的增加而显著增加,并呈现一定的剂量依赖关系。对DPPH自由基清除的IC_{50}值为95.39μg/ml,当浓度达到400μg/ml时,清除活性与阳性对照组VC相当。对ABTS自由基清除的IC_{50}值为1.23mg/ml,当浓度达到4mg/ml时,清除活性与对照组VC相当。对超氧阴离子NBT的清除作用与对照品芦丁相似,其IC_{50}值为0.11mg/ml[4]。

生物碱sinensine对过氧化氢氧化诱导的人脐带血管内皮细胞(HUVEC)损伤具有保护作用,保

护率为 70.90%,EC_{50}值为 6.2μmol/L[3]。

参考文献

[1] 陈体强,林兴生,赵健,等.福建灵芝科真菌资源及担孢子形态结构数据库研究[J].福建农业学报,2002,17(1):40—44.

[2] 赵芬,李晔,刘超,等.硬孔灵芝的化学成分研究[J].菌物学报,2009,28(3):407—409.

[3] Chao Liu, Fen Zhao, Ruo-Yun Chen. A novel alkaloid from the fruiting bodies of Ganoderma sinense Zhao, Xu et Zhang[J]. Chinese Chemical Letters, 2010, 21 (2): 197—199.

[4] 吴建国,王敏慧,吴岩斌,等.硬孔灵芝粗多糖抗氧化活性研究[J].福建中医药,2012,43(2):42—45.

(赵 芬)

第十一章
薄盖灵芝
BAO GAI LING ZHI

第一节 概 述

薄盖灵芝[*Ganoderma capense* (Lloyd) Teng]为担子菌门,伞菌纲,多孔菌目,灵芝科,灵芝属真菌,又名薄树灵芝,主要分布于海南、云南等省区[1],味甘清香。薄盖灵芝因其子实体目前还不能广泛人工栽培种植,多属野生,比较容易与人工灵芝品种区别开来。薄盖灵芝菌柄短或无,漆样光泽明显,菌盖纹路密。薄盖灵芝属药用真菌灵芝中的一种,也是名贵的"扶正固本"的中药[2]。

薄盖灵芝中含有甾体、生物碱、多糖、脂肪酸等化合物。

第二节 薄盖灵芝化学成分的研究

一、薄盖灵芝中的化学成分

薄盖灵芝(*Ganoderma capense*)在民间被广泛用于治疗各种疾病,其化学成分研究显示:薄盖灵芝中主要含有甾体、生物碱、脂肪酸等成分。余竞光等人从薄盖灵芝发酵菌丝体水溶性部分中得到6个化合物:腺嘌呤(adenine,1)、腺嘌呤核苷(adenosine,2)、鸟嘌呤(uracil,3)、尿嘧啶核苷(uridine,4)、D-甘露醇(5)[3]和烟酸(nicotinic acid,6)。从脂溶性部分得到10种成分和1种由两种成分组成的混合物:麦角甾醇(ergosterol,7)、麦角甾醇棕榈酸酯(ergosta-palmitate,8)、麦角甾-7,22-二烯-3-酮(ergosta-7,22-diene-3-one,9)、5α-豆甾烷-3,6-二酮(5α-stigmastan-3,6-dione,10)、β-谷甾醇(β-stosterol,11)、麦角甾-7,22-二烯-3β-醇(ergosta-7,22-diene-3β-ol,12)、莱豆皂苷元-B(soyasapogenol-B,13)[4]。进一步对脂溶性部分化学成分进行研究,从中分离到4种呋喃衍生物,即5-羟基呋喃甲醛(5-hydroxymethylfurfuraldehyde,14)、脱水二缩醚1,1′-二-α-糠醛基二甲醚(1,1′-di-α-furaldehydic dimethyl ether,15)、5-乙酰氧甲基呋喃甲醛(5-acetoxymethyl-furfuraldehyde,16)和5-丁氧甲基呋喃甲醛(5-butoxymethyl-furfuraldehyde,17)[5]。除此之外,从干燥菌丝体中得到两个新的吡咯生物碱,即灵芝碱甲(ganoine,18)和灵芝碱乙(ganodine,19)以及1个新的嘌呤碱,灵芝嘌呤(ganoderpurine,20)[2]。薄盖灵芝菌丝体的油脂分析证明,含有的脂肪酸主要为软脂酸(9.4%)、亚油酸(77.6%)和亚麻酸(13%)(图11-1)。

提取方法一:灵芝碱甲和碱乙

将薄盖灵芝干燥菌丝体40kg用95% EtOH提取,得到EtOH提取物,加水适量,以乙酸乙酯(EtOAc)萃取,得乙酸乙酯萃取物2 800g,将该提取物搅拌溶于20% KOH的EtOH溶液中,加水稀释,再以乙酸乙酯萃取,乙酸乙酯萃取液水洗干燥后浓缩,得中性脂溶部分500g。将该部分以石油醚/甲醇进行液-液分配提取,分别减压浓缩得到相应的提取物。100g MeOH提取物进行硅胶(500g)柱色谱石油醚/丙酮梯度洗脱,相同部分合并后再次柱色谱分离,得到主要含Rf值0.3[硅胶,石油醚:丙酮=8:2]部分3g,制备性硅胶薄层色谱纯化:石油醚:乙酸乙酯=7:3展开,得到Rf值0.4部分1g和Rf值0.28部分100mg,前者经硅胶柱色谱纯化,得浅黄色油状液体碱甲(18),冰箱放置可慢慢

1 adenine

2 adenosine

3 uracil

4 uridine

6 nicotinic acid

7 ergosterol

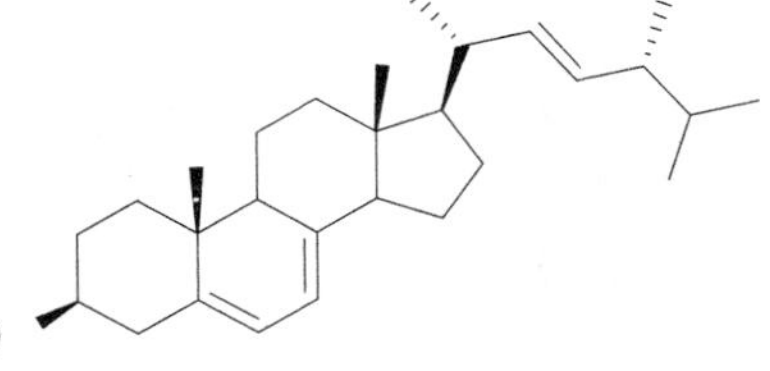

8 ergosta-palmitate

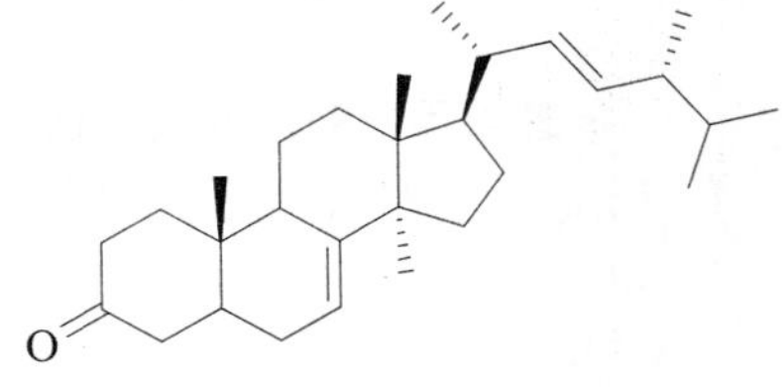

9 ergosta-7,22-dien-3-one

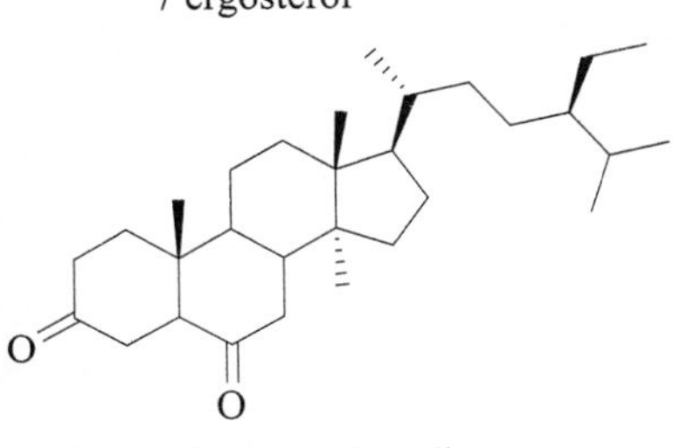

10 5*α*-stigmastan-3,6-dione

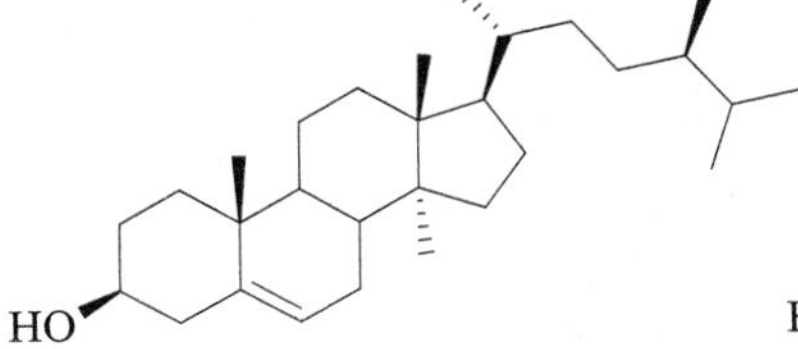

11 *β*-stosterol

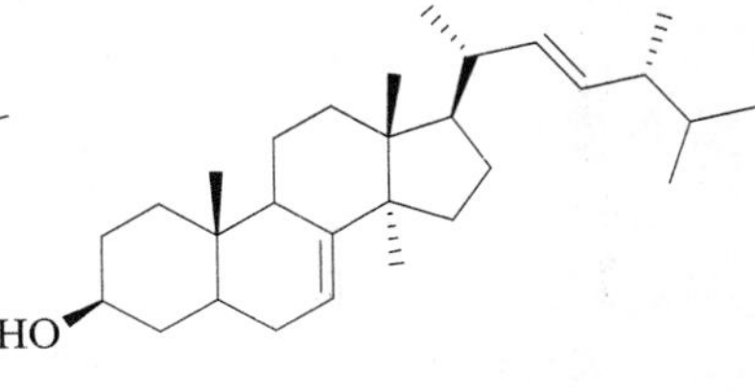

12 ergosta-7,22-dien-3*β*-ol

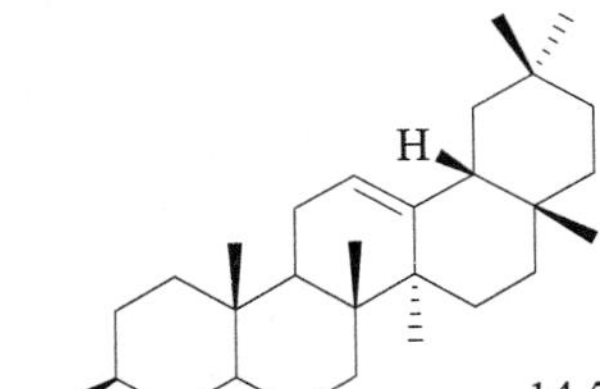

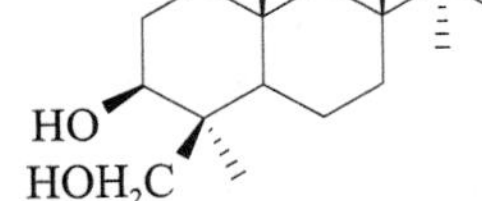

13 soyasapogenol-B

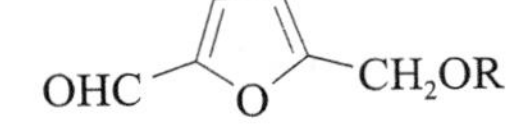

14 5-hydroxymethylfurfuraldehyde: R=H
16 5-acetoxymethyl-furfuraldehyde: R=$COCH_3$
17 5-butoxymethyl-furfuraldehyde: R=$CH_2CH_2CH_2CH_3$

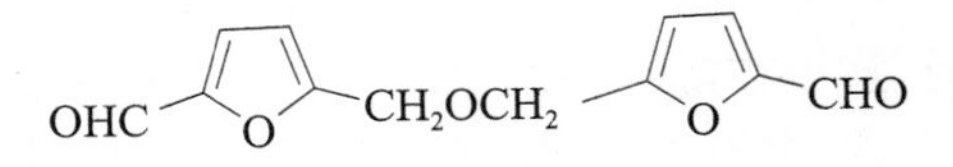

15 1,1'-di-*α*-furaldehydic dimethyl ether

18 *N*-isopentyl-5-hydroxymethyl-pyrryl aldehyde

19 *N*-phenylethyl-5-hydroxymethyl-pyrryl aldehyde

20 *N*-(a,a-dimethyl-*γ*-oxobutyl)adenine

图 11－1　薄盖灵芝中甾体和生物碱的结构

固化；后者先经常规乙酰化处理，再进行制备性硅胶薄层分离，以石油醚∶乙酸乙酯＝85∶15 展开，得到碱乙的乙酰化物(19a)。以石油醚/氯仿重结晶得白色结晶(19)30mg。

提取方法二：灵芝嘌呤

薄盖灵芝菌丝体的水溶部分通过阳离子树脂处理，氨水碱化以后用 EtOH 洗脱。将除去腺嘌呤等成分后的母液进行多次硅胶柱色谱与制备薄层色谱，从 10kg 菌丝体得到粗灵芝嘌呤 100mg，再经硅胶柱色谱，丙酮洗脱纯化，最后用丙酮重结晶得白色结晶(20)18mg。

二、薄盖灵芝中生物碱类成分的理化常数与光谱数据

灵芝碱甲(18) 油状液体。HR-MS m/z：195.126 8，确定分子式为 $C_{11}H_{17}O_2N$，计算值为 195.125 8。IR 谱显示羟基(3 360cm^{-1})，共轭羰基(1 640cm^{-1})，芳香环系(1 515cm^{-1})，甲基和亚甲基(1 460、1 398、1 360cm^{-1})等吸收峰。^{1}H NMR 谱中，在 δ：6.21 和 6.86 处是一组 AB 四重峰(J＝4Hz)，δ：9.47 为醛基单峰，δ：4.67(2H，s)和 2.34(brs)为羟甲基的信号，后者能被 D_2O 交换而消失。^{1}H NMR 谱的峰形与从同一真菌中得到的 5－羟甲基呋喃甲醛[5]很接近。但碱甲(18)分子内含氮原子，故可能为呋喃环中的氧被氮所代替，即可能是 5－羟甲基吡咯甲醛的衍生物。碱甲乙酸酯(18a)MS m/z：237 [M＋58]，恰是碱甲[M＋195]接上 1 个乙酰基。原来的羟甲基中羟基质子信号 δ：2.34 峰消失，羟甲基的质子化学位移从 δ：4.67 移至 δ：5.12(－CH_2－OAc)。碱甲(18)^{13}C NMR 谱中出现 6 个低场信号：δ：179.3(d)、141.7(s)、124.5(d)、110.3(d)、132.1(s)和 56.4(t)，相应 5－羟甲基吡咯甲醛的 6 个碳。进一步说明碱甲(18)属 5－羟甲基吡咯甲醛的衍生物。

灵芝碱乙(19) 含量较少，且难与碱甲分开，将其制成乙酸酯(19a)，然后分离得到碱乙乙酸酯(19a)，mp 55～56℃，HR-MS 测得(19a)分子式为 $C_6H_{17}O_3N$，m/z：271.121 0(计算值为 271.120 9)。^{1}H NMR 谱在低场区出现单取代苯环氢 δ：7.20(5H，m)，而高场区则没有甲基信号，其他峰均与碱甲(18)相似。(19a)的^{13}C NMR 也存在 6 个 5－羟甲基吡咯甲醛的信号。碱甲和碱乙的乙酰化物(18a)和(19a)在^{1}H NMR 谱中不再存在 D_2O 可交换的 OH 或 NH 基，因此该两个化合物的侧链只能连接在吡咯环的氮原子上。一般来说，吡咯环上^{1}H NMR 偶合常数 J 值以 $J'_{\beta\beta}$ 最大(～3.5Hz)，$J_{\alpha\beta}$ 次之(～2.6Hz)，而(18)和(19a)中吡咯环上仅存的两个质子 J～4Hz，应占据 β 和 β' 位(即 C3 和 C4)；羟甲基和醛基必占据 α 和 α' 位(C5，C2)。碱甲和碱乙的^{1}H NMR 均存在类似的两组多重峰－CH_2－CH_2－侧链结构，根据质谱和氢谱确定碱甲连有异丙基，碱乙连有苯环，因此两者分别用以下两式表示：为了证明侧链结构和归属各个质子的化学位移，对碱甲(18)进行了^{1}H NMR 去偶实验，发现照射 CH_3 δ：(0.98)时、δ：1.60(m)信号简化；而照射 δ：1.60(m)时，甲基(0.98，d)由双峰变为单峰(出现在 0.935 处)，4.36(m)由多重峰变为单峰(出现在 4.435 处)。照射 4.36 时 1.60(m)由多重峰变为双峰(出现在 1.65d)。因此，1 式是合理的结构，并且碱甲(18)和碱乙乙酸酯(19a)的质谱裂解碎片基本符合吡咯环系的裂解方式[6]。

灵芝嘌呤(20) mp 151～152℃，HR-MS 测得分子式为 $C_{11}H_{15}ON_5$，m/z：233.124 6(计算值为 233.127 6)，EI-MS 的碎片离子峰出现腺嘌呤及其核苷的特征峰[7]。IR(KBr)谱显示氨基(3 280、3 120cm^{-1})，嘌呤环的骨架振动峰(1 660、1 597、1 554cm^{-1})。^{1}H NMR 谱的低场区 δ：7.93(s)，8.32(s)及^{13}C NMR 的 152.0(a)，139(d)分别是嘌呤环的 2－H、8－H、C2 和 C8 信号。δ：5.64 信号可被 D_2O 交换而消失，应为－NH_2信号。UV 谱：λ_{max} 260nm，表明－NH_2处于 C6 而不是 C2 或 C8(前者为 236、305nm；后者为 241、235nm)，因此确定(3)是 6－氨基嘌呤，即腺嘌呤的衍生物。IR(KBr)还显示羰基 1 700cm^{-1}。EI-MS 存在 M^+－43(m/z：190.110 0)和 43(－$COCH_3$)的碎片峰，说明羰基可能以甲基酮的形式存在于侧链上。^{1}H NMR 谱中有两个处于较低场的甲基单峰，即 δ：1.85(6H，s)和 1.96(3H，s)，后者为甲基酮中的甲基信号。^{13}C NMR 相应存在 205.57(s)、31.05(q)信号。δ：1.55(6H，s)可能是连接于双键上的两个甲基，从展开的分子式 $C_5H_4N_5 \cdot C_6H_{11}O$ 看，侧链－$C_6H_{11}O$ 只有 1 个不

饱和因素，既然已有1个羰基，就不可能存在双键。那么δ：1.85(s)和27.56(q)所代表的两个甲基就不可能是烯甲基，根据上述分析，灵芝嘌呤的侧链有下述两种可能结构：

A　　　　　　　　　　B

^{13}C NMR中，(20)的羰基为δ：205.5，与丙酮羰基δ：205.2一致，而α-多取代酮的δ值在更低场，如3-甲基丁酮(二取代丙酮)δ：210.7[8]，比较A、B和几种取代丙酮的δ值，A式较B式合理。EI-MS m/z：176.096 2($C_5H_4N_5 \cdot C_3H_6$)是M^+-CH_2COCH_3的碎片。B式中β-位2-CH_3的δ值很难出现在较低场1.86处，而A式的α位2-CH_3和-CH_2-(δ：3.50，2H，s)同处于大致相当的化学位移值，可能由于均受嘌呤环去屏蔽效应的影响，使三者的化学位移均向低场偏移。事实上N^9-(δ：1，1-dimethyl-2-propenyl)，N^6-benzoyl-adenine[9]的α-位也有类似的两个偕甲基，其化学位移是δ：1.94。因此确定(20)的侧链为A式。从理论上推论，A侧链可以接在腺嘌呤环上5个不同的氮原子上，即N^1、N^3、N^7、N^9和C_6-NH_2。以上光谱数据说明，取代基连接在N^9-位可能性最大。N. J. Lconard[10]总结了5种取代不同N-位置的甲基腺嘌呤的UV光谱规律，又合成了7种具有不同侧链、或接在不同位置的化合物，N^9-取代化合物为λ260nm左右，并且不受溶剂pH值的影响，其他位置常出现在270nm。灵芝嘌呤UV：λ_{max}260nm，溶剂的pH对吸收峰位移影响不大，说明A-侧链接在N^9上。综上所述，灵芝嘌呤(20)应是N^9-(α,α-二甲基-γ-丁酮基)腺嘌呤[N^9-(α,α-dimethyl-γ-oxobutyl)adenine]。

第三节　薄盖灵芝的生物活性

薄盖灵芝是中医药中常用的补益药之一，中国医学院药物研究所对薄盖灵芝深层发酵菌丝体的生物活性研究发现：薄盖灵芝菌丝体可用于治疗进行性肌营养不良和萎缩性肌强直等疾病；薄醇醚可使部分切除肝脏的小鼠肝脏的再生能力加强，并能对抗大剂量消炎痛对小鼠的毒性作用；化学成分中5-羟甲基呋喃甲醛具有抑制血小板聚集的作用[5]。从薄盖灵芝菌丝体提取制成注射液(简称薄芝液)和薄盖菌片等制剂，已广泛应用于临床实践[11]。薄芝液的药理学研究显示其具有免疫调节作用。在评价薄芝液对小鼠腹腔巨噬细胞作用时，薄芝液能协同LPS增强巨噬细胞活化而分泌IL-1，来调节免疫反应[12]。进一步研究显示，薄盖灵芝在体外对小鼠脾淋巴细胞增殖反应和产生白细胞介素2具有明显的抑制或增强作用；体内实验表明，薄芝液能抑制小鼠脾抗体分泌细胞、血清中抗绵羊红细胞抗体效价和牛血清蛋白诱导的迟发型超敏反应和胸腺系数[13]。薄盖灵芝的水溶性部分能抑制小鼠的自由活动，与氯丙嗪、利舍平(利血平)拮抗[14]。同时，薄盖灵芝水溶性部分还具有抗毛果芸香碱抑制涎液分泌的作用，能加强小鼠抗缺氧的能力，但不能保护异丙肾上腺素引起的小鼠心肌缺氧[15]。这项研究说明：薄盖灵芝发酵液对神经衰弱、失眠等疾病有一定治疗价值。郑飞霞等人[16]的研究说明：薄盖灵芝可使大鼠惊厥潜伏期延长、惊厥持续时间缩短、惊厥严重程度下降，对反复热性惊厥大鼠海马神经元有保护作用。

参考文献

[1] 吴兴亮，戴玉成. 中国灵芝图鉴[M]. 北京：科学出版社，2005.

[2] 余竞光,陈若芸,姚志熙,等. 薄盖灵芝化学成分的研究(IV)[J]. 药学学报,1990,25(8):612—616.
[3] 余竞光,申福臻,侯翠英. 薄盖灵芝化学成分的研究(I)[J]. 药学学报,1979,14(6):374—376.
[4] 余竞光,申福臻,侯翠英. 薄盖灵芝深层发酵菌丝体化学成分的研究(II)[J]. 中草药,1981,12(7):7—11.
[5] 余竞光,陈若芸,姚志熙. 薄盖灵芝深层发酵菌丝体化学成分的研究(III)[J]. 中草药,1983,14(10):5—7.
[6] Jones RA, et al. The chemistry of pyrroles[M]. London: Academic Press, 1977, 480—488.
[7] Brown DJ. Fused pyrimidines. Part II. Purines[M]. 1 st ed. New York: John Wiley Sons, 1971, 487—488.
[8] Levy GC, et al. Carbon - 13 nuclear magnetic resonance spectroscopy[M]. 2nd ed, New York: John Wiley & Sons, 1980, 137—138.
[9] Shimizu B, et al. N-N alkyl and glycozyl migration of purines and pyrimidines[J]. Chem Pharm Bull, 1970, 18: 570.
[10] Leonard NJ, et al. The chemistry of triacanthine[J]. J Am Chem Soc, 1962, 84: 2148.
[11] 杨云鹏,翟云凤. 薄芝注射液及薄芝片的研究[J]. 医学研究通讯,1989,18(6):52—56.
[12] 顾立刚,周勇,严宣左,等. 薄盖灵芝对小鼠腹腔巨噬细胞的作用[J]. 上海免疫学杂志,1990,10(4):205—206.
[13] 顾立刚,陶君娣,赵仲生,等. 薄盖灵芝对小鼠体内、外免疫反应的实验研究[J]. 上海免疫学杂志. 1989,9(3):145—147.
[14] 冷炜,刘耕陶. 薄盖灵芝发酵液的药理作用(I)[J]. 药学通报,1980,15(7):289—290.
[15] 冷炜,刘耕陶. 薄盖灵芝发酵液的药理作用(II)[J]. 药学通报,1980,15(8):347—348.
[16] 郑飞霞,林忠东. 薄盖灵芝对大鼠热性惊厥的防治研究[J]. 浙江中医药大学学报,2011,35(5):737—740.

(彭惺蓉、邱明华)

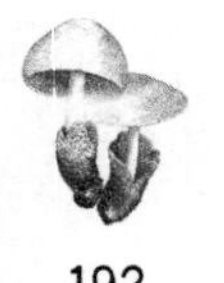

第十二章 茶病灵芝

CHA BING LING ZHI

第一节 概 述

茶病灵芝(*Ganoderma teaecolum*)为担子菌门,伞菌纲,多孔菌目,灵芝科,灵芝属真菌,主要分布于海南、湖北、云南、广西等省区,民间大多当作灵芝入药。

茶病灵芝中主要富含三萜、多糖、脂肪酸等类化合物,具有保肝作用[1]。

第二节 茶病灵芝化学成分的研究

一、茶病灵芝中三萜类化学成分的提取与分离

从茶病灵芝 50%乙醇部分中共分离得到 22 个化合物,其中三萜类化合物有 21 个,其他类化合物 1 个:ganoderic acid XL_1(1)、ganoderic acid XL_2(2)、20-hydroxy-ganoderic acid AM_1(3)、ganoderenic acid AM_1(4)、ganoderesin C(5)、lucidone A(6)、lucidone B(7)、lucidone C(8)、lucidone D(9)、lucidone F(10)、methyl ganoderate B(11)、ganoderenic acid H(12)、ganoderic acid C_2(13)、methyl ganoderate C_2(14)、3β,7β-dihydroxy-11,15,23-trioxo-lanost-8,16-dien-26-oic acid (15)、3β,7β-dihydroxy-11,15,23-trioxo-lanost-8,16-dien-26-oic acid methyl ester(16)、ganolucidic acid B(17)、ganolucidate F(18)、ganoderenic acid B(19)、ganoderic acid ζ(20)(图 12-1、12-2)、ganoderic acid AP_3(21)、isovanillic acid(22)。其中化合物(1)~(5)为新化合物(图 12-1)。

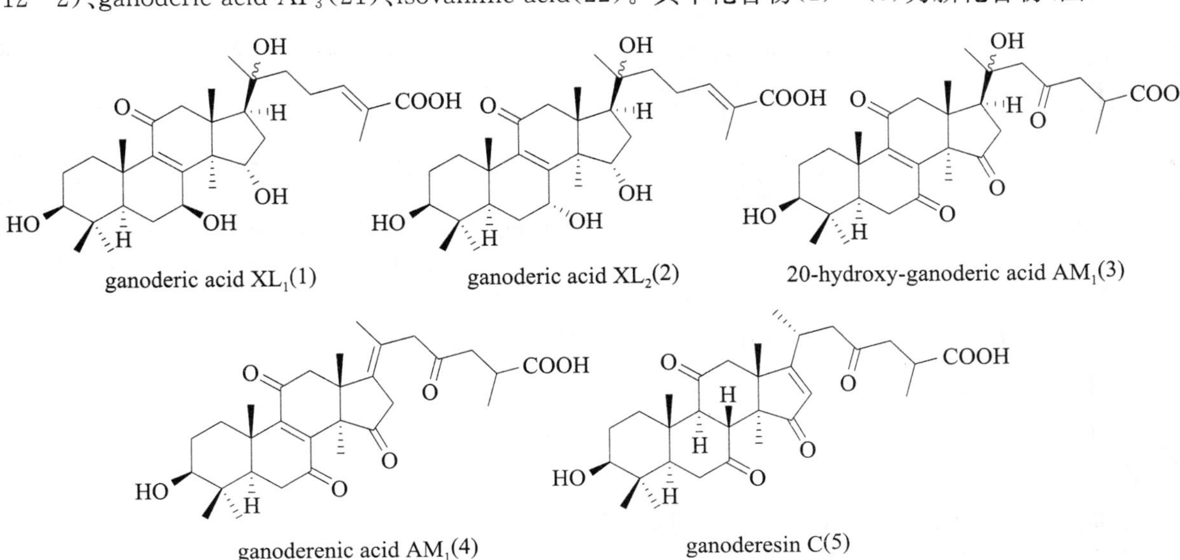

图 12-1 茶病灵芝中新三萜类化学成分的结构

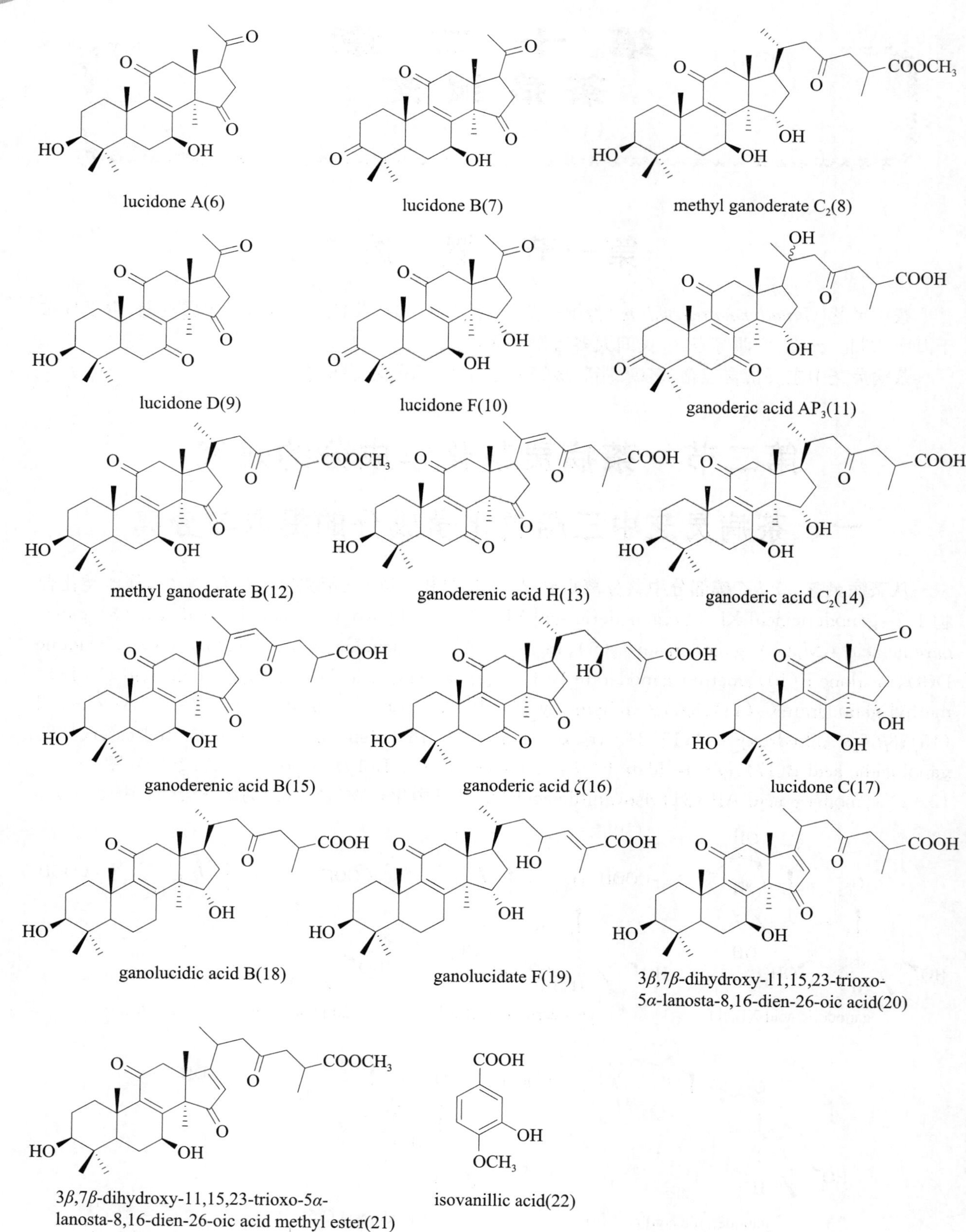

图 12-2　茶病灵芝中已知化学成分的结构

提取方法

将 20kg 茶病灵芝子实体粉碎后，用 95%乙醇加热回流提取，减压浓缩至干，得到浸膏 1kg。浸膏经 D101 大孔树脂、乙醇-水梯度洗脱后，得到 50%乙醇部分 360g。50%乙醇部分通过硅胶柱色谱分离，采用氯仿-甲醇梯度洗脱，其中氯仿：甲醇＝50：1 部分，经反复硅胶柱层析得到化合物(4)65mg，(6)37mg，(7)30mg，(9)45mg，(10)90mg，(13)10mg，(15)25mg，(16)10mg，(22)1mg。氯仿：甲醇＝40：1 部分得到化合物(1)20mg，(5)28mg，(8)4mg，(12)56mg，(14)3mg，(17)2mg，(18)5mg，(19)2mg，(21)15mg。氯仿：甲醇＝30：1 部分得到化合物(2)5mg，(3)5mg，(11)1mg 和(20)2mg。

二、茶病灵芝中三萜类化学成分的理化常数与光谱数据

Ganoderic acid XL$_1$(1)　白色粉末，$[\alpha]_D^{20}$+68.8(c 0.22，MeOH)。UV(MeOH)λ_{max}(log ε)：217(4.02)nm，254(3.80)nm；IR(KBr)显示羟基(3 358cm^{-1})、羰基(1 686cm^{-1})和烯键(1 649cm^{-1})的存在。HR-ESI-MS 显示 m/z：517[M－H]$^-$。^{1}H NMR 谱(C_5D_5N，400MHz)数据显示了 7 个均为单峰的甲基的氢信号 δ：1.10、1.29、1.44、1.54、1.60、1.66、2.05；3 个氧化的次甲基信号 δ：3.52(1H，dd，J＝7.0、4.5Hz)、5.03(1H，dd，J＝7.5、2.5Hz)；5.45(1H，t，J＝8.5Hz)。^{13}C NMR 谱(C_5D_5N，100MHz)数据给出 30 个碳信号，包括 7 个甲基碳信号 δ：16.7、28.8、26.1、19.8、19.5、20.7、12.7；3 个氧化的次甲基碳信号 δ：77.6、69.5、72.5；1 个被氧化的四元碳信号 δ：73.7；1 个 α、β-不饱和酮信号 δ：200.3、160.4、141.7；1 个羧基信号 δ：170.5；两个烯键碳信号 δ：142.4(C-24)和 128.9(C-25)。以上数据说明，化合物(1)是(3S，5S，7S，10S，13R，14R，15S，17R，24E)-3，7，15，20-tetrahydroxy-11-oxo-5-lanost-8，24-dien-26-oic acid，命名为 Ganoderic acid XL$_1$，是一种新化合物[1]。

Ganoderic acid XL$_2$(2)　白色粉末，$[\alpha]_D^{20}$+93.1(c 0.29，MeOH)。UV(MeOH)λ_{max}(log ε)：216(4.02)nm，254(3.79)nm；IR(KBr)显示羟基(3 418cm^{-1})、羰基(1 690cm^{-1})和烯键(1 647cm^{-1})的存在。HR-ESI-MS 显示 m/z：517[M－H]$^-$。^{1}H NMR 谱(C_5D_5N，400MHz)和^{13}C NMR 谱(C_5D_5N，100MHz)数据与 Ganoderic acid XL$_1$非常相似，但 H-5、H-6 和 C-5、C-6 的化学位移与 Ganoderic acid XL$_1$相比，分别移动了 Δδ+0.60，－0.27 和 Δδ－3.1，－1.0ppm；并且 NOESY 谱显示 H-7 和 H-18 相关。由此得知，7-OH 是 α 位。以上数据说明，化合物(2)是(3S，5S，7R，10S，13R，14R，15S，17R，24E)-3，7，15，20-tetrahydroxy-11-oxo-5-lanost-8，24-dien-26-oic acid，命名为 Ganoderic acid XL$_2$，是一种新化合物[1]。

20-hydroxy-ganoderic acid AM$_1$(3)　黄色粉末，$[\alpha]_D^{20}$+47.2(c 0.68，MeOH)。UV(MeOH)λ_{max}(log ε)：204(3.83)nm，261(3.79)nm；IR(KBr)显示羟基(3 267cm^{-1})和羰基(1 697cm^{-1})的存在。HR-ESI-MS 显示 m/z：529[M－H]$^-$。^{1}H NMR 谱(C_5D_5N，400MHz)和^{13}C NMR 谱(C_5D_5N，100MHz)数据显示了 6 个单峰的甲基的氢信号 δ：1.03、1.12、1.36、1.40、1.70、1.78 和 1 个双峰甲基的氢信号 δ：1.31(3H，d，J＝7.0Hz)；1 个氧化的次甲基碳信号 δ：76.6；4 个羰基碳信号 δ：199.6、200.4、208.2、209.2；1 个羧基信号 δ：170.5；两个烯键碳信号 δ：146.9(C-8)和 151.4(C-9)。以上数据说明，化合物(3)是(3S，5S，10S，13R，14R，17R)-3，20-dihydroxy-7，11，15，23-tetraoxo-5-lanost-8-en-26-oic acid，命名为 20-hydroxy-ganoderic acid AM$_1$，是一种新化合物[1]。

Ganoderenic acid AM$_1$(4)　黄色粉末，$[\alpha]_D^{20}$+20.2(c 0.45，MeOH)。UV(MeOH)λ_{max}(log ε)：203(3.90)nm，254(3.77)nm；IR(KBr)显示羟基(3 378cm^{-1})和羰基(1 715cm^{-1})的存在。HR-ESI-MS 显示 m/z：513[M＋H]$^+$。^{1}H NMR($CDCl_3$，400MHz)数据和^{13}C NMR 谱($CDCl_3$，100MHz)数据和 20-hydroxy-ganoderic acid AM$_1$十分相似，除了 1 个烯键碳信号 δ：134.8 和 122.7 代替了被氧化的四元碳信号 δ：72.8。以上数据说明，化合物(4)是(3S，5S，10S，13R，14R)-3-hydroxy-7，11，15，23-tetraoxo-5-lanost-8，17(20)-dien-26 oic acid，命名为 ganoderenic acid AM$_1$，是一种新

化合物[1]。

Ganoderesin C(5) 白色粉末，$[\alpha]_D^{20}-47.4$(c 0.70，MeOH)。UV(MeOH)λ_{max}(log ε)：236(3.84)nm；IR(KBr)显示羟基(3 401cm^{-1})和羰基(1 708cm^{-1})的存在。HR-ESI-MS 显示 m/z：513 $[M-H]^-$。^{1}H NMR 谱(C_5D_5N，400MHz)和^{13}C NMR 谱(C_5D_5N，100MHz)数据与 ganoderenic acid AM$_1$ 相似，但缺少了 ganoderenic acid AM$_1$ 中的 1 个烯键碳信号 δ：150.9 和 145.9，并且另 1 个烯键位置由 ganoderenic acid AM$_1$ 中的 C－17 和 C－20 变成了 C－16 和 C－17。以上数据说明，化合物(5)是(3S，5S，8R，9S，10S，13R，14R)－3－hydroxy－7，11，15，23－tetraoxo－5－lanost－16－en－26－oic acid，命名为 ganoderesin C，是一种新化合物[1]。

赤芝酮 A(lucidone A，6) 白色结晶(丙酮)，mp 280～281℃。Liebermann-Burchard 反应阳性。IR(KBr)：3 460、1 720、1 711、1 662 和 1 022cm^{-1}。EI-MS m/z：402$[M^+]$，384$[M-H_2O]^+$，374$[M-CO]^+$。^{1}H NMR($CDCl_3$，500MHz)δ：4.81(1H，t，J=8.5Hz)，3.21(1H，dd，J=11.5、5.5Hz)，2.21(3H，s)，1.40(3H，s)，1.21(3H，s)，1.03(3H，s)，0.97(3H，s)，0.85(3H，s)；^{13}C NMR($CDCl_3$，500MHz)δ：216.1、205.0、196.5、156.4、142.8、78.2、66.7。以上数据与文献[2]报道的 3β，7β－dihydroxy－4，4，14α－trimethyl－11，15，20－trioxo－5α－pregn－8－en(lucidone A)一致。

赤芝酮 B(lucidone B，7) 无色晶体(乙酸乙酯)，mp 270～271℃，$[\alpha]_D^{20}+278$(c 0.20，$CHCl_3$)，UV(EtOH)λ_{max}(log ε)：255(7 900)nm。IR(KBr)：3 500、2 960、1 730、1 705、1 660cm^{-1}。ESI-MS m/z：401.2$[M+H]^+$，^{1}H NMR 谱($CDCl_3$)和^{13}C NMR 谱($CDCl_3$)数据与赤芝酮 A 相似，除了^{1}H NMR 谱中少了 δ：3.21(H－3)，^{13}C NMR 谱中少了 δ：78.1(C－3)，但出现了 1 个新的信号 δ：216.2。以上数据说明，C－3 羟基被羰基取代。因此，化合物为 7β－hydroxy－4，4，14α－trimethyl－3，11，15，20－tetraoxo－5α－pregn－8－en(lucidone B)[2]。

赤芝酮 C(lucidone C，8) ESI-MS m/z：405.2$[M+H]^+$，^{1}H NMR(C_5D_5N，600MHz)δ：1.05(3H，s)，1.09(3H，s)，1.27(3H，s)，1.49(3H，s)，1.57(3H，s)，2.08(3H，s)，3.50(1H，dd，J=4.8、6.6Hz)，4.96(1H，m)，5.32(1H，dd，J=1.2、7.8Hz)；^{13}C NMR(C_5D_5N，150MHz)δ：207.6、205.2、200.5、155.6、147.7、77.3、76.8。以上数据与文献[3]报道的 3β，7β，15α－trihydroxy－4，4，14α－trimethyl－11，20－dioxo－5α－pregn－8－en(lucidone C)一致。

赤芝酮 D(lucidone D，9) ESI-MS m/z：401.2$[M+H]^+$，^{1}H NMR($CDCl_3$，500MHz)δ：0.73(3H，s)，0.88(3H，s)，1.02(3H，s)，1.26(3H，s)，1.58(3H，s)，2.19(3H，s)，3.05(1H，d，J=16.0Hz)，2.77(1H，d，J=16.0Hz)，3.34(1H，t，J=17.5、17.5Hz)，3.25(1H，dd，J=5.0、20.0Hz)；^{13}C NMR($CDCl_3$，125MHz)δ：207.7、199.0、159.9、141.9、77.5、72.4、69.3。以上数据与文献[4]报道的 3β－hydroxy－4，4，14α－trimethyl－7，11，15，20－tetraoxo－5α－pregn－8－en(lucidone D)一致。

赤芝酮 F(lucidone F，10) ESI-MS m/z：403$[M+H]^+$。^{1}H NMR($CDCl_3$，500MHz)δ：0.85(3H，s)，1.28(3H，s)，2.12(3H，s)，1.12(3H，s)，1.10(3H，s)，1.33(3H，s)，3.10(1H，d，J=20.0Hz)，2.54(1H，d，J=20.0Hz)，^{13}C NMR($CDCl_3$，125MHz)δ：217.0、207.4、198.4、158.5、140.5、72.7、69.0。以上数据与文献[4]报道的 7β，15α－dihydroxy－4，4，14α－trimethyl－3，11，20－trioxo－5α－pregn－8－en(lucidone F)一致。

灵芝酸 B 甲酯(methyl ganoderate B，11) 白色针晶(甲醇)，mp 203～205℃。IR(KBr)：3 525、3 383、1 711、1 653cm^{-1}。EI-MS m/z：530 $[M^+]$，512$[M-H_2O]^+$。^{1}H NMR 谱($CDCl_3$，600MHz)δ：0.86(3H，s)，1.02(3H，d，J=6.0Hz)，1.09(3H，d，J=7.2Hz)，1.22(3H，s)，1.25(3H，s)，1.35(3H，s)，2.17(3H，s)，3.21(1H，dd，J=4.8、6.6Hz)，4.81(1H，dd，J=6.0、8.4Hz)，^{13}C NMR 谱($CDCl_3$，150MHz)δ：217.2、209.4、197.7、174.3、156.8、142.7、78.3、66.8。并且^{1}H NMR 出现了酯甲基信号 δ：3.76(3H，s)；^{13}C NMR 也出现 δ：51.9 的氧甲基信号，另外，其他数据与文献报道的 methyl ganoderate B 数据相符[5]。

灵芝烯酸 H(ganoderenic acid H,12)　$[\alpha]_D^{20}+61$(c 0.20,EtOH),ESI-MS m/z:511.3[M-H]⁻,IR(KBr):3 480、2 900、1 720、1 670、1 600cm⁻¹;UV(EtOH)λ_{max}(log ε):244(13 900)nm,^{1}H NMR($CDCl_3$,500MHz)δ:3.70(3H,s),3.28(1H,dd,J=5.0、10.5Hz),3.15(1H,dd,J=7.0Hz),2.14(3H,s),1.55(3H,s),1.25(3H,s),1.20(3H,d,J=7.0Hz),1.04(3H,s),0.89(3H,s),0.71(3H,s)。^{13}C NMR($CDCl_3$,125MHz)δ:207.4、199.9、199.5、199.2、153.8、152.1、147.8、125.7、77.0。以上数据与文献[6]报道的 ganoderenic acid H 一致。

灵芝酸 C_2(ganoderic acid C_2,13)　白色晶体(甲醇)。ESI-MS m/z:541.3[M+Na]⁺。^{1}H NMR(400MHz,C_5D_5N)δ:0.88(3H,s),1.02(3H,s),0.85(3H,d,J=6.0Hz),1.18(3H,d,J=7.0Hz),1.02(3H,s),0.85(3H,s),1.27(3H,s),3.32(1H,m),4.55(1H,dd,J=10.2、7.2Hz),4.69(1H,m),2.39(1H,m),2.24(1H,m)。^{13}C NMR(100MHz,C_5D_5N)δ:209.8、199.5、174.0、157.5、142.1、78.2、72.5、69.6。通过波谱数据分析并与文献[7]数据对照,鉴定该化合物为灵芝酸 C_2(ganoderic acid C_2)。

灵芝酸 C_2 甲酯(methyl ganoderate C_2,14)　白色晶体(甲醇)。ESI-MS m/z:533.3[M+H]⁺。^{1}H NMR(600MHz,$CDCl_3$)和^{13}C NMR(150MHz,$CDCl_3$)数据和灵芝酸 C_2 ^{1}H NMR 和^{13}C NMR 的数据一致,但^{1}H NMR 出现了酯甲基信号 δ:3.76(3H,s);^{13}C NMR 也出现 δ:51.9 的氧甲基信号。

3β,7β-dihydroxy-11,15,23-trioxo-lanost-8,16-dien-26-oic acid(15)　淡黄色晶体(甲醇)。ESI-MS m/z:515.3[M+H]⁺。^{1}H NMR(400MHz,$CDCl_3$)δ:0.84(3H,s),1.01(3H,s),1.10(3H,d,J=6.8Hz),1.18(3H,s),1.20(3H,d,J=6.4Hz),1.21(3H,s),1.52(3H,s),3.22(1H,dd,J=5.6、10.8Hz),4.78(1H,dd,J=9.9、7.7Hz),5.73(1H,s)。^{13}C NMR(100MHz,$CDCl_3$)δ:211.0、206.2、198.2、179.8、158.1、142.0、123.4、78.3、67.2。通过波谱数据分析并与文献[8]数据对照,鉴定该化合物为 3β,7β-dihydroxy-11,15,23-trioxo-lanost-8,16-dien-26-oic acid。

3β,7β-dihydroxy-11,15,23-trioxo-lanost-8,16-dien-26-oic acid methyl ester(16)　白色粉末(甲醇)。ESI-MS m/z:527.3[M-H]⁻。^{1}H NMR(500MHz,$CDCl_3$)和^{13}C NMR(125MHz,$CDCl_3$)数据和 3β,7β-dihydroxy-11,15,23-trioxo-lanost-8,16-dien-26-oic acid 的^{1}H NMR 和^{13}C NMR 的数据一致,但^{1}H NMR 出现了酯甲基信号 δ:3.67(3H,s);^{13}C NMR 也出现 δ:52.0 的氧甲基信号。通过波谱数据分析并与文献[8]数据对照,鉴定该化合物为 3β,7β-dihydroxy-11,15,23-trioxo-lanost-8,16-dien-26-oic acid methyl ester。

灵芝赤芝酸 B(ganolucidic acid B,17)　白色粉末(甲醇)。ESI-MS m/z:501.3[M-H]⁻。^{1}H NMR(600MHz,C_5D_5N)δ:0.95(3H,d,J=6.0Hz),0.97(3H,s),1.09(3H,s),1.34(3H,d,J=7.2Hz),1.36(3H,s),1.47(3H,s),1.84(3H,s),3.51(1H,dd,J=4.8、6.6Hz),4.64(1H,dd,J=6.0、3.6Hz)。^{13}C NMR(150MHz,C_5D_5N)δ:208.3、197.3、176.1、163.6、138.8、76.9、71.0。通过波谱数据分析并与文献[9]数据对照,鉴定该化合物为灵芝赤芝酸 B。

Ganolucidate F(18)　白色粉末(甲醇)。ESI-MS m/z:501.3[M-H]⁻。^{1}H NMR(500MHz,C_5D_5N)δ:0.93(3H,s),1.09(3H,s),1.10(3H,d,J=6.2Hz),1.18(3H,s),1.24(3H,s),1.21(3H,s),1.36(3H,s),1.47(3H,s),2.15(3H,s),3.51(1H,m),4.60(1H,dd,J=9.2、5.9Hz),4.99(1H,dt,J=8.1、6.0Hz)。^{13}C NMR(150MHz,C_5D_5N)δ:198.3、170.6、145.2、139.6、128.5、77.7、71.9、66.7。通过波谱数据分析并与文献[10]数据对照,鉴定该化合物为 3β,15α,23-trihydroxy-11-oxo-5α-lanosta-8,24-dien-26-oic acid(ganolucidate F)。

灵芝烯酸 B(ganoderenic acid B,19)　白色晶体,mp 211～214℃(EtOAc-MeOH)。ESI-MS m/z:515.3[M+H]⁺。^{1}H NMR(600MHz,$CDCl_3$)δ:1.06(3H,s),1.09(3H,s),1.25(3H,s),1.38(3H,d,J=7.2Hz),1.41(3H,s),1.46(3H,s),2.26(3H,s),3.49(1H,dd,J=5.9、10.2Hz),4.84(1H,dd,J=8.7、8.7Hz),6.32(1H,s)。^{13}C NMR(150MHz,$CDCl_3$)δ:215.1、198.1、197.2、180.0、159.1、153.8、142.8、125.4、77.7、66.7。与文献[11]报道的 ganoderenic acid B 数据相符。

Ganoderic acid ζ(20) 白色晶体，mp 143～145℃。ESI-MS m/z：515.3[M＋H]$^+$。^{1}H NMR(600MHz，C_5D_5N)δ：0.91(3H，s)，1.04(3H，s)，1.13(3H，s)，1.15(3H，d，J=5.4Hz)，1.36(3H，s)，1.74(3H，s)，2.15(3H，s)，3.43(1H，dd，J=4.8、6.6Hz)，4.84(1H，dd，J=8.7、8.7Hz)，7.37(1H，d，J=8.4Hz)。^{13}C NMR(150MHz，C_5D_5N)δ：208.1、200.4、199.9、170.8、151.8、147.2、76.8、66.7。与文献[12]报道的 Ganoderic acid ζ 数据相符。

Ganoderic acid AP₃(21) 白色粉末(甲醇)。ESI-MS m/z：529.2[M-H]$^-$。^{1}H NMR(600MHz，C_5D_5N)δ：1.01(3H，s)，1.12(3H，s)，1.31(3H，d，J=7.2Hz)，1.35(3H，s)，1.39(3H，s)，1.78(3H，s)，1.84(3H，s)，4.35(1H，dd，J=9.6、6.6Hz)。^{13}C NMR(150MHz，C_5D_5N)δ：215.4、211.2、204.6、201.2、177.8、152.3、150.4、73.3、72.0。通过波谱数据分析并与文献[13]数据对照，鉴定该化合物为 ganoderic acid AP_3。

Isovanillic acid(22) 白色粉末(甲醇)。ESI-MS m/z：167.0[M-H]$^-$。^{1}H NMR(600MHz，CD_3OD)δ：3.82(3H，s)，6.73(1H，d，J=7.8Hz)，7.46(1H，d，J=7.8Hz)，7.52(3H，s)。^{13}C NMR(150MHz，CD_3OD)δ：169.6、151.2、148.3、129.9、124.8、115.4、114.1、56.4。通过波谱数据分析并与文献[14]数据对照，鉴定该化合物为 isovanillic acid。

第三节　茶病灵芝的生物活性

采用 MTT 比色法，测定茶病灵芝提取后经大孔树脂柱洗脱得到的 50%乙醇部分，ganoderic acid XL_1，ganoderenic acid AM_1，ganoderesin C，lucidone B，ganoderenic acid B 和 ganoderic acid C_2 对 DL-半乳糖胺诱导的 HL-7702 肝细胞损伤的保护作用。用富含 10%胎牛血清的 RPMI 1640 培养液，配成单个细胞悬液接种在 96 孔培养板中，每孔体积 200μl。将培养板移入 CO_2 孵箱中，在 37℃、5% CO_2 与饱和湿度条件下培养。分别加入双环醇和待测样品培养 1h 后，再加入 25mM DL-半乳糖胺培养 24h。每孔加入 MTT 溶液(0.5mg/ml)，放在 37℃孵箱中继续孵育 4h，终止培养，小心吸弃孔内培养液。每孔加入 150μl DMSO，振荡 10min，使结晶物充分溶解。选择 492nm 波长，在酶联免疫检测仪上测定各孔光吸收值，记录结果。经测定，茶病灵芝提取后经大孔树脂柱洗脱得到的 50%乙醇部分，ganoderic acid XL_1，ganoderenic acid AM_1，ganoderesin C，lucidone B，ganoderenic acid B 和 ganoderic acid C_2 能够改善 DL-半乳糖胺诱导的 HL-7702 肝细胞的损伤(均 $P<0.05$)，提高了细胞的生存能力，具有保肝作用[1](表 12-1)。

表 12-1　化合物对 DL-半乳糖胺(10μmol/L)致 HL-7702 肝细胞损伤的保护作用

化合物	光密度值	存活率(%)
正常组	0.947±0.065	100
模型组	0.417±0.033	43
双环醇[a]	0.526±0.048	55 *
50%乙醇部分	0.831±0.067	87 *
ganoderic acid XL_1	0.765±0.069	80**
ganoderenic acid AM_1	0.525±0.043	55 *
ganoderesin C	0.717±0.053	75 *
lucidone B	0.555±0.039	58 *
ganoderenic acid B	0.622±0.049	65 *
ganoderic acid C_2	0.727±0.036	76 *

注：* $P<0.05$ vs 模型组；** $P<0.01$ vs 模型组；[a]阳性对照药。

参考文献

[1] Liu Li-Ying, Chen Hui, Liu Chao, et al. Triterpenoids of *Ganoderma theaecolum* and their hepatoprotective activities [J]. Fitoterapia, 2014, 98:254—259.

[2] Nishitoba T, Sato H, Sakamura S. New terpenoids from *Ganodrma lucidum* and their bitterness [J]. Agric Biol Chem, 1985, 49(5): 1547—1549.

[3] Nishitoba T, Sato H, Sakamura S. New terpenoids, ganolucidic acid D, ganoderic acid L, lucidone C and lucidenic acid G, from the Fungus *Ganoderma lucidum* [J]. Agric Biol Chem, 1986, 50(3): 809—811.

[4] Peng XR, Liu JQ, Han ZH, et al. Protective effects of triterpenoids from *Ganoderma resinaceum* on H_2O_2-induced toxicity in HepG2 cells [J]. Food Chem, 2013, 141(2):920—926.

[5] Nishitoba T, Sato H, Sakamura S, et al. Triterpenoids from the fungus *Ganoderma lucidum* [J]. Phytochemistry, 1987, 26 (6):1777—1784.

[6] Cheng CR, Yang M, Wu ZY, et al. Fragmentation pathways of oxygenated tetracyclic triterpenoids and their application in the qualitative analysis of *Ganoderma lucidum* by multistage tandem mass spectrometry [J]. Rapid Commun Mass Spectrom, 2011, 25, 1323—1335.

[7] Kikuchi T, Kanomi S, Kadota S, Murai Y, Tsubono K, Ogita Z. Constituents of the fungus Ganoderma lucidum (Fr.) Karst. I. Structures of ganoderic acids C_2, E, I, and K, lucidenic acid F and related compounds. Chem Pharm Bull, 1986, 34:3695—712.

[8] Guan SH, Yang M, Wang XM, et al. Structure elucidation and complete NMR spectral assignments of three new lanostanoid triterpenes with unprecedented $\Delta^{16,17}$ double bond from *Ganoderma lucidum* [J]. Magn Reson Chem, 2007, 45:789—791.

[9] Kikuchi T, Matsuda S, Murai Y, et al. Ganoderic acid G and I and ganolucidic acid A and B, new triterpenoids from *Ganoderma lucidum* [J]. Chem Pharm Bull, 1985, 33(6):2628—2631.

[10] Liu JQ, Wang CF, Li Y, et al. Isolation and Bioactivity evaluation of terpenoids from the medicinal Fungus *Ganoderma sinense* [J]. Planta Med, 2012, 78:368—376.

[11] Komoda Y, Nakamura H, Ishihara S, et al. Structures of new terpenoid constituents of *Ganoderma lucidum* (Fr.) KARST (Polyporaceae) [J]. Chern Pharrn Bull, 1985, 33(11):4829—4835.

[12] Min BS, Gao JJ, Nakamura N, et al. Triterpenes from the spores of *Ganoderma lucidum* and their cytotoxicity against Meth-A and LLC tumor cells [J]. Chern Pharrn Bull, 2000, 48(7): 1026—1033.

[13] Wang F, Liu JK. Highly Oxygenated Lanostane Triterpenoids from the Fungus *Ganoderma applanatum* [J]. Chem Pharm Bull, 2008, 56(7):1035—1037.

[14] Ding HY, Lin HC, Teng CM Wu, et al. Phytochemical and pharmacological studies on Chinese *Paeonia* species [J]. J Chin Chem Soc-Taip, 2000, 47(2):381—388.

（刘莉莹、陈若芸）

第十三章
反柄紫芝
FAN BING ZI ZHI

第一节 概述

反柄紫芝[*Ganoderma cochlear*(Bl. Et Nees)]为担子菌门，伞菌纲，多孔菌目，灵芝科，灵芝属大型真菌。从形态学上看，反柄紫芝的颜色和外形与紫芝相似，但柄是背生的，因此，又称背柄紫灵芝。反柄紫芝民间用于安神、改善睡眠、增强记忆力与延年益寿[1]。大多分布于我国云南、福建、广东等地区。现在市场上来源于越南、老挝等东南亚国家的反柄紫芝产品也不少。

反柄紫芝中主要含有三萜类、甾体类以及杂萜、多糖、脂肪酸等化合物。

第二节 反柄紫芝化学成分的研究

一、反柄紫芝中三萜类化学成分的提取与分离

从反柄紫芝乙醇提取物的氯仿部分中共分离得到15个三萜类化合物(图13-1、13-2)：cochlate A(1)，cochlate B(2)，fornicatin D(3)，fornicatin E(4)，fornicatin F(5)，fornicatin G(6)，fornicatin H(7)，ganodercochlearin A(8)，ganodercochlearin B(9)，ganodercochlearin C(10)，3*β*，22*S*-

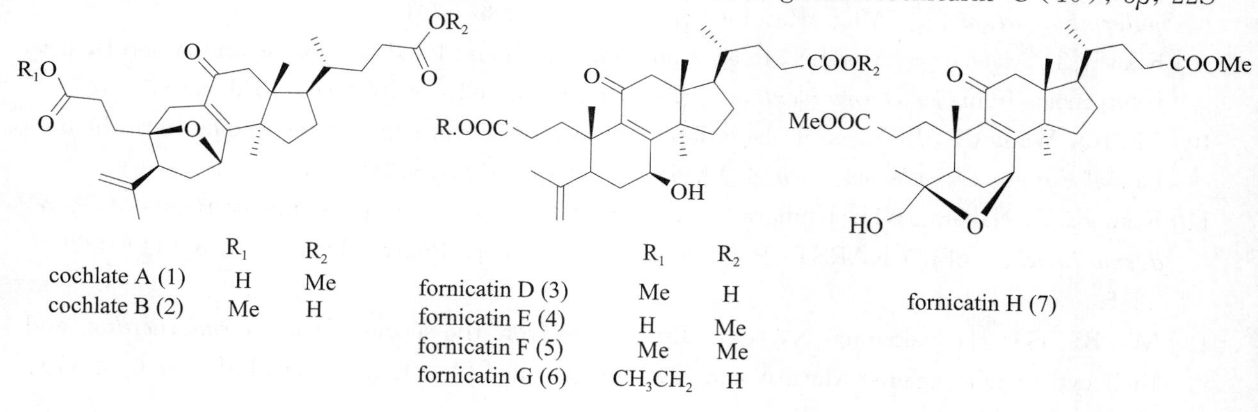

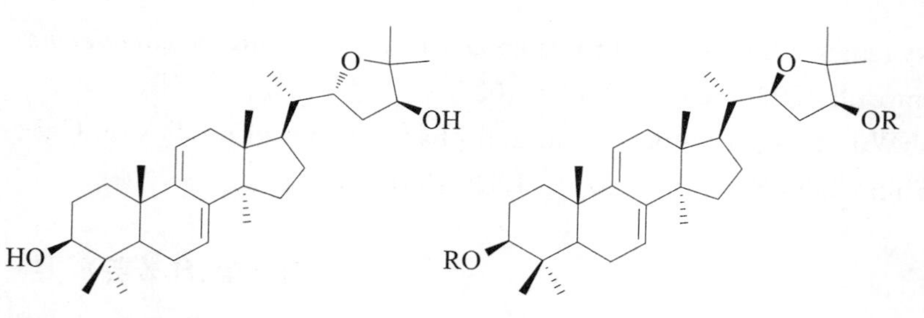

图13-1 反柄紫芝中新三萜类化学成分的结构

dihydroxylanosta-7,9(11),24-triene(11),fornicatin A(12),fornicatin B(13),inonotsuoxide B(14),fredelin(15)[1-2],其中化合物(1)～(10)为新化合物。

提取方法:将38kg反柄紫芝子实体粉碎后,用乙醇回流提取3次,乙醇提取液减压浓缩后混悬于水中,用氯仿进行萃取。其中氯仿部分用正相硅胶柱,氯仿/甲醇梯度洗脱得到I～IV 4个流份部位(100∶1,50∶1,20∶1,5∶1)。流份部位II用正相硅胶处理,氯仿/甲醇为流动相梯度洗脱得到化合物(7)11mg和(15)24mg。同样用正相硅胶柱,氯仿/甲醇系统将流份部位III分为4个部分(III-1～III-4)。化合物(6)12mg,(8)35mg,(9)40mg,(10)45mg,(11)20mg,和(14)64mg,是III-2部分利用正相硅胶柱(氯仿/甲醇)与重结晶得到的。流份部位IV(434g)用大孔吸附树脂脱色素,并收集50%、70%和90%甲醇/水部分,TLC检测后分为4个流份子部位(IV-1～IV-4)。IV-3部分(130g)采用反相硅胶柱(50%甲醇/水-100%甲醇梯度)划段得到3个组分片段(F50-1～F50-3)。其中F50-3(56g)取出一部分用高效液相色谱法(HPLC)进一步分离,乙腈∶水(60∶40)等度洗脱得到化合物(1)40mg和(2)50mg。采用反复的硅胶柱色谱、HPLC与重结晶,从IV-4部分中得到化合物(3)50mg,(4)50mg,(5)25mg和(13)45mg。

3β,22S-dihydroxylanosta-7,9(11),24-triene(11)　　fornicatin A (12)　　fornicatin B (13)

inonotsuoxide B (14)　　fredelin (15)

图13-2　反柄紫芝中已知三萜类化学成分的结构

二、反柄紫芝中三萜类化学成分的理化常数与光谱数据

Cochlate A(1)　白色粉末,$[\alpha]_D^{25}+82.7$(c 0.3,MeOH)。Liebermann-Burchard反应阳性。IR(KBr)吸收显示羟基(3 433cm^{-1}),羰基(1 742cm^{-1})和烯键(1 656cm^{-1})的存在。ESI-MS显示m/z:473[M+H]$^+$。UV吸收显示258nm的最大吸收波长指示α,β-不饱和羰基的存在。^{1}H NMR谱($CDCl_3$,400MHz)数据显示了3个单峰和1个双重峰的甲基氢信号δ:1.77、1.19、0.09和0.89(d,J=6.0Hz),以及1个甲氧基氢信号δ:3.67(s)。^{13}C NMR谱($CDCl_3$,100MHz)数据给出28个碳信号,包括5个甲基碳信号(含有1个甲氧基)、10个亚甲基信号(包括1个sp^2碳)、4个次甲基碳信号(含有1个氧化次甲基碳)、6个季碳信号(包括3个烯碳和1个氧化季碳),以及3个羰基碳信号(1个羰基、1个羧基和1个酯基)。这些数据表明化合物(1)为3,4位开环的三降三萜,并且与拱状灵芝素B(fornicatin B)[3]的结构相似。

然而,比较化合物(1)和拱状灵芝素B的1D NMR数据发现,化合物(1)含有4个甲基信号,比拱

状灵芝素 B 少 1 个，而多出 1 个额外的亚甲基碳信号 δ:35.0 和 8、9 位双键的存在，说明化合物(1)的结构中存在 1 个类似于 colossolactone D[4]的七元 B 环(9,19 - cyclo - 9,10 - *seco*)。以上推断由 2D NMR 相关来证明。在 HMBC 谱中，H - 5(δ:2.69)与 C - 1(δ:30.4)，C - 4(δ:144.0)，C - 6(δ:41.4)，C - 7(δ:73.4)，C - 10(δ:82.4)以及 C - 19(δ:35.2)都有相关，同时，H - 19(δ:2.11，m；2.39，m)与 C - 1(δ:30.4)，C - 5(δ:53.5)，C - 8(δ:166.0)，C - 9(δ:125.5)及 C - 7(δ:73.4)有相关。在 $^1H-^1H$ COSY 谱中存在 H - 5/H - 6/H - 7 的相关，从而证明了化合物(1)结构中七元 B 环的存在。而 H - 7(δ:4.56)与 C - 10(δ:82.4)的 HMBC 相关，说明 C - 10 和 C - 7 之间有 1 个氧桥连接。

再分析化合物(1)的^{13}C NMR 谱，1 个甲基碳信号 δ:51.5 和 1 个低场区的季碳信号 δ:174.6，说明了羧基甲酯的存在。又从 HMBC 谱中找到 H - 22(δ:1.32)和 H_2 - 23(δ:2.27，m；δ:2.39，m)与这个甲氧基和酯羰基相关，说明酯羰基位于 24 位。由此，化合物(1)的平面结构被确定。

Cochlate B(2)　无色晶体(MeOH-H_2O)，mp 195～196℃，$[\alpha]_D^{25}+8.8$(*c* 0.3，MeOH)。Liebermann-Burchard 反应阳性。化合物(2)与(1)有相同的分子式 $C_{28}H_{40}O_6$(*m/z*:495.2731[M+Na]$^+$，计算值为 495.272 2)。IR 和 UV 吸收峰都显示了羟基、酮羰基及 α、β-不饱和羰基的存在。比较化合物(2)和(1)的 1D NMR 数据发现，两者唯一的区别可能在于羧基成酯的位置不同。通过分析(2)的 HMBC 谱显示，H_2 - 1(δ:2.08，m；δ:2.30，m)与 C - 2(δ:28.9)，C - 3(δ:174.1)，C - 10(δ:82.3)及 C - 19(δ:35.0)相关，H_2 - 2(δ:2.46，m)则与甲氧基碳(δ:3.64)和酯羰基碳(δ:174.1)相关，说明化合物(2)的成酯位置在 C - 3 位。

为了确定化合物(1)和(2)的立体结构，对化合物(2)进行 X 线-单晶衍射分析，结果显示手性中心 C - 7 和 C - 10 的绝对构型都为 *S*。因此，化合物(1)和(2)的结构分别被确定为(7*S*，10*S*)- 7，10 - epoxy- 3，4 - *seco* - 9，10 - *seco* - 9，19 - cyclo - 25，26，27 - trinorlanosta - 4(28)，8 - dien - 3 - oic - 24- ester(1)和(7*S*，10*S*)- 7，10 - epoxy - 3，4 - *seco* - 9，10 - *seco* - 9，19 - cyclo - 25，26，27 - trinorlanosta - 4(28)，8 - dien - 24 - oic - 3 - ester(2)，命名为 cochlates A 和 B。

拱状灵芝素 D(fornicatin D，3)和拱状灵芝素 E(fornicatin E，4)　有相同的分子式 $C_{28}H_{42}O_6$(HRESIMS)。化合物(3)的 IR(KBr)谱显示羟基(3 452cm^{-1})，羰基(1 730cm^{-1})，α，β-不饱和羰基(1 695cm^{-1})。它的 1D NMR 数据与拱状灵芝素 B(fornicatin B)相似，除了(3)中存在 1 个额外的甲氧基信号。根据(3)的 HMBC 相关，H_2 - 1(δ:3.09)、H_2 - 2(δ:2.48)和 OMe(δ:3.61)都与酯羰基碳(δ:174.2)相关。这说明了化合物(3)是 fornicatin B3 位上羧基的甲酯衍生物。

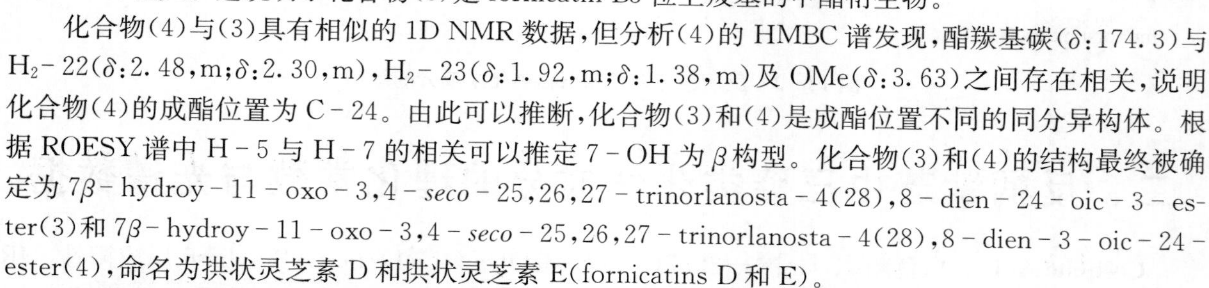

化合物(4)与(3)具有相似的 1D NMR 数据，但分析(4)的 HMBC 谱发现，酯羰基碳(δ:174.3)与 H_2 - 22(δ:2.48，m；δ:2.30，m)，H_2 - 23(δ:1.92，m；δ:1.38，m)及 OMe(δ:3.63)之间存在相关，说明化合物(4)的成酯位置为 C - 24。由此可以推断，化合物(3)和(4)是成酯位置不同的同分异构体。根据 ROESY 谱中 H - 5 与 H - 7 的相关可以推定 7 - OH 为 β 构型。化合物(3)和(4)的结构最终被确定为 7β - hydroy - 11 - oxo - 3，4 - *seco* - 25，26，27 - trinorlanosta - 4(28)，8 - dien - 24 - oic - 3 - ester(3)和 7β - hydroy - 11 - oxo - 3，4 - *seco* - 25，26，27 - trinorlanosta - 4(28)，8 - dien - 3 - oic - 24 - ester(4)，命名为拱状灵芝素 D 和拱状灵芝素 E(fornicatins D 和 E)。

拱状灵芝素 F(fornicatin F，5)　无色晶体(MeOH - H_2O)，$[\alpha]_D^{25}+87.2$(*c* 0.1，MeOH)，Liebermann-Burchard 反应阳性。HI-ESI-MS *m/z*:511.303 9[M+Na]$^+$，分子式为 $C_{29}H_{44}O_6$，计算值为 511.303 5。IR(KBr)吸收显示有羟基(3 432cm^{-1})和 α，β-不饱和羰基(1 741cm^{-1})。1D NMR 数据与化合物(3)相似，主要区别在于化合物(5)中出现了 1 个额外的甲氧基信号，并且 C - 24 的碳信号向高场移动了(2ppm)。同时，在 HMBC 谱中存在 H_2 - 22(δ:2.37，m；δ:2.24，m)，H_2 - 23(δ:1.44，m)和 OMe(δ:3.66，s)与 C - 24(δ:174.4)相关，说明化合物(5)为(3)的 24 位甲酯衍生物。因此，化合物(5)的结构为 7β - hydroy - 11 - oxo - 3，4 - *seco* - 25，26，27 - trinorlanosta - 4(28)，8 - dien - 3，24 - diester(5)，命名为拱状灵芝素 F(fornicatin F)。

拱状灵芝素 G(fornicatin G，6)　白色粉末，$[\alpha]_D^{17}+141.5$(*c* 0.1，MeOH)。Libermann-Burchard

反应呈阳性。IR（KBr）吸收显示有羟基（3 344cm^{-1}）、羰基（1 734cm^{-1}）和 α,β-不饱和酮（1 643cm^{-1}）。UV 吸收在 λ_{max}：257nm，说明存在 α,β-不饱和酮结构。HR-ESI-MS m/z：489.313 8 $[M+H]^+$，分子式为 $C_{29}H_{44}O_6$，计算值为 489.317 1。结合^{1}H NMR 和^{13}C NMR 数据确证化合物(6)分子式为 $C_{29}H_{44}O_6$，不饱和度为 8。^{1}H NMR($CDCl_3$，400MHz)谱显示化合物(6)有 4 个单峰、1 个双重峰和 1 个三重峰甲基氢信号 δ：1.88、1.44、1.32 和 1.22，0.88(3H，d，J=5.2Hz)和 1.13(3H，t，J=6.8 和 7.2Hz)。^{13}C NMR($CDCl_3$，100MHz)数据显示 29 个碳信号，其中有 6 个甲基碳信号，10 个亚甲基碳信号(包括 1 个氧化亚甲基和 1 个烯碳)，4 个次甲基(含有 1 个氧化次甲基)，9 个季碳信号(含有 3 个烯碳、1 个酮羰基、1 个羧基和 1 个酯基)。这些数据表明化合物(6)的结构与文献报道[3]的拱状灵芝素 B(fornicatin B)的结构相似，都拥有 3，4-*seco*-trinorlanostane 的骨架。

但比较化合物(6)与 fornicatin B 的 1D NMR 数据发现，结构中多了 1 个氧化亚甲基 2H，(δ：4.14，δ：60.4)和 1 个裂分为三重峰的甲基(δ：1.13，δ：14.4)。同时，两者的碳谱数据对比发现，化合物(6)中 1 个羧基碳信号向高场移动到 δ：173.9。由此可以推断，其中 1 个羧基被乙酯化。从 HMBC 谱中，H-1(δ：3.10，m)，H-2(δ：2.12，m；δ：2.67，m)和 OMe(δ：4.14)都与酯羰基碳(δ：173.9)相关。说明化合物(6)的 3 位羧基成乙酯。ROESY 谱显示，H-5(δ：2.50，m)与 H-7(δ：4.71，s)存在相关，说明7-OH 的相对构型为 β。所以，化合物(6)的结构为 7β-hydroxy-11-oxo-3，4-*seco*-25，26，27-trinorlanosta-4(28)，8-dien-24-oic-3-acetyl ester(6)，命名为拱状灵芝素 G。

拱状灵芝素 H(fornicatin H，7)　白色粉末，$[\alpha]_D^{21}$+89.5(c 0.1，MeOH)。Liebermann-Burchard 反应阳性。HR-ESI-MS m/z：505.308 7$[M+H]^+$，推测化合物的分子式为 $C_{29}H_{44}O_7$，计算值为 505.312 1，不饱和度为 8。IR(KBr)吸收显示有羟基(3 432cm^{-1})、羰基(1 742cm^{-1})和 α,β-不饱和酮(1 641cm^{-1})。^{1}H NMR($CDCl_3$，500MHz)显示 6 个单峰甲基氢信号 δ：3.67、3.66、1.25、1.25、1.01 和 0.97；1 个双重峰甲基氢信号 δ：0.88(3H，d，J=6.5Hz)；1 个氧化亚甲基氢信号 δ：4.25(2H，d，J=4.5Hz)和 1 个氧化次甲基氢信号 δ：3.35(m)。^{13}C NMR($CDCl_3$，125MHz)显示 29 个碳信号，其中包括 7 个甲基碳信号 δ：51.9、51.8、25.3、24.9、23.8、18.1；2 个烯碳信号 δ：161.2 和 135.1；1 个氧化季碳信号 δ：86.1；1 个氧化亚甲基碳信号 δ：71.3；1 个氧化次甲基碳信号 δ：71.3；1 个酮羰基碳信号 δ：200.3 和 2 个酯羰基碳信号 δ：174.7 和 174.5。经对比，化合物(7)与文献报道[3]的拱状灵芝素 A(fornicatin A)的 1D NMR 数据接近。但碳谱中显示了额外的两个甲氧基碳信号，且 fornicatin A 中的两个羧基碳信号向高场移动，这些变化说明了化合物(7)的 3 位和 24 位的羧基成甲酯。

以上推测由 HMBC 相关来证明：H-1(δ：3.04，m；δ：2.23，m)，H-2(δ：2.57，m；δ：2.03，m)和 OMe(δ：3.66，s)与 C-3(δ：174.7)相关；H-22(δ：2.45，m；δ：2.03，m)，H_2-23(δ：2.57，m；δ：1.45，m)和 OMe(δ：3.65，s)与 C-24(δ：174.5)相关。而 H-7(δ：3.35，m)与 H_3-30(δ：0.97)之间的 ROESY 相关，说明 H-7 为 α 构型。由此，化合物(7)的结构被鉴定为 4，7β-epoxy-28-hydroxy-11-oxo-3，4-*seco*-25，26，27-trinorlanosta-8-en-3，24-diester(7)，命名为拱状灵芝素 H(fornicatin H)。

Ganodercochlearin A(8)　无色针晶(MeOH-H_2O)，$[\alpha]_D^{21}$+24.2(c 0.1，$CHCl_3$)。Liebermann-Burchard 反应阳性。HI-ESI-MS m/z：479.351 4$[M+Na]^+$，分子式为 $C_{30}H_{48}O_3$，计算值 479.350 1。IR(KBr)吸收显示羟基(3 505，3 359cm^{-1})的存在。1D NMR 数据显示了 7 个单峰的甲基信号(δ：0.70、0.91、1.11、1.17、1.24、1.39 和 1.54)；1 个双重峰甲基信号(δ：1.05，3H，d，J=6.6Hz)；7 个亚甲基信号；7 个次甲基信号，包括 3 个氧化次甲基信号(δ：3.49，1H，t，J=7.2Hz；δ：4.27，1H，m；δ：4.54，1H，m)和两个芳香次甲基氢信号(δ：5.57，1H，d，J=5.1Hz；δ：5.38，1H，d，J=6.0Hz)；7 个季碳信号，其中 1 个氧化季碳信号 δ：82.6 和两个四取代双键碳信号(δ：134.4 和 δ：146.9)。

这些数据显示化合物(8)与文献报道[4]的 inonotsuoxide A 的结构相似，在侧链都含有 1 个四氢呋喃环。然而，两者比较发现，化合物(8)中多了两个芳香次甲基信号。^{1}H NMR 谱中两个次甲基氢信号 δ：5.57(1H，d，J=5.1Hz)和 δ：5.38(1H，d，J=6.0Hz)连同 UV 谱中显示的最大吸收波长

244nm，说明了共轭双键的存在，并且这两个双键为 Δ^7 和 $\Delta^{9,11}$。在 HMBC 谱中，H－5(δ:1.27,m)和 H2－6(δ:2.19,m)与 C－7(δ:121.4)相关；H－7(δ:5.57,d,J=5.1Hz)与 C－8(δ:134.4)和 C－9(δ:146.9)相关；H_3－19(δ:1.11)和 H_2－1(δ:1.49,m;δ:2.04,m)都与 C－9(δ:146.9)相关。因此，化合物(8)的平面结构被确定为 22,25－epoxylanost－7,9－diene－3,24－diol。

Ganodercochlearin B(9) 与化合物(8)有相同的分子式 $C_{30}H_{48}O_3$(m/z:479.3495[M+Na]$^+$)和相似的 1D NMR 数据。化合物(9)的乙酰化反应得到二乙酯产物(9a)，通过晶体衍射分析得出化合物(9a)的手性碳 C－22 和 C－24 的绝对构型都为 *S*。同时，在 ROESY 谱中存在 H－24/H－22；H－23α/H_3－27 相关，说明 H－22 和 H－24 共平面。然而，在化合物(8)的 ROESY 谱中，只存在 H－23α/H－24/H_3－27，而没有 H－22 与 H－24 的相关，由此，化合物(8)的 C－24 和 C－22 的绝对构型分别为 *S* 和 *R*。所以，化合物(8)和(9)的结构为 22*R*,25－epoxylanost－7,9－diene－3β,24*S*－diol(8)和 22*S*,25－epoxylanost－7,9－diene－3β,24*S*－diol(9)，命名为 ganodercochlearins A 和 B。

Ganodercochlearin C(10) 白色粉末(MeOH-H_2O)，$[\alpha]_D^{21}$+27.8(c 0.1,$CHCl_3$)。Liebermann-Burchard 反应阳性。HR-ESI-MS m/z:493.366 1[M+Na]$^+$，分子式为 $C_{31}H_{50}O_3$，计算值 490.365 7。IR(KBr)、UV 和 1D NMR 数据显示化合物(10)与文献报道[5]的化合物 lanosta－7,9(11),23*E*－triene－3β,22*R*,25－triol 结构相似。但是，在(10)的^{13}C NMR 谱中存在 1 个额外的甲氧基信号(δ:50.7)。同时，HMBC 谱显示甲氧基氢，H_2－23 和 H_2－24 与 C－25 相关，说明甲氧基位于 C－25。根据^{1}H NMR 谱中两个氢信号 δ:5.95(1H,dd,J=4.1,15.9Hz,H－23)和 δ:6.00(1H,dd,J=1.7,15.9Hz,H－24)的存在说明 24 位双键为 *E* 构型。C－22 的构型被确定为 *R* 是通过分析 H－20 和 H－22 的偶和常数得到的[6]。H－3 与 H－5 存在 ROESY 相关，说明 3－OH 为 β 构型。因此化合物(10)的结构被鉴定为 lanosta－7,9(11),23*E*－triene－25－methoxyl－3β,22*R*－diol(10)，命名为 ganodercochlearin C。

3β,22*S*－Dihydroxylanosta－7,9(11),24－triene(11) 无色晶体(MeOH-H_2O)，mp 145～148℃，$[\alpha]_D^{20}$+40.5(c 1.48,$CHCl_3$)。Liebermann-Burchard 反应阳性。IR(KBr)：3 556、1 709、1 605cm^{-1}。EI-MS m/z:438[M]$^+$。^{1}H NMR($CDCl_3$,600MHz)δ:5.40(1H,d,J=6.3Hz),5.52(1H,d,J=6.6Hz),5.19(1H,dt,J=1.4,8.0Hz),3.68(1H,dt,J=3.9,7.8Hz),1.75(3H,s),1.66(3H,s),1.20(3H,s),1.13(3H,s),1.03(3H,s),0.95(3H,d,J=6.6Hz),0.88(s)。^{13}C NMR($CDCl_3$,150MHz):δ:216.7,144.5,142.2,135.2,121.2,120.1,73.3,26.0,25.5,25.3,22.4,22.0,18.0,15.6,12.4。以上数据与文献[7]报道的 3β,22*S*－dihydroxy lanosta－7,9(11),24－triene 一致。

拱状灵芝素 A(fornicatin A,12) 白色粉末，$[\alpha]_D^{21}$+66.7(c 0.2,MeOH)。Liebermann-Burchard 反应阳性。FAB-MS m/z:475[M－H]$^-$，显示分子式为 $C_{27}H_{40}O_7$。IR(KBr)：3 427、2 962、1 727、1 716、1 683、1 652、1 558、1 539、1 386、1 290cm^{-1}。^{1}H NMR(CD_3OD,500MHz)δ:4.24(1H,d,J=3.8Hz),3.80(3H,d,J=10.7Hz),3.62(3H,d,J=10.7Hz),1.72(3H,s),1.68(3H,s),1.03(3H,s),0.90(3H,s),0.84(3H,d,J=5.6Hz)；^{13}C NMR(CD_3OD,125MHz)δ:199.8,176.4,176.4,161.4,135.4,87.3,72.9,71.3,25.0,24.5,18.0,25.5,18.1。以上数据与文献[3]报道的 4,7β－epoxy－28－hydroxy－11－oxo－3,4－*seco*－25,26,27－trinorlanosta－8－en－3,24－dioic acid(fornicatin A)一致。

拱状灵芝素 B(fornicatin B,13) 无色针晶，$[\alpha]_D^{21}$+260.0(c 0.2,MeOH)，Liebermann-Burchard 反应阳性。IR(KBr)：3 536、3 439、2 971、2 937、1 703、1 651、1 378、1 290cm^{-1}。HR-ESI-MS m/z:459.273 3，分子式为 $C_{27}H_{40}O_6$，计算值 459.274 7。^{1}H NMR(CD_3OD,500MHz)δ:4.99(1H,s),4.75(1H,s),4.47(1H,d,J=8.2Hz),1.79(3H,s),1.25(3H,s),1.22(3H,s),0.94(3H,s),0.91(3H,d,J=5.7Hz)。^{13}C NMR(CD_3OD,125MHz)δ:203.4,178.3,178.1,167.2,147.5,139.1,116.3,69.5,28.2,23.8,22.8,18.2,19.1。以上数据与文献[3]报道的 7β－hydroxy－11－oxo－3,4－*seco*－25,26,27－trinorlanosta－4(28),8－dien－3,24－dioic－acid(fornicatin B)一致。

Inonotsuoxide B(14)　无色针晶，mp240～242 ℃。$[\alpha]_D^{15}$+36.6(c 0.47，$CHCl_3$)，Liebermann-Burchard 反应阳性。IR(KBr)：3 431、2 966、2 941、2 876、1 456、1 033cm^{-1}。HR-EI-MS m/z：458.376 6[M^+]，分子式为 $C_{30}H_{50}O_3$，计算值 458.376 0。^{1}H NMR($CDCl_3$，500MHz)δ：4.05(1H，ddd，J=9.0，6.8，3.8Hz)，3.97(1H，dd，J=6.8，4.9Hz)，3.23(1H，dd，J=12.0，4.5Hz)，1.23(3H，s)，1.20(3H，s)，1.00(3H，s)，0.98，0.93(3H，d，J=6.3Hz)，0.87，0.81，0.72。^{13}C NMR($CDCl_3$，125MHz)δ：134.6，134.2，81.4，79.0，78.3，76.7，28.0，25.5，24.3，22.5，19.1，15.8，15.4。以上数据与文献[4]报道的 22S，25－epoxylanost－8－ene－3β，24S－diol(inonotsuoxide B)一致。

Fredelin(15)　无色晶体，mp 264℃。^{13}C NMR($CDCl_3$)δ：22.3(t，C－1)，41.5(t，C－2)，213.4(s，C－3)，58.2(d，C－4)，42.1(s，C－5)，41.2(t，C－6)，18.2(d，C－7)，53.0(d，C－8)，37.4(s，C－9)，59.4(d，C－10)，35.6(t，C－11)，32.4(t，C－12)，38.3(s，C－13)，39.7(s，C－14)，30.5(d，C－15)，35.9(t，C－16)，29.7(s，C－17)，42.7(d，C－18)，35.3(t，C－19)，28.1(s，C－20)，32.7(t，C－21)，39.2(t，C－22)，6.8(q，C－23)，14.6(q，C－24)，17.9(q，C－25)，18.6(q，C－26)，20.3(q，C－27)，32.1(q，C－29)，35.1(q，C－30)。以上数据与文献[8]报道的 fredelin 一致。

三、反柄紫芝中甾体类成分的提取分离与结构鉴定

从反柄紫芝的甲醇提取物中分离得到 3 个已知甾体化合物，分别为：麦角甾醇(ergosterol，16)、过氧麦角甾醇(5，8－epidioxyergosta－6，22－dien－3β－ol，17)和麦角甾-7，22－二烯-3β-醇(ergosta－7，22－dien－3β－ol，18)[1](图 13－3)。

HO　　HO　O　O　　HO

Ergosterol (16)　　5,8-epidioxyergosta-6,22-dien-3β-ol (17)　　ergosta-7,22-dien-3β-ol (18)

图 13－3　反柄紫芝中已知甾体类化合物的结构

提取方法：将反柄紫芝(25kg)粉碎，用 95%甲醇回流提取 3 次，每次 3h，提取液浓缩得到浸膏 1kg。并将浸膏悬浮于水中，分别用石油醚和氯仿萃取，合并氯仿层浓缩得浸膏 200g。浸膏用正相硅胶柱分离，氯仿/甲醇梯度洗脱得到 5 个流份(100∶1，80∶1，50∶1，20∶1，5∶1；I～V)。合并 I 和 II 部分得到 25g 样品。该部分用正相硅胶柱处理，石油醚/氯仿系统进行分离，得到化合物麦角甾醇(16)123mg、过氧麦角甾醇(17)20mg 和麦角甾－7，22－二烯－3β-醇(18)38mg。

麦角甾醇(ergosterol，16)　白色粉末。^{1}H NMR($CDCl_3$，400MHz)δ：5.62(1H，d，J=3.4Hz)，5.43(1H，d，J=3.4Hz)，5.24(1H，m)，5.24(1H，m)，3.69(1H，m)，1.09(1H，d，J=6.5Hz)，0.99(3H，d，J=6.0Hz)，0.97(3H，d，J=6.8Hz)，0.88(3H，d，J=7.0Hz)，0.88(3H，s)，0.68(3H，s)；^{13}C NMR($CDCl_3$，100MHz)δ：141.4，139.8，135.6，132.0，119.6，116.3，70.5，21.1，19.9，19.6，17.6，16.3，12.0。以上数据与文献[9]报道的 ergosterol 一致。

过氧麦角甾醇(5，8－epidioxyergosta－6，22－dien－3β－ol，17)　白色针晶(丙酮)，mp 186～187℃。EI-MS m/z：428[M^+]，410[$M-H_2O$]$^+$，396[$M-O_2$]$^+$。^{1}H NMR($CDCl_3$，300MHz)δ：6.51(1H，d，J=8.4Hz)，6.24(1H，d，J=8.4Hz)，5.23(1H，dd，J=15.0，6.6Hz)，5.14(1H，dd，J=15.0，8.4Hz)，4.01～3.92(1H，m)1.00(3H，d，J=6.6Hz)，0.91(3H，d，J=6.9Hz)，0.88(3H，s)，0.84(6H，br s)，0.82(3H，s)。^{13}C NMR($CDCl_3$，100MHz)δ：135.4，135.2，132.3，130.7，82.1，79.4，

66.4,20.6,19.9,19.6,18.1,17.5,12.8。以上数据与文献[10]报道的 5,8-epidioxyergosta-6,22-dien-3β-ol 一致。

麦角甾-7,22-二烯-3β-醇(ergosta-7,22-dien-3β-ol,18) 白色针晶(丙酮),mp 136～138℃。EI-MS m/z:398[M^+]。^1H NMR($CDCl_3$,300MHz)δ:5.20～5.16(3H,m),3.63～3.56(1H,m),1.01(3H,d,J=6.6Hz),0.93(6H,d,J=6.6Hz),0.83(6H,d,J=5.1Hz),0.79(3H,br s),0.54(3H,s)。^{13}C NMR($CDCl_3$,100MHz)δ:139.6,135.7,131.9,117.4,71.1,21.1,19.9,19.6,17.6,13.0,12.1。以上数据符合文献[11]报道的 ergosta-7,22-dien-3β-ol。

四、反柄紫芝中杂萜类成分的提取与分离

从反柄紫芝乙醇提取物的乙酸乙酯部分中分离到 14 个杂萜类成分:ganocin A(19),acetyl ganocin A(19a),ganocin B(20),ganocin C(21),ganocin D(22),ganoderin A(23),ganocochlearin A(24),ganocochlearin B(25),ganocochlearin C(26),ganocochlearin D(27),fornicin D(28),ganomycin C(29),lingzhiol(30),cochlearol A(31)和 cochlearol B(32)[13-15]。其中(19)～(29),(30)和(31)为 2014 年新发表的化合物。除了(28)和(29)外,其他化合物都属外消旋体(图 13-4)。

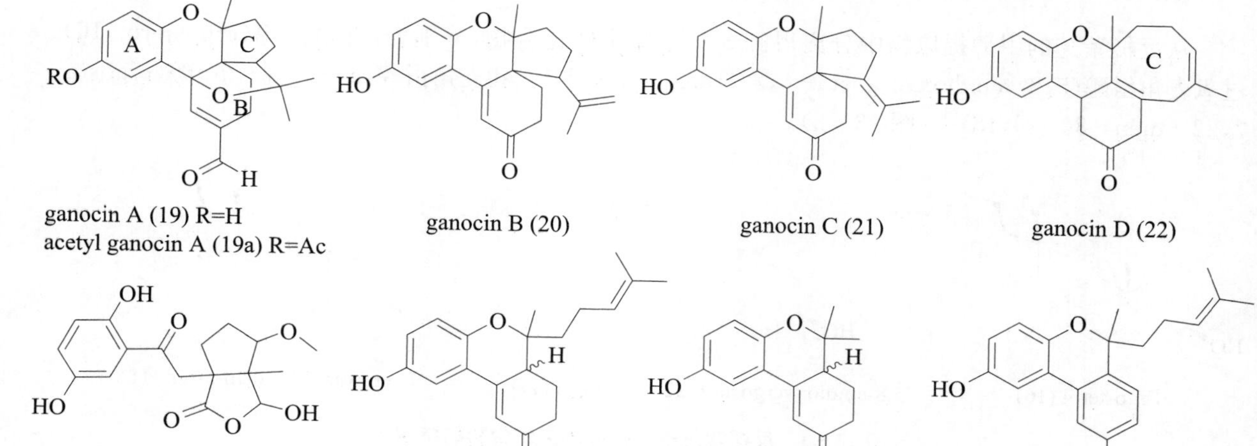

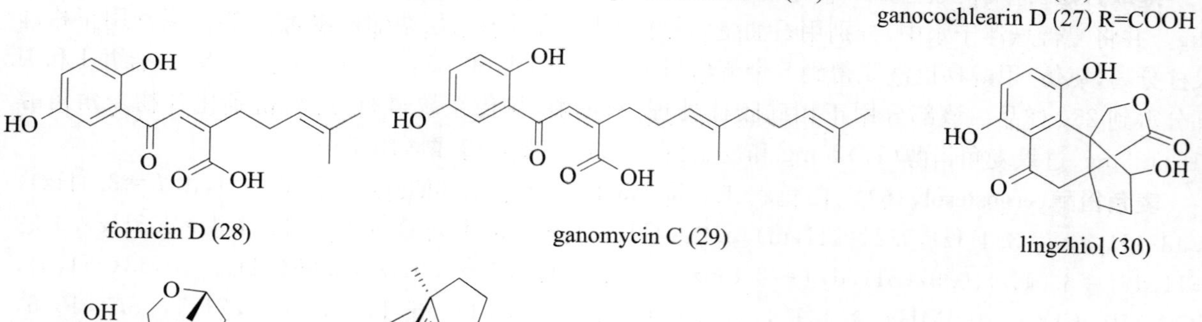

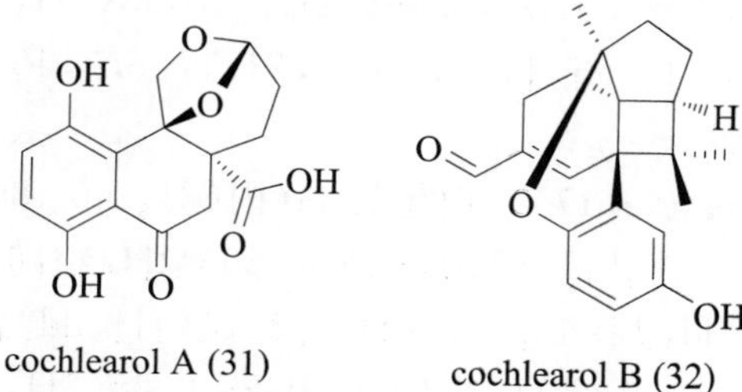

图 13-4 反柄紫芝中杂萜类化合物的结构

提取方法一：将反柄紫芝(68kg)粉碎后用乙醇回流提取3次，合并提取液并浓缩得到浸膏。将浸膏悬浮于水中，用乙酸乙酯萃取。其中乙酸乙酯部分用大孔吸附树脂(MeOH-H_2O)脱色素，并收集50%、70%、90%和甲醇洗脱部分得到4个流份部位(I～IV)。流份部位II(480g)用正相硅胶柱处理，氯仿/甲醇梯度洗脱(100：1，80：1，50：1，20：1和5：1)，TLC检测并将其分为4个子流份部位(II-1～II-4)。II-3部分(50g)采用反相硅胶柱分离，流动相为甲醇：水=40：60→70：30梯度洗脱得到6个流份组分(II-3-1～II-3-6)。流份组分II-3-4进一步用葡聚糖凝胶色谱柱(LH-20，甲醇)处理得到4个片段(a→d)。II-3-4a先用正相硅胶柱处理，再用薄层制备色谱(P-TLC)得到化合物(20)20mg、(21)33mg和(22)10mg。II-3-6部分用正相硅胶柱和P-TLC分离，得到化合物(19)43mg。

提取方法二：将反柄紫芝(25kg)子实体粉碎，并用乙醇回流提取3次。提取液浓缩后悬浮于水中，用乙酸乙酯萃取。乙酸乙酯部分用正相硅胶柱划段，氯仿/甲醇(100：1、50：1、20：1和5：1)梯度洗脱，得到4个流份部位(I～IV)。流份部位II(50：1)再用正相硅胶柱处理，氯仿/甲醇梯度洗脱，TLC检测得到3个部分(80：1，II-1；50：1，II-2；20：1，II-3)。化合物(26)54mg是从II-1中通过正相硅胶柱(石油醚/丙酮，5：1～2：1)处理得到的。II-2部分用葡聚糖凝胶柱色谱脱色素划段，得到3个流份组分(II-2-1～II-2-3)，其中II-2-3部分采用高效液相色谱法(RP-18，乙腈/水，35%→40%，17min)处理，得到化合物(23)5.9mg，8.45min和lingzhiol(30)5.3mg，7.82min。对流份II-3处理时也得到了化合物(26)56mg。流份部位III同样用正相硅胶柱处理，氯仿/甲醇为洗脱剂梯度洗脱得到片段III-1～III-4。化合物(24)35mg和(25)6.2mg是III-2用凝胶处理后得到的。化合物(24)用HPLC(乙腈/水，60%)纯化得到3.5mg。III-3和III-4分别用凝胶柱脱色后，采用反复柱色谱得到化合物(27)4.5mg、(28)62mg和(29)80mg。

提取方法三：将反柄紫芝(100kg)子实体粉碎，用乙醇回流提取得到浸膏(10kg)。将浸膏悬浮于水中，用乙酸乙酯萃取，合并浓缩得到浸膏(2kg)。乙酸乙酯部分用正相硅胶柱分离，氯仿/甲醇系统梯度洗脱得到7个流份(1→7)。流份4(140g)进一步用凝胶柱色谱(LH-20，甲醇/水，80：20)处理得到7个部分(4-1→4-7)。4-7(25g)用反相硅胶柱色谱(甲醇/水，10：90→60：40)和半制备高效液相色谱(HPLC，甲醇/水，78：22)分离，得到化合物(32)1.8mg。流份5(340g)先用MCI脱色(甲醇/水，10：90→50：50)，收集流份，TLC检测得到5个流份(5-1→5-5)。5-1流份先后采用凝胶(LH-20，甲醇/水，80：20)、反相柱色谱(RP-18，甲醇/水，10：90→60：40)与半制备HPLC(甲醇/水，43：57)得到化合物(32)3mg。

五、反柄紫芝中杂萜类成分的理化常数与光谱数据

Ganocin A(19)　无色晶体(甲醇/水)，$[\alpha]_D^{25}-5.0$(c 0.26，MeOH)。HR-EI-MS显示m/z：340.166 9$[M]^+$，分子式为$C_{21}H_{24}O_4$，计算值为340.167 5，从而推测不饱和度为10。IR(KBr)吸收显示醛基(2 962、1 758cm^{-1})的存在。^{13}C NMR谱($CDCl_3$，100MHz)显示了21个碳信号，包括3个甲基，4个亚甲基，5个次甲基(含有4个芳香或烯碳)，8个季碳(包括两个四取代季碳，两个氧化季碳和4个sp^2季碳)以及1个醛基。^1H NMR谱($CDCl_3$，400MHz)显示3个典型的芳香氢信号δ：7.01(1H，d，J=2.4Hz)、6.66(1H，dd，J=2.4、9.0Hz)和6.64(1H，d，J=9.0Hz)，说明1，2，4-三取代二羟基苯结构的存在，并且与fornicin C[15]相同，都为芳香杂萜。根据化合物(19)的1D NMR数据和不饱和度，除了苯环，剩余的15个碳应具有1个四环结构片段。

化合物(19)的^{13}C NMR谱中，3个低场区的碳信号δ：150.6(d)、139.2(s)和193.8(d)，说明结构中存在α，β-不饱和醛(C-2′/C-3′/C-15′)的片段。在HMBC谱中H-2′与C-2，C-3′和C-15′相关，证明了以上推断。HMBC谱中也显示了H-2′和H-3与1个氧化季碳(δ：78.1)相关，说明1′位为氧化的季碳。而且，H-2′、H_2-4′和H_2-5′都与C-3′和1个四取代季碳(δ：60.7)有HMBC相

关。$^1H-^1H$ COSY 谱中，H_2-4′与 H_2-5′相关。由此证明，C-1′与 C-6′相连形成1个环己烯醛的结构。

同时，H_2-8′与 H_2-9′以及 H_2-9′与 H-10′的$^1H-^1H$ COSY 相关，说明 C-8′/C-9′/C-10′片段的存在。再仔细分析 HMBC 谱发现，H_2-8′、H_2-5′和 H_3-14′与化学位移值为 δ:84.7 的季碳相关。这说明 C-7′与羟基相连。而只有 H-10′与化学位移值为 δ:84.7 的季碳以及两个甲基(δ:25.8 和 32.5)相关，说明 C-10′上有1个2-羟基异丙基。同时 H_2-8′和 H-10′与 C-6′、C-7′的相关在 HMBC 谱中被观察到。因此，可以确定结构中有1个五元碳环并与环己烯醛形成螺环体系(螺[4,5]癸烷)。根据相对分子质量和不饱和度，另外两个环被确定为1,7′-环氧环和1′,11′-环氧环。

在 ROESY 谱中，H_3-14′与 H_2-5′、H-10′的相关推出 CH_3-14′、CH_2-5′与 H-10′位于同一平面。为了进一步确定化合物(19)的立体结构，对(19)进行乙酰化反应。乙酰化衍生物(19a)的 X-单晶衍射分析结构显示，(19a)为一对对映异构体。因此，(19a)的绝对构型应是 1′*R*,6′*R*,7′*R*,10′*R* 和 1′*S*,6′*S*,7′*S*,10′*S*。

Ganocin B(20) 黄色粉末(甲醇)，$[\alpha]_D^{25}+1.8$(*c* 0.18,MeOH)。HR-EI-MS 显示 *m/z*:310.156 4 $[M^+]$，分子式为 $C_{20}H_{22}O_3$，计算值为 310.156 4，不饱和度为 10。比较化合物(20)和(19)的 1D NMR 数据显示，化合物(20)中也存在1,2,4-三取代二羟基苯结构和螺环体系。同样可以利用 2D NMR 谱来证明。然而，化合物(20)的^{13}C NMR 谱(C_5D_5N,150MHz)数据显示了20个碳信号，比(19)少1个。在 1D NMR 谱中很明显存在 α,β-不饱和酮的碳信号 δ:152.6、120.9 和 198.0。因此我们推测 20 的 B 环为环己烯酮。在 HMBC 谱中，双键上的烯氢(δ:6.94,s)与 C-2、双键季碳(δ:152.6)、C-6′的羰基相关；H-3、H_2-5′与双键季碳相关，以及 H_2-4′和 H_2-5′与羰基、C-6′相关，由此可以证明以上推断。另外，信号 δ:4.79(s)和 δ:4.70(s)的烯氢与12′位的甲基碳(δ:22.5)和 C-10′(δ:53.0)存在 HMBC 相关，说明11′位与13′位为末端双键。这样化合物(20)的平面结构被确定。

H_3-14′与 H_2-5′,H-10′的 ROESY 相关：说明 CH_3-14′、C-6′和 C-10′有相同的相对构型；而化合物(20)的旋光值($[\alpha]_D^{20}+1.8$)接近于0，说明该化合物可能也是一对对映异构体。进一步利用手性柱色谱分析，得到一对化合物(20a)和(20b)。比较两者的 CD 曲线和旋光值(20a):$[\alpha]_D^{20}+117.9$；(20b):$[\alpha]_D^{20}-104.6$)，证实化合物(20)为外消旋体。因此，该化合物的绝对构型为 6′*R*,7′*R*,10′*R* 和 6′*S*,7′*S*,10′*S*。

Ganocin C(21) 黄色粉末(甲醇)，$[\alpha]_D^{25}-0.7$(*c* 0.13,MeOH)。HR-EI-MS 显示 *m/z*:310.156 6 $[M^+]$，分子式为 $C_{20}H_{22}O_3$，计算值为 310.156 9，不饱和度为 10。化合物(21)的 1D NMR 数据与化合物(20)的相似。两者的 1D NMR 数据比较发现，化合物(21)中的1个甲基碳信号 δ:23.1(C-13′)和两个双键季碳信号 δ:134.5(C-10′)和 δ:126.6(C-11′)，取代了化合物(20)的末端双键碳信号和次甲基碳信号。由此，可推断 C-10′和 C-11′为双键，且 C-13′为甲基，该推断可由 HMBC 相关来确证。在(21)的 HMBC 谱中，H_3-12′和 H_3-13′都与10′和11′位的双键季碳相关，同时，H_2-5′、H_2-8′和 H_2-9′与 C-10′相关。ROESY 谱显示了 H_2-5′与 H_3-14′的相关，说明 CH_3-14′与 C-5′在同一侧。化合物(21)的旋光值($[\alpha]_D^{25}-0.7$)以及手性 HPLC 分析都说明该化合物为一对对映异构体。由于该化合物只有两个手性中心，所以化合物(21)的立体结构为 6′*R*,7′*R* 和 6′*S*,7′*S*。

Ganocin D(22) 黄色粉末(甲醇)，$[\alpha]_D^{25}-3.4$(*c* 0.13,MeOH)。HR-EI-MS 显示 *m/z*:310.156 6 $[M^+]$，分子式为 $C_{20}H_{22}O_3$，计算值为 310.156 9，不饱和度为 10，与化合物(21)有相同的分子式，同时它们相似的 1D NMR 数据说明，(22)与(21)有相似的结构。但是，在化合物(22)的^{13}C NMR 谱中，首先很明显地观察到羰基碳信号向低场移动到 δ:212.0，暗示了非共轭双键的存在。利用 HMBC 相关：H-1′(δ:3.82,t)和 H_2-2′(δ:2.29)与 C-1、C-3′相关；H-3 与 C-1′相关，证明羰基位于 C-3。同时，H-1′和 H_2-4′都与两个双键季碳(δ:127.7 和 δ:133.8)有 HMBC 相关，说明 C-5′=C-6′的存在。由此，可以推断(22)的 B 环为3-环己烯酮结构。

除此之外，在 HMBC 谱中，两个亚甲基氢信号 δ:2.35 和 1.78，H-1′和 H_3-14′与7′位的氧化季

碳(δ:80.1)相关,说明亚甲基位于8′位。$^1H-^1H$ COSY 谱又证实了C-8′/C-9′/C-10′片段的存在。其中H-10′与C-11′,CH_3-12′以及另一个亚甲基(δ:36.7)存在HMBC相关。由此说明C-13′为亚甲基。而H_2-13′又显示了与C-4′、C-5′和C-6′的HMBC相关。从而证明化合物(22)的C环为1个八元环。这样,该化合物的平面结构被确定。

ROESY谱中H_2-2′与H_3-14′相关,说明H-1′与CH_3-14′位于环的不同面。同样,根据旋光值和手性HPLC分析结构,推断出手性中C-1′和C-6′的绝对构型为*R*,*R*和*S*,*S*。

Ganoderin A(23) 黄色粉末(甲醇),$[\alpha]_D^{25}-5.2$(*c* 0.01,MeOH)。HR-EI-MS显示*m/z*:336.120 8[M^+],分子式为$C_{17}H_{20}O_7$,计算值为336.120 9,不饱和度为8。IR(KBr)吸收显示羟基(3 439cm^{-1})和羰基(1 725cm^{-1})的存在。^1H NMR谱(C_5D_5N,400MHz)显示1个单峰甲基氢信号δ:1.25;1个甲氧基氢信号δ:3.26;3个芳香次甲基氢信号δ:7.06(1H,d,*J*=7.4Hz)、δ:7.35(1H,dd,*J*=2.8,7.4Hz)和δ:7.79(1H,d,*J*=2.8Hz),以及两个氧化次甲基氢信号δ:4.49(s)和δ:6.39(s)。^{13}C NMR谱(C_5D_5N,100MHz)显示了17个碳信号,分别被归属为两个甲基,其中1个为甲氧基;3个亚甲基;5个次甲基,包括3个芳香的和两个氧化的次甲基;7个季碳,其中3个芳香的,1个酮羰基和1个酯羰基。以上芳香信号说明1,2,4-三取代二羟基苯结构的存在。

除了苯环、酮羰基和酯羰基所显示的6个不饱和度外,剩余的两个说明,(23)中还有另外两个环。下面将利用2D NMR相关来证明这两个环的结构。

在(23)的HMBC谱中,单峰的甲基氢(δ:1.25,H-9′)显示与两个季碳(C-3′和C-7′)和1个氧化次甲基碳(C-6′)相关;H-6′(δ:4.49,s)与C-3′,C-7′以及两个亚甲基碳(C-4′和C-5′)相关;H_2-4′和H_2-5′与C-3′和C-7′相关,以及甲氧基氢(δ:3.26,s)与C-6′相关。同时,$^1H-^1H$ COSY谱中有H-4′/H-5′/H-6′相关。由此证明,1个五元碳环(C-3′-C-4′-C-5′-C-6′-C-7′-C-3′)的存在,并且C-6′和C-7′分别连有甲氧基和甲基(CH_3-9′)。

进一步分析HMBC谱,H-6′和H_3-9′还与另1个氧化次甲基(δ:105.5,C-8′)相关,同时,H-6′、H-8′和H-9′都与C-7′相关,这说明C-6′、C-9′和C-8′都连在7′位上。H-4′和H-8′与C-3′、C-6′、C-7′及酯羰基碳(δ:180.9,C-10′)存在HMBC相关,证明存在1个γ-内酯环,并与五元碳环形成并环。酮羰基和亚甲基分别位于C-1′和C-2′,也是由H-2′与C-1′、C-3′、C-4′和C-10′的HMBC相关来证明。

H_2-2′/H-8′/H_3-9′的ROESY相关说明,CH_2-2′、CH_3-9′和H-8′的相对构型相同。X-单晶衍射分析显示,化合物(23)为一对对映异构体,并确定其绝对构型为3′*S*,6′*S*,7′*S*,8′*R*和3′*R*,6′*R*,7′*R*,8′*S*。

Ganocochlearin A(24) 黄色针晶(甲醇/水),$[\alpha]_D^{25}-6.7$(*c* 0.2,MeOH)。HR-ESI-MS显示*m/z*:313.180 1[M+H]$^+$,分子式为$C_{20}H_{25}O_3$,计算值为313.180 3,不饱和度为9。^1H NMR谱($CDCl_3$,400MHz)显示,1,2,4-三取代二羟基苯的特征氢信号δ:7.15(1H,d,*J*=3.0Hz)、δ:6.90(1H,dd,*J*=3.0、10.0Hz)和δ:6.77(1H,d,*J*=10.0Hz)。化合物(24)和(21)的1D NMR数据对比显示,两者具有相似的骨架结构,而其^{13}C NMR谱显示,1个次甲基和1个sp^2次甲基分别取代了(21)中的季碳和sp^2季碳,同时,不饱和度比(21)少1个。这说明化合物(24)结构中不存在C环,即C-6′与C-10′的碳键断开。一系列的2D NMR相关可以证明以上推断。$^1H-^1H$ COSY谱中,H_2-4′/H_2-5′/H-6′相关;H-8′/H-9′/H-10′相关。在HMBC谱中,H_2-4′、H_2-5′与C-6′相关;H-6′与C-7′和C-8′相关;H-8′、H-9′与C-10′相关;H_3-12、H_3-13与C-10′和C-11′相关。

化合物(24)的立体结构由ROESY谱和X-单晶衍射分析确定。H_2-8′与H-6′有ROESY相关,说明CH_3-14′与H-6′有相反的相对构型。而晶体衍射分析显示,该化合物为一对对映异构体,因此,手性中心C-6′和C-7′的绝对构型为*S*,*R*和*R*,*S*。

Ganocochlearin B(25) 黄色粉末(甲醇),$[\alpha]_D^{25}-6.7$(*c* 0.2,MeOH)。HR-EI-MS显示*m/z*:244.109 8[M^+],分子式为$C_{15}H_{16}O_3$,计算值为244.109 9,不饱和度为8,比化合物(24)少5个碳和1

个不饱和度。^{13}C NMR 谱(MeOD,125MHz)显示的 15 个碳信号,包括两个甲基,两个亚甲基,5 个次甲基(其中 1 个 sp^2 次甲基),6 个季碳(4 个 sp^2 季碳,1 个氧化季碳和 1 个羰基)。这些数据显示(25)与化合物(24)有相同的三环骨架。由此,我们推测化合物(25)中少了 1 个异戊烯基片段。在 HMBC 谱中,H_3-8′和 H_3-9′都与氧化季碳(δ:79.3,C-7′)和 C-6′相关;H-2′与 C-1′和 C-3′(δ:202.0)相关;H_2-4′、H_2-5′与 C-2′和 C-3′相关。这一系列的相关证明了以上的推断。同样,旋光值和手性 HPLC 分析显示化合物的外消旋性,因此,化合物(25)是一对绝对构型,分别为 6′*R* 和 6′*S* 的对映异构体。

Ganocochlearin C(26) 黄色粉末(甲醇),$[\alpha]_D^{25}-7.4$(c 0.19,MeOH)。HR-EI-MS 显示 m/z: 322.158 0[M^+],分子式为 $C_{21}H_{22}O_3$,计算值为 322.156 9,不饱和度为 11,比化合物(24)多 2 个。它的 1D NMR 数据同样显示了与(24)的相似性,再结合与 HMBC 相关,可以确定结构中存在三环骨架和 6 碳链结构。然而,IR(KBr)光谱显示了醛基(2 851 和 1 684cm^{-1})的存在。同时,1D NMR 谱显示了两个 sp^2 次甲基氢信号 δ:7.77(1H,d,J=7.8Hz,H-4′),8.14(1H,s,H-5′);两个 sp^2 季碳信号 δ:130.0(C-3′)和 δ:143.6(C-6′);1 个醛基信号(δ:190.8,C-15′)的存在,而化合物(24)中的两个亚甲基信号,1 个次甲基信号和 1 个酮羰基信号却不存在。这说明化合物(26)中有 1 个大共轭醛体系,即 C-6′/C-5′/C-4′/C-3′/C-15′。进一步可由 2D NMR 相关来证明,依据其结构特点和旋光值,(26)的绝对构型被确定为 6′*R* 和 6′*S*。

Ganocochlearin D(27) 黄色粉末(甲醇),$[\alpha]_D^{25}-7.3$(c 0.26,MeOH)。HR-EI-MS 显示 m/z: 338.152 7[M^+],分子式为 $C_{21}H_{22}O_4$,计算值为 338.151 8,不饱和度为 11,且分子式比化合物(26)多 1 个氧。IR(KBr)吸收在 3 425cm^{-1} 和 1 694cm^{-1},说明羟基和羰基的存在。(27)和(26)有相似的 1D NMR 数据,唯一不同的是化合物(27)中有 1 个共轭羧羰基碳信号 δ:169.1。HMBC 谱显示 H-2′、H-4′和 H-5′相关,证明羧基位于 15′位。同样,手性 HPLC 分析得到两个峰,说明该化合物也是一对对映异构体。因此,C-6′的绝对构型为 *R* 和 *S*。

Fornicin D(28) 黄色油状物(甲醇),$[\alpha]_D^{25}-22.3$(c 0.1,MeOH)。HR-EI-MS 显示 m/z: 290.115 8[M^+],分子式为 $C_{16}H_{18}O_5$,计算值为 290.115 4,不饱和度为 8。1D NMR 数据显示,该化合物与 fornicin A[15] 结构相似,都为 1,2,3-三取代二羟基苯连 10 碳侧链的芳香杂萜。然而,1 个酮羰基碳信号 δ:198.2 和 1 个羧基碳信号 δ:170.0 的存在,说明化合物(28)的 C-1′和 C-3′分别为羰基和羧基。HMBC 谱中 H-2′(δ:8.19,s)与 C-2(δ:121.6)、C-1′(δ:198.2)、C-3′(δ:146.9)和 C-10′(δ:170.0)相关,以及 H-4′(δ:3.01,m)与 C-3′和 C-10′相关,这些数据证明了以上推断。因此,化合物(28)的结构被确定,并命名为 fornicin D(28)。

Fornicin D(29) 黄色油状物(甲醇),$[\alpha]_D^{25}-6.5$(c 0.19,MeOH)。HR-EI-MS 显示 m/z: 358.178 7[M^+],分子式为 $C_{21}H_{26}O_5$,计算值为 358.178 0,不饱和度为 9。IR(KBr)吸收显示羟基(3 442cm^{-1})、酮羰基(1 699cm^{-1})和羧基(1 642cm^{-1})的存在。特征芳香氢信号 δ:6.82(1H,d,J=8.8Hz),δ:7.04(1H,dd,J=2.7,8.8Hz)和 7.13(1H,d,J=2.7Hz),说明 1,2,4-三取代二羟基苯结构的存在。^{13}C NMR 谱(MeOD,500MHz)显示 21 个碳信号,归属为 3 个甲基,4 个亚甲基,6 个 sp^2 次甲基,5 个 sp^2 季碳,1 个酮羰基和 1 个羧基。这些数据表明:化合物(29)是一个侧链为 15 个碳的芳香杂萜,并与 ganomycin B[16] 相似。但化合物(29)中含有共轭酮羰基(δ:198.7)。HMBC 谱中 H-2′(δ:7.70,s)和 H-3(δ:7.13,d,J=2.7Hz)与酮羰基碳相关,说明酮羰基位于 C-1′。这样,化合物(29)的结构被确定,命名为 ganomycin C(29)。

Lingzhiol(30) 黄色晶体(环己烷/丙酮)。HR-EI-MS 显示 m/z: 290.079 4[M^+],分子式为 $C_{15}H_{14}O_6$,计算值为 290.079 0,不饱和度为 9。^1H NMR(acetone-d_6,400MHz)δ:7.22(1H,d,J=8.9Hz),6.77(1H,d,J=8.9Hz),5.22(1H,d,J=9.6Hz),4.63(1H,t-like,J=4.5Hz),4.45(1H,d,J=9.6Hz)。^{13}C NMR(acetone-d_6,100MHz)δ:202.3,180.1,156.3,147.9,129.1,127.5,117.9,116.4,80.6,70.9。以上数据与文献[17]报道的 lingzhiol 一致。

Cochlearol A(31) 黄色晶体(环己烷/丙酮),$[\alpha]_D^{25}$ 0(c 0.12,MeOH)。HR-EI-MS 显示 m/z: 306.075 2[M^+],分子式为 $C_{15}H_{14}O_7$,计算值为 306.074 0,不饱和度为 9。^{13}C NMR 谱(Acetone-d_6,150MHz)显示 15 个碳信号,包括 4 个亚甲基(1 个氧化的),3 个次甲基(两个烯碳,1 个半缩醛碳),8 个季碳(1 个酮、1 个羰基、4 个烯碳和两个脂肪季碳)。^1H NMR 谱(acetone-d_6,600MHz)中含有两个特征氢信号 δ:7.06(1H,d,J=9.0Hz,H-5)和 δ:6.82(1H,d,J=9.0Hz,H-6),显示 1,2,3,4-四取代苯环的存在。^{13}C NMR 谱中 C-1 和 C-4 的信号分别为 δ:157.5 和 δ:149.4,说明苯环中 C-1 和 C-4 都与氧相连。在$^1H-^1H$ COSY 谱中存在 H-5/H-6 和 H-4′/H-5′/H-6′。HMBC 谱显示了一系列相关:H-6′/C-7′,C-8′;H-4′/C-2′,C-3′,C-7′,C-9′;H-2′/C-3′,C-4′,C-7′,C-9′。由此表明,结构中有羧基取代的双环缩醛片段,并且与苯环片段通过 C-3~C-7′和 C-1′~C-2′相连。化合物(31)在 TLC 上出现拖尾的现象以及分子式,说明存在羧基。

化合物(31)中手性中心的相对构型由 ROESY 谱确定。H-8′b/H-4′a、H-2′a/H-4′b 和 H-2′a/H-5′a 的 ROESY 相关,说明羧基与 CH_2-8′位于不同面。该化合物的旋光值和 X-单晶衍射分析数据都说明它是外消旋体。用手性 HPLC 得到(+)-31 和(-)-31,它们的绝对构型分别为 3′S,6′R,7′S 和 3′R,6′S,7′R。随即用计算的方法也确证这对化合物的立体结构。

CochlearolB(32) 黄色粉末(环己烷/丙酮),$[\alpha]_D^{25}$ 0(c 0.12,MeOH)。HR-EI-MS 显示 m/z: 324.171 0[M^+],分子式为 $C_{21}H_{24}O_3$,计算值为 324.172 5,不饱和度为 10。^{13}C NMR 谱(acetone-d_6,150MHz)显示 21 碳信号,包括 3 个甲基碳,4 个亚甲基碳,6 个次甲基碳,其中 1 个醛基(δ:9.55,s,H-14),4 个烯碳和 1 个脂肪碳;8 个季碳,含有 4 个烯碳(两个氧化的)和 4 个脂肪碳。^1H NMR 谱(acetone-d_6,600MHz)显示了 ABX 系统的特征信号 δ:6.80(1H,d,J=2.2Hz,H-3),δ:6.65(1H,dd,J=2.2,8.5Hz,H-5)和 δ:6.68(1H,d,J=8.5Hz,H-6)。除了三取代苯环,其他信号被归属为 1 个萜的衍生物。

$^1H-^1H$ COSY 谱显示 H-8′/H-9′/H-10′,同时,HMBC 谱显示 H-8′/C-7′,C-10′,C-15′;H-15′/C-6′,C-7′;H-9′/C-6′,C-11′;H-10′/C-1′,C-6′,C-7′,C-11′,C-13′。这些相关说明两个异戊烯基存在于结构片段 A 中。那么,H-4′/H-5′的 ROESY 相关,以及 H-14′/C-2′,C-3′,C-4′,H-2′/C-3′,C-4′,H-5′/C-3′的 HMBC 相关,证明结构片段 B 中也连有 1 个异戊烯基。在 HMBC 谱中,H-5′/C-6′,C-7′,C-10′;H-2′/C-1′,C-6′,C-11′确定了片段 A 和 B 的连接方式。而 H-2′与 C-2,H-15′与 C-1 的 HMBC 相关,说明了三取代苯环与片段 A 通过碳键(C-2-C-1′)和醚键(C-1-O-C-7′)相连。

ROESY 谱中,H-2′/H-13′,H-3/H-12′,H-10′/H-13′,H-5′/H-15′和 H-12′/H-9′,说明 CH_2-5′与 CH_3-15′,H-10′的相对构型一致,而与 C-1′的不同。旋光值为零,说明该化合物的外消旋性。手性 HPLC 分析得到(+)-32 和(-)-32,两者的绝对构型为 1′S,6′S,7′S,10′S 和 1′R,6′R,7′R,10′R。

第三节 反柄紫芝的生物活性

反柄紫芝在民间被用于治疗多种因素引起的肝损伤,直到近年才有其化学成分的报道。从该种灵芝中分离到一系列 A 环开环的三降三萜。在体外 H_2O_2引起的 HepG2 的损伤实验中,拱状灵芝素 A(fornicatin A,12)、拱状灵芝素 D(fornicatin D,3)和拱状灵芝素 F(fornicatin F,5)能够降低细胞内 ALT 和 AST 的水平,从而起到保肝的作用[2]。芳香杂萜是反柄紫芝中的另一类结构较为丰富的成分。这类化合物结构中通常含有 1 个 1,2,4-三取代二羟基苯结构和 1 个 10 碳或 15 碳的萜。由于该类结构中含有酚羟基,因此能表现出显著的抗氧化活性[13]。2014 年,Organic Letters 上发表了两篇关于芳香杂萜的新颖骨架结构,其中 ganocin D(22)显示了一定的乙酰胆碱酯酶抑制活性;cochlea-

rins B(32)是较强的 p-Smads 抑制剂，在 TGF－β1 诱导小鼠肾近小管细胞中表现出肾保护作用[12,14]。预示着芳香杂萜也将成为反柄紫芝中十分重要的活性化学成分，为灵芝化学成分研究翻开新的篇章。

参考文献

[1] Peng XR, Liu JQ, Xia JJ, et al. Two new triterpenoids from *Ganoderma cochlear*[J]. Chin Trad Herbal Drugs, 2012, 43(6): 1045－1049.

[2] Peng XR, Liu JQ, Wang CF, et al. Hepatoprotective effects of triterpenoids from *Ganoderma cochlear*[J]. J Nat Prod, 2014, 77, 737－743.

[3] Niu XM, Qiu MH, Li ZR, et al. Two novel 3,4－*seco*－trinorlanostane triterpenoids isolated from *Ganoderma fornicatum* [J]. Tetrahedron Lett, 2004, 45: 2989－2993.

[4] Nakata T, Yamada T, Taji S, et al. Structure determination of inonotsuoxides A and B and in vivo anti-tumor promoting activity of inotodiol from the sclerotia of *Inonotus obliquus* [J]. Bioorg Med Chem, 2007, 15, 257－264.

[5] Taji S, Yamada T, Wada S, et al. Lanostane-type triterpenoids from the sclerotia of *Inonotus obliquus* possessing anti-tumor promoting activity[J]. Eur J Med Chem, 2008, 43(11): 2373－2379.

[6] Gonzalez AG, Exposito TS, Barrera JB, et al. The absolute stereochemistry of senexdiolic acid at C－22[J]. J Nat Prod, 1993, 56(12): 2170－2174.

[7] Quang DN, Hashimoto T, Tanaka M, et al. Chemical constituents of the ascomycete *Daldinia concentrica*[J]. J Nat Prod, 2002, 65(9): 1869－1874.

[8] Szakiel A, Paczkowski C, Huttunen S. Triterpenoid content of berries and leaves of bilberry *Vaccinium myrtillus* from Finland and Poland[J]. J Agric Food Chem, 2012, 60: 11893－ 11849.

[9] Wang F, Liu JK. The chemical constituents of basidomycete *Calodon suaveolens* [J]. Nat Prod Res Dev, 2004, 16(3): 204－206

[10] Mizushina Y, Watanabe I, Togashi H, et al. An ergosterol peroxide, a natural product that selectively enhances the inhibitory effect of linoleic acid on DNA polymerase β [J]. Biol Pharm Bull, 1998, 21(5): 444－448.

[11] 方乍浦，孙小芳，张亚均. 紫芝（固体发酵）醇溶部分化学成分的初步研究 [J]. 中成药，1989，11(7)：36－38.

[12] Peng XR, Liu JQ, Wan LS, et al. Four new polycyclic meroterpenoids from *Ganoderma cochlear*[J]. Org Lett, 2014, 16(20): 5262－5265.

[13] Peng XR, Liu JQ, Wang CF, et al. Unusual prenylated phenols with antioxidant activities from *Ganoderma cochlear*[J]. Food Chem, 2015, 171: 251－257.

[14] Dou M, Zhou LL, Yan YM, et al. Cochlearols A and B, polycyclic meroterpenoids from the fungus Ganoderma cochlear that have renoprotective activities[J]. Org Lett, 2014, 16(23): 6064－6067.

[15] Niu XM, Li SH, Sun HD, et al. Prenylated phenolics from *Ganoderma fornicatum*[J]. J Nat Prod, 2006, 69(9): 1364－1365.

[16] Mothana RAA, Jansen R, Julich WD, et al. Ganomycins A and B, new antimicrobial farnesyl hydroquinones from the basidiomycete *Ganoderma pfeifferi* [J]. J Nat Prod, 2000, 63: 416－418.

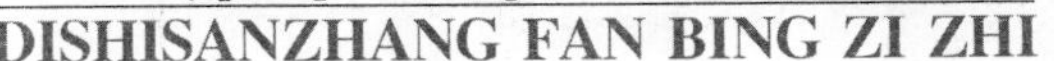

[17] Yan YM, Ai J, Zhou LL, et al. Lingzhiols, unprecedented rotary door-shaped meroterpenoids as potent and selective inhibitors of p-Smad3 from *Ganoderma lucidum*[J]. Org Lett, 2013, 15(21): 5488－5491.

（彭惺蓉、邱明华）

第十四章 茯苓

FU LING

第一节 概述

茯苓[*WolfiPoria extensa*(Peck)Ginns]又称茯菟、茯灵、松腴、云苓、松薯、松苓等,为担子菌门,伞菌纲,多孔菌目,多孔菌科,茯苓属真菌。茯苓广泛分布在我国云南、安徽、湖北等省,其他省份也有栽培生产[1]。茯苓是食药兼用菌,作为食用,茯苓中富含蛋白质和硒、镁、钾、钠、锌等十几种无机元素[2]。作为药用,茯苓在我国具有悠久的使用历史,具有利水渗湿、健脾安神等功效,用于水肿尿少、痰饮眩悸、脾虚食少、便溏泄泻、心神不安、惊悸失眠等症的治疗[3]。

到目前为止,人们已经从茯苓中分离得到的化学成分主要有:茯苓聚糖、茯苓三萜(茯苓酸、土莫酸等)、树胶、蛋白质和脂肪酸等,还有甾醇、胆碱、腺嘌呤、卵磷脂、组氨酸、β-茯苓聚糖分解酶、蛋白酶与钙、镁、磷、铁、钠、钾等无机元素[4-7]。

第二节 茯苓化学成分的研究

一、茯苓中的三萜类化合物

(一) 三萜类化合物的提取与分离

提取与分离方法一

杨鹏飞等人[8]将茯苓白色菌核 20kg,用 95%乙醇加热回流提取 3 次,每次分别提取 2h,合并提取液,减压浓缩得浸膏 250g。将浸膏用水溶解后,分别用乙酸乙酯和正丁醇萃取,其中乙酸乙酯部分 101g,经硅胶柱色谱分离、氯仿-甲醇梯度洗脱,得到氯仿-甲醇 99∶1、49∶1、19∶2、9∶1、甲醇共 5 个部分。其中,氯仿-甲醇 99∶1部分 26.9g,氯仿-甲醇 49∶1部分 26.7g,氯仿-甲醇 19∶1部分 13.8g,氯仿-甲醇 9∶1部分 7.2g,再经反复硅胶(石油醚-丙酮、氯仿-甲醇、氯仿-丙酮、石油醚-乙酸乙酯系统)柱层析,从中分离得到 15 个三萜类化合物,分别为化合物(1):茯苓酸(pachymic acid,56mg)、化合物(2):茯苓酸甲酯(pachymic acid methyl ester,7mg)、化合物(7):3β-羟基-羊毛甾-8,24-二烯-21-酸(trametenolic acid,8mg)、化合物(11):依布里酸(eburicoic acid,6mg)、化合物(13):土莫酸(tumulosic acid,12mg)、化合物(16):去氢茯苓酸(dehydropachymic acid,33mg)、化合物(17):3-表-去氢茯苓酸(3-epi-dehydropachymic acid,27mg)、化合物(19):3β-羟基-羊毛甾-7,9(11),24-三烯-21-酸(dehydrotrametenolic acid,32mg)、化合物(21):3β-乙酰氧基-16α-羟基-羊毛甾-7,9(11),24-三烯-21-酸(3β-acetyl-16α-hydroxydehydro-trametenolic acid,25mg)、化合物(25):去氢依布里酸(dehydroeburicoic acid,6mg)、化合物(28):去氢土莫酸(dehydrotumulosic acid,22mg)、化合物(29):3-表-去氢土莫酸(3-epi-dehydrotumulosic acid,22mg)、化合物(32):6α-羟基-去氢土莫酸(6α-hydroxyl-dehydro-tumulosic acid,3mg)、化合物(42):猪苓酸 C(polyporenic acid C,33mg)、化合物(44):6-羟基-猪苓酸 C(6-hydroxyl-polyporenic acid C,44mg)(图 14-1~图 14-4)。

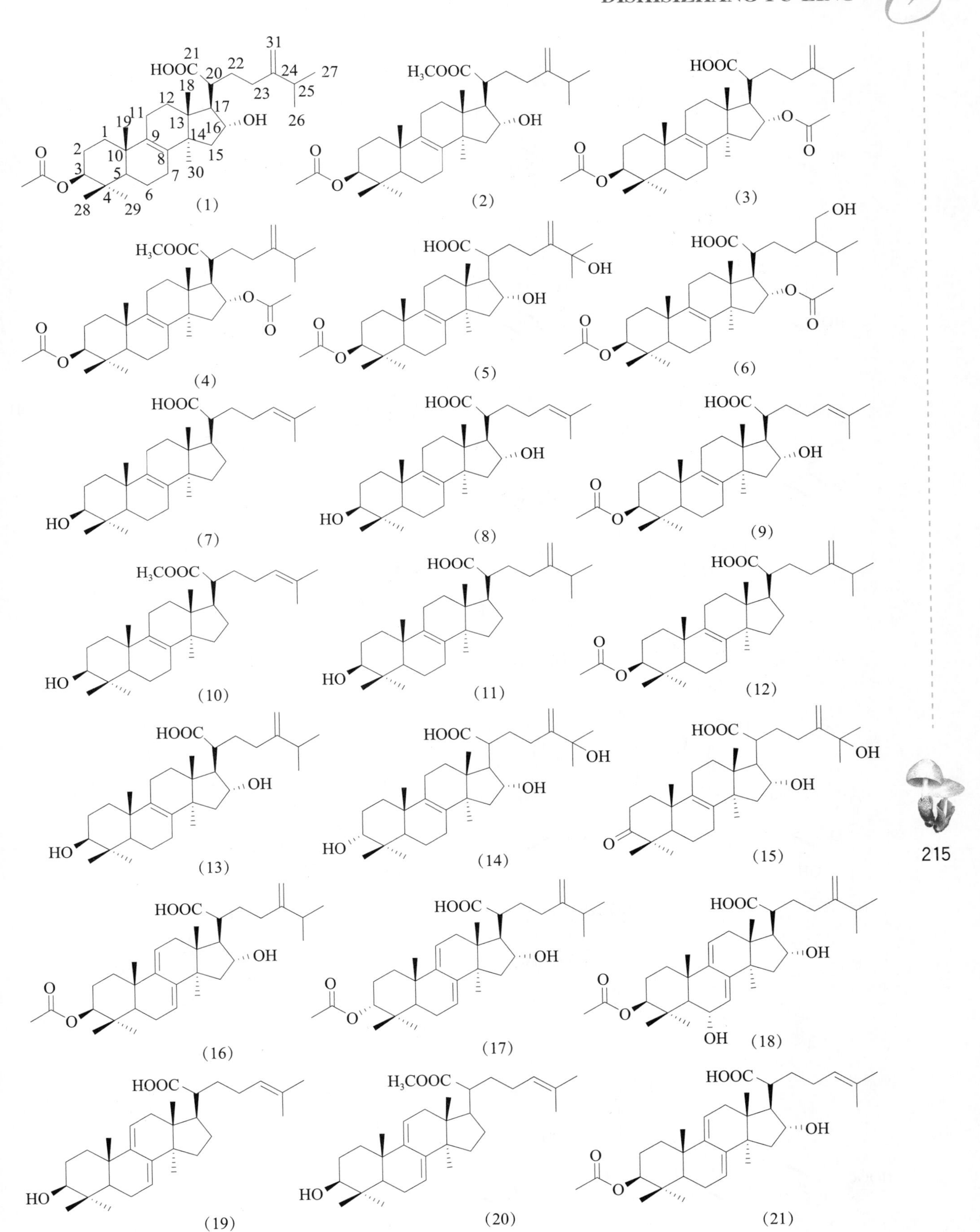

图 14-1　茯苓中三萜类化学成分的结构式(1)～(21)

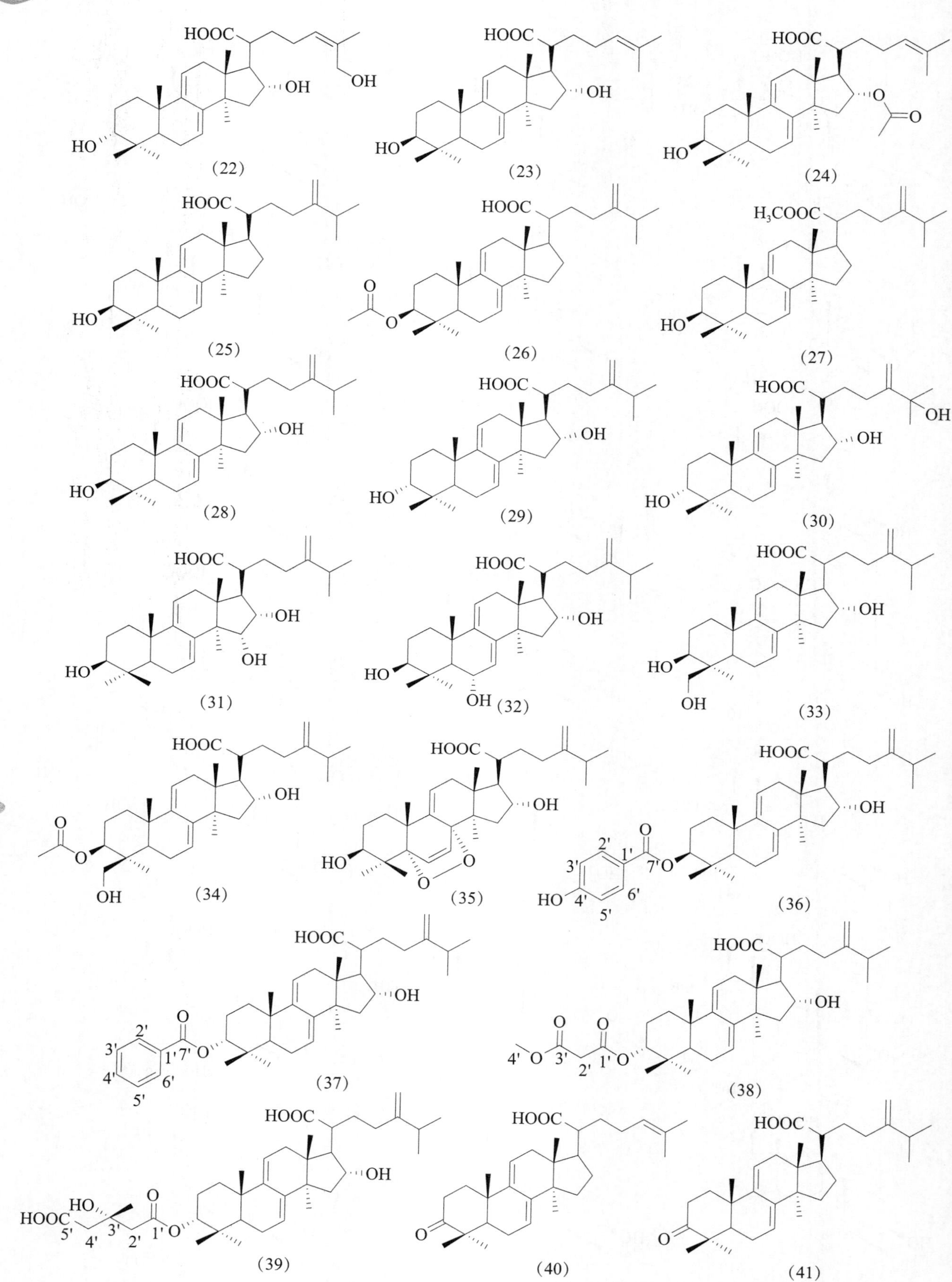

图 14-2　茯苓中三萜类化学成分的结构式(22)～(41)

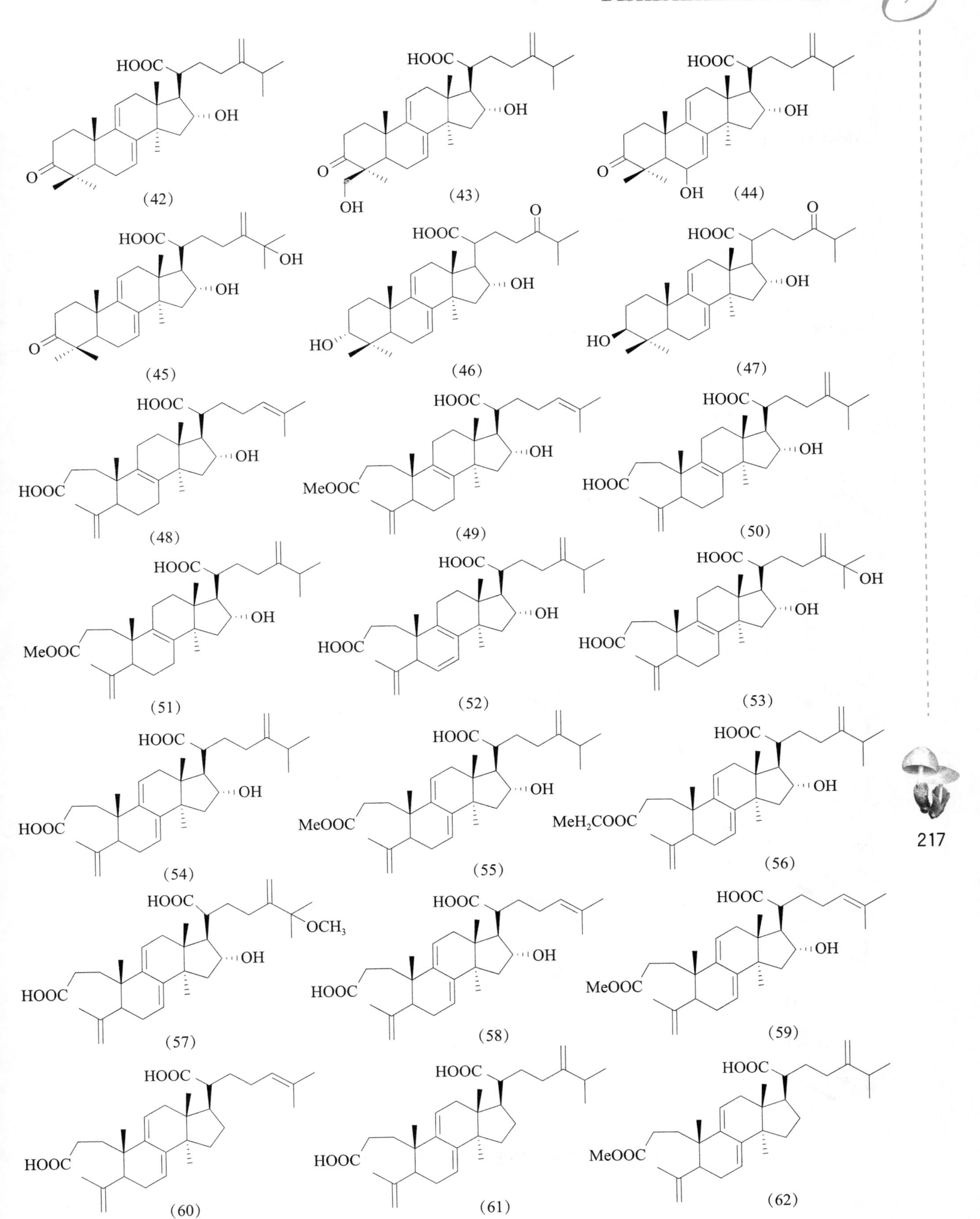

图 14－3 茯苓中三萜类化学成分的结构式(**42**)～(**62**)

(63) (64) (65)

(66) (67) (68)

(69) (70) (71)

(72) (73) (74)

(75) (76) (77)

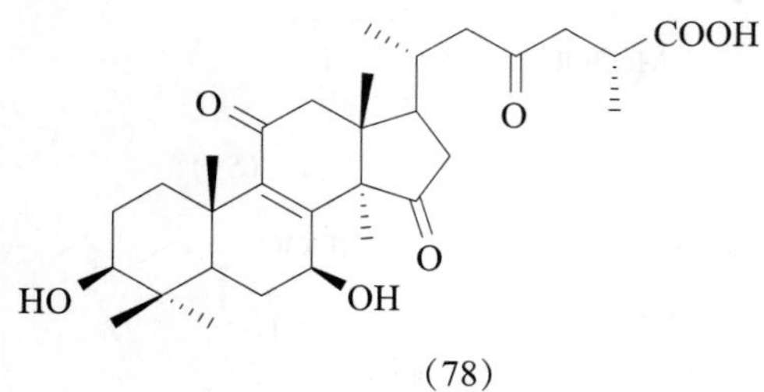

(78)

图 14-4　茯苓中三萜类化学成分的结构式(63)～(78)

提取与分离方法二

Akihisa 等人[9]将茯苓皮粉末 4kg，用甲醇加热回流 3 次，每次 3h，合并提取液减压浓缩，得浸膏 400g，将浸膏用水(12L)溶解后，分别用氯仿(12L)萃取 3 次，氯仿层浓缩后，分别用饱和 $NaHCO_3$ 水溶液和 5%NaOH 水溶液萃取。将 5%NaOH 水溶液萃取部分，用 6mol/L HCl 酸化至 pH 为 3～4，然后再用氯仿萃取。氯仿层浓缩干燥后得到总酸提取物，通过硅胶柱色谱，制备高效液相色谱法分离纯化，共获得 17 个三萜类化合物。

提取与分离方法三

Tak 等人[10]将茯苓皮 1kg，用甲醇加热回流提取，提取液减压浓缩得浸膏 75g。将浸膏用水(1L)溶解后，分别用乙醚(1L)萃取 3 次。乙醚层浓缩后经硅胶柱色谱分离、氯仿甲醇梯度洗脱，其中将 CH_3OH - $CHCl_3$(1∶49)部分(1g)混悬于乙腈，加入 N-氯甲基邻苯二甲酰亚胺和三乙胺，在 60℃反应 1h，得到相应的 N-氯甲基邻苯二甲酰亚胺基酯混合物。反应混合物经硅胶柱色谱分离、正己烷-乙酸乙酯(1∶1)系统洗脱，制备高效液相色谱法分离纯化。纯化的化合物用 0.1mol/L 或 1mol/L NaOH-EtOH 在常温下水解，将水解产物用 HCl 酸化至酸性后用氯仿萃取，从而得到相应的茯苓三萜。

仲兆金等人[4]用重氮烷和卤代烃的化学衍生法，在温和与微量的条件下，制备了三萜类混合物的酯化衍生物，然后利用其酯化物容易分离的特点，经过分离后再部分水解，共获得 3 个茯苓三萜化合物。

茯苓中还含有 4 个齐墩果烷型三萜：oleanolic acid[8]、oleanic acid 3 - acetate[8]、α - amyrin acetate[8]、β - amyrin aceta[8]；1 个三环二萜类化合物 dehydroabietic acid methyl ester[22]；1 个特殊的羊毛甾-8-烯型三萜 ganoderic acid B[12,24]。

（二）茯苓中三萜类化学成分的结构鉴定

茯苓酸(pachymic acid，化合物 1)　白色针状晶体，mp 296℃。IR(KBr)：1 737、1 703cm^{-1}。^1H NMR(pyridine-d_5，300MHz)δ：0.92(3H，s，H-28)，0.96(3H，s，H-29)，0.98(3H，s，H-19)，1.00，1.10(each，3H，d，J=6.6Hz，H-26，27)，1.16(3H，s，H-18)，1.51(3H，s，H-30)，2.06(3H，s，CH_3CO)，2.27(1H，m，H-25)，2.78(1H，dd，J=11.7、5.7Hz，H-17)，2.91(1H，m，H-20)，4.50(1H，t，J=6.6Hz，H-16)，4.63(1H，dd，J=11.7、3.6Hz，H-3)，4.84，4.97(each，1H，s，H-31)。^{13}C NMR(pyridine-d_5，100MHz)δ：35.3(C-1)，24.4(C-2)，80.6(C-3)，37.9(C-4)，50.6(C-5)，18.3(C-6)，26.6(C-7)，134.3(C-8)，134.9(C-9)，37.1(C-10)，20.8(C-11)，29.6(C-12)，46.2(C-13)，48.7(C-14)，43.6(C-15)，76.6(C-16)，57.2(C-17)，17.7(C-18)，19.1(C-19)，48.6(C-20)，178.9(C-21)，31.5(C-22)，33.2(C-23)，156.1(C-24)，34.1(C-25)，21.9(C-26)，21.8(C-27)，27.9(C-28)，16.7(C-29)，25.3(C-30)，106.9(C-31)，21.0(CH_3CO)，170.6(CH_3CO)。ESI-MS m/z：551$[M+Na]^+$[8]。

茯苓酸甲酯(pachymic acid methyl ester，化合物 2)　无定形粉末。IR(KBr)：1 734cm^{-1}。^1H NMR(pyridine-d_5，300MHz)δ：0.93(3H，s，H-28)，0.96(3H，s，H-29)，0.99(3H，s，H-19)，1.03，1.08(each，3H，J=6.6Hz，H-26，27)，1.17(3H，s，H-18)，1.54(3H，s，H-30)，2.06(3H，s，CH_3CO)，2.27(1H，m，H-25)，2.78(1H，dd，J=11.7、5.7Hz，H-17)，2.91(1H，m，H-20)，3.81(3H，s，21-$COCH_3$)，4.54(1H，t，J=6.6Hz，H-16)，4.68(1H，dd，J=11.7、3.6Hz，H-3)，4.81，4.97(each，1H，s，H-31)。^{13}C NMR(pyridine-d_5，100MHz)δ：35.3(C-1)，24.4(C-2)，37.9(C-4)，80.6(C-3)，50.6(C-5)，18.2(C-6)，26.6(C-7)，134.3(C-8)，134.9(C-9)，37.1(C-10)，20.6(C-11)，29.3(C-12)，45.6(C-13)，46.9(C-14)，43.2(C-15)，76.6(C-16)，57.2(C-17)，16.7(C-18)，19.1(C-19)，172.9(C-21)，31.2(C-22)，32.8(C-23)，156.1(C-24)，34.1(C-25)，21.9(C-26)，21.8(C-27)，27.9(C-28)，17.3(C-29)，25.3(C-30)，106.9(C-31)，21.0(CH_3CO)，51.3(21-COOCH3)，170.6(CH_3CO)。ESI-MS m/z：565$[M+Na]^+$[8]。

16-氧-乙酰茯苓酸(16-*O*-acetyl-pachymic acid,化合物 3) ^{13}C NMR($CDCl_3$,50MHz)δ:38.4(C-1),31.8(C-2),76.3(C-3),34.1(C-4),36.3(C-5),30.9(C-6),32.1(C-7),135.4(C-8),128.0(C-9),46.6(C-10),21.3(C-11),28.3(C-12),42.5(C-13),50.8(C-14),23.5(C-15),77.6(C-16),56.7(C-17),11.5(C-18),16.5(C-19),67.6(C-20),178.0(C-21),27.4(C-22),25.2(C-23),138.7(C-24),109.2(C-25),19.4(C-26),21.0(C-27),17.6(C-28),21.2(C-29),21.7(C-30),24.4(CH_3CO),170.0(CH_3CO),19.8(C-33),170.7(C-34),20.2(C-35)[11]。

16-氧-乙酰茯苓酸甲酯(16-*O*-acetyl-pachymic acid methyl ester,化合物 4) ^{13}C NMR($CDCl_3$,50MHz)δ:38.4(C-1),31.8(C-2),76.3(C-3),34.1(C-4),36.3(C-5),30.9(C-6),32.1(C-7),135.4(C-8),128.0(C-9),46.6(C-10),21.3(C-11),28.3(C-12),42.5(C-13),50.8(C-14),23.5(C-15),77.5(C-16),48.7(C-17),11.5(C-18),16.5(C-19),60.4(C-20),172.1(C-21),27.4(C-22),25.2(C-23),138.7(C-24),109.2(C-25),19.4(C-26),21.0(C-27),17.6(C-28),21.2(C-29),21.7(C-30),21.4(CH_3CO),170.0(CH_3CO),19.5(C-33),172.8(C-34),20.2(C-35),21.3(C-36)[11]。

25-羟基茯苓酸(25-hydroxypachymic acid,化合物 5) 白色无定形粉末。^{1}H NMR(pyridine-d_5,500MHz)δ:0.90(3H,s,H-28),0.91(3H,s,H-29),0.94(3H,s,H-19),1.10(3H,s,H-18),1.46(3H,s,H-30),1.53,1.54(each,3H,s,H-26,27),2.03(3H,s,CH_3CO),2.80(1H,dd,J=10.0、6.0Hz,H-17),2.99(1H,m,H-20),4.52(1H,dd,J=8.0、6.0Hz,H-16),4.66(1H,dd,J=12.0、4.0Hz,H-3),5.15,5.46(each,1H,s,H-31)。^{13}C NMR(pyridine-d_5,100MHz)δ:35.3(C-1),24.4(C-2),80.6(C-3),38.0(C-4),50.6(C-5),18.3(C-6),26.7(C-7),134.9(C-8),134.3(C-9),37.1(C-10),20.9(C-11),29.6(C-12),46.2(C-13),48.7(C-14),43.6(C-15),76.4(C-16),57.4(C-17),17.7(C-18),19.1(C-19),48.7(C-20),30.0(C-22),178.3(C-21),30.3(C-23),158.0(C-24),72.5(C-25),30.0(C-26),30.0(C-27),27.9(C-28),16.7(C-29),25.4(C-30),106.9(C-31),21.1(CH_3CO),170.6(CH_3CO)。HR-ESI-MS m/z:543.369 1[M-H]$^-$[12]。

31-羟基-16-氧-乙酰茯苓酸(31-hydroxyl-16-*O*-acetyl-pachymic acid,化合物 6) ^{13}C NMR($CDCl_3$,50MHz)δ:38.2(C-1),31.2(C-2),76.3(C-3),33.8(C-4),36.1(C-5),30.8(C-6),31.8(C-7),134.9(C-8),127.8(C-9),46.3(C-10),21.2(C-11),28.1(C-12),42.8(C-13),50.3(C-14),23.2(C-15),77.6(C-16),48.7(C-17),11.3(C-18),16.2(C-19),67.6(C-20),178.0(C-21),27.2(C-22),24.9(C-23),24.3(C-24),63.9(C-25),25.2(C-26),21.0(C-27),17.6(C-28),21.2(C-29),21.7(C-30),21.4(CH_3CO),170.0(CH_3CO),19.8(C-33),173.1(C-34),20.1(C-35)[11]。

3*β*-羟基-羊毛甾-8,24-二烯-21-酸(trametenolic acid,化合物 7) 白色晶体,mp 267℃。IR(KBr):1 721、3 330cm^{-1}。^{1}H NMR(pyridine-d_5,300MHz)δ:1.00(6H,br s,H-18,29),1.06(6H,brs,H-30,19),1.22(3H,s,H-28),1.61(3H,s,H-27),1.66(3H,s,H-26),2.66(1H,td,J=11.4、3.0Hz,H-20),3.43(1H,br t,J=6.9Hz,H-3),5.31(1H,br s,H-24)。^{13}C NMR(pyridine-d_5,100MHz)δ:36.0(C-1),28.7(C-2),78.0(C-3),39.4(C-4),50.8(C-5),18.6(C-6),26.6(C-7),135.0(C-8),134.1(C-9),37.2(C-10),21.2(C-11),29.4(C-12),44.8(C-13),49.8(C-14),30.8(C-15),27.5(C-16),47.7(C-17),16.3(C-18),19.3(C-19),49.0(C-20),178.6(C-21),33.3(C-22),26.7(C-23),124.9(C-24),131.6(C-25),25.8(C-26),17.7(C-27),28.6(C-28),16.4(C-29),24.4(C-30)。ESI-MS m/z:480[M+Na]$^+$[8]。

3*β*,16*α*-羊毛甾-8,24-二烯-21-酸(16*α*-hydroxytrametenolic acid,化合物 8) 白色粉末。^{1}H NMR(pyridine-d_5,300MHz)δ:0.90(3H,s,H-28),0.93(3H,s,H-29),0.96(3H,s,H-19),

1.12(3H,s,H-18),1.47(3H,s,H-30),1.60,1.62(each,3H,s,H-26,H-27),2.06(3H,s,CH_3CO),2.79(1H,dd,J=11.0、7.0Hz,H-17),2.94(1H,m,H-20),3.46(1H,dd,J=11.0、4.0Hz,H-3),4.52(1H,t,J=6.0Hz,H-16),5.35(1H,br s,H-24)。^{13}C NMR(pyridine-d_5,75MHz)δ:35.4(C-1),26.5(C-2),78.0(C-3),38.3(C-4),50.0(C-5),17.7(C-6),26.0(C-7),133.9(C-8),133.8(C-9),36.5(C-10),19.9(C-11),28.4(C-12),47.5(C-13),45.3(C-14),41.8(C-15),76.0(C-16),55.7(C-17),16.8(C-18),18.3(C-19),47.0(C-20),179.1(C-21),31.5(C-22),25.7(C-23),123.4(C-24),131.1(C-25),24.8(C-26),16.7(C-27),27.0(C-28),14.8(C-29),24.4(C-30)。FAB-MS m/z:473[M+H]$^+$[13]。

3β-乙酰氧基-16α-羟基-羊毛甾-8,24-二烯-21-酸(3-*O*-acetyl-16α-hydroxytrametenolic acid,化合物9) 白色晶体,mp>300℃。^1H NMR(pyridine-d_5,300MHz)δ:0.92(3H,s,H-28),0.93(3H,s,H-29),0.96(3H,s,H-19),1.12(3H,s,H-18),1.47(3H,s,H-30),1.60,1.62(each,3H,s,H-26,H-27),2.06(3H,s,CH_3CO),2.79(1H,dd,J=11.0、7.0Hz,H-17),2.94(1H,m,H-20),4.52(1H,t,J=6.0Hz,H-16),4.70(1H,dd,J=11.0、4.0Hz,H-3),5.35(1H,br s,H-24)。^{13}C NMR(pyridine-d_5,75MHz)δ:35.4(C-1),24.5(C-2),80.6(C-3),38.0(C-4),50.7(C-5),18.4(C-6),26.7(C-7),135.0(C-8),134.4(C-9),37.1(C-10),20.9(C-11),29.7(C-12),46.3(C-13),48.8(C-14),43.6(C-15),76.6(C-16),57.4(C-17),17.8(C-18),19.2(C-19),48.6(C-20),178.8(C-21),33.2(C-22),27.1(C-23),125.2(C-24),131.5(C-25),25.8(C-26),17.7(C-27),28.0(C-28),16.8(C-29),25.4(C-30),21.3(CH_3CO),170.6(CH_3CO)。HR-ESI-MS m/z:514.342 4[M]$^+$[14]。

3β-羟基-羊毛甾-8,24-二烯-21-酸甲酯(Me trametenolate,化合物10) 白色晶体。IR(KBr):1 732,3 325cm^{-1}。^1H NMR(pyridine-d_5,400MHz)δ:0.71(3H,s),0.80(3H,s),0.87(3H,s),0.96(3H,s),0.99(3H,s),1.02(3H,s),1.04(1H,dd,J=12.4、2.0Hz),3.23(1H,dd,J=11.6、4.4Hz,H-3),3.65(3H,s),5.08(1H,t,J=7.2Hz,H-24)。^{13}C NMR(pyridine-d_5,100MHz)δ:176.8、134.4、133.9、132.0、123.7、78.9、51.0、50.3、49.3、47.9、44.1、38.8、37.0、35.5、32.5、30.5、28.7、27.9、27.8、27.0、26.4、26.0、25.7、24.2、20.8、19.1、18.2、17.6、16.0、15.4。ESI-MS m/z:509[M+K]$^+$[15-16]。

依布里酸(eburicoic acid,化合物11) 白色针状晶体,mp 274℃。IR(KBr):1 729、3 342cm^{-1}。^1H NMR(pyridine-d_5,300MHz)δ:1.02(6H,br s,H-18,29),1.06,1.08(6H,d,J=4.5Hz,H-26,27),1.08,1.16(each,3H,s,H-30,19),1.23(3H,s,H-28),2.29(1H,m,H-25),2.65(1H,br s,H-20),3.82(1H,s,H-3),4.88,4.93(each,1H,s,H-31)。^{13}C NMR(pyridine-d_5,150MHz)δ:36.1(C-1),28.7(C-2),78.0(C-3),39.5(C-4),50.9(C-5),18.7(C-6),28.7(C-7),135.2(C-8),134.3(C-9),37.4(C-10),21.3(C-11),29.4(C-12),44.9(C-13),49.9(C-14),30.9(C-15),27.5(C-16),47.8(C-17),16.4(C-18),19.4(C-19),49.2(C-20),31.9(C-22),32.8(C-23),155.9(C-24),34.2(C-25),22.0(C-26),21.9(C-27),28.6(C-28),16.4(C-29),24.5(C-30),107.0(C-31)。ESI-MS m/z:469[M-H]$^-$[8]。

乙酰依布里酸(acetyl eburicoic acid,化合物12) 白色针状晶体。^1H NMR($CDCl_3$,400MHz)δ:0.76(3H,s,H-18),0.87(3H,s,H-28),0.89(3H,s,H-29),0.99(3H,s,H-19),1.00,1.03(each,3H,d,J=5.6Hz,H-26,27),1.25(3H,s,H-30),2.05(3H,s,CH_3CO),3.98(1H,m,H-20),4.50(1H,m,H-3),4.69,4.76(each,1H,s,H-31)。^{13}C NMR($CDCl_3$,100MHz)δ:35.3(C-1),24.5(C-2),80.6(C-3),38.0(C-4),50.6(C-5),18.4(C-6),28.0(C-7),134.7(C-8),134.4(C-9),37.1(C-10),21.1(C-11),29.3(C-12),44.9(C-13),49.8(C-14),30.9(C-15),26.6(C-16),47.7(C-17),16.3(C-18),19.2(C-19),49.1(C-20),178.6(C-21),31.8(C-22),32.7(C-23),155.9(C-24),34.2(C-25),22.0(C-26),21.9(C-27),27.5(C-28),16.8(C-29),

24.5(C-30),107.0(C-31),21.2(CH_3CO),170.6(CH_3CO)。ESI-MS m/z:535[M+Na]$^+$[17]。

土莫酸(tumulosic acid,化合物 13) 白色晶体,mp 253℃。IR(KBr):1 681cm^{-1}。^{1}H NMR(pyridine-d_5,300MHz)δ:0.96~0.98(each,3H,d,J=6.6Hz,H-26,H-27),1.00(3H,s,H-28),1.06(3H,s,H-29),1.14(3H,s,H-19),1.23(3H,s,H-18),1.47(3H,s,H-30),2.31(1H,m,H-25),2.91(1H,d,J=11.4Hz,H-17),2.94(1H,m,H-20),3.46(1H,t,J=6.0Hz,H-3),4.54(1H,t,J=6.0Hz,H-16),4.82~4.98(each,1H,s,H-31)。^{13}C NMR(pyridine-d_5,125MHz)δ:36.9(C-1),29.1(C-2),77.9(C-3),39.8(C-4),51.2(C-5),19.4(C-6),27.4(C-7),135.2(C-8),134.8(C-9),37.9(C-10),21.4(C-11),30.2(C-12),46.8(C-13),49.1(C-14),44.4(C-15),76.5(C-16),57.1(C-17),17.9(C-18),20.1(C-19),48.8(C-20),179.3(C-21),31.9(C-22),33.6(C-23),156.0(C-24),34.7(C-25),22.1(C-26),21.9(C-27),29.2(C-28),17.0(C-29),25.7(C-30),106.8(C-31)。ESI-MS m/z:509[M+Na]$^+$[8]。

25-羟基-3-表-土莫酸(25-hydroxy-3-epi-tumulosic acid,化合物 14) 白色晶体,mp 204℃。IR(KBr):1 714、1 640cm^{-1}。^{1}H NMR(pyridine-d_5,600MHz)δ:0.91(3H,s,H-29),1.04(3H,s,H-19),1.10(3H,s,H-18),1.19(3H,s,H-28),1.36(3H,s,H-30),1.51~1.52(each,3H,s,H-26,H-27),2.98(1H,m,H-20),3.59(1H,br s,H-3),4.48(1H,m,H-16),5.11~5.43(each,1H,s,H-31)。^{13}C NMR(pyridine-d_5,150MHz)δ:30.7(C-1),26.8(C-2),75.1(C-3),38.4(C-4),44.6(C-5),18.6(C-6),135.1(C-9),134.5(C-8),26.6(C-7),37.4(C-10),21.0(C-11),29.6(C-12),46.3(C-13),38.8(C-14),43.7(C-15),76.8(C-16),57.2(C-17),17.8(C-18),19.3(C-19),48.3(C-20),178.2(C-21),32.1(C-22),29.8(C-23),157.8(C-24),72.6(C-25),30.0(C-26),30.0(C-27),29.0(C-28),32.6(C-29),25.4(C-30),107.0(C-31)。HR-ESI-MS m/z:501.358 0[M-H]$^-$[18]。

3-酮基-16α,25-二基-羊毛甾-8,24(31)-三烯-21-酸(16α,25-dihydroxyeburiconic acid 化合物 15) 白色晶体,mp 211℃。IR(KBr):1 712、1 685cm^{-1}。^{1}H NMR(pyridine-d_5,600MHz)δ:1.02(3H,s,H-19),1.05(3H,s,H-29),1.12(3H,s,H-18),1.14(3H,s,H-28),1.45(3H,s,H-30),1.54~1.55(each,3H,s,H-26,H-27),2.98(1H,m,H-20),4.54(1H,br t,J=7.0Hz,H-16),5.15~5.48(each,1H,s,H-31)。^{13}C NMR(pyridine-d_5,150MHz)δ:36.1(C-1),34.7(C-2),216.3(C-3),47.3(C-4),51.3(C-5),19.6(C-6),26.6(C-7),135.5(C-8),133.3(C-9),37.0(C-10),20.9(C-11),29.6(C-12),46.2(C-13),49.7(C-14),43.6(C-15),76.4(C-16),57.3(C-17),17.8(C-18),18.6(C-19),48.8(C-20),178.6(C-21),32.4(C-22),30.1(C-23),158.0(C-24),72.6(C-25),30.0(C-26),30.0(C-27),26.4(C-28),21.3(C-29),25.4(C-30),107.0(C-31)。HR-ESI-MS m/z:499.338 5[M-H]$^-$[18]。

去氢茯苓酸(dehydropachymic acid,化合物 16) 白色针状晶体,mp 298℃。IR(KBr):1 734、1 704cm^{-1}。^{1}H NMR(pyridine-d_5,300MHz)δ:0.88(3H,s,H-28),0.97(3H,s,H-29),0.99,0.97(each,3H,d,J=6.6Hz,H-26,H-27),0.99(3H,s,H-19),1.03(3H,s,H-18),1.48(3H,s,H-30),2.03(3H,s,CH_3CO),4.52(1H,m,H-16),4.69(1H,dd,J=11.4、4.5Hz,H-3),4.97、4.83(each,1H,s,H-31),5.29(1H,d,J=5.4Hz,H-11),5.57(1H,br s,H-7)。^{13}C NMR(pyridine-d_5,100MHz)δ:35.6(C-1),24.5(C-2),80.5(C-3),37.8(C-4),49.6(C-5),23.1(C-6),120.6(C-7),142.7(C-8),146.6(C-9),37.6(C-10),116.9(C-11),36.2(C-12),45.0(C-13),49.4(C-14),44.4(C-15),72.5(C-16),57.6(C-17),17.6(C-18),22.8(C-19),48.5(C-20),178.6(C-21),31.4(C-22),33.2(C-23),156.0(C-24),34.1(C-25),22.0(C-26),21.9(C-27),28.2(C-28),17.1(C-29)26.5(C-30),106.9(C-31),21.1(CH_3CO),170.5(CH_3CO)。ESI-MS m/z:549[M+Na]$^+$[8]。

3-表-去氢茯苓酸(3-epi-dehydropachymic acid,化合物 17) 白色针状晶体,mp 278℃。IR

(KBr):1 741、3 430cm^{-1}。^{1}H NMR(pyridine-d_5,300MHz)δ:0.87(3H,s,H-28),0.89(3H,s,H-29),0.97,0.99(each,3H,d,J=6.5Hz,H-26,H-27),1.01(3H,s,H-19),1.06(3H,s,H-18),1.41(3H,s,H-30),2.03(3H,s,CH_3CO),4.57(1H,m,H-16),4.71(1H,s,H-3),4.97,4.83(each,1H,s,H-31),5.59(1H,s,H-7),5.42(1H,m,H-11)。^{13}C NMR(pyridine-d_5,150MHz)δ:30.9(C-1),23.4(C-2),80.0(C-3),36.7(C-4),44.7(C-5),23.1(C-6),121.2(C-7),142.9(C-8),146.0(C-9),37.7(C-10),116.6(C-11),36.2(C-12),45.0(C-13),49.6(C-14),44.4(C-15),76.4(C-16),57.4(C-17),17.7(C-18),22.6(C-19),48.6(C-20),178.8(C-21),31.5(C-22),33.2(C-23),156.1(C-24),34.1(C-25),22.0(C-26),21.9(C-27),28.2(C-28),22.4(C-29),26.4(C-30),107.0(C-31),21.1(CH_3CO),170.3(CH_3CO)。ESI-MS m/z:549[M+Na]$^+$[8]。

6α-羟基-去氢茯苓酸(6α-羟基-dehydropachymic acid,化合物 18) 无定形粉末。^{1}H NMR($CDCl_3$:CD_3OD=2:1,300MHz)δ:0.63(3H,s,H-18),1.03,1.01(each,3H,d,J=7.0Hz,H-26,H-27),1.04(3H,s,H-19),1.15(each,3H,s,H-29,30),1.18(3H,s,H-28),2.08(3H,s,CH_3CO),4.08(1H,m,H-16),4.46(1H,dd,J=10.0、6.0Hz,H-3),4.73,4.76(each,1H,s,H-31),5.32(1H,s,H-7),5.36(1H,d,J=6.0Hz,H-11)。^{13}C NMR($CDCl_3$:CD_3OD=2:1,75MHz)δ:34.9(C-1),23.3(C-2),81.0(C-3),37.6(C-4),54.8(C-5),67.7(C-6),125.8(C-7),141.0(C-8),143.8(C-9),37.5(C-10),116.8(C-11),35.0(C-12),48.0(C-13),44.1(C-14),42.5(C-15),76.0(C-16),55.9(C-17),16.6(C-18),23.2(C-19),46.7(C-20),179.1(C-21),29.9(C-22),31.8(C-23),154.9(C-24),33.4(C-25),21.2(C-26),21.1(C-27),29.8(C-28),16.3(C-29),25.3(C-30),106.1(C-31),20.6(CH_3CO),171.5(CH_3CO)。FAB-MS m/z:543[M+H]$^+$[13]。

3β-羟基-羊毛甾-7,9(11),24-三烯-21-酸(dehydrotrametenolic acid,化合物 19) 白色针状晶体,mp 255℃。IR(KBr):1 702cm^{-1}。^{1}H NMR(pyridine-d_5,300MHz)δ:0.98(3H,s,H-18),1.04(3H,s,H-30),1.04(3H,s,H-19),1.11(3H,s,H-29),1.20(3H,s,H-28),1.60(3H,s,H-27),1.65(6H,s,H-26),2.65(1H,dd,J=11.4、3.0Hz,H-20),3.44(1H,br t,J=6.6Hz,H-3),5.33(1H,d,J=6.3Hz,H-24),5.60(1H,br s,H-11),5.69(1H,br s,H-7)。^{13}C NMR(pyridine-d_5,100MHz)δ:36.3(C-1),28.8(C-2),78.0(C-3),39.3(C-4),49.8(C-5),23.5(C-6),121.2(C-7),142.8(C-8),146.5(C-9),37.8(C-10),116.6(C-11),36.2(C-12),44.2(C-13),49.6(C-14),31.5(C-15),27.2(C-16),48.1(C-17),16.2(C-18),22.9(C-19),49.0(C-20),178.5(C-21),33.2(C-22),26.7(C-23),124.8(C-24),131.7(C-25),25.8(C-26),17.7(C-27),28.8(C-28),16.6(C-29),25.7(C-30)。ESI-MS m/z:477[M+Na]$^+$[8]。

3β-羟基-羊毛甾-7,9(11),24-三烯-21-酸甲酯(3β-hydroxy-lanosta-7,9(11),24-trien-21-methyl ester,化合物 20) ^{1}H NMR($CDCl_3$)δ:0.59(3H),0.88(6H),0.96(3H),1.00(3H),1.57(3H),1.68(3H),3.68(OCH_3),5.07~5.48(each,1H)。^{13}C NMR($CDCl_3$)δ:51.1(O-CH_3),78.9(C-3),120.6(C-7),142.3(C-8),145.9(C-9),116.1(C-11),176.6(C-21),123.7(C-24),132.1(C-25)[15]。

3β-乙酰氧基-16α-羟基-羊毛甾-7,9(11),24-三烯-21-酸(3β-acetyl-16α-hydroxy dehydrotrametenolic acid,化合物 21) 白色针状晶体,mp 254℃。IR(KBr):1 732、1 712cm^{-1}。^{1}H NMR(pyridine-d_5,300MHz)δ:0.90(3H,s,H-28),0.99(3H,s,H-29),1.00(3H,s,H-19),1.03(3H,s,H-18),1.48(3H,s,H-30),1.62,1.60(each,3H,s,H-26,H-27),2.05(3H,s,CH_3CO),4.52(1H,m,H-16),4.70(1H,s,H-3),5.31(1H,m,H-11),5.57(1H,br s,H-7)。^{13}C NMR(pyridine-d_5,150MHz)δ:35.6(C-1),24.6(C-2),80.0(C-3),36.7(C-4),49.7(C-5),23.1(C-6),121.2(C-7),142.9(C-8),146.0(C-9),37.7(C-10),115.6(C-11),36.2(C-12),45.0(C-

13)，49.6(C－14)，44.4(C－15)，76.4(C－16)，57.4(C－17)，17.6(C－18)，22.8(C－19)，48.6(C－20)，178.6(C－21)，33.1(C－22)，27.1(C－23)，125.2(C－24)，131.5(C－25)，25.8(C－26)，17.7(C－27)，28.2(C－28)，17.1(C－29)，26.4(C－30)，107.0(C－31)，21.1(CH_3CO)，170.3(CH_3CO)。ESI-MS m/z：535[M＋Na]$^+$[14]。

3α，16α，27－三羟基－羊毛甾－7，9(11)，24－三烯－21－酸(16α，27－dihydroxy－dehydrotrametenolic acid，化合物 22) 无定形粉末，mp 254℃。IR(KBr)：1 702cm^{-1}。^{1}H NMR(pyridine-d_5，600MHz)δ：0.98(3H，s，H－29)，1.03(3H，s，H－18)，1.04(3H，s，H－30)，1.19(3H，s，H－28)，1.40(3H，s，H－19)，1.75(6H，s，H－26)，3.63(1H，br s，H－3)，4.39，4.51(each，1H，d，J＝12.3Hz，H－27)，5.44(1H，br s，H－11)，5.47(1H，m，H－24)，5.61(1H，t，J＝4.0Hz，H－7)。^{13}C NMR(pyridine-d_5，150MHz)δ：30.6(C－1)，26.8(C－2)，75.2(C－3)，37.9(C－4)，43.7(C－5)，23.4(C－6)，121.1(C－7)，142.8(C－8)，146.6(C－9)，37.8(C－10)，116.8(C－11)，36.2(C－12)，45.2(C－13)，49.4(C－14)，44.3(C－15)，76.4(C－16)，57.6(C－17)，17.7(C－18)，23.0(C－19)，48.8(C－20)，178.6(C－21)，33.2(C－22)，26.6(C－23)，126.8(C－24)，136.9(C－25)，21.9(C－26)，60.8(C－27)，29.2(C－28)，23.1(C－29)，26.7(C－30)。ESI-MS m/z：503.321 6[M＋Na]$^+$[18]。

3β，16α－二羟基－羊毛甾－7，9(11)，24－三烯－21－酸(3β，16α－dihydroxy－lanosta－7，9(11)，24－trine－21－oic acid，化合物 23) 白色粉末。^{13}C NMR($CDCl_3$：CD_3OD＝2：1，75MHz)δ：35.0(C－1)，26.9(C－2)，78.2(C－3)，38.3(C－4)，48.8(C－5)，22.6(C－6)，120.5(C－7)，141.5(C－8)，145.3(C－9)，37.0(C－10)，115.5(C－11)，35.4(C－12)，48.2(C－13)，44.1(C－14)，42.7(C－15)，76.0(C－16)，56.2(C－17)，16.6(C－18)，22.1(C－19)，46.6(C－20)，178.8(C－21)，31.6(C－22)，25.8(C－23)，123.5(C－24)，131.5(C－25)，25.0(C－26)，17.0(C－27)，27.6(C－28)，15.3(C－29)，25.4(C－30)。FAB-MS m/z：471[M＋H]$^+$[13]。

3β－羟基－16α－乙酰氧基－羊毛甾－7，9(11)，24－三烯－21－酸(3β－hydroxy－16α－acetyl－dehydrotrametenolic acid，化合物 24) 白色针状晶体，mp 270℃。^{13}C NMR($CDCl_3$，50MHz)δ：36.5(C－1)，32.5(C－2)，69.8(C－3)，30.2(C－4)，36.3(C－5)，38.6(C－6)，139.6(C－7)，120.4(C－8)，140.5(C－9)，46.3(C－10)，119.6(C－11)，45.6(C－12)，42.3(C－13)，50.4(C－14)，23.4(C－15)，77.6(C－16)，34.8(C－17)，19.7(C－18)，19.2(C－19)，68.3(C－20)，178.0(C－21)，27.2(C－22)，25.4(C－23)，140.6(C－24)，109.3(C－25)，20.6(C－26)，21.5(C－27)，19.7(C－28)，20.4(C－29)，21.8(C－30)，170.2(C－31)，19.8(C－31)[11]。

去氢依布里酸(dehydroeburicoic acid，化合物 25) 白色针状晶体，mp 252℃。IR(KBr)：1 702、1 644cm^{-1}。^{1}H NMR(pyridine-d_5，500MHz)δ：1.02(3H，s，H－18)，1.00，1.01(each，3H，d，J＝7.5Hz，H－26，27)，1.02，1.05(each，3H，s，H－19，30)，1.11(3H，s，H－29)，1.20(3H，s，H－28)，2.29(1H，m，H－25)，2.67(1H，td，J＝10.5、3.0Hz，H－20)，3.46(1H，br t，J＝8.0Hz，H－3)，4.92，4.98(each，1H，br s，H－31)，5.36(1H，br d，J＝6.0Hz，H－11)，5.62(1H，br d，J＝5.5Hz，H－7)。^{13}C NMR(pyridine-d_5，125MHz)δ：36.4(C－1)，28.7(C－2)，78.0(C－3)，39.3(C－4)，49.8(C－5)，23.6(C－6)，121.3(C－7)，142.8(C－8)，146.6(C－9)，37.9(C－10)，116.6(C－11)，36.0(C－12)，44.3(C－13)，50.5(C－14)，31.6(C－15)，27.3(C－16)，48.1(C－17)，16.3(C－18)，23.0(C－19)，49.1(C－20)，178.4(C－21)，31.8(C－22)，32.8(C－23)，155.8(C－24)，34.2(C－25)，22.0(C－26)，21.9(C－27)，28.8(C－28)，16.6(C－29)，25.9(C－30)，107.0(C－31)。ESI-MS m/z：491[M＋Na]$^+$[8]。

3－氧－乙酰基－去氢依布里酸(3－O－acetyl－dehydroeburicoic acid，化合物 26) 白色固体。IR(KBr)：1 767、1 678cm^{-1}。^{1}H NMR($CDCl_3$，300MHz)δ：0.62(3H，s，H－18)，0.86(3H，s，H－30)，0.88(3H，s，H－29)，0.93(3H，s，H－28)，0.99，1.00(each，3H，d，J＝6.8Hz，H－26，27)，2.03(3H，

s,CH_3COO),4.48(1H,dd,J=8.9、6.4Hz,H-3),4.67,4.74(each,1H,s,H-31),5.27(1H,d,J=6.1Hz,H-11),5.46(1H,br s,H-7)。^{13}C NMR($CDCl_3$,75MHz)δ:35.4(C-1),24.3(C-2),80.6(C-3),37.3(C-4),49.3(C-5),22.8(C-6),120.5(C-7),142.3(C-8),145.8(C-9),37.6(C-10),116.3(C-11),35.6(C-12),43.6(C-13),50.1(C-14),31.0(C-15),26.9(C-16),47.5(C-17),15.8(C-18),22.7(C-19),47.6(C-20),181.6(C-21),30.9(C-22),32.0(C-23),155.2(C-24),33.8(C-25),21.8(C-26),21.8(C-27),28.1(C-28),16.9(C-29),25.6(C-30),106.9(C-31),170.9($COCH_3$),21.3($COCH_3$)。EI-MS m/z:533[M+Na]$^+$[19,20]。

去氢依布里酸甲酯(Me dehydroeburicoate,化合物 27)　^{13}C NMR(pyridine-d_5,125MHz)δ:78.9(C-3),120.6(C-7),142.3(C-8),146.0(C-9),116.1(C-11),51.1(OCH_3),27.3(C-16),176.7(C-21),155.3(C-24),106.7(C-31)[15]。

去氢土莫酸(dehydrotumulosic acid,化合物 28)　白色晶体,mp 275℃。IR(KBr):1 706cm^{-1}。^{1}H NMR(pyridine-d_5,300MHz)δ:0.99,0.96(each,3H,d,J=7.5Hz,H-26,H-27),1.01(3H,s,H-18),1.09(3H,s,H-29),1.18(3H,s,H-19),1.42(3H,s,H-30),3.45(1H,d,J=7.2Hz,H-3),4.53(1H,m,H-16),4.97,4.83(each,1H,s,H-31),5.39(1H,m,H-11),5.62(1H,br s,H-7)。^{13}C NMR(pyridine-d_5,100MHz)δ:30.6(C-1),26.6(C-2),78.0(C-3),39.3(C-4),49.8(C-5),23.4(C-6),121.3(C-7),142.8(C-8),146.6(C-9),37.9(C-10),116.1(C-11),36.2(C-12),45.1(C-13),49.5(C-14),44.4(C-15),76.4(C-16),57.6(C-17),17.6(C-18),23.0(C-19),48.6(C-20),178.6(C-21),31.5(C-22),33.2(C-23),156.1(C-24),34.1(C-25),22.0(C-26),21.9(C-27),28.7(C-28),16.6(C-29),26.7(C-30),107.0(C-31)。ESI-MS m/z:507[M+Na]$^+$[8]。

3-表-去氢土莫酸(3-epi-dehydrotumulosic acid,化合物 29)　白色晶体,mp 239℃。IR(KBr):1 706cm^{-1}。^{1}H NMR(pyridine-d_5,300MHz)δ:0.96,0.99(each,3H,d,J=7.2Hz,H-26,H-27),1.07(3H,s,H-19),1.09(3H,s,H-29),1.10(3H,s,H-18),1.18(3H,s,H-28),1.42(3H,s,H-30),3.62(1H,br s,H-3),4.51(1H,t,J=6.3Hz,H-16),4.97,4.83(each,1H,s,H-31),5.46(1H,d,J=3.9Hz,H-11),5.62(1H,br s,H-7)。^{13}C NMR(pyridine-d_5,150MHz)δ:30.6(C-1),26.6(C-2),75.1(C-3),37.9(C-4),43.7(C-5),23.4(C-6),121.2(C-7),142.8(C-8),146.6(C-9),37.9(C-10),116.2(C-11),36.2(C-12),45.1(C-13),49.5(C-14),44.4(C-15),76.4(C-16),57.6(C-17),17.6(C-18),23.0(C-19),48.6(C-20),178.7(C-21),31.5(C-22),33.2(C-23),156.1(C-24),34.1(C-25),22.0(C-26),21.9(C-27),29.2(C-28),23.1(C-29),26.7(C-30),107.0(C-31)。ESI-MS m/z:507[M+Na]$^+$[8]。

25-羟基-3-表-去氢土莫酸(25-hydroxyl-3-epi-dehydrotumulosic acid,化合物 30)　白色粉末。IR(KBr):1 719cm^{-1}。^{1}H NMR(pyridine-d_5,300MHz)δ:0.92(3H,s,H-18),0.99(3H,s,H-29),1.12(3H,s,H-19),1.21(3H,s,H-28),1.37(3H,s,H-30),1.55,1.56(each,3H,br s,H-26,H-27),3.66(1H,br s,H-3),4.54(1H,dd,J=8.0、6.0Hz,H-16),5.09,5.44(each,1H,s,H-31),5.49(1H,d,J=6.0Hz,H-11),5.61(1H,br s,H-7)。^{13}C NMR(pyridine-d_5,125MHz)δ:30.7(C-1),26.7(C-2),75.1(C-3),37.9(C-4),43.7(C-5),23.4(C-6),121.4(C-7),142.5(C-8),146.7(C-9),37.9(C-10),115.8(C-11),36.1(C-12),44.9(C-13),49.3(C-14),44.4(C-15),76.1(C-16),57.5(C-17),17.6(C-18),23.0(C-19),47.9(C-20),176.5(C-21),32.2(C-22),29.8(C-23),157.5(C-24),72.4(C-25),30.0(C-26),30.0(C-27),29.1(C-28),23.1(C-29),26.5(C-30),107.0(C-31)。ESI-MS m/z:500[M^+][21]。

15α-羟基-去氢土莫酸(15-hydroxyl-dehydrotumulosic acid,化合物 31)　白色晶体,mp 210℃。IR(KBr):3 247、1 706、1 640cm^{-1}。^{1}H NMR(pyridine-d_5,600MHz)δ:0.99(each,3H,d,J=6.8Hz,H-26,H-27),1.10(3H,s,H-19),1.12(3H,s,H-29),1.13(3H,s,H-18),1.19(3H,s,

H－28)，1.44(3H，s，H－30)，3.46(1H，dd，J＝6.8、8.3Hz，H－3)，4.31(1H，dd，J＝7.9、6.2Hz，H－16)，4.58(1H，d，J＝7.9Hz，H－15)，4.85，4.97(each，1H，s，H－31)，5.38(1H，br s，H－11)，6.52(1H，d，J＝5.8Hz，H－7)。^{13}C NMR(pyridine-d_5，150MHz)δ：36.4(C－1)，28.7(C－2)，78.0(C－3)，37.9(C－4)，49.8(C－5)，23.5(C－6)，122.4(C－7)，141.8(C－8)，146.9(C－9)，37.9(C－10)，116.0(C－11)，36.9(C－12)，41.7(C－13)，52.0(C－14)，73.2(C－15)，75.3(C－16)，56.4(C－17)，18.0(C－18)，23.1(C－19)，48.3(C－20)，178.5(C－21)，31.7(C－22)，33.1(C－23)，156.2(C－24)，34.1(C－25)，21.9(C－26)，22.0(C－27)，28.8(C－28)，16.6(C－29)，18.3(C－30)，107.0(C－31)。EI-MS m/z：500[M$^+$][22]。

6α-羟基-去氢土莫酸(6α－hydroxyl－dehydrotumulosic acid，化合物 32) 无定形粉末。IR(KBr)：1 679cm^{-1}。^{1}H NMR(pyridine-d_5，600MHz)δ：0.96(3H，d，J＝6.6Hz，H－26)，0.97(3H，d，J＝6.6Hz，H－27)，1.06(3H，s，H－18)，1.17(3H，s，H－19)，1.44(1H，s，H－30)，1.52(3H，s，H－29)，1.93(3H，s，H－28)，3.54(1H，dd，J＝10.2、5.4Hz，H－3)，4.50(1H，t，J＝6.6Hz，H－16)，4.96，4.82(each，1H，s，H－31)，5.40(1H，d，J＝10.0Hz，H－11)，5.91(1H，s，H－7)。^{13}C NMR(pyridine-d_5，150MHz)δ：36.7(C－1)，28.4(C－2)，78.6(C－3)，40.2(C－4)，56.5(C－5)，68.6(C－6)，129.7(C－7)，141.3(C－8)，145.8(C－9)，38.8(C－10)，116.7(C－11)，36.2(C－12)，45.1(C－13)，49.2(C－14)，44.4(C－15)，76.4(C－16)，57.5(C－17)，17.7(C－18)，24.2(C－19)，48.5(C－20)，178.7(C－21)，31.5(C－22)，33.2(C－23)，156.1(C－24)，34.1(C－25)，22.0(C－26)，21.9(C－27)，31.9(C－28)，16.8(C－29)，26.4(C－30)，107.1(C－31)。HR-ESI-MS m/z：523.339 4[M+Na]$^+$[8]。

29-羟基-去氢土莫酸(29－hydroxyl－dehydrotumulosic acid，化合物 33) 白色晶体，mp 268℃。IR(KBr)：3 426、1 705、1 648cm^{-1}。^{1}H NMR(pyridine-d_5，500MHz)δ：0.99，1.02(each，3H，d，J＝6.8Hz，H－26，H－27)，1.10(3H，s，H－28)，1.14(3H，s，H－19)，1.19(3H，s，H－18)，1.45(3H，s，H－30)，3.52(1H，dd，J＝6.5、8.3Hz，H－3)，3.60，4.18(each，1H，d，J＝10.5Hz，H－29)，4.57(1H，t，J＝6.0Hz，H－16)，4.85，4.98(each，1H，s，H－31)，5.41(1H，br s，H－11)，5.62(1H，br s，H－7)。^{13}C NMR(pyridine-d_5，125MHz)δ：35.8(C－1)，29.0(C－2)，78.3(C－3)，37.9(C－4)，51.4(C－5)，23.4(C－6)，121.3(C－7)，142.5(C－8)，146.1(C－9)，37.7(C－10)，116.7(C－11)，36.1(C－12)，45.3(C－13)，49.4(C－14)，44.5(C－15)，76.2(C－16)，57.7(C－17)，17.8(C－18)，23.1(C－19)，48.6(C－20)，178.5(C－21)，31.3(C－22)，33.4(C－23)，156.0(C－24)，34.3(C－25)，21.9(C－26)，22.0(C－27)，27.2(C－28)，67.0(C－29)，27.2(C－30)，107.0(C－31)。HR-ESI-MS m/z：499.341 9[M-H]$^-$[23]。

29-羟基-去氢茯苓酸(29－hydroxyl－dehydropachymic acid，化合物 34) 白色晶体，mp 258℃。IR(KBr)：3 425、1 715、1 647cm^{-1}。^{1}H NMR(pyridine-d_5，500MHz)δ：0.99，1.02(each，3H，d，J＝6.8Hz，H－26，H－27)，1.01(3H，s，H－19)，1.08(3H，s，H－28)，1.02(3H，s，H－18)，1.45(3H，s，H－30)，3.58，4.17(each，1H，d，J＝10.5Hz，H－29)，4.55(1H，t，J＝6.0Hz，H－16)，4.72(1H，dd，J＝6.5、8.3Hz，H－3)，4.85，4.98(each，1H，s，H－31)，5.38(1H，br s，H－11)，5.58(1H，br s，H－7)。^{13}C NMR(pyridine-d_5，125MHz)δ：35.3(C－1)，25.0(C－2)，81.0(C－3)，33.5(C－4)，51.5(C－5)，23.2(C－6)，120.9(C－7)，142.8(C－8)，145.5(C－9)，37.8(C－10)，117.6(C－11)，36.2(C－12)，45.1(C－13)，49.6(C－14)，44.4(C－15)，76.5(C－16)，57.5(C－17)，17.7(C－18)，20.9(C－19)，48.5(C－20)，178.6(C－21)，31.5(C－22)，33.4(C－23)，156.2(C－24)，34.2(C－25)，22.2(C－26)，22.0(C－27)，26.8(C－28)，66.8(C－29)，26.9(C－30)，107.1(C－31)，170.6($COCH_3$)，21.1($COCH_3$)。HR-ESI-MS m/z：541.352 4[M-H]$^-$[23]。

5α，8α-过氧化去氢土莫酸(5α，8α－peroxydehydrotumulosic acid，化合物 35) 白色针状晶体，mp 200℃。IR(KBr)：3 425、1 684、1 639cm^{-1}。^{1}H NMR(pyridine-d_5，500MHz)δ：1.01，1.03(each，

3H,d,J=6.6Hz,H－26,H－27),1.20(3H,s,H－19),1.13(3H,s,H－28),1.24(3H,s,H－18),1.38(1H,s,H－29),1.64(3H,s,H－30),4.56(1H,dd,J=6.9、8.8Hz,H－16),4.72(1H,dd,J=6.5、8.3Hz,H－3),4.86,4.96(each,1H,s,H－31),5.39(1H,br s,H－11),6.64(1H,d,J=8.9Hz,H－6),6.97(1H,d,J=8.9Hz,H－7)。^{13}C NMR(pyridine-d_5,125MHz)δ:33.6(C－1),28.7(C－2),73.0(C－3),41.8(C－4),86.8(C－5),133.8(C－6),132.1(C－7),78.7(C－8),145.0(C－9),41.3(C－10),120.0(C－11),36.0(C－12),41.8(C－13),48.0(C－14),42.0(C－15),76.0(C－16),56.8(C－17),18.2(C－18),28.6(C－19),48.3(C－20),178.4(C－21),31.5(C－22),33.1(C－23),156.0(C－24),34.1(C－25),21.9(C－26),22.0(C－27),24.3(C－28),19.4(C－29),19.9(C－30),107.1(C－31)。HR-ESI-MS m/z:513.317 3[M-H]$^-$[22]。

3β-对羟基-苯甲酰基去氢土莫酸(3β－p－hydroxybenzoyl－dehydrotumulosic acid,化合物 36) 白色针状晶体,mp 244℃。IR(KBr):1 706、3 399cm^{-1}。^{1}H NMR(pyridine-d_5,300MHz)δ:8.24(2H,d,J=8.8Hz,2′ 6′－H),7.15(2H,d,J=8.8Hz,3′ 5′－H),5.65(1H,s,H－7),5.41(1H,m,H－11),5.12(1H,br s,H－3),4.54(1H,m,H－16),1.47(3H,s,H－30),1.08(3H,s,H－18),1.07(3H,s,H－19),1.01(3H,s,H－29),1.00(3H,d,J=3.7Hz,H－27),0.99(3H,d,J=3.7Hz,H－26)。^{13}C NMR(pyridine-d_5,150MHz)δ:31.3(C－1),23.6(C－2),78.2(C－3),37.8(C－4),45.3(C－5),23.2(C－6),120.8(C－7),142.9(C－8),146.0(C－9),37.2(C－10),117.0(C－11),36.1(C－12),49.5(C－13),45.1(C－14),44.4(C－15),76.4(C－16),57.6(C－17),17.7(C－18),22.6(C－19),48.6(C－20),178.6(C－21),31.4(C－22),33.2(C－23),156.1(C－24),34.1(C－25),22.0(C－26),21.9(C－27),28.2(C－28),22.5(C－29),26.6(C－30),107.1(C－31),122.2(C－1′),132.3(C－2′,6′),116.2(C－3′,5′),163.5(C－4′),166.1(C－7′)。FAB-MS m/z:603[M-H]$^-$[24]。

3α-苯甲酰基去氢土莫酸(3α－benzoyl－dehydrotumulosic acid,化合物 37) 白色针状晶体。IR(KBr):895、800、1 710、3 400cm^{-1}。^{1}H NMR(pyridine-d_5,500MHz)δ:8.18(2H,d,J=7.2Hz,2′,6′－H),7.46(1H,t,J=7.4Hz,4′－H),7.35(2H,d,J=7.6Hz,3′,5′－H),5.64(1H,br s,H－7),5.39(1H,d,J=5.6Hz,H－11),5.09(1H,br s,H－3),4.84,4.97(each,1H,br s,H－31),4.52(1H,t,J=6.8Hz,H－16),1.48(3H,s,H－30),1.06(3H,s,H－18),1.04(3H,s,H－19),0.99(3H,d,J=6.8Hz,H－27),0.97(3H,d,J=6.8Hz,H－26),0.95(3H,s,H－29),0.92(3H,s,H－28).^{13}C NMR(pyridine-d_5,150MHz)δ:31.2(C－1),23.5(C－2),79.0(C－3),37.7(C－4),45.3(C－5),23.2(C－6),120.8(C－7),142.9(C－8),146.0(C－9),37.2(C－10),116.7(C－11),36.2(C－12),45.1(C－13),49.5(C－14),44.4(C－15),76.4(C－16),57.6(C－17),17.6(C－18),22.7(C－19),48.5(C－20),178.6(C－21),31.4(C－22),33.2(C－23),156.1(C－24),34.1(C－25),22.0(C－26),21.9(C－27),28.1(C－28),22.4(C－29),26.6(C－30),107.0(C－31),131.4(C－1′),129.8(C－2′,6′),128.9(C－3′,5′),133.2(C－4′),165.9(C－7′)。HR-ESI-MS m/z:589.386 4[M+H]$^+$[25]。

3α-甲基丙二酸酯去氢土莫酸(3－epi－(3′－O－methyl malonyloxy)－dehydrotumulosic acid,化合物 38) 白色针状晶体。IR(KBr):1 641、1 736、3 416cm^{-1}。^{1}H NMR(pyridine-d_5,500MHz)δ:5.57(1H,br s,H－7),5.38(1H,d,J=6.0Hz,H－11),4.86(1H,br s,H－3),4.83,4.97(each,1H,br s,H－31),4.51(1H,t,J=7.2Hz,H－16),3.63(2H,s,H－4′),3.60(3H,s,H－2′),1.42(3H,s,H－30),1.05(3H,s,H－18),0.99(3H,s,H－19),0.98(3H,d,J=6.6Hz,H－27),0.97(3H,d,J=6.8Hz,H－26),0.90(3H,s,H－29),0.87(3H,s,H－28)。^{13}C NMR(pyridine-d_5,150MHz)δ:30.8(C－1),23.2(C－2),79.6(C－3),36.8(C－4),44.7(C－5),23.1(C－6),120.8(C－7),142.7(C－8),146.0(C－9),37.6(C－10),116.6(C－11),36.2(C－12),45.1(C－13),49.5(C－14),44.4(C－15),76.4(C－16),57.6(C－17),17.6(C－18),22.6(C－19),48.5(C－20),178.7(C－21),31.4(C－

22),33.2(C-23),156.0(C-24),34.1(C-25),22.0(C-26),21.9(C-27),27.9(C-28),22.3(C-29),26.6(C-30),107.0(C-31),167.6(C-1′),41.9(C-2′),166.4(C-3′),52.2(C-4′)。HR-ESI-MS *m/z*:607.361 1[M+Na]+[25]。

3α-(3-羟基-3-甲基戊二酰基)-16α-二羟基-羊毛甾-7,9(11),24(31)-三烯-21-酸(3-epi-(3′-hydroxy-3′-methylglutaryloxyl)-dehydrotumulosic acid,化合物39) 白色针状晶体。IR(KBr):1 642、1 707、3 389cm^{-1}。^{1}H NMR(pyridine-d_5,500MHz)δ:5.57(1H,br s,H-7),5.39(1H,d,*J*=6.0Hz,H-11),4.94(1H,br s,H-3),4.83,4.96(each,1H,br s,H-31),4.52(1H,t,*J*=6.8Hz,H-16),3.12,3.16(each,1H,d,*J*=15.2Hz,H-2′),3.02,3.08(each,1H,d,*J*=14.4Hz,H-4′),1.71(3H,s,3′-CH_3),1.41(3H,s,H-30),1.04(3H,s,H-18),1.00(3H,s,H-19),0.99(3H,d,*J*=6.6Hz,H-27),0.97(3H,d,*J*=6.8Hz,H-26),0.96(3H,s,H-29),0.90(3H,s,H-28)。^{13}C NMR(pyridine-d_5,150MHz)δ:31.1(C-1),23.4(C-2),78.2(C-3),36.7(C-4),44.8(C-5),23.1(C-6),120.7(C-7),142.8(C-8),146.0(C-9),37.6(C-10),116.5(C-11),36.2(C-12),45.1(C-13),49.5(C-14),44.4(C-15),76.4(C-16),57.6(C-17),17.6(C-18),22.7(C-19),48.5(C-20),178.6(C-21),31.4(C-22),33.2(C-23),156.1(C-24),34.1(C-25),22.0(C-26),21.9(C-27),28.1(C-28),22.5(C-29),26.6(C-30),107.2(C-31),171.4(C-1′),46.3(C-2′),69.9(C-3′),46.4(C-4′),174.6(C-5′),28.4(3′-Me)。HR-ESI-MS *m/z*:651.388 0[M+Na]+[25]。

3-酮基-羊毛甾-7,9(11),24-三烯-21-酸(dehydrotrametenonic acid,化合物40) 白色针状晶体,mp 235℃。IR(KBr):1 713、1 698cm^{-1}。^{1}H NMR(pyridine-d_5,500MHz)δ:5.57(1H,d,*J*=5.9Hz,H-7),5.34(1H,br s,H-11),5.33(1H,br s,H-11),1.67,1.63(each 3H,H-26,H-27),1.14(3H,s,H-28),1.13(3H,s,H-19),1.06(3H,s,H-29),1.01(3H,s,H-30),0.97(3H,s,H-18)。^{13}C NMR(pyridine-d_5,150MHz)δ:36.8(C-1),34.9(C-2),215.1(C-3),47.5(C-4),51.0(C-5),23.9(C-6),120.7(C-7),142.9(C-8),145.0(C-9),37.5(C-10),117.7(C-11),36.0(C-12),44.2(C-13),50.4(C-14),31.5(C-15),27.3(C-16),48.1(C-17),16.7(C-18),22.0(C-19),48.9(C-20),178.5(C-21),33.3(C-22),26.7(C-23),124.8(C-24),131.8(C-25),25.8(C-26),17.7(C-27),25.6(C-28),22.3(C-29),25.6(C-30)。HR-ESI-MS *m/z*:452.328 7[M+Na]+[26]。

3-酮基-羊毛甾-7,9(11),24(31)-三烯-21-酸(dehydroeburiconic acid,化合物41) 白色针状晶体,mp 239℃。^{1}H NMR(pyridine-d_5,600MHz)δ:5.58(1H,d,*J*=6.0Hz,H-7),5.34(1H,br s,H-11),4.94,4.90(each 1H,s,H-31),1.14(3H,s,H-28),1.13(3H,s,H-19),1.11(3H,s,H-29),1.03,1.04(each,3H,d,*J*=6.6Hz,H-26,H-27),1.03(3H,s,H-30),0.99(3H,s,H-18);^{13}C NMR(pyridine-d_5,150MHz)δ:36.8(C-1),34.9(C-2),215.0(C-3),47.4(C-4),51.0(C-5),23.9(C-6),120.7(C-7),142.9(C-8),144.9(C-9),37.5(C-10),117.7(C-11),36.0(C-12),44.2(C-13),50.4(C-14),31.5(C-15),27.2(C-16),48.1(C-17),16.2(C-18),22.0(C-19),49.0(C-20),31.7(C-22),32.7(C-23),155.8(C-24),34.2(C-25),22.0(C-26),21.9(C-27),22.0(C-28),22.3(C-29),25.6(C-30),107.0(C-31)。EI-MS *m/z*:466[M+][21]。

猪苓酸C(polyporenic acid C,化合物42) 白色针状晶体,mp 263℃。IR(KBr):1 763、1 707cm^{-1}。^{1}H NMR(pyridine-d_5,600MHz)δ:5.56(1H,d,*J*=6.6Hz,H-7),5.32(1H,s,H-11),4.96,4.83(each,1H,br s,H-31),4.53(1H,t,*J*=6.6Hz,H-16),1.45(3H,s,H-30),1.11(3H,s,H-29),1.11(3H,s,H-19),1.04(6H,s,H-18,28),0.96,0.98(each,3H,d,*J*=6.6Hz,H-26,H-27)。^{13}C NMR(pyridine-d_5,150MHz)δ:36.8(C-1),34.9(C-2),215.3(C-3),47.5(C-4),51.0(C-5),23.8(C-6),120.7(C-7),142.8(C-8),144.7(C-9),37.5(C-10),117.6(C-11),36.3(C-12),45.0(C-13),49.3(C-14),44.3(C-15),76.4(C-16),57.6(C-17),17.6(C-18),

22.3(C-19),48.6(C-20),31.4(C-22),33.2(C-23),156.1(C-24),34.1(C-25),23.8(C-26),21.9(C-27),22.0(C-28),22.3(C-29),25.6(C-30),107.0(C-31)。ESI-MS *m/z*:505[M+Na]$^{+}$[8]。

29-羟基-猪苓酸 C(29-hydroxyl-polyporenic acid C,化合物 43) 白色晶体,mp 258℃。IR(KBr):1 707、3 424cm^{-1}。^{1}H NMR(pyridine-d_5,500MHz)δ:5.57(1H,s,H-7),5.42(1H,d,*J*=5.4Hz,H-11),4.93,4.82(each,1H,s,H-31),4.51(1H,t,*J*=6.0Hz,H-16),4.15,3.56(each,1H,d,*J*=11.0Hz,H-29),1.40(3H,s,H-30),1.12(3H,s,H-19),1.04(6H,s,H-28),0.96,0.97(each,3H,d,*J*=6.5Hz,H-26,H-27)。^{13}C NMR(pyridine-d_5,100MHz)δ:36.1(C-1),35.2(C-2),215.5(C-3),52.7(C-4),43.0(C-5),23.7(C-6),120.7(C-7),142.8(C-8),144.2(C-9),37.1(C-10),117.7(C-11),36.3(C-12),45.1(C-13),49.3(C-14),44.4(C-15),76.4(C-16),57.7(C-17),17.6(C-18),22.4(C-19),48.5(C-20),31.7(C-22),33.2(C-23),156.1(C-24),34.1(C-25),22.0(C-26),21.9(C-27),18.6(C-28),66.7(C-29),26.1(C-30),106.9(C-31)。HR-ESI-MS *m/z*:497.327 8[M-H]$^{-}$[27]。

6-羟基-猪苓酸 C(6-hydroxyl-polyporenic acid C,化合物 44) 白色针状晶体,mp 228℃。^{1}H NMR(pyridine-d_5,400MHz)δ:5.90(1H,s,H-7),5.43(1H,d,*J*=4.4Hz,H-11),4.96,4.83(each,1H,s,H-31),4.65(1H,d,*J*=10Hz,H-6),4.50(1H,t,*J*=6.4Hz,H-16),1.65(6H,d,*J*=12.0Hz,H-29,19),1.43(3H,s,H-30),1.04(6H,s,H-18,28),0.97~0.98(each,3H,d,*J*=6.5Hz,H-26,H-27)。^{13}C NMR(pyridine-d_5,100MHz)δ:36.4(C-1),35.8(C-2),217.1(C-3),47.5(C-4),56.5(C-5),67.2(C-6),128.0(C-7),141.0(C-8),143.5(C-9),37.6(C-10),119.4(C-11),36.4(C-12),45.1(C-13),49.0(C-14),44.2(C-15),76.3(C-16),57.5(C-17),17.6(C-18),22.0(C-19),48.5(C-20),178.6(C-21),31.4(C-22),33.2(C-23),156.0(C-24),34.2(C-25),21.9(C-26),21.9(C-27),22.0(C-28),25.7(C-29),25.7(C-30),107.0(C-31)。ESI-MS *m/z*:521[M+Na]$^{+}$[8]。

25-羟基-猪苓酸 C(25-hydroxyl-polyporenic acid C,化合物 45) 白色针状晶体,mp 216℃。^{1}H NMR(pyridine-d_5,600MHz)δ:5.58(1H,br d,*J*=13.3Hz,H-7),5.36(1H,br s,H-11),5.15,5.46(each,1H,br s,H-31),4.53(1H,t,*J*=6.4Hz,H-16),1.54,1.55(each,3H,s,H-26,H-27),1.43(3H,s,H-30),1.14(3H,s,H-19),1.13(3H,s,H-28),1.07(3H,s,H-29),1.03(3H,s,H-18)。^{13}C NMR(pyridine-d_5,150MHz)δ:36.7(C-1),34.9(C-2),215.2(C-3),47.5(C-4),51.1(C-5),23.9(C-6),120.5(C-7),142.9(C-8),144.7(C-9),37.5(C-10),117.8(C-11),36.4(C-12),45.1(C-13),49.3(C-14),44.3(C-15),76.3(C-16),57.5(C-17),17.6(C-18),22.0(C-19),48.8(C-20),178.6(C-21),32.3(C-22),30.0(C-23),158.0(C-24),72.6(C-25),30.0(C-26),30.0(C-27),25.6(C-28),22.4(C-29),26.4(C-30),107.0(C-31)。ESI-MS *m/z*:521[M+Na]$^{+}$[22]。

3α,16α-二羟基-24-酮基-羊毛甾-7,9(11)-二烯-21-酸(poriacosones A,化合物 46) 白色无定形粉末。IR(KBr):3 420、1 707、1 642cm^{-1}。^{1}H NMR(pyridine-d_5,600MHz)δ:5.60(1H,br s,H-7),5.44(1H,d,*J*=5.0Hz,H-11),4.58(1H,t,*J*=7.0Hz,H-16),1.41(3H,s,H-30),1.17(3H,s,H-28),1.07(3H,s,H-19),1.05(3H,s,H-18),0.97,1.01(each,3H,d,*J*=7.0Hz,H-26,H-27),0.95(3H,s,H-29)。^{13}C NMR(pyridine-d_5,150MHz)δ:30.5(C-1),26.6(C-2),75.0(C-3),37.7(C-4),43.6(C-5),23.3(C-6),121.1(C-7),142.7(C-8),146.5(C-9),37.8(C-10),116.0(C-11),36.1(C-12),45.0(C-13),49.5(C-14),44.3(C-15),76.1(C-16),57.1(C-17),17.6(C-18),23.0(C-19),47.8(C-20),178.9(C-21),26.5(C-22),38.5(C-23),213.7(C-24),40.8(C-25),18.2(C-26),18.3(C-27),29.1(C-28),22.8(C-29),26.5(C-30)。HR-ESI-MS *m/z*:485.326 9[M-H]$^{-}$[28]。

3β,16α-二羟基-24-酮基-羊毛甾-7,9(11)-二烯-21-酸(poriacosones B,化合物 47) 白色无定形粉末。IR(KBr):3 425、1 704、1 642cm^{-1}。^{1}H NMR(pyridine-d_5,600MHz)δ:5.60(1H,d,J=4.5Hz,H-7),5.36(1H,br s,H-11),4.59(1H,dd,J=9.0、7.0Hz,H-16),1.49(3H,s,H-30),1.19(3H,s,H-28),1.11(3H,s,H-29),1.04(3H,s,H-19),1.02(3H,s,H-18),0.98,1.01(each,3H,d,J=7.0Hz,H-26,H-27)。^{13}C NMR(pyridine-d_5,150MHz)δ:36.3(C-1),28.6(C-2),78.0(C-3),39.3(C-4),49.8(C-5),23.5(C-6),121.3(C-7),142.7(C-8),146.4(C-9),37.8(C-10),116.5(C-11),36.3(C-12),45.0(C-13),49.4(C-14),44.4(C-15),76.2(C-16),57.3(C-17),17.7(C-18),23.0(C-19),47.7(C-20),178.4(C-21),26.7(C-22),38.6(C-23),213.7(C-24),40.9(C-25),18.3(C-26),18.4(C-27),28.8(C-28),16.6(C-29),26.6(C-30)。HR-ESI-MS m/z:485.327 0[M-H]$^{-}$[28]。

茯苓新酸 G(poricoic acid G,化合物 48) 白色针状晶体,mp 260℃。IR(KBr):1 707、1 639cm^{-1}。^{1}H NMR(pyridine-d_5,600MHz)δ:5.34(1H,br s,H-24),4.99,4.89(each,1H,br s,H-28),1.80(3H,s,H-29),1.62(3H,s,H-26),1.60(3H,s,H-27),1.50(3H,s,H-30),1.16(3H,s,H-18),0.96(3H,s,H-19)。^{13}C NMR(pyridine-d_5,150MHz)δ:33.5(C-1),30.5(C-2),176.7(C-3),147.8(C-4),46.9(C-5),24.3(C-6),26.3(C-7),139.3(C-8),129.9(C-9),40.6(C-10),21.7(C-11),29.9(C-12),46.1(C-13),49.7(C-14),43.8(C-15),76.4(C-16),57.4(C-17),18.0(C-18),22.5(C-19),48.5(C-20),178.9(C-21),33.2(C-22),27.1(C-23),125.2(C-24),131.5(C-25),25.9(C-26),17.7(C-27),114.2(C-28),23.3(C-29),26.3(C-30)。HR-ESI-MS m/z:486.335 2[M^{+}][29]。

茯苓新酸 GM(poricoic acid GM,化合物 49) 白色针状晶体,mp 222℃。IR(KBr):1 742、1 637cm^{-1}。^{1}H NMR(pyridine-d_5,600MHz)δ:5.33(1H,br s,H-24),4.98,4.82(each,1H,br s,H-28),1.76(3H,s,H-29),1.62(3H,s,H-26),1.59(3H,s,H-27),1.46(3H,s,H-30),1.13(3H,s,H-18),0.92(3H,s,H-19)。^{13}C NMR(pyridine-d_5,150MHz)δ:33.1(C-1),29.9(C-2),174.4(C-3),147.7(C-4),47.0(C-5),24.3(C-6),26.2(C-7),140.0(C-8),129.5(C-9),40.6(C-10),21.6(C-11),29.8(C-12),46.1(C-13),49.7(C-14),43.8(C-15),76.3(C-16),56.5(C-17),18.0(C-18),22.4(C-19),48.5(C-20),178.6(C-21),33.2(C-22),27.1(C-23),125.3(C-24),131.7(C-25),25.8(C-26),17.7(C-27),114.2(C-28),23.2(C-29),26.3(C-30),51.4($COCH_3$)。HR-ESI-MS m/z:499.338 0[M-H]$^{-}$[18]。

茯苓新酸 H(poricoic acid H,化合物 50) 白色针状晶体,mp 270℃。IR(KBr):1 706、1 639cm^{-1}。^{1}H NMR(pyridine-d_5,600MHz)δ:4.98,4.85(each,1H,s,H-31),4.99,4.90(each,1H,br s,H-28),1.80(3H,s,H-29),1.50(3H,s,H-30),1.18(3H,s,H-18),1.00(3H,d,J=6.8Hz,H-27),0.99(3H,d,J=6.8Hz,H-26),0.97(3H,s,H-19)。^{13}C NMR(pyridine-d_5,150MHz)δ:33.8(C-1),30.2(C-2),176.4(C-3),147.8(C-4),47.0(C-5),24.4(C-6),26.3(C-7),139.3(C-8),129.9(C-9),40.7(C-10),21.7(C-11),29.9(C-12),46.1(C-13),49.7(C-14),43.8(C-15),76.5(C-16),57.3(C-17),18.0(C-18),22.5(C-19),48.3(C-20),178.4(C-21),31.6(C-22),33.2(C-23),156.1(C-24),34.1(C-25),22.0(C-26),21.9(C-27),114.2(C-28),23.3(C-29),26.3(C-30),107.0(C-31)。HR-ESI-MS m/z:500.350 2[M^{+}][29]。

茯苓新酸 HM(poricoic acid HM,化合物 51) 白色针状晶体,mp 183℃。IR(KBr):1 739、1 633cm^{-1}。^{1}H NMR(pyridine-d_5,600MHz)δ:4.95,4.83(each,1H,s,H-31),4.96,4.81(each,1H,br s,H-28),1.76(3H,s,H-29),1.43(3H,s,H-30),1.12(3H,s,H-18),1.00(3H,d,J=6.3Hz,H-27),0.99(3H,d,J=6.3Hz,H-26),0.92(3H,s,H-19)。^{13}C NMR(pyridine-d_5,150MHz)δ:33.1(C-1),29.9(C-2),174.4(C-3),147.7(C-4),47.0(C-5),24.3(C-6),26.2(C-7),139.6(C-8),129.5(C-9),40.6(C-10),21.6(C-11),29.7(C-12),46.1(C-13),49.7

(C－14),43.8(C－15),76.9(C－16),57.3(C－17),18.0(C－18),22.4(C－19),48.3(C－20),178.5(C－21),31.6(C－22),33.2(C－23),156.3(C－24),34.1(C－25),21.9(C－26),22.1(C－27),114.2(C－28),23.2(C－29),26.3(C－30),106.9(C－31),51.4($COCH_3$)。HR-ESI-MS m/z:513.355 3[M-H]$^-$[18]。

6,7－去氢茯苓新酸 H(6,7－dehydroporicoic acid H,化合物 52)　无定形粉末。IR(KBr):3 446、1 647、894cm^{-1}。^{1}H NMR(pyridine-d_5,600MHz)δ:5.94(1H,d,J=9.4Hz,H－7),5.51(1H,dd,J=9.4、5.4Hz,H－6),4.97,4.85(each,1H,s,H－31),4.88,4.76(each,1H,br s,H－28),1.74(3H,s,H－29),1.47(3H,s,H－30),1.14(3H,s,H－18),1.00(3H,d,J=6.9Hz,H－27),0.99(3H,d,J=6.9Hz,H－26),0.94(3H,s,H－19)。^{13}C NMR(pyridine-d_5,150MHz)δ:36.2(C－1),30.5(C－2),174.5(C－3),145.7(C－4),52.4(C－5),126.2(C－6),124.8(C－7),135.5(C－8),132.3(C－9),38.2(C－10),23.4(C－11),29.3(C－12),45.5(C－13),48.0(C－14),43.4(C－15),76.8(C－16),56.8(C－17),17.7(C－18),19.4(C－19),48.8(C－20),178.6(C－21),31.4(C－22),33.2(C－23),156.1(C－24),34.1(C－25),22.0(C－26),21.9(C－27),114.2(C－28),20.3(C－29),27.5(C－30),107.0(C－31)。HR-ESI-MS m/z:497.326 7[M-H]$^-$[18]。

25－羟基-茯苓新酸 H(25－hydroxy－poricoic acid H,化合物 53)　白色针状晶体,mp 228℃。IR(KBr):3 422、1 639、899cm^{-1}。^{1}H NMR(pyridine-d_5,600MHz)δ:5.50,5.18(each,1H,s,H－31),4.99,4.89(each,1H,br s,H－28),1.80(3H,s,H－29),1.56(3H,s,H－27),1.55(3H,s,H－26),1.51(3H,s,H－30),1.17(3H,s,H－18),0.97(3H,s,H－19)。^{13}C NMR(pyridine-d_5,150MHz)δ:33.6(C－1),30.4(C－2),176.6(C－3),147.9(C－4),47.0(C－5),24.4(C－6),26.3(C－7),139.3(C－8),129.9(C－9),40.7(C－10),21.7(C－11),29.9(C－12),46.1(C－13),49.8(C－14),43.8(C－15),76.4(C－16),57.3(C－17),18.0(C－18),22.5(C－19),48.8(C－20),178.2(C－21),32.5(C－22),30.0(C－23),158.1(C－24),72.6(C－25),30.1(C－26),30.1(C－27),114.2(C－28),23.3(C－29),26.3(C－30),107.0(C－31)。HR-ESI-MS m/z:516.345 1[M$^+$][22]。

茯苓新酸 A(poricoic acid A,化合物 54)　白色针状晶体,mp 249℃。IR(KBr):1 703、1 640cm^{-1}。^{1}H NMR(pyridine-d_5,600MHz)δ:5.33(1H,br s,H－11),5.29(1H,br s,H－7),4.94,4.84(each,1H,s,H－31),4.83,4.77(each,1H,br s,H－28),4.51(1H,dd,J=8.0、6.0Hz,H－16),1.74(3H,s,H－29),1.49(3H,s,H－30),1.09(3H,s,H－18),1.03(3H,s,H－19),0.99,0.98(each,3H,s,H－26,27)。^{13}C NMR(pyridine-d_5,150MHz)δ:36.4(C－1),30.2(C－2),176.4(C－3),149.1(C－4),50.7(C－5),28.6(C－6),117.9(C－7),141.6(C－8),137.5(C－9),38.8(C－10),120.2(C－11),37.0(C－12),45.6(C－13),49.3(C－14),43.8(C－15),76.4(C－16),57.5(C－17),18.3(C－18),22.2(C－19),48.3(C－20),178.7(C－21),31.3(C－22),33.2(C－23),156.0(C－24),34.1(C－25),22.0(C－26),21.7(C－27),112.1(C－28),22.2(C－29),24.8(C－30),107.0(C－31)。HR-ESI-MS m/z:498.336 2[M$^+$][30]。

茯苓新酸 AM(poricoic acid AM,化合物 55)　白色针状晶体,mp 222℃。IR(KBr):1 741、1 643cm^{-1}。^{1}H NMR(pyridine-d_5,600MHz)δ:5.33(1H,br s,H－11),5.27(1H,br s,H－7),4.98,4.85(each,1H,s,H－31),4.81,4.76(each,1H,br s,H－28),4.52(1H,br t,J=7.0Hz,H－16),3.62(3H,s,OMe),1.72(3H,s,H－29),1.43(3H,s,H－30),1.08(3H,s,H－18),0.96(3H,s,H－19),0.98,1.00(each,3H,d,J=7.0Hz,H－26,27)。^{13}C NMR(pyridine-d_5,150MHz)δ:35.9(C－1),29.5(C－2),174.4(C－3),149.0(C－4),50.7(C－5),28.5(C－6),117.9(C－7),141.7(C－8),137.2(C－9),38.8(C－10),120.4(C－11),37.0(C－12),45.6(C－13),49.2(C－14),43.8(C－15),76.4(C－16),57.5(C－17),18.3(C－18),22.2(C－19),48.4(C－20),178.5(C－21),31.4(C－22),33.2(C－23),156.0(C－24),34.1(C－25),22.0(C－26),21.9(C－27),112.2(C－28),22.2(C－29),24.8(C－30),107.0(C－31),51.3(OCH_3)。HR-ESI-MS m/z:512.345 0[M$^+$][30]。

茯苓新酸 AE(poricoic acid AE,化合物 56) 白色针状晶体,mp 220℃。IR(KBr):3 393、1 703cm^{-1}。^{1}H NMR(pyridine-d_5,600MHz)δ:5.31(1H,m,H-11),5.28(1H,br s,H-7),4.98,4.85(each,1H,s,H-31),4.81,4.76(each,1H,br s,H-28),4.52(1H,m,H-16),4.12(OCH$_2$Me),1.72(3H,s,H-29),1.43(3H,s,H-30),1.14(OCH$_2$CH$_3$),1.08(3H,s,H-18),0.98,1.00(each,3H,d,J=7.0Hz,H-26,27),0.97(3H,s,H-19)。^{13}C NMR(pyridine-d_5,150MHz)δ:35.9(C-1),29.8(C-2),174.1(C-3),149.1(C-4),50.7(C-5),28.5(C-6),118.0(C-7),141.8(C-8),137.3(C-9),38.8(C-10),120.5(C-11),37.0(C-12),45.6(C-13),49.3(C-14),43.8(C-15),76.4(C-16),57.6(C-17),18.3(C-18),22.2(C-19),48.4(C-20),178.5(C-21),31.4(C-22),33.2(C-23),156.1(C-24),34.1(C-25),22.0(C-26),21.9(C-27),112.2(C-28),22.1(C-29),24.8(C-30),107.1(C-31),60.2(OCH$_2$CH$_3$),14.3(OCH$_2$CH$_3$)。HR-ESI-MS m/z:525.356 3[M-H]$^{-}$[19]。

25-甲氧基茯苓新酸 A(25-methoxyporicoic acid A,化合物 57) 白色针状晶体,mp 216℃。IR(KBr):3 435、1 649cm^{-1}。^{1}H NMR(pyridine-d_5,600MHz)δ:5.48,5.15(each,1H,s,H-31),5.34(1H,br s,H-11),5.30(1H,br s,H-7),4.81,4.74(each,1H,br s,H-28),4.48(1H,q,J=7.9Hz,H-16),1.73(3H,s,H-29),1.29,1.28(each,3H,s,H-26,27),1.45(3H,s,H-30),1.09(3H,s,H-18),1.05(3H,s,H-19)。^{13}C NMR(pyridine-d_5,150MHz)δ:36.4(C-1),30.2(C-2),176.8(C-3),149.2(C-4),50.7(C-5),28.6(C-6),118.0(C-7),141.9(C-8),137.3(C-9),38.9(C-10),120.3(C-11),37.0(C-12),45.6(C-13),49.3(C-14),43.8(C-15),76.5(C-16),57.6(C-17),18.3(C-18),22.3(C-19),48.8(C-20),178.6(C-21),31.8(C-22),38.8(C-23),153.2(C-24),77.5(C-25),25.8(C-26),25.9(C-27),112.2(C-28),22.3(C-29),24.9(C-30),110.7(C-31),50.2(OMe-25)。HR-ESI-MS m/z:551.332 2[M+Na]$^{+}$[18]。

茯苓新酸 B(poricoic acid B,化合物 58) 白色针状晶体,mp 249℃。IR(KBr):1 707、1 639cm^{-1}。^{1}H NMR(pyridine-d_5,600MHz)δ:5.32(1H,m,H-11),5.27(1H,br s,H-7),4.82,4.76(each,1H,br s,H-28),4.51(1H,dd,J=8.0、6.0Hz,H-16),1.73(3H,s,H-29),1.61(3H,s,H-27),1.59(3H,s,H-26),1.48(3H,s,H-30),1.08(3H,s,H-18),1.03(3H,s,H-19)。^{13}C NMR(pyridine-d_5,150MHz)δ:36.4(C-1),30.2(C-2),176.6(C-3),149.2(C-4),50.7(C-5),28.6(C-6),117.7(C-7),141.7(C-8),137.5(C-9),38.7(C-10),120.2(C-11),37.0(C-12),45.6(C-13),49.2(C-14),43.7(C-15),76.4(C-16),57.6(C-17),18.3(C-18),22.3(C-19),48.3(C-20),178.6(C-21),33.0(C-22),27.1(C-23),125.1(C-24),131.4(C-25),25.7(C-26),17.7(C-27),112.1(C-28),22.3(C-29),24.9(C-30)。HR-ESI-MS m/z:484.312 3[M]$^{+}$[30]。

茯苓新酸 BM(poricoic acid BM,化合物 59) 无定形粉末。IR(KBr):1 734、1 706cm^{-1}。^{1}H NMR(pyridine-d_5,500MHz)δ:5.30(1H,br s,H-11),5.26(1H,br s,H-7),4.82,4.76(each,1H,br s,H-28),4.52(1H,dd,J=8.0、6.0Hz,H-16),3.64(3H,s,OMe),1.71(3H,s,H-29),1.61,1.59(each,3H,d,J=7.0Hz,H-26,27),1.42(3H,s,H-30),1.08(3H,s,H-18),0.96(3H,s,H-19)。^{13}C NMR(pyridine-d_5,150MHz)δ:35.9(C-1),29.5(C-2),174.4(C-3),149.0(C-4),50.7(C-5),28.5(C-6),117.9(C-7),141.8(C-8),137.2(C-9),38.8(C-10),120.4(C-11),37.0(C-12),45.6(C-13),49.2(C-14),43.7(C-15),76.4(C-16),57.7(C-17),18.3(C-18),22.2(C-19),48.2(C-20),178.5(C-21),33.0(C-22),27.1(C-23),125.1(C-24),131.5(C-25),25.8(C-26),17.7(C-27),112.2(C-28),22.2(C-29),24.8(C-30),51.3(OCH$_3$)。HR-ESI-MS m/z:498.334 5[M]$^{+}$[21]。

16-去氧茯苓新酸 B(16-deoxyporicoic acid B,化合物 60) 白色针状晶体,mp 142℃。IR(KBr):1 708、1 640cm^{-1}。^{1}H NMR(pyridine-d_5,600MHz)δ:5.31(1H,m,H-11),5.29(1H,br s,

H－7)，4.82，4.75(each，1H，br s，H－28)，1.72(3H，s，H－29)，1.67(3H，s，H－26)，1.61(3H，s，H－27)，1.02(3H，s，H－30)，1.02(3H，s，H－19)，1.00(3H，s，H－18)。^{13}C NMR(pyridine-d_5，150MHz)δ:36.4(C－1)，30.2(C－2)，176.6(C－3)，149.3(C－4)，50.8(C－5)，28.6(C－6)，118.0(C－7)，142.0(C－8)，137.6(C－9)，38.8(C－10)，120.5(C－11)，36.8(C－12)，44.7(C－13)，50.3(C－14)，31.0(C－15)，27.3(C－16)，48.3(C－17)，17.0(C－18)，22.3(C－19)，48.8(C－20)，178.4(C－21)，33.2(C－22)，26.7(C－23)，124.8(C－24)，131.7(C－25)，25.8(C－26)，17.7(C－27)，112.1(C－28)，22.2(C－29)，24.3(C－30)。HR-ESI-MS m/z:484.323 7[M$^+$][22]。

茯苓新酸 C(poricoic acid C，化合物 61)　无定形粉末，mp 195℃。IR(KBr)：1 646、894cm^{-1}。^{1}H NMR(pyridine-d_5，600MHz)δ:5.30(2H，br s，H－7，11)，4.94，4.90(each，1H，s，H－31)，4.83，4.76(each，1H，br s，H－28)，1.74(3H，s，H－29)，1.49(3H，s，H－30)，1.09(3H，s，H－18)，1.03(3H，s，H－19)，0.99，0.98(each，3H，s，H－26，27)。^{13}C NMR(pyridine-d_5，150MHz)δ:36.4(C－1)，30.2(C－2)，176.5(C－3)，149.2(C－4)，50.8(C－5)，28.6(C－6)，118.0(C－7)，141.9(C－8)，137.6(C－9)，38.8(C－10)，120.4(C－11)，36.8(C－12)，44.7(C－13)，49.0(C－14)，31.0(C－15)，27.2(C－16)，50.3(C－17)，17.0(C－18)，22.2(C－19)，48.3(C－20)，178.3(C－21)，31.3(C－22)，32.7(C－23)，155.8(C－24)，34.2(C－25)，22.0(C－26)，21.9(C－27)，112.1(C－28)，22.3(C－29)，24.3(C－30)，107.0(C－31)。HR-ESI-MS m/z:482.340 4[M$^+$][10]。

茯苓新酸 CM(poricoic acid CM，化合物 62)　白色针状晶体。IR(KBr)：1 646、894cm^{-1}。^{1}H NMR(pyridine-d_5，600MHz)δ:5.30(2H，br s，H－7，11)，4.76，4.69(each，1H，s，H－31)，4.66，4.64(each，1H，br s，H－28)，3.62(3H，s，OMe)，1.65(3H，s，H－29)，0.87(3H，s，H－30)，0.71(3H，s，H－18)，0.95(3H，s，H－19)，1.02，1.01(each，3H，d，J=6.8Hz，H－26，27)。^{13}C NMR(pyridine-d_5，150MHz)δ:35.5(C－1)，29.3(C－2)，174.8(C－3)，148.9(C－4)，50.6(C－5)，28.3(C－6)，118.0(C－7)，141.3(C－8)，137.1(C－9)，38.4(C－10)，119.9(C－11)，36.3(C－12)，44.1(C－13)，49.9(C－14)，30.5(C－15)，27.0(C－16)，47.6(C－17)，16.7(C－18)，21.9(C－19)，47.7(C－20)，178.0(C－21)，31.0(C－22)，32.1(C－23)，155.2(C－24)，33.8(C－25)，21.8(C－26)，21.9(C－27)，111.8(C－28)，22.0(C－29)，24.0(C－30)，106.9(C－31)，51.5(OCH_3)。HR-ESI-MS m/z:496.355 0[M$^+$][22]。

茯苓新酸 CE(poricoic acid CE，化合物 63)　白色针状晶体，mp 222℃。IR(KBr)：3 425、1 715cm^{-1}。^{1}H NMR(pyridine-d_5，600MHz)δ:5.28(1H，m，H－11)，5.27(1H，br s，H－7)，4.93，4.89(each，1H，s，H－31)，4.81，4.76(each，1H，br s，H－28)，4.15(OCH_2Me)，1.71(3H，s，H－29)，1.17(OCH_2CH_3)，1.03，1.02(each，3H，d，J=6.8Hz，H－26，27)，1.01(3H，s，H－18)，0.99(3H，s，H－30)，0.96(3H，s，H－19)。^{13}C NMR(pyridine-d_5，150MHz)δ:35.9(C－1)，29.9(C－2)，174.1(C－3)，149.1(C－4)，50.7(C－5)，28.6(C－6)，118.0(C－7)，141.8(C－8)，137.3(C－9)，38.8(C－10)，120.6(C－11)，36.8(C－12)，44.7(C－13)，50.3(C－14)，31.0(C－15)，27.2(C－16)，48.3(C－17)，17.0(C－18)，22.1(C－19)，48.9(C－20)，178.3(C－21)，31.7(C－22)，32.7(C－23)，155.9(C－24)，34.2(C－25)，22.0(C－26)，21.9(C－27)，112.2(C－28)，22.1(C－29)，24.3(C－30)，107.0(C－31)，60.2(OCH_2CH_3)，14.3(OCH_2CH_3)。HR-ESI-MS m/z:509.361 5[M-H]$^-$[19]。

25-羟基-茯苓新酸 C(25-hydroxy-poricoic acid C，化合物 64)　白色针状晶体，mp 225℃。IR(KBr)：3 447，1 641cm^{-1}。^{1}H NMR(pyridine-d_5，600MHz)δ:5.48，5.15(each，1H，s，H－31)，5.34(1H，br s，H－11)，5.30(1H，br s，H－7)，4.81，4.74(each，1H，br s，H－28)，4.48(1H，q，J=7.9Hz，H－16)，1.73(3H，s，H－29)，1.29，1.28(each，3H，s，H－26，27)，1.45(3H，s，H－30)，1.09(3H，s，H－18)，1.05(3H，s，H－19)。^{13}C NMR(pyridine-d_5，150MHz)δ:36.5(C－1)，29.7(C－2)，176.4(C－3)，149.3(C－4)，50.8(C－5)，28.6(C－6)，118.0(C－7)，142.0(C－8)，137.6(C－9)，38.8(C－10)，120.5(C－11)，36.8(C－12)，44.7(C－13)，50.5(C－14)，31.0(C－15)，27.3(C－16)，

48.3(C-17),17.0(C-18),22.2(C-19),48.3(C-20),178.5(C-21),32.7(C-22),28.6(C-23),157.8(C-24),72.5(C-25),30.0(C-26),30.0(C-27),112.1(C-28),22.3(C-29),24.3(C-30),107.0(C-31)。HR-ESI-MS m/z:497.327 4[M-H]$^-$[18]。

茯苓新酸 D(poricoic acid D,化合物 65) 无定形粉末。IR(KBr):1 710、1 639cm^{-1}。^{1}H NMR(pyridine-d_5,600MHz)δ:5.34(1H,br s,H-11),5.17,5.49(each,1H,s,H-31),5.29(1H,br s,H-7),4.83,4.77(each,1H,br s,H-28),4.54(1H,dd,J=8、6Hz,H-16),1.74(3H,s,H-29),1.56,1.55(each,3H,s,H-26,27),1.50(3H,s,H-30),1.10(3H,s,H-18),1.03(3H,s,H-19)。^{13}C NMR(pyridine-d_5,150MHz)δ:36.4(C-1),30.2(C-2),176.6(C-3),149.2(C-4),50.7(C-5),28.6(C-6),117.9(C-7),141.6(C-8),137.5(C-9),38.8(C-10),120.3(C-11),37.0(C-12),45.6(C-13),49.3(C-14),43.8(C-15),76.4(C-16),57.5(C-17),18.3(C-18),22.3(C-19),48.5(C-20),178.7(C-21),32.2(C-22),30.0(C-23),157.8(C-24),72.6(C-25),30.0(C-26),30.0(C-27),112.1(C-28),22.3(C-29),24.8(C-30),107.0(C-31)。FAB-MS m/z:537[M+Na]$^+$[10]。

茯苓新酸 DM(poricoic acid DM,化合物 66) 无定形粉末。IR(KBr):1 734、1 717cm^{-1}。^{1}H NMR(pyridine-d_5,600MHz)δ:5.28(2H,br s,H-7,11),5.17,5.49(each,1H,s,H-31),5.29(1H,br s,H-7),4.81,4.76(each,1H,br s,H-28),4.54(1H,dd,J=8.0、6.0Hz,H-16),3.62(3H,s,OMe),1.72(3H,s,H-29),1.56,1.55(each,3H,s,H-26,27),1.44(3H,s,H-30),1.08(3H,s,H-18),0.96(3H,s,H-19)。^{13}C NMR(pyridine-d_5,150MHz)δ:35.9(C-1),29.6(C-2),174.4(C-3),149.2(C-4),50.7(C-5),28.6(C-6),117.9(C-7),141.6(C-8),137.5(C-9),38.8(C-10),120.3(C-11),37.0(C-12),45.6(C-13),49.3(C-14),43.8(C-15),76.4(C-16),57.5(C-17),18.3(C-18),22.3(C-19),48.5(C-20),178.7(C-21),32.2(C-22),30.0(C-23),157.8(C-24),72.6(C-25),30.0(C-26),30.0(C-27),112.1(C-28),22.3(C-29),24.8(C-30),107.0(C-31),51.3(OCH_3)。HR-ESI-MS m/z:510[M-H_2O]$^-$[10]。

26-羟基-茯苓新酸 DM(26-hydroxy-poricoic acid DM,化合物 67) 无定形粉末。IR(KBr):3 447,1 642cm^{-1}。^{1}H NMR(pyridine-d_5,600MHz)δ:5.56,5.28(each,1H,s,H-31),5.29(1H,br s,H-11),5.29(1H,br s,H-7),4.80,4.77(each,1H,br s,H-28),4.50(1H,br t,J=7.1Hz,H-16),3.91,4.01(each,1H,d,J=10.6Hz,H-26),1.71(3H,s,H-29),1.63(3H,s,H-27),1.41(3H,s,H-30),1.04(3H,s,H-18),0.96(3H,s,H-19)。^{13}C NMR(pyridine-d_5,150MHz)δ:35.9(C-1),29.5(C-2),174.5(C-3),149.7(C-4),50.7(C-5),28.5(C-6),117.9(C-7),141.8(C-8),137.2(C-9),38.8(C-10),120.5(C-11),38.0(C-12),45.6(C-13),49.2(C-14),43.7(C-15),75.9(C-16),57.5(C-17),18.3(C-18),22.2(C-19),48.4(C-20),178.6(C-21),31.8(C-22),30.3(C-23),155.0(C-24),76.3(C-25),69.7(C-26),25.1(C-27),112.2(C-28),22.1(C-29),24.8(C-30),109.2(C-31),51.3(OCH_3)。HR-ESI-MS m/z:567.327 2[M+Na]$^+$[18]。

茯苓新酸 E(poricoic acid E,化合物 68) 无定形粉末。IR(KBr):1 708、1 639cm^{-1}。^{1}H NMR(pyridine-d_5,600MHz)δ:5.47(1H,br s,H-24),5.34(1H,br s,H-11),5.28(1H,br s,H-7),4.83,4.77(each,1H,br s,H-28),4.53,4.38(each,1H,d,J=8.0Hz,H-27),1.97(3H,s,H-26),1.74(3H,s,H-29),1.48(3H,s,H-30),1.06(3H,s,H-18),1.04(3H,s,H-19)。^{13}C NMR(pyridine-d_5,150MHz)δ:36.4(C-1),30.3(C-2),176.6(C-3),149.2(C-4),50.7(C-5),28.6(C-6),117.9(C-7),141.9(C-8),137.5(C-9),38.9(C-10),120.3(C-11),37.0(C-12),45.7(C-13),49.3(C-14),43.8(C-15),76.3(C-16),57.6(C-17),18.4(C-18),22.3(C-19),48.3(C-20),179.0(C-21),33.1(C-22),26.6(C-23),126.8(C-24),136.9(C-25),21.9(C-26),60.8(C-27),112.1(C-28),22.3(C-29),24.9(C-30)。HR-ESI-MS m/z:528.337 5[M$^+$][21]。

茯苓新酸 F(poricoic acid F,化合物 69) 无定形粉末。^{1}H NMR(pyridine-d_5,600MHz)δ:5.62,

5.20(each,1H,br s,H－28),5.30(1H,br s,H－11),5.26(1H,br s,H－7),4.39(2H,br s,H－29),0.99(3H,s,H－26),1.38(3H,s,H－30),1.09(3H,s,H－18),0.97(3H,s,H－19)。^{13}C NMR(pyridine-d_5,150MHz)δ:35.9(C－1),29.6(C－2),174.5(C－3),153.8(C－4),46.4(C－5),29.3(C－6),118.3(C－7),141.7(C－8),137.2(C－9),39.4(C－10),120.5(C－11),36.8(C－12),45.3(C－13),49.1(C－14),43.7(C－15),76.1(C－16),57.5(C－17),18.4(C－18),22.1(C－19),47.6(C－20),176.4(C－21),31.1(C－22),32.9(C－23),155.5(C－24),33.9(C－25),21.9(C－26),21.8(C－27),109.1(C－28),65.3(C－29),24.8(C－30),107.2(C－31)。HR-ESI-MS m/z:528.370 1 $[M]^+$[21]。

3,4－开环－羊毛甾－4(28),7,9(11),24－四烯－3,26－二酸(3,4－seclanosta－4(28),7,9(11),24－tetraen－3,26－dioic acid,化合物70)　无定形粉末。^{1}H NMR(pyridine-d_5,600MHz)δ:6.03(1H,t,J=6.8Hz,H－24),5.33(1H,br s,H－11),5.22(1H,br s,H－7),4.82,4.36(each,1H,br s,H－28),2.13(3H,s,H－27),1.73(3H,s,H－29),1.09(3H,s,H－19),1.00(3H,d,J=6.0Hz,H－21),0.99(3H,s,H－26),0.93(3H,s,H－30),0.67(3H,s,H－18)。^{13}C NMR(pyridine-d_5,150MHz)δ:36.3(C－1),30.3(C－2),176.8(C－3),149.4(C－4),50.9(C－5),28.6(C－6),117.8(C－7),142.7(C－8),137.5(C－9),36.7(C－10),120.5(C－11),38.9(C－12),44.6(C－13),50.5(C－14),31.3(C－15),28.2(C－16),51.3(C－17),16.8(C－18),22.3(C－19),36.5(C－20),18.6(C－21),36.3(C－22),27.0(C－23),142.1(C－24),128.7(C－25),170.7(C－26),21.6(C－27),111.2(C－28),22.2(C－29),24.3(C－30)。HR-ESI-MS m/z:467.315 9$[M^+]$[31]。

Daedaleanic aid A(化合物71)　白色粉末。^{1}H NMR(pyridine-d_5,500MHz)δ:7.06(1H,d,J=7.7Hz,H－6),6.95(1H,d,J=7.7Hz,H－7),4.98,4.84(each,1H,br s,H－31),4.62(1H,br s,H－16),2.25(3H,s,H－19),1.58(3H,s,H－30),1.03(3H,s,H－18),1.02(6H,d,J=7.2Hz,H－28,29),0.99,0.98(each,3H,d,J=6.3Hz,H－26,27)。^{13}C NMR(pyridine-d_5,150MHz)δ:23.8(C－1),39.1(C－2),213.4(C－3),40.9(C－4),133.1(C－5),128.1(C－6),123.1(C－7),145.9(C－8),133.3(C－9),138.0(C－10),23.4(C－11),29.7(C－12),45.4(C－13),49.4(C－14),45.1(C－15),76.7(C－16),57.3(C－17),18.0(C－18),19.7(C－19),48.7(C－20),178.6(C－21),31.4(C－22),33.2(C－23),156.1(C－24),34.1(C－25),22.0(C－26),21.9(C－27),18.3(C－28),18.4(C－29),29.3(C－30),107.0(C－31)。HR-ESI-MS m/z:482.338 6$[M^+]$[32]。

β－香树脂醇乙酸脂(β－amyrin acetate,化合物72)　白色针状晶体(甲醇),Libermann-Burchard反应为阳性。^{1}H NMR(pyridine-d_5,600MHz)δ:4.70(1H,dd,J=5.1、11.2Hz,H－12),2.06(3H,s,CH_3CO),1.21(3H,s,H－27),0.96(3H,s,H－25),0.91～0.85(15H,br s,H－23,24,28,29,30),0.83(3H,s,H－26)。^{13}C NMR(pyridine-d_5,125MHz)δ:38.4(C－1),23.9(C－2),80.7(C－3),37.9(C－4),55.4(C－5),18.5(C－6),32.7(C－7),40.1(C－8),47.8(C－9),37.0(C－10),23.7(C－11),122.2(C－12),145.2(C－13),41.9(C－14),28.1(C－15),26.5(C－16),32.8(C－17),47.5(C－18),47.0(C－19),31.2(C－20),38.3(C－21),37.4(C－22),28.6(C－23),16.9(C－24),15.6(C－25),17.0(C－26),26.1(C－27),27.1(C－28),33.4(C－29),23.7(C－30),170.6(CH_3CO),21.1(CH_3CO)。ESI-MS m/z:491$[M+Na]^+$[8]。

α－香树脂醇乙酸脂(α－amyrin acetate,化合物73)　白色针状晶体(甲醇),mp 219℃。^{1}H NMR($CDCl_3$,600MHz)δ:5.13(1H,t,J=3.5Hz,H－12),2.05(3H,s,CH_3CO),0.92(3H,d,J=5.7Hz,H－27),0.86(3H,d,J=6.4Hz,H－26),1.07～0.80(15H,br s,H－23,24,28,29,30),0.83(3H,s,H－25)。^{13}C NMR(pyridine-d_5,125MHz)δ:38.5(C－1),23.7(C－2),80.9(C－3),37.8(C－4),55.3(C－5),18.3(C－6),32.9(C－7),40.1(C－8),47.7(C－9),36.9(C－10),23.4(C－11),124.4(C－12),139.7(C－13),42.1(C－14),28.0(C－15),26.7(C－16),33.8(C－17),59.2(C－18),39.7(C－19),39.7(C－20),31.3(C－21),41.6(C－22),28.2(C－23),16.9(C－24),15.6(C－25),17.0(C－

26)，23.2(C-27)，28.1(C-28)，17.5(C-29)，21.4(C-30)，170.9(CH_3CO)，21.3(CH_3CO)。ESI-MS m/z：491[M+Na]+[8,33]。

齐墩果酸(oleanic acid，化合物 74) 白色粉末，Libermann-Burchard 反应为阳性。^{1}H NMR(pyridine-d_5，500MHz)δ：5.50(1H，br s，H-12)，3.43(1H，dd，J=6.0、10.2Hz，H-3)，1.28(3H，s，H-27)，1.22(3H，s，H-25)，1.06(3H，s，H-23)，1.02(3H，s，H-30)，1.00(3H，s，H-29)，0.94(3H，s，H-24)，0.89(3H，s，H-26)。^{13}C NMR(pyridine-d_5，100MHz)δ：38.9(C-1)，28.1(C-2)，78.1(C-3)，39.4(C-4)，55.8(C-5)，18.8(C-6)，33.2(C-7)，39.8(C-8)，48.1(C-9)，37.4(C-10)，23.1(C-11)，122.6(C-12)，144.8(C-13)，42.2(C-14)，28.3(C-15)，23.7(C-16)，46.7(C-17)，46.5(C-18)，42.0(C-19)，31.0(C-20)，34.2(C-21)，33.3(C-22)，28.3(C-23)，16.5(C-24)，15.6(C-25)，17.4(C-26)，26.2(C-27)，180.2(C-28)，33.3(C-29)，23.8(C-30)。ESI-MS m/z：457[M+H]+[8]。

齐墩果酸乙酸酯(oleanic acid 3-acetate，化合物 75) 白色粉末(甲醇)，mp 268℃。^{1}H NMR($CDCl_3$，300MHz)δ：5.27(1H，s，H-12)，4.49(1H，t，J=8.0Hz)，2.04(3H，s，$COCH_3$)，1.12(3H，s)，0.93～0.84(18H，br s)，0.74(3H，s)。^{13}C NMR($CDCl_3$，100MHz)δ：37.7(C-1)，27.6(C-2)，80.9(C-3)，39.2(C-4)，55.2(C-5)，18.1(C-6)，33.0(C-7)，38.0(C-8)，47.5(C-9)，36.9(C-10)，22.8(C-11)，122.5(C-12)，143.6(C-13)，41.5(C-14)，25.9(C-15)，23.5(C-16)，46.5(C-17)，40.8(C-18)，45.8(C-19)，30.6(C-20)，33.7(C-21)，32.4(C-22)，28.0(C-23)，16.6(C-24)，15.4(C-25)，17.1(C-26)，23.5(C-27)，171.0(C-28)，32.4(C-29)，23.3(C-30)，184.1(CH_3CO)，21.3(CH_3CO)。ESI-MS m/z：497[M-H]-[8]。

Dehydroabietic acid methyl ester(化合物 76) ^{13}C NMR(pyridine-d_5，100MHz)δ：38.0(C-1)，18.5(C-2)，36.6(C-3)，47.6(C-4)，44.8(C-5)，21.7(C-6)，30.0(C-7)，134.6(C-8)，146.9(C-9)，36.9(C-10)，124.1(C-11)，123.9(C-12)，145.7(C-13)，126.9(C-14)，33.4(C-15)，23.9(C-16)，23.9(C-17)，179.1(C-18)，16.5(C-19)，25.1(C-20)[29,34]。

7-oxo-15-hydroxydehydroabietic acid(化合物 77) 无定形粉末。IR(KBr)：3 420、1 673cm^{-1}。^{1}H NMR(CD_3COCD_3，500MHz)δ：8.09(1H，d，J=2.4Hz，H-14)，7.74(1H，dd，J=8.4、2.4Hz，H-12)，7.48(1H，d，J=8.4Hz，H-11)，1.51(each，3H，s，H-16，17)，1.30(3H，s，H-18)，1.52(3H，s，H-20)。^{13}C NMR(CD_3COCD_3，125MHz)δ：39.2(C-1)，20.5(C-2)，38.3(C-3)，44.1(C-4)，50.7(C-5)，38.1(C-6)，198.3(C-7)，131.0(C-8)，147.3(C-9)，39.2(C-10)，125.5(C-11)，131.3(C-12)，149.3(C-13)，123.3(C-14)，71.7(C-15)，32.2(C-16)，32.2(C-17)，28.4(C-18)，178.3(C-19)，22.0(C-20)。HR-ESI-MS m/z：331.190 3[M^+][18,35]。

灵芝酸 B(ganoderic acid B，78) 无色针晶(丙酮)，mp 235℃，Liebermann-Burchard 反应为阳性。IR(KBr)：3 539、3 386、1 739、1 709、1 647cm^{-1}。^{1}H NMR($CDCl_3$，300MHz)δ：4.79(1H，t，J=8.7Hz)，3.21(1H，dd，J=9.9、3.6Hz)，1.34(3H，s)，1.22(3H，d，J=7.8Hz)，1.21(3H，s)，1.02(3H，s)，1.00(3H，s)，0.97(3H，d，J=6.6Hz)，0.84(3H，s)。^{13}C NMR($CDCl_3$，100MHz)δ：217.5、207.7、197.9、180.4、156.8、142.6、78.3、66.8、28.1、24.4、19.6、18.4、17.4、16.9、15.4。EI-MS 显示出 m/z：517[M+H]+，499[M-OH]+[11]。

二、茯苓中的甾醇类成分

(一) 甾醇类成分的提取与分离

称取茯苓白色菌核 20kg，用 95%乙醇加热回流提取 3 次，每次分别提取 2h、1h、1h，合并提取液，减压浓缩得浸膏 250g。将浸膏用水溶解后，分别用乙酸乙酯和正丁醇萃取，其中乙酸乙酯部分 101g，

经硅胶柱色谱分离、氯仿-甲醇梯度洗脱，得到氯仿∶甲醇99∶1、49∶1、19∶2、9∶1、甲醇共5个部分。其中，氯仿∶甲醇99∶1部分26.9g，经反复硅胶柱色谱、石油醚-丙酮系统、石油醚-乙酸乙酯、氯仿-甲醇系统洗脱，从中分离得到化合物(79)～(94)[8](图14－5)。

胡斌等人[36]将干茯苓块15kg，经乙醚提取后再用乙醇提取，浓缩液分别用乙酸乙酯和正丁醇萃取。乙酸乙酯和正丁醇部位经硅胶、Sephadex LH－20、RP－18、MCI反复柱层析，得到化合物(95)～(98)(图14－5)。

（二）茯苓中甾醇类化学成分的结构鉴定

麦角甾醇(ergosta－5，7，22－trien－3β－ol，化合物79)　白色针状晶体，mp 162℃。^{1}H NMR(pyridine-d_5，300MHz)δ：0.68(3H，s，H－18)，0.89(6H，s，H－26，27)，0.99(3H，s，J＝6.0Hz，H－19)，1.04(3H，s，H－28)，1.11(3H，s，J＝6.6Hz，H－21)，3.94(1H，m，H－3)，5.31(2H，d，J＝6.6Hz，H－22，23)，5.50(1H，m，H－6)，5.69(1H，m，H－7)。^{13}C NMR(pyridine-d_5，125MHz)δ：38.9(C－1)，32.9(C－2)，69.9(C－3)，43.0(C－4)，140.8(C－5)，119.6(C－6)，117.1(C－7)，141.3(C－8)，46.6(C－9)，37.5(C－10)，21.4(C－11)，39.3(C－12)，43.1(C－13)，54.8(C－14)，23.4(C－15)，28.7(C－16)，55.9(C－17)，12.2(C－18)，16.5(C－19)，40.8(C－20)，19.8(C－21)，136.1(C－22)，132.1(C－23)，16.5(C－24)，33.3(C－25)，21.4(C－26)，20.1 C－27)，17.7(C－28)。ESI-MS m/z：419[M＋Na]$^+$[8]。

麦角甾-7-烯-3β-醇(ergosta－7－en－3β－ol，化合物80)　^{1}H NMR(pyridine-d_5，300MHz)δ：0.534(3H，s，H－18)，0.789，0.857(each，3H，d，J＝6.8Hz，H－26，27)，0.796(3H，s，H－19)，0.779(3H，d，J＝6.8Hz，H－28)，0.926(3H，s，J＝6.3Hz，H－21)，3.59(1H，m，H－3)，6.16(1H，m，H－7)。^{13}C NMR(pyridine-d_5，125MHz)δ：37.2(C－1)，31.5(C－2)，71.1(C－3)，38.0(C－4)，40.3(C－5)，29.7(C－6)，117.4(C－7)，139.6(C－8)，49.5(C－9)，34.2(C－10)，21.6(C－11)，39.6(C－12)，43.4(C－13)，55.1(C－14)，23.0(C－15)，27.9(C－16)，56.1(C－17)，11.8(C－18)，13.3(C－19)，36.6(C－20)，19.0(C－21)，33.7(C－22)，30.7(C－23)，39.1(C－24)，31.5(C－25)，20.5(C－26)，17.6(C－27)，15.5(C－28)。ESI-MS m/z：400[M$^+$][8]。

麦角甾-5，7，9(11)，22-4-烯-3β-醇(ergosta－5，7，9(11)，22－tetraen－3β－ol，化合物81)
^{1}H NMR(CDCl$_3$，300MH$_z$)δ：0.58(3H，s，H－18)，1.25(3H，s，H－19)，0.95(3H，d，J＝6.0Hz，H－27)，0.94(3H，d，J＝6.6Hz，H－26)，1.02(3H，s，H－28)，1.01(3H，s，J＝6.6Hz，H－21)，3.61(1H，m，H－3)，5.21(2H，m，H－22，23)，5.41(1H，m H－6)，5.52(1H，m H－7)。ESI-MS m/z：367[M＋H]$^+$[8]。

麦角甾-5，7-2-烯-3β-醇(ergosta－5，7－dien－3β－ol，化合物82)　^{1}H NMR(pyridine-d_5，300MHz)δ：0.619(3H，s，H－18)，0.782(3H，d，J＝6.8Hz，H－28)，0.787，0.859(each，3H，d，J＝6.8Hz，H－26，27)，0.945(3H，s，H－19)，0.946(3H，s，J＝6.3Hz，H－21)，3.64(1H，m，H－3)，5.39(1H，m，H－7)。^{13}C NMR(pyridine-d_5，125MHz)δ：38.4(C－1)，32.0(C－2)，70.5(C－3)，40.8(C－4)，139.8(C－5)，119.6(C－6)，116.3(C－7)，141.4(C－8)，46.3(C－9)，37.0(C－10)，21.1(C－11)，39.2(C－12)，42.3(C－13)，54.5(C－14)，23.0(C－15)，28.0(C－16)，55.8(C－17)，11.8(C－18)，16.3(C－19)，36.5(C－20)，19.0(C－21)，33.7(C－22)，30.7(C－23)，39.1(C－24)，31.5(C－25)，20.5(C－26)，17.6(C－27)，15.5(C－28)。EI-MS m/z：398[M$^+$][8]。

麦角甾-6，8(14)，22-3-烯-3β-醇(ergosta－6，8(14)，22－3－trien－3β－ol，化合物83)　白色晶体，mp 114℃。^{1}H NMR(CDCl$_3$，300MHz)δ：0.64(3H，s，H－18)，0.82，0.84(each，3H，d，J＝6.8H$_z$，H－26，27)，0.90(3H，s，H－19)，0.92(3H，d，J＝6.8Hz，H－28)，1.03(3H，s，J＝6.3Hz，H－21)，3.70(1H，m，H－3)，5.15～5.35(3H，m，H－7，22，23)，6.16(1H，dd，J＝10，3Hz，H－6)。^{13}C NMR(CDCl$_3$，125MHz)δ：125.3、125.7、129.4、132.1、135.4和147.3[8]。

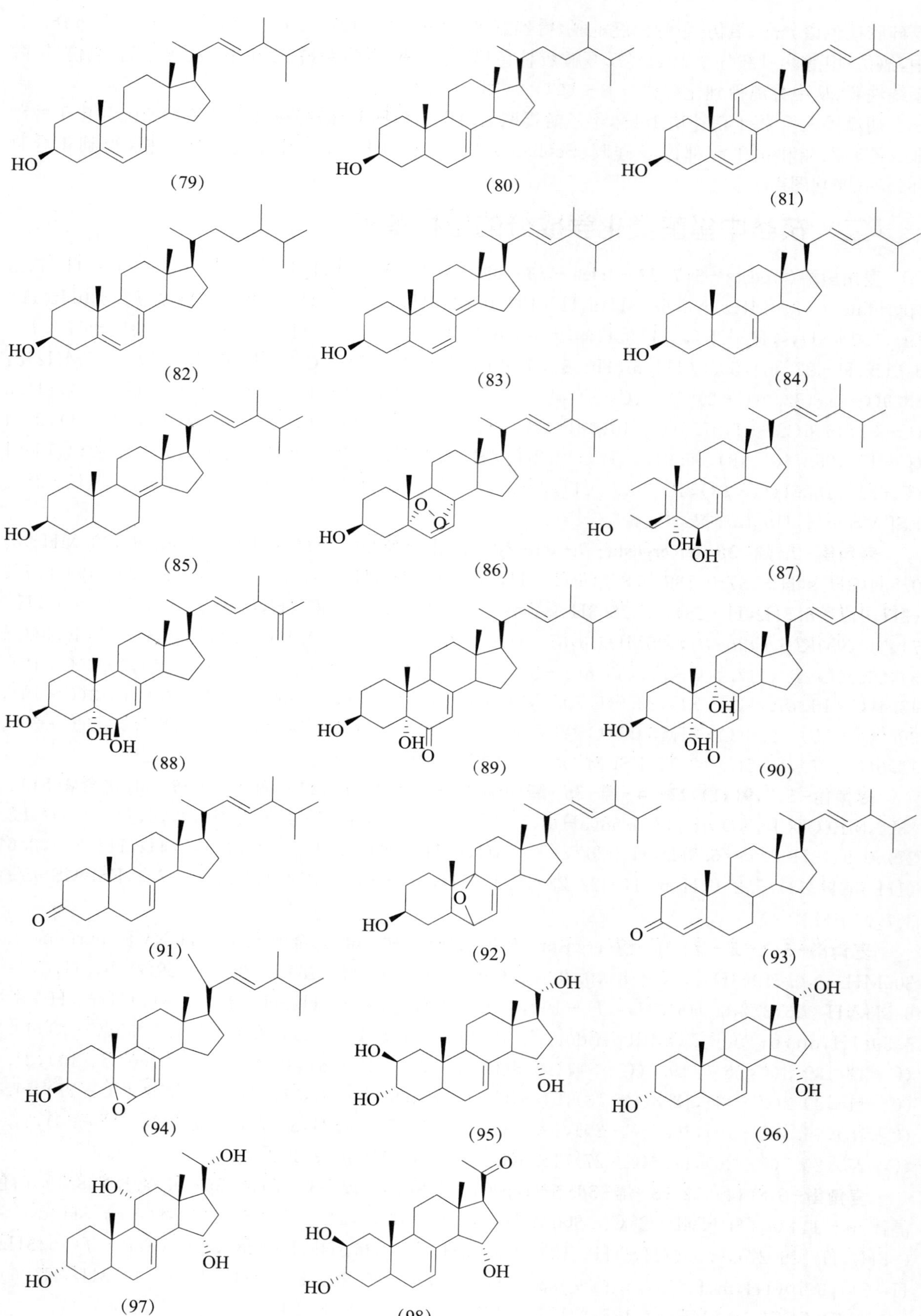

图 14－5　茯苓中甾醇类化学成分的结构式(79)～(98)

麦角甾-7,22-2-烯-3β-醇(ergosta-7,22-dien-3β-ol,化合物84)　白色针晶,mp 138℃。EI-MS m/z:398[M⁺]。^{1}H NMR(CDCl$_3$,300MHz)δ:5.20～5.16(3H,m),3.63～3.56(1H,m),1.01(3H,d,J=6.6Hz),0.93(6H,d,J=6.6Hz),0.83(6H,d,J=5.1Hz),0.79(3H,br s),0.54(3H,s)。^{13}C NMR(CDCl$_3$,100MHz)δ:139.6、135.7、131.9、117.4、71.1、21.1、19.9、19.6、17.6、13.0和12.1[8]。

麦角甾-8(14),22-2-烯-3β-醇(ergosta-8(14),22-dien-3β-ol,化合物85)　^{1}H NMR(CDCl$_3$,300MHz)δ:5.21(m,2H),3.12(m,1H),1.03(d,3H,J=6.7Hz),0.99(d,3H,J=6.3Hz),0.92(d,3H,J=6.8Hz),0.86(s,3H),0.83(d,3H,J=6.8Hz),0.72(s,3H)。EI-MS m/z:384[M$^+$][8]。

过氧麦角甾醇(ergosta-6,22-diene-5α,8α-epidioxy-3-ol,化合物86)　白色晶体,mp 187℃。^{1}H NMR(CDCl$_3$,300MHz)δ:0.75(3H,s,H-18),0.78(3H,s,H-19),0.91(3H,d,J=6.0Hz,H-27),0.94(3H,d,J=6.6Hz,H-26),1.02(3H,s,H-28),1.11(3H,s,J=6.6Hz,H-21),4.03(1H,m,H-3),5.21(2H,m,H-22,23),6.30(1H,d,J=8.4Hz,H-6),6.52(1H,d,J=8.4Hz,H-7)。^{13}C NMR(CDCl$_3$,125MHz)δ:34.7(C-1),30.1(C-2),66.4(C-3),39.9(C-4),82.1(C-5),135.3(C-6),130.7(C-7),79.4(C-8),51.7(C-9),36.9(C-10),20.7(C-11),39.3(C-12),44.5(C-13),51.1(C-14),23.4(C-15),28.6(C-16),56.2(C-17),12.9(C-18),18.1(C-19),39.7(C-20),20.9(C-21),135.1(C-22),132.3(C-23),42.7(C-24),33.0(C-25),17.5(C-26),19.6(C-27),19.9(C-28)。ESI-MS m/z:429[M+H]$^+$[8]。

麦角甾-7,22-二烯-2β,3α,9α-三醇(ergosta-7,22-dien-2β,3α,9α-triol,化合物87)　^{1}H NMR(pyridine-d_5,400MHz)δ:5.76(1H,dd,J=4.8、2.4Hz,H-7),5.27(1H,dd,J=15.2Hz,7.6Hz,H-23),5.19(1H,dd,J=15.2、7.6Hz,H-22),4.83(1H,m,H-3),4.32(1H,br s,H-6),0.67(3H,s,H-18),1.52(3H,s,H-19),1.04(3H,d,J=6.4Hz,H-21),0.97(3H,d,J=6.8Hz,H-28),0.88(3H,d,J=6.8Hz,H-27),0.87(3H,d,J=6.8Hz,H-26)。^{13}C NMR(pyridine-d_5,125MHz)δ:33.6(C-1),32.4(C-2),67.4(C-3),40.1(C-4),75.9(C-5),74.1(C-6),120.3(C-7),141.3(C-8),43.5(C-9),37.8(C-10),22.2(C-11),39.7(C-12),42.8(C-13),55.0(C-14),23.3(C-15),28.3(C-16),55.9(C-17),12.3(C-18),18.6(C-19),40.7(C-20),21.2(C-21),136.0(C-22),131.9(C-23),43.1(C-24),33.1(C-25),19.9(C-26),19.6(C-27),17.6(C-28)。ESI-MS m/z:453[M+Na]$^+$[8]。

Biemnasterol(化合物88)　^{1}H NMR(CDCl$_3$,400MHz)δ:5.36(1H,m,H-7),5.13(2H,m,H-22,23),4.70(2H,m,H-26),3.93(1H,m,H-3),3.42(1H,m,H-6),1.54(3H,s,H-27),1.02(3H,d,J=7.0Hz,H-21),0.99(3H,s,H-19),0.98(3H,d,J=6.6Hz,H-28),0.74(3H,s,H-18)。^{13}C NMR(CDCl$_3$,100MHz)δ:30.1(C-1),33.0(C-2),66.5(C-3),39.3(C-4),82.1(C-5),79.4(C-6),117.6(C-7),143.9(C-8),43.8(C-9),37.1(C-10),22.9(C-11),39.5(C-12),43.5(C-13),54.7(C-14),22.0(C-15),27.8(C-16),55.9(C-17),12.3(C-18),18.8(C-19),40.2(C-20),20.9(C-21),135.5(C-22),131.8(C-23),43.6(C-24),149.8(C-25),108.8(C-26),20.6(C-27),18.9(C-28)。EI-MS m/z:410[M-H_2O]$^-$[8]。

3β,5α-二羟基-麦角甾-7,22-二烯-6-酮(3β,5α-dihydroxy-ergosta-7,22-dien-6-one,化合物89)　无定形粉末。^{1}H NMR(pyridine-d_5,300MHz)δ:5.92(1H,s,H-7),5.29(1H,dd,J=15.0、7.1Hz,H-23),5.21(1H,dd,J=15.0、7.5Hz,H-22),4.70(1H,m,H-3),1.09(3H,d,J=6.6Hz,H-21),1.04(3H,s,H-19),0.95(3H,d,J=6.6Hz,H-28),0.86(3H,d,J=6.0Hz,H-27),0.84(3H,d,J=6.0Hz,H-26),0.58(3H,s,H-18)。^{13}C NMR(pyridine-d_5,150MHz)δ:200.1(C-6),164.1(C-8),135.2(C-22),132.4(C-23),120.7(C-7),77.4(C-5),67.1(C-3),56.0(C-17),55.8(C-14),44.7(C-9),44.3(C-13),43.1(C-24),41.3(C-20),40.6(C-12),39.2

(C－4),37.8(C－10),33.4(C－25),31.7(C－1),31.3(C－2),28.3(C－16),22.8(C－15),22.1(C－11),21.4(C－21),20.2(C－27),19.9(C－26),17.8(C－28),16.4(C－19),12.3(C－18)。ESI-MS m/z:427[M-H]$^-$[8]。

3β,5α,9α－三羟基－麦角甾－7,22－二烯－6－酮(3β,5α,9α－trihydroxy－ergosta－7,22－dien－6－one,化合物 90) 无定形粉末。^{1}H NMR(pyridine-d_5,300MHz)δ:5.94(1H,s,H－7),5.25(1H,dd,J=7.5、10.5Hz,H－23),5.21(1H,dd,J=7.5、10.5Hz,H－22),4.93(1H,m,H－3),1.15(3H,s,H－19),1.02(3H,d,J=6.6Hz,H－28),0.96(3H,d,J=6.5Hz,H－21),0.86～0.84(6H,d,J=6.0Hz,H－26,27),0.63(3H,s,H－18)。^{13}C NMR(pyridine-d_5,150MHz)δ:199.1(C－6),164.1(C－7),135.2(C－22),132.4(C－23),120.3(C－8),79.8(C－5),75.0(C－9),66.8(C－3),56.1(C－17),56.0(C－14),45.3(C－13),43.1(C－24),42.2(C－10),40.6(C－20),40.6(C－12),38.2(C－4),33.3(C－25),31.5(C－2),28.9(C－11),28.3(C－16),26.4(C－1),22.7(C－15),21.3(C－21),20.4(C－27),20.1(C－19),19.8(C－26),17.9(C－28),12.4(C－18)。ESI-MS m/z:443[M-H]$^-$[8]。

麦角甾－7,22－二烯－3－酮(ergosta－7,22－diene－3－one,化合物 91) 白色针状晶体(甲醇),^{1}H NMR(pyridine-d_5,300MHz)δ:5.16(1H,s,H－7),5.25～5.21(2H,t,J=12.0Hz,H－23,22),1.26(3H,s,H－19),1.06(3H,d,J=6.6Hz,H－21),0.96(3H,d,J=6.6Hz,H－28),0.86(3H,d,J=6.6Hz,H_3－27),0.84(3H,d,J=6.6Hz,H－26),0.60(3H,s,H－18)。^{13}C NMR(pyridine-d_5,125MHz)δ:210.2(C－3),139.6(C－8),136.2(C－22),132.1(C－23),117.5(C－7),56.1(C－17),52.2(C－14),49.0(C－9),44.4(C－4),43.5(C－13),43.1(C－24),43.0(C－2),40.8(C－20),39.5(C－12),38.8(C－5),38.3(C－1),34.6(C－10),33.4(C－25),30.0(C－6),28.5(C－16),22.9(C－15),21.9(C－11),21.4(C－26),20.2(C－27),19.8(C－21),17.8(C－28),12.3(C－19),12.3(C－18)。ESI-MS m/z:395[M-H]$^-$[8]。

6,9－环氧－麦角甾－7,22－二烯－3β－醇(6,9－epoxy－ergosta－7,22－diene－3β－ol,化合物 92) 白色针状晶体。^{1}H NMR(pyridine-d_5,300MHz)δ:5.74(1H,br s,H－7),5.29～5.22(2H,m,H－23,22),4.32(1H,s,H－3),3.03(1H,d,J=12.3Hz,H－6),1.69(3H,s,H－19),1.08(3H,d,J=6.0Hz,H－21),0.96(3H,d,J=3.3Hz,H－28),0.91～0.80(6H,m,H－26,27),0.67(3H,s,H－18)。^{13}C NMR(pyridine-d_5,125MHz)δ:141.5(C－8),136.2(C－22),132.1(C－23),120.5(C－7),76.1(C－9),74.2(C－6),67.6(C－3),56.1(C－17),52.2(C－14),43.8(C－13),43.7(C－10),43.1(C－24),42.0(C－20),40.9(C－12),39.9(C－4),38.0(C－5),33.8(C－25),33.3(C－1),32.6(C－2),28.5(C－16),23.5(C－11),22.4(C－15),21.4(C－21),20.1(C－26),19.8(C－27),18.8(C－19),17.8(C－28),12.5(C－18)。ESI-MS m/z:413[M+H]$^+$[8]。

麦角甾－4,22－二烯－3－酮(ergosta－4,22－diene－3－one,化合物 93) 白色针状晶体(甲醇)。^{1}H NMR(pyridine-d_5,300MHz)δ:5.72(1H,br s,H－4),5.29～5.22(2H,m,H－23,22),1.21(3H,s,H－19),1.02(3H,d,J=6.6Hz,H－21),0.92(3H,d,J=6.6Hz,H－28),0.84(3H,d,J=6.6Hz,H－26),0.86(3H,d,J=6.6Hz,H－27),0.70(3H,s,H－18)。^{13}C NMR(pyridine-d_5,125MHz)δ:199.7(C－3),171.8(C－5),138.1(C－22),129.4(C－23),123.7(C－4),56.0(C－14),55.9(C－17),53.8(C－9),43.1(C－20),42.4(C－13),41.9(C－24),39.6(C－12),36.3(C－1),35.6(C－8),34.6(C－10),34.0(C－2),32.9(C－6),32.7(C－7),31.5(C－25),28.1(C－16),24.2(C－15),21.0(C－11),20.5(C－27),19.4(C－26),18.8(C－21),17.6(C－28),17.4(C－19),11.9(C－18)。ESI-MS m/z:395[M-H]$^-$[8]。

麦角甾－7,22－二烯－5,6－环氧－3－醇(ergosta－5,6－epoxy－7,22－dien－3－ol,化合物 94) 白色粉末。^{1}H NMR(pyridine-d_5,500MHz)δ:5.21～5.17(3H,m,H－7,22,23),4.32(1H,m,H－3),3.05(1H,t,J=12.5Hz,H－6),0.65(3H,s,H－18),1.05(3H,s,H－19),0.95(3H,d,J=5.0Hz,

H－21)，0.85(3H，d，J＝5.0Hz，H－28)，0.82(3H，d，J＝5.0Hz，H－27)，0.79(3H，d，J＝5.0Hz，H－26)。^{13}C NMR(pyridine-d_5，125MHz)δ：32.6(C－1)，30.6(C－2)，67.6(C－3)，39.9(C－4)，76.1(C－5)，74.2(C－6)，120.5(C－7)，141.5(C－8)，43.7(C－9)，38.0(C－10)，22.4(C－11)，40.9(C－12)，43.0(C－13)，55.2(C－14)，23.4(C－15)，28.5(C－16)，56.1(C－17)，12.5(C－18)，18.8(C－19)，40.0(C－20)，21.4(C－21)，136.2(C－22)，132.1(C－23)，41.9(C－24)，33.3(C－25)，20.1(C－26)，19.8(C－27)，17.8(C－28)。ESI-MS m/z：413[M＋H]$^{+}$[8]。

孕甾-7-烯-2β，3α，15α，20(s)-四醇(pregn-7-ene-2β，3α，15α，20(s)-tetrol，化合物95)　白色晶体，mp 204～206℃。IR(KBr)：1 637cm^{-1}。^{1}H NMR(pyridine-d_5，500MHz)δ：5.99(1H，d，J＝3.1Hz，H－7)，4.65(1H，br s，H－15)，4.45～4.49(2H，m，H－2，3)，1.41(3H，d，J＝6.8Hz，H－21)，1.40(3H，s，H－19)，0.79(3H，s，H－18)。^{13}C NMR(pyridine-d_5，125MHz)δ：40.5(C－1)，71.6(C－2)，70.7(C－3)，32.1(C－4)，35.4(C－5)，30.3(C－6)，119.6(C－7)，137.2(C－8)，51.3(C－9)，35.3(C－10)，21.6(C－11)，39.7(C－12)，43.5(C－13)，63.0(C－14)，70.2(C－15)，38.8(C－16)，57.1(C－17)，14.3(C－18)，16.2(C－19)，68.9(C－20)，24.9(C－21)。EI-MS m/z：350[M^{+}][36]。

孕甾-7-烯-3α，15α，20(s)-三醇(pregn-7-ene-3α，15α，20(s)-triol，化合物96)　白色晶体，mp 204～206℃。IR(KBr)：1 637cm^{-1}。^{1}H NMR(pyridine-d_5，500MHz)δ：5.92(1H，br s，H－7)，4.63(1H，br s，H－15)，4.27(1H，s，H－3)，1.41(3H，d，J＝6.8Hz，H－21)，0.87(3H，s，H－19)，0.78(3H，s，H－18)。^{13}C NMR(pyridine-d_5，125MHz)δ：36.6(C－1)，29.7(C－2)，65.5(C－3)，32.8(C－4)，35.2(C－5)，30.2(C－6)，119.3(C－7)，137.3(C－8)，50.3(C－9)，35.3(C－10)，21.5(C－11)，39.7(C－12)，43.5(C－13)，63.0(C－14)，70.1(C－15)，38.8(C－16)，57.1(C－17)，14.3(C－18)，12.7(C－19)，68.9(C－20)，24.9(C－21)。EI-MS m/z：334[M^{+}][36]。

孕甾-7-烯-3α，11α，15α，20(s)-三醇(pregn-7-ene-3α，15α，20(s)-tetrol，化合物97)　白色晶体，mp 204～206℃。IR(KBr)：1 637cm^{-1}。^{1}H NMR(pyridine-d_5，500MHz)δ：6.00(1H，br s，H－7)，4.64(1H，br s，H－15)，4.28(1H，m，H－11)，4.27(1H，s，H－3)，1.39(3H，d，J＝6.1Hz，H－21)，1.19(3H，s，H－19)，0.38(3H，s，H－18)。^{13}C NMR(pyridine-d_5，125MHz)δ：34.8(C－1)，30.0(C－2)，65.5(C－3)，37.0(C－4)，35.6(C－5)，30.2(C－6)，121.3(C－7)，135.5(C－8)，58.2(C－9)，36.7(C－10)，69.3(C－11)，51.7(C－12)，43.1(C－13)，63.4(C－14)，69.7(C－15)，38.9(C－16)，57.0(C－17)，15.3(C－18)，12.5(C－19)，69.0(C－20)，24.8(C－21)。EI-MS m/z：332[M-H_2O]$^{+}$[36]。

孕甾-7-烯-2β，3α，15α-三-羟基-20-酮(pregn-7-ene-2β，3α，15α-triol-20-one，化合物98)　白色晶体，^{1}H NMR(pyridine-d_5，500MHz)δ：5.96(1H，d，J＝3.1Hz，H－7)，4.60(1H，br s，H－15)，4.51(1H，br s，H－2)，4.45(1H，br s，H－3)，2.11(3H，s，H－21)，1.38(3H，s，H－19)，0.68(3H，s，H－18)。^{13}C NMR(pyridine-d_5，125MHz)δ：14.8、16.2、21.7、30.0、31.5、32.0、35.2、35.3、40.4、45.3、51.0、61.2、62.6、70.0、70.6、71.5、120.4、136.6 和 208.2。EI-MS m/z：348[M^{+}][36]。

三、茯苓中多糖类化合物

茯苓多糖是茯苓的主要化学成分，含量在80%以上。茯苓多糖结构的主链是由β-(1→3)-D-葡聚糖构成，含有少量β-(1→6)-D葡聚糖支链，还有一些多糖含有D-半乳糖、D-果糖、D-鼠李糖、D-甘露糖、D-木糖等。茯苓多糖主要分布在茯苓的子实体、菌丝及其发酵液中，从子实体和菌丝体中提取出来的多糖称为胞内多糖，液体深层发酵茯苓分泌到胞外的多糖称为胞外多糖，茯苓总糖含量指的是这两种多糖的总和。在菌体的不同部位，多糖的含量有所不同。

（一）茯苓多糖的提取与分离鉴定

提取方法一：水提醇沉法

李俊等人[37]采用传统的水提醇沉法进行茯苓多糖的提取，将茯苓切成碎片，加入4～6倍量的水，回流提取3次，时间分别是3h、2h和1h。合并3次提取液滤过，除去不溶性杂质，在搅拌下加入乙醇，静置12h，离心，收集沉淀物，加水溶解煮沸，再加入乙醇，使醇含量达到70%，静置，析出褐色沉淀物，过滤，低温干燥，即可得到茯苓多糖粗品。粗品加蒸馏水煮沸，在搅拌下加入1%鞣酸溶液，煮沸，取上清液加入鞣酸溶液至不混浊为止。加入2%的活性炭，过滤，加入乙醇，静置24h，用70%乙醇反复洗涤沉淀物，检查不含鞣酸为止。将湿品溶入20%的热乙醇中，再加入60℃的热蒸馏水连续洗脱，流出液减压浓缩，加入适量乙醇，使含醇量达到70%，静置滤取沉淀物，干燥，即可得到茯苓多糖纯品。

邱绿琴等人[38]采用茯苓粗粉，分别用乙醚、丙酮在索式提取器中回流脱脂4h，残渣用0.9%NaCl溶液浸泡过夜。离心得上清液，浓缩3倍，用95%乙醇沉淀物，沉淀物加入120℃的热水中提取30min离心，沉淀物再用0.5mol/L NaOH在4℃下提取，得胶状提取液，4℃冰箱过夜，离心取上清液用10%乙酸沉淀物，再用蒸馏水洗涤，干燥，用Sevag法除去蛋白质和透析法纯化，精制，既可得到茯苓多糖。

陈莉等人[39]采用酶解加热水浸提的方法：将茯苓粉碎后加水浸泡30min，用植物精提复合酶（主要成分为纤维素酶、果胶酶、中性蛋白酶等）加水在40℃中活化10min，然后把活化的复合酶加入到浸泡的茯苓中，在48℃（pH=5）浸提90min，中和酸后加水再升温至80℃，继续浸提90min，然后用乙醇醇沉，最后用无水乙醇、丙酮、乙醚分别洗涤，可得到茯苓多糖粗品，再去蛋白质，经大孔树脂吸附纯化，洗脱液浓缩后透析，将透析液浓缩后冷冻干燥，便可得到纯化茯苓多糖。

程金生等人[40]采用加卤代酸的水提醇沉法：将自制白茯苓（去皮茯苓菌核）进一步烘干（95℃左右），粉碎过100目筛，称取25g茯苓粉，加入100ml异丙醇、1%氢氧化钠溶液50ml，搅拌溶解后，在快速搅拌条件下，通过真空滴液漏斗滴入二氯乙酸的异丙醇溶液（1∶1.2，50ml），控制温度在50℃，搅拌反应3.5h。反应结束后，将上层异丙醇倒出并回收利用，下层加入5%盐酸溶液，快速搅拌下加入乙醇50ml，过滤，固体物部分溶解于水中，用乙醇沉淀物、过滤、干燥，得到白色粉末状固体，即羧甲基茯苓多糖。

提取方法二：稀碱提取法

高杰等人[41]采用稀碱提取茯苓多糖，用二甲基亚砜（DMSO）进行精制。将茯苓用粉碎机粉碎至能通过60目筛，取茯苓粉末15g，溶于0.5mol/LNaOH溶液3 000ml中。加入四氟乙烯转子，在磁力搅拌器中搅拌，拌至粉末全部溶解呈黏稠状。放在冰箱中4℃冷藏、过夜。次日抽滤，滤液用10%的醋酸溶液中和，使pH值在6～7之间。再加入等量95%乙醇于3℃静置过夜。次日抽滤，获取沉淀物。接着用流水透析2d后，依次用900ml蒸馏水洗涤，300ml无水乙醇、300ml丙酮、200ml乙醚洗涤。最后放入干燥器中减压抽干，放在烘箱中58℃干燥30min，即可得到茯苓多糖粗品。称取茯苓多糖粗品5g，溶于500ml二甲基亚砜中，在室温下用磁力搅拌器搅拌15h后，加入500ml蒸馏水，继续搅拌20min之后，静置2h抽滤。沉淀物用无水乙醇、丙酮、乙醚洗涤，置干燥箱中（60℃）干燥30min，即可得到茯苓多糖精制品。

提取方法三：超声波提取法

王博等人[42]通过试验，得到超声波辅助热水浸提水溶性茯苓多糖的最佳提取工艺，以多糖得率为指标，在单因素试验的基础上，采用正交试验得出了超声波提取水溶性茯苓多糖的最佳工艺条件，即超声时间25min、提取温度80℃、液固比60。

霍文等人[43]采用正交试验法，筛选出茯苓多糖的最佳超声波提取工艺：将茯苓粉碎，粒度是20目，精密称取茯苓粉末0.1g，静置到50ml量瓶中，加水40ml，充分混合后放入超声波提取器中进行

超声提取，提取时间 20min，过滤，取续滤液烘干便可得到茯苓多糖。

提取方法四：微波提取法

杜玲玲等人[44]采用正交试验设计法，以茯苓多糖为指标考察微波提取工艺条件，提取茯苓多糖影响因素顺序为：微波时间(A)＞微波强度(B)＞溶剂倍数(C)，因素 A 与 B 具有显著性差异。以水为提取溶剂，茯苓多糖最佳微波提取工艺为加 20 倍量水，在 1 470MHz 下微波提取 15min。验证试验表明，茯苓多糖得率为 3.7%。

聂金媛等人[45]采用均匀优化设计试验法，对水溶性茯苓多糖进行微波提取，并对试验条件进行了考察和优化，得到一个四变量回归模型。根据该模型可知，提取时间(X1)越大，提取率越高；而随着微波占空比(X2)的增加，提取率先增大后减小，其间应有一个最大值。对方程进行函数最值分析，可以知道：当微波占空比为 42%时，提取率有最大值，固液比至一定大时，提取率不会提高。得出最佳提取条件：时间为 18min；固液比为 1∶50；微波占空比 42%，此时提取率为 2.79%，优于传统提取方法。

提取方法五：酶加热水浸提法

其工艺路线为：茯苓加水浸泡→加入复合酶→中和酸→加水再升温→继续浸提→乙醇沉淀物→有机溶剂洗涤→茯苓多糖粗品[46]。该法是通过外加酶降解茯苓的细胞壁，从而促进茯苓多糖的浸出。该方法能大大提高水溶性多糖的提取率，但对温度、pH 值、作用时间与酶浓度等实验条件要求严格。

提取方法六：发酵醇沉法

用该法提取茯苓多糖分为胞内多糖的提取和胞外多糖的提取。①胞内多糖提取工艺流程[47]：发酵液离心收集菌丝体→蒸馏水洗涤→测得菌丝湿重和干重→称取定量湿菌体→热水浸提→离心→收集上清液→浓缩→乙醇沉淀物→有机溶剂洗涤→低温干燥→得茯苓胞内多糖。以上步骤是胞内水溶性多糖的提取，胞内碱溶性多糖的提取是：将上述提取后的菌丝体滤渣用稀碱提取，提取步骤同稀碱浸提法。②胞外多糖提取工艺流程[47]：发酵液离心收集菌丝体→浓缩→乙醇沉淀物→有机溶剂洗涤→低温干燥→得茯苓胞外多糖。

提取方法七：二氧化碳超临界流体萃取法

赵子剑等人[48]以茯苓多糖为评价指标，采用正交实验法对二氧化碳超临界流体萃取茯苓多糖，并对提取工艺进行优选，得出最佳工艺条件为：温度 35℃，压强 20mPA，夹带剂(水)用量 0.4ml/g，萃取 4h，茯苓多糖的平均得率为 5.27%。在该实验条件下，各因素对茯苓多糖产率影响的主次顺序是：萃取时间＞夹带剂(水)用量＞萃取压强＞萃取温度。

茯苓多糖及其衍生物都具有显著的药理活性，因此，人们对茯苓多糖的研究和开发较多。从茯苓菌核和菌丝中分离得到的多糖见表 14－1。

表 14－1 茯苓中的多糖

序号	名 称	单糖的类型和组成方式	文献
1	Pachyman	β-(1→3)- glucose -(1→3)- β - D - glucan with β-(1→6)- glucosy branches	49～51
2	Polysaccharide H11	β-(1→3)-(1→6)- D - glucan	52
3	PC1，PC2，PC2 - A，PC3，PC4	β-(1→3)- D - glucan	53
4	PCSC22	Mannose 92%，galactose 6.2%，arabinose 1.3%	54
5	PCM1，PCM2	Consist of D-rhamnose，D-fucose，D-galactose，and D-glucuronic	56
6	PCM3，PCM4	β-(1→3)- D - glucan，D - glucose with a few glucuronic acids Ⅲ	56

（续表）

序号	名　称	单糖的类型和组成方式	文献
7	ab-PCM1,ab-PCM2-Ⅰ,ab-PCM2-Ⅱ ab-PCM3-Ⅰ,ab-PCMO	Consist of α-(1→3)-D-glucose,α-D-mannose,β-D-galactose and N-acetyl glucosamine	57
8	ab-PCM3-Ⅱ,ab-PCM4-Ⅰ ab-PCM4-Ⅱ	β-(1→3)-D-glucan	57
9	PCS1,PCS2,PCS3-Ⅰ	Containing D-glucose,D-galactose,D-fucose, D-xylose. The predominant monosaccharide was D-glucose except for PCS1 where it was D-galactose	55
10	PCS3-Ⅱ	β-(1→3)-D-glucan	55
11	PCS4-Ⅰ	β-(1→3)-D-glucan with some β-(1→6) linked branches	55
12	PCS4-Ⅱ	β-(1→3)-D-glucan containing some glucose branches	55
13	wc-PCM3-Ⅰ	α-(1→3)-D-glucan	58
14	PC-PS	A neutral polysaccharide	59
15	PC-Ⅱ	α-(1→3)-Galactan with(1→6)branches;	60
16	PCM3-Ⅰ	Xyl,Man and Glc	61
17	PCM3-Ⅱ	(1→3)-(1→4)-β-D-Glucan; Glc(98.9%),Fuc(10.9%),Ara(1.0%),	61
18	Pi-PCMl	Xyl(2.8%),Man(23.6%),Gal(36.5%),Glc(25.2%),Uronic acid(0.3%)	62
19	Pi-PCM3-I	α-(1→3)-D-Glucan,Uronic acid(0.1%)	62
20	Pi-PCM3-Ⅱ	α-(1→3)-D-Glucan,β-D-Galactan; Man(10.9%),Gal(21.0%),Glc(68.1%),Uronicacid(0.2%)	62
21	Pi-PCM4-Ⅱ	Gal(45.6%),Glc(54.4%)	62
22	Pi-PCM4-Ⅰ	α-(1→3)-D-Glucan	62
23	Pi-PCM2	Fuc(1.9%),Man(29.6%),Gal(38.9%),Glc(29.7%),Uronic acid(1.3%)	27
24	PCSG	β-(1→3)-D-glucan	63

（二）茯苓多糖的结构改造

多糖广泛参与细胞的各种生命活动而产生多种生物学功能，但自然界中存在的多糖并不都具有活性，有些多糖由于结构或理化性质等障碍而不利于其生物学活性的发挥，如未经处理的裂褶多糖，由于黏度太大而在临床上无法使用；一些硫酸葡聚糖因分子质量大，无法跨越多重细胞膜障碍，很难达到发挥生物学活性的血药浓度。也有些多糖尽管药效良好，但同时也会产生一些不良反应，甚至毒副作用，如有些具有抗病毒活性的低分子质量硫酸葡聚糖，可产生不利于其抗病毒活性的抗凝血现象；某些多糖硫酸化衍生物由于硫酸基过多而显示出一定的细胞毒性。有些从天然生物体内分离的多糖活性较弱，有待进一步提高。茯苓中多糖分水溶性、碱溶性和酸溶性多糖，水溶性茯苓多糖为杂多糖，由D-葡萄糖、D-半乳糖、D-甘露糖、D-岩藻糖、D-木糖等组成。但这类多糖的含量较低，临床证明为无任何毒副作用的抗炎、抗肿瘤药物。茯苓中碱溶性多糖含量高，主要为β-(1→3)-D-葡聚糖，该类茯苓多糖不溶于水，活性较低，几乎没有抗肿瘤活性。因此，对茯苓多糖的分子结构进行修饰就显得十分必要。目前，对茯苓多糖的化学修饰主要是羧甲基化、硫酸化和磷酸化等。

修饰方法一：羧甲基化茯苓多糖

羧甲基化是常用的多糖修饰方法，对茯苓多糖进行羧甲基化结构修饰，能显著增加其溶解度，增强或赋予多糖的生物活性（图 14－6）。

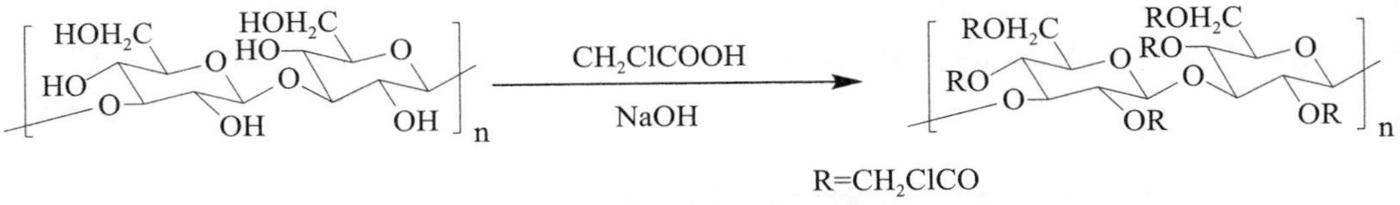

$$[\text{HOH}_2\text{C} \ldots \text{HO},\ \text{OH}]_n \xrightarrow[\text{NaOH}]{\text{CH}_2\text{ClCOOH}} [\text{ROH}_2\text{C} \ldots \text{RO},\ \text{OR}]_n$$

$R=CH_2ClCO$

图 14－6　茯苓多糖羧甲基衍生物合成路线

一般采用溶媒法（有机溶剂法）和水媒法制备羧甲基茯苓多糖（Carboxymethyl-pachymaran，CMP）。水媒法是将多糖溶于稀碱溶液中，加入一氯乙酸水溶液，在合适的温度下进行醚化反应；而溶媒法是把多糖分散于异丙醇、乙醇等有机溶剂中，再加入一氯乙酸，在适合的温度下进行醚化反应。较水媒法，溶媒法在碱化、醚化过程中反应稳定、均匀，副反应少，主反应快，传质、传热迅速，醚化剂利用率高。

修饰方法二：磷酸酯化茯苓多糖

经磷酸酯化多糖后，使多糖结构中引入了带电荷的磷酸基团，使多糖的水溶性增强，相对分子质量和链的构象发生变化（图 14－7）。

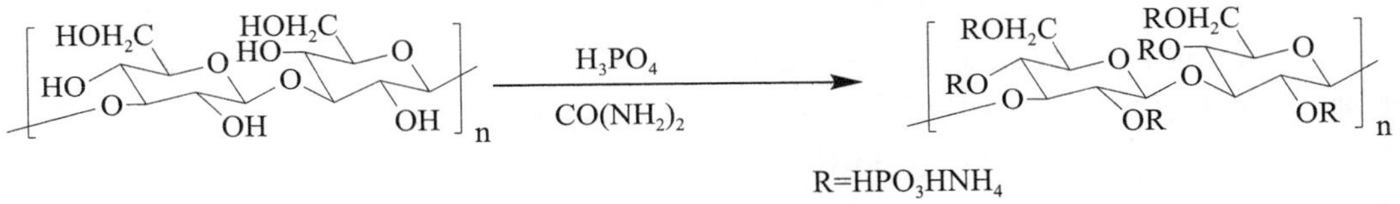

$$[\text{HOH}_2\text{C} \ldots \text{HO},\ \text{OH}]_n \xrightarrow[\text{CO(NH}_2)_2]{\text{H}_3\text{PO}_4} [\text{ROH}_2\text{C} \ldots \text{RO},\ \text{OR}]_n$$

$R=HPO_3HNH_4$

图 14－7　茯苓多糖磷酸酯化衍生物合成路线

将茯苓多糖 1.20g 加入 250ml 三口烧瓶中，再加入 80ml 含有 3.60g 尿素的 0.25mol/L 氯化铝/二甲基亚砜的混合液，在室温 25℃搅拌溶解 2h。取 85％浓磷酸 10ml，室温下缓慢滴入反应液中，搅拌反应 2h。然后升温至 100℃反应 6h，取 20ml 85％浓磷酸，分两次滴入反应体系，搅拌反应 6h。最后用 1mol/L 氢氧化钠溶液调节反应液 pH 至中性，所得反应液注入再生纤维素透析袋（Mw4 000），用自来水流水透析 6d，再用蒸馏水透析 3d。将透析液取出，并在 50℃下旋转蒸发浓缩，冷冻干燥，最后获得白色片状磷酸化衍生物[63]。

修饰方法三：硫酸酯化茯苓多糖

硫酸酯化多糖（Sulfated Polysaccharide，SP）是指糖羟基上带有硫酸根的一类化学结构复杂、生物活性多样、构效关系鲜明的聚阴离子化合物。许多原本没有或仅有微弱抗病毒或抗肿瘤活性的多糖，经硫酸酯化修饰后，其抗病毒或抗肿瘤活性得到了显著提高，而且还具有提高机体免疫力的功能。多糖的硫酸化修饰常用氯磺酸-吡啶法、浓硫酸法、三氧化硫-吡啶法和三氧化硫-二甲基甲酰胺法等方法。

（1）氯磺酸-吡啶法

氯磺酸-吡啶法：是先将吡啶在冰盐浴条件下，滴入氯磺酸溶液，得到酯化试剂，进而加入多糖，通过改变酯化试剂与多糖的比例、反应温度与反应时间，制备多糖硫酸化衍生物。

（2）浓硫酸法

分别量取浓硫酸 7.5ml、正丁醇 2.5ml，放在带干燥管和搅拌装置的三颈瓶中，再加入浓硫酸 12.5ml，搅拌，冰浴冷却至 0℃，徐徐加入多糖粉末 0.5g，在 0℃反应 30min 左右；反应液用 NaOH 中和、离心后，用蒸馏水透析 24h，减压浓缩至 20ml 左右，加入 95％乙醇，静置后离心，收集沉淀物，将沉淀物溶解于水，再透析 24h，透析液经冷冻干燥后，便可得到多糖硫酸酯[64]。

(3)三氧化硫-吡啶法

将吡啶 30ml 加入附有冷凝管和搅拌装置的 100ml 三颈瓶中，边搅拌边加入三氧化硫-吡啶 2.5～3.0g，然后在热水浴中加热至 90℃，再加入多糖粉末 0.5g，恒温搅拌，冷却至室温，反应液用 3mol/L 的 NaOH 溶液调至中性，加入 95%乙醇，析出多糖硫酸酯；离心，收集沉淀物，将沉淀物溶于水，透析 72h，过滤，冷冻干燥便可得到多糖硫酸化产物[64]。

第三节　茯苓生物活性的研究

茯苓作为多种复方与中成药（300 多种）的原料[65]，具有利水消肿、渗湿、健脾和宁心之功效，其主要化学成分为多糖、三萜类化合物等。茯苓聚糖及其修饰产物具有增强免疫，延缓衰老，抗肿痛，抗病毒和降血糖等作用[66-67]，而其所含的大量三萜类物质，具有免疫调节、抗肿瘤和抗炎等作用[68]。

茯苓中的主要化学成分为 β-茯苓聚糖（β-Pachyman），其本身抗肿瘤活性很低，不溶于水，但切除 β-(1→6)-葡萄糖支链后，即可得到具有一定活性的茯苓多糖（β-pachymaran）。Zhang 等人[68]发现，茯苓多糖中 CMP-Ⅱ对人乳腺癌 MCF-7 细胞有一定的抑制作用。体内实验也表明，CMP 在抑制 ICR/JCL 品系小鼠 U_{-14} 肿瘤细胞活性方面具有显著效果，注射剂量升至 180mg/kg 时，抑瘤率可高达 92.2%[69]。茯苓中所含的三萜也具有抗肿瘤活性。仲兆金等人从茯苓中分离得到的三萜类成分及其衍生物，发现其对 K_{562} 细胞（人体慢性髓样白血病细胞）抑制作用明显，对肝癌细胞也具有细胞毒素作用[70]。Kwon Ms 等人发现，茯苓三萜对多种肿瘤具有抑制活性，尤其对肺癌、卵巢癌、皮肤癌、中枢神经癌和直肠癌等作用明显[71]。还有研究表明，茯苓素（三萜的混合物）对艾氏腹水部癌、肉瘤 S-180 有显著的抑制作用，对小鼠肺癌细胞的转移也有一定的抑制作用[72]，与环磷酰胺等抗癌药合用，有一定的协同作用与免疫增强作用。

日本学者从茯苓的甲醇提取物中分离得到的三萜化合物(1)、(5)、(6)、(19)、(22)可以抑制由 TPA 引起的鼠耳肿[73]，汪电雷等人研究得出，茯苓总三萜对二甲苯致小鼠耳廓肿胀、小鼠腹腔毛细血管通透性等急性炎症有抑制作用，对大鼠棉球肉芽肿急性炎症也具有较强的抑制作用[74]。沈思等人认为，茯苓皮三萜对大肠杆菌、金黄色葡萄球菌和绿脓杆菌都有较好的抑制作用，可作为治疗化脓性感染药物与祛痘活性的天然护肤品来开发[75]。茯苓三萜化合物(1)、(19)作为蛇毒液磷脂酶 A2 的抑制剂，使其成为天然的潜在抗炎剂。另外，茯苓多糖 CMP 对棉球所致的小鼠皮下肉芽肿形成有抑制作用，小剂量下也能抑制二甲苯所致的小鼠耳肿。

茯苓多糖具有增强免疫系统功能的作用，既增强细胞免疫，又增强体液免疫，有实验表明：羧甲基茯苓多糖能显著提高巨噬细胞的吞噬能力和 NK 细胞活性，显著激活 T、B 淋巴细胞，从而提高机体的免疫能力[76-77]；茯苓多糖在一定程度上可以加快造血功能的恢复，并可改善老年人的免疫功能，增强体质，保护骨髓，达到扶正固本、健脾补中的作用[78]。茯苓素对小鼠的细胞免疫和体液免疫有相当强的抑制作用，茯苓素在 5～80μg/ml 时，对 PHA、LPS 和 CONA 诱导的淋巴细胞转化均有显著的抑制作用，对小鼠血清抗体及脾细胞抗体产生能力均有显著的抑制作用，且茯苓素到达一定量后其抑制程度不再加强[79]。三萜化合物(1)的酯化衍生物和(19)对小鼠 T 淋巴细胞具有促进增殖作用，化合物(15)具有免疫调节作用[71]。

茯苓三萜及其衍生物可抑制蛙口服 $CuSO_4 \cdot 5H_2O$ 引起的呕吐。实验证明，侧链上 C-24 位具有末端双键基团的三萜，显示出对蛙有止吐作用。茯苓三萜化合物使胰岛素的分化诱导活性增强，三萜化合物本身也有分化诱导活性[81]，还有抑菌、镇静作用。茯苓素能激活细胞膜上 Na、K、ATP 酶，具有改进心肌运动和促进机体水盐代谢的功能，有利尿作用[82]。茯苓对四氯化碳所致大鼠损伤有明显的保护作用，使谷丙转氨酶活性明显降低，防止肝细胞坏死[79]。茯苓总三萜可以不同程度地抗电休克与戊四唑惊厥发作，还可以延长青霉素诱发小鼠痫性发作的潜伏期，减轻发作程度[83-84]。

第四节　结论与展望

茯苓化学成分主要归为3类：三萜类化合物、甾醇类化合物、多糖类化合物；并对茯苓中化学成分的提取分离、结构鉴定与药理活性等信息进行了归纳与总结。需要指出的是，除本章所列化学成分外，茯苓中还存在脂肪酸、蛋白质、胡萝卜苷、β-乙基-吡喃葡萄糖、尿苷、柠檬酸三甲酯、苹果酸二甲酯[83]、甲克质、卵磷脂、左旋葡萄糖、组氨酸、腺嘌呤、胆碱、树胶、脂肪等化学成分，这些成分未在文中给出详细信息。

总之，茯苓作为传统常用中药，所含的多糖和三萜类化合物具有较强的药理活性，市场需求较大，开发前景广阔。我国茯苓资源丰富，结合现代化学与药理研究成果，对茯苓所含的多糖和三萜加以开发利用具有现实意义。

参考文献

[1] 国家中医药管理局《中华本草》编委会. 中华本草精选本(上)[M]. 上海：上海科学技术出版社，1999.
[2] 周玲. 茯苓的营养和食疗验方[J]. 食用菌，2002，(1)：41.
[3] 仲兆金，刘浚. 茯苓有效成分三萜的研究进展[J]. 中成药，2001，23(1)：58－62.
[4] 仲兆金，刘浚. 衍生法分离茯苓三萜[J]. 中药材，2002，25(4)：247－250.
[5] 王德淑，张敏. 茯苓中微量金属元素的测定[J]. 现代中药研究与实践，2003，17(4)：30－31.
[6] 赵吉福，何爱民，陈英杰. 茯苓抗肿瘤成分研究[J]. 中国药物化学杂志，1993，3(2)：128－129.
[7] 蔡为荣，王岚岚，尹修梅，等. 茯苓保健醋的研制[J]. 山西食品工业，2001，(3)：21－23.
[8] 杨鹏飞. 桂枝茯苓胶囊及其单味药茯苓的化学成分与生物活性研究[D]. 中国医学科学院药物研究所硕士学位论文，2012.
[9] Akihisa Toshihiro，Tokuda Harukuni，Kimura Yumiko，et al. Anti-Tumor-Promoting Effects of 25 - methoxyporicoic acid A and other triterpene acids from *Poria cocos*[J]. J Nat Prod，2012，72(10)：1786－1792.
[10] Takaki Tai，Akira Akahori，Tetsuro Shingu. Triterpenoids from *Poria cocos*[J]. Phytochemistry，1993，32(5)：1239－1244.
[11] 王利亚，万惠杰. 茯苓化学成分的研究[J]. 中草药，1998，29(3)：145－148.
[12] Zheng Y，Yang XW. Two new lanostane triterpeoids from *Poria cocos* [J]. J Asian Nat Prod Res，2008，10(4)：289－292.
[13] NnkayaH，Yamashiro H，Fuzakawa H，et al. Isolation of inhibitors of TPA-induced mouse ear edema from hoelen，*Poria cocos* [J]. Chem Pharm Bull，1996，44(4)：847－849.
[14] Takaai Tai，Tetsuro Shingu et al. Isolation of lanostane-type tripene acids having an acetoxyl group from sclerotia of *Poria cocos* [J]. Phytochemistry，1995，40(1)：225－231.
[15] Moon SK，Min TJ. Study on the isolation and structure determination of the triterpenoids from Korean white *Poria cocos*(Schw.) Wolf [J]. Han guk Saenghwa Hakhoechi，1987，20(2)：178－184.
[16] Ding Mingruo，Zhang Qiaoyin，Hu Fang，et al. Synthesis and in vitro antibreast cancer activity of trametenolic acid B derivatives[J]. Advanced Materials Research，2013，634－638.
[17] 王帅，姜艳艳，朱乃亮，等. 茯苓化学成分分离与结构鉴定[J]. 北京中医药大学学报，2010，33

(12):841－844.

[18] Akihisa T, Uchiyama E, Kikuchi T, et al. Anti-tumor-promoting effects of 25 - methoxyporicoic acid A and other triterpense acids from Poria cocos[J]. J Nat Prod, 2009, 72(10): 1786－1792.

[19] Yang CH, Zhang SF, Liu WY, et al. Two new triterpenes from the surface layer of *Poria cocos* [J]. Helvetica Chimica Aria, 2009, 92(4): 660－667.

[20] S W Yang, YC Shen, CH Chen. Steroids and Triterpenoids of Antriodia Cinnamomea-A Fungus Parasitic on Cinnamomum Micranthum [J]. *Phytochemistry*, 1996(41): 1389－1392.

[21] Takaki Tai, Tetsuro Shingu, et al. Triterpenes from the supface layer of *Poria cocos*[J]. Phytochemistry, 1995, 39(5): 1165－1169.

[22] Akihisa T, Nakamura Y, Tokuda H, et al. Triterpene acids from Poria cocos and their anti-tumor-promoting effects [J]. J Nat Prod, 2007, 70(6): 948－953.

[23] Cai TG, Cai Y. Triterpenes from the Fungus *Poria cocos* and their inhibitory activity on Nitric Oxide production in mouse macrophages *via* blockade of activating protein-1pathway [J]. Chem Biodiversity, 2011, 8(11):2135－2143.

[24] Ken Yasukawa, Takaaki Tai, et al. 3β-p-hydroxybenzoyldehydro-tumulosic acid from *Poria cocos* and its Anti-inflammatory effect [J]. Phytochemistry, 1998, 48(8): 1357－1360.

[25] She GM, Zhu NL, Wang S, et al. New lanostane-type triterpene acids from *wolfiporia extensa* [J]. Chemistry Central Journal, 2012, 6(1): 39－43.

[26] AkihisaT, Mizushina Y, Ukiya M, et al. Dehydrotrametenolic acid and dehydroeburiconic acid from *Poria cocos* and their inhibitory effects on eukaryotic DNA polymerase α and β[J]. Biosci Biotechnol Biochem, 2004, 68(2):448－450.

[27] Zheng Y, Yang XW. Two new lanostane triterpeoids from *Poria cocos* [J]. J Asian Nat Prod Res, 2008, 10(4):289－292.

[28] Zheng Y, Yang XW. Poriacosones A and B: two new lanostane triterpenoids from *Poria cocos* [J]. J Asian Nat Prod Res, 2008, 10:645－651.

[29] Motohiko Ukiya, Toshihiro Akihisa. Inhibition of Tumor-Promoting effects by Poricoic acids G and H and other lanostane-type triterpines and cytotoxic activity of Poricoic acids A and G from *Poria cocos*[J]. J Nat Prod, 2002, 65(4):462－465.

[30] Takaki Tai, Akira Akahori, Tetsuro Shingu. Triterpenoids from *Poria cocos*[J]. Phytochemistry, 1991, 30(8):2796－2797.

[31] Yang L, Qin B, Feng S, et al. A new triterpenoid from traditional Chinese medicine *Poria cocos*[J]. J Chem Res, 2010, 34(10): 553－554.

[32] Lin HC, Song YY, Huang YC, et al. A 4, 5 - secolanostane triterpenoid from the sclerotium of *Poria cocos*[J]. J Med Sci, 2010, 30(6):237－240.

[33] 鲁亚苏. 灯油藤茎化学成分研究[D]. 中国协和医科大学中国医学科学院博士学位论文,2006.

[34] Fraga BM, MestresT, Diaz CE, et al. Dehydroabietane diterpenes from *nepeta teydea*[J]. Phytochemistry, 1994, 35(6): 1509－1512.

[35] Zhen-Feng Fang, Gui-Jie Zhang, Hui Chen, et al. Diterpenoids and Sesquiterpenoids from the Twigs and Leaves of Illicium majus[J]. Planta Med, 2013, 79: 142－149.

[36] 胡斌. 茯苓化学成分的研究[D]. 中国科学院上海药物研究所硕士学位论文,2004.

[37] 李俊,韩向晖,王振亚,等. 茯苓多糖的提取及含量测定[J]. 中国现代应用药学杂志,2000,17(1):49－50.

[38] 邱绿琴,杨惊宇,吴宗彬. 茯苓多糖的提取分离方法研究[J]. 当代医学,2009,15(3):96—97.
[39] 陈莉,郁建平. 茯苓多糖提取工艺的优化[J]. 食品科学,2007,28(05):136—139.
[40] 程金生,赵进,黄徽. 羧甲基茯苓多糖的制备及抗肿瘤药效学研究[J]. 右江医学,2008,36(4):386—387.
[41] 高杰,李玉欣,于占华,等. 茯苓多糖提取方法研究[J]. 吉林中医药,2007,27(9):60—64.
[42] 王博. 超声萃取对茯苓菌核多糖提取率及结构影响的研究[D]. 陕西师范大学硕士论文,2008.
[43] 霍文,孙广利,刘鹏. 正交试验法优选茯苓多糖提取工艺[J]. 西北药学杂志,2006,21(1):18—19.
[44] 杜玲玲,张春椿,熊耀康. 微波法提取茯苓多糖的工艺研究[J]. 中国药业,2009,18(1):37—38.
[45] 聂金媛,吴成岩,吴世容,等. 微波辅助提取茯苓中茯苓多糖的研究[J]. 中草药,2004,35(12):1346—1348.
[46] 陈莉. 茯苓多糖提取工艺的优化及开发利用研究[D]. 贵州:贵州大学,2007.
[47] 陶跃中. 茯苓多糖深层发酵提取参数控制及羧甲基化改性研究[D]. 河南:河南大学,2010.
[48] 赵子剑,连琰,李万伟. 正交实验法优化二氧化碳超临界流体萃取茯苓多糖工艺参数[J]. 时珍国医国药,2008,19(7):1628—1629.
[49] Warsi SA, Whelan WJ. Structure of pachyman and the polysaccharide component of *Poria cocos*[J]. Chemistry&Industry(London,United Kingdom), 1957:1573.
[50] Saito H, Misaki A, Harade T. A comparison of the structure of curdlan andpachyman[J]. Agri. Bio Chem, 1968, 32(10):1261—1269.
[51] Hoffman GC, Simson BW, Timell TE. Structure and molecular size ofpachyman[J]. Carbohydrate Research, 1971, 20:185—188.
[52] Kanayama H, Adachi N, Togami M. A. A new Antitumor polysaccharide from the mycelia of *Poria cocos Wolf* [J]. Chemical Pharmaccutical Bulletin, 1983, 31(3):1115—1118.
[53] Zhang LN, DING Q, Zhang PY, et al. Molecular weight and aggregation behavior in solution of β-D-glucan from *Poria cocos* sclerotium[J]. Carbohydrate Research, 1997, 303(2):193—197.
[54] Rhee SD, Cho SM, Park JS, et al. Chemical composition and biological activities of immunstimulants purified from alkali extract of *Poria cocos* sclerotium [J]. Hanguk kynhakhoechi, 1999, 27(4):293—298.
[55] Wang YF, Zhang M, Ruan D, et al. Chemical components and molecular mass of six polysaccharides isolated from the sclerotium of *Poria cocos*[J]. Carbohydrate Research, 2004, 339(2):327—334.

[56] 丁琼,张俐娜,张志强. 茯苓菌丝多糖的分离和结构分析[J]. 高分子学报,2000,(2):224—227.
[57] 林雨露,张俐娜,金勇,等. 人工培养菌种茯苓菌丝体多糖的分离、组成和分子量[J]. 高分子学报,2003(1):97—103.
[58] Jin Y, Zhang LN, Tao YZ, et al. Solution properties of a water-insoluble(1→3)-D-glucan isolated from *Poria cocos* mycelia[J]. Carbohydrate Polymers, 2004, 57(2): 205 —209.
[59] Chen YY, Chang HM. Antiproliferative an different tiating effects of polysaccharide fraction from Fu-ling(*poria cocos*) on human leukemic U937 and HL-60 cells[J]. Food and Chemical Toxicology, 2004, 42(5): 759—769.
[60] Lu MK, Cheng JJ, Lin CY, et al. Purification, structural elucidation and anti-inflammatory effect of a water-soluble(1→6)-branched(1→3)-α-D-galactan from cultured wycelia of *Poria cocos* [J]. Food Chem, 2010, 118(2):349—356.
[61] Zhang M, Chiu LCM, Cheung PCK, et al. Growth-inhibitory effects of αβ- glucan from the mycelium of *Poria cocos* on human breast carcinoma MCF-7 cells Cell-cycle arrest and apop-

tosis induction[J]. Oncol Rep, 2006, 15(3): 637—643.

[62] Huang QL, Jin Y, Zhang LN, et al. Structure, molecular size and antitumor activities of polysaccharides from*Poria cocos* mycelia produced in fermenter[J]. Carbohydrate Polymer, 2007, 70(3):324—333.

[63] Zhang LN, Wang YE. Chain conformation of carboxymethlated derivatives of(1-3)-β-D-Glucan from *Poria cocos* sclerotium[J]. Carbohydrate Polymer, 2006, 65(4):504—509.

[64] 田庚元,冯宇澄,林颖,等. 植物多糖的研究进展[J]. 中国中药杂志,1995,20(7):441—445.

[65] 王克勤,傅杰,苏玮,等. 道地药材茯苓疏[J]. 中药研究与信息,2002,49(6):16—17.

[66] 刘林,霍志斐,史树堂. 茯苓多糖的药理作用概述[J]. 河北中医,2010,32(9):1427—1428.

[67] 郑威. 茯苓多糖及其修饰物抗肿瘤作用及机制研究进展[J]. 健康研究,2011,31(5):379—381.

[68] 张思访,刘静涵,蒋建勤,等. 茯苓化学成分和药理作用及开发利用[J]. 中华实用中西医杂志,2005,18(2):227—230.

[69] Zhang M, Chiu L C, Cheng P C, et al. Growth-inhibitory effects of a beta-glucan from the mycelium of *Poria cocos* on human breast carcinoma MCF-7 cells: cellc-yclearrest and apoptosis induction[J]. Oncol Rep, 2006, 15(3):637—643.

[70] 程金生,赵进,黄微. 羧甲基茯苓多糖的制备及肮肿瘤药效学研究[J]. 右江医学,2008,36(4):386—388.

[71] 仲兆金,许先栋,周京华,等. 茯苓三萜成分的结构及其衍生物的生物活性[J]. 中国药物化学杂志,1998,8(4):239—244.

[72] Kwon M S , Chung S K, Choi J U, et al. Antimicrobial and antitumor activity of triterpinoids fraction from *Poria cocos*[J]. J Korean Society Food Science Nutrition, 1999, 28(5):1029—1033.

[73] 许津,吕丁,钟启平,等. 茯苓素对小鼠 L1210 细胞的抑制作用[J]. 中国医学科学院学报,1988,10(10):45—49.

[74] Haruo N, Hirokazu Y, Hirotatsu F, et al. Isolation of inhibitor of TPA-induced mouse ear edema from hoelen, *Poria cocos*[J]. Chem. Pharm. Bull, 1996, 44(4):847—849.

[75] 汪电雷,陈卫东,徐先祥. 茯苓总三萜的抗炎作用研究[J]. 安徽医药,2009,13(9):1021—1023.

[76] 沈思,李孚杰,梅光明,等. 茯苓皮三萜类物质含量的测定及其抑菌活性的研究[J]. 食品科学,2009,30(1):95—98.

[77] 陈春霞. 羧甲基茯苓多糖对小鼠免疫功能的影响[J]. 食用菌,2002,24(4):39—41.

[78] 刘媛媛,陈友香,侯安继. 羧甲基茯苓多糖对小鼠 T 淋巴分泌细胞因子的影响[J]. 中药药理与临床,2006,22(3/4):71—73.

[79] 金琦,曹静,王淑华. 大剂量茯苓的药理作用及临床应用概况[J]. 浙江中医杂志,2003,38(9):410—411.

[80] 王国军,李嗣英,许津. 茯苓素对小鼠免疫系统功能的影响[J]. 中国抗生素杂志,1992,17(1):42—47.

[81] 左藤真友美,田井孝明. 胰岛素作用增强活性组成物[P]. 日本公开特许公报,1998,10—33 0266.

[82] 邓刚民,许津. 茯苓素:一种潜在的醛固酮拮抗剂[J]. 中国抗生素杂志,1992,17(1):34—37.

[83] 张琴琴,王明正,王华坤,等. 茯苓总三萜抗惊厥作用的实验研究[J]. 中西医结合心脑血管病杂志,2009,67(6):712—714.

[84] 张琴琴,王明正,王华坤,等. 茯苓总三萜对青霉素诱发惊厥模型海马氨酸含量的影响[J]. 中国药理学通报,2009,25(2):279—280.

(杨鹏飞、陈若芸)

第十五章 羊肚菌

YANG DU JUN

第一节 概 述

羊肚菌[*Morchella esculanta* (L.) Pers]为子囊菌门，盘菌纲，盘菌亚纲，盘菌目，羊肚菌科，羊肚菌属真菌，又称羊肚蘑、羊肝菜、编笠菌，主要分布于我国河南、陕西、甘肃、青海、西藏、新疆、四川、山西、吉林、江苏、云南、河北、北京等地区[1]。羊肚菌性平，味甘寒，无毒；具有益肠胃、助消化、化痰理气、补肾壮阳、补脑提神等功效。另外，还具有强身健体、预防感冒，增强人体免疫力的功效[2]。

羊肚菌中含有吡喃酮抗生素、甾醇、皂苷、蛋白质、多糖、脂肪、维生素、酶类、氨基酸和矿物质等多种化合物。

第二节 羊肚菌化学成分的研究

一、吡喃酮类化学成分

羊肚菌中1,5－D－脱水果糖[3-4](1,5－anhydro－D－fructose,1)在吡喃酮脱水酶(Pyranosone dehydratase)[5]的催化作用下，可以向稀有的吡喃酮化合物转化，产生一种植物保护抗菌剂，即吡喃酮抗生素 microthecin (2)，或 crotalcerone (3)[6](图15－1)。

图15－1 羊肚菌中吡喃酮类化学成分的结构

(一) 吡喃酮类成分的提取与分离方法

20株10～15d生长期菌丝体，室温下置200ml水中浸渍2～3h，滤液减压浓缩至10ml，加入甲醇60ml，混匀，离心，沉淀用甲醇洗涤两次，合并上清液，减压浓缩成5ml稠膏，加甲醇100ml反复研磨，得上清液，减压回收甲醇，得白色固形物，加甲醇重新溶解，使其浓度成250g/ml，取0.8ml点于20cm×20cm GF硅胶薄层板上，氯仿∶甲醇(7∶3)展开，氯化三苯基四氮唑试剂显色，刮取白色斑点部分硅胶，合并，甲醇提取，浓缩，过0.22μm微孔滤膜，冷冻干燥得200mg不定型粉末，加水配成浓度为50mg/ml的溶液，上Sephadex G10(16mm×950mm)凝胶柱，在15℃下，以7ml/h的水洗脱，以氯化三苯基四氮唑试剂鉴别，每份2ml，第42～48份减压浓缩到一定浓度后冷冻干燥，得无定形白色固体粉末，为化合物(1)35mg。

50株冻藏的羊肚菌菌丝体解冻后，加入250ml水，室温下浸渍2～3h，加压并加水至300ml，得棕褐色溶液，减压浓缩至20ml，得黑色糖浆状稠膏，加甲醇20ml，提取4次，合并有机相，减压浓缩至干，重溶于 5ml 甲醇中，取 1.0ml 点于 20cm×20cm GF 硅胶薄层板上，氯仿∶甲醇（7∶3）展开，紫外线下检测，刮取最亮斑点部分硅胶，合并，甲醇提取，浓缩，重溶于 20ml 水中，过 1.2μm 滤膜，冷冻干燥，得透明结晶状化合物（2）300mg。

（二）吡喃酮类成分的理化常数与光谱数据

1,5－Anhydro－D－fructose（1） 无定形白色粉末，易溶于水，$[\alpha]_D^{23}-40(c\ 0.5, H_2O)$。分子式：$C_6H_{10}O_5$。IR(KBr)：3 400、1 730cm^{-1}。CI-MS(CH_4，70eV)显示 m/z：163$[M+H]^+$，145 $[M+H-H_2O]^+$，127$[M+H-2H_2O]^+$，85$[M+H-2H_2O-CH_2CO]^+$，^{13}C NMR(D_2O)δ：95.3(s)，83.3(d)，79.6(d)，74.4(t)，71.7(d)，63.9(t)（图 15－2）。乙酰化后 X-ray 分析数据如表 15－1。

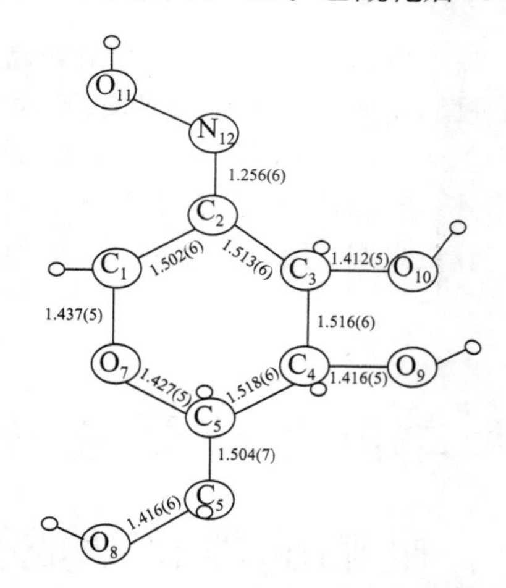

图 15－2 1,5－anhydro－D－fructose 的平面投射结构图与原子编号、原子间距离

表 15－1 1,5－anhydro－D－fructose 原子到平面的距离、原子坐标与等效各向同性温度系数

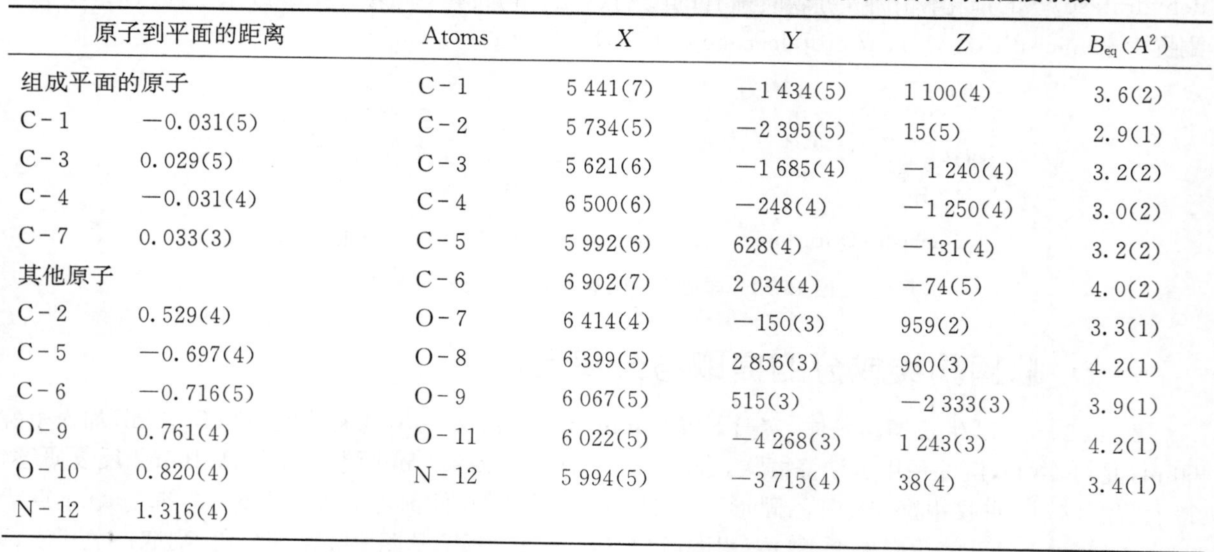

原子到平面的距离		Atoms	X	Y	Z	$B_{eq}(A^2)$
组成平面的原子		C－1	5 441(7)	－1 434(5)	1 100(4)	3.6(2)
C－1	－0.031(5)	C－2	5 734(5)	－2 395(5)	15(5)	2.9(1)
C－3	0.029(5)	C－3	5 621(6)	－1 685(4)	－1 240(4)	3.2(2)
C－4	－0.031(4)	C－4	6 500(6)	－248(4)	－1 250(4)	3.0(2)
C－7	0.033(3)	C－5	5 992(6)	628(4)	－131(4)	3.2(2)
其他原子		C－6	6 902(7)	2 034(4)	－74(5)	4.0(2)
C－2	0.529(4)	O－7	6 414(4)	－150(3)	959(2)	3.3(1)
C－5	－0.697(4)	O－8	6 399(5)	2 856(3)	960(3)	4.2(1)
C－6	－0.716(5)	O－9	6 067(5)	515(3)	－2 333(3)	3.9(1)
O－9	0.761(4)	O－11	6 022(5)	－4 268(3)	1 243(3)	4.2(1)
O－10	0.820(4)	N－12	5 994(5)	－3 715(4)	38(4)	3.4(1)
N－12	1.316(4)					

注：Equation of the plane：0.868 7X－0.490 4Y＋0.070 3Z＝4.499 9；$B_{eq}=4/3\sum_i\sum_j\beta_{ij}Q_iQ_j$。

Microthecin（2） 透明状结晶，UV λ_{max} (log ε)：230(3.64)，345(1.37)nm。分子式：$C_6H_8O_4$。IR(KBr)：3 400、1 690、1 630、1 430、1 380、1 270、1 230、1 200、1 140、1 050、990、950、920、820cm^{-1}。^1H NMR(60MHz，Me_2CO-d_6)δ：3.6(3H，m，$W_{1/2}$＝6Hz，2H－7 和 OH－7)，4.4(1H，m，$J_{6a,5}$＝3.3Hz，$J_{6b,4}$＝1.3Hz，$J_{6a,6b}$＝19.5Hz，H－6a)，4.6(1H，m，$J_{6b,5}$＝2Hz，$J_{6b,4}$＝2Hz，H－6b)，5.3(1H，m，

$W_{1/2}$=7Hz,OH－2),6.0(1H,m,$J_{4,5}$=9.8Hz,H－4),7.1(1H,m,H－5)。EI-MS(70eV)m/z:113 $[M-CH_2OH]^+$;$C_5H_5O_3$(6);85,$C_4H_5O_2$(8.5);68,C_4H_4O(100)。

Crotalcerone (3),其理化性质、光谱数据与化合物 Microthecin 相近。

二、羊肚菌中甾醇类化学成分

从羊肚菌中分离得到扶桑甾醇(β－rosasterol,4)[7]扶桑甾-乙酸酯(rosasterol－4－en－3β-O－acetate,5)[5],麦角甾醇(ergosterol,6)[8],麦角甾－5,22－二烯－3β-醇(ergosta－5,22－dien－3β－ol,7)[7],麦角甾－5,22－二烯－3β-O－葡萄糖苷(ergosta－5,22－dien－3β-O-glucoside,8)[7],5－二氢麦角醇(5－dihydroergosterol,9)[9-10],麦角甾醇过氧化物(ergosterol peroxide,10)[10-11],酒酵母甾醇(cerevisterol,11)[10-12](图 15－3)。

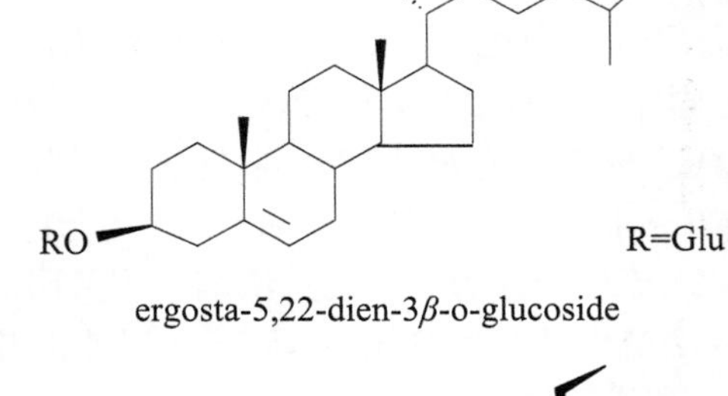

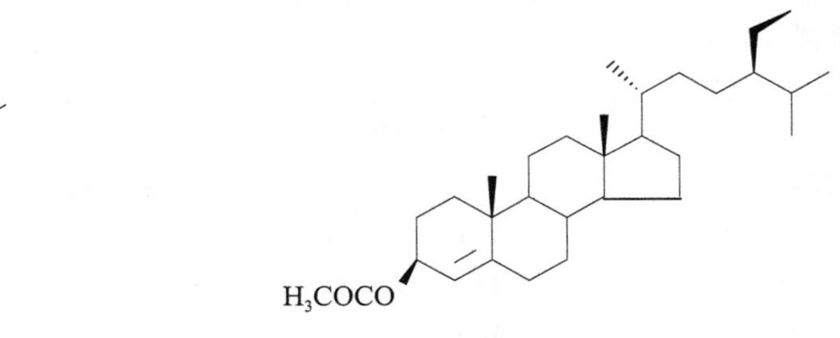

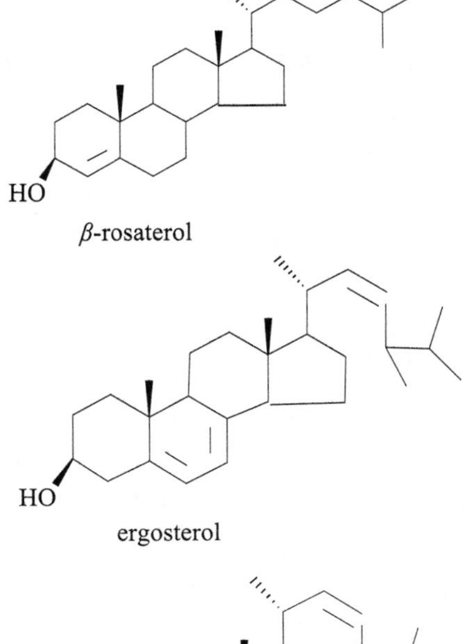

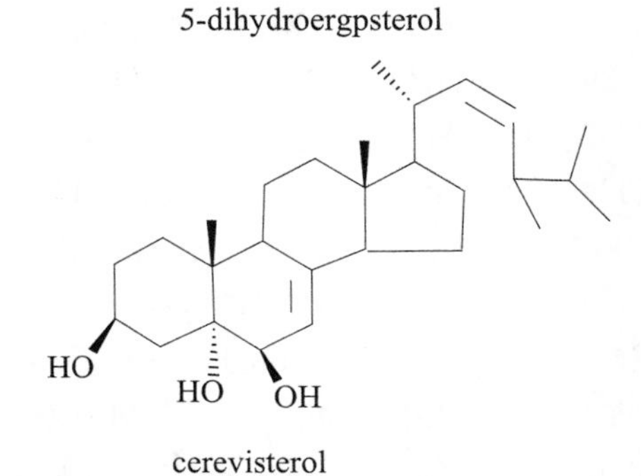

图 15－3　羊肚菌中甾醇类化合物结构式

（一）甾醇类化学成分提取与分离方法(一)

将尖顶羊肚菌(*Morchella conical* Fr.)(3kg)用石油醚-乙醚-丙酮(1∶1∶1,V/V/V)浸泡3次,每次浸一周,滤去残渣后,合并浸提液,减压浓缩,得浸膏51.6g(I)。再将残渣用95%乙醇加热回流提取3次,每次3h,滤过,合并滤液,减压回收,得极性较大部位浸膏150g(II)。

取浸膏(I)30g,加入20g硅胶(100～140目)混合拌样,再用140～200目硅胶湿法装柱,以石油醚-乙酸乙酯-甲醇梯度洗脱,收集各流份,每份50ml,TLC检测(以石油醚-乙醚为展开剂,5%磷钼酸-乙醇、碘蒸气做显色剂),合并相同组分得P_1～P_6共6个部分;其中合并第5～7流份为P_1部分,浓缩放置析出白色蜡状固体化合物,鉴定为heptadecanol(20)50mg;第8～10流份合并为P_2部分,浓缩后采用PLC薄层(石油醚-乙醚为展开剂),纯化得到浅黄色粉末,鉴定为nonadecylic acid(23)20mg;第12～14流份合并为P_3部分,浓缩后进行两次柱色谱,收集2′～4′流份,用PLC薄层(石油醚-乙醚为展开剂)纯化,得到浅黄色粉末plamitic acid(22)16mg,8′～14′流份浓缩得油状物,PLC薄层色谱(石油醚-乙醚为展开剂)纯化,得到两个油状化合物1-octen-3-ol(化合物17)20mg,2-octen-4-ol(化合物15)30mg和1个白色片状结晶γ-亚油酸(化合物24)15mg;第20～25流份合并为P_4部分,浓缩析出大量白色固体,过滤,白色固体经多次重结晶得到ergosterol(化合物6)60mg,滤液继续浓缩,PLC制备薄层色谱(乙酸乙酯-甲醇为展开剂)纯化,得到白色针状晶体β-rosasterol(化合物4)20mg,白色片状结晶rosasterol-4-en-3β-*O*-acetate(化合物5)18mg,白色片状结晶moreloside A(化合物12)24mg;第27～28流份合并为P_5部分,浓缩后用薄层制备色谱得到白色粉末moreloside B(化合物13)18mg;第36～42流份合并为P_6部分,制备薄层纯化得到白色片状结晶ergosta-5,22-dien-3β-ol(化合物7)22mg和浅黄色粉末ergosta-5,22-dien-β-*O*-glucoside(化合物8)60mg。

（二）甾醇类化学成分提取与分离方法(二)

将新鲜子实体(603g)加入甲醇,室温下浸提5d,减压回收溶剂,得浸膏30g,混悬于水中,依次用正己烷、二氯甲烷和乙酸乙酯萃取。将二氯甲烷层浸膏(2.3g)上硅胶柱,以二氯甲烷∶甲醇(100∶0～65∶35)梯度洗脱,TLC检测,分别收集得到15个组分,其中第3、5和10组分采用沉淀、重结晶方法,分别纯化得到5-二氢麦角醇(5-dihydroergosterol,化合物9)52.3mg、ergosterol(化合物6)12.6mg,酒酵母甾醇(cerevisterol,化合物11)6.4mg;组分6采用凝胶色谱法,以甲醇-水洗脱,得到麦角甾醇过氧化物(ergosterol peroxide,化合物10)6.6mg。

（三）甾醇类化学成分的理化常数与光谱数据

扶桑甾醇(β-rosasterol,4)　白色针状结晶,mp 123～124℃(乙醚),$[\alpha]_D^{25}$+40(*c* 0.5,$CHCl_3$)。易溶于氯仿,微溶于丙酮,Libermann-Burchard反应呈墨绿色。元素分析结果C:72.73,H:10.90(计算值C:72.85,H:10.00),分子式$C_{29}H_{50}O$。UV($CHCl_3$)λ_{max} 213nm(log ε 3.80),表明有p-π共轭。IR(KBr):3 410、2 822～2 915、1 634、950、1 456、1 376、1 368 cm^{-1}。EI-MS m/z:414[M^+],399$[M-CH_3]^+$,396$[M-H_2O]^+$,381$[M-CH_3-H_2O]^+$,329$[M-C_6H_{13}]^+$,314,303,273$[M-C_{10}H_{21}]^+$,255$[M-C_{10}H_{21}-H_2O]^+$,107,95。^1H NMR($CDCl_3$)δ:0.61(3H,s,H-18),0.81(6H,d,J=7Hz,H-26,H-27),0.86(3H,d,J=7.0Hz,H-21),0.93(3H,d,J=6.2Hz,H-29),1.04(3H,s,H-19),1.22(1H,d,J=8.0Hz,H-25),1.27(1H,q,J=7.4Hz,H-20),2.74(1H,s,D_2O交换消失,OH),3.50(1H,m,H-3),5.31(1H,brs,H-4)。上述光谱数据与β-谷甾醇相比较,两者骨架相似,但比较物理常数β-谷甾醇,mp 123～124℃,$[\alpha]_D^{25}$-37(*c* 2,$CHCl_3$)与UV($CHCl_3$)λ_{max} 206nm(log ε 3.62),两者不完全相同。此外,^{13}C NMR谱数据给出了29个碳信号,包括6个甲基碳信号δ:11.9、19.8、18.8、19.4、19.1和12.0;两个烯键碳信号δ:121.7和140.8;1个连氧碳信号δ:71.8;可确定为β-谷甾醇的同分异构体扶桑甾醇。

扶桑甾-乙酸酯(rosasterol-4-en-3β-O-acetate,5) 白色片状结晶,mp 155～156℃,易溶于氯仿,微溶于丙酮,难溶于 H_2O。元素分析结果 C:81.52,H:11.30(计算值 C:81.57,H:11.40),分子式 $C_{31}H_{52}O_2$。IR(KBr):2 820～2 917、1 735、1 630、950、1 450、1 378、1 370cm^{-1}。EI-MS m/z:456[M$^+$],441[M－CH_3]$^+$,413[M－CH_3CO]$^+$,396,381,329,314,303,273,255,107,95。^1H NMR($CDCl_3$)δ:0.67(3H,s,H-18),0.83(6H,d,J=7.0Hz,H-26,H-27),0.86(3H,d,J=7.0Hz,H-21),0.92(3H,d,J=6.6Hz,H-29);1.01(3H,s,H-19),1.24(1H,d,J=8.0Hz,H-25),1.26(1H,q,J=7.4Hz,H-20),3.55(1H,m,H-3),5.39(1H,brs,H-4)。^{13}C NMR 谱数据给出了 29 个碳信号,包括 7 个甲基碳信号 δ:11.0,20.5,18.8,19.2,19.1,12.5,23.1;两个烯键碳信号 δ:119.4,141.5;1 个连氧碳信号 δ:75.6;1 个乙酰基碳信号 δ:171.9。故推定为"扶桑甾-乙酸酯",在羊肚菌中首次报道。

麦角甾醇(ergosterol,6) 白色片状晶体,mp 162～163℃。UV(ethanol)λ_{max} 262、271、282、293nm。IR(KBr):3 431、2 990、2 855、1 642、1 460、958cm^{-1}。EI-MS m/z:396[M$^+$],381,363,271,253,211,227。^1H NMR(400MHz,$CDCl_3$)中有 4 个烯氢质子 δ:5.561(1H)、5.381(1H)、5.201(1H)和 5.193(1H);6 个甲基氢质子 δ:0.635(3H,s)、0.950(3H,s)、1.039(3H,d)、0.920(3H,d)、0.842(3H,d)、0.824(3H,d),1 个羟基质子 δ:4.640(1H,d)。^{13}C NMR(400MHz,$CDCl_3$)谱中含有 28 个碳原子,其中 6 个甲基碳信号 δ:12.05,16.28,21.202,17.64,19.66,19.97;4 个烯碳信号 δ:119.64,116.36,135.61,132.01;1 个连氧碳信号 δ:70.45。薄层层析与对照品麦角甾醇的 R_f 一致,并且混合物熔点不下降。

麦角甾-5,22-二烯-3β-醇(ergosta-5,22-dien-3β-ol,7) 白色片状晶体,mp 135～137℃。易溶于氯仿、甲醇。元素分析结果 C:84.51,H:11.04(计算值 C:84.42,H;11.56),分子式 $C_{28}H_{46}O$。IR(KBr):3 408、2 954、2 860、1 626、1 382、1 370、969cm^{-1}。EI-MS m/z:398,383,365,314,285,271,255,83。^1H NMR 谱中显示 δ:3.50～3.54(1H,m),2.27～2.30(1H,m),5.34～5.36(1H,d,J=5.0Hz),1.45～1.52(1H,m),5.12～5.26(2H,t,J=5.0Hz),1.17(1H,m,8.0),0.69(3H,s),1.01(3H,s),0.85(3H,d,J=0.5Hz),0.84(6H,d,J=7.0Hz),0.92(3H,t,J=6.0Hz)。^{13}C NMR 与 DEPT 谱显示含有 28 个碳原子,其中 4 个双键碳信号 δ:140.7,121.69,135.62,131.7;1 个羟基碳信号 δ:71.79;6 个甲基碳信号 δ:12.01,19.40,21.98,20.94,19.93,19.62。根据以上数据确定为麦角甾-5,22-二烯-3β-醇(ergosta-5,22-dien-3β-ol)。

麦角甾-5,22-二烯-3β-O-葡萄糖苷(ergosta-5,22-dien-3β-O-glucoside,8) 黄色粉末,mp 181～182℃。元素分析结果 C:72.73,H:10.09(计算值 C:72.89,H:10.00),分子式 $C_{34}H_{56}O_6$。Libermann-Burchard 反应呈阳性。IR(KBr):3 410、2 954、2 860、1 628、1 382、1 370、969cm^{-1}。EI-MS m/z:560,397,383,365,314,285,271,255。^1H NMR 谱中显示 δ:3.50～3.54(1H,m),2.27～2.31(1H,m),5.34～5.36(1H,d,J=5.0Hz),1.45～1.50(1H,m),5.12～5.26(2H,t,J=5.0Hz),1.21(1H,m,8.0),0.68(3H,s),1.01(3H,s),0.88(3H,d,J=0.5Hz),0.81(6H,d,J=7.0Hz),0.90(3H,t,J=6.0Hz)。^{13}C NMR 与 DEPT 谱显示含有 34 个碳原子,其中 4 个双键碳信号 δ:140.7,121.68,134.60,130.4;1 个羟基碳信号 δ:76.79;6 个甲基碳信号 δ:12.20,19.43,21.99,20.94,19.90,19.62;6 个葡萄糖碳信号 δ:102.8,73.4,76.6,70.0,77.0,61.0。根据以上数据确定为麦角甾-5,22-二烯-3β-O-葡萄糖苷(ergosta-5,22-dien-3β-O-glucoside)。

5-二氢麦角醇(5-dihydroergosterol,9)[9-10] 白色粉末,mp 168～170℃。$[\alpha]_D^{21}$-11.5(c 1.0,$CHCl_3$)。R_f=0.25(氯仿:异丙醇=9:1)。EI-MS m/z:398[M$^+$],273,271,255;CI-MS 显示 m/z:416[M+NH_4]$^+$,414,399[M+H]$^+$,397,273。^1H NMR 谱中显示 δ:0.53(3H,s),0.78(3H,s),0.80(3H,d,J=8.1Hz),0.82(3H,d,J=6.7Hz),0.90(3H,d,J=6.8Hz),1.00(3H,d,J=6.6Hz),3.57(1H,m,H-3),5.17(3H,m,H-7,H-22,H-23)。^{13}C NMR 谱显示 28 个碳信号,其中 6 个甲基碳信号 δ:12.1,13.0,21.1,17.6,19.6,19.9;4 个双键碳信号 δ:117.4,139.6,135.1,131.9;1 个连氧碳

信号 δ:71.0。根据以上光谱数据确定为5-二氢麦角醇(5-dihydroergosterol)。

麦角甾醇过氧化物(ergosterol peroxide, 10)[10-11] 白色针状结晶,mp 172～174℃。UV ($CHCl_3$):237nm。IR(KBr):3 521、3 389、2 957、2 872、1 459、1 377cm^{-1}。EI-MS m/z:428[M^+],410,396,376,363,337,251。^1H NMR($CDCl_3$)谱中显示 δ:6.47(1H,d,J=8.5Hz),6.21(1H,d,J=8.5Hz),5.17(1H,d,J=9.0Hz),5.12(1H,d,J=9.0Hz),3.94(1H,m),0.97(3H,d,J=6.7Hz),0.89(3H,d,J=6.5Hz),0.87(3H,s),0.84(3H,d,J=6.6Hz),0.81(3H,s),0.80(3H,d,J=6.7Hz)。^{13}C NMR($CDCl_3$)谱显示28个碳信号,其中6个甲基碳信号 δ:12.90,18.18,20.90,19.64,19.93,17.56;4个双键碳信号 δ:135.22,130.77,135.45,132.39;3个连氧碳信号 δ:66.47(C_3),82.15(C_5),79.42(C_8)。根据以上光谱数据确定为麦角甾醇过氧化物(ergosterol peroxide)。

酒酵母甾醇(cerevisterol, 11)[10-12] 无色针状结晶,mp 224～227℃(环己烷/丙酮)。$[\alpha]_D^{24}$ -22.62(c 0.21, MeOH)。IR(KBr):3 412、2 951、2 865、1 660、1 456、1 381、1 032、969cm^{-1}。EI-MS m/z:430[M^+],412[$M-H_2O$]$^+$,394[$M-2H_2O$]$^+$,379[$M-2H_2O-Me$]$^+$,376[$M-3H_2O$]$^+$,285[$M-2H_2O-C_9H_{17}$]$^+$,269[$M-3H_2O-C_9H_{17}$]$^+$,251,107,81,69。^1H NMR(C_5D_5N)谱中显示:δ:5.73(1H,dd,J=4.8、2.4Hz,H-7),5.24(1H,dd,J=15.4、7.3Hz,H-23),5.19(1H,dd,J=15.4、7.8Hz,H-22),4.82(1H,m,H-3),4.31(1H,brs,H-6),0.67(3H,s,H-18),1.53(3H,s,H-19),1.07(3H,d,J=6.5Hz,H-21),0.96(3H,d,J=6.8Hz,H-28),0.87(3H,d,J=6.6Hz,H-27),0.86(3H,d,J=6.6Hz,H-26)。^{13}C NMR($CDCl_3$)谱显示28个碳信号,其中6个甲基碳信号:δ:12.54,18.76,20.14,20.67,19.85,17.85;4个双键碳信号 δ:120.4(C_7),141.6(C_8),136.2(C_{22}),132.2(C_{23});3个连氧碳信号 δ:67.59(C_3),76.16(C_5),74.27(C_6)。根据以上光谱数据确定为酒酵母甾醇(cerevisterol)。

三、羊肚菌中皂苷类的化学成分

(一) 皂苷类成分的提取与分离方法

从尖顶羊肚菌中分离得到3-O-β-{[α-L-吡喃式鼠李糖基(1→2)-β-D-呋喃式芹菜糖基

Moreloside A

Moreloside B

图 15-4 羊肚菌中皂苷类化合物结构式

(1→6)]-β-D-吡喃式葡萄糖基}扶桑甾醇(moreloside A,12)[7]和3-O-β-{[α-L-吡喃式鼠李糖基(1→2)-β-D-呋喃式木糖基]-β-D-吡喃式葡萄糖基}扶桑甾醇(moreloside B,13)[7],共两个甾体皂苷类化合物(图15-4)。

（二）羊肚菌中皂苷类化学成分的理化常数与光谱数据

3-O-β-{[α-L-吡喃式鼠李糖基(1→2)-β-D-呋喃式芹菜糖基(1→6)]-β-D-吡喃式葡萄糖基}扶桑甾醇(moreloside A,12)　白色片状结晶,mp 250～252℃。元素分析C:64.61,H:9.20(计算值C:64.63,H:9.13),分子式$C_{46}H_{78}O_{14}$。Libermann-Burchard反应呈阳性。IR(KBr):3 410、2 850、2 960、1 640、960、1 452、1 382、1 370、1 040cm^{-1}。EI-MS m/z:854,708(M-146),722(M-132),576(M-146-132),413(M-糖部分),396,381,314,273,255,146,132。^{1}H NMR($CDCl_3$)δ:0.65(3H,s,H-18),0.84(6H,d,J=7Hz,H-26,H-27),0.86(3H,d,J=7.0Hz,H-21),0.90(3H,d,J=6.0Hz,H-29);1.01(3H,s,H-19),1.24(1H,d,J=8.0Hz,H-25),1.26(1H,q,J=7.4Hz,H-20),3.60(1H,m,H-3),5.40(1H,brs,H-4)。糖部分:葡萄糖δ:4.36(d,J=8.0Hz),3.38(dd,J=8.0,9.3Hz),5.70(t,J=9.3Hz),4.94(t,J=9.4Hz),3.97(s),6.15～6.45,6.29～6.47;鼠李糖δ:5.18(d,J=2.1Hz),3.90(m),3.50(m),3.28(t,J=9.5Hz),3.55(m),1.07(d,J=6.0Hz);芹菜糖δ:4.91(d,J=2.4Hz),3.84(d,J=2.4Hz),3.74(m),3.92(m),3.53(s)。^{13}C NMR谱数据给出了46个碳信号,包括6个甲基碳信号δ:12.3,21.0,18.7,19.4,18.7,12.4;两个烯键碳信号δ:118.5,141.5;1个连氧碳信号δ:84.1;6个葡萄糖碳信号δ:101.6,78.5,74.8,76.3,74.3,63.2;6个鼠李糖碳信号δ:102.8,73.0,71.3,74.0,70.2,18.5;5个芹菜糖碳信号δ:108.9,77.1,79.8,75.8,65.8。根据以上光谱数据确定,化合物为3-O-β-{[α-L-吡喃式鼠李糖基(1→2)-β-D-呋喃式芹菜糖基(1→6)]-β-D-吡喃式葡萄糖基}扶桑甾醇(moreloside A)。

3-O-β-{[α-L-吡喃式鼠李糖基(1→2)-β-D-呋喃式木糖基]-β-D-吡喃式葡萄糖基}扶桑甾醇(moreloside B,13)　白色无定形粉末,mp 248～249℃。元素分析C:64.52,H:9.20(计算值C:64.46,H:9.13),分子式$C_{46}H_{78}O_{14}$。Libermann-Burchard反应呈阳性。IR(KBr):3 410、2 854、2 950、1 648、1 450、1 382、1 370、1 040cm^{-1}。EI-MS显示m/z:854,722(M-132),708(M-146),576(M-146-132),413(M-糖部分),396,381,314,273,255,146,132。^{1}H NMR($CDCl_3$)δ:0.68(3H,s,H-18),0.82(6H,d,J=7Hz,H-26,H-27),0.86(3H,d,J=7.0Hz,H-21),0.92(3H,d,J=6.2Hz,H-29);1.01(3H,s,H-19),1.24(1H,d,J=8.0Hz,H-25),1.25(1H,q,J=7.4Hz,H-20),3.64(1H,m,H-3),5.30(1H,brs,H-4)。糖部分:葡萄糖δ:4.36(d,J=8.0Hz),3.4(dd,J=8.0,9.3Hz),5.75(t,J=9.3Hz),4.94(t,J=9.4Hz),3.75(s),6.15～6.50,6.25～6.47;鼠李糖δ:5.19(d,J=2.1Hz),3.90(m),3.50(m),3.28(t,J=9.5Hz),3.55(m),1.07(d,J=6.0Hz);木糖δ:4.40(d,J=7.5Hz),3.17(dd,J=7.5,9.0Hz),3.30(m),3.50(m),3.21(t,J=10.5Hz),3.85(dd,J=10.5,3.5Hz)。^{13}C NMR谱数据给出了46个碳信号,包括6个甲基碳信号δ:12.0,21.0,18.8,19.6,18.8,12.8;两个烯键碳信号δ:119.0,141.5;1个连氧碳信号δ:84.9;6个葡萄糖碳信号δ:101.8,77.8,74.8,76.8,74.8,63.2;6个鼠李糖碳信号δ:102.9,72.9,71.5,74.3,70.2,19.5;5个木糖碳信号δ:105.0,74.9,77.3,70.5,67.0。根据以上光谱数据确定,化合物为3-O-β-{[α-L-吡喃式鼠李糖基(1→2)-β-D-呋喃式木糖基]-β-D-吡喃式葡萄糖基}扶桑甾醇(moreloside B)。

四、羊肚菌中醇类的化学成分

从尖顶羊肚菌中分离得到环奈罗三醇(cycloneroriol,14)[13],环奈罗二醇(cyclonerodiol,15)[7],羊肚菌三醇(moreloriol,16)[7,14],1-辛烯-3-醇(1-octen-3-ol,17)[7],2-辛烯-4-醇(2-octen-4-ol,18)[7],甘露醇(mannose,19)[7],十七烷醇(heptadecanol,20)[7](图15-5)。

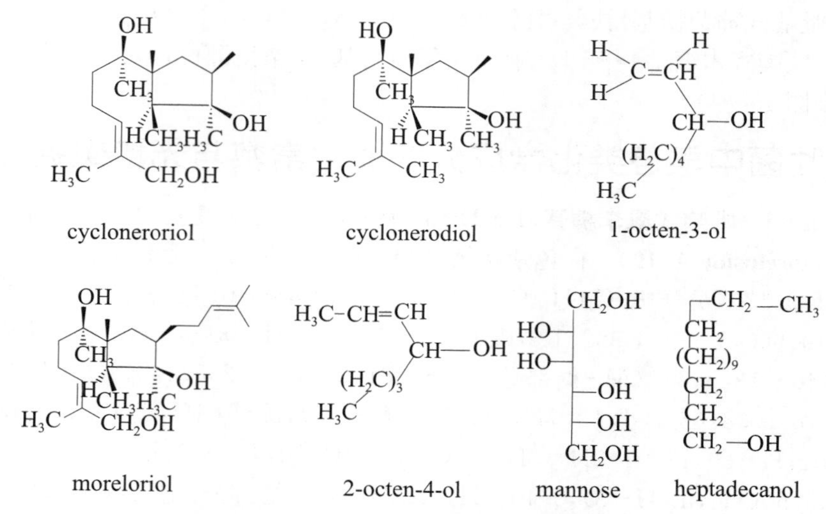

图 15-5　羊肚菌中醇类化合物结构式

（一）醇类化学成分的提取与分离方法（一）

将尖顶羊肚菌菌丝体(500g)用工业乙醇(酒精)浸泡 3 次，每次浸一周，回收溶剂提取物悬于水中，依次用石油醚(10g)、氯仿(30g)、乙酸乙酯(25g)萃取。

取乙酸乙酯部位浸膏 20g，加入 200g 硅胶(100～140 目)湿法装柱，以氯仿-甲醇梯度洗脱进行柱层析，TLC 检测，第 15～19 流份浓缩，纸色谱(PLC)纯化，得羊肚菌三醇(moreloriol，16)25mg；第 23～27 流份纯化得到环奈三醇(cycloneroriol，14)28mg 和环奈罗二醇(cyclonerodiol，15)16mg；第 38～45 流份浓缩，PLC 纯化得到羊肚菌苷 B(15mg)；以乙酸乙酯-甲醇继续梯度洗脱，收集第 55～58 流份，浓缩析出白色结晶，为次黄嘌呤核苷(inosine，化合物 27)35mg。

取氯仿部位浸膏(25g)，加入 170g 硅胶(100～140 目)，湿法装柱，以石油醚-乙酸乙酯梯度洗脱，TLC 检测，第 5～10 流份浓缩，用石油醚-乙醚系统 PLC，纯化得到 γ-亚麻酸乙酯(linolenyl acetate，25)12mg，γ-亚油酸(linoleie acid，24)21mg；第 15～18 流份浓缩，以石油醚-乙醚系统 PLC，纯化得到 1-辛烯-3-醇(1-octen-3-ol，17)20mg，2-辛烯-4-醇(2-octen-4-ol，18)13mg。

（二）醇类化学成分的提取与分离方法（二）

将尖顶羊肚菌(3kg)用石油醚-乙醚-丙酮(1∶1∶1，V/V/V)浸泡 3 次，每次浸一周，滤去残渣后，合并浸提液，减压浓缩，得浸膏 51.6g(I)。再将残渣用 95%乙醇加热回流提取 3 次，每次 3h，滤过，合并滤液，减压回收，得极性较大部位浸膏 150g(II)。

取极性较大部位浸膏 60g(II)，加入 400g(100～140 目)硅胶，湿法上样，以氯仿-甲醇-水系统洗脱，每份 50ml，TLC 跟踪检测前 45 份，合并相同组分，最后得 P_1、P_2、P_3、P_4 等 4 部分。其中第 5～8 流份为 P_1 部分，浓缩析出白色立方晶体，鉴定为 N-乙基-α-氨基-β-羟基-丙酰胺(N-ethyl-α-amino-β-hydroxy propionamide，化合物 29)20mg；第 13～16 流份为 P_2，浓缩析出白色粉末，鉴定为 3-氨基-2-羟基-戊二酸(3-amino-2-hydroxyl-pentandione acid，21)20mg；第 25～33 流份为 P_3 部分，浓缩放置析出白色针状结晶，鉴定为甘露醇(mannose，19)100mg；第 36～45 流份为 P_4 部分，减压浓缩后，析出白色粉末，以甲醇与乙酸乙酯混合溶剂重结晶两次，得到白色结晶性粉末，鉴定为鸟嘌呤核苷(guanosine，化合物 28)40mg。

（三）羊肚菌中醇类化学成分的理化常数与光谱数据

环奈罗三醇(cycloneroriol，14)　无色柱状结晶，mp 120～121℃。结合元素分析，确定分子式

$C_{15}H_{28}O_3$。IR(KBr):3 380、2 954、1 478、930、2 920、2 860、1 635cm^{-1}。EI-MS m/z:256,157,143,125,113,98,95,43。^{1}H NMR 谱显示 δ:1.36(1H,d,J=7.0Hz),5.18(1H,t,J=5.0Hz),1.98(1H,m),2.15(1H,m),2.20(1H,m),1.38(1H,td,J=7.0,7.8Hz),4.28(1H,s),2.32(2H,t,J=6.0Hz),2.48(2H,d,J=6.0Hz),5.78(1H,brs),2.65(1H,s),1.41(3H,s),1.46(3H,s),1.82(1H,s)。^{13}C NMR 谱数据给出了 15 个碳信号 δ:15.3,45.4,81.9,41.3,25.1,55.2,75.4,41.6,23.2,126.9,135.5,68.8,24.6,26.1,13.7。根据物理常数和光谱数据,推出化合物为环奈罗三醇(cycloneroriol)。

环奈罗二醇(cyclonerodiol,15)　无色片状结晶,mp 116～117℃。结合元素分析 C:75.9,H:11.70(计算值 C:75.0,H:11.67)确定分子式 $C_{15}H_{28}O_2$。IR(KBr):3 280、2 950、1 470、930、1 630cm^{-1}。EI-MS 显示 m/z:[240-18][M$^+$]。^{1}H NMR 谱显示 δ:1.37(1H,d,J=7.0Hz),5.17(1H,t,5.0Hz),1.98(1H,m),2.18(1H,m),2.25(1H,m),1.35(1H,td,J=7.0,7.8Hz),4.18(1H,s),2.35(2H,t,J=6.0Hz),2.45(2H,q,J=6.0Hz),5.74(1H,brs),1.40(3H,s),1.46(3H,s),1.81(1H,s)。^{13}C NMR 谱数据给出了 15 个碳信号 δ:15.3,45.1,82.3,41.4,25.2,55.2,75.6,42.3,23.0,125.8,130.4,12.5,24.5,26.2,12.0。根据物理常数和光谱数据,确定化合物为环奈罗二醇(cyclonerodiol)。

羊肚菌三醇(moreloriol,16)　无色柱状结晶,mp 140～142℃。确定分子式 $C_{20}H_{36}O_3$。EI-MS m/z:324[M$^+$]。^{1}H NMR 谱显示 δ:1.36(1H,d,J=7.0Hz),5.17(1H,t,J=5.0Hz),1.95(1H,m),2.09(1H,m),2.20(1H,m),1.35(1H,td,J=7.0、7.8Hz),4.25(1H,s),2.34(2H,t,J=6.0Hz),2.44(2H,q,J=6.0Hz),5.76(1H,brs),2.60(1H,s),1.40(3H,s),1.42(3H,s),1.75(1H,s),3.16(2H,dd,J=6.0,5.4Hz),5.13(1H,t,J=6.0Hz),1.62(3H,s),1.63(3H,s)。^{13}C NMR 谱数据给出了 20 个碳信号 δ:15.4,45.4,84.0,55.3,26.4,55.2,75.4,41.6,23.2,126.9,135.5,68.8,24.6,26.2,13.6,21.6,124.2,132.2,25.5,17.7。根据物理常数和光谱数据,推出化合物为羊肚菌三醇(moreloriol)。

1-辛烯-3-醇(1-octen-3-ol,17)　油状物,易溶于氯仿,mp 173～173.8℃。IR(KBr):3 500～3 200、1 640、2 860～2 950、910、960cm^{-1}。EI-MS 显示 m/z:128[M$^+$]。谱图与标准的 1-辛烯-3-醇相吻合,故确定为 1-辛烯-3-醇(1-octen-3-ol)。

2-辛烯-4-醇(2-octen-4-ol,18)　油状物,易溶于氯仿。IR(KBr):3 500～3 200、1 640、2 860～2 950、910、960cm^{-1}。EI-MS m/z:128[M$^+$]。^{1}H NMR 谱显示 δ:0.86(3H),1.34(6H,brs),1.77(3H,d,J=5.0),2.50(3H,s),2.50(1H,s),3.59(1H,brs),5.40(CH=CH,brs),谱图与标准的 2-辛烯-4-醇相吻合,故确定为 2-辛烯-4-醇(2-octen-4-ol)。

甘露醇(mannose,19)　白色晶体,mp 165～166℃,难溶于乙醚,微溶于甲醇,易溶于 H_2O,DMSO。IR(KBr):3 280、2 849cm^{-1}。^{1}H NMR 谱有 δ:3.3～3.6。谱图与标准的甘露醇相吻合,故确定为甘露醇(mannose)。

十七烷醇(Heptadecanol,20)　白色蜡状固体,mp 52～53℃。IR(KBr):3 350、2 959、2 853、1 462、1 387、720cm^{-1}。EI-MS 显示 m/z:256[M$^+$],238,71,57,43。谱图与标准的十七烷醇相吻合,故确定为十七烷醇(heptadecanol)。

五、羊肚菌中脂肪酸类的成分

从羊肚菌中分离得到 3-氨基-2-羟基-戊二酸(3-amino-2-hydroxyl-pentandione acid,21),棕榈酸(palmitic acid,22),十九碳酸(nonadecylic acid,23),γ-亚油酸(linoleie acid,24),γ-亚麻酸乙酯(linolenyl acetate,25),二十一碳烯(heneicosene,26)[15](图 15-6)。

(一) 脂肪酸类成分的提取与分离方法

将尖顶羊肚菌菌丝体 500g,用工业乙醇(酒精)浸泡 3 次,每次浸一周,回收溶剂提取物悬于水中,依次用石油醚(10g)、氯仿(30g)、乙酸乙酯(25g)萃取。

3-amino-2-hydroxy-pentandione acid　　Palmitic acid　　Nonadecylic acid

Linoleic acid　　Linolenyl acetate　　Heneicosene

图 15－6　羊肚菌脂肪酸类化合物结构式

取石油醚部位浸膏(8g),100g 硅胶 H,湿法装柱,以石油醚-乙醚梯度洗脱,TLC 检测,10～14 流份浓缩,并用石油醚-乙醚系统 PLC 纯化得到黄色油状物二十一碳烯(20mg,Heneicosene,26)。

(二) 脂肪酸类成分的理化常数与光谱数据

3－氨基－2－羟基－戊二酸(3－amino－2－hydroxyl－pentandione acid,21)　白色粉末状固体,mp 114～115℃。EI-MS 显示 m/z:163[M^+]。^{1}H NMR(D_2O)谱显示 δ:4.70(1H,d,J＝3.9Hz),3.94(1H,ddd,J＝3.4,3.9,10.3Hz),2.72(1H,dd,J＝10.3,17.6Hz),2.59(1H,dd,J＝3.4,17.6Hz)。^{13}C NMR(D_2O)谱显示 δ:176.3,71.9,51.4,33.0,176.8。根据物理常数和光谱数据,确定化合物为 3－氨基－2－羟基－戊二酸(3－amino－2－hydroxyl－pentandione acid)。

棕榈酸(palmitic acid,22)　黄色粉末,易溶于氯仿,mp 63℃。IR(KBr):3 430、1 710、2 920、2 850、1 468、1 383、719cm^{-1}。^{1}H NMR($CDCl_3$)谱显示 δ:7.25(1H,s,－COOH),2.36(2H,t,J＝7.6Hz),1.64(2H,m),1.25～1.30(26H,m),0.87(3H,t,J＝6.1Hz)。EI-MS m/z:256[M^+],213,185,129,73,60,55,43。对照标准谱确定为棕榈酸(palmitic acid)。

十九碳酸(nonadecylic acid,23)　浅黄色粉末,紫外灯下呈荧光,mp 68℃。IR(KBr):3 350、2 955、2 849、1 713、1 468、1 378、719cm^{-1}。EI-MS m/z:298[M^+]29,43,57,60,73,129,185,213。由以上数据、谱图与标准谱图相对照,确定化合物为十九碳酸(nonadecylic acid)。

γ－亚油酸(linoleie acid,24)　无色片状结晶,mp 37～38℃,易溶于氯仿。IR(KBr):3 420～3 370、2 960、2 920、2 860、1 710、1 650、1 460、1 380、970、725cm^{-1}。EI-MS m/z:282[M^+]。其 IR,^{1}H NMR 和 MS 谱图数据与文献 γ－亚油酸数值相吻合,因此确定为 γ－亚油酸(linoleie acid)。

γ－亚麻酸乙酯(linolenyl acetate,25)　黄色油状液体,易溶于氯仿。UV($CHCl_3$)λ_{max}:312.9、253.0、240.7nm。IR(KBr):2 953、2 855、1 760、1 653、1 160、722cm^{-1}。EI-MS m/z:306[M^+]。^{1}H NMR($CDCl_3$)谱显示 δ:1.26(14H,*brs*),0.86(3H,t,J＝7.0Hz),2.2～2.4(2H,t,J＝7.0Hz),2.6～2.7(2H,q,J＝8.4Hz),4.08～4.47(2H,dd,J＝5.0,7.8Hz)。与标准谱图对照,确定该化合物为 γ－亚麻酸乙酯(linolenyl acetate)。

二十一碳烯(heneicosene,26)　黄色油状物,易溶于氯仿、石油醚,Rf 值等于 0.89。IR(KBr):3 077、2 954、2 921、2 851、1 640～1 650、1 461、1 377、910、721cm^{-1}。EI-MS m/z:294[M^+],同时显示系列相差 14 质量单位的峰。与标准谱图对照,确定该化合物为二十一碳烯(heneicosene)。

六、羊肚菌中核苷类的化学成分

（一）核苷类化学成分的提取与分离

从羊肚菌中分离得到次黄嘌呤核苷(inosine,27)与鸟嘌呤核苷(guanosine,28)(图 15－7)。

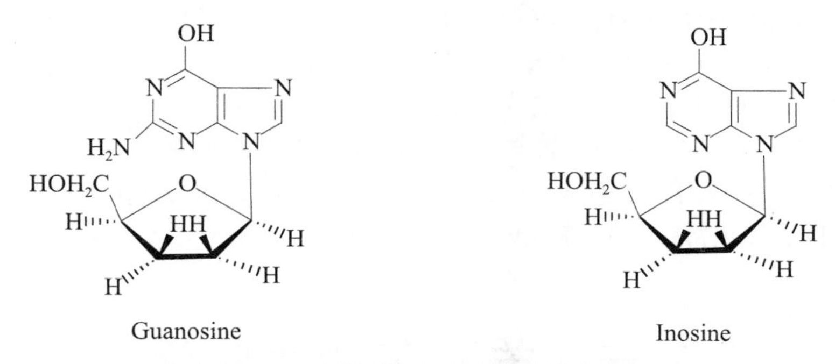

图 15－7　羊肚菌中核苷类化合物结构式

（二）核苷类化学成分的理化常数与光谱数据

次黄嘌呤核苷(inosine,27)　白色结晶,有特殊鲜味,熔点不明显,180℃,呈褐色,易溶于水。IR(KBr):3 400～3 200、1 645、1 610cm^{-1}。^{1}H NMR(D_2O)谱显示 δ:9.16(1H,s),8.40(1H,s),6.20(1H,d,J=7.8Hz),4.20～4.60(2H,m),3.98(2H,m)。^{13}C NMR(D_2O)谱显示 δ:149.2(C_2),146.9(C_4),105.2(C_5),157.6(C_6),138.4(C_8),88.2(C_1'),71.20(C_2'),75.10(C_3'),86.20(C_4'),62.40(C_5')。参阅文献并对照标准图谱,确定化合物为次黄嘌呤核苷(Inosine)。

鸟嘌呤核苷(Guanosine,28)　白色结晶粉末,mp 237～240℃(分解),易溶于水,微溶于乙醇。IR(KBr):3 410～3 320、1 640、1 621cm^{-1}。EI-MS 显示 m/z:283[M^+]。^{1}H NMR(D_2O)谱显示:δ:9.10(1H,s),6.05(1H,d,J=7.2Hz),4.70(1H,t,J=4.8Hz),4.10～4.60(2H,m),3.87(2H,m)。^{13}C NMR(D_2O)谱显示 δ:154.8,152.0,117.5,157.1,135.9(C_8),87.2,71.5,74.6,86.4,60.1。参阅文献并对照标准图谱,确定化合物为鸟嘌呤核苷(Guanosine)。

七、羊肚菌中稀有氨基酸类成分的提取与分离

从中分离得到 N-乙基-α-氨基-β-羟基-丙酰胺(N－ethyl－α－amino－β－hydroxy propionamide,29);其中还含有 morchelline,mycosporine－2、顺-3-氨基-L-脯氨酸、γ-L-谷氨酰胺-顺-

mycosporine-2　　γ-L-glutamylpeptide

N-ethyl-α-amino-β-hydroxy-propionamide　　2,4-diiamino-isobutyric acid

图 15－8　羊肚菌中部分氨基酸与酰胺类化合物结构式

3-氨基-L-脯氨酸、mycosporin 谷氨酸和 mycosporin 谷氨酸盐等稀有氨基酸化合物[16-18](图15-8)。

八、稀有氨基酸类成分的理化参数与光谱数据

N-乙基-α-氨基-β-羟基-丙酰胺(N-ethyl-α-amino-β-hydroxy propionamide,29) 白色立方结晶,mp 152～156℃(CH_3OH)。IR(KBr):3 590(OH)、3 350～3 257($-NH_2$)、1 690、1 550(-CONH)、1 250、1 150cm^{-1}。EI-MS 显示 m/z:132[M^+],103,73,61,31,44。^1H NMR 谱显示 δ:8.28(1H,s,-CONH),7.75(2H,d,J=5.0Hz,NH_2),4.45(1H,m,$-CH-NH_2$),3.45(1H,s,-OH),0.8～1.2(5H,m,$-CH_2-CH_3$),表明与丝氨酸具有相同碳骨架,并且丝氨酸中羟基被乙胺基取代,推断结构为:N-乙基-α-氨基-β-羟基-丙酰胺(N-ethyl-α-amino-β-hydroxy propionamide)。

氨基酸类化合物的理化常数与光谱数据不再累述。

第三节　羊肚菌的生物活性

据文献记载,全世界该菌共有20多个种,中国境内有8个种,主要分布在我国西北、华中和西南地区[19]。人们对羊肚菌的喜爱和推崇可以追溯到战国时期,《吕氏春秋》中记载:味之美者,越骆之菌;《本草纲目》也有收载。传统祖国医学认为:羊肚菌性平,具有益肠消食、化痰理气、润胃健脾等功效。

现代研究证实,羊肚菌发酵液可直接刺激小鼠脾淋巴细胞的增殖,提高吞噬细胞吞噬率与吞噬指数,增加溶血素含量和足趾厚度,并能显著增加小鼠的胸腺和脾脏重量,维持胸腺素水平,具有较强的抗肿瘤与调节免疫功能[20-23]。同时研究显示,羊肚菌还具有较强的保肝[24]、抗氧化[25-26]、降血脂[27]等功效。

参考文献

[1] 赵琪,康平德,戚淑威,等. 羊肚菌资源现状及可持续利用对策[J]. 西南农业学报,2010,23(1):266—269.

[1] 李华,包海鹰,李玉. 羊肚菌研究进展[J]. 菌物研究,2004,2(4):53—60.

[3] Marie-Antoinette Baute, Gérard Deffieux, Robert Baute. Bioconversion of carbohydrates to unusual pyrone compounds in fungi: Occurrence of microthecin in morels [J]. Phytochemistry, 1986, 25(6): 1472—1473.

[4] Gérard Deffieux, Robert Baute, Marie-Antoinette Baute, et. al. 1, 5-D-anhydrofructose, the precursor of the pyrone microthecin in *morchella vulgaris* [J]. Phytochemistry, 1987, 26(5):1391—1397.

[5] Marie-Antoinette Baute, Robert Baute, Gérard Deffieux. Fungal enzymic activity degrading 1,4-α-*d*-glucans to 1,5-*d*-anhydrofructose [J]. Phytochemistry, 1988, 27(11): 3401—3403.

[6] Robert Baute, Marie-Antoinette Baute, Gérard Deffieux. Proposed pathway to the pyrones cortalcerone and microthecin in fungi [J]. Phytochemistry, 1987, 26(5): 1395—1397.

[7] 王小雄. 尖顶羊肚菌深层发酵及菌丝体、子实体化学成分的研究[D]. 西北师范大学,1996.

[8] Sandrina A. Heleno Dejan Stojković, Lillian Barros, et al. A comparative study of chemical

composition, antioxidant and antimicrobial properties of Morchella esculenta (L.) Pers. from Portugal and Serbia [J]. Food Research International, 2013, 51(1): 236—243.

[9] Keller AC, Maillard MP, Hostettmann K. Antimicrobial steroids from the fungus Fomitopsis pinicola [J]. Phytochemistry, 1996, 41(4): 1041—1046.

[10] Kim JA, Lau E, Tay D, et al. Antioxidant and NF-κB inhibitory constituents isolated from *Morchella esculenta* [J]. *Natural Product Research*, 2011, 25(15): 1412—1417.

[11] Yue JM, Chen SN, Lin ZW, et al. Sterols from the fungus *Lactarium volemus* [J]. Phytochemistry, 2001, 56(8):801—806.

[12] Jinming G, Lin H, Jikai L. A novel sterol from Chinese truffles Tuber indicum [J]. Steroids, 2001, 66(10):771—775.

[13] B. E. Cross, R. E. Markwell, J. C. Stewart. New metabolites of *Gibberella fujikuroi*—XVI cyclonerodiol[J]. Tetrahedron, 1971, 27(8): 1663—1667.

[14] 王小雄,高黎明,郑尚珍. 尖顶羊肚菌菌丝体中新化合物的研究[J]. 中国食用菌,1999,18(4):30.

[15] Ramsewak RS, Nair MG, Murugesan S, et al. Insecticidal fatty acids and triglycerides from *Dirca palustris* [J]. J Agric Food Chem, 2001, 49(12):5852—5856.

[16] Shin-ichi Hatanaka. A new amino acid isolated from *Morchella esculenta* and related species [J]. Phytochemostry, 1969, 8(7):1305—1308.

[17] Mitsuaki Moriguchi, Shin-Ichi Sada, Shin-Ichi Hatanaka. Isolation of *cis*-3-amino-l-proline from cultured mycelia of *Morchella esculenta* Fr [J]. Appl Environ Microbiol, 1979, 38(5): 1018—1019.

[18] F. Buscot, J. Bernillon. Mycosporins and related compounds in field and cultured mycelial structures of *Morchella esculenta* [J]. Mycological Research, 1991, 95(6): 752—754.

[19] 戴玉成. 药用担子菌—鲍氏层孔菌(桑黄)的新认识[J]. 中草药,2003,34(1):94—95.

[20] 贾建会,徐宝梁,宋淑敏,等. 羊肚菌发酵制品保健机制初探[J]. 食用菌,1996,(4):40—42.

[21] 孙晓明,张卫明,吴素玲,等. 羊肚菌免疫调节作用研究[J]. 中国野生植物资源,2001,20(2):12—20.

[22] 余群力. 羊肚菌发酵液对小鼠免疫功能的影响研究[J]. 卫生研究,1997,26(4):287—289.

[23] 陈丽芳,吴文光,陈国锐. 真菌多糖的抗肿瘤作用探讨[J]. 海峡药学,2002,14(2):5915.

[24] 孙玉军,陈彦,周正义,等. 羊肚菌胞内多糖对小鼠急性肝损伤的影响[J]. 中国食用菌,2008,27(2):41—42.

[25] Elmastaş M, Turkekul I, Oztürk L, Gülçin I, Isildak O, Aboul-Enein HY. Antioxidant activity of two wild edible mushrooms (*Morchella vulgaris* and *Morchella esculanta*) from North Turkey [J]. *Comb Chem High Throughput Screen*, 2006, 9(6):443—448.

[26] Fu L, Wang Y, Wang J, et al. Evaluation of the antioxidant activity of extracellular polysaccharides from *Morchella esculenta* [J]. Food Funct, 2013, 4(6):871—879.

[27] 殷伟伟,张松,吴金凤. 尖顶羊肚菌活性提取物降血脂作用的研究[J]. 菌物学报,2009,28(6):873—877.

(谢意珍、陈地灵)

第十六章 麦角菌

MAI JIAO JUN

第一节 概述

麦角菌(*Claviceps*)属于子囊菌亚门,核菌纲,球壳菌目,麦角菌科,麦角菌属真菌。该属包含36个种,能够侵染600种单子叶禾本科植物的子房,在侵染过程中可在宿主植物子房内形成坚硬的菌核,菌核呈略具三棱形的圆柱体,稍弯曲,形状似动物的角,故称麦角(ergot)。该菌属中分布最广泛、最具代表性的是黑麦麦角菌(*Claviceps pururea*),它能侵染400种植物宿主,且能产生具有多种药物活性的麦角生物碱(ergot alkaloids)。除此之外,该菌属中的其他种,如梭麦角菌(*Claviceps fusiformis*)、雀稗麦角菌(*Claviceps paspali*)等也能产生麦角生物碱。

麦角生物碱是一类天然、具有生物活性的吲哚类衍生物碱,在医学、农业和工业上有着广泛的应用[1]。近十年来,这些化合物的药理学活性已经得到了深入的研究。由于麦角生物碱能与中枢神经系统中的很多受体相互作用,很多天然或是半合成的麦角生物碱在现代医学中被广泛使用,并表现出多种药理学活性,如调节血压、控制脑垂体激素分泌、预防偏头痛、神经抑制和可作为子宫收缩剂的作用等[2-3],用于治疗高泌乳素血症、帕金森病、肢端肥大症、垂体瘤、脑功能不全和老年性痴呆、催产和产后止血等。

相对于它们对人类健康的贡献,麦角生物碱在中世纪时曾一度被认为是天然毒素。作为寄生型真菌,麦角菌能寄生在草或谷物上产生不同种类的麦角生物碱,而麦角菌感染的草或谷物被人或动物摄入造成过严重的流行病,被称为"圣安东尼之火"(St. Anthony's Fire)[3]。第一次有历史记录麦角中毒传染病的爆发是在公元944～945年,造成了约1万人死亡。大约50年后,麦角中毒再次造成该地区约4万人死亡。直至1850年,法国真菌学家Louis Rene Tulasne全面阐述了麦角的生活史,人们才对麦角中毒有了较为清楚的认识[4]。1918年,瑞士生物化学家Arthur Stoll分离出麦角胺(ergotamine),标志着现代对麦角生物碱研究的开始。1926年,瑞士精神科医师Hans Maier发现,麦角胺治疗偏头痛非常有效[5]。之后,科学家陆续开展了对麦角生物碱的研究。近些年的研究结果表明,除麦角菌属能够产生麦角生物碱外,子囊菌门真菌的其他属(如曲霉属*Aspergillus*、青霉属*Penicillium*等)也能够产生麦角生物碱。

第二节 麦角生物碱的基本结构和种类

根据结构的不同,麦角生物碱大致可分为3类:棒麦角碱类、麦角酰胺类和麦角肽碱类。麦角酰胺类和麦角肽碱类分别是D-麦角酸(D-lysergic acid)的酰胺类和环肽类的衍生物。这些化合物具有一个典型的基本结构,即四环的麦角灵环(ergoline)(图16-1),其中A、B环来自于色氨酸,C、D环由焦磷酸二甲烯丙酯(DMAPP)与色氨酸环合而得到。通常麦角碱的生物合成前体是带有一个断裂D环的三环结构,其中D环中的6、7位发生断裂,在该结构上的衍生物有裸麦角碱-1(chanoclavine-1)、裸麦角碱-2(chanoclavine-2)、异裸麦角碱-1(isochanoclavine-1)和裸麦角碱-1-半醛(chanoclavine-1-aldehyde)(图16-2)。目前还未见研究这些化合物具有生物学和药理学活性的报道。

天然状态下，麦角灵衍生物D环中8、9位或9、10位存在双键，且D环上的6位N通常甲基化。根据C8位取代基结构的不同，可分为不同类型的麦角生物碱。

图16-1　麦角灵环(ergoline)的结构

一、棒麦角碱类

棒麦角碱类均具有麦角灵环的基本结构，如田麦角碱(agroclavine)、野麦角碱(elymoclavine)等，这两种棒麦角碱的C8和C9位之间均含有双键(图16-2)。麦角菌属的不同菌株产麦角碱的能力存在差异，梭麦角菌(*C. fusiformis*)只能产生野麦角碱，这可能是由于其缺少部分参与麦角碱合成途径的酶所导致。黑麦麦角菌(麦角菌的代表种，*C. purpurea*)和非洲麦角菌(*C. africana*)，通常以麦角肽碱作为麦角生物碱合成途径的终产物，并能产生麦角新碱(ergometrine)。雀稗麦角菌(*C. paspali*)也能产生麦角酰胺类生物碱，如麦角新碱、麦角酸α-羟基乙胺(lysergic acid α-hydroxyethylamine)和麦角肽碱[6-7]。除此之外，烟曲霉(*Aspergillus fumigatus*)和青霉(*Penicillium commune*)

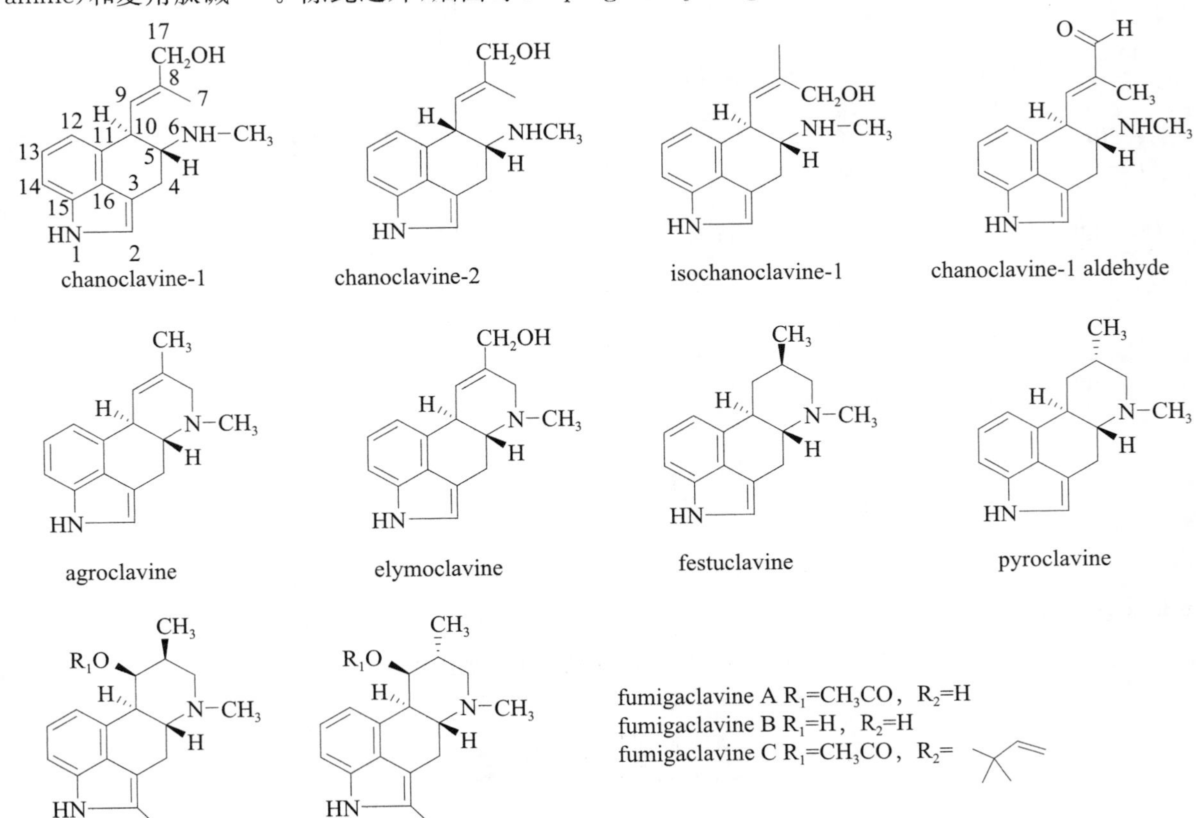

图16-2　棒麦角碱类的结构

通常产生棒麦角碱类型的中间产物，如羊茅麦角碱（festuclavine）和焦麦角碱（pyroclavine），它们的D环均为饱和环，但是C8位的立体化学结构不同（图16－2），相对于这两者，（霉菌中麦角碱合成的终产物）烟麦角碱（fumigaclavine）A、B和C通常带有附加的取代基，如在C9位存在羟基（OH）或乙酰氧基（OAc）基团，在C2位上存在异戊二烯基（图16－2）[8]。经研究报道，fumigaclavine C具有舒张血管的作用，还具有改善实验动物肝损伤和结肠炎病症的作用[9]。

二、D－麦角酸的简单衍生物

大多数的生物碱为D－麦角酸（D－lysergic acid）的衍生物，较简单的麦角酸衍生物多为麦角酰胺类物质，如麦角酰胺（D－lysergic acid amide）、麦角酸α－羟基乙胺（lysergic acid α－hydroxyethylamine）、麦角新碱（ergometrine）及其半合成衍生物甲基麦角新碱（methylergometrine）、尼麦角林（又名麦角溴烟酯，nicergoline）等，其中麦角新碱和甲基麦角新碱是D－麦角酸8位羰基与2－氨基丙醇和2－氨基丁醇酰胺化的产物（图16－3）。麦角新碱能作为子宫收缩剂预防和治疗产后出血[10]，甲基麦角新碱的功能目前还正在临床研究中，尼麦角林用于治疗脑血管疾病，如行动不便、言语障碍等[11]。除此之外，D－麦角酸作为原料能够半合成其他有活性的麦角酸衍生物，如硫丙麦角灵（pergolide）和卡麦角林（cabergoline）（图16－3），可用来治疗早发型帕金森病[12]。研究报道还表明，卡麦角林能够抑制多肽类激素泌乳素的释放，用来治疗泌乳素血症[13]。

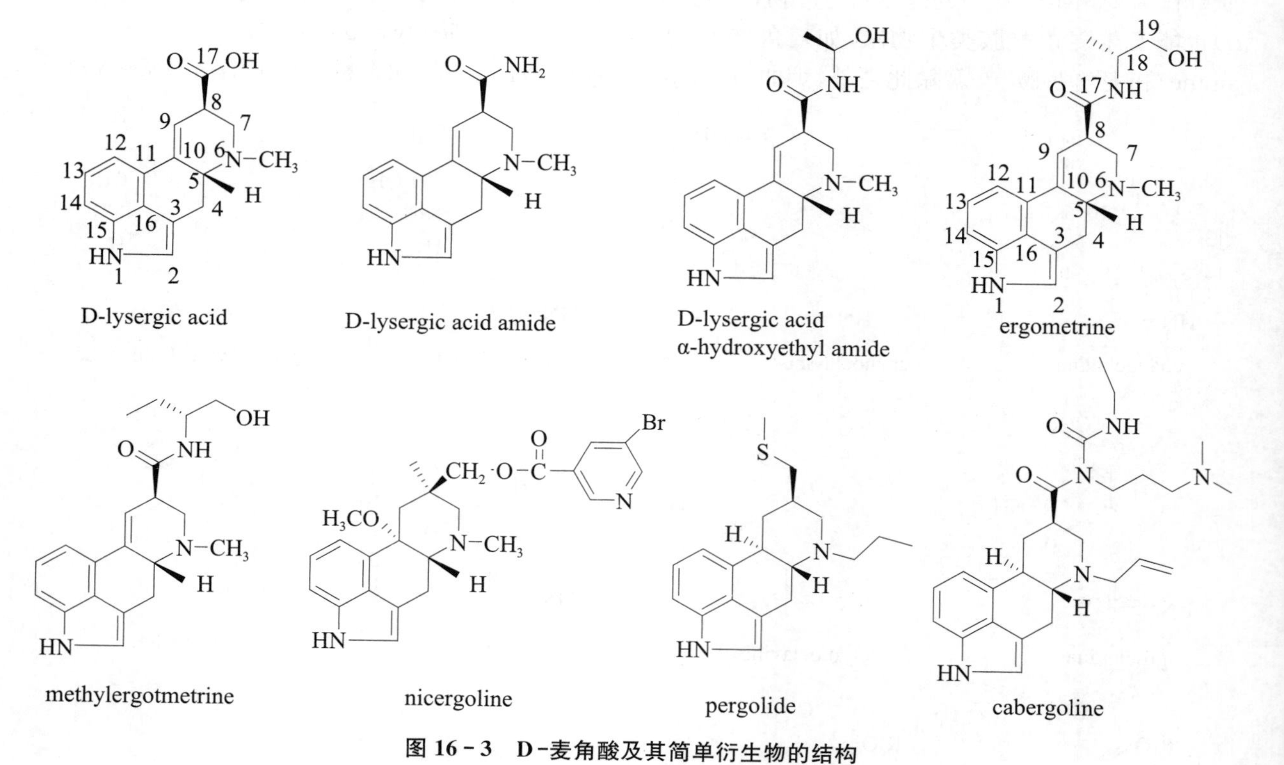

图16－3　D－麦角酸及其简单衍生物的结构

三、麦角肽碱

麦角肽碱（ergopeptine）是D－麦角酸C8位上羧基通过酰胺键与3个氨基酸构成的三肽连接装配形成，其基本骨架如图16－4所示，若结合氨基酸种类不同，会形成不同结构的麦角肽碱（表16－1）。麦角胺（ergotamine）是黑麦麦角菌中最主要的一类生物碱，从化学结构上来看，它的三肽部分由L－丙氨酸、L-苯丙氨酸和 L-脯氨酸构成(图 16-5)[14]。麦角胺和其半合成衍生物二氢麦角胺(dihydro-ergotamine)在临床上常用来治疗急性偏头痛[15]。除此之外,二氢麦角胺还能用来治疗低血压[15-16]。麦角缬氨酸(ergovaline)中多肽部分是由丙氨酸、缬氨酸和脯氨酸组成,具有一定的毒性,牲畜误食被内生菌污染的草会引起牲畜中毒[17]。麦角毒碱(ergotoxine)是最早(1906 年)从麦角菌核中分离出的活性物质,原来以为它是一个单一成分,随着化学分离技术的提高,这一看法被不断修正,现已被确定它由 4 种结构和药理性质上很相似的生物碱组成。这些麦角肽碱的多肽部分均以 L-缬氨酸作为第一个氨基酸和 L-脯氨酸作为第三个氨基酸,当第二个氨基酸为 L-缬氨酸、L-苯丙氨酸、L-亮氨酸和 L-异亮氨酸时,会形成不同的麦角肽碱,分别为麦角考宁(ergocornine)、麦角克碱(ergocristine)、α-麦角隐亭(α-ergocryptine)和 β-麦角隐亭(β-ergocryptine)。麦角毒碱通常是半合成 9,10-二氢麦角碱(9,10-dihydroergotoxine)的原材料,9,10-二氢麦角碱是二氢麦角考宁、二氢麦角克碱、α-二氢麦角隐亭和 β-二氢麦角隐亭的混合物(商品名:喜得镇,hydergine),可以用来治疗老年痴呆症(图 16-5)[18]。α-二氢麦角隐亭(α-dihydroergocryptine)(商品名:活血素,vasobral,为 α-二氢麦角隐亭和咖啡因制剂)和溴麦角隐亭(2-bromo-α-ergocryptine),均为 α-麦角隐亭的半合成衍生物(图 16-5),可用来治疗早发型帕金森病等。另外,溴麦角隐亭还能够抑制多肽类激素泌乳素的释放,用来治疗高泌乳素血症。在酸、碱或光照等因素影响下,麦角酸及其衍生物的第 8 位可发生异构化(由 8*R* 转变成 8*S*)形成异构体,如 α-麦角胺转变成 α-异麦角胺(α-ergotaminine),麦角隐亭转变成麦角异隐亭(ergocryptinine),其他异麦角碱,如异麦角考宁(ergocorninine)、异麦角克碱(ergocristinine)。

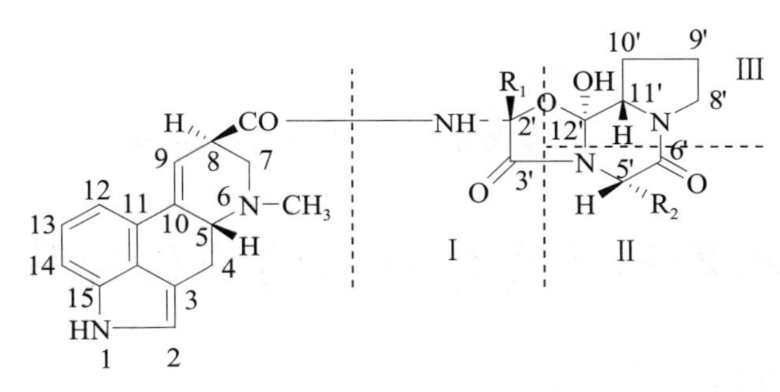

图 16-4 麦角肽碱(ergopeptine)的基本骨架

表 16-1 麦角肽碱中的氨基酸组成

Ergopeptines	Ⅰ	Ⅱ	Ⅲ	R1	R2
Ergotamine	Ala	Phe	Pro	13' —CH_3	14' —CH_2— 15' (苯环 16' 17' 18' 19' 20')
α-Ergocryptine	Val	Leu	Pro	13' —CH(14' CH_3)(15' CH_3)	16' —CH_2— 17' CH(18' CH_3)(19' CH_3)
β-Ergocryptine	Val	Ile	Pro	13' —CH(14' CH_3)(15' CH_3)	16' —CH(19' CH_3)— 17' CH_2— 18' CH_3
Ergocornine	Val	Val	Pro	$—CH(CH_3)_2$	$—CH(CH_3)_2$
Ergocristine	Val	Phe	Pro	$—CH(CH_3)_2$	$—CH_2$-Ph
Ergosine	Ala	Leu	Pro	$—CH_3$	$—CH_2CH(CH_3)_2$
Ergovaline	Ala	Val	Pro	$—CH_3$	$—CH(CH_3)_2$

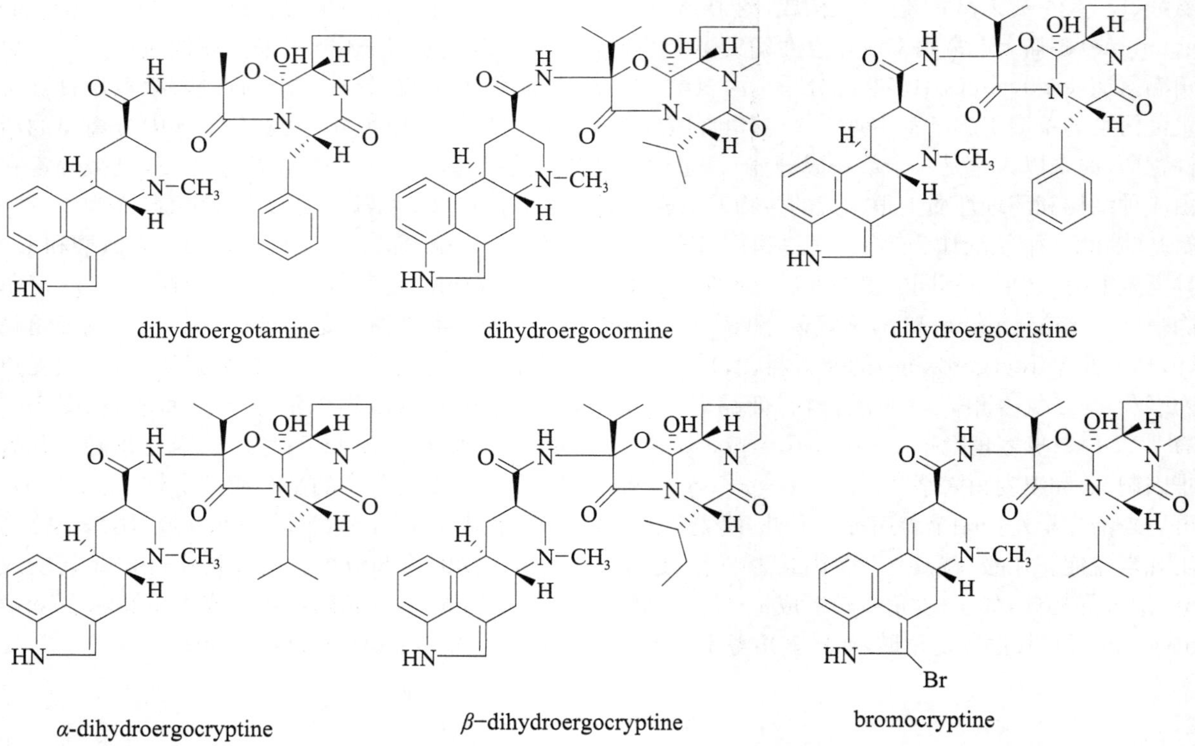

dihydroergotamine　　dihydroergocornine　　dihydroergocristine

α-dihydroergocryptine　　β-dihydroergocryptine　　bromocryptine

图 16－5　二氢麦角碱与溴麦角隐亭的结构

四、麦角生物碱中各类化合物的理化常数与光谱数据

（一）棒麦角碱类

田麦角碱（agroclavine）　针状结晶（丙酮），mp 198～203℃，易溶于苯、乙醇，微溶于水。分子式：$C_{16}H_{18}N_2$，相对分子质量 m/z：238。^{1}H NMR（pyridine-d_5，220MHz）和^{13}C NMR（pyridine-d_5，15.08MHz）谱数据[19]，详见表 16－2 和表 16－3。

野麦角碱（elymoclavine）　mp 250～252℃。分子式：$C_{16}H_{18}N_2O$，相对分子质量 m/z：254。其^{1}H NMR（$CDCl_3$，220MHz）和其醋酸盐衍生物的^{13}C NMR（$CDCl_3$，15.08MHz）谱数据[19]，详见表 16－2 和表 16－3。

羊茅麦角碱（festuclavine）　mp 241℃。分子式：$C_{16}H_{18}N_2$，相对分子质量 m/z：238。^{1}H NMR（$CDCl_3$，220MHz）和^{13}C NMR（$CDCl_3$，15.08MHz）谱数据[19]，详见表 16－2 和表 16－3。

烟麦角碱 B（fumigaclavine B）：mp 265～267℃。分子式：$C_{16}H_{20}N_2O$，相对分子质量 m/z：256。^{1}H NMR（pyridine-d_5，220MHz）和^{13}C NMR（pyridine-d_5，15.08MHz）谱数据[19]，详见表 16－2 和表 16－3。

（二）D－麦角酸的简单衍生物

麦角新碱（ergometrine）　白色针状结晶（丙酮），mp 162℃。分子式：$C_{19}H_{23}N_3O_2$，相对分子质量 325。^{1}H NMR（CD_3OD，500MHz）δ：1.11（3H，d，J＝6.0Hz，C_{18}-CH_3），2.53（3H，s，N-CH_3），2.5（1H，m，H－4β），2.67（1H，m，H－8），3.07～3.15（2H，m，H－4α，7β），3.50（4H，m，H－7α，18，19），3.95（1H，m，H－5），6.37（1H，s，H－9），6.89（1H，s，H－2），7.00～7.13（3H，H－12，13，14）。^{13}C NMR（DMSO－d_6，15.08MHz）谱数据，详见表 16－3[19]。

表 16-2 棒类麦角碱的^{1}H NMR 谱数据

	田麦角碱		野麦角碱		野麦角碱醋酸盐		羊茅麦角碱		烟麦角碱 B	
	δ	J	δ	J	δ	J	δ	J	δ	J
4α	2.78	dd 15,12	2.89	dd 15,12	2.74	dd 15,12	2.68	dd 15,11.5	2.58	dd 11,11
4β	3.31	dd 15,4	3.37	dd 15,4	3.27	dd 15,4	3.39	dd 15,4.5	3.29	dd 11,2
5	2.52	ddd 12,9.5,4	2.68	ddd 12,9.5,4	2.53	ddd 12,9.5,4	2.10	ddd 11.5,9.5,4.5	2.66	ddd 11,11,2
7α	3.24	d 17	3.65	d 17	3.37	d 17	2.95	d 11	3.38	d 12
7β	2.93	dd 17,4	3.08	dd 17,4	2.95	dd 17,4	1.87	t11	2.82	dd 12,4
8							2.01	ddd12,11,6.5	2.15	m
9α 9β	6.18	s	6.80	s	6.47	s	2.63 1.08	dd12,3.5 q 12	4.51	s
10	3.74	dd 9.5,4	4.00	dd 9.5,4	3.76	dd 9.5,4	2.97	ddd 12,9.5,3.5	2.58	d 11
17	1.77	s	4.45	s	4.66 4.46	d12	0.99	d 6.5	1.25	d 7
NMe	2.49	s	2.45	s	2.48	s	2.45	s	2.39	s

表 16-3 棒类麦角碱、麦角新碱与异麦角新碱^{13}C NMR 谱数据

	田麦角碱	野麦角碱醋酸盐	羊茅麦角碱	烟麦角碱 B	麦角新碱	异麦角新碱
C-2	118.3	117.9	117.7	117.9	119.1	119.0
C-3	111.2	111.3	110.5	110.6	108.9	108.9
C-4	26.4	26.4	26.6	26.6	26.8	26.9
C-5	63.6	63.4	66.7	60.7	62.6	62.0
C-7	60.2	56.8	65.0	56.9	55.5	54.0
C-8	131.9	130.9	30.2	35.8	42.8	42.2
C-9	119.4	124.8	36.2	68.1	120.1	119.0
C-10	40.8	40.5	40.4	41.4	135.0	136.1
C-11	131.9	131.3	132.7	130.8	127.4	127.6
C-12	112.0	112.2	112.0	112.9	111.0	111.0
C-13	122.0	122.6	122.0	122.0	122.4	122.1
C-14	108.4	108.7	108.3	108.0	109.0	109.8
C-15	134.0	133.4	133.1	134.0	133.7	133.7
C-16	126.6	126.1	125.9	122.9	125.8	125.7
C-17	19.9	66.2	19.3	16.5	171.2	172.1
NMe	40.2	40.5	42.7	42.9	43.4	43.6
Me		20.6			17.4	17.2
C=O		170.7				
C-18					46.4	46.2
C-19					64.4	64.3

异麦角新碱(ergometrinine) 白色柱状结晶(丙酮),mp 195℃。分子式:$C_{19}H_{23}N_3O_2$,相对分子质量 325。^{1}H NMR(pyridine-d_5)δ:1.38(3H,d,J=6.0Hz,C_{18}-CH_3),2.45(3H,s,N-CH_3),2.61(1H,q,J=4.1、10.5Hz,H-4β),2.91(1H,m,H-8),3.19(2H,m,H-4α,7β),3.30(1H,m,H-18),3.57(1H,q,J=5.5、11.0Hz,H-7β),3.77~3.81(各 1H,q,J=10.5Hz,H-19),4.39(1H,m,H-5),6.80(1H,d,J=5.9Hz,H-9),7.11(1H,s,H-2),7.25~7.40(3H,m,H-12,13,14)[20]。^{13}C NMR(DMSO-d_6,15.08MHz)谱数据[19],详见表 16-3。

(三)麦角肽碱类

麦角胺(ergotamine) mp 213~214℃。分子式:$C_{33}H_{35}N_5O_5$,相对分子质量 m/z:581。^{13}C NMR(DMSO-d_6,15.08MHz)谱数据[19],详见表 16-4。

表 16-4 麦角肽碱的^{13}C NMR 谱数据

	麦角胺	异麦角胺	α-麦角隐亭	β-麦角隐亭	α-麦角异隐亭
C-2	119.4	119.7	119.2	119.1	119.4
C-3	108.8	109.0	110.6	110.7	108.2
C-4	26.6	26.9	26.5	26.6	26.7
C-5	62.4	61.7	64.5	64.0	61.9
C-7	55.1	53.0	48.2	50.8	53.7
C-8	42.5	41.8	40.9	41.8	42.2
C-9	118.3	118.1	118.8	119.2	117.6
C-10	136.0	137.1	139.2	139.2	136.7
C-11	127.1	127.9	129.6	129.7	126.7
C-12	111.0	111.4	111.9	112.0	111.5
C-13	122.2	122.4	123.3	123.3	122.2
C-14	110.2	110.3	110.1	110.1	110.2
C-15	133.8	133.8	133.9	133.8	133.6
C-16	125.9	126.1	126.3	126.3	125.8
C-17	174.3	175.3	176.3	176.3	175.8
NMe	43.4	42.5	44.3	44.3	42.6
			Peptide part		
2′	85.9	85.7	89.7	89.5	89.1
3′	165.8	165.9	165.8	164.6	164.8
5′	56.1	56.1	53.3	59.7	52.3
6′	164.2	164.5	166.2	166.6	164.8
8′	45.8	45.7	46.0	45.9	45.5
9′	21.7	21.8	21.6	21.3	21.4
10′	25.9	25.9	22.2	22.2	25.9
11′	63.9	63.9	59.3	59.2	63.4
12′	102.8	102.9	103.4	103.6	102.8
13′	23.8	23.8	34.3	34.3	33.8
14′	38.7	38.7	15.3[a]	15.3[a]	16.4[a]
15′	138.7	138.9	16.9[a]	17.0[a]	15.3[a]
16′	129.9	129.9	43.5	39.4	42.6
17′	127.7	127.9	25.1	27.9	25.0
18′	127.4	126.1	22.1[b]	12.6[b]	22.2[b]
19′	127.7	127.9	22.6[b]	15.2[b]	22.2[b]
20′	129.9	129.9			

注:[ab]数值可以互换。

异麦角胺(ergotaminine)　mp 260℃。分子式：$C_{33}H_{35}N_5O_5$，相对分子质量 m/z：581。^{13}C NMR (DMSO - d_6，15MHz)谱数据[19]，详见表 16 - 4。

α -麦角隐亭(α - ergocryptine)　mp 212℃。分子式：$C_{32}H_{41}N_5O_5$，相对分子质量 m/z：575。^{13}C NMR($CDCl_3$，15MHz)谱数据[21]，详见表 16 - 4。

β -麦角隐亭(β - ergocryptine)　mp 173℃。分子式：$C_{32}H_{41}N_5O_5$，相对分子质量 m/z：575。^{13}C NMR($CDCl_3$，15MHz)谱数据[21]，详见表 16 - 4。

α -麦角异隐亭(ergocryptinine)　mp 240～242℃。分子式：$C_{32}H_{41}N_5O_5$，相对分子质量 m/z：575。^{13}C NMR($CDCl_3$，15MHz)谱数据[19]，详见表 16 - 4。

第三节　麦角生物碱的生物合成途径

一、棒麦角碱类和 D -麦角酸的合成途径

在麦角生物碱的合成途径中，首先进行的是麦角灵环的合成，其中第一步为 L -色氨酸和二甲烯丙基焦磷酸(dimethylallyl pyrophosphate，DMAPP)的缩合反应，DMAPP 为甲羟戊酸途径中的产物，为色氨酸的异戊二烯化提供异戊二烯基团，这一步反应的产物为 4 -二甲烯丙基色氨酸(4 - DMAT)。这步反应是在二甲烯丙基色氨酸合酶(DMATS)的作用下完成的，该酶被认为是麦角环合成中的限速酶，受色氨酸的正调控和合成途径中间产物田麦角碱(agroclavine)和野麦角碱(elymoclavine)的反馈调节[22]。编码 DMAT 合酶的基因 *dmaW* 已经在 *C. purpurea* 和 *C. fusiformis* 中被克隆出来，长度为 1 517bp，表达的酶为蛋白相对分子质量 105kDa 的同型二聚体[23]。烟曲霉(*Aspergillus fumigatus*)中的 *fgaPT2* 为 *C. purpurea* 中 *dmaW* 的同源基因，经研究发现，如果敲除烟曲霉中的 *fgaPT2* 基因，在该菌中将检测不到任何麦角生物碱。然而，如果在敲除菌中重新回补该基因，该菌株又能重新正常合成麦角碱，说明作为麦角碱生物合成途径中的第一步限速酶，DAMTS 发挥着极其重要的作用。类似的结果在 *C. fusiformis* 和 *Neotyphodium* 菌属中都得到证实[23]。另外，Unsöld 等人克隆出 *A. fumigatus fgaPT2* 的序列，并在酿酒酵母中进行了表达，结果表明，FgaPT2 是可溶性的，相对分子质量为 104kDa 的蛋白二聚体。序列分析表明，该蛋白并不含有假定的异戊二烯基焦磷酸结合位点，但该酶仍能表现出严格的底物特异性，能以 L-tryptophan 和 DMAPP 为底物，转化形成 DMAT。在这个反应中，金属离子，如镁离子、钙离子等能增加反应速率[24]。近些年来，16 个 DMATS 亚家族的新成员被克隆、表达和鉴定。这些酶大多数只接受 DMAPP 作为异戊二烯基的供体，反应底物可以是简单的吲哚类衍生物，也可以是含有色氨酸的环状二肽。异戊烯化的反应具有配向性和立体性，大多发生在底物的 C4 位。Liu 等人将 *dmaW* 和其同源物氨基酸序列进行了系统进化分析，证实曲霉菌和麦角菌的基因具有相同的起源[25]。

反应的第二步为：4 - DMAT 中氨基基团的甲基化，即将 N -甲基转移酶催化 S -腺苷甲硫氨酸(SAM)上的甲基转移到 DMAT 的氨基氮上，生成 N -甲基-二甲烯丙基色氨酸(Me-DMAT)[23]。在 *C. purpurea* 和 *A. fumigatus* 中负责该反应的酶，分别是由 *easF* 和 *fgaMT* 编码，这些酶均属于依赖 SAM 的甲基化酶。另外，Rigbers 等人将 *fgaMT* 在大肠杆菌(*E. coil*)中进行表达，体外实验结果表明，FgaMT 相对分子质量为 38.1kDa，在存在 SAM 的情况下，该酶能将 DMAT 转化为 Me-DMAT，且该反应不需要金属离子的参与[26]。

反应的第三步为：Me-DMAT 转化为裸麦角碱- 1(chanoclavine - 1)，这步反应至少包括脱羧、环化和羟基化 3 个反应[1]。如图 16 - 6 所示，反应的第一步是 Me-DMAT 中 C8 位和 C9 位之间的键去饱和，同时 C17 位的质子丢失，导致二烯的形成；随后，C8 位和 C9 位之间发生环化，C7 位和 C8 位之间发生氧化，形成环氧化物；最后是脱羧反应，同时伴随着 C5 位和 C10 位新键的形成，C9 位和 C10

位之间的双键向 C8 位和 C9 位之间转移的过程中，质子的攻击使环氧化物发生断裂。

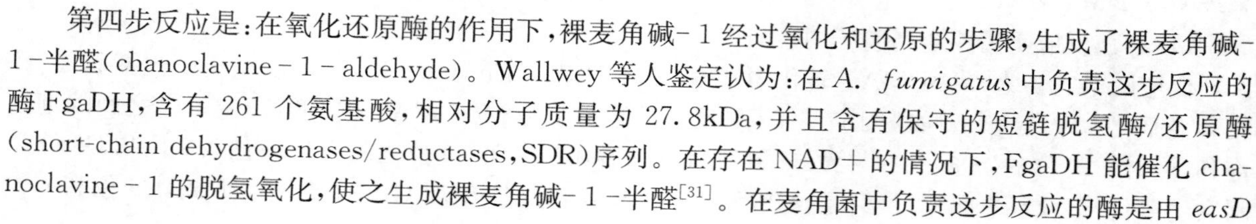

图 16-6　由 Me-DMAT 合成 chanoclavine-Ⅰ的中间具体过程

近年来，通过基因敲除和回补实验，科学家们对 *C. pupurea* 和 *A. fumigatus* 中的这个过程进行了较为详细的研究。Lorena 等人发现，在敲除 *easE* 基因(也曾命名为 *ccsA*)的 *C. pupurea* P1 菌株中，检测不到裸麦角碱-1 和其他下游产物的产生，却能检测到 4-DMAT 积累量的增加。将带有绿色荧光蛋白标记编码序列的 *easE* 基因回补到敲除菌株后，麦角生物碱的生物合成又能正常进行[27]。*easE* 的编码区长为 1 503bp，含有两个外显子和一个内含子(52bp)，可编码 483 个氨基酸，表达的蛋白 EasE 和其他产麦角碱真菌中氧化还原酶具有高度的相似性，如 *C. fusiformis* 的 EasE(E 值为 e^{-160})，*Neotyphodium lolii* 的 EasE(E 值为 e^{-118})和 *A. fumigatus* 的 FgaOx1(E 值为 e^{-96})。蛋白质序列分析结果表明，该酶在 14-161 氨基酸位置处含有黄素腺嘌呤二核苷酸(flavin adenine dinucleotide，FAD)结合区，说明 EasE 可能依赖于 FAD 发挥作用[27]。Goetz 等人发现，敲除烟曲霉中的 *fgaOx1*(*easE* 的同源基因)后，该菌不再产生裸麦角碱-1[28]。同时，他们发现如果破坏烟曲霉中的基因 *easC*(编码过氧化氢酶)，该敲除菌也不能产生裸麦角碱-1、羊茅麦角碱和 fumigaclavine A、B 和 C，而是更多地积累中间产物 Me-DMAT。这些研究结果表明，在 Me-DMAT 向裸麦角碱-1 的转化过程依赖于 *easC*(过氧化氢酶)和 *easE*(FAD-依赖的氧化还原酶)[28]。Ryan 等人推测，EasC 具有解毒作用，能分解 EasE 在发挥其氧化活性时产生的过氧化氢[29]。

Ryan 等人在构巢曲霉(*Aspergillus nidulans*)中进行异源基因的表达，构建了麦角碱部分的生物合成途径，得到了中间产物裸麦角碱-1。这里需补充说明的是，构巢曲霉是一种模式真菌，和烟曲霉的亲缘关系很近，但是构巢曲霉却不含有任何 EAS 基因簇，不能产生麦角生物碱。Ryan 等人将 *A. fumigatus* 中的 *dmaW*、*easF*、*easC* 和 *easE* 4 个基因克隆出来(这 4 个基因恰好成簇串联存在于 2 号染色体上)，将得到的长度为 8.8kb 的片段转入 *A. nidulans* 中，在阳性转化子中能够检测到裸麦角碱-1 的产生，并且每平方毫米的培养基中能产生 3ng 的裸麦角碱-1[29]。此外，Nielsen 等人构建的酵母工程菌也能产生 chanoclavine-1 这个中间产物，他们发现 *A. japonicus* 的 *dmaW* 和 *A. fumigatus* 的 *easF* 整合在一起转入酵母菌中时，得到 Me-DMAT 的量最多。在能产生 Me-DMAT 的酵母菌中，再次导入 *A. japonicus* 的 *easC* 和 *easE*，能在酵母中检测到 chanoclavine-1[30]。值得一提的是，Nielsen 等人发现，EasE 蛋白 N 端存在的信号肽，对其在酵母中表达的活性至关重要，这表达酵母本身的 *pdi1* 和 *ero1*(与蛋白质二硫键的形成相关)，能进一步增加酵母中裸麦角碱-1 的产量，每升酵母培养液中能够产生 0.75mg 裸麦角碱-1[30]。从研究结果来分析，利用酵母真菌重构麦角生物碱的生物合成途径，使之成为生产麦角生物碱的细胞工厂，对麦角碱的生产有着重大的意义。

第四步反应是：在氧化还原酶的作用下，裸麦角碱-1 经过氧化和还原的步骤，生成了裸麦角碱-1-半醛(chanoclavine-1-aldehyde)。Wallwey 等人鉴定认为：在 *A. fumigatus* 中负责这步反应的酶 FgaDH，含有 261 个氨基酸，相对分子质量为 27.8kDa，并且含有保守的短链脱氢酶/还原酶(short-chain dehydrogenases/reductases，SDR)序列。在存在 NAD+的情况下，FgaDH 能催化 chanoclavine-1 的脱氢氧化，使之生成裸麦角碱-1-半醛[31]。在麦角菌中负责这步反应的酶是由 *easD*

编码的。在不同菌属中，这 4 步反应是麦角碱合成过程中的共有途径（图 16－7）。

DMAPP + L-tryptophan —DmaW (FgaPT2)→ 4-DMAT —EasF (FgaMT)→ Me-DMAT

—EasE(FgaOx1)+ EasC(FgaCat)→ chanoclavine-I —EasD (FgaDH)→ chanoclavine-I aldehyde

图 16－7 不同菌属麦角碱生物合成过程中的共有途径

（其中 DmaW、EasF、EasE、EasC 和 EasD 是麦角菌中参与麦角生物碱合成途径中的酶，而 FgaPT2、FgaMT、FgaOx1、FagCat 和 FgaDH 是对应的曲霉菌中参与麦角生物碱合成途径中的酶；DMAT：二甲烯丙基色氨酸；N-DMAT：N－甲基－二甲烯丙基色氨酸；chanoclavine－Ⅰ：裸麦角碱－1；chanoclavine－1 aldehyde：裸麦角碱－1－半醛，是不同菌属麦角碱合成途径中的分支点。）

在不同的物种中，裸麦角碱－1－半醛是麦角碱生物合成途径中的分支点，由此合成不同的产物。如在麦角菌属中裸麦角碱－1－半醛转化为田麦角碱（agroclavine），而在曲霉菌属中裸麦角碱－1－半醛通常转化为羊茅麦角碱（festuclavine）。这两种产物（田麦角碱和羊茅麦角碱）结构不同之处，在于 C8 位和 C9 位是否存在双键。在 *C. purpurea* 中，参与这一步反应的酶是由基因 *easG* 和 *easA* 编码的，其中 *easG*（GenBank 登录号 AY836771）表达的蛋白含有 290 个氨基酸，相对分子质量为 31.9kDa；*easA*（GenBank 登录号 AJ703809）表达的蛋白含有 369 个氨基酸，相对分子质量为 41.5kDa。通过序列比对，*easG* 和 *easA* 在 *A. fumigatus* 中的同源基因分别为 *fgaFS* 和 *fgaOx3*。*easG* 和 *easA* 是否单独作用还是需要共同作用来实现这一步的转化？很多科学家就这个问题进行了详细的探讨。2010 年，Wallwey 等人提出：在 *A. fumigatus* 的 FgaFS 和 FgaOx3 存在的情况下，裸麦角碱－1－半醛能够转化为羊茅麦角碱[32]；Cheng 等人发现，在 *Neotyphodium lolii* 的 EasA（FgaOx3 的同源蛋白）和 *A. fumigatus* 的 FgaFS 存在情况下，裸麦角碱－1－半醛能够转化为田麦角碱，暗示着两者可能共同催化着这步反应的进行[33]；2011 年，Matuschek 等人的体外实验结果表明，*C. purpurea* 中的 EasG 能直接将裸麦角碱－1－半醛转化为田麦角碱，但需要强调的是，这一步反应需要在 NADPH 和谷胱甘肽（GSH）存在的条件下才能完成。在这一项反应过程中，裸麦角碱－1－半醛先经历双键的异构化形成异裸麦角碱－1－半醛，这一项过程曾经被认为是由 *easA* 编码的酶催化，而 Matuschek 等人的研究结果表明，这一项反应也能在 GSH 或 2－巯基乙醇的还原作用下完成。接着，异裸麦角碱－1－半醛形成亚胺离子化合物，在 EasG 和 NADPH 存在的作用下被还原形成田麦角碱。因此，EasG 被称为是田麦角碱合酶（agroclavine synthase）[34]。

在麦角菌中，田麦角碱在 P450 单加氧酶的作用下，其 C17 位发生氧化形成野麦角碱（elymoclavine）。随后，野麦角碱在 *cloA* 编码的氧化酶的作用下进一步氧化，生成雀稗草酸（paspalic acid），这两步过程均依赖于 NADPH 和分子氧。最终雀稗草酸通过自发异构化形成 D－麦角酸（D-lysergic acid），合成过程总结在图 16－8 中。Haarmann 等人构建了敲除 *cloA* 基因的突变菌株，在该菌株中

能检测到田麦角碱以及野麦角碱产量的积累，但不能检测到 D-麦角酸及其肽酰类衍生物；但如果在反应体系中补充 D-麦角酸或回补 *cloA* 基因，菌株中麦角碱的生物合成能够再次恢复，说明 CloA 在棒麦角碱向麦角酸转化的过程中发挥着重要作用，是连接麦角酰胺和麦角肽碱的桥梁[35]。

图 16-8　麦角菌(*Claviceps*)中 D-麦角酸的合成途径

与以上的合成途径不同，烟曲霉中裸麦角碱-1-半醛在 FgaFS 和 FgaOx3 的作用下，催化产生了中间体 8*S*-羊茅麦角碱(8*S*-festuclavine)。Wallwey 等人用纯化的重组蛋白 FgaOx3 和 FgaFS 在体外的酶促反应中证实了这一点。接着，这个中间体在不同酶的作用下，转化为终产物烟麦角碱 C (fumigaclavine C)。与羊茅麦角碱相比，fumigaclavine C 的 C9 位和 C2 位，分别存在乙酸基和反向的异戊二烯基。Wallwey 等人研究提出，这步反应是分 3 步进行的，即羟基化、乙酰化和异戊烯化。首先，中间体 8*S*-羊茅麦角碱在羟化酶的作用下转化为(8*S*,9*S*)-fumigaclavine B，随后在乙酰转移酶 FgaAT 的作用下，将乙酰辅酶 A 上的乙酰基转移到 C8 位置上，生成(8*S*,9*S*)-fumigaclavine A，最后在异戊烯转移酶 FgaPT1 的作用下，在 C2 位加上异戊烯基(由 DMAPP 提供)，生成终产物(8*S*,9*S*)-fumigaclavine C[32,36]。其合成过程总结在图 16-9 中。

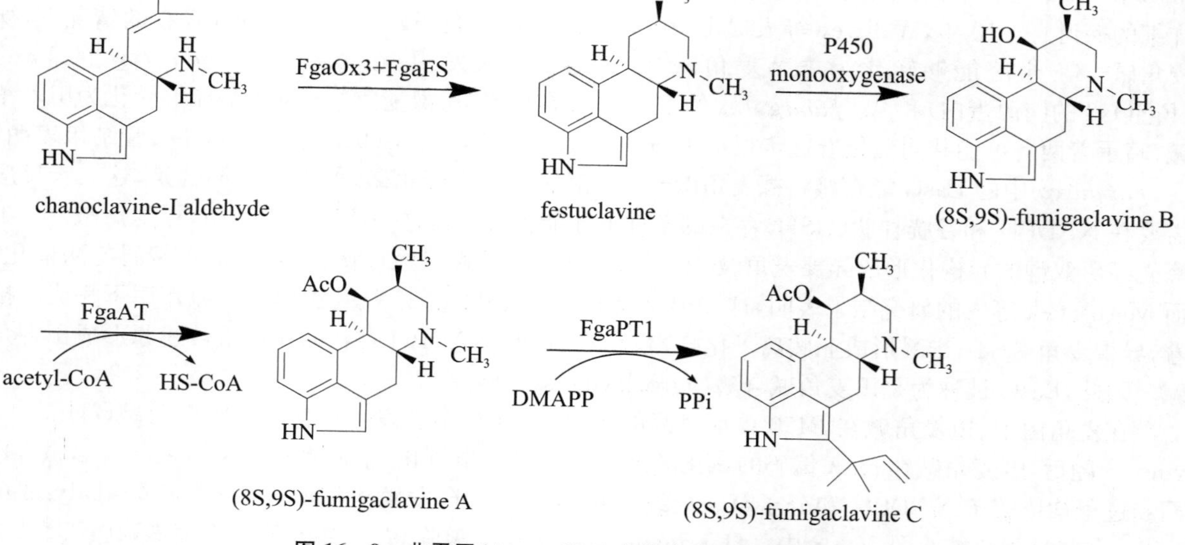

图 16-9　曲霉属(*Aspergillus*)中棒类麦角碱的合成途径

在青霉菌中，裸麦角碱-1-半醛在 FgaFS 和 FgaOx3 的作用下催化产生中间体 8*R*-焦麦角碱(8*R*-pyroclavine)。随后，8*R*-pyroclavine 衍生为终产物(8*R*,9*S*)-fumigaclavine A[37]。比较烟曲霉和青霉中终产物的结构，可以发现它们不同之处在于 C2 位有无异戊烯基(烟曲霉中存在特有的异戊烯转移酶 FgaPT1)，以及 C8 位的立体化学结构。青霉属中棒麦角碱可能合成的过程总结在图 16-10 中。综上所述，在不同物种中，由中间产物裸麦角碱-1-半醛参与麦角碱合成过程中的后续反应是不同的。

图 16-10 青霉属(*Penicillium*)中棒类麦角碱的合成途径

二、麦角肽碱的生物合成途径

在 *C. purpurea* 和 *C. paspali* 中，D-麦角酸上的羧基能与氨基醇以酰胺键的形式连接，形成较简单的衍生物，如麦角新碱，或者 D-麦角酸通过酰胺键与一个双环的三肽链相连，形成麦角肽碱[38]。三肽链中的前两个氨基酸大多是非极性氨基酸，第三个氨基酸通常为脯氨酸，许多麦角肽碱在结构上的区别主要体现在前两个氨基酸上。很多研究表明，肽类麦角碱的合成是在 D-麦角酸肽合成酶(D-lysergyl peptide synthetase, LPS)的作用下完成的，现已证明 LPS 属于非核糖体肽合成酶(non-ribosomal peptide synthetaes, NRPS)。这些酶含有 1 个或多个模块，通常介导氨基酸的激活、修饰及与其他结构的连接[22]。

目前，已从 *C. purpurea* P1 中鉴定出 4 个 NRPS 基因，分别为 *lpsA1*、*lpsA2*、*lpsB* 和 *lpsC*。其中 *lpsA1* 和 *lpsA2* 编码的麦角酸肽合成酶 LPSA1(370kDa，又称为 LPS1)和 LPSA2(370kDa)由 3 个模块(module)构成，每个模块可分为 3 个结构域，分别为 A 域(adenylation domain, A domain，使氨基酸腺苷化)、T 域(thiolation domain, T domain，硫醇化区域)和 C 域(condensation domain, C domain，缩合化区域)(见图 16-11)。这 3 个模块中的不同 A 域(A1、A2、A3)分别负责携带合成麦角肽碱所需的 3 种氨基酸，LPSA1 与 LPSA2 的区别在于：前两个模块 A 域结合的特异性氨基酸底物不同，导致合成不同类型的麦角肽碱。在 *C. purpurea* P1 菌株中，LPSA1 中的 A1、A2、A3 域分别负责激活丙氨酸、苯丙氨酸、脯氨酸，最终合成麦角胺(ergotamine)，而 LPSA2 中 A1、A2、A3 域分别负责激活缬氨酸、亮氨酸、脯氨酸，来合成 α-麦角隐亭(α-ergocryptine)[39]。Haarmann 等人发现，在 *C. purpurea* P1 菌株中敲除 *lpsA1* 后，敲除菌不能产生麦角胺，却仍然能产生麦角隐亭，这就充分证实了 LPSA1 在参与麦角胺合成过程中的重要作用，同时说明了麦角肽碱的类型是由麦角菌中 NPRSs 底物特异性所决定的，而不是由细胞内氨基酸的组成来决定的[40]。Correia 等人通过各种分

子生物学方法鉴定了 LPSB 的结构和功能，研究结果表明，LPSB(又称为 LPS2)是含有 A 域、T 域和 C 域的单模块，蛋白相对分子质量为 140kDa，主要功能是负责麦角肽碱合成过程中 D-麦角酸的激活，在 *lpsB* 敲除菌中检测不到麦角肽碱的产生，而 D-麦角酸却大量积累[14]。Correia 等人推测 LpsB 激活了 D-麦角酸，并使其结合在 LPSB 的 T 域，LPSA1 的 A1、A2 和 A3 域分别激活了丙氨酸、苯丙氨酸和脯氨酸，使激活后的氨基酸转移到 T 域。这两个 LPS 的 T 域均含有 4′-磷酸泛酰巯基乙胺基(4′- phosphopantetheine)，借此以共价的酶-硫酯形式与底物相连。激活的 D-麦角酸在 3 个模块的 LPSA1 上依次延长，成为 D-麦角酸-一肽、二肽和三肽，最后 D-麦角酸-三肽经环化形成 D-麦角酸-三肽内酰胺(D-lysergyl tripeptide lactam，ergopeptam)，并离开 LPSA1，最终转变为麦角胺[14]。同上述步骤相似，LPSA2 催化了缬氨酸、亮氨酸和脯氨酸，并依次连接在激活的 D-麦角酸上，最终转变为 α-麦角隐亭。另外，推测由于 LPSA1 和 LPSA2 结合氨基酸底物的特异性不强，导致在不同的麦角菌中形成不同种类的麦角肽碱，但也有可能仍有其他负责合成麦角肽碱的 LPS 成员尚未被鉴定出来。

在 *C. purpurea* LPS 的作用下，D-麦角酸和各种氨基酸进行了组装，形成的 D-麦角酸-三肽(D-lysergyl tripeptide)在 LPS 上以 D-麦角酸-肽内酰胺(D-lysergyl peptide lactam，ergopeptam)的形式释放，曾推测释放的产物在 P450 单加氧酶的作用下进行氧化，最终形成麦角肽碱。比较 D-麦角酸-肽内酰胺和相应的麦角肽碱中氨基酸的排列以及其立体构象，发现两者的结构区别仅在于：前者靠近 D-麦角酸的氨基酸 α-C 和脯氨酸部分的羰基之间，缺少环醇基团(cyclol group)。Havemann 和 Keller 对从 LPS 上释放的 D-麦角酸-肽内酰胺转化为麦角肽碱的过程进行了详细的研究，结果表明，EasH1 在这步转化过程中发挥了重要的作用，EasH1 蛋白相对分子质量为 35kDa，具有氧化酶(oxygenase)或羟化酶(hydroxylase)的功能，依赖于 Fe^{2+} 和 2-酮戊二酸(2-ketoglutarate，2-KG)发挥作用。EasH1 使邻近 D-麦角酸的氨基酸(如丙氨酸和缬氨酸)的 α-C 位置处发生羟基化，进而与内酰胺环中脯氨酰羧基端的羰基发生缩合反应，形成环氧化物，羟基化反应后的缩合反应是自发进行的[41]。麦角肽碱的合成过程见图 16-11。

另外，*C. purpurea* Ecc93 产生的麦角生物碱大多以麦角肽碱为主，但也能产生较少量的麦角新碱。Ortel 和 Keller 在该菌的细胞提取物中发现了能产生麦角新碱的活性组分，经鉴定，这种麦角新碱合成酶为 LPSC，蛋白相对分子质量为 180kDa。与 LPSB 结构类似，单模块的 LPSC 除了含有 A 域、T 域和 C 域外，还含有 C-末端有还原酶作用的结构域 R 域(reductase domain，R domain)，推测该结构域参与了麦角新碱从 LPSC 上的释放[38]。研究结果表明，在麦角新碱的合成过程中，LPSB 负责活化 D-麦角酸，LPSC 负责活化丙氨酸，在两者共同作用下催化 D-麦角酸与丙氨酸结合，最终在 NADPH

LPSB　　LPSA1/LPSA2

D-lysergic acid

图 16－11　麦角肽碱（ergopeptine）的合成途径

（图中麦角肽碱结构式中的 R1 和 R2 分别表示不同的取代基，具体取代基团详见表 16－1）

存在的情况下释放合成的麦角新碱（ergometrine）（见图 16－12）。LPSB 既参与麦角肽碱的合成，也参与简单的 D-麦角酸衍生物（如麦角新碱）的合成，发挥着不可替代的作用。*C. purpurea* D1 和 P1 中的 *lpsC* 序列，与 Ecc93 菌株的 *lpsC* 序列相似性高达 99%，但 D1 和 P1 菌株中却几乎不产生麦角新碱。反转录 PCR 分析结果表明，在这 3 种菌株中虽然均有 *lpsC* 转录水平上的表达，但在 *C. purpurea* D1 和 P1 中却检测不到 LPSC 蛋白水平上的表达（使用 *C. purpurea* Ecc93 中 LPSC 部分氨基酸序列制备的抗体），可能是蛋白未正常表达，导致其不能产生麦角新碱。

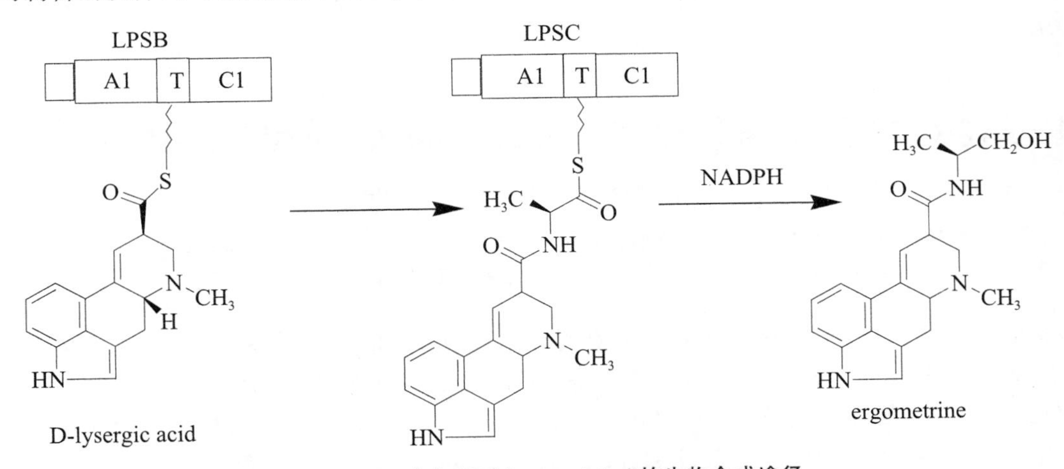

图 16－12　麦角新碱（ergometrine）的生物合成途径

三、参与合成麦角生物碱的基因簇

在真菌和细菌中，参与次生代谢物合成的基因通常连续成簇地存在于染色体上，这种结构特征便于鉴定出参与某种化合物合成途径中的基因。有关参与麦角生物碱合成途径的基因,最先被鉴定出来的是基因 *dmaW*,其编码的二甲烯丙基色氨酸合酶(DMATS)能使色氨酸异戊二烯化,是麦角灵环合成中的第一步。Tudzynski 的研究团队通过染色体步移(Chromosome walking approach)的方法发现,*C. purpurea* P1 中 *dmaW* 的 3′端存在麦角碱合成(ergot alkaloid synthesis,EAS)的基因簇(gene cluster)[42]。最初报道的 EAS 基因簇含有 11 个基因,最左边的基因为 *easA*,最右边的为 *lpsA*1;随后 Harrmann 等人又发现了两个新的 NPRS 序列(*lpsC* 和 *lpsA*2),因此该基因簇最终被确认:长为 68.5kb,共含有 14 个基因[39],如图 16-13 所示。在上述麦角生物碱的合成途径中,已详细介绍了每个基因的功能及其参与的反应。Lorenz 等人使用 *dwaW* 的 cDNA 作为探针,从构建的 *C. fusiformis* SD58 的质粒文库中,筛选到含有片段重叠群的阳性克隆。经测序发现,整个重叠群中含有 9 个与 *C. purpurea* 基因簇同源的片段,片段大小为 19.6kb[43]。该基因簇不含有 *C. purpurea* 中 *lpsC*、*lpsA*1 和 *lpsA*2 的同源物,基因簇中的 *cloA* 和 *lpsB* 虽能表达,但表达出来的酶没有功能。因此,相对于能产生麦角酸和麦角肽碱的 *C. purpurea* 来说,*C. fusiformis* 只能产生棒麦角碱类的田麦角碱和野麦角碱。通过分析发现,*C. hirtella* 主要产生棒麦角碱类型的生物碱,同时也能产生少量的麦角新碱(占总麦角碱的 3%~8%),其基因簇中不含有 *C. purpurea* 中 *lpsA*1 和 *lpsA*2 的同源物,但却含有有功能的 *lpsB* 和 *lpsC*,因此能介导麦角新碱的合成。

近年来,随着真菌和细菌基因组测序工作的开展,使更多参与次生代谢物合成的基因簇被鉴定出来。用 *C. purpurea* 中的 *dwaW* 序列进行比对,从 *A. fumigatus* Af293 的 2 号染色体上鉴定出:长为 27kb、含有 11 个基因的基因簇,经比较发现,两者之间存在 7 个同源基因,同源性为 46%~66%,均参与合成麦角灵环的前期步骤,具有共同的起源[44]。

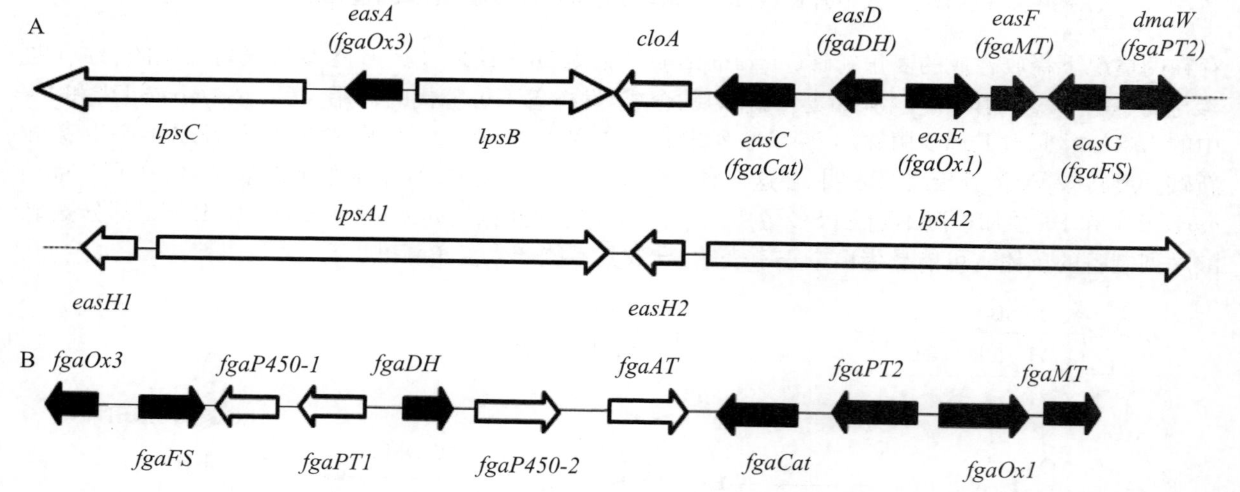

图 16-13 黑麦麦角菌(*Claviceps purpurea*)(A)和烟曲霉(*Aspergillus fumigatus*)(B)中的麦角生物碱合成基因簇(黑色框代表是两者之间的 7 个同源基因)

与麦角菌属产生的麦角肽碱不同,曲霉属和青霉属真菌产生的麦角碱终产物——烟麦角碱却不含有多肽的结构,只是在麦角灵环的 C9 位含有羟基或乙酸基基团,其中终产物烟麦角碱 C 中麦角灵环的 C2 位还带有异戊二烯基团。目前,青霉(*Penicillium commune*)中的麦角碱合成基因簇也被鉴定出来了,通过比较这 3 种不同菌属的 EAS cluster,发现含有的同源基因,主要是负责形成麦角灵环的骨架。麦角菌属的 NRPS 基因负责将多肽连接到麦角灵环上,而 *A. fumigatus* 和 *P. commune* 存在合成乙酰转移酶的基因,负责将乙酰 CoA 上的乙酰基团转移到麦角灵环 C9 位的羟基上;同时,*A. fumigatus* 负责编码异戊烯转移酶的基因,*fgaPT*1 主要是负责 fumigaclavine A 到 fumigaclavine C 的转变[36]然而,*P. commune* 不含有这个基因,因此 fumigaclavine A 是青霉属真菌生物碱合成途径的终产物。

另外,在黑麦病原菌 *Neotyphodium lolii* Lp19 中,也发现存在含有 6 个基因的 EAS cluster,主

要是合成麦角缬氨酸。目前，更多内生真菌中的 EAS cluster 被鉴定出来，在 Genbank 上已被公布出来的 EAS cluster 的序列，包括 *Neotyphodium gansuense*、*Neotyphodium coenophialum* E4163、*Epichloe festucae* Fl1、*Epichloe glyceriae* E277、*Epichloe festucae* E2368 等菌株。

综合上述内容，将不同菌属的麦角碱生物合成途径及参与的酶，见图 16－14。

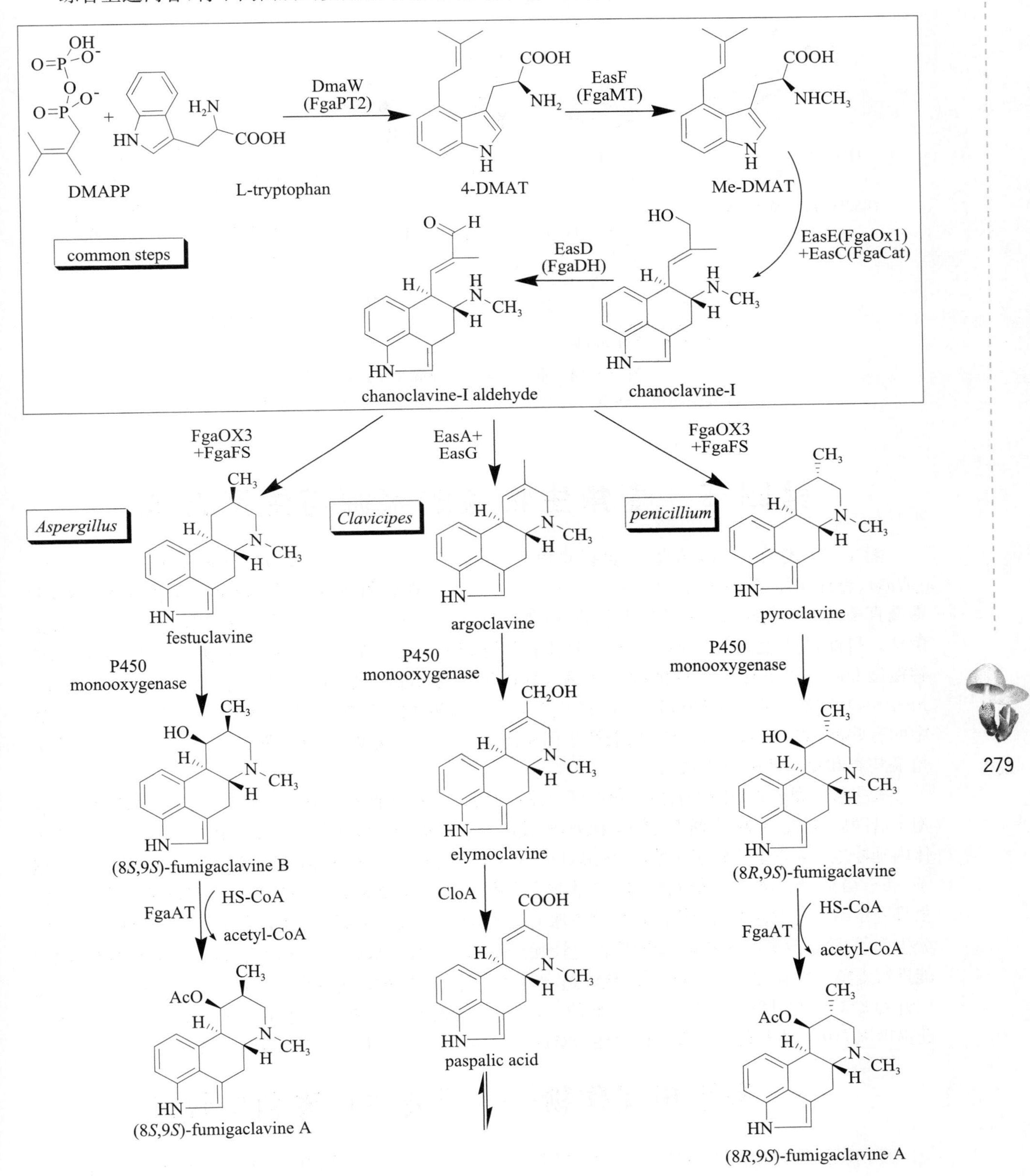

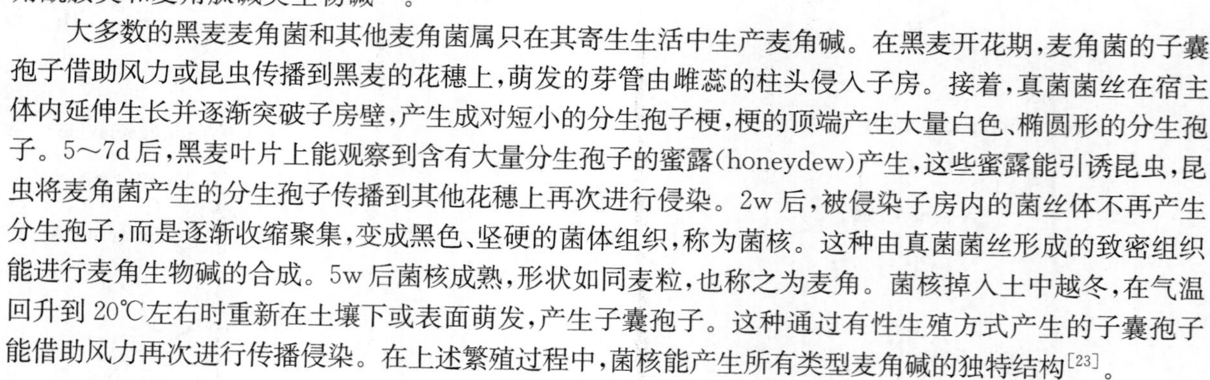

图 16-14　不同菌属的麦角碱生物合成途径
（其中麦角肽碱结构式中 R1 和 R2 分别代表的基团，详见表 16-1）

第四节　麦角生物碱的来源与生产方式

能够产生麦角生物碱的真菌，包括麦角菌属（*Claviceps*）、青霉属（*Penicillium*）、曲霉属（*Aspergillus*）、香柱菌属（*Epichloe*）和 *Neotyphodium*。由于青霉属和曲霉属真菌仅能产生棒麦角碱类，曲霉属真菌还会产生对人体有害的其他毒素（如黄曲霉素），因此在工业生产中不能作为生产麦角碱的菌株。目前，最广泛应用于制药工业生产麦角生物碱的是麦角菌属的菌株，麦角菌属包含 36 个种，能够侵染 600 种单子叶禾本科植物的子房。该菌属中分布最广泛、最具代表性的是黑麦麦角菌（*C. pururea*），它能侵染 400 种植物宿主，产生以麦角肽碱为主的生物碱，如麦角胺、麦角隐亭等。该菌属中的有些种，如 *C. fusiformis*，只能产生棒麦角碱类型的生物碱，雀稗麦角菌（*C. paspali*）可产生麦角酰胺类和麦角肽碱类生物碱[6]。

大多数的黑麦麦角菌和其他麦角菌属只在其寄生生活中生产麦角碱。在黑麦开花期，麦角菌的子囊孢子借助风力或昆虫传播到黑麦的花穗上，萌发的芽管由雌蕊的柱头侵入子房。接着，真菌菌丝在宿主体内延伸生长并逐渐突破子房壁，产生成对短小的分生孢子梗，梗的顶端产生大量白色、椭圆形的分生孢子。5～7d 后，黑麦叶片上能观察到含有大量分生孢子的蜜露（honeydew）产生，这些蜜露能引诱昆虫，昆虫将麦角菌产生的分生孢子传播到其他花穗上再次进行侵染。2w 后，被侵染子房内的菌丝体不再产生分生孢子，而是逐渐收缩聚集，变成黑色、坚硬的菌体组织，称为菌核。这种由真菌菌丝形成的致密组织能进行麦角生物碱的合成。5w 后菌核成熟，形状如同麦粒，也称之为麦角。菌核掉入土中越冬，在气温回升到 20℃左右时重新在土壤下或表面萌发，产生子囊孢子。这种通过有性生殖方式产生的子囊孢子能借助风力再次进行传播侵染。在上述繁殖过程中，菌核能产生所有类型麦角碱的独特结构[23]。

一、利用田间作物——黑麦生产麦角生物碱

麦角碱传统的生产方法是：用麦角菌的孢子悬液侵染田间栽培的黑麦，使麦角菌寄生于黑麦宿主

上，进而在田间栽培过程中获得麦角碱。数据显示，每公顷麦角菌侵染的黑麦能产生(1～2)×10^3 kg菌核、10～20kg 麦角碱，且菌核产量的提高能导致麦角碱的产量增加[45]。1999 年，选育得到的雄性不育杂交黑麦品系能保持较长的开花时间，延长了麦角菌对宿主的侵染，从而使菌核的产量大幅度提高，最终使得麦角碱产量的增加。目前，选育雄性不育的黑麦宿主株系成为麦角碱生产的一个重要方向，但在生产过程保持纯种雄性不育株系很困难，因为黑麦的花粉在空气中很容易传播，含有恢复可育基因的配子会传播到雄性不育的黑麦上，导致黑麦雄性不育的特性丢失，从而影响了麦角碱的产量。为了避免麦角碱产量的损失，需要定期进行相应宿主株系的选育工作。使用田间栽培黑麦生产麦角碱的优势在于，可利用不同种的菌株就能得到特定类型的麦角碱，且比液体培养产生麦角碱的突变菌株，具有较稳定的遗传特性。然而，这种生产方式需要有大量的土地来播种黑麦寄主，并具有季节性的特点，极易受气候条件的影响，不利的生产条件会使季节性生产遭受失败。同时，种植黑麦品系的质量和均一性也会影响麦角碱的产量。

二、液体发酵生产麦角生物碱

目前，液体发酵生产麦角生物碱已成为工业生产的重要方式，由于这种方式麦角菌不用寄生于宿主植物中而具有一定的优势，但产碱能力的提高需要通过菌种选育来获得。具有产碱能力的细胞其形态常发生一定的变化，如细胞短粗、壁厚、细胞核和线粒体数目较少、液泡大、细胞质中存在许多小的脂肪滴，被称作菌核样细胞(sclerotia-like cells)。这种形态是在天然或特定条件诱变后高度特化得到的，它对菌株高产麦角碱是必需的。但是，菌核样细胞的退化相对频繁，退化后的菌核样细胞便会丢失上述形态，导致麦角碱的产量下降，因此需要长期选育获得高产菌株。

液体发酵时，培养基诱导菌核样细胞的形成主要通过两种作用机制：底物限制作用和氧化代谢的促进作用。液体培养基不仅需要含有高浓度且代谢缓慢的糖类作为碳源(如甘露醇、山梨醇、蔗糖)，还需要三羧酸循环中的有机酸作为碳源，有机酸能够在低磷酸盐环境中促进麦角菌进行高水平的氧化代谢，从而有利于次级代谢产物的生物合成。除此之外，液体培养过程中还需要高渗透压 10～20bar)的培养条件，因为高渗透压能够诱导菌核样细胞产生，同时抑制分生孢子的生成。作为前体物和诱导物的色氨酸能够正向调控麦角碱的生物合成，而磷酸盐和铵盐却抑制其合成，在培养基中磷酸盐耗尽时，生物碱的合成才开始进行[23]。综上所述，在液体发酵生产麦角碱的过程中，需选育出产碱的突变菌株，并改善发酵技术与培养条件，从而提高麦角碱的产量，以满足制药工业生产的需求。

目前，麦角菌中的 EAS 基因簇序列已被陆续鉴定出来了，使我们对麦角生物碱的合成过程有了更清楚、更深层次的认识，EAS 基因簇中某个特定的基因或上调整个基因簇的表达，可能会增加麦角碱的产量，这是科技工作者今后提高麦角碱产量的工作重点。

三、国内麦角碱生产情况

国内最早系统地研究麦角碱生产的研究单位是中国医学科学院药物研究所，该所从 1950 年代起就开展了麦角资源调查、菌株分离和麦角碱生产的研究，并于 1957 年从拂子茅(*Calamagrostis epigejos*)上分离出拂子茅麦角菌(*Claviceps microcephala*)，之后，经人工引变后得到产碱能力较高的 Ce－3 菌系，该菌系的主要产物是麦角新碱和麦角毒碱。为了进一步提高产碱，尤其是产麦角新碱的能力，岳德超等人在菌系内进行了菌种纯化选育工作，分离得到了 47 个菌系，并培养在小麦培养基上，得到 3 株产碱能力较强的菌株。经研究说明，严格纯化有利于菌株产碱能力的提高[46]。之后，主要对麦角新碱、麦角毒碱成分的分离、鉴定方法等方面进行了探索，如应用薄层层析法实现不同麦角碱的分离。由于麦角新碱、麦角毒碱等生物碱的极性不同，导致其在氧化铝薄板上迁移值不同，生物碱的极性越小其迁移值越大，极性越大其迁移值越小。因此，可根据麦角新碱以及其他生物碱的极性鉴定出菌种的不同产物[47]。另外，方起程曾对所采用的离子交换分离方法进行改善，在提取总的麦角酸碱时，采用低浓度的盐酸水溶液代替三氯乙烯进行提取，大大减少了有机溶剂的使用。随后在洗脱过程中，先加入氨水于树脂中，使麦角碱呈游离状态，再加入有机溶剂，有利于麦角碱的洗脱。在洗脱液中加入无水碳酸钾(脱水)，50℃水浴使有机溶剂蒸发，得到的剩余残渣滴加无水氯仿，温热溶解后进行冷却，便可发现有白色结晶析出，这种结晶就是麦角新碱[48]。

针对筛选出的产麦角新碱菌株，岳德超等人利用深层培养技术生产麦角新碱，并对发酵条件进行了研究，发现接种菌龄为72h，二级种龄在48h，接种量为5%，pH为7.5时，且加入一定量豆油后，有益于提高麦角新碱的产量，在采用上述较适宜的发酵条件培养9d后，麦角新碱在总碱中的含量可达到50%以上[49]。除了改变发酵条件，改变培养基中的成分，也能提高麦角新碱在总碱产物中的含量。采用不同的氮源物质(酵母粉、蛋白胨、蛤俐粉、骨胶、鲫鱼粉)代替培养基中的氮源谷氨酸，结果表明，只有鲫鱼粉能促进麦角新碱的合成，鲫鱼粉能使麦角新碱的含量提高近1倍(0.0115%)[50]。固体发酵与液体深层发酵生产麦角新碱，已于1960年推广生产，其产品质量优于当时的进口产品。经现代研究表明：拂子茅麦角菌实际上是黑麦麦角菌的变种，我们通过rDNA-ITS的序列比对，证明两者的序列一致性为100%(但未发表有关文献)。

1980年，中国医学科学院药物研究所还从前南斯拉夫引进了黑麦麦角菌和雀稗麦角菌菌株，先后开展了麦角菌接种栽培、麦角酰胺生物合成以及麦角隐亭菌种选育研究[6-7,51-53]。率先在国内建立起黑麦麦角菌和雀稗麦角菌的原生质体形成与再生方法，利用原生质体技术开展了麦角菌的自然和诱变选育，使α-麦角隐亭的发酵产量超过500mg/L，达到国外同期先进水平[54-56]。近年来，又应企业委托，重新开展了麦角新碱生产能力的恢复和分离纯化研究，使已停产几十年的麦角新碱工业化生产得以持续。

据杨松柏等人报道，他们以黑麦麦角菌为原始菌株，经过紫外和亚硝基胍(NTG)诱变，筛选出一株高产突变菌株，且以α-麦角隐亭为主产物，在5L发酵罐进行分批发酵培养中，产量可达374mg/L，发酵过程中补加蔗糖后，其产量达到903mg/L，可显著提高麦角隐亭的产量[57]。

参考文献

[1] Wallwey C，Li S-M. Ergot alkaloids：structure diversity，biosynthetic gene clusters and functional proof of biosynthetic genes[J]. Nat Prod Rep，2011，28(3)：496－510.

[2] de Groot AN，van Dongen PW，Vree TB，et al. Ergot Alkaloids[J]. Drugs，1998，56(4)：523－535.

[3] Haarmann T，Rolke Y，Giesbert S，et al. Ergot：from witchcraft to biotechnology[J]. Mol plant pathol，2009，10(4)：563－577.

[4] MR. L. The history of ergot of rye (*Claviceps purpurea*) I：from antiquity to 1900[J]. J R Coll Physicians Edinb，2009，39：179－184.

[5] Lee M. The history of ergot of rye (*Claviceps purpurea*) II：1900－1940[J]. J R Coll Physicians Edinb，2009，39(4)：365－369.

[6] 杨云鹏，岳德超，霍泽民，等. 麦角菌接种栽培研究[J]. 中国中药杂志，1982，2：2－3.

[7] 岳德超，杨云鹏，霍泽民，等. 麦角酰胺生物合成的研究Ⅰ. 麦角酰胺产生菌的选育[J]. 中国医学科学院学报，1983，4：022.

[8] Ge HM，Yu ZG，Zhang J，et al. Bioactive alkaloids from endophytic *Aspergillus fumigatus* [J]. J Nat Prod，2009，72(4)：753－755.

[9] Wu XF，Fei MJ，Shu RG，et al. Fumigaclavine C，an fungal metabolite，improves experimen-

tal colitis in mice via downregulating Th1 cytokine production and matrix metalloproteinase activity[J]. Int Immunopharmacol, 2005, 5(10):1543—1553.

[10] De Costa C. St Anthony's fire and living ligatures: a short history of ergometrine[J]. Lancet, 2002, 359:1768—1770.

[11] 潘启超. 溴烟酰麦角碱的药理及临床[J]. 中国新药杂志,1993,2:16—18.

[12] Curran MP, Perry CM. Cabergoline[J]. Drugs, 2004, 64(18):2125—2141.

[13] Chanson P, Borson-Chazot F, Chabre O, et al. Drug treatment of hyperprolactinemia. Ann Endocrinologie, 2007, 68(2—3):113—117.

[14] Correia T, Grammel N, Ortel I, et al. Molecular Cloning and Analysis of the Ergopeptine Assembly System in the Ergot Fungus *Claviceps purpurea* [J]. Chem Biol, 2003, 10(12): 1281—1292.

[15] Saper JR, Silberstein S. Pharmacology of dihydroergotamine and evidence for efficacy and safety in migraine[J]. Headache, 2006, 46(s4):171—181.

[16] Jourdan G, Verwaerde P, Pathak A, et al. In vivo pharmacodynamic interactions between two drugs used in orthostatic hypotension-midodrine and dihydroergotamine[J]. Fundam Clin Pharmacol, 2007, 21(1):45—53.

[17] Fleetwood DJ, Scott B, Lane GA, et al. A complex ergovaline gene cluster in *Epichloë endophytes* of grasses[J]. Appl Environ Microb, 2007, 73(8):2571—2579.

[18] Setnikar I, Schmid K, Rovati LC, et al. Bioavailability and pharmacokinetic profile of dihydroergotoxine from a tablet and from an oral solution formulation[J]. Arzneimittel Forsch, 2001, 51(01):2—6.

[19] Bach NJ, Boaz HE, Kornfeld EC, et al. Nuclear magnetic resonance spectral analysis of the ergot alkaloids[J]. J Org Chem, 1974, 39(9):1272—1276.

[20] 宋振玉. 中草药现代研究[M]. 第二卷. 北京:北京医科大学中国协和医科大学联合出版社,1996.

[21] Flieger N, Sedmera P, Vokoun J, et al. New alkaloids from a saprophytic culture of *Claviceps purpurea*[J]. J Nat Prod, 1984, 47(6):970—976.

[22] 朱平. 麦角生物碱生物合成研究进展[J]. 药学学报,2000,35(8):630—634.

[23] Hulvová H, Galuszka P, Frébortová J, et al. Parasitic fungus *Claviceps* as a source for biotechnological production of ergot alkaloids[J]. Biotechnol Adv, 2013, 31(1):79—89.

[24] Unsöld IA, Li S-M. Overproduction, purification and characterization of FgaPT2, a dimethylallyltryptophan synthase from *Aspergillus fumigatus* [J]. Microbiology, 2005, 151(5): 1499—1505.

[25] Liu M, Panaccione DG, Schardl CL. Phylogenetic analyses reveal monophyletic origin of the ergot alkaloid gene *dmaW* in fungi[J]. Evol Bioinform, 2009, 5(5):15—30.

[26] Rigbers O, Li SM. Ergot Alkaloid Biosynthesis in *Aspergillus fumigatus*: overproduction and biochemical characterization of a 4 - dimethylallyltryptophan N-methyltransferase[J]. J Biol Chem, 2008, 283(40):26859—26868.

[27] Lorenz N, Olšovská J, Šulc M, et al. Alkaloid cluster gene ccsA of the ergot fungus *Claviceps purpurea* encodes chanoclavine I synthase, a flavin adenine dinucleotide-containing oxidoreductase mediating the transformation of N-methyl-dimethylallyltryptophan to chanoclavine I[J]. Appl Environ Microb, 2010, 76(6):1822—1830.

[28] Goetz KE, Coyle CM, Cheng JZ, et al. Ergot cluster-encoded catalase is required for synthesis

of chanoclavine-I in *Aspergillus fumigatus*[J]. Curr Genet, 2011, 57(3):201—211.

[29] Ryan KL, Moore CT, Panaccione DG. Partial reconstruction of the ergot alkaloid pathway by heterologous gene expression in *Aspergillus nidulans*[J]. Toxins, 2013, 5(2):445—455.

[30] Nielsen CA, Folly C, Hatsch A, et al. The important ergot alkaloid intermediate chanoclavine-I produced in the yeast Saccharomyces cerevisiae by the combined action of EasC and EasE from *Aspergillus japonicus*[J]. Microb Cell Fact, 2014, 13(1):95—106.

[31] Wallwey C, Matuschek M, Li SM. Ergot alkaloid biosynthesis in *Aspergillus fumigatus*: conversion of chanoclavine-I to chanoclavine-I aldehyde catalyzed by a short-chain alcohol dehydrogenase FgaDH[J]. Arch Microbiol, 2010, 192(2):127—134.

[32] Wallwey C, Matuschek M, Xie XL, et al. Ergot alkaloid biosynthesis in *Aspergillus fumigatus*: Conversion of chanoclavine-I aldehyde to festuclavine by the festuclavine synthase FgaFS in the presence of the old yellow enzyme FgaOx3[J]. Org Biomol Chem, 2010, 8(15):3500—3508.

[33] Cheng JZ, Coyle CM, Panaccione DG, et al. A role for old yellow enzyme in ergot alkaloid biosynthesis[J]. J Am Chem Soc, 2010, 1776—1777.

[34] Matuschek M, Wallwey C, Xie X, et al. New insights into ergot alkaloid biosynthesis in *Claviceps purpurea*: an agroclavine synthase EasG catalyses, via a non-enzymatic adduct with reduced glutathione, the conversion of chanoclavine-I aldehyde to agroclavine[J]. Org Biomol Chem, 2011, 9(11):4328—4335.

[35] Haarmann T, Ortel I, Tudzynski P, et al. Identification of the cytochrome P450 monooxygenase that bridges the clavine and ergoline alkaloid pathways[J]. Chem Bio Chem, 2006, 7(4): 645—652.

[36] Unsöld IA, Li SM. Reverse prenyltransferase in the biosynthesis of fumigaclavine C in *Aspergillus fumigatus*: gene expression, purification, and characterization of fumigaclavine C synthase FGAPT1[J]. Chem Bio Chem, 2006, 7(1):158—164.

[37] Matuschek M, Wallwey C, Wollinsky B, et al. In vitro conversion of chanoclavine-I aldehyde to the stereoisomers festuclavine and pyroclavine controlled by the second reduction step[J]. RSC Adv, 2012, 2(9):3662—3669.

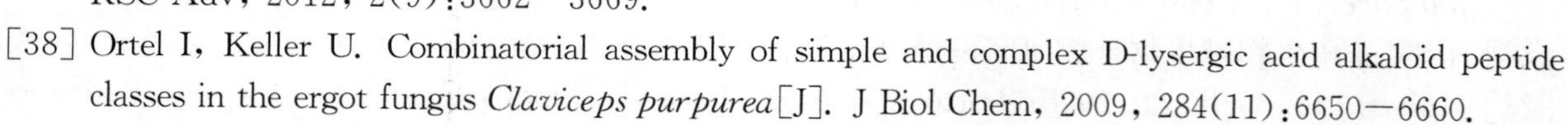

[38] Ortel I, Keller U. Combinatorial assembly of simple and complex D-lysergic acid alkaloid peptide classes in the ergot fungus *Claviceps purpurea*[J]. J Biol Chem, 2009, 284(11):6650—6660.

[39] Haarmann T, Machado C, Lübbe Y, et al. The ergot alkaloid gene cluster in *Claviceps purpurea*: Extension of the cluster sequence and intra species evolution[J]. Phytochemistry, 2005, 66(11):1312—1320.

[40] Haarmann T, Lorenz N, Tudzynski P. Use of a nonhomologous end joining deficient strain ($\Delta ku70$) of the ergot fungus *Claviceps purpurea* for identification of a nonribosomal peptide synthetase gene involved in ergotamine biosynthesis[J]. Fungal Genet Biol, 2008, 45(1): 35—44.

[41] Havemann J, Vogel D, Loll B, et al. Cyclolization of D-Lysergic Acid Alkaloid Peptides[J]. Chem Biol, 2014, 21(1):146—155.

[42] Tudzynski P, Hölter K, Correia T, et al. Evidence for an ergot alkaloid gene cluster in *Claviceps purpurea*[J]. Mol Gen Genet MGG, 1999, 261(1):133—141.

[43] Lorenz N, Haarmann T, Pažoutová S, et al. The ergot alkaloid gene cluster: functional analyses and evolutionary aspects[J]. Phytochemistry, 2009, 70(15):1822—1832.

[44] Coyle CM, Panaccione DG. An ergot alkaloid biosynthesis gene and clustered hypothetical

genes from *Aspergillus fumigatus*[J]. Appl Environ Microb, 2005, 71(6):3112—3118.

[45] Tudzynski P, Correia T, Keller U. Biotechnology and genetics of ergot alkaloids[J]. Appl Microb Biotechnol, 2001, 57(5—6):593—605.

[46] 岳德超，杨云鹏，刘金茹，等. 利用麦角菌生物合成法制取麦角新碱的研究[J]. 药学学报，1962，9(2)：77—82.

[47] 黎莲娘，方起程. 薄层层离法在研究天然化合物中的应用Ⅰ. 麦角新碱，麦角胺，麦角毒碱的鉴定[J]. 药学学报，1963，10(11)：643—649.

[48] 方起程. 分离麦角新碱的新方法[J]. 药学学报，1963，10(12)：712—719.

[49] 岳德超，杨云鹏，陆师义，等. 麦角菌深层培养产生麦角新碱的研究[J]. 微生物学报，1973，13(2)：157—161.

[50] 杨云鹏，岳德超，陆师义，等. 鱼粉代替谷氨酸生产麦角新碱的研究[J]. 药学学报，1979，14(5)：316—320.

[51] 钱秀萍，冯慧琴，杨庆尧. 用琼脂柱筛选麦角隐亭产碱菌株[J]. 微生物学报，1997，37(1)：76—78.

[52] 朱平，何惠霞，陈世智. 脱氧胆酸钠对麦角菌 Claviceps purpurea 94002(EKPN94002)产生α-麦角隐亭的刺激作用[J]. 药学学报，1997，32(8)：629—632.

[53] 朱平，王全，朱慧新. 50ml-管摇床培养暨 24 孔板法筛选麦角菌突变株[J]. 微生物学通报，2000，27(3)：192—194.

[54] 朱平，何惠霞，岳德超. 麦角菌和雀稗麦角菌原生质体的形成与再生[J]. 真菌学报，1992，11(4)：272—278.

[55] 何惠霞，朱平，李焕娄. α-麦角隐亭产生菌的原生质体诱变育种[J]. 菌物系统，1996，3(15)：215—219.

[56] 朱平，何惠霞. 麦角菌与雀稗麦角菌种间灭活原生质体融合[J]. 中国医药工业杂志，1999，30(8)：342—344.

[57] 杨松柏，陈少欣. α-麦角环肽产生菌的菌种选育及发酵工艺[J]. 中国医药工业杂志，2014，45(7)：623—625.

（陈晶晶、王维波、巩　婷、朱　平）

第十七章
蜜环菌
MI HUAN JUN

第一节　概　述

蜜环菌{*Armillariella mellea*(Vahl. ex Fr.)Karst. [*Agaricus melleus* Vahl. ex Fr.]}为担子菌门,伞菌纲,伞菌亚纲,伞菌目,膨瑚菌科,蜜环菌属真菌,别名:糖蕈、榛蘑、蜜色环菌、蜜蘑、栎菌、根索菌、根腐菌、栎蕈和小蜜环菌等。蜜环菌包括菌丝体和子实体两大部分,菌丝体一般以菌丝和菌索两种形态存在。子实体为一年生,生于阔叶树与针叶树的根部、树干基部、倒木以及林中地上,丛生或群生,是著名的食用真菌,也是危害森林的根腐病病原菌[1]。现在世界各大洲均有分布,我国主要分布于黑龙江、吉林、辽宁、河北、河南、山西、山东、甘肃、陕西、青海、四川、安徽、浙江、湖北、湖南、云南、贵州、内蒙古、西藏与台湾等省区。蜜环菌具有熄风平肝、祛风通络、强筋壮骨等功效,主要用于治疗头晕、头痛、失眠、四肢麻木、腰腿疼痛、冠心病、高血压、眩晕综合征、癫痫等疾病[2]。

中国医学科学院药物研究所的研究人员在研究天麻时,发现蜜环菌是天麻生长发育过程中必不可少的生物因子,因而联想到天麻的疗效是否与蜜环菌的代谢产物有关,设想以蜜环菌的发酵物代天麻应用,以解决中医临床急需天麻的药源问题,进而开展了蜜环菌的研究。蜜环菌作为一种真菌,如果蜜环菌代谢产物能影响天麻的疗效,采用发酵法进行工业化生产蜜环菌代替天麻使用,不仅可缩短生产周期、增加产量、降低成本,也可稳定和提高质量,因此大胆提出了以蜜环菌发酵物代替天麻的设想。通过组织多学科进行综合性研究,经药理、植化与生物发酵有关研究人员的共同努力,通过一系列药理实验证明,蜜环菌发酵物和天麻的药理活性相似[3]。

在药理实验基础上,又根据天麻在中医临床主要用于治疗眩晕、肢麻等特点,经北京宣武医院、北京耳鼻咽喉科研究所、友谊医院、协和医院、阜外医院、北京军区总医院与空军总医院等有关单位试用于中医、西医临床,数百例病案证明蜜环菌对不同病因(椎基底动脉供血不足、梅尼埃症、植物神经功能紊乱与阴虚阳亢型患者)引起的眩晕症状,均有较好的疗效;对肢麻、耳鸣、失眠、癫痫等症也有一定疗效。并观察到凡用天麻有效的病例改用蜜环菌片(蜜环菌发酵物制剂,以下同)仍有效,服天麻无效的病例,改用蜜环菌片也无效。这进一步证明蜜环菌片与天麻的临床疗效相似,特别对于因基底动脉供血不足所引起的眩晕等症有显著疗效,明显优于有类似作用的日本新药眩晕停(diphenidol)。

由于蜜环菌菌丝体制剂经十多年临床应用证实,适应证多,用药面广,安全有效,销路广,20 世纪 80 年代以来,有关药厂与单位不断开发出蜜环菌复方,也取得较好的效益。

在临床基础上,中国医学科学院药物研究所杨俊山、黄俊华等人对蜜环菌的化学和药理又进行了深入研究,对其有效成分与作用机制均有进一步的了解。特别值得一提的是:从蜜环菌水提取物中筛选出一个微量有效成分——N^6羟吡啶甲基腺苷,目前已能合成该化合物,经皮下注射在神经系统和心血管系统表现出多方面的药理活性。

第二节　蜜环菌化学成分的研究

蜜环菌所含化学成分主要包括倍半萜类、嘌呤类、黄酮类、生物碱类和脂肪酸等其他类化合物,除

了上述类型化合物外，还含有多糖类、卵磷脂（lecithin）、甲壳质（chitin）、维生素（vitamin）B_1、维生素 B_2、维生素 PP、多种氨基酸类等化合物。

一、蜜环菌主要化学成分的类型

1. 蜜环菌中的倍半萜类化合物

1975 年，中国医学科学院药物研究所杨俊山等人从蜜环菌人工发酵培养获得的菌丝体中，分离得到 3 个倍半萜类成分，称为蜜环菌甲素（armillarin，1）、蜜环菌乙素（armillaridin，2）和蜜环菌丙素（armillaricin，3）。然而，受条件所限未能确定其化学结构，直到 1982 年，应用 X 线衍射晶体解析的手段，才确定了蜜环菌甲素的化学结构。同年，美国学者也发表了他们从人工发酵的菌丝体中得到有抗菌活性的化合物——蜜环菌戊素（meleolide），也是经 X 线衍射晶体解析的方法确定其化学结构的；随后法国和爱尔兰学者也联合发表了他们从人工发酵菌丝体中分离得到的化合物 armillyl orsellinate，其化学结构同样也是经 X 线衍射晶体解析而确定。后经中国医学科学院药物研究所杨俊山等人对蜜环菌菌丝体进行了系统化学成分研究，从而又分离得到 14 个倍半萜类成分，分别命名为蜜环菌丁素（armillaribin，4）、蜜环菌戊素（melleolide，5）、蜜环菌已素（armillarigin，6）、蜜环菌庚素（armillarikin，7）、蜜环菌辛素（armiillarikin，8）、蜜环菌壬素（armillarinin，9）、蜜环菌癸素（armillaripin，10）、蜜环菌子素（armillarisin，11）、蜜环菌丑素（armillaritin，12）、蜜环菌寅素（armillarivin，13）、蜜环菌卯素（armillarizin，14）、蜜环菌酸（armillaric acid，15）、蜜环菌辰素（armillatin，16）和蜜环已素（armillasin，17）（图 17－1）。这些化合物均属于原伊鲁烷（protoilludane）型倍半萜醇的芳香酸酯类，经红外吸收光谱、紫外吸收光谱、核磁共振氢谱和碳谱以及各种二维谱、质谱的解析以及经化学方法推定了其化学结构。个别化合物也经 X 线衍射晶体解析等手段确定了它们的化学结构。与此同时，国外学者从蜜环菌人工发酵菌丝体中分离得到了 23 个原伊鲁烷型倍半萜成分，这些化合物与国内学者得到

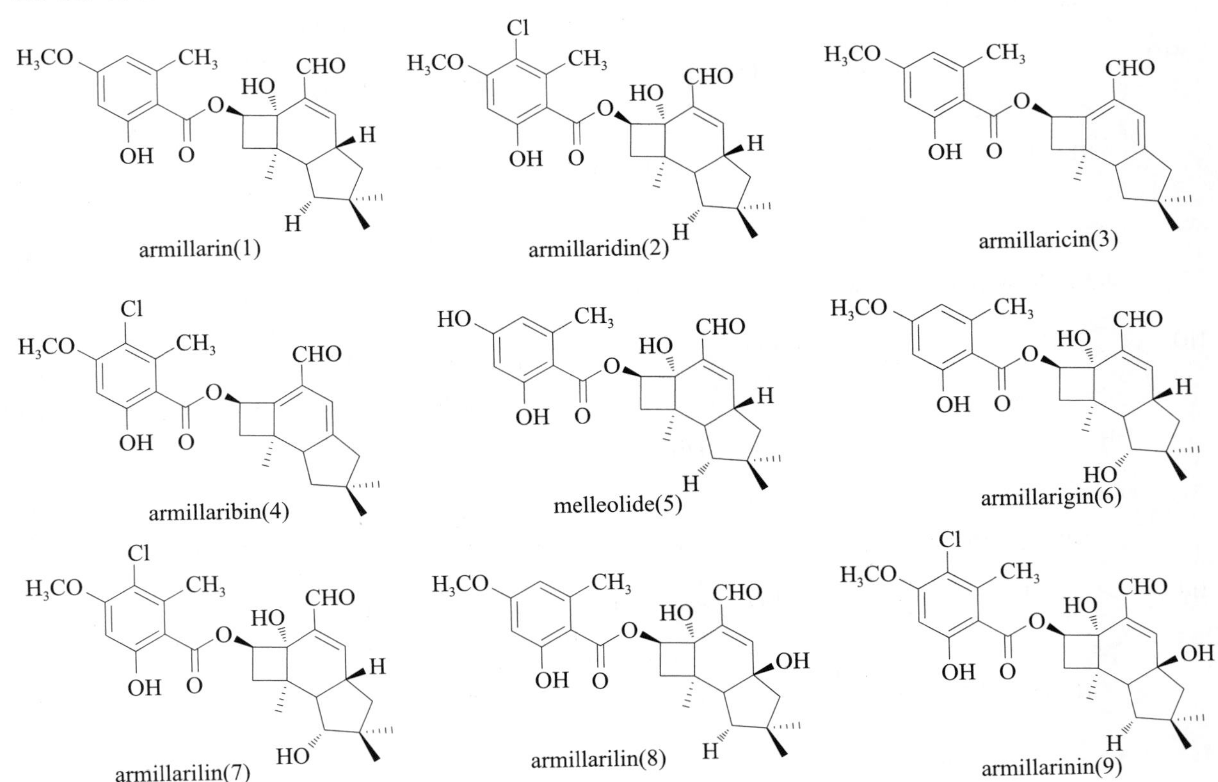

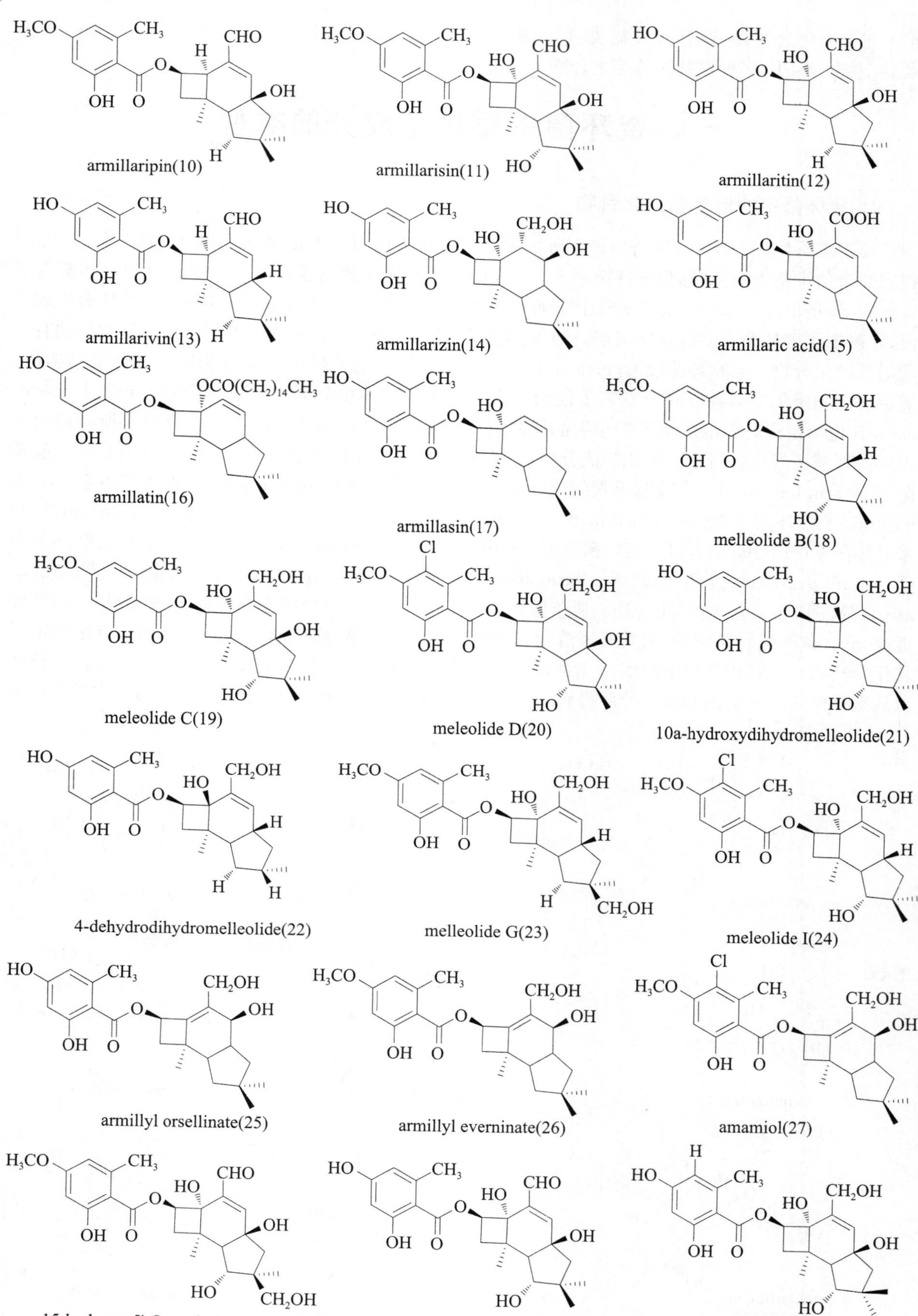
armillaripin(10)
armillarisin(11)
armillaritin(12)
armillarivin(13)
armillarizin(14)
armillaric acid(15)
armillatin(16)
armillasin(17)
melleolide B(18)
meleolide C(19)
meleolide D(20)
10a-hydroxydihydromelleolide(21)
4-dehydrodihydromelleolide(22)
melleolide G(23)
meleolide I(24)
armillyl orsellinate(25)
armillyl everninate(26)
amamiol(27)
15-hydroxy-5'-O-methylmelledonal(28)
melledonal(29)
melledonol(30)

4-O-methylmelleolide(31)

judeol(32)

melledonal B(33)

melledonal C(34)

armillide A(35)

armillide B(36)

melleolide K(37)

melleolide L(38)

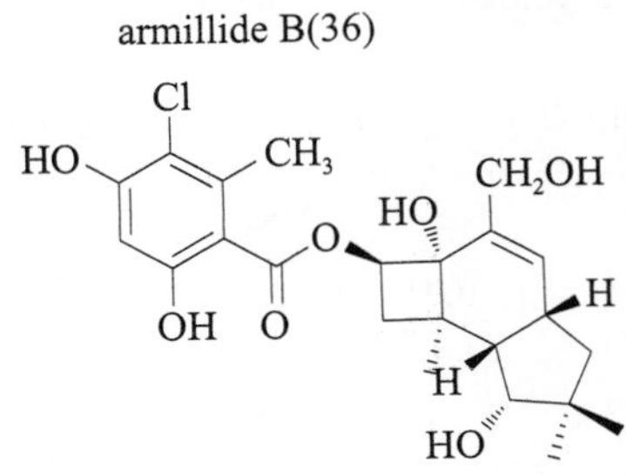

melleolide M(39)

armillol(40)

13-hydroxydihymelleolide(41)

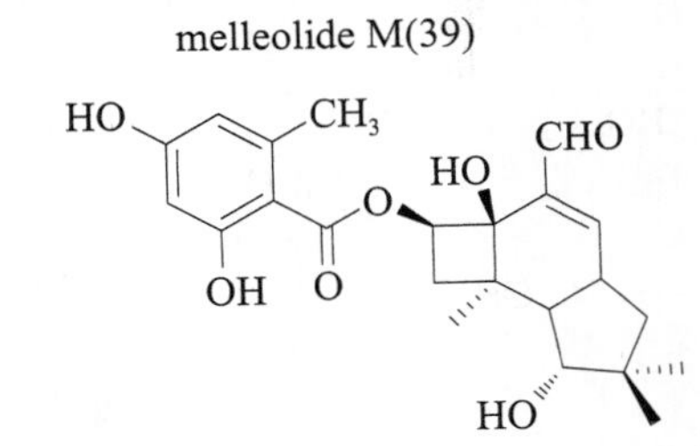

10a-hydroxymelleolide(42)

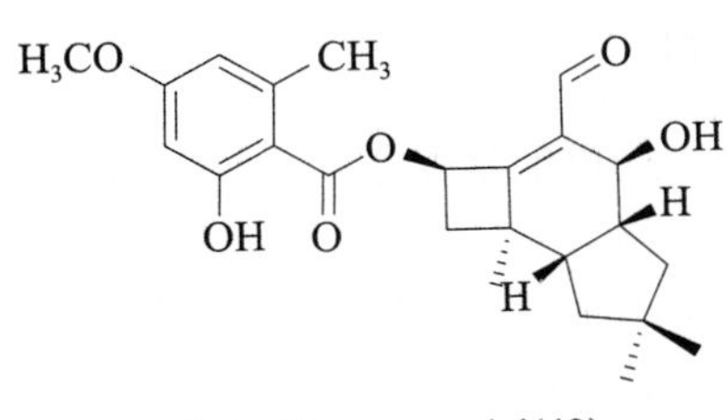

6'-dechloroarnamial(43)

6'-chloromelleolide F(44)

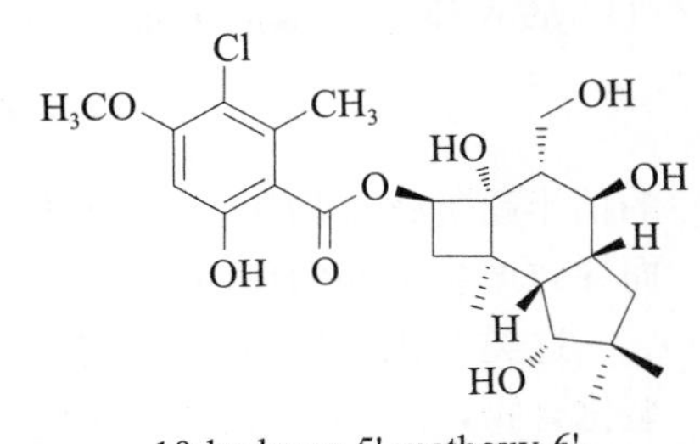

10-hydroxy-5'-methoxy-6'-chloroarmillane(45)

13-deoxyarmellide A(46)

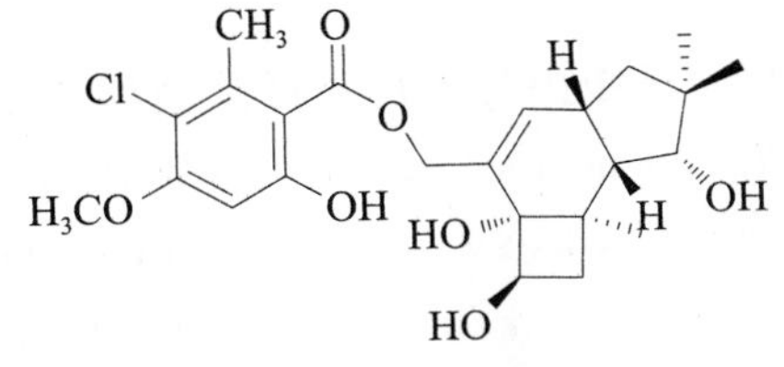

13-deoxyarmellide B(47)

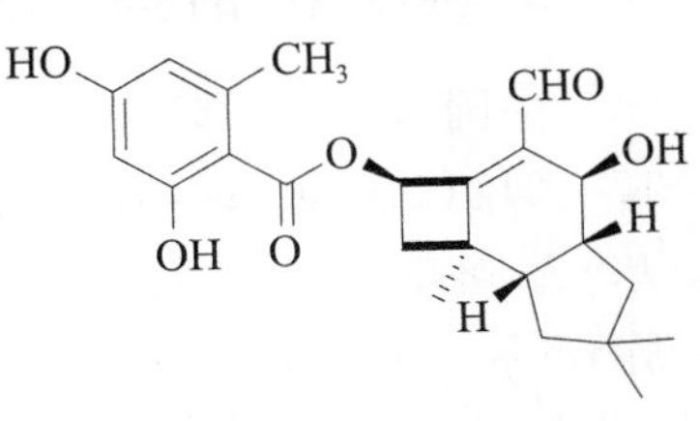

b-hydroxy-aldehyde(48)

4-*O*-methylarmillaridin(49)　　5'-methoxy-6'-chloroarmillane(50)　　13,14-dihydroxy-A52a(51)

dehydroarmillylosellinate(52)　　6'-chloro-13-hydroxy-dihydromelleolide(53)　　10-dehydroxy-melleoliede B(54)

1-*O*-formyl-10-dehydroxy-melleoliede B(55)　　10-oxo-melleoliede B(56)　　4-dehydro-14-hydroxydihydromelleolide (57)

13-hydroxy-4-methoxymelleolide(58)　　14-hydroxydihydromelleolide(59)　　5b,10a-dihydroxy-1-orsellinatedihydromelleolide(60)

图 17-1　蜜环菌中倍半萜类化合物的结构

的倍半萜类化合物比较，有 4 个化合物是相同的，但都属原伊鲁烷型，这可能是由于发酵的条件不同，而导致产生不同的代谢产物。到目前为止共发现了 60 多个该类化合物。

这类型化合物均属原伊鲁烷型倍半萜醇的芳香酸酯类化合物，是近 10 年来从担子菌中得到的新型化合物，经初步生物活性实验，发现部分化合物具有不同程度的抗菌活性[3]。

2. 蜜环菌中的嘌呤类化合物

中国医学科学院药物研究所杨俊山等人从蜜环菌菌丝体中，分离得到了 8 个嘌呤衍生物（图 17-2）：鸟苷（guanosine）、腺苷（adenosine）、2′-甲氧基腺苷（2′-*O*-Methyladenosine）、N^6-(5-羟基-2-吡啶亚甲基)腺苷[N^6-(5-hydroxy-2-pyridylmethylamino)-adenosine，61]、N^6-二甲基腺苷（N^6-dimethyladenosine）、N^6-5-羟基-2-吡啶甲基嘌呤[N^6-(5-hydroxy-2-pyridylmethylamino)-purine]、N^6-甲基腺苷（N^6-methyladenosine）和嘌呤（purine）。药理试验证明：化合

物(61)有很强的脑保护作用,化合物 2′-甲氧基腺苷(2′-*O*-Methyladenosine)和(61)分别具有降血脂的作用[3]。

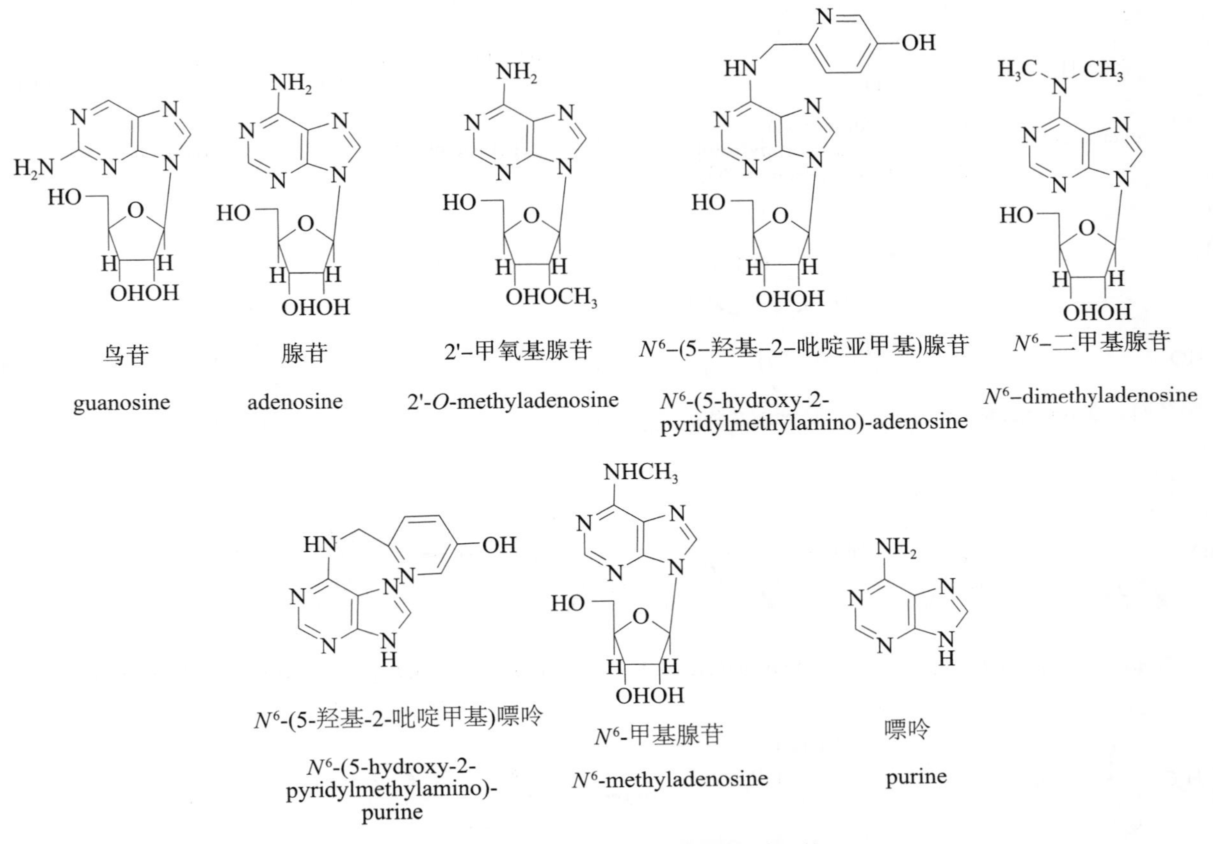

图 17-2 蜜环菌中嘌呤类化合物的结构

3. 蜜环菌中的其他类型化合物

中国医学科学院药物研究所杨俊山等人从蜜环菌中分离得到 1 个半固体状混合物,经甲基化后得到甲酯衍生物,经气相色谱检查,通过与标准品比较鉴定,该混合物由 4 个脂肪酸组成:硬脂酸、棕榈酸、亚油酸和亚麻仁油酸[3];而从蜜环菌 50%甲醇提取物中分离得到了 5 个酚性化合物:3-甲基-5-甲氧基苯酚、3-甲基-4-氯代-5-甲氧基苯酚、5-甲基间苯二酚、煤地衣酸和大豆黄素;从蜜环菌丙酮提取物中,分离得到了赤藓醇、甘露醇、杜鹃花酸、苔藓酸和甘油醇-α-单油酸酯[3]。近年来,王智民等人从蜜环菌发酵培养物中分离鉴定了苔藓酸(2,4-二羟基-6-甲基苯甲酸,2,4-dihydroxy-6-methyl benzoic acid,73)、胡萝卜苷(daucosterol)、蜜环菌戊素(melleolide,5)、染料木素(genistein,64)、大豆素(daidzein,65)、染料木苷(genistin)、尿嘧啶(urasil,68)、2-羟基-4-甲氧基-6-甲基苯甲酸(2-hydroxy-4-methoxy-6-methylbenzoic acid,72)、麦角甾醇(ergosterol,74)和甘露醇(mannitol,75)。

高锦明等人从蜜环菌中分离得到了 1 个新 C-18 植物鞘氨醇型神经酰胺(2*S*,3*S*,4*R*)-2-(十六碳酰氨基)-十八碳烷-1,3,4-三醇[(2*S*,3*S*,4*R*)-2-hexadecanoyl-amino-octadecane-1,3,4-triol,80]、Ergosta-5,7-dien-3*β*-ol(81);国内学者从蜜环菌中分得 4 个新的生物碱:(2S)-1-[2-(furan-2-yl)-2-oxoethyl]-5-oxopyrrolidine-2-carboxylate(76)、(2S)-1-[2-(furan-2-yl)-2-oxoethyl]-5-oxopyrrolidine-2-carboxylic acid(77)、1-[2-(furan-2-yl)-2-oxoethyl]pyrrolidin-2-one(78)和 1-[2-(furan-2-yl)-2-oxoethyl]piperidin-2-one(79)。

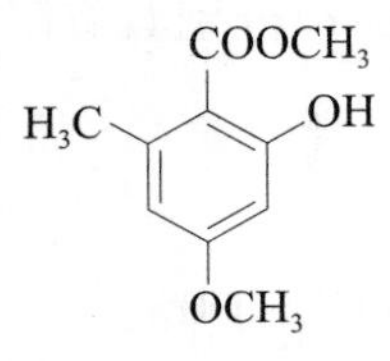
evernínate(62)

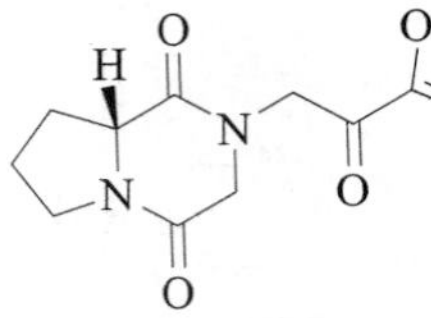

(*R*)-2-[2-(furan-2-yl)-oxoethyl]-octahydropyrrolo[1, 2-a]pyrazine-1, 4-dione(63)

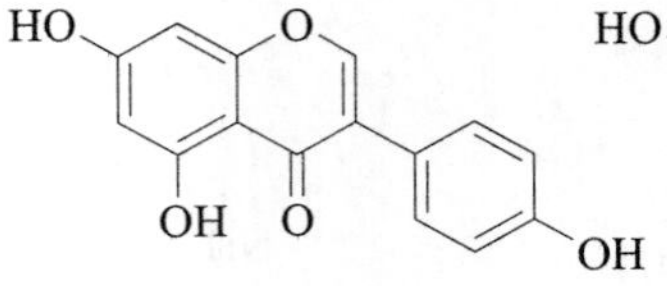

染料木素genistein(64)

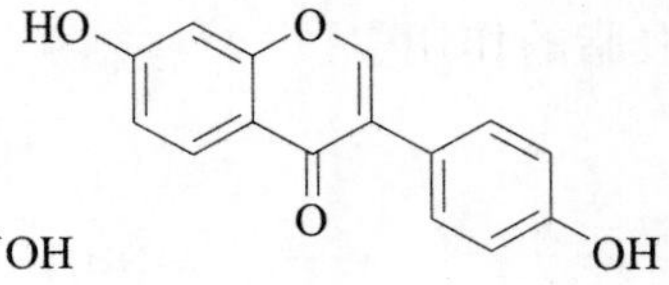

大豆素daidzein(65)

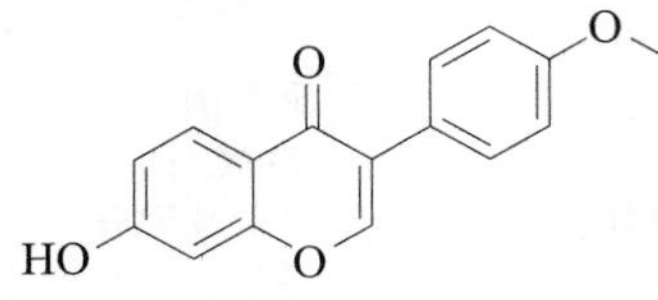
刺芒柄花素formononetin(66)

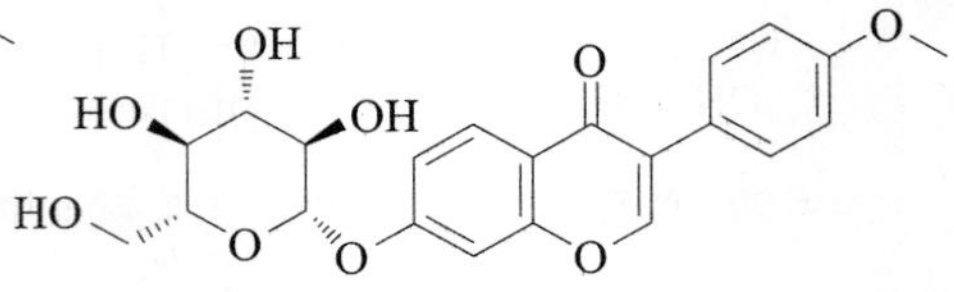

芒柄花苷ononin(67)

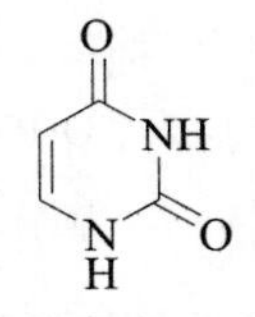
尿嘧啶urasil(68)

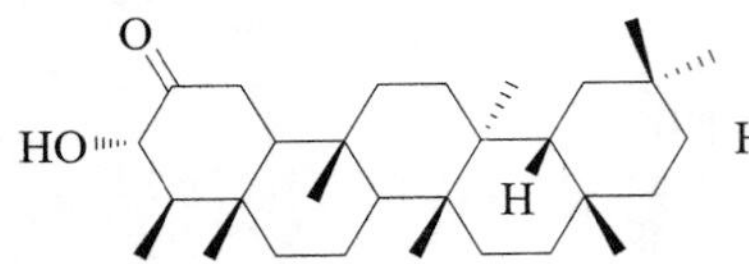
3a-hydroxyfriedel-2-one(69)

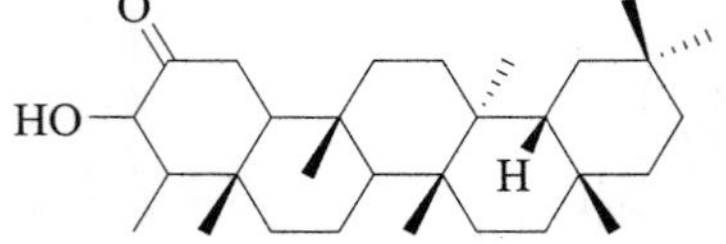
3-hydroxyfriedel-3-en-2-one(70)

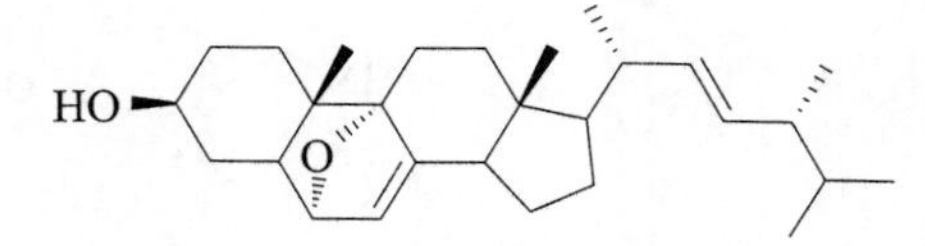
6,9-epoxy-ergosta-7,22-dien-3a-ol(71)

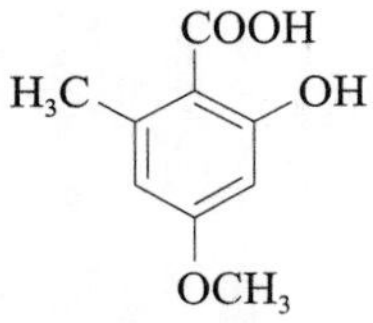

2-hydroxy-4-methoxy-6-methylbenzoic acid(72)

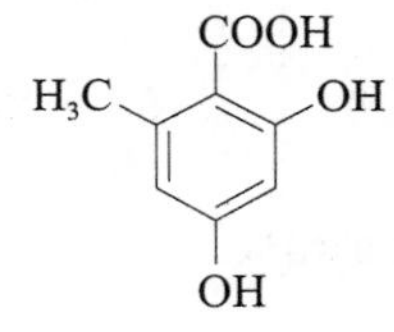
2, 4-dihydroxy-6-methyl benzoic acid(73)

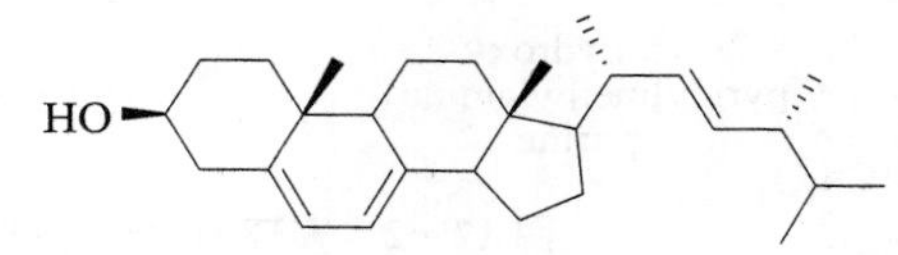
麦角甾醇ergosterol(74)

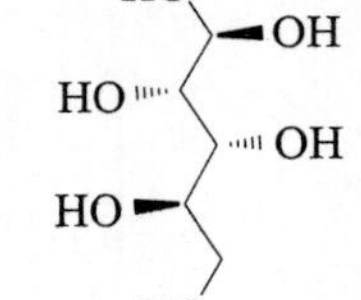
mannitol(75)

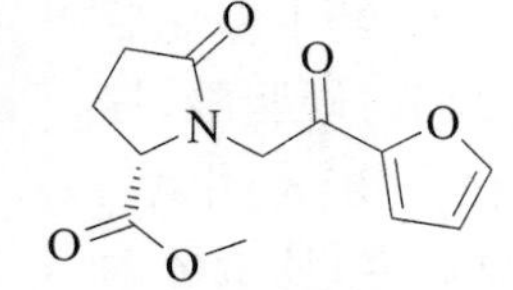
methyl (2*S*)-1-[2-(furan-2-yl)-2-oxoethyl]-5-oxopyrrolidine-2-carboxylate(76)

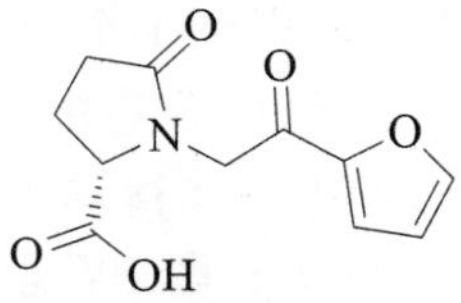

(2*S*)-1-[2-(furan-2-yl)-2-oxoethyl]-5-oxo-pyrrolidine-2-carboxylic acid(77)

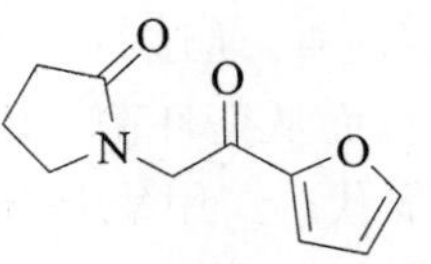
1-[2-(furan-2-yl)-2-oxoethyl]pyrrolidin-2-one(78)

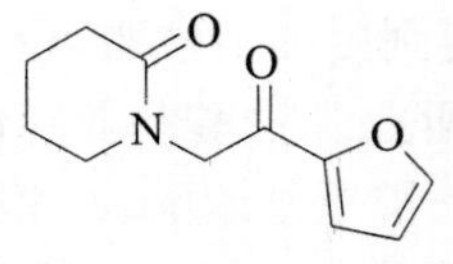
1-[2-(furan-2-yl)-2-oxoethyl]piperidin-2-one(79

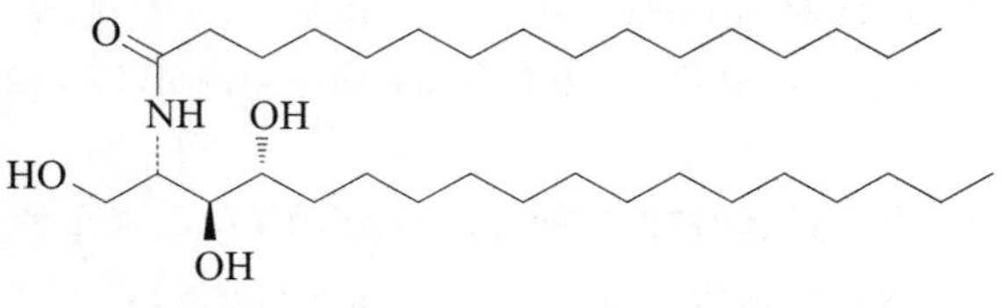

(2*S*,3*S*,4*R*)-2-hexadecanoyl-amino-octadecane-1,3,4-triol(80)

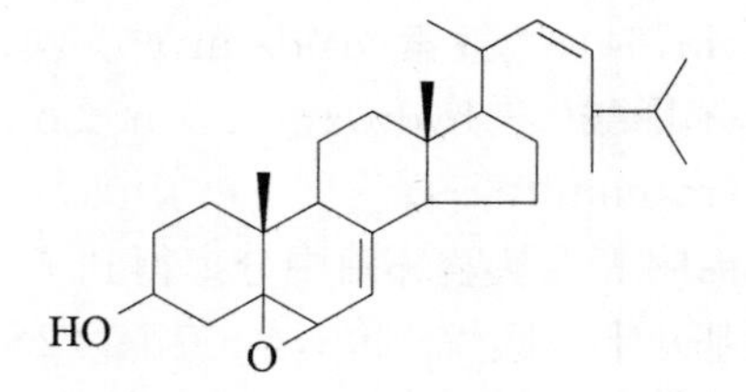
5, 6-epoxy-22-en-3-ol-ergosterol(81)

图 17－3　蜜环菌其他类型化合物的结构

二、蜜环菌化学成分的理化常数与光谱数据

1. 蜜环菌倍半萜类化合物的理化常数及光谱数据

蜜环菌甲素(armillarin)(1)　mp 122℃,$[\alpha]_D^{25}+228$(c 0.49,$CHCl_3$)。IR(KBr)显示羟基(3 500cm^{-1})、酯基(1 200cm^{-1})、醛基(1 660cm^{-1})和苯环(1 610、1 570、1 500cm^{-1})的存在。EI-MS显示 m/z:414[M^+]。^{1}H NMR谱(CD_3OD,400MHz)数据显示了4个均为单峰甲基的氢信号δ:2.30、1.32、1.04和1.00;3个烯键上的氢信号δ:6.80(1H,d,J=2Hz,H-8)、6.32(1H,d,J=2.5Hz,H-3′)和6.22(1H,d,J=2.5Hz,H-5′);两个叔碳的氢信号δ:5.68(1H,t,J=9.0Hz,H-5)和3.04(1H,m,H-9);1个羟基的氢信号δ:11.65(1H,s,OH-2′);1个醛基的氢信号δ:9.48(1H,s)以及1个甲氧基的单峰氢信号δ:3.80。另外,^{13}C NMR谱(CD_3OD,100MHz)数据给出24个碳信号,包括4个甲基碳信号δ:31.1、31.6、21.4和24.3;3个仲碳信号δ:41.8、46.6和33.4;3个叔碳信号δ:44.4、77.6和40.4;3个季碳信号δ:38.1、75.3和37.6;两个烯键碳信号δ:137.8和157.8;6个苯环碳信号δ:105.0、165.7、99.0、163.9、111.1和142.5;1个醛基碳信号δ:195.6;1个酮基碳信号δ:170.8;1个甲氧基碳信号δ:55.2[4]。

蜜环菌乙素(armillaridin)(2)　mp 132～134℃,$[\alpha]_D^{25}+151$(c 0.23,$CHCl_3$)。IR(KBr)显示羟基(3 500cm^{-1})、酯基(1 210cm^{-1})、醛基(1 660cm^{-1})和苯环(1 645cm^{-1})的存在。EI-MS显示 m/z:448[M^+]。^{1}H NMR谱(CD_3OD,400MHz)数据显示了4个均为单峰甲基的氢信号δ:2.43、1.30、1.00和0.97;两个烯键上的氢信号δ:6.78(1H,d,J=2Hz,H-8)和6.38(1H,s);两个叔碳的氢信号δ:5.62(1H,t,J=9.0Hz,H-5)和3.00(1H,m,H-9);1个羟基的氢信号δ:11.36(1H,s,OH-2′);1个醛基的氢信号δ:9.44(1H,s)以及1个甲氧基的单峰氢信号δ:3.68。另外,^{13}C NMR谱(CD_3OD,100MHz)数据给出24个碳信号,包括4个甲基碳信号δ:30.9、31.4、21.0和19.5;3个仲碳信号δ:41.6、46.6和33.1;3个叔碳信号δ:44.1、77.8和40.2;3个季碳信号δ:37.8、74.9和37.6;两个烯键碳信号δ:137.4和157.8;6个苯环碳信号δ:106.4、162.8、98.5、159.3、115.2和138.7;1个醛基碳信号δ:195.6;1个酮基碳信号δ:170.1;1个甲氧基碳信号δ:56.0[4]。

蜜环菌丙素(armillaricin)(3)　mp 190～192℃,$[\alpha]_D^{25}-28$(c 0.23,$CHCl_3$)。IR(KBr):3 400、1 710、1 650、1 595、1 570和1 240cm^{-1}。^{1}H NMR谱(CD_3OD,400MHz)数据显示了4个均为单峰甲基的氢信号δ:1.00、1.20、1.20和2.58;1个羟基的氢信号δ:11.45(1H,s,OH-2′);1个醛基的氢信号δ:9.73(1H,s);3个苯环的氢信号δ:6.15(1H,br s,H-3)、6.34(1H,t,J=9Hz,H-5)和6.40(1H,s,H-5′)以及1个甲氧基的单峰氢信号δ:3.86。另外,^{13}C NMR谱(CD_3OD,100MHz)数据给出24个碳信号δ:129.4、110.3、187.5、160.6、72.3、39.4、36.3、27.4、45.7、40.9、37.4、48.6、150.3、29.4、29.3、105.9、163.5、98.6、160.1、115.2、139.5、20.1、170.2和56.3[5]。

蜜环菌戊素(melleolide)(5)　mp 199～201℃,$[\alpha]_D^{25}+189$(c 0.23,$CHCl_3$)。EI-MS显示 m/z:400[M^+]。^{1}H NMR谱(CD_3OD,400MHz)数据显示了4个均为单峰甲基的氢信号δ:2.30、1.30、1.03和0.99;3个烯键上的氢信号δ:6.82(1H,d,J=1.84Hz,H-8)、6.22(1H,d,J=2.41Hz,H-3′)和6.16(1H,d,J=2.41Hz,H-5′);两个叔碳的氢信号δ:5.63(1H,t,J=8.83Hz,H-5)和3.03(1H,dddd,H-9);1个羟基的氢信号δ:11.60(1H,s,OH-2′)以及1个醛基的氢信号δ:9.45(1H,s)。另外,^{13}C NMR谱(CD_3OD,100MHz)数据给出23个碳信号,包括4个甲基碳信号δ:31.2、31.6、21.3和24.6;3个仲碳信号δ:42.0、46.8和33.1;3个叔碳信号δ:44.5、77.6和40.8;3个季碳信号δ:38.2、75.6和37.9;两个烯键碳信号δ:137.7和159.1;6个苯环碳信号δ:105.3、165.8、101.5、160.9、111.5、144.1;1个醛基碳信号δ:196.6;1个酮基碳信号δ:171.2[4]。

蜜环菌已素(armillarigin)(6)　白色块状结晶,mp 114～116℃,$[\alpha]_D^{25}+186$(c 0.17,$CHCl_3$)。对

2,4-二硝基苯肼试剂和异羟酸铁试剂均给出阳性反应。EI-MS 显示 m/z:430[M⁺]。IR(KBr):3 400、1 650、1 610、1 570、1 438、1 380、1 365、1 312、1 252、1 200、1 150 和 1 040cm⁻¹。¹H NMR 谱(CD_3OD,400MHz)数据显示了 4 个均为单峰甲基的氢信号 δ:1.44、1.00、1.08 和 2.30;1 个烯键上的氢信号 δ:6.94(1H,d,J=2.8Hz,H-3);4 个叔碳的氢信号 δ:5.79(1H,dd,J=9.5、8.0Hz,H-5)、2.39(1H,dd,J=9.2、3.0Hz,H-9)、3.64(1H,d,J=3.0Hz,H-10)和 3.10(1H,m,H-13);1 个羟基的氢信号 δ:11.63(1H,s);1 个醛基的氢信号 δ:9.44(1H,s);两个仲碳的氢信号 δ:2.09(1H,dd,J=8.0、11.0Hz,H-6a)、1.59(1H,dd,J=9.5、11.0Hz,H-6b)、1.64(1H,dd,J=6.0、13.1Hz,H-12a)和 2.08(1H,dd,J=10.5、13.1Hz,H-12b);1 个甲氧基的单峰氢信号 δ:3.78 以及两个苯环的氢信号 δ:6.20(1H,d,J=2.8Hz,H-5′)和 6.32(1H,d,J=2.8Hz,H-3′)。另外,¹³C NMR 谱(CD_3OD,100MHz)数据给出了 24 个碳信号,包括 4 个甲基碳信号 δ:20.81、28.26、23.33 和 24.51;两个仲碳信号 δ:32.78 和 43.17;4 个叔碳信号 δ:75.59、47.42、80.52 和 36.12;3 个季碳信号 δ:74.40、35.33 和 42.65;两个烯键碳信号 δ:135.56 和 158.36;6 个苯环碳信号 δ:104.90、165.78、98.83、163.98、111.17 和 142.53;1 个醛基碳信号 δ:195.55;1 个酮基碳信号 δ:170.68[6]。

蜜环菌庚素(armillarikin)(7) 白色块状结晶,mp 195～196℃,$[\alpha]_D^{25}$+174(c 0.04,$CHCl_3$)。对 2,4-二硝基苯肼试剂和异羟酸铁试剂均给出阳性反应。EI-MS 显示 m/z:430[M⁺]。IR(KBr):3 515、3 440、1 640、1 595、1 570、1 460、1 435、1 370、1 350、1 305、1 233 和 1 200cm⁻¹。¹H NMR 谱(CD_3OD,400MHz)数据显示了 4 个均为单峰甲基的氢信号 δ:1.44、1.00、1.10 和 2.44;1 个烯键上的氢信号 δ:6.94(1H,d,J=2.8Hz,H-3);4 个叔碳的氢信号 δ:5.75(1H,dd,J=9.5、8.0Hz,H-5)、2.40(1H,dd,J=9.2、3.0Hz,H-9)、3.64(1H,d,J=3.0Hz,H-10)和 3.11(1H,m,H-13);1 个羟基的氢信号 δ:11.31(1H,s);1 个醛基的氢信号 δ:9.42(1H,s);两个仲碳的氢信号 δ:2.11(1H,dd,J=8.0、11.0Hz,H-6a)、1.60(1H,dd,J=9.5、11.0Hz,H-6b)、1.65(1H,dd,J=6.0、13.1Hz,H-12a)和 1.98(1H,dd,J=10.5、13.1Hz,H-12b);1 个甲氧基的单峰氢信号 δ:3.90 以及 1 个苯环的氢信号 δ:6.41(1H,s,H-3′)。另外,¹³C NMR 谱(CD_3OD,100MHz)数据给出了 24 个碳信号,包括 4 个甲基碳信号 δ:20.83、28.26、23.33 和 19.81;两个仲碳信号 δ:32.77 和 43.12;4 个叔碳信号 δ:76.12、47.39、80.54 和 36.13;3 个季碳信号 δ:74.29、35.46 和 42.67;两个烯键碳信号 δ:135.41 和 158.79;6 个苯环碳信号 δ:106.28、162.96、98.63、159.56、115.40 和 139.07;1 个醛基碳信号 δ:195.69;1 个酮基碳信号 δ:170.16[6]。

蜜环菌辛素(armillarilin)(8) 白色块状结晶,mp 179～180℃。对 2,4-二硝基苯肼试剂和异羟酸铁试剂均给出阳性反应。EI-MS 显示 m/z:430[M⁺]。IR(KBr)显示羟基(3 486cm⁻¹)、羰基(1 650cm⁻¹)、芳环(1 610、1 570cm⁻¹);¹H NMR 谱(CD_3OD,400MHz)数据显示了 4 个均为单峰甲基的氢信号 δ:1.34、1.18、0.99 和 2.36;1 个烯键上的氢信号 δ:6.77(1H,d,J=1.22Hz,H-3);两个叔碳的氢信号 δ:5.67(1H,t,J=8.79Hz,H-5)和 2.28(1H,dd,J=7.33、13.18Hz,H-9);1 个羟基的氢信号 δ:11.72(1H,s);1 个醛基的氢信号 δ:9.59(1H,s);3 个仲碳的氢信号 δ:2.03(1H,dd,J=8.79、11.23Hz,H-6a)和 2.29(1H,dd,J=8.79、11.23Hz,H-6b)、1.32(1H,t,J=13.18Hz,H-10a)、1.73(1H,dd,J=7.33、13.18Hz,H-10b)和 2.01(2H,s,H-12);1 个甲氧基的单峰氢信号 δ:3.82 以及两个苯环的氢信号 δ:6.25(1H,d,J=2.44Hz,H-5′)和 6.35(1H,d,J=2.44Hz,H-3′)。另外,¹³C NMR 谱(CD_3OD,100MHz)数据给出了 24 个碳信号,包括 4 个甲基碳信号 δ:21.43、30.85、30.85 和 24.60;3 个仲碳信号 δ:31.56、43.20 和 58.09;两个叔碳信号 δ:74.60 和 50.28;4 个季碳信号 δ:77.76、37.47、34.59 和 75.44;两个烯键碳信号 δ:136.80 和 153.00;6 个苯环碳信号 δ:104.95、165.67、98.83、163.96、111.19 和 142.67;1 个醛基碳信号 δ:196.22;1 个酮基碳信号 δ:170.85[7]。

蜜环菌壬素(armillarinin)(9) 白色块状结晶,mp 152～155℃。对 2,4-二硝基苯肼试剂和异羟酸铁试剂均给出阳性反应。EI-MS 显示 m/z:464[M⁺]。IR(KBr)显示羟基(3 486cm⁻¹)、羰基

(1 650cm^{-1})、芳环(1 610、1 570cm^{-1})。^{1}H NMR谱(CD_3OD,400MHz)数据显示了4个均为单峰甲基的氢信号δ:1.36、1.19、1.01和2.50;1个烯键上的氢信号δ:6.78(1H,d,J=1.22Hz,H-3);两个叔碳的氢信号δ:5.65(1H,t,J=8.55Hz,H-5)和2.38(1H,dd,J=7.33、13.13Hz,H-9);1个羟基的氢信号δ:11.33(1H,s);1个醛基的氢信号δ:9.59(1H,s);3个仲碳的氢信号δ:2.08(1H,dd,J=8.55、11.30Hz,H-6a)、2.35(1H,dd,J=8.55、11.30Hz,H-6b)、1.34(1H,t,J=13.13Hz,H-10a)、1.75(1H,dd,J=7.33、13.13Hz,H-10b)和2.02(2H,s,H-12);1个甲氧基的单峰氢信号δ:3.94以及1个苯环的氢信号δ:6.46(1H,H-5′)。另外,^{13}C NMR谱(CD_3OD,100MHz)数据给出了24个碳信号,包括4个甲基碳信号δ:21.39、30.85、30.79和19.82;3个仲碳信号δ:31.58、43.17和58.10;两个叔碳信号δ:75.15和50.23;4个季碳信号δ:77.77、37.53、34.57和75.22;两个烯键碳信号δ:136.69和153.11;6个苯环碳信号δ:106.29、162.88、98.56、159.51、115.37和139.12;1个醛基碳信号δ:195.55;1个酮基碳信号δ:170.68[7]。

蜜环菌癸素(armillaripin)(10) 白色块状结晶,mp 202～204℃。对2,4-二硝基苯肼试剂、异羟酸铁试剂和重氮化试剂均给出阳性反应。EI-MS显示m/z:414[M$^+$]。IR(KBr):3 440、2 840、2 720、1 646、1 605、1 595、1 565、1 510、1 430、1 400、1 362、1 280、1 252和1 210cm^{-1}。^{1}H NMR谱(CD_3OD,400MHz)数据显示了4个均为单峰甲基的氢信号δ:1.28、1.19、1.01和2.50;1个烯键上的氢信号δ:6.73(1H,s,H-3);3个叔碳的氢信号δ:3.27(1H,dd,J=3.42、7.81Hz,H-4)、5.81(1H,ddd,J=7.81、8.30Hz,H-5)和2.25(1H,dd,J=7.32、13.18Hz,H-9);1个羟基的氢信号δ:11.68(1H,s);1个醛基的氢信号δ:9.54(1H,s);3个仲碳的氢信号δ:2.15(1H,ddd,J=3.42、7.81、11.23Hz,H-6a)、2.87(1H,dd,J=8.30、11.23Hz,H-6b)、0.95(1H,t,J=13.18Hz,H-10a)、1.63(1H,dd,J=7.32、13.18Hz,H-10b)和1.98(2H,s,H-12);1个甲氧基的单峰氢信号δ:3.77以及两个苯环的氢信号δ:6.19(1H,d,J=2.45Hz,H-5′)和6.29(1H,d,J=2.45Hz,H-3′)。另外,^{13}C NMR谱(CD_3OD,100MHz)数据给出了24个碳信号,包括4个甲基碳信号δ:26.91、31.23、31.45和24.63;3个仲碳信号δ:36.99、43.26和58.19;3个叔碳信号δ:40.32、66.65和50.19;3个季碳信号δ:32.11、33.74和78.26;两个烯键碳信号δ:138.32和151.42;6个苯环碳信号δ:105.13、165.62、98.76、163.81、111.05和142.74;1个醛基碳信号δ:194.13;1个酮基碳信号δ:170.60[8]。

蜜环菌子素(armillarisin)(11) 胶状物,$[\alpha]_D^{25}$+132.6(c 0.95,$CHCl_3$)。对2,4-二硝基苯肼试剂、异羟酸铁试剂和重氮化试剂均给出阳性反应。EI-MS显示m/z:428[M-18]$^+$,FAB-MS m/z:447[M+1]$^+$。IR(KBr):3 450、1 670、1 630、1 600、1 430、1 410、1 365、1 304、1 240、1 190、1 145、1 085和1 108cm^{-1}。^{1}H NMR谱(CD_3OD,400MHz)数据显示了4个均为单峰甲基的氢信号δ:1.42、1.19、1.03和2.30;1个烯键上的氢信号δ:6.84(1H,s);3个叔碳的氢信号δ:5.75(1H,t,J=8.60Hz,H-5)、2.54(1H,d,J=3.12Hz,H-9)和3.75(1H,d,J=3.12Hz,H-10a);1个羟基的氢信号δ:11.60(1H,s);1个醛基的氢信号δ:9.51(1H,s);两个仲碳的氢信号δ:2.05(1H,dd,J=8.60、11.26Hz,H-6a)、2.07(1H,dd,J=8.60、11.26Hz,H-6b)、2.15(1H,d,J=14.20Hz,H-12a)、1.89(1H,d,J=14.20Hz,H-12b);1个甲氧基的单峰氢信号δ:3.78以及两个苯环的氢信号δ:6.31(1H,d,J=2.50Hz,H-3′)和6.21(1H,d,J=2.50Hz,H-5′)。另外,^{13}C NMR谱(CD_3OD,100MHz)数据给出了24个碳信号,包括4个甲基碳信号δ:20.8、28.2、23.2和24.5;两个仲碳信号δ:32.1和55.2;3个叔碳信号δ:73.7、54.9和81.5;4个季碳信号δ:77.4、35.6、41.2和77.2;两个烯键碳信号δ:134.8和152.2;6个苯环碳信号δ:104.9、165.8、98.8、164.1、111.2和142.6;1个醛基碳信号δ:195.8;1个酮基碳信号δ:170.7[9]。

蜜环菌丑素(armillaritin)(12),树胶状物,$[\alpha]_D^{25}$+136.5(c 0.52,$CHCl_3$)。对2,4-二硝基苯肼试剂、异羟酸铁试剂和重氮化试剂均给出阳性反应。EI-MS显示m/z:416[M$^+$]。FAB-MS显示m/z:417[M+1]$^+$。IR(KBr):3 450、3 300、1 690、1 670、1 630、1 600、1 435、1 372、1 300、1 245、1 195、1 146、1 085和1 105cm^{-1}。^{1}H NMR谱(CD_3OD,400MHz)数据显示了4个均为单峰甲基的氢信号δ:

1.30、1.14、0.95 和 2.31；1 个烯键上的氢信号 δ：6.71(1H，s)；两个叔碳的氢信号 δ：5.61(1H，t，J=8.76Hz，H-5)和 2.32(1H，d，J=7.42、13.25Hz，H-9)；1 个羟基的氢信号 δ：11.55(1H，s)；1 个醛基的氢信号 δ：9.55(1H，s)；3 个仲碳的氢信号 δ：2.29(1H，dd，J=8.76、11.61Hz，H-6a)、1.99(1H，dd，J=8.76、11.61Hz，H-6b)、1.97(2H，s)、1.70(1H，d，J=7.42、13.25Hz，H-10a)、1.70(1H，d，J=7.42、13.25Hz，H-10b)以及两个苯环的氢信号 δ：6.24(1H，d，J=2.40Hz，H-3′)和 6.14(1H，d，J=2.40Hz，H-5′)。另外，^{13}C NMR 谱(CD_3OD，100MHz)数据给出了 24 个碳信号，包括 4 个甲基碳信号 δ：21.4、30.9、30.3 和 24.5；3 个仲碳信号 δ：31.7、58.2、43.3；两个叔碳信号 δ：74.7、50.4；4 个季碳信号 δ：77.9、37.5、34.6 和 75.4；两个烯键碳信号 δ：137.0 和 152.7；6 个苯环碳信号 δ：105.4、165.5、101.5、160.2、111.2 和 143.5；1 个醛基碳信号 δ：196.1；1 个酮基碳信号 δ：170.0[9]。

蜜环菌寅素(armillarivin)(13) 无色针晶，mp 169～172℃，$[\alpha]_D^{25}$+136.6(c 0.465，$CHCl_3$)。对 2,4-二硝基苯肼试剂、异羟酸铁试剂和重氮化试剂均给出阳性反应。EI-MS 显示 m/z：384[M^+]。IR(KBr)：3 460、2 820、2 740、2 675、1 650、1 620、1 586、1 510、1 442、1 380、1 365、1 316、1 256、1 190、1 175、1 110 和 1 045cm^{-1}。^{1}H NMR 谱(CD_3OD，400MHz)数据显示了 4 个均为单峰甲基的氢信号 δ：1.30、1.04、0.98 和 2.23；1 个烯键上的氢信号 δ：6.82(1H，d，J=1.90Hz)；4 个叔碳的氢信号 δ：3.25(1H，dd，J=7.92、3.70Hz，H-4)、5.80(1H，ddd，J=7.92、8.06、7.92Hz，H-5)、2.20(1H，ddd，J=6.88、6.49、12.64Hz，H-9)和 3.04(1H，dddd，J=9.21、6.49、2.09、1.90Hz，H-11)；1 个羟基的氢信号 δ：11.57(1H，s)；1 个醛基的氢信号 δ：9.47(1H，s)；3 个仲碳的氢信号 δ：1.97(1H，dd，J=8.06、11.50Hz，H-6a)、2.25(1H，ddd，J=7.92、3.70、11.50Hz，H-6b)、1.43(1H，dd，J=6.88、12.64Hz，H-10a)、0.95(1H，t，J=12.64Hz，H-10b)、2.02(1H，dd，J=9.21、13.55Hz，H-12a)、1.62(1H，dd，J=2.09、13.55Hz，H-12b)以及两个苯环的氢信号 δ：6.20(1H，d，J=2.50Hz，H-3′)和 6.09(1H，d，J=2.50Hz，H-5′)。另外，^{13}C NMR 谱(CD_3OD，100MHz)数据给出了 23 个碳信号，包括 4 个甲基碳信号 δ：26.5、31.7、31.5 和 24.4；3 个仲碳信号 δ：39.5、42.0 和 47.0；4 个叔碳信号 δ：39.6、69.7、45.4 和 40.7；两个季碳的信号 δ：32.2 和 37.8；两个烯键碳信号 δ：138.0 和 157.1；6 个苯环碳信号 δ：105.3、165.6、101.4、160.4、111.1 和 143.4；1 个醛基碳信号 δ：194.4；1 个酮基碳信号 δ：170.6[9]。

蜜环菌卯素(armillarizin)(14) mp 241～244℃，FAB-MS 显示 m/z：421[M+H]$^+$，IR(KBr)：1 646 和 3 440cm^{-1}。^{1}H NMR(CD_3COCD_3，400MHz)数据显示了 4 个均为单峰甲基的氢信号 δ：1.17、1.10、0.99 和 2.53；5 个叔碳的氢信号 δ：2.1～2.2(1H，m，J=10.9、4.7、3.2Hz，H-2)、3.76(1H，t，J=10.9Hz，H-3)、5.40(1H，dd，J=8.4Hz，H-5)、2.1～2.2(2H，m，H-9，1)；4 个仲碳的氢信号 δ：3.87、4.03(2H，2×dd，J=10.9、4.7、3.2Hz，H-la，1b)、1.85～1.93(2H，m，H-6a，6b)、1.4～1.5(2H，m，H-10a，l0b)、1.55(1H，dd，J=13.9、7.7Hz，H-l2a)，2.0(1H，m，H-12b)以及两个苯环的氢信号 δ：6.23(1H，d，J=2.2Hz，H-4′)和 6.2(1H，d，J=2.2Hz，H-6′)。另外，^{13}C NMR 谱($CDCl_3$，100MHz)数据给出了 23 个碳信号，包括 4 个甲基碳信号 δ：22.7、32.7、33.0 和 24.9；3 个仲碳信号 δ：63.1、34.7、44.8 和 43.8；5 个叔碳信号 δ：47.8、69.3、76.9、48.4 和 46.7；3 个季碳的信号 δ：82.0、37.1 和 39.2；6 个苯环碳信号 δ：105.5、166.9、102.0、163.9、112.7 和 144.8；1 个酮基碳信号 δ：172.7；1 个甲氧基的碳信号 δ：53.9[10]。

蜜环菌酸(armillaric acid)(15) IR(KBr)：3 400、2 500～2 800、1 720、1 630、1 580、1 440、1 250、1 160、845 和 800cm^{-1}。CI-MS 显示 m/z：417[M+H]$^+$。^{1}H NMR 谱(CD_3OD，400MHz)数据显示了 4 个均为单峰甲基的氢信号 δ：2.37、1.29、1.02 和 0.99；1 个烯键上的氢信号 δ：7.04(1H，d，J=1.8Hz，H-3)；两个苯环的氢信号 δ：6.12(1H，d，J=2.5Hz，H-4′)和 6.15(1H，d，J=2.5Hz，H-6′)；5 个叔碳的氢信号 δ：5.70(1H，t，J=8.6Hz，H-5)、2.23(1H，ddd，J=7.0、7.4、12.9Hz，H-9)、2.91(1H，dddd，J=9.0、7.0、2.2、1.8Hz，H-13)以及 3 个仲碳的氢信号 δ：1.98(1H，dd，J=

8.6、10.9Hz，H-6a)、1.68(1H，dd，$J=8.6$、10.9Hz，H-6b)、1.36(1H，t，$J=12.9$Hz，H-10a)、1.46(1H，dd，$J=7.4$、12.9Hz，H-10b)、1.55(1H，dd，$J=2.2$、13.2Hz，H-12a)和1.96(1H，dd，$J=9.0$、13.2Hz，H-12b)。另外，^{13}C NMR谱(CD_3OD，100MHz)数据给出了23个碳信号，包括4个甲基碳信号δ:22.16、31.64、32.06和24.59；3个仲碳信号δ:33.78、42.84和47.79；3个叔碳信号δ:77.98、45.04和40.86；3个季碳信号δ:76.50、38.77和38.85；两个烯键碳信号δ:128.49和148.44；6个苯环碳信号δ:105.35、166.71、101.67、163.78、112.49和144.95；1个羧基碳信号δ:170.98；1个酮基碳信号δ:172.22[11]。

蜜环菌辰素(armillatin)(16)　IR(KBr)：3 400、2 930、2 850、1 740、1 710、1 650、1 620、1 590、1 500、1 380、1 362、1 310和1 260cm^{-1}。FAB-MS显示m/z：649 [M+K]$^+$。^{1}H NMR谱(CD_3ODCD_3，500MHz)数据显示了4个甲基的氢信号δ:1.20～1.38、1.04、1.01和2.52；两个烯键上的氢信号δ:5.78(1H，d，$J=10.5$Hz，H-2)和6.05(1H，dd，$J=10.5$、2.4Hz，H-3)；3个叔碳的氢信号δ:5.55(1H，t，$J=8.4$Hz，H-5)、2.14(1H，ddd，$J=12.4$、7.2、6.9Hz，H-9)和2.67(1H，dddd，$J=8.9$、7.2、2.4、2.3Hz，H-13)；3个仲碳的氢信号δ:2.19(1H，dd，$J=11.2$、8.4Hz，H-6a)、1.66(1H，dd，$J=11.2$、8.4Hz，H-6b)、1.44(1H，dd，$J=12.4$、6.9Hz，H-10a)、1.38(1H，dd，$J=12.4$、12.4Hz，H-10b)、1.84(1H，dd，$J=13.3$、8.9Hz，H-12a)和1.45(1H，dd，$J=13.3$、2.3Hz，H-12b)；1个羟基的氢信号δ:11.41(1H，s，OH-2′)；两个苯环的氢信号δ:6.17(1H，d，$J=2.4$Hz，H-3′)和6.12(1H，d，$J=2.4$Hz，H-5′)以及其他的氢信号δ:-2.31(2H，t，H-2″)、1.59(2H，m，H-3″)、1.20～1.38(24H，br s，H-4″-15″)和0.86(3H，t，H-16″)。另外，^{13}C NMR谱(CD_3OD，125MHz)数据给出了38个碳信号，包括4个甲基碳信号δ:22.3、31.8、31.5和24.5；3个仲碳信号δ:35.4、41.8和47.3；3个叔碳信号δ:75.7、43.5和38.4；3个季碳信号δ:78.7、38.0和37.3；两个烯键碳信号δ:136.3和121.3；6个苯环碳信号δ:105.7、165.1、101.2、160.4、111.1和144.5；1个酮基碳信号δ:173.2；以及其他的碳信号δ:169.9(C-1″)、34.9(C-2′)、25.0(C-3′)、29.1(C-4″)、29.1(C-5″)、29.2(C-6″)、29.5(C-7′)、29.6(C-8′)、29.7(C-9′)、9.7(C-10″)、29.6(C-11″)、29.5(C-12″)、29.3(C-13′)、31.9(C-14″)、22.7(C-15″)和14.1(C-16″)[12]。

蜜环菌己素(armillasin)(17)　mp 179～180℃，$[\alpha]_D^{25}+14.3$(c 0.16，$CHCl_3$)。IR(KBr)：3 395、3 280、2 940、2 875、1 640、1 590、1 490、1 385、1 370、1 320、1 270和1 210cm^{-1}。FAB-MS显示m/z：373[M+H]$^+$。^{1}H NMR谱(CD_3ODCD_3，500MHz)数据显示了4个甲基的氢信号δ:1.27、1.01、0.99和2.43；两个烯键上的氢信号δ:5.45(1H，dd，$J=10.3$、2.6Hz，H-2)和5.68(1H，ddd，$J=10.3$、2.1、0.9Hz，H-3)；3个叔碳的氢信号δ:5.13(1H，t，$J=8.6$Hz，H-5)、2.16(1H，dddd，$J=12.6$、7.1、6.8、0.9Hz，H-9)和2.67(1H，ddddd，$J=8.8$、7.1、2.6、2.3、2.1Hz，H-13)；3个仲碳的氢信号δ:1.98(1H，dd，$J=11.0$、8.6Hz，H-6a)、1.71(1H，dd，$J=11.0$、8.6Hz，H-6b)、1.44(1H，dd，$J=12.6$、6.8Hz，H-10a)、1.35(1H，dd，$J=12.6$、12.6Hz，H-10b)、1.83(1H，dd，$J=13.3$、8.8Hz，H-12a)和1.45(1H，dd，$J=13.3$、2.3Hz，H-12b)；1个羟基的氢信号δ:11.59(1H，s，OH-2′)以及两个苯环的氢信号δ:6.27(1H，d，$J=2.6$Hz，H-3′)和6.21(1H，dd，$J=2.6$、0.7Hz，H-5′)。另外，^{13}C NMR谱(CD_3OD，125MHz)数据给出了38个碳信号，包括4个甲基碳信号δ:21.7、31.8、31.6和24.4；3个仲碳信号δ:32.3、41.7和47.4；3个叔碳信号δ:79.1、44.0和38.7；3个季碳信号δ:73.6、38.0和37.7；两个烯键碳信号δ:135.4和124.6；6个苯环碳信号δ:105.1、165.6、101.4、160.7、111.5和144.4；1个酮基碳信号δ:172.1[12]。

Melleolide B(18)　mp 42～45℃，$[\alpha]_D^{25}+19.6$(c 0.6，MeOH)。^{1}H NMR谱($CDCl_3$，300MHz)数据显示了4个均为单峰甲基的氢信号δ:2.37、1.38、0.99和1.05；1个烯键上的氢信号δ:5.86(1H，d，$J=2.0$Hz，H-3)；4个叔碳的氢信号δ:5.70(1H，t，$J=1.0$Hz，H-5)、2.28(1H，d，$J=8.3$Hz，H-9)、2.85(1H，m，$J=3.7$Hz，H-13)和3.61(1H，d，$J=9.1$Hz，H-10)；3个仲碳的氢信号δ:4.25、3.92(2H，2×d，$J=12.3$、1.0Hz，H-1a，1b)、2.00(1H，t，$J=1.0$Hz，H-6a)、1.67(1H，dd，

J=0.8Hz,H-6b)、1.49(1H,m,J=10.8Hz,H-12a)和1.96(1H,dd,J=0.8Hz,H-12b);1个甲氧基的氢信号δ:3.79(3H,s,J=10.2Hz,H-5′)以及两个苯环的氢信号δ:6.32(1H,d,J=13.4Hz,H-4′)和6.25(1H,d,J=5.0Hz,H-6′)。另外,^{13}C NMR谱(CD_3OD,75MHz)数据给出了24个碳信号,包括4个甲基碳信号δ:24.0、21.2、29.3和23.9;3个仲碳信号δ:65.6、33.0和44.9;4个叔碳信号δ:76.7、47.1、82.5和35.2;3个季碳信号δ:76.5、36.6和42.6;两个烯键碳信号δ:133.4和135.4;6个苯环碳信号δ:105.3、165.7、99.1、164.2、111.3和143.0;1个酮基碳信号δ:171.0;1个甲氧基碳信号δ:55.3[13]。

Melleolide C(19) mp 78~80℃,$[\alpha]_D^{25}$+27.9(c 0.5,$CHCl_3$)。^{1}H NMR谱($CDCl_3$,300MHz)数据显示了4个均为单峰甲基的氢信号δ:2.38、1.35、1.16和0.98;1个烯键上的氢信号δ:5.98(1H,d,H-3);3个叔碳的氢信号δ:5.65(1H,t,J=1.4Hz,H-5)、2.44(1H,d,J=8.4Hz,H-9)和3.71(1H,d,J=9.1Hz,H-10);3个仲碳的氢信号δ:4.29、3.93(2H,d,J=13.6、1.4Hz,H-1a,1b)、2.00(1H,t,H-6a)、2.18(1H,dd,J=1.2Hz,H-6b)、1.98(1H,m,J=10.8Hz,H-12a)和1.82(1H,dd,J=0.4Hz,H-12b);1个甲氧基的氢信号δ:3.79(3H,s,H-5′)以及两个苯环的氢信号δ:6.32(1H,d,J=13.8Hz,H-4′)和6.26(1H,d,H-6′)。另外,^{13}C NMR谱(CD_3OD,75MHz)数据给出了24个碳信号,包括4个甲基碳信号δ:24.1、21.3、28.9和23.5;3个仲碳信号δ:64.8、32.3和55.9;3个叔碳信号δ:74.4、54.3和82.9;4个季碳信号δ:77.3、36.7、40.8和77.2;两个烯键碳信号δ:135.1和134.0;6个苯环碳信号δ:105.3、165.7、99.1、164.3、111.4和143.1;1个酮基碳信号δ:171.0;1个甲氧基的碳信号δ:55.4[13]。

Melleolide D(20) mp 96~98℃。^{1}H NMR谱($CDCl_3$,300MHz)数据显示了4个均为单峰甲基的氢信号δ:2.51、1.35、1.16和0.98;1个烯键上的氢信号δ:5.98(1H,d,H-3);3个叔碳的氢信号δ:5.62(1H,t,H-5)、2.44(1H,d,H-9)和3.71(1H,d,H-10);3个仲碳的氢信号δ:4.31、3.93(2H,d,H-1a,H-1b)、2.00(1H,t,H-6a)、2.18(1H,dd,H-6b)、1.98(1H,m,H-12a)和1.82(1H,dd,H-12b);1个甲氧基的氢信号δ:3.88(3H,s,H-5′)以及1个苯环的氢信号δ:6.41(1H,d,H-4′)。另外,^{13}C NMR谱(CD_3OD,75MHz)数据给出了22个碳信号,包括4个甲基碳信号δ:19.5、21.3、28.9和23.5;3个仲碳信号δ:64.9、32.5和55.9;3个叔碳信号δ:75.2、54.3和82.6;3个季碳信号δ:36.8、40.8;两个烯键碳信号δ:135.0和134.0;6个苯环碳信号δ:106.8、162.7、98.8、159.9、115.9和139.5;1个酮基碳信号δ:170.4;1个甲氧基碳信号δ:56.3[13]。

10-α-Hydroxydihydromelleolide(21) mp 144~146℃,$[\alpha]_D^{25}$+30.8(c 0.24,MeOH)。FAB-MS显示m/z:400[M-H_2O]。^{1}H NMR谱(CD_3COCD_3,400MHz)数据显示了4个均为单峰甲基的氢信号δ:2.29、0.97、1.03和1.36;1个烯键上的氢信号δ:5.87(1H,d,J=2.6Hz,H-3);4个叔碳的氢信号δ:5.66(1H,t,J=8.2Hz,H-5)、2.20(1H,dd,J=9.2、2.9Hz,H-9)、2.82(1H,m,H-13)和3.60(1H,d,J=2.9Hz,H-10);3个仲碳的氢信号δ:4.12(2H,d,J=11.8Hz,H-1a,1b)、1.64(1H,t,J=9.7、8.2Hz,H-6a)、1.90~2.00(1H,dd,J=9.7、8.2Hz,H-6b)、1.92~2.00(1H,m,H-12a)和1.48(1H,dd,J=13.4、5.0Hz,H-12b)以及两个苯环的氢信号δ:6.15(1H,d,J=2.2Hz,H-4′)和6.22(1H,d,J=2.2Hz,H-6′)。另外,^{13}C NMR谱(CD_3COCD_3,100MHz)数据给出了23个碳信号,包括4个甲基碳信号δ:21.3、29.2、23.9和24.1;3个仲碳信号δ:65.3、32.7和44.6;4个叔碳信号δ:76.3、46.8、82.2和35.0;3个季碳的信号δ:77.3、36.4和42.6;两个烯键碳信号δ:132.3和136.1;6个苯环碳信号δ:104.8、165.3、101.5、161.5、111.9和143.1;1个酮基碳信号δ:171.1[14]。

4-Dehydrodihydromelleolide(22) mp 115~117℃,$[\alpha]_D^{25}$+80.5(c 2.8,$CHCl_3$)。IR(KBr):3 400、1 641、1 587、1 457、1 382和836cm^{-1}。EI-MS显示m/z:386[M^+]。^{1}H NMR谱($CDCl_3$,400MHz)数据显示了4个均为单峰甲基的氢信号δ:2.37、1.25、1.00和0.99;1个烯键上的氢信号δ:5.68(1H,brd s,H-3);4个叔碳的氢信号δ:2.89(1H,ddd,J=2.0、2.0、7.6Hz,H-4)、5.74

(1H,ddd,J=7.5、7.6、8.2Hz,H-5)、2.07(1H,ddd,J=7.0、7.0、12.5Hz,H-9)和2.77(1H,m,H-13);4个仲碳的氢信号δ:3.96(1H,d,J=1.4Hz,H-1b)、3.91(1H,d,J=1.4Hz,H-1a)、2.14(1H,d,J=8.2Hz,H-6b)、2.15(1H,dd,J=2.0、7.5Hz,H-6a)、1.08(1H,dd,J=12.4、12.4Hz,H-10a)、1.35(1H,dd,J=7.0、12.5Hz,H-10b)、1.84(1H,dd,J=8.4、13.2Hz,H-12b)和1.52(1H,dd,J=1.4、13.2Hz,H-12a);1个羟基的氢信号δ:11.49(1H,s)以及两个苯环的氢信号δ:6.15(1H,d,J=2.5Hz,H-6′)和6.22(1H,dd,J=2.5Hz,H-4′)。另外,^{13}C NMR谱(CD_3OD,100MHz)数据给出了23个碳信号,包括4个甲基碳信号δ:26.9、32.3、32.2和24.0;4个仲碳信号δ:66.3、38.6、41.8和47.9;4个叔碳信号δ:43.1、70.6、45.4和39.2;两个季碳的信号δ:32.7和37.7;两个烯键碳信号δ:133.5和130.0;6个苯环碳信号δ:105.2、165.2、101.3、160.9、111.6和144.0;1个酮基碳信号δ:171.1[15]。

Armillyl orsellinate(25)　ESI-MS显示m/z:403$[M+H]^+$。^{1}H NMR谱(CD_3OD,400MHz)数据显示了4个均为单峰甲基的氢信号δ:1.13、1.07、0.98和2.47;4个叔碳的氢信号δ:4.23(1H,dd,J=9.0、2.0Hz,H-3)、5.98(1H,ddd,J=7.0、7.6、2.0Hz,H-5)、2.4～2.55(2H,m,H-9,13);4个仲碳的氢信号δ:4.18～4.38(2H,dd,J=13.0Hz,H-1)、1.99(1H,dd,J=7.6、11.5Hz,H-6a)、2.70(1H,dd,J=7.0、11.5Hz,H-6b)和1.07(1.3、1.4、1.84)(4H,dd,H-10a,10b,12a,12b)以及两个苯环的氢信号δ:6.14(1H,d,J=2.2Hz,H-4′)和6.22(1H,d,J=2.2Hz,H-6′)。另外,^{13}C NMR谱(CD_3OD,100MHz)数据给出了23个碳信号,包括4个甲基碳信号δ:21.0、29.4、28.8和24.2;4个仲碳信号δ:58.6、40.7、46.2和46.1;4个叔碳信号δ:74.4、69.8、47.0和49.5;两个季碳的信号δ:39.8和38.6;6个苯环碳信号δ:104.2、160.9、100.8、164.4、111.5和143.2;1个酮基碳信号δ:170.2;两个双键的碳信号δ:131.8和127.8[16]。

Armillyl everninate(26)　mp 86～87℃。ESI-MS显示m/z:417$[M+H]^+$。IR(KBr):1 648 cm^{-1}。^{1}H NMR谱(CD_3OD,400MHz)数据显示了4个均为单峰甲基的氢信号δ:1.11、1.07、0.98和2.53;4个叔碳的氢信号δ:4.21(1H,dd,J=8.8、2.9Hz,H-3)、5.9(1H,ddd,J=6.6、8.5、2.9Hz,H-5)、2.3～2.5(2H,m,H-9,13);4个仲碳的氢信号δ:4.30～4.38(2H,dd,J=13.0Hz,H-1)、1.96(1H,dd,J=6.6、11.7Hz,H-6a)、2.62(1H,dd,J=8.5、11.7Hz,H-6b)、1.18(1H,dd,J=2.0、11.7Hz,H-10a)、1.83(1H,dd,J=5.9、11.7Hz,H-10b)、1.32(1H,dd,J=9.5、12.5Hz,H-12a)和1.45(1H,dd,J=7.3、12.5Hz,H-12b);1个甲氧基的单峰氢信号δ:3.80以及两个苯环的氢信号δ:6.28(1H,d,J=2.2Hz,H-4′)和6.33(1H,d,J=2.2Hz,H-6′)。另外,^{13}C NMR谱(CD_3OD,100MHz)数据给出了24个碳信号,包括4个甲基碳信号δ:20.9、29.3、26.8和24.2;4个仲碳信号δ:58.8、40.7、46.4和46.0;4个叔碳信号δ:74.4、69.9、47.2和49.8;两个季碳信号δ:39.9和38.6;6个苯环碳信号δ:104.7、163.8、98.6、165.4、111.0和142.9;1个酮基碳信号δ:170.7;两个双键碳信号δ:142.5和133.2;1和甲氧基碳信号δ:55.1[16]。

Arnamiol(27)　mp 132～134℃,ESI-MS显示m/z:449$[M-H]^-$。IR(KBr):3 360和1 640cm^{-1}。^{1}H NMR谱(CD_3OD,400MHz)数据显示了4个均为单峰甲基的氢信号δ:1.10、1.07、0.98和2.65;4个叔碳的氢信号δ:4.22(1H,dd,J=8.2、2.6Hz,H-3)、6.01(1H,ddd,J=7.3、7.3、2.6Hz,H-5)、2.3～2.5(2H,m,H-9,13);4个仲碳的氢信号δ:4.31～4.38(2H,dd,J=12.1Hz,H-1)、1.98(1H,dd,J=7.3、11.7Hz,H-6a)、2.64(1H,dd,J=7.3、11.7Hz,H-6b)、1.18(1H,dd,J=2.1、11.7Hz,H-10a)、1.82(1H,dd,J=6.1、11.7Hz,H-10b)、1.36(1H,dd,J=10.2、13.0Hz,H-12a)、1.43(1H,dd,J=7.3、13.0Hz,H-12b);1个甲氧基的单峰氢信号δ:3.90以及两个苯环的氢信号δ:6.41(1H,s,H-6′)。另外,^{13}C NMR谱(CD_3OD,100MHz)数据给出了24个碳信号,包括4个甲基碳信号δ:21.2、29.5、27.0和19.8;4个仲碳信号δ:59.0、40.9、46.6和46.2;4个叔碳信号δ:74.6、70.8、47.4和50.1;两个季碳信号δ:40.1和39.0;6个苯环碳信号δ:106.3、159.7、98.5、163.0、115.7和139.7;1个酮基碳信号δ:170.4;两个双键碳信号δ:142.5和133.8;1

个甲氧基碳信号 δ:56.3[16]。

15－Hydroxy－4,－O－methylmelle－donal(28) mp 174～176℃,$[\alpha]_D^{25}$＋77.3(c 0.22, MeOH)。^{1}H NMR 谱($CDCl_3$,300MHz)数据显示了3个均为单峰甲基的氢信号 δ:2.31、1.43 和 0.99;1个烯键上的氢信号 δ:6.96(1H,d,H－3);3个叔碳的氢信号 δ:5.73(1H,t,J＝8.8Hz,H－5)、2.59(1H,d,J＝3.7Hz,H－9)和3.9(1H,d,J＝3.7Hz,H－10);3个仲碳的氢信号 δ:2.01(1H,dd,J＝10.8、8.2Hz,H－6a)、2.17(1H,dd,J＝10.8、9.0Hz,H－6b)、2.08～2.12(2H,d,J＝14Hz,H－12a,12b)、3.61(2H,J＝11.63Hz,H－1);1个醛基的氢信号 δ:9.53(1H,s)以及两个苯环的氢信号 δ:6.22(1H,d,J＝2.5Hz,H－4′)和6.31(1H,d,J＝2.5Hz,H－6′)。另外,^{13}C NMR 谱(CD_3OD,100MHz)数据给出了13个碳信号,包括两个甲基碳信号 δ:18.6 和 20.9;两个仲碳信号 δ:31.8 和 50.7;3个叔碳信号 δ:73.7、55.4 和 79.6;3个季碳的信号 δ:77.0、35.7 和 74.8;两个烯键碳信号 δ:135.2 和 153.71;1个醛基碳信号 δ:196.1[17]。

4′－O－Methylmelledonal(29) mp 136～137℃,$[\alpha]_D^{25}$＋193.5(c 0.1,MeOH)。IR(KBr):1 678、1 638 和 3 400cm^{-1}。ESI-MS 显示 m/z:433[M＋H]$^+$。^{1}H NMR 谱($CDCl_3$－CD_3OD,300MHz)数据显示了4个均为单峰甲基的氢信号 δ:2.28、1.40、1.17 和 1.00;1个烯键上的氢信号 δ:6.86(1H,s,H－3);两个苯环的氢信号 δ:6.15(1H,d,J＝2.4Hz,H－4′)和6.21(1H,d,J＝2.4Hz,H－6′);两个仲碳的氢信号 δ:1.88～1.94(2H,d,J＝13.9Hz,H－12a,12b)、2.05(1H,dd,J＝11.4、8.3Hz,H－6a)、2.15(1H,dd,J＝11.4、9.1Hz,H－6b);3个叔碳的氢信号 δ:5.72(1H,dd,J＝9.1、8.3Hz,H－5)、2.51(1H,d,J＝3.3Hz,H－9)和3.72(1H,d,J＝3.3Hz,H－10)以及1个醛基的氢信号 δ:9.49(1H,s)。另外,^{13}C NMR 谱(CD_3OD,100MHz)数据给出了11个碳信号 δ:195.2(C－l)、152.2(C－3)、134.5(C－2)、81.2(C－10)、72.9(C－5)、54.2(C－9)、76.0(C－4)、74.5(C－13)、54.2(C－9)、53.8(C－12)和31.2(C－6)[18]。

4－O－Methylmelleolide(31) mp 189～191℃,$[\alpha]_D^{25}$＋71(c 0.31,$CHCl_3$),EI-MS 显示 m/z:414[M$^+$]。^{1}H NMR 谱($CDCl_3$,400MHz)数据显示了4个均为单峰甲基的氢信号 δ:1.26、1.03、1.05 和 2.23;1个烯键上的氢信号 δ:7.02(1H,d,J＝2.5Hz,H－3);3个叔碳的氢信号 δ:5.77(1H,t,J＝9.0Hz,H－5)、2.3(1H,ddd,J＝6.0、13.0、10.0Hz,H－9)和3.05(1H,m,J＝9.5、9.5、4.0、2.3Hz,H－13);3个仲碳的氢信号 δ:1.48(1H,dd,J＝14.0、4.0Hz,H－l0a)、1.19(1H,t,J＝13.0Hz,H－l0b)、2.03(1H,dd,J＝14.0、6.0Hz,H－l2a)、1.54(1H,dd,J＝14.0、6.0Hz,H－12b)、2.06(1H,dd,J＝9.0、11.0Hz,H－6a)和1.58(1H,dd,J＝11.0、9.0Hz,H－6b);1个甲氧基的单峰氢信号 δ:3.22;两个苯环的氢信号 δ:6.11(1H,d,J＝2.5Hz,H－4′)和6.21(1H,d,J＝2.5Hz,H－6′)以及1个醛基的氢信号 δ:9.45(1H,s)。另外,^{13}C NMR 谱($CDCl_3$,100MHz)数据给出了23个碳信号,包括4个甲基碳信号 δ:31.2、30.0、24.4 和 21.3;3个仲碳信号 δ:46.9、43.3 和 34.0;3个叔碳信号 δ:74.6、39.0 和 38.9;3个季碳的信号 δ:80.6、43.3 和 38.6;两个烯键碳信号 δ:133.9 和 156.2;6个苯环碳信号 δ:104.6、161.8、101.2、165.3、111.7 和 143.5;1个醛基碳信号 δ:192.5;1个酮基碳信号 δ:170.6;1个甲氧基碳信号 δ:53.9[19]。

Melledonal B(33) mp 228～232℃,$[\alpha]_D^{25}$＋101(c 0.1,MeOH)。IR(KBr):3 400、1 705 和 1 640cm^{-1}。MS 显示 m/z:446/448[M$^+$]。^{1}H NMR 谱(CD_3OD,400MHz)数据显示了4个均为单峰甲基的氢信号 δ:2.42、1.41、1.17 和 0.98;1个烯键上的氢信号 δ:6.96(1H,H－3);3个叔碳的氢信号 δ:5.71(1H,H－5)、2.55(1H,H－9)和3.75(1H,H－10);两个仲碳的氢信号 δ:2.02(1H,H－6a)、2.28(1H,H－6b)、2.02(1H,H－12a)和1.95(1H,H－12b);5个羟基的氢信号 δ:4.27(1H,OH－4)、3.44(1H,OH－10)、4.57(1H,OH－13)、10.91(1H,OH－3′)和9.40(1H,OH－5′);1个苯环的氢信号 δ:6.45(1H,H－4′)以及1个醛基的氢信号 δ:9.60(1H,s)。另外,^{13}C NMR 谱(CD_3OD,100MHz)数据给出了23个碳信号,包括4个甲基碳信号 δ:19.77、28.56、21.44 和 24.00;两个仲碳信号 δ:33.10 和 55.41;3个叔碳信号 δ:75.39、55.71 和 82.41;4个季碳的信号 δ:75.34、

37.12、41.88 和 76.98；两个烯键碳信号 δ：135.03 和 151.09；6 个苯环碳信号 δ：108.42、162.49、102.78、158.55、114.93 和 140.10；1 个醛基碳信号 δ：195.72；1 个酮基碳信号 δ：170.40[20]。

Melledonal C(34)　mp 200～205℃。ESI-MS 显示 m/z：480/482[M^+]。^{1}H NMR 谱(CD_3OD，400MHz)数据显示了 4 个均为单峰甲基的氢信号 δ：2.41、1.41、1.17 和 0.98；1 个烯键上的氢信号 δ：6.96(1H，H－3)；3 个叔碳的氢信号 δ：5.72(1H，H－5)、2.55(1H，H－9)和 3.74(1H，H－10)；两个仲碳的氢信号 δ：2.02(1H，H－6a)、2.28(1H，H－6b)、2.01(1H，H－12a)和 1.94(1H，H－12b)；4 个羟基的氢信号 δ：4.26(1H，OH－4)、3.46(1H，OH－10)、4.58(1H，OH－13)和 11.08(1H，OH－3′)；1 个甲氧基的氢信号 δ：3.92(3H，H－5′)；1 个苯环的氢信号 δ：6.51(1H，H－4′)以及 1 个醛基的氢信号 δ：9.59(1H，s)。另外，^{13}C NMR 谱(CD_3OD，100MHz)数据给出了 23 个碳信号，包括 4 个甲基碳信号 δ：19.66、28.55、21.45 和 23.40；两个仲碳信号 δ：33.03 和 55.38；3 个叔碳信号 δ：75.40、55.69 和 82.39；4 个季碳信号 δ：75.333、37.10、41.88 和 76.97；两个烯键碳信号 δ：135.04 和 151.30；6 个苯环碳信号 δ：108.35、163.02、99.58、160.38、115.87 和 139.63；1 个醛基碳信号 δ：195.70；1 个酮基碳信号 δ：170.45；1 个甲氧基碳信号 δ：56.89[20]。

Melleolides K(37)　无色粉末，mp 71～74℃，$[\alpha]_D^{25}$＋121.9(c 1.0，MeOH)。ESI-MS 显示 m/z：435[M＋H]$^+$。IR(KBr)：3 420、2 950、2 865、1 670、1 655、1 610、1 465、1 425、1 385 和 1 310cm^{-1}。^{1}H NMR 谱(CD_3OD，400MHz)数据显示了 4 个均为单峰甲基的氢信号 δ：1.33、1.00、1.03 和 2.43；1 个烯键上的氢信号 δ：6.82(1H，d，J＝2.0Hz，H－3)；3 个叔碳的氢信号 δ：5.63(1H，t，J＝8.6Hz，H－5)、2.28(1H，ddd，J＝7.0、7.0、13.0Hz，H－9)和 3.02(1H，m，H－13)；两个羟基的氢信号 δ：11.17(1H，br)和 4.45(1H，br)；1 个醛基的氢信号 δ：9.48(1H，s)；3 个仲碳的氢信号 δ：2.10(1H，dd，J＝8.6、11.6Hz，H－6a)、1.57(1H，dd，J＝8.6、11.6Hz H－6b)、1.29(1H，dd，J＝12.6、13.0Hz，H－10a)、1.51(1H，dd，J＝7.0、12.6Hz，H－10b)、1.58(1H，dd，J＝2.6、13.8Hz，H－12a)和 2.03(1H，dd，J＝9.6、13.8Hz，H－12b)以及 1 个苯环的氢信号 δ：6.49(1H，s，H－4′)。另外，^{13}C NMR 谱(CD_3OD，100MHz)数据给出了 23 个碳信号，包括 4 个甲基碳信号 δ：21.15、31.51、31.04 和 20.00；3 个仲碳信号 δ：33.13、41.63 和 46.54；3 个叔碳信号 δ：77.84、44.05 和 40.27；3 个季碳的信号 δ：74.91、37.64 和 37.93；两个烯键碳信号 δ：137.28 和 158.56；6 个苯环碳信号 δ：106.99、162.72、102.09、156.05、113.76 和 138.97；1 个醛基碳信号 δ：195.97；1 个酮基碳信号 δ：169.91[21]。

Melleolides L(38)　无色粉末，mp 94～95℃，$[\alpha]_D^{25}$＋98.7(c 0.1，MeOH)。ESI-MS 显示 m/z：451[M＋H]$^+$。IR(KBr)：3 435、2 920、2 875、1 655、1 610、1 465、1 425、1 385 和 1 310cm^{-1}。^{1}H NMR 谱(CD_3OD，400MHz)数据显示了 4 个均为单峰甲基的氢信号 δ：1.44、1.08、1.01 和 2.42；1 个烯键上的氢信号 δ：6.95(1H，d，J＝2.4Hz，H－3)；4 个叔碳的氢信号 δ：5.73(1H，t，J＝8.6Hz，H－5)、2.40(1H，dd，J＝3.2、9.6Hz，H－9)、3.65(1H，d，J＝3.2Hz，H－10)和 3.11(1H，m，H－13)；两个羟基的氢信号 δ：11.12(1H，br)和 2.23(1H，br)；1 个醛基的氢信号 δ：9.44(1H，s)；两个仲碳的氢信号 δ：2.12(1H，dd，J＝8.6、11.6Hz，H－6a)、1.58(1H，dd，J＝8.6、11.6Hz，H－6b)、1.65(1H，dd，J＝6.0、13.0Hz，H－12a)和 2.08(1H，dd，J＝10.8、13.0Hz，H－12b)以及 1 个苯环的氢信号 δ：6.47(1H，s，H－4′)。另外，^{13}C NMR 谱(CD_3OD，100MHz)数据给出了 23 个碳信号，包括 4 个甲基碳信号 δ：20.77、23.30、28.22 和 19.94；两个仲碳信号 δ：32.83 和 43.09；4 个叔碳信号 δ：76.16、47.3、80.59 和 36.11；3 个季碳信号 δ：74.19、35.47 和 42.62；两个烯键碳信号 δ：137.28 和 158.74；6 个苯环碳信号 δ：106.87、162.67、102.08、156.15、113.83 和 138.97；1 个醛基碳信号 δ：195.68；1 个酮基碳信号 δ：169.80[21]。

Melleolides M(39)　无色粉末，mp 89～92℃，$[\alpha]_D^{25}$＋12.0(c 0.1，MeOH)。ESI-MS 显示 m/z：453[M＋H]$^+$。IR(KBr)：3 365、2 960、1 655、1 610、1 465、1 445、1 430、1 380 和 1 310cm^{-1}。^{1}H NMR 谱(CD_3OD，400MHz)数据显示了 4 个均为单峰甲基的氢信号 δ：1.38、1.05、0.99 和 2.49；1 个烯键

上的氢信号 δ:5.87(1H,d,J=2.4Hz,H-3);4 个叔碳的氢信号 δ:5.64(1H,t,J=8.6Hz,H-5)、2.29(1H,dd,J=3.9、9.6Hz,H-9)、3.62(1H,d,J=3.9Hz,H-10)和 2.85(1H,m,H-13);1 个羟基的氢信号 δ:10.80(1H,br);3 个仲碳的氢信号 δ:4.29(1H,dd,J=2.0、12.4Hz H-1a)、4.00(1H,d,J=12.4Hz,H-1b)、2.04(1H,dd,J=8.6、11.8Hz,H-6a)、1.64(1H,dd,J=8.6、11.8Hz,H-6b)、1.49(1H,dd,J=5.0、13.4Hz,H-12a)和 1.99(1H,dd,J=10.0、13.4Hz,H-12b)以及 1 个苯环的氢信号 δ:6.50(1H,s,H-4′)。另外,^{13}C NMR 谱($CDCl_3$,100MHz)数据给出了 23 个碳信号,包括 4 个甲基碳信号 δ:21.19、23.80、29.20 和 19.67;3 个仲碳信号 δ:65.68、32.99 和 44.62;4 个叔碳信号 δ:77.23、46.83、82.5 和 34.96;3 个季碳信号 δ:76.23、36.59 和 42.5;两个烯键碳信号 δ:132.54 和 135.83;6 个苯环碳信号 δ:107.10、162.49、102.10、156.33、114.10 和 139.28;1 个酮基碳信号 δ:170.14[21]。

Armillol(40) ^{1}H NMR 谱(CD_3OD,400MHz)数据显示了 3 个均为单峰甲基的氢信号 δ:1.08、0.97 和 0.96;4 个叔碳的氢信号 δ:4.04(1H,dd,J=6.9、2.2Hz,H-3)、4.9(1H,ddd,J=7.0、7.6、2.2Hz,H-5)、2.39(2H,m,H-9,13)以及 4 个仲碳的氢信号 δ:4.4(2H,dd,J=12.0Hz,H-1)、1.76(2H,m,H-10b,H-6a)、2.25(1H,dd,J=7.0、11.4Hz,H-6b)、1.11(1H,dd,J=2.1、10.4Hz,H-10b)和 1.34(2H,2×dd,J=16.0、8.6、2.0Hz,H-12)。^{13}C NMR 谱(CD_3OD,100MHz)数据给出了 15 个碳信号,包括 3 个甲基碳信号 δ:21.5、29.6 和 27.1;4 个仲碳信号 δ:59.1、41.1、46.1 和 48.7;4 个叔碳信号 δ:74.2、68.7、47.0 和 50.1;两个季碳信号 δ:39.7 和 36.9;两个双键碳信号 δ:147.7 和 131.2[16]。

13-Hydroxydihydromelleolide(41) mp 112~114℃,$[\alpha]_D^{25}+29$(c 0.1,MeOH)。FAB-MS 显示 m/z:419$[M+H]^+$。^{1}H NMR 谱(CD_3COCD_3,400MHz)数据显示了 4 个均为单峰甲基的氢信号 δ:2.40、0.93、1.06 和 1.22;1 个烯键上的氢信号 δ:5.96(1H,d,J=1.1Hz,H-3);两个叔碳的氢信号 δ:5.53(1H,t,J=8.8Hz,H-5)和 2.21(1H,dd,J=7.7、12.8Hz,H-9);4 个仲碳的氢信号 δ:4.05~4.36(2H,2×d,H-1a,1b)、2.72(1H,dd,J=8.8、10.9Hz,H-6a)、1.75(1H,dd,J=8.8、10.9Hz,H-6b)、1.35(1H,dd,J=12.8、12.8Hz,H-10a)、1.55(1H,d,J=12.8、7.7Hz,H-10b)、1.83~1.92(2H,2×dd,J=13.5Hz,H-12)以及两个苯环的氢信号 δ:6.22(1H,d,J=2.5Hz,H-6′)和 6.25(1H,d,J=2.5Hz,H-4′)。另外,^{13}C NMR 谱(CD_3COCD_3,100MHz)数据给出了 23 个碳信号,包括 4 个甲基碳信号 δ:22.5、32.2、31.7 和 24.5;4 个仲碳信号 δ:64.5、32.0、43.6 和 59.4;两个叔碳信号 δ:76.9 和 50.5;4 个季碳的信号 δ:77.9、34.0、39.5 和 77.7;两个烯键碳信号 δ:136.7 和 132.6;6 个苯环碳信号 δ:105.2、166.3、101.6、163.4、112.4 和 144.8;1 个酮基碳信号 δ:171.9[14]。

10-α-Hydroxymelleolide(42) mp 110~112℃,$[\alpha]_D^{25}+79.7$(c 0.24,MeOH)。FAB-MS 显示 m/z:398$[M-H_2O]$。^{1}H NMR 谱($CDCl_3$,400MHz)数据显示了 4 个均为单峰甲基的氢信号 δ:2.25、0.99、1.07 和 1.42;1 个烯键上的氢信号 δ:6.94(1H,d,J=2.6Hz,H-3);4 个叔碳的氢信号 δ:5.75(1H,t,J=8.6Hz,H-5)、2.39(1H,dd,J=9.4、2.9Hz,H-9)、3.10(1H,ddd,J=9.4、6.0、6.0Hz,H-13)和 3.58(1H,d,J=2.9Hz,H-10);两个仲碳的氢信号 δ:1.56(1H,dd,J=12.8、8.6Hz,H-6a)、2.03(1H,dd,J=12.8、8.6Hz,H-6b)、1.98(1H,dd,J=12.0、6.0Hz,H-12a)和 1.49(1H,dd,J=12.0、6.0Hz,H-12b);1 个醛基的氢信号 δ:9.40(1H,s)以及两个苯环的氢信号 δ:6.12(1H,d,J=2.2Hz,H-4′)和 6.21(1H,d,J=2.2Hz,H-6′)。另外,^{13}C NMR 谱($CDCl_3$,100MHz)数据给出了 23 个碳信号,包括 4 个甲基碳信号 δ:20.9、23.4、28.3 和 24.5;两个仲碳信号 δ:32.8 和 43.2;4 个叔碳信号 δ:74.5、47.3、80.9 和 35.4;3 个季碳信号 δ:75.5、36.5 和 42.7;两个烯键碳信号 δ:158.8 和 135.6;6 个苯环碳信号 δ:104.8、165.5、101.5、161.2、111.6 和 143.3;1 个醛基的碳信号 δ:195.9;1 个酮基碳信号 δ:170.7[14]。

6′-Dechloroarnamial(43) HR-ESI-MS 显示 m/z:415.211 9$[M+H]^+$。IR(KBr):2 935、2 874、1 642、1 617、1 583、1 441 和 1 270cm^{-1}。^{1}H NMR 谱($CDCl_3$,300MHz)数据显示了 4 个均为单

峰甲基的氢信号 δ:2.46、1.17、1.10 和 0.97;4 个叔碳氢信号 δ:4.36(1H,dd,J=2.7、7.5Hz,H-3)、6.29(1H,m,H-5)、2.42(1H,m,H-9)和 2.40(1H,m,H-13);3 个仲碳的氢信号 δ:2.77(1H,dd,J=8.6、11.3Hz,H-6a)、2.10(1H,dd,J=7.2、11.3Hz,H-6b)、1.90,1.22(2H,m,H-10)和 1.50～1.40(1H,m,H-12);1 个甲氧基的氢信号 δ:3.79(3H,s);1 个羟基的氢信号 δ:11.50(1H,s)以及两个苯环的氢信号 δ:6.33(1H,d,J=2.5Hz,H-4′)和 6.27(1H,d,J=2.5Hz,H-6′)。另外,^{13}C NMR 谱($CDCl_3$,75MHz)数据给出了 24 个碳信号,包括 4 个甲基碳信号 δ:21.2、29.5、27.3 和 24.7;3 个仲碳信号 δ:45.6、46.2 和 40.9;4 个叔碳信号 δ:74.2、69.9、46.2 和 48.4;两个季碳信号 δ:39.6 和 40.3;两个烯键碳信号 δ:133.1 和 170.4;6 个苯环碳信号 δ:104.2、166.2、99.0、164.6、111.7 和 142.9;1 个酮基碳信号 δ:170.5;1 个醛基碳信号 δ:191.1;1 个甲氧基碳信号 δ:55.4[22]。

6′-Chloromelleolide F(44)　HR-ESI-MS 显示 m/z:435.157 9[M-H]$^-$。IR(KBr):3 358、2 948、2 359、2 343、1 651、1 646、1 577、1 307 和 1 237cm^{-1}。^{1}H NMR 谱($CDCl_3$,500MHz)数据显示了 4 个均为单峰甲基的氢信号 δ:2.48、1.21、1.00 和 1.00;3 个叔碳的氢信号 δ:5.50(1H,t,J=8.8Hz,H-5)、2.17(1H,m,H-9)和 2.72(1H,t,H-13);4 个仲碳的氢信号 δ:4.30(1H,dd,J=1.3、11.6Hz,H-1a)、4.06(1H,d,J=11.6Hz,H-1b)、1.99(1H,m,J=9.1Hz,H-6a)、1.62(1H,dd,J=10.9Hz,H-6b)、1.41～1.35(2H,m,H-10)、1.84(1H,dd,J=8.7、13.3Hz,H-12a)和 1.49(1H,dd,J=1.5、13.4Hz,H-12b);1 个双键的氢信号 δ:5.75(1H,s)以及 1 个苯环的氢信号 δ:6.49(1H,s,H-4′)。另外,^{13}C NMR 谱($CDCl_3$,125MHz)数据给出了 23 个碳信号,包括 4 个甲基碳信号 δ:21.4、32.0、31.7 和 19.7;4 个仲碳信号 δ:32.7、41.4、47.5 和 66.4;3 个叔碳信号 δ:74.9、44.1 和 39.1;3 个季碳信号 δ:77.0、38.0 和 38.9;两个烯键碳信号 δ:132.9 和 136.0;6 个苯环碳信号 δ:107.0、162.6、102.1、156.2、114.0 和 139.3;1 个酮基碳信号 δ:170.3[22]。

10-Hydroxy-5′-methoxy-6′-chloroarmillane(45)　HR-ESI-MS 显示 m/z:483.179 2[M-H]$^-$。IR(KBr):3 357、2 946、2 869、1 647、1 598、1 309、1 237 和 1 207cm^{-1}。^{1}H NMR 谱($CDCl_3$,600MHz)数据显示了 4 个均为单峰甲基的氢信号 δ:2.60、1.35、1.10 和 0.99;6 个叔碳的氢信号 δ:2.01(1H,m,H-2)、4.15(1H,t,J=10.9Hz,H-3)、5.40(1H,t,J=8.3Hz,H-5)、2.25(1H,dd,J=3.8、7.5Hz,H-9)、3.60(1H,d,J=3.7Hz,H-10)和 2.05(1H,m,H-13);3 个仲碳的氢信号 δ:3.95～3.85(2H,m,H-1)、2.02～1.86(2H,m,H-6)和 1.78～1.60(2H,m,H-12);1 个甲氧基的氢信号 δ:3.85(3H,s)以及 1 个苯环的氢信号 δ:6.40(1H,s,H-4′)。另外,^{13}C NMR 谱($CDCl_3$,150MHz)数据给出了 24 个碳信号,包括 4 个甲基碳信号 δ:21.6、30.9、24.7 和 20.0;3 个仲碳信号 δ:62.7、33.8 和 42.6;6 个叔碳信号 δ:45.3、71.5、75.3、50.4、82.5 和 44.2;3 个季碳信号 δ:79.5、36.7 和 41.8;6 个苯环碳信号 δ:106.3、163.1、98.6、159.7、115.6 和 139.4;1 个酮基碳信号 δ:171.0;1 个甲氧基碳信号 δ:56.3[22]。

13-Deoxyarmellide A(46)　HR-ESI-MS 显示 m/z:433.222 4[M-H]$^-$。IR(KBr):3 357、2 947、2 836、2 360、2 343、1 653、1 647、1 457 和 1 017cm^{-1}。^{1}H NMR 谱($CDCl_3$,600MHz)数据显示了 4 个均为单峰甲基的氢信号 δ:2.54、1.23、1.03 和 0.98;4 个叔碳的氢信号 δ:4.41(1H,t,J=8.3Hz,H-5)、2.21(1H,dd,J=3.9、9.4Hz,H-9)、3.56(1H,d,J=3.8Hz,H-10)和 2.77(1H,m,H-13);3 个仲碳的氢信号 δ:5.12(1H,d,J=13.8Hz,H-1a)、5.05(1H,d,J=13.8Hz,H-1b)、1.93～1.37(2H,m,H-6)和 1.91～1.33(2H,m,H-12);1 个甲氧基的氢信号 δ:3.78(3H,s);1 个羟基的氢信号 δ:11.60(1H,s);1 个双键的氢信号 δ:5.73(1H,s,H-3)以及两个苯环的氢信号 δ:6.31(1H,d,J=2.4Hz,H-4′)和 6.28(1H,d,J=2.4Hz,H-6′)。另外,^{13}C NMR 谱($CDCl_3$,150MHz)数据给出了 24 个碳信号,包括 4 个甲基碳信号 δ:21.3、29.0、23.8 和 24.7;3 个仲碳信号 δ:66.0、36.5 和 44.8;4 个叔碳信号 δ:74.2、82.9、46.7 和 35.1;3 个季碳信号 δ:76.5、34.8 和 42.5;两个烯键碳信号 δ:130.1 和 133.2;6 个苯环碳信号 δ:105.3、165.7、98.8、164.1、111.3 和 143.3;1 个酮基碳信号 δ:171.7;1 个甲氧基碳信号 δ:55.3[22]。

13 - Deoxyarmellide B(47) $[\alpha]_D^{25}$ - 26(*c* 0.1, MeOH)。HR-ESI-MS 显示 *m/z*: 465.168 8[M - H]$^-$。IR(KBr): 3 335、2 945、2 834、2 359、2 342 和 1 018cm^{-1}。^{1}H NMR 谱($CDCl_3$, 600MHz)数据显示了 4 个均为单峰甲基的氢信号 δ: 2.66、1.24、1.01 和 0.98; 4 个叔碳的氢信号 δ: 4.42(1H, t, *J* = 8.5Hz, H - 5)、2.21(1H, dd, *J* = 3.9、9.5Hz, H - 9)、3.57(1H, d, *J* = 3.9Hz, H - 10)和 2.79(1H, m, H - 13); 3 个仲碳的氢信号 δ: 5.04(1H, d, *J* = 13.5Hz, H - 1a)、5.09(1H, d, *J* = 13.5Hz, H - 1b)、1.93～1.35(2H, m, H - 6)和 1.93～1.35(2H, m, H - 12); 1 个甲氧基的氢信号 δ: 3.88(3H, s); 1 个羟基的氢信号 δ: 11.40(1H, s); 1 个双键的氢信号 δ: 5.78(1H, s, H - 3)以及 1 个苯环的氢信号 δ: 6.41(1H, s, H - 4′)。另外, ^{13}C NMR 谱($CDCl_3$, 150MHz)数据给出了 24 个碳信号,包括 4 个甲基碳信号 δ: 21.4、29.0、23.8 和 19.8; 3 个仲碳信号 δ: 66.6、36.4 和 44.8; 4 个叔碳信号 δ: 74.1、82.9、46.6 和 35.2; 3 个季碳信号 δ: 76.5、34.8 和 42.5; 两个烯键碳信号 δ: 129.9 和 134.1; 6 个苯环碳信号 δ: 106.7、162.9、98.6、159.6、115.6 和 139.8; 1 个酮基碳信号 δ: 171.0; 1 个甲氧基碳信号 δ: 56.3[22]。

β - Hydroxy - aldehyde(48) mp 140～142℃, $[\alpha]_D^{25}$ - 108.1(*c* 1.1, MeOH)。^{1}H NMR 谱($CDCl_3$, 400MHz)数据显示了 4 个均为单峰甲基的氢信号 δ: 2.49、1.14、1.21 和 1.0; 两个叔碳的氢信号 δ: 4.43(1H, dd, *J* = 7.0、2.8Hz, H - 3)和 6.30(1H, ddd, *J* = 11.6、8.8、2.8Hz, H - 5); 3 个仲碳的氢信号 δ: 2.1(1H, dd, *J* = 11.6、7.0Hz, H - 6a)、2.82(1H, dd, *J* = 11.6、8.8Hz H - 6b)、1.25(1H, dd, *J* = 12.2、9.6Hz, H - 10a)、1.94(1H, dd, *J* = 12.2、7.2Hz, H - 10b)、1.42(1H, dd, *J* = 2.0、9.8Hz, H - 12a)和 1.53(1H, dd, *J* = 12.0、6.2Hz, H - 12b)以及两个苯环氢信号 δ: 6.24(1H, d, *J* = 2.8Hz, H - 4′)和 6.3(1H, d, *J* = 2.8Hz, H - 6′)[23]。

4 - O - Methylarmllaridin(49) HR-MS 显示 *m/z*: 485.168 8[M + Na]$^+$。IR(KBr): 2 955、2 866、2 836、2 721、1 695、1 645、1 599 和 1 240cm^{-1}。^{1}H NMR 谱(CD_3OD, 500MHz)数据显示了 4 个均为单峰甲基的氢信号 δ: 1.29、1.09、1.11 和 2.40; 1 个烯键上的氢信号 δ: 7.17(1H, d, *J* = 2.3Hz, H - 3); 3 个叔碳的氢信号 δ: 5.71(1H, t, *J* = 8.8Hz, H - 5)、2.37(1H, m, H - 9)和 3.16(1H, m, H - 13); 1 个醛基的氢信号 δ: 9.50(1H, s); 3 个仲碳的氢信号 δ: 2.11(1H, dd, *J* = 8.8、11.4Hz, H - 6a)、1.71(1H, dd, *J* = 8.8、11.4Hz, H - 6b)、1.60(1H, m, H - 10a)、1.28(1H, m, H - 10b)、1.59(1H, m, H - 12a)和 2.12(1H, dd, *J* = 9.9、13.5Hz, H - 12b); 两个甲氧基的单峰氢信号 δ: 3.24 和 3.89 以及 1 个苯环的氢信号 δ: 6.49(1H, s, H - 4′)。另外, ^{13}C NMR 谱(CD_3OD, 100MHz)数据给出了 25 个碳信号,包括 4 个甲基碳信号 δ: 20.1、38.9、29.9 和 17.8; 3 个仲碳信号 δ: 33.1、45.7 和 42.8; 3 个叔碳信号 δ: 74.4、42.8 和 38.9; 3 个季碳信号 δ: 80.0、37.9 和 38.7; 两个烯键碳信号 δ: 133.7 和 159.7; 6 个苯环碳信号 δ: 108.7、160.1、97.8、158.6、114.2 和 137.6; 1 个醛基碳信号 δ: 193.3; 1 个酮基碳信号 δ: 168.7; 两个甲氧基碳信号 δ: 52.8 和 55.2[24]。

5′- Methoxy - 6′- chloroarmillane(50) HR-MS 显示 *m/z*: 467.184 0[M - H]$^-$。IR(KBr): 3 348、2 948、2 866、1 647、1 600 和 1 239cm^{-1}。^{1}H NMR 谱(CD_3OD, 500MHz)数据显示了 4 个均为单峰甲基的氢信号 δ: 1.13、1.12、0.99 和 2.50; 5 个叔碳的氢信号 δ: 1.95(1H, H - 2)、3.69(1H, t, *J* = 11.1Hz, H - 3)、5.28(1H, t, *J* = 8.4Hz, H - 5)、2.13(1H, q, *J* = 6.9、13.3、12.6Hz, H - 9)和 2.02(1H, m, H - 13); 4 个仲碳的氢信号 δ: 3.96(1H, dd, *J* = 3.4、10.9Hz, H - 1a)、3.87(1H, dd, *J* = 4.7、10.9Hz, H - 1b)、1.96(1H, dd, *J* = 8.2、10.8Hz H - 6a)、1.78(1H, dd, *J* = 8.8、10.8Hz, H - 6b)、1.42～1.48(2H, H - 10)、1.92(1H, m, H - 12a)和 1.55(1H, dd, *J* = 7.5、13.9Hz, H - 12b); 1 个甲氧基的单峰氢信号 δ: 3.85 以及 1 个苯环的氢信号 δ: 6.45(1H, s, H - 4′)。另外, ^{13}C NMR 谱(CD_3OD, 100MHz)数据给出了 24 个碳信号,包括 4 个甲基碳信号 δ: 22.9、33.3、33.0 和 19.8; 4 个仲碳信号 δ: 63.5、35.3、45.3 和 44.3; 5 个叔碳信号 δ: 48.2、70.0、77.5、49.0 和 46.9; 3 个季碳信号 δ: 82.4、37.6 和 40.0; 6 个苯环碳信号 δ: 111.2、160.5、99.8、161.7、116.3 和 139.5; 1 个酮基碳信号 δ: 171.6; 1 个甲氧基碳信号 δ: 57.2[24]。

13,14 - Dihydroxy - A52a(51)　HR-MS 显示 m/z:481.163 8[M - H]$^-$。IR(KBr):3 358、2 946、2 869、1 644、1 600 和 1 237cm^{-1}。^{1}H NMR 谱(CD_3OD,500MHz)数据显示了 3 个均为单峰甲基的氢信号 δ:1.21、1.09 和 2.41;1 个烯键上的氢信号 δ:5.86(1H,s,H - 3);两个叔碳的氢信号 δ:5.36(1H,t,J=8.7Hz,H - 5)和 2.17(1H,dd,J=7.6、12.3Hz,H - 9);5 个仲碳的氢信号 δ:4.33(1H,d,J=14.4Hz,H - 1a)、4.11(1H,d,J=14.4Hz,H - 1b)、2.56(1H,m,H - 6a)、1.87(1H,dd,J=8.7、10.9Hz,H - 6b)、1.46(1H,dd,J=7.6、13.1Hz,H - 10a)、1.29(1H,m,H - 10b)、2.02(1H,m,H - 12a)、1.72(1H,m,H - 12b)和 3.18(2H,d,J=2.4Hz,H - 14);1 个甲氧基的单峰氢信号 δ:3.85 以及 1 个苯环的氢信号 δ:6.45(1H,s,H - 4′)。另外,^{13}C NMR 谱(CD_3OD,100MHz)数据给出了 24 个碳信号,包括 3 个甲基碳信号 δ:22.7、27.2 和 19.1;5 个仲碳信号 δ:63.4、32.5、39.1、54.4 和 72.0;两个叔碳信号 δ:77.2 和 49.5;4 个季碳信号 δ:78.1、40.2、40.0 和 77.2;两个烯键碳信号 δ:138.5 和 130.9;6 个苯环碳信号 δ:111.5、160.5、99.2、159.8、115.7 和 139.0;1 个酮基碳信号 δ:170.6;1 个甲氧基碳信号 δ:56.7[24]。

Dehydroarmillylorsellinate(52)　HR-MS 显示 m/z:401.197 3[M + H]$^+$。IR(KBr):3 260、2 935、2 865、1 645、1 619、1 588、1 506 和 1 251cm^{-1}。^{1}H NMR 谱(CD_3OD,500MHz)数据显示了 4 个均为单峰甲基的氢信号 δ:1.22、1.16、1.05;4 个叔碳的氢信号 δ:4.36(1H,dd,J=2.9、8.8Hz,H - 3)、6.34(1H,ddd,J=2.8、7.2、8.7Hz,H - 5)、2.53(1H,m,H - 9)和 3.38～2.43(1H,m,H - 13);1 个醛基的氢信号 δ:9.90(1H,s);3 个仲碳的氢信号 δ:2.15(1H,dd,J=7.2、11.4Hz,H - 6a)、2.78(1H,dd,J=8.7、11.4Hz,H - 6b)、1.49(1H,m,H - 10a)、1.55(1H,ddd,J=1.7、7.9、12.6Hz,H - 10b)、1.28(1H,dd,J=10.7、12.6Hz,H - 12a)和 1.89(1H,ddd,J=1.7、7.4、12.6Hz,H - 12b)以及两个苯环的氢信号 δ:6.21(1H,d,J=2.4Hz,H - 4′)和 6.26(1H,d,J=2.4Hz,H - 6′)。另外,^{13}C NMR 谱(CD_3OD,100MHz)数据给出了 23 个碳信号,包括 4 个甲基碳信号 δ:21.8、30.4、28.1 和 24.9;3 个仲碳信号 δ:47.0、42.3 和 47.8;4 个叔碳信号 δ:73.8、71.5、48.1 和 50.7;两个季碳信号 δ:41.1 和 41.6;两个烯键碳信号 δ:135.0 和 170.5;6 个苯环碳信号 δ:105.9、166.8、102.3、164.5、113.1 和 144.9;1 个醛基碳信号 δ:192.8;1 个酮基碳信号 δ:171.9[24]。

6′- Chloro - 13 - hydroxy - dihydromelleolide(53)　HR-MS 显示 m/z:451.153 1[M + H]$^+$。IR(KBr):3 340、2 951、2 867、1 647、1 609 和 1 239cm^{-1}。^{1}H NMR 谱(CD_3OD,500MHz)数据显示了 4 个均为单峰甲基的氢信号 δ:1.20、1.08、0.95 和 2.42;1 个烯键上的氢信号 δ:5.89(1H,s,H - 3);两个叔碳的氢信号 δ:5.35(1H,t,J=8.7Hz,H - 5)和 2.17(1H,dd,J=7.5、12.8Hz,H - 9);4 个仲碳的氢信号 δ:4.34(1H,d,J=14.5Hz,H - 1a)、4.11(1H,d,J=14.5Hz,H - 1b)、2.53(1H,dd,J=8.7、11.0Hz,H - 6a)、1.86(1H,m,H - 6b)、1.56(1H,dd,J=7.5、12.8Hz,H - 10a)、1.34(1H,t,J=12.8Hz,H - 10b)、1.89(1H,d,J=13.6Hz,H - 12a)和 1.84(1H,d,J=13.6Hz,H - 12b)以及 1 个苯环的氢信号 δ:6.32(1H,s,H - 4′)。另外,^{13}C NMR 谱(CD_3OD,100MHz)数据给出了 23 个碳信号,包括 4 个甲基碳信号 δ:22.6、32.0、31.6 和 19.3;4 个仲碳信号 δ:63.4、32.7、44.0 和 59.5;两个叔碳信号 δ:77.1 和 50.6;4 个季碳信号 δ:77.2、34.7、40.1 和 78.4;两个烯键碳信号 δ:137.8 和 131.2;6 个苯环碳信号 δ:110.6、160.4、102.4、158.6、114.9 和 139.4;1 个酮基碳信号 δ:170.8[24]。

10 - Dehydroxy - melleoliede B(54)　HR-ESI-MS 显示 m/z:415.211 8[M - H]$^-$。IR(KBr):3 430、1 646、1 617 和 1 578cm^{-1}。^{1}H NMR 谱(CD_3COCD_3,500MHz)数据显示了 4 个均为单峰甲基的氢信号 δ:1.25、1.00、1.00 和 2.41;1 个烯键上的氢信号 δ:5.77(1H,br s,H - 3);3 个叔碳的氢信号 δ:5.64(1H,t,J=8.7Hz,H - 5)、2.19(1H,m,H - 9)和 2.78(1H,br t,J=7.8Hz,H - 13);4 个仲碳的氢信号 δ:4.31(1H,br d,J=12.3Hz,H - 1a)、4.03(1H,d,J=12.3、2.9Hz,H - 1b)、1.94(1H,dd,J=8.7、11.2Hz,H - 6a)、1.70(1H,dd,J=8.7、11.2Hz,H - 6b)、1.45(1H,H - 10a)、1.38(1H,H - 10b)、1.86(1H,dd,J=13.2、8.5Hz,H - 12a)和 1.50(1H,H - 12b);1 个甲氧基的氢信号 δ:3.80(3H,s);1 个羟基的氢信号 δ:11.63(1H,s)以及两个苯环的氢信号 δ:6.31(1H,br s,H - 3′)和

6.31(1H,br s,H－5′)。另外,^{13}C NMR谱(CD_3COCD_3,100MHz)数据给出了23个碳信号,包括4个甲基碳信号δ:22.0、32.3、32.2和24.2;4个仲碳信号δ:65.2、33.4、41.9和48.4;3个叔碳信号δ:79.4、45.3和39.9;3个季碳信号δ:77.6、39.4和38.4;两个烯键碳信号δ:135.2和132.8;6个苯环碳信号δ:105.9、166.3、99.5、165.0、111.6和144.1;1个酮基碳信号δ:171.8;1个甲氧基氢信号δ:55.7[25]。

1－*O*－formyl－10－dehydroxymelleoliede B(55) HR-ESI-MS显示*m/z*:443.207 0[M－H]$^-$。IR(KBr):3 432和1 629cm^{-1}。^{1}H NMR谱($CDCl_3$,500MHz)数据显示了4个均为单峰甲基的氢信号δ:1.28、0.95、0.99和2.40;1个烯键上的氢信号δ:5.90(1H,br s,H－3);3个叔碳的氢信号δ:5.48(1H,t,*J*＝8.7Hz,H－5)、2.19(1H,m,H－9)和2.78(1H,br t,*J*＝7.7Hz,H－13);4个仲碳的氢信号δ:4.72(1H,d,*J*＝12.3Hz,H－1a)、4.60(1H,d,*J*＝12.3Hz,H－1b)、1.97(1H,dd,*J*＝8.7、11.1Hz,H－6a)、1.77(1H,dd,*J*＝8.7、11.1Hz,H－6b)、1.44(1H,H－10a)、1.24(1H,H－10b)、1.85(1H,dd,*J*＝13.4、8.7Hz,H－12a)和1.48(1H,H－12b);1个甲氧基的氢信号δ:3.79(3H,s);1个羟基的氢信号δ:11.61(1H,s);1个醛基的氢信号δ:7.87(1H,s)以及两个苯环的氢信号δ:6.32(1H,d,*J*＝2.4Hz,H－3′)和6.26(1H,d,*J*＝2.4Hz,H－5′)。另外,^{13}C NMR谱(CD_3OD,100MHz)数据给出了25个碳信号,包括4个甲基碳信号δ:21.7、31.8、31.7和24.2;4个仲碳信号δ:64.1、32.2、41.5和47.4;3个叔碳信号δ:77.9、44.0和39.2;3个季碳信号δ:77.6、38.5和37.9;两个烯键碳信号δ:130.2和137.9;6个苯环碳信号δ:104.6、165.7、98.8、164.2、111.3和143.0;1个酮基碳信号δ:171.3;1个甲氧基氢信号δ:55.3;1个醛基碳信号δ:160.8[25]。

10－Oxo－melleoliede B(56) HR-ESI-MS显示*m/z*:429.191 7[M－H]$^-$。IR(KBr):3 431、1 642、1 618和1 579cm^{-1}。^{1}H NMR谱(CD_3COCD_3,500MHz)数据显示了4个均为单峰甲基的氢信号δ:1.64、0.99、0.97和2.43;1个烯键上的氢信号δ:5.98(1H,br s,H－3);3个叔碳的氢信号δ:5.67(1H,t,*J*＝8.6Hz,H－5)、2.64(1H,d,*J*＝7.5Hz,H－9)和3.13(1H,br t,*J*＝7.5Hz,H－13);3个仲碳的氢信号δ:4.29(1H,br d,*J*＝13.6Hz,H－1a)、4.00(1H,br d,*J*＝13.6Hz,H－1b)、1.95(1H,dd,*J*＝8.7、11.3Hz,H－6a)、1.73(1H,dd,*J*＝8.7、11.3Hz,H－6b)、2.09(1H,H－12a)和1.91(1H,H－12b);1个甲氧基的氢信号δ:3.81(3H,s);1个羟基的氢信号δ:11.60(1H,s)以及两个苯环的氢信号δ:6.31(1H,br s,H－3′)和6.32(1H,d,H－5′)。另外,^{13}C NMR谱(CD_3OD,100MHz)数据给出了24个碳信号,包括4个甲基碳信号δ:20.4、28.2、27.4和24.3;3个仲碳信号δ:63.9、34.7和41.9;3个叔碳信号δ:79.4、52.4和35.0;3个季碳信号δ:77.7、39.3和44.6;两个烯键碳信号δ:140.3和131.0;6个苯环碳信号δ:105.9、166.4、99.5、165.5、111.5和144.3;两个酮基碳信号δ:220.6和171.8;1个甲氧基氢信号δ:55.8[25]。

4－Dehydro－14－hydroxydihydromelleolide(57) mp 193～195℃,$[\alpha]^{25}_{D}$＋137.8(*c* 0.32,Me_2CO_3)。IR(KBr):3 431、1 646、1 585、1 382和846cm^{-1}。EI-MS显示*m/z*:384[M－H_2O]$^+$。^{1}H NMR谱(CD_3COCD_3,400MHz)数据显示了3个均为单峰甲基的氢信号δ:2.40、1.29和1.04;1个烯键上的氢信号δ:5.67(1H,s,H－3);4个叔碳的氢信号δ:2.90(1H,d,*J*＝7.8Hz,H－4)、5.78(1H,dd,*J*＝8.2、15.7Hz,H－5)、2.12(1H,m,H－9)和2.81(1H,m,H－13);5个仲碳的氢信号δ:3.77(1H,dd,*J*＝6.7、12.7Hz,H－1b)、3.85(1H,dd,*J*＝6.7、12.7Hz,H－1a)、2.17(1H,dd,*J*＝2.5、8.0Hz,H－6b)、2.18(1H,dd,*J*＝8.16Hz,H－6a)、1.22(2H,d,*J*＝9.5Hz,H－10a,10b)、1.64(1H,dd,*J*＝7.6、13.5Hz,H－12b)、1.74(1H,dd,*J*＝1.4、13.5Hz,H－12a)和3.31(2H,s,H－14);1个羟基的氢信号δ:11.60(1H,s)以及两个苯环的氢信号δ:6.25(1H,dd,*J*＝0.8、2.5Hz,H－6′)和6.26(1H,dd,*J*＝0.84、2.5Hz,H－4′)。另外,^{13}C NMR谱(CD_3COCD_3,100MHz)数据给出了23个碳信号,包括3个甲基碳信号δ:24.3、27.4和27.7;5个仲碳信号δ:65.8、37.8、39.2、43.6和72.4;4个叔碳信号δ:43.9、71.1、45.7和39.7;两个季碳信号δ:33.4和44.2;两个烯键碳信号δ:135.8和128.8;6个苯环碳信号δ:105.2、166.5、101.6、163.3、112.4和144.8;1个酮基碳信号δ:172.0[26]。

13 - Hydroxy - 4 - methoxymelleolide(58)　mp 205～206℃，$[\alpha]_D^{25}$+51.15(c 1.18，MeOH)。IR(KBr)：3 298、1 673、1 651、1 625、1 448 和 1 256cm^{-1}。HR-EI-MS 显示 m/z：430.222[M]$^+$。^{1}H NMR 谱(CD_3COCD_3，400MHz)数据显示了 3 个均为单峰甲基的氢信号 δ：1.23、1.18 和 0.98；1 个烯键上的氢信号 δ：7.04(1H，d，J=1.1Hz，H-3)；两个叔碳的氢信号 δ：5.81(1H，dd，J=8.7、9.0Hz，H-5)和 1.89(1H，d，J=14.0Hz，H-12)；两个仲碳的氢信号 δ：1.93(1H，dd，J=8.7、12.0Hz，H-6b)、2.49(1H，dd，J=9.0、11.2Hz，H-6a)、1.26(1H，dd，J=13.0、13.0Hz，H-10a)和 1.72(1H，ddd，J=2.0、7.0、12.0Hz，H-10b)；3 个羟基的氢信号 δ：4.60(1H，s，OH-13)、9.15(1H，s，OH-4′)和 11.58(1H，s，OH-3′)；1 个甲氧基的氢信号 δ：3.25(3H，s)；1 个醛基的氢信号 δ：9.59(1H，s)以及两个苯环的氢信号 δ：6.21(2H，s，H-6′，H-4′)。另外，^{13}C NMR 谱(CD_3OD，100MHz)数据给出了 23 个碳信号，包括 4 个甲基碳信号 δ：20.8、29.8、30.9 和 24.6；两个仲碳信号 δ：32.9 和 44.9；两个叔碳信号 δ：72.6 和 58.1；5 个季碳信号 δ：36.2、39.8、81.7、50.5 和 77.3；两个烯键碳信号 δ：133.7 和 153.5；6 个苯环碳信号 δ：105.3、166.5、101.7、163.9、112.3 和 144.3；1 个酮基碳信号 δ：171.3；1 个甲氧基碳信号 δ：54.3；1 个醛基碳信号 δ：193.6[26]。

14 - Hydroxydihydromelleolide(59)　mp 208～210℃，$[\alpha]_D^{25}$+54.46(c 3.61，MeOH)。IR(KBr)：3 436、1 634、1 385、1 258 和 844cm^{-1}。EI-MS 显示 m/z：400[M-H_2O]$^+$。^{1}H NMR 谱(CD_3OD+CD_3COCD_3，400MHz)数据显示了 3 个均为单峰甲基的氢信号 δ：1.26、1.03 和 2.37；1 个烯键上的氢信号 δ：5.74(1H，dd，J=1.0、1.4Hz，H-3)；3 个叔碳的氢信号 δ：5.74(1H，dd，J=1.0、1.4Hz，H-5)、2.22(1H，ddd，J=7.0、7.0、12.5Hz，H-9)和 2.79(1H，m，H-13)；4 个仲碳的氢信号 δ：3.98(1H，ddd，J=1.4、1.5、13.2Hz，H-1a)、4.27(1H，ddd，J=1.4、2.5、13.2Hz，H-1b)、1.70(1H，dd，H-6b)、1.96(1H，dd，J=8.7、11.0Hz，H-6a)、1.44(1H，dd，J=12.4、12.5Hz，H-10a)、1.29(1H，dd，J=7.3、12.4Hz，H-10b)和 1.70(2H，dd，J=7.3、12.5Hz，H-12)以及两个苯环的氢信号 δ：6.15(1H，dd，J=0.8、2.4Hz，H-6′)和 6.18(1H，dd，J=0.8、2.5Hz，H-4′)。另外，^{13}C NMR 谱(CD_3OD+CD_3COCD_3，100MHz)数据给出了 23 个碳信号，包括 3 个甲基碳信号 δ：22.1、27.1 和 24.3；5 个仲碳信号 δ：64.5、33.7、72.4、37.6 和 43.5；3 个叔碳信号 δ：77.0、44.8 和 39.8；3 个季碳信号 δ：77.7、39.7 和 44.5；两个烯键碳信号 δ：135.6 和 132.6；6 个苯环碳信号 δ：105.5、166.1、101.6、163.7、112.5 和 144.6；1 个酮基碳信号 δ：172.0[26]。

5β，10α - Dihydroxy - 1 - orsellinatedihydromelleolide(60)　mp 205～207℃，$[\alpha]_D^{25}$-16.15(c 0.39，MeOH)。IR(KBr)：3 413、1 646、1 462、1 446 和 1 262cm^{-1}。EI-MS 显示 m/z：400[M-H_2O]$^+$。^{1}H NMR 谱(CD_3OD+CD_3COCD_3，400MHz)数据显示了 4 个均为单峰甲基的氢信号 δ：1.25、1.02、0.96 和 2.52；1 个烯键上的氢信号 δ：5.93(1H，d，J=2.5Hz，H-3)；4 个叔碳的氢信号 δ：4.38(1H，ddd，J=4.6、8.4Hz，H-5)、2.27(1H，dd，J=3.9、9.6Hz，H-9)、3.58(1H，dd，J=3.9、3.9Hz，H-10b)和 2.91(1H，m，H-13)；3 个仲碳的氢信号 δ：4.39(1H，ddd，J=1.4、1.6、12.7Hz，H-1a)、5.08(1H，br d，J=12.7Hz，H-1b)、1.41(1H，dd，J=1.4、10.6Hz，H-6b)、1.81(1H，dd，J=8.1、10.4Hz，H-6a)、1.48(1H，d，J=11.5Hz，H-12a)和 1.91(1H，dd，J=9.8、12.9Hz，H-12b)；4 个羟基的氢信号 δ：3.35(1H，d，J=3.6Hz，OH-10)、3.49(1H，s，OH-4)、4.09(1H，br d，J=6.8Hz，OH-5)和 11.67(1H，s，OH-3′)以及两个苯环的氢信号 δ：6.22(1H，d，J=2.2Hz，H-4′)和 6.24(1H，dd，J=0.56、2.25Hz，H-6′)。另外，^{13}C NMR 谱(CD_3OD+CD_3COCD_3，100MHz)数据给出了 23 个碳信号，包括 4 个甲基碳信号 δ：21.9、24.4、29.1 和 24.8；3 个仲碳信号 δ：67.0、36.4 和 45.5；4 个叔碳信号 δ：74.2、47.5、82.4 和 36.0；3 个季碳信号 δ：76.9、35.5 和 43.2；两个烯键碳信号 δ：130.7 和 139.9；6 个苯环碳信号 δ：105.4、166.0、101.4、162.8、112.0 和 144.5；1 个酮基碳信号 δ：172.5[26]。

2. 蜜环菌嘌呤类化合物的理化常数与光谱数据

AMG - 1(61)　EI-MS 显示 m/z：662[M$^+$]。^{1}H NMR 谱(CD_3OD，400MHz)数据显示了 5 个烯

键上的氢信号 δ:8.21(1H,s,H-2)、8.27(1H,s,H-8)、7.28(1H,dd,J=8.0、0.9Hz,H-3″)、7.18(1H,dd,J=8.0、2.8Hz,H-4″)和 8.06(1H,dd,J=2.8、0.9Hz,H-6″);4 个叔碳的氢信号 δ:5.96(1H,d,J=6.2Hz,H-1′)、4.76(1H,dd,J=6.2、5.2Hz,H-2′)、4.32(1H,dd,J=5.2、2.8Hz,H-3′)和 4.17(1H,dt,J=2.8、2.5Hz,H-4′)以及两个仲碳的氢信号 δ:3.74(1H,dd,J=2.5、12.8Hz,H-5′a)、3.88(1H,dd,J=2.5、12.8Hz,H-5′b)和 4.78(2H,br. s,H-7″)。另外,^{13}C NMR 谱(CD_3OD,100MHz)数据给出了 16 个碳信号,包括两个仲碳信号 δ:64.3 和 45.8;4 个叔碳信号 δ:92.1、76.3、73.5 和 89.0;10 个烯键碳信号 δ:154.3、145.7、121.5、159.7、142.5、155.5、124.8、125.9、150.4 和 138.4[27]。

3. 蜜环菌其他化合物的理化常数与光谱数据

Everninate(62) mp 64～66℃,IR(KBr):1 648cm^{-1}。^{1}H NMR 谱(CD_3OD,400MHz)数据显示了两个均为单峰甲氧基的氢信号 δ:3.79 和 3.92;1 个单峰的甲基氢信号 δ:2.49;1 个羟基的氢信号 δ:11.78(1H,s,OH-2)以及两个苯环的氢信号 δ:6.28(1H,d,J=2.6Hz,H-3)和 6.33(1H,d,J=2.6Hz,H-5)。^{13}C NMR 谱(CD_3OD,100MHz)数据给出了 10 个碳信号,包括 1 个甲基碳信号 δ:24.3;两个甲氧基碳信号 δ:51.8 和 55.8;1 个羰基碳信号 δ:172.2;6 个苯环碳信号 δ:105.2、163.9、98.7、165.6、111.2 和 143.1[16]。

(*R*)-2-[2-(furan-2-yl]-oxoethyl)-octahydropyrrolo[1,2-a]pyrazine-1,4-dione(63):$[\alpha]^{25}_{D}$-17.8(*c* 0.001 1,MeOH)。IR(KBr):1 660、1 570、1 466、1 417、1 344、1 262 和 1 024cm^{-1}。^{1}H NMR 谱(DMSO-d_6,400MHz)数据显示了 3 个烯键上的氢信号 δ:7.55(1H,d,J=3.6Hz,H-13)、6.76(1H,dd,J=3.6、1.1Hz,H-14)和 8.05(1H,d,J=1.1Hz,H-14);1 个叔碳的氢信号 δ:4.31(1H,m,H-9)以及 5 个仲碳的氢信号 δ:4.27(1H,d,J=16.3Hz,H-3a)、3.79(1H,d,J=16.3Hz,H-3b)、3.46(1H,m,H-6a)、3.38(1H,m,H-6b)、1.87(2H,m,H-7)、2.19(1H,m,H-8a)、1.91(1H,m,H-8b)、4.78(1H,d,J=17.8Hz,H-10a)和 4.66(1H,d,J=17.8Hz,H-10b)。另外,^{13}C NMR 谱(CD_3OD,100MHz)数据给出了 13 个碳信号,包括 5 个仲碳信号 δ:52.6、44.6、22.2、28.1 和 51.3;1 个叔碳信号 δ:58.0;4 个烯键碳信号 δ:150.1、118.9、112.6 和 148.1;3 个羰基碳信号 δ:168.1、162.9 和 182.6[28]。

染料木素(genistein)(64) 白色针晶(氯仿-甲醇),mp 288～290℃,ESI-MS 显示 *m/z*:271[M+H]$^+$。^{1}H NMR 谱(C_5D_5N,600MHz)数据显示了 3 个羟基的氢信号 δ:13.65(1H,s,OH-5)、13.22 和 11.77(各 1H,br s,OH-7,4′);1 个烯烃的氢信号 δ:8.12(1H,s,H-2);6 个苯环的氢信号 δ:7.71(2H,d,J=9.0Hz,H-2′,6′)、7.27(2H,d,J=6.6Hz,H-3′,5′)、6.73(1H,d,J=2.4Hz,H-8)、6.50(1H,d,J=2.4Hz,H-6);另外,^{13}C NMR 谱(C_5D_5N,150MHz)数据给出了 15 个碳信号,包括 1 个羰基碳信号 δ:181.3;12 个苯环碳信号 δ:166.0、163.7、159.3、158.7、131.1、122.4、116.3、105.9、100.2 和 94.6;两个烯烃碳信号 δ:153.4 和 123.8[29]。

大豆素(daidzein)(65) 白色针晶(氯仿-甲醇),mp 289～291℃,ESI-MS 显示 *m/z*:255[M+H]$^+$。^{1}H NMR 谱(C_5D_5N,600MHz)数据显示了两个羟基的氢信号 δ:13.08 和 11.65(各 1H,br s,OH-7,4′);1 个烯烃的氢信号 δ:8.14(1H,s,H-2);7 个苯环的氢信号 δ:8.45(1H,d,J=9.0Hz,H-5)、7.79(2H,d,J=9.0Hz,H-2′,6′)、7.26(2H,d,J=6.6Hz,H-3′,5′)、7.21(1H,dd,J=9.0、2.4Hz,H-6)和 7.09(1H,d,J=2.4Hz,H-8);另外,^{13}C NMR 谱(C_5D_5N,150MHz)数据给出了 15 个碳信号,包括 1 个羰基碳信号 δ:175.8;12 个苯环碳信号 δ:164.1、159.1、158.6、131.1、128.3、125.0、118.0、116.2、115.9 和 103.1;两个烯烃碳信号 δ:152.5 和 128.3[29]。

刺芒柄花素(formononetin)(66) mp 262～264℃。EI-MS 显示 *m/z*:268[M$^+$]。IR(KBr):3 400和 1 587cm^{-1}。^{1}H NMR 谱($CDCl_3$+CD_3OD,400MHz)数据显示了 δ:8.00(1H,s,H-1)、6.87(1H,s,H-8)、6.94(1H,d,J=8.5Hz,H-6)、8.01(1H,d,J=8.5Hz,H-5)、7.47(2H,d,J=7.0Hz,

H－2′,6′)和3.85(3H,s,OCH_3)[30]。

芒柄花苷(ononin)(67)　mp 215～217℃。EI-MS显示 m/z:430[M^+]。IR(KBr):3 300和1 600cm^{-1}。^{1}H NMR谱(DMSO－d_6,400MHz)数据显示了δ:8.50(1H,s,H－2)、8.09(1H,d,J＝9.0Hz,H－8)、7.25(1H,d,J＝9.0Hz,H－5)、8.10(2H,d,J＝8.5Hz,H－2,6′)、7.01(2H,d,J＝8.5Hz,H－3′,5′)、7.30(1H,d,J＝2.0Hz,H－3)、5.20(1H,d,J＝6.0Hz,H－1)、3.83(3H,s,OCH_3)和3.20(6H,m)[30]。

尿嘧啶(urasil)(68)　白色针晶(甲醇),mp 217～219℃,ESI-MS显示 m/z:247[2M＋Na]$^+$。^{1}H NMR谱(DMSO－d_6,600MHz)数据显示了两个氮的氢信号δ:10.99(1H,br s,H－3)和10.80(1H,br s,H－1);两个芳杂环的氢信号δ:7.38(1H,d,J＝7.6Hz,H－6)和5.44(1H,d,J＝7.6Hz,H－5);另外,^{13}C NMR谱(DMSO－d_6,150MHz)数据给出了4个碳信号均为芳杂环的碳信号δ:164.8、152.0、142.6和100.7[29]。

3α－Hydroxyfriedel－2－one(69)　^{1}H NMR谱(CD_3OD,400MHz)数据显示了7个均为单峰甲基的氢信号δ:1.03、0.89、1.01、0.97、1.16、0.99和0.92;1个甲基的氢信号δ:1.05(3H,d,J＝6.6Hz,H－23);5个叔碳的氢信号δ:3.81(1H,dd,J＝11.2、3Hz,H－3)、1.30(1H,m,H－4),1.28(H－8)、1.31(H－10)和1.55(H－18);10个仲碳的氢信号δ:2.39(1H,dd,J＝13.2、14.4Hz,H－1a)、2.52(1H,dd,J＝13.8、3Hz,H－1b)、1.08(H－6a)、1.84(1H,dt,J＝13.2、3Hz,H－6b)、1.43～1.48(H－7)、1.27～1.31(H－11)、1.33(2H,H－12)、1.27～1.50(H－15)、1.36～1.55(H－16)、1.19～1.37(H－19)、1.48(2H,H－21)和1.49(2H,H－22)。另外,^{13}C NMR谱(CD_3OD,100MHz)数据给出了30个碳信号,包括8个甲基碳信号δ:10.8、14.1、17.4、20.1、18.5、32.0、31.7和35.0;10个仲碳信号δ:36.1、40.6、17.6、35.0、30.3、32.3、35.9、35.3、32.7和39.2;5个叔碳信号δ:77.0、54.5、53.1、60.4和42.7;6个季碳信号δ:38.1、37.6、39.6、38.3、30.0和28.1;1个酮基碳信号δ:211.9[31]。

3－Hydroxyfriedel－3－en－2－one(70)　^{1}H NMR谱(CD_3OD,400MHz)数据显示了8个均为单峰甲基的氢信号δ:1.81、1.09、0.93、1.04、0.98、1.18、0.99和0.94;3个叔碳的氢信号δ:1.30(H－8)、1.33(H－10)和1.54(H－18);10个仲碳的氢信号δ:2.42(1H,dd,J＝17.4、14.4Hz,H－1a)、2.52(1H,dd,J＝17.4、3.6Hz,H－1b)、1.78(H－6a)、1.92(1H,dd,J＝12.6、5.4Hz,H－6b)、1.42～1.50(H－7)、1.30～1.33(H－11)、1.36(2H,H－12)、1.30～1.52(H－15)、1.41～1.55(H－16),1.20～1.42(H－19)、1.48(2H,H－21)和1.49(2H,H－22)。另外,^{13}C NMR谱(CD_3OD,100MHz)数据给出了30个碳信号,包括8个甲基碳信号δ:10.3、17.6、18.5、18.8、20.0、32.1、31.7和34.9;10个仲碳信号δ:32.1、38.4、17.9、34.7、30.2、32.3、35.9、35.3、32.7和39.2;3个叔碳信号δ:52.6、55.7和42.7;6个季碳信号δ:39.7、36.7、39.5、38.2、30.0和28.1;两个烯键碳信号δ:142.5和140.7;1个酮基碳信号δ:195.0[31]。

6,9－Epoxy－ergosta－7,22－dien－3b－ol(71)　^{1}H NMR谱(CD_3OD,400MHz)数据显示了6个甲基的氢信号δ:0.58(3H,s,H－18)、1.06(3H,s,H－19)、1.01(3H,d,J＝6.5Hz,H－21)、0.82(3H,d,J＝7.5Hz,H－26)、0.81(3H,d,J＝7.0Hz,H－27)和0.90(3H,d,J＝7.0Hz,H－28);8个叔碳的氢信号δ:4.06(m,H－3)、1.51(H－5)、3.60(1H,d,J＝5.0、2.0Hz,H－6)、1.90(H－14)、1.30(H－17)、2.02(H－20)、1.83(H－24)和1.43(H－25);7个仲碳的氢信号δ:1.46～1.86(H－1)、1.26(2H,H－2)、1.76(H－4a)、2.12(1H,dd,J＝11.5～13.5Hz,H－4b),1.40～1.54(H－11),1.73～1.77(H－12)、1.57(2H,H－15)和1.26(2H,H－16);3个烯碳的氢信号δ:5.34(1H,dd,J＝5.0、2.0Hz,H－7)、5.14(1H,dd,J＝15.0、8.0Hz,H－22)和5.21(1H,dd,J＝15.0、7.0Hz,H－23)。另外,^{13}C NMR谱(CD_3OD,100MHz)数据给出了28个碳信号,包括6个甲基碳信号δ:12.3、18.8、21.1、19.6、19.9和17.5;7个仲碳信号δ:33.0、30.9、39.5、22.9、39.2、22.0和27.8;8个叔碳信号δ:67.7、37.2、73.7、54.8、56.0、40.3、42.8和33.1;3个季碳信号δ:75.9、43.5和43.8;4个烯

键碳信号 δ:117.7、144.0、135.3 和 132.3[31]。

2-羟基-4-甲氧基-6-甲基苯甲酸(2-hydroxy-4-methoxy-6-methylbenzoic acid)(72) 白色结晶(氯仿-甲醇),mp 176～177℃,ESI-MS 显示 m/z:183[M+H]$^+$,^{1}H NMR 谱(DMSO-d_6,600MHz)数据显示了1个单峰甲氧基的氢信号 δ:3.75;1个单峰的甲基氢信号 δ:2.43;1个羟基的氢信号 δ:13.45(1H,br s,OH-2);1个羧基的氢信号 δ:12.13(1H,br s,COOH-1)以及两个苯环的氢信号 δ:6.33(1H,d,J=1.8Hz,H-3)和6.31(1H,d,J=1.8Hz,H-5)。^{13}C NMR 谱(DMSO-d_6,100MHz)数据给出了9个碳信号,包括1个甲基碳信号 δ:23.7;1个甲氧基碳信号 δ:55.7;1个羧基碳信号 δ:173.5;6个苯环碳信号 δ:107.0、164.5、99.2、163.5、110.3 和 142.9[29]。

2,4-二羟基-6-甲基苯甲酸(2,4-dihydroxy-6-methyl benzoic acid)(73) 白色结晶(氯仿-甲醇),mp 183～185℃,ESI-MS 显示 m/z:167[M-H]$^-$,^{1}H NMR 谱(DMSO-d_6,600MHz)数据显示了1个单峰甲基氢信号 δ:2.39 以及两个苯环的氢信号 δ:6.17(1H,br s,H-3)和6.12(1H,br s,H-5)。^{13}C NMR 谱(DMSO-d_6,150MHz)数据给出了8个碳信号,包括1个甲基碳信号 δ:23.9;1个羧基碳信号 δ:173.7;6个苯环碳信号 δ:105.4、164.9、100.9、162.3、111.4 和 143.3[29]。

麦角甾醇(ergosterol)(74) 白色针晶(氯仿),mp 133～135℃;ESI-MS 显示 m/z:815[2M+Na]$^+$。^{1}H NMR 谱(C_5D_5N,600MHz)数据显示了6个甲基的氢信号 δ:1.07(3H,d,J=6.6Hz,H-21)、1.03(3H,s,H-19)、0.96(3H,d,J=6.6Hz,H-28)、0.86(3H,d,J=6.6Hz,H-26)、0.85(3H,d,J=6.6Hz,H-27)和0.66(3H,s,H-18),1个叔碳的氢信号 δ:3.93(1H,m,H-3);4个烯碳的氢信号 δ:5.68(1H,m,H-6)、5.48(1H,m,H-7)和5.25(2H,m,H-23,24)。另外,^{13}C NMR 谱(C_5D_5N,150MHz)数据给出了27个碳信号,包括6个甲基碳信号 δ:21.1、19.9、19.6、17.6、16.3 和 11.9;4个烯键的碳信号 δ:141.1(C-8)、140.6(C-5)、135.9(C-22)和131.9(C-23);其他碳信号 δ:119.4(C-6)、116.9(C-7)、69.6(C-3)、21.2(C-21)、55.6(C-17)、54.5(C-14)、46.4(C-9)、42.8(C-13,24)、41.7(C-4)、40.5(C-20)、39.1(C-12)、38.7(C-1)、37.2(C-10)、33.1(C-25)、32.7(C-2)、28.5(C-16)和23.1(C-15)[29]。

甘露醇(mannitol)(75) 白色针晶(甲醇),mp 134～135℃,ESI-MS 显示 m/z:181[M-H]$^-$。^{1}H NMR 谱(DMSO-d_6,600MHz)数据显示了5个羟基的氢信号 δ:4.40(2H,d,J=6.0Hz,OH-2,5)、4.31(2H,t,J=6.0Hz,OH-1,6)、4.12(2H,d,J=7.2Hz,OH-3,4);8个其他的氢信号 δ:3.37～3.60(8H,m);另外,^{13}C NMR 谱(DMSO-d_6,150MHz)数据给出了6个碳信号 δ:71.8(C-3,4)、70.1(C-2,5)和64.3(C-1,6)[29]。

(2S)-1-[2-(furan-2-yl)-2-oxoethyl]-5-oxopyrrolidine-2-carboxylate(76) ESI-MS 显示 m/z:274[M+Na]$^+$。^{1}H NMR 谱($CDCl_3$,600MHz)数据显示了3个双键碳的氢信号 δ:7.30(1H,d,J=3.6Hz,H-3)、6.56～6.57(1H,m,H-4)和7.61(1H,s,H-5);3个仲碳的氢信号 δ:5.19(1H,d,J=18.4Hz,H-7a)、4.27(1H,d,J=18.4Hz,H-7b)、2.50～2.53(2H,m,H-10),2.15～2.19(1H,m,H-11a),2.54～2.58(1H,m,H-11b);1个叔碳的氢信号 δ:4.50～4.53(1H,m,H-12)以及1个甲基的氢信号 δ:3.75(3H,s,H-15);另外,^{13}C NMR 谱($CDCl_3$,150MHz)数据给出了12个碳信号,包括4个双键碳信号 δ:151.0、118.0、112.5 和 146.9;3个羰基碳信号 δ:183.1、175.7 和 172.2;3个仲碳信号 δ:47.4、29.0 和 22.9 以及1个叔碳信号 δ:59.6[32]。

(2S)-1-[2-(furan-2-yl)-2-oxoethyl]-5-oxopyrrolidine-2-carboxylic acid(77) ^{1}H NMR 谱(D_2O,600MHz)数据显示了3个双键碳的氢信号 δ:7.48(1H,d,J=3.6Hz,H-3)、6.64～6.66(1H,m,H-4)和7.78(1H,s,H-5);3个仲碳的氢信号 δ:4.91(1H,d,J=18.0Hz,H-7a)、4.39(1H,d,J=18.0Hz,H-7b)、2.47～2.51(2H,m,H-10)、1.96～2.02(1H,m,H-11a)和2.46～2.54(1H,m,H-11b);以及1个叔碳的氢信号 δ:4.13～4.17(1H,m,H-12);另外,^{13}C NMR 谱(D_2O,150MHz)数据给出了11个碳信号,包括4个双键碳信号 δ:149.3、120.6、112.4 和 148.6;3个羰基碳信号 δ:184.3、179.2 和 178.2;3个仲碳信号 δ:47.3、28.9 和 22.6 以及1个叔碳信号

δ:62.9[32]。

1 -[2 -(furan - 2 - yl)- 2 - oxoethyl]pyrrolidin - 2 - one(78) ESI-MS 显示 m/z:194[M+H]$^+$。^{1}H NMR 谱($CDCl_3$,600MHz)数据显示了 3 个双键碳的氢信号 δ:7.30(1H,d,J=3.6Hz,H-3)、6.55～6.57(1H,m,H-4)和 7.61(1H,s,H-5);3 个仲碳的氢信号 δ:4.59(2H,s,H-7)、2.48(2H,t,J=8.0Hz,H-10)和 2.07～2.15(2H,m,H-11)以及 1 个叔碳的氢信号 δ:3.52(1H,t,J=7.0Hz,H-12);另外,^{13}C NMR 谱($CDCl_3$,150MHz)数据给出了 12 个碳信号,包括 4 个双键碳信号 δ:151.2、117.9、112.4 和 146.8;两个羰基碳信号 δ:183.0 和 175.8;3 个仲碳信号 δ:48.6、30.3 和 18.0 以及 1 个叔碳信号 δ:47.9[32]。

1 -[2 -(furan - 2 - yl)- 2 - oxoethyl]piperidin - 2 - one(79) ESI-MS 显示 m/z:230[M+Na]$^+$。^{1}H NMR 谱($CDCl_3$,600MHz)数据显示了 3 个双键碳的氢信号 δ:7.28(1H,d,J=3.6Hz,H-3)、6.55～6.56(1H,m,H-4)和 7.59(1H,br s,H-5)以及 5 个仲碳的氢信号 δ:4.66(2H,s,H-7)、2.47(2H,br s,H-10)、1.88(2H,br s,H-11)、1.88(2H,br s,H-12)和 3.37(2H,br s,H-13);另外,^{13}C NMR 谱($CDCl_3$,150MHz)数据给出了 11 个碳信号,包括 4 个双键碳信号 δ:151.4、117.7、112.4 和 146.6;两个羰基碳信号 δ:183.2 和 170.9;5 个仲碳信号 δ:53.1、32.0、21.3/23.1、23.1/21.3 和 49.6[32]。

(2*S*,3*S*,4*R*)- 2 -(十六碳酰氨基)-十八碳烷- 1,3,4 -三醇[(2S,3S,4R)- 2 - hexadecanoyl - amino - octadecane - 1,3,4 - triol,80] 白色无定形粉末,mp 113～117℃,$[\alpha]_D^{25}$+14.4(c 0.68,C_5H_5N),IR(KBr):3 376、3 220、2 919、2 851、2 487、1 615、1 557、1 469、1 380、1 078、1 050、720、639 和 530cm^{-1}。^{1}H NMR 谱(CD_3OD,400MHz)数据显示了两个甲基的氢信号 δ:0.90(3H,t,J=5.6Hz,H-18)和 0.90(3H,t,J=5.6Hz,H-16);3 个叔碳的氢信号 δ:4.98(1H,m,H-2)、4.31(1H,dd,J=4.8、3.9Hz,H-3)和 4.23(1H,m,H-4);27 个仲碳的氢信号 δ:4.57(1H,dd,J=12.4、3.8Hz,H-1a)、4.40(1H,dd,J=12.4、4.0Hz,H-1b)、2.20(2H,m,H-5)、1.93(2H,m,H-6)、1.30(22H,br s,H-7-17)、2.43(2H,t,J=6.0Hz,H-2′)、1.83(2H,m,H-3′)、1.30(22H,br s,H-4′-15′)以及 1 个酰胺基的氢信号 δ:8.13(1H,d,J=6.7Hz)。另外,^{13}C NMR 谱(CD_3OD,100MHz)数据给出了 33 个碳信号,包括两个甲基碳信号 δ:14.29 和 14.29;27 个仲碳信号 δ:34.09、26.68、22.98、32.19、36.91、26.44、22.98 和 32.19;3 个叔碳信号 δ:53.79、76.86 和 73.18;1 个羰基信号 δ:173.44[33]。

5,6 - Epoxy - 22 - en - 3 - ol - ergosterol(81) mp 229～231℃,IR(KBr):3 439.5、2 955.3、2 870.4、1 654.5 和 1 030.1cm^{-1}。EI-MS 显示 m/z:412[M$^+$]。^{1}H NMR 谱(CD_3OD,400MHz)数据显示了 4 个均为单峰甲基的氢信号 δ:0.609、1.037、1.021 和 1.063;两个多重峰甲基氢信号 δ:0.849 和 0.817;3 个烯键上的氢信号 δ:5.31(1H,d,H-7)、5.20(2H,m,H-22,H-23);8 个叔碳的氢信号 δ:3.98(1H,m,H-3)、3.56(1H,d,H-6)、2.035、1.96、1.85(6H,m,H-9,14,17,20,24,26);7 个仲碳的氢信号 δ:1.75、1.570～1.561、1.47、1.30(14H,m,H-1,2,4,11,12,15,16);另外,^{13}C NMR 谱(CD_3OD,100MHz)数据给出了 28 个碳信号,包括 6 个甲基碳信号 δ:12.4、17.7、21.3、19.8、20.1 和 18.3;7 个仲碳信号 δ:33.0、28.2、37.3、22.2、40.7、23.2 和 30.7;8 个叔碳信号 δ:67.5、73.3、43.9、55.0、56.3、39.5、43.4 和 33.3;3 个季碳信号 δ:76.2、39.2 和 43.1;4 个烯键碳信号 δ:117.8、143.5、135.8 和 132.3[34]。

第三节 蜜环菌的生物活性

随着中医药的不断发展,天麻的需求量急剧增加。过去中医临床上应用的主要是野生天麻,而野生天麻生长需要特殊的环境和条件,产量有限,供不应求。据大量文献报道:蜜环菌与天麻是共生体,天麻的生物活性与蜜环菌代谢密切相关。根据中医应用天麻的临床经验和大量的实验研究资料,中国医学科学院药物研究所进一步对蜜环菌发酵物的药理进行了研究。通过实验研究，蜜环菌制剂作为一种与天麻作用类似的新药于20世纪70年代中期推上了临床。目前，蜜环菌在治疗眩晕、基底动脉供血不足、阴虚阳亢、神经衰弱、失眠等方面得到了广泛应用。

蜜环菌具有多种生物活性：对神经系统予以多方面的保护；延缓肿瘤、延缓衰老；抗糖尿病；对缺血性脑组织予以保护，可改善心脑血管，增强机体免疫等作用。

蜜环菌在神经系统方面的作用，包括催眠和抗惊厥作用。据中国医学科学院药物研究所药理室新药组报道：蜜环菌水提物和发酵液浓缩物，均能明显减少小鼠自由活动，不仅能够加强戊巴比妥钠阈下值催眠剂量的作用，而且能显著延长戊巴比妥钠或环己烯巴比妥钠引起的小鼠睡眠时间[35]；同时还发现，腹腔注射蜜环菌制剂能保护小鼠拮抗戊四唑引起的惊厥作用[35]。

在抗肿瘤方面，华晓燕以SMMC-7721肝癌细胞为研究对象，发现蜜环菌多糖能够降低体外培养SMMC-7721肝癌细胞存活量、抑制肝癌细胞内的蛋白合成，抑制bcl-2蛋白的表达，从而阻碍肝癌细胞的生长和其各项生命活动，促进肝癌细胞的凋亡[36]。

虞磊选用黑腹果蝇和D-半乳糖致衰老模型小鼠，研究了蜜环菌菌索多糖（ARP）延缓衰老活性。观察ARP对果蝇寿命的影响，结果发现：ARP可显著延长果蝇寿命，明显改善衰老模型小鼠的学习记忆能力，增加其体重；拮抗胸腺、脾脏的萎缩；显著提高SOD、GSH-Px活性，并降低MDA、NO的含量；ARP可通过调节机体免疫功能、清除自由基等方面发挥其延缓衰老的作用[37]。而丁诚实等观察了蜜环菌壳聚糖对果蝇寿命和D-半乳糖致衰老小鼠的影响，研究显示，AMC能显著延长果蝇的存活时间，并在动物行为方面，显著改善衰老小鼠的学习记忆功能，说明AMC具有较好的延缓衰老作用。AMC能提高模型小鼠血清中SOD的活性，并明显降低MDA的含量[38]。

多项研究表明，蜜环菌具有良好的抗糖尿病作用。吴环通过降血糖试验结果表明，蜜环菌多糖能使腹腔注射葡萄糖的受试小鼠血糖值在2h内降至正常值，并对四氧嘧啶所致的糖尿病小鼠有显著的降血糖作用。一定浓度的蜜环菌多糖对四氧嘧啶损伤的胰岛素瘤细胞分泌胰岛素和C肽均具有一定的促进作用，尤其是在葡萄糖刺激浓度较高的情况下，效果较为明显，具体的作用机制还有待深入研究[39]。操玉平等的研究结果表明，一定浓度范围的蜜环菌多糖对损伤性胰岛细胞分泌和C肽均具有一定的促进作用，并可减少INS-1细胞的损伤，使INS-1细胞存活率增加[40]。陆军研究了蜜环菌菌索多糖（AMP-1）对四氧嘧啶（AXN）致胰岛细胞损伤的影响，研究发现：一定浓度范围的AMP-1对葡萄糖刺激下INS-1细胞的胰岛素分泌的促进作用，可能与AMP-1能够增加细胞清除自由基能力有关[41]。许宝奎的研究表明，不同浓度的AMP-1均可提高受四氧嘧啶损伤INS-1细胞的存活率，对四氧嘧啶诱导大鼠INS-1细胞凋亡具有明显的拮抗作用，作用机制可能是通过对线粒体途径中bcl-2和bax蛋白表达的调控而抑制了细胞的凋亡[42]。陶文娟对蜜环菌菌索中提取的水溶性糖复合物糖链进行了部分酸降解，并从中筛选出对α-葡萄糖苷酶具有抑制活性的片断[43]。

中国医学科学院药物研究所的学者研究了蜜环菌制剂对缺血性脑组织的保护作用，结果表明：注射5g/kg的蜜环菌水剂，能极显著地延长断头小鼠的张嘴呼吸时间，而且有很好的剂量效应关系[35]。刘振华的研究结果显示，复方天麻蜜环菌制剂，可以减少凋亡诱导因子（AIF）和Caspase-3蛋白的表达，并减轻迟发性神经元死亡，对缺血性脑组织有保护作用[44]。刘岚观察了蜜环菌中腺苷类化合物AMG-1对小鼠断头全脑缺血时能量代谢与大鼠大脑中动脉阻断（MCAO）后行为和病理改变的影响，发现其可减轻大鼠MCAO后的神经症状和神经细胞缺血性损害[45]；腺苷类化合物AMG-1对大鼠脑突触体前膜谷氨酸（Glu）释放的影响，显示其能明显抑制突触前膜Ca^{2+}依赖性glu的释放，并呈现剂量-效应关系，说明AMG-1对脑保护作用可能与它激活腺苷A1受体，从而抑制兴奋性氨基酸释放有关[46]。

据中国医学科学院药物研究所药理室新药组报道，对麻醉犬静脉注射蜜环菌菌丝体制剂能增加其脑血流量47%、血管阻力下降38%。因此，可以推测蜜环菌制剂对脑血管、冠状血管和外周血管具有一定的扩张作用[35]。

于敏等研究发现，蜜环菌菌索多糖对正常小鼠迟发型变态反应有显著增强作用[47]。戴玲等的研究结果显示，蜜环菌菌索多糖在体外明显增强小鼠腹腔巨噬细胞吞噬能力和分泌免疫介质的作用[48]。孔小卫等研究发现，将蜜环菌胞外多糖给小鼠灌胃，能显著增加免疫器官重量，增强小鼠巨噬细胞的吞噬功能，提高迟发型变态反应和促进溶血素形成，具有提高小鼠免疫功能的作用[49-50]。于敏的研究表明，腹腔注射蜜环菌多糖后，小鼠吞噬细胞的吞噬功能、脾脏T淋巴细胞的增殖能力，小鼠血清中特异性抗体含量均高于阴性对照组，差异显著($P<0.05$)，说明蜜环菌多糖是一种具有提高机体免疫力的免疫调节剂[51]。

此外，还有研究证明了蜜环菌多糖可在一定程度上提高果蝇机体抗突变能力，且多糖浓度与抗突变能力呈正相关[52]。许宝奎研究发现，蜜环菌多糖有明显的延缓糖尿病性白内障的发生，减轻晶体混浊的程度，且剂量与效果呈正相关，说明蜜环菌多糖对大鼠糖尿病性白内障具有显著的防治作用[53]；蜜环菌多糖对环磷酰胺所致小鼠骨髓细胞损伤有较好的保护作用[54]。最近，国外学者研究了蜜环菌戊素类化合物抗真菌活性与结构的关系，结果表明，原伊鲁烷型倍半萜成分中的2,4位双键是抗真菌活性的关键结构片段[55]。

第四节　展　望

蜜环菌(*Armillaria mellea*)是一种与传统中药天麻(*Gastrodia elata* Blume)共生的药用真菌，民间常用于预防视力减弱、夜盲、皮肤干燥，并可治疗癫痫、某些呼吸道和消化道疾病，子实体具有祛风活筋、强筋壮骨、明目之功效。

经多年研究，现已分离得到了蜜环菌多糖、倍半萜类化合物和嘌呤类化合物等多种活性成分，并对其生物活性进行了研究。经实验证明，蜜环菌及其发酵产物具有神经调节、增强机体免疫力、改善睡眠、调节血液循环和增智、健脑、延缓衰老，防治白内障等作用，可用于治疗眩晕、失眠、头痛、神经症、惊风癫痫、肢体麻木与腰膝酸痛等病症，并取得了较好的疗效。现在已有脑心舒口服液、蜜环菌浸膏、蜜环菌片、蜜环菌糖浆等产品。

中国医学科学院药物研究所近年来对蜜环菌的化学和药理进行了深入研究，从水提取物得到1个微量有效成分——N^6羟吡啶甲基腺苷。该化合物皮下微量注射，在神经系统和心血管系统表现出多方面的药理活性。

对蜜环菌虽经过大量的研究，但在蜜环菌化学成分和活性还需不断探索与深入研究，尤其在蜜环菌主要功能活性作用的物质基础(活性部位和单体)等方面的研究还需加强，产品的技术含量和技术手段等方面都有待进一步完善与提高，这也是蜜环菌科技工作者今后研究与开发的新课题和任务。

参考文献

[1] 杨云鹏，岳德超. 中国药用真菌[M]. 黑龙江哈尔滨：黑龙江科学技术出版社，1981.
[2] 国家中医药管理局《中华本草》编委会. 中华本草(第一册)[M]. 上海：上海科学技术出版社，1999.
[3] 中国医学科学院药物研究所. 中草药现代研究(第一卷)[M]. 北京：北京医科大学中国协和医科大学联合出版社，1995.
[4] Yang JS, Chen YW, Feng XZ, et al. Chemical Constituents of *Armillaria mellea* Mycelium I. Isolation and Characterization of Armillarin and Armillaridin[J]. Planta Medica, 1984, 19: 288－290.

[5] Yang JS, Chen YW, Feng XZ, et al. Isolation and Structure Elucidation of Armillaricin[J]. Planta Medica,1989, 55: 564—565.

[6] Yang JS, Su YL, Wang VL, et al. Isolation and Structures of Two New Sesquiterpenoid Aromatic Esters: Armillarigin and Armfflarikin[J]. Planta Medica, 1989, 55: 479—481.

[7] 杨峻山,苏亚伦,王玉兰,等.蜜环菌菌丝体化学成分的研究Ⅴ.蜜环菌辛素和蜜环菌壬素的分离与鉴定[J].药学学报,1990,25(1):24—28.

[8] 杨峻山,苏亚伦,王玉兰,等.蜜环菌菌丝体化学成分的研究Ⅵ.蜜环菌癸素的分离与鉴定[J].药学学报,1990,25(5):353—356.

[9] 杨峻山,苏亚伦,王玉兰,等.蜜环菌菌丝体化学成分的研究Ⅶ.丙酮提取物中化学成分的分离与鉴定[J].药学学报,1991,26(2):117—122.

[10] Dervilla M, Donnelly X, Rhona M. Hutchinson. Aemillane, a saturated sesquiterpene ester from *Aemillaria Mellea*[J]. Phytochemistry,1990, 29(1): 179—182.

[11] Tadashi Obuchi, HideakiKondoh, Naoharu Watanabe,et al. Armillaric Acid, A New Antibiotic Produced by *Armillaria mellea*[J]. Planta Medica, 1990, 56: 198—202.

[12] Yang JS, Su YL, Wang YL, et al. Two Novel Protoiludane Norsesquiterpenoid Esters, Armifiasin and Armillatin, from *Armillaria mellea*[J]. Planta Med, 1991, 57: 478—450.

[13] Alberto Arnone, Rosanna Cardillo, gianluca Nasini. Structures of melleolides B-D, three antibacterial sesquiterpenoids from *Armillariella mellea*[J]. Phytochemistry, 1986, 25(2): 471—474.

[14] Dervilla M,Donnelly X, Rhona M. Hutchinson, Donal Coveney, et al. Sesquiterpene aryl esters from *Armillariella mellea* , [J]. Phytochemistry, 1990, 29(8): 2569—2572.

[15] Dervilla M,Donnelly X, Tenji Konishi. Olive Dunne, Peadar Cremin. Sesquiterpene aryl esters from *Armillaria tabescens*[J]. Phytochemistry, 1997, 44(8): 1473—1478.

[16] Dervilmla M,Donnelly X, Donal J. Coveney, Naomichi Fukuda. New sesquiterpene aryl esters from *Armillariella mellea*[J]. Journal of Natural Products, 1986, 49(1): 111—116.

[17] Dervilla M,Donnelly X, Paul F. Quigley, Donal J. Coveney, et al. Two new sesquiterpene esters form *Armillariella mellea*[J]. Phytochemistry, 1987, 26(11): 3075—3077.

[18] Dervilla M,Donnelly X, Donal J. Coveney and Judith Polonsky. Melledonal and melledonol, sesquiterpene ester from *armillaria mellea*[J]. Tetrahedron Letters, 1985, 26(43): 5343—5344.

[19] Dervrllma. X. Donnelly, Fumiko Abe, Donal Coveney, et al. Antibacterial Sesquiyerpene Aryl Esters from *Armillaria Mellea*[J]. Journal of Natural Products, 1985, 48(1): 10—16.

[20] Alberto Arnone, Rosanna Cardillo, and Gianluca Nasini, Secondary Mould Metabolites. Part 19. Structure Elucidation and Absolute Configuration of Melledonals B and C, Novel Antibacterial Sesquiterpenoids from *Armillaria Mellea*. X-Ray Molecular Structure of Melledonal C [J]. Journal of the Chemical Society, Perkin Transactions 1: Organic and Bio-Organic Chemistry, 1988, 3: 503—510.

[21] Isao Momose, Ryuichi Sekizawa, Nobuo Hosokawa, et al. Melleolides K, L and M, New Melleolides from *Armillariella mellea* [J]. The Journal of Antibiotics, 2000, 53 (2): 137—143.

[22] Markus Bohnert, Hans-Wilhelm Nutzmann, Volker Schroeckh,et al. Cytotoxic and antifungal activities of melleolide antibiotics follow dissimilar structure-activity relationships[J]. Phytochemistry, 2014, 105: 101—108.

[23] Dervilla Donnelly, Shuichi Sanada, Joseph O'Reilly, et al. Isolation and Structure (X-Ray Analysis) of the Orsellinate of Armillol, a New Antibacterial Metabolite from *Armillaria*

mellea[J]. J. Chem. Soc. Chem. Commun, 1989: 135—137.

[24] Markus Bohnert, Sebastian Miethbauer, Hans-Martin Dahse, et al. In vitro cytotoxicity of melleolide antibiotics: Structural and mechanistic aspects. Bioorganic & Medicinal Chemistry Letters[J]. 2011, 21: 2003—2006.

[25] Xia Yin, Tao Feng, Ji Kai Liu. Structures and cytotoxicities of three new sesquiterpenes from cultures of Armillaria sp[J]. Nat. Prod. Bioprospect, 2012, 2: 245—248.

[26] Dervilla M. X. Donnelly, Tenji Konishi. Olive Dunne, Peadar Cremin. Sesquiterpene aryl esters form *armillaria tabescens*[J]. Phytochemistry, 1997, 44 (8): 1473—1478.

[27] Nuoharu Watanahe, Tadashi Obuchi, Masaharu Tarnai, et al. A Novel *N*6 - Substituted Adenosine Isolated from Mi Huan Jun (*Armillaria mellea*) as a Cerebral-Protecting Compound[J]. Planta Medica, 1990, 56: 48—52.

[28] Wang YC, Zhang YW, Zheng LH, et al. A new compound from liquid fermentation broth of *Armillaria mellea* and the determination of its absolute configuration[J]. Journal of Asian Natural Products Research, 2013, 15(2): 203—208.

[29] 袁兴利,闰利华,张启伟,等.蜜环菌的化学成分研究[J].中国中药杂志,2013,(16)38:2671—2674.

[30] 杨峻山,苏亚伦.蜜环菌菌丝体化学成分的研究Ⅲ.酚性的分离与鉴定[J].中草药,1989,20(2):6—7.

[31] Guo WJ, Guo SX, Yang JS, et al. Triterpenes and steroids from *Armillaria mellea* Vahl. Ex Fr. [J]. Biochemical Systematics and Ecology, 2007, 35: 790—793.

[32] Wang YC, Zhang YW, Zheng LH, et al. Four New Alkaloids from the Fermentation Broth of *Armillaria mellea*[J]. Helvetica Chimica Acta, 2013, 96: 330—337.

[33] Gao JM, Yang X, Wang CY, et al. Armillaramide, a new sphingolipid from the fungus *Armillaria mellea*[J]. Fitoterapia, 2001, 72: 858—864.

[34] Shi L, Cao RM, Lu SX, et al. Chemical Constituent of Natural Body of *Armillaria mellea* and Structure of 5, 6 - Epoxy - 22 - en - 3 - ol - ergosterol. Chemical Research in Chinese Universities[J]. 1997, 10:270—272.

[35] 中国医学科学院药物研究所药理室新药组.天麻水剂及蜜环菌发酵液对神经系统的药理作用[J].中华医学杂志,l997,77(8):470—472.

[36] 华晓燕.蜜环菌多糖对 SMMC - 7721 肝癌细胞抑制及促凋亡作用的研究[D].佳木斯大学,2006.

[37] 虞磊,沈业寿,吴建民,等.蜜环菌菌索多糖延缓衰老作用研究[J].中成药,2006,28(7):994—996.

[38] 丁诚实,沈业寿,彭世奇.蜜环菌壳聚糖对果蝇寿命和 D -半乳糖致衰老小鼠的影响[J].食品科学,2007,28(4):302—305.

[39] 吴环.蜜环菌多糖 AMP - 2 的组成分析、活性鉴定及降血糖有效成分的确定[D].安徽大学,2006.

[40] 操玉平,于敏,沈业寿,等.蜜环菌多糖对损伤性胰岛细胞分泌功能的影响[J].中国食用菌,2009,28(1):39—41.

[41] 陆军,操玉平,于敏,等.蜜环菌菌索多糖对四氧嘧啶致胰岛细胞损伤的保护作用[J].中国药理学通报,2008,24(9):1160—1165.

[42] 许宝奎,操玉平,于敏,等.蜜环菌多糖对大鼠 INS - 1 细胞凋亡的拮抗作用[J].中国食用菌,2010,29(1):45—48.

[43] 陶文娟,沈业寿.蜜环菌糖复合物的糖链降解及其对 α -葡萄糖苷酶的抑制作用[J].中国生物工

程杂志,2005,25(B04):286—290.
[44] 刘振华,冯建利,杜怡峰.复方天麻蜜环菌制剂对大鼠脑缺血再灌注后神经细胞凋亡的影响[J].中国医院药学杂志,2008,28(7):514—517.
[45] 刘岚,冯亦璞,胡盾,等.AMG-1对小鼠和大鼠缺血脑能量代谢及神经细胞损伤的影响[J].药学学报,1991,26(12):881—885.
[46] 刘岚,冯亦璞.AMG-1和腺苷对大鼠脑突触体谷氨酸释放的影响[J].药学学报,1993,28(12):881—885.
[47] 洪毅,沈业寿,樊叶杨.蜜环菌菌索多糖的分离纯化及其部分理化性质[J].中国药学杂志,1998,33(9):526—528.
[48] 戴玲,王华,沈业寿.蜜环菌多糖对小鼠腹腔巨噬细胞免疫功能的影响[J].生物学杂志,2000,17(5):20—21.
[49] 孔小卫,江力.蜜环菌胞外多糖对小鼠免疫功能的影响[J].安徽大学学报(自然科学版),2007,31(1):87—90.
[50] 王惠国,冯宝民.蜜环菌多糖免疫调节活性的实验研究[J].陕西科技大学学报,2009,27(2):62—64.
[51] 于敏,沈业寿,梅一德.蜜环菌菌索多糖的免疫增强作用研究[J].生物学杂志,2001,18(4):16—18.
[52] 张颖,沈业寿,葛继志,等.蜜环菌多糖对低能离子束诱变作用的恢复效应[J].激光生物学报,2002,11(4):272—275.
[53] 许宝奎,张烨.蜜环菌多糖对糖尿病性白内障的防治作用研究[J].农业科学与技术(英文版),2014,15(7):1086—1088.
[54] 李延平,吴科锋,刘义.蜜环菌多糖对环磷酰胺损伤小鼠骨髓细胞的保护作用[J].中国中药杂志,2005,30(4):283—286.
[55] Markus Bohnert , Hans-Wilhelm Nützmann , Volker Schroeckh,Cytotoxic and antifungal activities of melleolide antibiotics follow dissimilar structure-activity relationships[J]. Phytochemistry, 2014, 10: 101—108.

(吉腾飞、许 芳、刘 启、胡嘉雯)

第十八章 树 舌

SHU SHE

第一节 概 述

树舌[*Ganoderma applanatum*(Pers.)Pat]为担子菌门，多孔菌目，灵芝科，灵芝属真菌，别名树舌灵芝、树舌扁灵芝、平盖灵芝[1]，在我国大部分地区均有分布。树舌性平，味微苦，具有止痛、清热、化痰、消积、抗癌等功效[2]。临床大多用于治疗神经衰弱、乙型肝炎、肺结核和食管癌[3]等病症。

树舌中含有多糖、三萜类、甾体化合物、脂类、生物碱类、氨基酸、多肽、蛋白质类、酚类、内酯、香豆素类和苷类以及微量元素等。

第二节 树舌化学成分的研究

一、树舌中三萜类化学成分的提取与分离

从树舌乙醇提取物中共分离得到18个三萜类化合物(图18－1)：灵芝酸A(ganoderic acid A)、灵芝酸B(ganoderic acid B)、赤杨酮(alnusenone)、木栓酮(friedelin)、elfvingic acids A、elfvingic acids B、elfvingic acids C、elfvingic acids D、elfvingic acids E、elfvingic acids F、elfvingic acids G、elfvingic acids H、ganoderenic acids F、ganoderenic acids G、methyl ganoderenate H、methyl ganoderenate I、furano ganodeic acid和methyl ganoderate AP[4-7]。

从树舌甲醇提取物中共分离得到8个新的三萜类化合物：树舌环氧酸A(applanoxidic acids A)、树舌环氧酸B(applanoxidic acids B)、树舌环氧酸C(applanoxidic acids C)、树舌环氧酸D(applanoxidic acids D)、树舌环氧酸E(applanoxidic acids E)、树舌环氧酸F(applanoxidic acids F)、树舌环氧酸G(applanoxidic acids G)、树舌环氧酸H(applanoxidic acids H)、3β,7β,20,23ξ-四羟基-11,15-二氧羊毛甾-8-烯-26-酸、7β,20,23ξ-三羟基-3,11,15-三氧羊毛甾-8-烯-26-酸、7β,23ξ-二羟基-3,11,15-三氧羊毛甾-8,20*E*(22)-二烯-26-酸、7β-羟基-3,11,15,23-四氧羊毛甾-8,20*E*(22)-二烯-26-酸甲酯[8-10](图18－2)。

二、树舌灵芝中三萜类化学成分的理化常数与光谱数据

灵芝酸A(ganoderic acid A) 白色针晶(甲醇)，mp 233～235℃。Liebermann-Burchard反应阳性。IR(KBr)：3 481、1 709、1 662、1 066cm^{-1}。ESI-MS *m/z*：539[M+Na]$^+$。EI-MS *m/z*：480[M－2H_2O]$^+$。^{1}H NMR(C_5D_5N, 500MHz)δ：5.22(1H, t, *J*＝9.5Hz)，4.94(1H, dd, *J*＝10.0、8.0Hz)，1.54(3H, s)，1.41(3H, s)，1.34(3H, d, *J*＝7.5Hz)，1.16(3H, s)，1.09(3H, s)，1.08(3H, s)，0.96(3H, d, *J*＝6.5Hz)。^{13}C NMR(C_5D_5N, 125MHz)δ：216.1、208.9、199.7、178.2、161.5、139.9、72.2、68.7、27.2、20.8、20.3、19.7、19.6、17.6、17.6。以上数据符合7β,15α－dihydroxy－3,11,23－trioxo－5α－lanosta－8－en－26－oic acid(ganoderic acid A)[11]。

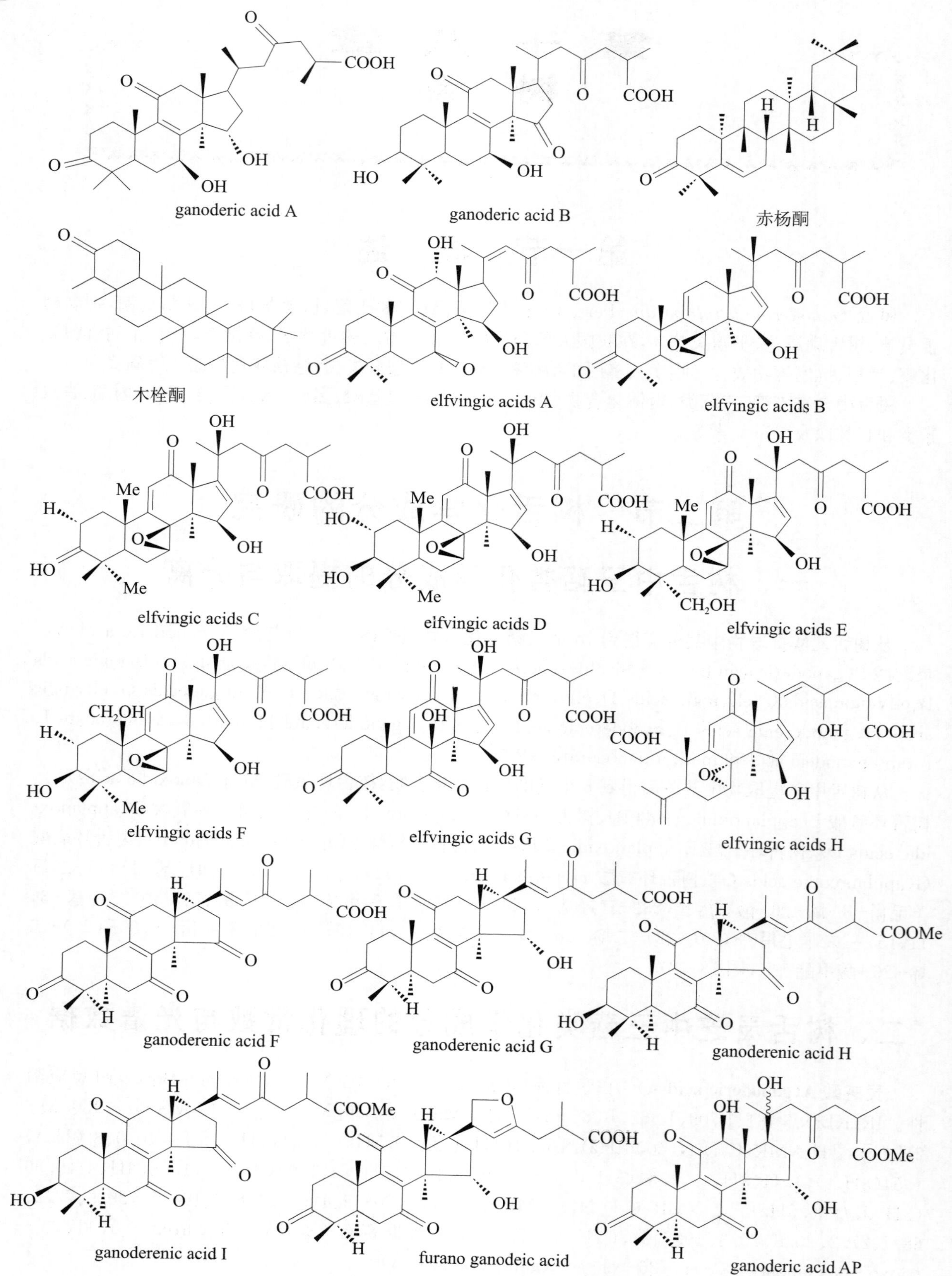

图 18-1　树舌乙醇提取物中三萜类化学成分的结构

applanoxidic acids A　　applanoxidic acids B　　applanoxidic acids C

applanoxidic acids D　　applanoxidic acids E　　applanoxidic acids F

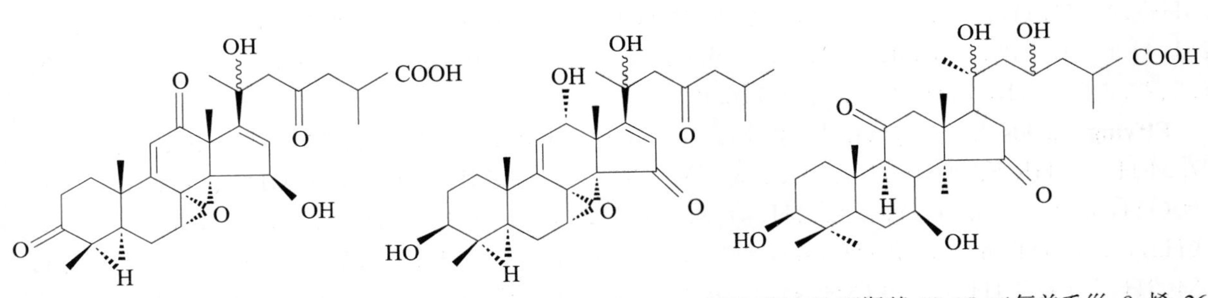

applanoxidic acids G　　applanoxidic acids H　　$3\beta,7\beta,20,23\xi$–四羟基–11,15–二氧羊毛甾–8–烯–26–酸

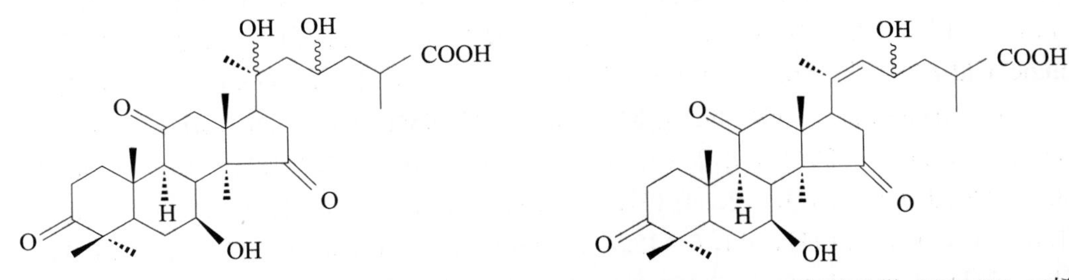

$7\beta,20,23\xi$–三羟基–3,11,15–三氧羊毛甾–8–烯–26–酸　　$7\beta,23\xi$–二羟基–3,11,15–三氧羊毛甾–8,20*E*(22)–二烯–26–酸

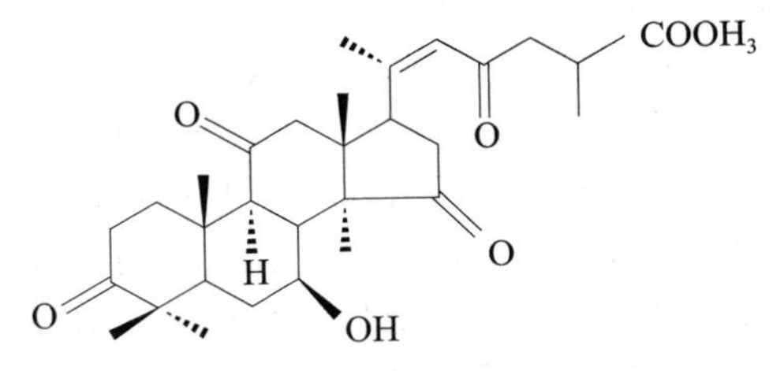

7β–羟基–3,11,15,23–四氧羊毛甾–8,20*E*(22)–二烯–26–酸甲酯

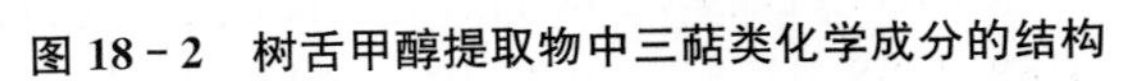

图 18－2　树舌甲醇提取物中三萜类化学成分的结构

灵芝酸 B(ganoderic acid B) 无色针晶(丙酮),mp 233～235℃。Liebermann-Burchard 反应阳性。IR(KBr):3 539、3 386、1 739、1 709、1 647cm^{-1}。ESI-MS 显示 m/z:517[M+H]$^+$,499[M-OH]$^+$。^{1}H NMR($CDCl_3$,300MHz)δ:4.79(1H,t,J=8.7Hz),3.21(1H,dd,J=9.9Hz,3.6Hz),1.34(3H,s),1.22(3H,d,J=7.8Hz),1.21(3H,s),1.02(3H,s),1.00(3H,s),0.97(3H,d,J=6.6Hz),0.84(3H,s)。^{13}C NMR($CDCl_3$,75MHz)δ:217.5、207.7、197.9、180.4、156.8、142.6、78.3、66.8、28.1、24.4、19.6、18.4、17.4、16.9、15.4。以上数据与文献[11]报道的 3β,7β-dihydroxy-11,15,23-trioxo-5α-lanosta-8-en-26-oic acid(ganoderic acid B)相符。

赤杨酮(alnusenone) 无色针状结晶(氯仿),mp 245～247℃。$[\alpha]_D^{23}$+28.8(c 0.4,$CHCl_3$),Liebermann-Burchard 反应阳性。EI-MS m/z:424[M$^+$]。^{1}H NMR(300MHz,$CDCl_3$)δ:1.24(3H,s)、1.23(3H,s)、1.17(3H,s)、1.10(3H,s)、1.03(3H,s)、0.99(3H,s)、0.96(3H,s)、0.82(3H,s)。^{13}C NMR(75MHz,$CDCl_3$)δ:215.3、142.4、121.3、50.6、50.0、47.0、43.1、38.9、21.6、39.3、38.1、37.9、35.9、35.1、35.1、34.5、34.1、33.1、32.4、32.0、31.9、30.3、30.1、28.5、28.2、24.4、23.6、19.3、18.4、15.6。上述理化性质和波谱数据与文献报道[12,13]的赤杨酮一致,因此鉴定该化合物为赤杨酮(alnusenone)。

木栓酮(friedelin) 无色针状结晶 (石油醚),mp 230～232℃,Liebermann-Burchard 反应阳性。ESI-MS m/z:449.4[M+Na]$^+$,465.4[M+K]$^+$。IR(KBr):2 927、2 869、1 715、1 389cm^{-1}。^{1}H NMR($CDCl_3$,500MHz)δ:2.26(1H,q),2.40(1H,m),2.24(1H,q),1.98(1H,m),1.74(1H,m),1.69(1H,dd),1.19(3H,s),1.05(3H,s),1.01(3H,s),1.00(3H,s),0.95(3H,s),0.88(3H,d,J=7.0Hz),0.87(3H,s),0.72(3H,s);^{13}C NMR($CDCl_3$,125MHz)δ:213.2、59.5、58.2、53.1、42.8、42.1、41.5、41.3、39.7、39.3、38.3、37.5、36.0、35.6、35.3、35.0、32.8、32.4、32.1、31.8、30.5、30.0、28.2、22.3、20.3、18.7、18.2、17.9、14.7、6.8。

Elfvingic acids A 无定形粉末(甲醇)。IR(KBr):3 400、1 705、1 685、1 670cm^{-1}。FAB-MS m/z:527[M-H]$^-$。HR-FAB-MS m/z:551.263 4[M+Na]$^+$。^{1}H NMR(C_5D_5N,600MHz)δ:6.65(1H,s),4.90(1H,br d,J=6.0Hz),4.22(1H,s),3.70(1H,dd,J=9.6、9.3Hz),3.17(1H,dd,J=17.5、5.9Hz),2.74(1H,m),2.55(1H,dd,J=17.5、5.9Hz),2.55(3H,s),2.53(1H,m),1.89(3H,s),1.34(3H,d,J=7.4Hz),1.32(3H,s),1.29(3H,s),1.10(3H,s),1.08(3H,s)。^{13}C NMR(C_5D_5N,150MHz)δ:215.2、203.8、202.7、198.9、178.5、157.5、152.0、149.8、125.3、78.9、76.8、54.1、51.0、50.5、48.7、48.1、47.2、39.7、37.9、36.5、36.2、35.6、34.6、27.8、27.6、21.2、20.6、18.8、18.8、18.2。

Elfvingic acid B 无定形粉末(甲醇)。IR(KBr):3 400、1 710、1 665cm^{-1}。FAB-MS m/z:527[M-H]$^-$。HR-FAB-MS m/z:551.262 5[M+Na]$^+$。^{1}H NMR($CDCl_3$,600MHz)δ:6.05(1H,s),5.66(1H,d,J=3.0Hz),4.23(1H,d,J=3.0Hz),3.85(1H,d,J=5.5Hz),3.10(1H,dd,J=18.5、8.0Hz),3.02(1H,d,J=14.4Hz),2.94(1H,m),2.81(1H,d,J=14.4Hz),2.65(1H,dd,J=18.5、5.4Hz),1.84(3H,s),1.67(1H,,dd,J=12.4、5.7Hz),1.62(1H,dd,J=12.5),1.46(3H,s),1.43(3H,s),1.20(3H,d,J=7.1Hz),1.15(3H,s),1.13(3H,s),1.00(3H,s)。^{13}C NMR(C_5D_5N,150MHz)δ:213.2、208.2、204.0、178.5、163.5、158.8、127.3、126.2、79.6、72.3、63.6、63.2、57.6、54.8、49.8、48.9、47.8、47.8、38.2、37.3、35.6、34.2、29.7、27.8、25.3、24.7、21.9、21.9、20.6、17.7。

Elfvingic acid C 无定形粉末(甲醇)。IR(KBr):3 400、1 705、1 685、1 665cm^{-1}。FAB-MS m/z:529[M-H]$^-$。HR-FAB-MS m/z:553.278 7[M+Na]$^+$。^{1}H NMR(C_5D_5N,600MHz)δ:6.15(1H,s),6.03(1H,d,J=3.0Hz),4.49(1H,s),3.94(1H,d,J=5.2Hz),3.55(1H,dd,J=18.4、7.4Hz),3.41(1H,dd,J=12.3、4.2Hz),3.30(1H,d,J=13.6Hz),3.17(1H,d,J=13.6Hz),2.97(1H,dd,J=18.4、7.4Hz),2.12(3H,s),1.75(3H,s),1.39(3H,d,J=7.1Hz),1.25(3H,s),1.20(3H,s),1.12(3H,s),1.07(3H,s)。^{13}C NMR(C_5D_5N,150MHz)δ:208.1、204.2、178.5、165.4、159.0、127.3、125.9、79.9、77.4、72.5、63.9、63.4、58.5、55.1、49.2、49.1、48.1、40.3、38.9、37.3、35.9、30.0、28.6、

28.3、28.2、25.6、21.8、21.8、17.7、16.2。

Elfvingic acid D　无定形粉末(甲醇)。IR(KBr):3 400、1 705、1 650cm^{-1}。FAB-MS m/z:545 [M-H]$^-$。HR-FAB-MS m/z:569.275 4[M+Na]$^+$。^{1}H NMR(C_5D_5N,600MHz)δ:6.32(1H,s),6.03(1H,d,J=3.0Hz),4.50(1H,d,J=3.0Hz),4.18(1H,dt,J=6.3、9.6Hz),3.95(1H,d,J=6.3Hz),3.56(1H,dd,J=18.4、7.3Hz),3.36(1H,d,J=9.6Hz),3.28(1H,d,J=13.6Hz),3.16(1H,d,J=13.6Hz),2.97(1H,dd,J=18.4、5.8Hz),2.13(3H,s),1.74(3H,s),1.38(3H,d,J=6.3Hz),1.35(3H,s),1.24(3H,s),1.10(3H,s),1.10(3H,s)。^{13}C NMR(C_5D_5N,150MHz)δ:208.9、204.1、178.5、164.7、158.9、127.2、125.9、82.8、79.8、72.5、68.1、63.9、63.4、58.3、55.1、49.2、49.1、48.1、46.1、40.4、40.1、35.9、29.9、29.1、28.3、25.6、23.2、21.9、18.1、17.3。

Elfvingic acid E　无定形粉末(甲醇)。IR(KBr):3 400、1 700、1 665cm^{-1}。FAB-MS m/z:545 [M-H]$^-$。HR-FAB-MS m/z:569.268 4[M+Na]$^+$。^{1}H NMR(C_5D_5N,600MHz)δ:6.17(1H,s),5.99(1H,d,J=3.0Hz),4.41(1H,d,J=3.0Hz),4.20(1H,d,J=11.2Hz),4.18(1H,dd,J=11.0、4.5Hz),3.90(1H,d,J=6.0Hz),3.61(1H,d,J=11.2Hz),3.56(1H,dd,J=18.0、7.5Hz),3.30(1H,d,J=13.6Hz),3.15(1H,d,J=13.6Hz),2.96(1H,dd,J=18.0、5.8Hz),2.13(3H,s),1.72(3H,s),1.38(3H,d,J=7.5Hz),1.32(3H,s),1.01(3H,s),1.01(3H,s)。^{13}C NMR(C_5D_5N,150MHz)δ:208.1、204.3、178.4、165.6、158.9、127.2、125.8、79.8、72.4、71.3、65.3、63.9、63.5、58.5、55.0、49.1、48.0、44.3、41.4、38.7、37.2、35.9、29.9、28.3、27.9、25.5、22.6、21.5、18.1、13.0。

Elfvingic acid F　无定形粉末(甲醇)。IR(KBr):3 400、1 705、1 685cm^{-1}。FAB-MS m/z:545 [M-H]$^-$。HR-FAB-MS m/z:569.275 4[M+Na]$^+$。^{1}H NMR(C_5D_5N,600MHz)δ:6.39(1H,s),6.04(1H,d,J=3.0Hz),4.52(1H,d,J=3.0Hz),4.40(1H,d,J=10.2Hz),4.19(1H,d,J=10.2Hz),4.00(1H,d,J=5.8Hz),3.54(1H,dd,J=18.3、7.5Hz),3.50(1H,dd,J=11.4、4.0Hz),3.40(1H,t,J=15.1Hz),3.28(1H,d,J=13.6Hz),3.15(1H,d,J=13.6Hz),2.94(1H,dd,J=18.3、5.9Hz),2.48(1H,dd,J=15.1、4.4Hz),2.30(3H,s),1.75(3H,s),1.35(3H,d,J=7.1Hz),1.24(3H,s),1.19(3H,s),1.07(3H,s)。^{13}C NMR(C_5D_5N,150MHz)δ:208.0、204.0、178.4、160.4、159.0、130.1、127.0、80.0、77.5、72.4、64.1、64.0、60.0、58.6、55.1、49.8、49.1、48.1、45.4、40.3、35.8、31.7、29.9、28.7、28.2、28.2、25.7、21.5、18.0、17.0。

Elfvingic acid G　无定形粉末(甲醇)。IR(KBr):3 400、1 700、1 665cm^{-1}。FAB-MS m/z:543 [M-H]$^-$。HR-FAB-MS m/z:567.257 1[M+Na]$^+$。^{1}H NMR(C_5D_5N,600MHz)δ:7.96(8-OH),6.11(1H,s),5.92(1H,d,J=3.0Hz),5.42(1H,d,J=3.0Hz),3.57(1H,dd,J=18.1、7.5Hz),3.40(1H,m),3.30(1H,dd,J=11.4、7.5Hz),3.23(1H,d,J=13.5Hz),3.16(1H,d,J=13.5Hz),2.98(1H,dd,J=18.1、5.8Hz),2.48(1H,m),2.27(3H,s),1.70(6H,s),1.38(3H,d,J=7.5Hz),1.14(3H,s),1.08(3H,s),1.04(3H,s)。^{13}C NMR(C_5D_5N,150MHz)δ:212.8、207.9、205.5、205.0、178.5、164.0、159.6、126.3、124.9、81.7、81.6、72.7、66.9、55.2、49.2、49.0、48.1、48.0、40.4、37.1、36.2、36.0、34.7、30.9、30.0、26.1、25.0、22.0、20.0、18.1。

Elfvingic acid H　无定形粉末(甲醇)。IR(KBr):3 400、1 700、1 665cm^{-1}。FAB-MS m/z:529 [M-H]$^-$。HR-FAB-MS m/z: 553.278 0[M+Na]$^+$。^{1}H NMR(C_5D_5N,600MHz)δ:6.39(1H,s),5.95(1H,br d,J=8.5Hz),5.48(1H,ddd,J=8.5、5.2、5.2Hz),5.34(1H,d,J=3.8Hz),4.92(1H,br s),4.82(1H,br s),4.26(1H,d,J=3.8Hz),3.30(1H,dd,J=11.4、7.5Hz),3.16(1H,dd,J=12.3、4.2Hz),2.15(3H,s),1.70(3H,s),1.60(3H,s),1.22(3H,s),1.21(3H,d,J=7.4Hz),1.08(3H,s)。^{13}C NMR(C_5D_5N,150MHz)δ:203.6、179.9、176.1、164.1、145.6、141.8、130.3、127.0、115.5、76.9、75.9、67.0、63.7、60.3、53.9、47.1、44.4、44.3、40.3、37.9、37.4、35.0、30.1、27.9、24.1、23.8、21.4、19.8、19.8、16.1。

Ganodernic acid F　$[\alpha]_D^{23}$+93(c 0.2,EtOH)。IR(KBr):2 970、1 680、1 600cm^{-1}。EI-MS m/z:

510.258 2[M^+]。^{1}H NMR($CDCl_3$)δ:6.06(1H,s),3.21(1H,t,J=9.3Hz),2.16(3H,s),1.69(3H,s),1.27(3H,s),1.24(3H,d,J=6.8Hz),1.1(3H,d,J=6.1Hz),1.15(3H,s),1.10(3H,s),1.08(3H,s),1.07(3H,s),1.01(3H,s)。^{13}C NMR($CDCl_3$)δ:213.3、204.9、198.4、198.1、197.2、181.2、153.6、149.5、146.9、124.6、56.8、50.8、48.5、47.8、47.6、46.8、44.8、39.5、37.1、36.1、35.1、34.9、34.7、27.2、21.5、20.9、20.3、18.4、17.5、17.0。

Ganodernic acid G $[\alpha]_D^{23}$+189(c 0.2,EtOH)。IR(KBr):3 480、2 970、1 660、1 600cm^{-1}。EI-MS m/z:512.272 8[M^+]。^{1}H NMR($CDCl_3$)δ:6.09(1H,s),4.41(1H,dd,J=9.8、5.9Hz),2.12(3H,s),1.28(3H,s),1.27(3H,s),1.23(3H,d,J=6.9Hz),1.15(3H,s),1.13(3H,s),0.74(3H,s)。^{13}C NMR($CDCl_3$)δ:213.0、204.5、199.8、197.4、181.2、155.6、152.6、150.3、124.5、72.9、52.4、52.0、50.5、49.0、48.6、47.6、46.3、39.2、36.8、35.2、35.2、33.9、32.3、27.0、21.1、20.7、20.3、17.4、17.0、16.7。

Methyl ganoderenate H $[\alpha]_D^{23}$+61(c 0.2,EtOH)。IR(KBr):3 480、2 900、1 720、1 670、1 600cm^{-1}。EI-MS m/z:526.296 9[M^+]。^{1}H NMR($CDCl_3$)δ:3.70(3H,s),3.28(1H,dd,J=10.5、5.0Hz),3.15(1H,t,J=7.0Hz),2.14(3H,s),1.55(3H,s),1.25(3H,s),1.20(3H,d,J=7.0Hz),1.04(3H,s),0.89(3H,s),0.71(3H,s)。

Methyl ganoderenate I $[\alpha]_D^{23}$+96(c 0.2,EtOH)。IR(KBr):3 550、3 000、1 760、1 700、1 640cm^{-1}。EI-MS m/z:528.309 2[M^+]。^{1}H NMR($CDCl_3$)δ:4.47(1H,dd,J=7.0、5.0Hz),3.69(3H,s),3.29(1H,dd,J=10.5、5.0Hz),2.12(3H,s),1.29(3H,s),1.22(3H,s),1.19(3H,d,J=7.0Hz),1.04(3H,s),0.90(3H,s),0.72(3H,s)。^{13}C NMR($CDCl_3$)δ:205.0、200.1、197.3、175.9、155.7、154.6、149.6、124.6、77.0、72.9、52.5、52.1、51.4、51.0、50.1、49.2、47.9、40.0、38.8、36.5、35.2、34.5、32.5、27.9、27.7、21.1、20.7、18.7、17.3、17.3、15.5。

Furanoganoderic acid $[\alpha]_D^{23}$+70(c 0.2,EtOH)。IR(KBr):3 480、2 910、1 680、1 160cm^{-1}。EI-MS m/z:510.259 9[M^+]。^{1}H NMR($CDCl_3$)δ:7.10(1H,s),5.89(1H,s),4.46(1H,dd,J=10.0、5.0Hz),3.22(1H,t,J=7.0Hz),1.29(3H,s),1.27(3H,s),1.19(3H,d,J=7.0Hz),1.15(3H,s),1.12(3H,s),0.66(3H,s)。^{13}C NMR($CDCl_3$)δ:214.9、204.5、200.9、180.0、153.6、153.2、150.9、138.4、124.4、107.7、72.9、51.8、49.6、49.3、48.2、46.6、39.4、39.2、38.5、36.9、35.2、34.3、34.0、31.7、27.3、20.5、20.4、18.9、17.6、16.6。

Methyl ganoderate AP $[\alpha]_D^{23}$+71(c 0.2,EtOH)。IR(KBr):3 400、2 960、1 700cm^{-1}。FD-MS m/z:560[M^+],EI-MS m/z:542.284 9[$M-H_2O$]$^+$。^{1}H NMR($CDCl_3$)δ:4.57(1H,s),4.36(1H,dd,J=10.0、5.0Hz),3.68(3H,s),1.48(3H,s),1.27(3H,s),1.20(3H,s),1.18(3H,d,J=7.0Hz),1.15(3H,s),0.84(3H,s)。^{13}C NMR($CDCl_3$)δ:208.9、208.9、203.5、200.9、176.3、152.6、151.1、78.5、72.9、72.1、55.3、55.0、54.4、51.4、51.2、49.1、48.3、46.2、38.9、36.8、35.0、34.5、33.9、33.3、27.9、26.4、20.7、19.6、17.3、17.2、13.1。

Applanoxidic acid A 白色结晶(甲醇)。mp 220～220℃。IR(KBr):3 350、1 700、1 680cm^{-1}。HR-MS m/z:512.272 3[M^+]。^{1}H NMR($CDCl_3$)δ:6.35(1H,s),6.03(1H,s),4.44(1H,t),4.11(1H,d,J=3.6Hz),3.37(1H,t),2.19(3H,s),1.21(3H,d,J=6.1Hz),1.15(3H,s),1.10(3H,s),1.08(3H,s),1.07(3H,s),1.01(3H,s)。^{13}C NMR($CDCl_3$)δ:216.2、201.2、198.8、179.6、163.4、157.3、130.8、126.0、71.7、66.0、60.5、59.3、50.3、47.6、45.9、45.8、40.8、40.2、36.0、34.8、33.6、33.6、28.7、24.6、23.2、21.6、20.6、18.1、17.0、14.6。

Applanoxidic acid B 白色结晶(甲醇)。mp 224～225℃。IR(KBr):3 350、1 700、1 680cm^{-1}。HR-MS m/z:512.277 4[M^+]。^{1}H NMR($CDCl_3$)δ:6.35(1H,s),6.04(1H,s),4.70(1H,d,J=4.1Hz),3.53(1H,dd,J=10.5、5.0Hz),3.30(1H,t),2.40(3H,s),1.30(3H,s),1.22(3H,d),1.16(3H,s),1.13(3H,s),1.04(3H,s),0.84(3H,s)。^{13}C NMR($CDCl_3$)δ:209.6、200.9、198.7、179.7、

165.6、154.9、128.7、126.7、78.0、71.4、62.0、58.7、54.9、47.7、43.0、41.5、39.3、38.5、37.9、35.7、34.9、28.7、27.7、25.8、21.8、20.4、18.3、18.1、17.1、17.0。

Applanoxidic acid C　白色结晶(甲醇)。mp 140～142℃。IR(KBr):3 350、1 700、1 680cm^{-1}。HR-MS m/z:511.234 0[M$^+$]。^{1}H NMR(CDCl$_3$)δ:6.12(1H,s),5.74(1H,s),4.65(1H,d,J=4.0Hz),1.61(3H,s),1.52(3H,s),1.39(3H,s),1.24(3H,s),1.18(3H,d,J=6.2Hz),1.12(3H,s),1.07(3H,s)。^{13}C NMR(CDCl$_3$)δ:215.7、206.2、202.8、199.8、181.6、179.9、167.6、129.8、125.2、73.0、62.8、62.1、59.1、54.5、52.9、47.8、46.0、40.8、40.7、35.7、35.4、34.5、30.3、29.5、28.7、24.9、24.8、22.9、21.6、16.9。

Applanoxidic acid D　白色结晶(甲醇)。mp 206－207℃。IR(KBr):3 350、1 700、1 660cm^{-1}。HR-MS m/z:528.273 1[M$^+$]。^{1}H NMR(CDCl$_3$)δ:6.02(1H,s),5.58(1H,s),4.57(1H,d,J=4.1Hz),3.23(1H,dd,J=10.5、5.0Hz),1.53(3H,s),1.44(3H,s),1.32(3H,s),1.09(3H,s),1.08(3H,s),0.95(3H,d,J=6.1Hz),0.76(3H,s)。^{13}C NMR(CDCl$_3$)δ:206.3、203.1、200.2、181.9、179.9、168.9、128.5、125.2、77.9、72.9、62.9、61.5、59.0、54.3、52.9、47.8、41.8、39.4、38.0、35.4、33.1、29.8、29.4、28.7、27.5、25.9、25.7、21.8、17.1、16.9。

Applanoxidic acid E　白色结晶(甲醇)。mp 138－139℃。IR(KBr):3 350、1 700、1 640cm^{-1}。HR-MS m/z:512.274 0[M$^+$]。^{1}H NMR(CDCl$_3$)δ:6.48(1H,s),6.04(1H,s),4.75(1H,d,J=4.1Hz),4.03(1H,d,J=6.4Hz),2.25(3H,s),1.28(3H,s),1.21(3H,d,J=6.8Hz),1.12(3H,s),1.11(3H,s),1.08(3H,s),0.98(3H,s)。^{13}C NMR(CDCl$_3$)δ:216.5、202.8、199.2、180.1、164.8、158.6、130.1、126.3、76.6、64.3、62.9、60.2、53.3、48.7、47.6、46.0、40.3、39.5、39.4、36.2、33.7、33.7、28.6、24.8、23.2、21.7、21.3、20.9、19.6、17.0。

Applanoxidic acid F　白色结晶(甲醇)。mp 145～146℃。IR(KBr):3 350、1 740、1 670cm^{-1}。HR-MS m/z:510.260 6[M$^+$]。^{1}H NMR(CDCl$_3$)δ:6.45(1H,s),6.35(1H,s),4.68(1H,d,J=4.1Hz),2.14(3H,s),1.29(3H,s),1.25(3H,s),1.11(3H,s),1.08(3H,s),1.07(3H,s)。^{13}C NMR(CDCl$_3$)δ:216.0、209.5、200.5、198.5、180.2、164.8、158.6、129.7、126.8、62.6、58.8、57.6、55.0、47.6、45.9、42.9、40.7、40.7、38.3、36.1、34.9、33.6、28.6、24.8、22.7、21.7、21.6、20.4、18.1、17.0。

Applanoxidic acid G:白色结晶(甲醇)。mp 129～130℃。IR(KBr):3 350、1 700、1 600cm^{-1}。HR-MS m/z:513.251 3[M$^+$]。^{1}H NMR(CDCl$_3$)δ:6.06(1H,s),5.64(1H,s),4.57(1H,d,J=6.4Hz),4.19(1H,d,J=4.1Hz),1.58(3H,s),1.42(3H,s),1.16(3H,d,J=6.8Hz),1.11(3H,s),1.07(3H,s),1.06(3H,s),1.05(3H,s)。^{13}C NMR(CDCl$_3$)δ:216.4、208.0、203.6、180.1、167.7、167.7、130.0、127.2、78.4、72.2、64.8、63.6、62.4、53.9、50.2、48.0、46.0、40.5、40.5、35.9、34.1、33.6、30.9、28.6、26.9、24.7、24.0、23.1、21.7、16.8。

Applanoxidic acid H　白色结晶(甲醇)。mp 161～163℃。IR(KBr):3 350、1 700、1 640cm^{-1}。HR-MS m/z:530.288 3[M$^+$]。^{1}H NMR(CDCl$_3$)δ:6.34(1H,s),4.82(1H,d,J=4.1Hz),4.13(1H,d,J=4.2Hz),3.26(1H,dd,J=10.2、5.0Hz),1.42(3H,s),1.23(3H,s),1.21(3H,d,J=6.8Hz),1.19(3H,s),1.09(3H,s),1.08(3H,s),0.83(3H,s)。^{13}C NMR(CDCl$_3$)δ:208.7、204.0、179.6、168.9、158.2、128.7、127.2、78.2、78.1、72.2、64.4、62.8、62.6、53.9、50.2、48.2、41.6、39.1、37.9、35.6、34.5、31.0、28.7、27.6、27.0、25.7、24.6、22.2、22.2、16.9。

三、树舌中甾体类成分的提取分离与结构鉴定

从树舌的提取物中可分离到17个甾体化合物,分别为:异麦角甾酮、麦角甾醇过氧化物、(24S)-24-methyl-5α-cholest-7,16-dene-3β-ol、(24S)-24-methyl-5α-cholest-7-ene-3β-ol、24-甲基胆甾烷-7,22-二烯-3β-醇、ergostatetra-4,6,8(14),22-en-3-one、麦角甾烷-7,22-二烯-3-

酮、麦角甾烷-7,22-二烯-3β-醇、麦角甾烷-7,22-二烯-3β-棕榈酸酯、麦角甾醇、麦角甾烷-5,8,22-3β,15-二醇、5α,8α-epidioxyergosta-6,9(11),22-trien-3β-ol、lucidone A、5α-ergost-7-en-3β-ol、5α-ergost-7,22-dien-3β-ol、5,8-epidioxy-5α,8α-er-gost-6,22-dien-3β-ol[14-22](图18-3)。

异麦角甾酮　　麦角甾醇过氧化物　　(24*S*)-24-methyl-5α-cholest-7,16-dene-3β-ol

(24*S*)-24-methyl-5α-cholest-7-ene-3β-ol　　ergostatetra-4,6,8(14),22-en-3-one

麦角甾烷-7,22-二烯-3-酮　　麦角甾烷-7,22-二烯-3β-醇　　麦角甾醇

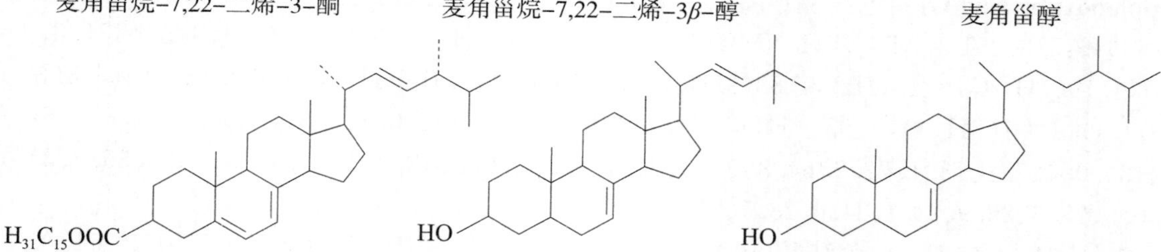

麦角甾烷-7,22-二烯-3β-棕榈酸酯　　5α-ergost-7,22-dien-3β-ol　　5α-ergost-7-en-3β-ol

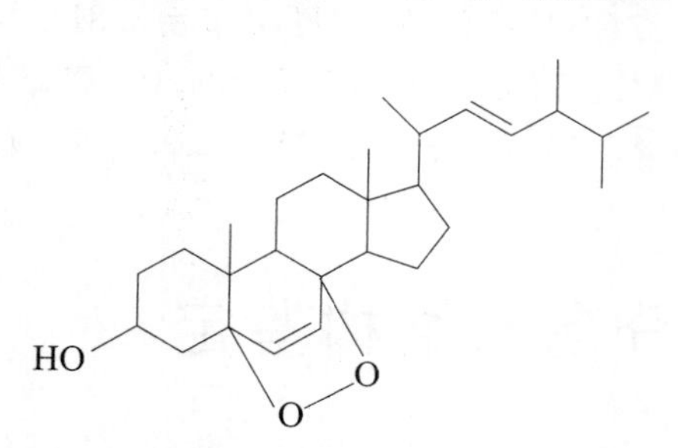

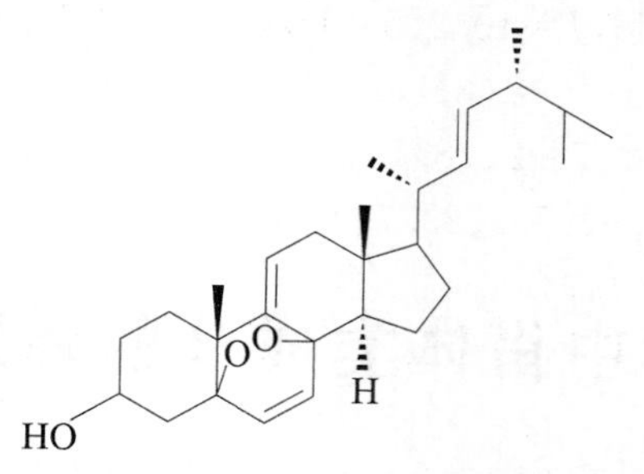

5,8-epidioxy-5α,8α-er-gost-6,22-dien-3β-ol　　5α,8α-epidioxyergosta-6,9(11),22-trien-3β-ol

图 18-3　树舌中甾醇类化学成分的结构

四、树舌中甾醇类化学成分的理化常数与光谱数据

过氧麦角甾醇(5,8-epidioxyergosta-6,22-dien-3β-ol) 白色针晶(丙酮),mp 186～187℃。EI-MS m/z:428[M⁺],410[M-H_2O]⁺,396[M-O_2]⁺。^{1}H NMR($CDCl_3$,300MHz)δ:6.51(1H,d,J=8.4Hz),6.24(1H,d,J=8.4Hz),5.23(1H,dd,J=15.0、6.6Hz),5.14(1H,dd,J=15.0,8.4Hz),4.01～3.92(1H,m)1.00(3H,d,J=6.6Hz),0.91(3H,d,J=6.9Hz),0.88(3H,s),0.84(6H,br s),0.82(3H,s)。^{13}C NMR($CDCl_3$,100MHz)δ:135.4、135.2、132.3、130.7、82.1、79.4、66.4、20.6、19.9、19.6、18.1、17.5、12.8。以上数据与文献[23]报道的5,8-epidioxyergosta-6,22-dien-3β-ol一致。

Ergosta-4,6,8(14),22-tetraen-3-one 淡黄绿色晶体(氯仿),mp 112～114℃。ESI-MS m/z:393.41[M+H]⁺。^{1}H NMR(400MHz,$CDCl_3$)δ:6.60(1H,d,J=9.6Hz),6.03(1H,d,J=9.6Hz),5.74(1H,s),5.25(1H,dd,J=7.3、15.2Hz),5.20(1H,dd,J=7.9、15.2Hz),1.05(3H,d,J=6.7Hz),0.99(3H,s),0.96(3H,s),0.92(3H,d,J=6.7Hz),0.84(3H,d,J=6.7Hz),0.82(3H,d,J=6.7Hz)。^{13}C NMR(100MHz,$CDCl_3$)δ:199.5、164.5、156.0、135.0、134.1、134.1、132.6、124.5、122.7、55.7、44.3、44.0、43.0、39.3、36.8、35.6、34.2、33.1、27.7、25.4、21.2、20.0、19.7、19.0、18.9、17.6、16.6。以上数据与文献[24]报道一致,故鉴定化合物为麦角甾-4,6,8(14),22-四烯-3-酮。

麦角甾-7,22-二烯-3-酮(ergosta-7,22-dien-3-one) 白色片状晶体(氯仿),mp178～180℃。EI-MS m/z:396[M⁺],381[M-Me]⁺,353[M-Me-CO]⁺。^{1}H NMR($CDCl_3$,300MHz)δ:5.26～5.12(3H,m),1.02(3H,d,J=6.3Hz),1.01(3H,s),0.91(3H,d,J=3.9Hz),0.84(3H,d,J=4.8Hz),0.80(3H,d,J=4.8Hz),0.57(3H,s)。^{13}C NMR($CDCl_3$,100MHz)δ:212.0、139.5、135.6、132.0、117.0、21.1、19.9、19.6、17.6、12.5、12.1。以上数据与文献[25]报道的ergosta-7,22-dien-3-one一致。

麦角甾-7,22-二烯-3β-醇(ergosta-7,22-dien-3β-ol) 白色针晶(丙酮),mp 136～138℃。EI-MS m/z:398[M⁺]。^{1}H NMR($CDCl_3$,300MHz)δ:5.20～5.16(3H,m),3.63～3.56(1H,m),1.01(3H,d,J=6.6Hz),0.93(6H,d,J=6.6Hz),0.83(6H,d,J=5.1Hz),0.79(3H,br s),0.54(3H,s)。^{13}C NMR($CDCl_3$,100MHz)δ:139.6、135.7、131.9、117.4、71.1、21.1、19.9、19.6、17.6、13.0、12.1。以上数据符合文献[25]报道的ergosta-7,22-dien-3β-ol。

麦角甾-7,22-二烯-3β-棕榈酸酯 白色粉末(石油醚),mp 92～94℃。EI-MS m/z:659.4[M+Na]⁺。^{1}H NMR(400MHz,$CDCl_3$)δ:5.64(1H,s),0.57(3H,s),1.01(3H,s),1.03(3H,d,J=6.3Hz),5.17(1H,dd,J=15.2,8.1Hz),5.22(1H,dd,J=15.2、7.4Hz),0.82(3H,d,J=4.5Hz),0.83 (3H,d,J=4.5Hz),0.90(3H,d,J=3.9Hz)。^{13}C NMR(100MHz,$CDCl_3$)δ:173.5、139.5、135.7、131.9、117.3、73.2、56.0、55.1、49.3、42.8、42.8、40.5、40.1、39.4、36.9、34.8、34.4、33.9、31.9、29.7、29.0、28.1、27.6、25.1、22.9、22.9、21.5、21.5、21.1、20.1、17.6、14.1、13.0、12.1。以上数据与文献[26]报道基本一致,故鉴定化合物为麦角甾-7,22-二烯-3β-棕榈酸酯。

麦角甾醇 无色针晶(石油醚-乙酸乙酯)。mp 165～168℃。Liebermann-Burchard反应阳性。EI-MS m/z:396[M⁺]。^{1}H NMR($CDCl_3$)δ:7.29(1H,s),5.60(1H,m),5.41(1H,m),5.21(2H,m),3.67(1H,m),2.10～1.23(21H,m),1.08(3H,d),0.93(3H,s),0.90(3H,d),0.82(3H,s),0.80(3H,s),0.65(3H,s)。^{13}C NMR($CDCl_3$,75M Hz)δ:141.4,139.8,135.6,132.1,119.6,116.4,70.5、55.8、54.6、46.3、43.3、42.9、40.9、40.5、40.4、39.2、37.1、33.1、32.1、28.3、23.0、21.6、21.2、12.1、20.0、19.7、17.6、16.3。以上数据与文献[27]报道一致,故鉴定该化合物为麦角甾醇。

第三节　树舌的生物活性

树舌多糖制剂以及复方煎剂具有免疫调节作用[28-30]，另外还有研究表明，树舌多糖还具有抗肿瘤、保肝的作用[31-33]。树舌水提物对多种真菌和病毒，如普通变形杆菌、表皮葡萄球菌、疱疹性口腔炎病毒等均具有抗菌、抗病毒活性[34-35]。经研究表明，树舌多糖有增加心肌供血供氧和降低心肌耗氧的作用[36]。树舌提取物有止痛作用，对风湿痛、神经痛、怀孕和更年期综合征均有显著作用。树舌中的腺苷能阻碍血小板凝集，从而防治因血小板凝集所产生的疾病；树舌中的生物碱可增加猫、狗冠状动脉的血流量、减少冠状动脉的阻力、降低心肌耗氧量、显著增加对缺氧的耐受性，从而具有较为明显的强心作用；树舌提取物中的腺嘌呤、腺苷、尿嘧啶、尿苷、D-甘露糖对治疗肌肉萎缩症和某些促萎缩有关的疾病有一定的效果[37]。Lees 等人[38]从树舌中分离得到的原儿茶(酚)醛，试验证明是一种有效的醛糖还原酶抑制剂，有益于糖尿病的预防和治疗。

参 考 文 献

[1] 邵力平，沈瑞祥，张素轩，等. 真菌分类学[M]. 北京：中国林业出版社，1984.

[2] 于英君，杜家忠，刘丽波，等. 树舌多糖小鼠 HepA 癌细胞 3H - TdR 和[6 - 3H]- Glucose 掺入的影响[J]. 中医药信息，1997，(3)：46.

[3] 邓学龙，朱宇同，郭兴伯，等. 先天和后天感染鸭乙肝病毒的广州麻鸭外周血中病毒血症的动态比较及应用[J]. 广州中医药大学学报，1999，16(1)：56－60.

[4] Kubota T, Asakay MI, et al. Structures of ganoderic acid A and B; two new lanostane type bitter triterpenes from *Ganoderma lucidum* (Fr.) karst. Helv Chim Acta, 1982, 65: 611－619.

[5] Protiva J, Sorkovska H, Urban J, et al. Triterpenes . 63. Triterpenes and steroids from *Ganoderma applanantum* [J]. Coll Czech Chem Commun, 1980, 45(10):2710－2713.

[6] Yoshikawa K, Nishimul Ta N, Bando S, et al. New Lanostanoids, Elfvingic Acids A-H, from the Fruit Body of *Elfvingic applanantum* [J]. Journal of Natural Prcxtucts, 2002, 65: 548－552.

[7] Nishitoba T, Goto S, Sato H, et al. Bitter Triterpenoids from the Fungus *Ganoderma applanantum* [J]. Phytochemistry, 1989, 28:193－197.

[8] Chairul, Tokuyama T, Hayashi Y, et al. Applanoxidic Acids A, B, C and D, Biologically Active Tetracyclic Triterpenes from *Ganoderma applanantum* [J]. Phytochemistry, 1991, 30: 4105－4109.

[9] Chairul, sofni M, Chairul, et al. Lanostanoid Triterpenes from *Ganoderma applanantum* [J]. Phytochemistry, 1994, 35:1305－1308.

[10] Shim SH, Ryu J, Kim JS. et al. New lanostane-Type Tritepenoids from *Ganoderma applanatum* [J]. J Nat Prod, 2004, 67:1110－1113.

[11] Kohda H, Tokumoto W, Sakamoto K, et al. The biologically active constituents of *Ganoderma lucidum* (Fr.) Karst: Histamine release-inhibitory triterpens [J]. Chem Pharm Bull, 1985, 33(4):1367－1374.

[12] 丛浦珠. 质谱学在天然有机化学中的应用[M]. 北京：科学出版社，1987.

[13] Akihisa T, Yamamoto K, Tamura T, et al. Triterpenoid ketones from *Lingnania chungii* Mcclure:Arborinone and Glutinone [J]. Chem Pharm Bull, 1992, 40(3):789—791.

[14] Singh P, Rangaswami S. Chemical Components of *Ganoderma applanatum* and *Stereum princeps* [J]. Current Science, 1966, 35(8):205—206.

[15] Sviridonov VN, Strigina LI. Isolation and identification of ergosterol peroxide from *Cetraria richardsonii* and *Ganoderma applanatum* [J]. Khimiya Prirodnykh Soedinenii, 1976, (5): 669.

[16] Strigina LI, Elkin YN, Elyakov GB. Steroid Metabolites of *Ganoderma applanatum* Basidiomycete [J]. Phytochemistry, 1971, 10(10):2361—2365.

[17] Kac D, Barbieri G, Falco MR, et al. The Major Sterols from Species of Polyporaceae [J]. Phytochemistry, 1984, 23(11):2686—2687.

[18] Yasuji Y, Chau-Shin H, Michio S. Chemical Constituents of Fungi . 3. Fluorescent Constituent from *Ganoderma applanatum* (Polypo-raceae) [J]. Tokyo Coll Nempo, 1974, 24: 427—429.

[19] Helmut R, Herbert B. Steroids from *Ganoderma applanatum*[J]. Phytochemistry, 1975, 14 (10):2297—2298.

[20] Chiang HC, Ho CC. Studies on the Constituents of *Ganoderma applanatum*[J]. Huaxue, 1990, 48(4):253—258.

[21] Gan KH, Kuo SH, Lin CN. Steroidal Constituents of *Ganoderma applanatum* and *Ganoderma neo-japonicum* [J]. J Nat Prod, 1998, 61:1421—1422.

[22] Jr. SA, Franco DM, Elza FAS, et al. Antibacterial Activity of Steroidal Compounds Isolated from *Ganoderma applanatum* Fruit Body[J]. International Journal of Medicinal Mushrooms, 1999, 1(4):325—330.

[23] Mizushina Y, Watanabe I, Togashi H, et al. An ergosterol peroxide, a natural product that selectively enhances the inhibitory effect of linoleic acid on DNA polymerase β[J]. Biol Pharm Bull, 1998, 21(5):444—448.

[24] Chobot V, Opletal L, Jahodar L, et al. Ergosta-4, 6, 8, 22-tetrane-3-one from the edible fungus, Pleurotus ostreatus (oyster fungus) [J]. Phytochemistry, 1997, 45 (8): 1669—1671.

[25] 方乍浦,孙小芳,张亚均. 紫芝(固体发酵)醇溶部分化学成分的初步研究[J]. 中成药,1989,11(7):36—38.

[26] Lin CN, Tome WP, Won SJ. A lanostanoid of Formosan *Ganoderma lucidum* [J]. Phytochemistry, 1990, 29(2):673—67

[27] Keckeis K, Sarker SD, Dinan LN. Phytoecdy steroid from *Atriplex nummularia*. Fitoterapia, 2000, 71:456—458.

[28] Nakashima S, Umeda Y, Kanada T. Effect of Polysaccharides from *Ganoderma applanatum* on Immun Responses I. Enhancing Effect on the Induction of Delayed Hypersensitivity in Mice [J]. Microbiol Immunol, 1979, 23(6):501—513.

[29] 于英君,刘丽波,何维. 树舌多糖 GF 免疫调节作用研究[J]. 中医药信息,1999,2:641

[30] 李丽秋,马淑霞,杨景云,等. 树舌中药复方煎剂对小鼠肠道菌群及体液免疫的调节作用[J]. 中国微生态学杂志,1997,9(6):24～31.

[31] 高斌,杨贵贞. 树舌多糖的免疫调节效应及其抑瘤作用[J]. 中国免疫学杂志,1989,5(6):363—366.

[32] 王本祥，刘爱静，程秀娟，等. 树舌多糖对各种实验性肝损伤的影响[J]. 中药药理与临床，1985，1(6)：186－187.

[33] 王百龄，谢树莲，卢少琪. 复方树舌片治疗慢性活动性肝炎 142 例[J]. 中国新药与临床，1990，9(5)：107－108.

[34] So KY，RymKH，Lee CK，et al. Antimicrobial Activity of *Ganoderma applanata* Extract Alone and in Combination the Some Antibiotics [J]. Yakhak Hoeji，1994，38(6)：742－748.

[35] Kug ES，Kim YS，Oh KW，et al. Mode of Antiviral Activity of Water Soluble Components Isolated from *Elfving applanata* on Vesicular Stomatitis Virus [J]. Archives of Pharmacal Reseach (Seoul)，2001，24(1)：74－78.

[36] 岳文杰，关利新. 树舌多糖对心血管作用的研究田[J]. 牡丹江医学院学报，1991，12(2)：66－68.

[37] 李忠谱. 野生活树树舌与栽培灵芝药效比较研究[J]. 中国食用菌，1994，13(2)：16－18.

[38] Lee S，Shim，SH，Kim，JS，et al. Constituents from the Fruiting Bodis of *Ganoderma applanatum* and Their Aldose Reductase Inhibitory Activity [J]. Arch Pharm Res，2006，29(6)：479－483.

（丁 平、屈敏红）

第十九章 牛樟芝

NIU ZHANG ZHI

第一节 概 述

牛樟芝(*Antrodia Camphorata*)属担子菌亚门,伞菌纲,多孔菌目,科的地位未确定,薄孔菌属。别名牛樟菇、樟芝、樟内菇、红樟菰等,原产我国台湾省的珍稀药用菌,主要分布于台湾省的桃园、苗栗、南投、高雄与花莲台东山区海拔450~2 000m之间的深山密林中,通常腐生在牛樟树上百年的树干空洞内,具有黄樟香气味。牛樟芝具有安神、怯风行气、化瘀活血、温和消积,解毒消肿与镇静止痛之效,是上好的防腐解毒蕈菌,民间还用于治疗腹痛、癌症、肝炎[1],是上等的食(药)用真菌。

第二节 牛樟芝化学成分的研究

牛樟芝的化学成分复杂,主要含有多糖、三萜、超氧歧化酶、腺苷、蛋白质、维生素、微量元素、核酸、凝集素、氨基酸、固醇类和血压稳定物质等化学成分,其中多糖、三萜与酚类物质是牛樟芝的主要生物活性成分。

一、牛樟芝多糖类化学成分的研究

王宫等[2]以牛樟芝子实体为研究对象,取子实体粉末(过20目筛)10g,5倍量95%乙醇回流提取3次,每次1.5h,离心分离乙醇,用100℃热水,料水比1:20,时间2h,旋转蒸发仪上减压浓缩热水浸提液至浸膏(约母液的1/6),加无水乙醇至乙醇体积分数为75%,置冰箱沉淀过夜,离心分离沉淀,得牛樟芝粗多糖样品。

牛樟芝多糖体中主要含有β-D-葡聚糖,天然存在的以β-(1-3)键结合的D-葡聚糖骨架呈螺旋形结构。该结构是抗肿瘤活性的重要成因,许多能抗肿瘤的葡聚糖都是β-(1-3)连接为主链,具有β-(1-6)葡聚糖分支的大分子[3]。

从牛樟芝固体和液体培养得到的子实体、菌丝体和滤出液中均可提取得到多糖体,多糖体中单糖组成成分主要为:甘露糖、葡萄糖、木糖、半乳糖,半乳糖胺、葡萄糖醛酸、核糖[4]。由牛樟芝深层培养菌丝体分离获得的多糖,按相对分子质量的大小主要分为4个部分:①$1.3\times10^6$~2.3×10^6 Da,②$2.3\times10^5$~3.8×10^5 Da,③$1.7\times10^4$~1.9×10^4 Da,④$0.3\times10^4$~0.5×10^4 Da。具有抗肿瘤活性的多糖相对分子质量在3万以上,并且相对分子质量越大作用就越强[5]。

二、牛樟芝三萜类化学成分的提取

陆震鸣[6]以液态深层发酵获得的樟芝菌丝体为研究对象,采用响应面等手段,对樟芝菌丝体中三萜的提取工艺进行了优化,同时采用大孔吸附树脂对樟芝发酵液中的三萜成分进行富集分离。

1. 樟芝菌丝体胞内三萜的提取

樟芝菌丝体经冻干后，磨成粉末，过筛（35 目），粉末粒度约为 5mm。取 0.5g 樟芝菌丝体，加入 86%乙醇 37ml，经 75℃ 加热回流提取 1.5h，减压过滤后残渣用相同的方法再提取 1 次，合并滤液，浓缩得樟芝三萜的最大得率为 3.15%。

2. 樟芝发酵液胞外三萜的提取

大孔吸附树脂 XAD-16 用乙醇浸泡 24h，充分溶胀，用乙醇冲洗至洗出液加适量水无白色浑浊现象，再依次用去离子水、甲醇洗涤。

将预处理好的树脂湿法装入玻璃色谱柱（径高比为 1∶10）中，树脂装样量为 100ml，将樟芝发酵液调整为 pH=6.0 上柱，控制流速为 2ml/min，当流出液浓度达到上样液 1/10 时，可认为树脂吸附已经饱和，停止上样。将吸附饱和的树脂分别用去离子水洗脱 2 个柱体积，40%乙醇洗脱 2 个柱体积，60%、80%的乙醇各洗脱 2 个柱体积，无水乙醇洗脱 3 个柱体积，三萜类化合物主要集中在 60%～80%乙醇解吸液中，无水乙醇洗脱液中含少量三萜类化合物。

三、牛樟芝中三萜类化学成分与波谱数据

三萜类化合物是目前牛樟芝子实体发现最多的萜类化学成分，一般被认为樟芝萃取物中苦味成分的主要来源。贺元川等人[7]汇总了近年来发现的 28 种三萜化合物，主要为麦角甾烷和羊毛甾烷两大母体结构。具体结构见图 19-1、表 19-1 和表 19-2：

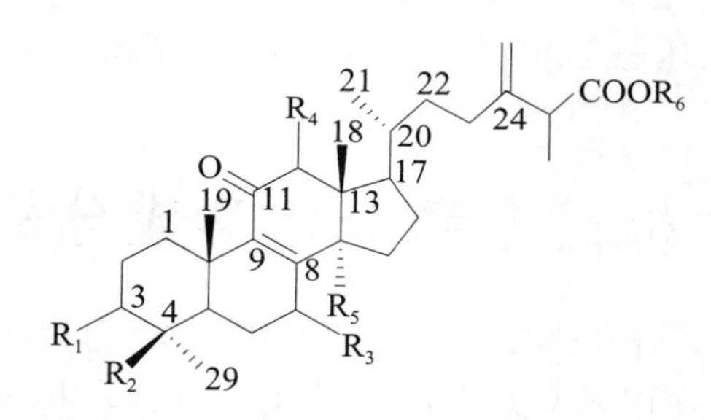

图 19-1　樟芝中麦角甾烷类三萜化合物结构母核

表 19-1　樟芝中麦角甾烷母核三萜化合物

NO	化合物	R_1	R_2	R_3	R_4	R_5	R_6
1	Antcin A	=O	H	H_2	H_2	H	H
2	Antcin B (Zhankuic acid A)	=O	H	=O	H_2	H	H
3	Antcin C	=O	H	β-OH	H_2	H	H
4	Antcin D(Zhankuic acid F)	=O	H	=O	H_2	OH	H
5	Antcin E	=O	H	H_2	H_2	—	HΔ14
6	Antcin F	=O	H	β-OH	H_2	—	HΔ14
7	Antcin G	=O	H	α-OAc	H_2	H	H
8	Antcin H(Zhankuic acid C)	α-OH	H	=O	α-OH	H	H
9	Antcin I(Zhankuic acid B)	α-OH	H	=O	H_2	H	H
10	Antcin K	α-OH	β-OH	β-OH	H_2	H	H
11	Antcin N	α-OH	H	β-OH	α-OH	H	H

（续表）

NO	化合物	R_1	R_2	R_3	R_4	R_5	R_6
12	Zhankuic acid D	=O	H	=O	H_2	H	C_2H_5
13	Zhankuic acid E	α-OH	H	=O	α-OH	H	C_2H_5
14	Methyl antcinate A	=O	H	H_2	H_2	H	CH_3
15	Methyl antcinate B	=O	H	=O	H_2	H	CH_3
16	Methyl antcinate G	=O	H	α-OAc	H_2	H	CH_3
17	Methyl antcinate H	α-OH	H	=O	α-OH	H	CH_3
18	Methyl antcinate K	α-OH	β-OH	β-OH	H_2	H	CH_3
19	Methyl antcinate N	α-OH	H	β-OH	α-OH	H	CH_3

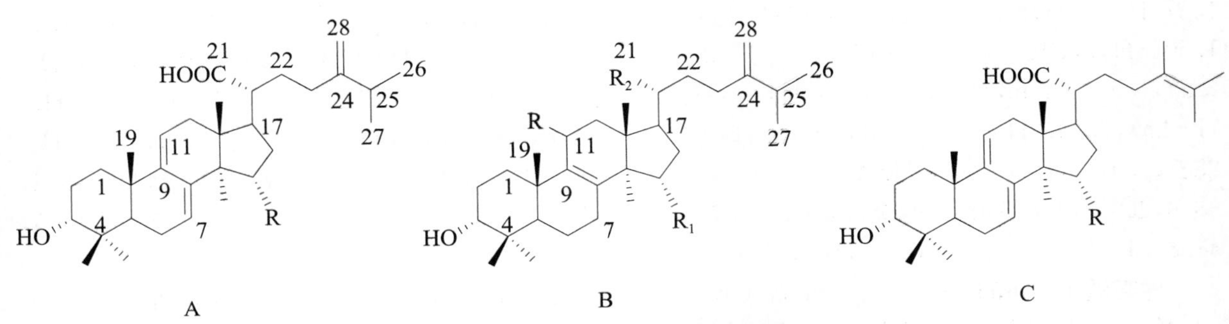

图 19-2 樟芝中羊毛甾烷类三萜化合物结构

表 19-2 樟芝中羊毛甾烷类三萜化合物

NO	化合物	R	R_1	R_2	母核
20	Dehydroeburicoic acid	H_2	—	—	A
21	Dehydrosulphurenic acid	OH	—	—	A
22	15α-Acetyl-dehydrosulphurenic acid	OAc	—	—	A
23	Eburicoic acid(EA)	=O	H_2	COOH	B
24	Sulphurenic acid(SA)	=O	OH	COOH	B
25	Versisponic acid D	=O	OAc	COOH	B
26	Eburicol	H_2	H_2	CH_3	B
27	3β,15α-Dihydroxylanosta-7,9(11),24-trien-21-oic acid	OH	—	—	C
28	3,11-dioso-lanosta-8,23-dien-26-oic acid	CH_3	—	—	C

樟芝酸 A(Antcin A) 无色晶体，mp 173～175℃。Liebermann-Burchard 反应阳性。$[\alpha]_D^{25}+152$ (c 0.25，$CHCl_3$)。IR(KBr)：3 400、3 064、2 960、2 872、1 734、1 710、1 653、1 610、1 589、1 458、1 379、1 172、890cm^{-1}。UV λ_{max}(MeOH)(logε)251.5nm。EI-MS(30ev)m/z：454[M^+]，410[$M-CO_2$]$^+$，341[$M-C_6H_9O_2$]$^+$，HR-MS m/z：454.309 4(计算值 $C_{29}H_{42}O_4$ 454.308 5)。^1H NMR($CDCl_3$，400MHz)δ：1.37(1H，H-1α)，3.15(1H，H-1β)，2.50(1H，H-2α)，2.37(1H，H-2β)，2.40(1H，m，H-4)，1.40(1H，H-5)，1.78(1H，H-6α)，1.43(1H，H-6β)，2.30(1H，H-7α)，2.22(1H，H-7β)，2.33(1H，d，J=14Hz，H-12α)，2.80(1H，J=14Hz，H-12β)，2.63(1H，dd，J=11.5、7.6Hz，H-14)，1.52(1H，H-15α)，1.81(1H，H-15β)，1.42(1H，H-16α)，1.97(1H，H-16β)，1.50(1H，H-17)，0.73(3H，s，CH_3-18)，1.33(3H，s，CH_3-19)，1.45(1H，m，H-20)，0.93(3H，d，J=5.4Hz，CH_3-21)，1.22(1H，H-22α)，1.67(1H，H-22β)，1.99(1H，H-23α)，2.17(1H，H-23β)，

3.15(1H,q,J=6.8Hz,H－25),1.30(3H,d,J=6.8Hz,CH_3－27),4.97(1H,H－28α),4.92(1H,H－28β),1.05(3H,d,J=6.3Hz,CH_3－29)。^{13}C NMR($CDCl_3$,100MHz)δ:35.0,37.8,217.3,44.3,50.5,20.8,30.2,157.5,138.6,38.6,200.2,57.6,47.2,53.0,23.6,27.4,55.2,12.0,17.4,35.7,18.3,33.7,31.3,148.2,45.3,179.7,16.1,111.3,11.8[8]。

樟芝酸 B(Antcin B) 浅黄色针晶,mp 136～138℃。$[\alpha]_D^{25}$+77.6(c 1.47,$CHCl_3$)。IR(KBr):3 440、2 942、2 882、1 708、1 680、1 462、1 416、1 384、1 272、1 236、1 108、1 026、902、650cm^{-1}。UV λ_{max}(MeOH)266nm。EI-MS m/z:468[M^+],HR-MS m/z:468.287 2(计算值 $C_{29}H_{40}O_5$ 468.287 6)。^{1}H NMR($CDCl_3$,300MHz)δ:1.40 (1H,m,H－1α),3.04(1H,ddd,J=2.7、6.6、13.4Hz,H－1β),2.50(1H,m,H－2α),2.48(1H,m,H－2β),2.42(1H,m,H－4),1.88(1H,td,J=12.7、4.3Hz,H－5),2.43(1H,m,H－6α),2.46(1H,m,H－6β),2.37(1H,br d,J=14Hz,H－12α),2.91(1H,d,J=14Hz,H－12β),2.63(1H,dd,J=11.9、7.3Hz,H－14),1.40(1H,m,H－15α),2.45(1H,m,H－15β),1.20(1H,m,H－16α),2.00(1H,m,H－16β),1.40(1H,m,H－17),0.66(3H,s,CH_3－18),1.50(3H,s,CH_3－19),1.40(1H,m,H－20),0.90(3H,d,J=5.4Hz,CH_3－21),1.18(1H,m,H－22α),1.55(1H,m,H－22β),1.95(1H,m,H－23α),2.18(1H,m,H－23β),3.11(1H,q,J=7.0Hz,H－25),1.26(3H,d,J=7.0Hz,CH_3－27),4.88(1H,d,J=2.6Hz,H－28α),4.94(1H,br s,H－28β),1.01(3H,d,J=6.5Hz,CH_3－29)。^{13}C NMR($CDCl_3$,75MHz)δ:34.7,37.5,210.8,43.9,48.8,38.9,200.8,145.5,151.9,38.3,202.6,57.3,47.1,49.2,24.8,27.8,53.9,11.9,16.2,35.6,18.5,33.8,31.3,148.0,45.6,180.1,16.1,111.4,11.4[9]。

樟芝酸 C(Antcin C) 白色针晶,mp 187～189℃。Liebermann-Burchard 反应阳性。$[\alpha]_D^{25}$+60.0(c 0.1,$CHCl_3$)。IR(KBr):3 100、1 728、1 710、1 676、1 653、1 639、1 458、1 377、1 197、893cm^{-1}。UV λ_{max} (MeOH) 253nm。EI-MS (30ev) m/z: 470 [M^+], HR-MS m/z: 470.305 1 (计算值 $C_{29}H_{42}O_5$ 470.303 4)。^{1}H NMR($CDCl_3$,400MHz)δ:1.25(1H,H－1α),2.90(1H,H－1β),2.50(1H,H－2α),2.35(1H,H－2β),2.35(1H,H－4),1.43(1H,H－5),1.53(1H,H－6α),2.50(1H,H－6β),4.40(1H,dd,J=7.6、8.8Hz,H－7),2.30(1H,d,J=14Hz,H－12α),2.85(1H,J=14Hz,H－12β),2.70(1H,dd,J=11.4、6.6Hz,H－14),1.90(1H,H－15α),2.10(1H,H－15β),1.43(1H,H－16α),1.90(1H,H－16β),1.40(1H,H－17),0.79(3H,s,CH_3－18),1.46(3H,s,CH_3－19),1.40(1H,H－20),0.94(3H,d,J=5.6Hz,CH_3－21),1.25(1H,H－22α),1.58(1H,H－22β),1.95(1H,H－23α),2.15(1H,H－23β),3.10(1H,q,J=7.2Hz,H－25),1.31(3H,d,J=7.2Hz,CH_3－27),4.99(1H,H－28α),4.93(1H,H－28β),1.04(3H,d,J=6.4Hz,CH_3－29)。^{13}C NMR($CDCl_3$,100MHz)δ:35.7,37.8,212.4,43.9,48.2,32.5,69.9,153.0,141.0,37.1,201.0,57.9,47.6,53.1,24.8,27.9,54.4,12.1,17.5,35.8,18.5,33.8,31.4,148.0,45.3,179.0,16.1,111.0,11.5[8]。

樟芝酸 D(Antcin D) 黄色针晶,mp 173～176℃。$[\alpha]_D^{25}$+109(c 0.55,$CHCl_3$)。IR(CaF_2,$CHCl_3$):3 400、3 020、2 978、1 720、1 709、1 680、1 460、1 420、1 377、1 230、1 174、1 107、875cm^{-1}。UV λ_{max} (MeOH) 256nm。EI-MS (30ev) m/z: 484 [M^+], HR-MS m/z: 484.283 1 (计算值 $C_{29}H_{40}O_6$ 484.282 6)。^{1}H NMR($CDCl_3$,400MHz)δ:1.56(1H,H－1α),3.02(1H,H－1β),2.60(1H,H－2α),2.44(1H,H－2β),2.50(1H,H－4),2.01(1H,H－5),2.46(1H,H－6α),2.53(1H,H－6β),2.50(1H,d,J=13.7Hz,H－12α),3.18(1H,d,J=13.7Hz,H－12β),1.88(1H,H－15α),2.34(1H,H－15β),1.38(1H,H－16α),2.07(1H,H－16β),2.04(1H,H－17),0.81(3H,s,CH_3－18),1.53(3H,s,CH_3－19),1.42(1H,H－20),0.94(3H,d,J=6.4Hz,CH_3－21),1.25(1H,H－22α),1.62(1H,H－22β),1.98(1H,H－23α),2.17(1H,H－23β),3.15(1H,q,J=7.3Hz,H－25),1.30(3H,d,J=7.3Hz,CH_3－27),4.97(1H,H－28α),4.92(1H,H－28β),1.06(3H,d,J=6.4Hz,CH_3－29)。^{13}C NMR($CDCl_3$,100MHz)δ:35.6,37.4,210.7,44.0,48.8,38.9,201.3,144.2,152.0,38.4,202.9,50.1,49.3,81.0,33.3,26.6,48.3,17.2,16.3,35.4,18.5,34.1,31.4,148.1,45.4,179.7,

16.2,111.4,11.5[10]。

樟芝酸E(Antcin E) 黄色黏稠物。$[\alpha]_D^{25}+76.7(c\ 1.2,CHCl_3)$。IR($CaF_2$,$CHCl_3$):3 400、3 024、2 970、2 934、2 881、1 720、1 705、1 658、1 616、1 570、1 458、1 423、1 377、1 236、1 195、906、891cm^{-1}。UV λ_{max}(MeOH)295nm。EI-MS(30ev)m/z:452[M^+],HR-MS m/z:452.293 0(计算值 $C_{29}H_{40}O_4$ 452.292 8)。^1H NMR($CDCl_3$,400MHz)δ:1.29(1H,H-1α),2.91(1H,H-1β),2.53(1H,H-2α),2.18(1H,H-2β),2.40(1H,H-4),1.45(1H,H-5),1.84(1H,H-6α),1.48(1H,H-6β),2.49(1H,H-7α),2.46(1H,H-7β),2.53(1H,d,J=13.2Hz,H-12α),2.66(1H,d,J=13.2Hz,H-12β),5.87(1H,br s,H-15),2.52(1H,H-16α),2.50(1H,H-16β),1.75(1H,H-17),0.92(3H,s,CH_3-18),1.41(3H,s,CH_3-19),1.60(1H,H-20),0.92(3H,d,J=5.4Hz,CH_3-21),1.26(1H,H-22α),1.62(1H,H-22β),2.20(1H,H-23α),2.05(1H,H-23β),3.14(1H,q,J=6.8Hz,H-25),1.30(3H,d,J=6.8Hz,CH_3-27),4.99(1H,H-28α),4.95(1H,H-28β),1.08(3H,d,J=6.8Hz,CH_3-29)。^{13}C NMR($CDCl_3$,100MHz)δ:35.0,36.1,213.1,44.2,50.3,20.7,27.8,138.0,143.0,36.7,200.6,55.8,48.3,148.0,126.0,37.8,56.5,17.4,18.0,33.4,18.3,33.6,31.2,148.4,45.4,179.9,16.2,111.3,11.6[10]。

樟芝酸F(Antcin F) 针晶。$[\alpha]_D^{25}+120(c\ 0.15,CHCl_3)$。IR($CaF_2$,$CHCl_3$):3 400、3 038、3 020、2 934、1 720、1 707、1 666、1 608、1 458、1 377、1 234、1 087、898、873、854cm^{-1}。UV λ_{max}(MeOH)294nm。EI-MS(30ev)m/z:468[M^+],HR-MS m/z:468.287 8(计算值 $C_{29}H_{40}O_5$ 468.287 7)。^1H NMR($CDCl_3$,400MHz)δ:1.26(1H,H-1α),2.83(1H,H-1β),2.64(1H,H-2α),2.33(1H,H-2β),2.40(1H,H-4),1.40(1H,H-5),2.30(1H,H-6α),1.53(1H,H-6β),4.66(1H,dd,J=7.3、9.3Hz,H-7)2.74(1H,d,J=13.7Hz,H-12α),2.54(1H,d,J=13.7Hz,H-12β),6.04(1H,br s,H-15),2.40(1H,H-16α),2.40(1H,H-16β),1.66(1H,H-17),0.98(3H,s,CH_3-18),1.51(3H,s,CH_3-19),1.64(1H,H-20),0.95(3H,d,J=6.4Hz,CH_3-21),1.27(1H,H-22α),1.59(1H,H-22β),2.20(1H,H-23α),2.05(1H,H-23β),3.17(1H,q,J=6.8Hz,H-25),1.31(3H,d,J=6.8Hz,CH_3-27),4.99(1H,H-28α),4.95(1H,H-28β),1.08(3H,d,J=6.8Hz,CH_3-29)。^{13}C NMR($CDCl_3$,100MHz)δ:35.2,36.5,212.1,43.8,47.1,30.6,67.0,145.0,144.0,37.1,200.9,56.1,49.5,140.0,121.6,37.7,56.3,17.3,17.8,33.4,18.5,33.7,31.1,148.1,45.5,179.0,16.3,111.4,11.6[10]。

樟芝酸H(Antcin H, Zhankuic acid C) 浅黄色针晶,mp 164~168℃。$[\alpha]_D^{25}+118(c\ 0.125,CHCl_3)$。IR(KBr):3 435、2 973、2 937、1 711、1 674、1 459、1 380、1 218、1 236、1 060、990、901cm^{-1}。UV λ_{max}(MeOH)270nm。EI-MS(30ev)m/z:486[M^+],HR-MS m/z:486.298 2(计算值 $C_{29}H_{42}O_6$ 486.298 1)。^1H NMR($CDCl_3$,300MHz)δ:1.35(1H,m,H-1α),2.22(1H,m,H-1β),1.75(2H,H-2α),3.76(1H,br s,H-3),1.70(1H,H-4),2.03(1H,H-5),2.40(1H,H-6α),2.22(1H,H-6β),4.02(1H,d,H-12),2.98(1H,dd,J=12.2,7.4Hz,H-14),1.42(1H,m,H-15α),2.50(1H,m,H-15β),1.25(1H,m,H-16α),1.95(1H,m,H-16β),1.85(1H,m,H-17),0.61(3H,s,CH_3-18),1.26(3H,s,CH_3-19),1.42(1H,m,H-20),0.92(3H,d,J=6.3Hz,CH_3-21),1.15(1H,m,H-22α),1.55(1H,m,H-22β),1.87(1H,m,H-23α),2.15(1H,m,H-23β),3.16(1H,q,J=7.0Hz,H-25),1.28(3H,d,J=7.0Hz,CH_3-27),4.90(1H,br s,H-28α),4.95(1H,br s,H-28β),0.91(3H,d,J=6.5Hz,CH_3-29)。^{13}C NMR($CDCl_3$,75MHz)δ:27.9,29.0,70.4,34.6,40.8,38.4,201.7,144.8,152.3,38.4,202.7,80.8,49.7,42.0,24.0,26.9,45.7,11.5,16.1,35.3,17.9,34.0,30.8,148.2,45.7,179.0,16.1,111.5,15.6[9]。

樟芝酸I(Antcin I, Zhankuic acid B) 浅黄色针晶,mp 188~191℃。$[\alpha]_D^{25}+44.4(c\ 0.26,CHCl_3)$。IR(KBr):3 436、2 941、2 929、1 708、1 678、1 459、1 381、1 233、992、901cm^{-1}。UV λ_{max}(MeOH)261nm。EI-MS(30ev)m/z:470[M^+],HR-MS m/z:470.304 7(计算值 $C_{29}H_{42}O_5$ 470.303 2)。

^1H NMR($CDCl_3$,300MHz)δ:1.40(1H,m,H-1α),2.50(1H,m,H-1β),1.70(1H,m,H-2α),1.80(1H,m,H-2β),3.78(1H,br s,H-3),1.72(1H,m,H-4),2.13(1H,td,J=10.8,4.3Hz,H-5),2.39(1H,dd,J=15、4.3Hz,H-6α),2.23(1H,t,J=15Hz,H-6β),2.39(1H,d,J=14Hz,H-12α),2.87(1H,d,J=14Hz,H-12β),2.60(1H,dd,J=11.8、7.3Hz,H-14),1.40(1H,m,H-15α),2.50(1H,m,H-15β),1.25(1H,m,H-16α),1.98(1H,m,H-16β),1.40(1H,m,H-17),0.65(3H,s,CH_3-18),1.29(3H,s,CH_3-19),1.40(1H,m,H-20),0.91(3H,d,J=5.3Hz,CH_3-21),1.18(1H,m,H-22α),1.56(1H,m,H-22β),1.95(1H,m,H-23α),2.16(1H,m,H-23β),3.13(1H,q,J=7.0Hz,H-25),1.28(3H,d,J=7.0Hz,CH_3-27),4.96(1H,br s,H-28α),4.94(1H,br s,H-28β),0.94(3H,d,J=6.8Hz,CH_3-29)。^{13}C NMR($CDCl_3$,75MHz)δ:27.9,29.2,70.4,34.7,41.2,38.1,202.2,144.7,153.8,38.8,202.8,57.6,47.4,49.6,25.0,27.9,54.1,12.0,16.2,35.7,18.6,34.0,31.5,148.3,45.5,178.8,16.2,111.5,15.7[9]。

Zhankuic acid D 浅黄色针晶。IR(KBr):2 976、2 938、1 733、1 712、1 650、1 459、1 378、1 375、1 239、1 189、1 183、903cm^{-1}。UV λ_{max}(MeOH)244nm。EI-MS m/z:496[M^+]。^1H NMR($CDCl_3$,300MHz)δ:1.40(1H,H-1α),3.04(1H,H-1β),2.42(1H,H-2α),2.50(1H,H-2β),2.43(1H,m,H-4),1.86(1H,H-5),2.40(1H,H-6α),2.50(1H,H-6β),2.38(1H,br d,J=14Hz,H-12α),2.91(1H,d,J=14Hz,H-12β),2.62(1H,dd,J=11.9、7.3Hz,H-14),1.40(1H,H-15α),2.46(1H,H-15β),1.20(1H,H-16α),1.95(1H,H-16β),1.40(1H,H-17),0.67(3H,s,CH_3-18),1.50(3H,s,CH_3-19),1.40(1H,H-20),0.91(3H,d,J=5.3Hz,CH_3-21),1.19(1H,m,H-22α),1.55(1H,H-22β),1.92(1H,H-23α),2.13(1H,m,H-23β),3.08(1H,q,J=7.0Hz,H-25),1.23(3H,d,J=7.0Hz,CH_3-27),4.84(1H,br s,H-28α),4.89(1H,d,J=4.0Hz,H-28β),1.01(3H,d,J=6.6Hz,CH_3-29),4.10(2H,q,J=7.1Hz,OCH_2CH_3),1.21(3H,t,J=7.1Hz,OCH_2CH_3)。^{13}C NMR($CDCl_3$,75MHz)δ:34.7,37.5,210.8,43.9,48.9,38.9,200.7,145.5,151.9,38.3,202.5,57.3,47.1,49.3,24.8,27.8,54.0,11.9,16.2,35.6,18.5,33.8,31.2,148.5,45.6,174.5,16.2,110.8,11.4,60.5,14.2[11]。

Zhankuic acid E 浅黄色针晶。IR(KBr):3 387、2 955、2 926、2 869、1 730、1 668、1 460、1 377、1 329、1 186、990、973、904cm^{-1}。UV λ_{max}(MeOH)268nm。EI-MS m/z:514[M^+]。^1H NMR($CDCl_3$,300MHz)δ:3.77(1H,br s,H-3),4.04(1H,s,H-12β),2.99(1H,dd,J=12.4,7.4Hz,H-14),0.62(3H,s,CH_3-18),1.29(3H,s,CH_3-19),0.95(3H,d,J=5.5Hz,CH_3-21),3.09(1H,q,J=7.0Hz,H-25),1.28(3H,d,J=7.0Hz,CH_3-27),4.84(1H,d,J=3.9Hz,H-28α),4.89(1H,d,J=3.9Hz,H-28β),0.93(3H,d,J=6.3Hz,CH_3-29),4.11(2H,q,J=7.1Hz,OCH_2CH_3),1.21(3H,t,J=7.1Hz,OCH_2CH_3)。^{13}C NMR($CDCl_3$,75MHz)δ:27.8,28.9,70.4,34.5,40.7,38.1,201.6,144.9,152.4,38.3,202.7,80.8,49.5,41.8,23.9,26.9,45.6,11.5,16.1,35.4,17.9,33.9,31.2,148.5,45.6,174.5,16.3,110.7,15.6,60.5,14.2[11]。

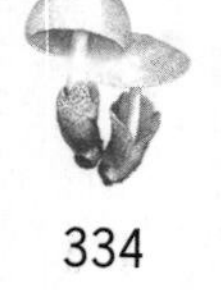

Methyl antcinate G 无色液体。$[\alpha]_D^{25}$+114.5(c 1.1,$CHCl_3$)。IR(KBr):1 735、1 707、1 733、1 666、1 373、1 226、1 192、890cm^{-1}。UV λ_{max}($CHCl_3$)249.5nm。EI-MS m/z:526[M^+],HR-MS m/z:526.328 5(计算值 $C_{32}H_{46}O_6$ 526.329 4)。^1H NMR($CDCl_3$,400MHz)δ:1.42(1H,H-1α),3.10(1H,H-1β),2.40(1H,H-2α),2.55(1H,H-2β),2.35(1H,H-4),1.66(1H,H-5),1.61(1H,H-6α),1.82(1H,H-6β),5.36(1H,br s,H-7),2.38(1H,d,J=14.6Hz,H-12α),2.86(1H,d,J=14.6Hz,H-12β),2.69(1H,dd,H-14),1.45(1H,H-15α),1.61(1H,H-15β),1.36(1H,H-16α),1.96(1H,H-16β),1.48(1H,H-17),0.71(3H,s,CH_3-18),1.32(3H,s,CH_3-19),1.45(1H,H-20),0.93(3H,d,J=5.8Hz,CH_3-21),1.20(1H,H-22α),1.52(1H,H-22β),1.93(1H,H-23α),2.13(1H,H-23β),3.13(1H,q,J=6.8Hz,H-25),1.28(3H,d,J=6.8Hz,CH_3-27),4.88(1H,H-28α),4.93(1H,d,H-28β),1.00(3H,d,J=6.8Hz,CH_3-29),2.08(3H,s,

OAc),3.68(3H,s,OCH_3)。^{13}C NMR($CDCl_3$,100MHz)δ:34.7,37.6,212.5,43.5,45.3,27.8,68.4,142.8,150.0,37.1,200.3,57.6,47.4,51.0,22.9,27.4,55.0,11.9,16.3,35.7,18.4,33.8,31.1,148.4,45.6,175.0,16.3,110.9,51.9,51.9,170.0,21.2[10]。

Methyl antcinate H　黄色针晶,mp 188～191℃。$[\alpha]_D^{25}$+102.0(c 0.45,$CHCl_3$)。IR(CaF_2,$CHCl_3$):3 437、3 634、3 018、2 935、1 730、1 676、1 458、1 437、1 377、1 238、1 170、1 055、896、877cm^{-1}。UV λ_{max}(MeOH)274nm。EI-MS m/z:500[M^+],HR-MS m/z:500.313 9(计算值 $C_{30}H_{44}O_6$ 500.313 9)。^{1}H NMR($CDCl_3$,400MHz)δ:2.34(1H,H-1α),1.43(1H,H-1β),1.79(2H,H-2),3.79(1H,H-3),1.72(1H,H-4),2.14(1H,H-5),2.40(1H,H-6α),2.22(1H,H-6β),4.05(1H,s,H-12β),3.02(1H,dd,H-14),1.49(1H,H-15α),2.53(1H,H-15β),1.26(1H,H-16α),1.95(1H,H-16β),1.83(1H,H-17),0.64(3H,s,CH_3-18),1.30(3H,s,CH_3-19),1.40(1H,H-20),0.97(3H,d,J=6.8Hz,CH_3-21),1.17(1H,H-22α),1.57(1H,H-22β),1.89(1H,H-23α),2.17(1H,H-23β),3.14(1H,q,J=6.8Hz,H-25),1.27(3H,d,J=6.8Hz,CH_3-27),4.89(1H,H-28α),4.92(1H,H-28β),0.96(3H,d,J=7.3Hz,CH_3-29),3.68(3H,s,OCH_3)。^{13}C NMR($CDCl_3$,100MHz)δ:27.8,28.9,70.4,34.5,40.7,38.1,201.7,144.6,152.2,38.3,202.6,80.7,49.5,41.8,23.9,26.9,45.5,11.4,16.1,35.4,18.0,33.8,31.3,148.5,45.6,175.0,16.3,110.9,15.6,51.9[10]。

Methyl antcinate K　白色片状,mp 195～197℃。$[\alpha]_D^{25}$+100(c 0.40,$CHCl_3$)。HR-MS m/z:502.329 8(计算值 $C_{30}H_{46}O_6$ 502.328 9)。^{1}H NMR(pyridine-d_5,500MHz)δ:2.09(1H,m,H-1α),3.12(1H,br d,J=13.0Hz,H-1β),1.92(1H,m,H-2α),2.73(1H,m,H-2β)4.06(1H,br s,H-3),2.17(1H,br d,J=13.0Hz,H-5),2.42(1H,m,H-6α),2.68(1H,H-6β),4.63(1H,br s,H-7),2.46(1H,d,J=13.5Hz,H-12α),2.97(1H,d,J=13.5Hz,H-12β),2.68(1H,H-14),2.10(1H,m,H-15α),2.52(1H,m,H-15β),1.30(1H,m,H-16α),1.90(1H,m,H-16β),1.40(1H,m,H-17),0.91(3H,s,CH_3-18),2.04(3H,s,CH_3-19),1.38(1H,m,H-20),0.86(3H,d,J=6.5Hz,CH_3-21),1.18(1H,m,H-22α),1.62(1H,m,H-22β),2.00(1H,m,H-23α),2.21(1H,m,H-23β),3.28(1H,q,J=7.0Hz,H-25),1.34(3H,d s,J=6.5Hz,CH_3-27),4.99(1H,s,H-28α),5.05(1H,s,H-28β),1.72(3H,s,CH_3-29),3.64(3H,s,OCH_3)。^{13}C NMR(pyridine-d_5,125MHz)δ:29.7,26.8,74.7,74.0,43.5,30.2,70.8,154.3,144.0,38.8,201.5,58.8,47.9,53.8,25.5,28.2,54.8,12.5,21.0,36.1,18.6,34.3,31.5,150.1,46.0,174.8,16.8,28.0,110.9,51.7[12]。

Dehydroeburicoic acid　白色粉末,$[\alpha]_D^{25}$+75(c 0.11,$CHCl_3$)。IR(KBr):3 435、2 961、2 875、1 719、1 703、1 655、1 459、1 437、1 377、1 225、1 194、1 076、1 031、890cm^{-1}。UV λ_{max}(MeOH)237nm。EI-MS m/z:468[M^+],HR-MS m/z:468.359 6(计算值 $C_{31}H_{48}O_3$ 468.360 3)。^{1}H NMR(pyridine-d_5,300MHz)δ:1.90(2H,H-2),3.44(1H,t,J=7.5Hz,H-3),1.28(1H,H-5),2.18(2H,H-6),5.63(1H,br s,H-7),5.39(1H,d,J=5.4Hz,H-11),2.50(1H,H-12α),2.34(1H,H-12β),1.00(3H,s,CH_3-18),1.12(3H,s,CH_3-19),2.30(1H,H-25),1.06(3H,CH_3-26),1.06(3H,CH_3-27),1.06(3H,s,CH_3-29),1.04(3H,s,CH_3-30),1.03(3H,s,CH_3-31)。^{13}C NMR($CDCl_3$,75MHz)δ:36.5,28.5,78.1,39.4,49.1,23.6,121.3,142.9,146.7,37.9,116.7,36.1,44.4,50.6,31.9,27.3,48.2,16.3,23.4,49.9,178.3,32.8,31.7,156.0,34.3,22.0,22.1,107.1,26.0,28.7,16.6[11]。

Dehydrosulphurenic acid　白色粉末,mp 240～247℃。$[\alpha]_D^{25}$+55(c 0.10,$CHCl_3$)。IR(KBr):3 400、2 962、2 932、1 773、1 699、1 686、1 459、1 458、1 377、1 273、1 048、889cm^{-1}。UV λ_{max}(MeOH)243nm。EI-MS m/z:484[M^+],HR-MS m/z:484.3520(计算值 $C_{31}H_{48}O_4$ 484.355 3)。^{1}H NMR(pyridine-d_5,300MHz)δ:1.90(2H,H-2),3.44(1H,m,H-3),1.30(1H,H-5),2.16(2H,H-6),5.50(1H,br s,H-7),5.38(1H,d,J=5.3Hz,H-11),2.70(1H,H-12α),2.37(1H,H-12β),4.80(1H,m,H-15),1.70(1H,H-16),2.37(1H,H-16),1.08(3H,s,CH_3-18),1.10(3H,s,CH_3-19),2.22(1H,H-25),0.99(3H,d,J=7.0Hz,CH_3-26),0.98(3H,d,J=6.9Hz,CH_3-27),4.84

(1H,s,H-28α),4.88(1H,s,H-28β),1.44(3H,s,CH_3-29),1.17(3H,s,CH_3-30),1.13(3H,s,CH_3-31)。^{13}C NMR($CDCl_3$,75MHz)δ:36.9,28.9,78.1,39.4,49.7,23.6,122.3,142.0,147.1,38.0,116.3,36.4,44.9,52.5,73.8,39.6,46.5,16.9,23.1,48.9,178.7,32.7,31.9,155.8,34.2,21.9,22.0,107.1,18.3,28.7,16.7[11]。

15α-Acetyl-dehydrosulphurenic acid 白色粉末,mp 243～248℃。$[\alpha]_D^{25}$+177(*c* 0.1,$CHCl_3$)。IR(KBr):3 435、2 961、2 932、1 735、1 718、1 655、1 459、1 458、1 378、1 249、1 039、993、889cm^{-1}。UV λ_{max}(MeOH)243nm。EI-MS *m/z*:526[M^+],HR-MS *m/z*:526.366 8(计算值 $C_{33}H_{51}O_5$ 526.365 8)。^{1}H NMR($CDCl_3$,300MHz)δ:1.66(2H,H-2),3.22(1H,dd,*J*=11、4.6Hz H-3),1.06(1H,H-5),2.06(2H,H-6),5.50(1H,d,*J*=6.1Hz,H-7),5.26(1H,d,*J*=6.2Hz,H-11),2.20(1H,H-12α),1.80(1H,dd,*J*=17、6.2Hz H-12β),5.04(1H,dd,*J*=9.6、5.5Hz H-15),1.72(1H,H-16),2.10(1H,H-16),1.08(3H,s,CH_3-18),1.10(3H,s,CH_3-19),2.14(1H,H-25),0.99(3H,d,*J*=7.0Hz,CH_3-26),0.98(3H,d,*J*=6.9Hz,CH_3-27),4.74(1H,s,H-28α),4.64(1H,s,H-28β),0.93(3H,s,CH_3-29),0.85(3H,s,CH_3-30),1.00(3H,s,CH_3-31),2.08(3H,s,OAc)。^{13}C NMR($CDCl_3$,75MHz)δ:35.6,27.8,78.8,38.6,48.8,23.0,121.8,139.9,146.0,37.4,115.6,29.7,43.9,51.0,76.7,35.8,45.6,16.2,22.7,47.2,181.5,35.9,31.9,154.8,33.7,21.7,21.8,107.0,18.5,28.2,15.8,21.4,171.2[11]。

齿孔酸(Eburicoic acid) 白色针晶,mp 230～232℃。EI-MS *m/z*:470[M^+]。^{1}H NMR(pyridine-d_5,400MHz)δ:3.47(1H,t,*J*=8.5Hz H-3),1.65(1H,m,H-5),2.43,2.77(2H,m,H-12),1.95,2.37(2H,m,H-15),1.07(3H,s,CH_3-18),1.09(3H,s,CH_3-19),1.04(3H,d,*J*=5.5Hz,CH_3-26),1.03(3H,d,*J*=5.5Hz,CH_3-27),1.21(3H,s,H-28),1.22(3H,s,CH_3-29),1.24(3H,s,CH_3-30),4.91,4.83(2H,s,H-31)。^{13}C NMR($CDCl_3$,100MHz)δ:37.69,28.43,77.67,39.32,50.55,18.74,26.55,133.45,134.87,37.52,19.51,29.09,44.76,49.75,30.45,27.21,47.48,16.10,20.98,48.85,178.26,31.43,32.24,155.57,33.94,21.65,21.75,28.36,24.17,16.08,106.73[13]。

硫色多孔菌酸(Sulphurenic acid) 白色粉末,mp 204～207℃。EI-MS *m/z*:486[M^+]。^{1}H NMR($CDCl_3$,400MHz)δ:3.74(1H,dd,*J*=6.4、9.6Hz H-3),4.37(1H,dd,*J*=6.4、9.6Hz H-15),1.17(3H,s,CH_3-18),1.05(3H,s,CH_3-19),1.02(3H,dd,*J*=7.0Hz,CH_3-26),1.02(3H,d,*J*=4.8Hz,CH_3-27),1.21(3H,s,H-28),1.17(3H,s,CH_3-29),1.24(3H,s,CH_3-30),4.84,4.77(2H,s,H-31)。^{13}C NMR($CDCl_3$,100MHz)δ:37.73,28.91,79.94,40.27,50.99,18.02,27.35,135.82,133.12,38.54,22.23,30.36,45.78,52.26,69.42,40.49,46.26,16.76,19.71,48.86,181.45,31.93,32.78,155.18,45.78,22.15,22.26,28.79,16.44,18.02,107.65[13]。

Versisponic acid D 无色针晶,mp 245～247℃。$[\alpha]_D^{25}$+59(*c* 0.2,MeOH)。IR(KBr):3 400、1 730、1 700、1 240、1 060cm^{-1}。Negative FAB-MS *m/z*: 527 [M-H]$^-$。^{1}H NMR(pyridine-d_5,400MHz)δ:3.45(1H,t,*J*=7.2Hz H-3),5.42(1H,dd,*J*=9.5、5.5Hz H-15),1.14(3H,s,CH_3-18),1.01(3H,s,CH_3-19),1.02(3H,d,*J*=6.8Hz,CH_3-26),1.02(3H,d,*J*=6.8Hz,CH_3-27),1.23(3H,s,H-28),1.06(3H,s,CH_3-29),1.24(3H,s,CH_3-30),4.88,4.91(2H,br s,H-31),2.16(3H,s,OAc)。^{13}C NMR(pyridine-d_5,100MHz)δ:35.8,28.5,77.8,39.4,50.5,18.6,26.7,132.8,135.1,37.3,20.9,29.4,45.1,51.0,75.8,35.8,46.4,16.5,19.2,48.8,178.3,31.7,32.6,155.5,34.1,21.7,21.9,28.5,16.2,18.5,106.9,21.1,170.7[14]。

Huang 等人[15]从樟芝子实体中分离出 12 种新麦角甾烷型三萜,这些三萜化合物对 MDA-MB-231 乳腺癌细胞和 A549 肺癌细胞有弱毒性,并且不抑制用蛋白标记物标记的正常细胞生长,结构如图 19-3。

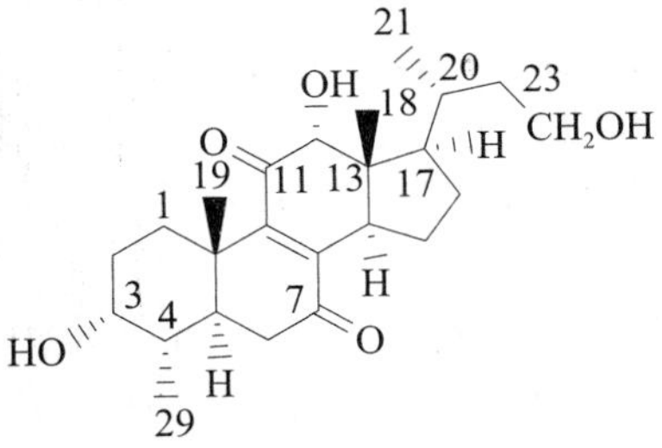

Antcamphin A

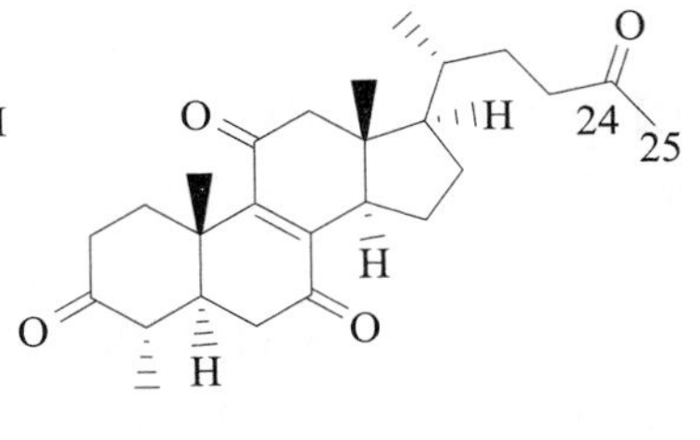

Antcamphin B

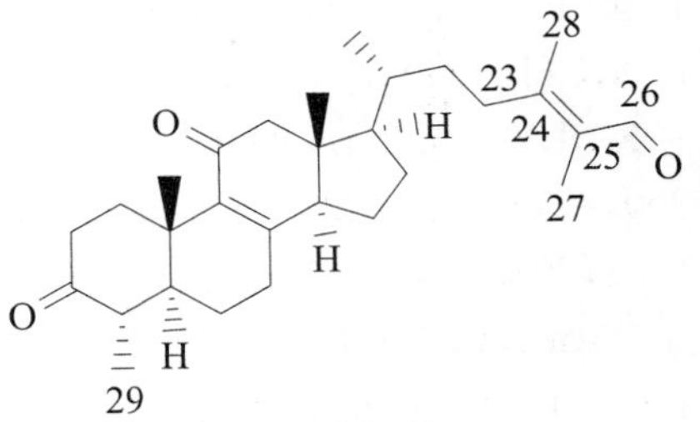

Antcamphin C

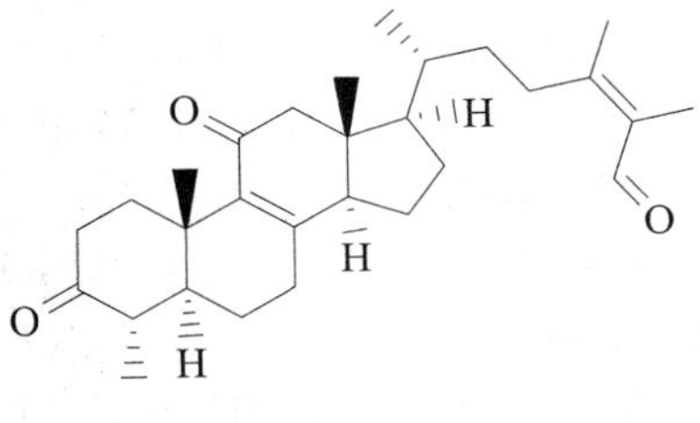

Antcamphin D

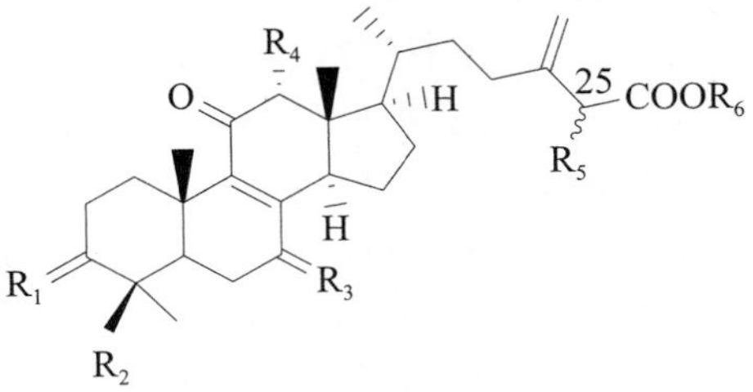

图 19-3 樟芝子实体中新麦角甾烷型三萜结构

表 19-3 樟芝子实体中新麦角甾烷型三萜化合物

NO	化合物	R_1	R_2	R_3	R_4	R_5	R_6
1	Antcamphin E	=O	OH	β-OH	H	β-CH_3	H
2	Antcamphin F	=O	OH	β-OH	H	α-CH_3	H
3	Antcamphin G	=O	OH	β-OH	H	β-CH_3	CH_3
4	Antcamphin H	=O	OH	β-OH	H	α-CH_3	CH_3
5	Antcamphin I	=O	H	=O	OH	α-CH_3	H
6	Antcamphin J	=O	H	=O	OH	β-CH_3	H
7	Antcamphin K	β-OH	H	β-OH	H	β-CH_3	H
8	Antcamphin L	β-OH	H	β-OH	H	α-CH_3	H

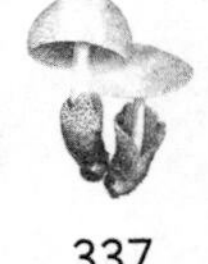

Antcamphin A 白色粉末，$[\alpha]_D^{25}+120$(c 0.1，MeOH)。IR(KBr)：3 422、2 927、1 674、1 205、1 059cm^{-1}。UV λ_{max}(MeOH)270nm。HR-ESI-MS 405.263 1[M+H]$^+$(计算值 $C_{24}H_{37}O_5$405.264 1)。^{1}H NMR(pyridine-d_5，400MHz)δ：2.71(1H，m，H-1α)，1.90(1H，m，H-1β)，1.83(1H，m，H-2α)，1.29(1H，m，H-2β)，3.85(1H，br s，H-3)，1.66(1H，m，H-4)，2.57(1H，m，H-5)2.60(1H，m，H-6α)，2.43(1H，m，H-6β)，4.52(1H，s，H-12)，3.56(1H，dd，J=12.4、7.6Hz，H-14)，2.84、1.66(2H，m，H-15)，1.98、1.36(2H，m，H-16)，2.31(1H，m，H-17)，0.80(3H，s，CH_3-18)，1.53(3H，s，CH_3-19)，1.77(1H，m，H-20)，1.11(3H，d，J=6.4Hz，CH_3-21)，1.99、1.40(2H，m，H-22)，3.93、3.87(2H，m，H-23)，1.03(3H，d，J=6.4Hz，CH_3-29)。^{13}C NMR($CDCl_3$，100MHz)δ：28.6，30.2，69.2，35.3，41.6，38.6，202.0，144.4，153.1，39.0，204.0，81.0，50.3，42.8，24.6，27.5，46.5，11.7，16.4，33.2，18.3，39.7，59.6，16.4[15]。

Antcamphin B 淡黄色液体，$[\alpha]_D^{25}+53$(c 0.1，MeOH)。IR(KBr)：2 968、2 877、1 711、1 676、1 235、1 082cm^{-1}。UV λ_{max}(MeOH)270nm。HR-ESI-MS m/z：413.269 2[M+H]$^+$(计算值 $C_{26}H_{37}O_4$413.268 6)。^{1}H NMR(pyridine-d_5，400MHz)δ：3.15、1.39(2H，m，H-1)，2.56、1.91(2H，m，H-2)，2.43(1H，m，H-4)，1.85(1H，m，H-5)，2.39、2.36(2H，m，H-6)，2.98、2.49(2H，d，J=13.6Hz，H-12)，2.74(1H，m，H-14)，2.72、1.53(2H，m，H-15)，1.84、1.25(2H，m，H-16)，

1.30(1H,m,H－17),0.67(3H,s,CH_3－18),1.58(3H,s,CH_3－19),1.32(1H,m,H－20),0.79(3H,br s,CH_3－21),1.75、1.25(2H,m,H－22),2.39、2.29(2H,m,H－23),2.09(3H,s,CH_3－25),1.01(3H,d,J＝5.2Hz,CH_3－29)。^{13}C NMR($CDCl_3$,100MHz)δ:34.9,39.2,209.9,43.9,48.8,37.7,200.8,145.5,152.0,38.6,202.6,57.4,47.2,49.4,25.3,27.9,53.9,12.1,16.2,35.4,18.3,29.6,40.3,208.2,29.7,11.5[15]。

Antcamphin C 白色粉末,$[\alpha]_D^{25}$＋51(c 0.1,MeOH)。IR(KBr):2 968、2 877、1 711、1 676、1 235、1 082cm^{-1}。UV λ_{max}(MeOH)254nm。HR-ESI-MS m/z:439.320 6[M＋H]$^+$(计算值$C_{29}H_{43}O_3$439.320 7)。^{1}H NMR(pyridine-d_5,400MHz)δ:3.40(1H,m,H－1),1.37(1H,m,H－1),2.56(1H,m,H－2),2.43(1H,m,H－2)2.36(1H,m,H－4),1.31(1H,m,H－5),1.65(1H,m,H－6),1.31(1H,m,H－6),2.24(1H,m,H－7),2.06(1H,m,H－7),2.93(1H,d,J＝14.0Hz,H－12),2.44(1H,d,J＝14.0Hz,H－12),2.56(1H,m,H－14),1.72(1H,m,H－15),1.42(1H,m,H－15),1.87(H,m,H－16),1.25(H,m,H－16)1.38(1H,m,H－17),0.71(3H,s,CH_3－18),1.46(3H,s,CH_3－19),2.47(1H,m,H－20),0.88(3H,d,J＝5.6Hz,CH_3－21),1.61(1H,m,H－22),1.08(1H,m,H－22),2.14(1H,m,H－23),2.00(1H,m,H－23),10.29(1H,s,H－26),1.84(3H,s,CH_3－27),2.05(3H,s,CH_3－29),1.13(3H,d,J＝6.4Hz,CH_3－29)。^{13}C NMR($CDCl_3$,100MHz)δ:35.4,38.1,211.8,44.4,50.7,21.1,30.2,156.9,138.8,36.9,199.3,57.9,47.3,53.0,23.8,27.7,54.8,12.0,17.6,36.4,18.4,33.1,33.9,158.6,131.9,191.2,10.6,17.2,12.1[15]。

Antcamphin D 白色粉末,HR-ESI-MS m/z:439.320 9[M＋H]$^+$(计算值$C_{29}H_{43}O_3$439.320 7)。^{1}H NMR(pyridine-d_5,400MHz)δ:3.40(1H,m,H－1),1.37(1H,m,H－1),2.56(1H,m,H－2),2.43(1H,m,H－2),2.36(1H,m,H－4),1.31(1H,m,H－5),1.65(1H,m,H－6),1.31(1H,m,H－6),2.24(1H,m,H－7),2.06(1H,m,H－7),2.93(1H,d,J＝14.0Hz,H－12),2.44(1H,d,J＝14.0Hz,H－12),2.56(1H,m,H－14),1.72(1H,m,H－15),1.42(1H,m,H－15),1.87(H,m,H－16),1.25(H,m,H－16),1.38(1H,m,H－17),0.71(3H,s,CH_3－18),1.46(3H,s,CH_3－19),2.47(1H,m,H－20),0.88(3H,d,J＝5.6Hz,CH_3－21),1.61(1H,m,H－22),1.00(1H,m,H－22),2.17(1H,m,H－23),2.03(1H,m,H－23),10.32(1H,s,H－26),1.78(3H,s,CH_3－27),1.82(3H,s,CH_3－29),1.13(3H,d,J＝6.4Hz,CH_3－29)。^{13}C NMR($CDCl_3$,100MHz)δ:35.8,38.0,211.8,44.4,50.6,21.4,30.8,156.9,138.7,37.3,199.3,57.9,47.2,52.9,23.8,27.6,54.7,12.3,18.0,36.9,18.7,33.4,35.4,159.3,132.3,190.3,11.0,22.1,12.5[15]。

Antcamphin E 白色粉末,$[\alpha]_D^{25}$＋163(c 0.1,MeOH)。IR(KBr):3 433、3 355、2 968、2 937、1 715、1 636、1 461、1 030cm^{-1}。UV λ_{max}(MeOH)254nm。HR-ESI-MS m/z:487.3046[M＋H]$^+$(计算值$C_{29}H_{43}O_6$487.3054)。^{1}H NMR(pyridine-d_5,400MHz)δ:3.29(1H,m,H－1),1.60(1H,m,H－1),3.06(1H,m,H－2),2.50(1H,m,H－2),1.79(1H,dd,J＝13.2、0.2Hz,H－5),2.66(1H,m,H－6),2.51(1H,m,H－6),4.66(1H,t,J＝8.4Hz,H－7),3.00(1H,d,J＝14.0Hz,H－12),2.48(1H,d,J＝14.0Hz,H－12),2.78(1H,dd,J＝12.0、7.2Hz,H－14),2.56(1H,m,H－15),2.16(1H,m,H－15),1.93(H,m,H－16),1.37(H,m,H－16),1.43(1H,m,H－17),0.88(3H,s,CH_3－18),1.91(3H,s,CH_3－19),1.42(1H,m,H－20),0.90(3H,d,J＝5.6Hz,CH_3－21),1.75(1H,m,H－22),1.29(1H,m,H－22),2.41(1H,m,H－23),2.23(1H,m,H－23),3.46(1H,m,H－25),1.50(3H,d,J＝7.2Hz,CH_3－27),5.24(1H,s,H－28),5.07(1H,s,H－28),1.55(3H,d,J＝6.4Hz,CH_3－29)。^{13}C NMR($CDCl_3$,100MHz)δ:36.7,34.5,214.2,76.3,50.8,30.5,70.3,155.4,141.8,37.7,201.1,58.4,47.8,53.8,25.6,28.3,55.0,12.5,20.7,36.2,18.6,34.5,31.7,150.3,46.8,176.9,17.2,110.4,24.3[15]。

Antcamphin F 白色粉末,$[\alpha]_D^{25}$＋128(c 0.1,MeOH)。IR(KBr):3 355、2 968、2 939、2 875、1 713、1 639、1 460、1 106cm^{-1}。UV λ_{max}(MeOH)254nm。HR-ESI-MS m/z:487.3049[M＋H]$^+$(计

算值 $C_{29}H_{43}O_6$ 487.3054)。^{1}H NMR(pyridine-d_5,400MHz)δ:3.29(1H,m,H-1),1.60(1H,m,H-1),3.06(1H,m,H-2),2.50(1H,m,H-2),1.79(1H,dd,J=13.2、0.2Hz,H-5),2.66(1H,m,H-6),2.51(1H,m,H-6),4.66(1H,t,J=8.4Hz,H-7),3.00(1H,d,J=14.0Hz,H-12),2.48(1H,d,J=14.0Hz,H-12),2.78(1H,dd,J=12.0、7.2Hz,H-14),2.56(1H,m,H-15),2.16(1H,m,H-15),1.93(H,m,H-16),1.37(H,m,H-16),1.43(1H,m,H-17),0.88(3H,s,CH_3-18),1.91(3H,s,CH_3-19),1.42(1H,m,H-20),0.90(3H,d,J=5.6Hz,CH_3-21),1.75(1H,m,H-22),1.29(1H,m,H-22),2.41(1H,m,H-23),2.23(1H,m,H-23),3.46(1H,m,H-25),1.50(3H,d,J=7.2Hz,CH_3-27),5.24(1H,s,H-28),5.07(1H,s,H-28),1.55(3H,d,J=6.4Hz,CH_3-29)。^{13}C NMR($CDCl_3$,100MHz)δ:36.7,34.5,214.2,76.3,50.8,30.5,70.3,155.4,141.8,37.7,201.1,58.4,47.8,53.8,25.6,28.3,55.0,12.5,20.7,36.2,18.6,34.5,31.7,150.3,46.8,176.9,17.2,110.4,24.3[15]。

Antcamphin G　白色粉末,$[\alpha]_D^{25}$+133(c 0.1,MeOH)。IR(KBr):3 468、3 348、2 962、2 927、1 713、1 639、1 460、1 200、1 106cm^{-1}。UV λ_{max}(MeOH)254nm。HR-ESI-MS m/z:501.3201[M+H]$^+$(计算值 $C_{30}H_{45}O_6$ 501.321 1)。^{1}H NMR(pyridine-d_5,400MHz)δ:3.30(1H,m,H-1),1.60(1H,m,H-1),3.07(1H,m,H-2),2.51(1H,m,H-2),1.79(1H,dd,J=10.0、0.2Hz,H-5),2.66(1H,m,H-6),2.51(1H,m,H-6),4.68(1H,t,J=8.0Hz,H-7),3.02(1H,d,J=13.6Hz,H-12),2.51(1H,d,J=13.6Hz,H-12),2.80(1H,m,H-14),2.60(1H,m,H-15),2.19(1H,m,H-15),1.93(H,m,H-16),1.31(H,m,H-16),1.40(1H,m,H-17),0.89(3H,s,CH_3-18),1.91(3H,s,CH_3-19),1.35(1H,m,H-20),0.88(3H,d,J=5.2Hz,CH_3-21),1.63(1H,m,H-22),1.24(1H,m,H-22),2.23(1H,m,H-23),2.05(1H,m,H-23),3.29(1H,d,J=6.4Hz,H-25),1.35(3H,d,J=7.2Hz,CH_3-27),5.07(1H,s,H-28),5.01(1H,s,H-28),1.54(3H,d,J=6.4Hz,CH_3-29),3.66(3H,s,OCH_3)。^{13}C NMR($CDCl_3$,100MHz)δ:36.7,34.4,214.2,76.3,50.6,30.5,70.3,155.4,141.9,37.7,201.1,58.5,47.7,53.6,25.6,28.3,54.7,12.5,20.7,36.1,18.6,34.3,31.7,149.4,45.8,176.8,16.7,111.0,24.3,51.7[15]。

Antcamphin H　白色粉末,$[\alpha]_D^{25}$+40(c 0.1,MeOH)。IR(KBr):3 448、2 969、2 932、1 673、1 461、1 202、1 064cm^{-1}。UV λ_{max}(MeOH)254nm。HR-ESI-MS m/z:501.320 2[M+H]$^+$(计算值 $C_{30}H_{45}O_6$ 501.321 1)。^{1}H NMR(pyridine-d_5,400MHz)δ:3.30(1H,m,H-1),1.60(1H,m,H-1),3.07(1H,m,H-2),2.51(1H,m,H-2),1.79(1H,dd,J=10.0、0.2Hz,H-5),2.66(1H,m,H-6),2.51(1H,m,H-6),4.68(1H,t,J=8.0Hz,H-7),3.02(1H,d,J=13.6Hz,H-12),2.51(1H,d,J=13.6Hz,H-12),2.80(1H,m,H-14),2.60(1H,m,H-15),2.19(1H,m,H-15),1.93(H,m,H-16),1.31(H,m,H-16),1.40(1H,m,H-17),0.89(3H,s,CH_3-18),1.91(3H,s,CH_3-19),1.35(1H,m,H-20),0.88(3H,d,J=5.2Hz,CH_3-21),1.63(1H,m,H-22),1.24(1H,m,H-22),2.23(1H,m,H-23),2.05(1H,m,H-23),3.29(1H,d,J=6.4Hz,H-25),1.35(3H,d,J=7.2Hz,CH_3-27),5.07(1H,s,H-28),5.01(1H,s,H-28),1.54(3H,d,J=6.4Hz,CH_3-29),3.66(3H,s,OCH_3)。^{13}C NMR($CDCl_3$,100MHz)δ:36.7,34.4,214.2,76.3,50.6,30.5,70.3,155.4,141.9,37.7,201.1,58.5,47.7,53.6,25.6,28.3,54.7,12.5,20.7,36.1,18.6,34.3,31.7,149.4,45.8,176.8,16.7,111.0,24.3,51.7[15]。

Antcamphin I　白色粉末,$[\alpha]_D^{25}$+59(c 0.1,MeOH)。IR(KBr):3 475、2 974、2 937、1 712、1 674、1 203、1 064cm^{-1}。UV λ_{max}(MeOH)270nm。HR-ESI-MS m/z:485.2892[M+H]$^+$(计算值 $C_{29}H_{41}O_6$ 485.289 8)。^{1}H NMR(pyridine-d_5,400MHz)δ:3.01(1H,m,H-1),1.45(1H,m,H-1),2.52(1H,m,H-2),2.28(1H,m,H-2),2.41(1H,m,H-4),1.81(1H,m,H-5),2.55(1H,m,H-6),4.48(1H,s,H-12),3.52(1H,m,H-14),2.84(1H,m,H-15),1.63(1H,m,H-15),1.97(H,m,H-16),1.31(H,m,H-16),2.27(1H,m,H-17),0.78(3H,s,CH_3-18),1.64(3H,s,CH_3-

19),1.46(1H,m,H－20),1.06(3H,d,J=6.4Hz,CH_3－21),1.74(1H,m,H－22),1.41(1H,m,H－22),2.22(1H,m,H－23),2.45(1H,m,H－23),3.44(1H,d,J=6.8Hz,H－25),1.49(3H,d,J=6.8Hz,CH_3－27),5.21(1H,s,H－28),5.07(1H,s,H－28),0.99(3H,d,J=6.8Hz,CH_3－29)。^{13}C NMR($CDCl_3$,100MHz)δ:34.8,37.7,209.8,43.8,48.6,39.3,200.4,144.9,151.1,38.2,203.7,80.6,50.1,42.7,24.5,27.3,46.0,11.7,16.4,35.8,18.1,34.5,31.9,150.3,46.4,177.6,17.0,111.5,11.5[15]。

Antcamphin J 白色粉末,$[\alpha]_D^{25}$+100(c 0.1,MeOH)。IR(KBr):3 499、2 963、2 933、1 710、1 671、1 458、1 238、1 063cm^{-1}。UV λ_{max}(MeOH)270nm。HR-ESI-MS m/z:485.288 9[M+H]$^+$(计算值 $C_{29}H_{41}O_6$ 485.289 8)。^1H NMR(pyridine-d_5,400MHz)δ:3.01(1H,m,H－1),1.45(1H,m,H－1),2.52(1H,m,H－2),2.28(1H,m,H－2),2.41(1H,m,H－4),1.81(1H,m,H－5),2.55(1H,m,H－6),4.48(1H,s,H－12),3.52(1H,m,H－14),2.84(1H,m,H－15),1.63(1H,m,H－15),1.97(H,m,H－16),1.31(H,m,H－16),2.27(1H,m,H－17),0.78(3H,s,CH_3－18),1.64(3H,s,CH_3－19),1.46(1H,m,H－20),1.06(3H,d,J=6.4Hz,CH_3－21),1.74(1H,m,H－22),1.41(1H,m,H－22),2.22(1H,m,H－23),2.45(1H,m,H－23),3.44(1H,d,J=6.8Hz,H－25),1.49(3H,d,J=6.8Hz,CH_3－27),5.21(1H,s,H－28),5.07(1H,s,H－28),0.99(3H,d,J=6.8Hz,CH_3－29)。^{13}C NMR($CDCl_3$,100MHz)δ:34.8,37.7,209.8,43.8,48.6,39.3,200.4,144.9,151.1,38.2,203.7,80.6,50.1,42.7,24.5,27.3,46.0,11.7,16.4,35.8,18.1,34.5,31.9,150.3,46.4,177.6,17.0,111.5,11.5[15]。

Antcamphin K 白色粉末,$[\alpha]_D^{25}$+41(c 0.1,MeOH)。IR(KBr):3 422、2 964、1 734、1 635、1 262、1 078cm^{-1}。UV λ_{max}(MeOH)254nm。HR-ESI-MS m/z:473.326 2[M+H]$^+$(计算值 $C_{29}H_{45}O_5$ 473.326 2)。^1H NMR(pyridine-d_5,400MHz)δ:3.07(1H,m,H－1),1.76(1H,m,H－1),2.09(1H,m,H－2),1.91(1H,m,H－2),3.34(1H,m,H－3),1.66(1H,m,H－4),1.10(1H,m,H－5),2.49(1H,m,H－6),1.72(1H,m,H－6),4.53(1H,t,J=8.0Hz,H－7),2.98(1H,d,J=13.6Hz,H－12),2.49(1H,d,J=13.6Hz,H－12),2.77(1H,dd,J=12.0、7.4Hz,H－14),2.54(1H,m,H－15),2.12(1H,m,H－15),1.92(H,m,H－16),1.34(H,m,H－16),1.41(1H,m,H－17),0.87(3H,s,CH_3－18),1.50(3H,s,CH_3－19),1.41(1H,m,H－20),0.90(3H,d,J=4.8Hz,CH_3－21),1.29(1H,m,H－22),1.13(1H,m,H－22),2.40(1H,m,H－23),2.21(1H,m,H－23),3.46(1H,d,J=7.2Hz,H－25),1.51(3H,d,J=6.8Hz,CH_3－27),5.24(1H,s,H－28),5.07(1H,s,H－28),1.29(3H,d,J=6.4Hz,CH_3－29)。^{13}C NMR($CDCl_3$,100MHz)δ:34.4,32.2,75.4,39.1,46.8,32.7,69.9,155.1,142.3,37.5,201.5,58.7,48.0,53.7,25.5,28.2,54.8,12.5,18.7,36.2,18.7,34.5,31.7,150.5,46.7,176.9,17.2,110.5,15.8[15]。

Antcamphin L 白色粉末,$[\alpha]_D^{25}$+63(c 0.1,MeOH)。IR(KBr):3 432、2 925、1 714、1 644、1 163、1 064cm^{-1}。UV λ_{max}(MeOH)254nm。HR-ESI-MS m/z:473.326 5[M+H]$^+$(计算值 $C_{29}H_{45}O_5$ 473.326 2)。^1H NMR(pyridine-d_5,400MHz)δ:3.07(1H,m,H－1),1.76(1H,m,H－1),2.09(1H,m,H－2),1.91(1H,m,H－2),3.34(1H,m,H－3),1.66(1H,m,H－4),1.10(1H,m,H－5),2.49(1H,m,H－6),1.72(1H,m,H－6),4.53(1H,t,J=8.0Hz,H－7),2.98(1H,d,J=13.6Hz,H－12),2.49(1H,d,J=13.6Hz,H－12),2.77(1H,dd,J=12.0,7.4Hz,H－14),2.54(1H,m,H－15),2.12(1H,m,H－15),1.92(H,m,H－16),1.34(H,m,H－16),1.41(1H,m,H－17),0.87(3H,s,CH_3－18),1.50(3H,s,CH_3－19),1.41(1H,m,H－20),0.90(3H,d,J=4.8Hz,CH_3－21),1.29(1H,m,H－22),1.13(1H,m,H－22),2.40(1H,m,H－23),2.21(1H,m,H－23),3.46(1H,d,J=7.2Hz,H－25),1.51(3H,d,J=6.8Hz,CH_3－27),5.24(1H,s,H－28),5.07(1H,s,H－28),1.29(3H,d,J=6.4Hz,CH_3－29)。^{13}C NMR($CDCl_3$,100MHz)δ:34.4,32.2,75.4,39.1,46.8,32.7,69.9,155.1,142.3,37.5,201.5,58.7,48.0,53.7,25.5,28.2,54.8,12.5,18.7,36.2,

18.7,34.5,31.7,150.5,46.7,176.9,17.2,110.5,15.8[15]。

第三节 牛樟芝化学成分的分析研究

一、牛樟芝多糖类化学成分的分析测定

薛芝敏等人[16]采用毛细管电泳紫外检测(CE-UV)技术结合化学衍生,建立了一种可以同时分离检测樟芝多糖水解液中8种单糖的分析方法。

设置电泳条件为60cm×50μm内径毛细管,柱温25°C,紫外检测波长254nm,分离电压20kV,压力进样时间10s(30bar),缓冲溶液为50mmol/L硼砂溶液(pH=10.4)。

准确称取各单糖标准品0.6mg,溶于200μl氨水中。然后加入200μl 0.5mol/L的PMP甲醇溶液,在70°C水浴中加热80min进行衍生反应。反应结束后,反应溶液置80°C真空箱蒸发干燥。最后,在干燥产物中加入100μl去离子水和100μl氯仿振荡萃取,分层后移去下层有机相,上层水相溶液用100μl氯仿再重复萃取2次。得到单糖的PMP衍生物水溶液用于CE-UV分析。每次使用前,毛细管分别用0.1mol/L的NaOH、去离子水和缓冲溶液各冲洗10min。在2次测定之间,毛细管用缓冲溶液冲洗5min。

实验中,采用三氟乙酸(TFA)水解法对樟芝菌丝体多糖进行水解。首先,称取樟芝菌丝体多糖2mg,加入4mol/L TFA 1ml,超声振荡溶解后在100℃下水浴加热6h。将多糖水解产物置真空干燥箱中干燥(50℃,~0.1MPa)。干燥产物按照上述方法进行PMP衍生,然后进行毛细管电泳分析。结果显示:樟芝菌丝体多糖水解产物中含6种单糖,分别为D木糖(Xyl),阿拉伯糖(Ara),葡萄糖(Glc),D-甘露糖(MAN),半乳糖(GAL)和D-半乳糖醛酸(GalA)。加标回收率为88%~104%,测定的相对标准偏差(RSD)<3%(n=3)。

二、牛樟芝三萜类化学成分的分析测定

陆震鸣等人[17]为测定樟芝发酵菌粉三萜化合物的含量,以齐墩果酸为对照品,以5%香草醛-冰醋酸和高氯酸为显色剂,采用分光光度法在550nm测定样品的吸光度。由公式计算得,5g樟芝菌粉中三萜化合物总量为87.02mg,总三萜在20~140μg范围内呈良好的线性关系,回归方程为$Y=0.0049X-0.0184$,$R^2=0.9978$。该方法操作简单,灵敏度高,稳定性、重现性好。

第四节 牛樟芝的生物活性研究

一、牛樟芝提取物的急性毒性研究

杨璐[18]选取40只昆明小鼠,体重为18~22g,雌雄各半。待其适应1~2d后,完全随机分为正常对照组与给药组,每组10只雄小鼠和10只雌小鼠。正常对照组:灌胃DDW,0.2ml/10g,当天灌胃两次。给药组:灌胃牛樟芝提取物5g/kg,当天灌胃两次,两次灌胃中间间隔时间6~8h。给药结束,观察小鼠未来14d内的急性毒性反应。

通过14d的观察,牛樟芝提取物未见明显毒性。给药组与正常对照组比较,小鼠体重、摄食、饮水和大小便未显示明显差异。从而得出结论:牛樟芝提取物对机体无毒或毒性极低。

二、牛樟芝的药理活性

牛樟芝药理活性广泛，具有抗癌、抗肿瘤、免疫调节、抗氧化、保肝、治疗化学性肝损伤、抗炎和抗HBV病毒、抗疲劳等作用。对具有胰岛素抵抗的糖尿病患者，可以提高胰岛素的敏感性，改善胰岛素抵抗问题，并有调节血糖效果。

牛樟芝子实体的水与甲醇提取物对金黄色葡萄球菌和须疮小芽癣菌的生长有抑制作用，樟芝多糖具有抗寄生虫活性。樟芝的甲醇提取物樟菇酸A具有血小板凝集作用，而樟菇酸B具有微弱的抗胆碱与抗5-羟色胺的功能，樟芝还具有皮肤再造功能[19-36]。

第五节　牛樟芝的开发与应用

野生和人工培育的樟芝具有神奇的功效，又无明显的不良反应，近年来已成为开发的热点。目前，已实现樟芝的大规模人工培养，开发的樟芝产品也已上市。

根据樟芝的药理活性实验结果，樟芝子实体、菌丝体与液体培养液都可加工制成具有抗肿瘤、抗肝炎、护肝、调节免疫、延缓衰老、抗炎作用的保健食品和药品，具有很大的开发价值和应用前景。

樟芝的开发应用重点是：①保肝产品：陈劲初等人开发出的樟芝各种保肝护肝制剂，如干粉、气雾剂、悬浮液，固体填充胶囊，用于化学物与乙醇导致的肝损伤和急、慢性肝炎。②抗癌产品：樟芝产品能治疗乳腺癌、子宫癌和肝癌等。③抗氧化、延缓衰老产品：樟芝具有明显的抗氧化作用，能清除体内自由基，达到延缓衰老的效果，同时抗氧化作用也和樟芝护肝、抗癌等作用有关。④免疫调节产品：能增强人体免疫力，清除病毒和肿瘤细胞，这也与樟芝抗肝炎、抗癌等作用有关。⑤抗炎产品：樟芝可制成治疗皮肤创伤、褥疮的贴剂；此外还具有皮肤再造功能，可作为人体皮肤或愈伤的材料[37-39]。

参考文献

[1] 杨庆尧. 食用菌生物学基础[M]. 上海：上海科学技术出版社，1981.
[2] 王宫，王瑾，徐蔚. 牛樟芝多糖提取条件研究[J]. 福建中医药，2011，42(1)：52—53.
[3] 李春如，程文明. 台湾牛樟芝研究进展[C]. 中国菌物学会，中国菌物学会首届药用真菌产业发展暨学术研讨会论文集，2005，32—37.
[4] 浦跃武，熊冬生，黎慧瑜. 樟芝的研究及其应用[J]. 中国医院药学杂志，2004，24(7)：430—432.
[5] 于宏. 樟芝化学成分与生物活性研究进展[J]. 国外医药・植物药分册，2006，21(5)：199—202.
[6] 陆震鸣. 樟芝深层液态发酵及其三萜类化合物的研究[D]. 江南大学，2009.
[7] 贺元川，陈仕江，贺宗毅，等. 樟芝三萜研究进展[J]. 重庆中草药研究，2012，66(2)：19—25.
[8] Cherng I-Hwa，Chiang Hung-Cheh，Cheng Ming-Chu，et al. Three new triterpenoids from Antrodia Cinnamomea [J]. J Nat Prod，1995，58(3)：365—371.
[9] Chen CH，Yang SW，Shen Y C. New steroid acids from Antrodia Cinnamomea，a fungal parasite of Cinnamomum Micranthum[J]. J Nat Prod，1995，58(11)：1655—1661.
[10] Cherng I-Hwa，Wu De-Peng，Chiang Hung-Cheh. Triterpenoids from Antrodia Cinnamomea [J]. Phytochemistry，1996，41(1)：263—267.
[11] Yang SW，Shen YC，Chen CH. Steroids and triterpenoids of Antrodia cinnamomea—a fungus parasitic on Cinnamomum Micranthum[J]. Phytochemistry，1996，41(5)：1389—1392.

[12] Shen CC, Wang YH, Chang TT, et al. Anti-inflammatory ergostanes from the basidiomata of Antrodia Salmonea[J]. Planta Med, 2007, 73: 1208—1213.

[13] 李巍,包海鹰,图力古尔. 乳孔硫黄菌的化学成分和抗氧化活性[J]. 菌物学报, 2014, 33(2): 365—374.

[14] Kazuko Yoshikawa, Kenji Matsumoto, Chie Mine, et al. Five lanostane triterpenoids and three Saponins from the fruit body of laetiporus versisporus[J]. Chem Pharm Bull, 2000, 48(10): 1418—1421.

[15] Huang Y, Lin XH, Qiao X, et al. Antcamphins A-L, Ergostanoids from Antrodia camphorata [J]. J Nat Prod, 2014, 77(3): 118—124.

[16] 薛芝敏,付凤富. 毛细管电泳紫外检测法同时分析樟芝多糖水解液中 8 种单糖[J]. 分析科学学报, 2012, 28(5): 657—660.

[17] 陆震鸣,陶文沂,许泓瑜,等. 樟芝菌粉三萜类化合物含量的测定[J]. 中成药, 2008, 30(3): 402—405.

[18] 杨璐. 牛樟芝提取物的药理学研究[D]. 河南大学, 2014.

[19] 韩金龙,赵培城,刘士旺. 樟芝药理学作用研究进展[J]. 食用菌学报, 2014, 21(1): 76—82.

[20] Nakamura N, Hirakawa A, Gao J J, et al. Five new maleic and succinic acid derivatives from the mycelium of Antrodia camphorata and their cytotoxic effects on LLC tumor cell line[J]. J Nat Prod, 2004, 67: 46—48.

[21] Ao ZH, Xu ZH, Lu ZM, et al. Niuchangchih (Antrodia camphorta) and its potential in treating liver diseases[J]. Journal of Ethnopharmacology, 2009, 121: 194—212.

[22] Chen JJ, Lin WJ, Liao CH, et al. Anti-inflammatory Benzenoids from *Antrodia camphorata* [J]. J Nat Prod, 2007, 70: 989—992.

[23] Yang SS, Wang GJ, Wang SY, et al. New Constituents with iNOS Inhibitory Activity from Mycelium of Antrodia camphorata[J]. Planta Med, 2009, 75: 512—516.

[24] Liu JJ, Huang TS, Hsu ML, et al. Antitumor effects of the partially purified polysaccharides from Antrodia camphorata and the mechanism of its action[J]. Toxicology and Applied Pharmacology, 2004, 201: 186—193.

[25] Hseu YC, Yang HL, Lai YC, et al. Induction of apoptosis by Antrodia camphorata in human premyelocytic leukemia HL-60 cells[J]. Nutr Cancer, 2004, 48(2): 189—197.

[26] Hsu YL, Kuo PL, et al. Apoptotic effects of extract from Antrodia camphorata fruiting bodies in human hepatocellular carcinoma cell lines[J]. Cancer Lett, 2005, 221(1): 77—89.

[27] 孟繁岳,车会莲,杜杰,等. 樟芝抑瘤作用及对荷瘤小鼠免疫功能的影响[J]. 中国公共卫生, 2005, 10, 21(10): 1224—1225.

[28] Cheng JJ, Huang NK, Chang TT, et al. Study for antiangiogenic acticities of polysaccharides islated from Antrodia cinnamomea in endothelial cells[J]. Life Sci, 2005, 76(26): 3029—3042.

[29] Hesu YC, Chang WC, Hesu YT, et al. Protection of oxidative damage by aqueous extract from Antrodia camphorata mycelia in normal human erythrocytes[J]. Life Sci, 2002, 71(3): 468—482.

[30] Song TY, Yen GC. Antioxidant properties of Antrodia camphorata in submerged culture[J]. J Agric Food Chem, 2002, 50: 3322—3327.

[31] Song TY, Yen GC. Protective effects of fermented filtrate from Antrodia camphorata in submerged culture against CCl_4 induced hepatic toxicity in rats[J]. J Agric Food Chem, 2003, 51: 1571—1577.

[32] Lee IH, Huang RL, Chen CT. Antrodia camphorata polysaccharides exhibit anti-hepatitis B virus effects[J]. FEMS Microbiol Lett,2002,209(1):63—67.
[33] Shen YC, Wang YH,Chou YC,et al. Evaluation of the anti-inflammatory activity of zhankuic acids isolated from the fruiting bodies of Antrodia camphorata[J]. Planta Med,2004,70(4):310—314.
[34] Shen YC, Chou CJ, Wang YH, et al. Anti-inflammatory activity of the extracts from mycelia of Antrodia camphorata cultured with water-soluble fractions from five different Cinnamomum species[J]. FEMS Microbiol Lett,2004,231(1):137—143.
[35] Huang NK, Cheng JJ, Lai WL,et al. Antrodia camphorata prevents rat pheocheromocytoma cells from serum deprivation induced apoptosis[J]. FEMS Microbiol Lett,2005,244(1):213—219.
[36] Wang GJ, Tseng HW, Chou CJ,et al. The vasorelaxation of Antrodia camphorata mycelia: involvement of endothelial Ca^{2+}-NO-cGMP pathway[J]. Life Sci,2003,73(21):2769—2783.
[37] 林杰,丹凤,王雪英.福建引进台湾血芝、台芝、樟芝、黑芝新菌株试种成功[J].福建农业,1996,8:17.
[38] 浦跃武,熊冬生.樟芝的研究及其应用现状[J].中国医院药学杂志,2005,25(2):171—173.
[39] 战林华,董云,蒋丽芹.樟芝的药用保健价值及市场研究分析[J].市场营销,2013,5:63—64.

（肖　磊）

第二十章 灰树花

HUI SHU HUA

第一节 概述

灰树花(*Grifola frondosa*)又名贝叶多孔菌、栗子蘑、莲花菌,日本俗称舞茸等,属担子菌门,伞菌纲,多孔菌目,节毛菌科,树花菌属真菌[1]。灰树花是亚热带至温带森林中的大型真菌,在日本、俄罗斯、北美与中国长白山地区、广西、四川、河北等省均有广泛分布,生长在阔叶树伐桩周围[1]。灰树花属我国传世最早的菌类之一,在公元2世纪的《太上灵宝芝草品》中就有灰树花的记载,称其为白玉芝,之后在宋代陈仁玉的《菌谱》中也有记载。日本最早记载灰树花的文献是《温故斋菌谱》,1709年贝原益轩所著的《大和本草》、1834和1858年分别由本坂浩然和丹波修治所著的《菌谱》均有对灰树花的记载[2]。日本从1955年开始研究灰树花的食用与药用价值。近30年来,国内外深入开展了作为生物反应调节剂真菌多糖的研究,灰树花多糖显著的疗效也逐渐被人们所认识[1]。我国中医学认为,灰树花具有"扶正固本"之功效;现代药理学研究表明,灰树花具有抗肿瘤、降血糖、降血压、免疫调节、抗病毒和降血脂等作用[3]。

第二节 灰树花化学成分的研究

灰树花化学成分研究的报道较少,其中小分子化合物只有麦角甾醇[4]、5α,8β-过氧麦角甾-6,22E-二烯-3β-醇[4]、3β,5α,6β-三羟基麦角甾醇[4]、ergostra-4,6,8(14),22-tetraen-3-one[5]和1-oleoyl-2-linoleoyl-3-palmitoylglycerol[5]的报道,而大分子化合物主要是多糖和蛋白类化合物。

一、灰树花多糖成分与提取分离

(一)灰树花的多糖成分

灰树花的多糖主要是杂多糖,单糖种类有葡萄糖、半乳糖、甘露糖、木糖等,以D-葡萄糖为主[6]。

灰树花多糖主要来自β-(1→6)与β-(1→3)糖苷键的葡聚糖,其中包括D-组分、MD-组分、Grifolan、X-组分、MT-2和LELFD等[7]。D-组分是灰树花子实体的酸不溶、碱溶性热水提取物,相对分子质量为1.4×10^6,是一种由高度分支化β-(1→3)支链的β-(1→6)葡聚糖和β-(1→6)支链的β-(1→3)葡聚糖组成的蛋白聚糖,蛋白含量约为30%[7]。MD-组分的相对分子质量为1×10^6,蛋白含量<20%[7]。Grifolan基本结构为每隔3个糖基的C-6上具有1个支链的β-1,3-葡聚糖,即β-1,6-支链的β-1,3-葡聚糖,相对分子质量为7.5×10^5[8]。X-组分(糖:蛋白=65:35)的相对分子质量为5×10^5,是α-1,4-分支的β-1,6-葡聚糖。LELFD为相对分子质量5×10^6的多糖[8]。李小定等

人研究得到了 PGF－1、PGF－2、PGF－3 和 PGF－1 4 种单一组分的多糖，其中 PGF－1 为 β－葡聚糖，相对分子质量为 1.1×10^5。

Mizuno 从灰树花中分离得到 5 个多糖组分，结构分别为：主链上每隔 5 个葡萄糖便有 β－1,6－支链的水溶性 β－1,3－D－葡聚糖、水溶性酸性 β－D－葡聚糖、水不溶性酸性木葡聚糖、酸性异葡聚糖和酸性葡聚糖蛋白。

（二）灰树花多糖的结构分析与构效关系

1. 灰树花多糖的结构分析

多糖的结构分析，包括对多糖一级和高级结构的分析。目前能有效分析多糖一级结构的化学方法，包括甲基化分析、Smith 降解、过碘酸氧化、三氧化铬氧化法、部分酸水解等；物理方法，包括红外光谱、核磁共振波谱、气相色谱、质谱、气质联用、快原子轰击质谱、毛细血管电泳等；生物方法，即利用特异性糖苷酶进行的酶法分析；而用于多糖高级结构分析的方法，主要是物理方法，如 X 射线衍射、核磁共振和电子衍射等[9]。

2. 灰树花多糖的构效关系

多糖的构效关系是指多糖一级结构和高级结构与其生物活性的关系。经研究发现，灰树花多糖基本结构对灰树花的药理活性具有重要意义，而其空间结构的不同（螺旋形和天然型）对其药理活性没有太大影响[9]。

汪维云等人研究表明，胞内多糖的相对分子质量＞胞外多糖[10]，有活性的灰树花多糖相对分子质量一般＞4.5 万，而＜1 万的灰树花多糖则没有生物活性；Okazaki 等人证明，灰树花多糖诱导 TNF-a 的作用与多糖的相对分子质量与分支度有关，高相对分子质量低分支度的多糖可以诱导 TNF-a 表达上调[10]。

（三）灰树花多糖的制备

灰树花子实体是制备多糖的主要原料来源，但子实体人工栽培周期长、占地易被杂菌污染等缺点，目前已倾向利用液态深层发酵技术来培养灰树花菌丝体，从菌丝体或发酵液中提取、纯化灰树花多糖[9]。

传统灰树花多糖提取方法有“水提醇沉”法，另外，根据多糖组分的不同性质，采用烯酸或稀碱进行浸提，而热水浸提法要优于酸提法和碱提法。由于高等真菌多糖主要存在于其形成的小纤维网状结构交织的基质中，因此可采用酶法或超声波法，对灰树花的子实体或菌丝体进行预处理，再进行热水浸提，可提高多糖的得率[9]。

真菌多糖分级分离的方法：主要有乙醇分级沉淀法、季铵盐沉淀法、纤维素阴离子交换柱色谱、凝胶柱色谱和膜分离法等。

多糖的纯度通常用 3 种以上项指标来检测，每一项指标测定 1 种不同的特性。方法包括纸色谱法、比旋度法、凝胶柱色谱法、高压电泳法、超离心分析法、高效液相法和光谱扫描法等[9]。

灰树花多糖的提取、分离和精制过程，见图 20－1。

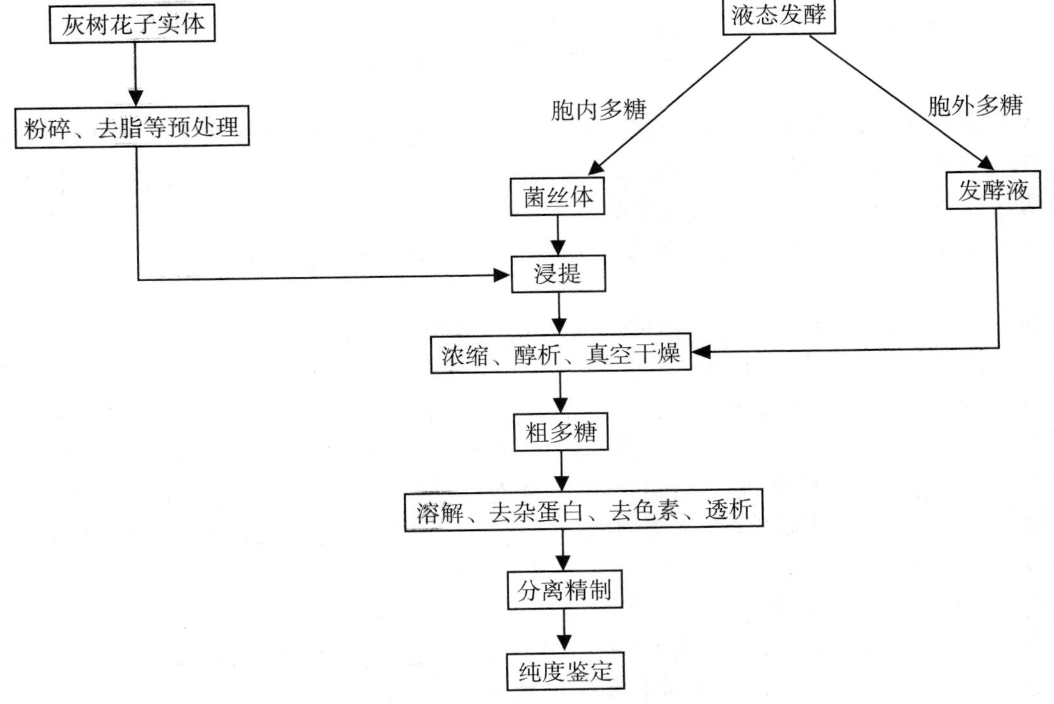

图 20-1 灰树花多糖的提取、分离和精制图

第二节 灰树花的生物活性

一、免疫调节活性

灰树花多糖是一类理想的免疫调节剂，有“菇类免疫之王”的美称[11]。而免疫疗法具有显著的预防和治疗癌症的作用，因而被认为是癌症治疗继手术、放疗、化疗后的第四种疗法手段，可从根本上改善病理症状并无不良反应[11]。灰树花多糖在机体内主要表现为宿主中介性反应，既提高特异性免疫功能，也提高非特异性免疫功能。一方面促进 β 细胞有丝分裂，促使抗体分泌细胞发育，诱导产生大量巨噬细胞和淋巴细胞，促进自然杀伤细胞的活性；另一方面促进各种辅助因子、抗体和 T 细胞的活性，激活替代补体途径[12]。

Nanba 研究了灰树花多糖 D-组分对各种免疫细胞的激活作用，用实验小鼠腹腔注射 0.5mg/kg 或口服 1.0mg/kg 灰树花多糖，10d 后与对照组相比，小鼠细胞毒 T 细胞、迟敏 T 细胞、自然杀死细胞(NK)水平均提高 1.5～2.2 倍，白细胞介素-2 提高 1.7 倍，白细胞介素-1 和超氧负离子的量也得到提高[13]。

灰树花粗多糖能明显增加正常小鼠腹腔巨噬细胞的吞噬百分数和吞噬指数[13]，增加小鼠免疫器官脾脏的重量[14]，对 Lewis 肺癌小鼠的 NK 细胞活性有明显的激活作用[13]，增加荷瘤小鼠的胸腺指数、淋巴细胞转化能力、脾细胞抗体形成能力与 IgM 溶血素的含量[14]。

$5\alpha,8\beta$-过氧麦角甾-6,22E-二烯-3β-醇可明显阻断由 LPS 诱导的 MyD88、VCAM-1 和细胞因子(IL-1β,IL-6 和 TNF-α)的表达[15]。

二、抗肿瘤作用

临床观察证明，灰树花多糖具有直接、迅速改善晚期恶性肿瘤患者的临床症状和体征的作用，应用灰树花多糖辅助治疗晚期恶性肿瘤是安全有效的[12]。Nanba 认为，灰树花多糖的抗肿瘤活性在所有真菌生物活性物质中最强，且大多数真菌多糖口服无效，而灰树花多糖口服有效[9]。灰树花多糖起效剂量极低，这点对降低生产成本具有重要意义，同样数量的原料药，可生产出更多的制剂产品[12]。

灰树花均一多糖 PGF－1 口服给药进行抗肿瘤试验，结果表明：PGF－1 在高剂量下对 S－180 肿瘤有显著的抑瘤效果[16]。Kodama 等人对 22～57 岁年龄段的肿瘤患者服用灰树花多糖后的疗效进行了调查，发现有 58.3%的肝癌患者、68.8%的乳腺癌患者以及 62.5%的肺癌患者，在使用灰树花多糖后症状明显减轻；10%～20%的胃癌患者、白血病患者以及脑瘤患者的症状减轻。该结果暗示：灰树花多糖对不同肿瘤的活性不同。Botchers 等人认为，这是因为各种类型的肿瘤对多糖的细胞反应不同，从而表达出不同的细胞因子产生不同的生物效应。Kodama 等人的调查还发现：在化疗过程中辅以灰树花多糖，可提高患者体内的免疫竞争细胞的活性，以促进患者的康复[10]。

灰树花多糖对人宫颈癌细胞 Hela 的增殖具有体外抑制作用，且呈量效关系[17]。灰树花多糖 D－组分具有很强的拮抗人乳腺癌细胞 MCF7 的作用，可促进该细胞凋亡，减弱肿瘤细胞活性，其机制可能与增加 BAK－1 基因的表达，释放细胞色素 C 到细胞质，激活 caspase 7 和 caspase 1 有关[18]，见图[18] 20－2。

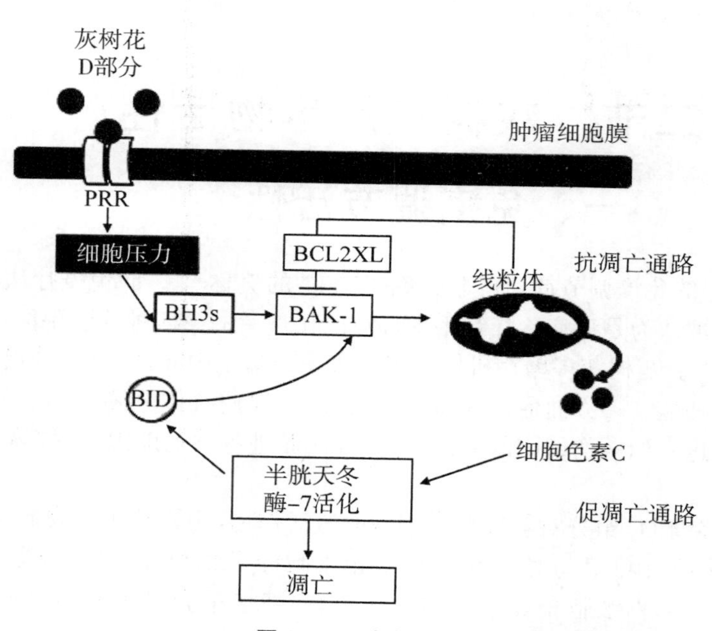

图 20－2　灰树花多糖抗肿瘤机制

$5\alpha,8\beta$-过氧麦角甾-6,22E-二烯-3β-醇有明显抑制 MCF－7 增殖的作用，并有明显的促凋亡作用，麦角甾醇和 $3\beta,5\alpha,6\beta$-三羟基麦角甾醇有轻微抑制其增殖的作用。

三、抗辐射作用

金国虔等人研究了灰树花多糖对 60Co－γ 辐射小鼠的影响，发现灰树花多糖具有明显促进辐射小鼠白细胞数目的恢复与提高存活率的作用，表明灰树花具有一定的抗辐射作用[10]。

四、抗病毒作用

灰树花多糖具有抑制 HIV 病毒、改善艾滋病相应症状的功能。将灰树花多糖加入盛有 HIV 病毒感染的辅助 T 淋巴细胞中，发现 HIV 的活性受到抑制。给 HIV 感染者每日口服灰树花多糖，60d 后，一半患者的辅助 T 淋巴细胞水平增加，另外一半患者的辅助 T 淋巴细胞停止下降[8]。研究还发现，灰树花多糖在抑制 HIV 病毒的同时，还能改善 AIDS 的并发症状[14]。

灰树花多糖对流行性感冒病毒和Ⅰ型单纯孢疹病毒均有较明显的抑制作用，且呈量效关系[9]。

灰树花多糖能在新城鸡瘟病毒(NDV)小鼠中诱生Ⅰ型干扰素，据此认为，灰树花多糖抗病毒作用可能是由于干扰素系统介导，也可能是其他机制所造成[9]。

五、抗氧化作用

灰树花水提物显示出较好的 DPPH 自由基清除能力[19]，并可保护由 AAPH 引起对猪的近端肾小管细胞 LLC-PK1 细胞的伤害，可降低脂质过氧化水平，增加 SOD 和 GSH-px 的活性，且呈量效关系[20]。

六、延缓衰老作用

灰树花多糖(0.5g/L)能显著延长雌果蝇的平均寿命、半数死亡时间和最高平均寿命，延长率分别为 22.00%、19.71%和 28.32%，对雄性果蝇平均寿命、半数死亡时间和最高平均寿命，延长率分别为 17.67%、13.31%和 12.74%[21]。

七、肝保护作用

在所有已研究的药用真菌多糖中，灰树花多糖无论口服或注射均有很好的肝炎治疗作用。用灰树花多糖 X 组分处理肝炎模型小鼠，可使谷草转氨酶(AST)和谷丙转氨酶(ALT)的值暂时升高，然后迅速下降[13]。灰树花多糖可以显著降低 4-乙酰氨基酚和四氯化碳造成的肝损伤而引起的血液中谷草和谷丙转氨酶浓度的升高，显著减轻肝组织病理变化过程[13,22]。灰树花多糖对急性肝损伤的保护作用，其机制可能与抑制脂质过氧化、清除自由基、调节凋亡相关蛋 bcl-2 和 bax 的表达有关[23]。

八、降血糖作用

灰树花多糖在剂量 250mg/kg 下，喂养 40d 后，明显降低由四氧嘧啶引起的实验性糖尿病小鼠的血糖水平和血糖曲线下面积[24]。

九、胃黏膜损伤的保护作用

灰树花多糖在 30mg/kgBW 组、60mg/kgBW 组，能显著降低大鼠胃溃疡面的直径分数($P<0.05$、$P<0.01$)。因此认为灰树花多糖对胃黏膜损伤有辅助保护功能，并且无不良反应、不影响体重变化[25]。

第三节 展 望

目前以灰树花与灰树花多糖为原料的保健品，主要有日本的 MAIEXT 系列产品、美国的 GRIFRON、MAITAKE 系列产品与我国的保力生胶囊、维吉尔胶囊等。但由于多糖难以纯化，灰树花多糖的研究目前还停留在粗多糖的水平上，相信随着分离纯化技术的进一步完善，灰树花多糖单一组分的研究将得到充分开展，灰树花多糖作为一种高效的生物活性物质在医药领域中将会得到更广泛的应用。

此外，灰树花中除了多糖还含有大量的其他活性成分，如蛋白质、核酸等大分子物质以及氨基酸、多酚、甾醇、三萜等小分子活性物质，值得我们进一步去研究和探索。

参考文献

[1] 邢增涛，周昌艳，潘迎捷，等. 灰树花多糖研究进展[J]. 食用菌学报，1999，6(3)：54—58.
[2] 韩省华. 药食两用真菌-灰树花[J]. 新农业，2010，8：7—8.
[3] 肖正中，邬苏晓. 灰树花多糖对小鼠免疫功能的影响[J]. 安徽农业科学，2010，38(34)：19310—19311.
[4] 庞菲. 灰树花化学成分及抗肿瘤细胞增殖作用研究[D]. 华东师范大学硕士学位论文，2010.
[5] Zhang Y, Mills GL, Nair MG. Cyclooxgenase inhibitory and antioxidant compounds from the mycelia of the edible mushroom *Grifola frondosa* [J]. J Agric Food Chem, 2002, 50: 7581—7585.
[6] 邢增涛，周昌艳，潘迎捷，等. 灰树花化学成分和药理作用的研究进展[J]. 药物评价研究，2011，34(4)：283—288.
[7] 吴智艳，闫训友. 灰树花生理活性物质的研究进展[J]. 食用菌，2006，6：1—2.
[8] 茅仁刚，林东昊，洪筱坤，等. 灰树花活性多糖的研究进展[J]. 中草药，2003，34(2)：附 2—5.
[9] 李磊，王卫国，郭彦亮，等. 灰树花多糖的制备及其生物活性研究进展[J]. 食品工业科技，2009，11(30)：327—331.
[10] 边杉，叶波平，奚涛，等. 灰树花多糖的研究进展[J]. 药物生物技术，2004，11(1)：60—63.
[11] 谢文佳，黄小玲. 灰树花多糖的生物活性与研究进展[J]. 食用菌，2010，5：1—3.
[12] 刘安，臧立华，孙庆济. 灰树花多糖研究进展[J]. 食用菌学报，1999，6(3)：54—58.
[13] 李小定，荣建华，吴谋成. 灰树花多糖药理研究进展[J]. 天然产物研究与开发，2003，15(4)：364—368.
[14] 于荣利，张桂玲，秦旭升，等. 灰树花研究进展[J]. 上海农业学报，2005，21(3)：101—105.
[15] Wu S., Lu Z., Lai M, et al. Immunomodulatory activities of medicinal mushroom Grifola frondosa extract and its bioactive constituent [J]. The American Journal of Chinese Medicine, 2013, 41: 131—144.
[16] 李小定，吴谋成，曾晓波. 灰树花多糖 PGF-1 对荷瘤小鼠免疫功能的影响[J]. 华中农业大学学报，2002，3(6)：261—263.
[17] 吕冬霞，刘娜，范晓燕，等. 灰树花多糖对人宫颈癌 Hela 细胞凋亡的影响[J]. 中国老年学杂志，2011，4(31)：1215—1217.
[18] Soares R, Meireles M, Rocha A, et al. Maitake (D Fraction) mushroom extract induces apoptosis in breast cancer cells by bAK-1 gene activition [J]. J Med Food, 2011, 14 (6): 563—572.

[19] Yeh J, Hsieh L, Wu K. Antioxidant properties and antioxidant compounds of various extracts from the edible basidiomycete Grifola frondosa [J]. Molecules, 2011, 16: 3197－3211.

[20] Lee K, Yoon W. Production of exo-polysaccharide from submerged culture of *Grifola frondosa* and its antioxidant activity [J]. Food Sci Biotechnol, 2009, 18 (5): 1253－1257.

[21] 郑亚凤,王琦,黄志伟,等. 灰树花多糖延缓果蝇衰老作用[J]. 福建农林大学学报(自然科学版),2010,39(6):625－627.

[22] 曹小红,朱慧,王春玲,等. 灰树花胞外多糖对四氯化碳致小鼠肝损伤的保护作用[J]. 天然产物研究与开发,2010,22:777－780.

[23] 李树卿,王玉卓. 灰树花多糖对四氯化碳致急性肝损伤的保护作用[J]. 中国老年学杂志,2010,30(9):2640－2642.

[24] 周伟,奚清丽,石根勇,等. 灰树花多糖对糖尿病小鼠的降血糖作用[J]. 江苏预防医学,2009,20(4):17－20.

[25] 贺长生,访客敏. 灰树花多糖对胃黏膜损伤的辅助保护作用试验研究进展[J]. 求医问药,2011,9(4):100－101.

（康　洁）

第二十一章 金针菇

JIN ZHEN GU

第一节 概 述

金针菇[*Flammulina velutipes*（Curt.：Fr.）Sing]又名朴菇、冬菇、构菌等，属担子菌门，伞菌纲，伞菌亚纲，伞菌目，膨瑚菌科，小火焰属真菌。据有关文献报道，北半球小火焰属 *Flammulina* 真菌包括*F. populicola*、*F. rossica*、*F. ononidis*、*F. elastica*、*F. fennae* 和 *F. velutipes* 等[2]，其中最常见的就是金针菇 *F. velutipes*。金针菇广泛分布于中国、日本、俄罗斯西伯利亚和小亚细亚以及欧洲、北美洲、澳大利亚等地。在我国，北起黑龙江，南至广东，东起福建，西至四川广大区域内，均有金针菇栽培[1]。

金针菇是药食两用菌，俗称增智菇，子实体和菌丝体均可入药，富含氨基酸、维生素、糖蛋白、多糖、多肽等成分，营养价值很高。金针菇不仅蛋白质含量高，而且蛋白质质量也很好。蛋白质含量近30%(干)，还含有 18 种氨基酸，其中必需氨基酸占氨基酸总量的 40%以上，且含有较多量的赖氨酸和精氨酸[3-4]。现代医学已证明，赖氨酸能促进儿童的生长和发育，我国习惯以缺乏赖氨酸的稻米和小麦等谷物为主食，与金针菇富含的赖氨酸正好起互补作用[3-4]。金针菇中含有的蛋白和多糖类成分一般都有较好的生物学活性，如抗肿瘤、降低血清胆固醇、降压、提高机体免疫力等，特别是抗肿瘤作用研究得最多，其机制被认为是免疫调节的作用，即在机体免疫功能受损的情况下，刺激宿主免疫系统达到防御治疗的目的[5]。

有关金针菇化学成分的文献报道，以蛋白、多糖、糖蛋白与磷脂等大分子成分为主，另外，还包括一些小分子物质，如单萜、倍半萜、黄酮、甾体、核苷和核苷酸等。

第二节 金针菇化学成分的研究

一、金针菇化学成分与提取分离

（一）蛋白质、多糖与糖蛋白类成分

1. 多糖类成分

从金针菇菌丝、子实体及其发酵液中得到的金针菇多糖，是由 10 个以上的单糖通过糖苷键连接而成的多聚物，主链为 β-D-(1→3)-葡聚糖[6]。多糖可分为一、二、三和四级结构，其中二、三、四级结构统称为多糖的高级结构，与多糖的活性关系更加密切[7]。

金针菇多糖的提取应避免在强酸、碱溶液中进行，否则极易造成糖苷键断裂与构象变化。因此在提取工艺中，不仅要考虑如何提高粗多糖的得率，还不能破坏多糖的结构[6]。目前，提取粗多糖主要有水提醇析法、盐析法、超滤法、酶法、复合酶解法、色谱法等方法，但基本提取方法大多采用水提醇析法的模式，酶法提取的效果最好，但成本较高。金针菇多糖提取的一般工艺流程：新鲜金针菇→干

燥→机械粉碎→浸提→离心→滤渣复提→合并上清液浓缩→醇析→离心分离→收集沉淀→干燥多糖粗品[8]。多糖的纯化主要采用离子交换柱层析或凝胶层析，前者根据多糖的电荷特性不同，后者根据其相对分子质量的差异。在纯化过程中，一般用水、盐或碱洗脱，硫酸-蒽酮法检测[7]。

据有关文献报道，从金针菇子实体中得到多糖 $PA_3DE(1)$ 和 $PA_5DE(2)$。PA_3DE 为 β-型糖苷键连接，相对分子质量为 5.4×10^5，由 3 种单糖组成，即 D-葡萄糖、D-甘露糖和 L-岩藻糖。PA_5DE，相对分子质量为 4.7×10^5，也由 3 种单糖组成，即 D-葡萄糖、D-甘露糖和 D-岩藻糖；分子中可能具有分支结构，存在 $\beta(1\rightarrow3)$ 和 $\beta(1\rightarrow6)$ 型糖苷键连接[9-10]。Smiderle 等人得到的金针菇多糖是一种以[-Glc(1→3)-]为主链的 β-葡聚糖，相对分子质量为 3.08×10^5，单糖物质的量比：甘露糖(Man)：木糖(Xyl)＝3：2[11]。Pang 等人从金针菇菌丝体中分离得到一种水溶性多糖 FVP-2，结构分析表明，FVP-2 由 α-D-(1→4)-葡聚糖构成，相对分子质量为 1.89×10^4[12]。王玉峰等人得到两种金针菇多糖 FVP-1 和 FVP-2。FVP-1 相对分子质量为 1.48×10^4，FVP-2 相对分子质量为 2.73×10^4。FVP-1 单糖物质的量比为：葡萄糖(Glc)：半乳糖(Gal)：甘露糖(Man)＝100：2.5：1.5；FVP-2 为葡萄糖(Glc)：半乳糖(Gal)：甘露糖(Man)：岩藻糖(Fuc)＝100：14：7：4。FVP-1 主要以[α-D-Glc(1→4)-]为主链，带有 α-D-Glc(1→6)分支。FVP-2 结构较复杂，存在多种单糖组成，葡萄糖具有 α 和 β 两种构型[13]。

2. 蛋白类成分

金针菇中含有一些功能性蛋白，如核糖体失活蛋白(RIP)、免疫调节蛋白、和金针菇毒素等[14]。

核糖体失活蛋白可以破坏核糖体的功能，抑制蛋白质的生物合成。经研究发现，几乎所有核糖体失活蛋白均来自高等植物，只有少数几种真菌和细菌中发现核糖体失活蛋白[14]。现已从金针菇中分离、纯化出 4 种核糖体失活蛋白，分别为：flammin(30kDa)、velin(19kDa)、velutin(13kDa)和 flammulin(40kDa)[15-17]。

Ko Jiunn-liang 等人从金针菇中分离出来一种免疫调节功能的蛋白 FIP-five，具有免疫调节作用和细胞凝集活性。纯化的 FIP-five 为 114 个氨基酸构成的一条多肽链，相对分子质量为 1.3×10^4，不含组氨酸、半胱氨酸和甲硫氨酸，富含天冬氨酸和缬氨酸，N 端为乙酰化氨基酸，N 端紧接着的 α-螺旋中包含一个“假 h 型拓扑结构”。FIP-fve 的结构类似于人免疫球蛋白(Ig)重链的可变区，同源性为 28%[14,18-19]。

金针菇毒素 flammutoxin 是金针菇子实体的一种蛋白质。Lin 等人首先从金针菇中分离获得一种具有心脏毒性和溶细胞特性、相对分子质量为 22×10^3 的蛋白质，并将该蛋白质命名为 flammutoxin[20]。Bernheimer 等人从金针菇中纯化出一个具有溶血特性的蛋白质，也称为 flammutoxin，但蛋白质相对分子质量(32×10^3)比 Lin 等人所描述的要大很多[21]。Tomita 等人分离得到的 flammutoxin 是一个相对分子质量为 31×10^3 的溶血素蛋白(Hemolysin)，并指出该蛋白质具有成孔特性，在所作用的细胞上可组装成一个环形的低聚物，该环形物外部和内部直径分别为 10nm 和 5nm，并测定了该蛋白质的 N 端有 28 个氨基酸残基[22]。

3. 糖蛋白类成分

多糖与蛋白质相结合形成糖蛋白，又称黏多糖，大多具有抗癌活性。

从构菌深层发酵菌丝体中得到一种弱酸性糖蛋白——原朴菇素(proflamin)，相对分子质量为 1.3×10^4，含 90%以上的蛋白质和少于 10%糖类(碳水化合物)。组成蛋白质的氨基酸主要为谷氨酸、天冬氨酸、丙氨酸、亮氨酸和甘氨酸；糖类(碳水化合物)由葡萄糖、半乳糖和甘露糖组成[5]。

金针菇中分离得到的组分 EA_6 为糖蛋白，蛋白部分以天冬氨酸、谷氨酸、丙氨酸和甘氨酸为主，还含有赖氨酸和精氨酸。多糖部分由葡萄糖、半乳糖、甘露糖、阿拉伯糖和木糖组成[4]。

（二）其他类成分

1. 单萜

从金针菇子实体中得到两个新的薄荷醇骨架的单萜化合物，为(1*R*,2*R*,4*R*,8*S*)-(-)- metnthane - 2,8,9 - triol(1)和 8 位是 *R* 构型的异构体(2)[23]。

(1)　(2)

2. 倍半萜

从金针菇子实体中得到 10 个新的花侧柏烷型(cuparene)倍半萜，为 enokipodins A-J (3～12)[24-26]，与 1 个已知花侧柏烷型倍半萜 2,5 - cuparadiene - 1,4 - dione (13)[26]；另有两个新倍半萜 sterpurols A-B (14～15)和 1 个已知倍半萜 sterpuric acid (16)[26]。

(3)R=H
(5)R=OH

(4)R_1=H,R_2=H
(6)R_1=H,R_2=OH
(12)R_1=NH_2,R_2=H

(7)R=OH
(8)R=H

(9)R= ····OH
(10)R= ◀OH

(11)

(13)

(14)R_1=CH_2OH,R_2=OH
(15)R_1=CH_2OH,R_2=OAc
(16)R_1=COOH,R_2=OH

3. 黄酮

从金针菇深层培养菌丝体中得到 3 个黄酮类化合物，即大豆异黄酮(daidzein,17)、6 -甲氧基-大豆异黄酮(glycitrin,18)和染料木素(genistein,19)[27]。

4. 甾体

从金针菇子实体和深层发酵菌丝体中得到 15 个甾体化合物，其中麦角甾醇类 13 个，豆甾醇类两个，化合物(20)是一种新化合物。以下是各个化合物名称：(22*E*,24*R*)- ergosta - 7,22 - dien - 3β,5α,6α,

9α - tetrol (20);(22*E*,24*R*)- ergosta - 7,22 - dien - 3β,5α,6β - triol (21);(24*S*)- ergosta - 7 - ene - 3β,5α,6β - triol (22)、ergosta - 7,22 - dien - 3β - ol (23);5α,8α - epidioxy -(22*E*,24*R*)- ergosta - 6,22 - dien - 3β - ol(24);5α,8α - epidioxy -(24*S*)- ergosta - 6 - ene - 3β - ol(25);(22*E*,24*R*)- ergosta - 5,7,9(11),22 - tetra - en - 3β - ol(26);ergosta - 5,7 - dien - 3β - ol(27)[16];ergosterol(28);ergosta - 3 - *O* - β - D - glucopyranoside(29);ergosta - 5,8,22 - trien - 3β - ol(30);ergosta - 7,22 - dien - 5,6 - epoxy- 3 - ol(31);ergosta - 4,6,8(14),22 - tetraen - 3 - one(32);5α - stigmastan - 3,6 - dione (33)和(24*R*)- stigmast - 4 - ene - 3 - one(34)[28-30]。

(20)R_1=OH,R_2=α-OH,R_3=OH
(21)R_1=H,R_2=β-OH,R_3=OH
(22)R_1=H,R_2=β-OH,22,23-dihydro,R_3=OH
(23)R_1=H,R_2=H,R_3=H

(24)R=H
(25)R=H,22,23-dihydro

(26)R=H
(27)R=H,9,11-dihydro,22,23-dihydro
(28)R=H,9,11-dihydro
(29)R=glu,22,23-dihydro

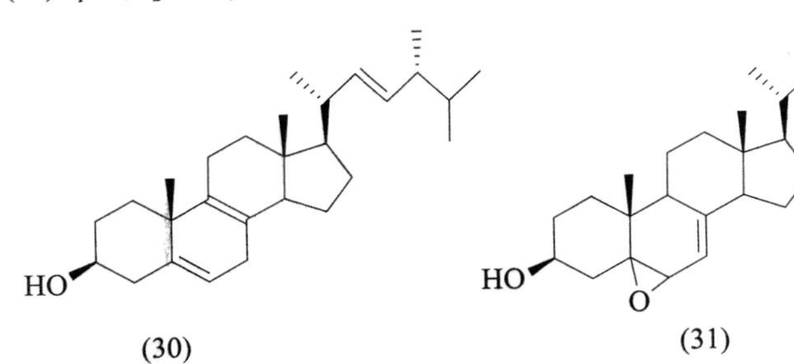

(30) (31)

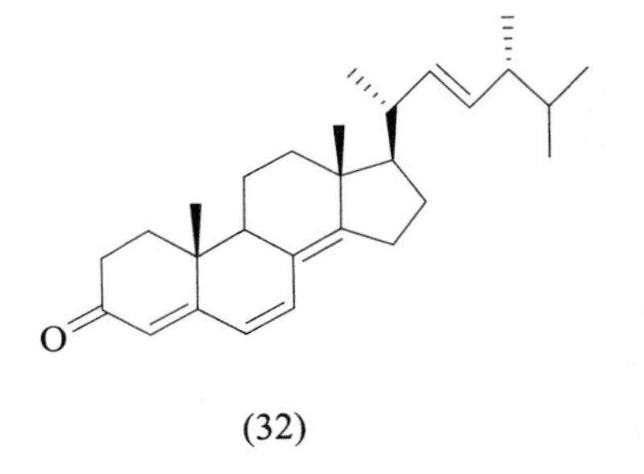

(32)

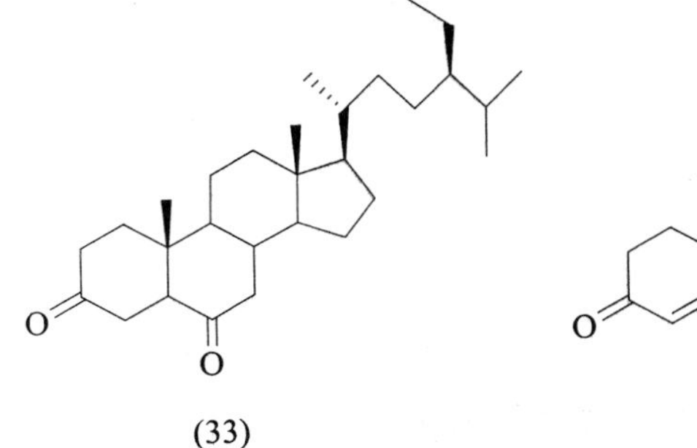

(33)

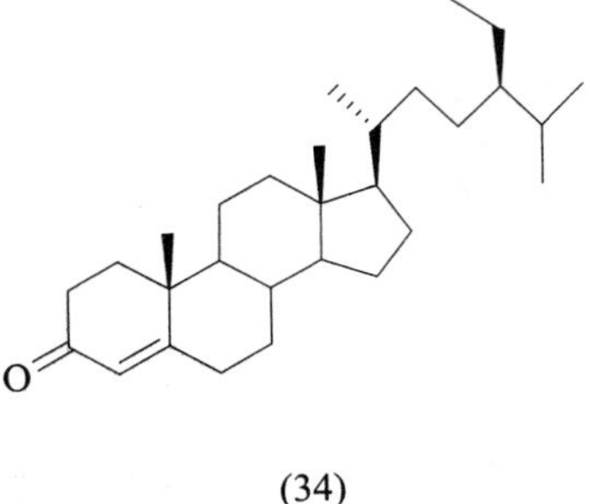

(34)

5. 环二肽类化合物

从金针菇深层发酵菌丝体中分离得到环-脯氨酸-亮氨酸[cyclo-(*R*-pro-*R*-leu)](35),环-异亮氨酸-亮氨酸[cyclo-(*R*-isoleu-*R*-leu)](36),环-酪氨酸-亮氨酸[cyclo-(*R*-isoleu-*R*-leu)](37)[31]。

(35) (36) (37)

6. 长链化合物和神经酰胺

从金针菇深层发酵菌丝体中分离得到 1 个神经酰胺(2*S*,3*S*,4*R*,2′*R*)- 2 -(2′- hydroxyl - tetracosanoy - lamino)octadecane - 1,3,4 - triol(38),3 个长链脂肪酸,二十七酸(39),9(*Z*)-十八烯酸(40),9(*Z*),12(*Z*)-亚油酸(41),与 1 个甘油衍生物 1′,3′- dilinolenoyl - 2′- linoleoylglycerol (LnLLn)(42)[32-34]。

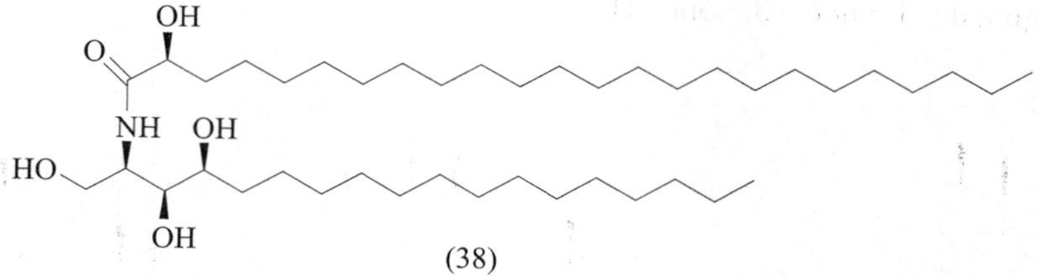

(38)

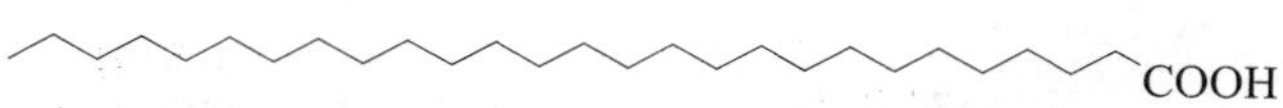

(39)

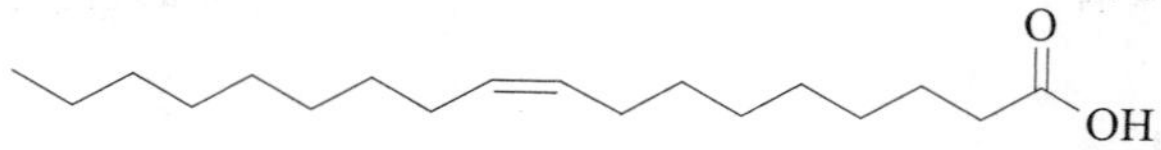

(40)

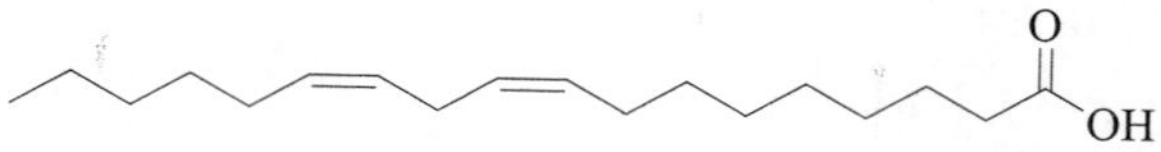

(41)

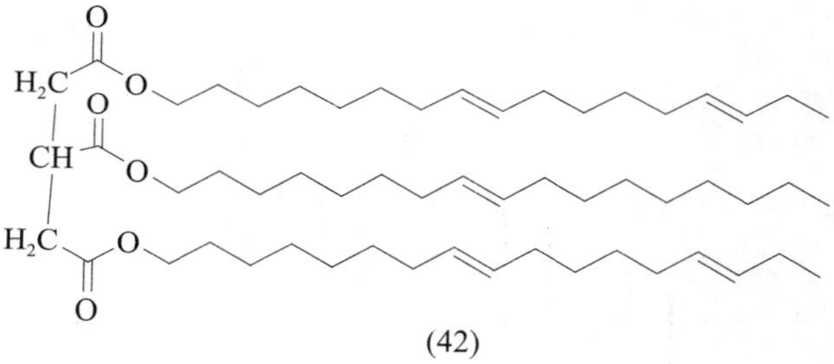

(42)

7. 核苷和核苷酸

金针菇中还含有鸟嘌呤、腺嘌呤、5′-鸟嘌呤、5′-腺嘌呤和 5′-尿嘧啶核苷酸[31]。

二、金针菇化学成分的理化常数与光谱数据

(1*R*,2*R*,4*R*,8*S*)-(-)- Metnthane - 2,8,9 - triol(1)[23]　$[\alpha]_D^{25}$- 17(*c* 1.0,MeOH)。IR(KBr):3 590、3 430、2 930、1 450、1 380、1 040cm^{-1}。EI-MS *m/z*:157[M-CH_2OH]$^+$。^{1}H NMR(pyridine-d_5,400MHz)δ:3.96(1H,t,*J*=10.6Hz,H - 9a),3.92(1H,t,*J*=10.6Hz,H - 9b),3.45(1H,ddd,*J*=4.0、9.9、11.0Hz,H - 2),2.58(1H,dddd,*J*=2.6、2.9、4.0、12.1Hz,H - 3a),2.19(1H,dddddd,*J*=2.6、2.9、3.3、3.7、12.5、12.8Hz,H - 5a),2.09(1H,dddd,*J*=2.6、3.3、12.1、12.5Hz,H - 4),1.80(1H,dddd,*J*=2.9、3.3、3.7、13.2Hz,H - 6b),1.64(1H,ddd,*J*=11.0、12.1、12.5Hz,H - 3b),1.64(1H,ddd,*J*=11.0、12.1、12.5Hz,H - 3b),1.57(1H,dddq,*J*=3.3、9.9、6.2、12.1Hz,H - 1),1.43

(3H,s,H－10),1.42(1H,dddd,J＝3.7、12.5、12.5、12.8Hz,H－5b),1.24(3H,d,J＝6.2Hz,H－7)。^{13}C NMR($CDCl_3$,100MHz)δ:76.2(C－2),73.9(C－8),68.9(C－9),44.2(C－4),41.0(C－1),38.1(C－3),33.9(C－6),26.7(C－5),21.7(C－10),19.3(C－7)。

(1*R*,2*R*,4*R*,8*R*)-(－)- Metnthane－2,8,9－triol(2)[23]　$[\alpha]_D^{25}$－5.3(c 2.0,MeOH)。IR(KBr):3 590、3 430、2 930、1 450、1 380、1 040cm^{-1}。EI-MS m/z:157[M-CH_2OH]$^+$。^{1}H NMR(pyridine-d_5,400MHz)δ:3.98(1H,t,J＝10.6Hz,H－9b),3.96(1H,t,J＝10.6Hz,H－9a),3.49(1H,ddd,J＝4.0、9.9、11.0Hz,H－2),2.87(1H,dddd,J＝2.6、2.9、4.0、12.1Hz,H－3a),2.14(1H,dddd,J＝2.9、3.3、12.1、12.5Hz,H－4),1.96(1H,dddddd,J＝2.6、2.9、3.3、3.7、12.5、12.8Hz,H－5a),1.84(1H,dddd,J＝2.9、3.3、3.7、13.2Hz,H－6b),1.76(1H,ddd,J＝11.0、12.1、12.5Hz,H－3b),1.60(1H,dddq,J＝3.3、9.9、6.2、12.1Hz,H－1),1.46(3H,s,H－10),1.35(1H,dddd,J＝3.7、12.5、12.5、12.8Hz,H－5b),1.30(3H,d,J＝6.2Hz,H－7),1.14(1H,dddd,J＝3.7、12.1、12.8、13.2Hz,H－5b)。^{13}C NMR($CDCl_3$,100MHz)δ:76.3(C－2),73.8(C－8),69.0(C－9),44.1(C－4),41.0(C－1),37.2(C－3),34.0(C－6),27.5(C－5),21.5(C－10),19.2(C－7)。

Enokipodin A (3)[24]　无色棱晶,mp138.5～138.9℃。$[\alpha]_D^{25}$＋48(c 0.5,MeOH)。IR(KBr):3 384、2 975、2 876、2 359、1 505、1 393、1 307、1 189、1 164cm^{-1}。EI-MS m/z:248[M$^+$]。^{1}H NMR($CDCl_3$,500MHz)δ:6.55(1H,s,H－5),6.50(1H,s,H－2),4.30(1H,s,4－OH),2.74(1H,s,10－OH),2.17(1H,ddd,J＝6.5、9.7、14.3Hz,H－9a),2.16(1H,s,H－15),2.09(1H,ddd,J＝3.7、11.9、14.3Hz,H－9b),1.90(1H,ddd,J＝6.5、11.9、12.7Hz,H－8b),1.78(1H,ddd,J＝3.7、9.7、12.7Hz,H－8a),1.24(3H,s,H－14),1.09(1H,s,H－12),0.80(3H,s,H－13)。^{13}C NMR($CDCl_3$,125MHz)δ:147.4(C－4),146.1(C－1),131.1(C－6),122.5(C－3),116.9(C－2),111.0(C－5),109.6(C－10),47.3(C－7),43.3(C－11),38.5(C－8),34.8(C－9),18.5(C－2),16.0(C－14),15.5(C－13),15.5(C－15)。

Enokipodin B (4)[24]　半固体。$[\alpha]_D^{25}$－63(c 0.05,MeOH)。IR(KBr):1 734、1 651、1 090、1 068、931cm^{-1}。EI-MS m/z:246[M$^+$]。^{1}H NMR($CDCl_3$,500MHz)δ:6.69(1H,s,H－5),6.56(1H,s,H－2),2.49(1H,ddd,J＝2.4、9.8、19.3Hz,H－9a),2.44(1H,ddd,J＝8.7、10.4、19.3Hz,H－9b),2.27(1H,ddd,J＝9.8、10.4、12.8Hz,H－8a),1.88(1H,ddd,J＝2.4、8.7、12.8Hz,H－8b),2.04(3H,s,H－15),1.32(3H,s,H－14),1.23(3H,s,H－12),0.76(3H,s,H－13)。^{13}C NMR($CDCl_3$,125MHz)δ:220.9(C－10),188.2(C－4),187.8(C－1),153.5(C－6),135.3(C－2),134.1(C－5),52.3(C－11),49.0(C－7),33.7(C－9),31.1(C－8),23.1(C－14),22.1(C－13),20.6(C－12),14.9(C－15)。

Enokipodin C (5)[25]　无色油状物。$[\alpha]_D^{25}$－9.4(c 1.0,MeOH)。IR(KBr):3 384、2 947、2 362、1 507、1 457、1 417、1 308、1 174cm^{-1}。EI-MS m/z:246[M$^+$]。^{1}H NMR($CDCl_3$,270MHz)δ:6.55(1H,s,H－5),6.51(1H,s,H－2),4.35(1H,s,4－OH),3.89(1H,d,J＝8.1Hz,H－8),2.79(1H,s,10－OH),2.26(1H,dd,J＝8.1、15.3Hz,H－9b),2.22(1H,dd,J＝2.9、15.3Hz,H－9a),2.17(3H,s,H－15),1.89(1H,br,J＝2.9Hz,8－OH),1.29(3H,s,H－14),1.25(3H,s,H－12),0.74(3H,s,H－13)。^{13}C NMR($CDCl_3$,125MHz)δ:147.8(C－4),145.8(C－1),128.5(C－6),123.4(C－3),117.2(C－2),111.1(C－5),108.7(C－10),77.2(C－8),51.7(C－7),46.5(C－9),42.6(C－11),19.7(C－12),16.7(C－13),15.5(C－15),11.4(C－14)。

Enokipodin D (6)[25]　黄色晶体,mp 116.0～117.0℃。$[\alpha]_D^{25}$＋130(c 0.1,MeOH)。IR(KBr):3 446、2 970、2 340、1 733、1 690、1 653、1 457、1 375、1 250cm^{-1}。EI-MS m/z:262[M$^+$]。^{1}H NMR($CDCl_3$,270MHz)δ:6.86(1H,s,H－5),6.59(1H,d,J＝1.6Hz,H－2),5.04(1H,dd,J＝8.6、9.6Hz,H－8),2.83(1H,dd,J＝8.6、19.0Hz,H－9a),2.43(1H,dd,J＝9.6、19.0Hz,H－9b),2.05(3H,d,J＝1.6Hz,H－15),1.28(3H,s,H－14),1.24(3H,s,H－12),0.83(3H,s,H－13)。^{13}C

NMR($CDCl_3$,125MHz)δ:216.0(C-10),188.7(C-1),187.5(C-4),150.6(C-6),117.2(C-2),144.5(C-3),135.8(C-5),135.2(C-2),69.2(C-8),55.4(C-11),53.3(C-7),41.7(C-9),22.8(C-13),19.8(C-12),17.0(C-14),15.0(C-15)。

Enokipodin E (7)[26] 无色固体。$[\alpha]_D^{25}$-117(*c* 0.94,MeOH)。IR(KBr):3 419、3 304、2 966、2 877、1 734、1 660、1 612、1 460、1 296cm^{-1}。ESI-MS *m/z*:289[M+Na]$^+$。^{1}H NMR(MeOD,500MHz)δ:6.04(1H,s,H-5),4.70(1H,m,H-1),2.52(1H,m,H-8a),2.45(1H,m,H-9a),2.36(1H,m,H-9b),2.20(1H,dd,*J*=14.1、3.2Hz,H-2a),2.15(1H,dd,*J*=14.1、3.9Hz,H-2b),2.01(1H,m,H-8b),1.49(3H,s,H-15),1.19(3H,s,H-14),1.07(3H,s,H-13),0.88(3H,s,H-12)。^{13}C NMR(MeOD,125MHz)δ:223.7(C-10),204.4(C-4),167.7(C-6),126.7(C-5),72.9(C-3),66.1(C-1),55.0(C-11),50.9(C-7),45.6(C-2),34.1(C-9),30.7(C-8),28.6(C-15),25.4(C-14),22.9(C-12),19.3(C-13)。

Enokipodin F (8)[26] 白色粉末。$[\alpha]_D^{25}$-146(*c* 0.37,MeOH)。IR(KBr):3 506、2 969、1 730、1 667、1 606、1 461、1 380、1 148、1 121cm^{-1}。ESI-MS *m/z*:251[M+H]$^+$。^{1}H NMR($CDCl_3$,500MHz)δ:6.04(1H,d,*J*=2.5Hz,H-5),2.64(1H,m,H-1a),2.49(1H,m,H-9a),2.41(1H,m,H-8a),2.35(1H,m,H-9b),2.30(1H,m,H-1b),2.18(1H,m,H-2a),2.00(1H,m,H-2b),1.34(3H,s,H-15),1.16(3H,s,H-13),1.14(3H,s,H-14),0.86(3H,s,H-12)。^{13}C NMR($CDCl_3$,125MHz)δ:220.0(C-10),202.6(C-4),169.3(C-6),122.8(C-5),72.5(C-3),52.4(C-11),50.7(C-7),36.3(C-2),33.5(C-9),29.8(C-8),26.7(C-1),23.9(C-15),22.5(C-14),21.3(C-12),19.1(C-13)。

Enokipodin G (9)[26] 白色粉末。$[\alpha]_D^{25}$-86(*c* 0.33,MeOH)。IR(KBr):3 401、2 962、1 668、1 602、1 457、1 370、1 103、983cm^{-1}。EI-MS *m/z*:253[M+H]$^+$。^{1}H NMR(MeOD,500MHz)δ:5.89(1H,d,*J*=1.8Hz,H-5),4.40(1H,m,H-9),2.72(1H,m,H-1a),2.68(1H,m,H-8a),2.46(1H,m,H-1a),2.04(1H,m,H-2a),2.01(1H,m,H-10a),1.98(1H,m,H-2b),1.82(1H,dd,*J*=13.6、5.4Hz,H-10a),1.59(1H,d,*J*=14.2Hz,H-8b),1.34(3H,s,H-14),1.30(3H,s,H-15),1.17(3H,s,H-13),0.86(3H,s,H-12)。^{13}C NMR(MeOD,125MHz)δ:203.8(C-4),173.5(C-6),123.9(C-5),73.4(C-3),69.6(C-9),53.3(C-7),52.0(C-10),47.2(C-8),46.1(C-11),38.0(C-2),26.5(C-12),24.8(C-13),24.1(C-14),23.6(C-15),22.7(C-1)。

Enokipodin H (10)[26] 白色粉末。$[\alpha]_D^{25}$-68(*c* 0.33,MeOH)。IR(KBr):3 392、2 956、2 873、1 666、1 603、1 457、1 372、1 123cm^{-1}。ESI-MS *m/z*:253[M+H]$^+$。^{1}H NMR(MeOD,500MHz)δ:5.94(1H,d,*J*=1.8Hz,H-5),4.40(1H,m,H-9),2.72(1H,m,H-1a),2.47(1H,m,H-1b),2.22(1H,m,H-8a),2.21(1H,m,H-10a),2.04(1H,m,H-2a),2.03(1H,m,H-8b),1.98(1H,m,H-2b),1.57(1H,dd,*J*=14.3、3.1Hz,H-10b),1.31(3H,s,H-15),1.15(3H,s,H-14),1.11(3H,s,H-13),1.02(3H,s,H-12)。^{13}C NMR(MeOD,125MHz)δ:203.8(C-4),172.9(C-6),124.0(C-5),73.4(C-3),70.1(C-9),53.9(C-7),51.2(C-10),47.7(C-8),44.7(C-11),38.0(C-2),27.8(C-1),27.7(C-12),25.2(C-13),23.6(C-15),23.4(C-14)。

Enokipodin I (11)[26] 黄色固体。$[\alpha]_D^{25}$-71.6(*c* 1,MeOH)。IR(KBr):3 455、2 969、2 928、1 740、1 678、1 461、1 377、1 266cm^{-1}。ESI-MS *m/z*:265[M+H]$^+$。^{1}H NMR($CDCl_3$,270MHz)δ:6.76(1H,s,H-5),3.07(1H,d,*J*=14.8Hz,H-2a),3.02(1H,d,*J*=14.8,H-2b),2.45(1H,m,H-9),2.25(1H,m,H-8a),1.93(1H,m,H-8b),1.43(3H,s,H-15),1.25(3H,s,H-14),1.25(3H,s,H-13),0.81(3H,s,H-12)。^{13}C NMR($CDCl_3$,125MHz)δ:220.3(C-10),201.5(C-4),196.0(C-1),160.3(C-6),134.2(C-5),74.9(C-3),54.0(C-2),52.6(C-11),49.3(C-7),33.7(C-9),31.0(C-8),27.0(C-15),22.6(C-14),22.1(C-12),20.4(C-13)。

Enokipodin J (12)[26] 紫色粉末。$[\alpha]_D^{25}$-30(*c* 0.4,MeOH)。IR(KBr):3 453、3 350、2 967、

1 732、1 673、1 635、1 579、1 451、1 362cm^{-1}。ESI-MS m/z：262[M+H]$^+$。^{1}H NMR($CDCl_3$，500MHz)δ：6.56(1H,s,H-5)，2.49(1H,m,H-9a)，2.43(1H,m,H-8a)，2.26(1H,m,H-8b)，1.87(1H,m,H-9b)，1.85(3H,s,H-15)，1.31(3H,s,H-14)，1.22(3H,s,H-13)，0.77(3H,s,H-12)。^{13}C NMR($CDCl_3$，125MHz)δ：221.2(C-10)，185.4(C-4)，183.4(C-1)，148.5(C-6)，144.5(C-2)，136.3(C-5)，109.5(C-3)，52.2(C-11)，48.5(C-7)，33.8(C-9)，31.1(C-8)，22.9(C-15)，22.1(C-14)，20.7(C-12)，8.3(C-13)。

Sterpurol A (14)[26]　白色粉末。$[\alpha]_D^{24}$+26(c 0.3，MeOH)。IR(KBr)：3 338、2 930、2 862、1 736、1 451、1 240、1 036cm^{-1}。ESI-MS m/z：237[M+H]$^+$。^{1}H NMR($CDCl_3$，500MHz)δ：3.44(2H,br s,H-12)，2.58(1H,br s,H-10)，2.28(1H,d,J=16.5Hz,H-2a)，2.13(1H,m,H-6a)，2.04(1H,d,J=16.5Hz,H-2b)，2.02(1H,m,H-6b)，1.65(3H,s,CH_3-14)，1.63(1H,m,H-11a)，1.61(1H,m,H-9a)，1.54(1H,m,H-7a)，1.20(3H,s,CH_3-15)，1.11(3H,s,CH_3-13)，0.85(1H,dd,J=16.0、14.0Hz,H-9b)。^{13}C NMR($CDCl_3$，125MHz)δ：140.5(C-3)，127.5(C-4)，74.0(C-5)，73.0(C-12)，44.5(C-8)，43.9(C-11)，42.9(C-1)，40.6(C-2)，37.3(C-10)，35.8(C-9)，35.1(C-6)，25.3(C-13)，24.1(C-15)，22.7(C-7)，13.5(C-14)。

Sterpurol B (15)[26]　白色粉末。$[\alpha]_D^{24}$+161(c 1.8，MeOH)。IR(KBr)：3 540、3 485、2 947、1 717、1 430、1 265、1 023cm^{-1}。ESI-MS m/z：301[M+Na]$^+$。^{1}H NMR($CDCl_3$，500MHz)δ：3.45(2H,br s,H-12)，2.66(1H,br s,H-10)，2.39(1H,m,H-6a)，2.34(1H,d,J=16.5Hz,H-2a)，2.05(1H,d,J=16.5Hz,H-2b)，2.01(3H,s,CH_3-17)，1.95(1H,m,H-6b)，1.68(1H,m,CH_3-11a)，1.66(1H,m,H-7a)，1.52(1H,m,H-9a)，1.50(1H,m,H-14)，1.39(1H,d,J=11.6Hz,H-9b)，1.32(1H,m,H-7b)，1.30(1H,m,H-11b)，1.19(3H,s,CH_3-15)，1.14(3H,s,CH_3-13)，0.85(1H,dd,J=16.0、14.0Hz,H-9b)。^{13}C NMR($CDCl_3$，125MHz)δ：140.5(C-3)，127.5(C-4)，74.0(C-5)，73.0(C-12)，44.5(C-8)，43.9(C-11)，42.9(C-1)，40.6(C-2)，37.3(C-10)，35.8(C-9)，35.1(C-6)，25.3(C-13)，24.1(C-15)，22.7(C-7)，13.5(C-14)。

(22*E*,24*R*)-ergosta-7,22-dien-3*β*,5*α*,6*α*,9*α*-tetrol(20)[28]　无定型粉末。$[\alpha]_D^{24}$-28.8(c 0.1，$CHCl_3$)。IR(KBr)：3 608、3 443cm^{-1}。EI-MS m/z：428[M-H_2O]$^+$。^{1}H NMR($CDCl_3$，600MHz)δ：5.22(1H,dd,J=15.4、7.7Hz,H-23)，5.17(1H,dd,J=15.4、8.1Hz,H-22)，5.06(1H,dd,J=1.8、1.8Hz,H-7)，4.03(1H,m,H-3)，3.96(1H,br s,H-6)，3.62(1H,s,OH-5)，3.49(1H,s,OH-9)，2.48(1H,m,H-14)，2.25(1H,ddd,J=13.6、13.6、4.0Hz,H-1)，2.02(1H,m,H-20)，1.95(1H,br d,J=12.1Hz,H-2)，1.05(1H,s,H-19)，1.02(1H,d,J=6.6Hz,H-21)，0.92(3H,d,J=7.0Hz,CH_3-28)，0.84(3H,d,J=6.6Hz,CH_3-27)，0.82(3H,d,J=7.0Hz,CH_3-26)，1.09(3H,s,CH_3-13)。^{13}C NMR($CDCl_3$，150MHz)δ：142.6(C-8)，135.4(C-22)，132.2(C-23)，120.3(C-7)，77.1(C-5)，70.3(C-6)，55.8(C-17)，50.5(C-14)，43.8(C-13)，42.8(C-24)，41.0(C-10)，40.4(C-20)，40.2(C-4)，35.1(C-12)，33.1(C-25)，30.3(C-2)，28.1(C-16)，28.0(C-11)，26.5(C-1)，21.1(C-21)，22.8(C-15)，20.3(C-19)，20.0(C-27)，19.6(C-26)，17.6(C-28)，11.7(C-18)。

第三节　金针菇的生物活性

一、抗肿瘤与免疫调节活性

金针菇多糖能明显抑制小鼠移植性肿瘤的生长，其机制不是通过对细胞的直接杀伤作用，而是通过增强机体的免疫功能实现的[35]。

金针菇多糖 FVP 对小鼠肿瘤 S－180、Heps 和 H_{22}、L615 与 Lewis 肺癌均有明显的抑制作用，其主要作用机制是干扰肿瘤细胞的有丝分裂，抑制肿瘤组织的非特异性酯酶活性，增加机体的体液免疫功能[19,36]。

从金针菇发酵液中提取出 1 种称为 KM－45 的抗癌精多糖，该物质对小鼠 S－180 的抑制率为 70％，对腹水瘤的抑制率为 80％，并大大缩短放疗时间且无不良反应[35]。

核糖体失活蛋白 flammin 和 velin 可抑制兔网织红细胞裂解物的表达，其 IC_{50} 分别为 1.4 和 2.5nmol/L[35]。

金针菇多糖 FVP 能明显提高正常小鼠脾指数和腹腔巨噬细胞的吞噬功能，对荷瘤小鼠有明显升高白细胞的作用，还能明显提高正常和荷瘤小鼠外周血淋巴细胞数[37]。

金针菇多糖 FVP 与小剂量化疗药物环磷酰胺配伍使用，能明显提高环磷酰胺对小鼠 S－180 的抑瘤率，并可对抗环磷酰胺所致小鼠白细胞减少和免疫器官萎缩，拮抗环磷酰胺所致的小鼠腹腔巨噬细胞吞噬功能的降低，恢复免疫受抑小鼠的淋巴细胞转移功能以及细胞杀伤活性，对环磷酰胺具有一定的增效减毒作用[38]。

从金针菇中分离得到的小分子倍半萜 enokipodins B(4)，D(6)，J(12)和 2，5－cuparadiene－1，4－dione(13)，也显示了对 4 种人肿瘤细胞 HepG2、MCF－7、SGC7901 和 A549 中等强度的抑制活性，IC_{50} 范围在 20～100μmol/L。

二、抗病毒作用

Wang 等获得相对分子质量 1.38×10^4 的单链核糖体失活蛋白，对艾滋病病毒(HIV－1)的反转录酶具有抑制作用[16]。

付鸣佳等人获得相对分子质量 3×10^4 的不含糖基的蛋白 Zb，对乙型肝炎病毒(HBV)的 HbsAg 具有明显的抑制作用[39-40]。

口服金针菇蛋白 FIP-five 可减少呼吸道合胞病毒(RSV)诱导的气管高应答性、气管炎症，在 BALB/C 小鼠支气管肺泡灌洗液中 IL－6 的释放[41]。

三、抗菌作用

EnokipodinsA(3)和 C(5)均具有一定的抑制枯草芽孢杆菌(*Bacillus subtilis*)的活性，在剂量为 50μg 时，其产生的抑菌圈与剂量为 12.5μg 和 25μg 的五氯苯酚(pentachlorophenol)相当[25]。

Enokipodins B(4)，D(6)，F(8)，J(12)和 2，5－cuparadiene－1，4－dione(13)显示了弱的抑制枯草芽孢杆菌(*Bacillus subtilis*)的活性，IC_{50} 的范围是 140～167μmol/L[26]。

四、抗炎作用

在小鼠后爪肿胀实验中，金针菇蛋白 FIP-five 可明显抑制水肿反应[18]。

金针菇蛋白 FIP-five 能够诱导细胞间黏附因子－1(ICAM－1)的表达，且呈剂量依赖性。ICAM－1 是免疫球蛋白超基因家系的成员之一，在上皮细胞发生炎症的调控和组织修复中起重要作用，可促进不同白细胞与靶细胞牢固的结合[18]。

五、抗氧化活性

从金针菇中分离得到的小分子倍半萜 enokipodins B(4)，D(6)，J(12)和 2，5－cuparadiene－1，

4-dione(13)在DPPH实验中显示了中等强度的抑制活性，IC_{50}范围在78～154μmol/L[26]。

金针菇多糖显示了极强的DPPH自由基、羟基自由基和超氧阴离子自由基的清除活性，SOD样活性等[42]；碱溶多糖比水溶多糖的清除自由基能力强[43]。

六、抗变态(过敏)作用

对BALB/C小鼠分次注射牛血清蛋白(BSA)使其致敏，部分小鼠另外再注射金针菇蛋白FIP-five。结果显示，除注射FIP-five的小鼠未死亡，其余小鼠均过敏致死[18]。又对BALB/C小鼠分次注射卵白蛋白(OVA)使其致敏，口服FIP-five的小鼠，其体内OVA特异抗体IgE的应答反应明显减弱[44-45]。

七、降脂活性

仓鼠饲料中添加3%金针菇粉末和3%金针菇提取物，喂养由高脂饲料引起的高血脂仓鼠8周后，可明显降低其血清和肝脏中总胆固醇(TC)、三酰甘油(TG)和低密度脂蛋白(LDL)的浓度[46]。

八、肝保护作用

金针菇多糖FVP对CCl_4损伤小鼠的肝脏有显著的保护作用，可降低血清中谷丙转氨酶(ALT)和谷草转氨酶(AST)的活力，并可增加小鼠原代肝细胞的活力[47-48]。

长期患肝病的患者由于血液中氨浓度增高而中毒，以致发生肝昏迷。金针菇中含有机体所需的精氨酸，能明显解除氨中毒，对预防肝昏迷发生有积极的效果[35]。

九、增强学习记忆功能

金针菇多糖能有效改善氢溴酸东莨菪碱诱导记忆障碍模型小鼠和大鼠的学习记忆能力，治疗效果优于脑复新或与之相当[49]。金针菇发酵菌丝体可显著改善东莨菪碱小鼠学习记忆障碍，且对中枢神经系统无显著兴奋性[50-51]。

十、美白作用

从金针菇乙酸乙酯提取物中得到的甘油衍生物LnLLn(41)有酪氨酸酶抑制活性，IC_{50}为16.1μg/ml，该结果显示金针菇乙酸乙酯提取物可能发展成为新型美白剂[34]。

第四节　展　望

金针菇俗称增智菇，具有多种生物活性，但主要集中在抗肿瘤和提高机体免疫力的作用上，对改善学习记忆的研究较少，今后需加强对其益智和延缓衰老方面的研究。另外，目前活性研究主要集中在金针菇多糖和蛋白上，小分子化合物的生物活性也是今后的研究课题。

参考文献

[1] 徐锦堂. 中国药用真菌学[M]. 北京:北京医科大学中国协和医科大学联合出版社,1997.

[2] Hughes KW, McGhee LL, Methven AS, et al. Patterns of geographic speciation in the genus *Flammulina* based on sequences of the ribosomal ITS1 - 5. 8 SITS2 area[J]. Mycologia, 1999, 91 (6): 978—986.

[3] 曹培让,王淑芳,徐贵祥,等. 构菌发酵物氨基酸变化比较[J]. 中国中药杂志,1992,17(3):168—169.

[4] 魏华,谢俊杰,吴凌伟,等. 金针菇营养保健作用[J]. 天然产物研究与开发,1997,9(2):92—97.

[5] 柯丽霞,杨庆尧. 金针菇中的抗肿瘤物质[J]. 中国食用菌,1993,12(5):5—6.

[6] 蒋海明,张秀华. 金针菇多糖提取最佳工艺探讨研究[J]. 安徽农业科学,2011,39(11):6524—6525.

[7] 郑义,李超,王乃馨. 金针菇多糖的研究进展[J]. 食品科学,2010,31(17):425—428.

[8] 李慧. 金针菇多糖的研究进展[J]. 科技资讯,2012,11:92.

[9] 曹培让,吴祖道,王汝聪,等. 金针菇子实体多糖 PA3DE 的分离、纯化和分析[J]. 生物化学与生物物理学报,. 1989,21(3):152—156.

[10] 曹培让,吴祖道,王汝聪. 金针菇子实体多糖 PA5DE 的提取及性质研究[J]. 生物化学杂志,1990,6(2):176—180.

[11] Smiderle FR, Carbonero ER, Mellinger CG, et al. Structural characterization of a polysaccharide and a beta-glucan isolated from the edible mushroom *Flammulina velutipes* [J]. Phytochemistry, 2006, 67(19): 2189—2196.

[12] Pang X, Yao W, Yang X. Purification, characterization and biological activity on hepatocytes of a polysaccharide from *Flammulina velutipes* mycelium [J]. Carbohydr Polym, 2007, 70 (3): 291—297.

[13] 王玉峰,王旻,尹鸿萍. 金针菇菌丝体中多糖的分离、结构鉴定及免疫学活性[J]. 中国天然产物,2008,6(4):312—315.

[14] 伍明,郑林用,徐晓燕,等. 金针菇活性物质及其作用研究进展[J]. 中国食用菌,2011,30(3):6—8.

[15] Ng TB, Wang HX. Flammin and velin: new ribosome inactivating polypeptides from the Mushroom *Flammulina velutipes* [J]. Peptides, 2004, 25(6): 929—933.

[16] Wang H, Ng Tzi Bun. Isolation and characterization of velutin, a novel low-molecular- weight ribosome-inactivating protein from winter mushroom (*Flammulina velutipes*) fruiting bodies [J]. Life Sci, 2001, 68(18): 2151—2158.

[17] Wang HX, Ng TB. Flammulin: a novel ribosome-inactivating protein from fruiting bodies of the winter mushroom *Flammulina velutipes* [J]. Biochem Cell Biol, 2000, 78(6): 699—702.

[18] 孙宇峰,沙长青,于德水,等. 金针菇功能性蛋白的研究进展[J]. 微生物学杂志,2006,26(4):50—54.

[19] 金湘,娄恺,毛培宏,等. 金针菇生物活性物质结构与功能的研究进展[J]. 中草药,2007,38(10):1596.

[20] Lin JY, Lin YJ, Chen CC, et al. Cardiotoxic protein from edible mushrooms [J]. Nature, 1974, 252: 235—237.

[21] Bernheimer AW, Oppenheim JD. Some properties of FTX from the ediblemushroom *Flammu-*

lina velutipes [J]. Toxicon, 1987, 25: 1145—1152.
[22] Tomita LI, Noguchi T, Katayama E, et al. Assembly of FTX, a cytolytic protein from the edible mushroom *Flammulina velutipes*, into a pore-forming ring-shaped oligomer on the target cell [J]. Biochem, 1998, 333: 129—137.
[23] Yuichi H, Michimaa I, Tetsuya M, et al. New monoterpentriols from the fruiting body of *Flammulina velutipes* [J]. Biosci Biotechnol Biochem, 1998, 62 (7): 1364—1368.
[24] Noemia KI, Keiko Y, Satoshi T, et al. Highly oxidized cuparene-type sesquiterpenes from a mycelial culture of *Flammulina velutipes* [J]. Phytochemistry, 2000, 54: 777—779.
[25] Noemia KI, Yukiharu F, Keiko Y, et al. Antimicrobial cuparene-type sesquiterpenes, enokipodins C and D, from a mycelial culture of *Flammulina velutipes* [J]. J Nat Prod, 2001, 64: 932—934.
[26] Wang Y, Bao L, Yang X, et al. Bioactive sesquiterpenoids from the solid culture of the edible mushroom *Flammulina velutipes* growing on cooked rice [J]. Food Chem, 2012, 132: 1346—1353.
[27] 曹培让,王淑芳,徐贵祥.构菌深层发酵菌丝体化学成分的研究[J].中草药,1992,23(10):511.
[28] Yaoita Y, Amemiya K, Ohnuma H, et al. Sterol constituents from five edible mushrooms [J]. Chem Pharm Bull, 1998, 46(6): 944—950.
[29] Kang J, Wang H, Chen R. Studies on the constituents of the mycelium produced by fermenting culture of *Flammulina velutipes* (W. Curt. :Fr.) Singer (Agaricomycetideae) [J]. International Journal of Medicinal Mushrooms, 2003, 5(4): 391—396.
[30] 康洁,陈若芸.构菌发酵菌丝体化学成分研究[J].中国中药杂志,2005,30(3):193—195.
[31] 康洁,陈若芸.构菌发酵菌丝体化学成分研究[J].中国中药杂志,2003,28(11):1038—1040.
[32] 康洁,陈若芸,于德泉.构菌、海漆和蒙桑化学成分研究[D].中国协和医科大学博士毕业论文,2006,13.
[33] Cai H, Liu X, Chen Z, et al. Isolation, purification and identification of nine chemical compounds from *Flammulina velutipes* fruiting bodies [J]. Food Chem, 2013, 141: 2873—2879.
[34] Hang S, Jeon K, Lee EH, et al. Isolation of 1′,3′- dilinolenoyl - 2′- linoleoylglycerol with tyrosinase inhibitory activity from *Flammulina velutipes* [J]. J Microbiol Biotechnol, 2009, 19 (7): 681—684.
[35] 何轩辉,廖森泰,刘吉平.金针菇的食用和药用价值研究开发进展[J].广东农业科学,2008,3:70—72.
[36] 陈芝芸,严茂祥,项柏康.金针菇多糖对Lewis肺癌荷瘤小鼠的抑瘤作用及免疫功能的影响[J].中国中医药科技,2003,10(4):226—227.
[37] 朱曙东,陈芝芸,严茂祥,等.金针菇多糖免疫活性的研究[J].浙江中医学院学报,2001,8(4):13—14.
[38] 袁强,陈芝芸,严茂祥,等.金针菇多糖对环磷酰胺的增效减毒作用[J].中国中药杂志,2005,30(12):933—935.
[39] 付鸣佳,吴祖建,林奇英,等.金针菇中一种抗病毒蛋白的纯化及其抗烟草花叶病毒特性[J].福建农林大学学报(自然科学),2003,32(1):84—88.
[40] 付鸣佳,吴祖建,林奇英,等.金针菇中蛋白质含量的变化和其中一个蛋白质的生物活性[J].应用与环境生物学报,2005,11(1):40—44.
[41] Chang Y, Lee Y, Chow Y. Alleviation of respiratory syncytial virus replication and inflammation by fungal immunomodulatory protein FIP-five from *Flammulina velutipes* [J]. Antiviral

Res，2014，110：124－131.

[42] Shi M，Yang Y，Guan D，et al. Bioactivity of the crude polysaccharides from fermented soybean curd residue by *Flammulina velutipes* [J]. Carbohydr Polym，2012，89(4)：1268－1276.

[43] 张丽霞，赵丽娟. 金针菇多糖的抗氧化活性研究[J]. 西南农业学报学报，2014，27(1)：240－243.

[44] Hsieh KY，Hsu CI，Lin JY，et al. Oral administration of an edible mushroom derived protein inhibits the development of food-allergic reactions in mice [J]. Clinic & Experimenta Allergy，2003，33(11)：1595－1565.

[45] 许辅. 金针菇免疫调节功能蛋白质[J]. 农业推广通讯，2005，(3)：23－26.

[46] Yeh M，Ko W，Lin L. Hypolipidemic and antioxidant activity of Enoki mushrooms (*Flammulina velutipes*) [J]. BioMed research international，2014，352－385.

[47] 张健，姚文兵，谢晨. 富锗金针菇多糖肝保护有效成分的研究[J]. 中国生化药物杂志，2007，28(6)：366－368.

[48] 李怡芳，曾怀苇，王敏. 金针菇多糖对小鼠急性肝损伤的保护作用[J]. 广东药学院学报，2010，26(2)：162－165.

[49] 邹宇晓，廖森泰，吴娱明. 金针菇多糖提取物对记忆障碍模型大鼠、小鼠学习记忆能力的影响[J]. 中国食品学报，2010，10(1)：26－30.

[50] 王亚芳，张建军. 构菌对小鼠学习记忆能力的改善作用[J]. 中国新医药，2003，2(8)：1－2.

[51] 王亚芳，张建军. 构菌菌丝酒提物的药效学研究[J]. 中国食用菌，2002，22(4)：35－36.

（康　洁）

第二十二章 香菇

XIANG GU

第一节 概 述

香菇(*Lentinula edodes*)又名香菌、花菇、香蕈,俗称中国蘑菇。隶属于担子菌门,伞菌亚纲,伞菌目,小皮伞科,香菇属[1]。

香菇味甘性平,健脾益气,扶正祛邪,调和阴阳。《日用本草》记载:香菇能"益气不饥,治风破血"。《医林纂要》记载:"可托痘毒。"《本草求真》记载:"大能益胃助食,及理小便不禁。"《随息居饮食谱》记载:香菇能"开胃,治搜浊不禁"。此外,香菇还用于治疗小儿麻疹透发不畅、肠风下血、痔疮出血、子宫功能性出血等[3]。同时,香菇味道鲜美,营养丰富,具有很高的营养和保健价值,是一种重要的大型食药用真菌。我国是世界上香菇人工栽培最早的国家,也是最大的香菇生产国。

香菇是一种木腐菌,营腐生生活,主要营养成分是糖类(碳水化合物),含氮化合物、无机盐和维生素。香菇属低温、好气、喜光、喜偏酸性和湿度较大的菌类,菌丝生长阶段可以不需要光线,强光对菌丝生长有抑制作用。野生香菇分布在北半球的温带到亚热带地区,主要是亚洲的东南部。我国香菇主要分布在广东、广西、湖南、湖北、福建、江西、浙江、江苏、云南、河南、陕西、辽宁、四川、贵州与台湾等省(区)。现在香菇的栽培区域几乎遍及全国,主产省为福建、浙江、湖北、辽宁、河南和陕西等[4]。

经研究表明,香菇药用有效成分主要是多糖,此外还含有嘌呤、核酸和氨基酸等成分。

第二节 香菇化学成分的研究

一、香菇多糖

香菇多糖是由不同单糖组成的杂多糖,不同材料来源(香菇品种和部位)、不同提取方法得到的香

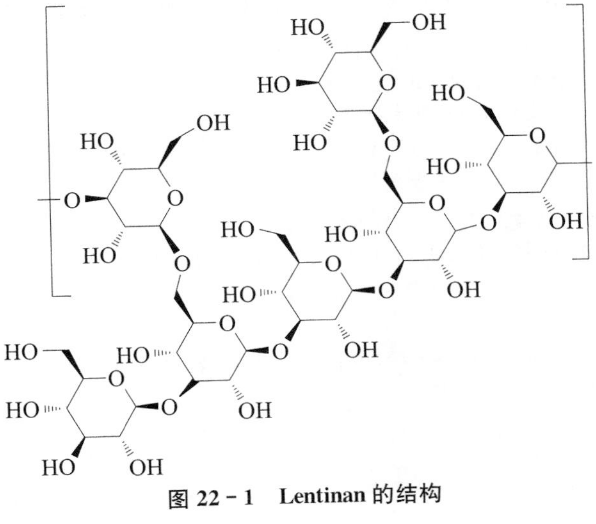

图 22－1 Lentinan 的结构

菇多糖，其分子组成不尽相同。如邹林武用超声、微波等4种不同的方法提取所得的多糖主要成分均由半乳糖、葡萄糖、甘露糖、鼠李糖和岩藻糖组成，同时还含有微量的其他单糖；其他研究工作者还提取得到由阿拉伯糖、木糖等单糖组成的多糖[5-6]。目前，研究比较集中的是以β-(1→3)-D-葡聚糖为主链的一种结构，在主链中葡萄糖的C-6位上含有支点(每5个D-葡萄糖有两个支点)，其侧链是由β-D-(1→6)和β-D-(1→3)链相连的D-葡萄糖聚合体组成；在水溶液中其空间结构为β-3股绳状螺旋型立体结构[7]，温度、溶剂和pH值可改变该立体结构[9]，Saito等人认为只有相对分子质量>9万Da的大分子才能形成3股绳状螺旋形立体结构[10]。

香菇多糖的结构主要是通过其相对分子质量范围、单糖组成与摩尔比、糖苷键构型与构象分析等进行表征[8](表22-1)。

表22-1 已鉴定的香菇多糖

编号	化合物名称	结构组成	文献
1	Lentinan	β-(1→3)-D-葡聚糖，带有(1→6)侧链；相对分子质量：$4\sim8\times10^5$ Da	10
2	LC-33	直链β-(1→3)-D-葡聚糖；$[\alpha]_D^{25}$-19.5～21.5°(0.1,1mol/L NaOH)	11
3	LC-1	(1→3)(1→6)葡聚糖，含葡萄糖，纤维二糖，龙胆二糖基	11
4	Ec-11	含半乳糖，甘露糖，海藻糖，木糖基	11
5	Ec-14	主要含葡萄糖基	11
6	L-II	β-葡聚糖；相对分子质量：2.03×10^5 Da	10
7	L-FV-I	β-(1→3)-D-葡聚糖，带有(1→6)侧链；相对分子质量：7.79×10^5 Da	10
8	杂半乳聚糖	α-(1→6)-D-杂半乳聚糖，在2位偶有甘露糖或海藻糖取代	10
9	FMG	α-(1→6)-D-杂半乳聚糖，在2位偶有甘露糖或海藻糖取代；相对分子质量：16.3×10^3 Da	10
10	α-D-葡聚糖	α-(1→3)-D-葡聚糖；带有(1→3)，(1→4)侧链	10
11	L-FV-II	α-(1→3)-D-葡聚糖，带有(1→6)侧链；相对分子质量：2.41×10^5 Da	10
12	Lew	β-杂多糖，阿拉伯糖：鼠李糖：木糖：半乳糖：葡萄糖=4.36：2.03：1.00：5.64：13.80；相对分子质量：2.03×10^4 Da	10
13	Lea	β酸杂多糖，阿拉伯糖：鼠李糖：木糖：半乳糖：葡萄糖=9.37：1.00：1.64：7.19：23.36；相对分子质量：9.40×10^4 Da	10
14	PJFI	β-(1→3)-骨架，带有(1→6)侧链；木糖：甘露糖：葡萄：半乳糖=5：6：75：5	10
15	KS-2	α-半乳糖多肽，相对分子质量：$6\sim9.5\times10^4$	10
16	LE	β-(1→3)-D葡聚糖，带有β-(1→6)葡萄糖侧链；相对分子质量：5.08×10^5 Da	10
17	化合物X	β-木聚糖，含有木糖、核糖、鼠李糖、甘露糖；相对分子质量：$2\sim3.5\times10^5$ Da	10
18	I-WPLE-S1	含半乳糖(3.77%)、葡萄糖(94.84%)与甘露糖(5.16%)；可能为β-D-葡聚糖	12
19	I-WPLE-S2	含有葡萄糖(92.40%)与甘露糖(7.60%)；(l→3)-β-D-Glcp主链，单个的D-Man通过C-6位连接在主链上	12
20	I-WPLE-S3	含有半乳糖(22.36%)、葡萄糖(65.81%)与甘露糖(11.84%)；是1个杂多糖，可能为甘露半乳葡聚糖	12
21	I-WPLE-S4	含有半乳糖(6.14%)和葡萄糖(93.86%)；(l→6)-β-D-Glcp骨架结构，单个的D-Gal可能通过C-6连接在主链葡萄糖上	12
22～26	LST1～LST2，LJT1～LJT3	(2～6)β-(1→3)-D-葡萄糖，C6位有侧链，相对分子质量：$6.55\sim69.7\times10^4$ Da	13
27	SLNT1	β-(1→3)或(1→3,6)D-葡聚糖，带有β-(1→6)或(1-)葡萄糖侧链；相对分子质量：6.176×10^5 Da	14
28	SLNT2	β-(1→3)或(1→3,6)D-葡聚糖，带有β-(1→6)或(1-)葡萄糖侧链；相对分子质量：9.757×10^4 Da	14

（续表）

编号	化合物名称	结构组成	文献
29	JLNT1	β-(1→3)或-(1→3,6)D-葡聚糖，带有β-(1→6)或(1-)葡萄糖侧链；相对分子质量：6.387×10^{5}Da	14
30	JLNT2	β-(1→3)或(1→3,6)D-葡聚糖，带有β-(1→6)或(1-)葡萄糖侧链；相对分子质量：2.738×10^{5}Da	14
31	JLNT3	β-(1→3)或(1→3,6)D-葡聚糖，带有β-(1→6)或(1-)葡萄糖侧链；相对分子质量：1.513×10^{5}Da	14
32	WPLE-N-1	β-(1→6)-D-葡聚糖，含少量的半乳糖和甘露糖；相对分子质量：7.575×10^{5}Da	15
33	WPLE-N-2	含(1→3)，(1→4)，(1→6)-α-D-葡萄糖，(1→6)-α-D-半乳糖，(1→3,6)，(1→2,4)-α-D-甘露糖，甘露糖：半乳糖：葡萄糖=10:27:63；相对分子质量：2.09×10^{4}Da	15
34	WPLE-N-3	含(1→3)，(1→4)，(1→6)-α-D-葡萄糖，(1→6)-α-D-半乳糖，(1→3,6)，(1→2,4)-α-D-甘露糖，甘露糖：半乳糖：葡萄糖=5:12:83；相对分子质量：4.7×10^{3}Da	15
35	LE-MGG	含(1→3)，(1→4)，(1→6)-β-D-葡萄糖，(1→6)-α-D-半乳糖，(1→3,6)，(1→2,4)-α-D-甘露糖，端基为β-D-葡萄糖基，甘露糖：半乳糖：葡萄糖=10:18:72；相对分子质量：1.8×10^{4}Da	16
36	L2	含半乳糖(9.6%)、葡萄糖(87.5%)与阿拉伯糖(2.8%)；相对分子质量：2.6×10^{4}Da	17
37	LT1	由(1→3)，(1→4)β-D-葡萄糖组成主链，在(1→4)链的C6位联有葡萄糖支链，在0.1M NaOH或蒸馏水中以3股绳状螺旋形存在；相对分子质量：6.42×10^{5}Da	18

提取分离方法举例一：

将干燥的香菇子实体（采于河北省随州）粉碎后，加入20倍的蒸馏水，用沸水提取2h，过滤，滤渣再按第一次提取工艺提取1次，将上清液合并后在80℃下浓缩。在冷却后的浓缩液中加入一定量95%的乙醇，使乙醇的浓度为75%，室温下放置过夜，离心，将收集到的沉淀物用真空冷冻干燥机冻干，放在4℃冰箱中保存备用。用sevage法除蛋白：称取得到的样品10g（含水率9.7%）充分溶解于100ml蒸馏水中，用Savage法除蛋白，重复5次。将95%的乙醇缓慢加入除过蛋白的多糖溶液中，至乙醇体积占溶液总体积的75%，边加边搅拌，使多糖均匀沉淀。放在4℃冰箱中6h，6 000r/min离心10min，弃去上清液，将沉淀溶解于蒸馏水中，重复以上过程3次，将最后得到的溶液放在−40℃的冷冻干燥机中冻干，制得香菇粗多糖。称取香菇粗多糖160mg，加蒸馏水8ml溶解配成多糖溶液，用胶头滴管小心注入已平衡装有DEAE-52纤维素的离子交换色谱柱中（30cm×2.5cm），依次用蒸馏水、0.05mol/L、0.1mol/L、0.2mol/L的NaCl溶液洗脱，流速为0.42ml/min，自动收集器收集，15分钟/管。隔管吸取自动收集器中各管糖液0.5ml，分别按顺序加入在比色管中，补加蒸馏水至2.0ml，再加入1ml5%苯酚溶液，摇匀后加入5.0ml浓硫酸，用蒸馏水作空白，摇匀后静置，在490nm波长处测吸光度值。以管数为横坐标，吸光度值为纵坐标绘制洗脱曲线。根据洗脱曲线收集不同组分的多糖。将收集到的多糖组分真空浓缩至3ml左右，移入拦截相对分子质量为3 500的透析袋中，在4℃条件下透析3d后，−40℃下冻干，得到香菇粗多糖组分CL1、CL2、CL3和CL4，放在干燥器中保存备用。

准确称取20mg香菇粗多糖组分CL2溶于2ml蒸馏水中，充分溶解混匀，缓慢注入已平衡好装有Sephadex-G200葡聚糖凝胶的色谱柱中（40cm×1.6cm），用0.05mol/L NaCl溶液洗脱，自动收集器收集，流速为1.5ml/10min，20分钟/管。利用硫酸-苯酚法隔管检测多糖，以管数位为横坐标、吸光度值为纵坐标绘制洗脱曲线。收集洗脱峰真空浓缩至小体积后移入，拦截相对分子质量为3 500的透析袋中，在4℃条件下透析3d后，−40℃下冻干后得到高纯度香菇多糖L2[19]。

提取分离方法举例二：

将干燥的香菇子实体粉碎后，用沸水提取4h，过滤、滤液浓缩后用sevage法除蛋白。溶液中加入3倍体积95%的乙醇，40℃下放置24h，离心，将收集到的沉淀用丙酮洗涤，用蒸馏水溶解，注入已平衡装有DEAE-纤维素的色谱柱中（50cm×2.5cm），收集洗脱液冻干。用DEAE-Sephadex A-25

处理,用0.2mol/L NaCl溶液洗脱,透析48h得到多糖L-Ⅱ[20]。

二、蛋白质、氨基酸、核酸和酶

香菇中所含的蛋白质可分为单纯蛋白质和复合蛋白质,复合蛋白质是单纯蛋白质与非蛋白成分的复合物,如核蛋白、脂蛋白、糖蛋白等;单纯蛋白质水解时会产生各种氨基酸。香菇的氨基酸非常丰富,含有人体必需的8种氨基酸和10种非必需氨基酸,干香菇中总氨基酸的含量达13%左右。香菇的鲜味主要与鸟苷酸有关,谷氨酸、天冬氨酸、精氨酸、丙氨酸和甘氨酸也是构成香菇鲜味的来源,其中谷氨酸和天冬氨酸与味觉中鲜味的形成有关[21]。

香菇中核酸包括环磷酸腺苷、环磷酸鸟苷、环磷酸胞苷,环磷酸腺苷是一种调节代谢的活性物质,具有抑制细胞生长和促进细胞分化的作用,可用于抗肿瘤,治疗牛皮癣以及冠心病、心绞痛等。香菇孢子提取物中的双链核糖核酸能促进干扰素的分泌,是提高干扰素血中浓度的诱发因子,使人体产生干扰病毒繁殖的蛋白质,可提高人体免疫力,有助于抗艾滋病和延缓衰老[22]。

香菇中还含有许多能促进生命活动的酶类,已知香菇中含有39种酶,如胃蛋白酶、胰蛋白酶、果胶酶、纤维素酶、淀粉糖化酶、肠肽酶、酒精酶等。香菇中各种蛋白质成分对维持人体正常生理功能起着重要作用。

目前研究发现,有生物活性的香菇蛋白是香菇LEP91-3发酵液蛋白[23],有抗肿瘤作用LEP91-3-A在体外能直接杀伤肿瘤细胞,并可诱导肿瘤细胞凋亡,这与香菇多糖抗肿瘤机制不同[24]。

三、香菇嘌呤

香菇嘌呤的化学名:2(*R*),3(*R*)-二羟基-4-(9-腺嘌呤)丁酸(图22-2)。香菇嘌呤主要有4种空间异构体,天然香菇嘌呤即为其中之一。香菇嘌呤的衍生物也相当多,有支链位置的变化,有支链成分的变化。根据有关文献报道,这些衍生物都有一定的降血脂功能,其中以香菇嘌呤的酯类为最强[22]。

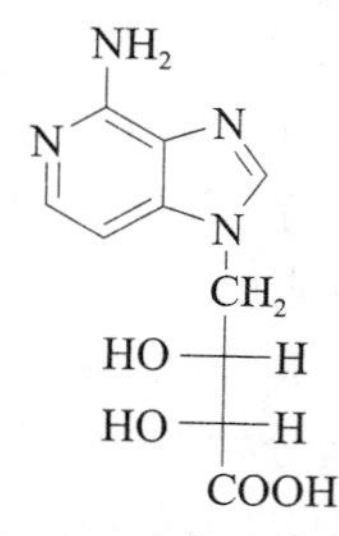

图22-2 香菇嘌呤的结构

四、维生素

香菇中含多种维生素,如维生素D_2、维生素B_1、维生素B_2、维生素B_{12}、维生素C、维生素PP(尼克酸)。香菇中含有大量的麦角甾醇(又称维生素D原),还含有菌甾酸。麦角甾醇在阳光下可转变为维生素D,所以香菇是抗佝偻病的重要食物之一。

五、微量元素

香菇含有多种人体必需的微量元素,特别是Zn、Fe的含量很高,是一种营养较为丰富的食用菌。人类食用香菇可补充微量元素。

六、香菇的香味成分和鲜味成分

香菇子实体中含有特有的香味物质，叫作香菇精（1enthionine），这是含有4～6个硫元素的环状化合物。香菇的香味还因为含有1-辛烯-3-醇、月桂醛（$C_{12}H_{23}CHO$）、月桂醇（$C_{12}H_{25}OH$）、月桂酸（$C_{11}H_{23}COOH$），其他一些醛、酮、酯类等化合物，构成了浓郁的菇香。

香菇中鲜味成分主要是菌糖、甘露糖；各种鲜味成分的氨基酸——丝氨酸、苏氨酸、脯氨酸、苷氨酸、丙氨酸，有机酸，5′-核苷酸，特别是5′-鸟苷酸等。香菇富含大量的核苷酸是由核糖核酸酶（RNAale）分解出来的。

第三节　香菇的生物活性

据《本草纲目》记载：香菇“甘、平、无毒”；《医林纂要》记载：香菇“甘、寒”，“可托痘毒”；《日月本草》记载香菇“益气、不饥、治风破血”；《本经逢原》记载香菇“为补偿维生素D的要剂，预防佝偻病，并治贫血”。从香菇及其培养液中可分离到抗癌、抗菌、抗病毒与降胆固醇成分，如香菇多糖、凝集素、香菇嘌呤。香菇子实体及其提取物产品可用于治疗免疫缺陷类疾病、癌症、糖尿病、变态（过敏）、真菌感染、流感、支气管炎与调节尿不禁。有关文献报道的香菇药理活性总结，如表22-2[25]。

表22-2　香菇药理活性

药理活性	活性成分
抗癌	香菇多糖（lentinan、LEM、LAP、KS-2-甘露糖苷肽）、香菇LEP91-3发酵液蛋白、香菇水提取液、香菇发酵液，IA-a and IA-b[26]
免疫调节	香菇多糖与硫酸化衍生物
抗微生物	lentinamicin
抗病毒	lentinan、LEM、JLS-18、EP3、EPS4
抗真菌	lentin
抗细菌	LEM、Lenthionine、氯仿和乙酸乙酯提取物
心脑血管和降血脂作用	香菇嘌呤、lentinacin、lentysine
保肝	香菇多糖，水、醇提取物
凝血	lectin
抗氧化	醇与水提物[23]、多酚类化合物、Le-II9

一、免疫调节与抗肿瘤作用

香菇多糖能有效预防化学性或病毒性肿瘤的发生，对小鼠S-180实体瘤的抑制率高达70%～100%，其中90%小鼠的肿瘤完全消退；还能抑制化学致癌剂3-甲葱酮的致癌作用，防止小鼠肠溃疡恶化导致的结肠癌的发生。作为免疫辅助药物，香菇多糖与化疗剂联合使用有减毒增效的作用，主要被用来抑制肿瘤的发生、发展与转移，通过免疫调节作用或影响一些关键酶的活性，提高肿瘤对化疗药物的敏感性，改善患者的身体状况，延长其寿命。香菇多糖还可以治疗胃癌、结肠癌、乳腺癌、肺癌、恶性胸腹腔积液、血液系统肿瘤等。

香菇多糖的抗肿瘤作用并不是通过直接杀伤肿瘤细胞实现的，而是通过激活免疫系统、增强免疫反应来间接地抑制和杀伤肿瘤细胞。包括增强T、B淋巴细胞、巨噬细胞、NK细胞、LAK等多种免疫

相关细胞的作用。

1. 多糖对T淋巴细胞的影响

多糖是一种胸腺依赖型T细胞导向并有巨噬细胞参与的特殊免疫佐剂，对靶细胞无直接杀伤作用，其免疫作用特点在于识别脾与肝脏中抗原的巨噬细胞，促进淋巴细胞活化因子(LAE)的产生，释放各种辅助性T细胞因子，增强宿主腹腔巨噬细胞吞噬率，恢复或刺激辅助性T细胞的功能，提高淋巴细胞转化率，促进抗体形成。多糖具有很强的恢复T辅助细胞活性能力，因而多糖可被称为免疫复原物质。

2. 多糖对巨噬细胞的影响

巨噬细胞是机体免疫系统中的重要成分，许多淋巴因子，如干扰素、白细胞介素(IL)、肿瘤坏死因子(TNF)与内毒素脂多糖(LPS)等均能活化巨噬细胞，活化后的巨噬细胞分泌近百种生物活性物质，如一氧化氮、白细胞介素-1、TNF、活性氧等，其中许多与免疫应答与炎症有关。使用香菇多糖后，巨噬细胞被活化，吞噬能才增加，产生的生物活性血清因子，如急性蛋白诱导因子(APPIF)，血管扩张和出血诱导因子(VDHIF)，IL-1产生诱导因子(IL-IPE)，白细胞介素-3(IL-3)和菌落刺激因子(as-Fs)等因子作用于淋巴细胞、肝细胞、血管内皮细胞或关节成纤维细胞，产生与免疫有关的许多防卫反应。

3. 多糖对B细胞的影响

LNT能促进B细胞增生并转化为浆细胞，促进B细胞合成IgG和lgM，增加抗体分泌细胞数。金亨燮等人报道，LNT注射于小鼠皮下，可增加小鼠胸腺重量，经电镜观察和抗体检测表明，小鼠脾脏中浆细胞代谢活跃，胞浆中内质网扩张，内质网内充满分泌的抗体颗粒，血液中凝集素增加，说明LNT能促进B细胞增生并转化为浆细胞，使抗体生成增加[19]。Hiroaki Kojima等人从香菇菌丝体提取物(LEM)中最新分得两组分IA-a和IA-b，都在巨噬细胞系RAW264.7中显著诱导其吞噬作用[26]。

目前发现，生物活性的香菇蛋白是香菇LEP91-3发酵液蛋白[23]，有抗肿瘤作用。LEP91-3-A在体外能直接杀伤肿瘤细胞，并可诱导肿瘤细胞凋亡，这与香菇多糖抗肿瘤机制不同[24]

二、抗微生物作用

香菇发酵液、氯仿、乙酸乙酯和水提取物以及干燥子实体提取物均发现有抗微生物作用。这些提取物对革兰阳性菌、革兰阴性菌、酵母菌、真菌菌丝，包括皮肤真菌和植物病原真菌。香菇发酵培养后除去菌丝体的培养液抗革兰阳性菌、枯草杆菌和金黄色葡萄球菌作用强于阴性菌。从香菇培养液中分离到有抗微生物活性的化合物有lentinamicin(辛-2,3-二烯-5,7-二炔-1-醇)，β-乙基苯基乙醇。

1. 抗病毒

经研究显示，香菇可以治愈感冒，活性和常用感冒药盐酸金刚胺相当。香菇水提物可以抑制脊髓灰质炎病毒。香菇多糖可提高宿主对真菌、寄生虫、病毒，包括AIDS的抗感染能力。香菇多糖可降低艾滋防护药AZT的毒性。除香菇多糖外，香菇中还有其他成分有抗病毒作用，机制大都是诱导干扰素产生。

LEM和衍生于LEM的富脂化合物JLS-18，能抑制单纯疱疹在动物体的繁殖。由于其高活性，JLS-18可以用予治疗B型肝炎和AIDS。从香菇菌丝体中得到的水溶性木脂素也有抗病毒

活性[27]。

2. 抗细菌

含硫多肽 lenthionine 有抗细菌和抗真菌活性，它的一种二硫衍生物对金黄葡萄球菌、枯木草菌、埃希菌有强抑制作用。干香菇的氯仿和乙酸乙酯提取物对活跃和休眠期的变异链球菌与中间普雷沃菌有杀菌作用[28]。

3. 抗真菌

Ngai 和 Ng 从香菇子实体中分离得到一种新蛋白 lentin，有抗真菌作用。lentin 能抑制纹褐腐病菌、贵腐菌和落花生球腔菌菌丝体的生长。Lentin 对 HIV－1 逆转录酶和白血病细胞也有抑制作用。

三、抗氧化

香菇多糖可降低小鼠高脂饮食带来的氧化压力。热处理可提高香菇的抗氧化能力，香菇水提物中低相对分子质量成分对小鼠脑匀浆的脂质过氧化反应有较强作用[29]。以 510nm 作为检测波长，采用烘箱储藏法测定香菇总黄酮抗油脂氧化作用，结果表明，香菇总黄酮对猪油氧化具有明显的抑制作用，且随着质量分数的增大其抗氧化能力增强[30]。Le－Ⅱ浓度为 1g/L 时，可完全清除 1，1－二苯基苦基苯肼自由基(DPPH)[31]。

四、降血糖作用

经研究证实，香菇多糖有显著的降血糖、改善糖耐量、增加体内肝糖原的作用，其作用是通过调节糖代谢、促进肝糖原合成、减少肝糖原分解，对糖尿病大鼠的心肌、膈肌和脑组织具有保护作用[32]。

五、降血脂、抗血栓

香菇嘌呤与香菇多糖均可促进胆固醇代谢而降低其在血清中的含量，香菇中的维生素具有降血脂、增加冠状动脉血流量的作用，对高血压和心脑血管疾病具有良好的预防和治疗功能。

六、健胃、保肝

香菇对治疗急慢性肝病，如病毒性肝炎、传染性肝炎、肝硬化等有一定的疗效。香菇多糖及其培养液有护肝作用并增强排毒能力，降低血清转氨酶水平。香菇还可用于预防和治疗脾胃虚弱、腹胀、四肢乏力、面黄体瘦等消化系统疾病。

七、防龋齿

在葡聚糖酶的存在下，香菇提取物可减少已形成的牙菌斑生物膜，并抑制含变形链球菌群生物膜的形成[33]。

另外，香菇含钙、铁量较高，并且含有麦角甾醇，因此香菇可作为补偿维生素 D 的食物，预防佝偻病，治疗贫血。

第四节　香菇的开发与应用

香菇传统加工产品是干香菇、罐头和盐渍、速冻香菇。新型产品有①香菇食品：即食香菇、香菇片、香菇脆片、香菇营养薯片、香菇灵芝口香糖。②香菇饮料：速溶香菇冲剂、香菇可乐、香菇酿制酒、配制型香菇糯米酒、芦笋香菇保健酒、金针菇/香菇酸奶。③香菇调味品：香菇汤料、香菇精、香菇鸡精。④香菇保健品与药品：香菇多糖、香菇嘌呤等。香菇多糖在临床上用于治疗多种疾病，如胃癌、肝癌、肺癌、小儿反复呼吸道感染、硬皮病及皮肤病、寻常型银屑病、尖锐湿疣与面部扁平疣和降血脂等，剂型有胶囊、片剂和口服液[34]。

香菇具有较高的营养价值和药用价值，国内外市场需求巨大，随着对香菇化学成分和生物活性的研究不断深入，促进了香菇产业的壮大与完善，有利于提高其经济效益和社会效益[35]。

参考文献

[1] 徐锐. 野生香菇数量性状与 SSR 分子标记的关联分析[D]. 华中农业大学硕士学位论文，2013，1.
[2] D. N. 佩格勒，T. W. K. 杨，姚一建. 香菇的学名及其在当代真菌分类中的位置[J]. 真菌学报，1993，12(3)：226—231.
[3] 路新国. 食菌良药-香菇[J]. 食用菌，1986，1，45.
[4] 刘勇. 四川攀西野生香菇遗传多样性与生理特性分析[D]. 四川农业大学硕士学位论文，2008，7.
[5] 邹林武. 香菇多糖提取工艺及其分子结构改性研究[D]. 华南理工大学硕士学位论文，2013，17—18.
[6] 王国佳，曹红. 香菇多糖的研究进展[J]. 解放军药学学报，2011，27(5)：451—455.
[7] 安啸，陆珏婕，杜琪珍. 香菇多糖结构分析和构效关系研究进展[J]. 食品与机械，2007，23(6)，122—125.
[8] 范晓良，颜继忠，阮伟峰. 香菇多糖的提取、分离纯化及结构分析研究进展[J]. Strait Pharmaceutical Journal，2012，24(5)，1—4.
[9] Zhang Yangyang，Li Sheng，Wang Xiaohua，et al. Advances in lentinan：Isolation，structure，chain conformation and bioactivities[J]. Food Hydrocolloids，2011，25(2)：196—206.
[10] Xu Xiaofei，Yan Huidan，Tang Jian，et al. Polysaccharides in *Lentinus edodes*：Isolation，structure，immunomodulating activity and future prospective[J]. Critical Reviews in Food Science and Nutrition，2014，54(4)：474—487.
[11] Chihara G，Maeda YY，Hamuro J，et al. Inhibition of mouse Sarcoma 180 by polysaccharides from *Lentinus edodes* (Berk.) [J]. Sing. Nature，1969，222：687—688.
[12] Rajab M. R. Kassim. 香菇凝胶样多糖的结构分析及生物活性研究[D]. 东北师范大学大学硕士学位论文，2012，7.
[13] Wang Kai-ping，Wang Jun，Li Qiang，et al. Structural differences and conformational characterization of five bioactive polysaccharides from *Lentinus edodes*[J]. Food Research International，2014，62：223—232.
[14] Kai-ping Wang，Qi-lin Zhang，Ying Liu et al. Structure and inducing tumor cell apoptosis activity of polysaccharides isolated from *Lentinus edodes*[J]. Journal of Agricultural and Food

Chemistry，2013，61：9849—9858.

[15] Iteku Bekomo Jeff，Xiaowen Yuan，Lin Sun，et al. Purification and in vitro anti-proliferative effect of novel neutral polysaccharides from *Lentinus edodes*[J]. International Journal of Biological Macromolecules，2013，52：99—106.

[16] Iteku B. Jeff a，Shanshan Li，Xiaoxia Peng，et al. Purification，structural elucidation and antitumor activity of a novel mannogalactoglucan from the fruiting bodies of *Lentinus edodes*[J]. Fitoterapia，2013，84:338—346.

[17] Xiaofei Xu，Huidan Yan，Xuewu Zhang. Structure and immuno-stimulating activities of a new heteropolysaccharide from *Lentinula edodes*[J]. J. Agric. Food. Chem，2012，60：11560—11566.

[18] Zhang Yu，Gu Ming，Wang Kaiping. Structure，chain conformation and antitumor activity of a novel polysaccharide from *Lentinus edodes*[J]. Fitoterapia，2010，81：1163—1170.

[19] 闫慧丹. 新型香菇多糖的纯化、鉴定与免疫活性研究[D]. 华南理工大学大学硕士学位论文，2013,25.

[20] Ruan Zheng，Su Jie，Dai Hanchuan，et al. Characterization and immunomodulating activities of polysaccharide from *Lentinus edodes* [J]. International Immunopharmacology，2005，5：811—820.

[21] 陆宁，檀华蓉，杨勇胜. 香菇中蛋白氨基酸成分分析[J]. 食品研究与开发，2002，23(6)：94—95.

[22] 张海岚，周建平，边洪荣. 香菇有效成分研究综述[J]. 华北煤炭医学院学报，2004，6(1)：35—36.

[23] 王晓丽，赵越，李星云，等. 香菇 C91 - 3 发酵液蛋白的初步分离及其体外抗肿瘤作用检测[J]. 山东医药，2009，49(45)：73—74.

[24] 李星云，黄敏，宁安红，等. 香菇蛋白 LFP91 - 3 - A 的分离纯化及其抗肿瘤机制[J]. 中华微生物学和免疫学杂志，2007，27(9)：842.

[25] Bisen PS.，Baghel RK.，Sanodiya BS.，et al. *Lentinus edodes*：A macrofungus with pharmacological Activities[J]. Current Medicinal Chemistry，2010，17:2419—2430.

[26] Hiroaki Kojima，Junji Akaki，Satomi Nakajima et al. Structural analysis of glycogen-like polysaccharides having macrophage-activating activity in extracts of *Lentinula edodes* mycelia[J]. J Nat Med，2010，64:16—23.

[27] Hanafusa T，Yamazaki S，Okubo A. et al. Intestinal absorption and tissue distribution of immunoactive and antiviral water-soluble [14C] lignins in rats[J]. Yakubutsu Dotai，1990，5：409—436.

[28] Hirasawa M，Shouji N，Neta T，et al. Three kinds of antibacterial substances from *Lentinus edodes* (Berk.) Sing. (Shiitake，an edible mushroom) Int[J]. J Antimicrob. Agents，1999，11(2)：151—157.

[29] Choi Y，Lee S. M，Chun J，et al. Influence of heat treatment on the antioxidant activities and polyphenolic compounds of Shiitake (Lentinus edodes) mushroom[J]. Food Chem，2006，99 (2):381—387.

[30] 缪成贵，韩飞园，钟敏. 香菇总黄酮抗油脂氧化作用研究[J]. 中国林副特产，2010，1:13—15.

[31] 彭冬兵，田亚平. 香菇中一种抗氧化活性成分的分离及组成分析. 食品研究与开发，2008，29(6)：89—93.

[32] 张玉军，孔浩，王清路. 香菇药用成分及其抗肿瘤作用的研究进展[J]. 安徽农业科学，2008，36：13697—13699.

[33] Akira Yano，Sayaka Kikuchi，Yoshihisa Yamashita，et al. The inhibitory effects of mushroom extracts on sucrose-dependent oral biofilm formation[J]. Appl Microbiol Biotechnol,

2010，86:615－623.
[34] 糜志远，张迎庆. 香菇深加工产品开发进展[J]. 食品工程，2007，(4)：15－18.
[35] Tianjia Jiang，Shasha Luo，Qiuping Chen，et al. Effect of integrated application gama irradiation and modified atmosphere packaging on physicochemical and microbiological properties of shiitake mushroom (*Leninus edodes*) [J]. Food Chemistry，2010，122：761－767.

（陈晓燕）

第二十三章 猴头菌

HOU TOU JUN

第一节 概 述

猴头菌[*Hericium erinaceus*(Bull.：F.)Pers]属于菌物界，担子菌门，伞菌纲，多孔菌目，齿菌科，猴头菌属[1]，是著名的药食兼用菌。猴头菌由菌丝体和子实体组成，两者均可入药，性平味甘，具有助消化、利五脏的功能，营养丰富。猴头菌属于腐生菌，野生猴头菌大多生长在阔叶树腐木和立木的受伤处，其中多数属壳斗科和胡桃科的树木。我国野生猴头主要分布在东北大兴安岭和西北的天山和阿尔泰山，内蒙古、河南、河北、四川、湖北、广西、浙江、江西等地也有分布。在国外，美国、日本、原苏联和西欧等地区也均有分布[2]。猴头菌具有保肝护胃、降血糖、保护神经、增强人体免疫力、抗癌、抗氧化等功效。

猴头菌活性物质主要有多糖、萜类、酚类、多肽、脂肪酸等化合物，其中研究最多的就是多糖物质[3]。

第二节 猴头菌化学成分的研究

一、多糖类化学成分

猴头菌中糖类物质主要以多糖、糖蛋白、糖苷的形式存在。猴头菌多糖(Herieimu erinaeeus Polyacseharides，HEP)的组成，大多数是由葡萄糖、半乳糖和甘露糖组成，以葡萄糖为主，是由 β(1－3)键连接的主链和 α(1－6)键连接的支链构成葡聚糖[4-6]，相对分子质量为4万(图23－1)。

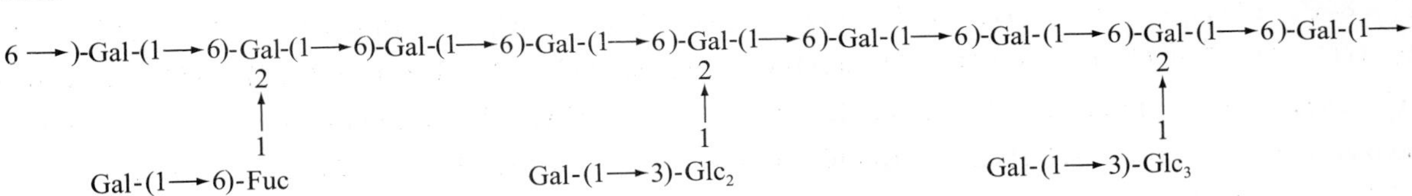

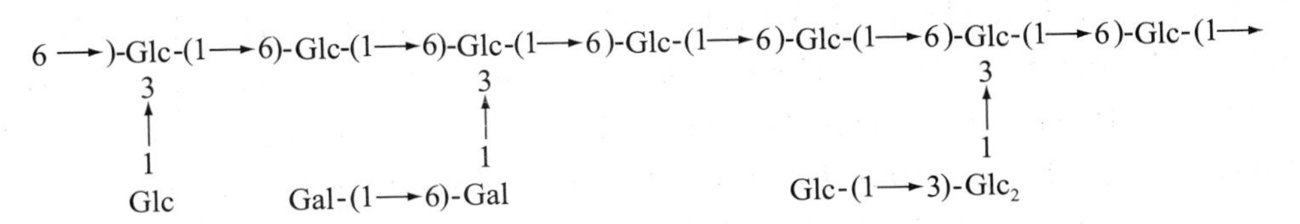

图23－1 猴头菌中多糖化学成分的结构

猴头菌子实体经沸水浸提、醇沉，凝胶色谱得到两种多糖——猴头菌多糖A(HPA)和猴头菌多糖B(HPB)。HPA由葡萄糖、半乳糖和岩藻糖组成，摩尔比为1∶2.11∶0.423，有1个(1→6)连接的半乳糖骨架，每4个半乳糖残基在$O-2$位有分支，分支包括(1→4)连接的岩藻糖残基和末端半乳糖、(1→3)连接的3个葡萄糖基、(1→6)连接的葡萄糖残基和末端半乳糖；HPB组成为半乳糖：葡萄糖＝1∶11.529，主链为(1→6)连接的葡萄糖残基，分支由末端葡萄糖(1→6)连接的半乳糖残基和末端葡萄糖、(1→3)连接的3个葡萄糖基组成。两者都为β构型。

日本学者从猴头菌子实体、菌丝体中提取分离出6种具有抗肿瘤活性的猴头菌多糖[7]。我国学者从猴头菌子实体中提取分离得到5种均一组分猴头菌多糖[8]，并对结构进行了鉴定，其中1个是新的杂多糖，结构如图23-2所示。

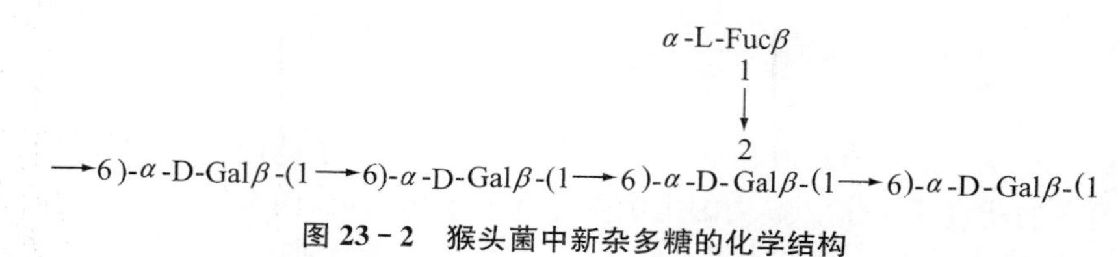

图23-2　猴头菌中新杂多糖的化学结构

二、萜类化学成分

猴头菌中的萜类物质，主要是cyathane骨架类型二萜化合物。日本学者Kawagishi H等人从猴头菌菌丝体先后提取9个cyathane骨架类型的二萜化合物，命名为erinacine A、erinacine B、erinacine C[9]、erinacine D[10]、erinacine E、erinacine F、erinacine G[11]、erinacine H、erinacine I[12]，结构如图23-3所示。

Erinacine A　^{1}H NMR(400 MHz, $CDCl_3$)δ: 1.67(1H, m, H-1a), 1.57(1H, m, H-1b), 2.34(2H, m, H-2), 2.36(1H, m, H-7a), 1.30(1H, br d, J=13.2Hz, H-7b), 1.61(3H, m, H-8), 5.81(1H, d, J=8.1Hz, H-10), 6.72(1H, d, J=8.1Hz, H-11), 3.24(1H, dd, J=17.6、5.9Hz, H-13a), 2.48(1H, d, J=17.6Hz, H-13b), 3.60(1H, d, J=5.9Hz, H-14), 9.31(1H, s, H-15), 0.93(3H, s, H-16), 0.93(3H, s, H-17), 2.77(1H, heptet, J=6.6Hz, H-18), 0.98(3H, d, J=6.6Hz, H-19 or H-20), 0.91(3H, d, J=6.6Hz, H-20 or H-19), 4.48(1H, d, J=5.1Hz, H-1′), 3.38(1H, dd, J=5.1、6.6Hz, H-2′), 3.46(1H, dd, J=6.6、7.0Hz, H-3′), 3.50(1H, m, H-4′), 3.74(1H, dd, J=11.7、2.9Hz, H-5′a), 3.20(1H, dd, J=11.7、7.0Hz, H-5′b); ^{13}C NMR(100MHz, $CDCl_3$)δ: 194.2(C-15), 154.0(C-5), 145.4(C-3), 145.4(C-11), 141.6(C-4), 138.5(C-12), 119.8(C-10), 104.8(C-1′), 84.0(C-14), 73.2(C-3′), 71.5(C-2′), 69.3(C-4′), 63.5(C-5′), 49.1(C-9), 47.9(C-6), 38.2(C-1), 36.3(C-8), 33.2(C-7), 28.8(C-2), 27.5(C-13), 26.8(C-18), 26.3(C-16), 23.8(C-17), 21.4(C-19, 20)。FAB-MS m/z(positive; matrix, 3-nitrobenzyl alcohol): 455, 433, 301, 283。IR(KBr): 3 423、3 012、1 675、1 654、1 577、1 560、1 457、1 430、1 361cm^{-1}。UV λ_{max}(ε): 339(11 300), 201(10 500)nm。$[\alpha]_D$+216(c 0.28, MeOH)。

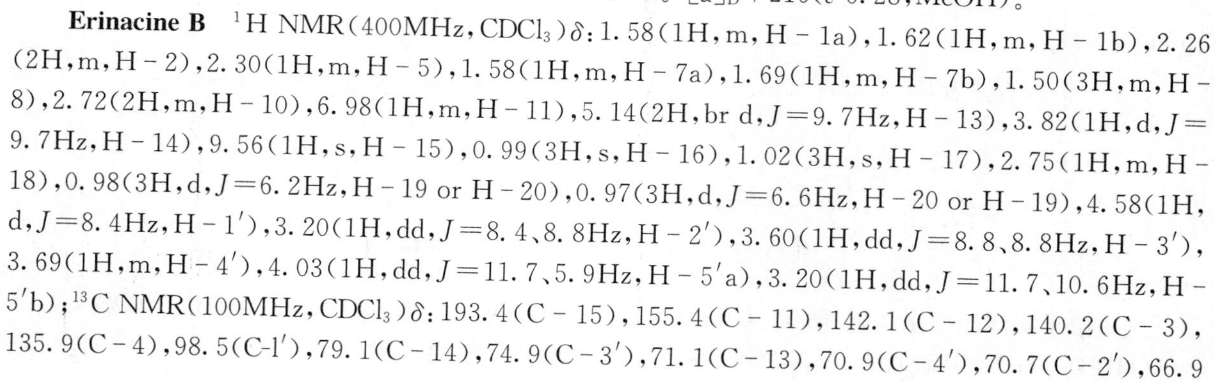

Erinacine B　^{1}H NMR(400MHz, $CDCl_3$)δ: 1.58(1H, m, H-1a), 1.62(1H, m, H-1b), 2.26(2H, m, H-2), 2.30(1H, m, H-5), 1.58(1H, m, H-7a), 1.69(1H, m, H-7b), 1.50(3H, m, H-8), 2.72(2H, m, H-10), 6.98(1H, m, H-11), 5.14(2H, br d, J=9.7Hz, H-13), 3.82(1H, d, J=9.7Hz, H-14), 9.56(1H, s, H-15), 0.99(3H, s, H-16), 1.02(3H, s, H-17), 2.75(1H, m, H-18), 0.98(3H, d, J=6.2Hz, H-19 or H-20), 0.97(3H, d, J=6.6Hz, H-20 or H-19), 4.58(1H, d, J=8.4Hz, H-1′), 3.20(1H, dd, J=8.4、8.8Hz, H-2′), 3.60(1H, dd, J=8.8、8.8Hz, H-3′), 3.69(1H, m, H-4′), 4.03(1H, dd, J=11.7、5.9Hz, H-5′a), 3.20(1H, dd, J=11.7、10.6Hz, H-5′b); ^{13}C NMR(100MHz, $CDCl_3$)δ: 193.4(C-15), 155.4(C-11), 142.1(C-12), 140.2(C-3), 135.9(C-4), 98.5(C-1′), 79.1(C-14), 74.9(C-3′), 71.1(C-13), 70.9(C-4′), 70.7(C-2′), 66.9

Erinacine A　Erinacine B R=CHO　Erinacine C R=CH_2OH　Erinacine D　Erinacine E　Erinacine F　Erinacine G　Erinacine H　Erinacine I

图 23－3　猴头菌中 Cyathane 骨架类型二萜化合物的化学结构

(C－14)，49.4(C－9)，41.9(C－5)，41.6(C－6)，38.1(C－1)，36.4(C－8)，29.7(C－10)，28.4(C－2)，27.7(C－7)，27.1(C－18)，24.4(C－17)，21.9，21.4(C－19，20)，16.4(C－16)。FAB-MS *m/z* (positive；matrix，3－nitrobenzyl alcohol)：433，301。IR(KBr)：3 421、1 691、1 616、1 458、1 377cm^{-1}。$UV\lambda_{max}(\varepsilon)$：230(8 400)，200(20 800)nm。$[\alpha]_D$－34.9(*c* 0.18，MeOH)。

Erinacine C　^1H NMR(400MHz，$CDCl_3$)δ：1.52(1H，m，H－1a)，1.63(1H，m，H－1b)，2.27(2H，m，H－2)，2.32(1H，m，H－5)，1.66(2H，m，H－7)，1.50(3H，m，H－8)，2.41(2H，m，H－10a)，2.48(2H，m，H－10b)，6.01(1H，br d，*J*＝7.3Hz，H－11)，4.81(2H，br d，*J*＝9.7Hz，H－13)，3.89(1H，d，*J*＝9.7Hz，H－14)，4.31(1H，d，*J*＝11.9Hz，H－15a)，4.00(1H，d，*J*＝11.9Hz，H－15b)，1.00(3H，s，H－16)，1.02(3H，s，H－17)，2.75(1H，heptet，*J*＝6.6Hz，H－18)，0.96(3H，d，*J*＝6.6Hz，H－19 or H－20)，0.97(3H，d，*J*＝6.6Hz，H－20 or H－19)，4.58(1H，d，*J*＝8.6Hz，H－1′)，3.41(1H，dd，*J*＝8.6、8.9Hz，H－2′)，3.56(1H，dd，*J*＝8.9、8.6Hz，H－3′)，3.63(1H，m，H－4′)，3.99(1H，dd，*J*＝10.6、5.4Hz，H－5′a)，3.31(1H，dd，*J*＝10.9、10.6Hz，H－5′b)；^{13}C NMR

(100MHz, $CDCl_3$)δ:139.8(C－3),139.5(C－12),136.8(C－4),135.7(C－11),98.7(C-1′),79.8(C－14),74.7(C－3′),73.3(C－13),71.3(C－4′),69.9(C－2′),66.9(C－5′),66.0(C－15),49.4(C－9),42.6(C－5),41.5(C－6),38.1(C-1),36.5(C－8),28.4(C－10),28.3(C－2),27.8(C－7),26.9(C－18),24.5(C－17),21.9(C－20),21.4(C－19),16.5(C－16)。FAB-MS *m/z*(positive, matrix thioglycerol):457,433,417,399,285。IR(KBr):3 384、1 377、1 173、1 063、1 041、1 009cm^{-1}。UV λ_{max}(ε):203(8 100)nm。$[\alpha]_D$－72.5(*c* 0.73, MeOH)。

Erinacine D ^{1}H NMR(400MHz, $CDCl_3$)δ:1.52(2H,m,H－1),2.26(2H,m,H－2),1.44(1H,m,H－8a),1.51(1H,m,H－8b),1.93(1H,dd,*J*＝13.1、12.2Hz,H－10a),2.26(1H,m,H－10b),4.61(1H,d,*J*＝4.8Hz,H－11),6.93(1H,dd,*J*＝7.9Hz,H－13),3.72(1H,d,*J*＝7.9Hz,H－14),9.42(1H,s,H－15),0.77(3H,s,H－16),1.08(3H,s,H－17),2.93(1H,heptet,*J*＝6.7Hz,H－18),0.97(3H,d,*J*＝6.7Hz,H－19 or H－20),0.95(3H,d,*J*＝6.7Hz,H－20 or H－19),4.77(1H,br s,H－1′),3.73(1H,m,H－2′),3.73(1H,m,H－3′),3.73(1H,m,H－4′),4.04(1H,d,*J*＝11.9Hz,H－5′a),3.46(1H,dd,*J*＝11.9、11.3Hz,H－5′b),3.53(2H,q,*J*＝7.0Hz,－OCH_2CH_3),1.15(3H,t,*J*＝7.0Hz,－OCH_2CH_3);^{13}C NMR(100MHz, $CDCl_3$)δ:36.9(C－1),28.4(C－2),140.3(C－3),139.0(C－4),34.0(C－5),43.4(C－6),34.2(C－7),35.8(C－8),49.5(C－9),30.8(C－10),68.7(C－11),145.3(C－12),154.4(C－13),85.0(C－14),193.9(C－15),17.2(C－16),23.9(C－17),27.1(C－18),21.6,22.0(C－19,20),104.0(C－1′),68.9(C－2′),69.5(C－3′),69.2(C－4′),61.1(C－5′),65.6,15.4(－OCH_2CH_3)。

Erinacine E ^{1}H NMR(400MHz, CD_3OD)δ:0.96(3H,s,H－16),0.99(3H,d,*J*＝6.9Hz,H－19 or H－20),1.02(3H,d,*J*＝6.9Hz,H－20 or H－19),1.10(3H,s,H－17),1.36(1H,m,H－7a),1.56(3H,m,H-la and H－8),1.69(1H,m,H-lb),1.76(1H,m,H－7b),2.33(2H,m,H－2),2.61(1H,m,H－10a),2.69(1H,m,H－10b),2.88(1H,br d,*J*＝12.5Hz,H－5),2.96(1H,qq,*J*＝6.6、6.9Hz,H－18),3.12(1H,m,H－13),3.23(1H,d,*J*＝12.2Hz,H－5′a),3.91(1H,s,H－3′),3.92(1H,d,*J*＝12.2Hz,H－5′b),4.22(1H,d,*J*＝6.2Hz,H－14),4.70(1H,br s,H－15),4.94(1H,s,H－1′),5.62(1H,m,H－11);^{13}C NMR(100MHz, CD_3OD)δ:17.5(C－16),22.2(C－19 and C－20),25.2(C－17),28.3(C－18),28.7(C－7),29.3(C－2),32.1(C－10),38.3(C－8),40.2(C－1),42.4(C－6),44.1(C－13),44.4(C－5),51.0(C－9),66.7(C－5′),72.3(C－15),75.0(C－4′),76.0(C－3′),80.3(C－2′),97.6(C－14),106.4(C－1′),124.2(C－11),138.8(C－4),140.3(C－3),142.7(C－12)。

Erinacine F ^{1}H NMR(400MHz, CD_3OD)δ:0.97(3H,s,H－16),0.97(3H,d,*J*＝6.6Hz,H－19 or H－20),1.00(3H,d,*J*＝6.6Hz,H－20 or H－19),1.08(3H,s,H－17),1.42(1H,m,H－7a),1.50(1H,m,H－8a),1.58(1H,m,H－8b),1.60(2H,m,H－1),1.80(1H,ddd,*J*＝13.2、13.5、4.4Hz,H－7b),2.31(2H,m,H－2),2.41(1H,m,H－10a),2.57(1H,m,H－10b),2.70(1H,br d,*J*＝11.3Hz,H－5),2.89(1H,heptet,*J*＝6.6Hz,H－18),3.15(1H,br d,*J*＝10.6Hz,H－13),3.68(2H,br s,H－5′),3.76(1H,br s,H－3′),4.26(1H,d,*J*＝10.6Hz,H－14),4.72(1H,br s,H－15),5.03(1H,s,H－1′),5.51(1H,m,H－11);^{13}C NMR(100MHz, CD_3OD)δ:18.6(C－16),22.6(C－20 or C－19),23.1(C－19 or C－20),25.9(C－17),29.1(C－18),29.3(C－7),29.9(C－2),31.4(C－10),38.1(C－8),40.1(C－1),42.7(C－6),45.7(C－5),51.8(C－9),54.0(C－13),65.1(C－5′),71.9(C－3′),80.4(C－4′),83.6(C－2′),86.8(C－15),92.4(C－14),109.3(C－1′),122.7(C－11),140.2(C－4),141.0(C－3),141.1(C－12)。HMBC:H1/C2, H1/C8, H1/C17, H2/C4, H5/C4, H5/C6, H5/C16, H7/C16, H8/C9, H8/C17, HIO/C6, H13/C2′, H14/C16, H15/C12, H15/C4′, H16/C5, H16/C6, H17/C1, H17/C4, H17/C8, H17/C9, H18/C2, H18/C19, H18/C20, H19/C18, H19/C20, H20/C18, H20/C19, H1′/C14, H3′/C2′, H3′/C4′, HS′/C1′, H5′/C4′。

Erinacine G　^{1}H NMR(400MHz,$CDCl_3$)δ:0.94(3H,s,H－16),1.09(6H,d,J=6.9Hz,H－19 and H－20),1.20(3H,s,H－17),1.70(3H,m,H－1 and H－8a),1.78(1H,m,H－7a),1.86(1H,m,H－5b),2.03(1H,m,H－7b),2.09(1H,m,H－10a),2.51(2H,m,H－2),2.58(1H,m,H－10b),2.62(1H,heptet,J=6.9Hz,H－18),3.00(1H,d,J=10.6Hz,H－5),3.20(1H,br d,J=9.8Hz,H－13),3.74(1H,d,J=12.8Hz,H－5′a),3.79(1H,d,J=12.8Hz,H－5′b),3.83(1H,br s,3′),3.96(1H,br d,J=9.8Hz,14),4.73(1H,br s,H－15),5.17(1H,s,H－1′),5.57(1H,m,H－11);^{13}C NMR(100MHz,$CDCl_3$)δ:18.0(C－16),18.4(C－19 and C－20),23.6(C－10),24.8(C－17),25.8(C－7),32.3(C－1),34.0(C－8),35.4(C－2),40.9(C－18),43.1(C－6),46.9(C－9),51.2(C－5),53.1(C－13),63.6(C－5′),70.1(C－3′),78.4(C－4′),81.4(C－2′),85.9(C－15),90.0(C－14),107.9(C－1′),120.8(C－11),138.8(C－12),214.2(C－4),214.9(C－3)。NOESY:H5/H13,H5/H17,H14/H16。

Erinacine H　^{1}H NMR(400MHz,CD_3OD)δ:1.72(1H,m,H－1a),1.67(1H,m,H－1b),2.36(2H,dd,J=5.1、6.6Hz,H－2),2.26(1H,m,H－7a),1.51(1H,br d,J=15.8Hz,H－7b),1.63(3H,m,H－8),5.60(1H,d,J=7.9Hz,H－10),6.77(1H,d,J=7.9Hz,H－11),3.01(2H,m,H－13),3.55(1H,d,J=5.9Hz,H－14),0.98(3H,s,H－16),1.04(3H,s,H－17),2.86(1H,heptet,J=6.9Hz,H－18),1.00(3H,d,J=6.9Hz,H－19 or H－20),0.96(3H,d,J=6.6Hz,H－20 or H－19),4.36(1H,d,J=6.6Hz,H－1′),3.25(1H,dd,J=6.6、6.6Hz,H－2′),3.41(1H,m,H－3′),3.43(1H,m,H－4′),3.88(1H,dd,J=11.6、4.6Hz,H－5′a),3.19(1H,m,H－5′b);^{13}C NMR(100MHz,CD_3OD)δ:40.7(C－1),31.6(C－2),144.8(C－3),143.5(C－4),139.4(C－5),33.9(C－7),38.8(C－8),122.9(C－10),130.9(C－11),148.3(C－12),34.8(C－13),88.7(C－14),177.9(C－15),28.7(C－16),24.9(C－17),30.1(C－18),22.6,22.5(C－19,20),107.7(C－1′),75.2(C－2′),77.6(C－3′),72.0(C－4′),66.9(C－5′)。FAB-MS m/z(positive;matrix,3－nitrobenzyl alcohol):471 $[M+H]^+$,493 $[M+Na]^+$。IR(KBr):3 431、1 637、1 560cm^{-1}。$[\alpha]_D$+168(c 0.48,MeOH)。

Erinacine I　^{1}H NMR(400MHz,$CDCl_3$)δ:1.62(1H,m,H－1a),1.41(1H,m,H－1b),2.27(1H,m,H－2a),2.21(1H,m,H－2b),2.36(1H,m,H－5),1.51(1H,m,H－7a),1.30(1H,m,H－7b),1.51(3H,m,H－8),2.21(1H,m,H－10a),1.51(1H,m,H－10b),4.71(1H,d,J=8.1Hz,H－11),6.07(1H,s,H－13),4.77(1H,d,J=13.9Hz,H－15a),4.66(1H,d,J=13.9Hz,H－15b),1.01(3H,s,H－16),0.93(3H,s,H－17),2.89(1H,heptet,J=6.6Hz,H－18),0.98(3H,s,H－19 or H－20),0.89(3H,s,H－20 or H－19),2.01(3H,s,Ac);^{13}C NMR(100MHz,$CDCl_3$)δ:39.9(C－1),28.7(C－2),139.5(C－3),136.1(C－4),39.5(C－5),42.1(C－6),30.4(C－7),37.0(C－8),48.2(C－8),26.7(C－10),79.6(C－11),143.1(C－12),129.1(C－13),110.2(C－14),59.8(C－15),11.4(C－16),23.9(C－17),26.3(C－18),22.3,21.3(C－19,20),20.7(Ac),170.6(AcO)。FAB-MS m/z(positive;matrix,3－nitrobenzyl alcohol):383$[M+Na]^+$。IR(KBr):3 391、1 745 cm^{-1}。$[\alpha]_D$－110(c 0.98,MeOH)。

三、酚类化学成分

猴头菌中的酚类物质具有众多活性(图 23－4)。日本学者 Kawagishi H 等陆续从猴头菌子实体中提取到酚类化合物 hericenone A、hericenone B[13],具有杀死宫颈癌细胞的作用;hericenone C、hericenone D、hericenone E[14],具有神经生长因子(NGF)合成促进剂的活性。Arnone 等从猴头菌子实体中提取到酚类化合物 hericenes A～C[15]。

Hericenone A　^{1}H NMR(400MHz,$CDCl_3$)δ:5.25(2H,s,H－3),6.97(1H,s,H－4),3.59(2H,

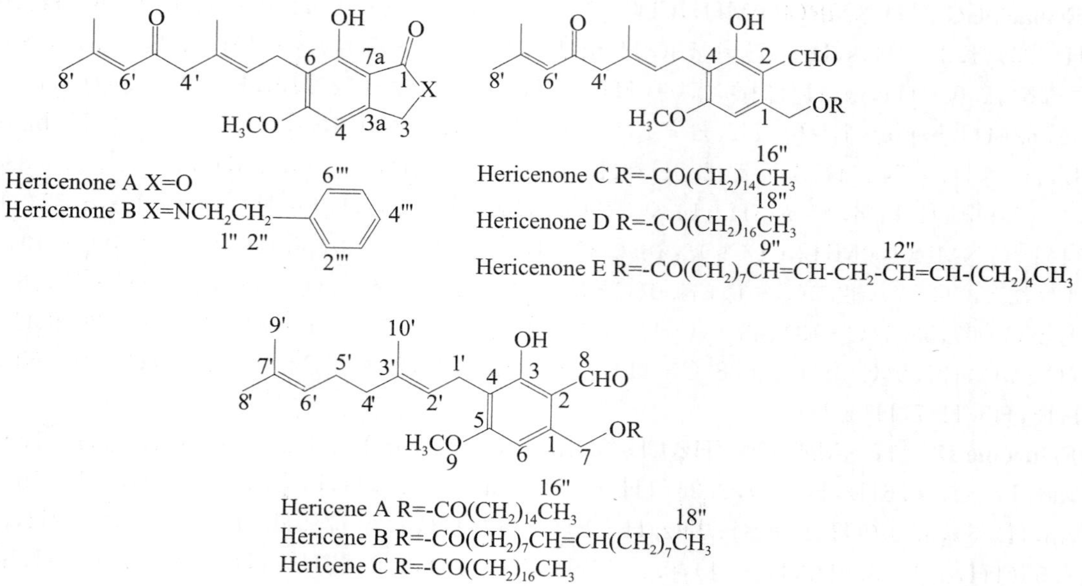

Hericenone A X=O
Hericenone B X=NCH_2CH_2-Ph

Hericenone C R=-$CO(CH_2)_{14}CH_3$
Hericenone D R=-$CO(CH_2)_{16}CH_3$
Hericenone E R=-$CO(CH_2)_7CH=CH-CH_2-CH=CH-(CH_2)_4CH_3$

Hericene A R=-$CO(CH_2)_{14}CH_3$
Hericene B R=-$CO(CH_2)_7CH=CH(CH_2)_7CH_3$
Hericene C R=-$CO(CH_2)_{16}CH_3$

图 23-4 猴头菌中酚酸类化合物的化学结构

d, J=6.4Hz, H-1′), 5.30(1H, t, J=6.4Hz, H-2′), 3.18(2H, s, H-4′), 6.09(1H, s, H-6′), 1.91 (3H, s, H-8′), 1.81(3H, s, 3′-CH_3), 2.17(3H, s, 7′-CH_3), 3.89(3H, s, -OCH_3); ^{13}C NMR (100MHz, $CDCl_3$)δ: 199.0(C-5′), 171.8(C-1), 159.1(C-5 or C-7), 157.4(C-7 or C-5), 150.6 (C-1′), 133.6(C-3a), 128.2(C-3′), 125.8(C-7a or C-2′), 125.0(C-2′ or C-7a), 123.0(C-6′), 121.3(C-6), 98.4(C-4), 68.3(C-3), 56.2(-OCH_3), 54.4(C-4′), 27.8(C-8′), 23.3(C-1′), 21.0(7′-CH_3), 17.1(3′-CH_3)。

Hericenone B ^{1}H NMR(400MHz, $CDCl_3$)δ: 4.20(2H, s, H-3), 6.96(1H, s, H-4), 3.56(2H, d, J=6.7Hz, H-1′), 5.30(1H, t, J=6.7Hz, H-2′), 3.14(2H, s, H-4′), 6.08(1H, s, H-6′), 1.88 (3H, s, H-8′), 1.81(3H, s, 3′-CH_3), 2.16(3H, s, 7′-CH_3), 3.84(2H, t, J=7.3Hz, H-1″), 2.97 (21H, t, J=7.3Hz, H-2″), 7.20～7.26(5H, m, H-2‴-H-6‴), 3.84(3H, s, -OCH_3); ^{13}C NMR (100MHz, $CDCl_3$)δ: 198.9(C-5′), 168.6(C-1), 158.4(C-5 or C-7), 150.7(C-7 or C-5), 138.7 (C-1‴), 132.8(C-3a or C-4‴), 132.2(C-4‴ or C-3′a), 128.7(C-3′), 12.6(C-2‴, C-6‴), 126.5(C-2′), 123.0(C-6′), 122.0(C-7a), 118.4(C-6), 97.6(C-4), 56.2(-OCH_3), 48.2(C-3), 44.2(C-1″), 34.9(C-2″), 27.7(C-8′), 23.9(C-1′), 20.9(7′-CH_3), 17.0(3′-CH_3)。

Hericenone C and Hericenone D ^{1}H NMR(400MHz, $CDCl_3$)δ: 6.53(s, H-6), 5.32(s, H-1-CH_2), 10.11(s, -CHO), 12.38(s, -OH), 3.91(s, -OCH_3), 3.40(d, J=7.3Hz, H-1′), 5.32(t, J=7.3Hz, H-2′), 3.01(s, H-4′), 6.09(s, H-6′), 1.84(s, H-8′), 1.78(s, 3′-CH_3), 2.12(s, 7′-CH_3), fatty acid: 2.33(dd, J=7.7、7.3Hz, H-2″), 1.61(m, H-3″), 0.88(t, J=6.9Hz, terminal CH_3′), 1.25(m, H-7″, H-15″); ^{13}C NMR(100MHz, $CDCl_3$) of Hericenone C δ: 199.5(C-5′), 193.1(-CHO), 173.1(C-1″), 163.4(C-5), 162.9(C-3), 155.4(C-7′), 138.6(C-1), 130.3(C-3′), 126.2(C-2′), 122.8(C-6′), 117.2(C-4), 112.8(C-2), 105.5(C-6), 62.9(C-1-CH_2), 55.9(-OCH_3), 55.5(C-4′), 34.2(C-2″), 27.6(C-8′), 21.6(C-1′), 20.6(C-7′-CH_3), 16.4(C-3′-CH_3), 16.3(C-16″), 31.9, 29.7, 29.6, 29.6, 29.6, 29.4, 29.3, 29.2, 29.1, 24.8, 22.7(C-3″ to C-15″)。

Hericenone E ^{1}H NMR(400MHz, $CDCl_3$)δ: 6.53(1H, s, H-6), 5.32(2H, s, H-1-CH_2), 10.11(1H, s, -CHO), 12.38(1H, s, -OH), 3.91(3H, s, -OCH_3), 3.40(2H, d, J=7.3Hz, H-1′),

5.32(1H,t,J=7.3Hz,H-2′),3.01(2H,s,H-4′),6.09(1H,s,H-6′),1.84(3H,s,H-8′),1.78(3H,s,3′-CH_3),2.12(3H,s,7′-CH_3),fatty acid:2.33(2H,dd,J=7.7、7.3Hz,H-2″),1.62(2H,m,H-3″),0.86(1H,t,J=6.9Hz,terminal CH_3′),2.78(2H,dd,J=6.6、5.8Hz,H-11″),2.04(4H,m,H-8″,H-14″),1.62(4H,m,H-7″,H-15″),5.34(4H,m,H-9″,H-10″,H-12′,H-13″),1.27(m,other);^{13}C NMR(100MHz,$CDCl_3$)δ:199.4(C-5′),193.1(-CHO),173.1(C-1″),163.4(C-5),162.9(C-3),155.3(C-7′),138.7(C-1),130.3(C-3′),130.2,129.9,128.0,127.9(C-9″,C-10″,C12″,C-13″),126.2(C-2′),122.8(C-6′),117.2(C-4),112.8(C-2),105.5(C-6),62.8(C-1-CH_2),55.9(-OCH_3),55.5(C-4′),34.2(C-2″),27.6(C-8′),21.6(C-1′),20.6(C-7′-CH_3),16.4(C-3′-CH_3),14.0(C-16″),31.5,29.5,29.3,29.1,29.0,27.2,27.1,25.6,24.8,22.7,22.5(C-3″-8″,C-11″,C-14″-17″)。

Hericene A ^{1}H NMR(400MHz,$CDCl_3$)δ:6.52(1H,s,H-6),5.32(1H,s,H-7),10.10(1H,s,H-8),3.91(1H,s,H-9),12.37(1H,s,-OH),3.34(2H,br d,J=7.0Hz,H-1′),5.17(1H,br t,J=7.0Hz,H-2′),1.97(2H,m,H-4′),2.03(2H,m,H-5′),1.63(3H,s,H-8′),1.60(3H,s,H-9′),1.77(3H,s,H-10′),2.33(2H,t,J=7.5Hz,H-2″),1.60(2H,m,H-3″),0.88(3H,t,J=6.5Hz,H-16″);^{13}C NMR(100MHz,$CDCl_3$)δ:138.4(C-1),112.8(C-2),162.8(C-3),118.0(C-4),163.4(C-5),105.6(C-6),62.9(C-7),193.0(C-8),55.9(C-9),21.3(C-1′),121.1(C-2′),131.2(C-3′),39.7(C-4′),26.6(C-5′),124.3(C-6′),135.7(C-7′),25.6(C-8′),17.6(C-9′),16.1(C-10′),173.2(C-1″),34.2(C-2″),14.1(C-16″)。

四、吡喃酮类化学成分

我国学者从猴头菌培养物中分离出两种新吡喃酮化合物,6-甲基-2,5-二羟甲基-γ-吡喃酮和2-羟甲基-5-(1′-羟基)-乙基-γ-吡喃酮[16];日本学者 Kawagishi H 等从猴头菌培养物中分离出两种吡喃酮化合物 erinapyrones A 和 erinapyrones B,它们对 Hela 细胞具有细胞毒作用[17];Arnone 从猴头菌中分离出 erinapyrones C[15],结构如图 23-5 所示。

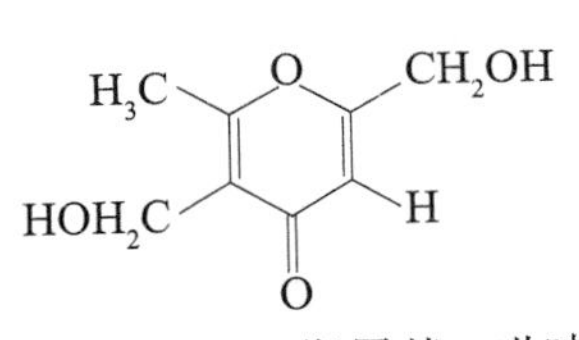

6-甲基-2,5-二羟甲基-γ-吡喃酮

2-羟甲基-5-(1′-羟基)-乙基-γ-吡喃酮

erinapyrones A R_1=CH_2OH R=CH_3
erinapyrones B R_1=CH_3 R=CH_2OH

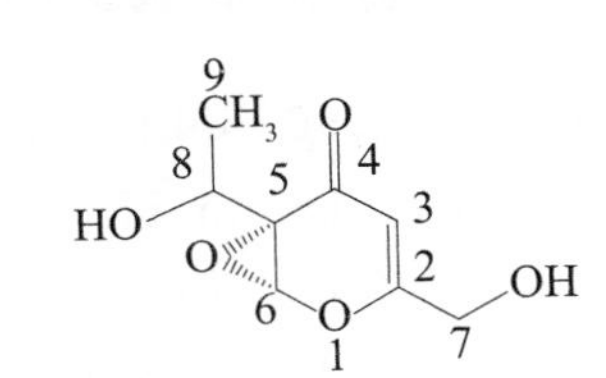

erinapyrones C

图 23-5 猴头菌中吡喃酮类化合物的化学结构

Erinapyrones A ^{1}H NMR(400MHz,pyridine-d_5))δ:1.48(3H,d,J=6.2Hz,2-CH_3),2.36(1H,dd,J=16.8、4.7Hz,H-3eq),2.40(1H,dd,J=16.8、12.0Hz,H-3ax),4.18(2H,d,J=15.9Hz,6-CH_2),4.59(1H,ddq,J=12.0、4.7、6.2Hz,H-2),5.61(1H,s,H-5);^{13}C NMR(100MHz,pyridine-d_5)δ:20.4(2-CH_3),43.1(C-3),61.9(C-2),76.1(6-CH_2),102.4(C-5),

174.9(C－6),192.8(C－4)。

Erinapyrones B ^{1}H NMR(400MHz,pyridine-d_5)δ:2.01(3H,s,6－CH_3),2.30(1H,dd,J=16.8、3.6Hz,H－3eq),2.61(1H,dd,J=16.8、14.2Hz,H－3ax),3.76(1H,dd,J=12.4、5.5Hz,2－CH_2),3.87(2H,dd,J=12.4、3.0Hz,2－CH_2),4.46(1H,dddd,J=14.2、3.6、3.0、5.5Hz,H－2),5.32(1H,s,H－5);^{13}C NMR(100MHz,pyridine-d_5)δ:20.9(6－CH_3),36.7(C－3),63.7(2－CH_2),79.5(C－2),104.9(C－5),174.2(C－6),192.6(C－4)。

Erinapyrones C ^{1}H NMR(400MHz,DMSO-d_6)δ:5.72(1H,t,J=1.2Hz,H－3),5.76(1H,s,H－6),4.16(1H,ddd,J=16.7、6.1、1.2Hz,H－7a),4.07(1H,ddd,J=16.7、6.1、1.2Hz,H－7b),4.41(1H,dq,J=6.1、6.4Hz,H－8),1.28(1H,q,J=6.4Hz,H－9),5.40(1H,t,J=6.1Hz,7－OH),4.67(1H,d,J=6.1Hz,8－OH);^{13}C NMR(100MHz,DMSO-d_6)δ:170.6(C－2),101.6(C－3),189.4(C－4),64.9(C－5),80.9(C－6),59.9(C－7),60.6(C－8),18.1(C－9)。

五、甾醇类化学成分

我国研究人员对猴头菌甾醇类化合物的研究中,对猴头菌固体发酵培养物醇提浸膏和水提浸膏的相关甾醇类化合物成分进行了分析比较,研究结果表明,猴头菌类化合物主要存在于醇提浸膏中,其中麦角甾醇含量最高[18],同时首次发现猴头菌含有麦角甾-8(14)-烯-3α-醇、α-谷甾醇和4个双健的C20甾醇化合物。日本学者Kawagishi Y等人[19]从干燥猴头菌子实体当中分离出1个新的麦角甾醇葡萄糖苷化合物3β-O-glucopyranosyl-5α,6β-dihydroxyergosta-7,22-diene,结构如图23-6所示。近年来国内外研究表明,甾醇类物质具有保护胃黏膜和抗细菌感染的作用。猴头菌药物产品对胃炎、十二指肠溃疡、慢性萎缩胃炎及浅表性胃炎有较好的疗效,与猴头菌中的甾醇类物质密切相关。

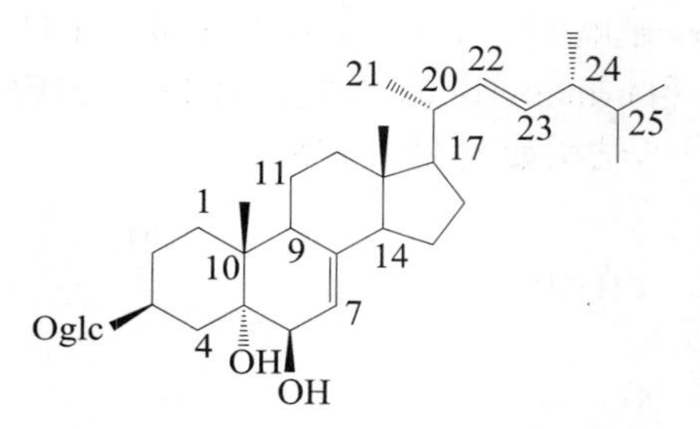

3β-O-glucopyranosyl-5α,6β-dihydroxyergosta-7,22-diene

图23-6 猴头菌中甾醇类化合物的化学结构

3β-O-glucopyranosyl-5α,6β-dihydroxyergosta-7,22-diene ^{1}H NMR(400MHz,pyridine-d_5)δ:2.30(2H,m,H－2),4.93(1H,m,H－3),2.65(1H,dd,J=13.2、3.9Hz,H－4a),2.90(1H,dd,J=13.2、11.7Hz,H－4b),4.32(1H,m,H－6),5.76(1H,dd,J=4.9、2.4Hz,H－7),2.54(1H,t,H－9),0.67(3H,s,H－18),1.44(3H,s,H－19),1.04(3H,d,J=6.8Hz,H－21),5.19(1H,dd,J=15.1、7.8Hz,H－22),5.27(1H,dd,J=15.1、7.8Hz,H－23),0.88(3H,d,J=6.4Hz,H－26),0.87(3H,d,J=6.4Hz,H－27),0.97(3H,d,J=6.4Hz,H－28),4.99(1H,d,J=7.8Hz,H－1′),4.08(1H,dd,J=8.8、7.8Hz,H－2′),4.21(1H,dd,J=8.8、7.8Hz,H－3′),4.32(1H,m,H－4′),3.75(1H,ddd,J=9.3、4.9、2.0Hz,H－5′),4.41(1H,dd,J=11.7、4.9Hz,H－6′a),4.50(1H,dd,J=11.7、2.0Hz,H－6′b);^{13}C NMR(100MHz,pyridine-d_5)δ:33.5(C－1),30.1(C－2),75.3(C－3),38.1(C－4),75.9(C－5),74.2(C－6),120.4(C－7),141.4(C－8),43.6(C－9),38.0(C－10),22.3(C－11),39.8(C－12),43.7(C－13),55.2(C－14),23.5(C－15),28.5(C－16),56.1(C－17),12.5

(C-18),18.5(C-19),40.9(C-20),21.4(C-21),136.2(C-22),132.1(C-23),43.0(C-24),33.3(C-25),20.2(C-26),19.8(C-27),17.8(C-28),102.4(C-1′),75.3(C-2′),78.6(C-3′),71.5(C-4′),78.6(C-5′),62.7(C-6′)。

六、脂肪酸类化学成分

除具有营养作用的脂肪酸类物质外，在猴头菌中还发现一些具有某种特殊作用的脂肪酸类化合物。日本学者 Kawagishi H 等人从猴头菌子实体中提取分离得到一个新的具有细胞毒活性的脂肪酸类化合物(9*R*,10*S*,12*Z*)-9,10-dihydroxy-8-oxo-12-octadecenoic acid[20]。

七、其　他

日本学者从猴头菌中发现抗微生物的活性物质 4-氯-3,5-二甲氧基苯甲酸，具有杀菌作用[21]；腺苷具有镇静、扩血管、抗缺氧、降胆固醇等众多生理活性，我国研究人员首次从猴头菌中检测到较高含量的腺苷[18]。此外，猴头菌中还有多肽、微量元素等化学物质[22]。

第二节　猴头菌的生物活性

据《中国药用真菌》记载，猴头菌性平，味甘，能利五脏，助消化，滋补，抗癌，治疗神经衰弱。国内已经广泛用于医治消化不良、胃溃疡、食管癌、胃癌、十二指肠癌等消化系统的疾病与肿瘤。猴头菌在医学上有以下作用：①抗溃疡和抗炎症作用；②抗肿瘤作用；③抗氧化、延缓衰老作用；④保肝护肝作用；⑤神经营养作用；⑥降血糖作用；⑦降血脂、降血压作用；⑧提高机体耐缺氧能力；⑨增加心肌血液输出量，加速机体血液循环；⑩抗疲劳作用；⑪抗突变作用；⑫抗辐射作用；⑬抗菌作用。

一、抗溃疡和抗炎症作用

猴头菌及其制剂在抗溃疡和抗炎症作用方面的研究最多。临床上与其他药物相配合，用来治疗慢性萎缩性胃炎，总有效率达 94.54%[23]。研究发现，猴头菌混悬液 0.05g/100g 在诱发溃疡前 2h 灌胃，对消炎痛诱发的大白鼠溃疡、幽门结扎诱发的胃溃疡和醋酸诱发的慢性胃溃疡均有不同程度的抑制作用。猴头菌治疗胃和十二指肠溃疡总有效率达 87%，对慢性胃炎(包括慢性萎缩性胃炎)有效率达 85%[24]。猴头菌及其菌丝体治疗慢性胃炎的总有效率达 96.3%，而治疗胃及十二指肠溃疡总有效率为 93%[25]。猴头菌片有促进大鼠食欲和改善消化功能的作用，对乙醇诱发的胃黏膜损伤有一定的预防作用，并可促进损伤后的黏膜修复，减轻黏膜的充血、出血、水肿和坏死；减少或减轻黏膜下炎细胞的浸润，是一种良好的胃黏膜保护剂[26-27]。有研究表明，猴头菌子实体粗多糖比菌丝体多糖对大鼠胃黏膜损伤的疗效更显著[28]。复方猴头冲剂治疗消化性溃疡疗效的观察中发现，复方猴头冲剂对胃溃疡总有效率为 94.4%，十二指肠球部溃疡总有效率为 92.7%[29]。猴头菌提取物对大鼠胃黏膜损伤保护作用研究中，从子实体中提取的粗多糖对溃疡的抑制率最好达到 70.8%；菌丝体全提物的疗效次之，溃疡抑制率为 51.4%；而菌丝体多糖疗效相对较差，溃疡抑制率为 41.5%[30]。

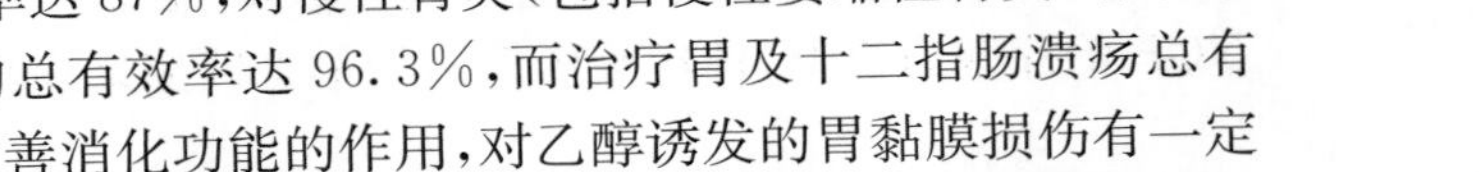

二、抗肿瘤作用

猴头菌具有抗肿瘤作用的活性物质是多糖，其作用机制是通过增加巨噬细胞的吞噬能力，促进免

疫球蛋白的形成，升高白细胞，提高淋巴细胞转化率并提高机体本身的抗病能力或增强机体对放疗、化疗的耐受性，以达到抵抗癌细胞的目的，抑制癌细胞的生长和扩大[31]。有研究表明，猴头菌多糖对S－180肉瘤的抑制率达59.1%～66.5%，其中200mg/kg组抑瘤率达66.5%，并且可显著增加荷瘤小鼠的胸腺与脾脏重量($P<0.01$)[32]。近几年猴头菌提取物的抗肿瘤研究涉及有效成分及其作用机制研究[33]，抑制癌细胞的转移研究[34]等。

三、抗氧化、延缓衰老作用

自由基反应及过氧化与人类疾病，如类风湿关节炎、癌症、冠心病和动脉粥样硬化等有关，还能加速衰老的进程。有研究人员利用甲醇提取猴头菌，当提取液浓度为40mg/ml时，以1,1－二苯基-2－苦肼基为底物，测得自由基清除率为69.4%，猴头菌中的多酚化合物是发挥抗氧化作用的主要物质[35]。

脂褐质是人和动物老化代谢的废产物，随着年龄增长而不断在细胞中积累，最终导致细胞萎缩死亡。经研究发现，猴头多糖能明显降低果蝇心肌褐脂质含量，增强其飞翔能力，有一定的抗疲劳作用[36]。

四、保肝护肝作用

1975年，Fischer等人发现慢性肝功能不全或肝硬化患者，其氨基酸代谢发生异常，主要是血浆中支链氨基酸含量降低，芳香氨基酸含量升高甚至增加可达正常含量的3倍。另外一方面色氨酸和5－羟色胺进入脑组织，两者在脑中的浓度增加，而导致肝昏迷。有鉴于此，Fischer等人首先提出输注特别的高支链氨基酸、低芳香族氨基酸的葡萄糖混合液，使血浆氨基酸水平正常化，缓解病情，增加存活率[3]。经研究发现，猴头菌发酵生成的菌丝体中提取的支链氨基酸总量高于芳香族氨基酸的总量，两者比值接近3倍[37]，因此，从猴头菌菌丝体中提取氨基酸制成注射液，可用于临床治疗慢性肝病和肝硬化患者，使混乱的血浆氨基酸水平正常化，从而为猴头菌的利用开辟一条新途径。

五、神经营养作用

Kawagishi H等人的研究表明，猴头菌在发酵过程中产生一种猴头菌素(herieenone或erineine)，可促使神经生长因子(NGF)的合成，而且子实体中也有类似作用的活性物质。Kawagishi H认为，NGF是外周和中枢神经系统生长和维持其功能不可缺少的一种蛋白质，有研究表明，可用NGF治疗智力衰退、神经衰弱等诸如早老性痴呆病与自主神经衰退[9,38]。

六、降血糖作用

有研究报道，HEP对四氧嘧啶糖尿病的小鼠有预防作用和明显的疗效[39]。研究表明，猴头菌4种多糖类均能明显对抗四氧嘧啶对胰岛β细胞的损伤，能明显降低四氧嘧啶所引起糖尿病小鼠的血糖浓度，其中以子实体多糖和子实体蛋白多糖的作用最强[40]。经研究发现，具有降血糖活性的真菌多糖有灵芝多糖、虫草多糖、云芝多糖、银耳多糖、毛木耳多糖、猴头菌多糖和木耳多糖[41]。

七、降血脂、降血压作用

猴头菌的脂肪酸含量低，有研究报道猴头菌脂肪酸含量为3.02%，北京市食品研究所报道的为

4.2%；且脂肪酸中的不饱和酸的含量较高，猴头菌多糖降血脂、降血压的功能与脂肪酸含量有关[42]。

八、提高机体耐缺氧能力

有研究报道了猴头菌能提高小鼠耐缺氧的能力。给小鼠注射猴头菌提取液，然后置于瓶中观察生存时间，结果小鼠经过49.6min后死亡，比对照组多活1.1倍的时间[43]。

九、增加心肌血液输出量，加速机体血液循环

猴头菌提取液处理豚鼠离体心脏，结果给药前冠状流量为(9.06±2.81)ml/min，给药后增加到(21.68±6.06)ml/min，增加了139%。有研究人员给用戊巴比妥静脉注射过的杂种犬注射猴头菌提取液，结果5min后，犬的肠膜微循环比给药前加快；10min后，明显加快；直到90min后，流速才恢复到给药前的水平[3]。

十、抗疲劳作用

经研究发现，猴头菌能使乳酸脱氢酶(LDH)活力、肝糖原、肌糖原的含量明显升高，运动后血乳酸水平和血清尿素氮(BUN)的增加量明显低于对照组和血乳酸的消除速率明显高于对照组。运动耐力(水中淹死时间测定)也比对照组长得多，证明猴头菌具有明显的增强运动能力和解除疲劳的作用[44]。

十一、抗突变作用

有研究报道，猴头菌多糖(HEPS)可以对抗由丝裂霉C(MMC)诱导的大肠杆菌PQ35、PQ37细胞SOS应答的能力[45]。研究表明，HEPS可以拮抗环磷酰胺所致小鼠骨髓嗜多染红细胞微核率的增加和拮抗环磷酰胺所致小鼠精子畸形率的增加[46]。

十二、抗辐射作用

研究猴头菌多糖对受6.25～8.5Gyγ射线照射小鼠的辐射防护作用，结果表明给药组的30d存活率比对照组提高35.0%～97.5%，骨髓DNA含量比对照组明显增加，均有非常显著性差异($P<0.01$)，说明猴头菌多糖有明显的辐射防护作用[47]。

十三、抗菌作用

猴头菌提取物的抗菌试验表明，通过小鼠先天性免疫细胞的活化来达到抗感染的作用[48]。

第三节　展　望

猴头菌对许多疾病都有着很好的疗效。对于猴头菌中的有效成分可分成两大类：一类是小分子有机物质，包括甾醇、脂肪酸及其衍生物等；一类是大分子有机物质，包括多糖、蛋白等。对于小分子物质主要是分离得到单体，随后进行结构鉴定。对于大分子物质，多糖类主要是测定其中的组成糖比

例和组成、氨基酸种类等。对于多糖类的研究还不深入,没有给出多糖类物质的平均结构。虽然测定的总糖含量有比较大的差别,但是有一个共同点,即糖含量都不高,没有给出多糖的完全成分组成和空间结构。因此,对猴头菌多糖的研究还有待于进一步的深入,以便更深层次地对猴头菌多糖进行开发和利用。

参考文献

[1] 徐锦堂. 中国药用真菌学[M]. 北京:北京医科大学中国协和医科大学联合出版社,1997.

[2] 张雪岳. 食用菌学[M]. 重庆:重庆大学出版社,1988.

[3] 庞小博. 猴头菌等药用真菌中神经活性成分的筛选、分离纯化及结构鉴定[D]. 南京农业大学硕士研究生学位论文,2008.

[4] 陈明. 抗癌菌类药常用种类及近代研究进展[J]. 食用菌,1994,(2):40—41.

[5] Usui T, Iwasaki Y, Hayashi K, et al. Antitumor activity of water soluble β-D-Glucan elaborated by *Ganoderma applanatum*[J]. Agric Biol Chem, 1981, 45(1):323—326.

[6] 王明霞,管笪,经美德. 五株优良猴头菌营养成分的分析及其利用的研究[J]. 微生物学通报,1992,19(2):68—72.

[7] Mizuno T, Wasa T, Ito H, et al. Antitumor-active polysaccharides isolated from the fruiting body of *Hericium erinaceum*, an edible and medicinal mushroom called yamabushitake or houtou[J]. Biosci Biotechnol Biochem, 1992, 56(2):347—348.

[8] Zhang AQ, Zhang JS, Tang QJ, et al. Structural elucidation of a novel fucogalactan that contains 3-O-methyl rhamnose isolated from the fruiting bodies of the fungus, *Hericium erinaceus* [J]. Carbohydrate Research, 2006, 341(5):645—649.

[9] Kawagishi H, Shimada A, Shiraia R, et al. Erinacines A, B and C, strong stimulators of nerve growth factor (NGF)-synthesis, from the mycelia of *Hericium erinaceum*[J]. Tetrahedron Lett, 1994, 35(10):1569—1572.

[10] Kawagishi H, Simada A, Shizuki K, et al. Erinacine D, a stimulator of NGF-synthesis, from the mycelia of *Hericium erinaceum*[J]. Heterocycl Commun, 1996, 2(1):51—54.

[11] Kawagishi H, Shimada A, Hosokawa S, et al. Erinacines E, F, and G, stimulators of nerve growth factor (NGF)-synthesis, from the mycelia of *Hericium erinaceum*[J]. Tetrahedron Lett, 1996, 37(41):7399—7402.

[12] Lee EW, Shizuki K, Hosokawa S, et al. Two novel diterpenoids, erinacines H and I from the mycelia of *Hericium erinaceum*[J]. Biosci Biotechnol Biochem, 2000, 64(11):2402—2405.

[13] Kawagishi H, Ando M and Mizuno T. Hericenone A and B as cytotoxic principles from the mushroom *Hericium erinaceum* [J]. Tetrahedron Lett, 1990, 31(3):373—376.

[14] Kawagishi H, Ando M, Sakamoto H, et al. Hericenones C, D and E, Stimulators of nerve growth factor (NGF)-synthesis, from the mushroom *Hericium erinaceum* [J]. Tetrahedron Lett, 1991, 32(35):4561—4564.

[15] Arnone A, Cardillo R, Nasini G, et al. Secondary Mold Metabolites: Part 46. Hericenes A-C and Erinapyrone C, New Metabolites Produced by the Fungus *Hericium erinaceum*[J]. J Nat Prod, 1994, 57(5):602—606.

[16] 钱伏刚,徐光漪,杜上鑑,等. 猴菇菌培养物中两个新吡喃酮化合物的分离与鉴定[J]. 药学学报,1990,25(7):522—525.

[17] Kawagishi H, Shirai R, Sakamoto H, et al. Erinapyrones A and B from the cultured mycelia of *Herieium erinaceum*[J]. Chem Lett,1992,(12):2475—2476.
[18] 李洁莉. 猴头菌药效成分研究和猴头菌属的分子生物学鉴定[D]. 南京师范大学硕士研究生学位论文,2002.
[19] Yoshihisa T, Minoru U,Takashi O, et al. Glycosides of ergosterol derivatives from *Hericum erinaceum*[J]. Phytochemistry, 1991,30 (12):4117—4120.
[20] Kawagishi H, Ando M, Mizuno T, et al. A novel fatty acid from the mushroom *Hericium erinaceum*[J]. Agric Biol Chem, 1990, 54(5):1329—1331.
[21] Okamoto K, Shimada A,Shirai R, et al. Antimicrobial chlorinated orcinol-derivatives from the mycelia *Hericium erinaceum*[J]. Phytochemistry, 1993, 34(5):1445—1446.
[22] 杨勇杰. 猴头多糖化学成分研究[D]. 吉林大学硕士研究生学位论文,2004.
[23] 唐选训. 联用黄连素、维霉素、猴菇菌治疗慢性萎缩性胃炎 37 例疗效观察[J]. 广西科学,1995,17(4):355—357.
[24] 刘明仁. 佳肴良药—猴头菇[J]. 中国酿造,1996,(2):42—43.
[25] 王宁,肖汉玺,徐仁莲,等."猴头健胃灵"治疗慢性胃炎 53 例临床疗效观察[J]. 中国药理与临床,1987,3(1):46—48.
[26] 王祯荃,王宁,李玉莲,等. 猴头健胃灵的药效学研究[J]. 山西中医,1994,10(5):34—35.
[27] 于成功,徐肇敏,祝其凯,等. 猴头菌对实验大鼠胃黏膜保护作用的研究[J]. 胃肠病学,1999,4(2):93—96.
[28] 杨淼,唐庆九,周昌艳,等. 猴头菌提取物对大鼠胃黏摸损伤保护作用的研究[J]. 食用菌学报,1999,6(1):14—17.
[29] 戴一扬,程家欣,余传定,等. 复方猴头冲剂与雷尼替丁治疗消化性溃疡疗效观察[J]. 浙江中西医结合杂志,1995,5(1):32.
[30] 杨众,严慧芳,陆宏琪,等. 猴头菌提取物对大鼠胃黏膜损伤保护作用的研究[J]. 食用菌学报,1999,6(1):14—17.
[31] 陈明. 抗癌菌类药常用种类及近代研究进展[J]. 食用菌,1994,16(2):40—41.
[32] 聂继盛,祝寿芬. 猴头多糖抗肿瘤及对免疫功能的影响[J]. 山西医药杂志,2003,32(2):107—109.
[33] Kim SP, Kang MY, Kim JH, et al. Composition and Mechanism of Antitumor Effects of *Hericium erinaceus* Mushroom Extracts in Tumor-Bearing Mice [J]. J Agric Food Chem, 2011, 59 (18):9861—9869.
[34] Kim SP, Nam SH and Friedman M. *Hericium erinaceus* (Lion's Mane)Mushroom Extracts Inhibit Metastasis of Cancer Cells to the Lung in CT-26 Colon Cancer-Tansplanted Mice [J]. J Agric Food Chem, 2013, 61(20):4898—4904.
[35] Mau JL, Lin HC and Song SF. Antioxidant properties of several specialty mushrooms [J]. Food Res Int, 2002, 35(6):519—526.
[36] 刘金庆,张松,杨小兵. 食(药)用菌活性成分延缓衰老研究进展[J]. 生命科学研究,2005,9(4):82—86.
[37] 李兆兰,刘雪娴. 真菌菌丝与发酵液中氨基酸含量的分析与比较[J]. 南京大学学报(自然科学版),1987,23(3):442—451.
[38] Kawagishi H, Ando M, Sakamoto H, et al. Chromans, Herieenones F, G and H, from the Mushroom *Hericium erinaceus* [J]. Phytochemistry, 1993, 32(1):175—178.
[39] 薛惟建,杨文,陈琼华. 昆布多糖和猴头菌多糖对四氧嘧啶诱发的小鼠的预防和治疗[J]. 中国药科大学学报,1989,20(6):378—380.

[40] 周慧萍,孙立冰,陈琼华. 猴头多糖的抗突变和降血糖作用[J]. 生化药物杂志,1991,(4):35—36.

[41] 李小定,荣建华,吴谋成. 真菌多糖生物活性研究进展[J]. 食用菌报,2002,9(4):50—58.

[42] 胡小加,周宏斌,周平贞. 猴头菌及猴头酒营养成分分析[J]. 食品科学,1992,(12):47—48.

[43] 陈国良. 药用真菌防治老年痴呆症前景[J]. 食用菌,1994,(3):36—37.

[44] 卢耀环,辛长砺,周于奋. 猴头菇对小鼠抗疲劳作用的实验研究[J]. 生理学报,1996,48(1):98—101.

[45] 祝寿芬,赵淑杰. 大刺猴头(88)多糖抗突变、抗氧化及对免疫功能影响的研究[J]. 癌变. 畸变. 突变,1994,6(2):23—27.

[46] 成静,祝寿芬. 大刺猴头(88)多糖的抗突变作用研究[J]. 山西临床医药杂志,1999,8(2):157—159.

[47] 刘曙晨,张慧鹃,骆传环,等. 猴头菇多糖的抗辐射作用实验研究[J]. 中华放射医学与防护杂志,1999,19(5):328—332.

[48] Kim SP, Moon E, Nam SH, et al. *Hericium erinaceus* Mushroom Extracts Protect Infected Mice against Salmonella Typhimurium-Induced Liver Damage and Mortality by Stimulation of Innate Immune Cells [J]. J Agric Food Chem, 2012, 60(22):5590—5596.

(张　婷)

第二十四章 黑木耳

HEI MU ER

第一节　概　述

黑木耳(*Auricularia auricular* judae)为担子菌门,伞菌亚纲,木耳目,木耳科,木耳属真菌,别名云耳、光木耳、木茸、木菌、木蛾、丁杨等。黑木耳状如耳朵,是生长在朽木上的一种腐生菌,由菌丝体和子实体两部分组成,菌丝体为无色透明,生长在朽木里面;子实体生长在朽木的表面,为食用部分,是一种药食两用的大型真菌[1]。主要分布于黑龙江、吉林、福建、湖北、广东、广西、四川、贵州、云南等地区[2]。黑木耳药用子实体,明代李时珍《本草纲目》中记载:"木耳生于朽木之上,性甘平,主治益气不饥,轻身强志,断谷治痔等作用",具有益气强身、补气血、润肺、止血、止痛、通便等功效[1]。现代药理活性研究表明,黑木耳具有降脂、抗血栓、抗辐射及抗突变、抗氧化、延缓衰老、降血糖、抗癌等多种生物活性[3-4],用于治疗高血压、血管硬化、月经失调、白带过多、便血、子宫出血、反胃多痰、吐血、便秘等多种疾病[5-8]。

黑木耳中含有多糖、腺苷、黑色素、麦角甾醇、磷脂类与多种维生素等化学成分[3]。从营养成分来看,黑木耳中含有糖类(碳水化合物)、蛋白质、脂肪、粗纤维、磷、钙、铁,还含有胡萝卜素、烟酸、维生素 B_1 和维生素 B_2 等多种维生素与无机盐;糖类(碳水化合物)中还含有葡萄糖、甘露聚糖、甘露糖、葡萄糖醛酸、木糖、鞘磷酸和卵磷脂等重要的有机化合物。

第二节　黑木耳化学成分的研究

一、黑木耳的化学成分

1. 黑木耳多糖

黑木耳多糖所含的多糖组分主要有:D-木糖、D-甘露糖、D-葡萄糖、D-葡萄糖醛酸。黑木耳多糖酸性杂多糖的相对分子质量范围在 3×10^5～5×10^5之间。

除此之外,黑木耳多糖还含有的单糖有 L-岩藻糖(L-fucose,1)、L-阿拉伯糖(L-arabinose,2)、D-木糖(D-xylose,3)、D-甘露糖(D-mannose,4)、D-半乳糖(D-galactose,5)、D-葡萄糖(D-glucose,6)、肌醇(inositol,7)。各种单糖之间摩尔百分含量分别为:1,18.6%;2,12.8%;3,5.6%;4,25.7%;5,15.7%;6,9.4%;7,12.2%[4]。

Misaki 等人[9]从黑木耳子实体中分离得到了两种类型的多糖:glucan Ⅰ 和 glucan Ⅱ(图 24-1),均为酸性杂多糖,由 D-葡萄糖醛酸、D-木糖、D-葡萄糖、D-甘露糖组成,摩尔比依次为 1.3∶1.0∶1.3∶4.3;glucan Ⅰ 为水溶性多糖,结构中主链为 α-(1→3)甘露聚糖,在部分甘露糖 2,6 位上被 D-木糖、D-甘露糖或 D-葡萄糖醛酸取代;glucan Ⅱ 为碱不溶多糖,主链为 β-(1→3)-D-葡聚糖,侧链与主链以 β-(1→6)键接而成。两种多糖的区别在于侧链的数目和类型不同:glucan Ⅰ 在主链上约有

2/3 的葡萄糖残基被单个葡萄糖基取代，这种多羟基基团的存在使其在水中的溶解度较高，为水溶性；而 glucanⅡ在主链上约有 3/4 的葡萄糖残基被短链葡聚糖残基取代，其分支度比 glucanⅠ高，这种复杂的多分支结构使其在水中的溶解性很差，为水不溶性。glucanⅠ的平均相对分子质量为 1.4×10^6，glucanⅡ的相对分子质量为 6×10^3。

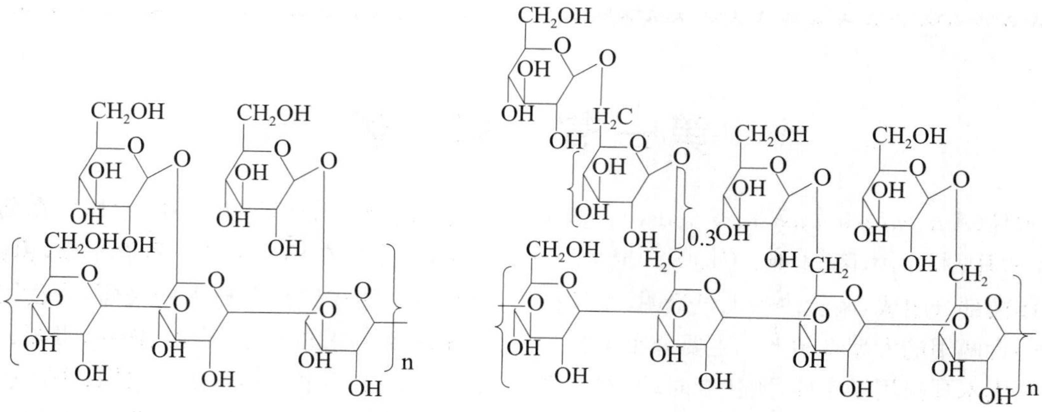

图 24-1　glucanⅠ和 glucanⅡ的结构式

Ukait 等人[10]用热水和热乙醇从黑木耳子实体中分离得到两种酸性杂多糖：MEA 和 MHA。并证明了它们均由 D-葡萄糖醛酸、D-木糖和 D-甘露糖组成。MEA 的组成摩尔比为 1.0∶0.5∶2.8，MHA 为 1.0∶0.6∶3.0，两者都含有少量的 D-葡聚糖。MEA 和 MHA 的主链均为 α-(1→3)键接的 D-甘露吡喃糖，在部分甘露糖的 2 位上被 β-D-葡萄糖醛酸取代；还有一些 2 和 6 位上被短链 β-D-木糖取代。用沉降法测得 MEA 和 MHA 的相对分子质量，分别为 3.0×10^5 和 3.7×10^5。

Zhang 等人[11]从黑木耳子实体中提取到了 3 种 D-葡聚糖(A、C、E)和两种酸性杂多糖(B、D)，它们相对分子质量和分子结构不同。纸层析和气相色谱研究表明，3 种葡聚糖的主链主要由 β-(1→3)-D-葡萄糖构成，而侧链有多种变化。两种酸性多糖含有 D-木糖、D-甘露糖、D-半乳糖、D-葡萄糖和葡萄糖醛酸残基。经检测，这 5 种多糖(A、C、E、B、D)的平均相对分子质量，分别为 1.17×10^6、1.44×10^6、2.00×10^6、5.0×10^5 和 3.0×10^5。黏性分析表明，在水溶液中，A、E 这两种成分含有刚性链结构，而 B、C、E 这 3 种成分具有柔性链结构。

夏尔宁等人[12]通过热水提取，用 Sevage 法除蛋白透析，再用 DEAE-Sephadex A-25 和 Sephadex G-200 纯化，得黑木耳多糖(AA)，经纸层析和气相层析分析，得到单糖组成为 L-岩藻糖、L-阿拉伯糖、D-木糖、D-甘露糖、D-葡萄糖和 D-葡萄糖醛酸，摩尔比依次为：0.14∶0.045∶0.17∶1.00∶0.61∶0.44，测得其相对分子质量约为 1.55×10^5。

宋光磊等人[13]利用逆流色谱分离技术从黑木耳中分离得到多糖 AAPS-3，通过完全水解证实主要由 glc 单糖组成，用 HPLC 方法测得其相对分子质量为 4.83×10^5，通过甲基化反应数据、一维和二维核磁共振等分析发现，其化学结构是由 β-D-1,4-Glc，β-D-1,3-Glc 和 β-D-1,6-Glc 残基构成主链的葡聚糖。

Weicai Zeng 等人[14]用二乙氨基乙基纤维素(DEAE-52)柱和阴离子交换树脂(HW-65F)柱分离纯化得到 1 个组分多糖(APP)，在对 APP 进行成分分析、用高效体积排阻色谱法(HPSEC)进行分析，得到相对分子质量为 2.77×10^4。AAP 是杂多糖，并且由葡萄糖、半乳糖、甘露糖、阿拉伯糖和鼠李糖组成，摩尔比为 37.53∶1∶4.32∶0.93∶0.91。

2. 尿苷、α-D-吡喃葡萄糖、脑苷酯 B[3]

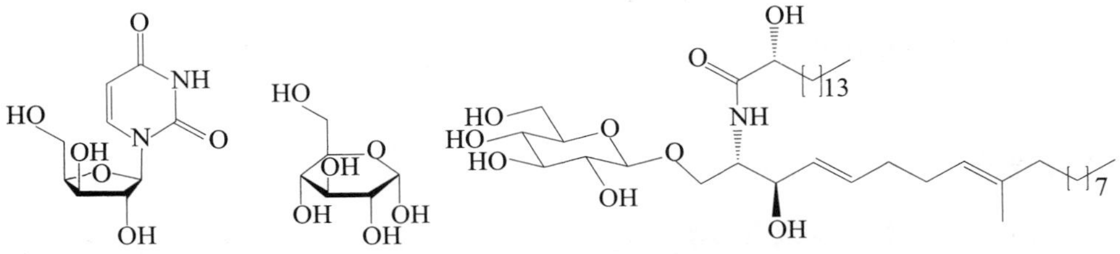

图 24-2　尿苷、α-D-吡喃葡萄糖、脑苷酯 B 的结构式

3. 黑木耳中蛋白质与氨基酸

张桂英等人[15]采用化学分析方法，测定了粗木耳、细木耳与超微木耳中蛋白质、粗脂肪、粗纤维、水分和灰分的含量，并采用日立 835-50 型氨基酸自动分析仪测定了蛋白质、氨基酸的含量。结果如表 24-1、24-2：

表 24-1　不同木耳中成分的含量　（%）

	蛋白质	粗脂肪	粗纤维	水分	灰分
粗木耳	11.5	1.36	17.3	7.84	4.54
细木耳	12.1	1.25	16.5	7.83	3.49
超微木耳	12.4	1.30	16.8	7.45	3.62

表 24-2　不同木耳中必需氨基酸的成分分析　（mg/kg）

	Iso	Leu	Lys	Met	Phe	Thr	Try	Val
粗木耳	6.3	0.7	0.5	6.2	4.5	5.2	1.7	4.7
细木耳	6.4	0.6	0.4	6.0	4.6	5.3	1.6	4.4
超微木耳	6.2	0.8	0.5	6.1	4.7	5.5	1.7	4.9

4. 黑木耳中的无机元素

吕文英[16]用原子吸收法分别测定了黑木耳和毛木耳中铁、锌、钾、镁、钠、铜、钙、锰等 8 种微量元素的含量，表明黑木耳中的微量元素含量较高，尤其是铁元素。因此，经常食用可补充人体所需的微量元素。微量元素含量见表 24-3：

表 24-3　黑木耳和毛木耳中微量元素含量　（μg/g）

	Zn(锌)	Fe(铁)	Ca(钙)	Mg(镁)	Cu(铜)	Mn(锰)	K(钾)	Na(钠)
黑木耳	37.4	827.3	3 955.3	2 703.7	7.8	27.5	10 800.0	688.1
毛木耳	8.7	263.5	975.1	11 923.0	8.8	3.7	2 220.3	272.3

二、黑木耳多糖类化学成分的提取与分离

经研究表明，黑木耳重要的生理功能与其多糖组分密切相关，黑木耳多糖属细胞内容物，提取时需进行细胞破碎，从而使多糖成分释放出来。获得真菌多糖的方法一般有两种：一是从固体培养的子

实体中提取，二是通过深层发酵获得。

（一）从子实体中提取多糖的方法

目前从黑木耳子实体中提取黑木耳多糖常用的技术主要有：热水浸提法、碱浸提法、酶法、超声波法、微波法与复合法[17]。

1. 热水浸提法

热水浸提法是国内外常用提取真菌类多糖成分的传统方法，可以浸提溶于水部分的黑木耳多糖，其原理是借助于热力作用导致细胞发生质壁分离，液泡中的物质得以穿过细胞壁并扩散到外部溶剂中去。

陈艳秋等人[18]用热水浸提法对黑木耳子实体水溶性多糖进行了提取，得出的结果：料水比为1∶50，在90℃水浴中提取3.5h，用70%的乙醇醇析，多糖提取率为5.48%。Yongxu Sun等人[19]将黑木耳粉碎后放在90℃，料水比为1∶16，浸提时间为3h，重复浸提3次，多糖提取率为7.24%。林敏等人[20]同样采用该法探索热水提取黑木耳多糖的最佳工艺条件来提取黑木耳中的水溶性多糖，最佳工艺条件是：在浸取温度为90℃，料水比1∶40，浸提3.5h，提取率可达到17.07%。刘美娜等人[21]在浸提温度为115℃，料水比1∶35，浸提90min，粗多糖提取率为7.1%。Liuqing Yang等人[22]用黑木耳粉末在料水比1∶70，温度100℃，浸提时间为4h条件下，粗多糖提取率达到32.2%。

热水浸提法所需提取溶剂为蒸馏水，经济、易得，工艺简单，对于设备要求低，生产成本低，容易推广，但是耗时长，需要的温度高、料水比大而造成能耗大、资源浪费，同时提取率也较低。

2. 稀碱浸提法

包海花等人[23]采用黑木耳粉，用不同的提取剂（蒸馏水和1 mol/L NaOH溶液），在其他条件相同的情况下对黑木耳进行提取时发现，后者的多糖含量比前者高出近3倍，且能节省时间和减少原材料与试剂的消耗。虽然碱处理能使多糖含量增加，但寡糖含量却相对减少，且提取后液体需要中和，程序较繁琐[24]。

3. 酶解提取法

酶解提取法是通过酶作用于细胞壁，导致细胞壁的致密结构遭到破坏，使胞内多糖溶出的传质阻力减少，从而提高多糖的提取率[25]。酶大多采用一定量的果胶酶、纤维素酶与中性蛋白酶，方法有单一酶法、复合酶法和分别酶法。

张立娟等人[26]通过单因素和正交试验，研究了细胞破壁酶（纤维素酶、果胶酶和木瓜蛋白酶）在黑木耳多糖提取中的最佳作用条件，先加入复合酶（纤维素酶与果胶酶）作用，再加入蛋白酶反应。取黑木耳原料在pH为5.0，温度50℃，添加1.5%复合酶（果胶酶和纤维素酶）浸提100min，后调pH至6.5，添加2%蛋白酶浸提60min，多糖提取率为16.83%。姜红等人[27]研究了纤维素酶和果胶酶各自分别作用提取黑木耳多糖的最佳工艺条件，发现在两种酶反应体系中，各最适工艺参数较为接近，为黑木耳双酶水解提供了依据。取粉碎后黑木耳在pH为5.0，温度为55℃，料水比为1∶50条件下添加1.1%果胶酶，酶解时间80min，黑木耳多糖的提取率为4.15%；取粉碎后黑木耳在pH为5.0，温度为50℃，料水比为1∶50条件下添加1.3%纤维素酶，酶解时间80min，黑木耳多糖的提取率为4.71%。李啸等人[28]取粉碎的黑木耳在pH为4.2，温度为49℃条件下添加4.5%复合酶（纤维素酶∶果胶酶∶木瓜蛋白酶=1∶1∶1），酶解时间100min，黑木耳多糖的提取率为18.59%。

鲜乔等人[29]取粉碎后黑木耳在pH为8.0，温度为42℃，料水比为1∶98条件下添加400U/g破壁酶，酶解时间99min，黑木耳多糖的提取率为11.78%。张拥军等人[30]取粉碎的黑木耳在料水比1∶100，pH为8.0，400U/g酶的添加量，温度为45℃下酶解1.65h，提高温度到85℃，酶解1.5h，使用几

丁质酶的黑木耳多糖的提取率为 14.21%,比采用果胶酶(提取率 3.86%)、蛋白酶(提取率 5.57%)、多糖纤维素酶(提取率 7.85%)的提取率均要高。

酶解提取法具有条件温和、杂质易除和得率较高等优点,提取时间较热水浸提短、需要的温度低、提取效率高、能耗小,但酶的价格昂贵,反应条件苛刻,容易失活。

4. 超声波提取法

超声波提取法是指原料的细胞壁与整个细胞因为超声波辐射产生机械、空化及热学作用而导致破裂,造成胞内多糖得到释放、扩散与溶解。

徐秀卉等人[31]取粉碎后的黑木耳,在超声波频率为 25kHz、料水比 1∶30、超声 15min,黑木耳多糖提取率为 14.28%。张拥军等人[32]取黑木耳超微粉体,在温度 50℃,料水比 1∶80,超声波频率为 28kHz,超声 40min,黑木耳多糖的提取率为 16.84%。唐娟等人[33]采用超声波协同纤维素酶法提取黑木耳多糖,确定了该法的最佳工艺条件,并发现由于作用温度低,所得到的多糖颜色浅,有利于多糖产品的进一步精制。

超声波提取法的提取时间很短、提取效率高、提取的多糖结构较稳定,但对仪器设备要求高,成本高,而且提取的时间不能过长,不然会导致糖苷键的断裂而造成提取率的降低。

5. 微波辅助提取法

微波辅助提取法是在细胞壁受到高频电磁波影响后,导致细胞内温度迅速升高,压力增大,使其破裂、溶解并释放出胞内多糖。

徐秀忠等人[34]在微波强度为 100%,提取温度 100℃,提取时间 90min,液料比 1∶20,多糖提取率为 8.36%。Weicai Zeng 等人[14]将原料在 pH 为 7.0,温度为 95℃,微波功率为 860W 下处理 25min,黑木耳多糖的提取率达 16.53%。尚明[35]在微波功率为 90W、料液比为 1∶25,微波 20min,重复提取 4 次,黑木耳多糖提取率为 10.52%。

樊黎生等人[36]将常规水提法和近年来出现的萃取技术、微波提取、超临界萃取、超声波萃取用于提取黑木耳多糖,并进行了对比试验,发现微波辅助萃取法提取黑木耳多糖的平均得率为 13.26%,比常规水提法的得率提高约 51%,而时间也缩短了 5/7。超临界流体萃取法虽然在得率(16.82%)上稍高于微波辅助萃取法,但设备复杂,需要高压力容器,投资成本较高。超声波萃取虽然所需时间(0.5h)大大缩短,又无需加热(21℃),且得率(15.43%)也接近于微波辅助提取法,但目前仅处于小规模试验阶段,工程设备放大问题还有待日后解决。综合分析,微波辅助萃取技术具有明显的优势。

微波辅助提取法的提取料水比较低、提取时间短、提取效率高、能耗低,但所用的提取功率不宜太大、时间不宜太长,否则会破坏多糖结构而导致提取率下降;微波辅助提取法对仪器设备的要求较高,成本也高。

6. 高分子乳化剪切提取法

高分子乳化剪切提取法是一种新型的提取技术,样品放在高剪切分散乳化机上,接受转子高速旋转,从而产生高剪切线速度和高频机械效应,进而产生较大的动能,使原料在定转子的间隙中受到强烈的气蚀作用、较大的机械效应和高速剪切效应的协同作用,从而有效地破壁,使得多糖得到释放、扩散与溶解。特点:提取时间很短,能耗低,提取效率高,工艺条件温和,不易损坏多糖的结构。

樊梓鸾等人[37]取黑木耳超微粉体在料液比 1∶20～1∶120,温度 20～100℃的条件下浸提 30～60min,用高速剪切分散乳化机乳化 1～5min,档位设置为 A～G 档,黑木耳多糖提取率大部分在 23%左右,有的高达 28.9%。

高分子乳化剪切提取法作为一种新型的提取技术,提取时间很短,能耗低,提取效率高,工艺条件温和,不易损坏多糖的结构。

（二）深层发酵提取多糖的方法

相对于从子实体提取多糖，深层发酵具有以下优势[38]：①生产周期大大缩短；②能有目的地获取高含量的次级代谢产物；③液体种子替代固体种子，具备菌龄一致、接种方便的优点；④劳动强度小，且不受季节与地域的限制。

唐青涛等人[39]对黑木耳深层发酵生产多糖进行了探索性研究。从7种黑木耳菌株中筛选出生长较快、且产胞外多糖量较大的菌株作为出发菌，转接液体种，摇瓶培养后作为菌种，以正交试验为优化深层发酵条件。结果表明，葡萄糖2%、酵母膏0.3%、起始pH6.0为黑木耳产多糖较适宜的条件，产量最高可达0.745g/L。

肖彩霞等人[40]以实验室保藏的黑木耳菌种作为出发菌，转接制备液体种后，通过单因素以及正交试验优化黑木耳胞外多糖深层发酵培养基，得出最佳配方为：葡萄糖40g/L，豆饼粉9g/L，KH_2PO_4 4g/L，无机盐X_2 2g/L。

Wu Jing等人[41]系统研究了深层培养黑木耳胞外多糖(EPS)的方法和影响因素，用摇瓶发酵研究单因素最佳培养条件，之后用补料发酵法研究了pH对胞外多糖产量的影响，实验过程如下：

1. 深层培养黑木耳胞外多糖的方法

(1) 微生物与培养基

黑木耳菌株保持在马铃薯葡萄糖琼脂(PDA)的斜面上(斜面在25℃下接种培养7d，然后放在4℃下储存1个月)。种子培养基的组成(g/L)：葡萄糖40，大豆粉7，KH_2PO_4 4，$MgSO_4 \cdot 7H_2O$ 2。放在摇瓶中的基础发酵培养基(g/L)：葡萄糖20，酵母提取物2，KH_2PO_4 4，$MgSO_4 \cdot 7H_2O$ 2。通过不同类型的碳源和氮源培养基之间的比较，优化培养基的成分。

(2) 接种与摇瓶培养

对于种子培养：将3块豌豆大小的斜面琼脂培养物接种到含有80ml种子培养基的250ml的烧瓶中，然后放在往复振荡器上以150r/min速度培养6d。然后将预培养物接种到含有4L发酵培养基的7L搅拌发酵罐中，接种面积需要达到10%。

为了找到黑木耳发酵的最适温度，分别在22、25、28、30和34℃下进行摇瓶培养。为了确定最适初始pH，在接种前，培养基需通过加入无菌的0.5mol/L的HCl或0.5mol/L的NaOH消毒，然后调节到适宜的pH。

(3) 在不同的pH下进行发酵

用4L发酵培养基在发酵罐中进行发酵。将搅拌速度和通气速率分别控制在200r/min和4vvm。在28℃温度下，通过加入1mol/L的HCl或1mol/L的NaOH，将pH控制在3.0～7.0范围内。每个pH控制实验均需重复3次。

(4) 分析方法

通过称量干菌体来确定黑木耳菌丝体的数量。不同时间收集的样品在转速3 000r/min条件下离心20min，得到的沉淀物用蒸馏水反复冲洗，最后在105℃温度下干燥至恒重，完成干细胞的重量(DCW)的测量。同时，上清液用于多糖的分析。

多糖样品的制备：将上清液用0.45μm过滤器进行过滤，然后在剧烈搅拌条件下加入95%(V/V)乙醇，直到乙醇浓度达到30%，在4℃温度下静置过夜。然后在转速4 000r/min条件下，离心20min，弃去沉淀物，将95%(V/V)乙醇加入到上清液中，用上述同样的方法处理，直到乙醇浓度达到75%。最后，在转速3 000r/min条件下，离心20min得到沉淀为粗多糖。多糖通过苯酚-硫酸法测定，残余的葡萄糖通过Miller法测定。

2. 深层培养黑木耳胞外多糖的影响因素

(1) 碳源和氮源的影响

为了选择最佳的碳源，分别采用不同的碳源(葡萄糖、蔗糖、乳糖、麦芽糖、木糖、可溶性淀粉和玉米

粉),在葡萄糖培养基上,菌丝体和胞外多糖的浓度达到最高水平(图 24-3A),最适葡萄糖浓度为40g/L(图 24-3C)。为了研究氮源的影响,8 种氮源(蛋白胨、酵母提取物、硫酸铵、尿素、甘氨酸、谷氨酸、大豆粉和麸皮)在 40g/L 葡萄糖基础培养基上进行比较(图 24-3B),大豆粉(7g/L,图 24-3D)为最佳氮源。

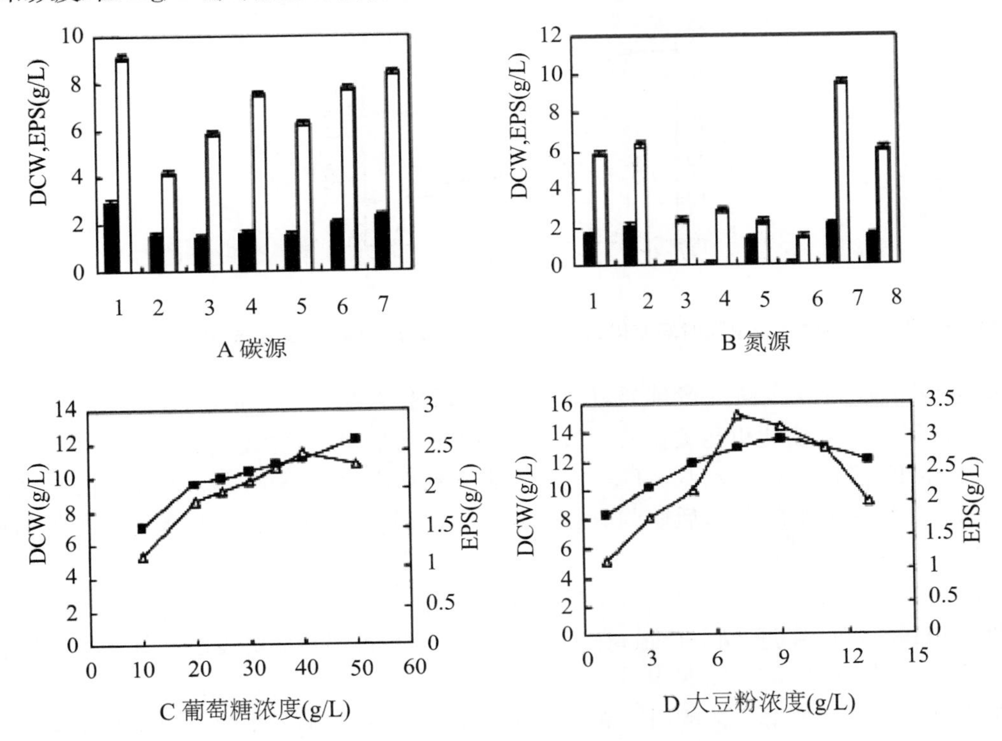

图 24-3 A 碳源(1 葡萄糖、2 蔗糖、3 乳糖、4 麦芽糖、5 木糖、6 可溶性淀粉、7 玉米粉);B 氮源(1 蛋白胨、2 酵母提取物、3 硫酸铵、4 尿素、5 甘氨酸、6 谷氨酸、7 大豆粉、8 麸皮);△表示 EPS;■表示 DCW。

(2) 初始 pH 值和温度的影响

深层培养黑木耳研究初始 pH 在 3.0～8.0 的范围内,对 DCW 和 EPS 的影响。在灭菌后接种前加入无菌的 HCl 和 NaOH,调节培养液 pH 到所需水平。初始 pH 为 3.0 或 8.0 时,未观察到菌丝生长。如图 24-4 所示,当初始 pH 为 5.4 时,DCW 和 EPS 浓度均达到最大。不同温度下(22～34℃)对 DCW 和 EPS 的影响。如图 24-4 所示,最佳温度为 28℃。最大 DCW 浓度(7.2±0.13g/L)和 EPS 浓度(2.3±0.03g/L)在最佳温度(28℃)条件下获得。

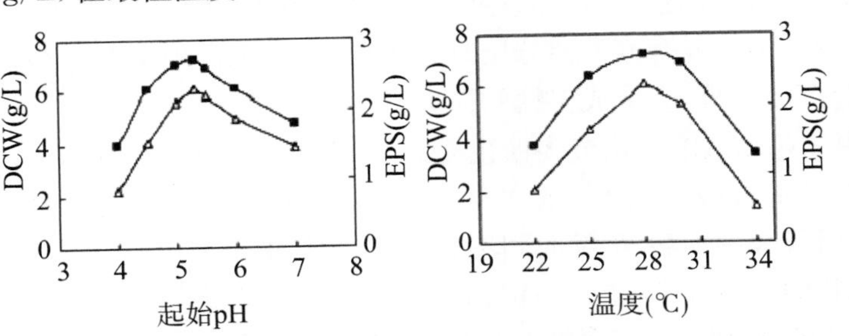

图 24-4 起始 pH 和温度对 DCW 和 EPS 浓度的影响(△表示 EPS;■表示 DCW)

(3) 发酵过程中 pH 的影响

黑木耳(初始 pH5.4,EPS 发酵过程中 pH 是不可控的)在 7-L 搅拌的发酵罐中进行生产胞外多糖,结果如图 24-5 所示。结果表明,EPS 生产与菌丝生长有关。96h 后 EPS 达到最大浓度(4.5±0.12g/L)。培养液中葡萄糖浓度也可检测到。该结果表明,发酵 96h 后葡萄糖消耗率降低,发酵结束时，培养液中检测到较高的残留葡萄糖浓度16.1±0.24g/L。在发酵早期(0～48h)中，培养基的pH降低速率较慢，在48～96h(pH从5.4下降到3.96)期间降低很快。最后阶段，pH保持在3.83左右。这些结果还表明，发酵过程中pH变化对菌丝生长和EPS的生产具有较大影响(图24-5)。

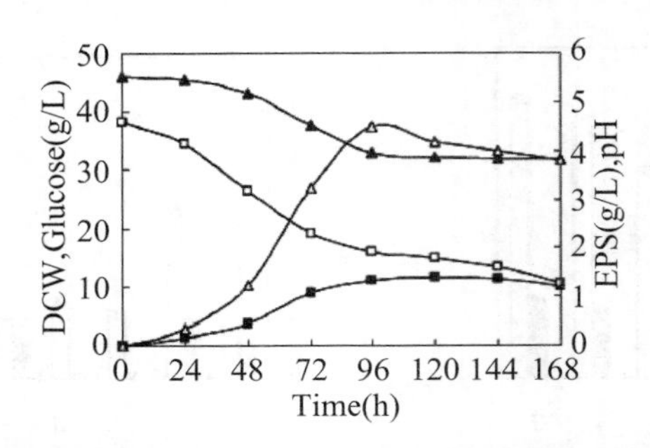

图24-5　发酵过程中各变量随时间变化图(△表示EPS;■表示DCW;▲表示pH;□表示葡萄糖)

对深层培养黑木耳胞外多糖的最佳条件是(g/L)：葡萄糖40，大豆粉7，KH_2PO_4 4，$MgSO_4 \cdot 7H_2O$ 2。发酵过程中，pH变化也至关重要。根据Jing Wu方法可得，在较低pH(pH5.0)下，可以得到较高的DCW浓度，但在较高的pH(pH5.5)下，才能得到更高的EPS产率和产量。由此可以采用双阶段pH法(前期控制pH在5.0，后期调节pH到5.5)，可使黑木耳在深层培养过程中得到较高的胞外多糖产率。

结果表明，pH5.0有利于菌丝体生长，pH5.5有利于胞外多糖积累。经参数分析，发酵前期用pH5.0，后期用pH5.5，可提高多糖的产量；在不同的发酵阶段，可用不同的发酵条件来适应细胞代谢需求，可促进菌丝深层发酵代谢产物的积累。

目前，黑木耳多糖深层发酵工艺的研究尚处于初始阶段，有待于进一步深入研究与探索。

三、黑木耳多糖的分离与纯化

(一) 脱蛋白方法

黑木耳多糖的脱蛋白方法主要有：Sevag法、三氯乙酸法(TCA)、蛋白酶法和NaOH法等。

Sevag法：是最传统的多糖脱蛋白方法，用分液漏斗通过加入有机溶剂氯仿和正丁醇，进行剧烈摇晃后，静置分层使蛋白处于中间层分离[42]。这种方法脱蛋白效果好、不易破坏多糖的成分。但需添加有机溶剂易造成污染，操作繁杂，需重复提取多次，工作量较大[43]，当蛋白含量高或样品胶稠度较高时，加入有机溶剂摇匀后混合液浑浊分层时间较长，少量蛋白聚糖和糖蛋白中的蛋白相结合，在进行脱蛋白处理时会沉淀下来，会造成多糖的损失。

TCA法：通过用三氯乙酸溶液调节多糖粗提液的pH，使蛋白变性沉淀。该方法操作简单，不需要添加有机溶剂，对仪器设备要求较低，成本也较低。但在过酸与沉淀时间过长的条件下，易使糖苷键断裂使多糖失活，而若酸度不够、沉淀时间不足，蛋白沉淀的效果就会不佳。

蛋白酶法：在温和的环境下通过添加蛋白酶，使蛋白酶将蛋白分解成小分子氨基酸而除去蛋白[44]。该方法条件温和，有利于保持多糖的活性，但蛋白酶过多可能会分解糖蛋白中的蛋白，降低多糖的活性，而且该法条件要求苛刻，生产上难以达到要求。

NaOH法：通过添加NaOH将多糖提取液调节至碱性，使蛋白变性沉淀。该方法操作简单，且多糖在碱性条件下的稳定性优于酸性条件，但该方法的脱蛋白效果不佳，加入碱浓度低，易呈絮状悬浮，而碱性过强，易造成多糖分子重排或与葡萄糖酸、半乳糖酸反应，且除去沉淀后需要用大量酸来中和，消耗试剂量较大。

(二) 除色素

最常用活性炭吸附法:在多糖溶液中加入适量的活性炭,水浴保温,搅拌一段时间,去除活性炭。活性炭是最常用的脱色方法,它依靠范德华力将色素吸附到活性炭表面,活性炭的颗粒越小,其表面积越大,吸附能力越强。活性炭无毒、无味,具有脱色、脱臭的作用,可以反复使用。

(三) 多糖的纯化

1. 分部沉淀法

多糖在有机溶剂或高浓度盐离子溶液中溶解度很小,因此可以采用有机溶剂对多糖进行沉淀,逐步加大有机溶剂的浓度可将不同相对分子质量的多糖分别沉淀出来。通常采用的有机溶剂包括乙醇、丙酮或异丙醇,其中乙醇和异丙醇是美国 FDA 认可、适合食品级多糖的最优沉淀剂[45]。

2. 季铵盐沉淀法

多糖的沉淀剂,除了较多地使用乙醇外,十六烷基三甲基季铵盐的溴化物(CTAB)、十六烷基氯化吡啶(CPC)等阳离子表面活性剂,也是分离黏多糖的有效沉淀剂。多糖分子上的阴离子能与十六烷基氯化吡啶季铵基上的阳离子生成不溶于水的盐,但可溶于某种浓度的无机盐溶液中(临界电解质浓度),利用这种性质可达到纯化的目的。如 Lina Zhang 等人[11]采用十六烷基氯化吡啶(CPC)沉淀对多糖进行分离纯化,得到了 A、B、C、D 和 E 5 种多糖。用季铵化合物沉淀多糖,是分级分离复杂黏多糖混合物最有效的方法之一。

3. 柱色谱

经过脱蛋白、脱色干燥后的多糖,加入蒸馏水复溶后可进行柱层析进一步纯化。黑木耳多糖柱色谱一般先用 DEAE 纤维素柱进行粗分离后,再用凝胶柱进一步分离纯化。DEAE 纤维素柱先用蒸馏水洗脱出中性的多糖,然后用氯化钠溶液通过吸附作用进行梯度洗脱。凝胶柱利用多糖相对分子质量的大小将各种多糖分别洗脱。如 Guanglei Song 等人[46]通过 DEAE 纤维素柱分离后,中性多糖用丙烯葡聚糖凝胶 S-400HR 柱进一步分离得到黑木耳多糖(AAFRC),再通过高效凝胶渗透色谱法(HPGPC)检测其相对分子质量为 1.2×10^6,证明 AAFRC 是纯化的单一组分。Yongxu Sun 等人[19]用 DEAE 纤维素柱分离后,再用 Sephadex G-100 和 Sephadex G-25 进一步分离纯化,得到组分黑木耳多糖(APP),再经高效体积排阻色谱法(HPSEC)检测相对分子质量为 2.8×10^4,证明 APP 是纯化的单一组分。Yongxu Sun 等人[47]用弱阴离子(DEAE)高流速琼脂糖凝胶柱和快流速琼脂糖凝胶柱分离纯化,得到 4 个组分 APPsA-1、APPsB-1、APPsB-2 和 APPsC-1,再对 4 个组分的组成、相对分子质量与单糖组成进行分析,结果发现 4 个组分的相对分子质量不同、各组分的比例不同及单糖组成比例也不同。因此,证明 4 个组分都是单一组分。Feng Zeng 等人[48]先用 DEAE 葡聚糖凝胶 A-50 柱[氯化钠溶液(0、0.1 和 0.5mol/L)]分步洗脱分离成 3 部分:AAP-Ⅰ、AAP-Ⅱ和 AAP-Ⅲ。然后用 Sephadex G-200 柱进一步纯化 AAP-Ⅰ并分析。Weicai Zeng 等人[14]用二乙氨基乙基纤维素(DEAE-52)柱和阴离子交换树脂(HW-65F)柱,分离纯化得到 1 个黑木耳多糖组分(APP),再对 APP 进行成分分析,用高效体积排阻色谱法(HPSEC)进行分析,得到相对分子质量为 2.77×10^4。AAP 是杂多糖,并且由葡萄糖、半乳糖、甘露糖、阿拉伯糖和鼠李糖,其摩尔比 37.53∶1∶4.32∶0.93∶0.91。Liuqing Yang 等人[22]通过多糖羧甲基化增加多糖溶解性,将羧甲基化多糖先用 DEAE-52 阴离子(OH^-)交换色谱柱,用不同浓度的 NaCl 溶液(0.075、0.1、0.15、0.2 和 1.0mol/L)洗脱,然后用 Sephadex G-100 凝胶柱进一步纯化,获得 1 个对称峰,为高纯度黑木耳多糖(CMAAP22)。

四、黑木耳多糖类化学成分的提取与分离

将100g干燥的黑木耳子实体粉碎成粉末混合均匀，然后将粉末用热的乙酸乙酯和甲醇脱脂4h。将残余物浸在70%的乙醇过夜，在均质材料中用1%的NaCl提取并离心[11]。分离流程如图24-6所示。

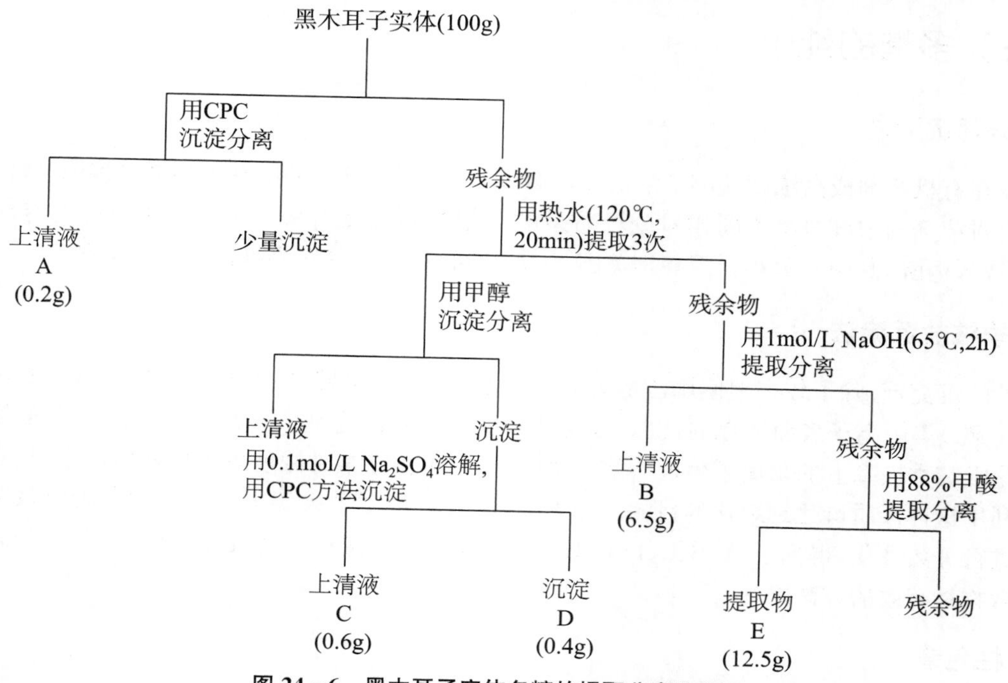

图24-6　黑木耳子实体多糖的提取分离流程图

通过透析和Sevag法分别除去多糖溶液中低相对分子质量成分和蛋白质。每个分离多糖在50℃下减压蒸发浓缩，然后将其冻干，得到的多糖样品为无色鳞片状(除E)。

每个多糖通过紫外光谱检测显示，在200nm处仅显示多糖的吸收峰，对280nm和600nm的蛋白质和色素吸收值均为零。用氨基酸分析仪对E进行分析，没有表现出含氮成分。

将0.5%的多糖溶液放在pH为8.3～8.9的0.1mol/L三硼酸/24mmol/L EDTA缓冲液中进行电泳试验。只检测到1个多糖A波段。

在100℃下，每种多糖(5ml)放在密封管中，用2mol/L H_2SO_4(2ml)水解8h。然后用$BaCO_3$中和并过滤，将滤液浓缩成糨糊状。用滤纸进行纸层析(层析液为1-丁醇∶乙酸∶水=4∶1∶5)。然后用苯胺-邻苯二甲酸检测。

多糖A(30mg)和多糖B(30mg)用上述方法水解，中和并离心(3 000r/min)，每一水解产物的水溶液在90℃下，用$NH_2OH \cdot HCl$(20mg)和吡啶(1.5ml)处理30min。该还原产物在90℃下用乙酸酐进行乙酰化反应。通过加入氯仿反复蒸发除去吡啶，然后用气相色谱法对多糖进行分析。

五、多糖的结构研究

(一) 多糖的检测

紫外检测法，如Lina Zhang等人[11]提取分离的5种多糖，通过紫外光谱检测(UV240 Shimadsu，日本)显示，在200nm处仅有多糖的吸收峰值，在280nm和600nm处，对蛋白质和色素的吸收峰值都是零。Weicai Zeng等人[14]对分离的多糖进行AAP紫外光谱分析，在280nm或260nm处没有吸收，

表示 AAP 不含蛋白质或核酸。

（二）总糖含量的测定

通常采用苯酚-硫酸法测定多糖总含量，采用考马斯亮蓝法测定蛋白质含量，采用硫酸-咔唑法或羟基联苯法测定糖醛酸含量。如 Weicai Zeng 等人[14]通过苯酚-硫酸法和硫酸-咔唑方法，检测总糖与 AAP 的糖醛酸含量分别为 95.8%和 10.7%。Yongxu Sun 等人[19]采用苯酚-硫酸法、考马斯亮蓝法和羟基联苯法，测定 APPsA－1、APPsB－1、APPsB－2 和 APPsC－1 4 个组分的多糖、蛋白质和糖醛酸含量，结果如下表（表 24－4）。

表 24－4　APPsA－1、APPsB－1、APPsB－2 和 APPsC－1 四个组分的多糖、蛋白质和糖醛酸含量

	APPsA－1	APPsB－1	APPsB－2	APPsC－1
总　糖	85.3	89.4	92.7	93.1
蛋白质	14.2	9.1	8.8	6.3
糖醛酸	0	23.2	24.1	32.8

（三）相对分子质量的测定

传统采用光散射法、黏度法和渗透压法进行测定。如 Lina Zhang 等人[11]采用这 3 种方法测量计算，得到 5 种多糖的相对分子质量分别是 $Mw=2.00\times10^{6}$、1.44×10^{6}、1.17×10^{6}、5.0×10^{5} 和 3.0×10^{5}。现在大多采用高效体积排阻色谱法（HPSEC）进行分析，参照一系列已知相对分子质量葡聚糖制成的校准曲线进行估计。如 Yongxu Sun 等人[47]用 HPSEC 分析测得 APPsA－1、APPsB－1、APPsB－2 和 APPsC－1 4 个组分，相对分子质量为 $Mw=4.3\times10^{4}$、4.6×10^{4}、1.4×10^{4} 和 2.7×10^{4}。

（四）多糖结构的研究

1. 单糖成分分析

可通过传统的化学方法，如高碘酸氧化、Smith 降解、甲基化、部分酸水解、显色反应等来完成，也可以通过仪器分析方法，如红外光谱、质谱、核磁共振波谱等进行分析。通常会将化学分析方法和仪器分析结合使用，才能得到比较准确的多糖结构信息。

Weicai Zeng 等人[14]分离纯化的黑木耳多糖 AAP，用 2mol/L 的三氟乙酸（TFA，5ml）在 120℃下水解 2h，将水解产物蒸发至干，加入盐酸羟胺（10mg）、肌醇（5mg）和吡啶（0.6ml）。将混合物放在 90℃水浴中反应 30min。冷却至室温后，加入乙酸酐（1ml），然后将反应体系再次置于 90℃水浴中反应 30min。将反应产物通过 GC－MS 检测，用标准单糖（鼠李糖、阿拉伯糖、岩藻糖、木糖、甘露糖、葡萄糖和半乳糖）用作参照。分析得出 AAP 是杂多糖，包括葡萄糖、半乳糖、甘露糖、阿拉伯糖和鼠李糖，其摩尔比 37.53∶1∶4.32∶0.93∶0.91。

Lina Zhang 等人[11]在 100℃下，每种多糖（5ml）放在密封管中，用 2mol/L H_2SO_4（2ml）水解 8h。然后用 $BaCO_3$ 中和并过滤，将滤液浓缩成糊糊状。用兴化滤纸进行纸层析（层析液为 1－丁醇∶乙酸∶水＝4∶1∶5）。然后用苯胺-邻苯二甲酸检测。多糖 A（30mg）和多糖 B（30mg）用上述方法水解，中和并离心（3 000r/min），每一水解产物的水溶液在 90℃下，用 $NH_2OH\cdot HCl$（20mg）和吡啶（1.5ml）处理 30min。该还原产物在 90℃下用乙酸酐进行乙酰化反应。通过加入氯仿反复蒸发除去吡啶，然后用气相色谱法对多糖进行分析。纸色谱分析得到：多糖 D 和 B 的糖组分是木糖、甘露糖、葡萄糖醛酸和葡萄糖，多糖 A、C 和 E 的组分是葡萄糖。气相色谱法表明，多糖 B 组分是木糖、甘露糖、半乳糖、葡萄糖醛酸/葡萄糖（重量比 1.8∶75.6∶1.7∶21.1），多糖 A 的主要组分是 D－葡萄糖（表 24－5）。

表 24-5　黑木耳中多糖成分组成与收率

样品	多　糖	组　分 纸层析色谱	组　分 气相色谱	含量(%)
A	β-D-葡聚糖	葡萄糖	葡萄糖:半乳糖=97.2:2.8	0.2
C	β-D-葡聚糖	葡萄糖		0.6
E	β-D-葡聚糖	葡萄糖		12.5
D	酸性杂多糖	木糖、甘露糖、葡萄糖醛酸和葡萄糖	木糖:甘露糖:半乳糖:葡萄糖醛酸/葡萄糖	0.4
B	酸性杂多糖	木糖、甘露糖、葡萄糖醛酸和葡萄糖	=1.8:75.6:1.7:21.1	6.5

Yongxu Sun 等人[47]将 4 种多糖样品进行水解乙酰化。首先，将样品放在 120℃温度下，用 2mol/L 的 TFA(2ml)水解 2h，过量的酸用乙醇共沸除去。然后水解产物用硼氢化钾(30mg)还原，在 30℃下加入 1mg 的肌醇和 0.1mol/L 碳酸钠(1ml)，并搅拌 45min 后放在 45℃下，加入稀乙酸中和。将残余物浓缩，最后的还原产物(糖醇)溶液中在 55℃下，加入 1:1比例的吡啶丙胺溶液，同时搅拌 30min，然后在 100℃水浴中加入 1:1的吡啶乙酸酐溶液乙酰化 1h。该乙酰化的产物通过气相色谱进行分析，并用肌醇作为内标进行识别和估计。这 4 种多糖组分与含量见表 24-6。

表 24-6　黑木耳中 4 种多糖组分与含量

糖组分(mol%)	APPsA-1	APPsB-1	APPsB-2	APPsC-1
甘露糖	4.2	3.3	3.5	2.5
半乳糖	2.3	1.7	2.1	2.1
葡萄糖	1.1	0.4	0.6	0.2
葡萄糖醛酸	0	1.7	2.1	2.4

2. 糖链的结构分析

糖链的结构分析主要包括化学分析法和光谱分析法。

化学分析法：采用高碘酸氧化和 Smith 降解法等分析糖链的结构，通过测定高碘酸消耗量与甲酸生成量，可判断糖基的连接方式(糖苷键型)、比例等。甲基化分析是确定多糖一级结构的重要实验手段，不仅可确定糖苷键类型，而且可根据反应后产生不同甲基化单糖的比例，推测出该种连接键型在多糖重复结构中所占的比例。

Weicai Zeng 等人[14]将黑木耳多糖(AAP)用高碘酸钠溶液和硼氢化钠进行高碘酸氧化和 Smith 降解法。高碘酸盐氧化的结果表明，1mol 糖产生 0.18mol 的甲酸，这表明几个单糖是(1→6)相连。高碘酸钠消耗量超过甲酸的量(0.18mol×2)，说明存在其他不能生成甲酸的连接方式，例如(1→3)或(1→3,6)。该高碘酸钠氧化产物充分水解，通过 GC-MS 进行分析，甘油的存在证明了糖链的链接。主链是(1→6)连接、(1→2)连接或(1→2,6)链接可被氧化产生甘油。赤藓糖醇的存在表明(1→4)连接的与(1→4,6)连接是 AAP 的主链。与部分酸水解结果相结合可得出结论，葡萄糖存在主链中，主要通过(1→4)连接和(1→6)连接。将氢氧化钠粉末加入到 AAP 的溶液(溶解于二甲基亚砜中)，在 25℃下 N_2保护 1h，加入碘甲烷(1.0ml)反应 1h，然后停止反应。将反应溶液在水中透析 48h，可得到完全甲基化的多糖。完整的甲基化多糖通过 FT-IR 光谱确认，无 OH 吸收带(3 700～3 100cm^{-1})。完全甲基化多糖用 TFA 水解、$NaBH_4$还原和吡啶乙酸酐乙酰化，通过 GC-MS 分析，结果为 2,3,4,6-四-*O*-甲基-D-己糖醇与 2,4,6-三-*O*-甲基-D-己糖醇，摩尔比是 1:19。GC-MS 结果与高碘酸氧化和 Smith 降解分析结果一致，表明一些支链结构的存在于 AAP；AAP 的主链主要是葡萄糖的(1→3)连接形式；一小部分(1→4)连接、(1→6)连接和(1→4,6)链接；葡萄糖和甘露糖是 AAP 的主要组成部分；半乳糖、阿拉伯糖和鼠李糖主要分布在分支结构。

光谱分析法：主要是通过红外光谱、质谱、核磁共振波谱等手段来确定多糖结构。红外光谱是一种

重要结构分析方法，可确定多糖中的糖基组成、异头方式、糖环类型、某些特殊的基团等。多糖 AAP 在 3 600～3 200cm^{-1} 和 3 000～2 800cm^{-1} 时有两个特征的吸收，是由于 OH 和 CH 的伸缩振动；在 1 700～1 750cm^{-1} 的吸收是糖醛酸典型的红外吸收峰；每一个特定的多糖在 1 200～1 000cm^{-1} 有一个典型的 C－O 吸收峰；吡喃糖在 1 145、1 075 和 1 042cm^{-1} 处有吸收[49]。

NMR 方法是多糖结构测定的重要手段，能产生较完全和详细的结构信息。Lina Zhang 等人[11] 对黑木耳多糖进行了 ^{13}C NMR 测定和分析：图 24－7 为葡聚糖 A 和 C 的 ^{13}C NMR 谱图，根据各种 β-(1→3)-D-葡聚糖的 ^{13}C NMR 谱图所对应的峰[31]，在 δ:85 和 δ:60 的峰分别对应 C－3 和 C－6。葡聚糖 A 和 C 从 C－3 (1→3) 到 C－6(1→3,1→6) 的积分面积之比，分别是 0.605 和 0.501。这些分析数据表明，葡聚糖 A 主链 2/3 的 β-(1→3)-D-葡聚糖残基的 O－6 的位置和葡聚糖 C 主链全部的 β-(1→3)-D-葡聚糖残基的 O－6 位置，被单一的葡萄糖基团所取代。

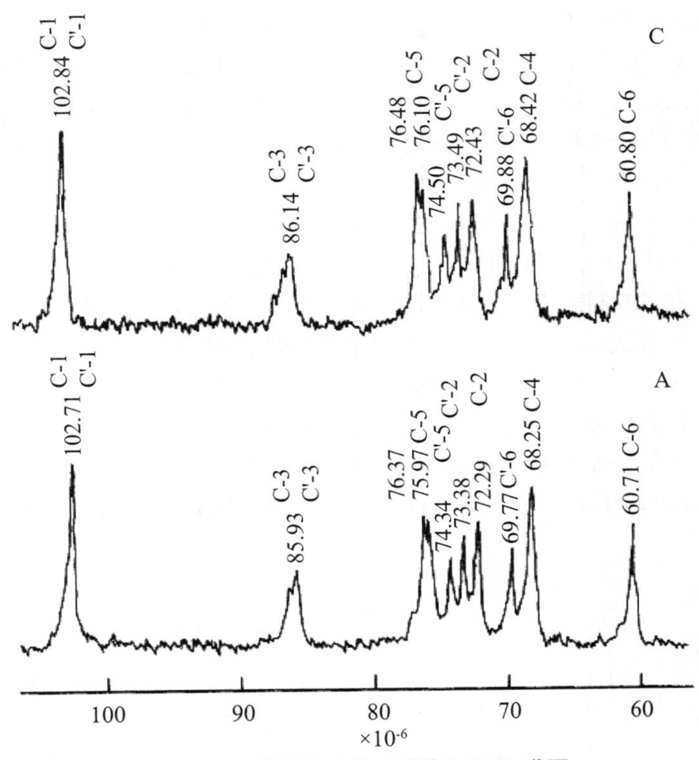

图 24－7　葡聚糖 A 和 C 的 ^{13}C NMR 谱图

Guanglei Song 等人[46] 对所提取的黑木耳多糖（AAFRC）进行 NMR 测定。在 50℃下用 D_2O 溶剂测得的 AAFRC 的 ^{1}H NMR，如图 24－8a 所示。低场区（δ:4.4～5.6）含有 5 个糖端基氢信号，

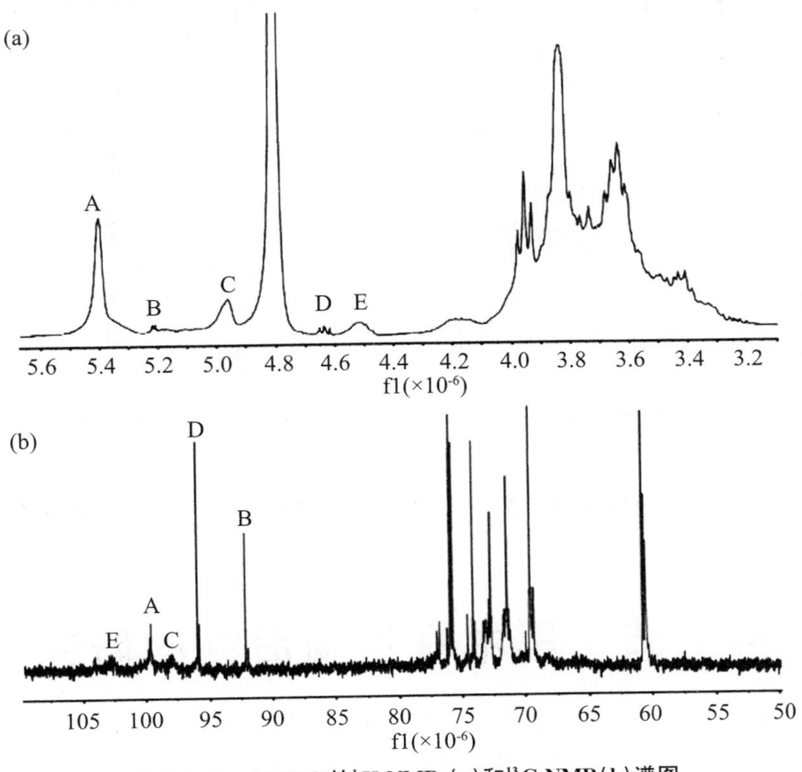

图 24－8　AAFRC 的 ^{1}H NMR (a) 和 ^{13}C NMR (b) 谱图

AAFRC 中 5 个糖残基的信号分别标记为 A、B、C、D 和 E。B 和 D 峰是一个容易分辨的双峰(δ 值分别为 5.21 和 4.64)。根据所观察的化学位移值,$^3J_{H1,H2}$ 和 $^1J_{H1,C1}$,得出 A、B、C、D 和 E 糖残基分别为 α,α,α,β 和 β 型残基。^{13}C NMR 图谱(如图 24-8b)中低场区域中 5 个信号(δ: 90～105),通过^{1}H-^{13}C HSQC 谱图可以确定 5 个信号从低场到高场,分别对应残基 E(δ: 102.94)、A(δ: 99.58)、C(δ: 97.65)、D(δ: 95.62)和 B(δ: 93.10)。

在 2D-TOCSY 谱图(图 24-9a)中,观察到了一些质子与邻近质子发生耦合的一系列交叉峰 AH-1与 AH-2,3,4,5,6a 和 6b,以及 B、C、D 和 E 中的 H-1 与 B、C、D 和 E 中的 H-2,3,4,5,6a 和 6b;通过对 HSQC 谱图(图 24-9b)和 HMQC 谱图(图 24-9c)研究,发生耦合具有相关关系的质子和碳信号,可以推导出整个糖链的链接,在 AAFRC 的 NOESY 谱图(图 24-9d)中,5 个交叉峰(即 AH-1 和 BH-3、BH-1 和 EH-3、CH-1 和 BH-6、DH-1 和 AH-4、EH-1 和 DH-4),可分析得到的糖苷键分别是 A(1→3)B 表示,B(1→3)E,C(1→6)B,D(1→4)和 E(1→4)连接。根据端基质子的完整度计算得出主链(残基 A、B、C 和 E)与侧链(残基 D)的比例大约为 6∶1。这些结果表明,AAFRC 的一级结构包含 1,3-β-D-葡聚糖,1,4-β-葡聚糖,1,4-α-葡聚糖和 1,3-α-葡聚糖。

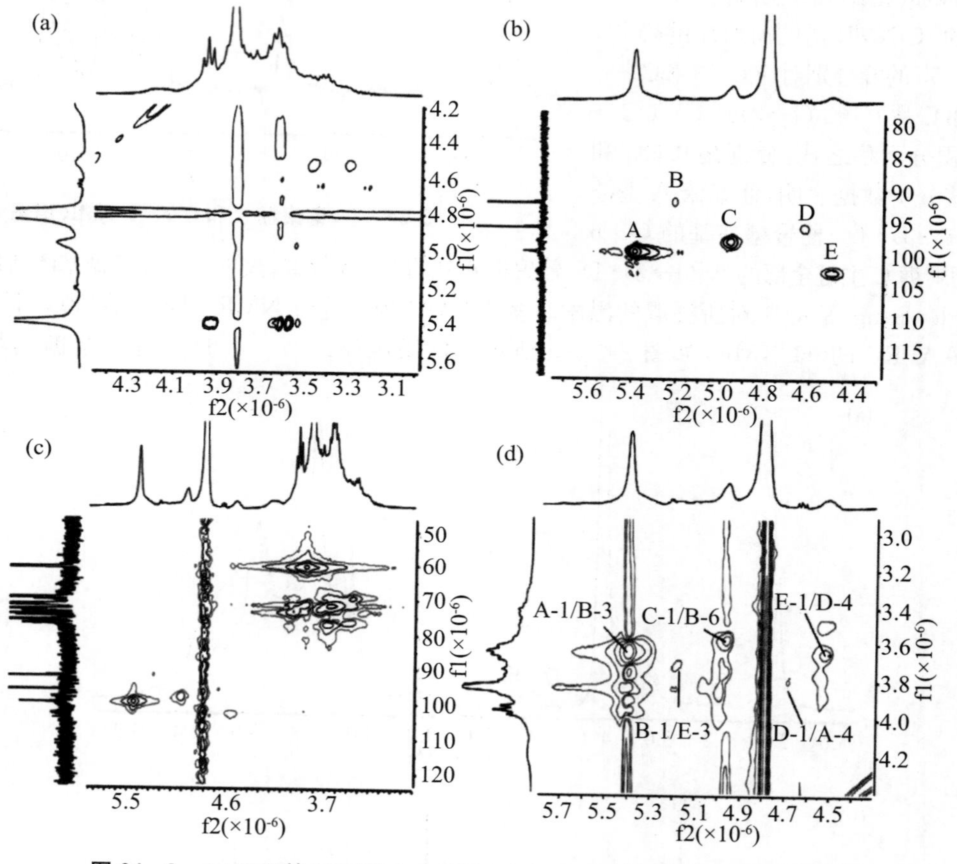

图 24-9　AAFRC 的 TOCSY (a)、HSQC (b)、HMQC (c)和 NOESY (d)谱图

第三节　黑木耳生物活性的研究

现代药理活性研究表明,黑木耳具有调节免疫功能、降脂、抗血栓、抗辐射及抗突变、抗氧化、延缓衰老、降血糖、抗癌等多种生物活性,黑木耳多糖是主要活性成分。

一、调节免疫功能

陈琼华等人[50]报道，黑木耳多糖（AA）对机体免疫功能有明显促进作用（包括增加脾脂数、半数溶血值和 E-玫瑰花结形成率，促进巨噬细胞吞噬功能和淋巴细胞转化等），而且对组织细胞损伤有保护作用，如抗放射、抗白细胞降低和抗炎症等作用。

二、降血脂

吴宪瑞等人[51]经对昆明种小鼠实验，发现黑木耳多糖可使进食高脂肪胆固醇饲料小鼠的 TC（总胆固醇）、FCVV（游离胆固醇）、CnE（胆固醇脂）、TG（三酰甘油）、β-LP（β-脂蛋白）含量明显降低。

周国华等人[5]也研究了黑木耳多糖的降血脂作用，建立了高脂血症小鼠模型，用低、中、高 3 种不同浓度的黑木耳多糖给高脂模型小鼠灌胃。结果表明，黑木耳多糖组小鼠的血清三酰甘油、总胆固醇和低密度脂蛋白均不同程度地低于对照组，高密度脂蛋白却显著高于对照组，表明黑木耳多糖有降血脂作用。

Feng Zeng 等人[48]从固态发酵（SSF）的黑木耳菌丝中提取、纯化后得到多糖 APP-Ⅰ，对胆固醇饲喂的小鼠体内总胆固醇，三酰甘油和低密度脂蛋白胆固醇显著降低，表明黑木耳多糖具有明显的降血脂功能。

三、降血糖

韩春然等人[52]用纤维素酶和蛋白酶从黑木耳中提取出相对分子质量分别 3.17×10^5 和 1.83×10^5 的两种多糖组分。以糖尿病小鼠为研究对象，正常小鼠为对照，研究了黑木耳多糖的降血糖功能，使用剂量分别为 100、200、400mg/kg。结果表明，剂量在 200mg/kg 以上时，黑木耳多糖能显著降低糖尿病小鼠的血糖值，但对正常小鼠的血糖值没有影响，表明黑木耳多糖能够提高糖尿病小鼠的糖耐量。

四、抗肿瘤活性

Misaki A 等人[9]研究了从黑木耳子实体提取的多糖化学结构与其抗肿瘤活性的相关性，分离出Ⅰ型和Ⅱ型葡聚糖，其中Ⅰ型为水溶性葡聚糖，对小鼠体内植入的 S-180 荷瘤小鼠实体瘤具有强效的抑制作用；Ⅱ型为水不溶性葡聚糖，基本没有抑制肿瘤的活性，但将Ⅱ型葡聚糖进行高碘酸氧化、硼氢化钠还原和酸性水解得到的水溶性葡聚糖，却表现出较强的抗肿瘤活性。说明支链具有多羟基（1→3）连接的葡聚糖结构在抗肿瘤活性中起着重要作用。

Guanglei Song 等人[46]将分离出的黑木耳多糖 AAFRC 进行了 S-180 抑制实验，与环磷酰胺阳性对照组对照，AAFRC 有较高的抑制率，具有明显的抑制 S-180 转移的能力。说明黑木耳多糖有较强的抗肿瘤活性。

张秀娟等人[53]研究了黑木耳多糖对红细胞膜流动性和免疫黏附作用的影响，结果表明，肿瘤的发生与黑木耳多糖治疗对小鼠红细胞膜组分均有一定的影响。S-180 荷瘤小鼠红细胞膜的流动性较正常小鼠高，经过精制的黑木耳多糖治疗后，可使其流动性降低；而 H22 荷瘤小鼠红细胞膜流动性降低，经药物治疗可使其流动性增加。实验还表明，H22 荷瘤小鼠红细胞免疫黏附肿瘤细胞的能力较正常小鼠显著下降，经过黑木耳多糖治疗后，该指标得到了显著提高。

五、抗凝血活性

Seon-Joo Yoon 等人[54]研究了黑木耳多糖的抗凝血作用，用水提法、碱提法、酸提法分别从黑木耳分离得到具有抗凝血作用的酸性多糖，主要含有甘露糖、葡萄糖、葡萄糖醛酸和木糖。其中碱提法得到的多糖抗凝血活性最高。用凝胶过滤法纯化，具有抗凝血活性的纯多糖成分相对分子质量大约为 1.6×10^5。给大鼠饲喂多糖，观察到黑木耳多糖对血小板聚集有明显的抑制效果，其机制主要是抑制凝血酶的催化活性，可以预防血栓的形成。由此认为，黑木耳多糖可作为新的血栓治疗药物。

六、对慢性脑缺血损伤的保护作用

卢舜飞等人[55]研究发现，黑木耳多糖（AAP）对大鼠慢性脑缺血损伤具有保护作用。采用雄性成年 SD 大鼠右侧永久性大脑中动脉栓塞（MCAO）建立慢性脑缺血模型，缺血后每天分别给予不同浓度的 AAP 灌胃 4 周，用银杏叶提取物作为阳性对照。4 周后，采用 Morris 水迷宫检测大鼠学习记忆能力，取脑做冰冻切片进行 Nissl 染色，观察存活神经元数量，并测定脑组织丙二醛（MDA）水平和超氧化物歧化酶（SOD）活性。结果表明，AAP 能明显改善脑缺血大鼠的学习记忆能力，增加海马神经元的存活数量，并且能够使脑组织长期 MCAO 诱导的 MDA 生成减少，使 SOD 活性显著升高。高剂量 AAP（200mg/kg）的作用和银杏叶提取物相比更明显。AAP 明显减轻大鼠慢性脑缺血损伤，其作用与其对抗过氧化应激有关。

钱根才[56]探讨了黑木耳多糖（AAP）后处理对新生大鼠缺氧缺血性脑损伤（HIBD）的影响。采用新生 7d 龄 SD 大鼠，缺氧缺血脑损伤后即刻腹腔注射 AAP 或生理盐水，观察 AAP 对缺氧缺血 24h 后脑组织中超氧化物歧化酶（SOD）、丙二醛（MDA）和一氧化氮（NO）的含量、72h 后脑组织含水量、神经元凋亡的影响。结果表明模型组新生大鼠 SOD 活性下降，MDA、NO 含量升高，不同剂量的 AAP 后处理均能使 SOD 活性升高，MDA、NO 含量下降，并呈剂量依赖性。中、高剂量 AAP 治疗组新生大鼠较模型组脑含水量与神经元凋亡数目明显减少，表明缺氧缺血后采用 AAP 干预，对新生大鼠缺血缺氧性脑损伤有保护作用，其作用机制可能与减少氧化应激，降低 NO 含量有关。

七、抗氧化活性

经实验证明，黑木耳多糖具有明显的抗氧化活性。Weicai Zeng 等人[14]通过微波辅助萃取得到的黑木耳多糖 AAP，对 DPPH 自由基、超氧自由基和活性羟基自由基具有明显的清除作用。此外，AAP 还有效地抑制脂质蛋黄匀浆氧化，呈现出很强的抗氧化能力。

Hua Zhang 等人[57]通过十六烷基三甲基溴化铵（CTAB）法，将木耳水溶性多糖分离成中性和酸性两部分，用 SO_3-DMF 和 $HClSO_3$ 硫酸化试剂，将两种多糖硫酸化得到硫酸化酸性黑木耳多糖（SAAAP）和硫酸化中性黑木耳多糖（SNAAP）。用 SAAAP 和 SNAAP 进行了超氧阴离子清除能力、羟自由基清除活性、ABTS 自由基清除测定和脂质过氧化的实验，并与天然的酸性黑木耳多糖（AAAP）和中性黑木耳多糖（NAAP）进行了比较，发现 SAAAP 和 SNAAP 具有较强的超氧阴离子清除能力和抑制脂质的氧化能力。

八、抗辐射作用

樊黎生等人[58]研究了黑木耳多糖对受辐射后小鼠存活的影响，用 $^{60}Co\gamma$ 射线作为辐射源，距皮源 100cm 照射小鼠。多糖组小鼠用低、中、高 3 种剂量的多糖灌胃，空白组小鼠用蒸馏水灌胃。结果表

明，黑木耳多糖灌胃后明显提高了辐射小鼠的存活率和存活时间。黑木耳多糖可以促进辐射小鼠白细胞数目的恢复，保护造血组织，降低辐射后小鼠的骨髓微核率和精子畸变率，从而减少了细胞与染色体的损伤，但更适宜的剂量还有待于进一步研究。

九、延缓衰老作用

周慧萍等人[59]研究了黑木耳多糖(AA)对小鼠的心肌组织脂褐质含量和脑及肝脏中SOD活力的影响，用AA溶液与生理盐水作对照，AA溶液能使小鼠心肌脂褐质含量明显下降，下降率为25%～30%；AA使脑与肝中SOD比活力分别增加了37.89%和47.19%。脂褐质是人和动物老化代谢的产物，是衰老的重要指标，它随着年龄增长而增加。AA能降低脂褐质含量，有利于延缓衰老。自由基是细胞代谢过程产生的有害物质，SOD可减少自由基的产生，随着年龄增长，机体内的SOD含量明显下降，AA能明显增加小鼠脑和肝组织中SOD的比活力，有利于延缓衰老。该研究表明，黑木耳多糖有明显延缓衰老作用，它可提高机体免疫功能，对机体损伤有保护作用，可延长平均寿命，被认为是较理想的延缓衰老保健品。

十、对动物运动功能的影响

史亚丽等人[8]将40只雄性昆明种小鼠随机分为对照组和多糖组，每组20只。多糖组灌胃黑木耳粗多糖2.5mg/(kg·d)，对照组灌胃生理盐水0.2ml/d，连续灌胃20d。考察黑木耳粗多糖对小鼠耐缺氧时间、力竭游泳时间等多项生理指标的影响。结果显示，多糖组的耐缺氧时间显著长于对照组，但两组力竭游泳时间差异不显著。多糖组小鼠的血红蛋白、肝糖原水平显著高于对照组。而血乳酸与血尿氮水平显著低于对照组。表明黑木耳粗多糖能明显提高小鼠耐缺氧时间、血红蛋白水平，降低定量负荷后血乳酸与血尿氮水平，明显提高了运动能力。

此外，黑木耳多糖还具有抗溃疡、抗肝炎、抗感染，促进血清蛋白生物合成和淋巴细胞核酸生物合成等作用[60]。同时，黑木耳中还含有少量人体必需的氨基酸和多种微量元素，是一种健康食品。

第四节 展 望

黑木耳营养丰富，味道鲜美，不仅是营养价值很高的食用菌，而且是药用价值较高的药用菌，是"药食同源"的典型代表，是世界公认的保健品。我国是世界上黑木耳生产大国，年产量占世界总产量的90%以上，黑龙江、吉林等省生产的黑木耳更以产量高、质量好而闻名于世。

多糖是黑木耳中具有广泛生物活性的功能性成分，不仅可作为药物进行研究，还可以作为功能性食品和保健品进行开发。黑木耳多糖研究的热点集中在：多糖高产菌株的筛选和选育；多糖提取方法的优化；研究多糖活性与结构从而有效改造天然多糖；优化、改良深层发酵生产多糖的工艺；多糖药理作用机制、多糖药品临床应用的有效性与安全性研究等。综上所述，随着对黑木耳多糖研究的不断深入，利用黑木耳多糖开发功能性食品、保健品与药品的市场前景非常广阔[4]。

参考文献

[1] 徐锦堂. 中国药用真菌学[M]. 北京：北京医科大学出版社，1997.
[2] 杨新美. 中国食用菌栽培学[M]. 北京：农业出版社，1998.

[3] 刘雅静，袁延强，刘秀河，等. 黑木耳化学成分的研究[J]. 中国食物与营养，2011，17(4)：69－71.
[4] 曹雷，陈红君. 黑木耳多糖的研究进展[J]. 长春师范学院学报(自然科学版)，2009，28(2)：57－60.
[5] 周国华，于国萍. 黑木耳多糖降血脂作用的研究[J]. 现代食品科技，2004，21(1)：46－48.
[6] 韩春然，徐丽萍. 黑木耳多糖的提取、纯化及降血脂作用的研究[J]. 中国食品学报，2007，7(1)：54－57.
[7] 黄滨南，张秀娟，邹翔，等. 黑木耳多糖抗肿瘤作用的研究[J]. 哈尔滨商业大学学报(自然科学版)，2004，20(6)：648－651.
[8] 史亚丽，辛晓林，张昌言，等. 黑木耳多糖对生物机体运动能力的影响[J]. 中国临床康复，2006，10(35)：106－108.
[9] Akira Misaki，Mariko Kakuta，Takuma Sasaki，et al. Studies on interrelation of structure and anti-tumor effects of polysaccharides：antitumor action of periodatemodified，branched(1－3)-β-D-glucan of *Auricularia Auricular* judae，and other polysaccharides containing(1-3)glycosidic lingkages[J]. Carbohydrate Research，1981，92(1)：115－129.
[10] Ukai S，Morisaki S. Polysaccharide in fungi Ⅶ. Acidic Heteroglycans from the fruit bodies of *Auricularia Auricular* judae quel[J]. Chem. Pharm. Bull，1982，30 (2)：635－641.
[11] Lina Zhang，Liqun Yang，Qiong Ding，et al. Studies on molecular weights of polysaccharides of *Auricularia Auricular* judae[J]. Carbohydrate Research，1995，270：1－10.
[12] 夏尔宁，陈琼华. 黑木耳多糖的分离、纯化和鉴定[J]. 生物化学与生物物理学报，1988，20(6)：614－618.
[13] 宋广磊，杜琪珍. 黑木耳多糖 AAPS-3 的化学结构[J]. 菌物学报，2010，29(4)：576－581.
[14] Weicai Zeng，Zeng Zhang，Hong Gao，et al. Characterization of antioxidant polysaccharides from *Auricularia auricular* using microwave-assisted extraction[J]. Carbohydrate Polymers，2012 (89)：694－700.
[15] 张桂英，赵林伊，刘娅，等. 黑木耳超微粉蛋白质的营养价值研究[J]. 吉林大学学报(医学版)，2005，31(2)：220－222.
[16] 吕文英. 黑木耳和毛木耳无机营养元素含量的测定与研究[J]. 微量元素与健康研究，2007，24(4)：30－31.

[17] 熊艳，车振明. 黑木耳多糖的研究进展[J]. 中国食物与营养，2006，10：25－27.
[18] 陈艳秋，周丽萍，尹英敏. 黑木耳子实体水溶性多糖提取工艺的研究[J]. 吉林农业大学学报，2003，25(4)：470－472.
[19] Yongxu Sun，Tianbao Li，Jicheng Liu. Structural characterization and hydroxyl radicals scavengingcapacity of a polysaccharide from the fruiting bodies of *Auricularia polytricha* [J]. Carbohydrate Polymers，2010，80(2)：377－380.
[20] 林敏，吴冬青，李彩霞. 黑木耳多糖提取条件的研究[J]. 河西学院学报，2004，20(5)：87－89.
[21] 刘美娜，安家彦，王尚可，等. 黑木耳多糖的提取及单糖组分分析[J]. 食品工艺科技，2009，30(3)：228－233.
[22] Liuqing Yang，Ting Zhao，Hong Wei，et al. Carboxymethylation of polysaccharides from *Auricularia auricula* and their antioxidant activities in vitro[J]. International Journal of Biological Macromolecules，2011，49：1124－1130.
[23] 包海花，高雪玲. 祖国美. 一种改良的黑木耳多糖提取方法[J]. 中国林副特产，2005，4：4.
[24] 史琦云，郭玉蓉，陈德蓉. 食用菌多糖提取工艺研究[J]. 食品工业科技，2004，25(2)：98－100.
[25] 郭天力，严晓娟，胡先望，等. 真菌多糖研究进展[J]. 现代生物医学进展，2012，13(18)：

3578—3583.
[26] 张立娟,于国萍. 细胞破壁酶在黑木耳多糖提取中作用条件的研究[J]. 食用菌,2005,3:8—10.
[27] 姜红,孙宏鑫,李晶,等. 酶法提取黑木耳多糖[J]. 食品与发酵工业,2005,31(6):131—133.
[28] 李啸,张娅,李建华,等. 响应面优化酶法提取黑木耳活性多糖的条件[J]. 安徽农业科学,2010,38(33):19081—19082,19084.
[29] 鲜乔,张拥军,蒋家欣,等. 胞壁溶解酶作用于黑木耳破壁提取工艺的研究[J]. 中国食品学报,2012,12(30):96—103.
[30] 张拥军,鲜乔,何杰民,等. 一种黑木耳多糖的酶法提取方法[P]. 专利公开号:CN102060934A,分类号:C08B37/00.
[31] 徐秀卉,杨波. 超声波法提取黑木耳多糖的工艺[J]. 药物和临床研究,2011,9(2):189—190.
[32] 张拥军,李佳,何杰民. 一种黑木耳多糖的提取方法[P]. 专利公开号:CN101712727A,分类号:C08B37/00.
[33] 唐娟,马永强. 超声波技术在黑木耳多糖提取中的应用[J]. 食品与机械,2005,21(1):28—29.
[34] 徐秀忠,宋广磊. 黑木耳多糖提取及多糖冲剂制备工艺研究[J]. 食品科技,2012,37(1):186—190.
[35] 尚明. 微波提取黑木耳多糖工艺研究[J]. 黑龙江医药,2013,26(6):74.
[36] 樊黎生,张声华,吴小刚. 微波辅助提取黑木耳多糖的研究[J]. 食品与发酵业,2005,31(10):142—144,148.
[37] 樊梓鸾,龙雪,林秀芳,等. 高分子乳化剪切提取黑木耳多糖的方法[P]. 专利公开号:CN103772522A,分类号:C08B37/00.
[38] 肖彩霞,王玉红,章克昌. 黑木耳深层发酵工艺条件的研究[J]. 生物技术,2004,14(5):70—72.
[39] 唐青涛,余若黔,陈福生. 深层发酵黑木耳产孢外多糖的初步研究[J]. 食品科学,2002,23(3):46—49.
[40] 肖彩霞,章克昌. 黑木耳胞外多糖深层发酵培养基组成的优化[J]. 无锡轻工大学学报,2004,23(3):23—26.
[41] Wu J, Ding Z Y, Zhang K C. Improvement of exopolysaccharide production by macro-fungus *Auricularia auricula* in submerged culture[J]. Enzyme Microbial Technol, 2006, 39:743—749.
[42] Churm S C, Stephen A M. Structural studies of an arabinogalatan prote in from the gum exudates of *Acacia robusta*[M]. Carbohydr Res, 1884.
[43] Yang XB, Gao XD, Han F, et al. Purification, characterization and enzymatic degradation of YCP, a polysaccharide from marine filamentous fungus *Phoma Herbarum* YS4108 [J]. Biochimie, 2005, 87(8): 747—754.
[44] 王金凤. 木耳多糖提取工艺研究[J]. 食品科学,2004,25(6):143—145.
[45] 方积年,丁侃. 天然药物-多糖的主要生物活性及分离纯化方法[J]. 中国天然药物,2007,5(5):338—347.
[46] Guanglei Song, Qizhen Du. Structure characterization and antitumor activity of an $\alpha\beta$-glucan polysaccharide from *Auricularia polytricha*[J]. Food Research International, 2012, 45(1): 381—387.
[47] Yong-Xu Sun, Ji-Cheng Liu, John F, et al. Purification, composition analysis and antioxidant activity of differentpolysaccharide conjugates (APPs) from the fruiting bodies of *Auricularia polytricha*[J]. Carbohydrate Polymers, 2010, (82): 299—304.
[48] Feng Zeng, Chao Zhao, Jie Pang, et al. Chemical Properties of a Polysaccharide Purified From Solid-State Fermentation of *Auricularia Auricular* and its Biological Activity as a Hypolipi-

demic Agent[J]. Journal of Food Science, 2013, (78): H1470－H1475.

[49] Qin Wu, Zhiping Tan, Haidan Liu, et al. Chemical characterization of *Auricularia auricula* polysaccharides and its pharmacological effect on heart antioxidant enzyme activities and left ventricular function in aged mice[J]. International Journal of Biological Macromolecules, 2010, 46:284－288.

[50] 夏尔宁,陈琼华. 黑木耳多糖的生物活性[J]. 中国药科大学学报,1989,20(4):227－230.

[51] 吴宪瑞,空令员. 黑木耳多糖的医疗保健价值[J]. 林业科技,1996,21(3):32－33.

[52] 韩春然,马永强,唐娟. 黑木耳多糖的提取及降血糖作用[J]. 食品与生物技术学报,2006,25(5):111－114.

[53] 张秀娟,耿丹,于慧茹,等. 黑木耳多糖对荷瘤小鼠红细胞免疫功能的影响[J]. 中草药,2006,37(1):94－96.

[54] Seon-Joo Yoon, Myeong-Ae Yu, Yu-Ryang Pyun, et al. The nontoxic mushroom *Auricularia auricula* contains a polysacch-aride with anticoagulant activity mediated by antithrombin [J]. Thrombosis Research, 2003, 112:151－158.

[55] 卢舜飞,孙丽娜,沈佳,等. 黑木耳多糖对抗大鼠慢性缺血性脑损伤[J]. 中国病理生理杂志,2010,26(4):721－724.

[56] 钱根才,闵丽珊. 黑木耳多糖对新生大鼠缺氧缺血性脑损伤的保护作用[J]. 中国中医药科技,2010,17(2):129－130.

[57] Hua Zhang, Zhenyu Wang, Lin Yang, et al. *In Vitro* Antioxidant Activities of Sulfated Derivatives of Polysaccharides Extracted from *Auricularia auricular*[J]. International Journal of Molecular Sciences, 2011, 12: 3288－3302.

[58] 樊黎生,龚晨睿,张声华. 黑木耳多糖抗辐射效应的动物实验[J]. 营养学报,2005,27(6):525－526.

[59] 周慧萍,陈琼华,王淑如. 黑木耳多糖和银耳多糖的延缓衰老作用[J]. 中国药科大学学报,1989,20(5):303－306.

[60] 于颖,徐桂花. 黑木耳多糖生物活性研究进展[J]. 中国食物与营养,2009,2:55－57.

(李　帅、亓新柱、乔涌起)

第二十五章 银耳

YIN ER

第一节 概述

银耳(*Tremella fuciformis* Berk)为担子菌门,银耳纲,银耳目,银耳科,银耳属真菌,素有“菌中之冠”之称,别名白木耳、雪耳、银耳子等,主要分布于江苏、浙江、湖北、四川、贵州、福建等省区[1]。银耳味甘、淡、性平、无毒,既有补脾开胃的功效,又有益气清肠、滋阴润肺的作用[2]。

银耳中含有多糖、蛋白类(包括酶、蛋白质、氨基酸)、脂类等,还有无机盐、维生素等[3]物质。

第二节 银耳化学成分的研究

一、银耳多糖的提取与分离

方法一:

银耳子实体→烘干→粉碎→96℃水提4h[W(料):V(水)=1:50]→4℃ 4 000r/min离心20min→上清液用4倍体积的95%乙醇沉淀→离心→乙醇洗涤沉淀1次→去离子水复溶粗糖→用木瓜蛋白酶- Sevage法去蛋白→透析→冻干→得银耳粗多糖[4]。

方法二:

银耳子实体→烘干→粉碎→用96℃水提8h[W(料):V(水)=1:40]→4℃,3 000r/min离心25min→上清液用硅藻土助滤→合并滤液→浓缩至糖浆状→2mol/L,NaOH调pH至7→加热回流→用1%活性炭脱色→抽滤→滤液扎袋→流水透析48h→离心→乙醇沉淀→乙醚洗涤→得多糖粗品→用Sevage法去蛋白→去蛋白后的多糖粗品→季铵盐沉淀→热水洗涤→2mol/L,NaCl溶液于60℃解离4h→离心→透析→乙醇沉淀→无水乙醇、乙醚洗涤→冻干得精品多糖[5]。

方法三:

银耳子实体→粉碎→用果胶酶解浸提(加酶量0.7%,酶解时间50min,料水比1:60,提取液黏度达到2 865m^2/s)→过滤→上清液浓缩→乙醇沉淀→静置、离心烘干→得粗多糖→加Sevag试剂→上清液→浓缩→乙醇沉淀→离心、烘干→除蛋白质后的粗多糖→DEAE-Sepharose Fast Flow柱层析→Sephadex G－200凝胶过滤柱色谱→得均一多糖TPP2[6]。

方法四:

银耳孢子发酵粉→粉碎→用水煮法提取→残渣→用0.5mol/L NaOH溶液提取→将上清液浓缩→静置、离心烘干→粗多糖→加Sevag试剂→上清液→浓缩→乙醇沉淀→离心、烘干→除蛋白质后的粗多糖→用DEAE－32纤维素柱色谱→Sephadex G－200凝胶过滤柱色谱→得均一多糖TFBP-A[7]。

二、银耳多糖的结构特征

银耳多糖作为银耳的主要活性成分,是以α-(1→3)-D-甘露糖为主链的杂多糖,在子实体孢子、发酵液和细胞壁中都有存在[8-9]。

（一）子实体多糖

1. 子实体酸性杂多糖

Ukai 等人从银耳子实体水提物中分离得到 3 种具有抗肿瘤作用的酸性杂多糖 A、酸性杂多糖 B、酸性杂多糖 C，主要由木糖、甘露糖、葡萄糖醛酸组成，同时含有少量的葡萄糖、微量岩藻糖[10]。中国学者夏尔宁等人[11]从银耳子实体中提取了一种相对分子质量为 1.15×10^5 Da 的多糖，是由岩藻糖、阿拉伯糖、木糖、甘露糖、葡萄糖和葡萄糖醛酸组成，其中总糖含量为 75.7%，葡萄糖醛酸含量为 14.7%。随后，Gao 等人从银耳子实体中提取多种酸性多糖 T1a－T1c、T2a－T2d 和 T3a－T3d，相对分子质量大小不等，均是以(1→3)-甘露糖为主链，葡萄糖、甘露糖、果糖、木糖和葡萄糖醛酸组成的支链，通过 O－2、O－4 或 O－6 连接在主链上[12-14]。作为最重要的银耳多糖成分，子实体酸性多糖的高级结构也得到充分的分析与研究[15]：一级结构是以 α－D－甘露糖为主链，β－D－木糖、β－D－葡萄糖醛酸、β－D－木二糖与主链甘露糖 C2 连接，主链具有左旋三重螺旋对称结构，6 个甘露糖残基与 3 个侧链基团沿中心轴 2.42nm 形成一个重复单位。

2. 子实体酸性低聚糖

在研究子实体酸性杂多糖 AC、BC 结构过程中，用硫酸水解法得到 3 种均质的酸性低聚糖：H－1、H－2、H－3[16]。它们的结构分别为：H－1：O－β－D－吡喃葡萄糖醛酸-(1→2)－O－α－D－吡喃甘露糖-(1→3)－O－α－D－吡喃甘露糖-(1→3)－D－吡喃甘露糖；H－2：O－(β－D－吡喃葡萄糖醛酸)-(1→2)－O－α－D－吡喃甘露糖-(1→3)－D－吡喃甘露糖；H－3：2－O－(β－D－吡喃葡萄糖醛酸)－D－吡喃甘露糖。

3. 子实体中性杂多糖

从银耳子实体碱性提取物中分离出一种中性杂多糖，为无色粉末，相对分子质量为 8 000Da，聚合度 46，比旋度$[\alpha]_D^{20}+9°(c\ 1, H_2O)$，不含氮、磷、硫等元素，主要由木糖、甘露糖、半乳糖和葡萄糖组成[17]。

（二）孢子多糖

银耳孢子可以通过固体培养或深层液体发酵培养获得，孢子多糖结构特点与子实体多糖极其相似。

1. 孢子酸性杂多糖

从银耳孢子中提取分离得到 3 种均一体多糖，分别命名为 TF-A、TF-B 和 TF-C，相对分子质量分别为 7.6×10^4、7.6×10^4 和 7.0×10^4 Da。它们均含有 L－岩藻糖、L－阿拉伯糖、D－木糖、D－甘露糖。此外，TF－A 还含有 D－半乳糖和 D－葡萄糖，TF－B 和 TF－C 含 D－葡萄糖和葡萄糖醛酸[18]。姜瑞芝等人[19]从银耳孢子中分离纯化出 3 种均一酸性杂多糖 TSP2a－TSP2c，相对分子质量分别为 1 100、500 和 400kD，均是以(1→3)－D－甘露糖为主链，并在 O－2、O－4、O－6 位上有多分支结构复杂的酸性多糖，组成糖为岩藻糖、木糖、甘露糖、葡萄糖和葡萄糖醛酸。

2. 孢子中性杂多糖

用碱提取法从银耳孢子中得到均一体中性多糖 A－BTF，相对分子质量为 6.7×10^4 Da，主链由 1,6 连接的葡萄糖和 1,3,6 连接的甘露糖组成，分支点在甘露糖上，侧链由 1,4 连接的葡萄糖，1,6 连接的半乳糖和 2,3,5,1－NH_2-来苏糖，与端基连接的葡萄糖组成[20]。用水提取法得到相对分子质量

为 7.3×10⁴Da 的银耳孢子多糖 TFA，主链由 1,6 连接的半乳糖和 1,3,6 连接的甘露糖组成，分支点在甘露糖上，侧链由 1,2,4 连接的甘露糖、两个七碳糖组成，末端为端基连接的甘露糖和葡萄糖[21]。

（三）胞外多糖

Kakuta 等人[22]从银耳菌株 T－19 和 T－7 的细胞培养液中分离得到两种多糖。它们含有 D－葡萄糖醛酸、D－木糖和 D－甘露糖与少量 L－岩藻糖和 O－乙酰基，以 α－(1→3)连接的甘露糖为主链，在 C2 位置有 β－D－葡萄糖醛酸和单一的或短的 β－(1→2)连接的 D－木糖。顾钟琦等人[23]发现银耳胞外多糖由甘露糖、岩藻糖、木糖、少量葡萄糖醛酸和一未知化合物构成，相对分子质量为 5.6×10^5Da。章云津等人[24]从福建银耳子实体提取的银耳多糖由葡萄糖醛酸、甘露糖、木糖、少量岩藻糖和葡萄糖组成，相对分子质量为 3×10^5Da。

（四）胞壁多糖

Sone 等人[25]从发酵培养的银耳酵母状细胞细胞壁中分离到两种胞壁多糖。①是胞壁外层的水溶性酸性多糖，是以(1→3)－D－甘露糖为主链，C2 位上连有 D－葡萄糖醛酸、D－甘露糖和 D－木糖组成的单个残基或短链；②为碱不溶性多糖，由 D－葡萄糖、D－葡萄糖醛酸、D－甘露糖和 D－木糖组成。

三、银耳中其他成分的提取分离与结构鉴定

除了多糖，银耳中其他成分的研究较少，1984 年，黄步汉等人[26]经分离、光谱分析和气相色谱定性定量测定，证明银耳中存在植物甾醇类化合物：麦角甾醇(ergosterol)、麦角甾－5,7－二烯－3β－醇(ergosta－5,7－dien－3β－ol)，麦角甾－7－烯－3β－醇(ergosta－7－en－3β－ol)。这 3 个化合物主要通过与对照品的紫外光谱、红外光谱和质谱数据对比确定了结构。2011 年，张洋[27]从银耳中分离并鉴定了具有类似神经生长因子作用的 3－O－β－D－glucopyranosyl－22*E*,24*R*－5α,8α－epidioxyergosta－6,22－diene，并用核磁鉴定了结构，见图 25－1。

图 25－1　化合物 3－O－β－D－glucopyranosyl－22E,24R－5α,8α－epidioxyergosta－6,22－diene 的结构

黄步汉等人[26]同时通过气相色谱鉴定了银耳中脂肪酸和磷脂类成分，脂肪酸包括十一烷酸(undecanoic acid)、十二烷酸(n-dodecanoic acid)、十三烷酸(tridecanoic acid)、十四烷酸(n-tetradecanoic acid)、十五烷酸(pentadecanoic acid)、十六烷酸(n-hexadecanoic acid)、十八烷酸(n-octadecanoic acid)、十六碳烯-(9)-酸(hexadec－9－enoic acid)、十八碳烯-(9)酸(octadec－9－enoic acid)、十八碳烯-(9,12)-酸(octadeca－dienoic acid)；磷脂含有磷脂酰甘油(phosphatidylglycerol)，磷脂酰乙醇胺(phosphatidylethanolamine)，磷脂酰丝氨酸(phosphatidylserine)，磷脂酰胆碱(phosphatidylcholine)和磷脂酰肌醇(phosphatidylinositol)。

3－O－β－D－glucopyranosyl－22E,24R－5α,8α－epidioxyergosta－6,22－diene[27]　无色固体粉末状，ESI-MS m/z：613[M＋Na]⁺，$C_{34}H_{54}O_8Na$ · ^1H NMR(pyridine-d_5，500MHz)δ：6.49(1H，d，

J=8.5Hz,H-7),6.21(1H,d,J=8.5Hz,H-6),5.26(1H,dd,J=15.5、8.0Hz,H-23),5.18(1H,dd,J=15.5、8.0Hz,H-22),4.91(1H,d,J=8.0Hz,H-1′),4.46(1H,dd,J=11.5、2.0Hz,H-6a′),4.41(1H,m,H-3),4.37(1H,dd,J=11.5、4.5Hz,H-6b′),4.27(1H,t,J=8.8Hz,H-4′),4.21(1H,t,J=8.8Hz,H-3′),4.01(1H,t,J=8.0Hz,H-2′),3.83(1H,m,H-5′),2.52(1H,m,H-4a),2.13(1H,m,H-4b),2.13(1H,m,H-2a),2.03(1H,m,H-1a),1.99(1H,m,H-20),1.87(1H,m,H-24),1.83(1H,m,H-12a),1.76(1H,m,H-2b),1.67(1H,m,H-16a),1.62(1H,m,H-11a),1.61(1H,m,H-1b),1.59(1H,m,H-14),1.53(1H,m,H-9),1.47(1H,m,H-25),1.46(1H,m,H-11b),1.40(1H,m,H-15a),1.29(1H,m,H-16b),1.14(1H,m,H-17),1.10(1H,m,H-15b),1.08(1H,m,H-12b),1.01(3H,d,J=6.5Hz,H-21),0.95(3H,d,J=6.5Hz,H-28),0.86(3H,d,J=7.0Hz,H-26),0.85(3H,d,J=7.0Hz,H-27),0.77(3H,s,H-19),0.75(3H,s,H-18);^{13}C NMR(pyridine-d_5,125MHz)δ:35.0(C-1),29.0(C-2),73.7 (C-3),34.5(C-4),81.9(C-5),135.5(C-6),130.9(C-7),79.2(C-8),51.7(C-9),37.3(C-10),21.0(C-11),39.4(C-12),44.6(C-13),51.9(C-14),23.5(C-15),28.9(C-16),56.2(C-17),12.8(C-18),18.0(C-19),39.8(C-20),21.1(C-21),135.5(C-22),132.2(C-23),42.9(C-24),33.2(C-25),19.7(C-26),20.0(C-27),17.1(C-28),102.9(C-1′),75.2(C-2′),78.5(C-3′),71.5(C-4′),78.2(C-5′),62.6(C-6′)。

第三节 银耳多糖的含量测定

银耳多糖含量的测定常采用硫酸苯酚比色法和3,5-二硝基水杨酸比色法测定。硫酸苯酚比色法不受蛋白存在的影响,而且产生的颜色比较稳定;3,5-二硝基水杨酸比色法是测定单糖含量的方法,多糖需水解成单糖进行测定。

一、硫酸苯酚比色法

(一)原理

硫酸苯酚比色法测定糖含量原理是:糖在浓硫酸作用下,脱水生成的糠醛或羟甲基糠醛能与苯酚缩合成一种橙红色化合物,在10~100mg范围内其颜色深浅与糖的含量成正比,且在490nm波长下有最大吸收峰,可用比色法在该波长下测定[5]。

(二)标准曲线的制备

按照表25-1用移液管分别量取葡萄糖标准溶液(0.1mg/ml)、水、5%苯酚溶液、浓硫酸于15ml具塞试管中,并按顺序编号0、1、2、3、4,摇匀,放置30min,置40℃水浴中保温15min,取出后冷却至室温,以蒸馏水为空白,在λ490nm处测定吸光度A。以吸光度A为纵坐标,糖浓度C为横坐标,得回归方程[28]。

表25-1 糖含量测定工作表

管 号	0	1	2	3	4
标准糖溶液(ml)	0	0.2	0.4	0.6	0.8
水(ml)	1.0	0.8	0.6	0.4	0.2
苯酚试剂(ml)	1	1	1	1	1
浓硫酸(ml)	5	5	5	5	5

(三) 样品的测定

样品多糖含量的测定:配制 0.1mg/ml 的样品液(多糖粗品和精品),分别取 1ml 放在试管中,加 5%苯酚溶液 1ml、浓硫酸 5ml、置于 15ml 具塞试管中,摇匀,放置 30min,置 40℃水浴中保温 15min,取出后冷却至室温,以蒸馏水为空白,在 λ490nm 处测定吸光度 A。用标准曲线法计算含量。

二、3,5-二硝基水杨酸比色法

(一) 原理

3,5-二硝基水杨酸比色法(即二硝基水杨酸法)是利用碱性条件下,二硝基水杨酸(DNS)与还原糖发生氧化还原反应,生成 3-氨基-5-硝基水杨酸,该产物在煮沸条件下显示出棕红色,且在一定浓度范围内颜色深浅与还原糖含量成比例关系,用比色法测定还原糖含量。

因其显色的深浅只与糖类游离出还原基团的数量有关,而对还原糖的种类没有选择性,因此 DNS 方法适合用在多糖(如纤维素、半纤维素和淀粉等)水解产生的多种还原糖体系中[29-30]。

(二) 标准曲线的制备

取 0、1、2、3、4、5、6、7mg/ml 的葡萄糖标准溶液各 1ml,分别置于 25ml 容量瓶中,各加入 3,5-二硝基水杨酸溶液 2ml,置沸水浴中煮 2min 进行显色,然后以流水迅速冷却,蒸馏水定容到 25ml,摇匀。以空白(3,5-二硝基水杨酸)调零,在波长 540nm 处测吸光光度值,绘制标准曲线。

(三) 样品的测定

待测液中加入 6mol/L 浓盐酸,在沸水浴加热 30min,分解多糖为单糖,调 pH 至中性,稀释 50 倍,用 3,5-二硝基水杨酸比色法(波长 540nm)测定吸光光度值,按标准曲线的回归方程计算。

第四节 银耳的生物活性

银耳的生物活性研究大多围绕银耳多糖展开,经研究表明,银耳多糖具有促进有益菌群、调节和增强免疫、抗肿瘤、降血糖、降血脂、抗血栓、延缓衰老等作用。另外,银耳中的麦角甾醇苷类化合物具有类似神经生长因子 NGF 的作用。

一、银耳多糖的生物活性

(一) 银耳多糖与非免疫系统

有益的内源微生物群是人体胃肠道不可缺少的组成部分,他们通常覆盖在胃肠道黏膜上皮表面,以阻止病原微生物的定植。银耳多糖能直接到达后肠作为双歧杆菌和乳酸杆菌的特异性营养物质,促进肠道理想微生物群的形成,增强人体对外源性病原菌的抵抗能力,改善肠道的健康状况,最终提高人体非免疫防御系统的作用。在乳酸细菌培养基添加银耳杂多糖培养 24h 后,双歧杆菌和乳酸杆菌的生长显著加快[31]。Guo FC 等人[32]研究还发现,银耳多糖可以改善鸡肠道的有益菌群,提高其抗寄生虫的能力。

（二）银耳多糖与免疫系统

1. 对体液免疫的影响

银耳多糖能拮抗化疗药环磷酰胺引起的免疫功能抑制，明显增加小鼠溶血素的含量，说明银耳多糖可提高免疫功能低下小鼠的体液免疫能力[33]。银耳多糖还能提高经放、化疗的恶性肿瘤患者血清中的IgG水平[34]。利用特异性荧光探针Fura－2标记的方法，检测银耳多糖对正常小鼠脾细胞内游离钙离子浓度的影响。结果表明，银耳多糖浓度在25～200μg/ml时，可明显增加脾细胞内钙离子浓度；在外钙为零时，银耳多糖对内钙的释放并无影响[35]。由此提示，银耳多糖可能是通过促进外钙内流途径增加脾细胞内游离钙水平的方式对体液免疫产生影响。

2. 对细胞免疫的影响

银耳多糖在体外能促使正常人淋巴细胞转化，其活性类似植物凝集素；在体内能提高白血病患者淋巴细胞的转化率，同时提高肿瘤患者外周血T淋巴细胞水平[36]。胡庭俊等人[37]研究发现，银耳多糖体外能促进小鼠脾脏淋巴细胞蛋白激酶C(protein kinase C，PKC)的活性明显升高。通过活化细胞膜PKC，并引起细胞内一系列蛋白质级联磷酸化反应来调节免疫细胞的功能。由此揭示，银耳多糖的免疫增强作用与活化PKC有关；免疫调节作用与淋巴细胞的信号传导系统密切相关。

3. 抗肿瘤作用

银耳多糖对小鼠U14宫颈癌、H22肝癌、S－180肉瘤与恶性淋巴瘤均有一定的抑制作用[38]，但它并不是直接杀死肿瘤细胞而发挥抗癌作用的，而是作为生物免疫反应调节剂，通过增强机体的免疫能力、增强网状皮系统吞噬功能、促进干扰素、肿瘤坏死因子等的产生，间接抑制或杀死肿瘤细胞[39]。银耳多糖的抗肿瘤机制认为与其能影响某些重要蛋白的表达有关。银耳多糖能明显降低小鼠大肠癌肿瘤的瘤重，降低肿瘤组织血管内皮生成因子－C(vascular endothelialgrowth factor－C，VEGF－C) mRNA、VEGF－C蛋白、凋亡抑制因子survivin蛋白含量[40]。李璐等人[41]研究发现，银耳多糖可直接抑制肝癌HepG－2细胞并诱导其凋亡、抗凋亡基因bcl－2和survivin表达下调，可能是其诱导凋亡的机制之一。

（三）降血糖、降血脂作用

银耳多糖能够明显降低四氧嘧啶致糖尿病和链脲霉素致糖尿病小鼠的血糖水平，升高血清胰岛素水平，同时还能减少糖尿病小鼠的饮水量[42]。小鼠过氧化物酶体增殖因子激活受体γ(peroxisome proliferators－activated receptor－γ，PPAR－γ)是胰岛素作用的关键调节因子，Cho等人[43]对ob/ob小鼠灌胃银耳胞外多糖52d，发现PPAR－γ mRNA与血浆PPAR－γ蛋白的表达量有明显增加。表明银耳多糖可能是通过调控PPAR－γ介导的脂类代谢来降低血糖、提高胰岛素的敏感性。银耳多糖通过阻抑大鼠和小鼠肠道对脂类的吸收而降低血脂，其机制可能是因为银耳多糖分子中饱含羟基、羧基和氨基，有很强的亲水性和吸附脂类、胆固醇的作用，从而阻止脂类的吸收。同时，银耳多糖又能与胆酸结合，促进胆酸排出，阻断肝肠循环，使胆固醇代谢单向顺利进行而降低血脂[44]。有学者研究[45]认为，这是银耳多糖减少3T3－L1脂肪细胞的PPAR－γ翻译、中性脂类与三酰甘油的积累，降低了脂肪细胞两种特异转录因子PPAR－γ和增强子结合蛋白α(CCAAT/ enhancer-binding protein，C/EBPα)与瘦素的mRNA表达水平，从而抑制了脂肪细胞的分化。

（四）抗凝血、抗血栓作用[46]

申建和等人[47]研究报道，银耳多糖体内、体外应用均有明显抗凝血作用，不同给药途径均显示出

较强的抗凝血活性，尤其以口服效果最好。银耳多糖对凝血酶原时间无影响，但可明显延长部分凝血活酶时间，表明其可能是通过影响内源性凝血系统而发挥抗凝血作用。家兔腹腔注射银耳多糖 27.8 和 41.7mg/kg，可明显延长特异性血栓和纤维蛋白血栓的形成时间，缩短血栓长度，降低血小板数目、黏附率和血液黏度，降低血浆纤维蛋白原含量，升高纤溶酶活性，表明银耳多糖具有明显的抗血栓形成作用[48]。

（五）延缓衰老作用

陈依早等人[49]研究报道，银耳多糖能明显延长果蝇平均寿命，使其脂褐质含量降低 23.95%。银耳多糖还可明显降低小鼠心肌组织脂褐质含量，增强小鼠脑和肝组织中超氧化物歧化酶(SOD)活性，抑制脑中 MAOB 活性，延长小鼠在缺氧情况下的生存期[50]。此外，银耳多糖还可通过促进核酸与蛋白质的合成、增加肝微粒体细胞色素 P450 含量、增强机体免疫功能而发挥延缓衰老作用。

二、银耳的其他活性

Park 等人[51]研究了银耳热水提取物的神经保护和神经营养作用。发现银耳热水浸提物具有显著诱导 PC12 细胞发生神经突起伸长的作用($P<0.01$)。张洋等人[27]通过生物活性筛选，发现银耳甲醇浸提物具有类似作用。通过活性导向分离得到一个麦角甾醇苷类化合物 3-*O*-β-D-glucopyranosyl-22*E*,24*R*-5α,8α-epidioxyergosta-6,22-diene。该化合物在 3μmol/L 浓度下，具有显著诱导 PC12 细胞发生神经突起伸长的活性，即类似神经生长因子 NGF 的作用。

参考文献

[1] 刘波. 中国真菌志(第二卷)[M]. 北京：科学出版社，1992.
[2] 徐继英，胡庭俊，陈化琦，等. 银耳多糖化学特性与免疫调节机制研究进展[J]. 兽药与饲料添加剂，2006，11(4)：18—21.
[3] 王永奇. 银耳的化学成分[J]. 药学通报，1983，18(3)：168—171.
[4] 马素云，姚丽芬，叶长文，等. 1 种银耳多糖的分离纯化及结构分析[J]. 中国食品学报，2013，13(1)：172—177.
[5] 何伟珍，吴丽仙. 银耳多糖的提取分离与纯化[J]. 海峡药学，2008，20(7)：33—35.
[6] 黄秀锦. 银耳多糖的提取、分离、纯化及其功能性质研究[J]. 食品科学，2008，29(1)：134—136.
[7] Hong G，Liu PX，Gao XR，et al. Purification，chemical characterization and antioxidant activity of alkaline solution extracted polysaccharide from *Tremella fuciformis* Berk[J]. Bulletin of Botanical Research (植物研究)，2010，30(2)：221—227.
[8] 黄婧禹，贾凤霞，石文娟. 银耳多糖的研究进展[J]. 重庆中草药研究，2013，1：43—47.
[9] 马素云，贺亮，姚丽芬. 银耳多糖结构与生物学活性研究进展[J]. 食品科学，2010，31(23)：411—416.
[10] Ukai S，Hirose K，Kiho T. Isolations and characterizations of polysaccharides from *Tremella fuciformis* Berk[J]. Chem Pharm Bull，1972，20(6)：1347—1348.
[11] 夏尔宁，陈琼华. 银耳子实体多糖的分离、分析及生物活性[J]. 真菌学报，1988，7(3)：166—174.
[12] Gao QP，Jiang RZ，Chen HQ，et al. Characterization and cytokine-stimulating activities of heteroglycans from *Tremella fuciformis*[J]. Planta Med，1996，62(4)：297—302.
[13] Gao QP，Killie MK，Chen HQ，et al. Characterization and cytokine-stimulating activities of

acidic heteroglycans from *Tremella fuciformis*[J]. Planta Med, 1997, 63(5): 457—460.

[14] Gao QP, Seljelid R, Chen HQ, et al. Characterisation of acidic heteroglycans from *Tremella fuciformis* Berk with cytokine stimulating activity[J]. Carbohydr Res, 1996, 288(19): 135—142.

[15] Yui T, Ogawa K, Kakuta M, et al. Chain conformation of a glucurono-xylo-mannan isolated from fruit body of *Tremella fuciformis* Berk[J]. J Carbohydr Chem, 1995, 14: 255—263.

[16] Ukai S, Kiho T, Hara C. Polysaccharides in fungi: Ⅳ. Acidic oligosaccharides from acidic heteroglycans of *Tremella fuciformis* Berk and detailed structures of the polusaccharides[J]. Chem Pharm Bull, 1978, 26(12): 3871—3876.

[17] Ukai S, Hirose K, Kiho T. Polysaccharides in fungi: Ⅲ. A neutral heteroglycan from alkaline extract of *Tremella fuciformis* Berk[J]. Chem Pharm Bull, 1978, 26(6): 1707—1712.

[18] 吴梧桐,余品华,夏尔宁,等. 银耳孢子多糖 TF-A、TF-B、TF-C 的分离纯化及组成单糖的鉴定[J]. 生物化学与生物物理学报,1984,16(4):393—397.

[19] 姜瑞芝,陈怀永,陈英红,等. 银耳孢糖的化学结构初步研究及其免疫活性[J]. 中国天然药物,2006,4(1):73—76.

[20] 徐文清,王雪姣,黄沽,等. 银耳碱提孢子多糖 A-BTF 的分离与结构研究[J]. 天然产物研究与开发,2007,19:1055—1058.

[21] 徐文清,高文远,王雪姣. 银耳孢子多糖 TFA 结构的研究[J]. 中草药,2008,39(8):1140—1142.

[22] Kakuta M, Stone Y, Umeda T, Misaki A. Comparative structural studies on acidic heteropolysaccharides isolated from Shirokikurage, fruit body of *Tremella fuciformis* Berk, and the growing culture of its yeast-like cells[J]. Agric Biol Chem, 1979, 43(8):1659—1668.

[23] 顾钟琦,倪雍富. 银耳多糖的研究Ⅱ,银耳胞外多糖Ⅰ的分离[J]. 抗生素,1981,6(6):19—23.

[24] 章云津,洪震. 银耳多糖的分离及理化特性的研究[J]. 北京医学院学报,1984,16(8):83—88.

[25] Sone Y, Misaki A. Structures of the cell wall polysaccharides of *Tremella fuciformis*[J]. Agric Biol Chem, 1978, 42 (4): 825 —834.

[26] 黄步汉,张树庭. 银耳脂类化学成分研究[J]. 植物学报,1984,26(1):66—70.

[27] 张洋,裴亮,高丽娟,等. 来源于白木耳的诱导神经突起伸长的活性分子[J]. 中国中药杂志,2011,36(17):2358—2360.

[28] 周帅飞,毛淑敏,秦红岩,等. 银耳多糖的提取工艺研究[J]. 安徽农业科学,2013,41(27):11148—11149.

[29] 吴尧,马爱民,王益,等. 银耳芽孢多糖提取方法的研究[J]. 食品工业科技,2007,28(9):155—157.

[30] 大连轻工业学院. 食品分析[M]. 北京:中国轻工业出版社,1994.

[31] 吴子健,陈庆森,闫亚丽,等. 银耳多糖对嗜酸乳杆菌 L101 发酵生长影响的研究[J]. 食品研究与开发,2008,29(11):22—25.

[32] Guo FC, Kwakkel RP, Williams BA, et al. Effects of mushroom and herb polysaccharides on cellular and humoral immune responses of Eimefia tenella-infected chickens[J]. Pourlt Sci, 2004, 83: 1124—1132.

[33] 徐文清. 银耳孢子多糖结构表征、生物活性及抗肿瘤作用机制研究[D]. 天津大学博士论文,2006.

[34] 聂伟,张永祥,周金黄. 银耳多糖的药理学研究概况[J]. 中药药理与临床,2000,16(4):44—46.

[35] 崔金莺,林志彬. 银耳多糖对小鼠脾细胞内游离钙离子浓度的影响[J]. 药学学报,1997,32(8):561—564.

[36] Xia D, Lin ZB. Effets of Tremella Polysaccharides on Immune Function in Mice[J]. Acta

Pharm Sinica, 1989, 10(5): 453—456.
[37] 胡庭俊,梁纪兰,程富胜,等. 银耳多糖对小鼠脾脏淋巴细胞蛋白激酶C活性的影响[J]. 中草药, 2005,36(1):81—84.
[38] Ukai S, Hirose K, Kiho T, et al. Antitumor activity on Sarcoma 180 of the polysaccharides from *Tremella fuciformis* Berk[J]. Chemical and Pharmaceutical Bulletin, 1972, 20(10): 2293—2294.
[39] 周爱如,吴彦坤,侯元怡. 银耳多糖抗肿瘤作用的研究[J]. 北京医科大学学报,1987,19(3):150.
[40] 曲萌,董志恒,盖晓东. 银耳多糖在肝癌治疗中的作用及相关机制的实验研究[J]. 北华大学学报,2007,8(1):52—57.
[41] 李璐,毕富勇,吕俊. 银耳多糖诱导肝癌 HepG-2 细胞凋亡的研究[J]. 实用医学杂志,2009,25(7):1033—1035.
[42] Kiho T, Tsujimura Y, Sakushima M, et al. Polysaccharides in fungi. XXXIII. Hypoglycernic activity of acidic polysaccharide (AC) from *Tremella fuciformis*[J]. Yakugaku Zasshi, 1994, 114: 308—315.
[43] Cho EJ, Hwang HJ, Kim SW, et al. Hypoglycemic effects of exopolysaccharides produced by mycelial cultures of two different mushrooms *Tremella fuciformis* and Phellinus baumii in ob/ob mice[J]. Appl Microbiol Biotechnol, 2007, 75: 1257—1265.
[44] 侯建明,陈刚,蓝进. 银耳多糖对脂类代谢影响的实验报告[J]. 中国疗养医学,2008,17(4):234—236.
[45] Jeong HJ, Yoon SJ, Pyun YR. Polysaccharides from edible mushroom Hinmogi (*Tremella fuciformis*) inhibit differentiation of 3T3-L1 adipocytes by reducing mRNA expression of PPAR-γ, C/EBPα, and Leptin[J]. Food Sci Biotechnol, 2008, 17(2): 267—273.
[46] 魏国志,李国光,金梅红. 银耳多糖的研究进展[J]. 香料香精化妆品,2008,2:33—35.
[47] 申建和,陈琼华. 黑木耳多糖、银耳多糖、银耳饱子多糖的抗凝血作用[J]. 中国药科大学学报,1987,18(2):137.
[48] 申建和,陈琼华. 木耳多糖、银耳多糖和银耳饱子多糖对实验性血栓形成的影响[J]. 中国药科大学学报,1990,21(1):39.
[49] 陈依军,夏尔宁,王淑如. 黑木耳、银耳孢子多糖延缓衰老作用[J]. 现代应用药学,1989,6(2):9.
[50] 周慧萍,陈琼华,王淑如. 黑木耳多糖和银耳多糖的延缓衰老作用[J]. 中国药科大学学报,1989,20(5):303—306.
[51] Park Kum-Ju, Lee Sang-Yun, Kim Hyun-Su, et al. The neuroprotective and neurotrophic effects of *Tremella fuciformis* in PC12 Cells[J]. Mycobiology, 2007, 35(1): 11—15.

(王 艳)

第二十六章 云芝

YUN ZHI

第一节 概述

云芝[*Trametes versicolor*(L)Lloyd]属于担子菌门，伞菌纲，多孔菌目，多孔菌科，栓孔菌属真菌，也叫云芝栓孔菌。从云芝子实体与发酵菌丝体内发现的多糖、多糖肽等多种化合物具有免疫调节活性作用，临床上已用于慢性乙型肝炎的治疗；从菌丝体内得到的云芝糖肽 PSP 和 PSK 通过临床试验，可用于癌症的辅助治疗。云芝所产的 Coriolin($C_{15}H_{20}O_5$)具有抑制革兰阳性菌和阴道滴虫的活性。云芝所产的漆酶、纤维素酶等在煤矿、造纸、废水处理、印染加工等方面都有较高的经济应用价值。

云芝中主要含有多糖、多糖肽、蛋白质，以及脂肪、葡萄糖、氨基酸、木质素和无机盐类等化合物，具有清热、解毒、消炎、抗癌、保肝、增强免疫等疗效。

第二节 云芝化学成分的研究

一、云芝多糖类化学成分的提取、分离与鉴定

用合成的基本培养基和低剪切生物反应器培养技术，从云芝 ATCC 200801 中分离出 4.1g/L 的胞外多糖(EPS)。EPS 经硫酸全水解后，用薄层色谱、气相-质谱联用、电喷雾质谱和核磁共振波谱进行结构和成分分析得出：EPS 由葡萄糖和少量的半乳糖、甘露糖、树胶醛糖和木糖组成，云芝糖肽 PSP 和云芝多糖 PSK 中，分别含有的鼠李糖和海藻糖在 EPS 中没有被检测到。EPS 主要由 D-葡萄糖分子通过 β-1,3/β-1,6 连接而成，但没有三重螺旋排列的二次结构。用排阻色谱法检测两个摩尔质量，分数分别为 4 100 和 2.6kDa。蛋白质含量在 2%～3.6%(W/W)范围内变化。在糖苷键的连接、单糖的组成、蛋白质含量和相对分子质量方面，与 PSP 和 PSK 相比，胞外多糖有本质的区别。

IR(KBr)谱图上显示出 889cm^{-1} 和 814cm^{-1} 的特征峰。889cm^{-1} 的吸收表明有 β-糖苷的连接。一般 α-糖苷的连接会在 840cm^{-1} 处显示有吸收峰。第二个峰向短波移动，可能显示只存在少量的 α-糖苷连接[1](图 26-1)。

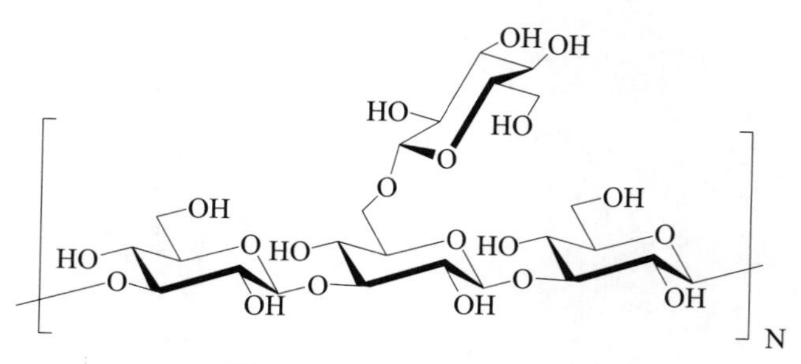

图 26-1 EPS 的初级结构

二、云芝糖肽类化学成分的提取、分离与鉴定

从云芝菌丝体中提取一种结合蛋白的多糖（proteoglycan），即云芝糖肽 PSP，其多糖成分以 $\beta(1\rightarrow3)$为主链，侧链上有 $\beta(1\rightarrow4)$或 $\beta(1\rightarrow6)$结合的分支。

提取方法：较为常用的提取方法是水提醇沉法。将原料放在 90～95℃的水浴条件下，溶解出云芝多糖等水溶性成分，过滤，滤液浓缩至一定容积后，利用多糖溶于水而不溶于醇的特点，将糖肽沉淀出来。

进一步采用还原衍生化气相色谱法、紫外、核磁、高碘酸氧化、Smith 降解、琼脂糖凝胶电泳等检测方法，对云芝糖肽的结构与组成进行分析。结果显示，云芝糖肽的单糖成分由葡萄糖、半乳糖、岩藻糖、甘露糖、木糖和鼠李糖 6 种单糖组成。其中葡萄糖的含量超过 50%；云芝糖肽中多糖含量为 30%～60%，蛋白质含量为 10%～30%，包括游离态和结合态两种，后者结合蛋白形式可与多糖组成蛋白多糖体。采用 Sevag 盐、高效凝胶渗透色谱法（HPGPC）除去游离态蛋白，对云芝糖肽进行纯化和精制，所得多糖纯度可达 96%以上，蛋白含量为 4%～8%。云芝糖肽中单糖与氨基酸的连接方式为 *N*－连接，通过天冬酰胺的侧链酰胺与糖形成 *N*－糖肽键。*N*－糖蛋白的特点是：肽链序列中天冬酰胺之后，第 2 个氨基酸残基为丝氨酸或苏氨酸，糖肽中的 *N*－糖苷键相当于缩醛结构，因此具有缩醛的化学敏感性，遇酸会被切断或端基异构化，强亲核试剂也会切断糖苷键或使其异构化[2]。

三、云芝蛋白质类化学成分的提取、分离与鉴定

从云芝菌丝体中分离纯化超氧化物歧化酶（SOD），并对其性质进行研究。结果表明，SOD 粗酶液经膜过滤、硫酸铵分级盐析、SephadexG－75 凝胶柱色谱分离后，SOD 纯化了 12.6 倍，总回收率为 50.6%，获得 SOD 酶比活为 4.61U/mg 蛋白。提纯 SOD 在 257nm 处有特征吸收峰，其活性受氯仿-乙醇影响不明显，但受到 H_2O_2 明显抑制，酶活在 50℃以下较稳定，超过 50℃以上，活性随温度升高而降低。说明云芝菌丝体 SOD 以 Cu、Zn 离子为辅基，并具有较好的热稳定性[3]。

云芝（*Trametes versicolor*）胞外产酶培养液经硫酸铵沉淀、DEAE-cellulose DE52 离子交换柱色谱后，获得两个活性组分 D1 和 D2，其中活性组分 D2 经 Phenyl Sepharose™ 6 Fast Flow 疏水色谱后，所得样品 MnP1 经 SDS-PAGE 检测已达到电泳纯。活性组分 D1 经 Phenyl Sepharose™ 6 Fast Flow 疏水色谱、Sephacryl S－200HR 凝胶过滤色谱后，所得样品 MnP2 经 SDS-PAGE 检测已达到电泳纯。两种同工酶 MnP1 及 MnP2，各自的比活力为 579.09、425.00U/mg；纯化倍数为 17.51、12.85；活力回收率为 6.17%、2.47%。由 SDS-PAGE 法测得 MnP1 与 MnP2 的表观相对分子质量分别为 46.3kDa 与 43.0kDa。两种同工酶催化 DMP(2,6－二甲氧基酚）氧化反应的最适 pH 值与最适反应温度有所不同，最适 pH 分别为 pH5.8 与 pH6.2；最适反应温度分别为 60℃与 65℃。在 45℃以下，pH 在 4.0～7.0 之间，MnP1 与 MnP2 的稳定性好。DMP 是最佳酶促反应底物，以 DMP 为底物的 K_m分别为 13.43μmol/L 与 12.45μmol/L。在无 Mn^{2+} 存在的条件下，酶促反应几乎不会发生。EDTA 在较高浓度时抑制酶的活性，DTT 在所试浓度下都完全抑制酶的活性[4]。

从云芝 951022 中分离出漆酶单体，用 2,2－联氮－二（3－乙基－苯并噻唑－6－磺酸）二铵盐(ABTS)作为基质时，显示出 91 443U/mg 的特定活性。SDS-PAGE 确定该漆酶的相对分子质量是 97kDa，比其他报道的漆酶大。该漆酶在很宽的 pH 值和温度范围内都有很高的活性，但 pH 为 3.0、温度 50℃时有最大活性。对于基质 ABTS，酶的 K_m值是 12.8μmol/L，相应的 V_{max}值是 8 125.4U/mg。特定的活性和该酶对基质的亲和力都高于其他的白腐真菌[5]。

用硫酸铵沉淀法、离子交换色谱和凝胶过滤色谱法，从云芝中分离纯化出一个新的免疫调节蛋白 TVC，用十二烷基硫酸钠－聚丙烯酰胺凝胶电泳分析纯化的蛋白，表明这条带的相对分子质量是 15.0kDa。用非变性聚丙烯酰胺凝胶分析表明，另一条带的相对分子质量是 30kDa，也即 TVC 在溶

液中以同源二聚体的形式存在。在等电点聚焦实验中等电点为 4.0，说明 TVC 是酸性蛋白。TVC 缺少糖类修饰，并且不凝集老鼠的血红细胞，表明 TVC 不是凝集素类似蛋白。生物活性试验表明，TVC 能够加快淋巴细胞的增殖，并且对 $CD4^+$ 和 $CD8^+$ T 细胞没有刺激作用。TVC 能够显著增加人体外周血淋巴细胞，提高由脂多糖诱导小鼠巨噬细胞产生的一氧化氮和肿瘤坏死因子-α 的产量。结果表明，TVC 是一种能够提高免疫应答的免疫增强剂[6]。

表 26-1　索氏提取物中从丙酮部位得到的化合物

化合物	KI[a]	mg/kg
脂肪醇		
异戊醇	1 248	0.02
5-羟基-2-戊酮	1 357	17.33
2-丁氧基乙醇	1 398	0.94
苏式-2,3-丁二醇	1 530	0.23
赤式-2,3-丁二醇	1 579	0.13
1,4-戊二醇	1 892	0.15
1,4-己二醇	1 971	0.10
1,5-己二醇	2 000	0.05
苯丙醇	2 053	0.25
桉叶油醇	2 216	0.32
1,4-壬二醇	2 269	0.15
烷基醛和酮		
2-甲基丁醛	910	0.30
异戊醛	913	0.47
正己醛	1 073	0.45
3-戊烯-2-酮	1 119	0.20
4-甲基-3-戊烯-酮	1 124	0.44
3-己烯-2-酮	1 208	0.03
3,3-辛二酮	1 318	0.04
6-甲基-(E)-3-庚烯-2-酮	1 329	0.06
1,4-环己二酮	1 945	0.11
烷基酯和内酯		
丁内酯	1 612	0.51
己内酯	1 687	0.05
戊内酯	1 791	0.34
5-羟基-2-己烯酸内酯	1 818	0.22
3-羟基-2,4,4-三甲基戊基异丁酸异丁酯	1 863	0.19
2,4,4-三甲基-1,3-戊二醇 3-丁酸酯	1 873	0.25
3-羟基-2-吡喃酮	1 980	0.49
壬内酯	2 016	0.03
羟基丁内酯	2 160	0.62
烷基酸		
乙酸	1 440	3.21
甲酸	1 498	0.11
异丁酸	1 560	0.12
2-丙烯酸	1 618	0.09

（续表）

化合物	KI[a]	mg/kg
缬草酸	1 712	0.07
(E)-2 丁烯酸	1 760	0.11
己酸	1 838	0.75
3-甲基-2-羰基缬草酸	1 934	0.09
琥珀酐	2 104	0.13
壬酸	2 154	0.33
乳酸	2 172	3.25
3-羟丁酸	2 233	1.16
十四酸	2 688	1.74
十五烷酸	2 797	2.51
十六烷酸	2 811	18.11
烷基酯和缩醛		
丙酮丙二醇缩醛	933	0.26
丙酮 2,3-丁二醇缩醛	971	0.08
丙酮甘油缩醛	1 604	2.33
二乙二醇单丁酯	1 789	0.67
烃类		
没药烯	1 695	0.22
二十九碳烷	1 898	0.15
二十一烷	2 116	0.21
杂环化合物		
2-戊基呋喃	1 222	0.21
5-甲基-2(H)-呋喃酮	1 419	0.12
糠醛	1 452	1.48
糠醇	1 655	0.49
2(5H)-呋喃酮	1 737	0.21
乙酰胺	1 768	0.12
二氢-3-羟基-4,4-二乙基-2(3H)-呋喃酮	2 021	0.38
丁内酰胺	2 069	0.65
5-戊基-2(5H)-呋喃酮	2 098	0.06
2-呋喃甲酸	2 409	0.34
3-羟基吡啶	2 417	0.15
琥珀酰亚胺	2 461	0.09
(S)-(+)-二氢-5-(羟乙基)-2(3H)-呋喃酮	2 468	0.22
二异丁基邻苯二甲酸酯	2 530	0.18
芳香化合物		
1,2,3-三甲基苯	1 267	0.03
苯甲醛	1 507	0.15
邻甲苯酚	1 994	0.15
2-羟基苯乙酮	2 134	0.11
2-甲氧基-4-乙烯基苯酚	2 183	0.49
苯甲酸	2 412	1.31
苯乙酸	2 540	0.17
2,6-二甲氧基-4-乙烯基苯酚	2 545	0.33

[a]极性的 Kovats 指数。

第三节　云芝的生物活性

一、抗氧化和抗炎作用

不同碳源下培养的云芝，会产生胞外和胞内蛋白多糖类复合物。复合物中胞外和胞内最高多糖浓度由番茄渣培养获得。每升培养的胞外糖肽和胞内糖肽(E-PPS和I-PPS)产生的DPPH自由基清除率，分别相当于2.115±0.227和1.374±0.364g抗坏血酸。这些复合物在氧化红细胞膜方面起到了保护作用，并且能够抑制溶血现象和高铁血红蛋白的合成。结果显示，胞外蛋白多糖和胞内蛋白多糖具有药用潜力的生物活性化合物[7]。

Kamiyama Masumi 等人[8]研究了云芝不同提取物的抗氧化和抗炎活性。索氏提取的提取物中，在500μg/ml时，丙酮提取物具有最强的抗氧化活性(50.9%)，随后是甲醇提取物(33.9%)，正己烷提取物(29.5%)和氯仿提取物(15.2%)。丙酮部位显示出剂量依赖性的抗炎活性和脂氧合酶抑制活性：在500μg/ml时，是76.4%；在200μg/ml时，是55.6%；在100μg/ml时，是37.0%。在丙酮部位共得到的76个化合物中，棕榈酸是最大量的成分(18.11mg/kg)，随后是5-羟基-2-戊酮(17.33mg/kg)，乳酸(3.25mg/kg)，醋酸(3.21mg/kg)，糠醛(1.48mg/kg)，γ-丁内酯(0.51mg/kg)，糠醇(0.49mg/kg)，2-甲氧基-4-乙烯苯酚(0.49mg/kg)，2,6-二甲氧基-4-乙烯苯酚(0.33mg/kg)和苯甲醛(0.15mg/kg)(表26-1)。

张玉英等人[9]用云芝糖肽PSP给小鼠连续灌胃4d，分别腹腔注射乙酸溶液和二甲苯致小鼠耳肿，测定相应痛阈与耳肿值。结果表明，云芝糖肽PSP对急性炎症性疼痛有明显的镇痛抗炎作用。

任文智等人[10]研究发现，云芝糖肽PSP可减少因LPS刺激小鼠巨噬细胞RAW264.7所导致的NO、PGE2和IL-1β大量生成和COX-2和iNOS的高表达。可见PSP能够下调由LPS诱导产生的炎症反应，具有一定的抗炎作用。用PSP预孵RAW264.7细胞30min加入FITC标记的LPS，经流式细胞仪检测发现，其荧光强度明显弱于对照组，提示PSP可能通过干扰LPS与细胞膜表面受体的结合，从而减弱LPS的刺激作用。

二、免疫调节作用

云芝糖肽PSP可通过体液免疫细胞免疫调节机体的免疫能力，诱导INF-γ、IL-2释放增加和T淋巴细胞增殖，激活巨噬细胞、NK细胞等免疫细胞的活性，拮抗癌症患者由放疗和化疗导致的免疫抑制，间接杀伤肿瘤细胞，参与癌症的治疗。PSP还能下调脂多糖(LPS)诱导的NO、TNF等炎性因子的过度表达，具有抗炎作用[11]。

陈广梅等人[12]用PSP作用于人PBMC，可见细胞培养液中Th1型细胞因子INF-γ和IL-12的分泌明显增加。上述结果提示，PSP能提高细胞免疫的水平，具有免疫促进作用。

三、抗肿瘤作用

李丽美等人[13]将PSP作用于HL-60细胞，48h后用免疫荧光染色后，经流式细胞仪检测，结果显示，细胞Fas蛋白荧光强度比对照组增加。Western-blot检测结果显示，死亡受体Fas被激活后，通过募集衔接蛋白FADD进一步与Procaspase-8结合，后者自身裂解成具有催化活性的亚单位，激活下游效应因子启动Caspase级联反应，且具有剂量依赖性。

唐海波等人[14]研究发现，PSP作用于人急性淋巴白血病Molt-4细胞后，能够增加表达死亡受

体 TNFR1 蛋白细胞的比率，且呈现出明显的剂量依赖性和时间依赖性，并进一步证实 TNFR1 也参与募集衔接蛋白 FADD 到细胞膜内侧，参与凋亡信号向胞内传递。

参 考 文 献

[1] Rau Udo, Kuenz Anja, Wray Victor, et al. Production and structural analysis of the polysaccharide secreted by *Trametes* (*Coriolus*) *versicolor* ATCC 200801[J]. Appl Microbiol Biotechnol, 2009, 81:827—837.

[2] 黄年来，林志彬，陈国良. 中国食药用菌学[M]. 上海：上海科学技术文献出版社，2010.

[3] 黄志立，黄彦君，张丽君. 云芝菌丝体超氧化物歧化酶的分离纯化及性质研究[J]. 食品工业科技，2014，35(2)：120—123.

[4] 张连慧，杨秀清，葛克山，等. 变色栓菌锰过氧化物酶同工酶的纯化及其性质研究[J]. 微生物学报，2005，45(5)：711—715.

[5] Han Moon Jeong, Choi Hyoung Tae, Song Hong Gyu. Purification and characterization of laccase from the white rot fungus *Trametes versicolor*[J]. J Microbio, 2005, 43(6): 555—560.

[6] Li Feng, Wen Hua An, Zhang Yong Jie, et al. Purification and characterization of a novel immunomodulatory protein from the medicinal mushroom *Trametes versicolor*[J]. Sci Chin: Life Sci, 2011, 54(4):379—385.

[7] Arteiro Jose M. Santos, Martins M. Rosario, Salvador Catia, et al. Protein-polysaccharides of *Trametes versicolor*: production and biological activities[J]. Med Chem Res, 2012, 21(6): 937—943.

[8] Kamiyama Masumi, Horiuchi Masahiro, Umano Katsumi, et al. Antioxidant/anti-inflammatory activities and chemical composition of extracts from the mushroom *Trametes versicolor*[J]. Inter J Nutri Food Sci, 2013, 2(2):85—91.

[9] 张玉英，龚珊，张惠琴. 云芝糖肽镇痛抗炎作用的实验研究[J]. 苏州大学学报(医学版)，2004，24(5)：652—653.

[10] 任文智，杨晓彤，马伟超，等. 云芝糖肽下调脂多糖诱导的小鼠巨噬细胞炎症性因子[J]. 中国新药与临床杂志，2010，29(4)：306—309.

[11] 杨明俊，杨庆尧，杨晓彤. 云芝糖肽的免疫和抗肿瘤药理活性研究进展[J]. 食品工业科技，2011，32(12)：565—568，572.

[12] 陈广梅，吴超，刘勇，等. 云芝糖肽对 HBV 感染者外周血单个核细胞的调节作用[J]. 江苏中医药，2007，39(9)：17—18.

[13] 李丽美，杨晓彤，糜可，等. Fas 在云芝糖肽诱导 HL-60 细胞凋亡中的作用[J]. 上海师范大学学报(自然科学版)，2007，36(1)：60—64.

[14] 唐海波，杨晓彤，冯慧琴，等. TNFR1 在云芝糖肽诱导 Molt-4 细胞凋亡过程中的作用[J]. 上海师范大学学报(自然科学版)，2009，36：S166—S169.

（刘莉莹、陈若芸）

第二十七章
槐　耳
HUAI ER

第一节　概　述

槐耳(槐蛾)(*Trametes robiniophila* Murr)是我国民间重要的药用真菌,为担子菌门,伞菌纲,多孔菌目,多孔菌科,栓菌属的子实体,一般生长在槐、洋槐与青檀等阔叶树树干上,主要分布于河北、陕西、辽宁、湖南、广西、福建等地[1-2]。以干燥子实体入药,中药名槐栓菌,别名有:槐檽、槐军、槐鸡、槐鹅、赤鸡,《本草纲目》记载其味苦辛无毒,能“治风”、“破血”、“益力”[2-3],民间大多用以治疗癌症和炎症。

因槐耳的培养方法复杂,生长周期长,难以满足药用的需求,因此目前大多以其在玉米芯、麦麸等发酵基质上、在一定条件下经培养后所得的干燥菌质——“槐耳菌质”代替入药[4-5]。

“槐耳菌质”提取的浸膏,主要活性成分为槐耳多糖(PS-T)。

第二节　槐耳化学成分的研究

“槐耳菌质”浸提膏含有多种有机成分与10多种矿质元素,主要活性成分为槐耳多糖(PS-T)[6]。

一、槐耳多糖的提取和纯化

采用最新研究脱蛋白高温高压醇沉法提取槐耳的多糖,其多糖含量最高。将一定量的槐耳(子实体)置于烘箱中烘至恒重,再用粉碎机将其粉碎成粉末。称取25g,置于烧杯中,以10∶10∶3的比例,分别加入三氯甲烷200ml、甲醇200ml、蒸馏水60ml,搅拌均匀后在25℃下放置48h进行脱脂处理,抽滤、烘干。加入蒸馏水500ml,在121℃煮2h,滤液经4 500r/min离心10min。上清液浓缩至黏稠状,用Sevage试剂(氯仿∶正丁醇=5∶1)法除蛋白。在浓缩液中加入浓缩液1/4体积的Sevage试剂,于分液漏斗中混合振荡30min进行分离,静置,取上层水溶液,重复3次。在上层水溶液缓慢加入4倍体积的无水乙醇,在4℃放置24h后,离心弃上清液,沉淀进行冷冻干燥得槐耳多糖[7]。

二、槐耳多糖的理化常数与光谱数据

经动物试验证明,“槐耳菌质”的主要活性成分是槐耳多糖(PS-T),PS-T为棕褐色粉末,没有明显熔点,280℃时变黑,易溶于热水,稍溶于低浓度乙醇,不溶于高浓度乙醇、丙酮、乙醚、乙酸乙酯、正丁醇等有机溶剂;其水溶液透明呈黏稠状,pH5～6,无旋光性。在浓硫酸存在下与α-萘酚作用,在液面交界处呈紫色环。与费林试剂呈阴性反应,但其经2N硫酸加热水解后的溶液可与费林试剂发生作用,产生棕红色氧化亚铜沉淀;与茚三酮试剂反应产生蓝紫色,表明PS-T可能为蛋白结合多糖[8]。

经纸层析与气相层析、高效液相、聚丙酰胺凝胶电泳、紫外与红外光谱、核磁共振等分析,证明PS-T为单一成分,是由6种单糖L-岩藻糖、L-阿拉伯糖、D-木糖、D-甘露糖、D-半乳糖、D-葡萄

糖;摩尔比为0.51:1.51:1.48:1.39:1:3.24组成杂多糖(多糖蛋白),结合蛋白质由18种氨基酸构成,见表27-1。

表27-1 槐耳多糖所结合蛋白质的18种氨基酸构成

氨基酸	含量(%)	氨基酸	含量(%)
天冬氨酸(Asp)	1.418	甲硫氨酸(Mel)	0.120
苏氨酸(Thr)	0.731	异亮氨酸(He)	0.398
丝氨酸(Ser)	0.626	亮氨酸(Leu)	0.569
谷氨酸(Glu)	3.525	酪氨酸(Tyr)	0.249
脯氨酸(Pro)	0.740	苯丙氨酸(Phe)	0.347
甘氨酸(Gly)	1.073	赖氨酸(Lys)	0.689
丙氨酸(Ala)	0.6624	组氨酸(His)	0.267
胱氨酸(Cys)	0.160	色氨酸(Try)	0.097
缬氨酸(Vai)	0.652	精氨酸(Arg)	0.645
总量(%)	12.930 *		

注:*如按表中数值计算实际应为12.9684%,说明原文数据可能有误。

PS-T PS-T在槐耳菌质中的含量约为41.53%,氨基酸总量12.7%,水分8.72%,相对分子质量3万,其多糖分子键糖苷构型为β型[7];其光谱特性为:UVλ_{max}($CHCl_3$)在280nm处有一肩峰,这是蛋白结合多糖的特征吸收。IR(KBr):3 350、2 900、3 100~2 600、1 610~1 580、1 665~1 585、1 025cm^{-1},表明PS-T确实是蛋白结合多糖。PS-T具有890cm^{-1}的吸收峰,说明多糖分子的糖苷键构型为β型,在810、890cm^{-1}有两个小峰吸收,这是多糖中具有甘露糖组分的特征吸收。^{1}H NMR槐耳多糖氢谱中各主要峰^{1}H(δ)解析归属如下δ:0~3,为PS-T蛋白部分氨基酸残基上CH、CH_2、CH_3的质子信号;δ:3~6,为PS-T多糖部分单糖残基上CH、CH_2质子以及氨基酸残基上α-CH质子信号,其中δ:3~4.5区域为氨基酸残基上α-CH质子信号,δ:4.4~5.5区域为多糖分单糖残基上端基碳上的质子信号。化学位移值>5.0的几个峰(δ:5.0~5.38),表明糖中有α苷键,δ值<5.0的信号(δ:4.4~4.5),提示多糖中有β苷键。^{13}C NMR槐耳多糖的碳谱信号集中在两个区域δ:98~106 6个峰为多糖内单糖残基端碳的信号,这表明组成多糖的单糖有6个,其中δ值>100的信号,提示多糖有β苷键;δ值<100信号,提示多糖有α苷键,这与氢谱分析是一致的。另外,在δ:60~80有很多峰为多糖内单残基上C_2~C_6(C_5)的信号。氨基酸残基上CH_2、CH_3等碳的信号本应出现在δ:20~40范围,但由于这些取代基含量较少,又由于多糖的信噪比不大,一般要累加数万次才能得到较清晰光谱,而PS-T由于在高温测定,不能过长时间累加,这些氨基酸残基上的CH_2、CH_3碳的信号被噪声掩埋,难以分辨与剖析。

第三节 槐耳的生物活性

一、一般药理学与毒性研究

槐耳多糖静脉给药对犬血压、心电图、心率和对麻醉后的呼吸频率均无明显影响,它对兔呼吸系统、大鼠神经系统的试验也未发现异常,说明"槐耳菌质"对心血管、神经和呼吸系统无明显影响。"槐耳菌质"浸膏对大鼠、小鼠灌胃均未能测出LD_{50}值,大鼠长期大剂量灌胃、犬的各种剂量组连续灌胃半年,试验动物生长正常,血象、生化分析也无异常,也未见药物引起的病理改变。特殊毒理(如诱变试验)与细胞遗传毒理(如微核及染色体畸变)等试验均为阴性反应[5,9]。

二、抗肿瘤作用

在一定剂量范围内，以槐耳浸膏灌胃对小鼠肉瘤 S－180 生长的抑瘤率为 25％～46％，对腹水型 S－180 生命延长率为 38％，粗多糖与 PS-T 灌胃、腹腔给药同样有明显的抑瘤与延长生命作用($P<0.05$ 或 0.01)，说明浸膏、多糖及 PS-T 对小鼠肉瘤 S－180、腹水型 S－180 有明显抑瘤作用，并对荷瘤动物有明显延长生命的作用[5,9]。

经研究表明，槐耳浸膏能明显抑制荷瘤小鼠肿瘤的生长，其机制可能是通过下调 Bcl2 蛋白表达和上调 Bax 蛋白表达，促进肿瘤细胞凋亡[10]。还有研究发现，槐耳提取物能剂量依赖性地降低磷酸化细胞外信号调节激酶(ERK)、转录因子 P65、C-Jun 氨基末端激酶(JNK)、信号转导和转录激活因子 3(STAT3 水平)和血管内皮生长因子(VEGF)的表达。为了进一步研究其抑制作用，给 BALB/c 小鼠皮下注射 4T1(小鼠乳腺癌)细胞，结果发现槐耳提取物能抑制肿瘤体积，降低肿瘤微血管密度和诱导细胞凋亡。这表明，槐耳提取物可作为有效的抗血管生成和抗肿瘤剂[11]。

三、免疫活性

免疫试验显示，槐耳对巨噬细胞功能有非常明显的促进作用，能增强溶菌酶活性，对脐血活性 E 玫瑰花结形成细胞(EaRFC)及移植物抗宿主反应(GVHR)有增进影响，对 α、β 干扰素诱生，α 干扰素促进天然杀伤细胞(NH)活性有协同作用，可促进特异性抗体产生，促进小鼠脾细胞 DNA 合成，说明槐耳可明显促进抗体免疫功能[12]。槐耳还能提高血清中血红蛋白含量，提示对红细胞生成有一定作用[5,9]。

参考文献

[1] 邓叔群. 中国的真菌[M]，北京：科技出版社，1963.
[2] 庄毅. 槐耳的鉴定与考证[J]. 中国食用菌，1993，13(6)：22－23.
[3] 李时珍. 槐耳. 本草纲目下册(菜部)二十八卷[M]. 北京：人民卫生出版社，1982.
[4] 庄毅. 药用真菌的固体发酵[J]. 中国药学杂志，1991，26(2)：80－82.
[5] 庄毅. 抗癌新药槐耳冲剂的研究[J]. 中国药学杂志，1998，33(5)：273－275.
[6] 王运玉，吴柱国. 槐耳抗肿瘤的机制及临床应用[J]. 广东医学院学报，2007，25(1)：77－79.
[7] 刘苗苗，黄巧娘，郭立中. 槐耳多糖提取及抗氧化性质的研究[J]. 中国食用菌，2013，32(3)：47－49.
[8] 郭跃伟，程培元，陈玉俊，等. 槐耳菌丝体多糖的分离和分析[J]. 中国生化药物杂志，1992，1：56－60.
[9] 程若川，王建忠. 槐耳的研制及临床应用[J]. 昆明医学院学报，2003，24(1)：101－103.
[10] 刘学军，杜娟. 槐耳浸膏对荷瘤小鼠瘤细胞 Bcl2、Bax 表达的影响[J]. 安徽中医学院学报，2010，29(2)：60－61.
[11] Wang Xiaolong，Zhang Ning，Huo Qiang，Yang Qifeng. Anti-angiogenic and antitumor activities of Huaier aqueous extract[J]. Oncol Rep，2012，28：1167～1175.
[12] 陈慎宝，丁如宝. 槐耳菌质成分对小鼠免疫功能的影响[J]. 食用菌学报，1995，2(1)：21.

（潘　扬、李　萌）

第二十八章 黑柄炭角菌

HEI BING TAN JIAO JUN

第一节 概 述

黑柄炭角菌[*Xylaria nigripes*（Kl.）Sacc]为子囊菌亚门，炭角菌科，炭角菌属真菌。生长在白蚁的废巢中，形成的菌核是一种名贵的中药材——乌灵参。别名：鸡纵蛋、地炭棍。据清代《灌县志》称：乌苓参，其苗出土易长，根延数丈，结实虚悬空窟中，当雷震时必转动，故谓之雷震子。圆而黑，其内色白，所述形态、生长习性及功效，与现今四川、云南习用之"乌灵参"相符[1]。黑柄炭角菌主要分布于江苏、浙江、河南、四川、云南、江西、台湾等省区。具有健脾除湿、镇静安神、补气固肾、养血等功效，可治疗脾虚食少、产后与手术后失血过多、产后乳少、胃下垂、疝气、心肾不交型心悸、失眠、神经衰弱、抑郁及小儿惊风、跌打损伤等症[2]。其衍生的加工品——"乌灵胶囊"自上市以来[3]，已在临床中被广泛使用[4]。

黑柄炭角菌中含有甾体、多糖、蛋白质、氨基酸、核苷酸等多种化合物。

第二节 黑柄炭角菌化学成分的研究

一、不同药用部位的化学成分

(一) 子实体的化学成分

从黑柄炭角菌子实体中分离得到了10个化合物，通过波谱分析等方法分别鉴定为(22*E*,24*R*)-麦角甾-5,7,22-三烯-3β-醇(1)、5α,8α-过氧-(22*E*,24*R*)-麦角甾-6,22-二烯-3β-醇(2)、脑苷酯B(3)、脑苷酯D(4)、硬脂酸(5)、甘油三亚油酸酯(6)、α-kojibiose(7)、D-阿诺糖醇(8)、L-氨基丙酸(9)和尿囊素(10)[5]。各化合物结构式，见图28-1。

1. 提取方法

称取400g黑柄炭角菌子实体，用95%乙醇提取，得粗提物35g。粗提物经硅胶柱色谱，用氯仿-甲醇(10∶1、5∶1、2∶1、1∶1)梯度洗脱，得到5个部分(A～E)。A部分析出白色针晶，经丙酮洗涤，得到化合物(1)500mg和(2)20mg；用母液经反复柱色谱，得到化合物(5)(石油醚∶氯仿＝25∶1)10mg、(6)(石油醚∶丙酮＝100∶1)90mg和(10)(石油醚∶丙酮＝1∶1)20mg。C部分经反复柱色谱，得到化合物(7)2 000mg、(8)(氯仿∶甲醇＝2∶1)10mg和(9)(氯仿∶甲醇＝1∶1)150mg。D部分得神经酰胺混合物，TLC检测为一个点，负FAB显示，相对分子质量为727和755，分别鉴定为化合物(3)和(4)。

2. 各化合物的理化常数与光谱数据

(22*E*,24*R*)-麦角甾-5,7,22-三烯-3β-醇(化合物1) 白色针晶，$C_{28}H_{44}O$，mp 154～156℃；EI-MS *m/z*：396[M^+](10)，363(12)，337(6)，253(5)，137(100)，69(42)；^1H NMR(400MHz，$CDCl_3$)δ：

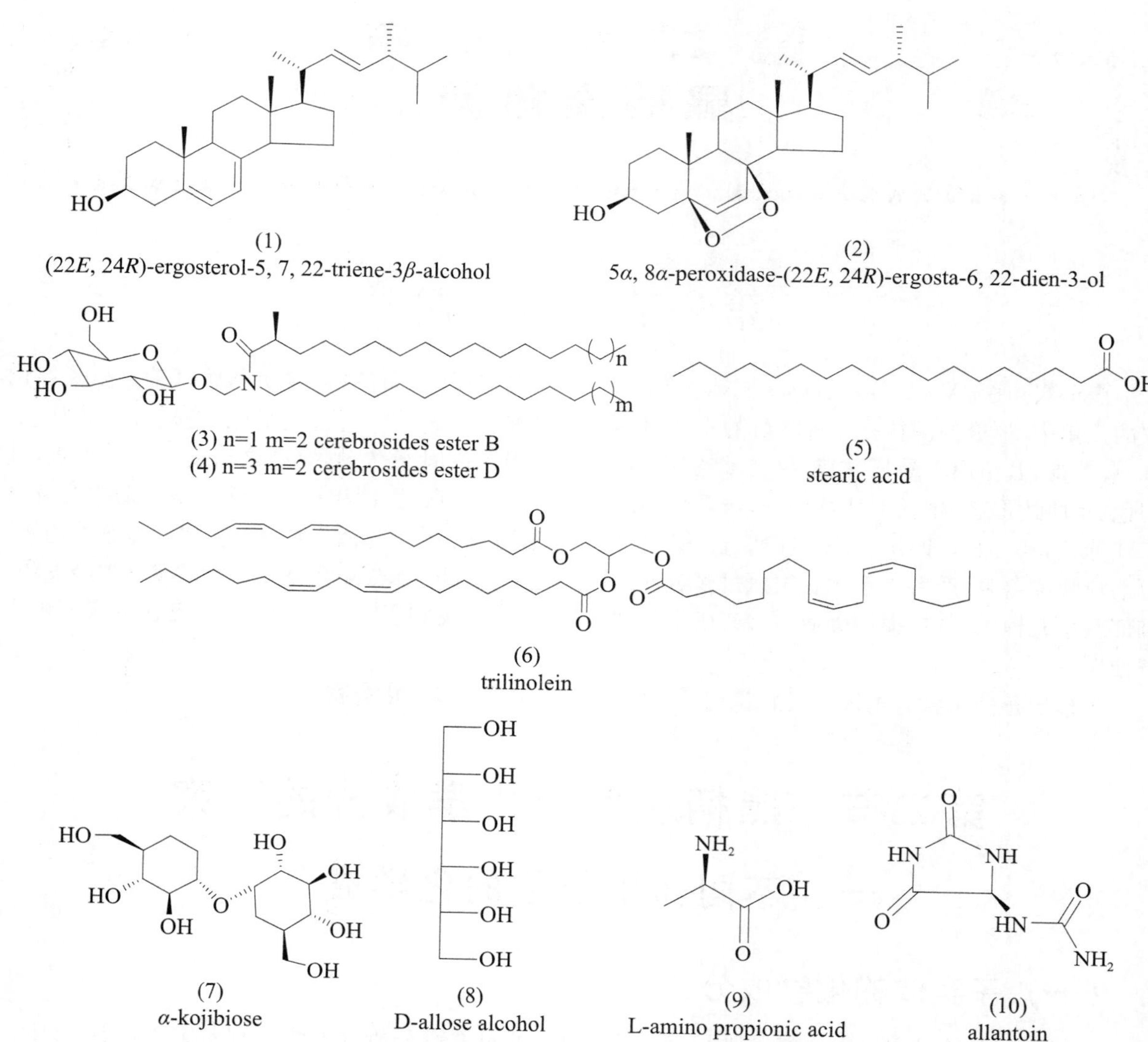

图 28-1　子实体中化合物(1)～(10)的结构

5.56(1H,m,H-22),5.38(1H,m,H-7),5.16(1H,dd,J=15.3、7.6Hz,H-22),5.22(1H,dd,J=15.3、7.1Hz,H-23),3.62(1H,m,H-3),1.02(3H,d,J=6.8Hz,H-4),0.91(3H,s,H-19),0.90(3H,d,J=6.4Hz,H-21),0.78(6H,d,J=6.4Hz,H-26,27),0.67(3H,s,H-18)。^{13}C NMR (100MHz,$CDCl_3$)δ:38.4(t,C-1),32.0(t,C-2),70.5(d,C-3),40.8(t,C-4),139.8(s,C-5),119.6(d,C-6),116.3(d,C-7),141.3(s,C-8),46.3(d,C-9),37.1(s,C-10),21.1(t,C-11),39.1(t,C-12),42.8(s,C-13),54.6(d,C-14),23.0(t,C-18),28.3(t,C-16),55.8(d,C-17),12.1(q,C-18),16.3(q,C-19),40.4(d,C-20),21.1(q,C-21),135.6(d,C-22),132.0(d,C-23),40.8(d,C-24),33.1(q,C-25),20.0(d,C-26),19.6(q,C-27),17.6(q,C-28)。

5α,8α-过氧-(22*E*,24*R*)-麦角甾-6,22-二烯-3β-醇(化合物 2)　无色针晶,$C_{28}H_{44}O_3$,mp 177～178℃,$[\alpha]_D^{20}$+20°(c0.10,$CHCl_3$);EI-MS m/z:428[M^+](13),410[$M-H_2O$]$^+$(5),396[$M-O_2$]$^+$(100),363(35),303(8),251(20),152(30),107(24),95(35),81(43),69(65);IR(KBr):3 525、3 309、2 955、1 650、1 380、1 074cm^{-1};^{1}H NMR(400MHz,$CDCl_3$)δ:6.49(1H,d,J=8.5Hz),6.63(1H,d,J=8.5Hz),5.20(1H,dd,J=7.6、7.5Hz),5.12(1H,dd,J=7.6、7.5Hz),3.94(1H,m),2.08～1.49(20H,m),1.20(3H,s),0.98(3H,d,J=6.6Hz),0.88(3H,d,J=6.8Hz),0.86(3H,s),0.82

(3H,d,J=3.6Hz),0.79(3H,d,J=3.4Hz)。^{13}C NMR(100MHz,$CDCl_3$)δ:34.1(t,C-1),30.2(t,C-2),66.5(d,C-3),37.0(t,C-4),82.1(s,C-5),135.5(d,C-6),130.8(d,C-7),79.4(s,C-8),51.2(d,C-9),37.0(s,C-10),23.4(t,C-11),39.4(t,C-12),44.6(s,C-13),51.7(d,C-14),20.6(t,C-18),28.6(t,C-16),56.3(d,C-17),12.9(q,C-18),18.2(q,C-19),39.7(d,C-20),20.9(q,C-21),135.2(d,C-22),132.4(d,C-23),42.8(d,C-24),33.1(q,C-25),19.1(d,C-26),19.6(q,C-27),17.6(q,C-28)。

脑苷酯 B(cerebroside B,化合物 3)　白色粉末,$C_{41}H_{77}NO_9$,FAB-MS m/z:726[M-H]$^-$(100),HR-FAB-MS:726.556 1(计算值为 726.553 5)。^{1}H NMR(400MHz,CD_3OD)δ:4.69(1H,dd,J=10.7、5.4Hz,H-1a),4.20(1H,m,H-1b),4.75(1H,m,H-2),4.72(1H,m,H-3),5.94(1H,dd,J=15.3、6.8Hz,H-4),5.97(1H,dt,J=15.3Hz,H-5),2.14(2H,m,H-6),2.14(2H,m,H-7),5.25(1H,m,H-8),2.00(2H,t,J=7.5Hz,H-10),1.36(2H,m,H-11),1.25(8H,br. s,H-12～15),0.86(3H,t,J=6.9Hz,H-18),1.61(3H,s,H-19),4.57(1H,m,H-2′),1.74～2.14(2H,m,H-3′),1.25(22H,br. s,H-4′～H-13′/15′),0.86(5H,t,J=6.9Hz,H-16′/18′-CH_3),4.90(1H,d,J=7.6Hz,H-1″),4.03(1H,m,H-2″),4.20(1H,m,H-3″),4.19(1H,m,H-4″),3.89(1H,m,H-5″),4.48(1H,dd,J=11.8,5.6Hz,H-6a″),4.33(1H,dd,J=11.8、5.0Hz,H-6b″),8.36(1H,d,J=8.7Hz,-NH-)。^{13}C NMR(100MHz,CD_3OD)δ:70.1(t,C-1),54.7(d,C-2),72.6(d,C-3),131.9(d,C-4),132.3(d,C-5),33.0(t,C-6),32.1(t,C-7),124.2(d,C-8),135.5(s,C-9),40.0(t,C-10),28.4(t,C-11),29.6～30.0(t,C-12～C-15),32.1(t,C-16),22.9(t,C-17),14.2(q,C-18),16.1(q,C-19),175.6(s,C-1′),72.4(d,C-2′),35.7(t,C-3′),30.0～29.6(t,C-4′～C-13′/15′),28.2(t,C-14′/16′),22.9(t,C-15′/17′),14.2(q,C-16′/18′-CH_3),105.5(d,C-1″),75.1(d,C-2″),78.4(d,C-3″),71.6(d,C-4″),78.4(d,C-5″),62.8(t,C-6″)。

脑苷酯 D(cerebrosideD,化合物 4)　白色粉末,$C_{43}H_{81}NO_9$。FAB-MS m/z:754([M-H]$^-$,100)。^{1}H NMR(400MHz,CD_3OD)δ:4.69(1H,dd,J=10.7、5.4Hz,H-1a),4.20(1H,m,H-1b),4.73(1H,m,H-2),4.68(1H,m,H-3),5.93(1H,dd,J=15.4、5.8Hz,H-4),5.97(1H,dt,J=15.4Hz,H-5),2.15(4H,m,H-6,7),5.23(1H,m,H-8),1.98(2H,t,J=7.4Hz,H-10),1.35(2H,m,H-11),1.25(8H,br. s,H-12～H-15),0.84(3H,t,J=6.4Hz,H-18),1.59(3H,s,H-19),4.55(1H,dd,J=7.4、3.7Hz,H-2′),1.75～2.15(2H,m,H-3′),1.25(22H,br. s,H-4′～H-13′/15′),0.84(5H,t,J=6.4Hz,H-16′/18′-CH_3),4.87(1H,d,J=7.8Hz,H-1″),4.00(1H,m,H-2″),4.20(1H,m,H-3″),4.18(1H,m,H-4″),3.87(1H,m,H-5″),4.47(1H,dd,J=11.9、2.0Hz,H-6a″),4.32(1H,dd,J=11.9、5.3Hz,H-6b″),8.33(1H,d,J=8.7Hz,-NH-)。^{13}C NMR(100MHz,CD_3OD)δ:69.8(t,C-1),54.5(d,C-2),72.4(d,C-3),131.6(d,C-4),132.2(d,C-5),32.9(t,C-6),31.9(t,C-7),124.0(d,C-8),135.6(s,C-9),39.8(t,C-10),28.2(t,C-11),29.8～29.4(t,C-12～C-15),31.9(t,C-16),22.7(t,C-17),14.1(q,C-18),15.9(q,C-19),175.5(s,C-1′),72.2(d,C-2′),35.5(t,C-3′),29.8～29.4(t,C-4′～C-13′/15′),28.0(t,C-14′/16′),22.7(t,C-15′/17′),14.1(q,C-16′/18′-CH_3),105.3(d,C-1″),74.9(d,C-2″),78.2(d,C-3″),71.5(d,C-4″),78.2(d,C-5″),62.6(t,C-6″)。

硬脂酸(stearic acid,化合物 5)　白色晶体,$C_{18}H_{36}O_2$。EI-MS m/z:284[M^+](100),241(45),185(90),171(40),143(25),129(95)。

甘油三亚油酸酯(trilinolein,化合物 6)　无色油状物,$C_{57}H_{98}O_6$。FAB-MS m/z:879[M+H]$^+$。^{1}H NMR(500MHz,$CDCl_3$)δ:5.28～5.40(12H,m),5.26(1H,m),4.28(2H,dd,J=11.9、6.0Hz),2.75(6H,t,J=6.6Hz),2.29(2H,t,J=7.5Hz),2.28(4H,t,J=7.5Hz),2.00～2.07(12H,m),1.60(6H,m),1.22～1.38(over-lap),0.87(9H,t,J=6.7Hz)。^{13}C NMR(100MHz,DMSO-d_6)δ:173.1(s),172.7(s),130.1(d),129.9(d),128.0(d),127.8(s),68.8(d),62.0(t),34.1(t),33.9(t),

31.4(t),29.0～29.6(t),27.1(t),25.5(t),24.8(t),24.7(t),22.5(t),14.0(q)。

2-葡糖-α葡糖苷(α-kojibiose化合物7) 白色粉末,$C_{12}H_{22}O_{12}$。FAB-MS *m/z*:341[M-H]$^-$。^{13}C NMR(100MHz,DMSO-d_6)δ:93.7(d,C-1),77.8(d,C-2),73.5(d,C-3),71.0(d,C-4),72.8(d,C-5),62.5(t,C-6),97.9(d,C-1′),72.7(d,C-2′),74.6(d,C-3′),71.4(d,C-4′),73.5(d,C-5′),62.6(t,C-6′)。

D-阿洛糖醇(D-allitol,化合物8) 无色针晶,$C_6H_{14}O_6$,mp 154.4～156℃。EI-MS *m/z*:183[M+H]$^+$(45),146(12),133(70),115(22),103(80),93(55),74(80),73(100)。^{1}H NMR(400MHz,D_2O)δ:3.72(2H,dd,*J*=2.6、11.6Hz),3.63(4H,m),3.52(2H,dd,*J*=6.0、11.6Hz)。^{13}C NMR(100MHz,D_2O)δ:72.1(d,2×C),70.5(d,2×C),64.5(t,2×C)。

L-氨基丙酸(L-alanine,化合物9) 白色晶体,$C_3H_7NO_2$,mp 295～296℃。^{1}H NMR(400MHz,D_2O)δ:4.49(1H,q,H-2),1.86(3H,d,H-3)。^{13}C NMR(100MHz,D_2O)δ:176.8(s,C-1),51.6(d,C-2),17.3(q,C-3)。

尿囊素(allantoin,化合物10) 白色微晶,$C_4H_6N_4O_3$,mp 226～227℃。^{1}H NMR(400MHz,DMSO-d_6)δ:10.54(1H,s),8.06(1H,s),6.88(1H,d,*J*=8.1Hz),5.79(2H,s),5.23(1H,d,*J*=8.1Hz)。^{13}C NMR(100MHz,DMSO-d_6)δ:156.7(s,C-2),62.3(d,C-4),173.4(s,C-5),157.4(s,C-6)。

(二)发酵菌丝体的化学成分

采用柱色谱将黑柄炭角菌发酵产物进行分离纯化,通过NMR、MS等技术进行结构鉴定,共得到了9个化合物,分别为5-羟基-7-甲氧基-2-甲基-4-二氢色原酮(11)、5,7-二羟基-2-甲基-4-二氢色原酮(12)、5-羟基-2-甲基-4-二氢色原酮(13)、1-(2,6-二羟基苯)-3-羟基-丁酮(14)、5α,8α-过氧麦角甾-6,22-二烯-3β-醇(15)、麦角甾-7,22-二烯-3β,5α,6β-三醇(16)、β-谷甾醇(17)、2-(4-羟基苯)-乙醇(18)、大戟醇(19)[6]。化合物(5)的结构见图28-1,其余化合物的化学结构式,见图28-2。

1. 提取方法

发酵液经浓缩,过大孔树脂D101柱,水洗除去水溶性杂质,甲醇洗脱液浓缩后得浸膏。菌丝体用氯仿:甲醇(1:1)和甲醇分别提取3次,合并提取液,浓缩得浸膏。将两部分浸膏合并,加水混悬,醋酸乙酯萃取,醋酸乙酯萃取液采用硅胶柱色谱分离,石油醚:丙酮(6:1)洗脱,得A～E组分。B组分经硅胶柱色谱,石油醚:丙酮(15:1)洗脱,得到化合物(11)和(13)。C组分经石油醚:丙酮(5:1)洗脱,再经凝胶柱色谱分离,得到化合物(12)、(14)和(15)。D组分经石油醚:醋酸乙酯(4:1)洗脱,得到化合物(16)。E组分经凝胶柱色谱、氯仿:甲醇(2:1)洗脱,得到化合物(17)和(18)。

2. 各化合物的理化常数与光谱数据

化合物(11) 无色粉末,FAB-MS *m/z*:209[M+H]$^+$。^{1}H NMR($CDCl_3$,400MHz)δ:4.54(1H,m,H-2),1.49(3H,d,*J*=6.2Hz,CH_3-2),2.65(2H,m,H-3),3.81(3H,s,7-OCH_3),6.03(1H,s,H-6),5.98(1H,s,H-8)。^{13}C NMR($CDCl_3$,100MHz)δ:74.0(d,C-2),20.8(q,CH_3-2),43.3(t,C-3),196.3(s,C-4),103.0(s,C-4a),164.1(s,C-5),55.6(q,7-OCH_3),94.8(d,C-6),167.8(s,C-7),93.9(d,C-8),163.0(s,C-8a)。以上数据推断化合物(11)为5-羟基-7-甲氧基-2-甲基-4-二氢色原酮(5-hydroxy-7-methoxy-2-methyl-4-chromanone)。

化合物(12) 淡黄色针晶,ESI-MS *m/z*:194[M$^+$]。^{1}H NMR($CDCl_3$,500MHz)δ:4.47(1H,m,H-2),1.42(3H,d,*J*=6.3Hz,CH_3-2),2.59(2H,m,H-3),5.82(1H,s,H-6,8)。^{13}C NMR($CDCl_3$,125MHz)δ:75.3(d,C-2),22.0(q,CH_3-2),44.0(t,C-3),197.9(s,C-4),103.2(s,C-

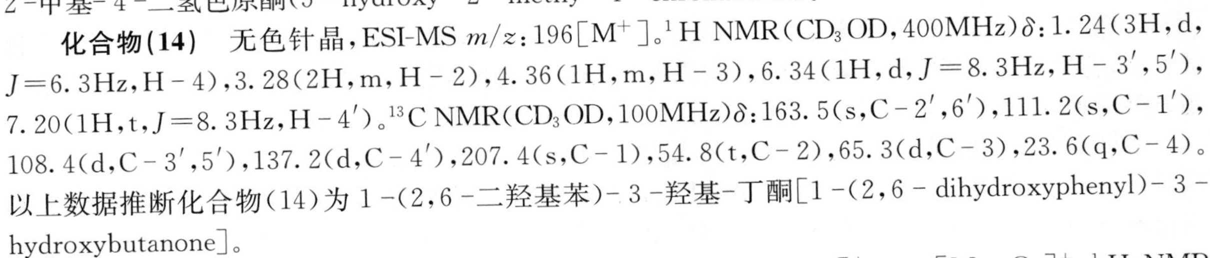

图 28－2　发酵菌丝体中化合物(11)～(18)结构

4a)，165.4(s，C－5)，96.8(d，C－6)，168.2(s，C－7)，96.0(d，C－8)，164.9(s，C－8a)。以上数据推断化合物(12)为 5，7－二羟基－2－甲基－4－二氢色原酮(5，7－dihydroxy－2－methy－4－chromanone)。

化合物(13)　淡黄色针晶，FAB-MS m/z：179[M＋H]$^+$。^{1}H NMR($CDCl_3$，400MHz)δ：4.54(1H，m，H－2)，1.49(3H，d，J＝6.3Hz，H－2)，2.68(2H，m，H－3)，6.39(1H，d，J＝8.2Hz，H－6)，6.46(1H，d，J＝8.2Hz，H－8)，7.32(1H，t，J＝8.3Hz，H－7)。^{13}C NMR($CDCl_3$，100MHz)δ：73.7(d，C－2)，20.7(q，CH_3－2)，43.7(t，C－3)，198.4(s，C－4)，107.9(s，C－4a)，161.9(s，C－5)，109.0(d，C－6)，138.0(d，C－7)，107.2(d，C－8)，161.6(s，C－8a)。以上数据推断化合物(13)为 5－羟基－2－甲基－4－二氢色原酮(5－hydroxy－2－methy－4－chromanone)。

化合物(14)　无色针晶，ESI-MS m/z：196[M$^+$]。^{1}H NMR(CD_3OD，400MHz)δ：1.24(3H，d，J＝6.3Hz，H－4)，3.28(2H，m，H－2)，4.36(1H，m，H－3)，6.34(1H，d，J＝8.3Hz，H－3′，5′)，7.20(1H，t，J＝8.3Hz，H－4′)。^{13}C NMR(CD_3OD，100MHz)δ：163.5(s，C－2′，6′)，111.2(s，C－1′)，108.4(d，C－3′，5′)，137.2(d，C－4′)，207.4(s，C－1)，54.8(t，C－2)，65.3(d，C－3)，23.6(q，C－4)。以上数据推断化合物(14)为 1－(2，6－二羟基苯)－3－羟基－丁酮[1－(2，6－dihydroxyphenyl)－3－hydroxybutanone]。

化合物(15)　无色针晶，EI-MS m/z：428[M$^+$]，410[M-H_2O]$^+$，396[M－O_2]$^+$。^{1}H NMR($CDCl_3$，400MHz)δ：0.81(3H，d，J＝5.0Hz，H－27)，0.82(3H，d，J＝5.0Hz，H－26)，0.88(3H，s，H－18)，0.90(3H，d，J＝5.3Hz，H－28)，0.99(3H，d，J＝6.6Hz，H－21)，1.09(3H，s，H－19)，3.98(1H，m，H－3)，5.15(1H，dd，J＝15.1、7.5Hz，H－22)，5.23(1H，dd，J＝15.2、8.2Hz，H－23)，6.25

(1H,d,J=8.5Hz,H-6),6.52(1H,d,J=8.5Hz,H-7)。^{13}C NMR($CDCl_3$,100MHz)δ:34.6(t,C-1),30.0(t,C-2),66.3(d,C-3),36.8(t,C-4),82.1(s,C-5),135.4(d,C-6),130.7(d,C-7),79.4(s,C-8),51.6(d,C-9),36.8(s,C-10),23.3(t,C-11),39.3(t,C-12),44.5(s,C-13),51.0(d,C-14),20.6(t,C-15),28.6(t,C-16),56.1(d,C-17),12.8(q,C-18),18.1(q,C-19),39.7(d,C-20),20.8(q,C-21),135.1(d,C-22),132.2(d,C-23),42.7(d,C-24),33.0(d,C-25),19.9(q,C-26),19.6(q,C-27),17.5(q,C-28)。上述数据推断化合物(15)为5α,8α-过氧麦角甾-6,22-二烯-3β-醇(5α,8α-epoxyergosta-6,22-dien-3β-ol)。

化合物(16) 无色针晶,EI-MS m/z:412[M-H_2O]$^+$,394[M-2H_2O]$^+$,379[M-2H_2O-Me]$^+$。^{1}H NMR(C_5D_5N,500MHz)δ:0.66(3H,s,H-18),0.85(3H,d,J=3.9Hz,H-27),0.86(3H,d,J=3.8Hz,H-26),0.95(3H,d,J=6.8Hz,H-28),1.06(3H,d,J=6.6Hz,H-21),1.53(3H,s,H-19),4.33(1H,d,J=4.3Hz,H-6),4.85(1H,m,H-3),5.21(1H,dd,J=18.0、8.3Hz,H-22),5.21(1H,dd,J=18.0、8.3Hz,H-23),5.75(1H,t,J=2.5Hz,H-7)。^{13}C NMR(C_5D_5N,125MHz)δ:32.6(t,C-1),33.8(t,C-2),67.6(d,C-3),42.0(t,C-4),76.1(s,C-5),74.3(d,C-6),120.5(d,C-7),141.6(s,C-8),43.8(d,C-9),38.1(s,C-10),22.4(t,C-11),39.9(t,C-12),43.8(s,C-13),55.3(d,C-14),23.5(t,C-15),28.5(t,C-16),56.2(d,C-17),12.5(q,C-18),18.8(q,C-19),40.8(d,C-20),20.1(q,C-21),136.2(d,C-22),132.1(d,C-23),43.1(d,C-24),33.3(d,C-25),21.4(q,C-26),19.8(q,C-27),17.8(q,C-28)。上述数据推断化合物(16)为麦角甾-7,22-二烯-3β,5α,6β-三醇[(22E,24R)-ergosta-7,22-dien-3β,5α,6β-triol]。

化合物(17) 无色针晶,经TLC与已知标准品对照,推断化合物17为β-谷甾醇(β-sitosterol)。

化合物(18) 白色针晶,^{1}H NMR和^{13}C NMR波谱数据推断化合物18为2-(4-羟基苯)-乙醇[2-(4-hydroxyphenyl)-ethanol]。

化合物(19) 白色针晶,EI-MS m/z:440[M]$^+$。^{1}H NMR($CDCl_3$,400MHz)δ:4.71(1H,s,Ha-31),4.66(1H,s,Hb-31),3.49(1H,s,OH-3),3.23(1H,dd,J=11.5、4.3Hz,H-3),0.98(3H,s,H-19),0.92(3H,d,J=6.3Hz,H-21),0.88(3H,s,H-30),0.81(3H,s,H-29),0.69(3H,s,H-18)。^{13}C NMR($CDCl_3$,100MHz)δ:35.6(t,C-1),27.8(t,C-2),79.6(d,C-3),38.9(s,C-4),50.4(d,C-5),18.3(t,C-6),28.2(t,C-7),134.4(s,C-8,C-9),37.0(s,C-10),21.0(t,C-11),30.8(t,C-12),44.5(s,C-13),49.8(s,C-14),31.0(t,C-15),26.5(t,C-16),50.4(d,C-17),15.7(q,C-18),19.1(q,C-19),36.5(d,C-20),18.7(q,C-21),35.0(t,C-22),31.3(t,C-23),156.9(s,C-24),33.8(d,C-25),22.0(q,C-26),21.9(q,C-27),28.0(q,C-28),15.4(q,C-29),24.3(q,C-30),105.9(t,C-31)。上述数据推断化合物(19)为大戟醇(euphorbol)。

二、多糖、蛋白质、肽、氨基酸与矿物质元素

经研究证明[7],天然乌灵参菌核中含有多糖(12.5%)、粗蛋白(13%)、17种氨基酸和15种矿物质元素,特别是氨基酸的种类异常丰富,构成蛋白质的20种氨基酸,乌灵参中就有17种,其中含必需氨基酸7种(占氨基酸总量的39.1%),并含有大量的谷氨酸和较多的赖氨酸。

黑柄炭角菌发酵菌丝经热水浸提、Sevag法脱蛋白、透析、乙醇沉淀、DEAE-52纤维素色谱和SephadexG-100凝胶色谱等分离纯化,得到黑柄炭角菌多糖组分XNW-1,经紫外扫描检测和Sephadex G-100分析表明,XNW-1为均一组分,相对分子质量为9.0×10^{5}Da。单糖组成分析表明,XNW-1只含葡萄糖,含糖量为96%。经红外光谱、GC-MS、^{1}H NMR和^{13}C NMR结构分析表明:XNW-1由α型糖苷键构成,以(1→4)葡萄糖(82%)的连接方式,构成主链的核心;其他连接方式包括(1→4,6)葡萄糖(12%)、(1→6)葡萄糖(1%)、末端(1→)连接葡萄糖(5%);末端糖基所占密度不大,说明XNW-1为低分支结构[8]。

室温下用水浸法提取发酵黑柄炭角菌粉，浸提液过滤膜（截留相对分子质量>1 万）除去蛋白质等大分子化合物，将膜透过的部分（小分子化合物）浓缩，活性炭脱色后，上 Cu^{2+}－Seohadex G－25 柱（φ1cm×45cm），50mmol/L 硼砂缓冲液（pH11.0）以 1.2ml/min 的流速冲洗，在波长 254nm 处检测，每 5min 收集 1 管，得到 3 个吸收峰，前两个峰为 Cu－肽螯合物峰；后 1 个峰为 Cu－氨基酸螯合物峰。收集合并 Cu－肽螯合物峰，再上螯合型离子交换树脂柱脱去 Cu，冷冻干燥后得到水溶性黑柄炭角菌肽（*Xylaria nigripes* peptides，XNP）。XNP 属多种水溶性肽混合物，相对分子质量为 600～5 600Da，经氨基酸分析仪分析，肽含量为 91.8%[9]。

三、核苷酸

廖琼等人[10]采用 HPLC 梯度洗脱法，检测黑柄炭角菌不同组织（天然菌核、天然子座、栽培子座与发酵菌丝体）中的核苷酸种类与含量，样品用水超声提取。结果表明，各组织均含有尿苷（uridine）和腺苷（adenosine），含量依次为天然子座>栽培子座>发酵菌丝>天然菌核。

四、3,4－二氢异香豆素

采用 Kromasil 100－5C18 色谱柱，以乙腈（A）－0.2%磷酸溶液（B）为流动相梯度洗脱，检测波长：248nm。结果证明，“乌灵胶囊”中主要核苷类成分为：尿苷、腺嘌呤（adenine）、鸟苷（guanosine）与腺苷，这类成分是药用真菌发酵类产品的共有成分。通过提取分离，得到了“乌灵胶囊”的特有成分 5－甲基蜂蜜曲霉素（5－methylmellein），其结构经^{1}H NMR、^{13}C NMR 确认、LC-MS 验证，采用 HPLC 面积归一化法计算，纯度>98%。该成分可以区别其他菌类发酵产品，如“金水宝”胶囊、“宁心宝”胶囊、“至灵”胶囊、“百令”胶囊、复方“猴头”胶囊。运用中药色谱指纹图谱相似度评价系统［2004 年版（国家药典委员会）］对所得数据进行分析，构建了“乌灵胶囊”的 HPLC 特征图谱，该方法准确，重复性好，可作为“乌灵胶囊”的质控方法[11]。

采用硅胶柱色谱、制备液相等多种分离手段，对乌灵菌粉中石油醚、乙酸乙酯部分进行提取、分离、纯化，首次得到了 3 个曲霉素和 1 个异黄酮类化合物，通过对核磁等理化数据进行结构鉴定，分别确定为：5－羟基蜂蜜曲霉素（20）、5－羧基蜂蜜曲霉素（21）、金雀异黄素（22）和 5－甲基蜂蜜曲霉素（23），其中化合物（20）、（21）和（23）是乌灵菌粉的特征性成分[12]。蜂蜜曲霉素类化合物的化学结构式见图 28－3。

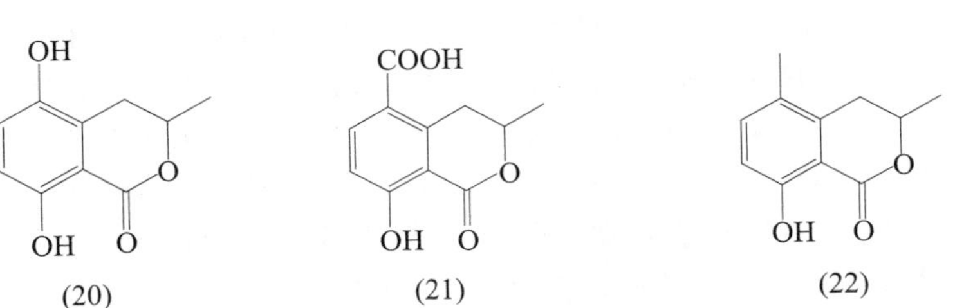

图 28－3 乌灵菌粉中蜂蜜曲霉素类化合物（20）、（21）和（23）的结构

1. 提取方法[12]

称取乌灵菌粉适量，加 70%乙醇回流提取 3 次，合并提取液，减压回收至无醇味，分别用石油醚、乙酸乙酯萃取，回收溶剂，得到石油醚、乙酸乙酯部分。将石油醚部分置常压硅胶柱色谱中进行分析，用石油醚、乙酸乙酯梯度洗脱，共收集了 52 个流份，经薄层色谱检识后，合并其中 25～30 号组分，用无水乙醇重结晶得到化合物（23）；将乙酸乙酯部分置常压硅胶柱色谱中进行分析，用氯仿－甲醇梯度

洗脱，共收集了80个流份，经薄层色谱检识，合并为两段，将第1段混合物再经硅胶柱色谱分离，用石油醚、乙酸乙酯梯度洗脱，得到化合物(22)和A组分。将第2段混合物经硅胶柱色谱分离，用石油醚、乙酸乙酯梯度洗脱，共收集了20个流份，合并11～15号组分，无水乙醇重结晶，得到化合物(22)为异黄酮类成分(下面"黄酮"将详述)。A组分再经半制备液相分离，用50%甲醇为洗脱剂洗脱，得到化合物(20)和化合物(21)。

2. 各化合物的理化常数与光谱数据

化合物(20) 白色针晶，mp 228～231℃。$[\alpha]_D^{20}$- 81.5(MeOH)。分子式：$C_{10}H_{10}O_4$。ESI-MS *m/z*：195.065 0[M+H]$^+$(理论值195.065 2，偏差-1.0×10^{-6})。通过分析^{1}H NMR(CD_3OD, 500MHz)和^{13}C NMR(CD_3OD, 125MHz)，观察到1个甲基信号δ：1.49(3H, d, *J*=6.0Hz)；δ：21.37，1个亚甲基信号δ：2.61(1H, dd, *J*=l7.0、11.5Hz)和3.15(1H, dd, *J*=17.0、3.5Hz)；δ：29.73和1个连氧的CH信号δ：4.65(1H, m)；δ：78.00。另外，在^{1}H NMR上观察到两个芳香质子信号δ：6.69(1H, d, *J*=9.0Hz)和7.01(1H, d, *J*=8.5Hz)，通过分析耦合常数，推测这两个芳香质子为苯环上的邻位耦合。在^{13}C NMR谱上观察到10个碳信号，其中有6个芳香碳信号(其中两个连氧)、1个甲基信号、1个亚甲基信号、1个连氧碳信号和1个羰基信号。综上所述，结合2D-NMR和文献资料，对化合物(21)的氢谱和碳谱数据进行了准确的归属，数据见表28-1，所以将化合物(20)鉴定为5-羟基蜂蜜曲霉素(5-hydroxymellein)[12]。

表28-1 乌灵菌粉中化合物(20)氢谱和碳谱归属

归属	δ_H	δ_C	归属	δ_H	δ_C
1	—	172.05	5	—	147.23
2	—	—	6	7.01(1H, d)	125.41
3	4.65(1H, m)	78.00	7	6.69(1H, d)	116.80
4	Ha：2.61(1H, dd) Hb：3.15(1H, dd)	29.73	8	—	156.70
			8a	—	109.49
4a	—	126.16	9	1.49(3H, d)	21.37

从黑柄炭角菌深层发酵制品中发现的DPPH(1,1-二苯-2-苦肼基)自由基捕捉的化合物B4-16，其理化常数与光谱数据如下：白色结晶，易溶于甲醇、丙酮，较难溶于氯仿。IR(KBr)：3 250、2 950、2 450、1 660、1 600、1 490、1 300、1 220、1 140、1 060、830和520cm^{-1}。FAB-MS *m/z*：194[M$^+$]，176，165，152，128，111，97，88，68和60。^{1}H NMR δ：7.171(1H, d, *J*=8.8Hz, H-6)，6.754(1H, d, *J*=8.8Hz, H-7)，4.796(1H, m, H-3)，3.248(1H, dd, *J*=16.8、3.2Hz, Hb-4)，2.701(1H, dd, *J*=16.8、12.0Hz, Ha-4)，1.549(3H, d, *J*=6.4Hz, H-9)。^{13}C NMR δ：170.779(C-1)，76.924(C-3)，29.124(C-4)，125.628(C-4a)，146.328(C-5)，124.773(C-6)，116.164(C-7)，156.284(C-8)，109.207(C-8a)，21.060(C-9)。根据这些数据结合^{1}H和^{13}C HMBC图谱，推断化合物B4-16是5,8-二羟基-3-甲基-3,4-二氢异香豆素(5,8-dihydroxy-3-methyl-3,4-dihydroisocoumarin)，与5-羟基蜂蜜曲霉素为同一物质[12-13]。

化合物(21) 白色针晶，mp 250～252℃。$[\alpha]_D^{20}$- 195°(MeOH)。分子式：$C_{11}H_{10}O_5$。ESI-MS *m/z*：223.060 4[M+H]$^+$(理论值223.060 1，偏差1.3×10^{-6})。^{1}H NMR(MeOD, 500MHz)δ：1.51(3H, d, *J*=6.0Hz, H-3)，3.02[1H, dd, *J*=12.0、18.0Hz, Ha-4(注：原文为H-4，为与下一个H-4，将4位两个H分别标注成Ha和Hb，下遇相同情况均按此方式处理)，3.90(1H, dd, *J*=3.0、18.0Hz, Hb-4)，4.85(1H, m, H-3)，6.92(1H, d, *J*=9.0Hz, H-7)，8.15(1H, d, *J*=8.5Hz, H-6)。^{13}C NMR(MeOD, 125MHz)δ：21.23(C-3Me)，34.08(C-4)，77.34(C-3)，110.40(C-8a)，117.03(C-7)，121.10(C-4a)，140.19(C-6)，145.38(C-5)，166.71(C5-COOH)，169.23(C-8)，

171.82(C－1)。以上光谱数据推断化合物(21)为5－羧基蜂蜜曲霉素(5－carboxylmellein)[12]。

化合物(23)　白色针晶，mp 124～125℃，$[\alpha]_D^{20}$－114($CHCl_3$)。分子式：$C_{11}H_{12}O_3$。ESI-MS m/z：193.085 6[M＋H]+(理论值193.085 9，偏差－1.6×10^{-6})。^1H NMR($CDCl_3$，500MHz)δ：11.00(1H，s，8－OH)，7.29(1H，d，J＝8.5Hz，H－7)，6.82[1H，d，J＝9.0Hz，H－6(注：原文这里归属是H－7，疑似有误，故修正)]，4.72(1H，m，H－3)，2.96(1H，dd，J＝16.6、3.4Hz，Ha－4)，2.75(1H，dd，J＝16.6、3.4Hz，Hb－4)，2.20(3H，s，H－5)，1.58(3H，d，H－3)。^{13}C NMR($CDCl_3$，125MHz)δ：170.31(C－1)，75.39(C－3)，31.92(C－4)，124.88(C－5)，137.91(C－6)，115.70(C－7)，160.53(C－8)，108.10(C－9)，137.91(C－10)，18.05(3－CH_3)，20.91(5－CH_3)。以上光谱数据推断化合物(23)为5－甲基蜂蜜曲霉素(5－methylmellein)[12]。

五、黄　酮

1. 提取方法

除用“3，4－二氢异香豆素”项下方法以外，还可按以下方法提取：称取黑柄炭角菌菌粉500g，装入2 000ml三角瓶中，加入提取液(丙酮：水/80：20)1 000ml，25℃浸提7d(每天摇动3次)，滤过，沉淀物用同样提取液洗涤两次，每次250ml，合并滤液，减压蒸去丙酮，用1mol/L HCl调节水层pH至3.0，再用醋酸乙酯抽提脂溶性成分，在抽提液中加入无水硫酸钠脱水，滤过后减压蒸去乙酸乙酯，获得菌粉的脂溶性提取物。将所得脂溶性提取物用硅胶(Silica gel 60)柱色谱，流动相依次为80%己烷-20%酸酸乙酯，60%己烷-40%醋酸乙酯，40%己烷-60%醋酸乙酯，20%己烷-80%醋酸乙酯，醋酸乙酯，甲醇。将各层析液减压蒸发后，分别得到组分A～F。组分B和C先用中压液相色谱(MPLC)正相分离，再进行MPLC的反相分离；如样品纯度不够，在制备型高压液相色谱中分离。其中除了上面提及的香豆素类成分外，25和26的HPLC保留时间及^1H NMR图谱与对照品7，4′-二羟基异黄酮(即大豆素，daidzein)和5，7，4′-三羟基异黄酮(即金雀异黄素)相一致[13]。黄酮化合物的化学结构式见图28－4。

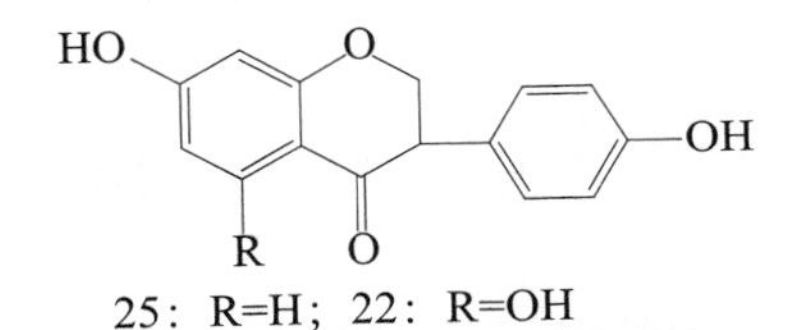

图28－4　乌灵菌粉中黄酮类化合物的结构

2. 化合物的理化常数与光谱数据

化合物(22)　黄色针晶，mp 297～298℃。分子式：$C_{15}H_{10}O_5$。ESI-MS m/z：271.059 6[M＋H]+(理论值271.060 1，偏差－1.8×10^{-6})。^1H NMR($CDCl_3$，500MHz)δ：8.03(1H，s，H－2)，7.36(2H，d，J＝8.5Hz，H－2′，6′)，6.83(2H，d，J＝8.5Hz，H－3′，5′)，6.32(1H，d，J＝2.0Hz，H－8)，6.21(1H，d，J＝1.5Hz，H－6)。^{13}C NMR($CDCl_3$，125MHz)δ：182.56(C－4)，166.25(C－7)，164.17(C. 4′)，160.03(C－5)，159.13(C－9)，155.08(C－2)，131.69(C－2′，6′)，125.06(C－1)，123.63(C－3)，116.57(C－3′，5′)，106.60(C－10)，100.42(C－6)，95.08(C－8)。以上光谱数据推断化合物(22)为金雀异黄素(genistein)[12]。

第三节　黑柄炭角菌的生物活性

一、调节神经作用

马志章等人[14]研究了乌灵菌对小鼠的镇静作用机制，发现乌灵菌主要以兴奋性神经递质谷氨酸含量最高。谷氨酸是构成蛋白质的氨基酸之一，虽然不是人体的必需氨基酸，但参与机体能量的代谢，具有较高的营养价值；而且还参与神经突触间兴奋性信息传导，与长时程突触增强现象密切相关，促进学习记忆形成。谷氨酸经谷氨酸脱羧酶作用脱羧后，形成的 γ-氨基丁酸是一种抑制性神经递质，具有镇静作用。乌灵参可改变脑组织对谷氨酸与 γ-氨基丁酸的通透性和摄取量，并增强谷氨酸脱羧酶的活性，促进 γ-氨基丁酸的合成，因而具有镇静安神的作用，可调节中枢神经系统功能，改善记忆力。该黑柄炭角菌可显著延长小鼠戊巴比妥睡眠时间和缩短睡眠诱导时间。乌灵胶囊对中枢神经系统的兴奋、抑制过程均具有良好的调节作用，同时可参与脑-肠神经的调节。因此，黑柄炭角菌能治疗多种神经精神心理疾病，如焦虑、抑郁、偏头痛、自主神经功能紊乱等。

二、调节免疫作用

乌灵菌的粗多糖能够激活正常以及带瘤小鼠腹腔的巨噬细胞，提高巨噬细胞对肿瘤细胞的细胞毒作用，促进巨噬细胞的吞噬功能，使胸腺细胞增殖，显著提高机体免疫力，发挥扶正固本的作用[15]。

三、调节内分泌作用

据胡元奎等人[16]报道，采用乌灵菌粉口服治疗 34 例 2 型糖尿病患者，同时观察治疗前后糖耐量、胰岛素分泌水平、胰岛 β 细胞功能的水平。结果发现，乌灵菌可使胰岛素分泌峰值前移，对糖尿病有促进 β 细胞功能恢复的功效。

四、抗贫血作用

在失血性贫血的情况下，乌灵参能显著提高红细胞和血红蛋白的数量，具有抗贫血作用。乌灵参长期毒性试验表明，乌灵参能提高雌雄大鼠血红蛋白的含量，显示其具有耐缺氧和抗疲劳的作用[17]。

五、抗氧化作用

从黑柄炭角菌发酵菌丝体中分离得到的 1-(2,6-二羟基苯)-3-羟基-丁酮，具有很强的清除自由基能力和还原力[18]。另外，黑柄炭角菌肽(XNP)具有一定的还原能力，且与其浓度呈正比例关系，同时也能抑制脂质体的过氧化反应[9]。经对黑柄炭角菌深层发酵制品中的 DPPH 自由基捕捉成分进行研究发现，经硅胶柱色谱、中压液相色谱正相和反相分离、制备型高压液相色谱分离等一系列工作，共获得相对纯度在 85%以上、收量在 2mg 以上的自由基捕捉物质 20 个，其中 1 个成分为 5,8 二羟基-3-甲基-3,4-二氢异香豆素，即 5-羟基蜂蜜曲霉素，它在 20μmol/L 时，DPPH 自由基捕捉活性为维生素 C 的 167 倍、维生素 E 的 21 倍[13]。

参考文献

[1] 徐锦堂.中国药用真菌学[M].北京:北京医科大学中国协和医科大学联合出版社,1997.
[2] 马橙,翁榕安,张平.黑柄炭角菌的研究进展[J].菌物研究,2009,7(1):59—62.
[3] 廖名龙,郁杰.乌灵胶囊[J].中国新药杂志,2000,9(11):797.
[4] 王嘉麟,郭蓉娟,王玉来.乌灵参的药理作用及应用进展[J].环球中医药,2010,3(2):150—152.
[5] 杨小龙,刘吉开,罗都强,等.黑柄炭角菌的化学成分[J].天然产物研究与开发,2011,23:846—849.
[6] 龚庆芳,张玉梅,谭宁华,等.黑柄炭角菌发酵菌丝体的化学成分研究[J].中国中药杂志,2008,33(11):1269—1272.
[7] 陈宛如,方鸿峰,马志章,等.真菌中药乌灵参化学成分的初步研究[J].中国药学杂志,1990,25(11):647—649.
[8] 周蓉,尹军华,翁榕安,等.黑柄炭角菌水溶性多糖 XNW-1 的分离纯化与结构分析[J].湖南师范大学自然科学学报,2011,34(5):75—79.
[9] 翁榕安,胡劲松,翁诗玉.水溶性黑柄炭角菌肽的体外抗氧化活性[J].湖南中医药大学学报,2012,32(3):10—13.
[10] 廖琼,周蓉,陈作红.黑柄炭角菌不同组织的核苷成分 HPLC 测定[J].食品科学,2009,30(16):228—230.
[11] 陆静娴,祝明,陈勇,等.乌灵胶囊的 HPLC 化学成分特征图谱研究[J].药物分析杂志,2011,31(4):764—767.
[12] 陆静娴,罗镭,陈勇,等.乌灵菌粉化学成分研究[J].中国现代应用药学,2014,31(5):541—543.
[13] 吴根福.黑柄炭角菌产生的 DPPH 自由基捕捉成分[J].微生物学报,2001,41(3):363—366.
[14] 马志章,左萍萍,陈宛如.灵菌粉的镇静作用及其机制研究[J].中国药学杂志,1999,34(6):374—377.
[15] 赵国华,陈宗道,李志孝,等.活性多糖的研究进展[J].食品与发酵工业,2001,27(7):45—48.
[16] 胡元奎,沈璐,路波.乌灵胶囊对 2 型糖尿病 β 细胞功能的影响[J].陕西中医,2005,26(8):796—797.
[17] 马志章,查士隽,虞研原,等.乌灵参对贫血大鼠造血功能的影响[J].科技通报,1992,8(4):252—254.
[18] 龚庆芳,武守华,谭宁华,等.黑柄炭角菌发酵菌丝体中抗氧化及抗肿瘤活性的有效成分研究[J].食品科学,2008,33(12):28—31.

(潘　扬、张玉玲)

第二十九章
安络小皮伞菌
AN LUO XIAO PI SAN JUN

第一节　概　述

安络小皮伞菌[*Marasmius androsaceus*(L. ex Fr.)Fr]为担子菌门,伞菌纲,伞菌亚纲,伞菌目,小皮伞科,小皮伞属真菌,别名鬼毛针、茶褐小皮伞[1],主要分布在吉林、黑龙江、福建、湖北、湖南、广东、广西、四川、贵州、云南、甘肃等地区[2]。具有较高的药用价值,对神经痛、各种头痛以及炎症均有一定的疗效[3]。以安络小皮伞为主要原料制成的痛宁、安络痛等中成药,已被广大患者认可的镇痛疗效确切、效果持久的良药[4]。

安络小皮伞菌中含有甘露醇、胆甾醇、胆甾醇醋酸酯、氨基酸、对羟基肉桂酸、麦角甾醇、糖类和蛋白质等成分[5]。

第二节　安络小皮伞菌化学成分的研究

一、安络小皮伞菌化学成分的提取与分离

从安络小皮伞菌乙醇提取物中可分离到甘露醇、胆甾醇、胆甾醇醋酸酯、对羟基肉桂酸、麦角甾醇等成分。此外,从安络小皮伞菌的水提取物中可分离到多糖、氨基酸和蛋白质等化学成分(图 29-1)。

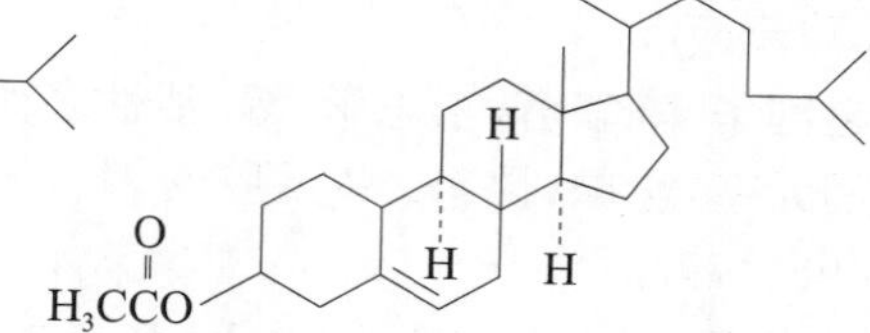

图 29-1　安络小皮伞中的甾醇化合物

二、安络小皮伞菌各种化学成分的理化常数与光谱数据

甘露醇　白色晶体(DMSO),TOF-MS m/z:183[M+H]$^+$。^{1}H NMR(DMSO-d_6,500MHz)δ:

4.39(2H,d,J=6Hz),4.31(2H,t,J=6,5.5Hz),4.12(2H,d,J=7.0Hz),3.61(2H,m),3.55(2H,t,J=7.5Hz),3.45(2H,m),3.38(2H,m)。^{13}C NMR δ:71.5、69.8、63.9[6]。

胆甾醇　无色针晶(三氯甲烷),mp 147～149℃,Libermann Burchard 反应阳性。^{1}H NMR (500MHz,$CDCl_3$)δ:5.35(1H,t,J=2.3Hz),3.53(1H,m),1.01(3H,s),0.93(3H,d,J=7.2Hz),0.88(3H,d,J=6.5Hz),0.87(3H,d,J=6.5Hz),0.54(3H,s)。^{13}C NMR(125MHz,$CDCl_3$)δ:140.6、121.6、71.6、56.8、56.2、50.1、43.3、42.2、39.6、39.5、37.1、36.2、36.2、36.1、31.9、31.8、31.5、28.4、28.2、24.3、23.9、22.8、22.8、21.4、l9.3、18.8、11.8。以上数据与文献[7]报道的胆甾醇基本一致。

对羟基肉桂酸　白色细针状晶体(二氯甲烷—丙酮),mp 212～214℃。IR(KBr):1 675、2 500～3 000、3 400、1 510、1 590、1 630、980cm^{-1}。MS m/z:164(M^+,100),147(M^+-17,52),119(48)和106(19)。^{1}H NMR(400MHz,DMSO-d_6)δ:6.0(1H,d,J=15.8Hz),6.79(2H,d,J=8.6Hz),7.49(1H,d,J=15.8Hz),7.55(2H,d,J=8.6Hz),9.95(1H,s),13.21(1H,brs)。上述结果与对羟基肉桂酸结构相符。

麦角甾醇　无色针晶(石油醚-乙酸乙酯),mp 165～168℃。Liebermann-Burchard 反应阳性。EI-MS m/z:396[M^+]。^{1}H NMR 中显示有 4 个烯质子信号与 6 个甲基信号。^{13}C NMR($CDCl_3$,75MHz)δ:141.4、139.8、135.6、132.1、119.6、116.4、70.5、55.8、54.6、46.3、43.3、42.9、40.9、40.5、40.4、39.2、37.1、33.1、32.1、28.3、23.0、21.6、21.2、20.0、19.7、17.6、16.3、12.1。以上数据与文献[8]报道一致,故鉴定该化合物为麦角甾醇。

三、安络小皮伞菌多糖

陈西广等人用菲林试剂法与甲醇乙醇分级法相结合,从安络小皮伞菌中分离得到数个多糖组分,经分析,安络小皮伞菌中的水溶性多糖是由 3 种单糖(Man、Glc、Fuc)组成的中性多糖混合物,含同聚糖、杂聚糖等多糖分子,且部分糖链上结合有蛋白质,相对分子质量分布范围较广[9]。

第三节　安络小皮伞的生物活性

安络小皮伞属我国民间传统的药用真菌,具有止痛、消炎等功效,对三叉神经痛、坐骨神经痛、偏头痛、眶上神经痛、面部神经麻痹、面肌痉挛与风湿性关节炎等均有一定的疗效[10-12]。另外,安络小皮伞菌的碱溶性多糖 R-1 及其降解多糖 R-2 具有增强小鼠免疫,以及抗小鼠肉瘤 S-180 的作用[13]。王曦等人[14]研究表明,安络小皮伞多糖对-OH 自由基有很强的清除作用。梁启明[15]研究表明,安络小皮伞菌丝体多糖对脂质过氧化有明显的抑制作用。从而证明安络小皮伞菌多糖具有抗氧化作用。

参 考 文 献

[1] 戴芳澜. 中国真菌总汇[M]. 北京:科学出版社,1979.
[2] 邵力平,项存悌. 中国森林蘑菇[M]. 哈尔滨:东北林业大学出版社,1997.
[3] 陈西广,张翼伸,李润秋. 安络小皮伞中水溶性多糖的研究[J]. 真菌学报,1990,9(2):155—160.
[4] 方圣鼎,张振德. 安络小皮伞菌丝体中的镇痛成分[J]. 中草药,1989,29(10):2—4.
[5] 周婷婷,姜翔之,王颖. 安络小皮伞提取物特征图谱研究[J]. 中国药师,2013,16(3):325.

[6] 李明月，常敏，张庆华，等. 木榄内生真菌菌株 ZD6 及其代谢产物的抑菌活性[J]. 菌物学报，2010，29(5)：739－745.
[7] Wang W，Xu SH，Liao XJ. Isolation and structure identification of several chemical constituents in gorgonian *Verrucella sp* [J]. Chinese Pharm J（中国药学杂志），2010，45(3)：172－174.
[8] K. Keokeis SD，Sarker LND. Phytoecdy steroid from Atriplex nummularia. Fitoterapia，2000，71：456－458.
[9] 陈西广，张翼伸. 安络小皮伞中水溶性多糖的研究Ⅳ总糖及糖蛋白的分布、分级与测定[J]. 青岛海洋大学学报，1994，24(2)：211－214.
[10] 陈英红，姜瑞芝，高其品. 鬼毛针醇提物中镇痛成分麦角甾醇和肉桂酸的含量测定[J]. 中成药，2005，27(5)：583－584.
[11] 王叶茗，栗多能. 三龙风湿液治疗痹病 100 例疗效观察[J]. 湖南中医杂志，2002，17(3)：16.
[12] 叶文博，杨晓彤，陈莹，等. 鬼毛针对大鼠的长时效镇痛作用[J]. 中药药理与临床，2002，18(4)：19－20.
[13] 白日霞，薛业. 碱提鬼毛针多糖的研究[J]. 北学通报，2000，63(7)：46－48.
[14] 王曦. 安络小皮伞菌丝体多糖的提取及其抗氧化性研究[J]. 食品科技，2006，31(12)：81－83.
[15] 梁启明. 安络小皮伞菌丝体多糖的提取及其抗脂质过氧化作用的研究[J]. 食品工业科技，2007，28(9)：127－129.

（丁　平、屈敏红）

第三十章 竹荪

ZHU SUN

第一节 概述

竹荪(*Dictyophora indusiata*)又名竹参、竹笙、仙人笠等,隶属于担子菌门,伞菌纲,鬼笔亚纲,鬼笔目,鬼笔科,竹荪属真菌[1]。在全世界已被描述的22种该属真菌中[2],中国至少分布有12种或及其变种,其中,短裙竹荪(*D. duplicata*)、棘托竹荪(*D. echinovolvata*)、长裙竹荪(*D. indusiata*)和红托竹荪(*D. rubovolvata*)占主要地位,主要分布在贵州、云南、湖南、湖北、四川、广东、福建等地区。竹荪具有滋补强壮、益气补脑、宁神健体、补气养阴、润肺止咳以及清热利湿等功效,有"菌种皇后"、"山珍之王"的美誉[3]。

竹荪的活性成分较多,含有多种氨基酸、多糖、维生素和多种无机盐等[1,4-5]。多糖是竹荪子实体中重要组成成分之一,目前重点是对竹荪多糖的提取分离、纯化与生物活性的研究。

第二节 竹荪化学成分的研究

一、竹荪多糖类成分的提取、分离与结构鉴定

从不同竹荪子实体和菌丝体中分离得到多种多糖,主要有以下几种:Dd、Dd-2DE、DdM-S、DI、DiA、Di-S2P、DE2-2、DdGP-3P3和DiGP-2。

1. 竹荪多糖Dd的提取、分离与结构鉴定

提取与分离方法 将竹荪(*Dictyophora indusiata*)子实体干品洗净后剪碎,在98～100℃水中搅拌加热5h,重复两次离心(3 000r/min),收集上清液,减压浓缩至适当的体积。加入3倍体积95%的乙醇,沉淀、收集沉淀物。用蛋白酶法脱蛋白后,再用Sevag法脱蛋白6次,然后经自来水透析两昼夜,蒸馏水透析半天,再用3倍95%的乙醇醇析,水溶解,再醇析,重复3次得到脱蛋白多糖。取脱蛋白后的多糖,用DEAE-Sephadex A-25柱色谱进一步分离纯化。上样后,先用溶液浓度为0.1 mol/L的NaCl溶液洗至无糖检出为止,然后用浓度为3.9mol/L的NaCl溶液500ml(储存瓶)对浓度为0.1mol/L的NaCl溶液500ml(混合瓶)进行梯度洗脱,用硫酸-苯酚法跟踪检测,收集含糖部分,再用Sephadex G-200柱进一步纯化,洗脱剂为0.1mol/L的NaCl溶液,收集含糖部分的洗脱液,经蒸馏水透析,浓缩后用95%的乙醇沉淀,再用无水乙醇醇析,冷冻干燥,得纯化多糖Dd[6]。

竹荪多糖Dd鉴定 相对分子质量为196kDa,含L-岩藻糖、D-甘露糖和D-半乳糖。Dd组成单糖的摩尔比测定计算结果为:L-岩藻糖:D-甘露糖:D-半乳糖=0.63:1.00:1.27[7]。

2. 竹荪多糖Dd-2DE的提取、分离与结构鉴定

提取与分离方法 竹荪子实体干品加5倍3%三氯乙酸,5℃提取8h,过滤,取滤液用4mol/L NaOH中和,浓缩、离心,上清液中加乙醇至浓度50%(V/V)去沉淀后,取上清液加乙醇至浓度75%

(V/V)，沉淀物采用蛋白酶法和 Sevag 法脱蛋白，用 DEAE－纤维素(Cl^-)型柱色谱纯化，用 0.01mol/L pH 6.95 Tris－HCl 缓冲液洗脱，合并洗脱峰洗脱液，经浓缩、透析、冻干，得到多糖纯品 Dd－2DE，其得率约 1.3%[8]。

Dd－2DE 鉴定 相对分子质量约为 76kDa，以 β-糖苷键连接的多糖，单糖的组成为 D－葡萄糖、D－半乳糖、D－甘露糖、L－岩藻糖和 D－木糖。摩尔比为 D－葡萄糖∶D－半乳糖∶D－甘露糖∶L－岩藻糖∶D－木糖＝0.47∶1.72∶1.00∶0.18∶0.21。

3. 竹荪菌丝体多糖 DdM-S 的提取、分离与结构鉴定

提取与分离方法 短裙竹荪(*D. duplicata*)菌丝体经蒸馏水洗涤后，用 98～100℃热水提取，离心后的上清液经浓缩，再用蛋白酶和 Sevag 法联合去蛋白，经蒸馏水透析后加 3 倍体积的 95%乙醇沉淀，得到多糖粗品 DdM，DdM 用 DEAE－Sephadex A－25 柱色谱进一步纯化，先用浓度为 0.1mol/L NaCl 溶液洗至无糖检出，再用浓度为 0.1～0.39mol/L NaCl 溶液进行梯度洗脱，得到单一洗脱峰，收集洗脱液，经透析、冷冻干燥得多糖纯品 DdM-S[9]。

DdM-S 鉴定 相对分子质量为 199kDa，含有 D－葡萄糖、D－甘露糖和 L－岩藻糖，其摩尔比为 D－葡萄糖∶D－甘露糖∶L－岩藻糖＝1.28∶1.00∶0.36。

4. 竹荪多糖 DI 的提取、分离与结构鉴定

提取与分离方法 将人工栽培的竹荪子实体干品经热水提取，乙醇沉淀，用蛋白酶和 Sevag 法相结合去蛋白，用 DEAE－SePhadex A－25 和 Sephadex G－200 柱色谱纯化，得到竹荪多糖 DI[10]。

DI 鉴定 竹荪多糖 DI 相对分子质量为 1.44 万，是单一均匀的纯多糖。单糖组成为 L－岩藻糖、D－木糖、D－甘露糖、D－葡萄糖，其摩尔比为 L－岩藻糖∶D－木糖∶D－甘露糖∶D－葡萄糖＝0.16∶0.24∶1.00∶1.08。

5. 竹荪多糖 DiA 的提取、分离与结构鉴定

提取与分离方法 将长裙竹荪(*D. indusiata*)子实体干品洗净、剪碎，用 5 倍的 3%三氯乙酸溶液在 5℃提取 8h，离心，收集上清液，用 4mol/L NaOH 溶液中和上清液至 pH 为 7，浓缩、离心，上清液中加 3 倍体积的 95%乙醇沉淀，收集沉淀物，冷冻干燥得粗多糖，得率约为 8%。粗多糖采用蛋白酶法脱蛋白 1 次，Sevag 法脱蛋白 5 次，去蛋白液经透析，加 3 倍体积 95%乙醇沉淀，水溶解，再醇析，反复 3 次得到脱蛋白多糖。将脱蛋白后的多糖(2.0g)溶于水(10ml)中，用 DEAE－纤维素(Cl^-)型柱(3.3cm×53cm)层色谱，用水作洗脱剂，分部收集，每管 10ml，合并多糖单一峰位部分，减压浓缩至 5ml，再进行 1 次 DEAE－纤维素($B_4O_7^{2-}$ 型)柱(1.8cm×50cm)色谱，用水作洗脱剂，分部收集，合并单峰洗脱液，浓缩至小体积，用 Sephadex G－200 柱(2.0cm×50cm)色谱进一步纯化，用 0.05 mol/L NaCl 溶液作洗脱剂，合并单峰洗脱液，透析去盐，浓缩，再加 3 倍体积的 95%乙醇沉淀，沉淀物经冷冻干燥得到多糖，命名为 DiA[11]。

DiA 鉴定 DiA 为纯多糖，不含游离或结合的核酸或蛋白质，相对分子质量约为 168kDa。DiA 的单糖组成为葡萄糖和甘露糖，其摩尔比为葡萄糖∶甘露糖＝0.29∶1.00。

6. 竹荪多糖 Di-S2P 的提取、分离与结构鉴定

提取与分离方法 将长裙竹荪(*D. indusiata*)子实体干品洗净、剪碎，用 5 倍蒸馏水在 98～100℃提取，离心(3 000r/min)，残渣再用 2%Na_2CO_3溶液提取，室温过夜，离心(3 000r/min)去残渣，上清液经适当浓缩、中和，透析后，先用蛋白酶法去蛋白，再用 Sevag 法去蛋白，透析后用乙醇进行分级沉淀，50%乙醇得到 Di－S2，经 DEAR－Sephadex A－25 柱层色谱进一步纯化，样品加入色谱柱后，用蒸馏水洗至洗脱液无糖检出，再用 0.20mol/L NaCl 溶液洗脱，收集含多糖部分的洗脱液，经蒸

馏水透析、浓缩,乙醇沉淀,冷冻干燥后获得多糖纯品 Di-S2P[12]。

Di-S2P 鉴定 经测定该多糖为均一组分,相对分子质量约为 8.7×10^5,红外光谱呈现出典型的多糖吸收峰,紫外扫描无核酸和蛋白质的特征吸收。Di-S2P 的单糖组分为 D-葡萄糖、D-甘露糖、D-木糖和 D-半乳糖。其摩尔比为 D-葡萄糖∶D-半乳糖∶D-甘露糖∶D-木糖=1.62∶1.87∶1.00∶0.93。

7. 竹荪多糖 DE2-2 的提取、分离与结构鉴定

提取与分离方法 将棘托竹荪(*D. echinovolvata*)子实体干品洗净剪碎后,用 98～100℃蒸馏水提取两次,每次 5h,离心去残渣。上清液浓缩后,先用蛋白酶法去蛋白,再用 Sevag 法去蛋白,透析后用 3 倍体积的 95%乙醇沉淀,沉淀物经冷冻干燥后得到粗多糖 DE。将粗多糖 DE 溶于适量的蒸馏水,加 60%乙醇沉淀,得到相应多糖 DE2。用 DEAE-Sephadex A-25 柱色谱纯化,样品加入色谱柱中,先用 0.1mol/L NaCl 溶液洗脱,再用 3.9mol/L NaCl 对 0.1mol/L NaCl 进行直线梯度洗脱,得到另外一个洗脱峰 DE2-2,DE2-2 经蒸馏水透析,减压浓缩,乙醇沉淀,冷冻干燥即得棘托竹荪多糖纯品 DE2-2[13]。

DE2-2 鉴定 DE2-2 经高效液相色谱法测定为均一的纯多糖物质,相对分子质量约为 8.4×10^4 Da。纸色谱和气相色谱分析结果表明,DE2-2 的单糖组成为 D-葡萄糖、D-甘露糖、D-半乳糖和 L-岩藻糖,其摩尔比为 D-葡萄糖∶D-甘露糖∶D-半乳糖∶L-岩藻糖=8.68∶1.00∶1.85∶0.74。

8. 竹荪菌丝体糖蛋白 DdGP-3P3 的提取、分离与结构鉴定

提取与分离方法 将竹荪菌粉用蒸馏水在 95℃左右提取两次,离心,去残渣,上清液用 3 倍体积的 95%乙醇沉淀,得到的沉淀物为糖蛋白粗品 DdGP。将 DdGP 粗品溶于水,用乙醇分级沉淀,对应于乙醇浓度(终浓度)30%、50%、75%得到 3 个相应级份 DdGP-1、DdGP-2 和 DdGP-3。DdGP-3 溶于适量的水,用 DEAE-Cellulose 柱(Cl^- 型)进一步纯化,以 0.5N NaCl 溶液为洗脱剂,收集 DdGP-3P3 洗脱峰的洗脱液,经蒸馏水透析、浓缩,乙醇沉淀,冷冻干燥后获得糖蛋白纯品 DdGP-3P3[14]。

DdGP-3P3 鉴定 DdGP-3P3 含蛋白质 86.2%,含糖 12.9%,相对分子质量为 113kDa。DdGP-3P3 含有 16 种氨基酸,其中丝氨酸、苯丙氨酸含量较高,精氨酸含量最低(表 30-1);其单糖组成为 D-葡萄糖、D-甘露糖和 D-半乳糖,摩尔比为:D-葡萄糖∶D-甘露糖∶D-半乳糖=2.01∶1.00∶1.23。红外光谱呈现出典型的多糖吸收峰,含有 β-型糖苷连接键。DdGP-3P3 中糖和蛋白质的连接键为 O-型糖肽键。

表 30-1 DdGP-3P3 的氨基酸组成和含量分析

氨基酸种类	含量/mg·g^{-1}	氨基酸种类	含量/mg·g^{-1}
天冬氨酸	1.88	甲硫氨酸	0.94
苏氨酸	1.45	异亮氨酸	1.12
丝氨酸	2.00	亮氨酸	0.83
谷氨酸	1.39	酪氨酸	0.86
甘氨酸	1.74	苯丙氨酸	2.06
丙氨酸	1.10	赖氨酸	1.39
胱氨酸	1.39	精氨酸	0.33
缬氨酸	1.26	脯氨酸	1.28

9. 竹荪多糖 DiGP-2 的提取、分离与结构鉴定

将长裙竹荪菌丝体经热水抽提,乙醇沉淀,再通过 DEAE-cellulose 柱层析纯化,得到竹荪菌体

DiGP－2纯品。DiGP－2为糖蛋白，相对分子质量约为78kDa。蛋白质和多糖的含量测定显示，DiGP－2中蛋白质与多糖的含量分别为26.3%和71.5%。氨基酸自动测序结果表明：DiGP－2含有16种氨基酸（表30－2），气相层析分析表明：DiGP－2的单糖组成为半乳糖、葡萄糖和甘露糖，其摩尔比为D－半乳糖∶D－甘露糖∶D－葡萄糖＝0.78∶1.00∶2.13[15-16]。

表30－2　DiGP－2的氨基酸组成和含量分析

氨基酸种类	含量/mg·g^{-1}	氨基酸种类	含量/mg·g^{-1}
天冬氨酸	3.46	甲硫氨酸	1.39
苏氨酸	2.10	异亮氨酸	1.29
丝氨酸	2.23	亮氨酸	0.49
谷氨酸	2.32	酪氨酸	1.23
甘氨酸	1.87	苯丙氨酸	1.07
丙氨酸	1.66	赖氨酸	0.28
胱氨酸	1.04	精氨酸	0.55
缬氨酸	3.54	脯氨酸	2.08

二、竹荪凝集素的提取、分离与结构鉴定

提取与分离方法　将新鲜短裙竹荪子实体（400g）洗净、剪切后，用带冷却水的高速捣碎机匀浆，加生理盐水抽提，抽提液中加固体硫酸铵至60%饱和度，4℃离心（1 500g），收集沉淀物。将沉淀物溶于PBS Ⅰ（0.05mol/L磷酸盐缓冲∶0.15mol/L NaCl，pH7.2），并对同一缓冲液透析至外透析液无SO_4^{2-}检出后，经浓缩得到的样品即为凝集素粗品，选取DEAE-Sepharose柱（1.6cm×30cm），先用PBS Ⅰ洗脱，再用PBS Ⅱ（0.05mol/L磷酸盐缓冲液∶0.5mol/L NaCl，pH7.2）对PB（0.05mol/L磷酸盐缓冲液，pH7.2）进行线性梯度洗脱，收集第1个洗脱峰的洗脱液，冷冻干燥浓缩至适当体积，再经Sephadex G－100柱（2.6cm×60cm）进一步纯化，洗脱液为PBS Ⅰ，收集第1洗脱峰洗脱液，经透析去盐，冷冻干燥后获得短裙竹荪凝集素（*Dityophora duplicata*（*Bosc*）Fischer lectin，DDFL）纯品38mg[17]。

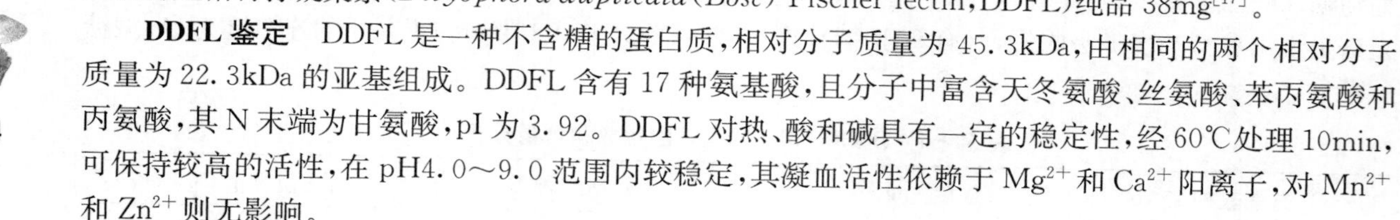

DDFL鉴定　DDFL是一种不含糖的蛋白质，相对分子质量为45.3kDa，由相同的两个相对分子质量为22.3kDa的亚基组成。DDFL含有17种氨基酸，且分子中富含天冬氨酸、丝氨酸、苯丙氨酸和丙氨酸，其N末端为甘氨酸，pI为3.92。DDFL对热、酸和碱具有一定的稳定性，经60℃处理10min，可保持较高的活性，在pH4.0～9.0范围内较稳定，其凝血活性依赖于Mg^{2+}和Ca^{2+}阳离子，对Mn^{2+}和Zn^{2+}则无影响。

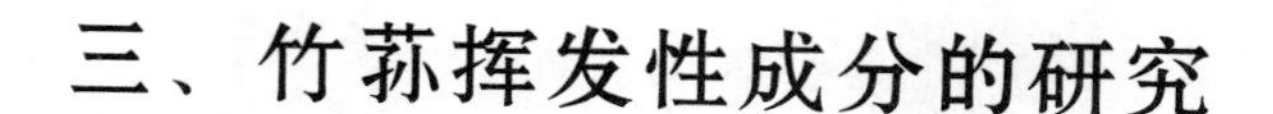

三、竹荪挥发性成分的研究

不同种的竹荪挥发性成分各不相同（表30－2）。檀东飞等人[18]利用水蒸气蒸馏法提取棘托竹荪子实体的挥发油，得油率为0.45%。应用气相色谱-质谱联用系统对其挥发油的化学成分进行研究。以FFAP柱分离出36个峰，用质谱法鉴定出28个成分，主要成分为13－甲基-环氧十四烷-2－酮（23.53%）、亚油酸（17.56%）、芹子烯（12.37%）、棕榈酸（8.20%）、9－十六碳烯酸（7.84%）、(-)-Lepidozenal（7.82%）等，占总挥发油的97.76%。用水蒸气蒸馏法提取棘托竹荪子实体鲜品的挥发油，每100g可得到0.093g。

用石油醚冷浸提棘托竹荪子实体鲜品，每100g得到0.475g挥发油。应用GC-MS对这两种提取物的化学成分进行研究，用HP－5MS柱分离，质谱法分别鉴定出35种和37种成分，其中有18种

成分是首次从竹荪属中检测到的[19]。棘托竹荪鲜品挥发油中检测出主要化学成分类别的相对峰面积为28.12%醇类(含萜品醇)、26.09%芳香烃、10.81%倍半萜类、7.54%脂肪酸、6.91%酮类(含萜品酮)、3.76%烷(烯)烃、1.94%酚类、1.93%甾苷、1.43%酯类、0.10%醛类。石油醚提取物检测出的主要化学成分类别的相对峰面积为35.31%脂肪酸、14.27%醇(含萜品醇)、5.97%芳香烃和芳香酸、5.33%酯类、4.17%胺类、2.43%倍半萜类、1.72%酮类(含萜品酮)、1.46%酚类,未检测到醛类。

陈敬华等人[20]以正己烷为溶剂,对长裙竹荪子实体进行索氏提取,提取率为1.36%。应用GC-MS对提取物的化学成分进行分析,用Rxi－1ms柱色谱分离,质谱解析鉴定出55种成分,其中23种成分是首次从竹荪属中检测出来。主要化学成分类别与相对面积为:1.35%芳香烃,19.83%酮类,25.83%羧酸类,13.53%酯类,4.26%醛类,23.32%醇类(含甾醇),4.78%倍半萜类,烷(烯)类及其他占6.48%。

陈曦等人以二氯甲烷为溶剂,采用蒸馏萃取法结合气相色谱-质谱联用技术,对长裙竹荪挥发性成分进行分析[21]。通过弱极性Rtx－5柱定性分析,共鉴定出70种化合物,包括醛类10种、酮类13种、醇类5种、酚类4种、酯类4种、酸类5种、烃类12种、杂环类17种。有效成分中含量较大的有异长叶烯酮(16%)、氢化紫罗兰酮(12.85%)、β-绿叶烯(5.83%)、呋喃甲醛(5.55%)、苯乙醛(2.38%)等,检出率为相对峰面积总量的71.81%。

黄明泉[22]采用蒸馏萃取法结合气质联用技术,对竹荪挥发性成分进行分析。以乙醚为溶剂时,较佳萃取时间为3h,此时可鉴定出99种成分;以二氯甲烷为溶剂,较佳萃取时间为2h,此时可鉴定出76种成分;两种溶剂可从竹荪中提取鉴定出138种挥发性成分,其中醛类23种、酮类19种、醇类16种、酚类4种、酯类11种、酸类11种、烃类34种、其他类20种(包括3－甲硫基丙醛、二烯丙基二硫醚、2－乙酰基噻唑、1,4－二甲氧基苯、1,2,4－三甲氧基苯等),在鉴定出的成分中含量较大的成分有十四碳内酯、6－甲氧基－8－酰氨基喹啉、5－异长叶烯酮、6,10－二甲基－5,9－十一碳二烯－2－酮、τ－芹子烯、α－杜松醇、十六碳酸、榄香烯、苯酚、2－羟基－3－苯基丙酸甲酯等(表30－3)。

表30－3　竹荪中挥发性成分分析结果

种类	红托子实体/种	短裙子实体/种	长裙子实体/种	棘托		
				菌盖/种	菌托/种	子实体/种
酯	15	11	4	6	5	21
酮类	8	19	2	3	3	6
醇类	9	16	5	12	7	7
酚	2	4	0	2	2	2
醛类	11	23	3	2	1	3
酸	23	11	0	11	12	16
烃	17	34	10	5	9	35
其他	23	20	3	9	9	23
总计	108	138	26	50	48	112

第三节　竹荪的生物活性

竹荪多糖具有对有丝分裂刺激因子进行诱导[24]、抗肿瘤[25]、抗炎[26]等生物活性。Chihiro等人[26]的抗炎活性实验显示,长裙竹荪分支状(1→3)－β－D－葡聚糖(T－5－N)对由卡拉胶诱使的小鼠水肿与烫伤水肿有明显的抗炎效果,且该糖的活性比苯基丁氮酮这种止痛退烧药更有效。Ukai等人[27]通过体内实验发现,竹荪多糖T－4－N[相对分子质量(MW):5.5×10^6Da]、T－5－N(MW:

5.5×10^{6}Da)可以在相对较低剂量下抑制 S-180 皮下移植瘤的生长。林玉满[28]、赵凯等人[29]分别从竹荪子实体中提取多糖,多糖对 S-180 肉瘤的生长具有不同程度的抑制作用。Zhong 等人[30]研究发现,竹荪多糖 PDI(MW:6.5×10^{4}Da)在体外可以直接抑制 S-180 细胞,并诱导其凋亡,阻滞了细胞周期。Li 等人[31]研究发现,竹荪粗多糖可在体外抑制 Hela 和 HepG2 的生长,且对前者的抑制效应强于后者,而对人正常血管内皮细胞抑制效应很弱。王小红等人[32]研究发现,竹荪水提物具有直接抑制路易斯肺癌细胞生长的效应,能引起肺癌细胞凋亡,且作用比较温和。丁瑞瑞等人[33]研究显示,竹荪多糖对 A549 肿瘤细胞和 Hela 细胞也有一定的抑制作用,显示了竹荪具有良好的应用前景。

体外抗氧化活性的研究结果表明,红托竹荪多糖具有较强还原能力,对羟自由基和超氧阴离子自由基有一定的清除作用,且多糖浓度和清除效果间存在良好的量效关系[34-35]。王宏雨[36]、Mau Jengleun[37]、Jiang Yuji 等人[38]通过抗氧化实验发现,竹荪提取物能抑制人红细胞的脂质过氧化,提高衰老模型小鼠血清中 SOD 酶活力,降低衰老模型小鼠血清中 MDA 含量。熊彬等人[39]采用 λ 线对大鼠进行全身照射造成辐射损伤、骨髓抑制,再用长裙竹荪托盖液进行免疫修复。结果表明,托盖液可能刺激骨髓造血干细胞和胸腺,能修复辐射损伤最敏感的免疫活性 T 细胞和 NK 细胞,且 IL-2、NK 细胞增强免疫作用与药物剂量存在明显量效关系,其增免作用可能是长裙竹荪托盖液多糖与微量元素双重效应的结果。

竹荪有机溶剂提取物对霉菌、酵母与细菌具有广泛的抑菌效果,但抑菌效果因竹荪种类、菌种与竹荪提取物浓度不同而具有不同的抑菌效果[18-19,40-48]。如长裙竹荪提取液对细菌、病原菌具有广泛的抑制作用,抑菌成分具有最低抑菌浓度 MIC 和最低杀菌浓度 MBC,在中性至碱性条件下可发挥抑菌作用,对高温、高压稳定,但对酵母菌、霉菌没有明显的抑制作用;而棘托竹荪挥发油对霉菌、酵母与细菌都有抑菌效果,且该竹荪的水提物对常见有害菌具有一定的抑菌效果,抑菌 pH 范围为 4～7,对高温有一定的稳定性。除此之外,有研究显示,红托竹荪粗多糖对细菌(金黄色葡萄球菌、枯草芽孢杆菌、大肠杆菌)、真菌(啤酒酵母、苹果青霉)均有抑菌作用,且对细菌的抑制作用大于真菌[49]。综上所述,开发竹荪风味的调味品、天然防腐剂、竹荪保健食品具有广阔的前景。

参 考 文 献

[1] 吴勇,林朝中,姜守忠.竹荪栽培与加工技术[M].贵阳:贵州科学技术出版社,1997.
[2] 邵红军,房立真,程俊侠,等.竹荪属真菌功能成分与生理活性研究进展[J].陕西师范大学学报(自然科学版),2011,39(5):96—103.
[3] 袁德培.竹荪的研究进展[J].湖北民族学院学报(医学版),2006,23(4):39—40.
[4] 姜守忠.竹荪栽培与制种技术[M].贵阳:贵州科学技术出版社,1991.
[5] 张甫安,蒋筱仙.中国竹荪驯化栽培大观[M].上海:上海科学技术普及出版社,1992.
[6] 林玉满,陈利永,余萍.短裙竹荪(*Diciyophora duplicata*)多糖的研究(I)[J].福建师范大学学报(自然科学版),1995,11(1):75—78.
[7] 林玉满.短裙竹荪多糖 Dd 的组成单糖鉴定和抑瘤作用[J].海峡药学,1995,7(1):120—122.
[8] 林玉满,鄢春生,余萍.短裙竹荪子实体酸提水溶性多糖的研究- Dd-2DE 的分离纯化和组成鉴定[J].福建师范大学学报(自然科学版),1998,14(2):62—66.
[9] 林玉满.短裙竹荪菌丝体多糖 DdM-S 提取及其性质[J].中国食用菌,2003,22(6):52—53.
[10] 林玉满.竹荪多糖的分离纯化和鉴定[J].中国食用菌,1995,14(5):37—39.
[11] 林玉满,陈日煌.长裙竹荪子实体酸提水溶性多糖 DiA 的分离、纯化及组成单糖的鉴定[J].食用菌学报,1996,3(3):37—40.
[12] 林玉满.长裙竹荪多糖 Di-S2P 的分离纯化和鉴定[J].中国食用菌,2003,22(2):40—42.

[13] 林玉满,余萍,刘艳如. 棘托竹荪子实体水溶性多糖 DE2-2 的分离纯化和鉴定[J]. 食用菌学报,2001,8(1):15—18.

[14] 林玉满,余萍. 短裙竹荪菌丝体糖蛋白 DdGP-3P3 纯化及性质研究[J]. 福建师范大学学报(自然科学版),2003,19(1):91—94.

[15] 林玉满. 长裙竹荪菌丝体糖蛋白 DiGP-2 的分离纯化及其性质的研究[J]. 中国食用菌,2001,增刊:168—169.

[16] 柯伙钊,林玉满. 长裙竹荪菌丝体糖蛋白 DiGP-2 的组成分析和抑瘤作用的研究[J]. 海峡药学,2001,13(4):120—122.

[17] 林玉满,苏爱华. 短裙竹荪(*Dityophora duplicata*)凝集素纯化与生化性质[J]. 中国生物化学与分子生物学报,2005,21(1):101—107.

[18] 檀东飞,吴若菁,梁鸣,等. 棘托竹荪挥发油化学成分及抑菌作用的研究[J]. 菌物系统,2002,21(2):228—233.

[19] 檀东飞,黄儒珠,卢真,等. 棘托竹荪子实体鲜品的化学成分及抑菌活性研究[J]. 福建师范大学学报(自然科学版),2010,26(2):100—105.

[20] 陈敬华,胡准,郑化,等. 长裙竹荪正己烷提取物化学组成及抑菌活性研究[J]. 天然产物研究与开发,2012,24:905—909.

[21] 陈曦,黄明泉,孙宝国,等. 同时蒸馏萃取-气相色谱-质谱联用分析长裙竹荪挥发性成分[J]. 食品科学,2012,33(14):129—135.

[22] 黄明泉,田红玉,孙宝国,等. 同时蒸馏萃取-气质联用分析竹荪挥发性成分[J]. 食品科学,2011,32(2):205—211.

[23] 郑杨,邹青青,张岱,等. 竹荪的化学成分及生理活性研究进展[J]. 食品科学技术学报,2013,31(3):39—45.

[24] Chihiro H, Yoshio K, Kazunari I, et al. Mitogenic and colony-stimulating factor-inducing activities of polysac-charide fractions from the fruit bodies of *Dictyophora in-dusiata Fisch*[J]. Chemical Pharmaceutical Bulletin, 1991, 39(6):1615—1616.

[25] Shigeo U, Tadashi K, Chihiro H, et al. Antitumor ac-tivity of various polysaccharides isolated from *Dictyopho-ra indusiata*, *Ganoderma japonicum*, *Cordyceps cicadae*, *Auricularia auricula-judae*, and *Auricularia species*[J]. Chemical&Pharmaceutical Bulletin, 1983, 31 (2): 741—744.

[26] Chihiro H, Tadashi K, Yushiro T, et al. Antiinflammatory activity and conformational behavior of a branched(1→3)-β-D-glucan from an alkaline extract of *Dictyophora indusiata Fisch* [J]. Carbohydrate Research, 1982, 110(1):77—87.

[27] Ukai S, Kiho T, Hara C, et al. Polysaccharides in Fungi XIII. Antitumor activity of various polysaccharides isolated from *Dictyophora indusiata*, *Ganoderma japonicum*, *Cordy-ceps cicadae*, *Auricularia auricular-judae*, *and Auricularia species*[J]. Chem Pharm Bull, 1983, 31 (2): 741—744.

[28] 林玉满. 短裙竹荪多糖 Dd-S3P 的分离纯化及其性质研究[J]. 生物化学杂志,1997,13(1):99—102.

[29] 赵凯,王飞娟,潘薛波,等. 红托竹荪菌托多糖的提取及抗肿瘤活性的初步研究[J]. 菌物学报,2008,27(2):289—296.

[30] Zhong B, Ma Y, Fu D, et al. Induction of apoptosis in os-teosarcoma S180 cells by polysaccharide from *Dictyophora indusiata* [J]. Cell Biochem Funct, 2013, 31(8):719—723.

[31] Li X, Wang Z, Wang L, et al. In Vitro Antioxidant and Anti-Proliferation Activities of Poly-

saccharides from Vari-ous Extracts of Different Mushrooms [J]. Int J Mol Sci, 2012, 13(5): 5801—5817.

[32] 王小红,江洪,余新民.竹荪水提物对路易斯肺癌细胞的抑制效应研究[J].中国医药导报,2014,11(16):9—11.

[33] 丁瑞瑞,令狐娅,郭春连,等.竹荪多糖提取工艺及其对肿瘤抑制作用的研究[J].广州化工,2014,42(15):61—63.

[34] 叶敏.红托竹荪多糖的提取工艺及其体外抗氧化活性[J].贵州农业科学,2012,40(12):172—175.

[35] 王蓓蓓,段玉峰,邵红军,等.红托竹荪多糖抗氧化活性的研究[J].天然产物研究与开发,2012,24:1122—1125.

[36] 王宏雨,江玉姬,谢宝贵,等.竹荪提取物体内抗氧化活性[J].热带作物学报,2011,32(1):76—78.

[37] MauJengleun, Lin Hsiuching, Song Sifu. Antioxidant properties of several specialty mushrooms[J]. Food Research International, 2002, (35): 519—526.

[38] Jiang Yuji, Wang Hongyu, Xie Baogui, et al. Antioxi-dant activities of mushrooms and extraction process opti-mization for *Dictyophora indusiata* [J]. Chinese Journal of Tropical Crops, 2011, 32(6): 1075—1081.

[39] 熊彬,郭渝兰,唐礴,等.竹荪托盖液对^{60}Co照射大鼠免疫功能影响的实验研究[J].中国现代医学杂志,2006,16(3):365—368.

[40] 檀东飞,黄儒珠,卢真,等.棘托竹荪菌盖的化学成分及抑菌作用研究(Ⅱ)[J].微生物学杂志,2007,27(6):8—12.

[41] 檀东飞,黄儒珠,卢真,等.棘托竹荪菌托的化学成分及抑菌活性研究(Ⅰ)[J].菌物学报,2006,25(4):603—610.

[42] 谭敬军,胡亚平,吴晗晗.竹荪抑菌作用研究[J].食品科学,2000,21(10):54—56.

[43] 韩慧,张刚,郝景雯,等.从长裙竹荪中提取一种生物防腐剂的研究[J].食品研究与开发,2008,29(5):62—64.

[44] 韩慧,张刚,郝景雯,等.长裙竹荪抑菌作用研究[J].食品研究与开发,2008,29(5):129—131.

[45] 卢惠妮,潘迎捷,赵勇,等.长裙竹荪子实体抑菌活性的研究[J].天然产物研究与开发,2011,23:324—327.

[46] 谭敬军.竹荪抑菌特性研究[J].食品科学,2001,22(9):73—75.

[47] 檀东飞,苏燕卿,吴若菁,等.棘托竹荪乙酸乙酯提取物的抑菌作用研究[J].海峡药学,2002,14(5):101—103.

[48] 卢惠妮,潘迎捷,孙晓红,等.棘托竹荪子实体抑菌活性的研究[J].食品科学,2009,30(15):120—123.

[49] 王蓓蓓.红托竹荪多糖的分离纯化、结构分析及其生物活性研究[D].陕西师范大学硕士研究生学位论文,2012.

(谢 红)

第三十一章
正红菇
ZHENG HONG GU

第一节　概　述

正红菇(*Russula vinosa* Lindbl)又名真红菇(福建)、葡酒红菇,在现代真菌分类中,隶属于担子菌门,伞菌纲,红菇目,红菇科,正红菇属真菌。正红菇属真菌大多数都需要与壳斗科、松属、云杉属、桦木属、木荷属等树种的根系共生形成菌根,成为生态系统中的重要成员之一[1-2]。正红菇主要分布于安徽、福建、江西、湖南、广东、海南、四川、贵州、云南等地区[3],是一种名贵的药用真菌,能补血、滋阴、清凉解毒,可用于治疗贫血、水肿、营养不良与产妇出血过多,增强机体的免疫力,并有一定的抗菌抗癌作用。

正红菇富含多糖、蛋白质、不饱和脂肪酸、麦角固醇、氨基酸、抑菌活性物质与挥发性物质等多种有效成分,营养丰富、鲜美可口,是一类药食兼用真菌。

第二节　正红菇化学成分的研究

一、正红菇粗多糖化学成分的提取与分离

正红菇多糖(polysaccharide of *Russula vinosa* Lindbl,PRVL)存在于子实体细胞内,提取方法有多种,主要包括以下5种[4]:

1. 热水浸提法

将正红菇干粉末按1∶50的比例加水,搅拌均匀,置98～100℃水浴中恒温浸提、浓缩,用Sevag法去蛋白,乙醇沉淀(1∶5),得PRVL2.74(g/100g)。

2. 碱浸提法

将正红菇粉末按1∶50比例加入1mol/L NaOH溶液,置65℃水浴中恒温浸提2h、浓缩,用Sevag法去蛋白,乙醇沉淀(1∶5),得PRVL3.51(g/100g)。

3. 酸浸提法

将正红菇粉末按1∶50加1.5%三氯乙酸溶液,置65℃水浴中恒温浸2h、浓缩,用Sevag法去蛋白,乙醇沉淀(1∶5),得PRVL2.07(g/100g)。

4. 双酶浸提法

将正红菇粉末按1∶50比例加水,加入纤维素酶、果胶酶,使其最终浓度为1%,pH为6。置于45～50℃水浴中恒温酶解45min,迅速升温至98～100℃灭酶,并保温浸提1h、浓缩,用Sevag法去蛋白,乙醇沉淀(1∶5),得PRVL2.85(g/100g)。

5. 三酶浸提法

将正红菇粉末按1∶50比例加水，加入纤维素酶、果胶酶、中性蛋白酶，pH为6。置于45～50℃水浴中恒温酶解45min，迅速升温至98～100℃灭酶，并保温浸提1h、浓缩，用Sevag法去蛋白，乙醇沉淀(1∶5)，得PRVL3.19(g/100g)。

由于子实体细胞内同时存在着一定量的蛋白质、纤维素、果胶质等成分，采用上述5种浸提法进行分离、纯化，结果显示，碱浸提法最佳，其次分别为三酶浸提、双酶浸提、热水浸提和酸浸提。需要注意的是，虽然碱浸提对多糖的提取效果最佳，但是碱浸提法黏度大，过滤困难，对多糖的立体旋光活性结构有一定破坏作用，影响其生理活性。酶浸提法仅次于碱浸提法，高于常规热水浸提法，且易除杂质，提取多糖具有立体旋光结构，生理活性较强。正红菇多糖分离纯化后用高效液相色谱研究糖的分布，主要含有5种多糖[5]，相对分子质量分别为160×10^4、82.8×10^4、9.26×10^4、4.84×10^4和2.09×10^4 kDa，其中9.26×10^4、4.84×10^4和2.09×10^4 kDa的多糖，分别占总糖的22.65%、22.7%和8.4%。此外，还含有一定量的单糖和寡糖，占总糖的33.9%。

二、正红菇凝集素化学成分的提取、分离与鉴定

凝集素是一类具有糖结合专一性、可促使细胞凝集或沉降复合多糖的蛋白质或糖蛋白，大型真菌凝集素具有多种生物活性，可凝集细胞、抑制肿瘤生长、激发免疫调节因子表达、抗真菌、抗病毒、抗昆虫等[6-7]。

提取与分离方法 将正红菇菌丝体研磨破细胞后，用PB(pH7.2、0.05mol/L磷酸缓冲液)浸提，4℃静置过夜，4℃离心(5 000r/min，20min)，上清液在冰浴中加入固体硫酸铵进行20%～80%分级沉淀，4℃离心(1.2万r/min，40min)。收集沉淀，4℃下溶于PB，并对同一缓冲液透析至外透析液无SO_4^{2-}检出后，经DEAE-Sepharose FF柱(1.6cm×40cm)纯化，先用PB洗脱，流速1ml/min，3毫升/管收集洗脱液，采用FPLC液相层析系统自动检测，检测波长为280nm。出现穿透峰后继续洗脱直至回复到基线，再用梯度为0～0.6mol/L的NaCl进行线性梯度洗脱，收集方法同前。根据检测仪收集第Ⅳ个洗脱峰的洗脱液，用Sephadex G-100柱(1.6cm×70cm)进一步纯化，PB洗脱，流速0.4ml/min，4.0毫升/管收集洗脱液，收集峰Ⅰ，经蒸馏水透析去盐，冷冻干燥，得纯化凝集素样品[8]。

凝集素(RVL)理化常数 RVL是由一个亚基组成的糖蛋白，相对分子质量为55.25kDa，氨基酸组成中组氨酸含量最高，异亮氨酸的含量最低，不含精氨酸和脯氨酸；碱性氨基酸和亲水性氨基酸含量较高，见表31-1。血凝活性在60℃以下稳定，当温度上升到70℃时，血凝活性部分丧失，90℃时则

表31-1 凝集素氨基酸组成

氨基酸	含 量(%)	氨基酸	含 量(%)
天冬氨酸	5.48	亮氨酸	3.18
苏氨酸	2.78	酪氨酸	0.72
谷氨酸	4.18	苯丙氨酸	6.34
甘氨酸	4.27	赖氨酸	3.34
丙氨酸	1.01	组氨酸	16.80
半胱氨酸	5.23	色氨酸	未测定
缬氨酸	8.41	精氨酸	0
甲硫氨酸	6.54	脯氨酸	0
异亮氨酸	0.45	丝氨酸	1.85

完全失去了血凝活性。RVL 的酸碱稳定性：当 pH 在 5.0～8.0 时，RVL 的血凝活力较高，pH 为 7.0 时，活性最高，pH>8.0 时，血凝活性明显降低，当 pH 降至 4.0 或 pH 升至 10.0 时，RVL 的血凝活性完全消失，即 RVL 在中性或近中性环境中比较稳定，这是一种对酸碱比较敏感的凝集素。糖抑制实验表明，D-甘露糖能够高度抑制 RVL 与兔红细胞的凝集反应，蔗糖、D-半乳糖、N-乙酰-D-氨基葡萄糖对血凝反应也起到了部分抑制作用。

三、正红菇多糖 PRVL-2 化学成分的提取、分离与鉴定

提取与分离方法　将正红菇子实体绞碎，用 PBS(0.01mol/L、PB-0.5mol/LNaCl、pH7.2)缓冲液浸泡过夜，捣碎机捣碎，4 层纱布过滤，上清液提取凝集素。残渣置沸水浴中提取 4h，重复两次，过滤，收集提取液，以 3 倍体积的 95%乙醇沉淀，重复两次，离心收集沉淀，再溶于水，流水透析 3d。用 Sevage 法除去蛋白质，再用乙醇沉淀，沉淀物抽滤干燥，依次用丙酮、乙醚洗涤，置 50℃烘箱干燥，得粗多糖，将粗多糖溶于水，离心，上清液经 DEAE-Sephadex A-25 柱色谱分离纯化(2.6cm×34cm)，用 0.1～1.0mol/L NaCl 缓冲液梯度洗脱，以苯酚-硫酸法隔管检测洗脱液，收集第 2 个峰的含糖部分，蒸馏水透析 2d，浓缩，50℃烘箱干燥得到纯化的红菇多糖 PRVL-2[9]。

PRVL-2 理化常数　PRVL-2 是从正红菇(凝集素)子实体残渣中提取得到一种红菇多糖。相对分子质量为 1.8×10^4，糖含量为 89.3%，其中糖醛酸含量为 3.36%。单糖组成为 L-阿拉伯糖、D-半乳糖和半乳糖醛酸。以 D-半乳糖的值为 1，相对 R_f 值之比为 D-半乳糖：L-拉伯糖：半乳糖醛酸=1.0：1.32：0.45。

四、正红菇脂肪酸的提取、分离与鉴定

提取与分离方法　将正红菇干粉用氯仿：甲醇=2：1冷提 4 次，合并提取液浓缩至干。取抽提物 80μl 于具塞刻度试管，加 0.5ml/L NaOH 甲醇液 l ml，充氨气，加塞，放在 50℃水浴中振摇至小油滴完全消失，加入三氟化硼甲醇液 1.5ml、混匀，在 50℃水浴中放置 5min，取出冷却。加入正乙烷 l ml、饱和氯化钠 2ml，振摇混匀，静置分层，取一层己烷液在另一具塞试管中，加少量无水硫酸钠，充氮气，放置在 4℃冰箱中[5]。

鉴定　用气相色谱法对正红菇脂肪酸进行分析，结果见表 31-2，正红菇含有 28 种脂肪酸，其中以油酸(18：1)的含量最高，分别占总脂肪酸的 37%和 34%，其次为软脂酸占 14%，亚麻酸占 0.4%。亚油酸、亚麻酸和花生四烯酸是人体必需的脂肪酸，说明正红菇作为功能性食品和在药物应用上，具有很好的发展前景。

表 31-2　正红菇脂肪酸的组成

序　号	1	2	3	4	5	6	7	8	9	10	11
脂肪酸类型百分比(%)	<C_{16}酸 17	C_{16}:0 14	C_{16}:1 21	C_{16}:3 0.6	C_{18}:1 37.3	C_{18}:2 34.1	C_{18}:3 0.41	C_{20}:4 1.9	C_{20}:5 1.13	C_{22}:6 1.5	其他未鉴定酸 3.77

五、正红菇色素的提取、分离与鉴定

提取与分离方法　将正红菇干子实体粉碎，温水浸提离心，取上清液得色素粗提液，浓缩，加 4 倍体积乙醇沉淀，去除大分子物质，离心，取上清液，浓缩，经 Sephadex G-25 柱色谱分离纯化[5]。

鉴定　正红菇色素主要包括黄色素和红紫色素两个组分。黄色素在 289.6、391.4nm 处有吸收

峰，pH 和温度对其影响很小，可以广泛应用于食品工业中；红紫色素分别在 275.5、366.2、542.4、859.7nm 处有吸收峰，其中在 542.4nm 处的吸收最强，当 pH<7 时，基本上不影响红紫色素的显色，当 pH>7 和高温作用时，红紫色素的颜色减弱甚至消失，可用于中性、酸性、巴氏消毒的食品中应用，安全性较高。

六、正红菇的其他成分

挥发性物质 用蒸馏法提取菌丝体和子实体中的挥发性物质，并采用 GC/MS 法分离各组分，得各组分质谱图，经计算机分析得知，正红菇菌丝体挥发性物质含有 17 个组分，子实体含有 37 个组分，其中有 7 个组分是两者共有的，见表 31－3。挥发性物质的化学成分主要为烃类、酯类、酸类和杂环衍生物，许多成分常见于中草药的挥发油，如 α－pinene，β－phellandrene，2－undecanone，n－hexadecanoic acid[10]。

表 31－3 正红菇菌丝体与子实体挥发性物质组成

组 分（挥发性物质）	菌丝体	子实体
相同组分	α－pinene bicycol[3.1.0]hex－2－ene2－methyl β－phellandrene hexadecanenitrile n-hexadecanoic acid nonadecene 9,12－octadecadienoic acid	α－pinene bicycol[3.1.0]hex－2－ene2－methyl β－phellandrene hexadecanenitrile n-hexadecanoic acid nonadecene 9,12－octadecadienoic acid
不同组分	bicycle[3.1.3]heptane,6,6－dimetyl; naphthalene; 2－undecanone; teteadecane; pentadecane; eicosane; e－11－hexadecenoic acid ethyl ester; hexadecenoic acid,ethylester; heptadecane; hexadecanoic acid,methyl ester	β－pinene;β－myrcene;α－carene; bicycle[4.1.0]hepta－2－ene;benzene;1.4－cyclohexadiene; acetophenone;phenol;3－cyclohexene－1－one;1H－pyrrole; 2－cyclohexene－1－one; bicycle[7.2.0]undec－4－ene; α－caryophyllene;cyclohexene; eudesma－4(14),11－diene; butylated;2－isopropenyl－4a,8－dimethy－1,2,3,naphthalene;hydroxytoluene;tauto－cadinene; naphthalene,1,2,3,5,6,8a－hexahydro;cyclododecane; α－bisabolol; cyclopentadecanone;1－tetradecene;oleylalcohol;heneicosane; 9,12－octadecadienoic acid(Z,Z);11－tricosene;hexadecanoicacid; teeth ester

正红菇全氨基酸分析 正红菇除色氨酸未测外，含组成蛋白质的 16 种氨基酸含量为 14.7%，其中必需、半必需氨基酸占总氨基酸的 54.5%，必需氨基酸中以苯丙氨酸的含量最高，除了甲硫氨酸和组氨酸含量较低外，其余含量分布较均匀。

甾醇类物质 李惠珍等人研究表明，正红菇含有多种甾醇类物质，其中麦角甾醇已被确定。经皂化后，用有机溶剂进行提取，采用紫外分光光度计测定麦角固醇的含量为 0.95%(mg/100mg)[4]。

第三节 正红菇的生物活性

李惠珍等人研究表明，正红菇的水浸提液和其 sevag 去蛋白液，对细菌、酵母菌和霉菌均有一定抑菌效果，有机溶剂提取物的抑菌效果优于热水浸提物，对细菌的抑菌效果优于酵母菌和霉菌，对革兰阴性(G^-)菌抑菌效果优于革兰阳性(G^+)菌[5]。红菇子实体中含有丰富的氨基酸和多种矿物质元素，能显著提升实验小鼠脑、心肌、肝脏组织内超氧化物歧化酶的活性，提高小鼠体内谷胱甘肽过氧化氢酶含量，而对机体有损伤作用的丙二醛含量有显著降低作用[11-12]，说明红菇含有某些抗氧化成分，减轻了自由基对抗氧化系统的攻击，极大地修复了吸入甲醛所致的氧化损伤，具有抗氧化和延缓衰老的功效。红菇还能明显改善糖代谢紊乱、调节体内脂质代谢的作用。红菇子实体能降低高糖高脂小鼠血清中葡萄糖、TC、TG、LDL-C 和超敏 C 反应蛋白水平，提高载脂蛋白 A_1 水平；红菇多糖可显著降低大鼠 TC 含量，降幅达 45.2%[13-14]。红菇多糖能通过对胰岛 β 细胞的修复，使胰岛素分泌增多，改善糖代谢和脂代谢，从而降低血糖和血脂水平[15]；改善高糖高脂大鼠的肝功能，使 ALT 下降，ALB、ALB/GLB 显著升高，改善肝功能作用与剂量呈正相关[16]。在抗肿瘤方面，邱龙新和李剑平等人研究表明，从正红菇子实体中提取的水溶性粗多糖具有一定的抗癌活性[17-18]。另有学者从鳞盖红菇中分离、鉴定了一种新的植物血凝素(RLL)，体外实验显示，RLL 可抑制乳腺癌细胞 MCF－7、肝癌细胞 HepG2 等肿瘤细胞生长[19]。另外，从正红菇中分离得到的麦角甾醇可以用作生产药品"可的松"、"激素黄体酮"原料。以上研究结果显示，正红菇含有蛋白质、多糖类、有机酸等多种活性物质，在抗肿瘤、抗菌、抗氧化、降血脂、调节免疫功能等方面显示出较好潜力，在功能性食品和药物开发上具有很好的应用前景。

参考文献

[1] 陈羽，梁俊峰，周再知，等. 红菇和正红菇菌种接种 3 个乡土树种的苗期效果[J]. 广东林业科技，2010，26(1)：22—28.

[2] 范俐. 福建省红菇的地理分布及其依存的植被类型[J]. 食用菌，2006，4：4—6.

[3] 宋斌，李泰辉，吴兴亮，等. 中国红菇属种类及其分布[J]. 菌物研究，2007，5(1)：20—42.

[4] 李惠珍，许旭萍，谢华玲. 正红菇的麦角固醇及多糖提取法的研究[J]. 中国食用菌，1998，17(4)：37—39.

[5] 李惠珍，黄德鑫，许旭萍，等. 正红菇的化学成分的研究[J]. 菌物系统，1998，17(1)：68—74.

[6] Ng TB. Peptides and proteins from fungi[J]. Peptides，2004，25(6)：1055—1073.

[7] Wang HX，Bun TN，Ooi VEC. Lectins from mushrooms[J]. Mycological Research，1998，102(8)：897—906.

[8] 刘艳如，郑永标，黄维雅，等. 正红菇菌丝体凝集素的分离纯化及生化特性[J]. 菌物学报，2012，31(6)：857—866.

[9] 余萍，刘艳如，林曦. 红菇子实体多糖的理化性质及抗癌活性[J]. 天然产物研究与开发，2006，18(Supp1)：30—34.

[10] 许旭萍，李淑冰，李惠珍，等. 正红菇深层培养菌丝体与野生子实体有效成分的分析比较[J]. 菌物系统，2003，22(1)：107—111.

[11] 娄小华，甘耀坤，王黎明，等. 红菇提取液对甲醛所致氧化损伤的保护作用[J]. 毒理学杂志，2007，21(3)：225—226.

[12] 曾诗媛,甘耀坤,叶楚芳.红菇提取液对大龄小鼠抗氧化作用的研究[J].安徽农业科学,2009,37(16):7464—7466.
[13] 陈旭健,甘耀坤,吴慧慧,等.红菇子实体对小鼠血糖、血脂的影响[J].食品科技,2008,(4):237—239.
[14] 蔡小玲,章佩芬,何有明,等.黑木耳多糖、红菇多糖的降胆固醇作用研究[J].深圳中西医结合杂志,2002,12(3):137—139.
[15] Chen XJ, Zhang YQ. Polysaccharide Extract from *Russula* and Its Role of Lowering Blood Glucose and Lipid[J]. Food Science, 2010, 31(9):255—258.
[16] 陈旭健,杨振德,阮家兴,等.红菇对高糖高脂大鼠肝功能的影响[J].山东医药,2007,47(35):21—22.
[17] 邱龙新.正红菇子实体多糖的提取技术及抗癌活性研究[J].中国食用菌,2004,23(6):48—50.
[18] 李剑平,邱龙新,欧晓敏,等.正红菇子实体水融性多糖的纯化及抗癌活性研究[J].食用菌,2006,(S1):85.
[19] 筱雅.红菇属蘑菇中具强抗肿瘤活性新的植物血凝素[J].现代药物与临床,2010,21(5):398.

（谢　红）

第三十二章 马勃

MA BO

第一节 概述

马勃(*Lycoperdon Polymor* Phum)属担子菌门,伞菌纲,伞菌亚纲,伞菌目,伞菌科,马勃属真菌,广泛分布于世界各地,《中国药典》(2010)收载的马勃主要为脱皮马勃(*Lasiosphoera fenzlii* Reich)、大秃马勃[*Calvatia gigantea* (Batsch) Lloyd]或紫色马勃[*C. lilacina* (Mont. Berk) Loyd]的干燥子实体。马勃最早载于《名医别录》:味辛性平,归肺经,有消肿、止血、解毒等功效,用于咽喉肿痛与各种出血[1]。

马勃中含有较多种类的甾体化合物,药理实验证实,此类化合物是马勃中主要活性成分,其次还有萜类化合物、小分子含氮化合物以及多糖、脂肪酸类化合物等。具有抑菌、抗炎、止血、杀虫、抗肿瘤细胞、变态反应作用等[2]。

第二节 脱皮马勃

脱皮马勃(*Lasiosphoera fenzlii* Reich)为脱皮马勃属真菌,始载于《名医别录》,具有清热、利咽、止血之功效,主要用于风热郁肺咽痛、咳嗽、音哑。

一、脱皮马勃化学成分的研究

1. 甾类化合物

脱皮马勃(*Lasiosphoera fenzlii* Reich)含有甾体类化合物,分别为(22*E*,24*R*)麦角甾-7,22-二烯-3β-醇(ergosta-7,22-dien-3β-ol,1),麦角甾-7,22-二烯-3,6-二酮(ergosta-7,22-dien-3,6-dione,2),麦角甾-5α,8α-二氧-6,22-二烯-3β-醇(3,5α,8α-dioxyergosta-6,22-dien-3β-ol),麦角甾-5,7,22-三烯-3β-醇(ergosta-5,7,22-trien-3β-ol,4),麦角甾-7,22-二烯-3-酮(ergosta-7,22-dien-3-one,5),麦角甾-7,22-二烯-3β,5α,6β-三醇(ergosta-7-22-dien-3β,5α,6β-triol,6)[3-7]。

2. 其他成分

从脱皮马勃中还可分离到2,3-二羟基油酸、硬脂酸、亮氨酸、酪氨酸、尿素、类脂质、马勃素及磷酸钠、阿洛醇、谷甾醇、反式桂皮醇、反式桂皮酸、对羟基苯甲酸、4-羟基苯基乙酸酯、苯丙氨酸、正二十八烷、对苯二酚、棕榈酸等化学成分[3-7]。

二、脱皮马勃甾体类化学成分的提取与分离

提取方法一

将脱皮马勃干燥子实体10kg粉碎,装入大型提取设备后,用石油醚(60～90℃)加热回流提取3

次，每次提取 10h，合并提取液，减压回收溶剂的浸膏。将所得浸膏进行硅胶柱色谱，用石油醚-丙酮(15∶1～8∶1)进行梯度洗脱，得到 6 个组分。组分Ⅰ、Ⅱ、Ⅲ、Ⅳ、Ⅴ和Ⅵ，经硅胶柱色谱(石油醚-丙酮 10∶1)反复洗脱和葡聚糖凝胶色谱(氯仿-甲醇 1∶2)反复洗脱得到化合物(4)与(5)；氯仿∶甲醇＝9∶1 部分得到化合物(1)120mg。甲醇部分通过硅胶柱色谱分离，得到化合物(2)10mg 与(3)15mg。

提取方法二

称取脱皮马勃干燥子实体 25kg，剪碎后用 70％乙醇加热回流提取 3 次，每次 2h。合并滤液并减压浓缩后，依次用石油醚、醋酸乙酯、正丁醇进行萃取。取石油醚萃取物 31g，经减压硅胶柱色谱分离，用石油醚-醋酸乙酯(99∶1→9∶1)梯度洗脱，得到 6 个部分(Fr. 1～6)，其中 Fr. 3 经 Sephadex LH－20 凝胶柱色谱，以二氯甲烷-甲醇(1∶1)洗脱，得到化合物(2)；Fr. 5 经减压硅胶柱色谱分离，用石油醚-醋酸乙酯(99∶1→9∶1)梯度洗脱，Sephadex LH－20 凝胶柱色谱，用二氯甲烷-甲醇(1∶1)洗脱，分别得化合物(1)、(3)、(4)、(5)与(6)(图 32－1)。

HO

ergosta-7,22-dien-3β-ol (1)

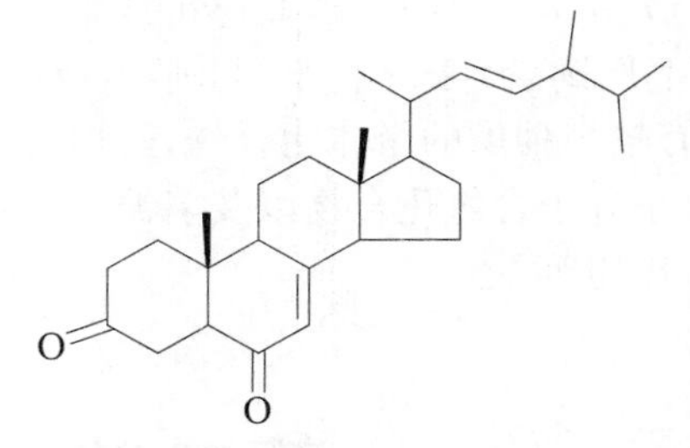

ergosta-7, 22-dien-3, 6-dione (2)

HO
O
O

5α,8α-dioxyergosta-6, 22-dien-3β-ol (3)

HO

ergosta-5, 7, 22-trien-3β-ol (4)

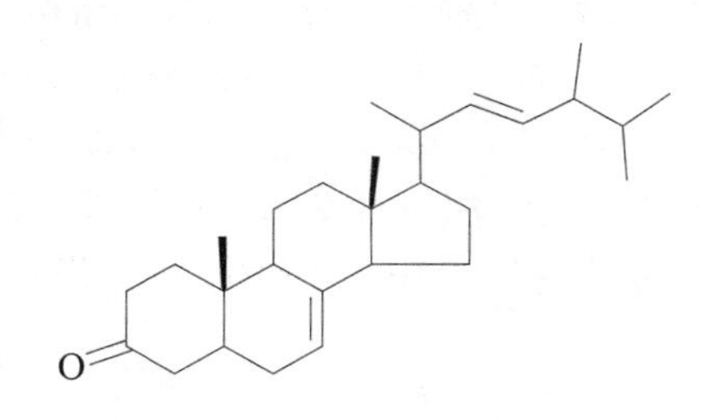

ergosta-7,22-dien-3-one (5)

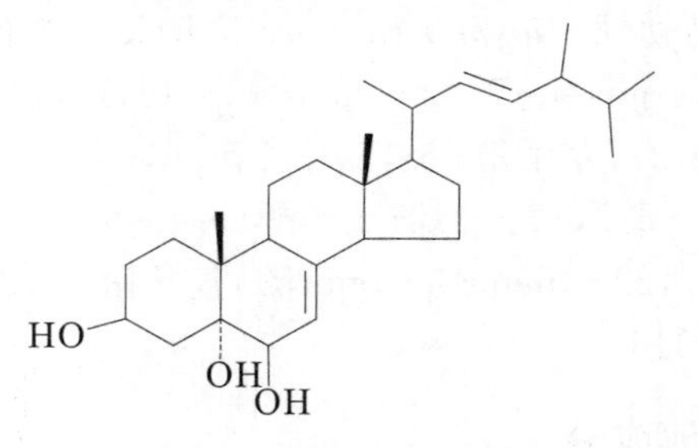

ergosta-7-22-dien-3β,5α,6β-triol (6)

图 32－1 脱皮马勃中甾体类化学成分的结构

三、脱皮马勃中甾体类化学成分的理化常数与光谱数据

麦角甾-7,22-二烯-3β-醇(ergosta-7,22-dien-3β-ol,1) 白色针晶(丙酮)，mp 136～138℃。EI-MS m/z：398[M$^+$]。^{1}H NMR(CDCl$_3$，300MHz)δ：5.20～5.16(3H，m)，3.63～3.56(1H，m)，1.01(3H，d，J＝6.6Hz)，0.93(6H，d，J＝6.6Hz)，0.83(6H，d，J＝5.1Hz)，0.79(3H，br s)，

0.54(3H,s)。^{13}C NMR($CDCl_3$,75MHz)δ:139.6、135.7、131.9、117.4、71.1、21.1、19.9、19.6、17.6、13.0和12.1。

麦角甾-7,22-二烯-3,6-二酮(ergosta-7,22-dien-3,6-dione,2)　无色针晶(氯仿),mp 201～203℃。^{1}H NMR($CDCl_3$,600MHz)δ:0.66(3H,S,H-18),0.84(3H,d,J=6.6Hz,H-26),0.85(3H,d,J=6.6Hz,H-27),0.94(3H,d,J=6.6Hz,H-28),1.06(3H,d,J=6.6Hz,H-21),1.09(3H,s,H-19),5.8(1H,dd,J=15.2、7.2Hz,H-23),5.26(1H,dd,J=15.2、7.2Hz,H-22),5.79(1H,s,H-7)。^{13}C NMR($CDCl_3$,150MHz)δ:37.9(C-1),36.7(C-2),210.8(C-3),37.0(C4),54.2(C-5),198.0(C-6),122.6(C-7),163.6(C-8),49.3(C-9),38.1(C-10),21.7(C-11),38.3(C-12),44.2(C-13),55.4(C-14),22.3(C-15),27.6(C-16),55.7(C-17),12.4(C-18),12.5(C-19),40.0(C-20),20.9(C-21),134.6(C-22),132.3(C-23),42.5(C-24),32.8(C-25),19.4(C-26),19.7(C-27),17.3(C-28)。

麦角甾-5α,8α-二氧-6,22-二烯-3β-醇(5α,8α-epidioxyergosta-6,22-dien-3β-ol,3)　白色针晶(丙酮),mp 186～187℃。EI-MS m/z:428[M]$^+$,410[M-H_2O]$^+$,396[M-O_2]$^+$。^{1}H NMR($CDCl_3$,300MHz)δ:6.51(1H,d,J=8.4Hz),6.24(1H,d,J=8.4Hz),5.23(1H,dd,J=15.0、6.6Hz),5.14(1H,dd,J=15.0、8.4Hz),4.01～3.92(1H,m)1.00(3H,d,J=6.6Hz),0.91(3H,d,J=6.9Hz),0.88(3H,s),0.84(6H,br s),0.82(3H,s)。^{13}C NMR($CDCl_3$,75MHz)δ:135.4、135.2、132.3、130.7、82.1、79.4、66.4、20.6、19.9、19.6、18.1、17.5和12.8。

麦角甾-5,7,22-三烯-3β-醇(ergosta-5,7,22-trien-3β-ol,4)　无色针状晶体(氯仿)。^{1}H NMR($CDCl_3$,600MHz)δ:1.05(3H,d,J=6.6Hz),0.95(3H,s),0.93(3H,d,J=6.8Hz),0.85(6H,t,J=6.4Hz),0.63(3H,s),5.58(1H,dd,J=2.5、5.7Hz),5.40(1H,m),5.24(2H,m)。^{13}C NMR($CDCl_3$,150MHz)δ:38.3(C-1),31.9(C-2),70.4(C-3),42.0(C4),139.7(C-5),119.5(C-6),116.2(C-7),114.3(C-8),46.2(C-9),38.3(C-10),21(C-11),39.0(C-12),43.1(C-13),54.5(C-14),22.9(C-15),28.2(C-16),55.6(C-17),12.0(C-18),16.2(C-19),40.7(C-20),21.5(C-21),135.5(C-22),131.9(C-23),34.1(C-24),34.1(C-25),19.9(C-26),20.2(C-27),17.5(C-28)。

麦角甾-7,22-二烯-3-酮(ergosta-7,22-dien-3-one,5)　白色片状晶体(氯仿),mp 178～180℃。EI-MS m/z:396[M$^+$],381[M-Me]$^+$,353[M-Me-CO]$^+$。^{1}H NMR($CDCl_3$,300MHz)δ:5.26～5.12(3H,m),1.02(3H,d,J=6.3Hz),1.01(3H,s),0.91(3H,d,J=3.9Hz),0.84(3H,d,J=4.8Hz),0.80(3H,d,J=4.8Hz),0.57(3H,s)。^{13}C NMR($CDCl_3$,75MHz)δ:212.0、139.5、135.6、132.0、117.0、21.1、19.9、19.6、17.6、12.5和12.1。

麦角甾-7,22-二烯-3β,5α,6β-三醇(Ergosta-7-22-dien-3β,5α,6β-tri ol,6)　白色结晶(甲醇)10%硫酸-乙醇显色,呈紫色转墨绿色斑点。^{1}H NMR(300MHz,$CDCl_3$)δ:0.60(3H,s,18-CH_3),0.82(6H,d,J=6.6Hz,26,27-CH_3),0.92(3H,d,J=6.6Hz,28-CH_3),1.02(3H,d,J=6.6Hz,21-CH_3),1.09(3H,s,19-CH_3),3.62(1H,m,H-3),4.08(1H,m,H-6),5.19(2H,m,H-22,23),5.35(1H,brs,H-7)。^{13}C NMR(75MHz,$CDCl_3$)δ:33.1(C-1),30.9(C-2),67.7(C-3),40.4(C-4),76.0(C-5),73.7(C-6),117.5(C-7),144.0(C-8),43.5(C-9),37.1(C-10),22.0(C-11),39.2(C-12),43.8(C-13),54.7(C-14),22.9(C-15),27.9(C-16),56.0(C-17),12.3(C-18),18.8(C-19),39.5(C-20),21.1(C-21),135.4(C-22),132.2(C-23),42.8(C-24),33.0(C-25),19.6(C-26),19.9(C-27),17.6(C-28)。

第三节　大秃马勃

大秃马勃[*Calvatia gigantea* (Batsch)Lloyd]别名大马勃、巨马勃,又称灰包、马粪包,隶属于担

子菌门，伞菌纲，伞菌目，伞菌科，大秃马勃真菌，分布较广，主要分布在内蒙古、辽宁、安徽、甘肃、江苏、云南等地区。大秃马勃是入药的主流产品。大秃马勃幼时可食用，但主要作为清热解毒药，主要功效是抑菌、消肿、解毒、止痛、清肺、治皮肤真菌感染和抑肿瘤[8]。药用菌体，味辛、平，具有清肺利咽，止血之功效，适用于风热郁肺咽痛、咳嗽、音哑；外治鼻出血、创伤出血等症。

一、大秃马勃化学成分的研究

大秃马勃含有麦角甾-7,22-二烯-3-酮，β-谷甾醇等甾类化合物，棕榈酸胆甾烯酯等萜类化合物，地衣酸、棕榈酸等酯类化合物，黏蛋白 calvacin、天冬氨酸、丝氨酸、苏氨酸、丙氨酸等氨基酸类化合物[9-11]。

1. 甾类化合物

麦角甾-7,22-二烯-3-酮(ergosta-7,22-dien-3-one,1)，麦角甾-5α,8α-二氧-6,22-二烯-3β-醇(5,8-epidi-oxyergosta-6,22-dien-3β-ol,2)，7,22-二烯-3-酮-麦角甾烷(ergosta-7,22-dien-3-one,3)，4,6,8(14),22(23)四烯-3-酮-麦角甾烷[4,6,8(14),22(23)-tetraen-3-one-ergostane,4]，麦角甾-7,22-二烯-3β-醇(ergosta-7,22-dien-3β-ol,5)[8-9]，麦角甾-3-酮(ergosta-3-one,6)(图 32-2)。

ergosta-5, 7, 22-trine-one (1)

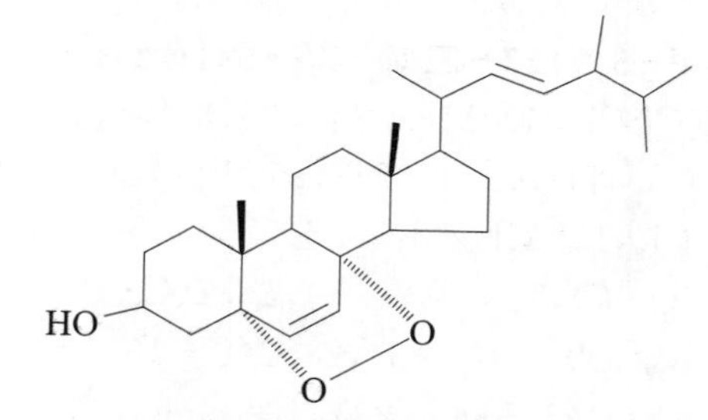

5α,8α-dioxyergosta-6, 22-dien-3β-ol (2)

ergosta-7, 22-dien-3-one (3)

4,6,8 (14), 22(23)-tetraen-3-one-ergostane (4)

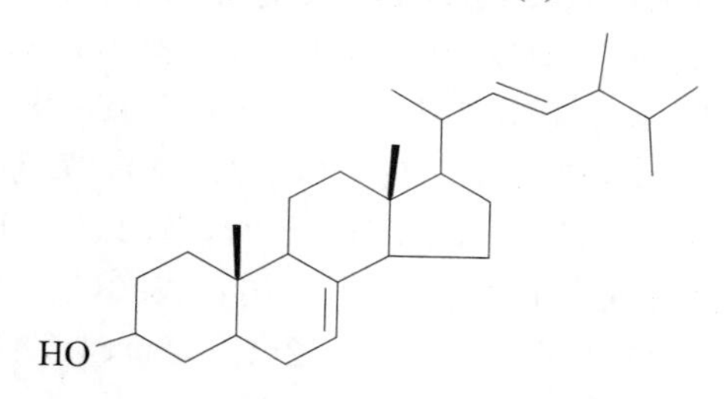

ergosta-7, 22-dien-3β-ol (5)

ergosta-3-one(6)

图 32-2　大秃马勃中甾体类化学成分的结构

2. 其他成分

应用 UPLC-MS 从大秃马勃中鉴定出必需氨基酸：色氨酸、异亮氨酸、缬氨酸、苯丙氨酸、亮氨酸、

苏氨酸、赖氨酸、组氨酸、甲硫氨酸。非必需氨基酸：酪氨酸、4-羟基脯氨酸、精氨酸、脯氨酸、甘氨酸、丝氨酸、丙氨酸、谷氨酰胺、谷氨酸、天冬氨酸[9]。大秃马勃还含有棕榈酸胆甾烯酯、β-谷甾醇、棕榈酸、大马勃多糖。气质联用证实，大秃马勃挥发油含有烃基化合物：十七烷、二十烷、二十一烷、二十二烷、二十四烷、二十八烷、8-己基-十五烷、二十四烷酸、十五烷酸、顺式-9-十八烷酸、十七烷酸、棕榈酸、亚硫酸-2-丁基-十四丁基酯、反式-6-十八碳烯酸。

二、大秃马勃化学成分的提取与分离

提取方法一

称取大秃马勃[*Calvatia gigantea* (Batsch)Lloyd]子实体750g，用95%乙醇加热回流提取3次，合并提取液，减压回收乙醇得浸膏。加入适量水将浸膏搅匀后，用醋酸乙酯萃取得脂溶性部分。经硅胶柱层析，以环己烷-醋酸乙酯为混合溶剂梯度洗脱，分别得不同的结晶。

提取方法二

取干燥成熟的大秃马勃子实体，用手撕成块状，置于连续回流提取器中，采用梯度提取法，依次用石油醚(30℃)，氯仿(50℃)，乙酸乙酯(60℃)，丙酮(60℃)，甲醇(60℃)连续回流提取3次，每次12h，合并提取液减压浓缩，分别得到成熟期大秃马勃石油醚提取物、氯仿提取物、乙酸乙酯提取物、丙酮提取物和甲醇提取物。将石油醚提取物水浴挥干至溶剂挥尽，放置24h，分为上清液和沉淀两部分。析出的沉淀部分经硅胶柱分离，用石油醚：丙酮系统，按极性由小到大梯度洗脱，TLC检测，并用10% H_2SO_4溶液和碘蒸气显色，合并相同的馏分浓缩，反复重结晶，得到化合物(1)和化合物(2)。氯仿提取物水浴蒸干至溶剂挥尽，上硅胶柱，用石油醚：丙酮系统梯度洗脱，TLC检测各馏分，合并相同的馏分，将其粗分为5个部分，分别浓缩，低温放置；将第二部分蒸干再次经硅胶柱分离，石油醚：丙酮梯度洗脱，在石油醚：丙酮(30:1)时收集的洗脱液，经TLC检测，并用10% H_2SO_4溶液和碘蒸气显色，相同点的馏分合并后，得到化合物(3)；将第三部分蒸干，经硅胶柱分离，用氯仿：甲醇系统梯度洗脱，得到化合物(4)。

提取方法三

大秃马勃多糖的分离纯化与纯度鉴定[11-12]：称取大秃马勃500g粉碎，用乙醚脱脂在沸水中浸提12h，过滤，收集滤液，重复4次，在50～60℃减压浓缩至1L。将多糖溶液装入适当大小的透析袋中(50毫升/袋)，在磁力搅拌器慢速搅拌下，用流水透析3d除去小分子物质。透析样品液在50～60℃减压浓缩至适当体积。用Sevag法脱蛋白，加入3倍体积95%乙醇(酒精)，4℃过夜沉淀。400r/min，离心5min收集沉淀。沉淀干燥后得大马勃粗多糖[calvatiageigantea polysaccharides(CGP)]。采用DEAE-sepharose fast flow柱色谱分级(层析柱3cm×30cm)，分别用20mmol/L Tris-H Cbuffer (pH7.5)0.1mol/L、0.2mol/L NaCl溶液进行洗脱，自动部分收集器收集，用硫酸/苯酚法和紫外吸收法(280nm)检测，收集各洗脱峰、浓缩、透析、冷冻干燥，得大秃马勃多糖各级组分CGP-I、CGP-Ⅱ和CGP-Ⅲ，其中CGP-I占68%。采用Sephacryl S-300HR(色谱柱3cm×100cm)柱色谱，对CGP-I进一步纯化。将30mg CGP-I溶于最小体积的0.1mol/L NaCl溶液，加入色谱柱后用0.1mol/L NaCl洗脱，检测方法同上，得到主要组分CGP-1。经气相色谱研究表明，单糖组成为：Gal、Glc、Man等4种单糖，其中Gal、Glc、Man摩尔比为3.92:11.28:1.22。经部分酸水解，红外光谱及核磁共振光谱、高碘酸氧化、Smith降解等分析，CGP-I的主链由Man和Glc构成，存在α型和β型两种糖苷键构型，支链或主链的末端残基由β-Gal(1→4)、Glc(1→6)、α-Glc(1→4)构成，其分子中存在酰胺结构。经原子力显微镜观察发现，CGP I-1呈分支的线性分子，在水溶液中容易互相缠绕形成强大的网络结构。

三、大秃马勃甾体类化学成分的理化常数与光谱数据

麦角甾-5,7,22-三烯-3β-醇(ergosta-5,7,22-trien-3β-ol,1)　无色针状晶体(氯仿)，mp

153～155℃。易溶于石油醚、氯仿等有机溶剂中，EI-MS m/z：396[M^+]、383、363、337 和 271。^{1}H NMR($CDCl_3$，400MHz)δ：3.64(m，IH)，5.57(dd，J=2.3、5.6，d，1H)，5.38(t，2.5、2.8，1H)，0.63(s，3H)，0.95(s，3H)，1.04(d，J=6.6，3H)，5.17(dd，J=7.4、14.4，1H)，5.23(dd，J=15.2、6.9HZ，IH)，0.92(s，3H)，0.83(s，3H)，0.82(s，3H)。^{13}C NMR($CDCl_3$，100MHz)δ：36.09(C-1)，32.00(C-2)，70.46(C-3)，38.38(C-4)，139.78(C-5)，119.59(C-6)，116.29(C-7)，141.35(C-8)，46.26(C-9)，37.03(C-10)，21.25(C-11)，40.40(C-12)，42.83(C-13)，54.56(C-14)，22.99(C-15)，28.27(C-16)，55.75(C-17)，12.04(C-18)，16.28(C-19)，40.80(C-20)，21.10(C-21)，135.56(C-22)，131.98(C-23)，42.83(C-24)，33.09(C-25)，19.64(C-26)，19.94(C-27)，17.59(C-28)。

环二氧麦角甾醇(5,8-epidioxyergosta-6,22-dien-3β-ol,2) 无色细毛状晶体(乙酸乙酯)，mp178～179℃，易溶于石油醚、氯仿、乙酸乙酯等有机溶剂。EI-MS m/z：396[M-32]$^+$，363，349。^{1}H NMR($CDCl_3$，400MHz)δ：3.97(m，1H)，6.25(d，J=8.4Hz，1H)，6.50(d，J=8.4Hz，IH)，0.86(s，3H)，1.06(s，3H)，0.97(d，J=6.6Hz，3H)，5.23(dd，J=15.2、7.6Hz，1H)，5.14(dd，J=15.2、8.0Hz，1H)，0.83(d，J=5.0Hz，3H)，0.82(d，J=5.0Hz，3H)，0.89(d，J=5.0Hz)。^{13}C NMR($CDCl_3$，100MHz)δ：36.89(C-1)，30.06(C-2)，66.40(C-3)，34.66(C-4)，82.14(C-5)，135.17(C-6)，130.70(C-7)，79.40(C-8)，51.06(C-9)，36.93(C-10)，20.60(C-11)，39.31(C-12)，44.53(C-13)，51.188(C-14)，23.37(C-15)，28.60(C-16)，56.17(C-17)，12.84(C-18)，18.14(C-19)，39.69(C-20)，20.85(C-21)，135.39(C-22)，132.27(C-23)，42.74(C-24)，33.03(C-25)，19.61(C-26)，19.91(C-27)，17.53(C-28)。

7,22-二烯-3-酮-麦角甾烷(Ergosta-7,22-dien-3-one,3) 白色鳞片状结晶，mp 187～190℃，可溶于氯仿、乙酸乙酯等有机溶剂中，微溶于丙酮，不溶于甲醇、乙醇等极性较大的溶剂。EI-MS m/z：398[M]$^+$，381，353，298，269，229，171。^{1}H NMR($CDCl_3$，400MHz)δ：5.24～5.17(3H，m)，3.59(1H，m)，1.02(3H，s)，0.92(3H，s)，0.86(3H，d)，0.82(3H，d)，0.81(3H，d)，0.55(3H，d)。^{13}C NMR($CDCl_3$，100MHz)δ：37.14(C-1)，31.47(C-2)，72.07(C-3)，35.00(C-4)，39.45(C-5)，29.64(C-6)，117.45(C-7)，139.56(C-8)，49.46(C-9)，34.22(C-10)，21.54(C-11)，40.2(C-12)，42.81(C-13)，55.10(C-14)，33.09(C-15)，28.09(C-16)，55.97(C-17)，12.08(C-18)，13.03(C-19)，40.46(C-20)，19.63(C-21)，131.88(C-22)，135.66(C-23)，42.86(C-24)，33.09(C-25)，19.94(C-26)，21.10(C-27)，17.59(C-28)。

4,6,8(14),22(23)四烯-3-酮-麦角甾烷(4,6,8(14),22(23)-tetraen-3-one-ergostane,4) 分子式为 $C_{28}H_4O$，相对分子质量：MW 393，淡黄绿色晶体，mp 112～114℃，可溶于氯仿、丙酮等有机试剂，微溶于甲醇和水。^{1}H NMR($CDCl_3$，400MHz)δ：6.59(1H，d)，6.0(1H，d)，5.74(1H，s)，5.25(1H，dd)，5.21(1H，dd)，2.48(1H，m)，2.06(1H，m)，1.88(1H，m)，2.48～2.46(2H，m)，1.85(1H，m)，1.49～1.51(2H，m)，1.79(1H，m)，1.47(2H，m)，1.25(1H，m)，2.12～2.14(2H，m)，1.83(1H，m)，1.04(3H，d)，1.05(3H，s)，1.07(3H，s)，0.99(3H，d)，0.83(3H，d)，0.99(3H，d)。^{13}C NMR($CDCl_3$，100MHz)δ：34.12(C-1)，34.08(C-2)，199.48(C-3)，122.95(C-4)，164.47(C-5)，124.46(C-6)，132.54(C-7)，124.46(C-8)，44.33(C-9)，36.76(C-10)，17.61(C-11)，35.58(C-12)，43.99(C-13)，156.13(C-14)，25.36(C-15)，27.68(C-16)，55.70(C-17)，18.97(C-18)，16.63(C-19)，39.25(C-20)，21.21(C-21)，134.98(C-22)，134.05(C-23)，42.86(C-24)，33.07(C-25)，19.96(C-26)，19.64(C-27)，18.97(C-28)。

第四节　紫色马勃

紫色马勃[*Calvatia lilacina*(Mont. et Berk.)Lloyd]又称紫色秃马勃，子实体陀螺形，具有长圆

柱状不育柄，包被两层，薄而平滑，成熟后片状破裂，露出内部紫褐色的孢体。

第五节　马勃的生物活性

马勃药理作用主要有抑菌作用、抗炎作用和止咳作用，这与其消肿、解毒功用相对应，此外还具有较好的止血功效。现代药理学研究显示，马勃还具有抗增值、抗细胞分裂活性、抗肿瘤活性等作用。

1. 抗炎、镇痛与止咳作用

左文英等人[13]利用机械性刺激气管引起动物咳嗽与炎症模型，证实马勃可不同程度延长咳嗽潜伏期与抑制二甲苯所致小鼠耳的肿胀。邓志鹏[14]利用化合物在大鼠肺泡巨噬细胞培养上清液中白介素(interleukin，IL)－1β和肿瘤坏死因子－α(tumor necrosis factor－α，TNF－α)含量的影响进行了研究，筛选出麦角甾－7，22－二烯－3，6－二酮和呈棕红色的油状化合物Ⅱ对巨噬细胞分泌IL－1β和TNF－α均有一定的抑制作用。苏方华[15]采用蛋清致大鼠足肿胀实验和大鼠棉球肉芽肿实验证实，马勃水提物能显著减轻蛋清致大鼠足肿胀的程度和大鼠棉球肉芽肿的重量，也能明显减少小鼠醋酸所致的扭体次数，具有明显的抗炎镇痛作用。

2. 止血作用

高云佳等人[16-17]系统研究了马勃止血的有效部位，利用家兔体内凝血实验和一系列指标(瓷板针挑法、试管凝血法和血浆复钙时间等)，研究了马勃的乙酸乙酯部位和正丁醇部位，在正丁醇部位有较好的凝血效果。经药理研究证实，马勃对肝、膀胱、皮肤黏膜与肌肉等处的创伤出血均有立即止血的功效，主要机制是孢子粉或马勃丝的机械止血作用，马勃粉可在组织内被吸收，对创面愈合无不良影响。

3. 抑菌作用

曹恒生等人[18]进行的体外实验表明，马勃水煎剂对奥杜盎氏小芽孢藓菌、铁锈色小芽孢藓菌等浅表性皮肤寄生真菌有抑制作用，其中大秃马勃产生的马勃素，又名马勃酸，除具有一定的抑制真菌活性外，还能抑制金黄色葡萄球菌、炭疽杆菌等多种病菌。马勃在体内外活性实验中，还呈现出一定的抗流感病毒活性。孙菊英等人采用试管双倍稀释法比较研究了大口静灰球、长根静灰球、脱皮马勃、大马勃、紫色马勃水煎液的抗菌效果，结果发现，大部分马勃均有不同程度的抗菌活性。国外学者证明，马勃中麦角甾醇过氧化物有抗分支杆菌的作用。

4. 抗肿瘤作用

徐力等人[19]利用动物移植性肿瘤模型，探讨了大秃马勃提取液在体内抗肿瘤作用，并揭示了大秃马勃提取液剂量的不同，对S－180肉瘤和Lewis肺癌瘤株抑制作用的差别。从脱皮马勃中分离得到的小分子化合物具有抑制肿瘤细胞增殖的作用[20]。崔磊等人[8]从脱皮马勃干燥子实体脂溶性部分首次分离到6种化合物，并筛选出化合物(ergosta－7，22－diene－3β－one)有较好的抗肿瘤作用。Lam等人[21]从新鲜马勃*Calvatia caelata*中分离到活性多肽－CULP，对人乳腺癌细胞(MDA－MA－231)体外有较好的抑制活性。

5. 清除氧自由基作用

朱月等人[22]探讨了紫色秃马勃水溶性多糖对氧自由基清除作用的影响。结果表明，水溶性多糖对超氧阴离子自由基和羟自由基均有清除作用，从而避免了过多氧自由基损伤生物大分子、破坏细胞的结构和功能、损伤DNA导致蛋白质变性与酶活力丧失。

6. 抑制转录，抗增殖和抗促细胞分裂活性

Ng TB等人[17]从浮雕秃马勃(*Calvatia caelata*)的新鲜子实体中分离得到Calcaelin，相对分子质量为39×10^{3}的蛋白质。经研究表明，Calcaelin能抑制兔网织红细胞分裂物的转录和翻译，对鼠脾细胞具有抗促细胞分裂的作用，并能降低乳腺癌细胞的活力。

7. 杀虫作用

魏艳等人[23]证实，黄硬皮马勃(*Scleroderma flavidum* Ell. EV)子实体甲醇-氯仿浸膏的石油醚萃取部位，对3龄黏虫具有较强的杀虫活性，具有开发高效、低毒生物农药的潜力。其拒食活性和触杀活性的活性成分推测是化合物十六烷酸。

8. 抗纤维化作用

将马勃分别用水和30%、60%与80%乙醇进行提取，得4种不同组分醇提取物，作用于成纤维细胞，结果显示，马勃水提物与各浓度乙醇提取物，对成纤维细胞的增殖均有不同程度的促进作用，其中马勃80%乙醇提取物，对成纤维细胞增殖作用最明显[24]。

参考文献

[1] 中华人民共和国卫生部药典委员会. 中华人民共和国药典(一部)[M]. 北京：中国医药科技出版社，2015.
[2] 王雪芹，孙隆儒. 脱皮马勃的化学成分研究[J]. 天然产物研究与开发，2007，9(7)：809－810。
[3] 苏明智，罗舟，颜鸣，等. 脱皮马勃化学成分的研究[J]. 中草药，2012，43(4)：664－666。
[4] 张伟，王涛，姜锡然，等. 云南土壤真菌07－11号菌株中的活性成分[J]. 中国药物化学杂志，2001，11：333－335.
[5] 戴玉成，杨祝良. 中国药用真菌名录及部分名称的修订[J]. 菌物学报，2008，27：801－824.
[6] 游洋. 大马勃生药学研究. 吉林大学硕士研究生论文[D]. CNKI库，2011.
[7] 金向群，王隶书，程东岩，等. 大马勃的化学成分研究[J]. 中草药，1998，29(5)：298－300.
[8] Kıvrak I，Kıvrak S，Harmandar M. Free amino acid profiling in the giant puffball mushroom (*Calvatia gigantea*) using UPLC-MS/MS[J]. *Food Chem*，2014，158(1)：88－92.
[9] 游洋，包海鹰. 不同成熟期大秃马勃子实体提取物的抑菌活性及其挥发油成分分析[J]. 菌物学报，2011，30(3)：477－485.
[10] 武翠玲，邓永康，孟延发. 大马勃水溶性多糖的结构研究[J]. 天然产物研究与开发，2008，20：1027－1030.
[11] 黄凯，李志孝，邓永康，等. 药用真菌马勃多糖的分离纯化及结构分析[J]. 华西药学杂志，2008，23(5)：516－51.
[12] 左文英，尚孟坤，揣辛桂. 脱皮马勃的抗炎止咳作用观察[J]. 河南大学学报(医学科学版)，2004，(3)：65.
[13] 邓志鹏，孙隆儒. 中药马勃的研究进展[J]. 中药材，2006，29(9)：996－998.
[14] 苏方华，潘日兴. 马勃的抗炎镇痛实验研究[J]. 齐鲁药事，2010，29(10)：586－588.
[15] 高云佳，赵庆春，闵鹏，等. 脱皮马勃止血有效部位的实验研究[J]. 解放军药学学报，2010，26(6)：548－550.

[16] 郭晶. 马勃化学成分及药理作用研究进展[J]. 现代医药卫生，2013，29(3)：387－389.
[17] 曹恒生，唐荣华，朱泉娣. 药用真菌的栽培与临床[M]. 合肥：安徽科学技术出版社，1986.
[18] 徐力，许冰. 大马勃体内抗肿瘤作用初探[J]. 中国医药指南，2011，9(30)：205－206.
[19] 黄文琴. 脱皮马勃抗肿瘤活性研究[J]. 当代医学，2010，16(34)：34－35.
[20] Lam YW，Ng TB，Wang HX. Antiproliferative and antimitogenic activities in a peptide from puffball mushroom *Calvatia caelata*[J]. *Bioehem Biophys Res Commun*，2001，289(3)：744－749.
[21] 朱月，高锦明，郝双红，等. 担子菌黄硬皮马勃杀虫活性研究[J]. 西北植物学报，2005，25(2)：382－385.
[22] 石毅，刘忠英，卢泽源. 中药马勃对大鼠皮肤成纤维细胞增殖及胶原合成的影响[J]. 吉林大学学报(医学版)，2012，38(5)：963－964.

（陈　虹）

第三十三章 层孔菌

CENG KONG JUN

第一节 概述

层孔菌(*Fomes*)为担子菌纲，多孔菌目，多孔菌科真菌。层孔菌属真菌在我国有70余种，应用范围较广的有3种，分别是阿里红(*Fomes officinalis* Ames)[1-5]、木蹄层孔菌(*Fomes fomentarius* L. Ex. Fr)[6]和粉肉层孔菌(*Fomes cajanderi* Karst)[7]。

阿里红是维吾尔医学治疗慢性气管炎的常用药材之一，俗名苦白蹄，外形呈马蹄形，边缘不规则，大小不等，小的直径为5～10cm，大的直径可达到30～40cm。子实体外部为棕黄色或灰白色，内部白色。新生菌体外部光滑，随着时间延长逐渐变得粗糙开裂。阿里红大多寄生在落叶松的腐朽树体上，菌丝发育适宜温度为15℃左右，子实体在10～12℃时形成，适宜相对湿度为60%～70%。阿里红主要分布在我国西部和东北地区；新疆林区都有生长，以阿尔泰地区所产者最为有名，产量也高；每年7～8月份采集，采后晒干，以备药用。阿里红是采集于林区的野生药材，尚无人工培育，因新疆地区产量较多，收集容易，开发利用前景看好。药理实验表明，阿里红具有止咳化痰、降气、活血消肿、抗氧化、利尿和增强免疫力的作用。除维吾尔医学外，哈萨克、柯尔克孜族还用阿里红治疗咳嗽气喘、胃脘胀痛等疾病。

木蹄层孔菌为层孔菌属中的大型真菌，又称木蹄，大多生长在阔叶树干上。广泛分布于河北、山西、内蒙古、黑龙江、吉林、辽宁、河南、广西、陕西、湖北、云南等地区。木蹄层孔菌为多年生，无柄，菌盖马蹄形，灰色、浅褐色至黑色，有厚角质皮壳与环状棱纹，菌肉软栓质，锈褐色；菌管多层，层次不甚明显，每层厚3～5mm，色较菌肉浅，管口圆形，灰色至浅褐色，每毫米有3～4个；孢子长椭圆形，无色。木蹄在民间用药历史悠久，其味淡、微苦，性平；有消积化瘀、解热的作用。子实体提取物对肉瘤S-180抑制率达80%；木蹄粗提物可显著提高实验小鼠减压缺氧的耐受能力，延长其存活时间；具有抗疲劳、抗高温、增强免疫功能的作用；还能影响缺氧机体肠系膜微循环的流速、流态，具有改善微循环的作用。

粉肉层孔菌又称粉肉层孔、粉肉拟层孔菌。粉肉层孔菌菌盖半圆形，平展至反卷，偶尔平伏，单生或覆瓦状，常扁平，菌盖直径4～13cm×2～8cm，厚0.5～1.2cm，表面淡赭色，污褐色至黑褐色，被绒毛光滑，有时粗糙，略有环带；边缘锐或稍钝。菌肉粉红色、近肉色或淡粉红褐色，厚2～6mm或达1cm，稍呈火绒状，遇KOH溶液立即变成黑色。菌管与菌肉同色或稍淡，长达6mm，分层不明显。孔面玫瑰色、淡粉红褐色或污褐色；管口近圆形或不规则形。

层孔菌属真菌在国内有70余种，仅有少数真菌进行过化学成分的研究，药理方面的研究就更少。因此，对该菌的药理活性有待进行深入的探索与研究。

第二节 层孔菌化学成分的研究

层孔菌属真菌中富含三萜类、甾醇类、倍半萜类、香豆素类、木脂素类、脂肪酸和其他类化合物，还含有多糖类化合物。

从层孔菌属真菌中分离得到的三萜类化合物大多为四环三萜。从木蹄层孔菌中分离得到的三萜类化合物包括:28-乙酯白桦脂醇(lup-20(29)-ene-3,28-diol,28-acetate,1)、白桦脂醇(betulin,2)、16α-hydroxy-3-oxolanosta-8,24-dien-21-oic acid(pinicolic acid E,3)、3-oxolanosta-7,9(11),24-trien-15α,21-diol(pinicolol C,4)、4,4,14α-trimethyl-24-oxo-5-α-chol-8-en-21-oic acid dimethylacetal(gloeophyllic acid A,5)。从阿里红子实体中分离得到的三萜酸类化合物包括:阿里红素(fomefficinin,6)、fomitopsins C(7)、阿里红酸A(fomefficinic acid A,8)、阿里红酸B(fomefficinic acid B,9)、阿里红酸C(fomefficinic acid C,10)、阿里红酸D(fomefficinic acid D,11)、阿里红酸E(fomefficinic acid E,12)、阿里红酸F(fomefficinic acid F,13)、阿里红酸G(fomefficinic acid G,14)、齿孔醇(eburicol,15)、阿里红醇A(fomefficinol A,16)、阿里红醇B(fomefficinol B,17)、3-酮基-去氢硫色多孔菌酸(3-keto-dehydmsulfumnic acid,18)、去氢硫色多孔菌酸(dehydrosulphurenic acid,19)、变孔绚孔菌酸D(versisponic acid D,20)、变孔绚孔菌酸C(versisponic acid C,21)、阿里红酸(officinalic acid,22)、齿孔酸(eburicoic acid,27)、硫色多孔菌酸(sulphurenic acid,28)、去氢齿孔酮酸(dehydroeburiconic acid,29)。何坚等人从粉肉层孔菌中分离得到fomlactone A(23)、fomlactone B(24)、fomlactone C(25)、去氢齿孔酸(dehydroeburicoic acid,26)等三萜内酯类化合物。从其他层孔菌属提取物中分离得到了24-methyl-lanost-8,24-dien-23*S*,26-lactone(30)、24-methylene-3-oxolanost-8-en-26-oic ester(31)、3α-acetoxy-24-methylene 23-oxylanost-8-en-26-oic ester(32)、3β-acetoxy-24-methylene-8-en-26-oic ester(33)等三萜类化合物。

从层孔菌属真菌中分到的甾醇类化合物包括:(22*E*,24*R*)-3β,5α,6β,14α-tetrahydroxy ergosta-7,9(11),22-triene(fomentarol A,34)、(22*E*,24*R*)-3β,5β,6α,7α-tetrahydroxy-8α,9α-dihydro-ergosta-14,22-diene(fomentarol B,35)、(22*E*,24*R*)-3β,5α-dihydroxy-6β-ethoxyergosta-7,22-diene(fomentarol C,36)、(22*E*,24*S*)-3β,25-dihydroxy-15α-*O*-β-D-glucopyranosylergosta-7,22-dien-6-one(fomentarol D,37)、(22*E*,24*R*)-3β-hydroxyergosta-7,22-dien-6-one(fomentarol E,38)、3-十六碳酯-7,22-二烯麦角甾醇(ergosta-7,22-dien-3-palmitate,39)、7,22-二烯麦角甾-3-酮(7,22-dieneergotsteroid-3-ketone,40)、麦角甾-7,22-二烯-3-醇(Ergot steroid-7,22-diene-3-alcohol,41)、5,8-过氧麦角甾-6,22-二烯-3-醇(5,8-epidioxyergosta-6,22-dien-3-ol,42)。从阿里红子实体中分离得到的甾醇类化合物:麦角甾醇(ergosterol,44)、麦角甾-5,22烯-3β醇(ergosta-5,22,dien-3β-ol,45);从木蹄层孔菌乙醇提取物中分离得到的甾醇类化合物包括:麦角甾-7,22-二烯-3-酮(ergosta-7,22-dien-3-one,43)、麦角甾醇(ergosterol,α)、5α,8α-过氧化麦角甾-6,22-二烯-3β醇(5α,8α-epidioxyergosta-6,22-dien-3β-ol,46)、麦角甾-7,22-二烯-3,6-二酮(ergosta-7,22-diene-3,6-dione,47)。还从层孔菌属中分离得到了3,6-dihydroxy-4,4,14-trimethylpregn-8-en-20-one(48)、3-hydroxy-4,4,14-trimethylpregn-8-en-20-one(49)、senexonol(50)、lanosta-7,9(11)-dien-3-ol(51)、pinicolic acid(52)、ergosta-4,7,22-trien-3-one(53)等甾醇类化合物。

从阿里红子实体中分离得到的倍半萜类化合物有:阿红酸(fomic acid,54)、albicanic acid(55)、落叶松酸(laricinolic acid,56)等。

从阿里红子实体中还分离得到了正十二烷(dodecane)。从木蹄层孔菌乙醇提取物中分离得到的其他类化合物包括:原儿茶醛(protocatechualdehyde,66)、4-(3,4-二羟苯基)-3-丁烯-2-酮[(4-(3,4-dihydroxyphenyl)-but-3-en-2-one,67]、丁香酸(syringic acid,68)、丁香醇(syringyl alcohol,69)、香草醛(vanillin,70)、木蹄素(fomentarinin,71)、泡桐素(paulownin,72)。从其他层孔菌中分离得到化合物:(1*R*)-(3-ethenylphenyl)-1,2-ethanediol(57)、(1*R*)-(3-formylphenyl)-1,2-ethanediol(58)、(1*R*)-(3-acetophenyl)-1,2-ethanediol(59)、十八烷酸(stearic acid,60)、β-羟基十八烷酸(3-hydroxyoctadecanoic acid,61)、9,10-二羟基十八烷酸(9,10-dihydroxystearicacid,62)、瑞香素(daphnetin,63)、4-methoxyphenylacetic acid(64)、阿里红氨酸[2-(1-carboxyhexadecylamino)-2-amin-

osuccinic acid,65]、fomentariol(73)、anhydrofomentariol(74)、anhydrofomentariol aldehyde(75)、fomecin A(76)、fomecin B(77)、13－hydroxy fomajioin(78)、fomajorin S(79)、secoicolariciresinol(80)、mycorrhixin A(81)、1,2,4－trichloro－3,6－dimehoxy－5－nitrobenzene(82)。

一、层孔菌主要化学成分的类型

(一) 层孔菌属真菌中的三萜类化合物(图 33－1)

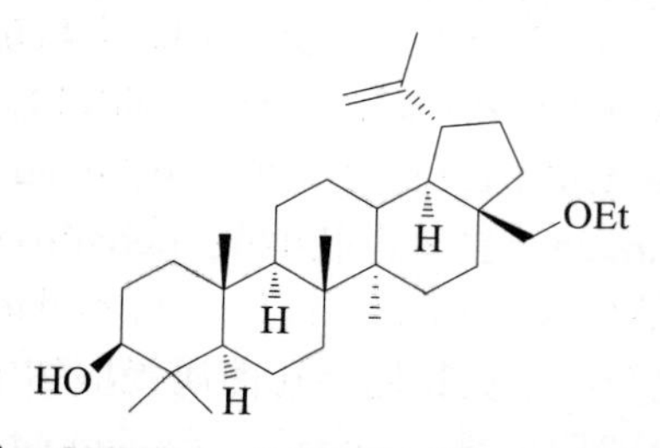

lup-20(29)-ene-3, 28-diol, 28-acetate(1)

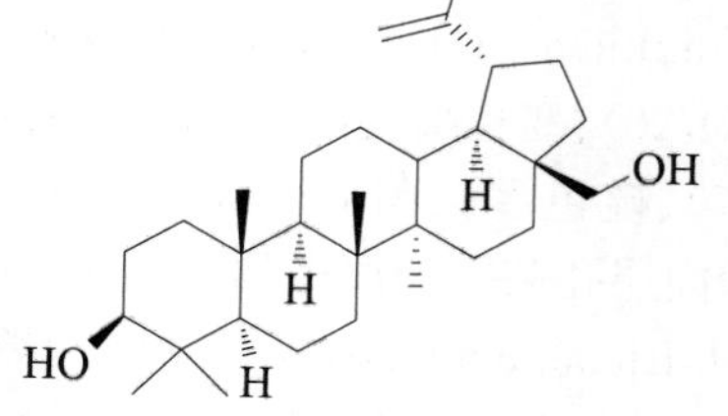

betulin(2)

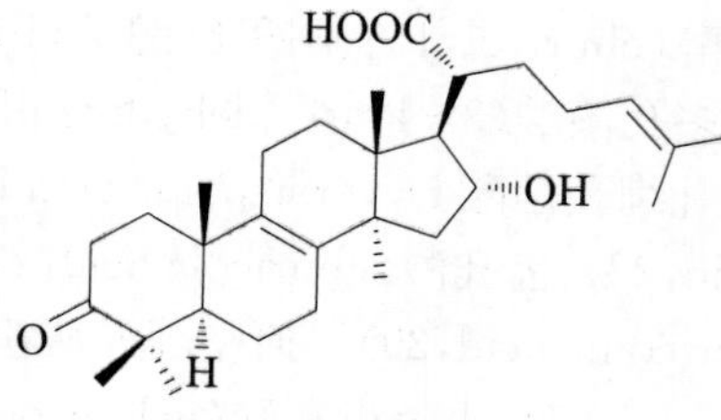

16a-hydroxy-3-oxolanosta-8, 24-dien-21-oic acid (pinicolic acid E)(3)

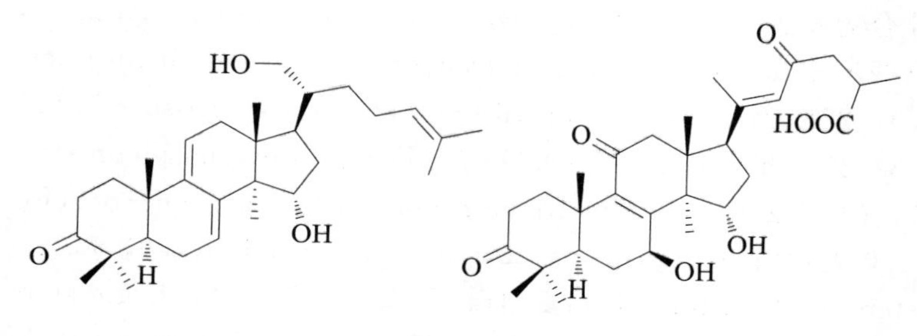

3-oxolanosta-7, 9(11), 24-trien-15a, 21-diol (pinicolol C)(4)

4, 4, 14a-trimethyl-24-oxo-5achol-8-en-21-oic acid dimethylacetal (gloeophyllic acid A dimethylacetal)(5)

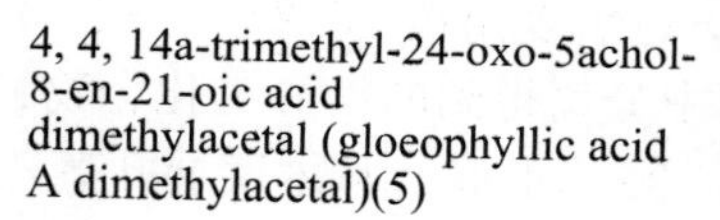

fomefficinin(6)

fomitopsins C(7)

fomefficinic acid A(8)

fomefficinic acid B(9)

fomefficinic acid C(10)

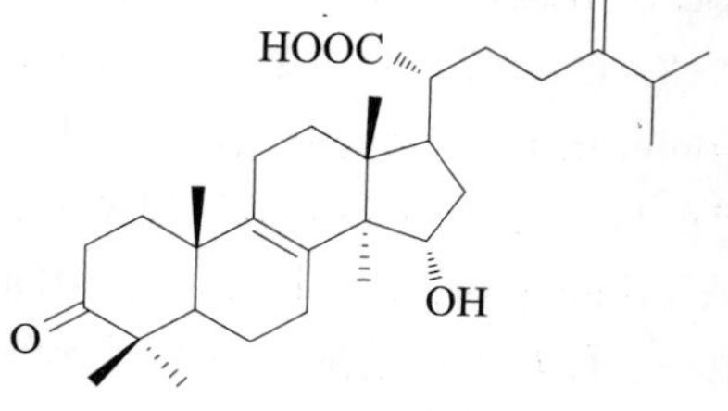

fomefficinic acid D(11)

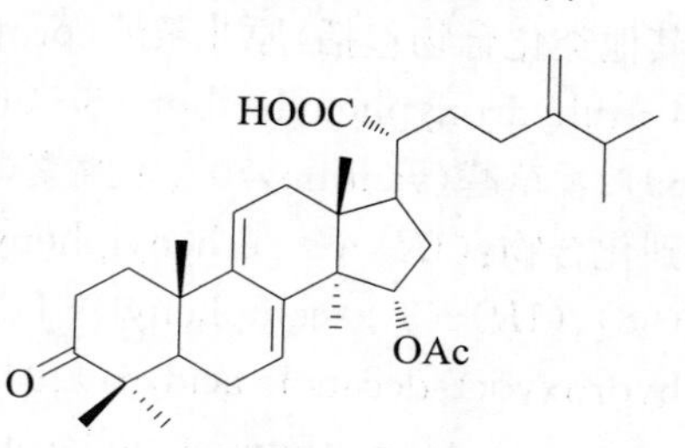

fomefficinic acid E(12)

fomefficinic acid F(13)

fomefficinic acid G(14)

eburicol(15)

fomefficinol A(16)

fomefficinol B(17)

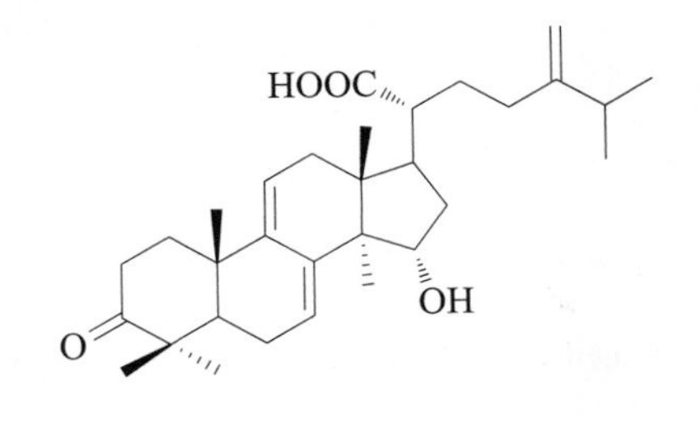

3-keto-dehydmsulfumnic acid(18)

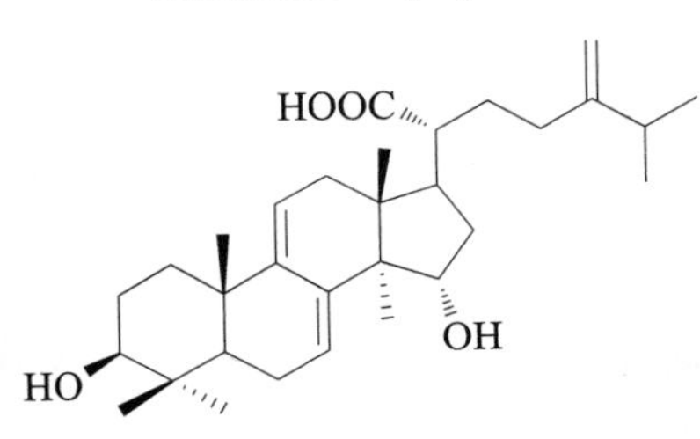

dehydrosulphurenic acid(19)

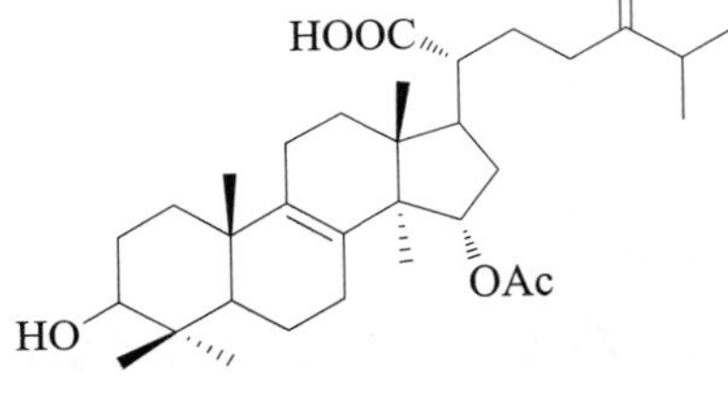

versisponic acid D(20)

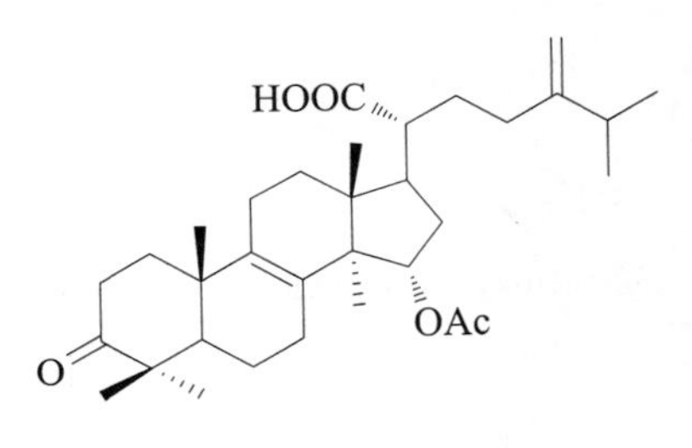

versisponic acid C(21)

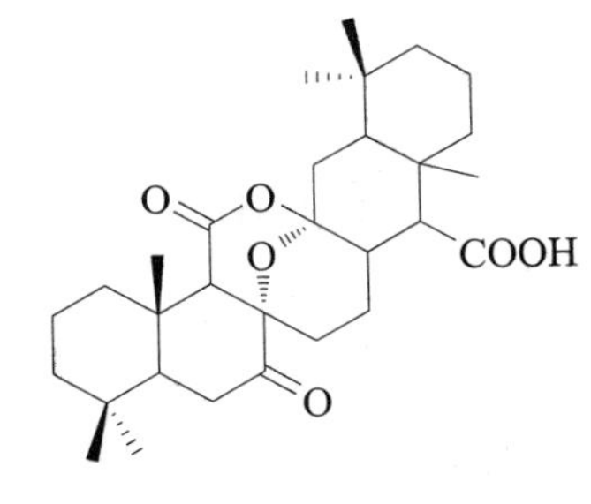

officinalic acid(22)

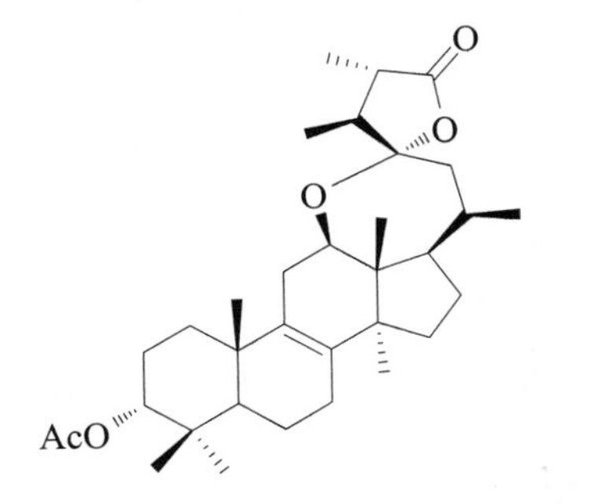

fomlactone A(23)

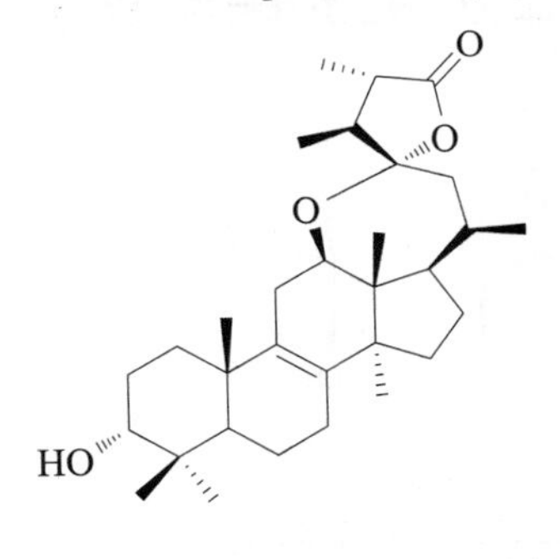

fomlactone B(24)

fomlactone C(25)

dehydroeburicoic acid(26)

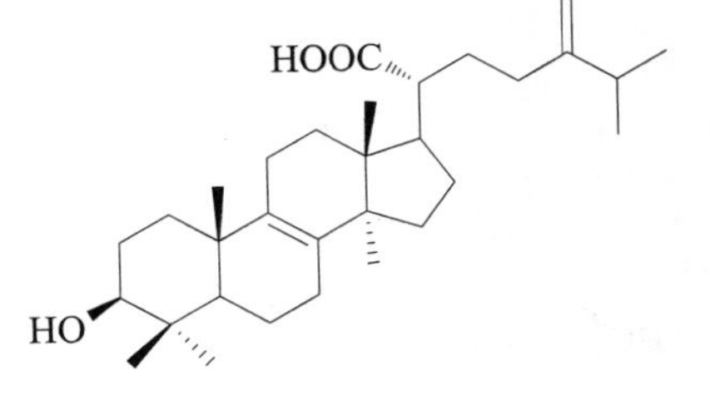

eburicoic acid(27)

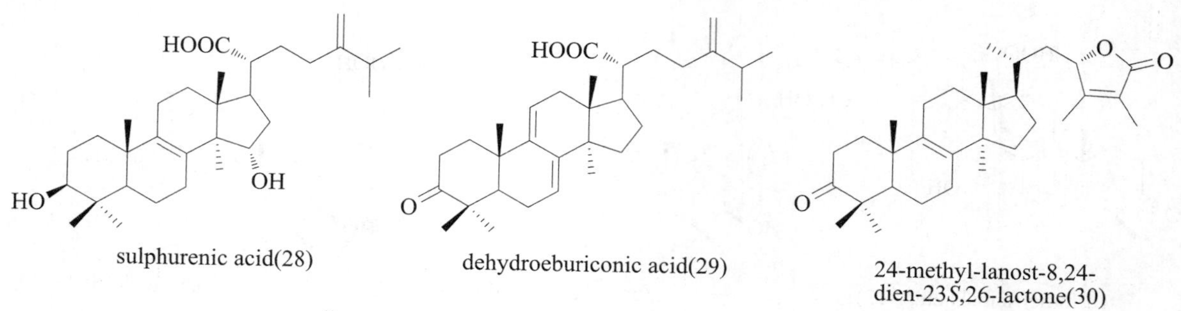

sulphurenic acid(28)　　dehydroeburiconic acid(29)　　24-methyl-lanost-8,24-dien-23*S*,26-lactone(30)

24-methylene-3-oxolanost-8-en-26-oic ester(31)

3*α*-acetoxy-24-methylene-23-oxylanost-8-en-26-oic ester(32)

3*β*-acetoxy-24-methylene-8-en-26-oic ester(33)

图 33-1　层孔菌属真菌中三萜类化合物的结构

(二) 层孔菌属真菌中的甾醇类化合物(图 33-2)

(22*E*, 24*R*)-3*β*, 5*α*, 6*β*, 14a-tetrahydroxyergosta-7, 9(11), 22-triene (fomentarol A)(34)

(22*E*, 24*R*)-3*β*, 5*β*, 6*α*, 7a-tetrahydroxy-8a, 9a-dihydroergosta-14, 22-diene (fomentarol B)(35)

(22*E*, 24*R*)-3*β*, 5*α*-dihydroxy-6*β*-ethoxyergosta-7, 22-diene(fomentarol C)(36)

(22*E*, 24*S*)-3*β*, 25-dihydroxy-15*α*-O-*β*-D-glucopyranosylergosta-7, 22-dien-6-one (fomentarol D)(37)

(22*E*, 24*R*)-3*β*-Hydroxyergosta-7, 22-dien-6-one (fomentarol E)(38)

ergosta-7, 22-dien-3-palmitate(39)

7, 22-diene ergot steroid-3-ketone(40)

ergosta-7, 22, dien-3b-ol(41)

5, 8-epidioxyergosta-6, 22-dien-3-ol(42)

ergosta-7, 22-dien-3-one, dimethyl acetal(43)

ergosterol(44)

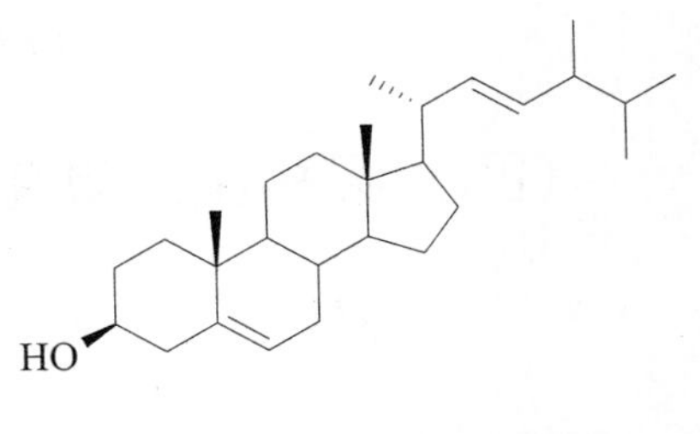

ergosta-5, 22, dien-3b-ol(45)

5α, 8α-epidioxyergosta-6, 22-dien-3b-ol(46)

ergosta-7, 22-diene-3, 6-dione(47)

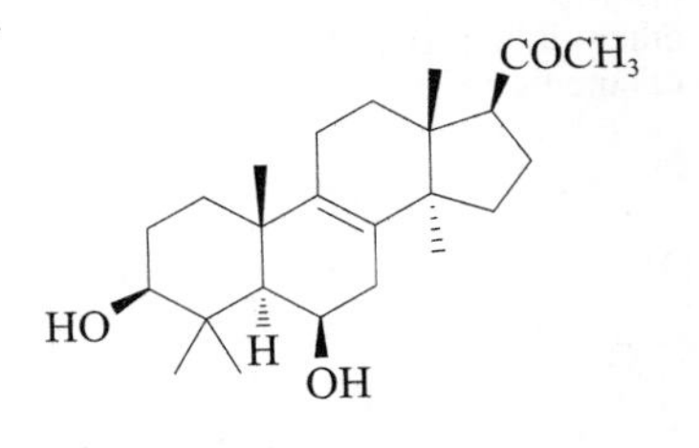

3, 6-dihydroxy-4, 4, 14-trimethylpregn-8-en-20-one(48)

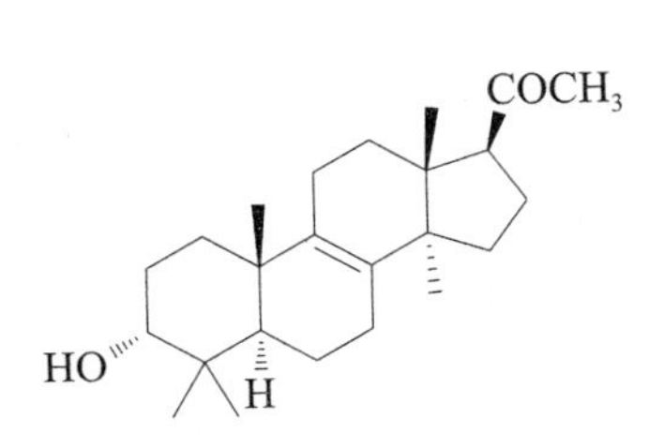

3-hydroxy-4,4,14-trimethylpregn-8-en-20-one(49)

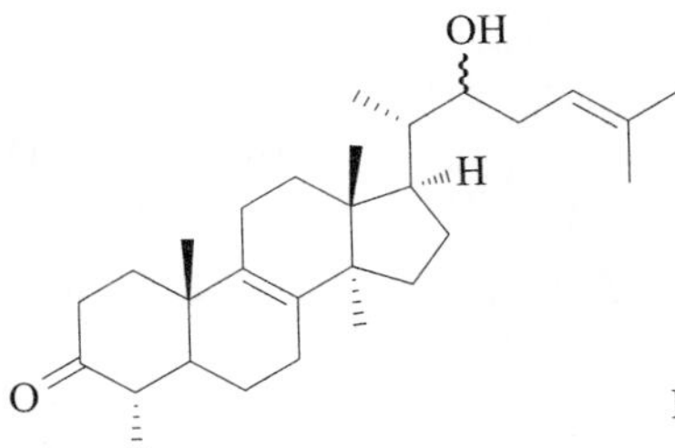

senexonol(50)

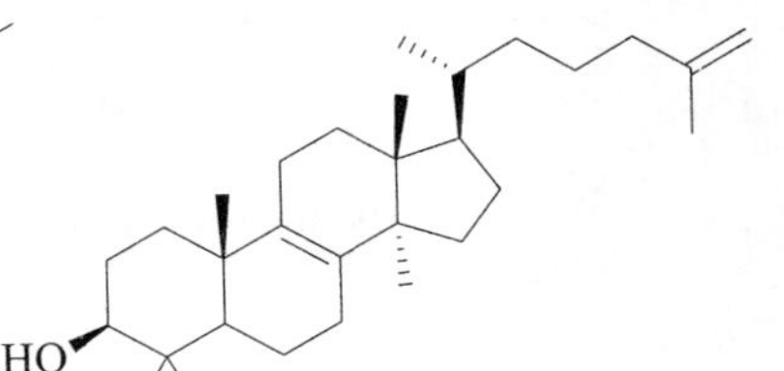

lanosta-7,9(11)-dien-3-ol(51)

pinicolic acid(52)

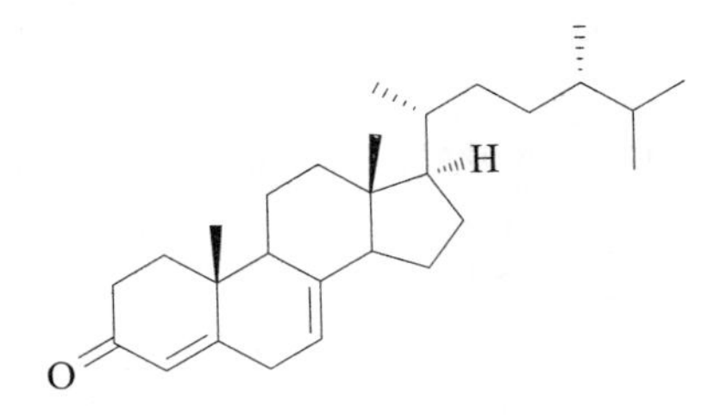

ergosta-4,7,22-trien-3-one(53)

图 33-2　层孔菌属真菌中甾醇类化合物的结构

（三）层孔菌属真菌中的倍半萜类化合物（图 33 - 3）

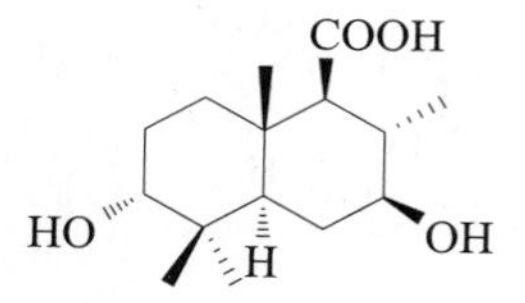

fomic acid(54)

albicanic acid(55)

laricinolic acid(56)

图 33 - 3　层孔菌属真菌中倍半萜类化合物的结构

（四）层孔菌属真菌中的其他类化合物（图 33 - 4）

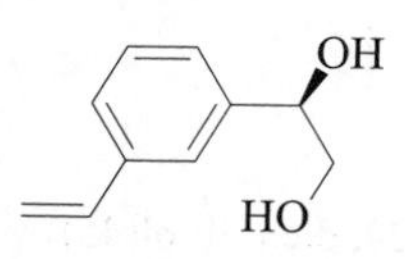

(1*R*)-(3-ethenylphenyl)-1, 2-ethanediol(57)

(1*R*)-(3-formylphenyl)-1, 2-ethanediol(58)

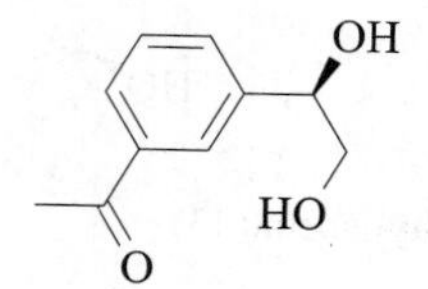

(1*R*)-(3-acetophenyl)-1, 2-ethanediol(59)

stearic acid(60)

3-hydroxyoctadecanoic acid(61)

10-dihydroxystearicacid(62)

daphnetin(63)

4-methoxyphenylacetic acid(64)

2-(1-carboxyhexadecylamino)-2-aminosuccinic acid(65)

protocatechualdehyde(66)

(4-acetophe-nyl)-1,2-ethanediol(67)

syringic acid(68)

syringyl alcohol(69)

vanillin(70)

fomentarinin(71)　　paulownin(72)

fomentariol(73)　　anhydrofomentariol(74)　　anhydrofomentariol aldehyde(75)

fomecin A(76)　　fomecin B(77)　　13-hydroxy fomajioin(78)　　fomajorin S(79)

secoicolaricriresinol(80)　　mycorrhixin A(81)　　1, 2, 4-trichloro-3, 6-dimehoxy-5-nitrobenzene(82)

图 33-4　层孔菌属真菌中的其他类化合物

二、层孔菌化学成分的理化常数与光谱数据

（一）层孔菌属真菌三萜类化合物的理化常数与光谱数据

28-乙酯白桦脂醇(lup-20(29)-ene-3,28-diol,28-acetate,1)　白色针状结晶(甲醇)，mp 265～267℃，^{1}H NMR 谱(C_5D_5N，400MHz)数据显示了 δ：6.0(1H，s，H-29a)，6.1(1H，s，H-29b)，5.22(1H，d，J=3.3Hz，H-28)，5.61(1H，d，J=3.3Hz，H-28)，4.58(1H，t，J=8.0Hz，H-3)，3.10(3H，s，H-OAc)，2.10(3H，s)，2.12(3H，s)，2.14(3H，s)，2.31(3H，s)，2.86(3H，s)，1.16(3H，s)。^{13}C NMR 谱(C_5D_5N，100MHz)数据显示了 δ：38.09(C-1)，22.87(C-2)，79.71(C-3)，37.69(C-4)，57.5(C-5)，18.18(C-6)，33.81(C-7)，39.31(C-8)，47.57(C-9)，37.01(C-10)，23.39(C-11)，25.1(C-12)，38.6(C-13)，41.56(C-14)，32.55(C-15)，35.5(C-16)，46.56(C-17)，40.93(C-18)，45.86(C-19)，152.2(C-20)，32.46(C-21)，27.68(C-22)，28.04(C-23)，

16.63(C－24),15.36(C－25),17.18(C－26),25.89(C－27),64.4(C－28),111.9(C－29),23.57(C－30),172.9(C－31),21.23(C－32)[8]。

白桦脂醇(betulin,2) 白色针状结晶(甲醇),mp 247～248℃。^{1}H NMR谱($CDCl_3$,400MHz)数据显示了δ:4.69(1H,brs,H－29a),4.58(1H,brs,H－29b),3.81(1H,d,J=10.8Hz,H－28),3.44(1H,d,J=10.8Hz,H－28),3.20(1H,t,H－3),0.77(3H,s),0.83(3H,s),0.97(3H,s),0.99(3H,s),1.05(3H,s),1.70(3H,s)。^{13}C NMR谱($CDCl_3$,100MHz)数据显示了δ:38.71(C－1),27.39(C－2),78.7(C－3),38.85(C－4),55.30(C－5),18.29(C－6),34.26(C－7),40.92(C－8),50.41(C－9),37.32(C－10),20.83(C－11),25.22(C－12),37.16(C－13),42.71(C－14),27.05(C－15),29.18(C－16),47.79(C－17),47.79(C－18),48.77(C－19),150.47(C－20),29.76(C－21),33.95(C－22),27.97(C－23),15.33(C－24),15.97(C－25),16.08(C－26),14.75(C－27),60.55(C－28),109.68(C－29),19.07(C－30)[8]。

16a－hydroxy－3－oxolanosta－8,24－dien－21－oic acid (pinicolic acid E,3) 黄色蜡状固体。^{1}H NMR谱($CDCl_3$,400MHz)数据显示了δ:0.78(3H,s,H－18),0.96(3H,s,H－30),1.07(3H,s,H－29),1.09(3H,s,H－28),1.10(3H,s,H－19),1.61(3H,s,H－26),1.69(3H,s,H－27),4.14(1H,t,J=6.1Hz,H－16),5.13(1H,t,J=7.1Hz,H－24)。^{13}C NMR谱($CDCl_3$,100MHz)数据显示了δ:36.04(C－1),34.55(C－2),217.52(C－3),47.41(C－4),51.21(C－5),19.35(C－6),26.25(C－7),133.24(C－8),135.08(C－9),36.97(C－10),20.56(C－11),28.99(C－12),46.33(C－13),48.34(C－14),42.64(C－15),77.04(C－16),56.96(C－17),17.52(C－18),18.64(C－19),46.06(C－20),181.01(C－21),32.16(C－22),26.42(C－23),123.41(C－24),132.47(C－25),17.71(C－26),25.74(C－27),21.30(C－28),26.10(C－29),25.29(C－30)[9]。

3－oxolanosta－7,9(11),24－trien－15a,21－diol(pinicolol C,4) 黄色蜡状固体。^{1}H NMR谱($CDCl_3$,400MHz)数据显示了δ:0.66(3H,s,H－18),0.96(3H,s,H－30),1.09(3H,s,H－28),1.13(3H,s,H－19),1.20(3H,s,H－29),1.62(3H,s,H－26),1.70(3H,s,H－27),2.77(1H,dt,J=14.2、6.1Hz),3.62(1H,dd,J=11.2、4.1Hz,H－21a),3.72(1H,dd,J=11.2、2.5Hz,H－21b),4.31(1H,dd,J=9.1、6.1Hz,H－15),5.11(1H,tt,J=7.1、1.5Hz,H－24),5.39(1H,d,J=6.1Hz,H－11),5.92(1H,d,J=6.1Hz,H－7)。^{13}C NMR谱($CDCl_3$,100MHz)数据显示了δ:36.62(C－1),34.81(C－2),216.60(C－3),47.44(C－4),50.51(C－5),23.64(C－6),121.27(C－7),140.97(C－8),144.90(C－9),37.29(C－10),116.82(C－11),37.86(C－12),44.12(C－13),52.03(C－14),74.57(C－15),39.62(C－16),42.99(C－17),16.37(C－18),22.17(C－19),42.38(C－20),62.46(C－21),29.78(C－22),25.01(C－23),124.57(C－24),131.77(C－25),17.76(C－26),25.72(C－27),22.47(C－28),25.01(C－29),25.45(C－30)[9]。

4,4,14α－trimethyl－24－oxo－5α－chol－8－en－21－oic acid dimethylacetal(gloeophyllic acid A,5) mp 205～210℃。EI-MS显示m/z:445[M-OMe]$^+$。^{1}H NMR谱($CDCl_3$,500MHz)数据显示了δ:1.01(3H,s,H－27),1.02(3H,s,H－19),1.06(3H,s,H－18),1.07(3H,s,H－25),1.24(3H,s,H－26),2.44(1H,m,H－17),2.61(1H,m,H－20),3.32(3H,s,OMe)3.33(3H,s,OMe),3.43(1H,dd,J=8.5、7.2Hz,H－3),4.59(1H,t,J=5.2Hz,H－24)。^{13}C NMR谱($CDCl_3$,125MHz)数据显示δ:35.72(C－1),28.32(C－2),77.61(C－3),39.14(C－4),50.50(C－5),18.32(C－6),26.43(C－7),133.88(C－8),134.77(C－9),37.00(C－10),20.87(C－11),29.02(C－12),44.49(C－13),49.45(C－14),30.48(C－15),26.98(C－16),47.34(C－17),16.02(C－18),19.03(C－19),48.56(C－20),178.18(C－21),30.76(C－22),27.56(C－23),104.35(C－24),15.96(C－25),28.24(C－26),24.10(C－27)[9]。

阿里红素(fomefficinin,6) 白色针状结晶,mp 217～219℃,$[\alpha]_D^{25}$－38.8(c 0.02,CH_3OH)。IR(KBr):3 450、2 870、1 758、1 772、1 758cm^{-1}。ESI-MS显示m/z:653[M+Na]$^+$。^{1}H NMR谱

(C_5D_5N,600MHz)数据显示了8个甲基氢信号δ:1.88(3H,s,H-19),0.94(3H,d,J=6.6Hz,H-21),1.16(3H,d,J=7.2Hz,H-27),0.92(3H,s,H-28),0.98(3H,s,H-29),1.53(3H,s,H-30),1.27(3H,d,J=6.6Hz,H-31),1.19(3H,t,J=7.2Hz,H-2″);7个叔碳氢信号δ:4.75(1H,brs,H-3),1.93(1H,m,H-5),2.14(1H,m,H-8),2.08(1H,m,H-17),2.15(1H,m,H-20),2.01(1H,m,H-24),2.67(1H,m,H-25);11个仲碳氢信号δ:1.51(1H,m,H-1a),1.56(1H,m,H-1b),1.87(1H,m,H-2a),2.18(1H,m,H-2b),1.62(1H,m,H-6),1.66(1H,m,H-7a),2.01(1H,m,H-7b),1.87(1H,m,H-11a),2.32(1H,m,H-11b),1.36(1H,m,H-12a),2.12(1H,m,H-12b),1.65(1H,m,H-16a),2.24(1H,m,H-16b),3.37(1H,d,J=13.2Hz,H-18a),3.86(1H,d,J=13.2Hz,H-18b),1.58(1H,m,H-22a),2.66(1H,m,H-22b),3.63(2H,s,H-2′),4.17(1H,m,H-1″)。另外,^{13}C NMR谱(C_5D_5N,150MHz)数据给出36个碳信号,包括8个甲基碳信号δ:18.9、23.1、13.5、28.5、22.6、20.7、12.9、14.5;11个仲碳信号δ:27.5、23.9、19.7、24.3、35.3、30.3、29.5、63.0、39.5、42.9、61.8;7个叔碳信号δ:78.7、45.7、30.3、48.7、28.7、50.9、42.7;6个季碳信号δ:37.5、66.7、48.8、53.6、59.4、110.4;4个羰基碳信号δ:213.2、178.7、166.6、167.3[10]。

Fomitopsins C(7) 白色针晶(甲醇),mp 179～181℃。IR(KBr):3 461、2 964、2 877、1 778、1 739、1 456、1 377、1 301、1 217、1 166、1 105、1 020、941、904、837cm^{-1}。HR-ESI-MS显示 m/z:593.343 0[M+Na]$^+$。^1H NMR谱($CDCl_3$,600MHz)数据显示了6个甲基氢信号δ:0.77(3H,s,H-18),0.97(3H,d,J=4.8Hz,H-21),1.25(3H,d,J=7.2Hz,H-27),0.89(3H,s,H-28),0.94(3H,s,H-29),0.99(3H,s,H-30);两个叔碳氢信号δ:4.78(1H,t,J=2.0Hz,H-3),4.35(1H,t,J=7.8Hz,H-12);两个仲碳氢信号δ:1.10(2H,d,J=6.6Hz,H-31),3.46(2H,s,H-2′)。另外,^{13}C NMR谱($CDCl_3$,150MHz)数据给出34个碳信号δ:30.9(C-1),23.7(C-2),80.6(C-3),36.8(C-4),45.3(C-5),l7.8(C-6),25.6(C-7),l33.9(C-8),134.9(C-9),36.8(C-10),40.8(C-11),75.7(C-12),52.7(C-13),49.2(C-14),29.4(C-15),25.6(C-16),43.1(C-17),11.8(C-18),18.9(C-19),28.2(C-20),19.7(C-21),31.8(C-22),110.1(C-23),42.4(C-24),50.6(C-25),177.5(C-26),13.8(C-27),24.7(C-28),27.6(C-29),23.2(C-30),13.1(C-31),167.7(C-1′),42.3(C-2′),169.0(C-3′)[10]。

阿里红酸A(Fomefficinic acid A,8) 白色针晶(氯仿甲醇),mp 201～203℃,$[\alpha]_D^{25}$ 4.6(c 0.06,$CHCl_3$:CH_3OH=1:1)。IR(KBr):3 430、2 960、2 875、1 705、1 640、1 460、1 450、1 375、1 298、1 280、1 200、1 100、890cm^{-1}。HR-ESI-MS显示 m/z:467.352 6[M-H]$^-$。^1H NMR谱($CDCl_3$,500MHz)数据显示了8个甲基氢信号δ:0.79(3H,s,H-18),1.11(3H,s,H-19),1.02(3H,d,J=7.0Hz,H-26),1.01(3H,d,J=7.0Hz,H-27),1.06(3H,s,H-28),1.06(3H,s,H-29),0.91(3H,s,H-30),1.21(3H,d,J=5.5Hz,H-21);1个叔碳氢信号δ:3.00(1H,t,H-3);两个烯氢信号δ:4.76,4.69(2H,s,H-31)。另外,^{13}C NMR谱($CDCl_3$,125MHz)数据给出31个碳信号δ:36.1(C-1),34.5(C-2),217.6(C-3),47.1(C-4),47.3(C-5),l9.3(C-6),26.3(C-7),l35.0(C-8),133.1(C-9),36.9(C-10),28.8(C-11),30.4(C-12),44.2(C-13),49.6(C-14),20.9(C-15),27.0(C-16),51.2(C-17),16.0(C-18),18.6(C-19),23.9(C-20),181.8(C-21),30.9(C-22),31.9(C-23),155.1(C-24),33.7(C-25),21.8(C-26),21.7(C-27),21.2(C-28),26.1(C-29),24.3(C-30),106.8(C-31)[10]。

阿里红酸B(Fomefficinic acid B,9) 白色粉末(氯仿甲醇),mp 194～196℃,$[\alpha]_D^{25}$+25.8(c 0.05,$CHCl_3$:CH_3OH=1:1)。IR(KBr):3 400、2 962、2 932、2 640、1 700、1 640、1 456、1 380、1 280、1 235、1 170、1 050、990、895cm^{-1}。HR-ESI-MS显示 m/z:483.346 2[M-H]$^-$。^1H NMR谱(C_5D_5N,500MHz)数据显示了8个甲基氢信号δ:1.15(3H,s,H-18),1.13(3H,s,H-19),1.00(3H,d,J=7.0Hz,H-26),0.98(3H,d,J=7.0Hz,H-27),1.16(3H,s,H-28),0.95(3H,s,H-29),1.36(3H,s,H-30),3.62(3H,brs,H-3);1个烯键的氢信号δ:4.84,4.88(2H,s,H-31)。另外,^{13}C

NMR谱(C_5D_5N,125MHz)数据给出31个碳信号δ:30.7(C-1),23.5(C-2),75.2(C-3),37.9(C-4),43.6(C-5),31.9(C-6),122.3(C-7),142.0(C-8),147.3(C-9),38.0(C-10),115.9(C-11),26.8(C-12),48.9(C-13),52.6(C-14),73.8(C-15),39.6(C-16),45.0(C-17),16.9(C-18),23.1(C-19),46.4(C-20),178.6(C-21),36.8(C-22),32.7(C-23),155.8(C-24),34.2(C-25),22.0(C-26),21.9(C-27),29.1(C-28),23.2(C-29),18.3(C-30),107.1(C-31)[10]。

阿里红酸C(Fomefficinic acid C,10) 白色粉末(氯仿甲醇),mp 203~205℃,$[\alpha]_D^{25}$+26.7(*c* 0.04,$CHCl_3$:CH_3OH=1:1)。IR(KBr):3 440、2 960、2 950、2 840、1 700、1 680、1 450、1 379、1 280、1 165、1 050、980、880cm^{-1}。HR-ESI-MS显示*m/z*:485.363 2[M-H]$^-$。^{1}H NMR谱(C_5D_5N,500MHz)数据显示了7个甲基氢信号δ:1.21(3H,s,H-18),1.07(3H,s,H-19),1.00(3H,d,*J*=7.0Hz,H-26),0.97(3H,d,*J*=7.0Hz,H-27),1.20(3H,s,H-28),0.92(3H,s,H-29),1.28(3H,s,H-30);两个烯氢信号δ:4.84~4.88(2H,s,H-31),4.65(1H,dd,*J*=6、9.5Hz,H-15);1个叔碳氢信号δ:3.61(1H,brs,H-3)。另外,^{13}C NMR谱(C_5D_5N,125MHz)数据给出31个碳信号δ:31.9(C-1),21.2(C-2),75.1(C-3),38.2(C-4),44.6(C-5),18.8(C-6),26.9(C-7),135.3(C-8),134.7(C-9),37.6(C-10),27.4(C-11),30.8(C-12),49.1(C-13),52.2(C-14),72.5(C-15),39.4(C-16),45.5(C-17),16.9(C-18),19.4(C-19),46.7(C-20),178.7(C-21),30.2(C-22),32.7(C-23),155.9(C-24),34.2(C-25),22.0(C-26),21.9(C-27),29.0(C-28),22.7(C-29),18.1(C-30),107.1(C-31)[10]。

阿里红酸D(Fomefficinic acid D,11) 白色粉末(氯仿甲醇),mp 205~207℃,$[\alpha]_D^{25}$+37.5(*c* 0.04,$CHCl_3$:CH_3OH=1:1)。IR(KBr):3 440、2 960、1 710、1 638、1 450、1 375、1 270、1 170、1 050、980、880cm^{-1}。HR-ESI-MS显示*m/z*:483.347 4[M-H]$^-$。^{1}H NMR谱(C_5D_5N,500MHz)数据显示了7个甲基氢信号δ:1.18(3H,s,H-18),1.03(3H,s,H-19),1.00(3H,d,*J*=6.5Hz,H-26),0.98(3H,d,*J*=6.5Hz,H-27),1.10(3H,s,H-28),1.01(3H,s,H-29),1.35(3H,s,H-30);两个烯氢信号δ:4.85,4.89(2H,s,H-31)。另外,^{13}C NMR谱(C_5D_5N,125MHz)数据给出31个碳信号δ:36.2(C-1),34.7(C-2),216.3(C-3),46.7(C-4),51.2(C-5),19.8(C-6),27.4(C-7),135.3(C-8),133.5(C-9),37.1(C-10),21.3(C-11),30.1(C-12),45.3(C-13),52.2(C-14),72.3(C-15),39.3(C-16),47.3(C-17),16.9(C-18),18.7(C-19),49.1(C-20),178.8(C-21),31.8(C-22),32.7(C-23),155.8(C-24),34.2(C-25),22.0(C-26),21.9(C-27),26.4(C-28),21.1(C-29),18.2(C-30),107.1(C-31)[10]。

阿里红酸E(Fomefficinic acid E,12) 白色粉末(氯仿甲醇),mp 277~279℃,$[\alpha]_D^{25}$+46.7(*c* 0.04,$CHCl_3$:CH_3OH=1:1)。IR(KBr):3 440、2 960、2 940、1 735、1 700、1 630、1 380、1 250、1 040、880cm^{-1}。HR-ESI-MS显示*m/z*:523.342 4[M-H]$^-$。^{1}H NMR谱(C_5D_5N,500MHz)数据显示了8个甲基氢信号δ:1.11(3H,s,H-18),1.03(3H,s,H-19),1.10(3H,d,*J*=6.5Hz,H-26),1.08(3H,d,*J*=6.5Hz,H-27),1.00(3H,s,H-28),1.13(3H,s,H-29),1.20(3H,s,H-30),2.17(3H,s,Ac-CH_3);两个烯氢信号δ:4.86,4.88(2H,s,H-31)。另外,^{13}C NMR谱(C_5D_5N,125MHz)数据给出31个碳信号δ:36.7(C-1),34.2(C-2),216.4(C-3),47.4(C-4),50.8(C-5),23.6(C-6),121.5(C-7),142.1(C-8),147.6(C-9),37.3(C-10),116.6(C-11),35.3(C-12),45.6(C-13),51.6(C-14),77.6(C-15),36.4(C-16),46.8(C-17),16.5(C-18),18.4(C-19),47.7(C-20),178.5(C-21),35.3(C-22),33.7(C-23),154.8(C-24),34.5(C-25),21.3(C-26),21.8(C-27),26.7(C-28),21.6(C-29),19.8(C-30),107.3(C-31)[10]。

阿里红酸F(Fomefficinic acid F,13) 白色粉末(氯仿甲醇),mp 198~201℃,$[\alpha]_D^{25}$+16.2(*c* 0.037,$CHCl_3$:CH_3OH 1:1)。IR(KBr):3 375、2 947、1 697、1 645、1 377、1 246、1 171、1 049、999、887cm^{-1}。HR-ESI-MS显示*m/z*:499.341 9[M-H]$^-$。^{1}H NMR谱(C_5D_5N,500MHz)数据显示了6个甲基氢信号δ:1.17(3H,s,H-18),1.02(3H,s,H-19),1.26(3H,d,*J*=7.0Hz,H-26),1.04

(3H,s,H－28),1.11(3H,s,H－29),1.34(3H,s,H－30);1个仲碳氢信号δ:3.73(1H,dd,J=7.5,11.5Hz,H－27a),3.95(1H,d,J=7.5、11.5Hz,H－27b);两个烯氢信号δ:5.01,5.05(2H,s,H－31)。另外,^{13}C NMR谱(C_5D_5N,125MHz)数据给出31个碳信号δ:36.2(C－1),33.6(C－2),216.3(C－3),47.3(C－4),51.2(C－5),19.8(C－6),27.4(C－7),135.8(C－8),133.5(C－9),37.2(C－10),21.3(C－11),30.1(C－12),45.3(C－13),52.2(C－14),72.3(C－15),39.2(C－16),46.7(C－17),16.9(C－18),18.6(C－19),49.0(C－20),178.8(C－21),31.6(C－22),34.7(C－23),152.7(C－24),43.2(C－25),17.2(C－26),66.7(C－27),18.1(C－28),26.4(C－29),21.1(C－30),109.3(C－31)[10]。

阿里红酸G(Fomefficinic acid G,14) 白色粉末(氯仿甲醇),mp 172～175℃,$[\alpha]_D^{25}$+54.6(c 0.11,$CHCl_3$:CH_3OH=1:1)。IR(KBr):3 433、2 952、2 873、1 699、1 651、1 456、1 375、1 242、1 095、1 026、1 014、935、895cm^{-1}。HR-ESI-MS显示m/z:485.362 6[M-H]$^-$。^{1}H NMR谱(C_5D_5N,500MHz)数据显示了6个甲基氢信号δ:1.04(3H,s,H－18),1.02(3H,s,H－19),1.52(3H,d,J=7.0Hz,H－27),1.07(3H,s,H－28),1.24(3H,s,H－29),1.08(3H,s,H－30);两个烯氢信号δ:5.13,5.24(2H,s,H－31)。另外,^{13}C NMR谱(C_5D_5N,125MHz)数据给出31个碳信号δ:36.3(C－1),31.7(C－2),78.0(C－3),39.5(C－4),51.0(C－5),18.7(C－6),28.7(C－7),136.7(C－8),134.1(C－9),37.3(C－10),35.1(C－11),72.0(C－12),52.3(C－13),49.7(C－14),34.4(C－15),25.7(C－16),51.4(C－17),10.9(C－18),24.3(C－19),26.6(C－20),21.9(C－21),34.5(C－22),33.6(C－23),150.8(C－24),46.5(C－25),176.9(C－26),17.1(C－27),16.4(C－28),28.6(C－29),19.5(C－30),110.4(C－31)[10]。

齿孔醇(eburicol,15) 白色粉末(氯仿甲醇),mp 210～212℃。EI-MS显示m/z:440[M]$^+$。^{1}H NMR谱(DMSO-d_6,500MHz)数据显示了8个甲基氢信号δ:1.05(3H,s,H－18),1.10(3H,s,H－19),1.03(3H,d,J=5.5Hz,H－26),1.01(3H,d,J=5.5Hz,H－27),1.19(3H,s,H－28),1.21(3H,s,H－29),1.23(3H,s,H－30),1.21(3H,d,J=5.5Hz,H－21);两个烯氢信号δ:4.66,4.30(2H,s,H－31);1个叔碳氢信号δ:3.00(1H,t,H－3)。另外,^{13}C NMR谱(DMSO-d_6,125MHz)数据给出31个碳信号δ:34.4(C－1),30.4(C－2),76.7(C－3),40.0(C－4),49.4(C－5),19.0(C－6),28.1(C－7),134.3(C－8),133.5(C－9),38.5(C－10),34.0(C－11),20.5(C－12),44.0(C－13),49.8(C－14),35.2(C－15),27.6(C－16),50.0(C－17),17.9(C－18),26.0(C－19),36.5(C－20),18.5(C－21),33.0(C－22),30.6(C－23),155.8(C－24),35.8(C－25),21.7(C－26),21.6(C－27),15.8(C－28),15.5(C－29),20.5(C－30),106.4(C－31)[10]。

阿里红醇A(fomefficinol A,16) 白色片晶(甲醇),mp 247～249℃,$[\alpha]_D^{25}$－25.0(c 0.028,$CHCl_3$:CH_3OH=1:1)。HR-ESI-MS显示m/z:523.341 8[M+Na]$^+$。IR(KBr):3 543、2 960、2 875、1 772、1 759、1 454、1 377、1 315、1 267、1 221、1 142、1 070、960、910、816cm^{-1}。^{1}H NMR谱(C_5D_5N,500MHz)数据显示了5个甲基氢信号δ:0.86(3H,s,H－19),1.13(3H,d,J=6.5Hz,H－27),1.21(3H,s,H－28),0.90(3H,s,H－29),0.98(3H,s,H－30);1个仲碳氢信号δ:1.17(2H,d,J=7.0Hz,H－31)。另外,^{13}C NMR谱(C_5D_5N,125MHz)数据给出31个碳信号δ:32.1(C－1),20.8(C－2),74.8(C－3),37.3(C－4),44.5(C－5),18.3(C－6),25.9(C－7),137.2(C－8),133.2(C－9),38.1(C－10),35.1(C－11),74.8(C－12),50.9(C－13),50.6(C－14),31.0(C－15),26.8(C－16),48.8(C－17),66.4(C－18),26.0(C－19),30.4(C－20),22.9(C－21),39.4(C－22),110.0(C－23),50.3(C－24),42.1(C－25),178.3(C－26),12.9(C－27),29.0(C－28),22.5(C－29),19.4(C－30),12.7(C－31)[10]。

阿里红醇B(fomefficinol B,17) 白色针晶(甲醇),mp 233～236℃,$[\alpha]_D^{25}$ 0.0(c 0.21,$CHCl_3$:CH_3OH=1:1)。HR-ESI-MS显示m/z:539.332 8[M+Na]$^+$。IR(KBr):3 552、3 473、2 964、1 755、1 699、1 454、1 383、1 302、1 142、1 022、937、893cm^{-1}。^{1}H NMR谱(C_5D_5N,500MHz)数据显示了5个

甲基氢信号δ:2.05(3H,s,H-19),1.21(3H,d,J=6.5Hz,H-27),1.16(3H,s,H-28),1.06(3H,s,H-29),1.47(3H,s,H-30);两个仲碳氢信号δ:0.95(2H,d,J=7.0Hz,H-31)。另外,^{13}C NMR谱(C_5D_5N,125MHz)数据给出31个碳信号δ:79.1(C-1),36.7(C-2),74.1(C-3),38.2(C-4),44.5(C-5),35.2(C-6),27.2(C-7),51.3(C-8),23.0(C-9),49.5(C-10),27.3(C-11),75.0(C-12),60.8(C-13),65.1(C-14),212.6(C-15),31.5(C-16),43.4(C-17),12.4(C-18),18.8(C-19),28.1(C-20),19.8(C-21),40.8(C-22),109.7(C-23),51.0(C-24),41.9(C-25),176.8(C-26),13.4(C-27),29.5(C-28),23.0(C-29),19.1(C-30),12.3(C-31)[10]。

3-酮基-去氢硫色多孔菌酸(3-keto-dehydmsulfumnic acid,18) 白色粉末(氯仿甲醇),mp 202~204℃,$[\alpha]_D^{25}$+32.6(c 0.04,$CHCl_3$:CH_3OH=1:1)。IR(KBr):3 400、2 960、2 945、1 710、1 642、1 450、1 380、1 282、1 170、1 050、997、882cm^{-1}。HR-ESI-MS显示m/z:481.332 2[M-H]$^-$。^{1}H NMR谱(C_5D_5N,600MHz)数据显示了7个甲基氢信号δ:1.03(3H,s,H-18),1.39(3H,s,H-19),0.99(3H,d,J=6.6Hz,H-26),0.98(3H,d,J=6.6Hz,H-27),1.13(3H,s,H-28),1.11(3H,s,H-29),1.02(3H,s,H-30);两个叔碳氢信号δ:1.68(1H,m,H-5),4.76(1H,dd,J=9.6、6.0Hz,H-15);4个烯氢信号δ:5.34(1H,d,J=6Hz,H-7),6.44(1H,d,J=6Hz,H-11),4.89~4.85(2H,s,H-31)。另外,^{13}C NMR谱(C_5D_5N,150MHz)数据给出31个碳信号δ:36.6(C-1),34.7(C-2),214.9(C-3),44.8(C-4),46.4(C-5),31.6(C-6),121.5(C-7),141.8(C-8),145.1(C-9),37.3(C-10),117.1(C-11),25.6(C-12),48.6(C-13),52.3(C-14),73.4(C-15),39.3(C-16),47.2(C-17),16.8(C-18),22.3(C-19),50.9(C-20),178.4(C-21),36.5(C-22),33.9(C-23),155.8(C-24),34.7(C-25),21.8(C-26),22.1(C-27),23.6(C-28),21.1(C-29),17.8(C-30),106.9(C-31)[10]。

去氢硫色多孔菌酸(dehydrosulphurenic acid,19) 白色粉末(氯仿甲醇),mp 210~212℃,$[\alpha]_D^{25}$+33.0(c 0.05,$CHCl_3$:CH_3OH=1:1)。IR(KBr):3 400、2 960、2 946、1 700、1 640、1 450、1 380、1 040、990、890cm^{-1}。HR-ESI-MS显示m/z:483.347 8[M-H]$^-$。^{1}H NMR谱(C_5D_5N,500MHz)数据显示了7个甲基氢信号δ:1.09(3H,s,H-18),1.11(3H,s,H-19),1.00(3H,d,J=7.0Hz,H-26),0.99(3H,d,J=7.0Hz,H-27),1.13(3H,s,H-28),1.44(3H,s,H-29),1.17(3H,s,H-30);4个叔碳氢信号δ:3.44(1H,t,H-3),1.32(1H,H-5),4.80(1H,dd,J=5.5、9.5Hz,H-15),2.22(1H,H-25);4个烯氢信号δ:5.39(1H,H-7),5.38(1H,d,J=5.5Hz,H-11),4.88~4.85(2H,s,H-31);4个仲碳氢信号δ:1.90(2H,H-2),2.16(2H,H-6),2.72(1H,H-12a),2.36(1H,H-12b),1.90(1H,H-16a),2.38(1H,H-16b)。另外,^{13}C NMR谱(C_5D_5N,125MHz)数据给出31个碳信号δ:36.8(C-1),28.8(C-2),78.1(C-3),39.3(C-4),49.7(C-5),23.5(C-6),122.3(C-7),142.0(C-8),147.0(C-9),38.0(C-10),116.3(C-11),36.4(C-12),44.9(C-13),52.5(C-14),73.8(C-15),39.6(C-16),46.4(C-17),16.8(C-18),23.1(C-19),48.9(C-20),178.7(C-21),32.7(C-22),31.9(C-23),155.8(C-24),34.2(C-25),21.9(C-26),22.0(C-27),16.8(C-28),18.3(C-29),28.7(C-30),107.1(C-31)[10]。

变孔绚孔菌酸D(versisponic acid D,20) 白色针晶(氯仿甲醇),mp 245~247℃,$[\alpha]_D^{25}$+31.1(c 0.05,$CHCl_3$:CH_3OH=1:1)。IR(KBr):3 400、2 960、2 925、1 730、1 684、1 640、1 450、1 365、1 240、1 140、1 000、910、885cm^{-1}。HR-ESI-MS显示m/z:527.373 6[M-H]$^-$。^{1}H NMR谱($CDCl_3$,500MHz)数据显示了8个甲基氢信号δ:1.00(3H,s,H-18),0.71(3H,s,H-19),0.98(3H,d,J=6.5Hz,H-26),0.97(3H,d,J=6.5Hz,H-27),1.00(3H,s,H-28),0.79(3H,s,H-29),1.02(3H,s,H-30),2.10(3H,s,$COCH_3$);两个叔碳氢信号δ:3.23(1H,dd,J=4.0、11.0Hz,H-3),5.04(1H,dd,J=8.5、6.0Hz,H-15);两个烯氢信号δ:4.75,4.65(2H,s,H-31)。另外,^{13}C NMR谱($CDCl_3$,125MHz)数据给出33个碳信号δ:35.6(C-1),27.9(C-2),78.8(C-3),38.8(C-4),50.1(C-5),19.0(C-6),26.3(C-7),132.6(C-8),135.4(C-9),37.1(C-10),18.3(C-11),28.9

(C－12),44.5(C－13),50.6(C－14),75.6(C－15),35.3(C－16),45.8(C－17),16.3(C－18),20.6(C－19),47.3(C－20),181.4(C－21),30.9(C－22),31.8(C－23),154.8(C－24),33.7(C－25),21.7(C－26),21.7(C－27),27.7(C－28),15.4(C－29),18.1(C－30),107.0(C－31),171.1(C－32),21.3(C－33)[10]。

变孔绚孔菌酸 C(versisponic acid C,21) 白色粉末(氯仿甲醇),mp 243～245℃,$[\alpha]_D^{25}$+31.1(*c* 0.05,$CHCl_3$：CH_3OH＝1：1)。IR(KBr):3 400、2 960、2 925、1 730、1 700、1 240、1 050、910、880cm^{-1}。EI-MS 显示 *m/z*:526[M$^+$]。^{1}H NMR 谱(C_5D_5N,500MHz)数据显示了 8 个甲基氢信号 δ:1.12(3H,s,H－18),1.03(3H,s,H－19),1.02(3H,d,*J*＝6.5Hz,H－26),1.01(3H,d,*J*＝6.5Hz,H－27),1.00(3H,s,H－28),1.14(3H,s,H－29),1.20(3H,s,H－30),2.17(3H,s,$COCH_3$);两个叔碳氢信号 δ:1.58(1H,dd,*J*＝2.0、8.0Hz,H－5),5.40(1H,dd,*J*＝5.5、9.5Hz,H－15);两个烯氢信号 δ:4.90,4.96(2H,s,H－31)。另外,^{13}C NMR 谱(C_5D_5N,125MHz)数据显示 33 个碳信号 δ:35.9(C－1),34.7(C－2),216.0(C－3),47.3(C－4),51.3(C－5),18.5(C－6),26.5(C－7),133.8(C－8),134.7(C－9),37.1(C－10),21.3(C－11),29.4(C－12),45.1(C－13),51.0(C－14),75.9(C－15),36.0(C－16),46.5(C－17),16.7(C－18),19.5(C－19),48.9(C－20),178.5(C－21),31.8(C－22),32.7(C－23),155.8(C－24),34.2(C－25),21.9(C－26),22.0(C－27),26.4(C－28),21.3(C－29),18.6(C－30),107.1(C－31),170.8(C－32),21.0(C－33)[10]。

阿里红酸(officinalic acid,22) 白色针晶(氯仿甲醇),mp270～272℃,IR(KBr):3 450、2 920、2 870、1 730、1 460、1 390、1 365、1 278、1 200、1 180、1 080、1 050、975cm^{-1}。HR-ESI-MS 显示 *m/z*:499.306 0[M-H]$^-$。^{1}H NMR 谱(C_5D_5N,600MHz)数据显示了 6 个甲基氢信号 δ:0.73(3H,s,H－24),0.77(3H,s,H－25),1.26(3H,s,H－26),1.35(3H,s,H－28),0.72(3H,s,H－29),0.91(3H,s,H－30)。另外,^{13}C NMR 谱(C_5D_5N,150MHz)数据显示 30 个碳信号 δ:40.8(C－1),42.7(C－2),35.8(C－3),37.4(C－4),56.0(C－5),19.7(C－6),206.0(C－7),82.9(C－8),58.6(C－9),42.9(C－10),170.3(C－11),107.9(C－12),61.2(C－13),38.4(C－14),27.8(C－15),21.0(C－16),39.0(C－17),50.8(C－18),35.2(C－19),34.3(C－20),40.9(C－21),39.1(C－22),20.1(C－23),21.9(C－24),33.9(C－25),15.2(C－26),175.9(C－27),16.3(C－28),22.9(C－29),24.4(C－30)[10]。

Fomlactone A(23) 白色针状结晶,$[\alpha]_D^{25}$+30(*c* 0.02,$CDCl_3$)。IR(KBr):1 780、1 734、1 375、1 248cm^{-1}。EI-MS 显示 *m/z*:526[M$^+$]。^{1}H NMR 谱(CD_3OD,500MHz)数据显示了 9 个甲基氢信号 δ:0.77(3H,s,H－18),0.99(3H,s,H－19),0.98(3H,d,*J*＝7.0Hz,H－21),1.26(3H,d,*J*＝7.0Hz,H－27),1.01(3H,s,H－28),0.92(3H,s,H－29),0.85(3H,s,H－30),1.11(3H,d,*J*＝7.0Hz,H－31),2.07(3H,s);两个叔碳氢信号 δ:4.65(1H,brs,H－3),4.35(1H,t,*J*＝8.0Hz,H－12)。另外,^{13}C NMR 谱(CD_3OD,125MHz)数据显示 33 个碳信号,包括 9 个甲基碳信号 δ:11.7、18.9、19.7、13.8、24.7、27.6、21.8、13.1、21.4;8 个仲碳信号 δ:30.9、23.6、17.8、25.6、42.3、29.4、23.2、32.9;7 个叔碳信号 δ:77.9、45.2、75.8、42.9、32.9、28.7、50.6;5 个季碳信号 δ:36.7、36.8、52.6、48.1、110.0;两个烯碳信号 δ:135.0、133.6;两个羰基碳信号 δ:177.6、170.9[11]。

FomlactoneB(24) 白色针状结晶,mp178～180℃,$[\alpha]_D^{25}$+37(*c* 0.06,$CDCl_3$)。IR(KBr):3 543、1 759、1 221cm^{-1}。EI-MS 显示 *m/z*:484[M$^+$]。^{1}H NMR 谱(CD_3OD,500MHz)数据显示了 8 个甲基氢信号 δ:0.76(3H,s,H－18),0.97(3H,s,H－19),0.99(3H,d,*J*＝6.0Hz,H－21),1.25(3H,d,*J*＝6.0Hz,H－27),1.00(3H,s,H－28),0.95(3H,s,H－29),0.87(3H,s,H－30),1.10(3H,d,*J*＝7.0Hz,H－31);两个叔碳氢信号 δ:3.43(1H,brs,H－3),4.33(1H,t,*J*＝8.7Hz,H－12)。另外,^{13}C NMR 谱(CD_3OD,125MHz)数据显示 31 个碳信号,包括 8 个甲基碳信号 δ:11.8、18.9、19.7、13.6、24.7、28.1、22.2、13.0;8 个仲碳信号 δ:30.3、23.7、18.0、25.7、40.1、29.5、25.7、31.8;7 个叔碳信号 δ:75.9、44.1、75.8、42.3、29.5、28.1、50.6;5 个季碳信号 δ:36.9、37.6、52.6、

49.2、109.9；两个烯键碳信号 δ：135.0、133.5；1 个羰基碳信号 δ：177.4[11]。

FomlactoneC(25) 白色片状结晶，mp 247～250。$[\alpha]_D^{25}$ +39.6(c 0.03，$CDCl_3$)。IR(KBr)：1 780、1 706、965cm^{-1}。EI-MS 显示 m/z：482[M^+]。^{1}H NMR 谱($CDCl_3$，500MHz)数据显示了 8 个甲基氢信号 δ：0.83(3H，s，H－18)，0.87(3H，s，H－19)，0.88(3H，d，J＝7.0Hz，H－21)，1.15(3H，d，J＝7.0Hz，H－27)，1.07(3H，s，H－28)，1.10(3H，s，H－29)，1.09(3H，s，H－30)，1.18(3H，d，J＝7.0Hz，H－31)；1 个叔碳氢信号 δ：4.37(1H，t，J＝8.0Hz，H－12)。另外，^{13}C NMR 谱($CDCl_3$，125MHz)数据给出 31 个碳信号 δ：36.3(C－1)，33.6(C－2)，215.3(C－3)，46.9(C－4)，50.7(C－5)，18.2(C－6)，26.7(C－7)，135.2(C－8)，133.6(C－9)，37.4(C－10)，40.8(C－11)，78.8(C－12)，52.2(C－13)，49.7(C－14)，28.1(C－15)，25.5(C－16)，42.5(C－17)，11.6(C－18)，18.3(C－19)，31.2(C－20)，19.3(C－21)，31.3(C－22)，110.3(C－23)，28.1(C－24)，50.7(C－25)，178.4(C－26)，13.2(C－27)，25.5(C－28)，28.0(C－29)，22.0(C－30)，13.1(C－31)[12]。

去氢齿孔酸(dehydroeburicoic acid，26) 白色针状结晶(氯仿：甲醇＝1：1)，mp 238～240℃，$[\alpha]_D^{25}$ +31.6(c 0.05，$CHCl_3$：CH_3OH＝1：1)。IR(KBr)：3 440、2 960、2 876、1 720、1 700、1 638、1 450、1 370、1 190、1 022、1 000、882cm^{-1}。EI-MS 显示 m/z：468[M^+]。^{1}H NMR 谱(C_5D_5N，500MHz)数据显示了 7 个甲基氢信号 δ：1.06(3H，s，H－18)，1.08(3H，s，H－19)，1.03(3H，d，J＝5.5Hz，H－26)，1.01(3H，d，J＝5.5Hz，H－27)，1.19(3H，s，H－28)，1.21(3H，s，H－29)，1.23(3H，s，H－30)；4 个烯氢信号 δ：4.93～4.88(2H，s，H－31)，5.37(1H，d，J＝5Hz，H－7)，5.36(1H，d，J＝5Hz，H－11)；两个叔碳氢信号 δ：3.44(1H，t，H－3)，1.65(1H，t，H－5)；两个仲碳氢信号 δ：2.36～2.67(2H，m，J＝15.5Hz，H－12)，2.38(2H，m，H－15)。另外，^{13}C NMR 谱(C_5D_5N，125MHz)数据给出 31 个碳信号 δ：30.9(C－1)，23.6(C－2)，78.0(C－3)，37.4(C－4)，44.3(C－5)，31.6(C－6)，121.3(C－7)，142.3(C－8)，146.6(C－9)，37.9(C－10)，116.6(C－11)，26.8(C－12)，45.0(C－13)，49.7(C－14)，21.3(C－15)，27.3(C－16)，50.9(C－17)，16.6(C－18)，18.7(C－19)，47.7(C－20)，178.6(C－21)，36.0(C－22)，31.8(C－23)，155.9(C－24)，34.2(C－25)，21.9(C－26)，22.0(C－27)，28.8(C－28)，23.0(C－29)，19.4(C－30)，107.0(C－31)[12]。

齿孔酸(eburicoic acid，27) 白色粉末(氯仿：甲醇＝1：1)，mp 230～233℃，$[\alpha]_D^{25}$ +11.2(c 0.05，$CHCl_3$：CH_3OH＝1：1)。IR(KBr)：3 440、2 960、2 880、1 720、1 700、1 640、1 450、1 375、1 192、1 030、890cm^{-1}。EI-MS 显示 m/z：470[M^+]。^{1}H NMR 谱(C_5D_5N，500MHz)数据显示了 7 个甲基氢信号 δ：1.06(3H，s，H－18)，1.08(3H，s，H－19)，1.03(3H，d，J＝5.5Hz，H－26)，1.02(3H，d，J＝5.5Hz，H－27)，1.19(3H，s，H－28)，1.20(3H，s，H－29)，1.23(3H，s，H－30)；两个烯氢信号 δ：4.93，4.84(2H，s，H－31)；两个叔碳氢信号 δ：3.44(1H，t，H－3)，1.62(1H，t，H－5)；4 个仲碳氢信号 δ：2.33，2.67(2H，m，H－12)、1.91、2.34(2H，m，H－15)。另外，^{13}C NMR 谱(C_5D_5N，125MHz)数据给出 31 个碳信号 δ：37.0(C－1)，28.3(C－2)，77.6(C－3)，39.2(C－4)，50.5(C－5)，18.4(C－6)，26.5(C－7)，134.0(C－8)，134.9(C－9)，37.0(C－10)，19.1(C－11)，29.0(C－12)，44.6(C－13)，49.5(C－14)，30.5(C－15)，27.1(C－16)，47.4(C－17)，16.0(C－18)，20.9(C－19)，48.8(C－20)，178.2(C－21)，31.4(C－22)，32.4(C－23)，155.5(C－24)，33.9(C－25)，21.6(C－26)，21.5(C－27)，28.3(C－28)，24.1(C－29)，16.0(C－30)，106.7(C－31)[12]。

硫色多孔菌酸(sulphurenic acid，28) 白色粉末(氯仿甲醇)，mp 204～207℃，$[\alpha]_D^{25}$ +43.7(c 0.04，$CHCl_3$：CH_3OH 1：1)。IR(KBr)：3 400、2 960、2 950、1 700、1 680、1 450、1 370、1 050、1 030、1 000、882cm^{-1}。EI-MS 显示 m/z：486[M^+]。^{1}H NMR 谱(C_5D_5N，500MHz)数据显示了 7 个甲基氢信号 δ：1.17(3H，s，H－18)，1.05(3H，s，H－19)，1.02(3H，d，J＝7.0Hz，H－26)，1.01(3H，d，J＝7.0Hz，H－27)，1.21(3H，s，H－28)，1.17(3H，s，H－29)，1.24(3H，s，H－30)；3 个叔碳氢信号 δ：3.44(1H，t，J＝8.5Hz，H－3)，1.62(1H，m，H－5)，4.60(1H，dd，J＝6、9.5Hz，H－15)；两个烯氢信号 δ：4.88，4.85(2H，brs，H－31)。另外，^{13}C NMR 谱(C_5D_5N，125MHz)数据给出 31 个碳信号 δ：

36.2(C-1),28.7(C-2),78.1(C-3),39.6(C-4),50.9(C-5),18.9(C-6),27.7(C-7),134.9(C-8),135.1(C-9),37.6(C-10),21.2(C-11),30.2(C-12),45.5(C-13),52.1(C-14),72.5(C-15),39.3(C-16),46.7(C-17),16.9(C-18),19.5(C-19),49.1(C-20),178.8(C-21),31.9(C-22),32.7(C-23),155.8(C-24),34.2(C-25),22.0(C-26),22.1(C-27),28.7(C-28),16.4(C-29),18.2(C-30),107.1(C-31)[12]。

去氢齿孔酮酸(dehydroeburiconic acid,29) 白色结晶(氯仿甲醇),mp 240～242℃,$[\alpha]_D^{25}$+37.8(*c* 0.05,$CHCl_3$:CH_3OH=1:1)。IR(KBr):2 960、2 958、2 924、1 710、1 660、1 635、1 450、1 378、1 220、1 180、890cm^{-1}。EI-MS显示 *m/z*:466[M^+]。^1H NMR谱($CDCl_3$,500MHz)数据显示了7个甲基氢信号δ:0.91(3H,s,H-18),1.12(3H,s,H-19),1.02(3H,d,*J*=6.5Hz,H-26),1.03(3H,d,*J*=6.5Hz,H-27),1.18(3H,s,H-28),1.06(3H,s,H-29),1.00(3H,s,H-30);两个叔碳氢信号δ:1.60(1H,dd,*J*=4.7Hz,H-5),2.25(1H,H-25);4个烯氢信号δ:5.53(1H,*J*=6.5Hz,H-7),5.52(1H,*J*=6.5Hz,H-11),4.77～4.69(2H,s,H-31);6个仲碳氢信号δ:1.61～2.12(2H,H-1),2.32～2.76(2H,td,*J*=6,15Hz,H-2),2.01(2H,H-6),2.56(1H,brd,H-12a),2.38(1H,dd,H-12b),1.52～1.74(2H,td,*J*=7,11Hz,H-15),1.51(1H,H-16a),2.14(1H,H-16b)。另外,^{13}C NMR谱($CDCl_3$,125MHz)数据给出31个碳信号δ:36.9(C-1),34.8(C-2),217.7(C-3),47.5(C-4),51.2(C-5),23.6(C-6),120.3(C-7),142.4(C-8),144.6(C-9),37.2(C-10),116.9(C-11),36.2(C-12),44.3(C-13),50.0(C-14),31.0(C-15),27.0(C-16),47.7(C-17),16.1(C-18),22.0(C-19),49.6(C-20),182.1(C-21),32.0(C-22),33.8(C-23),155.1(C-24),34.5(C-25),21.8(C-26),21.7(C-27),25.4(C-28),22.4(C-29),25.3(C-30),106.9(C-31)[12]。

24-Methyl-lanost-8,24-dien-23*S*,26-lactone(30) 白色片状结晶(甲醇),mp 222～225℃,$[\alpha]_D^{25}$+40(*c* 0.26,$CHCl_3$)。IR(KBr):1 741、1 705、1 682cm^{-1}。HR-EI-MS显示 *m/z*:466.343 3[M^+]。^1H NMR谱($CDCl_3$,500MHz)数据显示了8个甲基氢信号δ:0.74(3H,s),0.91(3H,s),1.07(3H,d,*J*=6.3Hz),1.07(3H,s),1.09(3H,s),1.12(3H,s),1.95(3H,s),1.80(3H,s);3个叔碳氢信号δ:2.52(1H,m),2.41(1H,m),4.73(1H,brd)。另外,^{13}C NMR谱($CDCl_3$,125MHz)数据给出31个碳信号,包括8个甲基碳信号δ:15.8、19.9、18.7、12.4、24.4、26.2、21.3、8.6;9个仲碳信号δ:36.0、34.6、19.4、26.3、21.1、30.9、30.9、28.5、39.2;4个叔碳信号δ:51.1、50.5、35.4、83.1;4个季碳信号δ:47.4、36.9、44.6、49.9;4个烯碳信号δ:134.9、133.1、159.8、123.0;两个羰基碳信号δ:217.7、174.6[13]。

24-Methylene-3-oxolanost-8-en-26-oic ester(31) 白色针状结晶(甲醇),mp 102～104℃,$[\alpha]_D^{25}$+71(*c* 0.65,$CHCl_3$)。IR(KBr):1 730、1 705、1 211cm^{-1}。EI-MS显示 *m/z*:482[M^+]。^1H NMR谱($CDCl_3$,500MHz)数据显示了8个甲基氢信号δ:0.71(3H,s),0.89(3H,s),0.91(3H,d,*J*=6.3Hz),1.07(3H,s),1.09(3H,s),1.17(3H,s),1.29(3H,d,*J*=7.2Hz),3.67(3H,s);3个叔碳氢信号δ:2.42(1H,m),3.15(1H,q,*J*=6.9Hz),2.60(1H,m);两个烯氢信号δ:4.89(1H,brs),4.91(1H,brs)。另外,^{13}C NMR谱($CDCl_3$,125MHz)数据给出32个碳信号,包括7个甲基碳信号δ:15.8、18.6、16.3、16.2、24.3、26.1、21.3;10个仲碳信号δ:35.9、34.2、19.4、26.3、21.0、30.9、30.9、28.1、31.5、34.5;4个叔碳信号δ:51.1、50.2、36.2、45.4;4个季碳信号δ:47.4、36.8、44.4、49.9;4个烯碳信号δ:135.2、133.1、148.8、110.7;两个羰基碳信号δ:217.9、175.0;1个甲氧基信号δ:51.9[13]。

3α-Acetoxy-24-methylene23-oxylanost-8-en-26-oic ester(32) 白色针状结晶(甲醇),mp 120℃,$[\alpha]_D^{25}$+5(*c* 0.39,$CHCl_3$)。IR(KBr):1 741、1 728、1 680、1 250cm^{-1}。EI-MS显示 *m/z*:540[M^+]。^1H NMR谱($CDCl_3$,500MHz)数据显示了9个甲基氢信号δ:0.74(3H,s),0.86(3H,s),0.88(3H,d,*J*=6.3Hz),0.91(3H,s),0.93(3H,s),0.99(3H,s),1.32(3H,d,*J*=7.2Hz),2.07

(3H,s),3.65(3H,s);4 个叔碳氢信号 δ:2.50(1H,dd,*J*=15、10Hz),2.70(1H,dd,*J*=15、3Hz),3.15(1H,q,*J*=6.9Hz),4.66(1H,brs);两个烯氢信号 δ:5.89(1H,brs),6.16(1H,brs)。另外,^{13}C NMR 谱($CDCl_3$,125MHz)数据给出 34 个碳信号,包括 8 个甲基碳信号 δ:15.9、19.0、19.7、16.2、24.3、27.7、21.9、21.5;9 个仲碳信号 δ:30.9、23.4、18.1、26.0、21.0、30.9、30.9、28.5、44.7;5 个叔碳信号 δ:78.1、45.3、50.7、34.0、40.1;4 个季碳信号 δ:36.8、36.9、44.7、50.0;4 个烯碳信号 δ:134.5、133.9、148.4、124.6;3 个羰基碳信号 δ:200.9、174.5、170.7;1 个甲氧基碳信号 δ:52.0[13]。

3β-acetoxy-24-Methylene-8-en-26-oic ester(33) 白色针状结晶(甲醇),mp 118℃,$[\alpha]_D^{25}$+88(*c* 0.10,$CHCl_3$)。IR(KBr):1 741、1 728、1 680、1 250cm^{-1}。EI-MS 显示 *m/z*:526[M$^+$]。^{1}H NMR 谱($CDCl_3$,500MHz)数据显示了 9 个甲基氢信号 δ:0.74(3H,s),0.86(3H,s),0.88(3H,d,*J*=6.3Hz),0.91(3H,s),0.93(3H,s),0.99(3H,s),1.32(3H,d,*J*=7.2Hz),2.07(3H,s),3.65(3H,s);4 个叔碳氢信号 δ:2.50(1H,dd,*J*=15、10Hz),2.70(1H,dd,*J*=15、3Hz),3.15(1H,q,*J*=6.9Hz),4.66(1H,brs);两个烯氢信号 δ:5.89(1H,brs),6.16(1H,brs)。另外,^{13}C NMR 谱($CDCl_3$,125MHz)数据给出 34 个碳信号,包括 8 个甲基碳信号 δ:15.8、18.7、16.6、16.4、24.3、27.9、19.2、21.4;10 个仲碳信号 δ:35.2、24.2、18.1、26.4、21.0、30.8、30.9、28.2、31.7、34.4;5 个叔碳信号 δ:80.9、50.5、50.3、36.3、45.5;4 个季碳信号 δ:37.8、36.9、44.5、49.8;4 个烯碳信号 δ:134.3、134.1、148.8、110.6;两个羰基碳信号 δ:174.9、170.9;1 个甲氧基碳信号 δ:51.9[13]。

(二)层孔菌属真菌甾体类化合物的理化常数与光谱数据

(22*E*,24*R*)-3β,5α,6β,14α-Tetrahydroxyergosta-7,9(11),22-triene(fomentarol A,34) $[\alpha]_D^{25}$-37.3(*c* 0.52,MeOH)。IR(KBr):3 332、2 954、2 833、1 645、1 450、1 409、1 112、1 020cm^{-1}。HR-ESI-MS 显示 *m/z*:467.310 9[M+Na]$^+$。^{1}H NMR 谱(CD_3OD,500MHz)数据显示了 6 个甲基氢信号 δ:0.98(3H,s,H-18),1.19(3H,s,H-19),1.01(3H,d,*J*=6.7Hz,H-21),0.83(3H,d,*J*=7.5Hz,H-26),0.85(3H,d,*J*=7.5Hz,H-27),0.93(3H,d,*J*=6.6Hz,H-28);4 个烯氢信号 δ:5.89(1H,d,*J*=5.0Hz,H-7),5.52(1H,brs,H-11),5.22(1H,dd,*J*=15.3、7.8Hz,H-22),5.25(1H,dd,*J*=15.3、7.3Hz,H-23);6 个叔碳氢信号 δ:3.98(1H,m,H-3),3.76(1H,d,*J*=5.0Hz,H-6),1.55(1H,m,H-17),2.23(1H,m,H-20),1.84(1H,m,H-24),1.44(1H,m,H-25);6 个仲碳氢信号 δ:1.63(1H,m,H-1a),1.57(1H,m,H-1b),1.89(2H,m,H-2),2.04(1H,dd,*J*=12.3、11.6Hz,H-4a),1.73(1H,brd,*J*=11.6Hz,H-4b),2.30(1H,dd,*J*=17.8、3.7Hz,H-12a),1.99(1H,dd,*J*=17.8、4.5Hz,H-12b),2.07(1H,m,H-15a),1.65(1H,m,H-15b),1.60(1H,m,H-16a),1.48(1H,m,H-16b)。另外,^{13}C NMR 谱(CD_3OD,125MHz)数据给出 28 个碳信号,包括 6 个甲基碳信号 δ:18.0、24.6、22.6、20.2、20.5、18.2;6 个仲碳信号 δ:32.2、32.0、39.9、38.3、34.9、26.2;6 个叔碳信号 δ:68.4、74.2、50.1、41.3、44.5、34.4;4 个季碳信号 δ:76.5、40.6、46.8、82.5;6 个烯碳信号 δ:121.7、138.9、140.1、122.1、136.4、133.9[14]。

(22*E*,24*R*)-3β,5β,6α,7α-Tetrahydroxy-8α,9α-dihydroergosta-14,22-diene(fomentarol B,35) $[\alpha]_D^{25}$-88.3(*c* 0.12,MeOH)。IR(KBr):3 367、2 833、1 658、1 450、1 417、1 114、1 029cm^{-1}。HR-ESI-MS 显示 *m/z*:469.327 3[M+Na]$^+$。^{1}H NMR 谱(CD_3OD,500MHz)数据显示了 6 个甲基氢信号 δ:1.06(3H,s,H-18),1.04(3H,s,H-19),1.01(3H,d,*J*=6.6Hz,H-21),0.85(3H,d,*J*=7.0Hz,H-26),0.87(3H,d,*J*=7.0Hz,H-27),0.95(3H,d,*J*=6.8Hz,H-28);3 个烯氢信号 δ:5.39(1H,brd,H-15),5.23(1H,dd,*J*=15.3、7.9Hz,H-22),5.26(1H,dd,*J*=15.3、7.4Hz,H-23);9 个叔碳氢信号 δ:4.46(1H,m,H-3),3.62(1H,d,*J*=3.1Hz,H-6),4.12(1H,dd,*J*=11.5、3.1Hz,H-7),2.89(1H,dd,*J*=11.5、4.4Hz,H-8),1.23(1H,m,H-9),1.57(1H,m,H-17),2.23(1H,m,H-20),1.86(1H,m,H-24),1.49(1H,m,H-25);6 个仲碳氢信号 δ:2.38(1H,tm,*J*=13.6、3.8Hz,H-1a),0.94(1H,m,H-1b),1.71(1H,m,H-2a),1.53(1H,m,H-2b),1.90

(1H,brd,H-4a),1.63(1H,dd,J=12.3、11.7Hz,H-4b),1.90(1H,m,H-11a),1.71(1H,m,H-11b),2.03(1H,m,H-12a),1.18(1H,m,H-12b),2.08(1H,ddd,J=15.6、7.6、3.1Hz,H-16a),1.94(1H,m,H-16b)。另外,^{13}C NMR谱(CD_3OD,125MHz)数据给出28个碳信号,包括6个甲基碳信号δ:18.5、19.9、21.4、20.2、20.5、18.2;6个仲碳信号δ:34.8、31.0、47.1、23.8、44.8、37.0;9个叔碳信号δ:68.0、80.4、68.4、39.0、51.4、61.5、40.1、44.3、34.4;3个季碳信号δ:77.5、40.0、47.3;4个烯碳信号δ:151.4、126.2、137.0、133.2[14]。

(22*E*,24*R*)-3*β*,5*α*-Dihydroxy-6*β*-ethoxyergosta-7,22-diene(fomentarol C,36) $[\alpha]_D^{25}$-54.2(c 0.41,MeOH)。IR(KBr):3 390、2 929、2 858、1 641、1 460、1 380、1 049、757cm^{-1}。HR-ESI-MS显示m/z:517.389 8[M+CH_3COO^-]$^+$。^{1}H NMR谱($CDCl_3$,500MHz)数据显示了7个甲基氢信号δ:1.16(3H,t,J=7.0Hz),0.59(3H,s,H-18),1.02(3H,s,H-19),1.03(3H,d,J=7.7Hz,H-21),0.82(3H,d,J=7.4Hz,H-26),0.84(3H,d,J=7.1Hz,H-27),0.92(3H,d,J=6.8Hz,H-28);3个烯氢信号δ:5.35(1H,dd,J=4.8、2.7Hz,H-7),5.17(1H,dd,J=15.3、7.8Hz,H-22),5.22(1H,dd,J=15.3、7.3Hz,H-23);7个叔碳氢信号δ:4.05(1H,m,H-3),3.25(1H,d,J=4.8Hz,H-6),1.88(1H,m,H-9),1.30(1H,m,H-17),2.03(1H,m,H-20),1.85(1H,m,H-24),1.48(1H,m,H-25);7个仲碳氢信号δ:1.56(1H,m,H-1a),1.54(1H,m,H-1b),1.83(1H,m,H-2a),1.43(1H,m,H-2b),2.16(1H,dd,J=12.4、12.0Hz,H-4a),1.72(1H,brd,H-4b),1.59(1H,m,H-11a),1.55(1H,m,H-11b),2.05(1H,m,H-12a),1.32(1H,m,H-12b),1.47(2H,m,H-15),1.75(1H,m,H-16a),1.28(1H,m,H-16a);两个与氧原子相连的亚甲基氢信号δ:3.64(1H,m),3.45(1H,m)。另外,^{13}C NMR谱($CDCl_3$,125MHz)数据给出30个碳信号,包括7个甲基碳信号δ:12.3、18.4、21.1、19.6、19.9、17.6、15.7;7个仲碳信号δ:32.8、30.9、39.5、22.2、39.4、22.9、27.9;7个叔碳信号δ:67.9、80.3、43.9、56.0、40.4、42.8、33.1;4个季碳信号δ:76.4、37.2、43.9、54.9;4个烯碳信号δ:115.9、143.0、135.5、132.1[14]。

(22*E*,24*S*)-3*β*,25-Dihydroxy-15*α*-*O*-*β*-D-glucopyranosylergosta-7,22-dien-6-one(fomen-tarol D,37) $[\alpha]_D^{25}$+10.8(c 0.37,MeOH)。IR(KBr):3 336、2 925、2 854、1 662、1 456、1 417、1 114、1 022cm^{-1}。HR-ESI-MS显示m/z:629.363 0[M+Na]$^+$。^{1}H NMR谱(C_5D_5N,500MHz)数据显示了6个甲基氢信号δ:0.61(3H,s,H-18),0.91(3H,s,H-19),1.02(3H,d,J=6.5Hz,H-21),1.38(3H,s,H-26),1.41(3H,s,H-27),1.30(3H,d,J=6.9Hz,H-28);3个烯氢信号δ:6.75(1H,brd,H-7),5.23(1H,dd,J=15.3、8.5Hz,H-22),5.69(1H,dd,J=15.3、8.2Hz,H-23);8个叔碳氢信号δ:4.36(1H,m,H-3),2.87(1H,dd,J=12.2、3.2Hz,H-5)2.12(1H,m,H-9),2.44(1H,d,J=8.5Hz,H-14),4.50(1H,td,J=8.5、3.3Hz,H-15),1.54(1H,m,H-17),2.04(1H,m,H-20),2.35(1H,m,H-24);6个仲碳氢信号δ:1.97(1H,m,H-1a),1.46(1H,m,H-1b),1.84(1H,m,H-2a),1.57(1H,m,H-2b),2.39(1H,m,H-4a),1.86(1H,m,H-4b),1.69(1H,m,H-11a),1.50(1H,m,H-11b),1.95(1H,m,H-12a),1.35(1H,m,H-12b),2.37(1H,m,H-16a),1.96(1H,m,H-16b);6个糖上氢信号δ:4.89(1H,d,J=7.5Hz,H-1′),4.01(1H,dd,J=8.9、7.5Hz,H-2′),4.21(1H,dd,J=8.9、8.8Hz,H-3′),4.28(1H,dd,J=8.8、8.9Hz,H-4′),3.88(1H,m,H-5′),4.56(1H,brd,J=11.0Hz,H-6a′),4.42(1H,dd,J=11.0、5.4Hz,H-6b′)。另外,^{13}C NMR谱(C_5D_5N,125MHz)数据给出34个碳信号,包括6个甲基碳信号δ:13.5、12.3、20.7、27.0、28.3、15.3;6个仲碳信号δ:31.8、28.3、38.7、21.2、38.8、37.6;8个叔碳信号δ:64.1、48.4、49.7、61.3、77.9、53.5、39.9、48.1;3个季碳信号δ:38.5、44.2、73.3;4个烯碳信号δ:124.4、159.3、135.8、131.4;1个羰基碳信号δ:204.5[14]。

(22*E*,24*R*)-3*β*-Hydroxyergosta-7,22-dien-6-one(fomentarol E,38) $[\alpha]_D^{25}$-21.2(c 0.58,$CHCl_3$)。IR(KBr):3 336、2 923、2 854、1 662、1 467、1 380、1 053、756cm^{-1}。HR-ESI-MS显示m/z:435.321 9[M+Na]$^+$。^{1}H NMR谱(CD_3OD,500MHz)数据显示了6个甲基氢信号δ:0.61(3H,

s,H－18),0.87(3H,s,H－19),1.03(3H,d,J=6.6Hz,H－21),0.82(3H,d,J=6.9Hz,H－26),0.84(3H,d,J=6.9Hz,H－27),0.91(3H,d,J=6.8Hz,H－28);3个烯氢信号δ:5.72(1H,brs,H－7),5.16(1H,dd,J=15.3、8.3Hz,H－22),5.24(1H,dd,J=15.3、7.6Hz,H－23);8个叔碳氢信号δ:3.63(1H,m,H－3),2.24(1H,dd,J=11.6、3.6Hz,H－5),2.16(1H,m,H－9),2.05(1H,m,H－14),1.34(1H,m,H－17),1.85(1H,m,H－24),1.45(1H,m,H－25);6个仲碳氢信号δ:1.82(1H,m,H－1a),1.33(1H,m,H－1b),2.20(1H,m,H－2a),1.41(1H,m,H－2b),1.82(1H,m,H－4a),1.34(1H,m,H－4b),1.74(1H,m,H－11a),1.68(1H,m,H－11b),2.10(1H,m,H－12a),1.40(1H,m,H－12b),1.55(1H,m,H－15a),1.47(1H,m,H－15b),1.77(1H,m,H－16a),1.33(1H,m,H－16b)。另外,^{13}C NMR谱(CD_3OD,125MHz)数据给出28个碳信号,包括6个甲基碳信号δ:12.6、13.2、21.1、19.9、19.6、17.6;7个仲碳信号δ:36.9、30.5、30.3、21.8、38.7、22.5、27.8;8个叔碳信号δ:70.8、53.4、50.1、56.1、55.7、40.2、42.8、33.0;两个季碳信号δ:38.2、44.4;4个烯碳信号δ:123.1、163.7、135.0、132.5;1个羰基碳信号δ:199.6[14]。

3-十六碳酯-7,22-二烯麦角甾醇(ergosta-7,22-dien-3-palmitate,39) 无色针状结晶(正己烷),mp 106～107.7℃。EI-MS显示m/z:636[M$^+$]。^{1}H NMR谱($CDCl_3$,400MHz)数据显示了δ:5.19(m,H－7),5.19(m,H－22,23),4.7(m,H－3),1.25(多氢),0.54(s,H－18),1.01(s,H－19),1.02(d,J=6.3Hz,H－21),0.78(d,J=4.5Hz,H－26),0.79(d,J=4.8Hz,H－27),0.91(d,J=3.9Hz,H－28)。^{13}C NMR谱($CDCl_3$,100MHz)数据显示了δ:38.1(C－1),31.02(C－2),173.5(C－3),40.8(C－4),38.8(C－5),30.1(C－6),117.3(C－7),139.5(C－8),48.9(C－9),34.4(C－10),21.7(C－11),39.3(C－12),43.3(C－13),55.0(C－14),22.9(C－15),28.1(C－16),55.9(C－17),12.1(C－18),12.45(C－19),40.5(C－20),19.7(C－21),131.8(C－22),135.7(C－23),42.9(C－24),33.1(C－25),21.1(C－26),20.0(C－27),17.6(C－28),29.2(C－2′－14′)[8]。

7,22-二烯麦角甾-3-酮(7,22-diene ergot steroid-3-ketone,40) 无色片状结晶[三氯甲烷-甲醇(1:6)],mp 180～182℃。EI-MS显示m/z:396[M$^+$]。^{1}H NMR谱($CDCl_3$,400MHz)数据显示了δ:5.19(m,H－7),0.57(s,H－18),1.01(s,H－19),1.02(d,J=6.3Hz,H－21),5.19(m,H－22,23),0.80(d,J=4.5Hz,H－26),0.84(d,J=4.8Hz,H－27),0.91(d,J=3.9Hz,H－28)。^{13}C NMR谱($CDCl_3$,400MHz)数据显示了δ:38.1(C－1),42.8(C－2),212.0(C－3),44.2(C－4),38.8(C－5),30.1(C－6),117.0(C－7),139.5(C－8),48.9(C－9),34.4(C－10),21.7(C－11),39.3(C－12),43.3(C－13),55.0(C－14),22.9(C－15),28.1(C－16),55.9(C－17),12.1(C－18),12.45(C－19),40.5(C－20),19.7(C－21),125.6(C－22),132.0(C－23),42.9(C－24),33.1(C－25),21.1(C－26),20.0(C－27),17.6(C－28)[8]。

麦角甾-7,22-二烯-3-醇(ergot steroid-7,22-diene-3-alcohol,41) 无色针状结晶(甲醇),mp 167～169℃。^{1}H NMR谱($CDCl_3$,400MHz)数据显示了δ:0.53(3H,s),0.78(3H,s),0.81(3H,d,J=6.4Hz),0.83(3H,d,J=6.4Hz),0.90(3H,d,J=7.2Hz),1.0(3H,d,J=6.4Hz),3.60(1H,m,H－3),5.19(3H,m,H－7,22,23)。^{13}C NMR谱($CDCl_3$,100MHz)数据显示了δ:37.1(C－1),29.6(C－2),71.1(C－3),38.0(C－4),40.3(C－5),31.5(C－6),117.4(C－7),139.6(C－8),49.4(C－9),34.2(C－10),21.6(C－11),39.5(C－12),43.3(C－13),55.1(C－14),22.9(C－15),28.1(C－16),56.0(C－17),12.1(C－18),13.1(C－19),40.5(C－20),21.1(C－21),135.7(C－22),131.9(C－23),42.8(C－24),33.1(C－25),17.6(C－26),19.7(C－27),20.0(C－28)[8]。

5,8-过氧麦角甾-6,22-二烯-3-醇(5,8-epidioxyergosta-6,22-dien-3-ol,42) 无色针状结晶(甲醇),mp 177.5～180℃。^{1}H NMR谱($CDCl_3$,400MHz)数据显示了δ:0.81(3H,s),0.84(6H,d,J=6.8Hz,H－26,H－27),0.88(3H,s),0.9(3H,d,J=6.8Hz),0.99(3H,d,J=6.4Hz),3.96(1H,m,H－3),5.15(1H,dd,J=15.2、7.4Hz,H－22),5.19(1H,dd,J=15.2、6.2Hz,H－23),6.23(1H,d,J=8.4Hz,H－6),6.49(1H,d,J=8.4Hz,H－7)。^{13}C NMR谱($CDCl_3$,100MHz)数据显示

了 δ:37.0(C－1),30.1(C－2),66.5(C－3),51.1(C－4),82.2(C－5),135.4(C－6),130.8(C－7),79.4(C－8),34.7(C－9),36.9(C－10),20.9(C－11),39.4(C－12),44.6(C－13),51.7(C－14),28.6(C－15),23.4(C－16),56.2(C－17),12.9(C－18),18.2(C－19),39.7(C－20),19.6(C－21),135.2(C－22),132.3(C－23),42.8(C－24),33.1(C－25),20.0(C－26),20.7(C－27),17.6(C－28)[8]。

3,3－二甲氧基－7,22－二烯麦角烷(ergosta－7,22－dien－3－one,dimethyl acetal,43) 无色针状结晶[三氯甲烷-甲醇(1∶6)],mp 180～182℃。^{1}H NMR 谱($CDCl_3$,400MHz)数据显示了 δ:5.19(m,H－7),0.57(s,H－18),1.01(s,H－19),1.02(d,J=6.3Hz,H－21),5.19(m,H－22,23),0.80(d,J=4.5Hz,H－26),0.84(d,J=4.8Hz,H－27),0.91(d,J=3.9Hz,H－28),3.13(H-OC_aH_3),3.20(H-OC_bH_3)。^{13}C NMR 谱($CDCl_3$,400MHz)数据显示了 δ:38.1(C－1),35.1(C－2),110.0(C－3),44.3(C－4),35.0(C－5),29.4(C－6),117.0(C－7),139.5(C－8),49.2(C－9),34.4(C－10),21.7(C－11),39.4(C－12),δ:43.3(C－13),55.0(C－14),22.9(C－15),28.1(C－16),55.9(C－17),12.1(C－18),12.45(C－19),40.5(C－20),19.7(C－21),125.6(C－22),132.0(C－23),42.9(C－24),33.1(C－25),21.1(C－26),20.0(C－27),17.6(C－28),47.45/47.47(C－CH_3O)[8]。

麦角甾醇(ergosterol,44) 白色针晶(氯仿甲醇),mp 162～164℃。^{1}H NMR 谱($CDCl_3$,600MHz)数据显示了 6 个甲基氢信号 δ:1.05(3H,d,J=6.6Hz),0.9(3H,s),0.93(3H,d,J=6.8Hz),0.85(6H,t,J=6.4Hz),0.63(3H,s);3 个烯氢信号 δ:5.58(1H,dd,J=2.5、5Hz),5.40(1H,m),5.24(2H,m)。另外,^{13}C NMR 谱($CDCl_3$,150MHz)数据给出 28 个碳信号 δ:38.3(C－1),39.1(C－2),70.4(C－3),42.0(C－4),139.7(C－5),119.5(C－6),116.2(C－7),141.3(C－8),46.2(C－9),38.3(C－10),21.5(C－11),39.0(C－12),43.1(C－13),54.5(C－14),22.9(C－15),28.2(C－16),55.6(C－17),12.0(C－18),16.2(C－19),40.7(C－20),21.5(C－21),135(C－22),131.9(C－23),43.1(C－24),34.1(C－25),19.9(C－26),20.2(C－27),17.5(C－28)[10]。

麦角甾－5,22 烯－3β 醇(ergosta－5,22,dien－3β－ol,45) 白色针晶(氯仿甲醇),mp 154～156℃。EI-MS 显示 m/z:398[M^+]。^{1}H NMR 谱($CDCl_3$,500MHz)数据显示了 8 个甲基氢信号 δ:0.69(3H,s,H－18),0.83(3H,s,H－19),1.00(3H,d,J=5、6.5Hz,H－21),0.84(3H,d,J=6.5Hz,H－26),0.91(3H,d,J=6.8Hz,H－27),1.01(3H,d,J=6.5Hz,H－28);1 个叔碳氢信号 δ:3.53(1H,m,H－3);1 个烯氢信号 δ:5.35(1H,d,J=5.2Hz,H－6)。另外,^{13}C NMR 谱($CDCl_3$,125MHz)数据给出 28 个碳信号 δ:37.54(C－1),31.95(C－2),72.04(C－3),42.58(C－4),141.0(C－5),121.9(C－6),32.16(C－7),33.34(C－8),50.51(C－9),36.78(C－10),21.32(C－11),39.96(C－12),42.58(C－13),57.12(C－14),24.51(C－15)28.68(C－16),56.36(C－17),12.30(C－18),20.12(C－19),40.26(C－20),21.18(C－21),136.1(C－22),132.0(C－23),43.06(C－24),33.34(C－25),19.84(C－26),19.58(C－27),17.80(C－28)[10]。

5α,8α－过氧化麦角甾－6,22－二烯－3β 醇(5α,8α－epidioxyergosta－6,22－dien－3β－ol,46) 白色针晶(氯仿甲醇),mp 172～174℃。EI-MS 显示 m/z:428[M^+]。^{1}H NMR 谱($CDCl_3$,600MHz)数据显示了 6 个甲基氢信号 δ:1.00、0.91、0.88、0.82、0.82、0.83;1 个叔碳氢信号 δ:3.97(1H,m,H－3);4 个烯氢信号 δ:6.50(1H,d,J=8.4Hz,H－6),6.24(1H,d,J=8.4Hz,H－7),5.22(1H,dd,J=8.4、15Hz,H－34),5.14(1H,dd,J=8.4、15Hz,H－22)。另外,^{13}C NMR 谱($CDCl_3$,125MHz)数据给出 28 个碳信号 δ:30.3(C－1),34.9(C－2),66.7(C－3),39.6(C－4),82.3(C－5),135.4(C－6),131.0(C－7),79.6(C－8),51.3(C－9),37.2(C－10),20.8(C－11),37.2(C－12),44.8(C－13),51.9(C－14),23.6(C－15)28.8(C－16),56.4(C－17),12.9(C－18),18.2(C－19),39.9(C－20),21.1(C－21),135.6(C－22),132.5(C－23),43.0(C－24),33.3(C－25),19.8(C－26),20.1(C－27),17.8(C－28)[10]。

麦角甾－7,22－二烯－3,6－二酮(ergosta－7,22－diene－3,6－dione,47) 无色针晶(氯仿甲醇),

mp 200～202℃。^{1}H NMR谱($CDCl_3$,600MHz)数据显示了6个甲基氢信号δ:0.66(3H,s,H-18),0.84(3H,d,J=6.6Hz,H-26),0.85(3H,d,J=6.6Hz,H-27),0.93(3H,d,J=6.6Hz,H-28),1.07(3H,s,H-19),1.06(3H,d,J=6.6Hz,H-21);3个烯氢信号δ:5.16(1H,dd,J=15.2、7.2Hz,H-23),5.22(1H,dd,J=15.2、7.2Hz,H-22),5.79(1H,s,H-7)。另外,^{13}C NMR谱($CDCl_3$,150MHz)数据给出28个碳信号δ:37.9(C-1),36.6(C-2),210.6(C-3),36.9(C-4),54.2(C-5),197.9(C-6),122.5(C-7),163.5(C-8),49.1(C-9),38.0(C-10),21.5(C-11),37.9(C-12),44.1(C-13),55.1(C-14),22.3(C-15)27.6(C-16),55.6(C-17),12.3(C-18),12.5(C-19),39.6(C-20),20.8(C-21),134.6(C-22),132.1(C-23),42.3(C-24),32.8(C-25),19.3(C-26),19.6(C-27),16.9(C-28)[10]。

(三)层孔菌属真菌倍半萜类化合物的理化常数与光谱数据

阿红酸(fomic acid,54) 无色方晶,mp 173～175℃,$[\alpha]_D^{25}$+7.1(c 0.05,MeOH)。IR(KBr):3 400、2 940、1 700cm^{-1}。ESI-MS显示m/z:269[M-H]$^-$。^{1}H NMR谱(CD_3OD,600MHz)数据显示了4个甲基氢信号δ:0.98(3H,d,J=6Hz,H-12),0.94(3H,s,H-13),0.89(3H,s,H-14),1.09(3H,s,H-15);5个叔碳氢信号δ:3.38(1H,t,J=5.4Hz,H-3),1.43(1H,t,J=13.92Hz,H-5),3.11(1H,m,H-7),1.95(1H,m,H-8),1.83(1H,d,J=11.4Hz,H-9);两个仲碳氢信号δ:1.71(1H,m,H-1a),1.20(1H,m,H-1b),1.95(1H,m,H-2a),1.56(1H,m,H-2b),1.77(1H,m,H-6a),1.43(1H,m,H-6b)。另外,^{13}C NMR谱(CD_3OD,150MHz)数据给出15个碳信号,包括4个甲基碳信号δ:17.3、29.2、23.0、15.3;3个仲碳信号δ:33.6、26.5、31.9;5个叔碳信号δ:76.5、46.8、77.3、38.5、64.2;两个季碳信号δ:36.8、38.1;1个羧基碳信号δ:177.1[10]。

Albicanic acid(55) 白色针晶(丙酮),mp 143～145℃。IR(KBr):3 500、3 020、2 990、2 850、1 719、1 650、1 460、1 440、1 390、1 365、1 225、1 210cm^{-1}。ESI-MS显示m/z:235[M-H]$^-$。^{1}H NMR谱(acetone-d_6,600MHz)数据显示了3个甲基氢信号δ:0.86(3H,s,H-13),0.90(3H,s,H-14),1.06(3H,s,H-15);两个叔碳氢信号δ:1.18(1H,dd,J=3.0、12.6Hz,H-5),2.81(1H,s,H-9);5个仲碳氢信号δ:1.63～1.25(2H,m,H-1),1.43～1.63(2H,m,H-2),1.43～1.26(2H,m,H-3),1.73～1.42(2H,m,H-6),2.42～2.11(2H,m,H-7);1个烯氢信号δ:4.83,4.75(2H,d,J=1.2Hz,H-12)。另外,^{13}C NMR谱(Acetone-d_6,150MHz)数据给出15个碳信号,包括3个甲基碳信号δ:22.1、33.8、14.5;5个仲碳信号δ:39.7、19.7、42.9、24.2、37.0;两个叔碳信号δ:55.2、63.4;两个季碳信号δ:39.8、34.0;1个羧基碳信号δ:172.8。两个烯碳信号δ:145.2、108.6[10]。

落叶松酸(laricinolic acid,56) 白色片状结晶(甲醇),mp 211～213℃。$[\alpha]_D^{25}$-19.7(c 1.37,EtOH)。IR(KBr):3 340、2 960、2 920、2 876、1 718、1 650、1 460、1 370、1 304、1 220、1 180、1 090、910、660cm^{-1}。EI-MS显示m/z:252[M$^+$]。^{1}H NMR谱(C_5D_5N,500MHz)数据显示了8个甲基氢信号δ:1.40(3H,s,H-11),0.80(3H,s,H-14),0.85(3H,s,H-15);3个叔碳氢信号δ:1.24(1H,dd,J=2.0、12.5Hz,H-5),4.44(1H,dd,H-7),3.16(1H,s,H-9);4个仲碳氢信号δ:1.99～1.41(2H,d,J=12.5Hz,H-1),1.74～2.32(2H,dd,J=5.5、10.5Hz,H-2),1.40～1.58(2H,m,H-3),1.17～1.33(2H,m,H-6);1个烯键氢信号δ:5.61,5.95(2H,s,H-13)。另外,^{13}C NMR谱(C_5D_5N,125MHz)数据给出15个碳信号δ:39.5(C-1),34.1(C-2),19.4(C-3),39.1(C-4),52.8(C-5),42.1(C-6),72.7(C-7),148.9(C-8),62.1(C-9),33.4(C-10),14.7(C-11),174.0(C-12),105.7(C-13),21.4(C-14),33.5(C-15)[12]。

(四)层孔菌属真菌其他类化合物的理化常数与光谱数据

(1*R*)-(3-ethenylphenyl)-1,2-ethanediol(57) $[\alpha]_D^{25}$-27.7(c 0.08,$CHCl_3$)。IR(KBr):3 407、2 925、1 657、1 604、1 443、1 404、1 076cm^{-1}。HR-ESI-MS显示m/z:187.073 2[M+Na]$^+$。^{1}H

NMR 谱($CDCl_3$,400MHz)数据显示了 3 个烯氢信号 δ:6.73(1H,dd,J=17.6、11.0Hz,H-7),5.28(1H,d,J=11.0Hz,H-8a),5.77(1H,d,J=17.6Hz,H-8b);1 个叔碳氢信号 δ:4.84(1H,dd,J=8.3、3.5Hz,H-1′);1 个仲碳氢信号 δ:3.68(1H,dd,J=11.3、8.3Hz,H-2′a),3.78(1H,dd,J=11.3、3.5Hz,H-2′b);4 个苯环氢信号 δ:7.41(1H,s,H-2),7.36(1H,d,J=7.6Hz,H-4),7.32(1H,dd,J=7.4、7.6Hz,H-5),7.25(1H,d,J=7.4Hz,H-6)。另外,^{13}C NMR 谱($CDCl_3$,100MHz)数据给出 10 个碳信号,1 个仲碳信号 δ:68.0;1 个叔碳信号 δ:74.6;两个烯碳信号 δ:136.5、114.3;6 个苯环碳信号 δ:140.7、123.9、137.8、125.9、128.7、125.9[15]。

(1*R*)-(3-formylphenyl)-1,2-ethanediol(58) $[\alpha]_D^{25}$-2.1(c 0.16,MeOH)。IR(KBr):3 409、2 926、2 855、1 696、1 605、1 386、1 284、1 075、696cm^{-1}。HR-ESI-MS 显示 m/z:167.070 7[M+H]$^+$。^1H NMR 谱(CD_3OD,400MHz)数据显示了 1 个叔碳氢信号 δ:4.72(1H,dd,J=5.0、6.8Hz,H-1′);1 个仲碳氢信号 δ:3.59(1H,dd,J=11.3、5.0Hz,H-2′a),3.58(1H,dd,J=11.3、6.8Hz,H-2′b);4 个苯环氢信号 δ:7.95(1H,s,H-2),7.82(1H,d,J=7.5Hz,H-4),7.56(1H,dd,J=7.5、7.5Hz,H-5),7.71(1H,d,J=7.5Hz,H-6);1 个醛基氢信号 δ:10.0(1H,s)。另外,^{13}C NMR 谱(CD_3OD,150MHz)数据给出 9 个碳信号,1 个仲碳信号 δ:68.6;1 个叔碳信号 δ:75.3;1 个醛基碳信号 δ:194.4;6 个苯环碳信号 δ:145.1、128.8、138.2、130.0、130.2、134.0[15]。

(1*R*)-(3-acetophenyl)-1,2-ethanediol(59) $[\alpha]_D^{25}$-5.5(c 0.10,MeOH)。IR(KBr):3 416、2 927、2 872、1 725、1 682、1 360、1 278、1 076、696cm^{-1}。HR-ESI-MS 显示 m/z:203.068 5[M+H]$^+$。^1H NMR 谱(CD_3OD,600MHz)数据显示了 1 个甲基氢信号 δ:2.62(3H,s);1 个叔碳氢信号 δ:4.76(1H,dd,J=5.0、6.8Hz,H-1′);1 个仲碳氢信号 δ:3.65(1H,dd,J=11.3、5.0Hz,H-2′a),3.63(1H,dd,J=11.3、6.8Hz,H-2′b);4 个苯环氢信号 δ:8.03(1H,s,H-2),7.91(1H,d,J=7.5Hz,H-4),7.49(1H,dd,J=7.5、7.5Hz,H-5),7.64(1H,d,J=7.5Hz,H-6)。另外,^{13}C NMR 谱(CD_3OD,150MHz)数据给出 10 个碳信号,1 个仲碳信号 δ:68.7;1 个叔碳信号 δ:75.5;1 个羰基碳信号 δ:200.7;1 个甲基碳信号 δ:27.0;6 个苯环碳信号 δ:144.5、127.6、138.5、128.8、129.8、132.7[15]。

十八烷酸(Stearic acid,60) 白色蜡状固体(三氯甲烷),mp 67~69℃。EI-MS 显示 m/z:284[M$^+$]。^1H NMR 谱($CDCl_3$,400MHz)数据显示了 δ:0.880(3H),1.300(2H),1.620(2H,H-16),2.347(2H,H-17)。^{13}C NMR($CDCl_3$,100MHz)δ:14.11(C-1),22.71(C-2),24.70(C-3),29.09(C-4),29.26(C-5),29.38(C-6),29.45(C-7),29.61(C-8),29.66(C-9),29.69(C-10),29.76(C-11),31.95(C-12),34.02(C-13),179.80(C-18)[8]。

β-羟基十八烷酸(3-hydroxyoctadecanoic acid,61) 白色固体(甲醇),mp 80~82.5℃。EI-MS 显示 m/z:300[M$^+$],^1H NMR 谱($CDCl_3$,400MHz)数据显示了 δ:1.98(3H,t,J=7.0Hz,C_{18}-CH_3),2.38[m,36H-$(CH_2)_{14}$],2.40[m,36H-$(CH_2)_{13}$],2.80(2H,m,C_4-CH_2),3.98(2H,dd,J=15Hz,C_2-CH_2),5.65(1H,m,C_3-H)。^{13}C NMR 谱($CDCl_3$,100MHz)数据显示了 δ:15.85(C-1),24.52(C-2),27.83(C-3),31.20(C-4),31.51(C-5),31.58(C-6-12),31.64(C-13),33.72(C-14),39.65(C-15),45.45(C-17),70.01(C-16),176.66(C-18)[8]。

9,10-二羟基十八烷酸(9,10-dihydroxystearicacid,62) 白色针状结晶(甲醇),mp 94~95℃。EI-MS 显示 m/z:316[M$^+$]。^1H NMR 谱(CD_3OD,400MHz)数据显示了 δ:0.922(3H,t),1.337(2H),1.370~1.623(26H,m),2.299(2H,t,C_2-CH_2),3.39(2H,m,CH-OH)。^{13}C NMR 谱(CD_3OD,100MHz)数据显示了 δ:14.45(C-18),23.74(C-17),26.11(C-16),27.01(C-3),27.08(C-15),30.22(C-4),30.41(C-14),30.45(C-5),30.68(C-13),30.75(C-6),30.87(C-7),33.08(C-12),33.94(C-2),33.96(C-8),34.97(C-11),75.31(C-9),75.33(C-10),177.70(C-1)[8]。

瑞香素(daphnetin,63) 黄色针状结晶(甲醇),mp 226~228℃,EI-MS 显示 m/z:178[M$^+$],^1H NMR 谱(C_5D_5N,400MHz)数据显示了 δ:6.170(d,H-3),6.818(d,H-6),6.990(d,H-5),7.826

(d,H－4),4.92(s,H-OH)。^{13}C NMR谱(C_5D_5N,100MHz)数据显示了δ:116.22(C－3),116.44(C－2),120.64(C－6),115.29(C－5),146.61(C－7),144.57(C－9),162.59(C－1),113.22(C－10),135.74(C－8)[8]。

4－methoxyphenylacetic acid(64) mp 80～83℃。EI-MS显示 *m/z*:166[M^+]。^{1}H NMR谱($CDCl_3$,400MHz)数据显示了δ:7.21(2H,dt,*J*＝8.6、1.5Hz),6.88(2H,dt,*J*＝8.6、1.5Hz),3.80(3H,s),3.60(2H,s)。^{13}C NMR谱($CDCl_3$,100MHz)数据显示了δ:178.05(Ar-CH_2-COOH),158.89(C－4),130.43(C－2,C－6),125.37(C－1),114.11(C－3,C－5),55.28(Ar-OCH_3),40.15(Ar-CH_2-COOH)[9]。

阿里红氨酸[2－(1－carboxyhexadecylamino)－2－aminosuccinic acid,65] 白色粉末,mp 153～155℃,$[\alpha]_D^{23}$－0.4(*c* 0.13,CH_3OH)。IR(KBr):3 600、3 400cm^{-1}。ESI-MS显示 *m/z*:415[M-H]$^-$。^{1}H NMR谱(C_5D_5N,600MHz)数据显示了1个甲基氢信号δ:0.85(3H,d,*J*＝7.2Hz,H－21);1个叔碳氢信号δ:3.52(1H,m,H－6);15个仲碳氢信号δ:3.63(1H,d,*J*＝16.2Hz,H－2a),4.06(1H,d,*J*＝16.2Hz,H－2b),2.55(1H,m,H－7a),2.16(1H,m,H－7b),1.73(1H,m,H－8a),1.56(1H,m,H－8b),1.15～1.29(18H,m,H－9－17),1.25(2H,m,H－19),1.25(2H,m,H－20)。另外,^{13}C NMR谱(C_5D_5N,150MHz)数据给出21个碳信号,包括1个甲基碳信号δ:14.4;15个仲碳信号δ:43.2、28.5、29.2、29.9～30.1、32.2、23.0;1个叔碳信号δ:55.8;1个季碳信号δ:77.5;3个羰基碳信号δ:174.5、177.9、176.1[10]。

原儿茶醛(protocatechualdehyde,66) 白色针晶(甲醇),mp 150～152℃。ESI-MS显示 *m/z*:137[M-H]$^-$。^{1}H NMR谱(acetone-d_6,600MHz)数据显示了3个苯环氢信号δ:7.36(1H,d,*J*＝1.2Hz,H－2),7.00(1H,d,*J*＝7.8Hz,H－5),7.34(1H,dd,*J*＝7.8,1.2Hz,H－6);1个醛基氢信号δ:9.77(1H,s,H－7)。另外,^{13}C NMR谱(acetone-d_6,150MHz)数据给出7个碳信号,包括6个苯环碳信号δ:131.0、115.1、146.5、152.4、116.1、125.5;1个醛基碳信号δ:191.3[10]。

4－(3,4－二羟苯基)－3－丁烯－2－酮[4－(3,4－dihydroxyphenyl)－but－3－en－2－one,67] 黄色针晶(甲醇),mp 177～179℃。ESI-MS显示 *m/z*:177[M-H]$^-$。^{1}H NMR谱(CD_3OD,600MHz)数据显示了1个甲基氢信号δ:2.33(3H,s,H－1);3个苯环氢信号δ:7.07(1H,d,*J*＝2.4Hz,H－6),6.78(1H,d,*J*＝8.4Hz,H－9),6.98(1H,dd,*J*＝8.4、1.8Hz,H－10);两个烯氢信号δ:6.55(1H,d,*J*＝16.2Hz,H－3),7.52(1H,d,*J*＝16.2Hz,H－4)。另外,^{13}C NMR谱(CD_3OD,150MHz)数据给出10个碳信号,包括6个苯环碳信号δ:128.0、116.8、147.1、150.2、116.8、125.0;1个羰基碳信号δ:201.7;1个甲基碳信号δ:27.2;两个烯碳信号δ:125.0、147.1[10]。

丁香酸(syringic acid,68) 白色针晶(丙酮),mp 205～207℃。ESI-MS显示 *m/z*:197[M-H]$^-$。^{1}H NMR谱(acetone-d_6,600MHz)数据显示了两个甲氧基氢信号δ:3.91(6H,s,OCH_3);两个苯环氢信号δ:7.33(2H,s,H－2,6)。另外,^{13}C NMR谱(acetone-d_6,150MHz)数据给出8个碳信号,包括6个苯环碳信号δ:148.4、141.7、121.9、108.3、141.7、108.3;1个羧基碳信号δ:168.0;1个甲氧基碳信号δ:56.7[10]。

丁香醇(syringyl alcohol,69) 白色固体(氯仿),mp 132～134℃。ESI-MS显示 *m/z*:183[M-H]$^-$。^{1}H NMR谱(acetone-d_6,600MHz)数据显示了两个甲氧基氢信号δ:3.96(6H,s,OCH_3);两个苯环氢信号δ:6.85(2H,s,H－2,6);1个羟基氢信号δ:4.82(2H,s,CH_2OH)。另外,^{13}C NMR谱(acetone-d_6,150MHz)数据给出8个碳信号,包括6个苯环碳信号δ:132.2、147.0、138.6、107.5、147.0、107.5;1个仲碳信号δ:82.1;1个甲氧基碳信号δ:56.7[10]。

香草醛(vanillin,70) 无色针晶(甲醇),mp 80～82℃。ESI-MS显示 *m/z*:151[M-H]$^-$。^{1}H NMR谱(acetone-d_6,600MHz)数据显示了1个甲氧基氢信号δ:3.93(3H,s,OCH_3);3个苯环氢信号δ:7.46(1H,dd,*J*＝8.4、1.8Hz,H－6),7.45(1H,d,*J*＝1.8Hz,H－2),7.01(1H,s,*J*＝8.4Hz,H－5);1个醛基氢信号δ:9.83(1H,s,CHO)。另外,^{13}C NMR谱(acetone-d_6,150MHz)数据给出8

个碳信号，包括 6 个苯环碳信号 δ：153.6、149.0、130.8、127.0、116.0、111.0；1 个醛基碳信号 δ：191.2；1 个甲氧基碳信号 δ：56.4[10]。

木蹄素（fomentarinin，71）　白色固体，mp 81～83℃，$[\alpha]_D^{25}$ −0.15（c 0.02，CH_3OH）。IR（KBr）：1 731、1 074cm⁻¹。ESI-MS 显示 m/z：349[M+Na]⁺。¹H NMR 谱（C_5D_5N，600MHz）数据显示了两个甲基氢信号 δ：0.88（3H，t，J=7.2Hz，H−18），1.33（3H，t，J=6.6Hz，H−2′）；两个叔碳氢信号 δ：4.25（1H，t，J=6.6Hz，H−2），3.85（1H，m，H−5）；15 个仲碳氢信号 δ：2.34（1H，m，H−3a），2.16（1H，m，H−3b），1.58（1H，m，H−4a），1.49（1H，m，H−4b），1.43（2H，m，H−6），1.29（2H，m，H−7），1.15～1.29（15H，m，H−8−15），1.29（2H，m，H−16），1.30（2H，m，H−17），4.28（2H，m，H−1′）。另外，¹³C NMR 谱（C_5D_5N，150MHz）数据给出 21 个碳信号，包括两个甲基碳信号 δ：14.4、14.3；15 个仲碳信号 δ：29.5、31.9、32.1、25.9、29.9～30.1、29.0、22.9、62.2；两个叔碳信号 δ：74.1、73.4；1 个羰基碳信号 δ：173.0[10]。

泡桐素（paulownin，72）　浅黄色固体（氯仿甲醇），mp 80～83℃。ESI-MS 显示 m/z：393[M+Na]⁺。¹H NMR 谱（$CDCl_3$，600MHz）数据显示了 5 个叔碳氢信号 δ：6.94（1H，d，J=1.2Hz，H−2′），6.91（1H，s，H−2），4.84（1H，d，J=4.8Hz，H−7′），4.81（1H，s，H−7），3.04（1H，m，H−8′）；5 个仲碳氢信号 δ：6.87（2H，m，H−6′），4.50（1H，dd，J=9、8.9Hz，H−9′b），4.04（1H，d，J=9Hz，H−9b），3.91（1H，d，J=9Hz，H−9a），3.83（1H，dd，J=9，6Hz，H−9′a），5.98（2H，s，-O-CH_2-O-），5.96（2H，s，-O-CH_2-O-）；两个苯环氢信号 δ：6.85（1H，m，H−5），6.79（1H，d，J=8.4Hz，H−5′）。另外，¹³C NMR 谱（$CDCl_3$，150MHz）数据给出 20 个碳信号 δ：148.4（C−4），148.2（C−4′），148.1（C−3），147.5（C−3′），134.8（C−1′），129.4（C−1），120.3（C−6），120.0（C−6′），108.8（C−5），108.4（C−5′），107.6（C−2），107.1（C−2′），101.5（-O-CH_2-O-），101.3（-O-CH_2-O-），91.9（C−8），87.7（C−7′），86.0（C−7′），75.0（C−9），71.8（C−9′），60.6（C−8′）[10]。

第三节　层孔菌的生物活性

经研究表明，层孔菌具有抗癌、抗肿瘤、抗炎、镇痛、抗菌、抗病毒、收缩汗腺周围血管、促进机体代谢等作用，还具有祛痰、平喘和补益等功效。

一、抗癌、抗肿瘤作用

F. annosa、*F. pinicola* 及 *F. rosea* 等均含有抗癌物质，通过小鼠实验证明，单宁类酚性物质对小白鼠肉瘤 S−180 有明显的抑制作用。从红缘层孔菌子实体中分离出的 β(1→3)GLc 为主链，并带有 β(1→6)GLc 分支的葡聚糖，对小鼠移植性肿瘤 S−180 的抑瘤率达 100%，而张丽萍等人深入研究发现，*F. cytisina* 的多糖 FP_2对 S−180 肿瘤细胞并无直接杀伤作用，而是通过激衍动物机体的免疫功能，激活巨噬细胞、自然杀伤细胞、杀伤性 T 细胞的活性，从而引起对肿瘤细胞的攻击作用[16-17]。

Hitoshi Ito 等人从 *F. fomentarius* 分离出的多糖成分，对小鼠艾氏腹水痛进行抗肿瘤作用研究，对 20 只体重在 25g 左右的 A/Jax 系小鼠，按每 d20mg/kg 的剂量连续灌胃 10d，60d 后有 80%的小鼠存活。结果表明，从 *F. fomentarius* 分离出的多糖成分对小鼠艾氏腹水癌具有抗肿瘤作用。木蹄层孔菌对小鼠肉瘤 S−180 的抑制率达 80%，可治疗食管癌、胃癌、子宫癌。红颊拟层孔菌子实体热水提取物对小鼠肉瘤 S−180 抑制率为 44.2%，而热水提取液为 70%。榆生拟层孔菌水提取物对小鼠肉瘤 S−180 抑制率为 44.8%。火木层孔菌、红缘拟层孔菌、稀硬木层孔菌、毛木层孔菌、哈尔蒂木层孔菌的水和甲醇提取物对小鼠肉瘤 S−180 的抑制率，分别为 87%、70%、60%、70%、67.9%和 100%，对艾氏癌抑制率分别为 80%、80%、70%、60%和 90%[12]。

二、平喘、祛痰的功效

王颖等人研究发现，新疆药用层孔菌提提液对磷酸组胺和硝酸毛果芸香碱所致的豚鼠气管平滑肌痉挛均有较好的缓解作用，说明药用层孔菌中有效成分能拮抗拟胆碱类药和对M受体的兴奋作用；比较研究发现，相对于特效平喘药氨茶碱，层孔菌浸提液对磷酸组胺所致的豚鼠气管平滑肌痉挛的缓解作用更强，而对硝酸毛果芸香碱所致的豚鼠气管平滑肌痉挛的缓解作用没有显著差异。实验表明，新疆药用层孔菌浸提液对动物有明显的祛痰作用，其作用效果与祛痰药氯化铵相似。初步估计有效成分为皂苷类物质，并对可能的机制作了预测：与氯化铵类似，皂苷对黏膜有刺激作用，内服后刺激胃黏膜，通过迷走神经反射，促进呼吸道腺体分泌而起到祛痰的作用[17-18]。

三、补益作用

层孔菌属真菌具有提高免疫力、延长抗疲劳时间与增强体力的作用。*F. officinalis* 中含有齿空醇及其衍生物，*F. senex*、*F. fastuosus* 和 *F. pinicola* 中含有的羊毛甾系列成分属于三萜皂苷类。这类化学成分能改善中枢神经系统兴奋过程，提高免疫力，增强抗疲劳能力；能兴奋心肌，改善心脏功能，降低心肌耗氧量；调节内分泌功能，促进肾上腺分泌，进而可使血糖升高。从红缘层孔菌子实体中提取的水溶性多糖，能增加小鼠溶血素与凝集素的含量[17,20]。

四、抗炎镇痛作用

日本Kazuko等人研究发现，从红缘拟层孔菌中提取分离到的fomitopinic acids A、fomitoside E、fomitoside F具有选择性抑制COX－2(环氧化酶－2)的活性[10]。

五、乙酰胆碱酯酶抑制剂

从阿里红中分离得到的去氢齿孔酸、阿里红酸等化合物，在反应系统中终浓度为5μg/ml和50μg/ml，具有抑制乙酰胆碱酯酶的活性。结果表明，虽然与阳性药相比活性相对较弱，但大部分化合物的活性具有浓度依赖性，抑制率随浓度升高而增加[10]。

六、植物毒素

Baeestt等人从 *F. annous* 分离出一种抗菌素物质fomannosin (1)，它对 *Chorella pyrenoidosa* 具有植物毒性。Donnelly又从这种真菌中分离出二氢苯并呋喃fomannosin (2)，其植物毒性比fomannosin (1)强100倍[12]。

七、收缩汗腺周围血管作用

阿里红子实体含有的落叶松蕈酸，能使动物汗腺周围血管收缩而止汗，但不影响汗腺分泌，也不扩散，作用约20min。内服落叶松蕈酸，对胃有刺激作用[12]。

八、抗菌、抗病毒作用

Hayshi等人从层孔菌中分离得到层孔菌素A和B，具有广泛的抗菌、抗病毒作用。Smith等人

从层孔菌中分离得到的菌根素 A，具有明显的抗菌作用，它可以较好地抑制霉菌和真菌的产生[17]。

九、促进机体代谢的作用

Sharma 等人研究认为，层孔菌属真菌中 24－甲基羊毛甾－8－烯－3－醇和 24－甲基－羊毛甾－8－烯－3－酮在体内被用来合成类固醇；研究发现，*F. cytisina* 多糖对小鼠血清与肝脏合成蛋白质的能力有明显促进作用[17]。

第四节　展　望

层孔菌属真菌在国内有 70 余种，但仅有少数真菌进行过化学成分的研究，药理方面的研究就更少。目前，化学成分研究表明层孔菌属真菌含有三萜类、甾醇类、倍半萜类、香豆素类、木脂素类和脂肪酸等多种结构类型的化合物。药理活性研究表明，层孔菌属真菌具有抗癌、抗肿瘤、抗菌、抗病毒、抗炎、镇痛、收缩汗腺周围血管等作用，还具有祛痰、平喘和补益等功效，对其进行深入细致探索与研究，将具有广阔的应用前景。

参考文献

[1] 中国药材公司. 中国中药资源志要[M]. 北京：科学出版社，1994.
[2]《全国中草药汇编》编写组. 全国中草药汇编(下册)[M]. 北京：人民卫生出版社，1975.
[3] 刘勇民，刘伟新，邹晔. 维吾尔药志(上册·修订版)[M]. 乌鲁木齐：新疆科技卫生出版社，1999.
[4] 江苏新医学院. 中药大辞典(上册)[M]. 上海：上海人民出版社，1977.
[5] 国家中医药管理局《中华本草》编委会. 中华本草(维吾尔药卷)[M]. 上海：上海科学技术出版社，2005.
[6] 黄年来. 中国大型真菌原色图鉴[M]. 北京：中国农业出版社，1998.
[7] 黄天姿，杜德尧，陈永强，等. 木蹄层孔菌子实体化学成分及对肿瘤细胞的抑制作用的研究[J]. 菌物学报，2012，31(5)：775－783.
[8] Joachim Rosecke，Wilfried A. Konig. Constituents of various wood-rotting basidiomycetes [J]. Phytochemistry，2000，54：603－610.
[9] 冯薇. 层孔菌属药用真菌阿里红和木蹄的化学成分与生物活性研究[D]. 北京：北京协和医学院博士学位论文. 2010.
[10] Jian He，Xiao-Zhang Feng，Yang Lu，et al. Fomlactones A-C，Novel Triterpene Lactones from *Fomes cajanderi*[J]. J Nat Prod，2003，66：1249－1251.
[11] 吴霞. 维吾尔药阿里红、阿育魏实的化学成分及生物活性研究[D]. 北京：中国协和医科大学博士学位论文. 2005.
[12] Jian He，Xiao-Zhang Feng，Teng-Fei Ji，et al. Secondary metabolites from fungus *Fomes cajanderi*[J]. Nat Prod Res，2006，20 (6)：598－605.
[13] Yi Zang，Juan Xiong，Wen-Zhu Zhai，et al. Fomentarols A-D，sterols from the polypore macrofungus *Fomes fomentarius*[J]. Phytochemistry，2013，92：137－145.
[14] Jiang-Yuan Zhao，Jian-Hai Ding，Zheng-Hui Li，et al. Three new phenyl-ethanediols from the fruiting bodies of the mushroom *Fomes fomentarius*[J]. J Asian Nat Prod Res，2013，15(3)：

310—314.

[15] 张丽萍,苗春艳,张秉慉.红缘层孔菌多糖 FP_2 的结构与体外抗肿瘤作用的研究[J].东北师范大学学报,1994,2:74—78.

[16] 韦彦余,颜世例,赵民安,等.层孔菌属真菌化学成分及药理活性的研究进展[J].中成药,2005,27(12):1449—1452.

[17] 王颖,吕巡贺,米克·热木.新疆药用层孔菌平喘作用的研究[J].新疆农业科学,1998,4:183—185.

[18] Hayashi K, Chairul SM, Chaiml, et al. Lanastanoid triterpenes from Ganederma applanatum [J]. Phfloehera, 1982, 30:2860—2864.

[19] 张丽萍.红缘层孔菌多糖的研究 L-FP_1,FP_2 分离与鉴定[J].东北师范大学学报,1987,4:86—91.

(吉腾飞、冯孝章、高　万)

第三十四章 假蜜环菌

JIA MI HUAN JUN

第一节 概 述

假蜜环菌[*Armillariella tabescens* (Scop.: Fr.)Sing]为担子菌门,伞菌纲,伞菌亚纲,伞菌目,膨瑚菌科,假蜜环菌属真菌。因最初由柳树腐朽枝丫分离出菌种,菌丝在黑暗处可发出荧光,故又叫亮菌、发光小蜜环菌、青杠钻等,是中国首次发现并拥有知识产权的一种真菌。假蜜环菌在我国分布广泛,主要分布于江苏、浙江、河北、安徽等地区,生长在较湿润的阔叶树基或树桩上。我国民间作为治疗急慢性肝炎与胆道疾患的中草药,对胆源性急性胰腺炎、胆囊炎和传染性肝炎有一定的疗效[1],还具有强筋壮骨、疏风活络、明目、利肺、醒酒、益肠胃等保健功效[2]。近年来,国内已开发出假蜜环菌药物应用于临床,如亮菌甲素注射液、亮菌口服液、亮菌片剂、亮菌胶囊等。

假蜜环菌主要含有假蜜环菌甲素、假蜜环菌乙素、多糖、氨基酸等有效成分。

第二节 假蜜环菌化学成分的研究

一、假蜜环菌化学成分的提取分离与结构鉴定

从面包粉培养假蜜环菌湿菌丝体的乙醇提取物中,可分离得到两种化合物:假蜜环菌甲素(armillarisin A)和假蜜环菌乙素(armillarisin B)。

从假蜜环菌子实体的甲醇提取物中分离得到6个化合物,分别是:①油酸甲酯、②硬脂酸、③3β-羟基-麦角甾-5,7,22-三烯、④假蜜环菌乙素、⑤5-羟基尿嘧啶和⑥脑苷脂B,其中化合物(1)、(2)、(3)、(5)和(6)均为首次从假蜜环菌子实体中分离鉴定。

提取方法一:

将假蜜环菌培养物乙醇回流提取,回收乙醇,冰醋酸酸化至pH3~4,以乙酸乙酯振摇提取,减压浓缩至小体积,加入少量水,继续减压蒸馏去尽乙酸乙酯,调整pH至5~6,以乙酸乙酯振摇提取,并减压浓缩至干;残留物以甲醇溶解,通过碱性氧化铝柱,以甲醇洗脱,收集呈黄色带深蓝色荧光的部分,收集液在氮气流下减压浓缩至接近干燥。用稀氨水溶解,通过葡聚糖凝胶G-25柱,用0.01mol/L氨水冲洗,柱上会显出黄、蓝、绿、红带,分别收集蓝色与绿色荧光溶液。将蓝色荧光液用醋酸酸化,以乙酸乙酯提取,通入氮气减压回收溶媒至小体积,析出羽毛状白色结晶,用少量甲醇洗溶,不溶部分以丙酮重结晶得羽毛状晶体,熔点为162~163℃,称假蜜环菌乙素。甲醇溶解部分通过制备性纸色谱[新华滤纸,展开剂:正丁醇:甲醇:氨水(含NH_3计25%~28%):水=8:2:0.5:10]。剪集蓝色荧光部分,以甲醇洗脱,在氮气流下常温(或40℃以下)减压抽至数毫升,加水半毫升,继续通入氮气并抽气,析出板状结晶,离心吸去母液,水洗两次,真空干燥,熔点245℃,称假蜜环菌甲素。

提取方法二:

称取400g干燥假蜜环菌子实体,粉碎后用甲醇4L(2×2L)分两次在室温浸泡12h,过滤,合并提取液减压浓缩,共得到约30g浸膏。将浸膏拌样后用硅胶柱分离。先以石油醚-丙酮系统洗脱,后改为氯

仿-甲醇系统洗脱。石油醚-丙酮(9∶1)部分经反复柱色谱得到化合物(1)(油酸甲酯,55mg)和(2)(硬脂酸,100mg);石油醚-丙酮(8∶2)部分经重结晶得到化合物(3)(3β-羟基-麦角甾-5,7,22-三烯,180mg);氯仿-甲醇(9∶1)部分经重结晶得到化合物(4)(假蜜环菌乙素,90mg);在氯仿-甲醇(8∶2)部分经 Sephadex LH-20 分离纯化得到化合物(5)(5-羟基尿嘧啶,20mg)和(6)(脑苷脂 B,35mg)(图 34-1)。

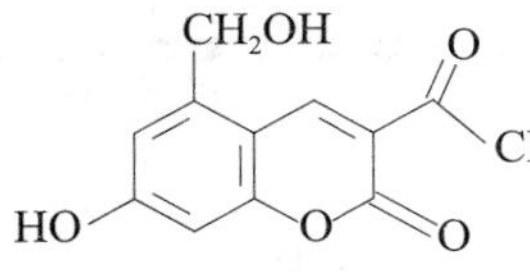

Armillarisin A 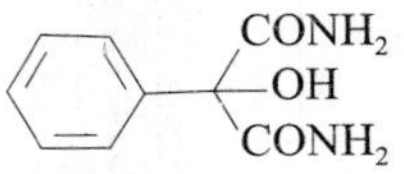　　Armillarisin B

图 34-1　假蜜环菌中特有化学成分的结构

二、假蜜环菌化学成分的理化常数与光谱数据

Armillarisin A　假蜜环菌甲素,又叫亮菌甲素,香豆素类化合物,黄色或微带橙黄色长方形板状结晶或结晶性粉末,无臭。在水中几乎不溶,在乙醇或甲醇中极微溶解。IR(KBr)数据显示有羟基(3 333cm^{-1})、羰基(1 695cm^{-1})、内酯(1 733cm^{-1})、芳环(1 481cm^{-1})和醚键(1 250cm^{-1})的存在。质谱鉴定相对分子质量为 m/z:234,分子式为 $C_{12}H_{10}O_5$。^{1}H NMR($C_4H_{11}N$,100MHz)显示,该分子有1个乙酰基信号 δ:7.27,有1个链接芳环的羟甲基信号 δ:5.30,另有3个氢信号 δ:1.42、3.52 和 3.88。甲素乙酰化物的核磁共振光谱表明,有3个乙酰基,其化学位移值分别为 δ:7.17、7.47 和 7.75,表明原分子中有两个羟基。最终确定假蜜环菌甲素为3-乙酰基-5羟甲基-7-羟基香豆素[3]。

Armillarisin B　亮菌乙素,白色针晶,质谱测定相对分子质量为 m/z:194,分子式 $C_9H_{10}N_2O_3$。mp 157～159℃。该化合物酰胺反应为阳性。IR(KBr)显示氨基(2 426cm^{-1})、羟基(3 352cm^{-1})、酰胺(1 680cm^{-1})、苯环(1 580、1 452cm^{-1})、苯环单取代(763、692cm^{-1})的存在。FAB-MS m/z:217.060 5$[M+Na]^+$。^{1}H NMR(C_5D_5N,400MHz)给出一组单取代苯信号 δ:8.22(2H,dd,J=1.4,7.2Hz,H-2′,6′),7.35(2H,m,H-3′,5′),7.25(1H,m,H-4′)。氢谱还给出了两个酰胺信号:δ:9.03(br,s)。^{13}C NMR(C_5D_5N,100MHz)给出9个信号(其中6个为一组苯环信号)δ:174.2、142.1、128.6、128.3、126.8 和 80.2。根据碳谱上 δ:174.2 季碳信号较强与分子式的组成,推测有两个酰胺基团。由^{1}H-^{1}H COSY,HMBC 谱上可见,H-2′、6′与 δ:80.2 的季碳相关,同时氨基上的氢与 δ:80.2 的季碳也有较弱的相关。最终确定假蜜环菌乙素的结构为2-羟基-2苯基-丙二酰胺[4]。

三、假蜜环菌化学成分的合成

假蜜环菌甲素的合成　从假蜜环菌培养液或培养物中分离得到的假蜜环菌甲素,具有利胆、解痉、止痛、消炎等多种作用,可单独用于治疗非严重梗阻型急性胆道感染,其特点为起效快、活性高、剂量小(注射1次用量仅需 0.4～0.8mg)。目前水针剂、粉针剂与片剂已上市,商品名为亮菌甲素。该化合物合成路线早有报道,其中最关键的中间体是3,5-二羟基苯甲醇(V)。王尔华[5]从3,5-二羟基苯甲酸为起始原料,经过酯化、醚化、还原、氢解4步反应,得到3,5-二羟基苯甲醇。然后将14g V(0.1mol)、乙氧甲叉乙酰乙酸乙酯13g(0.1mol)、叔丁醇140ml、叔丁醇钠9.6g在室温反应10min,过滤,加蒸馏水溶解,用稀盐酸调至pH为3,过滤,用蒸馏水稀释至pH=7.0,得Ⅵ17.8g(76%)。其反应过程如下:

假蜜环菌甲素的人工合成方式,通常都是由3,5-二羟基苯甲酸为底物,经过反应生成3,5-二羟基苯甲醇,再与乙氧亚甲基乙酰乙酸乙酯缩合而成(图 34-2)。孙正萍[6]采用 KBH_4-$ZnCl_2$-THF-

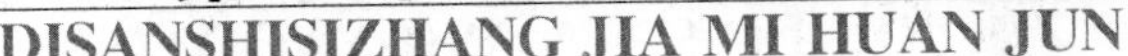

COOH / HO, OH (I) $\xrightarrow{CH_3OH, H_2SO_4}$ COOCH$_3$ / HO, OH (II) $\xrightarrow{Ac_2O}$ COOCH$_3$ / AcO, OAc (III) $\xrightarrow[(C_2H_5)_2O]{LiAlH_4}$ CH$_2$OH / HO, OH (V)

$\xrightarrow[t\text{-}BuONa]{C_2H_5O-CH=C(COOC_2H_5)-C(=O)-CH_3}$ CH$_2$OH / COCH$_3$ / HO / O / O (IV)

图 34-2　假蜜环菌甲素的化学合成

$C_6H_5CH_3$体系，在硼烷的作用下，采用一步法将 3,5-二羟基苯甲酸直接还原成 3,5-二羟基苯甲醇，收率由 42%提高至 70%以上。反应式为(图 34-3)：

$$2KBH_4+ZnCl_2 \xrightarrow[25℃]{THF} Zn(BH_4)_2+2KCl\downarrow$$

$$\xrightarrow{\triangle} 2BH_3+Zn\downarrow+H_2\uparrow$$

COOH / HO, OH + BH_3 $\xrightarrow{\text{THF}}$ CH$_2$OH / HO, OH

图 34-3　一步法合成假蜜环菌甲素中间体 3,5-二羟基苯甲醇

第三节　假蜜环菌化学成分的分析研究

从假蜜环菌子实体或发酵培养物中分离得到的假蜜环菌甲素，主要用于急、慢性胆囊炎急性发作、慢性浅表性胃炎和慢性浅表萎缩性胃炎等疾病的治疗。剂型有片剂、氯化钠注射剂等。药物中假蜜环菌甲素含量的测定有荧光光度法和 HPLC 法。

一、假蜜环菌甲素的荧光光度法测定

（一）材料

仪器：RF-5301 型荧光分光光度计。

样品：假蜜环菌甲素标准溶液：称取假蜜环菌甲素对照品(纯度 99.7%)10mg，用 0.01mol/L 四硼酸钠缓冲液配制成浓度为 1mg/ml 的标准液，避光保存，使用时按所需浓度稀释。

（二）方法与结果

1. 假蜜环菌甲素的荧光光谱

取一定量假蜜环菌甲素标准液置 10ml 比色管中，用 0.01mol/L 四硼酸钠溶液稀释至刻度，摇

匀，用试剂作空白，在 RF－5301 型荧光分光光度计上于 λex/λem＝281/462nm 处测荧光强度。狭缝宽度 λex＝1.5nm，λem＝1.5nm；扫描速度 very fast；响应时间 auto。扫描结果显示，假蜜环菌甲素的激发光谱在 281nm 处有较强峰，发射峰在 462nm 处。

2. 酸度的影响

试验了 pH1～14、乙酸-乙酸钠、氨-氯化铵、四硼酸钠缓冲溶液，以及不同浓度的盐酸、氢氧化钠溶液对体系荧光强度的影响。结果发现，假蜜环菌甲素的荧光强度在四硼酸钠缓冲溶液中最强，选择四硼酸钠缓冲溶液为测定介质。

3. 时间影响

在 3h 内每隔 10min 测定 1 次浓度为 0.75μg/ml 假蜜环菌甲素在四硼酸钠缓冲溶液中的荧光强度，3h 后每隔 20min 测定 1 次，5h 后每隔 1h 测定 1 次。荧光强度随时间推移略有下降，其中在 30～60min 内荧光强度基本不变，1d 后荧光强度明显减弱。因此，在试验中应在溶液配制好 30～60min 内测定其荧光强度。

4. 温度影响

在 0～80℃间每隔一定温度测定 1 次 0.75μg/ml 假蜜环菌甲素四硼酸钠缓冲溶液的荧光强度，发现假蜜环菌甲素的荧光强度随温度升高而呈下降趋势，但在 5～30℃范围内荧光强度变化较小。因此，试验选择在室温中进行测定。

5. 标准曲线、精密度与检出限

荧光强度与假蜜环菌甲素浓度在 0.1～4.5μg/ml 范围内呈线性关系。回归方程为 F＝79.4C＋3.46，相关系数为 0.999 4；对 10 份浓度均为 0.75μg/ml 的溶液进行平行测定，平均值为 0.74 μg/ml，RSD 为 1.0％；对 10 份空白溶液进行测定，得出方法的检出限为 20ng/ml。

6. 样品分析

取 20 粒亮菌甲素片用四硼酸钠缓冲溶液配制成浓度约 0.75μg/ml 假蜜环菌甲素溶液，按试验方法测定，计算其标示量的百分含量，样品测定结果（相当于标示量）分别为 98.4％、99.3％、98.7％、99.8％和 99.3％，RSD 分别为 0.5％、0.2％、0.4％、0.7％和 0.2％。

以荧光光度法直接测定假蜜环菌甲素的含量，方法操作简单、灵敏度高，重现性好[7]。

二、假蜜环菌甲素的 HPLC 法测定分析

（一）材料

高效液相色谱仪（Agilent Technologies 1200 series）；色谱柱：ZORBAX SB－C18（4.6mm×250mm，5μm）；检测器：G1314B。

样品：假蜜环菌甲素对照品（中国药品生物制品检定所）；假蜜环菌菌丝体；假蜜环菌水提液。

（二）方法与结果

1. 对照品溶液制备

精密称取假蜜环菌甲素对照品适量，置 500 ml 容量瓶中，以流动相溶解定容为 78mg/L，超声

15min后，用流动相梯度稀释浓度为0.016、0.032、0.064、0.160、0.398、0.796、1.592和3.184mg/L的系列溶液。

2. 样品处理

分别取3个亮菌样品的水提取液50ml，加无水乙醇10ml，置分液漏斗中，再加50ml无水乙醚，提取后取水相继续用25ml乙醚提取两次，合并乙醚液水浴蒸干后，用流动相溶解置10ml容量瓶中流动相定容，进样20μl。

3. 色谱条件

色谱柱：ZORBAX SB－C18（4.6mm×250mm，5μm）；流动相：甲醇：0.1mol/L乙酸（50：50）（V/V）；检测波长为366nm；流速：1.0ml/min；柱温：30℃，进样量20μl。

4. 方法专属性考察

色谱条件下测定的假蜜环菌甲素对照品溶液和样品溶液的图谱进行比较，考察方法的专属性。在该实验条件下，假蜜环菌甲素对照品和供试品中假蜜环菌甲素的保留时间均在484min左右，出峰形好，供试品中所含杂质对待测物出峰无干扰。

5. 标准曲线的制备

取配制好的系列对照品溶液20μl进样，以峰面积积分值（Y）为纵坐标，检测浓度（X）为横坐标，进行线性回归，得线性方程为：Y＝101.54X＋1.813 4（r＝0.999 9）。假蜜环菌甲素在0.016～3.184mg/L范围内，与峰面积积分值呈良好的线性关系。

6. 精密度试验

取对照品原溶液5ml定容于50ml容量瓶中，配成0.796mg/L的溶液，取样20μl进样，平行测量6次，测定结果，RSD为0.22%（n=6），表明仪器精密度良好。

7. 稳定性试验

取样品溶液，在0.5、1、2、3、5、8h分别进样20μl，测定结果，RSD为0.47%（n=6），说明对照品在8h内稳定。

8. 重复性试验

取3个样品溶液，连续进样20μl，测得结果，RSD分别为0.21%、0.25%和0.22%（n=6）。

9. 加样回收率试验

精密取已知浓度的假蜜环菌甲素样品各5ml，共6份，分别加入对照品溶液5ml，混合于10ml的容量瓶中，进样20μl，考察回收率，平均回收率为100.29%，RSD=0.36%，表明该方法回收率良好。

假蜜环菌甲素为香豆素成分，具有内酯结构，溶液的酸碱性对其存在形式有明显影响，在碱性条件下，易使假蜜环菌甲素开环；另外，为使假蜜环菌甲素均以内酯形式存在，样品溶液制备和流动相中均用0.1mol/L醋酸溶液。由于假蜜环菌甲素有光敏性，该品中有关物质的保存和检测，宜在避光条件下进行[8-9]。

第四节 假蜜环菌的生物活性

假蜜环菌是一种既可食用又可药用的名贵食用菌，该菌具有强筋壮骨、疏风活络、明目、利肺、益肠胃等保健功能。从假蜜环菌中提取的假蜜环菌甲素通过促进胆汁分泌，松弛奥狄氏括约肌，降低十二指肠紧张度，调节胆道系统的压力，促进胆道内容物排泄，改善肝细胞水肿、坏死和促进受损的肝细胞修复和再生，调节肝功能并促进退黄。也能改善蛋白质代谢，还有调节并促进免疫功能，增强吞噬细胞的吞噬作用而产生抑菌作用。主要适用于急慢性胆囊炎发作、急慢性肝炎的对症治疗，并能缓解或消除胆道感染、胃炎、肠炎引起的腹胀、腹痛等。据文献报道，假蜜环菌甲素较常规治疗更能迅速有效地控制胆道感染，减轻病情危重程度，提高治愈率。

从假蜜环菌中提取的多糖具有辐射防护作用，能减轻辐射对造血组织的损伤，通过加速造血组织DNA的合成，促进造血功能恢复，提高外周血中白细胞数量[10]。此外，假蜜环菌多糖还具有增强免疫力，抑制肿瘤细胞生长和增强巨噬细胞的活性而发挥抗肿瘤作用[11-14]。

参考文献

[1] 方积年，叶淳渠，吴淑云. 亮菌多糖的研究[J]. 生物化学与生物物理学报，1984，16(5)：222.
[2] 凌庆枝，袁怀波，王妮娜，等. 亮菌固态和液体发酵多糖及其醒酒作用研究[J]. 食品科学，2008，(5)：324－326.
[3] 江苏省"亮菌"科研协作组化学小组. 假蜜环菌的研究Ⅱ. 假蜜环菌素的分离及化学结构的测定[J]. 微生物学报，1974，14(1)：9－16.
[4] 麻兵继，刘吉开. 亮菌乙素的结构确证及其合成[J]. 天然产物研究与开发，2008，20：589－591.
[5] 王尔华. 假蜜环菌甲素合成方法的改进[J]. 中国药科大学学报，1991，22(4)：236－237.
[6] 孙正萍，马新民，陶琳. 合成亮菌甲素的新工艺路线[J]. 机电信息，2012，23：21－22.
[7] 鲍霞，陈永红，张小玲，等. 亮菌甲素的荧光光度法测定[J]. 理化检验-化学手册. 2003，39(1)：35－36.
[8] 任慧霞，张平，程钢，等. 高效液相色谱法测定亮菌水提液中亮菌甲素的含量[J]. 安徽医药，2012，16(6)：759－760.

[9] 胡婷婷，于波涛，姜云平，等. HPLC法测定亮菌甲素注射液的含量级有关物质[J]. 西南国防医药，2005，15(5)：513－515.
[10] 许祥裕，朱有华，邓书增. 亮菌多糖辐射防护和升白作用的实验研究[J]. 中草药，1985，16(8)：19－23.
[11] Nagai K, Tanaka J, Kiho T, et al. Synthesis and antitumor activities of mitomycin C (1-3)-beta-D-glucan conjugate. Chemical & Pharmaceutical Bulletin, 1992, 40(4)：986－989.
[12] 章灵华，肖培根. 药用真菌中生物活性多糖的研究[J]. 中草药，1992，23(2)：95.
[13] Liu DL, Yao DS, Liang YQ, et al. Production, purification and characterization of an intracellular aflatoxin-detoxifizyme from *Armillariella tabescens* (E-20). Food Chem Toxicol, 2001, 39: 461－466.
[14] Luo Xia, Xu Xiaoyan, Yu Mengyou, et al. Characterisation and immunostimulatory activity of an α-(1→6)-D-glucan from the cultured *Armillariella tabescens* mycelia. Food Chemistry, 2008, 111(2)：357－363.

（苏明声、谢晓梅）

第三十五章
美味牛肝菌
MEI WEI NIU GAN JUN

第一节 概 述

美味牛肝菌(*Boletus edulis*)属于担子菌亚门,层菌纲,伞菌目,牛肝菌科,牛肝菌属真菌[1],别名大腿蘑、白牛肝菌。主要分布于我国河南、台湾、黑龙江、四川、贵州、云南、西藏、内蒙古、福建等地区。可食用,是优良的野生食用菌,其菌肉厚而细软、味道鲜美[2]。目前还不能人工栽培出子实体,但可利用菌丝进行深层发酵培养。

美味牛肝菌含有多糖、萜类、蛋白质、凝集素、黄酮等化合物。

第二节 美味牛肝菌化学成分的研究

一、美味牛肝菌中化学成分的提取与分离

(一)美味牛肝菌多糖的提取与分离

美味牛肝菌多糖的提取方法主要有:热水浸提、超声辅助提取[3]、微波辅助提取[4]和脉冲逆流超声提取[5]等,提取得到的粗多糖再经脱蛋白、脱色素、除杂等步骤得到纯度较高的多糖。常见的分离纯化手段有酶解法[6-7]、三氯乙酸法[5,8]、Sevage[8-10]等方法除蛋白;离子交换法、氧化法、金属络合物法、吸附法(纤维素、硅藻土、活性炭)等脱色;再结合透析[9]、柱色谱等方法进一步纯化,得到牛肝菌多糖。

从美味牛肝菌水提物中共分离得到 9 个多糖化合物:BEP-Ⅰ(1)、BEP-Ⅱ(2)、BEP-Ⅲ(3)[5]、BeBEPⅢa(4)[7]、BEP(5)[9]、BEBP-1(6)、BEBP-2(7)、BEBP-3(8)[11]和 BEPF1(9)[13]。

分离得到 5 个多糖部位:BeBEPⅢ[7]、BEPF30、BEPF60、BEPF80[12]和 APFB[14]。

1. 分离纯化方法一

美味牛肝菌脉冲超声逆流提取(Pulsed counter-current ultrasound-assisted extraction CCPUE),水提液经除蛋白、脱色、80%乙醇浓度醇沉得到美味牛肝菌粗多糖;DEAE-52 纤维素柱色谱(3.0cm×5cm)分离,分别用蒸馏水、0.1mol/L 和 0.3mol/L 的 NaCl 溶液洗脱;收集浓缩上述 3 种溶剂的洗脱液,经 Sephadex G-75 柱色谱(3.0cm×50cm)再次分离,去离子水洗脱(洗脱速度 1.0ml/min),收集洗脱液并冻干得到化合物 BEP-Ⅰ(1)、BEP-Ⅱ(2)和 BEP-Ⅲ(3)[5]。

2. 分离纯化方法二

美味牛肝菌粗多糖经 DEAE-琼脂糖凝胶 CL-6B 柱色谱(Cl^- form,50cm×2cm)分离,用蒸馏水、0.5mol/L 和 1mol/L 的 NaCl 溶液依次洗脱(洗脱速度 2.0ml/min);收集水洗脱液,经 Sepharose CL-6B 凝胶过滤柱分离,0.1mol/L 的 NaCl 溶液洗脱(洗脱速度 1.0ml/min),收集洗脱液透析冻干得到化合物 BEP(5)[9]。

3. 分离纯化方法三

将美味牛肝菌粗多糖100mg溶于蒸馏水中，离心取上清液，用DEAE－52阴离子交换柱分离，经蒸馏水、0.1mol/L和0.3mol/L NaCl溶液依次洗脱（洗脱速度2ml/min），收集0.3mol/L NaCl洗脱液浓缩，透析、冷冻干燥得到化合物BeBEPⅢ；取BeBEPⅢ 10mg溶于10ml蒸馏水中，离心取上清液，经Sephadex G－100凝胶柱色谱分离，用0.3mol/L NaCl溶液洗脱（洗脱速度2ml/min），收集前60ml洗脱液，浓缩透析，冷冻干燥得到化合物BeBEPⅢa(4)[7]。

（二）美味牛肝菌其他成分的提取与分离

（1）从美味牛肝菌中分离得到8个凝集素类化合物：boletus edulis lectin[15]、BEL β－trefoil[16]、6种不同的BEL β－trefoil亚型[17]。

（2）6个芳香族化合物，其中两个为新的化合物[18]，结构见图35－1。

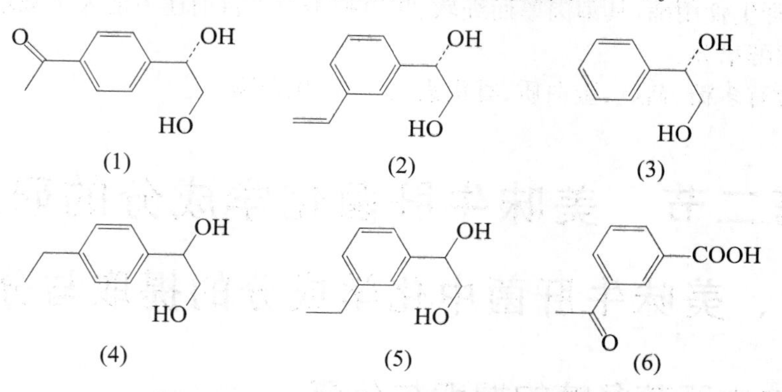

图35－1 美味牛肝菌芳香族类化合物结构
（其中(1)、(2)为新化合物）

（3）3个倍半萜类化合物：boledulin A(7)、boledulin B(8)和boledulin C(9)[19]，结构见图35－2。

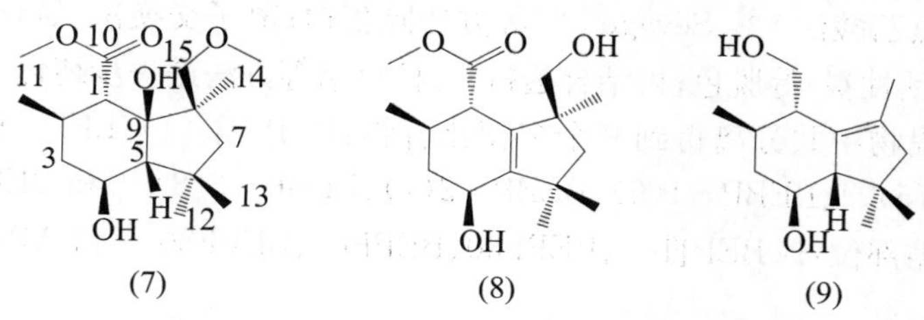

图35－2 美味牛肝菌中倍半萜化合物结构

二、美味牛肝菌化学成分的理化常数与光谱数据

（一）美味牛肝菌多糖

BEP－Ⅰ(1) 相对分子质量为10 278Da，摩尔比：木糖∶甘露糖∶半乳糖∶葡萄糖＝11.52∶32.62∶14.16∶23.65[5]。

BEP－Ⅱ(2) 相对分子质量为23 761Da，摩尔比：木糖∶甘露糖∶半乳糖∶葡萄糖＝12.62∶33.56∶9.13∶27.37[5]。

BEP－Ⅲ(3) 相对分子质量为42 736Da，摩尔比：木糖∶甘露糖∶半乳糖∶葡萄糖＝9.65∶36.60∶13.35∶22.83[5]。

BeBEPⅢa(4) 摩尔比:D-木糖:D-甘露糖:D-半乳糖=3.1:63.3:1.0。IR(KBr)谱3 416.2cm^{-1}处有一强且宽的吸收峰,是多糖O-H键的伸缩振动,表明多糖存在分子内和分子间的氢键;在2 931.1cm^{-1}处的吸收峰,表明分子中有C-H键的伸缩振动,是糖类的特征峰;1 637.3cm^{-1}处的吸收峰,是C-O的非对称伸缩振动峰,为多糖的水合振动峰;在1 386.3cm^{-1}处的吸收峰,为-OH的变形振动,表明该组分为多聚糖;1 054.8cm^{-1}处比较大的吸收峰,是由两种C-O键伸缩振动所引起的,其中一种属于C-O-H的,另一种属于糖环的C-O-C;在813.9cm^{-1}处出现的吸收峰,为吡喃糖苷吸收峰,说明该组分中存在吡喃糖苷;在579.6cm^{-1}处的吸收峰,是硫酸酯键的吸收峰,表明BeBEPⅢa含有硫酸基团[7]。

BEP(5) 相对分子质量:113 432Da,摩尔比:葡萄糖:半乳糖:鼠李糖:阿拉伯糖=2.9:3.2:1.3:1.6。IR(KBr)谱3 452.65cm^{-1}吸收峰,表明是羟基伸缩振动;2 931.25cm^{-1}表明是C-H键伸缩振动;1 445.82和1341.24cm^{-1}吸收峰,表明是C-H键可变角度;1 045.02cm^{-1}表明是非对称C-O-C键伸缩振动;844.32cm^{-1}表明BEP是在α-糖苷上连接。GC/MS分析BEP甲基化后酸水解为多羟基糖醇乙酸脂,结果表明,2,3,4-Me_2-Glcp(残基A:→6)-α-Glcp-(1→),3,4-Me_3-Gapl(残基B:→2,6)-α-Galp-(1→),2,3,4-Me_3-Gapl(残基C:→6)-α-Galp-(1→),2,4,-Me_3-Rhap(残基D:→3)-α-Rhap-(1→)和2,3,5,-Me_3-Araf(残基E:α-Araf-(1→),相对摩尔比为2.9:1.6:1.6:1.4:1.5。^{13}C NMRδ:99.14、100.67、100.69、101.42和105.63归结于残基A、B、C、D和E的异头碳,δ:99.14信号的残基A表明BEP中高比例的1,6-α-D-Glcp;残基D取代C-3的信号,前移至δ:74.32和79.23,来自残基B的C-2共振,出现在低磁场区域的δ:84.43,归因于残基E的C-4。高磁场区域的δ:69.56、69.32和69.98源于残基A、B和C的C-6信号,与之相反,δ:58.98和61.43,归属于残基D的未被取代的C-6和残基E的C-5。BEP的^{1}H NMR谱中因为未取代残基D的C-6和未取代残基E的C-5,δ:5.34、5.08、5.03、5.12和δ:5.15归因于残基A,B、C、D和E的H1信号,特殊异头碳和它们的质子化学位移确定糖残基由α-糖苷键连接,与IR(KBr)谱844.32cm^{-1}一致[9]。

BEBP-1(6) 相对分子质量:25.0kDa,摩尔比:葡萄糖:半乳糖:木糖:甘露糖:鼠季糖=30.5:6.7:0.8:27.2:1.0;FT-IR(KBr)显示羟基(3 426cm^{-1})、甲基(2 929cm^{-1})、结合水(1 638~1 644cm^{-1})存在,区域出现另一特殊吸收峰,由C-OH侧基的伸缩振动和C-O-C糖苷键振动环重叠振动引起(1 200~1 000cm^{-1}),891.25cm^{-1}为其β型结构的特征峰[11]。

BEBP-2(7) 相对分子质量:9.6kDa,摩尔比:葡萄糖:半乳糖:木糖:甘露糖:鼠李糖=11.8:3.6:1.0:5.1;FT-IR(KBr)显示羟基(3 426cm^{-1})、甲基(2 929cm^{-1})、结合水(1 638~1 644cm^{-1})存在,区域出现另一特殊吸收峰,由C-OH侧基的伸缩振动和C-O-C糖苷键振动的环重叠振动引起(1 200~1 000cm^{-1}),887.81cm^{-1}为其β型结构的特征峰[11]。

BEBP-3(8) 相对分子质量:7.3kDa,摩尔比:葡萄糖:甘露糖:半乳糖=7.3:16.6:1.0;FT-IR(KBr)显示羟基(3 426cm^{-1})、甲基(2 929cm^{-1})、结合水(1 638~1 644cm^{-1})存在,区域出现另一特殊吸收峰,由C-OH侧基的伸缩振动和C-O-C糖苷键振动的环重叠振动引起(1 200~1 000cm^{-1}),853.37cm^{-1}为其α型结构的特征峰[11]。

BEPF1(9) 相对分子质量:1.08×10^{4}Da,摩尔比:L-岩藻糖:D-甘露糖:D-葡萄糖:D-半乳糖=0.21:0.23:1.17:1.00。以α-D-(1→6)-吡喃半乳糖为主干,并在2-D-(2→6)-半乳糖基的O-2位置末端连接-L-岩藻糖基,以β-D-(1→6)-4-O-甲基-吡喃葡萄糖和β-D-(1→6)-吡喃葡萄糖为主干,并在末端连接β-D-葡萄糖基,同时也包含2,6-β-D-吡喃甘露糖残基的镜像[13]。

（二）其他成分

1. 凝集素

Boletus edulis lectin　相对分子质量为16.3kDa，氨基酸N端计序TYGIALRV，蜜二糖和木糖-cospecific同源二聚体[15]。

BEL β-trefoil　相对分子质量为15 806Da，同源四聚体，氨基酸序列如下[16]：

TYSITLRVFQRNPGRGFFSIVEKTVFHYANGGTWSEAKGTHTLTMGGSGTSGVLRFM-SDK，G-ELITVAVGVHNYKRWCDVVTGLKPEETALVINPQYYNN-GPRAYTREKQLAEYN-VTSV，VGTRFEVKYTVVEGNNLEANVIFS

BEL β-trefoil 亚型（均为同源二聚体）：

BEL β-T（1）　氨基酸序列如下[17]：

VNFPNIPEAGVQFRLARDTGYVIYSRTENPPLVWQYNGPPYDDQLFTLIYGTGPRKNL-YAIKSVPNGRVLFSRTSASPYVGNIAGDGTYNDNWFQFIQDDNDPNSFRIYNLASDTVLYSR-TTADPKFGNFTGAKYDDQLWHFELV

BEL β-T（3）　氨基酸序列如下[17]：

VNFPNIPEAGVRFRLARDSGYVIYSRTENDPLVWHYNGPPYDDQLFTLIHGTGPLKNL-YAIKSVPNGRVLFSRNSASPYVGNIVGDGTYNDNWFQFIQDDNDANSFRIYSLASDTVLYSR-TTGAPKFGNYTGAKFDDQLWHFEIV

BEL β-T（5）　氨基酸序列如下[17]：

VNFPNIPEAGAQFRLARDTGYVIYSRTENPPLVWQYNGPPYDDQLFTLIYGTGPHQNL-YAIKSVPNGRVLFSRTSASPH，VGNIAGDGTYNDNWFQFIQDDNDPNSFRIYSLASDTVLYSR-TTPDPQFGNYTGAKYDDQLWHFELV

2. 芳香类化合物

(1S)-(4-acetylphenyl)-1,2-ethanediol（化合物1）　油状，分子式$C_{10}H_{12}O_3$，HR-ESI-MS显示m/z：203.068 7[M+Na]$^+$（calcd $C_{10}H_{12}O_3$ 203.068 4）。^{13}C NMR显示10个信号：两个CH（δ=127.7,2），两个CH（δ=129.5），1个季碳（δ=137.7），1个季碳（δ=149.3），1个C=O（δ=200.7），1个CH-O（δ=75.4），1个CH_2-O（δ=68.5）和1个CH_3（δ=26.7）。^{1}H NMR谱中δ：7.51（d，J=8.3Hz）和7.97（d，J=8.3Hz），显示分子结构中有1,4-双取代芳香环，甲基信号δ：2.59（s），表明分子结构中有-$COCH_3$基团存在。在^{1}H，^{1}H-COSY谱中，信号δ：4.75（dd，J=6.8、4.8Hz），3.60（dd，J=11.3、6.8Hz）和3.64（dd，J=11.3、4.8）之间有相关，表明分子中有-O-CH-CH_2-O-的片段。以上数据说明化合物（1）为1-(4-acetylphenyl)-1,2-ethanediol。因为化合物（1）的旋光度[(α)$^{17}_{D}$ 9.1，c 0.39，MeOH]和6[(1S)-phenylethane-1,2-diol，[α]$^{17}_{D}$ 29.3，c 1，EtOH][20]相似，由此化合物（1）的构型被确定为（1S）-(4-acetylphenyl)-1,2-ethanediol（1）[18]。

(1S)-(3-ethenylphenyl)-1,2-ethanediol（化合物2）　油状，HR-ESI-MS显示m/z：187.073 6[M+Na]$^+$（calcd. 187.073 4，$C_{10}H_{12}O_2Na$）。^{13}C NMR显示分子中有10个碳信号，其中苯基和双键碳信号有8个（δ：114.1、125.2、126.4、127.0、129.5、138.2、139.0、143.7），连氧碳信号有两个（δ：75.9、68.7）。^{1}H NMR谱中，δ：7.44（s），7.33（d，J=7.2Hz），7.29（dd，J=7.4、7.2Hz）和7.25（d，J=7.4Hz），表明分子中存在1,3-双取代芳香环，δ=5.21（d，J=11.0Hz），5.77（d，J=17.6Hz），6.73（dd，J=17.6、11.0Hz），表明-CH=CH_2基团。^{1}H，^{1}H-COSY谱，观察到信号δ：4.67（dd，J=7.0、4.9Hz）和3.59（dd，J=11.3、7.0Hz），3.63（dd，J=11.3、4.9Hz）之间明显的关联，表明-O-CH-CH_2-O-连接。结合分子式$C_{10}H_{12}O_2$和HMBC谱，表明化合物（2）为1-(3-ethenyl-phenyl)-1,

2 - ethanediol。根据旋光性$[\alpha]_D^{16}$ - 8.7(c 0.50,MeOH),化合物(2)构型确定为(1S)-(3 - ethenylphenyl)- 1,2 - ethanediol(2)[18]。

3. 二萜类化合物

Boledulin A(化合物 7) 白色固体,$[\alpha]_D^{20}$ + 16.8,HR-ESI-MS 显示 m/z:337.199 0[M+Na]$^+$ (calcd. 337.199 0,$C_{17}H_{30}O_5Na$),与分子式 $C_{17}H_{30}O_5$ 一致,表明有 3 个不饱和度。IR(KBr)谱在 3 439和 1 729cm^{-1}的吸收谱带,表明分子中有羟基和羰基基团。^{13}C NMR 谱显示分子中有 17 个碳原子,可能为二环类倍半萜烯。ROESY 谱中,相关峰 H - 1/H - 5、H - 2/H - 4、H - 1/CH_3 - 11、H - 4/CH_3 - 12 和 H - 4/CH_3 - 14,表明 H - 1、H - 5 和 Me - 11 在同侧,同时 H - 2、H - 4、CH_3 - 12 和 CH_3 - 14 在异侧。以上数据表明化合物(7)是葡双醛霉素的衍生物(botrydial,$[\alpha]_D^{20}$ + 34,是第一个从葡萄孢菌中分离得到的 botryane -类倍半萜烯)。因此,化合物(1)(boledulin A)的绝对构型被确定为 1S,2R,4S,5R,8S,9S[19]。化合物(7)的^{1}H 和^{13}C NMR 谱数据,见表 35 - 1 和表 35 - 2。

Boledulin B(化合物 8) 无色油状,HR-ESI-MS 显示 m/z:305.172 0[M+Na]$^+$ (calcd. 305.172 8, $C_{16}H_{26}O_4Na$),表明分子中有 4 个不饱和度。^{1}H 和^{13}C NMR 谱表明化合物(8)和化合物(7)的不同之处,在于化合物(8)的 C - 5 和 C - 9 位之间是双键(δ:136.4 和 150.9),且化合物(8)的 C - 15 位连接的是羟基,而不是甲氧基。综上确定化合物(8)为 boledulin B[19]。化合物(8)的^{1}H 和^{13}C NMR 谱数据,见表 35 - 1 和表 35 - 2。

Boledulin C(化合物 9) 白色固体,$[\alpha]_D^{20}$ - 1.0(c 0.18,$CHCl_3$)。HR-EI-MS 显示 m/z:224.176 5 [M^+](calcd. 244.177 6,$C_{14}H_{24}O_2$),表明分子中有 3 个不饱和度,^{1}H 和^{13}C NMR 谱表明,化合物(9)的结构骨架与化合物(7)和(8)类似,结合 HMBC 和 HMQC 谱,化合物(9)被确定为 15 -去甲基- botryane 类倍半萜烯,并命名为 boledulin C[19]。化合物(9)和^{1}H 和^{13}C NMR 谱数据,见表 35 - 1 和表 35 - 2。

表 35 - 1 ^{1}H NMR data for boledulins A-C(7～9)

position	7[a]	8[b]	9[c]
1	2.45,d(12.0)	2.97,d(6.0)	1.83,m
2	1.92,m	1.89,m	1.60,m
3a	1.08,d(12.0)	1.58,m	1.60,m
3b	1.95,m	1.92,m	1.92,m
4	3.92,ddd	4.32,dd	3.56,ddd
	(11.0,4.9,4.6)	(9.5,6.6)	(10.4,6.4,2.0)
5	1.56,d(11.0)		2.04,d(6.4)
7	1.15,d(12.8)	1.49,d(13.2)	2.05,d(16.8)
	2.42,d(12.8)	1.98,d(13.2)	2.19,d(16.8)
10			3.81,d(11.6,4.8)
			4.07,d(11.6,3.3)
11	0.87,d(6.6)	0.95,d(6.6)	1.00,d(6.4)
12	1.28,s	1.16,s	1.08,s
13	1.26,s	1.34,s	1.17,s
14	0.97,s	0.93,s	1.78,s
15a	3.01,d(10.2)	3.07,d(10.4)	
15b	3.31,d(10.2)	3.09,d(10.4)	
$COOCH_3$	3.70,s	3.69,s	
OCH_3	3.27,s		

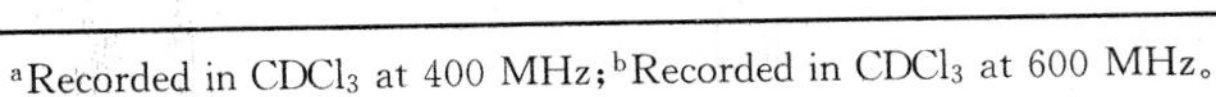
[a]Recorded in $CDCl_3$ at 400 MHz;[b]Recorded in $CDCl_3$ at 600 MHz。

表 35-2 ^{13}C NMR data for boledulins A-C(7~9)

position	7[a]	8[b]	9[c]
1	61.3,CH	44.2,CH	48.4,CH
2	29.9,CH	33.1,CH	31.7,CH
3	43.6,CH_2	37.9,CH_2	44.8,CH_2
4	70.2,CH	67.3,CH	70.4,CH
5	68.4,CH	150.9,qC	65.8,CH
6	36.7,qC	44.9,qC	37.7,qC
7	53.0,CH_2	51.5,CH_2	56.6,CH_2
8	49.4,qC	50.3,qC	129.4,qC
9	87.8,qC	136.4,qC	131.4,qC
10	174.6,qC	175.3,qC	60.5,CH_2
11	21.1,CH_3	19.4,CH_3	20.0,CH_3
12	28.3,CH_3	30.1,CH_3	24.8,CH_3
13	36.3,CH_3	30.6,CH_3	31.2,CH_3
14	21.8,CH_3	23.6,CH_3	15.0,CH_3
15	78.0,CH_2	68.6,CH_2	
$COOCH_3$	51.6,CH_3	52.3,CH_3	
OCH_3	59.4,CH_3		

[a]Measured in $CDCl_3$ at 100 MHz;[b]Measured in $CDCl_3$ at 150 MHz。

第三节　美味牛肝菌的生物活性

美味牛肝菌早在 1957 年就被发现具有较好抑制肿瘤的作用[21],其含有的 3 种非异戊二烯 botryane-倍半萜 boledulins A-C 中的 boledulins A,对 5 种人类肿瘤细胞具有细胞毒抑制作用[19]。但近年来,美味牛肝菌的生物活性研究大多数集中在其多糖的抗氧化活性[22-27]方面,其他方面的研究则较少。美味牛肝菌含有潜在的变态(过敏)原[28-31]。

美味牛肝菌多糖具有清除自由基能力,且随着多糖浓度的增大其抗氧化作用也增大[32]。美味牛肝菌菌丝体多糖部位(BeBEP),可以抑制小鼠肝组织丙二醛的生成,减少红细胞氧化溶血和肝组织自发性脂质氧化[6]。多糖部位(BEPF60)在体外的羟基自由基体系、超氧自由基体系中表现出抗氧化活性,并具有还原能力和螯合活性[12]。多糖 BEBP-3 在体外和体内都具有抗氧化活性[11]。菌丝体产生的胞外多糖经琼脂糖 CL-6B 凝胶过滤色谱纯化,得到一种多糖 Fr-I,在体外体现出有抗氧化活性[33]。

美味牛肝菌多糖和蛋白混合物可以增加小鼠胸腺、脾脏器官质量,促进外周血中白细胞总数的增加,提高红细胞中 SOD 酶活性,促进脾淋巴细胞的转化和提高荷 S-180 肿瘤小鼠的生命延长率[34]。美味牛肝菌的一种生物聚合物(多糖和糖蛋白)在对结肠上皮细胞无细胞毒作用,同时对结肠癌细胞有抑制作用[35]。酸性多糖(APFB)可以促进小鼠体外淋巴细胞增值[14]。水溶性多糖能抑制小鼠肾癌和肿瘤,提高 NK 和 CTL 细胞活性,促进 IL-2 和 TNF-α 细胞因子分泌,恢复血清生化指标至正常水平[9]。

参考文献

[1] 邵力平,沈瑞祥,张素轩,等. 真菌分类学[M]. 北京:中国林业出版社,1984.

[2] 李泰辉,宋斌. 中国食用牛肝菌的种类及其分布[J]. 食用菌学报,2002,9(2):2—30.
[3] 王伟平,陈维,韩凤云,等. 微波前处理热水浸提美味牛肝菌胞内多糖工艺的研究[J]. 食品科技,2012,37(6):232—238.
[4] Chen W, Wang WP, Zhang HS, et al. Optimization of ultrasonic-assisted extraction of water-soluble polysaccharides from *Boletus edulis* mycelia using response surface methodology[J]. Carbohydr Polym, 2012, 87: 614—619.
[5] You QH, Yin XL, Yi CW. Pulsed counter-current ultrasound-assisted extraction and characterization of polysaccharides from *Boletus edulis*[J]. Carbohydr Polym, 2014, 101: 379—385.
[6] 阚国仕,矫丽曼,杨玉红,等. 牛肝菌胞外多糖体外抗氧化能力的研究[J]. 食品与发酵工业,2009,35(2):57—60.
[7] 矫丽曼,纪纯阳,阚国仕,等. 美味牛肝菌胞外多糖分离纯化及组分分析[J]. 食品工业科技,2010,5:164—166.
[8] 阳飞,郦华兴,张华山,等. 美味牛肝菌胞内多糖提取工艺研究[J]. 中国酿造,2010,232(7):151—155.
[9] Wang D, Sun SQ, Wu WZ, et al. Characterization of a water-soluble polysaccharide from Boletus edulisand its antitumor and immunomodulatory activities on renal cancerin mice[J]. Carbohydr Polym, 2014, 105: 127—134.
[10] 谷绒. 美味牛肝菌多糖提取和纯化条件分析[J]. 食品工程,2011,10:150—151.
[11] Luo AX, Luo AS, Huang JD, et al. Purification, Characterization and Antioxidant Activities in Vitro and in Vivo of the Polysaccharides from *Boletus edulis* Bull[J]. Molecules, 2012, 17: 8079—8090.
[12] Zhang AQ, Xiao NN, He PF, et al. Chemical analysis and antioxidant activity in vitro of polysaccharides extractedfrom *Boletus edulis*[J]. Inter J Bio Macromolecules, 2011, 49: 1092—1095.
[13] Zhang AQ, Xiao NN, He PF, et al. Structural investigation of a novel heteropolysaccharide from the fruiting bodies of *Boletus edulis*[J]. Food Chem, 2014, 146: 334—338.
[14] Wang GL, Wu SQ, Wu QF. Separation, purification and identification of acidic polysaccharide fraction extracted from *Boletus edulis* and its influence on mouse lymphocyte proliferation in vitro[J]. J Chem Pharm Res, 2013, 5(12): 431—437.
[15] Zheng SY, Li CX, Tzi Bun Ng, et al. A lectin with mitogenic activity from the edible wild mushroom *Boletus edulis*[J]. Process Biochemistry, 2007, 42(12): 1620—1624.
[16] Bovi M, Carrizo ME, Capaldi S, et al. Structure of a lectin with antitumoral properties in king bolete (*Boletus edulis*) mushrooms[J]. Glycobiology, 2011, 21(8): 1000—1009.
[17] Bovi M, Cenci L, Perduca M, et al. BEL β- trefoil: a novel lectin with antineoplastic properties in king bolete (*Boletus edulis*) mushrooms[J]. Glycobiology,2013,23(5):578—592.
[18] Yang WQ, Qin XD, Shao HJ, et al. New phenyl-ethanediols from the culture broth of *Boletus edulis*[J]. J Basic Microbiol,2007,47. 191—193.
[19]Feng T, Li ZH, Dong ZJ, et al. Non-isoprenoid botryane sesquiterpenoids from basidiomycete *Boletus edulis* and their cytotoxic activity[J]. Nat. Prod Bioprospect, 2011,1:29—32.
[20] Bosetti A., Bianchi D, Cesti P, et al. Enzymatic resolution 1,2 - diol: comparison between hydrolysis and transesterification reactions [J]. J Chem Soc Perkin Trans I, 1992, 2395—2398.
[21] BYERRUM RU, CLARKE D A, LUCAS EH, et al. Tumor inhibitors in *Boletus edulis* and other Holobasidiomycetes[J]. Antibio Chemotherapy,1957,7(1):1—4.

[22] Yao S, Tsai HL, Tsai JL, et al. Antioxidant properties of *Agaricus blazei*, *Agrocybe cylindracea*, *and Boletus edulis*[J]. Food Sci Tech,2007,40(8):1392－1402.

[23] Cengiz S, Bektas T, Mustafa Y. Evaluation of the antioxidant activity of four edible mushroomsom the Central Anatolia, Eskisehir-Turkey: Lactarius deterrimusSuillus collitinus[J]. Bioresource Tech, 2008, 99, 6651－6655.

[24] Vieira V, Marques A, Barros L, et al. Insights in the antioxidant synergistic effects of combined edible mushrooms: phenolic and polysaccharidic extracts of *Boletus edulis* and Marasmius oreades[J]. Food Nutri Res,2012,51(2):109－116.

[25] Emanuel V, Sultana N. Antioxidant capacity and the correlation with major phenoli compounds, anthocyanin, and tocopherol content in Variou Extracts from the wild Edible *Boletus edulis* Mushroom [J]. Bio Med Res Inter, 2012(2013): 313905－313916.

[26] 崔福顺，金成学，崔承弼. 长白山美味牛肝菌提取物清除自由基活性的研究[J]. 食品工业，2013，34(5)：133－136.

[27] Jaworska G, Pogon K, Bernas E, et al. Effect of different drying methods and 24 - month storage on water activity, rehydration capacity, and antioxidants in *Boletus edulis* Mushrooms [J]. Drying Tech,2014,32(3):291－300.

[28] Torricelli R, Johansson SGO, Wiithiich B. Ingestive and inhalative allergy to the mushroom *Bolettts edulis*[J]. Allergy,1997,52:747－751.

[29] Helbling A, Bonadies N, Brander KA, et al. *Boletus edulis*: a digestion-resistant allergen may be relevant for food allergy[J]. Clin Exp Allergy,2002, 32(5): 771－775.

[30] Baruffini A, Pisati G, Russello M, at al. Occupational allergic IgE-mediated disease from *Boletus edulis*: *case report*[J]. Med Lav,2005,96(6):507－512.

[31] Foti C, Nettis E, Damiani E, et al. Occupational respiratory allergy due to *Boletus edulis* powder[J]. Ann Allergy Asthma Immunol,2008,101(5):552－553.

[32] 李志洲. 美味牛肝菌多糖的抗氧化活性[J]. 食品与发酵工业，2007，33(4)：49－51.

[33] Zheng JQ, Wang JZ, Shi CW, et al. Characterization and antioxidant activity for exopolysaccharide from submerged culture of Boletus aereus [J]. Process Biochem, 2014, 49(6): 1047－1053.

[34] 唐薇，鲁新成. 美味牛肝菌多糖的生物活性及其抗 S－180 肿瘤的应用[J]. 西南师范大学学报，1999，24(4)：478－481.

[35] Lemieszek MK, Cardoso C, Ferreira MN, et al. *Boletus edulis* biologically active biopolymers induce cell cycle arrest in human colon adenocarcinoma cells[J]. Food Funct, 2013, 4(4): 575－585.

（周岩飞、朱忠敏、李　晔）

第三十六章 桦褐孔菌

HUA HE KONG JUN

第一节 概 述

桦褐孔菌属于担子菌门，伞菌纲，锈革孔菌目，锈革孔菌科，纤孔菌属真菌，有3种来源：*Inonotus obliquus*（Fr.）Pilat.、*Fuscoporia obliqua*（Pers.）Aoshima和*Phaeoporus obliquus*（Fr.）。其中，*Inonotus obliquus*分布于俄罗斯（远东部分、勘察加半岛）、中国（黑龙江、长白山）、北美（北部）以及日本的北海道地区，使用最为广泛；*Fuscoporia obliqua*主要生长在北欧，而*Phaeoporus obliquus*主要生长在俄罗斯西伯利亚地区。桦褐孔菌又叫白桦茸、桦树茸、蔷甘（由俄语chaga翻译而来），曾用名为斜生褐孔菌，是一种生长在桦属树木树皮下或活立木树皮下，或砍伐后树木的枯干上的药食两用真菌。桦褐孔菌子实体呈现类似于炭的黑色块状形态，在木材中的菌丝即使零下40℃也不会冻死，是极耐寒的种类。WTO将其定义为无毒的食用菌。

从桦褐孔菌中能分离得到多糖、萜类化合物、甾体、叶酸衍生物、芳香化合物，还有少量的糖蛋白、类固醇、生物碱、黑色素和木质素类化合物[1-2]。

第二节 桦褐孔菌化学成分的研究

一、桦褐孔菌萜类化学成分的提取与分离

从桦褐孔菌乙醇提取物中分离得到6个三萜化合物：inotodiol(1)，3β-hydroxy-8,24-dien-lanosta-21,23-lactone(2)，21,24-cyclopenta-lanosta-3β,21,25-triol-8-ene(3)，3β,22-dihydroxy-lanosta-8,24-diene-7-one(4)，lanosterol(5)，trametenolic acid(6)。其中(1)～(4)为新化合物[3-5]。

从桦褐孔菌正己烷提取物中分离得到两个新三萜化合物：3β-hydroxylanosta-8,24-dene-21-al(7)和3β,22-dihydroxylanosta-7,9(11),24-triene(8)[6-7]。

从桦褐孔菌氯仿提取物中分离得到15个新三萜化合物：inonotsuoxide A(9)，inonotsuoxide B(10)，lanosta-8,23*E*-diene-3β,22*R*,25-triol(11)，lanosta-7,9(11),23*E*-triene-3β,22*R*,25-triol(12)，inonotsulide A-C(13)～(15)，inonotsutriol A-C(16)～(18)，spiroinonotsuoxodiol(19)，inonotsudiol A(20)，inonotsuoxodiol A(21)，inonotsutriol D(22)，inonotsutriol E(23)以及5个已知三萜化合物：inotodiol(1)，3β-hydroxylanosta-8,24-dene-21-al(7)，lanosterol(5)，trametenolic acid(6)，lanosta-8,24-dien-3β,21-diol(24)[8-13]。

从桦褐孔菌甲醇提取物中分离得到6个新三萜化合物：inoterpenes A-F(25)～(30)以及5个已知化合物：inotodiol(1)，3β-hydroxylanosta-8,24-dene-21-al(7)，lanosterol(5)，trametenolic acid(6)，lanosta-8,24-dien-3β,21-diol(24)[14]。

从桦褐孔菌石油醚提取物中分离得到1个新三萜化合物：3β,22α-dihydroxy-lanosta-8,24*E*-diene-25-proxide(31)[15]。

从桦褐孔菌乙醇提取物的乙酸乙酯部分共分离得到18个三萜和1个二萜类化合物：羊毛甾烷-24-烯-3β,21-二醇(lanosta-24-ene-3β,21-diol,32)，inonotusol A-G(33)～(39)，inonotusic acid(40)，inotodiol(1)，3β-hydroxylanosta-8,24-dene-21-al(7)，3β,22-dihydroxylanosta-8,24-diene-7-one(4)，lanosterol(5)，trametenolic acid(6)，3β,22-dihydroxylanosta-7,9(11),24-triene(8)，3β,22-dihydroxylanosta-8,24-diene-11-one(21)，21-hydroxylanosterol(24)，3β-hydroxy-lanosta-7,9(11),24-trien-21-oic acid(41)，botulin(42)。其中化合物(32)～(40)为新化合物[16-17](图36-1)。

提取分离方法一

称取桦褐孔菌菌核900g，用95%乙醇在室温提取5遍。提取液减压浓缩得浸膏30.2g。然后通过硅胶快速洗脱，依次用丙烯酸羟乙酯(HEA)、正己烷、正己烷∶乙酸乙酯＝25∶1、乙酸乙酯、水饱和的乙酸乙酯以及乙醇粗分成6个部分。从正己烷和正己烷∶乙酸乙酯＝25∶1、乙酸乙酯部分中得到(5)，76mg，从水饱和乙酸乙酯部分中得到(1)56mg，(3)6mg和(6)48mg，从乙醇部分中得到(2)6mg[3-4]。

提取分离方法二

桦褐孔菌用正己烷提取。通过氧化铝柱层析，采用正己烷∶苯＝70∶30为流动相，得到(7)[6]。

提取分离方法三

桦褐孔菌用正己烷提取。提取液浓缩至干后用二乙醚溶解，然后用1%NaOH萃取。二乙醚层回收溶剂后，再通过氧化铝柱层析，采用甲苯∶氯仿＝1∶1为流动相，得到(8)[7]。

提取分离方法四

称取桦褐孔菌4kg，在50℃用氯仿(10L)浸提7d，提取液浓缩至干得浸膏150g。再通过硅胶柱色谱，采用氯仿∶乙酸乙酯＝10∶1粗分成A～E5个部分。从B部分(30.2g)通过硅胶柱色谱得到(3)(2.68g)，(5)(2.2g)，(11)(6.6mg)和(12)(2.5mg)。从C部分(42.3g)通过硅胶中压制备以及高压制备得到(1)(17.1g)，(6)(11.8g)，(9)(45.7mg)，(10)(7.8mg)，(19)(22.8mg)，(20)(15.4mg)，(21)(11.8mg)，(22)(19.1mg)，(23)(3.1mg)，(24)(1.52g)，从D部分(34.7g)通过硅胶中压制备以及高压制备色谱得到(13)(182.1mg)，(14)(14.1mg)，(15)(6.3mg)，(16)(65.9mg)，(17)(13.1mg)，(18)(7.2mg)[8-13]。

提取分离方法五

将1.4kg桦褐孔菌用甲醇提取3次，每次1h。提取液减压浓缩得浸膏304g。浸膏用水溶解，过滤并浓缩得水溶物267.5g。然后将其用乙酸乙酯∶水(1∶1)混合液萃取，分离乙酸乙酯层和水层。其中乙酸乙酯层(125.4g)经硅胶柱色谱与HPLC制备，得到(25)4.8mg、(26)5.0mg、(27)30mg、(28)5.1mg、(29)2.6mg和(30)20mg[14]。

提取分离方法六

称取1.28kg桦褐孔菌干燥子实体粗粉，用95%乙醇回流提取，提取液减压浓缩至干，得乙醇提取物57g。将提取物混悬于水，依次用石油醚、乙酸乙酯和正丁醇萃取，分别减压回收溶剂。乙酸乙酯部分共30g。取10g进行反复硅胶柱层析，得到(32)20mg[16]。

提取分离方法七

将22.1kg桦褐孔菌粉碎后，用95%乙醇回流提取3次，每次2h，合并提取液，减压浓缩至干，得浸膏680.3g。将660.0g浸膏混悬于水，依次用氯仿、乙酸乙酯和正丁醇萃取。其中乙酸乙酯部分44.0g，经硅胶柱色谱分离，石油醚-丙酮系统梯度洗脱，得到石油醚∶丙酮50∶1、25∶1、20∶1、15∶1、9∶1、8∶2、7∶3、6∶4、1∶1，丙酮共10个部分。从石油醚∶丙酮50∶1部分(5.4g)中分离得到(5)317mg、(42)21mg；石油醚∶丙酮25∶1部分(15.1g)中分离得到(1)1.3g、(5)53mg、(6)170mg、(8)145mg、(24)14mg、(41)21mg；石油醚∶丙酮20∶1部分(1.2g)中分离得到(4)5mg和(21)12mg；石油醚∶丙酮15∶1部分(1.4g)中分离得到(34)7mg和(35)10mg；石油醚∶丙酮9∶1部分(1.3g)中分离得到(3)32mg和(33)8mg；石油醚∶丙酮8∶2部分(2.6g)中分离得到(38)8mg和(39)4mg；石油醚∶丙酮6∶4部分(0.7g)中分离得到(36)6mg、(37)4mg和(40)8mg[17](图36-2)。

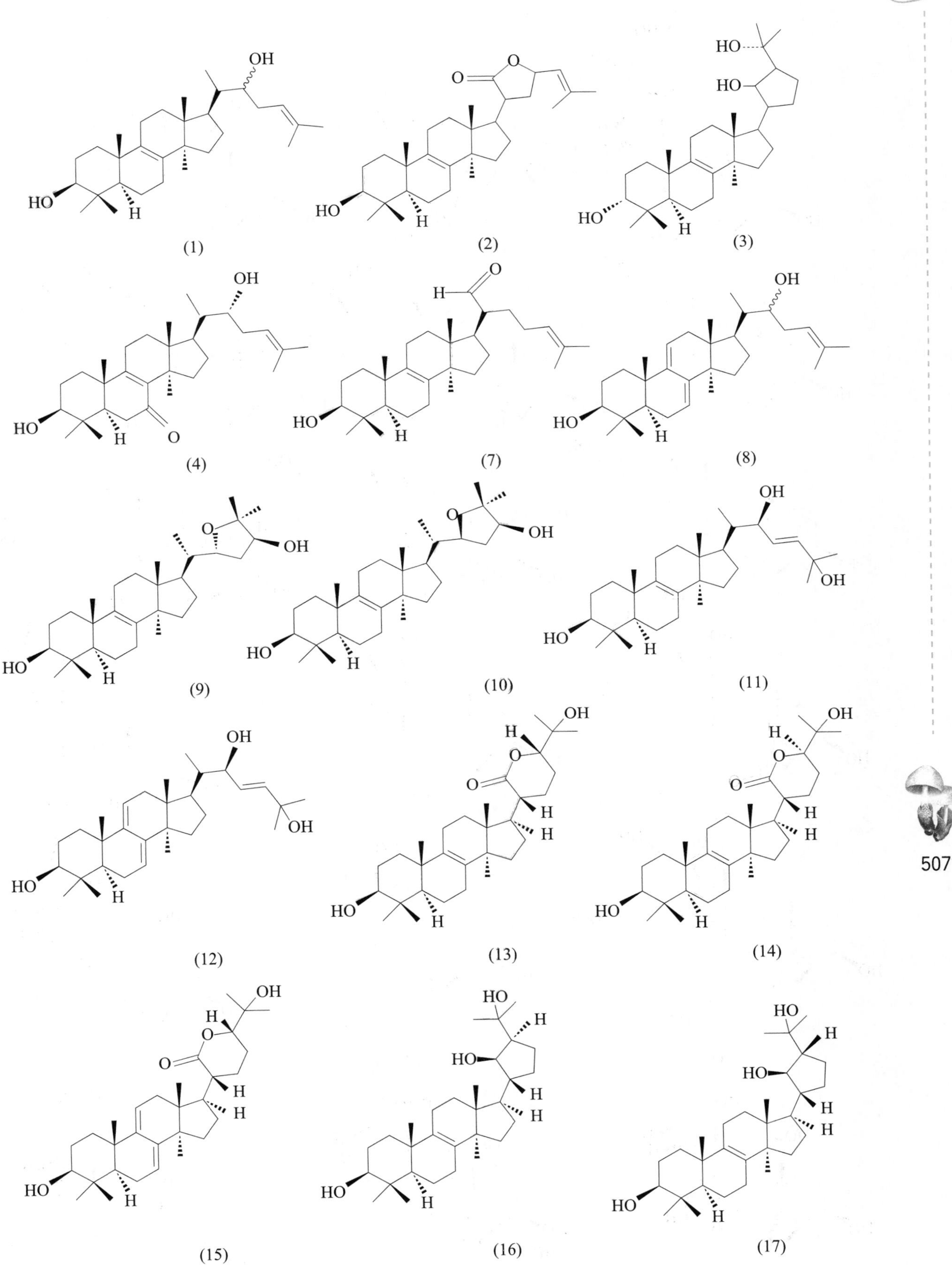
OH
HO
H
(1)
O
(2)
(3)
(4)
(7)
(8)
(9)
(10)
(11)
(12)
(13)
(14)
(15)
(16)
(17)

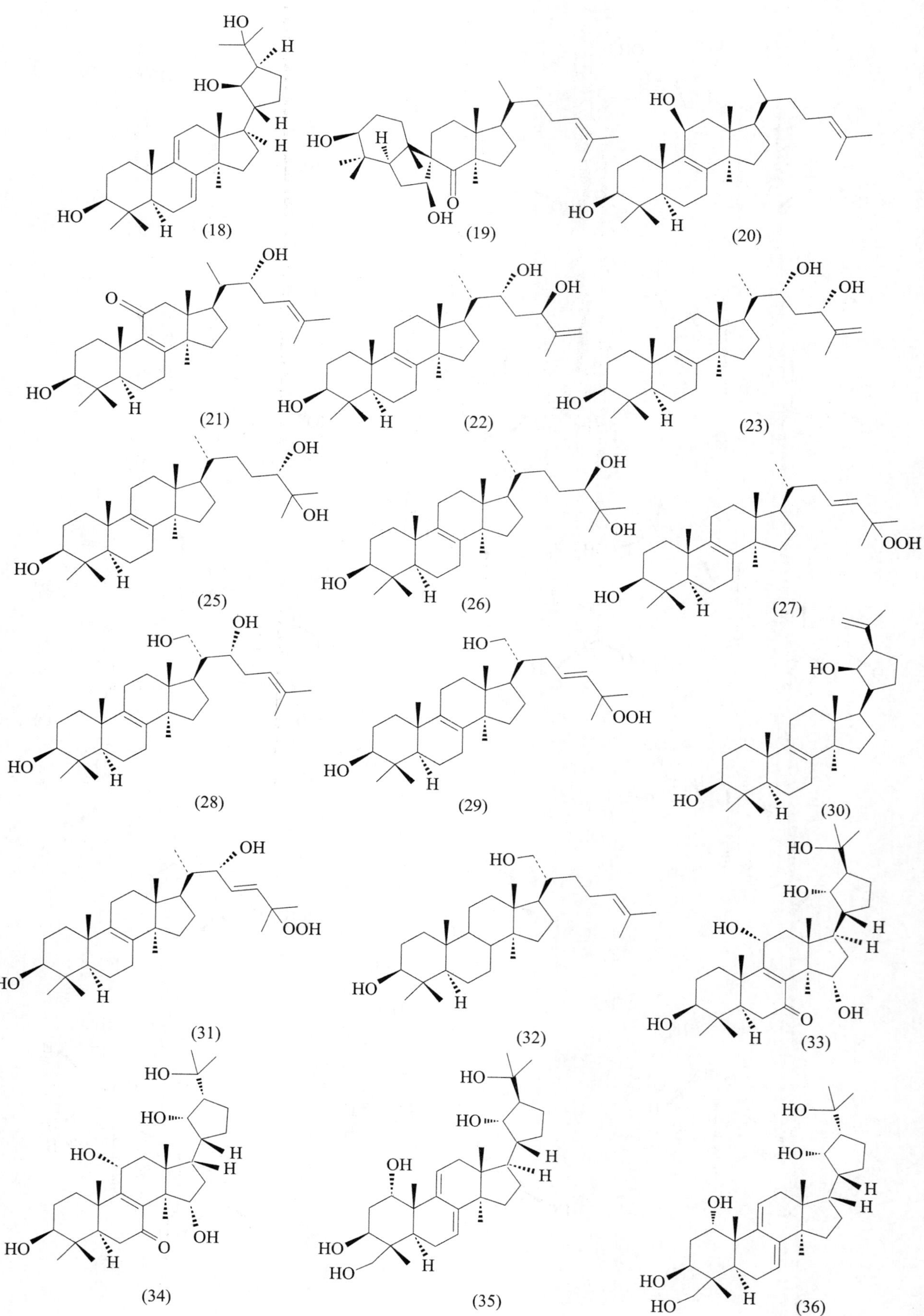

HO
H
HO
H
H
HO
H
(18)
HO
H
O
OH
(19)
HO
HO
H
(20)
OH
O
HO
H
(21)
OH
OH
HO
H
(22)
OH
OH
HO
H
(23)
OH
OH
HO
H
(25)
OH
OH
HO
H
(26)
OOH
HO
H
(27)
HO
OH
HO
H
(28)
HO
OOH
HO
H
(29)
HO
HO
H
(30)
OH
OOH
HO
H
(31)
HO
HO
H
(32)
HO
HO
HO
H
H
O
OH
HO
H
(33)
HO
HO
HO
H
H
HO
H
O
OH
(34)
HO
HO
OH
H
H
HO
HO
H
(35)
HO
HO
OH
H
H
HO
HO
H
(36)

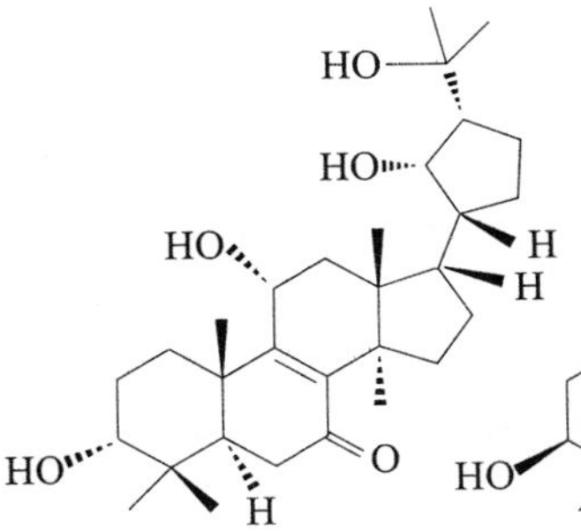

(37) 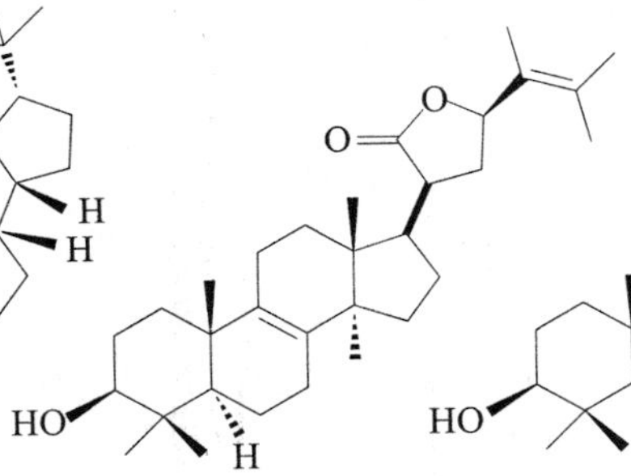　(38) 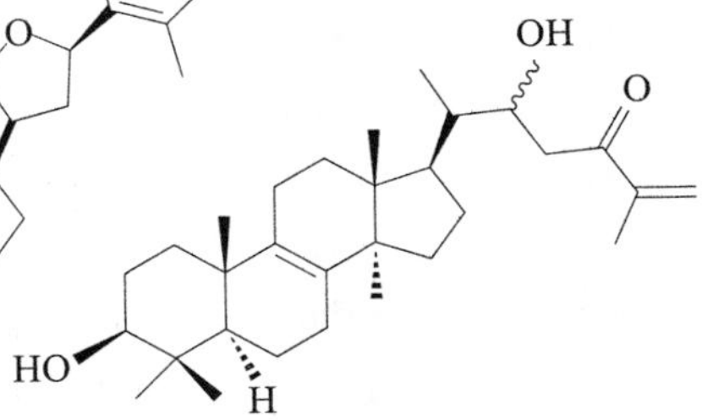　(39) 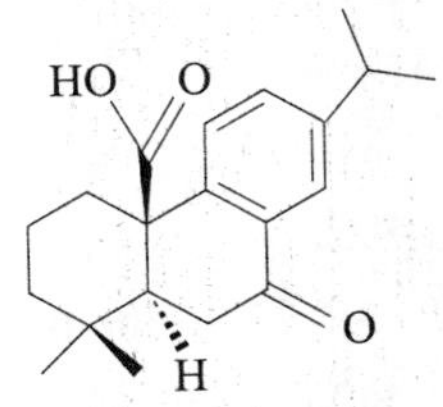　(40)

图 36－1　桦褐孔菌中新萜类化学成分的结构

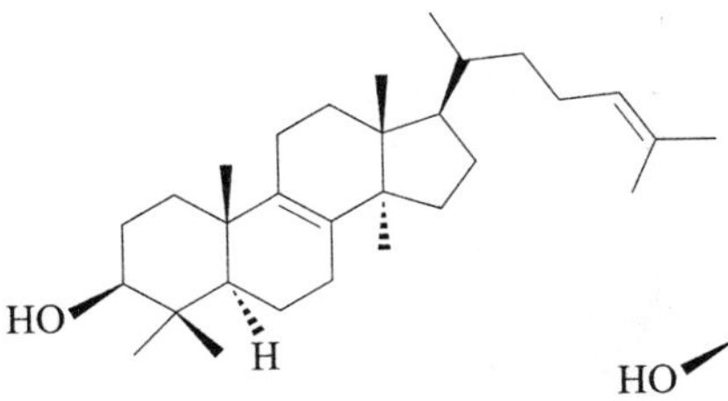

(5) 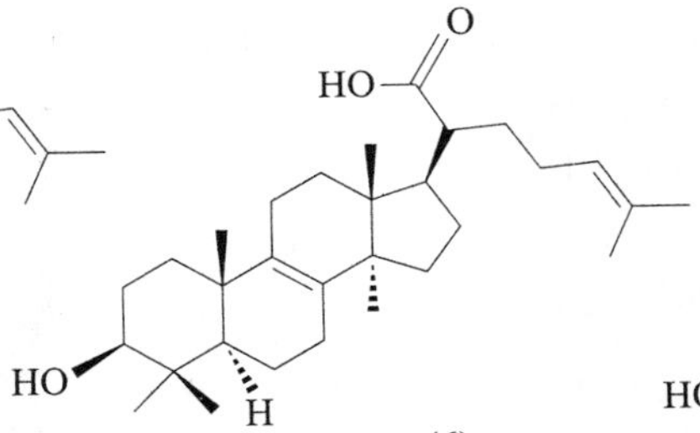　(6) 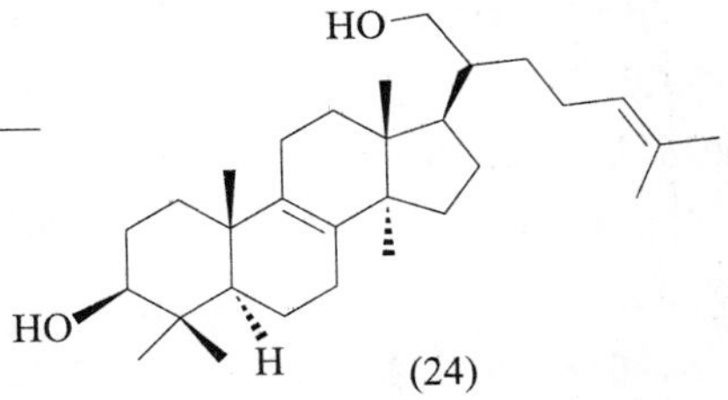　(24)

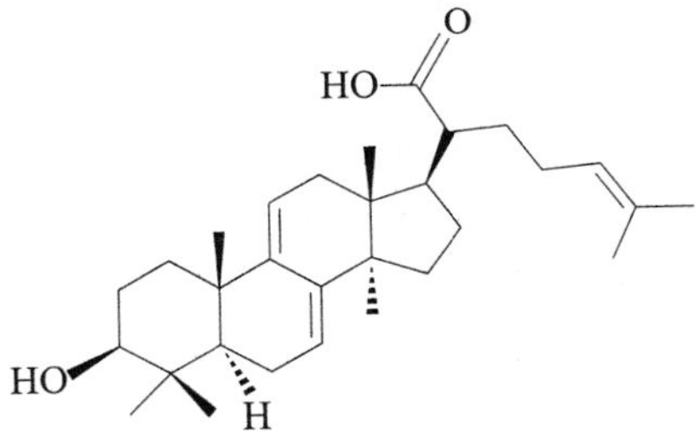

(41) 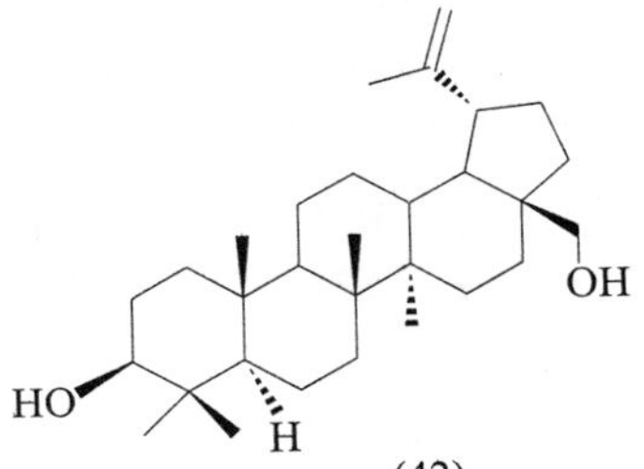　(42)

图 36－2　桦褐孔菌中已知三萜类化学成分的结构

二、桦褐孔菌萜类化学成分的理化常数与主要波谱数据

inotodiol(1)　白色粉末。EI-MS m/z:440[M$^+$]。^{1}H NMR($CDCl_3$:CD_3OD=20:1,500MHz)δ:5.19(1H,t),3.65(1H,m),1.80(1H,m),1.66(3H,s),1.57(3H,s),1.57(1H,m),1.05(1H,m),0.99(3H,s),0.98(3H,s),0.94(3H,d),0.88(3H,s),0.81(3H,s),0.72(3H,s)。^{13}C NMR($CDCl_3$:CD_3OD=20:1,125MHz)δ:135.0,134.7,134.3,121.4,79.0,73.5,50.5,49.5,47.3,44.9,41.8,38.9,37.1,35.6,31.0,31.0,29.1,28.0,27.7,27.3,26.6,26.0,24.3,21.0,19.2,18.3,18.0,15.7,15.5,12.6[3]。

3β-hydroxy-8,24-dien-lanosta-21,23-lactone(2)　白色粉末。EI-MS m/z:454[M$^+$]。^{1}H NMR($CDCl_3$,500MHz)δ:5.21(1H,t),5.18(1H,m),3.23(1H,dd,J=4.43Hz),2.68(1H,m),2.25(1H,m),2.05(1H,m),1.76(3H,s),1.74(3H,s),1.00(3H,s),0.98(3H,d),0.93(3H,s),0.81(3H,s),0.79(3H,s)。^{13}C NMR($CDCl_3$,125MHz)δ:178.9,139.3,135.0,133.8,123.4,78.9,75.0,50.4,49.5,44.7,44.7,41.4,38.9,37.1,35.6,34.4,30.6,29.7,28.5,28.0,27.8,26.5,25.7,24.4,20.8,19.1,18.4,18.2,17.0,15.4[4]。

21,24 - cyclopenta - lanosta - 3*β*,21,25 - triol - 8 - ene(3) 白色粉末。EI-MS *m/z*:458[M^+],443,425,407,389,299,281,273,255,109,95,69。^{1}H NMR(pyridine - d_5,500MHz)δ:4.13(1H,t),3.47(1H,t),2.18(2H,t),1.77(1H,m),1.50(3H,s),1.46(3H,s),1.30(1H,m),1.27(3H,s),1.15～1.10(1H,m),1.09(3H,s),1.07(3H,s),1.04(3H,s),1.03(3H,s)。^{13}C NMR(pyridine - d_5,125 MHz)δ:134.7,134.4,79.7,78.6,72.6,59.1,51.5,50.2,50.0,49.5,45.6,40.0,37.9,36.7,31.7,30.7,29.5,29.2,29.1,28.9,27.5,27.3,26.7,25.2,25.1,21.8,19.9,19.2,17.8,16.8。[4]

3*β*,22 - dihydroxylanosta - 8,24 - diene - 7 - one(4) 白色粉末。EI-MS *m/z*:454[M^+]。化合物(4)与(1)的区别仅在于C - 7位多了1个羰基取代(δ_{C-7}:199.0)[5]。

lanosterol(5) 白色粉末。EI-MS *m/z*:426[M^+],412,411,394,393,273,255,241,109,69。化合物(5)比(1)的相对分子质量小14,区别仅在于(5)没有C - 22位的羟基取代[3]。

trametenolic acid(6) 白色粉末。EI-MS *m/z*:456[M^+],441,423,395,299,281,273,255,109,95,69。化合物(6)和(5)的区别仅在于C - 21位的甲基氧化成羧基(δ_{C-21}:179.6)[3]。

3*β* - hydroxylanosta - 8,24 - dene - 21 - al(7) 白色晶体(丙酮),mp 145～146℃。IR(KBr):3 450、1 719cm^{-1}。EI-MS *m/z*:440[M^+],425,407,358,299,288,281,69。^{1}H NMR($CDCl_3$,200MHz)δ:9.46(1H,d),5.05(1H,t),3.20～3.15(1H,m),1.67(3H,s),1.57(3H,s),1.00(3H,s),0.96(3H,s),0.90(3H,s),0.80(3H,s),0.69(3H,s)。^{13}C NMR($CDCl_3$,50MHz)δ:206.0,134.7,133.9,132.0,123.5,78.9,55.5,50.4,49.5,45.3,44.3,38.9,37.1,35.6,30.6,29.7,29.2,27.8,27.8,26.8,26.5,25.7,25.7,24.2,20.8,19.1,18.2,17.7,16.8,15.4[6]。

3*β*,22 - dihydroxylanosta - 7,9(11),24 - triene(8) 白色结晶(丙酮),mp 147～150℃。IR(KBr):3 450、1 645、810cm^{-1}。EI-MS *m/z*:440[M^+],407,319,248,191,109,81,69。^{1}H NMR($CDCl_3$,200MHz)δ:5.49(1H,m),5.33(1H,m),5.18(1H,m),3.75～3.66(1H,m),3.33～3.23(1H,m),1.66(3H,s),1.57(3H,s),1.01(1H,m),0.98(3H,s),0.93(3H,s),0.88(6H,d),0.60(3H,s)。^{13}C NMR($CDCl_3$,50MHz)δ:146.1,142.5,135.2,121.4,120.5,116.2,78.9,73.4,49.9,49.2,47.8,44.2,41.6,37.8,37.4,35.8,31.7,29.3,28.2,27.9,27.0,26.0,25.7,23.1,22.7,18.0,15.8,15.6,12.5[7]。

inonotsuoxide A(9) 无色方晶(MeOH/$CHCl_3$),mp 290～292℃。IR(KBr):3 505、3 359、2 966、2 876、1 458、1 371、1 075、1 037cm^{-1}。EI-MS *m/z*:458[M^+],443,425,407,339,314,311,301,283,115,71。HR-EI-MS *m/z*:458.375 9[M^+],(计算值为458.375 9,$C_{30}H_{50}O_3$)。^{1}H NMR($CDCl_3$,500MHz)δ:4.26(1H,ddd,J=10.3、6.7、3.7Hz),3.92(1H,dd,J=6.4、4.1Hz),3.23(1H,dd,J=11.7、4.6Hz),1.23(3H,s),1.22(3H,s),1.00(3H,s),0.98(3H,s),0.88(3H,d,J=6.7Hz),0.86(3H,s),0.81(3H,s),0.71(3H,s)。^{13}C NMR($CDCl_3$,125 MHz)δ:134.5,134.2,81.7,79.0,78.5,78.1,50.4,49.3,47.8,45.0,38.9,38.5,37.0,35.6,33.3,31.0,30.9,28.0,27.8,27.5,27.3,26.5,24.3,21.2,21.0,19.1,18.2,15.7,15.4,12.3[8]。

inonotsuoxide B(10) 无色方晶(MeOH/$CHCl_3$),mp 240～242℃,$[\alpha]_D^{15}$+36.6(c 0.47,$CHCl_3$)。IR(KBr):3 431、2 966、2 941、2 876、1 456、1 372、1 064、1 033cm^{-1}。EI-MS *m/z*:458[M^+],443,425,339,314,301,283,115,71。HR-EI-MS *m/z*:458.376 6([M^+],计算值为458.376 0,$C_{30}H_{50}O_3$)。化合物(10)和(9)的区别仅在于C - 22位的构型不同,(10)为S(δ_{C-22}:76.7,δ_{C-26}:25.5,δ_{C-27}:22.5),(9)为R[8]。

lanosta - 8,23*E* - diene - 3*β*,22*R*,25 - triol(11) 无色晶体(MeOH/$CHCl_3$),mp 143～145℃,$[\alpha]_D^{16}$+34.5(c 0.72,$CHCl_3$)。IR(KBr):3 447、2 966、1 457、1 374、1 287、1 028cm^{-1}。HR-EI-MS *m/z*:458.375 9([M^+],计算值为458.376 4,$C_{30}H_{50}O_3$)。化合物(11)与(1)的区别仅在于C - 25多了1个羟基取代(δ_{C-25}:82.0),另外确定了C - 22的构型为R[9]。

lanosta-7,9(11),23*E*-triene-3*β*,22*R*,25-triol(12) 无色晶体，$[\alpha]_D^{21}+157.8$(c 0.047，$CHCl_3$)。IR(KBr)：3 447、2 943、1 653、1 559、1 457、1 374、1 286、1 028，753cm^{-1}。HR-EI-MS m/z：456.360 3[M$^+$，计算值为 458.360 3，$C_{30}H_{48}O_3$]。化合物(12)与(11)的区别仅在于母核结构不同，(12)拥有与(8)相同的母核($\Delta^{7,9(11)}$)[9]。

inonotsulide A(13) 无色晶体($MeOH/CHCl_3$)，mp 241～243℃，$[\alpha]_D^{20}+62.5$(c 0.16，$CHCl_3$)。IR(KBr)：3 403、2 965、1 708、1 457、1 375、1 255、1 063、747cm^{-1}。EI-MS(+)m/z：472[M$^+$]，457，439，411，393，314，299；HR-ESI-MS(+)m/z：472.355 8[M$^+$]，(计算值为 472.355 3，$C_{30}H_{48}O_4$)。^{1}H NMR($CDCl_3$，500MHz)δ：4.16(1H，dd，J=10.1、5.9Hz)，3.24(1H，dd，J=11.7、4.6Hz)，1.29(3H，s)，1.23(3H，s)，1.00(3H，s)，0.98(3H，s)，0.93(3H，s)，0.81(3H，s)，0.77(3H，s)。^{13}C NMR($CDCl_3$，125MHz)δ：174.9，134.8，133.8，84.9，78.9，71.5，50.3，49.6，43.5，39.6，38.8，37.0，35.5，30.3，29.0，27.9，27.8，26.5，26.4，25.9，25.7，24.5，23.9，23.2，22.5，20.8，20.5，19.1，18.2，15.4[10]。

inonotsulide B(14) 无色晶体($MeOH/CHCl_3$)，mp 238～241℃，$[\alpha]_D^{20}+33.6$(c 0.20，$CHCl_3$)。IR(KBr)：3 455、2 962、1 706、1 456、1 374、1 264、1 057、1 030cm^{-1}。EI-MS(+)m/z：472[M$^+$]，457，439，411，393，314，299；HR-EI-MS m/z：472.355 4[M$^+$，计算值为 472.355 3，$C_{30}H_{48}O_4$]。化合物(14)和(13)的区别仅在于 C-24 位的构型不同，(14)为 R(δ_{H-24}：4.23，dd，J=10.8、4.5Hz；δ_{C-24}：84.4)，(13)为 S[10]。

inonotsulide C(15) 无色晶体($MeOH/CHCl_3$)，mp 218～220℃，$[\alpha]_D^{20}-26.1$(c 0.26，$CHCl_3$)。IR(KBr)：3 420、2 963、1 706、1 457、1 375、1 258、1 060、1 037、755cm^{-1}。UV(EtOH)λ_{max}：232、237、245nm。EI-MS m/z：470[M$^+$]，455，437，383，312，297；HR-EI-MS m/z：470.339 3[M$^+$，计算值为 470.339 6，$C_{30}H_{46}O_4$]。化合物(15)与(14)的区别仅在于母核结构不同，(15)拥有与(8)相同的母核($\Delta^{7,9(11)}$)[10]。

inonotsutriol A(16) 无色晶体($MeOH/CHCl_3$)，mp 203～205℃，$[\alpha]_D^{20}+40.2$(c 0.27，$CHCl_3$)。IR(KBr)：3 368、2 947、1 456、1 372、1 172、1 026cm^{-1}。EI-MS m/z：458[M$^+$]，443，425，407，389，314，299；HR-EI-MS m/z：458.376 3[M$^+$]，(计算值为 458.376 0，$C_{30}H_{50}O_3$)。^{1}H NMR($CDCl_3$，500MHz)δ：3.72(1H，dd，J=8.7、7.3Hz)，3.23(1H，dd，J=11.7、4.6Hz)，1.23(3H，s)，1.20(3H，s)，1.00(3H，s)，0.97(3H，s)，0.90(3H，s)，0.81(3H，s)，0.73(3H，s)。^{13}C NMR($CDCl_3$，125MHz)δ：134.6，134.3，79.1，79.0，73.5，57.6，50.4，49.4，49.0，47.8，44.5，38.9，37.1，35.6，30.8，30.7，29.0，28.0，27.9，27.4，26.5，26.5，24.5，24.4，24.1，20.9，19.1，18.2，17.0，15.4[11]。

inonotsutriolB(17) 无色晶体($MeOH/CHCl_3$)，mp 235～237℃，$[\alpha]_D^{20}+40.3$(c 0.18，$CHCl_3$)。IR(KBr)：3 434、2 942、1 653、1 457、1 373、1 157、1 030cm^{-1}。EI-MS m/z：458[M$^+$]，443，425，407，389，383，314；HR-EI-MS m/z：458.375 9[M$^+$]，(计算值为 458.376 0，$C_{30}H_{50}O_3$)。化合物(17)和(16)的区别仅在于 C-21 位的构型不同，(17)为 R(δ_{H-21}：3.76，t，J=8.7Hz；δ_{C-21}：81.4)，(16)为 S[11]。

inonotsutriolC(18) 无色晶体($MeOH/CHCl_3$)，mp 213～215℃，$[\alpha]_D^{20}+72.6$(c 0.21，$CHCl_3$)。IR(KBr)：3 675、2 950、1 653、1 559、1 374、1 158、1 028cm^{-1}。UV(EtOH)λ_{max}：232、237、245nm。EI-MS m/z：456[M$^+$]，438，423，405，356，312，297；HR-EI-MS m/z：456.360 7[M$^+$]，计算值为 456.360 4，$C_{30}H_{48}O_3$。化合物(18)与(16)的区别仅在于母核结构不同，(18)拥有与(8)相同的母核($\Delta^{7,9(11)}$)[11]。

spiroinonotsuxodiol(19) 无色结晶($MeOH/CHCl_3$)，mp 213～215℃，$[\alpha]_D^{16}-66.3$(c 0.101，$CHCl_3$)。IR(KBr)：3 348、2 962、1 687、1 459、1 383、1 019cm^{-1}。FAB-MS m/z：458[M$^+$]，443，440，369，327，318，305，205，179，161，136；HR-FAB-MS m/z：458.375 7[M$^+$]，计算值为 458.376 4，$C_{30}H_{50}O_3$。^{1}H NMR($CDCl_3$，500MHz)δ：5.09(1H，m)，4.30(1H，br s)，3.22(1H，dd)，1.69(3H，s)，1.60(3H，s)，1.46(3H，s)，0.95(3H，s)，0.95(3H，s)，0.91(3H，d)，0.66(3H，s)。^{13}C NMR($CDCl_3$，

125MHz)δ: 215.6,131.2,124.9,80.6,79.7,64.1,61.2,50.3,50.2,48.9,47.5,38.2,36.0,35.4,34.0,30.7,30.6,29.9,29.6,29.6,28.2,27.0,25.7,24.8,19.6,18.6,18.4,17.6,17.0,16.2[12]。

inonotsudiol A(20) 无色晶体(MeOH/$CHCl_3$),mp 123～125℃,$[\alpha]_D^{20}+4$(c 0.089,$CHCl_3$)。IR(KBr):3 436、2 952、1 458、1 376、1 027cm^{-1};HR-FAB-MS m/z:440.364 3[M^+],(计算值为440.364 3,$C_{30}H_{48}O_2$)。化合物(20)与(1)的区别仅在于无C－22的羟基取代(δ_{C-22}:36.2),并在C－11位多了1个羟基取代(δ_{H-11}:4.65,dt;δ_{C-11}:81.6)[12]。

inonotsuxodiol A(21) 无色晶体(MeOH/$CHCl_3$),mp 112～114℃,$[\alpha]_D^{20}+51.7$(c 0.092,$CHCl_3$)。IR(KBr):3 398、2 966、1 655、1 459、1 376、1 288、1 031cm^{-1}。FAB-MS m/z:456[M^+],386,369,339,290,261,235,135;HR-FAB-MS m/z:456.360 2[M^+],(计算值为456.360 3,$C_{30}H_{48}O_3$)。化合物(21)与(1)的区别仅在于C－11位多了1个羰基取代(δ_{C-11}:199.0)[12]。

inonotsutriol D(22) 无色结晶(MeOH/$CHCl_3$),mp 292～294℃。$[\alpha]_D^{21}+21.4$(c 0.14,$CHCl_3$)。IR(KBr):3 399、2 943、2 876、1 457、1 373、1 072、1 030cm^{-1}。EI-MS m/z:458[M]$^+$,425,407,357,339,311,299,281,215,187。HR-EI-MS m/z:458.376 6[M^+],(计算值为458.376 0,$C_{30}H_{50}O_3$)。^1H NMR($CDCl_3$,500MHz)δ:5.01(1H,q,J=1.2Hz),4.84(1H,dq,J=3.8、1.8Hz),4.26(1H,dd,J=9.2、3.5Hz),3.96(1H,dt,J=9.2、3.0Hz),3.24(1H,dd,J=11.7、4.5Hz),1.76(3H,s),1.00(3H,s),0.98(3H,s),0.94(3H,d,J=6.7Hz),0.87(3H,s),0.81(3H,s),0.72(3H,d)。^{13}C NMR($CDCl_3$,125MHz)δ: 147.6, 134.6, 134.1, 110.8, 79.0, 76.5, 74.6, 50.4, 49.4, 47.3, 44.8, 42.6, 38.9, 37.0, 35.6, 34.6, 30.9, 30.9, 28.0, 27.8, 27.2, 26.5, 24.4, 21.0, 19.1, 18.2, 17.9, 15.8, 15.4, 12.7[13]。

inonotsutriol E(23) 无色结晶(MeOH/$CHCl_3$),mp 292～294℃。$[\alpha]_D^{21}+22.8$(c 0.26,$CHCl_3$)。IR(KBr):3 421、2 965、2 877、1 457、1 375、1 051、1 031cm^{-1}。EI-MS m/z:458[M^+],407,357,339,311,299,281,215,187;HR-EI-MS m/z:458.376 2[M^+],(计算值为458.376 0,$C_{30}H_{50}O_3$)。化合物(23)和(22)的区别仅在于C－24位的构型不同,(23)为S(δ_{H-24}:4.36,t,J=4.8Hz;δ_{C-24}:73.5),(22)为R[13]。

lanosta－8,24－dien－3β,21－diol(24) 白色粉末。ESI-MS(+)m/z:465[M+Na]$^+$。化合物(24)与(6)的区别仅在于C－21位的羧基被还原成羟甲基(δ_{H-21}:3.60,2H,s;δ_{C-21}:62.1)[9]。

inoterpene A(25) 白色粉末,$[\alpha]_D^{23}+141.0$(c 0.21,$CHCl_3$。IR(KBr):3 450、2 945cm^{-1}。HR-EI-MS m/z:460.390 9[M^+],计算值460.391 6,$C_{30}H_{52}O_3$)。^1H NMR($CDCl_3$,500MHz)δ:3.29(1H,m),3.24(1H,dd,J=11.6、4.3Hz),1.22(3H,s),1.17(3H,s),1.01(3H,s),0.99(3H,s),0.92(3H,d,J=6.1Hz),0.88(3H,s),0.81(3H,d),0.69(3H,s)。^{13}C NMR($CDCl_3$,125MHz)δ:134.4,134.4,79.6,79.0,73.3,50.5,50.4,49.8,44.5,38.9,37.0,36.8,35.6,33.6,31.0,30.8,28.7,28.2,28.0,27.9,26.5,26.5,24.3,23.2,21.0,19.1,18.8,18.3,15.8,15.4[14]。

inoterpene B(26) 白色粉末,$[\alpha]_D^{22}+132.1$(c 0.28,$CHCl_3$)。IR(KBr):3 450、2 945cm^{-1}。HR-EI-MS m/z:460.391 2[M^+],(计算值为460.391 6,$C_{30}H_{52}O_3$)。化合物(26)与(25)区别仅在于羟基取代的C－24位的构型不同,(26)为β－OH(δ_{H-24}:3.35,m;δ_{C-24}:78.8),(25)为α－OH[14]。

inoterpene C(27) 白色粉末,$[\alpha]_D^{22}+36.1$(c 2.10,$CHCl_3$)。IR(KBr):3 450、2 945cm^{-1}。HR-EI-MS m/z:458.376 4[M^+],(计算值为458.376 0,$C_{30}H_{50}O_3$)。化合物(27)与(11)区别仅在于没有了C－24位的羟基取代(δ_{C-22}:39.9),C－25位则被-OOH取代[14]。

inoterpene D(28) 白色粉末,$[\alpha]_D^{22}+66.0$(c 1.50,$CHCl_3$)。IR(KBr):3 450、2 940cm^{-1}。HR-EI-MS m/z:458.376 9[M^+],(计算值为458.376 0,$C_{30}H_{50}O_3$)。化合物(28)与(1)区别仅在于C－21位的甲基氧化成羟甲基(δ_{H-21a}:3.72,dd,J=10.7、10.7Hz;δ_{H-21b}:4.02,dd,J=10.7、3.8Hz;δ_{C-21}:63.4)[14]。

inoterpene E(29)　白色粉末，$[\alpha]_D^{26}+30.8$(c 0.17，$CHCl_3$)。IR(KBr)：3 450、2 940cm^{-1}。HR-EI-MS m/z：474.371 1[M^+]，(计算值为 474.370 9，$C_{30}H_{50}O_4$)。化合物(29)与(27)区别仅在于 C－21 位的甲基氧化成羟甲基(δ_{H-21a}：3.64，dd，J＝11.7、6.2Hz；δ_{H-21b}：3.78，dd，J＝11.7、2.8Hz；δ_{C-21}：63.6)[14]。

inoterpene F(30)　白色粉末，$[\alpha]_D^{27}+38.8$(c 0.85，$CHCl_3$)。IR(KBr)：3 450、2 950、1 655cm^{-1}。HR-EI-MS m/z：440.366 3[M^+]，(计算值为 440.395 4，$C_{30}H_{48}O_2$)。^1H NMR($CDCl_3$，500MHz)δ：5.00(1H，s)，4.84(1H，s)，3.97(1H，d)，3.23(3H，dd)，1.81(3H，s)，1.00(3H，s)，0.98(3H，s)，0.89(3H，s)，0.81(3H，d)，0.78(3H，s)。^{13}C NMR($CDCl_3$，125MHz)δ：144.1，134.4，134.4，112.5，79.0，75.2，52.9，50.6，50.4，49.5，49.2，44.8，38.9，37.0，35.6，30.7，30.6，30.5，28.0，27.8，27.2，26.5，26.4，24.3，23.5，20.9，19.1，18.2，17.1，15.4[14]。

3*β*，22*α*－dihydroxy－lanosta－8，24*E*－diene－25－proxide(31)　无色晶体，mp 196～198℃，$[\alpha]_D^{20}+56.4$(c 0.055，$CHCl_3$)。EI-MS m/z：474[M^+]，343，329，311，299，281，109。HR-EI-MS m/z：474.372 3[M^+]，(计算值为 474.370 9，$C_{30}H_{50}O_4$)。化合物(31)与(27)的区别仅在于 C－22 位多了 1 个羰基取代(δ_{H-22}：4.60，dd，J＝6.5、3.7Hz；δ_{C-22}：74.1)[15]。

lanosta－24－ene－3*β*，21－diol(32)　淡黄色粉末。APCIMS m/z：444[M]$^+$，426，408。化合物(32)与(28)区别仅在于没有了 C－22 位的羟甲基取代(δ_{C-22}：30.8)以及 $\Delta^{8,9}$ 的双键被还原(δ_{C-8}：37.4，δ_{C-9}：49.9)[16]。

inonotusol A(33)　白色粉末，$[\alpha]_D^{25}-114.4$(c 0.1，MeOH)。IR(Neat)：3 386、2 967、2 877、1 713、1 644、1 572、1 454、1 378、1 269、1 171、1 056、1 031、996、754cm^{-1}。UV(MeOH)λ_{max}(logε)：258(4.02)nm。ECD(MeOH)：335($\Delta\varepsilon$＋4.65)，254($\Delta\varepsilon$－12.87)。ESI-MS(＋)m/z：505[M＋H]$^+$，527[M＋Na]$^+$，543[M＋K]$^+$；HR-ESI-MS(＋)m/z：527.335 0[M＋Na]$^+$，(计算值为 527.334 3，$C_{30}H_{48}O_6Na$)。^1H NMR(pyridine-d_5，500MHz)δ：4.82(1H，dd，J＝9.5、4.5Hz)，4.64(1H，dd，J＝9.0、6.0Hz)，4.09(1H，t，J＝8.0Hz)，3.47(1H，m)，1.65(3H，s)，1.44(3H，s)，1.40(3H，s)，1.25(3H，s)，1.11(3H，s)，1.10(3H，s)，1.07(3H，s)。^{13}C NMR(pyridine-d_5，125MHz)δ：204.7，167.7，141.6，79.5，77.7，74.0，72.6，64.9，58.8，52.3，50.9，49.9，49.3，49.2，44.4，41.8，40.0，37.9，36.6，35.1，30.7，28.9，28.7，28.2，26.3，24.9，20.2，19.5，19.0，16.3[17]。

inonotusol B(34)　白色粉末，$[\alpha]_D^{25}-135.5$(c 0.1，MeOH)。IR(Neat)：3 374、2 932、1 646、1 453、1 377、1 266、1 161、1 077、1 056、1 027、1 001cm^{-1}。UV(MeOH)λ_{max}(logε)：256(3.96)nm。ECD(MeOH)：335.5($\Delta\varepsilon$＋10.22)，254($\Delta\varepsilon$－27.71)。ESI-MS(＋)m/z：505[M＋H]$^+$，527[M＋Na]$^+$，543[M＋K]$^+$；HR-ESI-MS(＋)m/z：527.334 5[M＋Na]$^+$，(计算值为 527.334 3，$C_{30}H_{48}O_6Na$)。化合物(34)和(33)是同分异构体，区别仅在于 C－17 和 C－24 位构型不同。化合物(33)是(17*R*，24*S*)-，而化合物(34)是(17*S*，24*R*)[17]。

inonotusol C(35)　白色粉末，$[\alpha]_D^{25}-106.9$(c 0.1，MeOH)。IR(Neat)：3 357、2 968、2 942、2 881、1 699、1 654、1 466、1 448、1 376、1 174、1 067、1 049、1 035、987、823cm^{-1}。UV(MeOH)λ_{max}(logε)：244(3.78)nm。ESI-MS(＋)m/z：511[M＋Na]$^+$；HR-ESI-MS(＋)m/z：511.340 8[M＋Na]$^+$，(计算值为 511.339 4，$C_{30}H_{48}O_5Na$)。^1H NMR(pyridine-d_5，500MHz)δ：6.45(1H，d，J＝6.0Hz)，5.53(1H，d，J＝6.0Hz)，4.76(1H，m)，4.25(1H，dd，J＝11.0、5.0Hz)，4.13(1H，d，J＝10.5Hz)，3.67(1H，d，J＝10.5Hz)，1.47(3H，s)，1.43(3H，s)，1.37(3H，s)，1.19(3H，s)，1.13(3H，s)，1.09(3H，s)。^{13}C NMR(pyridine-d_5，125MHz)δ：147.4，142.9，122.0，117.1，79.6，74.5，73.5，72.5，67.7，59.0，52.8，49.3，49.0，45.4，43.5，43.0，40.0，38.2，37.0，36.6，30.7，29.0，28.7，26.6，25.0，24.1，23.7，18.6，18.1，13.6[17]。

inonotusol D(36)　白色粉末，$[\alpha]_D^{25}-40.4$(c 0.1，MeOH)。IR(Neat)：3 381、2 941、1 703、1 607、

1 447、1 411、1 375、1 067、1 041、994cm^{-1}。UV(MeOH)λ_{max}(logε)：244(3.76)nm。ESI-MS(+)m/z：489[M+H]$^+$；HR-ESI-MS(+)m/z：489.357 5[M+H]$^+$，(计算值为 489.357 9，$C_{30}H_{49}O_5$)。化合物(36)和(35)是同分异构体，区别也仅在于 C-17 和 C-24 位构型不同。化合物(35)是(17α，24α)-，而化合物(36)是(17β，24β)[17]。

inonotusol E(37) 白色粉末，$[\alpha]_D^{25}$-18.6(*c* 0.1，MeOH)。IR(Neat)：3 298、2 963、2 873、1 651、1 541、1 452、1 398、1 245、1 078、650cm^{-1}。UV(MeOH)λ_{max}(logε)：256(4.02)nm。ECD(MeOH)：338(Δε+0.18)，252.5(Δε-1.21)。ESI-MS(+)m/z：489[M+H]$^+$；HR-ESI-MS(+)m/z：489.358 3[M+H]$^+$，(计算值为 489.357 5，$C_{30}H_{49}O_5$)。化合物(37)与(34)相比，没有了 C-15 位的羟基取代[17]。

inonotusol F(38) 白色粉末，$[\alpha]_D^{25}$+102.1(*c* 0.1，$CHCl_3$)。IR(Neat)：3 481、3 235、2 952、2 876、2 836、1 701、1 652、1 601、1 453、1 394、1 371、1 129、1 039、762cm^{-1}。UV(MeOH)λ_{max}(logε)：227(4.06)nm。ESI-MS(+)m/z：469[M+H]$^+$，491[M+Na]$^+$，507[M+K]$^+$；HR-ESI-MS(+)m/z：491.350 7[M+Na]$^+$，(计算值为 491.349 6，$C_{31}H_{48}O_3Na$)。^{1}H NMR($CDCl_3$，500MHz)δ：4.39(1H，dt，J=15.0、3.5Hz)，3.23(1H，dd，J=11.5、4.5Hz)，1.94(3H，s)，1.88(3H，s)，1.00(3H，s)，0.98(3H，s)，0.98(3H，s)，0.89(3H，s)，0.81(3H，s)，0.73(3H，s)。^{13}C NMR($CDCl_3$，125MHz)δ：167.1，149.0，134.8，134.0，122.1，79.0，78.6，50.4，49.5，46.5，45.0，39.4，38.9，37.1，35.6，30.9，30.9，29.8，27.9，27.1，26.5，24.4，20.5，21.0，19.1，18.2，15.6，15.4，13.6，12.5[17]。

inonotusol G(39) 白色粉末，$[\alpha]_D^{25}$+76.2(*c* 0.1，$CHCl_3$)。IR(Neat)：3 409、2 932、2 874、1 708、1 665、1 624、1 578、1 451、1 411、1 372、1 099、1 049、1 031、836cm^{-1}。UV(MeOH)λ_{max}(logε)：210(3.77)nm。ESI-MS(+)m/z：457[M+H]$^+$；HR-ESI-MS(+)m/z：457.366 2[M+H]$^+$，(计算值为 457.367 6，$C_{30}H_{49}O_3$)。^{1}H NMR($CDCl_3$，400MHz)δ：6.02(1H，s)，5.85(1H，s)，4.17(1H，m)，3.23(1H，dd，J=11.2、4.4Hz)，1.89(3H，s)，0.96(3H，d，J=6.8Hz)，1.89(3H，s)，0.99(3H，s)，0.98(3H，s)，0.96(3H，d，J=6.8Hz)，0.88(3H，s)，0.81(3H，s)，0.74(3H，s)。^{13}C NMR($CDCl_3$，100MHz)δ：203.4，144.7，134.5，134.1，125.8，78.9，69.3，50.3，49.4，47.2，44.8，41.1，38.8，37.2，37.0，35.5，30.9，30.9，27.9，27.8，27.2，26.4，24.3，20.9，19.1，18.2，17.4，15.7，15.4，12.9[17]。

inonotusic acid(40) 白色粉末，$[\alpha]_D^{25}$-19.3(*c* 0.1，MeOH)。IR(Neat)：3 350、2 948、2 869、1 681、1 607、1 562、1 489、1 460、1 383、1 252、1 194、1 127、1 082、908、835、703、610cm^{-1}。UV(MeOH)λ_{max}(logε)：258(4.17)nm。ECD(MeOH)：328.5(Δε+2.04)，295.5(Δε-1.60)，253.5(Δε-1.60)，209.5(Δε+6.22)。ESI-MS(+)m/z：315[M+H]$^+$，337[M+Na]$^+$；HR-ESI-MS(+)m/z：315.195 9[M+H]$^+$，(计算值为 315.195 5，$C_{20}H_{27}O_3$)。^{1}H NMR(pyridine-d_5，600MHz)δ：8.15(1H，d，J=1.8Hz)，7.46(1H，dd，J=8.4、1.8Hz)，7.36(1H，d，J=8.4Hz)，2.94(1H，dd，J=16.8、3.0Hz)，2.84(1H，m)，1.07(6H，d，J=7.0Hz)，1.50(3H，s)，1.22(3H，s)。^{13}C NMR(pyridine-d_5，150MHz)δ：198.6，180.6，154.2，147.2，133.7，131.7，125.4，124.7，47.0，44.9，38.9，38.0，37.9，37.6，34.1，24.21，24.17，24.0，18.9，17.3[17]。

3β-hydroxylanosta-7,9(11),24-trien-21-oic acid(41) 白色粉末。ESI-MS(+)m/z：455[M+H]$^+$。化合物(41)和(6)的区别仅在于母核不同，(41)拥有与(8)相同的母核($\Delta^{7,9(11)}$)[18]。

botulin(42) 白色粉末。ESI-MS(+)m/z：443[M+H]$^+$。^{1}H NMR($CDCl_3$，400MHz)δ：4.68(1H，s)，4.58(1H，s)，3.79(1H，d，J=6.8Hz)，3.49(1H，s)，3.33(1H，d，J=10.8Hz)，3.19(1H，dd，J=10.8、4.8Hz)，1.42(3H，s)，1.02(3H，s)，0.98(6H，br s)，0.83(3H，s)，0.76(3H，s)。^{13}C NMR($CDCl_3$，100MHz)δ：151.5，110.6，80.0，61.5，56.3，51.4，49.7，48.8，43.7，41.9，39.8，39.7，38.3，38.1，35.2，35.0，30.7，30.2，29.0，28.4，28.0，26.2，21.8，20.1，19.3，17.1，17.0，16.3，15.7[17,19]。

三、桦褐孔菌甾体类成分的提取、分离和主要波谱数据

从桦褐孔菌乙醇提取物的乙酸乙酯部分分离得到6个已知甾体化合物，分别为：麦角甾-7,22-二烯-3β-醇(ergosta-7,22-dien-3β-ol,42)，过氧麦角甾醇(5,8-epidioxyergosta-6,22-dien-3β-ol,43)，24β-ethylcholest-4-en-3β-ol(44)，ergosta-7-en-3β-ol(45)，ergostrol(46)和ergosta-4,6,8(14),22-tetraen-3-one(47)[17]。

提取分离方法：

称取22.1kg桦褐孔菌粉碎后，用95%乙醇回流提取3次，每次2h，合并提取液，减压浓缩至干，得浸膏680.3g。将660.0g浸膏混悬于水，依次用氯仿、乙酸乙酯和正丁醇萃取。其中乙酸乙酯部分44.0g，经硅胶柱色谱分离、石油醚-丙酮系统梯度洗脱，得到石油醚：丙酮50:1、25:1、20:1、15:1、9:1、8:2、7:3、6:4、1:1丙酮共10个部分。从石油醚：丙酮50:1部分(5.4g)中分离得到(42)22mg、(43)16mg、(44)5mg、(45)5mg、(46)17mg和(47)6mg[17]。

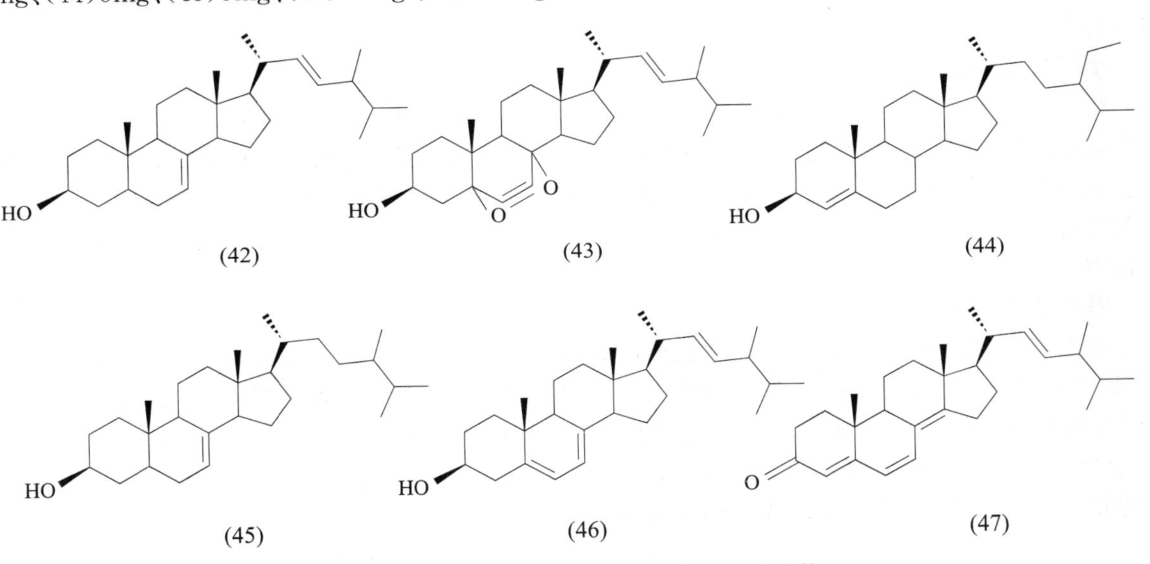

图36-3 桦褐孔菌中已知甾体类化合物的结构

24β-ethylcholest-4-en-3β-ol(44) 白色粉末。ESI-MS(+)m/z:437[M+Na]$^+$。^{1}H NMR($CDCl_3$,500MHz)δ:5.35(1H,d,J=5.0Hz),3.52(1H,m),1.01(3H,s),0.94(3H,d,J=9.0Hz),0.85(3H,d,J=7.5Hz),0.83(3H,d,J=6.5Hz),0.82(3H,d,J=7.0Hz),0.68(3H,s)。^{13}C NMR($CDCl_3$,125MHz)δ:140.8,121.7,71.8,56.8,56.1,50.2,45.9,42.3,42.3,39.8,37.3,36.5,36.2,34.0,32.0,31.7,29.2,28.3,26.1,24.3,24.3,23.1,21.1,19.8,19.4,19.1,18.8,12.0,11.9[20]。

ergosta-7-en-3β-ol(45) 白色粉末。ESI-MS(+)m/z:423[M+Na]$^+$。化合物(45)与(42)的区别仅在于$\Delta^{22,23}$的双键被还原[21]。

ergosta-4,6,8(14),22-tetraen-3-one(47) 白色粉末。ESI-MS(+)m/z:415[M+Na]$^+$。^{1}H NMR($CDCl_3$,500MHz)δ:6.60(1H,d,J=9.5Hz),6.03(1H,d,J=9.5Hz),5.74(1H,s),5.23(1H,m),1.06(3H,d,J=7.0Hz),1.00(3H,s),0.96(3H,s),0.93(3H,d,J=7.0Hz),0.85(3H,d,J=7.0Hz),0.83(3H,d,J=7.0Hz)[22]。

麦角甾-7,22-二烯-3β-醇(ergosta-7,22-dien-3β-ol,42)、过氧麦角甾醇(5,8-epidioxyergosta-6,22-dien-3β-ol,43)和麦角甾醇(ergostrol,46)在前面赤芝、松杉灵芝、紫芝各章均出现过，因此不再赘述。

四、桦褐孔菌中芳环化合物的提取、分离和主要波谱数据

从桦褐孔菌甲醇提取物中分离得到 1 个新芳香化合物：桦褐孔菌素(fuscoporine,48)[23]。

从桦褐孔菌甲醇提取物的乙酸乙酯部分分离得到 6 个芳香化合物：inonoblins A-C[(49)～(51)],phelligridins D,E,G[(52)～(54)]。其中,化合物(49)～(51)为新化合物[24](图 36－4)。

从桦褐孔菌乙醇提取物的乙酸乙酯部分分离得到 6 个已知芳香化合物：香草酸(vanillic acid,55)、原儿茶醛(protocatechuic aldehyde,56)、4－(3,4－dihydroxyphenyl)－but－3－en－2－one(57)、原儿茶酸(protocatechuic acid,58)、2,3－dihydroxy－1－(4－hydroxy－3－methoxyphenyl)－propan－1－one(59)、2,3－dihydroxy－1－(4－hydroxy－3,5－dimethoxyphenyl)－1－propanone(60)[17]。

提取分离方法一

称取 1.35kg 桦褐孔菌干燥子实体粗粉,用石油醚经索氏提取器得提取物 16.3g。残渣加入甲醇,再经索氏提取器得褐色膏状提取物 40g。从甲醇提取物经硅胶柱层析,用 $CHCl_3$-MeOH 为洗脱剂,得到(48)[23]。

提取分离方法二

将 3kg 桦褐孔菌粉碎后,用甲醇在室温提取 2 次,合并提取液,减压浓缩至干。将浸膏混悬于水,依次用正己烷、氯仿、乙酸乙酯和正丁醇萃取。其中乙酸乙酯部分,经凝柱色谱分离,甲醇洗脱,分成 5 部分。从第 1 部分中分离得到(50)4mg;从第 2 部分中分离得到化合物(53)7mg;从第 3 部分中分离得到化合物(52)10mg;从第 4 部分中分离得到化合物(49)7mg 和(54)3mg。从正丁醇部分中得到化合物(51)5mg[24]。

提取分离方法三

将 22.1kg 桦褐孔菌粉碎后,用 95%乙醇回流提取 3 次,每次 2h,合并提取液,减压浓缩至干,得浸膏 680.3g。将 660.0g 浸膏混悬于水,依次用氯仿、乙酸乙酯和正丁醇萃取。其中乙酸乙酯部分 44.0g,经硅胶柱色谱分离、石油醚-丙酮系统梯度洗脱,得到石油醚∶丙酮＝50∶1、25∶1、20∶1、15∶1、9∶1、8∶2、7∶3、6∶4、1∶1丙酮共 10 个部分。从石油醚∶丙酮＝25∶1部分(1.2g)中分离得到(56)515mg 和(58)5mg;石油醚∶丙酮7∶3部分(1.8g)中分离得到(55)9mg、(57)37mg、(59)21mg 和(60)10mg[17]。(图 36－5)

(48)

(49)

(50)

(51)

图 36－4　桦褐孔菌中新芳香类化合物的结构

(52)　(53)　(54)

(55)　(56)　(57)

(58)　(59)　(60)

图 36-5　桦褐孔菌中已知芳香类化合物的结构

桦褐孔菌素(fuscoporine,48)　黄褐色粉末。IR(KBr):3 400、3 091、1 739、1 668、1 620、1 600、1 580、1 550、1 519、1 244、1 139、966cm^{-1}。HR-EI-MS m/z:380.053 1[$(M-H_2O)^+$,计算值为 380.053 2,$C_{20}H_{12}O_8$]。^1H NMR(DMSO-d_6,500MHz)δ:8.34(1H,s),7.52(1H,s),7.28(1H,d,J=15.9Hz),7.07(1H,s),6.99(1H,d,J=8.2Hz),6.78(1H,d,J=8.2Hz),6.78(1H,d,J=15.9Hz),6.72(1H,s)。^{13}C NMR(DMSO-d_6,125MHz)δ:160.7,159.4,158.6,158.4,147.7,146.8,135.8,126.9,126.6,120.6,115.7,115.4,114.4,114.0,111.4,110.4,98.9,98.7[23]。

inonoblin B(50)　黄色粉末。UV λ_{max}:253、389nm。HR-ESI-MS(−)m/z:449.045 5[$(M-H)^-$,$C_{23}H_{13}O_{10}$]。^1H NMR(CD_3OD,400MHz)δ:8.29(1H,s),7.66(1H,s),7.52(1H,s),6.99(1H,s),6.78(1H,s),6.39(1H,s),1.81(3H,s)。^{13}C NMR(CD_3OD,100MHz)δ:206.5,162.6,161.7,160.9,155.4,154.9,148.7,148.4,148.3,140.1,139.8,137.7,134.8,128.7,115.5,113.4,111.9,111.9,111.3,101.2,98.8,90.4,22.6[24]。

inonoblin C(51)　黄色粉末。UV λ_{max}:248、323nm。HR-ESI-MS(−)m/z:461.090 3[$(M-H)^-$,$C_{25}H_{17}O_9$]。^1H NMR(CD_3OD,400MHz)δ:7.30(1H,d,J=16.0Hz),7.10(1H,s),7.02(1H,d,J=2.0Hz),6.94(1H,dd,J=8.4,2.0Hz),6.81(1H,s),6.77(1H,d,J=8.4Hz),6.59(1H,d,J=16.0Hz),6.31(1H,d,J=2.0Hz),6.19(1H,s),6.16(1H,br d,J=2.0Hz),2.21(3H,s)。^{13}C NMR(CD_3OD,100MHz)δ:172.4,169.0,168.0,166.4,160.5,149.3,148.7,146.8,146.6,137.4,128.8,125.0,124.2,122.0,120.6,116.7,116.6,116.6,114.9,113.8,112.4,104.6,101.3,19.6[24]。

香草酸(vanillic acid,55)　无色针晶(MeOH),mp171～172℃。EI-MS m/z:168[M^+],153,125,97。^1H NMR(CD_3OD,400MHz)δ:7.75(1H,d,J=8.0Hz),7.74(1H,s),7.02(1H,d,J=

8.0Hz)，3.95(3H，s)[25]。

原儿茶醛(protocatechuic aldehyde，56) 棕色粉末。ESI-MS(－)m/z：137[M-H]⁻。^{1}H NMR (CD_3OD，400MHz)δ：9.63(1H，s)，7.25～7.23(2H，m)，6.85(1H，d，J＝8.4Hz)。^{13}C NMR (CD_3OD，100MHz)δ：193.1，153.7，147.2，130.8，126.4，116.2，115.3[26]。

4-(3，4-dihydroxyphenyl)-but-3-en-2-one(57) 黄色粉末。ESI-MS(＋)m/z：179[M＋H]$^{+}$。^{1}H NMR(CD_3OD，400MHz)δ：7.46(1H，d，J＝16.0Hz)，7.02(1H，s)，6.93(1H，d，J＝8.0Hz)，6.73(1H，d，J＝8.0Hz)，6.49(1H，d，J＝16.0Hz)，2.27(3H，s)。^{13}C NMR(CD_3OD，100MHz)δ：201.6，150.0，146.9，146.8，127.7，124.7，123.5，116.6，115.3，27.0[27]。

原儿茶酸(protocatechuic acid，58) 黄色结晶(MeOH)，mp292～294℃。化合物(58)与(56)的区别仅在于醛基氧化成羧基[28]。

2，3-dihydroxy-1-(4-hydroxy-3-methoxyphenyl)-propan-1-one(59) 黄色粉末。^{1}H NMR(CD_3OD，400MHz)δ：7.59(1H，d，J＝8.0Hz)，7.57～7.56(1H，m)，6.88(1H，d，J＝8.0Hz)，5.12(1H，t，J＝4.0Hz)，3.91(3H，s)，3.88(1H，d，J＝4.0Hz)，3.76(1H，dd，J＝8.0、4.0Hz)。^{13}C NMR(CD_3OD，100MHz)δ：199.5，153.8，149.2，128.0，125.0，115.9，112.3，75.4，66.2，56.4[29]。

2，3-dihydroxy-1-(4-hydroxy-3，5-dimethoxyphenyl)-1-propanone(60) 黄色粉末。^{1}H NMR(DMSO-d_6，400MHz)δ：9.37(1H，s)，7.27(2H，s)，5.08(1H，d，J＝6.8Hz)，4.98(1H，d，J＝6.0Hz)，4.72(1H，t，J＝6.0Hz)，3.81(6H，s)，3.68～3.66(1H，m)，3.60～3.59(1H，m)。^{13}C NMR (DMSO-d_6，100MHz)δ：198.9，148.0，148.0，141.6，126.0，107.1，107.1，74.3，64.9，56.6，56.4[30]。

文献24未列出化合物(49)、(52)～(54)的波谱数据。

第三节　桦褐孔菌化合物的生物活性

桦褐孔菌在俄罗斯用来防治和治疗癌症，包括乳腺癌、唇癌、胃癌、耳下腺癌、肺癌、皮肤癌、直肠癌和霍金斯淋巴癌等，癌症患者必须长期服用，至少要服用1年。此外，还用来治疗溃疡、胃炎、生殖器官和腺体增生、肠炎等[1]。

化合物 inonotusol F，inonotusic acid，inotodiol，lanosterol，3β，22-dihydroxylanosta-8，24-diene-11-one，trametenolic acid，ergosta-7，22-dien-3β-ol，24β-ethylcholest-4-en-3β-ol，ergosta-7-en-3β-ol，vanillic acid，具有抑制半乳糖胺诱导急性肝损伤的作用[17]。化合物 inotodiol，lanosterol 和 3β-hydroxylanosta-8，24-dene-21-al，inonotusol G，protocatechuic aldehyde，4-(3，4-dihydroxyphenyl)-but-3-en-2-one，inonotsuoxides A，inonotsuoxides B，spiroinonotsuoxodiol，inonotsudiol A，inonotsuoxodiol A，inonotsutriol D，inonotsutriol E 及 21-hydroxylanosterol，具有细胞毒活性[3，12-13，17]。化合物 inotodiol 和 3β-hydroxylanosta-8，24-dene-21-al 还具有体内抗肿瘤的活性[8-9]。vanillic acid 和 protocatechuic aldehyde 具有蛋白酪氨酸激酶抑制作用[17]。化合物 inonoblin A、B、C 和 phelligridin D、E、G，具有抗氧化活性[24]。

第四节　展　望

目前，韩国和日本的学者对桦褐孔菌化学成分研究较多，而国内相对较少，希望菌物工作者努力研究发现更多的活性前体化合物，为桦褐孔菌的开发和利用打下扎实基础。

参考文献

[1] 黄年来. 俄罗斯神秘的民间药用真菌——桦褐孔菌[J]. 中国食用菌,2002,21(4):7—8.

[2] 卯晓岚. 中国大型真菌[M]. 郑州:河南科学技术出版社,2000.

[3] Shin Y, Tamai Y, Terazawa M. Chemical constituents of *Inonotus obliquus* I. A new terpene, 3β-hydroxy-8,24-dien-lanosta-21,23-lactone from sclerotium [J]. Eurasian J For Res, 2000, 1: 43—50.

[4] Shin Y, Tamai Y, Terazawa M. Chemical constituents of *Inonotus obliquus* II: a new triterpene, 21, 24-cyclopentalanosta-3β, 21,25-triol-8-ene from sclerotium [J]. J Wood Sci, 2001, 47: 313—316.

[5] Kirsti K. A new 7-keto compound from *Inonotus obliquus* [J]. Acta Pharm Fenn, 1986, 95 (3): 113—117.

[6] Kahlos K, Hiltunen R, Schantz MV. 3β-Hydroxylanosta-8,24-dene-21-al, a new triterpene from *Inonotus obliquus* [J]. Planta Med, 1984, 50: 197—198.

[7] Kahlos K, Hiltunen R. 3β,22-Dihydroxylanosta-7,9(11),24-triene: A new, minor compound from *Inonotus obliquus* [J]. Planta Med, 1986, 52: 495—496.

[8] Nakata T, Yamada T, Taji S, et al. Structure determination of inonotsuoxides A and B and in vivo anti-tumor promoting activity of inotodiol from the sclerotia of *Inonotus obliquus* [J]. Bioorg Med Chem, 2007, 15: 257—264.

[9] Taji S, Yamada T, Wada S, et al. Lanostane-type triterpenoids from the sclerotia of *Inonotus obliquus* possessing anti-tumor promoting activity [J]. Eur J Med Chem, 2008, 43: 2373—2379.

[10] Taji S, Yamada T, In Y, et al. Three new lanotane triterpenoids from *Inonotus obliquus* [J]. Helv Chin Acta, 2007, 90: 2047—2057.

[11] Taji S, Yamada T, Tanaka R, et al. Three new lanotane triterpenoids, inonotsutriols A, B and C, from *Inonotus obliquus* [J]. Helv Chin Acta, 2008, 91: 1513—1524.

[12] Handa N, Yamada T, Tanaka R. An unsual lanotane-type triterpenoid, spiroinonotsuoxodiol, and other triterpenoids from *Inonotus obliquus* [J]. Phytochemistry, 2010, 71: 1774—1779.

[13] Tanaka R, Toyoshima M, Yamada T. New lanostane-type triterpenoids, inonotsutriols D, and E, from *Inonotus obliquus* [J]. Phytochem Lett, 2011, 4: 328—332.

[14] Nakamura S, Iwami J, Matsuda H, et al. Absolute stereostructures of inoterpenes A-F from sclerotia of *Inonotus obliquus* [J]. Tetrahedron, 2009, 65: 2443—2450.

[15] He J, Feng XZ, Zhao B, et al. Triterpenoids from *Fuscoporia oblique* [J]. Chin Chem Lett, 2000, 11 (1): 45—48.

[16] 赵芬琴,朴惠善. 桦褐孔菌的化学成分研究[J]. 时珍国医国药,2006,17(7):1178—1181.

[17] Liu C, Zhao C, Pan HH, et al. Chemical constituents from *Inonotus obliquus* and their biological activities [J]. J Nat Prod, 2014, 77 (1): 35—41.

[18] Tai T, Akahori A, Shingu T. Triterpenes of *Poria cocos* [J]. Phytochemistry, 1993, 32: 1239—1244.

[19] Fuchino H, Satoh T, Tanaka N. Chemical evaluation of *Betula* species in Japan. I. Constituents of *Betula ermanii* [J]. Chem Pharm Bull, 1995, 43: 1937—1942.

[20] Gupta S, Ali M, Alam MS, et al. 24β-Ethylcholest-4-en-3β-ol from the roots of *Lawso-*

nia inermis [J]. Phytochemistry, 1992, 31(7): 2558—2560.

[21] Rubinstein L, Goad LJ, Clague ADH, et al. The 220MHz NMR spectra of phytosterols [J]. Phytochemistry, 1976, 15: 195—200.

[22] 孙德立,包海鹰,图力古尔. 鲍氏层孔菌子实体的化学成分研究[J]. 菌物学报,2011,30:361—365.

[23] 何坚,冯孝章. 桦褐孔菌化学成分的研究[J]. 中草药,2001,32:4—6.

[24] Lee IK, Kim YS, Jang YW, et al. New antioxidant polyphenols from the medicinal mushroom *Inonotus obliquus* [J]. Bioorg Med Chem Lett, 2007, 17: 6678—6681.

[25] 阮汉利,张勇慧,赵薇,等. 金刚藤化学成分研究[J]. 天然产物研究与开发,2002,14(1):35—36.

[26] 王灵杰,高晓忠. 嵊州刺果毛茛的化学成分研究[J]. 中国现代应用药学,2009,26:460—462.

[27] Wang YP, Xue XY, Xiao YS, et al. Purification and preparation of cmopounds from an extract of *Scutellaria barbata* D. Don using preparative parallel high performance liquid chromatography [J]. J Sep Sci, 2008, 31: 1669—1676.

[28] 刘园园,胡兰,付文婷,等. 新疆中亚沙棘浆果化学成分的分离纯化[J]. 新疆医科大学学报,2010,33(4):386—387.

[29] Jones L, Bartholomew B, Latif Z, et al. Constituents of *Cassia laevigator* [J]. Fitotetapia, 2000, 71: 580—583.

[30] Lee TH, Kuo YC, Wang GJ, et al. Five new phenolic from the roots of *Ficus beecheyana* [J]. J Nat Prod, 2002, 65: 1497—1500.

(刘　超)

第三十七章 蒙古口蘑

MENG GU KOU MO

第一节 概 述

蒙古口蘑(*Tricholoma mongolicum* Imai)属于担子菌门,伞菌亚纲,伞菌目,口蘑科,蒙古口蘑属真菌。又称口蘑、白蘑、草原白蘑、珍珠蘑、查干蘑菇等,为著名的食、药用真菌。主要分布在河北、内蒙古、黑龙江、吉林和辽宁等地区[1]。民间用于治疗消化不良、脘腹胀满、胃气痛和泄泻等症,也流传着许多单验方与食疗方[2];在蒙药中用于治疗外伤与解毒[3]。

蒙古口蘑中含有凝集素、多糖、甾体、挥发油、氨基酸和生长素类等成分。

第二节 蒙古口蘑化学成分的研究

一、蒙古口蘑凝集素的提取、分离与性质

1. 提取分离[4-5]

发酵液用粗棉布过滤,用蒸馏水将菌丝体洗净、匀浆,生理盐水冷浸过夜(4℃),浸提液用1.2万 r/min 离心 20min。上清液用 30%~80%的硫酸铵分级沉淀,离心收集沉淀,沉淀溶解后透析、过夜。离心除去变性的蛋白,上清液冻干,得到粗粉。

粗粉溶于 5m mol/L 的碳酸氢铵缓冲液(pH9.0),经 DEAE -纤维素柱分离(1.0cm×22cm),用 5m mol/L 碳酸氢铵洗净未吸附的成分,再用 50m mol/L、150m mol/L 和 1mol/L 的碳酸氢铵缓冲液(pH9.0)梯度洗脱,流速 20ml/h,得到 A-E 5 个部分,冻干。D 部分再经 Sephadex G-100 柱(1.0cm×75cm)分离,用 50m mol/L 碳酸氢铵缓冲液(pH9.0)洗脱,流速为 18ml/h,得到 D1~D3 3 个流份;其中 D2 流份经 SP-Sepharose 柱分离(HiLoad 16/10),先用 10m mol/L 碳酸氢铵缓冲液(pH5.5)洗脱,收集主峰,冻干,得到凝集素 TML-1;接着用 0~0.5mol/L 氯化钠缓冲液线性梯度洗脱,流速 1.5ml/min,收集主峰,冻干,得到凝集素 TML-2。

2. 性质

两个凝集素的相对分子质量均为 38kDa,都能裂解成相对分子质量为 17.5kDa 的两个片段,表明 TML-1 和 TML-2 为二聚体。用过碘酸希夫(PAS)染色没有发现红色的条带,表明分子中不含糖,用硫酸蒽酮显色法也得到相同的结果。

两个凝集素经盐酸水解后分析其氨基酸组成,表明两者中 Asx、Thr、Gly 和 Val 含量较高,Arg 和 His 的含量较低,Pro 和 Tyr 含量在两者中差异较大,具体含量见表 37-1。

对兔红细胞凝集试验表明,TML-2 活性强于 TML-1;α-乳糖、β-乳糖、乳糖、N-乙酰半乳糖胺和 D-半乳糖能显著抑制凝集素的凝血活性;200m mol/L 的 L-鼠李糖、L-阿拉伯糖、D-阿拉伯糖、D-葡萄糖、D-甘露糖、D-木糖、D-岩藻糖、D-果糖、L-果糖和 N-乙酰神经氨酸对凝血作用没

有抑制作用。也有文献报道，150m mol/L 的 D-果糖、β-葡萄糖、半乳糖和木糖对蒙古口蘑子实体粗凝集在牛血和羊血的凝集实验中，均具有抑制作用[5]。

TML-1 和 TML-2 的凝血活性在 10～80℃之间稳定，当温度≥90℃时凝血活性消失，表明具有一定的热稳定性；当温度≥70℃时，蒙古口蘑子实体粗凝集素凝血的活性丧失[5]；蒙古口蘑子实体粗凝集素的凝集活性，对 Ca^{2+}、Mg^{2+}、Mn^{2+} 和 Fe^{3+} 4 种离子有不同程度的依赖[5]。

二、蒙古口蘑多糖的提取、分离与性质

1. 提取分离

将蒙古口蘑子实体用冷水浸泡 2h，用水冲洗干净，在 60℃干燥 12h、粉碎，并过 60 目筛。先用石油醚（60～90℃）索氏提取脱脂，再用 80%乙醇除色素、单糖、寡糖及其他成分。离心后收集蒙古口蘑粉末，60℃干燥 12h。采用超声-微波协同提取技术，从干燥后的粉末中提取多糖，优化后的提取条件为：水为提取溶剂，提取时间 24.65min，微波功率 109.98W，液料比为 21.62（V/W），提取 3 次。5 000g 离心 10min，收集上清液。50℃真空回收至原体积的 1/5，加入乙醇至乙醇浓度为 80%，沉淀。5 000g 离心 10min，收集沉淀。用无水乙醇淋洗 3 遍，60℃干燥至恒重，得到粗多糖（TMIP）。产率和纯度分别为（35.41±0.62）%和（73.92±0.83）%（表 37-1）。

表 37-1　蒙古口蘑凝集素 TML-1 和 TML-2 氨基酸组成（%）

Amino acid	TML-1	TML-2
Asx	13.74	12.82
Thr	9.81	10.70
Ser	6.11	4.89
Glx	10.08	11.38
Pro	5.31	2.69
Gly	10.26	9.97
Ala	8.08	6.78
Val	8.55	9.08
Met	0.32	0.11
Ile	5.09	5.23
Leu	6.66	5.76
Tyr	2.96	5.11
Phe	4.38	4.51
His	0.93	0.71
Lys	3.38	4.18
Arg	4.34	6.09

粗多糖经 DEAE-52 柱分离，分别用 0、0.1、0.3 和 0.5mol/L NaCl 梯度洗脱，流速 1.0ml/min。用苯酚硫酸法显色，合并相同组分，浓缩、透析脱盐，得到 4 个组分；每个组分再经 Sephadex G-100 柱分离，蒸馏水洗脱，收集主洗脱峰，浓缩、透析脱盐，冻干，得到 4 个均一多糖，分别是 TMIP-1、TMIP-2、TMIP-3 和 TMIP-4。

2. 性质

采用凝胶过滤色谱，以普鲁兰多糖（P-400、P-100、P-50、P-10 和 P-5）为对照品，测定均一

多糖的相对分子质量，结果表明，TMIP－1、TMIP－2、TMIP－3 和 TMIP－4 的相对分子质量分别是 4 218、27 237、61 336 和 272 643Da。采用牛血清蛋白和葡萄糖醛酸为对照品，测定多糖中蛋白和糖醛酸的含量，表明蛋白和糖醛酸的含量较少，其中 TMIP－3 和 TMIP－4 中蛋白和糖醛酸的含量较 TMIP－1 和 TMIP－2 中高(表 37－2)。将多糖水解、衍生，经气相色谱分析单糖组成，结果表明，葡萄糖为主要组成单元，其他糖单元有阿拉伯糖、木糖、甘露糖和鼠李糖；没有检测到海藻糖、半乳糖和核糖(表 37－3)[6]。

表 37－2　蒙古口蘑粗多糖和 4 个均一多糖中碳水化合物、蛋白质和糖醛酸的含量(%)

components	TMIP	TMIP－1	TMIP－2	TMIP－3	TMIP－4
Carbohydrate	73.92	87.63	88.13	84.58	83.26
Protein	1.13	0.11	0.16	0.82	1.75
Uronic acid	1.92	—[a]	1.66	1.96	2.34

[a]Not detected。

表 37－3　蒙古口蘑粗多糖和 4 个均一多糖中单糖组成(%)

Sugar components	TMIP	TMIP－1	TMIP－2	TMIP－3	TMIP－4
Glucose	32.82	36.62	33.86	43.60	26.63
Xylose	8.93	11.52	12.62	7.65	6.88
Mannose	15.54	13.35	9.13	19.16	18.72
Arabinose	25.73	23.65	27.37	16.83	27.69
Rhamnose	16.98	14.86	17.02	12.76	20.08

三、蒙古口蘑甾醇、挥发油的提取与分离

将蒙古口蘑子实体自然干燥、粉碎，用石油醚(30～60℃)水浴(30℃)提取 3 次，每次 8h，合并提取液，减压浓缩得到石油醚提取物，低温放置，析出结晶。结晶用硅胶柱层析进一步分离纯化，石油醚-乙酸乙酯(8∶2)洗脱。薄层检测并合并相同流份，浓缩至小体积，重结晶后分别得到化合物(1)(得率 0.034mg/g)和化合物(2)(得率 0.04mg/g)(图 37－1)。

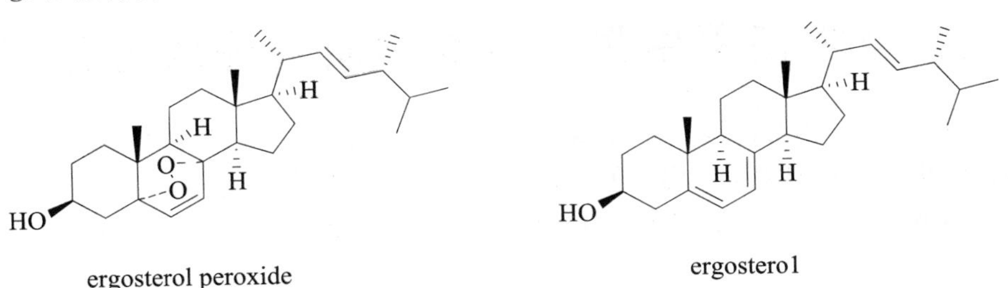

图 37－1　蒙古口蘑中甾体类化学成分的结构

石油醚提取物低温放置后的上清液通过 GC-MS 分析，色谱条件为：HP－5 型毛细管柱(30m×0.25mm×0.25μm)，流速 1.0ml/min，气化室温度 270℃，柱温 80℃(3min)→150℃→270℃(5min)，接口 280℃。质谱条件为：离子源温 230℃，采集方式全扫描，扫描范围 45～460amu，不分流，四极杆 150℃，溶剂延迟 2.0min，阀值 150。采用 WILEY. L 谱库检索，并结合质谱图中基峰、质荷比以及相对丰度与标准图谱的比较，共鉴定出 10 个化合物，分别是：反，反－2，4－癸二烯醛，[1*R*－(1*α*，7*β*，8A*α*)]－1，2，3，5，6，7，8，8A－八氢－1，8A－二甲基－7－(1－甲基乙烯基)－萘，n－癸基丙烯酸酯，十四烷

酸,十五烷酸,顺-11-十六烷酸,正-十六烷酸,(反,反)-9,12-十八碳二烯酸甲基酯,11-顺-十八碳烯酸甲酯,2,6,10,14,18,22-二十四碳己烯[7]。

麦角甾醇过氧化物(ergosterol peroxide,1) 无色细毛状晶体(乙酸乙酯),mp 178～179℃。相对分子质量为EI-MS m/z:428 $[M-32]^+$、396$[M-O_2]^+$。^1H NMR($CDCl_3$,400MHz)δ:3.97(1H,m),6.25(1H,d,J=8.4Hz),6.50(1H,d,J=8.4Hz),0.86(3H,s),1.06(3H,s),0.97(3H,d,J=6.6Hz),5.23(1H,dd,J=15.2、7.6Hz),5.14(1H,dd,J=15.2、8.0Hz),0.83(3H,d,J=5.0Hz),0.82(3H,d,J=5.0Hz),0.89(3H,d,J=5.0Hz)。^{13}C NMR($CDCl_3$,100MHz)δ:36.9(C-1),30.1(C-2),66.4(C-3),34.7(C-4),82.1(C-5),135.2(C-6),130.7(C-7),79.4(C-8),51.1(C-9),36.9(C-10),20.6(C-11),39.3(C-12),44.5(C-13),51.2(C-14),23.4(C-15),28.6(C-16),56.2(C-17),12.8(C-18),18.1(C-19),39.7(C-20),20.9(C-21),135.4(C-22),132.3(C-23),42.7(C-24),33.0(C-25),19.6(C-26),19.9(C-27),17.5(C-28)。以上数据与文献报道[8]的麦角甾醇过氧化物一致。

麦角甾醇(ergosterol,2) 无色针状晶体(氯仿),mp 153～155℃。EI-MS m/z:396 $[M^+]$。^1H NMR($CDCl_3$,400MHz)δ:3.64(1H,m),5.57(1H,dd,J=2.3、5.6Hz),5.38(1H,t,J=2.5、2.8Hz),0.63(3H,s),0.95(3H,s),1.04(3H,d,J=6.6Hz),5.17(1H,dd,J=7.4、14.4Hz)5.23(1H,dd,J=15.2、6.9Hz),0.92(3H,s),0.83(3H,s),0.82(3H,s)。^{13}C NMR($CDCl_3$,100MHz)δ:36.1(C-1),32.0(C-2),70.5(C-3),38.4(C-4),139.8(C-5),119.6(C-6),116.3(C-7),141.4(C-8),46.3(C-9),37.0(C-10),21.3(C-11),40.4(C-12),42.8(C-13),54.6(C-14),23.0(C-15),28.3(C-16),55.8(C-17),12.0(C-18),16.3(C-19),40.8(C-20),21.1(C-21),135.6(C-22),132.0(C-23),42.8(C-24),33.1(C-25),19.6(C-26),19.9(C-27),17.6(C-28)。以上信息与麦角甾醇相关文献[9]报道的麦角甾醇一致。

四、蒙古口蘑氨基酸的分析

将蒙古口蘑和珍珠蘑(幼小子实体)子实体烘干,经6N盐酸,110℃水解24h,测定氨基酸含量。100mg测定样品中含氨基酸总量分别为24.06mg和24.58mg;氨基酸组成有天冬氨酸、苏氨酸、丝氨酸、谷氨酸、甘氨酸、丙氨酸、缬氨酸、甲硫氨酸、异亮氨酸、亮氨酸、酪氨酸、苯丙氨酸、赖氨酸、组氨酸、精氨酸和脯氨酸,包括7种必需氨基酸[10]。

五、蒙古口蘑中生长素类物质的提取与分离

将新鲜子实体经80%甲醇冷浸(0℃)提取、浓缩,石油醚萃取除杂;水层用HCl调pH至2.8,乙酸乙酯萃取,得到粗生长素类物质。用纸色谱分离,正丁醇-异丙醇-氨水-水(2:8:1:1)展开,紫外灯下标出不同斑点,剪下,用90%乙醇洗脱。共得到4个物质,经薄层分析,确定含有吲哚-3-乙酸[11]。

第三节 蒙古口蘑生物活性的研究

有关蒙古口蘑所含凝集素与多糖的抗肿瘤活性研究较多。凝集素降血压活性、多糖抗氧化活性与挥发油抗菌活性也有报道。

1. 抗肿瘤作用

在体外凝集素TML-1和TML-2对小鼠单核巨噬细胞PU5～1.8和小鼠肥大细胞P815表现

出抗增殖活性[12]。在PU5～1.8细胞株测试中，TML－1抗增殖活性比TML－2更强，特别是当有血清存在时；在P815细胞株测试中，两者的抗增殖活性相当。凝集素TML－1和TML－2在体外不抑制S－180肉瘤细胞的生长，但能够使植入体内的S－180肉瘤细胞停止生长[13]，这表明凝集素为免疫调节物质，而不是直接发挥细胞毒作用的物质。两个凝集素都能抑制小鼠腹腔接种S－180肉瘤的生长，延长荷瘤BALB/c小鼠生存的时间[14]。正常C57 BL/6小鼠腹腔注射TML－1或TML－2后，脂多糖诱导的小鼠腹腔巨噬细胞产生亚硝酸盐和肿瘤坏死因子的量明显升高，尤其是在TML－2给药组。TML－2比TML－1能使腹腔巨噬细胞产生更多的巨噬细胞活化因子，包括干扰素-γ和一些其他细胞因子，从而更有效地抑制P815肥大细胞瘤细胞生长[13]。两个凝集素都能显著增加荷瘤C57 BL/6小鼠中亚硝酸盐的产生。体外实验中，与伴刀豆球蛋白A相比，两个凝集素对正常小鼠的T-细胞或脾细胞呈现可以忽略不计的促有丝分裂作用。同样，对凝集素给药组肉瘤小鼠的T细胞促有丝分裂活性与对照组类似。然而，凝集素给药组中正常小鼠T细胞表现出减少有丝分裂的反应。因此，说明该凝集素刺激的是巨噬细胞，而不是淋巴细胞[14]。

在H_{22}荷瘤小鼠中，蒙古口蘑子实体石油醚提取物（沉淀部分）低剂量组（每天35mg/kg）和所含麦角甾醇过氧化物低剂量组（每天5mg/kg），抑瘤率分别达到69.61%和67.15%；所含的麦角甾醇和麦角甾醇过氧化物均能诱导肝癌细胞（HepG2）凋亡，能够抑制HepG2细胞分裂，对HepG2细胞的早期细胞凋亡率分别为41.2%和42.3%[15]。

MTT实验表明，蒙古口蘑多糖对人宫颈癌细胞（Hela）和肝癌细胞（HepG2）的生长抑制均呈现出良好的量效关系，IC_{50}分别为697.082μg/ml和315.937μg/ml[16]。从菌丝体中分离得到的多糖-肽复合物，能抑制小鼠体内肉瘤S－180细胞的生长[17]。

2. 降血压作用

正常大鼠静脉注射TML－1后会产生持久的低血压作用，且降压活性不受乳糖的影响，说明发挥凝血作用和降压活性可能是分子中不同的结构区域。进一步研究表明，TML－1降压作用不是通过自主神经节传递、α-肾上腺素受体、β-肾上腺素能受体、胆碱能受体和组胺受体，也不是通过肾素-血管紧张素系统。然而，亚甲蓝可阻断其降压作用，表明TML－1对血管的作用机制可能与一氧化氮有关。TML－1对大鼠主动脉环能产生显著呈剂量依赖性的舒张作用。TML－1能显著抑制[^{3}H]5′-*N*-ethyl carboxamide [8(n)-^{3}H]adenosine与牛脑皮质腺苷A2受体结合，但不影响[^{3}H]phenylisopropyladenosine与腺苷A1受体的结合。因此，推测TML－1降压作用可能与腺苷A2受体和（或）一氧化氮介导的血管舒张有关[18]。

3. 抗菌活性

蒙古口蘑石油醚提取物对大肠杆菌ATCC8099和金黄色葡萄球菌ATCC6538都有抑制活性，50mg/ml时抑制率分别为52.78%和62.05%，MIC值分别为5mg/ml和2.5mg/ml。而从石油醚提取物（沉淀部分）得到的麦角甾醇和麦角甾醇过氧化物均没有抑菌活性[7]。

4. 抗氧化

蒙古口蘑菌丝体70%乙醇提取物在2mg/ml时，对羟基自由基清除率为76.4%，对邻苯三酚自氧化的抑制率为63.3%，并具有一定的还原能力。在3个模型中，抗氧化活性与提取物浓度成正相关[19]。采用DPPH、邻苯三酚自氧化和铁离子还原力法，评价子实体中分离到的4个多糖（TMIP－1、TMIP－2、TMIP－3和TMIP4）的抗氧化活性，表明都有一定的抗氧化活性，并呈现量效关系。TMIP－4活性最强，浓度在1.2mg/ml时，对DPPH和羟基自由基的清除率分别为80.1%和68.2%。比较4个多糖还原力发现，TMIP－4的活力最强[6]。

参考文献

[1] 邓叔群. 中国的真菌[M]. 北京:科学出版社,1963.
[2] 吴恩奇,图力古尔. 蒙古口蘑研究进展[J]. 中国食用菌,2007,26(4):3—5.
[3] 占布拉·道尔吉. 蒙药正典[M]. 呼和浩特:内蒙古人民出版社,2007.
[4] Wang HX, Ng TB, Liu WK, et al. Isolation and characterization of two distinct lectins with antiproliferative activity from the cultured mycelium of the edible mushroom *Tricholoma mongolicum* [J]. Int J Pept Protein Res, 1995, 46(6): 508—513.
[5] 孟建宇,宋馨宇. 蒙古口蘑子实体凝集素性质初步研究[J]. 生物技术通报,2012,(2):188—192.
[6] You QH, Yin XL, Zhang SN, et al. Extraction, purification, and antioxidant activities of polysaccharides from *Tricholoma mongolicum* Imai [J]. Carbohydr Polym, 2014, 99: 1—10.
[7] 佟春兰,包海鹰,图力古尔. 蒙古口蘑子实体石油醚提取物的化学成分及抑菌活性[J]. 菌物学报,2010,29(4):619—624.
[8] 刘雅峰,潘勤. 真菌竹黄中的过氧麦角甾醇的分离[J]. 天津中医学院学报,2004,23(1):15—16.
[9] 万辉. 褐圆牛肝菌化学成分研究[J]. 中草药,2000,31(5):328—330.
[10] 汪麟,李育岳. 20 种食用菌的氨基酸含量分析[J]. 食品科学,1985,61(1):10—12.
[11] 闻殿堀,王秉栋,陈云生. 口蘑中生长素类物质的提取与分离[J]. 植物生理学通讯,1983,19(4):31—34.
[12] Wang HX, Ng TB, Liu WK, et al. Isolation and characterization of two distinct lectins with antiproliferative activity from the cultured mycelium of the edible mushroom *Tricholoma mongolicum* [J]. Int J Pept Protein Res, 1995, 46(6): 508—513.
[13] Wang HX, Liu WK, Ng TB, et al. The immunomodulatory and antitumor activities of lectins from the mushroom *Tricholoma mongolicum* [J]. Immunopharmacology, 1996, 31(2—3): 205—211.
[14] Wang HX, Ng TB, Ooi VEC, et al. Actions of lectins from the mushroom *Tricholoma mongolicum* on macrophages, splenocytes and life-span in sarcoma-bearing mice [J]. Anticancer Res, 1997, 17(1A): 419—424.

[15] 苏日古格,包海鹰,图力古尔,等. 蒙古口蘑子实体的抗肿瘤活性[J]. 食品科学,2012,33(21):280—284.
[16] 葛淑敏,于源华,张艳飞. 蒙古口蘑多糖的提取及体外抗肿瘤活性研究[J]. 现代预防医学,2009,36(19):3708—3711.
[17] Wang HX, Ng TB, Ooi VEC, et al. A polysaccharide-peptide complex from cultured mycelia of the mushroom *Tricholoma mongolicum* with immunoenhancing and antitumor activities [J]. Biochem Cell Biol, 1996, 74(1): 95—100.
[18] Wang HX, Ooi VEC, Ng TB, et al. Hypotensive and vasorelaxing activities of a lectin from the edible mushroom *Tricholoma mongolicum* [J]. Pharmacol Toxicol, 1996, 79(6): 318—323.
[19] 李敏,恩和巴雅尔,李丹丹,等. 蒙古口蘑菌丝体提取物抗氧化活性研究[J]. 时珍国医国药,2011,22(10):2473—2474.

（晏仁义）

第三十八章
竹　黄
ZHU HUANG

第一节　概　述

竹黄(*Shiraia bambusicola* P. Henn)属于子囊菌门,座囊菌纲,格孢腔菌目,格孢腔菌科,竹黄属真菌[1],别名竹花、竹参、竹赤斑菌、竹三七等[2],主要分布于江苏、浙江、安徽、江西、湖北、河南、四川、云南、贵州等省份,国外仅日本和斯里兰卡有相关报道[3]。竹黄菌能在短穗竹属的短穗竹、苦竹属的苦竹、刚竹属的雷竹和筷竹上寄生,优势寄主[4]为短穗竹。竹黄具有活血化瘀、镇静安神、通经活络、补中益气和祛痰止咳等作用。民间常用来治疗类风湿性关节炎、气管炎、坐骨神经痛、虚寒胃痛和贫血头痛等病症[5]。竹黄是中国传统中药资源,具有良好的临床疗效。

第二节　竹黄化学成分的研究

迄今,药学工作者已对竹黄中化学成分进行了初步研究。目前已分离出 20 多个化合物,包括醌类、大环内酯类、多糖、甾体、脂肪酸等多种类型[6-9]。

(1)　(2)　(3)

(4)　(5)　(6)

图 38-1　竹黄中的醌类化合物

一、竹黄醌类和大环内酯类化合物的提取与分离

目前,从竹黄中分离得到了5个醌类和1个大环内酯类化合物(图38-1)。他们分别是竹红菌素A(hypocrellin A,1)、竹红菌素B(hypocrellin B,2)、竹红菌素C(hypocrellin A,3)、竹红菌素D(hypocrellin D,4)、macrosphelides A(5)和1,5-二羟基-3-甲氧基-7甲基蒽醌(6)[1],其中竹红菌素A和竹红菌素B是一对异构体。

提取分离方法一 将竹黄菌子实体1.5kg粉碎,用甲醇:氯仿混合溶液(1:1)6L在室温条件下提取6次,每次浸泡12h,合并6次提取液,减压浓缩回收溶剂,得到83g粗提物。用80~100目硅胶拌样,之后硅胶柱色谱分离,用石油醚-丙酮为流动相进行梯度洗脱,得到5份样品。其中石油醚:丙酮8:2至7:3洗脱的样品,再经反复柱色谱($CHCl_3$:CH_3OH=9:1)和制备性TLC(依次经过石油醚:丙酮=3:2和氯仿:乙醚=9:1展开)以及Sephadex LH-20(丙酮洗脱)柱层析,得到化合物(1)64.5mg、(2)33.8mg、(3)17.5mg、(4)15.2mg和(5)22.0mg,化合物(5)可用丙酮溶液室温重结晶纯化。

提取分离方法二 竹黄菌发酵液过滤后,用6mol/L盐酸调至pH为3,用氯仿萃取,抽滤除去乳状物,再将其减压浓缩,得到粗品。用正己烷溶解所得粗品,使用硅胶柱色谱,以正己烷-异丙醇溶剂系统梯度洗脱,收集得到Ⅰ~Ⅲ组分。将组分Ⅱ减压浓缩,甲醇溶解,再经高效制备液相(反相C18柱,甲醇水洗脱),收集得到1~4部分,将第2部分除去甲醇,冻干得到纯品化合物(6)[10]。

二、竹黄菌化合物的理化常数与光谱数据

Hypocrellin A (1) 紫红色晶体(氯仿),$C_{30}H_{26}O_{10}$,FAB-MS m/z:547[M+H]$^+$。mp 223~225℃($CHCl_3$)。$[\alpha]_D^{20}$-13.9(c 0.15,$CHCl_3$)。UV(MeOH)λ_{max}(logε):208(4.65),269 (4.50),336(3.66),462(4.35),535(4.03),582(4.06)nm。IR(KBr):3 451、2 933、1 714、1 605、1 521、1 453、1 282cm^{-1}。^{1}H NMR($CDCl_3$,500MHz)δ:15.94(1H,s,OH),15.91(1H,OH),6.55(1H,s,H-5 or H-8),6.51(1H,s,H-8 or H-5),4.11(3H,s,2 or 11-OCH_3),4.08(3H,s,11 or 2-OCH_3),4.07(3H,s,6 or 7-OCH_3),4.05(3H,8,7 or 6-OCH_3),3.51(1H,d,J=12.0Hz,Ha-13),3.49(1H,s,H-15),2.64(1H,d,J=12.0Hz,Hb-13),1.90(3H,s,H-18),1.71(3H,s,H-16);^{13}C NMR($CDCl_3$,125MHz)δ:207.3(C-17),180.2(C-4 or 9),179.7(C-9 or 4),171.8(C-3 or 10),170.9(C-10 or 3),167.4(C-6 or 7),150.8(C-2 or 11),150.6(C-11 or 2),133.9(C-12),133.1(C-1),128.5(C-12a),127.6(C-1a),124.9(C-3b or 7b),118.1(C-6a or 7a),117.6(C-7a or 6a),106.7(C-3a or 9a),102.0(C-5 or 8),78.7(C-14),62.0(C-15),61.6(2 or 11-OCH_3),60.7(11 or 2-OCH_3),56.5(6 or 7-OCH_3),56.4(7 or 6-OCH_3),41.8(C-13),30.0(C-18),26.9(C-16)。以上数据与文献[11]报道的hypocrellin A一致。

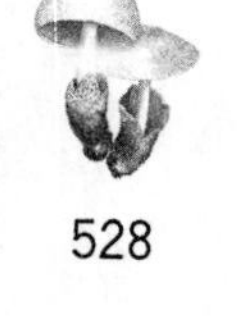

Hypocrellin B (2) 紫红色粉末(氯仿),$C_{30}H_{26}O_{10}$,mp 232~234℃($CHCl_3$)。$[\alpha]_D^{20}$-109.7(c 0.15,$CHCl_3$)。FAB-MS m/z:547[M+H]$^+$。UV(MeOH)λ_{max}(logε):265(4.50)、343(3.67)、472(4.44)、546(4.10)、58(4.13)nm。IR(KBr):3 457、2 942、1 711、1 607、1 525、1 451、1 283cm^{-1}。^{1}H NMR($CDCl_3$,500MHz)δ:15.90(1H,s,OH),15.73(1H,s,OH),6.42(2H,s,H-5 or 8),4.15(3H,s,11-OCH_3),4.04(3H,s,2-OCH_3),3.96(6H,s,6 or 7-OCH_3),3.65(1H,s,H-15),3.52(1H,d,J=13.8Hz,Ha-13),2.25(1H,d,J=13.8Hz,Hb-13),1.74(3H,s,H-18),1.68(3H,s,H-16)。^{13}C NMR($CDCl_3$,125MHz)δ:206.8(C-17),180.1(C-4 or 9),179.7(C-9 or 4),170.4(C-3 or 10),167.6(C-6 or 7),167.4(C-7 or 6),151.2(C-2),148.9(C-11),135.1(C-1),131.0(C-12),128.1(C-12a),127.5(C-1a),125.1(C-3b or 7b),124.3(C-9b or 3b),118.2(C-6a or 7a),117.9(C-7a or 6a),107.0(C-3a or 9a),106.6(C-9a or 3a),102.0(C-5 or 8),101.7(C-8 or 5),

78.4(C－14),63.9(C－15),61.6(2－OCH_3),60.7(11－OCH_3),56.4(6 or 7－OCH_3),56.3(7 or 6－OCH_3),42.4(C－13),28.3(C－18),24.4(C－16)。以上数据与文献[11]报道的 hypocrellin B 基本一致。

Hypocrellin C (3) 紫红色晶体(氯仿),$C_{30}H_{24}O_9$,mp 261～263℃($CHCl_3$)。FAB-MS m/z:529 [M＋H]$^+$。UV/Vis(MeOH)λ_{max}(logε):211(4.63)、264(4.50)、342(3.66)、465(4.30)、548(4.04)、586(3.74)nm。IR(KBr):3 453、2 936、1 687、1 612、1 521、1 453、1 282cm^{-1}。^{1}H NMR($CDCl_3$,500MHz)δ:16.30(1H,s,OH),15.94(1H,s,OH),6.45(1H,s,H－5 or 8),6.35(1H,s,H－8 or 5),4.10(3H,s,2 or 11－OCH_3),4.06(1H,d,J＝11.6Hz,Ha－13),4.03(3H,s,11 or 2－OCH_3),3.99(3H,s,6 or 7－OCH_3),3.98(3H,s,7 or 6－OCH_3),3.17(1H,d,J＝11.6Hz,Hb－13),2.32(3H,s,H－18),1.80(3H,s,H－16)。^{13}C NMR($CDCl_3$,125MHz)δ:200.5(C－17),186.1(C－4 or 9),185.9(C－9 or 4),168.3(C－3 or 10),168.1(C－10 or 3),164.7(C－6 or 7),164.0(C－7 or 6),149.3(C－2 or 11),147.1(C－11 or 2),144.6(C－14),134.5(C－15),134.3(C－1 or 12),134.1(C－12 or 1),124.3(C－1a or 12a),124.2(C－12a or 1a),123.9(C－3b or 7b),123.5(C－9b or 3b),121.8(C－6a or 7a),121.1(C－7a or 6a),108.5(C－3a or 9a),107.6(C－9a or 3a),103.2(C－5 or 8),103.1(C－8 or 5),61.3(2 or 11－OCH_3),61.2(11 or 2－OCH_3),56.5(6 or 7－OCH_3),34.7(C－13),30.1(C－18),20.7(C－16)。以上数据与文献[11]报道的 hypocrellin C 一致。

Hypocrellin D (4) 橘红色晶体(丙酮),$C_{30}H_{26}O_{12}$,mp 109～110℃。$[\alpha]_D^{20}$＋2 465.9(c 0.71,CH_3COCH_3)。UV/Vis(MeOH)λ_{max}(logε):438(3.83)、293(4.36)、254.5(4.28)、239.5(4.34)nm。IR(KBr):3 453、1 633cm^{-1}。EI-MS m/z:578[(M^+),18],563[$(M\text{-}CH_3)^+$,2],546[$(M\text{-}CH_3\text{-}OH)^+$,14],521(21),503(15),487(8),479(47),461(20),447(9),419(8),368(6),321(7),307(8),281(10),265(12),236(9),21(15),181(15),169(16),149(55),131(28),111(44),97(59),83(70),69(98),57(100)。HR-ESI-MS m/z:601.133 1[M＋Na]$^+$(计算值为:$C_{30}H_{26}O_{12}$Na601.132 1)。^{1}H NMR($CDCl_3$,500HMz)δ:13.25(1H,s,10－OH),13.19(1H,s,3－OH),6.04(1H,s,H－5),6.02(1H,s,H－8),4.07(3H,s,2－OCH_3),3.90(3H,s,11－OCH_3),3.81(3H,s,6－OCH_3),3.80(3H,s,7－OCH_3);3.15(1H,d,J＝12.6Hz,Ha－13),3.02(1H,s,H－15),2.09(3H,s,H－18),1.93(1H,d,J＝12.6Hz,Hb－13),1.31(3H,S,H－16)。^{13}C NMR($CDCl_3$,125MHz)δ:207.6(C－17),191.3(C－4),191.1(C－9),179.2(C－6a),178.9(C－7a),161.4(C－6),161.1(C－7),154.6(C－3),154.5 (C－10),152.0(C－2),151.6(C－11),135.4(C－12a),135.3(C－1a),134.6(C－12),131.7(C－1),124.0(C－7b),123.6(C－3b),115.4(C－9a),114.7(C－3a),108.8(C－5),108.5(C－8),78.1(C－14),61.3(2－OCH_3),60.9(11－OCH_3),57.8(C－15),56.6(7－OCH_3),56.6(6－OCH_3),38.0(C－13),30.6(C－18),26.0(C－16)。以上数据与文献[12]报道的 hypoerellin D 一致。

Macrophelide A (5) 无色针晶(丙酮),mp 140～141℃。$C_{16}H_{22}O_8$,FAB-MS m/z:341[M－H]$^-$。^{1}H NMR(acetone-d_6,500MHz)δ:6.88(2H,br td,J＝5.3、15.9Hz,H－13 or H－7),5.98(2H,brq,H－6 or H－12),5.24(1H,m,H－3),4.81(1H,m,H－9),4.73(1H,m,H－15),4.20(1H,brt,H－8),4.10(1H,brt,H－14),2.67(dd,J＝15.6、2.2Hz,Hb－2),2.56(dd,J＝15.6、9.9Hz,Ha－2),1.39(3H,d,J＝6.2Hz,9－CH_3),1.31(3H,d,J＝6.3Hz,15－CH_3),1.27(3H,d,J＝6.4Hz,3－CH_3)。^{13}C NMR(acetone-d_6,125MHz)δ:170.4(C－1),165.5(C－11),165.2(C－5),148.5(C－13),148.1(C－7),122.5(C－6),122.4(C－12),74.5(C－9),73.8(C－8),73.5(C－15),73.2(C－14),68.4(C－3),41.4(C－2),19.2(CH_3－3),18.2(CH_3－9),18.0(CH_3－15)。以上数据与文献[13]报道数据一致。

5－Dihydroxy－3－methoxy－7－methylanthracene－9,10－dione(6) 红棕色粉末,$C_{16}H_{12}O_5$,ESI-MS m/z:285[M＋H]$^+$。IR(KBr):3 441、2 962、2 855、1 626cm^{-1}。^{1}H NMR(CD_3OD,400MHz) δ:2.38(3H,s,14－CH_3),3.82(3H,s,15－CH_3),6.42(1H,d,J=2.35Hz,H－2),7.05(1H,d,J=2.35Hz,H－5),6.98(1H,d,J=1.46Hz,H－6),7.45(1H,d,J=1.17Hz,H－8)。^{13}C NMR(CD_3OD,100MHz)δ:166.9(C－1),108.0(C－2),179.9(C－3),109.1(C－4),163.9(C－5),120.4(C－6),147.2(C－7),125.4(C－8),187.3(C－9),186.6(C－10),138.6(C－11),117.2(C－12),115.7(C－13),138.6(C－14),22.2(C－15),56.5(C－16)。以上数据与文献[10]报道数据一致。

三、竹黄发酵液化合物的提取与分离

除去竹黄菌发酵液(18L)中的菌丝,用乙酸乙酯萃取3次,浓缩得到粗品1.9g。用80～100目的硅胶拌样,以氯仿:甲醇为流动相进行洗脱($CHCl_3$:MeOH＝100:0,98:2,95:5,90:10,80:20,50:50)。分别经反复硅胶柱色谱,其组分1(纯氯仿洗脱)得到化合物(1)10.1mg、化合物(2)12.5mg;组分2(氯仿:甲醇＝98:2洗脱)得到化合物(3)5.9mg;组分3(氯仿:甲醇＝95:5洗脱)得到化合物(4)9.8mg;组分4(氯仿:甲醇＝90:10洗脱)得到化合物(5)10.2mg、化合物(6)5.8mg。化合物(1)和(2)为棕榈酸及其甲酯;(4)为D－阿洛醇;(6)为对羟基苯甲酸;化合物(3)和(5),见图38－2[14]。

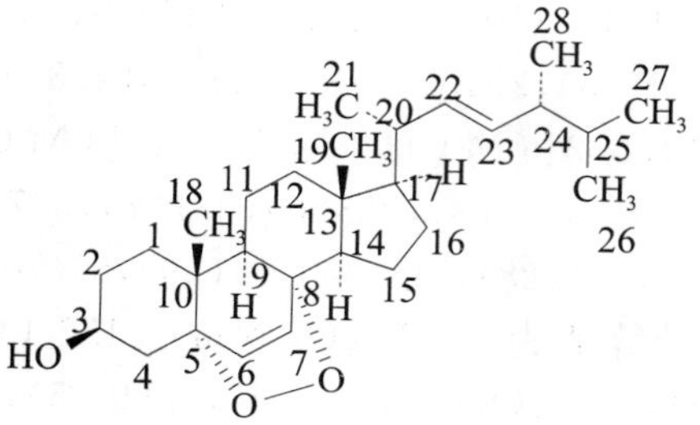

(3)

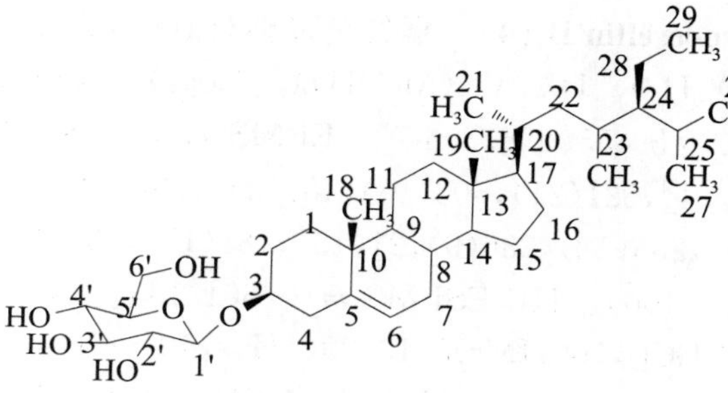

(5)

图38－2　竹黄发酵菌液中的化合物

四、竹黄发酵液化合物的理化常数与光谱数据

5α,8α－Epidiory－(22*E*,24*R*)－erg－osta－6,22－dien－3β－ol(3)　无色针晶,$C_{28}H_{44}O_3$,mp 177～178℃。$[\alpha]_D^{20}$－34(c 0.6,$CDCl_3$)。IR(KBr):3 525、3 309、2 957、2 873、1 653、1 459、1 377、1 046、1 029cm^{-1}。EI-MS m/z:428[M^+](10),410(4),396(100),363(35),271(7),251(14),152(30),107(22),69(63)。^{1}H NMR($CDCl_3$,400MHz)δ:0.85(3H,s,H－18),0.85(3H,d,J=6.5Hz,H－26),0.85(3H,d,J=6.5Hz,H－27),0.87(3H,s,H－19),0.94(3H,d,J=6.8Hz,H－28),1.02(3H,d,J=6.6Hz,H－21),3.98(1H,m,H－3),5.15(1H,dd,J=15.2、8.0Hz,H－22),5.23(1H,dd,J=15.2、8.0Hz,H－23),6.25(1H,d,J=8.5Hz,H－7),6.51(1H,d,J=8.5Hz,H－6)。^{13}C NMR($CDCl_3$,100MHz)δ:34.8(t,C－1),30.2(t,C－2),66.5(d,C－3),37.0(t,C－4),82.2(s,C－5),135.3(d,C－6),130.6(d,C－7),79.5(s,C－8),51.1(d,C－9),37.1(s,C－10),23.3(t,C－11),39.4(t,C－12),44.5(s,C－13),51.6(d,C－14),20.6(t,C－15),28.8(t,C－16),56.7(d,C－17),12.4(q,C－18),18.5(q,C－19),39.6(d,C－20),20.7(q,C－21),135.8(d,C－22),132.4(d,C－23),42.3(d,C－24),33.4(d,C－25),19.4(q,C－26),19.9(q,C－27),17.7(q,C－28)。以上数据与文献[15]中的数据一致。

第三节　竹黄生物活性的研究

一、抗肿瘤活性

竹黄菌中的竹红菌素具有良好的光敏活性，对正常细胞的杀伤性较低。竹红菌素可在光和氧的参与下，对肿瘤细胞的细胞膜和DNA产生损伤进而促进肿瘤细胞凋亡。肖彩霞等人[16]研究发现，竹红菌甲素和竹红菌乙素均具有较好的抗肿瘤活性，对多种人源的肿瘤细胞，如HIC、MGC803、HeLa与Hce－8693盲肠细胞，具有显著的光活性杀伤作用。竹红菌甲素会使细胞DNA碎裂、发生形态改变和降低线粒体脱氢酶活性，从而导致肿瘤细胞凋亡；竹红菌乙素在光照时，会产生单线态的氧和自由基，激活核酸内切酶，使肿瘤细胞DNA降解，从而使细胞凋亡。

二、抑菌活性

竹黄菌的乙酸乙酯提取部位，具有较为广谱的抗菌作用[17]。李达旭等人[18]研究显示，竹黄菌提取物对枯草芽孢杆菌与金黄色葡萄球菌等革兰阳性菌有较好的抑制作用，而对大肠杆菌和假单胞菌等革兰阴性菌没有明显的抑制作用。竹红菌素对抗寄生虫，如利什曼原虫也有一定的作用[19]。

三、镇痛活性

在小鼠甩尾实验和扭体实验中证实，竹黄菌株代谢产生的次级产物可以明显提高小鼠的痛阈，延长开始甩尾的时间，并能减少冰醋酸导致的甩尾次数[19]。朱丽清等人[20]通过小鼠热板法实验，验证了竹红菌素能显著提高小鼠的热板痛阈值。

四、保肝活性

竹黄菌具有一定的保肝作用。根据有关初级药理实验[21]表明，竹黄多糖对四氯化碳引起的急性肝损伤具有保护作用。

五、改善类风湿关节炎的活性

TNF－α可以通过自分泌或旁分泌的方式诱导其他炎症因子，如IL－1、IL－6、IL－8和粒细胞-单核细胞集落刺激因子[19,22-23]出现，从而产生和促进炎症。实验[24]表明，不同浓度的竹黄提取物能够显著抑制TNF－α诱导的NF－κB蛋白的表达，说明竹黄提取物可以通过影响TNF－α通路来改善类风湿关节炎。

六、抗炎活性

大鼠足跖肿胀法和小鼠耳肿胀法[25]抗炎试验，表明竹红菌乙素具有明显的抗炎作用[26]。杨建宇等人[27]研究发现，竹黄局部用药可以较好地抑制大鼠皮肤埋置聚乙烯塑料环致炎症后期引发的肉芽组织生长。小鼠口服竹红菌素，可以明显抑制以腹腔巨噬细胞主导的非特异性免疫。

七、心血管活性

韩丽娜等人[28]研究了竹红乙素对青紫蓝兔脉络膜毛细血管的生物学效应，结果表明，竹红乙素对以脉络膜新生血管为特点的眼底疾病有一定的治疗作用。

第四节　展　望

竹黄菌是我国民间常用中药，对多种常见病具有良好的疗效。现代研究显示，竹黄菌还具有抗肿瘤、抗炎、抑菌和镇痛等多方面的活性。目前对竹黄菌中化学成分的探究还很有限，药理活性研究也处于初级水平，还没能清晰地阐述竹黄菌发生作用的机制。当前竹黄菌自然资源遭受到极大的破坏，天然竹黄菌越来越少，我们既要注重竹黄化学成分、药理活性的研究，还要加强对竹黄资源的保护。

参考文献

[1] 房立真，刘吉开. 竹黄化学成分的研究[J]. 天然产物研究与开发，2010，22 (6)：1021－1023.
[2] 刘永翔，刘作易，全宇. 竹黄子座形成及菌丝体发酵产生竹红菌素 A 的基本营养条件[J]. 贵州农业科学，2011，39 (8) ：98－102.
[3] 李向敏，高健，岳永德，等. 竹黄的系统学、生物学及活性成分的研究 [J]. 林业科学研究，2009，22 (2) ：297－284.
[4] 林海萍，黄小波，毛胜凤，等. 野生竹黄菌生物学性状[J]. 中草药，2008，39 (9) ：1407－1409.
[5] 刘波. 中国药用真菌[M]，第 2 版，太原：山西人民出版社，1978.
[6] 钟树荣，赵海，李安明，等. 一种尚待开发的中药—竹黄[J]. 中草药，2002，33(4)：372－374.
[7] 刘双柱，赵维民. 药用真菌竹黄化学成分研究[J]. 中草药，2010，41(8)：1239－1242.
[8] 梁晓辉，蔡宇杰，廖祥儒，等. 药用真菌竹黄的研究进展[J]. 食品与生物技术学报，2008，27(5)：21－25.
[9] 殷志琦，陈占利，张健，等. 药用真菌竹黄的化学成分研究[J]. 中国中药杂志，2013，38(7)：1008－1013.
[10] 张梁，楼志华，陶冠军，等. 一种蒽醌类色素的提取分离和结构分析[J]. 中国中药杂志，2006，31 (19)：1645－1646.
[11] Kishi T，Tahara S，Takahashi S，et al. New perylenequinones from *Shiraia bambusicola*[J]. Planta Med，1991，57：376－379.
[12] Fang LZ，Qing C，Shao HJ，et al. Hypocrellin D a cytotoxic fungal pigment from fruiting bodies of the ascomycete *Shiraia bambusicola*[J]. J Antibiot，2006，59：351－354.
[13] Takamatsu S，Kim YP，Omura S，et al. Macrosphlide a novel inhibitor of cell-cell adhension molecule Ⅱ. Physicochemical properties and structural elucidation[J]. J Antibiot，1996，49：95－98.
[14] 胡居杰，尹伟，吴培云，等. 竹黄菌发酵液化学成分研究[J]. 安徽中医学院学报，2011，30(6)，58－60.
[15] Ishizuka T，Yaoita Y，Kikuchi M. Sterol constituents from the fruit bodies of *Grifola frondosa*(Fr.)SF Gray[J]. Chem Pharm Bull，1997，45(11)：1756－1760.
[16] 肖彩霞，刘同军，杨海龙. 竹红菌素及其衍生物抗肿瘤活性的研究进展 [J]. 食品与药品，2008，10

(7):55－58.

[17] 李佳友,李兆才,焦庆才,等. 竹黄菌发酵液萃取物的抗菌活性研究[J]. 南京中医药大学学报,2003,19(3):159－160.

[18] 李达旭. 一株竹黄真菌的分离鉴定发酵及其应用的研究[D]. 四川大学硕士学位论文,2003.

[19] Ma GY,Khan SI,Jacob MR, et al. Antimicrobial antileishmanial activities of Hypocrellin A and B[J]. Antimicrob Agents Chemother, 2004, 48(11):4450－4452.

[20] 朱丽清,胡汉杰,张黎明,等. 竹黄的镇痛消炎作用[J]. 中草药,1990,21(1):22－23.

[21] 程尤生,刘萱. 类脂过氧化对竹红菌甲素引起膜蛋白光敏交联的影响[J]. 实验生物学报,1987,20(3):373－373.

[22] 林海萍. 竹黄菌生物学性状及其人工培养技术研究[D]. 浙江大学食用菌研究所硕士学位论文,2002.

[23] 楼志华. 药用真菌——竹黄发酵蒽醌类色素及其结构的研究[D]. 江南大学硕士学位论文,2006.

[24] 朱丽宇. 竹黄有效成分的提取及其对类风湿性关节炎 TNF－α 通路影响的探讨[D]. 中南大学硕士学位论文,2010.

[25] 浙江医科大学药学系《药理学实验》编写组. 药理学实验[M]. 北京:人民卫生出版社,1985.

[26] 朱丽青,胡汉泰. 竹黄的镇痛抗炎作用[J]. 中草药,1990,21 (1) :22－23.

[27] 杨建宇,滕佳,王磊,等. 竹红菌素对炎症和免疫的影响[J]. 云南中医中药杂志,2006,27(3):50－51.

[28] 韩丽娜,刘光凡,顾瑛,等. 竹红乙素对脉络膜毛细血管光动力效应的初级观察[J]. 激光生物学报,2004,13(6):439－442.

(邵思远、杨桠楠)

第三十九章 松茸

SONG RONG

第一节 概述

松茸[*Tricholoma matsutake*(lto et lmai)Singer]隶属于担子菌亚门，层菌亚纲，伞菌目，口蘑科，口蘑属真菌，学名松口蘑，别名松蕈、合菌、台菌等[1]。在我国主要产于东北地区和贵州、云南、四川交界一带海拔 3 000m 的针叶阔林区，被日本称为“食用菌之王”[2]。松茸不仅可以作为可口美味的菜肴，而且具有强身、补肾壮阳、益肠胃、理气、化痰等功效[3-4]。现代医学试验表明，松茸具有抗肿瘤、抗菌、抗炎、抗病毒、抗真菌，治疗糖尿病与心血管疾病等功效[5]。

经研究表明，松茸含有多糖、氨基酸、不饱和脂肪酸、多肽、甾体类、萜类、挥发油、人体必需微量元素、丰富的膳食纤维和多种活性酶，是世界上最珍贵的天然药用菌类之一[6]。

第二节 松茸化学成分的研究

一、松茸多糖类化学成分的提取分离与结构鉴定

松茸多糖主要以松茸子实体和松茸液体深层发酵产物为提取原料，多糖分为胞内多糖和胞外多糖两部分[7]。

多糖的提取方法较多，比较常用的有热水浸提法、有机溶剂提取法、碱浸提法、复合酶解法、微波提取法和超声波提取法等[7]。经研究表明，提取时间、水料比、提取温度等都会影响松茸多糖的提取率。

为研究松茸多糖中的单糖组成，可对松茸多糖进行水解、甲基化反应，通过气相色谱法对照已知单糖气相色谱峰来确定多糖中单糖成分，并计算摩尔比[8]。例如以下实例[7]：

多糖提取 称取 15g 过 60 目筛的松茸子实体粉末，按料水比 1∶15(质量体积比)加蒸馏水，在 90℃水浴加热 2.5h，离心过滤。滤液用 Sevage 试液(氯仿∶正丁醇＝4∶1，体积比)按 1∶5充分摇匀，振荡 25min，4 000r/min 离心 15min，收集上清液，重复处理至氯仿与水层间无胶状物产生。加入无水乙醇至 70%，放在 4℃下静置 12h，过滤，冷冻干燥得到较纯的多糖。

多糖水解，单糖还原 称取 0.5～1.0mg 多糖溶解在 1ml 4mol/L 的 TFA(三氟乙酸)中，充氮气加盖密封，在 100℃水解 4h，用氮气除水。水解糖样溶于 0.5ml 0.05mol/L 氢氧化钠溶液，加 5～10mg 硼氢化钠，在 60℃中还原 1h，加乙酸至无气泡逸出。将产物冷冻干燥，加 1ml 甲醇并振荡溶解，用氮气除去甲醇，反复 5 次，除去硼酸根。产物放在含有五氧化二磷的真空干燥箱中干燥 5h。

单糖甲基化气相色谱分析 干燥产物加 1ml 4A 分子筛干燥的吡啶，振荡溶解，再依次加 0.5ml 六甲基二硅醚烷，0.2ml 三甲基氯硅烷，振荡，混合均匀，放在 4℃冰箱中反应 12h，产物用离心机离心 8min(4 000r/min)，取上清液进行气相分析。

经研究表明，松茸多糖中含有 D-木糖、D-甘露糖、D-葡萄糖、D-半乳糖、D-葡萄糖醛酸，摩尔比为 1∶1.8∶26.5∶52.53∶8.83，D-葡萄糖为主要成分。此外，还含有 3 种未被测出的糖，其中可能包

括D-阿拉伯糖。

多糖的生物活性与其结构特征（比如多糖相对分子质量、化学成分、键合方式、糖链长度与空间结构等）有密切关系[9]。据有关文献报道，具有生物活性成分的松茸多糖大多以β-(1→3)，(1→6)糖苷键连接[9]。

MPG-1是松茸中活性较好的一种糖蛋白主要由α-(1→4)糖苷键相连的主链和以α-(1→2)与α-(1→6)糖苷键相连的侧链组成葡聚糖结构，再与蛋白结合，形成一个特定的"立体结构"[10]。

二、松茸甾体类成分的理化常数与波谱数据

松茸中甾体类成分研究得不多，Yaoita等人[12]从松茸中首次提取到5α,9α-环二氧-(22E)-麦角甾-7,22-二烯-3β,6β-二醇(1)与3β,5α,9α,14β-四羟基-(22E)-麦角甾-7,22-二烯-6-酮(2)。此外，还有5α,8α-环二氧-22E-麦角甾-6,22-二烯-3β-醇(3)[13]，(22E,24R)-麦角甾-5,7,22-三烯-3β-醇(4)[13-14]，麦角甾-7,22-二烯-5,6-环氧-3β-醇(5)[13]，麦角甾-7,22-二烯-3β-醇(6)[13]，麦角甾-7,22-二烯-3β,5α,6β-三醇(7)[13,15]等(图39-1)。

化合物(1)(5α,9α-环二氧-(22E)-麦角甾-7,22-二烯-3β,6β-二醇)　无定型粉末，$[\alpha]_D^{25}$-24.0(c 0.1,MeOH)。^{1}H NMR($CDCl_3$,400MHz)δ:0.63(3H,H-18),0.82(d,J=6.6Hz,3H,H-26),0.84(d,J=6.6Hz,3H,H-27),0.92(d,J=6.8Hz,3H,H-28),1.01(d,J=6.8Hz,3H,H-21),1.26(3H,H-19),1.66(d,J=6.6Hz,1H,OH-6),2.24(m,1H,H-14),3.77(ddd,J=6.6,4.4,3.2Hz,1H,H-6),4.03(m,1H,H-3),5.15(dd,J=4.4,2.7Hz,1H,H-7)。^{13}C NMR($CDCl_3$,100MHz)δ:28.7(C-1),31.7(C-2),66.8(C-3),34.8(C-4),86.6(C-5),72.2(C-6),122.5(C-7),141.8(C-8),84.7(C-9),51.0(C-10),23.1(C-11),36.6(C-12),41.9(C-13),2.1(C-14),23.2(C-15),28.1(C-16),5.5(C-17),11.7(C-18),17.3(C-19),40.4(C-20),21.1(C-21),135.2(C-22),132.3(C-23),42.8(C-24),33.1(C-25),19.7(C-26),20.0(C-27),17.6(C-28)。

化合物(2)(3β,5α,9α,14β-四羟基-(22E)-麦角甾-7,22-二烯-6-酮)　无定型粉末，$[\alpha]_D^{25}$-73.7(c 0.1,MeOH)。^{1}H NMR($CDCl_3$,400MHz)δ:0.83(d,J=6.6Hz,3H,H-26),0.85(d,J=6.6Hz,3H,H-27),0.95(d,J=6.6Hz,3H,H-28),0.99(3H,H-19),1.00(3H,H-18),1.00(d,J=6.6Hz,3H,H-21),2.33(ddd,J=13.9,13.9,4.0Hz,1H,H-1),2.38(m,1H,H-20),2.80(m,1H,H-15),4.06(m,1H,H-3),5.34(dd,J=15.4,8.1Hz,1H,H-23),5.45(dd,J=15.4,8.8Hz,1H,H-22),6.50(1H,H-7)。^{13}C NMR($CDCl_3$,100MHz)δ:26.0(C-1),31.7(C-2),66.7(C-3),38.1(C-4),79.3(C-5),199.4(C-6),122.8(C-7),166.9(C-8),75.9(C-9),43.3(C-10),28.0(C-11),37.4 (C-12),49.8(C-13),84.6(C-14),41.9(C-15),28.6(C-16),56.1(C-17),17.5(C-18),22.9(C-19),39.5(C-20),20.4(C-21),135.3(C-22),32.9(C-23),43.3(C-24),33.4(C-25),19.9(C-26),20.2(C-27),17.9(C-28)。

化合物(3)(5α,8α-环二氧-(22E)-麦角甾-6,22-二烯-3β-醇)　白色针晶，mp 177～178℃，易溶于石油醚、氯仿、醋酸乙酯等有机溶剂，硫酸乙醇显色为墨绿色。^{1}H NMR($CDCl_3$,400MHz)δ:6.31(d,J=8.5Hz,1H,H-6),6.52(d,J=8.5Hz,1H,H-7),5.23(dd,J=15.2、7.6Hz,1H,H-23),5.13(dd,J=15.2、8.0Hz,1H,H-22),4.35(m,1H,H-3),1.05(d,J=6.8Hz,3H,H-21),0.97(d,J=66.4Hz,3H,H-28),0.86(d,J=6.0Hz,3H,H-26),0.85(d,J=6.0Hz,3H,H-27),0.90(s,3H,H-19),0.77(s,3H,H-18)。^{13}C NMR($CDCl_3$,100MH)δ:35.8(C-1),31.2(C-2),65.4(C-3),37.3(C-4),8.2(C-5),136.2(C-6),134.8(C-7),81.5(C-8),51.9(C-9),37.3(C-10),22.7(C-11),39.6(C-12),44.6(C-13),51.2(C-14),22.3(C-15),28.9(C-16),56.3(C-17),12.9(C-18),18.2(C-19),39.8(C-20),20.9(C-21),13.4(C-22),132.3(C-23),42.9(C-24),33.4(C-25),20.6(C-26),19.9(C-27),17.6(C-28)。EI-MS m/z:451$[M+Na]^+$。

化合物(4)((22*E*)-麦角甾-5,7,22-三烯-3*β*-醇) 无色针晶，mp 161～162℃，易溶于石油醚、氯仿等有机溶剂，硫酸乙醇显色为绿色。^{1}H NMR($CDCl_3$，400MHz)δ：3.55(m，1H，H-3)，5.75(dd，*J*=2.3、2.5Hz，1H，H-6)，5.43(dd，*J*=2.5、2.8Hz，1H，H-7)，0.61(s，3H，H-18)，0.98(s，3H，H-19)，1.14(d，3H，H-21)，5.19(dd，*J*=7.6、15.2Hz，1H，H-22)，5.26(dd，*J*=15.2、6.9Hz，1H，H-23)，0.94(d，3H，H-28)，0.82(d，3H，H-27)，0.81(d，3H，H-26)。^{13}C NMR($CDCl_3$，100MHz)δ：38.3(C-1)，31.9(C-2)，70.5(C-3)，40.4(C-4)，139.8(C-5)，119.6(C-6)，116.3(C-7)，141.4(C-8)，46.2(C-9)，37.0(C-10)，22.3(C-11)，39.0(C-12)，41.7(C-13)，54.6(C-14)，22.9(C-15)，28.3(C-16)，55.9(C-17)，12.1(C-18)，17.7(C-19)，40.5(C-20)，21.1(C-21)，135.5(C-22)，131.9(C-23)，42.8(C-24)，33.1(C-25)，19.6(C-26)，19.9 (C-27)，16.3(C-28)。EI-MS *m/z*：396[M]$^+$。

化合物(5)((22*E*)-麦角甾-7,22-二烯-5,6-环氧-3*β*-醇) 白色针晶，mp 234～235℃易溶于石油醚、氯仿等有机溶剂，硫酸乙醇显色为蓝紫色。^{1}H NMR($CDCl_3$，400MHz)δ：3.49(m，1H，H-6)，5.16(m，1H，H-7)，5.21(dd，*J*=14.2、6.6Hz，1H，H-23)，5.17(dd，*J*=14.2、8.0Hz，1H，H-22)，3.94(m，1H，H-3)，0.98(d，*J*=7.0Hz，3H，H-21)，0.89(d，*J*=7.0Hz，3H，H-28)，0.82(d，*J*=7.0Hz，3H，H-26)，0.80(d，*J*=7.0Hz，3H，H-27)，0.91(s，3H，H-19)，0.62(s，3H，H-18)。^{13}C NMR($CDCl_3$，100MHz)δ：39.4(C-1)，32.2(C-2)，66.9(C-3)，38.6(C-4)，74.4(C-5)，72.5(C-6)，119.4(C-7)，139.6(C-8)，42.3(C-9)，32.4(C-10)，21.3(C-11)，40.2(C-12)，42.2(C-13)，54.1(C-14)，22.5(C-15)，27.8(C-16)，55.3(C-17)，12.1(C-18)，17.6(C-19)，40.1(C-20)，20.2(C-21)，135.4(C-22)，131.4(C-23)，41.9(C-24)，34.5(C-25)，18.5(C-26)，20.6(C-27)，17.3(C-28)。EI-MS *m/z*：412[M]$^+$。

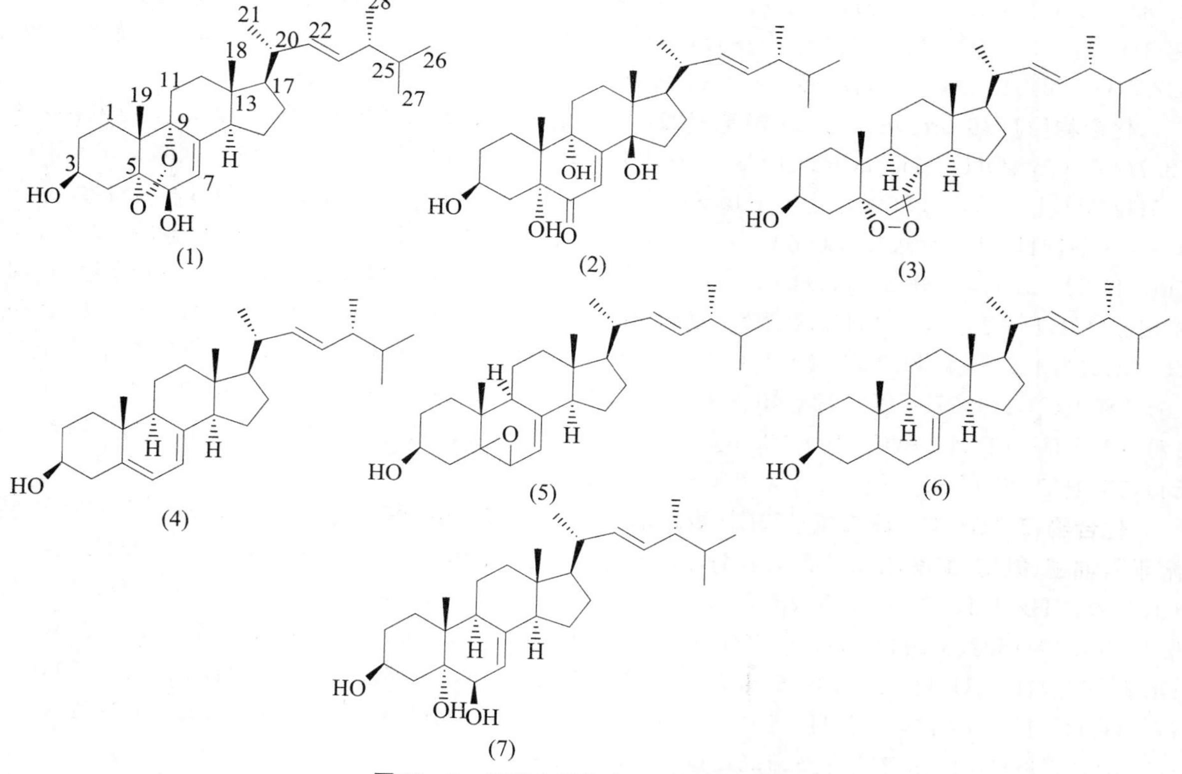

图 39-1 松茸中甾体类化学成分的结构

化合物(6)((22*E*)-麦角甾-7,22-二烯-3*β*-醇) 无色针晶，mp 164～166℃，易溶于石油醚、氯仿等有机溶剂，硫酸乙醇显色为紫色。^{1}H NMR($CDCl_3$，400MHz)δ：5.26(m，2H，H-22，H-23)，

5.18(s,1H,H-7),3.50(m,1H,H-3),1.10(d,J=6.6Hz,3H,H-21),0.95(d,J=6.8Hz,3H,H-28),0.87(d,J=7.4Hz,6H,H-26,H-27),0.83(s,3H,H-18),0.85(s,3H,H-19)。^{13}C NMR($CDCl_3$,100MHz)δ:37.3(C-1),33.6(C-2),71.1(C-3),38.1(C-4),40.3(C-5),29.5(C-6),117.6(C-7),139.8(C-8),49.4(C-9),34.5(C-10),21.3(C-11),39.3(C-12),43.2(C-13),55.5(C-14),22.6(C-15),28.5(C-16),56.1(C-17),12.2(C-18),13.2(C-19),40.5(C-20),21.2(C-21),135.6(C-22),131.3(C-23),42.2(C-24),33.6(C-25),17.6(C-26),19.6(C-27),19.9(C-28)。EI-MS m/z:398[M]$^+$。

化合物(7)((22*E*)-麦角甾-7,22-二烯-3*β*,5*α*,6*β*-三醇) 白色针晶,mp 220~221℃,易溶于石油醚、氯仿、丙酮等有机溶剂,硫酸乙醇显色为紫色。^{1}H NMR($CDCl_3$,400MHz)δ:5.63(brs,1H,H-7),5.23(dd,J=15.2、7.4Hz,1H,H-23),5.15(dd,J=15.0、8.2Hz,1H,H-22),4.18(m,1H,H-3),3.46(brs,1H,H-6),0.56(s,3H,H-18),1.09(s,3H,H-19),1.04(d,J=6.8Hz,3H,H-21),0.96(d,J=7.0Hz,3H,H-28),0.85—0.86(d,J=7.2Hz,6H,H-26,H-27)。^{13}C NMR($CDCl_3$,100MHz)δ:33.9(C-1),32.9(C-2),68.7(C-3),40.5(C-4),76.9(C-5),74.5(C-6),118.4(C-7),144.9(C-8),44.4(C-9),38.1(C-10),23.8(C-11),34.0(C-12),44.7(C-13),55.5(C-14),28.8(C-15),31.8(C-16),57.1(C-17),13.8(C-18),20.8(C-19),41.2(C-20),20.5(C-21),133.2(C-22),136.3(C-23),43.8(C-24),33.2(C-25),22.1(C-26),23.1(C-27),19.7 (C-28)。EI-MS m/z:453[M+Na]$^+$。

三、松茸中的氨基酸

松茸中含有丰富的氨基酸,Cho 等人[11]对来自不同地区的松茸做了研究,用聚乙烯低温处理松茸,解冻,切片并风干,实验表明,松茸菌盖中活性风味氨基酸以及5′-核苷酸的含量均高于同株松茸的菌柄。

松茸中含有人体必需氨基酸:赖氨酸、色氨酸、苯丙氨酸、苏氨酸、异亮氨酸、亮氨酸、缬氨酸、甲硫氨酸。游离氨基酸中以丝氨酸和丙氨酸为主。

四、松茸中的挥发性成分

在松茸菌帽和菌柄中分别发现 24 种和 22 种挥发性成分[16]。有肉桂酸甲酯、肉豆蔻酸甲酯、棕榈酸甲酯、硬脂酸甲酯、油酸甲酯、亚油酸甲酯、1-辛烯-3-醇、1-辛烯-3-酮 3-辛醇、*E*-2-辛醛、*E*-2-辛烯-3-醇、2-甲基-3-丁烯-2-醇、3-戊烯-2-醇、正戊醇、辛酸乙酯、刺伯醇等。其中肉桂酸甲酯和1-辛烯-3-醇含量最多[16],1-辛烯-3-酮是菌帽与菌柄中最重要的香气物质[16]。

不仅不同等级的松茸挥发性物质不同,生松茸与煮过的松茸挥发性物质也有差别。在同等级松茸中,生松茸的主要有苯丙醇、*E*-2-辛烯-1-醇、二甲基砜、2,3-二氢呋喃酮等物质,而煮过的松茸主要含苯甲醇、苯甲酸甲酯、2,4-二甲基呋喃二氢酸、1-辛烯-3-醇等物质[17]。

五、松茸中的其他成分

松茸中除具有多糖、氨基酸、甾体类、挥发性成分外,还具有蛋白质、皂苷、蒽醌类、酚类等物质。

第三节 松茸生物活性的研究

松茸的成分复杂,具有多种有效成分,能预防、治疗多种疾病。经研究表明,松茸具有抗肿瘤、抗

突变、抗炎、抗辐射、增强免疫力、美白、延缓衰老等功效。

一、抗肿瘤

松茸具有很高的抗肿瘤活性，在27种担子菌抗癌食用菌中，其抗癌活性位居第2位[18]。经研究表明，从松茸中分离得到的糖蛋白对肉瘤S-180小鼠有明显的抗癌活性。实验中对接种S-180癌细胞的小鼠给予松茸糖蛋白制剂，与对照组比较，给药的小鼠肉瘤受到抑制[19]。

Kawamura等人[20]的实验发现，松茸中的抗癌基因蛋白可导致癌细胞的凋亡。另外，松茸糖蛋白MTS03对人乳腺癌(MCF-7)细胞系也有抑制作用，但对正常细胞的毒性却很低[21]。

利用松茸开发出的“松茸精”对小鼠宫颈癌U14，小鼠肉瘤S-180有明显的抑制作用，对小鼠艾氏腹水癌有一定的抗肿瘤作用[4]。另外，对皮肤癌、子宫癌、肝癌也具有较好的疗效[22]。松茸多糖还能够诱导K562细胞凋亡，抑制白细胞增殖[23]。

二、抗突变

松茸具有抑制细胞发生突变的作用。松茸体内含有一种特殊双链生物活性物质，称为松茸RNA。这种物质具有超强抗基因突变能力和抗癌作用，通过阻断肿瘤细胞的蛋白质合成，使得肿瘤细胞不能分裂繁殖以至死亡；破坏肿瘤细胞遗传复制的DNA基因，从而达到抗基因突变的目的[3,24]。对云南地区产的松茸提取物进行研究，发现对黄曲霉毒素B_1、二甲基亚硝胺、卷烟焦油、2-氨基芴、环磷酰胺、染发剂、苯并(α)芘等化学物质引起的突变，均具有显著的抑制作用($P<0.01$)[3,25]。

三、抗辐射

松茸多糖具有抗辐射作用。李娟等人对吉林省长白山区产的松茸提取多糖进行了研究。结果表明，松茸多糖能够促进机体自由基的清除，增加机体抗氧化能力，对辐射所致的免疫损伤有明显的保护作用[3,26]。

四、抗　炎

松茸可以用来预防感染，可作为药物或食物来抑制病原微生物。松茸中的挥发性提取物有抗菌作用。实验证明，虽然在不同土壤中生长的松茸得到的结果不同，但当松茸中的萜烯与苯菌灵(Benlate)联用时，枯草杆菌和青霉菌都明显减少[27]。据有关文献报道，有学者在松茸中分离得到的抗真菌蛋白，通过鉴定该蛋白是吡喃糖氧化酶[6]。

五、美　白

经实验研究表明，松茸与堪察加景天的混合提取物有美白的功效，美白的作用是通过抑制酪氨酸酶活性来实现；而两者单独提取物对美白的作用却不大。此外，桑枝与松茸的混合提取物也有美白效果[6]。松茸分离得到的反式甲基肉桂酸盐能阻止黑色素形成，还具有降低有效活性成分变性的作用[6]。

六、增强免疫力

高菊珍等人研究表明，松茸提取物(主要含多糖类成分)对非特异性免疫和特异性免疫都有增强作用,同时还具有抗应激作用[28],可明显提高连续注射环磷酰胺和可的松造成免疫功能低下小鼠的免疫功能,使之保持正常[3]。从松茸中获得的 α-葡聚糖蛋白能够激活 NK 细胞,清除肿瘤细胞,阻止病毒入侵,从而增强机体内的免疫功能[10]。

七、延缓衰老

张松等人用栎金钱菌、茶树菇、云芝、松茸和灵芝等 5 种食药用真菌复合活性提取物灌胃衰老模型小鼠,实验表明:每天 800mg/kg 的 5 种食药用真菌复合活性提取物,能使雄性小鼠血清 SOD 活性提高,肝脂褐素含量减少,脾指数增加,脑指数增加;也能使雌性小鼠血清 SOD 活性提高,肝脂褐素含量降低[29]。另外,刘金庆等人[30]研究表明,松茸能够显著延长果蝇的寿命。

第四节 展 望

松茸作为具有良好生物活性的食药用真菌,近年来越来越受到国内外学者的广泛关注。由于松茸类食用菌数量少、稀有、分布狭窄、化学成分复杂,目前只对松茸部分有效成分做了些研究,其他成分特别是松茸的生物活性与药理等方面还有待进一步加强研究与探索。

参考文献

[1] 周选围. 松茸资源研究概况[J]. 食用菌学报,2002,9(1):50—56.
[2] 方明,李玉,姚方杰,等. 松茸研究概况[J]. 中国食用菌,2005,24(6):12—15.
[3] 廖丽娟,金光洙. 松茸的化学成分及其药理作用的研究进展[J]. 中国野生植物资源,2010,29(1):12—14.
[4] 裴以川,陆伟东,顾静芝. 松茸精的抗肿瘤和强壮作用实验研究[J]. 中国民族民间医药杂志,1999,6:345—346.
[5] Tidke G, Rai M. Biotechnological potential of mushrooms: drugs and dye production [J]. Int J Med Mushrooms, 2006, 8 (4):351—360.
[6] 陈霞,刘芹,丁侃. 松茸的化学成分、活性及其药理作用研究进展[J]. 中国医疗前沿,2009,4(12):114—116.
[7] 胡婧楠,刘景圣. 松茸多糖的研究进展[J]. 食品工业,2011,(7):107—109.
[8] 高瑞希,李竣,柴万鹏,等. 松茸多糖成分分析[J]. 华中师范大学报,2013,47(5):658—660.
[9] You L, Gao Q, Feng M, et al. Structural characterisation of polysaccharides from *Tricholoma matsutake* and their antioxidant and antitumour activities [J]. Food Chem, 2013, 138 (4): 2242—2249.
[10] Hoshi H, Yagi Y, Lijima H, et al. Isolation and characterization of a novel immunomodulatory α-Glucan-Protein complex from the mycelium of *Tricholoma matsutake* in Basidiomycetes [J]. J. Agric. Food Chem, 2005, 53 (23):8948—8956.
[11] Cho. IH, Choi HK, Kim YS. Comparison of umami-taste active components in the pileus and stipe of pine-mushrooms (*Tricholoma matsutake Sing.*) of different grades [J]. Food Chem, 2010, 118 (3):804—807.
[12] Yaoita Y, Matsuki K, Iijima T, et al. New sterols and triterpenoids from four edible mush-

rooms [J]. Chem Pharm Bull, 2001, 49 (5):589—594.

[13] 刘刚,王辉,施偲,等. 松茸子实体石油醚部位化学成分研究[J]. 中国医院药学杂志,2014,34(14):1180—1183.

[14] 万辉. 褐圆牛肝菌化学成分研究[J]. 中草药,2000,1(5):328—330.

[15] 王帅,姜艳艳,朱乃亮,等. 茯苓化学成分分离与结构鉴定[J]. 北京中医药大学学报,2010,33(12):841—844.

[16] Cho IH, Namgung HJ, Choi HK, Kim YS. Volatiles and key odorants in the pileus and stipe of pine-mushroom (*Tricholoma matsutake Sing*.) [J]. Food Chem, 2008, 106 (1):71—76.

[17] Cho IH, Choi HK, Kim YS. et al. Difference in the volatile composition of Pine-Mushrooms (*Tricholoma matsutake Sing*.) according to their grades [J]. J Agric Food Chem, 2006, 54 (13):4820—4825.

[18] 石川久雄. 关于蘑菇多糖问题[J]. 国外食用菌研究,1983,5(2):199—199.

[19] Wan CX, Xu HY, Xue F. et al. Antitumor effects of a refined glycoprotein isolated from *Tricholoma matsutake* mycelium on sarcoma 180 in mice [J]. Chinese Pharmacological Bulletin, 2003, 19 (12):1439—1440.

[20] Kawamura Y, Manabe M, Kitta K. A novel antitumorigenic protein from a mushroom. *Tricholoma matsutake*, induces molecular atoms ions which lead to apoptosis to cancer cells [J]. J Bio Macromol, 2002, 2 (2):52—58.

[21] Wei Y, Xu H, Xu Z. et al. Inhibition effect of glycoprotein MTS03 from the submerged mycelia of *Tricholoma matsutake* on proliferation in MCF - 7 cells in vitro [J]. Chin Pharmacol J, 2005, 40 (20):1545—1548.

[22] Cho HI, Kim SY, Choi HK. Characterization of aroma-active compounds in raw and cooked pine-mushrooms (*Tricholoma matsutake Sing*) [J]. J Agric Food Chem, 2006, 54 (17):6332—6335.

[23] 王辉,刘刚,周本宏,等. 松茸多糖对 K562 细胞抗肿瘤作用的实验研究[J]. 中国药师,2007,10(12):1180—1181.

[24] 程卫东,盛耘,路斌. 松茸抗癌的研究进展[J]. 中国保健食品,2004,6:20—21.

[25] 贺小琼,邓艳,段生朝. 真菌植物松茸提取物体外抑制 2-氨基芴致突变作用研究[J]. 云南中医中药杂志,2004,25(3):33—34.

[26] 陈月月,李雪静,李娟,等. 松茸多糖抗辐射功能的初步研究[J]. 天然产物研究与开发,2006,18(989):998—990.

[27] Tsuruta T, Kawai M. The artificial reproduction of *Tricholoma matsutake* (S. Ito et Imai) Sing. VI. Antibiotic activitiea of volatile substances extracted from a "shiro" of matsutake [J]. Transactions of the mycological Society of Japan, 1979, 20 (2):211—219.

[28] 高菊珍,张红宇,乐无礼. 松茸的免疫增强作用和抗应激作用研究[J]. 中药药理和临床,1997,13(1):38—39.

[29] 刘金庆,张松,杨小兵,等. 5 种食药用真菌复合提取物延缓衰老的研究[J]. 华南师范大学学报,2007,4:110—113.

[30] 刘金庆,张松,杨小兵,等. 5 种珍稀食药用真菌活性提取物对果蝇寿命影响的研究[J]. 生命科学研究,2006,10(2):166—171.

(刘圆圆、张培成)

第四十章 蛹虫草

YONG CHONG CAO

第一节 概论

蛹虫草[*Cordyceps militaris*(L. ex. Fr) Link]，又名北冬虫夏草、北虫草、蛹草、蛹草菌等。属于子囊菌门，粪壳菌纲，肉座菌亚纲，肉座菌目，虫草菌科，虫草属真菌[1]。蛹虫草广泛分布于世界各地，我国吉林、河北、四川、湖南、湖北、山西等省份均有生长。据《本草纲目》记载，蝉花(蝉草和蛹草等多种寄生于蝉体的真菌)能主治“小儿天吊，惊痫，夜啼，心悸”；《本草纲目拾遗》将虫草类中药的功效归之为“能治百虚百损”。在中医临床上，蛹虫草主要用于肺炎、肾虚、腰痛等疾病的治疗。现代药理学研究表明，蛹虫草在降血脂，保护心、脑组织，镇静催眠，增强巨噬细胞的活性，抗炎、抗癌、延缓衰老等方面均有良好功效。

蛹虫草的药用成分复杂，重要的生物活性物质，包括虫草素等核苷类、多糖类、超氧化物歧化酶和微量元素等[2]。虫草素(3′-脱氧腺苷)与腺苷是虫草类药材中的主要活性成分；《中华人民共和国药典》(2015 版)规定，腺苷是冬虫夏草菌丝体生产的重要指标，含量不得低于 0.010%[3]。除虫草素等核苷类化合物外，已分离出其他结构类型，包括环肽类、含氮杂环类、糖苷类、异黄酮类、多糖类与糖苷类。

第二节 蛹虫草化学成分的研究

一、蛹虫草核苷类化合物的提取分离与结构鉴定

董培智等人[4]将人工培养的北虫草子座干品 500g 粉碎，按照 1∶10 的比例加入蒸馏水，用 80℃ 水浴温浸提取 2 次，每次 4h，滤过，合并滤液，减压浓缩得到浸膏 A。浸膏 A 用 2%稀盐酸溶解，过滤得酸水液，酸水液用三氯甲烷萃取 3 次。萃取后的酸液用 2% NaOH 碱化至 pH 为 10，再用正丁醇萃取 3 次，合并正丁醇萃取液，减压浓缩得到浸膏 B。将浸膏 B 烘干后用少许硅胶拌样，将 200g 硅胶湿法装柱，用氯仿-甲醇梯度洗脱，洗脱部分Ⅰ减压浓缩得到浅黄色结晶，用 95%乙醇洗 3 次，再用甲醇重结晶，得到腺苷(1)。洗脱部分Ⅱ减压浓缩得到浅黄色结晶，用 95%乙醇洗 3 次，用甲醇重结晶，得到 3′-脱氧腺苷(虫草素，2)。

姜泓等人[5]将人工蛹虫草子实体干燥粗粉 1kg，用 95% EtOH 回流 3 次，所得浸膏与硅藻土按 1∶1混匀。分别以 Et_2O、EtOAc 提取。取 EtOAc 部分(57g)经硅胶 H 干柱色谱，用 $CHCl_3$、EtOAc、异丙醇(8∶2∶6)洗脱得 B(780mg)、3′-脱氧腺苷(2，460mg)和 C(1g)；B 部分用 Sephadex LH－20 柱继续分离[流动相：MeOH]，得 $O^{5'}$-乙酰基虫草素(3)27mg 和 N^6-[β-(乙酰氨甲酰)氧乙基]腺苷(4)31mg。C 部分用硅胶制备型薄层色谱[展开剂：$CHCl_3$∶EtOAc∶异丙醇∶氨水(8∶2∶6∶0.5)]进一步分离，得到化合物腺苷(1，120mg)和 *N*－甲基腺苷(5)152mg。

吕子明等人[6]将阴干的人工蛹虫草子实体细粉 2kg，用 5 倍量 95%乙醇回流提取(1.5h，6 次)，合并提取液，减压浓缩，得到红黑色浸膏。将该浸膏分散在 1 000ml 去离子水中，静置过夜。离心

(3 000r/min)分出不溶于水的红色黏稠固体悬浮物和水溶液 Fr. F。红色黏稠悬浮物用无水乙醇 1 000ml 回流(0.5h,3 次),冷却至室温抽滤,得到红色粉末 Fr. A(5g)。滤液回收乙醇,得到黑色浸膏,拌以适量硅藻土,分别用不同溶剂洗脱,得到石油醚部分 Fr. B(20g),乙醚部分 Fr. C(2g),95%乙醇洗脱部分 Fr. G。将 Fr. F 与 Fr. G 经 TLC 检测合并,减压浓缩至无乙醇后,加水稀释 5 倍,经 D101 型大孔吸附树脂(500g)柱色谱。先用去离子水洗至无颜色,得到 Fr. E(200g),再用 95%乙醇洗脱液减压浓缩,得到 Fr. D(10g)。将 Fr. D 部位进行干柱加压色谱分离,得到腺苷(1)400mg,*N*-(2-羟乙基)腺苷(6)300mg(图 40-1)。

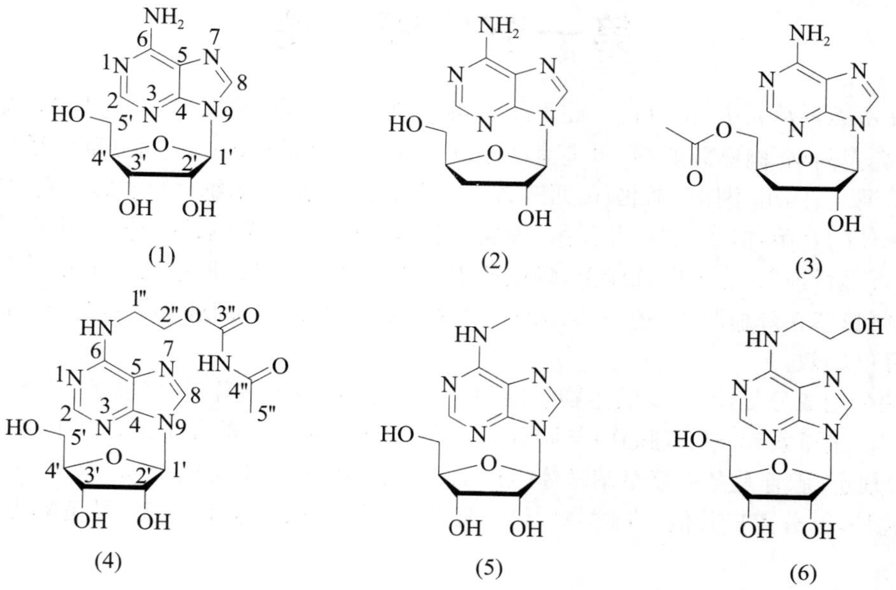

图 40-1 蛹虫草中核苷类化学成分的结构式(1)~(6)

腺苷(adenosine,化合物 1) 白色结晶,mp 235~237℃。UV(50% EtOH)λ_{max} 260nm。IR(KBr):3 336(NH),3 164(OH),1 665、1 604(C=N),2 918、639(C=H)cm^{-1}。^{13}C NMR(DMSO-d_6)δ:61.8(C-5′),86.0(C-4′),70.8(C-3′),73.6(C-2′),88.1(C-1′),140.0(C-8),156.3(C-6),119.5(C-5),149.2(C-4),152.5(C-2)。EI-MS(*m/z*):267[M^+];分子式:$C_{10}H_{13}N_5O_4$[4]。

虫草素(cordycepin,3′-deoxyadenosine,化合物 2) 白色结晶,mp 230~232℃。$[\alpha]_D^{25}$-35.0(H_2O,1.0)。UV(50%EtOH)λ_{max} 260nm。IR(KBr):3 417(NH),3 143(OH),2 919(CH),1 677、1 609(C=N)cm^{-1}。^{1}H NMR(DMSO-d_6)δ:8.35(1H,s,H-8),8.14(1H,s,H-2),7.24(2H,s,NH_2),5.87(1H,d,*J*=2.2Hz,H-1′),5.63(1H,brs,OH-2),5.12(1H,brs,OH-5),4.59(1H,m,H-2′),4.35(1H,m,H-4′),3.70(1H,m,*J*=12.0Hz,4.8Hz,3.3Hz,H_a-5),3.53(1H,m,*J*=12.0、5.9,4.1Hz,H_b-5),2.22(1H,m,*J*=13.0、8.1,5.8Hz,H_a-3),1.93(1H,m,*J*=13.0Hz,6.5Hz,3.0Hz)。^{13}C NMR(DMSO-d_6)δ:156.1(C-6),152.4(C-2),148.9(C-4),139.7(C-8),119.1(C-5),90.8(C-1′),80.7(C-4′),74.6(C-2′),62.7(C-5′),34.2(C-3′)。ESI-MS(*m/z*):252[M+H]$^+$,136;分子式:$C_{10}H_{13}N_5O_3$[4,7]。

$O^{5'}$-乙酰基虫草素($O^{5'}$-acetylcordycepin,化合物 3) ^{1}H NMR(DMSO-d_6)δ:8.14(1H,s,H-2),8.27(1H,s,H-8),7.28(2H,s,-NH_2),5.90(1H,d,*J*=2.2Hz,H-10),4.52(1H,m,H-2′),5.77(1H,d,*J*=4.1Hz,OH-2′),2.01(1H,m,H-3′),2.29(1H,m,H-3′),2.06(1H,m,H-4′),4.27&4.68(2H,m,H-5′),1.98(3H,s,-CH_3)。^{13}C NMR(DMSO-d_6)δ:152.4(C-2),148.9(C-4),118.9(C-5),156.0(C-6),138.9(C-8),90.7(C-1′),74.3(C-2′),34.7(C-3′),77.4(C-4′),65.0(C-5′)[8]。

N^6-[β-(乙酰氨甲酰)氧乙基]腺苷(N^6-[β-(acetylcarbamoyloxy)ethyl]adenosine,化合物 4) 白色结晶,mp 180～183℃。IR(KBr):3 540(NH),3 310、3 150(OH),1 710(C=O),1 620(C=N),1 260(C=O)cm^{-1}。^{1}H NMR(DMSO-d_6)δ:8.22(1H,s,H-2),8.36(1H,s,H-8),5.88(1H,d,J=6.2,H-1′),4.59(1H,m,H-2′),4.17(1H,m,H-3′),3.96(1H,m,H-4′),3.55～3.65(2H,m,H-5′),3.70(2H,m,H-1″),4.75(2H,t,J=5.8Hz,H-2″),1.97(3H,s,H-5″),5.47(1H,m,OH-2′),5.40(1H,m,OH-3′),5.20(1H,m,OH-5′),8.01(1H,s,-N^6H)。^{13}C NMR(DMSO-d_6) δ:152.4(C-2),149.4(C-4),120.6(C-5),154.0(C-6),140.1(C-8),88.0(C-1′),73.7(C-2′),70.8(C-3′),86.0(C-4′),61.7(C-5′),39.3(C-1″),62.6(C-2″),166.6(C-3″),170.2(C-4″),20.8(C-5″)。HR-MS(m/z):396.142 2[M^+],分子式:$C_{15}H_{20}N_6O_7$(计算值:396.139 3)[5]。

N-甲基腺苷[(N-Methyl)adenosine,化合物 5] ^{1}H NMR(DMSO-d_6)δ:3.07(3H,d,J=4.8Hz,N-CH_3),5.92(1H,d,J=6.0Hz,1′-H),7.55(1H,brs,J=4.8Hz,N^6-H),8.25(1H,s,H-8),8.33(1H,s,H-2)[9]。

N-(2-羟乙基)腺苷[N-(2-hydroxyethyl)adenosine,化合物 6] 白色结晶,mp 194～196℃。IR(KBr):3 450(NH),3 300、3 268、3 151(OH),1 627(C=N)cm^{-1}。^{1}H NMR(DMSO-d_6,600MHz)δ:8.22(1H,s,H-2),8.36(1H,s,H-8),5.87(1H,d,J=6.3Hz,H-1′),4.60(1H,dd,J=11.3、6.0Hz,H-2′),4.15(1H,m,H-3′),3.96(1H,dd,J=6.6、3.6Hz,H-4′),3.67(1H,dt,J=12.1、3.9Hz,H_a-5′),3.54(1H,m,H_b-5′),5.44(1H,d,J=6.3Hz,2′-OH),5.20(1H,J=4.7Hz,3′-OH),5.42(1H,dd,J=6.9、4.7Hz,OH-5′),7.35(1H,brs,N^6H),3.56(4H,brs,H-1″,2″),4.76(1H,brs,OH-2″)。^{13}C NMR(DMSO-d_6,150MHz)δ:152.3(C-2),142.8(C-4),119.8(C-5),154.7(C-6),139.7(C-8),87.9(C-1′),73.5(C-2′),70.6(C-3′),85.9(C-4′),61.6(C-5′),42.4(C-1″),59.6(C-2″)。ESI-MS(m/z):312[M+H]$^+$,180[M-$C_5H_9O_4$]$^+$,162[M-$C_5H_9O_4$-H_2O]$^+$[6]。

二、蛹虫草环肽类成分的提取分离与结构鉴定

姜泓等人[5]将萃取得到的 Et_2O 部分(13g),经硅胶柱反复色谱,依次用环己烷-EtOAc(5∶1)和环己烷-EtOAc(1∶1)洗脱,得 A 部位(50mg),用 HPLC 的制备型 C_{18}柱进一步分离[流动相:乙腈-水(55∶45)],得到虫草环肽 A(7)37mg。马骁驰等人[10]将 20L 蛹虫草培养液浓缩后,以 3 倍体积 95%乙醇沉淀,放在 4℃静置过夜、过滤,将上清液浓缩后得到 180g 稠膏。稠膏用水分散后,依次萃取,分别得到氯仿层、乙酸乙酯层、正丁醇层和水层,其中,氯仿层得到 10g 提取物。氯仿层经常压硅胶柱色谱梯度洗脱,氯仿-甲醇(100∶1)部分合并,利用常压硅胶柱色谱、减压硅胶柱色谱与制备薄层色谱,得到环(苯丙氨酸-脯氨酸)二肽(8),环(亮氨酸-脯氨酸)二肽(9),环(缬氨酸-脯氨酸)二肽(10),环(丙氨酸-脯氨酸)二肽(11)。郑健等人[12]将 20L 蛹虫草培养液适当浓缩后,加入 3 倍量 95%乙醇,静置去除沉淀,取上清液回收试剂,得到浸膏 180g,适量水溶解后,依次用溶剂萃取,分别得到乙酸乙酯层(5g)、氯仿层(10g)、正丁醇层(75g)。将浸膏分别经常压硅胶柱色谱、氯仿-甲醇梯度洗脱,合并部分氯仿洗脱,进行制备薄层,在氯仿层部位得到:环(丙氨酸-亮氨酸)二肽(12)7.5mg 和环(缬氨酸-亮氨酸)二肽(13)6.5mg;在乙酸乙酯部位得到:环(酪氨酸-酪氨酸)二肽(14)10mg,环(丝氨酸-亮氨酸)二肽(15)7.5mg(图 40-2)。

虫草环肽 A(Cordycepeptide A,化合物 7) 白色针状结晶,mp 273～274℃。IR(KBr):1 722(C=O),1 636、1 533(-CONH),1 255(C-O)cm^{-1}。^{1}H NMR(C_5D_5N)δ:10.03(1H,d,J=7.5Hz,H-10),9.80(1H,d,J=7.0Hz,H-4′),7.56(1H,d,J=9.0Hz,H-10″),7.24(2H,dd,H-5,H-9),7.23(2H,dd,H-6,H-8),7.22(1H,dd,H-7),5.20(1H,m,H-3‴),5.01(1H,m,H-2″),4.84(1H,m,H-2),4.25(1H,m,H-2′),3.30(1H,m,H_a-3),3.20(1H,m,H_b-3),2.60(2H,m,H-2‴),

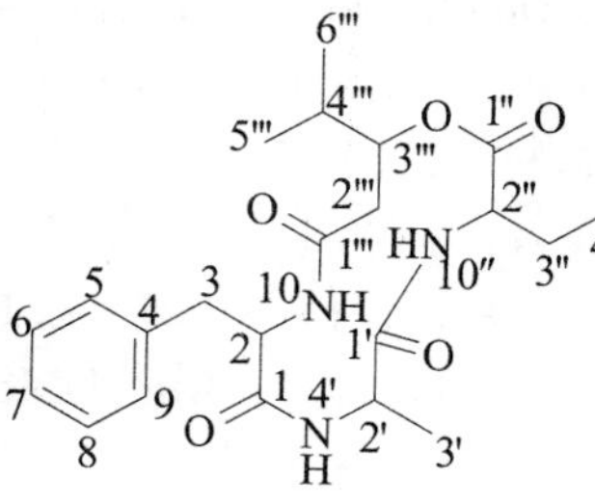

(7) 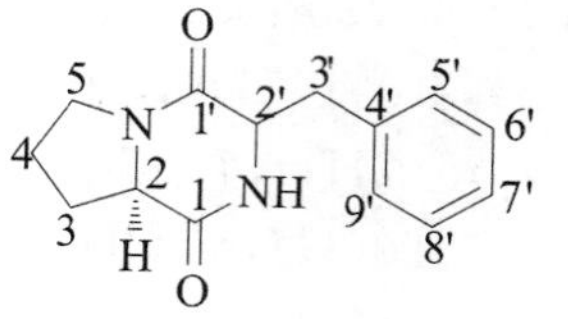 (8) 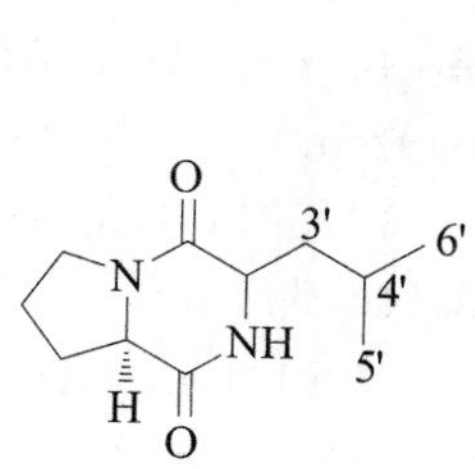 (9) 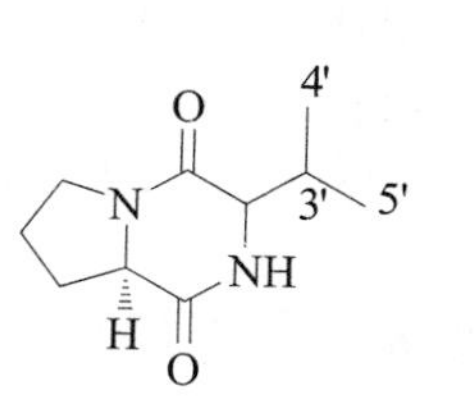 (10) 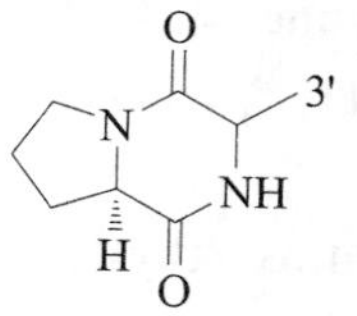 (11) 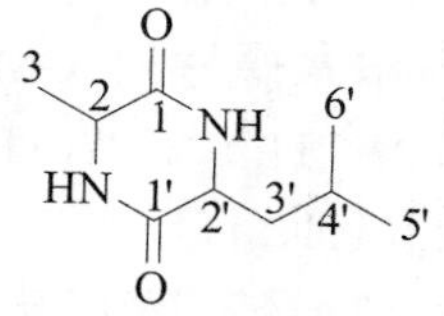 (12) 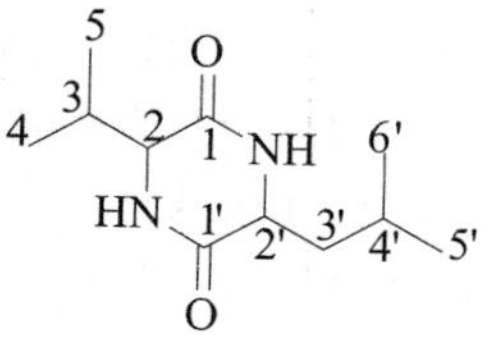 (13) 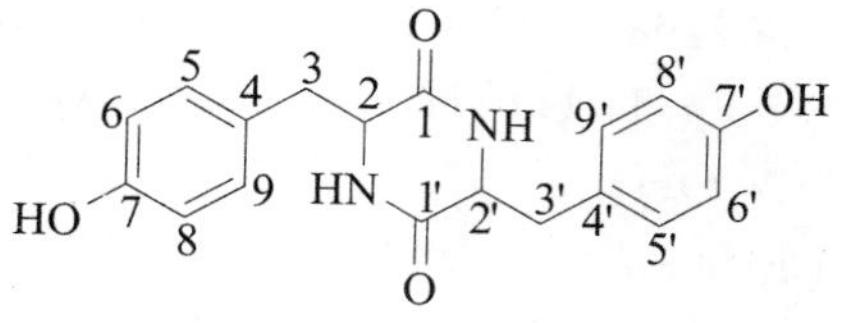 (14) 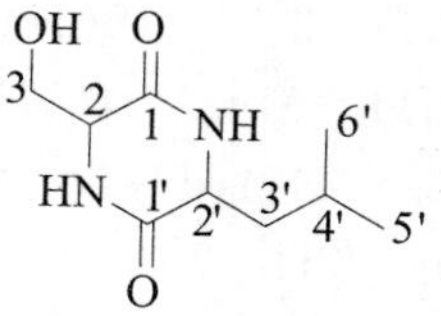 (15)

图 40－2　蛹虫草中环肽类化学成分的结构式(7)～(15)

2. 05(1H,m,H－4‴),1. 70(3H,d,J＝6. 5Hz,H－3′),1. 65(2H,m,H－3″),1. 64(1H,m,H－4″),1. 43(2H,m,H－6″),1. 13(2H,m,H－5″),0. 95(2H,m,H－7″),0. 89(3H,d,J＝6. 0Hz,H－5‴),0. 77(3H,t,J＝6. 5Hz,H－8″),0. 64(1H,d,J＝7. 0Hz,H－6‴)。^{13}C NMR(C_5D_5N)δ:171. 81(C－1),57. 65(C－2),36. 42(C－3),138. 16(C－4),129. 70(C－5),128. 76(C－6),126. 95(C－7),128. 76(C－8),129. 70(C－9),171. 68(C－1′),50. 33(C－2′),15. 91(C－3′),170. 18(C－1″),53. 87(C－2″),41. 78(C－3″),25. 19(C－4″),29. 71(C－5″),30. 90(C－6″),23. 14(C－7″),14. 30(C－8″),15. 55(C－9″),172. 03(C－1‴),36. 82(C－2‴),76. 30(C－3‴),36. 23(C－4‴),22. 48(C－5‴),22. 32(C－6‴)。HR-MS(m/z):487. 304 7[M^+],分子式:$C_{27}H_{41}N_3O_5$(计算值:487. 304 6)[5]。

环(苯丙氨酸-脯氨酸)二肽[cyclo-(*L*-phenylalanyl-*L*-prolyl),化合物 8]　白色结晶,mp 138. 5～139℃,$[\alpha]_D^{11.6}$－192. 59°($CHCl_3$,c 0. 3),茚三酮反应阴性。IR(KBr):3 300、1 650cm^{-1}。^{1}H NMR($CDCl_3$)δ(ppm):7. 28(5H,m,Ar-H),5. 62(1H,brs,N-H),4. 29(1H,dd,J＝10. 7、3. 7Hz,H－2),4. 08(1H,t,J＝7. 7Hz,H－2′),3. 61(2H,m,H－5),2. 76(2H,dd,J＝10. 7、14. 4Hz,H－3),2. 32(2H,m,H－3′),1. 98(2H,m,H－4)。^{13}C NMR($CDCl_3$)δ:169. 4(C－1′),165. 1(C－1),136. 0(C－4′),129. 6(C－5′,C－9′),129. 1(C－6′,C－8′),127. 6(C－7′),59. 2(C－2),56. 2(C－2′),45. 5(C－5),36. 9(C－3′),28. 4(C－3),22. 6(C－4)[10]。

环(亮氨酸-脯氨酸)二肽[cyclo-(*L*-leucyl-*L*-prolyl),化合物 9]　白色结晶,mp 155～156℃,$[\alpha]_D^{11.7}$－71. 25°($CHCl_3$,c 0. 4),茚三酮反应阴性。IR(KBr):3 300、1 650cm^{-1}。^{1}H NMR($CDCl_3$)δ:6. 08(1H,brs,N-H),4. 12(1H,t,J＝7. 8Hz,H－2),4. 00(1H,dd,J＝3. 3、9. 6Hz,H－2′),3. 58(2H,m,H－5),2. 34(1H,m,H_a－3),2. 05(4H,m,H_b－3,H－4,H_a－3′),1. 74(1H,m,H－4′),1. 53(1H,m,H_b－3′),0. 99(3H,d,J＝6. 6Hz,H－5′),0. 95(3H,d,J＝6. 6Hz,H－6′)。^{13}C NMR($CDCl_3$)δ:170. 1(C－1′),166. 2(C－1),59. 0(C－2),53. 4(C－2′),45. 5(C－5),38. 7(C－4′),28. 1(C－3),

24.7(C-3′),23.2(C-4),22.7(C-5′),21.2(C-6′)[10]。

环(缬氨酸-脯氨酸)二肽[cyclo-(*L*-valyl-*L*-prolyl),化合物 10] 白色粉末,mp 185～187℃,茚三酮反应阴性;IR(KBr):3 300(N-H),1 650(C=O)cm^{-1}。^1H NMR(400MHz,DMSO-d_6)δ:7.94(1H,s,H-Val),4.11(1H,m,H-2),3.91(1H,m,H-2′),3.38(2H,m,H-5),2.30(2H,m,H-3),1.85(2H,m,H-4),1.84(1H,m,H-3′),1.01(3H,d,J=7.24Hz,H-4′),0.85(3H,d,J=6.88Hz,H-5′)。^{13}C NMR(100MHz,DMSO-d_6)δ:170.2(C-1′),165.2(C-1),59.4(C-2),58.2(C-2′),44.6(C-5),27.8(C-3),27.7(C-3′),22.0(C-4),18.3(C-4′),16.4(C-5′)[10-11]。

环(丙氨酸-脯氨酸)二肽[cyclo-(*L*-alanyl-*L*-prolyl),化合物 11] 白色针状结晶,mp 162～164℃,茚三酮反应阴性。IR(KBr):3 300(N-H),1 650(C=O)cm^{-1}。^1H NMR(400MHz,DMSO-d_6)δ:4.23(1H,m,H-2),4.10(1H,d,J=16.8Hz,H_a-2′),3.74(1H,d,J=16.8Hz,H_b-2′),3.53(2H,m,H-5),2.31(1H,m,H_a-3),1.97(3H,m,H-4&H_b-3)。^{13}C NMR(100MHz,DMSO-d_6)δ:172.0(C-1),166.5(C-1′),59.9(C-2),47.0(C-2′),46.3(C-5),29.4(C-3),23.3(C-4)[10-11]。

环(丙氨酸-亮氨酸)二肽[cyclo-(*L*-Ala-*L*-Leu),化合物 12] 白色针晶,茚三酮反应显阴性,3%高锰酸钾呈黄色,mp 231～233℃。^1H NMR(DMSO-d_6,300Hz)δ:8.11(2H,s,N-H),3.88(1H,m,H-2),3.77(1H,m,H-2′),1.83(1H,m,H-4′),1.64(1H,m,H_a-3′),1.47(1H,m,H_b-3′),1.27(3H,d,H-3),0.88(6H,t,CH_3-5′,6′)。^{13}C NMR(DMSO-d_6,75Hz)δ:168.9(C-1),168.4(C-1′),52.7(C-2),49.9(C-2′),42.6(C-4′),23.6(C-3′),23.0(C-5′),21.9(C-6′),19.6(C-3)[12]。

环(缬氨酸-亮氨酸)二肽[cyclo-(*L*-Val-*L*-Leu),化合物 13] 白色针晶,mp 258～260℃,茚三酮反应显阴性,3%高锰酸钾呈黄色。^1H NMR(DMSO-d_6,300Hz)δ:7.93(2H,s,N-H),3.75(1H,d,H-2′),3.69(1H,m,H-2),2.19(1H,m,H-3),1.87(1H,m,H-4′),1.42(1H,m,H_a-3′),1.87(1H,m,H_b-3′),0.94(6H,m,CH_3-4,CH_3-5),0.84(6H,m,CH_3-5′,CH_3-6′);^{13}C NMR(DMSO-d_6,75Hz)δ:168.9(C-1),168.4(C-1′),59.1(C-2),58.6(C-2′),37.9(C-4′),30.9(C-3),24.4(C-3′),18.7(C-4),17.3(C-5),15.1(C-5′),11.9(C-6′)[12]。

环(酪氨酸-酪氨酸)二肽[cyclo-(*L*-Tyr-*L*-Tyr),化合物 14] 白色粉末,mp 281～282℃,茚三酮反应显阴性,3%高锰酸钾呈黄色。^1H NMR(DMSO-d_6,300Hz)δ:9.25(2H,s,O-H),7.81(2H,brs,N-H),6.85(4H,d,J=7.0Hz,H-5,5′,9,9′),6.66(4H,d,J=7.2Hz,H-6,6′,8,8′),3.85(2H,brs,H-2,2′),3.16(2H,m,H_a-3,3′),2.10(2H,m,H_b-3,3′)。^{13}C NMR(DMSO-d_6,75Hz)δ:166.4(C-1,1′),156.3(C-7,7′),130.8(C-5,5′,9,9′),126.9(C-4,4′),115.2(C-6,8,6′,8′),55.9(C-2,C-2′),39.1(C-3&C-3′)。EI-MS(m/z):326$[M]^+$,分子式:$C_{18}H_{18}N_2O_4$[12]。

环(丝氨酸-亮氨酸)二肽[cyclo-(*L*-Ser-*L*-Leu),化合物 15] 白色粉末,mp 286～288℃,茚三酮反应显阴性,3%高锰酸钾呈黄色。^1H NMR(DMSO-d_6,300Hz)δ:8.19(1H,brs,NH-Leu),7.88(1H,brs,NH-Ser),5.08(1H,brs,OH-3),3.66(3H,m,H-2,H-3),3.58(1H,m,H-2′),1.81(1H,m,H_a-3′),1.61(2H,m,H_b-3′,H-4′),0.85(6H,dd,J=7.2Hz,H-5′,H-6′)。^{13}C NMR($CDCl_3$,75Hz)δ:168.2(C-1),166.3(C-2),62.4(C-3),57.3(C-2),51.2(C-2′),44.7(C-4′),23.4(C-3′),23.2(C-5′),21.7(C-6′)[12]。

三、蛹虫草甾醇类成分的提取分离与结构鉴定

姜泓等人[5]将人工蛹虫草子实体干燥粗粉 1kg,用 95%EtOH 回流 3 次,所得浸膏与硅藻土按 1∶1 混匀。分别用 Et_2O、EtOAc 提取。取 Et_2O 部分(13g)经硅胶柱反复色谱,依次用环己烷-EtOAc(5∶1)和环己烷-EtOAc(1∶1)洗脱,得到麦角甾醇过氧化物[160mg,(16)]。吕子明等人[6]将得到的 Fr. B 部位进行干柱加压色谱分离,得到麦角甾-4,6,8(14)-四烯-3-酮[7mg,(17)]、柠檬甾二烯醇

[20mg,(18)]、麦角甾醇[95mg,(19)];将得到的 Fr. C 部位进行干柱加压色谱分离,得到麦角甾-7,22-二烯-3β,5α,6β-三醇[8mg,(20)](图 40-3)。

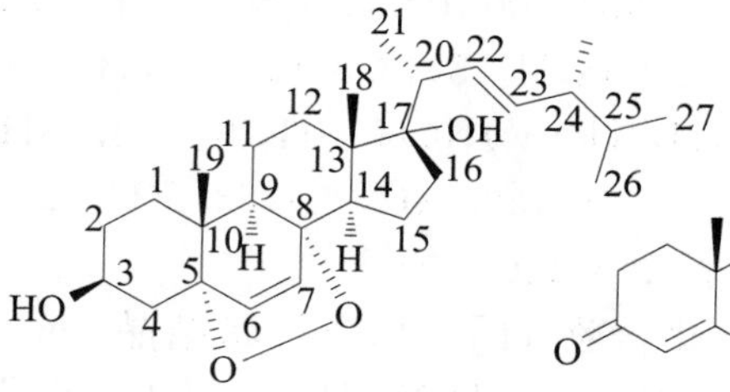

(16) 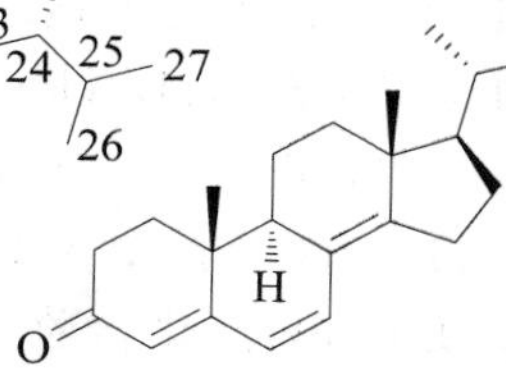 (17) 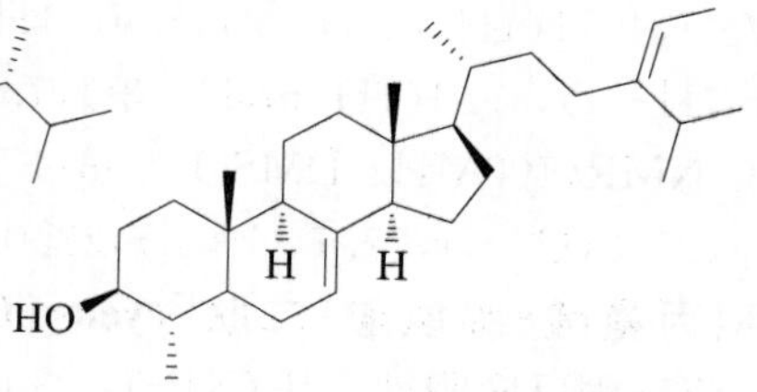 (18)

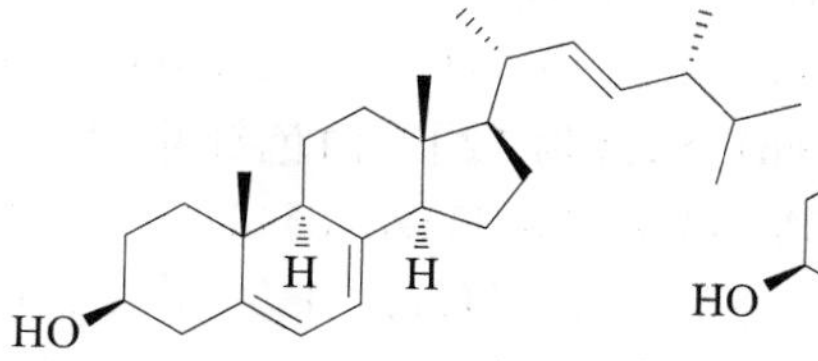

(19) 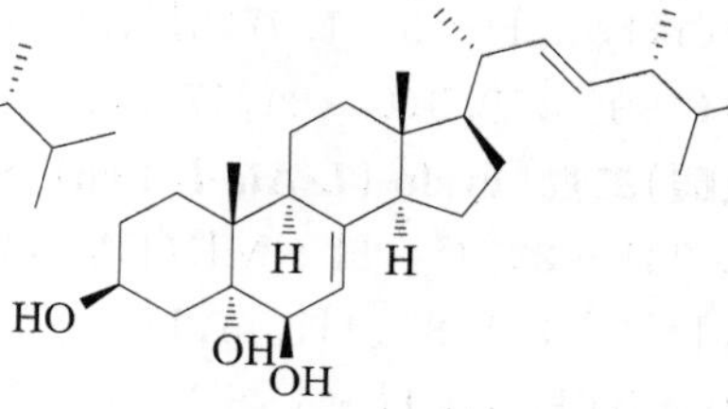 (20)

图 40-3 蛹虫草中甾醇类化学成分的结构式(16)～(20)

麦角甾醇过氧化物(ergosterol peroxide,化合物 16) 白色针晶,mp 177～180℃,Liebermann-Burchard 反应阳性。^{1}H NMR($CDCl_3$,600MHz)δ:6.49(1H,d,J=8.5Hz,H-7),6.23(1H,d,J=8.5Hz,H-6),5.21(1H,dd,J=15.1、7.8Hz,H-23),5.14(1H,dd,J=15.1、7.8Hz,H-22),3.96(1H,m,H-3),0.99(3H,d,J=6.6Hz,CH_3-21),0.90(3H,d,J=6.9Hz,CH_3-28),0.87(3H,s,CH_3-19),0.82(3H,d,J=6.9Hz,CH_3-27),0.81(3H,d,J=6.9Hz,CH_3-26),0.81(3H,s,CH_3-18)。^{13}C NMR($CDCl_3$,150MHz)δ:135.4(C-6),135.2(C-22),132.3(C-23),130.7(C-7),82.1(C-5),79.4(C-8),66.4(C-3),56.2(C-17),51.7(C-14),51.1(C-9),44.5(C-13),42.7(C-24),39.7(C-20),39.3(C-12),36.9(C-4),36.9(C-10),34.7(C-1),33.0(C-25),30.1(C-2),28.6(C-16),23.4(C-11),20.9(C-21),20.6(C-15),20.0(C-26),19.6(C-27),19.6(C-21),18.2(C-19),17.5(C-28),12.8(C-18)。FAB-MS(m/z):429$[M+H]^+$,411$[M+H-H_2O]^+$,377$[M-O_2-H_2O]^+$,363,395,269,253,221[6]。

麦角甾-4,6,8(14)-四烯-3-酮(ergosta-4,6,8(14)-tetraen-3-on,化合物 17) 黄色晶体,mp 112～114℃。^{1}H NMR($CDCl_3$,600MHz)δ:6.58(1H,d,J=9.5Hz,H-7),6.00(1H,d,J=9.5Hz,H-6),5.71(1H,s,H-4),5.23(1H,dd,J=15.2、7.3Hz,H-23),5.17(1H,dd,J=15.2、8.5Hz,H-22),1.03(3H,d,J=7.0Hz,CH_3-21),0.96(3H,s,CH_3-19),0.93(3H,s,CH_3-18),0.90(3H,d,J=7.0Hz,CH_3-28),0.82(3H,d,J=6.6Hz,CH_3-27),0.80(3H,d,J=7.0Hz,CH_3-26)。^{13}C NMR($CDCl_3$,150MHz)δ:198.6(C-3),163.5(C-5),155.1(C-14),134.0(C-22),133.1(C-7),131.5(C-23),123.4(C-8),121.9(C-4),56.4(C-17),43.2(C-9),42.9(C-13),41.8(C-24),38.3(C-20),35.7(C-10),34.5(C-12),33.1(C-1),33.1(C-2),32.0(C-25),26.7(C-16),24.3(C-15),20.2(C-21),20.2(C-27),18.6(C-27),17.9(C-11),17.9(C-18),16.0(C-28),15.6(C-19)。FAB-MS(m/z):393$[M+H]^+$[6]。

柠檬甾二烯醇(citrostadienol,化合物 18) 白色粉末,mp 124～126℃,Liebermann-Burchard 反应阳性。^{1}H NMR($CDCl_3$,600MHz)δ:5.11(1H,d,J=4.1Hz,H-7),5.04(1H,q,J=6.6Hz,H-28),3.05(1H,dt,J=10.7、6.4Hz,H-3),1.52(3H,d,J=6.6Hz,CH_3-29),0.92(3H,d,J=

6.3Hz,CH_3-30),0.91(6H,d,J=7.1Hz,CH_3-26,27),0.88(3H,d,J=6.6Hz,CH_3-21),0.76(3H,s,CH_3-19),0.47(3H,s,CH_3-18)。^{13}C NMR($CDCl_3$,150MHz)δ:145.8(C-24),139.1(C-8),117.4(C-7),116.0(C-28),76.2(C-3),56.0(C-17),54.9(C-14),49.6(C-9),46.6(C-5),43.3(C-13),40.2(C-4),9.5(C-12),37.0(C-1),36.6(C-20),35.9(C-22),34.8(C-10),30.9(C-2),28.6(C-26),28.0(C-16,23),26.6(C-6),22.9(C-15),21.3(C-11),21.1(C-25),21.0(C-21),18.9(C-21),15.1(C-30),14.1(C-19),12.7(C-29),11.8(C-18)。EI-MS(m/z):426[M^+][6]。

麦角甾醇(ergosterol,化合物19) 白色针晶,mp 124~126℃,Liebermann-Burchard反应阳性。^{1}H NMR($CDCl_3$,600MHz)δ:5.57(1H,dd,J=5.5、2.8Hz,H-6),5.38(1H,ddd,J=5.5、2.8、2.8Hz,H-8),5.21(1H,dd,J=15.3、7.4Hz,H-23),5.17(1H,dd,J=15.3、8.3Hz,H-22),3.6(1H,m,H-3),1.03(3H,d,J=6.6Hz,CH_3-21),0.94(3H,s,CH_3-19),0.91(3H,d,J=6.9Hz,CH_3-28),0.83(3H,d,J=6.8Hz,CH_3-26),0.80(3H,d,J=6.6Hz,CH_3-27),0.63(3H,s,CH_3-18)。^{13}C NMR($CDCl_3$,150MHz)δ:141.3(C-8),140.0(C-5),135.5(C-22),132.0(C-23),119.7(C-6),116.2(C-7),70.4(C-3),55.7(C-17),54.5(C-14),46.2(C-9),42.8(C-13),42.8(C-24),40.8(C-4),40.4(C-20),39.1(C-12),37.0(C-10),38.9(C-1),33.1(C-25),32.0(C-2),28.3(C-16),23.0(C-15),21.1(C-21),21.1(C-11),19.9(C-27),19.6(C-26),17.6(C-19),16.3(C-28),12.0(C-18)。FAB-MS(m/z):396[M^+][6]。

麦角甾-7,22-二烯-3β,5α,6β-三醇(ergosta-7,22-dien-3β,5α,6β-triol,化合物20) 白色晶体,mp 224~226℃,Liebermann-Burchard反应阳性。^{1}H NMR(DMSO-d_6,600MHz)δ:5.23(1H,dd,J=15.2、7.2Hz,H-23),5.17(1H,dd,J=15.2、2.8Hz,H-22),5.08(1H,s,H-7),3.76(1H,m,H-3),3.37(1H,s,H-6),0.99(3H,d,J=6.4Hz,CH_3-21),0.91(3H,s,CH_3-19),0.89(3H,d,J=6.8Hz,CH_3-28),0.81(3H,d,J=7.1Hz,CH_3-27),0.80(3H,d,J=7.1Hz,CH_3-26),0.55(3H,s,CH_3-18)。^{13}C NMR(DMSO-d_6,150MHz)δ:139.6(C-8),135.3(C-22),131.1(C-23),119.4(C-7),74.4(C-5),72.1(C-6),65.9(C-3),54.1(C-14),55.3(C-17),43.0(C-13),42.2(C-9),42.0(C-24),40.0(C-4),39.5(C-20),38.9(C-12),36.6(C-10),32.4(C-1),32.4(C-25),31.2(C-2),27.7(C-16),22.6(C-15),21.3(C-11),19.4(C-26),19.1(C-27),20.9(C-21),17.7(C-19),17.2(C-28),12.0(C-18)。FAB-MS(m/z):429[M-H]$^-$[6]。

四、蛹虫草其他成分的分离与结构鉴定

马骁驰等人[7]将蛹虫草培养液100L浓缩,加入95%乙醇于4℃下静置过夜。取上清液,浓缩至无醇味。浓缩物加入适量水溶解,分别用氯仿、乙酸乙酯、正丁醇萃取,得到氯仿层浸膏20g,乙酸乙酯浸膏10g,正丁醇浸膏150g。分别对这3部分利用硅胶柱层析、制备薄层色谱、Sephadex LH-20以及重结晶等方法进行分离。从正丁醇层分离得到胸腺嘧啶(21)50mg,腺苷100mg和虫草素50mg。从乙酸乙酯层分离得到化合物3,7,8-三甲基-异咯嗪(22)35mg,琥珀酸30mg;1-(5-羟甲基)-呋喃-3-羧基-β-咔啉(23)8mg,从正丁醇层分离得到2-吲哚乙丁二酰胺(24)15mg和5-(1-甲基丙基)-3,6-氧代-2-哌嗪乙酰胺(25)8mg。马骁驰等人[10]在氯仿层部分分离得到环肽外,利用常压硅胶柱色谱、减压硅胶柱色谱与制备薄层,也得到了7,8-二甲基-异咯嗪(26)。郑健等人[12]在氯仿层部位分离得到了:2-乙基-3-羟基-4H-吡喃酮(27)15mg,1-甲酰基-苯并咪唑(28)7.5mg,3-乙酰基-4-羟基-6-甲基-2H-吡喃-2-酮(29)5mg。王刚等人[13]将328g人工蛹虫草粉碎后,用氯仿-甲醇(1∶1)浸泡24h,反复4次,直至浸出液颜色很淡,减压浓缩,得到黄褐色液体,在室温下放置过夜,析出黄色固体,滤过,干燥后约12.2g。析出的固体分别用乙酸乙酯和甲醇溶解,乙酸乙酯部位得到3.6g,甲醇部位得到5.4g。乙酸乙酯部位经硅胶柱层析,得到脑苷脂B(30)31mg,D-

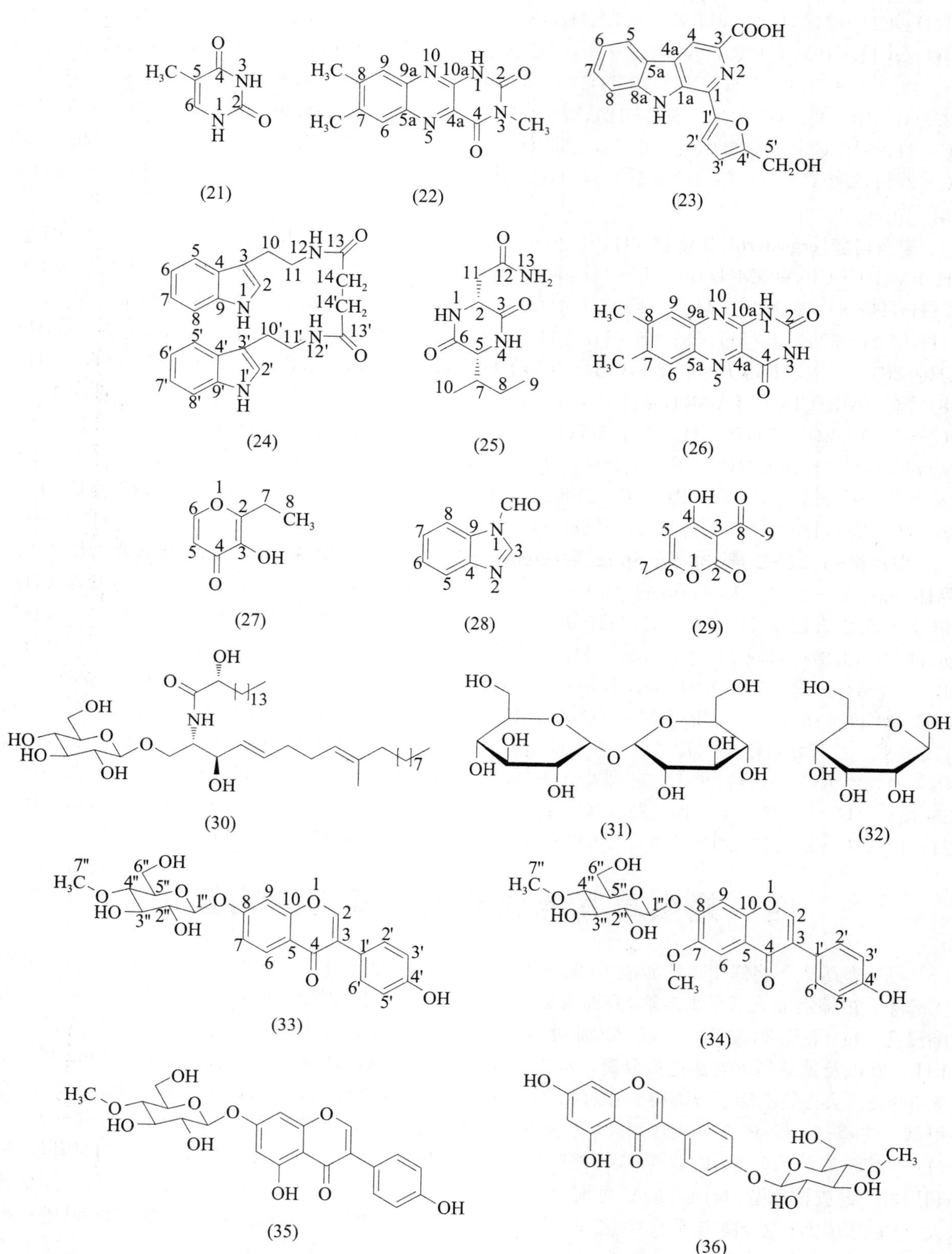

图 40－4　蛹虫草中其他化学成分的结构式(21)～(36)

海藻糖[α－D－glc－α－D－glc(1→1)](31)180mg；甲醇部位经硅胶柱层析得到D－阿洛糖醇(32)56mg。

此外，J. N. Choi等人[14]在大豆培养的蛹虫草菌丝体中分离得到了一系列异黄酮苷甲酯类衍生物：4″-甲氧基大豆苷(33)、4″-甲氧基黄豆黄苷(34)、4″-甲氧基染料木苷(35)与4′－*O*－β－D－(4″-甲氧基)葡萄糖基染料木黄酮(36)(图40－4)。

胸腺嘧啶(thymine，化合物21)　白色针晶，mp＞300℃(氯仿-甲醇)；碘化铋钾反应阳性。IR(KBr)：3 062(NH)，1 733(NH)，1 677(C=O)，1 212(C-N)cm^{-1}。^1H NMR(DMSO-d_6，300MHz)δ：11.01(1H，s，NH－3)，10.59(1H，brs，NH－1)，7.25(1H，d，*J*＝5.6Hz，H－6)，1.72(3H，s，CH_3－5)。^{13}C NMR(DMSO-d_6)δ：165.0(C－4)，151.6(C－2)，137.8(C－6)，107.7(C－5)，11.9(CH_3－3)。ESI-MS(*m/z*)：127$[M+H]^+$，125$[M-H]^-$，110，109，97，84[15]。

3，7，8－三甲基-异咯嗪(3，7，8－trimethyl-iso-alloxazin，化合物22)　黄绿色粉末，mp 284～285℃，碘化铋钾显蓝紫色。^1H NMR(DMSO-d_6)δ：11.85(1H，NH－1)，11.68(1H，NH－3)，7.92(1H，s，H－6)，7.71(1H，s，H－9)，2.49(3H，s，CH_3－8)，2.46(3H，s，CH_3－7)。^{13}C NMR(DMSO-d_6)δ：160.6(C－4)，150.1(C－2)，146.5(C－8)，144.7(C－4a)，141.7(C－10a)，138.9(C－5a)，138.4(C－7)，130.2(C－6)，128.7(C－9a)，125.9(C－9)，20.2(CH_3－8)，19.6(CH_3－7)。EI-MS(*m/z*)：257$[M^+]$[7]。

1－(5－羟甲基)-呋喃-3－羧基-β-咔啉(flazin，化合物23)　黄绿色粉末，mp 289～290℃，溴钾酚绿显色。^1H NMR(DMSO-d_6)δ：12.86(1H，brs，COOH)，11.59(1H，s，NH)，8.43(1H，d，*J*＝8.1Hz，H－5)，7.82(1H，d，*J*＝8.1Hz，H－8)，7.66(1H，t，*J*＝7.2Hz，7.6Hz，H－7)，7.43(1H，d，*J*＝3.0Hz，H－3′)，7.36(1H，t，*J*＝7.2Hz，7.6Hz，H－6)，6.63(1H，d，*J*＝3.0Hz，H－2′)，5.50(1H，brs，OH－5′)，4.69(2H，brs，CH_2－5′)。^{13}C NMR(DMSO-d_6)δ：166.5(COOH－3)，157.4(C－4′)，151.3(C－1′)，141.5(C－8a)，137.1(C－3)，132.6(C－1)，132.0(C－1a)，129.9(C－4a)，129.0(C－7)，122.1(C－5)，121.0(C－5a)，120.6(C－6)，115.8(C－4)，112.9(C－8)，111.2(C－3′)，109.3(C－2′)，56.0(C－5′)。EI-MS(*m/z*)：308$[M^+]$，分子式：$C_{17}H_{12}N_2O_4$[7]。

2－吲哚乙丁二酰胺{succinamide，*N*，*N*′-bis-[2－(3－indol)-ethyl]，化合物24}　白色粉末，mp＞300℃，碘化铋钾呈橙色。^1H NMR(DMSO-d_6)δ：10.82(2H，s，H－1，1′)，7.89(2H，brs，NH－12，12′)，7.52(2H，d，*J*＝8.1Hz，H－8，8′)，7.15(2H，s，H－2，2′)，7.06(2H，t，*J*＝6.9Hz，7.2Hz，H－7，7′)，6.96(2H，t，*J*＝7.2Hz，6.9Hz，H－6，6′)，3.30(2H，m，H－11，11′)，2.80(2H，m，H－10，10′)，2.31(2H，brs，H－14，14′)。^{13}C NMR(DMSO-d_6)δ：171.3(C－13，13′)，136.3(C－9，9′)，127.3(C－4，4′)，122.7(C－2，2′)，118.3(C－5，5′，6，6′)，111.9(C－3，3′)，111.4(C－8，8′)，39.6(C－11，11′)，31.0(C－14，14′)。EI-MS(*m/z*)：402$[M^+]$，分子式：$C_{24}H_{26}N_2O_4$[7]。

5－(1－甲基丙基)-3，6－氧代-2－哌嗪乙酰胺[5－(1－methylpropyl)-3，6－dioxo－2－piperazine acetamide，化合物25]　白色粉末，mp 286～287℃，$[\alpha]_D^{20}$－61.25°(*c* 0.3，CH_3OH)，茚三酮反应阴性。^1H NMR(DMSO-d_6)δ：8.05(1H，brs，H－1)，7.78(1H，brs，H－4)，7.44(1H，brs，H_a－13)，6.91(1H，brs，H_b－13)，4.20(1H，s，H－2)，3.78(1H，s，H－5)，2.68(1H，dd，*J*＝4.5Hz，4.8Hz，H_a－11)，2.31(1H，m，H_b－11)，1.87(1H，m，H－7)，1.41(1H，m，H_a－8)，22(1H，m，H_b－8)，0.93(3H，d，*J*＝6.9Hz，H－10)，0.85(3H，t，*J*＝7.2Hz，H－9)。^{13}C NMR(DMSO-d_6)δ：171.4($CONH_2$－12)，167.8(CO－3)，167.0(CO－6)，58.7(C－5)，51.1(C－2)，38.7(C－11)，37.8(C－7)，24.2(C－8)，15.1(C－10)，12.0(C－9)。EI-MS(*m/z*)：227$[M^+]$，分子式：$C_{10}H_{17}N_3O_3$[7]。

7，8－二甲基-异咯嗪(7，8－dimethyl-iso-alloxazin，化合物26)　黄绿色粉末，mp 279～281℃。^1H NMR(DMSO-d_6)δ：11.85(1H，brs，NH－1)，11.68(1H，brs，NH－3)，7.92(1H，s，H－6)，7.71(1H，s，H－9)，2.49(3H，s，CH_3－8)，2.46(3H，s，CH_3－7)。^{13}C NMR(DMSO-d_6)δ：160.6(C－4)，150.1(C－2)，146.5(C－4a)，144.7(C－10a)，141.7(C－5a)，138.9(C－8)，138.4(C－7)，130.2(C－6)，

128.7(C－9a)，125.9(C－9)，20.2(CH_3－8)，19.6(CH_3－7)[10]。

2－乙基－3－羟基－4H－吡喃酮(4H-pyran－4－one，2－ethyl－3－hydroxy，化合物 27) 白色针晶，mp 90～91℃。¹H NMR($CDCl_3$，300Hz)δ：1.26(3H，t，J＝7.5Hz，H－8)，2.76(2H，dd，J＝7.5Hz，H－7)，6.42(2H，d，J＝5.4Hz，H－5，OH－3)，7.74(1H，d，J＝7.5Hz，H－6)。¹³C NMR($CDCl_3$，75Hz)δ：173.1(CO－4)，154.4(C－6)，152.8(C－2)，142.3(C－3)，112.7(C－5)，21.7(C－7)，10.8(C－8)。EI-MS(m/z)：140[M^+]，分子式：$C_7H_8O_3$[12]。

1－甲酰基－苯并咪唑(1－formyl-benzimidazole，化合物 28) 白色针晶，mp 154～155℃。¹H NMR(CD_3OD，300Hz)δ：9.88(1H，s，H-CO)，8.15(1H，dd，J＝6.6、2.0，Hz，H－8)，8.08(1H，s，H－3)，7.46(1H，dd，J＝6.6、1.8Hz，H－5)，7.24(2H，m，J＝2.0、6.6Hz，H－6，H－7)。¹³C NMR(CD_3OD，75Hz)δ：187.4(HC＝O)，139.6(C－3)，125.7(C－9)，125.0(C－7)，123.6(C－6)，122.4(C－8)，120.2(C－4)，113.1(C－5)。EI-MS(m/z)：146[M^+]，分子式：$C_8H_6N_2O$[12]。

3－乙酰基－4－羟基－6－甲基－*2H*－吡喃－2－酮(*2H*-pyran－2－one，3－acetyl－4－hydroxy－6－methyl，化合物 29) 白色针晶，三氯化铁/铁氰化钾反应显阳性，mp 110～111℃。¹H NMR($CDCl_3$，300Hz)δ：16.55(1H，s，OH－4)，6.31(1H，s，H－5)，2.53(3H，s，H－9)，2.27(3H，s，H－7)。¹³C NMR(CD_3OD，75Hz)：204.8(CO－8)，180.5(C－4)，170.3(CO－2)，160.6(C－6)，101.0(C－5)，99.5(C－3)，29.8(C－7)，20.2(C－9)。EI-MS(m/z)：168[M^+]，分子式(m/z)：$C_8H_8O_4$[12]。

脑苷脂 B(cerebroside B，30) 白色无定形粉末，mp 144～148℃，$[\alpha]_D^{27}+5.2$。¹H NMR(DMSO-d_6)δ：7.34(1H，d)，5.50(3H)，4.91(1H，d)，4.86(4H，d)，3.95(1H，d)，1.52(4H，s)，0.83(8H，t)。¹³C NMR(DMSO-d_6)δ：13.9、15.7、22.1、27.2、27.4、28.7、28.9、29.0、29.1、31.3、32.1、38.9、39.1、39.3、39.5、39.7、39.9、10.1、52.9、61.1、63.1、68.7、70.1、71.1、73.4、76.6、76.9、103.4、113.9、123.4、129.0、134.9、173.8。SI-MS(m/z)：728[M＋H]⁺，711、666、577、549、440、368、314、297、222、180、111、83、60；分子式：$C_{41}H_{77}NO_9$[13]。

D－海藻糖(D-trehalose，化合物 31) 无色方晶，mp 116～118℃。¹H NMR(DMSO-d_6)δ：4.86(2H，d)，4.77(4H，dd)，4.36(2H，t)，2.49(1H，d)。¹³C NMR(DMSO-d_6)δ：60.8、71.1、71.6、42.5、72.9、93.1。FAB-MS(m/z)：341[M-H]⁻，247、155；分子式：$C_{12}H_{22}O_{11}$[13]。

D－阿洛糖醇(allitol，化合物 32) 白色针晶，mp 154～156℃。¹H NMR(D_2O)δ：4.41(1H，d)，4.34(1H，t)，4.13(1H，d)。¹³C NMR(D_2O)δ：63.9、69.7、71.3。EI-MS(m/z)：183、146、133、115、103、91、85、73、61、56；分子式：$C_6H_{14}O_6$[13]。

4″－甲氧基大豆苷(daidzein 7－*O*－*β*－D-glucoside 4″－*O*-methylate，化合物 33) ¹H NMR(CD_3OD，500MHz)δ：8.19(1H，s，2－H)，8.14(1H，d，J＝7.5Hz，5－H)，7.20(1H，dd，J＝9.0、2.5Hz，6－H)，6.31(1H，d，J＝2.5Hz，8－H)，7.38(1H，dd，J＝8.0、2.0Hz，2′－H)，6.86(1H，dd，J＝7.5、2.0Hz，3′－H)，6.86(1H，dd，J＝7.5、2.0Hz，5′－H)，7.38(1H，dd，J＝8.0、2.0Hz，6′－H)，5.09(1H，d，J＝7.5Hz，1″－H)，3.54(1H，t，2″－H)，3.21(1H，t，4″－H)，3.59(3H，s，7″－CH_3)。¹³C NMR(CD_3OD，125MHz)δ：155.1(C－2)，124.2(C－3)，178.2(C－4)，128.4(C－5)，117.1(C－6)，163.5(C－7)，106.0(C－8)，159.3(C－9)，120.3(C－10)，126.3(C－1′)，131.5(C－2′)，116.4(C－3′)，158.9(C－4′)，116.4(C－5′)，131.5(C－6′)，101.7(C－1″)，75(C－2″)，78(C－3″)，80.6(C－4″)，77.5(C－5″)，62.1(C－6″)，61.0(C－7″CH_3)。HR-FAB-MS(m/z)：431.140 6[M＋H]⁺；分子式：$C_{22}H_{22}O_9$[14]。

4″－甲氧基黄豆黄苷(glycitein 7－*O*－*β*－D-glucoside 4″－*O*-methylate，化合物 34) ¹H NMR(CD_3OD，500MHz)δ：8.18(1H，s，2－H)，7.59(1H，s，5－H)，7.29(1H，s，8－H)，7.39(1H，dd，J＝9.0、2.0Hz，2′－H)，6.86(1H，dd，J＝8.5、2.0Hz，3′－H)，6.86(1H，dd，J＝8.5、2.0Hz，5′－H)，7.39(1H，dd，J＝9.0、2.0Hz，6′－H)，5.12(1H，d，J＝7.5Hz，1″－H)，3.54(1H，t，2″－H)，3.21(1H，t，4″－

H),3.59(3H,s,7″-CH_3),3.94(3H,s,6-OCH_3)。^{13}C NMR(CD_3OD,125MHz)δ:155(C-2),124.3(C-3),177.9(C-4),106.2(C-5),149.5(C-6),153.6(C-7),105.3(C-8),153.5(C-9),119.8(C-10),125.7(C-1′),131.5(C-2′),116.4(C-3′),158.8(C-4′),116.4(C-5′),131.5(C-6′),101.8(C-1″),74.8(C-2″),77.9(C-3″),80.6(C-4″),77.5(C-5″),62.1(C-6″),61.0(C-7″CH_3),56.9(C_6-OCH_3)。HR-FAB-MS(*m/z*):461.148 3[M+H]$^+$;分子式:$C_{23}H_{24}O_{10}$[14]。

4″-甲氧基染料木苷(genistein 7-*O*-*β*-D-glucoside 4″-*O*-methylate,化合物 35)　^{1}H NMR(CD_3OD,500MHz)δ:8.07(1H,s,2-H),6.50(1H,d,2.5Hz,6-H),6.68(1H,dd,*J*=2.5Hz,8-H),7.39(1H,dd,*J*=8.5、2.0Hz,2′-H),6.86(1H,dd,*J*=8.5、2.0Hz,3′-H),6.86(1H,dd,*J*=8.5、2.0Hz,5′-H),7.39(1H,dd,*J*=8.5、2.0Hz,6′-H),5.03(1H,d,*J*=7.5Hz,1″-H),3.48(1H,t,2″-H),3.19(1H,t,4″-H),3.59(3H,s,7″-CH_3)。^{13}C NMR(CD_3OD,125MHz)δ:155.4(C-2),123.2(C-3),182.6(C-4),163.7(C-5),101.2(C-6),164.8(C-7),95.9(C-8),159.3(C-9),108.1(C-10),125.1(C-1′),131.5(C-2′),116.4(C-3′),159(C-4′),116.4(C-5′),131.5(C-6′),101.8(C-1″),74.8(C-2″),78(C-3″),80.6(C-4″),77.5(C-5″),62.1(C-6″),61.0(C-7″CH_3)。HR-FAB-MS(*m/z*):447.132 4[M+H]$^+$;分子式:$C_{22}H_{22}O_{10}$[14]。

4′-*O*-*β*-D-(4″-甲氧基)葡萄糖基染料木黄酮(genistein 4′-*O*-*β*-D-glucoside 4″-*O*-methylate,化合物 36)　^{1}H NMR(CD_3OD,500MHz)δ:8.07(1H,s,2-H),6.19(1H,d,2.5Hz,6-H),6.31(1H,dd,*J*=2.0Hz,8-H),7.48(1H,dd,*J*=8.0、2.0Hz,2′-H),7.15(1H,dd,*J*=7.5、2.0Hz,3′-H),7.15(1H,dd,*J*=7.5、2.0Hz,5′-H),7.48(1H,dd,*J*=8.0、2.0Hz,6′-H),4.93(1H,d,*J*=7.5Hz,1″-H),3.48(1H,t,2″-H),3.19(1H,t,4″-H),3.59(3H,s,7″-CH_3)。^{13}C NMR(CD_3OD,125MHz)δ:153.5(C-2),122.7(C-3),180.4(C-4),162.3(C-5),99.3(C-6),166.2(C-7),93.8(C-8),158.4(C-9),104.4(C-10),125(C-1′),129.8(C-2′),116.2(C-3′),157.6(C-4′),116.2(C-5′),129.8(C-6′),100.6(C-1″),73.6(C-2″),76.5(C-3″),79.1(C-4″),75.8(C-5″),60.6(C-6″),61.0(C-7″CH_3)。HR-FAB-MS(*m/z*):447.121 9[M+H]$^+$;分子式:$C_{22}H_{22}O_{10}$[14]。

五、蛹虫草活性成分虫草素的生物合成

虫草素的生产主要有化学合成与生物合成两种方式。早在 1960 年,Ulttbrich 与 Todd 以 3′-*O*-对硝基苯磺酰基腺苷为原料合成了虫草素。目前,应用最多的是利用虫草属真菌进行生物合成来获得虫草素。利用蛹虫草发酵合成虫草素具有其他菌种不可比拟的优势,虫草素合成量远远高于冬虫夏草等菌株。在优化蛹虫草培养条件上,相关实验也依次展开[16]。

1. 培养模式的选择

蛹虫草人工培养生产主要有菌丝体液体发酵和子实体固体发酵两种培养方法。菌丝体液体发酵需要发酵罐等设备,发酵成本较高;而子实体固体发酵要求相对简单,全国不少地区均有较大规模的生产[17]。目前,有关蛹虫草的培养模式可分为表面培养与深层发酵两种。许勤勤等人利用深层发酵培养模式,在接种 90h 后得到了 20.2g/L 的生物量[18]。将虫草素作为次生代谢产物,利用表面培养合成研究相对较多,M. Masuda 等人[19]采用表面培养的模式,获得了 2.5g/L 虫草素含量,远远高于其他实验组。此外,真菌激发子也可用来提高虫草素含量[20-21],便可取得可喜的结果。真菌能促进虫草素合成的成分被认为是多糖,但具体的作用机制尚待研究。

2. 培养条件的影响

适合蛹虫草生长的 pH 范围为偏酸性环境,pH 为 5~6.5 之间[18],最适温度为 20~25℃[22-23],湿度为 80%~95%[23],采用遮光培养可促进虫草素的合成[24]。培养基质的选择均考虑到碳源、氮源以

及C/N的影响，但又在不同程度上优化了碳源与氮源的比例。采用4%葡萄糖为碳源相对较常见，马铃薯浸提液与2%葡萄糖混合液或66g/L蔗糖也是较好的碳源。采用常用的氮源酵母粉与蛋白胨混合物所得虫草素的产率优于采用单一氮源的培养[18]。M. Masuda等人选用甘氨酸、谷氨酸等基础氨基酸作为氮源，配合铵根补料生产，与基础培养基相比，可使虫草素含量提高5倍以上。需注意的是，不论采用何种氮源或碳源，较低碳/氮均有利于虫草素的生产，但碳源耗尽后会造成菌丝体的自溶[19]。

3. 添加物对虫草素合成的影响

在培养基中添加某些物质，尤其是前体物，可显著提高虫草素的含量。添加物可分为两类，一类为无机金属离子Mn^{2+}、Mg^{2+}、Ca^{2+}等，该类离子可作为辅酶因子发挥作用[25]。另一类添加物是作为虫草素合成的前体物添加，该类前体物可通过前馈刺激作用，促进虫草素的合成。此外，硒元素也可被用来提高虫草素含量[26-27]；植物油和脂肪酸对蛹虫草核酸外切酶——生物高聚物生产的刺激作用，可使虫草素含量增多[28]。

第三节　蛹虫草生物活性的研究

蛹虫草的有效成分比较复杂，药理作用非常广泛。现代药理研究结果表明，蛹虫草具有免疫调节、抗肿瘤、抗病毒、抗感染、延缓衰老、提高记忆力、降血糖等多种药理活性，广泛用于肿瘤、免疫功能低下、艾滋病感染等多种疾病的治疗[29]。

刘民培等人[30]研究发现，人工蛹虫草子实体对S-180荷瘤小鼠的细胞免疫和体液免疫具有较好的调节作用，并能增强腹腔巨噬细胞的吞噬能力，并可以显著提高自然杀伤细胞的杀伤力与血清溶血素的含量，促进抗体的形成。左克源等人[31]采用蛹虫草子实体微粉(粒径17～20μm)水溶液，给小鼠连续灌胃12d，分别观察对小鼠脾淋巴细胞转化、血清溶血素水平和2,4-二硝基氟苯(DNFB)诱导小鼠迟发型变态反应的影响。结果表明，小鼠灌胃给予蛹虫草子实体微粉水溶液10～90mg/kg，可显著促进淋巴细胞的自然增殖作用，但对刀豆蛋白或脂多糖活化后的细胞无协同作用，同时能增加血清溶血素水平，增强DNFB诱导的小鼠迟发型变态反应，而对小鼠胸腺指数和脾脏指数无明显影响。宾文等人[32]考察了人工培养蛹虫草多糖(CMPS)对巴豆油所致小鼠耳肿胀、醋酸所致小鼠毛细血管通透性增高的影响，以及对免疫器官重量、小鼠碳粒廓清功能、SRBC致敏小鼠溶血素生成等免疫作用的影响。结果显示，CMPS可抑制小鼠耳肿胀与毛细血管通透性增高，且抑制小鼠溶血素的生成，而对免疫器官重量、碳粒廓清功能、DTH等免疫作用无明显影响。J. H. Kim等人[33]发现，化合物(34)能够通过降低COX-2、MMP-9、MUC5AC等基因的表达水平，从而保护NCI-H292细胞免受表皮生长因子ECG所诱导的损伤，主要通过NF-κB与p38/ERK MAPK通路调节。

吴光昊等人[34]对蛹虫草中多糖类成分通过淋巴细胞转化实验证明，多糖对细胞增殖效果明显，对IL-1的诱导也有明显激活作用，表明多糖有促进免疫增强和抗肿瘤活性。朱丽娜等人[35]在对蛹虫草核苷类化合物研究中发现，HPLC图谱中与虫草素(2)相邻的位置有一个较大的吸收峰，鉴定为N^6-(2-羟乙基)-腺苷(6)，该化合物对K562肿瘤细胞展现出一定的抑制作用，半数抑制有效浓度为0.1μmol/ml。Y. K. Rao等人[36]对蛹虫草分离得到的化合物(16)和(19)进行抗炎与抗肿瘤活性评价，其中，化合物(19)对PC-3、Colon 205以及HepG2细胞株具有较强的抑制作用，还表现出一定的抗氧化活性。孙艳等人[37]研究发现，人工蛹虫草子实体能显著抑制肿瘤生长，大剂量的抑瘤率达39.5%，并可明显提高肝癌小鼠NK细胞活性和JL-2产生的能力，表明蛹虫草子实体除了对肿瘤具有直接作用外，还可使宿主特异性免疫功能增强而获明显的免疫保护效应。

蛹虫草组方已被广泛用于抗HIV病毒感染的治疗中。傅明等人[38]以蛹虫草子实体为原料，对

蛹虫草子实体进行水提醇沉后所得上清液，经过大孔吸附树脂与高压液相分离纯化后，得到3种物质均表现出一定的抗HIV－1蛋白酶活性以及抑制HIV－1反转录酶的作用。

蛹虫草除有以上免疫调节、抗肿瘤、抗病毒活性外，杨占军等人[39]还发现，蛹虫草有助于提高小鼠的学习记忆能力，作用机制可能是通过增强机体的抗氧化酶活性，减弱了脂质过氧化反应，有效清除了过量的自由基，使脑组织功能有所提高，进而表现出有提高学习记忆能力的作用。徐雷雷等人[40]研究发现，经蛹虫草治疗后的糖尿病大鼠的肝脏和胰腺中，抗氧化酶活力得到了提高，提示蛹虫草能提高糖尿病大鼠机体与胰腺组织的抗氧化能力。其作用机制与清除体内自由基、提高机体和胰腺的抗氧化能力，修复受损的胰岛β细胞有关。

第四节　展　望

限于篇幅，我们仅介绍了蛹虫草的部分化学成分，未对蛹虫草中的氨基酸、天然色素（叶黄素）[41]，虫草酸[42]、多糖与蛋白类成分[43-47]作介绍。

与冬虫夏草相比，目前对蛹虫草有效成分、药理活性与作用机制的研究仍较有限。随着人们对虫草药材研究的不断加深，国内外市场的需求量日趋扩大，受制于自然资源的短缺，冬虫夏草在市场上供不应求。蛹虫草作为冬虫夏草的代用品，人工栽培已获得成功，经现代研究表明，蛹虫草在新药研究和保健品方面具有广阔的发展前景，能为人类的健康作出更大的贡献。

参考文献

[1] 邵力平. 真菌分类学[M]. 北京：中国林业出版社，1984.

[2] 倪贺，李海航，黄文芳，等. 北虫草及其活性成分的研究与开发[J]. 科技导报，2007，25(15)：75－79.

[3] 国家药典委员会. 中国药典(2015版、一部)[M]. 北京：中国医药科技出版社，2015.

[4] 董培智，连云岚，王新瑞. 北虫草中腺苷和虫草素的分离纯化和鉴定[J]. 山西医药杂志，2007，36(10)：949－950.

[5] 姜泓，刘珂，孟舒，等. 人工蛹虫草子实体化学成分[J]. 药学学报，2000，35(9)：663－668.

[6] 吕子明，姜永涛，吴立军，等. 人工蛹虫草子实体化学成分研究[J]. 中国中药杂志，2008，33(24)：2914－2917.

[7] 马骁驰，苟占平，张宝璟，等. 蛹虫草培养液成分研究Ⅱ[J]. 现代生物医学进展，2009，9(20)：3958－3961.

[8] Zhang DN, Guo XY, Yang QH, et al. An efficient enzymatic modification of cordycepin in ionic liquids under ultrasonic irradiation[J]. Ultraso. Sonochem, 2014, 21(5)：1682－1687.

[9] Sattsangi PD, Barrio JR, Leonard NJ. 1, N^6-etheno-bridged adenines and adenosines. alkyl substitution, fluorescence properties, and synthetic applications [J]. J Am Chem Soc, 1980, 102(2)：770－774.

[10] 马骁驰，黄健，刘丹，等. 蛹虫草培养液成分研究（Ⅰ）[J]. 沈阳药科大学学报，2003，20 (4)：255－257.

[11] 刘海滨，高昊，王乃，等. 红树林真菌草酸青霉(092007)的环二肽类成分[J]. 沈阳药科大学学报，2007，24(8)：474－478.

[12] 郑健，张宝璟，舒晓宏，等. 蛹虫草培养液成分研究[J]. 现代生物医学进展，2009，9(16)：3125－3127.

[13] 王刚，麻兵继，刘吉开. 人工蛹虫草化学成分研究[J]. 中草药，2004，35(5)：493－495.

[14] Choi JN, Kim J, Lee MY, et al. Metabolomics revealed novel isoflavones and optimal cultivation time of *Cordyceps militaris* fermentation[J]. J Agric Food Chem, 2010, 58(7):4258－4267.

[15] 陈全,吴立军,阮立军. 中药淡竹叶的化学成分研究(Ⅱ)[J]. 沈阳药科大学学报,2002,19(4):257－159.

[16] 李虎臣,孙平,冯成强. 蛹虫草中活性成分虫草素的研究进展[J]. 井冈山大学学报(自然科学版),2010,31(2):93－96.

[17] 倪贺,李海航,黄文芳. 北虫草及其活性成分的研究与开发[J]. 科技导报,2007,25(15):75－79.

[18] Xu QQ, Lv LX, Chen SY, et al. Isolation of *Cordyceps ophioglossoides* L2 from fruit body and optimization of fermentation conditions for its mycelial growth[J]. Chinese J Chem Eng, 2009, 17(2):278－285.

[19] Masuda M, Urabc E, Honda H, et al. Enhanced production of cordycepin by surface culture using the medicinal mushroom *Cordyceps militaris*[J]. Enzyme Microb Tech, 2007, 40(5):1199－1205.

[20] 李祝,肖洋,梁宗琦. 真菌多糖激发子对提高虫草菌素含量的影响[J]. 中国食用菌,2006,25(3):34－37.

[21] 步岚,朱振元,梁宗琦,等. 真菌激发子对提高蛹虫草虫草菌素的作用[J]. 菌物系统,2002,21(2):252－256.

[22] Shih IL, Tsai KL, Hsieh C. Effects of culture conditions on the mycelial growth and bioactive metabolite production in submerged culture of *Cordyceps militaris*[J]. Biochem Eng J, 2007, 33(3):193－201.

[23] 赵丽芳,王海林. 几种生态因子对粉拟青霉菌生长及产孢量影响的研究[J]. 西部林业科学,2008,37(1):15－19.

[24] 温鲁,夏敏,宋虎卫,等. 固体培养蛹虫草核苷类次生代谢物的产率[J]. 食品科学,2005,26(11):65－68.

[25] 周礼红,蒋春玲. 红曲霉与蛹虫草固体共发酵初步研究[J]. 食用菌,2008(3):51－56.

[26] 王志高,温鲁,袁小转,等. 加硒对蛹虫草主要活性成分含量的影响[J]. 安徽农业科学,2007,35(29):9293－9294.

[27] 于回田,钱和. 生物富硒对蛹虫草菌丝体化学成分的影响[J]. 食品科技,2006(1):133－135.

[28] Park JP, Kim SW, Hwang HJ, et al. Stimulatory effect of plant oils and fatty acids on the exo-biopolyrner production in *Cordyceps militaris*[J]. Enzyme Microb Tech, 2002, 31:250－255.

[29] 樊慧婷,林洪生. 蛹虫草化学成分及药理作用研究进展[J]. 中国中药杂志,2013,38(15):2549－2552.

[30] 刘民培,马世英,安天义,等. 人工蛹虫草子实体对荷瘤小鼠免疫功能的影响[J]. 中国医药学报,1999,14(1):25－27.

[31] 左克源,裘军,李维亮,等. 人工蛹虫草子实体对小鼠免疫功能的影响[J]. 医药导报,2007,26(3):227－229.

[32] 宾文,宋丽艳,于荣敏,等. 人工培养蛹虫草多糖的抗炎及免疫作用研究[J]. 时珍国医国药,2003,14(1):1－2.

[33] Kim JH, Park DK, Lee CH, et al. A new isoflavone glycitein 7－*O*-beta-D-glucoside 4″－*O*-methylate, isolated from *Cordyceps militaris* grown on germinated soybeans extract, inhibits EGF-induced mucus hypersecretion in the Human Lung Mucoepidermoid Cells[J]. Phytother Res, 2012, 26(12):1807－1812.

[34] 吴光昊,王旻. 蛹虫草多糖的分离及免疫活性的研究[J]. 中国天然药物,2007,5(1):73－76.

[35] 朱丽娜，薛俊杰，刘艳芳，等. 蛹虫草子实体中 N^6 -(2 -羟乙基)-腺苷的分离纯化及抗肿瘤作用[J]. 食用菌学报，2013，20(1)：62—65.

[36] Rao YK, Fang SH, Wu WS, et al. Constituents isolated from *Cordyceps militaris* suppress enhanced inflammatory mediator's production and human cancer cell proliferation[J]. J Ethnopharmacol, 2010, 131(2)：363—367.

[37] 孙艳，官杰，王琪. 人工蛹虫草子实体对荷肝癌小鼠的抑瘤作用及提高 NK，IL - 2 活性的实验研究[J]. 2002，11(7)：39—40.

[38] 傅明，乔文涛，侯军，等. 蛹虫草中抗 HIV - 1 活性成分的研究[J]. 南开大学学报(自然科学版)，2007，40(5)：91—95.

[39] 杨占军，刘小改，何婷婷，等. 蛹虫草对小鼠学习记忆能力的影响[J]. 时珍国医国药，2010，21(9)：2208—2209.

[40] 徐雷雷，王静凤，唐筱，等. 蛹虫草降血糖作用及其机制研究[J]. 中国药理学通报，2011，27(9)：1331—1332.

[41] 闫喜涛，包海鹰，图力古尔. 人工培养蛹虫草中一种天然色素的分离和结构鉴定[J]. 菌物学报，2010，29(5)：777—781.

[42] 刘静明，钟裕容，杨智，等. 蛹虫草化学成分研究[J]. 中国中药杂志，1989，14(10)：32—33.

[43] Yu R, Song L, Zhao Y, et al. Isolation and biological properties of polysaccharide CPS - 1 from cultured *Cordyceps militaris*[J]. Fitoterapia, 2004, 75(5)：465—472.

[44] Yu R, Wang L, Zhang H, et al. Isolation, purification and identification of polysaccharides from cultured *Cordyceps militaris*[J]. Fitoterapia, 2004, 75(7—8)：662—666.

[45] Yu R, Yin Y, Yang W, et al. Structural elucidation and biological activity of a novel polysaccharide by alkaline extraction from cultured *Cordyceps militaris*[J]. Carbohyd Polym, 2009, 75(1)：166—171.

[46] Yu R, Yang W, Song L, et al. Structural characterization and antioxidant activity of a polysaccharide from the fruiting bodies of cultured *Cordyceps militaris*[J]. Carbohyd. Polym, 2007, 70(4)：430—436.

[47] Jung EC, Kim KD, Bae CH, et al. A mushroom lectin from ascomycete *Cordyceps militaris*[J]. B. B. A, 2007, 1770(5)：833—838.

（绪　扩、张培成）

第四十一章 榆耳

YU ER

第一节 概述

榆耳(*Gloeostereum incarnatum* S. Ito. et Imai)属担子菌门，伞菌纲，伞菌亚纲，伞菌目，挂钟菌科，胶韧革菌属的真菌。学名肉红胶韧革菌，别名榆蘑、肉蘑。野生榆耳主要腐生在榆和春榆的树干、树洞或腐木上[1]，主要分布于中国吉林、辽宁、黑龙江、内蒙古[2]、新疆[3]，日本北海道与原苏联西伯利亚地区[4]。干燥的子实体可入药，中医文献记载：榆耳性平味甘，具和中化湿功效。民间用于治疗红白痢疾、痔疮、皮炎、腹泻、肠炎等疾病。

榆耳中含有倍半萜类、甾体类化合物以及多糖、氨基酸类等化合物。

第二节 榆耳化学成分的研究

一、榆耳倍半萜类化学成分的提取与分离

从榆耳发酵液中分离出一种倍半萜化合物：gloeosteretriol(1)，命名为榆耳三醇，是一种新化合物[5](图 41-1)。

提取方法 将榆耳发酵液 6L，过滤后浓缩到 500ml，用 EtOAc 萃取，得萃取物 3g，再经 20g 硅胶减压层析，依次用石油醚∶丙酮＝2∶1和 1∶1洗脱。1∶1洗脱物 0.8g，在 10g 硅胶柱上再次减压层析，用二氯甲烷∶丙酮＝2∶1洗脱，分段收集，每份 10ml，收集 8 份后依次用二氯甲烷∶丙酮＝1∶1 50ml 和丙酮 50ml 洗脱，第 8 份以后的洗脱物，再在 6g 硅胶柱中常压层析，用溶剂系统石油醚∶乙酸乙酯∶丙酮＝1∶1∶1洗脱，每份 5ml，其中第 5～10 份用薄层检查为单一斑点。除去溶剂后的残渣经丙酮重结晶，得块状结晶 16mg。

HO HO OH

gloeosteretriol

图 41-1 榆耳三醇的结构

二、榆耳三醇的理化常数与光谱数据

榆耳三醇(gloeosteretriol,1) 无色方状结晶(丙酮)，mp 205～206℃，$[\alpha]_D^{22}+5.6$(c 0.115,MeOH)。EI-MS m/z:254[M⁺]。红外光谱显示大多经基吸收(3 480、3 300 和 3 200cm^{-1})和偕二甲基吸收(1 380和 1 360cm^{-1})。核磁共振氢谱显示，3 个叔甲基(δ:0.85、1.01 和 1.12)和 1 个仲甲基 0.96)在

δ:3.92 处有一组 ddd 信号，为偕羟基碳上的质子。在 δ:2.02 和 1.80 与 1.67 和 1.49 处显示出两对 AB 型信号，显示有两个孤立的亚甲基。在 δ:2.29 处显示有三重峰的单个质子，在 δ:1.42 处显示有两个质子的 dd 信号，说明存在 $CH-CH_2$ 基团。在 δ:1.16 处显示出一组单氢的四重峰信号；在 δ:2.64 和 1.60 处显示出一组单氢的四重峰信号；在 δ:2.64 和 1.60 处显示出两个单个质子的四重峰；总共可观察到 23 个质子。该化合物碳谱显示出 15 个碳信号，其中有 3 个碳是和氧相连接(δ:76.94、87.32 和 89.53)，结合偕氧碳的化学位移，推测这 3 个羟基分别为 1 个仲羟基和两个叔羟基。^{13}C NMR(CD_3OD,125MHz)δ:89.5,87.3,76.9,58.2,56.9,55.1,54.8,52.7,49.6,44.7,42.0,30.6,28.7,16.5,12.6。根据 COSY 进一步确定各质子间的耦合，最后经 X-ray 分析，确定了化合物的结构。

三、榆耳甾体类成分的提取分离与结构鉴定

从榆耳乙醇提取物乙酸乙酯部分分离得到 3 个已知甾体化合物，分别为：β-谷甾醇[β-sitosterol,(2)]，麦角甾醇[ergosterol,(3)]、过氧麦角甾醇[5,8-epidioxyergosta-6,22-dien-3β-ol,(4)]。

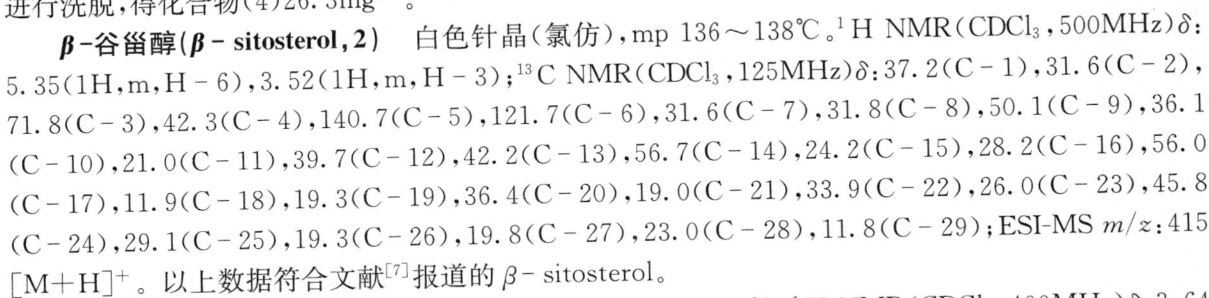

图 41-2 榆耳中已知甾体类化合物的结构

提取方法 称取干燥榆耳子实体 5kg，粉碎后依次经石油醚、乙酸乙酯、丙酮和甲醇梯度回流提取，过滤，减压浓缩，得各提取物。石油醚提取物在室温下静置 72h 后，取上清液，蒸干(21.5g)，经硅胶柱色谱分离，用石油醚-乙酸乙酯梯度洗脱得 Fr A_1-A_{14}。将 A_{10} 反复重结晶，得化合物(2)8.1mg；将组分 A_{11} 用石油醚-乙酸乙酯系统进行洗脱，得化合物(3)13.8mg；将 A_{12} 用石油醚-乙酸乙酯系统进行洗脱，得化合物(4)26.3mg[6]。

β-谷甾醇(β-sitosterol,2) 白色针晶(氯仿)，mp 136～138℃。^1H NMR($CDCl_3$,500MHz)δ:5.35(1H,m,H-6),3.52(1H,m,H-3)；^{13}C NMR($CDCl_3$,125MHz)δ:37.2(C-1),31.6(C-2),71.8(C-3),42.3(C-4),140.7(C-5),121.7(C-6),31.6(C-7),31.8(C-8),50.1(C-9),36.1(C-10),21.0(C-11),39.7(C-12),42.2(C-13),56.7(C-14),24.2(C-15),28.2(C-16),56.0(C-17),11.9(C-18),19.3(C-19),36.4(C-20),19.0(C-21),33.9(C-22),26.0(C-23),45.8(C-24),29.1(C-25),19.3(C-26),19.8(C-27),23.0(C-28),11.8(C-29)；ESI-MS *m/z*:415 $[M+H]^+$。以上数据符合文献[7]报道的 β-sitosterol。

麦角甾醇(ergosterol,3) 白色针晶(氯仿)，mp 153～155℃。^1H NMR($CDCl_3$,400MHz)δ:3.64(1H,m,H-3),5.57(1H,d,*J*=6.0Hz,H-6),5.39(1H,d,*J*=6.0Hz,H-7),0.63(3H,s,H-18),0.95(3H,s,H-19),1.05(3H,d,*J*=6.5Hz,H-21),5.17(1H,dd,*J*=7.4、14.4Hz,H-22),5.23(1H,dd,*J*=15.2、6.8Hz,H-23),0.83(3H,d,*J*=6.0Hz,H-26),0.82(3H,d,*J*=6.0Hz,H-27),0.92(3H,d,*J*=6.4Hz,H-28)。^{13}C NMR($CDCl_3$,100MHz)δ:36.1,32.0,70.4,38.4,139.7,119.6,116.3,141.4,46.2,37.0,21.2,40.4,42.8,54.5,22.9,28.3,55.7,12.0,16.3,40.8,21.1,135.6,131.9,42.8,33.1,19.6,19.9,17.6[8]。

过氧麦角甾醇(5,8-epidioxyergosta-6,22-dien-3β-ol,4) 白色针晶(丙酮)，mp 186～

187℃。EI-MS m/z:428[M^+],410[$M-H_2O$]$^+$,396[$M-O_2$]$^+$。^{1}H NMR($CDCl_3$,300MHz)δ:6.51(1H,d,J=8.4Hz),6.24(1H,d,J=8.4Hz),5.23(1H,dd,J=15.0、6.6Hz),5.14(1H,dd,J=15.0、8.4Hz),4.01～3.92(1H,m)1.00(3H,d,J=6.6Hz),0.91(3H,d,J=6.9Hz),0.88(3H,s),0.84(6H,br s),0.82(3H,s)。^{13}C NMR($CDCl_3$,100MHz)δ:135.4,135.2,132.3,130.7,82.1,79.4,66.4,20.6,19.9,19.6,18.1,17.5,12.8[9]。

第三节　榆耳的生物活性

榆耳子实体水煎液对痢疾杆菌、铜绿假胞菌(绿脓杆菌)、大肠杆菌、金黄色葡萄球菌和肠炎沙门杆菌等致病菌都有较好的抑制作用[10];另外,榆耳多糖具有提高动物免疫力的作用[11]。

参考文献

[1] 王云,谢支锡.榆耳的分类学问题和生态分布[J].中国食用菌,1988,(6):23－24.
[2] 图力古尔,李玉.大青沟自然保护区大型真菌区系多样性的研究[J].生物多样性,2000,8(1):73－80.
[3] 钟扬明.新疆也有榆耳分布[J].中国食用菌,1989,4:47.
[4] Petersen RH, Pannasto E. A redescription of Gloeostereum incamatum [J]. Mycol Res,1993,97(10):1213－1216.
[5] 高炬,岳德超,程克棣,等.榆耳发酵液中新倍半萜—榆耳三醇的结构[J].药学学报,1992,27(1):33－36.
[6] 齐艳秋,马珊珊,包海鹰.榆耳子实体中小极性化合物分离鉴定[J].食用菌学报,2013,20(4):43－48.
[7] 杨波,计莹,殷学治,等.宽叶苔草脂溶性化学成分研究[J].时珍国医国药,2007,18(9):2202－2203.
[8] 刘静明,钟裕容,杨智,等.蛹虫草化学成分研究[J].中国中药杂志,1989,14(10):32－33.
[9] 张晓琦,戚进,叶文才,等.苍耳茎化学成分的研究[J].中国药科大学学报,2004,35(5):404－405.
[10] 李士怡,周一荻.关于榆耳抑菌作用有效成分的研究[J].中医药学刊,2006,24(5):928.
[11] 翁丽丽,翁砚,邱金文.榆耳多糖对动物免疫功能的影响[J].吉林中医药,2009,29(7):626－627.

(刘彦飞)

第四十二章
巴西蘑菇

BA XI MO GU

第一节　概　述

巴西蘑菇(*Agaricus brasiliensis*)又名姬菇、姬松茸、小松菇、小松口蘑、阳光蘑菇、巴西菇,隶属于担子菌门,伞菌纲,伞菌亚纲,伞菌目、伞菌科,蘑菇属真菌。2002 年以前,巴西蘑菇的拉丁名为 *Agaricus blazei* Murrill,经过 Wasser 等人研究,发现目前栽培种植的巴西蘑菇和北美特有的 *Agricus blazei* Murrill 有一定差异,拉丁名应为 *Agricus blazei* Murrill ss. Heinem,最后拟定巴西蘑菇拉丁名为 *Agaricus brasiliensis*[1]。巴西蘑菇原产于巴西和北美南部,后经日本学者进行人工培养基栽培,1992 年由福建农业科学院引种进入中国[2]。我国迄今尚未发现天然的巴西蘑菇,均为栽培品种。在巴西,巴西蘑菇作为一种药食兼用菌,用于辅助治疗肿瘤、糖尿病、高脂血症、慢性肝炎等疾病。

巴西蘑菇中含有甾体类、多糖类与有机酸等化合物。

第二节　巴西蘑菇化学成分的研究

一、巴西蘑菇甾体类化学成分的提取与分离

从巴西蘑菇丙酮提取物中共分离得到 5 个甾醇类化合物(图 42 - 1):cerevisterol(1),3β,5α - dihydroxy -6β - methoxyergosta- 7,22 - diene(2),(22*E*,24*R*)- ergosta - 7,22 - diene - 3β,5α,6β,9α -

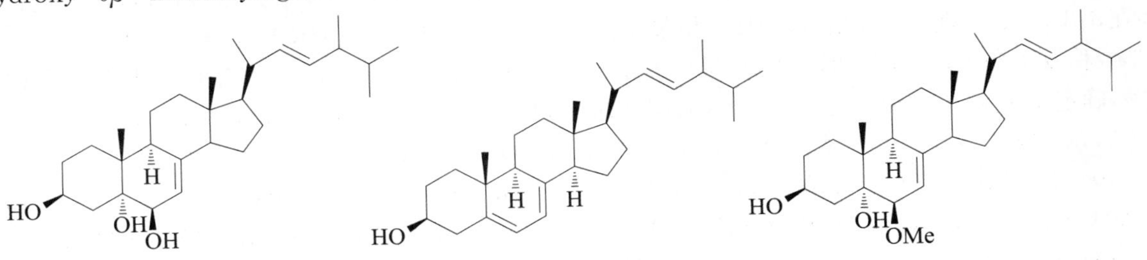

cerevisterol　　ergosterol　　3β,5α-dihydroxy-6β-methoxyergosta-7,22-diene

(22*E*,24*R*)-ergosta-7,22-diene-3β,5α,6β,9α-tetraol　　3β,5α,9α-trihydroxyergosta-7,22-diene-6 one

图 42 - 1　巴西蘑菇中分离得到的甾醇化学成分

tetraol(3),3β,5α,9α－trihydroxyergosta－7,22－diene－6one(4)和 ergosterol(5)。其中化合物(2)为新化合物[3-4]。

提取方法一 将新鲜巴西蘑菇子实体 5kg,粉碎后用丙酮(10L)回流提取,得到提取物浸膏。浸膏水分散,用乙酸乙酯萃取。将乙酸乙酯萃取物 2L 分别用饱和 $NaHCO_3$ 和 1M HCl 萃取,母液用 Na_2SO_4 干燥,得到干燥浸膏 14.9g。将 14.9g 浸膏通过硅胶色谱柱,用 $CHCl_3$-MeOH(47∶3)洗脱,洗脱流份进一步经制备型 TLC 进行纯化,得到化合物(1)、(2)、(3)和(4)。

提取方法二 将干燥的巴西蘑菇菌丝体粉碎,用 90℃水提取,残渣再用 85%乙醇提取,将乙醇提取物干燥得到浸膏,浸膏用丙酮提取,得到丙酮提取物浸膏,用正己烷提取,得到正己烷部分。正己烷部分经过硅胶柱色谱,用乙酸乙酯-甲醇(0∶10～10∶0)洗脱,得到 6 个流份,流份 3 用石油醚反复重结晶,得到化合物(5)。

二、巴西蘑菇甾体类化学成分的理化常数与光谱数据

cerevisterol(1) 无色针状结晶(甲醇),$C_{28}H_{46}O_3$,mp 238～240℃。EI-MS *m/z*:430[M^+];^{1}H NMR(400MHz,CD_3OD)δ:4.67(1H,m,H－3),4.07(1H,s,H－6),5.36(1H,dd,*J*=5.0、2.4Hz,H－7),0.73(3H,s,H－18),1.15(3H,s,H－19),1.14(3H,d,*J*=6.6Hz,H－21),5.27(1H,dd,*J*=15.2、8.1Hz,H－22),5.31(1H,dd,*J*=15.2、7.4Hz,H－23),0.96(3H,d,*J*=4.5Hz,H－26),0.96(3H,d,*J*=4.5Hz,H－27),1.03(3H,d,*J*=3.9Hz,H－28);^{13}C NMR(100MHz,CD_3OD)δ:34.68(C－1),32.06(C－2),68.71(C－3),42.11(C－4),77.28(C－5),74.54(C－6),119.36(C－7),144.10(C－8),44.67(C－9),38.45(C－10),23.35(C－11),40.80(C－12),45.01(C－13),56.21(C－14),24.33(C－15),29.47(C－16),57.71(C－17),13.12(C－18),19.22(C－19),41.03(C－20),21.98(C－21),137.33(C－22),133.55(C－23),44.67(C－24),34.22(C－25),20.78(C－26),20.40(C－27),18.55(C－28)[5]。

3β,5α－dihydroxy－6β－methoxyergosta－7,22－diene(2) 无色针状结晶(甲醇),$[\alpha]_D^{20}$－61(*c* 1.19,$CHCl_3$)。FD-MS *m/z*:444[M^+],高分辨质谱给出离子峰 *m/z*:426.350 8[M-H_2O]$^+$(426.349 8,$C_{29}H_{46}O_2$)。化合物(2)与化合物(1)的^{1}H NMR 和^{13}C NMR 谱数据很相似,除了化合物(2)在δ:3.38 处出现 1 个氢信号,归属于甲氧基信号;化合物(2)的^{13}C NMR 与化合物(1)比较,C－6 位化学位移发生变化;同时 NOE 谱显示 H－4β(δ:2.12)、H－6(δ:3.16)、H－7(δ:5.39)与甲氧基氢信号相关,确定甲氧基位置在 6 位。^{13}C NMR(100MHz,$CDCl_3$)δ:32.77(C－1),30.84(C－2),67.86(C－3),39.38(C－4),76.20(C－5),82.43(C－6),115.00(C－7),143.69(C－8),43.89(C－9),37.26(C－10),22.17(C－11),39.52(C－12),43.89(C－13),54.98(C－14),22.90(C－15),27.93(C－16),56.03(C－17),12.32(C－18),18.33(C－19),40.38(C－20),19.66(C－21),132.15(C－22),135.46(C－23),42.85(C－24),33.50(C－25),19.95(C－26),21.12(C－27),17.62(C－28),58.25(OMe)。最后确定化合物(2)为 3β,5α－dihydroxy－6β－methoxyergosta－7,22－diene[4]。

(22*E*,24*R*)－ergosta－7,22－diene－3β,5α,6β,9α－tetraol(3) 无色针状结晶(甲醇),$C_{28}H_{46}O_4$,mp 238～240℃。EI-MS *m/z*:446[M^+];^{1}H NMR(600MHz,pyridine-d_5)δ:0.70(3H,s,18－CH_3),0.84(3H,d,*J*=6.7Hz,26－CH_3),0.85(3H,d,*J*=6.7Hz,27－CH_3),0.94(3H,d,*J*=6.8Hz,28－CH_3),1.06(3H,d,*J*=6.6Hz,21－CH_3),1.59(3H,s,19－CH_3),4.42(1H,m,H－6),4.84(1H,m,H－3),5.20(1H,dd,*J*=14.9、6.9Hz,H－23),5.24(1H,dd,*J*=14.9、6.9Hz,H－22),5.80(1H,m,H－7)。^{13}C NMR(150MHz,pyridine-d_5)δ:28.9(C－1),32.2(C－2),67.1(C－3),41.8(C－4),74.7(C－5),73.5(C－6),121.1(C－7),142.7(C－8),78.4(C－9),41.0(C－10),28.3(C－11),35.7(C－12),43.9(C－13),51.0(C－14),23.2(C－15),28.0(C－16),55.8(C－17),11.8(C－18),22.2(C－19),40.6(C－20),21.1(C－21),135.6(C－22),131.8(C－23),42.8(C－24),33.1(C－25),19.6

(C－26)，19.9(C－27)，17.6(C－28)[6]。

3β,5α,9α－trihydroxyergosta－7,22－diene－6one(4) 白色粉末(甲醇)，$C_{28}H_{44}O_4$，mp 238～240℃。EI-MS m/z:444[M^+]；^{1}H NMR(400MHz，pyridine-d_5)δ:4.62(1H，m，H－3)，2.82(1H，m，H－4α)，5.93(1H，br. s，H－7)，2.99(1H，br. t，J=8.7Hz，H－14)，0.64(3H，s，H－18)，1.15(3H，s，H－19)，1.05(3H，d，J=6.5Hz，H－21)，5.19(1H，dd，J=15.2、8.3Hz，H－22)，5.26(1H，dd，J=15.2、7.9Hz，H－23)，0.85(3H，d，J=7.0Hz，H－26)，0.86(3H，d，J=6.6Hz，H－27)，0.96(3H，d，J=6.9Hz，H－28)，8.59(1H，s，OH－5)，6.30(1H，br. s，OH－9)；^{13}C NMR(100MHz，pyridine-d_5)：26.4(C－1)，31.5(C－2)，66.8(C－3)，38.1(C－4)，79.8(C－5)，199.1(C－6)，120.3(C－7)，164.1(C－8)，75.1(C－9)，42.3(C－10)，29.0(C－11)，35.5(C－12)，45.4(C－13)，52.0(C－14)，22.8(C－15)，28.4(C－16)，56.2(C－17)，12.4(C－18)，20.4(C－19)，40.6(C－20)，21.3(C－21)，136.2(C－22)，132.5(C－23)，43.1(C－24)，33.4(C－25)，19.9(C－26)，20.2(C－27)，17.9 (C－28)[7]。

ergosterol(5) 无色针状结晶(乙酸乙酯)，$C_{28}H_{44}O$，mp 153～155℃。EI-MS m/z:396[M^+]；^{1}H NMR(400MHz，$CDCl_3$)δ:3.62(1H，m，H－3)，5.38(1H，m，H－6)，5.57(1H，m，H－7)，0.63(3H，s，H－18)，0.95(3H，s，H－19)，1.03(3H，d，J=6.8Hz，H－21)，5.17(1H，m，H－22)，5.22(1H，m，H－23)，1.87(1H，m，H－24)，1.48(1H，m，H－25)，0.82(3H，d，J=4.5Hz，H－26)，0.80(3H，d，J=4.5Hz，H－27)，0.91(3H，d，J=3.9Hz，H－28)；^{13}C NMR(100MHz，$CDCl_3$)δ:39.13，32.03，70.48，40.84，139.80，119.61，116.32，141.33，46.31，37.18，21.57，38.41，42.85，54.59，23.01，28.26，55.81，12.05，16.29，40.38，21.11，131.93，135.58，42.85，33.11，19.64，19.94，17.60[3]。

三、巴西蘑菇 blazeispirol 型化学成分的提取与分离

blazeispirol 型化合物是一类从巴西蘑菇中分离得到的新型降 A 环麦角甾醇型化合物，其结构新颖，是巴西蘑菇中独有的一类化学成分。从巴西蘑菇氯仿提取物中共分离得到 15 个 blazeispirol 型化合物，均为新化合物。分别为：blazeispirol A (1)、blazeispirol B (2)、blazeispirol C (3)、blazeispirol D (4)、blazeispirol E (5)、blazeispirol F (6)、blazeispirol X (7)、blazeispirol Y (8)、blazeispirol Z (9)、blazeispirol G (10)、blazeispirol I (11)、blazeispirol U (12)、blazeispirol V (13)、blazeispirol V_1 (14)和 blazeispirol Z_1(15)[8-12]。

提取分离方法 用 25.81 培养基培养 5 周的菌丝体，均匀分布在 8L 甲醇中，室温下放置 1 周，匀浆过滤，滤渣用甲醇 5.7L 再提取。合并两次滤液，减压蒸干溶剂，得到浸膏。浸膏用 $CHCl_3$ 提取 6 次(共 4.61L)，蒸干得到氯仿提取物 3.86g。将氯仿提取物进行硅胶柱色谱，分别用 800ml 甲苯，650、2 750、1 000ml 甲苯-乙酸乙酯(19∶1)，800ml(9∶1)、700ml(8∶2)、480ml(8∶2)和 300ml 甲苯-乙酸乙酯(1∶1)，650ml 乙酸乙酯洗脱，分别分为 A、B、C、D、E、F、G、H 部分。B 部分经 HPLC 反相制备色谱，纯甲醇洗脱，得到化合物(1)；C 部分经 HPLC 反相制备色谱，92%甲醇洗脱，得到化合物(2)、(3)；D 部分经 HPLC 反相制备色谱，85%甲醇洗脱，得到化合物(4)、(6)；F 部分经 HPLC 反相制备色谱，90%甲醇洗脱，得到化合物(5)、(9)、(7)；G 部分经 HPLC 反相制备色谱，经 90%和 75%甲醇两次洗脱，得到化合物(8)。采用相同的方法，也分离得到化合物(10)、(11)、(12)、(13)、(14)和(15)(图 42－2)。

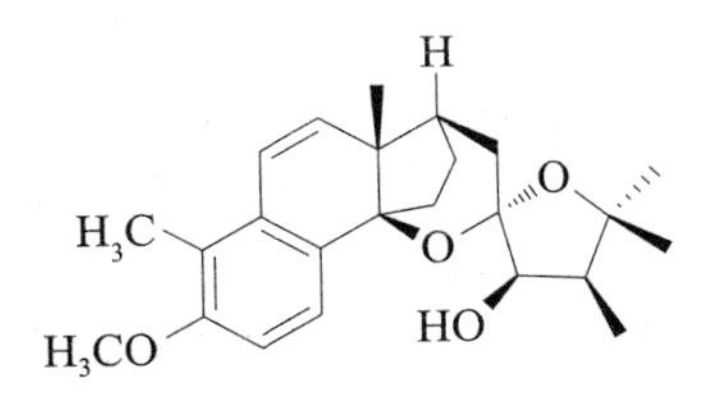

blazeispirol A

blazeispirol B

blazeispirol C

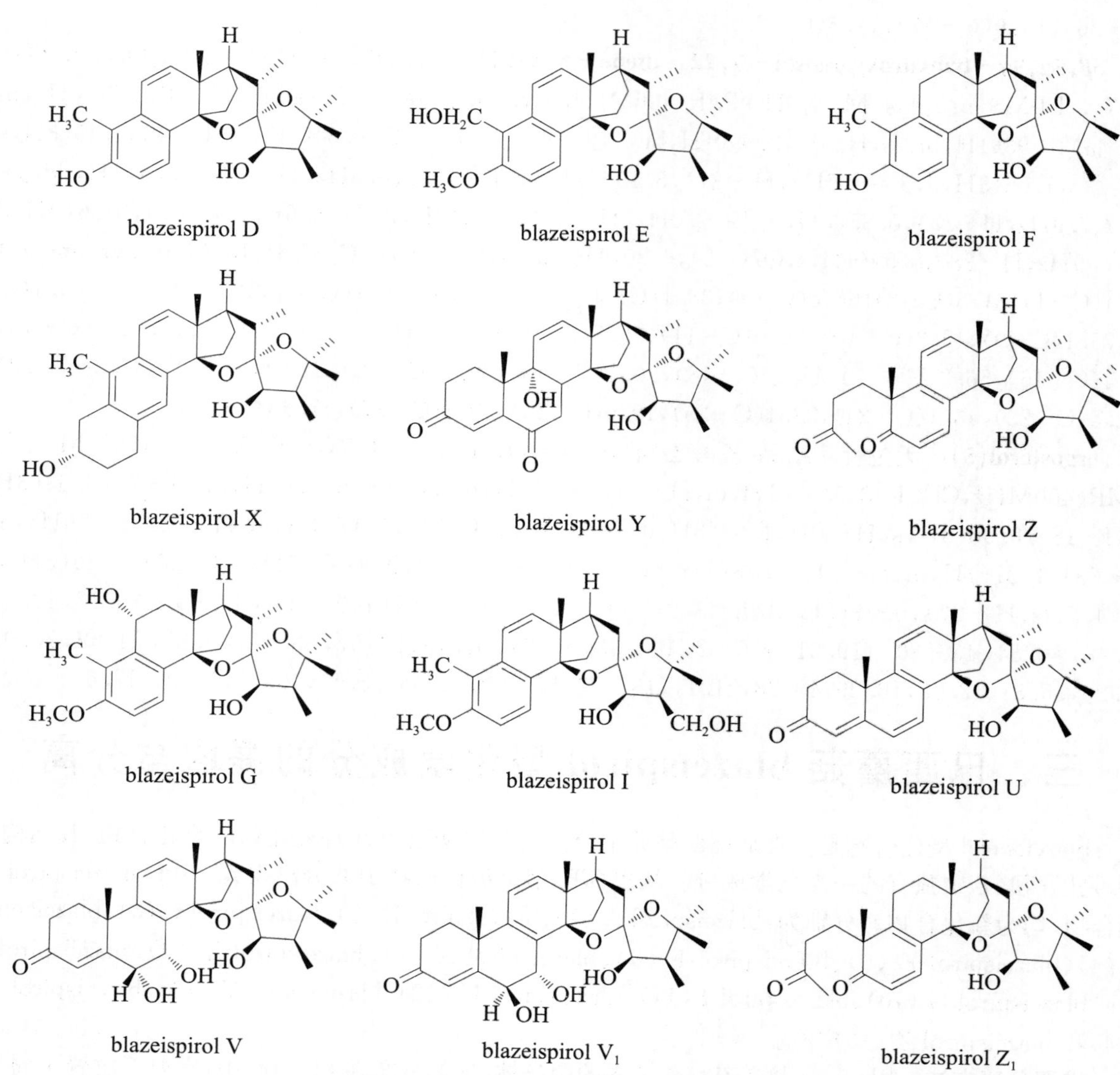

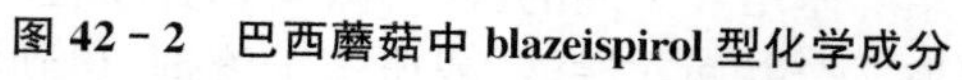
图 42-2　巴西蘑菇中 blazeispirol 型化学成分

四、巴西蘑菇 blazeispirol 类化学成分的理化常数与光谱数据

blazeispirol A(1)　无色粉末，$[\alpha]_D^{29}$ - 28.6(c 0.21，$CHCl_3$)，IR(KBr)显示在 3 510cm^{-1}处有 OH 吸收峰；HR-EI 显示分子离子峰为 m/z：398.248 4，确定分子式为 $C_{25}H_{34}O_4$。^{13}C NMR 谱数据显示有 25 个碳信号，DEPT 谱显示有 7 个甲基碳，两个亚甲基碳，8 个次甲基碳信号和 8 个季碳信号。4 个连氧碳信号分别在 δ：84.0(C-14)、84.1(C-25)、85.0(C-23)和 107.4(C-22)，其中有 3 个季碳信号，1 个为连羟基的次甲基信号。^1H NMR 和^{13}C NMR 谱数据显示：有两组—CH＝CH—(δ：5.89、6.54、6.73、7.24，δ：139.1、122.4、108.6、121.4)信号和 4 个芳香季碳信号(δ：130.3、122.5、156.4、132.0)。HMBC 谱中 H-11(δ：6.54)与 C-13(δ：47.0)相关，H-7(δ：7.24)与 C-14(δ：84.0)相关，而 H-12(δ：5.89)也与 C-14(δ：84.0)相关，证实了 1,2-二氢萘的结构。在 δ：1.94 的 H 信号与 C-13(δ：47.0)、C-20(δ：33.5)、C-22(δ：107.4)和 C-14(δ：84.0)相关，形成了四氢吡喃环。NOE 实验中 H-17(δ：1.94)与 H-12(δ：5.89)相关，而在 HMBC 谱中，H-

17(δ:1.94)与 C－12(δ:139.1)和 C－14(δ:84.0)相关，这证实了四氢吡喃环与 1,2－二氢萘环通过 C－14 和 C－17 相连，形成了萘-[1,2－b]-吡喃结构，为片段 A。在 COSY 谱中，δ:3.95 的连氧氢信号与 δ:1.41(23－OH)和 δ:2.64 (H－24)相关。在 HMBC 谱中，H－24(δ:2.64)又与 C－25(δ:84.1)、C－26(δ:25.7)和 C－27(δ:30.7)相关，同时，23－OH 与 C－22(δ:107.4)相关，证实了四氢呋喃环结构，为片段 B。COSY 谱中，δ:1.80(H－15b)、δ:2.44(H－16a)、δ:2.05(H－15a)、δ:1.46 (H－16b)氢信号相关，同时在 HMBC 谱中，H－15(δ:1.80)与 C－8 和 C－17 相关，证实了片段 C 与片段 A 相连。最后确定了化合物(1)的平面结构。化合物(1)的绝对构型是通过 X－单晶衍射确定的，最后确定结构为(20*S*,22*S*,23*R*,24*S*)－14*β*,22:22,25－diepoxy－5－methoxy－des－A－ergosta－5,7,9,11－tetraen－23－ol[8]。

blazeispirol B(2)　无色粉末，$[\alpha]_D^{22}$－17.0(*c* 0.33,$CHCl_3$)，HR-EI 显示化合物(2)相对分子质量为 *m/z*:398.248 4，分子式确定为 $C_{25}H_{34}O_4$。IR(KBr)谱显示在 3 480cm^{-1}处有—OH 吸收峰。化合物(2)的^{1}H NMR 和^{13}C NMR 谱数据与化合物(1)非常相似，推测其可能是化合物(1)的立体异构体。通过 NOESY 谱数据显示，化合物(2)与化合物(1)有很大不同，在化合物(1)中 H－23 与 H－18、H－26 与 H－21、H－22 相关；而化合物(2)中 H－23 与 H－21 相关，OH－23 与 H－22 相关，说明化合物(2)的 22 位为 *R*－构型，所以确定化合物(2)为(20*S*,22*R*,23*R*,24*S*)－14*β*,22:22,25－diepoxy－5－methoxy－des－A－ergosta－5,7,9,11－tetraen－23－ol[9]。

blazeispirol C(3)　无色粉末，$[\alpha]_D^{22}$－19.0(*c* 0.21,$CHCl_3$)，HR-EI 显示化合物(3)相对分子质量为 *m/z*:400.263 1，分子式确定为 $C_{25}H_{36}O_4$，与化合物(1)相比，相对分子质量数多了 2。UV 光谱显示在 264、278nm 和 282nm 处有最大吸收。IR(KBr)光谱显示在 3 500cm^{-1}处有 OH 吸收峰。^{1}H NMR 谱数据与化合物(1)比较，在 δ:1.91、1.53 和 2.70 处出现 3 个氢信号，而没有了 δ:6.45 和 5.89 处的烯键氢信号；同时^{13}C NMR 谱在 δ:23.8 和 29.4 出现两个信号，而没有了 δ:122.4 和 139.1 处的碳信号。基于以上信息，说明化合物(3)是化合物(1)的 5 位和 6 位双键饱和为两个亚甲基。因此确定，化合物(3)的结构为(20*S*,22*S*,23*R*,24*S*)－14*β*,22:22,25－diepoxy－5－methoxy－des－A－ergosta－5,7,9－trien－23－ol[9]。

blazeispirol D(4)　无色粉末，$[\alpha]_D^{22}$－33.6(*c* 0.22,$CHCl_3$)，HR-EI 显示化合物(4)相对分子质量为 *m/z*:384.230 7[M^+]，分子式确定为 $C_{24}H_{32}O_4$。UV 谱在 266、276 和 309nm 处有最大吸收；IR(KBr)谱显示在 3 430cm^{-1}处有羟基吸收峰。^{13}C NMR 谱数据显示有 24 个碳信号，DEPT 谱中显示有 6 个甲基，两个亚甲基，8 个次甲基和 8 个季碳信号。与化合物(1)的碳谱相比，化合物(4)的^{13}C NMR 谱数据与化合物(1)相比，少了 δ:55.6 处的 1 个甲氧基碳信号。同时与化合物(1)的^{1}H NMR 相比，在 δ:3.80 处的氢信号消失。所以，根据所得到的信息确定化合物(4)为化合物(1)的去甲氧基化合物，确定化合物(4)为(20*S*,22*S*,23*R*,24*S*)－14*β*,22:22,25－diepoxy－des－A－ergosta－5,7,9,11－tetraene－5,23－diol[10]。

blazeispirol E(5)　淡黄色固体，$[\alpha]_D^{22}$－14.3(*c* 0.28,$CHCl_3$)，HR-FAB 显示化合物(5)相对分子质量为 *m/z*:414.240 5，分子式确定为 $C_{25}H_{34}O_5$。UV 谱显示在 230、255、263、272nm 处有最大吸收；IR(KBr)谱显示在 3 440cm^{-1}处有羟基吸收峰。化合物(5)的^{13}C NMR 与化合物(1)极其相似，除了 C－7(δ:124.1)，C－10(δ:124.5)，C－19(δ:56.3)的化学位移，相对于化合物(1)的化学位移向低场移动。C－19 化学位移从 δ:10.8 位移到 δ:56.3，说明 C－19 的甲基变为了羟甲基。除此之外，其他信号均没有变化，最后确定化合物(5)为(20*S*,22*S*,23*R*,24*S*)－14*β*,22:22,25－diepoxy－des－A－ergosta－5,7,9,11－tetraene－19,23－diol[9]。

blazeispirol F(6)　无色粉末，$[\alpha]_D^{30}$－51.2(*c* 0.10,$CHCl_3$)，HRFAB 显示化合物(6)相对分子质量为 *m/z*:387.253 0[M＋Na]$^+$，分子式确定为 $C_{24}H_{35}O_4$。UV 谱显示在 225、278nm 处有最大吸收；IR(KBr)谱显示在 3 420cm^{-1}处有羟基吸收峰。从质谱看出，化合物(6)的相对分子质量与化合物(3)相比少了 14。化合物(6)的^{13}C NMR 谱数据与化合物(3)相似，除了 C－5(δ:56.3)和 C－6(δ:

56.3)化合物位移发生变化，同时在δ:55.6处的信号消失，说明化合物(6)可能为化合物(3)的去甲氧基类似物，而[1]H NMR谱数据也证实了这一点，从而确定化合物(6)的结构为(20*S*,22*S*,23*R*,24*S*)-14β,22:22,25-diepoxy-des-A-ergosta-5,7,9-triene-5,23-diol[9]。

blazeispirol X(7) 无色粉末，$[\alpha]_D^{22}$+85.2(*c* 0.27, $CHCl_3$)，HR-EI给出的相对分子质量为*m/z*:438.275 3[M^+]，确定分子式为$C_{28}H_{38}O_4$。UV谱在272nm处有最大吸收，推测可能有芳香环系存在。IR(KBr)谱显示在3 440cm^{-1}处有羟基吸收峰。^{13}C NMR谱数据显示有28个碳信号，包括8个芳香碳信号，表明化合物(7)可能具有与化合物(1)不同的芳香环系结构，但是螺环结构片段相似。^{1}H NMR和[13]C NMR谱数据显示，与化合物(1)相比，在δ:2.88(H-1)、2.95(H-1)、2.03(H-2)、1.78(H-2)、4.15(H-3)、δ:28.2(C-1)、31.2(C-2)、68.1(C-3)、36.6(C-4)有信号，根据其耦合常数和化学位移，可以确定这几个信号为相互相连的脂肪碳。HMQC谱证实δ:4.15处氢归属于δ:68.1处碳。HMBC谱显示H-1与季碳C-5、C-6相关，而H-4也与C-5、C-6相关，说明C-1-C-4这4个碳与两个芳香碳构成了1个六元环。而化合物(7)的[1]H—^{1}H COSY、NOESY、HMQC和HMBC谱也证实了这一点，最后确定化合物的结构为(20*S*,22*S*,23*R*,24*S*)-1(10→6)abeo-14β,22:22,25-diepoxyergosta-5,7,9,11-tetraene-3a,23-diol[11]。

blazeispirol Y(8) 无色粉末，$[\alpha]_D^{22}$-68.5(*c* 0.09, $CHCl_3$)，HR-FAB给出相对分子质量为*m/z*:491.243 5[M+Na]$^+$，确定分子式为$C_{28}H_{36}O_6$。UV谱显示在279nm处有最大吸收，提示有α、β-不饱和羰基存在。IR(KBr)显示在1 690、1 650、1 630、1 600cm^{-1}处有吸收峰，提示有α,β-不饱和羰基基团。^{13}C NMR和[1]H NMR谱数据显示，有28个碳信号和6个甲基信号，这表明化合物(8)有麦角甾醇骨架，同时侧链有与化合物(1)相似的螺环结构片段。^{13}C NMR和[1]H NMR谱数据中的螺环数据不受B环影响，应该和化合物(1)的螺环结构相似，同时NOE谱显示，H-20(δ:2.59)和H-18(δ:1.03)相关，H-17(δ:1.87)和H-12(δ:5.98)相关，进一步证实化合物(8)有与化合物(1)相似的螺环结构。在HMBC谱中，H-19(δ:1.26)与C-9(δ:73.4)、C-1(δ:27.6)相关，H-4(δ:6.77)与C-3(δ:197.0)、C-6(δ:186.2)相关，说明化合物(8)的A环和B环有与化合物carvasterol B相似的结构片段。在NOE谱中，H-1α与H-19、H-1β相关，且向高场移到δ:2.87。最后确定化合物(8)为(20*S*,22*S*,23*R*,24*S*)-14β,22:22,25-diepoxy-9,23-dihydroxyergosta-4,7,11-triene-3,6-dione[11]。

blazeispirol Z(9) 淡黄色粉末，$[\alpha]_D^{22}$-87.5(*c* 0.08, $CHCl_3$)，HR-FAB给出相对分子质量为*m/z*:477.261 7[M+Na]$^+$，确定分子式为$C_{28}H_{38}O_5$。UV谱显示在382nm处有最大吸收，为特征吸收峰。IR(KBr)谱在1 712cm^{-1}处有乙酰碳吸收峰，在1 650cm^{-1}处有α、β-不饱和羰基碳吸收峰。^{1}H NMR和[13]C NMR谱数据显示，有28个碳信号，7个甲基信号，提示化合物(9)有与化合物(1)相同的类麦角甾醇片段和螺环侧链结构。δ:2.03处的甲基氢提示其为1个甲酰基团。HMBC谱中，H-4(δ:2.03)与C-3(δ:207.7)和C-2(δ:38.9)相关；H-19(δ:1.20)与C-5(δ:204.9)、C-1(δ:32.6)和C-9(δ:142.7)相关。最后确定化合物(9)结构为(20*S*,22*S*,23*R*,24*S*)-14β,22:22,25-diepoxy-23-hydroxy-4,5-seco-ergosta-6,8,11-triene-3,5-dione[10]。

blazeispirol G(10) 无色油状物，$[\alpha]_D^{23}$-30.9(*c* 0.11, $CDCl_3$)，UV光谱显示在218、267、278、285nm处有最大吸收；IR(KBr)光谱在3 420cm^{-1}有羟基吸收峰。HR-EI-MS给出*m/z*:416.257 8[M^+]，确定分子式为$C_{25}H_{36}O_5$。化合物(10)的[13]C NMR谱数据显示有25个碳信号，DEPT谱显示有7个甲基、3个亚甲基、7个次甲基和8个季碳信号；其中5个连氧碳信号δ:66.1、82.9、84.1、84.9和107.7；3个为季碳，两个为次甲基碳信号，归属于δ:5.14和3.85氢信号。化合物(10)的[13]C NMR谱数据与化合物(3)相似，其中C-11、C-9、C-12化学位移向低场位移。在NOESY谱中，H-11与CH_3-18相关，表明H-11与CH_3-18处于1,3-二a键位置，所以C-11位的羟基立体构型为α-构型。所以确定化合物(10)的为(20*S*,22*S*,23*R*,24*S*)-14β,22:22,25-diepoxy-5-methoxy-des-A-ergosta-5,7,9-triene-11α,23-diol[12]。

blazeispirol I(11)　无色油状物，$[\alpha]_D^{23}$-20.0(*c* 0.28，$CHCl_3$)，UV 光谱显示在 224、258、266、275nm 处有最大吸收，IR(KBr)光谱显示在 3 430cm^{-1}处有羟基吸收峰。HR-EI-MS 给出分子离子峰为 *m*/*z*:414.241 3[M^+]，确定分子式为 $C_{25}H_{34}O_5$。化合物(11)的^{13}C NMR 谱数据与化合物(1)相似，除了 C-28(δ:59.2)，C-24(δ:51.9)的化学位移向低场移，而 C-23(δ:82.9)和 C-25(δ:82.7)向高场移。与化合物(1)相比，从 δ:8.7 位移到 δ:59.2，表明 C-28 甲基碳变为了羟甲基碳；同时化合物(1)中 δ:1.04 处的甲基质子信号消失，在 δ:3.84 和 3.98 处出现连氧质子信号，进一步证明了 C-28 位为羟甲基。确定化合物(11)为 28 位为羟甲基的 blazeispirol A，为(20*S*,22*S*,23*R*,24*S*)-14β,22:22,25-diepoxy-des-A-ergosta-5,7,9,11-tetraene-23,28-diol[12]。

blazeiepirol U(12)　黄色固体，$[\alpha]_D^{23}$+821.7(*c* 0.23，$CHCl_3$)，UV 光谱在 220、272nm 处有最大吸收；IR(KBr)光谱显示在 3 440cm^{-1}处有羟基吸收峰，1 640cm^{-1}处为 α、β-不饱和羰基吸收峰，同时在 2 920、1 640、1 620、1 500、1 160cm^{-1}处有吸收。HR-EI-MS 给出分子离子峰为 *m*/*z*:436.263 1[M^+]，确定分子式为 $C_{28}H_{36}O_4$。化合物(12)的^{1}H NMR 和^{13}C NMR 光谱数据显示，有 28 个碳和 6 个甲基信号，这表明化合物(12)有与 blazeispirol A 相似的螺环结构，同时 C-20-C-28 的碳信号和氢信号也进一步证实了螺环结构的存在。在 NOE 谱中，H-20(δ:2.47)与 H-18(δ:0.90)相关，H-17(δ:1.95)与 H-12(δ:5.94)相关，说明化合物(12)有与化合物(1)相似的 C 环和 D 环。1H NMR 谱数据显示，5 个烯氢信号分别为 δ:5.80(1H，s)、5.94(1H，*d*，*J*=10.0Hz)、6.70(1H，*d*，*J*=10.0Hz)、6.24(1H，*d*，*J*=9.5Hz)和 6.68(1H，*d*，*J*=9.5Hz)；^{13}C NMR 谱数据显示，8 个烯碳信号分别为 δ:120.5、124.1、125.1、129.8、142.4、131.0、138.2 和 165.9。在 HMBC 谱中，H-6(δ:6.24)和 H-11(δ:6.70)都与 C-8(δ:131.0)相关，H-19(δ:1.30)与 δ:138.2 和 165.9 碳相关，H-2(δ:2.60)与 C-3(δ:198.0)相关；同时 NOE 谱中也有 H-2 与 H-19 相关。最后确定化合物(12)为(20*S*,22*S*,23*R*,24*S*)-14β,22:22,25-diepoxy-23-hydroxyergosta-4,6,8,11-tetraen-3-one[12]。

blazeispirol V(13)　无色片状物，$[\alpha]_D^{23}$-15.0(*c* 0.08，$CHCl_3$)，UV 光谱显示在 237nm 处有最大吸收；IR(KBr)光谱显示在 3 470 和 3 330cm^{-1}处有羟基吸收峰。HR-EI-MS 给出分子离子峰为 *m*/*z*:470.266 1[M^+]，确定分子式为 $C_{28}H_{38}O_6$。化合物(13)的^{1}H NMR 和^{13}C NMR 谱数据显示，有 28 个碳信号和 6 个甲基信号，说明化合物(13)与化合物(12)有相同的基本骨架。化合物(13)的^{13}C NMR 谱数据显示，C-6(δ:69.1)和 C-7(δ:66.1)相对于化合物(12)向高场移动，而与 C-6、C-7 相邻的 C-4、C-8 和 C-9 化学位移也发生了变化。在 NOEs 谱中，H-19(δ:1.34)与 H-6(δ:4.46)相关，H-4(δ:6.28)与 6-OH(δ:2.66)相关，证实了 C-6 位的—OH 处于 α 位，同时也进一步证明 H-4 与 H-6 的耦合常数为 2Hz。7-OH 的构型通过 H-6 和 H-7 的耦合常数为 4.5Hz，确定为 α 构型。最后通过 X-单晶衍射确定化合物(13)的绝对构型与推测构型一致，最后确定化合物(13)为(20*S*,22*S*,23*R*,24*S*)-14β,22:22,25-diepoxy-6α,7α,23-trihydroxyergosta-4,8,11-trien-3-one[12]。

blazeispirol V$_1$(14)　无色粉末，$[\alpha]_D^{23}$-43.3(*c* 0.12，$CHCl_3$)，UV 光谱显示在 231nm 处有最大吸收，IR(KBr)光谱显示在 3 340cm^{-1}处有羟基吸收峰，1 665cm^{-1}处有 α、β-不饱和羰基吸收峰。HR-EI-MS 给出分子离子峰为 *m*/*z*:470.265 7[M^+]，确定分子式为 $C_{28}H_{38}O_6$。化合物(14)的^{1}H NMR 和^{13}C NMR 谱数据显示有 28 个碳和 6 个甲基信号，推测其具有与化合物(13)相似的骨架。化合物(14)的^{13}C NMR 和化合物(13)非常相似，除了 C-4(δ:127.7)和 C-6(δ:76.0)向低场移动，而C-5(δ:163.6)向高场移动。以上数据表明，化合物(14)可能为化合物(13)的立体异构体。在化合物(8)的 NOESY 谱中，H-6(δ:4.36)与 H-4(δ:5.98)有 NOE 关系，而不存在 H-6 与 H-19 的 NOE 关系，证实C-6 的-OH 处于 β 位；同时 H-19(δ:1.47)相对于化合物(13)化学位移移向低场，也进一步证实 C-6 羟基的构型。基于以上数据，确定化合物(14)为(20*S*,22*S*,23*R*,24*S*)-14β,22:22,25-diepoxy-6β,7α,23-trihydroxyergosta-4,8,11-trien-3-one[12]。

表 42-1　化合物(1)～(5)的^{13}C谱和^{1}H谱数据

	1		2		3		4		5	
	δ_C	δ_H	δ_C	δ_H	δ_C	δ_H	δ_C	δ_H	δ_C	δ_H
5	156.4	—	156.8	—	155.9	—	152.3	—	156.7	—
6	108.6	6.73d(8.5)	108.9	6.57d(8)	108.3	6.76d(7.5)	113.2	6.64d(8)	108.8	6.78d(8.5)
7	121.4	7.24d(8.5)	120.9	7.28dd(8,0.5)	123.5	7.30d(7.5)	121.7	7.14d(8)	124.1	7.36d(8.5)
8	132.0	—	130.6	—	132.8	—	132.3	—	132.5	—
9	130.3	—	130.1	—	133.4	—	130.6	—	130.5	—
10	122.5	—	122.8	—	124.2	—	120.0	—	124.5	—
11	122.4	6.54d(10)	122.8	6.57d(10)	23.8	2.70m	122.2	6.51dd (10,1)	121.5	6.64d(10)
12	139.1	5.89d(10)	138.4	5.88d(10)	29.4	1.91ddd (13.5,11,8) 1.53ddd (13.5,7,1.5)	139.3	5.90d(10)	140.5	5.96d(10)
13	47.0	—	47.8	—	42.9	—	47.0	—	47.0	—
14	84.0	—	86.4	—	83.8	—	84.0	—	83.8	—
15	37.1	2.44ddd(13.5,9.5,5.5) 1.80ddd(13.5,9.5,5.5)	36.5	2.25ddd(15,9,6) 1.89ddd(15,4,1)	38.8	2.52dd(9,9) 1.74m	37.1	2.44ddd(14,9.5,5.5) 1.78ddd(14,12,3.5)	37.0	2.44ddd(13.5,9.5,5.5) 1.80ddd(13.5,12.5,3.5)
16	25.0	2.05ddd(13.5,9.5,3.5) 1.46m	24.2	1.83ddd(13,9,4) 1.52ddd(13,6,1)	21.0	2.03dd(9,9) 1.74m	25.0	2.04ddd(13,9.5,5.5) 1.45m	24.9	2.05ddd(13,9.5,5.5) 1.45m
17	50.7	1.94dd(6,3.5)	50.1	1.96dd(6,3)	50.5	1.72dd(6,3)	50.7	1.94dd(6,3.5)	50.6	1.95dd(6,3.5)
18	15.7	0.90s	15.7	1.12s	14.7	0.92s	15.6	0.89s	15.6	0.89s
19	10.8	2.20s	10.9	2.21s	11.1	2.20s	10.8	2.21s	56.3	4.76d(2)4.81d(12)
20	33.5	2.54qdd(7,3.5,1.0)	39.8	2.56qdd(7,3,1)	34.0	2.63qd(7,3)	33.5	2.53qdd(7,3.5,1.5)	33.5	2.57qdd(7,3.5,1.5)
21	16.4	1.14d(7)	14.1	1.01d(7)	16.7	1.14d(7)	16.4	1.14d(7)	16.4	1.14d(7)
22	107.4	—	108.9	—	107.8	—	107.4	—	107.4	—
23	85.0	3.95dd(4.5,4.5)	75.1	3.98dd(5,4)	85.1	3.90dd(5.5,4)	85.0	3.94d(4.5)	84.9	3.94d(4.5)
24	44.1	2.64qd(7,4.5)	48.6	1.94qd(7,5)	44.1	2.59qd(7,4)	44.1	2.64qd(7,4.5)	44.1	2.64qd(7.5,4.5)
25	84.1	—	82.1	—	84.0	—	84.1	—	84.2	—
26	25.7	1.16s	24.9	1.32s	25.7	1.18s	25.7	1.16s	25.7	1.16s
27	30.7	1.42s	28.9	1.23s	30.8	1.48s	30.7	1.41s	30.7	1.41s

（续表）

	1		2		3		4		5	
	δ_C	δ_H	δ_C	δ_H	δ_C	δ_H	δ_C	δ_H	δ_C	δ_H
28	8.7	1.04d(7)	9.6	1.09d(7)	8.6	1.01d(7)	8.7	1.03d(7)	8.7	1.04s
OCH_3	55.6	3.80s	55.6	3.81s	55.6	3.80s	55.6	—	55.5	3.84s
OH	—	1.41d(4.5)	—	3.43d(4)	—	1.41d(5.5)	—	1.41d(4.5)	—	1.41overlap
PhOH	—	—	—	—	—	—	—	4.70bs	—	—

表 42-2　化合物(6)～(10)的^{13}C谱和^{1}H谱数据

	6		7		8		9		10	
	δ_C	δ_H	δ_C	δ_H	δ_C	δ_H	δ_C	δ_H	δ_C	δ_H
1	151.7	—	28.2	2.88ddd(16.5,7.5,5) 2.95ddd(16.5,5,4.5)	27.6	1.88ddd(13,5,3) 2.87ddd(13,13,7)	32.6	2.20dd(12,4.5) 1.97m	—	—
2	112.7	6.63d(8.5)	31.2	2.03ddd(12,5,4.5) 1.78ddd(12,8,7.5)	33.7	2.57m 2.58m	38.9	1.85ddd(9.5,9.5,4.5) 2.16m	—	—
3	123.8	7.19d(8.5)	68.1	4.15ddd(8,8,5.5)	197.0	—	207.7	—	—	—
4	133.0	—	36.6	3.05dd(16.5,5.5) 2.54dd(16.5,8)	130.5	6.77s	29.9	2.03m	—	—
5	133.0	—	130.9	—	153.3	—	204.9	—	156.8	—
6	121.5	—	134.4	—	186.2	—	123.9	6.07d(10)	110.1	6.84d(8.5)
7	23.8	2.70m	121.7	7.04s	123.9	6.48d(1)	140.9	7.41dd(10,0.5)	123.7	7.30d(8.5)
8	29.3	1.91ddd(13.5,11,8) 1.53ddd(13.5,7,1.5)	137.4	—	164.9	—	130.7	—	132.8	—
9	42.8	—	127.2	—	73.4	—	142.7	—	135.1	—
10	83.4	—	132.4	—	45.8	—	50.6	—	126.0	—
11	38.8	2.52dd(11,9)1.74m	122.5	6.56d(10)	123.4	5.59dd(10,1)	121.4	5.96bd(9.5)	66.1	5.14dd(8,8)
12	20.9	2.03dd(9.5,8) 1.74m	137.8	5.82d(10)	140.8	5.98d(10)	143.7	6.05d(9.5)	41.1	2.15dd(13.5,8) 1.80dd(13.5,8)
13	50.4	1.70dd(6,3)	46.8	—	49.8	—	48.2	—	46.4	—
14	14.6	0.92s	84.1	—	82.7	—	82.8	—	82.9	—
15	11.0	2.10s	37.3	2.44ddd(13.5,9.5,5.5) 1.81m	34.9	2.54dd(13.5,6) 2.43ddd(13.5,12,3)	36.8	2.59ddd(13,9.5,5.5) 1.66ddd(13,12.5,3.5)	38.4	1.92ddd(13,10,4) 2.59ddd(13,10,4)

（续表）

	6		7		8		9		10	
	δ_C	δ_H	δ_C	δ_H	δ_C	δ_H	δ_C	δ_H	δ_C	δ_H
16	34.0	2.63qd(7,3)	25.0	2.05ddd(14,9.5,5.5) 1.47ddd(13,12,6)	21.9	2.00ddd(12,9,3) 1.58m	25.6	1.39m 2.06m	21.4	2.15dddd(13,10,4) 1.82ddd(13,10,6.5,4)
17	16.7	1.14d(7)	50.8	1.93dd(6,3.5)	51.7	1.87m	50.6	1.98dd(6,3.5)	50.1	1,71dd(6.5,3.0)
18	107.8	—	15.7	0.90s	17.1	1.03s	15.3	0.93s	16.1	0.86s
19	85.0	3.90dd(5.5,4)	14.2	2.19s	22.6	1.26s	25.5	1.20s	12.5	2.31s
20	43.9	2.59qd(7,4.5)	33.5	2.53qd(7,3.5)	33.3	2.59qd(7,4)	33.6	2.49qd(7,4.5)	33.4	2.56dd(6.5,3.0)
21	84.0	—	16.4	1.14d(7)	16.2	1.12d(7)	16.3	1.12d(7)	16.5	1.13d(6.5)
22	25.7	1.17s	107.4	—	107.7	—	107.7	—	107.7	—
23	30.7	1.46s	85.0	3.94dd(4.5,2)	84.8	3.95qd(4,5)	85.0	3.90d(4.5)	84.9	3.85d(4.5)
24	8.7	1.01d(7)	44.1	2.63qd(7.5,4.5)	44.0	2.52qd(7.5,4.5)	44.2	2.48qd(7,4.5)	44.0	2.55dq(4.5,7.5)
25	—	—	84.1	—	84.9	—	84.6	—	84.1	—
26	—	—	30.7	1.40s	30.6	1.32s	25.8	1.16s	25.6	1.17s
27	—	4.52s	25.7	1.16s	25.5	1.14s	30.7	1.49s	30.7	1.47s
28			8.7	1.04d(7.5)	8.5	1.01d(7.5)	8.6	1.02d(7)	8.6	1.00d(7.5)
OCH_3			—	—	—	—	—	—	55.5	3.81s
23-OH				—		—		1.44d(5.5)		—

表 42-3　化合物(11)～(15)的^{13}C谱和^1H谱数据

	11		12		13		14		15	
	δ_C	δ_H	δ_C	δ_H	δ_C	δ_H	δ_C	δ_H	δ_C	δ_H
1	—	—	32.6	2.30ddd(13,5.5,2) 1.99ddd(13,13,7.5)	34.2	2.19ddd(13,5,2.5) 1.79ddd(14,14,5)	35.3	2.15ddd(14,5,2.5) 1.76ddd(14,13,5)	33.6	2.10m 1.94m
2	—	—	33.8	2.60dd(13.5,5.5) 2.50m	33.5	2.54dd(17,14.5,5) 2.50m	34.2	2.66ddd(17,14,5) 2.49m	38.7	1.95ddd(13,13,4) 2.20m
3	—	—	198.0	—	197.8	—	198.9	—	207.9	—
4	—	—	124.1	5.80s	122.4	6.28dd(2)	127.7	5.98bs	29.9	2.06s
5	156.4	—	165.9	—	166.4	—	163.6	—	206.1	—
6	108.6	6.72d(8.5)	125.1	6.24d(10)	69.1	4.46dd(9.5,4.5,2)	76.0	4.36ddd(4.5,3)	123.6	6.03d(10)
7	121.4	7.24d(8.5)	129.8	6.68d(10)	66.1	4.63dd(8,4.5)	67.5	4.59dd(6.5,3)	140.9	7.31d(10)

（续表）

	11		12		13		14		15	
	δ_C	δ_H	δ_C	δ_H	δ_C	δ_H	δ_C	δ_H	δ_C	δ_H
8	131.8	—	131.0	—	132.9	—	132.0	—	131.3	—
9	130.3	—	138.2	—	134.1	—	133.4	—	146.9	—
10	122.5	—	38.7	—	39.0	—	36.9	—	52.5	—
11	122.4	6.54dd(10,1)	120.5	6.07d(10)	120.0	5.82d(10)	120.3	5.85d(10)	22.3	2.20m2.40m
12	139.0	5.89d(10)	142.4	5.94d(10)	142.8	5.94d(10)	141.9	5.93d(10)	28.6	1.77m1.42m
13	47.0	—	48.3	—	48.1	—	48.1	—	43.2	—
14	84.1	—	82.6	—	82.7	—	82.7	—	82.2	—
15	37.1	2.42ddd (14,9.5,5.5) 1.80ddd (14,12.5,3.5)	36.8	2.54dd(13.5,5.5) 1.67ddd(13.5,12.5,2.5)	37.9	2.60ddd(13,9,5.5) 1.66ddd(13,12.5,3.5)	38.1	2.60ddd(13,9.5,5.5) 1.69ddd(13,13,3.5)	37.5	2.66ddd (13.5,9.5,4.5) 1.58ddd (13,5,11.5,4.5)
16	24.9	2.04ddd (13,9.5,3.5) 1.45m	25.4	2.03dd(12.5,4) 1.35ddd(12.5,12.5,6)	25.7	2.03ddd(13,9.5,3.5) 1.34ddd(12.5,5.5)	25.7	2.04ddd(13,9.5,3.5) 1.37ddd(13,13,5.5)	20.7	1.76m 2.04m
17	50.5	1.94dd(6,3.5)	50.7	1.95dd(6,3.5)	50.5	1.95dd(6,3.5)	50.5	1.95dd(6,3.5)	49.8	1.69dd(6.5,3)
18	15.6	0.89s	15.0	0.90s	14.7	0.90s	14.5	0.95s	14.7	0.89s
19	10.8	2.19s	27.8	1.30s	23.3	1.34s	24.4	1.47s	25.5	1.23s
20	33.5	2.53qdd (7,3.5,1)	33.5	2.47qdd(7,3,1)	33.7	2.48qdd(7.5,3.5,1)	33.8	2.49qd(7,3.5)	34.0	2.60qd(7,4.5)
21	16.3	1.15d(7)	16.3	1.10d(7)	16.3	1.10d(7)	16.4	1.11d(7)	16.6	1.11d(7)
22	107.6	—	107.5	—	107.5	—	107.6	—	108.1	—
23	82.9	4.23d(4)	84.7	3.89bd(4)	84.8	3.88dd(5,5)	84.8	3.91dd(4.5,4.5)	84.7	3.90d(4.5)
24	51.9	2.73ddd (9,5.5,4)	44.1	2.46qd(7,5)	44.0	2.44qd(7,5)	44.0	2.45qd(7,4.5)	44.0	2.42qd(7,4.5)
25	82.7	—	84.3	—	84.6	—	84.6	—	84.6	—
26	25.7	1.21s	25.6	1.13s	25.5	1.12s	25.5	1.13s	25.0	1.16s
27	31.7	1.48s	30.5	1.34s	30.3	1.36s	30.3	1.36s	30.7	1.40s
28	59.2	3.83dd (10.5,5.5) 3.98dd (10.5,9)	8.6	1.00d(7)	8.5	1.00d(7)	8.5	0.99d(7)	8.5	1.00d(7)
OCH_3	55.6	3.80s	—	—	—	—	—	—	—	—
		—		1.60s		1.42d(5)		1.48d(4.5)		—

blazeispirol Z_1(15) 淡黄色固体，$[\alpha]_D^{23}$ - 44.9(c 0.11，$CHCl_3$)，UV 光谱在 326nm 处有最大吸收，为甾酮的特征吸收峰；IR(KBr)光谱在 3 460cm^{-1}处有羟基吸收峰，1 720cm^{-1}处有酮羰基吸收峰，1 660cm^{-1}处有 α、β-不饱和羰基吸收峰。HR-EI-MS 给出分子离子峰为 m/z:456.286 0$[M]^+$，确定分子式为 $C_{28}H_{40}O_5$。化合物(15)的^{1}H NMR 和^{13}C NMR 数据显示，有 28 个碳信号和 7 个甲基信号，其数据与化合物(15)相似，表明化合物(15)有与化合物(9)相似的基本骨架。化合物(15)的^{1}H NMR 谱数据显示，有两个亚甲基质子信号 δ:2.20(1H,m)、2.40(1H,m)、1.77(1H,m)和 1.42(1H,m)，而没有 δ:5.96 和 6.05 的碳烯氢信号。^{13}C NMR 谱数据也有两个亚甲基信号，分别在 δ:22.3 和 28.6，而没有烯碳信号在 δ:121.4 和 143.7。通过以上数据，确定化合物(15)为(20*S*,22*S*,23*R*,24*S*)-14β,22:22,25-diepoxy-23-hydroxy-4,5-seco-ergosta-6,8-triene-3,5-dione[12]。

五、巴西蘑菇多糖类的化学成分

多糖是巴西蘑菇中主要化学成分之一，目前从巴西蘑菇中分离得到的多糖主要是主链为 β-D-(1→6)葡聚糖[13]。同时也分离得到一些其他的杂多糖，如主链为(1→6)-α-D-半乳糖(A)，(1→2,6)-α-D-吡喃葡糖糖(B)，侧链在 B 的 *O*-2 为(1→)-α-D-吡喃葡糖糖，比例为 1∶1∶1的 ABP-W1[14]；ABP-AW1 为相对分子质量 50kDa，主链为(1→6)-β-D-半乳糖，(1→6)-β-D-吡喃葡萄糖，(1→3,6)-β-D-吡喃葡糖，终端为(1→)-岩藻糖、阿拉伯糖，甘露糖在 *O*-3 位置，比例为 29∶10∶10∶6∶2∶2的多糖[15]；多糖 IR 相对分子质量为 310kDa，主链为(1→3)-β-葡萄糖-(1→2)-β-甘露糖等[16]。

巴西蘑菇多糖提取方法 取干燥巴西蘑菇子实体 0.5kg，用 5 000ml 95%乙醇在 75℃下脱脂 6h，回流 3h，然后用尼龙布过滤。滤渣用蒸馏水 8 000ml 在 75℃条件下提取 3 次，每次 3h。提取物离心(1 700r/min，10min，20℃)，离心的上清液浓缩至 1/10 的体积，用 4 倍体积的 95%乙醇在 4℃温度下沉降 24h，然后再次离心(1 700r/min，10min，20℃)。沉淀物用蛋白酶去蛋白，然后用 sevag 法透析 48h。透析液用 4 倍 95%乙醇在 4℃条件下沉降 24h，得到粗多糖 20.2g。粗多糖经过 AKTA explore100 纯化系统[梯度 NaCl 水溶液(0、0.2、0.4 和 0.6mol/L)，流速(4ml/min)]，琼脂 6Fast Flow 柱(0.15mol/L NaCl，流速 1.5ml/min)。然后再经过 1 个 Sephadex G-25 凝胶柱去除盐，得到的多糖部分进行浓缩，用 95%乙醇沉降，干燥沉降物，得到纯净的 ABP-W1。

第三节 巴西蘑菇的生物活性

巴西蘑菇最显著的活性是抗肿瘤活性，巴西蘑菇的子实体、菌丝体均有抗肿瘤活性，经研究表明，抗肿瘤活性的主要物质为多糖和甾醇类化合物。其中麦角甾醇 β-(1→3)(1→6)-glucanβ-(1→3)(1→6)-glucan 等化合物具有抗肿瘤活性[3,16-19]。从巴西蘑菇中分离得到的(1→6)-β-D-glucans、β-(1→3)(1→6)-glucan 具有免疫调节作用，对人体 THP-1 巨噬细胞具有调节作用[20]。对不同生长期巴西蘑菇的甲醇提取物进行抗氧化检测发现，成熟的巴西蘑菇的抗氧化活性强于未成熟的巴西蘑菇[21]。采用 DPPH 法测定巴西蘑菇的抗氧化活性，其 EC_{50} 为 13.25mg/ml[22]。巴西蘑菇具有抗病毒活性，巴西蘑菇菌丝体水提物、醇提物和多糖对 HEp-2 细胞的小儿麻痹灰质病毒具有抑制作用[23]；从巴西蘑菇中分离得到的 β-(1→2)-gluco-β-(1→3)-甘露糖，经过硫代后，对 HSV 病毒具有抑制作用[24]。从巴西蘑菇中分离得到的(1→6)-半乳糖主链、侧链 *O*-2 被岩藻糖取代的多糖具有一定的抗炎活性[25]。巴西蘑菇粗多糖喂食乙醇肝损伤小鼠，检测发现巴西蘑菇粗多糖能降低 ALT 水平，降低线粒体膜电位，增加外膜稳定性，说明巴西蘑菇多糖具有一定的保护肝损伤活性[26]。

第四节 展 望

巴西蘑菇作为一种药食兼用菌,具有较广泛的食用价值和药用价值。长期以来对巴西蘑菇药理活性的研究较多,尤其在抗肿瘤活性方面取得了很大进展,经研究发现,巴西蘑菇抗肿瘤活性成分主要是多糖和甾醇类。然而目前对巴西蘑菇化学成分方面的研究较少,从巴西蘑菇中分离得到的化学成分类型较为单一,因此,对巴西蘑菇化学成分进行系统、深入研究很有必要,充分发掘巴西蘑菇的生物活性物质,为巴西蘑菇的开发应用提供理论基础。

参考文献

[1] 高虹. 巴西蘑菇菌丝体醇提物抗肿瘤功效成分的研究[D]. 江南大学博士研究生毕业论文,2007.
[2] 黄大斌. 姬松茸生物学特性研究初报[J]. 中国食用菌,1994,13(2):12—15.
[3] 高虹,谷文英,丁霄霖,等. 巴西蘑菇菌丝体抑制肿瘤活性甾醇的分离和结构鉴定[J]. 食品研究与开发,2006,27(6):52—54.
[4] Hirokazu Kawagishi, Ryosuke Katsumi, Toshimi Sazawa, et al. Cytotoxic steroids from the mushroom *Agaricus blazei* [J]. Phytochmeistry, 1988,27 (9): 2777—2779.
[5] 李巍,包海鹰,图力古尔. 乳孔硫黄菌的化学成分和抗氧化活性[J]. 菌物学报,2014,33(2):365—374.
[6] 谢磊睿,李丹毅,王培乐,等. 海洋来源真菌 Ascotricha sp. AJ-M-5 中一个新的 3,4-裂环羊毛脂烷型三萜[J]. 药学学报,2013,48(1):89—93.
[7] Hehui Cai, Xueming Liu , Zhiyi Chen, et al. Isolation, purification and identification of nine chemical compounds from *Flammulina velutipes* fruiting bodies [J]. Food Chemistry, 2013, 141, 2873—2879.
[8] Masao Hirotani, Seiko Hirotani, Hiroaki Takayangagi, et al. Blazeispirol A, an unprecedented skeleton from the cultured mycelia of the fungus *Agaricus blazei* [J]. Tetrahedron Letters, 1999, 40: 329—332.
[9] Masao Hirotani, Kou Sai, Seiko Hirotani, et al. Blazeispirols B, C, E and F, des-A-ergostane-type compounds, from the cultured mycelia of the fungus *Agaricus blazei* [J]. Phytochemistry, 2002, 59: 571—577.
[10] Masao Hirotani, Seiko Hirotani, Takafumi Yoshikawa. Blazeispirol D and Z, as the actual intermediates of blazeispirol A biosynthesis from the cultured mycelia of the fungus *Agaricus blazei* [J]. Tetrahedron Letters, 2001, 42: 5261—5264.
[11] Masao Hirotani, Seiko Hirotani, Takafumi Yoshikawa. Blazeispirol X and Y, two novel carbon skeletal sterols from the cultured mycelia of the fungus *Agaricus blazei* [J]. Tetrahedron Letters, 2000,41: 5107—5110.
[12] Masao Hirotani, Kou Sai, Reiko Nagai, et al. Blazeispirane and protoblazeispirane derivatives from the cultured mycelia of the fungus *Agaricus blazei* [J]. Phytochemistry, 2002, 61: 589—595.
[13] Maria LeoniaC, Gonzaga, ThiagoM. F. Menezes, et al. Structural characterizationof β glucans isolated from *Agaricus blazei* Murill using NMR and FTIR spectroscopy [J]. Bioactive Carbo-

hydratesand Dietary Fibre, 2013, 2: 152—156.

[14] Jicheng Liu, Chunjing Zhang, Yajun Wang, et al. Structural elucidation of a heteroglycan from the fruiting bodies of *Agaricus blazei* Murill [J]. International Journal of Biological Macromolecules, 2011, 49: 716—720.

[15] Jicheng Liu, Yongxu Sun. Structural analysis of an alkali-extractable and water-soluble polysaccharide (ABP-AW1) from the fruiting bodies of *Agaricus blazei* Murill [J]. Carbohydrate Polymers, 2011, 86: 429—432.

[16] Cardozoa FTGS., Camelinia CM., Cordeirob MNS., Characterization and cytotoxic activity of sulfated derivatives of polysaccharides from *Agaricus brasiliensis* [J]. International Journal of Biological Macromolecules, 2013, 57: 265—272.

[17] Takeshi Takaku, Yoshiyuki Kimura, Hiromichi Okuda. Isolation of an Antitumor Compound from *Agaricus blazei* Murill and Its Mechanism of Action [J]. Biochemical and Molecular Action of Nutrients, 2001, 1409—1413.

[18] Takashi Mizuno, Toshihiko Hagiwara, Takuji Nakamura, et al. Antitumor activity and some properties of water-soluble polysaccharides from "Himematsutake," the fruiting body of *Agaricus blazei* Murill [J]. Agriculture Biological chemistry, 1990, 54 (11): 2889—2896.

[19] 张涵,吕圭源,周桂芬. 巴西蘑菇抗肿瘤药理研究进展[J],时珍国医国药,2007,18(5):1237—1238.

[20] Fhernanda R. Smiderleb, Giovana Alquinib, Michelle Z. Tadra-Sfeirb, et al. *Agaricus bisporus* and *Agaricus brasiliensis* (1→6)-β-D-glucans show immunostimulatory activity on human THP-1 derived macrophages [J]. Carbohydrate Polymers, 2013, 94: 91—99.

[21] Andréia Assuno Soares, Cristina Giatti Marques de Souza, Francielle Marina Daniel, Antioxidant activity and total phenolic content of *Agaricus brasiliensis* (*Agaricus blazei* Murril) in two stages of maturity [J]. Food Chemistry, 2008, 112: 775—781.

[22] Maja Kozarski, Anita Klaus, Miomir Niksic. Antioxidative and immunomodulating activities of polysaccharide extracts of the medicinal mushrooms *Agaricus bisporus*, *Agaricus brasiliensis*, *Ganoderma lucidum* and *Phellinus linteus* [J]. Food Chemistry, 2011, 129: 1667—1675.

[23] Faccin LC, Benati F, Rinca VP, et al. Antiviral activity of aqueous and ethanol extracts and of an isolated polysaccharide from *Agaricus brasiliensis* against poliovirus type 1 [J]. The Society for Applied Microbiology, Letters in Applied Microbiology, 2007, 45: 24—28.

[24] Cardozo FTGS, Larsen IV, Carballo EV, et al. *In Vivo* Anti-Herpes Simplex Virus Activity of a Sulfated Derivative of *Agaricus brasiliensis* Mycelial Polysaccharide [J]. Antimicrobial Agents and Chemotherapy, 2013, 57 (6): 2541—2549.

[25] Marina M. Padilha, Ana AL. Avila, Pergentino JC. Sousa. Anti-Inflammatory Activity of Aqueous and Alkaline Extracts from Mushrooms (*Agaricus blazei* Murill) [J]. Jorunal of Medicinal Food, 2009, 12 (2): 359—364.

[26] Mustafa Uyanoglu, Mediha Canbek, Leo JLD. van Griensven. Effects of polysaccharide from fruiting bodies of *Agaricus bisporus*, *Agaricus brasiliensis*, and *Phellinus linteus* on alcoholic liver injury. Food sciences and Nutrition, 2014, 65 (4): 482—488.

(王　欣、陈若芸)

第四十三章 黄绿蜜环菌

HUANG LU MI HUAN JUN

第一节 概 述

黄绿蜜环菌[*Armillaria luteo-virens*(Aalb. et Schw：Fr.)Sacc]属担子菌亚门、层菌纲、口蘑目、口蘑科、蜜环菌属真菌[1]。别名黄环菌、黄蘑菇。黄绿蜜环菌是一种名贵的野生食用菌，主要分布在我国青海、西藏、河北、陕西、甘肃等地区，夏秋季节生长在海拔 3 000～3 800m 的草原或高山草地上，是一种重要的高原生物资源[2]。黄绿蜜环菌性味甘平，益肠胃，能维持正常糖代谢与神经传导，常食能降低血液中的胆固醇，增强防癌抗癌能力，并能预防病毒感染、脚气病、牙床出血、贫血等症。

第二节 黄绿蜜环菌化学成分的研究

野生黄绿蜜环菌富含氨基酸、蛋白质等营养成分，风味独特，具有较高的保健和药效价值，被认为是具有开发利用价值的野生药食兼用真菌[1]。

刘葳等人对黄绿蜜环菌的多糖进行了分离纯化与组成分析，从中得到两种糖，对其中一种多糖纯品进行了深入研究。该多糖为白色粉末状固体，无臭无味，难溶于冷水，易溶于热水；薄层分析确定其组成为阿拉伯糖和木糖；红外、核磁等结构分析表明，该糖的连接方式主要以 1→4 连接为主链，1→6 连接为支链[3]。另外，以黄绿蜜环菌干燥子实体为材料，通过硫酸铵沉淀，DEAE-ceIlulose 阴离子交换柱层析、CM-cellulose 阳离子交换柱层析，Q-Sepharose 阴离子交换柱层析和 FPLC Superdcx75 凝胶过滤柱层析的方法，从黄绿蜜环菌干燥子实体中分离得到两个新的相对分子质量相近的凝集素 ALA(相对分子质量为 29.1kDa)和 ALB(相对分子质量为 29.4kDa)，ALA 由两个不同亚基组成，其亚基相对分子质量分别为 15.0kD 和 14.1kD，ALB 由两个相同的亚基组成，每个亚基的相对分子质量均为 14.7kDa[4]。

第三节 黄绿蜜环菌的生物活性

黄绿蜜环菌的水溶粗多糖有较好的清除自由基活性，另外，黄绿蜜环菌的石油醚和乙酸乙酯相对人卵巢癌细胞系和肝癌细胞系有一定的细胞毒作用[5]。

参 考 文 献

[1] 刁治民. 青海草地黄绿蜜环菌生态学特性及营养价值的研究[J]. 中国食用菌，1997，16(4)：21—22.

[2] 卢素锦，李军乔，陈刚，等. 青海黄绿蜜环菌植被类型及伴生植物的初步调查[J]. 食用菌，2006，

28(3):4－5.

[3] 刘葳，于源华，毛亚杰，等. 黄绿蜜环菌多糖的分离纯化与组成结构分析[J]. 长春理工大学学报，2007，30(2):101－105.

[4] 冯昆. 黄绿蜜环菌凝聚素的分离纯化、理化性质及其抗肿瘤活性的研究[D]. 中国农业大学博士研究生学位论文，2006:33.

[5] 李世峰，陈桂琛，毕玉蓉，等. 两种野生食用菌抗氧化及抗肿瘤活性研究[J]. 中国食用菌，2005，24(3):58－62.

（刘彦飞）

第四十四章 毛木耳

MAO MU ER

第一节 概 述

毛木耳[*Auricularia polytricha* (Mont.)Saccl]为担子菌门，伞菌亚纲，木耳目，木耳科，木耳属真菌，又名粗木耳、大木耳、构耳、黄背木耳、厚木耳、沙耳、猪耳、木耳菇、土木耳等，广泛分布于我国河北、山西、内蒙古、黑龙江、江苏、安徽、浙江、江西、福建、台湾、河南、广西、广东、香港、陕西、甘肃、青海、四川、贵州、云南、海南等地区，是一种药食同源的真菌[1]。毛木耳始载于《新华本草纲要》，味甘性平，归肺、肝、肾经；具有补益气血、润肺止咳和止血的功效[2]。经现代研究证明，毛木耳多糖具有抗凝血、抗肿瘤、降血脂、抗氧化以及机体细胞保护作用等。

第二节 毛木耳化学成分的研究

毛木耳化学成分研究的报道较少，主要含有多糖类、酰胺类、脂肪酸、脂肪醇与甾体类化合物。

一、毛木耳多糖类的化学成分

据贾卫梅等人[3]报道，先用95%乙醇提取后，渣再用70%乙醇提取，提取液减压浓缩至小体积，加入乙醇沉淀、过滤，收集沉淀，真空干燥，得毛木耳粗多糖(得率6.7%)。取部分粗多糖配成1%水溶液，加入1.5%十六烷基三甲基溴化铵沉淀，室外放置1d，离心收集沉淀物，将该沉淀物溶解在1ml/L氯化镁溶液中，加入乙醇沉淀、透析，再用乙醇沉淀、过滤，沉淀用无水乙醇、丙酮洗涤，真空干燥，得灰白色多糖AP－1(得率4.6%)。另取一部分粗多糖溶于水，用Sevag法脱蛋白10次，透析24h，用乙醇沉淀，以下处理与AP－1相同，得到多糖AP－2(得率4.0%)。它们均由甘露糖、木糖、葡萄糖醛酸和少量葡萄糖组成。用2mol/L H_2SO_4水解后，制备成糖腈乙酰酯衍生物，用气相色谱仪测定多糖的组成：AP－1由甘露糖、木糖组成，摩尔比为1∶0.37；AP－2由甘露糖和木糖组成，摩尔比为1∶0.30，他们都有微量葡萄糖存在。葡萄糖醛酸未能制备成衍生物，没有在气相色谱中检测出。

据Guanglei Song等人[4]报道，用90℃蒸馏水15L提取毛木耳1.0kg，提取3次，每次3h，合并提取液，将提取液浓缩至原体积的1/10，加入5倍量的无水乙醇在4℃沉淀过夜。沉淀用木瓜蛋白酶和Sevag法两种方法除去蛋白，透析48h，透析液加入5倍量的无水乙醇沉淀，沉淀物依次用无水乙醇、丙酮和乙醚洗脱，得到毛木耳粗多糖(APPS)75g。将毛木耳粗多糖用高速逆流色谱，溶剂系统：PEG1000∶K_2HPO_4∶KH_2PO_4∶H_2O(0.5∶1.25∶1.25∶7.0，W/W)分离得到3种多糖AAPS－1、AAPS－2、AAPS－3，其相对分子质量分别为162、259和483kDa，对它们进行抑制小鼠S－180肉瘤转移试验，其中AAPS－2抑制率为40.4%。AAPS－2经部分水解、高碘酸盐氧化、乙酰化、甲基化和核磁共振谱分析，显示其含有由3个(1→3)连接的β－D－glucopyranosyl组成的主链，主链终端的葡萄糖*O*－6位上连有一分子葡萄糖，其中(1→3)连接的β－D－glucopyranosyl和(1→3,6)连接的β－D－glucopy－ranosyl比例为2∶1。

二、毛木耳其他类的化学成分

Kiyotaka Koyama 等人[5]分别用二氯甲烷(5L)和甲醇(2L),在室温提取毛木耳(4.5kg)各3次,得到二氯甲烷提取物14g和甲醇提取物54g。将二氯甲烷提取物进行反复硅胶柱色谱分离,得到化合物ceramide(1)、cerevisterol(2)、9-hydroxycerevist-erol(3);甲醇部分溶于水后用乙酸乙酯萃取,乙酸乙酯部分应用反复硅胶柱色谱和反相C18分离得到化合物:cerebroside(4)(图44-1)。

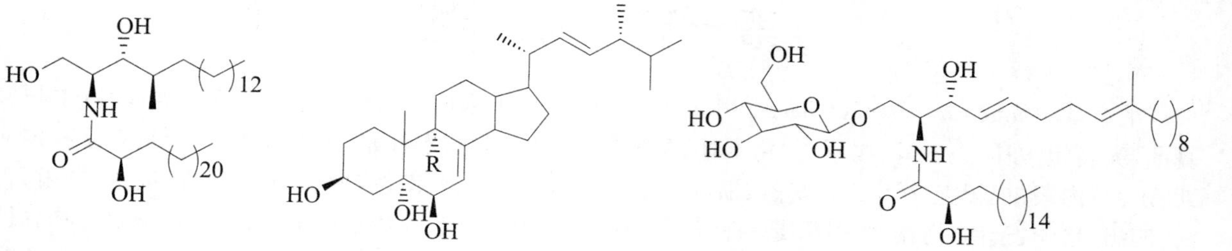

(1)　(2) R=H　(3) R=OH　(4)

图44-1　毛木耳中的化合物结构

第三节　毛木耳生物活性的研究

一、抗高脂血症与抗凝血作用

吴春敏等人[6]研究认为,毛木耳多糖可延长体内和体外凝血时间,延长家兔白陶土部分凝血活酶时间,但对凝血酶原时间无明显影响,表明毛木耳多糖可能是通过影响内源性凝血系统而发挥抗凝血作用。毛木耳多糖也可明显降低实验性高脂血症大鼠的血清总胆固醇、低密度脂蛋白胆固醇和三酰甘油水平,升高血清高密度脂蛋白胆固醇;但不影响正常小鼠血清胆固醇含量,说明毛木耳多糖对内源性脂质生物合成、降解或排泄都无影响。

赵大振等人[7]在血栓实验、血小板聚集实验、淋巴细胞转化实验和吞噬细胞吞噬功能试验中发现,毛木耳的变种银白木耳(*Auricularia polytricha* var. argentea Zhao et Wang)有抑制血栓形成的倾向,并可明显抑制血小板的黏附功能,明显增强淋巴细胞转化功能,对单核巨噬细胞的吞噬功能仅有增强趋势,无统计学差异。王树等人[8]在银白木耳对大鼠凝血作用的影响研究中发现,银白木耳溶液对延长血浆中凝血酶原作用时间、血浆凝血酶时间均有非常显著的作用,对血液凝固时间有非常显著的作用。

二、抗氧化作用

周学军等人[9]用毛木耳多糖按剂量对小鼠腹腔注射,连续35d。以分光光度法测定小鼠全血中过氧化脂质产物(LPO)含量,按邻苯三酚自氧化法测定小鼠全血中超氧化物歧化酶(SOD)的活力。结果发现毛木耳多糖能够剂量依赖性地降低小鼠血清中LPO含量,并可剂量依赖性地提高小鼠全血SOD活力,表明毛木耳多糖具有较好的抗氧化作用,具有一定的延缓衰老作用。

三、抗肿瘤作用

许晓燕等人[10]采用水提醇沉和 Sevag 法除蛋白，从黄背木耳子实体中提取得到粗多糖，再经 DEAE 纤维素和 Sephacryl S－300 色谱纯化。经 S－180 荷瘤小鼠筛选，得到具有抗肿瘤活性的多糖组分，命名为 APPIIA。通过中性红吞噬法、Griess 法、ELISA 法检测证实，APPIIA 能够增强巨噬细胞的吞噬功能，促进巨噬细胞 NO 的生成，促进抗肿瘤相关细胞因子 IL－1β、IL－6 和 TNF－α 的分泌，达到抑制肿瘤生长的作用。罗霞等人[11]进一步证实，APPIIA 能增强 IL－1β、IL－6、TNF－α 和 NO 合成关键酶 iNOS 基因的转录水平，并能增加 iNOS 蛋白的生成。

四、免疫调节与机体细胞保护作用

吴春敏等人[12]通过对毛木耳多糖的机体细胞保护作用研究表明：给雄性小鼠腹腔注射 APP 后 15min，角叉菜胶性足肿胀程度降低了 69%。给小鼠腹腔早晚各注射毛木耳多糖 1 次，共 6 次，四氯化碳肝损伤模型的作用结果表明：血清谷丙转氨酶（ALT）降低 16.7%；可明显对抗环磷酰胺引起的白细胞减少，对抗率为 34%。可明显对抗环磷酰胺所致骨髓微核率增加，对抗率为 34%。对^{60}Co 射线损伤的保护作用研究表明，口服毛木耳多糖后，小鼠平均存活时间比对照组延长 29%，死亡率均降低 50%。对小鼠 S－180 移植性肿瘤抑制结果表明：口服毛木耳多糖 300mg/kg，14d 后，可明显抑制小鼠 S－180 移植性肿瘤的生长，抑制率为 38%。

王道福等人[13-14]通过毛木耳多糖对小鼠腹腔巨噬细胞蛋白酶 A 和 C 活性的研究，探讨毛木耳多糖的免疫增强作用机制。实验结果显示，毛木耳多糖能明显增强小鼠腹腔巨噬细胞蛋白酶 A 活性，并呈现一定的剂量依赖性，证明其免疫增强作用与活化 PKA 有关。

为了进一步探讨毛木耳免疫调节作用机制，王鹂等人[15]采用荧光分光光度法，测定毛木耳多糖对小鼠腹腔巨噬细胞胞质游离 Ca^{2+} 浓度的影响。实验结果表明，毛木耳多糖能够剂量依赖地引起小鼠腹腔巨噬细胞胞质游离 Ca^{2+} 浓度明显上升，巨噬细胞胞质游离 Ca^{2+} 浓度的升高是由细胞外钙内流和细胞内钙释放共同作用的结果，与 Ca^{2+} 通道有关，而与细胞膜电位无关，从而在分子水平上为毛木耳多糖的作用机制提供了依据。

五、其他作用

吴春敏等人[16]研究了毛木耳多糖的耐缺氧作用与对心脏和血压的影响，证明毛木耳多糖对大鼠正常血压和心率无影响，不增加离体豚鼠心脏的冠脉流量，增强活体心脏的心肌收缩力，延长并用异丙肾上腺素的常压耐缺氧时间，可部分改善心功能状况。毛木耳多糖还可延长血栓形成的时间，缩短血栓长度，抑制实验性血栓的形成。

钟韩等人[17]研究发现，毛木耳多糖能提高血小板的黏附和聚集作用，具有诱导促进血小板聚集的作用，使出血时间缩短，并通过提高促进血小板的聚集功能而实现止血作用。

六、临床应用

毛木耳的临床引用报道较少，据有关文献[18]记载，上海市第四人民医院内科采用成都恩威药业有限公司生产，以毛木耳为主要原料的"活血降脂颗粒"[川卫药健字(1996)017 号]治疗高脂血症 143 例，其中男性 85 例，女性 58 例，年龄 54～83 岁，平均年龄 68 岁；血脂水平根据上海地区 TC>5.17mmol/L，TG>1.7mmol/L；既往史中高血压 48 例，糖尿病 38 例，冠心病 53 例，胆石症 17 例，痛风4例，家族肥胖史5例；其中头晕的69例，单侧肢体麻木26例，双下肢麻木12例，血压16～25.5/10.5～16kPa；心电图检查：ST～T下移23例，T波异常32例，左室高压7例；头颅CT检查12例，均为多发性腔隙性脑梗死。中枢神经系统检查无特殊发现，所有患者都口服"活血降脂颗粒"，每次2包，每日3次，服用1月后，143例患者临床症状均有明显减轻或消失，心电图正常46例，好转9例，服药后血脂达正常水平122例，13例明显降低，总有效率为94.5%，且无明显不良反应。

第四节　展　望

毛木耳由于具有药食同源的性质，其经济价值和社会生态效益已经显现出来。但目前对毛木耳研究还主要集中在栽培与粗提取物的药理活性等方面研究，而在化学成分方面的研究还很少，市场上的产品还停留在粗加工阶段。因此，加强毛木耳物质基础方面的研究，为毛木耳产品的深加工提供科学保证，从而进一步发掘毛木耳的经济价值。

参考文献

[1] 黄年来，林志彬，陈国良. 中国食药用菌学[M]. 上海：上海科学技术文献出版社，2010.
[2] 江苏省植物研究所. 新华本草纲要(第三册). [M]. 上海：上海科学技术出版社，1990.
[3] 贾卫梅，何国襄，刘晶. 毛木耳对血小板聚集作用的成分研究[J]. 中国食用菌，1991，10(2)：45－46.
[4] Guanglei Song, Qizhen Du. Isolation of a polysaccharide with anticancer activity from *Auricularia polytricha* using high-speed countercurrent chromatography with an aqueous two-phase system[J]. Journal of Chromatography A, 2010, 1217(38):5930－5934.
[5] Kiyotaka Koyama, Michiko Akiba. Tooru Imaizumi etal. Antinociceptive Constituents of *Auricularia polytricha*[J]. Planta Med, 2002, 68(3):284－285.
[6] 吴春敏，陈琼华. 毛木耳多糖的抗凝血和降血脂作用[J]. 中国药科大学学报，1991，23(3)：164－166.
[7] 赵大振，王朝江，池惠荣. 银白木耳药用初探[J]. 河北师范大学学报(自然科学版)，1995，19(2)：100－102.
[8] 王树. 银白木耳对大鼠凝血作用的影响[J]. 张家口医学院学报，1999，16(3)：37－38.
[9] 周子军，喻发. 毛木耳多糖的抗氧化作用[J]. 中国医学药学杂志，2000，20(9)：610－611.
[10] 许晓燕，余梦瑶. 黄背木耳多糖对巨噬细胞的激活作用[J]. 中国食用菌，2008，27(3)：41－42.
[11] 罗霞，余梦瑶，江南，等. 毛木耳 *Auricularia polytricha* 多糖 APPIIA 对巨噬细胞因子和 iNOS 基因表达的影响[J]. 菌物学报，2009，28(3)：435－438.
[12] 吴春敏，陈琼华. 毛木耳多糖的抗凝血和降血脂作用[J]. 中国药科大学学报，1991，23(3)：164－166.
[13] 王道福，邵林萍，菊保文，等. 毛木耳多糖对小鼠腹腔巨噬细胞蛋白激酶A活性的影响[J]. 解放军药学学报，2001，17(2)：102－103.
[14] 王道福，邵林萍，菊保文，等. 毛木耳多糖对小鼠腹腔巨噬细胞蛋白激酶C活性的影响[J]. 解放军药学学报，2002，18(1)：19－20.
[15] 王鹏，李春明. 毛木耳多糖对小鼠腹腔巨噬细胞胞质游离 Ca^{2+} 浓度的影像[J]. 药物研究，1999，8(7)：14－15.

[16] 吴春敏,陈琼华. 毛木耳多糖耐缺氧作用及对心脏和血压的影响[J]. 中国生化药物杂志,1992,13(1):21-23.
[17] 钟韩,杨振湖,李慧英,等. 毛木耳多糖诱导血小板聚集作用研究[J]. 广东药学院学报,2002,18(1):27-28.
[18] 赵因,张悦. 毛木耳的药理作用及其临床应用[J]. 基层中药杂志,2001,15(1):49.

（王洪庆）

第四十五章 竹灵芝

ZHU LING ZHI

第一节 概 述

竹灵芝(*Ganoderma hainanense* Zhao, Xu et Zhang)是担子菌门,伞菌纲,多孔菌目,灵芝科,灵芝属真菌,别名长颈灵芝、小红灵芝,主要分布在浙江、福建、广西、海南、云南等地区[1]。竹灵芝味微苦,有异香,是灵芝中极珍稀品种。目前市场上的绝大部分竹灵芝是广西人工栽培的产品,民间大多当作灵芝入药。

竹灵芝中含有三萜类、甾体类化合物,以及生物碱、多糖、脂肪酸类等化合物。

第二节 竹灵芝化学成分的研究

一、竹灵芝三萜类化学成分的提取与分离

从竹灵芝乙醇提取物的乙酸乙酯部分中,共分离得到12个三萜类化合物:16α,26-dihydroxylanosta-8,24-dien-3-one(1)、me lucidenate(2)、lucidenic acid N(3)、me lucidenate A(4)、lucidenic acid A(5)、ganoderic acid Sz(6)、ganoderic acid Y(7)、ganoderic acid TQ(8)、agnosterone(9)、ganoderiol F(10)、ganodermanondiol(11)和lucidumol(12),其中化合物(1)为新化合物(图45-1)。

从竹灵芝丙酮冷浸提取物中,共分离得到19个三萜类化合物:ganohainanic acid A(13)、acetyl ganohainanic acid A(14)、ganohainanic acid B(15)、ganohainanic acid C(16)、ganohainanic acid D(17)、acetyl ganohainanic acid D(18)、ganohainanic acid E(19)、hainanic acid A(20)、hainanic acid B(21)、3,7,24-trioxo-8,25-dien-5α-lanosta-26-ol(22)、24*S*,25*R*-dihydroxyl-3,7-dioxo-8-en-5α-lanosta-26-ol(23)、hainanaldehyde A(24)、21-hydroxyl-3,7-dioxo-8,24*E*-dien-5α-lanosta-26-ol(25)、3β,7β-dihydroxy-11-oxo-8,24*E*-dien-5α-lanosta-26-ol(26)、ganoderol J(27)、ganoderone A(28)、lucidadiol(29)、ganodermanontriol(30)、4,4,14α-trimethyl-3,7-dioxo-5α-chol-8-en-24-oic acid(31)[2-3],其中化合物(13)~(26)为新化合物[3]。

提取方法一

将2.5kg竹灵芝子实体粉碎后,用乙醇回流提取3次,用乙酸乙酯和正丁醇分别萃取。乙酸乙酯部位(121.8g)通过硅胶柱色谱分离,采用氯仿:甲醇=30:1、20:1、10:1、8:1、5:1、1:1、1:5和0:1分别洗脱,得到9个流份部位。其中氯仿:甲醇=10:1部分(20.5g)利用硅胶柱色谱,氯仿:甲醇=1:0到0:1作流动相进行洗脱,得到A~H 8个流份部位。从C部位(3.2g)经反复硅胶和凝胶柱色谱,得到化合物(1)5mg、(4)15mg、(6)10mg、(7)7mg。D部位(2.5g)同样利用反复硅胶和凝胶柱色谱处理,得到化合物(8)10mg、(9)4.5mg、(11)10mg。E部位(4.5g)用正相硅胶柱色谱,石油醚:乙酸乙酯=1:1洗脱,得到化合物(10)5.0mg。化合物(2)2.8mg、(3)20mg、(5)1.5mg和(12)2.0mg从F部位(8.5g)中,经过正相硅胶柱色谱与凝胶柱色谱处理得到的。

(1) 16α,26-dihydroxylanosta-8,24-dien-3-one

	R_1	R_2	R_3	R_4
(13) Ganohainanic acid A	OH	=O	=O	β-OH
(14) Acetyl ganohainanic acid A	OAc	=O	=O	β-OH
(15) Ganohainanic acid B	OH	=O	H	H
(16) Ganohainanic acid C	H	=O	H	β-OH
(17) Ganohainanic acid D	OH	=O	H	β-OH
(18) Acetylganohainanic acid D	OAc	=O	H	β-OH

(19) Ganohainanic acid E

	R_1	R_2
(20) Hainanic acid A	H	H
(21) Hainanic acid B	=O	β-OH

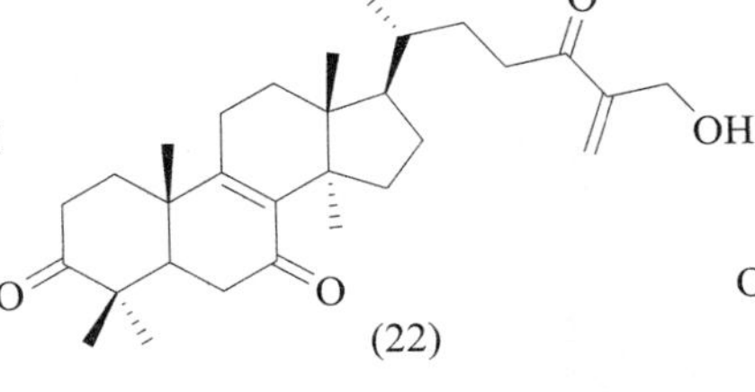

(22) 3,7,24-trioxo-8,25-dien-5α-lanosta-26-ol

(23) 24S,25R-dihydroxyl-3,7-dioxo-8-en-5α-lanosta-26-ol

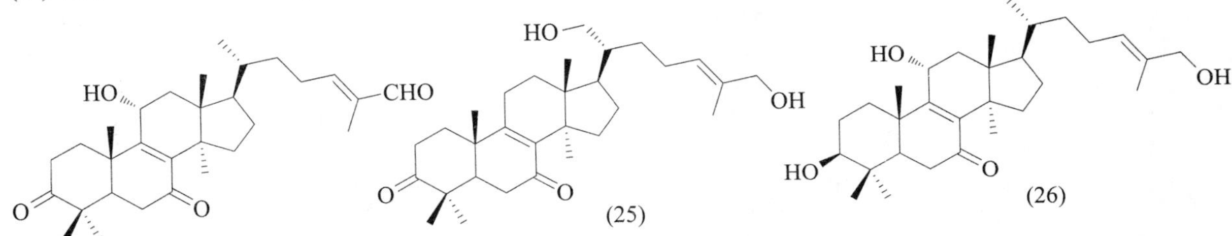

(24) Hainanaldehyde A

(25) 21-hydroxyl-3,7-dioxo-8,24E-dien-5α-lanosta-26-ol

(26) 3β,7β-dihydroxy-11-oxo-8,24E-dien-5α-lanosta-26-ol

图 45-1　竹灵芝中新三萜类化学成分的结构

提取方法二

将 1.5kg 竹灵芝子实体粉碎后，用丙酮提取 3 次，合并提取液，减压浓缩至干，得浸膏 150g。浸膏直接用大孔吸附树脂处理得到 3 个部分，MeOH∶H_2O=50∶50、70∶30 和 90∶10。其中第 3 个部分(13g)采用正相硅胶柱分离，氯仿∶甲醇=100∶1、85∶1、50∶1、5∶1梯度洗脱，得到 4 个流份部位。从氯仿∶甲醇=85∶1流份部位 I 中，得到 1 个大量成分 ganoderone A(28)50mg。氯仿∶甲醇=50∶1洗脱流份部位，利用正相硅胶柱色谱（氯仿/丙酮）和高效液相柱色谱（乙腈/水），得到化合物(22)6.1mg、(24)4.9mg、lucidadiol(29)43mg 和 4,4,14α-trimethyl-3,7-dioxo-5α-chol-8-en-24-oic acid (31)8.4mg。氯仿∶甲醇=20∶1部分，利用制备薄层色谱(P-TLC)，得到化合物(13)5.2mg。

把 MeOH∶H_2O=70∶30 洗脱流份部位 II 和氯仿∶甲醇=5∶1流份部位，IV 经薄层板色谱（TLC）检测并合并为 M，再利用正相硅胶柱色谱将其划分为 4 个子流份部位 M1～M4（氯仿∶甲醇=80∶1、50∶1、20∶1、5∶1）。每个部分都用反相硅胶柱色谱进行划段和除去色素（MeOH∶H_2O=50∶50→70∶30）。氯仿∶甲醇=80∶1部分经反相柱色谱处理后的 M1 流份部位，用 P-TLC 分离得到化合物(14)8.3mg 和(19)10.1mg。M2 流份部位用半制备高效液相色谱纯化（乙腈∶水=48∶52→60∶40，V/V），得到化合物(26)6.7mg(26.0min)。M3 流份部位同样利用 P-TLC 处理得到 ganodermanontriol(30)2.5mg。M4 流份部位利用半制备色谱,分离得到化合物(15)4.7mg(Rt:9.26min)、(16)3.2mg(24.11min)、(18)4.3mg(20.69min)、(20)4.4mg(25.15min)、(23)5.2mg(22.78min)、(25)3.2mg(24.53min)和 ganoderol J(27)2.1mg(30.34min)(图 45-2)。

(2) Me lucidenate: R_1=β-OH, R_2=Me
(3) Lucidenic acid N: R_1=β-OH, R_2=H
(4) Me lucidenate A: R_1=O, R_2=Me
(5) Lucidenic acid A: R_1=O, R_2=H

(6) Ganoderic acid Sz: R=O
(7) Ganoderic acid Y: R=β-OH

(8) Ganoderic acid TQ

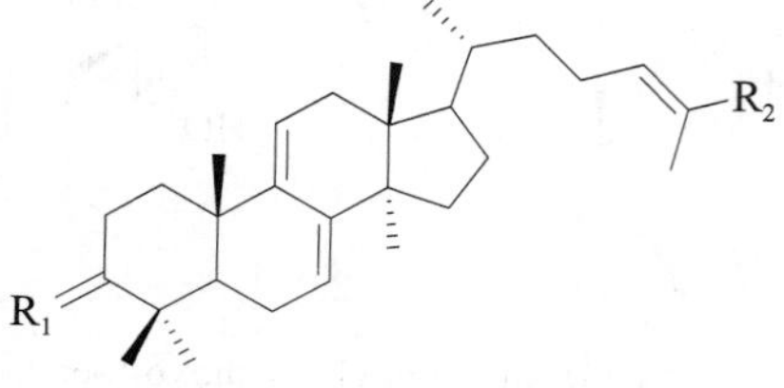

(9) Agnosterone: R_1=β-OH, R_2=Me
(10) Ganoderiol F: R_1=O, R_2=CH_2OH

(11) Ganodermanondiol: R=O
(12) Lucidumol: R=β-OH

(27) Ganoderol J

(28) Ganoderone A

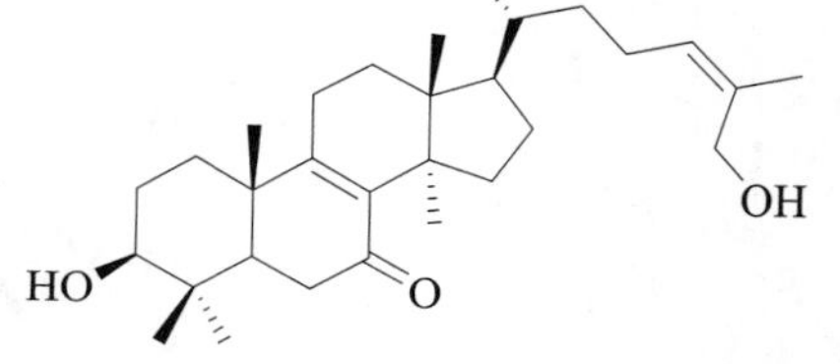

(29) Lucidadiol

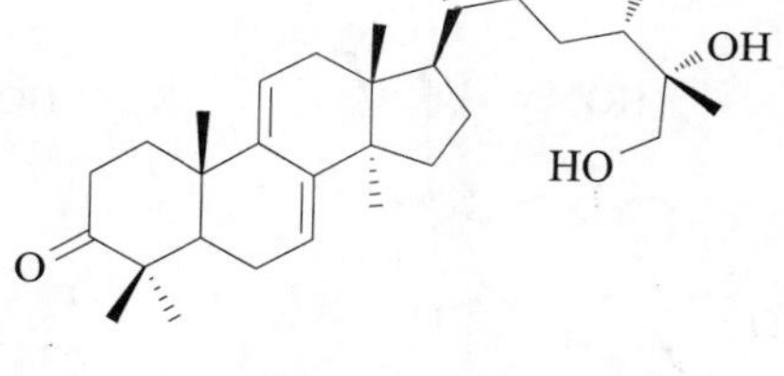

(30) Ganodermanontriol

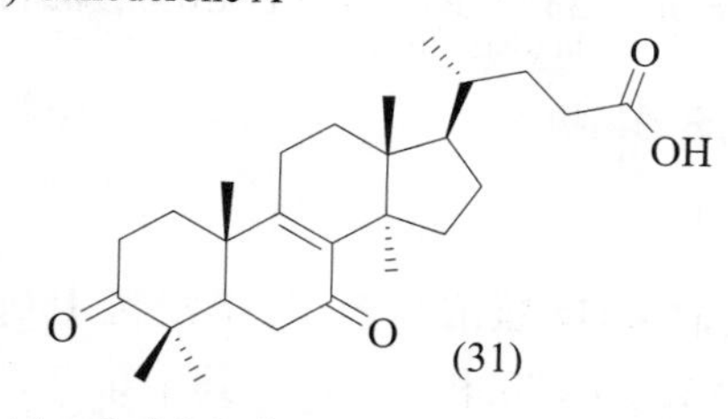

(31)
4,4,14α-trimethyl-3,7-dioxo-5α-chol-8-en-24-oic acid

图 45-2 竹灵芝中三萜类化学成分的结构

二、竹灵芝三萜类化学成分的理化常数与光谱数据

16α,26-Dihydroxylanosta-8,24-dien-3-one(1) 无色油状物,$[\alpha]_D^{25}$+25(*c* 0.2,MeOH)。Liebermann-Burchard 反应阳性。IR(KBr)光谱吸收显示羟基(3 445cm^{-1})、羰基(1 740cm^{-1})和烯键(1 649cm^{-1})的存在。ESI-MS 显示 *m/z*:479[M+Na]$^+$。^{1}H NMR 谱(CD_3OD,500MHz)数据显示了 6 个单峰和 1 个双重峰的甲基氢信号 δ:0.91、1.15、1.66、0.90、1.08,1.09 和 0.99(d,*J*=6.6Hz);氧化亚甲基的两个偕氢信号 δ:3.91(2H,s,H_2-26);氧化次甲基上的 1 个氢信号 δ:4.42(1H,dd,*J*=

8.0、14.0Hz)以及1个烯键氢信号δ:5.44(1H,t,J=4.1Hz)。^{13}C NMR谱(CD_3OD,125MHz)数据给出30个碳信号,包括6个甲基碳信号δ:26.7、25.4、21.7、18.9、18.8,17.2;4个烯键信号δ:135.2、127.8、135.0、136.2;1个羰基碳信号δ:220.5;两个含氧碳信号,δ:73.4、69.2。以上1D NMR数据说明,化合物(1)与文献报道的化合物21-hydroxylanosta-8,24-dien-3-one[4]有相似的结构。通过比较两者的核磁数据显示,化合物(1)比21-hydroxylanosta-8,24-dien-3-one多1个氧化次甲基信号和1个氧化亚甲基信号和1个氧化亚甲基信号,同时少了1个亚甲基信号和1个甲基信号。分析化合物(1)的2D NMR谱,发现氧化次甲基氢信号与C-15、C-17以及C-30的碳存在HMBC相关,同时与15位和17位的氢信号存在^{1}H-^{1}H COSY相关。说明化合物(1)的16位上连有1个羟基。同时,HMBC谱显示化合物(1)中的氧化亚甲基氢信号与C-24、C-25与C-27位的碳相关,说明化合物(1)的26位的氧化亚甲基取代了文献报道的化合物26位的甲基。16位的氢与H_3-18存在ROESY相关,证明16-OH的相对构型位α。由此,化合物(1)的结构被推断为16α,26-Dihydroxylanosta-8,24-dien-3-one。

赤芝酸N甲酯(methyl lucidenic acid N,2) 白色粉末。Liebermann-Burchard反应阳性。IR(KBr):3 500、1 735、1 714、1 672cm^{-1}。EI-MS m/z:474[M^+]。EI-MS m/z:456[M-H_2O]$^+$,446[M-CO]$^+$。^{1}H NMR($CDCl_3$,300MHz)δ:4.80(1H,dd,J=9.5、8.4Hz),3.68(1H,s),3.22(1H,dd,J=10.5、6.0Hz),1.34(3H,s),1.22(3H,s),1.04(3H,s),0.98(3H,s),0.98(3H,d,J=6.6Hz),0.86(s)。^{13}C NMR($CDCl_3$,100MHz)δ:218.1,198.1,174.1,157.2,142.9,78.5,67.0,28.4,24.6,18.6,18.2,17.6,15.6。以上数据与文献[5]报道的Methyl 3β,7-dihydroxy-4,4,14α-trimethyl-11,15-dioxo-5α-chol-8-en-24-oate(Methyl lucidenic acid N)一致。

赤芝酸N(lucidenic acid N,3) 白色粉末(氯仿),mp 202~204℃。Liebermann-Burchard反应阳性。IR(KBr):3 449、1 724、1 656、1 031cm^{-1}。EI-MS m/z:460[M^+]。EI-MS m/z:442[M-H_2O]$^+$,414[M-2H_2O]$^+$。^{1}H NMR($CDCl_3$,400MHz)δ:4.80(1H,dd,J=9.2、8.2Hz),4.37(1H,brs),3.22(1H,dd,J=10.6、5.6Hz),1.35(6H,s),1.03(3H,s),0.98(3H,d,J=6.2Hz),0.96(3H,s),0.85(3H,s)。^{13}C NMR($CDCl_3$,100MHz)δ:217.5,198.0,178.2,156.8,142.7,78.3,66.9,28.1,24.4,18.4,18.0,17.4,15.4。以上数据与文献[6]报道的3β,7β-dihydroxy-4,4,14α-trimethyl-11,15-dioxo-5α-chol-8-en-24-oic acid(lucidenic acid N)一致。

赤芝酸A甲酯(methyl lucidenic acid A,4) 白色针晶(丙酮),mp 187~198℃。Liebermann-Burchard反应阳性。IR(KBr):3 345、1 713、1 680、1 034cm^{-1}。EI-MS m/z:495[M+Na]$^+$。EI-MS m/z:454[M-H_2O]$^+$,436[M-2H_2O]$^+$。^{1}H NMR($CDCl_3$,400MHz)δ:4.85(1H,ddd,J=9.5、7.5、4.5Hz),3.68(1H,s),1.34(3H,s),1.26(3H,s),1.13(3H,s),1.11(3H,s),1.01(3H,s),0.97(3H,d,J=6.7Hz)。^{13}C NMR($CDCl_3$,100MHz)δ:216.5,197.7,173.9,157.9,141.2,78.5,66.3,27.0,24.7,20.8,18.1,18.2,17.7。以上数据与文献[7]报道的Methyl 7β-hydroxy-4,4,14α-trimethyl-3,11,15-trioxo-5α-chol-8-en-24-oate(Methyl lucidenic acid A)一致。

赤芝酸A(lucidenic acid A,5) 白色针晶(乙酸乙酯),mp 194~195℃。Liebermann-Burchard反应阳性。IR(KBr):3 440、1 720、1 700、1 660cm^{-1}。EI-MS m/z:458[M^+]。EI-MS m/z:440[M-H_2O]$^+$,432[M-2H_2O]$^+$。^{1}H NMR($CDCl_3$,400MHz)δ:4.86(1H,dd,J=9.5、7.7Hz),1.35(3H,s),1.26(3H,s),1.14(3H,s),1.11(3H,s),1.01(3H,s),0.91(3H,d,J=6.6Hz)。^{13}C NMR($CDCl_3$,100MHz)δ:217.9,216.9,197.8,178.4,157.8,141.3,66.4,27.0,24.7,20.8,18.2,18.0,17.7。以上数据与文献[8]报道的7β-hydroxy-4,4,14α-trimethyl-3,11,15-trioxo-5α-chol-8-en-24-oic acid(lucidenic acid A)一致。

灵芝酸Sz(ganoderic acid Sz,6) 白色针晶。Liebermann-Burchard反应阳性。IR(KBr):3 615、3 458、1 714、1 688、1 642cm^{-1}。ESI-MS m/z:453[M+1]$^+$。EI-MS m/z:437[M-CH_3]$^+$,419[M-CH_3-H_2O]$^+$。^{1}H NMR($CDCl_3$,400MHz)δ:6.08(1H,t,J=7.1Hz),5.50(1H,d,J=6.4Hz),5.39

(1H,d,J=5.7Hz),1.93(3H,s),1.20(3H,s),1.13(3H,s),1.09(3H,s),0.92(3H,d,J=6.4Hz),0.88(3H,s),0.59(3H,s)。^{13}C NMR($CDCl_3$,100MHz)δ:216.9,172.1,147.1,144.5,142.9,125.7,25.4,25.3,22.5,22.1,20.6,18.3,15.7。以上数据与文献[9]报道的 3-oxo-lanosta-7,9(11),24(Z)-trien-26-oic acid(ganoderic acid Sz)一致。

灵芝酸 Y(ganoderic acid Y,7) 白色针晶。Liebermann-Burchard 反应阳性。IR(KBr):3 325、1 724、1 665cm^{-1}。EI-MS m/z:454[M$^+$]。^{1}H NMR($CDCl_3$,400MHz)δ:6.08(1H,t,J=7.1Hz),5.50(1H,d,J=6.4Hz),5.39(1H,d,J=5.7Hz),1.92(3H,s),1.22(3H,s),1.11(3H,s),1.07(3H,s),0.92(3H,d,J=6.5Hz),0.86(3H,s),0.60(3H,s)。^{13}C NMR($CDCl_3$,100MHz)δ:172.4,145.9,145.6,142.6,126.5,115.8,28.2,25.6,22.7,22.5,18.2,15.6,11.9。以上数据与文献[10]报道的 3-oxo-lanosta-7,9(11),24(Z)-trien-26-oic acid(ganoderic acid Sz)一致。

灵芝酸 T-Q(ganoderic acid T-Q,8) 白色针晶。Liebermann-Burchard 反应阳性。IR(KBr):3 623、3 455、1 714、1 688cm^{-1}。EI-MS m/z:510[M$^+$]。^{1}H NMR($CDCl_3$,400MHz)δ:5.98(1H,t,J=6.9Hz),5.45(1H,d,J=6.0Hz),5.40(1H,d,J=5.2Hz),1.92(3H,s),1.19(3H,s),1.11(3H,s),1.08(3H,s),0.91(3H,d,J=6.2Hz),0.87(3H,s),0.56(3H,s)。^{13}C NMR($CDCl_3$,100MHz)δ:216.6,172.1,171.2,145.0,144.5,140.3,126.7,116.9,25.4,22.4,22.1,21.4,18.2,18.1,16.0,12.0。以上数据与文献[11]报道的 3-oxo-lanosta-7,9(11),24(Z)-trien-26-oic acid(ganoderic acid Sz)一致。

Agnosterone(9) 白色粉末。Liebermann-Burchard 反应阳性。IR(KBr):1 732、1 645、1 038cm^{-1}。EI-MS m/z:422[M$^+$],407[M-CH_3]$^+$。^{1}H NMR($CDCl_3$,400MHz)δ:5.51(1H,d,J=6.7Hz),5.40(1H,d,J=5.6Hz),5.11(1H,t,J=7.1Hz),1.70(3H,s),1.62(3H,s),1.21(3H,s),1.14(3H,s),1.10(3H,s),0.92(3H,d,J=6.6Hz),0.88(3H,s),0.60(3H,s)。^{13}C NMR($CDCl_3$,100MHz)δ:216.8,144.5,142.9,131.0,125.1,119.8,117.3,25.7,25.4,25.3,22.5,22.1,18.5,17.3,15.7。以上数据与文献[12]报道的 lanosta-7,9(11),24-trien-3-one(agnosterone)一致。

Ganoderiol F(10) 黄色晶体(氯仿/甲醇),mp116~120℃。Liebermann-Burchard 反应阳性。IR(KBr):3 350、2 900、2 850、1 690cm^{-1}。EI-MS m/z:454[M$^+$]。^{1}H NMR($CDCl_3$,400MHz)δ:5.56(1H,d,J=7.3Hz),5.51(1H,d,J=6.9Hz),5.39(1H,t,J=5.9Hz),4.33(2H,s),4.22(2H,s),1.20(3H,s),1.13(3H,s),1.09(3H,s),0.92(3H,d,J=6.6Hz),0.88(3H,s),0.59(3H,s)。^{13}C NMR($CDCl_3$,100MHz)δ:216.8,144.6,142.9,136.8,131.7,120.0,117.3,67.7,60.2,25.5,22.5,22.1,18.4,15.8。以上数据与文献[13]报道的 lanosta-7,9(11),24-trien-3-oxo-26-ol(ganoderiol F)一致。

灵芝酮二醇(ganodermanondiol,11) 白色针晶(乙酸乙酯),mp 182~183℃。Liebermann-Burchard 反应阳性。IR(KBr):3 525、3 383、1 711cm^{-1};EI-MS m/z:456[M$^+$],438[M-H_2O]$^+$。^{1}H NMR($CDCl_3$,300MHz)δ:5.52(1H,d,J=6.0Hz),5.40(1H,d,J=5.1Hz),3.22(1H,d,J=9.3Hz),2.78~2.74(1H,m),1.22(3H,s),1.13(3H,s),1.09(3H,s),1.09(3H,s),0.91(3H,d,J=6.0Hz),0.88(3H,s),0.59(3H,s)。^{13}C NMR($CDCl_3$,75MHz)δ:216.9,144.5,142.8,119.9,117.2,79.6,73.2,26.6,25.4,25.3,22.5,22.0,18.6,15.9。以上数据与文献[14]报道的 24(S),25-dihydroxy-5α-lanosta-7,9(11)-dien-3-one(ganodermanondiol)相符。

赤芝醇 B(lucidumol B,12) 无色晶体(氯仿),mp 209~211℃。Liebermann-Burchard 反应阳性。IR(KBr):3 525、3 383、1 711cm^{-1};EI-MS m/z:458[M$^+$],440[M-H_2O]$^+$。^{1}H NMR($CDCl_3$,500MHz)δ:5.48(1H,d,J=6.0Hz),5.32(1H,d,J=6.4Hz),3.25(1H,dd,J=11.4、4.4Hz),1.22(3H,s),1.17(3H,s),1.01(3H,s),0.98(3H,s),0.91(3H,d,J=6.4Hz),0.88(3H,s),0.88(3H,s),0.57(3H,s)。^{13}C NMR($CDCl_3$,75MHz)δ:145.9,142.6,120.2,116.2,79.6,78.9,73.2,28.1,26.5,25.6,23.6,22.7,22.0,18.6,15.8,15.7。以上数据与文献[15]报道的 3β,24(S),25-trihydroxy-

5α－lanosta－7,9(11)－diene(lucidumol B)相符。

Ganohainanic acid A(13) 白色粉末，$[\alpha]_D^{25}$＋88.34(c 0.9,MeOH)。Liebermann-Burchard反应阳性。HR-EI-MS显示m/z:530.288 5[M^+]，分子式$C_{30}H_{42}O_8$，计算值为530.288 0。IR(KBr)光谱吸收显示了羟基(3 423cm^{-1})和α,β-不饱和羰基(1 698cm^{-1})的存在，与紫外吸收(λ_{max}266和227nm)相一致。^{1}H NMR谱(C_5D_5N,600MHz)数据显示4个单重峰的甲基氢信号δ:1.48、1.41、1.34和1.13；两个双重峰的甲基氢信号δ:1.04(3H,d,J＝6.3Hz)和δ:1.36(3H,d,J＝7.2Hz)；以及两个氧化亚甲基氢信号δ:3.71(1H,d,J＝10.5Hz)和δ:3.84(1H,d,J＝10.5Hz)。^{13}C NMR谱(C_5D_5N,150MHz)显示了30个碳信号，分别归属为6个甲基碳信号；8个亚甲基碳信号(1个氧化的)；4个次甲基碳信号；11个季碳信号(两个烯碳，4个酮羰基碳和1个羧基碳)。其中碳信号为δ:203.5(C－7)、δ:151.7(C－8)、δ:150.1(C－9)和δ:202.1(C－11)，是灵芝三萜中共轭体系C－7/C－8/C－9/C－11的特征信号。化合物(13)的1D NMR数据显示，该化合物与文献报道的ganoderic acid J[16]结构相似，除了在化合物(13)中28位为羟甲基。利用2D NMR相关可以证实以上的不同。在ROESY谱中，H－15与H_3－30相关，说明15－OH为β构型。

然而，C－25位的构型利用2D NMR相关不能确定。该化合物通过甲基化反应得到相应的26位甲酯化产物，再通过X-单晶衍射，最终确定C－25的构型为S。因此，化合物(13)的结构被确定为25S－15β,28－dihydroxy－3,7,11,23－tetraoxo－5α－lanost－8－en－26－oic acid，命名为ganohainanic acid A(13)。

Acetyl ganohainanic acid A(14) 白色粉末，$[\alpha]_D^{25}$＋28.33(c 0.2,MeOH)。Liebermann-Burchard反应阳性。HR-EI-MS显示m/z:572.297 8[M^+]，分子式$C_{32}H_{44}O_9$，计算值为572.298 5。仔细比较化合物(14)和(13)的1D NMR数据，发现化合物(14)比化合物(13)多了1个单甲基信号出现在(δ:1.89,δ:21.0)和1个酯羰基信号(δ:170.9)。这说明化合物(14)中存在1个乙酰基。在HMBC谱中，H_2－28与羰基碳存在相关，证明乙酰氧基连在C－28位上。因此，化合物(14)为ganohainanic acid A(13)的乙酰化衍生物，其结构为25S－28－acetoxyl－15β－hydroxy－3,7,11,23－tetraoxo－5α－lanost－8－en－26－oic acid，命名为acetyl ganohainanic acid A (14)。

Ganohainanic acid B(15) 白色粉末，$[\alpha]_D^{25}$＋29.5(c 0.25,MeOH)。Liebermann-Burchard反应阳性。HR-EI-MS显示m/z:500.312 1[M^+]，分子式$C_{30}H_{44}O_6$，计算值为500.313 8。化合物(15)的1D NMR数据与ganohainanic acid A(13)相似，但是，化合物(13)的碳谱中没有化合物(15)中的羰基碳信号和氧化次甲基碳信号，取而代之的是两个亚甲基碳信号(δ:24.2,C－11;δ:33.3,C－15)。同时，化合物(15)的HMBC谱显示以下相关：H_2－16,H－17/C－15;H_2－15/C－14,C－30;H_3－18/C－12,C－13,C－14,C－17;H_2－12/C－11,C－13。因此，化合物(15)的结构被推断为25S－28－hydroxy－3,7,23－trioxo－5α－lanosta－8－en－26－oic acid，命名为ganohainanic acid B (15)。

Ganohainanic acid C(16) 白色粉末，$[\alpha]_D^{25}$＋8.3(c 0.32,MeOH)。Liebermann-Burchard反应阳性。HR-EI-MS显示m/z:500.314 0,[M^+]，分子式$C_{30}H_{44}O_6$，计算值为500.313 8。化合物(16)与ganohainanic acid B(15)有相同的分子式，然而，两者的1D NMR数据比较显示，化合物(16)中的1个亚甲基和1个氧化次甲基信号，分别取代了化合物(15)中C－28和C－15位中的氧化亚甲基和亚甲基。进一步由HMBC相关来证明。H－15和H_3－30存在ROESY相关，说明15－OH为β构型。因此，化合物(16)的结构被确定为25S－15β－hydroxy－3,7,23－trioxo－5α－lanost－8－en－26－oic acid，并且命名为ganohainanic acid C(16)。

Ganohainanic acid D(17) 白色粉末，$[\alpha]_D^{25}$－29.9(c 0.14,MeOH)。Liebermann-Burchard反应阳性。HR-EI-MS显示m/z:516.303 9[M^+]，分子式$C_{30}H_{44}O_7$，计算值为516.308 7。其分子式比化合物(16)多了1个氧原子。化合物(17)的1D NMR数据显示有6个甲基和1个氧化的亚甲基。我们推断化合物(17)的28位甲基与羟基相连。该推断可由2D NMR谱得到证明。H_2－28显示与C－3、C－4与C－5存在HMBC相关，同时与H－5还存在ROESY相关，由此推断化合物(17)的结构为

25*S* - 15*β*,28 - dihydroxy - 3,7,23 - trioxo - 5*α* - lanost - 8 - en - 26 - oic acid，命名为 ganohainanic acid D(17)。

Acetyl ganohainanic acid D(18) 白色粉末，$[\alpha]_D^{25}$ - 25.7(*c* 0.23，MeOH)。Liebermann-Burchard 反应阳性。HR-EI-MS 显示 *m/z*：558.317 1[M⁺]，分子式 $C_{32}H_{46}O_8$，计算值为 558.319 3。仔细比较化合物(18)和 ganohainanic acid D(17)的 1D NMR 数据，显示 1 个额外的甲基和 1 个酯羰基存在于化合物(18)中。同时，在化合物(7)的 HMBC 谱中，H_2 - 28 和额外的甲基氢同酯羰基相关。由此说明化合物(18)是 ganohainanic acid D(17)28 - OH 的乙酰化衍生物。化合物(18)的结构可推定为 25*S* - 28 - acetoxyl - 15*β* - hydroxy - 3,7,23 - trioxo - 5*α* - lanost - 8 - en - 26 - oic acid，命名为 acetyl ganohainanic acid D(18)。

Ganohainanic acid E(19) 白色粉末，$[\alpha]_D^{25}$ + 66.61(*c* 0.12，MeOH)。Liebermann-Burchard 反应阳性。HR-EI-MS 显示 *m/z*：500.276 9[M⁺]，分子式 $C_{29}H_{40}O_7$，计算值为 500.277 4。IR(KBr)光谱吸收显示有羟基(3 441cm⁻¹)和羰基(1 711、1 671cm⁻¹)的特征吸收峰。^{13}C NMR(C_5D_5N，150MHz)数据显示了 29 个碳信号，包括 6 个甲基碳、7 个亚甲基碳、6 个次甲基碳(1 个氧化的)、C - 7/C - 8/C - 9/C - 11 的 *α*、*β* 不饱和体系(*δ*：202.7，C - 7；*δ*：151.8，C - 8；*δ*：151.3，C - 9；*δ*：202.9，C - 11)；两个酮羰基碳(*δ*：210.5，C - 3；*δ*：209.5，C - 23)以及 1 个羧基碳(*δ*：178.8，C - 26)。这些数据显示与 ganoderic acid J[2] 相似。然而，化合物(19)的^{1}H NMR(C_5D_5N，600MHz)数据显示有 3 个双重峰甲基氢信号(*δ*：1.38，d，*J*=6.0Hz；*δ*：1.04，d，*J*=6.0Hz 和 *δ*：1.03，d，*J*=6.0Hz)，说明化合物(19)结构中有 1 个甲基被降解。分析 2D NMR 谱发现，其中 1 个双重峰甲基氢信号(*δ*：1.03，d，*J*=6.0Hz)与 C - 3、C - 4 和C - 5 存在 HMBC 相关，同时与 H - 4 存在^{1}H -^{1}H COSY 相关。在 ROESY 谱中，H - 4、H_3 - 19、H - 5 与 H_3 - 28 相关。由此证实化合物(19)中 29 位的甲基被降解。因此，化合物(19)的结构被确定为 15*β* - hydroxy - 3,7,11,23 - tetraoxo - 4*β* - H - 5*α* - 29 - norlanost - 8 - en - 26 - oic acid，命名为 ganohainanic acid E(19)。

Hainanic acid A(20) 白色粉末，$[\alpha]_D^{25}$ + 22.6(*c* 0.27，MeOH)。Liebermann-Burchard 反应阳性。HR-EI-MS 显示 *m/z*：484.318 3[M⁺]，分子式 $C_{30}H_{44}O_5$，计算值为 484.318 9。IR(KBr)光谱吸收显示羟基(3 440cm⁻¹)和 *α*、*β* -不饱和羰基(1 709cm⁻¹)的存在。UV 显示最大吸收波长为 λ_{max} 252nm，说明 *α*、*β* -不饱和羰基的存在。^{13}C NMR(C_5D_5N，150MHz)数据显示 C - 3(*δ*：214.5)位的羰基和 1 个共轭体系(*δ*：198.2、139.7 和 163.4)的特征信号。化合物(20)的 1D NMR 数据与 ganolucidic acid D[17] 相似。然而，C - 7/C - 8/C - 9 和 C - 8/C - 9/C - 11 的碳谱数据之间没有较大差别。分析其 HMBC 相关发现，H - 5 和 H_2 - 6 都与羰基碳(*δ*：198.2)相关，说明化合物(20)中的共轭体系应是 C - 7/C - 8/C - 9。

比较化合物(20)和 ganolucidic acid D 的^{13}C NMR 数据发现，1 个亚甲基信号存在于化合物(20)中，而不是氧化次甲基信号，说明化合物(20)的 C - 15 位为 1 个亚甲基。同样利用 2D NMR 相关可以证明以上推断。除此之外，1 个亚甲基信号(*δ*：67.5)，1 个 sp^2 的次甲基碳信号(*δ*：146.1)，1 个 sp^2 季碳信号(*δ*：125.7)以及 1 个羧基碳信号(*δ*：171.9)的存在，说明化合物(20)与 ganolucidic acid D 有相同的侧链片段结构。而对化合物(20)结构中侧链的构型，可采用以下方法确定。

在 ROESY 谱中，H - 24 与 H_3 - 27 没有相关，说明双键 C - 24=C - 25 为 *E* 构型。化合物(20)中 H - 23 与 H - 24 的偶和常数为 $J_{H-23/H-24}$=9.0Hz，与 ganoderic acid *γ* 中 H - 23 和 H - 24 的偶和常数($J_{H-23/H-24}$=9.2Hz)相近，说明两者 C - 23 的构型可能相同[18]。为了进一步确证，可采用 Mosher 法。将化合物(20)分成相同重量的两部分，分别置于两支核磁管中，再分别加入 C_5D_5N、*R*-MTPA 和 *S*-MTPA，反应一段时间后直接利用^{1}H NMR 仪器进行检测[19]。分析 20r 和 20s 中 H - 20、H_3 - 21、H_2 - 22、H - 23、H - 24 与 H_3 - 27 的化学位移值，计算$\Delta\delta_{SR}$值，最终确定 C - 23 为 *S* 构型。因此，化合物(20)的结构为 23*S* - hydroxy - 3,7 - dioxo - 5*α* - lanost - 8,24*E* - dien - 26 - oic acid，命名为 hainanic acid A(20)。

Hainanic acid B(21)　白色粉末，$[\alpha]_D^{25}+149.2$（c 0.12，MeOH）。Liebermann-Burchard 反应阳性。HR-EI-MS 显示 m/z：514.293 1[M^+]，分子式 $C_{30}H_{42}O_7$，计算值为 514.296 4。IR(KBr)光谱吸收显示羟基(3 440cm^{-1})和 α、β－不饱和羰基(1 709cm^{-1})的存在，与 UV 光谱中的最大吸收 λ_{max} 252nm 相一致。1D NMR 谱显示化合物(21)与 hainanic acid A(20)有相同的侧链片段。然而，碳信号 δ：203.7、151.8、150.7 和 202.6 的存在，说明化合物(21)中存在 C－7/C－8/C－9/C－11 的共轭体系。同时，在化合物(21)中存在 1 个氧化次甲基信号 δ：75.3，并由 HMBC 相关：H_3－30、H_2－16、H－17 与 C－15 相关；^1H-^1H COSY 相关：H－15/H_2－16/H－17 证明羟基连接在 C－15 位。再依据 ROESY 谱，H_3－30 与 H－15 相关，说明 15－OH 为 β 构型。因此，化合物(21)的结构为 15β,23S－dihydroxy－3,7,11－trioxo－5α－lanost－8,24E－dien－26－oic acid，命名为 hainanic acid B(21)。

3,7,24－trioxo－5α－lanost－8,25－dien－26－ol(22)　白色粉末，$[\alpha]_D^{25}-162.72$（c 0.09，MeOH）。Liebermann-Burchard 反应阳性。HR-EI-MS 显示 m/z：468.324 6[M^+]，分子式 $C_{30}H_{44}O_4$，计算值为 468.324 0。最大紫外吸收波长 λ_{max} 252nm 和 IR(KBr)吸收峰 1 708、1 629cm^{-1}，说明羰基和双键的存在。化合物(22)的 1D NMR 数据显示，与 ganoderone A[20]有相同的四环结构，其中碳信号 δ：214.5、δ：198.2、δ：139.7 和 δ：163.4 分别为 C－3 位的羰基碳信号和 C－7/C－8/C－9 共轭体系的特征碳信号。除此之外，化合物(22)的^{13}C NMR 谱还显示了酮羰基碳、末端双键碳和氧化亚甲基碳信号，而这些应为侧链碳信号。

在 HMBC 谱中，H_3－21(d，J＝6.0Hz)与 C－17、C－20 及 C－22 相关；sp^2 的亚甲基氢与氧化的亚甲基相关，说明末端双键位在 C－25 和 C－26，同时氧化亚甲基位于 C－27。H_2－26 与 H_2－27 存在 HMBC 相关，说明 C－24 为羰基。因此，化合物(22)的结构被推定为 3,7,24－trioxo－5α－lanost－8,25－dien－26－ol。

24S,25R－dihydroxy－3,7－dioxo－5α－lanost－8－en－26－ol(23)　白色粉末，$[\alpha]_D^{25}+8.6$（c 0.23，MeOH）。Liebermann-Burchard 反应阳性。HR-EI-MS 显示 m/z：488.350 8[M^+]，分子式 $C_{30}H_{48}O_5$，计算值为 488.350 2。IR(KBr)光谱吸收显示羟基(3 433cm^{-1})和 α、β－不饱和羰基(1 709cm^{-1})的存在。^{13}C NMR(C_5D_5N，150MHz)数据显示，化合物(23)与(22)有相同的四环结构，但是，3 个特征的碳信号 δ：69.7，CH_2；δ：76.7，CH；δ：75.3，C，说明(23)与灵芝酮三醇(ganodermanontriol)有相同的侧链取代。同样，利用 HMBC 和 HSQC 谱可以得到进一步确证。

Kennedy 等人[21]合成了 4 对三醇异构体，并证明 C－24、C－25 和 C－26 的^{13}C NMR 数据存在明显的差别。将化合物(23)中 C－24、C－25 和 C－26 的化学位移值(δ：79.5、δ：74.0、δ：67.8)同 4 对异构体进行比较，可以发现与灵芝酮三醇(ganodermanontriol)十分接近。所以，化合物(23)的结构被确定为 24S,25R－dihydroxy－3,7－dioxo－5α－lanost－8－en－26－ol。

Hainanaldehyde A(24)　白色粉末，$[\alpha]_D^{25}-31.11$（c 0.06，MeOH）。Liebermann-Burchard 反应阳性。HR-EI-MS 显示 m/z：468.324 7[M^+]，分子式 $C_{30}H_{44}O_4$，计算值为 468.324 0。IR(KBr)光谱吸收显示羟基(3 439cm^{-1})和 α、β-不饱和羰基(1 709cm^{-1})的存在。^1H NMR(C_5D_5N，600MHz)数据显示 6 个单重峰甲基氢信号 δ：1.82、1.54、1.43、1.10、1.04 和 0.82；1 个双重峰甲基氢信号 δ：1.00(3H，d，J＝6.0Hz)；1 个氧化次甲基氢信号 δ：4.81(m)；1 个 sp^2 次甲基氢信号 δ：6.51(1H，t，J＝7.1Hz)；1 个醛基质子信号 δ：9.59(s)。^{13}C NMR(C_5D_5N，150MHz)数据显示了 7 个甲基碳信号；8 个亚甲基碳信号；6 个次甲基碳信号，其中有 1 个氧化、1 个烯碳与 1 个醛碳信号；8 个季碳信号，包括两个酮羰基和 3 个烯碳信号。这些数据与 lucialdehyde D[20]相似。然而，化合物(24)中的氧化亚甲基取代了 lucialdehyde D 中 C－11 位的羰基。在 HMBC 谱上，H_2－12 与 C－11 相关；H－11 与 C－9、C－8、C－10、C－12 相关，以及 H－11 与 H_2－12 的^1H－^1H COSY 相关，可证实以上推断。根据 ROESY 实验，H－11 与 H_3－19 相关，证明 11－OH 为 α 构型。同时，在 ROESY 谱中，H－24 与 H_3－27 没有相关，说明 C－24＝C－25 为 E。因此，化合物(24)的结构被确定为 11α－hydroxy－3,7－dioxo－5α－lanost－8,24E－dien－26－al，命名为 hainanaldehyde A(24)。

21 - hydroxy - 3,7 - dioxo - 5α - lanost - 8,24*E* - dien - 26 - ol(25) 白色粉末，$[\alpha]_D^{25}+3.2$（*c* 0.22，MeOH）。Liebermann-Burchard 反应阳性。HR-EI-MS 显示 *m/z*：470.338 3[M^+]，分子式 $C_{30}H_{46}O_4$，计算值为 470.339 6。化合物(25)的 1D NMR 数据与 ganoderone A[20] 相似，但是分子式比 ganoderone A 多了 1 个氧原子。比较两者的 ^1H NMR 数据，化合物(25)含有两个氧化亚甲基氢信号（δ：3.99，dd，*J*＝4.9、10.8Hz；δ：4.11，dd，*J*＝3.3、10.8Hz），而没有 ganoderone A 中 C－21 位的双重峰甲基氢信号 δ：0.93（d，*J*＝5.5Hz，H_3－21）。同时 HMBC 谱显示，H－17、H－22 与 C－21 相关，H_2－21、C－17 和 C－20 相关；$^1H-^1H$ COSY 谱显示 H－17/H－20/H_2－21/H_2－22/H_2－23/H－24，说明 C－21 位有羟基取代。H－24 与 H_2－26 的 ROESY 相关，说明 C－24 为 *E* 构型。因此，化合物(25)的结构为 21－hydroxy－3，7－dioxo－5α－lanost－8，24*E*－dien－26－ol。

3β，11α－dihydroxy－7－oxo－5α－lanost－8，24*E*－dien－26－ol(26) 白色粉末，$[\alpha]_D^{25}+11.3$（*c* 0.14，MeOH）。Liebermann-Burchard 反应阳性。HR-EI-MS 显示 *m/z*：472.354 2[M^+]，分子式 $C_{30}H_{48}O_4$，计算值为 472.355 3。1D NMR 数据显示，化合物(26)结构与 ludidadiol[22] 相似，两者的不同点在于化合物(26)的 C－11 为氧化次甲基（δ：3.49，m），而 lucidadiol 的 C－11 位是亚甲基。同样，根据 H_2－12 与这个氧化次甲基碳（δ：77.9）相关，证明了以上推论。ROESY 相关 H－3/H－5 及 H－11/H_3－19，说明 H－3 和 H－11 分别为 α 和 β 构型。而 H－24 与 H－26 有 ROESY 相关，证明 C－24 为 *E* 构型。化合物(26)的结构可确定为 3β，11α－dihydroxy－7－oxo－5α－lanost－8，24*E*－dien－26－ol。

赤芝醇 J（lucidumol J，27） 白色粉末（甲醇）。Liebermann-Burchard 反应阳性。IR（KBr）：3 450、1 740、1 725、1 680cm^{-1}；FAB-MS *m/z*：490[M^+]。^1H NMR（C_5D_5N，400MHz）δ：5.50（1H，t，*J*＝7.2Hz），4.27（2H，s），4.16（2H，s），1.31（3H，s），1.08（3H，s），1.06（3H，s），0.91（3H，d，*J*＝6.4Hz），0.89（3H，s），0.64（3H，s）。^{13}C NMR（C_5D_5N，100MHz）δ：214.9、198.2、163.0、139.4、136.7，131.4、67.4、59.8、25.2、24.8、21.3、18.5、17.8、15.8。以上数据与文献[23]报道的 26，27－dihydroxy－5α－lanosta－8，24－dien－3，7－dione(ganoderiol J)相符。

Ganoderone A(28) 白色针晶（甲醇），mp 136～137℃。Liebermann-Burchard 反应阳性。IR（KBr）：2 967、2 931、2 886、2 874、1 710、1 686、1 465cm^{-1}；EI-MS *m/z*：454[M^+]。^1H NMR（$CDCl_3$，400MHz）δ：5.39（1H，t，*J*＝5.4Hz），4.00（2H，s），1.67（3H，s），1.33（3H，s），1.11（3H，s），1.09（3H，s），0.94（3H，d，*J*＝6.4Hz），0.93（3H，s），0.68（3H，s）。^{13}C NMR（$CDCl_3$，100MHz）δ：214.6、198.1、162.7、139.6、134.4、126.8、69.0，25.4、24.9、21.4、18.7、17.9、15.9、13.6。以上数据与文献[20]报道的 5α－lanosta－8，24－diene－26－hydroxy－3，7－dione(ganoderone A)相符。

Lucidadiol(29) 无色固体（甲醇/乙酸乙酯），mp 163～165℃。Liebermann-Burchard 反应阳性。IR（KBr）：3 406、2 960、1 649、1 583、1 371cm^{-1}；EI-MS *m/z*：456[M^+]。^1H NMR（$CDCl_3$，500MHz）δ：5.37（1H，t，*J*＝6.7Hz），3.97（2H，s），3.25（2H，dd，*J*＝11.6，4.4Hz），1.64（3H，s），1.14（3H，s），0.97（3H，s），0.91（3H，d，*J*＝6.0Hz），0.89（3H，s），0.85（3H，s）。^{13}C NMR（$CDCl_3$，125MHz）δ：199.0、164.7、138.8、134.2、126.8、77.8、68.9、27.3、24.8、18.5、18.2、15.6、15.1。以上数据与文献[23]报道的 5α－lanosta－8，24－dien－3β，26－dihydroxy－7－one(lucidadiol)相符。

灵芝酮三醇（ganodermanontriol，30） 白色结晶（丙酮），mp 168～170℃。Liebermann-Burchard 反应阳性。IR（KBr）：3 415、1 711、1 045cm^{-1}。EI-MS *m/z*：472[M^+]，454[$M-H_2O]^+$，439[$M-H_2O-CH_3]^+$。^1H NMR（$CDCl_3$，400MHz）δ：5.51（1H，d，*J*＝6.4Hz），5.39（1H，d，*J*＝5.6Hz），3.83（1H，d，*J*＝11.2Hz），3.48（1H，d，*J*＝11.2Hz），3.46～3.43（1H，m），1.25（3H，s），1.20（3H，s），1.13（3H，s），1.09（3H，s），0.93（3H，d，*J*＝6.1Hz），0.88（3H，s），0.59（3H，s）。^{13}C NMR（$CDCl_3$，100MHz）δ：216.9、144.5、142.8、119.9、117.2、79.3、73.3、67.7、25.4、25.3、22.5、22.0、21.0、18.6、15.7。依据上述波谱数据确定为 24(*S*)，25，26－trihydroxy－5α－lanosta－7，9(11)－dien－3－one (ganodermanontriol)[24]。

4,4,14α - trimethyl - 3,7 - dioxo - 5α - chol - 8 - en - 24 - oic acid(31)　白色粉末(氯仿)。Liebermann-Burchard 反应阳性。IR(KBr):3 392、2 962、2 918、1 709、1 668、1 459cm^{-1}。EI-MS m/z:428[M^+]。^1H NMR($CDCl_3$,400MHz)δ:1.33(3H,s),1.12(3H,s),1.09(3H,s),0.93(3H,d,J=6.0Hz),0.93(3H,s),0.68(3H,s)。^{13}C NMR(C_5D_5N,100MHz)δ:214.7、198.1、178.1、162.7、139.5、25.3、24.9、21.4、18.3、17.9、15.9。依据上述波谱数据确定为 4,4,14α - trimethyl - 3,7 - dioxo - 5α - chol - 8 - en - 24 - oic acid[25]。

三、竹灵芝甾体类成分的提取分离与结构鉴定

从竹灵芝乙醇提取物中分离得到 6 个已知甾体化合物,分别为:过氧麦角甾醇[5,8 - epidioxyergosta - 6,22 - dien - 3β - ol,(32)],3β,5α,9α -三羟基麦角甾- 7,22 -二烯- 6 -酮[3β,5α,9α - trihydroxyergosta - 7,22 - dien - 6 - one,(33)],麦角甾- 7,22 -二烯- 3β -醇[ergosta - 7,22 - dien - 3β - ol,(34)],麦角甾- 7,22 -二烯- 3 -酮[ergosta - 7,22 - dien - 3 - one,(35)],7α -甲氧基- 5α,6α -环氧麦角甾- 8(14),22 -二烯- 3β -醇[7α - methoxyl - 5α,6α - epoxyergosta - 8(14),22 - dien - 3β - ol,(36)],麦角甾- 7,22 -二烯- 3β,5α,6β -三醇[ergosta - 7,22 - diene - 3β,5α,6β - triol,(37)](图 45 - 3)。

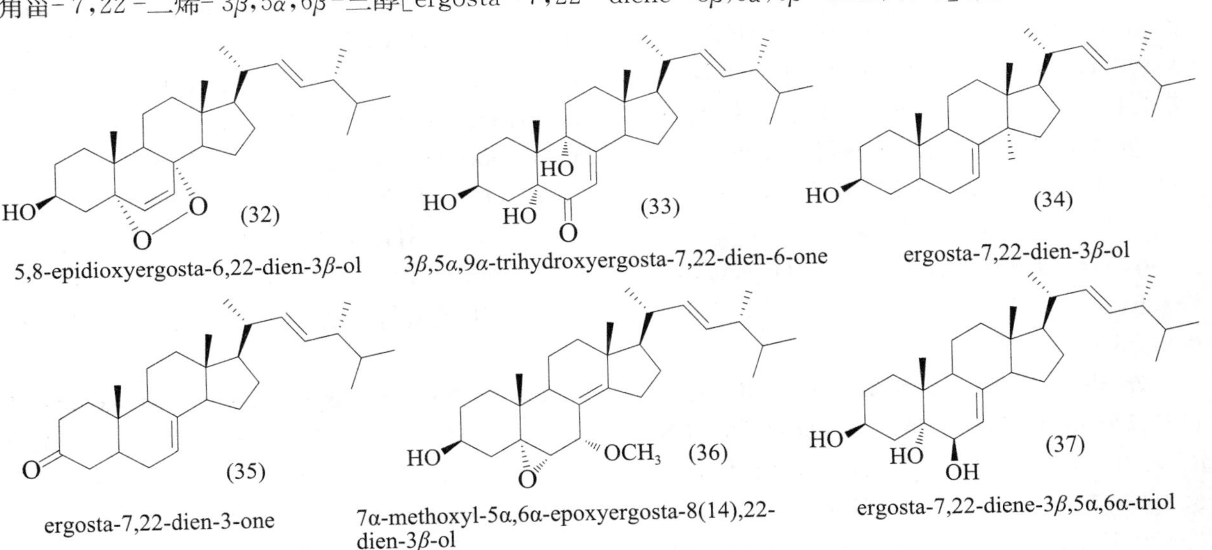

图 45 - 3　竹灵芝中甾体类化合物的结构

提取方法

将竹灵芝(2.5kg)晒干后加工成粉末,用 95%乙醇热回流提取 3 次(每次 3h)。滤液经真空减压浓缩至无乙醇味后得粗浸膏,将粗浸膏溶于水中成悬浊液,依次用乙酸乙酯、正丁醇萃取,萃取液分别减压浓缩至干,得乙酸乙酯部位(121.8g)和正丁醇部位(15.3g)。乙酸乙酯部位(121.8g)经减压硅胶柱色谱分离,以氯仿-甲醇(100∶1→0∶1,V/V)梯度洗脱,分段收集,薄层检测,浓缩收集得到 10 个亚组分部位(Fr.1～Fr.10)。Fr.2(6.7g)经硅胶柱色谱划段(以石油醚-乙酸乙酯 10∶1→0∶1梯度洗脱),获得 4 个流份(Fr.2 - 1～Fr.2 - 4),Fr.2 - 2(1.3g)采用葡聚糖凝胶柱色谱分离(氯仿-甲醇 1∶1洗脱),得到化合物(1)9.0mg、(2)2.5mg。Fr.2 - 3(2.8g)采用反复硅胶柱色谱分离(以石油醚-乙酸乙酯 3∶1洗脱),得到化合物(32)4.2mg、(33)7.8mg、(34)6.0mg、(35)10.0mg 和(36)15.0mg。Fr.3(20.5g)经减压柱色谱,以氯仿-甲醇梯度洗脱,获得 8 个流份(Fr.3 - 1～Fr.3 - 8)。Fr.3 - 2(5.3g)采用反复硅胶柱色谱(以石油醚-丙酮梯度洗脱)、葡聚糖凝胶柱色谱(氯仿-甲醇 1∶1洗脱)得到化合物(37)100.6mg。

过氧麦角甾醇(5,8 - epidioxyergosta - 6,22 - dien - 3β - ol,32)　白色针晶(丙酮),mp 186～

187℃。EI-MS m/z:428[M⁺],410[M-H_2O]⁺,396[M-O_2]⁺。¹H NMR($CDCl_3$,300MHz)δ:6.51(1H,d,J=8.4Hz),6.24(1H,d,J=8.4Hz),5.23(1H,dd,J=15.0、6.6Hz),5.14(1H,dd,J=15.0、8.4Hz),4.01～3.92(1H,m)1.00(3H,d,J=6.6Hz),0.91(3H,d,J=6.9Hz),0.88(3H,s),0.84(6H,br s),0.82(3H,s)。¹³C NMR($CDCl_3$,100MHz)δ:135.4、135.2、132.3、130.7、82.1、79.4、66.4、20.6、19.9、19.6、18.1、17.5、12.8。以上数据与文献[26]报道的 5,8－epidioxyergosta－6,22－dien－3β－ol 一致。

3β,5α,9α－三羟基麦角甾－7,22－二烯－6－酮(3β,5α,9α－trihydroxyergosta－7,22－dien－6－one,33) 白色粉末。ESI-MS m/z:467[M+Na]⁺;¹H NMR($CDCl_3$,500MHz)δ:5.58(1H,s),5.16(1H,dd,J=15.2、8.1Hz),5.22(1H,dd,J=15.2、7.5Hz),3.92(1H,m),1.01(3H,d,J=6.6Hz),0.80(3H,d,J=6.8Hz,),0.82(3H,d,J=6.7Hz),0.90(3H,d,J=6.8Hz),0.62(3H,s),0.98(3H,s);¹³C NMR($CDCl_3$,125MHz)δ:198.6、163.6、134.5、131.7、119.1、78.3、74.2、20.2、19.2、19.0、18.7、16.7、11.4。上述数据与文献[27]对照,鉴定为 3β,5α,9α－三羟基麦角甾－7,22－二烯－6－酮(3β,5α,9α－trihydroxyergosta－7,22－dien－6－one)。

麦角甾－7,22－二烯－3β－醇(ergosta－7,22－dien－3β－ol,34) 白色针晶(丙酮),mp 136～138℃。EI-MS m/z:398[M⁺]。¹H NMR($CDCl_3$,300MHz)δ:5.20～5.16(3H,m),3.63～3.56(1H,m),1.01(3H,d,J=6.6Hz),0.93(6H,d,J=6.6Hz),0.83(6H,d,J=5.1Hz),0.79(3H,br s),0.54(3H,s)。¹³C NMR($CDCl_3$,100MHz)δ:139.6、135.7、131.9、117.4、71.1、21.1、19.9、19.6、17.6、13.0、12.1。以上数据与文献[28]报道的一致,鉴定为 ergosta－7,22－dien－3β－ol。

麦角甾－7,22－二烯－3－酮(ergosta－7,22－dien－3－one,35) 白色片状晶体(氯仿),mp 178～180℃。EI-MS m/z:396[M⁺],381[M-Me]⁺,353[M-Me-CO]⁺。¹H NMR($CDCl_3$,400MHz)δ:5.26～5.12(3H,m),1.02(3H,d,J=6.3Hz),1.01(3H,s),0.91(3H,d,J=3.9Hz),0.84(3H,d,J=4.8Hz),0.80(3H,d,J=4.8Hz),0.57(3H,s)。¹³C NMR($CDCl_3$,100MHz)δ:212.0、139.5、135.6、132.0、117.0、21.1、19.9、19.6、17.6、12.5、12.1。以上数据与文献[29]报道的 ergosta－7,22－dien－3－one 一致。

7α－甲氧基－5α,6α－环氧麦角甾－8(14),22－二烯－3β－醇(7α－methoxyl－5α,6α－epoxyergosta－8(14),22－dien－3β－ol,36) 无色油状物。ESI-MS m/z:465[M+Na]⁺,¹H NMR($CDCl_3$,500MHz)δ:5.23(1H,m),5.18(1H,m),4.16(1H,d,J=3.2Hz),3.92(1H,m),3.41(3H,s),3.19(1H,d,J=3.2Hz),1.01(3H,d,J=6.7Hz),0.91(3H,d,J=6.8Hz),0.86(6H,s),0.83(3H,d,J=6.5Hz),0.82(3H,d,J=6.5Hz);¹³C NMR($CDCl_3$,125MHz)δ:68.9、65.3、58.7、72.8、122.6、153.4、18.3、16.7、21.4、135.5、132.3、20.1、19.8、17.7、54.7。上述数据与文献[30]对照,鉴定为 7α－甲氧基－5α,6α－环氧麦角甾－8(14),22－二烯－3β－醇(7α－Methoxy－5α,6α－epoxyergosta－8(14),22－dien－3β－ol)。

麦角甾－7,22－二烯－2β,3α,9α－三醇(ergosta－7,22－dien－2β,3α,9α－triol,37) 白色针晶(丙酮),mp 197～198℃。ESI-MS m/z:509[M+Na]⁺。¹H NMR(C_5D_5N,400MHz)δ:5.75～5.73(1H,m),5.28～5.13(2H,m),4.83～4.82(1H,m),4.32(1H,m),1.53(3H,s),1.05(3H,d,J=6.6Hz),0.94(3H,d,J=6.6Hz),0.85(3H,d,J=6.9Hz),0.84(3H,d,J=6.9Hz),0.65(3H,s)。¹³C NMR(C_5D_5N,100MHz)δ:141.6、136.2、132.1、120.5、76.1、74.3、67.6、21.4、20.2、19.8、18.8、17.8、12.5。以上数据与文献[31-32]报道的 ergosta－7,22－dien－2β,3α,9α－triol 一致。

第三节 竹灵芝的生物活性

竹灵芝生于竹林而得名,是灵芝品系中极为珍稀品种。目前市场上的产品绝大多数是人工栽培

种植品。在民间，野生竹灵芝常被用于清热排毒、醒脑镇腑、补血益精、悦色减皱，治疗慢性支气管炎、妇科病以及美容润肤。同时，竹灵芝也常用来治疗癌症、心脑血管疾病、肝病等。然而，现代药理学还没有涉及竹灵芝生物活性的研究，2013 年才开始对竹灵芝的化学成分进行研究。

据有关文献报道，化合物 16α，26 - dihydroxylanosta - 8，24 - dien - 3 - one(1)、Me lucidenate (2)、lucidenate A(5)、ganoderic acid Y(7)和 agnosterone(9)对 K - 562 肿瘤细胞具有中等的细胞毒作用[2]。而后 4 个化合物对 SMMC - 7721 和 SGC - 7901 也有一定的作用，其 IC_{50} 值为 10～38μmol/L。化合物 hainanic acid B(21)、24*S*，25*R* - dihydroxyl - 3，7 - dioxo - 8 - en - 5α - lanosta - 26 - ol(23)和 ganoderone A(28)的细胞毒活性测试，也显示了对肿瘤细胞株 HL - 60、SMMC - 7721、A - 549 与 MCF - 7 有抑制作用[3]。

参考文献

[1] 吴兴亮，戴玉成. 中国灵芝图鉴[M]. 北京：科学出版社，2005.

[2] Ma QY，Luo Y，Huang SZ，et al. Lanostane triterpenoids with cytotoxic activities from the fruiting bodies of *Ganoderma hainanense* [J]. J Asian Nat Prod Res，2013，15(11)：1214—1219.

[3] Peng XR，Liu JQ，Xia JJ，et al. Lanostane triterpenoids from (*special issue*：*Ganoderma phytochemis try*) J. D. Zhao[J]. Phytochemistry，2015，(114)：137—145.

[4] Keller AC，Maillard MP，Hostettmann K. Antimicrobial steroids from the fungus *Fomitopsis pinicoia* [J]. Phytochemistry，1996，41(4)：1041—1046.

[5] Lee IS，Kim HJ，Youn UJ，et al. Effect of lanostane triterpenes from the fuiriting bodies of *Ganoderma lucidum* on adipocyte differentiation in 3T3 - L1 cells [J]. Planta Med，2010，76 (14)：1558—1563.

[6] Wu TS，Shi LS，Kuo SC. Cytotoxicity of *Ganoderma lucidum* triterpenes [J]. J Nat Prod，2001，64：1121—1122.

[7] Kikuchi T，Kanomi S，Kadota S，et al. Constituents of the fungus *Ganoderma lucidum* (FR.) Karst. I. structures of ganoderic acids C2，E，I and K，lucidenic acid F and related compounds [J]. Chem Pharm Bull，1986，34(9)：3695—3712.

[8] Nishitoba T，Sato H，Kasai T，et al. New bitter C27 and C30 terpenoids from the fungus *Ganoderma lucidum* (Reishi) [J]. Agric Biol Chem，1984，48(11)：2905—2907.

[9] Li CJ，Yin JH，Guo FJ，et al. Ganoderic acid Sz，a new lanostanoid from the mushroom *Ganoderma lucidum* [J]. Nat Prod Res，2005，19(5)：461—465.

[10] Toth JO，Luu B，Ourisson G. Ganoderic acid T and Z：cytotoxicity triterpenes from *Ganoderma lucidum* (Polyporaceae) [J]. Tetrahedron Lett，1983，24(10)：1081—1084.

[11] Lin LJ，Shiao MS，Yeh SF，Triterpenes from *Ganoderma lucidum* [J]. Phytochemistry，1988，27(7)：2269—2271.

[12] Rosecke J，Konig WA，Steroids from the fungus *Fomitopsis pinicola* [J]. Phytochemistry，1999，52：1621—1627.

[13] Nishitoba T，Oda K，Sato H，et al. Novel triterpenoids from the fungus *Ganoderma lucidum* [J]. Agric Biol Chem，1988，52(2)：367—372.

[14] Munehis A，Akio F，Manabu S，et al. Revision of ^{1}H-and ^{13}C NMR assignments of lanostanoids from *Ganoderma lucidum* by 2D-NMR studies [J]. J Nat Prod，1988，51 (1)：54—59.

[15] Min BS，Nakamura N，Miyashiro H，et al. Triterpenes from the spores of *Ganoderma lucid-*

um and their inhibitory activity against HIV-1 protease [J]. Chem Pharm Bull, 1998, 46 (10): 1607—1612.

[16] Nishitoba T, Sato H, Sakamura S. New terpenoids, ganoderic acid J and ganolucidic acid C, from the fungus *Ganoderma lucidum* [J]. Agric Biol Chem, 1985, 49: 3637—3638.

[17] Nitoshiba T, Sato H, Sakamura S. New terpenoids ganolucidic acid D, ganoderic acid L, lucidone C and lucidenic acid G, from the fungus *Ganoderma lucidum* [J]. Agric Biol Chem, 1986, 50: 809—911.

[18] Min BS, Gao JJ, Nakamura N. et al. Triterpenes from the spores of *Ganoderma lucidum* and their cytotoxicity against meth-A and LLC tumor cells [J]. Chem Pharm Bull, 2000, 48: 1026—1033.

[19] Su BN, Park EJ, Mbwambo ZH, et al. New chemical constituents of *Euphorbia quinquecostata* and absolute configuration assignment by a convient Mosher ester procedure carried out in NMR tubes [J]. J Nat Prod, 2002, 65: 1278—1282.

[20] Niedermeyer THJ, Lindequist U, Mentel R, et al. Aantiviral terpenoid constituents of *Ganoderma pfeifferi* [J]. J Nat Prod, 2005, 68: 1728—1731.

[21] Kennedy EM, P'Pool SJ, Jiang JH, et al. Semisynthesis and biological evaluation of ganodermanontriol and its stereoisomeric triols [J]. J Na Prod, 2011, 74: 2332—2337.

[22] Gonzale AG, Leon F, Rivera A, et al. Lanostanoid triterpenes from *Ganoderma lucidum* [J]. J Nat Prod, 1999, 62: 1700—1701.

[23] Liu JQ, Wang CF, Li Y, et al. Isolation and bioactivity evaluation of terpenoids from the medicinal fungus *Ganoderma sinense* [J]. Planta Med, 2012, 78: 368—376.

[24] Arisama M, Fujita A, Saga M, et al. Three new lanostanoids from *Ganodrma lucidum* [J]. J Nat Prod, 1986, 49(4): 621—625.

[25] Cheng CR, Yue QX, Wu ZY, et al. Cytotoxic triterpenoids from *Ganoderma lucidum* [J]. Phytochemistry, 2010, 71: 1579—1585.

[26] Mizushina Y, Watanabe I, Togashi H, et al. An ergosterol peroxide, a natural product that selectively enhances the inhibitory effect of linoleic acid on DNA polymerase β [J]. Biol Pharm Bull, 1998, 21(5): 444—448.

[27] Kohda H, Tokumoto W, Sakamoto K, et al. The biologically active constituents of *Ganoderma lucidum* (Fr.) Karst: Histamine release-inhibitory triterpens [J]. Chem Pharm Bull, 1985, 33(4): 1367—1374.

[28] 方乍浦,孙小芳,张亚均. 紫芝(固体发酵)醇溶部分化学成分的初步研究[J]. 中成药,1989,11(7):36—38.

[29] Jain AC, Gupta SK. The isolation of lanosta-7,9(11),24-trien-3β,21-diol from the fungus *Ganoderma australe* [J]. Phytochemistry, 1984, 23(3): 686—687.

[30] Gao H, Hong K, Chen G D, et al. New oxidized sterols from *Aspergillus awamori* and the endo-boat conformation adoptedby the cyclohexene oxide system [J]. Magn Reson Chem, 2010, 48(1): 38—43.

[31] Lin CN, Kuo SH, Won SJ. Steroids of formosan *Ganoderma amboinense* [J]. Phytochemistry, 1993, 32(6): 1549—1551.

[32] Lin CN, Tome WP. Novel cytotoxic principles of formosan *Ganoderma lucidum* [J]. J Nat Prod, 1991, 54(4): 998—1002.

(彭惺蓉、邱明华)

第四十六章
雷　丸
LEI WAN

第一节　概　述

雷丸(*Omphalia Polyporus mylittae* Cood. Et Mass)为担子菌门，伞菌纲，多孔菌目，多孔菌科，漆头菌属真菌，又称竹苓、竹林子、竹铃芝、木莲子等[1]。主要分布在湖北、陕西、四川、云南、贵州、广西等地区。雷丸具有杀虫的功能，可用于虫积腹痛和绦虫、钩虫与蛔虫病等疾病的治疗。雷丸含有雷丸蛋白酶、雷丸凝集素、雷丸多糖与小分子化合物。

第二节　雷丸化学成分的研究

一、雷丸化学成分的提取与分离

在雷丸 95%乙醇提取物中可分离得到 10 个化合物：β-谷甾醇[β-sitosterol，(1)]、齐墩果酸[oleanolic acid，(2)]、麦角甾醇[ergostero1，(3)]、麦角甾醇过氧化物[ergosterol peroxide，(4)]、甘遂醇[tirucallol，(5)]、豆甾醇-7，22-二烯-3β，5α，6β-三醇[stigma-7，22-dien-3β，5α，6β-triol，(6)]、豆甾醇[stigmasterol，(7)]、3β-羟基豆甾-5，22-二烯-7-酮[3β-hydroxy-stigmast-5，22-dien-7-one，(8)]、木栓酮[friedelin，(9)]、表木栓醇[epifriedelanol，(10)][1](图 46-1)。

提取方法　将雷丸 5kg 粉碎后，用 95%乙醇回流提取 3 次，提取液减压浓缩得到浸膏，在浸膏中加入 1L 水，依次用等体积的石油醚、乙酸乙酯、正丁醇萃取 3 次，减压浓缩，得到石油醚部分浸膏(12g)、醋酸乙酯部分浸膏(40g)。

β-sitosterol　　oleanolic acid　　ergostero1

ergosterol peroxide　　tirucallol　　stigma-7,22-dien-3β,5α,6β-triol

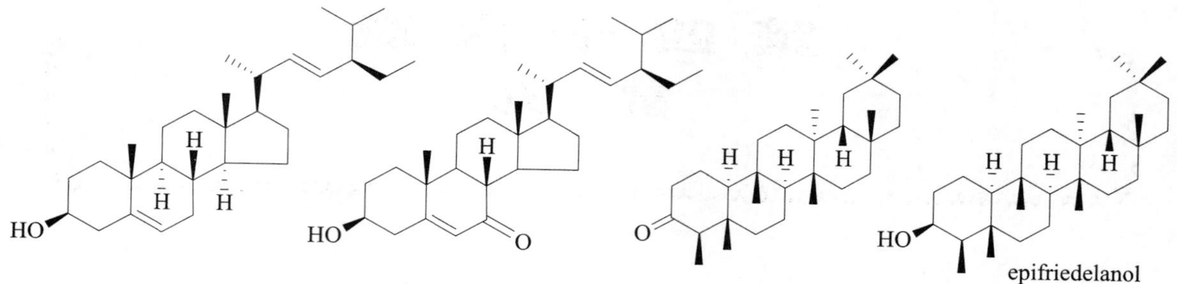

图 46－1　雷丸中化学成分的结构

将石油醚部分上硅胶柱色谱分离，并重结晶后得到化合物(1)60mg 和(2)20mg。乙酸乙酯部分上硅胶柱色谱分离，以石油醚：丙酮系统(100：0～0：100)梯度洗脱，得到 5 个组分(Fr. 1～5)，将 Fr. 3 经反复柱色谱、Sephadex LH－20(甲醇：氯仿，1：2洗脱)，分离得到化合物(3)15mg、(4)24mg 和(5)30mg；将 Fr. 4 经反复硅胶柱色谱、Sephadex LH－20 分离，得到化合物(6)34mg、(7)12mg 和(8)19mg；将 Fr. 5 经反复硅胶柱色谱，得到化合物(9)10mg 和(10)15mg[1]。

二、雷丸化学成分的理化常数与光谱数据

β-谷甾醇(β-sitosterol, 1)　白色针晶，mp 138～139℃；ESI-MS m/z：(negative)413[M-H]$^-$。^{1}H NMR(500MHz, $CDCl_3$)谱显示有 1 个烯氢信号 δ：5.36(1H, d, J＝5.4Hz, H－6)。δ：3.55(1H, t, J＝4.5Hz, H－3)为甾醇的 3 位 α 氢的特征信号。高场区 δ：1.03(3H, s, Me－18), 0.66(3H, s, Me－19), 0.94(3H, s, Me－21), 0.83(6H, d, J＝7.0Hz, Me－26, 27), 0.82(3H, t, J＝7.2Hz, Me－29)，提示分子中有 6 个甲基。^{13}C NMR(125MHz, $CDCl_3$)谱显示有两个烯碳信号 δ：140.9(C－5), 122.0(C－6)，提示分子中含有 1 个双键。δ：71.8 为甾醇 3 位连氧次甲基的特征信号。

齐墩果酸(oleanolic acid, 2)　白色无定形粉末，mp 246～247℃；ESI-MS m/z：(negative)455[M-H]$^-$。^{1}H NMR(500MHz, $CDCl_3$)显示有 1 个烯氢信号 δ：5.22(1H, m, H－12), 3.12(1H, m, H－3)为甾醇 3 位 α 氢的特征信号。δ：1.04(3H, s), 0.89(3H, s), 0.84(3H, s), 0.83(3H, s), 0.68(6H, s), 0.67(3H, s)为 6 个甲基的信号峰。^{13}C NMR 谱显示有两个烯碳信号 δ：143.5(C－13), 122.4(C－12)；δ：78.6(C－3)为 3 位连氧次甲基的特征信号。

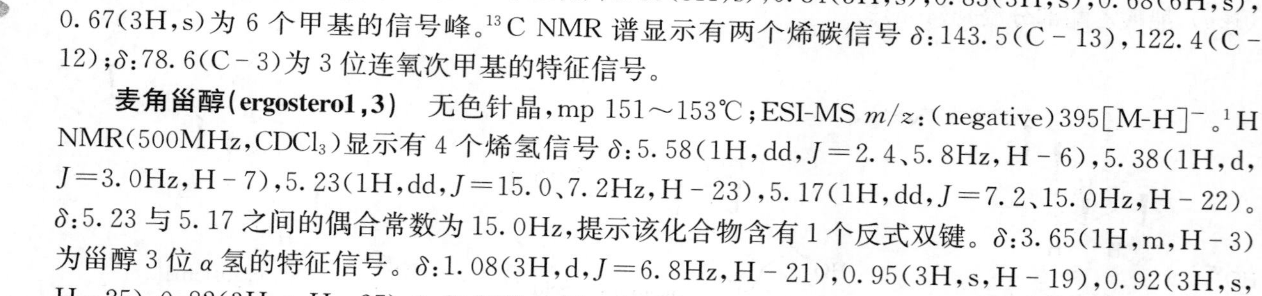

麦角甾醇(ergostero1, 3)　无色针晶，mp 151～153℃；ESI-MS m/z：(negative)395[M-H]$^-$。^{1}H NMR(500MHz, $CDCl_3$)显示有 4 个烯氢信号 δ：5.58(1H, dd, J＝2.4、5.8Hz, H－6), 5.38(1H, d, J＝3.0Hz, H－7), 5.23(1H, dd, J＝15.0、7.2Hz, H－23), 5.17(1H, dd, J＝7.2、15.0Hz, H－22)。δ：5.23 与 5.17 之间的偶合常数为 15.0Hz，提示该化合物含有 1 个反式双键。δ：3.65(1H, m, H－3)为甾醇 3 位 α 氢的特征信号。δ：1.08(3H, d, J＝6.8Hz, H－21), 0.95(3H, s, H－19), 0.92(3H, s, H－25), 0.82(3H, s, H－27), 0.80(3H, s, H－28), 0.64(3H, s, H－18)，提示分子中有 6 个甲基。^{13}C NMR 波谱给出了 28 个碳原子信号，其中 δ：141.4(C－8), 139.6(C－5), 135.3(C－22), 131.7(C－23), 119.4(C－6), 116.0(C－7)，提示分子中有 3 个双键。δ：70.4 为甾醇 3 位连氧次甲基的特征信号。其波谱数据与文献中报道的麦角甾醇基本一致，故将该化合物定为麦角甾醇(ergosterol)。

麦角甾醇过氧化物(ergosterol peroxide, 4)　无色针晶，mp 174～177℃；ESI-MS m/z：(negative)427[M-H]$^-$。^{1}H NMR(500MHz, $CDCl_3$)显示有 4 个烯氢信号 δ：6.52(1H, d, J＝8.2Hz, H－7), 6.25(1H, d, J＝8.2Hz, H－6), 5.25(1H, dd, J＝15.4、8.0Hz, H－22), 5.14(1H, dd, J＝15.4、7.8Hz, H－23)，δ：6.52 和 6.25 顺式偶合，δ：5.25 和 5.14 反式偶合，提示含有一对顺式双键和一对反式双键。δ：3.98(1H, m, H－3)为 1 个连氧次甲基信号，δ：1.05(3H, s, H－19), 0.98(3H, d, J＝

7.0Hz,H-21),0.92(3H,d,J=5.2Hz,H-28),0.87(3H,s,H-18),0.85(3H,d,J=5.2Hz,H-25),0.82(3H,d,J=5.2Hz,H-27)为6个甲基信号。^{13}C NMR(125MHz,$CDCl_3$)给出了28个碳原子信号,其中有4个烯碳信号δ:135.4(C-22),135.2(C-6),132.3(C-23),130.9(C-7);3个连氧碳信号δ:82.1(C-5),79.4(C-8),66.4(C-3)。以上核磁数据确定,该化合物为麦角甾醇过氧化物(ergosterol peroxide)。

甘遂醇(tirucallol,5) 白色针晶,mp 137~139℃;ESI-MS m/z:(negative)425[M-H]⁻。^{1}H NMR(500MHz,$CDCl_3$)谱给出8个甲基氢信号δ:1.69(3H,s,H-26),1.60(3H,br s,H-27),1.02(3H,s,H-29),0.96(3H,s,H-19),0.87(3H,s,H-28),0.86(3H,d,J=7.0Hz,H-21),0.81(3H,s,H-18),0.76(3H,s,H-30)。^{13}C NMR(125MHz,$CDCl_3$)给出30个碳信号,包括4个烯碳信号δ:134.2(C-9),133.6(C-8),131.1(C-25),125.3(C-24),以及1个连氧碳信号δ:79.0(C-3)。由此确定,化合物(5)为甘遂醇(tirucallol)。

豆甾醇-7,22-二烯-3β,5α,6β-三醇(stigma-7,22-dien-3β,5α,6β-triol,6) 白色粉末,mp 150~152℃;ESI-MS m/z:(negative)429[M-H]⁻。1H NMR(500MHz,$CDCl_3$)显示3个烯氢信号δ:5.74(1H,d,J=2.5Hz,H-7),5.25(1H,m,H-22),5.13(1H,m,H-23),两个连氧次甲基信号δ:4.82(1H,m,H-3),4.30(1H,br s,H-6),6个甲基信号δ:1.08(3H,s,Me-19),1.06(3H,d,J=7.0Hz,Me-21),1.03(3H,d,J=7.0Hz,Me-28),0.96(3H,d,J=7.0Hz,Me-26),0.90(3H,d,J=7.0Hz,Me-27),0.68(3H,s,Me-18)。^{13}C NMR(125MHz,$CDCl_3$)显示4个烯碳信号δ:141.6(C-8),136.5(C-22),132.3(C-23),120.6(C-7),以及3个连氧碳信号δ:76.2(C-5),74.1(C-6),67.5(C-3)。化合物(6)的[1]H NMR和[13]C NMR数据与文献报道基本一致,故鉴定为豆甾醇-7,22-二烯-3β,5α,6β-三醇(stigma-7,22-dien-3β,5α,6β-triol)。

豆甾醇(stigmasterol,7) 白色针晶,mp 151~153℃;ESI-MS m/z:(negative)411[M-H]⁻。^{1}H NMR(500MHz,$CDCl_3$),δ:5.0~6.0处出现3个特征的烯氢质子信号,δ:5.30(1H,d,J=4.5Hz,H-6),5.13(1H,m,H-22),4.98(1H,dd,J=8.5,15.2Hz,H-23);此外,δ:3.54(1H,m,3-H)为与-OH相连的α-CH-信号峰;δ:1.01(3H,d,J=7.4Hz,H-21),0.83(3H,d,J=5.6Hz,H-26),0.81(3H,m,H-29),0.78(3H,s,H-19),0.77(3H,d,J=7.2Hz,H-27),0.68(3H,s,H-18)处为6个典型的甲基信号峰;提示该化合物为甾醇类化合物。^{13}C NMR(125MHz,$CDCl_3$)图谱显示29个碳信号,δ:140.7(C-5),138.3(C-22),129.3(C-23),121.6(C-6)处4个不饱和碳信号,提示分子中应含有两个双键;δ:71.8为3位羟基取代碳信号峰。化合物(7)的[1]H NMR和[13]C NMR数据与文献报道豆甾醇基本一致,故鉴定为豆甾醇(stigmasterol)。

3β-羟基豆甾-5,22-二烯-7-酮(3β-hydroxy-stigmast-5,22-dien-7-one,8) 无色针晶,mp 151~152℃;ESI-MS m/z:(negative)425[M-H]⁻。^{1}H NMR(500MHz,$CDCl_3$)显示两个烯氢信号,δ:5.68(1H,d,J=2.0Hz,H-6),5.18(1H,dd,J=15.0、8.6Hz,H-22),5.03(1H,dd,J=15.0、8.6Hz,H-23),3.69(1H,m,H-3)为连氧次甲基信号;此外,还有6个甲基信号δ:1.21(3H,s,Me-19),0.99(3H,d,J=6.6Hz,Me-21),0.83(3H,d,J=6.0Hz,Me-26),0.82(3H,d,J=6.0Hz,Me-27),0.80(3H,t,J=7.2Hz,Me-29),0.72(3H,s,Me-18)。^{13}C NMR(125MHz,$CDCl_3$)图谱显示δ:202.8(C-7),165.7(C-5),138.1(C-22),129.2(C-23),126.2(C-6)以及70.7(C-3)等29个碳信号,可推测该化合物为含有1个羰基、两个双键及1个羟基的甾醇类化合物,该核磁数据与文献报道的3β-羟基豆甾-5,22-二烯-7-酮的数据一致,故鉴定为3β-羟基豆甾-5,22-二烯-7-酮(3β-hydroxy-stigmast-5,22-dien-7-one)。

木栓酮(friedelin,9) 无色针晶,mp 265~267℃;ESI-MS m/z:(negative)425[M-H]⁻。^{1}H NMR(500MHz,$CDCl_3$)高场区显示8个甲基δ:1.20(3H,s,H-28),1.04(3H,s,H-27),0.98(3H,s,H-26),0.97(3H,s,H-29),0.92(3H,s,H-30),0.90(3H,s,H-23),0.86(3H,s,H-25),0.70(3H,s,H-24)。^{13}C NMR(125MHz,$CDCl_3$)显示30个碳信号,δ:213.5为1个酮羰基的特征信号。

化合物(9)的^{1}H NMR和^{13}C NMR数据与文献报道木栓酮基本一致[9]，故鉴定为木栓酮(friedelin)。

表木栓醇(epifriedelanol, 10)　无色针晶，mp 267～270℃；ESI-MS m/z：(negative) 427[M-H]$^{-}$。^{1}H NMR(500MHz, $CDCl_3$)显示三萜化合物的特征质子信号，包括8个甲基质子信号 δ：1.18(3H, s, H-28)，1.00(3H, s, H-27)，0.99(6H, s, H-29)，0.97(3H, s, H-26)，0.96(3H, s, H-30)，0.94(3H, d, J=7.0Hz, H-23)，0.93(3H, s, H-25)，0.87(3H, s, H-24)；3.78(1H, brs, H-3)为一个连氧的次甲基信号。^{13}C NMR(125MHz, $CDCl_3$)显示30个碳信号，δ：72.9(C-3)是羟基取代碳信号峰。以上数据与文献表木栓醇报道一致，该化合物鉴定为表木栓醇(epifriedelanol, 10)。

雷丸的主要成分雷丸素是一种蛋白酶，含量0.3%。雷丸蛋白酶经测定是一条多肽链的糖蛋白，总糖含量约为16.7%，蛋白酶相对分子质量约为16.8kDa[2]。

雷丸还含有雷丸多糖，化学结构是以β-(1→3)葡萄糖为主链，带有1→6支链的葡萄聚糖，平均相对分子质量为1183kDa[3].

雷丸含有凝集素，化学结构是单一肽链的蛋白质，相对分子质量为12kDa，等电点7.5；可被半乳糖抑制，具有热稳定性与酸碱(pH1～12)稳定性；光谱测定α-螺旋和β-折叠含量较高[4]。

第三节　雷丸的生物活性

雷丸含雷丸素(一种蛋白酶)，是驱绦虫的有效成分，主要通过雷丸蛋白酶对人与动物体内寄生虫虫体蛋白质分解，达到驱虫、杀虫作用[5]。

陈宜涛[6]检测雷丸蛋白酶对人胃癌细胞MC-4的作用效果，发现用量超过一定范围可直接杀伤MC-4细胞。雷丸菌丝蛋白对H22肝癌细胞所致实体瘤具有明显抑制作用，并能增强小鼠免疫功能[7]。

王文杰等人[3]发现，雷丸多糖(s-4001)具有抗炎作用，对小鼠巴豆油耳炎症，对大鼠琼脂性关节肿，对大鼠酵母性关节肿等模型均表现出抗炎作用。另外，对机体非特异和特异性免疫功能都有增强作用。

雷丸多糖具有显著清除自由基的能力，并呈现一定的量效关系。在高浓度条件下，对羟基自由基的清除能力特别显著。50%醇沉多糖的清除能力明显强于70%、90%的醇沉多糖，且与天然抗氧化剂维生素BHT的清除能力接近[8]。

雷丸多糖提取物还具有降糖作用，给药物诱导的糖尿病小鼠腹腔内注射，可引起血糖下降[9]。

参考文献

[1] 许明峰，沈莲清，王奎武. 雷丸化学成分的研究[J]. 中草药，2011，42(2)：251—254.
[2] 董泉洲，李明. 雷丸蛋白酶提纯及其化学成分的研究[J]. 中成药，1991，13(3)：32—33.
[3] 王文杰，朱秀媛. 雷丸多糖的抗炎及免疫刺激作用[J]. 药学学报，1989，24(2)：151—154.
[4] 赵冠宏，许炽标，冯曼玲，等. 雷丸蛋白酶对猪囊尾蚴体外作用的初步研究[J]. 中国人兽共患病杂志，1997，12(2)：43—45.
[5] 王宏，程显好，刘强，等. 雷丸研究进展[J]. 安徽农业科学，2008，36(35)：15526—15527.
[6] 陈宜涛，陆群英，林美爱. PVP荷载雷丸蛋白诱导人胃癌细胞MC-4的凋亡作用[J]. 中华中医药学刊，2011，29(6)：1296—1298.
[7] 陈宜涛，林美爱，程东庆，等. 雷丸菌丝蛋白对H22荷瘤小鼠的肿瘤抑制及免疫调节作用[J]. 中药材，2009，32(12)：1870—1874.

[8] 许明峰，沈莲清，王奎武，等. 雷丸多糖的提取分离及其抗氧化活性研究[J]. 中国食品学报，2011，11(6)：42—46.

[9] Zhang GQ，Huang YD，Bian Y，et al. Hypoglycemic activity of the fungi cordyceps militaries，cordyceps sinensis，tricholoma mongolicum，and omphalia lapidescens in streptozottocin-induced diabetic rats[J]. Appl Microbiol Biotechnol，2006，72(6)：1152—1156.

（张春磊）

第四十七章 白耙齿菌

BAI BA CHI JUN

第一节 概 述

白耙齿菌(*Irpex lacteus* Fr)为担子菌门,伞菌纲,多孔菌目,多孔菌科,耙齿菌属真菌,别名白囊孔。白耙齿菌子实体生于阔叶树的枯立木、枯枝上。主要分布在我国吉林省长白山区、河北、山西、陕西、河南、甘肃、安徽和浙江等省区[1]。

第二节 白耙齿菌化学成分的研究

白耙齿菌多糖、糖蛋白化学成分的提取与分离

提取方法一 超声波法提取白耙齿菌菌丝体多糖。超声波在水中传播时产生空化现象,空化产生的极大压力能造成菌丝体瞬间破碎。同时,超声波产生的震动作用加速了菌丝体的扩散和溶解,加快了菌丝体中多糖的提取。以超声时间、超声功率和水料比(*V*/*W*)为影响因素,应用中心组合试验方法进行实验设计,以多糖得率为响应值,进行响应面分析。通过提取条件优化,多糖提取的最佳条件为:超声功率为400W,多糖得率最大。水料比为40∶1,超声时间180min,多糖得率最大值预测为17.81%[2]。

提取方法二 采用响应面法优化白耙齿菌多糖的提取条件。以提取温度、提取时间、水料比(*V*/*W*)为影响因素,在单因素试验的基础上,应用Box-Behnken中心组合方法进行三因素三水平试验,以多糖浸出率为响应值,进行响应面分析。结果白囊耙齿菌多糖提取的最佳工艺条件为:提取温度94.7℃,提取时间3.3h,水料比62∶1,白耙齿菌多糖浸出率预测为16.63%,验证值为16.34%,与预测值的相对误差为1.77%[3]。

提取方法三 将白耙齿菌发酵物溶于温水中,搅拌4h,离心,上清液浓缩后加乙醇至醇浓度达80%,静置过夜,离心,沉淀物加少量水溶解后,冻干,收率为30%;进一步透析后,收集透析内液,浓缩,冻干[4],进行理化性质测定。结果表明,主要由糖和蛋白质两部分组成,初步确定为是蛋白质与糖以共价键结合的糖蛋白。

张娜对白囊耙齿菌高产菌株ILN10的胞内多糖进行提取,并通过反复冻融、除蛋白、透析、醇沉等方法,对胞内多糖进行纯化,再通过DEAE-52离子交换柱层析及Sephadex G100凝胶柱层析进一步纯化,获得ILN3A和ILN3B两个纯化胞内多糖组分。并通过均一性、相对分子质量、单糖组分、紫外光谱、红外光谱及高碘酸氧化和Smith降解,对其进行初步的结构分析。研究结果发现,两个多糖均含有的单糖为鼠李糖、甘露糖和葡萄糖,其中甘露糖是主要结构单元[5]。

第三节 白耙齿菌的生物活性

白耙齿菌的菌丝经深层发酵,临床可用于治疗因肾小球肾炎所导致的尿少、水肿、腰痛、血压升高

等症，能明显消除或减少慢性患者的尿蛋白、红细胞。益肾康胶囊的主要成分是白耙齿菌深层发酵菌粉中经过提取浓缩加工得到的活性多糖类物质，具有以菌清肾、以菌治肾、以菌愈肾的作用。可通过血液循环直接作用病灶部位，达到利尿、消肿，迅速消除各种原因引起的水肿、血尿、尿蛋白等，可平衡代谢，清除免疫复合物，修复肾小球过滤膜，清利湿热，用于慢性肾小球肾炎属下焦湿热证者。

利用体外大鼠肾小球系膜细胞模型 MTT 法，证实白耙齿菌多糖有明显抑制系膜细胞增殖作用，IC_{50}值为 16.21μg/ml，对防治系膜增生性疾病和肾小球肾炎具有一定的临床意义[2]。

白耙齿菌的多糖成分有抗肿瘤活性，对 HepG2、HeLa 肿瘤细胞有显著的抑制作用，IC_{50}分别为 60.95μg/ml 和 99.95μg/ml[5]。采用 MTT 比色法，研究白耙齿菌胞内多糖和胞外多糖对各种人体肿瘤细胞体外增殖的影响。结果显示，胞外多糖对各种肿瘤细胞的体外增殖没有显著的抑制活性或抑制率不具有浓度依赖性，胞内多糖对 Hela、ZR-75-30、MCF-7 细胞的体外增殖具有显著的抑制作用[6]。

高其品等研究报道，从白耙齿菌中分离得到的糖蛋白对二甲苯所致小鼠耳肿胀具有抗炎活性[4]。

参考文献

[1] 国家药典委员会. 中华人民共和国药典[M]. 北京：化学工业出版社，2010.
[2] 吴摇凌，张喜光，石陶圣，等. 白囊耙齿菌多糖提取条件优化及其生物活性[J]. 时珍国医国药，2010，21(12)：3094－3096.
[3] 石陶圣，吴凌，赵兴红，等. 响应面法优化白囊耙齿菌多糖提取条件[J]. 中国医药工业杂志，2009，40(10)：743－746.
[4] 杨真威，姜瑞芝，陈英红，等. 耙齿菌糖蛋白的提取分离、理化性质及抗炎活性[J]. 天然产物研究与开发，2005，17(3)：280－282.
[5] Zhang N，Liu Y，Lu JH，el al. Isolation，purification and bioactivities of polysaccharides from *Irpex lacteus*[J]. Chem Res Chinese Universities，2012，28(2)，249－254.
[6] 赵兴红. 白囊耙齿菌的液体发酵及共多糖抗肿瘤活性的研究[D]. 吉林大学，2009.

（张春磊）

第四十八章 蝉 花

CHAN HUA

第一节 概 述

蝉花(*Cordyceps sobolifera*)为子囊菌门，粪壳菌纲，肉座菌亚纲，肉座菌目，虫草菌科，虫草菌属真菌。别名蝉蛹草、蝉茸等。蝉花是山蝉羽化前，被大蝉草分生孢子阶段寄生而死亡的干燥幼虫体。蝉花性寒，味甘；无毒，能解痉、散风热[1-2]。蝉花之名始载南北朝刘宋时代的《雷公炮炙论》，距今已有一千多年的历史。《证类本草》载其主治“小儿惊痫瘈疭、夜啼、心悸”等症。《本草纲目》载“功同蝉蜕。又止疟疾”[1-2]。蝉花是我国传统的中药材，主要分布于我国江苏、浙江、福建、四川等地区，也见于南亚、欧洲、北美等地区[1]。

我国虽然对蝉花早有认识和利用，但对蝉花有不同的认识。幸兴球[3]认为大蝉草的无性型是蝉花，即蝉棒束孢菌，广东称作“小蝉花”和福建称作“土蝉花”的不是蝉花，而是小蝉草。刘波[3]在《中国药用真菌》中记载，药用蝉花是无性阶段蝉棒束孢。谭树明[3]认为，“蝉花”一词不能特指某种菌，也不能把所有的“蝉花菌”的汉名都叫作“蝉花”。陈祝安等人[5]对蝉花的人工培养做了大量研究工作，搜集了浙江蝉花历史产区1 467个样品，分离培养结果：中药材蝉花绝大多数是蝉拟青霉(*Paecilomyces cicadae*)寄生的虫菌复合体，从中分离的蝉拟青霉菌株能在一些自然基物或组合培养基上发酵，固体培养可长出类似虫体生的孢梗束，可解决药源不足的问题。

第二节 蝉花化学成分的研究

一、蝉花的化学成分与提取分离

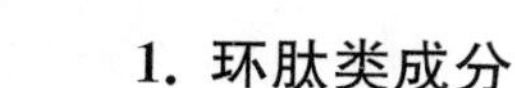

1. 环肽类成分

蝉花[6](*Codyceps cicadae*，5kg)药材收集于安徽铜陵，用30L 90%乙醇在80℃提取3次，每次2h，将提取物蒸干，混悬于水(3L)，用石油醚萃取，得到170g浸膏。将浸膏用硅胶(2kg，10cm×120cm)进行层析，用$CHCl_3/Me_2CO$进行洗脱，得到的部分再用C_{18}或Sephadex LH－20进行分离，得到化合物cyclodepsipeptide cordycecin A (1)、beauvericin E (2)、beauvericin J (3)、beauvericin (4)和beauvericin A (5)，其中化合物(1)是新化合物。结构式如图48－1所示：

2. 芳香苷类成分

将蝉花[7](*Codyceps cicadae*，4kg)发酵菌丝体，用70%乙醇提取3次，混悬于水，用氯仿、乙酸乙酯、正丁醇萃取，正丁醇浸膏用MCI树脂进行分离，甲醇-水洗脱，得到5个新的芳香苷类化合物3－methoxy－1,4－hydroquinone 1－(4′－*O*－methyl－β－glucopyranoside)(6)；3－methoxy－1,4－hydroquinone 4－(4′－*O*－methyl－β－glucopyranoside)(7)；vanillic acid 4－(4′－*O*－methyl－β－glucopyranoside)(8)；5－methoxycinnamic acid 3－(4′－*O*－methyl－β－glucopyranoside)(9)；naphthalene－1

(图 48－2)，8－diol 1，8－bis(4'－*O*－methyl－β－glucopyranoside)(10)。结构式如下：

图 48－1　蝉花中环肽类化合物的结构

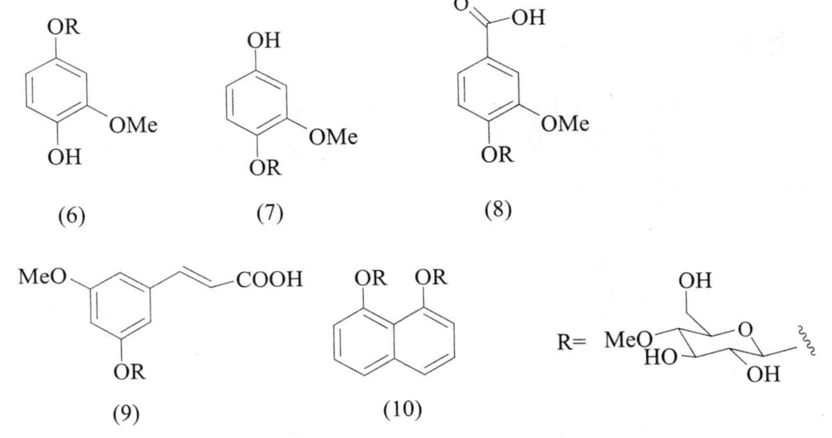

图 48－2　蝉花中芳香苷类化合物的结构

3. myriocin

从真菌 *Isaria sinclairii*（ATCC 24400）培养液滤液[8]中分离得到 ISP-I((2*S*，3*R*，4*R*)-(*E*)－2－amino－3，4－dihydroxy－2－hydroxymethyl－14－oxoeicos－6－enoicacid)(11)，又名 myriocin，thermozymocidin，相对分子质量为 401，在分子内有 α－氨基酸部分和不饱和脂肪链部分。结构式如图 48－3 所示：

图 48－3　蝉花中 myriocin 的结构

4. 虫草素

从蝉花(*Codyceps sobolifera*)药材中检测到虫草素(cordycepin)(12)[1],但含量比蛹虫草低很多,与冬虫夏草处于同一水平(图 48-4)。

(12)

图 48-4　蝉花中 myriocin 的结构

5. 核苷类化合物

从蝉花(*Codyceps cicadae*)发酵菌丝体[7]中,分离得到 adenosine, N^6-(2-hydroxyethyl) adenine, N^6-(2-hydroxyethyl) adenosine, guanosine, guanine, uracil, uridine, thymidine, 2-deoxyadenosine 等。

6. 甾醇类化合物

从蝉花(*Codyceps cicadae*)药材中分离得到过氧麦角甾醇(13)[9],从蝉花(*Codyceps cicadae*, 4kg)发酵菌丝体[7]中,分离得到过氧麦角甾醇 3-*O*-葡萄糖苷(14)和(3β,24*R*)-5,6-epoxy-24-methylcholesta-7,22-dien-3-ol(15)(图 48-5)。

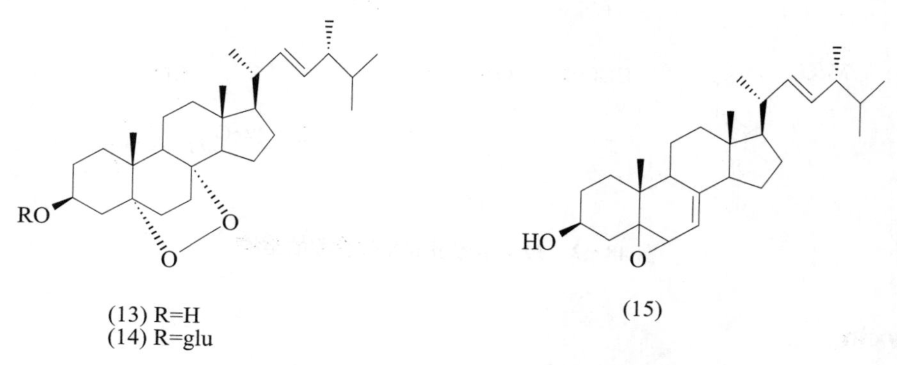

图 48-5　蝉花中甾醇类化合物的结构

7. 其他化合物

从蝉花[7](*Codyceps cicadae*)发酵菌丝体中,分离得到 mevalonolactone 和 5-(3-hydroxybutyl)furan-2-acetic acid。

8. 多糖类化合物

从蝉花(*Codyceps cicadae*)药材中分离得到 3 个多糖,CI-P、CI-A 和 CI-5N[10-11]。CI-P 和 CI-A[10] 主要由甘露糖(D-mannose)和半乳糖(D-galactose)组成,比例分别为 1∶0.85 和 1∶0.57,另有少量葡萄糖和蛋白,相对分子质量均为 2.5 万左右。CI-5N[11] 由甘露糖(D-mannose),半乳糖(D-galactose)和葡萄糖(D-glucose)组成,比例为 1.0∶0.67∶0.23,无蛋白,相对分子质量约为 3.9 万。

二、蝉花化学成分的理化常数与光谱数据

Cordycecin A (1)[6] 晶体，$[\alpha]_D^{25}$ −13.7(c 0.10,$CHCl_3$)。IR(KBr)：3 284、2 961、1 758、1 648、1 237、1 040cm^{-1}。EI-MS m/z：640$[M+H]^+$。^1H NMR 和^{13}C NMR 数据，见表 48 − 1：

表 48 − 1 化合物(1)的^1H NMR 和^{13}C NMR 数据

Position	^{13}C	^1H
leu		
CO	171.8	—
α	51.4	4.60(1H,dt,8.4,5.2)
β	40.8	1.69(2H,m)
γ	24.9	1.63(1H,m)
δ	21.9	0.91(3H,d,6.4)
δ′	23.1	0.92(3H,d,6.0)
NH	—	6.89(1H,d,7.6)
Hiv		
CO	169.3	—
α	79.5	4.95(1H,d,5.6)
β	30.2	2.26(1H,m)
γ	17.7	0.94(3H,d,5.2)
δ	18.9	0.96(3H,d,5.2)

3 − Methoxy − 1,4 − hydroquinone 1 −(4′− *O* − methyl − β − glucopyranoside)(6)[7] 无定形粉末，UV(MeOH)：280(3.30)、225(3.68)nm。IR(KBr)：3 363、1 633、1 518、1 085cm^{-1}。ESI-MS(+)：655.1$[2M+Na]^+$。^1H NMR 和^{13}C NMR 数据，见表 48 − 2。

表 48 − 2 化合物(6)～(8)的^1H NMR 和^{13}C NMR 数据

	6(CD_3OD)		7(CD_3OD)		8(DMSO)	
	^1H	^{13}C	^1H	^{13}C	^1H	^{13}C
1		152.1		154.9		124.5
2	6.85(d,J=2.9)	104.3	6.61(d,J=2.7)	103.6	7.48(d,J=1.7)	112.7
3		149.3		152.8		148.4
4		142.0		142.0		150.0
5	6.86(d,J=8.8)	116.8	7.06(d,J=8.8)	120.9	7.15(d,J=8.5)	114.1
6	6.66(dd,J=2.8,8.8)	110.2	6.45(dd,J=2.7,8.8)	109.4	7.50(dd,J=1.7,8.5)	122.6
MeO	3.86(s)	57.2	3.85(s)	58.4	3.81(s)	55.5
COOH		—		—		167.9
1′	4.94(d,J=7.8)	102.7	4.88(d,J=7.8)	104.5	5.05(d,J=7.8)	99.1
2′	3.53(dd,J=7.9,9.4)	74.4	3.55(dd,J=7.8,9.3)	75.8	3.31(overlapped)	73.2
3′	3.67(t,J=9.3)	76.7	3.65(t,J=9.2)	78.1	3.38～3.41(m)	76.4
4′	3.28(dd,J=9.4,9.6)	80.6	3.30(t,J=9.7)	81.7	3.05(t,J=9.3)	78.8

（续表）

	6(CD_3OD)		7(CD_3OD)		8(DMSO)	
	^1H	^{13}C	^1H	^{13}C	^1H	^{13}C
5′	3.54～3.58(m)	76.5	3.48(ddd, J=2.1,4.8,9.8)	77.8	3.38～3.41(m)	75.6
6′	3.92(dd,J=2.1,12.4) 3.76(dd,J=5.4,12.4)	61.7	3.85～3.91(m) 3.75(dd,J=4.8,12.5)	62.9	3.61(dd,J=3.6,11.8) 3.76(dd,J=4.9,11.8)	60.1
4′-MeO	3.59(s)	61.3	3.59(s)	62.6	3.46(s)	59.6

3-Methoxy-1,4-hydroquinone 4-(4′-*O*-methyl-*β*-glucopyranoside)(7)[7] 无定形粉末，UV(MeOH)(logε)：280(3.28)，225(3.70)nm。IR(KBr)：3 365、1 617、1 517、1 085cm^{-1}。ESI-MS(+) *m/z*：339.2[M+Na]$^+$。^1H NMR和^{13}C NMR数据，见表48-2。

Vanillic acid 4-(4′-*O*-methyl-*β*-glucopyranoside)(8)[7] 无定形粉末，UV(MeOH)(logε)：288(2.58)，243(2.88)nm。IR(KBr)：3 411、2 925、1 697、1 604、1 515、1 274cm^{-1}。ESI-MS(+) *m/z*：367.1[M+Na]$^+$。^1H NMR和^{13}C NMR数据，见表48-2。

5-Methoxycinnamic acid 3-(4′-*O*-methyl-*β*-glucopyranoside)(9)[7] 无定形粉末，UV(MeOH)(logε)：308(3.76)，281(3.85)，225(3.80)，216(3.86)nm。IR(KBr)：3 378、2 929、1 695、1 635、1 598、1 513、1 259、1 099cm^{-1}。ESI-MS(+)：393.1[M+Na]$^+$。^1H NMR和^{13}C NMR数据，见表48-3。

表48-3 化合物(9)～(10)的^1H NMR和^{13}C NMR数据

	9(CD_3OD)		10(D_2O)	
	^1H	^{13}C	^1H	^{13}C
1		130.9		155.6
2	7.24(s)	112.8	7.57(d,J=6.3)	125.7
3		150.0	7.44(dd,J=6.6,7.1)	129.4
4	7.16(s)	117.5	7.21(d,J=7.1)	113.5
5		151.1	7.21(d,J=7.1)	113.5
6	7.16(s)	123.8	7.44(dd,J=6.6,7.1)	129.4
7	7.61(d,J=15.9)	146.5	7.57(d,J=6.3)	125.7
8	6.38(d,J=15.9)	118.2		155.6
9		171.2		119.7
10		—		139.5
MeO	3.89(s)	57.1		—
1′	4.96(d,J=7.5)	102.2	5.25(d,J=7.8)	103.6
2′	3.54(dd,J=7.4,9.3)	75.1	3.75～3.77(m)	76.1
3′	3.60(dd,J=8.5,9.3)	77.9	3.71～3.77(m)	77.9
4′	3.23(dd,J=8.7,9.7)	80.8	3.39(dd,J=8.8,9.4)	81.7
5′	3.45(ddd,J=2.1,4.7,9.8)	77.4	3.66～3.69(m)	78.0
6′	3.84(dd,J=2.1,12.2) 3.70(dd,J=4.8,12.2)	62.2	3.96(d,J=11.9) 3.80(dd,J=5.2,11.9)	63.0
4′-MeO	3.58(s)	61.3	3.63(s)	62.8

Naphthalene-1,8-diol 1,8-bis(4′-*O*-methyl-*β*-glucopyranoside) (10)[7] 无定形粉末，UV (MeOH)：285(3.62)、227(4.40)nm。IR(KBr)：3 411、2 931、1 579、1 384、1 271、1 082cm^{-1}。ESI-MS (+)：1047.3[2M+Na]$^+$。^{1}H NMR 和^{13}C NMR 数据，见表 48-3。

第三节 蝉花的生物活性

一、免疫调节活性

在器官移植和自动免疫疾病方面，免疫抑制作用是一种极重要的治疗手段。近年来发现，环孢子菌素 A(CsA)有较强的免疫抑制作用，但临床发现，CsA 对肾不良反应较大，而 ISP-1 也具有显著免疫抑制作用，且对肾不良反应较小[12]。ISP-1 的活性表现在：①它能特异性抑制 IL-2 依赖性 T 细胞增殖，作用机制与 CsA 不同；②在体内对同种细胞障碍性 T 细胞的诱导有较强抑制活性，在这方面它比 CsA 约强 100 倍；③在体外，对同种细胞障碍性 T 细胞的抑制作用比 CsA 强 10 倍；④同种淋巴球混合反应方面，ISP-1 比 CsA 显示更强的抑制活性。从以上研究结果来分析，可期待把 ISP-1 应用在器官移植上。因此，ISP-1 有望被开发为免疫抑制药物[13]。

蝉拟青霉多糖能阻遏由环磷酰胺所致的免疫抑制作用，改善并调节大鼠营养状况和造血功能，从而增强机体的免疫功能，使大鼠体重、胸腺体重指数、外周血白细胞数、血红蛋白含量、总蛋白和球蛋白水平等显著提高，同时不同剂量蝉拟青霉多糖能激活肺泡巨噬细胞，并具有剂量依赖性；也有文献报道，蝉拟青霉具有类似刀豆球蛋白(Con A)的作用[14]。

二、抗疲劳、抗应激、延缓衰老

王砚等人实验表明，蝉花水煎剂能明显延长实验小鼠的游泳时间，显著提高常压缺氧状态下及在高温条件下的存活时间，证明蝉花具有抗疲劳、抗应激作用[15]。当机体处在不良环境下，蝉花水煎剂能促进内环境保持相对稳定，从而增强了机体对有害刺激的抵抗力。蝉花水煎剂高剂量组对雄性果蝇能显著地延长寿命，表明其有一定的延缓衰老作用[16]。

三、镇静催眠

蝉花组小鼠给药 1h 后，测定 10min 内自主活动次数显著少于对照组；蝉花还能明显延长小鼠睡眠时间，缩短戊巴比妥钠的翻正反射消失时间；蝉花也能增加小鼠在单位时间内的入睡率。由此证明，蝉花有较好的镇静催眠作用。同时研究表明，人工培养品与天然蝉花作用相近[15]。

四、改善肾功能

通过分离人胚胎肾小球系膜细胞，进行体外培养，观察人工培育蝉花菌丝对人肾小球系膜细胞(HMC)增殖和细胞外基质(ECM)合成的影响。人工蝉花菌丝组能显著抑制 HMC 增殖，与正常对照组相比，其作用与洛汀新组相近。说明人工蝉花菌丝能有效减缓肾小球硬化与肾纤维化[17]。

五、促进造血功能

民间常将蝉花作为补肝明目、安神食品与其他食品一起食用，中医学认为，“肝藏血”、“目得血则能视"，血与肝、目的生理、病理有着密切的关系。蝉花能明显对抗失血性贫血和对抗盐酸苯肼贫血，且高剂量组的作用与阿胶组相似[18]。

六、调节脂类代谢

杨介钻等人对老龄大鼠经皮下注射 100mg/kg 的蝉拟青霉多糖，发现蝉拟青霉多糖组中老龄大鼠外周血中的胆固醇明显低于生理盐水组；蝉拟青霉多糖组中三酰甘油含量明显低于生理盐水组，提示蝉拟青霉多糖有利于体内脂质的运输与转化代谢[19]。

七、杀　虫

蝉拟青霉在害虫防治上有很大的优越性，是一种有潜力开发成为生物农药的真菌。采用蝉拟青霉孢子粉处理小菜蛾幼虫，结果表明，蝉拟青霉可以在小菜蛾幼虫和蛹上寄生，并导致小菜蛾死亡[20]。蝉拟青霉分生孢子、菌丝、发酵代谢产物均对蚜虫有一定的杀蚜效果。有学者将蝉拟青霉子实体用 40%乙醇提取物，经二氯甲烷、乙酸乙酯、正丁醇溶剂依次萃取（剩余溶液为水溶组分），再经过大孔树脂、HPLC 和 Sephedex LH－20 分离纯化，得到一个对酸稳定和胃蛋白酶不敏感的白色粉末状杀虫活性化合物[21]。

第四节　展　望

对蝉花的研究，应明确到底什么是真正的药用蝉花，其他称作蝉花的是否可作为替代品。目前对蝉花的化学成分和活性已进行了一定的研究，但大部分研究还处在针对原材料的粗提物水平。另外，由于野生蝉花产量较少，若需深入开发，应扩大药源，进行人工培养，探索出成本低、产量高大规模生产的方法、途径与条件。

参考文献

[1] 温鲁，唐玉玲，张平，等. 蝉花与有关虫草活性成分检测比较[J]. 江西中医药，2006，27(1)：45－46.
[2] 潘文昭. 蝉花的药用功效[J]. 农村新技术，2011，9：42.
[3] 谭树明. 蝉花研究概况[J]. 湛江农专学报，1994，11(1－2)：30－33.
[4] 秦葵，陈红英. 蝉花的研究概况[J]. 基层中药杂志，2002，16(6)：54－55.
[5] 陈祝安，刘广玉，胡菽英，等. 蝉花的人工培养及其药理作用研究[J]. 真菌学报，1993，12(2)：138.
[6] Wang J，Zhang D，Jia J，et al. Cyclodepsipeptides from the ascocarps and insect-body portions of fungus *Cordyceps cicadae*[J]. *Fitoterapia*，2014，97：23－27.
[7] Zhang S，Xuan L. Five aromatics bearing a 4－*O*－methylglucose unit from *Cordyceps cicadae* [J]. Hel Chim Acta，2007，90：404－410.
[8] Fujita T，Inoue K，Yamamoto S，et al. Fungal metabolites Part 11. A potent immunosuppressive activity found in *Isaria sinclairii* metabolite[J]. J Antibiotics，1994，47 (2)：208－215.
[9] Zhu R，Zheng R，Deng Y，et al. Ergosterol peroxide from *Cordyceps cicadae* ameliorates

TGF - β1 - induced activation of kidney fibroblasts[J]. Phytochemistry . 2014, 21: 372—378.

[10] Kiho T, Miyamoto I, Nagai K, et al. Polysaccharides in fungi. Part XXI. Minor, protein-containing galactomannans from the insect-body portion of the fungal preparation Chan hua (*Cordyceps cicadae*)[J]. *Carbohydr Res*, 1998, 181: 207—215.

[11] Kiho T, Miyamoto I, Nagai K, et al. Polysaccharides in fungi. Part XXII. A water-soluble polysaccharide from the alkaline extract of the insect-body portion of Chan hua (*Cordyceps cicadae*) [J]. Pharmaceutical Bulletin, 1988, 36 (8): 3032—3037.

[12] 王琪,刘作易. 药用真菌蝉花的研究进展[J]. 中草药,2004,35(4):469—471.

[13] 幸兴球. 蝉花活性物质的研究方向[J]. 昆虫知识,1993,4:251.

[14] Kiho Nagai K, Miyamoto I, Watana Ukai S. Polysaccharides in Fungi. XXV. Biolclgical activities of two galactomarmans from the insect -body portion of chan hua(Fungus: *Cordyceps cicadae*) [J]. Yakugaku Zasshi, 1990, 104 (4): 286—288.

[15] 刘广玉,胡莜英. 天然蝉花和人工培养品镇静镇痛作用的比较[J]. 现代应用药学,1991,8(2):5.

[16] 王砚,赵小京,唐法娣. 蝉花药理作用的初步探讨[J]. 浙江中医杂志,2001,36(9):219—220.

[17] 王琳,陈以平. 人工培育蝉花菌丝对人系膜细胞增殖及细胞外基质合成的影响[J]. 中医研究,2006,19(10):9—11.

[18] 宋捷民,忻家础,朱英. 蝉花对小鼠血糖及造血功能影响[J]. 中华中医药学刊,2007,25(6):1144—1145.

[19] 杨介钻,金丽琴,吕建新. 蝉拟青霉多糖对环磷酰胺处理大鼠生长及外周血的影响[J]. 贵阳医学院学报,2003,28(5):389—392.

[20] 刘又高,王根锷,厉晓腊,等. 蝉拟青霉孢子粉对小菜蛾的致病性试验[J]. 昆虫知识,2007,4(2):256—258.

[21] 柴一秋,金铁伟,刘又高,等. 蝉拟青霉杀虫活性成分的分离[J]. 中国农业科学,2007,40(9):1952—1958.

（康 洁）

第四十九章 红栓菌

HONG SHUAN JUN

第一节 概 述

红栓菌[*Pycnoporus sanguineus*(L.)Murrill]为担子菌门，伞菌纲，多孔菌目，多孔菌科，栓菌属真菌[1]。别名血红密孔菌、红栓菌小孔变种、朱血菌等。同物异名：*Boletus ruber* Lam；*Boletus sanguineus* L；*Coriolus sanguineus*(L.)G. Cunn；*Fabisporus sanguineus*；*Microporus sanguineus*；*Polyporus sanguineus*；*Polystictus sanguineus*；*Trametes cinnabarina*；*Trametes sanguinea*；*Trametes sanguinea*[2]。主要分布在江苏、浙江、福建、河南、湖北、湖南、广西、海南、四川、云南、陕西等地区[3]。民间大多用于治疗痢疾、咽喉肿痛、跌打损伤、痈疽疮疖、痒疹、伤口出血、多种肿瘤等疾病[2]。

第二节 红栓菌化学成分的研究

一、红栓菌吩噁嗪酮类生物碱的提取与分离

将137g风干野生红栓菌子实体粉碎后，用1L甲醇室温浸泡提取3次，每次7d，提取液合并，减压浓缩，浓缩至一半体积，析出红色沉淀物，抽滤，得甲醇粗提物。

二、化合物分离与纯化

将甲醇粗提物用吡啶重结晶，得红色物质(120mg)。微晶纤维素薄层色谱分析表明，该红色物质由两个主要成分组成。取20mg红色物质用少量混合溶剂(吡啶∶正丁醇∶水 V/V/V6∶2∶2)溶解，进一步通过制备微晶纤维素薄层色谱分离纯化(展开溶剂系统为吡啶∶正丁醇∶水 V/V/V6∶2∶2)，先后得到两个红色组分，这两个红色组分进一步通过吡啶重结晶，分别得到红色晶体A(5mg)和红色晶体B(9mg)。

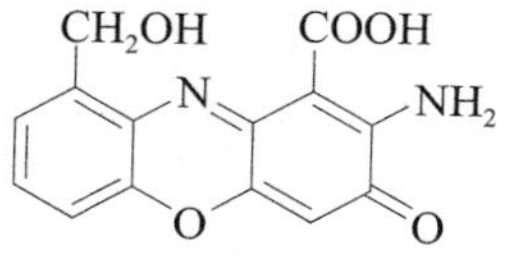

(A) 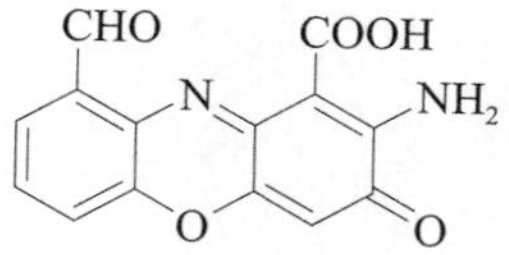 (B)

化合物(A)(朱红菌素) 红色晶体(吡啶)，mp>300℃时逐渐分解。^{1}H NMR(500MHz，DMSO-d_6)δ：9.56(br s，1H，2-NH_α)，8.69(br s，1H，2-NH_β)，7.55(m，1H，H-7)，7.53(m，1H，H-8)，7.46(d，J=7.5Hz，1H，H-6)，6.58(s，1H，H-4)，4.86(s，2H，H-12)；^{13}C NMR(125MHz，DMSO-d_6)δ：177.6(s，C-3)，169.0(s，C-11)，152.0(s，C-2)，151.1(s，C-10′)，146.1(s，C-4′)，142.0(s，C-5′)，138.2(s，C-9)，129.2(d，C-7)，126.6(s，C-9′)，123.6(d，C-8)，114.5(d，C-6)，

105.0(d,C-4),92.2(s,C-1),58.7(s,C-12);FAB-MS:m/z:287[M+H]$^+$。NMR谱表明,这是1个吩噁嗪酮类生物碱[4]。经鉴定,化合物(A)为朱红菌素。

化合物(B)(朱红栓菌素)　红色晶体(吡啶),mp>250℃时逐渐分解。^{1}H NMR(500MHz,DMSO-d_6)δ:10.33(s,1H,H-12),9.78(br s,1H,2-NH$_\alpha$),8.90(br s,1H,2-NH$_\beta$),7.98(d,J=7.5Hz,1H,H-8),7.85(d,J=7.8Hz,1H,H-6),7.72(dd,J=7.5、7.8Hz,1H,H-7),6.63(s,1H,H-4);^{13}C NMR(125MHz,DMSO-d_6)δ:191.4(d,C-12),168.7(s,C-11),177.8(s,C-3),152.6(s,C-2),150.4(s,C-10′),148.6(s,C-4′),142.0(s,C-5′),131.2(d,C-8),128.9(d,C-7),128.7(s,C-9′),128.4(s,C-9),121.6(d,C-6),105.0(d,C-4),92.1(s,C-1);FAB-MS:m/z:285[M+H]$^+$。NMR谱表明,这也是1个吩噁嗪酮类生物碱[4]。经鉴定,化合物(B)为朱红栓菌素。

第三节　红栓菌生物活性的研究

红栓菌是自然界中广泛存在的一类白腐真菌,在生长过程中会产生一类红色的色素,有文献报道称,红栓菌的色素具有一定抑制细菌生长的作用,可作为功能性天然色素使用[5]。有研究显示,红栓菌的色素具有较好的热稳定性和耐酸性,常用的氧化剂与还原剂对其影响不大,是一种稳定性较好的天然色素[6]。

研究者对野生红栓菌进行了甲醇提取,发现其甲醇粗提物对大肠杆菌、沙门菌、链球菌和金黄色葡萄球菌表现出抑菌活性[4],结果如表49-1所示:

表49-1　红栓菌甲醇粗提物的体外抗菌活性

受试菌	大肠杆菌		沙氏菌		金黄色葡萄球菌		链球菌	
样品浓度(mg/ml)	1.0	5.0	1.0	5.0	1.0	5.0	1.0	5.0
抑菌圈直径(mm)	11.0±1.0	16.5±1.5	8.5±0.5	9.0±1.0	8.5±0.5	9.0±1.0	9.0±1.0	9.0±1.0

注:链霉素为参照物。

Note: Streptomycin was used as the reference compound for the antibacterial activity。

在对染料废水的处理中,红栓菌也表现出积极的作用。经研究表明,红栓菌液体发酵产的漆酶可直接降解蒽醌类染料,偶氮类染料在漆酶介体存在的情况下可被降解,经过降解的降解物毒性大大降低。此外,红栓菌对工业染料活性艳蓝(remazol brilliant blue R,RBBR)、酸性红1和活性黑5有较好的脱色效果。RBBR、酸性红1和活性黑5在添加丁香醛连氮后,反应20min,脱色率分别为94.91%、90.87%和72.15%,酸性蓝129和活性蓝4在1-羟基-苯并三氮唑(HBT)介体存在的情况下脱色60min,其脱色率分别为81.73%和92.18%[7]。此外,海藻酸钠固定红栓菌磁珠对染料也有脱色效果[8]。

第四节　展　望

由于天然色素安全可靠,色泽自然鲜艳,且具有一定的生理功能,因此受到越来越多的关注。红栓菌是自然界中广泛存在的一类白腐真菌,在生长过程中会产生红色色素,可作为功能性的天然色素使用,具有良好的开发前景。此外,红栓菌漆酶可降解染料,并具有脱色效果,对环境有积极的防护

意义。

参考文献

[1] 赵继鼎. 中国真菌志[M]. 北京:科学出版社,1998.
[2] 黄年来,林志彬,陈国良. 中国食药用菌学[M]. 上海. 上海科学技术文献出社,2010.
[3] 吴兴亮,戴玉成,李泰辉,等. 中国热带真菌[M]. 北京:科学出版社,2010.
[4] 朱峰,卢卫红,陈忻,等. 朱红栓菌中两个吩噁嗪酮类生物碱的分离与鉴定[J]. 天然产物研究与开发,2014,26:358−360.
[5] Smania AFDM, Smania EFA, Gil ML,et al. Antibacterial activity of a substance produced by the fungus Pycnoporus sanguineus(Fr.)Murr. [J]. Journal of Ethnopharmacology,1995,45(3):177−181.
[6] 骆守鹏,范晶晶,毛飞君,等. 血红密孔菌(Pycnoporus sanguineus SYBC-L7)色素的提取及其理化性质[J]. 食品与生物技术学报,2013,32(11)1:163−1168.
[7] 王志新. 血红密孔菌的筛选、鉴定及其发酵产漆酶的研究[D]. 江南大学博士学位论文,2010. 71−76.
[8] Yang CH,Shih MC,Chiu HC,et al. Magnetic Pycnoporus sanguineus-loaded alginate composite beads for removing dye from aqueous solutions[J]. Molecules, 2014,19(6):8276−8288.

(潘鸿辉)

第五十章 平菇

PING GU

第一节 概述

平菇[*Pleurotus ostreatus*(Jacq.)P. Kumm]为担子菌门，伞菌纲，伞菌亚纲，伞菌目，侧耳科，侧耳属真菌。别名糙皮侧耳、侧耳、北风菌、冻菌等。同物异名：*Agaricus opuntiae*；*Agaricus revolutus*；*Agaricus salignus*；*Crepidopus ostreatus*；*Dendrosarcus opuntiae*；*Dendrosarcus revolutus*；*Panellus opuntiae*；*Pleurotus opuntiae*；*Pleurotus ostreatus*；*Pleurotus pulmonarius*；*Pleurotus revolutus*；*Pleurotus salignus*[1]。平菇适应性较强，是世界性分布的菌类，热带、亚热带、温带、寒带都有平菇的自然分布，我国主要分布在海南、广东、云南、黑龙江、吉林、内蒙古、西藏、青海、新疆、甘肃、四川、江苏、山东、福建、河南、安徽、湖北、湖南等地区[1]。

第二节 平菇化学成分的研究

100g 平菇(干)富含蛋白质 7.8～17.7g，脂肪 1.0～2.3g，糖类 57.6～81.8g，粗纤维 5.6～8.7g，灰分 5.1～9.5g。此外，平菇中含微量元素(mg/kg)分别为锶 3.527、锰 7.985、钼 1.500、钒 13.782、锌 55.168、铬 1.398、铁 73.895、铜 9.607[1]。

经研究发现，平菇还含有丰富的氨基酸，具体如下表 50-1[2]：

表 50-1 平菇子实体游离氨基酸含量(g/kg)

氨基酸	含量(%)	氨基酸	含量(%)
天冬氨酸(Asp)	8.7	甲硫氨酸(Met)	2.6
苏氨酸(Thr)	3.8	异亮氨酸(He)	10.2
丝氨酸(Ser)	2.6	亮氨酸(Leu)	12.3
谷氨酸(Glu)	9.8	酪氨酸(Tyr)	6.5
脯氨酸(Pro)	5.4	苯丙氨酸(Phe)	2.5
甘氨酸(Gly)	4.7	赖氨酸(Lys)	11.8
丙氨酸(Ala)	6.2	组氨酸(His)	2.7
半胱氨酸(Cys)	1.8	色氨酸(Try)	3.0
缬氨酸(Vai)	4.2	精氨酸(Arg)	2.3

第三节 平菇生物活性的研究

从平菇子实体或菌丝体中提取的多糖，主要单糖组分为葡萄糖，以(1→3)，(1→6)-β-D-葡聚糖[3]或者是(1→3)-α-D-葡聚糖为主链结构[4-6]。

抗氧化功能

张云侠从平菇子实体中分离出两种多糖，分别为 PSPO－la 和 PSPO－4a。两种多糖的相对分子质量分别为 1.8×10^4 Da 和 1.1×10^6 Da。PSPO-la 的单糖组成是 L－鼠李糖、D－木糖、D－甘露糖、D－葡萄糖和 D－半乳糖，通过出峰面积计算其摩尔比为 3.87∶1.66∶2.47∶0.91∶1.00。PSPO－4a 的单糖组成为 L－鼠李糖、D－甘露糖、D－半乳糖，其摩尔比为 0.92∶2.69∶1.00。这两种多糖对 DPPH 自由基和超氧阴离子自由基有较好的清除能力，其中对超氧阴离子具有明显的抗氧化作用。

此外，研究发现这两种多糖能够降低高糖环境下与肾系膜细胞增殖有关的细胞因子 TGF－β1 和细胞外基质 FN 和 IV-C 的表达，逆转 MES－13 细胞的增殖和细胞外基质的积聚，维持肾系膜细胞的正常功能，防止肾小球硬化，发挥肾保护作用，对糖尿病引起的肾损伤有保护作用[7]。

经研究发现，平菇子实体水提取粗多糖和碱提取粗多糖对 DPPH·自由基具有良好的清除效果，水提取粗多糖浓度为 0.6mg/ml 时，清除率达到 47.7％，碱提粗多糖浓度为 1mg/ml 时，清除率达到 41.9％；对羟自由基（·OH）具有非常明显的清除效果，水提取粗多糖浓度为 1mg/ml 时，清除率达到 80％，碱提取粗多糖浓度为 8mg/ml 时，清除率达到 73.3％；对超氧自由基（O_2^-·）具有一定的清除效果，水提取粗多糖浓度为 2mg/ml 时，清除率达到最大约为 30％，随后随浓度增加清除能力下降，碱提粗多糖浓度为 8mg/ml 时，清除率约为 40％，且清除能力随浓度增加而增强[8]。

此外，经分离后的平菇菌丝体多糖对 O_2^-·和·OH 都有较好的清除效果，当菌丝体多糖浓度达 0.5mg/ml 时，O_2^-·和·OH 清除率分别为 71.25％±3.51％和 53.78％±2.18％。对 H_2O_2 诱导的红细胞氧化溶血具有抑制效果，且表现出一定的剂量-效应关系[9]。

1. 抗病毒功能

有研究文献显示，平菇菌丝体多糖对 MDCK 细胞感染流感病毒 A 型（H1N1）和单纯疱疹病毒 2（HSV－2）有较好的抑制效果，其中对 H1N1 的半数有效浓度为 2.5mg/ml，对 HSV－2 的半数有效浓度为 0.155mg/ml[10]。

2. 抗痛风功能

研究者对几种食用菌进行黄嘌呤氧化酶抑制剂含量检测，发现平菇的含量最高。将平菇子实体用 40℃蒸馏水浸提 48h，可得到最大量的抗痛风黄嘌呤氧化酶（XOD）抑制剂组分。该组分经 Sephadex G－50 凝胶色谱过滤，C18 固相色谱和高效液相色谱纯化后，得到 XOD 活性抑制剂，IC_{50} 为 0.9mg/ml。纯化后的 XOD 抑制剂是苯丙氨酸-半胱氨酸-组氨酸三肽，相对分子质量为 441.3Da。XOD 抑制剂在氧嗪酸钾诱导的痛风大鼠（SD 系）模型上，表现出剂量依赖性的抗痛风效果。当剂量为 500～1000mg/kg 时，可有效降低血清中尿酸盐的水平[11]。

3. 降血糖功能

经研究发现，平菇能显著降低正常人空腹和餐后血清葡萄糖水平，并能降低 2 型糖尿病患者餐后血清葡萄糖水平和增加血清胰岛素水平。动物实验发现，平菇调节血糖的功效通过增强葡萄糖激酶活性来促进胰岛素分泌，提高外周组织对葡萄糖的利用，从而降低血清中葡萄糖水平[12]。

4. 抗肿瘤功能

经研究显示，平菇子实体的碱提多糖能显著抑制 S－180 小鼠肿瘤的生长，显著增加血清中 TNF－α 的分泌水平。体外实验显示，碱多糖能增强腹腔巨噬细胞的吞噬能力。当腹腔巨噬细胞暴露于碱多糖的环境中，TNF－α 和 NO 的分泌量显著增加、iNOS 转录也显著增加。同时 Western blot 分析显示，

碱多糖可诱导 p65 磷酸化，并能显著降低 IκB 的表达。结果表明，平菇碱多糖能通过 NF－κB 信号通路激活巨噬细胞的功能，并通过刺激免疫系统达到抑制肿瘤的效果[13-14]。

第四节　展　望

平菇作为一种常见的食用菌，营养丰富、口味鲜美，且具有良好的生理活性与开发利用价值，值得进一步推广和深入研究。

参考文献

[1] 黄年来，林志彬，陈国良. 中国食药用菌学[M]. 上海. 上海科学技术文献出版社，2010.

[2] 史琦云，邵威平. 八种食用菌营养成分的测定与分析[J]. 甘肃农业大学学报，2003，38(3)：336－339.

[3] Refaie FM, Esmat AY, Daba AS, et al. Characterization of polysaccharopeptides from *Pleurotus ostreatus* mycelium: assessment of toxicity and immunomodulation in vivo[J]. Micol. Apl. Int, 2009, 21: 67－75.

[4] Andriy Synytsya, Katerina Mickova, Alla Synytsya, et al. Glucans from fruit bodies of cultivated mushrooms *Pleurotus ostreatus* and *Pleurotus eryngii*: Structure and potential prebiotic activity[J]. Carbohydrate Polymers, 2009, 76: 548－556.

[5] Haibin Tong, Fengguo Xia, Kai Feng, et al. Structural characterization and in vitro antitumor activity of a novel polysaccharide isolated from the fruiting bodies of *Pleurotus ostreatus*[J]. Bioresource Technology, 2009, 100: 1682－1686.

[6] Xia F, Fan J, Zhu M and Tong H. Antioxidant effects of a water-soluble proteoglycan isolated from the fruiting bodies of *Pleurotus ostreatus*[J]. Journal of the Taiwan Institute of Chemical Engineers, 2011, 42: 402－407.

[7] 张云侠. 平菇多糖的提取、鉴定及其抗氧化活性研究[D]. 安徽大学硕士学位论文，2012，26－46.

[8] 王金玺. 平菇多糖分离纯化、结构表征与修饰及抗氧化性的研究[D]. 扬州大学硕士学位论文，2013，49－52.

[9] 曹向宇，刘剑利，芦秀丽，等. 平菇菌丝体多糖的分离纯化和体外抗氧化活性[J]. 食品科学，2010，31(22)：124－128.

[10] Krupodorova T, Rybalko S, Barshteyn V. Antiviral activity of Basidiomycete mycelia against influenza type A (serotype H1N1) and herpes simplex virus type 2 in cell culture[J]. Virol Sin. 2014, 29(5): 284－290.

[11] Jang IT, Hyun SH, Shin JW, et al. Characterization of an Anti-gout Xanthine Oxidase Inhibitor from *Pleurotus ostreatus*[J]. Mycobiology, 2014, 42(3): 296－300.

[12] Jayasuriya WJ, Wanigatunge CA, Fernando GH, et al. Hypoglycaemic Activity of Culinary *Pleurotus ostreatus* and P. cystidiosus Mushrooms in Healthy Volunteers and Type 2 Diabetic Patients on Diet Control and the Possible Mechanisms of Action [J]. Phytother Res, 2014, 10.1002/5255.

[13] Kong F, Li FE, He Z, et al. Anti-tumor and macrophage activation induced by alkali-extracted polysaccharide from *Pleurotus ostreatus*[J]. Int J Biol Macromol, 2014, 69: 561－566.

[14] Facchini JM, Alves EP, Aguilera C, et al. Antitumor activity of *Pleurotus ostreatus* polysaccharide fractions on Ehrlich tumor and Sarcoma 180 [J]. Int J Biol Macromol, 2014, 68:72-77.

（潘鸿辉）

第五十一章 裂褶菌

LIE ZHE JUN

第一节 概 述

裂褶菌(*Schizphylhls commne* Fr)又名白参(云南)、树花(陕西)、白花、鸡毛菌(北方)、八担柴，为担子菌门，伞菌纲，伞菌亚纲，伞菌目，裂褶菌科、裂褶菌属真菌。该属已发现有3个种，其中裂褶菌广布于世界各地，我国主要分布在河北、山西、黑龙江、吉林、辽宁、山东、江苏、内蒙古、安徽、浙江、江西、福建、台湾、河南、湖南、广东、广西、海南、甘肃、西藏、四川、贵州、云南等地区。裂褶菌包括菌丝体和子实体两部分组成，成熟后产生孢子。裂褶菌子实体较小，菌盖直径为0.6～4.2cm，白色至灰白色，上有绒毛或粗毛，扇形或肾形；具有多数裂瓣，菌肉薄，白色，菌褶窄，从基部辐射而出，白色或灰白色，有时淡紫色，沿边缘纵裂而反卷，柄短或无[1-3]。

裂褶菌始载于《新华本草纲要》，是食药兼用的珍稀菇菌，有清肝明目，滋补强身的功效。据《药用真菌》等文献记载，该菌“性平，味甘，气味苦、微寒、无毒。对小儿盗汗、妇科疾病、神经衰弱、头昏耳鸣等症疗效明显”。裂褶菌有人体必需的8种氨基酸，并富含锌、铁、钾、钙、磷、硒、锗等多种微量元素，具有较高的药用价值[3]。

裂褶菌大多生长在春至秋季节，属于木腐生菌，野生在阔叶树与针叶树的枯枝倒木上，有的也发生在枯死的禾本科植物、竹类或野草上，是段木栽培香菇、木耳等木腐菌生产中常见的“杂菌”。裂褶菌生长发育对环境有以下要求[4-6]：①营养：裂褶菌分解木材的能力较弱，碳、氮源是其重要的能量。适宜的碳源为葡萄糖，氮源为玉米粉、麦麸。人工栽培可利用棉子壳、玉米芯、甘蔗渣、废棉等富含纤维素的各种农作物秸秆与木屑等作为培养料；还需添加适量麦麸或米糠等辅料以及微量矿物质元素。②温度：裂褶菌属于中温型菌类，自然生长大多在春、秋季节。人工驯化栽培表明，菌丝生长温度范围较宽，8～32℃均可，但以23～26℃最适宜；子实体分化和发育以18～22℃最适宜，低于18℃成熟期延长。③湿度：裂褶菌耐干旱，培养基含水量不超过60%。子实体干湿伸缩性较大，有水分时细胞膨大，干燥时收缩，一旦吸足水分后又继续伸展。长菇阶段空间相对湿度应掌握在85%～90%。④氧气：裂褶菌属于喜氧性真菌，子实体生长过程会释放出一股腐臭味的二氧化碳气体，栽培房棚要求空气新鲜。⑤光照：该菌菌丝生长不需要光照，原基分化子实体时，需要300～500 lx光照强度。子实体有明显的趋光性，光线过强会使菇体颜色变褐、品质差。⑥酸碱度：该菌含纤维素酶，并能产生苹果酸(1 - malicacid. $C_2H_2O_2$)，人工栽培的基质pH4.5～5.6最适宜。

裂褶菌能产生多种酶，MacKenzie CR等人于1988年报道[7]，裂褶菌可以产生一种酯酶，催化基质中的纤维素产生阿魏酸；Gordon LJ等人[8]1995年研究了裂褶菌的蛋白质水解酶，并分析了其特性；方靖等人[9]1999年研究了裂褶菌纤维二糖脱氢酶对纤维素的吸附条件，并探讨了其动力学以及吸附模型，同年，又探讨了其在木质素降解中的作用和机制[10]；方靖等人[11]于2000年通过细胞色素C还原法，测定了裂褶菌纤维二糖脱氢酶的酶活力。

裂褶菌有性生殖交配系统是典型的由两个交配因子控制、双因子四极性异宗配合类型。这些因子在减数分裂时，独立分配、自由组合，所以裂褶菌的担子经减数分裂后，形成的4个担孢子就具有不同的交配型，担孢子萌发形成具有不同交配型的初级菌丝[12]。

第二节　裂褶菌化学成分的研究

一、裂褶菌中的麦角甾醇类化合物

1. 麦角甾醇类化合物的化学结构

玉溪农业职业技术学院的毛绍春等人[13]曾在 2007 年，从裂褶菌中发现 3 个麦角甾醇类化合物，分别为：5α，8α -过氧麦角甾- 6，22 - *E* -二烯- 3β -醇（5α，8α - epidioxy - ergosta -- 6，22*E* - dien - 3β - ol，1）、麦角甾- 7，22 -二烯- 3β 醇（ergosta - 7，22 - dien - 3β - ol，2）、（22*E*，24*R*）-麦角甾- 7，22 -二烯- 3β，5α，6β -三醇（22*E*，24*R* - ergosta - 7，22 - dien - 3β，5α，6β - triol，3），其化学结构如图 51 - 1 所示：

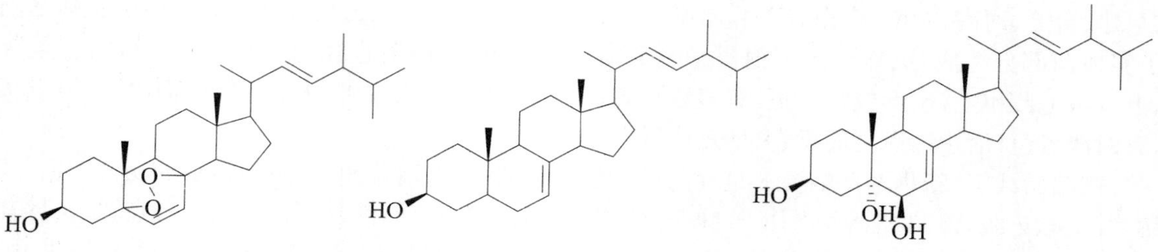

HO　(1)　HO　(2)　HO　OH　OH　(3)

图 51 - 1　裂褶菌中麦角甾类化合物的化学结构

2. 麦角甾醇类化合物的提取、分离与纯化

取干燥好的裂褶菌（*Schizophyllum commune* Fr.）0.5kg 粉碎后，用 95%乙醇 50℃提取 4 次，每次 1h，提取液合并、减压浓缩，得浸膏 110g；将浸膏溶于水中，分别用石油醚、氯仿、乙酸乙酯、正丁醇反复萃取，萃取液分别合并、减压浓缩，依次得浸膏 16g（石油醚部位）、16g（氯仿部位）、26g（乙酸乙酯部位）、11g（正丁醇部位）。石油醚部位通过硅胶柱色谱，石油醚-乙酸乙酯梯度洗脱，得化合物（1）；氯仿部位通过硅胶柱色谱，石油醚-氯仿、石油醚-乙酸乙酯、石油醚-丙酮反复梯度洗脱，得化合物（2）与（3）。

3. 麦角甾醇类化合物的理化常数与光谱数据

5α，8α -过氧麦角甾- 6，22 - *E* -二烯- 3β -醇（5α，8α - epidioxy - ergosta - 6，22*E* - dien - 3β - ol）　白色针状结晶（乙酸乙酯），mp 176～178℃，$[\alpha]_D^{29}$为- 6.5（*c* 0.10，CH_3OH）。甲醇中，与 Liebermann-Burchard 试剂反应呈阳性。IR（KBr）：3 401、3 119、2 952、2 874、1 631、1 458、1 395、1 215、1 077、963cm^{-1}。EI-MS 给出 *m/z*：451$[M+Na]^+$，429$[M+H]^+$，411$[M+H-H_2O]^+$，395$[M+H-H_2O-O]^+$，377$[M+H-H_2O-O_2-H_2]^+$。元素分析结果为 C：78.83%，H：10.05%，O：10.99%。^1H NMR（$CDCl_3$，500MHz）δ：6.50（1H，d，*J*=8.4Hz，H - 7），6.25（1H，d，*J*=8.5Hz，H - 6），5.23（1H，dd，*J*=15.2、7.6Hz，H - 23），5.15（1H，dd，*J*=15.2、7.7Hz，H - 22），3.98（1H，m，H - 3），1.00（3H，d，*J*=6.5Hz，H - 21），0.91（3H，d，*J*=6.8Hz，H - 28），0.89（3H，s，H - 19），0.85（3H，d，*J*=6.5Hz，H - 26 or H - 27），0.84（3H，d，*J*=6.7Hz，H - 27 or H - 26），0.82（3H，s，H - 18）；^{13}C NMR（$CDCl_3$，125MHz）δ：136.3，136.1，133.3，131.7，83.0，80.3，67.4，57.2，52.6，52.1，45.5，43.7，40.6，40.3，37.9，36.7，35.6，34.0，31.1，29.5，24.3，21.8，21.5，20.8，20.5，19.0，

18.4,13.8[14]。

麦角甾-7,22-二烯-3β醇(ergosta-7,22-dien-3β-ol) 无色针状结晶(乙酸乙酯),易溶于氯仿及丙酮。mp 164～166℃,$[\alpha]_D^{29}$为-8.7(c 0.10,CH_3OH)。甲醇中 Liebermann-Burchard 反应呈阳性。IR(KBr):3 400、3 127、3 009、2 948、2 870、1 641、1 400、1 162、1 030、969cm^{-1}。EI-MS:给出化合物分子式 $C_{28}H_{46}O$。^{1}H NMR($CDCl_3$,500MHz)δ:5.27(2H,m,H-27 and H-26),5.20(1H,m,H-3),1.10(3H,d,J=6.6Hz,H-21),0.96(3H,d,J=6.8Hz,H-28),0.89(6H,d,J=7.4Hz,H-26 or H-27),0.84(3H,s,H-18),0.86(3H,s,H-19);^{13}C NMR($CDCl_3$,125MHz)δ:140.2,136.7,132.7,118.4,70.7,56.9,55.9,50.5,44.1,43.7,41.2,40.3,38.9,38.1,35.0,33.9,32.3,30.5,28.8,23.6,22.3,21.6,20.3,20.0,18.0,13.8,12.6[15]。

(22*E*,24*R*)-麦角甾-7,22-二烯-3β,5α,6β-三醇(22*E*,24*R*-ergosta-7,22-dien-3β,5α,6β-triol) 无色针状结晶(乙酸乙酯),易溶于氯仿与丙酮。mp 220～221℃,$[\alpha]_D^{29}$为+3.5(c 0.10,CH_3OH)。甲醇中 Liebermann-Burchard 反应呈阳性。IR(KBr):3 127、3 009、2 948、2 870、1 628、1 400、1 162、1 030、969cm^{-1}。EI-MS m/z:453$[M+Na]^+$,413$[M\text{-}OH]^+$,377$[M\text{-}OH\text{-}2H_2O]^+$。^{1}H NMR($CDCl_3$,500MHz)δ:5.36(1H,br s,H-7),5.23(1H,dd,J=15.2、7.4Hz,H-23),5.15(1H,dd,J=15.3、8.2Hz,H-22),4.09(1H,m,H-3),3.64(1H,br s,H-6),2.15(2H,br t,J=12.2Hz,H-9),1.09(3H,s,H-19),1.03(3H,d,J=6.5Hz,H-21),0.92(3H,d,J=6.8Hz,H-28),0.84～0.83(6H,d,J=7.2Hz,H-26 and H-27),0.56(3H,s,H-18);^{13}C NMR($CDCl_3$,125MHz)δ:144.9,136.3,133.1,118.4,76.9,74.6,68.7,57.0,55.7,44.7,44.4,43.7,41.2,40.4,38.1,34.0,33.9,32.9,31.8,28.8,23.8,23.0,22.0,20.8,20.5,19.7,18.5,13.8[16]。

二、裂褶菌中的其他化合物

1. 裂褶菌中其他化合物的化学结构

在研究麦甾醇类化合物的同时,玉溪农业职业技术学院的毛绍春等人[13]从裂褶菌中首次发现烟酸(nicotinic acid,1)、苯甲酸(benzoic acid,2)、D-阿拉伯糖醇(D-arabitol,3)、甘露醇(D-mannitol,4)与海藻糖(D-trehalose,5);日本学者 Kogen H 等人[17]于 1996 年从裂褶菌中发现 1 个结构新颖的角鲨烯 schizostain (6);日本学者[18] Abe T 与 Mori K 于 1994 年从裂褶菌中发现脑苷脂(2*S*,2′*R*,3*R*,4*E*,8*E*)-*N*-2′-hydroxyoctadecanoyl-1-*O*-(β-D-glucopyranosyl)-9-methyl-4,8-sphingadienine (7),其化学结构见图 51-2。

2. 裂褶菌中其他化合物的提取、分离与纯化

(1) 化合物(1)～(5)的提取、分离与纯化

取 0.5kg 干燥好的裂褶菌(*Schizophyllum commune* Fr.),粉碎后在 50℃条件下,用 95%乙醇提取 4 次,每次 1h,提取液合并、减压浓缩,得浸膏 110g;将浸膏溶于水中,分别用石油醚、氯仿、乙酸乙酯、正丁醇反复萃取,萃取液分别合并、减压浓缩,依次得浸膏 16g(石油醚部位)、16g(氯仿部位)、26g(乙酸乙酯部位)、11g(正丁醇部位)。乙酸乙酯部位通过硅胶柱色谱,石油醚-丙酮、氯仿-乙酸乙酯梯度洗脱,得化合物(1)、(2)、(3);正丁醇部位通过硅胶柱色谱,氯仿-甲醇、丙酮-甲醇反复梯度洗脱,得化合物(4)与(5)(图 51-1)。

(2) 化合物(6)～(7)的提取、分离与纯化

取 0.5kg 干燥且粉碎好的裂褶菌(*Schizophyllum commune* Fr.),用 95%乙醇回流提取,提取液合并、减压浓缩至浸膏;将浸膏溶于水中,分别用石油醚、氯仿、乙酸乙酯、正丁醇反复萃取,萃取液分别合并、减压浓缩。乙酸乙酯部位通过多种柱层析与重结晶手段,即得化合物(6)与(7)(图 51-2)。

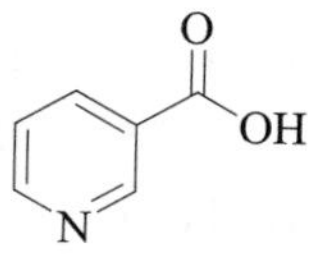

(1) 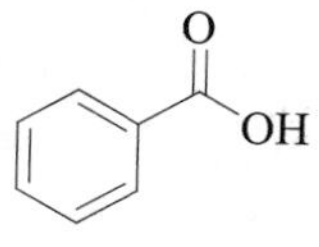 (2) 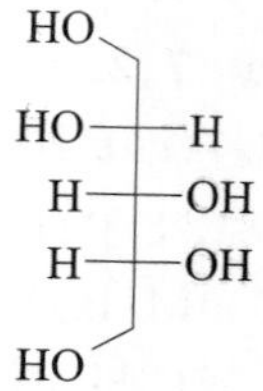 (3) 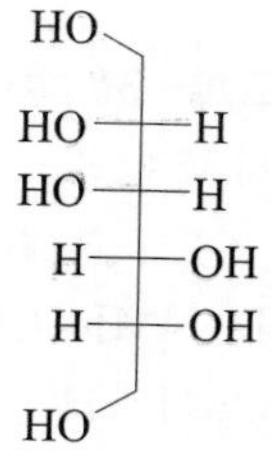 (4)

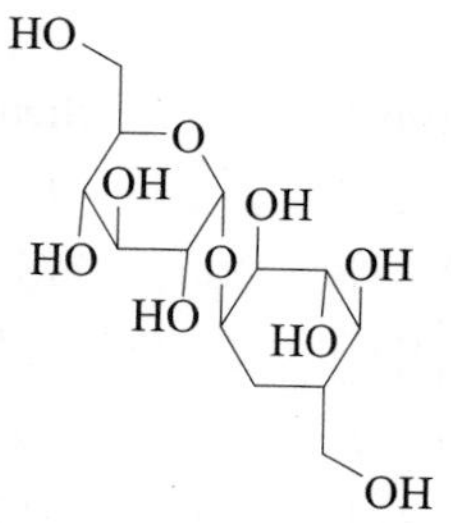

(5) 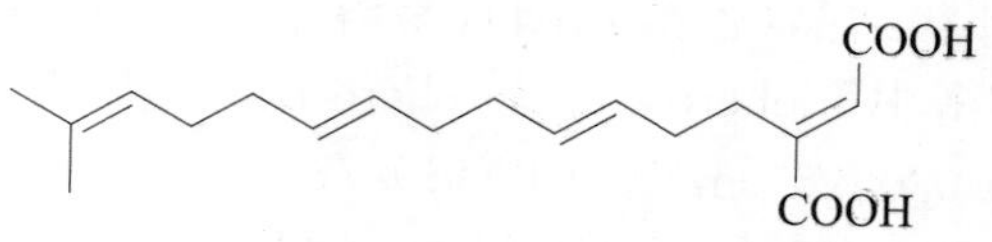 (6)

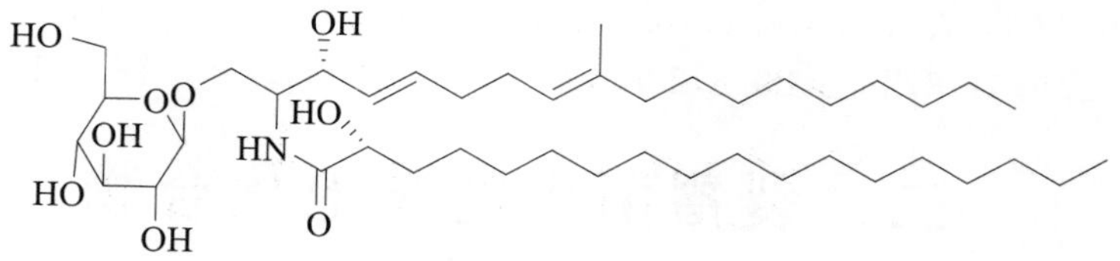

(7)

图 51-2 裂褶菌中其他化合物的化学结构

3. 裂褶菌中其他化合物的理化常数与光谱数据

烟酸(nicotinic acid,1) 白色粉末,mp 237～239℃。EI-MS m/z:124[M+Na]$^+$,107[M+H−H_2O]$^+$,96[M+H−CO]$^+$,80[M+H−CO_2]$^+$。IR(KBr):3 500～3 000(br)、2 600～2 400(br)、1 715、1 592、1 484、1 403、1 315、1 183、1 121、1 036、814、748、691cm^{-1}。^{1}H NMR(C_5D_5N,500MHz)δ:9.65(1H,s),8.82(1H,s),8.49(1H,d),7.31(1H,d);^{13}C NMR(C_5D_5N,125MHz)δ:170.1,155.5,153.8,139.5,130.1,125.6[13]。

苯甲酸(benzoic acid,2) 白色粉末,mp 120～122℃。EI-MS m/z:121[M-H]$^-$,105[M+H−H_2O]$^+$。IR(KBr):3 121(br)、3 005、2 557、1 686、1 559、1 452、1 400、1 326、1 292、1 183、1 126、1 069、1 020、934、808、708、664、557cm^{-1}。^{1}H NMR(DMSO-d_6,500MHz)δ:11.9(1H,br s),8.14(2H,dd,J=7.5Hz),7.64(1H,dd),7.49(1H,dd);^{13}C NMR(DMSO-d_6,125MHz)δ:173.4,134.8,131.2,130.2,129.4[13]。

D-阿拉伯糖醇(D-arabitol,3) 白色粉末,mp 99～100℃,$[\alpha]_D^{29}$为+11.0(c 0.10,pyridine)。EI-MS m/z:175[M+Na]$^+$。IR(KBr):3 168、3 147、3 115、1 399、1 084、1 050、1 024、905、865cm^{-1}。^{1}H NMR(DMSO-d_6,500MHz)δ:3.90(1H,t),3.83(1H,d),3.80(1H,d),3.70(1H,t),3.65(2H,d),3.55(1H,d);^{13}C NMR(DMSO-d_6,125MHz)δ:72.6,72.0,71.5,64.5,64.3[13]。

甘露醇(D-mannitol,4) 无色针状结晶,mp 165～166℃,$[\alpha]_D^{29}$为+23.5(c 0.10,pyridine)。红外光谱(KBr):3 270、2 945、2 936、1 462、1 086、1 025、932、718cm^{-1}。^{1}H NMR(DMSO-d_6,500MHz)

δ:4.43(br s),4.39(1H,br),4.36(1H,br),4.16(1H,s),3.61(1H,d),3.54(1H,s),3.45(2H,s),3.38(1H,m);^{13}C NMR(DMSO-d_6,125MHz):δ:71.7,70.1,64.2[13]。

海藻糖(D-trehalose,5) 无色结晶(甲醇),mp 165～166℃,$[\alpha]_D^{29}$为+178(*c* 0.01,H_2O)。EI-MS *m/z*:365[M+Na]$^+$。IR(KBr):3 494、3 400～3 100(br)、2 940、1 687、1 632、1 400、1 243、1 134、1 094、1 001、913、853、799、657cm^{-1}。^{1}H NMR(C_5D_5N,500MHz)δ:5.89(1H,s),5.55(br s),4.88(1H,d),4.74(1H,s),4.42(1H,t),4.42(1H,d),4.35(1H,m),4.22(2H,m);^{13}C NMR(C_5D_5N,125MHz)δ:96.2,75.6,74.9,74.2,73.1,63.5[13]。

角鲨烯 Schizostain (6) 白色粉末。快原子轰击质谱(FAB-MS)给出 *m/z*:335[M+H]$^+$,333[M−H]$^-$,高分辨快原子轰击质谱(HR-FAB-MS)给出 *m/z*:335.2205[M+H]$^+$,确定化合物分子式为 $C_{20}H_{30}O_4$。IR(KBr)给出以下吸收峰:2 965、2 923、2 611、1 713、1 694、1 409、1 264、905 cm^{-1}。UV(EtOH)λ_{max}:214.5nm。^{1}H NMR($CDCl_3$,500MHz)δ:6.90(1H,s,H-2),2.86(2H,t,*J*=7.5Hz,H-4),2.23(2H,q,*J*=7.5Hz,H-5),5.19(1H,t,*J*=7.5Hz,H-6),1.61(3H,s,H-7),1.98(2H,t,*J*=7.5Hz,H-8),2.06(2H,q,*J*=7.5Hz,H-9),5.10(1H,t,*J*=7.5Hz,H-10),1.59(3H,s,H-11),1.97(2H,q,*J*=7.5Hz,H-12),2.05(2H,q,*J*=7.5Hz,H-13),5.09(1H,t,*J*=7.5Hz,H-14),1.59(3H,s,H-15),2.00(3H,s,H-16);^{13}C NMR($CDCl_3$,125MHz)δ:171.0,127.6,149.1,27.9,27.6,122.5,137.0,15.9,39.7,26.6,124.1,135.1,16.0,39.7,26.8,124.4,131.2,17.7,25.7,172.3[17]。

脑苷脂(2*S*,2′*R*,3*R*,4*E*,8*E*)-N-2′-Hydroxyoctadecanoyl-1-*O*-(β-D-glucopyranosyl)-9-methyl-4,8-sphingadienine (7) 琥珀样粉末,mp 157～160℃,$[\alpha]_D^{29}$为-2.3(*c* 0.74,$CHCl_3$)。元素分析结果为 C:66.63%,H:10.84%,N:1.90%,确定化合物分子式为 $C_{43}H_{81}NO_9$. H_2O。IR(KBr):3 350(br)、1 640cm^{-1}。^{1}H NMR(C_5D_5N,300MHz)δ:0.88(6H,t,*J*=6.3Hz),1.26(s,42H),1.58(s,3H),1.75(m,3H),1.90～1.95(m,4H),2.07(4H,m),3.25(1H,d,*J*=8.0Hz),3.32～3.42(6H,m),3.73(2H,m),3.86(1H,dd,*J*=2.6、12.0Hz),4.00～4.10(5H,m),4.15(s,CD_3OH),4.27(1H,d,*J*=7.7Hz),5.12(1H,br s),5.47(1H,dd,*J*=6.9、15.2Hz),5.73(1H,m)[18]。

三、裂褶菌多糖与蛋白质的研究

1. 裂褶菌中蛋白质的研究

裂褶菌菌丝体蛋白质含量是23.25%,每100ml发酵液含蛋白质为3.5%;子实体蛋白质含量是25.63%,胞内多糖含蛋白质是19.75%,胞外多糖含蛋白质是14.00%。经分析表明,裂褶菌菌丝体是一种蛋白质含量和质量俱佳的蛋白源[19]。

2. 裂褶菌中多糖的研究

裂褶菌多糖(schizophyllian,SPG)是从裂褶菌子实体、菌丝体或发酵液中提取出来的水溶性多糖,每升发酵液含胞外多糖粗品4～6g,内含纯多糖为40.2%;每100g菌丝体含胞内多糖粗品1.51～2.2g,内含纯多糖为60%。裂褶菌多糖结构为β-(1～3)糖苷为主链,具有β-(1～6)糖苷为侧链的葡聚糖[20]。

经研究发现[21],用裂褶菌菌丝体提取、纯化后获得的裂褶菌胞内多糖,白色、纤维状,干燥后呈粉末状,冷冻干燥后呈海绵状;无臭、无味,易溶于冷水,热水加速溶解,水溶液黏稠,不溶于高浓度的乙醇、乙醚、丙酮、乙酸乙酯等有机溶剂,pH中性。

经研究证实[21],裂褶菌胞内多糖的结构为一种主链β-(1→3)连接,支链β-(1→6)连接的β-

葡聚糖，相对分子质量为10万左右。冀颐之等人2003年报道[22]，裂褶菌胞外多糖的理化性质和分子结构与李兆兰报道的胞内多糖结构相同，但相对分子质量较小，为4万左右。周义发等人[23]1995年报道，裂褶菌胞外多糖也为β-葡聚糖，1→3糖苷键构成其主链，平均1/3的主链残基在6位带有分支。同时，对其构象变化进行了研究，认为裂褶菌胞外多糖近中性水溶液构象，呈有规则的螺旋形式，而升高温度、酸和碱会破坏其规则的螺旋构象，去掉侧链后形成螺旋构象的能力增强，多股螺旋比例增加。

四、裂褶菌中的氨基酸

裂褶菌子实体、菌丝体与发酵液中均含有氨基酸，其中谷氨酸、撷氨酸、亮氨酸、异亮氨酸、赖氨酸、精氨酸等含量较多，而甲硫氨酸、酪氨酸、组氨酸、脯氨酸含量较低[24-26]。

经研究表明[24-26]，菌丝体、子实体总氨基酸含量分别为14.01%和15.59%，必需氨基酸含量分别为5.41%和5.91%，非必需氨基酸含量分别为8.60%和9.68%，必需氨基酸含量占氨基酸总量38.90%和37.95%，必需氨基酸与非必需氨基酸的比值E/N为0.63和0.61。

经研究发现[24-26]，裂褶菌发酵液中含有14种游离氨基酸，其中包括7种人体必需氨基酸，不含甲硫氨酸、精氨酸与脯氨酸。发酵液氨基酸总量是0.060 7%，必需氨基酸总量是0.023 9%，占发酵酵液氨基酸总量的39.36%(表51-1)。

表51-1　裂褶菌子实体、菌丝体中氨基酸组成与含量

氨基酸成分	占干物质含量		氨基酸成分	占干物质含量	
	子实体	菌丝体		子实体	菌丝体
	非必需氨基酸			必需氨基酸	
天冬氨酸(Asp)	1.715 10	1.747 67	苯丙氨酸(Phe)	0.602 025	0.610 100
酪氨酸(Tyr)	0.400 765	0.387 714	赖氨酸(Lys)	1.095 83	0.925 165
谷氨酸(Glu)	2.536 48	2.202 72	异亮氨酸(Ile)	0.658 361	0
甘氨酸(Gly)	0.826 629	0.661 164	缬氨酸(Val)	1.270 45	1.260 16
组氨酸(His)	0.463 304 1	0.350 039	甲硫氨酸(Met)	0.335 186	0.346 824
丝氨酸(Ser)	0.843 432	0.687 771	亮氨酸(Leu)	1.187 65	1.006 73
精氨酸(Arg)	1.032 07	0.913 255	苏氨酸(Thr)	0.767 566	0.651 426
脯氨酸(Pro)	0.646 524	0.589 772	E/(E+N)(%)	37.95	38.60
丙氨酸(Ala)	1.146 22	1.004 01	E/N	0.61	0.63
半胱氨酸(Cys)	0.065 565 5	0.056 556			

五、裂褶菌挥发油化学成分的分析

科研人员将干燥的人工培养与野生裂褶菌各60g粉碎后，用挥发油提取器按常规水蒸气蒸馏法提取挥发油，用等体积乙醚萃取3次，油水分离后，用无水硫酸钠干燥，回收乙醚，即得人工与野生裂褶菌的挥发油，性状都为黄绿色透明液体。利用气相色谱-质谱联用技术，对人工培养与野生裂褶菌挥发油的化学成分进行了对比研究，经过质谱计算机数据，系统检索、人工谱图解析，并查对有关质谱资料，各鉴定出约20种化学成分[27](表51-2、51-3)。

表 51-2　天然裂褶菌挥发油的化学成分

No.	含量	化学成分	英文名称	分子式	相对分子质量
1	1.56	十一烷	Undecane	$C_{11}H_{24}$	156.31
2	2.30	丁基羟基苯甲醚	Butylated Hydroxyan iso le	$C_{11}H_{16}O_2$	180.25
3	0.99	二十烷	Eicosane	C_2OH_{42}	282.55
4	9.57	丁基羟基甲苯	Buty lated Hydroxy to luene	$C_{15}H_{24}O$	220.35
5	1.28	十四烷	Tetradecane	$C_{14}H_{30}$	198.39
6	2.17	十七烷	Heptadecane	$C_{17}H_{36}$	240.47
7	1.37	十六烷	Hexadecane	$C_{16}H_{34}$	226.44
8	1.63	十八烷	Octadecane	$C_{18}H_{38}$	254.49
9	14.54	邻苯二甲酸二丁酯	Dibutylphthalate	$C_{16}H_{22}O_4$	278.34
10	48.72	(Z,Z)-9,12-十八二烯酸	9,12-Octadecadienoic acid(Z,Z)	$C_{18}H_{32}$	280.45
11	2.89	甲基乙基环戊烯	Methylethylcyclopentene	C_8H_{14}	110.20
12	3.03	2-甲基十五烷	Pentadecane 2-methyl	$C_{16}H_{34}$	226.44
13	4.89	3-硝基邻苯二甲酸	3-N itrophthalic acicl	$C_8H_5O_6N$	211.13

表 51-3　人工培养裂褶菌挥发油的化学成分

No.	含量	化学成分	英文名称	分子式	相对分子质量
1	0.39	十一烷	Undecane	$C_{11}H_{24}$	156.31
2	0.53	1-(1,5-二甲基-4-己烯基)-4-甲基苯	Benzene 1-(1,5-dimethy-1-4-hexenyl)-4-methy-1	$C_{15}H_{23}$	203.35
3	2.14	3,5-双(1,1-二甲基乙基)苯酚	Phenol 3,5-bis(1,1-dimethylethyl)-	$C_{14}H_{22}O$	206.32
4	0.63	7,11-二甲基-3-亚甲基-1,6,10-十二碳三烯	1,6,10-Dodecatriene7,11-dimethy-1-3-methylene	$C_{15}H_{24}$	204.36
5	0.48	十六烷	Hexadecane	$C_{16}H_{34}$	226.44
6	0.94	β-姜黄酮	Beta tumerone	$C_{15}H_{22}O$	218.34
7	0.54	十七烷	Heptadecane	$C_{17}H_{36}$	240.47
8	0.76	α-姜黄酮	α-tumerone	$C_{15}H_{22}O$	218.34
9	7.00	正十六酸	n-Hexadecanoic acid	$C_{16}H_{32}O_2$	256.42
11	6.55	十四酸	Tetradecanoic acid	$C_{14}H_{28}O_2$	228.37
12	41.86	(Z,Z)-9,12-十八二烯酸	9,12-Octadecadienoic acid (Z,Z)	$C_{18}H_{32}O_2$	280.45
14	2.67	壬酰胺	Nonanamide	$C_9H_{19}NO$	157.25
15	4.66	1,2,3,4-四氢-7-甲氧基-2-甲基-8-苯甲氧基异喹啉	Isoquinoline 1,2,3,4-tetrahydro-7-methoxy-2-8-(phenylmethoxy)-	$C_{18}H_{21}O_2N$	269.06
16	2.04	cis-2-氧杂萘烷酮	Cis-2-oxa-6-decalone		
17	1.55	双(2-乙基己基)邻苯二甲酸酯	Bis(2-ethylhexyl)phthalate	$C_{24}H_{38}O_4$	390.56
18	2.02	十八烷	Octadecane	$C_{18}H_{38}$	254.49

六、裂褶菌中微量元素的研究

研究人员利用离子发射光谱仪发现，裂褶菌子实体、菌丝体与发酵液均含有铁、锌、锰、钙、硅等31种无机元素，其中锌、铁、锰、钼、铜、钴、铬、硒等8种元素是人体必需微量元素，占人体微量元素总数的7.65%，钙占人体微量元素总数的13.41%，硒含量为0.242ug/g(表51-4)。另外，锌、铁的含

量也很高[3,28]。

表 51-4 裂褶菌中的微量元素及含量

元素	含量(×10⁻⁶)	元素	含量(×10⁻⁶)	元素	含量(×10⁻⁶)
Al(铝)	941.25	K(钾)	2.17	Si(硅)	215.6
Ba(钡)	12.87	Li(锂)	0.27	Sr(锶)	8.0
Be(铍)	0.050	Mg(镁)	2 657.5	Ti(钛)	45.0
Ca(钙)	2 245.0	Mn(锰)	15.9	V(钒)	2.32
Cd(镉)	0.17	Mo(钼)	1.92	W(钨)	5.50
Co(钴)	1.82	Na(钠)	384.0	Zn(锌)	174.75
Cr(铬)	6.61	Ni(镍)	1.49	Se(硒)	5.65
Cu(铜)	59.87	P(磷)	1.90		
Fe(铁)	835.0	Pb(铅)	24.75		

第三节　裂褶菌生物活性的研究

1. 抗肿瘤作用

1994 年[29-31]，研究人员发现裂褶菌多糖具有促进网状内皮系统功能的作用，可增强巨噬细胞的吞噬活性，对巨噬细胞、自然杀伤性 T 细胞有激活作用，能提高白细胞介素产生能力。当使用剂量为 1.25～1.5mg/kg 时，对大鼠移植性肉瘤 S-237 与肉瘤 S-180 的抑制率可达 87%；当使用剂量为 0.7mg/kg 时，对艾氏腹水癌的抑制率可达 74%；使用剂量为 0.5mg/kg 时，对动物(小鼠、大鼠、仓鼠、狗)同系肿瘤，如 MM246 乳癌、腺癌 775 等小鼠移植性肿瘤、BC247 膀胱癌、SMT25 纤维肉瘤等大鼠移植性肿瘤以及 ENNG(*N*-乙基-*N*′-硝基-*N*-亚硝基胍)诱发的狗胃癌具有一定的抑制作用。此外，裂褶菌多糖与 α、β、γ 射线并用后，经组织检查发现，肿瘤部位淋巴细胞高度浸润，纤维化间质增强。日本已用裂褶菌还原糖制成了药品，产品称为 Sicofilon(中文名“施佐非兰”)，可治疗子宫癌，并能明显增强患者的免疫能力。用裂褶菌多糖进行肌肉、腹腔或静脉注射均可发挥其免疫作用，并表现出高度的抗肿瘤活性。化合物 3α-acetoxy-5α-lanosta-8,24-en-21-oic acid ester β-D-glucoside 具有细胞毒活性；麦角甾-7,22-二烯-2β,3α,9α-三醇有抑制细胞周期的作用。邵伟 1996 年报道[31]，用野生的裂褶菌子实体提取的裂褶菌多糖(SPG)，对小鼠艾氏实体瘤具有显著抑制作用，抑瘤率达 63%。

2. 抗菌消炎作用

裂褶菌子实体和菌丝体提取液对金黄色葡萄球菌(*Staphylococcus aureus*)、大肠杆菌(*Escherichia coli*)、痢疾杆菌(*dysentery bacilli*)、枯草杆菌(*Bacillus subtilis*)以及乙型副伤寒沙氏菌(*Salmonella paratyphi* B)具有明显的抑制作用[32]。

3. 提高免疫作用

经试验表明，裂褶菌的胞内多糖(SPG1)和胞外多糖(SPG2)具有促进机体细胞免疫功能的作用，对机体的体液免疫功能也有一定促进作用，并可恢复老年动物细胞免疫与体液免疫功能，提示对延缓衰老可能有一定意义[33]。

4. 民间应用

我国云南产的裂褶菌具有气香味鲜的特点,称之为"白参",其性平、味甘,具有滋补强壮、扶正固本和镇静作用,可治疗神经衰弱、精神不振、头昏耳鸣和出虚汗等症。我国陕西等地区,常将裂褶菌与鸡蛋炖服,能促进产妇子宫提早恢复正常,并促进乳汁分泌;将裂褶菌与鸡蛋炖服,有治疗妇女白带过多的功效[34]。

5. 抗缺氧作用

经常压密闭耐缺氧研究实验结果显示[35],裂褶菌的发酵液、发酵液乙醇不溶物与乙醇提取物均具有非常显著的抗缺氧效果。其中,裂褶菌发酵液乙醇提取物组密闭缺氧存活时间达 15.7±1.8min,显著高于原发酵液组密闭缺氧存活时间[14.3±2.4min($P<0.05$)],存活时间比原发酵液组延长 11.6%。

第四节 裂褶菌的食用研究

裂褶菌幼时质嫩味美,具有特殊的浓郁香味,在云南是有名的食用菌,同时又是我国著名的药用菌。裂褶菌性平、味甘,具有滋补强壮、扶正固本和镇静作用,可治疗神经衰弱、精神不振、头昏耳鸣和出虚汗等症。经国内外医药研究表明,裂褶菌子实体中含有丰富的有机酸和具有抗肿瘤、抗炎作用的裂褶菌多糖。裂褶菌的深层发酵产物(菌丝体)可作为食品强化剂添加到多种食品中去,增强人体必需的营养物质[3,33]。

参考文献

[1] 王振和,霍云凤. 裂褶菌及裂褶菌多糖研究进展[J]. 微生物学杂志,2006,26(1):73—76.
[2] 卯晓岚. 中国经济真菌[M]. 北京:科学出版社,1998.
[3] 赵琪,袁理春,李荣春. 裂褶菌研究进展[J]. 食用菌学报,2004,11(1):59—63.
[4] 王丽丽,高国平,张伟,等. 裂褶菌生物学特性的研究[J]. 辽宁林业科技,2009,6:15—17.
[5] 黄年来. 中国大型真菌[M]. 郑州:河南科学技术出版社,2000.
[6] 陈士瑜,陈惠. 菇菌栽培手册[M]. 北京:科学技术文献出版社,2003.
[7] Mac Kenzie CR, Bilous D. Ferulic acid esterase activity from *Schizophyllum commune* [J]. Applied and Environmental Microbiology, 1988, 54(5): 1170—1173.
[8] Gordon LJ, Lilly WW. Quantitative analysis of *Schizophyllum commune* metalloprotease ScPrB activity in SDS2 gelatin PAGE reveals differential mycelial localization of nitrogen limitation 2 induced autolysis [J]. Current microbiology, 1995, 30(6):337—343.
[9] 方靖,高培基. 裂褶菌纤维二糖脱氢酶吸附纤维素性质[J]. 生物化学与生物物理学学报,1999,31(6):715—717.
[10] 方靖,刘稳. 纤维二糖脱氢酶抑制酚型化合物聚合及促进木素降解的研究[J]. 生物化学与生物物理学报,1999,31(4):415—419.
[11] 方靖,刘稳. 裂褶菌产纤维二糖脱氢酶条件优化及部分酶学性质研究[J]. 菌物系统,2000,19(1):107—110.
[12] Chang S T and Lui WS. Analysis of the mating types of *Schizophyllum commune* in natural population of HongKong [J]. Bot Bull Acad Sinica(Taiwan), 1969, 10: 75—88.

[13] 毛绍春,李竹英,李聪. 裂褶菌化学成分研究[J]. 天然产物研究与开发,2007,19(4):610—613.
[14] 马伟光,李兴从,王德祖,等. 松橄榄中的麦角甾醇类过氧化物[J]. 云南植物研究,1994,16(2):196—200.
[15] 丛浦珠. 质谱学在天然有机化学中的应用[M]. 北京:北京科学出版社,1986.
[16] Hata K, Sugawara F, et al. Stimulative effects of(22*E*, 24*R*)- ergosta - 7,22 - diene - 3*β*,5*α*, 6*β* - triol from fruiting bodies of *Tricholoma auratum*, on a mouse osteoblastic cell line, MC3T3 - E1 [J]. Biol Pharm Bull, 2002, 25(8): 1040—1044.
[17] Abe T, Mori K. Synthesis of(2*S*,2′*R*,3*R*,4*E*,8*E*)- *N* - 2′- hydroxyoctadecanoyl - 1 - *O* -(*β* - D - glucopyranosyl)- 9 - methyl - 4,8 - sphingadienine, A Cerebroside isolated from penicillium funiculosum as the fruiting inducer against *Schizphylhls commne* [J]. Biosci Biotech Biochem, 1994, 58(9): 1671—1674.
[18] Tanimoto T, Onodera K, Hosoya T, et al. Schizostatin, A novel squalene synthase inhibitor produced by the mushroom, *Schizophyllum commune* [J]. The journal of antibiotics, 1996, 49(7): 617—623.
[19] 李兆兰. 裂褶菌的生物有效成分研究[J]. 南京大学学报,1988,24(3):578—580.
[20] 胡德群,胡鸣,骆兰,等. 裂褶菌多糖的研究[J]. 四川中草药研究,1994,36:21—23.
[21] 李兆兰. 裂褶菌多糖的结构研究[J]. 南京大学学报(自然科学版),1994,30(3):482—486.
[22] 冀颐之,杜连祥. 深层培养裂褶菌胞外多糖的提取及结构研究[J]. 微生物学通报,2003,30(5):15—20.
[23] 周义发,杨庆尧. 裂褶菌多糖的构象研究[J]. 生物化学与生物物理进展,1995,22(1):53—56.
[24] 潘欣,邹立扣,岳爱玲,等. 裂褶菌培养、鉴定及氨基酸组成分析[J]. 生物技术,2011,21(1):54—57.
[25] 邓白万,陈文强,李志洲. 裂褶菌营养菌丝蛋白质成分的分析[J]. 氨基酸和生物资源,2003,25(4):1—2.
[26] 郑文科,乔长晟,郝利民,等. 四种生长因子对裂褶菌胞外多糖产量影响的优化研究[J]食品工业科技,2009,30(5):181—187.
[27] 郭孟壁,田茂军,李聪,等. 裂褶菌挥发油化学成分的研究[J]. 云南化工,2006,33(3):25—28.
[28] 朱泉娣. 裂褶菌子实体无机元素分析[J]. 中草药,1986,17(8):17—18.
[29] 张昕. 裂褶菌多糖对小白鼠巨噬细胞吞噬活性影响的实验研究[J]. 天津教育学院学报(自然科学版),1997,(1):18—19.
[30] 夏冬,李兆兰. 裂褶菌孢内多糖和孢外多糖对小鼠免疫功能的影响[J]. 药学学报,1990,25(3):161—166.
[31] 邵伟. 从野生担子菌筛选抗肿瘤多糖的试验研究[J]. 天津师范大学学报(自然科学版),1996,16(4):44—49.
[32] 王凤仙,张吟秋. 三种药(食)用真菌抗菌作用的研究[J]. 浙江省医学科学院学报,1992,3(1):6—8.
[33] 夏冬,林志彬,马莉,等. 裂褶菌胞内多糖和胞外多糖对小鼠免疫功能的影响[J]. 药学学报,1990,25(3):161—166.
[34] 卯晓岚. 中国大型真菌[M]. 郑州:河南科学技术出版社,2000.
[35] 郝利民,邢新会,张延坤,等. 裂褶菌发酵液化学成分分析及其抗缺氧效果研究[J]. 食品科学,2007,28(7):320—323.

(戴胜军、聂秀萍)

第五十二章 隐孔菌

YIN KONG JUN

第一节 概述

隐孔菌(*Cryptoporu svolvatus* Hubb)又名松橄榄、树荷苞、树疙瘩、荷色菌、木鱼菌、香木兰、黑迈子(云南)、一口茸(日本),属担子菌亚门,层菌纲,非褶目,多孔菌科,隐孔菌属真菌。该菌为腐生真菌,野外分布较广,我国吉林、辽宁、河北、四川、云南、广东、广西、海南、湖北、福建、甘肃、贵州、黑龙江、西藏等地区都有生长,朝鲜、日本、欧洲、北美洲等国家与地区也有分布[1-2]。

野外生长的菌丝能形成子实体,子实体单生或群生,菌盖木栓质,无柄或有柄状,子实体侧面为球形或扁球形,顶面呈圆形或肾形。子实体由生殖菌丝、骨架菌丝和联络菌丝等3种菌丝组成。人工培养不能形成子实体,生长的菌丝几乎都是生殖菌丝,细胞壁薄,内有丰富的原生质,菌丝分隔,有较多的分支和锁状联合[1-2]。

隐孔菌成群生长在松林树树干上,也可生长在衰老的冷杉、云杉树干或枯立木上[3-4]。

有关隐孔菌的记载,最早见于公元15世纪兰茂所著的《滇南本草》,之后在《秦岭巴山天然药物志》、《新华本草纲要》等文献内有更详细的记载。《滇南本草》记载:隐孔菌味苦、甘,性微寒,治疗大肠下血,积热之毒;《新华本草纲要》记载:隐孔菌味微苦、性平,有止咳、平喘、解毒等功能,用于治疗气管炎、哮喘等疾病。另外,云南省丽江地区民间将隐孔菌作为小儿断奶时的口含物;同时,隐孔菌含芳香物质,在民间将该菌藏于屋室内作为香料之用[3-4]。

第二节 隐孔菌化学成分的研究

一、隐孔菌中的麦角甾醇类化合物

1. 麦角甾醇类化合物的化学结构

有关隐孔菌中麦角甾醇类化合物的研究,中国科学院昆明植物研究所马伟光等人在1994年,利用多种色谱技术从中发现4个麦角醇甾类化合物[5],并基于多种谱学手段对其化学结构进行了确定,分别为:erevisterol (1)、3β－hydroxy－5α,8α－epidioxyergosta－6,22－diene (2)、3β－hydroxy－5α,8α－epidioxyergosta－6－ene (3)、3β－hydroxy－5α,8α－epidioxyergosta－6,9,22－triene (4),其化学结构如图52－1所示:

2. 麦角甾醇类化合物的提取、分离与纯化

在云南省西双版纳地区采集一定量的隐孔菌(*Cryptoporu svolvatus* Hubb.),干燥后称取2.5kg,粉碎成细小碎片,甲醇回流提取,提取液在60℃减压浓缩,呈棕色黏稠状浸膏720g,将浸膏溶于水中(1 000ml),用乙醚反复萃取,萃取液合并、减压浓缩至一定体积,然后用碳酸钠除去其中的酚类化合物,乙醚液用蒸馏水洗脱至中性,然后减压浓缩呈棕色粉末(30g)。粉末通过硅胶柱色谱、氯

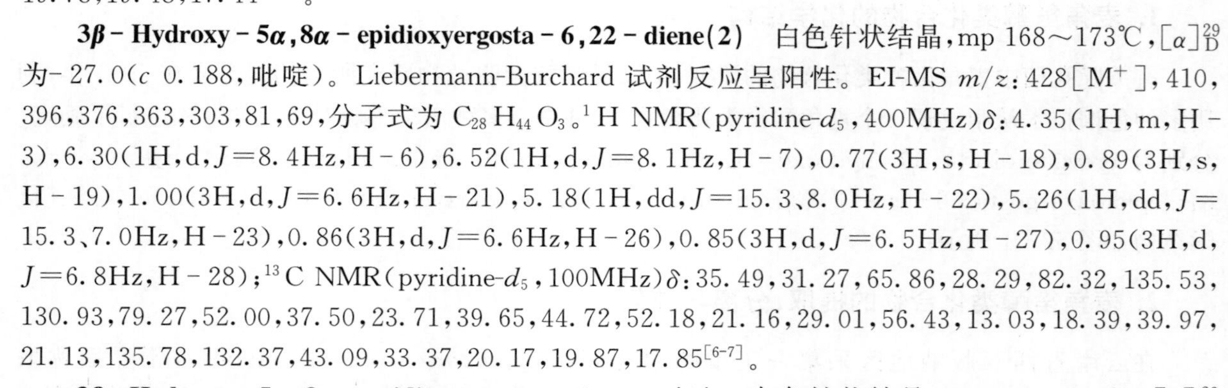

图 52－1 隐孔菌中麦角甾醇类化合物的化学结构

仿洗脱，分为 7 个组分，组分 2 通过反相硅胶（Rp－18）柱色谱、甲醇-水（8∶2）洗脱，得化合物（1）20mg、(2)50mg、(3)30mg、(4)40mg。

3. 麦角甾醇类化合物的理化常数及光谱数据

Erevisterol（1） 白色针状结晶，mp 249～252℃，$[\alpha]_D^{29}$为－101.1（*c* 0.147，吡啶）。Liebermann-Burchard 试剂反应呈阳性。EI-MS *m/z*：430［M^+］，394，376，352，333，305，269，251，分子式为 $C_{28}H_{46}O_3$。^1H NMR($CDCl_3$，400MHz)δ：3.86(1H，m，H－3)，3.43(1H，d，J＝4.9Hz，H－6)，5.17(1H，dd，J＝2.2、4.9Hz，H－7)，0.47(3H，s，H－18)，0.92(3H，s，H－19)，0.89(3H，d，J＝6.6Hz，H－21)，5.04(1H，dd，J＝15.4、7.4Hz，H－22)，5.07(1H，dd，J＝15.3、8.0Hz，H－23)，0.74(3H，d，J＝6.4Hz，H－26)，0.74(3H，d，J＝6.4Hz，H－27)，0.69(3H，d，J＝6.8Hz，H－28)；^{13}C NMR($CDCl_3$，100MHz)δ：32.75，30.43，67.26，39.24，75.88，73.18，117.48，143.37，43.18，36.99，22.84，38.95，43.62，54.68，21.92，27.82，55.99，12.14，18.24，40.27，20.97，135.41，132.06，42.76，33.01，19.78，19.48，17.44[6-7]。

3β－Hydroxy－5α，8α－epidioxyergosta－6，22－diene(2) 白色针状结晶，mp 168～173℃，$[\alpha]_D^{29}$为－27.0（*c* 0.188，吡啶）。Liebermann-Burchard 试剂反应呈阳性。EI-MS *m/z*：428［M^+］，410，396，376，363，303，81，69，分子式为 $C_{28}H_{44}O_3$。^1H NMR(pyridine-d_5，400MHz)δ：4.35(1H，m，H－3)，6.30(1H，d，J＝8.4Hz，H－6)，6.52(1H，d，J＝8.1Hz，H－7)，0.77(3H，s，H－18)，0.89(3H，s，H－19)，1.00(3H，d，J＝6.6Hz，H－21)，5.18(1H，dd，J＝15.3、8.0Hz，H－22)，5.26(1H，dd，J＝15.3、7.0Hz，H－23)，0.86(3H，d，J＝6.6Hz，H－26)，0.85(3H，d，J＝6.5Hz，H－27)，0.95(3H，d，J＝6.8Hz，H－28)；^{13}C NMR(pyridine-d_5，100MHz)δ：35.49，31.27，65.86，28.29，82.32，135.53，130.93，79.27，52.00，37.50，23.71，39.65，44.72，52.18，21.16，29.01，56.43，13.03，18.39，39.97，21.13，135.78，132.37，43.09，33.37，20.17，19.87，17.85[6-7]。

3β－Hydroxy－5α，8α－epidioxyergosta－6－ene（3） 白色针状结晶，mp 142～145℃，$[\alpha]_D^{29}$为－103.1（*c* 0.153，吡啶）。Liebermann-Burchard 试剂反应呈阳性。EI-MS *m/z*：430［M^+］，410，398，303，分子式为 $C_{28}H_{46}O_3$。^1H NMR(pyridine-d_5，400MHz)δ：4.39(1H，m，H－3)，6.34(1H，d，

J=8.4Hz,H－6),6.55(1H,d,J=8.4Hz,H－7),0.77(3H,s,H－18),0.88(3H,s,H－19),1.00(3H,d,J=6.6Hz,H－21),0.83(3H,d,J=6.3Hz,H－26),0.83(3H,d,J=6.5Hz,H－27),0.87(3H,d,J=6.4Hz,H－28);^{13}C NMR(pyridine-d_5,100MHz)δ:35.51,30.90,65.86,38.27,82.32,136.20,130.95,79.31,52.00,37.50,23.72,39.77,44.89,52.00,21.15,28.44,56.55,12.80,18.35,35.84,19.00,33.85,31.24,39.40,31.80,17.85,20.66,15.70[8]。

3β－hydroxy－5α,8α－epidioxyergosta－6,9,22－triene (4)　白色针状结晶,mp 165～170℃,$[\alpha]_D^{29}$为-13.7(c 0.125,吡啶)。Liebermann-Burchard 试剂反应呈阳性。EI-MS m/z:426[M$^+$],394,376,299,251,69,分子式为 $C_{28}H_{42}O_3$。^{1}H NMR(pyridine-d_5,400MHz)δ:4.39(1H,m,H－3),6.34(1H,d,J=8.4Hz,H－6),6.55(1H,d,J=8.5Hz,H－7),5.49(1H,m,H－11),0.78(3H,s,H－18),1.18(3H,s,H－19),1.03(3H,d,J=6.6Hz,H－21),5.20(1H,dd,J=15.3、8.2Hz,H－22),5.29(1H,dd,J=15.3、7.4Hz,H－23),0.83(3H,d,J=6.3Hz,H－26),0.82(3H,d,J=6.2Hz,H－27),0.97(3H,d,J=6.8Hz,H－28);^{13}C NMR(pyridine-d_5,100MHz)δ:33.35,31.71,65.69,37.37,83.01,136.46,130.97,78.80,144.18,38.63,119.19,41.49,43.85,48.80,21.36,28.95,56.10,13.19,25.74,40.09,20.90,135.75,132.51,43.06,33.35,20.12,19.83,17.80[8]。

二、隐孔菌中的倍半萜类化合物

1. 隐孔菌中倍半萜的化学结构

隐孔菌中的倍半萜类化合物不仅含量高,而且结构新颖。隐孔菌中的倍半萜大多数通过氧原子与异构橡酸形成醚类化合物,因而化合物极性较高。另外,许多倍半萜以二聚体的形式存在,化合物相对分子质量较大,分离纯化与结构解析存在一定难度。迄今为止,国内外科研人员已从隐孔菌发现15个倍半萜,其中10个为新化合物。15个倍半萜分别为:隐孔菌酸A(cryptoporic acid A,1)、隐孔菌酸B(cryptoporic acid B,2)、隐孔菌酸C(cryptoporic acid C,3)、隐孔菌酸D(cryptoporic acid D,4)、隐孔菌酸E(cryptoporic acid E,5)、隐孔菌酸F(cryptoporic acid F,6)、隐孔菌酸G(cryptoporic acid G,7)、隐孔菌酸H(cryptoporic acid H,8)、隐孔菌酸I(cryptoporic acid I,9)、折叶苔醇(albicanol,10)、15－羧基折叶苔醇(11)、3－羟基－15－羧基折叶苔醇(12)、15－hydroxylcryptoporic acid H(13)、1′,1‴－二羧基隐孔菌酸D(1′,1‴－dicardoxylcryptoporic acid D,14)、隐孔菌酸B甲酯(cryptoporic acid B methyl ester,15),其化学结构如图52－2所示:

2. 隐孔菌中倍半萜的提取、分离与纯化

(1) 隐孔菌酸A-G(Cryptoporic acids A-G)的分离与纯化

取干燥的隐孔菌(*Cryptoporus volvatus* Hubb.)1.16kg,粉碎成小碎片,用乙酸乙酯回流提取24h,提取液过滤,滤液合并、减压浓缩,得黏稠浸膏75.96g;残渣再次用乙酸乙酯回流提取4d,过滤,滤液合并、减压浓缩,得浸膏21.86g;将两次提取浸膏合并,取其中75.6g,通过硅胶柱层析,氯仿-乙醇梯度洗脱,得到6个部位:Fr. 1(氯仿,7.52g)、Fr. 2(6%乙醇,2.82g)、Fr. 3(8%乙醇,4.95g)、Fr. 4(10%乙醇,9.31g)、Fr. 5(15%乙醇,7.86g)、Fr. 6(20%乙醇,12.98g)。将Fr. 3进一步通过硅胶柱层析,用氯仿-丙酮-醋酸(1:1:0.1)洗脱,得化合物(1)3.291g、(3)270mg;Fr. 4通过硅胶柱层析(氯仿-乙醇梯度洗脱)、Sephadex LH－20柱层析,得化合物(3)4.405g、(4)2.105g;Fr. 5通过硅胶柱层析(氯仿－乙醇梯度洗脱)、Sephadex LH－20柱层析,得化合物(3)388mg、(4)3.677g、(6)875mg;Fr. 6通过硅胶柱层析(氯仿-乙醇梯度洗脱),得化合物(5)5.95g、(7)2.018g、(2)1.772g。

(2) 隐孔菌酸H-I(Cryptoporic acids H-I)的分离与纯化

将隐孔菌培养液首先用乙酸乙酯回流提取,提取液减压浓缩呈浸膏(Fr. 1);残留水溶液用稀盐

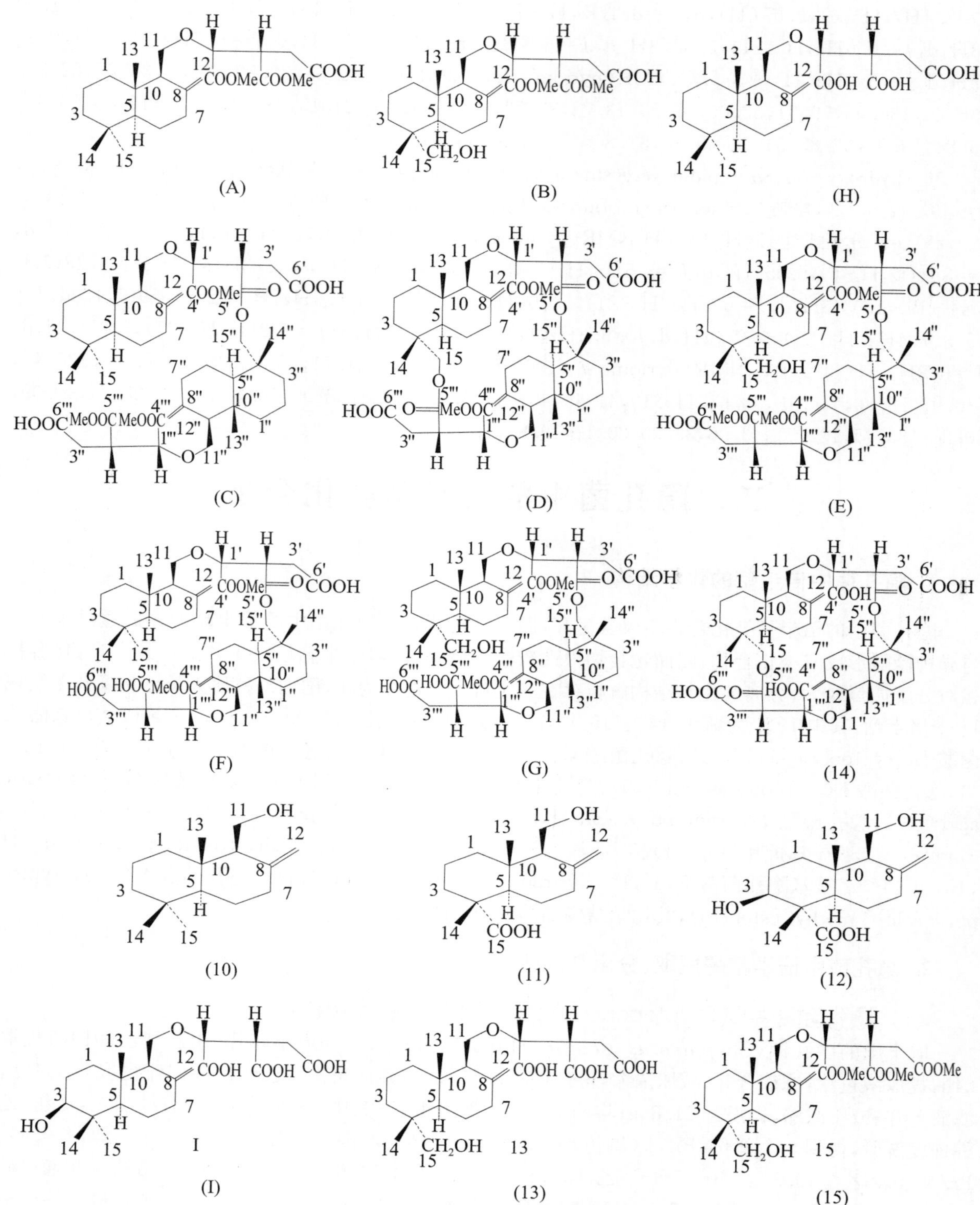

图 52-2 隐孔菌中倍半萜类化合物的化学结构

酸调节 pH 为 2，然后再用乙酸乙酯反复萃取，萃取液合并、减压浓缩呈浸膏(Fr. 2)。将 Fr. 1 部位通过柱层析(氯仿-甲醇梯度洗脱)与重结晶(甲醇-水)，得到化合物(8)；Fr. 2 部位通过 HPLC(80%甲醇-0.1%三氟乙酸，3.0ml/min)、重结晶等手段，得到化合物(9)。

(3) 化合物(10)～(14)的分离与纯化

取一定量干燥好的隐孔菌(*Cryptoporus volvatus* Hubb.),粉碎后用甲醇回流提取,提取液减压浓缩呈浸膏,将浸膏溶于水中,用正己烷、氯仿、正丁醇反复萃取,萃取液分别合并、减压浓缩,得正己烷部位(2.8g)、氯仿部位(40.73g)、正丁醇部位(12.94g)、水部位(35.74g)。将正己烷部位通过硅胶柱层析,正己烷-乙酸乙酯梯度洗脱,得化合物(10)838mg;氯仿部位通过 Sephadex LH－20(氯仿-甲醇洗脱)与硅胶柱层析(正己烷-乙酸乙酯梯度洗脱),得化合物(11)380mg、(12)350mg;水部位通过反相硅胶柱层析(甲醇-水洗脱,1∶1),得化合物(13)274mg、(14)517mg。

(4) 化合物(15)的分离与纯化

取干燥好的隐孔菌(*Cryptoporus volvatus* Hubb.)子实体 2.0kg,粉碎后用甲醇超声提取 3 次。将甲醇提取液合并、经减压浓缩得到浸膏(420g),浸膏用水溶解,用等体积二氯甲烷萃取,萃取液减压浓缩,得到二氯甲烷萃取物(250g)。将萃取物经硅胶柱色谱分离,以氯仿-甲醇(体积比分别为 1∶0、100∶1、50∶1、20∶1、10∶1、5∶1、1∶1、0∶1)梯度洗脱。其中,体积比 100∶1洗脱部分所得组分,经 ODS 柱色谱(甲醇-水)分离,得到 8 个流份(Fr. 1～Fr. 8)。Fr. 3 经硅胶柱色谱分离,以氯仿-丙酮(体积比分别为 1∶0、100∶1、50∶1、20∶1、10∶1、5∶1、1∶1)梯度洗脱;体积比 20∶1洗脱部分合并浓缩后,再经 HPLC 分离纯化(乙腈-水,体积比 55∶45,流速 2.5ml/min^{-1}),得到化合物(1)(10.8mg,t_R＝14.8min)和化合物(15)(9.4mg,t_R＝27.9min)。

3. 隐孔菌中倍半萜的理化常数与光谱数据

隐孔菌酸 A(化合物 1)　黏稠液体,$[\alpha]_D^{29}$为＋45.3(*c* 0.75,CH_3OH)。高分辨质谱(HR-MS)给出 *m/z*:424.245 8[M$^+$],确定化合物分子式为 $C_{23}H_{36}O_7$;EI-MS 给出 *m/z*:424[M$^+$],221,204,189,172,161,137,136,135,123,121,109,107,95,81,69。IR(KBr):3 450～2 500、2 950、1 740、1 735、1 715、1 645、1 435、1 360、1 290、1 165、1 130、1 040、1 020、890、750cm^{-1}。^{1}H NMR($CDCl_3$,400MHz) δ:1.10(1H,dd,*J*＝2.4、12.4Hz,H－5),2.03(1H,m,H－7a),2.37(1H,m,H－7b),1.94(1H,m,H－9),3.53(1H,dd,*J*＝8.8、4.9Hz,H－11a),3.89(1H,dd,*J*＝8.8、8.8Hz,H－11b),4.75(1H,s,H－12a),4.84(1H,s,H－12b),0.72(3H,s,H－13),0.80(3H,s,H－14),0.87(3H,s,H－15),4.11(1H,d,*J*＝4.9Hz,H－1′),3.39(1H,ddd,*J*＝9.3、5.1、4.9Hz,H－2′),2.60(1H,dd,*J*＝17.3、5.1Hz,H－3′a),2.79(1H,dd,*J*＝17.3、9.3Hz,H－3′b),3.68(3H,s,－OCH_3),3.75(3H,s,－OCH_3);^{13}C NMR($CDCl_3$,100MHz)δ:39.2(C－1),19.2(C－2),42.0(C－3),33.4(C－4),55.0(C－5),23.8(C－6),37.6(C－7),146.7(C－8),55.0(C－9),38.7(C－10),68.2(C－11),108.0(C－12),15.3(C－13),21.8(C－14),33.7(C－15),78.3(C－1′),44.3(C－2′),31.9(C－3′),170.9(C－4′),171.3(C－5′),177.6(C－6′),52.0(－OCH_3),52.3(－OCH_3)[9]。

隐孔菌酸 B(化合物 2)　白色针晶,mp 208.5～210.0℃,$[\alpha]_D^{29}$为＋45.0(*c* 0.76,CH_3OH)。HR-MS 给出 *m/z*:440.240 5[M$^+$],由此确定化合物分子式为 $C_{23}H_{36}O_8$;EI-MS *m/z*:440[M$^+$],424,235,218,189,185,175,161.147,133,107,93,81,67,55。IR(KBr):3 400～2 800、2 950、1 740、1 720、1 640、1 565、1 440、1 230、1 200、1 170、1 120、1 035、1 005、885cm^{-1}。^{1}H NMR 谱($CDCl_3$,400MHz)δ:1.26(1H,dd,*J*＝2.4、12.2Hz,H－5),2.07(1H,m,H－7a),2.35(1H,m,H－7b),1.98(1H,m,H－9),3.53(1H,dd,*J*＝9.0、3.4Hz,H－11a),3.89(1H,dd,*J*＝9.0、9.0Hz,H－11b),4.75(1H,s,H－12a),4.84(1H,s,H－12b),0.73(3H,s,H－13),0.76(3H,s,H－14),3.04(1H,d,*J*＝11.0Hz,H－15a),3.39(1H,d,*J*＝11.0Hz,H－15b),4.11(1H,d,*J*＝4.9Hz,H－1′),3.39(1H,ddd,*J*＝8.9、5.4、4.9Hz,H－2′),2.52(1H,dd,*J*＝17.1、5.4Hz,H－3′a),2.70(1H,dd,*J*＝17.1、8.9Hz,H－3′b),3.68(3H,s,－OCH_3),3.76(3H,s,－OCH_3);^{13}C NMR($CDCl_3$,100MHz)δ:39.2(C－1),19.2(C－2),42.0(C－3),33.4(C－4),55.0(C－5),23.8(C－6),37.6(C－7),146.7(C－8),55.0(C－9),38.7(C－10),68.2(C－11),108.0(C－12),15.8(C－13),17.7(C－14),71.3(C－15),78.6(C－1′),44.8

(C－2′)，32.7(C－3′)，171.6(C－4′)，172.2(C－5′)，176.2(C－6′)，52.0(－OCH_3)，52.3(－OCH_3)[9]。

隐孔菌酸C(化合物3) 白色粉末，mp 83～85℃，$[\alpha]_D^{29}$为＋61.2(*c* 0.64，CH_3OH)。元素分析结果为C：63.39%、H：8.26%，确定化合物分子式为$C_{45}H_{68}O_{14}\cdot H_2O$。IR(KBr)：3 400～2 400、1 740、1 730、1 715、1 700、1 640、1 430、1 200、1 160、1 120、1 035、1 010、885、655cm^{-1}。^1H NMR($CDCl_3$，400MHz)δ：2.04(1H，m，H－7a)，2.35(1H，m，H－7b)，2.04(1H，m，H－7″a)，2.35(1H，m，H－7″b)，1.98(1H，m，H－9)，2.03(1H，m，H－9″)，3.53(1H，dd，*J*＝9.5、4.9Hz，H－11a)，3.96(1H，dd，*J*＝9.5、9.5Hz，H－11b)，3.53(1H，dd，*J*＝9.5、4.9Hz，H－11″a)，3.96(1H，dd，*J*＝9.5、9.5Hz，H－11″b)，4.71(1H，s，H－12a)，4.84(1H，s，H－12b)，4.75(1H，s，H－12″a)，4.89(1H，s，H－12″b)，0.72(3H，s，H－13)，0.76(3H，s，H－13″)，0.80(3H，s，H－14)，0.71(3H，s，H－14″)，0.87(3H，s，H－15)，3.64(1H，d，*J*＝11.2Hz，H－15″a)，4.11(1H，d，*J*＝11.2Hz，H－15″b)，4.14(1H，d，*J*＝5.4Hz，H－1′)，4.41(1H，d，*J*＝5.4Hz，H－1‴)，3.48(1H，m，H－2′)，3.48(1H，m，H－2‴)，2.64(1H，dd，*J*＝17.6、2.2Hz，H－3′a)，2.84(1H，dd，*J*＝17.6、10.8Hz，H－3′b)，2.64(1H，dd，*J*＝17.6、2.2Hz，H－3‴a)，2.89(1H，dd，*J*＝17.6、10.8Hz，H－3‴b)，3.69(3H，s，－OCH_3)，3.76(3H，s，－OCH_3)，3.77(3H，s，－OCH_3)；^{13}C NMR($CDCl_3$，100MHz)δ：39.2(C－1)，19.2(C－2)，42.0(C－3)，33.4(C－4)，54.8(C－5)，23.8(C－6)，37.7(C－7)，146.2(C－8)，55.1(C－9)，38.8(C－10)，67.6(C－11)，107.7(C－12)，15.3(C－13)，21.7(C－14)，33.6(C－15)，76.9(C－1′)，43.4(C－2′)，31.5(C－3′)，171.1(C－4′)，170.7(C－5′)，178.2(C－6′)，38.2(C－1″)，18.3(C－2″)，35.1(C－3″)，37.0(C－4″)，46.7(C－5″)，23.3(C－6″)，37.7(C－7″)，146.8(C－8″)，55.7(C－9″)，33.8(C－10″)，68.4(C－11″)，108.2(C－12″)，15.7(C－13″)，17.8(C－14″)，71.1(C－15″)，78.8(C－1‴)，44.2(C－2‴)，32.2(C－3‴)，171.1(C－4‴)，170.7(C－5‴)，178.7(C－6‴)，52.1(－OCH_3)，52.3(－OCH_3)[10]。

隐孔菌酸D(化合物4) 白色粉末，mp 238～241℃，$[\alpha]_D^{29}$为＋39.9(*c* 0.78，CH_3OH)。元素分析结果为C：61.86%、H：7.98%，确定化合物分子式为$C_{44}H_{64}O_{14}\cdot 2H_2O$。IR给出以下吸收峰(KBr)：3 450～2 500、1 740、1 725、1 645、1 460、1 438、1 375、1 200、1 130、1 035、1 020、982、885、750cm^{-1}。^1H NMR($CDCl_3$，400MHz)δ：1.95(1H，m，H－7a)，2.22(1H，m，H－7b)，1.95(1H，m，H－7″a)，2.22(1H，m，H－7″b)，1.95(1H，m，H－9)，1.95(1H，m，H－9″)，3.35(1H，dd，*J*＝8.8、2.2Hz，H－11a)，4.14(1H，dd，*J*＝8.8、8.8Hz，H－11b)，3.35(1H，dd，*J*＝8.8、2.2Hz，H－11″a)，3.96(1H，dd，*J*＝8.8、8.8Hz，H－11″b)，4.84(1H，s，H－12a)，4.97(1H，s，H－12b)，4.84(1H，s，H－12″a)，4.97(1H，s，H－12″b)，0.75(3H，s，H－13)，0.75(3H，s，H－13″)，0.70(3H，s，H－14)，0.70(3H，s，H－14″)，3.02(1H，d，*J*＝11.2Hz，H－15)，4.05(1H，d，*J*＝11.2Hz，H－15)，3.02(1H，d，*J*＝11.2Hz，H－15″a)，4.05(1H，d，*J*＝11.2Hz，H－15″b)，4.00(1H，d，*J*＝3.4Hz，H－1′)，4.00(1H，d，*J*＝5.4Hz，H－1‴)，3.58(1H，ddd，*J*＝7.6、6.4、3.4Hz，H－2′)，3.58(1H，ddd，*J*＝7.6、6.4、3.4Hz，H－2‴)，2.73(1H，dd，*J*＝16.8、6.4Hz，H－3′a)，3.01(1H，dd，*J*＝16.8、7.6Hz，H－3′b)，2.73(1H，dd，*J*＝16.8、6.4Hz，H－3‴a)，3.01(1H，dd，*J*＝16.8、7.6Hz，H－3‴b)，3.79(3H，s，－OCH_3)，3.79(3H，s，－OCH_3)；^{13}C NMR($CDCl_3$，100MHz)δ：39.1(C－1)，18.4(C－2)，35.6(C－3)，36.9(C－4)，46.8(C－5)，23.2(C－6)，37.3(C－7)，146.4(C－8)，56.7(C－9)，38.4(C－10)，68.3(C－11)，108.7(C－12)，15.6(C－13)，17.9(C－14)，71.3(C－15)，78.6(C－1′)，44.6(C－2′)，32.4(C－3′)，171.0(C－4′)，169.3(C－5′)，177.2(C－6′)[10]。

隐孔菌酸E(化合物5) 琥珀样粉末，mp 85～88℃，$[\alpha]_D^{29}$为＋42.6(*c* 1.01，CH_3OH)。元素分析结果为C：63.66%、H：8.07%，确定化合物分子式为$C_{45}H_{66}O_{15}$。快原子轰击质谱(FAB-MS)给出*m/z*：847[M-H]$^-$，363，305，199，157，155。IR(KBr)：3 450～2 450、1 740、1 715、1 645、1 440、1 205、1 165、1 130、1 035、1 005、885、750cm^{-1}。^1H NMR($CDCl_3$，400MHz)δ：1.95(1H，m，H－7a)，2.37(1H，m，H－7b)，1.95(1H，m，H－7″a)，2.37(1H，m，H－7″b)，1.82(1H，m，H－9)，2.00(1H，m，

H－9″)，3.52(1H，dd，J＝10.0、3.2Hz，H－11a)，3.89(1H，dd，J＝10.0、10.0Hz，H－11b)，3.58(1H，dd，J＝9.5、3.2Hz，H－11″a)，3.96(1H，dd，J＝9.5、3.2Hz，H－11″b)，4.72(1H，s，H－12a)，4.85(1H，s，H－12b)，4.75(1H，s，H－12″a)，4.89(1H，s，H－12″b)，0.76(3H，s，H－13)，0.76(3H，s，H－13″)，0.77(3H，s，H－14)，0.71(3H，s，H－14″)，3.62(1H，d，J＝11.0Hz，H－15a)，3.41(1H，d，J＝11.0Hz，H－15b)，3.62(1H，d，J＝11.0Hz，H－15″a)，4.10(1H，d，J＝11.0Hz，H－15″b)，4.14(1H，d，J＝5.4Hz，H－1′)，4.14(1H，d，J＝5.4Hz，H－1‴)，3.49(1H，m，H－2′)，3.49(1H，m，H－2‴)，2.64(1H，dd，J＝17.6、2.4Hz，H－3′a)，2.82(1H，dd，J＝17.6、9.3Hz，H－3′b)，2.82(1H，dd，J＝17.6、9.3Hz，H－3‴a)，2.97(1H，dd，J＝17.6、3.2Hz，H－3‴b)，3.69(3H，s，－OCH_3)，3.76(3H，s，－OCH_3)，3.77(3H，s，－OCH_3)；^{13}C NMR($CDCl_3$，100MHz)δ：38.7(C－1)，18.6(C－2)，35.3(C－3)，37.9(C－4)，48.2(C－5)，23.4(C－6)，37.0(C－7)，146.3(C－8)，55.7 (C－9)，38.6(C－10)，68.4(C－11)，108.0(C－12)，15.8(C－13)，17.6(C－14)，71.2(C－15)，77.3(C－1′)，43.5(C－2′)，32.2(C－3′)，171.1(C－4′)，170.1(C－5′)，177.9(C－6′)，38.3(C－1″)，18.3(C－2″)，35.3(C－3″)，37.7(C－4″)，46.8(C－5″)，23.6(C－6″)，37.3(C－7″)，146.6(C－8″)，54.8 (C－9″)，38.6(C－10″)，67.7(C－11″)，108.3(C－12″)，15.8(C－13″)，17.8(C－14″)，72.0(C－15″)，78.8(C－1‴)，44.3(C－2‴)，31.6(C－3‴)，171.1(C－4‴)，170.1(C－5‴)，178.4(C－6‴)，52.1 (－OCH_3)，52.3(－OCH_3)[10]。

隐孔菌酸 F(化合物 6) 琥珀样粉末，mp 113～115℃，$[\alpha]_D^{29}$为＋64.8(c 1.14，CH_3OH)。元素分析结果为 C：62.98％、H：8.06％，确定化合物分子式为 $C_{44}H_{66}O_{14}\cdot H_2O$。IR 给出以下吸收峰(KBr)：3 400～2 450、1 760、1 740、1 730、1 715、1 645、1 205、1 120、1 030、1 010、880、745cm^{-1}。^1H NMR($CDCl_3$，400MHz)δ：4.72(1H，s，H－12a)，4.86(1H，s，H－12b)，4.79(1H，s，H－12″a)，4.89(1H，s，H－12″b)，0.72(3H，s，H－13)，0.76(3H，s，H－13″)，0.81(3H，s，H－14)，0.71(3H，s，H－14″)，0.87(3H，s，H－15)，3.64(1H，d，J＝11.0Hz，H－15″a)，4.11(1H，d，J＝11.0Hz，H－15″b)，3.76(3H，s，－OCH_3)，3.77(3H，s，－OCH_3)[11]。

隐孔菌酸 G(化合物 7) 琥珀样粉末，mp 110～114℃，$[\alpha]_D^{29}$为＋40.5(c 0.98，CH_3OH)。元素分析结果为 C：61.78％、H：8.01％，确定化合物分子式为 $C_{44}H_{66}O_{15}\cdot H_2O$。IR(KBr)：3 450～2 400、2 940、1 755、1 740、1 725、1 030、1 000、880、750cm^{-1}。^1H NMR($CDCl_3$，400MHz)δ：1.95(1H，m，H－7a)，2.36(1H，m，H－7b)，1.95(1H，m，H－7″a)，2.36(1H，m，H－7″b)，1.95(1H，m，H－9)，1.95(1H，m，H－9″)，3.60(1H，dd，J＝9.8、3.2Hz，H－11a)，3.98(1H，dd，J＝9.8、9.8Hz，H－11b)，3.60(1H，dd，J＝9.8、3.2Hz，H－11″a)，3.98(1H，dd，J＝9.8、9.8Hz，H－11″b)，4.74(1H，s，H－12a)，4.86(1H，s，H－12b)，4.75(1H，s，H－12″a)，4.89(1H，s，H－12″b)，0.76(3H，s，H－13)，0.76(3H，s，H－13″)，0.75(3H，s，H－14)，0.71(3H，s，H－14″)，3.09(1H，d，J＝11.0Hz，H－15a)，3.60(1H，d，J＝11.0Hz，H－15b)，3.43(1H，d，J＝11.0Hz，H－15″a)，3.91(1H，d，J＝11.0Hz，H－15″b)，4.14(1H，d，J＝4.9Hz，H－1′)，4.27(1H，d，J＝4.9Hz，H－1‴)，3.45(1H，m，H－2′)，3.45(1H，m，H－2‴)，2.64(1H，dd，J＝17.6、2.9Hz，H－3′a)，2.80(1H，dd，J＝17.6、8.3Hz，H－3′b)，2.64(1H，dd，J＝17.6、2.9Hz，H－3‴a)，2.82(1H，dd，J＝17.6、8.3Hz，H－3‴b)，3.76(3H，s，－OCH_3)，3.77(3H，s，－OCH_3)[11]。

隐孔菌酸 H(化合物 8) 黏稠液体，$[\alpha]_D^{29}$为＋42.1(c 1.22，CH_3OH)。快原子轰击质谱(FAB-MS)给出 m/z：419[M＋Na]$^+$，高分辨电子流轰击图谱(HR-EI-MS)给出 m/z：378.204 9[M-H_2O]$^+$，确定化合物分子式为 $C_{21}H_{32}O_7$。IR(KBr)：3 410、1 715cm^{-1}。^1H NMR($CDCl_3$，400MHz)δ：1.32(1H，ddd，J＝13.0、13.0、4.3Hz，H－3a)，1.16(1H，dd，J＝2.5、12.5Hz，H－5)，2.05(1H，ddd，J＝13.0、13.0、5.0Hz，H－7a)，2.38(1H，ddd，J＝13.0、4.0、2.2Hz，H－7b)，1.98(1H，br dd，J＝8.0、3.5Hz，H－9)，3.58(1H，dd，J＝10.0、3.5Hz，H－11a)，3.93(1H，dd，J＝10.0、8.0Hz，H－11b)，4.80(1H，d，J＝1.5Hz，H－12a)，4.83(1H，d，J＝1.5Hz，H－12b)，0.75(3H，s，H－13)，0.83(3H， s,H－14),0.88(3H,s,H－15),4.11(1H,d,J=4.3Hz,H－1′),2.52(1H,dd,J=17.5、5.2Hz,H－3′a),2.70(1H,dd,J=17.5、9.2Hz,H－3′b);^{13}C NMR($CDCl_3$,100MHz)δ:39.2(C－1),19.2(C－2),41.9(C－3),33.5(C－4),55.0(C－5),23.9(C－6),37.6(C－7),146.8(C－8),55.5(C－9),38.7(C－10),68.5(C－11),108.0(C－12),15.3(C－13),21.8(C－14),33.6(C－15),77.8(C－1′),44.0(C－2′),31.3(C－3′),175.0(C－4′),175.8(C－5′),177.4(C－6′)[12]。

隐孔菌酸I(化合物9) 白色针晶,mp 211～212℃,$[\alpha]_D^{29}$为+43.0(c 0.99,CH_3OH)。快原子轰击质谱(FAB-MS)给出m/z:435[M+Na]$^+$,高分辨电子流轰击图谱(HR-EI-MS)给出m/z:376.1876[M－2H_2O]$^+$,确定化合物分子式为$C_{21}H_{32}O_8$。IR(KBr):3400、1725cm^{-1}。^{1}H NMR($CDCl_3$,400MHz)δ:3.20(1H,dd,J=10.0、5.5Hz,H－3),1.14(1H,dd,J=2.5、12.5Hz,H－5),2.39(1H,ddd,J=13.0、4.0、2.0Hz,H－7a),2.05(1H,ddd,J=13.0、12.5、5.0Hz,H－7b),1.96(1H,br dd,J=8.0、4.0Hz,H－9),3.52(1H,dd,J=10.0、4.0Hz,H－11a),3.93(1H,dd,J=10.0、8.0Hz,H－11b),4.78(1H,d,J=1.2Hz,H－12a),4.84(1H,d,J=1.2Hz,H－12b),0.75(3H,s,H－13),0.76(3H,s,H－14),0.98(3H,s,H－15),4.11(1H,d,J=5.0Hz,H－1′),2.52(1H,dd,J=17.0、5.0Hz,H－3′a),2.71(1H,dd,J=17.0、9.0Hz,H－3′b);^{13}C NMR($CDCl_3$,100MHz):δ:38.9(C－1),28.7(C－2),79.1(C－3),40.5(C－4),56.1(C－5),25.0(C－6),38.7(C－7),148.4(C－8),56.9(C－9),39.8(C－10),69.4(C－11),109.0(C－12),16.1(C－13),16.5(C－14),29.2(C－15),80.0(C－1′),46.0(C－2′),33.3(C－3′),174.4(C－4′),174.7(C－5′),175.8(C－6′)[12]。

折叶苔醇(化合物10) 白色粉末,mp 67～70℃,$[\alpha]_D^{29}$为+10.7(c 1.67,$CHCl_3$)。化合物EI-MS给出m/z:223[M+H]$^+$。^{1}H NMR($CDCl_3$,400MHz)给出以下氢质子信息δ:0.72(3H,s,H－13),0.82(3H,s,H－15),0.81(3H,s,H－14),1.12(1H,dd,J=2.6、12.5Hz,H－5),3.76(1H,dd,J=9.5、11.0Hz,H－11a),3.84(1H,dd,J=3.7、11.0Hz,H－11b),4.64(1H,d,J=1.5Hz,H－12a),4.94(1H,d,J=1.5Hz,H－12b);^{13}C NMR($CDCl_3$,100MHz)δ:37.8(C－1),19.2(C－2),41.9(C－3),33.4(C－4),55.1(C－5),24.2(C－6),39.0(C－7),147.8(C－8),59.1 (C－9),39.0(C－10),58.7(C－11),106.3(C－12),15.3(C－13),21.7(C－14),33.6(C－15)[13]。

15-羧基折叶苔醇(化合物11) 白色粉末,mp 180～182℃,$[\alpha]_D^{29}$为-6.5(c 1.38,$CHCl_3$)。电子流轰击质谱(EI-MS)给出m/z:252[M$^+$],234,206,189,167,139,121,109,93,81,67,55,分子式为$C_{15}H_{24}O_3$。IR给出以下吸收峰(KBr):3500、1695、1640、1280、1180、1020、980、900cm^{-1}。^{1}H NMR($CDCl_3$,400MHz)δ:1.34(1H,m,H－1a),1.72(1H,m,H－1b),1.61(2H,m,H－2),1.66(1H,m,H－3a),1.80(1H,m,H－3b),2.00(1H,dd,J=2.9、12.5Hz,H－5),1.40(1H,m,H－6a),1.49(1H,m,H－6b),2.12(1H,m,H－7a),2.39(1H,m,H－7b),2.06(1H,m,H－9),3.80(1H,dd,J=9.5、11.0Hz,H－11a),3.85(1H,dd,J=3.7、11.0Hz,H－11b),4.86(1H,s,H－12a),4.96(1H,s,H－12b),0.76(3H,s,H－13),1.15(3H,s,H－15);^{13}C NMR($CDCl_3$,100MHz)δ:38.0(C－1),18.2(C－2),37.0(C－3),47.3(C－4),49.1(C－5),26.5(C－6),37.4(C－7),147.0(C－8),58.9(C－9),38.2(C－10),58.5(C－11),107.0(C－12),15.5(C－13),16.4(C－14),184.1(C－15)[13]。

3-羟基-15-羧基折叶苔醇(化合物12) 白色粉末,mp 224～225℃,$[\alpha]_D^{29}$为+26.6(c 1.09,CH_3OH)。IR给出以下吸收峰(KBr):3400、1700、1260、1165、1030、910cm^{-1}。^{1}H NMR(pyridine-d_5,400MHz)给出以下信息δ:2.02(2H,m,H－1),1.67(1H,m,H－2a),2.00(1H,m,H－2b),4.71(1H,dd,J=5.1、10.3Hz,H－3),2.40(1H,m,H－5),2.18(1H,m,H－6a),2.42(1H,m,H－6b),1.77(2H,m,H－7),2.29(1H,br d,J=4.4Hz,H－9),4.11(1H,dd,J=8.1、11.0Hz,H－11a),4.18(1H,dd,J=3.7、11.0Hz,H－11b),5.05(1H,s,H－12a),5.10(1H,s,H－12b),0.94(3H,s,H－13),1.65(3H,s,H－15);^{13}C NMR(pyridine-d_5,100MHz)δ:37.7(C－1),28.1(C－2),75.1(C－3),54.2(C－4),50.7(C－5),26.3(C－6),37.4(C－7),147.4(C－8),59.1 (C－9),38.2(C－10),58.1(C－11),107.8(C－12),15.6(C－13),11.8(C－14),180.1(C－15)[13]。

15 - hydroxylcryptoporic acid H(化合物 13)　白色粉末，mp 75～76℃，$[\alpha]_D^{29}$为+42.3(*c* 1.64，CH_3OH)。IR(KBr)给出以下吸收峰：3 423、1 717、1 387、1 242、1 127、1 038cm^{-1}。^1H NMR (CD_3OD,400MHz)δ:2.34(1H,m,H-9),3.94(1H,m,H-11a),4.40(1H,m,H-11b),5.02(1H,s,H-12a),5.37(1H,s,H-12b),0.80(3H,s,H-13),0.84(3H,s,H-14),3.33(1H,m,H-15a),3.60(1H,s,H-15b),4.88(1H,br s,H-1′),4.31(1H,br s,H-2′),3.33(1H,m,H-3′a),3.60(1H,m,H-3′b)；^{13}C NMR(CD_3OD,100MHz)δ:39.0(C-1),19.1(C-2),35.9(C-3),38.4(C-4),48.3(C-5),24.0(C-6),37.8(C-7),147.7(C-8),56.3(C-9),39.1(C-10),68.5(C-11),108.6(C-12),16.1(C-13),18.1(C-14),71.4(C-15),80.5(C-1′),46.2(C-2′),33.8(C-3′),173.7(C-4′),174.9(C-5′),175.3(C-6′)[13]。

1′,1‴-二羧基隐孔菌酸 D(化合物 14)　白色粉末，$[\alpha]_D^{29}$为+43.3(*c* 1.71，CH_3OH)。IR(KBr)：3 400、1 713、1 588、1 398、1 126cm^{-1}。^1H NMR($CD_3OD+CD_3CO_2D$,V/V,2∶1,400MHz)δ:3.49(1H,dd,*J*=4.4、10.3Hz,H-11a),4.03(1H,dd,*J*=6.6、10.3Hz,H-11b),4.76(1H,s,H-12a),4.80(1H,s,H-12b),0.77(3H,s,H-13),0.84(3H,s,H-14),3.32(1H,d,*J*=10.9Hz,H-15a),4.12(1H,d,*J*=10.9Hz,H-15b),4.01(1H,br s,H-1′),3.32(1H,br s,H-2′),2.61(1H,dd,*J*=4.4、16.9Hz,H-3′a),2.84(1H,dd,*J*=10.3、16.9Hz,H-3′b)；^{13}C NMR($CD_3OD+CD_3CO_2D$,V/V,2∶1,100MHz)δ:40.8(C-1 and C-1″),19.9(C-2 and C-2″),37.3(C-3 and C-3″),38.3(C-4 and C-4″),50.1(C-5 and C-5″),25.0(C-6 and C-6″),39.3(C-7 and C-7″),149.2(C-8 and C-8″),58.0(C-9 and C-9″),40.4(C-10 and C-10″),70.6(C-11 and C-11″),109.3(C-12 and C-12″),16.5(C-13 and C-13″),18.9(C-14 and C-14″),73.6(C-15 and C-15″),81.1(C-1′ and C-1‴),46.9(C-2′ and C-2‴),34.2(C-3′ and C-3‴),173.1(C-4′ and C-4‴),175.7(C-5′ and C-5‴),176.7(C-6′ and C-6‴)[13]。

隐孔菌酸 B 甲酯(化合物 15)　无色黏稠液体(甲醇)，$[\alpha]_D^{29}$为+48.5(*c* 0.60，CH_3OH)。化合物的电喷雾质谱(ESI-MS)给出 *m/z*:477.6$[M+Na]^+$，推测化合物分子式为$C_{24}H_{38}O_8$。^1H NMR (CD_3OD,400MHz)δ:2.08(1H,m,H-7a),2.36(1H,m,H-7b),1.97(1H,m,H-9),3.56(1H,dd,*J*=9.9、3.4Hz,H-11a),3.89(1H,dd,*J*=9.9、8.0Hz,H-11b),4.75(1H,br s,H-12a),4.82(1H,br s,H-12b),0.73(3H,s,H-13),0.78(3H,s,H-14),2.97(1H,d,*J*=11.1Hz,H-15″a),3.33(1H,d,*J*=11.1Hz,H-15″b),4.13(1H,d,*J*=4.5Hz,H-1′),3.35(1H,m,H-2′),2.57(1H,dd,*J*=16.9、5.4Hz,H-3′a),2.77(1H,dd,*J*=16.9、8.0Hz,H-3′b),3.63(3H,s,-OCH_3),3.66(3H,s,-OCH_3),3.74(3H,s,-OCH_3)；^{13}C NMR(CD_3OD,100MHz)δ:40.0(C-1),19.6(C-2),36.5(C-3),38.9(C-4),48.4(C-5),24.7(C-6),38.4(C-7),148.3(C-8),56.9(C-9),39.6 (C-10),69.3(C-11),108.5(C-12),16.3(C-13),18.2(C-14),72.0(C-15),79.6(C-1′),45.8(C-2′),33.0(C-3′),172.7(C-4′),172.9(C-5′),174.8(C-6′),52.5(-OCH_3),52.6(-OCH_3),52.7(-OCH_3)[14]。

三、隐孔菌糖类化合物的研究

通过高效液相色谱法，测出隐孔菌含有果糖、葡萄糖、D-甘露糖、蔗糖与乳糖等。单糖的含量(g/100g)为：果糖 0.40g、葡萄糖 0.134g；通过比色法测出隐孔菌总糖含量(g/100g)为 12.75g，还原糖量为 0.56g[15]。

隐孔菌子实体内含有果糖、葡萄糖、D-甘露糖等化合物，其中果糖的含量最高。日本学者从人工培养的隐孔菌菌丝体中分离出多糖 H-3-B，通过水解法得知其结构单元为β-D-葡萄糖，结构片段为(1→3)-β-D-葡聚糖(详见下图 52-3)。隐孔菌多糖 H-3-B 给出比旋光度为$[\alpha]_D^{29}$为+19.2 (*c* 0.107，H_2O)，IR(KBr)：891cm^{-1}；将隐孔菌多糖 H-3-B 甲基化，然后通过气相(GLC)与气质联用(GLC-MS)，测得数据见表 52-1，同时，在氘代二甲基亚砜中，测得其核磁共振碳信号，见表 52-2[16]。

图 52-3 隐孔菌中多糖化合物的结构片段

表 52-1 隐孔菌中多糖 H-3-B 甲基化物的气相与气质联用分析数据

糖甲基化物	t_R	摩尔比	主要质谱碎片(m/z)
2,3,4,6-Me4-Glc	1.00	1.00	43,45,71,87,101,129,145,161,205
2,4,6-Me3-Glc	1.71	3.10	43,45,87,101,117,129,161,203,233
2,4-Me2-Glc	3.72	1.03	43,87,117,129,159,189,233

表 52-2 隐孔菌中多糖 H-3-B 的^{13}C-MR 信号

C-1	C-2	C-3	C-4	C-5	C-6
104.23	74.86(e)	87.83(c)	71.45(e)	77.59(a,c,d)	69.66(b)
104.12	74.02(c)	87.52(a)	69.88(c)	77.32(e)	62.35(e)
	73.87	87.45(d)	69.73	76.00(b)	62.15(a,d)
	73.80	87.25(b)	69.66		62.04(c)
		77.85(e)			

四、隐孔菌中的氨基酸

取干燥且粉碎好的隐孔菌样品，在 6mol/L HCl、110℃条件下水解 24h，低温(60℃)蒸干，溶于一定量水中，然后稀释成一定浓度，利用贝克曼系统 6300 型氨基酸分析仪，测出氨基酸的组成与含量，详见表 52-3[15]。

表 52-3 隐孔菌中的氨基酸及其含量

氨基酸种类	含量(%)	氨基酸种类	含量(%)
天冬氨基酸(ASP)	0.466	酪氨酸(TYR)	0.058
苏氨酸(THR)	0.276	异亮氨酸(ILE)	0.244
丝氨酸(SER)	0.259	亮氨酸(LEU)	0.530
谷氨酸(GLU)	0.536	苯丙氨酸(PHE)	0.183
脯氨酸(PRO)	0.366	组氨酸(HIS)	0.094
甘氨酸(GLY)	0.328	赖氨酸(LYS)	0.204
丙氨酸(ALA)	0.366	精氨酸(ARG)	0.206
缬氨酸(VAL)	0.315		

隐孔菌子实体内含有 15 种氨基酸，其中包含人体必需氨基酸 6 种，即苏氨酸、撷氨酸、异亮氨酸、亮氨酸、苯丙氨酸和赖氨酸。必需氨基酸占氨基酸总量的 39.55%，而一般性食品和动物性食物的必

需氨基酸占氨基酸的总量:大豆为 33.59%,鸡肉为 37.93%。说明隐孔菌是一类富含必需氨基酸的菌类,具有重要的营养价值。除此之外,隐孔菌还含有婴儿必需的氨基酸,如组氨酸与精氨酸。

五、隐孔菌挥发油的化学成分分析

研究人员将野生隐孔菌干燥、粉碎成细小碎片,然后加水浸泡,水蒸气蒸馏提取 5h,收集蒸馏液,再用乙醚多次萃取;将萃取液合并、减压蒸馏,回收乙醚,残留物用无水硫酸钠脱水,得橙黄色挥发油。采用 GC-MS-DS 方法分离鉴定化合物,共检出 29 种化合物,其中,萜类化合物共 11 种,包括倍半萜 4 种,双环单萜 7 种;芳香族化合物共 6 种;脂肪族化合物共 12 种;萜类化合物总离子流(TOT)以双环单萜为高,说明除苯甲醛、十氢-4,8,8-三甲基-9-亚甲基-1,4-亚甲基、十六碳酸和十八碳酸外,其余化合物均为首次从该真菌中分离鉴定,而萜类化合物以双环单萜为主[17](表 52-4)。

表 52-4　野生隐孔菌挥发油的化学成分

No.	化合物名称	分子式	相对分子质量
1	苯甲醛	C_7H_6O	106
2	双环[2,2,1]七碳-2,5-双烯-7 醇	C_7H_8O	108
3	邻苯甲基甲酰	C_8H_8O	120
4	α-甲基苯甲醇	$C_8H_{10}O$	122
5	苯甲酰胺	C_7H_7NO	121
6	1-氧乙基-4-甲基-苯	$C_9H_{12}O$	136
7	(Z)-3-壬烯-1-醇	$C_9H_{18}O$	142
8	α-甲基苯乙酸	$C_9H_{10}O_2$	150
9	4-亚甲基-1-(1-甲乙基)-双环[3,1,0]六碳-3-醇	$C_{10}H_{16}O$	152
10	6,6-二甲基-2-亚甲基-双环[2,1,1]七碳-3-酮	$C_{10}H_{14}O$	150
11	1,2,3,3α,4,7α-六氢-7α-甲基-茚-5-酮	$C_{10}H_{14}O$	150
12	5,6,6-三甲基-双环[2,2,1]七碳-2-酮	$C_{10}H_{14}O$	150
13	2-羟甲基-6-6-二甲基-双环[3,1,1]七碳-2-烯	$C_{10}H_{16}O$	152
14	4,6,6-三甲基-双环[3,1,1]七碳-3-烯-2-酮	$C_{10}H_{14}O$	150
15	十一碳-1,4-二烯	$C_{11}H_{20}$	152
16	6,6-二甲基-双环[3,1,1]-2-羟甲基	$C_{10}H_{18}O$	154
17	壬酸	$C_9H_{18}O_2$	158
18	环十二碳炔	$C_{12}H_{20}$	164
19	9-(1-甲基亚乙基)-双环[6,1,0]壬烷	$C_{12}H_{20}$	164
20	1,5-二乙烯基-2,3-二甲基-环己烷	$C_{12}H_{20}$	164
21	八氢-8α-甲基-萘-2-酮	$C_{11}H_{18}O$	166
22	十氢-4,8,8-三甲基-9-亚甲基-1,4-亚甲基	$C_{15}H_{24}$	204
23	2,4,5,6,7,8-六氢-1,4,9,9-四甲基-3H-3α-7-亚甲基	$C_{15}H_{24}$	204
24	1,2,3,5,6,7,8,8α-八氢-1,8α-二甲基-7-(1-甲基乙烯基)-萘	$C_{15}H_{24}$	204
25	十氢-4,4,8,9,10-五甲基-萘	$C_{15}H_{28}$	208
26	长叶烯醛	$C_{15}H_{24}O$	220
27	十五碳酸	$C_{15}H_{30}O_2$	242
28	十六碳酸	$C_{16}H_{32}O_2$	256
29	十八碳酸	$C_{18}H_{34}O_2$	282

六、隐孔菌中微量元素的研究

华启洪等人将隐孔菌干燥、粉碎成细小碎片，在650℃条件下，灰化3h后水解，然后用国产WSP-1型光栅摄谱仪，通过光谱半定量全分析方法，测定了隐孔菌中各种微量元素的含量，详见表52-5[15]。

经实验证明，隐孔菌中含有13种无机元素，其中人体必需的微量元素5种(铁、锰、铜、镍、硅)，常量元素3种(钙、镁、磷)都很丰富。隐孔菌子实体中铁含量达10ug/g，锰含量达60ug/g，两者含量比例有较显著差异，提示隐孔菌具有补阴、化痰和理气的作用。心血管疾病病因很复杂，既与常量元素中的钙、镁、钠、钾等密切相关，也与微量元素中的铜、锌、硅、铬等有关。隐孔菌中钙和镁含量十分丰富，硅的含量也比较高，表明它们对维持血管的正常功能，防止动脉血管硬化，治疗心血管病，能产生良好的效果。

表52-5　隐孔菌中的微量元素与含量

元素 Element	含量 Content	元素 Element	含量 Content	元素 Element	含量 Content
P(磷)	2 000	Fe(铁)	100	Si(硅)	500
Ba(钡)	100	Ni(镍)	10	Zr(锆)	20
Al(铝)	50	Mg(镁)	5 000	Cu(铜)	1
Ca(钙)	5 000	Mn(锰)	60	Ag(银)	0.1
Sr(锶)	10				

第三节　隐孔菌生物活性的研究

一、抗肿瘤作用

隐孔菌主要含有倍半萜、多糖等化合物，而这些化合物不但含量较高，而且结构新颖，科研人员对隐孔菌抗肿瘤活性的研究主要集中在倍半萜与多糖化合物方面。

A. 日本学者在1988年，对隐孔菌酸C、隐孔菌酸D、隐孔菌酸E的抗肿瘤研究中进行了动物实验[10]：豚鼠腹腔巨噬细胞经IC_{50}分别为0.07ug/ml和0.05ug/ml的O_2-刺激物N-甲酸基-甲二磺酸基-亮氨酸-苯丙氨酸(FMLP)(10^{-7}mol/L)诱导后，隐孔菌酸C、隐孔菌酸E对诱导后的过氧化物阴离子的释放有抑制作用。而兔分叶核白细胞经IC_{50}为2ug/ml的O_2-刺激物FMLP(10^{-7}mol/L)刺激后产生的O_2^-的释放，隐孔菌酸C对其有抑制作用。1991年，有日本学者报道，隐孔菌的抑瘤作用机制与隐孔菌酸E和隐孔菌酸D的抑制超氧阴离子自由基释放有关[18]。也有文献报道，隐孔菌酸D、隐孔菌酸E强烈抑制经FMLP诱导的豚鼠腹腔巨噬细胞过氧化物阴离子的释放。

B. 1992年，研究人员发现隐孔菌中的隐孔菌酸E，对*N*-甲基-*N*-亚硝基胍诱发的大鼠结肠实体瘤和1,2-二甲肼诱导的小鼠结肠癌具有抑制作用[12,19]。科研人员还发现，隐孔菌酸A与隐孔酸G对超氧化物自由基释放有强烈的抑制作用，隐孔菌酸E能增强抗肿瘤活性，而隐孔菌酸D能增强抗肿瘤活性和提升蛋白激酶C的活性，全部隐孔菌酸能抑制稻米外壳二级胚芽鞘和萌芽的延长。

C. 2003年，有研究文献报道，豚鼠腹腔巨噬细胞经过浓度为0.05～25u/ml的FMLP诱导后，作用于豚鼠皮肤，经5.9um的隐孔菌酸E局部给药后，肿瘤影响范围从73%减少到20%，肿瘤数目从4.2减少到0.5[20]。

D. 研究发现，隐孔菌子实体水提物中的多糖(1→3)-β-D-葡聚糖是一个具有良好抗肿瘤活性的物质[16]。

二、抗菌、消炎与平喘作用

1. 抑制 TNF-amRNA 表达

TNF-α 是一种主要由肥大细胞、EOS、内皮细胞、巨噬细胞、平滑肌细胞、T 细胞等产生具有广泛生物学活性的前炎细胞因子。TNF-amRNA 过度表达，可使 EOS 表面的受体与血管内皮细胞表面上的配体(即内皮细胞表达的黏附分子)相互作用，促进 EOS 与内皮细胞黏附，跨膜进入肺组织和气道腔。经研究人员发现，小鼠哮喘模型组肺组织中的 TNF-amRNA 表达显著升高，表达的高峰出现在抗原攻击后的 4～8h，明显早于 cotaxin mRNA 表达的高峰时间，表明 TNF-α 是一个哮喘发病时较早启动的细胞因子之一，对激发其他炎性因子的分泌具有重要作用。隐孔菌多糖呈剂量依赖抑制 TNF-amRNA 表达，提示隐孔菌多糖影响细胞因子 TNF-a 的转录过程，从而减少 TNF-a 的生成，进而抑制 EOS 的气道聚集[21]。

2. 抑制大鼠气道的高反应性

研究人员采用卵白蛋白致敏雾化吸入攻击制备大鼠哮喘模型，隐孔菌多糖和酮替芬(5mg/kg)与溶媒对照(等量生理盐水)灌胃 10d，用甲酰胆碱激发气道高反应性后，进行支气管肺泡灌洗和腹腔灌洗，计数支气管肺泡灌洗液中细胞总数并分类，和腹腔灌洗液中脱颗粒肥大细胞与白细胞分类，发现隐孔菌多糖能明显抑制致敏大鼠抗原攻击后气道阻力的增加与肺顺应性的下降，减少支气管肺泡灌洗液中白细胞总数，降低嗜酸细胞的数目；隐孔菌多糖还能明显抑制腹腔肥大细胞脱颗粒与腹腔嗜酸性粒细胞的渗出。所以，隐孔菌多糖抑制大鼠气道的高反应性，其作用可能与稳定肥大细胞膜、抑制嗜酸细胞炎症和趋化有关[22]。

3. 抑制中性粒细胞释放 LTB_4、LTC_4和 LTD_4的作用

研究人员给大鼠腹腔注射糖原诱导中性粒细胞聚集，16h 后收集腹腔灌洗液，分离中性粒细胞，以 calcium ionohore A_{23187}刺激离体中性粒细胞释放白三烯，再用 HPLC 法测定中性粒细胞中白三烯 LTB_4、LTC_4 和 LTD_4 的含量。发现隐孔菌多糖 0.25、1、4mg/L 呈浓度依赖抑制中性粒细胞释放 LTB_4、LTC_4 和 LTD_4，对 LTB_4 抑制率分别为 27.4%、54.2%和 78.8%；对 LTC_4 抑制率分别为 65.1%、74.3%和 79.0%；对 LTD_4抑制率分别为 55.6%、60.9%和 72.8%。所以，隐孔菌多糖有抑制中性粒细胞释放 LTB_4、LTC_4和 LTD_4的作用，可能是其抗炎平喘作用机制之一[23]。

4. 抑制肺组织释放白三烯和抗变态反应作用

白三烯是花生四烯酸 5-脂氧酶(5-lipoxygenase，5-LO)代谢途径的最终产物，是炎症与变态反应的重要介质。其中 LTB 有很强的化学趋化与刺激白细胞作用，而 LTC_4、LTD_4、LTE_4(又称肽白三烯、半胱氨酸白三烯)是 SRS-A 的重要组分。LTC_4、LTD_4和 LTE_4 可引起气道平滑肌收缩，增加气道黏膜分泌，是引起支气管哮喘的主要化学介质。周建仓等人用生物检定法和反相高效液相色谱法，测定致敏豚鼠肺组织抗原攻击释放过敏性慢反应物质(SRS-A)和正常豚鼠肺组织 A_{23187}攻击释放白三烯 D_4(LTD_4)，以及用致敏豚鼠气管 Schult-Male 法，检测隐孔菌多糖的抗变态反应活性。发现隐孔菌多糖能明显减少抗原攻击致敏豚鼠肺组织 SRS-A 的释放量和 A_{23187}攻击正常豚鼠肺组织 LTD_4的释放量，抑制致敏豚鼠气管 Schult-Male 反应，IC_{50}=0.49g/L，隐孔菌多糖有抑制肺组织释放白三烯和抗变态反应作用[24]。

5. 抑制大鼠 PMNs 释放 SRS

研究人员采用整体给药后取血清，用生物检定法初步测试血清对腹腔 PMNs 释放 LTs 有无抑制作用，发现隐孔菌多糖 0.9、2.7g/kg 所得血清，能明显抑制大鼠 PMNs 释放 SRS，表明隐孔菌多糖对 AA 脂氧酶代谢产物 LTs 的活性有明显影响；同时采用反相 HPLC 法，定量测定了隐孔菌多糖对腹腔 PMNs 释放 LTB_4 生成水平的影响，结果显示，隐孔菌多糖对腹腔 PMNs 释放 LTB_4 水平有明显抑制作用。因此，可以推测隐孔菌多糖除了能抑制 AA 的产生外，还对 LTs 的活性也有明显影响[25]。

参考文献

[1] 应建浙. 中国药用真菌图鉴[M]. 北京：科学出版社，1987.
[2] 丁恒山. 中国药用孢子植物[M]. 上海：上海科学技术出版社，1982.
[3] 李世全. 秦岭巴山天然药物志[M]. 西安：陕西科学技术出版社，1987.
[4] 华启洪，孙静，沈礼. 药用真菌隐孔菌的生物学特性研究[J]. 中国中药杂志，1991，16(12)：719—722.
[5] 马伟光，李兴从，王德祖，等. 松橄榄中的麦角甾醇类过氧化合物[J]. 云南植物研究，1994，16(2)：196—200.
[6] Kawagishi H, Katsum R, Sazawa T, et al. Cytotoxic steroids from the mushroom *Agaricus blazei* [J]. Phytochemistry, 1988, 27: 2777—2779.
[7] Takashi Y, Uda M, Ohashi T, et al. Glycosides of ergosterol derivatives from *Hericum erinacens* [J]. Phytochemistry, 1991, 30(12): 4117—4120.
[8] Leslie Gunatilaka A A, Gopichand Y, Schmitz F J, et al. Minor and trace sterols in marine invertebrates. 26. Isolation and structure elucidation of nine new epidiox sterols from four marine organisms [J]. J org Chem, 1981, 46: 3860—3866.
[9] Hashimoto T, Tori M, Mizuno Y, et al. Cryptoporic acids A and B, Novel bitter drimane sesquiterpenoids ethers of isocitric acid, from the fungus *Cryptoporu svolvatus* [J]. Tetrahedron Letters, 1987, 28(50): 6303—6304.
[10] Hashimoto T, Tori M, Mizuno Y, et al. The superoxide release inhibitors, cryptoporic acids C, D, and E; dimeric drimane sesquiterpenoid ethers of isocitric acid from the fungus *Cryptoporus volvatus* [J]. J. Chem. Soc. Chem. Commun, 1989, 4: 258—259.
[11] Hirotani M, Furuya T, Shiro M. Cryptoporic acids H and I, drimane sesquiterpenes from *Ganoderma neo-japonicum* and *Cryptoporus volvatus* [J]. Phytochemistry, 1991, 30(5): 1555—1559.
[12] Asakawa Y, Hashimoto T, Mizuno Y, et al. Cryptoporic acids A-G, drimane-type sesquiterpenoid ethers of isocitric acid from the fungus *Cryptoporu svolvatus* [J]. Phytochemistry, 1992, 31(2): 579—592
[13] Takahashi H, Toyota M, Asakawa Y. Drimane-type sesquiterpenoids from *Cryptoporus volvatus* infected by *Paecilomyces varioti* [J]. Phytochemistry, 1993, 33(5): 1055—1059.
[14] 武文，赵烽，宝丽，等. 中华隐孔菌子实体化学成分及细胞毒活性研究[J]. 中国药物化学杂志，2011，21(1)：47—51.
[15] 华启洪，金国梁. 中华隐孔菌的化学成分[J]. 植物资源与环境，1993，2(1)：60—61.
[16] Kitamura S, Hori T, Kurita K, et al. An antitumor, branched(1－3)－β－d－glucan from a

water extract of fruiting bodies of *Cryptoporus volvatus*. [J]. Carbohydrate Research, 1994, 263(1): 111—121.

[17] 吴锦忠,陈卫琳,郭嘉铭,等. 野生隐孔菌挥发油成分分析[J]. 福建中医学院学报,1998,8(3):25—27.

[18] Cabrera G M, Robert M J, Wright J E, et al. Cryptoporic and isocryptoporic acids from the fungal cultures of *Polyporus arcularius* and *P. ciliatus* [J]. Phytochemistry, 2002, 61: 189—193.

[19] Narisawa T, Fukaura Y, Kotanagi H, et al. Inhibitory effect of cryptoporic acid E, a product from fungus cryptoporus volvatus on colon carcinogesis induced with *N-methyl-N-* nitrosourea in rats and with 1, 2 - dimethylhydrazine in mice [J]. Jap J Cancer Res, 1992, 83: 830—834.

[20] Jansenand B J M, Groot A D. Occurrence, biological activity and synthesis of drimane sesquiterpenoids [J]. Nat Prod Rep, 2004, 21: 449.

[21] 陈黎,谢诒诚,柯传奎,等. 隐孔菌多糖对致敏小鼠肺组织趋化因子 mRNA 和肿瘤坏死因子 mRNA 表达的影响[J]. 中草药,2007,38(12):1832—1835.

[22] 汤慧芳,陈季强,谢强敏,等. 隐孔菌多糖成分对致敏大鼠气道高反应性和炎症细胞的影响[J]. 浙江大学学报(医学版),2003,32(4):287—291.

[23] 金赛红,谢强敏,陈季强. 隐孔菌发酵物对离体中性粒细胞释放白三烯 B_4 和 C_4 及 D_4 的抑制作用[J]. 浙江大学学报(医学版),2003,32(4):292—295.

[24] 周建仓,谢强敏,季华,等. 隐孔菌多糖对肺组织释放白三烯的影响[J]. 中国药理学通报,2002,18(2):169—172.

[25] 金赛红,谢强敏,林晓霞,等. 隐孔菌对大鼠多形核粒细胞释放白三烯的影响[J]. 中国中药杂志,2003,28(7):650—653.

（戴胜军、聂秀萍）

第五十三章 稻曲菌

DAO QU JUN

第一节 概 述

稻曲菌[*Ustilaginoidea virens*(*Cke*) Takahashi]系子囊菌纲，鹿角菌目，麦角菌科，拟黑粉菌属真菌[1]，别名“粳谷奴”。主要寄生于水稻、玉米等植物的果穗上，使被感染的作物减产，全国各地均有分布。我国古代就发现了其特殊的药用价值，据《千金方》记载：中药粳谷奴“治走马喉痹，烧研，酒服方寸匕，立效”。走马喉痹即当今的白喉疾病。据《中国中药资源志要》记载：“粳谷奴，微咸，性平，杀菌，消炎，利咽，用于乳蛾，白喉”。

目前，国内外对稻曲菌的研究报道不多，特别是化学成分的研究报道更不多见。迄今发现的主要成分为有机酸、双-(萘并-γ-吡喃酮)[2-3]与肽类化合物(稻曲菌素)[4-5]。

第二节 稻曲菌化学成分的研究

一、稻曲菌化学成分的提取与分离

将稻曲菌干燥菌粒粉碎，依次用石油醚、氯仿、乙酸乙酯、甲醇回流提取，残渣用水浸提，浓缩后得到各部位的提取物。氯仿提取物经硅胶柱层析，以石油醚-乙醚-氯仿为洗脱剂，分别得到化合物(1)～(7)：Stearic acid(1)、tristearin(2)、1,3-distearin(3)、ecgonine(4)、ergosta-7,22-dien-3-ol(5)、ergosterol peroxide(6)、β-sitosterol(7)。将乙酸乙酯提取物经硅胶柱层析，以氯仿-甲醇为洗脱剂，分别分离得到化合物(8)～(13)：ustilaginoidin A(8)、ustilaginoidin B(9)、ustilaginoidin D(10)、2,2′,3,3,3′-pentahydro-5,5′,6,6′,8,8′-hexahydroxy-2*R*,2′*R*,3′*R*-trimethyl-9,9′*R*-bi-4*H*-naphtho(2,3-*β*)pyran-4,4′-dione，命名为 ustilavirienin A(11)、2,2′,3,3′-hexahydro-5,5′,6,6′,8,8′-hexahydroxy-2*R*,2′*R*-dimethyl-9,9′*R*-bi-4H-naphtho(2,3-b)pyran-4,4′-dione，命名为 ustilavirienin B(12)、2,3-dihydro-5,5′,6,6′,8,8′-hexahydroxy-2*R*,2′-dimethyl-9,9′*R*-bi-4*H*-naphtho(2,3-b)pyran-4,4′-dione，命名为 ustilavirienin C(13)、化合物(11)、(12)和(13)为新化合物。

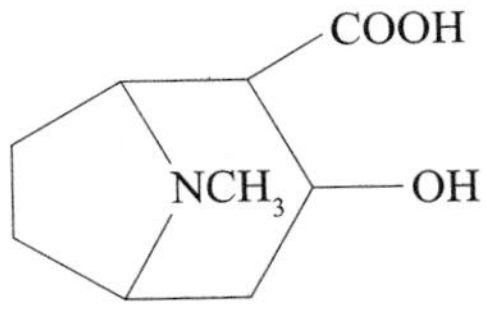

(4) 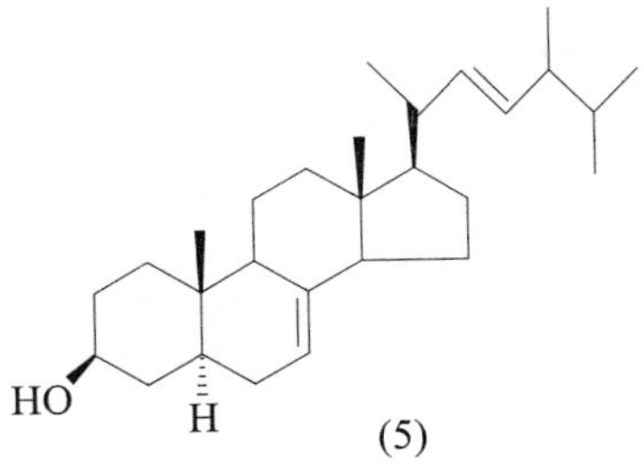　　(5)

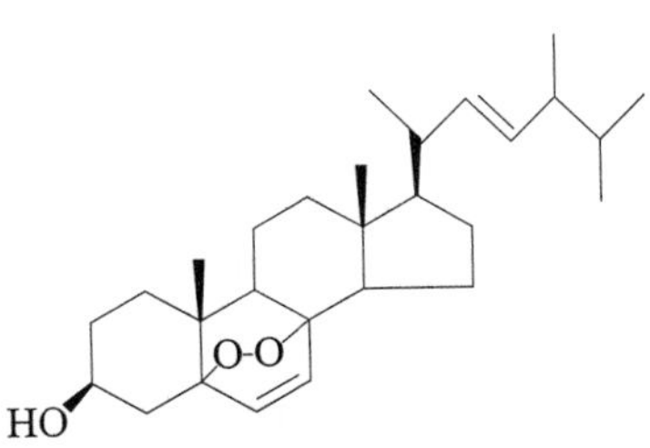

(6) 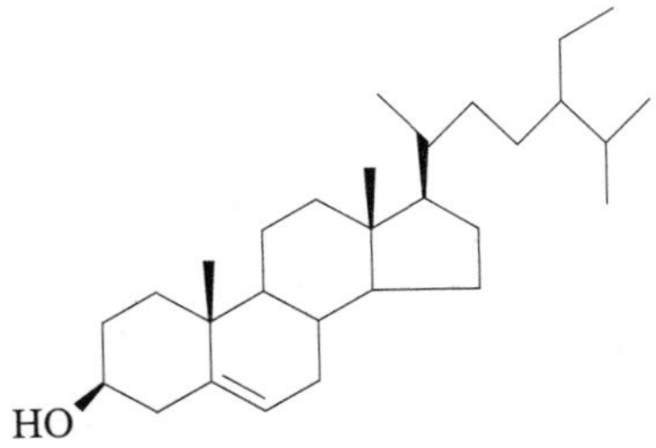　　(7)

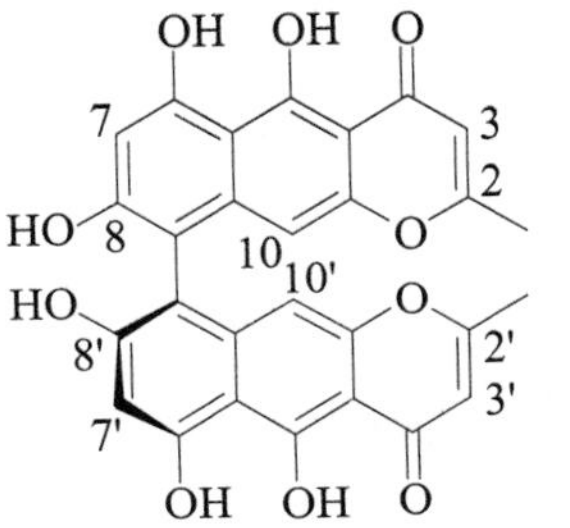

(8) 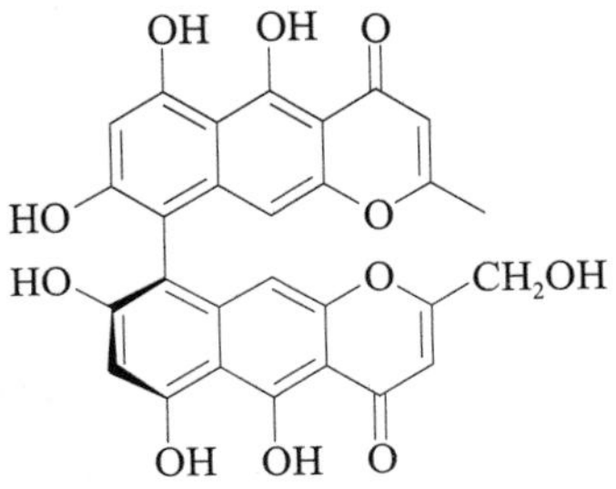　　(9)

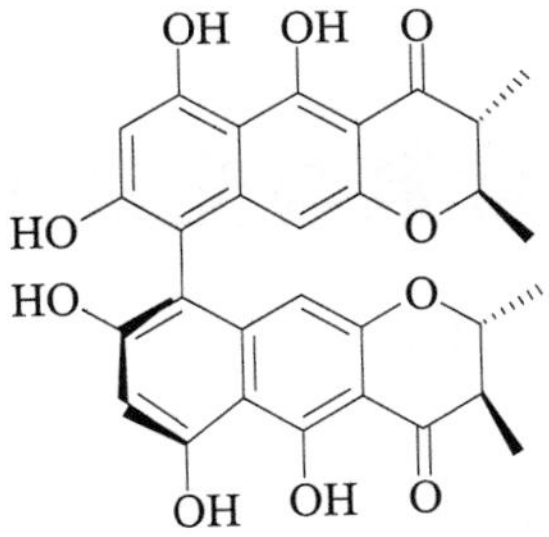

(10) 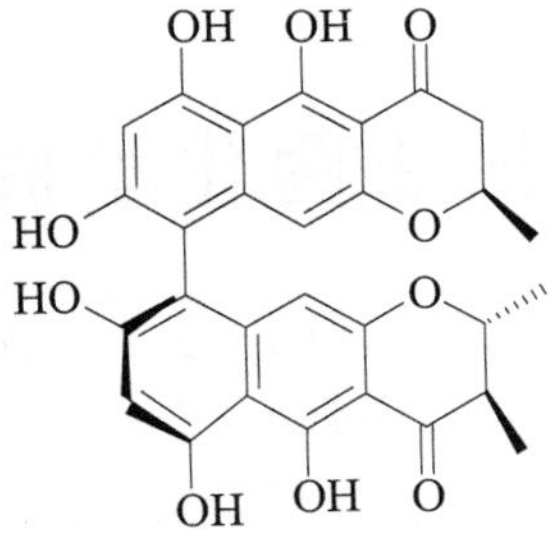　　(11)

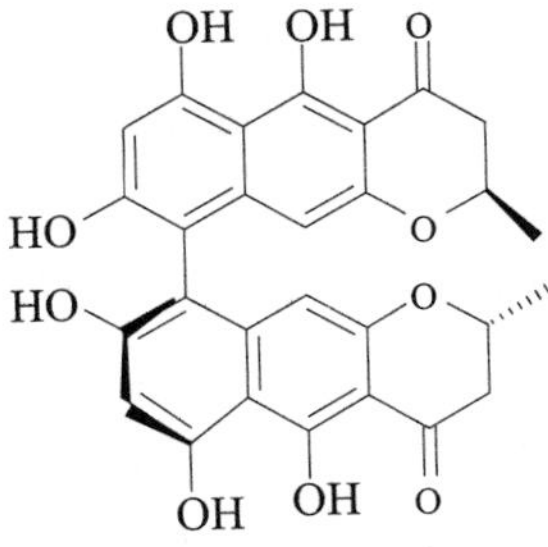

(12) 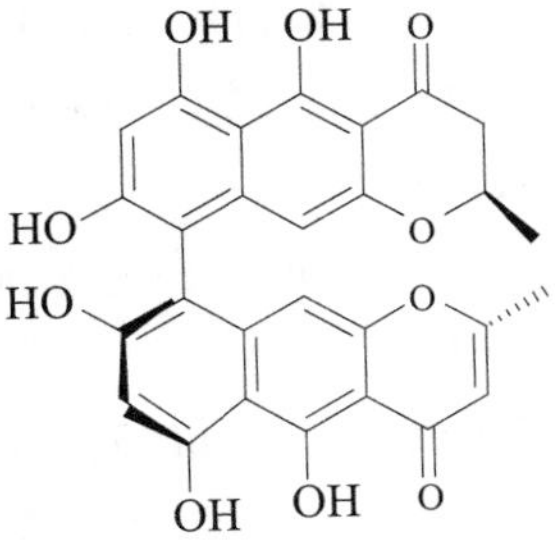　　(13)

日本学者从稻曲菌水提物中，通过反相柱色谱与 HPLC 制备，分别分离得到化合物(14)～(18)，经氨基酸分析，X-衍射和光谱解析，鉴定为一类环肽结构，命名为稻曲菌素。Ustiloxins A(14)、ustiloxins B(15)、ustiloxins C(16)、ustiloxins D(17)、ustiloxins F(18)。

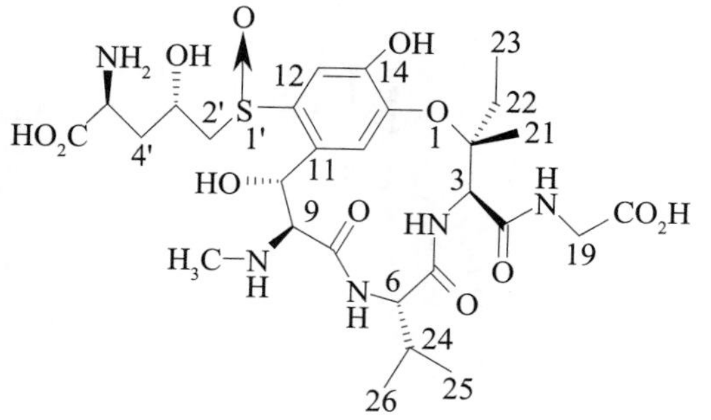

(14)

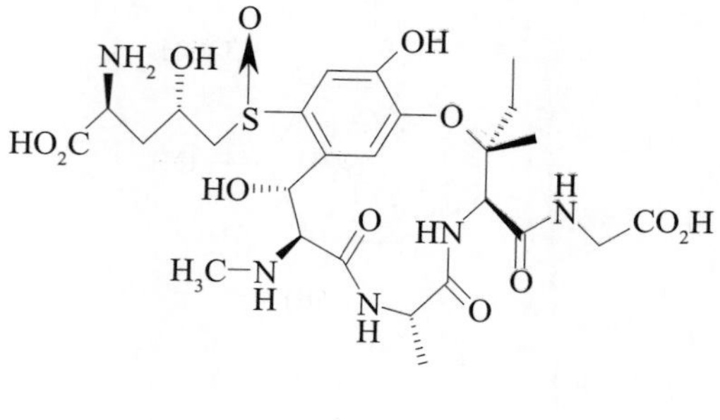

(15)

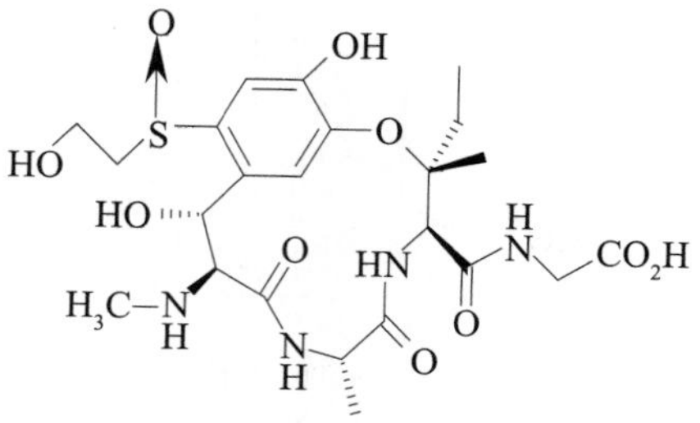

(16)

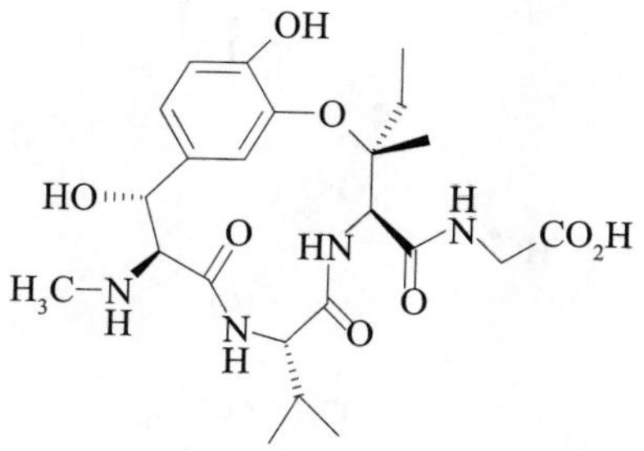

(17)

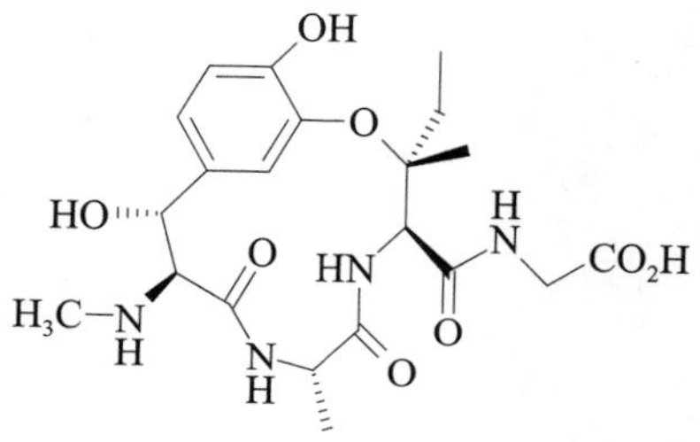

(18)

二、稻曲菌化学成分的理化常数与光谱数据

Stearic acid(1)　$C_{18}H_{36}O_2$ 白色片状结晶，mp 69～70℃，EI-MS *m/z*：284(M^+)，256，241，227，213，199，185，171，129；IR(KBr)：3 500～2 500、2 920、2 850、1 700、1 470、1 300，940、720cm^{-1}[6]。

Tristearin(2)　$C_{57}H_{110}O_6$，白色固体，mp 70～71℃，IR(KBr)：3 485、2 914、2 849、1 731、1 470、1 182、717cm^{-1}[7]。

1,3 - Distearin(3)　$C_{39}H_{76}O_5$，白色粉末，mp 77～78℃，IR(KBr)：3 485、2 914、2 848、1 731、1 470、1 181、717cm^{-1}；^{1}H NMR($CDCl_3$)δ：0.88(6H，t)，1.25～1.32(m)，1.62(4H，tt)，2.34(4H，t)，4.11～4.20(5H，brm)[6]。

Ecgonine(4)　$C_9H_{15}NO_3$，白色粉末，mp 80～82℃，EI-MS *m/z*：185(M^+)，167(M-H_2O)，156(M-C_2H_5)，124，97，83[8]。

Ergosta - 7,22 - dien - 3 - ol(5)　$C_{28}H_{46}O$：白色针晶，mp 160～162℃，IR(KBr)：3 430、2 955、2 870、1 639、1 459、1 380、1 040cm^{-1}；EI-MS *m/z*：398(M^+)，383，365，300，273，271，255，246。^{1}H NMR($CDCl_3$)δ：5.24～5.13(3H，m)，3.60(1H，m)，2.01～1.21(23H，m)，1.01(3H，d)，0.82(3H，d)，0.79(3H，s)，0.54(3H，s)[9]。

Ergosterol peroxide(6)　$C_{28}H_{44}O_3$：白色结晶，mp 184～186℃，EI-MS *m/z*：428(M^+)，410(M-H_2O)，396(M－2O)，376，363，337，315，303，285，267，253，251，197，152，81，69；IR(KBr)：3 432、

2 956、1 631、1 458、1 378、1 042、968cm^{-1}；^{1}H NMR($CDCl_3$)δ(ppm)：6. 50(1H，d)，6. 25(1H，d)，5. 23(1H，dd)，5. 14(1H，dd)，3. 97(1H，m)[10]。

β-Sitosterol(7) $C_{29}H_{48}O$：白色结晶，mp 140～141℃，EI-MS m/z：414(M^+)，396，381，329，303，273，255，213，199，161，145。

Ustilaginoidin A(8) $C_{28}H_{18}O_{10}$：红色棱晶，EI-MS m/z：514(M^+)；IR(KBr)：3 387、1 650、1 620、1 588、1 363、1 084、840cm^{-1}；^{1}H NMR(DMSO-d_6)δ：2. 21(6H，s)，6. 14(2H，s)，6. 16(2H，s)，6. 56(2H，s)，9. 73(2H，s)，9. 94(2H，s)，15. 81(2H，br)；UV(MeOH)λ_{max}：195，225，290，430nm；CD(MeOH)：190(+)、210(+)、260(+)、295(－)、325(－)[2-3,11-12] nm。

Ustilaginoidin B(9) $C_{28}H_{18}O_{11}$：红色粉末，mp 253～255℃，EI-MS m/z：530(M^+)，IR(KBr)：3 369、1 651、1 620、1 587、1 363、1 083、840cm^{-1}；^{1}H NMR(DMSO-d_6)δ：2. 24(3H，s)，4. 26(2H，s)，5. 76(2H，br)，6. 14～6. 16(2H，s)，6. 17～6. 19(2H，s)，6. 56～6. 60(2H，s)，9. 75(2H，br)，9. 95(2H，br)；UV(MeOH)λ_{max}：195、225、290、410[2-3,11-12] nm。

Ustilaginoidin D(10) $C_{30}H_{26}O_{10}$：黄色棱晶，mp 244～246℃，FAB-MS m/z：546(M^+)；IR(KBr)：3 398、1 633、1 587、1 500、1 450、1 132、842cm^{-1}；^{1}H NMR(DMSO-d_6)δ：1. 10(6H，d)，1. 29(6H，d)，2. 76(2H，dd)，4. 51～4. 21(2H，dt)，5. 66(2H，s)，6. 43(2H，s)，9. 72～9. 76(2H，s)；UV(MeOH)λ_{max}：195、235、270、295、415nm；CD(MeOH)：195(+)、230(－)、260(－)、295(－)、325(－)[2-3,11-12] nm。

Ustilavirienin A(11) $C_{29}H_{24}O_{10}$：黄色棱晶，mp 215～218℃，EI-MS m/z：532(M^+)；IR(KBr)：3 388、1 650、1 587、1 500、1 363、1 270、1 084、842cm^{-1}；UV(MeOH)λ_{max}：195、232、280、295、415nm；CD(MeOH)：195(+)、220(+)、260(+)、300(－)、320(－)、420(+)nm。^{13}C NMR(DMSO-d_6)δ：9. 73(3′-Me)，19. 24～20. 35(2，2′-Me)，42. 30～45. 35(3，3′-C)，75. 16～77. 41(2，2′-C)，197. 95～200. 07(4，4′-C)，101. 01(4a，4a′-C)，164. 70(5，5′-C)，107. 03～107. 16(5a，5a′-C)，152. 52(6，6′-C)，99. 94(7，7′-C)，159. 86(8，8′-C)，104. 22(9，9′-C)，141. 50(9a，9a′-C)，98. 34～98. 51(10，10′-C)，154. 50～154. 78(10a，10a′-C)。^{1}H NMR 数据见表 53-1[13]。

表 53-1 Date of ^{1}H NMR(DMSO-d_6) of ustilavirienin A、B、C

H No.	A	B	C
2,2′-Me	1. 27(d) 1. 29(d)	1. 27(d)	
3′-Me	1. 10(d)		
2,2′-H	4. 17(dq) 4. 45(ddq)	4. 46(m)	4. 43(m)
3,3′-H	2. 67(dd) 2. 80(dd) 2. 76(dq)	2. 67(dq) 2. 80(dq)	2. 68(dd) 2. 78(dd) 5. 65(s)
7,7′-H	6. 42(s)	6. 45(s)	6. 46(s) 6. 56(s)
10,10′-H	5. 65(s)	5. 66(s)	6. 15(s) 6. 18(s)

Ustilavirienin B(12) $C_{28}H_{22}O_{10}$：黄色粉末，mp 280～283℃，EI-MS m/z：518(M^+)；IR(KBr)：3 380、1 635、1 588、1 500、1 363、1 152、1 084、839cm^{-1}；UV(MeOH)λ_{max}：195、235、270、295、325、415nm；CD(MeOH)：195(+)、220(+)、225(－)、260(+)、300(－)、320(－)、415(+) nm。^{1}H NMR

数据见表 53－1[13]。

Ustilavirienin C(13)　$C_{28}H_{20}O_{10}$：红色粉末，mp 254～256℃，EI-MS m/z：516(M^+)；IR(KBr)：3 398、1 645、1 589、1 363、1 149、842cm⁻¹；UV(MeOH) λ_{max}：195、225、265、290、325、415nm；CD(MeOH)λ nm：195(＋)，220(＋)，260(＋)，300(－)，320(－)，415(＋)。^{1}H NMR 数据见表 53－1[13]。

Ustiloxins A(14)　$C_{28}H_{43}N_5O_{12}S$，无色针晶，FAB-MS m/z：674$[M+H]^+$；$[\alpha]_D$：＋14.5(H_2O)；UV(H_2O)λ_{max}：207、253、290nm；^{1}H NMR 数据见表 53－2；^{13}C NMR 数据见表 53－3[4-5]。

Ustiloxins B(15)　$C_{26}H_{39}N_5O_{12}S$，无色粉末，FAB-MS m/z：646$[M+H]^+$；$[\alpha]_D$：＋14.1(H_2O)；UV(H_2O)λ_{max}：213、252、290nm；^{1}H NMR 见表 53－2；^{13}C NMR 见表 53－3[4-5]。

Ustiloxins C(16)　$C_{23}H_{34}N_4O_{10}S$，无色粉末，FAB-MS m/z：559$[M+H]^+$；UV(H_2O)λ_{max}：216、253、290nm；^{1}H NMR 数据见表 53－2；^{13}C NMR 数据见表 53－3[4-5]。

Ustiloxins D(17)　$C_{23}H_{34}N_4O_8$，无色粉末，FAB-MS m/z：495$[M+H]^+$；$[\alpha]_D$：－48.8(H_2O)；UV(H_2O)λ_{max}：227、280、495nm；^{1}H NMR 数据见表 53－2；^{13}C NMR 数据见表 53－3[4-5]。

Ustiloxins F(18)　$C_{21}H_{30}N_4O_8$，无色粉末，FAB-MS m/z：467$[M+H]^+$；$[\alpha]_D$：－68.0(H_2O)；UV(H_2O)λ_{max}：227、280、467nm；^{1}H NMR 数据见表 53－2；^{13}C NMR 数据见表 53－3[4-5]。

表 53－2　Data of ^{1}H NMR(D_2O)(×10^{-6}) of ustiloxins A、B、C、D、F

H No.	ustiloxins				
	A	B	C	D	F
3	4.83s	4.55s	4.66s	4.81s	4.58s
6	4.13d	4.27q	4.40q	3.96d	4.24q
9	4.28d	4.00d	4.17d	3.34d	3.26d
10	4.96d	4.70d	4.92d	4.50d	4.51d
12				7.09dd	7.04dd
13	7.61s	7.37s	7.52s	6.98d	6.89d
16	7.11s	7.18s	7.38s	6.89d	7.07br s
19	3.79s	3.60d 3.76d	3.95d 4.03d	3.61s	3.66d 3.71d
21	1.77s	1.58s	1.69s	1.63s	1.54s
22a	1.73dq	1.53dq	1.66dq	1.65dq	1.58m
22b	2.24dq	1.95dq	2.07dq	2.08dq	1.91dq
23	1.09dd	0.82t	0.92dd	1.04t	0.85t
24	1.92m	1.04d	1.15d	1.80m	1.05d
25	0.80d			0.71d	
26	0.88d			0.80d	
N-CH₃	2.77s	2.50s	2.70s	2.34s	2.28s
2′a	3.04dd	2.86dd	2.94ddd		
2′b	3.33dd	3.20dd	3.37ddd		
3′	4.39m	4.19dddd	3.97ddd		
4′a	2.12ddd	1.91ddd	4.01ddd		
4′b	2.22ddd	2.02ddd			
5′	4.01dd	3.80dd			

表 53-3 Data of ^{13}C NMR(D_2O)($\times 10^{-6}$) of ustiloxins A、B、C、D、F

C No.	ustiloxins				
	A	B	C	D	F
2	87.2	84.5	85.7	88.7	86.2
3	59.6	60.3	58.3	62.3	60.3
5	171.0	172.7	170.9	173.8	173.1
6	60.1	50.0	48.4	62.8	49.7
8	166.4	169.4	164.9	168.9	171.9
9	66.7	68.2	65.0	71.7	71.1
10	73.9	74.7	72.1	75.9	74.4
11	128.0	129.0	127.3	133.3	132.5
12	136.4	137.1	136.9	125.3	123.2
13	114.4	114.4	112.7	121.7	118.8
14	152.2	153.2	151.7	153.6	150.7
15	146.0	146.3	144.3	145.5	142.7
16	124.2	124.6	23.3	126.4	124.0
17	170.3	170.6	169.6	173.5	170.9
19	43.8	44.2	40.2	46.6	44.2
20	176.3	176.9	171.9	179.0	176.9
21	21.1	22.2	20.8	24.0	22.0
22	32.1	31.7	29.8	35.2	31.6
23	7.8	8.4	6.7	10.7	8.4
24	28.7	15.7	14.2	31.6	15.8
25	17.9			21.3	
26	18.3			20.8	
N-CH_3	32.1	33.0	30.6	35.2	33.6
2′	64.8	65.1	59.2		
3′	63.8	64.2	54.4		
4′	36.7	37.1			
5′	52.7	53.2			
6′	174.4	174.8			

第三节 稻曲菌的生物活性

稻曲菌(粳谷奴)在我国古代作为中药,对白喉有较好的疗效。近代国内外研究发现,稻曲菌对动植物具有强烈的细胞毒作用,会使被感染的农作物发生减产,对动物的消化系统和生殖系统产生毒性。经对稻曲菌提取物的实验表明,稻曲菌对胰酶、胰蛋白酶具有抑制活性,对临床常见的几种细菌有抑制作用,并对癌细胞表现出较好的细胞毒作用[14-15]。

我们对所得的化合物进行抗肿瘤活性筛选,化合物(6)、(8)、(9)、(10)和(11)对 KB、HCT、A2780 3 种癌细胞均有较强的细胞毒作用(表 53-4)。

经对稻曲菌素的研究表明,稻曲菌对人的胃、肺、心脏、结肠和肾的癌细胞均有抑制作用,它可能

是通过干扰微管蛋白多聚体的形成，抑制微管蛋白组装，破坏微管蛋白动态平衡，是一种有丝分裂抑制剂，能抑制多种癌细胞的生长，是一种有潜力的抗肿瘤药物。

表 53-4 化合物(6)、(8)、(9)、(10)和(11)的细胞毒活性

样品编号	IC_{50} (μg/ml)		
	KB	HCT	A2780
6	9.48	8.68	9.85
8	0.39	0.28	0.42
9	0.71	0.56	0.74
10	0.48	0.78	0.73
11	0.60	2.02	0.71

第四节 展 望

目前，我国对稻曲菌的研究报道不多，主要文献集中在对动植物毒性、化学合成、检测分析等方面，对化学成分的研究更显缺乏。因此，对稻曲菌化学成分的分离、结构鉴定和活性评价值得进一步探索与深入研究。特别是已经得到的化合物，对不同的癌细胞均有较强的抑制作用，且未表现出毒性。因此，可作为抗肿瘤的药物，更具有良好的开发前景。

参考文献

[1] 魏景超. 真菌鉴定手册[M]. 上海：上海科学技术出版社，1979.
[2] Shibata S, Ohta A, Ogihara Y. Metabolic products of fungi. XXII. On ustilaginoidins. 1. the reactions of ustilaginoidin A[J]. Chemical Pharmaceutical Bulletin, 1963, 11(9): 1174—1178.
[3] Shibata S, Ogihara Y, Ohta A. Metabolic products of fungi. XXII. On ustilaginoidins. 2. the structures of ustilaginoidin A[J]. Chemical Pharmaceutical Bulletin, 1963, 11(9): 1179—1182.

[4] Koiso Y, Li Y, Iwasaki S, et al. Ustiloxins, antimitotic cyclicpeptides from false smut balls on rice panicles caused by Ustilaginoidea virens[J]. The Journal of antibiotics, 1994, 47(7): 765—773.
[5] Koiso Y, Morisaki N, Yamashita Y, et al. Isolation and structure of an antimitotic cyclic peptide, ustiloxin F: chemical interrelation with a homologous peptide, ustiloxin B[J]. The Journal of antibiotics, 1998, 51(4): 418—422.
[6] 赵余庆，杨松松，柳江华. 刺五加化学成分的研究[J]. 中国中药杂志，1993，18(7)：428—429.
[7] SADTLER Stanndard Infrared Grating Spectra[M], SADTLER Research Laboratories Inc USA, 1980.
[8] 孙文基. 天然活性成分简明手册[M]. 北京：中国医药科技出版社，1998.
[9] Takaishi R, Ohashi T, Tomimatsu T. Ergosta-7, 22-dien-3β-ol glycoside from *Tylopilus neofelleus*[J]. Phytochemistry, 1989, 28(3): 945—947.
[10] Gunatilaka AAL, Gopichand Y, Sehmitz F, Minor and trace sterols in marine Ivertebrates 26. Isolation and structure elucidation of nine new 5α, 8α-epdioxy sterols from four marine organ-

isms[J]. J Org Chem, 1981, 46(19):3860—3866.

[11] Eisaku Morishita and Shoji Shibataw: Metabolic Products of Fungi. XXVII. ＊2 Synthesis of racemic Ustilaginoidin A and Its Related Compounds. (2). Synthesis of racemic Ustilaginoidin A. Chemical & Pharmaceutical Bulletin, 1967, 15(11):1772—1775.

[12] Setsuko S, Kunitoshi Y, and Shinshira Y. Chaetochromin, a Bis(naphthodihydropyran - 4 - one) Mycotoxin from *Chaetomium thielavioideum*: Application of $^{13}C^{1}H$ Long-rang Coupling to the Structure Elucidation [J]. Chemical & Pharmaceutical Bulletin, 1963, 11(12):1576—1578.

[13] 郭志军. 稻曲菌化学成分的研究[D]. 中国协和医科大学研究生院，1997.

[14] Koyama K; Natori S. Further characterization of seven bis(naphtha - γ - pyrone) congeners of ustilaginoidins, pigments of Claviceps virens (Ustilaginoidea virens) [J]. Chemical & Pharmaceutical Bulletin, 1988, 36(1):146—152.

[15] Koiso Y, Natori M, Iwasaki S, et al. Ustiloxin: a phytotoxin and a mycotoxin from false smut balls on rice panicles[J]. Tetrahedron Letters, 1992, 33:4157—4160.

（王爱国）

第五十四章 猪苓

ZHU LING

第一节 概 述

猪苓[*Polyporus umbellatus* (Pers.) Fries]为担子菌门，伞菌纲，多孔菌目，多孔菌科，多孔菌属药用真菌。猪苓子实体俗称“猪苓花”或“千层蘑菇”，幼嫩时可供食用，味道鲜美。猪苓地下菌核黑色，形状多样，干燥后可入药，为中药猪苓。猪苓菌核别名“野猪苓”、“猪屎苓”、“鸡屎苓”，主要分布在陕西、山西、河北、河南、云南、辽宁等地区。猪苓菌核具有利水渗湿的功能，主治小便不利、水肿、泄泻、淋浊、带下等症。

猪苓化学成分主要是多糖类、甾体类和非甾体类。此外，猪苓还含有多种氨基酸、维生素和微量元素等成分。

第二节 猪苓化学成分的研究

一、多糖类

用热水提取猪苓菌核，获得粗多糖。粗多糖经十六烷基三甲基溴化铵(cetavlon)色谱，获得水溶性多糖 GU-1。GU-1 为葡聚糖，旋光度-25.4(c 1，H_2O)，分子由葡萄糖以(1→3)，(1→4)和(1→6)糖苷键缩合的方式链接，分子在葡萄糖的C-6和C-3位形成支链[1]。液体发酵猪苓菌丝，从发酵液中获得的猪苓滤液多糖，对小鼠肉瘤 S-180 腹水中的癌细胞具有较明显的抑制作用[2]。该多糖为杂多糖，由 D-甘露糖、D-半乳糖和 D-葡萄糖组成，其摩尔比为 20∶4∶1[3]。

二、猪苓菌核小分子化学成分的提取与分离

到目前为止，从猪苓中分离得到28个甾体类化合物，分别是：麦角甾醇(ergosterol，1)、麦角甾-7,22-二烯-3β-醇(ergosta-7,22-dien-3β-ol，2)、麦角甾-7,22-二烯-3-酮(ergosta-7,22-dien-3-one，3)、3-甲氧基-(22*E*,24*R*)-麦角甾-7,22-二烯(3-methoxyl-(22*E*,24*R*)-ergosta-7,22-dien，4)、15-甲基-3-甲氧基-(22*E*,24*R*)-7,22-二烯(15-methyl-3-methoxyl-(22*E*,24*R*)-ergosta-7,22-dien，5)、麦角甾-4,6,8(14),22-四烯-3-酮(ergosta-4,6,8(14),22-tetren-3-one，6)、麦角甾-7,22-二烯-3β,5α,6β-三醇(ergosta-7,22-dien-3β,5α,6β-triol，7)、麦角甾-7-烯-3β,5α,6β-三醇(ergosta-7-en-3β,5α,6β-triol，8)、5α,8α-环二氧-(22*E*,24*R*)-麦角甾-6,22-二烯-3β-醇(5α,8α-epidioxy-(22*E*,24*R*)-ergosta-6,22-dien-3β-ol，9)、(20*S*,22*R*,24*R*)-16,22-环氧-麦角甾-3β,14α,21α,25α-四羟基-7-烯-6-酮((20*S*,22*R*,24*R*)-16,22-epoxy-3β,14α,23β,25α-tetrahydroxyergost-7-en-6-one，10)、(23*R*,24*R*,25*R*)-23,26-环氧-3β,14α,21α,22α-四羟基麦角甾-7-烯-6-酮((23*R*,24*R*,25R)-23,26-epoxy-3β,14α,21α,22α-tetrahydroxyergost-7-en-6-one，11)、22,23-环氧-3β,14α,20β,24β-四羟基麦角甾-

7-烯-6-酮(22,23-epoxy-3β,14α,20β,24β-tetrahydroxyergost-7-en-6-one,12)、扶桑甾-乙酸酯(rosaste-4-en-3β-O-acetate,13)、5α,8α-环二氧-(24S)-麦角甾-6-烯-3β-醇(5α,8α-epidioxy-(24S)-ergosta-6-en-3β-ol,14)、polyporoid A(15)、polyporoid B(16)、polyporoid C(17)、(24S)-24α-甲基胆甾-5-烯-3β,25-二醇((24S)-24α-methylcholest-5-en-3β,25-diol,18)、(24S)-24α-甲基胆甾-1β,3β,5α,6β-四醇((24S)-24α-methylcholest-1β,3β,5α,6β-tetraol,19)、猪苓酮 A(polyporusterone A,20)、猪苓酮 B(polyporusterone B,21)、猪苓酮 C(polyporusterone C,22)、猪苓酮 D(polyporusterone D,23)、猪苓酮 E(polyporusterone E,24)、猪苓酮 F(polyporusterone F,25)、猪苓酮 G(polyporusterone G,26)、polyporusterones I(27)、polyporusterones II(28)

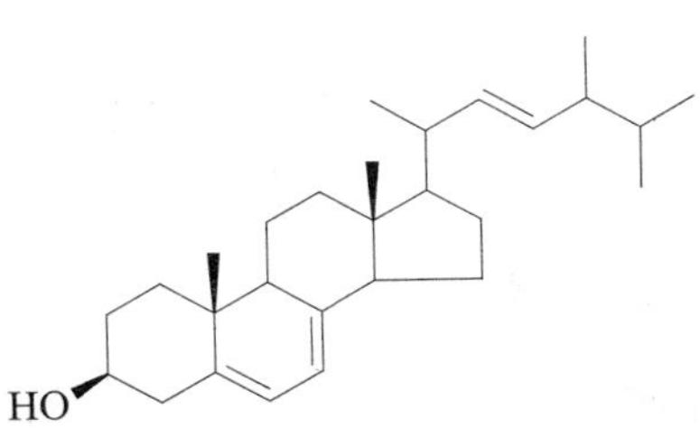

(1) 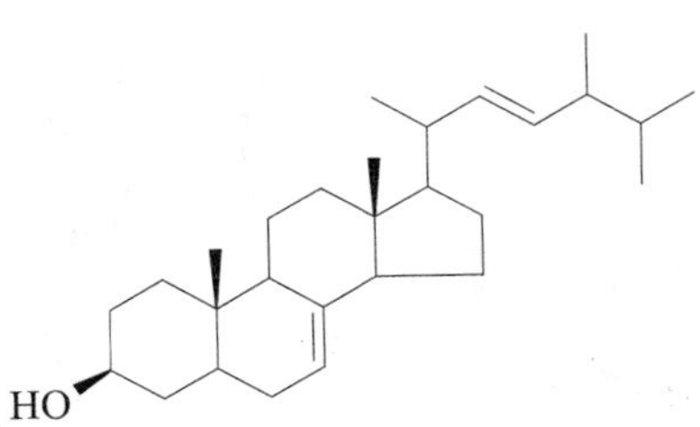　(2) 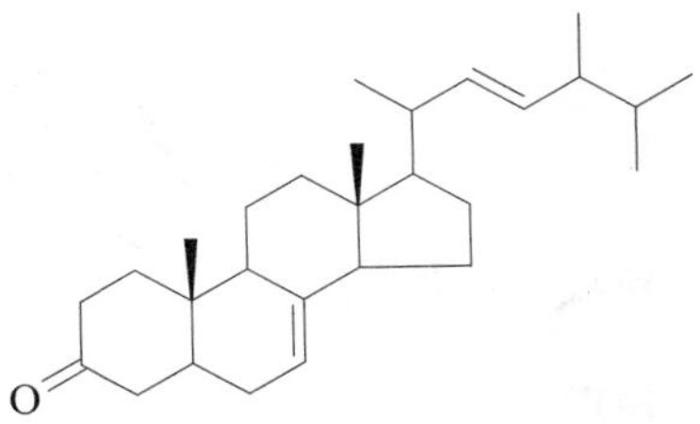　(3)

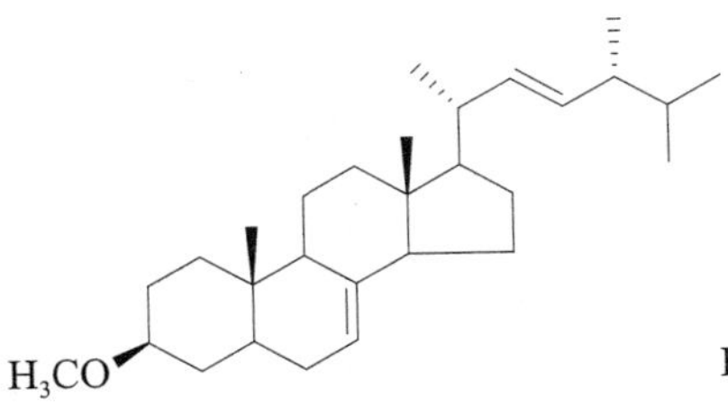

(4) 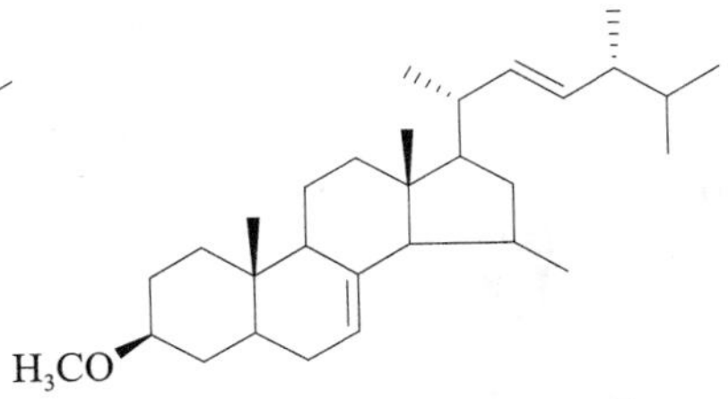　(5) 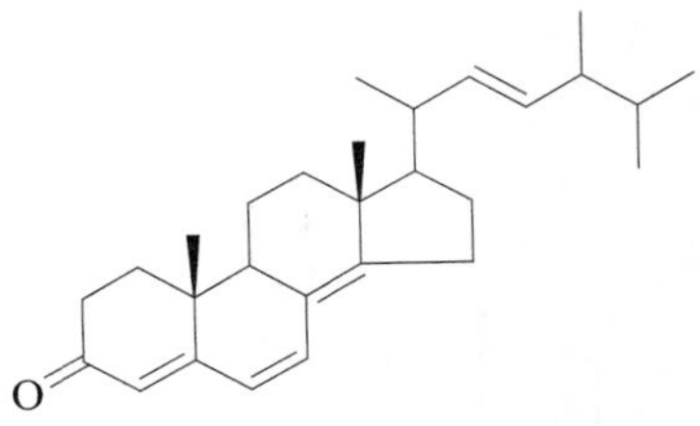　(6)

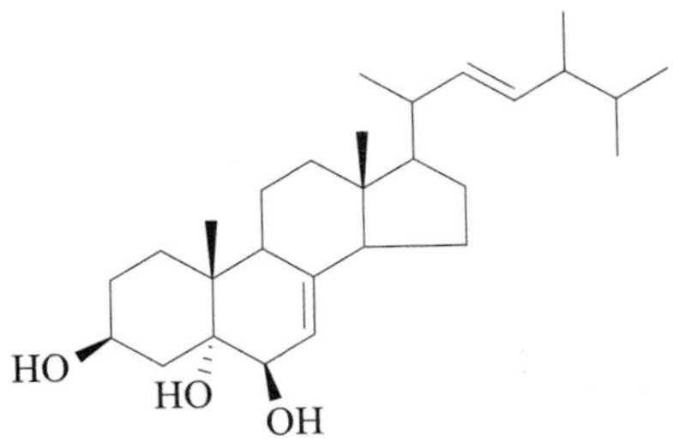

(7) 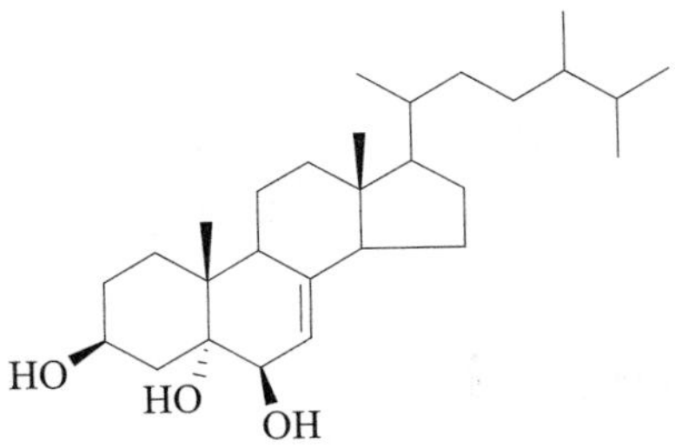　(8) 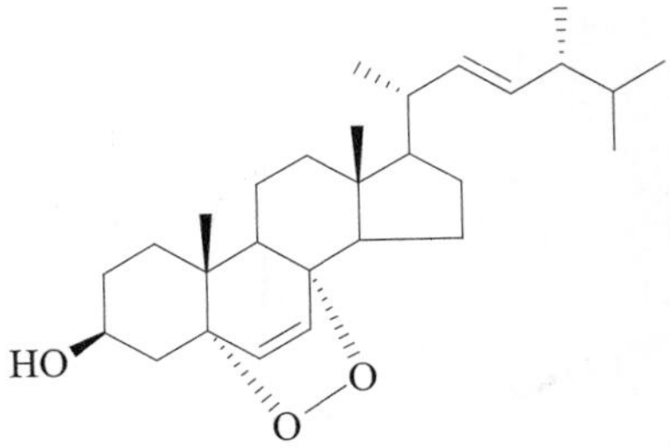　(9)

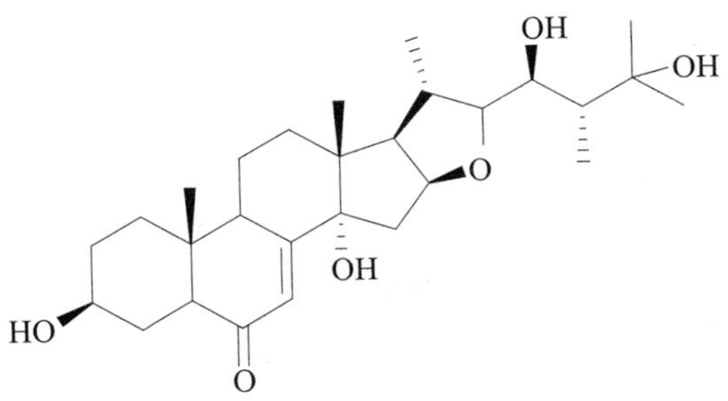

(10) 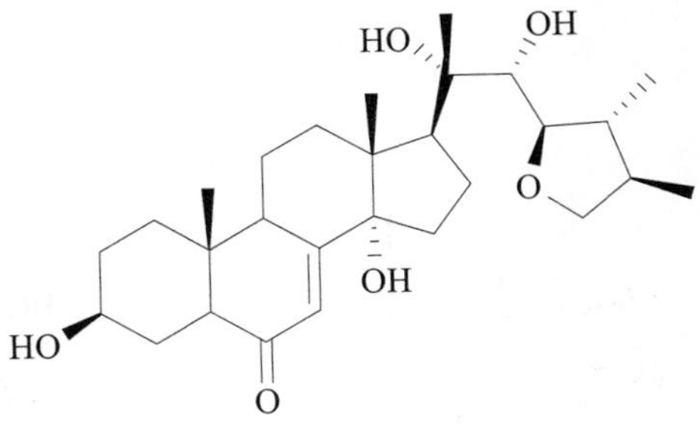　(11)

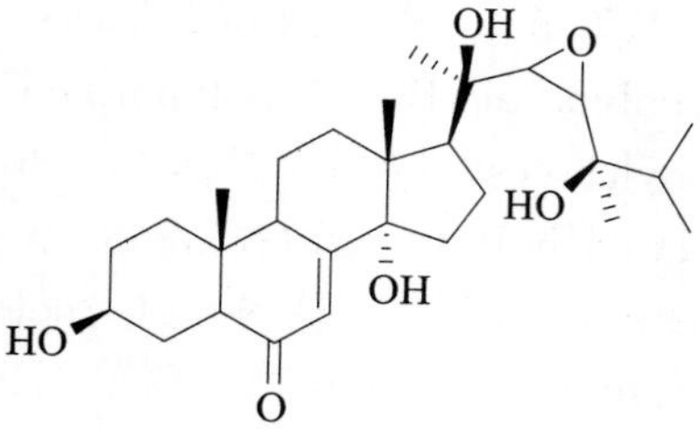

(12)

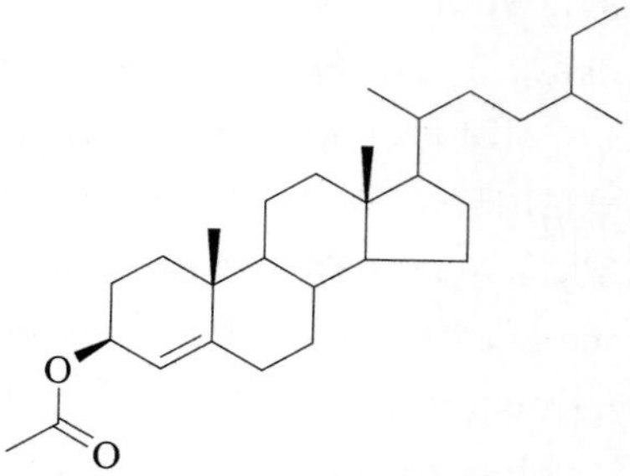

(13)

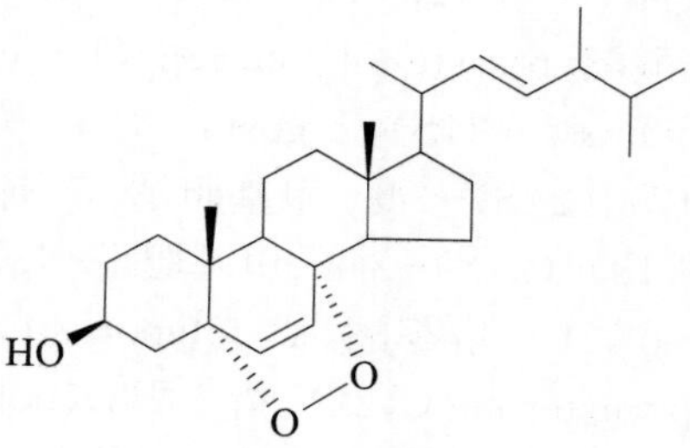

(14)

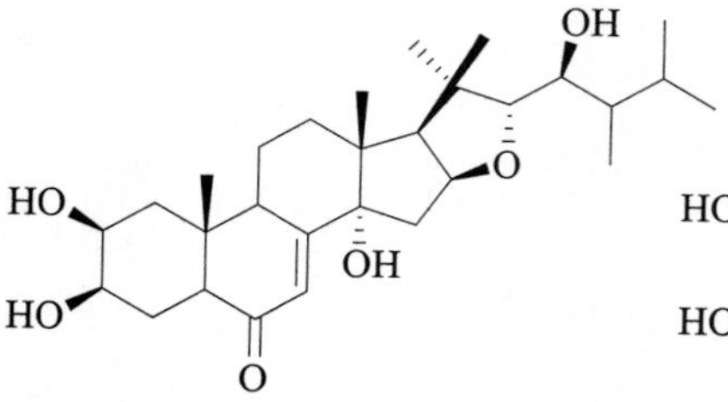

(15)

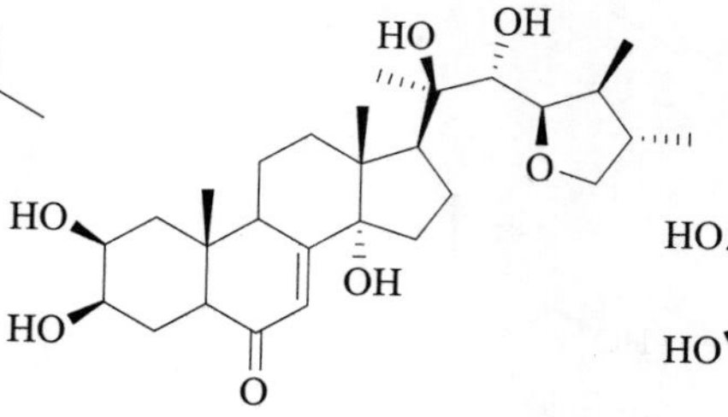

(16)

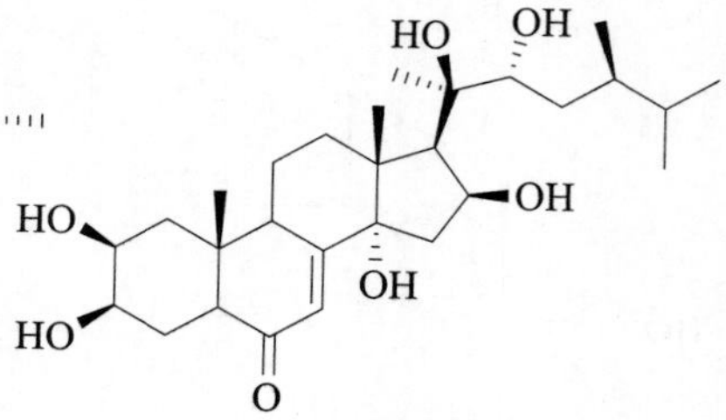

(17)

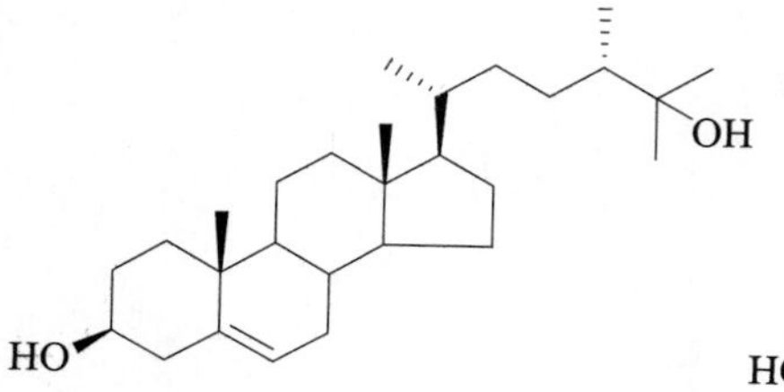

(18)

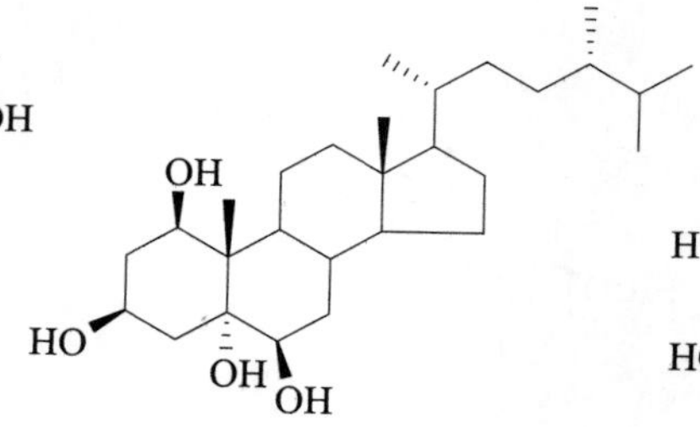

(19)

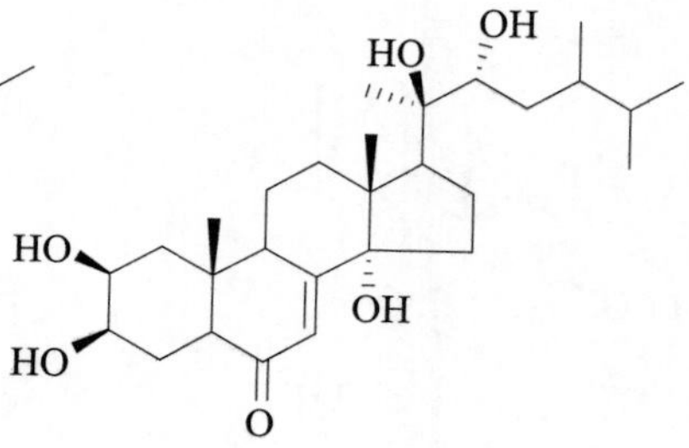

(20)

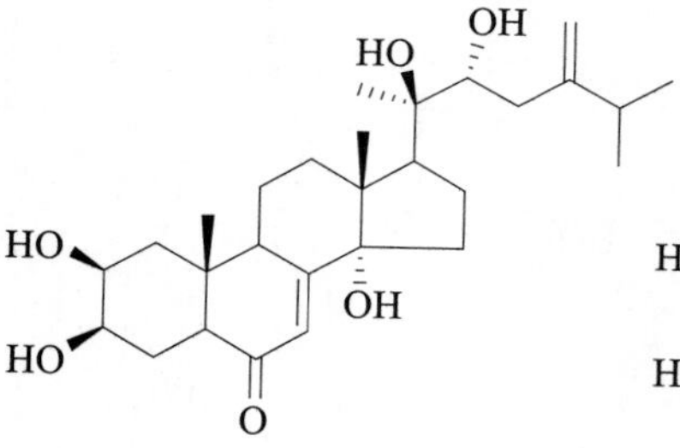

(21)

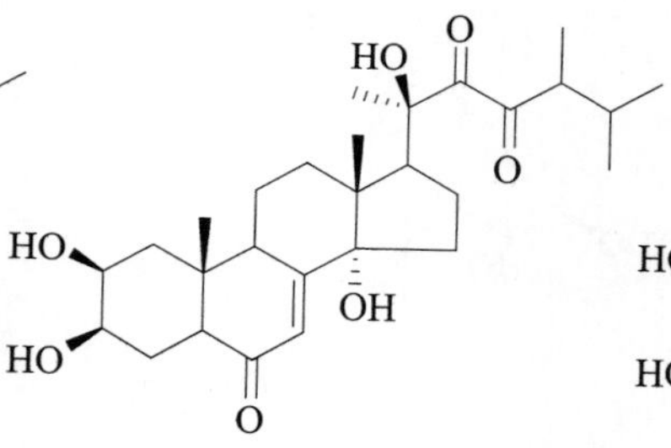

(22)

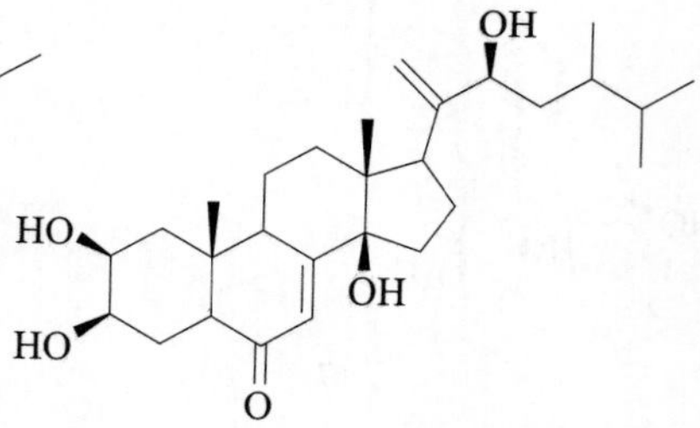

(23)

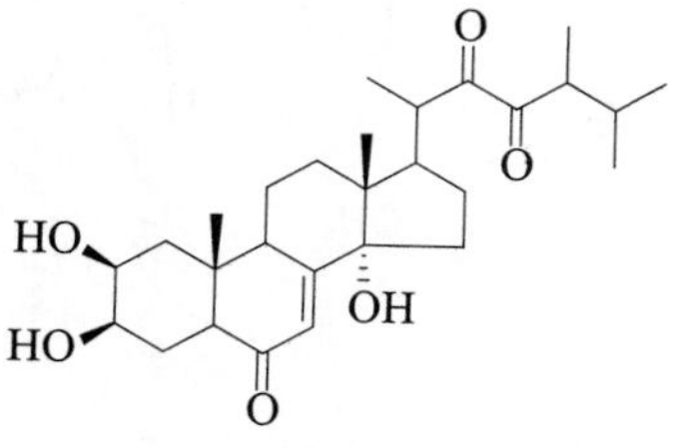

(24)

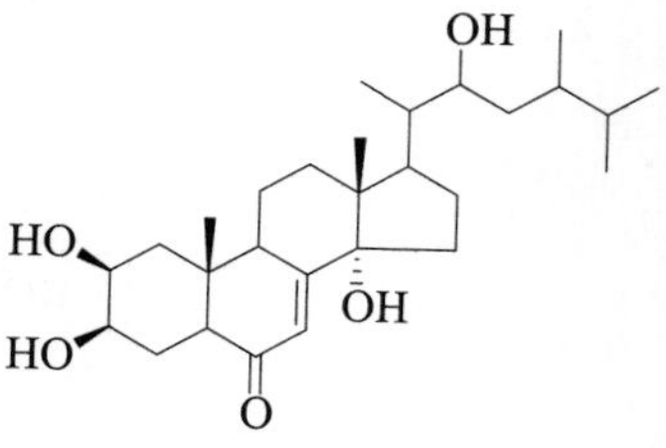

(25)

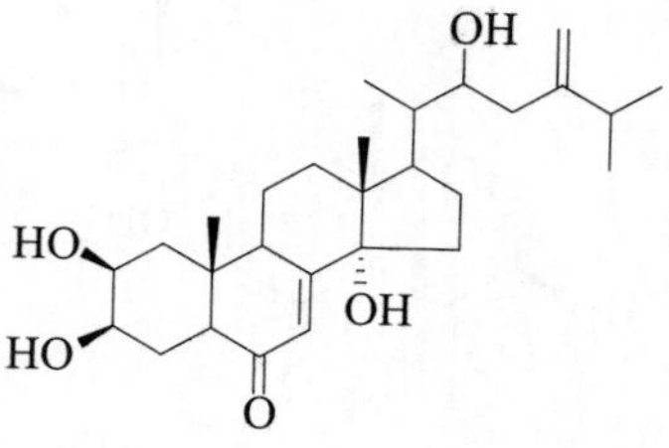

(26)

(27)　(28)

从猪苓菌核中分离获得的非甾体类化合物包括：

（1）蒽醌类：大黄素（emodin，29）、大黄素甲醚（physcion，30）、大黄酚（chrysophanol，31）；

（2）三萜类：木栓酮（friedelin，32）、1β-羟基木栓酮（1β- hydroxylfriedelin，33）；

（3）芳香杂环类：腺嘌呤核苷（adenosine，34）、尿嘧啶核苷（uridine，35）、尿嘧啶（uracil，36）、烟酸（nicotinic acid，37）；

(29)　(30)　(31)

(32)　(33)　(34)　(35)

(38)　(39)　(40)

(36)　(37)　(41)　(42)　(43)

(4) 神经酰胺类:N-(2′-羟基二十四酰)-1,3,4-三羟基-2-十八鞘氨 N-(2′-hydroxytetracosanoyl)-1,3,4-trihydroxyl-2-octodecanine,38)、脑苷脂 B(cerebroside B,39);

(5) 多元醇类:D-甘露醇(D-mannitol,40)、L-阿拉伯糖醇(L-arabinitol,41);

(6) 其他化合物:4-羟基苯甲醛(4-hydroxy benzaldehyde,42)、5-羟甲基糠醛(5-hydroxymethylfurfuraldehyde,43)、阿魏酸(ferulic acid,44)、琥珀酸(succinic acid,45)、α-羟基二十四烷酸(α-hydroxytetracosanoic acid,46)、丙氨酸(D-α-aminopropionic acid,47)、α-羟基二十四烷酸乙酯(α-hydroxytetracosanoic ethyl ester,48)。

提取方法一 称取猪苓菌核 100kg,用 30%乙醇 1 000L 提取,获得提取浸膏 2.4kg。将提取浸膏分散在 1L 水中,用 3L 乙醚萃取。乙醚层经 0.5mol/L Na_2CO_3洗涤、Na_2SO_4脱水。有机层经真空干燥,得到中性部分 14.5g。中性部分用甲醇溶解,经硅胶柱层析,用氯仿:甲醇(1:0→0:1)梯度洗脱,得到 fr. A~fr. F 共 6 个洗脱部分。其中 fr. C(2.8g)经硅胶柱层析、正己烷:乙醇(4:1)洗脱,得到 3 个部分,fr. C2 再经 Inertsil ODS 柱高效液相层析、40%乙腈洗脱,获得(24)22mg、(25)10mg 和(26)10mg;其中 fr. D(1.4g)经 Inertsil ODS 柱高效液相层析、30%四氢呋喃洗脱,获得(20)300mg、(21)300mg 和(22)26mg;其中 fr. E(0.58g)经氧化铝柱层析、氯仿-甲醇(10:1)洗脱,获得(23)8mg[4]。

提取方法二 称取猪苓菌核 1kg,用甲醇 9L 提取 3 次,获得提取浸膏 22.5g。将提取浸膏分散在水中,经乙酸乙酯萃取获得浸膏 16.9g。乙酸乙酯浸膏经正己烷:甲醇:水(19:19:2)分散萃取,得到正己烷可溶性浸膏 6.4g 和甲醇:水可溶性浸膏10.5g。甲醇:水部分经硅胶柱层析,用正己烷:乙酸乙酯梯度洗脱,得到 fraction 1~5 共 5 个洗脱部分。其中 fraction 4(1.8g)经硅胶柱层析、氯仿-甲醇洗脱,得到 4 个部分;其中 fr. 4-2 再经反相高效液相层析、甲醇:水(52:48)洗脱,得到(17)3mg、(20)10mg 和(7)3mg;其中 fr. 4-3 再依次经 Sephadex LH-20 柱纯化、氯仿:甲醇(1:1)洗脱、反相高效液相层析、甲醇:水(45:55)洗脱,得到(16)7mg、(21)14mg、(22)18mg 和(26)3mg;其中 fr. 4-4 再经反相高效液相层析、甲醇:水(65:35)洗脱,得到(15)2mg[5]。

提取方法三 称取猪苓菌核 39kg,用 95%乙醇提取 3 次。将乙醇提取物浸膏分散在水中,依次用石油醚、二氯甲烷、乙酸乙酯、正丁醇萃取,分别获得溶剂萃取浸膏 95.9g、71.2g、33.7g 和 66.5g。

石油醚浸膏经硅胶柱层析,石油醚:乙酸乙酯梯度洗脱,得到 30 个流份。其中 Fr. 12~14 流份经多次硅胶柱层析,石油醚:乙酸乙酯梯度洗脱,得到(32)15mg、(31)12mg、(30)11mg 和(3)20mg;其中 Fr. 15~17 流份经多次硅胶柱层析,石油醚:乙酸乙酯(3:1)洗脱,得到(48)30mg;其中 Fr. 23~28 流份经重结晶,得到(1)10g。

二氯甲烷浸膏经硅胶柱层析,氯仿:甲醇梯度洗脱,得到 180 个流份。其中 Fr. 36~37 流份经重结晶得到(1)7g;Fr. 39~57 流份经多次硅胶柱层析,氯仿:甲醇(50:1)洗脱,得到(9)5mg;Fr. 58~85 流份经硅胶柱层析,氯仿:甲醇梯度洗脱(99:1~95:5),得到(39)200mg;Fr. 148~162 流份经多次硅胶柱层析,氯仿:甲醇(95:5)洗脱,以及高效液相层析,乙腈:水(30:70)洗脱,得到(10)4mg、(12)10g、(11)6mg 和(7)20mg。

乙酸乙酯浸膏经硅胶柱层析,氯仿:甲醇梯度洗脱,得到 35 个流份。其中 Fr. 19~22 流份经多次硅胶柱层析,氯仿:甲醇梯度洗脱,得到(38)15mg、(20)100mg 和(21)100mg;Fr. 23~30 流份经 Sephadex LH-20 柱纯化,氯仿:甲醇(1:1)洗脱,得到(20)100mg 和(21)100mg。

正丁醇浸膏经 D101 大孔树脂层析,依次用水、10%乙醇、30%乙醇、60%乙醇和 95%乙醇洗脱。水洗脱部分得到(40)20mg 和(41)400mg。合并 10%乙醇洗脱部分(3.4g)和 30%乙醇洗脱部分(5.0g),经分离纯化后得到(35)12mg 和(34)10mg。60%乙醇洗脱部分(4.0g)得到(36)8mg。95%乙醇部分(3.8g)得到(43)6mg 和(38)4mg[6]。

提取方法四 称取猪苓菌核 10kg,用 5 倍体积甲醇浸泡 24h 后开始渗漉 72h,得到渗漉浸膏 198g。将渗漉浸膏分散于水中,依次用正己烷、乙酸乙酯和正丁醇萃取。

正己烷萃取浸膏经硅胶柱层析,正己烷-乙酸乙酯梯度洗脱,得到 3 个流份。其中 Fr. A 经硅胶

柱层析，正己烷：丙酮（20：1）洗脱，得到（33）15.6mg、（3）20mg 和（6）25mg；Fr. B 经硅胶柱层析，正己烷：丙酮（10：1）洗脱，得到（2）43mg 和（42）8mg；Fr. C 经硅胶柱层析，正己烷：丙酮（7：1）洗脱，得到（9）180mg。

乙酸乙酯萃取浸膏经硅胶柱色谱，氯仿-甲醇梯度洗脱，得到 3 个流份。其中 Fr. D 经硅胶柱层析，氯仿：甲醇（20：1）洗脱，得到（1）100mg、（7）52mg 和（44）2.3mg；Fr. E 经硅胶柱色谱，氯仿：甲醇（15：1）洗脱，得到（26）2.1mg、（20）15mg、（25）7mg 和（39）43mg；Fr. F 经硅胶柱色谱，氯仿：甲醇（10：1）洗脱，得到（8）43mg、（29）51mg 和（21）23mg。

正丁醇萃取浸膏经硅胶柱色谱，氯仿-甲醇-水梯度洗脱，得到 3 个流份。其中 Fr. G 得到（43）6mg、（37）8mg 和（36）12mg；其中 Fr. H 得到（35）25mg 和（34）20mg；其中 Fr. I 得到（40）18mg、（47）5mg 和（45）7mg[7]。

提取方法五 称取猪苓菌核 5kg，用 75%乙醇提取 4 次，浓缩后得到浸膏 41.6g。将浸膏分散在水中，依次用石油醚、氯仿、乙酸乙酯、正丁醇萃取，得浸膏 5.2g、14.6g、4.0g 和 18.0g。

石油醚浸膏经硅胶柱色谱，石油醚-苯、苯-乙酸乙酯梯度洗脱，得到 6 个流份。P1 部分放置析出结晶，得到二十八烷酸（15mg）；P2 部分经薄层制备色谱，石油醚-苯展开，得到（42）18mg；P3 部分经薄层制备色谱，苯：乙酸乙酯展开，得到（2）11mg 和（4）8.4mg；P4 部分经薄层制备色谱，苯：乙酸乙酯：甲醇展开，得到（9）8mg 和（14）7mg；P5 部分经薄层制备层析，氯仿：甲醇展开，得到（5）；P6 部分经硅胶柱色谱，正己烷-乙酸乙酯洗脱，得到（1）9mg。

氯仿浸膏经硅胶柱色谱，氯仿-甲醇（30：1～0：1）梯度洗脱，得到 5 个流份。C1 部分经硅胶柱色谱，石油醚-丙酮洗脱，得到（13）9mg 和（18）7mg；C2 部分经过多次重结晶，得到（8）8mg；C3 部分经薄层制备色谱，苯-氯仿-甲醇展开，得到（18）40mg、（20）25mg 和（21）8mg；C4 部分经薄层制备色谱，氯仿-甲醇展开，得到（22）8mg；C5 部分经硅胶柱色谱，氯仿-甲醇洗脱，得到（22）6.8mg 和（23）5.6mg[8]。

三、猪苓菌核中甾体类化学成分的理化常数与主要波谱数据

麦角甾醇（ergosterol，1） 无色针状晶体（甲醇），$C_{28}H_{44}O$，MW：396，mp 148～150°C。EI-MS m/z：396[M]$^+$，378，363，337，271，253，239。^1H NMR（$CDCl_3$，400MHz）δ：5.58（1H，m），5.39（1H，m），5.22（1H，dd，J＝15.2、7.0Hz），5.19（1H，dd，J＝15.2、7.6Hz），3.64（1H，m），1.04（3H，d，J＝6.6Hz），0.95（3H，s），0.92（3H，d，J＝6.6Hz），0.84（3H，d，J＝6.4Hz），0.82（3H，d，J＝6.5Hz），0.63（3H，s）。^{13}C NMR（$CDCl_3$，100MHz）δ：141.4（C－8），139.7（C－5），135.5（C－22），131.9（C－23），119.5（C－6），116.2（C－7），70.4（C－3），55.7（C－17），54.5（C－14），46.2（C－9），42.9（C－24），42.8（C－13），40.8（C－4），40.4（C－20），39.0（C－12），38.3（C－1），37.0（C－10），33.0（C－25），32.0（C－2），28.7（C－16），23.0（C－15），21.2（C－11），21.1（C－21），19.9（C－27），19.6（C－26），17.6（C－19），16.2（C－28），12.0（C－18）[7]。

麦角甾－7,22－二烯－3β－醇（ergosta－7,22－dien－3β－ol，2） 无色针状晶体（石油醚），$C_{28}H_{46}O$，MW：398，mp 170～173°C。IR（KBr）：3 420、1 650、1 633、956、935、830、800cm^{-1}。^1H NMR（$CDCl_3$，500MHz）δ：5.20（1H，m），5.18～5.20（1H，m），5.17～5.18（1H，m），3.57（1H，m），1.02（3H，d，J＝6.6Hz），0.91（3H，d，J＝6.0Hz），0.83（3H，s），0.81（3H，d，J＝6.8Hz），0.79（3H，d，J＝7.0Hz），0.55（3H，s）。^{13}C NMR（$CDCl_3$，125MHz）δ：139.6（C－8），135.7（C－22），131.9（C－23），117.5（C－7），71.1（C－3），56.0（C－17），55.1（C－14），49.5（C－9），44.3（C－13），42.8（C－24），40.4（C－5），40.3（C－20），39.5（C－12），48.0（C－4），37.2（C－1），34.3（C－10），33.1（C－25），31.5（C－2），29.6（C－6），28.1（C－16），22.9（C－15），21.6（C－11），21.1（C－21），19.9（C－26），19.6（C－27），17.6

(C－28),13.0(C－19),12.1(C－18)[7]。

麦角甾-7,22-二烯-3-酮(ergosta-7,22-dien-3-one,3) 无色片状晶体(氯仿),$C_{28}H_{44}O$,MW:396,mp 186～187℃。IR(KBr):2 953、2 865、2 816、1 712、1 624、1 447、1 120、965cm^{-1}。^{1}H NMR($CDCl_3$,600MHz)δ:5.21(1H,m),5.19(2H,m),3.57(1H,m),1.03(3H,s),1.02(3H,s),0.92(3H,d,J=6.6Hz),0.84(3H,d,J=6.6Hz),0.82(3H,d,J=6.6Hz),0.58(3H,s)。^{13}C NMR($CDCl_3$,150MHz)δ:211.9(C－3),139.5(C－8),135.6(C－22),132.0(C－23),117.0(C－7),55.9(C－17),55.0(C－14),48.9(C－9),44.2(C－4),43.3(C－13),42.9(C－5),42.8(C－24),40.5(C－20),39.3(C－12),38.8(C－1),38.1(C－2),34.4(C－10),33.1(C－25),30.1(C－6),28.1(C－16),22.9(C－15),21.7(C－11),21.1(C－21),19.9(2C－26),19.6(C－27),17.6(C－28),12.4(C－19),12.1(C－18)[9]。

3-甲氧基-(22*E*,24*R*)-麦角甾-7,22-二烯(3-methoxyl-(22*E*,24*R*)-ergosta-7,22-dien,4) 白色针状晶体,$C_{29}H_{48}O$,MW:412,mp 144℃。IR(KBr):2 912、2 850、1 643、1 450、1 385、1 372、985、970cm^{-1}。EI-MS m/z:412[M^{+}],398,285,271,255,246,229,213。^{1}H NMR($CDCl_3$,400MHz)δ:5.20(1H,m),5.17～5.18(2H,m),3.57(1H,m),3.50(3H,s),1.25(3H,s),1.00(3H,J=6.8Hz),0.92(3H,d,J=6.4Hz),0.90(3H,s),0.83(3H,d,J=6.4Hz),0.80(3H,d,J=6.4Hz)。^{13}C NMR($CDCl_3$,100MHz)δ:139.6(C－8),138.6(C－22),131.9(C－23),117.4(C－7),71.1(C－3),56.0(C－17),55.1(C－29),55.0(C－14),49.5(C－9),43.3(C－13),42.8(C－24),40.5(C－20),40.3(C－5),39.5(C－12),38.0(C－4),37.2(C－1),34.2(C－10),33.1(C－25),31.5(C－2),29.7(C－6),28.1(C－16),22.9(C－15),21.6(C－11),21.1(C－21),19.9(C－26),19.6 (C－27),17.6(C－28),13.0(C－19),12.1(C－18)[8]。

15-甲基-3-甲氧基-(22*E*,24*R*)-7,22-二烯(15-methyl-3-methoxyl-(22*E*,24*R*)-ergosta-7,22-dien,5) 白色针状晶体,$C_{30}H_{50}O$,MW:424,mp 145～146℃。IR(KBr):2 919、2 850、1 644、1 450、1 385、1 375、985、970cm^{-1}。EI-MS m/z:424[M^{+}],396,285,271,255,246,229,213。^{1}H NMR($CDCl_3$,400MHz)δ:5.20(1H,m),5.17～5.18(2H,m),3.57(1H,m),3.49(3H,s),1.25(3H,s),1.01(6H,d,J=6.8Hz),0.92(3H,d,J=6.4Hz),0.90(3H,s),0.83(3H,d,J=6.4Hz),0.80(3H,d,J=6.4Hz)。^{13}C NMR($CDCl_3$,100MHz)δ:139.6(C－8),138.6(C－22),131.9(C－23),117.4(C－7),71.1(C－3),56.0(C－17),55.1(C－14,29),49.5(C－9),43.3(C－13),42.8(C－24),40.5(C－20),40.3(C－5),39.5(C－12),38.0(C－4),37.2(C－1),34.2(C－10),33.1(C－25),31.5(C－2),29.7(C－6),28.1(C－16),22.9(C－15),21.6(C－11),21.1(C－21),19.9(C－26),19.6(C－27),17.6(C－28),15.4(C－30),13.0(C－19),12.1(C－18)[8]。

麦角甾-4,6,8(14),22-四烯-3-酮(ergosta-4,6,8(14),22-tetren-3-one,6) 淡黄色无定型固体(石油醚),$C_{28}H_{40}O$,MW:392,mp 113～115℃。^{1}H NMR($CDCl_3$,500MHz)δ:6.61(1H,d,J=9.5Hz),6.03(1H,d,J=9.5Hz),5.73(1H,m),5.46(1H,dd,J=15.3、7.3Hz),5.20(1H,dd,J=15.3、7.3Hz),1.06(3H,d,J=6.7Hz),1.00(3H,s),0.96(3H,s),0.93(3H,d,J=7.0Hz),0.85(3H,d,J=7.0Hz),0.83(3H,d,J=6.7Hz)。^{13}C NMR($CDCl_3$,125MHz)δ:199.4(C－3),164.4(C－5),156.1(C－14),135.2(C－22),134.1(C－7),132.8(C－23),124.7(C－8),124.0(C－6),123.3(C－4),56.0(C－17),44.7(C－9),44.2(C－13),43.1(C－24),39.4(C－20),37.0(C－10),35.9(C－12),34.4(C－2),34.3(C－1),33.3(C－25),27.8(C－16),25.6(C－15),21.4(C－21),20.1(C－27),19.8(C－26),19.4(C－11),19.2(C－18),17.8(C－28),16.8(C－19)。[7]

麦角甾-7,22-二烯-3*β*,5*α*,6*β*-三醇(ergosta-7,22-dien-3*β*,5*α*,6*β*-triol,7) 无色针状晶体(甲醇),$C_{28}H_{46}O_3$,MW:430,mp 252～254℃。^{1}H NMR(pyridine-d_5,600MHz)δ:5.25(1H,dd,J=15.6、7.8Hz),5.18(1H,dd,J=15.6、7.8Hz),5.16(1H,br s),4.82(1H,m),4.31(1H,br s),3.02(2H,dd,J=12.8、12.8Hz),1.52(3H,s),1.06(3H,d,J=6.6Hz),0.95(3H,d,J=6.6Hz),0.86

(3H,d,J=6.6Hz),0.81(3H,d,J=6.6Hz),0.66(3H,s)。^{13}C NMR(pyridine-d_5,150MHz)δ:141.5(C-8),136.2(C-22),132.0(C-23),120.5(C-7),76.1(C-5),74.3(C-6),67.6(C-3),56.1(C-17),55.2(C-14),43.8(C-9),43.8(C-13),43.1(C-24),42.0(C-4),40.9(C-20),39.9(C-12),38.1(C-10),33.8(C-2),33.3(C-25),32.7(C-1),28.5(C-16),23.5(C-11),22.4(C-15),21.4(C-21),20.1(C-26),19.8(C-27),18.8(C-19),17.8(C-28),12.5(C-18)[9]。

麦角甾-7-烯-3β,5α,6β-三醇(ergosta-7-en-3β,5α,6β-triol,8) 无色针状晶体,$C_{28}H_{48}O_3$,MW:432,mp 235～237℃。^{1}H NMR(pyridine-d_5,500MHz)δ:5.74(1H,bd,J=5.1Hz),4.82(1H,m),4.33(1H,bd,J=5.1Hz),3.03(2H,dd,J=12.2、12.2Hz),1.53(3H,s),0.96(3H,d,J=6.8Hz),0.85(3H,d,J=6.8Hz),0.79(3H,d,J=6.8Hz),0.77(3H,d,J=6.8Hz),0.63(3H,s)。^{13}C NMR(pyridine-d_5,125MHz)δ:141.4(C-8),120.6(C-7),76.0(C-5),74.3(C-6),67.6(C-3),56.4(C-17),55.2(C-14),43.9(C-13),43.8(C-9),42.0(C-4),40.0(C-12),39.4(C-24),37.9(C-10),36.8(C-20),34.2(C-22),33.7(C-2),32.5(C-1),31.8(C-25),31.1(C-23),28.2(C-16),23.3(C-15),22.3(C-11),20.9(C-27),19.2(C-21),18.5(C-19),17.7(C-26),15.5(C-28),12.4(C-18)[7]。

5α,8α-环二氧-(22E,24R)-麦角甾-6,22-二烯-3β-醇(5α,8α-epidioxy-(22E,24R)-ergosta-6,22-dien-3β-ol,9) 无色针状晶体(石油醚),$C_{28}H_{44}O_3$,MW:428,mp 172～174℃。EI-MS m/z:428[M$^+$],410,396,363,285,253,225,152,81,69,55。^{1}H NMR($CHCl_3$,500MHz)δ:6.48(1H,d,J=8.5Hz),6.22(1H,d,J=8.5Hz),5.19(1H,dd,J=15.2、7.8Hz),5.11(1H,dd,J=15.2、7.8Hz),3.94(1H,m),1.02(3H,s),0.98(3H,d,J=6.6Hz),0.89(3H,d,J=5.3Hz),0.88(3H,s),0.84(3H,d,J=5.0Hz),0.82(3H,d,J=5.0Hz)。^{13}C NMR($CDCl_3$,125MHz)δ:135.4(C-6),135.2(C-22),132.3(C-23),130.7(C-7),82.1(C-5),79.4(C-8),66.4(C-3),56.3(C-17),51.6(C-14),51.1(C-9),44.8(C-13),42.7(C-24),39.6(C-20),39.4(C-12),37.3(C-4),36.9(C-10),34.7(C-1),33.0(C-25),30.1(C-2),28.6(C-16),23.6(C-11),20.8(C-21),20.6(C-15),19.9(C-26),19.8(C-27),18.5(C-19),17.6(C-28),12.8(C-18)[9]。

(20S,22R,24R)-16,22-环氧-麦角甾-3β,14α,21α,25α-四羟基-7-烯-6-酮[(20S,22R,24R)-16,22-epoxy-3β,14α,23β,25α-tetrahydroxyergost-7-en-6-one,10] 白色粉末,$[\alpha]_D^{20}$+65.7°(c 0.39,MeOH),$C_{28}H_{44}O_6$,MW:476。UV(MeOH)λ_{max}(log ε):242(4.01)nm。HR-FAB-MS(+)m/z:499.3030[M+Na]$^+$,计算值 499.3030($C_{28}H_{44}O_6Na$)。EI-MS m/z:458,440,425,359,342,341,300,286,285,263,95,79。^{1}H NMR(pyridine-d_5,500MHz)δ:6.18(1H,br s),5.29(1H,m),4.69(1H,br d,J=9.1Hz),4.44(1H,dd,J=5.6、9.2Hz),4.13(1H,br s),3.54(1H,br s),2.97(1H,m),2.85(1H,d,J=8.0Hz),2.70(1H,m),2.21(1H,m),1.56(3H,s),1.47(3H,s),1.45(3H,d,J=7.0Hz),1.39(3H,d,J=7.1Hz),1.04(3H,s),0.97(3H,s)。^{13}C NMR(pyridine-d_5,125MHz)δ:202.9(C-6),165.1(C-8),120.9(C-7),84.9(C-14),84.1(C-22),82.8(C-16),73.3(C-25),69.8(C-23),63.8(C-3),61.4(C-17),51.6(C-5),49.1(C-13),43.1(C-24),41.0(C-15),37.0(C-20),37.0(C-10),36.5(C-1),35.2(C-9),34.2(C-4),32.9(C-12),29.6(C-2),29.5(C-26),28.9(C-27),24.0(C-19),22.0(C-11),17.8(C-18),17.0(C-21),7.8(C-28)[10]。

(23R,24R,25R)-23,26-环氧-3β,14α,21α,22α-四羟基麦角甾-7-烯-6-酮[(23R,24R,25R)-23,26-epoxy-3β,14α,21α,22α-tetra-hydroxyergost-7-en-6-one,11] 白色粉末,$[\alpha]_D^{20}$+58.9°(c 0.41,MeOH),$C_{28}H_{44}O_6$,MW:476。UV(MeOH)λ_{max}(log ε):242(3.98)nm。HR-FAB-MS(+)m/z:499.3033[M+Na]$^+$,计算值 499.3030($C_{28}H_{44}O_6Na$)。EI-MS m/z:458,440,425,359,342,341,300,286,285,263,95,79。^{1}H NMR(pyridine-d_5,500MHz)δ:6.26(1H,br s),4.12(1H,br s),3.89(3H,m),3.56(1H,br s),3.46(1H,t,J=9.1Hz),3.38(1H,t,J=8.4Hz),2.98

(1H,m),2.47(1H,m),2.30(1H,m),1.94(1H,m),1.72(3H,s),1.70(1H,m),1.27(3H,d,J=6.5Hz),1.23(3H,s),1.05(3H,s),0.87(3H,d,J=6.6Hz)。^{13}C NMR(pyridine-d_5,125MHz)δ:203.9(C-6),166.6(C-8),121.1(C-7),86.9(C-23),84.1(C-14),79.3(C-22),76.7(C-20),74.3(C-26),64.0(C-3),51.6(C-5),49.8(C-17),48.0(C-13),46.9(C-24),42.5(C-25),37.2(C-10),36.8(C-1),34.2(C-4),33.5(C-9),32.1(C-12),31.5(C-15),29.2(C-2),24.2(C-19),22.9(C-21),21.8(C-16),21.5(C-11),18.0(C-18,C-28),15.3(C-27)[10]。

22,23-环氧-3β,14α,20β,24β-四羟基麦角甾-7-烯-6-酮(22,23-epoxy-3β,14α,20β,24β-tetrahydroxyergost-7-en-6-one,12) 白色粉末,$C_{28}H_{44}O_6$,MW:476。UV(MeOH)λ_{max}(log ε):242nm。EI-MS m/z:476,458,448,425,347,329,285,234,87,71。^{1}H NMR(pyridine-d_5,500MHz)δ:6.21(1H,br s),4.15(1H,br s),3.64(1H,d,J=1.9Hz),3.54(1H,br s),3.31(1H,d,J=1.9Hz),3.05(1H,t,J=9.3Hz),2.97(1H,m),2.43(1H,m),2.33(1H,m),1.92(1H,m),1.59(3H,s),1.38(3H,s),1.16(6H,d,J=6.8Hz),1.14(3H,s),1.04(3H,s)。^{13}C NMR(pyridine-d_5,125MHz)δ:203.2(C-6),166.1(C-8),121.3(C-7),83.9(C-14),71.8(C-20),71.2(C-24),63.8(C-3),62.4(C-22),60.0(C-23),51.6(C-5,C-17),48.1(C-13),38.3(C-10),36.8(C-25),36.4(C-1),34.5(C-9),34.3(C-4),31.8(C-12),31.3(C-15),29.7(C-2),24.1(C-19,C-21),22.3(C-28),21.8(C-11),21.7(C-16),17.5(C-18,C-27),17.4(C-26)[10]。

扶桑甾-乙酸酯(rosaste-4-en-3β-O-acetate,13) 白色片状晶体,$C_{31}H_{52}O_2$,MW:456,mp 155～156°C。EI-MS m/z:456[M^+],441,413,396,381,314,303,255,213,95。^{1}H NMR($CDCl_3$,400MHz)δ:5.39(1H,brs),3.55(1H,m),1.26(1H,q),1.24(1H,m),1.01(3H,s),0.92(3H,d,J=6.6Hz),0.86(3H,d,J=7.0Hz),0.83(6H,d,J=7.0Hz),0.67(3H,s)。^{13}C NMR($CDCl_3$,100MHz)δ:171.9(C=O),141.5(C-5),119.4(C-4),75.6(C-3),56.1(C-17),55.7(C-14),51.2(C-9),44.0(C-24),42.5(C-13),42.4(C-6),39.6(C-16),37.2(C-1),36.4(C-10),35.7(C-8),35.3(C-20),34.0(C-22),31.9(C-7),30.2(C-2),28.7(C-25),27.9(C-12),27.5(C-23),23.3(C-15),23.1(C=O-CH_3),22.8(C-28),20.5(C-19),20.2(C-11),19.2(C-21),19.1(C-27),17.8(C-26),12.5(C-29),11.0(C-18)[8]。

5α,8α-环二氧-(24S)-麦角甾-6-烯-3β-醇(5α,8α-epidioxy-(24S)-ergosta-6-en-3β-ol,14) 白色针状晶体,$C_{28}H_{46}O_3$,MW:430,mp 143～145°C。IR(KBr):3 372、2 957、2 874、1 650、1 465、1 379、1 047、1 029、956、935、859cm^{-1}。EI-MS m/z:430[M^+],412,398,379,365,339,271,251,152。^{1}H NMR($CDCl_3$,400MHz)δ:6.49(1H,d,J=8.5Hz),6.22(1H,d,J=8.5Hz),5.18(1H,m),5.10(1H,m),3.94(1H,m),2.11～1.90(2H,m),1.94(1H,m),1.93～1.60(2H,m),1.87(1H,m),1.59～1.39(2H,m),1.57(1H,m),1.49(2H,m),1.48(1H,m),1.24～1.21(2H,m),1.21(2H,m),1.20(2H,m),0.89(3H,s),0.88(3H,d,J=8.5Hz),0.86(3H,d,J=5.4Hz),0.79(3H,s),0.75(6H,d,J=6.8Hz)。^{13}C NMR($CDCl_3$,100MHz)δ:135.4(C-6),130.8(C-7),82.2(C-5),79.5(C-8),66.5(C-3),56.4(C-17),51.6(C-14),51.2(C-9),44.8(C-13),39.5(C-20,24),39.1(C-4,12),37.0(C-10),35.8(C-1),33.6(C-22),31.5(C-25),30.6(C-23),30.2(C-2),28.2(C-16),23.5(C-11),20.7(C-15),20.5(C-27),18.8(C-21),18.2(C-19),17.7(C-26),15.5(C-28),12.6(C-18)[8]。

Polyporoid A(15) 白色无定形固体,$C_{28}H_{44}O_7$,MW:492。$[\alpha]_D^{25}$+10.1(c 0.05,MeOH)。UV(MeOH)λ_{max}(log ε):240(1.2)nm。IR(KBr):3 396、2 961、2 873、1 644、1 623、1 562、1 413、1 384、1 054cm^{-1}。(+)FAB-MS m/z: 493[M+H]$^+$;HR-FAB-MS m/z: 493.3。^{1}H NMR(CD_3OD,600MHz)δ:5.76(1H,d,J=2.4Hz),4.65(1H,m),3.94(1H,d,J=9.4Hz),3.93(1H,br s,$W_{1/2}$=6),3.81(1H,dt,J=11.9、4.1Hz),3.78(1H,dd,J=9.4、1.9Hz),3.15(1H,m),2.54(1H,d,J=7.4Hz),2.38(1H,dd,J=12.7、5.0Hz),2.14(1H,dd,J=13.3、7.4Hz),2.12(2H,m),2.08(1H,

dd,J=13.3、4.8Hz),1.82(1H,m),1.81(1H,m),1.80(1H,m),1.79(1H,m),1.76(1H,m),1.70(1H,m),1.43(3H,s),1.40(1H,m),1.18(3H,s),0.99(3H,s),0.95(3H,d,J=6.7Hz),0.92(3H,d,J=6.7Hz),0.87(3H,d,J=7.0Hz)。^{13}C NMR(CD_3OD,150MHz)δ:205.6(C-6),167.1(C-8),122.0(C-7),86.2(C-14),84.7(C-22),83.0(C-16),80.9(C-20),72.8(C-23),68.6(C-2),68.5(C-3),63.6(C-17),51.9(C-5),43.0(C-15),42.5(C-24),39.4(C-10),37.3(C-1),34.7(C-9),32.8(C-4),31.3(C-25),31.2(C-12),24.4(C-26),24.4(C-19),21.6(C-11),21.1(C-27),10.0(C-28)[5]。

polyporoid B(16) 白色无定形固体,$C_{28}H_{44}O_7$,MW:492。$[\alpha]_D^{25}$+24.0 (c 0.10,MeOH)。UV(MeOH)λ_{max}(log ε):241(1.6)。IR(KBr):3 400、2 960、2 870、1 648、1 620、1 565、1 418、1 385、1 062cm^{-1}。(+)FAB-MS m/z:493[M+H]$^+$;HR-FAB-MS m/z:493.3。^{1}H NMR(CD_3OD,600MHz)δ:5.80(1H,d,J=2.4Hz),3.94(1H,br s,$W_{1/2}$=8),3.89(1H,t,J=7.9Hz),3.52(1H,t,J=5.1Hz),3.35(1H,t,J=7.6Hz),3.32(1H,d,J=5.1Hz),3.15(1H,m),2.78(1H,t,J=8.0Hz),2.37(1H,dd,J=12.7、4.4Hz),2.12(1H,m),1.96(1H,m),1.88(2H,m),1.77(2H,m),1.76(1H,m),1.70(1H,m),1.68(2H,s),1.59(1H,m),1.42(1H,t,J=13.4Hz),1.26(3H,s),1.14(3H,d,J=6.2Hz),1.02(3H,d,J=6.5Hz),0.96(3H,s),0.87(3H,s)。^{13}C NMR(CD_3OD,600MHz)δ:206.6(C-6),168.5(C-8),121.9(C-7),87.8(C-23),85.2(C-14),80.2(C-22),78.2(C-20),75.4(C-26),68.7(C-2),68.5(C-3),51.8(C-5),50.2(C-17),49.0(C-13),47.9(C-24),43.7(C-25),39.2(C-10),37.4(C-1),35.1(C-9),39.2(C-4),32.3(C-12),31.8(C-15),24.4(C-19),23.2(C-21),22.1(C-16),21.5(C-11),18.4(C-18),18.2(C-28),15.5(C-27)[5]。

polyporoid C(17) 白色无定形固体,$C_{28}H_{46}O_7$,MW:494。$[\bar{a}]_D^{25}$+20.5 (c 0.10,MeOH)。UV(MeOH)λ_{max}(log ε):243(0.6)。IR(KBr):3 398、2 959、2 872、1 645、1 621、1 561、1 415、1 382、1 057cm^{-1}。(+)FAB-MS m/z:495[M+H]$^+$;HR-FAB-MS m/z:495.3。^{1}H NMR(CD_3OD,600MHz)δ:5.79(1H,d,J=2.4Hz),4.65(1H,m),4.02(1H,dd,J=9.4、1.4Hz),3.94(1H,br s,$W_{1/2}$=6Hz),3.82(1H,dt,J=11.3、4.0Hz),3.16(1H,m),2.43(1H,d,J=7.6Hz),2.38(1H,dd,J=12.4、5.0Hz),2.25(1H,dd,J=13.6、7.6Hz),2.12(1H,m),2.05(1H,dd,J=13.6、4.8Hz),1.93(1H,m),1.85(1H,m),1.80(1H,m),1.77(1H,dd,J=13.2、4.3Hz),1.74(1H,m),1.72(1H,m),1.70(2H,m),1.53(2H,s),1.43(3H,t,J=3.2Hz),1.13(3H,s),0.98(3H,s),0.94(3H,d,J=6.9Hz),0.86(3H,d,J=6.8Hz),0.80(3H,d,J=6.9Hz)。^{13}C NMR(CD_3OD,150MHz)δ:206.3(C-6),167.0(C-8),122.0(C-7),83.1(C-14),80.9(C-20),74.9(C-22),73.5(C-16),68.7(C-2),68.5(C-3),51.8(C-5),51.4(C-17),49.0(C-13),44.9(C-15),39.2(C-10),38.0(C-23)37.3(C-1),36.9(C-24),34.9(C-9),32.8(C-4),32.4(C-12),30.4(C-25),24.4(C-19),21.6(C-28),24.1(C-11),20.4(C-21),18.9(C-18),16.3(C-26),15.7(C-27)[5]。

(24*S*)-24α-甲基胆甾-5-烯-3β,25-二醇[(24*S*)-24α-methylcholest-5-en-3β,25-diol,18] 白色晶体,$C_{28}H_{48}O_2$,MW:416,mp 183~184℃。IR(KBr):3 300、2 935、2 868、1 650、1 463、1 057cm^{-1}。FAB-MS m/z:417[M+1]$^+$,401,399,383,381,273,271。^{1}H NMR($CDCl_3$,400MHz)δ:5.35(1H,dd),3.54(1H,m),1.17(3H,s),1.15(3H,s),1.01(3H,s),0.94(3H,d,J=6.5Hz),0.89(3H,d,J=7.0Hz),0.68(3H,s)。^{13}C NMR($CDCl_3$,100MHz)δ:140.8(C-5),121.7(C-6),73.6(C-25),71.8(C-3),56.8(C-14),55.9(C-17),50.2(C-9),45.2(C-24),42.3(C-4,13),39.8(C-12),37.3(C-1),36.5(C-10),36.3(C-20),34.9(C-22),31.9(C-7),31.7(C-2),31.6(C-8),28.2(C-16),27.9(C-23),27.3(C-27),26.2(C-26),24.3(C-15),21.1(C-11),19.4(C-19),19.0(C-21),14.8(C-28),11.9(C-18)[8]。

(24*S*)-24α-甲基胆甾-1β,3β,5α,6β-四醇[(24*S*)-24α-methylcholest-1β,3β,5α,6β-tetraol,

19] 无色针状晶体，$C_{28}H_{50}O_4$，MW：450，mp 279～281°C。IR(KBr)：3 420、2 956、2 869、1 466、1 377、1 042、1 003、951cm^{-1}。FAB-MS m/z：451[M+1]$^+$，433，415，397，379，345，315，287，269。^{1}H NMR(CD_3OD，400MHz)δ：4.00(1H，m)，3.94(1H，dd，J=11.0、5.0Hz)，3.42(1H，m)，1.12(3H，s)，0.93(3H，d，J=6.5Hz)，0.88(3H，d，J=7.0Hz)，0.81(3H，d，J=7.0Hz)，0.80(3H，d，J=7.0Hz)，0.71(3H，s)。^{13}C NMR(CD_3OD，100MHz)δ：77.5(C-5)，77.0(C-6)，74.3(C-1)，65.9(C-3)，57.7(C-14)，47.5(C-17)，47.3(C-9)，44.8(C-10)，43.3(C-13)，42.4(C-2)，41.9(C-4，12)，40.4(C-24)，35.3(C-7)，35.1(C-22)，32.7(C-20，25)，32.1(C-8)，31.7(C-23)，29.1(C-16)，25.5(C-11)，25.0(C-15)，20.9(C-27)，19.4(C-21)，18.1(C-26)，16.0(C-28)，12.7(C-18)，10.2(C-19)[8]。

猪苓酮 A(polyporusterone A，20) 无色针状晶体(甲醇)，$C_{28}H_{46}O_6$，MW：478，mp 261～262°C。$[\alpha]_D^{20}$+52.9(c 0.61，EtOH)。UV(MeOH)λ_{max}(log ε)：241(4.03)nm。IR(KBr)：3 300、1 650cm^{-1}。EI-MS m/z：442，363，345，327，309，269，71。^{1}H NMR(pyridine-d_5，600MHz)δ：6.27(1H，d，J=2.4Hz)，4.23(1H，br s)，4.17(1H，br d)，3.92(1H，dd，J=9.6、4.8Hz)，3.60(1H，br t，J=8.4Hz)，2.93(1H，t，J=9.0Hz)，1.57(3H，s)，1.43(1H，septed，J=6.6Hz)，1.23(3H，s)，1.08(3H，s)，0.87(3H，d，J=7.2Hz)，0.85(3H，d，J=6.6Hz)，0.74(3H，d，J=6.6Hz)。^{13}C NMR(pyridine-d_5，150MHz)δ：203.5(C-6)，166.2(C-8)，121.1(C-7)，84.1(C-14)，76.8(C-20)，74.5 (C-22)，68.1(C-2，C-3)，51.4(C-5)，49.9(C-17)，48.1(C-13)，38.7(C-10)，38.0(C-1)，37.3(C-23)，36.1(C-24)，34.5(C-9)，32.5(C-4)，32.1(C-15)，31.7(C-16)，29.5(C-25)，24.5(C-19)，21.5(C-12)，21.4(C-21)，21.4(C-28)，21.1(C-11)，17.9(C-18)，16.0(C-26)，15.7(C-27)[9]。

猪苓酮 B(polyporusterone B，21) 无色针状晶体(甲醇)，$C_{28}H_{44}O_6$，MW：476，mp 250～251°C。$[\alpha]_D^{20}$+56.1(c 0.46，EtOH)。UV(MeOH)λ_{max}(log ε)：241(4.05)nm。IR(KBr)：3 300、1 650、803cm^{-1}。EI-MS m/z：440，422，363，345，327，269，69。^{1}H NMR(pyridine-d_5，600MHz)δ：6.26(1H，d，J=2.4Hz)，4.95(1H，br s)，4.85(1H，br s)，4.24(1H，br s)，4.19(1H，br d)，4.04(1H，dd，J=9.0、4.2Hz)，2.95(1H，t，J=9.0Hz)，2.61(2H，m)，2.41(1H，septed，J=6.6Hz)，1.59(3H，s)，1.22(3H，s)，1.07(3H，s)，1.03(3H，d，J=6.6Hz)，1.01(3H，d，J=6.6Hz)。^{13}C NMR(pyridine-d_5，150MHz)δ：203.7(C-6)，166.2(C-8)，154.4(C-24)，121.7(C-7)，108.7(C-28)，84.2(C-14)，76.8(C-20)，75.4(C-22)，68.2(C-2)，68.1(C-3)，51.5(C-5)，50.0(C-17)，48.2(C-13)，38.8(C-10)，38.4(C-23)，38.0(C-1)，34.5(C-9)，33.7(C-25)，32.5(C-4)，32.1(C-15)，31.8(C-16)，24.5(C-19)，22.1(C-26)，21.9(C-27)，21.6(C-12)，21.5(C-21)，21.2(C-11)，17.9(C-18)[9]。

猪苓酮 C(polyporusterone C，22) 无色针状晶体(甲醇)，$C_{28}H_{42}O_7$，MW：490，mp 250°C。UV(MeOH)λ_{max}(log ε)：241(4.03)nm。IR(KBr)：3 350、1 645、907、880cm^{-1}。FD-MS m/z：499[M+Na]$^+$，477[M+1]$^+$，319，157，113。^{1}H NMR(pyridine-d_5，300MHz)δ：6.24(1H，d，J=2.2Hz)，4.28(1H，m)，4.20(1H，dt，J=10.2、3.2Hz)，3.62(1H，m)，3.04(1H，d，J=2.4Hz)，2.97(1H，dd，J=7.6、2.4Hz)，1.61(1H，septed，J=6.8Hz)，1.54(3H，s)，1.19(3H，dq，J=7.6、6.8Hz)，1.16(3H，s)，1.09(3H，S)，1.01(3H，d，J=6.8Hz)，0.95(3H，d，J=6.8Hz)，0.91(3H，d，J=6.8Hz)。^{13}C NMR(pyridine-d_5，100MHz)δ：203.4(C-6)，165.9(C-8)，121.7(C-7)，84.0(C-14)，72.0(C-20)，68.1(C-2，C-3)，66.2(C-22)，58.1(C-23)，54.0(C-17)，51.4(C-5)，47.9(C-13)，42.1(C-24)，38.7(C-10)，38.0(C-1)，34.5(C-9)，32.5(C-4)，31.8(C-15)，31.7(C-16)，31.5(C-25)，24.4(C-19)，24.3(C-21)，21.8(C-12)，21.1(C-11)，20.5(C-27)，19.7(C-26)，17.7(C-18)，13.9(C-28)[4]。

猪苓酮 D(polyporusterone D，23) 无色粉末，$C_{28}H_{44}O_5$，MW：460。UV(MeOH)λ_{max}(log ε)：241

(4.01)nm。IR(KBr):3 350、1 650、803cm^{-1}。EI-MS m/z:460,432,249。^{1}H NMR(pyridine-d_5,270MHz)δ:6.27(1H,d,J=2.3Hz),5.49(1H,brs),5.13(1H,brs),4.49(1H,t,J=6.6Hz),4.23(1H,brs),4.14(1H,brd,J=10.9Hz),3.82(1H,m)3.6(1H,m),1.83(1H,m),1.46(1H,septed,J=6.5Hz),1.05(3H,s),0.98(3H,d,J=6.6Hz),0.88(3H,d,J=6.6Hz),0.84(3H,s),0.83(3H,d,J=8.3Hz)。^{13}C NMR(pyridine-d_5,100MHz)δ:203.6(C-6),165.9(C-8),154.1(C-20),121.6(C-7),111.6(C-21),84.1(C-14),74.3(C-22),68.2(C-2,C-3),51.6(C-5),48.4(C-13),46.8(C-17),41.4(C-23),38.8(C-10),38.1(C-1),35.7(C-24),34.6(C-9),32.6(C-4),32.3(C-15),31.8(C-16),30.0(C-25),28.0(C-12),24.5(C-19),21.2(C-11),20.6(C-28),17.7(C-27),17.6(C-26),16.1(C-18)[4]。

猪苓酮 E(polyporusterone E,24)　无色针状晶体(甲醇),$C_{28}H_{42}O_6$,MW:474。mp 232°C。UV(MeOH)λ_{max}(log ε):242(4.02)nm。IR(KBr):3 296、1 644、907、880cm^{-1}。EI-MS m/z:460,432,345,301,290,249。^{1}H NMR(pyridine-d_5,270MHz)δ:6.23(1H,d,J=2.2Hz),4.26(1H,brs),4.18(1H,brd,J=10.2Hz),3.59(1H,m),2.67(1H,d,J=6.9Hz),2.54(2H,dd,J=6.9、2.4Hz),1.45(1H,septed,J=6.2Hz),1.26(1H,m),1.09(3H,s),1.07(3H,d,J=6.9Hz),1.01(3H,d,J=6.6Hz),0.94(3H,d,J=7.9Hz),0.92(3H,d,J=6.6Hz),0.72(3H,s)。^{13}C NMR(pyridine-d_5,100MHz)δ:203.4(C-6),165.4(C-8),121.6(C-7),83.6(C-14),68.0(C-2,C-3),64.0(C-22),59.9(C-23),51.4(C-5),50.9(C-17),47.5(C-13),42.4(C-24),38.7(C-10),38.0(C-1),36.0(C-20),34.6(C-9),32.5(C-4),32.0(C-15,C-16),31.3(C-25),26.0(C-12),24.4(C-19),21.0(C-11),20.5(C-21),16.5(C-27),15.9(C-26,C-18),13.8(C-28)[4]。

猪苓酮 F(polyporusterone F,25)　无色针状晶体(甲醇),$C_{28}H_{46}O_5$,MW:462,mp 249～252°C。UV(MeOH)λ_{max}(log ε):242(4.02)nm。IR(KBr):3 338、1 649cm^{-1}。EI-MS m/z:462[M^+],434,250,249。^{1}H NMR(pyridine-d_5,500MHz)δ:6.25(1H,d,J=2.5Hz),4.21(1H,br s),4.11(1H,m),4.10(1H,br d,J=10.5Hz),3.57(1H,m),1.58(1H,septed,J=6.4Hz),1.28(3H,d,J=6.9Hz),0.90(3H,d,J=6.8Hz),0.88(3H,d,J=6.8Hz),0.73(3H,s),0.72(3H,d,J=6.8Hz)。^{13}C NMR(pyridine-d_5,125MHz)δ:203.7(C-6),165.7(C-8),121.5(C-7),83.7(C-14),70.7 (C-22),68.2(C-3),68.1(C-2),51.4(C-5),48.3(C-13),47.7(C-17),43.4(C-20),38.8(C-10),38.0(C-1),35.7(C-24),35.1(C-23),34.5(C-9),32.6(C-4),32.1(C-15),31.6(C-16),29.8(C-25),26.9(C-12),24.6(C-19),21.6(C-28),21.4(C-11),16.2(C-26,C-27),16.1 (C-18),13.6(C-21)[7]。

猪苓酮 G(polyporusterone G,26)　白色粉末,$C_{28}H_{42}O_5$,MW:460。UV(MeOH)λ_{max}(log ε):242(4.02)nm。IR(KBr):3 340、1 650、803cm^{-1}。EI-MS m/z:460[M^+],432,249,247。^{1}H NMR(pyridine-d_5,500MHz)δ:6.23(1H,d,J=2.4Hz),5.10(1H,br s),4.96(1H,br s),4.23(1H,br s),4.11(1H,br d,J=10.5Hz),4.08(1H,m),3.61(1H,m),2.46(1H,septed,J=6.8Hz),1.27(3H,d,J=6.9Hz),1.09(3H,s),1.05(3H,d,J=6.8Hz),1.03(3H,d,J=6.8Hz),0.70(3H,s)。^{13}C NMR(pyridine-d_5,125MHz)δ:203.1(C-6),165.8(C-8),154.5(C-24),121.3(C-7),108.5(C-28),83.8(C-14),71.0(C-22),67.8(C-2),67.7(C-3),51.0(C-5),47.8(C-13),47.6(C-17),43.0(C-20),38.4(C-10),37.7(C-1),36.8(C-23),33.3(C-25),34.1(C-9),32.2(C-4),31.9(C-15),31.4(C-16),26.8(C-12),24.5(C-19),21.7(C-26),21.5(C-27),20.8(C-11),16.5(C-18),12.9(C-21)[7]。

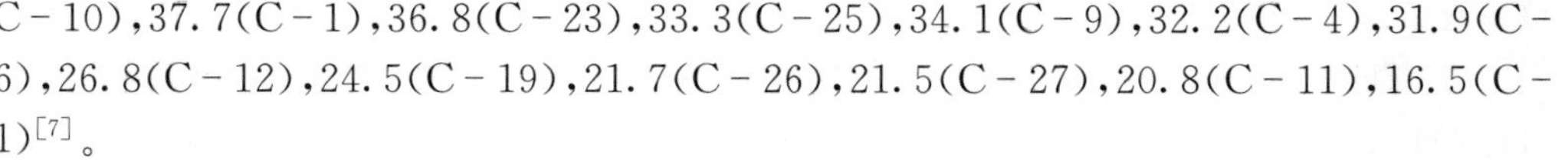

四、猪苓菌核中非甾体类小分子化学成分的理化常数与主要波谱数据

大黄素(emodin,29)　红色粉末(丙酮),$C_{15}H_{10}O_5$,MW:270。ESI-MS m/z:271.1[$M+H$]$^+$,

269.1[M-H]$^+$。^{1}H NMR(CD_3COCD_3,500MHz)δ:12.16(1H,s),12.03(1H,s),7.54(1H,brs),7.24(1H,d,$J=2.5$Hz),7.11(1H,brs),6.65(1H,d,$J=2.5$Hz),2.46(3H,s),^{13}C NMR(CD_3COCD_3,125MHz)δ:191.8(C-9),182.2(C-10),166.4(C-8),166.3(C-3),163.7(C-1),149.6(C-6),136.7(C-l0a),134.4(C-4a),124.9(C-2),121.5(C-4),114.5(C-9a),110.6(C-8a),109.7(C-5),108.9(C-7),21.9(6-CH_3)[7]。

大黄素甲醚(physcion,30) 橙黄色针晶(氯仿-甲醇),$C_{16}H_{12}O_5$,MW:284,mp 203～204℃。^{1}H NMR(600MHz,$CDCl_3$)δ:12.31(1H,s),12.11(1H,s),7.63(1H,d,$J=1.2$Hz),7.37(1H,d,$J=3.0$Hz),7.08(1H,d,$J=0.6$Hz),6.69(1H,d,$J=3.0$Hz),3.94(3H,s),2.45(3H,s)[6]。^{13}C NMR(125MHz,$CDCl_3$)δ:190.8(C-9),182.1(C-10),166.6(C-8),165.2(C-1),162.5(C-6),148.5(C-3),135.3(C-10a),133.2(C-4a),124.5(C-4),121.3(C-2),113.7(C-9a),110.3(C-8a),108.2(C-5),107.0(C-7),56.1(-OCH_3),22.17(-CH_3)[11]。

大黄酚(chrysophanol,31) 橙黄色针晶(氯仿-甲醇),$C_{15}H_{10}O_4$,MW:254,mp 198～199℃。ESI-MS m/z:254,239,236,226,197。^{1}H NMR(600MHz,$CDCl_3$)δ:12.12(1H,s),12.01(1H,s),7.82(1H,dd,$J=7.8$、1.2Hz),7.68(1H,t,$J=7.8$、7.8Hz),7.66(1H,d,$J=7.8$Hz),7.29(1H,dd,$J=7.2$、1.2Hz),7.11(1H,d,$J=0.6$Hz),2.47(3H,s)[6]。

木栓酮(friedelin,32) 白色针晶(氯仿),分子式 $C_{30}H_{50}O$,MW:411,mp 264～265℃。^{1}H NMR(600MHz,pyridine-d_5)δ:1.18(3H,s),1.05(3H,s),1.01(3H,s),1.00(3H,s),0.95(3H,s),0.88(3H,d,$J=6.8$Hz),0.87(3H,s),0.73(3H,s)。^{13}C NMR(150MHz,pyridine-d_5)δ:213.2(C-3),59.5(C-10),58.2(C-4),53.1(C-8),42.8(C-18),42.1(C-5),41.5(C-2),41.3(C-6),39.7(C-13),39.3(C-22),38.3(C-14),37.4(C-9),36.0(C-16),35.6(C-11),35.3(C-19),35.0(C-30),32.8(C-15),32.4(C-21),32.1(C-28),31.8(C-29),30.5(C-12),30.0(C-17),28.2(C-20),22.3(C-1),20.3(C-26),18.7(C-27),18.2(C-7),17.9(C-25),14.7(C-24),6.8(C-23)[6]。

1β-羟基木栓酮(1β-hydroxylfriedelin,33) 无色针状晶体(石油醚),$C_{30}H_{50}O_2$,MW:442。$[\alpha]_D^{20}$-65(c 0.2,$CHCl_3$)。UV($CHCl_3$)λ_{max}(logε):241(1.81),267(1.75)nm。IR(KBr):3 418、1 709cm^{-1}。APCI-MS(positive mode)m/z:443.5[M+H]$^+$;APCI-MS(negative mode)m/z:477.5[M+Cl]$^+$;TOF-MS(positive mode)m/z:465.371 2[M+Na]$^+$($C_{30}H_{50}O_2Na$ 计算值:465.371 8)。^{1}H NMR($CDCl_3$,500MHz)δ:4.09(1H,brs),2.81(1H,dd,$J=7.0$Hz),1.96(4H,m),1.87(3H,m),1.74(1H,m),1.56～1.57(4H,m),1.51(2H,m),1.41～1.42(2H,m),1.48(1H,m),1.37(2H,m),1.34(1H,m),1.28(2H,m),1.18(3H,s),1.05(3H,s),1.00(3H,s),0.86(3H,s),0.99(3H,s),0.95(3H,s),0.93(1H,m),0.89(3H,d,$J=7.0$Hz),0.72(3H,s)。^{13}C NMR($CDCl_3$,125MHz)δ:213.3(C-3),74.1(C-1),53.5(C-4),53.3(C-10),52.6(C-8),42.9(C-18),42.8(C-5),41.4(C-6),39.8(C-14),39.4(C-22),38.4(C-13),37.1(C-9),36.1(C-16),35.6(C-19),35.5(C-11),35.2(C-29),32.9(C-21),32.6(C-15),32.2(C-28),31.9(C-30),30.6(C-12),30.2(C-2),30.1(C-17),28.3(C-20),20.4(C-26),18.9(C-27),18.4(C-7),17.9(C-25),14.4(C-24),7.0(C-23)[7]。

腺嘌呤核苷(adenosine,34) 白色针状结晶(甲醇),$C_{10}H_{13}N_5O_4$,MW:267.24,mp 233～238℃。^{1}H NMR(500MHz,DMSO-d_6)δ:88.34(1H,s),8.12(1H,s),7.33(2H,brs),5.88(1H,d,$J=6.0$Hz),5.41(1H,m),5.16(1H,d,$J=4.8$Hz),4.61(1H,dd,$J=6.1$、11.2Hz),3.68(1H,m),3.55(1H,m)。^{13}C NMR(125MHz,DMSO-d_6)δ:156.2(C-6),152.4(C-2),149.1(C-4),139.9(C-8),119.4(C-5),87.9(C-1′),85.9(C-4′),73.4(C-2′),70.6(C-3′),61.7(C-5′)[7]。

尿嘧啶核苷(uridine,35) 无色针状晶体(甲醇),$C_9H_{12}N_2O_6$,MW:244.20,mp 163～167℃。^{1}H NMR(600MHz,DMSO-d_6)δ:11.3(1H,s),7.88(1H,d,$J=8.2$Hz),5.78(1H,d,$J=5.2$Hz),5.64

(1H,d,J=8.0Hz),4.00(1H,m),3.95(1H,m),3.85(1H,m),3.61(1H,m),3.54(1H,dd,J=12.2、2.4Hz)。^{13}C NMR(125MHz,DMSO-d_6)δ:163.1(C-4),150.7(C-2),140.7(C-6),101.8(C-5),87.7(C-1′),84.8(C-4′),73.6(C-3′),69.9(C-2′),60.9(C-5′)[7]。

尿嘧啶(uracil,36)　浅黄色针状结晶(甲醇),$C_4H_4N_2O_2$,MW:112.09,mp 335～338℃。^{1}H NMR(500MHz,DMSO-d_6)δ:11.00(1H,s),10.80(1H,s),7.38(1H,dd,J=7.5、5.7Hz),5.45(1H,d,J=7.7Hz)。^{13}C NMR(125MHz,DMSO-d_6)δ:164.3(C-4),151.5(C-2),142.1(C-6),100.2(C-5)[7]。

烟酸(nicotinic acid,37)　无色针晶(氯仿-甲醇),$C_6H_5NO_2$,MW:123。EI-MS m/z:123[M]$^+$,106,105,78,53。^{1}H NMR(600MHz,pyridine-d_5)δ:13.45(1H,s),9.07(1H,d,J=2.1Hz),8.80(1H,dd,J=4.8、1.6Hz),8.27(1H,m),7.55(1H,m)[6]。

N-(2′-羟基二十四酰)-1,3,4-三羟基-2-十八鞘氨(N-(2′-hydroxytetracosanoyl)-1,3,4-trihydroxyl-2-octodecanine,38)　白色无定形粉末,$C_{42}H_{85}NO_5$,MW:683。EI-MS m/z:665[M-H_2O]$^+$。^{1}H NMR(600MHz,pyridine-d_5)δ:8.57(1H,s,J=9.0Hz),5.11(1H,ddd,J=9.0、4.8、4.8Hz),4.62(1H,dd,J=7.8、3.6Hz),4.51(1H,dd,J=10.8、5.4Hz),4.42(1H,dd,J=10.8、5.4Hz),4.35(1H,dd,J=6.0、5.4Hz),4.28(1H,m),2.24(1H,m),2.22(1H,m),2.04(1H,m),1.94(1H,m),1.93(1H,m),1.71(1H,m),0.87(6H,m)。^{13}C NMR(150MHz,pyridine-d_5)δ:175.2(C-1′),76.8(C-3),73.0(C-4),72.4(C-2′),62.1(C-1),53.0(C-2),35.7(C-3′),34.2(C-5),26.6(C-6),22.9(C-17),14.3(C-18,24′)[6]。

脑苷脂B(cerebroside B,39)　白色无定形粉末,$C_{41}H_{77}NO_9$,MW:727。^{1}H NMR(500MHz,DMSO-d_6)δ:8.36(1H,d,J=8.7Hz),5.97(2H,m),5.25(1H,m),4.90(1H,d,J=7.6Hz),4.69(1H,dd,J=5.4、10.7Hz),4.75(2H,m),4.57(1H,m),4.48(1H,brd,J=11.5Hz),4.33(1H,dd,J=5.0、11.8Hz),4.20(3H,m),4.03(1H,m),3.89(1H,m),2.14(4H,m),2.00(2H,m),1.74(2H,br),1.61(3H,s),1.37(2H,m),1.25(28H,brs),0.86(6H,t,J=6.9Hz),11.00(1H,s),10.80(1H,s),7.38(1H,dd,J=7.5、5.7Hz),5.45(1H,d,J=7.7Hz)。^{13}C NMR(125MHz,pyridine-d_5)δ:175.5(C-1′),135.8(C-9),132.3(C-5),131.8(C-4),124.1(C-80),105.5(C-1″),78.4(C-5″),78.3(C-3″),72.4(C-3),72.2(C-2′),71.4(C-4″),70.0(C-1),62.5(C-6″),39.9(C-6),39.9(C-9),35.6(C-3′),32.1(C-16),32.1(C-7),29.5～29.9(C-12～15,C-4’～13’),28.1(C-14′),22.8(C-17,15’),16.0(C-19),14.2(C-18,16’)[7]。

D-甘露醇(D-mannitol,40)　无色针状晶体(甲醇),$C_6H_{14}O_6$,MW:182.17,mp 166～169℃。^{1}H NMR(500MHz,DMSO-d_6)δ:4.39(2H,d,J=5.34Hz),4.30(2H,t,J=5.34Hz),4.11(2H,d,J=6.95Hz),3.61(2H,m),3.55(2H,m),3.46(2H,m),3.38(2H,m)。^{13}C NMR(125MHz,DMSO-d_6)δ:71.3(C-3,4),69.7(C-2,5),63.8(C-1,6)[7]。

L-阿拉伯糖醇(L-arabinitol,41)　无色针状晶体(水),$C_5H_{12}O_5$,MW:152,mp 99～100℃。FAB-MS m/z:153[M+H]$^+$。^{1}H NMR(600MHz,D_2O)δ:3.93(1H,brt,J=6.2Hz),3.84(1H,dd,J=11.4、3.0Hz),3.75(1H,m),3.67(2H,m),3.58(1H,dd,J=8.4、1.8Hz)[6]。

4-羟基苯甲醛(4-hydroxy benzaldehyde,42)　白色针状结晶(石油醚),$C_7H_6O_2$,MW:122.12,mp116～119℃。^{1}H NMR(500MHz,acetone-d_6)δ:9.86(1H,s),7.78(2H,d,J=8.2Hz),7.00(2H,d,J=8.2Hz)。^{13}C NMR(125MHz,acetone-d_6)δ:190.9(C-7),163.9(C-4),132.8(C-2,6),130.5(C-1),116.7(C-3,5)[7]。

5-羟甲基糠醛(5-hydroxymethylfurfuraldehyde,43)　黄色油状物,$C_6H_6O_3$,MW:126。^{1}H NMR(500MHz,$CDCl_3$)δ:9.60(1H,s),7.22(1H,d,J=3.5Hz),6.52(1H,d,J=3.5Hz),4.73(2H,s)。^{13}C NMR(125MHz,$CDCl_3$)δ:177.8(2-CHO),160.6(C-5),152.6(C-2),122.8(C-3),110.1(C-4),57.8(5-CH_2OH)[7]。

阿魏酸(ferulic acid,44) 无色针状晶体(氯仿),$C_{10}H_{10}O_4$,MW:194,mp 171～173℃。^{1}H NMR(500MHz,$CDCl_3$)δ:7.71(1H,d,J=15.5Hz),7.11(1H,dd,J=1.5,8Hz),7.06(1H,d,J=1.5),6.94(1H,d,J=8Hz),6.30(1H,d,J=15.5Hz),3.94(3H,s)。^{13}C NMR(125MHz,$CDCl_3$)δ:171.0(C-9),148.4(C-3),147.0(C-4),146.8(C-7),126.6(C-1),123.5(C-6),114.8(C-2),114.3(C-5),109.6(C-8),56.0(-OCH_3)[7]。

琥珀酸(succinic acid,45) 白色粉末,$C_9H_6O_4$,MW:118.09,mp 185～187℃。^{1}H NMR(500MHz,DMSO-d_6)δ:12.12(2H),2.41(4H)。^{13}C NMR(125MHz,DMSO-d_6)δ:173.6(C-1,4),28.8(C-2,3)[7]。

α-羟基二十四烷酸(α-hydroxytetracosanoic acid,46) 白色无定形粉末(甲醇),$C_{24}H_{48}O_3$,MW:384,mp 101～104℃。IR(KBr):3 450、2 920、2 860、1 750、1 470、1 380、1 270、1 190、1 140、1 100、910、850cm^{-1}。EI-MS m/z:384[M^+],339。^{1}H NMR(600MHz,$CDCl_3$)δ:4.69(1H,dd,J=7.8、4.4Hz),2.18(1H,m),2.09(1H,m),1.78(2H,m),1.32(38H,m),0.84(3H,t,J=6.6Hz)[6]。

丙氨酸(D-α-aminopropionic acid,47) 白色粉末,$C_3H_7NO_2$,MW:89.09,mp 314～316℃。^{1}H NMR(500MHz,D_2O)δ:81.49(3H,d,J=7.2Hz),3.78(1H,q,J=7.2Hz)。^{13}C NMR(125MHz,D_2O)δ:175.7(C-1),50.5(C-2),16.1(C-3)[7]。

α-羟基二十四烷酸乙酯(α-hydroxytetracosanoic ethyl ester,48) 白色片状结晶(氯仿-甲醇),$C_{26}H_{52}O_3$,MW:412,mp 64～66℃。^{1}H NMR(600MHz,$CDCl_3$)δ:4.24(2H,m),4.16(1H,dd,J=7.8、4.2Hz),2.69(1H,brs),1.78(1H,m),1.63(1H,m),0.88(3H,t,J=7.2Hz)。^{13}C NMR(150MHz,$CDCl_3$)δ:175.5(C-1),70.5(C-1′),61.6(C-2),34.5(C-3),31.9(C-4),29.7～29.6(亚甲基碳信号,重叠),29.6(C-21),29.5(C-22),29.4(C-23),29.3(C-24)[6]。

第三节 猪苓的生物活性

猪苓作为菌类中药材,在我国已经有2500多年的药用历史。猪苓入药始见于《神农本草经》,被列为中品,味甘、平,利水道,归肾、膀胱经。我国历代本草文献中都记载猪苓有利水渗湿作用。我国2010版《中国药典》中记载,猪苓主治小便不利、水肿、泄泻、淋浊、带下。现代研究表明,猪苓除利尿作用外,还具有促进免疫功能、抗癌、保肝、抗菌、延缓衰老、抗放射等作用,临床用于治疗肺癌、慢性病毒性肝炎、银屑病、预防膀胱肿瘤术后复发、免疫功能低下等疾病。猪苓的生物活性主要涉及以下几个方面:

一、利尿和肾脏保护作用

猪苓利尿作用与剂型和服用剂量有关。健康人口服5g猪苓的煎剂,6h后尿量增加62%,氯化物增加42%;但口服3g猪苓的煎剂和口服6～12g猪苓,对人没有利尿作用[12]。用静脉注射或肌内注射的方式给不麻醉犬服用猪苓煎剂(相当于生药量0.25～0.50g/kg),有较明显的利尿作用[13]。家兔口服或静脉注射与接近人用量的猪苓煎剂或流浸膏剂才有利尿作用[12]。猪苓不稀释血液,增加肾小球滤过作用的效果并不显著,推测猪苓利尿作用可能是由于抑制了肾小管对水和电解质的重吸收。

猪苓可用于防治尿结石和肾功能衰竭[14]。对实验性高草酸尿症大鼠,猪苓乙酸乙酯浸膏能明显促进动物肾脏排除K^+、Na^+、Cl^-,抑制尿Ca^{2+}排泄,抑制尿草酸钙结晶的生长与聚集作用,显著降低血清尿素氮和肌酐的浓度,对大鼠肾功能有明显的保护作用[15]。猪苓汤对乙醛酸溶液诱发的肾结石形成有抑制作用,能显著抑制肾结石大鼠的肾脏骨桥蛋白(Osteopotin)mRAN的表达[16]。

猪苓中的甾酮类成分麦角甾-4,6,8(14),22-四烯-3-酮(麦角甾酮,ergone)被证实具有利尿作

用，在增加尿量的同时，还可以增加 K^+、Na^+、Cl^- 等电解质的排出。目前 ergone 的利尿作用机制尚未明确，可能由于其抑制了肾小管对水和电解质的重吸收，也可能通过拮抗醛固酮，使 Na^+-K^+ 的平衡发生改变[17]。Ergone 可以提高血红蛋白含量、降低血液中血肌酐(Scr)和尿素氮(BUN)浓度，下调Ⅰ型胶原(Col I)、Ⅲ型胶原(Col III)与转化生长因子 β1(TGF－β1)在肾组织中的表达，改善肾功能，减少腺嘌呤代谢产物对肾脏的病理性损害，对肾脏有较好的保护作用[18]。

二、免疫调节作用

猪苓多糖具有增强机体免疫力的作用。据张俊才等人(2003 年)报道，猪苓多糖是一种免疫增强剂，能增强豚鼠体液免疫和细胞免疫应答[19]。据李太元等人(2007 年)报道，猪苓多糖能增强小鼠腹腔巨噬细胞的生物活性，提高淋巴细胞转化率，增强 T 细胞免疫活性，从而增强或促进小鼠的非特异性和特异性免疫功能[20]。张皖东等人(2007 年)报道，猪苓多糖对大鼠肠道黏膜淋巴细胞功能具有调节作用，可以使大鼠外周血单个核细胞(PBMC)和派伊尔结淋巴细胞(PPL)培养上清液中肿瘤坏死因子－α(TNF－α)和 γ 干扰素(IFN－γ)水平升高；使黏膜固有层淋巴细胞(LPL)培养上清液中 TNF－α 和 IFN－γ 水平降低，2mg/ml 猪苓多糖可以使肠道上皮内淋巴细胞(IEL)培养上清液中 TNF－α 和 IFN－γ 水平升高[21]。此外，据潘万龙等人(2008 年)报道，体外实验中猪苓多糖对脐血造血干细胞有明显的扩增作用，并能促进脐血造血干细胞移植小鼠免疫造血重建[22]。

Li XQ 等人(2011 年)报道，猪苓多糖能增强 C3H/HeN 小鼠脾细胞增殖，增加腹腔巨噬细胞分泌肿瘤坏死因子 α(TNF－α)、白细胞介素 1β(IL－1β)和一氧化氮(NO)，并发现这一免疫刺激作用与 Toll 样受体 4(TLR4)信号通路的激活有关[23]。江泽波等人(2014 年)研究了猪苓多糖对巨噬细胞的免疫调节机制，发现其能促进 M1 型巨噬细胞中 IL－1β、TNF－α、诱导型一氧化氮合成酶(iNOS)和白细胞介素 10(IL－10)的 mRNA 表达[24]。树突状细胞(DC)是机体内功能最强的抗原递呈细胞，能激活初始 T 细胞，启动免疫应答并决定其方向。猪苓多糖能诱导小鼠骨髓 DC 表达 CD11c、CD86 与产生白细胞介素－12、－10(IL－12、IL－10)，且这一作用具有剂量依赖效应。抗小鼠 TLR4 单抗能抑制猪苓多糖诱导小鼠骨髓 DC 产生 IL－12 p40，并阻断荧光标记猪苓多糖与骨髓 DC 的结合，因此认为猪苓多糖通过 Toll 样受体 4(TLR4)活化小鼠骨髓 DC，发挥免疫调节活性[25]。

三、抗肿瘤作用

我国 20 世纪 70 年代末就积累了许多猪苓多糖抗肿瘤的资料，证明猪苓多糖对小鼠移植性肉瘤 S－180 有明显抑制作用，瘤体抑制率为 50%～70%，瘤重抑制率为 30%以上，能使 6%～7%的荷瘤小鼠肿瘤消退[26]。猪苓多糖可以作为肺癌化疗的辅助治疗药物，具有缩小瘤体积、改善全身症状、提高机体免疫力的作用。此外还发现，猪苓多糖具有轻微增强环磷酰胺药效的作用[27]，能明显减少小鼠放射病的发生，药物作用的有效时间和有效剂量范围均比较宽[28]。

近年来猪苓多糖抗肿瘤机制的研究取得了较大进展。猪苓多糖能下调肿瘤细胞 S－180 合成和(或)分泌免疫抑制物质[29]，能下调结直肠癌 Colon26 细胞免疫抑制分子的分泌[30]，从而在一定程度上逆转肿瘤细胞的免疫抑制作用。猪苓多糖对实验性膀胱癌的抑制作用与增强免疫系统的功能密切相关。猪苓多糖通过干扰和影响人膀胱癌 T24 细胞周期，可抑制细胞增殖[31]。猪苓多糖和卡介苗具有协同作用，联合应用初期能促进巨噬细胞表面 CD14、TLR2 和 TLR4 分子，以及黏附分子 CDI1b 的表达增加，经 TLR 分子与信号通路启动机体免疫，引发抗肿瘤效应[32]。据曾星等人(2011 年)报道，猪苓多糖可显著促进 N－丁基－N－(4－羟丁基)亚硝胺(BBN)诱导膀胱癌模型大鼠腹腔巨噬细胞的吞噬功能，提高巨噬细胞表面分子 CD86 的表达[33]。据李彩霞(2012 年)报道，猪苓多糖能通过影响 BBN 诱导膀胱癌模型大鼠胸腺指数、脾指数、膀胱组织与癌旁组织淋巴细胞浸润及 CD86 表达而

抑制肿瘤的发生[34]。

甾酮类化合物是猪苓的特征性小分子成分，是具有细胞毒作用的一类成分。猪苓酮A-G对白血病L-1210细胞的增殖，均有剂量依赖性的抑制作用[4]。Polyporusterone A和B对2,2'-偶氮-(2-脒基丙烷)-二盐酸盐(AAPH)诱导的红细胞溶解有抑制作用[35]。化合物ergosta-4,6,8(14),22-tetraen-3-one(ergone)对人肝癌细胞Hep3B和人胃癌细胞AGS的增殖有较强的抑制作用，IC_{50}分别为5.0和22.0mg/L[36]。据赵英永等人(2010年)报道，ergone能抑制人肝癌细胞HepG2、人喉癌细胞Hep-2和人子宫颈癌细胞Hela的增殖，IC_{50}分别为10.5、14.6和10.8mg/L[37]，还能诱导人肝癌细胞HepG2凋亡与G2/M细胞周期阻滞[38]。Ergone的抗肿瘤活性可能与其分子结构中的3位氧有关。

四、其他作用

A. 抗辐射：猪苓多糖能够逆转辐照大鼠造血功能和免疫功能的损伤；含猪苓的制剂能显著提高放疗小鼠骨髓DNA含量，恢复造血功能，升高放疗后小鼠的脾脏指数[39]。

B. 抗突变：据熊桂兰等人(2005年)报道，含猪苓的制剂能明显抑制博来霉素诱导的染色体断裂，提高机体基因组的稳定性[40]。王虹等人(2014年)报道，猪苓多糖能有效降低由环磷酰胺诱导的小鼠骨髓细胞微核率和精子畸形率，具有一定的抗突变作用[41]。

C. 保肝：猪苓多糖能减轻四氯化碳对小鼠肝脏的损伤，包括：减轻肝组织的病理性损伤，降低谷丙转氨酶活性，抑制肝脏6-磷酸葡萄糖磷酸酶和结合性酸性磷酸酶活性的降低[3]。猪苓多糖单独使用，或与其他中药、乙肝疫苗、干扰素等联合使用，能有效抑制乙肝病毒复制，提高乙肝病毒表面抗原(HBsAg)、乙肝病毒e抗原(HBeAg)和乙肝病毒脱氧核糖核酸(HBV-DNA)转阴率，提高抗-HBe阳转率，改善肝功能[42-43]。

第四节　展　望

猪苓作为一种有着2000多年药用历史的药用真菌，具有化学成分复杂、生物活性多样、临床应用范围广泛等特点。天然产物化学和药理学的研究，为猪苓的一些临床应用提供了理论依据，同时也发现了一些猪苓潜在的应用方向。现代科学研究已经明确了猪苓多糖的免疫调节作用，并开展了治疗肿瘤和慢性肝炎的临床应用，今后需进一步加强对猪苓多糖的化学结构及其衍生物的研究，以其为深入探求猪苓多糖的构效关系，开发出具有更强活性的多糖衍生物奠定理论基础。

参考文献

[1] Toshio Miyazaki, Naoko Oikawa. Studies on fungal polysaccharide. XII. Water-soluble polysaccharide of *Grifora umbellate* (Fr.) Pilat [J]. Chem Pharm Bull, 1973, 21(11): 2545—2548.

[2] 戴如琴，刘文巨，兰江丽，等. 猪苓菌丝体的液体培养及其抗肿瘤作用的研究[J]. 新医药学杂志，1979,(2):19—22.

[3] 朱勤，戴如琴，张惟杰. 猪苓发酵滤液多糖组分及摩尔比的测定[J]. 中药通报，1988,13(9):32—33,62—63.

[4] Ohsawa T, Yukawa M, Takao C, et al. Studies on constituents of fruit body of *Polyporus umbellatus* and their cytotoxic activity [J]. Chem Pharm Bull, 1992, 40(1): 143—147.

[5] Sun Y, Yasukawa K. New anti-inflammatory ergostane-type ecdysteroids from the sclerotium of *Polyporus umbellatus* [J]. Bioorg Med Chem Lett, 2008, 18(11): 3417—3420.
[6] 周微微. 猪苓菌核及发酵菌丝体化学成分研究及质量分析[D]. 中国协和医科大学博士研究生学位论文,2008.
[7] 赵英永. 中药猪苓的化学成分及其药理学研究[D]. 西北大学博士学位论文,2010.
[8] 杨红澎. 猪苓和小红柳化学成分的研究[D]. 西北师范大学硕士学位论文,2003.
[9] Zhou WW, Guo SX. Components of the sclerotia of *Polyporus umbellatus*[J]. Chemistry of Natural Compounds, 2009, 45(1):124—125.
[10] Zhou WW, Lin WH, Guo SX. Two New Polyporusterones Isolated from the Sclerotia of *Polyporus umbellatus*[J]. Chem Pharm Bull, 2007, 55(8): 1148—1150.
[11] 李俊,李甫,陆园园,等. 满山香子抗炎成分研究[J]. 中国药学杂志,2007,42(4):255—257.
[12] 赵英永,崔秀明,张文斌,等. 猪苓的化学成分与药理作用研究进展[J]. 中草药,2009,32(11):1785—1787.
[13] 黄泰康. 常用中药成分与药理手册[M]. 北京:中国医药科技出版社,1994.
[14] 刘汉卿,郭勇全,肖萍,等. 猪苓的研究与应用[J]. 广州化工,2010,38(10):40—41.
[15] 王平,刘诗佞. 猪苓提取物对大鼠尿草酸钙结石形成的抑制作用[J]. 中国临床康复,2006,10(43):73—76.
[16] 王建红,王沙燕,石之驎,等. 猪苓汤抑制肾结石形成的作用机理研究[J]. 湖南中医药导报,2004,10(6):80—82.
[17] 陈晗,陈丹倩,李全福,等. 麦角甾酮的药理活性、药代动力学及含量测定研究进展[J]. 中国中药杂志,2014,39(20):3905—3909.
[18] Zhao YY, Zhang L, Mao JR, et al. Ergosta-4,6,8(14),22-tetraen-3-one isolated from *Polyporus umbellatus* prevents early renal injury in aristolochic acid-induced nephropathy rats [J]. J Pharm Pharmacol, 2011, 63:1581—1586.
[19] 张俊才,简子健,邓普辉,等. 不同佐剂对卡介苗的免疫增强作用[J]. 动物医学进展,2003,24(5):96—98.
[20] 李太元,田广燕,许广波,等. 猪苓菌丝体多糖对小鼠免疫水平的影响[J]. 中国兽医学报,2007,27(1):88—90.
[21] 张皖东,吕诚,刘振丽,等. 人参多糖和猪苓多糖对大鼠肠道黏膜淋巴细胞功能的影响[J]. 中草药,2007,38(2):221—224.
[22] 潘万龙,李淑萍,唐恩洁,等. 猪苓多糖对脐血造血干细胞体外扩增及干细胞移植后免疫重建的调节效应[J]. 中国组织工程研究与临床康复,2008,12(12):2216—2220.
[23] Li XQ, Xu W. TLR4-mediated activation of macrophages by the polysaccharide fraction from *Polyporus umbellatus* (pers.) Fries [J]. J Ethnopharmacol, 2011, 135 (1): 1—6.
[24] 江泽波,黄闰月,张娴,等. 猪苓多糖对 M1 型巨噬细胞细胞因子表达的调节作用[J]. 细胞与分子免疫学杂志,2014,30(10):1030—1034.
[25] 李心群,许文. 猪苓多糖通过 Toll 样受体 4 对小鼠骨髓来源树突状细胞作用研究[J]. 中草药,2011,42(1):118—113.
[26] 高梅. 猪苓多糖对小鼠免疫功能的增强作用[J]. 中国免疫学杂志,1991,7(3):185—187.
[27] 顾伯文. 猪苓多糖及其提取物治疗肺癌的疗效[J]. 白求恩医科大学学报,1984,10(1):43—45.
[28] 吕宝璋. 柴胡和猪苓多糖的生化作用及抗辐射损伤原理的研究[J]. 解放军医学杂志,1984,9(1):9.
[29] 杨丽娟,王润田,刘京生,等. 猪苓多糖对 S-180 细胞培养上清免疫抑制作用影响的研究[J]. 细

胞与分子免疫学杂志,2004,20(2):234—237.
[30] 崔溦,王润田,支国成,等.猪苓多糖下调 Colon26 细胞肿瘤免疫抑制的体外研究[J].免疫学杂志,2009,25(6):650—654.
[31] 曾星,梅玉屏,黄羽.中药猪苓多糖(PPS)对 T24 膀胱癌细胞增殖及细胞周期的影响[J].中华实用中西医杂志,2003,16(2):276—277.
[32] 曾星,连荟,欧润妹,等.猪苓多糖协同卡介苗对小鼠巨噬细胞 TLRs 表达的影响[J].中国免疫学杂志,2008,24(4):341—344.
[33] 曾星,李彩霞,黄羽,等.猪苓及猪苓多糖对膀胱癌模型大鼠腹腔巨噬细胞吞噬和表面免疫相关分子表达的影响[J].中国免疫学杂志,2011,27(5):414—418.
[34] 李彩霞,曾星,黄羽,等.猪苓及猪苓多糖对 BBN 诱导的膀胱癌大鼠胸腺、脾指数及 CD86 表达的影响[J].免疫学杂志,2012,28(2):116—119.
[35] Nobuyasu S, Hiroaki H, Yoichiro N, et al. Inhibitory effects of triterpenes isolated from chuling on free radical-induced lysis of red blood cells [J]. Biol Pharm Bull, 2005, 28(5): 817—821.
[36] Lee WY, Park Y, Ahn J K, et al. Cytotoxic activity of ergosta-4,6,8(14),22-tetraen-3-one from the sclerotia of *Polyporus umbellatus* [J]. Bull Korean Chem Soc, 2005, 26 (9): 1464—1466.
[37] Zhao YY, Chao X, Zhang Y, et al. Cytotoxic steroids from *Polyporus umbellatus* [J]. Planta Med, 2010, 76(15): 1755—1758.
[38] Zhao YY, Shen X, Chao X, et al. Ergosta-4,6,8(14),22-tetraen-3-one induces G2/M cell cycle arrest and apoptosis in human hepatocellular carcinoma HepG2 cells [J]. Biochim Biophys Acta-Gen Subjects, 2011, 1810(4): 384—390.
[39] 侯玉如,江海涛,吴京燕,等.食药用真菌抗辐射的研究进展[J].中国食用菌,2004,23(1):3—5.
[40] 熊桂兰,刘冰,刘军,等.人参合剂的抗诱变作用[J].吉林大学学报(医学版),2005,31(5):702—705.
[41] 王虹,刘敏玲,邵蕾.猪苓多糖抗突变作用研究[J].西北农业学报,2014,23(2):35—38.
[42] 任玉兰,刘娟,涂红云.猪苓多糖治疗慢性乙型肝炎的研究进展[J].陕西中医学院学报,2006,29(5):67—69.
[43] 蔡乃亮,邱胜卫.中西医结合治疗慢性乙型肝炎临床观察[J].新中医,2011,43(8):44—45.

(陈晓梅、周薇薇、田丽霞、郭顺星)

第五十五章 桑 黄

SANG HUANG

第一节 概 述

桑黄[*Phellinus baumii*(鲍氏针层孔菌)]为担子菌门，伞菌纲，锈革孔菌目，锈革孔菌科，木层孔菌属真菌。有学者调查统计，在文献中作为桑黄使用的学名出现过7个，在文献中和已经作为产品提供的鉴定标本中当作桑黄使用的物种有12个[1]。目前在有关桑黄的研究文献中，研究材料主要来源于3个基原物种：*Phellinus igniarius*(火木针层孔菌)、*Phellinus linteus*(裂蹄针层孔菌)和*Phellinus baumii*(鲍氏针层孔菌)，学者们在桑黄菌种分类上存在争议，最终定论还有待深入的研究。桑黄的研究大多集中在*Phellinus igniarius*和*Phellinus linteus*两个物种上[2]，我国研究学者认为桑黄的基原为火木层孔菌或针层孔菌。

桑黄通常生于桑属植物茎干之上，因子实体为黄褐色而得名，又称为桑臣、桑耳、胡孙眼、桑黄菇等，但桑黄并非仅生长在桑树上，在杨树、柳树、桦木、栎树、杜鹃、四照花等阔叶树的树干上也有生长[3]。“桑黄”是否专指生长在桑树上争论由来已久，《中国药用真菌》认为，真正的“桑黄”是长在桑树树干上的[4]。

桑黄主要分布于我国华北、西北及黑龙江、吉林、台湾、广东、四川、云南、西藏等地区。据《药性论》记载：桑黄味微苦，性寒，在我国传统中药中用于治疗痢疾、盗汗、血崩、血淋、脐腹涩痛、脱肛泻血、带下、闭经[2-3]等症。桑黄在癌症和肝炎的治疗中疗效显著，是生物抗癌领域中药效较好的一种药用真菌。国内外学者对桑黄的深层发酵条件优化、多糖分子结构、抗癌免疫学机制等方面进行了广泛和深入的研究，尤以韩国和日本国的研究最为突出。

第二节 桑黄化学成分的研究

一、呋喃类化学成分

从桑黄中分离得到呋喃类化合物与衍生物：phellinsin A(1)[5]、phellinsin B(2)[6]、phellinusfurans

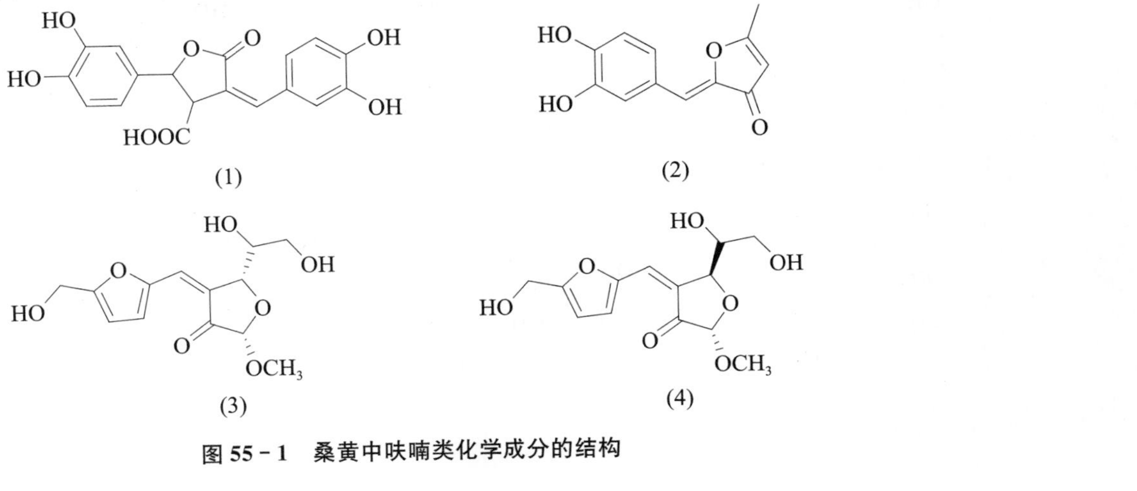

(1) (2) (3) (4)

图55-1 桑黄中呋喃类化学成分的结构

A(3)、phellinusfurans B(4)[7](图 55-1)。

二、吡喃酮类化学成分

Wangun H. V. K 等人从桑黄中分离得到 pinillidine(5)和 squarrosidine(6)[6]、davallialactone(7)和 ellagic acid(8)[8];Cho,JY 等人分离得到 hispidin 三聚体 pheninstatin(9)[9];石建功等人分离得到桑黄素 A-J(phellighdin A-J,10～19)[10-14],其中 phellighdin-G(16)是一个新骨架,高度氧化 hispidin 四聚体大环类化合物;phelligridimer A(20)具有很强的抗氧化作用[14];Kojima K 发现了 1 个新颖的呋喃吡喃酮 phellifuropyranone A(21)[15];Leex K 等人从桑黄子实体中分离得到了 interfungins A-C(22～24)[16]、baumin(25)[17],同时在培养液中发现了 phellinine(26)[18],以及 phellibaumin A(27)、phellibaumin B(28)、phellibaumin D(29)、phellibaumin E(30)、phellibaumin C(31)[19](图 55-2)。

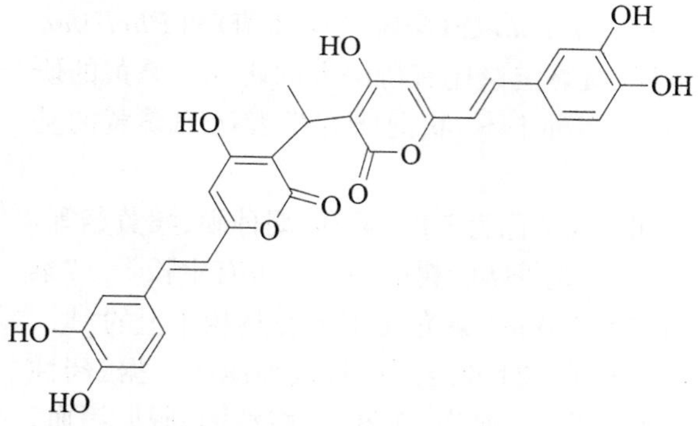

(5)

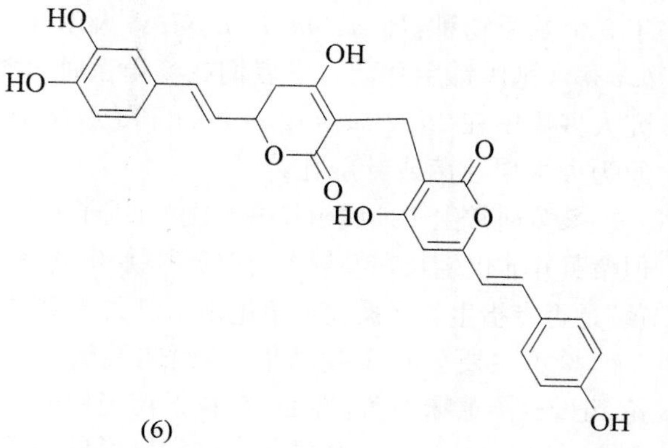

(6)

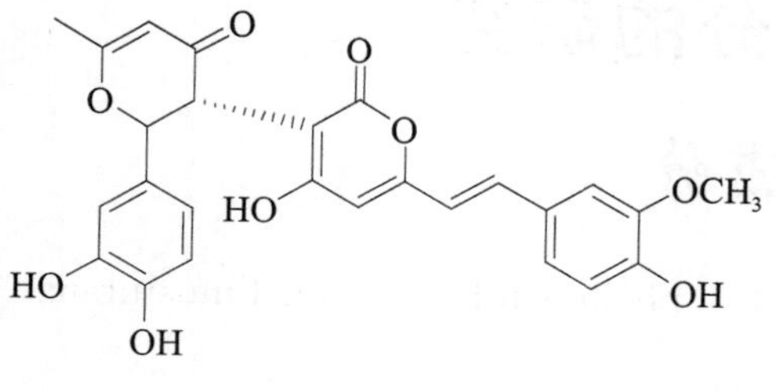

(7)

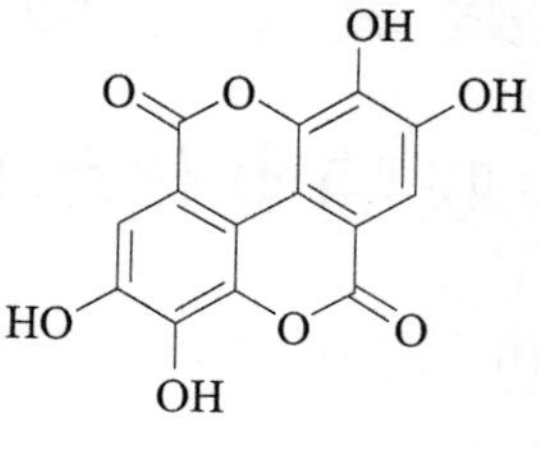

(8)

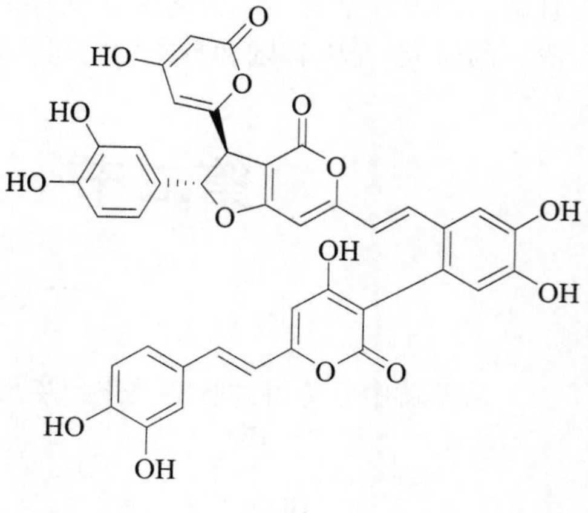

(9)

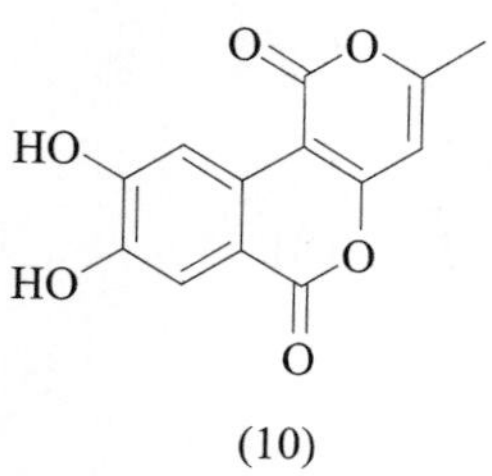

(10)

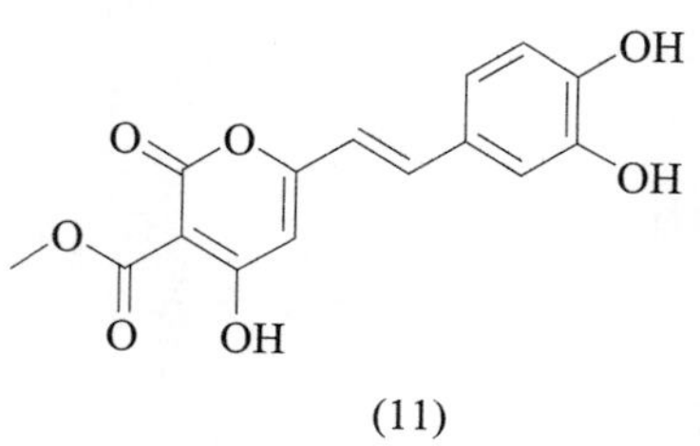

(11)

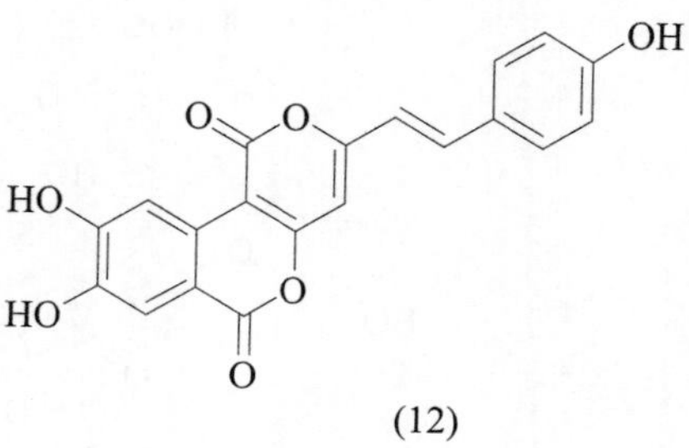

(12)

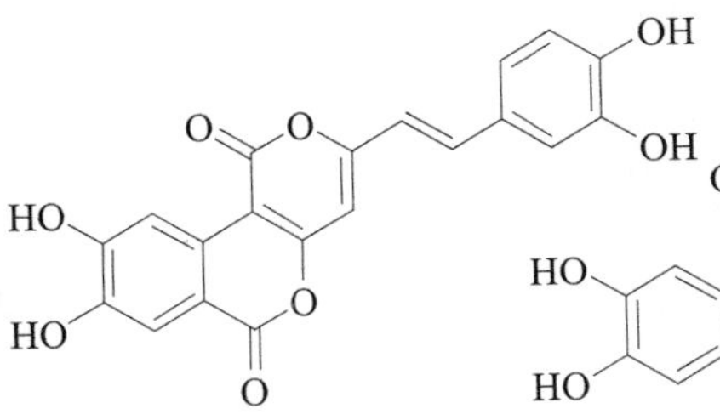

(13) 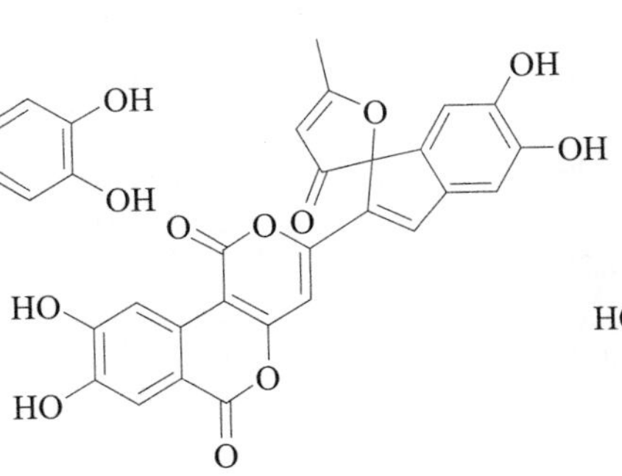　(14) 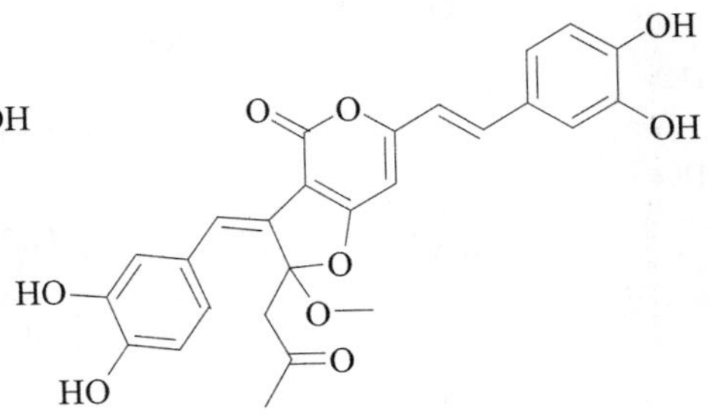　(15)

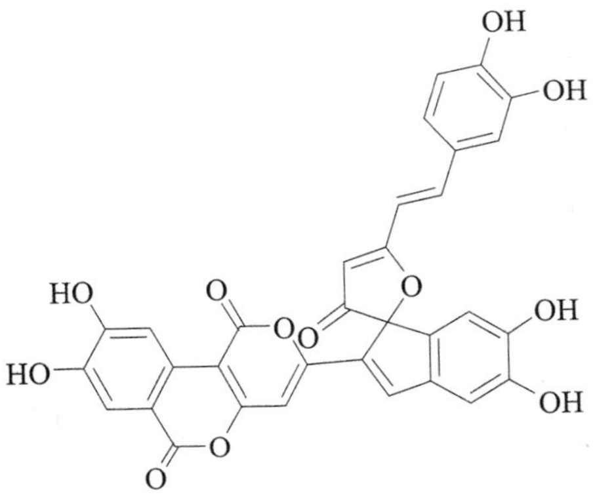

(16) 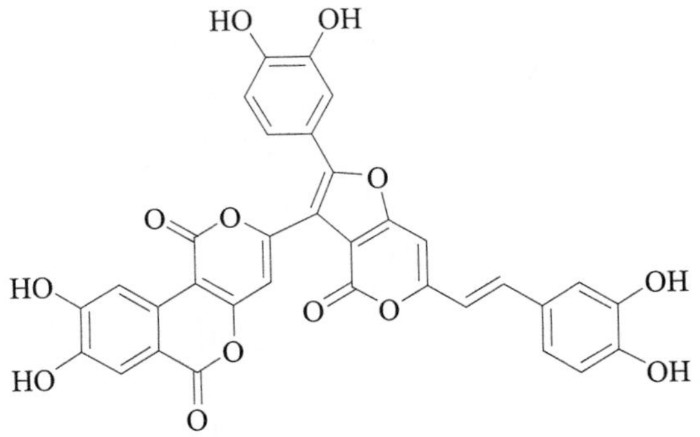　(17)

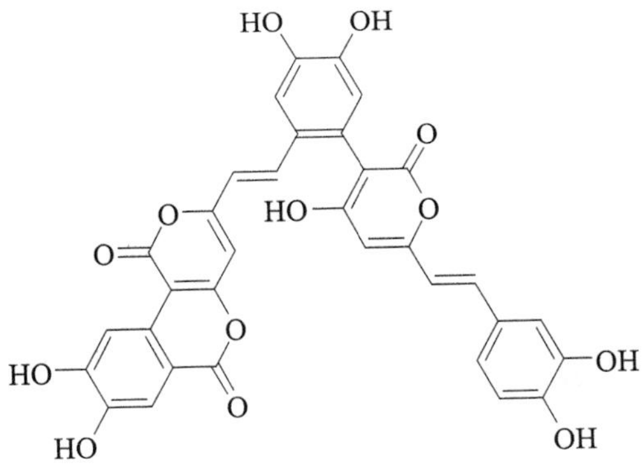

(18) 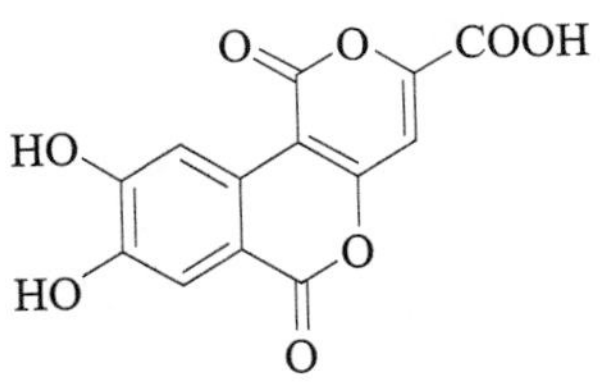　(19)

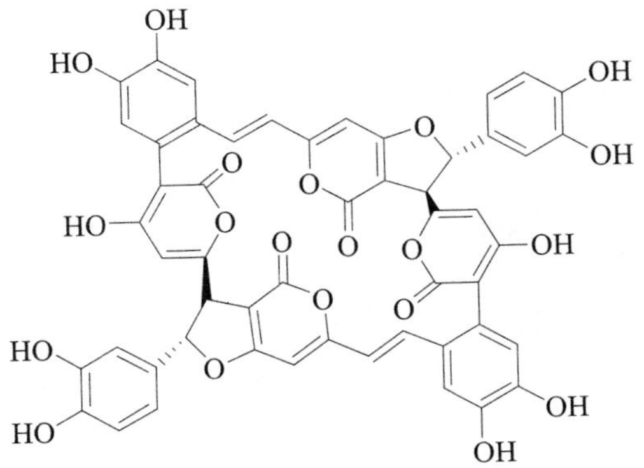

(20) 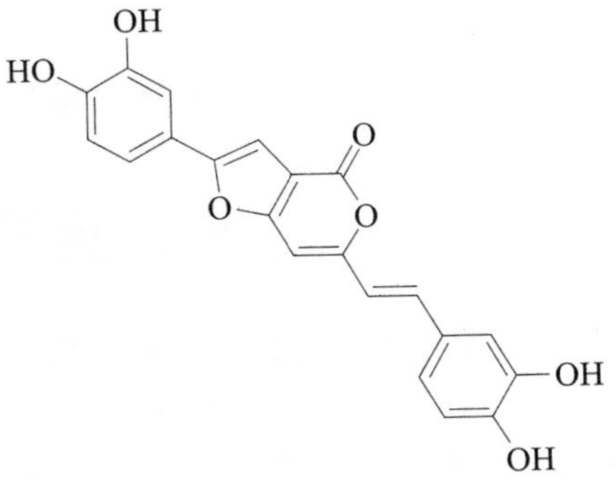　(21)

(22) (23) (24)

(25) (26)

(27) (28) (29)

(30) (31)

图 55-2 桑黄中吡喃类化学成分的结构

三、黄酮类化学成分

莫顺燕等人从桑黄中分离得到桑黄黄酮 A(5,7,4′,-三羟基-6-2″-羟基苄基二氢黄酮,32)和桑黄黄酮 B(5,7,4′,-三羟基-8-2″-羟基苄基二氢黄酮,33),7-甲氧基二氢炭非素(4′,5-二羟基-7-甲氧基二氢黄酮醇,34),北美圣草素(3′,4′,5,7-四羟基二氢黄酮,35),柚皮素(4′,5,7-三羟基二氢黄酮,36),樱花亭(4′,5-二羟-7-甲氧基二氢黄酮,37),二氢炭非素(4′,5,7-三羟基二氢黄酮醇,38)[20-21];吴长生等人从桑黄中分离得到甲基桑黄黄酮 A(39)、异甲基桑黄黄酮 A(40),甲基桑黄黄

酮 B(41)、异甲基桑黄黄酮 B(42)[19]；以及二氢山柰酚(43)、二氢鼠李素(44)、7-甲基圣草素(45)、鼠李素(46)、芫花素(47)、异桑黄黄酮 A(48)、山柰素(49)[19](图 55-3)。

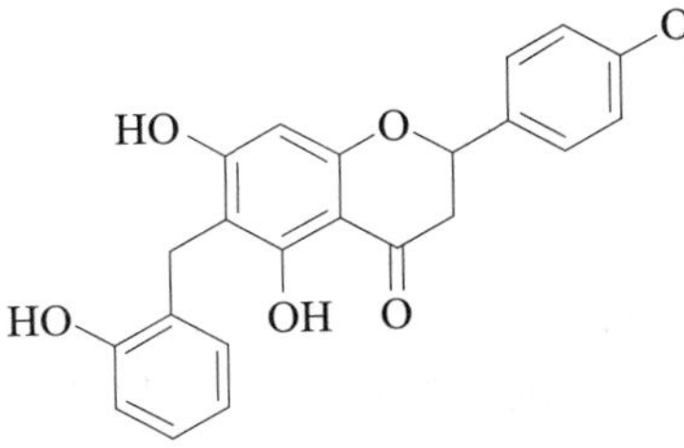

(32) 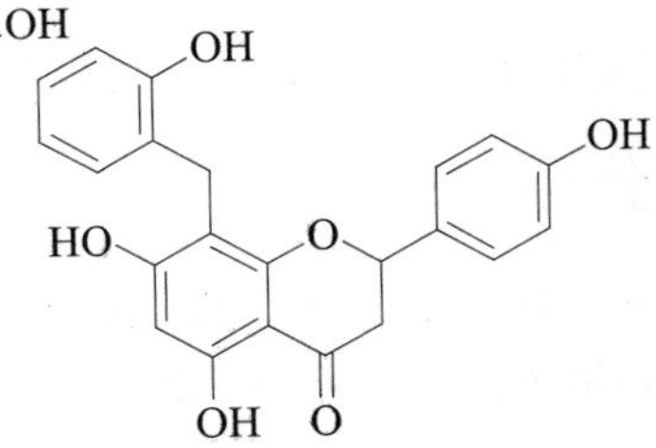　(33) 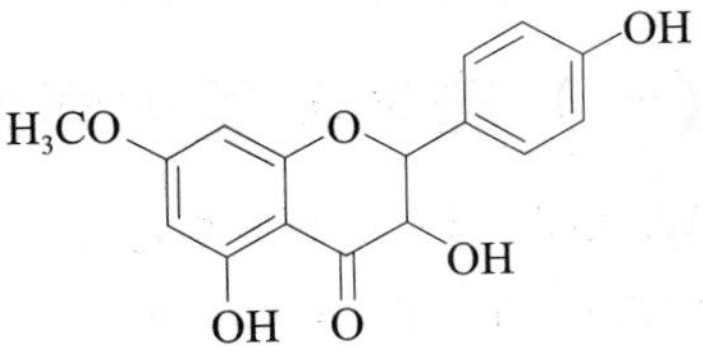　(34)

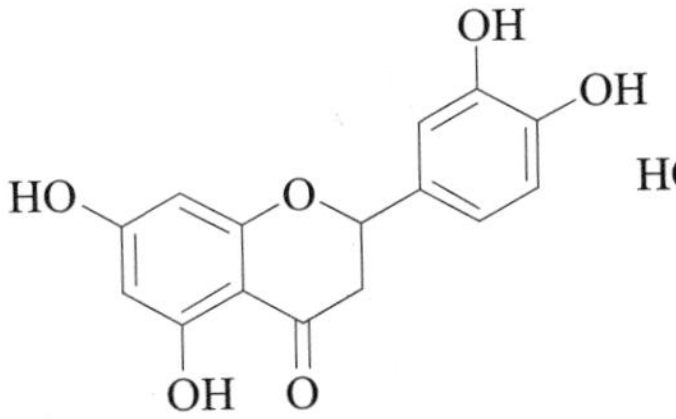

(35) 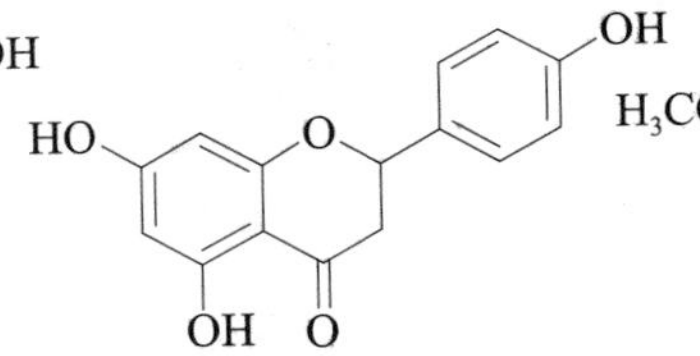　(36) 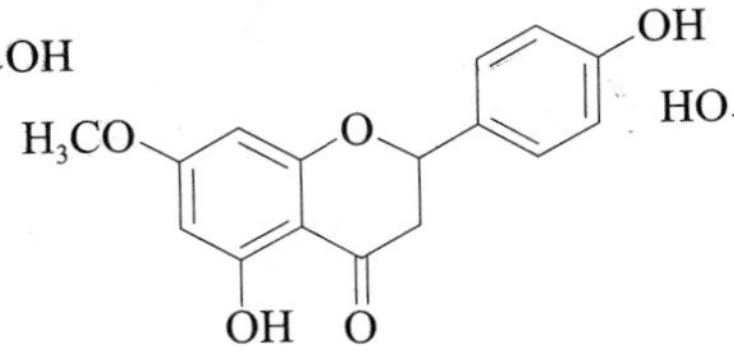　(37) 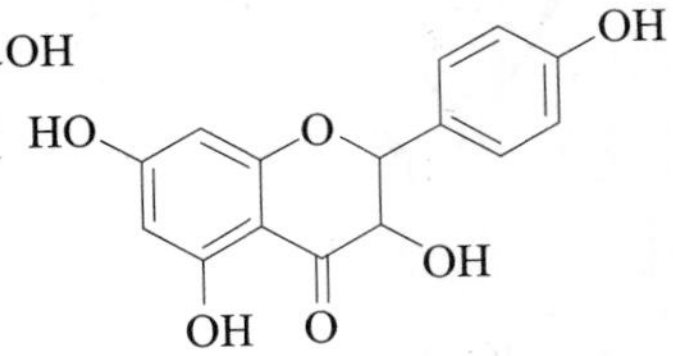　(38)

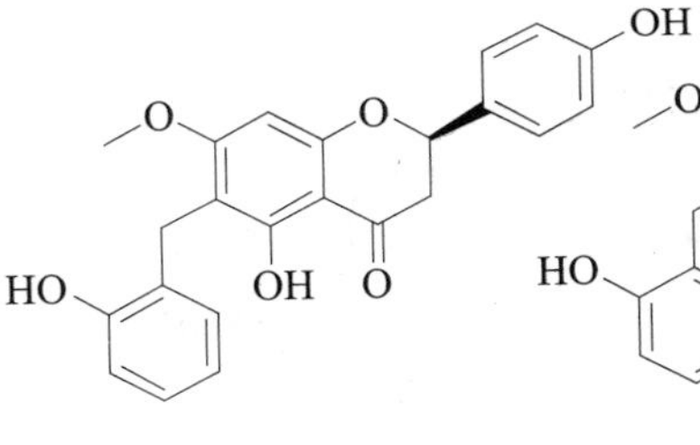

(39) 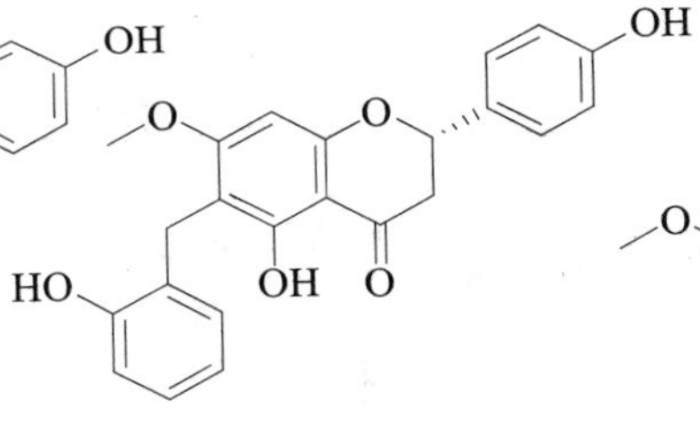　(40) 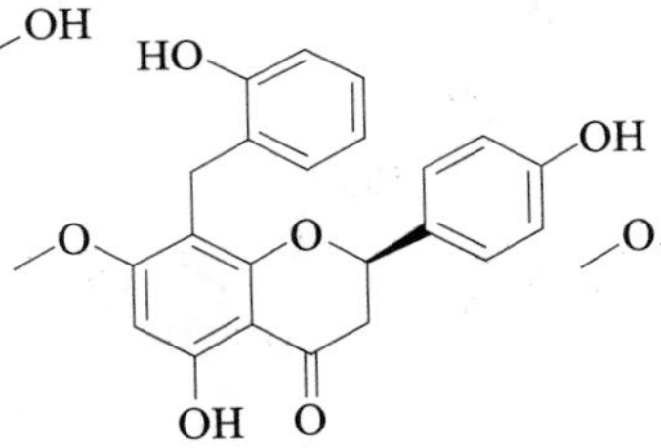　(41) 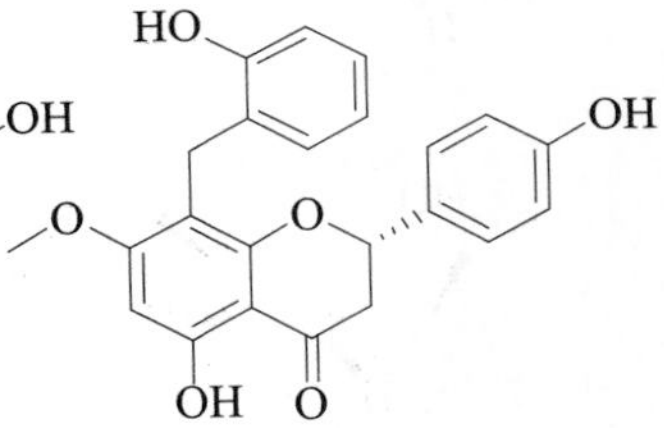　(42)

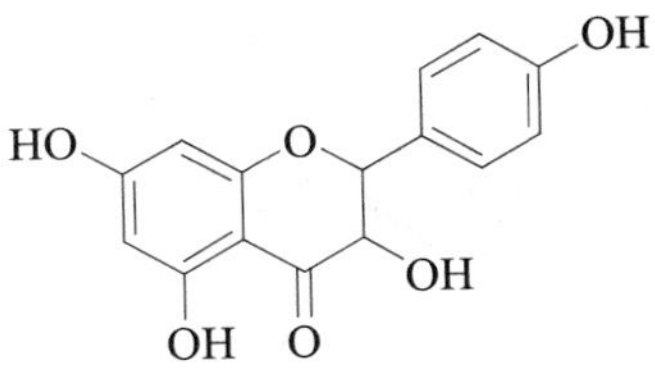

(43) 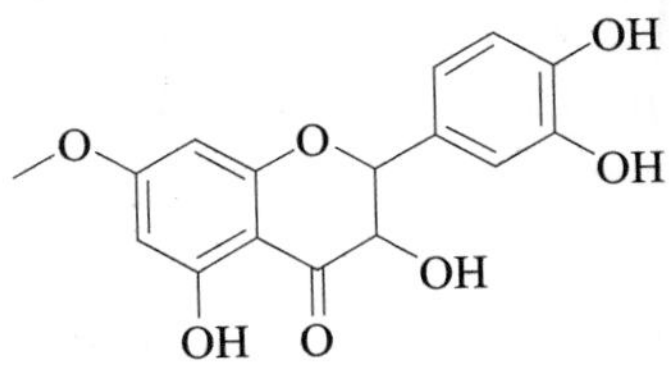　(44) 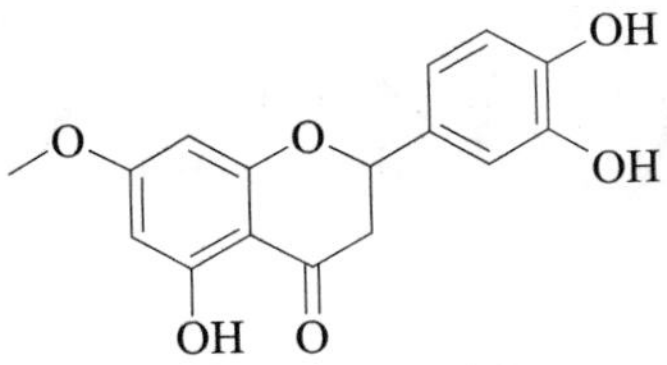　(45)

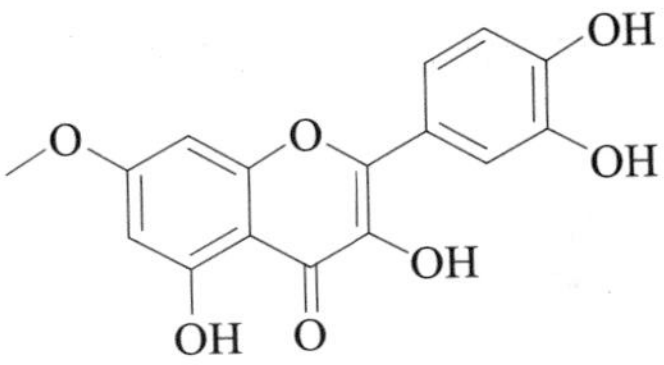

(46) 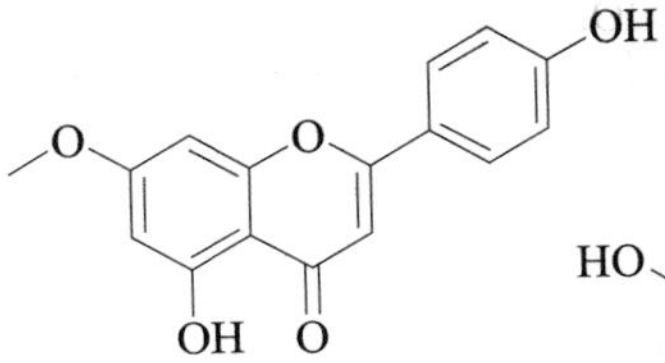　(47) 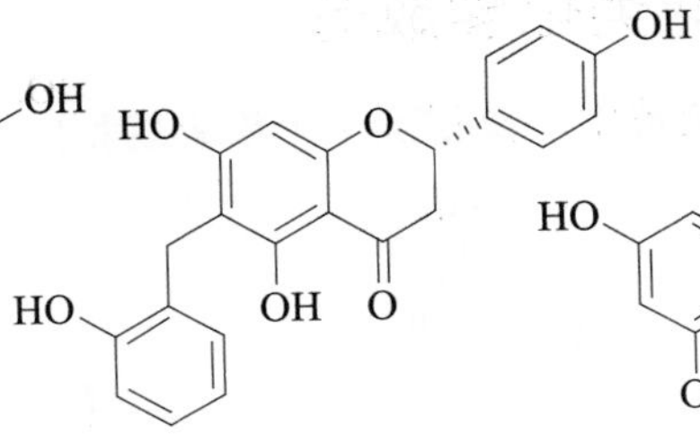　(48) 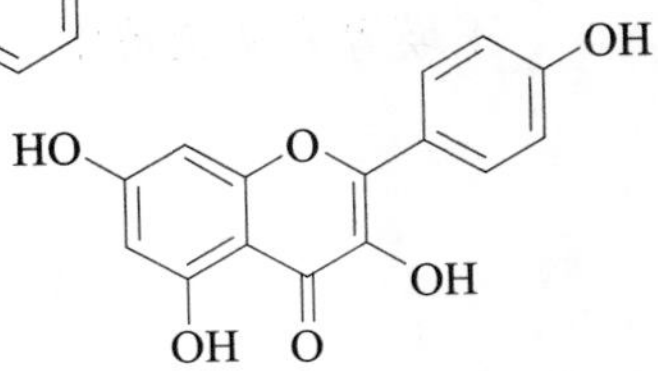　(49)

图 55-3　桑黄中黄酮类化学成分的结构

四、萜类化学成分

从桑黄中分离得到的萜类化学成分,包括倍半萜、二萜和三萜。

(一)倍半萜类化学成分

Wang Y 等人从桑黄中分离得到 8 个具有全氢奥骨架的新倍半萜 tremulanes(50)～(57)[12];Wu X 等人分离得到 9 个 tremulane 骨架的新倍半萜(58)～(66)以及 1 个已知的倍半萜(67)[22](图 55-4)。

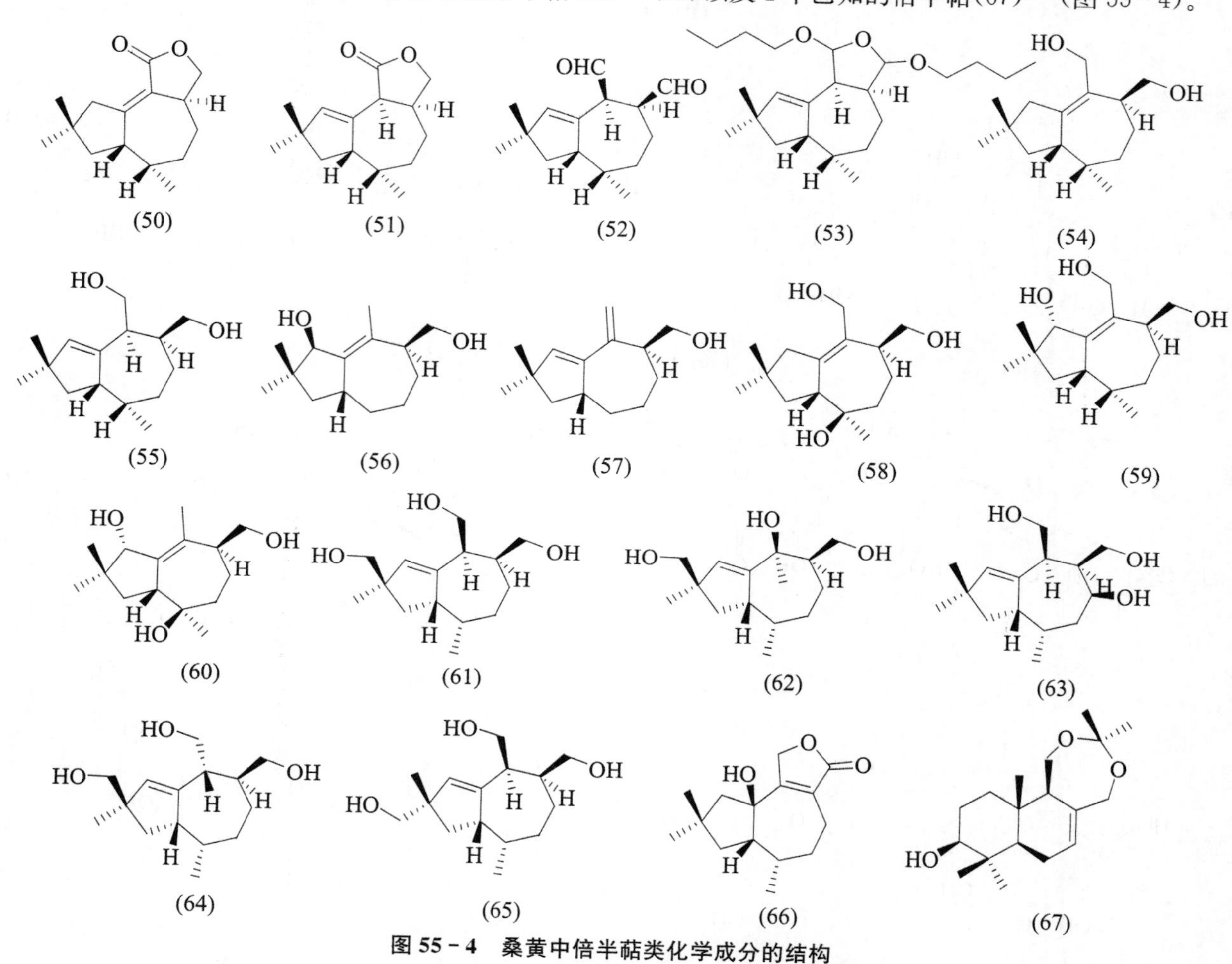

图 55-4　桑黄中倍半萜类化学成分的结构

(二)二萜类化学成分

王瑛等人从桑黄中分离得到 1 个松香烷型的二萜 6-abietanolide(68)[23];何坚等人分离得到了

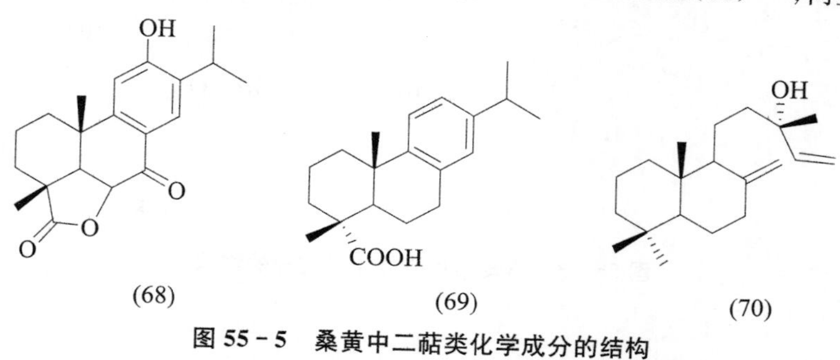

图 55-5　桑黄中二萜类化学成分的结构

8,11,13 - abietadien - 18 - oic acid(69)与 14 - labdadien - 13 - ol(70)[24](图 55 - 5)。

(三) 三萜类化学成分

三萜类化合物是桑黄属真菌中较为常见的一类化学成分。Jain AC 等人从桑黄中分离得到了羊毛甾烷类三萜 lanosta - 8、25 - dien - 3 - ol(71)[25];Gonzale 等人分离到了 javeroic acid(72)、phellinie acid(73)[26]、pomacerone(74)[27]、senexdiolicaeid(75)[28]、natalic(76)、torulosic(77)、alberticaeid(78)[29];Ahmad S 分离到了 pinieolicaeid(79)[30];Baua AK 等人分离得到了 trametanolieaeid(80)[31]。Liu HK 等人分离得到了羊毛甾烷型三萜 gilvsinsA——D(81～84),以及三萜 24 - methylenelanost - 8 - ene - 3β,22 - diol(85)[32]。另外,桑黄真菌中常见的三萜类成分还有软木三烯酮、β-乳香酸、熊果酸、蒲公英赛醇(图 55 - 6)。

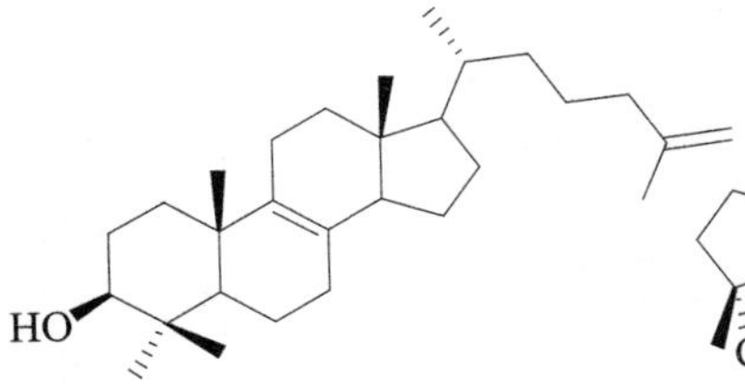

(71) 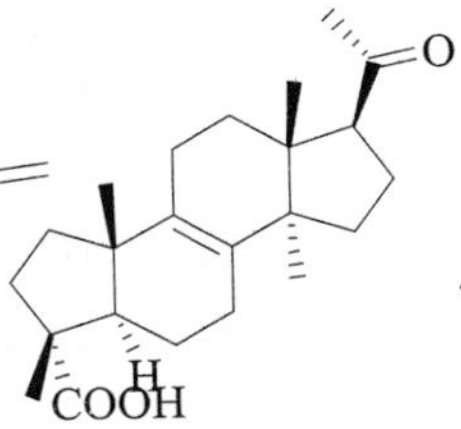　(72) 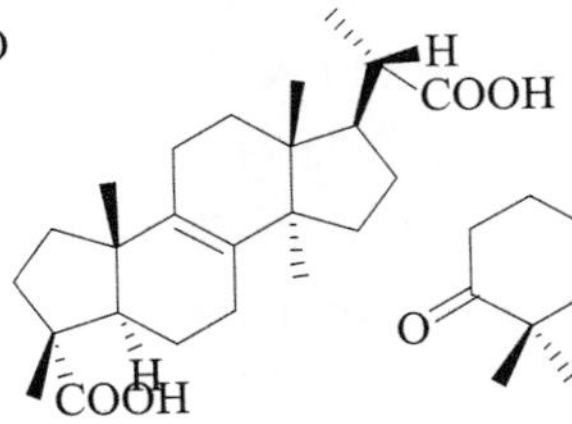　(73) 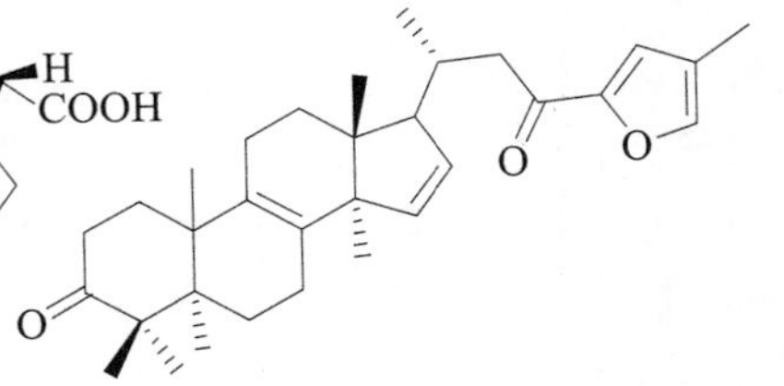　(74)

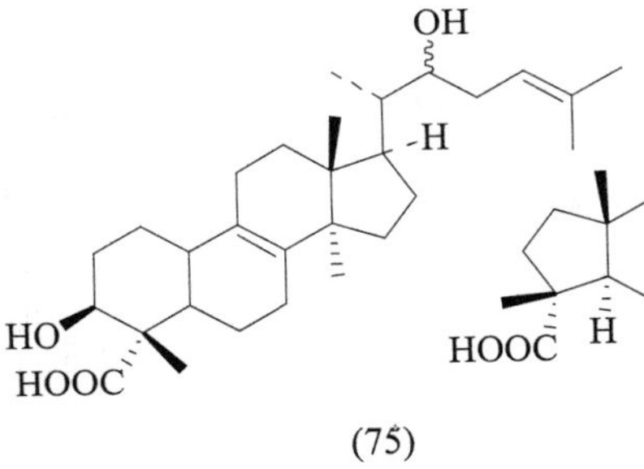

(75) 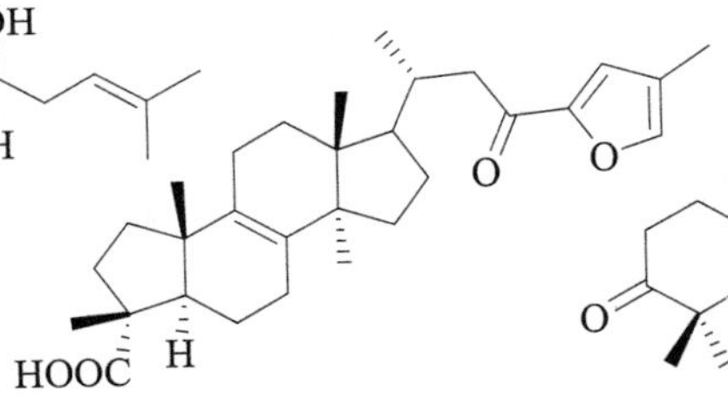　(76) 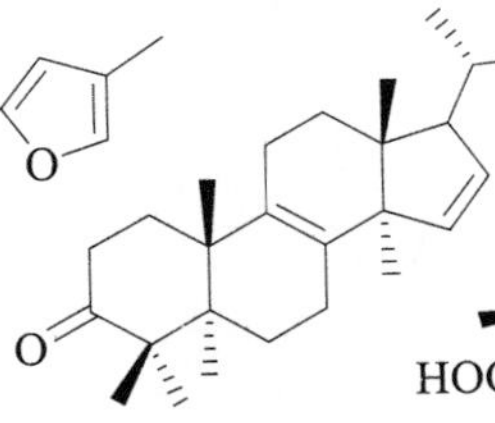　(77) 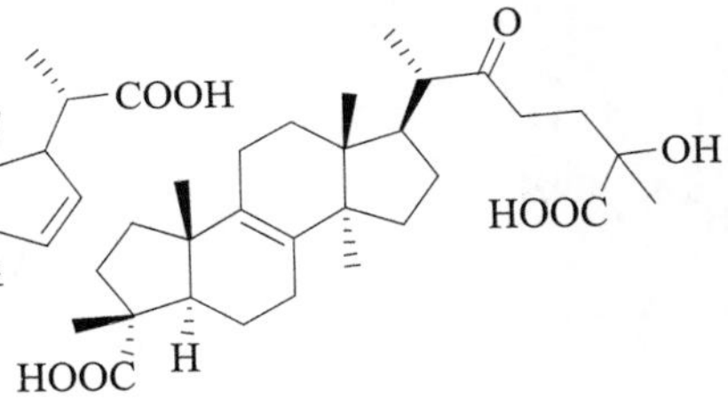　(78)

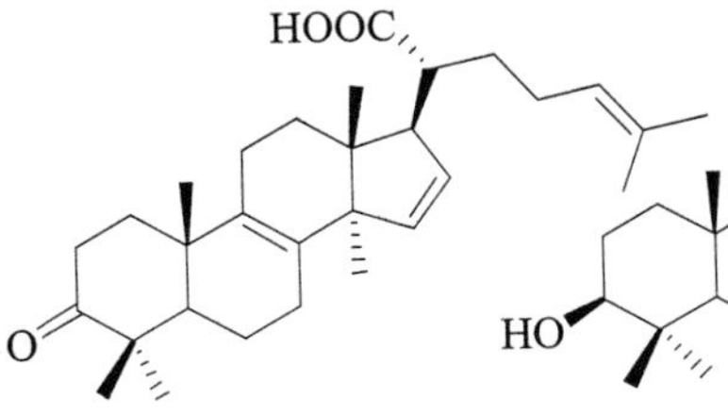

(79) 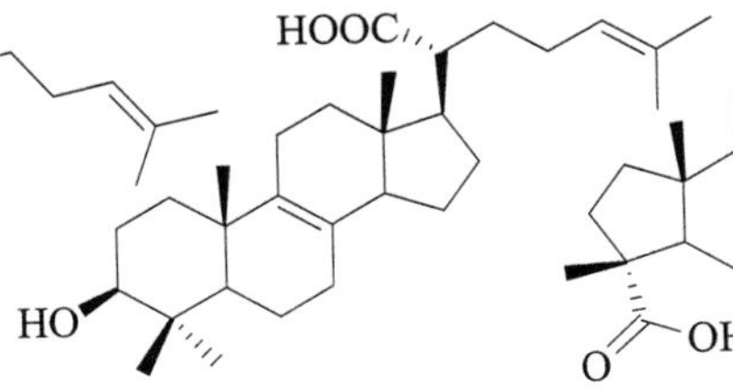　(80) 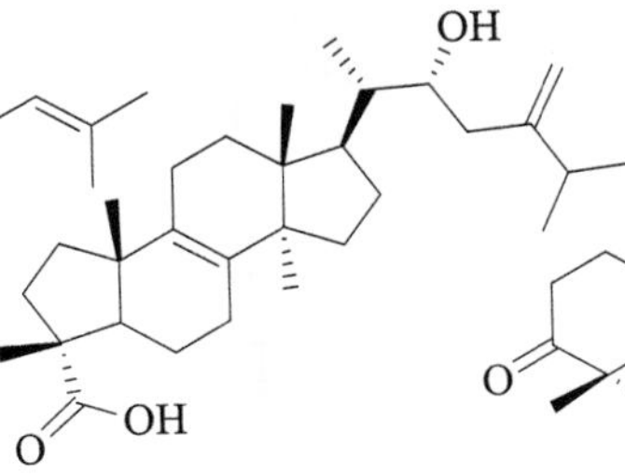　(81) 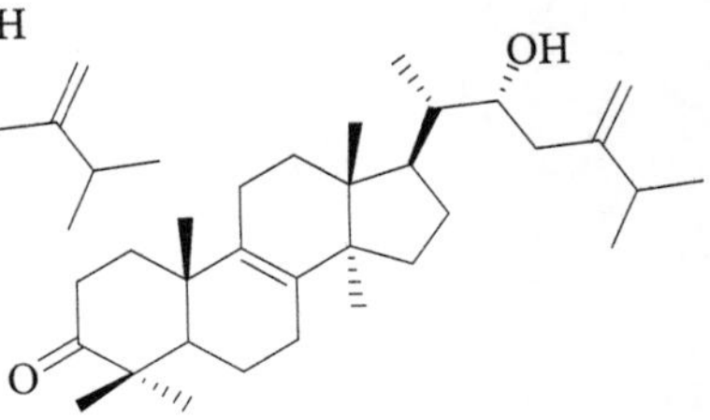　(82)

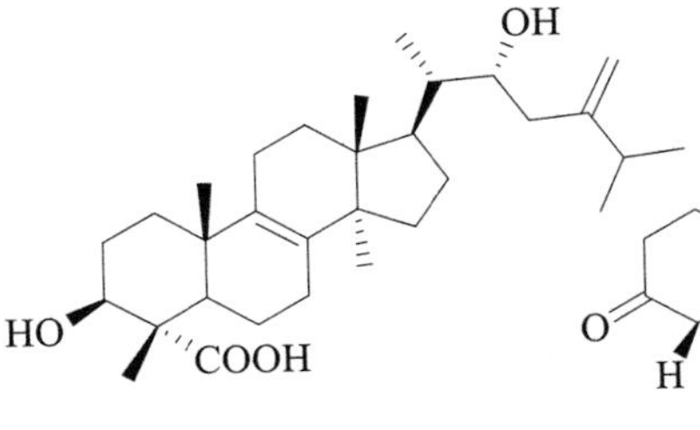

(83) 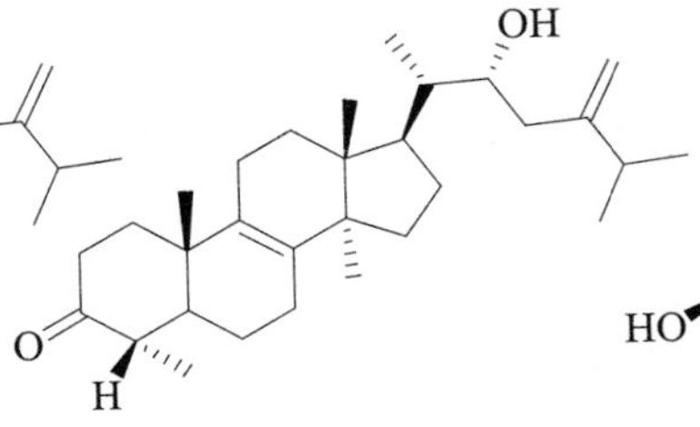　(84) 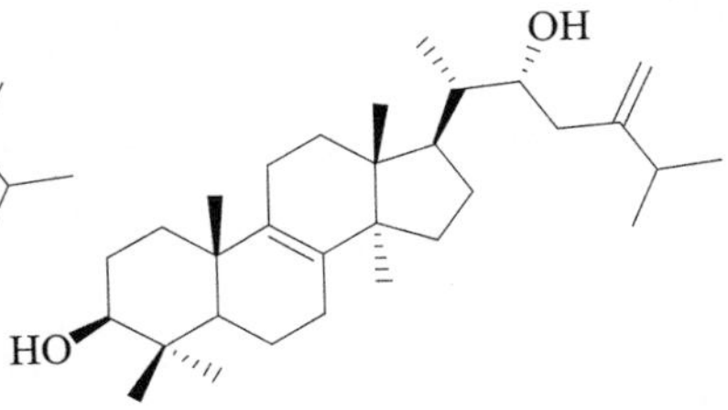　(85)

图 55 - 6　桑黄中三萜类化学成分的结构

五、甾体类化学成分

甾体类化合物是桑黄真菌中较为常见的一类化学成分，目前已从桑黄中鉴定出甾体类化合物有：麦角甾醇(86)[33]；麦角甾烷-7,22-二烯-3β,5α,6α-三醇(87)[23]；麦角甾烷-7,22-二烯-3-β-醇(88)、麦角甾烷-7,22-二烯-3-酮(89)、麦角甾醇过氧化物(90)、麦角甾烷-4,6,8,22-四烯-3-酮(91)[24]；25-hydroxyergosta-7,24(28)-dien-3β-ol(92)[34]；(22E,24R)-6β-乙氧基-麦角甾-7,22-二烯-3β,5α-二醇(93)；(22E,24S)-6β-乙氧基-麦角甾-7-烯-3β,5α-二醇(94)；(22E,24R)-ergosta-6,22-diene-5,8-epidioxy-3-ol(95)；异麦角甾酮(96)；(22E,24R)-24-甲基-6β-乙酰-麦角甾7,22-二烯-3β,5α-二醇(97)；(22E,24R)-3β,5α-二羟基麦角甾-7,22-二烯-6-酮(98)；(22E,24R)-3β,5α,9α-三羟基麦角甾-7,22-二烯-6-酮(99)；(24R)-麦角甾-7-烯-3β,5α,6α-三醇(100)；(22E,24R)-麦角甾-7,9(11),22-三烯-3β,5α,6α-三醇(101)；(22E,24R)-麦角甾-7,22-二烯-3β,5α,6α-三醇(102)；(22E,24S)-麦角甾-7,22-二烯-3β,5α,6β-三醇(103)；(22E,24S)-麦角甾-7,22-二烯-3β,5α,6α-三醇(104)；油菜甾醇(105)；(22E,24R)-5α,8α-过氧麦角甾-6,22-二烯-3β-醇(106)；胡萝卜苷(107)；acetylodollactone(108)；环阿尔廷-24-烯-1α,2α,3β-三醇(109)[19](图55-7)。

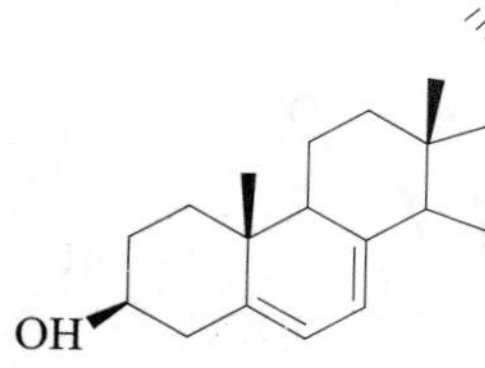

(86) 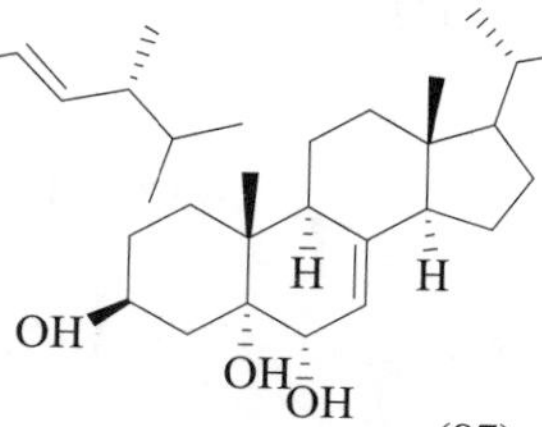 (87) 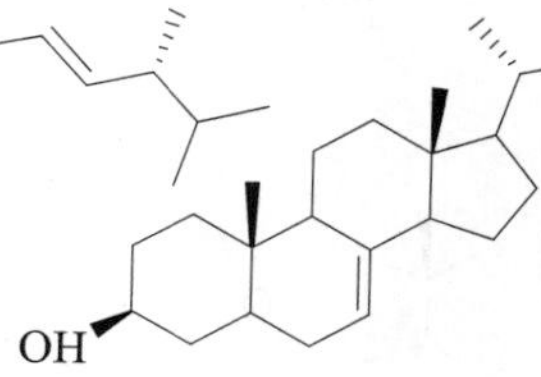 (88) 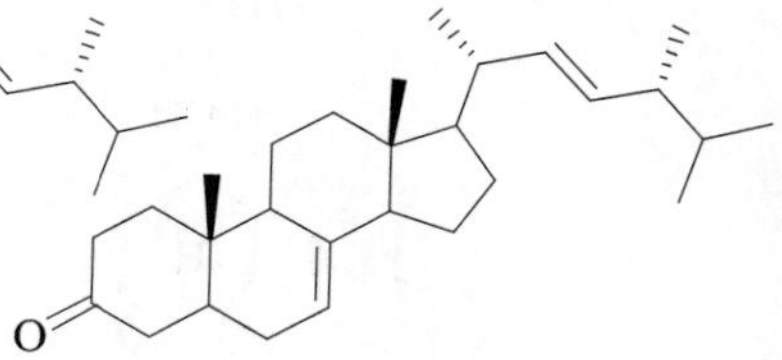 (89)

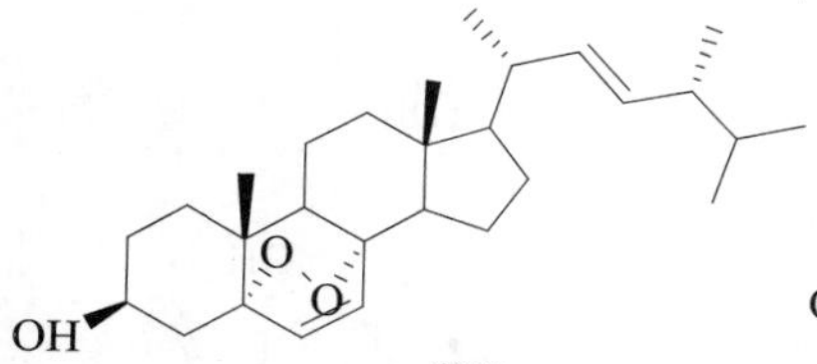

(90) 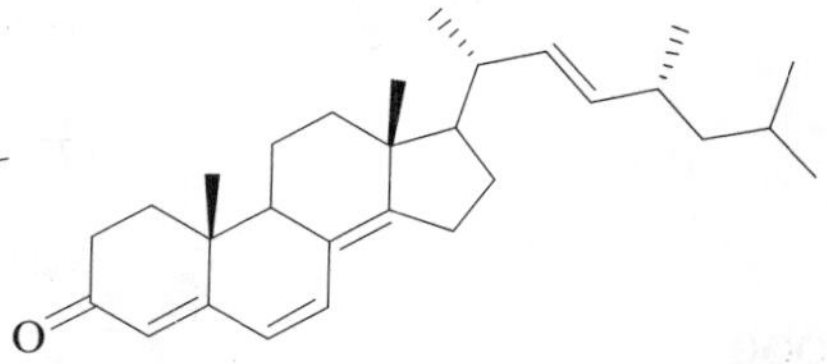 (91) 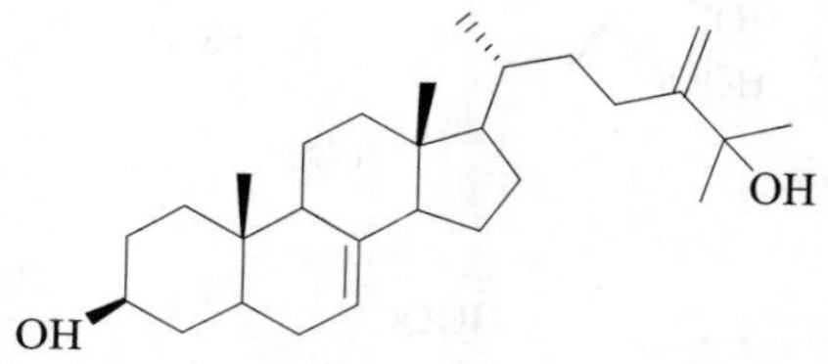 (92)

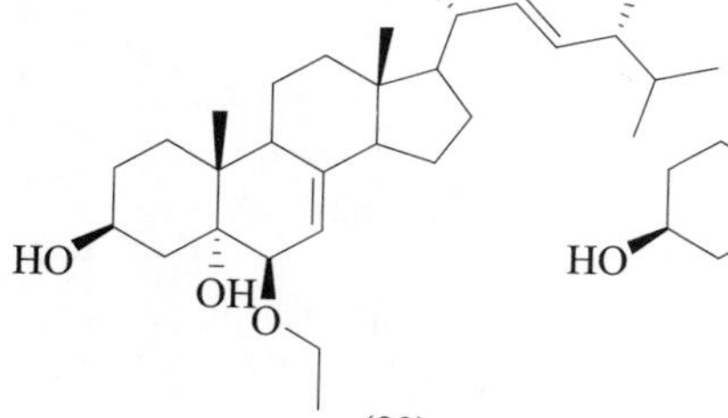

(93) 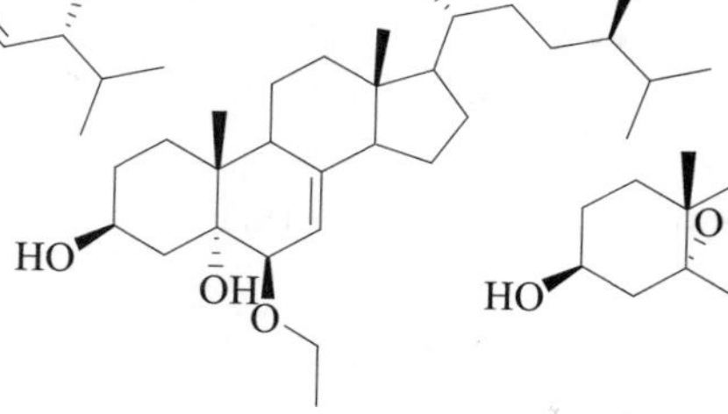 (94) 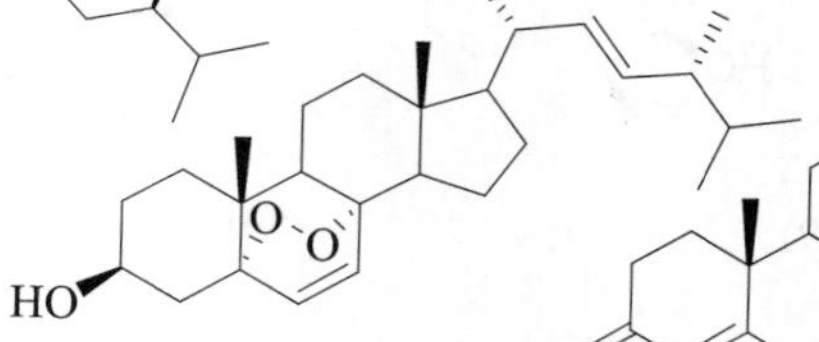 (95) 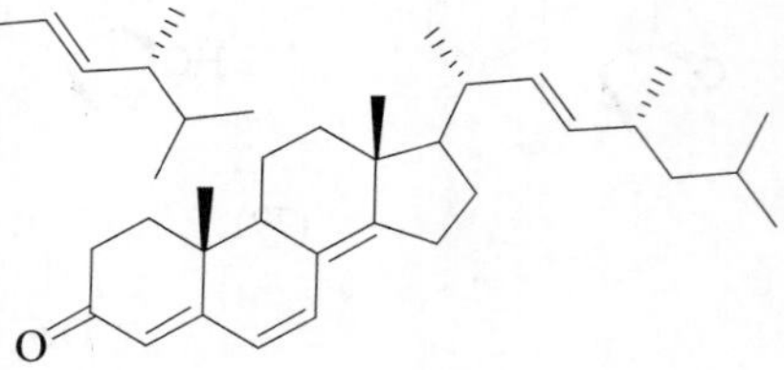 (96)

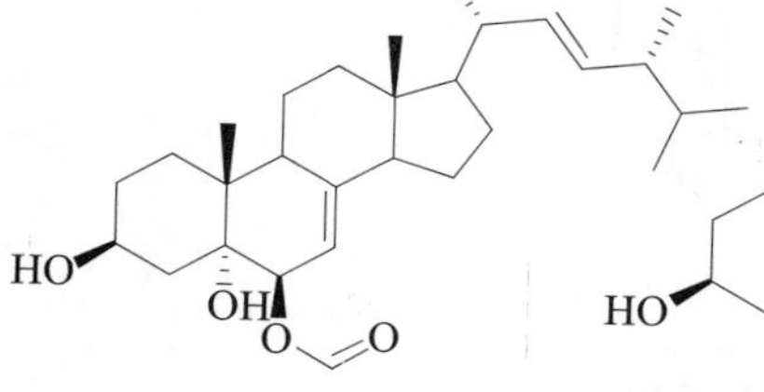

(97) 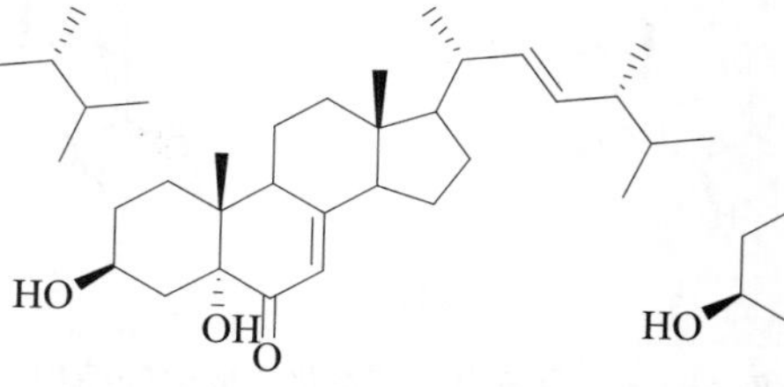 (98) 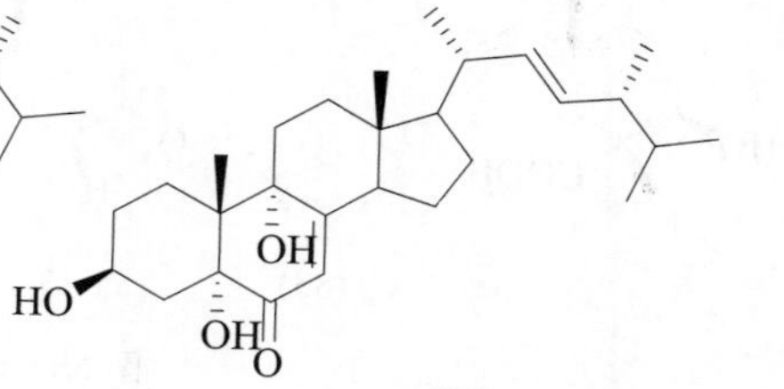 (99)

(100) (101) (102) (103)

(104) (105) (106) (107)

(108) (109)

图 55-7 桑黄中甾体类化学成分的结构

六、多糖类化学成分

因桑黄具有良好的抗肿瘤、提高免疫力和降血糖的功效，桑黄水溶性多糖类成分一直是国内外研究的热点。桑黄多糖主要由甘露糖、半乳糖、阿拉伯糖、葡萄糖、树胶醛糖、木糖和墨角藻糖等构成，其中以β-1,3-葡聚糖在C-6有葡萄糖分支的抗癌效果最好。贾建波等人[35]研究认为，桑黄小分子多糖的单糖组成为β-D-半乳吡喃糖，大分子多糖的单糖组成为β-D-葡萄吡喃糖。经测定，桑黄子实体中的水溶性多糖 Pc-2，是β-D-葡萄糖单元通过主链(1→3)连接和侧链(1→6)连接构成的支链均多糖，酸性多糖 Rl 为具有(1→6)连接甘露糖主链和(1→3)连接葡萄糖侧链的支链杂多糖[36-37]。

七、氯代次级代谢产物

Teunissen PJM 等人从桑黄中分离得到了单苯环多氯次级代谢产物四氯-1,4-二甲氧基苯(110)、四氯-4-甲氧基苯酚(111)[38]；Lee IK 等人分离得到了三苯环的多氯产物 ehlorophellin A (112)、ehlorophellin B(113)、ehlorophellin C(114)[39](图 55-8)。

(110) (111) (112)

(113)　　(114)

图 55-8　桑黄中氯代化学成分的结构

八、其他化学成分

莫顺燕发现了 6 个简单的单苯环酚酸类化合物，分别为 6-(3,4-二羟苯基)3,5-已二烯-2-酮(115)、4-(3,4-二羟苯基)-3-丁烯-2 酮(116)、原儿茶醛(117)、丁香酸(118)、原儿茶酸(119)、咖啡酸(120)、香豆素(121)与莨菪亭(122)[20,40]。Ayer WA 分离得到了酚类化合物 4-vinylphenol(123)和 4-vinylresoreinol(124)[41]；Song KS 分离得到了对羟基苯乙酸甲酯(125)、邻羟基苯甲醛(126)、2,5-二羟甲基呋喃(127)、2-羟甲基-5-甲氧基呋喃(128)、N-乙酸基-2-对羟苯基乙胺(129)和丁二酸(130)[42]；4-(4-羟苯基)-3-丁烯-2-酮(131)、4-(3,4-二羟苯基)-3-丁烯-2-酮(132)、hispolon(133)、inoscavin A(134)、inotilone(135)、davallialactone(136)、phelligridin H(137)[19](图 55-9)。此外，桑黄中还含有落叶松蕈酸、脂肪酸、芳香酸与甘氨酸等多种氨基酸，木糖氧化酶、尿酶、醋酶、过氧化氢酶、蔗糖酶、乳糖酶、纤维素酶等多种酶类。

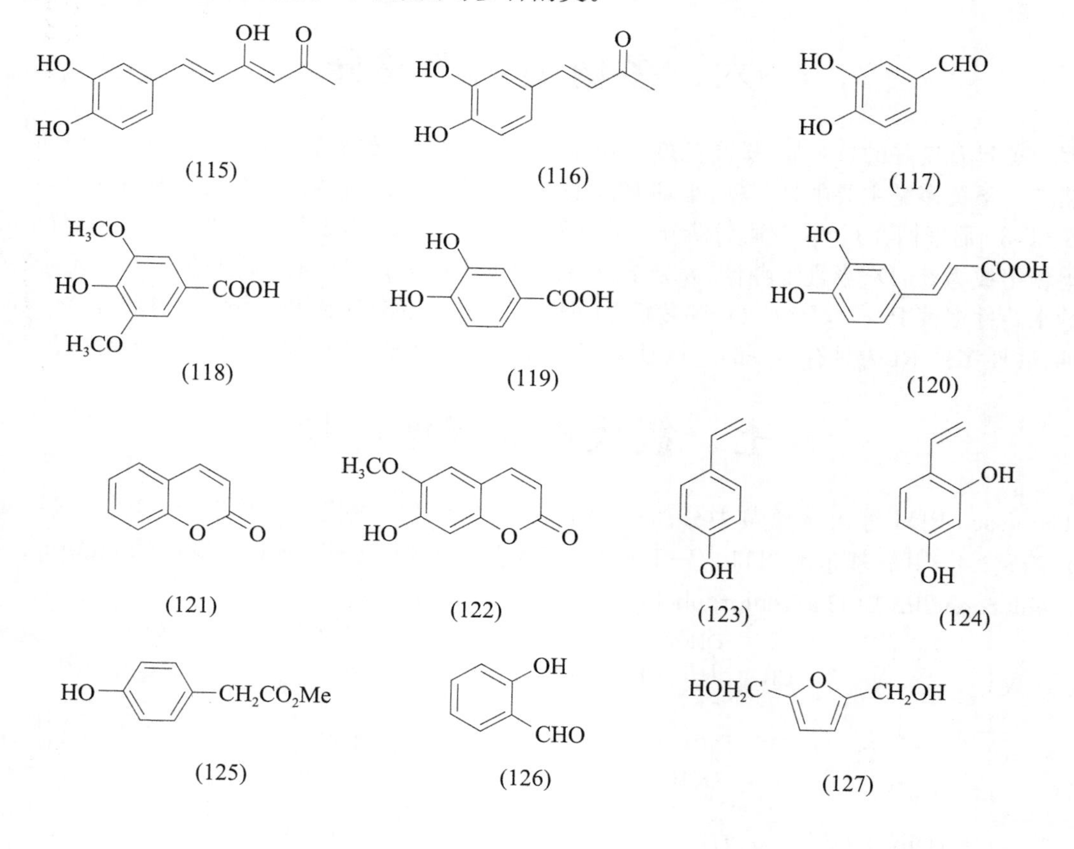

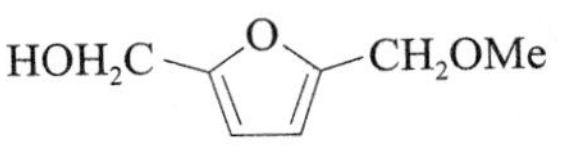

(128) 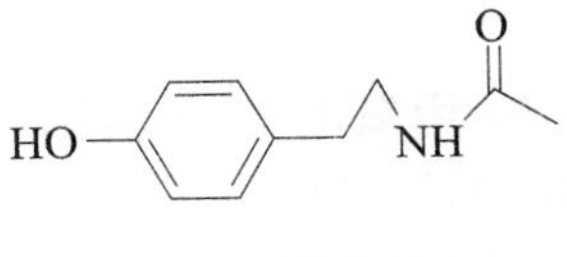 (129) 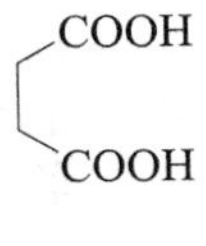 (130)

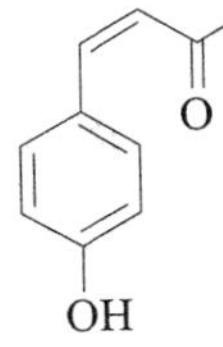

(131) 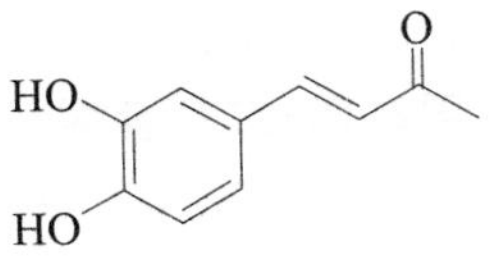 (132) 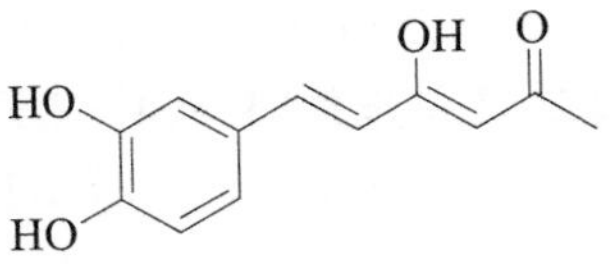 (133)

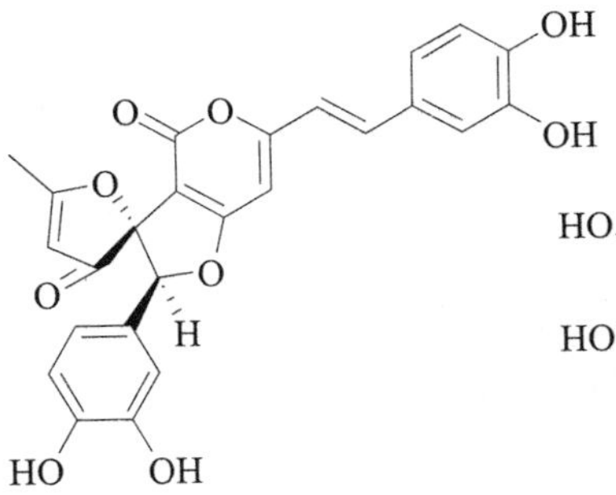

(134) 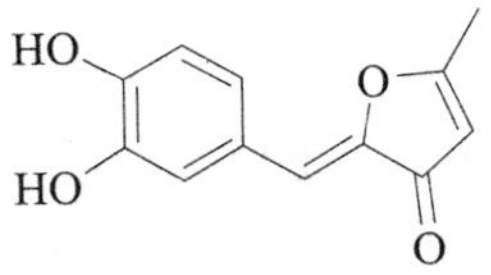 (135) 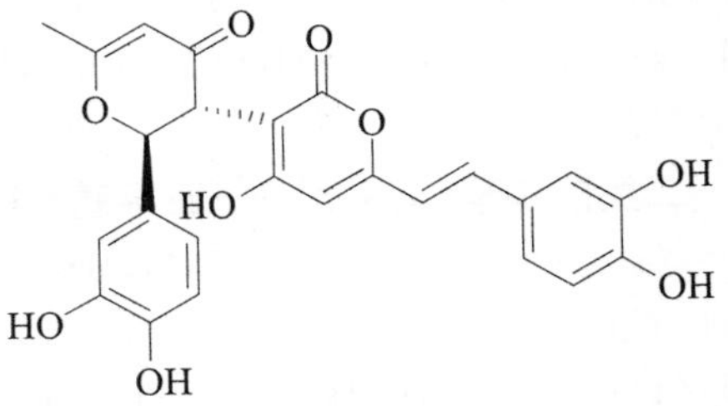 (136)

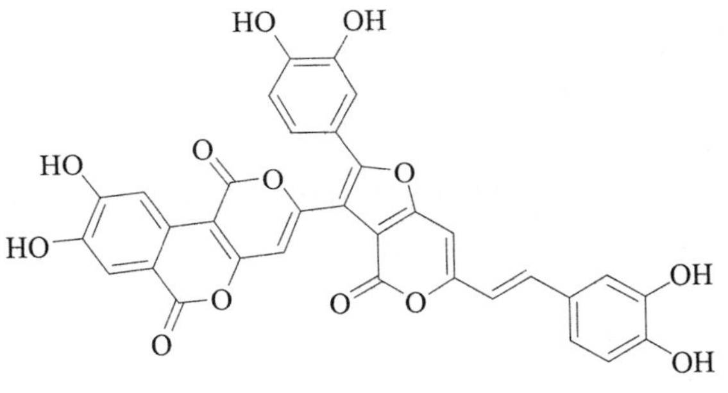

(137)

图 55-9 桑黄中其他化学成分的结构

第三节 桑黄化学成分的理化常数与波谱数据

二氢山柰酚(5,7,3,4′-四羟基-二氢黄酮) 淡黄色粉末，^{1}H NMR(600MHz，acetone-d_6)δ：7.42(2H，d，J=8.4Hz)，6.90(2H，d，J=8.4Hz)，5.98(1H，d，J=1.8Hz)，5.94(1H，d，J=1.8Hz)，5.07(1H，d，J=11.4Hz)，4.64(1H，d，J=11.4Hz)。^{13}C NMR(150MHz，acetone-d_6)δ：197.1、167.9、164.1、163.3、157.9、129.4、129.4、128.3、115.0、100.3、96.3、95.3、72.2、53.4[19]。

圣草素(5,7,3′,4′-四羟基-二氢黄酮) 淡黄色粉末，^{1}H NMR(600MHz，acetone-d_6)δ：12.19(1H)，7.04(1H，s)，6.87(2H，s)，5.96(1H，s)，5.95(1H，s)，5.40(1H，dd，J=12.6、3.0Hz)，3.14(1H，dd，J=16.8、12.6Hz)，2.72(1H，dd，J=16.8、3.0Hz)。^{13}C NMR(150MHz，acetone-d_6)δ：197.2、167.5、165.3、164.4、146.4、146.1、131.6、119.2、116.0、114.8、103.2、96.8、95.9、

80.0、43.6[19]。

7-甲基柚皮素(5,4′-二羟基-7-甲氧基-二氢黄酮) 淡黄色粉末，^{1}H NMR(600MHz，acetone-d_6)δ：12.27(1H，brs)，8.64(1H，brs)，7.42(2H，d，J=8.4Hz)，6.92(2H，d，J=8.4Hz)，6.07(1H，s)，6.06(1H，s)，5.50(1H，dd，J=13.2、2.4Hz)，3.87(3H，S)，3.24(1H，dd，J=16.8、13.2Hz)，2.77(1H，dd，J=16.8、2.4Hz)。^{13}C NMR(150MHz，acetone-d_6)δ：197.7、165.9、165.0、164.2、155.5、130.7、129.1、129.1、116.2、116.2、103.7、95.4、94.5、80.1、56.3、43.5[19]。

7-甲氧基二氢崁非素(3,5,4′-三羟基-7-甲氧基-二氢黄酮) 淡黄色粉末，^{1}H NMR(600MHz，acetone-d_6)δ：8.56(1H，brs)，7.43(2H，d，J=8.4Hz)，6.90(2H，d，J=8.4Hz)，6.09(1H，s)，6.05(1H，s)，5.12(1H，d，J=11.4Hz)，4.78(1H，d，J=3.0Hz)，4.70(1H，dd，J=11.4、3.0Hz)，3.86(3H，s)，1.70(1H，brs)。^{13}C NMR(150MHz，acetone-d_6)δ：198.5、169.2、164.7、164.0、158.9、130.3、130.3、129.0、115.9、115.9、102.1、95.8、94.7、84.4、73.2、56.4[20]。

莨菪亭(7-羟基-6-甲氧基苯并吡喃2-酮) 白色粉末，365nm下有强蓝色荧光，^{1}H NMR(600MHz，acetone-d_6)δ：7.84(1H，d，J=9.6Hz)，7.20(1H，s)，6.80(1H，s)，6.18(1H，s)，3.91(3H，s)。^{13}C NMR(150MHz，acetone-d_6)δ：161.3、151.8、151.1、145.9、144.7、113.3、112.1、109.9、103.7、56.7[20]。

二氢鼠李素(3,5,3′,4′-四羟基-7-甲氧基-二氢黄酮) 淡黄色粉末，^{1}H NMR(600MHz，acetone-d_6)δ：11.71(1H)，8.12(1H，brs)，8.07(1H，brs)，7.08(1H，s)，6.92(1H，d，J=7.8Hz)，6.87(1H，d，J=7.8Hz)，6.08(1H，d，J=2.4Hz)，6.05(1H，d，J=2.4Hz)，5.05(1H，d，J=12.6Hz)，4.77(1H，s)，4.65(1H，d，J=11.4Hz)，3.56(3H，s)。^{13}C NMR(150MHz，acetone-d_6)δ：195.7、169.2、164.7、164.0、146.6、145.7、129.7、120.9、119.9、115.8、102.1、95.7、94.7、84.6、73.2、56.4[19]。

7-甲基圣草素(5,3′,4′-三羟基-7-甲氧基二氢黄酮) 淡黄色粉末，^{1}H NMR(600MHz，acetone-d_6)δ：12.15(1H，brs)，8.16(2H，brs)，7.05(1H，s)，6.88(1H，s)，6.88(1H，s)，6.05(1H，d，J=2.4Hz)，6.04(1H，d，J=2.4Hz，)，5.43(1H，dd，J=12.6、2.4Hz)，3.18(1H，dd，J=16.8、13.2Hz)，2.75(1H，dd，J=13.2、2.4Hz)，3.85(3H，s)。^{13}C NMR(150MHz，acetone-d_6)δ：197.7、168.8、165.0、164.2、146.4、146.0、131.4、119.3、116.0、114.7、103.7、95.4、94.6、80.1、56.2、43.6[19]。

鼠李素(3,5,3′,4′-四羟基-7-甲氧基-黄酮) 黄色粉末，^{1}H NMR(600MHz，acetone-d_6)δ：12.2(1H)，7.86(1H，s)，7.73(1H，d，J=8.4Hz)，7.00(1H，d，J=8.4Hz)，6.70(1H，s)，6,33(1H，s)，3.94(3H，s)。^{13}C NMR(150MHz，acetone-d_6)δ：176.6、166.6、161.9、157.7、148.4、147.3、145.9、137.0、123.7、121.5、116.2、115.9、104.8、98.4、92.7、56.4[19]。

芫花素(5,4′-二羟基-7-甲氧基-黄酮) 黄色粉末，^{1}H NMR(600MHz，acetone-d_6)δ：12.97(1H)，9.33(1H，brs)，7.98(2H，d，J=8.4Hz)，7.04(2H，d，J=8.4Hz)，6.71(1H，d，J=2.4Hz)，6.69(1H，s)，6.33(1H，d，J=2.4Hz)，3.94(3H，s)。^{13}C NMR(150MHz，acetone-d_6)δ：183.2、166.6、165.3、163.1、162.0、158.7、129.4、129.4、116.9、116.9、123.2、104.2、104.2、98.7、93.2、56.4[19]。

桑黄黄酮A(phelligrin A) 白色无定形粉末，^{1}H NMR(600MHz，acetone-d_6)δ：12.18(1H，s)，7.39(2H，d，J=8.4Hz)，7.02(1H，m)，7.01(1H，m)，6.89(2H，d，J=8.4Hz)，6.81(1H，d，J=7.8Hz，)，6.71(1H，t，J=7.8Hz)，6.06(2H，s)，5.50(1H，dd，J=12.6、3.0Hz)，3.86(2H，s)，3.19(1H，dd，J=16.8、12.6Hz)，2.79(1H，dd，J=16.8、3.0Hz)。^{13}C NMR(150MHz，acetone-d_6)δ：197.8、164.8、163.4、161.6、158.6、155.1、130.8、130.7、129.0、129.0、127.8、127.6、120.6、116.2、116.2、115.7、107.1、103.5、96.8、80.0、43.3、23.0[21]。

山柰素(5,7,3,4′-四羟基-黄酮) 黄色粉末，^{1}H NMR(600MHz，acetone-d_6)δ：8.16(2H，d，J=8.4Hz)，7.02(2H，d，J=8.4Hz)，6.54(1H，s)，6.28(1H，s)。^{13}C NMR(150MHz，acetone-d_6)δ：

176.6、165.0、162.3、160.2、157.8、147.0、136.7、130.5、130.5、116.3、116.3、123.3、104.2、99.2、94.5[19]。

4-(4-羟苯基)-3-丁烯-2-酮　橘黄色柱晶，^{1}H NMR(600MHz，acetone-d_6)δ：7.56(2H，d，J=8.4Hz)，7.55(1H，d，J=16.2Hz)，6.90(2H，J=8.4Hz)，6.61(1H，d，J=16.2Hz)，2.29(3H，s)。^{13}C NMR(150MHz，acetone-d_6)δ：197.8、160.7、143.9、131.1、131.1、127.1、125.2、116.8、116.8、27.3[19]。

原儿茶醛　白色针晶，^{1}H NMR(600MHz，acetone-d_6)δ：9.79(1H，s)，8.93(1H，brs)，8.59(1H，brs)，7.38(1H，s)，7.36(1H，d，J=8.4Hz)，7.01(1H，d，J=8.4Hz)；^{13}C NMR(150MHz，acetone-d_6)δ：191.3、152.4、146.5、131.0、125.6、116.2、115.2[52]。

原儿茶酸　白色针晶，^{1}H NMR(600MHz，acetone-d_6)δ：7.53(1H，d，J=3.6Hz)，7.48(1H，dd，J=8.4、2.4Hz)，6.89(1H，d，J=8.4Hz)。^{13}C NMR(150MHz，acetone-d_6)δ：166.7、149.7、144.6、122.7、122.1、116.2、114.8[19]。

咖啡酸　白色针晶，^{1}H NMR(600MHz，acetone-d_6)δ：7.55(1H，d，J=16.2Hz，)，7.18(1H，d，J=1.8Hz)，7.06(1H，dd，J=8.4、1.8Hz)，6.89(1H，d，J=8.4Hz)，6.28(1H，d，J=16.2Hz)。^{13}C NMR(150MHz，acetone-d_6)δ：167.2、147.7、145.4、145.0、126.8、121.6、115.4、114.9、114.2[19]。

原儿茶酸甲酯　白色针晶，^{1}H NMR(600MHz，acetone-d_6)δ：7.61(1H，dd，J=8.4、2.4Hz)，7.56(1H，d，J=2.4Hz)，6.92(1H，d，J=8.4Hz)，3.91(3H，s)。^{13}C NMR(150MHz，acetone-d_6)δ：166.6、151.1、147.1、123.9、121.9、114.6、112.5、55.4[19]。

4-(3,4-二羟苯基)-3-丁烯-2-酮　橘黄色柱晶，^{1}H NMR(600MHz，acetone-d_6)δ：8.27(1H，brs)，7.50(1H，d，J=16.2Hz)，7.17(1H，s)，7.06(1H，d，J=7.8Hz)，6.88(1H，d，J=7.8Hz)，6.55(1H，d，J=16.2Hz)，5.54(1H)，2.28(3H，s)。^{13}C NMR(150MHz，acetone-d_6)δ：197.7、148.8、146.3、144.2、127.9、125.3、122.7、116.4、115.2、27.5[19]。

Hispolon[6-(3,4-二羟苯基)3,5-己二烯-2-酮]　橘红色柱晶，^{1}H NMR(600MHz，acetone-d_6)δ：8.43(1H，brs)，7.48(1H，d，J=15.6Hz)，7.16(1H，s)，7.04(1H，d，J=7.2Hz)，6.87(1H，d，J=7.2Hz)，6.49(1H，d，J=15.6Hz)，5.76(1H，brs)，5.75(1H，s)，2.11(3H，s)。^{13}C NMR(150MHz，acetone-d_6)δ：197.9、179.3、148.6、146.3、140.0、128.4、122.5、120.7、116.4、115.1、101、26.7[19]。

(24*R*)-麦角甾-7-烯-3*β*,5*α*,6*α*-三醇　白色粉末，^{1}H NMR(600MHz，$CDCl_3$)δ：5.03(1H，m)，4.00(1H，m)，3.98(1H，m)，0.97(3H，s)，0.92(3H，d，J=6.6Hz)，0.86(3H，d，J=6.6Hz)，0.78(3H，J=6.6Hz)，0.77(3H，d，J=6.6Hz)，0.55(3H，S)。^{13}C NMR(150MHz，$CDCl_3$)δ：142.1、119.5、76.1、70.4、67.5、55.9、54.6、43.9、43.3、39.3、39.0、38.6、38.5、36.6、33.6、31.6、31.4、30.7、29.7、27.9、22.8、21.4、20.6、19.0、17.8、17.6、15.4、12.0[19]。

(22*E*,24*R*)-麦角甾-7,9(11),22-三烯3*β*,5*α*,6*α*-三醇　白色粉末，^{1}H NMR(600MHz，$CDCl_3$)δ：5.68(1H，d，J=6.6Hz)，5.24(1H，dd，J=15.6、5.4Hz)，5.17(1H，dd，J=15.6、8.4Hz)，5.16(1H，m)，4.01(1H，m)，4.00(1H，m)，1.11(3H，s)，1.01(3H，d，J=6.6Hz)，0.92(3H，d，J=6.6Hz)，0.84(3H，J=6.6Hz)，0.82(3H，d，J=6.6Hz)，0.55(3H，S)。^{13}C NMR(150MHz，$CDCl_3$)δ：139.2、137.1、135.2、132.3、125.2、121.3、76.2、70.5、67.2、55.9、51.2、42.8、42.4、42.2、41.1、40.4、37.5、33.0、30.6、30.1、29.7、28.8、24.3、23.0、20.7、19.9、19.6、17.6、11.4[19]。

(22*E*,24*R*)-麦角甾-7,22-二烯-3*β*,5*α*,6*α*-三醇　白色粉末，^{1}H NMR(600MHz，$CDCl_3$)δ：5.23(1H，dd，J=15.6、8.4Hz)，5.18(1H，dd，J=15.6、8.4Hz)，5.03(1H，m)，4.02(1H，m)，3.98(1H，m)，1.02(3H，d，J=7.2Hz)，0.97(3H，s)，0.92(3H，d，J=6.6Hz)，0.84(3H，d，J=7.2Hz)，0.83(3H，d，J=7.2Hz)，0.57(3H，s)。^{13}C NMR(150MHz，$CDCl_3$)δ：142.1、135.4、132.1、119.5、76.0、70.3、67.4、55.8、54.7、43.7、43.3、42.8、40.4、39.2、38.7、38.5、33.0、31.6、30.7、28.0、22.7、21.4、21.1、19.9、19.6、17.8、17.6、12.2[23]。

(22*E*,24*S*)-麦角甾-7,22-二烯 3*β*,5*α*,6*α*-三醇 白色粉末，^{1}H NMR(600MHz,$CDCl_3$)δ:1.09(3H,s),1.02(3H,d,*J*=6.6Hz),0.92(3H,d,*J*=6.6Hz),0.82(3H,d,*J*=7.2Hz),0.60(3H,s),0.54(3H,d,*J*=7.2Hz)。^{13}C NMR(150MHz,$CDCl_3$)δ:144.1、135.4、132.2、117.5、76.0、73.7、67.7、56.0、54.8、43.8、43.5、42.8、40.5、39.4、39.2、37.0、33.1、33.0、30.9、27.9、22.9、22.1、21.1、20.0、19.7、19.0、17.6、12.4[19]。

(22*E*,24*R*)-5*α*,8*α*-过氧麦角甾-6,22-二烯-3*β*-醇 白色粉末，^{1}H NMR(600MHz,$CDCl_3$)δ:6.51(1H,d,*J*=8.4Hz),6.25(1H,d,*J*=8.4Hz,),5.23(1H,dd,*J*=15.0、8.4Hz),5.17(1H,dd,*J*=15.0、8.4Hz),3.99(1H,m),1.00(3H,d,*J*=6.6Hz),0.92(3H,d,*J*=6.6Hz),0.89(3H,s),0.82(3H,s),0.82(3H,d,*J*=6.6Hz),0.54(d,*J*=6.6Hz,3H)。^{13}C NMR(150MHz,$CDCl_3$)δ:135.4、135.2、132.3、130.7、82.2、79.4、66.5、56.1、51.7、51.0、44.5、42.8、39.8、39.3、36.9、36.9、34.7、33.5、29.7、28.7、23.4、20.9、20.7、20.5、20.0、18.2、17.6、12.6[19]。

(22*E*,24*S*)-麦角甾-7,22-二烯 3*β*,5*α*,6*α*-三醇 白色粉末，^{1}H NMR(600MHz,DMSO)δ:5.23(IH,dd,*J*=15.6、7.2Hz),5.14(1H,dd,*J*=15.6、7.2Hz),5.09(1H,m),3.76(1H,m),3.38(1H,d,*J*=5.2Hz),1.00(3H,d,*J*=6.6Hz),0.92(3H,s),0.89(3H,d,*J*=6.6Hz),0.82(3H,d,*J*=7.2Hz),0.80(3H,d,*J*=7.2Hz),0.54(3H,s)。^{13}C NMR(150MHz,DMSO-d_6)δ:139.6、135.3、131.3、119.4、74.4、72.0、65.9、55.2、54.1、42.9、42.2、41.9、40.9、39.9、38.9、36.6、32.4、32.4、31.1、27.6、22.5、21.2、20.9、19.6、19.4、17.6、17.2、12.0[19]。

麦角甾醇 白色粉末，^{1}H NMR(600MHz,$CDCl_3$)δ:5.57(1H,m),5.39(1H,m),5.22(1H,dd,*J*=15.6,7.2Hz),5.17(1H,dd,*J*=15.6,7.2Hz),3.64(1H,m),1.03(3H,d,*J*=7.2Hz),0.95(3H,s),0.91(3H,d,*J*=6.6Hz),0.83(3H,d,*J*=7.2Hz),0.81(3H,d,*J*=7.2H),0.63(3H,s)。^{13}C NMR(150MHz,$CDCl_3$)δ:141.4、139.8、135.6、131.9、119.6、116.3、70.4、55.7、54.5、46.2、42.8、42.8、40.8、40.5、39.1、38.4、37.1、33.1、32.0、28.3、23.0、21.1、21.1、20.0、19.7、17.6、16.3、12.0[19]。

菜油甾醇 白色粉末，^{1}H NMR(600MHz,DMSO-d_6)δ:5.27(1H,m)、3.52(1H,m),1.18(3H,d,*J*=7.2Hz),1.02(3H,s),0.97(3H,s),0.84(3H,d,*J*=7.2Hz),0.82(3H,d,*J*=7.2Hz),0.66(3H,d,*J*=6.6Hz)[19]。

(22*E*,24*R*)-5*α*,8*α*-过氧麦角甾-6,9(11),22-三烯-3*β*-醇 白色粉末，^{1}H NMR(600MHz,$CDCl_3$)δ:6.60(1H,d,*J*=8.4Hz),6.25(1H,d,*J*=8.4Hz,),5.43(1H,m),5.23(1H,dd,*J*=15.0、8.4Hz),5.17(1H,dd,*J*=15.0、8.4Hz),3.99(1H,m),1.09(3H,s),1.00(3H,d,*J*=6.6Hz),0.92(3H,d,*J*=6.6Hz),0.84(d,*J*=6.6Hz,3H),0.82(3H,d,*J*=6.6Hz),0.74(3H,s)。^{13}C NMR(150MHz,$CDCl_3$)δ:142.5、135.4、135.1、132.4、130.8、119.8、82.7、78.3、66.3、56.2、51.5、44.7、43.6、41.1、39.9、39.0、37.9、33.5、31.4、30.5、25.5、20.9、20.7、20.5、18.7、17.6、12.61[19]。

acetylodollactone 白色粉末，^{1}H NMR(600MHz,$CDCl_3$)δ:4.59(1H,ddd,*J*=16.2、11.4、4.8Hz),4.34(3H,s),2.03(3H,s),1.58(3H,s),1.15(3H,s),0.99(3H,s),0.96(3H,s),0.94(3H,s),0.52(3H,s),0.74(3H,d,*J*=6.6Hz)。^{13}C NMR(150MHz,$CDCl_3$)δ:180.4、171.2、80.8、74.9、58.7、51.1、49.7、48.0、47.9、44.3、40.4、40.0、38.3、36.2、35.9、35.6、34.5、34.3、34.3、32.5、31.1、30.6、29.7、28.3、22.6、21.5、19.7、19.3、16.5、14.3、13.5、9.9[19]。

环阿尔廷-24-烯-1*α*,2*α*,3*β*-三醇 无色片状结晶，^{1}H NMR(600MHz,$CDCl_3$)δ:5.11(1H,t,*J*=7.0Hz),4.34(3H,s),3.65(1H,brs),3.56(1H,brs),3.50(1H,brs),1.94(1H,dd,*J*=1.8、4.3Hz),1.69(3H,s),1.62(3H,s),1.53(1H,dd,*J*=10.2、4.5Hz),1.01(3H,S),0.97(3H,s),0.97(3H,s),0.90(3H,d,*J*=6.6Hz),0.73(1H,d,*J*=4.3Hz),0.51(1H,d,*J*=4.3Hz),0.53(3H,s)。^{13}C NMR(150MHz,$CDCl_3$)δ:131.0、125.2、78.1、75.3、72.5、52.2、48.8、47.9、45.1、40.1、39.3、36.3、35.9、35.7、32.7、29.4、28.1、29.0、26.1、25.7、25.6、25.6、24.9、20.6、20.3、19.4、18.2、18.1、

17.7、14.2[19]。

桑黄素 D[3-(3,4-hydroxystyryl)-8,9-dihydroxypyrano[4,3-c]isochromene-4-one] 橙黄色粉末，^{1}H NMR(600MHz,DMSO)δ:8.25(1H,s),7.48(1H,s),7.28(1H,d,J=15.6Hz),7.08(1H,s),7.00(1H,d,J=8.4Hz),6.78(1H,d,J=8.4Hz),6.75(1H,d,J=15.6Hz),6.74(1H,s)。^{13}C NMR(150MHz,acetone-d_6)δ:160.7、159.5、158.7、158.2、153.6、147.9、120.9、147.4、145.7、135.7、127.1、126.6、115.8、115.4、113.9、113.7、110.2、99.0、98.8[11]。

inoscavin A 橙黄色粉末，^{1}H NMR(600MHz,DMSO-d_6)δ:7.32(1H,d,J=15.6Hz),7.08(1H,s),7.01(1H,s),6.78(1H,d,J=7.8Hz),6.78(1H,d,J=7.8Hz),6.72(1H,d,J=8.4Hz),6.72(1H,d,J=8.4Hz),6.67(1H,s),6.53(1H,s),5.65(1H,d,J=15.6Hz),5.65(1H,s),2.09(3H,s)。^{13}C NMR(150MHz,DMSO-d_6)δ:200.1、190.3、174.7、165.4、158.0、149.0、146.9、146.3、145.4、138.0、126.7、121.9、121.6、119.2、116.3、116.1、115.6、115.1、114.6、104.3、98.3、94.8、94.0、92.7、16.76[19]。

interfungin B 橙黄色粉末，^{1}H NMR(600MHz,CD_3OD)δ:7.67(1H,s),7.33(1H,d,J=15.6Hz),7.07(1H,d,J=1.8),7.07(1H,d,J=1.8Hz),6.98(1H,dd,J=7.8、1.8Hz),6.94(1H,d,J=8.4、1.8Hz),6.80(1H,d,J=7.8Hz),6.71(1H,d,J=8.4Hz),6.64(1H,d,J=15.6Hz),6.10(1H,s),2.35(3H,s)。^{13}C NMR(150MHz,CD_3OD)δ:201.3、174.0、165.7、158.6、147.3、146.9、145.3、144.8、142.9、134.5、128.9、127.9、127.5、123.8、120.3、116.3、116.3、115.1、114.6、113.2、104.2、99.0、25.5[16]。

inotilone 橙黄色粉末，^{1}H NMR(600MHz,acetone-d_6)δ:7.50(1H,s),7.28(1H,d,J=6.6Hz),6.93(1H,d,J=6.6Hz),6.49(1H,s),5.72(1H,s),2.43(3H,s);^{13}C NMR(150MHz,acetone-d_6)δ:187.7、181.3、149.4、146.0、145.1、125.9、125.2、115.7、116.6、112.1、106.2、15.9[19]。

davallialactone 橙黄色粉末，^{1}H NMR(600MHz,DMSO-d_6)δ:6.93、6.85、6.77、6.70、6.65、6.60、6.54、6.39、5.81、5.60、5.30、2.52。^{13}C NMR(150MHz,DMSO-d_6)δ:194.4、172.5、165.0、164.6、155.6、147.0、146.0、146.0、144.9、131.4、129.6、127.9、119.8、119.3、118.5、116.2、115.2、114.1、104.8、97.8、94.5、83.5、49.1、20.9[19]。

phelligridimer A 橙黄色粉末，^{1}H NMR(600MHz,CD_3OD-d_6)δ:7.20(1H,s),6.83(1H,d,J=7.8Hz),6.83(1H,d,J=15.0Hz),6.80(1H,s),6.71(1H,brs),6.69(1H,s),6.54(1H,d,J=15.0Hz),6.30(1H,s),6.22(1H,s),5.81(1H,d,J=7.2Hz),4.16(1H,d,J=7.2Hz);^{13}C NMR(150MHz,CD_3OD)δ:172.5、166.4、163.8、163.8、160.5、159.3、147.2、146.0、145.5、144.9、135.3、130.3、127.0、126.7、118.2、117.5、116.2、115.3、112.5、111.9、104.9、101.6、99.6、95.0、90.9、52.6[14]。

桑黄素 H(phelligridin H) 橙黄色粉末，^{1}H NMR(600MHz,DMSO-d_6)δ:8.26(1H,s),7.57(1H,s),7.25(1H,d,J=5.6Hz),7.23(1H,s),7.15(1H,s),7.08(1H,d,J=1.8Hz),7.06(1H,d,J=1.8Hz),7.03(1H,d,J=8.4Hz),6.83(1H,d,J=8.4Hz),6.81(1H,d,J=15.6Hz),6.78(1H,d,J=7.8Hz)。^{13}C NMR(150MHz,DMSO-d_6)δ:159.0、158.4、157.4、160.3、160.1、161.0、155.0、154.1、151.0、148.6、148.4、148.0、146.2、146.0、134.9、127.3、127.25、121.0、119.7、119.1、116.6、116.5、116.3、114.7、114.6、114.3、111.7、110.9、108.8、108.3、104.1、100.9、95.6[12]。

1-O-β-D-吡喃葡萄糖基-2*S*,3*R*,4*E*,8*E*,2′*R*-2-*N*-(2′-羟基棕榈酰)-9-甲基-4,8-sphinga-dienine 无色针晶(氯仿-甲醇)，易溶于甲醇，^{1}H NMR:(600MHz,CD_3OD)δ:5.74(m),5.49(m),5.15(m),4.28(d,J=7.8Hz),4.13(2H,m),4.00(2H,m),3.87(d,J=12Hz),3.72(m),3.68(m),2.07(4H,m),1.98(2H,t,J=7.8Hz),1.72(m),1.61(3H,s),1.57(m),0.91(6H,t,J=6.6Hz)。^{13}C NMR(150MHz,CD_3OD)δ:177.2、136.7、134.6、131.1、124.8、104.7、73.1、72.9、69.7、54.6、40.8、35.9、33.1、16.1、14.5[19]。

(22*E*,24*R*)-ergosta-6,22-diene-5,8-epidioxy-3-ol 白色针状结晶，^{1}H NMR(600MHz, $CDCl_3$)δ:6.51(1H,d,*J*=8.4Hz),6.25(1H,d,*J*=8.4Hz),5.23(1H,dd,*J*=15.0、8.4Hz),5.17(1H,dd,*J*=15.0、8.4Hz),3.99(1H,m),1.00(3H,d,*J*=6.6Hz),0.92(3H,d,*J*=6.6Hz),0.89(3H,s),0.84(a,*J*=6.6Hz,3H),0.82(3H,s),0.82(3H,d,*J*=6.6Hz)。^{13}C NMR(150MHz,$CDCl_3$)δ:135.4、135.2、132.3、82.2、79.4、66.5、56.1、51.6、51.0、44.5、42.8、39.8、39.3、36.9、36.9、34.7、33.5、30.7、29.7、28.7、23.4、20.9、20.7、20.5、20.0、18.2、17.6、12.6[19]。

异麦角甾酮 白色针状结晶，^{1}H NMR(600MHz,$CDCl_3$)δ:5.71(1H,s),6.03(1H,d,*J*=9.6Hz),6.61(1H,d,*J*=9.6Hz),5.26(1H,dd,*J*=15.0、8.4Hz),5.20(1H,dd,*J*=15.0、8.4Hz)。^{13}C NMR(125MHz,$CDCl_3$)δ:34.1、199.5、123.0、164.4、124.5、134.0、124.4、44.3、36.7、18.9、35.6、44.0、156.1、25.3、27.7、55.7、18.9、16.6、39.3、21.2、135.0、132.5、42.9、34.1、33.1、19.6、20.0、17.6[19]。

(22*E*,24)-24-甲基-麦角甾-7,22-二烯-3*β*,5*α*,6*β*三醇 白色针状结晶，^{1}H NMR(600MHz,$CDCl_3$)δ:5.35(1H,m),5.20(1H,dd,*J*=15.0、8.4Hz),5.16(1H,dd,*J*=15.0、8.4Hz),4.08(1H,m),3.63(1H,m),1.09(3H,s),1.02(3H,d,*J*=6.6Hz),0.91(3H,d,*J*=6.6Hz),0.84 和 0.82(eaeh,3H,d,*J*=6.8Hz),0.60(3H,s)。^{13}C NMR(125MHz,$CDCl_3$)δ:144.0、135.4、132.2、117.5、76.0、73.7、67.7、56.0、54.8、43.8、43.5、42.8、40.4、39.5、39.2、37.1、33.1、33.0、30.9、27.9、22.9、22.1、21.1、20.0、19.7、18.9、17.6、12.4[19]。

(22*E*,24*S*)-24-甲基-6*β*-乙酰-麦角甾-7,22-二烯-3*β*,5*α*-二醇 白色针状结况，^{1}H NMR(600MHz,$CDCl_3$)δ:5.27(1H,m),5.12(1H,dd,*J*=15.4、8.4Hz),5.05(1H,dd,*J*=15.4、8.4Hz),4.85(1H,d,*J*=5.0Hz),4.08(1H,m),2.03(3H,s,aeetyl),1.06(3H,s),1.02(3H,d,*J*=6.6Hz),0.92(3H,d,*J*=6.6Hz),0.84(3H,d,*J*=6.6Hz),0.82(3H,d,*J*=6.6Hz),0.59(3H,s)。^{13}C NMR(125MHz,$CDCl_3$)δ:170.7、144.4、135.3、132.2、116.9、75.3、73.4、67.4、56.0、54.9、43.9、43.4、42.8、40.4、40.4、39.2、39.2、33.1、32.4、30.7、28.0、22.8、21.2、21.1、20.0、20.0(aeetyl)、19.7、18.3、17.6、12.4[19]。

(22*E*,24*R*)-3*β*,5*α*-二羟基麦角甾-7,22-二烯-6-酮 无定形粉末，^{1}H NMR(600MHz,$CDCl_3$)δ:5.66(1H,S),5.24(1H,dd,*J*=15.4、8.4Hz),5.16(1H,dd,*J*=15.4、8.4Hz),4.03(1H,m),1.04(3H,d,*J*=6.6Hz),0.96(3H,s),0.92(3H,d,*J*=6.6HZ),0.84(3H,d,*J*=7.2Hz),0.61(3H,s),0.52(3H,d,*J*=6.6Hz);^{13}C NMR(125MHz,$CDCl_3$)δ:198.2、165.2、135.0、132.5、119.7、77.8、67.5、56.0、55.8、44.8、43.9、42.8、40.3、40.3、38.8、36.5、33.3、29.7、29.4、27.1、22.5、22.0、21.1、20.0、19.6、17.6、16.4[19]。

(22*E*,24*R*)-3*β*-5*α*-9*α*-三羟基麦角甾-7,22-二烯-6-酮 无色晶体，^{1}H NMR(600MHz,$CDCl_3$)δ:5.65(1H,s),5.24(1H,dd,*J*=15.4、8.4Hz),5.16(1H,dd,*J*=15.4、8.4Hz),4.08(1H,m),1.04(3H,d,*J*=6.6Hz),1.03(3H,s),0.92(3H,d,*J*=6.5Hz),0.84(3H,d,*J*=6.6Hz),0.82(3H,d,*J*=6.6Hz),0.62(3H,s)。^{13}C NMR(125MHz,$CDCl_3$)δ:197.5、164.2、135.0、132.4、119.9、79.8、74.7、67.2、56.3、51.7、45.3、42.8、41.8、40.3、37.3、35.0、33.0、30.1、28.9、25.5、22.7、27.8、21.1、20.5、20.0、19.6、17.6、12.2[19]。

邻苯二甲酸二丁酯 淡黄色油状液体，^{1}H NMR(600MHz,$CDCl_3$)δ:7.72(2H,dd,*J*=6.0、3.6Hz),7.53(2H,dd,*J*=6.0、3.6Hz),4.31(4H,t,*J*=6.6Hz),1.72(4H,m),1.44(4H,m),0.92(6H,t,*J*=7.5Hz)。^{13}C NMR(125MHz,$CDCl_3$)δ:132.3、130.9、128.8、167.7、65.6、30.5、19.2、13.7[19]。

尿嘧啶脱氧核苷 无色针晶，^{1}H NMR(600MHz,$CDCl_3$)δ:8.04(1H,d,*J*=8.4Hz),5.93(1H,d,*J*=4.8Hz),5.73(1H,d,*J*=8.4Hz),4.22(1H,t,*J*=4.8Hz),4.18(1H,t,*J*=4.8Hz),4.03(1H,m),3.87(1H,dd,*J*=12.6、3.0Hz),3.73(1H,dd,t,*J*=12.6、3.0Hz)。^{13}C NMR(125MHz,$CDCl_3$)

δ:164.8、151.0、141.3、101.2、89.3、85.0、74.3、69.9、60.9[19]。

N-甲基乙醇胺　淡黄色油状液体，具体的NMR数据归属为：^{1}H NMR(600MHz，$CDCl_3$)δ：3.55(2H，t，J=6.0Hz)，3.04(2H，t，J=6.0Hz)，2.42(3H，s)。^{13}C NMR(125MHz，$CDCl_3$)δ：63.1、29.8、15.0[19]。

第四节　桑黄生物活性的研究

一、抗癌作用

桑黄多糖是桑黄抗癌作用的主要活性成分，桑黄多糖主要通过免疫调节、抑制癌细胞转移或降低肝线粒体中的代谢(如P450)等活性而起到对肿瘤的抑制与预防，还可直接杀伤肿瘤细胞。张敏等人研究表明，桑黄多糖对H22、S-180和Lewi肺癌均表现出较好的抑瘤作用，并能激活巨噬细胞，增强吞噬功能，认为诱导巨噬细胞产生和分泌肿瘤坏死因子是桑黄抗肿瘤作用的重要机制之一[43]。桑黄液态发酵产物胞内多糖对肝癌(HepG.2)、乳腺癌(MCF.7)、宫颈癌(Hela)、S-180等肿瘤细胞的体外生长增殖具有显著抑制作用，能够显著抑制体外培养的人白血病细胞K562增殖，并能诱导其凋亡，提示桑黄有可能成为新型天然的抗白血病药物[1]。Song YS等人通过小鸡胚胎绒毛尿囊膜(CAM)检测，发现桑黄的乙醇提取物中存在有效的抗血管生成物质，抗血管治疗是治疗癌症的一个重要组成部分，桑黄的这种抗血管生成活性可能支持抗肿瘤活性[44]。Shon等人在抗突变实验中发现，桑黄提取物中含有抗突变成分，可有效地抑制直接诱变剂4-硝基邻苯二胺(NPD)、叠氮钠(NaN_3)和间接诱变剂2-氨基芴(2-AF)、苯并[a]芘(B[a]P)对沙门菌的诱变作用[45]。

二、抑制肝纤维化

张万国等人在桑黄抗肝纤维化试验中发现，桑黄提取物不仅能促进肝功能恢复，而且可同时抑制肝脏内胶原纤维增生，具有明显的抗肝纤维化作用。桑黄可通过改善血液流变学性能，促进肝区微循环，增加肝细胞营养，从而表现保肝作用。桑黄还可通过提高SOD活性和机体消除自由基的能力而发挥抗脂质过氧化作用；抑制肝星状细胞HSC的活化与增值，抑制胶原基因mRNA的表达；促进淋巴细胞分泌IFN-T，从而调节机体免疫反应，间接发挥抗肝纤维化作用[46]。

三、提高免疫力

Hwan等人用桑黄的菌丝体胞外多糖进行免疫学试验，发现桑黄不仅能够使T细胞增殖，而且能使毒性T淋巴细胞的毒性增强。桑黄中的蛋白多糖通过增强proteinkinase C(蛋白激酶)和PTK(蛋白酪氨酸激酶)的活性来激活机体的B淋巴细胞。桑黄的酸性多糖可以通过调节增加肿瘤坏死因子α来增强腹膜巨噬细胞的活性，可明显增强机体的免疫力，达到预防和治疗疾病的目的[47]。

四、清除自由基

桑黄胞内多糖能提高衰老小鼠血清、肝、脑组织中SOD活力，同时能明显降低这些组织中MDA的含量。可见桑黄既能增加机体对自由基损伤的防御功能，又能减轻脂质过氧化物对组织或细胞的损伤[48]。

五、抗肺炎作用

Jang 等人在用桑黄提取物预处理大鼠的实验中发现，桑黄提取物能抑制肺炎大鼠炎症细胞，包括嗜中性粒细胞的数量与白介素(IL)-1β的水平。结果提示，桑黄提取物在抑制人类急性肺炎方面可能会有作用[49]。

六、其他作用

在黄嘌呤氧化酶抑制试验中，发现桑黄提取物能够完全抑制尿酸的形成，有效地抑制黄嘌呤氧化酶的活性，因而推测桑黄对痛风有良好的疗效。桑黄多糖能降低血糖。桑黄子实体中的落叶松蕈酸具有抑制人体汗腺分泌的作用，国外曾用之治疗盗汗成效显著。同时研究发现，桑黄多糖和蛋白质的复合物似乎比桑黄多糖更具有活性，即糖蛋白和蛋白聚糖也是今后桑黄药理研究不应忽视的领域。

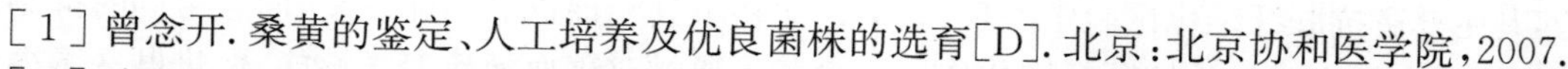

第五节 展 望

桑黄是目前国际上公认的抗癌效果较好的真菌之一，在韩国和日本等国家，以桑黄为原料的药品已逐渐走向市场。我国对桑黄的研究和开发深度还远远不够，需要在物种鉴定、菌株选育、人工培养、药理作用及其机制、活性物质的结构和功效等方面进一步加强研究，使其尽快走向市场，为人类健康提供服务。

参考文献

[1] 曾念开. 桑黄的鉴定、人工培养及优良菌株的选育[D]. 北京：北京协和医学院，2007.
[2] 骆冬青，郑红鹰，汪维云. 珍稀药用真菌桑黄的研究进展[J]. 药物生物技术，2008，15(1)：76-78.
[3] 宋立人. 中华本草[M]. 上海：上海科学技术出版社，1999.
[4] 刘波. 中国药用真菌[M]. 第二版. 太原：山西人民出版社，1978.
[5] Hwang EI, Yun BS, Kim YK, et al. Phellinsin A, a novel chitin synthases inhibitor produced by *Phellinus sp. PL3* [J]. J Antibiot, 2000, 53:903-911.
[6] Wangun HVK, Hertweek C. Squarrosidine and Pinillidine: 3,3′-Fused Bis(styrylpyrones) from *Pholiota squarrosa and Phellinus pini*[J]. Eur J Org Chem, 2007, 20:3292-3295.
[7] Min *BS*, Yun BS, Lee HK, et al. Two novel furan derivatives from *Phellinus linteus* with anti-complement activity[J]. Bioorg Med Chem Lett, 2006, 16(12):3255-3257.
[8] Lee YS, Kang YH, Jung JY, et al. Inhibitory constituents of aldose reductase in the fruiting body of *Phellinus linteus*[J]. Biol Pharm Bull, 2008, 31:765-768.
[9] Cho JY, Kwon YJ, Sohn MJ, et al. Phellinstatin, a new inhibitor of enoyl-ACP reductase produced by the medicinal fungus *Phellinus linteus*[J]. Bioorg Med Chem Lett, 2011, 21:1716-1718.
[10] Mo SY, Yang YC, He WY, et al. Two pyrone derivatives from fungus *Phellinus igniarius* [J]. Chin Chem Lett, 2003, 14:704-706.

[11] Mo SY, Wang S, Zhou G, et al. Phelligridins C-F: cytotoxic pyrano [4 - 3 - c] [2]benzopyran - 1, 6 - dione and furo [3,2 - c]pyran - 4 - one derivatives from the fungus *Phellinus igniarius*[J]. J Nat Prod, 2004, 67:823—828.
[12] Wang Y, Shang XY, Wang SJ, et al. Structures, biogenesis, and biological activities of pyrano [4, 3 - c]isochromen - 4 - one derivatives from the fungus *Phellinus igniarius*[J]. xJ Nat Prod, 2007, 70(2):296—299.
[13] Wang Y, Mo SY, Wang SJ, et al. A unique highly oxygenated pyrano [4, 3 - *c*][2] benzopyran - 1,6 - dione derivative with antioxidant and cytotoxic activities from the fungus *Phellinus igniarius* [J]. Org Lett, 2005, 7:1675—1678.
[14] Wang Y, Wang SJ, Mo SY, et al. Phelligridimer A, a highly oxygenated and unsaturated 26 - membered macrocyclic metabolite with antioxidant activity from the fungus *Phellinus igniarius*[J]. Org Lett, 2005, 7:4733—4736.
[15] Kojima K, Ohno T, Inoue M, et al. Phellifuropyranone A: a new furopyranone compound isolated from fruit bodies of wild *Phellinus linteus*[J]. Chem Pharm Bull, 2008,56:173—175.
[16] Lee IK, Yun BS. Highly oxygenated and unsaturated metabolites providing a diversity of hispidin class antioxidants in the medicinal mushrooms *Inonotus* and *Phellinus*[J]. Bioorg Med Chem ,2007, 15:3309—3314.
[17] Lee IK, Han MS, Lee MS, et al. Styrylpyrones from the medicinal fungus *Phellinus baumii* and their antioxidant properties[J]. Bioorg Med Chem Lett, 2010, 20:5459—5461.
[18] Lee IK, Jung JY, Kim YH, et al. Phellinins B and C, new styrylpyrones from the culture broth of *Phellinus* [J]. J Antibiot, 2010, 63:263—266.
[19] 吴长生. 药用真菌桑黄化学成分的研究[D]. 济南:山东大学,2011.
[20] 莫顺燕,杨永春,石建功. 桑黄化学成分研究[J]. 中国中药杂志,2003,28:339—341.
[21] Mo SY, Wen YH, Yang YC, et al. Two benzyl dihydroflavones from *Phellinus igniarius* [J]. Chin Chem Lett, 2003, 14:810—813.
[22] Wu X, Lin S, Zhu C, et al. Homo- and heptanor-sterols and tremulane sesquiterpenes from cultures of *Phellinus igniarius*[J]. J Nat Prod, 2010, 73:1294—1300.
[23] Wang Y, Wang SJ, Mo SY, et al. An abietane diterpene and a sterol from fungus *Phellinus igniarius*[J]. Chin Chem Lett, 2006, 17(4):481—484.
[24] He J, Feng XZ. Studies on the chemical constituents of *Phellinus yamanoi*[J]. Nat Prod Res Dev, 2000, 12:33—36.
[25] Jain AC, Gupta SK. Isolation of lanosta - 8, 25 - dien - 3β - ol from the fungus *Fomes fastuosus* [J]. Phytochemistry, 1984, 23:2392—2394.
[26] Gonzalez AG, Bermejo BJ, Mediavilla MJ, et al. Two new triterpene acids from "*Phellinus pomaceus*"[J]. J Chem Soc Perkin Trans, 1986, 1:551—554.
[27] Gonzalez AG, Bermejo BJ, Mediavilla MJ, et al. Pomacerone, a furanoid triterpene from "*Phellinus pomaceus*"[J]. Heterocyeles, 1990, 31:841—845.
[28] Gonzalez AG, Siverio ET, Bermejo BJ, et al. The absolute stereochemistry of senexdiolic acid at C - 22 [J]. J Nat Prod, 1993, 56:2170—2174.
[29] Gonzalez AG, Siverio ET, Toledo MFJ, et al. Lanosterol derivatives from "*Phellinus torulosus*"[J]. Phytochemistry, 1994, 35:1523—1526.
[30] Ahmad S, Hussain G, Razaq S. Triterpenoids of *Phellinus gilvus* [J]. Phytochemistry, 1976, 15(12):2000.

[31] Baua AK, Rangaswami S. New tetracyclictriterpenses from fomws senex: senezonal, senexdione, oxidosensone and senexdiolic acid [J]. Current Sci, 1970,39(18):416－417.
[32] Liu HK, Tsai TH, ChangTT, et al. Lanostane-triterpenoids from the fungus *Phellinus gilvus*[J]. Phytochemistry, 2009, 70(4):558－563.
[33] 刘金荣,江发寿,李艳,等. 药用真菌桑黄甾类成分的提取和鉴定[J]. 农垦医学,1998,20(3):141.
[34] Quang DN, Bach DD, Asakawa YZ. Sterols from a Vietnamese Wood-Rotting *Phellinus sp* [J]. Chem Sci, 2007, 62:289－292.
[35] 贾建波,李相前,杨文,等. 桑黄多糖分离纯化及其结构初步鉴定[J]. 食品科学,2006,27(12):446－450.
[36] Li RQ, Zhang YS. Investigation of *phellinus linteus* (berk et curt) aoshima polysacchaide[J]. Acta Pharmacol Sin, 1983, 18(6):430－433.
[37] 白日霞,陈华君. 碱提水溶针裂蹄多糖 R1 的研究[J]. 天然产物研究与开发,1995,7(3):41－45.
[37] Teunissen PJM, Swarts HJ, Field. The denovo production of Drosophilin A (tetrachloro - 4 - methoxyphenol) and Drosophilin A methyl ether (tetrachloro - 1, 4 - dimethoxybenzene) by lignolytic basidiomycetes[J]. Appl Microbiol Biotechnol, 1997, 47:695－700.
[39] Lee IK, Lee JH, Yun BS. Polychlorinated compounds with PPAR-gamma agonistic effect from the medicinal fungus *Phellinus ribis*[J]. Bioorg Med Chem Lett, 2008, 18:4566－4568.
[40] Han SB, Lee CW, Jeon YJ, et al. The inhibitory effect of polysaccharides isolated from *Phellinus linteus* on tumor growth and metastasis [J]. Immunopharmacology, 1999, 41:157－164.
[41] Ayer WA, Muir DJ, Chakravarty P. Phenolic and other metabolites of *Phellinus pini*, a fungus pathogenic to pine[J]. Phytochemistry, 1996, 42:1321－132.
[42] Song KS, Cho SM, Lee JH, et al. B-lymphocyte-stimulating polysaccharide from mushroom *Phellinus linteus*[J]. Chem Pharm Bull, 1995, 43:2105－2108.
[43] 张敏,纪晓光,贝祝春,等. 桑黄多糖抗肿瘤作用[J]. 中药药理与临床,2006,22(3－4):56.
[44] 张万国,胡晋红. 桑黄预防大鼠肝纤维化作用的试验研究[J]. 药学服务与研究,2002,2(2):22－25.

[45] Song YS, Kim SH, Sa JH, et al. Anti-angiogenic, antioxidant and xanthine oxidase inhibition activities of the mushroom *Phellinus linteus* [J]. J Ethnopharmacol, 2003, 88:98－102.
[46] Shon YH, Nam KS. Antimutagenicity and induction of anticarcinogenie phase II enzymes by basidiomycetes [J]. J Ethnopharmacol, 2001, 77(1):103.
[47] Hwan MK, Sang BH, Goo TO, et al. Stimulation of humoral and cell mediated immunity by polysaccharide from mushroom *Phellinus linteus* [J]. Int J Immunopharmacol, 1996, 18(5):295－303.
[48] 张万国,胡晋红. 桑黄对实验性肝纤维化大鼠血液动力学的影响[J]. 解放军药学学报,2002,18(6):341－343.
[49] Jang BS, Kim J C, et al. Extracts of *Phellinus gilvus* and *Phellinus baumii* inhibit pulmonary inflammation induced by lipopoly saccharide in rats[J]. Biotechnol Lett, 2004, (26):31－33.

(张志鹏、张　昭)

第五十六章 白僵菌

BAI JIANG JUN

第一节　概　述

白僵菌[*Beauveria bassiana*（Bals. -Criv.）Vuill]为子囊菌门，粪壳菌纲，肉座菌亚纲，肉座菌目，虫草菌科，白僵菌属真菌，又名僵蚕菌、球孢白僵菌等[1]。据文献记载，被白僵菌感染的家蚕幼虫干燥体僵蚕，味咸、辛、平，归肝、脾经，具有息风止痉、祛风通络，化痰散结等功效[2]。目前，白僵菌在化合物的生物转化与生物活性方面的研究较多。

第二节　白僵蚕化学成分与含量测定的研究

白僵蚕 *Bombyx batryticatus* 是蚕蛾科昆虫-家蚕 *Bombyx mori* L. 的幼虫或蛹，被球孢白僵菌 *Beawveria bassiana*（Bals.）Vuill. 感染致死的干燥虫体或蛹体，又称僵蚕、僵虫、姜虫、天虫等，是我国传统的中药材。白僵蚕由蛋白质、酶类、草酸铵、脂肪、有机酸、毒素、色素、挥发油、维生素、微量元素和少量的核酸组成，其中草酸铵是主要药理成分[3]。

（一）氨基酸类化学成分

白僵蚕中含有多种氨基酸类成分，卫功庆等人[4]应用日立 835－50 型氨基酸自动分析仪，对白僵蚕和蚕蛹中的氨基酸进行了含量测定。

方法：称取僵蚕粉末 10.6g，装入水解管中，加入 6mol/L 盐酸 10ml，接通真空泵液压抽气，完成后迅速在喷灯上封口，然后放入恒温箱（100℃），水解 30h。水解完全后，取出水解管冷却，打开封口，将溶液滤入容量瓶中，用蒸馏水定容至 50ml。在上机前，抽取 1ml 溶液于水解皿中，水浴蒸干，然后加少许蒸馏水，再次蒸干，如此反复数次，已驱尽残酸。最后干涸物质用 0.01mol/L 盐酸溶解，准确稀释至 1ml，取 50μl 上机分析测定，经日立 835－50 型氨基酸自动分析仪进行测定。结果见表 56－1：

表 56－1　僵蚕和蚕蛹中氨基酸的含量

氨基酸	含量(μg/g)		氨基酸	含量(μg/g)	
	僵蚕	蚕蛹		僵蚕	蚕蛹
天冬氨酸(Asp)	3.76	6.03	谷氨酸(Glu)	3.02	6.86
丝氨酸(Ser)	7.56	2.62	丙氨酸(Ala)	12.36	1.90
甘氨酸(Gly)	16.01	3.05	甲硫氨酸(Met)	0.78	2.27
缬氨酸(Val)	1.84	3.77	亮氨酸(Leu)	1.31	5.18
异亮氨酸(Ile)	0.96	3.14	苯丙氨酸(Phe)	1.35	4.4
酪氨酸(Tyr)	4.96	0.334	组氨酸(His)	0.52	4.4
赖氨酸(Lys)	1.74	3.28	脯氨酸(Pro)	0.99	1.82
精氨酸(Arg)	0.18	4.27	色氨酸(Trp)	1.76	—
苏氨酸(Thr)	1.68	3.94			

(二) 微量元素

白僵蚕中含有多种微量元素，卫功庆等人[4]应用 90－750 型等离子体光量计自动分析仪，对白僵蚕和蚕蛹中的微量元素进行了含量测定。

方法：准确称取僵蚕粉末(经磨碎机处理)0.5g，置于干燥洁净的坩埚内，然后放入高温炉内进行灰化(开始温度 250℃，2h 后调至 550℃，持续高温 2h)，灰化完毕，放置 1d。待炉内温度降低后取出。用 5∶1的硝酸-高氯酸进行酸化、溶解，同时加热(50～60℃)使残渣易溶。然后用蒸馏水洗涤坩埚，洗涤液在 25ml 容量瓶中定容。用 90－750 型等离子体光量计自动分析仪进行分析测定。结果见表 56－2。

表 56－2　僵蚕和蚕蛹中微量元素的含量

微量元素	含量(μg/g)		微量元素	含量(μg/g)	
	僵蚕	蚕蛹		僵蚕	蚕蛹
铝(Al)	74.8	—	镧(La)	26.635	—
铁(Fe)	70.535	28.5	锰(Mn)	15.87	6.2
钙(Ca)	5 484.25	161.1	镍(Ni)	0.45	—
镁(Mg)	2 800	240.5	铅(Pb)	3.81	—
磷(P)	6 011.1	—	锶(Sr)	6.9	—
硼(B)	19.57	—	钛(Ti)	351	—
钡(Ba)	3.39	—	铀(U)	0.005	—
铜(Cu)	7.52	10.0	铱(Y)	0.255	—
铬(Cr)	0.755	—	锌(Zn)	28.215	71.3

(三) 草酸铵

草酸铵是白僵蚕和白僵蛹主要药理活性成分之一，具有抗凝血和抗惊厥的作用。不同菌株、不同接种方法获得的白僵蚕，其虫体中草酸铵的含量均存在差异。赵建国等人[5]用氯化钙质量法，测定白僵蚕提取物中草酸铵质量分数为 9.97%；彭新君等人[6-8]利用氯化钙质量法，测定白僵蚕提取物中草酸铵质量分数为 3.85%，占总固形物的 9.98%；测定生僵蚕和两个批次制僵蚕的草酸铵的质量分数分别为 3.24%、4.30%和 6.20%，表明生僵蚕、制僵蚕与制僵蚕不同批次间的草酸铵含量都存在差异。

(四) 有机酸

白僵菌在侵入家蚕幼虫和蛹后的代谢过程中，还会产生草酸、柠檬酸等有机酸。在球孢白僵菌培养基中检出的脂肪酸中，亚油酸占较高比例，棕榈酸和油酸次之，这 3 种脂肪酸占全部脂肪酸的 90%以上[9-10]。

(五) 挥发油

白僵蚕还含有少量挥发油类成分。李冬生等人[11]采用气相色谱-质谱联用法，测得白僵蚕、家蚕幼虫和桑叶的挥发油分别含有 170、151 和 105 种化学物质，三者的组成成分具有明显的差异性，其中共有组分为 56 种。白僵蚕挥发油中含量最高的为 5,6－二氢－2,4,6－三甲基－4*H*－1,3,5－二噻嗪(表 56－3)。

方法：分别将白僵蚕、烘干后的蚕幼虫研磨至粉末状，各取 300g 放入 1 000ml 烧瓶中。取 200g 鲜桑叶直接捣碎。向烧瓶中加水至烧瓶体积的 2/3，放入沸石。从冷凝管上端口加水至充满挥发油

提取器的刻度部分，并溢入烧瓶时为止。加热沸腾并保持约 8h，期间不断对各接口处进行液封。冷凝管从顶端覆盖一薄膜，防止挥发油成分损失。冷却后将乙醚加入提取器中，使挥发油溶入乙醚，再将乙醚与水一起放出。用乙醚萃取的挥发油用于 GC/MS 分析。

GC/MS 型号 ThermoFinnigon Trace GC＋Trace Msplus，色谱柱：ATTM－5（Allteech Associate），30m×0.25mm，Film thickness 为 0.25um；柱温起始 50℃，以 5℃/min 的速率升至 270℃，保持 5min；进样温度为 220℃，不分流 1min；载气 He，恒流为 1ml/min；Mass range 为 35～600，放大 350V；Scan time 为 0.2s；Time range 为 4.5～50min；使用 NIST 98 Libraries 数据库。

表 56－3　白僵蚕、蚕幼虫和桑叶挥发油中主要成分（相对峰面积≥1%）

白僵蚕				蚕幼虫		桑叶	
Area%	RT	Area%	RT	Area%	RT	Area%	RT
1.59	7.61			1.13	6.69		
1.76	9.00			2.20	9.95		
2.19	11.12			1.65	11.16		
1.12	11.96			15.19	14.32		
1.78	13.37			1.35	15.26		
17.98	14.31			4.50	17.63		
2.11	15.25			2.99	18.31	1.38	18.00
1.07	15.50	1.18	22.57	2.93	18.87	7.21	21.91
1.94	16.81	1.09	23.85	5.35	20.38	2.57	22.59
1.08	17.05	2.02	24.64	4.95	20.64	1.49	23.82
3.67	18.31	1.14	25.77	2.24	21.30	1.21	24.77
1.82	18.54	1.50	26.66	1.54	21.38	1.08	27.69
2.59	18.86	1.09	26.81	1.74	23.85	27.04	29.75
1.47	19.78	1.41	30.30	2.11	24.76	6.68	30.22
1.24	20.04	4.94	31.23	2.81	25.64	11.10	30.55
1.64	20.40	1.24	34.37	1.43	29.71	2.13	31.29
1.54	20.66	8.18	34.47	2.60	30.75	1.18	31.83
1.73	21.14	1.13	34.94	7.78	32.97	29.02	34.76
2.43	21.31			1.58	34.45		
1.11	22.41			10.20	34.70		

（六）维生素

白僵蚕与蛹中富含维生素，且种类繁多，如白僵蛹粉中胡萝卜素、维生素 B_2（核黄素）、生育酚的质量比分别为 5.20、63.24、43.44mg/g，且含有视黄素 11.5IU/g，这些物质都数倍甚至数十倍高于所有谷物类食物中的含量[8]。

（七）核酸类物质

李伟等人[12]利用高效液相色谱法对白僵蚕中的核苷、碱基类成分与含量进行了测定，其中尿嘧啶、次黄嘌呤、尿苷和黄嘌呤的质量分数，分别为 0.011%、0.008 8%、0.008 89%和 0.007 0%。

色谱条件　色谱柱：YWG C18（4.6mm×150mm，10μm）；流动相：水-甲醇-四氢呋喃（100∶0.1∶0.05）；流速：1.0ml/min；检测波长：260nm；检测灵敏度：0.05 AUFS；柱温：25℃。

标准曲线制备　精密称取尿嘧啶约 5mg，黄嘌呤、尿苷各 10mg，次黄嘌呤约 15mg，加水微热溶解后，定容至100ml，得混合标准液。分别取混合液0.10、0.20、0.40、0.60、0.80、1.00ml，置于10ml容量瓶中，加水稀释至刻度，摇匀。分别进样3次，各10μl，以对照品浓度对峰面积平均值作图，求4个组分的回归方程，结果见表56-4。

表56-4 标准曲线

组 分	线性回归方程	r	线性范围(μg/ml)
尿嘧啶	A=0.047 5+0.238C	0.999 7	0.298～5.96
次黄嘌呤	A=0.095 3+0.138 5C	0.999 8	0.719 5～14.39
尿苷	A=0.092 4+0.181C	1.000 0	0.502 5～10.05
黄嘌呤	A=−0.010+0.303C	0.999 8	0.410 5～8.210

样品测定 精密称取僵蚕细粉末约0.2g，置10ml具塞试管中，加水10ml，超声提取30min，离心10min(3 500r/min)，取上清液。残渣按上述步骤再提取2次，合并上清液，浓缩后定容至10ml，进样10μl 3次。

第三节 白僵菌的生物转化作用

(一) 黄酮类

主要以羟基化和糖基化作用为主。Herath W等人[13]通过球孢白僵菌ATCC 13144的发酵作用，将3-羟基黄酮(1)转化生成3,4′-二羟基黄酮(2)、3-*O*-β-D-4-*O*-甲基葡萄糖黄酮苷(3)和两种微量产物，而球孢白僵菌ATCC 7159能将7-羟基黄酮(4)转化为7-*O*-β-D-4-*O*-甲基葡萄糖黄酮苷(5)，4′-羟基-7-*O*-β-D-4-*O*-甲基葡萄糖黄酮苷(6)(图56-1)。

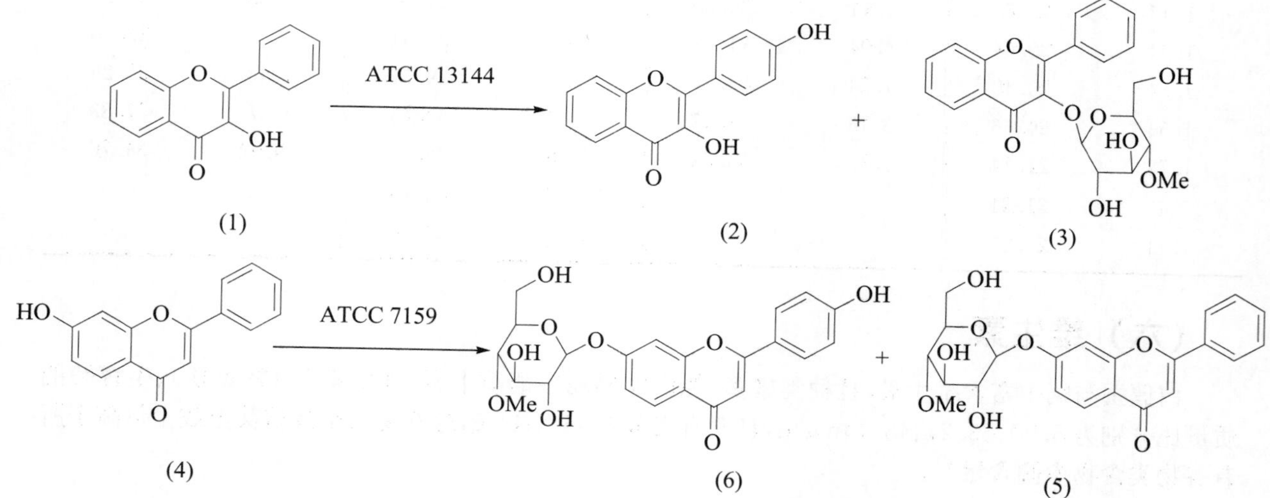

图56-1 白僵菌ATCC 13144和ATCC 7159对黄酮类化合物的生物转化

Wimal Herath等人[14]应用球孢白僵菌ATCC 13144的发酵作用，将5,7-二羟基黄酮(7)、5-羟基黄酮(8)分别转化生成白杨素7-*O*-β-D-4-*O*-甲基葡萄糖苷(9)和4′-羟基黄酮-5-*O*-β-D-4-*O*-甲基葡萄糖苷(10)；将6-羟基黄酮(11)转化为3个化合物，分别是6-羟基二氢黄酮(12)、3-*O*-β-D-4-*O*-甲基葡萄糖黄酮苷(13)和(±)-6-*O*-β-D-4-*O*-甲基葡萄糖二氢黄酮苷(14)(图56-2)。

图 56-2　白僵菌 ATCC 13144 对黄酮类化合物的生物转化

（二）蒽醌类

白僵菌属真菌转化蒽醌类化合物，主要包括 *O*-甲基葡萄糖基化、N-乙酰化、氧化、羟基化作用。Zhan JX 等人[15-16]利用球孢白僵菌 ATCC 7159，将 4 种氨基和羟基蒽醌类化合物进行以 4′-*O*-甲基-糖基化为主的反应，其中 1,2-二氨基蒽醌(15)转化为 1-氨基-2-(4′-*O*-甲基—2*β*-N-D-氨基吡喃葡萄糖)蒽醌(16)；1-氨基蒽醌(17)转化过程中在糖基化的同时引入羟基，生成 1-氨基-2-(4′-*O*-甲基—2*β*-*O*-D-羟基吡喃葡萄糖)蒽醌(18)；1,8-二羟基蒽醌(19)和 1,2-二羟基蒽醌(20)分别转化为 8-羟基-1-(4′-*O*-甲基—1*β*-*O*-D-羟基吡喃葡萄糖)蒽醌(21)和 1-羟基-2-(4′-*O*-甲基—2*β*-*O*-D-羟基吡喃葡萄糖)蒽醌(22)。他们还利用该菌代谢 1-氨基蒽(23)产生了 3 种新的化合物，经鉴定为 1-乙酰氨基-5-[(4′-*O*-甲基-*β*-D-吡喃葡萄糖)羟基]蒽(24)、1-乙酰氨基-8-[(4′-*O*-甲基-*β*-D-吡喃葡萄糖)羟基]蒽醌(25)和 1-乙酰氨基-6-[(4′-*O*-甲基-*β*-D-吡喃葡萄糖)羟基]蒽醌(26)。同时，还产生了 1-乙酰氨基蒽(27)和 1-乙酰氨基蒽醌(28)(图 56-3、56-4)。

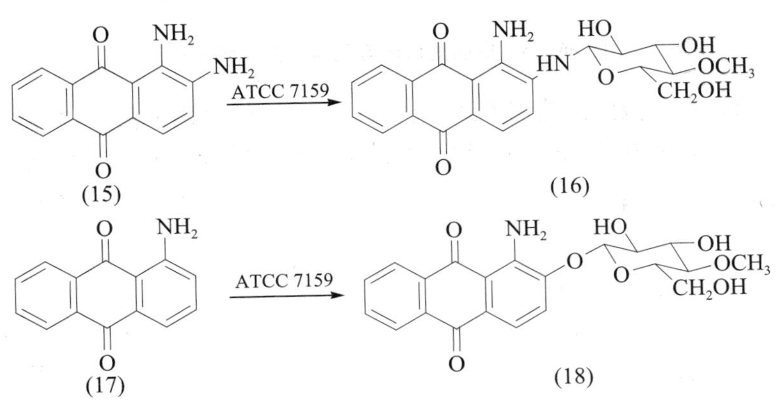

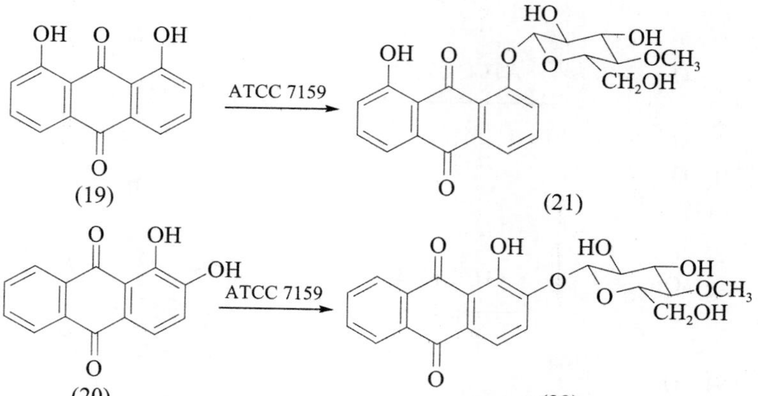

图 56-3　白僵菌对蒽醌类化合物的生物转化

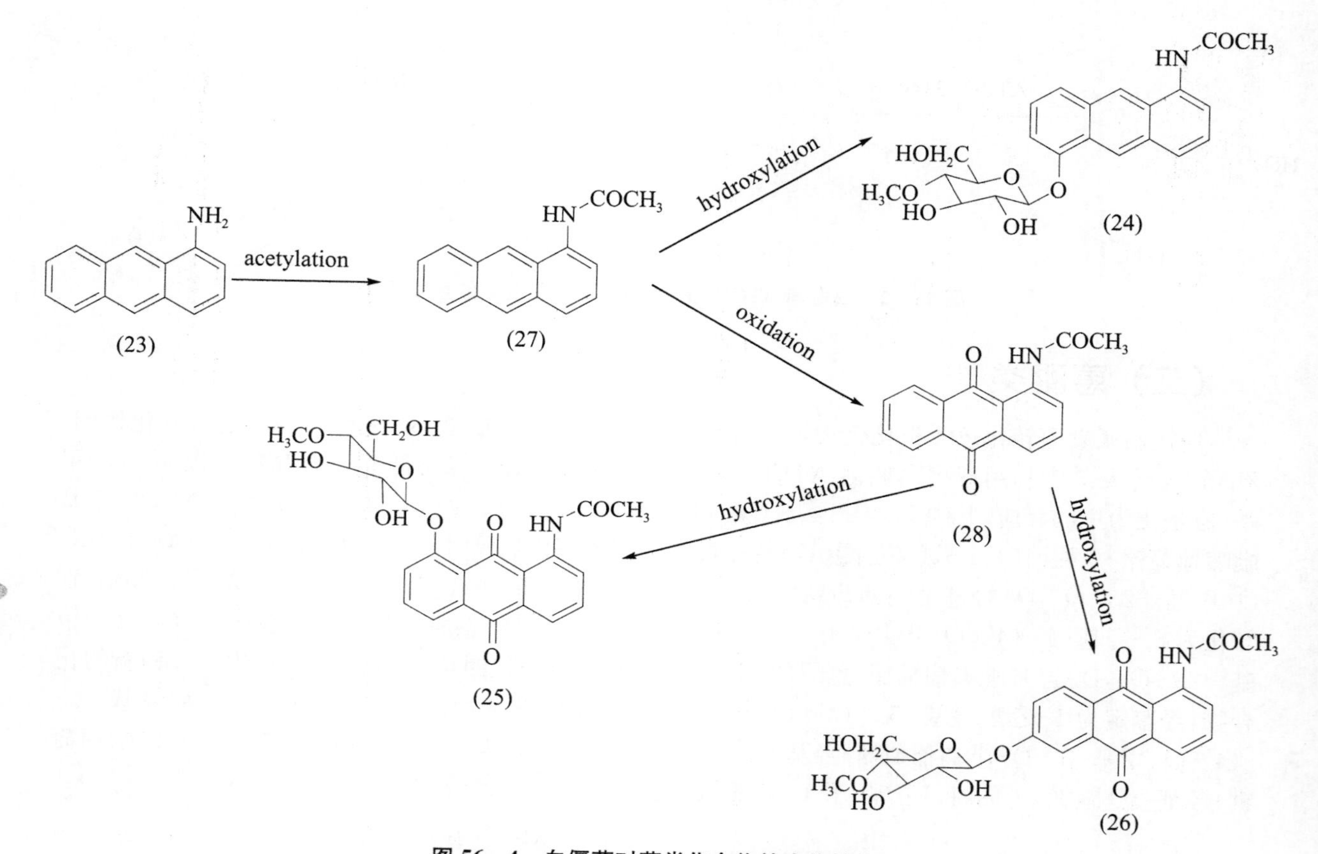

图 56-4　白僵菌对蒽类化合物的生物转化

陆志琳等人[17]通过在球孢白僵菌培养液中加入大黄酸(29)底物进行生物转化，获得了水溶性较好的葡萄糖基化衍生物 3-羟甲基-β-D-葡萄糖-芦荟大黄素醇苷(30)(图 56-5)。

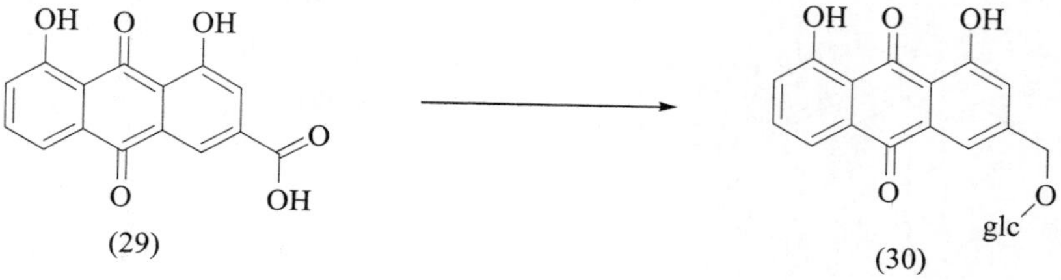

图 56-5　白僵菌对大黄酸的生物转化

（三）萜类

Abdel Halim OB 等人[18]利用球孢白僵菌 ATCC 7159，对银胶菊素(31)进行生物转化，获得两个新的代谢产物：$3\beta,4\beta,6\beta$ - trihydroxy - 10αH，11α - methyl - ambrosa - 1 - en - 12 - oic acid - γ - lactone(32)和 $3\beta,6\beta$ - dihydroxy - 4β - hydroperoxy - 10αH，11α - methyl - ambrosa - 1 - en - 12 - oic acid - γ - lactone(33)；同时生成天然存在的倍半萜内酯——海墨菊内酯(hymenolin，34)和 dihydrocoronopilin(35)(图 56 - 6)。

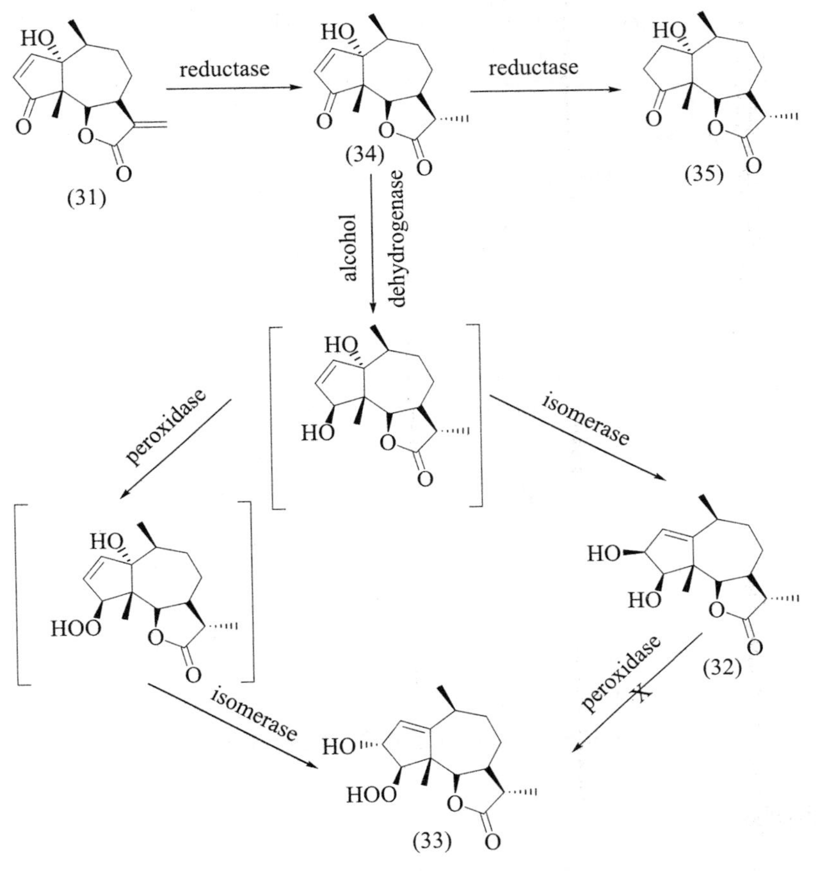

图 56 - 6　白僵菌对银胶菊素的生物转化

（四）甾体类

该类化合物的代谢以氧化和羟基化作用为主。利用球孢白僵菌培养分别转化睾酮(36)及其衍生物脱氢表雄酮(37)，其中睾酮发生 11α 位的羟基化、17β-羟基的氧化和 C4、C5 双键的断裂，脱氢表雄酮发生 11α 位的羟基化和生成少量 7α 位羟基化的产物[19]；

球孢白僵菌 HCCB 0059 对雄甾烯二酮(38)进行转化，经分离纯化和结构鉴定确认，产生了 11 -羟基-睾酮(39)、6，11 -羟基-睾酮(40)、6，11 -羟基-雄甾烯二酮(41)和 11 -羟基- 18 -氧杂- D -扩环雄甾烯二酮(42)4 个化合物[20](图 56 - 7、56 - 8)。

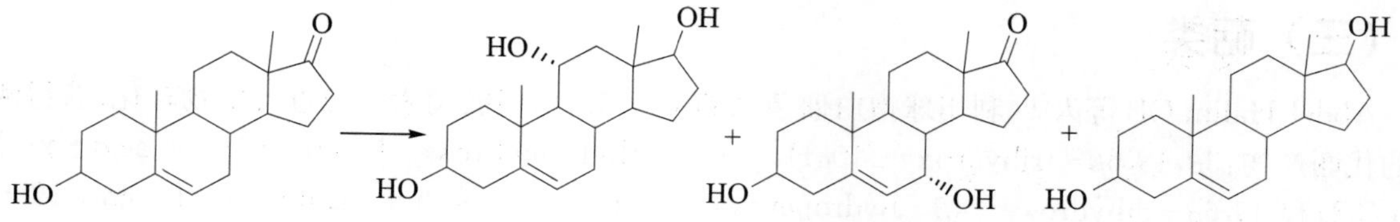

图 56-7　白僵菌对睾酮和脱氢表雄酮的生物转化

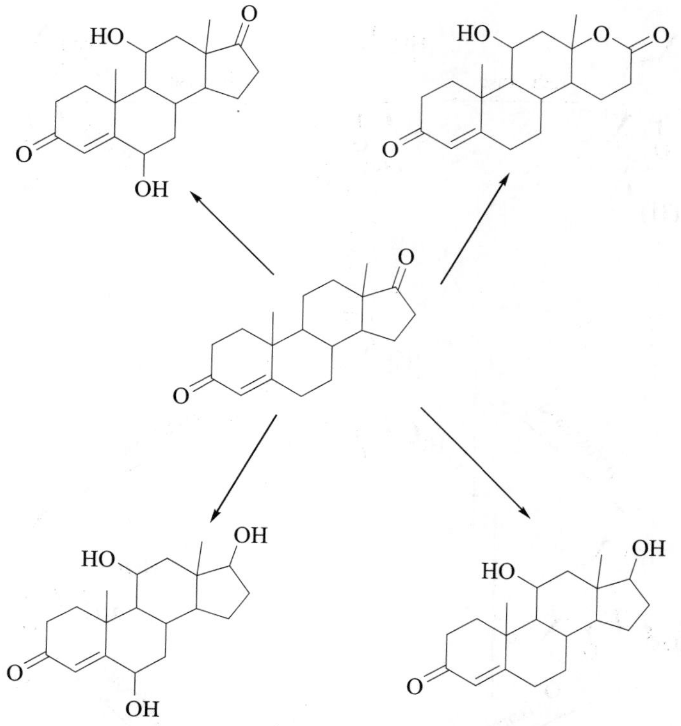

图 56-8　白僵菌对雄甾烯二酮的生物转化

（五）有机酸

Hsu FL 等人[21]采用白僵菌 ATCC 7159 进行大规模发酵，将没食子酸(43)转化生成两个新的葡萄糖苷化的化合物：4-(3,4-二羟基-6-羟甲基-5-甲氧基-四氢吡喃-2-氧基)-3-羟基-5-甲氧基-苯甲酸(44)和 3-羟基-4,5-二甲氧基-苯甲酸 3,4-二羟基-6-羟甲基-5-甲氧基-四氢吡喃-2-酯基(45)。此外，还生成了 4 个已知化合物：3-*O*-甲基没食子酸(46)、4-*O*-甲基没食子酸(47)、3,4-*O*-二甲基没食子酸(48)和 3,5-*O*-二甲基没食子酸(49)。因在培养基中加入了大豆的缘故，在代谢产物中发现了副产物 4′,5,7-三羟基异黄酮-7-*O*-β-D-4′-*O*-甲基-吡喃葡萄糖苷(50)(图 56-9)。

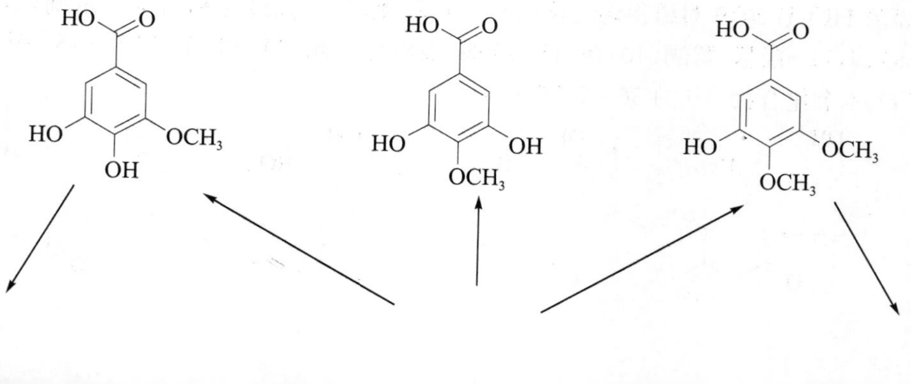

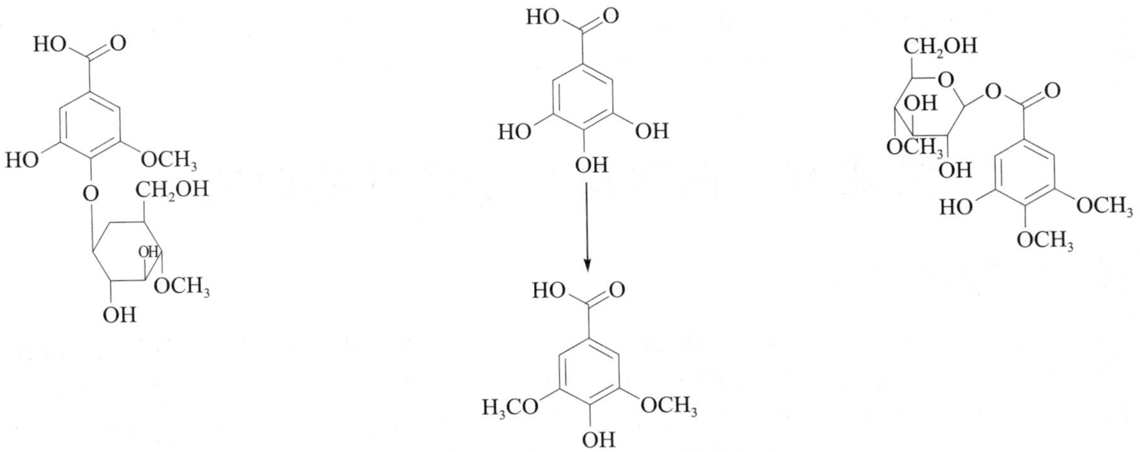

图 56-9　白僵菌对没食子酸的生物转化

（六）生物碱

Pedras MS 等人[22]利用球孢白僵菌，将吲哚-3-乙醛肟(51)转化成吲哚-3-乙酸(52)。目前，在生物碱转化方面仅有此报道(图 56-10)。

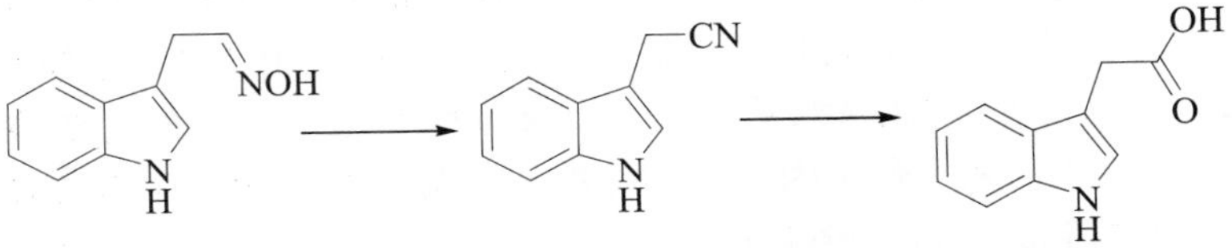

图 56-10　白僵菌对吲哚-3-乙醛肟的生物转化

（七）其　他

通过球孢白僵菌 ATCC 13144 对心血管药物美沙利酮(53)的生物转化，获得了 3 个新的衍生物 11α-羟基美沙利酮(54)、12β-羟基美沙利酮(55)和 6β-羟基美沙利酮(56)[23](图 56-11)；

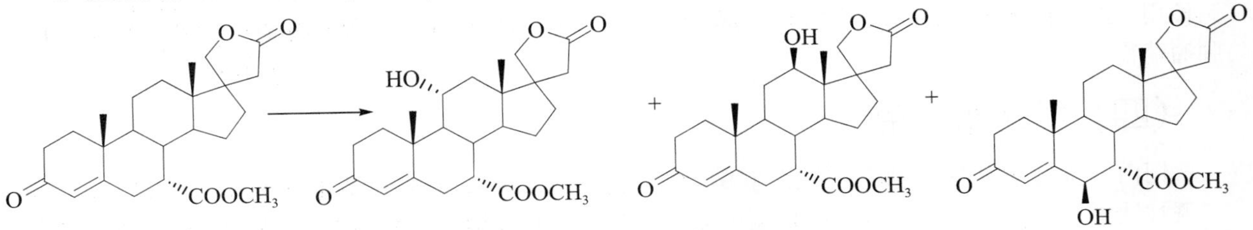

图 56-11　白僵菌对美沙利酮的生物转化

通过球孢白僵菌 ATCC 7159 转化弯孢霉素(57)，产生了 3 种新的代谢产物，鉴定为弯孢霉素-

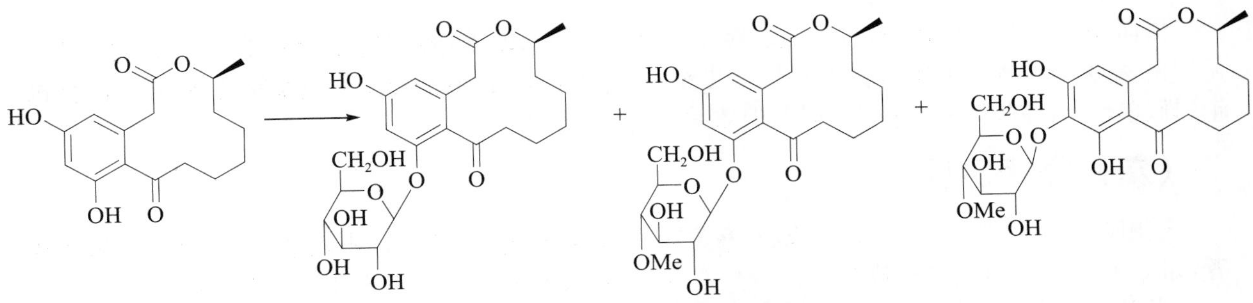

图 56-12　白僵菌对弯孢霉素的生物转化

7-O-β-D-吡喃葡萄糖苷(58)、弯孢霉素-4′-O-甲基-7-O-β-D-吡喃葡萄糖苷(59)和6-羟基弯孢霉素-4′-O-甲基-6-O-β-D-吡喃葡萄糖苷(60)[24](图56-12)。

第四节　白僵菌生物活性的研究

(一) 抗凝血作用

抑制凝血系统的活化是抗血栓形成的重要机制之一。凝血过程由于启动环节不同而分为内源性和外源性两条途径。凝血活酶时间反映了内源性凝血途径的活性,凝血酶原时间反映了外源性凝血途径的活性,而凝血酶时间反映的是两者共同途径的作用,即凝血酶活性。彭延古等人[25]在对僵蚕抗实验性静脉血栓与药理作用研究中发现,僵蚕水提取液在体外对凝血活酶时间、凝血酶原时间和凝血酶时间的延长作用与肝素相比,其抗凝血酶活性每1g生药提取液仅相当于1.08单位肝素,但对凝血酶原时间和凝血活酶时间,分别相当于13.47和14.50单位肝素。

(二) 抗惊厥作用

张尚谦等人[26]研究发现,白僵蚕与白僵蛹体表中存在大量的草酸铵,动物实验表明,失去草酸根或铵离子则失去对士的宁引起的小鼠抗惊厥活性。严铸云等人[27]用100%僵蚕煎剂给小鼠灌肠,能降低士的宁所致惊厥的死亡数;用僵蚕水煎剂22.5g/kg灌胃,能对抗士的宁诱发的小鼠强直惊厥,10～20g/kg时对电休克、戊四氮和咖啡因引起的惊厥无明显作用。另有实验表明,僵蚕与氯化铵具有相同的对抗士的宁所引起的小鼠惊厥作用[28]。

(三) 抗肿瘤作用

李军德等人[29]报道,僵蚕醇提物对小鼠ECA实体型抑制率为36%,对小鼠S-180也有抑制作用;在体外可抑制人体肝癌细胞的呼吸,可用于直肠腺癌型息肉的治疗等。韩献萍等人[30]报道,柞蚕等昆虫在某些因素诱导下可产生杀菌肽,该物质不仅具有广谱抗菌作用,且对某些原虫和癌细胞有抑制作用。经研究表明,柞蚕杀菌肽D对肿瘤细胞有杀伤作用,并认为杀菌肽有望成为新一代抗炎抗肿瘤药物。

(四) 降血脂作用

用白僵蚕代用家蚕复方蛹油治疗20例轻度高脂血症,结果表明,血清胆固醇平均下降22.4%,三酰甘油平均下降47.14%,其治疗机制可能与其他高度不饱和脂肪酸一样,有抑制体内胆固醇的合成、促进胆固醇的排泄、提高磷脂合成功能的作用[31]。

(五) 其他作用

白僵菌素与环脂类抗生素镰孢菌素具有相同的母核结构,差别在于所连接的基团不同,它对革兰阳性菌、霉菌有中等强度的抑制作用[32]。此外,还有文献报道,蚕蛹对金黄色葡萄球菌、大肠杆菌和铜绿假单孢菌(绿脓杆菌)有抑制作用,但效果不是很明显[33]。

(六) 临床应用

应用僵蚕汤(僵蚕、蝉蜕、柴胡、连翘、麻黄)治疗外感发热85例,治疗头面部和口腔疾患而偏于热者,如急性化脓性扁桃体炎、肺部感染、支气管炎,总有效率为96.74%,平均1～3d退热[34]。

应用天麻、僵蚕、丹参、红花、川芎、赤芍和胆南星等活血平肝祛痰药治疗血管性头疼119例,显效

率66.3%，总有效率为91.6%；脑血流图纠正率75.6%。将患者脑血流图定量、血浆5-羟色胺浓度和血小板聚集实验的治疗前后对照，均有显著意义($P<0.05$)。表明该方具有改善脑血流，调节血浆5-羟色胺浓度和改善血液高凝状态的作用[35]。

参考文献

[1] 黄年来，林志彬，陈国良. 中国食药用菌学[M]. 上海：上海科学技术文献出版社，2010.
[2] 张廷模. 中药学[M]. 北京：高等教育出版社，2002.
[3] 杨琼，廖森泰，邢东旭，等. 白僵蚕的化学成分和鉴别技术研究进展[J]. 蚕业科学，2009，35(1)：696—699.
[4] 卫功庆，鞠贵春，李慧萍，等. 白僵蚕化学成分的分析[J]. 吉林农业大学学报，1995，17(3)：46—49.
[5] 赵建国，彭新君，彭延古，等. 僵蚕提取物的质量研究[J]. 西北药学杂志，2005，20(6)：248—249.
[6] 彭新君，彭延古，曾序求，等. 僵蚕提取液中蛋白质和草酸铵等成分的定量分析[J]. 中国中医药信息杂志，2005，12(9)：38—40.
[7] 彭新君，赵建国，徐爱良，等. 僵蚕抗凝活性及其成分的分析[J]. 湖南中医学院学报，2005，25(1)：1—3.
[8] 彭新君，许光明，李明娟，等. 高效液相色谱法测定僵蚕中草酸胺的含量[J]. 中南药学，2006，4(4)：255—257.
[9] 姚剑，黄大庆. 球序白僵菌脂肪酸、酯酶、脂肪酶及其与毒力的关系[J]. 中国生物防治，2005，21(3)：167—171.
[10] 黄盖群，刘刚，江生，等. 高效毛细管电泳法测定中药材白僵蚕抗惊活性成分方法的探讨[J]. 西南农业学报，2008，21(3)：849—851.
[11] 李东生，王金华，胡征，等. 白僵蚕主要化学成分及其挥发油的分析[J]. 化学与生物工程，2006，20(6)：22—24.
[12] 李伟，文红梅，张艾华，等. 高效液相色谱法测定僵蚕中4种核苷、碱基的含量[J]. 药物分析杂志，1996，16(6)：406—407.
[13] Herath W, Mikell JR, Hale AL, et al. Metabolites of 3-and 7-hydroxyflavones[J]. *Chem. Pharm. Bull*, 2006, 54(3):320—324.
[14] Wimal Herath, a Juile Rakel Mikell, a Amber Lynn Hale, et al. Structure and antioxidant significance of the metabolites of 5, 7-dihydroxyflavone(Chrysin), and 5-and 6-hydroxy-flavone [J]. *Chem. Pharm. Bull*, 2008, 56(4):418—422.
[15] Zhan J, Gunatilaka AA. Microbial transformation of amino-and hydroxyanthraquinones by *Beauveria bassiana* ATCC 7159[J]. *J Nat Prod*, 2006, 69(10):1525—1527.
[16] Zhan J, Gunatilaka AA. Microbial metabolism of 1-aminoanthracene by *Beauveria bassiana* [J]. *Bioor Med Chem*, 2008, 16(9):5085—5089.
[17] 陆志琳，殷志琦，窦洁，等. 白僵菌对大黄酸的葡萄糖基化作用研究[J]. 中国药科大学学报，2006，37(6)：562—564.
[18] Abdel Halim OB, Maatooq GT. Marzouk AM mrtabolism of parthenin by Beauveria bassiana ATCC 7159[J]. *Pharmazie*, 2007, 62(3):226—230.
[19] Huszcza E, Dmochowska-Gladysz J, Bartmańska. Transformations of steroids by Beauveria bassiana[J]. *Z Naturforsch*, 2005, 60(1—2):103—108.

[20] 戈梅,刘靖,陈代杰. 一株白僵菌对雄甾烯二酮转化产物的研究[J]. 中国抗生素杂志,2006,31(3):176—177.

[21] Hsu FL, Yang LM, Chang SF, et al. Biotransformation of gallic acid by Beauveria sulfurescens ATCC 7159[J]. *Appl Microbiol Biotechnol*, 2007, 74(3):659—666.

[22] Pedras MS, Montaut S. Probing crucial metabolic pathways in fungal pathogens of crucifers: biotransformation of indole-3-acetaldoxime, 4-hydroxyphenylacetaldoxime, and their metabolites[J]. *Bioorg Med Chem*, 2003, 11(14):3115—3120.

[23] Preisig CL, Laakso JA, Mocek UM, et al. Biotransformations of the cardiovascular drugs mexrenone and canrenone[J]. J Nat Prod, 2003, 66(3):350—356.

[24] Zhan J, Gunatilaka AA. Microbial transformation of curvularin[J]. *J Nat Prod*, 2005, 68(8): 1271—1273.

[25] 李安国,彭延古,邓常青,等. 僵蚕提取液抗凝活性初步研究[J]. 湖南中医学院学报,1992,12(3):37—39.

[26] 张尚谦. 中药愈痫胶囊治疗癫痫大发作 100 例[J]. 陕西中医,1994,15(9):400—400.

[27] 李国均. 中国药材学[M]. 北京:中国医药科技出版社,1996.

[28] 汤化琴. 僵蚕和氯化铵药理作用实验探讨[J]. 天津中医学院学报,1992,11(3):40—41.

[29] 李军德,姜凤梧. 我国抗癌动物药概述[J]. 中成药,1992,14(2):40—42.

[30] 韩献萍,彭朝晖. 柞蚕杀菌肽 D 对宫颈癌 SiHa 细胞生成的损伤作用[J]. 肿瘤,1995,15(6):472—473.

[31] 陈可冀. 延缓衰老中药学[M]. 北京:中医古籍出版社,1989.

[32] 王居祥,朱起林,戴虹. 僵蚕及僵蛹的药理研究与临床应用[J]. 时珍国医国药,1999,10(8):637—639.

[33] 江苏新医学院. 中药大辞典[M]. 上海:上海科学技术出版社,1986.

[34] 刘尚贵. 僵蚕汤治疗外感发热 85 例[J]. 湖南中医学院学报,1995,15(1):26—27.

[35] 周英豪,陈聿静,李华. 活血平肝祛痰治疗血管性头疼 119 例[J]. 成都中医大学学报,1995,18(2):22—27.

（王洪庆）

第五十七章 硫黄菌

LIU HUANG JUN

第一节 概述

硫黄菌[*Laetiporus sulphureus* (Fr.) Murrill]是担子菌门,伞菌纲,多孔菌目,拟层孔菌科,硫黄菌属真菌,又名硫黄多孔菌、硫色多孔菌,广泛分布在我国河北、黑龙江、吉林、辽宁、山西、内蒙古、陕西、甘肃和河南等地区。硫黄菌初期瘤状,似脑髓状,菌盖覆瓦状排列,肉质多汗,干后轻而脆。幼时可食用,味道较好,也可药用。硫黄菌性温,味甘,能调节机体,增进健康、抵抗疾病[1]。

第二节 硫黄菌化学成分的研究

一、三萜类化合物

Francisco León 等人[2]从硫黄菌中分离出 4 个三萜类化合物,分别为:3 - oxosulfurenic acid(1)、eburicoic acid(2)、sulfurenic acid(3)、15α - hydroxytrametenolic acid(4),其中化合物(1)为新化合物(图 57 - 1)。

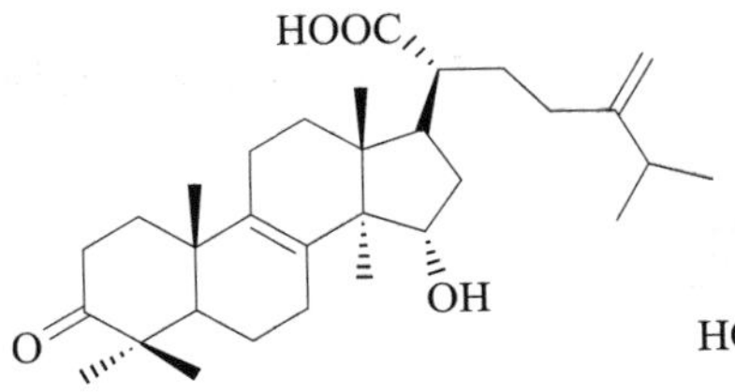

(1) 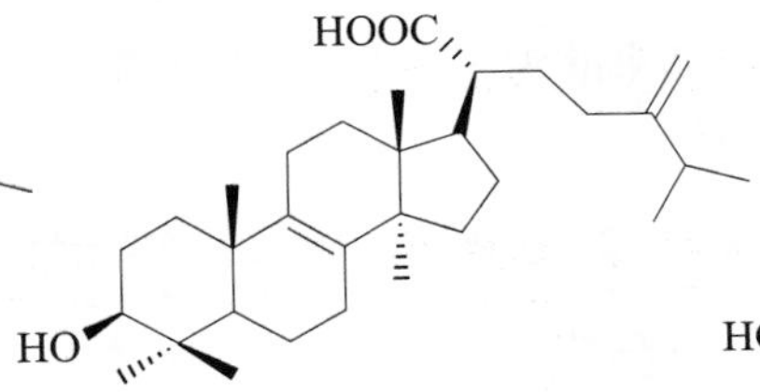 (2) 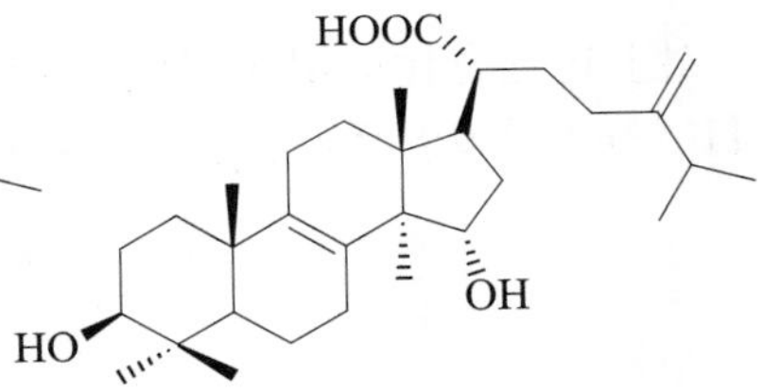 (3) 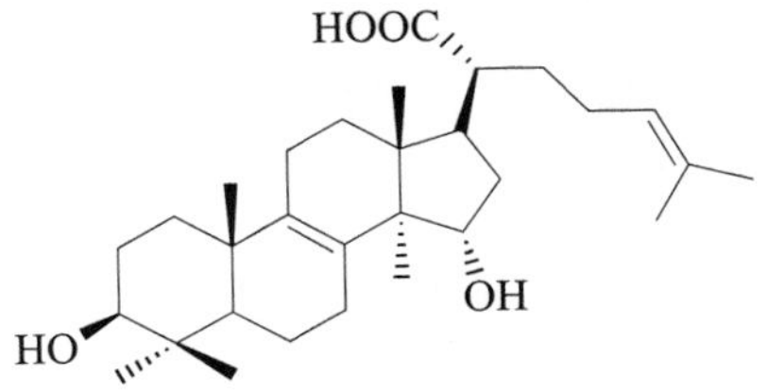 (4) 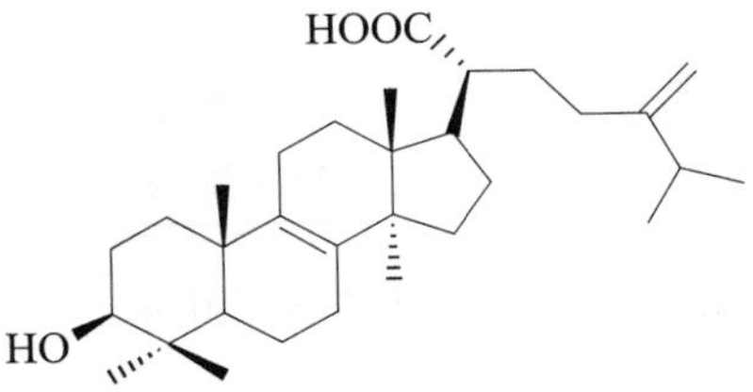 (5)

图 57 - 1 硫黄菌中的三萜类化合物

3 - oxosulfurenic acid(1) 无色粉末,HR-EI-MS m/z:484.352 2[M^+],分子式为 $C_{31}H_{48}O_4$。IR (KBr)显示其含有羟基(3 333cm^{-1})和羰基(1 709cm^{-1})。^{1}H NMR 显示其含有 5 个甲基信号(δ:1.30、1.19、1.12、1.04、1.03),两个次甲基信号(δ:1.00、1.01),两个 24 - methyl - enelanostane 特有的双键信号(δ:4.86、4.90)和 1 个连氧的次甲基信号(δ:4.64);而^{13}C NMR 谱显示了 1 个酮羰基信

号和1个羧基信号，分别为δ:215.4和177.9。结合HMBC和ROESY谱确定了该化合物的结构，被命名为3－oxo－sulfurenic acid(表57－1)。

表57－1　化合物(1)的核磁数据(400MHz, in C_5D_5N)

	δ_C	δ_H		δ_C	δ_H
1	35.3	1.74ddd(J=12.02、7.20、3.78Hz)			
		1.45ddd(J=12.56、11.65、7.12Hz)	16	38.4	2.25m
2	33.8	2.53dd(J=3.81、8.56Hz)	17	45.8	2.73br q(J=9.38Hz)
		2.59m	18	16.0	1.19s
3	215.4		19	17.7	1.04s
4	46.4		20	48.2	2.65dt(J=3.01、10.82Hz)
5	50.3	1.65dd(J=2.13、12.51Hz)	21	177.9	
6	18.9	1.55m	22	30.9	2.11m
7	26.5	2.59m	23	31.8	2.40m
8	132.6				2.30m
9	134.0		24	154.9	
10	36.3		25	33.3	2.31m
11	20.3	1.95m	26	20.9	1.01d(J=6.78Hz)
12	29.2	2.20m	27	21.1	1.00d(J=6.81Hz)
		1.90m	28	25.5	1.03s
13	44.6		29	20.4	1.12s
14	51.3		30	17.2	1.30s
15	71.4		31	106.2	4.86s
					4.90s

对上述化合物应用MTT法，以熊果酸为阳性对照，化合物(2)～(4)均具有一定的抑制白血病细胞HL－60增殖的活性，结果见表57－2。

表57－2　抑制HL－60细胞增殖活性

化合物	IC_{50} (μmol)
1	407±42
2	25±2
3	14±1
4	12±1
Ursolic acid	21±4

Yoshihito Shiono等人[3-4]从硫黄菌甲醇提取物中分的1个三萜酸类化合物eburicoic acid(5)。

二、苯并呋喃类化合物

Kazuko Yoshikawa等人[5]从硫黄菌子实体70%乙醇提取物中，应用大孔树脂和高效液相色谱分离得到5个苯并呋喃类化合物，分别为：masutakeside Ⅰ(6)、egonol(7)、demethoxyegonol(8)、egonol glucoside(9)和egonol gentiobioside(10)，其中化合物(6)为新化合物。

masutakeside Ⅰ(6)的结构鉴定：化合物(6)无定形粉末，HR-FAB-MS确定分子式为$C_{30}H_{36}O_{14}$，不饱和度为13。IR(KBr)显示在3 395、1 605、1 520cm^{-1}处有吸收峰，UV光谱在210、233和278nm

处有最大吸收，显示该化合物含有芳香环。^{13}C NMR 和 DEPT 谱显示该化合物含有 30 个碳，包括 1 个甲氧基、8 个季碳、6 个次甲基、4 个亚甲基（两个含氧）和 11 个糖信号。^{1}H NMR 和^{1}H-^{1}H COSY 显示出一组羟丙基信号 δ：4.25（1H，m），3.70（1H，m），2.86（2H，m），2.04（2H，m），一组 ABX 耦合信号 δ：7.56（1H，d，J＝1.6Hz），7.54（1H，dd，J＝8.0、1.6Hz），6.94（1H，d，J＝8.0Hz）和 1 个独立的烯氢质子信号 δ：7.16（1H，s）。通过 HMQC 谱显示 1 个孤立的亚甲基信号 δ：6.00（2H，s）、δ：102.0，提示该基团为亚甲二氧基。在 HMBC 谱中，H－8（δ：2.86）与 C－5（δ：138.5）、C－4（δ：113.1）和 C－6（δ：108.4）相关。此外，H－4（δ：7.11）与 C－3a（δ：131.6）和 C－7a（δ：143.0）相关。同时，C－2（δ：156.2）、C－3a 和 C－7a 与 H－3（δ：7.16）存在 HMBC 相关。在 NOE 谱中 H－6（δ：6.83）和甲氧基（δ：3.95）空间相近。因此，在苯并呋喃单元的 C－5 与 1 个羟丙基相连，在 C－7 有甲氧基取代。H－7′（δ：6.00）与 C－3′（δ：148.7）和 C－4′（δ：148.5）远程相关，进一步证实了 C－3′和 C－4′位有亚甲二氧基取代。H－3（δ：7.16）和 H－2′（δ：7.56）和 H－6′（δ：7.54）之间的 NOE 效应，最终确定了苷元部分的结构 5－(3－hydroxypropyl)－7－methoxy－2(3，4－methylenedioxyphenyl) benzofuran，酸水解后，应用高效液相色谱手性检测分析，其所含有的糖为 D－葡萄糖和 D－木糖。此外，观察^{1}H NMR 中糖端基质子耦合常量 δ：5.02（1H，d，J＝7.4Hz）和 δ：4.82（1H，d，J＝8.0Hz），表示其糖苷键均为 β 构型。糖的连接位置和顺序通过糖的苷化位移和 HMBC 谱确定，葡萄糖的 H－1（δ：4.82）和苷元上的 C－10（δ：68.9）相关，木糖的 H－1（δ：5.02）和葡萄糖上的 C－6（δ：70.0）相关，表明－Glc－Xyl（6→1）。因此，将该化合物命名为 masutakeside I（图 57－2 和表 57－3）。

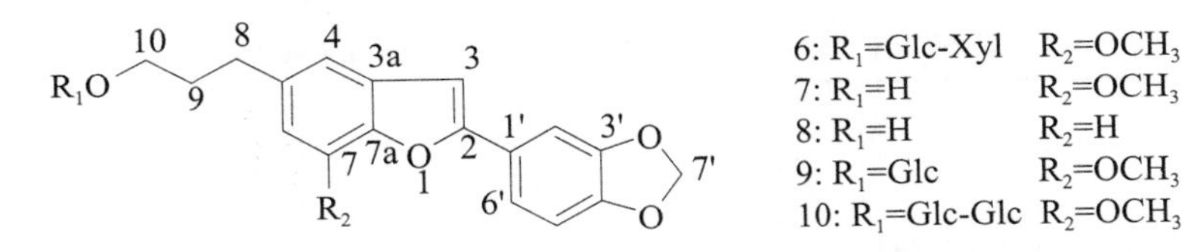

图 57－2　硫黄菌中的苯并呋喃类化合物

表 57－3　化合物(6)的核磁数据(in Pyridine-d_5)

	δ_C	δ_H		δ_C	δ_H
2	156.2		6′	119.5	7.54dd，J＝8.0、1.6Hz
3	101.4	7.16s	7′	102.0	6.00s
3a	131.6		OCH_3	56.1	3.95s
4	113.1	7.11d，J＝1.2Hz	Glc 1	104.8	4.82d，J＝8.0Hz
5	138.5		2	75.3	4.05(dd，J＝8.8，8.0Hz)
6	108.4	6.83d，J＝1.2Hz	3	79.1	4.22dd，J＝9.4、8.8Hz
7	145.4		4	72.6	4.24(dd，J＝9.4，8.5Hz)
7a	143.0		5	77.2	4.09(ddd，J＝8.5、5.5、1.9Hz)
8	32.8	2.86m	6	70.0	4.31(dd，J＝11.4、5.5Hz)
9	32.5	2.04m			4.86(dd，J＝11.4、1.9Hz)
10	68.9	3.70m	Xyl1	106.1	5.024(d，J＝7.4Hz)
		4.25m	2	75.3	4.06(dd，J＝8.7、7.4Hz)
1′	125.2		3	79.1	4.16(dd，J＝8.7、8.5Hz)
2′	105.8	7.56d，J＝1.6Hz	4	72.6	4.24(ddd，J＝9.7、8.5、2.7Hz)
3′	148.7		5	67.2	3.69(dd，J＝11.3、9.7Hz)
4′	148.5				4.35(dd，J＝11.3、2.7Hz)
5′	109.1	6.94d，J＝8.0Hz			

三、有机酸类化合物

Kazuko Yoshikawa 等人[5]从硫黄菌子实体 70%乙醇提取物中，应用大孔树脂和高效液相色谱分离得到 1 个新的有机酸类化合物，命名为 masutakic acid A(11)。

masutakic acid A(11)　无定型粉末，由 HRCIMS 确定分子式为 $C_{10}H_{16}O_4$。IR(KBr)光谱在 2 220cm^{-1}处吸收，提示化合物中存在三键。在 DEPT 谱中显示，存在 1 个甲基、4 个亚甲基，两个连氧次甲基[δ:76.6(d)和 65.6(d)]，1 个乙炔官能团[δ:85.6(s)和 80.8(s)]，除此之外，还含有 1 个羧基[(δ:175.0(s)]。^{1}H NMR 和^{1}H-^{1}H COSY 光谱显示，存在一组 1,2 - diol 信号 δ:5.50(1H,dd,J=4.4、1.6Hz),5.04(1H,d,J=4.4Hz)和一组戊烷基信号(H-6-H-10)。HMBC 谱中 H-2(δ:5.04)和 C-1(δ:175.0)与 C-4(δ:80.8)相关，H-6(δ:2.11)、C-5(δ:85.6)、C-4(δ:80.8)和 C-7(δ:28.6)相关，表示乙炔基在 C-3 和 C-6 之间。因此，该化合物结构被确定为 2,3 - dihydroxy - dec - 4 - yn - oic acid(图 57-3 和表 57-4)。

图 57-3　化合物(11)的结构

表 57-4　化合物(11)的核磁数据(in Pyridine-d_5)

	δ_C	δ_H		δ_C	δ_H
1	175.0		6	19.0	2.11(dt,J=1.6、7.2Hz)
2	76.6	5.04(d,J=4.4Hz)	7	28.6	1.34(q,J=7.2Hz)
3	65.6	5.50(dd,J=4.4、1.6Hz)	8	31.1	1.21(q,J=7.2Hz)
4	80.8		9	22.3	1.08(sext,J=7.24Hz)
5	85.6		10	14.0	1.21(t,J=7.2Hz)

四、其他类化合物

FAN Qiong-Ying 等人[6]从硫黄菌中分离得到 3 个霉酚酸衍生物，分别为：6 -[(2E,6E)- 3,7 - di - methyldeca- 2,6 - dienyl]- 7 - hydroxy - 5 - methoxy - 4 - methylphtanlan - 1 - one(12),6 -[(2E,6E)- 3,7,11 - tri - methyldedoca - 2,6,10 - trienyl]- 5,7 - dihydroxy - 4 - methylphtanlan - 1 - one (13)和 6 -[(2E,6E)- 3,7,11 - tri - methyldedoca - 2,6,10 - trienyl]- 7 - hydroxy - 5 - methoxy - 4 - methylphtanlan - 1 - one(14)，其中化合物(12)为新化合物，化合物(13)对多种细胞具有细胞毒活性。

化合物(12)的结构解析：HR-EI-MS 给出分子式为 $C_{22}H_{30}O_5$。IR(KBr)光谱在 3 428 和 1 737cm^{-1}处的吸收峰，提示化合物含有羟基和酯羰基。^{1}H NMR 数据显示含有 1 个芳甲基 δ:2.14(s)、1 个甲氧基 δ:3.77(s)和 1 个连氧的亚甲基 δ:5.19(s)。^{13}C NMR 和 DEPT 谱显示，该化合物含有 4 个甲基(包括 1 个芳甲基和 1 个甲氧基)，7 个亚甲基(2 个连氧)，2 个次甲基和 9 个季碳(1 个酯羰基)，且芳香环全取代。在 HMBC 谱中，δ:5.19(1H,s,H-3)与 δ:172.8(C-1)、δ:143.9(C-3a)和 δ:106.3(C-7a)相关，表明该化合物具有 α,β 不饱和-γ-内酯环，并且显示出与 mycophenolic acid 相似的母核。通过与已知化合物 6 -[(2E,6E)- 3,7,11 - trimethyldedoca - 2,6,10 - trienyl]- 7 - hydroxy - 5 - methoxy - 4 - methylphtanlan - 1 - one 的核磁数据比较，除了已知化合物 C-10′和 C-11′双键断裂，被羟甲基取代，HMBC 谱中 δ:3.58(2H,t,J=6.4Hz,H-10′)与 δ:30.5(C-9′)相关，证实了上述推

论。此外，δ:2.14(3H,s,Me-Ar)与C-4、C-3a和C-5；δ:3.77(3H,s,OMe)与C-5；H-1′与C-5、C-6和C-7的远程相关，显示其均取代在全取代的苯环上。在ROESY谱中，H-11′/H-1′和H-12′/H-5′确证了C-2′(3′)和C-6′(7′)双键均为*E*-构型。因此，该化合物结构被确定为6-[(2*E*,6*E*)-3,7-dimethyldeca-2,6-dienyl]-7-hydroxy-5-methoxy-4-methylphtanlan-1-one(图57-4和表57-5、57-6)。

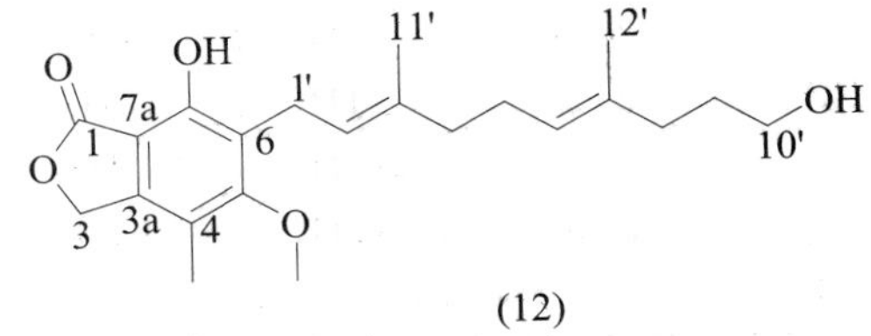

(12) 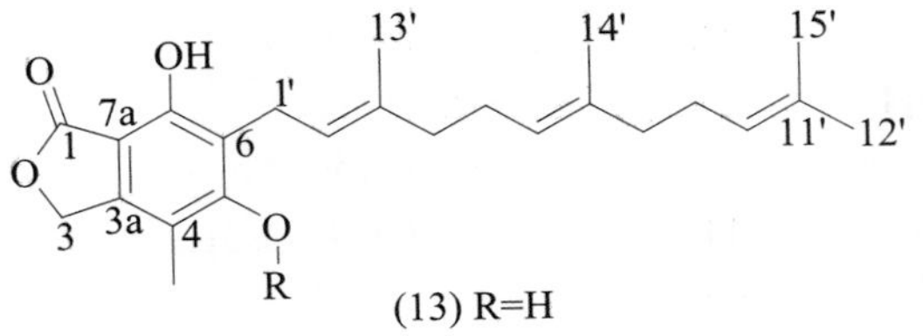　(13) R=H　(14) R=CH_3　(15)

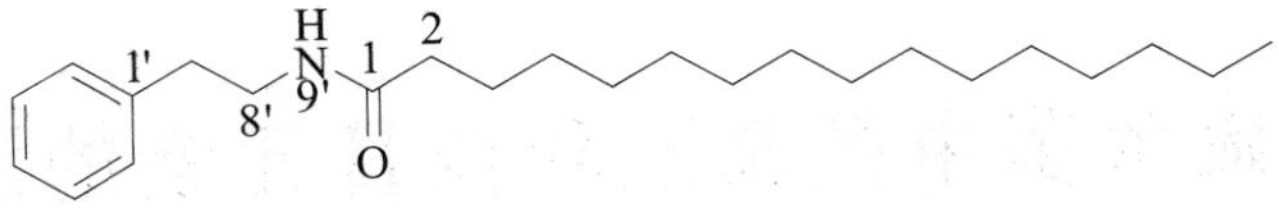

图57-4　化合物(12)～(15)的结构

表57-5　化合物(12)的核磁数据(in $CDCl_3$)

	δ_C	δ_H		δ_C	δ_H
1	172.8		4′	39.4	1.99(2H,m)
3	69.9	5.19(1H,s)	5′	26.1	2.07(2H,m)
3a	143.9		6′	124.5	5.09(1H,m)
4	116.6		7′	134.5	
5	163.5		8′	35.8	2.01(2H,m)
6	122.5		9′	30.5	1.63(2H,m)
7	153.6		10′	62.6	3.58(2H,t,*J*=6.4Hz)
7a	106.3		11′	16.0	1.77(3H,s)
1′	22.6	3.38(2H,d,*J*=7.0Hz)	12′	15.8	1.57(3H,s)
2′	122.0	5.18(1H,overlap)	CH_3-Ar	11.5	2.14(3H,s)
3′	135.5		OCH_3	60.9	3.77(3H,s)

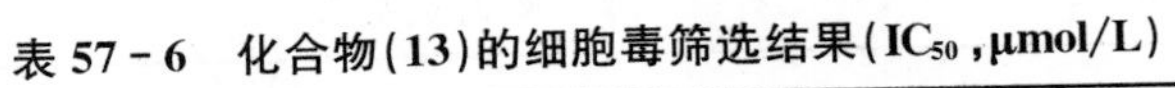

表57-6　化合物(13)的细胞毒筛选结果(IC_{50},μmol/L)

Compound	HL-60	SMMC-7721	A-549	MCF-7	SW480
12	39.1	31.1	27.4	35.7	>40
顺铂	1.3	3.4	7.3	16.1	14.7

Yoshihito Shiono等人[3]从硫黄菌甲醇提取物中分离得到1个酰胺类化合物N-phenethyl-hexadecanamide(15)。通过质谱和NMR数据确定，该化合物分子式为$C_{24}H_{41}NO$，不饱和度为5。^{13}C NMR和DEPT谱显示其含有1个甲基，16个亚甲基，5个芳香次甲基，两个季碳(其中1个为酰胺羰基)。红外光谱在1 660cm^{-1}处显示出酰胺羰基频带的特征吸收。^1H NMR显示一个甲基δ:0.90(3H,t,*J*=6.5Hz,H-16)，芳族质子δ:7.13(2H,d,*J*=7.6Hz,H-2′,6′)，7.17(1H,d,*J*=7.6Hz,H-4′)，7.24(2H,t,*J*=7.6Hz,H-3′,5′)，亚甲基质子δ:1.25(24H,m,H=3～14)，2.11(2H,t,*J*=7.4Hz,H-2)，2.82(2H,t,*J*=7.3Hz,H-7′)，3.53(2H,t,*J*=7.3Hz,H-8′)，1个酰胺质子δ:5.40(1H,br S,NH-9′)。这些数据和^1H-^1H COSY实验表明，结构中存在苯乙胺和棕榈酸

的片段。将该化合物用6mol/L在110℃水解24h会产生苯乙胺和棕榈酸，其质谱数据和薄层色谱上Rf值与对照品一致。因此，该化合物结构被确定为*N*-phenethylhexadecanamide(图57-4)。

表57-7　化合物(15)的核磁数据(in $CDCl_3$)

	δ_C	δ_H		δ_C	δ_H
1	173.15		2′,6′	128.8	7.13(2H,d,*J*=7.6Hz)
2	36.9	2.11(2H,t,*J*=7.4Hz)	3′,5′	128.6	7.24(2H,t,*J*=7.6Hz)
3～14	a	1.25(24H,m)	4′	126.5	7.17(1H,d,*J*=7.6Hz)
15	25.8	1.59(2H,m)	7′	35.7	2.82(2H,t,*J*=7.3Hz)
16	14.1	0.90(3H,t,*J*=6.5Hz)	8′	40.5	3.53(2H,t,*J*=7.3Hz)
1′	139.0		9′		5.40(1H,br s)

[a]δ:22.8、29.3、29.4、29.5、29.6、29.7。

五、硫黄菌中氨基酸和微量元素的测定

S. V. Agafonova等人[7]应用AAA-339型氨基酸自动分析仪和DFS-8型摄谱仪分别测定两株硫黄菌菌株中氨基酸和微量元素的含量，结果见表57-8和57-9。

表57-8　硫黄菌中氨基酸的含量

名称	LS-BG-0804	LS-UK-0704	名称	LS-BG-0804	LS-UK-0704
丙氨酸(Ala)	0.25	0.07	甲硫氨酸	0.17	0.18
精氨酸	0.47	0.38	鸟氨酸	0.18	0.14
天冬酰胺	0.08	0.09	脯氨酸	0.14	0.19
天冬氨酸	0.14	0.18	羟基-脯氨酸*	0.14	0.40
半光氨酸*	0.09	0.10	丝氨酸	0.24	0.21
谷氨酰胺	0.49	0.49	色氨酸	0.20	0.24
谷氨酸	0.85	0.39	酪氨酸	0.33	0.79
甘氨酸	0.18	0.05	α-氨基丁酸*	0.18	0.28
组氨酸	0.40	0.58	γ-氨基丁酸*	0.15	0.15
异亮氨酸	0.11	0.13	瓜氨酸*	0.01	0.06
亮氨酸	0.52	0.30	总氨基酸	5.97	6.43
赖氨酸	0.28	0.32	必需氨基酸	2.48	2.92

表57-9　硫黄菌中微量元素的含量

Element	LS-BG-0804	LS-UK-0704	Element	LS-BG-0804	LS-UK-0704
银(Ag)	4.17×10^{-4}	0.83×10^{-4}	钠(Na)	0.08	0.08
铝(Al)	0.83×10^{-3}	5.80×10^{-3}	镍(Ni)	6.56×10^{-4}	5.82×10^{-4}
铍(Be)	0.82×10^{-5}	2.49×10^{-5}	磷(P)	0.21	0.33
钙(Ca)	1.50	2.17	铅(Pb)	3.92×10^{-3}	3.32×10^{-3}
钴(Co)	0.27×10^{-3}	5.39×10^{-3}	钪(Sc)	1.67×10^{-4}	1.66×10^{-4}
铜(Cu)	0.02	0.03	硅(Si)	0.23	0.08
铁(Fe)	0.13	0.08	锡(Sn)	5.00×10^{-5}	4.15×10^{-5}
镁(Mg)	0.22	0.38	钛(Ti)	0.03	0.02
锰(Mn)	0.16	0.11	锌(Zn)	0.83×10^{-3}	1.66×10^{-3}
钼(Mo)	6.67×10^{-5}	3.32×10^{-5}	锆(Zr)	4.18×10^{-4}	0.91×10^{-4}

第三节 硫黄菌的生物活性

闫梅霞等人[8]保藏的硫黄菌菌种在 PDA 平板上活化后，接种于液体培养基中，经 200r/min、24℃、黑暗条件下培养 15d，培养物离心(4 100g，5min)后弃上清、取菌丝体沉淀物冷冻干燥、粉碎，菌丝体粉经 95℃热水(1g/10ml)浸提 3 次，过滤合并浸提液减压浓缩至原体积的 1/4，用 3 倍乙醇沉淀，离心(4 100g，5min)，取沉淀物冷冻干燥，获得醇沉菌丝体粗多糖粗提取物。经对比试验，硫黄菌粗多糖各剂量组抑瘤率均明显高于阴性对照组，说明硫黄菌粗多糖对 Lewis 肺癌实体瘤具有显著抑制作用，其中抑瘤效果最好的是中剂量组(35.7%)，其次是低剂量组(17.7%)，最低的是高剂量组(12.5%)；各剂量组抑瘤率差异显著，表明硫黄菌粗多糖的抑制作用与剂量有关，剂量过低或过高均不能达到最佳抑制效果。此外，硫黄菌粗多糖可以保护小鼠胸腺和脾脏，且有助于减轻荷瘤小鼠的体重降低，在一定程度上增强了小鼠的体质。

闫梅霞等人[9]还对赤芝菌丝多糖、蝉花菌丝体多糖、硫黄菌菌丝体多糖进行小鼠脾淋巴细胞增殖实验，结果表明 3 种药用真菌菌丝体多糖对小鼠脾淋巴细胞具有增殖作用，但与剂量存在依赖关系。增殖效果最佳浓度：赤芝菌丝多糖 50μg/ml、蝉花菌丝体多糖 400μg/ml、硫黄菌菌丝体多糖 50μg/ml。

参考文献

[1] 卯晓岚. 中国大型真菌[M]. 郑州：河南科学技术出版社，2000.

[2] Francisco León，José Quintana，Augusto Rivera， et al. Lanostanoid triterpenes from *Laetiporus sulphureus* and apoptosis induction on HL－60 human myeloid leukemia cells[J]. J Nat Prod，2004，67：2008－2011.

[3] Yoshihito Shiono，Yasuhiro Tamesada，Muravayev YD， et al. N-Phenethyl-hexadecanamide from the edible mushroom *Laetiporus sulphureus*[J]. Natural Product Research，2005，19(4)：363－366.

[4] 高建，李俊，麻兵继，等. 长毛囊孔菌发酵液化学成分研究[J]. 安徽医药，2009，13(8)：877－878.

[5] Kazuko Yoshikawa，Shinya Bando，Shigenobu Arihara， et al. A benzofuran glycoside and an acetylenic acid from the fungus *Laetiporus sulphureus* var. miniatus[J]. Chem Pharm Bull，2001，49(3)：327－329.

[6] FAN Qiong-Ying，YIN Xia，LI Zheng-Hui， et al. Mycophenolic acid derivatves from cultures of the mushroom *Laetiporus sulphureu*[J]. Chinese Journal of Natural Medicines，2014，12(9)：0685－0688.

[7] Agafonova SV，Olennikov DN，Borovskii GB， et al. Chemical composition of fruiting bodies from two strains of *Laetiporus sulphureus*[J]. Chemistry of Natural Compounds，2007，43(6)：687－688.

[8] 闫梅霞，关一鸣，胡清秀，等. 硫黄菌菌丝体粗多糖对小鼠 Lewis 肺癌的体内抑制[J]. 食用菌学报，2011，18(1)：46－48.

[9] 闫梅霞，张瑞，胡清秀，等. 药用真菌菌丝体多糖对小鼠脾淋巴细胞的增殖作用[D]. 第九届全国食用菌学术研讨会论文集，上海，2010.

（陈 虹）

第五十八章 鸡纵

JI ZONG

第一节 概 述

鸡纵（*Termitomyces albuminosus*）又名伞把菇、鸡丝菇、白蚁菇等，属担子菌门，伞菌纲，伞菌亚纲，伞菌目，离褶伞科，鸡纵菌属真菌[1]。国内已知鸡纵菌属有 26 个种，均可食用，其中云南有 12 种、四川有 9 种、贵州有 8 种、广东有 4 种，云南省是世界鸡纵菌的主要分布中心之一，占世界已知种类的 19%，且产量较大[2]。鸡纵菌主要分布于南部非洲、南亚、东亚及南太平洋岛屿等热带、亚热带地区[2]。鸡纵菌属又称蚁巢伞属，其生态类型极为特殊，与黑翅大白蚁共生，子实体仅能生长在白蚁巢上，其假根与地下土栖白蚁巢相连，固又称为蚁巢伞[2]。因为鸡纵所需的生存条件近乎苛刻，目前仍不易人工培育，使得它稀少而珍贵[3]。鸡纵菌营养丰富，味道鲜美，属珍贵食用菌。该菌有着宝贵的药用价值，早在明代李时珍《本草纲目》与清代丁其誉纂《寿世秘典》上就记载有“气味甘平，无毒，主益胃，清神，治痔”等功效。民间用于疗痔止血，可治脾虚纳呆、消化不良、痔疮出血等症。经现代研究表明，鸡纵含有脑苷、麦角甾醇、多糖、凝集素等多种活性成分，具有醒脑、镇痛抗炎和抗氧化等生物活性[1,4]。目前，鸡纵菌研究最多的是鸡纵 *T. albuminosus*，另有少量关于 *T. titanicus* 的报道。

第二节 鸡纵化学成分的研究

一、鸡纵的化学成分与提取分离

1. 脑苷成分的提取与分离

目前，从鸡纵中分离纯化的单体化合物主要是脑苷类成分。从鸡纵 *T. albuminosus* 和 *T. titanicus* 的子实体中分离得到 9 个新的脑苷类化合物，其中 termitomycesphin A-H (1)～(8)[5-7]是从 *T. albuminosus* 中分离得到，termitomycesphin I (9)[8]是从 *T. titanicus* 中分离得到。分离方法：将干燥的鸡纵子实体，放在乙醇溶液中冷浸 10d，提取物蒸干后混悬于水，先用正己烷萃取，再用正丁醇萃取，之后，正丁醇萃取物用常压反相 C－18 柱与 HPLC 进行分离，得到 termitomycesphin I (9)。它们的化学结构见图 58－1。

OH O $(CH_2)_{n-3}CH_3$ NH HO 6" O 6 18 O 1 C_7-C_9(C_{19})-$(CH_2)_8CH_3$ OH 1" HO OH OH

termitomycesphin	C7 - C9(C19)	n
A (1) B (2)	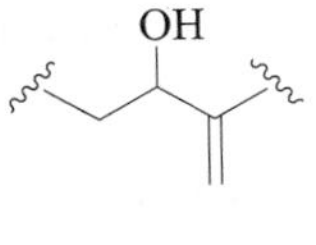 OH	16 18
C (3) D (4)	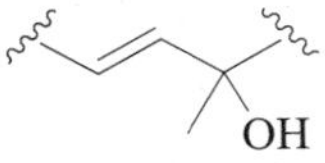 OH	16 18
E (5) F (6)	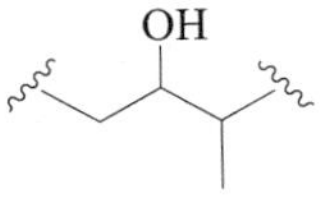 OH	16 18
G (7) H (8)	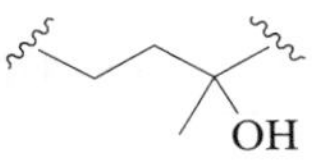 OH	16 18
I (9)	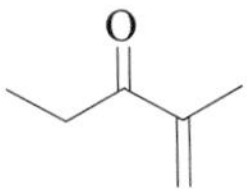 O	18

图 58 - 1 Termitomycesphin I(9)化学结构

2. 凝集素类成分

凝集素是一类非酶、非抗体的糖结合蛋白质。凝集素广泛存在于动物、植物和微生物中，只有极少数是以液体发酵生产的菌丝体为材料的[9]。

鸡㙡 *T. albuminosus* 菌丝体浸取液依次经硫酸铵分级沉淀、DEAE-Sepharose CL - 6B 离子交换层析和 Sephadex G - 100 分子筛层析纯化得到一种凝集素(简称 TAL)[9]。纯化的 TAL 在聚丙烯酰胺凝胶电泳上显示出一条蛋白质着色带[9]。TAL 的相对分子质量为 89. 4kDa，亚基相对分子质量为 38kDa 和 51kDa，提示 TAL 分子由两个不同亚基组成[9]。

二、鸡㙡化学成分的理化常数与光谱数据

Termitomycesphin A (1) $[\alpha]_D^{24}$ + 6. 0(*c* 0. 233, MeOH); IR(KBr) 3 386、2 922、2 853、1 648、1 537、1 467、1 078cm^{-1}; HR-ESI-MS *m/z*: 744. 562 1, calcd for $C_{41}H_{78}NO_{10}$ $[M+H]^+$ 744. 562 6; ^{1}H and ^{13}C NMR 见表 58 - 1[5]。

Termitomycesphin B (2) $[\alpha]_D^{24}$ + 6. 6(*c* 0. 119, MeOH); IR (KBr) 3 390、2 923、2 853、1 648、1 535、1 467、1 078cm^{-1}; HR-ESI-MS *m/z*: 772. 593 7, calcd for $C_{43}H_{82}NO_{10}$ $[M+H]^+$ 772. 593 9; ^{1}H and ^{13}C NMR 见表 58 - 1[5]。

Termitomycesphin C (3) $[\alpha]_D^{24}$ + 7. 6(*c* 0. 226, MeOH); IR(KBr) 3 387、2 927、2 854、1 637、1 541、1 467、1 079cm^{-1}; HR-FAB-MS *m/z*: 766. 542 1, calcd for $C_{41}H_{77}NO_{10}Na$ $[M+Na]^+$ 766. 544 5; ^{1}H and ^{13}C NMR 见表 58 - 1[5]。

Termitomycesphin D (4) $[\alpha]_D^{24}$ + 8. 0(*c* 0. 400, MeOH); IR(KBr) 3 375、2 924、2 854、1 646、1 540、1 467、1 079cm^{-1}; HR-FAB-MS *m/z*: 794. 575 3, calcd for $C_{43}H_{81}NO_{10}Na$ $[M+Na]^+$ 794. 575 9; ^{1}H and ^{13}C NMR 见表 58 - 1[5]。

Termitomycesphin E (5) $[\alpha]_D^{24}$ + 2. 8(*c* 0. 20, MeOH); IR(KBr) 3 375、2 923、2 853、1 648、1 537、1 468、1 079cm^{-1}; HR-ESI-MS *m/z*: 746. 576 4, calcd for $C_{41}H_{80}NO_{10}$ $[M+H]^+$ 746. 578 2; ^{1}H and ^{13}C NMR 见表 58 - 2[6]。

Termitomycesphin F (6) $[\alpha]_D^{24}+2.0$ (c 0.15, MeOH); IR(KBr) 3 375、2 921、2 853、1 648、1 538、1 468、1 079cm^{-1}; HR-ESI-MS m/z: 774.608 7, calcd for $C_{43}H_{84}NO_{10}$ $[M+H]^+$ 774.609 5; ^1H and ^{13}C NMR 见表 58－2[6]。

Termitomycesphin G (7) $[\alpha]_D^{25}+8.5$ (c 0.14, MeOH); HR-FAB-MS m/z: 794.575 3, calcd for $C_{41}H_{79}NO_{10}Na$ $[M+Na]^+$ 794.575 9; ^1H and ^{13}C NMR 见表 58－2[7]。

Termitomycesphin H (8) $[\alpha]_D^{25}+8.0$ (c 0.200, MeOH); HR-FAB-MS m/z: 774.609 0, calcd for $C_{43}H_{84}NO_{10}$ $[M+H]^+$ 774.609 0; ^1H and ^{13}C NMR 见表 58－2[7]。

Termitomycesphin I (9) $[\alpha]_D^{24}-2.7$ (c 0.15, $CHCl_3$); IR(KBr) 3 348、2 920、2 850、1 645、1 539、1 468cm^{-1}; HR-FAB-MS m/z: 792.557 2, calcd for $C_{43}H_{79}NO_{10}Na$ $[M+Na]^+$ 792.560 2; ^1H and ^{13}C NMR 见表 58－3[8]。

表 58－1 Termitomycesphin A-D (1)～(4)的 ^1H 和 ^{13}C 数据(pyridine-d_5)

Carbon No.	1～2		3～4	
	$^1H^a$	$^{13}C^b$	$^1H^a$	$^{13}C^b$
Long-chain base				
1a	4.22dd(10.7,3.8)	70.7	4.22dd(10.6,3.8)	69.9
1b	4.69dd(10.7,4.3)		4.68dd(10.6,5.7)	
2	4.80m	54.5	4.79m	54.5
3	4.78m	72.3	4.77m	72.2
3－OH	6.85d(4.4)		6.89d(4.7)	
4	6.05dd(16.6,3.5)	131.7	6.05dd(15.4,5.1)	132.4
5	6.01dd(16.6,5.1)	132.7	5.97dt(15.4,6.3)	131.0
6	2.38,2.48m	29.5	2.92t(6.3)	35.5
7	1.91m	36.0	5.98dt(15.5,6.3)	124.9
8	4.42m	74.2/74.3^c	5.88d(15.5)	140.2
8－OH	6.21/6.20d(4.0)^c		—	
9	—	153.8/153.9^c	—	71.8
9－OH			5.68	
10	2.16,2.32m	31.7	1.73m	43.7
11	1.57m	28.4	1.61m	24.5
12～17	1.25m	d	1.24m	f
18	0.85t(7.5)^e	14.2	0.85t(7.5)^e	14.2
19	4.99,5.35s	108.6	1.48s	28.5
2－NH	8.35d(8.6)		8.35d(8.4)	
Acyl				
1′		175.6		175.6
2′	4.56m	72.4	4.56m	72.4
2′－OH	7.61d(4.3)		7.60d(5.1)	
3′	2.00,2.21m	35.5	2.00,2.24m	35.5
4′	1.69,1.79m	25.9	1.69,1.78m	25.8
5′－15′(or 5′～17′)	1.25m	d	1.24m	f
16′(or 18′)	0.84t(7.7)^e	14.2	0.84t(7.7)^e	14.2

(续表)

Carbon No.	1～2		3～4	
	$^{1}H^{a}$	$^{13}C^{b}$	$^{1}H^{a}$	$^{13}C^{b}$
Sugar				
1″	4.90d(7.7)	105.5	4.90d(7.7)	105.5
2″	4.02dd(7.7,7.1)	75.0	4.02dd(7.7,6.3)	75.0
2″-OH	7.20br s		7.19br s	
3″	4.20m	78.3	4.19m	78.4
3″-OH	7.17br s		7.17br s	
4″	4.21m	71.4	4.21m	71.5
4″-OH	7.13br s		7.13br s	
5″	3.89m	78.5	3.89m	78.5
6″a	4.34dd(11.4,4.5)	62.5	4.34dd(11.6,4.5)	62.6
6″b	4.50br d(11.4)		4.50br d(11.6)	
6″-OH	6.37br s		6.35br s	

a. 600MHz, coupling constants(J, Hz) are in parentheses;　b. 100MHz;
c. 1:1 ratio due to C-8 epimers;　d. δ: 22.8, 29.3, 29.8, 29.9 and 32.0;
e. Interchangeable;　f. δ: 22.8, 29.5, 29.9, 30.6 and 32.0。

表 58-2　Termitomycesphin E-H(5)～(8)的 ^{1}H 和 ^{13}C 数据(pyridine-d_5)

Carbon No.	5～6		7～8	
	$^{1}H^{a}$	$^{13}C^{b}$	$^{1}H^{a}$	$^{13}C^{b}$
Long-chain base				
1a	4.22dd(9.3,3.5)	70.1	4.24dd(10.8,3.6)	70.0
1b	4.68dd(9.3,4.5)		4.69dd(10.6,6.0)	
2	4.80m	54.6	4.80m	54.5
3	4.77m	72.3	4.77m	72.3
4	6.05d(15.2,2.8)	131.5,131.6[c]	5.98m	132.8
5	6.01dd(15.2,4.6)	132.9,133.1[c]	5.98m	131.7
6a	2.35,2.37m[c]	29.8	2.14m	33.4
6b	2.55,2.56m[c]			
7a	1.66,1.71m[c]	34.0,34.8[c]	1.65m	24.4
7b	1.72,1.80m[c]			
8	3.68,3.77m[c]	73.7,74.6[c]	1.65m	42.5
9	1.62,1.72m[c]	39.3,39.8[c]	—	71.5
10	1.30,1.34m[c]	32.6,34.0[c]	1.65m	42.8
11～17	1.24m	22.8～32.0[d]	1.55m(H-11)	24.2
			1.25(m)(H-12-17)	[f]
18	0.85t(6.8)[e]	14.2	0.85m	14.2
19	1.08,1.06d(7.4)[c]	15.9,14.4[c]	1.35s	27.3
2-NH	8.35d(8.5)		8.35d(8.4)	

（续表）

Carbon No.	5～6		7～8	
	$^{1}H^{a}$	$^{13}C^{b}$	$^{1}H^{a}$	$^{13}C^{b}$
Acyl				
1′		175.6	—	175.6
2′	4.56m	72.4	4.57m	72.4
3′a	2.00m	35.5	2.01m	35.5
3′b	2.20m		2.19m	
4′a	1.68m	25.9	1.69m	25.8
4′b	1.80m		1.79m	
5′～15′(or 5′～17′)	1.24m	22.8～32.0[d]	1.25m	[f]
16′(or 18′)	0.84t(6.8)[e]	14.2	0.85m	14.2
Sugar				
1″	4.90d(7.6)	105.5	4.91d(7.2)	105.5
2″	4.01dd(7.6,7.1)	75.0	4.02m	75.0
3″	4.19m	78.4	7.20m	78.3
4″	4.20m	71.5	4.22m	71.4
5″	3.89m	78.4	3.90m	78.4
6″a	4.34dd(11.7,5.2)	62.6	4.34m	62.6
6″b	4.49brd(11.7)		4.50m	
6″-OH				

a. 600MHz，coupling constants (J，Hz) are in parentheses；
b. 150MHz；
c. 1:1 ratio due to C-8 and/or C-9 epimers；
d. δ:22.8,27.8,27.9,29.5,29.7,29.8,30.4 and 32.0；
e. Interchangeable；
f. δ:22.8,29.5,29.8,29.9,30.0,30.8 and 32.0。

表 58-3　Termitomycesphin I (9)的^{1}H和^{13}C数据($CDCl_3+CD_3OD$)

Carbon No.	9	
	$^{1}H^{a}$	$^{13}C^{b}$
Long-chain base		
1a	3.68m	68.9
1b	4.05dd(10.3,5.5)	
2	3.96m	53.8
3	4.10dd(7.7,6.9)	72.2
4	5.48dd(15.2,7.2)	130.8
5	5.71ddd(15.5,6.8,6.8)	132.9
6	2.29m	27.5
7	2.78(dd,8.9,6.2)	37.6
8		202.7
9		149.4
10	2.21(dd,6.9,8.2)	31.4
11	1.50m	29.1
12～17	1.24m	[c]

（续表）

Carbon No.	9	
	$^{1}H^{a}$	$^{13}C^{b}$
18	0.85(t,6.9)	14.3
19	5.75(s),6.03(s)	124.9
Acyl		
1′		176.5
2′	3.97m	72.6
3′	1.50m,1.70m	35.2
4′	1.37m	25.8
5′～17′	1.24m	c
18′	0.85t(6.9)	14.3
Sugar		
1″	4.23d(8.2)	103.8
2″	3.20dd(8.2,8.9)	74.1
3″	3.36dd(8.9,9.6)	77.1
4″	3.31m	70.7
5″	3.24m	77.0
6″a	3.67dd(11.7,5.2)	62.1
6″b	3.84dd(12.0,2.4)	

a. 500MHz, coupling constants (J, Hz) are in parentheses;

b. 125MHz;

c. δ:23.2,29.9,30.0,30.1,30.2,30.3 and 32.5。

第三节　鸡㙡的生物活性

一、促神经生长活性

从鸡㙡 *T. albuminosus* 子实体中分离得到8个新的脑苷类化合物 termitomycesphin A-H (1)～(8)均具有促神经生长作用[5-7]，且在同样浓度下(14μmol/L)，分子中具有16个碳的 α-羟基脂肪酸脑苷(termitomycesphins A、C、E、G)比具有18个碳的 α-羟基脂肪酸脑苷(termitomycesphins B、D、F、H)显示出更强的促神经生长活性，说明脂肪酸链的长短与促神经生长活性密切相关[5-7]。

二、镇痛、抗炎活性

鸡㙡 *T. albuminosus* 菌粉提取物均能降低小鼠醋酸引起的扭体次数，减少甲醛致痛实验中小鼠舔足时间；抑制二甲苯致小鼠耳肿胀与角叉菜胶引起的小鼠足肿胀。对炎症介质也有较好的抑制作用。总之，鸡㙡菌粉提取物具有明显镇痛抗炎作用[10]。

三、降低机体免疫活性

机体炎症反应是一把双刃剑，炎症反应的目的是清除异己和坏死细胞，但是过度的炎症反应会导致机体各组织的损伤。多糖具有多种生理功能，维持机体的免疫稳态。昆明种小鼠用大肠杆菌液急性感染后，分别用单纯庆大霉素、鸡枞多糖和庆大霉素合用治疗，结果发现，鸡枞多糖和庆大霉素合用的小鼠反应，各项指标均低于单纯的庆大霉素治疗，说明有鸡枞多糖参与时，小鼠机体处于一个相对较低的免疫反应状态，从而避免过高过强的免疫反应造成机体免疫反应损伤[11]。

四、降血脂与抗氧化活性

腹腔注射鸡枞多糖，可显著降低高血脂昆明种小鼠的血清总胆固醇（CHO）和三酰甘油含量（TG）[12]。

用鸡枞菌匀浆液给高血脂 SD 大鼠灌胃，可显著降低大鼠血清和肝脏中的 MDA 含量，提高 SOD 活力，由此显示，鸡枞对高胆固醇血症大鼠有明显的抗氧化作用[13]。

第四节　展　望

由于鸡枞子实体只能生长在白蚁巢上，与白蚁巢之间共生关系复杂，所以至今仍然处于半人工栽培的探索阶段，大部分鸡枞产品还依靠野生来源。目前虽然已有很多关于鸡枞菌菌丝体的报道，但其担孢子萌发时间长，分离时易受杂菌污染而难以获得成功，如何判定分离菌丝为单一鸡枞菌丝仍是个急需解决难题。鉴于鸡枞子实体和菌丝体均较难获得，对其化学成分和药理活性等方面还需有关科技工作者进一步加以探索与研究。

参考文献

[1] 周继平，许泓瑜. 鸡枞发酵菌粉中皂苷的大孔树脂分离纯化[J]. 中国野生植物资源，2008，27(6)：50—53.

[2] 才晓玲，于龙凤，何伟. 鸡枞菌种质资源研究进展[J]. 大理学院学报，2010，9(10)：61—64.

[3] 李永祥. 五月端午鸡枞出土[J]. 中国食品，2006，(11)：52.

[4] 王化远，赵呈裕，张春旺，等. 鸡枞菌菌丝体中麦角甾醇的含量测定[J]. 华西药学杂志，1999，14(1)：47—48.

[5] Jianhua Q，Makoto O，Youji S. Termitomycesphins A-D，novel neuritogenic cerebrosides from the edible Chinese mushroom *Termitomyces albuminosus* [J]. *Tetrahedron*，2000，56：5835—5841.

[6] Jianhua Q，Makoto O，Youji S. Neuritogenic cerebrosides from aan edible Chinese mushroom *Termitomyces albuminosus*. Part 2：Structure of two additional termitomycesphins and activity enhancement of an inactive cerebroside by hydroxylation [J]. *Biosci Med Chem*，2001，9：2171—2177.

[7] Yuan Q，Kaiyue S，Lijuan G，et al. Termitomycesphins G and H，additional cerebrosides

from the edible Chinese mushroom *Termitomyces albuminosus* [J]. *Biosci Biotechnol Biochem*, 2012, 76(4): 791—793.

[8] Jae C, Kohei M, Hirofumi H, et al. Novel cerebroside, termitomycesphin I, from themushroom, *Termitomyces titanicus* [J]. *Biosci Biotechnol Biochem*, 2012, 76(7): 1407—1409.

[9] 施佳军,赵呈裕. 鸡𡎚凝集素的分离纯化与性质研究[J]. 天然产物研究与开发,1998,10:20—24.

[10] 陆奕宇,敖宗华,成成,等. 鸡𡎚菌粉提取物镇痛抗炎作用的研究[J]. 中成药,2007,29(12):1742—1745.

[11] 冯宁,吴海婴,陈光明,等. 鸡𡎚多糖对急性感染小鼠的 WBC、C3、CRP、IGM 变化影响的研究[J]. 中国医学创新,2008,5(35):67—68.

[12] 冯宁,吴海婴,陈光明,等. 高脂血症小鼠模型腹腔注射鸡𡎚多糖的研究[J]. 检验医学与临床,2009,6(11):862—863.

[13] 王一心,狄勇,杨桂芝. 鸡𡎚菌在大鼠高胆固醇血症中的抗氧化作用[J]. 中国预防医学杂志,2005,6(1):10—12.

(康 洁)

第五十九章 块菌

KUAI JUN

第一节 概述

块菌又称松露、块菇、无娘果和猪拱菌等，是地下生物菌中一个比较重要的子囊菌类群，子实体在土壤中生长，除个别种类在成熟时半露出土表外，大部分种类自始至终埋生于地下，是与树木共生的外生菌根型药食两用真菌[1]。块菌在生态学分类上属于子囊菌门，盘菌纲，盘菌亚纲，盘菌目，块菌科，块菌属真菌[2]。常见的有黑孢块菌（*Tuber. melanosporum* Vittad）、印度块菌（*T. Indicum* Cooke）和中国块菌（*T. Sinense* Tao et Liu）等。我国云南产的印度块菌和四川产的中国块菌在外形上与黑孢块菌相似，其品质也可与欧洲产的黑孢块菌相媲美[3]。块菌有较高的营养价值，价格之高堪比钻石，被誉为“餐桌上的钻石”、“地下黄金”[4]。经研究证明，块菌中含有多种对人体健康有益的活性成分，如 α-雄甾烷、神经酰胺、块菌多糖和挥发性成分等。

第二节 块菌化学成分的研究

一、蛋白质和氨基酸

刘洪玉等人[5]将中国四川凉山州会东县的块菌（*T. Sinense* Tao et Liu）与法国黑孢块菌（*T. melanosporum* Vittad）所含的蛋白质和氨基酸进行了对比。结果表明，四川产的块菌蛋白质含量为32.44%，而法国黑孢块菌的蛋白质含量为24.9%～25.6%；四川产的块菌含有17种氨基酸，总量达14.0%以上，含有人体必需的8种氨基酸，占氨基酸总量的40%以上，特别是对人体健康有益的甲硫氨酸和胱氨酸含量较丰富，除半胱氨酸和精氨酸外，其他氨基酸含量均高于法国的黑孢块菌。

二、多糖成分

糖类成分是块菌的主要成分之一，如四川产的块菌中总糖含量为31.17%，黑孢块菌总糖含量为38.8%～45.7%[6]。张世奇等人[6]采用DEAE－52纤维素柱和Sephadex G－100柱，从会东块菌水提物中分离纯化得到两种块菌多糖PAT-W和PST-A，相对分子质量分别为128.06kDa和729.14kDa。罗强等人[7]采用水提醇沉法提取印度块菌子实体水溶性粗多糖，并通过酶法－Sevag法联用脱蛋白，DEAE52纤维素和Sephadex G－100柱色谱对其进行分离纯化，得到主要多糖组分TIP-A，其相对分子质量为17.5kDa，利用气相色谱质谱联用测定其糖组成。结果表明，TIP-A是由D－甘露糖、D－葡萄糖、D－半乳糖和L－鼠李糖组成的均一杂多糖，4种糖的量比约为7:2:2:2。

三、α-雄烷醇

α-雄烷醇是块菌中一种活性类固醇类化合物，其化学结构类似人体内的性激素成分，具有浓厚

的香味。该物质具有调节女性月经周期和引起女性兴奋的功能[4]。

（一）α-雄烷醇合成路线

国内外科研工作者对块菌进行了化学合成和生物发酵等方面进行了研究。1986 年，有学者用化学的方法合成了该化合物，随后我国学者张宇[8]对该合成路线进行了改进，提高了收率，合成路线见图 59-1。

图 59-1　α-雄烷醇合成路线

Wang 等人[9]应用液体发酵法生产 α-雄烷醇，应用固相萃取技术和气相色谱质谱联用法，测定了印度块菌发酵液中 α-雄烷醇的含量。结果表明，发酵液中 α-雄烷醇含量最高可达 123.5ng/ml，可以满足 α-雄烷醇实际生产的需求。

（二）α-雄烷醇光谱数据

^{1}H NMR($CDCl_3$)δ：4.04(1H，t，J=2.6Hz，H-3β)，5.83(1H，dd，J=1.4，4.3Hz，H-16)，5.69(1H，br s，H-17)，0.75(3H，s，H-18)，0.81(3H，s，H-19)；^{13}C NMR($CDCl_3$)δ：32.05(C-1)，31.97(C-2)，66.58(C-3)，35.94(C-4)，39.36(C-5)，28.56(C-6)，29.04(C-7)，34.12(C-8)，55.17(C-9)，45.39(C-10)，20.75(C-11)，37.16(C-12)，45.58(C-13)，56.17(C-14)，32.09(C-15)，129.29(C-16)，144.00(C-17)，17.08(C-18)，11.18(C-19)[10]。

四、块菌的芳香性成分

块菌芳香性成分的研究是块菌中有效成分研究的热点之一，该研究不仅阐明了块菌独特风味的本质，同时又为工业发酵生产块菌中活性成分的研究提供理论依据。

Gioacchini 等人[11]应用顶空固相萃取和气相色谱质谱联用法测定了意大利白块菌（*Tuber magnatum* Pico）的挥发性有机化合物，证明意大利白块菌挥发性有机化合物的主要成分为含硫化合物，包括双（甲基硫）-甲烷、二甲基硫醚、二甲基三硫醚、三（甲基硫代）甲烷、1，2，4-三硫基环戊烷和甲基（甲硫基）甲基二硫醚。Culleré 等人[12]应用嗅辨仪测定了黑孢块菌和夏块菌（*Tuber aestivum*）的芳香性成分。结果表明，黑孢块菌芳香性物质至少有 17 种不同的芳香性物质。黑孢块菌中重要的芳香性化合物为 2，3-丁二酮、二甲基二硫醚、丁酸乙酯、二甲基硫醚、三甲基丁醇和 3-乙基-5-甲基苯酚；夏块菌中最主要的芳香性化合物为二甲基硫醚、二甲基二硫醚、3-甲硫基丙醛、3-甲基-1-丁醇、1-己酮和 3-乙基苯酚。黑孢块菌芳香性物质散发性是夏块菌的 100 倍。

张世奇等人[13]应用超声溶剂萃取、蒸馏萃取和固相微萃取3种方法提取了会东块菌的香气成分。结果表明，3种提取方法中蒸馏萃取法效果最优，用该法得到的萃取物中检出烯类物质11种，占总组分的26.26%；醇类物质16种，占总组分的17.7%；其他酸、酯、醛和烷烃类物质检出量较少。在检出的成分中辛烯醇含量最多，占总组分的20.43%；辛烯醇与块菌中所含有的活性物质α-雄烷醇结构非常相似，同属于烯醇类物质。在3种提取方法中均检出含量较高，有浓郁的鲜菇味。烯醇类物质能与脂肪酸进一步反应生成酯，是对会东块菌香气作出最大贡献的物质之一。

五、维生素和矿物质

块菌中含有丰富的维生素和矿物质。四川块菌含有7种维生素，含量分别为维生素A 641IU/100g、维生素D 0.148 6mg/100g、维生素E 42.7IU/100g、维生素K 600.0ug/100g、维生素C 4.63mg/100g、维生素B_1 0.35mg/100g和维生素B_2 26.3mg/100g，其中维生素A和维生素B_2的含量比一般食用菌高，表明块菌是很好的维生素来源[14]。四川块菌中还含有微量元素硒(8.73μg/100g)，硒在人体中具有延缓衰老、增强人体免疫力的功能[5]。

中国四川块菌含有10种矿物质元素，含量分别为：锌74.4mg/kg、铜74.2mg/kg、铁835.7mg/kg、锰28.6mg/kg、镍1.98mg/kg、钾3 204mg/kg、钠143mg/kg、镁1 058mg/kg、锗19.90mg/kg和磷4 840mg/kg[14]。

六、其他成分

吴少华等人[15]应用冷浸法，以95%乙醇为提取溶剂，乙酸乙酯萃取，经反复的硅胶、Sephadex LH-20柱色谱分离纯化，利用各种光谱方法鉴定了从印度块菌中得到的10个化合物，分别为星鱼甾醇(1)、麦角甾醇过氧化物(2)、菜子甾醇(3)、麦角甾醇(4)、啤酒甾醇(5)、(2S,3S,4R,2′R)-2-N-(2′-hydroxy-tricosanoyl)-oc-tadecan-1,3,4-triol(6)、脑苷脂B(7)、尿嘧啶核苷(8)、腺嘌呤核苷(9)、阿洛糖醇(10)。化合物结构见图59-2。

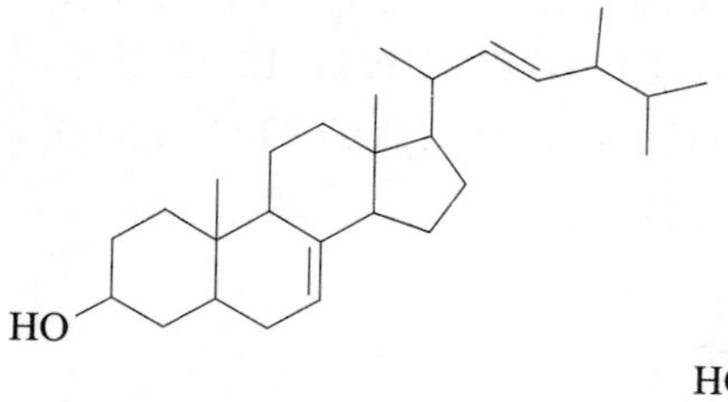

(1) 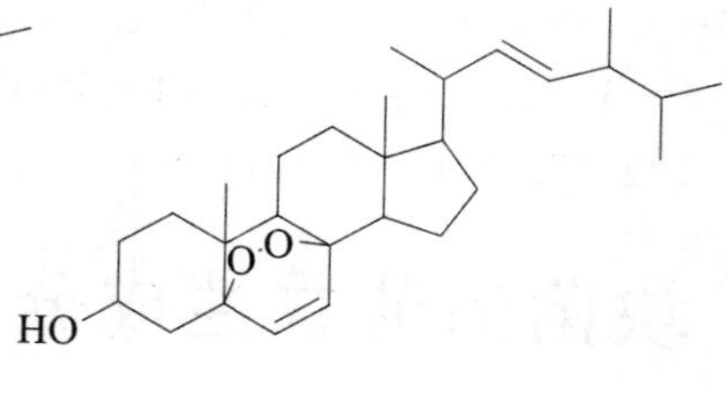 (2) 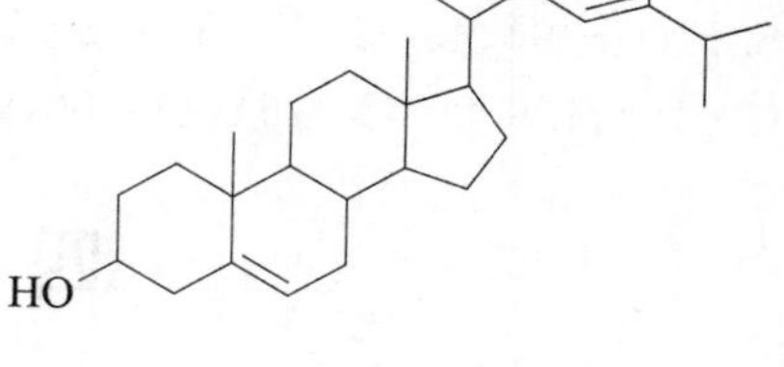 (3)

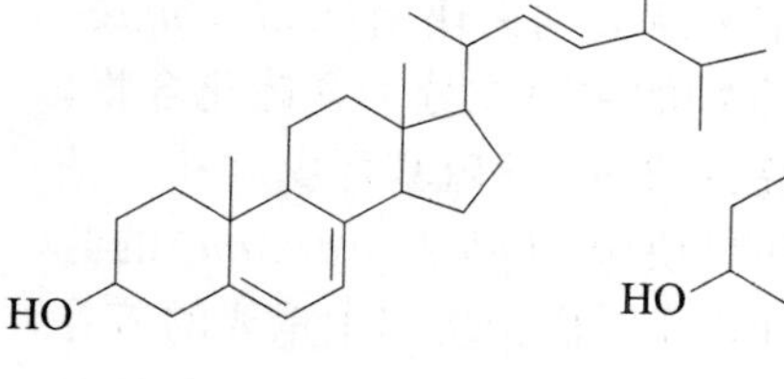

(4) 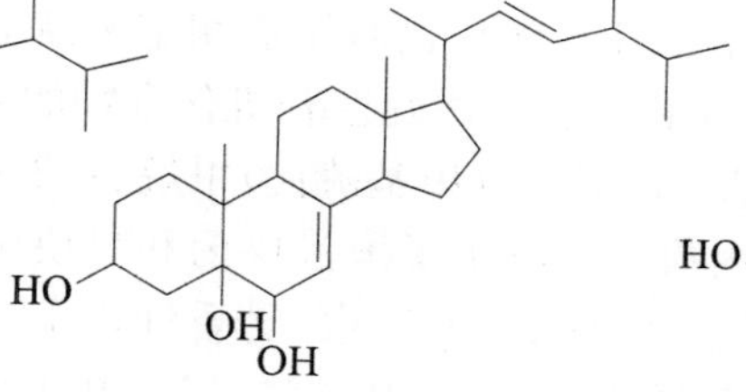 (5) 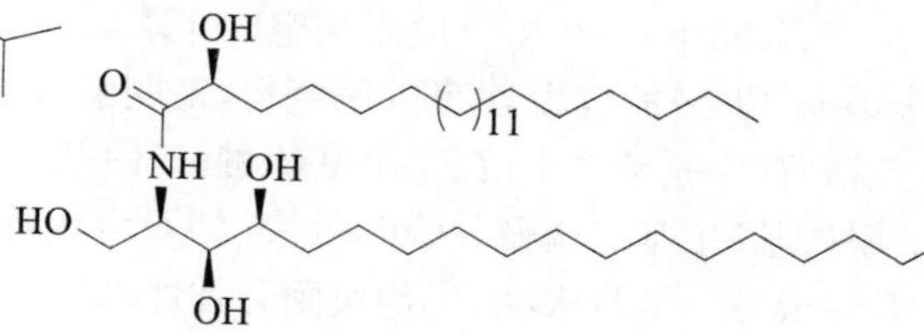 (6)

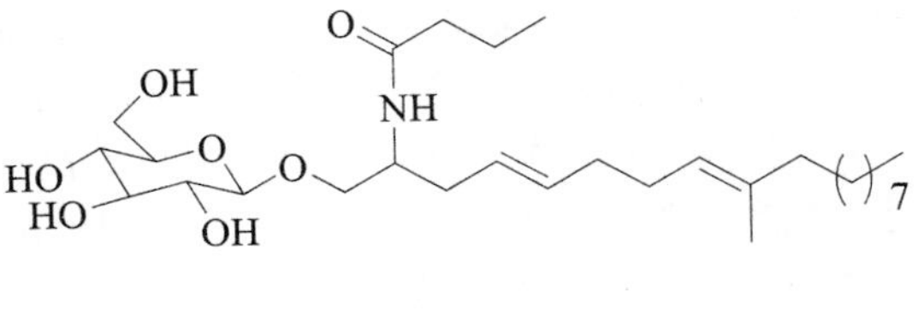

图 59-2　印度块菌中的化合物

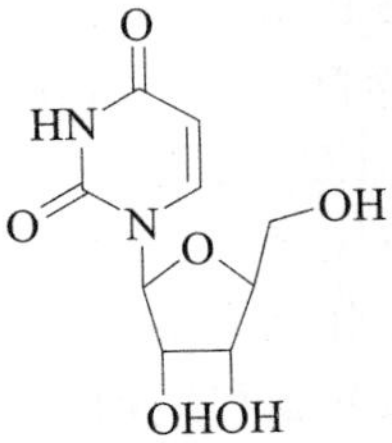

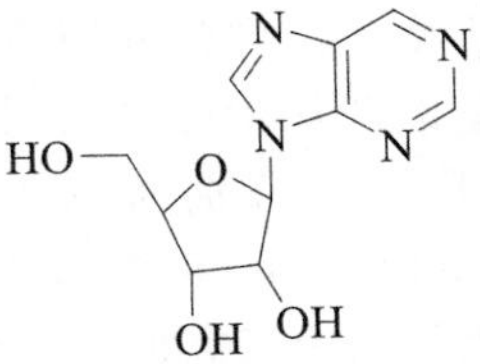

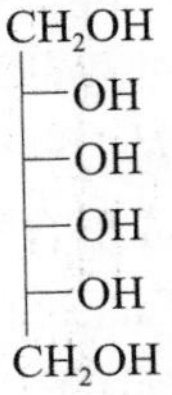

高锦明等人[16-17]在印度块菌中分离得到 4 个新的神经酰胺类化合物（未对其命名），结构式如图 59-3：

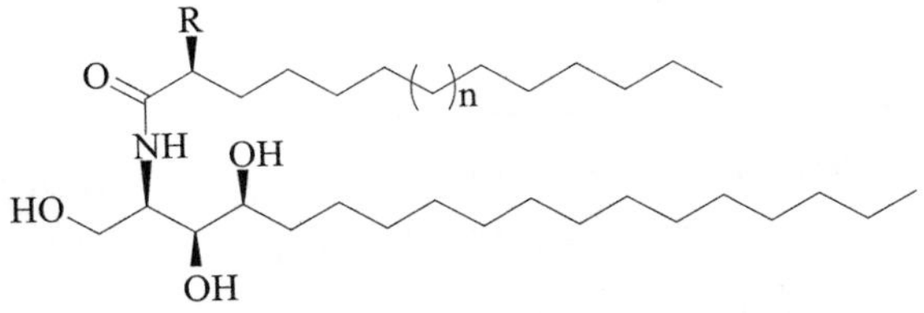

(11) R=OH(n=10,11,12)

(12) R=H(n=4,6,7,10,11)

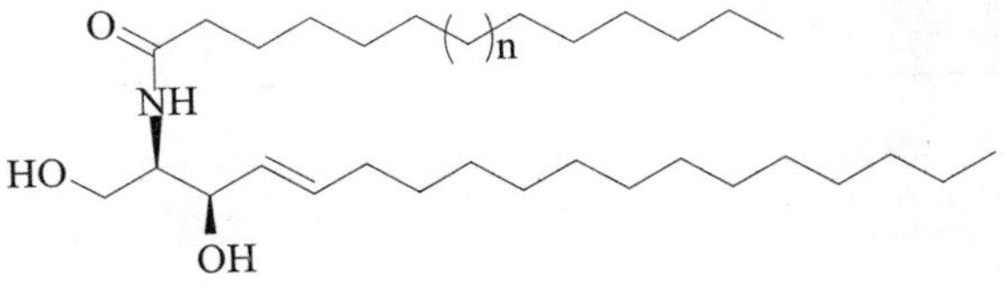

(13) (n=4,6)

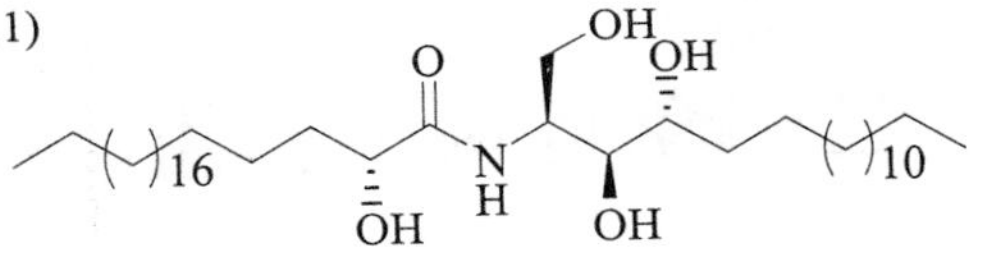

图 59-3　神经酰胺类化合物结构

第三节　块菌的生物活性

一、抗氧化活性

罗强等人[8]采用水提醇沉法提取了印度块菌子实体水溶性粗多糖，并通过酶法-Sevag 法联用脱蛋白，用 DEAE52 纤维素和 Sephadex G-100 柱色谱对其进行了分离纯化，得到主要多糖组分 TIP-A，测定该多糖的抗氧化活性。结果表明：该多糖对羟自由基（·OH）、超氧阴离子自由基（O_2^-·）、1,1-二苯基-2-三硝基苯肼（DPPH）自由基有较强的清除能力，IC_{50}值分别为 1.06、1.02、1.13mg/ml。对过氧化氢（300mmol/L）诱导的 PC12 细胞损伤有较好的抑制作用。

AL-Laith[18]采用铁离子还原法（FRAP）和 DPPH 自由基清除法，测定了产于巴林、伊朗、摩洛哥和沙特阿拉伯干燥块菌的抗氧化和清除自由基活性，并对其起活性作用的成分进行了测定。结果表明：其 DPPH 自由基清除率的 EC_{50}值分别为 0.5、0.3、1.1 和 0.5mg/ml；FRAP 值分别为 186.2、103.4、146.2 和 180.6mmol/kg；结果表明，伊朗地区块菌活性最高，摩洛哥地区块菌活性最低。经检测，各地区块菌抗氧化物含量也不同，结果见表 59-1，其中块菌总酚含量与 FRAP 值呈显著相关性，黄酮含量与 DPPH 自由基清除率具有显著相关性。

郭坦等人[19]通过 DPPH 自由基和·OH 清除能力、铁离子螯合能力，测定研究了印度块菌 55%

乙醇提取物(ECE)、石油醚提取物(PEF)和乙酸乙酯提取物(EAF)的抗氧化活性,并测定各提取物中的总酚酸。结果表明,3种提取物清除自由基能力和铁离子螯合能力具有显著差异($P<0.05$);ECE对DPPH自由基的清除活性最高,其EC_{50}值为1.61g/L;EAF对·OH及铁离子表现出较强的清除或螯合能力,其EC_{50}值分别为3.31g/L和0.70g/L;EAF的总酚含量为2.964mg(GAE)/g,高于ECE和PEF的总酚含量;PEF清除自由基和铁离子螯合能力较差,其总酚含量最低[1.124mg(GAE)/g],说明总酚含量高低与印度块菌提取物清除自由基和螯合铁离子的能力密切相关。

表59-1 各产地不同化合物的含量

产地	抗坏血酸/(mg/kg)	类胡萝卜素/(μg/kg)	花色素/(mg/kg)	结合酚/(mg/kg)	游离酚/(mg/kg)	黄酮/(mg/kg)
巴林	114±0.50	5 940±35	47±0.18	22 060±68	14 180±51	2 900±20
伊朗	109±0.26	10 510±127	45±0.23	16 000±82	13 280±37	3 260±100
摩洛哥	59±0.25	6 750±21	151±0.14	14 450±28	10 830±85	2 570±6
沙特阿拉伯	103±0.50	4 050±42	236±1.52	21 880±52	14 840±81	3 060±29

曹晋忠等人[20]采用热水浸提法制得印度块菌子实体粗多糖,多糖提取率为6.790 2%。利用总抗氧化能力(T-AOC)测定法、·OH清除法、铁离子螯合能力与还原能力等方法,对印度块菌粗多糖的抗氧化活性进行了评价。结果表明,印度块菌粗多糖具有较好的总抗氧化能力(T-AOC),当浓度为20mg/ml时,总抗氧化能力72.06U/ml;对·OH的清除活性最高,EC_{50}值为0.26mg/ml;其次为还原能力和铁离子螯合能力,其EC_{50}值分别为1.15和2.80mg/ml。

二、免疫调节作用

胡慧娟等人[21]研究了块菌多糖(PST)对小鼠肿瘤与免疫系统的影响。结果表明,PST能显著抑制S-180肉瘤与EAC肉瘤的生长,但对体外培养细胞增殖无明显影响,可见块菌多糖抗肿瘤作用与环磷酰胺等以细胞毒作用机制的抗肿瘤药不同,块菌多糖无细胞毒作用,可能与免疫调节有关。实验结果还表明,PST能增加小鼠脾脏质量,提高小鼠碳粒廓清速率,增加外周血中白细胞数目,促进T淋巴细胞转化及SRBC所致的迟发型超敏反应;同时也能提高小鼠血清抗体水平,进一步说明PST的抗肿瘤作用可能与通过促进机体免疫功能而实现的。而环磷酰胺等抗肿瘤药物,其细胞毒作用的选择性不强,对正常细胞也有作用,因而表现出免疫抑制等不良反应。PST作为一种新的真菌多糖,其毒性低,水溶性好,抑制肿瘤作用明显,因此可望开发成为抗肿瘤免疫疗法的药物。

参考文献

[1] 任德军,宋曼殳,姚一建.中国块菌属研究概况[J].菌物研究,2005,3(4):37—46.
[2] 陈应龙.黑孢块菌的菌根合成及其超微结构研究[J].中国食用菌,2002,21(5):15—17.
[3] 胡炳福.块菌研究及我省开发利用块菌资源前景展望[J].贵州林业科技,2003,31(1):10—16.
[4] 蔡珠儿.吃松露[J].中国企业家,2007,(12):108—109.
[5] 刘洪玉,陈惠群,李子平,等.块菌的营养价值及其开发利用[J].资源开发与市场,1997,13(2):60—62.
[6] 张世奇.会东块菌多糖的纯化及其相对分子量测定[J].食品与发酵科技,2010,46(6):97—100.
[7] 罗强,颜亮,吴莉莎,等.印度块菌水溶性多糖的单糖组成与抗氧化活性研究[J].食品科学,2010,31(23):52—56.

[8] 张宇，黄嘉梓. 猪外激素 3α-羟基-5α-雄甾-16-烯合成路线的改进[J]. 中国药科大学学报，1991，22(6)：367－368.

[9] Wang G, Li Yy, Li Ds, et al. Determination of 5α - androst - 16 - en - 3α - ol in truffle fermentation broth by solid-phase extraction coupled with gas chromatography-flame ionization detector/electron impact mass specttometry[J]. Journal of Charmatography B-Analytical Technologies in the Biomedical and Life Sciences, 2008, 870(2): 209.

[10] A. Christy Hunter, Catherine Collins, Howard T. Dodd, et al. Transformation of a series of saturated isomeric steroidal diols by *Aspergillus tamarii KITA* reveals a precise stereochemical requirement for entrance into the lactonization pathway[J]. Journal of Steroid Biochemistry and Molecular Biology, 2010, 122(5): 352－358.

[11] Gioacchini Am, Menotta M, Guescini M, et al. Geographical traceaility of Italian white truffle (*Tuber magnatum* Pico) by the analysis of volatile organic compounds[J]. Rapid Commun Mass Spectrom, 2008, 22: 3147－3153.

[12] Culleré L, Ferreira V, Chevret B et al. Characterisation of aroma active compounds in black truffles (*Tuber melanosporum*) and summer truffles (*Tuber aestivum*) by gas chrom-atography-olfactometry[J]. Food Chemisry, 2010, 122: 300－306.

[13] 张世奇，阚建全. 会东块菌香气成分的 GC-MS 分析[J]. 食品科学，2011，32(8)：281－285.

[14] 王福强，张世奇. 块菌的国内外研究及其有活性成分的应用[J]. 农产品加工，2011，(1)：63－67.

[15] 吴少华，陈有为，杨丽源，等. 印度块菌的化学成分研究[J]. 中草药，2009，40(8)：1211－1214.

[16] Gao JM, Zhang AL, Wang CY, et al. A new ceramied from the ascomycete *Tuber indicum* [J]. Chin Chem Lett, 2002, 13(4): 325－326.

[17] Gao JM, Zhang AL, Chen H, et al. Molecular species of ceramides from the ascomycete truffle *Tuber indicum* [J]. Chem Phys Lipids, 2004, 131(2): 205－213.

[18] AL-Laith A. Antioxidant components and antioxidant/antiradical activities of desert truffle (*Tirmania nivea*) from various Middle Eastern origins[J]. Journal of Food Composition and Analysis, 2010, 23: 15－22.

[19] 郭坦，侯成林，魏磊，等. 印度块菌提取物抗氧化活性的研究[J]. 菌物学报，2010，29(4)：569－575.

[20] 曹晋忠，魏磊，苏红，等. 印度块菌粗多糖的提取及抗氧化活性研究[J]. 山西大学学报(自然科学版)，2011，34(1)：137－142.

[21] 胡慧娟，李佩珍，林涛，等. 快菌多糖对小鼠肿瘤及免疫系统的影响[J]. 中国药科大学学报，1994，25(5)：289－292.

(王洪庆)

第六十章 双孢蘑菇

SHUANG BAO MO GU

第一节 概 述

双孢蘑菇[*Agaricus bisporus* (Lange) Sing]又名洋蘑菇、白蘑菇，属担子菌门，伞菌纲，伞菌亚纲，伞菌目，伞菌科，蘑菇属真菌[1]。在欧美各国常被称之为普通栽培蘑菇(common cultivated mushroom)或纽扣蘑菇(button mushroom)。双孢蘑菇是目前世界上人工栽培最广泛、产量最高、消费量最大的食用菌，占全世界食用菌总产量40%左右[1]。我国双孢蘑菇产量和出口量均居世界第一[2]。野生种大多发现在春至秋季欧美的林地、草地、牧场、堆放畜肥的场所[1]。现代研究显示，双孢蘑菇富含蛋白质、多糖、维生素、核苷酸和不饱和脂肪酸等，它不仅营养丰富、味道鲜美，还具有抗肿瘤、抗氧化、调节免疫等药理作用和保健功能[3]。可见，双孢蘑菇既是营养齐全的佳肴，又具有保健作用的健康食品，因而具有很大的开发利用价值。

目前，有关双孢蘑菇化学成分的文献报道不多，主要集中在小分子芳香类化合物上，特别是Levenberg[4](1960年)从双孢蘑菇中发现新化合物蘑菇氨酸(agaritine，β-N-(γ-L-(+)-glutamoyl)-*P*-hydroxymethylphenylhydrazine)以来，该类化合物受到广泛关注。

第二节 双孢蘑菇化学成分的研究

一、双孢蘑菇的化学成分与提取分离

(一)蘑菇氨酸的结构与提取分离

1. 蘑菇氨酸的结构

蘑菇氨酸(agaritine)，化学名称β-*N*-(γ-L-(+)-glutamoyl)-*P*-hydroxymethylphenylhydrazine。由于蘑菇氨酸为谷氨酸的苯肼衍生物，在酶的作用下可降解成有毒性的HMPH，蘑菇氨酸曾一度被怀疑致癌[5]，但经Walton报道[6]，蘑菇氨酸的代谢物中没有HMPH，因此，蘑菇氨酸的代谢物在体内是否有潜在的致癌作用还有待进一步研究。另外，蘑菇氨酸可还原邻醌物质，可抑制黑色素在双孢菇中的形成[5]。张璐等人[7]对30份我国产的新鲜双孢蘑菇样品进行了分析，结果表明，不同菌株、不同栽培条件下生产的双孢蘑菇中，蘑菇氨酸的含量差异明显，为155.6～934.4mg/kg湿重(图60-1)。

NH2 HOOC S H N N H O OH

图60-1 蘑菇氨酸(agaritine)的结构式

2. 蘑菇氨酸的提取与分离

称取发育 2～3d 的双孢蘑菇子实体 2.9kg 与 5.6L 甲醇，放在 4～10℃搅拌器里打碎混匀 1min；室温放置 30min；加入 80g 硅藻土，过滤；滤液再真空浓缩至 2.0L。浓缩液依次通过阴离子交换树脂 Dowex－2(X－8，Ac^-)和阳离子交换树脂 Dowex－50(X－4，NH_4^+)色谱柱。用紫外检测，将含有蘑菇氨酸(agaritine)的流份放置结晶，得到蘑菇氨酸[8]。

(二) 其他酚性化合物

用 HPLC-PDA-MS 方法，从双孢蘑菇亚硫酸盐提取液中推测性鉴定了 33 个酚性化合物[9]，包括 γ－L－glutaminyl－4－hydroxybenzene(GHB)，γ－L－glutaminyl－3，4－dihydroxybenzene(GDHB)，*p*-hydroxybenzaldehyde，*p*-aminophenol，ergothioneine，sulfo-GDHB，L-DOPA，L-tyrosine，L-phenylalanine，catechol，agaritane，agaritinic acid，tryptophan，*p*-coumaric acid 等。

(三) 双孢菇酚性化合物形成黑色素的生物合成途径

双孢蘑菇在采摘后颜色变深是一种普遍现象，且经常由于变色而造成经济损失。Amrah Weijn 等人[9]比较了几种易变色和不易变色的双孢蘑菇菌株中酚性化合物的含量，结果显示，总酚性化合物没有明显不同，但易变色双孢蘑菇菌株中 GHB、GDHB 和 sulfo-GDHB 的含量明显高于不易变色的双孢蘑菇菌株，占总酚类化合物量的 36％～52％，而极不易变色的双孢菇菌株中这 3 个化合物的量都低于 10％。由此推测，这 3 个化合物与双孢蘑菇中黑色素形成关系密切。双孢蘑菇中黑色素形成途径见图 60－2。

(四) 多糖化合物

武金霞等人[10]从双孢蘑菇(*Agarigus bisporus*)子实体中提取多糖，提取率为 0.65％，用 DEAE－Cellulose－52 柱层色谱纯化多糖，聚丙烯酰胺凝胶电泳显示，为蛋白结合多糖，多糖水解液纸层析结果表明，多糖由 D－果糖和 D－葡萄糖构成。

高宏伟等人[11]利用葡聚糖凝胶纯化，HPLC、UV、IR、NMR 等手段纯化和鉴定胞内胞外多糖，表明均由单一葡聚糖组成，具有 β－型糖苷键。

(五) 酶

将双孢蘑菇的粗蛋白液用硫酸铵进行分级盐析、DEAE－Cellulose－52 离子交换柱层色谱，Sephadex G－150 分子筛柱色谱分离纯化双孢蘑菇子实体超氧化物歧化酶，该酶最适作用温度为 25℃，最适 pH 为 8.0，亚基相对分子质量为 21kDa，全酶相对分子质量为 43kDa，由两个相同的亚基所组成[12]。

Wim 等人[13]从双孢蘑菇中提取分离出海藻糖磷酸化酶，其相对分子质量为 240kDa，由 4 个亚基 61kDa 组成，pH 为 4.8；最适分解与合成温度均为 30℃；最佳降解 pH 为 6.0～7.5；最佳合成 pH 为 6.0～7.0。

Tsuji 等人[14]用 Sephadex G－100 等方法，从双孢蘑菇中分离出依赖黄素腺嘌呤二核苷酸(FAD)的单加氧酶，4－aminobenzoate hydroxylase，包含 1 个多肽链，相对分子质量为 49kDa。

(六) 维生素、核苷酸、不饱和脂肪酸

双孢蘑菇中含有多种维生素，如维生素 B_1、维生素 B_2、维生素 C、维生素 PP、维生素 D 等，另外，还含有胞苷酸、腺苷酸、鸟苷酸等[15]。双孢蘑菇子实体的油脂中还含有较高不饱和脂肪酸，包括软脂酸、油酸、亚油酸、γ－亚麻酸等[16]。

图 60-2　双孢蘑菇中黑色素形成途径

第三节 双孢蘑菇的生物活性

一、抗氧化活性

双孢蘑菇多糖具有较强的还原力，对二价铁离子具有较强的螯合能力，对 DPPH 自由基、羟基自由基和超氧阴离子自由基具有不同程度的清除活性，即双孢菇多糖具有良好的体外抗氧化活性[3]。

利用紫外线照射蒸馏水产生的过氧化物自由基，将光解水给大鼠灌胃，造成脂质过氧化模型，用双孢蘑菇匀浆液给大鼠、小鼠分别连续灌胃数天。结果表明，双孢蘑菇匀浆液能提高成年大鼠血液和肝脏组织中 SOD 的含量；降低血清和肝组织中丙二醛的含量，证明双孢蘑菇匀浆液具有抗氧化作用；对小鼠可增强小鼠腹腔吞噬细胞的吞噬功能，并随着剂量的增高，胸腺指数、脾指数也有增高的趋势。该结果表明，双孢蘑菇匀浆液可能含有较多的担子多糖，可激活 SOD 酶的活性，还可以增强机体的免疫功能[17]。

二、其他活性

双孢蘑菇多糖不仅能抑制小鼠 S－180 实体肿瘤的生长，而且能干扰体外培养的人肝癌 SMMC SMMC－7721 细胞的增殖，具有较好的抗肿瘤活性[18]。

双孢蘑菇多糖对牙龈卟啉单胞菌的最小抑菌浓度为 60mg/ml，对中间普雷沃菌的最小抑菌浓度为 30mg/ml，对具有核梭杆菌的最小抑菌浓度为 20mg/ml，但抗菌活性低于合成的药物。双孢蘑菇多糖对鸡肝在 37℃恒温腐败培养 12h 内无明显抑制；经过 24h，随着浓度增加对鸡肝腐败抑制效果呈增强的趋势；经 72h，对鸡肝的腐败氨氮生成抑制，由未添加的 1 426mg/L 下降到添加 20mg/ml 多糖溶液的 248mg/L。所以，双孢蘑菇酸性多糖作为天然的抗菌组分可以有选择地应用到相关的药品、食品中，作为消臭与抑菌防腐添加剂，但其本身的结构与添加量还有待进一步研究[19]。

一定剂量的双孢蘑菇提取液(4.0g/kg)一次性灌胃能显著抑制正常小鼠的胃排空，对新斯的明所致小鼠胃排空亢进有显著的拮抗作用，但对肾上腺素所致小鼠胃排空抑制的促进作用不明显。其作用机制可能是通过影响神经递质乙酰胆碱作用而缓解这种亢进，这与胆碱能系统有关，而与肾上腺能系统关系不大；也可能是双孢蘑菇提取液中所含的物质会影响一些胃肠激素，如胰多肽、胃动素、胃泌素、生长抑素、降钙素等的分泌，兴奋胃平滑肌和幽门运动，增强胃窦运动，从而影响胃排空[1]。

一系列蘑菇氨酸(agaritine)的衍生物均显示有很强的与 HIV 蛋白酶的结合能力，有可能发展成治疗艾滋病的候选药物[20]。

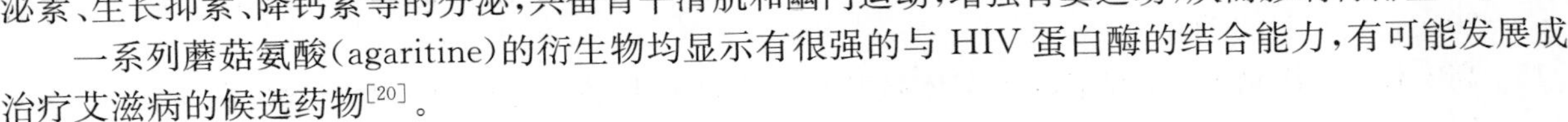

第四节 展 望

双孢蘑菇是目前世界上人工栽培最广泛、产量最高、消费量最大的食用菌，然而，对其化学成分和药理活性的研究并不深入，今后需通过现代分离技术对双孢蘑菇中具有药理作用机制的物质进行深入的研究与探索，开发出具有保健作用的食品与药品。

参 考 文 献

[1] 曾小龙. 双孢蘑菇提取液对小鼠胃排空的影响[J]. 广东教育学院学报，2006，26(5)：84－86.

[2] 乔德亮,陈乃富,张莉,等. 双孢蘑菇子实体多糖提取条件优化及部分特性研究[J]. 食品与发酵工业,2011,37(2):195—198.
[3] 张强,宫璐婵,孟凡荣,等. 金针菇中的抗肿瘤物质[J]. 中国林副特产,2010,6(1):16—19.
[4] Levenberg B. Isolation and enzymatic reactions of agaritine: a new amino acid derivative from Agaricaceae. Fed Proc, 1960, 19: 6.
[5] 叶明智,黄劲松. 双孢蘑菇中活性成分的研究进展[J]. 农产品加工学刊,2008,151(10):14—15.
[6] Walton K, Coombs MM, Walker R, et a1. The metabolism and bioactivation of agaritine and of other mushroom hydrazines by whole mushroonl homogenate and by nmshroom tyrosinase [J]. Toxicology, 2001, 161 (3): 165—177.
[7] 张璐,赵晓燕,邵毅,等. 不同地区双孢蘑菇中蘑菇氨酸含量的比较研究[J]. 天然产物研究与开发,2012,24:635—638.
[8] R. B . Kelly, E. G. Daniels, J. W. Hinman. Agaritine : Isolation, Degradation, and Synthesis [J]. J. Org. Chem, 1962, 27 (9): 3229—3231.
[9] Amrah Weijn, Dianne B. P. M. van den Berg-Somhorst, Jack C. Slootweg, et al. Main phenolic compounds of the melanin biosynthesis pathway in bruising-tolerant and bruising-sensitive button mushroom (*Agaricus bisporus*) strains[J]. J Agric Food Chem, 2013, 61: 8224—8231.
[10] 武金霞,张贺迎,杨睿,等. 双孢蘑菇子实体多糖的提取及单糖组成[J]. 中国食用菌,2003,22(1):31—32.
[11] 高宏伟,李兆兰,刘志礼,等. 双孢蘑菇胞外多糖及胞内多糖的分离纯化和化学结构分析[J]. 南京中医药大学学报,1999,15(4):224—225.
[12] 武金霞,肖炜. 双孢蘑菇子实体超氧化物歧化酶(SOD)的分离纯化及部分性质[J]. 河北大学学报(自然科学版),2002,22(3):264—268.
[13] Wim J. B. Wanner, Huub J. M. Opden Camp, Hendrik W. W. isselink, et a1. Purificaton and characterization of tre-halose phosphorylase from the commercial mushroom Agaricus bisporus [J]. Biochimica et Biophysica Acta, 1998, 1425: 177—188.
[14] Tsuji H, Ogawa T, Bando N, et al. Purification and properties of 4-aminobenzoate hydroxylase, a new monooxygenase from *Agaricus bisporus* [J]. The Journal of biological chemistry, 1986, 261(28): 13203—13209.

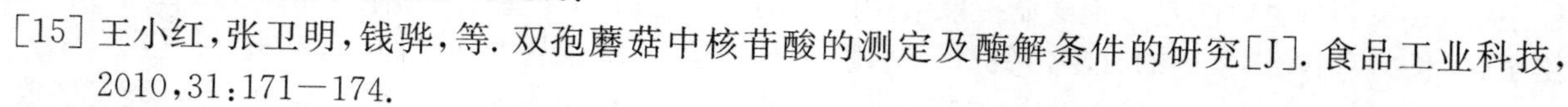

[15] 王小红,张卫明,钱骅,等. 双孢蘑菇中核苷酸的测定及酶解条件的研究[J]. 食品工业科技,2010,31:171—174.
[16] 高宏伟,吴华,陈长法. 双孢菇子实体氨基酸和不饱和脂肪酸分析[J]. 检验检疫科学,2003,13:14—15.
[17] 常海兰,殷凤. 双孢蘑菇的抗氧化作用及对免疫功能影响的研究[J]. 山西医科大学学报,2003,34:122—123.
[18] 徐朝晖,姜世明,付培武,等. 双孢蘑菇子实体多糖的提取及其对癌细胞的抑制[J]. 中国食用菌,1997,6(4):5—7.
[19] 韦保耀,余小影,黄丽,等. 双孢蘑菇多糖抗菌活性及对食品腐败抑制的研究[J]. 食品科技,2007,32(4):93—95.
[20] Gao Wei-Na, Wei Dong-Qing, Li Yun, et al. Agaritine and its derivatives are potential inhibitors against HIV proteases [J]. Medicinal chemistry [Shariqah (United Arab Emirates)], 2007, 3(3): 221—226.

(王洪庆、康 洁)

第六十一章
双环蘑菇
SHUANG HUAN MO GU

第一节　概　述

双环蘑菇(*Agarius bitorquis*)是担子菌门,伞菌纲,伞菌亚纲,伞菌目,伞菌科,双环蘑菇属真菌。别名双环蘑菇、双层环伞菌。双环蘑菇子实体大,菌盖直径 6～20cm,初期半球形,后期扁半球形,顶部平或略下凹,白色。后变为暗黄色、淡粉灰色至深蛋壳色,中部色较深,边缘内卷,表皮超越菌褶,无鳞片。主要分布在河北、青海和新疆等地区。双环蘑菇可食用,味鲜美,菌肉厚,味鲜,可人工栽培,也可利用菌丝体发酵培养。

双环蘑菇中含有脂肪酸、蛋白、糖类(碳水化合物)和矿物质类等物质。

第二节　双环蘑菇化学成分的研究

一、双环蘑菇中脂肪酸成分分析

双环蘑菇中脂肪酸组成非常丰富,菌盖中含有 12 种脂肪酸,菌柄中含有 11 种脂肪酸,且组成基本一致;对于已知脂肪酸而言,其碳原子数均为偶数,包括多不饱和脂肪酸 3 种,单不饱和脂肪酸 2 种,饱和脂肪酸 4 种;博湖蘑菇菌盖、菌柄中的亚油酸含量突出,分别占总量的 71.12%和 75.75%。菌盖、菌柄中的不饱和脂肪酸占脂肪酸总含量的 74.84%和 79.74%[1]。

二、双环蘑菇中矿物质元素分析

双环蘑菇菌盖、菌柄中钙元素、镁元素含量较为突出,且两者菌柄中含量均高于菌盖含量;在菌柄中,钙元素含量高达 4 000mg/kg,镁元素含量高达 2 300mg/kg;在菌盖中,钙元素含量为 2 300mg/kg;镁元素含量为 1 850mg/kg。博湖蘑菇菌盖、菌柄中的铁元素、硒元素含量较为突出,且铁元素含量菌柄高于菌盖,硒元素含量菌盖高于菌柄;菌柄中铁元素含量高达 4 000mg/kg,菌盖中含量为2 300mg/kg;菌盖中硒元素含量为 3.72mg/kg,菌柄中硒元素含量为 2.21mg/kg。另外,双环蘑菇中还含有铁、磷、锰和锌等元素[1]。

三、双环蘑菇营养生理的研究

双环蘑菇以木质素、羧甲基纤维素为碳源时菌丝体生长较差[2],与其生长环境有关。在供试的无机氮源中,双环蘑菇对硝态氮的利用明显好于氨态氮,尤其是硝酸钙、硝酸铵和硝酸钾。矿物元素钙、镁、钾、钠、铜、锰、铁、锌是双环蘑菇菌丝体生长的必需元素。在常量矿质元素中,钙的促进作用最为明显,因为钙是微生物代谢过程中许多酶的激活剂,缺钙会影响微生物的生物氧化。在微量矿质元素中,铜、锌对双环蘑菇菌丝体生长的促进作用比较明显,但关于铜的说法不一致,Jonathan 等人研

究[3]发现，铜能促进脆柄菇菌丝体生长，而 Fasidi 等人[4]的研究却表明，铜抑制了白草菇菌丝体生长；生物细胞内各种元素之间按一定比例存在，以维持各自的生理功能，如果比例平衡失调，就会直接影响生物氧化的进行；维生素 B_2 与维生素 PP 对双环蘑菇菌丝体的生长具有显著的促进作用。维生素 B_2 是黄素单核磷酸(FMN)和黄素腺嘌呤二核苷酸(FAD)的前体物，它是黄素蛋白酶的辅基，在微生物代谢过程中具有重要的作用。适量的赤霉素、激动素对双环蘑菇菌丝生长具有显著的促进作用，试验中还曾尝试在培养基Ⅱ中分别加入不同浓度的吲哚乙酸后，结果表明，不同浓度的菌丝体干重之间无显著差异，说明吲哚乙酸对双环蘑菇菌丝体生长的影响作用不显著。这一结果与[5]的研究报道一致，因为赤霉素可以促进菌丝体的发育，加速细胞成熟，并可防止生长停滞；而激动素具有促进细胞分裂的功能，因而促进了菌丝的生长。

第三节　双环蘑菇的生物活性

双环蘑菇丰富的钙元素、镁元素、铁元素、硒元素赋予了它潜在的保健作用，经常食用，不仅可以补充人体的钙元素、镁元素，还可增加人体必需的微量元素铁和硒，这对于提高机体免疫力，促进人体健康起着积极的作用。另外，因为博湖蘑菇中含有的亚油酸是一种人体必需脂肪酸，不仅能促使人体中饱和脂肪酸与胆固醇等在血液中的健康运行，起到预防动脉硬化的作用，而且能促进激素，特别是副肾皮质激素的分泌，增强人体的应激能力。

（刘彦飞）

参考文献

[1] 杨琴，杜双田，张桂香. 博湖蘑菇矿物质、脂肪酸成分分析[J]. 食品科学，2013，34(6)：231－233.
[2] 杨琴，杜双田，张桂香. 双环蘑菇营养生理研究[J]. 食用菌学报，2012，19(3)：63－68.
[3] Jonathan SG，Fasidi IO. Stuties on *Psathyerella atroumbonata* (Pegler), a Nigerian edible ungus [J]. Food Chem，2003，81(4)：481－484.
[4] Fasidi IO，Akwakwa DO. Growth requirements of *Volvariella speciosa* (Fr. Ex. Fr) Sing，a Nigerian mushroom[J]. Food Chem，1996，55(2)：165－168.
[5] Jonathan SG，Fasidi IO，Ajayi EJ. Physico-Chemical studies on *Volvariella esculenta* (Mass) Singer，a Nigerian edible fungus[J]. Food Chem，2004，85(3)：339－342.

第六十二章
杏鲍菇

XING BAO GU

第一节　概　述

杏鲍菇(*Pleurotus eryngii*)属于担子菌门,伞菌纲,伞菌目,侧耳科,侧耳属(*Pleurotus*)真菌。杏鲍菇菌肉肥厚,营养丰富,具有杏仁香味和鲍鱼味,故称杏仁鲍鱼菇。杏鲍菇子实体色泽雪白,质地脆嫩,也称“雪茸”,又有“平菇王”、“干贝菇”、“草原上的美味牛肝菌”之美誉[1]。杏鲍菇是典型的亚热带草原-干旱沙漠地区的野生食用菌,在春末至夏初腐生、兼性寄生于大型伞形花科植物,如刺芹、阿魏、拉瑟草的根上和四周土中。杏鲍菇有许多生态型,各生态型垂直分布完全不同,主要分布于南欧、北非、中亚等地区[2],我国四川(九寨沟和长海草地)、青海、新疆等地区也有分布[3]。

杏鲍菇入药有降血压和降血脂的作用。杏鲍菇寡糖含量丰富,与双歧杆菌共用,有改善肠胃功能和美容的效果[4]。

第二节　杏鲍菇化学成分的研究

一、杏鲍菇中的化学成分

1. 杏鲍菇多糖

张化朋等人[5]采用热水浸提法从杏鲍菇中提取粗多糖,经纯化得到一种新的多糖 WPP2。

林娇芬等人[6]将杏鲍菇胞壁粗多糖,经过羧甲基纤维素(CMC)离子交换柱、Sephadex G－75 凝胶柱分离纯化,得到 1 个色谱纯多糖(PEWP),与 Elaine 等人[7]从杏鲍菇中分离出的一种 β-葡聚糖结果一致。

杨立红等人[8]以杏鲍菇子实体为材料,采用葡聚糖凝胶 Sephadex G－200 分离纯化出两种杏鲍菇多糖 PEP－Ⅰ和 PEP－Ⅱ。

梁涛等人[9]采用碱提取的方法,从杏鲍菇中提取得到水溶性粗多糖 PEAP,并经 DEAE－52 纤维素和 Sephadex G－150 柱色谱法分离纯化,获得一种新的杏鲍菇多糖组分 PEAP－1。

2. 氨基酸

杏鲍菇含有 17 种氨基酸,赖氨酸和精氨酸的含量最高,其中有 7 种是人体必需氨基酸,占氨基酸总量的 42%以上[10]。另外,杏鲍菇菌丝体氨基酸总量为:每 100g 菌丝体干重 7 582.4mg;发酵液氨基酸总量为:每 100ml 发酵液 20.9mg,且种类俱全[11]。

3. 维生素

经研究表明,杏鲍菇子实体维生素 C 含量为 21.4mg/100g,菌丝体维生素 C 含量为 13.9mg/100g,子实体维生素 C 含量高于菌丝体维生素 C 的含量[12]。

4. 无机盐和蛋白质

杏鲍菇中蛋白质含量和灰分含量较高，分别为7.83%和21.44%；脂肪含量为1.88%，因此特别适合老年人食用[13]。

5. 甾醇类新化合物

从杏鲍菇中分离得到两个新的甾醇类化合物[14]，命名为5*α*,9*α*－epidioxy－8*α*,14*α*－epoxy－(22*E*)－ergosta－6,22－dien－3*β*－ol和3*β*,5*α*－dihydroxy－oxyergost－7－en－6－one，结构式如图62－1。

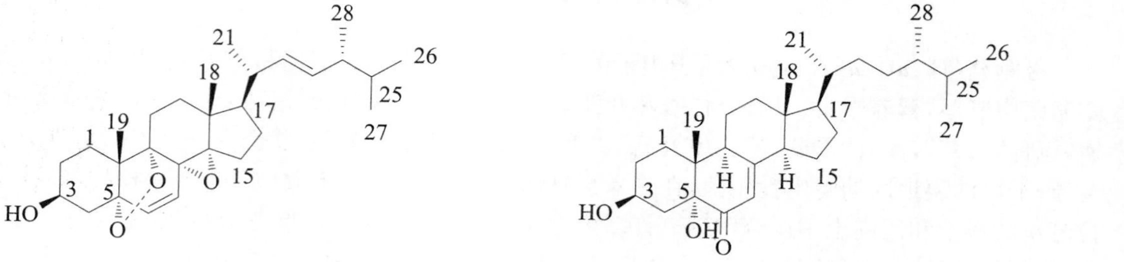

5*α*,9*α*-epidioxy-8*α*,14*α*-epoxy-(22E)-ergosta-6,22-diene-3*β*-ol

3*β*,5*α*-dihydroxyergost-7-en-6-one

图62－1　甾醇类化合物的结构

6. 甾醇类新化合物的理化常数与光谱数据

5*α*,9*α*－Epidioxy－8*α*,14*α*－epoxy－(22*E*)－ergosta－6,22－dien－3*β*－ol　$[\alpha]_D^{19}$－33.9(*c* 0.06, $CHCl_3$)。^1H NMR(600MHz, $CDCl_3$)*δ*：0.82(3H, d, *J*=6.6Hz, H_3－26), 0.84(3H, d, *J*=6.6Hz, H_3－27), 0.92(3H, d, *J*=7.0Hz, H_3－28), 0.93(3H, s, H_3－18), 1.00(3H, d, *J*=6.6Hz, H_3－21), 1.17(3H, s, H_3－19), 1.38(1H, ddd, *J*=13.9、3.7、3.3Hz, H－1*β*), 1.45～1.60(8H, m, H－2a, H－11*α*, H_2－12, H_2－16, H－17, H－25), 1.67(1H, dd, *J*=14.3、11.4Hz, H－4*β*), 1.68(1H, ddd, *J*=15.0、15.0、4.8Hz, H－15*β*), 1.73(1H, m, H－11b), 1.86(1H, m, H－24), 1.91(1H, ddd, *J*=13.9、13.9、3.3Hz, H－1*α*), 1.96(1H, m, H－2b), 2.01(1H, ddd, *J*=15.0、9.2、9.2Hz, H－15*α*), 2.13(1H, m, H－20*β*), 2.23(1H, ddd, *J*=14.3、4.8、1.8Hz, H－4*α*), 4.02(1H, m, H－3), 5.17(1H, dd, *J*=15.4、8.4Hz, H－22), 5.24(1H, dd, *J*=15.4、7.7Hz, H－23), 5.56(1H, d, *J*=9.5Hz, H－7), 5.89(1H, d, *J*=9.5Hz, H－6)。^{13}C NMR(150MHz, $CDCl_3$)*δ*：15.5(C－18 or C－19), 15.6(C－18 or C－19), 17.6(C－28), 19.7(C－26), 19.8(C－11), 20.0(C－27), 21.0(C－21), 26.5(C－16), 27.2(C－15), 27.6(C－1), 30.8(C－2), 33.1(C－25), 33.3(C－12), 35.6(C－4), 39.2(C－20), 40.3(C－13), 42.9(C－24), 50.5(C－10), 55.7(C－17), 63.8(C－8), 66.1(C－3), 75.2(C－14), 85.8(C－5), 86.9(C－9), 128.7(C－7), 132.8(C－23), 134.7(C－22), 135.6(C－6)。HR-MS *m/z*：442.306 1[M^+]。

3*β*,5*α*－Dihydr oxyergost－7－en－6－one　$[\alpha]_D^{30}$＋28.6(*c* 0.04, MeOH)。^1H NMR(600MHz, $CDCl_3$)*δ*：0.60(3H, s, H_3－18), 0.78(3H, d, *J*=7.0Hz, H_3－28), 0.79(3H, d, *J*=6.6Hz, H_3－27), 0.86(3H, d, *J*=7.0Hz, H_3－26), 0.94(3H, d, *J*=6.2Hz, H_3－21), 0.95(3H, s, H_3－19), 2.51(1H, m, H－14), 4.03(1H, m, H－3), 5.66(1H, br s, H－7)。HR-MS *m/z*：430.347 6$[M]^+$。

二、杏鲍菇多糖类化学成分的提取与分离

张化朋等人[5]将杏鲍菇干粉经95%(体积分数)乙醇脱脂后，采用热水浸提法提取粗多糖，料液

比(g/ml)为 1∶25,温度 90℃,时间 3h,提取液经乙醇沉淀、透析、冷冻干燥得到粗多糖;粗多糖经 DEAE－52 阴离子交换柱层析(洗脱剂:0.05mol/L NaCl)和 Sepharose G－150 凝胶柱色谱(洗脱剂:H_2O)纯化,收集馏分、浓缩、冷冻干燥得到纯化多糖 WPP2。

林娇芬等人[6]将杏鲍菇胞壁粗多糖经过羧甲基纤维素(CMC)离子交换柱、Sephadex G－75 凝胶柱色谱分离纯化,得到一种色谱纯多糖(PEWP)。

杨立红等人[8]将新鲜杏鲍菇子实体风干后,放在 60℃下烘干至恒重,粉碎机粉碎后过筛 40 目,称取子实体粉末 300g,用 1 200ml 氯仿和甲醇(2∶1)60℃回流提取 2 次,每次 2h,过滤后,放在通风橱内通风挥干。用 90℃水煮(1∶15)3 次,每次 2h,合并滤液,过滤,浓缩至原体积的 1/4。用 4 倍 95%乙醇沉淀,静置 24h 后离心(7 500r/min)2h,固形物依次用无水乙醇洗涤两次、丙酮洗涤 1 次,冷冻干燥后得到子实体多糖粗品。取粗多糖 8g,加入 400ml 蒸馏水,加热搅拌使其溶解。用 Sevage 法脱蛋白。加入氯仿和正丁醇(5∶1)300ml,反复振荡萃取,每次 0.5h,至茚三酮检测蛋白为阴性。将萃取液置透析袋中,用自来水透析 24h,蒸馏水透析 24h,将透析过的溶液冷冻干燥,得到脱蛋白多糖,采用葡聚糖凝胶 Sephadex G－200 分离纯化,得到两种杏鲍菇多糖 PEP－Ⅰ和 PEP－Ⅱ。

梁涛等人[9]用碱提取的方法得到杏鲍菇粗多糖,提取率为 8.6%。取粗多糖离心,离心后的上清液经 DEAE－52 型纤维素柱色谱分离,依次用蒸馏水,0.1、0.3 与 0.5mol/L 的 NaCl 溶液洗脱,苯酚-硫酸法检测,收集各组分洗脱液,减压浓缩后冷冻干燥。主峰多糖组分为 0.1mol/L NaCl 溶液洗脱所得,命名为 PEAPl,取 PEAPl 30mg 溶于蒸馏水 5ml 中,离心后上清液再经 Sephadex G－150 型凝胶过滤柱层析纯化,以蒸馏水为洗脱液,用苯酚-硫酸法检测,收集洗脱液,冷冻干燥得到多糖 PEAP－1。

杜敏华等人[15]采用热水浸提法结合微波辅助法提取杏鲍菇中的杏鲍菇多糖,对影响提取杏鲍菇多糖的工艺参数,如浸提温度、浸提时间、料水比等进行单因素试验,并在该基础上设计正交试验,得出提取杏鲍菇多糖最佳工艺条件为:温度 50℃,时间 45min,次数 3 次。

张志军等人[16]采用超声波法提取杏鲍菇粗多糖,通过单因素和正交试验确定提取的最佳条件为:超声波功率 70W、时间 40min、料液比 1∶40(W/V),粗提物中的多糖量为 71.2mg/g;对杏鲍菇粗多糖保湿性能初步研究表明:1%杏鲍菇粗多糖在 6h 内保湿性能优于 5%甘油。

张丽等人[17]优化了杏鲍菇多糖的提取条件,采用热水浸提和乙醇沉淀法对杏鲍菇子实体多糖进行提取。结果表明,杏鲍菇子实体多糖提取的最优工艺条件为:提取温度 80℃,提取时间 2.0h,料水比 1∶20,在该条件下杏鲍菇多糖的得率为 11.42%。

凡军民等人[18]利用单因素试验和响应面法,对杏鲍菇多糖的提取工艺条件进行优化研究。结果表明,提取温度、提取时间以及料液比均对杏鲍菇多糖的提取率有显著影响,其中料液比影响最大,提取时间影响最小。最佳工艺条件为:提取温度 81℃,提取时间 3.4h,料液比 1g∶27ml,提取 1 次,该条件下杏鲍菇多糖最高得率为 8.29%。

朱月等人[19]研究了水浴振荡方法的水溶振荡转速、浸提时间、料液比、浸提温度等 4 个因素对杏鲍菇粗多糖提取率的影响,并在单因素试验的基础上,对任意 3 个影响因素进行正交试验,通过数据统计分析,确定杏鲍菇粗多糖提取的最佳条件,并验证其重复性。结果表明,水浴振荡转速 300r/min,浸提时间 0.5h,料液比 1g∶30ml,浸提温度 70℃为杏鲍菇粗多糖最佳提取条件,粗多糖得率为 33.55%。在 300r/min 的水浴振荡条件下,影响杏鲍菇粗多糖提取的主次因素为:浸提时间>料液比>浸提温度,试验确定的最佳条件稳定可行。

孟思等人[20]研究了热水浸提法提取杏鲍菇多糖的最佳工艺流程与工艺条件,用热水浸提杏鲍菇多糖、乙醇沉淀和 Sevage 法脱蛋白得到初步纯化的多糖,采用硫酸-苯酚法测定多糖的含量。在单因素试验的基础上,通过正交试验进一步优化提取工艺条件,确定影响杏鲍菇多糖得率的主次因素分别为:提取温度、提取时间、料液比和乙醇浓度。经优化得到的最优工艺为:时间 3h,水温 90℃,乙醇的体积为提取液体积的 70%,料液比为 1∶20 时多糖沉淀量最大,该工艺条件下杏鲍菇多糖的得率为 2.88%。

关力等人[21]从杏鲍菇子实体中提取多糖的最优条件为：100℃，10h，料液比 1∶40，该条件下粗提物中的多糖含量为 69.5%。所得粗提物经有机溶剂沉淀、离心、透析、DEAE 纤维素柱层析后获得两种多糖组分。纯化的杏鲍菇多糖经紫外光谱分析，不含蛋白质和核酸，最大吸收峰在 192nm。

三、多糖结构的研究

1. 杏鲍菇多糖 WPP2 的结构研究

张化朋等人[4]采用紫外光谱、色谱、质谱、核磁共振、红外光谱等技术与部分酸水解、高碘酸氧化、Smith 降解及甲基化分析等经典化学分析方法相结合的手段，对 WPP2 的一级结构进行了解析；采用刚果红实验、环境扫描电子显微镜（ESEM）和原子力显微镜（AFM）对 WPP2 的高级结构进行解析，得到了一种新的多糖解析结构。

杏鲍菇粗多糖经 DEAE－52 和 Sepharose G－150 柱色谱，得到多糖 WPP2。经紫外全波长扫描结果显示，在 190nm 处有多糖的特征吸收峰，在 260、280nm 和可见光区无核酸、蛋白质和色素吸收峰；HPLC 结果显示，WPP2 呈单一对称峰，说明 WPP2 是均一多糖；采用 HPGPC 法，得到保留时间与相对分子质量对数的回归方程为：$\lg M_w = -0.628t + 9.7194$，$R^2 = 0.9993$，将 WPP2 的保留时间 $t = 6.475$ 代入方程，计算得到 WPP2 的平均相对分子质量为 4.499×10^5。

GC 分析结果显示，WPP2 含有甘露糖、葡萄糖和半乳糖，3 种单糖的摩尔比为 2.95∶9.96∶2.46，说明 WPP2 是一种单糖以葡萄糖为主的多聚糖。WPP2 一个重复单元（如图 62－2 所示）约含有 31n 个单糖、甘露糖、葡萄糖及半乳糖，个数分别为 6n、20n 和 5n。

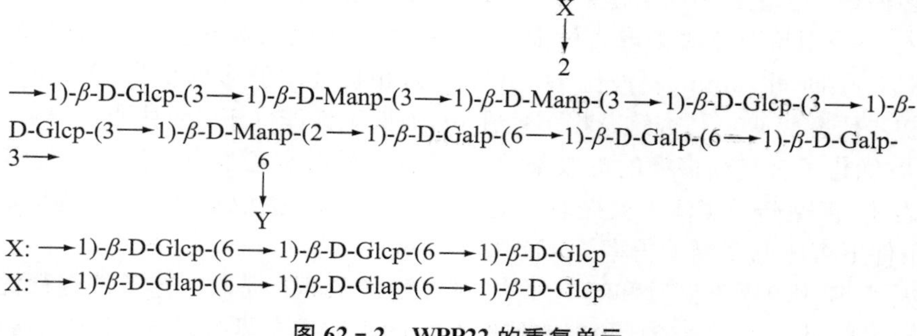

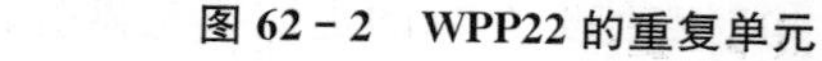
图 62－2　WPP22 的重复单元

IR(KBr)分析结果显示，WPP2 在 3 373cm^{-1}处的宽峰为 OH 吸收峰，低于 3 400cm^{-1}，存在分子间氢键；2 927cm^{-1}处为 CH 的吸收峰，这两组吸收峰是糖类的特征吸收峰。1 642cm^{-1}处是糖的水化物吸收峰；1 417cm^{-1}处不太尖的吸收峰是 CH 的变角振动；1 072cm^{-1}处大的吸收峰由 C-O-H 和 C-O-C 的 C-O 伸缩振动引起的；610cm^{-1}处是吡喃糖的骨架对称伸缩振动吸收峰。经分析可知，杏鲍菇多糖 WPP2 是一种吡喃聚糖。

WPP2 的^{1}H NMR 分析结果显示，在异头氢质子区域 δ：4.5～5.0 有 3 个氢信号，说明有 3 种单糖组成，与 WPP2 的单糖组成分析一致；^{1}H 质子化学位移 $\delta < 5.0$，说明 WPP2 中 3 种单糖均为 β 构型。

WPP2 部分酸水解组分的单糖组成分析结果表明，当三氟乙酸浓度较低时，WPP2 的袋外组分 I 中不存在甘露糖，说明 WPP2 的支链和主链末端不含甘露糖，主要由葡萄糖和半乳糖组成；随着三氟乙酸浓度的增大，葡萄糖的摩尔分数减小，半乳糖的摩尔分数增大，说明支链和主链末端基主要是葡萄糖；甘露糖、葡萄糖和半乳糖均存在于透析袋内上清液组分Ⅱ中，说明在 WPP2 主链外围含有葡萄糖、半乳糖和甘露糖；透析袋内沉淀组分Ⅲ中几乎不存在甘露糖，说明 WPP2 主链中心位置不存在甘露糖，随着三氟乙酸浓度的增大，葡萄糖的摩尔分数不断增大，半乳糖的摩尔分数不断减小，说明葡萄糖位于主链的核心位置。

另外，对 WPP2 进行了高碘酸氧化和 Smith 降解，高碘酸含量标准方程为：y＝8.464 3x＋0.079 2，R^2＝0.998 7，反应稳定时，吸光度值为 0.401，计算结果显示，每摩尔 WPP2 单糖基元消耗高碘酸的摩尔数为 0.941，生成甲酸的摩尔数为 0.449，说明 1→6 或非还原末端基的摩尔数为 0.449，同时消耗高碘酸的摩尔数为 0.898；高碘酸消耗量高于甲酸生成量的 2 倍，多余的高碘酸由 1→2 或 1→4 糖苷键消耗，即 1→2 或 1→4 糖苷键的摩尔数为 0.043；不被高碘酸氧化的 1→3 等其他键型的摩尔数为 0.508。GC 分析结果显示，Smith 降解产物不存在赤藓醇、甘露糖和半乳糖，存在甘油和葡萄糖，说明不存在 1→4 糖苷键，甘露糖和半乳糖不含 1→3 糖苷键，只有葡萄糖含有 1→3 糖苷键，葡萄糖占单糖组成的比例高于 1→3 糖苷键在键型中的比例，说明葡萄糖除含有 1→3 糖苷键外，还含有其他键型。

采用 GC-MS 对甲基化的 WPP2 进行了分析，结果显示，甘露糖存在→1，2－Manp，→1，3－Manp，→1，2，3－Manp 和→1，2，6－Manp 4 种残基，其中→1，2，3－Manp 和→1，2，6－Manp 残基位于分支位点，摩尔比约为 0.16∶0.17，说明 WPP2 的一个重复单元可能存在两个支链；经分析确定→1，2－Manp 和→1，3－Manp 残基位于主链的外围部分，摩尔比约为 0.08∶0.18。而葡萄糖存在→1－Glcp，－1，3－Glcp 和→1，6－Glcp 3 种残基，其中→1－Glcp 为非还原性末端基；→1，3－Glcp 和→1，6－Glcp 为 WPP2 的主要残基，占所有残基的 69.13％，摩尔比为 1.91∶1.09，由此推断，→1，3－Glcp 和→1，6－Glcp 分别位于 WPP2 的主链和支链位置。半乳糖只存在→1，6－Galp 残基，占所有残基的 9.68％，分布在主链和支链上。WPP2 的所有残基为吡喃构型，不存在呋喃构型。

刚果红实验分析结果显示，与刚果红相比，当多糖 WPP2 与刚果红形成络合物时，络合物的最大吸收波长 λ_{max} 发生红移。如果三螺旋结构存在越多，红移会越大。在稀碱溶液中，多糖 WPP2 可与刚果红形成络合物，随着 NaOH 浓度的升高，多糖的三螺旋结构被破坏，最大吸收波长降低，而 WPP2 在 NaOH 浓度为 0.05～0.35mol/L 范围内产生红移，说明多糖 WPP2 与刚果红形成了络合物；在 NaOH 浓度为 0.05～0.15mol/L 范围内，出现一个亚稳区，产生螺旋结构的特征变化，说明多糖 WPP2 存在三螺旋结构。

对所得到的杏鲍菇多糖经 WPP2 电子显微镜和原子力显微镜分析，得到了多糖 WPP2 的 ESEM 照片，在 2 500 倍镜下，可以明显地观察到碎片的边缘部分呈网状，说明杏鲍菇多糖相对分子质量较大，具有长链或多分支结构，分子间易交叉粘连；在 5 000 倍镜下，可以观察到光滑、平整的薄片状结构，说明存在分子间相互作用力，易形成紧密的结构。当浓度为 30μg/ml 时，WPP2 形成复杂的“网状”结构，链的宽度为 90～150nm，高度为 5～8nm，远高于多糖单链直径的理论值(0.1～1nm)，说明 WPP2 具有高度分支结构，多个 WPP2 单链或螺旋链通过分子间的氢键互相缠结或通过链间缔合形成多分子的聚集体，紧密堆积而形成高度有序的“柴捆”状，且 WPP2 平均相对分子质量＜5×10^5，由此推断，WPP2 在水溶液中呈螺旋棒状链构象。当浓度为 5 和 2μg/ml 时，聚集体链打开形成单链，可以清晰地看到 WPP2 单链为多分支结构，单链长度在 1～3μm 之间。AFM 数据分析显示，WPP2 单链宽度为 60～100nm，探针的加宽效应可能造成单链宽度的测定值远高于实际值，单链高度为 0.2～0.5nm 时，满足单链直径的理论值。由此推断，在高浓度下，WPP2 在水溶液中以聚集体的形式存在，随着浓度的降低，分子间距离增大，WPP2 以单链形式存在。

2. 杏鲍菇多糖 PEWP 的结构研究

杏鲍菇多糖 PEWP 经 HPLC 测定，其相对分子质量为 41 209[6]。将纯化的多糖水解，并经糖腈乙酰化处理后进行 GC 分析。PEWP 水解衍生化产物的保留时间与标准单糖中的葡萄糖保留时间一致。推断出 PEWP 是由单一葡萄糖组成的一种葡聚糖。通过 IR(KBr)分析，可初步判断多糖样品的糖苷键为 β-型，通过高碘酸氧化和 smith 降解，可初步确定糖苷键连接方式。样品中 1→4 糖苷键残

基比例为83.3%，1→6糖苷键残基比例为12.8%，1→3糖苷键残基比例为2.4%，1→2糖苷键残基比例为1.5%。

3. PEP-Ⅰ和PEP-Ⅱ的结构研究

杨立红等人[8]对杏鲍菇多糖PEP-Ⅰ和PEP-Ⅱ的结构进行了研究，经紫外光谱检测表明，两种多糖均不含核酸和蛋白质；红外光谱测定结果表明，PEP-Ⅰ和PEP-Ⅱ均为含有葡萄糖醛酸的葡聚糖。

4. PEAP-1的结构研究

通过HPLC、GC、IR(KBr)、刚果红实验、原子力显微镜(AFM)以及环境电镜扫描(SEM)分析方法，研究了PEAP-1的结构特征。HPLC和GC的结果表明，PEAP-1为均一多糖，相对分子质量为450kDa，单糖基由葡萄糖和半乳糖组成，摩尔比为16.9∶0.37；在红外光谱图中，832cm^{-1}和919cm^{-1}附近出峰，表明在PEAP-1中存在吡喃糖环结构；刚果红实验和AFM图像显示，PEAP-1多分支结构中没有三股螺旋构型，单个分子呈无规则链状，直径在0.13～1.2nm之间；在SEM检测下，PEAP-1呈片状、杆状和网状形貌[9]。

第三节　杏鲍菇生物活性的研究

经现代药理活性研究表明，杏鲍菇具有调节抗肿瘤、抗氧化等多种生物活性，杏鲍菇多糖是主要活性成分。

一、抗肿瘤活性

杏鲍菇多糖WPP2的抗肿瘤活性分析，测定结果显示，WPP2对人白血病K562细胞有一定的抑制作用[4]。在0～400μg/ml浓度范围内，多糖浓度越大对细胞生长的抑制程度越大；当浓度达到400μg/ml时，WPP2对人白血病K562细胞抑制率达到最大，24h抑制率约为45%，48h抑制率约为55%，72h抑制率约为65%；在400～800μg/ml范围内，随着浓度增大，细胞生长抑制程度逐渐减小；随着作用时间的增长，杏鲍菇多糖WPP2对细胞的抑制效果顺序为72h＞48h＞24h。

迟桂荣等人[27]从杏鲍菇菌丝中分离、纯化出两种杏鲍菇多糖，并分别用杏鲍菇多糖A1和A2作为小鼠的免疫增强剂，观察其对抗肿瘤的影响；采用体外抗病毒试验，测定了杏鲍菇多糖A1和A2对Ⅰ型单纯疱疹病HSV-1的活性。结果显示，杏鲍菇多糖A1和A2对小鼠产生较好的抗肿瘤作用；并有很强的抑制Ⅰ型单纯疱疹病毒的活性。

二、抗氧化活性

WPP2抗氧化活性研究显示，WPP2对OH和DPPH自由基的清除作用随着浓度的增高而增大，具有较高的浓度依赖性。当浓度为6mg/ml时，WPP2对OH和DPPH自由基的清除率分别为57.8%和41.7%，说明WPP2是一种良好的抗氧化剂，能减少氧化损伤，具有维持体内氧化平衡的作用[4]。

杏鲍菇多糖PEP-Ⅰ和PEP-Ⅱ对力竭小鼠具有明显抗氧化作用，对肝脏和骨骼肌有明显抗损伤作用[8]。

通过水杨酸法检测杏鲍菇多糖提取物对羟基自由基(·OH)的清除作用、对邻苯三酚自氧化系统产生的超氧阴离子自由基(O_2^- ·)的清除作用、还原力的测定以及在模拟胃液条件下对 NO_2^- 清除实验。结果显示,均有不同程度的清除力和还原力[22]。另外,杏鲍菇多糖对 DPPH 有一定的清除能力[23]。

汪建中等人[24]对杏鲍菇子实体、菌丝体和发酵液粗多糖清除 DPPH 自由基、羟自由基的能力、铁离子螯合能力以及还原力进行了比较分析。结果表明,菌丝体、发酵液粗多糖清除 DPPH 自由基能力较强,清除率 EC_{50} 值分别为 4.15mg/ml 和 4.81mg/ml;子实体、菌丝体和发酵液粗多糖清除羟自由基、螯合铁离子的能力较强,羟自由基清除率 EC_{50} 值分别为 1.27mg/ml、1.31mg/ml 和 3.54mg/ml,铁离子螯合能力 EC_{50} 值分别为 3.01mg/ml、1.53mg/ml 和 4.17mg/ml;在一定浓度范围内,多糖浓度的增加,清除 DPPH 自由基、羟自由基的能力以及铁离子螯合能力也会增强,并呈现良好的量效关系。

张俊会等人[25]研究了杏鲍菇多糖对多种体系的抗氧化活性,表明杏鲍菇多糖对自由基引起的亚油酸、菜油氧化以及离体肝脏组织的脂质过氧化均有一定的抑制作用。在 Fe^{2+} 催化的亚油酸酯质过氧化体系中,0.5%的添加量抑制率可高达 48.20%;在 Fenton 催化亚油酸酯质过氧化体系中,0.5%的添加量抑制率可高达 46.72%;在高温强制保存的菜油体系中,0.1%的添加量可明显抑制 POV 值的增加;在 CCl_4 诱导的肝脏脂质过氧化体系中,也有一定的抑制作用。

史亚丽等人[26]研究了杏鲍菇多糖对力竭小鼠抗氧化、抗损伤的影响。建立灌服杏鲍菇多糖的力竭游泳小鼠实验模型,测定小鼠安静时心肌、肝脏、骨骼肌谷胱甘肽过氧化物酶(CSH-P_X)活性,安静时、力竭后测定以上 3 种组织的 MDA 水平,力竭后小鼠血清谷丙转氨酶(ALT)、谷草转氨酶(AST)、肌酸激酶(CK)活性。结果:安静时心肌、肝脏、骨骼肌 MDA 对照组与多糖组差异不显著,$P>0.05$;心肌 GSH-P_X活性对照组与多糖组差异不显著,$P>0.05$;肝脏 GSH-P_X活性多糖组明显高于对照组,$P<0.05$;骨骼肌 GSH-P_X活性多糖组明显高于对照组,$P<0.05$。力竭后心肌、肝脏、骨骼肌 3 种组织 MDA 水平,多糖组均明显低于对照组,分别为 $P<0.01$、$P<0.05$、$P<0.05$;血清 ALT 活性多糖组明显低于对照组 $P<0.05$;血清 CK 活性多糖组明显低于对照组,$P<0.01$,差异极显著。表明杏鲍菇多糖对力竭小鼠具有明显抗氧化作用,对肝脏、骨骼肌有明显抗损伤作用。

三、其他活性

张志军等人[16]对杏鲍菇粗多糖保湿性能初步研究表明:1%杏鲍菇粗多糖在 6h 内,保湿性能优于 5%甘油。杏鲍菇多糖对白色链球菌和产气杆菌具有抑菌作用[17]。

迟桂荣等人[28]为了验证杏鲍菇多糖对鸡群机体免疫功能的调节作用,通过检测注射免疫新城疫疫苗后,鸡群的抗体水平和红细胞免疫黏附力,研究杏鲍菇多糖对鸡群免疫功能调节的影响。结果表明,鸡群在口服杏鲍菇多糖后,免疫新城疫疫苗抗体水平和红细胞免疫黏附力比对照组有明显的提高,说明杏鲍菇多糖具有提高鸡群免疫的功能。

郑素玲等人[29]研究了杏鲍菇多糖对老龄小鼠游泳耐力和相关生理指标的影响。结果表明,杏鲍菇多糖能显著降低运动后血尿素氮和血乳酸含量,延长力竭游泳时间,并使血红蛋白含量与胸腺、脾脏指数显著提高($P<0.05$)。实验证实,杏鲍菇多糖具有抗疲劳、提高老龄小鼠运动能力的功效。

另外,低浓度的杏鲍菇 β-葡聚糖(PEWP),能促进体外胃黏膜上皮细胞的增殖和迁移,加速损伤区域上皮细胞的生长,具有保护胃黏膜的作用[30]。

参考文献

[1] 郭美英.珍稀食用菌杏鲍菇生物学特性的研究[J].福建农业学报,1998,13(3):44-49.

[2] 郭美英. 杏鲍菇的特性与栽培技术研究[J]. 食用菌,1998,20(5):11—12.
[3] 中国科学院青藏高原综合科学考察队. 横断山区真菌[M]. 北京:科学出版社,1996.
[4] 陈士瑜,陈海英. 蕈菌医方集成[M]. 上海:上海科学技术文献出版社,2000.
[5] 张化朋,张静,南征等. 杏鲍菇多糖 WPP2 的结构表征及抗肿瘤活性[J]. 高等学校化学学报,2013,34(10):2327—2333.
[6] 林娇芬,林志超,苏毅,等. 杏鲍菇胞壁 β-葡聚糖的分离纯化及结构分析[J]. 热带作物学报,2013,34(9):1825—1830.
[7] Elaine RC, Ana H, Gracher P, et al. A β-glucan from the fruit bodies of edible mushrooms *Pleurotus eryngii* and *Pleurotus ostreatoroseus*[J]. Carbohydr Polym, 2006, 66:252—257.
[8] 杨立红,史亚丽,王晓洁,等. 杏鲍菇多糖的分离纯化及生物活性的研究[J]. 食品科技,2005,(6):18—21.
[9] 梁涛,张静,张力妮,等. 碱提杏鲍菇多糖 PEAP-1 的结构初探及形貌观察[J]. 食品与生物技术学报,2013,32(9):951—956.
[10] 颜明娟,江枝和,蔡顺香. 杏鲍菇营养成分的分析[J]. 食用菌,2002,24(2):11—12.
[11] 杨梅. 杏鲍菇菌丝深层培养及氨基酸分析研究[J]. 福建师范大学学报(自然科学版),2000,16(4):70—73.
[12] 俞苓,刘民胜,陈有容. 杏鲍菇子实体和菌丝体营养成分的比较[J]. 食用菌,2003,21(1):7—8.
[13] 王凤芳. 杏鲍菇中营养成分的分析测定[J]. 食品科学,2002,23(4):132—135.
[14] Yaoita Y, Yoshihara Y, Kakuda R, et al. New sterols from two Edible Mushrooms, *Pleurotus eryngii* and *Panellus serotinus* [J]. Chem Pharm Bull, 2002, 50(4):551—553.
[15] 杜敏华,田龙. 微波辅助法提取杏鲍菇多糖研究[J]. 食品科技,2007,3:117—119.
[16] 张志军,李淑芳,薛照辉. 杏鲍菇粗多糖的提取及其保湿性能研究[J]. 食用菌学报,2010,17(2):76—79.
[17] 张丽,彭小列,张建锋. 杏鲍菇多糖的提取及其抑菌作用[J]. 贵州农业科学,2010,38(9):90—92.
[18] 凡军民,谢春芹,史俊. 杏鲍菇多糖提取工艺条件的研究[J]. 江苏农业科学,2012,40(6):251—253.
[19] 朱月,段蕊晔,毕晓丹. 杏鲍菇多糖提取条件研究[J]. 江苏农业科学,2013,41(5):276—278.
[20] 孟思,刘晓宇,李信辉. 杏鲍菇水溶性多糖提取工艺研究[J]. 食品科学,2008,28(9):141—144.
[21] 关力,杨晶,李楠. 杏鲍菇子实体多糖的提取和纯化工艺研究[J]. 黑龙江医药,2011,24(3):403—405.

[22] 盛伟,方晓阳,吴萍. 白灵菇、杏鲍菇、阿魏菇多糖体外抗氧化活性研究[J]. 食品工业科技,2008,29(5):103—105.
[23] 刘海英,张运峰,范永山. 平菇、杏鲍菇和白灵菇菌丝多糖对·OH、DPPH·和 NO_2^- 的体外清除作用[J]. 中国农学通报,2010,26(17):26—30.
[24] 汪建中,李艳如,龚华锐. 杏鲍菇粗多糖的抗氧化活性研究[J]. 安徽师范大学学报(自然科学版),2014,37(2):160—164.
[25] 张俊会,王谦. 杏鲍菇多糖的抗氧化活性研究[J]. 中国食用菌,2003,22(2):38—39.
[26] 史亚丽,杨立红,蔡德华. 杏鲍菇多糖对力竭小鼠抗氧化、抗损伤的作用[J]. 体育学刊,2005,12(1):56—58.
[27] 迟桂荣,徐琳,吴继卫. 杏鲍菇多糖的抗病毒、抗肿瘤研究[J]. 莱阳农学院学报,2006,23(3):174—176.
[28] 迟桂荣. 杏鲍菇多糖对鸡群免疫功能调节的研究[J]. 莱阳农学院学报,2007,35(15):4536—4566.

[29] 郑素玲. 杏鲍菇多糖对老龄小鼠抗疲劳能力的影响[J]. 食品科学,2010,31(7):269－271.
[30] 林娇芬,黄家福,林志超. 杏鲍菇β-葡聚糖促人胃黏膜上皮细胞增殖和迁移效果研究[J]. 热带作物学报,2013,34(11):2301－2036.

(刘彦飞)

第六十三章 秀珍菇

XIU ZHEN GU

第一节 概 述

秀珍菇 *Pleurotus pulmonarius* 为担子菌门，伞菌纲，伞菌亚纲，伞菌目，侧耳科，侧耳属真菌。原产于印度詹务，生长在罗氏大戟的树桩上，故又称印度鲍鱼菇，又名黄白侧耳、环柄香菇、刺芹侧耳、凤尾菇等，是一种药食两用的珍稀食用菌。秀珍菇外观非常秀小、色白，子实体单生或丛生，且较多丛生。菌盖随栽培方式和采收时间的不同，分别呈现出扇形、贝壳形或漏斗状，通常宽 3～12cm，表面浅棕色，丛生的子实体个体较小，菌盖常 1～3cm；菌肉和菌褶为白色，菌褶贴生在菌盖下面，分布稀疏且长短不一；菌褶两侧生有很多担子，每个担子上有 4 个担孢子；菌柄侧生，白色，长为 2～6cm，粗为 0.6～1.5cm，是主要的食用部位，它的长度受 CO_2 浓度影响。菌丝体白色，在培养基上呈纤细绒毛状，气生菌丝发达，在显微镜下菌丝呈锁状联合；菌落外观与普通平菇菌丝相比，较为细薄、平坦，在 PDA 培养基上生长良好[1]。秀珍菇是热带和亚热带地区蕈菌，1978 年，菌种经香港引进后，广东、福建、山西、吉林等地区都栽培成功。

秀珍菇风味独特，营养丰富，蛋白质含量比香菇、草菇更高，接近肉类，比一般蔬菜高 3～6 倍，是一种高蛋白、低脂肪的营养食品[2]。含有多种糖类生物活性成分，具有抗肿瘤和抗氧化等方面作用。

第二节 秀珍菇化学成分的研究

一、秀珍菇中的化学成分

1. 秀珍菇多糖

Zhang M 等人[3]将热水提取得到的秀珍菇粗多糖 PG 分成 4 个组分，并做了初步的结构分析。许媚[4]从秀珍菇子实体中分离得到两种水相多糖 GB－W－1、GB－W－2 和 1 种盐相多糖 GB－S－1，均为均一多糖，平均相对分子质量 GB－W－1 为 1.30×10^4 Da、GB－W－2＜1 000Da，GB－S－1＞2.00×10^6 Da，3 个样品均易溶于水。分别对其总糖和蛋白含量进行分析得知，盐相多糖 GB－S－1 为均一糖肽，样品呈褐色絮状；GB－W－1 和 GB－W－2 为均一多糖，都呈白色粉末状。

2. 秀珍菇中的葡萄糖

将秀珍菇加水匀浆后，离心收集上清液，用血糖仪法对葡萄糖进行定量测定。结果显示，秀珍菇中的葡萄糖含量为 2.91±0.16mg/g[5]。

3. 氨基酸

秀珍菇中含有 17 种以上氨基酸，更为可贵是，它含有人体自身不能制造，而食物中通常又缺乏的苏氨酸、赖氨酸、高氨酸等[6]。采用酶解法提取秀珍菇有效成分，以氨基酸利用率为主要评价指标，通

过单因素试验和正交试验，得到秀珍菇的最佳酶解条件为：复合风味酶用量0.5%，反应时间120min，反应温度50℃，pH8.5，得到秀珍菇酶解液氨基酸利用率为27.9%[7]。

4. 微量元素

微量元素硒，以硒蛋白（硒代氨基酸）、硒多糖等生物活性物质形式参与细胞代谢活动，促进有机体的营养转化与系统功能协调，是生命体重要的营养元素，不同采集地秀珍菇子实体中硒的含量存在较大差异[8]，来源于南靖的秀珍菇子实体中硒含量最高，4个样品中硒平均含量达0.52mg/kg。

另外，刘全德等人[9]建立了微波消解-高分辨连续光源石墨炉原子吸收光谱法，快速顺序测定秀珍菇中铜（Cu）、镉（Cd）、铅（Pb）、锰（Mn）和铝（Al）5种金属元素。通过选择合适的分析谱线和基体改进剂，有效消除了干扰。在选定的工作条件下，测定秀珍菇中铜、镉、铅、锰和铝的含量，分别为11.1pg/g、0.284pg/g、0.019pg/g、12.1pg/g、51.3pg/g。

二、秀珍菇多糖的提取与分离

经研究表明，秀珍菇重要的生理功能与其多糖组分密切相关，多糖一般都从子实体中提取。

孙玉军等人[10]用超声波法提取秀珍菇菌丝体多糖，研究料液比、提取时间、超声功率等因素对多糖提取率的影响，并在该基础上，通过正交试验优化最佳提取工艺。得出秀珍菇菌丝体多糖超声提取的最佳工艺为：料液比1∶80g/ml，提取时间50min，超声功率60W。在该条件下，秀珍菇菌丝体多糖的提取率为25.52%。

杨润亚[11]采用响应面法优化了秀珍菇子实体中水溶性多糖的超声提取工艺。结果表明，在提取温度为40℃、超声功率为400w、料液比为1∶30、浸提时间114min的最佳提取工艺条件下，响应面拟和所得方程对秀珍菇多糖的最大提取率：预测值为60.74mg/g，实测值为60.19mg/g，实测结果与预测值符合良好。

许媚[4]将秀珍菇子实体用8倍体积的95%乙醇浸提过夜，除去其中的脂溶性物质，重复3次后合并浸提液，并用20L旋转蒸发仪回收乙醇，浸膏放在−20℃冰箱中保存；将醇提固体残渣置阴凉通风处风干后，加15倍体积蒸馏水，沸水提取2h，过滤，重复3次，合并滤液；将得到的滤液进行超滤分级，分为PGPA（nominal molecular weight＜10kDa）、PGPB（10kDa＜nominal molecular weight＜100kDa）、PGPC（100K＜nominal molecular weight＜500kDa）、PGPD（nominal molecular weight＞500kDa）4个级分；将每个组分的滤液浓缩后冻干待用。PGPB经DEAE-Sepharose Fast Flow离子柱色谱，先以蒸馏水，再用0.1mol/L、0.2mol/L、0.4mol/L和2mol/L的NaCl溶液依次洗脱，用苯酚-硫酸法结合紫外检测，根据糖显色结果合并组分。主要得到3个组分，分别为水相PGPBW、盐相PGPBSl（0.1mol/L）和PGPBS2（0.4mol/L），PGPBW经Sephacryl S－300柱色谱得到组分GB－W－1和GB－W－2，经苯酚-硫酸法检测，根据糖显色结果，合并组分后浓缩、冷冻干燥，用高效液相色谱鉴定多糖均一性。PGPBS2经Sephacryl S－400和Sephacryl S－500柱色谱后得到一组分，命名为GB－S－1。

三、多糖结构的研究

解析多糖的结构特征，主要包括：①单糖残基的种类和比例；②每个糖苷键的异头碳构型（α构型或β构型）；③单糖残基的连接顺序；④取代基的类型和链接位点等。解决这些问题需要结合多种分析方法，如甲基化分析、IR、GC、GC-MS、MS、^{1}H NMR、^{13}C NMR等方法进行解析。

许媚[4]对秀珍菇子实体均一多糖GB－W－1进行了结构分析：①分析秀珍菇子实体均一多糖中的单糖组成，进而得到单糖的种类和摩尔比；②确定秀珍菇子实体均一多糖中糖链中糖苷键是α型还

是β型，构型是呋喃型还是吡喃型；③利用甲基化后 GC-MS 以及一维和二维(COSY、TOCSY、HMQC)NMR 谱确定其单糖残基的连接位置；④判定单糖残基的连接顺序，主要通过二维(NOESY、HMBC)NMR 谱进行分析。

1. 多糖的检测

对 GB－W－1 进行了进一步的结构测定，在 200～400nm 进行紫外全扫描。结果显示，在 280nm 和 260nm 处基本没有吸收峰，说明均一多糖中不含蛋白质和核酸。

2. 多糖的 IR(KBr)分析

从红外图谱可以看出，在 1 200～1 000cm^{-1}范围内，存在 1 148.5cm^{-1}、1 079.4cm^{-1}、1 024.0cm^{-1} 3 个较强的吸收峰，是吡喃糖苷的特征吸收峰；3 600～3 200cm^{-1} 范围内有强的-OH 吸收峰 3 405.9cm^{-1}；在 2 930.4cm^{-1}有 1 个-CH、-CH_2的吸收峰；1 641.8cm^{-1}是多糖水合振动峰，840cm^{-1}是α-吡喃糖苷的特征吸收峰，当样品中含有吡喃型的半乳糖或甘露糖存在时，C2 和 C4 位上赤道键的 C-H 弯曲振动，会引起 875cm^{-1}处出现 1 个吸收峰，常会将 840cm^{-1}处的吸收峰所覆盖；在 1 730cm^{-1}与 1 259cm^{-1}附近无特征吸收峰，说明不含糖醛酸，GB－W－1 为中性多糖。IR(KBr)分析表明，GB－W－1 可能是由不含酸性单糖的单糖残基组成的聚合体。

3. 多糖的单糖成分分析

在秀珍菇子实体多糖 GB－W－1 乙酰化后的 GC 谱图中发现含有 4 种单糖，对照单糖的标准品的保留时间，发现其中 3 种单糖为 D－甘露糖、D－葡萄糖和 D－半乳糖；在 D－甘露糖之前还有 1 个未知峰，在已有的单糖标准品中没有匹配，因此判断为一种新糖，为确定其成分，还需对乙酰化后的样品进行 GC-MS 分析。通过 GB－W－1 乙酰化产物各峰对应的质谱图相关信息，并结合 GC 的结果，可推断出保留时间 13.09min、13.11min 和 13.20min 处的峰，分别为六乙酰化甘露糖醇、六乙酰化葡萄糖醇和六乙酰化半乳糖醇，分别对应甘露糖、葡萄糖和半乳糖。由未知峰在保留时间 12.84min 处的质谱图中，得到该化合物主要离子片段为 m/z：43、87、99、129、189、201、261，其中特征性片段为 m/z：129、189、201、261，基峰 m/z：43。进一步分析发现，其中 m/z：261 和 189 是 3(4)－O－甲基-己糖乙酸酯衍生物的一级片段，另外 m/z：201 和 129 是由一级片段 m/z：261 和 189 部分裂解乙酸根(－AcOH，－60)而产生的二级片段，说明该糖为六元糖，且在 C－3 或 C－4 位上存在-OCH_3。由此得出结论，该峰是 3(4)－*O*－甲基-己糖乙酸酯衍生物。

4. 多糖的甲基化分析

GB－W－1 经过两次完全甲基化后的红外光谱，得知甲基化后的样品在 3 600～3 200 cm^{-1}以外的羟基吸收峰基本消失，2 924 cm^{-1}出现强甲基吸收峰，表明 PGPl 已经完全被甲基化。再经甲酸的解聚、三氟乙酸的水解、硼氢化钠的还原和乙酰化后，最后制备得到在高温下能挥发的部分甲基化阿尔低醇乙酸酯衍生物，根据甲基化后多糖的 GC-MS 分析得出取代位置，分别是端基的甘露糖，6 位取代的半乳糖和葡萄糖，还有 2,6 位取代的 3－*O*－甲基半乳糖，其摩尔比为 1∶0.25∶1.14∶0.94。

5. 多糖的核磁结果分析

GB－W－1 的^{1}H NMR 谱中，我们可以清楚地观察到 3 个位于 δ：4.81～5.13 区域的异头质子峰，δ：3.39～4.30 区域的糖环质子信号以及 δ：3.46 的 O-CH_3质子峰。在^{13}C NMR 谱中，同样可以清楚地观察到位于 δ：98.62～101.75 区域的 3 个异头碳峰，位于 δ：61.20～79.10 的氧键合的糖环碳峰以及位于 δ：56.10 的 O-CH_3碳峰。残基 a→2,6－α－D－Galp 残基 a 的 H－1 到 H－4 各质子化学位移可以由^{1}H-^{1}HCOSY 和 TOCSY 谱的共振峰得到归属。H－5 化学位移可以由 NOESY 谱中的

H－3/H－4 与 H－4/H－5 共振峰得到确定。H－5 与 H－6a/H－6b 在 TOCSY 中的共振峰可以确定H－6 的化学位移，并可利用 HMQC 谱得到验证。各碳原子的化学位移也可以由 HMQC 谱得到归属。H－4/H－5 在 COSY 中呈现较小的耦合常数，而在 NOESY 谱中，H－4 与 H－3 和 H－5 有着较强的欧式效应，表明残基 a 是典型的半乳糖构型残基。异头质子在 H 谱中为单峰（$J_{H\text{-}1,H\text{-}2}<$ 3Hz），并可在 NOESY 谱中与 H－2 有共振峰，表明残基 a 是 α 异头构型。与未发生取代的标准吡喃糖残基相比较，残基 a 的 C－2 与 C－6 向低场的位移，表明残基 a 是→2，6－α－D－Galp。

残基 b→6－α－3－*O*－Me－D－Galp　残基 b 的 H－1 到 H－4，各质子化学位移可以由^1H-^1H COSY 和 TOCSY 谱的共振峰得到归属。H－5 和 H－6a 和 H－6b 的化学位移由 TOCSY 中的共振峰得以确定，并通过 HMQC 谱得到验证。TOCSY 谱中，H－1 与 H－2 以及 H－2、H－3、H－4 和 H－5 的共振峰表明，H－5 与 H－6 位于残基 b 上糖环上各碳原子以及 O-CH_3碳原子化学位移，可由 HMQC 谱得到归属。O-CH_3中的质子与 C－3 在 HMBC 谱中的共振峰表明，O-CH_3位于残基 b 上。COSY 谱中 H－4/H－5 较小的耦合常数与 H－4/H－3 和 H－4/H5 的强烈欧式效应，表明残基 b 为半乳糖构型。氢谱中的单峰异头质子（$J_{H\text{-}1,H\text{-}2}<3$Hz）和 NOESY 谱中的 H－1/H－2 共振峰，表明残基 b 是 α 异头构型。C－6 化学位移向低场的位移，表明残基 b 是→6－α－3－*O*－Me－D－Gal*p*。

残基 c β－D－Man*p*　残基 c H－1 到 H－4，各质子化学位移可以由^1H-^1H COSY 的共振峰得到归属，H－5 的化学位移可以由 TOCSY 谱和 NOESY 谱的共振峰得到归属。H－6a/H－6b 的化学位移能由 TOCSY 谱的共振峰得到确定。C－1 到 C－6 的化学位移，能由 HMQC 谱得到归属。H－1/H－2 的较弱自旋偶合常数 $J_{H\text{-}1/H\text{-}2}$（～1.0Hz）与 H－4/H－5 较强的自旋偶合常数 $J_{H\text{-}4/H\text{-}5}$（～9.0Hz）表明，残基 c 是甘露糖构型。较弱的 $J_{H\text{-}1/H\text{-}2}$ 自旋偶合常数无法给出明确的甘露糖异头构型信息。将残基 c 的 H－5/C－5 化学位移（δ：3.39、76.36）与已报道文献中的 α 甘露糖构型 H－5/C－5 化学位移（δ：3.82、73.34）和 β 甘露糖构型 H－5/C－5 化学位移（δ：3.38、77.00）相比较，不难推断残基 c 为 β 甘露糖构型。综上所述，可以确定残基 c 为 β－D－Man*p*。

与已报道的糖残基化学位移信息相比较，可以确定残基 a 为 2，6－α－D－Gal*p*，残基 b 为 6）－α－3－*O*－Me－D－Gal*p*，残基 c 为 β－D－Man*p* 并含有少量的 6－D－Glc*p*。

糖残基的连接顺序可由 NOESY 谱确定，并可通过 HMQC 谱进一步验证。存在糖残基间的欧式相关共振的有残基 a 的 H－1 与残基 b 的 H－6b，残基 b 的 H－1 与残基 b 的 H－6a 和 H－6b，残基 c 的 H－1 与残基 a 的 H－2。HMQC 谱也明确地给出了残基 a 的 H－1 与残基 b 的 C－6，残基 b 的 H－1 与残基 a 和残基 b 的 C－6 以及残基 c 的 H－1 与残基 aC－2 的共振峰。

综上所述，结合单糖组成与核磁共振化学位移信息，可以推断 GB－W－1 组分的三糖重复单元为如下结构，同时含有少量的 6－D－Glc*p*。

β-D-Man*p*
↓
2
X: →6)-α-D-Gal*p*-(1→6)-α-3-*O*-Me-D-Gal*p*-(1→

第三节　秀珍菇生物活性的研究

现代药理活性研究表明，秀珍菇具有调节抗肿瘤，抗氧化等多种生物活性，秀珍菇多糖是其主要活性成分。

一、抗肿瘤活性

Zhang 等人[3]将热水提取得到的秀珍菇粗多糖 PG 馏分分成 4 个组分，并做了初步的结构分析，以人类乳腺癌细胞作为实验对象，发现PG和PG－2都具有抗肿瘤活性。

许媚[4]将秀珍菇子实体超滤、纯化后两个纯组分对S－180和A－549体外抗肿瘤作用进行了试验，发现对S－180均具有较好的抑制效果，对4个超滤组分而言，PGPD对肿瘤细胞的抑制率明显高于其他3个组分，并呈现一定的剂量依赖性；而两个经离子和凝胶柱层析后得到的组分，其抗肿瘤效果明显优于粗品，说明其中对S－180产生抑制效果的成分主要是多糖成分。试验证明，秀珍菇多糖对正常细胞CHL没有毒副作用，进一步验证了其对肿瘤细胞的抑制效果；但对A－549几乎没有抗肿瘤效果。

二、抗氧化活性

秀珍菇多糖提取物具有清除羟基自由基的作用，在一定范围内随着多糖浓度的增加清除效果度还原力均加强[11]。

秀珍菇子实体多糖PGPD清除率随着样品浓度的增大而升高[4]，阳性对照Vc在浓度2mg/ml时，清除率为99.65％，当样品浓度为2mg/ml时，PGPA、PGPB、PGPC、PGPD的清除率分别达到72.52％、65.13％、55.25％和53.39％。说明秀珍菇多糖组分具有较好的清除效果，且清除能力依次递减。

申进文[12]用水提醇沉法从秀珍菇发酵液中提取胞外多糖，经氯磺酸-吡啶法修饰后，得到胞外多糖硫酸酯，对多糖及其硫酸酯进行抗氧化活性和抑菌活性研究。结果表明，秀珍菇多糖硫酸酯硫酸基含量为15.4％，取代度为1.53。在相同质量浓度下，秀珍菇多糖硫酸酯的抗氧化活性稍高于秀珍菇多糖，而抑菌活性明显提高。

第四节　秀珍菇生物学特性研究

秀珍菇适宜生长的基质广泛，但子实体形态受环境影响较大，冯志勇[13]研究了不同碳源、氮源、温度、pH值对秀珍菇菌丝生长的影响，比较了两种不同菌种保藏方法对秀珍菇质量和产量的影响。

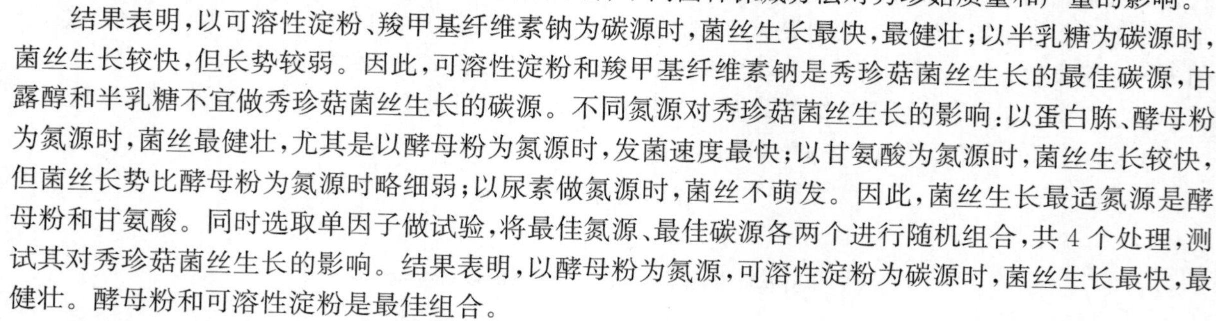

结果表明，以可溶性淀粉、羧甲基纤维素钠为碳源时，菌丝生长最快，最健壮；以半乳糖为碳源时，菌丝生长较快，但长势较弱。因此，可溶性淀粉和羧甲基纤维素钠是秀珍菇菌丝生长的最佳碳源，甘露醇和半乳糖不宜做秀珍菇菌丝生长的碳源。不同氮源对秀珍菇菌丝生长的影响：以蛋白胨、酵母粉为氮源时，菌丝最健壮，尤其是以酵母粉为氮源时，发菌速度最快；以甘氨酸为氮源时，菌丝生长较快，但菌丝长势比酵母粉为氮源时略细弱；以尿素做氮源时，菌丝不萌发。因此，菌丝生长最适氮源是酵母粉和甘氨酸。同时选取单因子做试验，将最佳氮源、最佳碳源各两个进行随机组合，共4个处理，测试其对秀珍菇菌丝生长的影响。结果表明，以酵母粉为氮源，可溶性淀粉为碳源时，菌丝生长最快，最健壮。酵母粉和可溶性淀粉是最佳组合。

在温度影响方面，试验表明，低于20℃时，秀珍菇菌丝生长缓慢。15℃时，菌丝生长势极弱，菌丝呈气生状，生长极其缓慢；25℃以上，菌丝生长显著加快；30℃时，菌丝生长明显受到抑制；35℃时，菌丝渐渐死亡。所以，在PDA培养基中，秀珍菇菌丝的生长适温为20～27℃，最适温度为25℃。

另外，秀珍菇菌丝在pH4～8范围内均可生长，在中性偏酸环境中生长最佳，最适pH为6.0。

参 考 文 献

［1］张金霞，黄晨阳，郑素月．平菇新品种-秀珍菇的特征特性［J］．中国食用菌，2005，24(4)：25—26.

[2] 丁湖广. 秀珍菇特性及高产优质栽培技术[J]. 北京农业，2003，(10)：14.
[3] Zhang M，Cui SW，Cheung PCK，et al. Antitumor polysaccharides from mushrooms：a review on their isolation process，structural characteristics and antitumor activity[J]. Trends in Food Science&Technology，2007，18(1)：4—19.
[4] 许媚. 秀珍菇子实体多糖的分离纯化、结构鉴定和生物活性研究[D]. 浙江工业大学，2012.
[5] 杨婧，张红叶，亢梦，等. 芸香菇、平菇、秀珍菇、金针菇中葡萄糖含量测定[J]. 科技视界，2014，21：15.
[6] 陈胜昌，李发勇，陈敬虎. 木屑栽培秀珍菇培养料配方筛选试验[J]. 食用菌，2013，4：39.
[7] 陈雅平. 酶解法提取秀珍菇有效成分工艺的研究[J]. 农产品加工(学刊)，2014，7：33—37.
[8] 沈恒胜，陈君琛，汤葆莎，等. 秀珍菇生物富硒及富集水平[J]. 食用菌学报，2009，16(4)：35—38.
[9] 刘全德，唐仕荣，陈尚龙，等. 微波消解- HR - CS GFAAS 法快速顺序测定秀珍菇中金属元素[J]. 食品科学，2013，34(14)：289—292.
[10] 孙玉军，戴世华，范余节. 超声波提取秀珍菇菌丝体多糖的工艺优化[J]. 安徽农业科学，2014，42(20)：6774—6778.
[11] 杨润亚，李维焕，吕芳芳. 秀珍菇子实体多糖的提取工艺优化及体外抗氧化性[J]. 食品与生物技术学报，2012，31(10)：1093—1099.
[12] 申进文，王瑞瑞，许春平. 秀珍菇多糖的硫酸化及其生物活性研究[J]. 河南农业科学，2014，43(7)：102—106.
[13] 冯志勇，王志强，郭力刚，等. 秀珍菇生物学特性研究[J]. 食用菌学报，2003，10(3)：11—16.

（刘彦飞）

第六十四章 血耳

XUE ER

第一节 概 述

血耳（*Tremella sanguinea*）属担子菌门，银耳纲，银耳目，银耳科，银耳属真菌。又名血银耳、红耳，是我国一种传统名贵食药兼用真菌[1]。1990 年，我国真菌分类学家彭寅斌将血耳学名定为 *Tremella sanguinea* Peng，并与茶银耳、流苏银耳作了形态上的区分[2]。血耳主要分布于我国华中地区。常见于夏秋季节阔叶树枯干或朽木上。据传统医学记载，血耳具有治疗痢疾、妇科诸病以及肝炎等功效[1]。血耳现已被驯化并人工栽培成功，近年来湖南、广西和云南等地区都有相关报道[3]，但化学成分还未见有研究报道。

第二节 血耳菌丝体液体培养基筛选

碳源是蕈菌菌丝细胞大分子物质结构骨架、参与细胞代谢能量物质的主要来源。血耳对不同碳源均有不同程度的利用，其中以蔗糖最好，麦芽糖次之，马铃薯最差。不同碳源培养基中，菌丝体生物量从高到低依次为：蔗糖＞麦芽糖＞葡萄糖＞玉米粉＞马铃薯。应用 Duncan 分析表明，5 种碳源对血耳菌丝体生物量都有影响，麦芽糖、蔗糖、葡萄糖分别与马铃薯、玉米粉在 0.01 的水平上差异极显著；蔗糖、葡萄糖、麦芽糖之间差异不显著；玉米粉、马铃薯之间差异不显著。碳源单因素试验表明，血耳对二糖的利用效果优于单糖与多糖，从生物量和经济、实用角度综合考虑，选择麦芽糖与蔗糖作为正交试验的两种碳源。

氮源主要参与蕈菌菌丝细胞蛋白质和核酸等细胞关键组分的合成。早期研究发现，血耳可利用的氮源种类较多，且有机氮的利用率明显高于无机氮源。试验结果表明，5 种氮源对血耳菌丝体生物量都有影响，并且在 0.0l 水平上存在极显著差异，以牛肉膏为氮源的培养基生物量最高，生物量从高到低依次为：牛肉膏＞麦麸＞酵母粉＞蛋白胨。牛肉膏与蛋白胨、酵母粉、麦麸之间差异极显著，经方差分析 F 值为 24.258。牛肉膏作氮源的效果，明显优于麦麸、蛋白胨、酵母粉。因此，选择牛肉膏和麦麸作为正交试验中的两种氮源。

试验结果表明，血耳最适液体培养基为蔗糖 7.5g/L、麦芽糖 7.5g/L、麦麸 7.5g/L、牛肉膏 3.5g/L、$MgSO_4 \cdot 7H_2O$ 0.5g/L、KH_2PO_4 0.5g/L、维生素 B_1 4mg/L，pH 自然。28℃、120r/min，摇瓶培养 96h，生物量可达到 4.29g/L。

参 考 文 献

[1] 陈士瑜. 血耳及其人工栽培[J]. 中国食用菌，1992，11(3)：10－11.
[2] 彭寅斌. 银耳属一新种[J]. 湖南师范大学自然科学学报，1990，13(8)：254－256.

[3] 周日宝,谢梦洲. 湖南药用真菌研究[J]. 湖南林业科技,1994,21(2):44－48.
[4] 刘西周,郭成金. 采用 $L^9(3^4)$ 正交设计方法筛选血耳菌丝体液体培养基[J]. 中国食用菌,2009,28(1):36－38.

(刘彦飞)

第六十五章 亚侧耳

YA CE ER

第一节 概 述

亚侧耳(*Panellus serotinus*)属担子菌门,伞菌纲,伞菌目,小伞科,亚侧耳属真菌。别名元蘑、黄蘑、冬蘑、冻蘑、剥茸(日本)。主要分布于吉林、黑龙江、河北、山西、广西、陕西、四川、云南、西藏等地区,以东北林区最多。可食用,是东北有名的野生食用菌之一[1-2]。此外,亚侧耳还是一种地方性草药,有祛风活络、清热燥湿的功效,民间用于治疗癫痫、肝硬化腹腔积液、风湿肌肉痛和目赤痛等症。亚侧耳有很高的开发价值,由于长期大量采集,留存量逐年减少,野生资源难以满足社会发展的需要。

第二节 亚侧耳化学成分的研究

一、亚侧耳中的化学成分

1. 亚侧耳多糖

亚侧耳多糖富含多糖组分FⅠ、FⅡ和FⅢ。根据提取的多糖对水的溶解性,大体可分为水可溶性多糖(FⅠ、F I_0、FA系)和水不溶性多糖(FⅡ、Ⅲ系)等20多种多糖成分[3]:

(1) 水可溶性中性多糖:以半乳糖、甘露糖、葡萄糖为主要构成的糖。

(2) 水溶性酸性多糖:以谷氨基、天冬氨基等酸性氨基酸含量较高构成的糖,如葡萄糖、半乳糖、甘露糖和果糖。

(3) 1%草酸铵提取的多糖(FⅡ)主体为葡聚糖,构成的糖中含有少量半乳糖和甘露糖。

(4) 5%NaOH提取的多糖(FⅢ)以葡萄糖为主,蛋白质中天冬氨酸、谷氨酸、丙氨酸、亮氨酸等构成比较高。

(5) 壳多糖类物质:陈湘等人[4]从黄蘑中得到3个组分:HMPⅠa、HMPⅠb和HMPⅡa,HMPⅡa水解物经高效液相色谱和气相色谱分析,初步确定其单糖基组成是甘露糖和半乳糖,计算得出HMPⅡa中n(甘露糖)∶n(半乳糖)=4∶17。

2. 亚侧耳脂溶性成分

用HP5890 GC/HP5988 MS/DS联用仪测定,面积归一化法测得亚侧耳乙醇提取物中脂溶性成分十六烷基乙酯、十六烷酸、亚油酸甲酯、乙基亚油酸、亚油酸、1,2-苯二甲酸、3,4-辛二烯-7-甲基的含量,分别为5.21%、1.63%、2.85%、40.31%、35.03%、2.29%、1.18%[5]。

3. 亚侧耳微量元素

用JARRELL-ASH800系列Mark-Ⅱ型电感耦合等离子原子发射光谱仪,测得以下10种微量元素:铁(Fe)、铜(Cu)、钴(Co)、镁(Mg)、锌(Zn)、铬(Cr)、钙(Ca)、钼(Mo)、硒(Se)、锗(Ge),它们的

含量分别为：257.1μg/g、5.04μg/g、0.044μg/g、12.35μg/g、35.1μg/g、2.85μg/g、8.40μg/g、0.89μg/g、0.315ng/g、0.371ng/g[5]。

4. 亚侧耳中的甾醇类化合物

从亚侧耳中分离得到两个新的甾醇类化合物[6]，命名为 5α，9α－epidioxy－(22*E*)－ergosta－7，22－diene－3β，6α－diol 和 5α，9α－epidioxy－(22*E*)－ergosta－7，22－diene－3β，6β－diol，结构式见图65－1。

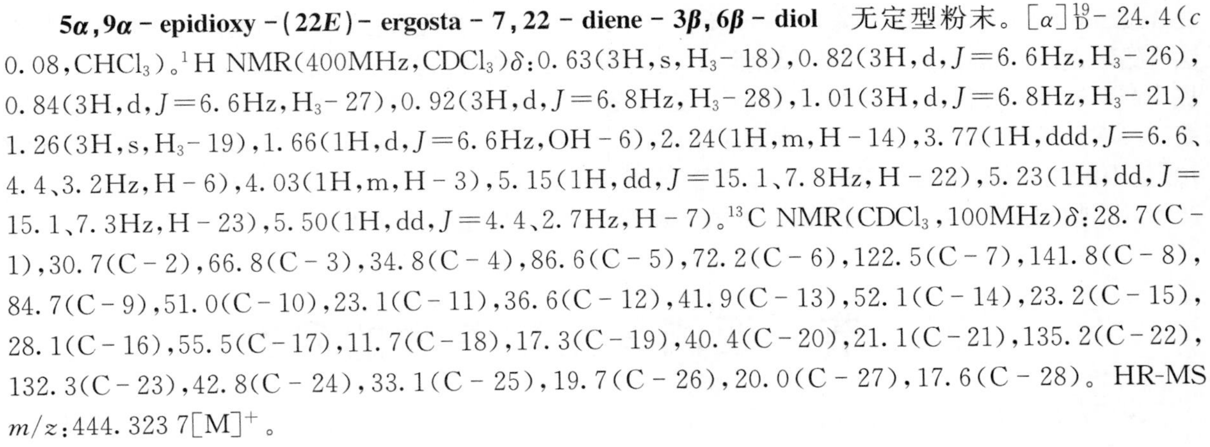

5α,9α-epidioxy-(22*E*)-ergosta-7,22-diene-3β,6α-diol　　5α,9α-epidioxy-(22*E*)-ergosta-7,22-diene-3β,6β-diol

图 65－1　亚侧耳中甾醇类化合物的结构

5. 亚侧耳中甾醇类化合物理化常数与光谱数据

5α，9α－epidioxy－(22*E*)－ergosta－7，22－diene－3β，6α－diol　无定型粉末。$[\alpha]_D^{23}+8.8$（*c* 0.1，$CHCl_3$）。^1H NMR（400MHz，$CDCl_3$）δ：0.59（3H，s，H_3－18），0.82（3H，d，*J*＝6.6Hz，H_3－26），0.84（3H，d，*J*＝6.8Hz，H_3－27），0.92（3H，d，*J*＝6.8Hz，H_3－28），1.01（3H，d，*J*＝6.6Hz，H_3－21），1.20（3H，s，H_3－19），1.36（1H，dd，*J*＝14.4、11.0Hz，H－4β），1.94（1H，d，*J*＝8.5Hz，OH－6），2.02（1H，m，H－20），2.21（1H，m，H－14），2.60（1H，ddd，*J*＝14.4、4.6、2.2Hz，H－4α），3.89（1H，m，H－3），3.98（1H，dd，*J*＝8.5、2.4Hz，H－6），5.15（1H，dd，*J*＝15.1、7.8Hz，H－22），5.23（1H，dd，*J*＝15.1、7.3Hz，H－23），5.31（1H，dd，*J*＝2.4、2.4Hz，H－7）。^{13}C NMR（$CDCl_3$，100MHz）δ：28.9（C－1），30.8（C－2），66.6（C－3），34.1（C－4），88.3（C－5），73.0（C－6），123.2（C－7），141.6（C－8），84.3（C－9），54.2（C－10），22.8（C－11），36.6（C－12），42.1（C－13），52.1（C－14），23.1（C－15），28.2（C－16），55.5（C－17），11.6（C－18），16.2（C－19），40.3（C－20），21.1（C－21），135.2（C－22），132.4（C－23），42.8（C－24），33.1（C－25），19.6（C－26），20.0（C－27），17.6（C－28）。EI-MS *m*/*z*：444［M］$^+$。

5α，9α－epidioxy－(22*E*)－ergosta－7，22－diene－3β，6β－diol　无定型粉末。$[\alpha]_D^{19}-24.4$（*c* 0.08，$CHCl_3$）。^1H NMR（400MHz，$CDCl_3$）δ：0.63（3H，s，H_3－18），0.82（3H，d，*J*＝6.6Hz，H_3－26），0.84（3H，d，*J*＝6.6Hz，H_3－27），0.92（3H，d，*J*＝6.8Hz，H_3－28），1.01（3H，d，*J*＝6.8Hz，H_3－21），1.26（3H，s，H_3－19），1.66（1H，d，*J*＝6.6Hz，OH－6），2.24（1H，m，H－14），3.77（1H，ddd，*J*＝6.6、4.4、3.2Hz，H－6），4.03（1H，m，H－3），5.15（1H，dd，*J*＝15.1、7.8Hz，H－22），5.23（1H，dd，*J*＝15.1、7.3Hz，H－23），5.50（1H，dd，*J*＝4.4、2.7Hz，H－7）。^{13}C NMR（$CDCl_3$，100MHz）δ：28.7（C－1），30.7（C－2），66.8（C－3），34.8（C－4），86.6（C－5），72.2（C－6），122.5（C－7），141.8（C－8），84.7（C－9），51.0（C－10），23.1（C－11），36.6（C－12），41.9（C－13），52.1（C－14），23.2（C－15），28.1（C－16），55.5（C－17），11.7（C－18），17.3（C－19），40.4（C－20），21.1（C－21），135.2（C－22），132.3（C－23），42.8（C－24），33.1（C－25），19.7（C－26），20.0（C－27），17.6（C－28）。HR-MS *m*/*z*：444.323 7［M］$^+$。

二、亚侧耳多糖类化学成分的提取与分离

经研究表明，亚侧耳重要的生理功能与其多糖组分密切相关。目前，从亚侧耳中提取亚侧耳多糖的技术主要是热水提取法。

马岩等人[3]用热水、1%草酸铵和5%氢氧化钠，依次提取出野生亚侧耳子实体中的多糖组分（FⅠ、FⅡ和FⅢ）。再经乙醇沉淀、离子交换色谱、凝胶过滤和亲和色谱等方法进一步分离纯化，得到20多种多糖成分：

陈湘等人[4,7]用三氯乙酸法去除多糖的蛋白，多糖质量分数达81.5%；除蛋白后HMP依次通过大孔树脂、Sephadex DEAE-A25和Sephadex G－75色谱柱分离纯化后，得到HMP-Ⅰa、HMP-Ⅰb和HMP－Ⅱa 3个组分，其中HMP－Ⅱa的平均相对分子质量为5 200。经正交实验得到最佳提取条件为：样品（黄蘑干粉）∶蒸馏水＝1∶25，提取温度为90℃，提取时间3h，提取次数3次。黄蘑在该条件下提取的多糖溶液，用其3倍体积质量为95%的乙醇沉淀，冷冻干燥后得黄蘑多糖粉末。此葡萄糖作为标准物质，用苯酚-硫酸法做出标准曲线，测定多糖质量的分数。

丛景香等人[8]以长白山野牛黄蘑为原料，采用正交实验法优化水溶性黄蘑多糖的提取工艺，以多糖得率和多糖含量两项为指标，分析研究加水量、提取时间、提取温度、提取次数及其交互作用对多糖提取的影响。以半乳糖做标准曲线，测定水溶性黄蘑多糖含量，检测波长为490nm。结果适宜水溶性黄蘑多糖提取的最佳提取工艺条件为：每10g黄蘑干粉，每次加水150ml，在95℃下提取2h，提取3次，多糖得率和多糖含量分别为11.6%和8.11%。该工艺操作简单，成本较低，适合水溶性黄蘑多糖的提取。

李玉清等人[9]将市售的干黄蘑在65℃真空干燥后，粉碎过60目筛，然后用90℃热水提取3次，每次2h，黄蘑多糖总糖提取率为17%～25%，用纱布粗过滤，再用自己组装的膜装置处理，得到了不同相对分子质量区间的黄蘑多糖。分析研究了压力对微滤膜通量的影响，控制温度在30～33℃，随着压力的增大，微滤膜通量增大，继续增大压力通量趋于平缓。在保证高微滤效率的同时，为了减缓浓差极化、降低膜污染、延长膜寿命与降低能耗等，选择微滤操作压力为0.06MPa。分析研究了压力对超滤纳滤膜通量的影响，选择压力：10kDa超滤膜0.9～1.1MPa；3 500Da超滤膜1.0～1.2MPa；150～300Da纳滤膜1.1MPa。还分析研究了温度对膜通量的影响，在一定质量浓度与压力下，微滤膜通量随着温度的升高而增加，考虑到黄蘑多糖的热敏性等因素，选择较优温度为35～45℃。对超滤纳滤膜通量的影响，考虑到高通量与膜的耐温等，选择温度范围为：10kDa超滤膜35～45℃；3 500Da超滤膜38～42℃；150～300Da纳滤膜35～40℃。分析研究质量浓度对膜通量的影响，随着料液质量浓度的增大微滤膜通量减小。分析研究微滤效率、高通量、延缓浓差极化、降低膜污染，选择进料质量浓度为7.0mg/ml。超滤和纳滤膜的通量随质量浓度的增加而减小。膜通量在较低质量浓度时较大，但以最终的效率为指标，选择较优质量浓度范围为10kDa超滤膜5.0～8.0mg/ml；3 500Da超滤膜4.0～8.0mg/ml；150～300Da纳滤膜1.2～2.0mg/ml。同时对膜的强化方法进行了分析研究，膜的强化方法有错流设计、提高流速、脉冲、机械刮除法、透滤等。通过强化实验，膜通过适当时间间歇透滤，可以提高截留液中的大相对分子质量多糖纯度，也可提高透过液中小相对分子质量物质的透过率，从而提高其产率。最终多糖产品质量分数为：＞10kDa约65%；0.35～10kDa约25%；300～3 500Da约10%。因此，用膜技术对黄蘑多糖进行分离、分级、纯化、浓缩是可行的。实验中的膜均为最小标准生产型，达到了中试的规模，对膜分离技术用于天然药物等规模化生产有借鉴意义。

第三节　亚侧耳生物活性的研究

现代药理活性研究表明，亚侧耳具有调节抗肿瘤、抗辐射、延缓衰老与提高免疫功能等多种生物

活性，亚侧耳多糖是主要活性成分。

一、抗肿瘤活性

马岩等人[3]采用小鼠S－180皮下移植法，对各种分离得到的多糖组分进行了抗肿瘤活性检测，结果：FI_0、FA－1、FA－2、FⅠ－2、FⅡ－1－b和FⅡ－2－b等6组分具有较强的抗肿瘤活性，以FⅡ－2－b组份活性最强。另外，黄蘑多糖对环磷酰胺（CTX）化疗H22荷瘤小鼠有减毒和增效作用[11]。利用小鼠体内移植性肝癌模型，分成小、中、大剂量治疗组，分别腹腔注射黄蘑多糖提取物20、40、80mg/kg，连续给药10d，检测荷瘤小鼠的生命延长率和化疗药物CTX的毒性不良反应，以及黄蘑多糖对CTX的减毒和增效作用。同时，检测黄蘑多糖对淋巴细胞转化率、IL－2水平等免疫系统功能的影响。结果显示：中、大剂量黄蘑多糖具有抑制肿瘤生长，延长荷瘤小鼠生存率的作用。与CTX配伍使用可发挥协同作用，提高抑瘤率（$P<0.05$、0.01）；提高荷瘤小鼠生存质量，体重、白细胞计数及免疫器官指数，与CTX阳性对照组比较均显示显著差异（$P<0.05$、0.01）；实验结果显示：黄蘑多糖与CTX配伍使用具有良好的减毒和增效作用，可增强荷瘤小鼠机体免疫力，提高淋转和IL－2的水平（$P<0.05$、0.01）。因此，黄蘑多糖作为生物反应调节剂可提高机体的免疫力，增强CTX的抗肿瘤作用，同时又可减轻CTX的毒性。

经研究报道，黄蘑多糖提取物有抗肝癌作用[12]。实验采用小鼠体内移植性肝癌模型，黄蘑多糖水溶性提取物（FI）腹腔连续给药，检测抑瘤率（IR），MTT法检测H22荷瘤小鼠淋巴细胞转化功能、NK细胞活性及IL－2、TNF－α的含量。结果显示：FI 20、40、80mg/kg剂量组对肝癌H22的平均抑瘤率，分别为36.1％、47.7％和57.6％，表现出较强的抗肿瘤活性，能增加体外免疫器官重量，促进T淋巴细胞转化，提高NK细胞及IL－2、TNF－α的话性。因此，FI是生物反应调节剂，通过增强机体免疫功能的作用达到抗肿瘤的功效。

朱慧彬等人[10]采用腋下接种癌细胞悬液建立荷瘤小鼠模型，造模成功24h后，灌胃给药，连续给药12d后，处死动物，剥离瘤块、胸腺、脾脏并分别称重，计算抑瘤率、胸腺指数、脾指数；眼球取血计数有核细胞数；用冰冻切片免疫组织化学法检测各组瘤组织血管内皮生长因子（VEGF）的表达程度。结果发现：黄蘑多糖各组的肿瘤重量均低于模型组，其中，中、高剂量组的抑瘤效果显著（$P<0.05$），且各项免疫指标显著高于环磷酰胺组（CTX组）和模型组（$P<0.01$或$P<0.05$）；黄蘑多糖各组的VEGF表达率显著低于模型组（$P<0.01$），黄蘑多糖低、中剂量组VEGF的表达与CTX组比较，差异有统计学意义（$P<0.05$），高剂量组与CTX组比较，差异无统计学意义（$P>0.05$）。说明黄蘑多糖对H22移植瘤的生长有一定抑制作用，可降低瘤组织中VEGF的表达，也可作为生物反应调节剂，通过增强机体免疫功能等作用达到抗肿瘤的功效。

二、抗辐射作用

姜世权等人[13]研究了黄蘑多糖的辐射防护作用及其对受照小鼠肝脏组织中LPO含量、SOD、$GSH\text{-}P_X$和CAT活性的影响。结果表明，黄蘑多糖可明显提高受致死剂量照射小鼠30d的存活率（$P<0.05$），延长存活天数保护指数可达1.32，并且黄蘑多糖的这种辐射防护效果与有效辐射防护药物人参多糖相似。进一步研究发现，小鼠经8.0Gy X线照射后72h，黄蘑多糖能明显降低受照小鼠肝脏中LPO含量（$P<0.01$），并且可显著增强其SOD、GSH-Px和CAT的活性（$P<0.05$）。因此说明，黄蘑多糖具有明显防护辐射作用，作用机制与促进自由基清除，抑制或阻断自由基引发的脂质过氧化反应，提高机体抗氧化能力有关。

另外，黄蘑多糖作为辐射防护剂对不同剂量X线照射小鼠所诱发的骨髓细胞染色体畸变进行了分析研究，当吸收剂量为0.5Gy时，PC值显示，黄蘑多糖的最佳保护浓度是200mg/kg。在该浓度

下，小鼠体细胞染色体结构畸变以染色单体型畸变为主。各照射点保护组与照射组相比，染色体畸变率均明显降低($P<0.05$)，对射线所诱发的骨髓细胞染色体畸变具有明显的防护作用[14]。

三、延缓衰老作用

黄蘑多糖不同组分对D－半乳糖致衰老模型小鼠有延缓衰老作用[15]。用D－半乳糖诱导致衰老模型小鼠，以碱溶性黄蘑多糖(Fb－2b)和水溶性黄蘑多糖(Fw－2b)灌胃，6w后分别检测SOD活力和MDA的含量变化。结果显示：多糖Fb－2b能够明显提高D-gal致衰老小鼠血清、肝中SOD活力，脑中该作用不明显。同时，黄蘑多糖Fb－2b能够明显降低D-gal致衰老小鼠血清、脑、肝中MDA含量，而多糖Fw－2b以上作用不明显。说明黄蘑多糖Fb－2b有明显延缓衰老作用，不同组分的多糖延缓衰老作用有显著性差异。

另外，陆艳娟等人[16]研究了黄蘑多糖对D－半乳糖(D-gal)致衰老模型小鼠单胺类神经递质的影响。采用D-gal诱导致衰老模型小鼠，以黄蘑多糖Fb－2b灌服6周后，用荧光法检测去甲肾上腺素、多巴胺、5－羟色胺、5－羟吲哚乙酸含量变化。结果显示：黄蘑多糖能明显提高D-gal致衰老模型小鼠脑、组织中单胺类神经递质含量，其中，中剂量、大剂量组作用显著($P<0.05$，$P<0.01$)，小剂量组作用不明显。说明黄蘑多糖Fb－2b具有明显的延缓衰老作用。

四、调节免疫功能

马岩等人[17]研究了黄蘑多糖Fb对小鼠免疫功能的调节作用。健康成年小鼠40只，随机分为对照组、环磷酰胺(CTX)免疫抑制组、黄蘑碱溶性多糖活性组分(Fb)。正常小鼠给药组和Fb环磷酰胺配伍使用(M)给药组，采用NK细胞介导的细胞毒试验，检测自然杀伤细胞(NK)的活性；淋巴细胞转化试验，检测T淋巴细胞增殖功能；鼠脾T淋巴母细胞增殖分析法，检测白细胞介素2(IL－2)的活性，观察Fb对各组小鼠免疫指标的影响。同时通过明胶酶谱分析，检测脾脏基质金属蛋白酶(MMPs)的表达。结果显示：黄蘑多糖Fb能提高免疫抑制小鼠的NK细胞活性，T淋巴细胞转化率(LTT)和IL－2的活性($P<0.05$)，对正常小鼠LTT有显著促进作用($P<0.01$)。正常给药组和配伍使用组主要免疫器官脾脏和胸腺重量高于免疫抑制组，且小鼠体重增长也明显高于免疫抑制组($P<0.01$)；免疫抑制组小鼠脾脏MMP－2活性下降($P<0.05$)，MMP－9也呈降低趋势($P>0.05$)，Fb组和M组MMP－9活性明显升高($P<0.01$)。由此说明：黄蘑多糖Fb能提高免疫抑制小鼠免疫系统的活性，并有可能保护和促进其免疫系统的修复和增生，显著提高正常小鼠T淋巴细胞转化率，其他免疫指标也显示有轻度上调作用。

第四节　亚侧耳菌丝生物学特性研究

亚侧耳是中国东北地区著名的野生食用菌，味道鲜美，营养丰富，为了开发利用这一自然资源，采用组织分离法分离出野生亚侧耳菌丝，并对其生物学特性进行了研究[18]。分析研究了葡萄糖、蔗糖、麦芽糖、乳糖、淀粉5种碳源，蛋白胨、酵母浸粉、硝酸铵、硫酸铵、硝酸钾、尿素6种氮源和不同碳氮比、温度、pH对菌丝生长的影响，从中选出菌丝生长的最适培养基配方和生长条件，为亚侧耳高效生产栽培提供了科学依据。结果表明：在葡萄糖、蔗糖、麦芽糖、乳糖、淀粉5种供试碳源中，亚侧耳菌丝生长的最适碳源为葡萄糖，其次为淀粉；在蛋白胨、酵母浸粉、硝酸铵、硫酸铵、硝酸钾、尿素6种供试氮源中，菌丝生长的最适氮源为酵母浸粉和蛋白胨；在基础培养基供试的6种碳氮比中，菌丝生长最适碳氮比为20/1～40/1，在该范围中，菌丝生长快，菌丝洁白浓密；菌丝在15～30℃培养温度中，最适

温度为23～25℃，温度超过30℃时，菌丝会停止生长；pH在4.5～8.0范围内菌丝均可生长，最适pH为5.4～5.8。

参考文献

[1] 黄年来. 中国大型真菌原色图鉴[M]. 北京：中国农业出版社，1998.
[2] 卯晓岚. 中国经济真菌[M]. 北京：科学出版社，1998.
[3] 马岩，水野卓，伊藤均. 长白山野生黄蘑抗肿瘤活性多糖的研究[J]. 白求恩医科大学学报，1992，18(3)：220－223.
[4] 陈湘，丛京香，林炳昌. 黄蘑多糖的提取纯化[J]. 精细化工，2007，24(5)：484－488.
[5] 曹瑞敏，王志才，董维仁. 长白山野生黄蘑化学成分及微量元素分析[J]. 中国药学杂志，1995，30(3)：136－139.
[6] Yaoita Y，Kaori M，Takeyoshi I，et al. New sterols and trieterpenolds from four Edible Mushrooms [J]. Chem Pharm Bull，2001，49(5)：589－594.
[7] 陈湘，林炳昌. 黄蘑子实体总糖的提取[J]. 食用菌学报，2007，14(1)：47－48.
[8] 丛景香，唐晓丹，张伟，等. 正交设计优选水溶性黄蘑多糖提取工艺[J]. 时珍国医国药，2011，22(1)：91－93.
[9] 李玉清，唐晓丹，林炳昌. 膜技术分离黄蘑多糖的工艺研究[J]. 特产研究，2007，1：42－46.
[10] 朱慧彬，朱顺星，程纯. 黄蘑多糖对H22荷瘤小鼠肿瘤生长及其VEGF表达的影响[J]. 中国医药导报，2011，29(8)：29－31.
[11] 马岩，张锐，于小风，等. 黄蘑多糖对荷瘤小鼠化疗的减毒增效作用[J]. 中草药，2006，37(8)：1199－1202.
[12] 马岩，张锐，于小风，等. 黄蘑多糖提取物的抗肝癌作用及其机制[J]. 吉林大学学报(医学版)，2005，31(6)：886－889.
[13] 姜世权，叶飞，苏士杰，等. 黄蘑多糖的辐射防护作用及其机制的初步探讨[J]. 中国辐射卫生，2001，10(2)：67－68.
[14] 陈强，李玲，姜虹，等. 黄蘑多糖对小鼠骨髓细胞染色体的辐射防护作用[J]. 中华放射医学与防护杂志，2005，25(2)：141－142.
[15] 李晓林，孙国光，马岩. 黄蘑多糖不同组分对D-半乳糖致衰老模型小鼠SOD、MDA的影响[J]. 中国老年学杂志，2006，26(1)：86－88.
[16] 陆艳娟，马岩，李晓梅，等. 黄蘑多糖对衰老模型小鼠单胺类神经递质的影响[J]. 中国老年学杂志，2007，27(12)：1124－1125.
[17] 马岩，马颖哲，张家颖，等. 黄蘑多糖Fb对小鼠免疫功能的调节作用[J]. 吉林大学学报(医学版)，2005，31(5)：692－695.
[18] 邹莉，王义，王轶，等. 亚侧耳菌丝生物学特性研究[J]. 菌物学报，2008，27(6)：915－921.

（刘彦飞）

第六十六章 白灵侧耳

BAI LING CE ER

第一节 概 述

白灵侧耳(*Pleurotus nebrodensis*)属担子菌门,伞菌纲,伞菌亚纲,伞菌目,侧耳科,侧耳属真菌[1-2]。俗称白灵菇、阿魏菇。

白灵侧耳富含多糖类化合物[3-4],具有防治老年人心血管疾病、儿童佝偻病、防癌抗癌等药用功效[5]。

第二节 白灵侧耳化学成分的研究

一、白灵侧耳多糖的提取方法

白灵侧耳多糖可以从子实体、菌丝体中提取。常用热水提取法[6]和复合酶解法[7]提取。用热水提取法既耗时效率又低,而采用复合酶解法对白灵侧耳菌丝体和子实体进行预处理,有利于糖类物质的溶出和分离,从而提高多糖的提取率;或借助超声波、微波等辅助手段,提高多糖的提取率。

用热水提取的白灵侧耳粗多糖含有较多的蛋白质,一般可选用试剂来处理,如 Sevage 试剂,它能使蛋白质变性成为絮状沉淀被析出,同时又可避免多糖的沉淀,但 Sevage 法去除蛋白质的主要缺点是重复次数多,且不易被除尽[8]。去除蛋白质后的多糖一般采用乙醇沉淀的方法,乙醇浓度、加入乙醇体积倍数与醇析时间是影响多糖沉降率的关键因素。浸提液过稀或过稠都不利于沉淀,过稀会稀释乙醇浓度,过稠会阻碍乙醇对多糖分子的作用。试验结果表明,在 10ml 发酵液中加入 4 倍无水乙醇(相当于提取液中乙醇浓度为 80%),胞外多糖的含量(多糖提取率)最高。醇析时间对试验结果影响最小。醇析时间过长,会使部分相对分子质量较小的多糖复溶到溶液中而降低提取率;醇析时间过短,乙醇对多糖的沉降会不充分回收[9]。

二、白灵侧耳多糖的纯化和结构鉴定方法

提取后的粗多糖,经 DEAE -纤维素柱和 Sephadex G - 100 柱色谱纯化得到纯多糖(PNMP),多糖经聚丙烯酰胺凝胶电泳、Sephadex G - 100 柱色谱和紫外光谱分析鉴定纯度;通过红外光谱、气相色谱对 PNMP 进行组分分析;再用高碘酸氧化、Smith 降解和测硫酸基法来鉴定其化学结构。结果表明,该多糖至少由半乳糖、甘露糖、葡萄糖、阿拉伯糖等组成,糖苷键连接方式为 1→3,1→6[10]。另 PNMP 经 DEAE - Cellulose 52 和 Sephadex G - 200 柱色谱后,得到单一组分 PNMP Ⅲ- a,经分析鉴定,PNMP Ⅲ- a 是不含双糖、糖醛酸和核酸的非淀粉类均一多糖;PNMP Ⅲ- a 完全酸水解后,经高效液相色谱分析,确定其糖基的组成为葡萄糖(Glc)、鼠李糖(Rha)、木糖(Xyl)和核糖(Nbo)。经红外光谱分析表明,PNMP Ⅲ- a 是一种含有氨基、硫酸酯键、β-糖苷键和 α - D 葡萄糖的蛋白多糖[11]。

第三节　白灵侧耳的生物活性

一、抗氧化作用

田金强等人[12]研究了阿魏菇多糖抗氧化延缓衰老作用。按多糖剂量不同，将试验动物分组，分别进行果蝇生存实验和小鼠抗氧化实验。检测指标包括：果蝇组死亡率，小鼠组的丙二醛、谷胱甘肽过氧化物酶、超氧化物歧化酶等的含量或活性。结果发现：果蝇在较高和高剂量组中平均寿命和最高寿命都显著高于对照（$P<0.05$）；在对老年小鼠作用的实验中，阿魏菇多糖（PNMP）各剂量组小鼠红细胞 SOD 活力均高于老龄对照组，其中，中剂量组明显升高（$P<0.05$）。各阿魏菇多糖组血清中 MDA 含量低于老年对照组，中剂量组显著降低（$P<0.05$）。各剂量组脑中的 MDA、LPF 均有不同程度的下降，PNMP 对 H_2O_2 诱导小鼠红细胞溶血有明显抑制作用。证明了阿魏菇多糖具有明显的抗氧化延缓衰老作用。

李正鹏等人[13]以白灵菇深层发酵液为材料，提取白灵菇胞外多糖进行体内外抗氧化活性研究。结果表明：与对照组相比，胞外多糖具有很强的清除自由基能力，抑制·OH 所致小鼠肝组织 MDA 生成和肝线粒体肿胀，在浓度为 1mg/ml 时就达到极显著的水平（$P<0.01$）；同时胞外多糖还具有提高血清和肝组织中 SOD、GSA 和 CAT 的活力，以及能抑制 MDA 的生成，在浓度较低时就能达极显著的水平。证明了白灵菇胞外多糖具有重要的抗氧化功能。

李永泉等人[14]用沸水提取白阿魏菇菌丝体多糖（PNMP），经 DEAE－cellulose 32 与 Sephadex G－100 柱层析得到纯化多糖 PNMP，用水杨酸法测 PNMP 对·OH 的清除作用；用硫代巴比妥酸法测小鼠肝组织丙二醛；用分光光度法测小鼠红细胞溶血和肝线粒体肿胀；测 PNMP 对连苯三酚自氧化体系的抑制作用。结果表明：PNMP 能明显地清除·OH，抑制·OH 所致的丙二醛增长，减少·OH 所致红细胞溶血和线粒体的肿胀，并抑制连苯三酚自氧化，所以 PNMP 有抗氧化活性。

Alam Nuhu 等人[15]用 β-胡萝卜素/亚油酸、还原能力、DPPH、亚铁离子的螯合能力和黄嘌呤氧化酶抑制作用来评价白灵侧耳的抗氧化活性。白灵侧耳的丙酮和甲醇提取物比热水提取物显示出更强的 β-胡萝卜素/亚油酸抑制作用；在 8mg/ml 时，丙酮提取物的还原能力达到 1.86；在 DPPH 自由基清除作用方面，丙酮和甲醇提取物比热水提取物更有效；低浓度时，白灵侧耳的螯合作用比阳性对照显著有效。这项研究表明，白灵侧耳能够作为潜在的天然抗氧化剂使用。

二、抗肿瘤作用

Cui Haiyan 等人[16]研究了多糖（PN50G）对 A549 细胞增殖和细胞凋亡的作用。经 MTT 检测显示，PN50G 在 A549 细胞中诱导细胞凋亡具有剂量依赖性。PN50G 不影响人胚胎肺纤维细胞 MRC－5 的增殖。SEM 结果显示，PN50G 在 A549 细胞中诱发了典型的凋亡形态学特征。吖啶橙/溴化乙锭（AO/EB）着色用于确定 DNA 的积聚和分裂。流式细胞分析显示，PN50G 通过 S 相的细胞捕获引起细胞凋亡。PN50G 还能延长在单细胞凝胶电泳实验中彗尾长，并破坏 Rdamine－123 着色的线粒体膜。通过 qRT－PCR 的进一步分析表明，半胱氨酸天冬氨酸蛋白酶－3 和半胱氨酸天冬氨酸蛋白酶－9mRNA 的表达增加了。这些研究表明，PN50G 主要是通过激活内在线粒体途径，抑制 A549 细胞增殖和诱导细胞凋亡。

杨洪彩等人[17]采用体外细胞培养，以免疫细胞化学和分子生物学技术观察 10^{-1}g/ml 杏多糖与阿魏蘑菇醇提物，对食管癌细胞凋亡与 Bcl－2、Bax 表达的影响。免疫细胞化学结果显示，食管癌细胞经两种受试物处理 24h 后，Bax 的表达较处理前有所增加；Bcl－2 表达未见下降，反而有增高的趋

势。经 HE 染色，在光学显微镜下可见，经 10^{-1}g/ml 的杏多糖与阿魏蘑菇醇提物干预后的食管癌细胞出现了凋亡细胞的形态学特征；TUNEL 测试结果显示，食管癌细胞核的 DNA 断裂片段较处理前增多；琼脂凝胶电泳显示一片模糊的弥散带。10^{-1}g/ml 的杏多糖与阿魏蘑菇醇提物可促进食管癌细胞抑癌基因 Bax 的表达，并促进细胞的凋亡。

三、多糖免疫活性功能

Wang Changlu 等人[18]纯化、鉴定了多糖 PN50G，并用 RAW264.7 巨噬细胞培养以评价 PN50G 的双向免疫特性。采用 Sepharose 4B 纯化 PN50G 后，得到 PN50G 的相对分子质量为 2 000kDa。加入 PN50G 后细胞形态学方面有显著改变，吞噬细胞的吞噬作用有明显提高。与阳性对照组比较，PN50G 强烈诱导了 TNF－α、IL－6、IL－10 的产率，巨噬细胞中的 iNOS 和信使 RNA 的表达。炎症/抗炎细胞因子(IL－6/IL－10、TNF－α/IL－10、NO/IL－10)通过 PN50G 在过量免疫实验模型中，以剂量依赖性的方式处理后，由脂多糖诱导的 RAW264.7 巨噬细胞的分泌率有显著下降。这项研究表明，纯化后的 PN50G 在 LPS 诱导的巨噬细胞中，以预防的方式提高免疫力和抑制免疫过度活跃，协调先天免疫和炎症反应。

四、降压作用

Miyazawa Noriko 等人[19]分析研究了白灵侧耳对自发性高血压大鼠心脏收缩压的影响。将白灵侧耳子实体提取物给自发性高血压大鼠和对照大鼠单次和连续服用。提取物包括 6%子实体粉末、热水提取物、多糖部位、蛋白质部位、可透析部分和不可透析部分。多糖和蛋白质部位是从热水提取物中获得；可透析部分和不可透析部分是从蛋白质部位分离得到。在单次给药实验中，蛋白质部位、热水提取物和多糖部位能够降低心脏收缩压。在给药 2h 后血压会降低，48h 后血压会回到给药前水平。在连续给药实验中，自发性高血压大鼠连续给药 16 周。结果：6%粉末组比对照组能够更好地抑制高血压水平，并且不影响整体胆固醇和三酰甘油水平；从开始连续口服给药后，不可透析部分就有抑制血压升高的作用，并且对肾素血管紧张素系统和肾功能有影响。

参考文献

[1] 王波，唐利民，熊鹰，等. 白灵侧耳(白灵菇)种质资源评价[J]. 菌物系统，2003，22(3)：502—503.
[2] 蒲训，齐进军. 白灵菇分类学特性诠释[J]. 甘肃科学学报，2001，13(4)：48—50.
[3] 杨海燕，张照红，谭惠林，等. 阿魏菇乙醇提取对 S－180 小鼠免疫功能的影响[J]. 食品研究与开发，2008，29(7)：43—45.
[4] Cailleux R, Joly P. Study of some Italian stations of *Pleurotus nebrodensis*[J]. Cociete－Mycologique－de－France，1992，103(4)：315—346.
[5] 甘勇，吕作舟. 阿魏蘑多糖理化性质及免疫活性研究[J]. 菌物系统，2001，20(2)：228—232.
[6] 马淑凤，陈利梅，徐化能，等. 白灵菇多糖的分离纯化及清除自由基研究[J]. 食品科学，2009，30(19)：109—113.
[7] 马淑凤，张连富，王利强，等. *Pleurotus nebrodensis* 子实体多糖提取工艺的研究[J]. 安徽农业科学，2008，36(18)：7521—7522.
[8] 杨梅，陈橙，王丽雅，等. 白灵菇多糖的提取及其分离的研究[J]. 福建师范大学学报(自然科学版)，2006，22(3)：118—120.

[9] 马淑凤,于娜,刘长江,等.白灵菇胞外多糖最佳提取工艺参数的研究[J].沈阳农业大学学报,2008,39(3):374—376.

[10] 李永泉,吴炬,花立明,等.白阿魏菇菌丝体多糖分离纯化工艺的优化和结构分析[J].兰州大学学报(自然科学版),2003,39(4):50—54.

[11] 马淑凤,陈利梅,徐化能,等.白灵菇菌丝体多糖的分离纯化及理化性质研究[J].食品工业科技,2009,30(12):136—138,141.

[12] 田金强,朱克瑞,李新明,等.阿魏菇多糖的抗氧化功能及其对果蝇寿命的影响[J].食品科学,2006,27(4):223—226.

[13] 李正鹏,吴萍.白灵菇胞外多糖抗氧化活性研究[J].食品与发酵工业,2009,35(10):85—88.

[14] 李永泉,吴炬,花立民,等.白阿魏菇菌丝体多糖(PNMP)体外抗氧化活性[J].兰州大学学报(自然科学版),2003,39(6):70—73.

[15] Alam Nuhu, Yoon Ki Nam, Lee Tae Soo. Evaluation of the antioxidant and antityrosinase activities of three extracts from *Pleurotus nebrodensis* fruiting bodies[J]. Afr J Biotechnol,2011,10(15):2978—2986.

[16] Cui Haiyan, Wang Changlu, Wang Yurong, et al. *Pleurotus nebrodensis* polysaccharide induces apoptosis in human non-small cell lung cancer A549 cells[J]. Carbohyd Polym, 2014, 104:246—252.

[17] 杨洪彩, 张月明, 曾献春.杏多糖与阿魏菇醇提物对食管癌细胞凋亡及其调控影响的体外实验研究[J].疾病控制杂志,2008,12(1):41—45.

[18] Wang Changlu, Cui Haiyan, Wang Yurong, et al. Bidirectional Immunomodulatory Activities of Polysaccharides Purified From *Pleurotus nebrodensis* [J]. Inflammation, 2014, 37(1): 83—93.

[19] Miyazawa Noriko, Okazaki Mitsuyo, Ohga Shoji. Antihypertensive effect of *Pleurotus nebrodensis* in spontaneously hypertensive rats[J]. J Oleo Sci, 2008, 57(12):675—681.

(刘莉莹、陈若芸)

第六十七章 鲍鱼菇

BAO YU GU

第一节 概 述

鲍鱼菇（*Pleurotus cystidiosus*）属担子菌门，伞菌纲，伞菌亚纲，伞菌目，侧耳科，侧耳属真菌，又名台湾鲍鱼菇、台湾平菇。鲍鱼菇是一种高温季节发生的珍稀菌类品种，由于传统的食用菌品种大部分不能在夏季出菇，而鲍鱼菇却能改变夏季鲜菇淡季的状况，具有较高的食用价值和商业价值。栽培鲍鱼菇的主要原料有棉子壳、玉米芯、杂木屑、稻麦草、麸皮、玉米粉等，辅料有糖、碳酸钙等。鲍鱼菇性微温，味甘，具有滋养、补脾胃、除温邪、祛风、散寒、舒筋活络等功效，可治腰腿疼痛、筋络不舒、手足麻木等症。鲍鱼菇子实体中含有多糖，能提高机体免疫力，对肿瘤细胞有较强的抑制作用；还具有抗炭疽菌的活性。长期食用鲍鱼菇具有降低血压和胆固醇的功能，能防止血管硬化，对肝炎、胃炎、十二指肠溃疡、软骨病等有辅助治疗作用。

鲍鱼菇中含有倍半萜、甾体类化合物，以及海藻糖、甘露醇、游离氨基酸、黑色素和芳香类等化合物。

第二节 鲍鱼菇化学成分的研究

一、鲍鱼菇倍半萜类化学成分的提取与分离

将发酵的菌丝体和培养基质合并后，用乙酸乙酯∶甲醇∶乙醇＝80∶15∶5提取，提取后的粗浸膏用乙酸乙酯和双蒸馏水分别萃取，乙酸乙酯部位用无水硫酸钠干燥，减压浓缩至干，得浸膏 4.41g。将浸膏通过反相中压液相色谱、Sephadex LH－20 柱色谱、硅胶柱色谱等方法得到化合物（1）6.1mg，（2）3.0mg，（3）1.7mg，（4）23.5mg，（5）2.3mg（图 67－1）。

(1) (2) (3) (4) (5)

图 67－1 鲍鱼菇中新倍半萜类化学成分的结构

二、鲍鱼菇倍半萜类化学成分的理化常数与光谱数据

Pleuroton A (1) 无色油状液体。$[\alpha]_D^{20}$ +51.7(*c* 0.23, MeOH)。UV(MeOH)λ_{max}(log ε): 216nm。IR(KBr): 3 441、1 749、1 623cm^{-1}。HR-EI-MS *m/z*: 266.152 1[M]$^+$。^{1}H NMR谱(CD_3OD, 500MHz)数据显示了3个甲基信号δ: 1.20(3H, s), 1.96(3H, s), 2.15(3H, s); 3个氧化次甲基信号δ: 4.36(1H, t, *J*=8.0Hz), 3.07(1H, d, *J*=8.0Hz), 4.77(1H, d, *J*=2.1Hz); 3个烯氢信号δ: 5.05(1H, t, *J*=2.4Hz), 5.22(1H, t, *J*=2.4Hz), 6.44(1H, d, *J*=1.1Hz)。^{13}C NMR谱(CD_3OD, 100MHz)数据给出15个碳信号, 包括3个甲基碳信号δ: 21.4、26.9、28.2; 两个氧化次甲基碳信号δ: 75.7、86.4; 两个被氧化的四元碳信号δ: 73.6、85.1; 1个α,β-不饱和酮信号δ: 199.8、161.0、120.4。两个烯键碳信号δ: 149.3(C-7)和106.9(C-14); 两个亚甲基信号δ: 33.8、19.9; 1个四元碳信号δ: 44.3。以上数据说明, 该化合物是没药烷型倍半萜的衍生物, 命名为pleuroton A[1]。

Pleuroton B (2) 无色油状液体。$[\alpha]_D^{20}$ +79.7(*c* 0.32, MeOH)。UV(MeOH)λ_{max}(logε): 247nm。IR(KBr): 3 443、1 758、1 684、1 622cm^{-1}。HR-EI-MS *m/z*: 282.146 1[M]$^+$。^{1}H NMR谱(CD_3OD, 500MHz)数据显示了3个甲基信号δ: 1.20(3H, s), 1.95(3H, d, *J*=1.0Hz), 2.15(3H, d, *J*=1.0Hz); 两个氧化次甲基信号δ: 4.28(1H, t, *J*=8.2Hz), 3.47(1H, d, *J*=8.2Hz); 3个烯氢信号δ: 5.17(1H, t, *J*=3.1Hz), 5.24(1H, t, *J*=3.1Hz), 6.40(1H, d, *J*=1.2Hz)。^{13}C NMR谱(CD_3OD, 100MHz)数据给出15个碳信号, 包括3个甲基碳信号δ: 21.4、27.0、28.3; 1个氧化次甲基碳信号δ: 77.7; 3个被氧化的四元碳信号δ: 73.8、84.6、105.8; 1个α,β-不饱和酮信号δ: 196.8、161.6、119.7; 两个烯键碳信号δ: 152.0(C-7)和110.4(C-14); 两个亚甲基信号δ: 33.8、19.9; 1个四元碳信号δ: 44.3。以上数据说明, 该化合物是没药烷型倍半萜的类似物, 命名为pleuroton B[1]。

clitocybulol D (3) 无色油状液体。$[\alpha]_D^{20}$ −50.0(*c* 0.17, MeOH)。UV(MeOH)λ_{max}(log ε): 209nm。IR(KBr): 3 426、1 630cm^{-1}。HR-EI-MS *m/z*: 282.146 5 [M]$^+$。^{1}H NMR谱(CD_3OD, 500MHz)数据显示了3个甲基信号δ: 0.97(3H, s), 1.08(3H, s), 1.25(3H, d, *J*=2.4Hz); 1个氧化亚甲基信号δ: 4.34(1H, dt, *J*=2.1、10.1Hz), 4.47(1H, dt, *J*=2.1, 10.1Hz); 两个氧化次甲基信号δ: 3.66(1H, d, *J*=2.4Hz), 4.02(1H, s); 两个烯氢信号δ: 5.13(1H, t, *J*=2.1Hz), 5.27(1H, t, *J*=2.1Hz)。^{13}C NMR谱(CD_3OD, 100MHz)数据给出15个碳信号, 包括3个甲基碳信号δ: 18.8、23.1、28.4; 两个氧化次甲基碳信号δ: 76.9、88.5; 两个被氧化的四元碳信号δ: 77.7、104.7; 4个烯键碳信号δ: 107.9(C-12), 136.1(C-2), 141.5(C-9)和150.7(C-4)。以上数据说明, 该化合物是clitocybulol D[1]。

clitocybulol E (4) 无色油状液体。$[\alpha]_D^{20}$ −45.8(*c* 0.20, MeOH)。UV(MeOH)λ_{max}(log ε): 207nm。IR(KBr): 3 423、1 631cm^{-1}。HR-EI-MS *m/z*: 282.146 6[M]$^+$。^{1}H NMR谱(CD_3OD, 500MHz)数据显示了两个甲基信号δ: 1.04(3H, s), 1.11(3H, d, *J*=7.5Hz); 两个氧化亚甲基信号δ: 4.26(1H, dt, *J*=2.1、11.0Hz), 4.47(1H, dt, *J*=2.1、11.0Hz); 3.40(2H, m); 1个氧化次甲基信号δ: 3.63(1H, d, *J*=2.8Hz); 两个烯氢信号δ: 5.13(1H, t, *J*=2.1Hz), 5.27(1H, t, *J*=2.1Hz)。^{13}C NMR谱(CD_3OD, 100MHz)数据给出15个碳信号, 包括两个甲基碳信号δ: 17.4、25.6; 1个氧化次甲基碳信号δ: 76.0; 两个被氧化的四元碳信号δ: 77.7、104.6; 4个烯键碳信号δ: 107.8(C-12), 131.5(C-2), 140.4(C-9)和151.0(C-4)。以上数据说明, 该化合物是clitocybulol E[1]。

clitocybulol F (5) 无色油状液体。$[\alpha]_D^{20}$ −51.3(*c* 0.07, MeOH)。UV(MeOH)λ_{max}(log ε): 207nm。IR(KBr): 3 418、1 631cm^{-1}。HR-EI-MS *m/z*: 266.151 7[M]$^+$。^{1}H NMR谱(CD_3OD, 500MHz)数据显示了两个甲基信号δ: 1.00(3H, m), 1.10(3H, m); 两个氧化亚甲基信号δ: 4.24(1H, dt, *J*=2.45、12.9Hz), 4.41(1H, dt, *J*=2.0、12.9Hz); 3.29(2H, m); 两个烯氢信号δ: 5.12(1H, t, *J*=2.4Hz), 5.25(1H, t, *J*=2.4Hz)。^{13}C NMR谱(CD_3OD, 100MHz)数据给出15个碳信号,

包括两个甲基碳信号 δ：19.6，25.5；两个被氧化的四元碳信号 δ：77.8、105.2；4 个烯键碳信号 δ：107.5（C－12），132.1（C－2），143.0（C－9）和 151.3（C－4）。以上数据说明，该化合物是 clitocybulol F[1]。

三、鲍鱼菇甾体类成分的提取分离与结构鉴定

从鲍鱼菇丙酮提取物的二氯甲烷萃取物中分离得到 1 个新甾体化合物：3β，5α，6β－trihydroxyergosta－7，22－diene（图 67－2）。

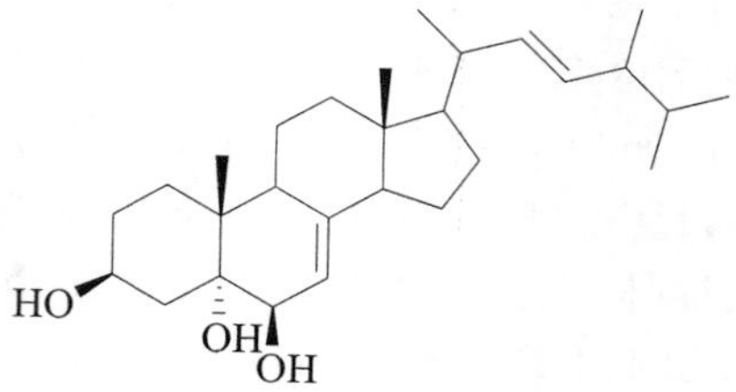

图 67－2　鲍鱼菇中新甾体类化学成分的结构

提取方法　将 3kg 新鲜鲍鱼菇用 2L 丙酮提取 2 次，合并提取液，减压浓缩，冻干，得到提取物 20g。将提取物溶解于 100ml 20%的甲醇中，依次用正己烷、二氯甲烷和乙酸乙酯萃取。其中二氯甲烷部分经反复硅胶柱色谱进行分离，从中分离得到化合物(6)。

3β，5α，6β－三羟基麦角甾－7，22－二烯（3β，5α，6β－trihydroxyergosta－7，22－diene，6）　^{1}H NMR 谱（$CDCl_3$，600MHz）数据显示了 6 个甲基信号 δ：0.600（3H，s），0.824（3H，d，J＝6.8Hz），0.840（3H，d，J＝6.7Hz），0.918（3H，d，J＝6.8Hz），1.028（3H，d，J＝6.6Hz），1.088（3H，s）；两个氧化次甲基信号 δ：3.625（1H，br d，J＝4.4Hz），4.082（1H，tt，J＝11.3、4.9Hz）；两个烯氢信号 δ：5.356（1H，dt，J＝5.4、2.3Hz），5.170（1H，dd，J＝15.3、8.3Hz）。^{13}C NMR 谱（$CDCl_3$，600MHz）数据给出 27 个碳信号，包括 6 个甲基碳信号 δ：12.33、17.58、18.84、19.64、19.94、21.11；两个氧化次甲基碳信号 δ：67.73、73.67；1 个被氧化的四元碳信号 δ：75.96；4 个烯键碳信号 δ：117.53（C－7），144.02（C－8），135.37（C－22）和 132.18（C－23）。以上数据说明，该化合物是 3β，5α，6β－三羟基麦角甾醇－7，22－二烯[2]。

四、鲍鱼菇其他成分的提取分离与结构鉴定

SelvakumarP 等人[3]从鲍鱼菇中分离和鉴定出黑色素。经鉴定，该黑色素为菌丝体透明的分节孢子处产生的黑色黏液状团块。当在马铃薯葡萄糖琼脂培养基（PDA）上培养时，黑色分生孢子就会产生。具体培养步骤如下：

把菌丝体放入加有 PDA 培养基的皮氏培养皿中，25±1℃，400lx 连续光照培养 3 周。用 1mol/L NaOH 冲洗菌丝体渗出的黑色团块，并且用 120℃高压蒸汽处理 20min，5 000r/min 离心 5min，收集上清液。用 HCl 酸化至 pH 为 2，使黑色素沉淀。将沉淀物用 3ml 蒸馏水清洗，放在 20℃环境干燥一晚，备用。

用 UV、IR（KBr）和 EPR 等谱图确定黑色素的结构。黑色素在紫外区域内吸收很强，但随着波长的增加吸收逐渐减弱。特征吸收峰为 250～300nm，但在可见光的区域内没有吸收峰。红外显示出羟基、氨基、芳香环的存在（3 445cm^{-1}、2 924cm^{-1}、1 025cm^{-1}）。EPR 谱中峰 2.0012 处（G 值）显示出自由基的存在，确定为黑色素。

Li Wen 等人[4]研究了 5 种栽培菇类的不挥发成分，其中鲍鱼菇中富含反丁烯二酸（96.11mg/g），

主要的糖/醇是海藻糖(12.23～301.63mg/g)和甘露醇(12.37～152.11mg/g)。游离氨基酸水平在4.09～22.73mg/g之间。

Usami Atsushi等人[5]研究了杏鲍菇和鲍鱼菇挥发油中有特殊气味的化合物。结果表明,鲍鱼菇油的主要成分是棕榈酸(25.8%)、吲哚(9.1%)和肉豆蔻酸(5.3%)。嗅觉检测结果:OAV和FD的值,表明二甲基三硫化物和1-辛烯-3-醇是鲍鱼菇油的主要芳香类活性物质。

第三节　鲍鱼菇的生物活性

Zheng Yongbiao等人[1]从鲍鱼菇菌丝体中分离出两个新没药烷型倍半萜和3个倍半萜烯,对人前列腺癌细胞DU-145和C42B显示出显著的细胞毒性。pleuroton A,pleuroton B,clitocybulol D,clitocybulol E和clitocybulol F对细胞DU-145的IC_{50}值,分别为174、28、233、162和179nmol;对细胞C42B的IC_{50}值,分别为104、52、163、120和119nmol。其中,pleuroton B能够引起DU-145细胞的凋亡。通过流式细胞术,观察凋亡细胞的凝结核和免疫印迹,分析凋亡相关蛋白Bcl-2、Bak和Bax的表达,用膜联蛋白V-FITC着色来监测凋亡细胞,从而阐明了pleuroton B引发DU-145细胞凋亡的机制。

Menikpurage Inoka P等人[2]研究了鲍鱼菇对炭疽菌的抗真菌活性。使用标准的有毒食品技术检测鲍鱼菇丙酮、二氯甲烷和正己烷提取物的抗真菌活性,所有检测方法浓度都为$2\,000\times10^{-6}$。丙酮、二氯甲烷和正己烷提取物的抑制率,分别为12%、7%和0.4%。在抗真菌试验指导下,活性最强的丙酮提取物分成4个部分:A1、A2、A3和A4,它们的抑制率分别为12%、22%、0%和17%。A2部分经过正相柱色谱,得到A2-1、A2-2、A2-3和A2-4,抑制率分别为7%、5%、26%和13%。抑制率为41%的单体化合物A2-3-13,从活性最强的A2-3部分分离出。

参考文献

[1] Zheng Yongbiao, Pang Haiyue, Wang Jifeng, et al. New apoptosis-inducing sesquiterpenoids from the mycelial culture of Chinese edible fungus *Pleurotus cystidiosus*[J]. Journal of Agricultural and Food Chemistry, 2015, 63(2):545-551.

[2] Menikpurage Inoka P, Abeytunga D. T. U, Jacobsen Neil E, et al. An Oxidized Ergosterol from *Pleurotus cystidiosus* Active Against Anthracnose Causing *Colletotrichum gloeosporioides*[J]. Mycopathologia, 2009, 167(3):155-162.

[3] Selvakumar P, Rajasekar S, Periasamy K, et al. Isolation and characterization of melanin pigment from *Pleurotus cystidiosus* (telomorph of Antromycopsis macrocarpa) [J]. World Journal of Microbiology & Biotechnology, 2008, 24(10):2125-2131.

[4] Li Wen, Gu Zhen, Yang Yan, et al. Non-volatile taste components of several cultivated mushrooms[J]. Food Chemistry, 2014, 143:427-431.

[5] Usami Atsushi, Motooka Ryota, Nakahashi Hiroshi, et al. Characteristic odorants from bailingu oyster mushroom (*Pleurotus eryngii var. tuoliensis*) and summer oyster mushroom (*Pleurotus cystidiosus*) [J]. Journal of Oleo Science, 2014, 63(7):731-739.

(刘莉莹、陈若芸)

第六十八章 草菇

CAO GU

第一节 概述

草菇[*Volvariella volvacea*（Bull. exFr.）Sing]属担子菌门，伞菌纲伞菌亚纲，伞菌目，光柄菇科，小苞脚菇属真菌，别名南华菇、兰花菇、秆菇、麻菇、中国菇、美味草菇与美味苞脚菇等。草菇起源于广东韶关南华寺，在300年前我国已开始进行人工栽培，20世纪30年代由华侨传播世界各国，现已成为世界上第三大人工栽培食用菌。草菇喜高温，是热带和亚热带高温多雨地区广为栽培的食用菌。在我国广东、广西、四川、福建、湖南、江西和台湾等地区均有广泛分布[1-2]。我国草菇年产量达3万多吨，占全世界草菇总产量的70%～80%，居世界首位[3]。

第二节 草菇化学成分的研究

一、多糖类化学成分

Chanchal K. Nandan 等人[4]用热水提取新鲜的草菇，提取液冷却后过滤，加入5倍量95%的乙醇，离心；残渣经透析、离心后，冷冻干燥得到粗多糖660mg。将30mg粗多糖过Sepharose 6B柱层析，水洗脱后得到3个馏分PS－Ⅰ(7mg)、PS－Ⅱ(6mg)、PS－Ⅲ(9.5mg)。各馏分经亲和层析和Sepharose 6B柱层析纯化，得到3个草菇多糖。PS－Ⅰ由单一葡萄糖组成，而PS－Ⅱ和PS－Ⅲ由D－葡萄糖、D－半乳糖和D－甘露糖组成。它们的相对分子质量分别为：PS－Ⅰ(1.88×10^5Da)、PS－Ⅱ(1.32×10^5Da)和PS－Ⅲ(0.92×10^5Da)；它们的比旋度分别为：PS－Ⅰ：$[\alpha]_D^{22}-26.46$(c 0.08, H_2O)、PS－Ⅱ：$[\alpha]_D^{22}+21.95$(c 0.09, H_2O)和PS－Ⅲ：$[\alpha]_D^{22}+35.45$(c 0.08, H_2O)。

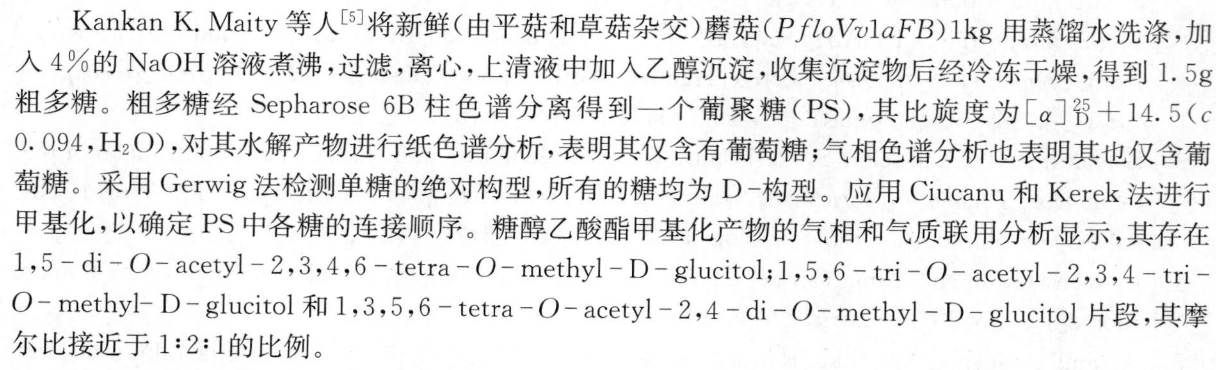

Kankan K. Maity 等人[5]将新鲜(由平菇和草菇杂交)蘑菇(*PfloVv1aFB*)1kg用蒸馏水洗涤，加入4%的NaOH溶液煮沸，过滤，离心，上清液中加入乙醇沉淀，收集沉淀物后经冷冻干燥，得到1.5g粗多糖。粗多糖经Sepharose 6B柱色谱分离得到一个葡聚糖(PS)，其比旋度为$[\alpha]_D^{25}+14.5$(c 0.094, H_2O)，对其水解产物进行纸色谱分析，表明其仅含有葡萄糖；气相色谱分析也表明其也仅含葡萄糖。采用Gerwig法检测单糖的绝对构型，所有的糖均为D－构型。应用Ciucanu和Kerek法进行甲基化，以确定PS中各糖的连接顺序。糖醇乙酸酯甲基化产物的气相和气质联用分析显示，其存在1,5－di－*O*－acetyl－2,3,4,6－tetra－*O*－methyl－D－glucitol；1,5,6－tri－*O*－acetyl－2,3,4－tri－*O*－methyl－D－glucitol和1,3,5,6－tetra－*O*－acetyl－2,4－di－*O*－methyl－D－glucitol片段，其摩尔比接近于1:2:1的比例。

Sukesh Patra 等人[6]用热水提取(由平菇和草菇杂交)蘑菇(*PfloVv1aFB*)，提取液经乙醇沉淀、透析、离心和冷冻干燥，得到240mg粗多糖。将205mg粗多糖经Sepharose 6B柱色谱分离，水洗脱，得到两个馏分PS－Ⅰ(6mg)和PS－Ⅱ(2mg)。PS－Ⅰ的比旋度为$[\alpha]_D^{25}+9.19$(c 0.849, H_2O)，相对分子质量为1.95×10^5Da。经酸水解后制备成乙酸酯衍生物进行气相色谱分析，显示由葡萄糖、半乳糖和甘露糖组成，其摩尔比接近4:1:1。采用Gerwig法检测单糖的绝对构型，所有糖均为D－构型。

应用 Ciucanu 和 Kerek 法进行甲基化，以确定 PS 中各糖的连接顺序。糖醇乙酸酯甲基化产物的气相和气质联用分析显示，其存在 1,5 - di - *O* - acetyl - 2,3,4,6 - tetra - *O* - methyl - D - glucitol；1,5 - di - *O* - acetyl - 2,3,4,6 - tetra - *O* - methyl - D - manni - tol；1,3,5 - tri - acetyl - 2,4,6 - tri - *O* - methyl - D- glucitol；1,5,6 - tri - *O* - acetyl - 2,3,4 - tri - *O* - methyl - D - glucitol；1,3,5,6 - tetra - *O* - acetyl - 2,4 - di - *O* - methyl - D - glucitol 和 1,2,5,6 - tetra - *O* - acetyl - 3,4 - di - *O* - methyl - D - galactitol 片段，其摩尔比接近 1∶1∶1∶1∶1∶1的比例。

二、非多糖类化学成分

Mallavadhani 等人[7]从草菇提取物中分离得到麦角甾醇(1)、5 -二氢麦角甾醇(2)、过氧化麦角甾醇(3)、酒酵母甾醇(4)、吡啶- 3 -羧酸(5)和吡唑- 3(5)-羧酸(6)，化合物(6)首次从食用菌中分离得到(图 68 - 1)。

(1)　(2)　(3)

(4)　(5)　(6)

图 68 - 1　草菇中的非多糖类化合物

Jeng-Leun Mau 等人[8]应用气质联用法分析了不同成熟度草菇的挥发性风味成分，主要是柠檬烯、1,5 -辛二烯- 3 -醇、3 -辛醇、1 -辛烯- 3 -醇、1 -辛醇和 2 -辛烯- 1 -醇，其中 1 -辛烯- 3 -醇占总挥发性成分的 71.6%～83.1%。草菇成熟度越高，芳香性成分含量越高。他们同时还分析了草菇子实体发育过程中，总游离氨基酸和呈味氨基酸(包括天冬氨酸和谷氨酸)含量的变化，分别从第一阶段(卵形初期)的 36.11mg/g 和 11.20mg/g，增加到第五阶段(开伞期)的 60.18mg/g 和 26.21mg/g，其中谷氨酸增加显著，从 7.72mg/g 上升到 21.00mg/g。总 5′-核苷酸和呈味核苷酸(5′- IMP 和 5′- GMP)随草菇成熟度增加而稳定增加。在第四阶段(菌柄延长期)和第五阶段(开伞期)含有更多的风味物质。

第三节　草菇中甘露醇的含量测定

一、仪器与试剂

胡淑琴等人用比色法检测了包括草菇在内的 15 种食用菌中甘露醇的含量[9]，方法如下：

1. 仪器

FA2004N 赛多利斯精密电子天平(上海精密仪器科学有限公司);202-3 型电热恒温干燥箱(上海阳光实验有限公司);UV-1700 型紫外可见分光光度计(日本 Shimadzu 公司);HWS26 型电热恒温水浴锅(上海一恒科学仪器有限公司)。

2. 试剂

高碘酸钠、乙酸铵、冰醋酸、乙酰丙酮和浓盐酸(质量分数为 36%~38%)均为分析纯。L-鼠李糖(生化试剂)和甘露醇对照品(购于广州自力色谱科技有限公司)。

二、试验方法

1. 试剂配制

(1) Nash 试剂

需新鲜配制。精确称取乙酸铵 150g,用蒸馏水溶解,加入 2ml 冰醋酸、2ml 丙酮,定容至 1 000ml。

(2) 0.015mol/L 高碘酸钠溶液

精确称取高碘酸钠 3.2g,溶于 0.12mol/L HCl,定容至 1 000ml。

(3) 0.1%鼠李糖

精密称取 L-鼠李糖 0.1g,用蒸馏水溶解,定容至 100ml。

(4) 甘露醇标准溶液的制备

精密称取甘露醇对照品 100mg,溶于蒸馏水中,定容至 100ml,即为 1mg/ml 甘露醇标准溶液。

(5) 供试品溶液的制备

准确称取样品 0.5g(精确到 0.000 1g),分别置于 50ml 三角烧瓶中,加入 25ml 蒸馏水,用 80℃水浴提取 1h,离心,将上清液转移至 50ml 容量瓶中,残渣重复提取 1 次,定容,备用。

(6) 测定方法

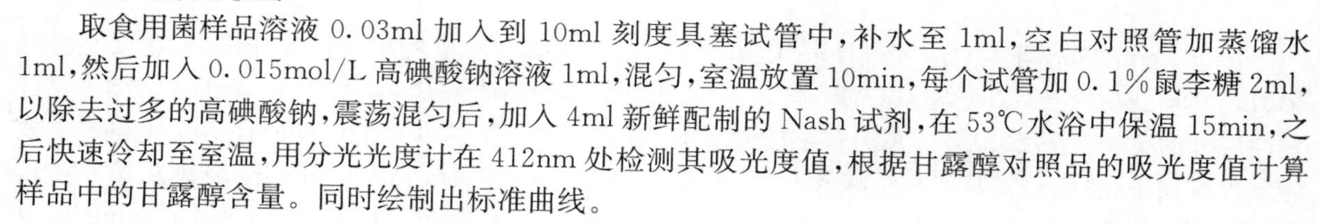
取食用菌样品溶液 0.03ml 加入到 10ml 刻度具塞试管中,补水至 1ml,空白对照管加蒸馏水 1ml,然后加入 0.015mol/L 高碘酸钠溶液 1ml,混匀,室温放置 10min,每个试管加 0.1%鼠李糖 2ml,以除去过多的高碘酸钠,震荡混匀后,加入 4ml 新鲜配制的 Nash 试剂,在 53℃水浴中保温 15min,之后快速冷却至室温,用分光光度计在 412nm 处检测其吸光度值,根据甘露醇对照品的吸光度值计算样品中的甘露醇含量。同时绘制出标准曲线。

2. 甘露醇标准曲线的制订

分别精密量取甘露醇对照品溶液 0.01、0.02、0.03、0.04、0.05、0.06、0.07、0.08、0.09、0.10ml 置于具塞试管中,加蒸馏水至 1ml,按(6)操作,以甘露醇的质量浓度为横坐标,吸光度值为纵坐标。结果表明,在 10~100μg/ml 范围内,其吸光度值与质量浓度有良好的线性关系,其线性回归方程为:Y=0.011 2X+0.007(Y 为吸光度值,X 质量浓度),R^2=0.999 8。根据食用菌样品的提取和稀释路线,食用菌中甘露醇的含量按下式计算:

$$甘露醇含量(\%)=\frac{X\times50\times10^6}{0.03\times0.5}\times100$$

3. 精密度试验

取上述浓度为 1mg/ml 的甘露醇标准溶液 0.03ml,加蒸馏水定容至 1ml,浓度为 30μg/ml,6 份,

按“1.6”操作，在412nm处测吸光值，结果6个试管的吸光度值分别为：0.340、0.339、0.340、0.328、0.337、0.341，RSD值为1.31%。

4. 重现性试验

取样品溶液0.03ml，加蒸馏水定容至1ml，5份，按“1.6”操作，在412nm处测吸光值，结果6个试管的吸光度值分别为：0.279、0.304、0.287、0.283、0.287，RSD值为2.96%。

5. 稳定性试验

取样品溶液0.03ml，加蒸馏水定容至1ml，按“1.6”操作，每隔15、30、60、90、120、150、180、240min在412nm处测吸光值。结果吸光度值分别为：0.287、0.286、0.283、0.279、0.277、0.275、0.271、0.259，RSD值为3.29%，表明随着时间的推移，样品在412nm处的吸光度值变小，稳定性降低。但从相对标准偏差RSD值可以确认，样品在4h之内比较稳定。

6. 回收率试验

采用加样回收法，取已知浓度的样品溶液5份，每份0.03ml，分别加入浓度为1mg/ml的甘露醇标准溶液0.02ml、0.03ml、0.04ml、0.05ml、0.06ml，按“1.6”操作，在412nm处测吸光值，计算回收率，结果见表68-1。

表68-1　回收率检测结果($n=3$)

加入量(ml)	测得值(μg)	回收率(%)	平均回收率(%)	RSD(%)
0.02	20.02	100.1	99.2	0.96
0.03	29.76	99.2		
0.04	39.8	99.5		
0.05	48.82	97.6		
0.06	59.76	99.6		

7. 草菇中甘露醇的含量比较

根据以上甘露醇的检测条件，按标准曲线回归方程计算，测得草菇中甘露醇含量平均为0.65%±0.04%。

第四节　草菇的药理作用

一、抗肿瘤作用

Kishida等人[10]从草菇子实体中提取得到一种葡聚糖，对小鼠肿瘤具有抑制作用。赵俊霞等人[11]利用MTT法研究了草菇菌丝体提取物对胃癌细胞增值的抑制作用。结果显示，各组分均有较高的抗肿瘤活性，且抗肿瘤活性与提取物浓度存在明显的量效关系。

二、抗氧化作用

孙延芳等人[12]用70%乙醇微波提取草菇总多酚。提取液经抽滤、离心得到草菇总多酚提取液，检测DPPH自由基清除能力，样品浓度为1.5mg/ml时，其DPPH自由基清除率为93.80%。Cheung等人[13]采用3种不同方法，检测草菇甲醇提取物和水提取物的抗氧化活性，发现水提取物中总酚含量高于甲醇提取物，其抗氧化活性也高于甲醇提取物。

三、免疫调节作用

She等人[14]研究了从草菇中提取纯化得到的凝集素VVL免疫调节活性，发现其可以刺激鼠脾淋巴细胞，通过反向PCR技术，还证明其显著增加IL-2和干扰素-g转录表达。草菇凝集素刺激淋巴细胞的主要机制是其可以促进钙离子内流，活化T细胞核因子(NFAT)，诱导激活标志物CD25和CD69以及胞内细胞因子，从而促进细胞增殖[15]。Maiti等人[16]从草菇中分离得到的Cibacron蓝亲和层析蛋白(CBAEP)，发现其对脾细胞、胸腺细胞和骨髓细胞有刺激作用，能够增强NK细胞和巨噬细胞产生NO的能力。

第四节　展　望

草菇是食用菌中最不易保鲜储藏的菇类，采后的后熟作用非常强烈，且采收期的气温较高，又不能在较低温度下储藏，这些因素制约了新鲜草菇的流通和大规模生产。为了促进草菇产品的开发，应加强对草菇化学成分的研究，寻找其活性成分，指导草菇深加工产品的开发；目前已发现草菇在低温储藏中容易发生自溶现象，然而对自溶现象发生的机制还未阐述清楚，自溶现象是限制草菇发展的主要瓶颈，应加强对自溶产生机制的研究，提高草菇的保鲜技术。当前，我国草菇主要加工产品是干制草菇、速冻草菇和草菇罐头，随着草菇种植技术的提高和产量的快速增加，急需加强深加工技术、开发出系列的加工产品，改变单一产品的结构，延伸产业链，形成多元化产品，满足不同消费群体、市场的需求。草菇的化学成分除多糖外，其他成分研究的较少，需要进一步加大研究力度和深度。

参考文献

[1] 刘建农.信丰草菇的发展概况[J].中国食用菌，2001，20(5)：26—27.
[2] 曹裕汉.广东地区草菇产业发展现状及可持续发展的探讨[J].食用菌，2005，(6)：1—2.
[3] 郭勇，彭卫红，甘炳成，等.我国草菇生产现状及四川草菇发展面临的问题[J].西南农业学报，2001，14(增刊1)：124—126.
[4] Chanchal K. Nandan，Ramsankar Sarkar，Sunil K. Bhanja，et al. Isolation and characterization of polysacharides of a hybrid mushroom (backcross mating between *PfloVv*12 and *Volvariella volvacea*) [J]. Carbohydr Res，2011，346：2451—2456.
[5] Kankan K. Maity，Sukesh Patra，Biswajit Dey，et al. A β-glucan from the alkaline extract of a somatic hybrid (*PfloVv5FB*) of *Pleurotus florida* and *Volvariella volvacea*：structural characterization and study of immunoactivation [J]. Carbohydr Res，2013，370：13—18.
[6] Sukesh Patra，Kankan K. Maity，Sanjay K. Bhunia，et al. Structural characterization and study of immunoenhancing properties of heteroglycan isolated from a somatic hybrid mushroom (*PfloVv1aFB*) of *Pleurotus florida* and *Volvariella volvacea* [J]. Carbohydr Res，2011，346：1967—1972.
[7] Uppuluri V. Mallavadhani，Akella VS. Sudhakar，KV. Satyanarayana S.，et al. Chemical

and analytical screening of some edible mushrooms [J]. Food Chem, 2006, 95(1):58—64.

[8] Jeng-Leun Mau, Charng-Cherng Chyau, Juh-Yiing Li, et al. Flavor compounds in straw mushrooms *Volvariella volvacea* harvested at different stages of maturity [J]. J Agric Food chem, 1997,45(12):4726—4729.

[9] 胡淑琴,陈智毅,邹宇晓,等. 比色法测定15种食用菌中甘露醇的含量[J]. 现代食品科技,2010,26(8):901—903.

[10] Kishida E, Sone Y, Shibata S, et al. Preparation and immunochemical characterization of antibody to branched D-glucan of *Volvariella volvacea*, and its use in studies of antitumor actions [J]. Agric Biol Chem, 1989, 53(7):1849—1859.

[11] 赵俊霞,袁广峰,徐瑞雅,等. 草菇培养物中粗三萜和黄酮含量及抗氧化抗肿瘤活性研究[J]. 菌物学报,2007,26(3):426—432.

[12] 孙延芳,刘艳凯,梁宗锁,等. 6种食用菌多酚及其抗氧化活性研究[J]. 广东农业科学,2011,(16):76—78.

[13] Cheung LM, Cheung PCK, Oolvec. Antioxidant activity and total phenolics of edible mushroom extracts [J]. Food Chem, 2003, 81(2):249—255.

[14] She Qingbai, Ng Tzibun, Liu Wingkeung. A novel lectin with potent immunomodulatory activity isolated from both fruiting bodies and cultured mycelia of the edible mushroom *volvariella volvacea* [J]. Biochem Biophys Res Commun,1998, 247(1):106—111.

[15] Sze SCW, Ho JCK, Liu Wingkeung. *Volvariella volvacea* lectin activates mouse T lymphocytes by a calcium dependent pathway [J]. J Cell Biochem, 2004,92(6):1193—1202.

[16] Maiti S, Bhutia SK, Mallick SK, et al. Antiproliferative and immunostimulatory protein fraction from edible mushrooms [J]. Environ Toxic Pharm, 2008, 26(2):187—191.

(王洪庆)

第六十九章 茶树菇

CHA SHU GU

第一节 概 述

茶树菇(*Agrocybe cylindracea*)属担子菌门,伞菌纲,伞菌亚纲,伞菌目,球盖菇科,田头菇属真菌,又名柱状田头菇、柱状环锈伞、杨树菇、茶薪菇、柳松茸等。茶树菇富含人体所需的氨基酸和微量元素,并含有抗癌活性的多糖。茶树菇味道鲜美,有滋阴壮阴、美容保健之功效,对肾虚、尿频、水肿、风湿有独特疗效,对抗癌、降压、小儿低热、尿床有较理想的治疗功能[1],民间称为"神菇",是药食同用的真菌。

第二节 茶树菇化学成分的研究

一、生物碱类化合物

Won-Gon Kim 等人[2]从茶树菇的甲醇提取物中分离得到两个新的生物碱,分别是:6 - hydroxy - 1H - indole - 3 - carboxaldehyde (1),6 - hydroxy - 1H - indole - 3 - acetamide (2)。通过药理实验发现,化合物(1)和(2)具有抑制大鼠肝微粒体脂质过氧化活性,其 IC_{50} 分别为 4.1 和 3.9μg/ml。

Hiroyuki Koshino 等人[3]从茶树菇的甲醇提取物中分离得到 1 个新的生物碱类化合物,命名为:2,2,5,5,7 - pentamethyl - 6 - oxo - 5,6 - dihydro - 1,4 - diazaindan (3)(图 69 - 1)。

图 69 - 1 茶树菇中的生物碱类化合物

6 - hydroxy - 1H - indole - 3 - carboxaldehyde (1) 白色粉末,UV λ_{max} (MeOH)(ε)220(3 950)、235(3 500)、276(2 730)、300(2 360)nm。IR(KBr):3 338、2 923、1 733、1 627cm^{-1}。HR-EI-MS m/z: 161.046 6[M]$^+$($C_9H_7NO_2$计算值:161.047 5)。^{1}H-和^{13}C NMR 数据见表 69 - 1。

6 - hydroxy - 1H - indole - 3 - acetamide (2) 白色粉末,UV λ_{max} (MeOH)(ε):224(9 870)、274(1 690)、295(2 360)nm。IR(KBr):3 336、2 923、1 654cm^{-1}。HR-EI-MS m/z[M]$^+$:190.074 6($C_{10}H_{10}N_2O_2$ 计算值:190.074 0)。^{1}H-和^{13}C NMR 数据见表 69 - 1。

2,2,5,5,7 - pentamethyl - 6 - oxo - 5,6 - dihydro - 1,4 - diazaindan (3) 黄色粉末,UV λ_{max} (MeOH)(ε):223(16 800)、333(9 200)nm。IR(KBr):3 240、2 930、1 655、1 575、1 400cm^{-1}。HR-EI-MS m/z[M]$^+$:206.144 4($C_{12}H_{18}N_2O$ 计算值:206.142 0)。^{1}H and ^{13}C NMR 数据见表 69 - 1。

表 69-1　茶树菇中的生物碱类化合物波谱数据

position	(1)(400MHz,CD_3OD)		(2)(400MHz,CD_3OD)		(3)(600MHz,$CDCl_3$)	
	δ_H	δ_C	δ_H	δ_C	δ_H	δ_C
2	7.93(1H,s)	139.4	6.91(1H,s)	123.2		59.2
3		120.6		109.5	2.76(2H,s)	44.8
4	7.92(1H,d,*J*=8.5Hz)	123.2	7.24(1H,d,*J*=8.9Hz)	119.8		
5	6.77(1H,dd,*J*=8.5,2.0Hz)	113.8	6.52(1H,dd,*J*=8.9,1.9Hz)	110.0		66.3
6		156.4		154.1		201.6
7	6.85(1H,d,*J*=2.0Hz)	98.8	6.67(1H,d,*J*=1.9Hz)	97.5		100.0
8		140.5		139.0		146.1
9		119.2		122.2		162.5
10			3.49(2H,s)	33.4		
CHO	9.77(1H,S)	187.4				
$CONH_2$				178.0		
2-Me					1.45(6H,s)	30.0
5-Me					1.38(6H,s)	28.0
7-Me					1.72(3H,s)	7.3

二、多糖类化合物

Tadashi Kiho 等人[4]采用热水提取、乙醇沉淀和离子交换色谱等方法，分离得到茶树菇粗多糖(AG-HN)。经 Toyopearl HW-65F 进一步分离得到多糖 AG-HN1 和 AG-HN2，其在水中的比旋度分别为$[\alpha]_D$+24℃和$[\alpha]_D$+26℃。AG-HN1 由葡萄糖构成，AG-HN2 由半乳糖、葡萄糖、岩藻糖和甘露糖组成(摩尔比为 36∶27∶17∶14)。应用凝胶色谱法估算其相对分子质量分别为 2 000kDa 和 55kDa。

第三节　茶树菇化学成分的含量测定

一、茶树菇中氨基酸的含量测定

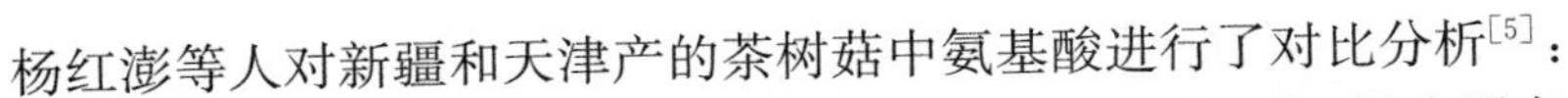

杨红澎等人对新疆和天津产的茶树菇中氨基酸进行了对比分析[5]：

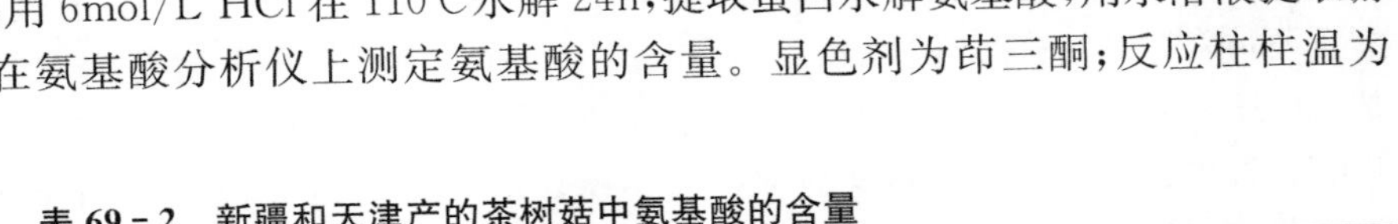

分析方法与条件：样品用 6mol/L HCl 在 110℃水解 24h，提取蛋白水解氨基酸，用水溶液提取游离氨基酸，合并提取液，放在氨基酸分析仪上测定氨基酸的含量。显色剂为茚三酮；反应柱柱温为 134℃(表 69-2)。

表 69-2　新疆和天津产的茶树菇中氨基酸的含量

检测项目	新疆产茶树菇(%)	天津产茶树菇(%)	检测项目	新疆产茶树菇(%)	天津产茶树菇(%)
天冬氨酸	2.08	1.83	异亮氨酸	0.73	0.75
苏氨酸	1.18	1.15	亮氨酸	1.47	1.47
丝氨酸	1.21	1.12	酪氨酸	0.77	0.71
谷氨酸	4.13	3.72	苯丙氨酸	1.91	1.15

（续表）

检测项目	新疆产茶树菇（%）	天津产茶树菇（%）	检测项目	新疆产茶树菇（%）	天津产茶树菇（%）
甘氨酸	0.95	0.92	赖氨酸	1.25	1.14
丙氨酸	1.59	1.64	组氨酸	0.54	0.47
胱氨酸	0.00	0.00	精氨酸	1.14	1.07
缬氨酸	1.08	1.14	脯氨酸	0.67	0.68
甲硫氨酸	0.89	0.92	总量	21.59	19.88

二、茶树菇中多糖的含量测定

杨红澎等人采用苯酚硫酸法对新疆和天津产的茶树菇中多糖进行了对比分析[5]：

葡萄糖标准曲线的测定：准确称取葡萄糖 0.1g，用 100ml 的容量瓶定容配成 1.0mg/ml 的葡萄糖溶液，并分别稀释成 0、0.02、0.04、0.06、0.08、0.10mg/ml 浓度梯度的葡萄糖溶液作为基准物。每种浓度的葡萄糖溶液 2ml，分别加入 1ml 5%苯酚和 5ml 硫酸混匀，放在 25℃下水浴 20min，流水冷却后放在紫外分光光度计 489nm 处测光密度值。以葡萄糖浓度为横坐标，光吸收值为纵坐标做标准曲线。将所测数据以吸光度为指标，对葡萄糖浓度求线性回归方程，得到标准曲线回归方程为：$Y=13.095X$（$R^2=0.9986$）。表明葡萄糖在 0～0.1mg/ml 范围内，呈现良好的线性关系。

分析方法与条件：采用超声波辅助热水提取技术提取样品子实体中的多糖。准确称取样品子实体粉末 1g，放入 50ml 离心管中，按一定料液比向离心管中加入蒸馏水，在恒温水浴锅中加热 5min，然后放入超声波细胞粉碎机中超声提取。为了在超声波处理过程中维持料液的温度，每隔 5min 对料液进行一次加热。该实验采用：提取时间 35min、功率 150W、温度 70℃、料液比 1∶20、二级提取，合并两次上清液，用于多糖测定。

测定结果：新疆与天津产茶树菇子实体中多糖含量分别为：3.68%和 3.43%。

第四节　茶树菇药理活性的研究

一、氧化活性

徐静娟等人[6]采用氮蓝四唑（NBT）光化还原法、抗坏血酸-Cu^{2+}-H_2O_2 体系法和亚油酸体系法，研究茶树菇提取物清除超氧自由基 O_2^-。羟基自由基·OH 和脂过氧自由基 ROO·的效果。在配置不同浓度的茶树菇提取物溶液中，在一定浓度范围内，茶树菇提取物对超氧自由基、羟基自由基·OH 和脂过氧自由基 ROO·的清除率，随浓度的升高呈上升趋势。质量浓度分别为 17.78、4.67、12.82mg/ml 时，茶树菇提取物对超氧自由基、羟基自由基·OH 和脂过氧自由基 ROO·的清除率最高，依次为 69.29%、63.59%、90.26%。茶树菇提取物有较强的抗氧化能力，作为天然的抗氧化剂具有良好的开发前景。

胡晓倩等[7]采用料水质量比 1∶10、浸提 2h，浸提浓缩液加 4 倍体积的 95%乙醇进行沉淀，用乙醚和 Sevage 法来提取和纯化茶树菇多糖，并分析其抗氧化活性。发现茶树菇多糖在实验范围内，其总还原能力和对羟自由基、超氧阴离子自由基、脂过氧自由基的清除能力，会随多糖浓度的升高而增强，且在酸性条件下对亚硝酸根离子具有良好的清除能力。

张松等人[8]分别用茶树菇提取物培养果蝇和灌胃衰老模型小鼠，观察其对果蝇寿命以及小鼠血

清超氧化歧化酶(SOD)活性、肝脂褐素含量、脾指数和脑指数的影响。结果:20g/L 茶树菇提取物能极显著延长雄性果蝇的平均寿命和半数死亡时间,其平均寿命延长率达 41.84%;每天 800mg/kg 的茶树菇提取物,能使雄性小鼠血清 SOD 活性提高 42.36%,肝脂褐素含量减少 50.06%,脾指数增加 33.33%,脑指数增加 17.85%。以上结果表明,茶树菇提取物具有良好的抗氧化和延缓衰老的效果,且毒性与不良反应较小。

陈少英等人[9]通过酸、碱、水 3 种方法提取茶树菇子实体中的粗多糖,并初步研究了 3 种多糖提取物对正常小鼠血清中 SOD 活力与肝组织中丙二醛(MDA)含量的影响。从表 69 - 3 中可知,实验组与对照组间血清 SOD 活力都有显著差异(F=4.20,df=3,$P<0.05$),水提多糖组和碱提多糖组的血清,SOD 活力均显著高于生理盐水对照组,但 3 个实验组间的血清 SOD 活力没有达到显著差异。从表 69 - 4 中可知,实验组与生理盐水对照组的肝组织 MDA 含量都有显著差异(F=117.37,df=3,$P<0.001$);水提多糖组与酸提多糖组均显著高于碱提多糖组,但这 3 个实验组肝组织 MDA 含量均显著低于生理盐水对照组。

表 69 - 3　茶树菇粗多糖对小鼠血清 SOD 活力的影响(mean±SD $n=6$)

组　别	剂量/(mg/kg)	SOD 活力/(U/ml)
NS 对照组	2 000	48.56±14.55
水提多糖组	2 000	70.02±11.92 *
酸提多糖组	2 000	61.82±19.04**
碱提多糖组	2 000	74.89±6.44***

注:* $P<0.05$VS NS 对照组;**$P>0.05$VS NS 对照组;***$P<0.05$VS NS 对照组。
* $P>0.05$VS 酸提组;**$P>0.05$VS 水提组;***$P>0.05$VS 碱提组。

表 69 - 4　茶树菇粗多糖对小鼠肝组织 MDA 含量的影响(mean±SD $n=6$)

组　别	剂量/(mg/kg)	MDA 含量/(nmol/mg)
NS 对照组	2 000	7.03±0.45
水提多糖组	2 000	4.98±0.29 *
酸提多糖组	2 000	5.33±0.24**
碱提多糖组	2 000	3.50±0.28***

注:* $P<0.001$VS NS 对照组;**$P<0.001$VS NS 对照组;***$P<0.001$VS NS 对照组。
* $P>0.05$VS 酸提组;**$P<0.001$VS 水提组;***$P<0.001$VS 碱提组。

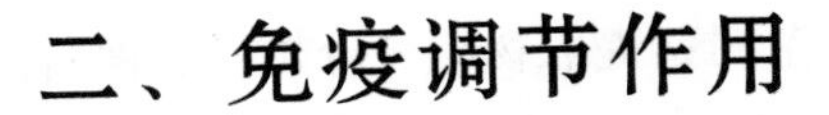

二、免疫调节作用

纪勇等人[10]选用 40 只大鼠随机分为正常组、模型组、化疗(替加氟)组、联合(替加氟联合茶树菇多糖)组。除正常组大鼠外,其他组大鼠皮下注射甲基戊基亚硝胺 5mg/kg,诱发食管癌模型,建模成功后各组治疗 4 周,记录大鼠的体重变化。用酶联免疫吸附法检测大鼠血清肿瘤坏死因子-α(TNF-α)和 γ-干扰素(IFN-γ)水平,采用免疫组化检测大鼠食管组织的 TNF-α 和 IFN-γ 表达情况。在实验过程中发现,正常组大鼠体重呈逐步上升趋势,联合组大鼠体重呈缓慢上升趋势,而模型组和化疗组大鼠的体重变化不明显。联合组大鼠血清 TNF-α 水平明显低于模型组和化疗组,但高于正常组($P<0.05$);而联合组大鼠血清 IFN-γ 水平明显高于模型组和化疗组,却低于正常组($P<0.05$)。联合组大鼠的 TNF-α 阳性表达率,低于模型组和化疗组,高于正常组;而 IFN-γ 阳性表达率高于模型组和化疗组,却低于正常组($P<0.05$)。因此,茶树菇多糖联合化疗可调节食管癌大鼠的免疫功能,其机制可能与下调 TNF-α 水平和上调 IFN-γ 水平有关。

陈少英等人[11]通过水、酸、碱3种浸提法，从茶树菇子实体中提取粗多糖，分别腹腔注射(200mg/ml)免疫小鼠，观察3种提取物对小鼠免疫器官重量和腹腔巨噬细胞吞噬功能的影响。结果显示：碱提法多糖得率最高(1.45%)。3种多糖提取物免疫组小鼠的脾指数、吞噬百分率，均显著高于生理盐水对照组($P<0.01$)，吞噬指数明显高于对照组($P<0.05$)，但其胸腺指数却显著低于对照组($P<0.01$)(表69-5、69-6)。

表69-5 茶树菇多糖对小鼠免疫器官重量的影响(x±s)

	对照组	酸提法组	碱提法组	水提法组
脾指数	43.40±10.83	52.69±7.70**	60.64±11.78**	89.82±10.61**
胸腺指数	47.54±7.77	32.60±2.60**	37.47±5.28**	22.29±4.28**

与对照组比，**$P<0.01$。

表69-6 茶树菇多糖对小鼠腹腔巨噬细胞吞噬功能的影响(x±s)

	对照组	酸提法组	碱提法组	水提法组
吞噬百分率	20.80±2.08	49.08±8.09**	52.2±10.24**	39.08±3.93**
吞噬指数	2.204±0.163	3.504±0.701 *	3.183±0.561 *	2.451±0.438 *

与对照组比，**$P<0.01$，* $P<0.05$。

三、抑菌活性

辛英姬等人[12]采用热水浸提法提取茶树菇子实体多糖、滤纸片法测定多糖的抑菌效果。结果表明，茶树菇多糖对细菌有一定的抑制作用，100mg/ml茶树菇多糖溶液对金黄色葡萄球菌抑制效果最明显，大肠杆菌次之，枯草芽孢杆菌最次，抑菌圈直径仅为7.52mm，而对霉菌几乎没有抑制作用。用两倍法稀释测定最小抑菌浓度(MIC)得知，对大肠杆菌和枯草芽孢杆菌的最小抑菌浓度均为40mg/ml，对金黄色葡萄球菌低至6.25mg/ml。与阿莫西林抑菌活性比较发现，茶树菇多糖的抑菌效果很明显，抑菌能力是阿莫西林的1/3。

参考文献

[1] 徐静娟，王树英，贡小清，等. 茶树菇提取物组分分析[J]. 食品营养，2006，27(12)：165－167.
[2] Won-Gon Kim, In-Kyoung Lee, Jong-Pyung Kim, et al. New indole derivatives with free radical scavenging activity from *Agrocybe cylindracea*[J]. J Nat Prod, 1997, 60(7)：721－723.
[3] Hiroyuki Koshino, In-Kyoung Lee, Jong-Pyung Kim, et al. Agrocybenine, Novel class alkaloid from the Korean mushroom *Agrocybe cylindracea*[J]. Tetrahedron Lett, 1996, 37(26)：4549－4550.
[4] Tadashi Kiho, Satoshi Sobue and Shigeo Ukai. Structural features and hypoglycemic activities of two polysaccharides from a hot-water extract of *Agrocybe cylindracea*[J]. Carbohydr Res, 1994, 251：81－87.
[5] 杨红澎，班立桐，黄亮，等. 新疆和天津产茶树菇中氨基酸和多糖的对比分析[J]. 北方园艺，2014，(16)：137－139.
[6] 徐静娟，邬敏辰，许钢. 茶树菇提取物抗氧化性的研究[J]. 安徽农业科学，2007，35(30)：9683－9684.
[7] 胡晓倩，唐洪华，程安阳. 茶树菇多糖提取及其抗氧化性能的研究[J]. 湖北农业科学，2011，50

(21):4465－4468.

[8] 张松,刘金庆,梅晓灯,等.茶树菇活性提取物抗氧化和延缓衰老作用的研究[J].营养学报,2008,30(3):294－297.

[9] 陈少英,王卫东,石鹤.茶树菇粗多糖体内抗氧化活性研究[J].湖北师范学院学报(自然科学版),2007,27(1):84－87.

[10] 纪勇,陈静瑜,郑明峰,等.茶树菇多糖联合化疗对食管癌大鼠 TNF-α 和 IFN-γ 的影响[J].肠外与肠内营养,2012,19(5):293－296.

[11] 陈少英,王卫东,黎云.茶树菇多糖对小鼠免疫功能影响的初步研究[J].中国食用菌,2005,24(6):34－36.

[12] 辛英姬,方绍海,王筱凡,等.茶树菇多糖抑菌效果的试验[J].食用菌与健康,2011,(4):64－65.

(王洪庆)

第七十章 胶陀螺

JIAO TUO LUO

第一节 概 述

胶陀螺[*Bulgaria inquinans*(Pers.) Fr]属子囊菌门，锤舌菌纲，锤舌菌亚纲，锤舌菌目，胶陀螺科，胶陀螺属真菌，别名猪嘴蘑、拱嘴蘑、胶鼓菌、木海螺[1-4]。胶陀螺为一年生大型真菌，子实体形成初期为黄褐色球状，有棕色麻点，进一步发育后，顶端开裂，形成陀螺形状的子实体。新鲜成熟的子实体质地柔软，呈胶质，漏斗形，顶部浅杯状，表面黑色或黑褐色，通常为1cm左右，雨后密集出现，单生或群生。干燥的子实体呈陀螺形，伸展后呈浅杯状，直径为3～15mm，柄短，子囊盘散生或丛生。表面锈褐色至黑褐色，具有成簇的绒毛，质地坚硬，不易折断，断面角质，味淡，有特殊蘑菇香气[5]。胶陀螺在我国东北三省、河北、甘肃与云南等地区均有分布，尤其以长白山地区[6]最为多见。夏、秋季节，雨后常见于蒙古栎、榆树、桦树的倒木与树桩的背光面，甚至在煤矿不见光的地方也常出现[7]。胶陀螺作为长白山区的一种大型特色食用菌，虽然味道鲜美，但食用前需用碱水漂洗处理。多吃或直接食用常会引起光敏性皮炎，使人四肢皮肤疼痒，产生灼热感，黏膜肿胀，嘴唇翻肿并伴有恶心、呕吐、腹痛和腹泻症状，见光后病情加重，因此被列为长白山的五十怪之一[8]。

据有关文献报道，从胶陀螺中分离得到将近60种化合物，可分为醌类、嗜氮酮类、植物甾醇类、三萜类、有机酸类、糖类等[8]。胶蛇螺富含人体所需的营养物质，如蛋白质、糖类、脂肪、氨基酸、宏量元素、微量元素与脂肪酸(如亚油酸等)，营养价值高[9]。包海鹰等人[2]采用气相色谱-质谱-计算机联用，对胶陀螺各成分进行分离鉴定，测定了胶陀螺的营养成分，结果：总糖17.07%，脂肪2.18%，蛋白质10.43%；氨基酸总量6.84%，其中必需氨基酸为45.62%，其他氨基酸为54.38%；挥发油的平均收率为0.07%，经鉴定，主要成分为邻苯二甲酸丁辛酯、棕榈酸、亚油酸、油酸、环戊烷基十一烷酸；胶陀螺中还含有无机元素钙3.87，镁1.012，铁0.324，磷3.67，锌0.003(单位：μg/g)。经现代药理活性研究表明，胶陀螺具有抗肿瘤[10]、光敏活性[11]、降低血瘀大鼠的红细胞沉降率[12]、抗突变[13]、抗疟原虫[14]等作用。

第二节 胶陀螺化学成分的研究

一、胶陀螺中的化学成分

1. 醌类化合物

Edwards和Lockett[15]从胶陀螺子实体氯仿提取物中分离得到2,4,7,9-tetrahydroxybenzo[j]fluoranthene-3,8-quinone(Bulgarhodin,1),4,7,9-trihydroxybenzo[j]fluoranthene-3,8-quinone(Bulgarein,2),4,9-dihydroxyperylene-3,10-quinone (3) 3种醌类色素单体。张鹏等人[16-17]对胶陀螺子实体70%乙醇提取物进行了研究，利用溶剂分步萃取法和硅胶柱色谱、Sephadex LH-20柱色谱、制备薄层色谱以及制备型反相HPLC等手段，分离得到了醌类化合物：1-羟基-3-甲基-9,

10-蒽醌(pachybasin,4)、大黄素(trioxymethylanthraquinone,5)、大黄酚(chrysophanol,6)、1,3,6,8-四羟基-9,10-蒽醌(1,3,6,8-tetrahydroxyanthraquinone,7)、1,3,8-三羟基-6-甲氧基-9,10-蒽醌(1,3,8-trihydroxy-6-methoxyanthraquinone,8)、(M)-1,8,1′,3′,8′-五羟基-3,6,6′-三甲氧基-[2,4′]-9,10,9′,10′-二蒽醌((M)-1,8,1′,3′,8′-pentahydroxy-3,6,6′-trimethoxy-[2,4′]bianthracen-9,10,9′,10′-tetraone,bulgareone A,9)、(M)-1,8,1′,3′,5′,8′-六羟基-3,6-二甲氧基-[2,4′]-9,10,9′,10′-二蒽醌(M)-1,8,1′,3′,6′,8′-hexahydroxy-3,6-dimethoxy-[24′]bianthracen-9,10,9′,10′-tetraone, bulgareone B, 10)、4,9-二羟基-1,2,11,12-四氢-3,10-苝醌(4,9-dihydroxy-1,2,11,12-terahydroperylene-3,10-quinone,11)。魏丹丹[18]从胶陀螺中分离得到了1,6,8-三羟基-2,4-二甲基-9,10-蒽醌(1,6,8-trihydroxy-2,4-dimethyl-9,10-anthraquinone,12)。Li等人[19]从胶陀螺子实体中分离得到化合物4,9-二羟基-1,2,11,12-四氢-3,10-苝醌和1,3,5,7-四羟基-9,10-蒽二酮(1,3,5,7-tetrahydroxy-9,10-anthracenedione,13)(图70-1)。

bulgarhodin

bulgarein

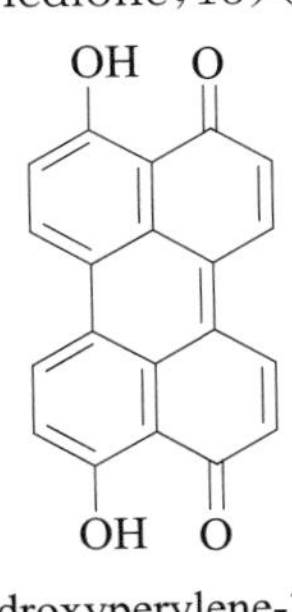

4,9-dihydroxyperylene-3,10-quinone

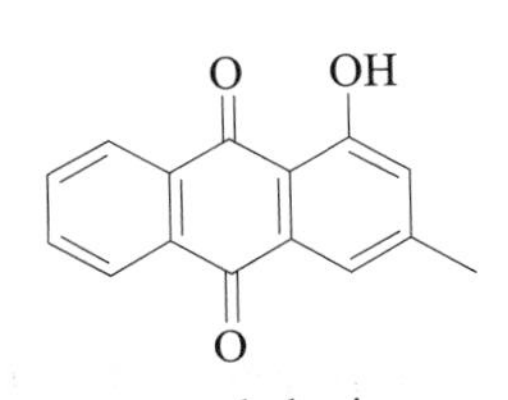

pachybasin

trioxymethylanthraquinone

chrysophanol

1,3,6,8-tetrahydroxyanthraquinone

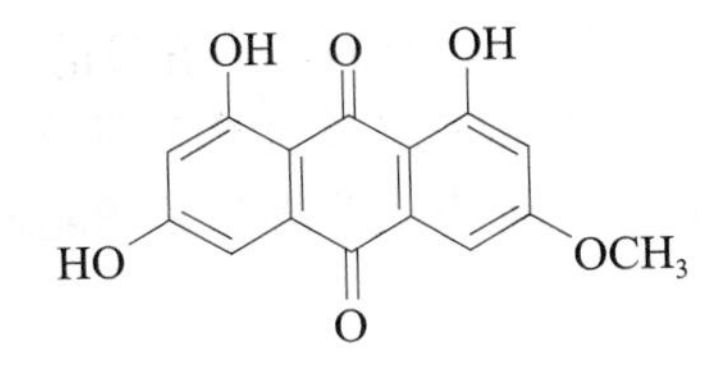

1,3,8-trihydroxy-6-methoxyanthraquinone

bulgareone A

bulgareone B

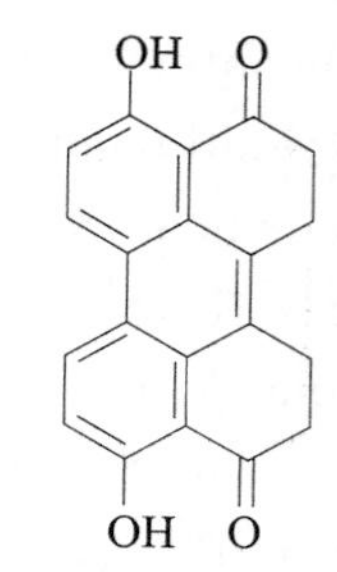

4,9-dihydroxy- 1,2,11,12-terahydropereylene-3,10-quinone

1,6,8-trihydroxy-2,4-dimethyl-9,10-anthraquinone

1,3,5,7-tetrahydroxy-9,10- anthracenedione

图 70－1　胶陀螺中醌类化合物的结构式

2. 嗜氮酮类化合物

嗜氮酮类化合物是一类天然抗菌剂，在多种真菌中都被发现过。Stadler 等人[20]从胶陀螺新鲜子实体和菌丝体的丙酮提取物中，分离得到 3 个嗜氮酮类化合物 bulgarialactone A(14)、bulgarialactone B(15)、bulgarialactone C(16)。Musso[21]在发酵培养的菌丝中分离到 bulgarialactone A、bulgarialactone B 和 bulgarialactone C，同时在子实体中新发现 bulgarialactone D(17)，认为嗜氮酮类化合物是胶陀螺受到损伤后释放出的抑菌物质。张鹏[22]从胶陀螺子实体中也得到 bulgarialactone B(图 70－2)。

bulgarialactone A

bulgarialactone B

bulgarialactone C

bulgarialactone D

图 70－2　胶陀螺中嗜氮酮类化合物的结构式

3. 甾醇类化合物

崔东滨等人[23]首次从胶陀螺中分离得到了麦角甾醇(ergosterol,18)。张鹏[16]分离得到的植物甾醇有:麦角甾醇、过氧化麦角甾醇(ergosterol peroxide,5a,8a－epidioxyergosta－6,22*E*－dien－3β－ol,19)、啤酒甾醇(cerevisterol,20)、麦角甾酮(3β,5a,9β－trihydroxyergosta－7,22*E*－dien－6－one,21)、β－谷甾醇(β－sitosterol,22)、胡萝卜苷(daucosterol,23)、5a,8a－氧化麦角甾－6,9(11),22*E*－三烯－3β－醇(5α,8α－epidioxyergosta－6,9(11),22*E*－trien－3β－ol,24)、麦角甾－7,22*E*－二烯－3β,5a,6a－三醇(ergosta－7,22*E*－diene－3β,5α,6α－triol,25)、麦角甾－7,22*E*－二烯－3β,5a,6β－三醇－3－棕榈酸酯(ergosta－7,22*E*－diene－3β,5α,6β－triol－3－palmitate,26)、3β,5a－二羟基－7,22*E* 麦角甾二烯－6－酮(3β,5α－dihydroxyergosta－7,22*E*－dien－6－one,27)、5a－羟基－7,22*E* 麦角甾二烯－3,6 二酮(5α－hydroxyergosta－7,22*E*－diene－3,6－dione,28)。冯会强等人[24]从胶陀螺中还分离到麦角甾－4,6,8,22－四烯－3－酮(ergosta－4,6,8,22－tetraen－3－one,29)。Li 等人[19]从胶陀螺子实体中也分离得到过氧化麦角甾醇、5α,8α－表二氧化麦角甾－6,9(11),22*E*－三烯－3β－醇(图 70－3)。

ergosterol

ergosterol peroxide

cerevisterol

3β,5a,9β-trihydroxyergosta-7,22*E*-dien-6-one

β-sitosterol

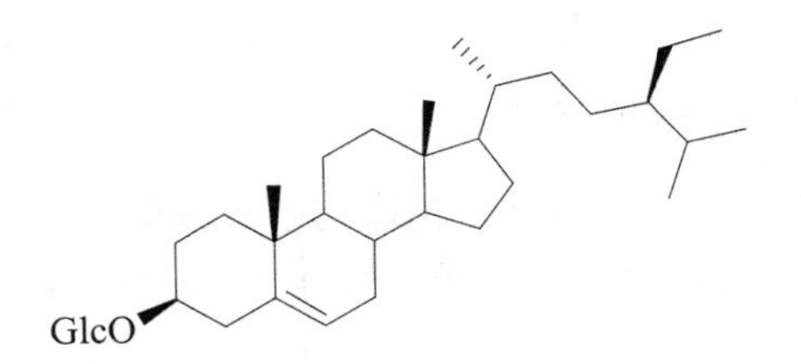

daucosterol

5a,8a-epidioxyergosta-6,9(11),22*E*-trien-3β-ol

ergosta-7,22*E*-dien-3β,5a,6a-triol

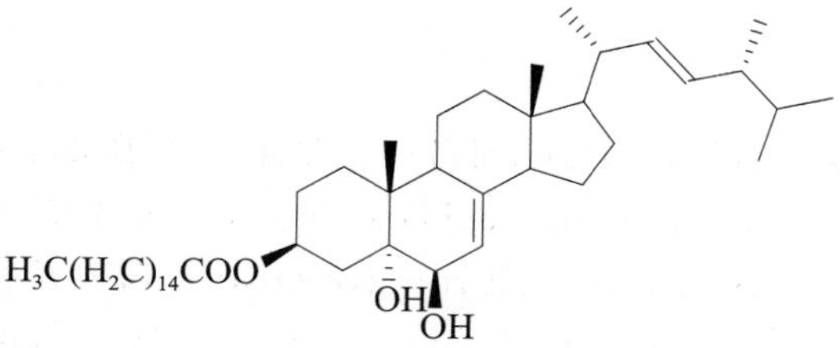

ergosta-7,22*E*-diene-3*β*,5*a*,6*β*-triol-3-palmitate

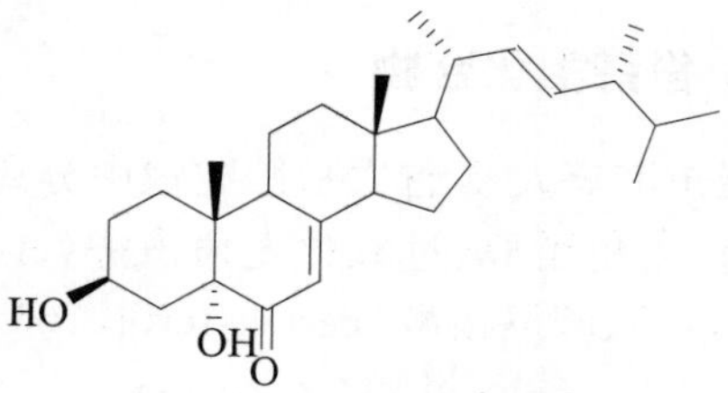

3*β*,5*a*-dihydroxyergosta-7,22*E*-dien-6-one

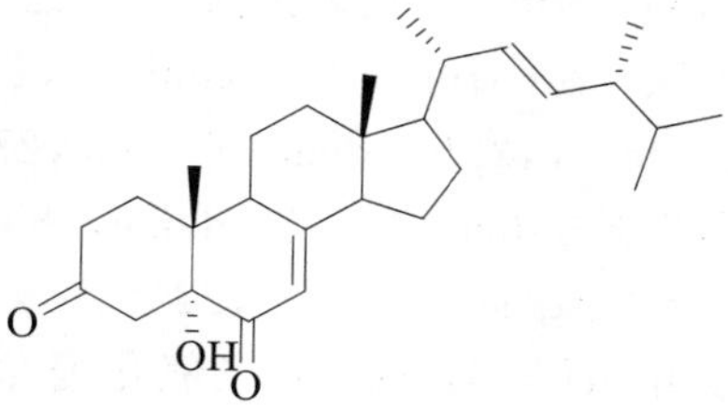

5*a*-hydroxyergosta-7,22*E*-dien-3,6-dione

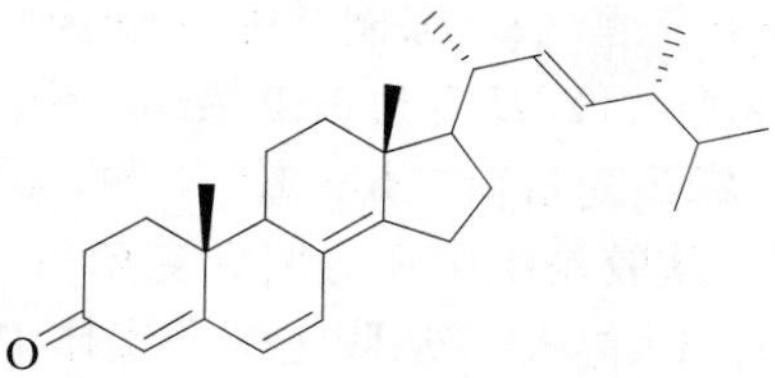

ergosta-4,6,8,22-tetraen-3-one

图 70－3　胶陀螺中甾醇类化合物的结构式

4. 吡喃类化合物

包海鹰等人[3]把胶陀螺粉末经石油醚提取后的残渣，用乙醚回流提取得到乙醚提取物，浓缩，用水萃取后水层部分含有 2*H*－4－羟基－6－戊基四氢化吡喃－2－酮(2*H*－pyran－2－one，tetrahydro－4－hydroxy－6－pentyl，30)和 2*H*－6－戊基－5，6－二氢化吡喃－2－酮(2*H*－pyran－2－one，5，6－dihydro－6－pentyl，31)，这两种物质是构成香气的主要成分(图 70－4)。

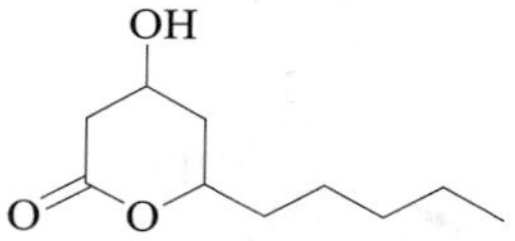

2*H*-pyran-2-one-tetrahydro-4-hydroxy-6-pentyl

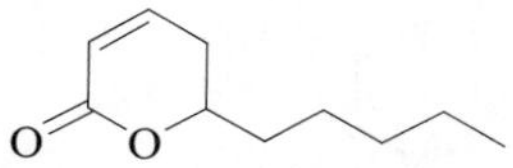

2*H*-pyran-2-one-5,6-dihydro-6-pentyl

图 70－4　胶陀螺中吡喃类化合物的结构式

5. 饱和烃类化合物

包海鹰等人[3]从石油醚提取物中分离得到一种黄棕色油状物质，经气质联机的测定，主要成分为一组开链饱和烃类物质，碳原子数为 13、14、15、16、17、20、21、36、44(表 70－1)。

表 70－1　胶陀螺中饱和烃类化合物成分分析

序号	保留时间(分)	化合物名称		相似度(%)
1	7.370	$C_{16}H_{34}$	正十六烷 Hexadecane	96
2	7.910	$C_{14}H_{30}$	正十四烷 Tetradecane	96
3	8.630	$C_{13}H_{28}$	正十三烷 Tridecane	96
4	9.240	$C_{15}H_{32}$	正十五烷 Pentadecane	96
5	10.090	$C_{16}H_{34}$	正十六烷 Hexadecane	95
6	11.100	$C_{17}H_{36}$	正十七烷 Heptadecane	94
7	13.790	$C_{20}H_{42}$	正二十烷 Eecosane	94

(续表)

序号	保留时间(分)		化合物名称	相似度(%)
8	15.040	$C_{17}H_{36}$	正十七烷 Heptadecane	93
9	15.480	$C_{21}H_{44}$	正二十一烷 Heptadecane	89
10	16.610	$C_{20}H_{42}$	正二十烷 Eicosane	95
11	18.250	$C_{36}H_{34}$	三十六烷 Hexatriacontane	96
12	20.150	$C_{44}H_{30}$	四十四烷 Tetratetracontane	94
13	22.500	$C_{17}H_{36}$	正十七烷 Heptadecane	93

6. 有机酸类化合物

张鹏等人[22]从胶陀螺 70%的乙醇溶液提取物中,分离得到了 12 个有机酸类化合物,即草酸(ethanedioic acid,32)、辛二酸(octanedioic acid,33)、丁二酸(succinic acid,34)、棕榈酸(palmitic acid,35)、对羟基苯甲酸(4 - hydroxybenzoic acid,36)、2,4 -二羟基苯甲酸(2,4 - dihydroxybenzoic acid,37)、3,4 -二羟基苯甲酸(3,4 - dihydroxybenzoic acid,38)、3,5 -二羟基苯甲酸(3,5 - dihydroxybenzoic acid,39)、异香草酸(isovanillic acid,40)、咖啡酸(caffeic acid,41)、香豆酸(courmaric acid,42)、肉桂酸(cinnamonic acid,43)。包海鹰等人[3]从胶陀螺粉末石油醚提取后的残渣中,用乙醚回流提取得到乙醚提取物,浓缩,用水萃取后的水层部分经分离得到丙二酸(malonic acid,44)。崔东滨等人[23]从胶陀螺子实体氯仿提取物中分离得到了草酸。马伟才等人[25]通过对胶陀螺子实体及其发酵物进行提取分离,共得到 3 个化合物,分别鉴定为:丙二酸、棕榈酸和 4,8 -十九碳二烯酸(4,8 - nonadecane dienoic acid,45)(图 70 - 5)。

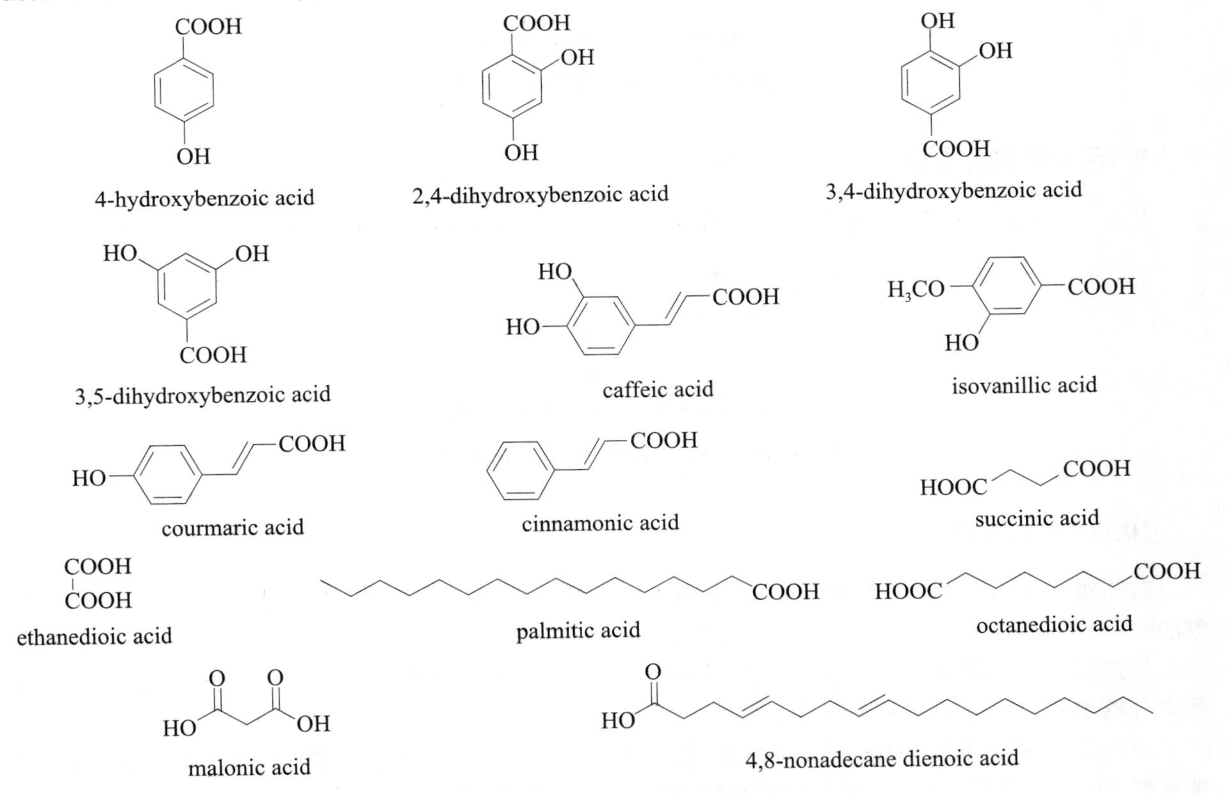

图 70 - 5 胶陀螺中有机酸类化合物的结构式

7. 三萜类化合物

白桦酸(betulinic acid,46)、乌苏酸(ursolic acid,47)、21-*O*-当归酰基-R_1-玉蕊醇(21-*O*-angeloyl-R_1-barrigenol,48)[16](图 70-6)。

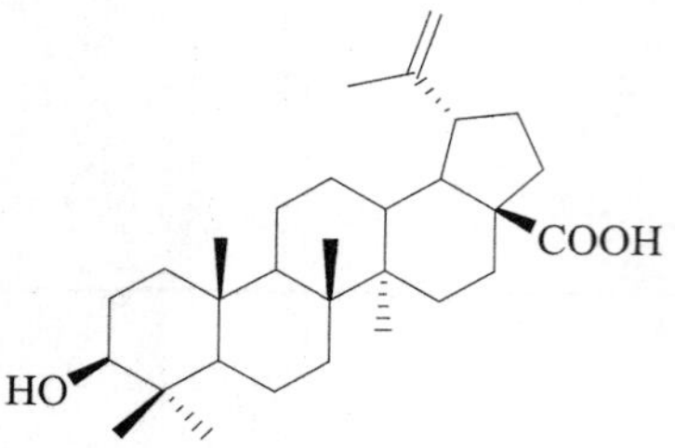

betulinic acid 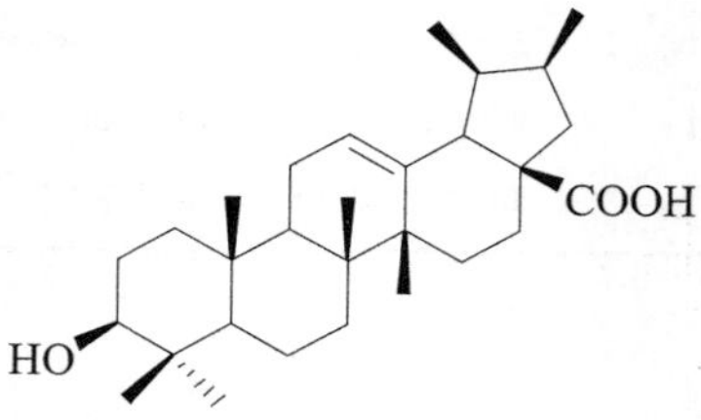　　ursolic acid 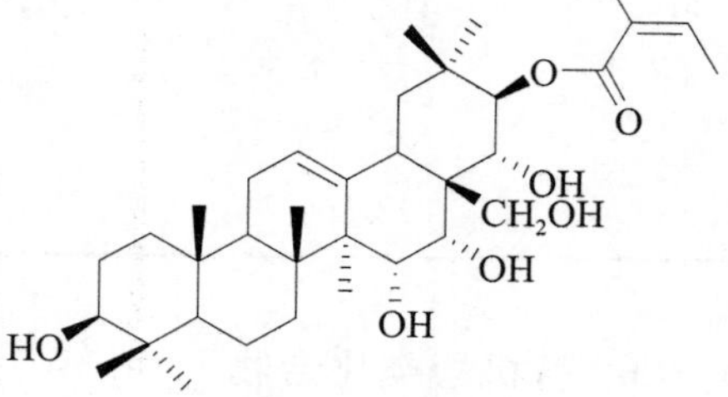　　21-*O*-angeloyl-Rl-barrigenol

图 70-6　胶陀螺中三萜类化合物的结构式

8. 香豆素类化合物

交链孢醇单甲醚(alternariol monomethyl ether,49)[16](图 70-7)。

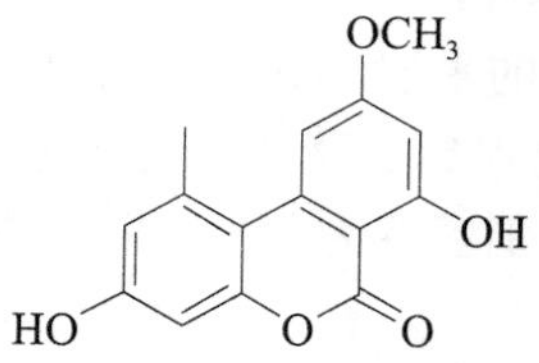

alternariol monomethyl ether

图 70-7　交链孢醇单甲醚结构式

9. 色原酮类化合物

2,5-二甲基-7-羟基色原酮(2,5-dimethyl-7-hydroxychromone,50)[16](图 70-8)。

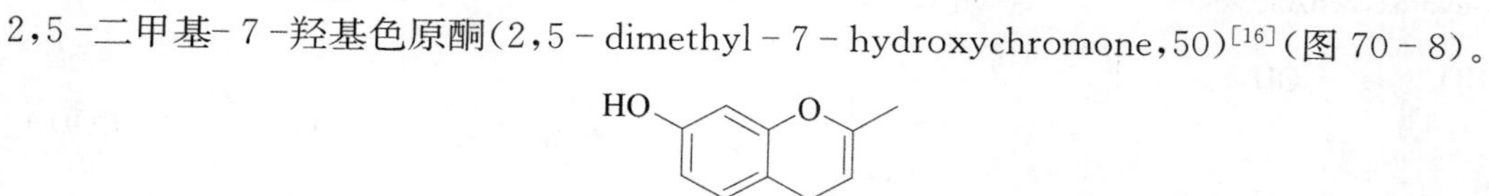

2,5-dimethyl-7-hydroxychromone

图 70-8　2,5-二甲基-7-羟基色原酮结构式

10. 糖类化合物

胶陀螺中含有葡萄糖(glucose,51)、甘露糖醇(D-(—)-manitol,52)、半乳糖醇(galactitol,53)等糖醇[3,16,23,26]。

从热水提取胶陀螺子实体得到的β-(1→6)-D-glucan(BIWP2,54),是第一次在非地衣化子囊菌中分离出来相对分子质量小的葡聚糖。

李明玉[27]利用水提、醇沉、Sevag 法脱蛋白和冻融除杂的方法,从胶陀螺子实体中分离得到胶陀螺多糖 BP2。经测定,BP2 主要由甘露糖醇(48.7%)、葡萄糖(22.4%)和半乳糖醇(28.9%)组成。祝冬梅[26]从胶陀螺子实体中提取得到 3 个粗多糖级分:BPⅠ、BPⅡ和 BPⅢ,并从 BPⅢ中分离得到 1 个

均一的多糖 BPⅢb。结构分析结果表明，BPⅢb 主要由 1→3、1→6 和 1→3，6 连接的甘露糖醇，1→3、1→6 和 1→3，6 连接的葡萄糖和 1→6 连接的半乳糖组成(图 70－9)。

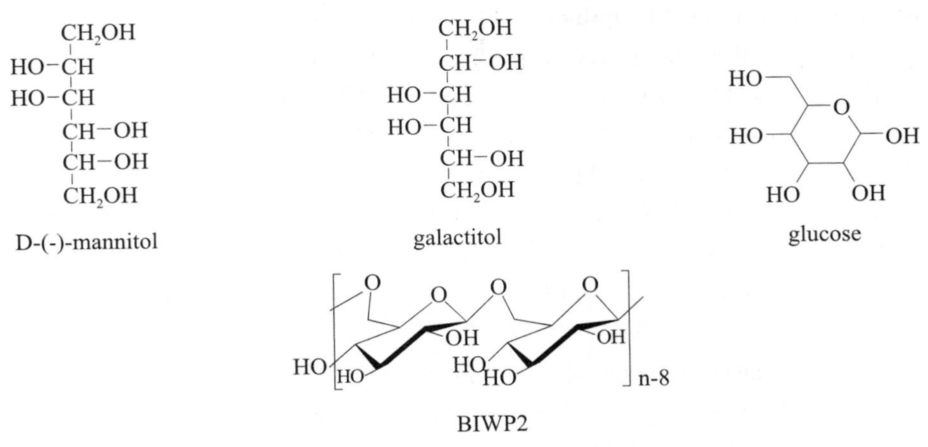

图 70－9　胶陀螺中糖类化合物的结构式

11. 其他成分

张鹏[16]从胶陀螺子实体 70％乙醇提取物中分离得到邻苯二甲酸二(2－乙基)己酯(phthalic acid bis－(2－ethyl－hexyl)ester，55)、腺嘌呤(adenine，56)。魏丹丹[18]从胶陀螺中分离得到 4－(乙氧基)－丁酸乙酯(4－(enthoxy)－ethyl butyrate，57)(图 70－10)。

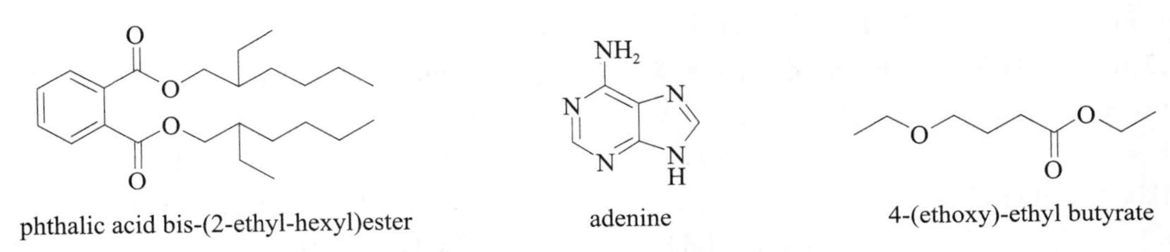

图 70－10　胶陀螺中其他成分的结构式

二、胶陀螺化学成分的理化常数与主要波谱数据

2，4，7，9－Tetrahydroxybenzo[j]fluoranthene－3，8－quinone(Bulgarhodin，1)　紫色发状针晶(DMSO)，mp＞300℃，$C_{20}H_{10}O_6$，微溶于普通有机试剂，溶液呈淡红色；溶于硫酸，溶液显深绿色；溶于氢氧化钠水溶液，溶液呈绿色，并有绿色钠盐沉淀物，是醌类化合物的特征反应，将该碱性溶液置于空气中，钠盐会慢慢溶解，溶液变成紫色。可见光和紫外吸收宽，无明显特征。羟基和羧基的红外吸收区域：3 350、1 660、1 640、1 610cm^{-1}。EI-MS *m/z*(％)：346(M^+，100)，347[$(M+1)^+$，25]，318[$(M-28)^+$，15]。λ_{max} (H_2SO_4) 258、324、348、410、450、670nm(log ε4.45、3.97、3.91、4.03、3.80、4.00)，λ_{min}305、340、372、514nm(log ε3.91、3.91、3.84、3.50)；λ_{max} ($CHCl_3$，sat. soln) 254、294、312、338、359、402、514、542、670nm，λ_{min}282、303、323、377、452、600、750nm[15]。

4，7，9－Trihydroxybenzo[j]fluoranthene－3，8－quinone(Bulgarein，2)　紫色针晶($C_6H_5NO_2$)mp＞300℃，$C_{20}H_{10}O_5$，比 Bulgarhodin 在有机试剂的溶解性好。饱和乙醇溶液呈紫色，稀溶液呈深蓝色；溶于硫酸，溶液显绿色；溶于碱性溶液，溶液呈稳定蓝色。在紫外－可见光区域，375nm 有相对尖峰，570nm 和 630nm 有宽吸收峰。稀释后，375nm 处吸收峰更宽，570nm 处吸收消失。羟基和羧基的红外吸收和 Bulgarhodin 大致相同，特征是羧基在 1 640、1 615cm^{-1}处吸收不明显。EI-MS *m/z*

(%):330(M,100),331(M+1,25),302(M－28,18)。λ_{max}(EtOH)(purple soln)253、300、372、565、660nm,λ_{min}326、460nm;λ_{max}(EtOH)(blue soln)253、300、372、400、636nm[15]。

4,9－dihydroxyperylene－3,10－quinone(3) 在硫酸溶液中呈红色[15]。

1－羟基－3－甲基－9,10－蒽醌(pachybasin,4) 淡黄色针晶($CHCl_3$－MeOH),mp 173～174℃,三氯化铁-铁氰化钾反应阳性,Bornträger's 反应阳性。EI-MS m/z(%):238(100),223(8.2),210(10.7),182(13.8),103(1.7),77(14.2),51(9.1)。^1H NMR(300MHz,$CDCl_3$)δ:7.12(1H,d,J=0.7Hz,H－2),7.66(1H,d,J=0.7Hz,H－4),8.30(2H,m,H－5,8),7.80(2H,m,H－6,7),2.47(3H,s,H－3),12.58(1H,s)。^{13}C NMR(75MHz,DMSO－d_6)δ:162.8(C－1),124.2(C－2),148.7(C－3),120.8(C－4),126.8(C－5 or C－8),134.1(C－6 or C－7),134.5(C－7 or C－6),127.4(C－8 or C－5),188.1(C－9),182.8(C－10),133.3(C－8a or C－10a),133.6(C－10a or C－8a),132.4(C－4a),113.5(C－9a),22.3(3－CH_3)[16]。

大黄素(trioxymethylanthraquinone,5) 橙红色针晶($CHCl_3$－MeOH),mp 255～256℃,三氯化铁-铁氰化钾反应阳性,Bornträger's 反应阳性。^1H NMR(300MHz,DMSO－d_6)δ:7.18(1H,br. s,H－2),7.15(1H,br. s,H－4),7.10(1H,d,J=2.4Hz,H－5),6.54(1H,d,J=2.4Hz,H－7),2.42(3H,s,H－3),12.12(2H,br)。^{13}C NMR(75MHz,DMSO－d_6)δ:164.6(C－1),108.0(C－2),166.4(C－3),109.3(C－4),120.5(C－5),148.2(C－6),124.2(C－7),161.4(C－8),189.5(C－9),181.7(C－10),135.2(C－4a),109.0(C－9a),133.0(C－10a),113.6(C－8a),21.6(3－CH_3)[16]。

大黄酚(chrysophanol,6) 橙红色针晶($CHCl_3$－MeOH),mp195～196℃,三氯化铁-铁氰化钾反应阳性,Bornträger's 反应阳性。^1H NMR(300MHz,DMSO－d_6)δ:7.24(1H,br. s,H－2),7.57(1H,br. s,H－4),7.81(1H,br. d,J=8.4Hz,H－5),7.72(1H,dd,J=8.4、7.5Hz,H－6),7.81(1H,br. d,J=7.5Hz,H－7),2.42(3H,s,H－3),11.95(2H,1,8－OH)[16]。

1,3,6,8－四羟基－9,10－蒽醌(1,3,6,8－tetrahydroxyanthraquinone,7) 红色针晶($CHCl_3$－MeOH),mp274～275℃,三氯化铁-铁氰化钾反应阳性,Bornträger's 反应阳性。EI-MS m/z(%):272(M^+,100.0),244(28.1),216(46.4),188(6.6),103(16.4),77(40.6),51(63.8)。^1H NMR(300MHz,DMSO－d_6)δ:6.64(2H,d,J=2.4Hz,H－2,7),7.22(2H,d,J=2.4Hz,H－4,5),12.27(2H,s,1,8－OH),10.15(2H,s,3,6－OH)。^{13}C NMR(75MHz,DMSO－d_6)δ:166.1(C－1,8),109.1(C－2,7),165.8(C－3,6),109.5(C－4,5),190.6(C－9),182.1(C－10)[16]。

1,3,8－三羟基－6－甲氧基－9,10－蒽醌(1,3,8－trihydroxy－6－methoxyanthraquinone,8) 橙红色针晶($CHCl_3$－MeOH),mp 251～252℃,三氯化铁-铁氰化钾反应阳性,Bornträger's 反应阳性。EI-MS m/z(%):286(M^+,100),257(16),243(21),228(13),215(19)。^1H NMR(300MHz,DMSO－d_6)δ:6.52(1H,d,J=2.3Hz,H－2),7.08(H,d,J=2.3Hz,H－4),7.14(1H,d,J=2.5Hz,H－5),6.82(1H,d,J=2.5Hz,H－7),3.91(3H,s,3－OMe),12.3(2H,br. s,1,8－OH)。^{13}C NMR(75MHz,DMSO－d_6)δ:164.6(C－1),108.2(C－2),165.9(C－3),109.3(C－4),107.4(C－5),65.5(C－6),106.6(C－7),164.1(C－8),188.4(C－9),181.1(C－10),134.6(C－4a),109.6(C－8a),108.2(C－9a),134.9(C－10a),56.4(3－OMe)[16]。

(M)－1,8,1′,3′,8′－五羟基－3,6,6′－三甲氧基－[2,4′]－9,10,9′,10′－二蒽醌[(M)－1,8,1′,3′,8′－pentahydroxy－3,6,6′－trimethoxy－(2,4′)bianthracen－9,10,9′,10′－tetraone,bulgareone A,9] 橙红色针晶($CHCl_3$－MeOH),mp>300℃,三氯化铁-铁氰化钾反应阳性,Bornträger's 反应阳性。$[\alpha]_D^{20}$+1.34(c 0.4,MeOH),UV max(MeOH):289、270nm,IR(KBr,MeOH):3 428、2 927、1 699、1 628cm^{-1},CD(MeOH;c 3.4×10^{-6}),$\Delta\varepsilon^{23}$:420(－3.08),330(+2.49),302(－5.01),272(26.08),252(－7.31)。EI-MS m/z:583[M－H]$^+$,HR-ESI-MS m/z:584.096 1(计算值$C_{31}H_{20}O_{12}$:584.095 5)。^1H NMR(300MHz,DMSO－d_6)δ:3.70(3H,s,3－OCH_3),3.83(3H,s,6－OCH_3),3.84(3H,s,6′－OCH_3),6.70(1H,s,H－2′),6.79(1H,d,J=2.3Hz,H－7′),6.80(1H,d,

J=2.4Hz,H-2),6.95(1H,d,J=2.3Hz,H-5′),6.97(1H,d,J=2.4Hz,H-5),7.00(1H,s,H-4),11.07(1H,br. s,3′-OH),12.21(1H,s,8-OH),12.26(1H,s,8′-OCH_3),12.79(1H,s,1′-OH),12.97(1H,s,1-OH)。^{13}C NMR(75MHz,DMSO-d_6)δ:164.9(C-1),124.6(C-2),164.7(C-3),105.0(C-4),131.1(C-4a),107.1(C-5),165.8(C-6),107.0(C-7),163.9(C-8),109.5(C-8a),188.7(C-9),108.9(C-9a),181.6(C-10),135.3(C-10a),164.3(C-1′),107.7(C-2′),164.4(C-3′),123.3(C-4′),130.3(C-4′a),107.2(C-5′),166.0(C-6′),107.0(C-7′),163.8(C-8′),109.5(C-8′a),16.4(C-9′),16.4(C-9′a),181.8(C-10′),135.1(C-10′a),57.0(3-OCH_3),56.3(6-OCH_3),56.4(6′-OCH_3)[16]。

(M)-1,8,1′,3′,6′,8′-六羟基-3,6-二甲氧基-[4,2′]-9,10,9′,10′-二蒽醌[(M)-1,8,1′,3′,6′,8′-hexahydroxy-3,6-dimethoxy-(4,2′)bianthracen-9,10,9′,10′-tetraone, bulgareone B, 10] 橙红色针晶($CHCl_3$-MeOH),mp>300°C,三氯化铁-铁氰化钾反应阳性,Bornträger's 反应阳性。$[\alpha]_D^{20}$+2.28(c 0.4,MeOH),UV max(MeOH):300、265nm,CD(MeOH;c 3.4×10^{-6}),$\Delta\varepsilon^{23}$:420(-3.56),300(-2.09),272(+30.28),254(-8.20)。EI-MS m/z:569[M-H]$^+$,HR-ESI-MS m/z:570.070 4(计算值 $C_{30}H_{18}O_{12}$:570.097 8)。^{1}H NMR(300MHz,DMSO-d_6)δ:3.70(3H,s,3-OCH_3),3.82(3H,s,6-OCH_3),6.55(1H,d,J=2.2Hz,H-7′),6.67(1H,s,H-2′),6.79(1H,d,J=2.1Hz,H-7),6.85(1H,d,J=2.2Hz,H-5′),6.93(1H,d,J=2.1Hz,H-5),6.97(1H,s,H-4),11.25(1H,br. s,3′-OH),11.25(1H,s,6′-OH),12.16(1H,s,8-OH),12.29(1H,s,1′-OH),12.81(1H,s,8′-OH),13.02(1H,s,1-OH)。^{13}C NMR(75MHz,DMSO-d_6)δ:163.9(C-1),124.4(C-2),164.5(C-3),104.7(C-4),130.2(C-4a),106.8(C-5),165.5(C-6),106.7(C-7),163.6(C-8),109.4(C-8a),188.5(C-9),109.0(C-9a),181.6(C-10),134.9(C-10a),164.2(C-1′),107.4(C-2′),163.9(C-3′),123.8(C-4′),130.8(C-4′a),108.4(C-5′),165.2(C-6′),107.7(C-7′),164.1(C-8′),108.3(C-8′a),188.4(C-9′),108.4(C-9′a),181.7(C-10′),135.3(C-10′a),56.7(3-OCH_3),56.1(6-OCH_3)[16]。

4,9-二羟基-1,2,11,12-四氢-3,10-苝醌(4,9-dihydroxy-1,2,11,12-tetrahydro-perylene-3,10-quinone, 11) 黄色针晶($CHCl_3$-MeOH),mp>300℃,三氯化铁-铁氰化钾反应阳性,Bornträger's 反应阴性。HR-ESI-MS m/z:318.089 0(计算值为 $C_{20}H_{14}O_4$:318.089 2),EI-MS m/z:318(M^+,100),290(4.41),276(10.90),262(5.91),247(13.13)。^{1}H NMR(300MHz,DMSO-d_6)δ:3.46(4H,t,J=7.0Hz,H-1,12),3.04(4H,t,J=7.0Hz,H-2,11),7.31(2H,d,J=9.3Hz,H-5,8),8.71(2H,d,J=9.3Hz,H-6,7),13.20(2H,s,4,9-OH)。^{13}C NMR(75MHz,DMSO-d_6)δ:24.7(C-1,12),36.6(C-2,11),203.8(C-3,10),162.4(C-4,9),119.0(C-5,8),131.9(C-6,7),111.0 (C-3a,9a),121.9(C-6b,6b),128.9(C-12a,12b),130.2(C-3b,6c)[16]。

1,6,8-三羟基-2,4-二甲基-9,10-蒽醌(12) 红色结晶,mp 287.6～289.8℃,^{1}H NMR(DMSO)δ:12.19、12.17、11.24(1H,s)当两个羟基位于同一羰基的α位时,分子内氢键减弱,其信号在δ:11.6～12.1;β-羟基的化学位移在较高场,邻位无取代的β-羟基在δ:11.1～11.4,这是蒽醌^{1}H NMR中的信息,δ:7.112、6.584 是蒽醌苯环上的质子信号,δ:2.082(s)是羰基相邻的甲基信号,δ:1.226(s)是甲基信号。综上^{1}H NMR 的总信号,可以初步推测结构,用^{13}C NMR(DMSO)验证,δ:188.530、181.233 是羰基信号,其余是蒽醌上的其他碳信号[18]。

1,3,5,7-四羟基-9,10-蒽二酮(1,3,5,7-tetrahydroxy-9,10-anthracenedione, 13)[19]

bulgarialactone A(14) 暗红色油。$[\alpha]_D$+91(c 0.3,$CHCl_3$)。在展开剂为甲苯:丙酮=7:3的薄层硅胶板上展开,R_f 值为 0.86。UV(MeOH) I_{max}(ε):260nm(17.200),275nm(36.999),281nm(38.400),290nm(24.400),324nm(9.300),341nm(8.100)。IR(KBr):3 450、2 950、1 700、1 465、1 390、1 270、980cm^{-1}。EI-MS m/z(%):436.189 9(M^+,32,$C_{26}H_{28}O_6$ requires 436.188 6),418(5,M-H_2O),232(100,M-$C_{13}H_{16}O_2$),189(16),176(13),162(14),133(13)。^{1}H NMR(500MHz,

$CDCl_3$）和^{13}C NMR（125MHz，$CDCl_3$）谱数据，见表70－2、70－3[20]。

表70－2　化合物(14)、(16)的^1H NMR(δ; multiplicity; J=Hz)谱数据

H	14	16
1	7.82，s	7.82，s
3	4.44，m	—
4a	2.84，dd，3.4，17.1	6.17，brs
4b	2.63，dd，11.0，17.1	—
6	7.10，s	6.84，s
15	6.80，s	6.77，s
17	6.10，d，15.1	6.08，d，15.0
18	7.33，dd，11.3，15.0	7.30，dd，11.3，15.0
19	6.27，dd，11.3，14.8	6.27，dd，11.3，14.8
20	6.58，dd，10.7，14.8	6.56，dd，10.7，14.8
21	6.14，dd，10.7，15.2	6.13，dd，10.7，15.2
22	5.86，dd，7.8，15.2	5.83，dd，7.8，15.2
23	2.16，dtq，7.8，7.3，6.7	2.15，dtq，7.8，7.3，6.7
24	1.37，dq，7.3，7.3	1.37，dq，7.3，7.3
25	0.87，t，7.3	0.87，t，7.3
26	1.02，d，6.7	1.02，d，6.7
27	1.73，s	1.71，s
28a	1.48，d，6.4	2.19，s
28b	—	—
14－OH	15.9，brs	16.1，brs
28－OH	—	—

表70－3　化合物(14)的^{13}C NMR(δ; multiplicity)谱数据

No	δ_C	No	δ_C
1	159.7，d	16	184.9，s
3	75.4，d	17	126.5，d
4	34.8，t	18	142.2，d
5	141.5，s	19	128.8，d
6	112.7，d	20	142.1，d
7	168.6，s	21	128.5，d
8	115.2，s	22	146.8，d
9	168.2，s	23	38.8，d
11	86.3，s	24	29.5，t
12	190.1，s	25	11.7，q
13	111.8，s	26	19.6，q
14	177.8，s	27	27.9，q
15	100.8，d	28	19.9，q

bulgarialactone B(15)　橙红色针晶（PE－EtOAc），mp 256～258℃，三氯化铁-铁氰化钾反应阳性。ESI-MS m/z：475.2[M+Na]$^+$。^1H NMR（300MHz，DMSO－d_6）与^{13}C NMR（75MHz，DMSO－

d_6)谱数据,见表 70-4[16]。

表 70-4 化合物(15)的 NMR 和 HMBC 数据

No	δ_H	δ_C	HMBC
1	7.85(1H,s)	159.4	C-3,C-5,C-13,C-12
3	4.43(1H,m)	79.1	C-5,C-13
4	2.82(1H,dd,J=4.2、18.0Hz) 2.97(1H,dd,J=11.9、18.0Hz)	29.2	
5		141.4	
6	7.13(1H,s)	113.1	C-4,C-7,C-11,C-13
7		168.3	
8		114.8	
9		168.7	
11		86.3	
12		190.1	
13		112.0	
14		177.5	
15	6.76(1H,s)	100.8	C-7,C-8,C-9,C-12, C-17,C-14,C-16
16		184.9	
17	6.10(1H,d,J=15.0Hz)	126.3	C-15,C-16,C-19
18	7.33(1H,dd,J=10.7、15.0Hz)	142.4	C-16,C-19,C-20
19	6.28(1H,dd,J=10.7、14.8Hz)	128.7	C-17,C-20,C-21
20	6.60(1H,dd,J=10.7、14.8Hz)	142.4	C-20,C-21,C-22
21	6.15(1H,dd,J=10.7、15.0Hz)	128.5	C-19,C-20,C-22,C-23
22	5.87(1H,dd,J=7.8、15.0Hz)	146.9	C-21,C-23,C-24,C-26
23	2.17(1H,m)	38.8	C-21,C-22,C-24,C-25,C-26
24	1.37(2H,m)	29.4	C-22,C-23,C-25,C-26
25	0.87(3H,t,J=7.4Hz)	11.7	C-23,C-24
26	1.04(3H,d,J=6.7Hz)	19.6	C-23,C-22,C-24
27	1.74(3H,s)	27.8	C-7,C-9,C-12,C-11
28	3.87(1H,dd,J=5.3、12.3Hz),4.00(1H,dd,J=3.6、12.3Hz)	63.1	C-3,C-4

bulgarialactone C(16) 暗红色油。$[\alpha]_D^{20}$+18(c 0.1,$CDCl_3$)。在展开剂为甲苯∶丙酮=7∶3的薄层硅胶板上展开,R_f 值为 0.88。UV(MeOH) I_{max}(ε):270nm(15.200),305nm(18.000),392nm(20.700),416nm(20.100),504nm(52.600)。IR(KBr):3 410、2 920、1 760、1 725、1 680、1 595、1 460、1 270、1 230cm^{-1}。EI-MS m/z(%):434.174 6(M^+,100,$C_{26}H_{26}O_6$ requires 434.172 9),416(6),257(63),241(27),229(40),214(47),189(88),187(52),174(31)。^{1}H NMR(500MHz,$CDCl_3$)谱数据,见表 70-2[20]。

bulgarialactone D(17) 棕色固体。^{1}H NMR(300MHz,$CDCl_3$)δ:0.86(3H,t,J=7.25Hz,H-12′),1.01(3H,d,J=6.87,C_{10}′-CH_3),1.28～1.42(2H,m,H-11′),1.70(3H,s,C_{9a}-CH_3),2.09～2.27(2H,m,H-10′+H-5),2.44～2.59(1H,m,H-5),3.45～3.74(4H,m,CH_2OH+H-6+H-

4),4.15～4.27(1H,m,H-4),4.59～4.76(2H,m,H-8),5.87(1H,dd,J=7.6、15.3Hz,H-9′),6.07(1H,d,J=14.9Hz,H-4′),6.14(1H,dd,J=10.7、15.26Hz,—CH=CH—),6.27(1H,dd,J=11.4、14.0Hz,—CH=CH—),6.60(1H,dd,J=10.7、14.9Hz,—CH=CH—),6.72(1H,s,H-2′),7.35(1H,dd,J=11.4、14.9Hz,—CH=CH—),15.84(1H,br.s,OH)。^{13}C NMR(75MHz,$CDCl_3$)δ:189.62、185.48、177.05、169.21、167.69、150.63、147.54、143.27、143.00、129.55、128.74、128.62、126.03、120.61、101.19、86.06、73.66、66.91、63.84、39.02、32.62、31.73、29.63、23.36、19.81、11.89。EI-MS m/z:455[M+H]$^+$,477[M+Na];negative ion m/z:453[M-H]$^+$。Anal($C_{26}H_{30}O_7$)C,H[21]。表70-5示化合物(18～20)、(23～24)的^{13}C NMR谱数据。

表70-5 化合物(18～20)、(23～24)的^{13}C NMR谱数据

No	18	19	20	23	24
1	39.2	36.9	33.8	36.0	30.6
2	32.1	30.1	32.7	30.6	31.6
3	70.5	66.5	67.6	66.3	67.5
4	37.1	34.7	42.0	32.5	38.7
5	139.9	82.1	76.1	82.7	76.1
6	119.7	135.2	74.3	135.1	70.3
7	116.4	130.7	120.5	130.7	119.5
8	141.4	79.4	141.5	78.3	142.1
9	46.4	51.0	43.8	142.5	43.3
10	38.5	39.7	38.1	37.9	38.5
11	21.2	20.6	22.4	119.7	21.4
12	40.5	39.3	38.9	41.2	39.2
13	42.9	44.5	43.8	43.6	43.8
14	54.7	51.7	55.3	48.2	54.7
15	23.1	23.4	23.5	25.5	22.7
16	28.4	28.6	28.5	28.6	28.0
17	55.9	56.2	56.1	55.8	55.8
18	12.1	12.9	12.5	12.9	12.2
19	16.4	18.2	18.8	20.7	17.6
20	40.9	39.7	40.9	39.9	40.5
21	21.2	20.9	21.4	20.9	21.1
22	135.7	135.4	136.2	135.4	135.4
23	132.1	132.3	132.1	132.4	132.1
24	43.0	42.7	43.1	42.7	42.8
25	33.2	33.0	33.3	33.6	33.1
26	19.7	19.6	20.1	19.6	19.7
27	20.0	19.9	19.8	19.9	20.0
28	17.7	17.5	17.8	17.5	17.8

麦角甾醇(ergosterol,18) 无色针晶($CHCl_3$-MeOH),mp 160～163℃,Liebermann-Burchard反应呈阳性,10%硫酸乙醇溶液显紫色。^{1}H NMR(300MHz,$CDCl_3$)δ:3.64(1H,m,H-3),5.57(1H,d,J=5.5Hz,H-6),5.38(1H,d,J=5.5Hz,H-7),0.63(3H,s,18-CH_3),0.95(3H,s,19-CH_3),1.03(3H,d,J=6.8Hz,21-CH_3),5.20(1H,d,J=15.3、6.9Hz,H-22),5.16(1H,dd,J=

15.3、7.7Hz,H-23),0.85(3H,d,J=6.7Hz,26-CH_3),0.82(3H,d,J=6.7Hz,27-CH_3),0.92(3H,d,J=6.8Hz,28-CH_3)。^{13}C NMR 谱数据,见表 70-5[16]。

过氧化麦角甾醇(ergosterol peroxide,5*a*,8*a*-epidioxyergosta-6,22*E*-dien-3*β*-ol,19) 无色针晶(PE-acetone),mp 177～178℃,Liebermann-Burchard 反应呈阳性,10%硫酸乙醇溶液显墨绿色。^{1}H NMR(300MHz,$CDCl_3$)δ:3.98(1H,m,H-3),6.25(1H,d,J=8.5Hz,H-6),6.51(1H,d,J=8.5Hz,H-7),0.82(3H,s,18-CH_3),0.88(3H,s,19-CH_3),1.00(3H,d,J=6.6Hz,21-CH_3),5.13(1H,dd,J=15.2、7.9Hz,H-22),5.23(1H,d,J=15.2、7.1Hz,H-23),0.83(3H,d,J=5.0Hz,26-CH_3),0.81(3H,d,J=4.0Hz,27-CH_3),0.91(3H,d,J=6.6Hz,28-CH_3)。^{13}C NMR 谱数据,见表 70-5[16]。

啤酒甾醇(cerevisterol,20) 无色针晶(PE-acetone),mp 234～236℃,Liebermann-Burchard 反应呈阳性,10%硫酸乙醇溶液显紫色。^{1}H NMR(300MHz,C_5D_5N)δ:4.84(1H,m,H-3),4.32(1H,m,H-6),5.74(1H,m,H-7),0.65(3H,s,18-CH_3),1.58(3H,s,Me-19),1.05(3H,d,J=6.6Hz,21-CH_3),5.23(1H,d,J=15.3、6.9Hz,H-22),5.15(1H,dd,J=15.3、7.7Hz,H-23),0.85(3H,d,J=6.8Hz,26-CH_3),0.83(3H,d,J=6.8Hz,27-CH_3),0.94(3H,d,J=6.8Hz,28-CH_3)。^{13}C NMR 谱数据,见表 70-6[16]。

麦角甾酮(3*β*,5*α*,9*β*-trihydroxyergosta-7,22*E*-dien-6-one,21) 无色针晶(PE-acetone),mp 225～228℃,Liebermann-Burchard 反应呈阳性,10%硫酸乙醇溶液显色,由黄色转为紫红色。^{1}H NMR(300MHz,C_5D_5N)δ:4.64(1H,m,H-3),5.94(1H,br. s,H-7),0.62(3H,s,18-CH_3),1.15(3H,s,19-CH_3),1.03(3H,d,J=6.6Hz,21-CH_3),5.20(1H,d,J=15.1、7.9Hz,H-22),5.26(1H,dd,J=15.1、7.3Hz,H-23),0.83(3H,d,J=6.7Hz,26-CH_3),0.85(3H,d,J=6.7Hz,27-CH_3),0.94(3H,d,J=6.8Hz,28-CH_3)。^{13}C NMR(75MHz,C_5D_5N)δ:26.4(C-1),31.5(C-2),66.8(C-3),38.2(C-4),9.7(C-5),199.1(C-6),120.3(C-7),164.1(C-8),75.0(C-9),42.3(C-10),29.0(C-11),35.4(C-12),45.3(C-13),52.0(C-14),22.7(C-15),28.3(C-16),56.1(C-17),12.4(C-18),20.4(C-19),40.6(C-20),21.3(C-21),134.8(C-22),132.4(C-23),43.1(C-24),33.3(C-25),20.1(C-26),19.8(C-27),17.9(C-28)[16]。

β-谷甾醇(β-sitosterol,22) 白色针晶(PE-EtOAc),^{1}H NMR(400MHz,$CDCl_3$)δ:5.35(1H,m,H-6),3.58(1H,m,H-3),2.30(1H,s,H-14),1.01(3H,s,H-18,18′,18″),0.91(3H,m,H-21,21′,21″),0.85(3H,m,H-27,27′,27″),0.84(3H,m,H-26,26′,26″),0.74(3H,m,H-29,29′,29″),0.68(3H,m,H-19,19′,19″)。^{13}C NMR(100MHz,$CDCl_3$)δ:37.3(C-1),31.6(C-2),71.6(C-3),42.2(C-4),140.6(C-5),121.7(C-6),31.9(C-7),31.9(C-8),50.2(C-9),36.5(C-10),21.1(C-11),39.7(C-12),42.3(C-13),56.7(C-14),24.3(C-15),28.2(C-16),56.0(C-17),11.8(C-18),19.4(C-19),36.1(C-20),18.8(C-21),33.9(C-22),26.0(C-23),45.8(C-24),29.1(C-25),19.8(C-26),19.0(C-27),23.0(C-28),12.0(C-29)[28]。

胡萝卜苷(daucosterol,23) 白色粉末($CHCl_3$-MeOH),mp>300℃,Liebermann-Burchard 反应呈阳性,Molish 反应阳性[16]。^{13}C NMR(150MHz,$CDCl_3$)δ:37.8(C-1),30.0(C-2),78.0(C-3),39.1(C-4),140.9(C-5),122.5(C-6),32.4(C-7),32.4(C-8),50.8(C-9),37.2(C-10),21.6(C-11),40.3(C-12),42.8(C-13),57.3(C-14),24.7(C-15),28.7(C-16),56.6(C-17),12.2(C-18),19.3(C-19),36.6(C-20),19.1(C-21),34.4(C-22),26.5(C-23),46.4(C-24),29.6(C-25),19.6(C-26),20.0(C-27),23.5(C-28),12.2(C-29),101.7(Glu,C-1′),74.1(Glu,C-2′),79.6(Glu,C-3′),70.5(Glu,C-4′),78.3(Glu,C-5′),62.2(Glu,C-6′)[29]。

5*a*,8*a*-氧化麦角甾-6,9(11),22*E*-三烯-3*β*-醇(5*α*,8*α*-epidioxyergosta-6,9(11),22*E*-trien-3*β*-ol,24) 无色针晶(PE-acetone),mp 164～166℃,Liebermann-Burchard 反应呈阳性,10%硫酸乙醇溶液显黑色。^{1}H NMR(300MHz,$CDCl_3$)δ:4.00(1H,m,H-3),6.28(1H,d,J=8.5Hz,H-6),

6.59(1H,d,J=8.5Hz,H-7),5.43(1H,dd,J=1.9、5.9Hz,H-11),0.74(3H,s,18-CH_3),1.09(3H,s,19-CH_3),1.00(3H,d,J=6.6Hz,21-CH_3),5.16(1H,d,J=15.3、7.8Hz,H-22),5.25(1H,dd,J=15.3、7.1Hz,H-23),0.83(3H,d,J=4.9Hz,26-CH_3),0.81(3H,d,J=5.0Hz,27-CH_3),0.91(3H,d,J=6.8Hz,28-CH_3)。^{13}C NMR谱数据,见表70-5[16]。

麦角甾-7,22*E*-二烯-3*β*,5*a*,6*a*-三醇(ergosta-7,22*E*-diene-3*β*,5*α*,6*α*-triol,25) 无色针晶(PE-acetone),mp 253～255℃,Liebermann-Burchard反应呈阳性,10%硫酸乙醇溶液显紫色。^{1}H NMR(300MHz,$CDCl_3$)δ:4.02(1H,m,H-3),3.97(1H,m,H-6),5.02(1H,br.s,H-7),0.56(3H,s,18-CH_3),0.97(3H,s,19-CH_3),1.02(3H,d,J=6.6Hz,21-CH_3),5.23(1H,d,J=15.3,7.0Hz,H-22),5.11(1H,dd,J=15.3、7.0Hz,H-23),0.84(3H,d,J=6.7Hz,26-CH_3),0.82(3H,d,J=6.8Hz,27-CH_3),0.92(3H,d,J=6.8Hz,28-CH_3)。

表70-6 化合物(20)、(26)的^{13}C NMR谱数据

No	化合物(20)	化合物(26)	
		母 核	酯 基
1	33.8	33.4	173.3(C-1′)
2	32.7	28.4	35.0(C-2′)
3	67.6	72.2	25.6(C-3′)
4	42.0	37.7	29.4(C-4′)
5	76.1	76.0	29.6(C-5′)
6	74.3	73.9	29.6(C-6′)
7	120.5	120.2	29.8(C-7′)
8	141.5	141.6	30.0(C-8′～13′)
9	43.8	43.6	32.1(C-14′)
10	38.1	38.0	22.9(C-15′)
11	22.4	22.3	14.3(C-16′)
12	38.9	39.8	
13	43.8	43.8	
14	55.3	55.2	
15	23.5	23.5	
16	28.5	28.5	
17	56.1	56.2	
18	12.5	12.5	
19	18.8	18.5	
20	40.9	40.8	
21	21.4	21.4	
22	136.2	136.2	
23	132.1	132.1	
24	43.1	43.1	
25	33.3	33.3	
26	20.1	20.1	
27	19.8	19.8	
28	17.8	17.8	

麦角甾-7,22*E*-二烯-3*β*,5*a*,6*β*-三醇-3-棕榈酸酯(ergosta-7,22*E*-diene-3*β*,5*α*,6*β*-triol-3-palmitate,26) 白色粉末(PE-EtOAc),mp 156～158℃,Liebermann-Burchard 反应呈阳性,10%硫酸乙醇溶液显紫色,碱水解后检测出棕榈酸的存在。^1H NMR(300MHz,C_5D_5N)δ:1.65(1H,m,H-la),2.16(1H,m,H-1b),1.25(2H,m,H-2),5.90(1H,m,H-3),2.91(2H,m,H-4),4.29(1H,m,H-6),5.71(1H,br.s,H-7),1.90(1H,m,H-9),0.63(3H,s,18-CH_3),1.44(3H,s,19-CH_3),1.05(3H,d,J=6.6Hz,21-CH_3),5.18(1H,dd,J=15.2、7.7Hz,H-22),5.21(1H,d,J=15.2、6.9Hz,H-23),0.85(3H,d,J=2.4Hz,26-CH_3),0.83(3H,d,J=2.4Hz,27-CH_3),0.94(3H,d,J=6.8Hz,28-CH_3),2.40(2H,m,2′-H),1.70(2H,m,3′-H),1.25(24H,4′-15′-CH_2),0.84(3H,t,J=3.0Hz,16′-CH_3)。^{13}C NMR 谱数据见表 70-6[16]。

3*β*,5*a*-二羟基-7,22*E* 麦角甾二烯-6-酮(3*β*,5*α*-dihydroxyergosta-7,22*E*-dien-6-one,27) 无色针晶(PE-acetone),mp 245～248℃,Liebermann-Burehard 反应呈阳性,10%硫酸乙醇溶液显色为黄色。^1H NMR(300MHz,C_5D_5N)δ:4.04(1H,m,H-3),5.65(1H,br.s,H-7),0.61(3H,s,18-CH_3),0.95(3H,s,19-CH_3),1.03(3H,d,J=6.6Hz,21-CH_3),5.15(1H,dd,J=15.1、7.9Hz,H-22),5.22(1H,dd,J=15.1、7.3Hz,H-23),0.82(3H,d,J=6.7Hz,26-CH_3),0.84(3H,d,J=6.7Hz,27-CH_3),0.92(3H,d,J=6.8Hz,28-CH_3)。^{13}C NMR(75MHz,C_5D_5N)δ:27.8(C-1),30.9(C-2),67.5(C-3),36.5(C-4),77.8(C-5),198.2(C-6),119.7(C-7),165.3(C-8),38.8(C-9),42.8(C-10),22.0(C-11),40.4(C-12),44.8(C-13),55.8(C-14),22.5(C-15),29.7(C-16),56.0(C-17),12.7(C-18),16.4(C-19),40.3(C-20),21.1(C-21),135.0(C-22),132.5(C-23),43.9(C-24),33.0(C-25),19.9(C-26),19.6(C-27),17.6(C-28)[16]。

5*a*-羟基-7,22*E* 麦角甾二烯-3,6 二酮(5*α*-hydroxyergosta-7,22*E*-diene-3,6-dione,28) 无色针晶(PE-acetone),mp 232～233℃,Liebermann-Burchard 反应呈阳性,10%硫酸乙醇溶液显色为黄色。^1H NMR(300MHz,C_5D_5N)δ:5.75(1H,br.s,H-7),0.64(3H,s,18-CH_3),1.16(3H,s,19-CH_3),1.04(3H,d,J=6.6Hz,21-CH_3),5.20(1H,d,J=15.1、7.9Hz,H-22),5.22(1H,dd,J=15.1、7.3Hz,H-23),0.82(3H,d,J=6.7Hz,26-CH_3),0.84(3H,d,J=6.7Hz,27-CH_3),0.92(3H,d,J=6.8Hz,28-CH_3)。^{13}C NMR(75MHz,C_5D_5N)δ:29.7(C-1),31.9(C-2),209.9(C-3),38.7(C-4),79.9(C-5),196.9(C-6),119.5(C-7),165.9(C-8),40.8(C-9),42.8(C-10),22.5(C-11),37.4(C-12),44.7(C-13),55.8(C-14),22.1(C-15),27.8(C-16),56.0(C-17),12.7(C-18),15.9(C-19),40.3(C-20),21.1(C-21),134.9(C-22),132.6(C-23),43.7(C-24),33.0(C-25),19.9(C-26),19.6(C-27),17.6(C-28)[16]。

麦角甾-4,6,8,22-四烯-3-酮(ergosta-4,6,8,22-tetraen-3-one,29) 淡黄色针状晶体,^1H NMR(500MHz,$CDCl_3$)δ:5.73(1H,s,H-4),6.62(1H,d,J=9.2Hz,H-6 or H-7),6.02(1H,d,J=9.2Hz,H-6 or H-7),5.27(2H,m,H-22,23),0.99(3H,s,H-18),0.97(3H,s,H-19),0.82、0.85、0.93、1.08(4×Me,s,H-21,26,27,28)。^{13}C NMR(125MHz,$CDCl_3$)δ:34.1(C-1),34.1(C-2),199.5(C-3),123.0(C-4),164.4(C-5),124.3(C-6),134.1(C-7),156.1(C-8),131.1(C-9),36.8(C-10),29.8(C-11),35.6(C-12),44.0(C-13),44.4(C-14),25.4(C-15),27.6(C-16),55.7(C-17),16.7(C-18),19.0(C-19),39.3(C-20),19.6(C-21),135.0(C-22),132.6(C-23),42.9(C-24),33.2(C-25),21.3(C-26),20.0(C-27),17.6(C-28)[24]。

2*H*-4-羟基-6-戊基四氢化吡喃-2-酮(2*H*-pyran-2-one,tetrahydro-4-hydroxy-6-pentyl,30) $[\alpha]_D^{20}$+25.488(c 1.2,$CHCl_3$)。IR(KBr):3 415、2 932、2 861、1 713、1 256、1 069cm^{-1}。^1H NMR(500MHz,$CDCl_3$)δ:4.69(dm,1H,J=11.0Hz),4.41～4.40(m,1H),2.75(1H,dd,J=17.6、5.1Hz),2.62(ddd,1H,J=17.6、3.7、1.7Hz),1.96(dm,1H,J=14.5Hz),1.75(ddd,1H,J=14.6、11.4、3.4Hz),1.73～1.69(m,1H),1.63～1.49(m,2H),1.45～1.38(m,2H),1.34～1.29(m,4H),0.90(t,3H,J=6.4Hz)。^{13}C NMR(100MHz,$CDCl_3$)δ:170.8、76.0、62.7、38.6、35.9、31.5、24.5、

22.5、13.9。HR-MS(ES,*m/z*)计算值 $C_{10}H_{18}O_3$ (M+Na):209.114 8,found:209.115 0[30]。

2*H*-6-戊基-5,6-二氢化吡喃-2-酮(2*H*-pyran-2-one,5,6-dihydro-6-pentyl,31) $[\alpha]_D^{20}$ −74.28(*c* 1.0,$CHCl_3$)。IR(KBr):3 056、2 955、2 862、1 725、1 389、1 251、1 040、816cm^{-1}。^{1}H NMR(300MHz,$CDCl_3$)δ:6.88(ddd,1H,*J*=9.7、3.6、3.6Hz),6.03(ddd,1H,*J*=9.7、1.5、1.5Hz),4.47～4.38(m,H),2.36～2.31(m,2H),1.87～1.27(m,8H),0.90(t,3H,*J*=6.9Hz)。^{13}C NMR(100MHz,$CDCl_3$)δ:164.6、145.0、121.5、78.1、34.9、31.6、29.4、24.5、22.5、14.0。HR-MS(EI,*m/z*)计算值 $C_{10}H_{16}O_2$:168.115 0;found:168.115 0[30]。

草酸(ethanedioic acid,32) 白色针晶($CHCl_3$),mp 187～188℃,溴钾酚绿反应阳性[16]。

辛二酸(octanedioic acid,33) 白色针晶($CHCl_3$),mp 139～141℃,溴甲酚绿反应阳性。^{1}H NMR(300MHz,C_5D_5N)δ:14.18(2H,br.s,COOH-1,8),2.40(4H,m,CH_2-2,7),1.71(4H,m,CH_2-3,6),1.27(4H,m,CH_2-4,5)。^{13}C NMR(75MHz,C_5D_5N)δ:176.1(C-1,8),34.9(C-2,7),29.5(C-3,6),25.7(C-4,5)[16]。

丁二酸(succinic acid,34) 白色针晶(MeOH),溴钾酚绿反应阳性。^{1}H NMR(300MHz,DMSO-d_6)δ:12.15(2H,s,OH),2.42(4H,s,H-2,3)[16]。

棕榈酸(palmitic acid,35) 白色针晶($CHCl_3$)。溴钾酚绿反应阳性。EI-MS *m/z*(%):256.3(40.2),213.3(21.1),185.3(16.4),171.2(12.1),157.1(15.9),129.1(35.7),115.1(15.2),97.1(30.0),83.1(29.1),73.0(86.7),57.1(85.1),43.1(100.0)[16]。

对羟基苯甲酸(4-hydroxybenzoic acid,36) 白色针晶(MeOH)。三氯化铁-铁氰化钾反应阳性,溴甲酚绿反应阳性。^{1}H NMR(300MHz,DMSO-d_6)δ:7.79(2H,d,*J*=8.6Hz,H-2,6),6.82(2H,d,*J*=8.6Hz,H-3,5),12.41(1-COOH),10.26(4-OH)[16]。

2,4-二羟基苯甲酸(2,4-dihydroxybenzoic acid,37) 白色针晶(MeOH)。三氯化铁-铁氰化钾反应阳性,溴甲酚绿反应阳性。^{1}H NMR(300MHz,DMSO-d_6)δ:6.27(1H,d,*J*=2.3Hz,H-3),6.35(1H,dd,*J*=2.3、8.7Hz,H-5),7.63(1H,d,*J*=8.7Hz,H-6)[16]。

3,4-二羟基苯甲酸(3,4-dihydroxybenzoic acid,38) 白色针晶(MeOH),三氯化铁-铁氰化钾反应阳性,溴甲酚绿反应阳性。^{1}H NMR(C_5D_5N,600MHz)δ:8.37(1H,d,*J*=1.8Hz),8.10(1H,dd,*J*=8.4、1.8Hz),7.33(1H,d,*J*=8.4Hz);^{13}C NMR(C_5D_5N,150MHz)δ:123.3(C-1),118.2(C-2),147.0(C-3),152.1(C-4),116.2(C-5),124.0(C-6),169.4(C-7)[31]。

3,5-二羟基苯甲酸(3,5-dihydroxybenzoic acid,39) 白色针晶(MeOH)。三氯化铁-铁氰化钾反应阳性,溴甲酚绿反应阳性。^{1}H NMR(300MHz,DMSO-d_6)δ:6.80(2H,s,H-2,6),6.40(1H,s,H-4),9.61(br.s,3,5-OH,COOH)。^{13}C NMR(75MHz,DMSO-d_6)δ:167.7(C=O),132.7(C-1),107.4(C-2,6),158.4(C-3,5),106.7(C-4)[16]。

异香草酸(isovanillic acid,40) 白色针晶(MeOH)。三氯化铁-铁氰化钾反应阳性,溴甲酚绿反应阳性。^{1}H NMR(300MHz,DMSO-d_6)δ:3.80(3H,s),7.44(1H,br.s,H-2),6.84(1H,d,*J*=8.4Hz,H-5),7.43(1H,br.d,*J*=8.4Hz,H-6)[16]。

咖啡酸(caffeic acid,41) 白色针晶(MeOH)。三氯化铁-铁氰化钾反应阳性,溴甲酚绿反应阳性。^{1}H NMR(300MHz,DMSO-d_6)δ:6.16(1H,d,*J*=15.9Hz,H-α),7.40(1H,d,*J*=15.9Hz,H-β),7.02(1H,d,*J*=1.9Hz,H-2),6.75(1H,d,*J*=8.2Hz,H-5),6.95(1H,dd,*J*=8.2,1.9Hz,H-6)[16]。

香豆酸(courmaric acid,42) 白色针晶(MeOH)。mp 206～208℃。三氯化铁-铁氰化钾反应阳性,溴甲酚绿反应阳性[16]。ESI-MS *m/z*:162.9[M-H]$^-$。^{1}H NMR(600MHz,DMSO-d_6)δ:6.25(1H,*J*=16.2Hz,H-8),6.81(2H,br d,H-3,5),7.50(2H,d,*J*=16.2Hz,H-7),7.52(1H,d,*J*=16.2Hz,H-2,6)[32]。

肉桂酸(cinnamonic acid,43) 白色针晶(MeOH)。溴甲酚绿反应阳性。^{1}H NMR(300MHz,

DMSO－d_6)δ:6.58(1H,d,J=16.1Hz,H－α),7.64(1H,d,J=16.1Hz,H－β),7.72(2H,m,H－2′,6′),7.44(3H,m,H－3′,4′,5′)[16]。

丙二酸(malonic acid,44) 白色结晶,mp 134.8～135.9°C。^{13}C NMR(DMSO－d_6)δ:173.934(表示有羧基),47.533(显示为亚甲基);^{1}H NMR δ:2.500(溶剂峰),3.265(s)显示为亚甲基峰,用pH试纸检查,pH在3～4之间,显示为有机酸的特征[18]。

4,8－十九碳二烯酸(4,8－nonadecadienoic acid,45) 白色固体,易溶于氯仿、热的正己烷等有机溶剂,10%硫酸不显色。电喷雾质谱,相对分子质量为294,得到241、259、277碎片离子峰。^{13}C NMR($CDCl_3$)δ:180.27(C－1),34.07(C－2),24.67(C－3),127.90(C－4),128.07(C－5),29.68(C－6),29.68(C－7),129.71(C－8),130.20(C－9),29.59(C－10),29.06(C－11),29.23(C－12),29.43(C－13),27.18(C－14),29.59(C－15),29.35(C－16),31.92(C－17),22.56(C－18),14.09(C－19)。^{1}H NMR($CDCl_3$)δ:2.34(2H,t),1.64(2H,q),5.35(H,q),5.31(H,q),2.04(2H,q),5.39(H,q),5.36(H,q),1.59(2H,q),1.31(2H,t),1.25(2H,s),1.31(2H,q),0.88(3H,t)。^{13}C NMR(DEPT－135)($CDCl_3$)δ:含13个－CH_2基团,4个－CH和1个－CH_3基团[25]。

白桦酸(betulinic acid,46) 白色针晶(PE－EtOAc),Liebermann－Burchard反应呈阳性,10%硫酸乙醇溶液显紫色。^{1}H NMR(300MHz,DMSO－d_6)δ:4.30(1H,br.d,J=4.8Hz,H－3),0.87(3H,s,23－CH_3),0.65(3H,s,24－CH_3),0.76(3H,s,25－CH_3),0.87(3H,s,26－CH_3),0.93(3H,s,27－CH_3),4.56(1H,s,H－29a)、4.69(1H,s,H－29b),1.64(3H,s,30－CH_3),12.10(1H,s,28－COOH)。^{13}C NMR(75MHz,DMSO－d_6)δ:38.3(C－1),27.2(C－2),76.8(C－3),40.3(C－4),54.9(C－5),18.0(C－6),34.0(C－7),40.4(C－8),48.6(C－9),36.4(C－10),20.5(C－11),25.1(C－12),37.7(C－13),42.1(C－14),30.2(C－15),31.8(C－16),55.5(C－17),46.7(C－18),50.0(C－19),150.4(C－20),29.2(C－21),36.8(C－22),28.1(C－23),16.0(C－24),15.8(C－25),15.8(C－26),14.4(C－27),177.2(C－28),109.6(C－29),19.0(C－30)[16]。

乌苏酸(ursolic acid,47) 白色粉末($CHCl_3$－MeOH),mp 245～246℃,Liebermann－Burchard反应呈阳性,10%硫酸乙醇溶液显紫色。^{1}H NMR(300MHz,C_5D_5N)δ:3.45(1H,m,H－3),5.49(1H,s,H－12),2.64(1H,d,J=11.1Hz,H－18),0.87、0.95、0.98、1.01(each 3H,s,23～27－CH_3),1.22(6H,d,J=6.3Hz,29,30－CH_3)。^{13}C NMR(75MHz,C_5D_5N)δ:39.2(C－1),28.2(C－2),78.2(C－3),39.4(C－4),55.9(C－5),18.8(C－6),33.6(C－7),40.0(C－8),48.1(C－9),37.3(C－10),23.9(C－11),125.7(C－12),139.3(C－13),42.6(C－14),28.8(C－15),25.0(C－16),48.1(C－17),53.6(C－18),39.5(C－19),39.4(C－20),31.1(C－21),37.5(C－22),28.8(C－23),16.6(C－24),15.7(C－25),18.8(C－26),23.7(C－27),179.8(C－28),17.6(C－29),21.4(C－30)[16]。

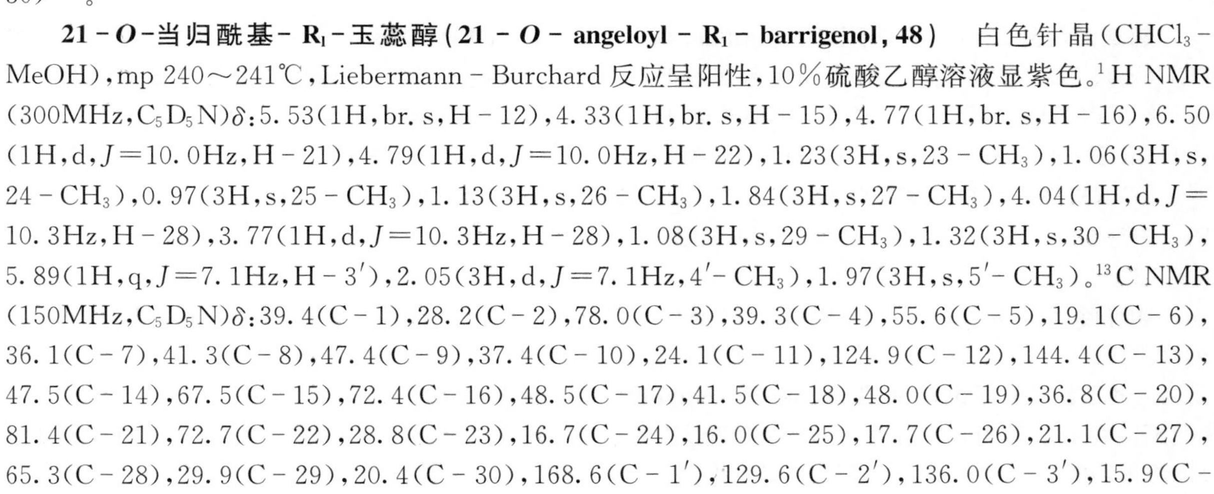

21－*O*－当归酰基－R_1－玉蕊醇(21－*O*－angeloyl－R_1－barrigenol,48) 白色针晶($CHCl_3$－MeOH),mp 240～241℃,Liebermann－Burchard反应呈阳性,10%硫酸乙醇溶液显紫色。^{1}H NMR(300MHz,C_5D_5N)δ:5.53(1H,br.s,H－12),4.33(1H,br.s,H－15),4.77(1H,br.s,H－16),6.50(1H,d,J=10.0Hz,H－21),4.79(1H,d,J=10.0Hz,H－22),1.23(3H,s,23－CH_3),1.06(3H,s,24－CH_3),0.97(3H,s,25－CH_3),1.13(3H,s,26－CH_3),1.84(3H,s,27－CH_3),4.04(1H,d,J=10.3Hz,H－28),3.77(1H,d,J=10.3Hz,H－28),1.08(3H,s,29－CH_3),1.32(3H,s,30－CH_3),5.89(1H,q,J=7.1Hz,H－3′),2.05(3H,d,J=7.1Hz,4′－CH_3),1.97(3H,s,5′－CH_3)。^{13}C NMR(150MHz,C_5D_5N)δ:39.4(C－1),28.2(C－2),78.0(C－3),39.3(C－4),55.6(C－5),19.1(C－6),36.1(C－7),41.3(C－8),47.4(C－9),37.4(C－10),24.1(C－11),124.9(C－12),144.4(C－13),47.5(C－14),67.5(C－15),72.4(C－16),48.5(C－17),41.5(C－18),48.0(C－19),36.8(C－20),81.4(C－21),72.7(C－22),28.8(C－23),16.7(C－24),16.0(C－25),17.7(C－26),21.1(C－27),65.3(C－28),29.9(C－29),20.4(C－30),168.6(C－1′),129.6(C－2′),136.0(C－3′),15.9(C－

4′),21.1(C－5′)[16]。

交链孢醇单甲醚(alternariol monomethyl ether,49) 无色针晶(MeOH)。mp 139～141℃,三氯化铁-铁氰化钾反应阳性。紫外光线在254、365nm波长下具有蓝色荧光。EI-MS m/z(%):272(100),243(10.6),201(8.6),136(6.5),115(8.5),69(9.4)。^{1}H NMR(300MHz,DMSO－d_6)δ:11.8(1H,br. s,3－OH),10.4(1H,br. s,4′－OH),6.64(1H,d,J＝2.1Hz,H－3),6.72(1H,d,J＝2.1Hz,H－6),6.60(1H,d,J＝1.7Hz,H－3′),7.20(1H,d,J＝1.7Hz,H－6′),3.91(3H,s,5－CH_3),2.72(3H,s,6′－CH_3)。^{13}C NMR(75MHz,DMSO－d_6)δ:137.9(C－1),98.6(C－2),164.2(C－3),99.3(C－4),166.2(C－5),103.5(C－6),164.8(C－7),108.9(C－1′),152.7(C－2′),101.7(C－3′),158.7(C－4′),117.7(C－5′),138.5(C－6′),55.9(CH_3－5),25.1(CH_3－6′)[16]。

2,5－二甲基－7－羟基色原酮(2,5－dimethyl－7－hydroxychromone,50) 无色针晶(acetone),紫外光线在254、365nm波长下具有蓝色荧光,三氯化铁-铁氰化钾反应阳性。^{1}H NMR(300MHz,DMSO－d_6)δ:10.55(1H,br. s,7－OH),5.98(1H,s,H－3),6.62(1H,br. s,H－6),6.61(1H,br. s,H－3),2.27(3H,s,2－CH_3),2.65(3H,s,5－CH_3)。^{13}C NMR(75MHz,DMSO－d_6)δ:164.3(C－2),117.3(C－3),178.7(C－4),141.9(C－5),111.2(C－6),161.3(C－7),101.0(C－8),159.6(C－9),114.7(C－10),19.8(2－CH_3),22.9(5－CH_3)[16]。

葡萄糖(glucose,51) 白色结晶,mp 145.06～146.12℃,易溶于水,不易溶于有机溶剂,在展开剂为丙酮:水＝9:1的薄层硅胶板上展开,R_f值为0.5～0.6之间,与葡萄糖标准品一起展开,与葡萄糖标准品的R_f一致。^{13}C NMR(D_2O)δ:95.990、92.175、76.021、75.838、74.215、72.848、71.562、71.503、69.717、69.671、60.826、60.660时,有12个碳信号为α－D－葡萄糖和β－D－葡萄糖的混合图谱[18]。

甘露糖醇(D-(－)-manitol,52) 白色针晶(MeOH/H_2O),mp 163～164℃。IR(KBr):3 399、3 285、1 420、1 282、1 082、1 011、701、630cm^{-1}[16]。ESI－MS m/z:183[M＋H]$^+$,200[M＋NH_4]$^+$,205[M＋Na]$^+$。^{1}H NMR(500MHz,D_2O)δ:3.89(2H,dd,J＝2.7、11.7Hz,H－1,6),3.79(4H,m,H－2,3,4,5),3.70(2H,dd,J＝6.0、11.7Hz,H－1,6);^{13}C NMR(125MHz,D_2O)δ:73.5(C－2,5),72.0(C－3,4),65.9(C－1,6)[33]。

半乳糖醇(galactitol,53) 白色针晶(MeOH/H_2O),mp 190～191℃。IR(KBr):3 284、2 938、1 459、1 263、1 196、1 083、1 020、726、631cm^{-1}。^{13}C NMR(75MHz,D_2O)δ:65.8(C－1,6),71.8(C－2,5),73.4(C－3,4)[16]。

β－(1→6)－D－Glucan(BIWP2,54) ^{13}C NMR(D_2O)δ:104.7(C－1),74.7(C－2),76.6(C－3),71.7(C－4),77.3(C－5),70.5(C－6)。^{1}H NMR(D_2O)δ:4.42($J_{H-1,H-2}$＝8.5Hz,$J_{H-1,C-1}$＝160Hz,H－1)[8]。

邻苯二甲酸二(2－乙基)己酯(phthalic acid bis－(2－ethyl－hexyl)ester,55) 淡黄色油状物($CHCl_3$),TLC在紫外光254nm下有暗斑、365nm下呈现黄色荧光、10%硫酸乙醇溶液显粉红色。^{1}H NMR(300MHz,DMSO－d_6)δ:7.70(4H,m,H－2,3,4,5),4.14(4H,d,J＝4.2Hz,H－1′,1″),1.63(4H,m,H－1′,1″),1.28(16H,m,H－3′～5′,7′,3″～5″,7″),0.87(12H,d,J＝3.6Hz,H－6′,6″,8′,8″)。^{13}C NMR(75MHz,DMSO－d_6)δ:167.0(C－1,8),131.8(C－2,7),128.7(C－3,6),131.7(C－4,5),67.5(C－1′,1″),38.1(C－2′,2″),29.8(C－3′,3″),28.5(C－4′,4″),22.9(C－5′,5″),14.0(C－6′,6″),23.3(C－7′,7″),10.9(C－8′,8″)[16]。

腺嘌呤(adenine,56) 白色固体(MeOH)。改良碘化铋钾反应阳性。^{1}H NMR(300MHz,DMSO－d_6)δ:8.12(1H,d,J＝3.5Hz,H－2),7.13(1H,br. s,H－8)[16]。

4－(乙氧基)－丁酸乙酯(4－(ethoxy)－ethyl butyrate,57) 白色结晶,mp 72.9～73.8℃,^{1}H NMR($CDCl_3$)δ:4.177(2H,dd,J＝8.11、5.38Hz,乙酯中的CH_2),3.933(2H,m,C－4),3.640(2H,dd,C－1′),2.349(2H,t,J＝7.55、7.55Hz,C－2),1.718(2H,m,C－3),0.876(3H,t,J＝6.58、6.58Hz,乙

酯中的 CH_3)，1.251(3H，t，C－2′)。^{13}C NMR($CDCl_3$)δ：169.891(COOH)，65.733(C－4)，60.633(C－1′)，58.786(乙酯中的 CH_2)，29.63(C－2)，25.140(C－2′)，24.840(乙酯中的 CH_3)[18]。

三、胶陀螺化学成分的提取

提取方法一：

称取胶陀螺干燥子实体(4.0kg)，经70%乙醇回流提取3次(8倍量、8倍量、6倍量)，每次2h，减压回收溶剂除去乙醇后，将提取液浓缩成2 000ml的水溶液，依次用等体积的石油醚、氯仿、乙酸乙酯、正丁醇萃取。

石油醚萃取部分，经反复硅胶柱色谱与半制备HPLC分离纯化，共得到8个化合物，分别是：麦角甾醇、过氧化麦角甾、5α,8α－过氧化麦角甾－6,9(11),22E－三烯－3β－醇、7,22E－麦角甾二烯－3β,5α,6β－三醇－3－棕榈酸酯、3β,5α－二羟基－7,22E麦角甾二烯－6－酮、5α－羟基－7,22E麦角甾二烯－3,6二酮、β－谷甾醇、2,5－二甲基－7－羟基色原酮。正丁醇萃取部分，经硅胶柱色谱、Sephadex LH－20柱色谱等手段分离得到3个化合物，分别是甘露糖醇、半乳糖醇、腺嘌呤。氯仿萃取部分，经反复硅胶柱色谱、Sephadex LH－20柱色谱、半制备HPLC、重结晶等手段，分离纯化得到了15个化合物，分别为：1－羟基－3－甲基－9,10－蒽醌、大黄素、大黄酚、1,3,8－三羟基－6－甲氧基－9,10－蒽醌、(M)－1,8,1′,3′,8′－五羟基－3,6,6′－三甲氧基－(2,4′)－9,10,9′,10′－二蒽醌、(M)－1,8,1′,3′,6′,8′－六羟基－3,6－二甲氧基－(2,4′)－9,10,9′,10′－二蒽醌、4,9－二羟基－1,2,11,12－四氢－3,10－苝醌、bulgarialaetone B、啤酒甾醇、7,22*E*－麦角甾二烯－3β,5a,6a－三醇、麦角甾酮、白桦酸、乌苏酸、棕榈酸和邻苯二甲酸－(2－乙基)己酯。乙酸乙酯萃取部分，经反复硅胶色谱、Sephadex LH－20柱色谱、重结晶等手段，分离得到15个化合物，分别是：1,3,6,8－四羟基－9,10－蒽醌、胡萝卜苷、21－*O*－当归酰基－R_1－玉蕊醇、对羟基苯甲酸、2,4－二羟基苯甲酸、3,4－二羟基苯甲酸、3,5－二羟基苯甲酸、咖啡酸、异香草酸、香豆酸、肉桂酸、丁二酸、草酸、辛二酸和交链孢醇单甲醚[16]。

提取方法二：

将胶陀螺子实体粉末用石油醚、乙醚、丙酮、无水乙醇和水顺次回流提取。用石油醚回流提取后得到石油醚提取物，从中得到无色结晶麦角甾醇和黄棕色油状物质，经气质联机的测定，黄棕色油状物质中主要成分是开链饱和烃类物质。

用石油醚提取后的残渣，再用乙醚回流提取，得到乙醚提取物。通过萃取、柱色谱、结晶、电子轰击质谱、气质联机分析等手段，证明其中含有：丙二酸、bulgarhodin、bulgarein、*H*－pyran－2－one, tetrahydro－4－hydroxy－6－pentyl和2*H*－pyran－2－one,5,6－dihydro－6－pentyl等物质。

乙醇提取物加入适量水，用正丁醇萃取，水层放置后有大量白色结晶析出，用70%乙醇重结晶得到葡萄糖[3]。

提取方法三：

将胶陀螺子实体用0.5%KOH浸泡脱敏后，经75%乙醇回流，冷水、热水浸提得到3个粗糖级份：BPⅠ、BPⅡ和BPⅢ。BPⅢ组分易溶于热水，饱和水溶液中加入95%乙醇至总体积的40%、80%和原体积的3倍，分别得到3个级份：BPⅢa、BPⅢb、BPⅢc。将BPⅢb的5%糖溶液放在－20℃冷冻两天，取出后放在室温下缓慢融化，离心(5 000r/min)除去杂质，反复多次直至无沉淀物为止。经比旋光、电泳、液相等检测，证明BPⅢb为均一多糖。

综合IR(KBr)分析、GC分析、部分酸水解、高碘酸氧化、Smith降解、甲基化分析，推测BPⅢb的结构如下：

(1) (1→6)Glc，(1→6)Man构成主链的核心部分，支链和主链的边缘由较多不可氧化的(1→3)Glc、(1→3)Man、较少的可氧化(1→6)Gal与(1→6)Glc和(1→6)Man构成。

(2) 分支少，平均每7.5个单糖残基中有1个分支。分支点糖残基有(1→3,6)Glc和(1→3,6)

Man,其中大多数是(1→3,6)Glc。

(3) 末端残基有:Glc、Man 和 Gal[26]。

提取方法四:

将胶陀螺子实体称重、浸泡,用沸水煮提 6h 过滤,残渣重复煮提 4 次,过滤去除残渣。滤液浓缩后离心,弃去沉淀物部分;将上清液浓缩至适量体积后,缓慢加入乙醇(边加边搅拌),使乙醇浓度达到 80%,醇沉过夜后得到上清液部分和沉淀物部分。沉淀物部分经干燥后得到干燥粉末状粗多糖,称重,记作 BP。

将 BP 配成 15%水溶液,再次离心,上清液部分再次经上述方法醇沉,得到新的沉淀物部分,并将其干燥。新得到的沉淀物部分即可视为相对纯净的胶陀螺粗多糖,将其冻干,称重,记作 BP1。

将 BP1 配成 2%水溶液,经两次高速离心后分别合并得到沉淀物和上清液部分,沉淀物冻干。上清液部分经 Sevag 法脱蛋白、冻干后得到的样品,经鉴定为均一性较好的级分,称重,记作 BP2。

将 BP2 进行理化分析:用苯酚-硫酸法测定总糖含量,考马斯亮蓝法测定蛋白质含量,间羟基联苯法测定糖醛酸含量,高效液相测定单糖组成与相对分子质量分布。测定结果:BP2 糖含量:80.7%,蛋白质含量 0.34%,相对分子质量为 45kDa,单糖组成与比例为:Man:Gal:Glc=1.00:1.06:1.03[27]。

提取方法五:

1. 沸水提取

称取干燥胶陀螺子实体 500g,粉碎后加入 2L 95%乙醇,浸泡过夜,回流提取 12h,离心(4 500 r/min,10min),收集沉淀物。向沉淀物中加入 5L 蒸馏水,沸水提取 6h,用 120 目尼龙布过滤。在滤渣中加入蒸馏水,重复沸水提取 2 次。合并 3 次提取所得的滤液,在 60℃水浴中浓缩至 2L,离心(4 500r/min,10min),弃去沉淀物。在上清液中加入无水乙醇至乙醇浓度达到 80%,4℃静置过夜。离心(4 500r/min,10min),收集沉淀物。沉淀物依次经无水乙醇、乙醚洗涤后,用真空干燥器干燥,得到浅褐色粉末状胶陀螺水提粗多糖 BIW。经分析,水溶性多糖 BIW 是一个不均一的中性杂多糖级分。

2. KOH 提取

称取烘干的胶陀螺子实体水提残渣 200g,粉碎后加入 2% KOH 溶液 2L,在 90℃下提取 3h,离心(4 500r/min,10min)后分别收集上清液和沉淀物。沉淀物用 2% KOH 溶液重复提取 2 次。合并 3 次提取的上清液,加入 36%乙酸至 pH7.0 后,加入无水乙醇至乙醇浓度达到 80%,放在 4℃下静置过夜。离心(4 500r/min,10min),收集沉淀物。沉淀物依次经 95%乙醇、无水乙醇、乙醚洗涤后,用真空干燥器干燥,得到深褐色粉末状胶陀螺 2% KOH 提粗多糖 BIK2。

2% KOH 溶液提取后的残渣,按照上述提取方法依次再用 10%和 30% KOH 溶液提取。所得到的提取液,经中和醇沉、干燥后,分别得到深褐色粉末状胶陀螺 10% KOH 提粗多糖 BIK10 和 30% KOH 提粗多糖 BIK30。

3. 脱蛋白

采用温和的 Sevag 法脱去胶陀螺水提粗多糖和胶陀螺 KOH 提粗多糖中的游离蛋白。

4. 分析

经分析,水溶性多糖 BIW 是一个不均一的中性杂多糖级分;而碱提取得到的 BIK2、BIK10 和 BIK30,经鉴定均为均一的多糖级分,符合进行结构鉴定的要求。

5. 水溶性多糖 BIW 的分级

胶陀螺水溶性多糖 BIW,经冻融分级分成两部分:冻融沉淀物(BIWP,收率 19.1%)和冻融上清液部分(BIWS,收率 63.2%)。BIWP 由 Glc(95.2%)、Man(2.1%)和 Gal(2.7%)组成,且经 Sephadex G-75 凝胶色谱纯化,得到相对分子质量均一的多糖级分 BIWP2。经测定,BIWP2 中只含有 Glc(99.0%),其相对分子质量为 MW2.6kD,多分散性指数(polydispersity index,MW/Mn)为 1.4。

BIWS由Man(32.8%)、Glc(33.8%)和Gal(33.4%)组成，属中性多糖不带电荷。针对BIWS的特点，分别采用乙醇沉淀法、Fehling试剂沉淀法和十六烷基三甲基溴化铵(CTAB)沉淀法进行了分级。

通过30%、50%、70%和90%乙醇浓度梯度沉淀物的方法，将BIWS分成了4个级分：BIWS-1(收率15.2%)，BIWS-2(收率12.6%)，BIWS-3(收率29.4%)和BIWS-4(收率31.2%)。凝胶柱色谱和高效液相色谱分析表明，BIWS-1、BIWS-2和BIWS-3的相对分子质量分布不均一，且无主要的洗脱峰，而BIWS-4在Sephadex G-75凝胶色谱分析柱上，呈现出两个相对分开的洗脱峰，将其进一步分离纯化，得到均一级分BIWS-4b。经检测，BIWS-4b由Man(27.2%)、Glc(15.5%)和Gal(57.3%)组成，且相对分子质量为MW7.4kD，多分散性指数(polydispersity index，MW/Mn)为1.35。

BIWS经Fehling试剂沉淀物分级得到两个级分：上清液(BIWS-Fs，收率82.7%)和沉淀物(BIWS-Fp，收率1.4%)。实验结果表明，BIWS-Fs由Man(38.5%)、Glc(39.5%)和Gal(22.0%)组成，BIWS-Fp由Man(40.2%)、Glc(46.9%)和Gal(12.9%)组成，且它们的相对分子质量分布几乎一致，均为15～50kD。由于该方法所得的两个级分，单糖组成和相对分子质量分布相差不大，而且BIWS-Fp收率非常低，所以不适合分级BIWS。

BIWS经过反复的CTAB沉淀物分级得到7个级分，随后经Sepharose CL-6B和Sephadex G-75凝胶柱色谱分离纯化后，共产生10个相对分子质量均一的级分。根据单糖组成情况，将其分为4类：①Man>Gal>Glc，BIWS-pH10P-1，BIWS-pH10P-2，BIWS-S-pH10P-P；②Gal>Man>Glc，BIWS-S-pH10P-S，BIWS-S-pH12P-2，BIWS-pH12P-S，BIWS-pH1>2P-P；③Glc>Man>Gal，BIWS-S-S-S；④Man∶Gal∶Glc≈1∶1∶1，BIWS-S-S-pH12p，BIWS-S-pH12P-1[8]。

第三节　胶陀螺生物活性的研究

一、毒　性

1. 光敏活性

胶陀螺是一种可食用真菌，民间食用之前一般使用盐水或碱水浸泡处理，否则会中毒，主要症状表现为裸露于日光的部位，如面部、颈项、手背、前臂等处的皮肤，会发生不同程度的局限性水肿、潮红，局部有针刺样疼痛、肿胀感与发痒，嘴唇肿胀外翻等，经日光照射症状会加重，避光后症状会减轻。治疗方法：一般可用静脉补液加氢化可的松，肌内注射维生素 B_1、维生素 B_{12}，口服氯苯那敏(扑尔敏)维生素C与钙剂等，痊愈后无后遗症。根据胶陀螺食用后中毒症状的分析，学者认为胶陀螺具有光敏活性[16,34]。

有文献中认为其光敏毒素为叶琳类物质(porphyrins)[35]，但未见相关详细研究报道，因此胶陀螺光敏活性研究是个热门课题。包海鹰等人[36]用胶陀螺粉末悬浮液，胶陀螺粉末水提物，胶陀螺粉末石油醚、乙醚、乙醇、丙酮、氯仿提取物，胶陀螺色素混合物(14mg/kg)，液体培养的胶陀螺菌丝球和培养液浓缩物，分别进行了光敏活性实验。结果表明，胶陀螺色素混合物无活性，胶陀螺粉末悬浮液、菌丝球和培养液浓缩物有轻度活性，而胶陀螺粉末石油醚、氯仿、丙酮和95%乙醇提取物有明显的光敏活性。光敏活性与剂量间存在一定的量效关系，并且其光敏毒性的发作也有一定的潜伏期。大鼠以丙酮提取物1g/kg连续给药5d，每天照射光2h，第4天大鼠耳朵开始溃烂，爪子也变得比较紫，第6天耳朵溃烂掉了。

二、药理活性

1. 抗菌作用

胶陀螺富含的嗜氮酮类化合物具有很好的抑菌活性，是胶陀螺最具开发潜质的化合物[37]。Stadler[20]研究证明了 bulgairalactone A 和 B 对 *Bacillus brevis*（短杆菌）、*Bacillussubtilis*（枯草芽孢杆菌活菌）和 *Micrococcus luteus*（藤黄微球菌）有一定的抑制作用，对 *Gram - negative*（革兰阴性菌）和 *Yeast*（酵母菌）等抑制作用不明显。Svilar[38]也在有关文献中记载 bulgairalactone A 和 B 有抗真菌活性。Osmanova[37]通过实验证明，bulgairalactone D 有很强的抑制 *Staphylococcus aureus*（金黄色葡萄球菌）的活性，这种反应可能与新鲜子实体在受到损伤或受热时产生的自我防御有关。

冯会强等人[24]研究证明，胶陀螺子实体水提取物对 *Salmonella enterica*（沙门菌）、*Staphylococcus aureus*（金黄色葡萄球菌）、*Streptococcus*（链球菌）和 *Escherichia coli*（大肠杆菌）的抑制效果较好；正丁醇提取物对 *Salmonella enterica*（沙门菌）和 *Escherichia coli*（大肠杆菌）的抑制效果较好。张鹏[16]利用二倍稀释法和纸片法，对其所提取的甾体类和蒽醌类化合物进行抑菌试验，结果表明：4 种麦角甾醇类化合物的抑菌效果明显，而供试蒽醌类化合物的抑菌效果不明显。

2. 抗癌作用

张鹏等人[16-17]采用 MTT 法对分离得到的 5 个醌类和 9 个麦角甾醇类化合物进行体外抗肿瘤活性筛选，结果表明：随着蒽醌环上羟基取代数目的增加，其抗肿瘤活性也随之增强，且双蒽核结构的活性强于单蒽核结构；测试的 9 个麦角甾醇类化合物中，只有过氧化麦角甾醇和 $5\alpha,8\alpha$ -氧化麦角甾- 6，9(11)，22*E* -三烯- 3β -醇显示出有肿瘤抑制活性，据此推测过氧环是麦角甾醇类化合物的一个抗肿瘤活性位点；苝醌化合物 4，9 - dihydroxy - 1，2，11，12 - tetrahydroperylene - 3，10 - quinone 的抗癌活性最强，对肿瘤细胞 HL - 60 和 K562 增殖抑制的 IC_{50}，分别达到 1. 4μmol/L 和 3. 4μmol/L。从胶陀螺中得到的另一个醌类化合物 bulgareone A，也有比较好的体外抑制肿瘤细胞增殖的活性，对肿瘤细胞 HL - 60 和 K562 增殖抑制的 IC_{50}，分别为 7. 9μmol/L 和 12. 6μmol/L。

杨晓静[39]研究发现，胶陀螺子实体水提物和醇提物对 H_{22} 肝癌细胞和 EAC 艾氏腹水瘤细胞的抑制作用较好，醇提物对 S - 180 实体瘤与 U_{14} 宫颈癌有抑制作用，在 5g/kg 剂量时，对 S - 180 实体瘤的抑制率可达 50%。

Stadler 等人[20]研究表明，丙酮提取得到的两个嗜氮酮类化合物 bulgarialactone A 和 bulgarialactone B 具有细胞毒性，它们对肿瘤细胞 L1210 增殖抑制的 IC_{50}，均为 10μg/ml。

李明玉[27]通过实验证明，胶陀螺粗多糖 BP 有一定的抗癌活性，与 5 -氟尿嘧啶配合使用，可促进其抗癌效果，同时减小不良反应，提高小鼠的机体免疫力，具有开发成为化疗辅助药物的潜力。BP 对淋巴细胞增殖有促进作用，尤其对脂多糖诱导 B 细胞增殖能力的促进作用更加显著，并呈剂量依赖关系，推测 BP 可能是一种 B 细胞丝裂原。

毕宏涛[8]研究发现，从胶陀螺中分级得到的 β-(1→6)- D -葡聚糖能显著提高小鼠体内淋巴细胞增值能力，其相对分子质量和分支度与其活性呈正相关，且相对分子质量的影响比分支度要大。

3. 抗疟疾作用

胶陀螺抗疟疾的研究大多集中在多糖方面，其作用机制也是作为抗疟疾的辅助药物配合使用，Bi 等人[40]在胶陀螺子实体中得到一种水溶性多糖 BIWS - 4b，能明显抑制早期的疟疾感染，通过刺激免疫系统来对抗疟疾，与青蒿琥酯组合使用能增加青蒿琥酯的效果，是一种潜在的抗疟疾辅助药物。

胶陀螺多糖能够刺激疟疾小鼠腹腔巨噬细胞吞噬能力的增强，对小鼠体内疟疾有一定的预防作用，且胶陀螺多糖对小鼠体内疟疾的预防效果要好于人参果胶对小鼠体内疟疾的预防效果[41]。

4. 抗氧化作用

毕宏涛[8]研究结果显示，胶陀螺杂多糖 BIWS 和 BIWS－4b 都具有显著清除 DPPH 自由基、羟自由基（·OH）、超氧负离子（O_2^-·）、过氧化氢（H_2O_2）、螯合二价铁离子 Fe^{2+} 和抑制邻苯三酚自氧化的能力，以及出色的还原力，表明其具有良好的抗氧化活性。此外，BIWS 的抗氧化活性优于 BIWS－4b。由于组成单糖与连接键型基本一致，而 BIWS－4b 是 BIWS 中的低相对分子质量部分，所以推测相对分子质量影响胶陀螺杂多糖的抗氧化活性，相对分子质量越高，抗氧化活性越好。

张鹏[16]利用 SOD 试剂盒对分离得到的蒽醌类化合物进行了抗氧化活性研究，从试验结果初步可以推测，分离得到的蒽醌类化合物都具有不同程度的抗氧化活性，随着蒽醌母核上酚羟基个数的增加，其抗氧化活性也逐渐增强；双蒽醌的抗氧化活性比单蒽醌的活性有所下降；但是所有化合物对 SOD 酶的活力影响都不明显。

5. 对血瘀动物血液流变的影响

杨晓静等人[39]研究发现，胶陀螺的水、95％乙醇提取物对血瘀动物的血栓长度、干重、血浆黏度与血清总胆固醇含量均有明显减少和降低作用。醇提取物还可使血瘀动物的全血高切黏度、低切黏度与红细胞沉降率明显降低，而水提物只能明显降低其全血高切黏度。

6. 抗突变作用

胶陀螺菌复合制剂是由胶陀螺菌和豆粉配制而成，这项研究利用 Ames 试验和小鼠骨髓嗜多染红细胞（PCE）微核率试验，测试了胶陀螺菌复合制剂抗突变作用。小鼠骨髓嗜多染红细胞微核试验表明，胶陀螺菌复合制剂对小鼠骨髓微核的发生有明显抑制作用，在最大浓度 1.29/kg·bw 下，抑制率为 93.5％，在 Ames 试验中，受试物能够明显抑制致突变物对菌株的表达，在加与不加 S9 的情况下，TA98 和 TA100 对致突变物均有明显拮抗作用。结果表明，胶陀螺菌复合制剂具有抗突变作用[42]。

7. 其他

Stadler 等人[20]研究结果表明：bulgarialactone A、B 对 *Caenorhabditiselegans*（秀丽隐杆线虫）的 LD_{50}，分别为 5μg/ml 和 10～25μg/ml，有杀虫作用，并且这两种化合物能够选择性地抑制多巴胺 D_1 受体与其激动剂的结合。

魏丹丹[18]从胶陀螺中分离得到麦角甾醇过氧化物，对麦角甾醇类似物 7－脱氢胆甾醇进行氧化，得到 7－脱氢胆甾醇过氧化物，用 MTT 法分别检测过氧化物的抗结核活性。结果表明，麦角甾醇过氧化物与 7－脱氢胆甾醇过氧化物抗结核的最低有效浓度，分别为 20μg/ml 和 50μg/ml。

Shuishi[43]用胶陀螺的乙醇提取物，对 ICR 小鼠进行搔抓行为和诱导 48/80 改变血管通透性的试验，表明胶陀螺提取物对抗皮肤瘙痒和红斑的效果，可能是通过抑制肥大细胞释放组胺和介导拮抗血清素的作用而体现。

三、应　用

有些银屑病患者连续食用胶陀螺后病情得到缓解，尤以暴露在阳光中部位的皮损改善更为明显，于是作为民间验方在当地相传使用治疗疾病，积累了丰富的民间用药经验。中国高科股份有限公司以胶陀螺子实体为原料，研发出国家一类新药“陀螺银屑胶囊”。该药除了对寻常型银屑病有很好的疗效外，还具有活血化瘀的中药调理功效，同时由于取自纯天然可食性植物，是绿色药物，与目前国内外市场上的同类产品相比，安全、低毒，长期服用治疗无毒性不良反应、无禁忌证，因此适用于各种类型银屑病的治疗。陀螺银屑胶囊作为一类新药已于1999年取得国家食品药品监督管理局(1999)ZL-22号新药临床研究批件。由于"陀螺银屑胶囊"是由单味新药材胶陀螺(胶陀螺子实体)制成的胶囊制剂，通过对胶陀螺化学成分的研究，发现麦角甾醇是其主要化学成分之一[44]。

第四节　展　望

胶陀螺作为一种特殊的食药兼用真菌，具有抗肿瘤、增加免疫力、抗菌、抗突变等作用，营养成分含量也较高。胶陀螺提高机体免疫力、抗肿瘤、抗菌、杀线虫、细胞毒素样作用与对血瘀动物血液流变学的影响等药理特性，在延缓人体衰老，治疗老年病、恶性肿瘤方面具有广泛现实意义和应用前景。中药化学成分是中药药理作用的物质基础，通过对胶陀螺化学成分研究现状的分析总结，可发掘其新的功效内涵，为胶陀螺进行更深入、广泛的实验研究提供思路和依据。目前，胶陀螺化学成分与药物活性研究还处于初级阶段，很多药用价值有待进一步去探索与开发，希望在不久的将来生产出药效更完善的胶陀螺制剂[45]。

参考文献

[1] 包海鹰. 毒蘑菇化学成分与药理活性的研究[M]. 呼和浩特：内蒙古教育出版社，2006.
[2] 包海鹰，李玉. 胶陀螺营养成分分析[J]. 中国食用菌，2001，20(6)：41—42.
[3] 包海鹰，李玉. 胶陀螺化学成分的研究[J]. 菌物系统，2003，22(2)：303—307.
[4] 吴兴亮，卯晓岚，图力古尔，等. 中国药用真菌[M]. 北京：科学出版社，2013.
[5] 杨树东，包海鹰. 胶陀螺(*Bulgaria inquinans*)的生药学研究[J]. 菌物研究，2006，4(3)：61—65.
[6] 图力古尔，李玉. 东北野生食用菌资源[J]. 食用菌学报，2010，增刊：162—165.
[7] 于春波，程彬，宋友，等. 胶陀螺人工培养特性的研究[J]. 吉林林业科技，2002，31(3)：102—121.
[8] 毕宏涛. 胶陀螺多糖的系统分析及生物学活性研究[D]. 东北师范大学，2010.
[9] 包海鹰，李玉. 胶陀螺营养成分的研究[J]. 中国食用菌，2001，20(6)：41—42.
[10] 杨晓静，张汉鬼，孙红，等. 胶陀螺的抗肿瘤作用[J]. 特产研究，1993，2：9—11.
[11] 包海鹰，李玉. 胶陀螺的光敏活性研究[J]. 食用菌学报，2002，9(4)：15—17.
[12] 杨晓静，张树臣，高桂琴，等. 胶陀螺对血癖动物血液流变学的影响[J]. 中草药，1996，27(6)：358—359.
[13] 王庭欣，秦淑贞，刘燕丽. 胶陀螺菌复合制剂抗突变作用的实验研究[J]. 中华临床与卫生，2004，3(4)：239—240.
[14] 韩翰. 人参多糖及胶陀螺多糖在小鼠体内抑制以及预防疟疾的作用[D]. 东北师范大学生命科学学院，2008.
[15] Edwards RL，Lockett HJ. Constituents of the higher fungi. Part XVI：Bulgarhodin and bulgarein，novel benzofluoranthenequinones from the fungus *Bulgaria inquinans* (Fries) [J]. J Chem Soc，Perkin I，1976，20：2149—2155.
[16] 张鹏. 胶陀螺化学成分及生物活性研究[D]. 沈阳药科大学，2007.
[17] Ning Li N，Jing Xu J，Xian Li X，et al. Two new anthraquinone dimers from the fruit bodies

of *Bulgaria inquinans*[J]. Fitoterapia, 2013, 84: 85—88.

[18] 魏丹丹. 去甲斑蝥二羧酸与壳聚糖成盐及抗肿瘤活性研究[D]. 苏州大学,2009.

[19] Li PZX,Xu NLJ,MENGD-L, et al. A new perylenequinone from the fruit bodies of *Bulgaria inquinans*[J]. J Asian Nat Prod Res, 2006, 8(8): 743—746.

[20] Stadler M, Anke H, Dekermendjlan K,et al. Novel bioactive azaphilones from fruit bodies and mycelial cultures of ascomycete *Bulgaria inquinans*(Fr.)[J]. Nat Prod Lett,1995(7): 7—14.

[21] Musso L, Dallavalle S, Merlini L, et al. Natural and semisynthetic azaphilones as a new scaffold for Hsp90 inhibitors[J]. Bioorg Med Chem, 2010, 18(16): 6031—6043.

[22] 张鹏,李铣,张玉伟,等. 胶陀螺中有机酸类化学成分[J]. 沈阳药科大学学报,2007,24(8): 482—494.

[23] 崔东滨,王淑琴,丁晓昆. 胶陀螺化学成分的研究[J]. 中国中药杂志,1997,22(8):485—486.

[24] 冯会强,孙涛,贾冬梅,等. 胶陀螺子实体提取物的化学成分及抑菌活性研究[J]. 现代农业科技, 2013,(10):153—154.

[25] 马伟才,杨树东,包海鹰. 胶陀螺子实体中几种化合物的分离鉴定[J]. 中国食用菌,2010,29(2): 48—50.

[26] 祝冬梅. 胶陀螺多糖的提取纯化及结构研究[D]. 东北师范大学生命科学学院,2002.

[27] 李明玉. 胶陀螺多糖的分离纯化及其生物活性初探[D]. 东北师范大学,2008.

[28] 巴杭,王保德. 毛节兔唇花化学成分的研究[J]. 天然产物研究与开发,1997,9:44.

[29] 朱志祥,赵吉华,陈海生. 药用狗牙花茎叶部分化学成分[J]. 第二军医大学学报,2011,32(9): 996—999.

[30] Carosi L, Hall DG. Chiral α-substituted allylboronates in a one-pot three-component asymmetric allylic alkylation/carbonyl allylation reaction sequence — Applications to the syntheses of (+)-(3*R*,5*R*)-3-hydroxy-5-decanolide and (−)-massoialactone[J]. Canad J Chem, 2009, 87(5): 650—661(12).

[31] 张涛. 肺形草抗 H5N1 禽流感活性成分研究[D]. 北京工业大学,2013.

[32] 王岱杰. 忍冬叶化学成分及其抗 H5 亚型禽流感病毒研究[D]. 山东农业大学,2013.

[33] 冯娜. 毛头鬼伞子实体次生代谢产物的分离、纯化、鉴定及活性研究[D]. 上海交通大学,2009.

[34] 王新斌. 胶陀螺的化学成分和光敏活性组分研究[D]. 吉林农业大学,2014.

[35] 李茹光. 吉林省有毒有害真菌[M]. 长春:吉林人民出版社,1980.

[36] 包海鹰,李玉. 胶陀螺的光敏活性研究[J]. 食用菌学报,2002,9(4):15—17.

[37] Osmanova N, Schultze W, Ayoub N. Azaphilones: a class of fungal metabolites with diverse biological activities[J]. Phytochemistry Reviews, 2010, 9(2): 315—342.

[38] Svilar L. Structural elucidation of secondary metabolites from *Hypoxylonfragiforme*, using high resolution mass spectrometry and gas-phase ion-molecule reactions [M]. France: Université Pierre et Marie Curie, 2012, 50.

[39] 杨晓静,张泓嵬,孙红,等. 胶陀螺的抗肿瘤作用[J]. 特产研究,1993(2):9—12.

[40] Bi H, Han H, Li Z, et al. A water-soluble polysaccharide from the fruit bodies of *Bulgaria inquinans* (Fries) and its anti-malarial activity[J]. Evidence-Based Complementary and Alternative Medicine, 2010 (2011): 1—12.

[41] 韩翰. 人参多糖和胶陀螺多糖在小鼠体内抑制以及预防抗疟的作用[D]. 东北师范大学,2008.

[42] 王庭欣,秦淑贞,刘燕丽. 胶陀螺菌复合制剂抗突变作用的实验研究[J]. 中华临床与卫生,2004,

3(4):239—240.
[43] Shuishi J, Tae T, Takubo M, et al. Antipruritic and antierythema effects of ascomycete *Bulgaria inquinans* extract in ICR mice[J]. Bio Pharm Bull, 2005, 28(12): 2197—2200.
[44] 刘宝岩.胶陀螺寡糖的初步研究及淫羊藿多糖的分离提取[D].东北师范大学,2009.
[45] 王乐,张洪峰.胶陀螺化学成分和药物活性研究概况[J].医药与保健,2009,17(4):92—94.

（魏雨恬、田　振、冯　娜）

第七十一章 绣球菌

XIU QIU JUN

第一节 概 述

绣球菌[*Sparassis crispa* (Wulf.) Fr]又名绣球蕈、对花菌、干巴菌、蜂窝菌、白绣球花、绣球蘑、地花蘑。分类学上隶属于担子菌亚门，伞菌纲，多孔菌目，绣球菌科，绣球菌属真菌[1-5]。绣球菌生活条件苛刻，大多分布在山地寒温带地区，生长在夏秋季节，平均温度在12～15℃，平均降水量在145～230mm之间，海拔在2 460～2 680m范围内的松树等针叶林中的地上、树干基部腐朽树根或树桩上，柄基部与树根相连[14]。绣球菌在我国主要分布在东北地区兴安岭、长白山的落叶松或林地上，云南省西北部中甸林区，河北、吉林、陕西、广东、西藏、福建等林区也有分布。在日本、美国、加拿大、澳大利亚也有绣球菌生长，但资源蕴藏量比较稀少，寻找较困难[15]。绣球菌有茴香气味、鲜美异常，经常食用绣球菌可以提高人体免疫力，提高人体造血功能，预防癌症，治疗高血压、糖尿病、肝病等多种疾病[16-19]。

第二节 绣球菌化学成分的研究

一、绣球菌的化学成分

1. 营养成分分析

黄建成等人[20]测定了绣球菌子实体中的营养成分，结果表明：绣球菌子实体中的粗蛋白含量为12.9g/100g，氨基酸总量为9.33g/100g，粗脂肪含量为1.5g/100g，多糖含量为2.6g/100g；绣球菌子实体中(干重，mg/kg)含有钾(17.3)、钠(26.7)、钙(154)、镁(6.52)、铁(48.1)、锌(38.5)、锰(30.6)、硅(117)等多种矿质元素。绣球菌干样品中含有维生素C 11.2mg/100g、维生素D 1.6IU/g、维生素E 3.5mg/kg、烟酸17.4mg/kg等多种维生素。绣球菌子实体干样品中镉0.30mg/kg、铅<0.5mg/kg、砷0.1mg/kg的含量，均大大低于国家规定的食用菌干品重金属标准，不会对人体产生危害。

2. 化学成分

绣球菌在日本有“梦幻之菇”之称，因其主要活性成分β-葡聚糖(β-glucan，1)的含量为菇中之最(图71-1)。据Kimura[21]报道，日本食品分析化验所测定绣球菌β-葡聚糖含量为43.5g/100g(干重)，Kim等人[22]测得绣球菌水提物β-葡聚糖含量为39.3%。廉添添等人[12]测定得到绣球菌柄部和瓣片部分的β-葡聚糖含量均超过40%，柄部的含量达到(54.10±2.15)%和(56.31±0.37)%。经化学、酶和NMR分析表明，绣球菌骨架结构为β-(1,3)-D-葡聚糖，且每3个残基带有侧链β-(1,6)-D-葡糖基[23]。

重菇醇(sparassol, methyl-2-hydroxy-4-methoxy-6-methylbenzoate, 2)从绣球菌中分离得到，也叫绣球菌素，分子式为甲基-2-羟基-4-甲氧基-6-苯甲酸甲酯[24-25]。Woodward等人从绣球菌中又分离得到另两个抗菌化合物，分别为甲基-2,4-二羟基-6-苯甲酸甲酯(methyl-2,4-dihydroxy-6-methylbenzoate, 3)和甲基-二羟基甲氧基-苯甲酸甲酯(methyl-dihydroxymethoxy-methylbenzoate,4)(具体结构待定)[26],这两个化合物都显示出比重菇醇更强的抗真菌活性。

Kodani 等人[27]从绣球菌中分离得到两个倍半萜类化合物(sesquiterpenoid),分别是 6,11 - eudesmanediol(5)和 6,11 - isodaucanediol(6)。

Jiang 等人[28]从绣球菌中分离得到两个新化合物,crispacolide(7)和 3 - acetyl - 4 - hydroxymethyl - tetrahydrofuran(8)。

Kawagishi 等人[14]分离得到两个均能抑制黑色素合成和耐药性金黄色葡萄球菌(MRSA)生长的化合物,其中一个是首次得到的新化合物(未命名,9),另一个是 antrodin D(camphorataimide E,10)。

Yoshikawa 等人[29]从绣球菌中分离得到一系列苯并呋喃酮类化合物(phthalides):hanabiratakelide A(11),hanabiratakelide B (12),hanabiratakelide C (13),5,7 - dimethoxyphthalide (14),6 - hydroxy - 5,7 - dimethoxyphthalide (15),4 - hydroxy - 5,7 - dimethoxyphthalide (16)。此外,Yoshikawa 等人还得到了不饱和脂肪酸类化合物(9Z,11*E*)- 8,13 - dihydroxyoctadeca - 9,11 - dienoic acid (17)(图 71 - 2)。

$$\left(\rightarrow 3)\text{-}\beta\text{-D-Glc}p\text{-}(1\rightarrow 3)\text{-}\beta\text{-D-Glc}p\text{-}(1\rightarrow 3)\text{-}\beta\text{-D-Glc}p\text{-}(1\rightarrow \right)_n$$

A1, A2, A3; branch at A3: (6←1) β-D-Glcp (B)

图 71 - 1　绣球菌中 β-葡聚糖结构示意图(Glcp 为吡喃葡萄糖)

sparassol

methyl-2,4-dihydroxy-6-methylbenzoate

methyl-dihydroxymethoxy-methylbenzoate

crispacolide

3-acetyl-4-hydroxymethyl-tetrahydrofuran

6,11-isodaucanediol

6,11-eudesmanediol

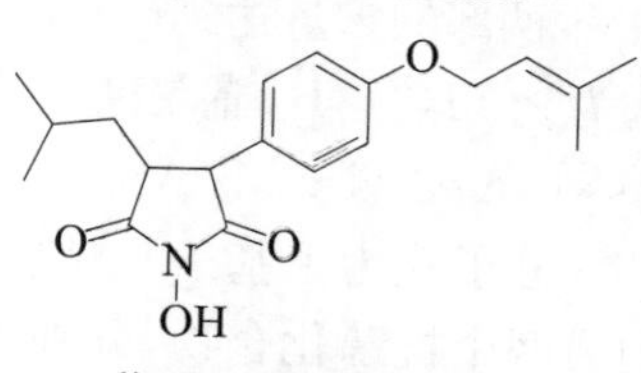

antrodin D (camphorataimide E)

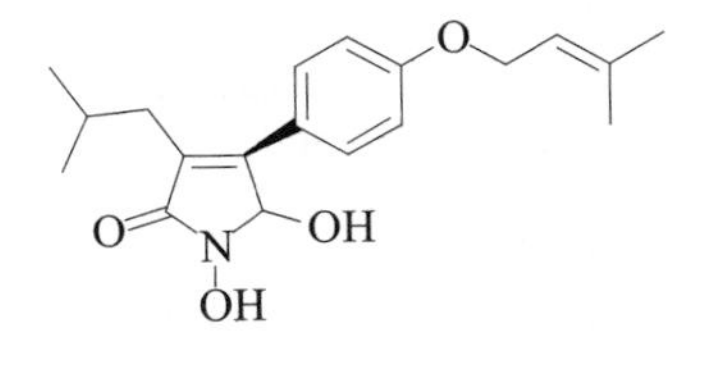

未命名(化合物9)

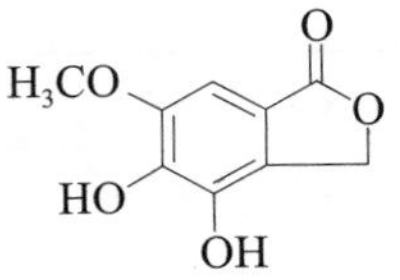

hanabiratakelide A

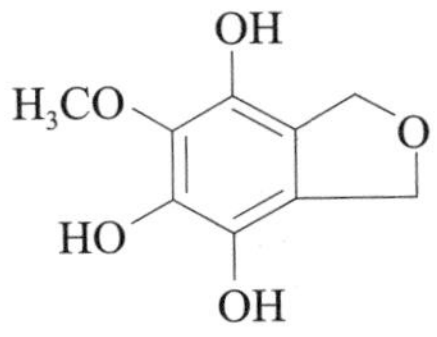

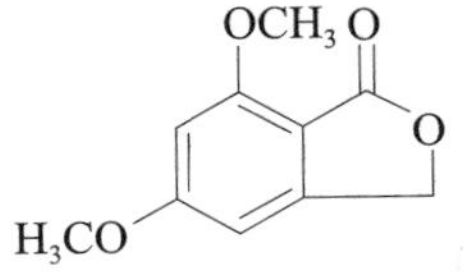

hanabiratakelide B

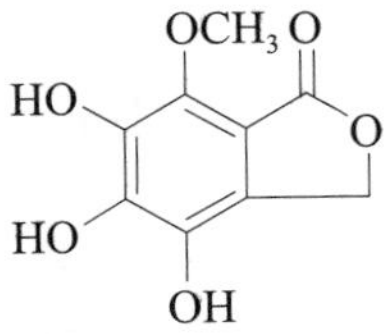

hanabiratakelide C

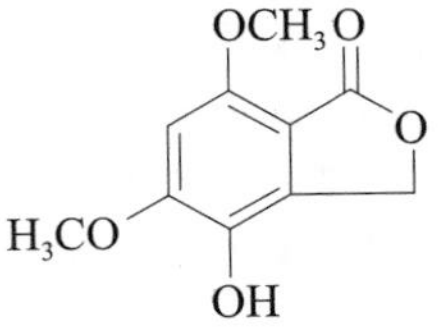

4-hydroxy-5,7-dimethoxyphthalide

5,7-dimethoxyphthalide

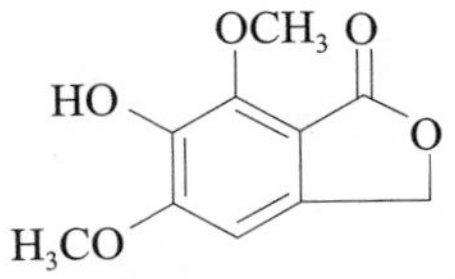

6-hydroxy-5,7-dimethoxyphthalide

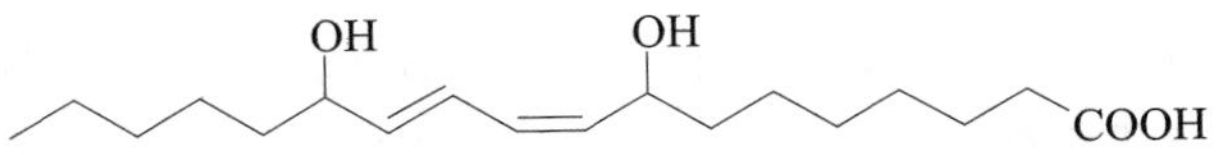

(9*Z*,11*E*)-8,13-dihydroxyoctadeca-9,11-dienoic acid

图 71-2 绣球菌中化学成分的结构式

3. 挥发油

吕瑜平等人[30]对绣球菌的挥发油进行了测定，共鉴别出 49 种成分，其中酯类含量最高，占 30.63%；有机酸类含量次之，占 27.89%；其次为醚(10.16%)、醛(6.13%)、烷烃(5.81%)、醇酚(3.39%)、酮(1.84%)、芳烃(1.43%)、酰胺(1.1%)、烯烃(0.94%)和杂环(0.37%)。在被检出的化合物中，有机酸类化合物数量最多，有 12 个，其次为烷烃 11 个和醇酚、酯类各 6 个(表 71-1)。

表 71-1 绣球菌挥发油化学成分表

序号	化合物名称	分子式	相对分子质量	含量(%)
1	乙酸乙酯	$C_4H_8O_2$	78	0.18
2	乙酸	$C_2H_4O_2$	60	0.31
3	甲苯	C_7H_8	92	0.48
4	2-甲基环戊醇	$C_6H_{12}O$	100	0.08
5	1,1-二乙氧基乙烷	$C_6H_{14}O_2$	118	10.16
6	4-羟基-4-甲基-2-戊酮	$C_6H_{12}O_2$	116	0.74
7	1,2-二甲苯	C_8H_{10}	106	0.34
8	己酸	$C_6H_{12}O_2$	116	0.50
9	丙基苯	C_9H_{12}	120	0.61
10	苯甲醛	C_7H_6O	106	0.52
11	3-亚甲基壬烷	$C_{10}H_{20}$	140	0.25

（续表）

序号	化合物名称	分子式	相对分子质量	含量(%)
12	1-庚烯-3-醇	$C_7H_{14}O$	114	0.28
13	3-辛醇	$C_8H_{18}O$	130	0.28
14	乙酰基吡啶	C_7H_6ON	120	0.37
15	苯乙醛	C_8H_8O	120	5.61
16	苯乙醇	$C_8H_{10}O$	122	1.63
17	苯丙酮	$C_9H_{10}O$	134	0.78
18	苯乙酸甲酯	$C_9H_{10}O_2$	150	0.47
19	苯甲酸	$C_6H_6O_2$	110	2.02
20	苯乙酸乙酯	$C_{10}H_{12}O_2$	164	0.21
21	苯乙酸	$C_8H_8O_2$	136	1.07
22	癸酸	$C_{10}H_{20}O_2$	172	0.56
23	芹子烯	$C_{15}H_{24}$	204	0.37
24	十五烷	$C_{15}H_{32}$	212	1.06
25	α-杜松烯	$C_{15}H_{24}$	204	0.32
26	4,6-二叔丁基-2-甲基苯酚	$C_{15}H_{24}O$	220	0.31
27	月桂酸	$C_{12}H_{24}O_2$	200	0.62
28	十六烷	$C_{16}H_{34}$	226	0.17
29	二氢-5-(2-辛烯基)-2(3H)-呋喃酮	$C_{12}H_{20}O_2$	196	0.32
30	十七烷	$C_{17}H_{36}$	240	0.31
31	肉豆蔻酸	$C_{14}H_{28}O_2$	228	1.15
32	十八烷	$C_{18}H_{38}$	254	0.46
33	十五烷酸	$C_{15}H_{30}O_2$	242	2.46
34	邻苯二甲酸二丁酯	$C_{16}H_{22}O_4$	278	2.25
35	十九烷	$C_{19}H_{40}$	268	0.59
36	十六碳烯酸	$C_{16}H_{30}O_2$	254	5.03
37	棕榈酸	$C_{16}H_{32}O_2$	256	11.82
38	油酸	$C_{18}H_{34}O_2$	282	0.86
39	二十烷	$C_{20}H_{42}$	282	0.36
40	亚油酸甲酯	$C_{19}H_{34}O_2$	294	27.12
41	硬脂酸	$C_{18}H_{36}O_2$	284	1.49
42	二十一烷	$C_{21}H_{44}$	296	1.35
43	十九碳烯醇	$C_{19}H_{38}O$	282	0.81
44	十八碳烯酰胺	$C_{18}H_{35}O_2N$	283	1.10
45	二十三烷	$C_{23}H_{48}$	324	0.32
46	邻苯二甲酸二辛酯	$C_{24}H_{38}O_4$	390	0.40
47	二十四烷	$C_{24}H_{50}$	338	0.30
48	二十五烷	$C_{25}H_{52}$	352	0.39
49	二十六烷	$C_{26}H_{54}$	366	0.50

二、绣球菌化学成分的理化常数与主要波谱数据

β-葡聚糖(β-glucan,1)^1H 和 ^{13}C NMR 谱数据，见表 71-2[23]。

表 71-2　SCG 的 ^{1}H 和 ^{13}C NMR 谱化学位移

Sugar residue	$^{1}H/^{13}C$						
	1	2	3	4	5	6a	6b
→3)-β-D-Glcp-(1→	4.561	3.327	3.520	3.280	3.309	3.724	3.477
A1	102.96	72.88	86.55	68.53	76.41	61.01	
→3)-β-D-Glcp-(1→	4.561	3.327	3.520	3.280	3.309	3.724	3.477
A2	102.96	72.76	86.06	68.53	76.19	60.89	
→3,6)-β-D-Glcp-(1→	4.544	3.349	3.540	3.264	3.520	4.081	3.585
A3	102.96	73.04	85.76	68.53	74.96	68.68	
β-D-Glcp-(1→	4.254	3.043	3.228	3.111	3.165	3.700	3.495
B	103.08	73.66	76.30	70.25	76.58	61.20	

重菇醇(sparassol,methyl-2-hydroxy-4-methoxy-6-methylbenzoate,2)　EI-MS m/z:196(37,M^+),164(100),$C_{10}H_{12}O_4$。IR(KBr):1 655、1 620、1 580cm^{-1}。^{1}H NMR($CDCl_3$)δ:2.45(3H,s),3.77(3H,s),3.90(3H,s),6.19(d,J=2.1Hz),6.24(d,J=2.1Hz),11.6(1H,s)[31]。

甲基-2,4-二羟基-6-苯甲酸甲酯(methyl-2,4-dihydroxy-6-methylbenzoate,3)　淡黄色晶体(苔色酸甲酯)。EI-MS(40eV)m/z:182(M^+,46%),181(14),152(28),151(36),150(100),131(23),122(34),$C_9H_{10}O_4$。mp137～139℃。UV(MeOH)λ_{max}(logε)301(3.51),264(3.94),229(3.43)nm。^{1}H NMR(200MHz,$CDCl_3$)δ:2.49(3H,s,Me),3.92(3H,s,MeO-),6.23(1H,d,Ar-H,J=2.9Hz),6.28(1H,d,Ar-H,J=2.9Hz),11.73(1H,s,chelated Ar-OH)[26]。

甲基-二羟基甲氧基-苯甲酸甲酯(methyl-dihydroxymethoxy-methylbenzoate,4)　淡黄色晶体,EI-MS(40 eV)m/z:212(M^+,49%),181(35),180(95),165(25),152(100),151(82),150(62),137(48),122(26),$C_{10}H_{12}O_5$。UV(MeOH)λ_{max}(logε)302(3.36)、268(3.96)、224(3.95)nm;M^+ 212.067 1。^{1}H NMR(200MHz,$CDCl_3$)δ:2.46(3H,s,Me),3.94(6H,s,2* MeO-degenerate),6.36(1H,s,Ar-H),11.93(1H,s,chelated OH)[26]。

6,11-eudesmanediol(5)　无色粉末$[\alpha]_D^{25}$+23(c 1,$CHCl_3$)。HR-ESI-MS m/z:241.217 1 $[M+H]^+$(计算值 $C_{15}H_{28}O_2$,241.216 7)。^{1}H NMR($CDCl_3$)δ:1.39(m,H-1α),1.09(dt,J=3.8、12.6Hz,H-1β),1.66(m,H-2α),1.36(m,H-2β),1.66(m,H-3α),1.49(t,J=5.3Hz,H-3β),2.27(q,J=7.5Hz,H-4),1.27(m,H-5),3.91(t,J=10.0Hz,H-6),1.57(m,H-7),1.55(m,H-8α),1.18(m,H-8β),1.25(m,H-9α),1.18(m,H-9β),1.30(s,H-12),1.23(s,H-13),0.99(d,J=7.5Hz,H-14),0.91(s,H-15)。^{13}C NMR($CDCl_3$)δ:42.0(C-1),17.1(C-2),33.3(C-3),26.2(C-4),52.9(C-5),70.3(C-6),55.0(C-7),23.0(C-8),44.0(C-9),34.6(C-10),75.2(C-11),23.9(C-12),30.3(C-13),14.5(C-14),20.6(C-15)[32]。

6,11-isodaucanediol(6)　无色油状,$[\alpha]_D^{26}$-4.9(c 0.12,MeOH)。HR-ESI-TOF-MS m/z:263.198 70$[M+Na]^+$(计算值 $C_{15}H_{28}NaO_2$)。^{1}H NMR(500MHz,$CDCl_3$)δ:1.32(1H,m,H-1),1.40(1H,m,H-1),1.37(1H,m,H-2),1.67(1H,m,H-2),2.35(1H,m,H-3),1.79(1H,dd,J=10.5、6.6Hz,H-3a),3.58(1H,m,H-4),2.10(1H,m,H-5),1.53(1H,m,H-6),1.55(1H,m,H-6),1.39(1H,m,H-7),1.30(1H,m,H-8),1.57(1H,m,H-8),1.23(3H,s,H-2′),1.18(3H,s,H-1′-Me),0.92(3H,d,J=7.3Hz,H-5-Me),0.94(3H,s,H-8a-Me)。^{13}C NMR(125MHz,$CDCl_3$)δ:42.5(C-1),28.0(C-2),54.8(C-3),48.2(C-3a),74.5(C-4),40.1(C-5),34.6(C-6),18.8(C-7),40.8(C-8),43.8(C-8a),72.4(C-1′),31.2(C-2′),24.5(C-1′-Me),13.1(C-5-Me),28.1(C-8a-Me)[27]。

crispacolide(7)　无色油状,$[\alpha]_D^{26}$ 0.00(c 0.15,$CHCl_3$)。IR(KBr):3 471、2 998、2 916、2 862、

1 748、1 673、1 468、1 426、1 387、1 322、1 284、1 184cm^{-1}。EI-MS m/z：185[M+H]$^+$，207[M+Na]$^+$。HR-ES-MS m/z：207.063 5（计算值 $C_9H_{12}O_4Na$，207.063 3，[M+Na]$^+$）。^{1}H NMR（400MHz，$CDCl_3$）δ：5.17(1H，d，J=2.0Hz，H-8)，5.13(1H，d，J=2.0Hz，H-8)，4.43(1H，d，J=2.0Hz，H-2)，4.39(1H，dd，J=11.8、5.0Hz，H-4)，4.19(1H，dd，J=11.8、6.0Hz，H-4)，3.31(1H，s，H-OMe)，3.01(1H，m，H-3a)，2.99(1H，d，J=14.8Hz，H-7)，2.89(1H，d，J=14.8Hz，H-7)。^{13}C NMR(400MHz，$CDCl_3$)δ：169.6(C-6)，145.7(C-3)，107.6(C-8)，107.5(C-7a)，70.9(C-2)，68.0(C-4)，48.9(C-OMe)，48.5(C-3a)，37.9(C-7)[28]。

3-acetyl-4-hydroxymethyl-tetrahydrofuran(8) 无色油状，$[\alpha]_D^{25}$+35.1(c 0.65，$CHCl_3$)。IR(KBr)：3 445、2 938、2 875、1 709、1 478、1 362、1 176、1 068、924cm^{-1}。EI-MS(70eV)m/z(%)：143([M-H]$^+$，5)，129([M-Me]$^+$，25)，113(100)。HR-ES-MS m/z：167.068 9（计算值 $C_7H_{12}O_3Na$，167.068 4，[M+Na]$^+$）。^{1}H NMR(500MHz，$CDCl_3$)δ：4.05(dd，J=8.8、8.3Hz，H-2)，3.87(dd，J=8.8、6.8Hz，H-2)，3.06(ddd，J=8.3、6.8、6.8Hz，H-3)，2.69(m，H-4)，3.91(dd，J=8.8、7.8Hz，H-5)，3.62(dd，J=8.8、5.9Hz，H-5)，2.22(s，H-7)，3.68(dd，J=10.8、6.4Hz，H-8)，3.60(dd，J=10.8、5.9Hz，H-8)。^{13}C NMR(400MHz，$CDCl_3$)δ：69.6(C-6)，55.3(C-3)，44.6(C-4)，70.7(C-5)，207.9(C-6)，29.3(C-7)，64.0(C-8)[28]。

化合物9 无色油状，HR-ESI-MS m/z：330.171 8[M-H]$^-$（计算值 $C_{19}H_{25}NO_4$，330.170 5）。IR(KBr)：3 502、1 792cm^{-1}。^{1}H NMR($CDCl_3$)δ：5.73(1H，s，H-5)，2.31(2H，m，H-1′)，1.93(1H，m，H-2′)，0.80(3H，d，J=6.7Hz，H-3′)，0.85(3H，d，J=6.7Hz，H-4′)，7.40(2H，d，J=8.9Hz，H-2″，6″)，6.93(2H，d，J=8.9Hz，H-3″，5″)，4.52(2H，d，J=7.0Hz，H-1‴)，5.47(1H，m，H-2‴)，1.78(3H，s，H-4‴)，1.73(3H，s，H-5‴)。^{13}C NMR($CDCl_3$)δ：170.1(C-2)，130.2(C-3)，148.9(C-4)，84.2(C-5)，32.9(C-1′)，27.6(C-2′)，22.5(C-3′)，22.8(C-4′)，124.1(C-1″)，130.2(C-2″，6″)，114.8(C-3″，5″)，159.8(C-4″)，64.9(C-1‴)，119.2(C-2‴)，138.7(C-3‴)，25.8(C-4‴)，18.2(C-5‴)[14]。

antrodin D(camphorataimide E，10) ^{1}H NMR($CDCl_3$)δ：2.85(1H，m，H-3)，3.50(1H，d，J=4.3Hz，H-4)，1.49(1H，m，H-1′)，1.80(1H，m，H-1′)，1.75(1H，m，H-2′)，0.69(3H，d，J=6.4Hz，H-3′)，0.88(3H，d，J=6.1Hz，H-4′)，7.05(2H，d，J=8.9Hz，H-2″，6″)，6.86(2H，d，J=8.9Hz，H-3″，5″)，4.46(2H，d，J=6.7Hz，H-1‴)，5.45(1H，m，H-2‴)，1.77(3H，s，H-4‴)，1.71(3H，s，H-5‴)。^{13}C NMR($CDCl_3$)δ：174.7(C-2)，44.6(C-3)，49.8(C-4)，173.1(C-5)，40.4(C-1′)，25.4(C-2′)，21.3(C-3′)，23.0(C-4′)，127.9(C-1″)，128.8(C-2″，6″)，115.4(C-3″，5″)，158.7(C-4″)，64.8(C-1‴)，119.4(C-2‴)，138.4(C-3‴)，25.8(C-4‴)，18.2(C-5‴)[33]。

hanabiratakelide A(11) 无色非晶固体，mp236～238℃。HR-CI-MS m/z：197.043 1（计算值 $C_9H_9O_5$，197.042 2）。IR(KBr)：3 165(OH)、1 716(C=O)、1 622、1 455(aromatic)cm^{-1}。UV(MeOH)λ_{max}(log ε)260(3.78)、309(3.66)nm。^{1}H NMR(600MHz，C_5D_5N)δ：3.78(3H，s，OMe)，5.40(2H，br. s，H_2-3)，6.85(1H，br. s，H-7)。^{13}C NMR(150MHz，C_5D_5N)δ：56.1(q，OMe)，67.3(t，C-3)，101.5(d，C-7)，104.7(s，C-7a)，134.5(s，C-3a)，136.7(s，C-4)，153.4(s，C-6)，154.6(s，C-5)，169.3(s，C-1)[29]。

hanabiratakelide B(12) 无色非晶固体，mp202～204℃。IR(KBr)：3 235(OH)、1 708(C=O)、1 603、1 473(aromatic)cm^{-1}。UV(MeOH)λ_{max}(log ε)235(3.41)、264.5(3.41)、300(3.13)nm。^{1}H NMR(600MHz，C_5D_5N)δ：4.17(3H，s，OMe)，5.14(2H，br. s，H_2-3)，6.98(1H，br. s，H-4)；^{13}C NMR(150MHz，C_5D_5N)δ：62.0(q，OMe)，69.0(t，C-3)，104.8(d，C-4)，109.1(s，C-7a)，140.0(s，C-5)，140.8(s，C-3a)，147.0(s，C-6)，155.9(s，C-7)，169.8(s，C-1)；HR-CI-MS m/z：197.041 1（计算值 $C_9H_9O_5$，197.042 2）[29]。

hanabiratakelide C(13) 非晶固体，mp122～124℃。IR(KBr)：3 350(OH)、1 729(C=O)、

1 624、1 518(aromatic)cm^{-1}。UV(MeOH)λ_{max}(log ε)275(4.19)、302(3.83)nm。^{1}H NMR(600MHz, C_5D_5N)δ:4.11(3H,s,OMe),5.41(2H,s,H_2－3)。^{13}C NMR(150MHz,C_5D_5N)δ:62.2(q,OMe),67.7(t,C－3),108.0(s,C－7a),126.1(s,C－3a),137.6(s,C－4),140.5(s,C－6),140.9(s,C－5),143.3(s,C－7),170.2(s,C－1)。HR-CI-MS m/z:213.041 1(计算值 $C_9H_9O_6$,213.0422)[29]。

5,7－dimethoxyphthalide(14)[29]　mp149～150℃(lit.,151～153°)。^{1}H NMR(90MHz)3.51 br(1H,m,4－H),3.58 br(1H,s,OH),4.85 br(2H,s,CH_2),6.06(3H,s,OMe),6.11(3H,s,OMe)[58]。

6－hydroxy－5,7－dimethoxyphthalide(15)[29]　针晶(二氯甲烷-石油醚),mp 134.5～135℃(Found:C,57.3;H,4.75%;M^+,210. $C_{10}H_{10}O_5$ requires C,57.15;H,4.8%;M,210)。^{1}H NMR 3.30(1H,s,ArH),3.72br(1H,br. s,OH),4.83(2H,s,CH_2),5.84(3H,s,OMe),6.01(3H,s,OMe)[58]。

4－hydroxy－5,7－dimethoxyphthalide(16)[29]　针晶(甲醇-苯酚),mp246～247℃(Found:C,57.0;H,4.85%;M^+,210. $C_{10}H_{10}O_5$ requires C,57.15;H,4.8%;M,210)。^{1}H NMR[$(CD_3)_2SO$] 3.31(1H,s,Ar),4.89(2H,s,CH_2),6.08(3H,s,OMe),6.13(3H,s,OMe)[58]。

(9Z,11E)－8,13－dihydroxyoctadeca－9,11－dienoic acid(17)　油状,$[\alpha]_D^{20}$－3°(c 0.5,$CHCl_3$);EI-MS m/z(%):294($[M-H_2O]^+$,12),278(16),165(28),157(57),99(100)。IR(KBr):3 400、2 930、2 860、1 715、1 460、1 380、1 080、1 055、1 020、950cm^{-1}。UV(EtOH)λ:(ε15000)232nm ^{1}H NMR(500MHz,$CDCl_3$,$CHCl_3$)δ:6.49(dd,J_{10-11}=11.3Hz,J_{11-12}=15.1Hz,H－11),6.03(dd,J_{9-10}=11.0Hz,J_{10-11}=11.0Hz,H－10),5.74(dd,J_{11-12}=15.1Hz,J_{12-13}=6.6Hz,H－12),5.38(dd,J_{8-9}=9.0Hz,J_{9-10}=11.0Hz,H－9),4.60(dt,J_{7-8}=6.6Hz,J_{8-9}=8.7Hz,H－8),4.18(dt,J_{12-13}=6.6Hz,J_{13-14}=6.6Hz,H－13),2.33(t,J_{2-3}=7.5Hz,H_2－2),1.63(m,H_2－3),1.61(m,Ha－7),1.54(m,Ha－14),1.50(m,Hb－14),1.47(m,Hb－7),1.35(m,H_2－4,H_2－5,H_2－6),1.30(m,H_2－15,H_2－16,H_2－17),0.88(t,J_{17-18}=7.0Hz,H_3－18)。^{13}C NMR(125MHz,$CDCl_3$)δ:165.8(s,C－1),138.1(d,C－12),134.1(d,C－9),129.3(d,C－10),125.1(d,C－11),72.7(d,C－13),67.7(d,C－8),37.2(t,C－14),37.0(t. C－7),33.6(t,C－2),31.7(t,C－16),28.7(t,C－4),28.6(t,C－5),25.0(t,C－15),24.8(t,C－6),24.4(t,C－3),22.6(t,C－17),14.0(q,C－18)[34]。

三、绣球菌中葡聚糖的提取

目前,绣球菌葡聚糖的提取主要采用热水、冷碱、热碱等方法提取。提取方法的不同,葡聚糖的相对分子质量、支链结构、空间构象都不同,生物活性和效果也不同[35-36]。近年来,韩国高丽大学生命科学与生物技术学院采用纳米刀技术提取绣球菌葡聚糖,改善了葡聚糖提取技术。传统的绣球菌葡聚糖提取方法经热水提取、冷碱、热碱一系列过程,β－1,3－D－葡聚糖的得率占所得糖类(碳水化合物)的52%左右,相对分子质量约1 000kDa。经纳米刀处理后,所得β－1,3－D－葡聚糖可占总糖类(碳水化合物)的70.2%左右,相对分子质量约510kDa[37]。

提取方法一[15]

1. 酶法

准确称取1g恒重的绣球菌粉末,共4份,置于新的试管中;每支试管加pH6.0的HAC－NaAC缓冲液20ml,放在50℃水浴预热5min;其中3份样品中分别加入3mg酶,一支试管作对照;每隔2h取出一支试管,用沸水浴5min以灭活;酶解后,沸水提取2h;离心(4 500r/min,20min),洗涤沉淀后再次离心;将所得上清液合并、过滤;上清液冻干浓缩至适当体积;加入3倍体积无水乙醇(至乙醇终浓度为75%),放在－20℃过夜沉淀;离心,弃去上清液;加适量去离子水溶解沉淀,定容;用苯酚-浓硫酸法检测葡聚糖含量;将剩余部分冻干,即得低相对分子质量葡聚糖冻干粉,备用。

2. 微波

称取恒重的绣球菌1g，按料液比1∶20加20ml蒸馏水；放在微波炉中低火档处理15min；沸水浴2h；4℃，4 500r/min离心20min；上清液过滤后，取少许适当稀释检测总糖含量；剩余滤液加3倍体积无水乙醇，充分混匀后放在－20℃下过夜；4℃，4 500r/min离心20min，弃去上清液；沉淀物用去离子水复溶，定容；取1ml溶解液检测葡聚糖含量，剩余溶液冻干。

3. 超声

称取恒重的绣球菌1g，按料液比1∶20加20ml蒸馏水；超声30min（振幅35%，超声/间隔：2/3sec，30min）；沸水浴2h；4℃，4 500r/min离心20min；上清液过滤后，取少许适当稀释检测总糖含量；剩余滤液加3倍体积无水乙醇，充分混匀后放在－20℃下过夜；4℃，4 500r/min离心20min，弃去上清液；沉淀物用去离子水复溶，定容；取1ml溶解液检测葡聚糖含量，剩余溶液冻干。

4. 热处理

称取恒重的绣球菌1g，按料液比1∶20加20ml蒸馏水；用120℃高温处理30min；沸水浴2h；4℃，4 500r/min离心20min；上清液过滤后，取少许适当稀释检测总糖含量；剩余滤液加3倍体积无水乙醇，充分混匀后放在－20℃下过夜；4℃，4 500r/min离心20min，弃去上清液；沉淀物用去离子水复溶，定容；取1ml溶解液检测葡聚糖含量，剩余溶液冻干。

5. 纳米破碎处理

称取恒重被纳米破碎的绣球菌1g，按料液比1∶20加20ml蒸馏水；沸水浴2h；4℃，4 500r/min离心20min；上清液过滤后，取少许适当稀释检测总糖含量；剩余滤液加3倍体积无水乙醇，充分混匀后放在－20℃下过夜；4℃，4 500r/min离心20min，弃去上清液；沉淀物用去离子水复溶，定容；取1ml溶解液检测葡聚糖含量，剩余溶液冻干。

6. 亚硝酸钠法

3%的HAC溶液20ml用0.6% $NaNO_2$ 调至pH至2.5；称取恒重的绣球菌1g放在pH2.5HAC溶液中；在室温下100r/min搅拌3.5h；4℃，4 500r/min离心20min；上清液用2mol/L NaOH调至pH7.0；加入上清液2.5倍量（V/V）无水乙醇沉淀，放在－20℃下静置过夜；4℃，4 500r/min离心20min；沉淀物用去离子水复溶，定容；取1ml溶解液检测葡聚糖含量，剩余溶液冻干。

7. 酸提法

称取恒重的绣球菌1g，按料液比1∶20加20ml pH6.0的HAC－NaAC缓冲液；沸水浴2h；4℃，4 500r/min离心20min；上清液过滤后，取少许适当稀释检测总糖含量；剩余滤液加3倍体积无水乙醇，充分混匀后放在－20℃下过夜；4℃，4 500r/min离心20min，弃去上清液；沉淀物用去离子水复溶，定容；取1ml溶解液检测葡聚糖含量，剩余溶液冻干。

8. 碱提法

称取恒重的绣球菌1g，按料液比1∶20加20ml pH10.0的NaOH溶液；沸水浴2h；4℃，4 500r/min离心20min；上清液过滤后，取少许适当稀释检测总糖含量；剩余滤液加3倍体积无水乙醇，充分混匀后放在－20℃下过夜；4℃，4 500r/min离心20min，弃去上清液；沉淀物用去离子水复溶，定容；取1ml溶解液检测葡聚糖含量，剩余溶液冻干。

采用不同的提取方法，绣球菌葡聚糖的得率都不同，纳米破碎处理＞超声处理＞热处理＞ $NaNO_2$ 处理＞酶处理＞微波处理＞水提醇沉；不同方法提取的葡聚糖活性也不同：超声处理＞ $NaNO_2$ 处理＞水提醇沉，且水提葡聚糖活性高于酸浸提葡聚糖的活性，而纳米破碎处理后提取的葡聚糖在细胞水平上检测几乎无活性。酸碱缓冲液均可提高葡聚糖的得率，但碱性溶液提取的葡聚糖颜色较深且黏度大，过滤困难，不利于后续实验的开展；微波处理对绣球菌葡聚糖得率影响较小；超声方法操作简便易行，且葡聚糖得率高、活性也高。

提取方法二[38]

采用响应面法，对从绣球菌中提取β-葡聚糖的最优条件进行考察，影响因素是：提取时间、提取

pH 和料液比。

将绣球菌粉末溶于蒸馏水中（10～30 倍体积的水/样品干重），并用 2mol/L NaOH 调节 pH 至 6～10，将悬浮液放在 95℃、搅拌速度 120r/min 下，提取 5～15h。之后在 6 500r/min（相对离心力 RCF）速度下离心 20min，在 4℃下将上清液用 3 倍体积的乙醇混合 24h，沉淀物在 65℃下干燥，磨细，并进行 β-葡聚糖测定。β-葡聚糖提取方法通过 Box - Bekhen 设计，共 15 组实验，对完成结果进行二次多项式模型的典型相关性分析，得出的最优提取条件：提取 pH6.05，提取时间 8h 55min，料液比 19.74，最高 β-葡聚糖得率预期为 60.76%，其中提取 pH 是最重要的影响因素。

提取方法三[39]

将绣球菌粉末加入到 0.08mol/L 的磷酸盐缓冲液（pH6.0）中，用热稳定的 α-淀粉酶在沸水中处理 30min。然后，分别用枯草杆菌蛋白酶 A（pH7.5）和淀粉葡糖苷酶（pH4.3）在 60℃，各处理 30min。随后用 80%（V/V）乙醇沉淀。将沉淀物重新悬浮于水中，并透析去离子水。复溶液再次用乙醇沉淀（终浓度 80%（V/V）），并在减压下干燥。析出物的最终产率是 65.0%，使用苯酚硫酸法且以葡萄糖为标准，测得的总糖含量为 98.2%。

第三节　绣球菌生物活性的研究

现代药理活性研究表明，绣球菌具有抗癌、免疫调节、提高造血功能等多种生物活性[2]，葡聚糖是其主要活性成分。国外相关报道文献较多。

一、抗肿瘤功能

抗肿瘤活性主要是绣球菌 β-葡聚糖（SCG）在发挥作用，而 SCG 主要通过刺激细胞因子的产生来对抗肿瘤[40]。SCG 还能通过抗血管生成来达到抗肿瘤和抗癌细胞转移的作用[41]。Yamamoto 等人[37]研究出一种无 SCG、用热水从绣球菌子实体中提取的相对小分子质量组分（FHL）。结果显示，给肿瘤小鼠喂食 FHL 可以抑制肿瘤生长，原因是可以抑制血管生成，并且增强 Th1 细胞活性。Ohno 等人[35]的研究显示，从绣球菌中分离出的多糖组分对荷肉瘤 S - 180 老鼠有抗肿瘤活性。14 名自愿口服绣球菌的肿瘤患者进行口服试验后，9 名患者得到了改善[42]。国内研究学者提取绣球菌多糖，研究结果显示，多糖能够显著抑制体外培养的人白血病细胞 K562、THP - 1 增殖，并能诱导其凋亡[43]。

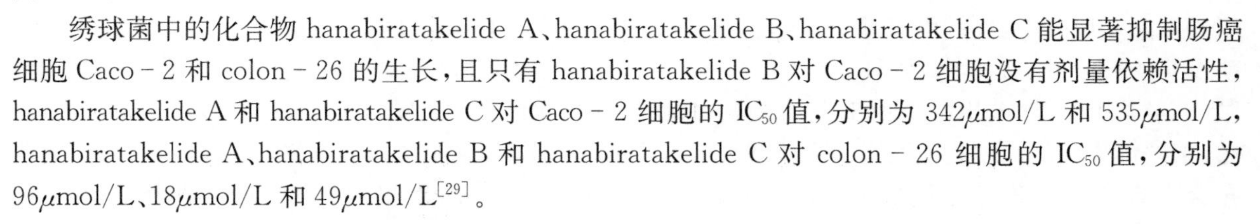

绣球菌中的化合物 hanabiratakelide A、hanabiratakelide B、hanabiratakelide C 能显著抑制肠癌细胞 Caco - 2 和 colon - 26 的生长，且只有 hanabiratakelide B 对 Caco - 2 细胞没有剂量依赖活性，hanabiratakelide A 和 hanabiratakelide C 对 Caco - 2 细胞的 IC_{50} 值，分别为 342μmol/L 和 535μmol/L，hanabiratakelide A、hanabiratakelide B 和 hanabiratakelide C 对 colon - 26 细胞的 IC_{50} 值，分别为 96μmol/L、18μmol/L 和 49μmol/L[29]。

二、免疫调节功能

经研究证明，口服绣球菌能激活 Th1 细胞，并抑制 Th2 细胞活性，促使 Th1/Th2 平衡向 Th1 主导的免疫转换；口服绣球菌多糖或小鼠腹腔注射，能恢复由环磷酰胺引起的白细胞减少[35]。绣球菌 β-葡聚糖能通过 Toll 样膜受体（TLR4）下游信号分子 MAPK 和 NF - κB 信号通路激活树突细胞，表明绣球菌能够增加基于树突状细胞癌症免疫疗法的效率[44]。Adachi 等人[45]研究表明，绣球菌 β-葡聚糖对 Th1 依赖或 Th2 依赖抗体有多种效果，并且通过 IL - 12 途径影响 Th1 细胞增长。

三、促进造血功能

Harada等人[46]发现，由环磷酰胺诱导的白血病小鼠口服或腹腔注射SCG，均可以增强其造血功能；进一步研究发现，绣球菌SCG能够显著增加环磷酰胺诱导的白血病小鼠中干扰素γ，肿瘤坏死因子α，粒细胞-巨噬细胞集落刺激因子(GM-CSF)、IL-6和IL-12p70的产生[47]。大豆异黄酮对SCG的该功能有协同增效作用[48]。

四、抗炎症功能

绣球菌水提物(WESC)能抑制化合物48/80诱导的小鼠全身性过敏反应和血清组胺释放，降低免疫球蛋白E(IgE)介导的被动皮肤过敏反应。此外，WESC能减少人肥大细胞中由12-豆蔻酸-13-乙酸佛波酯和钙离子载体A23187激活的组胺释放和促炎性细胞因子，如肿瘤坏死因子TNF-α，IL-6和IL-1β的释放，其抑制效果呈现核因子κB、胞外信号调节蛋白激酶和p38丝裂原激活的蛋白激酶依赖性。结果提示：WESC有望用在过敏性炎症疾病的治疗，而起作用的仍是SCG[21]。

五、促进伤口愈合功能

让用链脲佐菌素诱导的糖尿病小鼠口服绣球菌，然后进行全层皮肤创伤处理，发现口服绣球菌可改善伤口愈合，可能由于显著增强了巨噬母细胞和成纤维细胞的迁移，直接增加Ⅰ型胶原合成，因此绣球菌有望用于促进糖尿病患者伤口的愈合[49]。Yamamoto等人[50]研究发现，对糖尿病小鼠给药绣球菌和从绣球菌中纯化得到的β-葡聚糖，对其伤口愈合都有剂量依赖关系，是治疗糖尿病创伤愈合安全有效的替代或补充药。

六、抗菌功能

像其他微生物一样，绣球菌为了自身的生存也会产生一些抑制其他微生物生长的抗菌素。Falck(1923年)观察到：绣球菌没有和其他真菌互相污染，并且分离出一种有抑菌活性的晶体，虽然完整的生物活性数据没有得到报道，但这个化合物后来被解析出结构，并命名为重菇醇(Sparassol)(Wedekind & Fleischer，1923、1924)。Woodward等人分离出两种新的抗菌物质甲基-2,4-二羟基-6-苯甲酸甲酯和甲基-二羟基甲氧基-苯甲酸甲酯，两者在浓度100μg/ml时，对*Botrytis cinerea*(灰霉菌)萌发管的长度抑制百分率为61.9±2.7和37.7±2.7，说明甲基-2,4-二羟基-6-苯甲酸甲酯比甲基-二羟基甲氧基-苯甲酸甲酯对灰霉菌的抑制作用强，而两者对*Heterobasidion annosum*(白腐病菌)菌丝体生长的长度抑制百分率为8.9±6.3和15.1±9.6，说明对白腐病菌也有抑制效果。抗菌化合物的鉴定分离是通过由*Cladosporium cucumerinum*(黄瓜黑星病菌)处理的薄层色谱实现(Homans & Fuchs，1970)，用甲醇把硅胶上的化合物洗脱下来，再减压蒸发得到纯品。实验结果显示，在比移值(R_F)为0.5出现大范围的抑制，而R_F为0.67处有小范围抑制区，采用环己烷/乙酸乙酯(1:1，V/V)展开，将大范围抑制区分开成两个主要的活性化合物，R_F分别为0.44(甲基-2,4-二羟基-6-苯甲酸甲酯)和0.53(甲基-二羟基甲氧基-苯甲酸甲酯)，小范围抑制区的R_F为0.66(重菇醇)。推断Falck观察到：绣球菌有抑制染菌的作用主要归功于甲基-2,4-二羟基-6-苯甲酸甲酯和甲基-二羟基甲氧基-苯甲酸甲酯，而不是重菇醇，证明新化合物的抑菌活性更强[26]。

Kawagishi等人[14]分离得到的化合物antrodin D和新化合物(未命名，9)，对耐药性金黄色葡萄球菌有抑制作用，最小抑菌浓度分别为0.5mmol/L和1.0mmol/L。

七、抗氧化功能

Madhavi 和 Anand[51]研究发现，绣球菌醇提物对 DPPH 自由基的 IC_{50}值为 2.11mg/ml，是一种天然抗氧化剂来源。

Hanabiratakelide A、hanabiratakelide B 和 hanabiratakelide C 具有比维生素 C 更强的抗氧化活性[29]，采用 SOD(超氧化歧化酶) WST－1(水溶性四唑盐)活性检测方法，测得维生素 C、hanabiratakelide A、hanabiratakelide B 和 hanabiratakelide C 的 IC_{50}值，分别为 71、15.7、49、3.2μmol/L。

八、其他功能

绣球菌能通过促进 Akt 依赖的内源性一氧化氮合酶磷酸化，增加大脑皮层 NO 产生，从而改善脑血管内皮功能障碍，有益于预防脑卒中(中风)和高血压[17]。

Wang 等人[52]研究了 16 种蘑菇水提物的 HIV－1 逆转录酶抑制活性，发现绣球菌水提物在浓度 1mg/ml 时，抑制率达 70.3%。

Yao 等人[53]研究发现，绣球菌可以通过抑制 Th2 型免疫响应来抑制过敏性鼻炎的发生，有抗过敏的功能。

Guang 等人[54]研究发现，绣球菌醇提物能对四氯化碳诱导产生急性肝中毒大鼠有保护作用，这可能是由于它能恢复 CYP2E1 功能，抑制炎症反应，并减少氧化压力的联合作用。

Yamamoto 等人[55]研究发现，绣球菌能通过减小脂肪细胞的大小来增加血浆脂联素(一种胰岛素增敏激素)水平，从而改善 2 型糖尿病胰岛素抵抗和心血管疾病。

第四节 展 望

绣球菌作为一种珍稀名贵的药食兼用真菌，肉质洁白细嫩，味道鲜美可口，富含蛋白质、维生素和矿物质，其中 β-葡聚糖、抗氧化物质(SOD)含量居食用菌之首。绣球菌中丰富的纤维素可以有效地促进排便，降低大肠癌的发病率，具有抗肿瘤、降血压、预防脑卒中(中风)、增加免疫、提高造血功能等保健药效功能[56]。

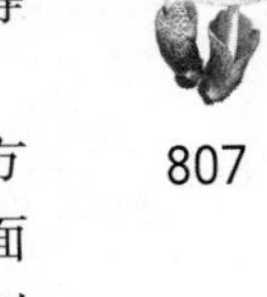

目前，全世界对绣球菌开展研究的国家并不多，但日本、韩国对其研究较多，日本在绣球菌专利方面近乎垄断，目前已初步形成一条绣球菌生产、保藏、加工、应用的产业链。绣球菌后期开发应用方面的专利范围广泛，除食品、保健品外，在保藏(JP2004298067)、有效成分提取(JP2006129714)，护发剂(JP2005082535)、抗菌剂(JP2005097127)、身体和空气除臭(JP2004307436)、化妆品(如皮肤保湿、增白等)(JP2004285058)、模型材料(如胶片、薄板等)(JP2005288901)等方面均有专利申请[18-19]。

我国在人工栽培绣球菌研究方面虽然有了长足发展，但在药理与多糖提取方面还较落后。因此，大力开展对绣球菌药理、多糖提取、储藏保鲜、产品开发等方面有待进一步探索与研究[57]。

参考文献

[1] 朱斗锡，何荣华. 珍稀绣球菌的经济价值及开发前景[J]. 农村新技术，2009(2)：19－20.
[2] 董彩虹，马琪琪. 珍稀食用菌绣球菌研究进展[J]. 菌物研究，2014，12(3)：172－177.
[3] 罗信昌，陈士瑜. 中国菇业大典(中册)[M]. 北京：清华大学出版社，2010.

[4] 贺新生,候大斌. 世界栽培蕈菌的种类和分类系统[J]. 食用菌学报,1997,4(2):54－64.
[5] 裘维蕃,余永年. 菌物学大全[M]. 北京:科学出版社,1998.
[6] 邓叔群. 中国的真菌[M]. 北京:科学出版社,1963.
[7] 臧穆. 东喜马拉雅引人注目的高等真菌和新种云南植物研究[J]. 云南植物研究,1987,9(1):81－88.
[8] 应建浙,臧穆. 西南地区大型经济真菌[M]. 北京:科学出版社,1994.
[9] 卯晓岚. 中国经济真菌[M]. 北京:科学出版社,1998.
[10] 卯晓岚. 中国大型经济真菌[M]. 郑州:河南科学技术出版社,2000.
[11] Dai YC, Wang Z, Binder M, et al. Phylogeny and a new species of *Sparassis*(Polyporales, Basidiomycota): evidence from mitochondrial atp6, nuclear rDNA and rpb2 genes[J]. Mycologia, 2006, 98(4): 584－592.
[12] 廉添添,杨涛,孙军德,等. 人工栽培绣球菌的鉴定及其子实体 β-葡聚糖含量的酶法测定[J]. 菌物学报,2014,33(2):254－261.
[13] 戴玉成,周丽伟,杨祝良,等. 中国食用菌名录[J]. 菌物学报,2010,29(1):1－21.
[14] Kawagishi H, Hayashi K, Tokuyama S, et al. Novel bioactive compound from the *Sparassis crispa* mushroom[J]. Biosci Biotech Biochem, 2007, 71(7): 1804－1806.
[15] 张晓菲. 绣球菌低相对分子质量葡聚糖的分离及活性分析[D]. 杭州:浙江理工大学,2012.
[16] 何广胜,秦爽. 绣球菌中的 1,3 - 8 - D -葡聚糖对环磷酰胺诱导的白细胞减少小鼠造血功能的作用[J]. 国外医药植物药分册,2003,18(5):205－206.
[17] Yoshitomi H, Lwaoka E, et al. Beneficial effect of *Sparassis crispa* on stroke through activation of AKt/Enos pathway in brain of SHRSP[J]. J Nat Med, 2011, 65(1): 135－141.
[18] 薛道帆,周立平,何传俊,等. 绣球菌的研究开发概况[J]. 杭州农业科技,2008(3):27－29.
[19] 薛道帆,周立平,何传俊,等. 绣球菌的保健、药效及其研究开发概况[J]. 浙江食用菌,2008,16(1):54－56.
[20] 黄建成,李开本,林应椿,等. 绣球菌子实体营养成分分析[J]. 营养学报,2007,29(5):514－515.
[21] Kimura T. Natural products and biological activity of the pharmacologically active cauliflower mushroom *Sparassis crispa*[J]. Bio Med Res Inter, 2013, 8(3): 501－508.
[22] Kim HH, Lee S, Singh TS, et al. *Sparassis crispa* suppresses mast cell-mediated allergic inflammation: Role of calcium, mitogen-activated protein kinase and nuclear factor-κB[J]. Inter J Mol Med, 2012, 30(2): 344－350.

[23] Tada R, Harada T, Nagi - Miura N, et al. NMR characterization of the structure of a β-(1→3)- d - glucan isolate from cultured fruit bodies of *Sparassis crispa*[J]. Carbohydr Res, 2007, 342(17): 2611－2618.
[24] Wedekind E, Fleischer K. Über die Konstitution des Sparassols[J]. Berichte der deutschen chemischen Gcsellschaft, 1923, 56: 2556－2563.
[25] Wedekind E, Fleischer K. Zur Kenntnis des Sparassols[J]. Berichte der deutschen chemischen Gesellschaft, 1924, 57: 1121－1123.
[26] Woodward S, Sultan HY, Barrett DK, et al. Two new antifungal metabolites produced by *Sparassis crispa* in culture and in decayed trees[J]. Microbiology, 1993, 139(1): 153－159.
[27] Kodani S, Hayashi K, Hashimoto M, et al. New sesquiterpenoid from the mushroom *Sparassis crispa*[J]. Biosci Biotech Biochem, 2009, 73(1): 228－229.
[28] Jiang MY, Zhang L, Dong ZJ, et al. Two New Metabolites from Basidiomycete *Sparassis crispa*[J]. Naturforschung B, 2009, 64b:1087－1089.

[29] Yoshikawa K, Kokudo N, Hashimoto T, et al. Novel phthalide compounds from *Sparassis crispa* (Hanabiratake), Hanabiratakelide A－C, exhibiting anti-cancer related activity[J]. Biol Pharm Bull, 2010, 33(8): 1355—1359.

[30] 吕瑜平,文净,朱伟明. 云南干巴菌挥发油化学成分的研究[J]. 天然产物研究与开发,2001,13(1):39—41.

[31] Nicollier G, Rebetez M, Tabacchi R. Synthèse de l'évernine[J]. Helvetica Chimica Acta, 1978, 61(8): 2899—2904.

[32] Zhao PJ, Li GH, Shen YM. New Chemical Constituents from the Endophyte Streptomyces Species LR4612 Cultivated on *Maytenus hookeri*[J]. Chem Biodivers, 2006,(3): 337—342.

[33] Cheng CF, Lai ZC, Lee YJ. Total synthesis of(±)-camphorataimides and(±)-himanimides by $NaBH_4/Ni(OAc)_2$ or Zn/AcOH stereoselective reduction[J]. Tetrahedron, 2008,(64): 4347—4353.

[34] Simon B, Anke T, Sterner O. Hydroxylated unsaturated fatty acid from cultures of a *Filoboletus* species[J]. Phytochemistry, 1994, 36(3): 815—816.

[35] Ohno N, Miura N N, Nakajima M, et al. Antitumor 1, 3－beta－glucan from cultured fruit body of *Sparassis crispa*[J]. Biol Pharm Bull, 2000, 23(7): 866—872.

[36] Harada T, Kawaminami H, Miura NN. Comparison of the Immunomodulating Activities of 1, 3－β－glucan Fractions from the Culinary-Medicinal Mushroom *Sparassis crispa* Wulf.: Fr. (Aphyllophoromycetideae)[J]. Inter J Med Mushrooms, 2006,(8): 231—244.

[37] Park HG, Shim YY, Choi SO, et al. New method development for nanoparticle extraction of water－soluble β-(1→3)-D－glucan from edible mushrooms, *Sparassis crispa* and *phellinus linteus*[J]. J Agric Food Chem, 2009, 57(6): 2147—2154.

[38] Bae IY, Kim KJ, Lee S, et al. Response Surface Optimization of β－Glucan Extraction from Cauliflower Mushrooms(*Sparassis crispa*)[J]. Food Sci Biotechnol, 2012, 21(4): 1031—1035.

[39] Yamamoto K, Kimura T, Sugitachi A, et al. Anti-angiogenic and anti-metastatic effects of β－1,3－D-glucan purified from Hanabiratake, *Sparassis crispa*[J]. Biol Pharm Bull, 2009, 32(2): 259—263.

[40] Nameda S, Harada T, Miura NN, et al. Enhanced cytokine synthesis of leukocytes by a beta-glucan preparation, SCG, extracted from a medicinal mushroom, *Sparassis crispa*[J]. Immunopharmacol Immunotoxicol, 2003, 25(3): 321—335.

[41] Yamamoto K, Nishikawa Y, Kimura T, et al. Antitumor activities of low molecular weight fraction derived from the cultured fruit body of *Sparassis crispa* in tumor-bearing mice[J]. Nippon Shokuhin Kagaku Kogaku Kaishi, 2007, 54(9): 419—423.

[42] Ohno N, Nameda S, Harada T, et al. Immunomodulating activity of a β-glucan preparation, SCG, extracted from a culinary-medicinal mushroom, *Sparassis crispa* Wulf. :Fr. (Aphyllophoromycetidae), and application to cancer patients[J]. Int J Med Mushrooms, 2003,(5): 359—368.

[43] 赵慧慧,卢伟东,徐丽丽,等. 绣球菌多糖诱导 K562、THP－1 细胞凋亡的研究[J]. 中国农学通报,2013,29(21):149—153.

[44] Kim HS, Kim JY, Ryu HS, et al. Induction of dendritic cell maturation by beta-glucan isolated from *Sparassis crispa*[J]. Int Immunopharmacol, 2010, 10(10): 1284—1294.

[45] Adachi Y, Suzuki Y, Jinushi T, et al. Th1-oriented immunomodulating activity of gel-forming

fungal(1→3)-beta-glucans[J]. Int J Med Mushrooms, 2002, 4(2): 95—109.

[46] Harada T, Miura N, Adachi Y, et al. Effect of SCG, 1, 3-beta-D-glucan from *Sparassis crispa* on the hematopoietic response in cyclophosphamide induced leukopenic mice[J]. Biol Pharm Bull, 2002, 25(7): 931—939.

[47] Harada T, Kawaminami H, Miura NN, et al. Mechanism of enhanced hematopoietic response by soluble beta-glucan SCG in cyclophosphamide-treated mice[J]. Microbiol Immunol, 2006, 50(9): 687—700.

[48] Harada T, Masuda S, Arii M, et al. Soy isoflavone aglycone modulates a hematopoietic response in combination with soluble beta-glucan: SCG [J]. Biol Pharm Bull, 2005, 28(12): 2342—2345.

[49] Kwon AH, Qiu Z, Hashimoto M, et al. Effects of medicinal mushroom(*Sparassis crispa*) on wound healing in streptozotocin-induced diabetic rats [J]. The Amer J Surgery, 2009, 197 (4): 503—509.

[50] Yamamoto K, Kimura T. Orally and topically administered *Sparassis crispa* (Hanabiratake) Improved healing of skin wounds in mice with streptozotocin-induced diabetes[J]. Biosci Biotechnol Biochem, 2013,77(6): 1303—1305.

[51] Joshi M, Sagar A. In vitro free radical scavenging activity of a wild edible mushroom, *Sparassis crispa* (Wulf.) Fr., from north western Himalayas, India[J]. J Mycology, 2014, 1—4.

[52] Wang J, Wang HX, Ng TB. A peptide with HIV-1 reverse transcriptase inhibitory activity from the medicinal mushroom *Russula paludosa*[J]. Peptides, 2007, 28(3): 560—565.

[53] Yao M, Yamamoto K, Kimura T, et al. Effects of Hanabiratake(*Sparassis crispa*) on allergic rhinitis in OVA-ensitized mice[J]. Food Sci Tech Res, 2008, 16(6): 589—594.

[54] Yan GH, Choi YH. *Sparassis crispa* attenuates carbon tetrachloride-induced hepatic injury in rats[J]. Korean J Phys Anthropol, 2014, 27(3): 113—122.

[55] Yamamoto K, Kimura T. Dietary *Sparassis crispa* (Hanabiratake) ameliorates plasma levels of adiponectin and glucose in Type 2 diabetic mice[J]. J Health Sci, 2010, 56(5): 541—546.

[56] 徐曼妮.绣球菌-珍稀食用菌的营养价值[J].大众医学,2010(2):25.

[57] 林端权,池文文.绣球菌的国内外研究进展及比较[J].商品与质量·学术观察,2013,(8):284.

[58] Rana NM, Sargent MV. Structure of the lichen depsidone variolaric acid[J]. J. CS. Perkin I, 1975:1992—1995.

（魏雨恬、田　振、冯　娜）

第七十二章 朱红硫黄菌

ZHU HONG LIU HUANG JUN

第一节 概 述

朱红硫黄菌[*Laetiporus sulphureus* var. *miniatus*(Jungh.)Imazeki]属于担子菌门,伞菌纲,多孔菌目,拟层孔菌科,硫黄菌属真菌,主要同物异名为*Laetiporus miniatus* (Jungh.)Overeem,中文别名为:硫色孔菌朱红色变种、红色硫黄、鸡冠、鲑鱼、树花、鲑鱼菇等。常生长在针阔混交林或针叶树林松属(*Pinus*)或栎属(*Quercus*)树干基部[1-2]。

朱红硫黄菌是硫黄菌的一个变种,它与硫黄菌的其他变种之间存在一定的差异。池玉杰等人[3]研究发现,朱红硫黄菌与硫黄菌原变种培养特性之间存在较大的差异。该菌子实体大型,初期瘤状或脑髓状,以后长出一层层覆瓦状的菌盖,菌盖直接生长在基质上,无菌柄,菌盖直径8～30cm,厚1～6cm,有放射状条棱和皱纹,菌盖表面为朱红色或鲜橙黄色,背面和菌盖边缘为白色或淡硫黄色,菌盖边缘波浪状至瓣裂,菌肉白色或肉色,管孔面硫黄色,干后退色,空口多角形,平均每毫米3～4个,孢子无色,光滑,卵形或近球形,(4.5～7.4)μm×(4～6)μm。经吉姆萨液染色观察,菌丝体为双型菌丝,无锁状联合,且菌丝生长中后期,常着生大量直径为4～5μm的分生孢子,分生孢子呈近球形[4]。

朱红硫黄菌在我国广泛分布在黑龙江、河北、四川、西藏、新疆、台湾等地区。近年来,我国对朱红硫黄菌资源收集与驯化工作已有一定的进展,但报道仍较少。子实体幼嫩至成熟时味道鲜美,似鲑鱼,老后呈干酪状,不宜食用,但可入药,具有调节功能,增进健康,提高人体抵抗力的作用。在野生菌生长区,当地老百姓将该菌的干制品煎服,用于治疗感冒和其他疾病,效果非常好[4-6]。

第二节 朱红硫黄菌化学成分的研究

一、朱红硫黄菌的化学成分

1. 多糖

丁祥[7]从朱红硫黄菌子实体中,经过除杂粉碎、热水浸提醇沉处理后,得到了朱红硫黄菌杂聚糖粗提物,并运用DEAE－cellulose柱进行色谱分离纯化,得到朱红硫黄菌多糖纯品(LSF－A)。通过硫酸苯酚法检测、水解、单糖分析、扫描电镜(SEM)、红外光谱技术(IR)和核磁共振技术(NMR)对朱红硫黄菌多糖LSF－A进行了初步的结构分析。结果显示,朱红硫黄菌多糖由两种单糖构成,其结构中含有葡萄糖成分。

Hwang等人[8]利用最优培养条件深层发酵朱红硫黄菌,从中得到胞外多糖EPS。Seo等人[9]将该粗多糖经DEAE cellulose和Sephadex G－50柱进行色谱分离纯化,得到多糖纯品EPS－2－1,这种糖仅由葡萄糖组成,相对分子质量为6.95kDa。分子结构由一个(1→4)-糖苷键链接的主链组成,在其C6位置(1→4)-糖苷键连着残基的支链。

2. 酶

从朱红硫黄菌中通过硫酸铵沉淀、HiTrap Q HP 和 UNO Q 离子色谱，得到一种耐热的单一26kDa 条带的β-1,3-1,4-葡聚糖酶。该酶具有 29U/mg 的特定活性[10]。

3. 有机酸

Yoshikawa 等人[11]从朱红硫黄菌子实体的乙醇提取物中得到了一个炔酸类化合物 masutakic acid A。

4. 苯并呋喃类化合物

Yoshikawa 等人[11]从朱红硫黄菌子实体的乙醇提取物中，还分离得到了一系列苯并呋喃类化合物，它们分别是 egonol、demethoxyegonol、egonol glucoside、masutakeside I(egonol primeveroside)和 egonol gentiobioside。其中 masutakeside I 是首次从朱红硫黄菌中发现的新化合物(图 72-1)。

masutakic acid A　　egonol　　demethoxyegonol

egonol glucoside　　egonol gentiobioside　　masutakeside I (Egonol primeveroside)

图 72-1　朱红硫黄菌中化学成分的结构式

二、朱红硫黄菌化学成分的提取与分离

(一) 多糖的提取和分离

1. 提取实例一

称取新鲜朱红硫黄菌 200g，洗净、烘干，粉碎，用 90℃蒸馏水提取 3 次，每次 6h，离心收集上清液，减压浓缩、4℃预冷后加入 4 倍体积无水乙醇沉淀，离心收集沉淀上清液减压浓缩，得到粗多糖。

分级纯化：称取上述除杂后的朱红硫黄菌粗糖 5g，溶于 5ml 蒸馏水中，上样于 DEAE cellulose-

52色谱柱（2cm×60cm），分别以0mol/L、0.1mol/L、0.2mol/L、0.3mol/L、0.4mol/L、0.5mol/L NaCl为流动洗脱相，流速为3滴/分钟，用自动部分收集器以每管5ml收集洗脱液，将收集到的样品溶液用苯酚-硫酸法，在490nm波长下比色检测多糖，以试管数为横坐标，以吸光度值为纵坐标，制作DEAE cellulose－52柱色谱洗脱曲图。合并各个主峰溶液，透析除去无机物与小相对分子质量有机物，低压冷冻干燥，得到朱红硫黄菌多糖（LSF－A）。

分析：朱红硫黄菌寡聚糖样品（LSF－A）约5mg，分别溶于2mol/L、5ml三氟乙酸中，密封后放在110℃下水解6h，离心除去残渣，减压浓缩干燥，用去离子水洗涤3次，以去除三氟乙酸，然后在样品中加入数滴甲醇，再抽真空干燥，水溶解后得到朱红硫黄菌寡聚糖（LSF－A）完全酸水解产物。

将LSF－A水解液直接点样，以正丁醇：冰乙酸：乙醇：水＝（4：1：1：2，V/V）为展开剂进行薄层色谱分离。展开后喷显色剂：苯胺-二苯胺溶液（4ml苯胺，4g二苯胺，20ml 85％磷酸，200ml丙酮），放入100℃烘箱，烘烤10min显色。以各种单糖标准品配成水溶液作对照。结果发现：LSF－A水解单糖的薄层Rf值部分和D-葡萄糖相同，并且LSF－A的水解单糖在薄层上喷显色剂时，反应生成的颜色也与D-葡萄糖相同，为蓝色，因此初步断定LSF－A结构中含有葡萄糖成分。

称取LSF－A样品2mg左右，KBr压片，进行红外光谱分析。在红外谱中显示，3 416cm^{-1}宽吸收峰为O－H的伸缩振动峰，1 640cm^{-1}为C＝O的伸缩振动峰，同时提示存在：分子内和分子间的氢键1 044cm^{-1}在1 200～1 000cm^{-1}范围内，指定为吡喃环中醚键C－O－C伸缩振动。720cm^{-1}指示LSF－A有α型吡喃环。

称取LSF－A样品10mg左右溶于0.5ml重水，进行^{1}H谱测定。^{1}H NMR（D_2O，600MHz）显示：该朱红硫黄菌多糖LSF－A纯度高，杂质少。在δ：4.93、4.86显示存在两个异头氢，提示LSF－A由两种单糖组成。其中，δ：4.40是葡萄糖羟甲基上两个氢的信号峰，而δ：4.00是葡萄糖3位碳原子上氢的信号峰。LSF－A氢谱数据与单糖分析数据相吻合[7]。

2. 提取实例二

朱红硫黄菌的深层发酵　Hwang等人将[8]朱红硫黄菌菌种放在MEA斜面培养基、4℃条件下保藏，然后接种到MEA（2％麦芽提取物、1.8％琼脂）平板培养基上。挑取平板上5mm带培养基的菌块，放到装有50ml MCM完全培养基（每升培养基中含20g葡萄糖、2.0g牛肉胨、2.0g酵母提取物、0.46g KH_2PO_4、1.0g K_2HPO_4、0.5g $MgSO_4 \cdot 7H_2O$）的250ml摇瓶中，进行震荡培养，培养条件为：温度25℃、转速150r/min、时间11d。之后，将培养液以4％（V/V）接种量接种到5L的搅拌发酵罐中。发酵条件：温度25℃、曝气量2.0vvm、转速150r/min、初始pH2.0、装液体积3L。

EPS粗多糖的提取　将发酵液经1.2万r/min（相对离心力RCF，下同）离心20min，获得上清液。上清液内加入4倍体积的无水乙醇，大力搅拌后放在4℃温度下过夜。再经过1万r/min离心20min后，弃去上清液，将下层沉淀物冻干，即可获得EPS粗多糖。

Seo等人[9]改进了粗多糖EPS的提取方法：将朱红硫黄菌发酵液加入95％乙醇溶液，使其乙醇浓度达到30％，在4℃过夜后经3 500r/min离心30min。得到的上清液继续加入95％乙醇，使得最终乙醇浓度达到75％。再次经过3 500r/min离心30min后，将沉淀物取出冻干，即可得粗多糖EPS。

粗多糖EPS的分离　Seo等人将粗多糖EPS经无菌水平衡的DEAE纤维素柱（300mm×26mm），用无菌水、不同浓度梯度NaCl溶液（0、0.1、0.2和0.3mol/L NaCl）洗脱。各洗脱组分用苯酚-硫酸法进行多糖含量分析。将主要的均一组分EPS－2（2.46g）溶于40ml水中，继续用Sephadex G－50柱（110cm×1.5cm内径）色谱，洗脱流速为0.2ml/min。各洗脱流份依然用苯酚-硫酸法分析，最终得到了主要成分EPS－2－1。

分析：经HPLC分析单糖组成、相对分子质量，结合甲基化分析、NMR解析，EPS－2－1的结构解析为由葡萄糖组成，相对分子质量为6.95kDa。其分子结构由一个（1→4）-糖苷键链接的主链组成，在C6位置（1→4）-糖苷键连着残基的支链。

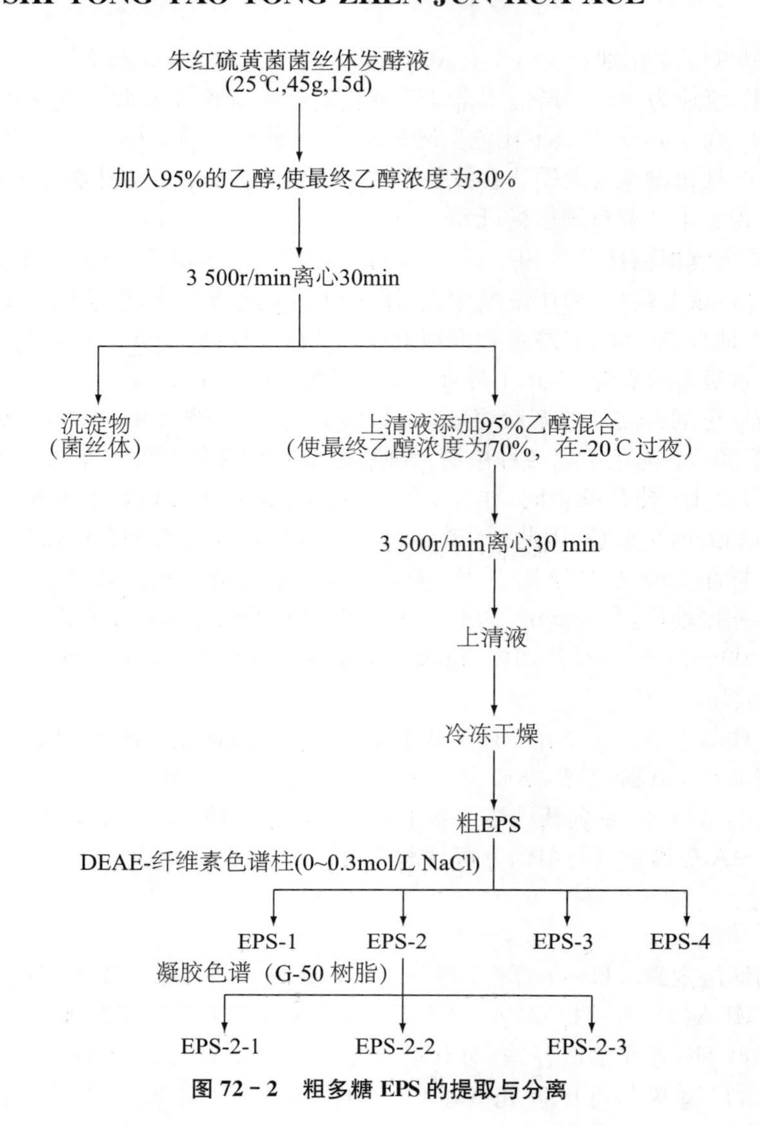

图 72－2　粗多糖 EPS 的提取与分离

（二）酶的提取与分离

提取和分离　将朱红硫黄菌的发酵液用 0.45μm 滤膜过滤，滤液用硫酸铵沉淀，收集 80%饱和组分，并在 4℃条件下过夜。在同样温度下，将样品经过 1 万 r/min 离心 20min，收集沉淀即粗蛋白。该粗蛋白经 HiTrap Q HP 色谱柱层析，色谱柱用 20mmol/L 乙酸钠（调 pH 为 5.0）平衡，0～0.5mol/L NaCl 的乙酸钠缓冲液线性梯度洗脱，流速为 2ml/min。收集的高活性组分再经过 UNO Q 色谱柱层析，洗脱液为含有 0.5mol/L NaCl 的 20mmol/L 乙酸钠缓冲液，最终得到纯化的活性酶。

相对分子质量分析　β－1,3－1,4－葡聚糖酶的亚基相对分子质量利用预染宽范围相对分子质量蛋白（MBI Fermentas，Hanover，MD，U. S. A.）作标准品，通过 SDS－PAGE 在变性条件下测定。所有蛋白带用考马斯亮蓝染色。原酶相对分子质量的测定通过 Sephacryl S－300 制备柱，使用 HR16/60 凝胶色谱层析，洗脱液为含有 150mmol/L NaCl 的 50mmol/L 乙酸钠缓冲液（pH4.0），流速为 1ml/min，醛缩酶（aldolase，158kDa）、白蛋白（albumin，67kDa）、胰凝乳蛋白酶原（chymotrypsinogen A，25kDa）和核糖核酸酶（ribonuclease，13.7kDa）作为标准蛋白进行校准。原酶的相对分子质量通过与标准蛋白迁移距离比较计算获得[10]。

（三）有机酸、苯并呋喃类化合物的提取与分离

将新鲜朱红硫黄菌子实体0.55kg放在室温下，用70%乙醇浸提6周，得乙醇提取物57.5g。将乙醇提取物用水和乙酸乙酯分层萃取。将水层萃取物通过Amberlite XAD-2柱色谱，依次用水和100%甲醇洗脱。甲醇洗脱物5.0g经过Develosil Lop ODS色谱柱（40%～100%甲醇梯度洗脱）。其中组分13和14经过高效液相（HPLC）（YMC，ODS S-5，37%～40%甲醇梯度洗脱）得到化合物egonol gentiobioside和masutakic acid A。组分17、18和25经半制备液相（YMC，ODS S-5，58%～60%甲醇梯度洗脱），分别得到化合物egonol glucoside、masutakeside I和demethoxyegonol。组分26经过HPLC（YMC，ODS S-5，72%甲醇洗脱）得到化合物egonol[11]。

三、朱红硫黄菌化合物的理化常数和波谱数据

Egonol　白色粉末，ESI-MS m/z：327[M+H]$^+$，349[M+Na]$^+$。^{1}H NMR（$CDCl_3$）δ：7.41（1H，dd，J=8.1、1.5Hz，H-6′），7.33（1H，d，J=1.3Hz，H-4），6.98（1H，s，H-2′），6.87（1H，d，J=8.1Hz，H-5′），6.79（1H，s，H-3），6.64（1H，s，H-6），6.01[2H，s，H-(-O-CH_2-O-)]，4.03（3H，s，H-7-OMe），3.71（2H，t，J=6.3Hz，H-3″），2.78（2H，t，J=7.4Hz，H-1″），1.95（2H，m，H-2″）。^{13}C NMR（$CDCl_3$）δ：156.2（C-2），148.1（C-3′），148.0（C-4′），144.9（C-7），142.6（C-8），137.6（C-5），131.1（C-9），124.8（C-1′），119.3（C-6′），112.4（C-4），108.7（C-5′），107.6（C-6），105.6（C-2′），101.3[C-(-O-CH_2-O-)]，100.4（C-3），62.3（C-3″），56.2（C-7-OMe），34.7（C-1″），31.9（C-2″）[12]。

Egonol glucoside　白色粉末，$[\alpha]_D^{20}$-15.1（c 0.1，MeOH）。ESI-MS m/z：489[M+H]$^+$，327[M+H-162]$^+$。^{1}H NMR（CD_3OD）δ：7.40（1H，dd，J=8.1、1.6Hz，H-6′），7.32（1H，d，J=1.6Hz，H-4），6.99（1H，s，H-2′），6.93（1H，d，J=8.1Hz，H-5′），6.89（1H，s，H-3），6.74（1H，s，H-6），6.00（2H，s，-OCH_2O），4.27（1H，d，J=7.9Hz，Glc-H-1′），4.01（3H，s，7-OCH_3），3.37（2H，t，J=8.8Hz，H-3″），2.78（2H，t，J=7.7Hz，H-1″），1.97（2H，m，H-2″）。^{13}C NMR（CD_3OD）δ：155.9（C-2），148.3（C-3′），148.1（C-4′），144.7（C-7），142.4（C-8），137.8（C-5），131.0（C-9），124.8（C-1′），118.6（C-6′），112.2（C-4），108.2（C-5′），107.6（C-6），104.7（C-2′），103.1（Glc，C-1′），101.4[C-(-O-CH_2-O-)]，100.1（C-3），76.8（Glc，C-3′），76.5（Glc，C-5′），73.8（Glc，C-2′），70.3（Glc，C-4′），68.6（C-3″），61.4（Glc，C-6′），55.3（C-7-OMe），32.0（C-1″），31.6（C-2″）[13]。

Egonol gentiobioside　白色粉末，$[\alpha]_D^{20}$-27.6（c 0.1，MeOH）。ESI-MS m/z：651[M+H]$^+$，489[M+H-162]$^+$，327[M+H-162-162]$^+$。^{1}H NMR（DMSO-d_6）δ：7.42（1H，dd，J=8.1、1.6Hz，H-6′），7.39（1H，d，J=1.6Hz，H-4），7.21（1H，s，H-2′），7.01（1H，d，J=8.1Hz，H-5′），6.99（1H，s，H-3），6.77（1H，s，H-6），6.07[2H，s，H-(-O-CH_2-O-)]，4.27（1H，d，J=7.9Hz，Glc-H-1′），4.13（1H，d，J=7.9Hz，Glc-H-1″），3.96（3H，s，H-7-OMe），3.45（2H，t，J=8.8Hz，H-3″），2.71（2H，t，J=7.6Hz，H-1″），1.86（2H，m，H-2″）。^{13}C NMR（DMSO-d_6）δ：155.6（C-2），148.4（C-3′），148.2（C-4′），144.8（C-7），142.1（C-8），138.3（C-5），131.0（C-9），124.5（C-1′），119.2（C-6′），112.2（C-4），108.2（C-5′），107.6（C-6），105.4（C-2′），103.8（Glc，C-1″），103.3（Glc，C-1′），101.9[C-(-O-CH_2-O-)]，101.5（C-3），77.4（Glc，C-3″），77.3（Glc，C-3′），77.3（Glc，C-5″），76.2（Glc，C-5′），74.0（Glc，C-2″），73.9（Glc，C-2′），70.5（Glc，C-4″），70.5（Glc，C-4′），68.8（Glc，C-6′），61.6（Glc，C-6″），68.3（C-3″），56.3（C-7-OMe），32.3（C-1″），31.9（C-2″）[13]。

Demethoxyegonol　白色粉末，EI-MS m/z：296.93[M+H]$^+$。^{1}H NMR（$CDCl_3$，400MHz）δ：7.40

(1H,s,H－7),7.38(1H,s,H－6′),7.36(1H,s,H－2′),7.30(1H,s,H－4),7.09(1H,d,*J*＝8.4Hz,H－6),6.88(1H,d,*J*＝8.1Hz,H－5′),6.80(1H,s,H－3),6.01(2H,s,OCH_2O),3.69(2H,t,*J*＝6.2、7.5Hz,H－3″),2.79(2H,t,*J*＝7.5Hz,H－1″),1.93(2H,m,H－2″)。^{13}C NMR($CDCl_3$,125MHz)δ:156.1(C－2),153.3(C－8),148.1(C－3′),148.0(C－4′),136.4(C－5),129.5(C－9),124.9(C－1′),124.1(C－6),120.0(C－7),119.1(C－6′),110.7(C－4),108.7(C－5′),105.4(C－2′),101.3(OCH_2O),100.0(C－3),62.3(C－3″),34.8(C－1″),32.0(C－2″)[14]。

masutakic acid A $[\alpha]_D^{25}$－13.2(*c* 0.7,MeOH)。FT-IR(film)λ_{max} 3 346、2 220、1 728、1 105cm^{-1}。CI－MS *m/z*:201[M＋H]$^+$,183[M＋H－H_2O]$^+$。HR-CI-MS *m/z*:201.114 9(计算值 M$^+$＋H,$C_{10}H_{17}O_4$:201.112 7)。^{1}H NMR(600MHz,pyridine－d_5)δ:5.50(1H,dd,*J*＝4.4、1.6Hz,H－3),5.04(1H,d,*J*＝4.4Hz,H－2),2.11(1H,dt,*J*＝1.6、7.2Hz,H－6),1.34(1H,quint,*J*＝7.2Hz,H－7),1.21(1H,quint t,*J*＝7.2、7.2Hz,H－8,10),1.08(1H,sext,*J*＝7.2Hz,H－9)。^{13}C NMR(150MHz,pyridine－d_5)δ:175.0(C－1),85.6(C－5),80.8(C－4),76.6(C－2),65.6(C－3),31.1(C－8),28.6(C－7),22.3(C－9),19.0(C－6),14.0(C－10)[11]。

masutakeside I 粉末,$[\alpha]_D^{25}$－19.9(*c* 2.6,MeOH)。UV(MeOH)λ_{max}(log ε)210(4.49)、233(4.46)、278(4.17)nm。FT-IR(film) 3 395、1 605、1 520cm^{-1}。FAB-MS *m/z*:643[M＋Na]$^+$,659[M＋K]$^+$。HR-FAB-MS *m/z*:643.197 0(计算值 M$^+$＋Na,$C_{30}H_{36}O_{14}Na$:643.200 3)。^{1}H NMR(600MHz,pyridine－d_5)δ:7.56(1H,d,*J*＝1.6Hz,H－2′),7.54(1H,dd,*J*＝8.0、1.6Hz,H－6′),7.16(1H,s,H－3),7.11(1H,d,*J*＝1.2Hz,H－4),6.94(1H,d,*J*＝8.0Hz,H－5′),6.83(1H,d,*J*＝1.2Hz,H－6),6.00(1H,s,H－7′),5.02(1H,d,*J*＝7.4Hz,Xyl－H－1),4.86(1H,dd,*J*＝11.4、1.9Hz,Glc－H－6),4.31(1H,dd,*J*＝11.4、5.5Hz,Glc－H－6),4.82(1H,d,*J*＝8.0Hz,Glc－H－1),4.25(1H,m,H－10),3.70(1H,m,H－10),4.24(1H,dd,*J*＝9.4、8.5Hz,Glc－H－4),4.24(1H,ddd,*J*＝9.7、8.5、2.7Hz,Xyl－H－4),4.22(1H,dd,*J*＝9.4、8.8Hz,Glc－H－3),4.16(1H,dd,*J*＝8.7、8.5Hz,Xyl－H－3),4.09(1H,ddd,*J*＝8.5、5.5、1.9Hz,Glc－H－5),4.06(1H,dd,*J*＝8.7、7.4Hz,Xyl－H－2),4.05(1H,dd,*J*＝8.8、8.0Hz,Glc－H－2),3.95(1H,s,H－OMe),3.69(1H,dd,*J*＝11.3、9.7Hz,Xyl－H－5),4.35(1H,dd,*J*＝11.3、2.7Hz,Xyl－H－5),2.86(1H,m,H－8),2.04(1H,m,H－9)。^{13}C NMR(150MHz,pyridine－d_5)δ:156.2(C－2),148.7(C－3′),148.5(C－4′),145.4(C－7),143.0(C－7a),138.5(C－5),131.1(C－4),125.2(C－1′),119.5(C－6′),113.1(C－4),109.1(C－5′),108.4(C－6),106.1(Xyl,C－1),105.8(C－2′),104.8(Glc,C－1),102.0(C－7′),101.4(C－3),79.1(Glc,C－3;Xyl,C－3),77.2(Glc,C－5),75.3(Glc,C－2,Xyl,C－2),72.6(Glc,C－4;Xyl,C－4),70.0(Glc,C－6),68.9(C－10),67.2(Xyl,C－5),56.1(C－OMe),32.8(C－8),32.5(C－9)[11]。

表 72－1 EPS－2－1 的^{1}H 和^{13}C NMR 谱数据。

表 72－1 EPS－2－1 的^{1}H 和^{13}C NMR 谱数据

残 基	化学位移(δ,×10^{-6})						
	H－1/C－1	H－2/C－2	H－3/C－3	H－4/C－4	H－5/C－5	H－6a/C－6	H－6b
α－D－Glc*p*－(1→	5.82	4.09	4.22	4.24	4.07	4.34	4.37
	100.28	72.12	73.48	73.97	72.27	61.40	—
→4)－α－D－Glc*p*－(1→	5.84	4.14	4.24	4.14	4.45	4.28	4.34
	100.61	72.31	72.06	78.02	73.97	61.47	—
→4)－α－D－Glc*p*－(1→	5.47	4.14	4.26	4.12	4.32	4.39	4.50
	99.48	72.27	72.06	78.07	73.75	67.85	—

第三节　朱红硫黄菌生物活性的研究

丁祥[7]在体外研究了不同浓度的朱红硫黄菌多糖 LSF－A 对巨噬细胞吞噬作用的影响。结果显示，朱红硫黄菌多糖 LSF－A 在终浓度为 1.25mg/ml 剂量时，能够显著促进小鼠腹腔巨噬细胞的吞噬能力，在剂量终浓度为 1.25～20mg/ml 范围内，对小鼠腹腔巨噬细胞吞噬能力的影响具有剂量依赖关系。说明朱红硫黄菌多糖(LSF－A)具有显著的免疫调节活性，可以作为一种理想的天然免疫调节剂资源。

从深层发酵朱红硫黄菌中得到的胞外多糖 EPS，对小鼠胰岛素瘤(RINm5F)的增生和胰岛素分泌有刺激作用，而且能够强烈地减少由于链脲霉素引起小鼠胰岛素瘤的细胞凋亡，这也表明了这种胞外多糖对胰岛素瘤细胞的保护机制[8]。

继续纯化 EPS 得到的 EPS－2－1，对 Bcl－2 家族基因和蛋白质的免疫调节作用，已在人类白血病 U937 细胞上得到验证。经朱红硫黄菌多糖 EPS－2－1 处理过的细胞 Bax and Bad 蛋白质水平是没有处理的 18～23 倍。这表明这种多糖与 Bax and Bad 蛋白质的免疫介质活化有关[9]。

从朱红硫黄菌中得到的β－1,3－1,4－葡聚糖酶在 75℃、pH4.0 时，表现出最大活性；酶的半失活期在 70℃和 75℃的时间，分别为 152h 和 22h，这是一种热稳定很好的β－1,3－1,4－葡聚糖酶，在水解上有潜在的工业应用前景[9]。该酶在分解大麦β－葡聚糖时显示出最大活性，被测多糖为β－1,3－1,4－葡聚糖和对硝基苯基－β－D－葡萄糖苷，所得 K_m 为 0.67mg/ml，K_{cat}为每秒 13.5mg/ml，K_{cat}/K_m 为每秒 20mg/ml[10]。

Yoshikawa 等人[11]发现，朱红硫黄菌中得到的化合物 egonol、demethoxyegonol 和 egonolglucoside 具有体外细胞毒性。它们对人胃癌细胞 Kato Ⅲ 增殖抑制的 IC_{50} 值，分别为 28.8mg/ml、27.5mg/ml 和 24.9mg/ml。

第四节　展　望

朱红硫黄菌是一种既可食用、又具有保健开发潜力的大型真菌。但从目前的研究成果来看，对朱红硫黄菌的化学成分及其功能、栽培技术与应用产品等诸多方面还需进一步有待深入发掘与开发。

参考文献

[1] Imazeki R, Hongo T. Coloredillustrations of mushrooms of Japan[M]. Osaka Japan: Hoikusha Publishing Co Ltd, 1998.

[2] 李小林，郑林用，黄羽佳，等．一株野生朱红硫黄菌的鉴定及系统发育地位研究[J]．西南农业学报，2014，27(5)：2086－2089.

[3] 池玉杰，潘学仁，康海燕，等．硫黄菌原变种与淡红变种培养特性的研究[J]．东北林业大学学报，1999(3)：79—80.

[4] 曾先富，廖志勇，张军．野生朱红硫黄菌驯化栽培研究[J]．中国食用菌，2005，(6)：18—20.

[5] 李艳秋，庞玉芬，赵丛发．野生梨树鸡蘑菇品种培养基筛选初报[J]．特种经济动植物，2009，(1)：41.

[6] 曾先富，张军，廖志勇．阿坝州朱红硫黄菌的分布与生态环境初步调查[Z]．成都：2002.

[7] 丁祥. 珍稀食药用真菌朱红硫黄菌多糖的分离纯化及其免疫调节活性的研究[J]. 西华师范大学学报(自然科学版),2013,34(4):311－317.

[8] Hwang HS, Lee SH, Baek YM, et al. Production of extracellular polysaccharides by submerged mycelial culture of *Laetiporus sulphureus* var. *miniatus* and their insulinotropic properties[J]. Appl Microbiol Biotechnol, 2008, 78(3):419－429.

[9] Seo MJ, Kang BW, Park JU, et al. Biochemical characterization of the exopolysaccharide purified from *Laetiporus sulphureus* Mycelia[J]. Appl Microbiol Biotechnol, 2011, 21(12): 1287－1293.

[10] Hong MR, Kim Y, Joo A, et al. Purification and characterization of a thermostable β-1,3-1,4-glucanase from *Laetiporus sulphureus* var. *miniatus*[J]. J Microbiol Biotechnol, 2009, 19(8):818－822.

[11] Yoshikawa K, Bando S, Arihara S, et al. A benzofuran glycoside and an acetylenic acid from the fungus *Laetiporus sulphureus* var. *miniatus*. Chem Pharm Bull, 2001, 49(3):327－329.

[12] Öztürk SE, Akgül Y, Anül H. Synthesis and antibacterial activity of egonol derivatives[J]. Bioorg Med Chem, 2008, 16:4431－4437

[13] Chen QF, Chen Xiao-Zhen, Li GY, et al. Two new 2-phenylbenzofurans from the bark of *Styrax perkinsiae*.[J]. Chin J Nat Med, 2012, 10(2) :0092－0097.

[14] Takanashi M, Takizawa Y, Mitsuhashi. 5-(3-Hydroxypropyl)-2-(3′,4′-methylenedioxy-phenyl) benzofuran: a new benzofuran from *Styrax obassia* Sieb. et Zucc[J]. Chem Lett, 1974, 869－871.

(魏雨恬、田　振、冯　娜)

第七十三章 瓦尼纤孔菌

WA NI XIAN KONG JUN

第一节 概 述

瓦尼纤孔菌(*Inonotus vaninii Ljub*)为担子菌门,伞菌纲、锈革孔菌目,锈革孔菌科,纤孔菌属真菌,别名杨黄、杨树桑黄[1]。瓦尼纤孔菌生长在天然林中老龄的杨树上,且子实体孔口表面呈黄色、菌盖边缘为黄色带状环纹而得名,人工林中很难找到。目前该菌主要生长在我国长白山区、小兴安岭等东北地区,在陕西、河南、陕西、内蒙、华北等地区也有分布[2-3]。瓦尼纤孔菌具有抗氧化、抗肿瘤、抗炎等多种药理作用,在中国传统中药中常用于治疗痢疾、盗汗、血崩等病症[4-5]。瓦尼纤孔菌中主要含有多糖、多酚和黄酮类成分,还含有柚皮素、樱花亭等小分子类化合物。

第二节 瓦尼纤孔菌化学成分的研究

瓦尼纤孔菌(杨黄)的驯化栽培已经获得成功,经研究分析表明,瓦尼纤孔菌主要富含多糖、甾醇、黄酮、多酚、萜类与腺苷类化合物[6-7]。

於学良等人[8]从瓦尼纤孔菌子实体95%乙醇提取物的石油醚部分,分离得到7个化合物β-谷甾醇、豆甾醇、柚皮素、樱花亭、香豆素、东莨菪素、丁香酸、咖啡酸和山柰酚。

程鑫颖等人[9]从瓦尼纤孔菌中分离得到了5个化合物,分别为樱花亭、7-甲氧基二氢莰非素、二氢莰非素、4-(3,4-二羟苯基)-3-丁烯-2-酮、hispolon。

郑永标[10-11]从瓦尼纤孔菌固体发酵产物中,分离得到5个脱落酸类型的倍半萜化合物和腺苷。

一、瓦尼纤孔菌甾体类成分的提取分离、理化常数与波谱数据

从瓦尼纤孔菌子实体95%乙醇提取物的石油醚部分,分离得到两个已知甾体化合物,分别为:β-谷甾醇(1)、豆甾醇(2)。

提取方法 将4.0kg瓦尼纤孔菌子实体用95%乙醇在室温下浸提3次,每次浸提3d,依次加入95%乙醇40、25、20L,期间每日搅拌1次,浸提后抽滤,合并所有滤液,放在50℃下减压浓缩成浸膏,依次用5倍体积的石油醚、乙酸乙酯溶解,减压抽滤,收集滤液并用旋转蒸发仪减压回收溶剂,分别得到石油醚萃取物(16g)和乙酸乙酯萃取物(61g)。石油醚部位先采用常压硅胶柱分离,以石油醚-乙酸乙酯为溶剂系统梯度洗脱(100∶0～100∶20),收集洗脱液,采用薄层色谱跟踪检测,合并相似流份,经硅胶柱色谱反复纯化、结晶和重结晶,从流份3(石油醚∶乙酸乙酯=100∶10)中得到化合物(1)24mg,从流份5(石油醚∶乙酸乙酯=100∶15)中得到化合物(2)8mg(图73-1)。

β-谷甾醇(β-sitosterol, 1) 白色针晶(石油醚),mp141～142℃,L-B反应阳性。EI-MS m/z: 414[M^+],396$[M-H_2O]^+$。^1H NMR($CDCl_3$,400MHz)δ:5.32(1H,t,H-6),3.46(1H,m,H-3),1.03(3H,s,H-19),0.95(3H,H-21),0.90(3H,H-26),0.89(3H,H-29),0.87(3H,H-27),

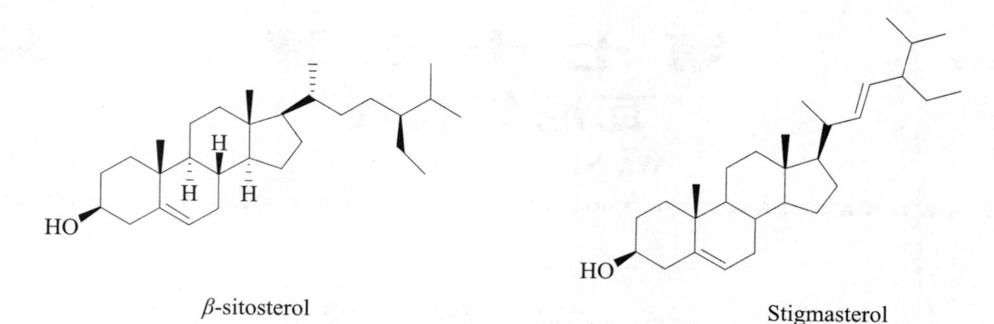

图 73-1 瓦尼纤孔菌中甾体类化学成分的结构

0.68(3H,s,H-18)。^{13}C NMR($CDCl_3$,100MHz)δ:37.3(C-1),31.7(C-2),72.5(C-3),42.4(C-4),141.1(C-5),121.6(C-6),31.9(C-7,8),50.2(C-9),36.5(C-10),21.1(C-11),39.8(C-12),42.3(C-13),57.6(C-14),24.3(C-15),28.2(C-16),56.8(C-17),11.9(C-18),19.4(C-19),36.2(C-20),18.8(C-21),34.0(C-22),29.2(C-23),45.9(C-24),29.3(C-25),19.1(C-26),19.8(C-27),23.1(C-28),12.0(C-29)。

豆甾醇(stigmasterol,2) 白色针晶(石油醚),mp 167～168℃,L-B反应阳性。EI-MS m/z:412[M^+],394[$M-H_2O$]$^+$,55[C_4H_7]$^+$。^{1}H NMR($CDCl_3$,400MHz)δ:5.35(1H,t,H-6),5.15(1H,dd,J=14.4、8.4Hz,H-22),5.02(1H,dd,J=14.4、8.4Hz,H-23),3.52(1H,m,H-3),1.01(3H,s,H-19),0.93(3H,H-21),0.84(3H,H-26),0.83(3H,H-29),0.80(3H,H-27),0.70(3H,s,H-18)。^{13}C NMR($CDCl_3$,100MHz)δ:37.3(C-1),31.7(C-2),72.6(C-3),42.3(C-4),141.2(C-5),121.8(C-6),39.8(C-7,8),50.8(C-9),36.5(C-10),21.1(C-11),39.8(C-12),45.9(C-13),57.6(C-14),24.3(C-15),29.2(C-16),56.2(C-17),11.8(C-18),19.4(C-19),36.2(C-20),18.8(C-21),138.2(C-22),129.6(C-23),52.2(C-24),31.8(C-25),19.1(C-26),19.4(C-27),23.1(C-28),12.0(C-29)。

二、瓦尼纤孔菌黄酮类成分的提取分离、理化常数与波谱数据

提取方法1 将4.0kg瓦尼纤孔菌子实体95%乙醇提取物,先用石油醚萃取纯化,再用硅胶柱分离乙酸乙酯部位,以石油醚:乙酸乙酯混合溶剂系统梯度洗脱(100:2～0:100),收集流出液,用TLC检测合并相似流份,反复纯化、结晶和重结晶,从流份5(石油醚:乙酸乙酯=100:10)中得到化合物(3)28mg和(4)20mg。

提取方法2 3kg干燥瓦尼纤孔菌子实体,依次用石油醚、氯仿、丙酮、甲醇回流提取,各提取3次,浓缩回收提取液,合并后得到各层浸膏。氯仿层部位经硅胶(正己烷:乙酸乙酯,30:1～0:1)柱层析和反相C_{18}(甲醇:水=2:1)柱层析,得到化合物(4)290mg、化合物(5)26mg。丙酮层部位经硅胶(正己烷:乙酸乙酯=20:1～1:1)柱层析和反相C_{18}(丙酮:水=2:5)柱层析,并进一步纯化得到化合物(6)50mg(图72-2)。

HO OH O OH
naringenin

OH H_3CO OH O
sakuranetin

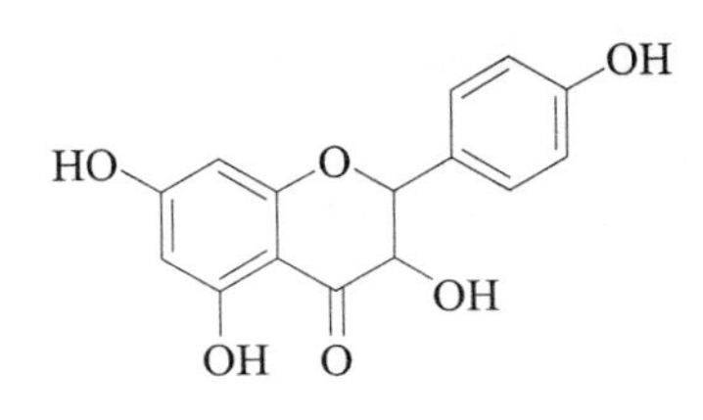

dihydrokaempferol

7-methoxy-dihydrokaempferol

图 73-2　瓦尼纤孔菌中黄酮类成分的结构

柚皮素(naringenin,3)　无色针晶(乙醇),mp 243～244℃。ESI-MS *m/z*:271[M-H]⁻。^{1}H NMR(DMSO-d_6,400MHz)δ:12.10(1H,s,5-OH),10.68(1H,brs,7-OH),9.14(1H,s,4′-OH),7.38(2H,d,*J*=8.6Hz,H-2′,6′),6.88(2H,d,*J*=8.6Hz,H-3′,5′),6.02(1H,d,*J*=2.1Hz,H-8),6.00(1H,d,*J*=2.1Hz,H-6),5.46(1H,dd,*J*=12.4、3.0Hz,H-2),3.18(1H,dd,*J*=17.2、12.4Hz,H-3a),2.78(1H,dd,*J*=17.2、3.0Hz,H-3β)。^{13}C NMR(DMSO-d_6,100MHz)δ:79.5(C-2),43.2(C-3),196.6(C-4),164.8(C-5),96.2(C-6),167.4(C-7),95.6(C-8),163.8(C-9),102.6(C-10),130.5(C-1′),128.6(C-2′,6′),115.6(C-3′,5′),158.5 (C-4′)。

樱花亭(sakuranetin,4)　白色粉末(甲醇),mp 90～91℃,分子式为 $C_{16}H_{14}O_5$。^{1}H NMR (CD_3OD,400Hz)δ:7.19(2H,dd,*J*=8.6、2.0Hz,H-2′,6′),6.70(2H,dd,*J*=8.6、2.0Hz,H-3′,5′),5.91(2H,s,H-6,8),5.21(1H,dd,*J*=12.9、2.9Hz,H-2),3.68(3H,s,OCH_3)。^{13}C NMR (CD_3OD,100MHz)δ:80.56(C-2),43.99(C-3),56.24(OCH_3),198.19(C-4),164.66(C-5),104.01(C-5α),95.73(C-6),169.45(C-7),94.93(C-8),165.19(C-8α),130.89(C-1′),129.07(C-2′,6′),116.32(C-3′,5′),159.05(C-4′)。

7-甲氧基二氢莰非素(7-methoxy-dihydrokaempferol,5)　浅黄色粉末(甲醇),mp 192～193℃,分子式为 $C_{16}H_{14}O_6$。^{1}H NMR(CD_3OD,400MHz)δ:7.24(2H,d,*J*=8.8Hz,H-2′,6′),6.72(2H,d,*J*=8.6Hz,H-3′,5′),5.95(1H,d,*J*=2.2Hz,H-6),5.90(1H,d,*J*=2.2Hz,H-8),4.88(1H,d,*J*=11.7Hz,H-2),4.45(1H,d,*J*=11.7Hz,H-3),3.68(3H,s,OCH_3)。^{13}C NMR (CD_3OD,100MHz)δ:85.03(C-2),73.66(C-3),56.34(OCH3),198.99(C-4),164.33(C-5),102.48(C-5α),96.02(C-6),169.77(C-7),95.04(C-8),165.02(C-8α),129.12(C-1′),130.39(C-2′,6′),116.12(C-3′,5′),159.24(C-4′)。

二氢莰非素(dihydrokaempferol,6)　浅黄色粉末(丙酮),mp 231～233℃,分子式为 $C_{15}H_{12}O_6$。^{1}H NMR(CD_3COCD_3,400MHz)δ:7.32(2H,d,*J*=8.4Hz,H-2′,6′),6.85(2H,d,*J*=8.4Hz,H-3′,5′),5.95(1H,d,*J*=2.4Hz,H-6),5.90(1H,d,*J*=2.4Hz,H-8),5.04(1H,d,*J*=11.6Hz,H-2),4.62(1H,d,*J*=11.6Hz,H-3)。^{13}C NMR(CD_3COCD_3,100MHz)δ:84.26(C-2),73.02(C-3),198.23(C-4),164.09(C-5),101.45(C-5α),97.00(C-6),167.33(C-7),95.96(C-8),164.90(C-8α),129.03(C-1′),130.26(C-2′,6′),115.83(C-3′,5′),158.76(C-4′)。

三、瓦尼纤孔菌酚、有机酸成分的提取分离、理化常数与波谱数据

提取方法 1　将 3kg 干燥瓦尼纤孔菌子实体,依次用石油醚、氯仿、丙酮、甲醇回流提取,各提取 3 次,浓缩回收提取液,合并后得到各层浸膏。丙酮层部位经硅胶(正己烷∶乙酸乙酯=20∶1～1∶1)柱色谱,和反相 C18(丙酮∶水=2∶5)柱色谱,并进一步纯化得到化合物(7)53mg、化合物(8)18mg。

提取方法 2　将 4.0kg 瓦尼纤孔菌子实体 95%乙醇提取物,依次用 5 倍体积的石油醚、乙酸乙酯溶解,减压抽滤,收集滤液并用旋转蒸发仪减压回收溶剂,分别得到石油醚萃取物和乙酸乙酯萃取物。

采用常压硅胶柱分离乙酸乙酯部位，以石油醚：乙酸乙酯混合溶剂系统梯度洗脱（100：2～0：100），收集流出液，用 TLC 检测合并相似流份，反复纯化、结晶和重结晶，流份 8（石油醚：乙酸乙酯＝100：25）中得到化合物（9）16mg 和（10）22mg，流份 10（石油醚：乙酸乙酯＝100：100）中得到化合物（11）13mg（图 73－3）。

4-(3,4-dihydro-xyphenyl)-3-buten-2-one　　hispolon

syringic acid　　caffeic acid　　kaempferol

Phellinene acid A　　Phellinene acid B

图 73－3　瓦尼纤孔菌中酚与有机酸类化合物的化学结构

4－(3,4－二羟苯基)－3－丁烯－2－酮(4－(3,4－dihydro－xyphenyl)－3－buten－2－one,7)　橘黄色柱晶（丙酮），mp 177～179℃，分子式为 $C_{10}H_{10}O_3$。^{1}H NMR（CD_3COCD_3，400MHz）δ：2.15（3H，s，H－1），6.42（1H，d，J＝16.4Hz，H－3），7.35（1H，d，J＝16.4Hz，H－4），7.05（1H，d，J＝2.0Hz，H－6），6.75（1H，d，J＝8.0Hz，H－9），6.92（1H，dd，J＝8.0、2.0Hz，H－10）。^{13}C NMR（CD_3COCD_3，100MHz）δ：27.21（C－1），197.90（C－2），122.71（C－3），144.26（C－4），127.75（C－5），115.17（C－6），146.24（C－7），148.71（C－8），116.34（C－9），125.19（C－10）。

6－(3,4－二羟苯基)－4－羟基－3,5－己二烯－2－酮(hispolon,8)　橘红色柱晶（丙酮），mp 135～137℃，分子式为 $C_{12}H_{12}O_4$。^{1}H NMR（CD_3COCD_3，400MHz）δ：2.05（3H，s，1－CH_3），5.72（1H，s，H－3），6.42（1H，d，J＝16.0Hz，H－5），7.43（1H，d，J＝16.0Hz，H－6），7.11（1H，d，J＝4.0Hz，H－8），6.81（1H，d，J＝8.0Hz，H－11），6.99（1H，dd，J＝8.0，4.0Hz，H－12），8.44（1H，brs，OH），8.12（1H，brs，OH）。^{13}C NMR（CD_3COCD_3，100MHz）δ：26.56（C－1），197.85（C－2），101.13（C－3），179.20（C－4），120.64（C－5），140.83（C－6），128.30（C－7），115.04（C－8），146.29（C－9），148.47（C－10），116.38（C－11），122.39（C－12）。

丁香酸(syringic acid,9)　黄色粉末。ESI－MS m/z：197[M－H]$^-$。^{1}H NMR（DMSO－d_6，400MHz）δ：7.15（2H，s，H－2，6），3.82（6H，s，3，5－OCH_3）。^{13}C NMR（DMSO－d_6，100MHz）δ：190.8（CO），128.7（C－1），107.3（C－2），148.0（C－3），131.2（C－4），148.5（C－5），107.1（C－6），55.8（3，5－OCH_3）。

咖啡酸(caffeic acid,10)　白色针晶（乙醇）。ESI－MS m/z：179[M－H]$^-$。^{1}H NMR（400MHz，DMSO－d_6）δ：7.52（1H，d，J＝16.0Hz，H－7），7.16（1H，d，J＝1.8Hz，H－2），7.05（1H，dd，J＝8.2、1.8Hz，H－6），6.87（1H，d，J＝8.2Hz，H－5），6.25（1H，d，J＝16.0Hz，H－8）。^{13}C NMR

(100MHz,DMSO－d_6)δ:126.6(C－1),114.0(C－2),145.1(C－3),147.2(C－4),115.2(C－5),121.5(C－6),144.2(C－7),114.4(C－8),166.8(C－9)。

山柰酚(kaempferol,11)　黄色针晶(乙醇),mp 269～271℃,HCl－Mg 反应阳性。UV(CH_3OH):264、367nm。ESI－MS m/z:285[M－H]$^-$。^{1}H NMR(400MHz,DMSO－d_6)δ:12.49(1H,s,5－OH),10.79(1H,s,7－OH),10.11(1H,s,4′－OH),9.41(1H,s,3－OH),8.05(2H,d,J＝9.0Hz,H－2′,6′),6.93(2H,d,J＝9.0Hz,H－3′,5′),6.44(1H,d,J＝2.0Hz,H－8),6.19(1H,d,J＝2.0Hz,H－6)。^{13}C NMR(100MHz,DMSO－d_6)δ:147.3(C－2),136.1(C－3),176.4(CO),156.6(C－5),98.7(C－6),164.4(C－7),93.9(C－8),161.2(C－9),103.5(C－10),122.1(C－1′),130.0(C－2′,6′),115.9(C－3′,5′),159.7(C－4′)。

Phellinene acid A(12)　无色油状物。$[\alpha]_D^{20}$－13.8(c 0.29,MeOH),IR(KBr):3 452、1 598cm^{-1}。根据^{1}H 和^{13}C NMR 的数据及 HR-ESI-Q-TOF-MS m/z:277.175 9[M＋Na]$^+$ 推导出该化合物的分子式为 $C_{15}H_{26}O_3Na$。

Phellinene acid B (13)　无色油状物。$[\alpha]_D^{20}$－8.9(c 0.23,MeOH),IR(KBr):3 451cm^{-1}。根据^{1}H 和^{13}C NMR 的数据及 HR-ESI-Q-TOF-MS(m/z:277.184 1[M＋Na]$^+$ 推导出该化合物的分子式为 $C_{15}H_{26}O_3Na$[11]。

四、瓦尼纤孔菌香豆素类化合物的提取分离、理化常数与波谱数据

提取方法　将 4.0kg 瓦尼纤孔菌子实体 95%乙醇提取物,先用石油醚萃取纯化,再用硅胶柱分离乙酸乙酯部位,以石油醚-乙酸乙酯混合溶剂系统梯度洗脱(100∶2～0∶100),收集流出液,用 TLC 检测合并相似流份,反复纯化、结晶和重结晶,流份 6(石油醚∶乙酸乙酯＝100∶15)中得到化合物(14)9mg 和(15)22mg(图 73－4)。

coumarin　　scopoletin

图 73－4　瓦尼纤孔菌中香豆素类成分的化学结构

香豆素(coumarin,14)　白色针晶(乙醇),mp 65～66℃。ESI－MS m/z:147[M＋H]$^+$。^{1}H NMR($CDCl_3$,400MHz)δ:7.68(1H,d,J＝9.6Hz,H－4),7.56(1H,ddd,J＝7.4、8.4、1.6Hz,H－7),7.45(1H,d,J＝7.6、1.6Hz,H－5),7.30(1H,d,J＝8.4、1.5Hz,H－8),7.22(1H,ddd,J＝8.4、7.4、1.6Hz,H－6),6.38(1H,d,J＝9.6Hz,H－3)。^{13}C NMR($CDCl_3$,100MHz)δ:160.6(C－2),116.3(C－3),143.3(C－4),128.0(C－5),124.2(C－6),131.7(C－7),117.0(C－8),154.1(C－9),119.0(C－10)。

东莨菪素(scopoletin,15)　白色针晶(甲醇)。ESI－MS m/z:193[M＋H]$^+$。^{1}H NMR(DMSO－d_6,400MHz)δ:7.84(1H,d,J＝9.6Hz,H－4),7.10(1H,s,H－5),6.80(1H,s,H－8),6.18(1H,d,J＝9.6Hz,H－3),3.91(3H,s,6－OCH_3)。^{13}C NMR(DMSO－d_6,100MHz)δ:161.1(C－2),151.7(C－9),150.0(C－7),145.7(C－6),144.9(C－4),121.1(C－10),111.0(C－5),110.1(C－3),103.2(C－8),56.5(－OCH_3)。

五、瓦尼纤孔菌倍半萜的提取分离、理化常数与波谱数据

提取方法 瓦尼纤孔菌有机粗提物(8g,褐色浸膏),用适量甲醇充分溶解,经反相硅胶(170g)柱色谱,甲醇∶水梯度(水,10∶90,30∶70,50∶50,70∶30,甲醇,丙酮)分别洗脱 4 个主要组分。Fr. 1(152mg)用适量甲醇充分溶解,经凝胶(40g)柱色谱,甲醇洗脱,最后经正相硅胶柱色谱,氯仿-甲醇梯度(60∶1～40∶1)洗脱,TLC 检测得到化合物腺苷(2mg)。

Fr. 2(516mg)用适量甲醇充分溶解,经凝胶柱层析,甲醇洗脱,接着经反相硅胶柱色谱,65%甲醇洗脱得到主要组分,经正相硅胶柱色谱,氯仿洗脱,再经反相硅胶柱色谱从 45%甲醇洗脱,得到化合物(16)3mg 和组分 Fr. 2. 1(10mg)。组分 Fr. 2. 1 经正相硅胶柱色谱,石油醚-丙酮(20∶1)洗脱,TLC 检测得到化合物(17)4mg。

Fr. 3(179mg)用适量甲醇充分溶解,经凝胶(40g)柱色谱,甲醇洗脱,流速为 10～15 滴/秒,接着经反相硅胶柱色谱,60%甲醇洗脱,得到主要组分 76mg,再经反相硅胶柱色谱,得到主要组分 42mg,再经凝胶柱层析,甲醇洗脱,得主要组分 19mg,再经正相硅胶柱色谱,石油醚∶乙酸乙酯(20∶1)洗脱,TLC 检测得到两份主要组分 Fr. 3. 1(7mg)和 Fr. 3. 2(4mg)。Fr. 3. 1(7mg)经正相硅胶柱色谱,石油醚∶丙酮(23∶1)洗脱,TLC 检测得到主要组分后,再经凝胶柱色谱,丙酮洗脱,得到化合物(18)3mg。Fr. 3. 2(4mg)经凝胶柱色谱,丙酮洗脱,得到化合物(19)2mg。

Fr. 4(147mg)用适量甲醇充分溶解,经凝胶柱色谱,甲醇洗脱,流速为 10～15 滴/秒,接着经反相硅胶柱色谱,甲醇∶水(60∶40,70∶30)梯度分别洗脱 500ml,70%甲醇洗脱得到主要组分 15mg,再经凝胶柱层析,甲醇洗脱得到主要组分 10mg,经正相硅胶柱色谱,氯仿洗脱,得到化合物(20)8mg。

COOH
HO
5-(4-hydroxy-2,2-dimethyl-6-methylene-cyclohexyl)-3-methyl-penta-2,4-dienoic acid

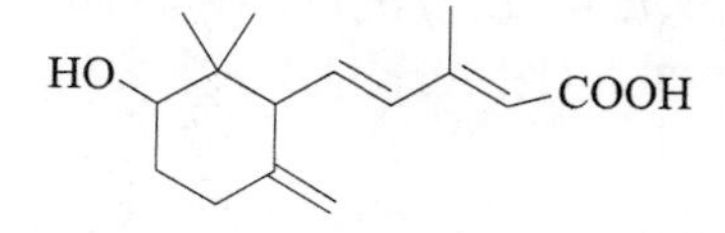

5-(3-hydroxy-2,2-dimethyl-6-methylene-cyclohexyl)-3-methyl-penta-2,4-dienoic acid

HO
COOH
5-(3-hydroxy-2,2-dimethyl-6-methylene-cyclohexyl)-3-methyl-pentanoic acid

COOH
HO
5-(4-hydroxy-2,2-dimethyl-6-methylene-cyclohexyl)-3-methyl-pentanoic acid

COOH
5-(2,2-dimethyl-6-methylene-cyclohexyl)-3-methyl-penta-2,4-dienoic acid

图 73-5 瓦尼纤孔菌中倍半萜的化学结构

5-(4-羟基-2,2-二甲基-6-亚甲基环己基)-3-甲基-戊-2,4-二烯酸(5-(4-hydroxy-2,2-dimethyl-6-methylene-cyclohexyl)-3-methyl-penta-2,4-dienoic acid,16)[10] 无色油状物,溶于丙酮与甲醇。根据 ESI-MS(m/z:250.9[M+H]$^+$)和 NMR 波谱数据,推导出该化合物的分子式为 $C_{15}H_{22}O_3$。^{13}C NMR 和 DEPT 数据显示,其结构中有 15 个碳,3 个甲基,3 个亚甲基(1 个为端烯碳),5 个次甲基(其中 3 个为烯碳,1 个连氧)、4 个季碳(两个烯碳,1 个羧基碳,1 个饱和碳)。NMR 波谱数据分析表明,该化合物为已知化合物。

5-(3-羟基-2,2-二甲基-6-亚甲基环己基)-3-甲基-戊-2,4-二烯酸(5-(3-hydroxy-2,2-dimethyl-6-methylene-cyclohexyl)-3-methyl-penta-2,4-dienoic acid,17)[10] 无色油状物,溶

于丙酮与甲醇。根据 ESI－MS(m/z:273.2[M+Na]$^+$)和 NMR 波谱数据，推导出该化合物的分子式为 $C_{15}H_{22}O_3$。^{13}C NMR 和 DEPT 数据显示，其结构中有 15 个碳，3 个甲基，3 个亚甲基(1 个为端烯碳)，5 个次甲基(其中 3 个为烯碳，1 个连氧)、4 个季碳(两个烯碳，1 个羧基碳，1 个饱和碳)。NMR 波谱数据分析表明，该化合物为已知化合物。

5－(3－羟基－2,2－二甲基－6－亚甲基环己基)－3－甲基－戊酸(5－(3－Hydroxy－2,2－dimethyl－6－methylene－cyclohexyl)－3－methyl－pentanoic acid,18)[10]　无色油状物，溶于丙酮与甲醇，$[\alpha]^{20}_{D}$－13.8(c 0.29,MeOH),UV(MeOH):232nm。根据 HR-ESI-Q-TOF MS m/z:277.2104[M+Na]$^+$和 ESI－MS m/z:277.4[M+Na]$^+$以及 NMR 波谱数据，推导出该化合物的分子式为 $C_{15}H_{26}O_3$。红外光谱表明，有羟基(3 452cm^{-1})和 C－C 双键(1 598cm^{-1})官能团。^{13}C NMR 和 DEPT 数据显示，其结构中有 15 个碳，3 个甲基，5 个亚甲基，3 个次甲基(其中 1 个连氧)，4 个季碳(两个烯碳，1 个羧基碳，1 个饱和碳)。根据 H－C(2)、H－C(3)与 H－C(6)，H－C(3)与 H－C(4)和 H－C(5)的^{1}H－^{1}H－COSY 关系，确定 C(2)、C(3)、C(4)、C(5)和 C(6)的连接，再根据 H－C(2)与 C(1)和 H－C(3)与C(1)HMBC 远程相关，形成了 C(1)～C(6)的结构片段。再根据 Me－8′与 C(9′)、C(2′)、C(1′)和 C(3′),Me－9′与 C(8′)、C(2′)、C(1′)和 C(3′)及 C(7′)位端烯质子与 C(5′)、C(1′)和 C(6′)的 HMBC 远程相关，以及 H－C(3,)与 H－C(4,)和 H－C(4,)与 H－C(5)的^{1}H－COSY 关系与 H－C(1′)、C(5)和 C(4)的 HMBC 远程相关，可以将两个结构片段连接成化合物的基本结构，经数据库与文献检索表明该化合物是一种新化合物，是脱落酸类型的酸性倍半萜。

5－(4－羟基－2,2－二甲基－6－亚甲基环己基)－3－甲基－戊酸(5－(4－Hydroxy－2,2－dimethyl－6－methylene－cyclohexyl)－3－methyl－pentanoic acid,19)[10]　无色油状物，溶于丙酮与甲醇，$[\alpha]^{20}_{D}$－8.9(c 0.23,MeOH),UV(MeOH):229nm。根据 HR-ESI-Q-TOF MS(m/z:277.2104[M+Na]$^+$)和 ESI－MS m/z:277.1[M+Na]$^+$以及 NMR 波谱数据，推导出该化合物的分子式为 $C_{15}H_{26}O_3$。红外光谱表明，有羟基(3 451cm^{-1})官能团。^{13}C NMR 和 DEPT 数据显示，其结构中有 15 个碳，3 个甲基，5 个亚甲基，3 个次甲基(其中 1 个连氧)，4 个季碳(两个烯碳，1 个羧基碳，1 个饱和碳)。比较分析化合物(19)与化合物(18)的 NMR 波谱数据，表明化合物(19)与化合物(18)的结构类似，不同之处是化合物(19)C(3′)位的亚甲基取代了化合物(18)C(3′)位的连氧次甲基，而化合物(19)C(4′)位的连氧次甲基取代了化合物(18)C(4′)位的亚甲基。据此确定，化合物(19)的基本结构经数据库与文献检索表明，该化合物为新化合物，也是脱落酸类型的酸性倍半萜。

5－(2,2－二甲基－6－亚甲基环己基)－3－甲基－戊－2,4－二烯酸(5－(2,2－Dimethyl－6－methylene－cyclohexyl)－3－methyl－penta－2,4－dienoic acid,20)[10]　无色油状物，溶于丙酮与氯仿。根据 HR-ESI-Q-TOF-MS m/z:235.2066[M+H]$^+$ 257.1936[M+Na]$^+$,ESI－MS m/z:257.2[M+Na]$^+$和 NMR 波谱数据，得出该化合物的分子式为 $C_{15}H_{22}O_2$。^{13}C NMR 和 DEPT 数据显示，其结构中有 15 个碳，3 个甲基，4 个亚甲基(1 个为端烯碳)，4 个次甲基(其中 3 个烯碳)，4 个季碳(两个烯碳，1 个羧基碳，1 个饱和碳)。NMR 波谱数据分析表明，该化合物为已知化合物。

第三节　瓦尼纤孔菌生物活性的研究

经现代药理活性研究表明，瓦尼纤孔菌具有非常显著提高免疫力、抗肿瘤、抗氧化等活性功能，主要活性物质为黄酮类、多酚以及一些小分子化合物。

瓦尼纤孔菌子实体石油醚、氯仿和丙酮提取物对肿瘤均具有一定的抑制作用，并且能够有效地调节荷瘤小鼠的免疫功能和显著延长小鼠的生存率，其化合物 4－(3,4－二轻苯基)－3－丁烯－2－酮和 hispolon 对人肝癌细胞 SMMC－7721 和人乳腺癌细胞 MCF－7 均有良好的抑制作用[12]。於学良[8]从瓦尼纤孔菌中提取的香豆类化合物具有显著的抗肿瘤活性，并对肿瘤细胞代谢和信号转导通路具有一定影响。王超儀[13]对6种“桑黄”石油醚提取物进行了抗肿瘤体内试验，发现瓦尼纤孔菌提取物可增加各种免疫器官指数，从而提高H22荷瘤小鼠的机体免疫力，调动机体自身免疫系统对抗和杀死肿瘤细胞。除此之外，瓦尼纤孔菌还对直肠癌细胞的增殖有明显的抑制作用[14]。

在抗氧化活性方面，杨建[15]对5种野生多孔菌提取物的抗氧化活性进行了研究，发现瓦尼纤孔菌抗氧化能力明显高于其他4种菌株。程鑫颖[9]对瓦尼纤孔菌中多酚和黄酮类成分进行了分离，并对其提取物清除自由基活性进行了研究，研究表明，瓦尼纤孔菌的抗氧化活性物质主要是黄酮类，其中化合物4-(3,4-二羟苯基)-3-丁烯-2-酮和hispolon当浓度达到100μg/ml时，对DPPH和O^{2-}的清除率都超过了90%。

第四节 展 望

目前，人们对瓦尼纤孔菌子实体与菌丝体中甾体、黄酮、酚、有机酸及倍半萜等化合物结构已有一定的了解与研究，但对瓦尼纤孔菌多糖的理化性质、结构特征与生物活性方面，还具有很大的研究开发空间[16]。瓦尼纤孔菌具有显著的抗肿瘤、抗氧化、提高免疫力的活性，是一种潜在的抗氧化天然药物，在抗癌药物的研发中将会有很大的发展前景。

参考文献

[1] 戴玉成，崔宝凯. 药用真菌桑黄种类研究[J]. 北京林业大学学报，2015，(5). 11.
[2] 戴玉成. 一种新的药用真菌——瓦尼木层孔菌(杨黄)[J]. 中国食用菌，2003，22(5)：7—8.
[3] 黄年来，林志斌，陈国良. 中国食药用菌学[M]. 上海：上海科学技术文献出版社，2010.
[4] Dai YC. Hymenochaetaceae (Basidiomycota) in China[J]. Fungal Diversity, 2010, 45:131—343.
[5] 江苏新医学院. 中药大词典[M]. 上海：上海科学技术出版社，1995.
[6] 巴媛媛，王莹，朴美子. 苯酚-硫酸法测定瓦尼木层孔菌菌丝体多糖含量的条件优化[J]. 食品工业科技，2011，32(5)：389—391.

[7] 巴媛媛，朴美子，孟菡妍. 瓦尼木层孔菌菌丝体多糖提取工艺的研究[J]. 食品研究与开发，2012，33(1)：62—65.
[8] 於学良，卢艺，杜盼，等. 瓦尼木层孔菌子实体中小分子化学成分的分离与鉴定[J]. 食用菌学报，2014，21(2)：90—94.
[9] 程鑫颖，包海鹰，丁燕. 瓦尼木层孔菌中多酚和黄酮类成分分离及清除自由基活性的研究[J]. 菌物学报，2011，30(2)：281—287.
[10] 郑永标. 5种食药用大型真菌天然产物的研究[D]. 厦门大学，2008.
[11] Zheng YB, Lu CH, Shen YM. New abscisic acid-related metabolites from Phellinus vaninii [J]. J Asian Nat Prod Res, 2012, 14(7):613—617.
[12] 程鑫颖，包海鹰，丁燕，等. 瓦尼木层孔菌中5个化合物的抗肿瘤活性筛选[J]. 菌物研究，2011，9(3)：176—179.
[13] 王超儀，包海鹰. 6种“桑黄”石油醚提取物的体内抗肿瘤活性[J]. 菌物研究，2013，11(3)：196—201.
[14] Hu W, Liu S, Zhang YX, et al. Mycelial fermentation characteristics and antiproliferative activity of Phellinus vaninii Ljup[J]. Pharmacogn Mag, 2014, 10(40):430—434.
[15] 杨建，袁海生，曹云. 5种野生多孔菌提取物的抗氧化活性[J]. 食品科学，2011，32(13)：40—44.

[16] Kim GY, Choi GS, Lee SH, et al. Acidic polysaccharide isolated from *Phellinus linteus* enhances through the up-regulation of nitric oxide and tumor necrosis factor-alpha from peritoneal macrophages[J]. J Ethnopharmacol, 2004, 95:69—76.

（杨　焱、曲德辉）

第七十四章 滑子菇

HUA ZI GU

第一节 概述

滑子菇(*Pholiota nameko*)又名珍珠菇、滑菇、光帽鳞伞等,日本称纳美菇,属担子菌门,伞菌纲,伞菌亚纲,伞菌目,球盖菇科,鳞伞菌属真菌[1]。滑子菇属于珍稀品种,属低温结实型菇类[2],菌丝体生长温度在4~32℃,子实体生长温度在5~20℃。滑子菇原产于日本,自19世纪70年代中叶引种进入我国,始栽于辽宁省南部地区,现主产区在河北北部、辽宁、黑龙江等地区[3]。因滑子菇的表面附有一层黏液,食用时滑润可口而得名,这种黏液对保持人体的精力和脑力大有益处,并且还有抑制肿瘤的作用[3]。滑子菇干品中的水分、灰分、粗脂肪、粗纤维、总糖、粗蛋白含量分别为:12.3%、6.4%、3.2%、5.1%、25.0%和57.1%,还富含各类矿物质元素和氨基酸,是一种低热量、低脂肪的保健食品[4]。滑子菇以其味道鲜美,营养价值高、对癌细胞有较强抑制作用等特点而成为当今世界第五大食用菌品种,也是联合国粮农组织(FAO)向发展中国家推荐栽培的食用菌品种之一[3]。

第二节 滑子菇化学成分的研究

一、滑子菇的化学成分与提取分离

滑子菇中的化学成分主要以多糖、蛋白和甾体类化学成分为主。

据有关文献报道,滑子菇菌丝体多糖提取方法[5]:将粉碎的滑子菇菌丝体用90℃蒸馏水(pH=8)提取3次,每次2h,然后在5 000r/min离心10min。上清液浓缩后与3倍体积的95%乙醇混合,放在4℃下静置24h沉淀收集,用5 000r/min离心10min,在55℃干燥后,用Sevage法除去多糖中的蛋白,纯化后的多糖经冷冻干燥,制成滑子菇多糖。

滑子菇子实体中的蛋白提取方法[6]:将滑子菇子实体放在4℃蒸馏水中浸泡12h(1∶10,W/V),然后用5 000r/min离心10min,加入$(NH_4)_2SO_4$达到75%饱和度,在4℃下搅拌12h,之后用1.2万r/min离心20min。将沉淀物溶解于双蒸水中,透析除去$(NH_4)_2SO_4$,制成粗蛋白。

(一) 多糖类成分

滑子菇菌丝体和子实体中的主要多糖组成不同。

滑子菇菌丝体中的主要多糖,相对分子质量为3.64×10^4Da,组成主要是葡萄糖[3]。

滑子菇子实体中的主要多糖,相对分子质量为1.14×10^5Da,组成是阿拉伯糖∶半乳糖∶葡萄糖∶木糖∶甘露糖=29.6∶13.6∶8.4∶6.2∶1(摩尔比)[3]。

(二) 甾体类成分

滑子菇子实体中甾体类成分提取方法[7]:将滑子菇新鲜子实体用甲醇在室温下提取3次(1个月)。甲醇提取物用乙醚萃取,乙醚萃取物用硅胶色谱分离(正己烷-乙酸乙酯梯度洗脱7∶3~1∶7),

洗脱组分 11 用 HPLC 制备（TSKODS－80T，7.8mm×30cm，柱温 40℃，流速 1.0ml/min，流动相：甲醇-水）得到滑子菇甾体类化合物（1）～（5），洗脱组分 4 用 HPLC 制备（TSKODS－120T，7.8mm×30cm，柱温 40℃，流速 1.0ml/min，流动相：甲醇-水）得到滑子菇甾体类化合物（6）～（10）。

从滑子菇子实体中得到 10 个甾体类化合物[7]，分别为：3*β*，5*α*，9*α*－trihydroxy－（24*S*）－ergosta－7－en－6－one（1），3*β*，5*α*，9*α*，14*α*－tetrahydroxy－（22*E*，24*R*）－ergosta－7，22－dien－6－one（2），（22*E*，24*R*）－ergosta－7，22－diene－3*β*，5*α*，6*α*，9*α*－tetrol（3），3*β*，5*α*，9*α*－trihydroxy－（22*E*，24*R*）－ergosta－7，22－dien－6－one（4），（24*S*）－ergost－7－ene－3*β*，5*α*，6*β*－triol（5），（22*E*，24*R*）－ergosta－5，7，9（11），22－tetraen－3*β*－ol（6），（24*S*）－ergosta－5，7－dien－3*β*－ol（7），（22*E*，24*R*）－ergosta－5，8，22－trien－3*β*－ol（8），（22*E*，24*R*）－ergosta－7，22－dien－3*β*－ol（9），（24*S*）－ergost－7－en－3*β*－ol（10），其中化合物（1）～（3）为新化合物（图 74－1）。

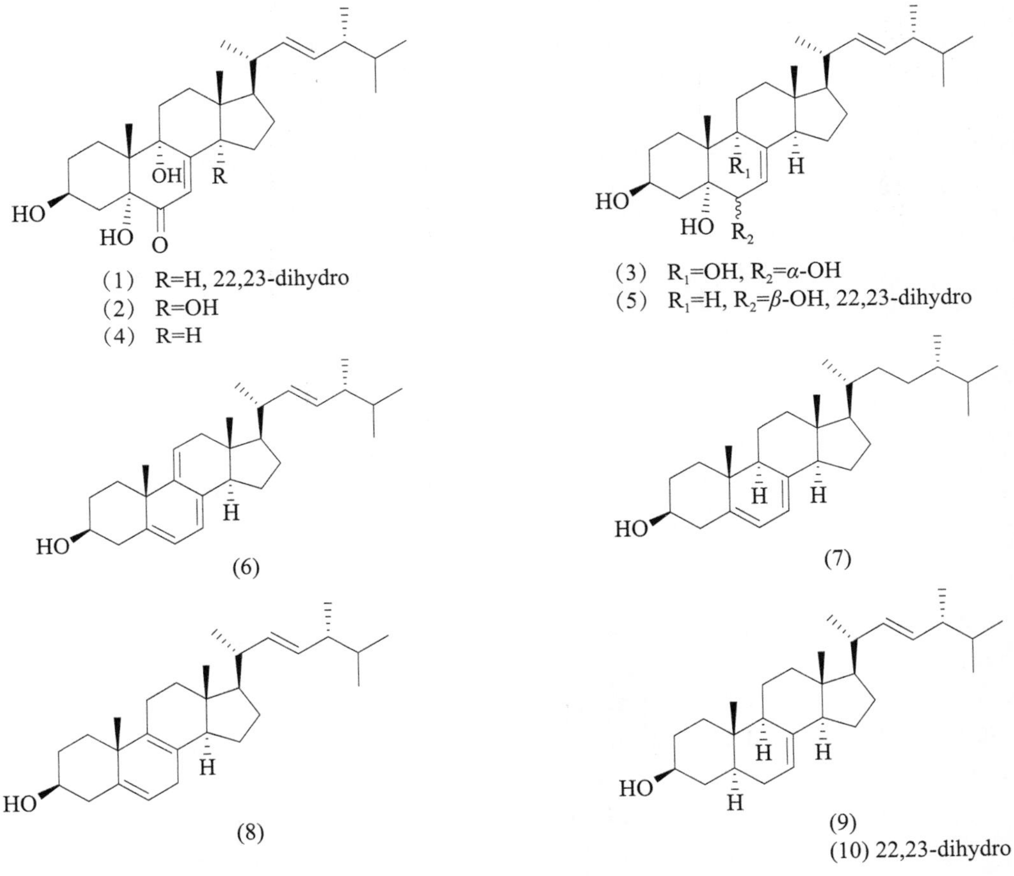

(1) R=H, 22,23-dihydro
(2) R=OH
(4) R=H

(3) R_1=OH, R_2=α-OH
(5) R_1=H, R_2=β-OH, 22,23-dihydro

(6)

(7)

(8)

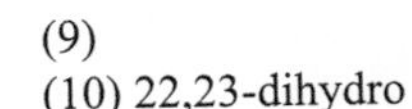
(9)
(10) 22,23-dihydro

图 74－1　滑子菇子实体中甾体类化合物的结构

二、滑子菇子实体中化学成分的理化常数与光谱数据

新甾体化合物（1）～（3）的理化常数与光谱数据[7]（表 74－1）：

3*β*，5*α*，9*α*－trihydroxy－（24*S*）－ergosta－7－en－6－one（1）　$[\alpha]_D^{28}$－21.5（*c* 0.09，$CHCl_3$）。IR（KBr）：3 600、3 427、1 675、1 625cm^{-1}。HR-EI-MS *m/z*：428.328 8［$M^+－H_2O$］。

3*β*，5*α*，9*α*，14*α*－tetrahydroxy－（22*E*，24*R*）－ergosta－7，22－dien－6－one（2）　$[\alpha]_D^{28}$－22.7（*c* 0.04，$CHCl_3$）。IR（KBr）：3 354、1 687cm^{-1}。EI-MS *m/z*：442.309 5［$M^+－H_2O$］。

（22*E*，24*R*）－ergosta－7，22－diene－3*β*，5*α*，6*α*，9*α*－tetrol（3）　$[\alpha]_D^{28}$－28.8（*c* 0.1，$CHCl_3$）。IR

(KBr)：3 608、3 443cm^{-1}。EI-MS m/z：428.326 0[$M^+ - H_2O$]。

表 74-1　新化合物(1)～(3)的^1H(600MHz)和^{13}C(150MHz)的数据

No.	(1)[a]		(2)[a]		(3)[b]	
	^1H	^{13}C	^1H	^{13}C	^1H	^{13}C
1	α2.84m	26.5	α 2.70ddd (14.0,14.0,3.8)	25.7	α2.25ddd (13.6,13.6,4.0)	26.5
2		31.5		31.3	α1.95br d (12.1)	30.3
3	4.65m	66.8	4.61m	66.6	4.03m	67.3
4	α2.84m β2.84dd (13.9,11.4)	38.2	α2.82dd (12.0,5.3)	37.8		40.2
5		79.8		79.6		77.1
6		199.2		199.3	3.96br s	70.3
7	5.93d(1.8)	120.3	6.25s	122.1	5.06dd (1.8,1.8)	120.3
8		164.2		158.9		142.6
9		75.0		77.2		74.5
10		42.2		42.8		41.0
11		29.0		31.0		28.0
12		35.5		28.5		35.1
13		45.5		47.3		43.8
14	2.97m	51.9		86.2	2.48m	50.5
15		22.8		27.4		22.8
16		28.0		28.0		28.1
17		56.3		50.5		55.8
18	0.61s	12.2	0.73s	16.6	0.58s	11.7
19	1.15s	20.4	1.13s	20.2	1.05s	20.3
20		36.7	2.13m	40.4	2.02m	40.4
21	0.94d(5.9)	19.2	1.09d(6.6)	21.5	1.02d(6.6)	21.1
22		33.8	5.26dd (15.4,8.1)	135.2	5.17dd (15.4,8.1)	135.4
23		31.0	5.31dd (15.4,7.3)	132.4	5.22dd (15.4,7.7)	132.2
24		39.3		43.1		42.8
25		31.7		33.3		33.1
26	0.81d(6.6)	17.7	0.85d(7.0)	19.9	0.82d(7.0)	19.6
27	0.87d(6.6)	20.7	0.86d(6.6)	20.2	0.84d(6.6)	20.0
28	0.80d(6.2)	15.6	0.94d(7.0)	17.8	0.92d(7.0)	17.6
29						
3-OH	6.33d(4.8)		6.36d(4.8)			
5-OH	8.62s		8.45s		3.62s	
9-OH	6.30s		6.81s		3.49s	

Coupling constants (J in Hz) are given in parentheses，a ：measurement in C_5D_5N，b：measurement in $CDCl_3$。

第三节 滑子菇的生物活性

一、免疫调节活性

从滑子菇中分离得到的多糖PNPS－1，可促进树枝状细胞（来源于骨髓）产生更多的细胞因子IL－10和较少的IL－12和TNF－α，从而可抑制该细胞表型成熟，有显著的负性免疫调节作用[8]，见表74－2。

表74－2 滑子菇多糖PNPS－1对于树枝状细胞中IL－12、IL－10和TNF－α的mRNA表达作用

groups	PNPS－1(μg/ml)	mRNA expression level (%)[a]
IL－12	20	46.3±5.6***
IL－10	20	197.3±18.8***
TNF－α	20	61.2±4.3***

*** $P<0.001$；

[a]Data are expressed as mean ± SD：n=3. Comparison before and after PNPS－1 treatment were considered significant at $P<0.05$，highly significant at $P<0.01$，and extremely significant at $P<0.001$。

二、降血脂作用

滑子菇菌丝体多糖(MZPS)可降低高脂饮食昆明种雄性小鼠的血脂水平，包括TC、TG、HDL－C，LDL－C和VLDL－C等，见表74－3；可改善肝脏脂质水平(TC、TG)，见表74－4；并可明显升高血清中抗氧化酶SOD和T－AOC的水平，减少MDA和LPO的积累[5]，见表74－5。

表74－3 滑子菇多糖MZPS对高脂小鼠血清脂质水平的作用

groups 每天(d)	血清脂质水平(mmol/L)				
	TC	TG	HDL－C	LDL－C	VLDL－C
200mg/kg	2.47±0.17[a]	0.82±0.06[b]	1.73±0.09	0.74±0.04[b]	0.48±0.04
400mg/kg	2.29±0.10[b]	0.71±0.04[b]	1.77±0.10	0.72±0.04[b]	0.32±0.02[b]
800mg/kg	2.28±0.11[b]	0.75±0.05[b]	1.83±0.09[a]	0.76±0.03[b]	0.38±0.02[a]

The data represents the mean± SD, n =10 for each group;

[a] $P<0.05$compared with model control group;

[b] $P<0.01$compared with model control group。

表74－4 滑子菇多糖MZPS对高脂小鼠肝脏脂质水平的作用

groups 每天(d)	肝脏脂质水平(mmol/mg)	
	TC	TG
200mg/kg	6.64±0.36[b]	15.57±0.85[a]
400mg/kg	4.43±0.32[b]	10.24±0.55[b]
800mg/kg	5.08±0.28[b]	7.86±0.47[b]

The data represents the mean± SD, n =10 for each group;

[a] $P<0.05$compared with model control group;

[b] $P<0.01$compared with model control group。

表 74-5 滑子菇多糖 MZPS 对高脂小鼠血清 SOD、T-AOC、MDA、LPO 水平的作用

Groups 每天(d)	血清			
	SOD(U/ml)	T-AOC(U/ml)	MDA(nmol/ml)	LPO(nmol/ml)
200mg/kg	93.26±4.66[a]	11.15±0.54[a]	4.42±0.32	30.97±1.57[a]
400mg/kg	97.47±3.87[a]	19.10±0.86[b]	2.14±0.10[b]	16.78±0.82[b]
800mg/kg	139.40±8.72[b]	20.24±1.35[b]	1.50±0.15[b]	13.65±0.74[b]

The data represents the mean± SD, n =10 for each group;

[a]*P*<0.05compared with model control group;

[b]*P*<0.01compared with model control group。

三、延缓衰老作用

滑子菇菌丝体 SW-03 可以产生锌富集的多糖，该多糖可提高 D-半乳糖诱导衰老小鼠的延缓衰老能力，其机制可能为提高小鼠的抗氧化能力，如提高衰老小鼠肝脏、肾脏、心脏、血清中的 superoxide dismutase (SOD)和 total antioxidant capability (T-AOC) 浓度，见表 74-6；降低 malondialdehyde (MDA)和 lipid peroxide (LPO)水平，见表 74-7。滑子菇多糖的抗氧化作用可能与锌的抗氧化性质有关[9]。

表 74-6 滑子菇多糖 MZPS 对衰老小鼠 SOD 和 T-AOC 水平的作用

groups	Ⅰ	Ⅱ	Ⅲ	Ⅳ	Ⅴ
Liver					
SOD(U/mg)	18.87±0.85c	11.90±0.62a	13.59±0.75b	14.62±0.62b	18.97±0.81c
T-AOC(U/mg)	0.41±0.04c	0.32±0.03a	0.36±0.03b	0.39±0.03b	0.44±0.04c
Kidney					
SOD(U/mg)	22.83±1.21d	10.61±0.38a	13.89±0.71b	18.17±0.74c	23.28±1.62d
T-AOC(U/mg)	0.74±0.04b	0.53±0.03a	0.70±0.04b	0.79±0.03c	0.81±0.04c
Heart					
SOD(U/mg)	19.21±0.93c	12.76±0.51a	14.95±0.71c	18.46±0.85c	20.62±1.01c
T-AOC(U/mg)	0.17±0.02d	0.05±0.01a	0.07±0.01c	0.15±0.01c	0.16±0.01c
Serum					
SOD(U/mg)	126.25±5.13b	89.56±4.35a	92.56±4.57a	122.87±5.78b	130.36±5.81b
T-AOC(U/mg)	23.91±1.21c	10.62±0.43a	12.46±0.59a	13.35±0.76b	25.74±1.27d

Data represent mean±SD (n=10 for each group)。Means with the same letter in a row are statistically not significantly different at *P*<0.05 level。Groups: Ⅰ, normal control group; Ⅱ, D-gal model control group; Ⅲ, Ⅳ and Ⅴ, MZPS groups (60, 120 and 240mg/kg/day respectively)。

表 74-7 滑子菇多糖 MZPS 对衰老小鼠 MDA 和 LPO 水平的作用

groups	Ⅰ	Ⅱ	Ⅲ	Ⅳ	Ⅴ
Liver					
MDA(U/mg)	1.05±0.03e	2.40±0.13a	2.21±0.09a	1.62±0.07c	1.45±0.05d
LPO(U/mg)	37.25±1.32c	50.18±2.12a	42.57±2.58b	35.46±1.37c	31.84±1.29d

（续表）

groups	Ⅰ	Ⅱ	Ⅲ	Ⅳ	Ⅴ
Kidney					
MDA(U/mg)	3.50±0.12c	6.42±0.26a	4.32±0.20b	2.46±0.11d	2.38±0.15d
LPO(U/mg)	62.13±3.02c	100.75±4.96a	75.65±4.58b	52.68±2.36d	51.73±3.18d
Heart					
MDA(U/mg)	3.43±0.19b	4.89±0.29a	3.76±0.16b	3.28±0.18c	2.99±0.15c
LPO(U/mg)	59.83±2.19c	86.08±4.15a	72.93±2.98b	63.71±3.25c	59.16±3.04c
Serum					
MDA(U/mg)	3.67±0.24c	5.78±0.29a	4.48±0.23b	2.46±0.12d	2.63±0.16d
LPO(U/mg)	16.83±0.84c	25.67±1.32a	22.57±1.05b	11.58±0.72e	12.01±0.53e

Data represent mean±SD(n=10 for each group)。Means with the same letter in a row are statistically not significantly different at $P<0.05$level。Groups：Ⅰ，normal control group；Ⅱ，D－gal model control group；Ⅲ，Ⅳ and Ⅴ，MZPS groups（60，120 and 240mg/kg/day respectively）。

四、抗肿瘤作用

经研究发现，滑子菇蛋白 PNAP 可通过激活 caspase－9 和 caspase－3，诱导人乳腺癌细胞 MCF7 和宫颈癌 Hela 细胞的凋亡[6]。

第四节　展　望

滑子菇作为一种食用、药用兼备的食用菌，具有多种生物活性，对人体健康有关。目前，我国食用菌科技工作者对滑子菇的栽培技术研究较多，对其化学成分和药理活性的研究还有待加强；滑子菇降血脂、免疫调节小分子化合物生物活性等诸多方面，都是食药用菌科技工作者今后的研究新课题。

参考文献

［1］黄年来，林志彬，陈国良. 中国食药用菌学[M]. 上海：上海科学技术文献出版社，2010.

［2］臧玉红，牛桂玲，李丽娟，等. 滑子菇水溶性多糖提取工艺的研究[J]. 食品科技，2006，31(11)：115－118.

［3］向莹，陈健. 滑子菇营养成分分析与评价[J]. 食品科学，2013，34(6)：238－242.

［4］向莹. 滑子菇多糖结构和生物活性的研究[D]. 华南理工大学，2013，1－79.

［5］Zheng L，Zhai G，Zhang J，et al. Antihyperlipidemic and hepatoprotective activities of mycelia zinc polysaccharide from *Pholiota nameko* SW－02[J]. Int J Biol Macromol，2014，70：523－529.

［6］Zhang Y，Liu Z，Ng TB，et al. Purification and characterization of a novel antitumor protein with antioxidant and deoxyribonuclease activity from edible mushroom *Pholiota nameko*[J]. Biochimie，2014，99：28－37.

［7］Yasunori Y，Keiko A，Hiroyuki O，et al. Sterol constituents from five edible mushrooms[J]. Chem Pharm Bull，1998，46(6)：944－950.

[8] Li H, Liu L, Tao Y, et al. Effects of polysaccharides from *Pholiota nameko* on maturation of murine bone marrow-derived dendritic cells[J]. Int J Biol Macromol, 2014, 63:188—197.
[9] Zheng L, Liu M, Zhai GY, et al. Antioxidant and anti-ageing activities of mycelia zinc polysaccharide from *Pholiota nameko* SW—03[J]. J Sci Food Agric, 2015,95(15):3117—3126.

（康　洁）

第七十五章 红汁乳菇

HONG ZHI RU GU

第一节 概 述

红汁乳菇(*Lactarius hatsudake*)属担子菌门,伞菌纲,红菇目,红菇科,乳菇属真菌[1],是一种营养和药用价值极高的野生食用真菌[2]。常在春末夏初和秋末冬初散生于马尾松林地中,属菌根菌,目前还不能进行人工栽培,菌丝体可由摇瓶深层培养所得[2]。红汁乳菇在国内分布广泛,安徽、吉林、辽宁、江苏、福建、广东、广西、云南、四川、贵州、西藏等地区均有分布[3]。红汁乳菇中的粗蛋白、粗脂肪、粗纤维、粗多糖的含量,分别为 29.1、4.0、7.7、7.0mg/100g(干重);必需氨基酸含量为 8 593.7mg/100g,非必需氨基酸含量为 12 584.5mg/100g;必需氨基酸占氨基酸总量的 43.3%,氨基酸总量为 21 178.2mg/100g[4]。红汁乳菇质脆味美,营养丰富,长期食用可增强机体免疫力,具有抗肿瘤、抗突变、降血脂、抗病毒等作用[4]。

第二节 红汁乳菇化学成分的研究

一、红汁乳菇的化学成分与提取分离

红汁乳菇中化学成分主要以二萜、甾体类成分为主。

1. 红汁乳菇中成分的提取与分离

将红汁乳菇子实体用丙酮提取 6 次,之后浓缩液混悬于水,用乙酸乙酯萃取,萃取物先用硅胶分离,用石油醚/乙酸乙酯梯度洗脱,得到的各个部分再用反相柱分离,甲醇/水按一定比例洗脱(4∶1),得到二萜类化合物(1)、(4)、(5)、(6)[5];甲醇/水(7∶3)洗脱,得到化合物(2)和(3)[6]。

将红汁乳菇子实体用氯仿/甲醇(1∶1)室温提取 3 次,浓缩液混悬于水,用氯仿萃取,萃取物用硅胶分离,用石油醚/丙酮层析,得到 12 个部分,2、4 和 9 部分在正己烷或正己烷/丙酮中重结晶,分别得到甾体类化合物(7)、(8)和(10),6 部分用硅胶分离,用石油醚/乙酸乙酯(7∶3)洗脱,得到甾体类成分(9)[8]。

2. 二萜类成分

从红汁乳菇中分离得到 5 个新的薁类二萜化合物(1)~(5),和一个已知化合物(6),分别为 1-[(15*E*)-buten-17-one]-4-methyl-7-isopropylazulene(1)[5],lactariolines A(2)[6],lactariolines B(3)[6],7-(1-hydroxy-1-methylethyl)-4-methylazulene-1-carbaldehyde(4)[7],4-methyl-7-(1-methylethyl)-azulene-1-carboxylic acid(5)[7],4-methyl-7-(1-methylethyl)azulene-1-carbaldehyde(6)[7](图 75-1)。

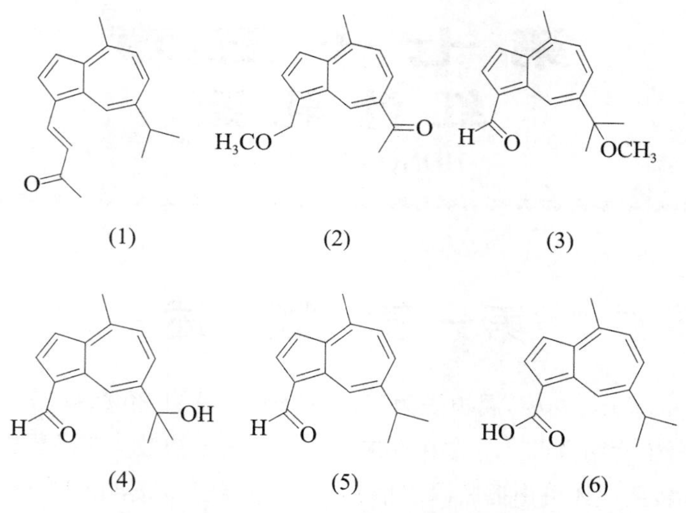

图 75－1　红汁乳菇中薁类二萜化合物的结构

3. 甾体类成分

从红汁乳菇子实体中得到 4 种甾体类化合物，分别为 ergosterol(7)，ergosterol peroxide (8)，5α，8α－epidioxy－(24*S*)－ergosta－6－en－3β－ol(9)，cerevisterol(10)[8]（图 75－2）。

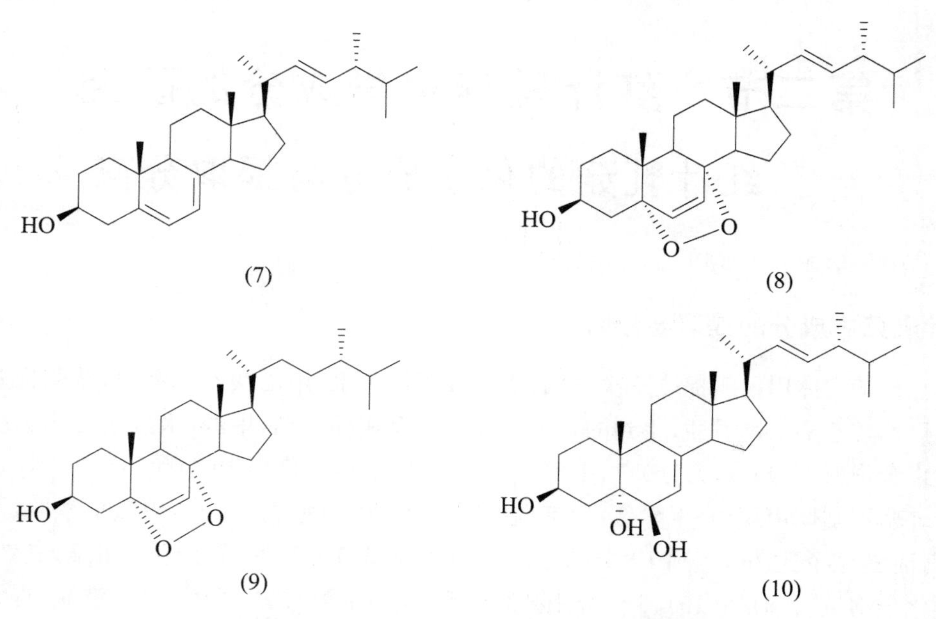

图 75－2　红汁乳菇中甾醇类化合物的结构

二、红汁乳菇化学成分的理化常数与光谱数据

新二萜化合物(1)～(5)的理化常数与光谱数据[5-7]（表 75－1、75－2）：

1－[(15*E*)－buten－17－one]－4－methyl－7－isopropylazulene(1)[5]　IR(KBr)：2 960、1 728、1 653、1 629cm^{-1}。HR-TOF-MS *m/z*：428.328 8[M+H]$^+$。

Lactarioline A (2)[6]　IR(KBr)：3 439、2 925、1 671、1 594cm^{-1}。HR-ESI-MS *m/z*：251.107 6 [M+Na]$^+$。

Lactarioline B (3)[6]　IR(KBr)：3 435、2 977、2 928、1 648cm^{-1}。HR-ESI-MS m/z：243. 137 3 [M+H]$^+$。

7-(1-hydroxy-1-methylethyl)-4-methylazulene-1-carbaldehyde (4)[7]　IR(KBr)：3 444、2 924、2 852、1 727cm^{-1}。HR-TOF-MS m/z：299. 122 8[M+H]$^+$。

4-methyl-7-(1-methylethyl)azulene-1-carboxylic acid (5)[7]　IR (KBr)：3 452、2 925、2 854、1 641cm^{-1}。HR-TOF-MS m/z：251. 104 4[M+Na]$^+$。

表 75-1　新化合物(1)～(5)^{1}H(400MHz)的数据

No	(1)a)	(2)b)	(3)b)	(4)b)	(5)b)
1					
2	8. 26(d,4. 4)	7. 86(d,4. 0)	8. 21(d,4. 0)	8. 16(d,4. 2)	8. 40(d,4. 2)
3	7. 46(d,4. 4)	7. 55(d,4. 0)	7. 34(d,4. 0)	7. 30(d,4. 2)	7. 23(d,4. 2)
4					
5	7. 38(d,10. 8)	7. 21(d,10. 4)	7. 58(d,11. 2)	7. 57(d,10. 8)	7. 42(d,10. 6)
6	7. 73(dd,10. 8,1. 7)	8. 29(dd,10. 4,1. 6)	8. 09(dd,11. 2,2. 0)	8. 19(dd,10. 8,1. 8)	7. 67(dd,10. 6,1. 4)
7					
8	8. 74(d,1. 7)	9. 19(d,1. 6)	9. 91(d,2. 0)	9. 93(d,1. 8)	9. 82(d,1. 4)
9					
10					
11	3. 27(m)				3. 22(m)
12	1. 39(d,6. 9)	2. 77(s)	1. 74(s)	1. 77(s)	1. 39(d,6. 9)
13	1. 39(d,6. 9)		1. 74(s)	1. 77(s)	1. 39(d,6. 9)
14	2. 87(s)	2. 93(s)	2. 98(s)	2. 92(s)	2. 92(s)
15	8. 30(d,15. 7)	5. 01(s)	10. 37(s)	10. 28(s)	
16	6. 80(d,15. 7)				
17					
18	2. 34(s)				
OCH_3		3. 46(s)	3. 17(s)		

Coupling constants (J in Hz) are given in parentheses, a) measurement in CD_3COCD_3, b) measurement in $CDCl_3$。

表 75-2　新化合物(1)～(5)^{13}C(100MHz)的数据

No	(1)	(2)	(3)	(4)	(5)
1	124. 7	135. 0	126. 6	126. 2	115. 7
2	134. 4	137. 2	141. 5	141. 6	140. 1
3	117. 4	119. 0	116. 3	116. 0	114. 2
4	147. 4	150. 9	149. 5	148. 8	146. 8
5	130. 1	125. 7	131. 2	130. 9	130. 1
6	137. 6	136. 6	136. 9	135. 4	136. 7
7	145. 4	129. 5	146. 7	149. 4	147. 7
8	134. 2	133. 9	136. 3	135. 3	137. 9
9	139. 3	132. 9	139. 2	139. 1	140. 7
10	142. 7	138. 5	144. 2	144. 1	143. 0
11	39. 0	199. 1	79. 1	74. 2	38. 7

（续表）

No	(1)	(2)	(3)	(4)	(5)
12	24.6	27.2	28.9	32.5	24.7
13	24.6		28.9	32.5	24.7
14	24.3	24.8	25.0	24.7	24.8
15	135.4	68.3	186.9	186.8	170.5
16	123.7				
17	197.4				
18	27.5				
OCH_3		58.3	51.1		

Coupling constants (*J* in Hz) are given in parentheses, a) measurement in CD_3COCD_3, b) measurement in $CDCl_3$。

第三节　红汁乳菇的生物活性

一、抗菌活性

红汁乳菇子实体用水蒸气蒸馏法提取得到的挥发油，对大肠杆菌、枯草芽孢杆菌、沙门菌、啤酒酵母、青霉等有较强的抗菌作用[3]。红汁乳菇子实体用乙醇提取，然后用石油醚、乙醚、乙酸乙酯、正丁醇依次萃取，这 4 种萃取物对大肠杆菌和枯草芽孢杆菌均有抗菌作用，其中乙醚和乙酸乙酯萃取物对啤酒酵母有抗菌作用，乙酸乙酯和正丁醇萃取物对金黄色葡萄球菌有抗菌作用[3]。

二、免疫调节作用

干扰素 INF－γ 具有免疫刺激和免疫调节作用[6]。化合物 lactarioline A(2)和 B(3)可剂量依赖性地抑制 INF－γ 在 NK92 细胞中的产生，在剂量 100μmol/L 时，化合物(2)和(3)的抑制率分别为 21.4%和 31.2%；在剂量 400μmol/L 时，化合物(2)和(3)的抑制率分别为 56.7%和 80.9%[6]。

三、抗炎作用

化合物 ergosterol peroxide(8)和 5α,8α－epidioxy－(24*S*)－ergosta－6－en－3β－ol(9)选择性拮抗由响尾蛇 *Crotalus adamenteus* venom 分泌的卵磷脂酶 PLA2[8]。

化合物 ergosterol peroxide(8)可抑制由 12－*O*－tetradecanoylphorbol－13－acetate(TPA)诱导的炎性耳肿胀[8]。

第四节　展　望

由于红汁乳菇目前均为野生，资源有限，因此一定程度上限制了它的研究和应用。今后可先对红汁乳菇液体发酵菌丝体的化学成分和药理活性再进一步探索与研究，待资源丰富了，再对其子实体进行广泛研究。

参考文献

[1] 黄年来,林志彬,陈国良.中国食药用菌学[M].上海:上海科学技术文献出版社,2010.

[2] 曹文涛,张鑫.红汁乳菇子实体与液态发酵菌丝体营养成分分析[J].贵州农业科学,2010,3(4):80-81.

[3] 王军,莫美华.红汁乳菇子实体抗菌活性研究[J].食品科技,2008,33(9):91-94.

[4] 邓百万,杨海涛,李志洲,等.红汁乳菇子实体营养成分的测定与分析[J].食品菌学报,2004,11(1):49-51.

[5] 房力真,杨婉秋,董泽军,等.红汁乳菇中一个新的薁类化合物[J].云南植物研究,2007,29(1):122-124.

[6] Xu G, Kim J, Ryoo I, et al. Lactariolines A and B: new guaiane sesquiterpenes with a modulatory effect on interferon-c productionfrom the fruiting bodies of *Lactarius hatsudake*[J]. J Antibio, 2010, 63(6):335-337.

[7] Fang L, Shao H, Yang W, et al. Two new azulene pigments from the fruiting bodies of the basidiomycete *Lactarius hatsudake*[J]. Helve Chim Acta, 2006, 89(6): 1 463-1 466.

[8] Gao J, Wang M, Liu L, et al. Ergosterol peroxides as phospholipase A2 inhibitors from the fungus *Lactarius hatsudake*[J]. Phytomedicine, 2007, 14(12): 821-824.

（康　洁）

第七十六章 虎掌菌

HU ZHANG JUN

第一节 概述

虎掌菌[*Sarcodon imbricatus*(L. ex Fr.)Karst]学名翘鳞肉齿菌，又名黑虎掌菌、香茸等，属担子菌门，伞菌纲，革菌目，坂氏菌科，肉齿菌属真菌[1]，存在同物异名，如 *Sarcodon aspratus*(Berk.)S. Ito 也是虎掌菌的拉丁名[1]。国外主要分布在日本、德国，国内主要分布在云南、贵州、西藏等地区，是滇黔藏地区独有的天然黑色真菌，具有很高的食补价值。该菌菌体上长满一层细茸毛，呈黄褐色，并有明显的黑色花纹，形同虎爪，因而得名。

虎掌菌是一种食药两用真菌，含有丰富的蛋白质、多糖类物质、挥发油、氨基酸、矿物质、微量元素和维生素等营养成分。我国具有长期采集食用虎掌菌的历史，民间还有用它入药的记录。中医学认为，虎掌菌性平味甘，具祛风散寒、舒筋活血、降低胆固醇之功效，有益气补血、和胃通便、解食物之毒、治头痛头昏等作用[2]。虎掌菌在历史上被视为名贵山珍，是历代宫廷喜爱的贡品之一[3]。

虎掌菌化学成分，以多糖类成分为主，还包括甾醇、挥发性物质、核苷和核苷酸等。依据虎掌菌(干制品)各种营养成分对照国家标准，张丙青检测了虎掌菌中粗蛋白、粗纤维、粗脂肪、灰分、水分含量，分别为:15.74%、4.72%、2.57%、9.56%和7.83%;其中镁(Mg)、锰(Mn)、铁(Fe)、锌(Zn)矿质元素含量，分别为751.55、33.76、318.07、116、77mg/kg;氨基酸评分(AAS)、化学评分(CS)、氨基酸指数(EAAI)，分别为7.62、3.92和48.46[4]。

杜萍等人通过GC-MS、CP-MS分析和氨基酸自动分析仪在室温下从虎掌菌中共检出香味成分42种，主要是脂肪烃醇类、烯烃类和芳香性杂环类物质。其中有6个含八碳挥发性化合物，是食用菌最重要的风味物质;检测出10种矿物质微量元素和9种稀土元素，其中钾(K)、镁(Mg)、铁(Fe)、钙(Ca)、锌(Zn)含量较高，硒(Se)、镍(Ni)含量次之，钴(Co)、钒(V)、铬(Cr)含量较少;虎掌菌干品中富含17种氨基酸，总量达到13.86%，是虎掌菌中主要的呈味物质[5]。

第二节 虎掌菌化学成分的研究

一、虎掌菌化学成分的提取与分离

1. 多糖类成分

虎掌菌多糖大多用水提醇析法提取。提取工艺流程:原料→成质量→热水抽提→离心→醇沉→离心→浓缩→除蛋白→脱色→透析→过DEAE纤维素柱→H_2O洗脱→NaCl洗脱→透析→冻干→多糖类成分[4]。

虎掌菌子实体中富含多糖，冯颖等人测定了虎掌菌子实体多糖含量为11%[6]。Mizuno 和 Sukowsa-Ziaja 等人研究发现，虎掌菌子实体和菌丝体中多糖的单糖组成为:岩藻糖、半乳糖和葡萄糖，糖的衍生物为糖醛酸[7-8]。王雪冰从虎掌菌子实体中提取的水溶性多糖，主要由葡萄糖、甘露糖、

阿拉伯糖和半乳糖组成，其中葡萄糖的含量最高[9]。

陈健等人从虎掌菌子实体中提取出两种多糖，分别命名为 SIPa 和 SIPb，经检测其相对分子质量分别为 2.12×10^5 Da 和 1.05×10^4 Da。红外波谱证实，SIPa 多糖以 β 型吡喃糖苷为主，在 1 300～1 000cm^{-1} 处的吸收，属于吡喃环的伸缩；在 895cm^{-1} 处的吸收，说明 C1－H 竖变角振动，表示该多糖以 β 型吡喃糖苷为主。SIPa 是一种葡聚糖，SIPb 是一种杂多糖，含有岩藻糖、甘露糖、葡萄糖和半乳糖[10]。

伟丁通过热水回流提取、醇沉、离子交换柱层析、Sepharose CL－6B 凝胶柱层析和凝胶渗透色谱法，从虎掌菌中得到 6 个单一组分多糖 SIP－1－1、SIP－1－2、SIP－2－1、SIP－2－2、SIP－3－1、SIP－3－2[11]。

Sułkowska－Ziaja K 等人从虎掌菌子实体和体外培养的菌丝中，分别分离到 3 个多糖部分（F_O Ⅰ，F_O Ⅱ，F_O Ⅲ）和两个多糖部位（F_K Ⅰ，F_K Ⅱ），HPLC 分析结果显示：F_O Ⅰ 和 F_K Ⅰ 部分是由半乳糖和岩藻糖组成，F_O Ⅱ 和 F_K Ⅱ 由葡萄糖和岩藻糖组成，F_O Ⅲ 仅由葡萄糖组成（表 76－1）[12]。

表 76－1　虎掌菌多糖组分的特征

多糖组分	相对分子质量[kDa]	单糖组成	总糖含量[%]	糖醛酸含量[%]
		子实体中的多糖组分		
F_O Ⅰ	9.7±1.6	半乳糖，果糖	99.8±1.8	27±1.5
F_O Ⅱ	16.3±1.5	葡萄糖，果糖	99.1±1.6	—*
F_O Ⅲ	3.8±0.9	葡萄糖	99.1±2.1	—*
		菌丝体中的多糖组分		
F_K Ⅰ	14.7±1.4	半乳糖，果糖	98.5±2.2	2.8±0.8
F_K Ⅱ	5.8±1.5	葡萄糖，果糖	97.8±1.8	—*

—*：表示未检测到。

Chen 等人从虎掌菌菌丝中提取出两种多糖（PSAN 和 PSAA），PSAN 和 PSAA 的平均相对分子质量为 5.6×10^4 Da 和 3.83×10^5 Da。PSAN 是由 L－鼠李糖、D－木糖、D－甘露糖组成，三者的摩尔比为 1∶10∶21；PSAA 由 L－鼠李糖、D－木糖、D－甘露糖、D－葡萄糖、D－半乳糖组成，它们的摩尔比为 1∶39∶76∶10∶21[13]。

Han 等人从虎掌菌子实体中分离纯化得到一种水溶性多糖 HBP(1)，相对分子质量为 4.3×10^5 Da，并通过红外光谱和核磁共振光谱分析鉴定出其结构（图 76－1）[14]。

2. 甾醇类成分

Takei 等人从虎掌菌子实体中分离鉴定出过氧化麦角甾醇 $C_{28}H_{44}O_3$(2)。才媛从虎掌菌子实体中提取分离出过氧化麦角甾醇 $C_{28}H_{44}O_3$(3)和麦角甾－5,7,22－三烯－3β－醇 $C_{28}H_{44}O$（图 76－2）[15-16]。

3. 挥发性成分

虎掌菌特殊的麝香香气可使肉类更美味，尤其是对火腿肠的制作，在煲清汤过程中添加少许会给汤带来甜味[17]。

才媛等人采用顶空固相微萃取-气质联用技术，分析了虎掌菌子实体中的挥发性成分，为其特有的香气做出解释。她们共检测到 20 种化合物，虎掌菌香气成分主要是倍半萜类和脂肪酸类化合物，分别是：2－甲基丁醛、2－甲基丁腈、N－(3－甲基丁基)－乙酰胺、十四烷、β－柏木烯、δ－杜松烯、荜澄茄烯、正十五烷、正十六烷、十七烷、降姥鲛烷、2,6,10,14－四甲基十五烷、2,6,10,15－四甲基十七烷、植烷、十五烷酸甲酯、棕榈酸甲酯、亚油酸甲酯、11－碳烯酸甲酯、油酸乙酯、棕榈酸丁酯[18]。

(1)

图 76－1　虎掌菌化合物(1)的化学结构

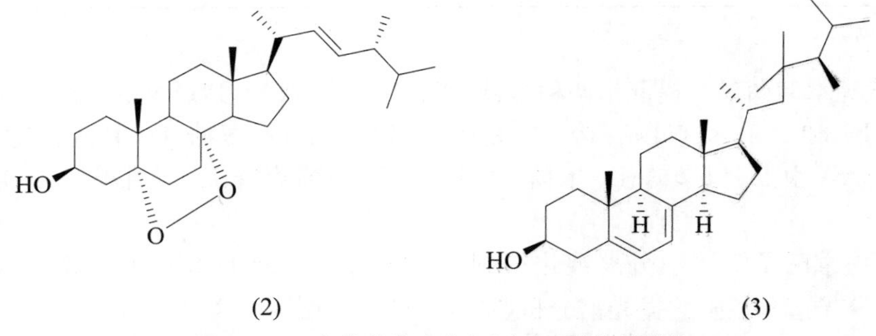

图 76－2　虎掌菌化合物(2)和(3)的化学结构

4. 其他类化合物

国内外学者除了对虎掌菌化学成分有以上报道外，Barros 等人从虎掌菌子实体中还分离出苯酚、维生素 C(抗坏血酸)、β－胡萝卜素、番茄红素、黄酮类、脂肪酸[19-21]等物质。

Yasunori 等人从虎掌菌子实体中提取出两个神经酰胺类化合物，(2S,2$'R$,3R,4E,8E)－N－2$'$－hydroxyhexadecanoyl－2－amino－9－methyl－4,8－octadecadiene－1,3－diol(4)和(2S,2$'R$,3R,4E,8E)－N－2$'$－hydroxypentadecanoyl－2－amino－9－methyl－4,8－octadecadiene－1,3－diol(5)(图 76－3)[22]，其中化合物(5)是一种新化合物。

黄悦等人从虎掌菌子实体氯仿部位和乙酸乙酯部位，分离得到了 cerebroside B(6)、阿洛酮糖腺苷(7)、三磷酸尿苷(8)、3β－acteoxy－(22E,24R)－24－methyl－5α－cholest－7,22－diene－5,6β－diol(9)、(22E)－27－nor－24－methyl－5－cholesta－7,22－diene－3β,5,6β－triol(10)、3β－O－glucopyranosyl－5α,6β－dihydroxyergosta－7,22－diene(11)等化合物[23](图 76－3)。

(4)

(5)

(6)

(7)

(8)

(9) R₁=Ac R₂=Me
(10) R₁=H R₂=H
(11) R₁=glu R₂=Me

图 76-3 虎掌菌(4)～(11)化合物的化学结构

二、虎掌菌中化合物的理化常数与光谱数据

(2*S*,2′*R*,3*R*,4*E*,8*E*)-N-2′-Hydroxypentadecanoyl-2-amino-9-methyl-4,8-octadecadiene-1,3-diol(5)[22] 无定形粉末。$[\alpha]^{21}_{D}+17.0$(c 0.1,$CHCl_3$)。IR(KBr):3 604、3 402、2 927、2 855、1 657、1 525、1 467cm^{-1}。HR-EI-MS m/z:551.493 0[M^+](calcd for $C_{34}H_{65}NO_4$:551.491 3)。^1H NMR(600MHz,$CDCl_3$)δ:0.88(6H,t,J=7.0Hz,H_3-18,H_3-15′),1.25～1.33(32H,br s,H_2-12-H_2-17,H_2-5′-H_2-14′),1.35(2H,m,H_2-11),1.44(2H,m,H_2-4′),1.58(3H,br s,H_3-19),1.65(1H,m,Ha-3′),1.84(1H,m,H_b-3′),1.95(2H,t,J=8.1Hz,H_2-10),2.08(2H,m,H_2-7),2.10(2H,m,H_2-6),2.61(2H,d,J=4.8Hz,OH-3,OH-2′),2.66(1H,br s,OH-1),3.74(1H,br d,J=11.0Hz,Ha-1),3.92(1H,m,H-2),3.98(1H,br d,J=11.0Hz,H_b-1),4.15(1H,dd,J=7.7、3.3Hz,H-2′),4.33(1H,br s,H-3),5.09(1H,t,J=7.0Hz,H-8),5.55(1H,dd,J=15.8、6.6Hz,H-4),5.81(1H,dt,J=15.8、6.6Hz,H-5),7.15(1H,d,J=7.7Hz,NH)。

(2*S*,2′*R*,3*R*,4*E*,8*E*)-N-2′-Hydroxyhexadecanoyl-2-amino-9-methyl-4,8-octadecadiene-1,3-diol(4)[22] 无定形粉末。$[\alpha]^{19}_{D}+7.5$(c 0.1,$CHCl_3$)。IR(KBr):3 601、3 409、2 927、2 855、1 662、1 523、1 467cm^{-1}。HR-EI-MS m/z:565.507 1[M^+](calcd for $C_{35}H_{67}NO_4$:565.507 0)。^1H NMR(600MHz,$CDCl_3$)δ:0.88(6H,t,J=7.0Hz,H_3-18,H_3-16′),1.25～1.34(34H,br s,H_2-12-H_2-17,H_2-5′-H_2-15′),1.37(2H,m,H_2-11),1.42(2H,m,H_2-4′),1.58(3H,br s,H_3-19),

1.65(1H,m,Ha-3′),1.84(1H,m,H_b-3′),1.95(2H,t,J=7.7Hz,H_2-10),2.08(2H,m,H_2-7),2.10(2H,m,H_2-6),2.62(2H,br s,OH-3,OH-2′),2.69(1H,br s,OH-1),3.74(1H,br d,J=11.4Hz,Ha-1),3.92(1H,m,H-2),3.97(1H,dd,J=11.4、3.7Hz,H_b-1),4.15(1H,dd,J=7.7、3.3Hz,H-2′),4.33(1H,br s,H-3),5.09(1H,t,J=6.6Hz,H-8),5.55(1H,dd,J=15.4、6.6Hz,H-4),5.81(1H,dt,J=15.4、6.6Hz,H-5),7.14(1H,d,J=7.7Hz,NH)。^{13}C NMR(100MHz,$CDCl_3$)δ:14.1(C-18,C-16′),16.0(C-19),22.7(C-17,C-15′),25.0(C-4′),27.5(C-7),28.0～29.7(C-11～C-15,C-5′～C-13′),31.9(C-16,C-14′),32.5(C-6),35.0(C-3′),39.7(C-10),54.3(C-2),62.3(C-1),72.3(C-2′),74.6(C-3),123.1(C-8),128.9(C-4),134.1(C-5),136.3(C-9),174.4(C-1′)。

Cerebroside B (6)[23] 白色无定形粉末,mp 144～149℃。$[\alpha]_D^{25}$+5.2(c 0.002 5,MeOH)。IR(KBr):3 380(OH)、2 960、1 650、720cm^{-1}。HR-FAB-MS m/z:726.556 1[M-H]$^-$(cacld for $C_{41}H_{77}NO_9$:727.559 4)。^{1}H NMR(CD_3OD,400MHz)δ:3.63(1H,m,H-1a),3.99(1H,dd,J=10.7,5.4Hz,H-1b),4.16(1H,m,H-2),4.16(1H,m,H-3),5.47(1H,m,H-4),5.47(1H,m,H-5),1.94(2H,m,H-6),1.94(2H,m,H-7),5.32(1H,m,H-8),1.82(2H,m,H-10),1.24(2H,m,H-11),1.14(12H,br s,H-12H-17),0.78(3H,t,J=6.9Hz,H-18),1.45(3H,t,J=6.6Hz,H-19),4.15(1H,m,H-2′),1.41(1H,m,H-3′),1.25(22H,br s,H-4′-H-14′),1.25(2H,br s,H-15′),0.76(3H,t,J=6.9Hz,H-16′),4.98(1H,d,J=7.6Hz,H-1″),3.31(1H,m,H-2″),3.63(1H,m,H-3″),3.16(1H,m,H-5″),3.86(1H,dd,J=11.8,5.6Hz,H-6a″),3.91(1H,br. d,J=11.8Hz,H-6b″),7.38(1H,d,J=8.7Hz,NH)。^{13}C NMR(CD_3OD,100MHz)δ:68.6(t,C-1),53.2(d,C-2),71.8(d,C-3),130.2(d,C-4),131.3(d,C-5),38.4(t,C-6),30.6(t,C-7),122.4(d,C-8),134.5(s,C-9),31.5(t,C-10),27.3(t,C-11),28.2～27.1(t,C-12～C-15),30.4(t,C-16),21.8(t,C-17),13.1(q,C-18),15.2(q,C-19),174.3(s,C-1′),71.1(d,C-2′),34.2(t,C-3′),28.2～27.4(t,C-4′～C-13′),27.1(t,C-14′),27.1(t,C-15′),13.3(q,C-16′),104.2(d,C-1″),73.6(d,C-2″),77.2(d,C-3″),70.5(d,C-4″),77.4(d,C-5″),61.6(t,C-6″)。

阿洛酮糖腺苷(7)[23] $C_{11}H_{15}N_5O_5$,无色晶体,mp 186℃。$[\alpha]_D^{27}$-39.6(c 0.002 5,H_2O)。IR(KBr):3 380、3 210、1 640、1 280cm^{-1}。EI-MS m/z:297[M$^+$](12),266[M-CH_2OH]$^+$(28),135(100)。^{1}H NMR(D_2O,400MHz)δ:8.22(1H,s,H-2),8.38(1H,s,H-8),4.33(2H,m,H-1′),5.05(1H,m,H-3′),4.50(1H,m,H-4′),4.22(1H,m,H-5′),3.73(2H,m,H-6″),7.20(2H,s,NH_2)。^{13}C NMR(D_2O,100MHz)δ:153.3(d,C-2),149.7(s,C-4),121.5(s,C-5),157.7(s,C-6),140.6(d,C-8),63.1(t,C-1),90.9(d,C-2′),75.5(d,C-3′),72.4(d,C-4′),87.8(d,C-5′),64.9(t,C-6′)。

三磷酸尿苷(8)[23] $C_9H_{15}N_2O_{15}P_3$,无色晶体,mp 140℃。$[\alpha]_D^{27}$-68(c 0.003 6,H_2O)。IR(KBr):3 650、3 560、3 460、1 770、1 710cm^{-1}。FAB-MS m/z:483[M-H]$^-$(100)。^{1}H NMR(D_2O,400MHz)δ:5.28(1H,d,J=7.6Hz,H-5),7.12(1H,d,J=7.6Hz,H-6),4.28(1H,s,H-1′),3.96(1H,m,H-2′),4.02(1H,dd,J=3.2、2.8Hz,H-3′),3.85(1H,dd,J=9.8、2.8Hz,H-4′),3.38～3.31(2H,m,H-5′)。^{13}C NMR(D_2O,100MHz)δ:153.2(s,C-2),168.6(s,C-4),113.2(d,C-5),135.4(d,C-6),90.4(d,C-1′),72.8(d,C-2′),76.3(d,C-3′),84.2(d,C-4′),68.4(t,C-5′)。

第三节　虎掌菌的生物活性

一、抗肿瘤作用

虎掌菌子实体粉经热水浸提和醇沉淀,得到棕褐色块状粗多糖,粗多糖注入或口服给接种有小鼠

肉瘤 S－180 和小鼠胰腺癌(MPC)的昆明种小白鼠进行抗肿瘤试验，结果表明：腹腔注射虎掌菌粗多糖对 S－180 有显著的抑瘤效应，其中 50mg/kg 剂量组小鼠平均瘤重仅为 0.60g，显著低于对照组的 1.09g，抑瘤率达 45％，且抑瘤效应不与剂量成正比。口服粗多糖对 MPC 无明显抑瘤效应[6]。

SIPa 和 SIPb 对人肝癌细胞 Hep G2 和人卵巢癌细胞 HO－8910 都具有明显的抑制作用，且两者的浓度从 0.4～3.2g/L 时，呈剂量依赖性[10]。

在虎掌菌多糖 SIP、SIP－1－1、SIP－1－2、SIP－2－1、SIP－2－2、SIP－3－1 和 SIP－3－2 的抗肿瘤活性筛选中，其中大相对分子质量多糖 SIP－2－1 和 SIP－1－1 对人肝癌 Hep G2 细胞、人卵巢癌细胞 HO－8910 和人乳腺癌细胞 BT－474 3 种肿瘤细胞抑制最明显；SIP－1－1 在高浓度时，对人乳腺癌细胞的抑制率为 36.05％，未纯化多糖 SIP 和小相对分子质量多糖 SIP－3－2 抑制率较低[11]。

虎掌菌多糖对乳腺癌细胞 MCV－7 的增殖有较好的抑制作用，虎掌菌多糖 F_OI 抑制乳腺癌细胞 MCV－7 生长的 IC_{50} 值与阳性对照的浓度相当，均约为 0.012 5％[12]。

PSAN 和 PSAA 在体外均对子宫颈癌细胞 Hela 有很好的抑制作用，在 400mg/L 浓度下，抑制率分别为 65％和 80％；而 PSAN 和 PSAA 对人正常肝细胞系 L－02 和子宫颈癌细胞 Hela 的细胞毒性，显著比阳性对照 5-氟尿嘧啶低[13]。

虎掌菌中的过氧化麦角甾醇在 25μmol 的浓度下，有抑制人原髓细胞白血病细胞 HL60 生长和诱导细胞凋亡的作用[15]。

在体外抗黑色素瘤生长试验，虎掌菌的乙酸乙酯层和石油醚层提取物，随着剂量浓度的增加对黑色素瘤的抑制效果越好，石油醚层在高浓度剂量(400μg/ml)下，抑制瘤细胞分裂效果较好[24]。

二、抗氧化作用

王雪冰人等研究发现，在给药剂量为 3.6mg/ml 时，虎掌菌多糖对羟基自由基清除率为 52.27％，对 DPPH 自由基清除率达 73.16％[9]。

郑义等人采用乙醇分级沉淀得到 5 个虎掌菌多糖组分，其中 60％乙醇分级沉淀多糖组分清除 DPPH 自由基的能力最强，EC_{50} 值为 0.029g/L，与对照药维生素 C 的 EC_{50} 值相当[25]。

才媛研究筛选了虎掌菌子实体不同萃取物体外抗氧化活性，在浓度 0.005～0.64mg/ml 范围内，不同提取部位的虎掌菌对自由基均有一定的清除能力，且清除能力随着浓度的增大而逐渐增大；乙酸乙酯萃取部分的抗氧化活性能力较其他萃取抗氧化能力较高，浓度为 0.64mg/ml 时，最高清除率可达 97.589％，接近与阳性对照组维生素 C 在 0.04mg/ml 的抗氧化能力 100％[16]。

三、抑菌作用

在民间，虎掌菌早已被百姓当作防腐剂用于肉类的保鲜与米面缸里驱虫，散发的气味也有驱蚊避蝇作用[26]。

选取虎掌菌子实体的各有机层萃取物进行抑菌试验，正丁醇层提取物和乙酸乙酯提取物能明显抑制枯草芽孢杆菌，而石油醚层提取物对枯草芽孢杆菌和金黄色葡萄球菌无抑制作用[3]。

Yamac 等人发现，虎掌菌子实体的氯仿提取物对大肠杆菌 ATCC25922、产气肠杆菌 NRRL－B－3567、鼠伤寒沙门菌 NRRL－B－440、金黄色葡萄球菌 ATCC25923、表皮葡萄球菌 NRRL－B－4377 和枯草芽孢杆菌 NRRL－B－558 有抑制作用，抑菌圈直径＜10mm；乙酸乙酯提取物、二氯甲烷提取物和乙醇提取物均可抑制枯草芽孢杆菌的生长，抑菌圈直径＜10mm[27]。

Barros 研究发现，虎掌菌子实体全菌中的总酚酸，对蜡样芽孢杆菌和新型隐球菌有抑制作用，抑菌圈分别为 6～9mm 和＞9mm；盖和柄中的总酚酸都对蜡样芽孢杆菌有抑制作用，抑菌圈分别为 6～9mm 和 2～3mm[20]。

Alves 和 Nedelkoska 等人的研究表明，虎掌菌子实体和菌丝体甲醇提取物分别对革兰阴性菌有很好的抑制作用，并且对无乳链球菌和化脓性链球菌有抑制作用，对真菌的抑制效果不理想[28-29]。

通过实验得出，虎掌菌酶解提取物最佳抑菌效果为料液比 1∶60、浸提温度 70℃、浸提时间 1h、木瓜蛋白酶 1%、纤维素酶 1%、酶解温度 45℃、酶解时间 1h，在该工艺条件下对霉菌抑菌效果最好，青霉菌抑菌圈直径 35mm，黑曲霉抑菌圈直径 25mm；而该酶解提取物对大肠杆菌、金黄色葡萄球菌抑菌效果没有太大变化，对酵母菌也几乎没有抑菌效果。因此可以确定，虎掌菌酶解提取物对霉菌抑菌效果最好[30]。

四、抗炎作用

Han 等人从虎掌菌子实体中提取出水溶性多糖 HBP，发现 HBP 能显著刺激小鼠脾淋巴细胞增殖，HBP 在浓度 10～100μg/ml 间，淋巴细胞增值呈剂量依赖性[14]。

第四节 展 望

虎掌菌具有多种生物活性，目前研究主要集中在抗肿瘤和抗菌的作用上。今后宜加强对虎掌菌药理作用、增强机体免疫力、化学成分的深层次的开发与利用等方面，是食药用菌科技工作者的研究新课题。

参考文献

[1] 徐锦堂. 中国药用真菌学[M]. 北京：北京医科大学中国协和医科大学联合出版社，1997.
[2] 冯颖，陈晓鸣，周德群. 翘鳞肉齿菌主要生物学特征研究[J]. 林业科学研究，1996，9(4)：394－399.
[3] 李良生. 云南农副土特产品概况[M]. 昆明：云南人民出版社，1982.
[4] 张丙青，陈建. 黑虎掌菌营养成分的测定与评价[J]. 食品科学，2011，9(32)：299－302.
[5] 杜萍，张先俊，何素芳，等. 云南野生黑虎掌菌元素分析和风味研究[J]. 林产化学与工业，2010，30(3)：98－101.

[6] 冯颖，赵丽芳，陈晓明，等. 翘鳞肉齿菌粗多糖提取和抗肿瘤试验研究[J]. 西南林学院学报，2000，20(2)：118－119.
[7] Mizuno M，Shiomi Y，Minato K，et al. Fucogalactan isolated from *Sarcodon aspratus* elicits release of tumor necrosis factorα and nitric oxide from murine macrophages [J]. Immunopharmacol，2000，46 (2)：113－121.
[8] Sulkowska-Zizjia K，Karczewka E，Wojtas I，et al. Isolation and biological activities of polysaccharide fractions from mycelium of *Sarcodon imbricatus* L. P. Karst (Basidiomycota) cultured in vitro [J]. Polish Pharm Soc，2011，68 (1)：143－145.
[9] 王雪冰. 云南野生虎掌菌多糖的提取及其抗氧化研究[D]. 昆明理工大学，2011，3：65－71
[10] 陈建，张灵芝，韦丁，等. 黑虎掌菌多糖的组成和抗肿瘤活性[J]. 华南理工大学学报(自然科学版)，2011，39(12)：111－114.
[11] 韦丁. 黑虎掌菌多糖结构和抑制肿瘤活性的研究[D]. 华南理工大学，2011，5：46－51.
[12] Sulkowska-Ziaja K，Muszynska B，Rkirt H. Chemical compositon and cytotoxic acticity of the polysaccharide fractions in *Sarcodon imbricatus* (Basidiomycota) [J]. Acta Mycolog Sinica，

2012，47 (1)：49－56.

[13] Chen Y，Hu MH，Wang C，et al. Characterization and in vitro antitumor acticity of polysaccharides from the mycelium of *Sarcodon aspratus* [J]. Int J Biol Macromol，2013，52：52－58.

[14] Han XQ，Chai XY，Jia YM，et al. Structure elucidation and immunological activity of a novel polysaccharide from the fruit bodies of an edible mushroom，*Sarcodon aspratus* (Berk.) S. Ito [J]. Int J Biol Macromol，2010，47 (3)：420－424.

[15] Takei T，Yoshida M，Ohnishikameyama M，et al. Ergosterol peroxide，an apoptosis -inducing component isolated from *Sarcodon aspratus* (Brek.) S. Ito [J]. Biosci Biotechnol Biochem，2005，69 (1)：212－215.

[16] 才媛.翘鳞肉齿菌化学成分及药理活性的研究[D].吉林农业大学，2013，5：9－10.

[17] Kim SK. Method for making seasoned pork ribs by using Sarcodon aspratus and Acanthopanaxsenticosus broth for aging pork ribs [P]. 2006，Patent，KR 2007026950 A20070309.

[18] 才媛，徐菁鹤，王琦.采用顶空固相微萃取-气质联用技术分析翘鳞肉齿菌中挥发性成分[J].食用菌学报，2013，20(1)：93－95.

[19] Barros L，Fettrita MJ，Queiros B，et al. Totol phenols，ascorbic acid，β- carotene and lycopene in Portuguese wild edible mushrooms and their antioxidant activities [J]. Food Chem，2007，103 (2)：413－419.

[20] Barros L，Calhelha RC，Vaz JA，et al. Antimicrobial activity and bioactive compounds of Portuguese wild edible mushrooms methanolic extracts [J]. Eur Food Res Technol，2007，225 (2)：151－156.

[21] Barros L，Pereira C，Ferreira Icfr. Optimized analysis of organic acids in edible mushrooms from Portugal by ultra fast liquid chromatography and photodiode array detection [J]. Food Analytical Methods，2013，6 (1)：309－316.

[22] Yaoita Y，Kohata R，Kakuda R，et al. Ceramide constituents from five mushrooms [J]. Chem Pharm Bull，2002，50 (5)：681－684.

[23] 黄悦，董泽军，刘吉开.高等真菌黑虎掌菌子实体的化学成分[J].云南植物研究，2001，23(4)：125－128.

[24] Vinichunk M，Johanson KJ. Accumulation of 137Cs by fungal mycelium in forst ecosystems of Ukraine [J]. J Environ Radioavtiv，2002，64 (1)：27－43.

[25] 郑义，王卫东，孙月娥，等.翘鳞肉齿菌多糖的抗氧化活性分析[J].天然产物研究与开发，2013，25(1)：1582－1586.

[26] 李建儿.菌中之王：黑虎掌菌[J].家庭中医药，2013，1(1)：75.

[27] Yamac M，Bilgili F. Antimicrobial activities of fruit bodies and/or mycelial cultures of some mushroom isolates [J]. Pharmaceutical Biol，2006，44 (9)：660－667.

[28] Alves MJ，Ferreira Icfr，Martins A，et al. Antimicrobial activity of wild mushroom extracts against clinical isolates resistant to different antibiotics [J]. J Appl Microbiol，2012，113 (2)：466－475.

[29] Nedelkoska DN，Pancevska，Na，Amedih，et al. Screening of antibacterial and antifungal activities of selected Macedonian wild mushrooms [J]. Zbornik Matice Srpske Za Prirodne Nauke，2013，124：333－340.

[30] 陈龙，郭永红，曹建新，等.虎掌菌酶解提取物抑菌实验研究[J].中国食用菌，2009，28 (1)：43－44.

（张 鹏、康 洁）

第七十七章 荷叶离褶伞

HE YE LI ZHE SAN

第一节 概 述

荷叶离褶伞[*Lyophyllum decastes*(Fr.: Fr.)Sing]属担子菌门、伞菌纲，伞菌亚纲，伞菌目，白蘑科，离褶伞属真菌，又名路基蘑、铁道蘑、土包蘑、矿地蘑、荷叶蘑、冷菌、冻菌、一窝鸡、一窝羊等，在欧洲被称为炸鸡蘑菇(Fried chicken mushroom)[1]。荷叶离褶伞菌肉肥厚细腻、清香扑鼻，味道鲜美。经研究表明，荷叶离褶伞子实体中粗蛋白、氨基酸含量较高，脂肪含量低，而且还含有对人体有益的微量元素锌、铜和硒以及大量的维生素 B_1、维生素 B_2、维生素 B_6、维生素 B_{12} 和烟酸，具有很高的营养价值。同时，它的子实体可以作为一种传统的药物，其主要成分荷叶离褶伞多糖，具有抗肿瘤、降血糖、降血脂等生物活性。荷叶离褶伞在国内外深受消费者青睐，有着广阔的研究开发前景[2]。

第二节 荷叶离褶伞化学成分的研究

一、荷叶离褶伞多糖类化学成分

提取方法一 将新鲜荷叶离褶伞子实体放在80℃风干24h，用粉碎机粉碎成粉末(100g)，然后用80%的乙醇700ml在80℃下浸泡，以除去小分子物质，滤纸过滤后，用700ml蒸馏水煮沸24h提取多糖成分。提取液离心30min，上清液浓缩后加入99%乙醇。不溶物透析后冻干得到粗多糖(200mg)。将粗多糖溶解在300ml、5mmol/L的KCl中，用5mmol/L KCl溶液预平衡Toyopearl柱，进样后用5mmol/L的KCl洗脱，没有吸附的多糖过5mmol/L KCl预平衡的Q-Sepharose FF柱。先用5mmol/L的KCl洗脱，吸附在柱体的多糖用350mmol/L的KCl洗脱，洗脱液经浓缩、透析、冻干，得到了部分纯化的多糖。将其溶解在300ml、浓度为40mmol/L KCl中，过40mmol/L KCl预平衡的Q-Sepharose FF，吸附的多糖依次用300ml浓度为50mmol/L、75mmol/L、100mmol/L、150mmol/L、200mmol/L、275mmol/L、350mmol/L KCl洗脱，用流份收集器收集。多糖成分经浓缩、透析、冷冻后，用HPLC进一步分离纯化。

提取方法二 选择原料的粉碎度(目数)，浸提过程中的料水比、温度、时间，醇沉时的乙醇添加倍数、提取次数为因素，研究各因素下浸提液中粗多糖的得率。在单因子实验的基础上，设计出了正交试验以优化荷叶离褶伞多糖的提取工艺。选择提取时间、料水比、提取温度、乙醇浓度4个对多糖提取影响较大的因素，按 $L_9(3^4)$ 设计四因素、三水平的正交试验，以优化浸提过程的工艺条件。每个处理进行3个重复，取各提取率的平均值。结果表明，影响荷叶离褶伞菌丝体多糖提取率因素的主次关系是：浸提温度>浸提时间>料液比>乙醇体积分数。荷叶离褶伞菌丝体多糖提取最优工艺条件是：粉碎度100目、浸提温度90℃、料水比1:80(g/ml)、浸提时间2h、添加3倍95%乙醇醇沉。在苯酚-硫酸法测定最佳提取工艺条件下，粗多糖得率可达4.23%。

提取方法三 将荷叶离褶伞湿菌丝体烘干，粉碎后称取菌丝体粉末0.5g，加95%乙醇浸泡2h后，过滤，取滤渣，放在80℃烘箱内烘干。以提取温度、水料比和提取时间为试验因素，在单因素试验的基础上做正交试验进行多糖提取。荷叶离褶伞菌丝体多糖热水浸提法浸提次数均为两次，影响热

水浸提法的因素主要是：浸提温度、浸提时间和水料比。试验在单因素试验的基础上，采用三因素三水平正交法确定最佳浸提条件。极差分析结果：影响热水浸提法的主要因素是浸提温度、水料比、浸提时间，3个因素的最佳组合是：浸提温度70℃，浸提时间1.5h，加水量为20∶1。

提取方法四 取荷叶离褶伞发酵液10ml，过滤除去菌丝体等残渣，以乙醇浓度、加入乙醇体积和醇沉时间为试验因素，在单因素试验的基础上做正交试验，进行多糖提取。试验结果表明，影响醇提法的主要因素是醇沉时间、乙醇浓度、加入乙醇体积倍数，最佳组合是：醇沉时间12h，乙醇浓度100%，加入30ml乙醇。

从荷叶离褶伞热水提取物中分离得到11个多糖成分，其中Ⅳ-1、Ⅳ-2、Ⅳ-3 3个多糖主要由葡萄糖组成，相对分子质量分别为305kDa、130kDa和14kDa。经甲基化和^{13}C NMR分析，Ⅳ-1的结构类型为(1→3)-β-D-glucan，Ⅳ-3的结构类型为(1→6)-β-D-glucan，Ⅳ-2的结构类型为(1→3，1→6)-β-D-glucan或者两者混合。

二、荷叶离褶伞非多糖类化学成分

提取方法 将荷叶离褶伞干燥子实体(1.5kg)粉碎，分别用石油醚、二氯甲烷、乙酸乙酯回流提取3次，每次10h，减压浓缩提取液分别得到浸膏23.67、18.71、12.23g。乙酸乙酯浸膏经硅胶柱色谱，用二氯甲烷-甲醇系统梯度洗脱(100∶1～1∶1～0∶1)，共得到9个流份(Fr.1～9)。Fr.3(50∶1)经硅胶(二氯甲烷∶甲醇=50∶1～1∶1)柱色谱，Sephadex LH-20(二氯甲烷∶甲醇=2∶3)柱色谱纯化，得到化合物(2)17mg、(4)15mg；Fr.4(25∶1)经硅胶(二氯甲烷∶甲醇=25∶1～1∶1)柱色谱，Sephadex LH-20(二氯甲烷∶甲醇=2∶3)柱纯化，得到化合物(1)10mg、(3)45mg；Fr.6(5∶1)经硅胶(二氯甲烷∶甲醇=10∶1～1∶1)柱色谱，Sephadex LH-20(二氯甲烷∶甲醇=2∶3)柱纯化，得到化合物(5)18mg、(6)30mg、(7)12mg。二氯甲烷浸膏经硅胶柱色谱，用二氯甲烷∶甲醇系统梯度洗脱(75∶1～1∶1～0∶1)，共得到7个流份(Fr.1～7)。Fr.5(5∶1)经硅胶(二氯甲烷∶甲醇=10∶1～1∶1)柱色谱，Sephadex LH-20(二氯甲烷∶甲醇=1∶1)柱纯化，得到化合物(8)9mg、(11)23mg；Fr.6(1∶1)经硅胶(二氯甲烷∶甲醇=5∶1～1∶1)柱色谱，Sephadex LH-20(二氯甲烷∶甲醇=1∶1)柱纯化，得到化合物(9)7mg、(10)10mg。石油醚浸膏经硅胶(石油醚∶乙酸乙酯=100∶1～1∶1)柱色谱得到10个流份(Fr.1～10)。Fr.7(10∶1)经硅胶(石油醚∶乙酸乙酯=10∶1～1∶1)柱色谱，重结晶得到化合物(12)24mg，(13)31mg。

对荷叶离褶伞栽培子实体进行了化学成分的分析研究[3]。采用硅胶、Sephadex LH-20柱色谱等多种方法分离纯化，共得到13个化合物，并运用MS和NMR等方法分析鉴定了化合物的结构，分别为腺嘌呤核苷(1)、*N*-(2-羟基二十一碳酰基)-1,3,4-三羟基-2-氨基-$\Delta^{8,9}$(*E*)-十八碳烯(2)、*N*-(2-羟基二十四碳酰基)-1,3,4-三羟基-2-氨基-$\Delta^{8,9}$(*E*)-十八碳烯(3)、烟酸(4)、1-O-β-D-吡喃葡萄糖基-(4*E*,8*E*)-2-*N*-(2-羟基棕榈酰)-9-甲基-4,8-sphingadienine(5)、甘露醇(6)、麦角甾醇葡萄糖苷(7)、晚香玉苷(8)、*N*-(2-羟基二十二碳酰基)-1,3,4-三羟基-2-氨基-$\Delta^{8,9}$(*E*)-十八碳烯(9)、*N*-(2-羟基二十三碳酰基)-1,3,4-三羟基-2-氨基-$\Delta^{8,9}$(*E*)-十八碳烯(10)、麦角甾-7,22-二烯-3β,5α,6β-三醇(11)、麦角甾醇(12)和麦角甾醇过氧化物(13)(图77-1)。

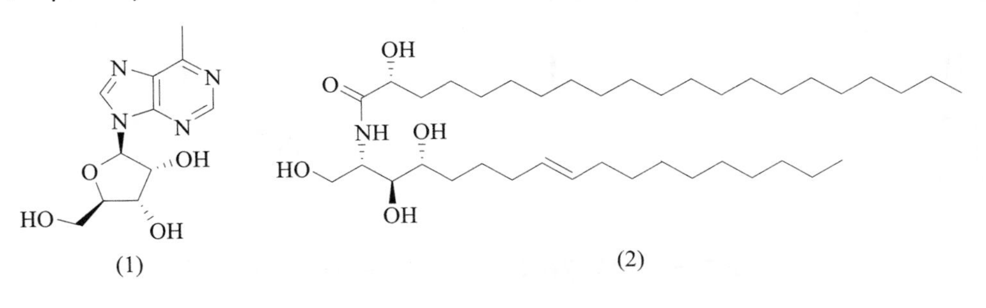

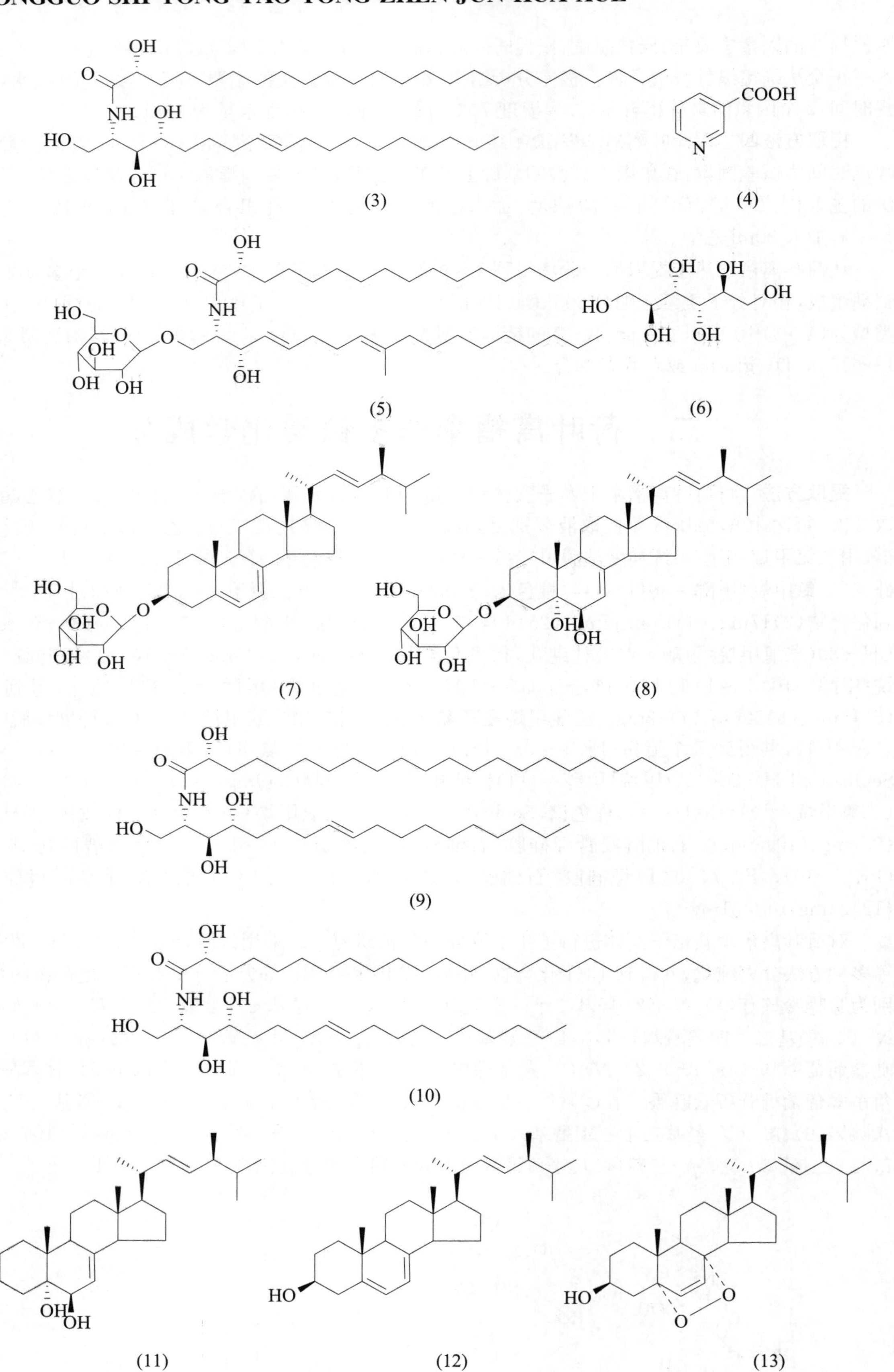

图 77-1　荷叶离褶伞中化合物(1)～(13)的结构

第三节 荷叶离褶伞生物活性的研究

一、抗菌活性

用不同有机溶剂的荷叶离褶伞提取物对 7 种细菌 *Bacillus subtilis*、*Escherichia coli*、*Staphylococcus aureus*、*Klebsiella pneumoniae*、*Salmonella typhi*、*Psuedomonas aeruginosa*、*Micrococcus lutess* 进行了抗菌活性测试，结果甲醇提取物的抗菌活性最强。革兰阳性菌 *Bacillus subtilis* 和 *Micrococcus lutess* 较革兰阴性菌 *Klebsiella pneumoniae* 和 *Salmonella typhi* 敏感。对 5 种真菌 *Candida albicans*、*Cryptococcus*、*Aspergillus ocraceous*、*Curvularia*、*Alternaria* 的抗菌测试中，丙酮提取物活性最强，*Curvularia* 比所测试的其他真菌敏感，发现 *Cryptococcus* 有耐药性[4]。

利用圆纸片法，用荷叶离褶伞多糖对四叠球菌、黑曲霉和啤酒酵母 4 个菌种进行了抑菌性实验。结果表明，荷叶离褶伞多糖提取物对细菌和真菌都有抑制作用，其中对四叠球菌和黑曲霉的抑制作用最强，最小抑菌浓度均为 1.094μg/ml[5]。

二、抗辐射活性

受辐射两周的小鼠，每日口服剂量为 250mg/kg 荷叶离褶伞的热水提取物。用血细胞计数器记录辐射前一天和辐射后 3h、12h、24h、3d、7d、15d、30d 时的白细胞数量（粒细胞、淋巴细胞、单核细胞 3 类）。结果显示，荷叶离褶伞提取物能抑制小鼠辐射后白细胞的下降。这可能和荷叶离褶伞能调节造血功能有关。另外，荷叶离褶伞还能增强 NK 和 LAK 细胞的活性[6]。

三、抗氧化活性

用 β-胡萝卜素-亚油酸、ABTS+・、DPPH・、二价铜离子还原活性、金属络合综合评价荷叶离褶伞不同有机溶剂提取物的抗氧化活性。结果表明，荷叶离褶伞有一定的抗氧化活性[7]。用 Fe^{3+} 还原为 Fe^{2+} 的量来评价荷叶离褶伞多糖的抗氧化能力，在试验浓度范围，还原力测试液的吸光值随着浓度的增加而增大，说明荷叶离褶伞菌丝体多糖具有一定的还原力，但与抗坏血酸（维生素 C）相比，还原力较弱[8]。

四、降血糖

有遗传性高胰岛素血症的 KKAy 小鼠，口服剂量为 500mg/kg 荷叶离褶伞水提物，单次口服 7h 后比对照组血糖有所降低。荷叶离褶伞能降低连续口服给药 3 周小鼠的血糖，而且能显著降低血清胰岛素的量，却不影响正常小鼠的血糖。此外，服用荷叶离褶伞小鼠 GLUT4 的含量有显著增加，说明荷叶离褶伞的降糖作用和它能提高 GLUT4 的含量，从而降低胰岛素抵抗有关[9]。

五、降血脂

将荷叶离褶伞子实体粉末或热水提取物，以 10%的比例加入含有胆固醇的饮食中，用药组大鼠的血清总胆固醇水平有显著下降。将子实体粉末以 5%的比例，加入不含胆固醇的饮食中，也能降低血清总胆固醇水平。服用子实体粉末或热水提取物的大鼠，血清三酰甘油和磷脂水平能显著降低。

食用荷叶离褶伞能明显增强胆固醇 7α-羟化酶的活性，胆固醇 7α-羟化酶能促使胆固醇转化成胆酸，同时也影响胆酸的分泌[10]。

六、抗肿瘤

从荷叶离褶伞热水提取物中分离得到 11 个多糖成分，其中主要由葡萄糖组成的 3 个多糖Ⅳ-1、Ⅳ-2、Ⅳ-3，对 S-180 有显著的抗肿瘤活性；腹腔巨噬细胞数量的增高，表明其作用机制为宿主免疫应答[11]。

参考文献

[1] Cleland CL. Integrating recent advances in neuroscience into undergraduate neuroscience and physiologycourses[J]. Adv Physiol Educ, 2002,(26):271—277.

[2] 才晓玲，于龙凤，何伟，等. 荷叶离褶伞菌研究进展[J]. 大理学院学报，2012，11(4)：53—55.

[3] 郑宏亮，图力古尔，包海鹰，等. 荷叶离褶伞的化学成分研究[J]. 中国中药杂志，2013，38(24)：4335—4339.

[4] Pushpa H, Purushothama KB. Antimicrobial activity of *Lyophyllum decastes* an edible mushroom[J]. World J Agric Sci, 2010, 6(5): 506.

[5] 王晓琴，曹礼，郑秀芳，等. 荷叶离褶伞多糖的提取工艺及其抑菌作用的研究[J]. 中国食品工业，2009，12：50—53.

[6] Nakamura T, Itokawa Y, Tajima M, et al. Radioprotective effect of *Lyophyllum decastes* and the effect on immunological functions in irradiated mice[J]. Tradit Chin Med, 2007, 27(1): 70—75.

[7] Tel G, Ozturk M, Duru, ME, et al. Antioxidant and anticholinesterase activities of five wild mushroom species with total bioactive contents[J]. Pharm Biol, 2015, 53(6): 824—830.

[8] 张春梅，宋海，魏生龙. 荷叶离褶伞菌丝体多糖的提取及还原力的研究[J]. 中国食用菌 2012，31(6)：44—48.

[9] Miura T, Kubo M, Itoh Y, et al. Antidiabetic activity of *Lyophyllum decastes* in genetically type 2 diabetic mice[J]. Biol Pharm Bull, 2002, 25(9): 1234—1237.

[10] Ukawa Y, Furuichi Y. Effect of Hatakeshimeji (*Lyophyllum decastes* Sing.) mushroom on serum lipid levels in rats[J]. J Nutr Sci Vitaminol, 2002, 48(1): 73—76.

[11] Ukawa Y, Ito H, Hisamatsu M. Antitumor effects of (1→3)-β-D-glucan and (1→6)-β-glucan purified from newly cultivated mushroom, Hatakeshimeji (*Lyophyllum decastes* Sing.) [J]. J Biosci Bioeng, 2000, 90(1): 98—104.

（张春磊）

第七十八章 真姬菇

ZHEN JI GU

第一节 概 述

真姬菇(*Hypsizygus marmoreus*)属于担子菌门，伞菌纲，伞菌亚纲，伞菌目，离褶伞科，玉蕈属真菌。真姬菇又名蟹味菇、玉蕈、斑玉蕈、海鲜菇、胶玉蘑、鸿喜菇等，是一种大型木质腐生真菌[1]。自然分布于欧洲、北美、西伯利亚和日本等地区。我国从20世纪80年代起对真姬菇开展了生物学特性与栽培条件的研究，目前已掌握了真姬菇生物学特性和栽培条件技术，主要在上海、山西、河北、河南、山东与福建等省市推广栽培。真姬菇是一种质地脆嫩，味道鲜美，营养丰富，且具有多种保健功效的珍稀食用菌，它含有丰富的蛋白质、氨基酸和维生素，是一种高蛋白、低脂肪、低热量的保健食品；真姬菇多糖具有良好的抗肿瘤活性[2]，其子实体提取物有清除体内自由基、降血压、提高免疫力和延缓衰老等功效，经常食用真姬菇能提高人体免疫力，预防衰老、延长寿命等功效，深受广大消费者的喜爱[3]。

第二节 真姬菇化学成分的研究

一、真姬菇多糖的提取、分离与结构研究

提取方法一 将真姬菇菌体粉碎成60目的颗粒，菌粉和水的比例分别为1∶5、1∶10、1∶15、1∶20、1∶25，提取温度分别为60、70、80、90、100℃。提取时间分别为0.5、1、2、3、4h。研究结果表明，真姬菇水溶性多糖的最佳提取条件为：浸提比1∶15、浸提时间1h、浸提温度100℃。真姬菇粗多糖用Sevage(氯仿∶异戊醇＝5∶1混合摇匀)脱游离蛋白，进行纯化。粗多糖溶液加入Sevage试剂后，置恒温振荡器中震荡(100r/min)过夜，使蛋白质充分沉淀，离心(4000r/min)分离，去除蛋白质。脱游离蛋白后，进行葡聚糖凝胶柱分离纯化[4]。

提取方法二 将真姬菇子实体洗净，放在50℃烘干(48h)粉碎，过筛后加入一定比例的水，水浴浸提2h后滤过。滤渣再按上述方法浸提，合并滤液减压浓缩至一定体积，用Sevage法脱蛋白，乙醇醇析，乙醚、丙酮洗涤，沉淀真空冷冻干燥后，得到真姬菇多糖。物料经微波处理后，有效成分不会立即完全被水溶解，因此用水浴浸提2h以达到多糖充分溶解的目的。该试验采用微波辅助法提取真姬菇多糖，用正交实验确定最佳提取条件是：料液比为1∶15，辐射功率800W，辐射时间为1h，次数为1次。与常规水提相比，具有省时、省水的优点[5]。

据周浩报道，真姬菇菌体的单糖组分主要是半乳糖、葡萄糖、木糖和甘露糖。从真姬菇子实体中分离得到的单一多糖HMP－3，经分析结果表明，HMP－3由葡萄糖和半乳糖组成，含量分别为80.18mg/g和10.82mg/g。经甲基化分析和GC－MS检测，确定HMP－3主链主要由(1,4)葡萄糖组成，也含有少量的(1,6)葡萄糖或者(1,6)半乳糖[6]。

从真姬菇子实体中分离得到的3个单一多糖组分HPS－Ⅰ、HPS－Ⅱ和HPS－Ⅲ，经红外光谱、^{1}H NMR和^{13}C NMR谱分析，确定HPS－Ⅱ为以(1→4)－α－D－Glcp为主链，(1→6)－α－D－

Glep 为侧链的 α - D -吡喃葡聚糖[7]。

二、真姬菇甾体类的化学成分

1. 提取方法

将新鲜的真姬菇子实体(4.3kg)在室温下用乙醚提取 3 次,每次 2 周。提取物经硅胶柱色谱,用正己烷-乙酸乙酯(7∶3～1∶7)梯度洗脱,得到 19 个流份。再用 HPLC 制备纯化,得到化合物(1)0.6mg、(2)0.6mg、(3)1.0mg、(4)1.4mg、(5)1.4mg、(6)8.4mg、(7)4.2mg、(8)0.4mg、(9)3.6mg、(10)38.0mg、(11)12.8mg、(12)0.3mg、(13)0.6mg、(14)0.8mg[8-9](图 78 - 1)。

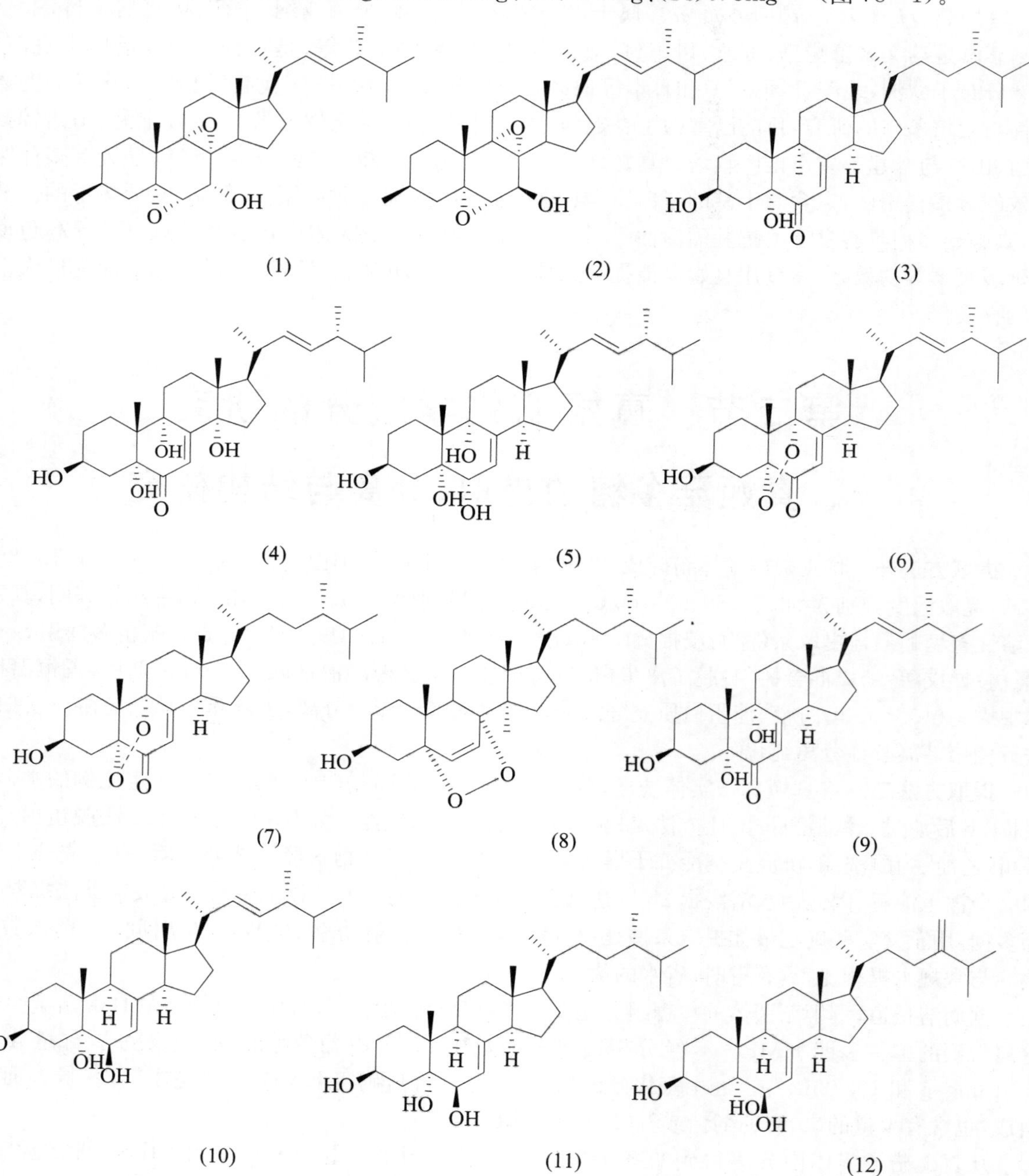

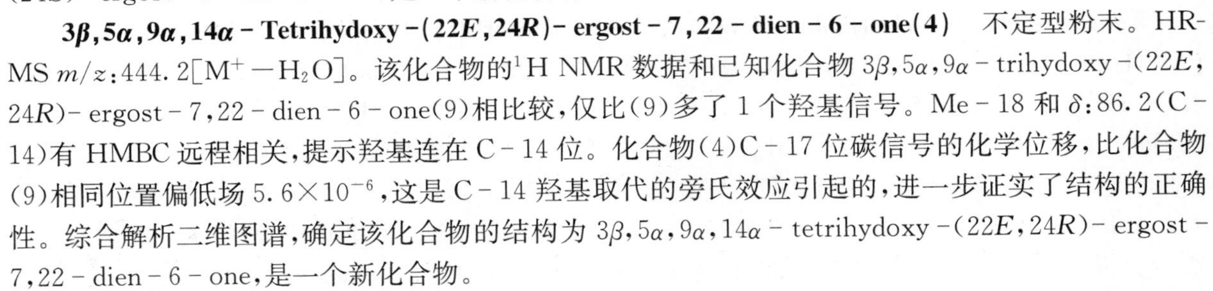

图 78－1　真姬菇中三萜类化学成分的结构

2. 真姬菇中甾体新化合物的理化常数与光谱数据

5*α*,6*α*,8*α*,9*α*－Diepoxy－(22*E*,24*R*)－ergost－22－ene－3*β*,7*α*－diol(1)　不定型粉末。HR-MS m/z:444.321 7[M^+]。^{1}H NMR(600MHz,$CDCl_3$)谱显示有两个烯氢信号:δ:5.20(1H,H－23),5.14(1H,H－22),3 个连氧次甲基 δ:4.03(1H,H－7),3.98(1H,H－3),3.13(1H,H－6),其中 3.13 偏高场,因此推测有环氧结构的存在。6 个甲基信号 δ:1.33(3H,H－19),0.99(3H,H－21),0.91(3H,H－28),0.83(3H,H－27),0.81(3H,H－26),0.67(3H,H－18)。^{13}C NMR(150MHz,$CDCl_3$)谱显示 28 个碳信号,其中 δ:70.2、67.1、65.0 为 3 个氧化的季碳,进一步证实两个环氧结构的存在。综合解析二维图谱并结合文献,确定该化合物的结构为:5*α*,6*α*;8*α*,9*α*－diepoxy－(22*E*,24*R*)－ergost－22－ene－3*β*,7*α*－diol,是一个新化合物。

5*α*,6*α*,8*α*,9*α*－Diepoxy－(22*E*,24*R*)－ergost－22－ene－3*β*,7*β*－diol(2)　不定型粉末。该化合物的 NMR 数据和化合物(1)基本相同,C－7 处的化学位移差别较大。Me－18、Me－19 在吡啶低场诱导的效应下,比在氯仿中向低场分别偏移了 $\Delta\delta$:0.24、0.25×10^{-6},提示 C－7 处的羟基为 *β* 构型。化合物(2)和(1)是一对差向异构体。5*α*,6*α*,8*α*,9*α*－diepoxy、3*β*,7*α*－diol、3*β*,7*β*－diol 这些基团,在过去天然来源的甾体化合物文献中未见报道。

3*β*,5*α*,9*α*－Trihydoxy－(24*S*)－ergost－7－en－6－one(3)　不定型粉末。HR-MS m/z:444.321 7[M^+-H_2O]。^{1}H NMR(600MHz,C_5D_5N)谱显示有 1 个烯氢信号:δ:5.93(1H,H－7),1 个连氧次甲基 δ:4.65(1H,H－3)。6 个甲基信号 δ:1.15(3H,H－19),0.94(3H,H－21),0.80(3H,H－28),0.87(3H,H－27),0.81(3H,H－26),0.61(3H,H－18)。^{13}C NMR(150MHz,C_5D_5N)谱显示 29 个碳信号,其中 δ:199.2,为 1 个羰基碳信号,δ:164.2、120.3 是一对双键信号,两者化学位移差别较大,可推测该双键和羰基共轭,δ:79.8、75.0、66.8 是 3 个连氧碳信号,缺少 C－22、C－23 的烯碳信号,说明双键发生了还原。综合解析二维图谱并结合文献,确定该化合物的结构为 3*β*,5*α*,9*α*－trihydoxy－(24*S*)－ergost－7－en－6－one,是一个新化合物。

3*β*,5*α*,9*α*,14*α*－Tetrihydoxy－(22*E*,24*R*)－ergost－7,22－dien－6－one(4)　不定型粉末。HR-MS m/z:444.2[M^+-H_2O]。该化合物的^{1}H NMR 数据和已知化合物 3*β*,5*α*,9*α*－trihydoxy－(22*E*,24*R*)－ergost－7,22－dien－6－one(9)相比较,仅比(9)多了 1 个羟基信号。Me－18 和 δ:86.2(C－14)有 HMBC 远程相关,提示羟基连在 C－14 位。化合物(4)C－17 位碳信号的化学位移,比化合物(9)相同位置偏低场 5.6×10^{-6},这是 C－14 羟基取代的旁氏效应引起的,进一步证实了结构的正确性。综合解析二维图谱,确定该化合物的结构为 3*β*,5*α*,9*α*,14*α*－tetrihydoxy－(22*E*,24*R*)－ergost－7,22－dien－6－one,是一个新化合物。

(22*E*,24*R*)－ergost－7,22－dien－3*β*,5*α*,6*α*,9*α*－tetrol(5)　不定型粉末。HR-MS m/z:428.2[M^+-H_2O]。^{1}H NMR(600MHz,$CDCl_3$)谱显示有 3 个烯氢信号:δ:5.22(1H,H－23),5.17(1H,H－22),5.06(1H,H－7),两个氧化的次甲基信号 δ:4.03(1H,H－3),3.96(1H,H－6)。6 个甲基信号 δ:1.05(3H,H－19),1.02(3H,H－21),0.92(3H,H－28),0.84(3H,H－27),0.82(3H,H－

26)，0.58(3H，H－18)。该化合物与(22*E*，24*R*)－ergost－7，22－dien－3*β*，5*α*，6*β*，9*α*－tetrol 相比，仅在 C－6 处化学位移相差较大。在 NOESY 谱中，Me－19 和 H－6 有相关，说明 C－6 处的羟基构型为 *α*，两者为 C－6 处的差向异构体，化合物是一个新化合物。

5*α*，9*α*－Diepoxy－3*β*－hydroxy－(22*E*，24*R*)－ergost－7，22－dien－6－one(6) 不稳定的不定型粉末。^{1}H NMR(600MHz，C_6D_6)谱显示有 3 个烯氢信号 *δ*：5.94(1H，H－7)，5.26(1H，H－23)，5.16(1H，H－22)。一个氧化次甲基信号 *δ*：3.91(1H，H－3)。6 个甲基信号 *δ*：1.10(3H，H－19)，1.03(3H，H－21)，0.92(3H，H－28)，0.84(3H，H－27)，0.82(3H，H－26)，0.68(3H，H－18)。^{13}C NMR(150MHz，C_6D_6)谱显示 28 个碳信号，其中 *δ*：195.0 是一个羰基碳信号；*δ*：160.4、135.4、132.7、125.1 为两对双键信号；*δ*：91.0、85.6 是两个连氧季碳，化学位移偏低场，因此推测有过氧基团。综合以上解析，确定该化合物的结构为 5*α*，9*α*－diepoxy－3*β*－hydroxy－(22*E*，24*R*)－ergost－7，22－dien－6－one，是一个新化合物。

5*α*，9*α*－Diepoxy－3*β*－hydroxy－(22*E*，24*R*)－ergost－7－en－6－one(7) 不稳定的不定型粉末。该化合物的 NMR 数据和化合物(6)比较接近，仅比化合物(6)少 1 个 C－22 双键。化合物(6)和(7)是首次发现具有 5*α*，9*α*－diepoxy 片段的天然甾体化合物。

三、真姬菇发酵液的化学成分

将真姬菇发酵液用乙酸乙酯提取 3 次，合并提取液减压浓缩得到稠膏(4.0g)，过硅胶柱，用石油醚-丙酮梯度洗脱，得到 8 个流份，第 3 个流份过硅胶柱层析，Sephadex LH－20 凝胶柱层析，HPLC 制备，得到化合物(16)4.2mg、(17)12.5mg、(18)12.0mg、(19)10.3mg。第 7 个流份经 Sephadex LH－20，HPLC 制备得到化合物(15)2.4mg[10]。

(15)　　(16)

(17)　　(18)　　(19)

8－oxoviscida－3，11(18)－diene－13，14，15，19－tetraol(15) 油状物。ESI-MS *m/z*：375.2147[M+H]$^+$。^{1}H NMR(400MHz，CD_3OD)谱显示有 3 个烯氢信号 *δ*：5.35(1H，br. s)，5.08(1H，br. s)，4.77(1H，br. s)，4 个连氧氢信号 *δ*：4.01(1H，br. dd，*J*＝8.7、4.7Hz)，3.83(1H，dd，*J*＝11.4、5.3Hz)，3.71(1H，dd，*J*＝11.4，5.8Hz)，3.06(1H，br s)，3 个甲基信号 *δ*：1.67(3H，s)，1.24(3H，s)，1.22(3H，s)。^{13}C NMR(100MHz，CD_3OD)谱显示 20 个碳信号，包括 1 个羰基信号，4 个烯碳信号 *δ*：149.0、134.3、121.4、114.6；3 个氧化碳信号 *δ*：78.7、74.6、70.2；3 个甲基信号 *δ*：27.2、26.4、23.5。综合分析二维谱，确定化合物(15)的结构为 8－oxoviscida－3，11(18)－diene－13，14，15，19－tetraol，是一个新化合物。

(*E*)－10－(1，1－dimethyl－2－propenyloxy)－2－decene－4，6，8－triyn－1－ol(16) 油状物。ESI－MS *m/z*：228.1158[M+H]$^+$。^{1}H NMR(500MHz，$CDCl_3$)谱显示有 1 个末端双键的 3 个烯氢信号，*δ*：5.80(1H，dd，*J*＝17.4、11.1Hz，H－20)，5.18(1H，br. d，*J*＝11.1Hz，H－30)，5.17(1H，br.

d, J=17.4Hz,H－30),1个反式双键的两个氢信号,δ:6.48(1H,dt,J=15.9、4.5Hz,H－2),5.83(1H,d,J=15.9Hz,H－3),两个氧化亚甲基信号,δ:4.27(2H,d,J=4.5Hz,H－1),4.09(2H,s,H－10),两个甲基信号1.31(6H,s,H－40,H－50)。^{13}C NMR(125MHz,$CDCl_3$)谱显示15个碳信号,该化合物与(E)－2－decen－4,6,8－triyn－1－ol(18)的核磁比较接近,但是多出δ:142.5(d,C－20),115.2(t,C－30),77.1(s,C－10),25.7(q,C－40,C－50),51.9(t,C－10)几个碳信号,缺少C－10位的甲基碳信号。以上结果提示,化合物(16)是化合物(E)－2－decen－4,6,8－triyn－1－ol的C－10位的甲基,被a reverse isoprene 2－methylbut－3－en－2－yloxy基团取代。确定化合物(16)的结构为(E)－10－(1,1－dimethyl－2－propenyloxy)－2－decene－4,6,8－triyn－1－ol,是一个新化合物。

10－(1,1－dimethyl－2－propenyloxy)deca－4,6,8－triyn－1－ol(17)　油状物。ESI－MS m/z:230.129 4[M+H]$^+$。比较化合物(17)和(16)的数据,化合物(17)比化合物(16)多两个亚甲基信号(δ:30.6、15.9),缺少两个烯碳信号(δ:147.3、108.1)。确定化合物(17)的结构为10－(1,1－dimethyl－2－propenyloxy)deca－4,6,8－triyn－1－ol,为是一个新化合物。

第三节　真姬菇生物活性的研究

一、抗氧化活性

以抗坏血酸维生素C为对照,对真姬菇子实体未脱蛋白多糖(Ⅰ)和脱蛋白多糖(Ⅱ)的抗氧化性进行了研究。结果表明,Ⅰ与Ⅱ对O_2^-·、·OH、DPPH均有不同程度的清除作用,并有一定的还原能力;对O_2^-·清除效果不明显,对·OH有较好的清除效果,且Ⅰ对·OH清除率较Ⅱ高;在DPPH体系中,在浓度<2.2mg/ml时,Ⅰ与Ⅱ清除率<维生素C,高于该浓度时,>维生素C,但两者对DPPH·清除率基本没有差别。Ⅰ与Ⅱ的还原能力相当,没有维生素C还原能力强[11]。

二、免疫活性

据有关文献报道,真姬菇子实体的多糖可以促进小鼠巨噬细胞Raw264.7的增殖和剂量依赖性地提高巨噬细胞中NO的生成量,具有免疫调节活性[12]。

三、抗肿瘤活性

真姬菇多糖具有良好的抗肿瘤活性[13-14]。Yuuichi Ukawa等人通过离子交换色谱和凝胶层析等分离方法,从真姬菇子实体热水提取物中分离得到11个多糖组分,其中3种组分具有抗S－180肿瘤活性,平均相对分子质量分别为305kDa、130kDa和14kDa[2]。甲基化和^{13}C NMR分析研究表明,这些多糖主要由β-(1－3)、β-(1－6)糖苷键连接而成,真姬菇多糖对癌细胞具有抑制作用可能和它的免疫调节活性或抗氧化活性有关[15]。

参考文献

[1] Kirk PM, Canon PF, David JC, et al. Ainsworth & Bisby's dictionary of the fungi[M]. 9th ed. willingford: CAB Internation, 2001.
[2] Ukawa Y, Ito H, Hisamatsu M. Antitumor effects of (1－3)－β-D－glucan and (1－6)－β－

D－β－D－glucan purified from newly cultivated mushroom Hatakeshimeji (Lyophyllum decmtes Sing) [J]. J Biosci Bioeng, 2000, 90(1):98－104.
[3] 孙培龙,魏红福,杨开,等.真姬菇研究进展[J].食品技术,2005,(9):54－57.
[4] 周浩.真姬菇多糖的提取和组分研究[J].安徽农业科学,2009,37(30):14879－14880.
[5] 覃逸明.微波法提取真姬菇多糖工艺研究[J].中成药,2009,31(7):1134－1136.
[6] 包鸿慧,侯凤蒙,刘志明,等.真姬菇多糖分子结构特性及生物活性研究[J].食品工业科技,2013,34(11):57－61.
[7] 姜华,纪春暖,陈健,等.真姬菇多糖的分离纯化及结构分析[J].食品科技,2013,33(12):204－207.
[8] Y. Yaoita, K. Amemiya, H. Ohnuma, K. Furumura, A. Masaki, T. Matsuki, M. Kikuchi, Sterol constituents from five edible mushrooms[J]. Chem Pharm Bull, 1998, 46:944－950.
[9] Y. Yaoita, Y. Endo, Y. Tani, K. Machida, K. Amemiya, K. Furumura, M. Kikuchi. Sterol constituents from seven mushrooms[J]. Chem Pharm Bull, 1999, 47:847－851.
[10] Zhang L, Li ZH, Dong ZJ, et al. A viscidane diterpene and polyacetylenes from cultures of *Hypsizygus marmoreus*[J]. Nat Prod Bioprospect, 2015, 5:99－103.
[11] 李顺峰,张丽华,付娟妮,等.真姬菇子实体多糖体外抗氧化特性研究[J].西北农业学报,2008,17(4):302－305.
[12] 包鸿慧,侯凤蒙,刘志明,等.真姬菇多糖分子结构特性及生物活性研究[J].食品工业科技,2013,34(11):57－61.
[13] Tetsuro I. Beneficial effects of edible and medicinal mushrooms on health care[J]. Int J Med Mush, 2001, (3): 291－298.
[14] Ikekawa T, Saitoh H, Feng W, et al. Antitumor activity of hypsizigus marmoreus I: Antitumor activity of extracts and polysaccharides[J]. Chem Pharm Bull, 1992, 40(7): 1954－1957.
[15] Matsuzawa T, SanoM , Tomita I, et al. Studies on antioxidant effect of hypsizigus marmoreus I:Effects of hypsizigusm armoreus for antioxidant activities of mice plasma[J]. Yakugaku Zasshi, 1997, 117(9): 623－628.

（张春磊）

第七十九章 大杯香菇

DA BEI XIANG GU

第一节 概 述

大杯香菇(*Lentinus giganteus* Berk)为担子菌门，伞菌纲，多孔菌目，多孔菌，香菇属真菌，夏秋季节生长在常绿阔叶林地腐木上，单生或丛生，主要分布在广东、香港、海南、福建、浙江等热带与亚热带地区[1]。

大杯香菇中主要含有双脂肪酸甘油酯和麦角甾醇类化合物。

第二节 大杯香菇化学成分的研究

一、大杯香菇化学成分的提取与分离

从大杯香菇子实体乙醇提取物的石油醚萃取部分分离得到 4 个化合物：ergosterol peroxide (1)、(3,5,8,22E,24R)- 5,8 - epidioxyergosta - 6,9(11),22 - trien - 3 - ol(2)、stellasterol(3)、glycerol 1 -(9Z,12Z - octadecadienoate)- 3 - nonadecanoate(4)。其中化合物(2)～(4)是首次从该真菌中分离得到[2](图 79 - 1)。

提取方法 大杯香菇子实体经剪碎、干燥、粉碎(得到 145g 粉末)，用体积分数 95%的乙醇冷浸提取 3 次，减压回收乙醇至无醇味。将乙醇提取物分散在水中，悬浊液用石油醚萃取，减压浓缩，得到石油醚浸膏 1.3g，石油醚浸膏经硅胶柱色谱，以石油醚-乙酸乙酯梯度洗脱，分成 5 个流份(Fr. 1～Fr. 5)。Fr. 2(0.68g)经硅胶柱色谱，以石油醚∶乙酸乙酯(体积比 45∶1)洗脱得到化合物(4)17mg；Fr. 3(100mg)经硅胶柱色谱，以石油醚∶氯仿(体积比 2∶8)洗脱得到化合物(3)17mg；Fr. 4(158mg)经

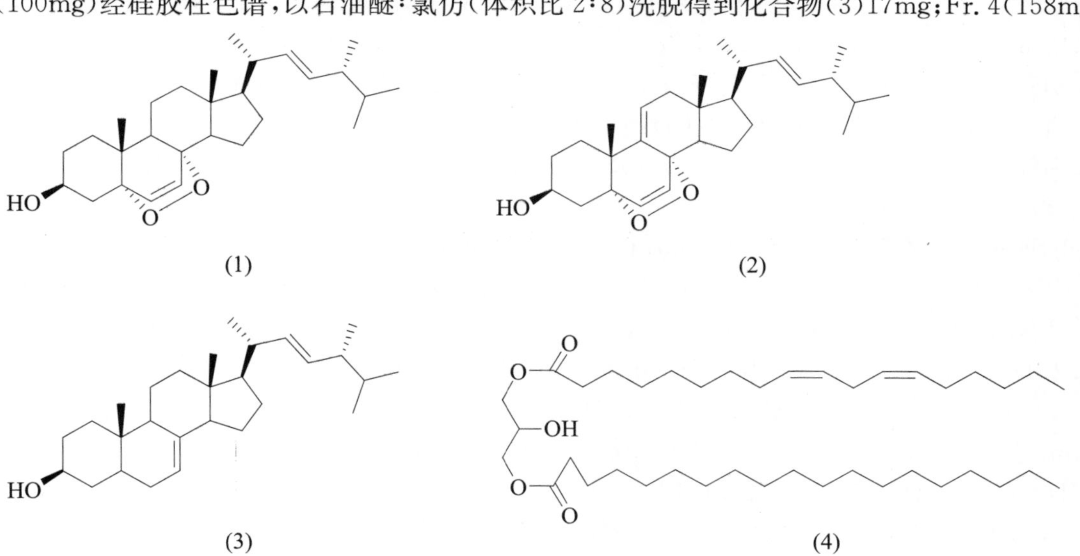

图 79 - 1 大杯香菇化学成分的结构

Sephadex LH－20柱色谱，以体积分数95％乙醇洗脱，分成两个流份（Fr. 4a～Fr. 4b），其中，Fr. 4a（92mg）经硅胶柱色谱，以石油醚∶丙酮（体积比9∶2）洗脱得到化合物（1）69mg和化合物（2）3mg[2]。

二、大杯香菇化学成分的理化常数与主要波谱数据

ergosterol peroxide（1） 白色针晶，用体积分数10％的硫酸显色淡绿色，Lieberma nn－Burchard反应阳性。mp 184～186℃，$[\alpha]_D^{27}$－36（c 0.3，$CHCl_3$）。IR（KBr）：3 459、2 958、2 877、1 655、1 456、1 375、1 050、1 023、975、970、935、856cm^{-1}。EI-MS m/z：428$[M^+]$（10）、410（6）、396（98）、363（40）、251（16）。^1H NMR（$CDCl_3$，500MHz）δ：6.50（1H，d，J＝8.5Hz，7－H），6.24（1H，d，J＝8.5Hz，6－H），5.23（1H，dd，J＝7.2、15.2Hz，23－H），5.14（1H，d，J＝6.7Hz，22－H），3.96（1H，tt，J＝5.0、11.2Hz，3－H），1.22（3H，s，19－H），1.09（3H，d，J＝6.7Hz，21－H），0.99（3H，d，J＝6.8Hz，28－H），0.83（3H，d，J＝6.5Hz，26－H），0.81（3H，d，J＝6.2Hz，27－H），0.74（3H，s，18－H）。^{13}C NMR（$CDCl_3$，125MHz）δ：34.8、30.2、66.6、37.1、82.3、135.6、130.9、79.6、51.2、37.0、23.5、39.5、44.7、51.8、20.8、28.8、56.3、13.0、18.3、39.9、20.8、135.3、132.4、42.9、33.2、20.1、19.8、17.7[2]。

（3，5，8，22*E*，24*R*）－5，8－epidioxyergosta－6，9（11），22－trien－3－ol（2） 白色针晶，用体积分数10％的硫酸显色为淡绿色，Liebermann－Burchard反应阳性。IR（KBr）：3 350、2 962、1 645、1 462、1 375、1 080、1 042cm^{-1}。EI-MS m/z：426（12），394（100），376（28），299（30），251（12），69（50）。^1H NMR（$CDCl_3$，500MHz）δ：6.59（1H，d，J＝8.5Hz，7－H），6.28（1H，d，J＝8.5Hz，6－H），5.47（1H，m，11－H），1.22（3H，s，19－H），5.24（1H，dd，J＝7.4、15.4Hz，23－H），5.16（1H，dd，J＝8.1、15.4Hz，22－H），3.98（1H，m，3－H），1.09（3H，d，J＝6.7Hz，21－H），0.99（3H，d，J＝6.8Hz，28－H），0.83（3H，d，J＝6.5Hz，26－H），0.81（3H，d，J＝6.2Hz，27－H），0.74（3H，s，8－H）。^{13}C NMR（$CDCl_3$，125MHz）δ：35.1、30.6、66.5、37.0、82.8、135.4、130.9、78.7、143.6、38.3、119.5、41.2、43.6、48.4、21.0、29.2、55.9、13.1、25.6、40.1、20.8、135.6、132.5、43.0、33.2、20.1、19.8、17.7[2]。

stellasterol（3） 无色针晶，用体积分数10％的硫酸显色为紫红色，Liebermann－Burchard反应阳性。mp158～160℃，$[\alpha]_D^{23}$－23.0（c 0.6，$CHCl_3$），EI-MS m/z：398$[M^+]$（63），383$[M-Me]^+$（17），365$[M-Me-H_2O]^+$（5），273$[M-C_9H_{17}]^+$（41），271$[C_{18}H_{27}O]^+$（59），255$[M-C_9H_{17}-H_2O]^+$（61），125$[C_9H_{17}]^+$（6），69[78]。^1H NMR（$CDCl_3$，500MHz）δ：5.14～5.20（3H，overlapped，7，22，23－H），3.59（1H，tt，J＝5.2，11.4Hz，3－H），1.01（1H，d，J＝6.6Hz，21－H），0.91（3H，d，J＝6.6Hz，28－H），0.83（3H，d，J＝6. Hz，27－H），0.81（3H，d，J＝6. Hz，26－H），0.80（3H，s，19－H），0.55（3H，s，18－H）。^{13}C NMR（$CDCl_3$，125MHz）δ：37.1、33.1、71.0、38.0、41.5、29.6、117.4、139.5、49.4、34.2、21.5、39.4、43.3、55.1、22.9、28.1、56.0、12.1、13.0、40.5、21.5、135.7、131.9、42.8、33.1、19.9、19.6、17.6[2]。

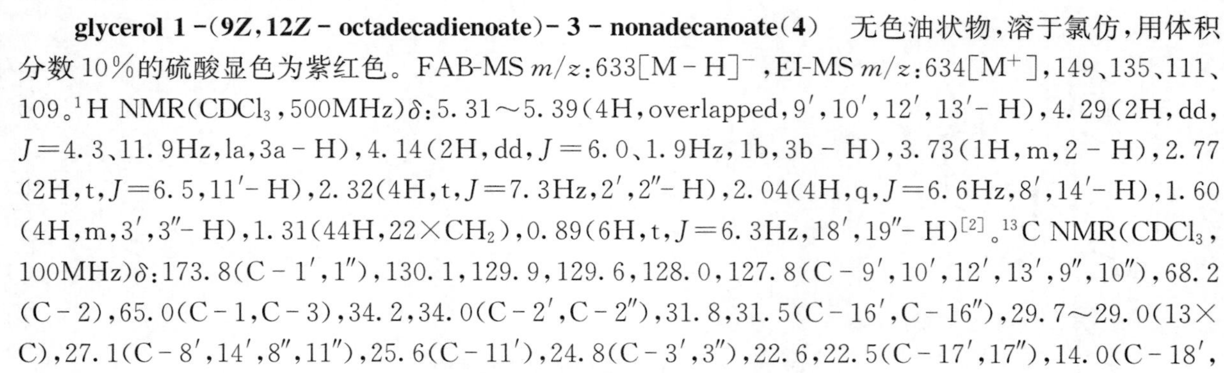

glycerol 1－（9*Z*，12*Z*－octadecadienoate）－3－nonadecanoate（4） 无色油状物，溶于氯仿，用体积分数10％的硫酸显色为紫红色。FAB-MS m/z：633$[M-H]^-$，EI-MS m/z：634$[M^+]$，149、135、111、109。^1H NMR（$CDCl_3$，500MHz）δ：5.31～5.39（4H，overlapped，9′，10′，12′，13′－H），4.29（2H，dd，J＝4.3，11.9Hz，la，3a－H），4.14（2H，dd，J＝6.0、1.9Hz，1b，3b－H），3.73（1H，m，2－H），2.77（2H，t，J＝6.5，11′－H），2.32（4H，t，J＝7.3Hz，2′，2″－H），2.04（4H，q，J＝6.6Hz，8′，14′－H），1.60（4H，m，3′，3″－H），1.31（44H，22×CH_2），0.89（6H，t，J＝6.3Hz，18′，19″－H）[2]。^{13}C NMR（$CDCl_3$，100MHz）δ：173.8（C－1′，1″），130.1，129.9，129.6，128.0，127.8（C－9′，10′，12′，13′，9″，10″），68.2（C－2），65.0（C－1，C－3），34.2，34.0（C－2′，C－2″），31.8，31.5（C－16′，C－16″），29.7～29.0（13×C），27.1（C－8′，14′，8″，11″），25.6（C－11′），24.8（C－3′，3″），22.6，22.5（C－17′，17″），14.0（C－18′，18″）[3]。

第三节 大杯香菇的生物活性

化合物(1)对 L－1210 细胞[4]、人乳腺癌 MCF－7 细胞、Walker256 肉瘤细胞[5]、人肝癌 PLC/PRF/5 细胞、KB 细胞[6]、HepG2 和 NCI－H460 肿瘤细胞[7]均有体外细胞毒活性；此外，化合物(1)和(2)均有免疫抑制活性[8]。经 MTT 法进行体外抗肿瘤活性测试，结果表明，化合物(2)～(4)对小鼠 B_{16} 细胞和人肝癌细胞 SM MC－7721 均无生长抑制活性[2]。

第四节 展 望

目前，有关大杯香菇化学成分的研究仍属初始阶段，随着大杯香菇栽培技术的不断提高与社会发展的需要，大杯香菇的化学成分，尤其是微量活性成分的研究具有较大的发展空间。

参考文献

[1] 王琛，付瑞洲，谢福泉，等. 大杯香菇生物学特性及其栽培关键技术[J]. 福建热作科技，2006，31(1)：19－21.

[2] 干玉娟，曾艳波，梅文莉，等. 大杯香菇化学成分的分离与鉴定[J]. 中国药物化学杂志，2007，17(2)：104－107.

[3] Ma CY，Liu WK，Che CT. Lignanamides and nonalkaloidal components of *hyoscyamus niger* seeds[J]. J Nat Prod，2002，65(2)：206－209.

[4] Matsueda S，Katsukura Y. Antitumor-active photochemical oxidation products of provitamin D[J]. Chem Ind，1985，1：411.

[5] Kahlos K，Kangasl，Hiltunen R，et al. Ergosterol peroxide，an active compound from *inonutus radiatus*[J]. Planta Med，1989，55(4)：389－390.

[6] Lincn，Tomewp，Wonsj. Novel cytotoxic principles of Formosan *Ganoderma lucidum*[J]. J Nat Prod，1991，54(4)：998－1002.

[7] 宋珊珊，王乃利，高昊，等. 海洋真菌 96F197 抗癌活性成分研究[J]. 中国药物化学杂志，2006，16(2)：93－97.

[8] Fujimoto H，Nakayma M，Nakyayama Y，et al. Isolation and characterization of immunosup pressive components of three mushrooms，*Pisdithus tinctorius*，*Microporus flabelliformis* and *Lenzites betulina*[J]. Chem Pharm Bull，1994，42(3)：694－697.

（黄龙江）

第八十章 大球盖菇

DA QIU GAI GU

第一节 概 述

大球盖菇(*Stropharia rugosoannulata*)又名皱环球盖菇、皱球盖菇、酒红球盖菇,属于担子菌门,伞菌纲,伞菌亚纲,伞菌目,球盖菇科(Strophariaceae),球盖菇属真菌[1]。

大球盖菇子实体中含有丰富的蛋白质、维生素、矿物质和多糖等营养成分,是欧美各国人工栽培的著名食用菌之一,也是联合国粮农组织(FAO)向发展中国家推荐栽培的蕈菌之一[2]。该菌多糖具有预防冠心病、助消化、缓解精神疲劳等功效,而且对小鼠 S-180 肉瘤与艾氏腹水癌的抑制率均达70%以上[3]。大球盖菇外观形态以及栽培基质,均与双孢蘑菇相似,但其实体色泽艳丽,呈红葡萄酒类浅红色,菌盖圆正,菌柄色白且较双孢蘑菇略长,营养丰富,肉质细嫩,盖滑,柄脆,清香可口,很受消费者的青睐。大球盖菇可用作物秸秆、稻草等栽培生产,原料来源广泛,栽培技术简便粗放,可直接利用生料栽培。大球盖菇抗逆性强,适应温度范围广,具有很好的发展前景。

第二节 生物学特性

一、形态特征

大球盖菇菌盖圆形,中实,红褐色,初时淡黄色、棕色,成熟后变深,直径为 3~12cm,菌柄圆柱形,灰白色,中实,菌柄与菌盖为中生,菌褶与菌柄着生形式为直生,孢子椭圆形,菌环明显。

二、生活条件

大球盖菇属草腐菌,对生长环境的要求:

(1) 营养:主要利用稻草、麦草等原料进行生料栽培。在用纯稻草栽培时,出菇时菇潮来势猛,朵形挺拔高大(最大朵重 1~2.5kg),周期短,从出菇到收获结束仅需 40d 左右,每平方米可收鲜菇 15~30kg。此外,也可利用多种农作物秸秆、农副产品下脚料、畜禽粪肥、锯木屑等作生产原料[4]。

(2) 温度:菌丝生长适温 5~34℃,最适 23~27℃;子实体形成温度为 4~30℃,最适为 14~25℃,低于 4℃和高于 30℃,子实体难以形成和生长[4]。

(3) 水分:菌丝生长原料基质含水量要求达到 65%~75%;子实体生长发育期料的含水量以70%~80%为宜,空气相对湿度应控制在 90%~95%;覆土层含水量为 30%左右[4]。

(4) 空气:菌丝生长期对氧气要求不高,子实体生长发育期需要充足的氧气[4]。

(5) 光照:菌丝生长阶段不需要光照,子实体生长期需要有散射光,200~500lx 光照有利于促进原基分化和形成[4]。

(6) pH 值:菌丝在 pH4~11 均能生长,最适培养料 pH 为 5.5~6.5[4]。

(7) 对土壤要求:覆土有利于大球盖菇子实体的形成,并且土壤能提供子实体所需要的微量元

素。栽培时除提供必要的养分基质外,可适当屡覆土,覆土要进行消毒后再使用[5]。

三、生长分布

大球盖菇对自然环境要求不严,在世界很多地方都有分布。我国野生大球盖菇主要分布于云南、山西、新疆、辽宁、吉林等地区。吉林省主要生长在林中、林缘的草地上;林带以阔叶林为主[5]。

第三节 化学成分的研究

据 Brodzinska Z 等人报道,大球盖菇干品中含灰分 11.40%,糖类(碳水化合物)32.73%,蛋白质 25.81%,脂类 2.60%。无机元素中磷含量最多,100g 干品中含磷 1 204.65mg,其他依次为钙(98.34mg),铁(32.51mg),锰(10.45mg),铜(8.63mg),砷(5.42mg),钴(0.38mg)[6-7]。还含有丰富的葡萄糖、半乳糖、甘露糖、核糖和乳糖。总氮中 72.45%为蛋白氮,27.55%为非蛋白氮。蛋白质中 42.80%为清蛋白和球蛋白,清蛋白富含所有的必需氨基酸,而球蛋白不含精氨酸、亮氨酸、缬氨酸、苯丙氨酸,赖氨酸含量相对较少,而组氨酸和色氨酸含量较高。除此之外,大球盖菇还含有多种维生素,如 100g 干品中含烟酸 51.38mg,维生素 B_2(核黄素)3.88mg,维生素 B_1(硫胺素)0.51mg,维生素 B_6 0.42mg,维生素 B_{12} 0.41mg[6-8]。

Lasota W 等人报道,大球盖菇含有胆碱、甜菜碱、组胺、鸟嘌呤、胍和乙醇胺等多种生物胺,其中组胺、乙醇胺和胆碱含量较高[9]。

Kostadinov I 等人报道,大球盖菇子实体形成过程中,蛋白质、纤维素和微量元素含量随子实体成熟而下降,而糖类(碳水化合物)含量却增加(占干重的 35.3%~49.3%);氨基酸含量减少;脂类物质含量低(干重的 1.1%~1.4%),且子实体成熟过程中变化也较小[10]。

Vetter J 报道,大球盖菇菌盖和菌柄中粗蛋白和可溶性蛋白含量较高,且孢子弹射前含量最高;粗纤维含量与其他食用菌无明显差异,且含量在子实体形成过程中有规律的波动[11]。

第四节 胞外酶的研究

大球盖菇降解木质素过程中锰过氧化物酶(Manganese peroxidase,MnP)、木质素过氧化物酶(Lignin peroxidase,LiP)和漆酶(Laccas e)起着关键作用。该 3 种酶均在细胞内合成,而分泌到细胞外,属胞外酶。其中前两者均需以 H_2O_2 为底物,而漆酶以 O_2 作电子受体。Lip 的基因家族由 10 个基因组成,并建立了关于 LiP 基因在染色体上形成详细的物理图谱。而 MnP 基因则含 6 或 7 个内含子,6 个内含子的位置是保守的,mRNA 位点也是保守的,遵循 GA - TG 法则。另外,已研究的漆酶基因却含有 10 个左右的内含子,这些内含子在活性域位置上有较高的保守性[12-14]。Yoo KH 报道了大球盖菇降解纤维素的 3 种酶,即微晶纤维素酶(Avicelase)、β-葡萄苷酶(β- glucosidase)和羧甲基纤维素酶(CMCase)。产生这 3 种酶的最适温度为 40℃,最适无机氮源为 NH_4Cl,最适有机氮源为麦芽糖糊精。最适碳源不同,木糖为葡萄苷酶和羧甲基纤维素酶的最适碳源,而麦芽糖为微晶纤维素酶的最适碳源;产生微晶纤维素酶和葡萄苷酶的最适 pH 为 5.0,而产生羧甲基纤维素酶的最适 pH 为 4.0[15]。王红等人对大球盖菇液体培养时,胞外酶活性与 pH 值的关系进行了研究,结果表明,漆酶和淀粉酶的最适 pH 为 3.8 和 5.8。液体培养 7d 时,无多酚氧化酶与纤维素酶活力[16]。

第五节　原生质体再生与单核化的研究

一、原生质体再生

1. 培养基种类对原生质体再生的影响

Iwahara和闫培生等人分别报道，马铃薯、葡萄糖、蛋白胨、甘露醇(PGPM)是大球盖菇原生质体再生最佳的培养基。大球盖菇原生质体再生速度非常快，未经液体培养的原生质体直接涂布到PGPM再生培养基表面，经25℃恒温培养，第3天即可肉眼观察到再生菌落的形成，再生率为0.97%～2.00%[17-19]。

2. 渗稳剂对原生质体再生的影响

闫培生等人研究报道，渗稳剂对原生质体再生率无明显影响，但糖类(甘露醇和蔗糖)比无机盐($MgSO_4$)效果稍好一些。再生菌落的形态特征在不同渗稳剂间存在明显差异。以甘露醇和蔗糖为渗稳剂时，再生菌落大，菌丝洁白、浓密，而以$MgSO_4$作为渗稳剂时，再生菌落小，菌丝灰白，培养时间长时会变为浅黄褐色。

3. 液体预培养对原生质体再生的影响

闫培生等人报道，大球盖菇原生质体在液体再生培养基中预培养1～2d后涂布平板，其再生率不仅没有提高，反而会明显下降。这不同于其他食用菌，可能与大球盖菇原生质体再生速度快有关[18-19]。

二、原生质体单核化特征

1. 单核化率

大球盖菇原生质体单核化率可高达77.6%[18]，且再生双核体和单核体在形成再生菌落时无时间差，其生长速度也无快慢之分，液体预培养可显著减少单核化率[18-19]。

2. 原生质体单核体交配型的测定

再生单核体中存在亲本两种交配型，但这两种交配型的比率不是1∶1[18-19]。

第六节　其他应用价值的研究

一、降解木质素

木质素由于含有各种生物学稳定的复杂键型，导致真菌、细菌、放线菌等分解的胞外酶很难与之结合，不易被酶水解，是目前公认的难降解芳香族化合物之一。大球盖菇降解木质素的能力很强[20-21]，据赵德清等人研究报道，真菌降解木质素的机制为：菌丝在生长蔓延过程中会分泌出大量胞外氧化酶，其中关键的过氧化物酶- Lip和Mnp，在分子氧的参与下，依靠自身形成的H_2O_2，触发启动一系列自由基链反应，使木质素结构中的苯环氧化形成阳离子基团，而后发生一系列自发反应而降解。木质素的降解产物继而再被菌丝吸收，最终氧化成为CO和H_2O[22]。Kamra DN研究了O_2浓度对大球盖菇降解木质素的影响。结果表明，大球盖菇对木质素的降解力在纯O_2条件下比空气中的强，但O_2浓度本身对木质素降解没有直接影响，而是高O_2浓度能增加有机物质的转化和培养料的可吸收性，因此能间接起到增加降解率的作用[21]。

二、降解 TNT 与其他芳香族化合物

大球盖菇能有效降解土壤和废水中的 2,4,6 一三硝基甲苯(TNT)[23-28]。Scheibner K 测定了不同真菌 91 个菌株降解 TNT 的能力,研究结果发现,菌丝培养基中加入 TNT,降解立即开始,6d 后培养基内的 TNT 完全消失。很多真菌都能快速将 TNT 降解为 2－AmDNT 和 4－AmDNT,但进一步的同化却很慢。为了测定这些真菌分解 TNT 的能力,他们又测量了释放的 $^{14}CO_2$,结果表明,在被测试菌株中分解能力最强的是 *Clitocybula dusenii* TMb12 和皱环球盖菇(*Stropharia rugo so-annulata*)DSM11372 菌株,降解率分别为 42%和 36%[26]。

TNT 能充当大球盖菇的氮源。Weiss M 等人对经大球盖菇降解的 TNT 的 N 变化进行了研究,结果表明,约 2%的 ^{15}N 被转化成为 NO_3^- 和 NH_4^+ 4;1.4%的 ^{15}N 被转化成 N_2O 和 N;1.7%的 N 被同化为必需氨基酸。总之,60%～85%的 TNT 被降解[27]。

Steffen KT 等人报道,在试验过的 9 种蘑菇中,大球盖菇降解芳香族化合物的能力最强,在加有 200μM Mn(Ⅱ)的培养基中,6 周内对苯并芘(BaP)、蒽、芘的转化率分别高达 100%、95%和 85%[29]。它还能降解氯化苯酚、苯胺化合物、氯苯、多氯联苯、甲酚、苯甲酚和二甲苯等对环境造成严重污染的耐熔有机物质[30-31]。

第七节　展　望

至今,有关大球盖菇的具体单一化学成分研究尚未见有文献报道。因此,对大球盖菇化学成分,尤其是活性化学成分的研究尚有巨大的空间。

参 考 文 献

[1] Hawksworth DL, Kirk BC, Pegler DN, et a1. Dictionary of the fungi[M] Ⅷ. CABI, 1996.
[2] 黄年来.大球盖菇的分类地位和特征特性[J].食用菌,1995,17(6):11.
[3] 黄年来.中国大型真菌原色图鉴[M].北京:中国农业出版社,1998.
[4] 杨大林.大球盖菇的特性及栽培技术[J].致富之友,1999,9:29.
[5] 罗丹娜.食用菌新品种——大球盖菇[J].农业开发与装备,2013(12):111.
[6] Brodzinska Z, Lasota W. Chemical composition of cultivated mushrooms Part I. Stropharia rugoso－annulata Farlow ex. Murr. [A]. Bromatologia i Chemia Toksykologiczna, 1981, 14 (3－4):229－238.
[7] Maruszewska GH, Gertig H. Content of arsenic, copper and manganese in some species of mushrooms[J]. Bromatologia i Chemia Toksykologiczna, 1979, 12(1):91－95.
[8] Lasota W, F1orczak J. Determination of vitamin B_{12} in dried mushrooms [A]. Bromatologia i Chemia Toksykologiczna, 1983, 16(3－4):271－273.
[9] Lasota W, Stefanczyk M. Determination of biogenic amines in *Pleurotus astreatus* Fr. ex Jacq uin and *Stropharia rugoso-annulata* [A]. Bromatologia i Chemia Toksykologiczna, 1980, 13 (3):327－329.
[10] Kostadinov I, Stefanov S. Studies on the chemical composition of cultivated *Stropharia rugoso-annulate* [A]. Karstenia, 1978, 18:100－101.

[11] Vetter J, Rimoczi I. The trend of the protein fractions and the fiber content during the development of fruit-bodies of *Stropharia rugoso-annulata* Farlow ex Murr [A]. Acta Botanica Academiae Scientiarum Hungaricae, 1978, 24(1-2):205—218.

[12] 周金燕,张发群.真菌产生的锰过氧化物酶和漆酶研究Ⅱ.一株产锰过氧化物酶的担子菌—血红密孔菌 K-2352[J].微生物学通报,1994,21(3):152—156.

[13] 黄丹莲,曾广明,黄国和,等.白腐菌的研究现状及其在堆肥中的应用展望[J].微生物学通报,2004,31(2):112—116.

[14] Schlosser D, Hofer C. Laccase-catalyzed oxidation of Mn^{2+} in the presence of natural Mn^{3+} chelators as a novel source of extracellular H_2O_2 production and its impact on manganese peroxidase [A]. Appl Environ Microbiol,2002, 68(7):3514—3521.

[15] Yoo KH, Chang HS. Studies on the cellulolytic enzymes produced by *Stropharia rugoso-annulata* in synthetic medium[A]. Han'guk Kyunhakhoechi, 1999, 27(2):94—99.

[16] 王红,张琪林.大球盖菇液体培养胞外酶初步测定[J].食用菌,2003,25(2):8—9.

[17] Iwahara M, Fukuda K, Fujimoto Y et al. Protoplast formation and regeneration of *Stropharia rugoso-annulata* [A]. Nogei Kagaku Kaishi, 1987, 61(9):1093—1100.

[18] 闫培生,李桂舫,蒋家惠,等.大球盖菇原生质体再生及单核化特性的研究[J].菌物系统,2001,20(1):107—110.

[19] Yan PS, Li GF, Jiang JH, et al. Characterization of protoplasts prepared from the edible fungus, Stropharia rugoso-annulata[A]. World J Micro Biotech, 2004, 20 (2):173—177.

[20] Buta JG, Zadrazil F , Galletti GC. FT-IR determination of lignin degradation in wheat straw by white rot fun-gus *Stropharia rugoso-annulata* with different oxygen concentrations[A]. J Agri Food Chem, 1989, 37(5):1382—1384.

[21] Kamra DN, Zadrazil F. Influence of oxygen and carbon dioxide on lignin degradation in solid-state fermentation of wheat straw with *Stropharia rugoso-annulata* [A]. Biotech Lett , 1985, 7(5):335—340.

[22] 赵德清,林鹿,蒋李萍.白腐菌对纸浆漂白的研究进展[J].微生物学通报,2004,30(6):97—100.

[23] Weiss M, Geyer R, Russow R, et a1. Biotransformation of TNT-nitrogen during fungal treatment of TNT-contaminated soil [A]. Wissenschaftliche Berichte-Forschunszentrum Karlsruhe, 2003,899—907.

[24] Herre A, Scheibner K, Fritsche W. Bioremediation of 2,4,6-trinitrotoluene-contaminated soil by fungi at a hazardous armament dump[A]. Terra Tech, 1998, 7(4):52—55.

[25] Herre A, Scheibner K, Kasner M, et a1. Aerobe treatment of UR-C14-TNT doped soil with ligninolytic fungi [P]. Binding and remobilization of bound residues, NO. AN 2000:39003.

[26] Scheibner K, Hofrichter M, Herre A, et a1. Screening for fungi intensively mineralizing 2,4,6-trinitrotoluene[A]. Appl Microbiol Biotech, 1997, 47 (4):452—457.

[27] Weiss M, Geyer R, Russow R, et a1. Fate and metabolism of [15N]2,4,6-trinitrotoluene in soil[A]. Envir-onmental Toxicol and Chem, 2004, 23(8):1852—1860.

[28] Steffen KT, Hatakka A. Removal and mineralization of polycyclic aromatic hydrocarbons by litter decomposing basidiomycetous fungi[A]. Appl Microbiol Biotech, 2002, 60:212—217.

[29] Scheibner K, Hofrichter M. Conversion of amino nitrotoluenes by fungal manganese peroxidase [A]. J Basic Microbiol, 1998, 38(1):51—59.

[30] Scheibner K, Hofrichter M. Method for mineralization and decomposition of low-and high mo-

lecular aromatic substances and substance mixtures[P]. NO. AN1998:603264.

[31] 郑金来,李君文,晁福寰. 苯胺、硝基苯和三硝基甲苯生物降解研究进展[J]. 微生物学通报,2001,28(5):85－88.

（黄龙江）

第八十一章 松乳菇

SONG RU GU

第一节 概 述

松乳菇[*Laclarius deliciosus*(L. ex Fr.)Gray]属担子菌门，伞菌纲，红菇目，红菇科，乳菇属真菌，别名美味松乳菇、雁鹅菇、松杉菌、松菌、茶花菌、寒菌、紫花菌等，由于生态习性的特殊性，松乳菇迄今仍处于野生状态。松乳菇是一种与松、杉、柏等树种形成的菌根菌，主要分布在欧洲、美洲、东南亚，南半球仅见于澳大利亚的辐射松林下。在中国，主要分布在长江中下游以及沿海地区。据文献报道，云南、四川、湖南、辽宁、吉林、河南、山东、贵州、安徽等地都有松乳菇分布，但以湖南、云南等省分布量最多[1-3]。

松乳菇是珍贵的真菌，肉质细嫩，味道鲜美独特，营养价值很高，富含粗蛋白、粗脂肪、粗纤维、多种氨基酸、不饱和脂肪酸、核酸衍生物，还含有维生素 B_1、维生素 B_2、维生素 C、维生素 PP 等元素，不仅味道鲜美可口，还具有药用价值，能强身、益肠胃、止痛、理气化痰、驱虫、治疗糖尿病与抗癌等特殊功效。此外，还含有多糖和蛋白质、倍半萜类、甾体和芳香类化合物等多种化学成分[1]。

第二节 松乳菇化学成分的研究

一、氨基酸类

松乳菇子实体氨基酸含量较高，100g 干品中氨基酸总量可达 16.97g。人体所必需的 8 种氨基酸齐全，并占到总量的 35%，其中又以谷氨酸含量最高，占子实体干重的 4.35%，这也是松乳菇味道鲜美的主要原因[1,3-5]。另外，松乳菇菌丝体中也含有子实体中全部种类的氨基酸，且含量(占干重的 27.88%)高于子实体[1]。

二、多糖和蛋白质类

松乳菇子实体、菌丝体均含有较高的蛋白质、多糖，且菌丝体中的含量均高于子实体。松乳菇多糖的最佳提取工艺为浸提，温度 40℃，加水 20 倍，浸提 1 次，保温 50min。提取的粗多糖经 Sevage 纯化后，采用蒽酮法测定，含量为 94.5%。水解后的多糖通过纸层析法，初步确定含有葡萄糖、甘露糖和果糖[5]。此外，还含有海藻糖[6]。

从松乳菇子实体中纯化得到的水溶性松乳菇多糖纯品，是一种结构新颖的多糖，该单晶多糖是由两个单糖组成的杂多糖，即 α-L-甘露糖和 α-D-木糖，以 3∶1的比例组成，平均相对分子质量为 110kD，具有(1→6)α-L-甘露糖的骨架，2-*O* 上连接一个→3)-α-D-木糖的侧链[7]。此外，还从松乳菇中分离得到一个多糖蛋白复合物，主链上存在甘露糖结构[8]。

三、倍半萜类

从松乳菇中共分离得到7个倍半萜化合物：7-acetyl-4-methylazulene-1-carbaldehyde(1)、7-(1,2-dihydroxypropan-2-yl)-4-methylazulene-1-carbaldehyde(2)、7-acetyl-4-methylazulene-1-carboxyl(3)、lactaroviolin(4)、lactarazulene(5)、lactarofulvene(6)和deterol(7)，其中(7)是一种新化合物[9-10]（图81-1）。

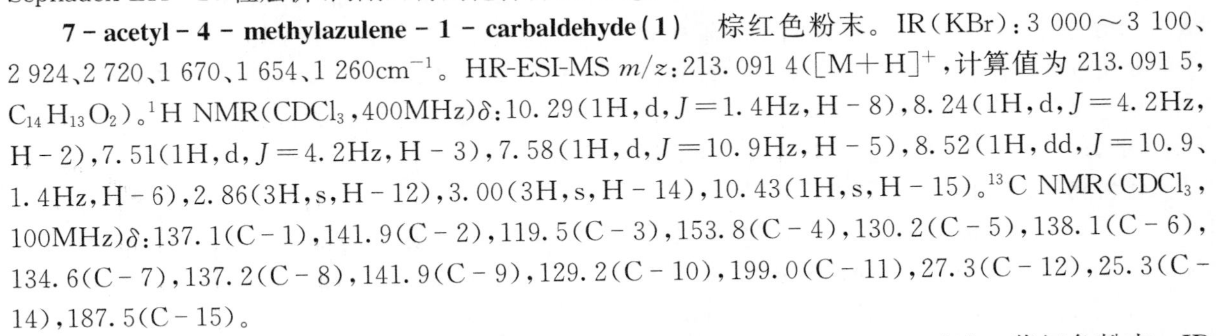

图81-1 松乳菇中倍半萜类化学成分的结构

化合物(1)～(3)的分离流程和主要波谱数据[9]

将松乳菇子实体（湿重10kg）先用丙酮提取3次，再用$CHCl_3$∶MeOH（1∶1，V/V）提取两次，减压浓缩，加水悬浮用乙酸乙酯萃取3次，减压浓缩得浸膏80g。通过硅胶柱层析，以石油醚-丙酮系统进行梯度洗脱（98∶2→95∶5→9∶1→8∶2→1∶1，V/V）分得5个部分（A～E）。A部分（21.6g）经反复硅胶（石油醚-丙酮，石油醚-乙酸乙酯）和Sephadex LH-20柱层析（$CHCl_3$∶MeOH），得到化合物(2)3mg。B部分经反复硅胶和Sephadex LH-20柱层析（$CHCl_3$∶MeOH）与制备TLC（石油醚∶丙酮，2∶1，V/V），得到化合物(1)3mg。E部分（1∶1）经反复硅胶（$CHCl_3$∶MeOH，石油醚∶丙酮）与Sephadex LH-20柱层析（丙酮），得到化合物(3)3mg。

7-acetyl-4-methylazulene-1-carbaldehyde(1) 棕红色粉末。IR(KBr)：3 000～3 100、2 924、2 720、1 670、1 654、1 260cm^{-1}。HR-ESI-MS m/z：213.091 4（$[M+H]^+$，计算值为213.091 5，$C_{14}H_{13}O_2$）。^1H NMR($CDCl_3$，400MHz)δ：10.29(1H，d，J=1.4Hz，H-8)，8.24(1H，d，J=4.2Hz，H-2)，7.51(1H，d，J=4.2Hz，H-3)，7.58(1H，d，J=10.9Hz，H-5)，8.52(1H，dd，J=10.9、1.4Hz，H-6)，2.86(3H，s，H-12)，3.00(3H，s，H-14)，10.43(1H，s，H-15)。^{13}C NMR($CDCl_3$，100MHz)δ：137.1(C-1)，141.9(C-2)，119.5(C-3)，153.8(C-4)，130.2(C-5)，138.1(C-6)，134.6(C-7)，137.2(C-8)，141.9(C-9)，129.2(C-10)，199.0(C-11)，27.3(C-12)，25.3(C-14)，187.5(C-15)。

7-(1,2-dihydroxypropan-2-yl)-4-methylazulene-1-carbaldehyde(2) 紫红色粉末。IR(KBr)：3 411、2 924、1 726、1 630、1 385cm^{-1}。HR-ESI-MS m/z：267.099 7（$[M+Na]^+$，计算值为267.099 7，$C_{15}H_{16}O_3Na$）。^1H NMR($CDCl_3$，400MHz)δ：8.16(1H，d，J=4.2Hz，H-2)，7.30(1H，d，J=4.2Hz，H-3)，7.57(1H，d，J=10.8Hz，H-5)，8.19(1H，dd，J=10.8、1.8Hz，H-6)，9.93(1H，d，J=1.8Hz，H-8)，1.70(3H，s，H-12)，4.06(1H，d，J=11.2Hz，H-13a)，3.88(1H，d，J=11.2Hz，H-13b)，2.95(3H，s，H-14)，10.24(1H，s，H-15)。^{13}C NMR($CDCl_3$，100MHz)δ：138.5(C-1)，

142.2(C-2),116.2(C-3),149.2(C-4),130.9(C-5),135.7(C-6),145.5(C-7),136.1(C-8),143.7(C-9),126.4(C-10),76.4(C-11),24.9(C-12),71.1(C-13),27.0(C-14),187.1(C-15)。

7-acetyl-4-methylazulene-1-carboxyl(3) 紫色粉末。IR(KBr):3 300～3 500、3 090、2 924、1 690、1 674、1 629、1 235、1 049cm^{-1}。HR-ESI-MS m/z:251.068 8([M+Na]$^+$,计算值 251.068 4,$C_{14}H_{12}O_3Na$)。^{1}H NMR(CD_3OD,400MHz)δ:8.35(1H,d,J=4.1Hz,H-2),7.59(1H,d,J=4.1Hz,H-3),7.64(1H,d,J=10.7Hz,H-5),8.52(1H,d,J=10.7Hz,H-6),10.47(1H,s,H-8),2.83(3H,s,H-12),3.02(3H,s,H-14)。^{13}C NMR(CD_3OD,100MHz)δ:137.7(C-1),140.6(C-2),128.3(C-3),150.3(C-4),119.3(C-5),137.4(C-6),132.4(C-7),138.7(C-8),141.6(C-9),130.0(C-10),201.8(C-11),27.4(C-12),24.9(C-14),174.8(C-15)。

化合物(7)的主要波谱数据[10]

deterol(7) 深蓝色针晶,mp 100～101℃。UV(EtOH)λ_{max}(logε):239(4.34)、290(4.69)、370(3.88)nm。IR(KBr):3 280、2 920、1 620、1 420、1 280、1 200、1 070、1 005、890、830、780、770cm^{-1}。EI-MS m/z(%):212[M]$^+$(89),210(22),196(25),195(100),179(20),165(40),152(16),128(17),57(21),47(21),40(66)。^{1}H NMR($CDCl_3$,300MHz)δ:8.67(1H,d,J=2.0Hz,H-6),7.80(1H,d,J=3.9Hz,H-3),7.68(1H,dd,J=9.0、2.0Hz,H-8),7.29(1H,d,J=3.9Hz,H-2),7.13(1H,d,J=9.0Hz,H-9),5.35(1H,m,H-12a),5.21(1H,m,H-12b),5.14(2H,s,H-15),2.87(3H,m,H-14),2.28(3H,m,H-13)。^{13}C NMR($CDCl_3$,75MHz)δ:146.9、146.3、138.5、135.9、135.7、135.5、134.6、132.6、129.9、125.8、114.4、114.2、58.6、24.3、23.2。

四、甾体类

从松乳菇中共分离得到7个已知甾体类化合物:3β,5α-dihydroxyergosta-7,22-dien-6β-yl-oleate(8)、3β,5α-dihydroxyergosta-7,22-dien-6β-yl-linoleate(9)、3β,5α,6β,9α-tetradroxy-ergosta-7,22-diene(10)、3β-hydroxyergosta-5,8,22-trien-7-one(11)、3β,5α,9α-trihydoxy-ergosta-7,22-dien-6-one(12)、5α,6α-epoxyergosta-8(14),22-dien-3β,7α-diol(13)、5α,6α-epoxyergosta-8,22-dien-3β,7α-diol(14)[11](图81-2)。

分离方法:将1.75kg松乳菇子实体用$CHCl_3$:CH_3OH(1:1,V/V)回流提取3次,合并提取液,减压浓缩至干,得到浸膏120g。将浸膏混悬于水,用乙酸乙酯萃取3次。回收溶剂得乙酸乙酯部分45g。经硅胶柱层析,采用$CHCl_3$:CH_3OH(100:0～0:100)进行梯度洗脱,得到A～G共7个部分。从B部分通过硅胶($CHCl_3$)和凝胶($CHCl_3$:CH_3OH,1:1,V/V)柱层析,得到化合物(11)5.4mg。从C部分通过反复硅胶柱层析(石油醚-丙酮系统)和凝胶($CHCl_3$:CH_3OH,1:1,V/V)柱层析,得到化合物(8)和(9)的混合物3.8mg,(13)16.1mg,(14)5.0mg。从E部分经硅胶柱层析($CHCl_3$:CH_3OH,7:3,V/V),得到化合物(10)3.2mg,(12)4.5mg[11]。

化合物(8)～(14)的主要波谱数据

3β,5α-dihydroxyergosta-7,22-dien-6β-yl-oleate(8) 无色油状物。ESI-MS m/z:717[M+Na]$^+$。^{1}H NMR($CDCl_3$,400MHz)δ:5.30(2H,m),5.18(1H,dd,J=15.2、7.3Hz),5.12(1H,dd,J=15.2、7.9Hz),4.82(1H,br d,J=5.0Hz),4.03(1H,m),1.00(3H,s),0.98(3H,d,J=6.6Hz),0.84(3H,t,J=7.0Hz),0.79(3H,d,J=7.4Hz),0.78(3H,d,J=7.2Hz),0.54(3H,s)。^{13}C NMR($CDCl_3$,100MHz)δ:32.3、30.4、67.1、39.2、75.1、73.3、114.1、145.5、43.1、37.1、21.9、39.2、43.6、54.8、22.8、27.8、55.9、12.2、18.1、40.3、21.0、135.3、132.0、42.8、33.0、19.6、19.9、17.6、173.4、34.6、24.9、29.6～29.0、27.1、129.7、130.0、27.1、31.8、22.6、14.0[12]。

3β,5α-dihydroxyergosta-7,22-dien-6β-yl-linoleate(9) 无色油状物。EI-MS m/z:412[M-$C_{18}H_{32}O_2$]$^+$。化合物(9)与(8)的区别仅在于6位连接的是亚油酸[13]。

ergosta - 7,22 - dien - 3*β*,5*α*,6*β*,9*α* - tetraol(10) 白色粉末(丙酮)。ESI - MS *m/z*:469[M+Na]$^+$。^{1}H NMR(pyridine - d_5,300MHz)δ:5.82(1H,dd,J=5.1、2.4Hz),5.28~5.13(2H,m),4.82(1H,m),4.44(1H,m),1.60(3H,s);1.06(3H,d,J=6.9Hz),0.94(3H,d,J=6.6Hz),0.85(3H,d,J=6.9Hz),0.84(3H,d,J=6.9Hz),0.70(3H,s)。^{13}C NMR(pyridine-d_5,100MHz)δ:143.0、136.2、132.1、121.3、78.7、75.0、73.8、67.4、22.5、21.4、20.2、19.8、17.9、12.1。

(8) (9)

(10) (11)

(12) (13)

(14)

图 81-2 松乳菇中甾体类化学成分的结构

3*β* - hydroxyergosta - 5,8,22 - trien - 7 - one(11) 无定型粉末。HR-EI-MS *m/z*:410.315 8([M]$^+$,计算值为 410.318 5,$C_{28}H_{42}O_2$)。^{1}H NMR($CDCl_3$,400MHz)δ:6.04(1H,d,J=1.5Hz),5.24(1H,dd,J=15.4、7.0Hz),5.19(1H,dd,J=15.4、6.2Hz),3.67(1H,m),1.35(3H,s),1.05(3H,d,J=7.0Hz),0.92(3H,d,J=7.0Hz),0.84(3H,d,J=6.6Hz),0.83(3H,d,J=6.4Hz),0.65(3H,s)。^{13}C NMR($CDCl_3$,100MHz)δ:186.3、161.5、160.9、135.5、134.0、132.1、126.8、71.9、53.4、48.4、42.9、

42.3、41.9、41.8、40.3、35.6、34.7、33.1、30.7、29.5、24.7、24.6、23.7、21.1、20.0、19.7、17.7、12.0[14]。

3*β*,5*α*,9*α* - trihydoxyergosta - 7,22 - dien - 6 - one(12) 无定型粉末。HR-EI-MS：m/z：428.328 8([M]$^+$ - H_2O，计算值 428.329 0，$C_{28}H_{44}O_3$)。化合物(12)与(10)的区别仅是6位的羟基氧化成羰基(δ_{C-6}：199.2)[15]。

5*α*,6*α* - epoxyergosta - 8(14),22 - dien - 3*β*,7*α* - diol(13) 白色粉末。EI-MS m/z：428[M]$^+$、410、392、377、285、267。^{1}H NMR(pyridine - d_5，400MHz)δ：5.19～5.31(2H，m)，4.67(1H，d，J=3.2Hz)，3.37(1H，d，J=3.2Hz)，4.30(1H，m)，1.03(3H，d，J=6.8Hz)，0.96(3H，d，J=6.8Hz)，0.91(3H，s)，0.90(3H，s)，0.86(3H，d，J=7.0Hz)，0.84(3H，d，J=7.0Hz)，0.83(3H，d，J=6.4Hz)，0.65(3H，s)。^{13}C NMR(pyridine - d_5，100MHz)δ：32.4、27.8、68.3、40.9、67.0、62.5、65.2、127.4、39.6、36.5、19.6、37.1、43.2、150.5、25.2、33.1、57.3、18.4、16.7、40.1、21.5、136.0、132.3、43.1、33.4、19.9、20.1、17.8[16]。

5*α*,6*α* - epoxyergosta - 8,22 - dien - 3*β*,7*α* - diol(14) 白色粉末。EI-MS m/z：428[M]$^+$、410、392、377、285、267。化合物(14)和(13)是同分异构体，区别仅在于C - 8位双键位置的不同，(13)为$\Delta^{8,14}$(δ_{C-8}：127.4，δ_{C-9}：150.5)，(14)为$\Delta^{8,9}$(δ_{C-8}：133.9，δ_{C-9}：128.3)。

五、芳香类化合物

从松乳菇中分离得到4个芳香类化合物：eugenyl 4″- *O* - acetyl - *β* - rutinoside(15)、anofinic acid(16)、3,4 - dihydro - 2,2 - dimethyl - 2H - 1 - benzopyran - 4 - one - 6 - carboxaldehyde(17)和3 - hydeoxyacetylindole(18)。其中化合物(15)、(17)、(18)为新化合物[11,17](图81 - 3)。

化合物(15)的分离方法：将1.75kg松乳菇子实体用$CHCl_3$ - CH_3OH(1∶1，V/V)回流提取3次，合并提取液，减压浓缩至干，得浸膏120g。将浸膏混悬于水，用乙酸乙酯萃取3次，回收溶剂得乙酸乙酯部分45g。经硅胶柱层析，采用氯仿-甲醇(100∶0～0∶100)进行梯度洗脱，得到A～G共7个部分。从G部分($CHCl_3$∶CH_3OH，1∶1，V/V)通过硅胶柱层析($CHCl_3$∶Me_2CO，30∶1～5∶1，V/V)和制备液相(MeCN∶H_2O，5%～25%)，得到(15)45.0mg[11]。

eugenyl 4″- *O* - acetyl - *β* - rutinoside(15) 无定型粉末。$[\alpha]_D^{20}$=-63.3(c 0.40，CH_3OH)。IR(KBr)：3 432，2 925，1 728，1 638，1 264，1 041cm^{-1}。UV(MeOH)λ_{max}(logε)：204(4.12)、224(3.50)、278(3.13)nm。HR-ESI-MS m/z：513.196 7(计算值 513.197 2，$C_{24}H_{33}O_{12}$)。^{1}H NMR(CD_3OD，400MHz)δ：6.83(1H，d，J=1.8Hz，H - 2)，7.05(1H，d，J=8.2Hz，H - 5)，6.73(1H，dd，J=8.2、1.8Hz，H - 6)，3.33(1H，d，J=6.7Hz，H - 7)，5.95(1H，ddt，J=17.0、9.8、6.7Hz，H - 8)，5.06(1H，dd，J=17.0、1.6Hz，H - 9a)，5.02(1H，dd，J=9.8、1.6Hz，H - 9b)，3.85(3H，s，H - 10)，4.82(1H，d，J=7.6Hz，H - 1′)，3.48(1H，m，H - 2′)，3.46(1H，m，H - 3′)，3.38(1H，m，H - 4′)，3.51(1H，m，H - 5′)，3.97(1H，dd，J=11.0、1.8Hz，H - 6′a)，3.64(1H，dd，J=11.0、6.1Hz，H - 6′b)，4.73(1H，br s，H - 1″)，3.85(1H，m，H - 2″)，3.83(1H，m，H - 3″)，4.91(1H，m，H - 4″)，3.80(1H，m，H - 5″)，1.04(1H，d，J=7.3Hz，H - 6″)，2.08(3H，s，H - 8″)。^{13}C NMR(CD_3OD，100MHz)δ：136.6(C - 1)，114.2(C - 2)，150.9(C - 3)，146.1(C - 4)，118.4(C - 5)，122.0(C - 6)，40.8(C - 7)，139.0(C - 8)，115.9(C - 9)，56.7(C - 10)，103.0(C - 1′)，74.9(C - 2′)，77.8(C - 3′)，71.4(C - 4′)，76.7(C - 5′)，67.8(C - 6′)，101.9(C - 1″)，72.2(C - 2″)，70.3(C - 3″)，75.6(C - 4″)，67.6(C - 5″)，17.7(C - 6″)，172.5(C - 7″)，21.1(C - 8″)[11]。

anofinic acid(16) 无色方晶，mp 150.0～156.0℃。HR-EI-MS m/z：204.079 0([M$^+$]，计算值为 204.078 6，$C_{12}H_{12}O_3$)。^{13}C NMR($CDCl_3$，100MHz)δ：171.8、158.0、131.9、131.1、128.8、121.7、121.6、120.8、116.4、77.7、28.5[17]。

3,4 - dihydro - 2,2 - dimethyl - 2H - 1 - benzopyran - 4 - one - 6 - carboxaldehyde(17) 无色针

晶，mp 87.0～91.0℃。IR(KBr)：2 977、1 698、1 609、1 570、1 487、1 459、1 265、1 185cm^{-1}。UV(MeOH)λ_{max}(ε)：241(22 250)、274(12 800)、322(2 640)nm。HR-EI-MS m/z：204.078 8([M$^+$]，计算值为 204.078 6，$C_{12}H_{12}O_3$)。^{1}H NMR($CDCl_3$，360MHz)δ：9.93(1H，s，CHO)，8.36(1H，d，J＝2.1Hz，H－5)，8.04(1H，dd，J＝8.6、2.1Hz，H－7)，7.06(1H，d，J＝8.6Hz，H－8)，2.79(2H，s，CH_2)，1.51(6H，s，2×CH_3)。^{13}C NMR($CDCl_3$，125MHz)δ：191.2(C－2)，190.2(CHO)，164.4(C－8a)，134.8(C－5)，131.2(C－7)，129.9(C－6)，119.9(C－4a)，119.7(C－8)，80.7(C－2)，48.6(C－3)，26.6(2×CH_3)[17]。

3－hydeoxyacetylindole(18)　无色油状物。0℃凝固，以乙酰化物的形式存在。HR-EI-MS m/z：259.084 6([M$^+$]，计算值为 259.084 7，$C_{14}H_{13}NO_4$)。^{1}H NMR($CDCl_3$，360MHz)δ：2.26(3H，s，$OCOCH_3$)，2.75(3H，s，$NCOCH_3$)，5.23(2H，s，CH_2)，7.40(2H，t，J＝8.0Hz，H－6，H－7)，8.16(1H，s，H－2)，8.28 和 8.39(各 1H，d，J＝8.0Hz，H－4，H－7)[17]。

(15)

(16)　　(17)　　(18)

图 81－3　松乳菇中芳香类化学成分的结构

六、多元醇类

从松乳菇中分离得到两个新多元醇类化合物：3－hydroxymethyl－2－methylenepentane－1,4－diol(19)和 1－methylcyclohexane－1,2,4－triol(20)(图 81－4)。

分离方法：将 1.75kg 松乳菇子实体用 $CHCl_3$：CH_3OH(1∶1，V/V)回流提取 3 次，合并提取液，减压浓缩至干，得浸膏 120g。将浸膏混悬于水，用乙酸乙酯萃取 3 次，回收溶剂得到乙酸乙酯部分 45g。经硅胶柱层析，采用氯仿-甲醇(100∶0～0∶100)进行梯度洗脱，得到 A～G 共 7 个部分。从 G 部分($CHCl_3$：CH_3OH，1∶1，V/V)通过反相硅胶(MeOH：H_2O，10%～30%)和凝胶柱层析($CHCl_3$：CH_3OH，1∶1，V/V)，得到(19)8.8mg，(20)7.6mg[11]。

化合物(19)和(20)的主要波谱数据为：

3－hydroxymethyl－2－methylenepentane－1,4－diol(19)　无色油状物。$[\alpha]_D^{20}$＝－29.0(c 0.23，CH_3OH)。IR(KBr)：3 423、2 933、1 638、1 107cm^{-1}。HR-ESI-MS(＋) m/z：147.101 9(计算值为 147.102 1，$C_7H_{15}O_3$)。^{1}H NMR(CD_3OD，400MHz)δ：4.05(1H，d，J＝4.2Hz，H－2)，2.25(1H，m，H－3)，3.97(1H，m，H－6)，1.18(1H，d，J＝6.4Hz，H－5)，5.23(1H，br s，H－6a)，5.02(1H，br s，H－6b)，3.73(1H，dd，J＝10.7、6.4Hz，H－7a)，3.67(1H，dd，J＝10.7、7.3Hz，H－7b)。^{13}C NMR(CD_3OD，100MHz)δ：65.7(C－1)，148.3(C－2)，54.5(C－3)，67.8(C－4)，21.5(C－5)，114.4

(C－6),63.5(C－7)。

1－methylcyclohexane－1,2,4－triol(20) 无色油状物。$[\alpha]_D^{20}=-54.0(c\ 0.19, CH_3OH)$。IR(KBr):3 445、2 953cm^{-1}。HR-ESI-MS m/z:147.102 3(计算值为 147.102 1,$C_7H_{15}O_3$)。^1H NMR(CD_3OD,400MHz)δ:3.28(1H,m,H－2),1.92(1H,m,H－3a),1.64(1H,m,H－3b),3.56(1H,m,H－4),1.56(1H,m,H－5a),1.59(1H,m,H－5b),1.69(1H,m,H－6a),1.32(1H,m,H－6b),1.20(3H,s,H－7)。^{13}C NMR(CD_3OD,100MHz)δ:71.2(C－1),74.3(C－2),39.9(C－3),69.6(C－4),31.1(C－5),35.4(C－6),26.6(C－7)。

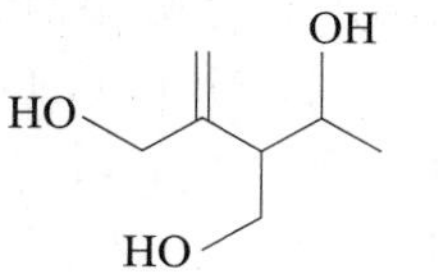

HO OH HO HO OH OH
(19) 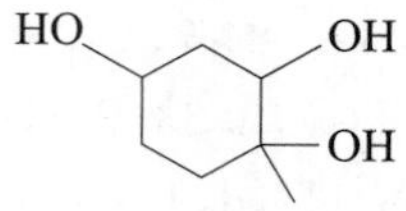 (20)

图 81－4 松乳菇中多元醇类化学成分的结构

七、松乳菇凝集素

凝集素(1ectin)是一类非免疫起源,不具有酶活性,具有糖专一性,可促使细胞凝集的糖蛋白。植物、动物、微生物中都有分布,尤其是大型真菌的子实体、菌丝、菌核、孢子中含量较多。真菌凝集素具有很强的抗肿瘤活性,凝集素对人宫颈癌 HeLa 细胞有明显的抑制作用。

将松乳菇菌丝体凝集素(LDL)粗提液与牛、驴与人 O 型血共 3 种红细胞悬液进行凝集反应,以检测其凝集活性,进行糖抑制、温度、pH 值与二价金属离子影响的研究。结果表明:3 种血红细胞松乳菇菌丝体凝集素粗提液均能凝集,其中对牛血红细胞凝集活力最强,为 211;温度 4～40℃。松乳菇菌丝体凝集素样品都具有活性,处于 30℃左右温度时,凝集素活力最强[8]。

八、松乳菇其他化学成分的研究

松乳菇中常量元素氮、磷、钾与有机碳的含量都较高;松乳菇含有多种微量元素,特别人体必需的铜、锌、铁、锰、钾、磷和镁等元素,其中钾和磷的含量最丰富,这些必需微量元素参与人体代谢,对维持人的机体自身稳定性起着十分重要的作用。

松乳菇所含的人体必需氨基酸也较高,每 100g 松乳菇含人体必需氨基酸 4 711.70mg,氨基酸总量可达到 13 221.45mg,高于香菇等品种[3]。

化学成分分析(100g 鲜松乳菇):水分为 94.90±0.75g,总脂肪为 0.14±0.00g,蛋白质为 2.87±0.19g,碳水化合物 1.91±0.24g。脂肪酸成分分析(100g 鲜松乳菇):总饱和脂肪酸为 40.14±0.13g,总单不饱和脂肪酸 42.28±0.01g,总多饱和脂肪酸 17.59±0.12g。糖成分分析(100g 鲜松乳菇):甘露醇为 1.36±0.01g,海藻糖为 0.27±0.01g,总糖为 1.63±0.01g[1,3-6,18]。

此外,松乳菇中还含有脂肪酸类成分,主要以亚油酸、油酸和棕榈酸为主[6]。

第三节 松乳菇单体化学成分的分析方法

一、气相色谱-质谱法

采用同时蒸馏萃取方法对松乳菇挥发性成分进行提取,并用气相色谱-质谱法(GC－MS)进行化

学成分分析，共鉴定了67种成分，占全部挥发性总提取物的56.76%，其中包括醇类化合物6个、醛类化合物11个、酮类化合物4个、脂肪酸类化合物8个、酯类化合物10个、苯、萘衍生物15个、长链烷烃类化合物6个与其他化合物7个。所鉴定的化合物中含量超过2%的有9种：1-辛烯-3-醇(2.27%)、丁酸丁酯(13.52%)、(*E*)-2-辛烯醛(2.88%)，*n*-癸酸(4.99%)，[1aR-(1a.*α*.,4.*β*.,4a.*β*.,7.*β*.,7a.*β*.,7b.*α*.)]-十氢-1,1,4,7-四甲基-1H-环丙烯并[e]薁(4.16%)，*n*-十六烷酸(4.75%)，(*Z*)-9,17-十八碳二烯醛(5.19%)，(*E*)-9-十八碳烯酸(3.33%)，十八烷酸(2.13%)[19]。

二、高效液相色谱法

从松乳菇的甲醇提取物中，采用HPLC法检测出10种芳香类或黄酮类成分：caffeic acid、chlorogenic acid、ferulic acid、gallic acid、gentisic acid、*P*-hydroxybenzoic acid、homogentisic acid、myricetin、protocatechuic acid和pyrogallol。检测的液相条件是：Alliance HPLC 2695(Waters)高效液相色谱仪；Waters Symmetry反相C_{18}色谱柱(3.5μm、75mm、4.6mm i. d.)，柱温25℃；流动相A：0.1%醋酸水溶液，流动相B：乙腈，0min：0%B，2min 5%B，20min 40%B，22min 80%B，流速1ml/min；检测波长：280nm和320nm[20]。

第四节　松乳菇生物活性的研究

一、抗菌活性

采用松乳菇热水提取多糖工艺各部分的提取物，对细菌(大肠杆菌*Escherichia coli*、枯草芽孢杆菌*Bacillus subtilis*、金黄色葡萄球菌*Staphalococcus aureus*)、放线菌5406 *Streptomyces microflavus*、真菌(产黄青霉*Penicillium chrysogenum*、米曲霉*Aspergillus oryzae*、啤酒酵母*Saccharomyces cerevisiae*、热带假丝酵母*Candida tropicalis*)进行抗菌活性实验。结果表明，松乳菇的热水浸提液，及其sevag去蛋白所获得的有机相(含蛋白质、脂溶性物质)、水相(含多糖等)具有一定的抗菌活性，其抗菌成分主要存在于有机相中，对细菌、真菌有较为明显的抑制作用；水相对放线菌和部分真菌有抑制作用[21]。

二、抗肿瘤活性

松乳菇多糖在体内能显著抑制移植性肿瘤S-180的生长，并呈一定的剂量依赖关系，每天14mg/kg和28mg/kg的抑瘤率，分别为48.71%和68.51%，且对小鼠脏器均无明显的损伤和毒性不良反应。在体外，可抑制肿瘤细胞增殖，并与剂量成正比，且作用于不同的肿瘤细胞具有不同的效果。在高剂量时，对人喉癌Hep-2有较好的抑制效果，给药浓度为600μg/ml时，最高抑制率达50.8%；在低剂量时，对人肝癌Hep-2有一定的抑制作用，给药浓度为150μg/ml时，最高抑制率达32.76%，推测可能通过肝脏的免疫调节作用抑制肿瘤细胞的生长[22]。

三、清除自由基活性

采用DPPH自由基清除法，对松乳菇95%乙醇提取物，以及经萃取分离得到的石油醚、乙酸乙酯、正丁醇、甲醇和水部分进行体外活性测定。结果：乙酸乙酯、石油醚和甲醇部分活性较好，IC_{50}分别为0.26mg/ml、1.67mg/ml和2.05mg/ml[23]。

四、体外免疫活性

松乳菇多糖在浓度为 25～600μg/ml 时，能够显著促进肝细胞的增殖，且松乳菇多糖对肝细胞增殖的促进能力与浓度呈正相关[22]。

松乳菇多糖对小鼠胸腺、脾脏指数的影响，见表 81－1，由表中数据得出，松乳菇多糖高浓度组与对照组相比，其胸腺指数和脾脏指数均有显著增加，高浓度组和低浓度组相比，脾脏指数有显著增加[24]。胸腺为初级淋巴器官，脾脏为次级淋巴器官，均与体液和细胞免疫关系密切。实验结果表明，松乳菇多糖能够提高机体免疫功能。

表 81－1　松乳菇多糖对小鼠胸腺和脾脏指数的影响

组　别	脾脏指数	胸腺指数
A(8.125g/100ml)	0.013 4±0.000 53[bc]	0.004 0±0.000 40[a]
B(1.625g/100ml)	0.011 2±0.000 80	0.003 9±0.000 21
C(0.325g/100ml)	0.008 7±0.000 49	0.004 0±0.000 43
control	0.008 7±0.000 90	0.002 9±0.000 34

注：a 表示 $P<0.05$，b 表示 $P<0.01$，与对照组比较；c 表示 $P<0.05$，与 C 组相比。

网状内皮系统是机体最重要的防御系统，它具有强大而迅速的吞噬廓清异物颗粒的能力，并能迅速消除体内自身产生的某些有害物质，因此可以借助测定血液中碳粒的消失速度来反应网状内皮系统吞噬异物的能力。松乳菇多糖对小鼠碳粒廓清实验结果表明（表 81－2），高浓度组与对照组和低浓度组相比，吞噬系数显著提高。松乳菇多糖可增强小鼠吞噬异物的能力，提高免疫力。

表 81－2　松乳菇多糖对小鼠碳粒吞噬指数的影响

组　别	脾脏指数
A(8.125g/100ml)	0.044±0.003 2[bc]
B(1.625g/100ml)	0.032±0.002 3[b]
C(0.325g/100ml)	0.008 7±0.000 49
control	0.008 7±0.000 90

注：b 表示 $P<0.05$，与对照组比较；c 表示 $P<0.05$，与 C 组相比。

此外，松乳菇的甲醇提取物还具有抗氧化活性和抗炎活性[20,25]。

第四节　展　望

松乳菇在湖南等地区被视为山中珍品，市场上十分走俏。但由于其与植物共生，有特殊的生态条件、营养方式和子实体分化发育条件，对它的驯化有很大难度，目前还不能完全人工栽培，市场供应还依赖于野生采集，过度采挖已导致产地资源破坏严重，产量逐渐减少。经研究表明，通过液体培养能在短时间内得到大量菌丝体，而菌丝体与菇体同样富含氨基酸，具有很高的营养价值，可制成调味品和食品添加剂，具有广阔的应用前景。

另外，目前对松乳菇的化学和生物活性研究还不够深入，具有较大空间。随着科学先进技术的不断深入与发展，将为松乳菇的药用研究夯实扎实基础。

参考文献

[1] 杨明毅，徐虹. 松乳菇的研究与开发[J]. 中国野生植物资源，2001，20(2)：29－30.
[2] 卯晓岚. 中国食用菌图谱[M]. 北京：中国轻工业出版社，1999.
[3] 周庆珍，潘高潮，龙梅立，等. 贵州野生松乳菇化学成分及产品开发研究[J]. 贵州科学，2001，19(3)：56－60.
[4] 吴三桥，周选国，李新生. 松乳菇中氨基酸及其他营养素含量的测定[J]. 氨基酸和生物资源，2001，23(3)：5－6.
[5] 敖常伟，惠明，李忠海，等. 松乳菇营养成分分析及松乳菇多糖的提取分离[J]. 食品工业科技，2003，24(9)：77－79.
[6] Barros L，Baptista P，Correia DM，et al. Fatty acid and sugar compositions，and nutritional value of five wild edible mushrooms from northeast Portugal [J]. Food Chem，2007，105：140－145.
[7] Ding X，Hou YL，Hou WR. Structure feature and antitumor activity of a novel polysaccharide isolated from *Lactarius delicisus* Gray [J]. Carbohydr Polymers，2012，89(2)：397－402.
[8] Ke LX，Yang XT，Jong SC. Isolation and partial analysis of a polysaccharide-protein complex from *Lactarius deliciosus* [J]. Micologia Aplicada Int，2003，15(2)：45－50.
[9] 彭维恩. 松乳菇化学成分分析[J]. 甘肃石油和化工，2012，26(4)：34－38.
[10] Bergendorff O，Sterner O. The sesquiterpenes of *Lactarius deliciosus* and *Lactarius deterrimus* [J]. Phytochemistry，1988，27(1)：97－100.
[11] Zhou ZY，Tan JW，Liu JK. Two new polyols and a new phenylpropanoid glycoside from the basidiomycete *Lactarius deliciosus* [J]. Fitoterapia，2011，82：1309－1302.
[12] Wang F，Liu JK. Two new steryl esters from the basidiomycete *Tricholomopsis rutilans* [J]. Steroids，2005，70：127－130.
[13] Yang SP，Xu J，Yue JM. Sterols from the fungus *Catathelasma imperiale* [J]. Chin J Chem，2003，21：1390－1394.
[14] Ishizuka T，Yaoita Y，Kikuchi M. Sterol constituents from the fruit bodies of *Grifola frondosa* (FR.) [J]. Chem Pharm Bull，1997，45：1756－1760.
[15] Yaoita Y，Amemiya K，Ohnua H，et al. Sterol constituents from the edible mushrooms [J]. Chem Pharm Bull，1998，46：944－950.
[16] Yue JM，Chen SN，Lin ZW，et al. Sterols from the fungus *Lactarium volemus* [J]. Phytochemistry，2001，56：801－806.
[17] Ayer WA，Trifonov LS. Aromatic compounds from liquid cultures of *Lactarius deliciosus* [J]. J Nat Prod，1994，57 (6)：839－841.
[18] 王辉宪，李会良，姚俊. 湘西松乳菇、红汁乳菇中金属元素的测定及其营养价值的研究[J]. 吉首大学学报(自然科学)，1994，15(5)：63－66.
[19] 方云山，何弥尔. 松乳菇挥发性化学成分的 GC/MS 分析[J]. 昆明学院学报，2010，32(6)：65－67.
[20] Palacios I，Lozano M，Moro C，et al. Antioxidant properties of phenolic compounds occurring in edible mushrooms [J]. Food Chem，2011，128：674－678.
[21] 柯丽霞. 松乳菇的抗菌活性研究[J]. 安徽师范大学学报(自然科学版)，2002，25(1)：63－64.

[22] 陈杨琼,丁祥,伍春莲,等. 松乳菇多糖抗肿瘤和免疫调节活性研究[J]. 食用菌学报,2012,19(3):73—78.

[23] 文小玲,李鲜,唐丽萍,等. 云南松乳菇提取物体外自由基清除活性研究[J]. 昆明医科大学大学学报,2014,35(10):19—21.

[24] 钟海雁,敖常伟,李忠海. 松乳菇多糖对小鼠免疫功能的影响[J]. 中南林学院学报,2006,26(4):52—55.

[25] Moro C, Palacios I, Lozano M, et al. Anti-inflammatory activity of methanolic extracts from edible mushrooms in LPS activated RAW 264. 7 macrophages [J]. Food Chem, 2012, 130: 350—355.

（刘　超、董爱军、张瑞雪）

第八十二章 黄菊菇

HUANG JU GU

第一节 概 述

黄菊菇[*Pholiota squarrosa* (Pers.: Fr.) Quél]属担子菌门，伞菌纲，伞菌亚纲，伞菌目，球盖菇科，鳞伞属(*Pholiota*)真菌，又名翘鳞伞、翘鳞环锈伞，主要分布于吉林、河北、甘肃、青海、新疆、四川、云南、西藏等省区。黄菊菇是中国民间常用的食药用菌，具有抗癌、抗肿瘤、抗氧化、延缓衰老、美白祛斑等功效[1]。

黄菊菇的化学成分和生物活性方面的研究报道较少，目前发现含有多糖、特特拉姆酸衍生物、聚酮类衍生物、生物碱等类型的化合物。

第二节 黄菊菇化学成分的研究

黄菊菇的化学成分鲜有研究，据 Hilaire 等人[2-4]报道，从黄菊菇中分离得到 7 个含氮化合物和 1 个聚酮类衍生物。

Epipyridone(1)　　Epicoccarine A(2)　　Epicoccarine B(3)

图 82-1　黄菊菇中含氮的化合物(1)～(3)

一、黄菊菇中含氮化合物的提取、分离与结构鉴定

Hilaire 等人[2-4]从黄菊菇内生菌中分离得到一个吡啶类生物碱，epipyridone(1)，6 个特特拉姆酸衍生物，其中 epicoccarine A(2)和 epicoccarine B(3)，以及 epicoccamides B-D(5)～(7)是新化合物。

Epipyridone(1)　红色油状物。$[\alpha]_D^{25}$ 123.3(*c* 0.06，MeOH)；UV(MeOH)λ_{max} 213、250nm；IR(KBr)：3 192、2 922、1 638、1 611、1 514、1 418、1 375、1 080、833cm^{-1}。^{1}H NMR($CDCl_3$，500MHz)，见表 82-1；^{13}C NMR($CDCl_3$，125MHz)，见表 82-1；ESI-MS(pos. ion mode)*m/z*：390.1[M+Na]$^+$，368.2[M+H]$^+$；ESI-MS(neg. ion mode)*m/z*：366.2[M-H]$^-$；MS/MS(neg. ion mode)*m/z*：283.1、268.0、240.0、214.0；HR-ESI-MS *m/z*：366.206 5[M-H]$^-$，calcd *m/z*：366.206 9[M-H]$^-$ for $C_{23}H_{28}O_3N$。

Epicoccarine A(2)　红色油状物。$[\alpha]_D^{25}$-45.8(*c* 0.15，MeOH)；UV(MeOH)λ_{max} 228、280nm。IR(KBr)：3 263、2 924、1 651、1 594、1 515、1 446、1 221cm^{-1}。^{1}H NMR($CDCl_3$，300MHz)，见表 82-

1;^{13}C NMR($CDCl_3$,75MHz),见表 82 - 1;ESI - MS(neg. ion mode)m/z:384.3[M - H]$^-$;MS/MS(neg. ion mode)m/z:278.2、260.1、194.1、152.9、98.0;HR-ESI-MS m/z:384.214 9[M - H]$^-$,calcd m/z:384.217 5[M - H]$^-$ for $C_{23}H_{30}O_4N$。

Epicoccarine B(3) 红色油状物。$[\alpha]_D^{25}$- 179.9(c 0.1,MeOH);UV(MeOH)λ_{max} 228、280nm。IR(KBr):3 271、2 923、1 651、1 594、1 516、1 454、1 213cm^{-1}。^{1}H NMR($CDCl_3$,300MHz),见表 82 - 1;^{13}C NMR($CDCl_3$,75MHz),见表 82 - 1。ESI - MS(neg. ion mode)m/z:401.1[M - H]$^-$;MS/MS(neg. ion mode)m/z:278.1、259.9、194.2、152.9、98.0;HR-ESI-MS m/z:400.209 5[M - H]$^-$,calcd m/z:400.212 4[M - H]$^-$ for $C_{23}H_{30}O_5N$。

表 82 - 1 化合物(1)~(3)的核磁数据

No.	Epipyridone(1)		Epicoccarine A(2)		Epicoccarine B(3)	
	δ_H[J(Hz)]	δ_C	δ_H[J(Hz)]	δ_C	δ_H[J(Hz)]	δ_C
1	—	—	—	—	—	—
2	—	164.5	—	175.3	—	175.4
3	—	109.2	—	100.4	—	100.3
4	—	162.1	—	193.7	—	193.7
5	—	116.0	3.97,dd(3.6,9.4)	63.5	3.96,dd(7.5)	65.6
6	7.11,s	130.9	2.64,dd(9.4,14.0) 3.18,dd(3.6,13.9)	37.1	4.74,dd(7.4)	74.1
7	1.98,d(11.35)	49.1	—	193.9	—	193.9
8	2.63,m	27.8	3.80,m	33.9	3.72,m	34.3
9	0.58~1.84,m	45.0	1.13~1.84,m	40.4	1.12~1.75,m	40.3
10	1.60,m	26.0	1.50,m	28.9	0.79~1.49,m	28.9
11	0.68~1.60,m	46.3	1.75~1.88,m	47.9	1.75~1.97,m	47.8
12	—	37.0	—	132.6	—	132.5
13	3.84dd(1.2,10.4)	93.3	5.07,m(7.0)	128.3	5.08,m(6.8)	128.4
14	1.27~1.56,m	23.3	1.99,m	21.1	0.93~1.97,m	21.1
15	0.89,d(7.1)	11.0	0.91,t(7.4)	14.3	0.91,t(7.4)	14.3
16	0.68,s	15.4	1.49,s	15.6	1.49,s	15.6
17	0.86,d(6.5)	22.7	0.82,d(6.5)	19.6	0.79,d(6.4)	19.6
18	1.14,d(5.7)	24.7	1.15,d(6.8)	18.4	1.10,d(6.3)	18.4
1′	—	126.1	—	127.1	—	130.2
2′	7.20,d(8.4)	130.5	7.02,d(8.1)	130.3	7.19,d(7.8)	128.4
3′	6.84,d(8.4)	115.1	6.75,d(8.3)	115.7	6.75,d(7.8)	115.6
4′	—	156.2	—	155.0	—	156.3
5′	6.84,d(8.4)	115.1	6.75,d(8.3)	115.7	6.75,d(7.8)	115.6
6′	7.20,d(8.4)	130.5	7.02,d(8.1)	130.3	7.19,d(7.8)	128.4

Epicoccamide B(5) 无色油状物。$[\alpha]_D^{25}$- 94.0(c 0.2,MeOH);UV(MeOH)λ_{max} 224、283nm;IR(KBr):3 383、2 923、2 852、1 711、1 612、1 449、1 371、1 236cm^{-1}。^{1}H NMR($CDCl_3$,300MHz),见表 82 - 2;^{13}C NMR($CDCl_3$,75MHz),见表 82 - 2。ESI - MS(neg. ion mode)m/z:598.5[M - H]$^-$;MS/MS(neg. ion mode)m/z:556.4、538.4、394.4、126.0;HR-ESI-MS m/z:598.360 0[M - H]$^-$,

calcd m/z：598.359 1[M－H]$^-$ for $C_{31}H_{52}O_{10}N$。

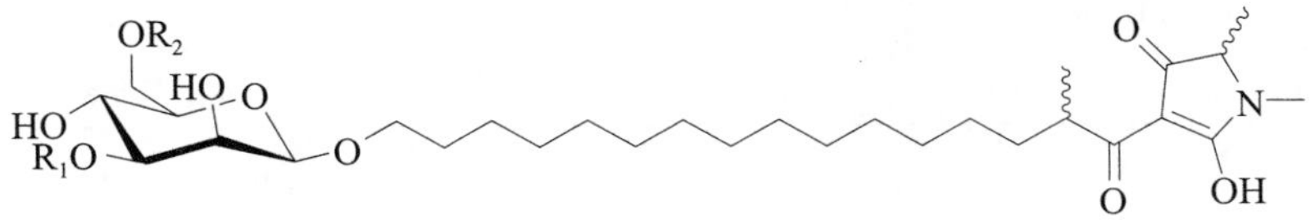

compound 4　　R_1=R_2=H
Epicoccamide B(5)　　R_1=Ac,R_2=H
Epicoccamide C(6)　　R_1=H,R_2=Ac

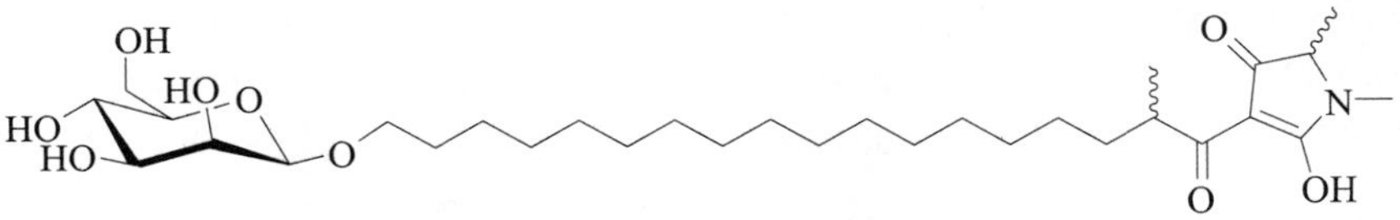

Epicoccamide D(7)

图 82－2　黄菊菇中含氮的化合物(4)～(7)

Epicoccamide C(6)　无色油状物。$[\alpha]_D^{25}$－52.6(c 0.10,MeOH)；UV(MeOH)λ_{max} 224、283nm；IR(KBr)：3 311、2 921、2 851、1 710、1 650、1 613、1 448、1 368、1 235、1 065cm^{-1}。^{1}H NMR($CDCl_3$, 300MHz)，见表 82－2；^{13}C NMR($CDCl_3$, 75MHz)，见表 82－2；ESI-MS(neg. ion mode)m/z：598.5 [M－H]$^-$；MS/MS(neg. ion mode)m/z：556.4、538.5、394.4、126.0；HR-ESI-MS m/z：598.360 5 [M－H]$^-$，calcd m/z：598.359 1[M－H]$^-$ for $C_{31}H_{52}O_{10}N$。

Epicoccamide D(7)　无色油状物。$[\alpha]_D^{25}$ －40.4(c 0.20,MeOH)；UV(MeOH)λ_{max} 224、283nm。IR(KBr)：3 322、2 918、2 849、1 710、1 612、1 449、1 068cm^{-1}；^{1}H NMR($CDCl_3$, 300MHz)，见表 82－2；^{13}C NMR($CDCl_3$, 75MHz)，见表 82－2。ESI－MS(neg. ion mode)m/z：584.4[M－H]$^-$；MS/MS (neg. ion mode)m/z：422.2、125.9；HR-ESI-MS m/z：584.378 2[M－H]$^-$，calcd m/z：584.379 9 [M－H]$^-$ for $C_{31}H_{54}O_9N$。

表 82－2　化合物(5)～(7)的核磁数据

No.	Epicoccamide B(5)		Epicoccamide C(6)		Epicoccamide D(7)	
	δ_H[J(Hz)]	δ_C	δ_H[J(Hz)]	δ_C	δ_H[J(Hz)]	δ_C
1	—	173.1	—	173.1	—	173.1
2	—	99.8	—	99.8	—	99.8
3	—	192.0	—	192.0	—	191.9
4	3.68dd(7.0,14.0)	62.7	3.67dd(7.0,14.0)	62.7	3.66dd(6.9,13.9)	62.7
5	1.32d(6.9)	14.8	1.33d(6.9)	14.8	1.34d(6.9)	14.8
6	2.95s	26.2	2.92s	26.2	2.94s	26.2
7	—	194.6	—	194.5	—	194.5
8	3.57m	36.0	3.56m	36.0	3.54m	36.0
9	1.44～1.65m	33.7	1.44～1.65m	33.7	1.43～1.67m	33.7
10	1.21m	27.2	1.21m	27.2	1.21m	27.2
11～19	1.21m	29.5	1.21m	29.5	1.21m	29.5
20	1.21m	25.9	1.21m	25.9	1.21m	29.5
21	1.58m	29.3	1.58m	29.3	1.21m	29.5
22	3.53～3.88	70.0	3.50～3.87	69.9	1.21m	29.5
23	1.15d(6.9)	17.0	1.14d(6.7)	17.0	1.57m	29.4

(续表)

No.	Epicoccamide B(5)		Epicoccamide C(6)		Epicoccamide D(7)	
	δ_H[J(Hz)]	δ_C	δ_H[J(Hz)]	δ_C	δ_H[J(Hz)]	δ_C
24	—	—	—	—	3.48～3.83m	70.0
25	—	—	—	—	1.15d(6.9)	17.0
1′	4.56d(0.7)	99.3	4.46d(0.7)	99.8	4.44d(0.7)	100.1
2′	4.12dd(0.7,3.0)	69.3	3.97dd(0.7,2.7)	70.6	3.97brs	71.1
3′	4.78dd(3.0,9.8)	76.1	3.50brs	74.1	3.53brs	74.1
4′	4.08t(9.7)	65.8	3.64brs	68.0	3.87brs	66.6
5′	3.36brs	75.6	3.35brs	73.8	3.18brs	75.9
6′	3.92m	62.5	4.32dd(5.1,12.1) 4.40dd(2.3,12.1)	63.5	3.86m	61.2
7′	—	171.2	—	171.6	—	—
8′	2.16s	21.0	2.10s	20.8	—	—

二、黄菊菇中聚酮类衍生物的提取、分离与结构鉴定

Hilaire 等人[2-4]从黄菊菇中分离得到一种苯丙素衍生的聚酮类衍生物，squarrosidine(8)。这也是一类在真菌中较为常见的成分(图 82-3)。

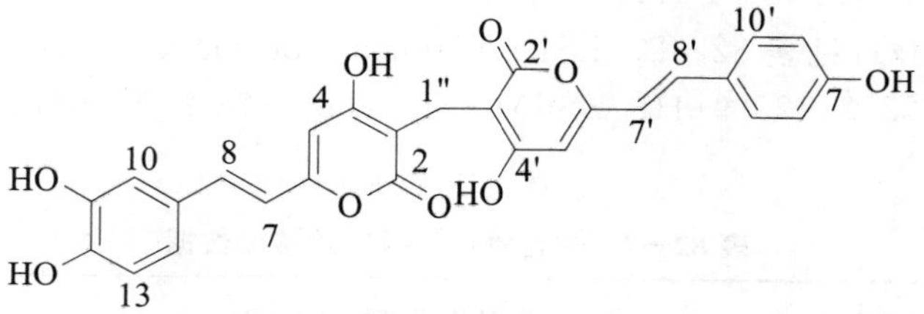

Squarrosidine(8)

图 82-3　黄菊菇中的聚酮类衍生物(8)

Squarrosidine(8)　黄色油状物。UV(MeOH)λ_{max} 219、258、369nm。IR(KBr)：3 204、1 661、1 601、1 556、1 513、1 414、1 273、1 022、987cm^{-1}。^{1}H NMR(CDCl$_3$,500MHz)，见表 82-3，^{13}C NMR(CDCl$_3$,125MHz)，见表 82-3。ESI-MS(neg. ion mode)m/z:487.0[M-H]$^-$。MS/MS(neg. ion mode)m/z:257.0、245.0、213.1、211.2、185.1、159.1。HR-ESI-MS$m/z$:487.106 5[M-H]$^-$(calcd. m/z:487.102 9[M-H]$^-$ for $C_{27}H_{19}O_9$)(图 82-3)。

表 82-3　化合物(8)的核磁数据

No.	δ_H[J(Hz)]	δ_C	No.	δ_H[J(Hz)]	δ_C
1	—	—	1′	—	—
2	—	164.2	2′	—	164.2
3	—	101.2	3′	—	101.2
4	—	172.5	4′	—	172.5
5	5.85s	105.2	5′	5.84s	105.2
6	—	155.4	6′	—	155.4

（续表）

No.	δ_H[J(Hz)]	δ_C	No.	δ_H[J(Hz)]	δ_C
7	6.52d(15.9)	117.3	7′	6.62d(15.9)	117.4
8	6.97d(15.9)	131.5	8′	7.06d(15.9)	131.1
9	—	127.2	9′	—	126.7
10	6.96d(1.8)	113.6	10′	7.43d(8.7)	128.5
11	—	146.5	11′	6.76d(8.7)	115.6
12	—	145.4	12′	—	158.1
13	6.76d(8.1)	115.6	13′	6.76d(8.7)	115.6
14	6.88dd(1.8,8.1)	119.5	14′	7.43d(8.7)	128.5
			1″	3.33s	18.9

第三节　黄菊菇生物活性的研究

有关黄菊菇生物活性的研究报道较少，黄菊菇多糖和一种菌丝体蛋白具有抗肿瘤活性。张海珍等人[5]从黄菊菇 AS5.245 发酵菌丝体中分离得到了胞内粗多糖 CIP，并发现 CIP 能明显提高小鼠的免疫功能，具有较高的抑瘤活性。王永斌等人[6]从黄菊菇 AS5.245 液体发酵醪中分离得到了胞外粗多糖 CEP，发现 CEP 能够增强荷瘤小鼠的免疫功能并产生抑制作用。汪建敏等人[7]从黄菊菇中分离纯化得到菌丝体蛋白 PSPB－2，发现 PSPB－2 具有抗真菌作用，同时又具有抗肿瘤作用。

此外，从黄菊菇中分离得到 epicoccarine A(2)，具有选择性的抗菌活性[2]，epicoccamide D(7)具有一定的抗肿瘤活性[3]。

参考文献

[1] 付振艳，吴金平，苟小清，等. 翘鳞伞菌丝体生长培养研究[J]. 西北农业学报，2013，22(8)：78－82.

[2] Hilaire V. Kemami Wangun, Christian Hertweck. Epicoccarines A, B and epipyridone: tetramic acids and pyridone alkaloids from an *Epicoccum* sp. associated with the tree fungus *Pholiota squarrosa*[J]. Org Biomol Chem, 2007, 5:1702－1705.

[3] Hilaire V. Kemami Wangun, Hans-Martin Dahse, Christian Hertweck. Epicoccamides B-D, Glycosylated Tetramic Acid Derivatives from an *Epicoccum* sp. Associated with the Tree Fungus *Pholiota squarrosa*[J]. J Nat Prod, 2007, 70:1800－1803.

[4] Hilaire V. Kemami Wangun, Christian Hertweck. Squarrosidine and Pinillidine: 3,3－Fused Bis(styrylpyrones) from *Pholiota squarrosa* and *Phellinus pini*[J]. Eur J Org Chem, 2007: 3292－3295.

[5] 张海珍，王娟，吕凤霞，等. 翘鳞伞 AS5.245 胞内粗多糖抗肿瘤作用的研究[J]. 食品科学，2008，29(12)：678－680.

[6] 王永斌，王允祥. 翘鳞伞胞外多糖的抗肿瘤活性和荷瘤小鼠免疫功能的影响[J]. 热带作物学报，2010，31(9)：1621－1624.

[7] 汪建敏，焦阳，吕凤霞，等. 食药用真菌翘鳞伞菌丝体蛋白活性的研究[J]. 江西农业学报，2008，20(8)：99－101.

（王　艳）

第八十三章 黄 伞

HUANG SAN

第一节 概 述

黄伞[*Pholiota adipose*(Fr)Quel]属担子菌门，伞菌纲，伞菌亚纲，伞菌目，球盖菇科，鳞伞属真菌，又名多脂鳞伞，主要分布在黑龙江、吉林、辽宁、内蒙古、河北、浙江、甘肃、青海、河南、广西、四川等省区[1]。黄伞营养丰富、味道鲜美，食、药用价值极高，是一种食药兼用真菌。黄伞除含有丰富的蛋白质、脂肪、纤维素与多种维生素外，还含有氨基酸、多糖、麦角甾醇等多种生物活性物质[2-3]。

第二节 黄伞化学成分的研究

一、黄伞多糖的提取、分离与结构鉴定

多糖是黄伞中的主要成分，目前黄伞多糖一级结构尚未阐明，但在多糖组成等结构信息上取得了一定的进展。聂永心等人[4]从黄伞子实体中提取了粗多糖，并经 Sevage 法脱蛋白、活性炭脱色得到精制黄伞多糖；用气相色谱法分析了黄伞子实体多糖的单糖组成，结果表明：黄伞子实体多糖主要由木糖、葡萄糖和半乳糖组成；各单糖质量分数分别为：1.03％、2.30％和 96.7％。聂永心等人[5-6]进一步经 DEAE 凝胶快速洗脱和 SuperdexTM 200 柱色谱分离纯化，得到了一种多糖组分 PAP2。采用高效凝胶渗透色谱法(HPGPC)检测其为均一多糖组分，平均相对分子质量为 2.1×10^6；经高效液相色谱-蒸发光散射(HPLC－ESLD)检测表明，PAP2 主要由葡萄糖组成；结合红外光谱、核磁共振^{1}H NMR 和^{13}C NMR 分析表明，PAP2 是一种 α－D－吡喃葡聚糖，主链为 1－4 糖苷键，存在 1－6 糖苷键的支链。姜红霞[7]与杨立红等人[8]也证实，黄伞多糖是含有葡萄糖醛酸的 β－D－吡喃葡聚糖。

二、黄伞其他化合物的提取、分离与结构鉴定

Wang 等人[9]通过乙醇和乙酸乙酯对黄伞进行提取和萃取，通过 HPLC 纯化得到一个单体化合物，通过质谱和核磁数据比对，证实该化合物是没食子酸甲酯。

第三节 黄伞生物活性的研究

一、黄伞的抗肿瘤与免疫调节活性

据有关文献报道[10-12]，黄伞多糖具有抗肿瘤活性，能够显著抑制荷瘤小鼠肿瘤的生长，同时小鼠碳粒廓清指数、血清中 IL－2 和 TNF－α 的含量也明显提高，说明抗肿瘤活性是通过增强免疫功能发挥作用的。Li 等人[13]研究发现，黄伞多糖对迟发型超敏反应(DTH)和血清溶血素水平可产生积极

的影响。此外，Wang 等人[14]研究发现，从黄伞中分离得到的腺苷，具有显著增强超氧化物歧化酶表达水平的作用。

二、黄伞的降血脂活性

王谦等人[15]研究了黄伞发酵提取物调节血脂的作用，发现其具有辅助调节三酰甘油的作用。Dae－Hyoung Lee 等人[16]研究发现，黄伞甲醇提取物对 3－羟基－3－甲基戊二酰辅酶 A（HMG－CoA）还原酶具有抑制作用。Soo－Muk Cho 等人[17]也证实，黄伞提取物对高脂血症小鼠具有降血脂作用；李德海等人[18]从黄伞子实体中提取出的多糖，发现具有降低小鼠高血脂症、预防动脉粥样硬化的作用。

三、黄伞的抗氧化活性

吉叶梅等人[19]经研究发现，黄伞胞外多糖在体外对自由基有一定的清除作用，且对超氧阴离子自由基的清除作用，明显优于对羟自由基的清除作用。胡清秀等人[20]证实，4 种黄伞多糖与子实体、菌丝体均具有较好的抗超氧阴离子自由基、羟自由基的能力，且多糖对超氧阴离子自由基和羟自由基的清除作用，与多糖质量浓度成线性关系，而多糖对羟自由基的清除作用要优于菌丝体粉和子实体粉。

四、黄伞的其他生物活性

黄清荣等人[21]经研究表明，黄伞多糖具有抗疲劳活性。Wang 等人[9]研究发现，从黄伞中分离得到的没食子酸甲酯具有抗艾滋病毒的活性。

参考文献

[1] 林应兴，田景芝，童金华．黄伞的研究进展[J]．亚热带农业研究，2009，5(2)：90－93.

[2] 郑世英，郑建峰，李妍．黄伞开发应用研究进展[J]．时珍国医国药，2013，24(2)：459－460.

[3] 王生存．黄伞研究现状及开发利用前景展望[J]．安徽农业科学，2007，35(22)：6755－6756.

[4] 聂永心，姜红霞，苏延友，等．黄伞子实体多糖的提取纯化及单糖组成分析[J]．食品与发酵工业，2010，36(4)：198－200.

[5] 聂永心，姜红霞，苏延友，等．黄伞子实体多糖 PAP2 的分离纯化及其结构初步鉴定[J]．食品与发酵工业，2011，37(12)：21－24.

[6] Yongxin Nie，Hongxia Jiang，Yanyou Su，et al. Purification，composition analysis and antioxidant activity of different polysaccharides from the fruiting bodies of *Pholiota adiposa*[J]. Afr J Biotechnol，2012，11(65)：12 885－12 894.

[7] 姜红霞，聂永心，苏延友．黄伞子实体多糖的结构初探及抗肿瘤活性研究[J]．时珍国医国药，2012，23(1)：139－141.

[8] 杨立红，黄清荣，冯培勇．黄伞菌丝体多糖的分离鉴定及其抗氧化性研究[J]．食品科学，2009，30(23)：131－134.

[9] Chang Rong Wang，Rong Zhou，Tzi Bun Ng，et al. First report on isolation of methyl gallate with antioxidant，anti-HIV－1 and HIV－1 enzyme inhibitory activities from a mushroom

(*Pholiota adiposa*)[J]. Environ Toxicol Phar, 2014, 37: 626－637.
[10] 赵永勋,李克颖,张跃华. 多脂鳞伞菌丝体多糖抗肿瘤活性研究[J]. 食用菌学报,2007,14(2):49－51.
[11] 蒋晓琴,丁晓明,刘海燕. 黄伞粗多糖抗肿瘤及对荷瘤小鼠免疫功能影响的研究[J]. 中国药师,2007,10(2):119－121.
[12] 李德海,孙常雁,王占斌,等. 黄伞子实体多糖的提取及免疫功能[J]. 东北林业大学学报,2010,38(11):115－118.
[13] Dehai Li, Changyan Sun, Zhanbin Wang, et al. The immunomudulating effect of polysacchiarides purified from *Pholiota adiposa*[J]. Adv Mater Res, 2011, 183－185: 1491－1495.
[14] Chang Rong Wang, Wen Tao Qiao, Ye Ni Zhang, et al. Effects of adenosine extract from *Pholiota adiposa* (Fr.) quel on mRNA expressions of superoxide dismutase and Immunomodulatory cytokines[J]. Molecules, 2013, 18: 1775－1782.
[15] 王谦,张俊刚,王士奎,等. 黄伞发酵提制物调节血脂作用的研究[J]. 河北大学学报,2006,26(1):101－103.
[16] Soo-Muk Cho, Young-Min Lee, Dae-Hyoung Lee, et al. Effect of a *Pholiota adiposa* extract on fat mass in hyperlipidemic mice[J]. Mycobiology, 2006, 34(4): 236－239.
[17] Dae-Hyoung Lee, Geon-Sik Seo, Soo-Muk Cho, et al. Characteristics of a new antihyperlipemial β-hydroxy-β-methyl glutaryl coenzyme a reductase inhibitor from the edible mushroom, *Pholiota adiposa*[J]. J Biotechnol, 2007, 131S: S159－S160.
[18] 李德海,王志强,孙常雁,等. 黄伞子实体多糖的初步纯化及降血脂研究[J]. 食品科学,2010,31(9):268－271.
[19] 吉叶梅,胡清秀,宫春雨,等. 黄伞胞外多糖抗自由基作用的研究[J]. 生物技术,2007,17(2):29－31.
[20] 胡清秀,宫春雨,闫梅霞,等. 黄伞及黄伞多糖体外抗氧化作用的研究[J]. 中南林业科技大学学报,2007,27(6):58－62.
[21] 黄清荣,辛晓林,钟旭生,等. 黄伞菌丝体多糖提取及其抗疲劳活性的研究[J]. 食品研究与开发,2005,26(6):6－9.

(王 艳)

第八十四章 鸡腿菇

JI TUI GU

第一节 概 述

鸡腿菇(*Coprinus comatus*)学名毛头鬼伞,属担子菌门,伞菌纲伞菌亚纲,伞菌目,伞菌科,鬼伞属真菌。鸡腿菇肉质细嫩,味道鲜美,营养丰富;味甘滑、性平,有益脾胃,清心安神,经常食用有助消化、增加食欲和治疗痔疮等功效。经现代研究表明,鸡腿菇具有降血糖、抗氧化、抗肿瘤、防止肝损伤、提高免疫力、抑菌等功效,被联合国粮农组织和世界卫生组织(WHO)确定为具有“天然、营养、保健”3 种功能为一体的 16 种珍稀食用菌之一[1-3]。

鸡腿菇的化学成分主要为多糖[4],同时也分离到一些活性蛋白、含氮化合物、甾体等类型的化合物。

第二节 鸡腿菇化学成分的研究

一、鸡腿菇多糖的提取、分离与结构鉴定

Fan 等人[5]从鸡腿菇的水溶性提取物中分离得到一个单一多糖(CMP3),通过 NMR 鉴定出其为重复单元的结构,如图 84-1 所示。姚毓婧的研究结论[6]与之相符。

α-L-Fuc*p*
1
↓
2
6)-α-D-Gal*p*-(1→6)-α-D-Gal*p*-(1→6)-α-D-Gal*p*-(1→6)-α-D-Gal*p*-(1

图 84-1 CMP3 的重复单元

LiBo 等人[7]通过对鸡腿菇多糖的分离分析和鉴定发现,低相对分子质量多糖的结构由图 84-2 所示的重复单元构成。

α-D-Glc*p*
1
↓
6
α-D-Glc*p*
1
↓
6
{→4)-α-D-Glc*p*-(1→4)-α-D-Glc*p*-(1→4)-α-D-Glc*p*-(1→4)-α-D-Glc*p*-(1[→4)-α-D-Glc*p*-(1]$_4$→4)-α-D-Glc*p*-(1→}$_n$

图 84-2 鸡腿菇多糖中存在一种重复结构单元

二、鸡腿菇活性蛋白的提取、分离与结构鉴定

吴丽萍等人[8-9]对鸡腿菇中的活性蛋白进行了研究，利用离子交换色谱技术和凝胶色谱技术，从鸡腿菇中提取到抗植物病毒的蛋白 y3。根据 Western 杂交方法在发酵菌丝体和子实体中同时检测到，说明可能是组成型表达。根据其 N 端氨基酸序列，使用 RACE－PCR 克隆技术，获得了蛋白的氨基酸序列和部分 cDNA 序列。y3 蛋白对烟草花叶病毒具有较显著的抑制作用。

三、鸡腿菇含氮、甾体类化合物的分离与结构鉴定

冯娜等人[10]采用色谱法，首次从鸡腿菇子实体的醇提取物中分离得到 8 个含氮化合物，通过波谱分析，分别鉴定为尿嘧啶（uracil）、黄嘌呤（xanthine）、光色素（lumichrome）、烟酰胺（nicotinamide）、甲酰肼（formylhydrazine）、烟酸（nicotinic acid）、腺苷（adenosine）、尿苷（uridine）。

冯娜等人[11]从鸡腿菇子实体中还分离得到 4 个甾类化合物，通过波谱分析，分别鉴定为麦角甾醇、啤酒甾醇、麦角甾醇葡萄糖苷和 tuberoside。这 4 个化合物均为首次从鸡腿菇中分离得到。

第三节　鸡腿菇的生物活性

近几十年来，学者们对鸡腿菇的生物活性展开了一系列研究，主要集中在降血糖、抗氧化、免疫调节和抗肿瘤等几个方面。

一、鸡腿菇的降血糖活性

C. J. Bailey 等人[12]在 1984 年，首次通过现代药理学研究手段发现鸡腿菇的降血糖活性；Han Chunchao 等人[13]与 A. Sabo 等人[14]分别在 2006 年和 2010 年，进一步确证了鸡腿菇有降血糖活性。Yu Jie 等人[15]也证实了鸡腿菇多糖具有降血糖活性，并在一定程度上阐明了降血糖的活性成分。Zhongyang Ding 等人[16]从鸡腿菇中分离得到的简单芳香类化合物 comatin，同样具有降血糖活性。

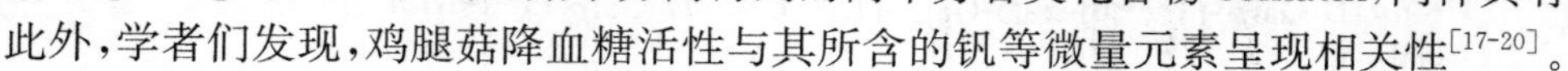

此外，学者们发现，鸡腿菇降血糖活性与其所含的钒等微量元素呈现相关性[17-20]。

二、鸡腿菇的抗氧化活性

Bo Li、Mira Popovic、Shuyao TSAI 等人[21-23]都报道了鸡腿菇有抗氧化活性。吴艳兵等人[24]与许女等人[25]的研究结果显示，鸡腿菇子实体多糖能够清除羟基自由基和超氧阴离子自由基。Yu 等人[26]研究表明，鸡腿菇菌丝体硒多糖比普通多糖的抗氧化能力更强。程光宇等人[27]与王金玺等人[28]研究发现，鸡腿菇子实体多糖能有效提高酶和非酶体系抗氧化能力，调节抗氧化酶同工酶基因的表达。

三、鸡腿菇的免疫调节与抗肿瘤活性

Ben-Zion Zaidman 等人[29]通过对多种真菌的筛选发现，鸡腿菇具有抗肿瘤活性。Jiang 等人[30]研究发现，鸡腿菇多糖的免疫调节作用是其最重要的功能活性，其抗肿瘤作用大多是通过激活宿主内不同的免疫反应来间接实现的；王岩等人[31]也证实了鸡腿菇多糖的免疫调节作用。Dotan N 等人[32]

的研究表明，鸡腿菇对前列腺癌治疗效果显著。李佳媚等人[33]研究发现，通过对多糖的结构修饰，可以提高其抗肿瘤的活性。

四、鸡腿菇的其他生物活性

吴艳兵等人[34]首次报道了鸡腿菇多糖对烟草花叶病毒具有较强的体外抑制和抗病毒侵染作用。吴映明等人[35]研究证实，鸡腿菇对胃肠运动功能具有双向调节作用：运动功能正常或低下时有促进作用；而运动功能亢进时却有抑制作用。Fatma Ozgul Ozalp 等人[36]研究发现，鸡腿菇有助于酒精(乙醇)性肝损害的恢复。

参考文献

[1] 赵春江，陈士国，彭莉娟，等. 鸡腿菇功能性成分及其功效研究进展[J]. 食品工业科技，2012，33(5)：429—432.

[2] 颜振敏，王建华，吴艳兵. 毛头鬼伞的生物活性[J]. 资源开发与市场，2009，25(4)：337—339.

[3] 王惠国，关洪全，李忻红. 毛头鬼伞的生物活性作用[J]. 中国真菌学杂志，2007，2(6)：382—384.

[4] 余杰，崔鹏举，陈美珍. 鸡腿菇多糖的研究进展[J]. 安徽农业通报，2007，13(20)：84—86.

[5] JunMin Fan, JingSong Zhang, QingJiu Tang, et al. Structural elucidation of a neutral fucogalactan from the mycelium of *Coprinus comatus*[J]. Carbohydr Res, 2006, 341:1130—1134.

[6] 姚毓婧，杨仁智，张劲松，等. 鸡腿菇子实体多糖分离纯化工艺及结构研究[J]. 微生物学通报，2007，34(6)：1071—1076.

[7] Bo Li, Justyna M. Dobruchowaka, Gerrit J, Gerwig, et al. Structural investigation of water-soluble polysaccharides extracted from the fruit bodies of *Coprinus comatus*[J]. Carbohyd Polym, 2013, 91:314—321.

[8] 吴丽萍，吴祖建，林奇英，等. 毛头鬼伞(*Coprinus comatus*)中一种碱性蛋白的纯化及其活性[J]. 微生物学报，2003，43(6)：793—798.

[9] 吴丽萍，吴祖建，林董，等. 毛头鬼伞(*Coprinus comatus*)中一种抗病毒蛋白 y3 特性和氨基酸序列分析[J]. 中国生物化学与分子生物学学报，2008，24(7)：597—603.

[10] 冯娜，张劲松，唐庆九，等. 毛头鬼伞子实体含氮化合物的分离纯化及结构鉴定[J]. 食用菌学报，2010，17(2)：85—88.

[11] 冯娜，张劲松，唐庆九，等. 毛头鬼伞子实体中甾体化合物的结构鉴定及其抑制肿瘤细胞增殖活性的研究[J]. 菌物学报，2010，29(2)：249—253.

[12] Bailey CJ, Susan L. Turner K, Jakeman J, et al. Effect of *Coprinus comatus* on plasma glucose concentrations in mice[J]. Planta Med, 1984, 50(6):525—526.

[13] Chunchao Han, Junhua Yuan, Yingzi Wang, et al. Hypoglycemic activity of fermented mushroom of *Coprinus comatus* rich in vanadium[J]. J Trace Elem Med Bio, 2006, 20:191—196.

[14] Sabo A, Stilinovic N, Vukmirovic S, et al. Pharmacodynamic action of a commercial preparation of the mushroom *Coprinus comatus* in Rats[J]. Phytother Res, 2010, 24:1532—1537.

[15] Jie Yu, Peng-Ju Cui, Wei-Ling Zeng, et al. Protective effect of selenium-polysaccharides from the mycelia of *Coprinus comatus* on alloxan-induced oxidative stress in mice[J]. Food Chem, 2009, 117:42—47.

[16] Zhongyang Ding, Yingjian Lu, Zhaoxin Lu, et al. Hypoglycaemic effect of comatin, an antidi-

abetic substance separated from *Coprinus comatus* broth, on alloxan-induced-diabetic rats[J]. Food Chem, 2010, 121:39—43.

[17] Yingtao Lv, Linna Han, Chao Yuan, et al. Comparison of hypoglycemic activity of trace elements absorbed in fermented mushroom of *Coprinus comatus*[J]. Biol Trace Elem Res, 2009, 131:177—185.

[18] Zhaoji Ma, Qin Fu. Comparison of hypoglycemic activity and toxicity of vanadium (IV) and vanadium (V) absorbed in fermented mushroom of *Coprinus comatus*[J]. Biol Trace Elem Res, 2009, 132: 278—284.

[19] Guangtian Zhou, Chunchao Han. The co-effect of vanadium and fermented mushroom of *Coprinus comatus* on glycaemic metabolism[J]. Biol Trace Elem Res, 2008, 124:20—27.

[20] Chunchao Han, Bo Cui, Yingzi Wang. Vanadium uptake by biomass of *Coprinus comatus* and their effect on hyperglycemic mice[J]. Biol Trace Elem Res, 2008, 124:35—39.

[21] Bo li, Fei Lu, Xiaomin Suo, et al. Antioxidant properties of cap and stipe from *Coprinus comatus*[J]. Molecules, 2010, 15:1473—1486.

[22] Mira Popovi, Saša Vukmirović, Nebojša Stilinović. Anti-oxidative activity of an aqueous suspension of commercial preparation of the mushroom *Coprinus comatus*[J]. Molecules, 2010, 15:4564—4571.

[23] Shu-Yao Tsai, Hui-Li Tsai, Jeng-Leun Mau. Antioxidant properties of *Coprinus comatus*[J]. J Food Biochem, 2009, 33:368—389.

[24] 吴艳兵,谢荔岩,谢联辉,等. 毛头鬼伞(*Coprinus comatus*)多糖的理化性质及体外抗氧化活性[J]. 激光生物学报,2007,16(4):438—442.

[25] 许女,李向明,谢瑞杰. 鸡腿菇多糖的提取及生物活性的研究[J]. 中国食品学报,2013,13(7):34—39.

[26] 余杰,崔鹏举,邢立刚,等. 富硒鸡腿菇菌粉对糖尿病小鼠免疫功能及抗氧化能力的影响[J]. 营养学报,2009,31(2):198—200.

[27] 程光宇,刘俊,王峰,等. 鸡腿菇子实体多糖对小鼠血液和肝脏的抗氧化作用[J]. 营养卫生,2010,31(13):267—272.

[28] 王金玺,顾林,孔凡伟,等. 鸡腿菇粗多糖的体外抗氧化性[J]. 食品科学,2012,33(13):79—82.

[29] Ben-Zion Zaidman, Solomon P. Wasser, Eviatar Nevo, et al. *Coprinus comatus* and *Ganoderma lucidum* interfere with androgen receptor function in LNCaP prostate cancer cells[J]. Mol Biol Rep, 2008, 35:107—117.

[30] Xiao-Gang Jiang, Ming-Xue Lian, Yan Han, et al. Antitumor and immunomodulatory activity of a polysaccharide from fungus *Coprinus comatus* (Mull. : Fr.) Gray. [J] Int J Biol Macromol, 2013, 58:349—353.

[31] 王岩,关洪全,马贤德. 毛头鬼伞多糖对免疫抑制小鼠体液免疫功能的影响[J]. 吉林中医药,2010,30(3):260—261.

[32] Dotan N, Wasser SP, Mahajna J. The culinary-medicinal mushroom *Coprinus comatus* as a natural antiandrogenic modulator[J]. Integr Cancer Ther, 2011, 10(2) :148—159.

[33] 李佳媚,刘娜女,孙润广. MTT 法评价 3 种鸡腿菇多糖的体外抗肿瘤活性[J]. 陕西师范大学学报,2013,41(4):73—78.

[34] 吴艳兵,谢荔岩,谢联辉,等. 毛头鬼伞多糖抗烟草花叶病毒(TMV)活性研究初报[J]. 植物保护科学,2007,23(5):338—341.

[35] 吴映明,林俏婉,曾燕琼,等. 鸡腿菇对小鼠小肠推进、胃排空功能的影响[J]. 广州中医药大学学

报,2008,25(5):434－437.

[36] Fatma Ozgul Ozalp, Mediha Canbek, Mustafa Yamac, et al. Consumption of *Coprinus comatus* polysaccharide extract causes recovery of alcoholic liver damage in rats[J]. Pharm Biol, 2014, 52(8):994－1002.

（王　艳）

第八十五章
竹生肉球菌
ZHU SHENG ROU QIU JUN

第一节 概 述

竹生肉球菌(*Engleromyces goetzii* Henn)又名肉球菌,属子囊菌门、肉座菌纲,炭角菌亚纲,炭角菌目,炭角菌科,肉球菌属真菌,主要分布于滇西北、川西南、藏东北海拔 2 000～3 500m 的高山竹林里。竹生肉球菌属于云南省民族药,它具有抗菌消炎的作用,广泛用于治疗喉炎、扁桃体炎、胃溃疡和急性肾炎等疾病[1-2]。

第二节 竹生肉球菌化学成分的研究

一、竹生肉球菌萜类生物碱的提取分离与结构鉴定

刘吉开等人[3]从竹生肉球菌中分离得到一个结构新颖的萜类生物碱 neoengleromycin(1)以及两个细胞松弛素,即松胞菌素 D(cytochalasin D,2)和 19,20 - epoxycytochalasin D(3)(图 85 - 1)。

(1)

(2) (3)

图 85 - 1 竹生肉球菌化合物的结构

Neoengleromycin(9*E*,12*E*)- Octadeca - 9,12 - dienoic Acid 3 -{4 -[Ethyl(hydroxy)amino]- 3 -(dimethylamino)- 4 - oxobutyl}- 2 -[(1 - oxohexyl)oxy]propyl ester;1) 油状固体。$[\alpha]_D^{20}$ －3.3(*c* 3,$CHCl_3$),IR(KBr):3 431,2 926,2 858,1 740、1 735、1 730、1 697、1 365、1 247、1 135、965cm^{-1}。^1H 与^{13}C NMR(C_5D_5N):见表 85 - 1。EI-MS *m/z*:764(7),736(25),705(40),677(97),575(7),438(7),414(5),396(10),336(10),313(37),262(38),239(18),116(45),84(100)。FAB-MS *m/z*:765(20),737(100)(表 85 - 1)。

表 85-1　Neoengleromycin(1)的核磁数据

No.	δ_H(J=Hz)	δ_C	No.	δ_H(J=Hz)	δ_C
1	3.72m	69.9	4′～7′	1.25～1.35m	29.4～30.6
2	5.57m	70.8	8′	2.10m	27.6
3	4.67dd(10.2,3.2)	63.3	9′	5.50m	128.5
	4.47dd(10.2,4.9)		10′	5.50m	128.5
4	3.88m	68.9	11′	2.92m	26.1
5	2.35m	28.7	12′	5.50m	130.3
6	4.18dd(8.0,3.5)	76.9	13′	5.50m	130.3
7	—	169.5	14′～17′	1.25～1.35m	29.4～30.6
8	3.12m	42.3	18′	0.85t(6.5)	14.3
9	1.41t(6.8)	12.0	1″		173.3
10	3.46s	51.8	2″	2.45t(7.2)	34.4
1′		173.5	3″～15″	1.25～1.35m	29.4—30.6
2′	2.40s	34.6	16″	0.85t(6.5)	14.3
3′	1.65m	25.4			

Cytochalasin D (2)　无色针状结晶。^{1}H NMR($CDCl_3$)δ:7.32(m),7.26(m),7.13(m),6.11(dd,J=15.7、2.7Hz),5.62(dd,J=15.7、9.8Hz),5.32(m),5.29(s),5.13(dd,J=15.7、2.3Hz),5.08(s),4.64(s),3.80(d,J=10.5Hz),3.20(m),2.82(m),2.73(m),2.50(m),2.26(s),2.15(m),2.02(dd,J=5.1、13.0Hz),1.51(s),1.19(d,J=6.8Hz),0.94(d,J=6.8Hz)。^{13}C NMR($CDCl_3$)δ:210.2(C);173.7(C);169.6(C);147.6(C);137.2(C);134.1(CH);132.3(CH);130.6(CH);129.1(CH);128.9(CH);127.6(CH);127.0(CH);114.4(CH_2);77.6(C);76.7(CH);69.8(CH);53.5(CH);53.3(C);49.9(CH);46.9(CH);45.3(CH_2);42.3(CH);37.7(CH_2);32.6(CH);24.2(Me);20.8(Me);19.4(Me);13.6(Me)。EI-MS m/z:507(4),479(17),464(6),447(14),404(18),338(20),254(30),120(30),91(100)。

19,20-Epoxycytochalasin D (3)　白色固体。^{1}H NMR($CDCl_3$)δ:7.31(m),7.23(m),7.15(m),5.89(dd,J=15.6、9.8Hz);5.68(ddd,J=15.6、9.8、5.6Hz);5.50(br. s);5.26(br. s);5.05(br. s);3.99(s);3.80(d,J=10.0Hz);3.53(br. s);3.22(m);3.13(d,J=1.8Hz);2.84(dd,J=13.4、5.0Hz);2.72(dd,J=13.4、9.1Hz);2.62(m);2.25(dd,J=5.2、3.3Hz);2.14(s);2.08(m);1.56(s);1.52(s);1.18(d,J=6.6Hz);0.89(d,J=6.9Hz)。^{13}C NMR($CDCl_3$)δ:215.2(C),173.5(C),169.8(C),147.6(C),137.2(C),133.4(CH),131.2(CH),129.2(CH),129.0(CH),127.2(CH),114.3(CH_2),76.4(CH),74.2(CH),70.1(CH),59.7(CH),53.9(CH),52.8(CH),52.6(C),50.8(CH),46.6(CH),45.2(CH_2),42.0(CH),37.5(CH_2),32.6(CH),21.9(Me),20.6(Me),19.2(Me),13.5(Me)。EI-MS m/z:523(3),495(28),404(30),321(75),270(73),228(25),120(33),91(100)。

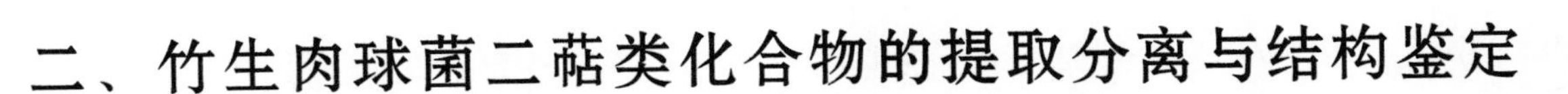

二、竹生肉球菌二萜类化合物的提取分离与结构鉴定

Wang 等人[4]从竹生肉球菌中分离得到一系列二萜类成分，其中化合物(4)、(5)、(14)、(16)～(18)都是新化合物(图 85-2)。

Engleromycone A(4)　无色油状物。$[\alpha]_D^{22}$+1.7(c 0.18,MeOH);UV(MeOH)λ_{max}(log ε)372(1.71)、212(3.96)nm;IR(KBr):3 472、3 457、1 719、1 686、1 645、1 171、1 046cm^{-1}。^{1}H NMR

(4) (5) (6) R=OH (7) R=H

(8) R=O (9) R=H_2

(10) R_1=H_2 R_2=H
(11) R_1=O R_2=H
(12) R_1=OH R_2=H
(13) R_1=O R_2=OH

(14) (15)

图 85-2 二萜类化合物的结构

($CDCl_3$,500MHz)与^{13}C NMR($CDCl_3$,125MHz)见表 85-2;ESI-MS *m/z*:371(100)[M+Na]$^+$;349(60)[M+H]$^+$;719(15)[2M+Na]$^+$;HR-ESI-MS *m/z*:371.147 2[M+Na]$^+$ (calculated for $C_{19}H_{24}O_6Na$,371.1471)[4]。

Engleromycone B(5) 无色油状物。$[\alpha]_D^{22}$+7.9(*c* 0.2,MeOH);UV(MeOH)λ_{max}(log ε) 211(3.46)nm;IR(KBr):2 984、2 940、2 926、1 713、1 650、1 437、1 415、1 181、1 026cm^{-1}。^{1}H NMR($CDCl_3$,500MHz)与^{13}C NMR($CDCl_3$,125MHz)见表 85-2;ESI-MS *m/z*:339(30)[M+Na]$^+$;655(10)[2M+Na]$^+$;HR-ESI-MS *m/z*:339.156 3[M+Na]$^+$ (calculated for $C_{19}H_{24}O_4Na$,339.157 2)[4]。

表 85-2 Engleromycone A(4)与 B(5)的核磁数据

No.	4		5	
	δ_H(J=Hz)	δ_C	δ_H(J=Hz)	δ_C
2	4.42d(5.1)	79.9	4.54d(5.2)	79.3
3	2.63dd(16.8,7.7) 1.89ddd(16.8,5.1,2.0)	38.1	2.64dd(15.6,7.6) 1.83ddd(15.6,5.2,3.5)	37.9
4	5.32dd(7.7,2.0)	76.2	5.54dd(7.6,3.5)	73.4
5	—	53.6	—	51.7
6	—	54.8	—	43.6
7	2.74,d(15.0);2.28d(15.0)	47.7	2.79d(16.0);2.20d(16.0)	41.6
8	—	198.5	—	199.5
9	—	141.4	—	138.0
10	6.40,overlapped	133.5	6.47dd(5.7,1.4)	137.3
11	—	105.9	3.95d(5.7)	69.6

（续表）

No.	4		5	
	δ_H（J=Hz）	δ_C	δ_H（J=Hz）	δ_C
12	—	96.7	—	151.5
13	4.10d(12.5);3.90dd(12.5,7.5)	58.6	5.22s;4.81s	107.0
14	0.91s	10.9	0.93s	10.0
15	1.08s	17.4	1.05s	18.4
16	1.84s	15.4	1.78s	15.5
1′		165.2		165.9
2′	5.74dd(11.4,1.8)	119.7	5.76dd(11.4,1.8)	120.2
3′	6.40overlapped	146.9	6.36dq(11.4,7.4)	146.1
4′	2.14dd(7.2,1.8)	15.4	2.13dd(7.4,1.8)	15.5
13-OH	2.01brs			

Infuscol F(14) 无色油状物。$[\alpha]_D^{22}$+46.3(c 0.08,MeOH);UV(MeOH)λ_{max}(log ε)203(3.97) nm;IR(KBr):3 441、3 265、2 957、2 933、2 875、1 640、1 413cm^{-1}。^{1}H NMR(CDCl$_3$,500MHz)与^{13}C NMR(CDCl$_3$,125MHz)见表 85-3。ESI-MS m/z:261(100)[M+Na]$^+$;499(50)[2M+Na]$^+$;HR-ESI-MS m/z:261.182 5[M+Na]$^+$(calcd for $C_{15}H_{26}O_2Na$,261.183 0)[4]。

表 85-3 Infuscol F(14)的核磁数据

No.	δ_H（J=Hz）	δ_C	No.	δ_H（J=Hz）	δ_C
1	2.31m;1.96m	25.8	8	2.17m;1.41m	37.4
2	1.73ddd(12.8,6.9,5.4)	33.8	9	1.62m	19.7
	1.48overlapped		10	1.62m;1.49m	41.0
3	—	69.2	11	—	44.3
4	3.74m	72.2	12	1.02s	25.1
5	5.44m	123.8	13	0.79s	26.4
6	—	146.0	14	0.99s	22.7
7	—	51.4	15	1.13s	25.4

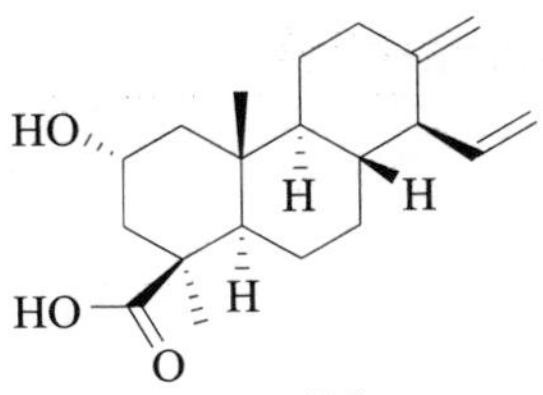

(16) 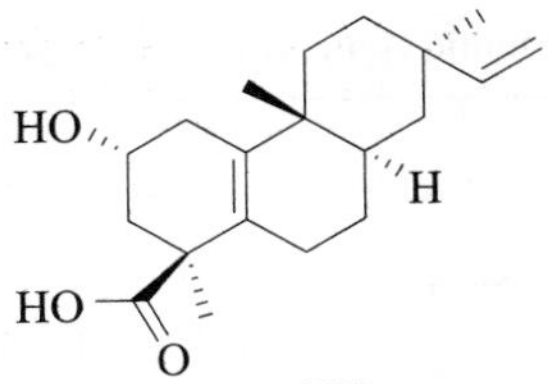 (17) 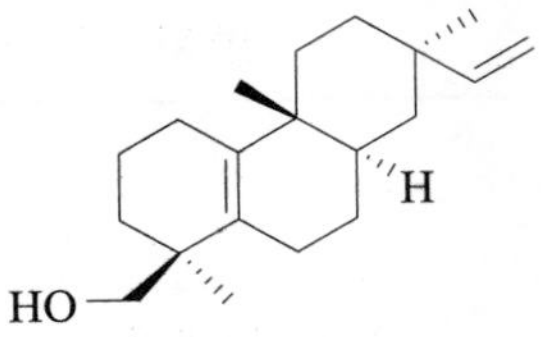 (18)

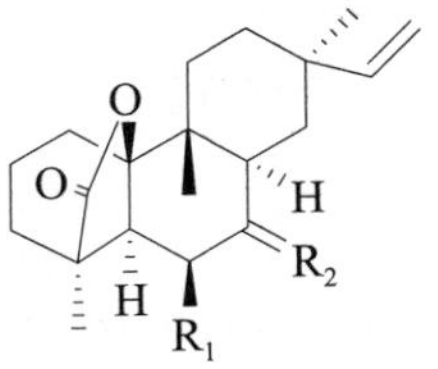

(19) R_1=OH R_2=H_2
(20) R_1=H R_2=O
(21) R_1=H R_2=H_2

图 85-3 二萜类化合物的结构

Engleromycenolic acid A(16) 无色油状物。$[\alpha]_D^{22}+30.5$(c 0.23,MeOH);IR(KBr):3 446、3 080、2 943、2 863、1 693、1 642、1 467、1 447、1 200cm^{-1}。^{1}H NMR(CD_3OD,600MHz)与^{13}C NMR(CD_3OD,150MHz)数据见表 85-4;ESI-MS m/z:317(100)[M-H];HR-ESI-MS m/z:341.209 6[M+Na]$^+$(calcd for $C_{20}H_{30}O_3Na$,341.209 3)(图 85-3)。

表 85-4 Engleromycenolic Acid A(16)的核磁数据

No.	δ_H(J=Hz)	δ_C	No.	δ_H(J=Hz)	δ_C
1	2.13ddd(12.3,4.3,1.9)	49.3	11	1.93overlapped	28.1
	0.93overlapped			1.12overlapped	
2	4.14tt(11.5,4.3)	65.3	12	2.45ddd(13.1,3.2,3.2)	37.0
3	2.41ddd(12.3,4.3,1.9)	47.7		2.06overlapped	
	1.00overlapped		13	—	152.4
4	—	46.0	14	2.28dd(10.0,10.0)	56.0
5	1.15overlapped	56.6	15	5.69ddd(17.1,10.0,10.0)	141.2
6	1.92overlapped	24.3	16	5.16dd(10.0,2.2)	116.9
	1.74dddd(13.5,13.5,13.5,3.5)			5.00dd(17.1,2.2)	
7	2.02dq(13.3,3.6)	35.3	17	4.67brs;4.57br. s	106.8
	0.89dq(13.3,3.6)		18	—	181.2
8	1.17overlapped	42.8	19	1.28s	29.5
9	1.03overlapped	55.8	20	0.80	14.4
10	—	40.0			

Engleromycenolic acid B(17) 白色无定型粉末。$[\alpha]_D^{22}-166.3$(c 0.32,MeOH)。IR(KBr):3 440、3 82、2 928、2 871、1 700、1 635、1 465、1 233cm^{-1};^{1}H NMR(CD_3OD,600MHz)与^{13}C NMR(CD_3OD,150MHz)数据见表 85-5。ESI-MS m/z:317(100)[M-H]$^-$;HR-ESI-MS m/z:341.209 1[M+Na]$^+$(calcd for $C_{20}H_{30}O_3Na$,341.209 3)。

Engleromycenol(18) 白色无定型粉末。$[\alpha]_D^{22}-139.1$(c 0.13,MeOH);IR(KBr):3 440、3 082、2 927、2 876、1 637、1 462、1 434、1 376、1 199cm^{-1};^{1}H NMR($CDCl_3$,400MHz)与^{13}C NMR($CDCl_3$,100MHz)数据见表 85-5;ESI-MS m/z:311(40)[M+Na]$^+$;HR-ESI-MS m/z:311.235 4[M+Na]$^+$(calcd for $C_{20}H_{32}ONa$,311.235 1)。

表 85-5 Engleromycenolic Acid B(17)与 Engleromycenol(18)的核磁数据

No.	17		18	
	δ_H(J=Hz)	δ_C	δ_H(J=Hz)	δ_C
1	2.42dd(15.9,3.8);1.86m	35.4	1.98overlapped	25.0
2	3.95m	66.2	1.68overlapped;1.58overlapped	19.7
3	2.21overlapped;1.41overlapped	45.8	1.78ddd(13.5,5.0,3.5)	34.9
			1.27overlapped	
4	—	49.8	—	39.3
5	—	129.5	—	128.7
6	2.22overlapped;1.97dd(16.9,5.4)	28.1	2.10overlapped;1.96overlapped	25.2
7	1.51overlapped;1.34overlapped	26.5	1.39overlapped;1.32overlapped	25.8
8	1.65overlapped	38.9	1.59overlapped	37.5

（续表）

No.	17		18	
	δ_H（J=Hz）	δ_C	δ_H（J=Hz）	δ_C
9	—	38.6	—	37.8
10	—	138.8	—	142.5
11	1.68overlapped；1.39overlapped	32.6	1.61overlapped；1.33overlapped	31.7
12	1.64overlapped；1.33overlapped	33.5	1.54overlapped；1.27overlapped	32.7
13	—	37.3	—	36.4
14	1.48overlapped；1.13brd(13.1)	40.6	1.38overlapped；1.07overlapped	39.8
15	5.87dd(17.5,10.7)	152.2	5.82dd(17.4,10.7)	151.4
16	4.97dd(17.5,1.0)	109.2	4.92dd(17.4,1.2)	108.8
	4.88dd(10.7,1.0)		4.85dd(10.7,1.2)	
17	1.08s	23.5	1.03s	23.1
18	—	180.9	3.58d(10.8)；3.32d(10.8)	69.9
19	1.31s	25.3	0.95s	23.6
20	0.98s	16.7	0.88s	17.9

第三节 竹生肉球菌生物活性的研究

竹生肉球菌生物活性方面的研究文献报道极少，Wang 等人[4-5]研究发现，化合物 trichothecinol A(13)具有一定的抗肿瘤活性；Engleromycenolic acid A (16)对胆固醇酯转移蛋白(CETP)具有较强的抑制活性。竹生肉球菌中存在丰富的次生代谢产物，其生物活性值得进一步探索与研究。

参考文献

[1] 王钧，王世林，刘学系，等. 竹菌中松胞菌素 D 的分离和鉴定[J]. 微生物学报，1978，18(3)：248－252.

[2] 陈迪华，岳德超. 竹菌菌丝体的化学成分[J]. 药学通报，1988，23(5)：300.

[3] Liu Jikai, Tan Jianwen, Dong Zejun, et al. Neoengleromycin, a novel compound from *Engleromyces goetzii* [J]. Helve Chim Acta, 2002, 85:1439－1442.

[4] Yang Wang, Ling Zhang, Gen-Tao Li, et al. Identification and cytotoxic activities of two new trichothecenes and a new cuparane-type sesquiterpenoid from the cultures of the mushroom *Engleromyces goetzii*[J]. Nat Prod Bioprospect, 2015, 5:47－53.

[5] Yang Wang, Ling Zhang, Fang Wang, et al. New diterpenes from cultures of the fungus *Engleromyces goetzii* and their CETP inhibitory activity[J]. Nat Prod Bioprospect, 2015, 5:69－75.

（王 艳）

第八十六章 鸡油菌

JI YOU JUN

第一节 概 述

鸡油菌(*Cantharelles cibarius*)别名黄丝菌、杏菌,是一种外生菌根真菌,属担子菌门,伞菌纲,鸡油菌目,鸡油菌科,鸡油菌属真菌。经分析,100kg 干鸡油菌中含粗蛋白 21g,脂肪 5g,糖类(碳水化合物)64g,粗纤维 11g,灰分 8.6g,热量 1 478kJ,并富含胡萝卜素、维生素 A、维生素 C 和钙、铁、磷等多种矿物质。由于鸡油菌富含高蛋白低脂肪,故有植物蛋白之称。鸡油菌性平、味甘,具有清肝、明目、利肺、和胃、益肠、减肥、美容和延缓衰老等功效[1-2]。经常食用鸡油菌可以防治因缺乏维生素 A 所引起的皮肤干燥症、角膜软化症、视力失常、眼炎、夜盲等症;还可以预防某些呼吸道和消化道感染的疾病,具有极高的食用与药用价值[3-4]。

第二节 鸡油菌化学成分的研究

一、化学成分的分离

金玲等人[5]从鸡油菌 F01316 菌株的 PDA 固体发酵物中,经过反复的反相 ODS 色谱、葡聚糖凝胶 Sephadex LH-20 和正相硅胶柱色谱分离纯化,共分离得到 4 个化合物,分别是 acetic acid 2-heptyl-4,6-dihydroxy-5-oxo-3,4,5,6,7,8-hexahydro-2H-chromen-3-yl ester(1)、2-hydroxy-4-(4-methoxy-3,6-dioxo-1,2,3,6,7,8-hexahydro-9-oxa-cyclopenta[α]naphthalen-5-yl)-butyric acid methyl ester(2)、adenosine(3)和 5-hydroxymellein(4),其中化合物(1)和(2)是一种新化合物(图 86-1)。

图 86-1 化合物(1)~(4)的结构

金玲等人[5]从鸡油菌 F01316 菌株的 YWG 固体发酵物中,经过反复的反相 ODS 色谱、葡聚糖凝胶 Sephadex LH-20 和正相硅胶柱色谱分离纯化,共分离得到 6 个化合物,分别是 cyclonerodiol(5)、yclonerotriol(6)、achaetolide(7)、N-(3-heptyl-2,5-dihydroxy-8-oxo-1,2,3,4,5,6,7,8-octahydro-naphthalen-1-yl)-acetamide(8)、3-(*R*)-7-methyldecyloxy-propane-1,2-diol(9)和

(2*S*,4*R*)- decane - 1,2,4 - triol(10),其中化合物(8)是一种新化合物(图 86 - 2)。

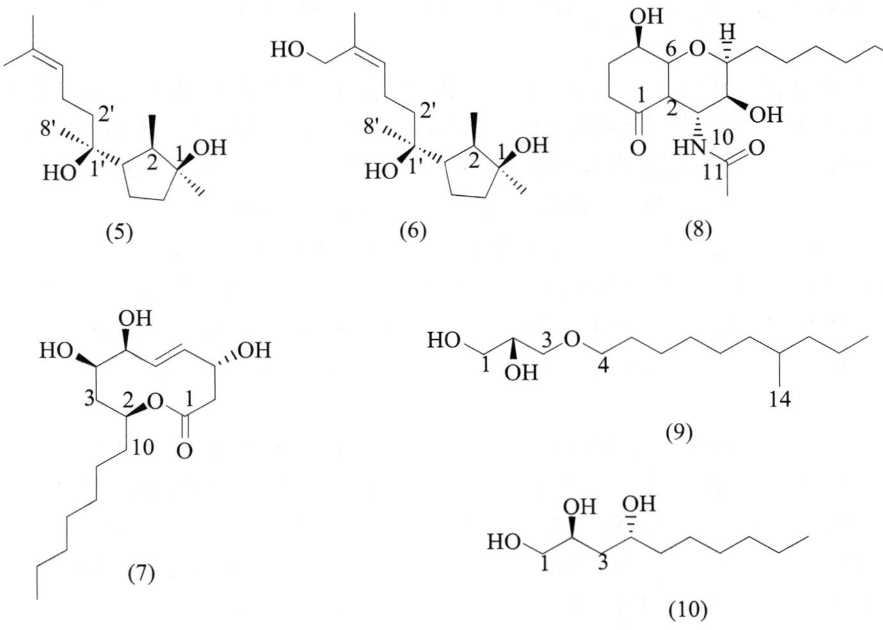

图 86 - 2 化合物(5)~(10)的结构

化合物(1) 淡黄色油状物,易溶于甲醇、丙酮等有机溶剂,在 TLC 薄层板上展开比移值约为 0.8($CHCl_3$∶MeOH,10∶1,V∶V),在紫外光(253nm 和 365nm)下显色,碘熏显黄色,硫酸显褐色。该化合物由高分辨质谱测得分子式为:$C_{18}H_{28}O_6$(m/z:363.1774 8[M+Na]$^+$)。$[\alpha]_D^{20}$+66.0(c 0.001,MeOH),UV(MeOH)λ_{max}(logε):252(2.59)、307(3.60)、364(0.47)nm。IR(KBr):3 424、2 925、2 855、1 745、1 658、1 228、1 085cm^{-1}。^{1}H NMR(600MHz,acetone - d_6)δ:4.95(1H,s,H - 4),4.36(1H,t,J=7.08Hz,H - 5),4.33(1H,s,H - 3),4.01(1H,dd,J=4.92、12.24Hz,H - 9),2.75(1H,dt,J=7.14、12.48Hz,H - 7α),2.52(1H,dt,J=4.62、14.46Hz,H - 7β),2.23(1H,m,H - 8α),2.03(1H,m,H - 8β),2.01(2H,m,H - 4′),2.00(3H,s,H - 11),1.80(2H,m,H - 7′),1.58(1H,m,H - 6′α),1.47(1H,m,H - 6′β),1.39(2H,m,H - 5′),1.35(2H,m,H - 3′),1.32(2H,m,H - 2′),0.91(3H,s,H - 1′);^{13}C NMR(150MHz,acetone - d_6)δ:197.7(C - 1),109.7(C - 2),58.8 (C - 3),68.8(C - 4),74.1(C - 5),173.0(C - 6),26.8(C - 7),29.3(C - 8),71.0(C - 9),169.4(C - 10),19.7(C - 11),13.4(C - 1′),31.6(C - 2′),22.4(C - 3′),29.1(C - 4′),28.9(C - 5′),24.9(C - 6′),29.9(C - 7′)。将该化合物命名为 acetic acid 2 - heptyl - 4,6 - dihydroxy - 5 - oxo - 3,4,5,6,7,8 - hexahydro-2H - chromen - 3 - yl ester。

化合物(2) 黄色固体,易溶于甲醇、丙酮等有机溶剂,在 TLC 薄层板上展开比移值约为 0.5($CHCl_3$∶MeOH,10∶1,V∶V),在紫外光(253nm 和 365nm)下显荧光色,碘显黄色,硫酸显黄色。该化合物由高分辨质谱(HR-FT-MS)测得分子式为:$C_{18}H_{20}O_7$(m/z:349.128 18[M+H]$^+$),$[\alpha]_D^{20}$+5.6(c 0.001,MeOH);UV(MeOH)λ_{max}(logε) 254(5.01)、271(4.8)、368(2.39)nm;IR(KBr):3 416、1 692、1 658、1 468、1 383cm^{-1}。^{1}H NMR(600MHz,CD_3OD)δ:4.61(2H,t,J=6.48Hz,H - 11),4.33(1H,dd,J=1.74、7.62Hz,H - 3′),3.89(3H,s,H - 13),3.81(3H,s,H - 1′),3.25(2H. m,H - 5′),3.04(2H,t,J=5.70Hz,H - 8),2.90(2H,t,J=6.94Hz,H - 12),2.76(2H,t,J=6.0Hz,H - 7),2.05(1H,m,H - 4′α),1.92(1H,m,H - 4′β);^{13}C NMR(150MHz,CD_3OD)δ:193.0(C - 1),123.3(C - 2),136.3(C - 3),149.4(C - 4),133.9(C - 5),204.0(C - 6),37.0(C - 7),22.1(C - 8),144.0(C - 9),156.2(C - 10),66.6(C - 11),39.4(C - 12),62.3(C - 13),52.3(C - 1′),175.2(C -

2′),70.1(C-3′),34.9(C-4′),21.7(C-5′)。将该化合物命名为2-hydroxy-4-(4-methoxy-3,6-dioxo-1,2,3,6,7,8-hexahydro-9-oxa-cyclopenta[a]naphthalen-5-yl)-butyric acid methyl ester。

化合物(3) 透明油状，易溶于甲醇、丙酮等有机溶剂，在TLC薄层板上展开比移值约为0.3($CHCl_3$:MeOH,10:1,V:V)，在紫外光(253nm和365nm)下显色，碘显黄色，硫酸显深褐色。该化合物由电喷雾质谱(ESI-MS)测得分子质量268.2$[M+H]^+$、290.2$[M+Na]^+$，结合氢谱和碳谱推测其分子式为：$C_{10}H_{13}N_5O_4$。^1H NMR(600MHz, acetone-d_6)δ: 8.31(1H,s,H-7),8.18(1H,s,H-2),5.87(1H,d,J=6.36Hz,H-1′),4.64(1H,t,J=5.52Hz,H-2′),4.23(1H,dd,J=4.98、2.64Hz,H-3′),4.07(1H,d,J=2.58Hz,H-4′),3.79(1H,dd,J=12.54、2.46Hz,H-5′α),3.66(1H,dd,J=12.42、2.64Hz,H-5′β)；^{13}C NMR(150MHz,acetone-d_6)δ:151.9(C-2),154.0(C-4),120.0(C-5),142.0(C-7),150.0(C-9),89.9(C-1′),74.1(C-2′),71.2(C-3′),86.8(C-4′),62.1(C-5′)。

化合物(4) 无色粉末，易溶于甲醇、丙酮等有机溶剂，在TLC薄层板上展开比移值约为0.5($CHCl_3$:MeOH,10:1,V:V)，在紫外光(253nm和365nm)下显色，碘显黄色，硫酸显紫色。该化合物由液相质谱联用仪测得相对分子质量为：195.15$[M+H]^+$,217.16$[M+Na]^+$)，结合氢谱和碳谱推测其分子式为：$C_{10}H_{10}O_4$。^1H NMR(600MHz, acetone-d_6)δ: 7.37(1H,d,J=8.8Hz,H-6),6.98(1H,d,J=8.88Hz,H-7),4.64(1H,m,H-2),3.37(1H,dd,J=3.36、16.8Hz,H-3α),2.72(1H,dd,J=2.52、16.8Hz,H-3β),1.36(3H,d,J=6.3Hz,H-10)。^{13}C NMR(150MHz,acetone-d_6)δ: 171.9(C-1),77.8(C-2),30.3(C-3),126.7(C-4),148.2(C-5),126.0(C-6),117.3(C-7),156.8(C-8),110.3(C-9),22.0(C-10)。

化合物(5) 白色固体，易溶于甲醇、丙酮等有机溶剂，在TLC薄层板上展开比移值约为0.6($CHCl_3$:MeOH,10:1,V:V)，在紫外光(253nm和365nm)下不显色，碘显黄色，硫酸显橘红色。该化合物由液相质谱联用仪(LC-MS)测得相对分子质量为nm: 263.18$[M+Na]^+$，结合氢谱和碳谱推测其分子式为：$C_{15}H_{28}O_2$。^1H NMR(600MHz, acetone-d_6)δ: 5.16(1H,dd,J=6.06、7.14Hz,H-4′),2.07(2H,m,H-3′),1.85(1H,m,H-3),1.67(3H,s,H-7′),1.65(1H,m,H-2),1.64(2H,m,H-5),1.63(3H,s,H-6′),1.47(2H,m,H-2′),1.23(3H,s,H-6),1.16(3H,s,H-8′),1.15(2H,m,H-4)。^{13}C NMR(150MHz, acetone-d_6)δ: 79.3(C-1),44.1(C-2),54.6(C-3),24.1(C-4),40.7(C-5),25.8(C-6),14.5(C-7),73.3(C-1′),40.9(C-2′),22.7(C-3′),125.2(C-4′),130.3(C-5′),16.8(C-6′),25.0(C-7′),24.5(C-8′)。

化合物(6) 无色固体，易溶于甲醇、丙酮等有机溶剂，在TLC薄层板上展开比移值约为0.3($CHCl_3$:MeOH,10:1,V:V)，在紫外光(253nm和365nm)下不显色，碘显黄色，硫酸显深紫色。该化合物由液相质谱联用仪(LC-MS)测得相对分子质量为279.20$[M+Na]^+$,295.20$[M+K]^+$，结合氢谱和碳谱推测其分子式为$C_{15}H_{28}O_3$。^1H NMR(600MHz, $CDCl_3$)δ: 5.43(1H,t,J=6.96Hz,H-3′),3.92(2H,s,H-1′),2.16(2H,dt,J=7.98、15.96Hz,H-4′),1.87(1H,m,H-3),1.84(1H,m,H-4α),1.65(1H,m,H-4β),1.64(1H,m,H-2),1.64(3H,s,H-8′),1.61(2H,m,H-5),1.50(2H,m,H-5′),1.21(3H,s,H-7),1.16(3H,s,H-7′),1.04(3H,d,J=6.84Hz,H-6)。^{13}C NMR(150MHz,$CDCl_3$)δ: 79.8(C-1),44.5(C-2),54.7(C-3),24.1(C-4),40.8(C-5),14.5(C-6),25.7(C-7),67.3(C-1′),135.0(C-2′),124.8(C-3′),22.1(C-4′),40.9(C-5′),73.4(C-6′),24.5(C-7′),12.8(C-8′)。

化合物(7) 无色固体，易溶于甲醇、丙酮等有机溶剂，在TLC薄层板上展开比移值约为0.3($CHCl_3$:MeOH,10:1,V:V)，在紫外光(253nm和365nm)下不显色，碘显黄色，硫酸显土黄色。该化合物由液相质谱联用仪(LC-MS)测得相对分子质量为323.24$[M+Na]^+$，结合氢谱和碳谱数据推测分子式为$C_{16}H_{28}O_3$。^1H NMR(600MHz, $CDCl_3$)δ: 5.96(1H,dd,J=1.58、15.66Hz,H-6),5.80

(1H,dd,J=2.16、15.60Hz,H-7),4.52(1H,br s,H-2),4.42(1H,br s,H-8),3.94(1H,br s,H-5),3.42(1H,br s,H-4),2.49(1H,m,H-3α),2.46(1H,m,H-3β),2.23(1H,m,H-9α),2.19(1H,m,H-9β),1.50(1H,m,H-13α),1.36(2H,m,H-10),1.34(2H,m,H-11),1.32(1H,m,H-13β),1.31(4H,m,H-12,15),1.30(2H,m,H-14),0.90(3H,t,J=6.42Hz,H-16)。^{13}C NMR(150MHz,$CDCl_3$)δ:62.3(C-1),69.4(C-2),70.7(C-3),70.0(C-4),27.9(C-5),24.4(C-6),28.4(C-7),28.0(C-8),35.7(C-9),31.8(C-10),21.1(C-11),30.4(C-12),11.7(C-13),17.6(C-14)。

化合物(8)　白色固体,易溶于甲醇、丙酮等有机溶剂,在TLC薄层板上展开比移值约为0.4($CHCl_3$∶MeOH,10∶1,V∶V),在紫外光(253nm和365nm)下显色,碘显黄色,硫酸显淡紫色。该化合物由高分辨质谱(HR-FT-MS)测得分子式为$C_{18}H_{29}NO_5$(m/z:362.193 92[M+Na]$^+$)。$[\alpha]^{20}_{D}$+84.0(c 0.001,MeOH);UV(MeOH)λ_{max}(logε):201(1.37)、256(1.33)nm;IR(KBr):3 334、1 699、1 683、1 652、1 334、1 170cm^{-1}。^{1}H NMR(600MHz,CD_3OD)δ:4.63(1H,br s,H-3),4.41(1H,t,J=2.58Hz,H-7),4.01(1H,t,J=7.01Hz,H-5),3.79(1H,br s,H-4),2.61(1H,m,H-9α),2.39(1H,m,H-9β),2.21(1H,m,H-8α),2.09(1H,m,H-8β),2.00(1H,m,H-7′α),1.90(3H,s,H-12),1.75(1H,m,H-7′β),1.68(1H,m,H-6′α),1.49(1H,m,H-6′β),1.42(2H,m,H-4′),1.40(2H,m,H-3′),1.38(2H,m,H-2′),1.35(2H,m,H-5′),0.95(3H,t,J=6.72Hz,H-1′)。^{13}C NMR(150MHz,$CDCl_3$)δ:197.9(C-1),108.0(C-2),43.3(C-3),65.9(C-4),76.3(C-5),173.4(C-6),65.8(C-7),29.3(C-8),32.9(C-9),171.0(C-11),21.1(C-12),12.9(C-1′),22.3(C-2′),31.5(C-3′),28.9(C-4′),29.1(C-5′),24.9(C-6′),30.0(C-7′)。

化合物(9)　无色油状,易溶于甲醇、丙酮等有机溶剂,在TLC薄层板上展开比移值约为0.4($CHCl_3$∶MeOH,10∶1,V∶V),在紫外光(253nm和365nm)下不显色,碘显黄色,硫酸显浅紫色。该化合物由液相质谱联用仪(LC-MS)测得相对分子质量为247.30[M+H]$^+$,结合氢谱和碳谱数据推测其分子式为$C_{14}H_{30}O_3$。^{1}H NMR(600MHz,$CDCl_3$)δ:3.74(1H,m,H-2),3.56(2H,m,H-1),3.45(2H,m,H-4),3.41(2H,m,H-3),1.57(2H. m,H-5),1.37(1H,m,H-10),1.34(2H,m,H-6),1.31(2H,m,H-14),1.30(2H,m,H-7),1.27(2H,m,H-8),1.25(2H,m,H-11),1.22(2H,m,H-12),1.12(2H,m,H-9),0.90(3H,m,H-13)。^{13}C NMR(150MHz,$CDCl_3$)δ:176.7(C-1),81.9(C-2),27.9(C-3),74.3(C-4),75.0(C-5),132.8(C-6),129.5(C-7),72.0(C-8),21.1(C-9),25.7(C-10),29.0(C-11),31.7(C-12),32.6(C-13),21.0(C-14),22.4(C-15),13.5(C-16)。

化合物(10)　无色固体,易溶于甲醇、丙酮等有机溶剂,在TLC薄层板上展开比移值约为0.5($CHCl_3$∶MeOH,10∶1,V∶V),在紫外光(253nm和365nm)下不显色,碘显黄色,硫酸显淡紫色。该化合物由液相质谱联用仪(LC-MS)测得相对分子质量为m/z:213.00[M+Na]$^+$,结合氢谱和碳谱数据推测其分子式为$C_{10}H_{22}O_3$。^{1}H NMR(600MHz,$CDCl_3$)δ:3.67(1H,dd,J=4.86、11.16Hz,H-1α),3.58(1H,dd,J=5.20、9.48Hz,H-1β),3.55(1H,m,H-4),3.48(1H,m,H-2),1.53(2H,m,H-3),1.52(2H,m,H-8),1.50(1H,m,H-7α),1.38(1H,m,H-7β),1.34(2H,m,H-5),1.32(2H,m,H-6),1.30(2H,m,H-9),0.90(3H,t,J=6.72Hz,H-10)。^{13}C NMR(150MHz,$CDCl_3$)δ:63.2(C-1),74.1(C-2),32.9(C-3),71.3(C-4),29.4(C-5),29.3(C-6),25.6(C-7),31.6(C-8),22.3(C-9),13.0(C-10)。

二、鸡油菌总黄酮的测定

郭豫梅[6]采用传统浸提法,以85%乙醇为溶剂,鸡油菌粉末与溶剂之比为1∶20,在70℃下提取20h,抽滤,即得总黄酮提取液,以芦丁作为对照品,应用比色法测定鸡油菌中总黄酮的含量,测得总黄酮含量为0.68%。

三、鸡油菌挥发性成分的提取

刘如运等人[7]用同时蒸馏-萃取法提取出鸡油菌的挥发油(得率1.27%),经气相色谱-质谱联用分析,分离并鉴定出其中32种化合物,占总峰面积的86.79%。经确认,挥发油主要成分是:1-辛烯-3-醇、2-辛烯-1-醇、棕榈酸、(*E*)-9-十八碳烯酸、亚油酸、3-辛醇、3-羟基-2-丁酮、己醛、2-环戊烯-1,4-二酮和3-辛酮,其质量分数分别为:33.42%、17.25%、9.19%、4.82%、4.56%、2.75%、2.24%、2.03%、1.52%和1.39%。

李文等人[8]采用顶空固相微萃取法,对鸡油菌干品和蒸馏萃取得到的鸡油菌馏分中的挥发性成分进行了提取分离鉴定,通过气相色谱质谱连用法进行定性定量分析,以峰面积归一化法计算各组分的相对含量。鉴定得到鸡油菌干品中有75种挥发性成分,占色谱流出峰总面积的76.05%,主要是酸类、酮类、醇类和酯类;主要成分有己酸、3-甲基丁酸、1-辛烯-3-醇和丁酸;鸡油菌馏分中有48种挥发性成分,占色谱流出峰总面积的32.05%,主要是酮类和醛类;主要成分有β-二氢紫罗兰酮、(2*E*,4*E*)-2,4-癸二烯醛和香叶基丙酮;鸡油菌干品和馏分中共有15种相同组分。干品固相微萃取结果表明:决定鸡油菌风味主要是小分子挥发性化合物;蒸馏萃取得到的大分子芳香性物质表明,开发鸡油菌香料具有广阔的前景。

在Patriäcia Valentao等人[9]的研究中,我们了解到鸡油菌的保藏方式不同,会对鸡油菌中酚类化合物与有机酸的含量产生很大影响,分别将鸡油菌放在干燥、冷冻、橄榄油、醋中处理,然后测定酚类化合物与有机酸的量,发现有6种酚类化合物,分别是3,4-和5-*O*-咖啡酰奎宁酸、咖啡酸、香豆酸和芦丁,5种有机酸分别是柠檬酸、维生素C(抗坏血酸)、苹果酸、莽草酸和富马酸。在橄榄油中还检测出了羟基酪醇、酪醇、木犀草素、芹菜素。在醋中样品还检测出了羟基酪醇、酪醇、酒石酸。比较两者的实验结果发现有较大出入,这可能与鸡油菌中挥发油成分不稳定且含量低有关,同时也与实验条件和操作人员的技术水平密不可分。

四、氨基酸的测定

鸡油菌中含有17种氨基酸,其总氨基酸含量大大高于一般食用菌,包括人体必需的8种氨基酸:苯丙氨酸、赖氨酸、苏氨酸、缬氨酸、亮氨酸、异亮氨酸、甲硫氨酸、色氨酸,且总氨基酸含量和每种必需氨基酸都基本接近或超过FAO/WHO推荐的模式,是优质蛋白源[10]。张忠[11]等人采用氨基酸自动分析仪测定野生鸡油菌中游离氨基酸含量,结果如表86-1所示:

表86-1 鸡油菌中游离氨基酸的含量(mg/g)

氨基酸	鸡油菌	氨基酸	鸡油菌	氨基酸	鸡油菌
天冬氨酸	0.09	胱氨酸	0.06	苯丙氨酸	0.48
苏氨酸	0.06	缬氨酸	0.06	组氨酸	0.06
丝氨酸	0.34	甲硫氨酸	0.03	赖氨酸	0.05
谷氨酸	0.04	异亮氨酸	0.03	精氨酸	0.27
甘氨酸	0.02	亮氨酸	0.06	脯氨酸	0.22
丙氨酸	0.20	酪氨酸	0.06	总氨基酸	2.13

五、微量元素的测定

王茂胜等人[12]通过原子吸收分光光度法对鸡油菌子实体中微量元素的测定研究发现,元素钾

(K)、钠(Na)、钙(Ca)、镁(Mg)含量丰富，而重金属镉(Cd)、砷(As)、汞(Hg)含量较低(表 86-2)。

表 86-2　鸡油菌子实体中微量元素含量

微量元素	鸡油菌中微量元素含量/(μg/g)	微量元素	鸡油菌中微量元素含量/(μg/g)
钾(K)	1.00×10^6	锰(Mn)	80.20
钠(Na)	0.020×10^6	铅(Pb)	27.50
钙(Ca)	0.110×10^6	镉(Cd)	3.60
镁(Mg)	0.130×10^6	磷(P)	0.50
锌(Zn)	76.40	砷(As)	<0.50
铜(Cu)	46.40	汞(Hg)	0.001
铁(Fe)	1700		

六、其他类的化学成分

据有关文献报道[13]，野生鸡油菌子实体中灰分含量为 8.6%，含有钙、铁、磷等多种矿质元素；还含有高生物活性蛋白漆酶和抗真菌蛋白、核糖核酸酶、内醌蛋白与植物凝集素等物质。此外，鸡油菌中还含有真菌甘油酯(是一种具有神经内脂的高级甘油酯)、鸡油菌素(类胡萝卜素，是一种多烯类脂肪酸衍生物)、胡萝卜素、维生素类等一些重要物质。

第三节　鸡油菌药理活性的研究

一、抗氧化活性

靳文娟等人[14]通过对鸡油菌多糖清除 1,1-二苯基-2-三硝基苯肼自由基(DPPH·)的试验，研究其抗氧化能力，在 0.2～1.0mg/ml 试验浓度范围内，鸡油菌粗多糖对 DPPH·的清除能力随浓度的增大而增强，且呈现一定的量效关系。多糖浓度>0.75mg/ml 时，增加趋势增强，浓度在 1.00mg/ml 时，清除率达 55.57%，IC_{50} 为 0.92mg/ml，显示出鸡油菌粗多糖对 DPPH·具有较强清除能力(表 86-3)。

郭豫梅[6]采用邻苯三酚自氧化法、邻二氮菲-Fe^{2+} 氧化法、对氨基苯磺酸-盐酸萘乙二胺分光光度法，研究鸡油菌总黄酮对超氧自由基、羟基自由基和亚硝酸根的清除作用。在配置不同浓度的总黄酮提取液中(一定的浓度范围内)，总黄酮提取物能有效地清除超氧自由基($O_2\cdot^-$)、羟基自由基(·OH)与亚硝酸盐(NO_2^-)，其质量浓度与对超氧自由基、羟基自由基与亚硝酸盐的清除作用成正相关系，即随总黄酮浓度的增加对各离子的清除率不断增大，当总黄酮浓度达 0.204 1g/L 时，对超氧阴离子的清除率为 44.2%、羟基自由基的清除率为 11.4%、亚硝酸根的清除率为 50%。从而确定了鸡油菌黄酮具有抗氧化能力。

表 86-3　野生鸡油菌抗氧化活性 EC_{50} 值(mg/ml)(Mean±SD; $n=3$)

DPPH 清除活性	还原能力	胡萝卜素褪色抑制	脂质过氧化抑制活性
19.65±0.28 *	8.72±0.03 *	8.40±0.87 *	8.59±0.73 *

* 表示差异显著($P<0.05$)。

Barros Lillian 等人[3]通过对鸡油菌抗氧化性的研究，发现其具有较小的抗氧化性能，且与其较低的酚和生育酚含量有关。因为酚的生物活性可能与他们螯合金属的能力、抑制脂氧合酶和清除自由基相关;生育酚在细胞膜中可用作过氧化脂质的断链抗氧化剂,也可以作为活性氧,如单线态氧的清除剂。

二、抗菌活性

Barros Lillian 等人[3]在对野生鸡油菌生物特性的研究中还发现,鸡油菌对革兰阳性菌有选择性的抗菌活性,并有很小的最低抑菌浓度,特别是对枯草芽孢杆菌、金黄色葡萄球菌的最低抑菌浓度低于标准氨苄西林。另外研究还发现除了酚类化合物外,从蘑菇中分离得到的类固醇、草酸、倍半萜与多硫代哌嗪-2,5-二酮类也具有抗菌活性。

三、抗癌活性

鸡油菌多糖能够促进人体免疫功能,具有抗肿瘤、病毒、突变、辐射、降血压等功效,并具有抗癌活性,对癌细胞有一定的抑制作用,对小鼠肉瘤 S-180 的抑制率可达 80%[15]。

四、降血糖

罗成等人[16]通过动物实验,研究了鸡油菌多糖(CCPS)的降血糖作用:测定小鼠血清血糖值,研究鸡油菌多糖的降血糖效果;测定小鼠肝组织中 SOD 活性、GSH-Px 活性与 MDA 含量,探讨鸡油菌多糖对小鼠抗氧化酶系的影响。实验结果表明,与对照组相比,灌胃 3 种鸡油菌多糖,低、中、高剂量组的小鼠血糖值均显著降低($P<0.01$),降糖率分别达到 15.9%、23.9%和 29.2%,具有一定的降血糖功效。结果还表明,鸡油菌多糖可以提高四氧嘧啶诱导糖尿病小鼠机体的 SOD 活性和 GSH-Px 活性,极显著抑制糖尿病模型小鼠的脂质过氧化。

五、其　他

车振鹏等人[1]在研究功能食用菌时意外发现,蛹虫草、灵芝、鸡油菌 3 种食用菌按一定比例混合后对小鼠的作用,与其中任何单一组分的作用都不尽相同,并证明由这 3 种食用菌按一定比例混合后的提取汁,经浓缩后制成的口服液对人体具有较好的减肥、美容和延缓衰老作用,其效果优于任何单一组分;经常食用可以防治因缺乏维生素 A 所引起的皮肤粗糙或干燥症、角膜软化症、夜盲症、视力失常、眼炎等疾病;还可以预防某些呼吸道和消化道感染的疾病。

第五节　展　望

鸡油菌生长需要有特殊的自然生态环境,人工营造较困难,目前对鸡油菌的利用还局限于野生资源,产量低供不应求;在食品药品产业中所占密度比起它的潜力还很微不足道。随着我国科研的不断深入,各项新技术应运而生,望食药用菌科技工作者今后多加强对鸡油菌优良品种、所含成分以及生物药理等方面的研究与探索,让鸡油菌为人类的健康多作贡献。

参考文献

[1] 车振鹏."三菌"复合保健口服液的功效研究(一)[J]. 食品科技,2002,(2):69—70.

[2] 吴兴亮. 贵州大型真菌[M]. 贵阳:贵州人民出版社,1988.

[3] Barros L, Venturini BA, Baptista P, et al. Chemical composition and biological properties of portuguese wild mushrooms: a comprehensive study [J]. J Agri Food Chem, 2008, 56(10): 3856—3862.

[4] Egwin EC, Elem RC, Egwuche RU. Proximate composition, phytochemical screening and antioxidant activity of ten selected wild edible Nigerian mushroom[J]. Am J Food Nutri, 2011, 1(2):89—94.

[5] 金玲. 3 株大型真菌次级代谢产物的研究[D]. 厦门大学,2013.

[6] 郭豫梅. 鸡油菌中总黄酮含量的测定及抗氧化活性研究[J]. 食品研究与开发,2014,35(7):96—99.

[7] 刘如运,杨伟祖,刘剑锋,等. 鸡油菌挥发油化学成分分析[J]. 云南民族大学学报(自然科学版),2008,17(03):235—237.

[8] 李文,谷镇,杨焱,等. GC-MS 分析鸡油菌中挥发性成分[J]. 食品科学,2013,34(8):149—152.

[9] Valentao P, Andrade B, Rangel J, et al. Effect of the conservation procedure on the contents of phenolic compounds and organic acids in chanterelle (*Cantharellus cibarius*) mushroom. J Agri Food Chem [J]. 2005, 53(12):4925—4931.

[10] 周家齐,王玲仙,段玉云,等. 十余种常见野生食用菌氨基酸组成分析[J]. 中国食用菌,1992,11(5):23—26.

[11] 张忠,谷镇,杨焱,等. 3 种野生食用菌干品的鲜味评价[J]. 食品科学,2013,34(21):51—54.

[12] 王茂胜,连宾,陈烨. 鸡油菌及其伴生真菌 LBJ016 营养成分对比分析[J]. 食用菌,2008,30(1):46—47.

[13] 张传利,杨发军,桂雪梅,等. 鸡油菌研究概况与展望[J]. 热带农业科技,2010,33(3):35—39.

[14] 靳文娟,鲁晓翔. 超声波法提取鸡油菌多糖及其抗氧化性研究[J]. 安徽农业科学,2011,39(27):16545—16547.

[15] 邹方伦,姜山. 贵州鸡油菌的应用与生物特性的研究[J]. 贵州科学,2001,19(1):42—47.

[16] 罗成,鲁晓翔. 周达. 鸡油菌多糖降血糖作用研究[J]. 食品工业科技,2010,(12):333—334.

(王洪庆)

第八十七章 花脸香蘑

HUA LIAN XIANG MO

第一节 概 述

花脸香蘑[*Lepista sordid* (Fr.)Sing]属担子菌亚门，伞菌纲，伞菌亚纲，伞菌目，口蘑科，香蘑属真菌，别名紫晶口蘑、丁香蘑、花脸蘑等。主要分布在贵州、黑龙江、辽宁、吉林、甘肃、河北、内蒙古、青海、四川、新疆、山西和福建等省区，是一种名贵的食用菌和药用菌，具有养血、益神、补肝的功效，云贵山区百姓称之为“养血菌”[1-3]。

目前已从花脸香蘑中分离得到二萜、哌啶二酮与多糖、烯二炔等化合物。

第二节 花脸香蘑化学成分的研究

一、花脸香蘑二萜类化学成分的提取与分离

从花脸香蘑发酵液中共分离得到两个二萜类化合物：lepistal(1)和 lepistol(2)，均为新化合物。

提取方法 将花脸香蘑菌种放在装有 20 L YMG 培养基(酵母粉提取物 0.4%，麦芽提取物 1.0%，葡萄糖 0.4%，pH5.5)的发酵罐中发酵培养，搅拌速度 120r/min，通气量 2L 空气/分钟，22℃。经过 200h 的培养，发酵液的抑制真菌活性达到最大值时，过滤除去菌丝。将培养基原液上样吸附在大孔树脂(HP21)，用丙酮洗脱。洗脱物(2.0g)通过硅胶柱色谱分离，环己烷-乙酸乙酯(7∶3)洗脱，得到 7.5mg lepistal(1)，环己烷-乙酸乙酯(1∶1)洗脱，得到 6.8mg lepistol(2)[4](图 87-1)。

Lepistal　　Lepistol

图 87-1　花脸香蘑中新二萜类化学成分的结构

二、花脸香蘑二萜类化学成分的理化常数与主要波谱数据

Lepistal (1)　油状物。$[\alpha]_D^{27}+37$(c 0.4，$CHCl_3$)。UVλ_{max}(MeOH)：246nm(e)(9 600)。IR(KBr)：3 348、2 985、2 964、2 944、2 919、2 858、1 793、1 783、1 715、1 695、1 643、1 617、1 457、1 437、1 413、1 377、1 368、1 294、1 289、1 275、1 246、1 205、1 182、1 130、1 104、1 046、1 030、1 010、997、987、966、927、896、832cm^{-1}。HR-EI-MS m/z：330.184 4[M^+](85)($C_{20}H_{26}O_4$，330.183 1)，301(35)，287(28)，271(33)，269(32)，232(30)，191(32)，164(100)。^1H NMR($CDCl_3$，500MHz)δ：9.66(1H，s)，

6.58(1H,s),6.55(1H,s),6.33(1H,s),2.48(1H,d,J=17.7Hz),2.46(1H,dd,J=7.9、18.8Hz),2.34(1H,d,J=17.7Hz),2.14(1H,dd,J=12.6、18.8Hz),2.08(H,dd,J=8.0、15.0Hz),1.82(1H,dqq,J=6.6、6.6、6.6Hz),1.74(H,m),1.68(H,m),1.65(H,m),1.60(H,dd,J=6.7、15.0Hz),1.17(1H,s),1.04(H,s),1.00(1H,s),0.95(H,d,J=6.6Hz)。^{13}C NMR($CDCl_3$,125MHz)δ:205.9、192.0、175.7、151.0、149.2、137.6、127.3、89.3、48.7、46.4、45.9、40.9、39.4、36.8、30.9、28.4、25.8、24.1、21.8、21.8[4]。

Lepistol (2) 油状物。$[\alpha]_D^{27}$+73(c 0.3,$CHCl_3$)。UVλ_{max}(MeOH):246nm(e)(7 900)。IR(KBr):3 477、2 965、1 780、1 714、1 635、1 457、1 410、1 378、1 287、1 248、1 206、1 182、1 170、1 128、1 017、996、964、928、895cm^{-1}。HR-EI-MS m/z:332.197 3[M$^+$](49)($C_{20}H_{28}O_4$,332.198 7),317(17),314(12),271(20),216(45),167(23),165(18),139(100)。^{1}H NMR($CDCl_3$,500MHz)δ:6.55(1H,s),5.27(1H,s),5.23(1H,s),4.17(1H,d,J=13.2Hz),4.14(1H,d,J=13.2Hz),2.68(1H,d,J=17.5Hz),2.42(1H,dd,J=7.8、18.8Hz),2.29(1H,d,J=17.5Hz),2.14(1H,dd,J=12.6、18.8Hz),2.13(1H,dd,J=12.8、18.8Hz),2.02(H,dd,J=6.3、13.4Hz),1.79(1H,dqq,J=6.6、6.6、6.6Hz),1.64(H,m),1.60(H,m),1.60(H,m),1.56(H,m),1.16(1H,s),1.05(H,s),1.02(1H,d,J=6.6Hz),0.92(H,d,J=6.6Hz)。^{13}C NMR($CDCl_3$,125MHz)δ:206.2、176.6、151.8、148.4、135.2、129.3、116.6、90.9、63.0、48.8、46.4、45.6、41.2、39.6、37.4、31.0、28.3、24.0、21.8、21.6[4]。

三、花脸香蘑哌啶二酮类的提取与分离

从花脸香蘑固体培养的菌丝体乙醇提取物中分离得到3个新的和1个已知哌啶二酮类化合物,分别是 lepistamides A(3)、lepistamides B(4)、lepistamides C(5)和 diatretol (6)[5](图 87-2)。

提取方法 将花脸香蘑菌种接种在 YMG 培养基上(酵母粉提取物 3g,麦芽提取物 20g,葡萄糖 10g,KH_2PO_4 3g,$MgSO_4$ 1.5g,水 1 000ml,pH6.5),在 25℃,摇床 120r/min 振摇,黑暗条件下培养 7d。然后转移到 YMG 固体培养基上(酵母粉提取物 3g,麦芽提取物 20g,葡萄糖 10g,KH_2PO_4 3g,$MgSO_4$ 1.5g,与 1 000g 煮沸的谷物小麦混合,pH6.5),静置放在黑暗条件下,25℃培养4周。得到的菌丝固体培养物用95%的乙醇提取3次,每次24h。得到的乙醇提取物真空浓缩后,用水混悬,混悬液依次用石油醚、乙酸乙酯和正丁醇萃取,得到的萃取物分别为 56.5g、32.5g 和 40g。将石油醚和乙酸乙酯萃取物合并后,经硅胶柱色谱(三氯甲烷:甲醇=100:0~60:40),得到馏分 E1~E10,将 E7 进一步通过 ODS 柱层析(甲醇:水=1:9~8:2)得到馏分 E7.1~E7.19。E7.11 经过 HPLC(甲醇:水=52:48,流速 5ml/min)分离,得到 lepistamides A(3)、lepistamides B(4)、lepistamides C(5)和 diatretol (6)[5]。

四、花脸香蘑哌啶二酮类的理化常数与主要波谱数据

Lepistamides A (3) 白色无定形粉末。$[\alpha]_D^{20}$-8.9(c 0.37,MeOH)。UVλ_{max}(MeOH):206nm(e)(3.18)。ESI-MS:329[M+Na]$^+$,635[2M+Na]$^+$,341[M+Cl]$^-$。HR-ESI-MS m/z:329.146 9([M+Na]$^+$,$C_{16}H_{22}N_2NaO_4^+$;calc. 329.147 7)。^{1}H NMR(DMSO d_6,600MHz)δ:9.01(1H,s),8.40(1H,s),7.16~7.24(5H,m),6.80(1H,s),3.41(1H,d,J=12.7Hz),3.06(1H,s),2.79(1H,d,J=12.7Hz),1.35(1H,dd,J=13.5、6.0Hz),1.12(1H,dd,J=13.5、5.3Hz),0.56(1H,m),0.41(1H,d,J=6.6Hz),0.29(1H,d,J=6.6Hz)。^{13}C NMR(DMSO d_6,150MHz)δ:167.5、165.2、135.1、130.6、127.9、126.6、86.8、82.5、50.3、46.1、44.4、24.1、23.3、22.4[5]。

Lepistamides B (4) 淡黄色无定形粉末。$[\alpha]_D^{20}$ 0(c 0.27,MeOH)。UVλ_{max}(MeOH):204nm(e)

(3.36)。ESI-MS m/z:315[M+Na]$^+$,607[2M+Na]$^+$,291[M-H]$^-$。HR-ESI-MS m/z:315.132 6 [M+Na]$^+$,$C_{15}H_{20}N_2NaO_4^+$,calc. 315.132 1。^{1}H NMR(DMSO d_6,600MHz)δ:8.74(1H,s),8.44(1H,s),7.15~7.25(5H,m),6.36(1H,s),5.89(1H,s),3.34(1H,d,J=12.6Hz),2.74(1H,d,J=12.6Hz),1.55(1H,dd,J=13.5、6.5Hz),1.15(1H,dd,J=13.5、6.5Hz),0.58(1H,m),0.40(1H,d,J=6.7Hz),0.29(1H,d,J=6.7Hz)。^{13}C NMR(DMSO,150MHz)δ:167.2、166.7、135.2、130.6、127.7、126.5、82.4、81.1、46.0、43.8、23.8、23.0、22.8[5]。

Lepistamides C (5) 淡黄色无定形粉末。$[\alpha]_D^{20}$ 0(c 0.17,MeOH)。UVλ_{max}(MeOH):205nm(e)(3.48)。ESI-MS m/z:343[M+Na]$^+$,359[M+K]$^+$。HR-ESI-MS m/z:343.164 1[M+Na]$^+$,$C_{17}H_{24}N_2NaO_{4+}$,calc. 343.163 4)。^{1}H NMR(DMSO,600MHz)δ:9.00(1H,s),8.74(1H,s),7.17~7.25(5H,m),3.27(1H,d,J=12.7Hz),3.19(1H,s),3.05(1H,s),2.83(1H,d,J=12.7Hz),1.03(1H,m),0.89(1H,dd,J=13.8、5.9Hz),0.76(1H,dd,J=13.8、5.8Hz),0.49(1H,d,J=6.7Hz),0.40(1H,d,J=6.7Hz)。^{13}C NMR(DMSO d_6,150MHz)δ:165.8、164.9、134.2、130.8、128.1、127、87.6、86.3、50.5、50.4、45.7、43.2、24.1、23.7、22.2[5]。

Diatretol (6) 白色固体。$[\alpha]_D^{42}$(c 0.1,MeOH)。UVλ_{max}(MeOH):205nm(ε)(17 750)。^{1}H NMR(DMSO d_6,250MHz)δ:9.05(1H,s),8.38(1H,s),7.18~7.27(5H,m),6.73(1H,s),3.42(1H,d,J=12.5Hz),2.82(1H,d,J=12.5Hz),1.97(1H,s),1.67(1H,m),1.43(1H,m),0.85(1H,d,J=6.3Hz),0.81(1H,d,J=6.3Hz)。^{13}C NMR(DMSO d_6,62.5MHz)δ:167.11、165.19、135.25、130.76、130.76、127.71、127.71、126.59、86.34、82.49、48.01、47.28、44.15、24.05、23.45、22.55[5-6]。

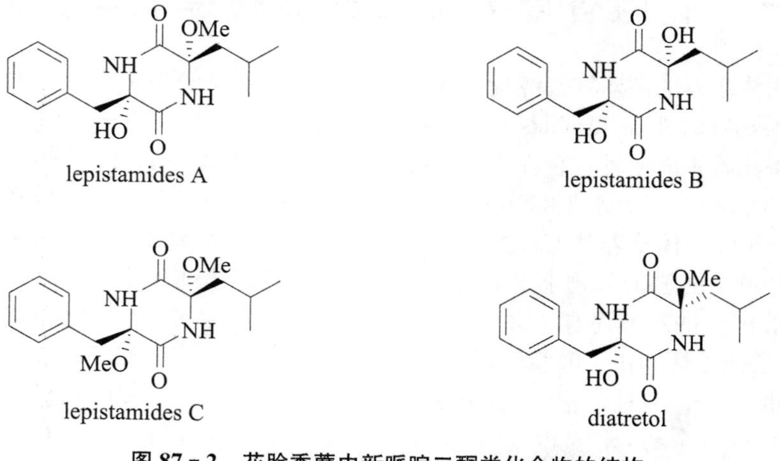

lepistamides A　　lepistamides B

lepistamides C　　diatretol

图 87-2　花脸香蘑中新哌啶二酮类化合物的结构

五、花脸香蘑多糖成分的提取分离与鉴定

Yvpeng Liu 等人通过 DEAE 纤维素-52、阴离子交换和 Sepharose 6 快速流动凝胶渗透色谱法，从花脸香蘑子实体中分离得到 4 种水溶性多糖(LSPa1、LSPb1、LSPb2 和 LSPc1)。分析表明：LSPa1 由摩尔比为 3.2∶1.3∶0.6 的葡萄糖(Glc)∶甘露糖(Man)∶半乳糖 Gal 组成。LSPb1、LSPb2 和 LSPc1 分别由 Glc∶Man∶Gal∶Rha∶Ara 组成，比例分别为 2.6∶2.1∶0.9∶0.6∶0.3；1.2∶1.0∶2.3∶0.6∶0.5 和 0.2∶0.3∶2.3∶0.3∶2.0。高效凝胶渗透色谱法(HPGPC)分析表明：这 4 种多糖的平均相对分子质量(MW)大约分别为：156、134、96、57kDa[7]。

Yvpeng Liu 等人采用热水浸提，乙醇浓度分别为 30%、60%和 80%情况下，分步进行醇沉的方法提取野生花脸香蘑子实体粗多糖，得到 3 种多糖组分，分别命名为 LSP-30、LSP-60 和 LSP-80，它们的总糖含量分别为 64.0%、41.4%和 17.2%。进一步研究显示，多糖 LSP-30 主要由甘露糖、

葡萄糖和半乳糖 3 种单糖组成，含量分别为 23.0%、49.2%和 27.8%；用 Sephrose CL－6B 层析柱根据相对分子质量不同对 LSP－30 进行分级纯化，得到 LSP－30－a 和 LSP－30－b 两个级分，相对分子质量分别约为 600kDa 和 100kDa。LSP－60 主要由甘露糖、葡萄糖、半乳糖 3 种单糖组成，它们的含量分别为 31.6%、46.4%和 22.0%；用 Sephadex G－75 层析柱对 LSP－60 进行纯化，结果表明：LSP－60 相对分子质量分布范围较广且不均一，相对分子质量约为 1kDa。LSP－80 主要由甘露糖、葡萄糖、半乳糖和鼠李糖(Rha)4 种单糖组成，含量分别为 17.4%、68.0%、11.6%和 3.0%；用 Bio－Gel P－2 柱色谱，根据相对分子质量不同对 LSP－80 进行分级纯化，得到 LSP－80－a、LSP－80－b 和 LSP－80－c 3 个级分，相对分子质量分别为 1kDa、700Da 和 400Da。对 LSP－80－a、LSP－80－b、LSP－80－c 的单糖组成进行分别测定，结果表明，LSP－80－a 主要由甘露糖、葡萄糖、半乳糖组成，比例分别为 44.9%、34.4%和 20.7%；LSP－80－b 主要由甘露糖、葡萄糖、半乳糖、鼠李糖组成，比例分别为 20.5%、60.3%、16.4%和 2.8%；LSP－80－c 由甘露糖、葡萄糖、半乳糖和鼠李糖组成，比例分别为 12.2%、50.7%、10.1%和 27.0%[8]。

张京良等人对花脸香蘑胞外多糖(Exopolysaccharide，EPS)和胞内多糖(Intracellular polysaccharide，IPS)进行了研究，结果表明：EPS 含糖量为 93.5%，还原糖含量为 4.25%，蛋白含量微少，相对分子质量约为 77kDa，单糖组成为甘露糖、葡萄糖和半乳糖，摩尔比为 3.9∶1∶0.1，糖苷键构型为 β 型；IPS 含糖量为 91.3%，还原糖含量为 4.5%，蛋白含量为 3.96%，相对分子质量约为 84kDa，单糖组成为甘露糖、葡萄糖和半乳糖，摩尔比为 1.8∶1∶0.1，糖苷键构型为 α 型[9]。

六、花脸香蘑烯二炔类成分的提取分离与主要波谱数据

将已活化的花脸香蘑菌块接入装有灭菌液体发酵培养基的锥形瓶中，共 10L。置于 28℃，230r/min 恒温摇床中培养 16d。将液体摇瓶培养的花脸香蘑发酵液过滤，滤除菌丝体，发酵液浓缩至 2L，用等体积乙酸乙酯萃取 4 次，乙酸乙酯相脱水后浓缩，即得到花脸香蘑发酵液粗提物。粗提物(LS，186.6mg)用甲醇溶解，进行反向硅胶柱(30g)色谱，甲醇-水(含 10%甲酸)梯度洗脱，得到 LS－A、B、C、D、E、F、G、H 共 8 个组分。对其中有很强抑菌活性的 LS-E 进行 Sephadex LH－20(120g)柱色谱，用丙酮(含 10%甲酸)洗脱，得到 LS-E1～LS-E6 共 6 个组分，继续对具有较强抗菌活性的 LS-E3 组分进行反相硅胶柱层析，用甲醇-水(含 10%甲酸)梯度洗脱，共得到 6 个组分。从其中的 4 个组分(LS-E3.1、3.2、3.4、3.5)中分离得到 4 个化合物：LS－2～LS－5，对 LS－5 的结构进行了鉴定，获得七元环烯二炔类化合物，如图 87－3 所示[10]。

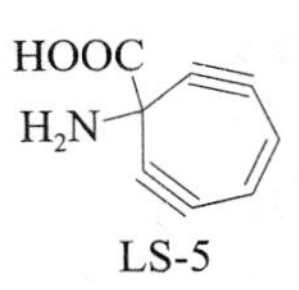

图 87－3 花脸香蘑中烯二炔类化合物的结构

LS－5 白色粉末。^1H NMR(acetone－d_6，500MHz)δ：6.89(1H，d)，6.71(1H，d)。^{13}C NMR($CDCl_3$，125MHz)δ：165.3、140.2、121.2、104.2、78.6、77.8、66.7、56.9[10]。

七、花脸香蘑其他成分的研究

对已驯化的花脸香蘑子实体(干品)进行测试，结果表明其含粗蛋白仅次于蘑菇而高于其他食用菌，为 43.03%；糖类(碳水化合物)29.7%；粗纤维 7.58%；粗脂肪 2.01%，脂肪含量仅高于木耳而低于其他多种食用菌；其氨基酸总量达 19.22%，必需氨基酸齐全，占氨基酸总量的 28%，高于大多数食用菌；微量元素丰富，锌含量高达 71.9μg/g[11]。对人工代料栽培的花脸香蘑子实体中 18 种氨基酸和

18种元素的测定结果也表明，花脸香蘑子实体干品中，蛋白质质量分数为30.03%；18种氨基酸质量分数为24.37%，其中谷氨酸4.79%、天冬氨酸2.46%、赖氨酸1.60%、色氨酸0.48%、甲硫氨酸0.43%。每克干品中富集金属元素钾(K)4 112μg、钠(Na)132μg、钙(Ca)2 690μg、镁(Mg)1 244μg、铁(Fe)1 215μg、锌(Zn)84.4μg、铜(Cu)96.8μg、锶(Sr)2.39μg、硒(Se)0.93μg、钴(Co)0.56μg、镍(Ni)2.12μg、锗(Ge)0.24μg、硫(S)0.28μg；富集有害金属元素铅(Pb)0.88μg、镉(Cd)0.58μg、汞(Hg)0.40μg、砷(As)1.00μg、铬(Cr)1.34μg、富集的有害金属元素较欧洲报道的25种野生蘑菇低20～100倍，完全符合食品安全标准[12-13]。花脸香蘑还含有丰富的核苷类，主要包括腺苷、鸟苷和尿苷，含量分别是0.62%、0.17%和0.73%，核苷类总含量相对较高，比其他食用菌都高；其菌丝体的甘露醇含量也较高，为6.25%[9]。这些研究结果表明，花脸香蘑中富含有丰富的蛋白质和氨基酸以及人体抗自由基、延缓衰老、抗癌微量元素硒、锗与锌。

第三节　花脸香蘑生物活性的研究

一、抗　菌

1996年，德国学者Xenia Mazur等人用*Lepista sordida*菌株发酵，分离出两种二萜骨架化合物，并进行了结构鉴定与生物活性的研究。试验表明，lepistal在浓度为0.2μg/ml时，能使20%的HL-60细胞分化为单核粒细胞与18%的U937细胞分化为单核细胞。而lepistol的浓度为20μg/ml和10μg/ml时，能使30%的HL-60细胞分化和14%的U-937细胞进行上述分化。在抗细菌和抗真菌试验中，结果表明，lepistal有很强的抗细菌和抗真菌能力，最低抑制浓度可达1μg/ml，而lepistol的浓度为100μg/ml时，却没有抗细菌或有微弱的抗真菌活性[4]。花脸香蘑发酵液具有广泛的抗菌活性，对革兰阳性(G^+)、革兰阴性(G^-)细菌，酵母菌和霉菌都有很好的抑制作用，对植物致病菌黄瓜枯萎菌和辣椒炭疽菌效果明显。同时还发现，乙酸乙酯萃取部位抗菌活性强，活性物质主要集中在该部位[14]。

二、抗氧化

花脸香蘑菌丝体胞内多糖在体内体外均表现出良好的清除自由基活性[15]。对花脸香蘑乙醇提取物进行体外抗氧化实验的结果表明，它在体外可以清除DPPH和·OH，并可提高H_2O_2诱发的超氧化物歧化酶(SOD)、谷胱甘肽过氧化物酶(GSH-Px)和过氧化氢酶(CAT)活力，同时抵抗由H_2O_2引起的肝组织丙二醛(MDA)含量的升高，且其抗氧化作用与剂量有一定的量效关系，提示花脸香蘑在体外有较强的抗氧化作用[16]。还有研究认为，固体发酵花脸香蘑乙酸乙酯相抗氧化活性最高，其次为发酵液乙酸乙酯相[17]。

三、抗肿瘤

花脸香蘑发酵液乙酸乙酯相抗肿瘤活性最高，对人宫颈癌细胞Hela的IC_{50}值为50μg/ml；菌丝体提取物也表现出较强的抗氧化、抗肿瘤活性[17]。经研究发现，来自花脸香蘑子实体的4种水溶性多糖(LSPa1、LSPb1、LSPb2和LSPc1)中，多糖LSPc1具有潜在的抗肿瘤活性，能够诱导对Hep-2细胞增殖中G2/M期抑制的增强和细胞凋亡[18]。初步研究结果表明，花脸香蘑子实体中分离得到的水溶性多糖LSP，对小鼠巨噬细胞具有潜在的激活效应，表现出良好的免疫调节活性[19]。此外，花脸香蘑的粗多糖提取物在一定浓度下对小鼠NK细胞活性均有显著增强作用[20]。花脸蘑多糖

(LSPb1)在喉癌细胞裸鼠移植瘤模型中,可显著抑制血管形成,血管密度显著下降。提示:花脸蘑多糖(LSPb1)可作为一种潜在的喉癌治疗药物[21]。

四、其　他

经研究认为,花脸香蘑多糖水提取物对D-氨基半乳糖和四氯化碳诱导的小鼠急性肝损伤具有一定的保护作用[22-23]。花脸香蘑粗多糖对雏鸡有明显的免疫调节作用,T淋巴细胞的阳性率显著高于对照组[24]。

第四节　展　望

国内外学者对花脸香蘑研究已有几十年,但到目前还没有进行到人工栽培的大规模生产阶段。花脸香蘑不仅含有丰富的蛋白质、氨基酸等营养成分,而且还含有多糖、二萜等生物活性成分,具有很好的食用价值和药理活性,在食品和药物开发上都有很大的应用前景。食药用菌科技工作者需增强对花脸香蘑的研究力度,努力开发出为人类健康服务的好产品。

参考文献

[1] 卯晓岚. 中国大型真菌[M]. 郑州:河南科学技术出版社,2000.
[2] 黄年来. 中国食用菌百科[M]. 北京:中国农业出版社,1993.
[3] 谢福泉,胡七金. 野生优良食药用菌花脸香蘑的研究进展[J]. 菌物研究,2005,3(4):52—56.
[4] Mazur X, Becker U, Anke T, et al. Two new bioactive diterpenes from Lepista sordid [J]. Phytochemistry, 1996, 43(2):405—407.
[5] Chen XL, Wu M, Ti HH, et al. Three new 3, 6 - deoxygenated diketopiperazines from the basidiomycete Lepista sordida[J]. Helve Chim Acta, 2011, 94(8):1426—1430.
[6] Arnone A, Nasini G, Pava OVD, et al. Secondary Mould Metabolites, LII. Structure Elucidation of Diatretol-A New Diketopiperazine Metabolite from the Fungus *Clitocybe diatreta* [J]. Liebigs Annalen, 1996, (11):1875—1877.
[7] Miao SS, Mao XH, Pei R, et al. Antitumor activity of polysaccharides from *Lepista sordida* against laryngocarcinoma *in vitro* and *in vivo*[J]. Int J Biol Macromol, 2013 (60):235—240.
[8] 伦志明. 花脸香蘑(*Lepista sordida*)人工栽培及多糖结构分析[D]. 2014,东北林业大学.
[9] 张京良. 花脸香蘑(*Lepista sordida*)液体发酵及代谢产物的研究[D]. 2010,中国海洋大学.
[10] 吴小君. 3种食用菌活性物质的分离纯化及结构分析[D]. 福建师范大学,2013.
[11] 卢成英,钟以举,饶立群. 3种野生菇驯化后子实体营养成分分析[J]. 吉首大学学报,1993,14(6):38—41.
[12] 罗心毅,洪江,张勇民. 人工栽培花脸香蘑氨基酸研究[J]. 氨基酸和生物源,2003,25(3):14—15.
[13] 罗心毅,洪江,张勇民. 花脸香蘑元素测定[J]. 中国食用菌,2003,22(4):43—44.
[14] 张京良,李蓉,江晓路. 花脸香蘑 *Lepista sordida* LS7 的鉴定及其发酵液抗菌活性分析[J]. 食品与生物技术学报,2010,29(6):948—951.
[15] Zhong WQ, Liu N, Xie YG, et al. Antioxidant and anti-aging activities of mycelial polysac-

charides from *Lepista sordida*[J]. Int J Biol Macromol, 2013 (60):355－359.
[16] 王欣彤,崔海丹,沈明花. 花脸香蘑抗氧化作用的研究[J]. 食品科技,2010,35(3):208－210.
[17] 陈湘莲,李泰辉,沈亚恒. 花脸香蘑发酵物的体外抗氧化及抗肿瘤活性研究[J]. 安徽农业科学,2011,39(14):8276－8278.
[18] Miao SS, Mao XH, Pei R, et al. *Lepista sordida* polysaccharide induces apoptosis of Hep-2 cancer cells *via* mitochondrial pathway[J]. International Journal of Biological Macromolecules, 2013, (61):97－101.
[19] Luo Q, Sun Q, Wu LS, et al. Structural characterization of an immunoregulatory polysaccharide from the fruiting bodies of *Lepista sordida*[J]. Carbohydr Polym, 2012, 88:820－824.
[20] 张振宇,田雪梅,宋爱荣. 6 种食用菌中药渣固体发酵及其粗多糖对 NK 细胞活性的影响[J]. 食用菌学报,2010,17(3):46－50.
[21] 李明振,苗素生,毛雄辉,等. 花脸香蘑多糖 LSPb1 在喉癌细胞裸鼠移植瘤模型中抑制血管形成[J]. 哈尔滨医科大学学报,2015,49(1):34－37.
[22] 吴晓琴,宋晓琳,彭瀛,等. 花脸香蘑多糖水提取物对 D-氨基半乳糖致小鼠急性肝损伤的保护作用[J]. 延边大学医学学报,2013,36(1):22－24.
[23] 宋晓琳,沈明花. 花脸香蘑多糖对小鼠急性肝损伤的保护作用[J]. 食品科技,2011,36(7):49－50.
[24] 秦丹,孔超,孙效乐,等. 花脸香蘑粗多糖对雏鸡免疫调节作用的研究[J]. 食用菌学报,2013,20(2):37－41.

(王　磊)

第八十八章
干巴菌
GAN BA JUN

第一节 概 述

干巴菌(*Thelephora ganbajun* Zang)学名绣球菌,也叫对花菌、马牙菌等。属于担子菌门,伞菌纲,革菌目,革菌科,革菌属真菌。它与竹荪、鸡纵、松茸等同属云南珍贵的野生食用菌。干巴菌在云南省分布较广泛,主要分布在滇中的昆明、玉溪;滇西的丽江、腾冲;滇东北的曲靖和滇南的墨江、思茅等地海拔1 000~2 200m森林中,与松林、云南松(*Pinus yunnanensis* Fr.)等松属植物形成外生菌根。在干巴菌分布区内,适宜生长在林间温度为19~25℃,地温在19~23℃环境中;土壤pH在4~7之间,干巴菌菌丝均能生长,但最适pH为4.5~5.9[1]。干巴菌不仅具有独特、浓郁的鲜香味,也含有大量的营养物质,如氨基酸、蛋白质、矿质元素、维生素等,具有很高的营养保健价值。此外,干巴菌的硒含量是苜蓿的539倍,属富硒食品,具有提高机体免疫和保健的作用[2]。

第二节 干巴菌化学成分的研究

一、干巴菌化学成分的提取分离

干巴菌中的化学成分主要以酚类和联三苯化合物类成分为主。

据有关文献报道,干巴菌子实体中酚类化合物的提取方法:用中药粉碎机把食用菌粉碎成微粒,然后精密称取0.3g细粉,加入5ml的四氢呋喃,放在水浴锅中振荡30min,用4 200r/min离心机离心30min,取上清液,残渣再用同样的方法提取1次,将两次上清液混合即得提取物[3]。

(一) 酚类成分

用Folin-Ciocalteu法对49种可食用真菌测定发现,无论是水溶性部分还是脂溶性部分,干巴菌提取物都显示酚类含量最高,总量达44.844mg GAE(没食子酸当量)/g,是最低含量的18倍。此外还表明,对羟基苯甲酸的含量最高[3]。

(二) 联三苯类成分

干巴菌子实体中联三苯类化合物的提取方法:将干巴菌子实体风干碾成粉末后,用石油醚在室温下脱脂,再用甲醇提取,之后用乙酸乙酯萃取,浓缩后用葡聚糖凝胶LH-20色谱分离,洗脱部分Ⅱ-Ⅳ,再用反相硅胶C-18分离,用MeOH/H_2O梯度洗脱,得到化合物(1)~(6),即:3′,4,4″-tetrahydroxy-6′-methoxy(1,1′:4′,1″-terphenyl)-2′,5′-dione (1)、tris(benzeneacetic acid)5′-methoxy-3′,6′,-dioxo(1,1′:4′,1″-terphenyl)-2′,4,4″-triyl ester (2)、tris(benzeneacetic acid)-7,8-dihydroxy-3-(4-hydroxyphenyl)dibenzofuran-1,2,4-triyl ester (3)、bis(benzeneacetic acid)-2′,3′,5′,6′-tetrahydroxy-(1,1′:4′,1″-terphenyl)-4,4″-diyl ester (4)、bis(benzeneacetic acid)-3′,4,4″,5′-tetrahydroxy-(1,1′:4′,1″-ter-phenyl)-2′,6′-diyl ester (5)、bis(benzeneacetic acid)- 3′,4,4″,6′- tetrahydroxy(1,1′:4′,1″- terphenyl)- 2′,5′- diyl ester (6),其中化合物(2)～(6)是新发现的化合物[4]。

Hu 等人[5]对干巴菌甲醇提取的部分用 Sephadex LH－20 色谱柱(5cm×30cm)进行分离,用 MeOH/H_2O 梯度洗脱,当流动相为 MeOH∶H_2O＝2∶8时,分离得到了已知的化合物 cycloleucomelone (9);当流动相为 MeOH∶H_2O＝6∶4时,得到了新化合物 ganbajunin F(6′- methoxy－2′- phenylacetoxy－3′,4,4″,5′- tetrahydroxy－p－terphenyl,7)和 G(5′- methoxy－2′- phenyl－acetoxy－3′,4,4″,6′- tetrahydroxy－*p*－terphenyl,8),还分离得到了化合物(8)的氧化物 2－phenylacetoxy－5－methoxy－3,6－bis(*p*－dihydroxyph－enyl)－1,4－benzoquinone (10)(图 88－1)。

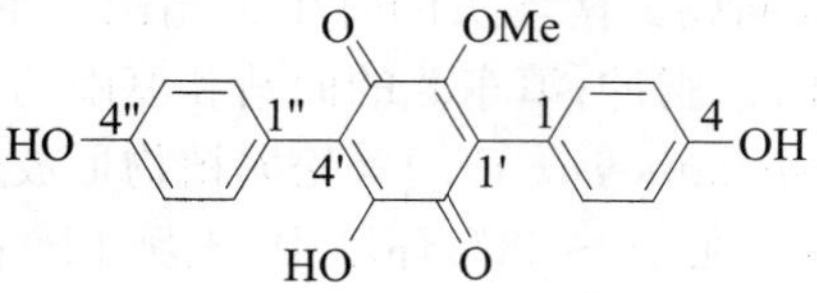

(1)

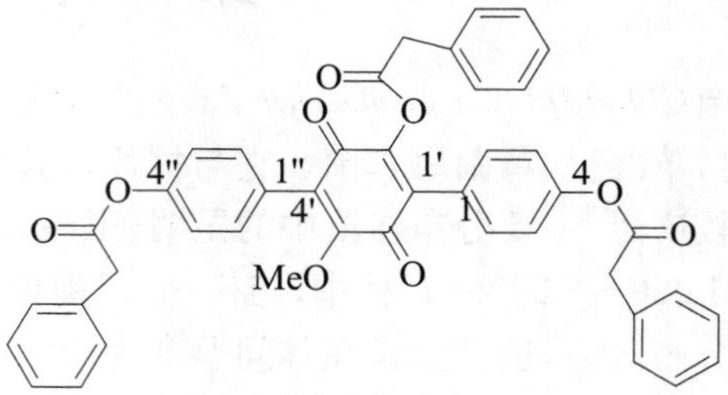

(2)

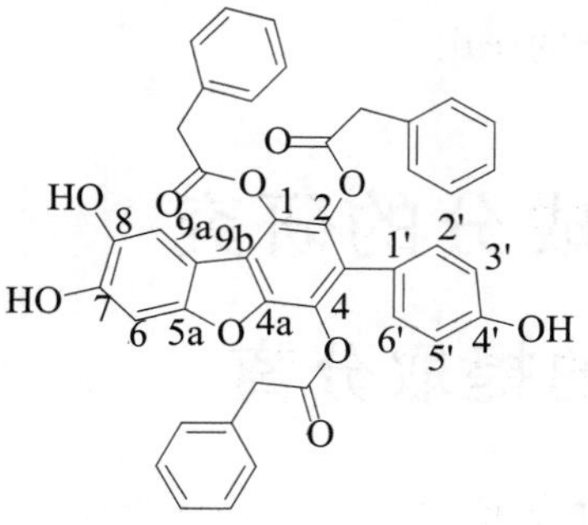

(3)

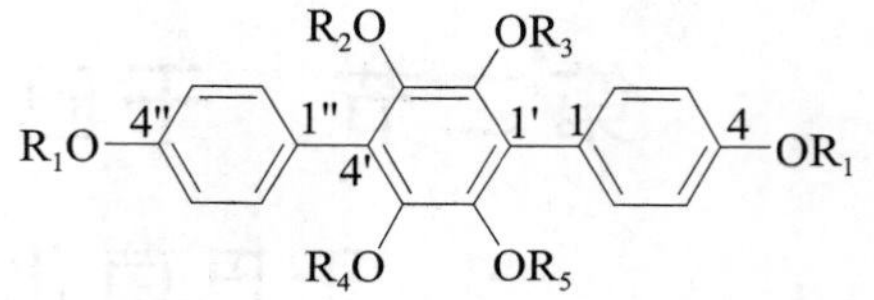

(4) R_1=COPhCH$_2$, R_2=R_3=R_4=R_5=H
(5) R_1=R_3=R_5=H,R_2=R_4=CH$_2$COPh
(6) R_1=R_3=R_4=H,R_2=R_5=CH$_2$COPh

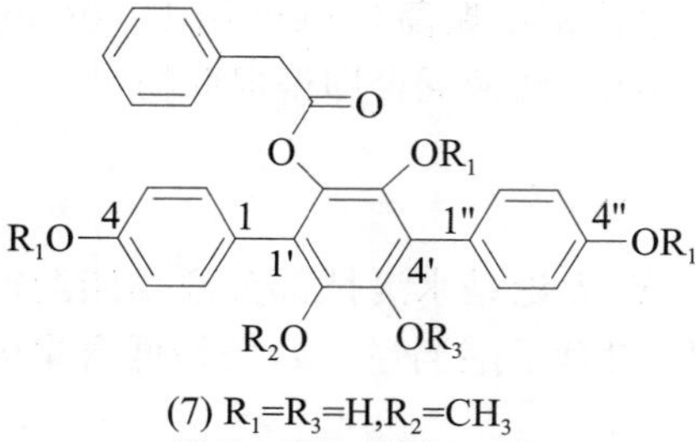

(7) R_1=R_3=H,R_2=CH$_3$
(8) R_1=H,R_2=H,R_3=CH$_3$

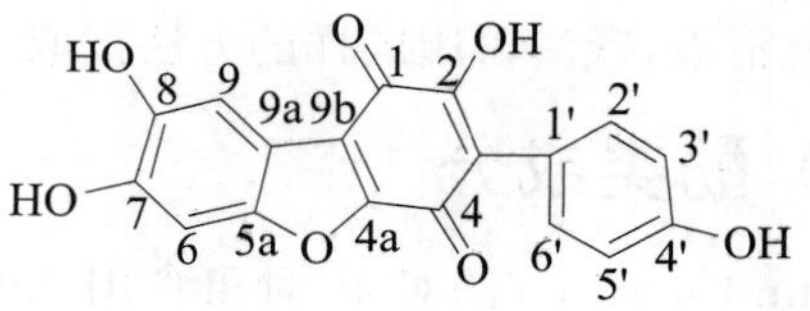

(9)

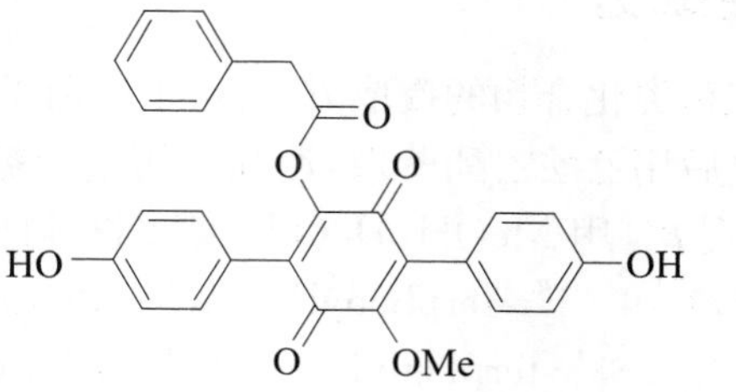

(10)

图 88－1 干巴菌子实体中的联三苯类成分

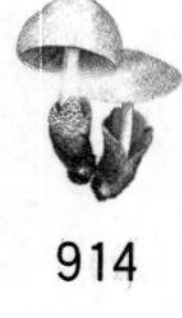

二、干巴菌子实体中化学成分的理化常数与光谱数据

联三苯类化合物(1)～(6)的理化常数与光谱数据[4]：

3′,4,4″- Tetrahydroxy - 6′- methoxy -(1,1′:4′,1″- terphenyl)- 2′,5′- dione (1) 橙黄色针状结晶(在甲醇/水中)。mp 247℃，UV(MeOH)λ_{max}(log ε)：367(3.61)、273(4.33)、203(4.45)nm。IR(KBr)：3 700、2 800、1 641、1 610、1 512、1 440、1 291、1 314、1 216、1 025cm^{-1}。HR-EI-MS *m/z*：338.080 7[M+H]$^+$($C_{19}H_{14}O$, calc. 338.079 0)。^{1}H 和^{13}C NMR 数据见表 88－1。

Tris(benzeneacetic acid) 5′- methoxy3′,6′,- dioxo (1,1′:4′,1″- terphenyl)- 2′,4,4″- triyl ester(2) 橙黄色针状结晶(在甲醇/水中)。mp 150℃，UV(MeOH)λ_{max}(log ε)：374(3.84)、233(4.49)、205(4.73)nm。IR(KBr)：1 754、1 658、1 591、1 513、1 440、1 283、1 230、1 176、1 076、1 097、1 027、834cm^{-1}。^{1}H 和^{13}C NMR 数据见表 88－1。

Tris(benzeneacetic acid)- 7,8 - dihydroxy - 3 -(4 - hydroxyphenyl)dibenzofuran - 1,2,4 - triyl ester(3) 无色针状结晶(在甲醇/水中)。mp 197℃，UV(MeOH)λ_{max}(log ε)：344(4.02)、329(4.28)、303(4.20)、264(4.24)、251(4.25)、220(4.54)、207(4.73)nm。IR(KBr)：3 600、2 800、1 753、1 606、1 518、1 470、1 416、1 340、1 299、1 222、1 120、989、847、723cm^{-1}。HR-FAB-MS *m/z*：693.176 4[M－H]$^-$($C_{42}H_{29}O_{10}$, calc. 693.176 1)。^{1}H NMR(CD_3COCD_3, 500MHz)δ：7.11(1H, s, H－6)，7.22(1H, s, H－9)，7.01(1H, d, *J*＝8.5Hz H－2′,6′)，6.83(1H, d, *J*＝8.5Hz H－3′,5′)，3.78，3.72，3.62(CH_2)，7.28～7.44(1H, m, H－C_o)，7.26～7.35(1H, m, H－C_m)，7.26～7.35(1H, m, H－C_p)。^{13}C NMR(CD_3COCD_3, 125MHz)δ：124.9(C－1)，137.2(C－2)，128.3(C－3)，146.9(C－4a)，152.2(C－5a)，99.3(C－6)，148.1(C－7)，143.7(C－8)，107.7(C－9)，114.2(C－9a)，120.0(C－9b)，123.5(C－1′)，137.1(C－2′,6′)，116.1(C－3′,5′)，158.3(C－4′)，169.0(×2)，169.6(C＝O)，41.0(CH_2)，134.3(×2)，134.4(C_{ipso})，130.2(×2)，130.6(C_o)，129.3(×2)，129.7(C_m)，127.8(×2)，128.3(C_p)。

2′,3′,5′,6′- Tetrahydroxy -(1,1′:4′,1″- terphenyl)- 4,4″- diyl ester(4) 无色晶体(在氯仿/甲醇中)。mp 211.5℃，UV(MeOH)λ_{max}(log ε)：372(3.71)、271(4.31)、203(4.58)nm。IR(KBr)：2 800、3 700、1 745、1 611、1 524、1 494、1 454、1 250、1 136、1 129、985、828、724cm^{-1}。HR-FAB-MS *m/z*：561.151 2[M-H]$^-$($C_{34}H_{25}O_8$, calc. 561.154 9)。^{1}H 和^{13}C NMR 数据见表 88－2。

Bis(benzeneacetic acid)- 3′,4,4″,5′- tetrahydroxy -(1,1′:4′,1″- ter - phenyl)- 2′,6′- diyl ester (5)和 bis(benzeneacetic acid)- 3′,4,4″,6′- tetrahydroxy(1,1′:4′,1″- terphenyl)- 2′,5′- diyl ester (6) 得到的是混合物，白色粉末。FAB-MS *m/z*：561[M－H]$^-$。^{1}H 和^{13}C NMR 数据见表 88－2。

Ganbajunin F(6′- methoxy - 2′- phenylacetoxy - 3′,4,4″,5′- tetrahydroxy - *p* - terphenyl,7)和 G (5′- methoxy - 2′- phenylacetoxy - 3′,4,4″,6′- tetrahydroxy - *p* - terphenyl,8)[5] 均为白色粉末。mp 194℃。UV(MeOH)λ_{max}(log ε)：203.5(4.57)、274(4.30)、373(3.71)nm。IR(KBr)：3 550(OH)、1 725(C＝O)、1 609、1 523、1 455、1 423、1 252、1 127、1 099、1 021、952、830、770、728cm^{-1}。FAB-MS *m/z*：549([M－H+Gly]$^-$)。^{1}H 和^{13}C NMR 数据见表 88－3。

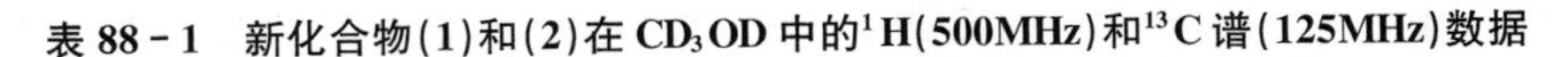

表 88－1 新化合物(1)和(2)在 CD_3OD 中的^{1}H(500MHz)和^{13}C 谱(125MHz)数据

NO.	1		2	
	δ_H	δ_C	δ_H	δ_C
1		123.0		120.7
2,6	7.28(d, *J*=8.5)	133.3	7.07(d, *J*=8.7)	132.7
3,5	6.87(d, *J*=8.5)	115.8	6.73(d, *J*=8.7)	116.0

（续表）

NO.	1		2	
	δ_H	δ_C	δ_H	δ_C
4		158.8		159.6
1′		121.9		129.2
2′		183.9		182.2
3′		154.5		156.3
4′		126.5		134.8
5′		185.2		184.3
6′		156.2		148.1
1″		121.1		122.1
2″,6″	7.36(d,*J*=8.5)	133.0	7.17(d,*J*=8.7)	133.2
3″,5″	6.88(d,*J*=8.5)	115.9	6.82(d,*J*=8.7)	115.8
4″		159.4		159.2
CO				170.8
CH_2			3.78,3.76,3.76(s)	41.2
C_{ipso}				134.3
C_o			7.18(m)	115.7
C_m			7.27(dd,*J*=7.6、7.5)	130.5
C_p			7.24(m)	129.6
MeO	3.96(s)	61.7	3.78(s)	61.7

表 88-2　化合物(4)～(6)在 CD_3COCD_3 中的^{1}H(500MHz)和^{13}C 谱(125MHz)数据

NO.	4		5		6	
	δ_H	δ_C	δ_H	δ_C	δ_H	δ_C
1		124.8		124.5		124.3
2,6	7.09(d,*J*=8.4)	132.6	7.26(d,*J*=7.6)	133.1	7.11(d,*J*=8.4)	132.4
3,5	6.76(d,*J*=8.4)	116.1	6.88(d,*J*=7.6)	115.9	6.82(d,*J*=8.4)	115.8
4		158.1		157.7		157.8
1′		124.0		118.1		124.2
2′		142.6		145.7		143.1
3′		142.6		133.0		145.6
4′		124.0		130.3		124.3
5′		142.6		133.0		143.1
6′		142.6		145.7		145.6
1″		124.8		124.7		124.5
2″,6″	6.76(d,*J*=8.4)	132.6	6.78(d,*J*=8.5)	131.6	6.82(d,*J*=8.4)	132.4
3″,5″	7.09(d,*J*=8.4)	116.14	7.00(d,*J*=8.5)	115.9	7.11(d,*J*=8.4)	115.8
4″		158.1		157.9		157.8
CO		171.2		170.8		170.7
CH_2	3.62(s)	41.2	3.24(s)	41.5	3.25(s)	41.5
C_{ipso}		134.7		134.8		134.8
C_o	6.98(m)	129.5	6.97(m)	129.0	6.97(m)	129.0
C_m	7.20～7.25(m)	130.4	7.19～7.20(m)	130.6	7.19～7.20(m)	130.3
C_p	7.20～7.25(m)	128.1	7.19～7.20(m)	127.5	7.19～7.20(m)	127.5

表 88-3　Ganbajun F-G(7)～(8)在 CD_3COCD_3 中的 ^1H(500MHz)和 ^{13}C 谱(125MHz)数据

NO.	7		8	
	δ_H	δ_C	δ_H	δ_C
1		125.7		125.6
2,6	7.13(d,J=8.5Hz)	133.2	7.35(d,J=8.5Hz)	132.9
3,5	6.88(d,J=8.5Hz)	115.9	6.89(d,J=8.5Hz)	115.9
4		158.0		157.8
1′		129.3		124.8
2′		139.1		142.1
3′		144.1		144.1
4′		118.7		124.0
5′		139.2		140.3
6′		146.9		142.2
1″		125.5		125.7
2″,6″	7.29(d,J=8.5Hz)	132.3	7.09(d,J=8.5Hz)	132.6
3″,5″	6.79(d,J=8.5Hz)	115.9	6.89(d,J=8.5Hz)	115.9
4″		157.7		157.8
CO		172.5		172.2
CH_2	3.62(s)	41.3	3.62(s)	41.3
C(Ph)		135.0		134.9
Ph(o)	7.21～7.24(m)	127.9	7.21～7.24(m)	127.9
Ph(p)	6.98(m)	130.5	6.98(m)	130.7
Ph(m)	7.21～7.24(m)	129.4	7.21～7.24(m)	129.2
CH_3O	3.41(s)	61.1	3.43(s)	60.7

第三节　干巴菌生物活性的研究

一、抗氧化活性

许多学者对干巴菌不同的化学成分进行了抗氧化研究。

Ya-Jun Guo 等人[3]对 49 种真菌(包括干巴菌)的酚类化合物进行了抗氧化能力研究,用铁离子还原抗氧化能力(Ferric-reducing antioxidant power,FRAP)与 Trolox 相当量抗氧化能力(Trolox equivalent antioxidant capacity,TEAC)实验进行测试。干巴菌水溶性部分的 FRAP 值是 152.882 μmol Fe(Ⅱ)/g,脂溶性部分的 FRAP 值是 51.787 μmol Fe(Ⅱ)/g,总 FRAP 是 204.669μmol Fe(Ⅱ)/g,在 49 个被测菌中最高,表明抗氧化能力最强。干巴菌水溶性部分的 TEAC 值是 50.786μmol 羧酸/克,脂溶性部分的 TEAC 值是 34.93μmol 羧酸/克,总 TEAC 是 85.919μmol 羧酸/克,在 49 个被测菌中最高,表明其自由基清除能力也很强。因此,相对于其他被测菌,干巴菌有很高的抗氧化活性,且抗氧化成分集中在水溶性部分。

Wei-Min Yang 等人[6]对联三苯类化合物 3′,4,4″-trihydroxy-6-methoxy(1,1′:4′,1″)-terphenyl-2″-5″-dione(1),tris(benzeneacetic acid)5′-methoxy-3′,6′-dioxo(1,1′:4′,1″-terphenyl)-2′,4,4″-triyl ester(2)和 tris(benzeneatic acid)7,8-dihydroxy-3-(4-hy-droxyphenyl)dibenzofuran－1,2,4－triyl ester(3)。经研究发现，这3个化合物对鼠肝匀浆的脂质过氧化抑制的IC_{50}值分别为400、48和54μmol/L；均能增强超氧化物歧化酶的活性，EC_{50}值分别为182、74和204μmol/L；对DPPH(1,1－diphenyl－2－picryl－2－picrylhydrazyl)自由基清除活性EC_{50}值分别为49、1 233和55μmol/L。从以上结果得出，这3个化合物都具有较好的抗氧化活性。

李乐等人[7]对包括干巴菌在内的37种食用菇类的子实体水提物质(Fa)与水提醇沉后得到的多糖(Fb)进行抗氧化性研究，结果表明，干巴菌水提物质(Fa)与水提醇沉后得到的多糖(500μg/ml)，对脂质过氧化的抑制作用分别为82.6%和75.2%，说明干巴菌水提物质与多糖具有明显的抗氧化活性。

陈亚萍等人[8]用DPPH自由基清除法对干巴菌乙酸乙酯、甲醇与石油醚-乙酸乙酯不同比例提取物进行抗氧化活性研究，结果发现，干巴菌乙酸乙酯提取物对DPPH自由基的清除活性IC_{50}值＜阳性对照芦丁的IC_{50}值，表现出较强的自由基清除活性。干巴菌各部分提取物清除DPPH自由基活性的IC_{50}值，见表88－4。

表88－4　干巴菌提取物清除DPPH自由基活性的IC_{50}值

Sample	DPPH[IC_{50}(mg/ml)]
石油醚:乙酸乙酯(10:1)	34.32
石油醚:乙酸乙酯(5:1)	2.89
石油醚:乙酸乙酯(1:1)	1.98
乙酸乙酯	0.025
甲醇	1.69
芦丁(阳性对照)	0.063

Liu等人[9]对干巴菌中得到的对联三苯类化合物(1)～(4)进行DPPH自由基清除活性实验，结果如表88－5所示。自由基清除活性的顺序是：BHA(1,1－dimethylethyl)－4－methoxyphenol(阳性对照)＞3＞α－Tocopherol(阳性对照)＞4＞1＞2，其中化合物(3)清除自由基的活性最好，优于阳性对照α－Tocopherol。其余3个对联三苯类化合物(1)、(2)和(4)也具有较好的抗氧化活性。

表88－5　α－Tocophero，BHA和化合物(3)～(6)的DPPH自由基清除作用

Compound	DPPH activity(EC_{50})
α－Tocopherol(positive control)	0.25(±0.01)
BHA(positive control)	0.09(±0.01)
化合物(1)	0.44(±0.02)
化合物(2)	0.44(±0.02)
化合物(3)	0.13(±0.01)
化合物(4)	0.33(±0.02)

二、提高机体免疫功能

用干巴菌的水溶液和脂溶液给昆明种小鼠灌胃10d后，检测小鼠免疫器官重量和淋巴细胞增殖转化的情况，见表88－6[10]。

其中GBJ表示干巴菌，CTX表示环磷酰胺阳性对照组。实验中干巴菌的水溶成分组雌雄各组和脂溶成分组雌雄各组的胸腺指数，均数＞对应的混合组(GBJ＋CTX)，干巴菌脂溶雌性组的胸腺指数，均数＞CTX雌性组；干巴菌水溶雄性组脾指数的均数＞对应的混合组。GBJ＋CTX水溶雌性组

和 GBJ＋CTX 脂溶雄性组的淋巴细胞转化测定 A 值，均数＞对应的 CTX 对照组；GBJ 水溶雄性组和 GBJ 脂溶雌性组淋巴细胞转化测定 A 值，均数＞对应的混合组。脏器/体重比值测定和淋巴细胞增殖转化试验显阳性。实验结果表明，干巴菌对正常小鼠有免疫增强作用。

另外，干巴菌的抗炎作用，可能与干巴菌含硒量较高[2]有关。

表 88－6　干巴菌对昆明种小鼠免疫功能的影响（mean±SD，n＝10）

分组	胸腺指数	脾指数	淋巴细胞转化	淋巴细胞转化对照
GBJ，水溶，♀	28.99±5.79	37.88±13.31	0.686±0.131	0.999±0.190
GBJ，水溶，♂	24.10±7.62	30.24±7.67	0.689±0.124	0.850±0.135
GBJ，酯溶，♀	39.17±6.88[a]	32.70±8.35	0.773±0.114	1.000±0.164
GBJ，酯溶，♂	24.98±8.62[c]	31.78±2.90	0.734±0.093	1.021±0.212
GBJ＋CTX，水溶，♀	20.53±6.05[a]	38.03±11.60	0.583±0.204	0.589±0.263
GBJ＋CTX，水溶，♂	13.96±7.28[b]	23.54±3.50[b]	0.469±0.133[b]	0.6010.125
GBJ＋CTX，酯溶，♀	22.78±12.37[c]	33.94±13.91[c]	0.518±0.074[c]	0.644±0.111
GBJ＋CTX，酯溶，♂	13.06±3.88[d]	56.68±29.60[f,g]	0.893±0.413[f,h]	0.948±0.482
CTX，♀	32.82±10.37[a,c]	44.87±24.48	0.573±0.205[a]	0.867±0.401
CTX，♂	12.96±6.09	38.75±15.50[b,d]	0.587±0.158[d]	0.752±0.222

注：[a]$P<0.05$，vs GBJ 水溶液雌性；[b]$P<0.05$，vs GBJ 水溶液雄性；[c]$P<0.05$，vs GBJ 酯溶液雌性；[d]$P<0.05$，vs GBJ 酯溶液雄性；[e]$P<0.05$，vs GBJ＋CTX 水溶液雌性；[f]$P<0.05$，vs GBJ＋CTX 水溶液雄性；[g]$P<0.05$，vs GBJ＋CTX 酯溶液雌性；[h]$P<0.05$，vs GBJ＋CTX 酯溶液雄性。

三、抗病毒作用

H. X. Wang 等人[11]从干巴菌子实体中分离出来相对分子质量为 30kDa 的核糖核酸酶，实验表明对 HIV－1 反转录酶有很强的抑制作用，IC_{50}值为 300nmol/L。因为该核糖核酸酶对 HIV－1 反转录酶有抑制作用，会间接地影响 HIV－1 病毒的反转录、转录、复制，从而推断有抗 HIV－1 病毒的作用。

第四节　展　望

干巴菌作为一种珍稀的食用菌，同时又具有较高的食用和药用价值，值得广大食药用菌科技工作者深入研究。此外，还应进一步拓宽思路，研究干巴菌更多的化学成分和药理作用，从而发掘其更大、潜在的食用、药用价值，为新药开发和资源利用做出更大的贡献。

参考文献

[1] 傅四清，魏蓉城. 干巴菌研究进展[J]. 科技简报，1997，8(6)：21－23.
[2] 吴少雄，王保兴，郭祀远，等. 云南野生食用干巴菌的营养成分分析[J]. 现代预防医学，2005，32(11)：1458－1459.
[3] Guo YJ，Deng GF，Xu XR，et al. Antioxidant capacities，phenolic compounds and polysaccharide contents of 49 edible macro-fungi[J]. Food Funct，2012，3(11)：1195－1205.

[4] Hu L, Gao JM, Liu JK. Unusual poly(phenylacetyloxy)- substituted 1,1′:4′,1″- terphenyl derivatives from fruiting bodies of the basidiomycete *Thelephora ganbajun*[J]. HeIv Chim Acta, 2001, 84(11):3342—3349.

[5] Lin H, Liu JK. Two novel phenylacetoxylated p-terphenyls from *Thelephora ganbajun* Zang [J]. Zeitschrift fuer Naturforschung, C: Journal of Biosciences, 2001, 56(11/12):983—987.

[6] Yang WM, Liu JK, Hu L, et al. Antioxidant properties of natural p-terphenyl derivatives from the mushroom *Thelephora ganbajun*[J]. Zeitschrift fuer Naturforschung , C:Journal of Biosciences, 2004, 59(5/6):359—362.

[7] 李乐,宋敏,袁芳,等. 食用菇类中抗氧化活性的研究[J]. 南开大学学报,2007,40(6):62—66.

[8] 陈亚萍,邱开雄,陈亚娟,等. 干巴菌抗氧化活性研究[J]. 昆明医学院学报,2012,(1):40—42.

[9] Liu JK,Hu L, Dong ZJ, et al. DPPH radical scavenging activity of ten naturalp-terphenyl derivatives obtained from three edible mushrooms indigenous to China[J]. Chem Biodivers, 2004, 1(4):601—605.

[10] 李丽娟,王涛,申元英,等. 干巴菌对小鼠免疫功能影响的实验研究[J]. 食品研究与开发,2012, 33(6):40—42.

[11] Wang H, Ng TB. Purification of a novel ribonuclease from dried fruiting bodies of the edible wild mushroom *Thelephora ganbajun*[J]. Biochem Biophys Res Commun, 2004, 324(2): 855—859.

（苏现明、康　洁）

第八十九章 白雪菇

BAI XUE GU

第一节 概 述

白雪菇，学名无毒肥脚环柄菇（*Leucocoprinus cepaetipes*），是广东省农业科学院蔬菜研究所2003年在广州市郊区采得，经分离驯化而得的珍稀野生食用菌。经中国科学院微生物研究所鉴定，该菌株为伞菌目，蘑菇科，白鬼伞属真菌。经四川省疾控中心毒理试验证明，该菌株无毒、可食用。该菌种已被中国微生物菌种保藏管理委员会普通微生物中心收录保藏，其菌种培育与栽培方法已获得中国发明专利授权（专利号：ZL201010160080.9）。经检测，该菌株子实体蛋白质含量达25.6%，多糖含量达3.06%，并具有提高机体免疫和协同辅助抑制肿瘤的功效；鲜品味道鲜美，干品香气浓郁，是一种极具开发潜力的食药两用菌新品种。

第二节 白雪菇营养成分的研究

一、蛋白质和氨基酸

人工驯化栽培的白雪菇子实体干品粗蛋白含量可达到25.6%，水解氨基酸总和量为159mg/g，是一种名副其实的高蛋白食品（见表89-1、表89-2）。白雪菇子实体的蛋白质不仅含量高，而且质量好，氨基酸含量丰富（有16种氨基酸），其中必需氨基酸占总氨基酸的35.2%，且谷氨酸、天冬氨酸和精氨酸含量都较高。谷氨酸是生物机体内氮代谢的基本氨基酸之一，是蛋白质的主要构成成分，在代谢上具有重要意义。谷氨酸具有双重身份：作为酸性氨基酸参与代谢；作为兴奋性神经递质参与信息传递。医学上谷氨酸主要用于治疗肝性昏迷、严重肝功能不全与神经衰弱，也可用于癫痫小发作，能减少发作次数。临床上曾试用于精神分裂症；可治疗胃酸不足和胃酸过少症；还可用于改善儿童智力发育。此外，谷氨酸还是味精的成分之一，天冬氨酸是甜味素（阿斯巴甜）-天冬酰苯丙氨酸甲酯的主要原料，因此，白雪菇鲜品的味道非常鲜美，干品香气浓郁。

二、糖类（碳水化合物）

人工驯化栽培的白雪菇子实体干品粗多糖含量达到3.06%，粗纤维为8.99%（见表89-1）。真菌多糖是生命有机体的重要组成部分，并且具有多种多样的生物活性。在国际上被称为“生物反应调节剂”（简称BRM），在免疫功能的调节、癌症的预防与治疗、延缓衰老与解除机体疲劳等方面都有着重要作用。白雪菇子实体多糖含量较高，与其能提高免疫功能作用、协同辅助抑制肿瘤等功效有关。

膳食纤维与蛋白质、脂肪、糖类（碳水化合物）、维生素、矿物质、水被称为人类“七大营养素”，这是一类特殊的碳水化合物，它虽然不能被人体消化道酶分解，但因为有着重要的生理功能，已成为人体不可缺少的物质。英国国家顾问委员会建议：膳食纤维摄入量为人均25～30g/d；美国FDA推荐的总膳食纤维摄入量为人均每日20～35g(成人)；澳大利亚有关机构建议：人均每日摄入膳食纤维25g，可明显减少冠心病的发病率和病死率。中国营养学会2000年提出：我国成年人膳食纤维的适宜摄入量为每天30g左右，然而，我国人均每日的实际摄入量仅为14g左右，摄入量严重不足，且摄入量随食品精加工水平的提高呈逐步下降趋势。目前，膳食纤维的营养缺乏已不是个体问题，而成为一个公众问题。白雪菇不仅营养丰富，而且膳食纤维含量较高，是一种非常健康的营养食品。

三、粗脂肪和矿物质元素

人工驯化栽培的白雪菇子实体干品粗脂肪为2.1%，粗灰分为7.6%(见表89-1)。白雪菇的子实体脂肪含量较低，蛋白质含量高，是一种名副其实的高蛋白、低脂肪的健康食品。矿物质元素是人体生长发育不可缺少的重要物质，能参与体内多种生命活动。

表89-1　白雪菇成分分析结果

分析项目	检测结果(mg/g)	分析项目	检测结果(mg/g)
水解氨基酸总和	159	汞(mg/kg)	0.052
粗蛋白	25.6	砷(mg/kg)	＜0.1
粗脂肪	2.1	多水量	11.6
灰分	7.6	多糖含量	3.06
铅(mg/kg)	＜0.5	粗纤维	8.99

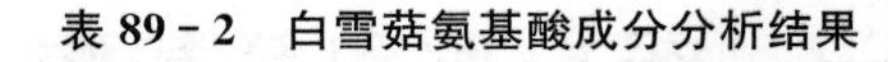

表89-2　白雪菇氨基酸成分分析结果

分析项目	检测结果(mg/g)	分析项目	检测结果(mg/g)
天冬氨酸(Asp)	16.4	酪氨酸(Tyr)	5.3
谷氨酸(Glu)	25.4	缬氨酸(Val)	9.3
丝氨酸(Ser)	9.2	甲硫氨酸(Met)	3.2
组氨酸(His)	3.9	苯丙氨酸(Phe)	7.0
甘氨酸(Gly)	7.7	异亮氨酸(Ile)	7.1
苏氨酸(Thr)	8.1	亮氨酸(Leu)	12.3
精氨酸(Arg)	15.7	赖氨酸(Lys)	9.0
丙氨酸(Ala)	12.9	脯氨酸(Pro)	6.8

第三节　白雪菇的生物学活性

一、白雪菇毒理试验

根据《食品安全性毒理学评价程序和方法》GB15193.(3、4、5、7)-2003进行急性毒性试验、遗传毒性试验(Ames试验、小鼠骨髓嗜多然红细胞微核试验、小鼠精子畸形试验)。结果表明：按急性毒性分级，白雪菇子实体属无毒级；3项遗传毒性试验结果，未见白雪菇子实体致突变作用，表明白雪菇子实体安全可食。

二、白雪菇能提高 NIH 小鼠的免疫作用

白雪菇子实体经过热水提取并浓缩得到粗多糖，与阳性对照物福寿仙多糖王口服液、顺铂一同给药 NIH 小鼠。经过免疫功能试验发现，给药 10d 后，白雪菇高剂量组与阳性对照组小鼠明显增加脾脏和胸腺的重量；由碳廓清实验发现，给药 2 周后，白雪菇中、高剂量组和阳性对照组的 K 值和 α 值明显升高（见表 89－3）。表明白雪菇粗多糖具有增强免疫功能的药理作用。

表 89－3　白雪菇对 D－半乳糖衰老模型小鼠的体重与器官指数的影响（$\bar{x}$±SD，n＝10）

组　别	体　重 (g)	大脑指数 (mg/10g)	肝脏指数 (mg/10g)	脾指数 (mg/10g)	胸腺指数 (mg/10g)
正常对照组	46.4±3.7＊	95.1±7.4	454.3±38.0	26.3±4.1＊	18.3±2.0＊＊＊
模型对照组	41.5±4.0	95.1±8.7	451.0±62.2	21.2±4.4	13.0±2.2
白雪菇低剂量组	42.1±3.5	95.6±7.6	426.6±49.9	23.2±5.1	14.9±3.1
白雪菇中剂量组	43.6±2.9	95.5±8.3	430.1±80.5	24.6±4.5	16.4±3.6＊
白雪菇高剂量组	41.9±3.3	98.1±9.1	419.3±29.9	24.7±2.0＊	17.5±3.5＊＊
多糖王对照组	41.4±2.5	96.5±7.3	390.9±39.2＊	21.2±7.8	17.5±3.4＊＊

注：与同期模型对照组比较：＊P<0.05、＊＊P<0.01、＊＊＊P<0.001，ΔP>0.05（标志略）。

三、白雪菇抗肿瘤的药理作用

白雪菇子实体经过热水提取并浓缩得到粗多糖，与阳性对照物福寿仙多糖王口服液一同给药 S－180 荷瘤小鼠。给药 15d 后，白雪菇各剂量组与阳性对照组均能提高 S－180 小鼠体重，其中白雪菇高剂量组（9g/kg 小鼠剂量）的瘤重明显减少，抑瘤率为 34.1%，阳性药多糖王口服液抑瘤率为 39.0%。白雪菇能改善 S－180 荷瘤小鼠的生存质量，具有较好的抗肿瘤药理作用。

表 89－4　白雪菇对 S－180 小鼠移植瘤试验结果（$\bar{x}$±SD，n＝10）

组别	剂量 (g/kg)	给药前 体重(g)	末次体重 (g)	体重变化 (g)	肿瘤重量 (g)	胸腺指数 (mg/10g)	脾脏指数 (mg/10g)	抑瘤率 (%)
空白对照组	等体积	22.3±2.7	34.5±2.2	12.3±3.0	1.260±0.552	19.2±7.7	49.6±12.2	—
低剂量组	1	21.1±1.3	34.6±3.0	13.5±3.3	1.144±0.384	19.0±7.0	55.6±17.7	9.2
中剂量组	3	21.3±1.2	36.5±2.4	15.2±2.7＊	0.976±0.290	23.2±3.9	45.3±11.2	22.6
高剂量组	9	20.5±1.5	36.5±2.4	16.1±3.4＊	0.830±0.308＊	26.4±4.5＊	46.1±12.4	34.1
多糖王对照组	10ml/kg	20.5±1.3	37.6±3.3＊	17.1±3.7＊＊	0.768±0.378＊	25.2±4.6＊	56.9±12.8	39.0

注：与同期空白对照组比较：＊P<0.05、＊＊P<0.01、＊＊＊P<0.001，ΔP>0.05（标志略）。

白雪菇子实体粗多糖与顺铂联合用药给 H22 荷瘤小鼠，给药 15d 后，白雪菇各剂量组末次体重、瘤重、胸腺指数、脾脏指数值都显著降低；白雪菇高剂量组肿瘤更小，胸腺指数增加，与同期顺铂对照组相比，具有显著性差异（P<0.05）；白雪菇低、中、高 3 个剂量组的抑瘤率：分别为 94.8%、95.3%、96.4%；由此提示，白雪菇与顺铂联合用药能够改善荷瘤鼠的生存质量，提高顺铂的抑瘤效果，具有减毒增效的作用。

表 89-5 白雪菇与顺铂联合用药对 H22 荷瘤小鼠试验结果($\bar{x}\pm$SD, $n=10$)

组别	剂量(g/kg)	给药前体重(g)	末次体重(g)	肿瘤重量(g)	胸腺指数(mg/10g)	脾脏指数(mg/10g)	抑瘤率(%)
空白对照组	等体积	20.5±2.3	34.7±2.7	2.0478±0.5636	35.9±7.5	63.7±15.0	—
白雪菇低剂量组	1	21.1±2.3	17.3±2.5***	0.1060±0.0280***	14.1±7.4***	25.7±6.7***	94.8
白雪菇中剂量组	3	20.8±1.5	17.6±2.5***	0.0965±0.0208***	15.2±5.0***	25.5±7.9***	95.3
白雪菇高剂量组	9	21.4±2.6	18.1±2.4***	0.0740±0.0220***#	19.7±9.9***#	30.8±8.1***	96.4
多糖王对照组	10ml/kg	20.9±3.1	15.5±2.0***	0.0678±0.0188***	13.1±2.8***	25.7±5.9***	96.7
顺铂对照组	5mg/kg	20.8±2.2	17.1±2.5***	0.1063±0.0279***	12.2±4.6***	23.4±9.2***	94.8

注：与同期空白对照组比较：* $P<0.05$、** $P<0.01$、*** $P<0.001$，$\Delta P>0.05$(标志略)。

注：与同期顺铂对照组比较：# $P<0.05$、## $P<0.01$、### $P<0.001$，$\Delta P>0.05$(标志略)。

第四节 展 望

白雪菇是一种经驯化栽培的珍稀野生食用菌，适合在年平均气温较高的地区栽培种植，能利用的栽培原料广泛、丰富，并具有高蛋白、低脂肪、多糖含量较高的特点与调节机体免疫力的作用。目前对白雪菇有效成分还未展开深入研究，今后宜对其多糖组成结构及其小分子化合物进行广泛、深层次生物活性的研究。

参考文献

[1] 赵友兴，吴兴亮，黄圣卓. 中国药用菌物化学成分与生物活性研究进展[J]. 贵州科学，2013，31(1)：18－27.

（何焕清、肖自添、潘新华）